T0218726

ANATOMIE UND PATHOLOGIE
DER
SPONTANERKRANKUNGEN
DER KLEINEN LABORATORIUMSTIERE
KANINCHEN · MEERSCHWEINCHEN · RATTE · MAUS

BEARBEITET VON

H. J. ARNDT-Marburg · C. BENDA-Berlin · J. BERBERICH-Frankfurt a. m.
J. FIEBIGER-Wien · E. FLAUM-Wien · E. HAAM-Wien · F. HEIM-Düsseldorf
A. HEMMERT-HALSWICK-Berlin · E. HIERONYMI-Königsberg i. p. · R. JAFFÉ-
Berlin · W. KOLMER-Wien · A. LAUCHE-Bonn · E. LAUDA-Wien · W. LENKEIT-
Berlin · K. LÖWENTHAL-Berlin · R. NUSSBAUM-Frankfurt a.m. · B. OSTERTAG-
Berlin · E. PETRI-Berlin · E. PREISSECKER-Wien · L. RABINOWITSCH-
KEMPNER-Berlin · P. RADT-Berlin · PH. REZEK-Wien · W. ROHRSCHNEIDER-
Berlin · H. SCHLOSSBERGER-Berlin · PH. SCHWARTZ-Frankfurt a. m.
O. SEIFRIED-Giessen · R. WEBER-Köln · W. WORMS-Berlin

HERAUSGEGEBEN VON

RUDOLF JAFFÉ
BERLIN

MIT 270 ZUM TEIL FARBIGEN ABBILDUNGEN

SPRINGER-VERLAG BERLIN HEIDELBERG GMBH
1931

COPYRIGHT 1931 BY SPRINGER-VERLAG BERLIN HEIDELBERG
URSPRÜNGLICH ERSCHIENEN BEI JULIUS SPRINGER IN BERLIN 1931
SOFTCOVER REPRINT OF THE HARDCOVER 1ST EDITION 1931

ISBN 978-3-642-89897-6   ISBN 978-3-642-91754-7 (eBook)
DOI 10.1007/978-3-642-91754-7

Vorwort.

Jeder Experimentator wird schon die Schwierigkeit empfunden haben, die sich bei der Beantwortung der Frage aufdrängt, ob Befunde, die beim Versuchstiere erhoben werden, wirklich mit dem Versuch zusammenhängen oder durch Spontankrankheiten bedingt sind. Über diese muß sich jeder, der experimentell arbeiten will, zunächst seine eigenen Erfahrungen sammeln sowie über das Aussehen des betreffenden unveränderten Organs bei dem in Frage kommenden Versuchstier. Denn es gibt bis heute kein Buch, das irgendwie zusammenfassend die normalen Befunde oder die Spontankrankheiten darstellt.

Die Folge davon ist, daß vielfach Befunde als Versuchsergebnisse mitgeteilt werden, die in Wirklichkeit Spontankrankheiten darstellen, während umgekehrt manchem Autor fälschlich der Vorwurf gemacht wird, daß seine Befunde Spontankrankheiten seien.

Hier zu helfen, sollte die Aufgabe des vorliegenden Buches sein.

Schon seit Jahren empfand ich die Notwendigkeit eines derartigen Werkes und begann pathologisch-anatomisches Material von Spontankrankheiten unserer Laboratoriumstiere zu sammeln, mußte aber bald einsehen, daß es für einen einzelnen ganz unmöglich war, in absehbarer Zeit ein Material sammeln und bearbeiten zu können, das auch nur einigermaßen vollständig erscheinen könnte. Darüber hinaus aber stieß die Sammlung der Literaturangaben auf ungeheure Schwierigkeiten, denn die entsprechenden Angaben sind in der Weltliteratur vollkommen verstreut, oft nur nebenher in Arbeiten erwähnt, die unter ganz anderem Titel veröffentlicht sind, so daß es für einen einzelnen vollkommen unmöglich schien, diese Literatur zu sammeln.

Aus diesem Grunde mußte ich das Gesamtgebiet möglichst weitgehend gliedern und für jedes möglichst eng umschriebene Teilgebiet einen Mitarbeiter suchen, selbst auf die Gefahr hin, daß die Einheitlichkeit des Buches darunter leiden sollte. Aber trotzdem blieb für jeden einzelnen reichliche und sehr undankbare Arbeit. Denn die Durchsicht der Literatur hat viel mehr Arbeit gekostet, als aus den relativ spärlichen Ergebnissen zu sehen ist. Obendrein wird keiner der Bearbeiter die Gewähr dafür übernehmen können, daß hier oder dort in irgendeiner Arbeit ein vielleicht sehr wesentlicher Befund bereits mitgeteilt ist, der dem Bearbeiter trotz genauer Suche entgangen ist. Noch schwieriger aber war die Sammlung des Materials. Ein einzelnes Institut hat niemals soviel Spontanerkrankungen, um mit seinem eigenen Material eine zusammenfassende Darstellung geben zu können. Meist werden spontan gestorbene Tiere ohne weiteres beseitigt. Bei vielen Instituten stießen wir bei der Bitte um Unterstützung mit Material auf Ablehnung. Nur durch die Unterstützung verschiedener Institute, insbesondere des Instituts für Vererbungsforschung an der Landwirtschaftlichen Hochschule in Berlin-Dahlem, dem an dieser Stelle noch herzlichst gedankt sei, durch Sektion der Tiere an einer Zentralstätte und Verteilung des Materials an die verschiedenen Mitarbeiter gelang es allmählich, ein großes, wenn auch noch keineswegs vollständiges Material zusammen zu bringen.

Aus dem Bewußtsein der Unvollständigkeit unserer Untersuchungen haben wir den Abschluß unserer Arbeiten von Monat zu Monat hinausgeschoben, wir hätten aber auch noch ein Jahrzehnt weiter sammeln können, ohne wirklich Vollständiges zusammen zu bringen. Wir haben uns infolgedessen entschlossen, jetzt abzuschließen. Selbstverständlich werden wir weiterhin Material sammeln und evtl. in kasuistischen Mitteilungen veröffentlichen. Wir hoffen, daß das Erscheinen dieses Buches auch andere Untersucher veranlassen wird, ihre Beobachtungen von Spontankrankheiten mitzuteilen oder uns Material zu überlassen. Sollte es dem Buche beschieden sein, in einer zweiten Auflage zu erscheinen, so kann man hoffen, dann einige Lücken auszufüllen.

Eine weitere Schwierigkeit war die Einteilung des Stoffes. Einerseits sollte das Buch dem Experimentator alle Unterlagen dafür liefern, daß er ohne spezielle Vorkenntnisse sich über die normale und pathologische Anatomie der Versuchstiere unterrichten könnte. Andererseits aber durfte das Buch keinen zu großen Umfang erreichen, damit der Preis in erschwinglicher Höhe gehalten werden konnte.

Wir haben infolgedessen zunächst in den Bereich unserer Bearbeitung nur die vier gebräuchlichsten Laboratoriumstiere: Kaninchen, Meerschweinchen, Ratte und Maus gezogen. Hund und Katze sind oft in der Veterinärmedizin bearbeitet. Auch über Huhn und Taube ist dort viel zu finden. So wären also höchstens Frosch und einige andere seltener zu Versuchen herangezogene Tiere zu besprechen gewesen, bei denen aber Spontankrankheiten wahrscheinlich keine so große Bedeutung haben wie bei den von uns gewählten Tieren.

Bei der normalen Anatomie haben wir uns auf die Befunde beschränkt, die für die betreffenden Tiere irgend etwas charakteristisches darstellen. Befunde, die denen des Menschen gleichen, oder für den Experimentator von geringerer Bedeutung sind, wurden fortgelassen. Auch bei den histologischen Befunden wurde eine möglichst kurze Fassung gewählt, und nur bei einzelnen Organen, wie z. B. bei der Milz, bei der die Kenntnis des feineren Aufbaues für die Anstellung von Experimenten erforderlich ist, wurde auf Einzelheiten eingegangen. Auch die Technik wurde nur dort, wo eine ganz spezielle Technik erforderlich ist, wie bei der Präparation des Zentralnervensystems, in den Kreis der Betrachtung gezogen.

Bei der Besprechung der pathologisch-anatomischen Befunde schien es das einfachste, nach speziell pathologischen Gesichtspunkten vorzugehen, d. h. jedes Organ besonders zu bearbeiten. Es zeigte sich aber bald, daß es wünschenswert war, eine Reihe von allgemein-pathologischen Fragen im Zusammenhang zu besprechen. So erschien es notwendig, die pflanzlichen und tierischen Parasiten zusammenzufassen, die Tumoren gemeinsam zu besprechen, und wenn möglich auch die verschiedenen Stoffwechselvorgänge einheitlich darzustellen. Bei manchem dieser Gebiete erwies sich eine solche zusammenfassende Darstellung vorläufig als unmöglich, weil es trotz großer Bemühungen nicht gelang, genügendes Material zu sammeln. So mußten wir einige geplante Kapitel, wie z. B. den Lipoidstoffwechsel, den Mineralstoffwechsel, die Pigmente fortlassen.

Bei dieser Einteilung war es nicht vermeidlich, daß einzelne Grenzgebiete doppelt behandelt wurden. Wir haben dies nach Möglichkeit vermieden und an der betreffenden Stelle des einen Kapitels auf die Angaben in anderen verwiesen.

Bei der Auswahl der Abbildungen stießen wir wieder auf große Schwierigkeiten. Sehr viel der mitgeteilten Befunde sind an dieser Stelle zum ersten Male publiziert. Es wäre wünschenswert gewesen, sie mit Abbildungen zu belegen.

Andererseits schien es dem Zweck dieses Buches zu entsprechen, typische Fälle in den Vordergrund zu rücken. Da nun aber der Wunsch, den Preis des Buches niedrig zu halten, gegen zu zahlreiche Abbildungen sprach, so war die Auswahl äußerst schwierig. Wir haben aus dem letzten Grunde eine Anzahl Bilder aus anderen Werken entnommen und unter den neuen Bildern eine möglichst enge Auswahl getroffen. Wir hoffen, daß es uns auf diese Weise geglückt ist, das Wesentliche auch im Bilde zu zeigen und trotzdem unnütze, den Preis des Buches verteuernde Abbildungen fortzulassen.

Wenn wir jetzt mit diesem Buch an die Öffentlichkeit treten, sind wir uns durchaus bewußt, nur etwas Unvollkommenes zu leisten. Durch die große Zahl der Mitarbeiter mußte die Einheitlichkeit des Werkes etwas leiden. Durch die Unvollkommenheit des Materials konnten die einzelnen Kapitel nicht mit gleicher Ausführlichkeit bearbeitet werden. Große Lücken sind also noch vorhanden, trotzdem hoffen wir, mit diesem Buch dem Experimentator bei der Beurteilung seiner Versuchsergebnisse behilflich sein zu können. Ferner hoffen wir mit diesem Buche die Anregung dafür zu geben, daß in Zukunft mehr als bisher auch Befunde über Spontankrankheiten der Laboratoriumstiere mitgeteilt werden. Sollten diese unsere Ziele erreicht werden, so dürfte die große, von den Mitarbeitern geleistete Arbeit nicht umsonst gewesen sein.

Berlin, im Dezember 1930. RUDOLF JAFFÉ.

Inhaltsverzeichnis.

Blut und blutbildende Organe.

Urogenitalorgane.

Endokrine Drüsen.

Bewegungsapparat.

Haut.

Von Professor Dr. Erich Hieronymi, Königsberg (Pr.). (Mit 5 Abbildungen.)

Sinnesorgane.

Nervensystem.

Von Dr. B. OSTERTAG, Berlin-Buch. (Mit 33 Abbildungen.)

Allgemeiner Teil.

Bakterielle und parasitäre Erkrankungen.

A. Die durch Bakterien und pflanzliche Parasiten hervorgerufenen Erkrankungen.

Kohlenhydratstoffwechsel (Glykogen).

Von Privatdozent Dr. H. J. ARNDT, Marburg. (Mit 3 Abbildungen.)

Tumoren.

Von DR. FR. HEIM, Düsseldorf und Professor Dr. PH. SCHWARTZ, Frankfurt a. M.
(Mit 4 Abbildungen.)

Seite

a) Tumoren der Haut und Subcutis 772
   1. Gutartige epitheliale Tumoren der Haut 772
   2. Bösartige epitheliale Tumoren 772
   3. Geschwülste des Bindegewebes der Haut 774
b) Tumoren der Mamma 775
   Epitheliale Geschwülste der Mamma 776
c) Tumoren der Lunge bei der Maus 782
   1. Lokalisation und Genese der Lungentumoren 784
   2. Über Metastasen und symptomatische Augenveränderungen bei Lungen-
      tumoren der Mäuse 784
   3. Bemerkungen zur Ätiologie der Lungentumoren 785
   4. Bemerkungen über Geschlecht und Alter der Tiere mit Lungentumoren 786
d) Tumoren der Mundhöhle bei der Maus 786
   1. Tumoren des Mundes 786
   2. Tumoren der Mundspeicheldrüse 788
e) Tumoren des Magen-Darmtraktes 788
   1. Tumoren des Magens 788
   2. Tumoren des Dünndarms 790
   3. Tumoren des Dickdarms 790
   4. Tumoren des Rectums und des Anus 790
f) Tumoren der Leber 790
g) Tumoren des Pankreas 792
h) Tumoren des Genitalapparates 793
   1. Tumoren des Uterus 793
   2. Tumoren des Ovariums 795
   3. Tumoren der Vulva 797
   4. Tumor der Vagina 797
   5. Geschwülste des Penis 798
   6. Hodentumoren der Maus 798
   7. Prostata 798
i) Tumoren der Nieren 798
   1. Bindegewebige Geschwülste der Nieren 799
   2. Über sog. „Mesotheliome" der Nieren 799
   3. Epitheliale Geschwülste der Nieren 800
k) Tumoren der Nebennieren 801
   „Mesotheliome" der Nebenniere 801
l) Tumoren der Schilddrüse 801
   1. Bösartige epitheliale Tumoren der Schilddrüse 802
   2. Sarkome der Schilddrüse 802
   Anhang 802
m) Tumoren des Knochensystems 803
   1. Tumoren der Schädelknochen 803
   2. Tumoren der Wirbelsäule 803
   3. Tumoren der Rippen 803
   4. Tumoren der Extremitätenknochen 804
      Anhang: Heterotrope Tumoren des Knochensystems 804
      Chondrome in der Bauchhöhle 804
n) Tumoren der freien Bauchhöhle 805
o) Geschwulstartige Krankheiten der blutbereitenden Organe bei der Maus . 805
   Anhang: Retikulose 807
   Literatur 808

Sachverzeichnis 815

Spezieller Teil.

Kreislauforgane.

Von KARL LÖWENTHAL, Berlin.

Mit 6 Abbildungen.

I. Normale Anatomie.

a) Morphologie.

Die Anatomie der Kreislauforgane der hier zu schildernden Laboratoriumstiere unterscheidet sich nicht wesentlich von der des Menschen und der Haussäugetiere. Das *Herz* ist etwas mehr mediangestellt als beim Menschen, der
schmaleren Gestalt des Brustkorbs entsprechend; die anliegenden Organe sind
die gleichen wie beim Menschen. Der Herzbeutel ist beim Meerschweinchen
in geringerer Fläche mit dem Brustbein verwachsen als bei Kaninchen, Ratte
und Maus (SCHAUDER). Die Vorderwand ist wohl, wenigstens bei Ratte und
Maus, etwas gewölbter als beim Menschen und der linke Ventrikel bildet einen
verhältnismäßig größeren Teil derselben.

Für die praktisch wichtige Herzpunktion beim Meerschweinchen (Komplementgewinnung)
ist es nach meinen Erfahrungen am zweckmäßigsten, in dem Intercostalraum links neben
der Sternummitte nach hinten medial oben einzustechen. Sonst wird man zu Blutentnahmen
das periphere Venensystem benutzen; bei Kaninchen die Ohrmuschelvenen oder für größere
Mengen die Vena jugularis externa, die erheblich weiter ist als die interna, bei der Maus
muß man sich mit Abschneiden des Schwanzes und Ausstreichen des Blutes aus den Schwanzvenen begnügen. Zur Injektion benutzt man meist bei Kaninchen die Ohrmuschelvenen.
bei Ratte und Maus die Schwanzvenen, die man durch Abreiben mit Xylol (Nekrosegefahr!)
oder, wenn häufigere Injektionen erforderlich sind, durch Eintauchen des Schwanzes in
warmes — nicht heißes Wasser — zur Erweiterung bringt. Besondere topographische
Angaben sind dazu nicht nötig.

Die *Größe* des Herzens beträgt nach SCHAUDER: Kaninchen Länge 3—3,5
und Umfang an der Herzbasis 7—8 cm, Meerschweinchen 2 und 5—6, Ratte
1,2 und 2,5—3, Maus 0,8 und 2 cm. Nach R. KRAUSE ist bei Kaninchen die
Länge 3,5—4 und die Basisbreite 2,5 cm. Das Gewicht wird bei SCHAUDER
für das Kaninchen mit 0,2—0,4% des Körpergewichts angegeben. LUCIEN
und PARISOT ermittelten Herzgewichte von 9—10 g bei Tieren von rund 3500 g
Körpergewicht, 8—8,5 g bei 3000 und 7—7,5 g bei 2500 g; SCHMIDTMANN
bezeichnet Herzen von 13,8 g bei 3000 g Körpergewicht als hypertrophisch.
Nach BESSESEN und CARLSON entspricht bei Meerschweinchen bei nicht übermäßig großer Streuung einem Körpergewicht von 100 g etwa ein Durchschnittswert von 390 mg, einem von 200 g einer von 450 mg, 300 g von 910 mg, 400 g
von 1170 mg, 500 g von 1420 mg, 600 g von 1670 mg, 700 g von 1930 mg, 800 g
von 2140 mg. Als Herzgewicht der Ratte wird von CAMERON und CARMICHAEL
und CAMERON und SEDZIAK bei einigen jungen Tieren von 67—160 g Körpergewicht 350—640 mg oder 0,40—0,52% angegeben, bei einigen älteren mit
Gewicht 224—289 g dagegen 820—940 mg oder 0,32—0,37%. Sehr ausführliche
Zahlen über die Herzgröße bei weißen Ratten (Mus Norwegicus albinus) finden
sich bei HATAL und DONALDSON. Die Gewichte, die für beide Geschlechter
gleich sind, sind etwa bei der Geburt 0,05 g, bei 50 g Körpergewicht oder rund
$1\frac{1}{2}$ Monate Lebensalter 0,28 g, bei 100 g oder $2\frac{1}{3}$ Monate 0,45 g, bei 200 g oder
5 Monate fast 0,8 g, bei 250 g oder ungefähr über 7 Monate gegen 1 g; die Angaben

basieren, soweit ich sehen konnte, auf Bestimmungen an 36 Tieren; ich habe sie hier ganz grob umgerechnet und die Variationsbreite nicht berücksichtigt.

Die topographischen Verhältnisse des *Gefäßsystems* erfordern, wie gesagt, keine besondere Besprechung. Vielleicht ist für den Experimentator das Vorhandensein einer Vena jugularis transversa gleich kranial vom oberen Sternumrand zwischen den beiden Venae jugulares externae bedeutungsvoll.

b) Histologie.

Der histologische Bau des *Herzens* entspricht ganz dem bei Mensch und Haustieren. Die Muskelfasern sind in allen Ebenen dichotomisch verzweigt, quergestreift, die Kerne liegen innerhalb des Faserleibs. Bindegewebe, Gefäße, Nerven verhalten sich wie beim Menschen.

Die normale Histologie der *Blutgefäße* zeigt große Ähnlichkeit mit der des Menschen. Die Intima aller Arterien besteht aus einer einfachen Endothellage. Darunter kommt bei großen und kleinen, herznahen wie peripheren Arterien eine zusammenhängende elastische Membran, die Lamina limitans elastica interna (Kaninchen: KRAUSE, Ratte, Maus: WOLKOFF); allerdings soll diese Elastica interna nach WOLKOFF nur aus elastischen Längsfasern bestehen. Dann folgt die breite Media. Sie ist in den großen Schlagadern abwechselnd aus ringförmig angeordneten glatten Muskelzellen und elastischen Membranen, nach meinen Untersuchungen in der Mäuseaorta aus je 6 bis 10, zusammengesetzt; dazwischen liegen feine kollagene Fasern. Zur Peripherie zu werden die elastischen Systeme immer dünner, unkenntlicher, die Muskulatur desto deutlicher. Die Adventitia ist meist schmal, wird aus wenig Bindewebe mit vereinzelten elastischen Fasern und manchmal spärlichen glatten Muskelzellen gebildet. Bei der Maus und Ratte soll dagegen in der Bauchaorta die Adventitia dicker sein als die Media (WOLKOFF).

Den Einfluß des Alters auf die Arterienstruktur hat WOLKOFF bei Maus, Ratte und Kaninchen untersucht, allerdings nur bei sehr wenig Tieren. Mit zunehmendem Lebensalter verdickt sich die Arterienwand; von der Lamina elastica interna findet eine leichte Absplitterung elastischer Fäserchen in die Intima hinein statt. Die Verbreiterung der Media und erst recht Adventitia beruht meines Erachtens weniger auf Vermehrung oder Vergrößerung der Muskelelemente als auf solcher von Bindegewebe.

Für die Unterscheidung von Arterien und Venen gleicher Größenordnung bei der makroskopischen Präparation und im mikroskopischen Situsbild gilt wie immer der Satz: Arterien enges Lumen und dicke Wand, Venen weites Lumen und dünne Wand. Die Venenintima gleicht der der Arterien. Media und Adventitia gehen ohne scharfe Grenze ineinander über; hier liegen zirkuläre glatte Muskelzellen, von einem ganz unregelmäßigen elastisch-kollagenen Netzwerk in verschieden starke Bündel zusammengefaßt.

Die Lymphgefäße erfordern keine besondere Besprechung.

II. Pathologische Anatomie.

a) Herz.

Die pathologische Anatomie des Herzens ist bisher nicht sehr gut erforscht. Das ist vielleicht damit zu erklären, daß die mikroskopische Untersuchung des Herzmuskels erfahrungsgemäß oft unterbleibt, wenn er, wie meist, dem bloßen Auge keine auffallenden Veränderungen bietet.

Immerhin ist bekannt, daß der Herzmuskel der Tiere auf allgemeine Einflüsse der Ernährung und auf Änderungen des Kreislaufs mit einer Verminderung oder Vermehrung seiner Masse, also mit *Atrophie* oder *Hypertrophie*, antwortet.

Über die Herzatrophie habe ich keine speziellen Angaben finden können, doch weiß jeder, der viel mit Laboratoriumstieren zu tun hat, daß bei Versuchen verschiedenster Art mit einer Verschlechterung des Allgemeinbefindens bei dem absichtlichen oder spontanen Tod der Tiere auch ein besonders kleines Herz gefunden wird. Andererseits ist nicht nur experimentelle Herzhypertrophie wie von SCHMIDTMANN bei Cholesterinfütterungsatherosklerose, sondern auch spontane bei spontanen Arterienerkrankungen beobachtet worden. Dabei handelt es sich aber um Mediaveränderungen der großen Arterien, und ob hierbei eine Hypertonie bestanden hat, ist recht fraglich, während wir ja sonst heute geneigt sind, beinahe reflektorisch linksseitige Herzhypertrophie und Hypertonie gleichzusetzen. Übrigens ist auch die von VAN LEERSUM, FAHR, SCHMIDTMANN, SCHÖNHEIMER bei der Cholesterinsklerose beschriebene Hypertonie in neueren sehr viel genaueren Untersuchungen nicht bestätigt worden. Die Herzhypertrophie bei der erwähnten spontanen Arterienveränderung haben meines Wissens nur LUCIEN und PARISOT angeführt; sie erhoben bei 200 Kaninchen 7mal entsprechende Gefäßbefunde, davon 3mal in schwererer Form und stellten dabei 2mal Herzhypertrophie von 10,9 g bei 2500 und 13,9 bei 3500 g Körpergewicht fest. Charakteristische Konfigurationen des Herzens durch wechselnde Hypertrophie und Atrophie, Dilatation und Kollaps, wie sie den menschlichen Klappenfehlern zukommen, sind nicht bekannt. Daß man auch bei Mäusen mit einiger Übung in der Lage ist, sich makroskopisch ein Urteil zu bilden, zeigten mit Versuche mit intraperitonealen Cholesterinöl-injektionen; es kommt dann regelmäßig zu schwerer interstitieller Lipoid- und Hämosiderinablagerung in den Lungen mit deutlichem Emphysem und es findet sich einwandfrei eine rechtsseitige Herzhypertrophie, für die ich aller-dings leider keine festlegenden Zahlen anführen kann. In den Stammbäumen von M. SLYE fand ich bei vier Mäusen (Nr. 5183, 7470, 7640, 17555) die sum-marische Angabe Herzhypertrophie, ferner einmal noch (Nr. 604) bei Schrumpf-nieren und Uterusadenom.

Unser Wissen von der mehr oder weniger reaktionslosen Ablagerung oder dem Auftauchen von unterscheidbaren sonst nicht sichtbaren Substanzen im Parenchym — was man also vom morphologischen Standpunkte etwa *Stoff-wechselstörungen* oder Degenerationen nennt — ist minimal. Das bei Mensch und Haustier so gewöhnliche braune Abnutzungspigment ist wohl bisher keinem Untersucher aufgefallen; was natürlich nicht unbedingt gegen sein Vorkommen spricht. Dasselbe gilt für die Ablagerung von Lipoiden, Eisen und Glykogen. Ich beobachtete bei einer grauen Maus von etwa $1^1/_4$ Jahren mit schwerster Aortitis eine ziemlich ausgedehnte disseminierte Verkalkung von Herzmuskel-fasern ohne jedes Zeichen von Reaktion der Umgebung oder vorangehenden entzündlichen Veränderungen. Ich habe noch einige Male Bilder gesehen, die im ersten Augenblick den Eindruck von herdförmiger ganz isolierter Herz-muskelverkalkung machten, doch war mir eine sichere Entscheidung gegenüber Kokkenembolien nicht möglich; aus Gründen der Technik konnte ich etwa die KOSSAsche Reaktion nicht ausführen (Nr. 578, U$_3$, ♀, weiß, Alter 14 Monate. Nr. Cho 259, ♀, grau, Alter unbekannt, vor Chondromtransplantation bereits krank, Schrumpfnieren). Vielleicht gehört der Befund von EDELMANN hierher; bei einem Meerschweinchen von 250 g Gewicht und etwa 3 Monaten lag in der linken Vorhofswand des nicht vergrößerten Herzens eine Knochenplatte mit Spongiosa, Mark und endochondraler Ossificationszone.

Kreislaufstörungen und ihre Folgen, wie Infarkte und aus ihnen hervor-gehende Schwielen, sind nicht beobachtet worden. Die anatomischen Ver-änderungen der Coronararterien spielen, wie wir noch sehen werden, auch keine bedeutende Rolle.

Die sogenannten *Entzündungen* sind etwas genauer studiert worden. Zwar ist eine Endokarditis nicht bekannt, und daher fehlen auch die Herzklappenfehler in der Kasuistik. Ziemlich häufig dagegen entwickelt sich ein Prozeß, den man gut als Myokarditis bezeichnen kann. Von C. PH. MILLER wurden unter 34 gesunden erwachsenen Kaninchen, die während $3^1/_2$ Jahren zur Sektion kamen und aus verschiedenen Quellen stammten, 20 mal interstitielle Infiltrate im Herzmuskel gefunden. Diese sind unregelmäßig verteilt, am häufigsten noch in den Papillarmuskeln, und bestehen entweder aus Lymphocytenoder aus Makrophagenhaufen zwischen den Muskelfasern, beigemischt sind etwas Plasmazellen, auch Eosinophile, vermehrte Bindegewebszellen, einmal einzelne Riesenzellen; herdförmig haben die Muskelfasern ihre Querstreifung verloren. Makroskopisch sah das Organ immer unverdächtig aus. Als wahrscheinliche Ursache nimmt der Autor eine milde Infektion an. Kleine Lymphocyteninfiltrate hatten schon vorher BELL und HARTZELL bei 3 Kaninchen mit spontaner Nephritis gesehen. MILLER vermutet, daß auch bei den Versuchen von LONGCOPE, WRIGHT und CRAIGHEAD, DE VECCHI und NATALI die gleichen Spontanveränderungen vorgelegen haben mögen. M. SLYE erwähnt unter einigen tausend Mäusen, soweit ich feststellen konnte, 4 mal (Nr. 702, 814, 877, 3251) Myokarditis als Todesursache. Wie mit der Endokarditis geht es anscheinend auch mit der Perikarditis; weder sind Fälle von akuter Herzbeutelentzündung noch einer alten Concretio pericardii veröffentlicht worden.

Bei einigen Mäusen, die ich nach der bei den Gefäßen beschriebenen Methode bearbeitete, fand ich sowohl rein interstitielle wie perivaskuläre lymphocytäre Infiltrate, so daß man von Myokarditis sprechen könnte. (Nr. 494, K₃, ♀, Alter 14 Monate, Nr. Cho 259, s. o.!). Bei einer Maus (Nr. 578, s. o.:) bestanden mehrfache subendokardiale Anhäufungen von Lymphocyten, Spindelzellen und ganz spärlichen vielkernigen Riesenzellen mit Zerstörung der Muskelfasern, ferner einige kleine und eine große, die Wand des linken Ventrikels vollkommen durchsetzende Schwiele mit deutlicher aneurysmatischer Ausweitung und lockere perikarditische Verwachsungen mit einer Lungenvene, daneben noch andere kleine Perikardschwielen; Gefäßveränderungen fehlten völlig. Warum ich diesen Befund nicht als Folge des Versuchs, sondern als spontan entstanden auffasse, werde ich bei den Gefäßen erläutern.

Ebenso selten wie bei anderen Tierarten sind natürlich auch die echten *Gewächse des Herzens*. Anscheinend hat sogar M. SLYE bei rund 70000 Mäusen keine primäre Herzgeschwulst gesehen. Der einzige Fall ist wohl der von BENDER. Ein junges männliches Meerschweinchen von 400 g Gewicht starb nach zweiwöchentlicher Abmagerung; in dem auf das Doppelte vergrößerten Herzen war der linke Ventrikel durch weißes Gewebe ersetzt, so zeigte sich ein großzelliges Rundzellensarkom ohne Nekrosen und ohne Metastasen in andern Organen.

Etwas mehr Erfahrungen, wenn auch immer noch wenig genug, besitzen wir über die sekundäre Beteiligung des Herzens durch direktes Übergreifen eines Blastoms oder Metastasierung und durch leukämische Infiltration. TYZZER beschreibt bei Mäusen 4 Thymuslymphome aus Rundzellen ohne Zwischensubstanz aber mit Blut- und viel mehr Lymphcapillaren; 3mal griff der Prozeß auf das Perikard, 2mal auf das Myokard über. Unter 51 Lymphosarkomen, die SIMONDS aus dem Material von M. SLYE zusammengestellt hat, ist 6mal das Herz mitbefallen. In ähnlicher Weise soll bei einem Kaninchen von DESSY und ABERASTURY mit Lymphosarkom der Oberbauchdrüsen das Herz mitergriffen gewesen sein (s. auch Kapitel Tumoren).

Über leukämische Zellhäufungen ist auch bereits berichtet worden, zuerst über kleine Herzherde von EBERTH bei einer Maus, bei welcher in erster Linie die Milz, in zweiter die Leber, weniger die Nieren und gar nicht die Lymphknoten befallen waren (s. auch Kapitel Blut).

b) Gefäße.

Unsere Kenntnis der Gefäßpathologie erschöpfte sich bis vor kurzem in gewissen Veränderungen der Kaninchenaorta und das ist begreiflich, da die kleinen Gefäße schon beim Kaninchen, und bei der Maus auch die größten nur mühselig zu präparieren und kaum ohne größere Zerstörung für die Besichtigung aufzuschneiden sind. Hier muß man zu anderen Methoden seine Zuflucht nehmen, die man als mikrotopographische oder etwa als mikroskopische Präparation bezeichnen könnte. Ich komme bald darauf zurück.

Die genannten Arterienerkrankungen gehören durchweg dem Typ der primären *Mediamuskelnekrosen* und *Mediaverkalkungen* an, wie wir sie von den muskulären Arterien des Menschen als krankhafte Abnutzungserscheinungen gut kennen, sitzen allerdings beim *Kaninchen*, soweit bekannt, nur in der Aorta, am stärksten im Bogen. Sie gleichen vollkommen denen, die man durch Adrenalininjektionen und verschiedene andere Gifte erzeugen kann. Ob es sich bei letzteren teilweise überhaupt nur um spontane Erkrankungen gehandelt hat, was schon KAISERLING für möglich gehalten hat, läßt sich trotz der großen Literatur immer noch nicht mit Sicherheit entscheiden, da die Angaben über das prozentuale Vorkommen außerordentlich schwanken. Zuerst sind die entsprechenden Befunde von MILES bei 49 gesunden Kaninchen in $34^0/_0$ erhoben worden, im Anschluß daran von JOHNSTONE 3mal bei 9 Tieren, dann fand PEARCE unter 51 Kaninchen, die aus verschiedenen Quellen bezogen waren, 3mal nur geringfügige Veränderungen. LUCIEN und PARISOT, die nach unserer Nomenklatur unberechtigterweise von „athérome" sprechen, stellten bei 200 Kaninchen von 2000 bis 4000 g Gewicht 7mal geringe, 3mal schwere Erkrankungen fest, SEEGAL und SEEGAL bei 30 Tieren $27^0/_0$, HEDINGER und LOEB unter 100 und RZENTKOWSKI unter etlichen zehn Tieren keinmal, KAISERLING 1mal, B. FISCHER unter 140 Kaninchen mehrmals bei kachektisch gestorbenen. Auch GOUGET, GIOVANNI-QUADRI (2mal unter 15 im Alter von 4 bis 6 Monaten), KALAMKAROW (3mal unter 30), BENECKE, THEVENOT (1mal unter 18) (diese Letzten zitiert nach LUCIEN und PARISOT oder HORNOWSKI) sollen die gleichen Bilder geschildert haben. Die befallenen Stellen des Gefäßrohres sind hart, weißlich, an der Innenseite erhaben oder eingezogen, sogar aneurysmaähnlich, die Wand kann verdickt oder verdünnt sein. Das erste in dem Prozeß sind Nekrosen der Muskulatur und Schwund derselben, dann erfolgt Dehnung und später Ruptur der elastischen Elemente, schließlich Verkalkung oder Hyalinisierung; die inneren Mediaschichten sind stärker ergriffen als die äußeren. SEEGAL und SEEGAL beschreiben sogar bei einem gesund erscheinenden Kaninchenbock von unbekanntem Alter und 2500 g Gewicht am Aortenbogen in 7 mm Ausdehnung in der Media Knorpel, hyalinen und verkalkten, und Knochen mit typischem Knochenmark. Bei *Mäusen* erwähnte ich 2mal ähnliche Zustände leichter Art, Kernverlust und geringe Verfettung von Muskelzellen mit Dehnung der elastischen Lamellen (Nr. 137, ♂, weiß, Alter 10 Monate. Nr. 223, ♀, weiß, Alter $12^2/_3$ Monate) in den äußeren Teilen der Media. Bei einer Maus (Nr. 7736) gibt M. SLYE als Todesursache Arteriosklerose an.

Über das *Gefäßsystem der Maus* besitze ich etwas größere eigene Erfahrungen, wenngleich sie nicht eigentlich systematisch gesammelt worden sind und sich daher auch noch nicht über den Rang der reinen Kasuistik erheben. Ich kann also auch keine statistischen Angaben über die Häufigkeit dieser Erkrankungen und somit über ihre Bedeutung für die Gesamtpathologie dieser Tierart machen. Vor der Besprechung der Einzelfälle dürfte eine Schilderung der von mir gegenwärtig angewandten *Methode* von Nutzen sein. 1. Nach Entfernung der Bauchorgane und der vorderen Brustwand fasse ich mit feiner Pinzette die Halsorgane an der Trachea, löse dann die gesamten Brustorgane und die Bauchaorta von der Wirbelsäule ab und durchschneide dabei noch beiderseits der Mittellinie das Zwerchfell. 2. Nach Abtragung der Schädeldecke hebe ich das Gehirn aus dem Schädel heraus. 3. Dann ziehe ich von dem ganzen übrigen Schädel die Haut ab. 4. Selten habe ich auch die Extremitäten untersucht, immer nur als Ganzes nach Abziehen der Haut. Fixierung 24 Stunden in ORTHschem Gemisch, bei 3 und 4 folgt Entkalkung in $5^0/_0$iger Salpetersäure 24 Stunden und Nachfixierung 24 Stunden in Formalin, immer Einbettung in Gelatine

und Besichtigung der lückenlosen Serie ohne besondere Reihenfolge nach Färbung mit Sudan-Hämatoxylin in Wasser; Schnittrichtung für 1 sagittal oder
frontal, für 2 sagittal oder horizontal, für 3 sagittal, für 4 Längsrichtung, um
so in jedem Falle mit der geringstmöglichen Zahl von Schnitten auszukommen.
Mit einiger Übung macht dann die topographische Orientierung keine Schwierigkeiten.

Die hier zu schildernden Befunde halte ich deswegen für Zeichen von *Spontanerkrankungen*, weil sie bei Kontroll- und Zuchttieren ebenso wie bei Versuchstieren und bei diesen immer nur bei wenigen, übrigens meist älteren,
vorkamen; es ist klar, daß mit zunehmender Lebensdauer die Chance sich erhöht,
spontane Organveränderungen anzutreffen. Um was für Versuche es sich dabei
gehandelt hat, wird bei den Einzelbefunden kurz angeführt.

Die Vielheit der Veränderungen an den Gefäßen der Maus ist in gewisser
Hinsicht größer als beim Menschen. Es finden sich zwar dieselben Bilder, jedoch
nicht so überwiegend an bestimmte Abschnitte des Arteriensystems gebunden,
wie etwa Atheromatose in Rumpf und Kopf, primäre Mediaverkalkung in den
Extremitäten. Sondern am gleichen Gefäßabschnitte bei verschiedenen Tieren oder
nah hintereinander am gleichen Tier begegnet man den histologisch von einander
so abweichenden Zuständen. So kommt im einzelnen — nicht im einzelnen Tier,
sondern an der einzelnen Stelle eines Gefäßes — typische Atheromatose und
reine Mediamuskelnekrose mit und ohne Verkalkung vor, aber auch Intimasklerose allein ohne Verfettung, jedoch manchmal mit Verkalkung. Dabei fallen
aber ab und zu, nicht immer, stärkere zellige Infiltrationen, besonders in der
Aventitia, selten auch in der Intima, auf. Ob in dieser „entzündlichen" Kom-
ponente ein grundlegender Unterschied gegenüber dem Menschen — wie es
vielleicht scheinen möchte — besteht, ist nicht ohne weiteres sicher. Möglicherweise ist die — dann scheinbare — Differenz nur in den engen Verhältnissen
bei diesen kleinen Tieren begründet, durch welche beim Menschen nicht als
zusammengehörend angesehene Einzelheiten räumlich viel mehr zusammengedrängt werden und uns daher eher als einheitliches Bild imponieren. Diese
geschilderten Befunde gehen über in die schwersten Veränderungen der
Arterien, zusammengesetzt in ganz wechselndem Maße aus Intimaverfettungen
und -fibrosen, Muskelnekrosen, Elasticarupturen, mächtigen Zellinfiltraten,
Narben, Aneurysmen mit Thromben und Gefäßwandrupturen. Hier drängt
sich eine gewisse Ähnlichkeit mit der Periarteriitis nodosa auf. Wieweit man
es nun mit durch Infektion bedingten Arteriitiden zu tun hat, wieweit mit
Abnutzungskrankheiten oder Ernährungsschäden, ist mit morphologischen
Methoden allein nicht zu entscheiden. Hier muß neben der sorgfältigen Sektion
und mikroskopischen, möglichst auch bakteriologischen Untersuchung die
Züchtung und genaue klinische Beobachtung herangezogen werden. So erst
werden die Beziehungen von angeborener Anlage, einseitiger Über- oder Unterernährung, Ausübung oder Unterdrückung der Geschlechtätigkeit, Infektionen durch Ungeziefer oder Bißwunden oder von den Verdauungswegen aus,
Parasiten usw. zu dem pathologisch-anatomischen Gesamtbild des Gefäßsystems — die Betrachtung der Details des Bildes versagt ja, wie wir sahen —
schließlich klar werden. Die folgende Kasuistik möge das Gesagte erläutern.

Nr. 666, M_1, ♂, weiß, Alter $25^3/_4$ Monate. Zuchttier, Tod an Halsabsceß. Ventrikel-
seite der Aortenklappen diffuse subendotheliale Lipoidablagerung. Beginnende Atheromatose.

Nr. 661, K_2, ♀, weiß, Alter ?, Tod an Lungenemphysem, 21×1E Follikulin zuletzt
etwa 1 J. vor dem Tode. Leichte diffuse subendotheliale Lipoidablagerung in den Aortenklappen und im Sinus Valsalvae. Beginnende Atheromatose.

Nr. 357, V_1, ♂, weiß, Alter $16^1/_2$ Monate, Gewicht 29 g, $15 \times$ Teeröl intraperitoneal zuletzt 2 Wochen vor dem Tode, Tod an peritonealen Adhäsionen und chylösem Ascites.

In den Sinus Valsalvae mehrere Plaques, Lipoidablagerung diffus und reichlicher in Spindel- und Pseudoxanthomzellen in der verdickten Intima unter intaktem Endothel, auch noch in der innersten Medialage; auch noch etwas außerhalb der Sinus Valsalvae. Atheromatose.

Nr. 587. X$_3$, ♀, grau, Alter 26 Monate, Gewicht 18$^1/_2$ g, 11× Embryonalbrei subcutan zuletzt 7 Monate vor dem Tode, Tod an parasitären Peritonealknötchen (?). In den Sinus Valsalvae kleine atheromatöse Herdchen und locker-fibröse Intimaschwielen; geringe Atheromatose der Aorta descendens und Carotis oder Subclavia. Atherosklerose.

Nr. 586. X$_2$, ♀, weiß, Alter 28$^1/_3$ Monate, 6× Embryonal- und 5× Placentarbrei subcutan zuletzt 9 Monate vor dem Tode. Tod an Volvulus und Ileus. In einer Gehirnarterie zirkuläres subendotheliales Lipoidpolster mit Lymphocyteninfiltrat nur in der Intima. Atheromatose.

Nr. 585. X$_1$, ♀, weiß, Alter 26$^1/_4$ Monate, 11× Embryonalbrei subcutan zuletzt 7 Monate vor dem Tode, Tod an Schrumpfnieren und Rectumvorfall mit Ileus, Gewicht 17 g. Kleiner Atheromherd im Sinus Valsalvae, jedoch mit Ausbildung richtiger Fettzellen. Mehrere Kalkspangen in der innersten oder zweiten Muskelschicht der Aorta ascendens. Atheromatose und Mediaverkalkung.

Abb. 1. Maus 588. Coronararterienast im Herzmuskel. Färbung Sudan-Hämatoxylin. Leitz Obj. 6, Ok. 1, auf $^3/_4$ verkleinert.

Nr. 400, L$_5$, ♀, weiß, Alter 26 Monate, Gewicht 15$^1/_2$ g, 30× Cholesterinöl intraperitoneal zuletzt 4$^1/_2$ Monat vor dem Tode, Tod an interstitieller Pneumonie (?). Kleine Atheromherde in den Sinus Valsalvae und an den Aortenklappen; Anfangsteil der Coeliaca Intima auf Aortenmediadicke verbreitert, subendothelial zellig-faserig, in der Tiefe Lipoid in Klumpen, nach dem Lumen zu mehr diffus, etwas adventitielle lymphocytäre Infiltration. Atherosklerose.

Nr. 588. X$_4$, grau, ♀, Alter 22$^3/_4$ Monate, Gewicht 15$^1/_2$ g, 11× Placentarbrei subcutan zuletzt 3$^2/_3$ Monat vor dem Tode, Tod an Pyometra. Locker-fibröse herdförmige Intimaverdickungen der Aorta ascendens bis auf halbe Mediadicke mit kleinen Kalkplatten und sogar verkalktem Knorpel. Verkalkung der Muskulatur mehrerer Coronararterienäste, die einzelnen Platten nehmen $^1/_{30}$ bis $^1/_5$ des Umfanges ein. Intimasklerose und Mediaverkalkung.

Nr. 716, grau, ♀, Alter über 1 Jahr, Zuchttier. Nekrose der Media fast des halben Umfangs der Aorta ascendens mit Atrophie und Verfettung der Muskelzellen, kleinem Aneurysma und Thrombus in demselben. In Pulmonalis an anliegender Stelle lymphocytäres Infiltrat der Intima und Adventitia. Medianekrose und Arteriitis (?).

Nr. 542, T$_5$, grau, ♀, Alter 14$^1/_2$ Monate, Gewicht 23 g, 5× Embryonal- und 5× Placentarbrei subcutan zuletzt 1 Monat vor dem Tode, Tod an Leukämie. Muskelnekrosen mit geringer Lipoiddurchtränkung derselben in den innersten 6 bis 8 Schichten der Aorta ascendens bei erhaltener Elastica, kleiner Thrombus dieser Stelle, dickes rundzelliges adventitielles Infiltrat. Medianekrose mit entzündlicher Reaktion oder leukämischer Infiltration.

Nr. 577, U$_2$, ♀, weiß, Alter 31$^2/_3$ Monate, Gewicht 18$^1/_2$ g, früher über 30 g, 13× Placentarbrei subcutan zuletzt 1 Jahr vor dem Tode, Tod an Kachexie, Emphysem und Bronchektasen. Kleine Nekrosen der Muskulatur der Aorta ascendens bald hinter

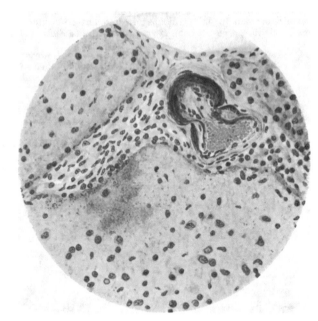

Abb. 2. Maus 494. Intrameningeale Arterie. Färbung Sudan-Hämatoxylin (Fett schwarz). Leitz
Obj. 6, Ok. 4, auf ²/₃ verkleinert.

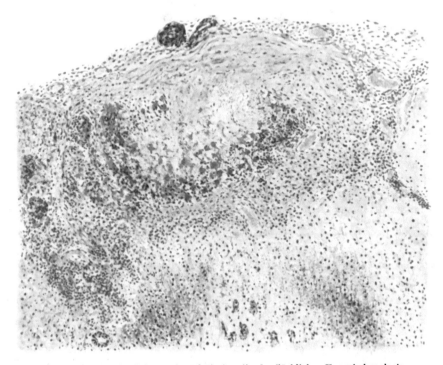

Abb. 3. Maus 494. Intrameningealarterie mit oberflächlicher Encephalomalacie.
Färbung Sudan-Hämatoxylin. Leitz Obj. 3, Ok. 4.

den Sinus Valsalvae. Große Nekrosen vor, in und hinter dem Aortenbogen mit Lipoiddurchtränkung in nekrotischen und in noch kernhaltigen Muskelzellen bei erhaltener Elastica; größere Lymphocytenmäntel in der Adventitia am Bogen, hier auch kleine Intima-
infiltrate und seltene ganz kleine in den Spalten der Media. Medianekrosen mit entzündlicher Reaktion. In einer Kleinhirnarterie breites hyalin-lipoides Polster der Intima oder
Medianekrose. Dieselbe Veränderung in der Zungenarterie mit etwas lymphocytärer perivasculärer Infiltration.

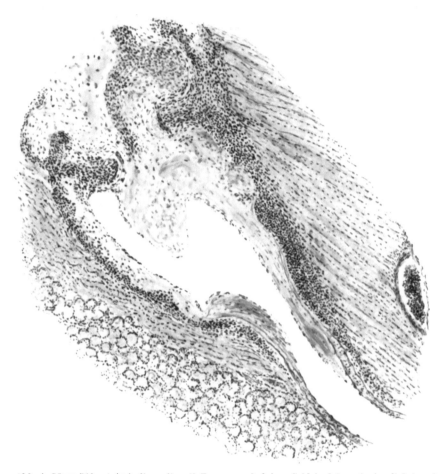

Abb. 4. Maus 710. Arteria lingualis mit Zungenmuskulatur, Schleimdrüsen (unten links) und
Zungenbein (rechts). Färbung Orcein-Sudan-Hämatoxylin. Leitz Obj. 3, Ok. 1.

Nr. 494, K_3, ♀, weiß, Alter 14 Monate, Gewicht $16^1/_2$ g, $15 \times$ Teeröl intraperitoneal zuletzt
2 Wochen vor dem Tode, Tod an Kachexie mit Schrumpfleber. Nekrosen der Mediamuskel-
zellen der Aorta ascendens bald hinter dem Herzen mit oft starker diffuser Lipoiddurchtränkung bei erhaltener aber gestreckter Elastica, Media dabei stark geschwollen. Breite
zirkuläre Kalkspangen der Media im größeren Teil der Ascendens und im Bogen, etwa $^3/_4$
des Umfanges einnehmend; wechselnde lymphocytäre Infiltrate der Adventitia mit einzelnen Leukocyten. Im Bereich der Arteria cerebri media und weniger der Stirnhirn- und
Kleinhirnarterien feine spindelförmige Lipoidtröpfchenablagerung, die den Gefäßumfang
zum kleinen Teil oder vollkommen einnimmt, bis zu spaltartiger Verengerung des Lumens
durch dickes hyalin-lipoides subendotheliales Polster; die schmale Media und Adventitia
hier ganz unbeteiligt. Im gleichen Gefäß wechseln, wie die Verfolgung durch viele Schnitte
zeigt, diese Befunde mit völlig unveränderten Stellen ab, wie bei der menschlichen Atherosklerose; auch die bekannten Folgezustände finden sich mehrfach, nämlich encephalo-

malacische Herde, allerdings oberflächennah, mit Schwund der Nervensubstanz, vielen
großen Fettkörnchenzellen und peripherer lymphocytärer Abgrenzung. Atherosklerose und
Medianekrose mit entzündlicher Reaktion.

Nr. 710, ♂, grau, Alter über 1 Jahr, Zuchttier, Tod nach Lähmung der Hinterbeine.
Die Carotis interna unmittelbar über der Schädelbasis, also im Schädelinnern, ist etwa
in $^1/_5$ ihres Umfangs gut erhalten, in $^4/_5$ ist die Media total nekrotisch, die Elastica interna
teils unverändert, teils aufgesplittert, die adventitielle Elastica ganz aufgesplittert, Adventitia und verdickte Intima lymphocytär-leukocytär durchsetzt, die Intima in den tiefen
Schichten lipoiddurchtränkt; mitten in dieser Partie klaffende Ruptur, das ganze Gefäß
von Blutmassen umgeben. Die Gefäßveränderung läßt sich in wechselndem Grade durch

Abb. 5. Maus 710. Bauchaorta mit Abgang der Arteria coeliaca.
Färbung Orcein-Sudan-Hämatoxylin. Leitz Obj. 3, Ok. 1, auf $^4/_5$ verkleinert.

die ganze Schädelbasis verfolgen. In der Arteria lingualis Endothel meist erhalten, Intima
sonst fibrös und hyalin verdickt bis zur dreifachen der normalen Media, in tiefen Schichten
auch teilweise lipoiddurchtränkt, Elastica interna nur in Resten erhalten, Media unverändert oder nekrotisch oder ganz verschwunden und durch zellige Infiltrate ersetzt, Muskulatur manchmal auch verfettet, in der Adventitia riesige lymphocytär-leukocytäre Anhäufungen auch an sonst unveränderten Wandstellen, auch in der Intima vielfach Infiltrate; auf große Strecken völliger Verschluß der Lichtung, sonst in derselben teilweise
stärkste Leukocytose. Am Abgang der Coronararterien und noch mehr der Coeliaca Intima
stark verdickt, in der Tiefe lipoiddurchtränkt, oberflächlich zellig infiltriert, Media verbreitert, Elastica auseinandergedrängt durch mächtige ganz überwiegend lymphocytäre
Infiltration, die sich ebenso durch die ganze Adventitia ausdehnt. Periarteriitis nodosa?

Nr. ..., früher bereits veröffentlicht, Tod an Aortenruptur, Kombination schwerer
nekrotisierender und infiltrativer Prozesse z. T. ähnlich wie bei 710, nur etwas andere
Lokalisation.

Nr. 660, K$_1$, ♀, weiß, Alter 25^1/$_2$ Monate, Kontrolltier, Tod an Halsabsceß und Pneumonie. Am Abgang der Carotis oder Subclavia bricht die Eiterung in die Aorta durch; Muskulatur leukocytär durchsetzt aber nicht eigentlich nekrotisch, Elastica erhalten, auf der Intima eitrige Thrombose, die weiter in das kleinere Gefäß hineinreicht. Unmittelbar neben einer abscedierenden Pneumonie in erweiterter Lungenarterie oder -vene wulstig in das Lumen vorspringendes hyalines Polster unter intaktem Endothel, basal leukocytendurchsetzt. Eitrige Arteriitis.

Nr. 665, K$_6$, ♀, grau, Alter 21^1/$_2$ Monate, Gewicht 18 g, 21 × 1 E Follikulin subcutan zuletzt 9 Monate vor dem Tode, Tod an innerer Einklemmung und Ileus. Aorta ascendens 1 mm hinter Herz in 1 mm Länge perivasculärer Lymphocytenmantel. Periarteriitis?

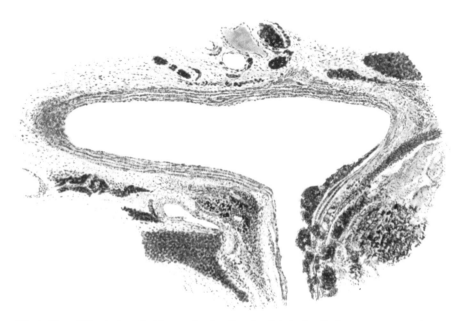

Abb. 6. Maus 660. Aorta mit Abgang der Carotis oder Subclavia. Färbung Sudan-Hämatoxylin.
Leitz Obj. 2, Ok. 1, auf ^{3}/$_4$ verkleinert.

Etwa 70 Tiere habe ich noch durchgesehen, ohne besondere Befunde am Gefäßsystem erheben zu können; es handelte sich dabei um Kontroll- und Zuchttiere, darunter auch eines (Nr. 663, K$_4$, ♀, grau, Alter 20^1/$_2$ Monate, Gewicht 18^1/$_2$ g, Kontrolltier) mit malignem Lymphknotentumor (malignes Lymphatom LÖWENTHAL), und um Versuche mit subkutaner und intraperitonealer Cholesterinöl-, intraperitonealer Teeröl- und subcutaner Embryonal- und Placentarbreiinjektion, mit Cholesterinöl- und Eiweißfütterung.

Literatur.

BENDER: Sarcoma of the heart of a guinea-pig. J. Canc. Res. **9**, 384 (1925).

DONALDSON: The rat. 2. Aufl. Memoirs of the Wistar institute of anatomy and physiology. Philadelphia 1924. — DESSY und ABERASTURY: Zit. nach SIMONDS.

EBERTH: Leukämie der Maus. Virchows Arch. **72**, 108 (1878). — EDELMANN: Über Knochenbildung in der Herzwand. Virchows Arch. **266**, 51 (1927).

FISCHER, B.: Die experimentelle Erzeugung von Aneurysmen. Dtsch. med. Wschr. **31**, 1713 (1905).

HEDINGER u. O. LOEB: Über Aortenveränderungen bei Kaninchen nach subcutaner Jodkaliverabreichung. Arch. f. exper. Path. **56**, 314 (1907). — HORNOWSKI: Untersuchungen über Atherosklerosis. Virchows Arch. **215**, 280 (1914).

JOHNSTONE: Note added (Miles). J. amer. med. Assoc. **49**, 1176 (1907).

KAISERLING: Beitrag zur Wirkung intravenöser Suprarenininjektionen auf die Kaninchen-aorta. Berl. klin. Wschr. 44, 20 (1907). — KRAUSE: Mikroskopische Anatomie der Wirbel-tiere. I. Säugetiere. Berlin und Leipzig 1921.

LÖWENTHAL: (a) Experimentelle Atherosklerose bei Omnivoren. Frankf. Z. Path. 34, 145 (1926). (b) Orte der Lipoidablagerung und Wege der Lipoidzufuhr. Verh. dtsch. path. Ges. 21, 209 (1926). (c) Nekrotisierende Aortitis und Aortenruptur bei einer Maus. Virchows Arch. 265, 424 (1927). (d) Einige Grundfragen der experimentellen Geschwulstforschung. Med. Klin. 24, 1263 (1928). (e) Eine Mesenterialcyste bei einer Maus und ihre Entstehung. Z. Krebsforschg 30, 139 (1929). — LUCIEN et PARISOT: (a) L'athérome spontané chez le lapin, sa fréquence et ses caractères généraux. C. r. Soc. Biol. Paris 64, 917 (1908). (b) Les lésions de l'athérome expérimental et spontané chez le lapin. C. r. Soc. Biol. Paris 64, 919 (1908).

MILES: Spontaneous arterial degeneration in rabbits. J. amer. med. Assoc. 49, 1173 (1907). — MILLER, PH.: Spontaneous interstitial myocarditis in rabbits. J. of exper. Med. 40, 543 (1924).

PEARCE: Occurrence of spontaneous arterial degeneration in the rabbit. J. amer. med. Assoc. 51, 1056 (1908).

RZENTKOWSKI, VON: Atheromatosis aortae bei Kaninchen nach intravenösen Adrenalin-injektionen. Berl. klin. Wschr. 41, 830 (1904).

SCHAUDER: Anatomie der Impfsäugetiere. MARTINS Lehrbuch der Anatomie der Haus-tiere, 2. Aufl. Stuttgart 1923. — SCHMIDTMANN: Experimentelles zur Frage der Schrumpf-niere. Verh. dtsch. path. Ges. 22, 226 (1927). — SEEGAL and SEEGAL: Spontaneous bone and marrow formation in the aorta of a rabbit. Arch. Path. a. Labor. Med. 3, 73 (1927). — SIMONDS: Leukemia, pseudoleukemia and related conditions in the SLYE stock of mice. J. Canc. Res. 9, 329 (1925). — SLYE, M., HOLMES and WELLS: Studies on the incidence and inheritability of spontaneous tumors in mices. XIX. Primary spontaneous tumors of the uterus in mice. J. Canc. Res. 8, 96 (1923).

TYZZER: A serie of spontaneus tumors in mice, with oberservations on the influence of heredity on the frequency of their occurrence. J. med. Res. 21, 479 (1909).

WOLKOFF: Über die Altersveränderungen der Arterien bei Tieren. Virchows Arch. 252, 208 (1924).

Respirationsorgane.

A. Nase.

I. Normale Anatomie.

Von W. KOLMER, Wien.

Mit 10 Abbildungen.

Das Geruchsorgan gliedert sich in den Nasenvorhof, die vordere Muschel-region, die bei den Nagetieren besonders hochgradig entwickelt ist, und den größten Teil der respiratorischen Region ausmacht, und in das eigentliche Riechorgan oder die Regio olfactoria, die bei diesen ausgesprochen makros-matischen Tieren auffallend hoch entwickelt ist. Das Vestibulum ist mit derbem, nach innen zu zarter werdenden Plattenepithel ausgekleidet. Es steht in seinem hinteren Abschnitt durch den Canalis incisivus, der ebenfalls von Plattenepithel ausgekleidet ist, mit der Mundhöhle in Verbindung.

Ein geringer Grad von Asymmetrie der die Nase bildenden Knochen wird häufig beobachtet.

Vestibulum des Kaninchens: Das geschichtete Epithel zieht eine Strecke weit haupt-sächlich medial unten in die Nasenhöhle hinein: hier finden sich nur wenige schwach entwickelte Gefäße.

In der *Regio respiratoria* des *Kaninchens* findet sich eine außerordentlich kompliziert gestaltete Muschel, mit zahlreichen primären und sekundären Rippen besetzt, die von einem feinen Knochenblatt gebildet sind. Dieses ist

spitzenartig durchbrochen und trägt Knochenblättchen, die von einer große
Venen führenden Fortsetzung der Vestibularschleimhaut überzogen sind, dabei
nur sehr zartes Plattenepithel tragen und offenbar den Atemluftstrom in außerordentlich viel Teilströme verteilen (Marsupium nasi). Drüsen fehlen in diesem
Bereich vollständig. Die Nasenscheidewand ist im unteren Teil mit Übergangsepithel im mittleren und oberen Teil mit respiratorischem Flimmerepithel
ausgekleidet. Die Pars respiratoria enthält zahlreiche kleine Arterien und
weite Venengeflechte.

Beim *Kaninchen* ist der Sinus maxillaris von einem niedrigen respiratorischen
Epithel ausgekleidet und rings von Drüsen des gemischten Typus umgeben.

Die Riechschleimhaut aller Nager ist
charakterisiert durch den Gehalt eines gelblich-braunen Pigmentes, so daß die Ausdehnung dieser Region als *Locus luteus* deutlich
hervortritt. Das Verhalten dieses Farbstoffes,
wahrscheinlich eines Fettfarbstoffes, ist an-
nährend das gleiche bei allen Nagern.

Die Regio olfactoria überzieht beim *Kaninchen* wie bei allen Nagern nicht nur die
Nasenscheidewand, sondern auch die davon
ausgehenden Muscheln sowie die komplizierten Muscheln des Siebbeinlabyrinths mit
ihren Verzweigungen. Am dicksten ist die
Schleimhaut zumeist am Septum und den
dem Septum gegenüberliegenden Teilen.
Hier finden sich oberflächlich gelegen, die
Stützzellen, die mit ihren Köpfen zusammen-
stoßend, an der Oberfläche ein Mosaik von
polygonalen Plättchen bilden, in dem nur
kleine, rundliche Löcher am Rande der Plättchen den Durchtritt der Riechbläschen der
Riechzellen gestatten. Die Stützzellen sind
so lang wie die ganze Dicke der Schleimhaut, besitzen einen im oberen Drittel gelegenen ovalen Kern, oberhalb desselben
läßt sich der Netzapparat der Zelle nachweisen, bei jugendlichen Tieren nahe der
Endplatte ein winziges Diplosom mit Innen-
und Außengeißel. Unregelmäßig geformt
setzt sich der Zellkörper unterhalb des

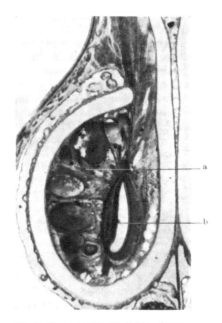

Abb. 7. Querschnitt des linken Organon
vomeronasale Jakobsoni des Kaninchens,
in der Knorpelrinne eingebettet, die vom
Knochenblatt umgeben ist.
a Gefüllte Venen des lateral gelegenen
Schwellkörpers. b Laterales Epithel des
Sinnesorgankanals, oben dorsal glatte
Muskeln. Orig.

Kernes bis an die Basalmembran der Schleimhaut fort, wobei die Konfiguration dieses Zellabschnittes durch die anliegenden, die Zelle einbuchten-
den Zellkörper der Riechzellen bedingt wird. Basal zeigt die Zelle eine
kleine dreieckige Verbreiterung. Sehr schwierig lassen sich in den Stützzellen (mit Molybdänhämatoxylin) Stützfibrillen nachweisen. Die Riechzellen
sind an der Peripherie des Körpers gelegene, im wesentlichen spindelförmig
geformte, bipolare Zellen, von gangliösem Charakter, sie entsenden einen
peripheren Fortsatz zur Oberfläche, der inzwischen den Körpern der Stützzellen ausgesparten Rinnen bis zur Oberfläche verläuft und hier aus dem
Mosaik der Limitans externa, mit einem kleinen Köpfchen, dem Riechbläschen
hervorragt, auf welchem eine Anzahl winzigster Basalkörperchen und von ihnen
ausgehend, kurze wahrscheinlich unbewegliche Riechhärchen sich befinden.
Nicht immer gelingt es, auf der Oberfläche der Schleimhaut auf größere Strecken

eine möglicherweise leichtvisköse Substanz ausgebreitet zu sehen, als deren distale Begrenzung unter Umständen ein zartes homogenes isolierbares Häutchen, das sich streckenweise ablösen und aufrollen kann, auffällt. Es lassen sich in den Riechzellenkörpern den Kern umgebende Gitter von Neurofibrillen nachweisen, von diesem Gitter gehen einzelne Fibrillen offenbar bis nahe an das distale Zellende. Ihr Verhalten zum Riechbläschen ist noch ungeklärt. Proximal geht aus dem Gitter eine kräftige Fibrille hervor, die als Achsencylinder mit denen der benachbarten Zellen parallel sich vereinigend die Fila olfactoria der Riechnerven bildet. Diese treten in die Submucosa, werden dort von *Schwann*schen Zellen eingescheidet, eine Markscheide fehlt. Außer diesen Olfactoriusfasern verästeln sich Fasern des Nervus terminalis, dessen Ganglien in der Submucosa und weiter proximalwärts dargestellt worden sind, in der Schleimhaut.

Außer den Riech- und Stützzellen finden sich noch dreieckige Basalzellen längs der Basalmembran in einer Reihe angeordnet, die möglicherweise als Ersatzzellen fungieren können. In der Schleimhaut finden sich stets zahlreiche Wanderzellen.

Auf der Riechschleimhaut münden mit engen Ausführungsgängen die Glandulae olfactoriae oder BOWMANschen Drüsen aus. Es handelt sich um seröse Drüsen, welche in der Schleimhaut eingebettet sind. Ihr Sekret dürfte auf den Härchen der Riechschleimhaut durch die Kräfte der Oberflächenspannung zu einer Schichte ausgebreitet werden — und wenn geronnen, das oben erwähnte isolierte Oberflächenhäutchen liefern. Die Drüsen, die das Sekret abgeben, sind niedrig, zylindrisch, enthalten feinste Granula einen rundlichen und großen Kern, an der freien Fläche ein Diplosom.

Die Regio olfactoria besitzt sehr reichliche, aber etwas engere Venen. Die Capillargefäße versorgen hauptsächlich die Fila olfactoria, verlaufen oft zentral in ihnen. Ein eigentliches Capillarnetz unterhalb des Epithels findet sich in der Regio olfactoria nirgends deutlich ausgebildet, dagegen finden sich Capillaren im Periost; eine nähere Verbindung der Drüsen der Regio olfactoria und der Gefäße läßt sich nicht nachweisen. Die Venen bilden in der Regio olfactoria stellenweise weite Geflechte.

Über die Lymphgefäße der Nase ist bei Nagern wenig bekannt.

Das JAKOBSONsche *Organ* wird gestützt durch ein knorpeliges Rohr, das seinerseits durch eine Knochenhalbrinne mit dem knöchernen Anteil des Vomers zusammenhängt. Es besitzt eine Schleimhaut, die lateral ein niedriges, medial ein sehr hohes Epithel, letzteres auf dem Querschnitt in Halbmondform trägt. Während das laterale Epithel 1—2 schichtig ist und Flimmerzellen sowie Basalzellen enthält, ist das mediale ein hohes Sinnesepithel, in welchem distal die Körper der Stützzellen angeordnet sind, deren Kerne in 2 bis 3 Reihen stehen und deren basale Fortsätze bis an die Basalmembran reichen. Zwischen den genannten sehr verschmälerten Fortsätzen liegen mit ihren kerntragenden Anteilen die Sinneszellen, etwa 7reihig angeordnet. Die äußerst zarten distalen Sinnesfortsätze derselben ziehen bis zur Oberfläche des Epithels und überragen dieses mit winzigen Endbläschen, die schwer nachweisbare äußerst zarte Sinnesstäbchen tragen, während die proximalen Fortsätze als Achsencylinder dieser nervösen Elemente aus der Schleimhaut ins Bindegewebe austreten und die Bündel des Nervus vomero-nasalis Jakobsoni bilden. Die ansehnlichen Bündel dieses Nerven enthalten reichlich Ganglienzellen mit kugeligen Kernen und rundlichen Kernkörperchen, die möglicherweise dem System des Nervus terminalis der Autoren zuzurechnen sind. Wir finden auch nicht selten einzelne größere Nervenzellen, basal im Sinnesepithel des Organes. Die Submucosa enthält reichlich Bindegewebselemente und elastische Fasern neben den Nerven, Arterien, Venen und Capillarnetze. Drüsen sind der Schleimhaut angelagert, die besonders dorsal und lateral gelegen sind.

Sie bilden eine mittlere und eine endständige Drüse. Die letztere wird von den Autoren als seröse Spüldrüse gedeutet. Sie enthält gemischte Bestände von serösen und Schleimacini. Durch die ganze Länge der lateralen Schleimhaut verläuft eine ansehnliche Vene, so daß die Gefäßeinrichtungen des Organes als eine Art von Schwellkörper gedeutet werden können, wenn die venösen Gefäße vollgefüllt sind. Die Innervation erfolgt wahrscheinlich außer durch den Ramus vomero-nasalis, der auf einem besonderen Hügel des Bulbus olfactorius einmündet, auch durch vereinzelte Fasern des Trigeminus und mit den Gefäßen dürften auch vereinzelt sympathische Fasern die Schleimhaut erreichen. Wir unterscheiden im JAKOBSONschen Organ Drüsen, welche dorsal gelegen sind,

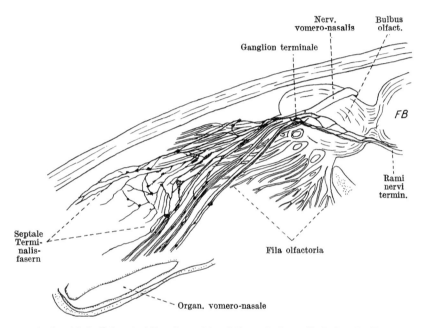

Abb. 8. Graphische Rekonstruktion der rechten Seite des Bulbus olfactorius, des Tractus olfactorius, des Nervus olfactorius und des Nervus vomeronasalis. Nach Sagittalserien des Kopfes eines 1 Tag alten Kaninchens gefärbt nach der Pyridin-Silbermethode mit differentieller Hervorhebung des Nervus terminalis durch die Färbung. Der Nervus terminalis dunkel dargestellt, begleitet die hell dargestellten Stränge des Olfactorius und vomero-nasalis, die Punkte entsprechen der Lage der Anhäufung von Ganglienzellen. F.B. Vorderhirn. (Nach HUBER und GUILD.)

mit langen schnurgeraden Ausführungsgängen in die Schleimhaut ausmünden, sowie kleinere ventral gelegene, die von unten her einmünden.

Außer durch den *Olfactorius* wird das Geruchsorgan des Kaninchens auch von Trigeminusfasern im wesentlichen von den *Rami ethmoidales* mediales und laterales der *Trigeminusstämme*, versorgt. Sie verzweigen sich mit freien Endigungen in der Regio olfactoria und respiratoria. HUBER und GUILD haben auch das System des *Nervus terminalis* beim Kaninchen beschrieben. Sie konnten in der Gegend medial vom Tractus olfactorius 3 im wesentlichen marklose Stränge finden, die auf der Medialseite des Bulbus olfactorius einen Plexus bilden, dessen Hauptstränge dem Stamm und den Hauptästen des Nervus vomero-nasalis bis zu Durchtritt durch die Lamina cribrosa folgen, dabei sind darin Gruppen von Ganglienzellen verteilt. Nach vorne lassen sich diese Fasern als Plexus längs des Septums verfolgen und enthalten auch hier Gruppen von Ganglienzellen. Eine größere Ganglienansammlung, medial des vorderen Drittels des Bulbus gelegen, wird als Ganglion terminale bezeichnet.

Beziehungen sympathischer Elemente dürften nur im Bereiche der Gefäße vorkommen. Vermutlich bildet auch der Nervus terminalis einen Anteil des sympathischen Systems.

Die Schleimhaut der Seitenteile der Nasenhöhle und der Nebenhöhlen ist einfacher gebaut und zeigt respiratorischen Charakter.

Die Gegend der Choane trägt respiratorisches Flimmerepithel.

In der Submucosa sind Arterien und sehr viele Venen, die stellenweise den Eindruck eines Schwellkörpers machen, ausgebildet. Auch Lymphgefäße sind vorhanden. Sie sollen eine Schichte unterhalb der Capillarschicht der Schleimhaut bilden. Das Eindringen von Blut oder Lymphcapillaren ins Epithel konnte ich beim Kaninchen nicht beobachten.

Das Bindegewebe der Schleimhaut umkleidet mit feinen Netzen die BOMWAN-schen Drüsen und die Fila olfactoria und bildet gegen das Epithel eine zarte Basalmembran.

Die Gefäße der Regio respiratoria des *Meerschweinchens* zeigen ein außerordentlich dichtes Capillarnetz unterhalb des Epithels, darunter weite Venen.

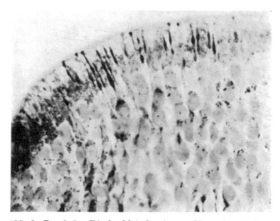

Abb. 9. Rand der Riechschleimhaut vom Meerschweinchen. Kaliumbichromat - Formol nach KOPSCH-REGAUD. Plasto-chondrienfärbung durch Eisenhämatoxylin. Auch die distalen Enden der Riechzellen dargestellt. Vergr. 666fach.

Die Schleimhaut der Regio olfactoria des *Meerschwein-chens* hat eine Dicke von bis zu 140 μ, die oberen 30 μ werden von den Stützzellen eingenommen, deren ovale Kerne $6 \times 3 \mu$ groß sind, es folgen 6—7 Reihen von Sinnes-zellenkörpern mit ebenfalls ovalen etwas kürzeren Kernen und eine sehr deutliche Reihe von Basalzellen mit un-regelmäßig geformten Kernen. Die schlauchförmigen Glan-dulae olfactoriae bestehen aus annähernd kubischen Elemen-ten von 18 μ Durchmesser mit annähernd kugeligen 6 μ gro-ßen Kernen. Sie enthalten Basalfilamente, das Lumen

zeigt deutliche Kittleisten und ist 5 μ weit, die Ausführungsgänge dagegen nur 3—4 μ. Die blinden Enden der Drüsen erscheinen etwas verbreitert. Die sehr starken Olfactoriusäste werden von Lymphräumen umscheidet. Die peripheren Anteile der spindelförmigen Sinneszellen sind 1—2 μ dick, die zentralen, die sich in die Nerven fortsetzen, 1 μ dick.

Beim *Meerschweinchen* ist das JAKOBSONSCHE *Organ* ganz ähnlich gebaut wie bei der Ratte mit dem Unterschiede, daß das flimmernde respiratorische Epithel der lateralen Wand höher und mehrreihig ist, auch hier ragen Capillar-schlingen weit ins Epithel hinein und bilden selbst glomerulusartige Erweite-rungen, ohne aber mit einander zu anastomosieren (KOLMER 1928).

Auch im Epithel des Ductus naso-lacrimalis des Meerschweinchens sieht man zahlreiche Capillaren weit ins Epithel des Kanals vorgeschoben. Ana-stomosen zwischen solchen Capillarschlingen werden nicht beobachtet.

An der Nasenhöhle der *Ratte* unterscheiden wir das kurze mit Plattenepithel ausgekleidete Vestibulum, etwa dort, wo das Plattenepithel durch Flimmer-epithel ersetzt wird, und somit die Regio respiratoria beginnt, münden einer-seits die zwischen sich die Papilla palatina fassenden Canales incisivi ein, anderer-seits findet sich hier die vordere Ausmündung der JAKOBSONSCHEN Organe. In der Wandung der Ductus naso-palatini lassen sich reichlich Geschmackknospen (KOLMER) nachweisen. Die Regio respiratoria setzt sich bis an die Grenze des rostralen Drittels fort, ventral noch weiter. Hier findet sich eine von weiten

Venen durchzogene Submucosa, von wechselnder Dicke, darin Anhäufungen lymphatischen Gewebes und zahlreiche vereinzelte lymphatische Elemente. Der Nasenknorpel ist ein hyaliner Knor-

pel mit ziemlich reichlichem Fett in den Knorpelzellen. Das Epithel der Regio respiratoria, das sich auch auf den vorderen Anteil der Muscheln erstreckt, ist ein 2 bis mehrreihiges Flimmerepithel, in dem wir bis zur Basalmembran reichende 45—50 μ lange Flimmerzellen unterscheiden können, von denen ein großer Teil in Becherzellen umgewandelt ist. Basal findet sich eine Reihe kurz gedrungener Elemente, die wohl die Ersatzzellen darstellen. Hin und wieder finden sich Leukocyten im Flimmerepithel. Stellenweise kann das Epithel leicht gefaltet sein, und durch die starke Verschleimung der zahlreichen Becherzellen werden intraepitheliale, als Drüsen an- mutende Krypten gebildet. Sie sind nicht zu verwechseln mit schräg- getroffenen Ausführungsgängen der zahlreichen tubulo-acinösen Schleimdrüsen, die in der Sub- mucosa ihren Sitz haben. Die Aus- führungsgänge derselben zeigen auch hier Schleimbildung. Die Ge- fäße sind ansehnliche Arterien und weite Venen, die in reti- kuläres Gewebe eingebettet sind. Die Innervation erfolgt hier durch den Trigeminus und Sym- pathicus oder Terminalis.

Die Verteilung des respira- torischen bzw. olfactorischen Epi- thels ist keinesfalls irgendwie mit den anatomischen Grenzen der einzelnen Muscheln in Überein- stimmung, die Grenzlinie zwi- schen beiden Epithelformationen wechselt natürlich fallweise. Ein Marsupium nasi, wie bei Kanin- chen, fehlt vollständig.

Die Regio olfactoria bedeckt den dorsalen Teil im kranialen Anteil der Nasenscheidewand und erstreckt sich auf die obere

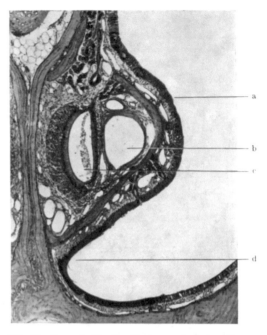

Abb. 10. Querschnitt der Regio respiratoria, des Septums und des Organon vomeronasale Jacobsoni der Ratte, lebend vom Herzen mit Bichromat-Formol-Eisessig durchspült. a Respiratorisches Epithel, flimmerndes, mehrreihiges Cylinderepithel. b Arterie des Schwellkörpers, c Lumen des JAKOBSONSchen Organs, d Plattenepithel des Vestibulum nasi. Orig.

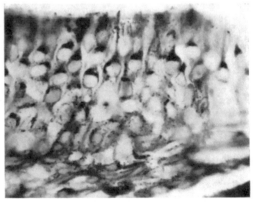

Abb. 11. Netzapparat in den Zellen der Regio olfactoria einer Ratte. (Uran-Silbermethode nach CAJAL.) Vergr. 829fach.

Muschel. Das Epithel ist bis zu 80 μ dick, die Submucosa 120 μ, stellenweise noch breiter. Auf den Siebbeinmuscheln erscheint die Schleimhaut und ihr Epithel stellenweise noch dicker, ebenso auf den Turbinalia. Die Knochen der

Nasenhöhle erscheinen aus parallelen Schichten aufgebaut und enthalten reichlich Knochenmark. Das Epithel besteht aus durch die ganze Dicke reichenden Stützzellen, deren basale Anteile nur in sehr dünnen Schnitten deutlich abzugrenzen sind, die distalen kerntragenden Anteile sind 48 μ lang, der Kern ist oval, $7 \times 4\,\mu$, die Breite der Zellen am freien Ende beträgt 4—5 μ. Es sind 6—7 Reihen von Kernen von Riechzellen übereinander angeordnet, die Körper der Riechzellen treten nur deutlich bei spezifischen Imprägnationsmethoden, Chromsilber- und Methylenblaufärbungen hervor. Die unregelmäßig geformten leicht ovalen Kerne sind $5 \times 6\,\mu$ groß. Es findet sich eine Reihe von Basalzellen, die dadurch ausgezeichnet ist, daß ihre längsovalen Kerne mit der Achse im Gegensatz zu den übrigen Zellen der Basalmembran parallel gestellt ist. Im Cytoplasma der untersten Reihen der Sinneszellen, gelegentlich auch in dem der Basalzellen liegen dichtgedrängte feinste Granula eines Pigmentes, das durch Silbermethoden gebräunt wird.

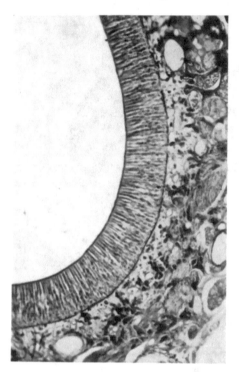

Abb. 12. Normales Epithel der Regio olfactoria an der Rima der weißen Ratte.

Auch in einzelnen anderen Zellen, nicht aber in den Stützzellen finden sich Pigmentgranula, welche auch der frischen Schleimhaut einen nicht sehr auffallenden, gelblichen Ton verleihen. Die Oberfläche der Stützzellen trägt einen 3—4 μ hohen, kuppenförmigen Teil, der die Riechbläschen der Sinneszellen nahe zwischen sich nimmt Diese möglicherweise halbflüssige Protoplasmapartie erschien bei guter Fixation niemals in Form der so häufig beschriebenen, in die Länge gezogenen Gebilde, die von einzelnen Autoren als Ausdruck einer nicht genügend unmittelbar vitalen Fixation, also ein Kunstprodukt aufgefaßt werden, das gute Fixation zu vermeiden erlaubt. Die Zellkörper der Stützzellen tragen einen ovalen Kern, fibril-

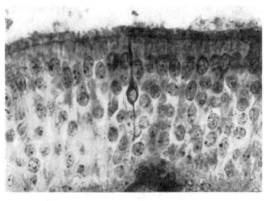

Abb. 13. Neurofibrillenfärbung in einer einzelnen Riechzelle der Regio olfactoria der weißen Ratte. Optik wie 11.

läre Elemente im basalen Teil darzustellen gelang nicht. Bei der Ratte sind die basalen Fortsätze der Riechzellen oft kaum $^1/_4\,\mu$ dick. Sie bestehen aus einer Neurofibrille, perifibrilläre Substanz ist an ihnen fast nicht nachweisbar. Erst dort, wo sie in der Nähe des Kernes in ein Neurofibrillengitterwerk übergehen, das zumeist eine gröbere Schleife oder Doppelschleife enthält, sieht man Perifibrillärsubstanz. Distal vom Kern finden sich mehrere Gittermaschen, von denen aus 1—2 Züge von Fibrillen im distalen Fortsatz bis etwa in die Höhe der Limitans externa sich verfolgen lassen. Die Riechzelle ragt mit einem 2—3 μ großen ovalen Fortsatz, dem Riechbläschen, über die Limitans zwischen die Fortsetzungen der Köpfe der Stützzellen empor. Die Oberfläche dieser Vesicula olfactoria trägt die winzig kleinen Basalkörperchen, modifizierte Zentralkörper, von denen die sehr kurzen, schwer darstellbaren Riechhärchen ihren Ursprung nehmen. Die über die Limitans,

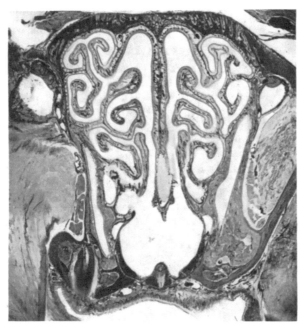

Abb. 14. Querschnitt durch den rückwärtigen Anteil der Regio olfactoria, des Siebbeinlaybrinths der Ratte, nach Fixation von den Gefäßen wurde Berlinerblau injiziert. Orig.

welche sich aus den Kittleisten zwischen den Köpfen der Stütz- und Sinneszellen zusammensetzt, hinausragenden Anteile beider Zellarten finden sich anscheinend gerade bei der allerbesten Fixation in einer Schichte, die den Eindruck einer feinsten geronnenen Gallerte macht, und selbst wieder von einem sich oft isoliert ablösenden Grenzhäutchen gegen den Raum der Rima begrenzt ist. Alle Sinneszellen gehen an der Basis in Achsencylinder über, die sich, die Basalmembran durchbohrend, zu den Strängen der Fila olfactoria vereinigen, und von zartem Bindegewebe eingescheidet, reichlich mit Capillaren versorgt, dann zu gröberen Bündeln der Fila olfactoria zusammentreten. In der Submucosa finden wir teils senkrecht, teils schräg verlaufende tubulöse BOWMANsche Drüsen, zwischen die Blutgefäße und die Stränge der Fila eingelagert, sie bestehen aus rundlichen, manchmal kuboiden Zellen von durchschnittlich 9 μ Durchmesser, der leicht ovale Kern ist $6 \times 5 \mu$. Das Cytoplasma enthält verschieden große, besonders mit Silber darstellbare Granula. Der sehr schmale Ausführungsgang der Drüsen, der das Epithel durchbohrt, wird von sehr flachen schmalen Epithelien mit kleinen, ziemlich flachen Kernen gebildet. Nur gelegentlich sieht man Drüsenzellen bis in die basale Schichte des Epithels hineinragen.

Nur ausnahmsweise sind die Drüsen verzweigt. Acinöse Erweiterungen fehlen, auch solche vor dem Abgang des Ausführungsganges. Die Submucosa enthält zwischen den Drüsen und Nervensträngen reichlich zartes, auch retikuläres Bindegewebe, das die Drüsen einscheidet, Arterien, ziemlich reichliche mittelgroße Venen und Capillaren. Neben den Fasern des Olfactorius lassen sich durch Silbermethoden leicht die Bündel des Trigeminus darstellen, die markhaltige, neben marklosen Fasern enthalten. Man kann die Trigeminusfasern bis zur Schleimhaut verfolgen, in der sie sich verzweigen. Einzelne markhaltige Fasern laufen auch mitten in den Riechfaserbündeln. Eine spezifische Darstellung des Terminalissystems ist uns bei Ratten bisher nicht gelungen.

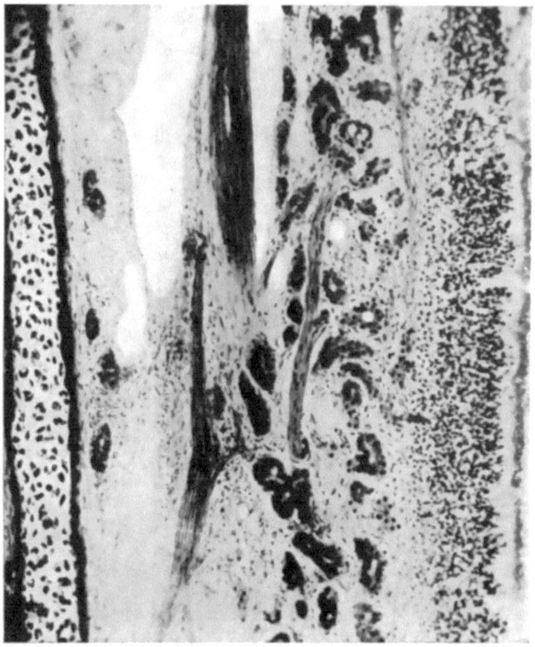

Abb. 15. Trigeminusäste neben Olfactoriusästen in der Riechschleimhaut des Meerschweinchens, Silberfärbung nachCAJAL, die stärker hervortretenden dickeren Bündel sind markhaltige Ästchen des Trigeminus, die zart gefärbten helleren Äste die Olfactoriusverzweigungen. Vergr. 100fach.

Der Sinus wird bei der Ratte von einer dichten Schichte seröser Drüsen rings umgeben. Das Epithel des Sinus unterscheidet sich nicht wesentlich von der übrigen Regio olfactoria. Die Fila olfactoria bestehen aus Zügen, die hunderte bis tausende Fasern umfassen, man unterscheidet in ihnen die einzelnen Achsencylinder als vollkommen glatte $^1/_5$—$^1/_3$ μ dicke Fasern, Varikositäten werden nicht beobachtet. Die in den Fila sichtbaren, ovalen Kerne entsprechen offenbar den SCHWANNschen Scheidenzellen. Das Cytoplasma der letzteren ließ sich mit der geübten Methodik nicht deutlich darstellen, weshalb die Frage, ob ihr Cytoplasma bloß einzelne Bündel oder größere Gruppen von Fasern gemeinsam umscheidet, noch unentschieden bleiben muß.

Bindegewebe in feinster Lage als Endoneurium, etwas dicker als Perineurium ist nachzuweisen. Übrigens muß betont werden, daß die zur Nervendarstellung geeignete Technik mit seltenen Ausnahmen Bindegewebsfasern vollkommen ungefärbt ließ. Nur ganz selten kann man erkennen, wie das ja bekannt ist, daß feinste Gitterfasermembranen die Adventitia der Gefäße und die Drüsen einhüllen.

Wanderzellen werden in allen Teilen der Olfactoria weit weniger häufig angetroffen als bei anderen Tieren. Im ganzen ist die Innervation der Olfactoria durch den Trigeminus verhältnismäßig schwach ausgesprochen, wenn wir bei diesbezüglichen Verhältnissen etwa das Meerschweinchen zum Vergleich heranziehen.

Trotz guter Färbung der Nerven gelang es nicht, Beziehungen derselben zu den Glandulae olfactoriae mit Sicherheit nachzuweisen.

Das Epithel der Regio olfactoria ist stets frei von Capillaren. Die Trigeminusfasern finden sich besonders reichlich im rostralen Anteil der Regio olfactoria.

Wie bei allen Nagern kommen bei der Ratte nach BROMAN vor:

1. Die Glandulae olfactoriae, die spezifischen Drüsen der Regio olfactoria.

2. Glandulae nasales laterales anteriores, die an der Pars vestibularis oder am vorderen Teil der Pars respiratoria der lateralen Nasenhöhlenwand münden.

3. Glandulae sinus maxillaris, eine Reihe von Drüsen, die am Rand des Sinus ausmünden.

4. Glandulae nasales mediales anteriores, die an der Pars vestibularis oder am vorderen Teil der Respiratoria der Nasenscheidewand münden.

5. Glandulae nasales mediales posteriores, eine unterhalb des Organon JAKOBSONI gelegene unansehnliche Drüsengruppe.

6. Die Enddrüse des JAKOBSONschen Organs.

7. Dessen dorsale.

8. Dessen ventrale Drüsengruppe.

Ferner kommen noch Glandulae extracapsulares vor. Unter den Laterales anteriores ist eine als STENOsche Drüse altbekannt.

Die Drüsen der Regio respiratoria werden von sympathischen, sich an ihrer Oberfläche und zwischen den Acini verteilenden Nervenfasern, offenbar ganz ähnlich wie die ihnen nahestehenden Speicheldrüsen innerviert.

Die Arterien werden bis an die kleinsten Äste von reichlich Plexus bildenden vollkommen glatten, sehr zarten marklosen Nerven umwunden. Diese Achsencylinder verzweigen sich nur dort, wo sie sich in die Muscularis einsenken. Auch an den Venen finden sich solche Plexus, sie sind aber spärlicher. Es handelt sich offenbar um sympathische Nerven, einzelne dieser Züge scheinen zu den Drüsenelementen in Beziehung zu treten. Ganglienzellen oder auch nur Elemente, die den Verdacht erregen, ganglienzellenartig zu sein, konnten wir innerhalb der eigentlichen Nasenhöhle in Beziehung zu den Nerven der Gefäße oder der Drüsen trotz sorgfältiger Durchmusterung der Schnittserien mit der Immersionslinse überraschenderweise nicht auffinden, während wir solche in Übereinstimmung mit den Angaben von LARSELL beispielsweise bei Insektivoren wiederholt gesehen haben, bei Katzen auch sehr reichlich fanden. Bei optimaler Färbung der Nerven nach AGDUHR kann man sehen, daß gleichzeitig mit der Färbung an den Arterien sich Nerven auch an den Arteriolen verfolgen lassen. Es gelingt unschwer, auf dem Querschnitt kleinster Arterien, die nur mehr $4\,\mu$ Durchmesser haben, noch 8—10 äußerst feine Nervenfäserchen an der nur mehr einschichtigen Muscularis zu erkennen. Ganz selten gelingt es sogar, eine Nervenfaser noch mit einer Capillare ziehen zu sehen.

Vor kurzem nahm ich Gelegenheit, darauf aufmerksam zu machen, daß bei verschiedenen Nagern, unter anderen der Ratte, Capillarschlingen fast bis zur Oberfläche des Epithels des JAKOBSONschen Organs reichen, gerade an diesen Capillarschlingen ließen sich begleitende, äußerst feine Nervenfäserchen, die erst bei einer sorgfältigen Durchmusterung der Serien mit der Immersionslinse gefunden werden, nachzuweisen. Dabei zieht die Nervenfaser, das Gefäß im flachspiraligen Zug umwindend, mit ihm parallel. Eine Endigung am Gefäß war nicht zu konstatieren, die Faser schien wieder mit dem venösen Schenkel nach abwärts zu verlaufen. Auch an den großen Venen, die wir in der Nasenscheidewand der Ratte am Übergang zwischen Olfactoria und respiratorischer Region erkennen können, finden sich Züge der gleichen feinen Nervenfasern wie an den Arterien, wenn auch in wesentlich geringerer Zahl. Von diesen die Gefäße begleitenden Plexus kann man feine, aus mehreren Fasern zusammengesetzte Äste zum Epithel abgehen sehen. Einzelne Äste verlaufen mit Varicositäten, die sie in ihrem Verlaufe bis dahin absolut nirgends gezeigt haben, in der basalen Lage des Epithels eine Strecke weit parallel zur Basalmembran, verzweigen sich dann im Epithel, wobei sie kleinste, dreieckige neurofibrilläre Endkelche bilden. Andere Faserbündel sieht man sich zu den Drüsen der Regio olfactoria begeben, wo sie sich weiter aufspaltend zwischen und an der Außenseite der Drüsenacini verlaufen. Gelegentlich sieht man irgendwo ein endösenartiges Gebilde, ohne daß man aber entscheiden kann, ob alle Fasern mit Endösen endigen.

Auch im JAKOBSONschen Organ werden in gleicher Weise die Drüsen (bei der Ratte sind besonders die dorsalen Drüsen entwickelt) innerviert. Zwischen den Drüsenpaketen ziehen Züge glatter Muskelfasern, die die Drüsen einscheiden. Das gegenseitige Lageverhältnis ist ein derartiges, daß man unbedingt den Eindruck hat, daß die Kontraktion dieser Muskeln geradezu ein Auspressen der Drüsenacini bewirken muß. Am caudalen Pol des JAKOBSONschen Organs verdichten sich diese Muskelzüge zu einer ansehnlichen Muskelmasse, die bei der Ratte geradezu als Musculus vomero-nasalis bezeichnet werden kann, man sieht, daß alle diese Muskeln vom sympathischen Nerven — man hat wenigstens allen Grund, die die Gefäße begleitenden Nerven als solche anzusehen — innerviert werden.

Die Regio respiratoria enthält sehr weite Venen, zwischen ihnen liegen die relativ dünnen Arterien und die Capillaren zwischen den Venen und dem Epithel, ohne deutliche Papillenbildung. Dagegen finden sich im JAKOBSONschen Organ Capillaren, die innerhalb eines kaum nachweisbaren Bindegewebes Schlingen weit in das Epithel durch die Schichte der Sinneszellen vortreiben, stellenweise noch die oberflächlichen Stützzellen auseinanderdrängen und kaum wenige μ von der Oberfläche entfernt umbiegen.

Im Bereiche der Regio olfactoria sind die Venen wesentlich schmäler, auch die Capillaren nicht sehr reichlich entwickelt, eine nähere Beziehung der Capillaren zum Epithel besteht bei der Ratte nicht. Auch am Ductus nasolacrimalis buchten sich die äußerst dichten Capillarnetze stellenweise in das Epithel etwas vor. Die seitlichen Nasendrüsen werden mit ihren Acini ebenso wie die Drüsen des JAKOBSONschen Organs reichlich von feinen Capillarnetzen umsponnen.

Es gelang in einigen Fällen, in spezifischer Weise gefärbte Fasern längs der größeren Arterien, die sich in der Regio olfactoria verzweigen, zu verfolgen, den Zerfall dieser Fasern in Äste, die sich schließlich mit der zirkulären Muskulatur der Arterie verbinden, zu beobachten. Es war aber in den einzelnen Fällen nicht möglich, mit Sicherheit zu entscheiden, ob diese Fasern nur aus dem Plexus caroticus stammen, oder man an einen Zusammenhang mit dem Terminalissystem denken muß. Man sieht die Endäste sich aufzweigen und mit immer feiner werdender Verästelung zwischen die Gefäßmuskulatur eindringen, die äußerst zarten mit guter Immersion eben noch verfolgbaren Ästchen dürften mit winzigen Knöpfchen oder Ösen an den Muskeln endigen. Ihre Zahl ist so groß, daß man eine Innervation jeder einzelnen glatten Muskelfaser annehmen darf. Dies sei gegenüber den neuesten Darstellungen von PH. STÖHR jun. im Handbuch der mikroskopischen Anatomie v. MÖLLENDORFFs ausdrücklich hervorgehoben. Dieser Autor hat ja eine Innervation aller glatter Muskelfasern auch in den Gefäßen für ganz unwahrscheinlich erklärt.

Der Nervus terminalis bildet bei den Nagetieren (untersucht wurde das Kaninchen von GUILD und HUBER) in der Spalte zwischen den beiden Hemisphären und den Bulbi olfactorii Stränge und ganglienhaltige Geflechte. LARSELL wies nach, daß einige Wurzeln in den kranialen Anteil der Hemisphären nahe der Einstrahlung des Tractus olfactorius sich einsenken und daß die Ganglien den Charakter von sympathischen Ganglien zeigen. Da er multipolare Zellen fand, und sah daß Äste des Terminalissystems einerseits mit der Regio olfactoria, andererseits mit der respiratoria verbunden sind, wo sie freie Endigungen zeigen, oder mit nach Art sensibler Endorgane geformten Plättchen an Arterien enden, hält er dies für sensible Fasern, die zu den Ganglien ziehen. Andererseits sollen auch vasomotorische Fasern von anderen Ganglien zu den Gefäßen zu verfolgen sein. Es würde sich also vor allem um eine Innervierung der Arteria cerebri anterior und aller ihrer Äste handeln. In einzelnen Präparaten sieht man bei der Ratte, daß die Arteria cerebri anterior von einem sehr reichen Plexus von marklosen Fasern umgeben ist, die offenbar auch zur Muskulatur in Beziehung stehen. Man sieht ferner auch gelegentlich in einem besonderen Farbton gleichzeitig mit diesen Fasern an einzelnen Arterien der Regio respiratoria und olfactoria auffallend dicke, aber nicht markhaltige Nervenfasern sich aufspalten. Es könnte sich also um die sensiblen Fasern LARSELLS bei diesem Vorkommen handeln. Bestimmt läßt sich dies nicht sagen. Markhaltige Fasern sind uns bei der Ratte im Gebiete des Terminalis nicht aufgefallen.

Das JAKOBSONsche Organ ist im rostralen Teil so gelagert, daß in einer knöchernen Rinne lateral Drüsen ein großes Gefäß umgeben, das eine starke Adventitia zeigt. Diesem liegt das eigentliche Rohr des Sinnesorganes an, indem ein laterales 1—2schichtiges Flimmerepithel vom Typus des respiratorischen Epithels mit zahlreichen durchwandernden Leukocyten die Auskleidung bildet, die mediale Wand das eigentliche Sinnesepithel trägt. Dieses, das im Typus große Ähnlichkeit mit dem Riechepithel zeigt, sich aber von diesem dadurch unterscheidet, daß es dicker und mehrschichtiger ist, sitzt auf einer ziemlich derben, nicht sehr gefäßreichen Submucosa. Dieses bis 160 μ dicke Epithel besteht aus Stützzellen und Sinneszellen. Zu äußerst liegen die Köpfe der Stützzellen und Sinneszellen, deren äußerst verdünnte Fortsetzungen zwischen den Riechzellen bis zur Basalmem-bran reichen. Unter diesen folgen 7 bis stellenweise 9 Reihen der Körper der Sinneszellen, die beim erwachsenen Tier dadurch charakterisiert sind, daß ihre ovalen Kerne parallel zur Oberfläche des Epithels liegen, somit deren Achse senkrecht auf der Längsachse der spindelig elliptischen 10—12 μ langen Kerne der Stützzellen gerichtet ist. Dies rührt von der Entwicklung einer großen, möglicherweise aus dem Netzapparat hervorgehenden Vakuole mit festem Inhalt her, die den Kern gegen die Cytoplasmabasis drängt. Die distalen Fortsätze der Sinneszellen, die sämt-

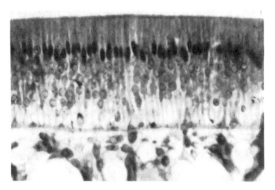

Abb. 16. Querschnitt der Riechschleimhaut der Maus. Zeiß 4 mm, Kompl. Ok. 2, die dunklen Kerne sind diejenigen der Stützzellen, die hellen rundlichen Kerne diejenigen der Sinneszellen, darunter eine Reihe von Basalzellen, und die engen Tubuli der Glandulae olfactoriae Bowman.

lich die Oberfläche erreichen, sind so zart, daß sie nur mit Silberimprägnations-methoden bis zur Limitans externa, die die Schleimhaut abschließt, verfolgbar sind. Die basalen Fortsätze dieser Sinnesganglienzellen, die sich nach Art der Fila olfactoria durch die kaum nachweisbare Basalmembran durchziehend zum Nervus Jakobsoni vereinigen, sind ebenfalls kaum meßbar dünn. Dort, wo die Capillaren fast bis zur Schleimhautoberfläche eindringen, erscheint die Struktur des Epithelaufbaus wesentlich gestört. Die Drüsen des JAKOBSONschen Organs haben den Charakter von Eiweißdrüsen. Die Drüsen der Regio respiratoria sowie die des JAKOBSONschen Organs sind vom Typus der serösen Drüsen. Die kurzen Ausführungsgänge zeigen eine basale Streifung. Im caudalen Abschnitte liegt das Sinnesepithel nicht lateral, sondern gaumenwärts, das respiratorische Epithel des Rohres nicht lateral, sondern dorsal, womit das ganze Lumen gedreht erscheint. Die laterale bzw. in den Endabschnitten des JAKOBSONschen Organs dorsal liegende ziemlich flach verlaufende Wand des Schleimhautkanals enthält ein mehrreihiges Flimmerepithel; Sinneselemente konnten wir niemals darin beobachten. Bei der Ratte ist ein Unterschied zwischen dorsalen und ventralen Drüsen weniger deutlich als etwa beim Kaninchen. Bei allen Nagern besteht eine Enddrüse des JAKOBSONschen Organs, bei der Ratte ist sie sehr klein.

ADDISON und RADEMAKER folgern daraus, daß das JAKOBSONsche Organ bei der Ratte am 150. Lebenstage ein 9mal so großes Volum als bei der Geburt besitzt, daß es dauernd funktioniert.

Bei der *Ratte* findet sich in der Auskleidung des Canalis incisivus zahlreiche typische Geschmacksknospen. Die Regio respiratoria, die sich an das Vestibulum anschließt, ist durchwegs mit Flimmerepithel ausgekleidet, dessen Dicke aber in den einzelnen Abschnitten einigermaßen variiert. Etwas dicker ist das Epithel am Boden der Region und verdünnt sich dann auf den Muscheln, auf deren komplizierten Verzweigungen es wesentlich dünner erscheint. Dort, wo der Canalis incisivus in das Vestibulum einmündet, mündet das JAKOBSONsche Organ, das bei den Nagern sehr hoch entwickelt ist, mit einer Öffnung beiderseits in diesen Raum ein. Nach den Untersuchungen von BROMAN kann der schlauchförmige Hohlraum des Organs durch den Canalis incisivus direkt Flüssigkeit aus der Mundhöhle aufnehmen.

Nicht selten beobachten wir bei der Ratte katarrhalische Infiltrationen, die streng auf eine Seite der Nase lokalisiert sind, gelegentlich erscheint auch nur ein JAKOBSONsches Organ erkrankt. Es findet sich dabei kleinzellige Infiltration des Epithels und stellenweise Desquamation.

Das Geruchsorgan der *Maus* stellt in jeder Hinsicht ein verkleinertes Abbild des Organs bei der Ratte dar. Die Dimensionen der Schleimhautregionen sind entsprechend kleiner, ebenso die Zellen. Im übrigen gilt ganz dasselbe was bei der Ratte geschildert wurde.

Die Nase der *Maus* zeigt die gleichen Verhältnisse wie die der Ratte, nur in verkleinertem Maßstabe. Im Vergleich zu ihrer Größe sind jedoch die Muscheln des Siebbeines besonders noch besser entwickelt, auch relativ ist die Riechschleimhaut dicker und reicher an Nerven und Drüsen. Ihr Querschnitt beträgt am Septum über $300\,\mu$ davon das Epithel allein $88\,\mu$.

Literatur:

ADDISON und RADEMAKER: Grows changes in the vomero-nasal organ of the albino rat. 12. physiol. Kongr. Stockholm **1926**.

BROMAN: (a) Anat. Anz. **49** (1916) u. **52** (1919). (b) Anat. H. **58** (1920). (c) Über die Entwicklung der konstanten größeren Nasenhöhlendrüsen der Nagetiere. Z. Anat. **60** (1921).

CHRISTIE-LINDE: Gegenbaurs Jb. **48** (1914).

DOGIEL: Über die Drüsen der Regio olfactoria. Arch. mikrosk. Anat. **26** (1886).

HUBER und GUILD: Observations on the peripheral distribution of the nerv. terminalis in mammalia. Anat. Rec. **7** (1913).

KRAUSE, R.: Anatomie der Wirbeltiere in Einzeldarstellungen. Berlin 1923. — KOLMER: (a) Geruchsorgan. Handbuch der mikroskopischen Anatomie von MÖLLENDORF, Bd. 31, S. 192. Daselbst ausführliche Literaturangabe. (b) Zur Kenntnis der Riechepithelien. Anat. Anz. **30** (1907) u. **36** (1910). (c) Mschr. Ohrenheilk. **1924**. (d) Über das Vorkommen von Geschmacksknospen im Ductus nasopalatinus der Ratte. Anat. Anz. **63** (1927). (e) Capillaren im Epithel des JAKOBSONschen Organs. Anat. Anz. **65** (9128). — KLEIN: Kaninchen und Meerschweinchen. Quart. J. microsc. Sci. **21** u. **22** (1881).

LENHOSSEK: Anat. Anz. **1892**. — LEVY: C. r. Soc. Biol. Paris **61**, 243 (1907). — LIGETT: An experimental study of the olfactory sensitivity of the white rat. Gen. Psychiatr. Monthly. **3**, 1 (1928). — LOCATELLI: Arch. ital. Anat. **1929**. — LUSTIG: Sitzgsber. Akad. Wiss. Wien, Math.-naturwiss. Kl. **89** (1884).

SAHLSTEDT: Skand. Arch. Physiol. (Berl. u. Lpz.) **28** (1912). — STEWARD: The origin of ganglion-cells of the nerv. terminalis of the albino rat. J. comp. Neur. **32** (1920).

TAKATA: Riechnerv und Geruchsorgan. Arch. f. Ohr- usw. Heilk. **121**, 31 (1928).

VAN DER STRICHT: The neuroepithelium olfactif, Mem. cour. Acad. roy. Belg. **20** (1909).

VIOLET: Bull. Soc. nat. Chir. Paris **76**, 153 (1901).

II. Pathologische Anatomie.

Von J. BERBERICH und R. NUSSBAUM, Frankfurt a. M.

a) Unspezifische Entzündungen.

Die Erkrankungen der Nase und ihrer Nebenhöhlen stellen bei den Laboratoriumstieren entweder eine selbständige lokale oder eine Teilerkrankung der ganzen oberen Luftwege dar.

1. Der akute Nasenkatarrh

der Laboratoriumstiere (Kaninchen, Meerschweinchen) entsteht entweder primär durch Erkältung, reizende Dämpfe, durch Kontaktinfektion oder sekundär bei akuten Infektionskrankheiten durch Beteiligung der oberen Luftwege.

Der Erreger dieses Nasenkatarrhs soll nach HUTYRA und MAREK ein influenzaähnlicher, sehr kleiner, unbeweglicher, gramnegativer Bacillus von schlanker Gestalt sein. Die Größe entspricht etwa der des Erregers der Geflügelcholera. Dieser Erreger soll besonders pathogen für Kaninchen, Meerschweinchen und Mäuse sein. Er wird übertragen durch Einatmung, durch Fressen von Nasensekret erkrankter Tiere oder direkt durch Kontaktinfektion mit erkrankten Tieren (s. Kapitel Bakteriologie).

Bei dem akuten Nasenkatarrh tritt eine starke Schwellung und Rötung der Nasen- und Rachenschleimhaut auf, sie ist mit Eiter bedeckt, und das Sekret fließt aus der Nase ab. Sehr häufig geht dieser Katarrh auf die Nebenhöhlen über, bzw. steigt die tieferen Luftwege hinunter, um dort eine Pneumonie oder Pleuritis mit oft tödlichem Ausgang hervorzurufen.

Ferner findet man bei den Laboratoriumstieren und vor allem auch bei den Haustieren eine *Rhinitis pseudo-membranacea, crouposa* und *diphtherica*; sie sind verhältnismäßig selten und bieten keine Besonderheiten. Im Gegensatz dazu soll die *Rhinitis phlegmonosa apostematosa mortificans gangraenosa* hauptsächlich nach TRAUMEN mit gröberen Läsionen durch Sekundärinfektion mit Fäulnisbakterien entstehen.

2. Bei den

chronischen Entzündungen der Nase

tritt ebenfalls eine starke Sekretion aus der Nase mit Krustenbildung auf. Die Haut in der Umgebung der Nasenöffnung zeigt an den Stellen des herabfließenden Sekretes Pigmentbildung mit Haarverlust, die Nasenöffnungen sind verklebt. Die Nasenschleimhaut sieht blau-braun-rot aus, die Venen treten stark hervor, das Epithel zeigt Oberflächendefekte, besonders am Naseneingang in Form von Erosionen oder Macerationen. Teilweise ist durch den chronischen Entzündungsreiz das submuköse Bindegewebe gewuchert, die Schleimhaut verdickt; dadurch sieht sie uneben aus und zeigt rundliche linsen- bis erbsengroße, warzenartige, bräunliche oder graue Erhabenheiten, ja, die ganze Schleimhaut kann gekörntes Aussehen haben. Mitunter allerdings tritt die Verdickung der Schleimhaut auch strang-, leisten- oder sternförmig auf (*Rhinitis chronica proliferans*); die eitrige Absonderung ist von gelblich-weißer bis grünlicher Farbe. Wegen des angetrockneten Sekrets und seines üblen Geruchs, der starken Borkenbildung spricht man in solchen Fällen auch von *Ozaena*. Wenn Fäulnisbakterien fehlen, so sammeln sich nach KITT fettige, schmierig käsige, gelbe Massen an, die sekundär verkalken; man spricht dann von *Rhinolithen*. Je nach der Größe dieser Rhinolithen werden Reizerscheinungen an den Muscheln der Nase hervorgerufen; sie können den Knochen usurieren und durchbrechen. Auch die Muscheln reagieren auf die Reize solcher Rhinolithen durch Vergrößerung, sie können auf diese Weise den ganzen Nasenraum ausfüllen und sogar zu den Nasenlöchern herausragen (*Rhinitis concharum*). Wenn der Prozeß einseitig auftritt, kann die vergrößerte Muschel die Nasenscheidewand nach der entgegengesetzten Seite vorwölben, bei beiderseitigem Prozeß kann die Nasenscheidewand S-förmig verbogen werden.

Beim chronischen Nasenkatarrh der Hunde und Kaninchen fällt vor allem das stärkere und häufigere Auftreten des Niesens und des Reibens der Nase auf, und man kann bei ihnen ebenso wie beim Menschen von seröser Schleimhautentzündung der Nase sprechen. Der chronische Nasenkatarrh kann zu absteigenden Infektionen mit Komplikationen von seiten der Lunge führen und dadurch den Exitus hervorrufen. Mitunter treten bei diesen Tieren durch Verschlucken des infektiösen Sekrets auch infektiöse Magen- und Darmkatarrhe auf.

3. Nebenhöhlen.

Bei den Laboratoriumstieren sind die Erkrankungen der Nebenhöhlen (Muschel-, Siebbein-, Kiefer-, Stirn-, Gaumen-, Keilbeinhöhle) meist durch Fortleitung von den Nasenhaupthöhlen her bedingt. Sie können allerdings bei Infektionskrankheiten auch hämatogen entstehen, von Erkrankungen der Zahnalveolen ausgehen, oder durch Traumen, Geschwülste und Parasiten hervorgerufen werden. Das Charakteristische für die Nebenhöhleneiterung ist die massenhafte schleimig-eitrige Absonderung aus der Nase. Bei hochgradiger Entzündung einer Nebenhöhle kann es auch infolge Caries des Knochens ähnlich wie beim Rhinolithen zum Durchbruch und zur *Fistelbildung* nach außen oder in die Nasenhaupthöhle kommen, wodurch unter Umständen, z. B. bei einer Fistel in das Maul, die aufgenommene Nahrung in die Nase gelangt. Fistelbildungen bei Nebenhöhleneiterungen sind immer sehr verdächtig auf Zahnerkrankungen bzw. auf ulcerierende Tumoren.

Eine Begleiterscheinung der Nebenhöhlenerkrankungen ist die Schwellung der regionären Lymphdrüsen, die mitunter sogar sekundär ulcerieren und dadurch einen zerfallenen Tumor vortäuschen können. Am häufigsten von allen Nebenhöhlen wird die Kieferhöhle befallen, beim Hund kommt es dabei leicht zur Fistelbildung in die Infraorbitalgegend.

b) Spezifische Entzündungen der Nase.

1. Die Rhinitis contagiosa cuniculorum

ist eine außerordentlich weit verbreitete Erkrankung der Nase und oberen Luftwege. Sie führt zu ausgedehnten Seuchen (WEBSTER), schwankt allerdings in der Häufigkeit außerordentlich mit der Jahreszeit. Während man im Sommer nach WEBSTER eine Erkrankung bei $20^0/_0$ der Kaninchen finden soll, werden im April und Oktober bis 50, ja bis $70^0/_0$ der Tiere befallen. Nach WEBSTER lassen sich im Nasensekret das Bacterium lepisepticum und der Bacillus bronchosepticus nachweisen. Vereinzelt findet man auch Staphylo- und Streptokokken und den Micrococcus catarrhalis. Allerdings sollen diese Bakterien der Ausdruck einer Mischinfektion sein. Der Bacillus lepisepticus kommt auch bei Tieren ohne eine eigentliche Erkrankung vor. Man spricht dann von Bacillenträgern, bzw. Bacillenausscheidern. Nach MILLER und NOBLE soll starker plötzlicher Temperaturwechsel einen begünstigenden Einfluß auf die Entstehung der oben beschriebenen Infektionen haben.

Nach WEBSTER, BEHRENS, SELTER, TANAKA soll der Erreger der Rhinitis contagiosa cuniculorum ein gramnegatives unbewegliches, schlankes, kleines, nicht Sporen bildendes Stäbchen sein und dem Influenzabacillus sehr ähnlich sehen. Nach den eben genannten Autoren gehört der Erreger in die Gruppe der die hämorrhagische Septicämie hervorrufenden Bakterien. In die gleiche Krankheitsgruppe der Septicämie gehört auch die *Schnupfenkrankheit*, die durch den Bacillus bronchosepticus oder Bacterium leporisepticum hervorgerufen werden soll, ferner die von LUCET beschriebene septische Krankheit der Kaninchen (*Kaninchendruse*). Verbreitet wird die Infektion durch Einatmung von Nasensekret kranker Tiere, durch Fressen verschmutzten Futters, bzw. durch Übertragung durch die Tierwärter. Auch hier sollen Erkältungsursachen für die Entstehung der Infektion mitunter eine Rolle spielen, indem sie für die in der Nase vorhandenen Bakterien einen Locus minoris resistentiae schaffen. Auch vom Darm aus kann eine derartige Infektion entstehen (s. auch Kapitel Bakteriologie).

Diese Rhinitis ruft eine hochgradige Entzündung der Nasenschleimhaut und häufig gleichzeitig auch der Nebenhöhlen und tieferen Luftwege hervor. Sie führt gern zu Komplikationen, wie Mittelohreiterungen, Felsenbeinerkrankungen, Erkrankungen der Hirnhaut, Subduralabscesse, Lungen- und Pleuraerkrankungen und Hirnabsceß (SMITH, WEBSTER, GROSSER u. a.). Geraten die Erreger in die Blutbahn, so können sie zu Sepsis und Pyämie führen.

Bei chronischem Verlauf dieser Erkrankungen findet man neben der stark geröteten und geschwollenen Schleimhaut der Nase starke Eiterabsonderung mit polypöser, brombeerartiger Wucherung der Schleimhaut.

Ein ähnliches Krankeitsbild kann auch durch den Bacillus cuniculicida mobilis hervorgerufen werden (EBERTH und MANDRY).

2. Parasitäre Erkrankungen.

Rhinitis coccidiosa. Die Rhinitis coccidiosa des Kaninchens tritt mit starkem Ausfluß aus der Nase, häufigem Nießen und starkem Speichelfluß auf. Sie ist sehr häufig vergesellschaftet mit der Coccidiose in Darm und Leber, tritt aber auch mitunter selbständig als isolierte Erkrankung der Nase auf. Sie hat enzootischen Charakter. Die Nasenschleimhaut ist hochgradig entzündlich geschwollen, die Lider sind entzündlich verändert, im Nasensekret kann man das Coccidium oviforme nachweisen. Man findet meistens die als Coccidium perforans bezeichnete kleinere Form. Einige Autoren wollen diesen Parasitenbefund auf eine Schmierinfektion von außen zurückführen, was jedoch von SEIFRIED abgelehnt wird. Wahrscheinlich gelangt das Coccidium durch verunreinigtes Futter oder verspritztes Nasensekret kranker Tiere auf die Kaninchen, wobei die Feuchtigkeit der Stallung und des Futters eine große Rolle spielt. Besonders empfänglich für diese Erkrankung sind die jungen Tiere. Die Coccidiose ist dem akuten infektiösen Nasenkatarrh sehr ähnlich. Sie beginnt mit leichtem Nässen am Naseneingang, das allmählich in schleimige Sekretion übergeht. Die Tiere niesen häufig, machen Greifbewegungen mit der Vorderpfote nach der Nase, reiben die Nase. Im Anfang der Erkrankung ist das Allgemeinbefinden nicht gestört. Später zeigen die Tiere Apathie und Appetitlosigkeit. Infolge der Schmerzen knirschen sie mit den Zähnen. Die Erkrankung greift infolge des eitrigen Ausflusses aus der Nase auf die Lid-, Bindehaut und den Maulwinkel über und ruft dort entzündliche Veränderungen hervor. In manchen Fällen geht die Coccidiose auf das Mittelohr über und ruft dort die weiter oben beschriebenen Veränderungen hervor. Wird das Sekret verschluckt, so kann eine Darmerkrankung auftreten. Von anderen Parasiten findet man in der Nase des Kaninchens *Cysticercus pisiformis, Echinokokken, Strongyliden, Zungenwürmer, Distomum.* Diese Parasiten können nach ZÜRN und SCHINDELKA eine Räude an der Haut des Nasenrückens erzeugen. Nach JOWETT tritt Räude an den Backen auf und nach JAKOB auch in der Umgebung der Ohren. Nach GALLI-VALERIO kommen auch Läsionen an den Lippen und an der Nase durch diese Parasiten vor.

Die *Herbstgrasmilbe* (Leptus autumnalis) kann pustulöse Ausschläge im Bereich der Lippen und des Naseneingangs und der Ohren mit starkem Juckreiz hervorrufen.

Bei den *Strongyliden* ist noch zu erwähnen, daß sie auch mit Vorliebe in der Trachea und im Kehlkopf sitzen und diesen mitunter voll ausfüllen; man kann auch die Eier dieser Würmer in den oberen Luftwegen antreffen.

Das *Trichosoma aerophilum* kann ebenfalls hochgradige lokale Veränderungen der Nase und Allgemeinstörungen hervorrufen.

Bei Nießreiz und Greifen nach der Nase muß man immer daran denken, daß außer diesen Parasiten auch Ameisen, Bienen und andere Insekten, die Reize im Naseneingang machen, dort sogar Ödeme erzeugen und infolgedessen Stridor und Dyspnoe hervorrufen können.

Unter *Staupe* versteht man (GOWAN) eine seuchenartig auftretende Erkrankung der oberen Luftwege und Lungen beim Kaninchen, die eine große Ähnlichkeit mit der Rhinitis contagiosa besitzt. Man findet sie auch bei Hunden, Affen, Ziegen, Meerschweinchen und Katzen. Als Erreger gilt ein im Nasenschleim vorkommendes kurzes, gramnegatives, nicht sporenbildendes Stäbchen mit Geißeln. Die Erreger leben saprophytisch in den Luftwegen, und sie sollen durch Kälteeinwirkungen in ihrer Virulenz gesteigert werden können. Klinisch findet man hochgradigen Schnupfen, Niesreiz, feuchte Nase, erschwerte Atmung. Bei der chronischen Form ist der Ausfluß mehr eitrig. Pathologisch-anatomisch dokumentiert sich diese Entzündung als hämorrhagische Entzündung mit Petechien und Sugillationen, die mitunter auch zu entzündlichen Prozessen (Abscesse, entzündliche Granulome) führen. Auch im Mittelohr kommen derartige Veränderungen vor.

3. Tuberkulose und Lues.

Tuberkulose. Die Tuberkulose der Nase ruft mitunter bei Laboratoriumstieren, besonders bei Katzen außerordentliche Zerstörungen im Bereich des Gesichtes hervor. Man findet tiefgreifende Geschwüre auf der Gesichtshaut, im Bereich der Nasenknochen und der Stirn. Aus den Geschwüren entleert sich rahmiger oder flüssiger Eiter, der teilweise zu Krusten eintrocknet und nicht nur die Geschwüre, sondern auch die ganze Gesichtshaut bedecken kann. Gewöhnlich sind diese tuberkulösen Geschwüre in der Tiefe grauweiß bis graurot, körnig. Bei tiefgreifenden Prozessen geht die Erkrankung entweder von den Nasenknochen auf die Nasenhöhle und -Schleimhaut über oder umgekehrt. Die Nase wird dann vollkommen von einer körnighöckerigen Granulationswucherung ausgefüllt. In diesem Gewebe können die Reste der zerstörten Nasenknochen liegen. Charakteristisch für die tuberkulösen Wucherungen in der Nase ist das Vorhandensein von stecknadelkopfkleinen, grauweißen Knötchen (KITT). Das tuberkulöse Granulationsgewebe geht auch von der Nase und ihren Nebenorganen auf Nachbarorgane über, es kann bis in die Schädel- oder Augenhöhle oder bis ins Gehirn vordringen, die betreffenden Organe verdrängend. Bei der tuberkulösen Erkrankung magern die Tiere außerordentlich stark ab, und man findet so gut wie immer bei der Sektion eine ausgedehnte Tuberkulose in den übrigen Organen. Ob die Tuberkulose in den übrigen Organen hämatogen oder durch Verschlucken des Nasensekrets oder Kontaktinfektion entsteht, scheint nicht mit Sicherheit geklärt zu sein. Gewöhnlich entsteht die Nasentuberkulose bei den Laboratoriumstieren entweder primär an der Schnauze oder primär an der Lunge, und von dort aus sekundär hämatogen in der Nase und in den übrigen Organen.

Charakteristisch für die Katzentuberkulose ist im histologischen Bild die Tatsache, daß Tuberkelbacillen nur schwer nachweisbar sind und häufig Riesenzellen fehlen. Man findet vor allem Epitheloidzellen, Fibroblasten, Spindelzellen, Rundzellen. Die Knötchen sind von granulierender Struktur, herdförmig angeordnet und zeigen Verkäsung.

Lues. Auch in der Nase der Laboratoriumstiere (vor allem der Kaninchen) findet man charakteristische Veränderungen bei Syphilis, und zwar besonders an den Nasenöffnungen, die sich prinzipiell von den syphilitischen Erscheinungen an anderen Körperstellen nicht unterscheiden (s. Maul).

c) Neubildungen.

Bei allen chronischen Entzündungen im Bereich der Nase und ihrer Nebenhöhlen können *Schleimhautpolypen* entstehen, die teils lappiges, teils gewulstetes, teils birnenförmiges Aussehen haben. Nach KITT entstehen die Polypen allerdings nur dann, wenn das submuköse Gewebe von der Entzündung mitbetroffen ist und der durch Exsudation und Stauung von Gewebsflüssigkeit geschwollene Schleimhautteil durch seine Schwere oder durch zerrende Wirkung der Atmung aus der Nase vorfällt. Die Größe derartiger Polypen ist außerordentlich wechselnd. Zum Teil sitzen sie gestielt, zum Teil auch breitbasig auf und können in allen Teilen der Nase und ihren Nebenhöhlen vorkommen; sie haben blaßrote Farbe und meist eine glatte Oberfläche. Erst wenn sie fibrös organisiert sind, wird die Oberfläche gehöckert. Histologisch weisen sie keine Besonderheiten auf.

Je nach der Größe derartiger Polypen verlegen sie die Nasenöffnungen und rufen auf diese Weise Niesreiz und Erstickungsanfälle mit nasalem Stridor hervor.

Bösartige Tumoren im Bereich der Nase und Nebenhöhlen sind außerordentlich selten; wegen Einzelheiten verweisen wir auf das Kapitel Tumoren. Hier wollen wir nur noch *Angiome*, meist kavernöser Natur auf der Nasenscheidewand erwähnen. Bemerkenswert ist noch, daß man beim Hund in seltenen Fällen Haare auf der Nasenschleimhaut finden kann (FRÖHNER und ZWICK).

B. Trachea, Bronchien, Lungen und Pleura.

Von A. LAUCHE, Bonn.

Mit 19 Abbildungen.

I. Normale Anatomie.

Die zahlreichen Irrtümer, die sich in der Literatur gerade in bezug auf die Deutung der Lungenbefunde nach experimentellen Eingriffen bei den kleinen Laboratoriumstieren finden, verlangen eine besonders ausführliche Behandlung des normalen Baues der Nagerlungen und eine eingehende Besprechung solcher Befunde, die zwar schon als pathologisch anzusehen sind, aber bei der außerordentlich großen Reaktionsfähigkeit des Lungengewebes, vor allem beim Meerschweinchen, so häufig zu finden sind, daß sie eigentlich zum normalen Bild hinzugehören.

a) Luftröhre (Trachea).

Die Luftröhre des *Kaninchens* verläuft als eine verhältnismäßig dünnwandige, dorsoventral deutlich abgeplattete Röhre im vorderen Mediastinum. Sie besitzt etwa 50 fast geschlossene, ventral meist verkalkte Knorpelringe und mißt (je nach Größe und Alter des Tieres) bis zu 70 mm in der Länge und 5—7 mm im Durchmesser. Die Trachea des *Meerschweinchens* (von etwa 30 mm Länge und 2—3 mm Durchmesser) ist verhältnismäßig dickwandiger und von mehr hufeisenförmigem Querschnitt (lateral leicht zusammengedrückt). Auch ihre Knorpelringe lassen nur einen sehr geringen Teil der dorsalen Wand frei, können sich sogar bei Kontraktion der Muskulatur übereinanderschieben. *Ratte* und *Maus* besitzen Luftröhren, die zwar verhältnismäßig dickwandiger sind, als die des *Kaninchens*, dieser aber im übrigen weit mehr gleichen als der des *Meerschweinchens*, sowohl in bezug auf die Form wie auf den Ansatz der Muskulatur. Wir sehen nämlich als auffälligsten Unterschied zwischen der Trachea der altweltlichen Nager (*Kaninchen*, *Ratte* und *Maus*) einerseits und der des neuweltlichen *Meerschweinchens* andererseits, daß bei den erstgenannten Tieren die glatte Muskulatur der knorpelfreien, dorsalen Seite *außen* (dorsal) an den Enden der Knorpelspangen ansetzt, während sie beim *Meerschweinchen innen*, der Lichtung zu (ventral) inseriert (s. Abb. 17).

Die Bedeutung dieses verschiedenen Ansatzes der Trachealmuskulatur ist nicht bekannt. Wir finden beide Formen in der Tierreihe auch sonst. Ansatz an der Außenseite findet sich z. B. bei den Raubtieren (ob bei allen?), Ansatz an der Innenseite, z. B. beim Schwein und beim Menschen. Hier interessiert uns vor allem, daß bei anscheinend so nahe verwandten Tieren, wie Meerschweinchen und Kaninchen, bzw. Ratte oder Maus doch schon grob anatomisch erhebliche Unterschiede bestehen[1]. Wir werden später sehen, daß diese Unterschiede

---

[1] Durch das dankenswerte Entgegenkommen von Herrn Prof. HECK, Berlin und der Firma FOCKELMANN, Hamburg hatte ich Gelegenheit eine Reihe von weiteren Nagetieren

nicht die einzigen sind, sondern daß die altweltlichen Nager sich in noch manchem anderen feineren Befund von dem neuweltlichen Meerschweinchen unterscheiden, so z. B. im Bau der Lungenarterien und in der Menge und Verteilung, sowie auch in der Reaktionsbereitschaft des lymphatischen Gewebes.
Diese Tatsachen sind nicht nur theoretisch interessant, sondern auch praktisch
wichtig, da sie zu großer Vorsicht mahnen bei der Übertragung von Versuchs-
ergebnissen, die an einem Tier gewonnen wurden, auf ein anderes, selbst anscheinend nahe verwandtes. Meerschweinchen und Kaninchen reagieren auf
viele Eingriffe ganz verschieden, eine Tatsache, die nicht genug betont werden
kann (siehe auch S. 39).

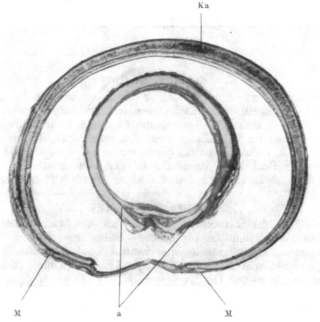

Abb. 17. Trachea von Kaninchen und Meerschweinchen. Querschnitt. Ka Beginnende Kalkablagerung. Die Muskulatur setzt beim Kaninchen außen (bei M), beim Meerschweinchen innen (oberhalb a)
an den Knorpelringen an.

Im *histologischen Bild* finden sich ebenfalls einzelne Unterschiede im Bau
der Trachea der hier behandelten Nager. Die altweltlichen zeigen eine stärkere
Neigung zu Verkalkung der Knorpelringe, die bei ausgewachsenen *Kaninchen*
fast stets an der Ventralseite eine verkalkte Grundsubstanz, seltener echte
Verknöcherung aufweisen (Abb. 17 Ka). Auch bei erwachsenen *Ratten* und *Mäusen*
findet man nicht selten Ansätze zu Verkalkung, während ich beim *Meerschweinchen* bisher keine Kalkeinlagerungen in die Trachealknorpel gesehen habe.
Allen vier Nagerarten ist gemeinsam die geringe Entwicklung der *trachealen
Schleimdrüsen*, die sich nur an der Ventralseite zwischen den Knorpelringen
vereinzelt finden. Das *Trachealepithel* ist bei *Kaninchen und Meerschweinchen*

auf den Bau ihrer Atmungsorgane zum Vergleich untersuchen zu können. Von diesen zeigten
die den Meerschweinchen nahe verwandten *Aguti* (Dasyprocta Aguti und Dasyprocta prym-
nolopha), sowie der SCHILU (Xerus rutilus) und das *Stachelschwein* weit innen ansetzende
Trachealmuskulatur, während beim *Burunduk* (Eutamias asiaticus) und der *Pyramiden-
Rennmaus* (Gerbillus pyramidarum) die Muskulatur außen, und zwar dicht am freien Ende
der Knorpelspangen ansetzte.

ein mehrzeiliges, becherzellenhaltiges Flimmerepithel; bei der *Ratte* ist es zwei-zeilig, ebenfalls mit Flimmerzellen versehen, bei der *Maus* meist einfach, nur stellenweise zweizeilig.

b) Bronchien.

Die Aufteilung der Luftröhre in die Bronchien erfolgt bei allen vier Tier-arten in der gleichen Weise in einen kürzeren, mehr horizontal verlaufenden rechten und einen steiler nach abwärts verlaufenden linken Hauptbronchus. Der rechte gibt sofort einen starken Ast für den rechten Oberlappen ab, der auch als eparterieller Bronchus bezeichnet wird, da er (wie beim Menschen) oberhalb der Art. pulmonalis verläuft, während auf der linken Seite der erste Bronchus unterhalb der Arterie in die Lunge eintritt. In den größeren Bron-chien ist das zunächst noch mehrreihige, von einzelnen Becherzellen durchsetzte

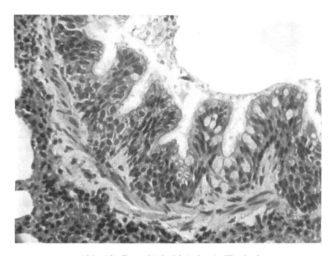

Abb. 18. Bronchialschleimhaut, Kaninchen.
Mehrzeiliges Flimmerepithel mit eingestreuten Becherzellen (hell).

Flimmerepithel (s. Abb. 18, 21 und 22) in starke Längsfalten gelegt (falls die Bron-chien nicht durch Einfüllen von Fixierungsflüssigkeit gedehnt sind). Mit zu-nehmender Aufteilung der Bronchien wird das Epithel niedriger, zuerst ein-schichtig hochzylindrisch, dann unter steter Abnahme der Becherzellen kubisch und zugleich wimperlos. In den großen Bronchien finden sich beim *Kanin-chen* reichlicher Schleimdrüsen als in der Trachea. Sie nehmen an Zahl und Größe schnell ab, und sind in den kleineren Bronchien nicht mehr zu finden. Beim *Meerschweinchen* sind auch in den größeren Bronchien nur spärliche Schleimdrüsen vorhanden, in den kleinen fehlen sie ganz. Das gleiche Ver-halten zeigen die Bronchien von *Ratte* und *Maus*. Während bei *Kaninchen* und *Meerschweinchen* die größeren Bronchien *Knorpelplatten* in ihrer Wand eingelagert enthalten, fehlen solche bei der *Ratte* und *Maus* vom Eintritt der Bronchien in die Lunge ab. Die *glatte Muskulatur*, die sich in der Bronchial-wand aller vier Nager findet, zeigt beim *Meerschweinchen* eine besonders starke Neigung zur Konzentration auf ringförmige Bündel, zwischen denen nur spär-liche Muskelfasern die Bronchialwand umgeben. Diese Muskelringe findet man beim *Meerschweinchen* nicht selten stark kontrahiert, besonders in den Bronchien, die zu atelektatischen Bezirken gehören (s. S. 42). Es ist dann, wie in Abb. 22 deutlich zu erkennen, das Bronchial-Lumen ringförmig ganz oder fast ganz verschlossen, ein Verhalten, welches ich bei den anderen Nagern nie fand, und welches sicher mit der Ausbildung der später noch zu erwähnenden lobulären Atelektasen in Beziehung steht.

An den Teilungsstellen der Bronchien, aber auch sonst in ihre Wand eingelagert, finden sich sehr reichlich *Lymphknötchen*, deren Größe und Zahl nicht nur bei verschiedenen Tieren, sondern auch beim gleichen Tiere je nach dem Reizungszustand außerordentlich wechselt. Bei stärkerer Entwicklung erstrecken sich diese Lymphknötchen durch alle Schichten der Bronchialwand. Sie dehnen oft das Cylinderepithel über sich und flachen es deutlich ab, indem sie halbkugelige Vorwölbungen gegen die Bronchiallichtung bilden. Auch die reichlich in der Bronchialwand vorhandenen *elastischen Fasern* sind an den Einlagerungsstellen der Lymphknötchen unterbrochen. Bei Reizungszuständen können die Lymphknötchen weithin zusammenfließen unter Bildung kontinuierlicher lymphatischer Ringe und Mäntel (s. Abb. 21).

c) Lungen.

Die Lungen von *Kaninchen*, *Meerschweinchen* und *Ratte* sind auf Abb. 19 nach Entfernung des Herzens etwas auseinandergelegt in gleicher Verkleinerung (auf $^2/_3$ der nat. Größe) in Ventralansicht wiedergegeben. Es zeigt sich auch hier wieder schon im gröberen Bau ein näheres Zusammengehören von *Kaninchen*, *Ratte* und *Maus*, während die *Meerschweinchen*lunge sich vielfach abweichend verhält. Bei *Kaninchen*, *Ratte* und *Maus* übertrifft die rechte Lunge an Masse bei weitem die linke, was beim *Meerschweinchen* nicht der Fall ist. Zahl und Bezeichnung der Lungenlappen ergibt sich aus Abbildung 19. Zu bemerken ist im einzelnen, daß der kleine Lobus inferior medialis dexter (Herzlappen) dicht dem Oesophagus anliegt und durch die Vena cava inferior von dem Lobus inferior lateralis, dem eigentlichen Unterlappen, getrennt wird. Bei allen vier Nagern findet sich jederseits ein *Ligamentum pulmonale* (L. P), welches vom Zwerchfell als feine Membran zu den beiden Unterlappen zieht, und nicht mit einer entzündlichen Adhäsion verwechselt werden darf. Durch weitere Pleuraduplikaturen wird ein besonderer Pleuralsack für den Lobus inferior medialis dexter oder Herzlappen gebildet. Die *Meerschweinchen*lunge besitzt im Gegensatz zu den drei altweltlichen Nagern auch auf der rechten Seite einen Lobus inferior medialis oder accessorius (*Schaffner*), der aber nicht in einem besonderen Pleuralsack liegt. Während die *normale Lappenzahl beim Kaninchen* auf der rechten Seite 4, auf der linken 2 ist, kommt es gelegentlich auch links zur Ausbildung eines Mittellappens, wenn die am Oberlappen stets vorhandene Einkerbung (K) tiefer einschneidet (s. Abb. 19). Auch beim *Meerschweinchen* wird der linke Oberlappen gelegentlich durch eine Incisur weiter zerlegt, so daß man dann rechts und links vier Lappen findet. Der Lobus inferior medialis dexter kann durch tieferes Einschneiden des stets vorhandenen Spaltes (S) ebenfalls in zwei kleine Läppchen aufgeteilt werden. Bei *Ratte* und *Maus* ist links gewöhnlich nur ein Lappen vorhanden, da der manchmal tiefergehende Spalt (S 1) meist nur recht oberflächlich verläuft. Dafür findet man nicht selten eine weitere Unterteilung des rechten Unterlappens durch tiefes Einschneiden des in Abb. 19 erkennbaren Spaltes S 2. Hierdurch wird das Mißverhältnis der rechten zur linken Lunge mit 5 : 1 Lappen noch ausgesprochener.

Der **histologische Bau der Lungen** ist bis zu den gröberen Bronchien bereits besprochen. Die weitere feinere Aufzweigung der Bronchien zeigt keine wesentlichen Unterschiede. Ähnlich wie beim Menschen teilen sich die Bronchiolen in zwei (selten drei?) *Bronchioli terminales*, die in die *Bronchioli respiratorii* übergehen. Diesen sitzen bereits einzelne Alveolen auf und zwar an der Seite, die dem begleitenden Pulmonalarterienast gegenüberliegt. An die Bronchioli respiratorii schließen sich die meist als *Atrium* bezeichneten *Alveolargänge* (*Ductus alveolares*) an, aus denen die *Alveolarsäckchen* oder *Infundibula* hervorgehen. Die Alveolargänge sind beim *Kaninchen* verhältnismäßig kürzer als bei den drei übrigen Nagern (OPPEL). Auf Abb. 24 erkennt man (bei x) die Aufteilung eines Bronchiolus terminalis des *Meerschweinchens* bis in die Alveolen unter der Pleura.

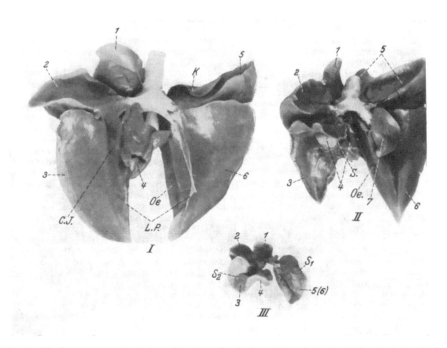

Abb. 19. Die Lungen von Kaninchen (I), Meerschweinchen (II) und Ratte (III). Ventralansicht, etwa ²/₃ nat. Größe. C.J Impression durch die Vena cava inferior. Oe Impression durch den Ösophagus. L.P Ligamenta pulmonales. Übrige Buchstaben siehe Text.

Bezeichnungen der Lungenlappen:

Rechte Lunge		Linke Lunge	
1. Lobus superior dext.		5. Lobus superior sin.	
2. Lobus medialis dext.		6. Lobus inferior sin.	
3. Lobus inferior lateralis.		7. Lobus medialis od. accessor.	
4. Lobus inferior medialis.		(nur beim Meerschweinchen).	

Über die Natur der die Alveolen auskleidenden Zellen sind neuerdings auf Grund von Speicherungsversuchen und den Ergebnissen von Gewebskulturen Meinungsverschiedenheiten entstanden, indem einige Forscher, vor allem POLICARD, die Auffassung vertreten, die Alveolen seien Hohlräume im Inneren des *Bindegewebes* und die auskleidenden Zellen seien mesenchymaler Abkunft.

Die von LANG, BINET u. a. zur Stütze dieser Auffassung herangezogenen Ergebnisse der Gewebskultur können die Frage heute noch nicht entscheiden. Wenn man Lungengewebe explantiert, geht man von einem Gemisch verschiedenartigster Zellen aus, von denen die einen leichter, die anderen schwer oder gar nicht wandern und auswachsen. Wie stets bei Kulturversuchen überwuchert schließlich eine Zellart alle anderen, eine Tatsache, auf der ein Verfahren zur Gewinnung von Reinkulturen beruht. Epitheliale Zellen werden fast immer von gleichzeitig anwesenden mesenchymalen Elementen überwuchert. Wenn also in der Kultur von Lungengewebe die weitaus größte Mehrzahl der auswandernden und proliferierenden Zellen Eigentümlichkeiten aufweist, die für mesenchymale Herkunft sprechen, so beweist das nicht, daß keine Epithelien vorhanden gewesen sind. Außerdem sind die Kriterien, welche zum Beweis mesenchymaler Genese herangezogen werden, keineswegs eindeutig. Auch ich halte nach meinen eigenen Explantationsversuchen die meisten Zellen, die aus dem Lungenstückchen eines erwachsenen Kaninchens in der Gewebskultur auswandern, für mesenchymal und glaube auch, daß der größte Teil der in den Alveolen so häufig zu findenden „Staubzellen" mesenchymaler Herkunft ist und dem retikuloendothelialen Apparat angehört. Das schließt aber nicht aus, daß daneben Alveolarepithelien vorhanden sind. Sicher beweisen läßt sich dies bei der Hinfälligkeit der Zellen und den großen technischen Schwierigkeiten heute noch nicht. Wer aber häufig gesehen hat, wie im Anschluß an länger bestehende Atelektase die Alveolen wieder kubische Auskleidung erhalten (Abb. 31, 32 u. 33) und das gleiche, geradezu drüsenartige Aussehen zurückgewinnen, welches sie im embryonalen Zustand gezeigt hatten, der kann meines Erachtens nicht umhin, ein Persistieren epithelialer Zellen in den Alveolen anzunehmen (s. auch CARLETON), denn es läßt sich oft ausschließen, daß die kubischen Zellen von den Bronchien aus eingewandert sind. Gerade die Nagerlunge mit ihrer großen Neigung zur Bildung drüsenartiger Formationen im Anschluß an chronische Entzündungen und Atelektase (s. S. 54) ist ein günstiges Objekt zur Demonstration der Tatsache, daß auch im erwachsenen Zustand in den Alveolen Epithelien vorhanden sein müssen. Man findet häufig, daß nur die den größeren Septen aufsitzenden Zellen kubische Auskleidung aufweisen, während die dem Bronchialbaum näher gelegenen Alveolen das gewöhnliche Bild darbieten. Es liegt meines Erachtens kein Anlaß vor, etwa anzunehmen, daß diese kubischen Zellen aus den Septen ausgewanderte Phagocyten seien, die sich epithelartig auf die Alveolarinnenfläche gelegt hätten (LANG). In den neueren Arbeiten, und gerade in denen, welche Explantationsversuche heranziehen, vermisse ich ein Eingehen auf diese Befunde. Stets wird die Frage nach der Herkunft der „Staubzellen" vermengt mit der Frage nach der Natur der Zellen, welche die Alveolen auskleiden bzw. der Frage, ob es beim erwachsenen Menschen und Tier überhaupt Alveolarepithelien gibt. Selbst wenn alle „Staubzellen" oder sog. „abgestoßenen Alveolarepithelien" mesenchymale Phagocyten wären, was mir möglich erscheint, aber keineswegs bewiesen ist, so ist damit doch noch nicht die Notwendigkeit verbunden, das Vorhandensein einer besonderen Auskleidung der Alveolen zu leugnen und die Alveolen als luftführende Räume im Bindegewebe anzusehen (POLICARD). Ich muß daran festhalten, daß die Alveolen eine epitheliale Auskleidung besitzen, die allerdings bei der Entfaltung der Lunge zum größten Teil verloren geht, bzw. zu größeren und kleineren Gruppen reduziert wird (s. unten), als Anpassung an die besondere Funktion der Lunge. Daß an anderen Stellen des Körpers ähnliche Umwandlungen eines Epithels nicht vorkommen, kann man nicht, wie POLICARD will, als Beweis dafür heranziehen, daß eine solche Anpassung nicht möglich wäre, denn nirgends im Körper wird an ein Epithel eine ähnliche Anforderung gestellt.

BINET fand in seinen *Kulturen von Kaninchenlungen,* daß die auswandernden Zellen zum Teil die Eigenschaft besaßen, das Fibrin des Plasmatropfens zu verflüssigen. Falls es sich hier nicht um Bronchialepithelien gehandelt hat, spricht dieser Befund nach meinen und anderer Erfahrungen mehr für die Anwesenheit epithelialer Zellen, sieht man doch häufig das Auftreten von Verflüssigungshöhlen, wenn Kulturen von mesenchymalen Zellen durch Epithelien „verunreinigt" sind. Diese fibrinolytische Fähigkeit gewisser, meines Erachtens epithelialer Zellen des Lungengewebes verdiente Beachtung im Hinblick auf die neuerdings von LOESCHCKE geäußerte Ansicht, daß bei der Lösung der fibrinösen Pneumonie die Lösung des Exsudates durch die sich regenerierenden Alveolarepithelien veranlaßt würde und nicht, wie bisher allgemein angenommen, durch die Fermente der zerfallenden Leukocyten. Wenn ich auch der Auffassung LOESCHCKES nicht voll zustimmen kann, so halte ich es doch nach unseren Erfahrungen an Gewebskulturen für gut begründet, auch dem Epithel eine Rolle bei der Lösung fibrinöser Exsudate im Organismus zuzuschreiben. Wie groß der Anteil des Epithels hierbei in den einzelnen Organen, vor allem in der Lunge ist, muß noch weiter untersucht werden. Daß die Hauptrolle den Leukocytenfermenten zukommt, ist meines Erachtens so fest begründet, daß daran kein Zweifel sein kann, finden wir doch so häufig Einschmelzungsprozesse bei eitrigen Entzündungen an Stellen, an denen kein Epithel vorhanden ist.

An dünnen Schnitten, die mit den gewöhnlichen Färbemethoden behandelt sind, lassen sich die Alveolarepithelien schwer darstellen. Man muß zu diesem Zwecke dickere Schnitte versilbern. Man erkennt dann, daß die Alveolarepithelien und die „kernlosen Platten" direkt auf der Capillarwand aufsitzen. Mit der Entfernung vom Bronchialbaum nehmen die Gruppen von Epithelien an Größe und Zellzahl ab (SEEMANN), um in den Alveolen der normalen Lunge oft einzeln zu liegen, und zwar in den Maschen der Capillaren. Nach den neueren Untersuchungen, vor allem SEEMANNs scheinen die sog. „kernlosen

Platten" gar nicht in der Form zellartiger kernloser Gebilde zu existieren. Es handelt sich vielmehr wahrscheinlich um *nicht*celluläre Membranen (Basalmembranen), von denen die Epithelien abgestoßen wurden. Nach dieser Auffassung grenzen die Capillarschlingen in den Alveolen allerdings direkt an die Alveolarlichtung, so daß die Annahme eines respiratorischen Epithels in Gestalt „kernloser Platten" hinfällig wäre. Aber auch bei Anerkennung dieser Auffassung kann man nicht davon sprechen, daß die Alveolen Räume im Bindegewebe seien, denn sie sind eben durch diese Membranen scharf vom Mesenchym abgegrenzt. Das läßt sich besonders deutlich durch das Ergebnis der Versilberungsversuche SEEMANNs erweisen, die einmal vom Bronchialbaum aus, das andere Mal vom Gefäßsystem aus vorgenommen wurden. Zur Erläuterung siehe die Abb. 2 und 3 auf Taf. X bei SEEMANN. Die Alveolarwände der Nager sind verhältnismäßig dicker als die des Menschen. Zum Teil ist diese Verdickung nur eine scheinbare, da der Durchmesser der Capillaren im Verhältnis zum Alveolardurchmesser stärker ist. Zum Teil ist die Verdickung aber auch dadurch bedingt, daß in der Alveolarwand der Nager zahlreiche lymphoide und leukocytäre Zellen eingelagert sind (GERLACH u. FINKELDEY). Auch der Gehalt an *elastischen Fasern* ist bei *Kaninchen* und *Meerschweinchen* größer als beim Menschen, bei *Ratte* und *Maus* etwa dem menschlichen Bild entsprechend. In der herausgenommenen Lunge verlaufen die elastischen Fasern stets stark geschlängelt. Sie nehmen mit dem Alter zu und scheinen bezüglich der Stärke ihrer Entwicklung in gewissem Zusammenhang mit der Lebensweise, vor allem der mehr oder weniger großen Beweglichkeit des Tieres zu stehen. Ihre Entwicklung setzt, abgesehen von geringen Ansätzen, erst im extrauterinen Leben ein (LINSER).

Wenn also das histologische Bild der Nagerlunge (im nichtgedehnten Zustand) häufig einen viel dichteren Eindruck macht, als vergleichsweise das gewohnte Bild der menschlichen Lunge, so ist die Verdichtung (am besten an Elastica-Präparaten) genauer zu untersuchen und nicht ohne weiteres auf entzündliche Verdickung der Septen, oder, wenn es sich um atelektatische Bezirke handelt, auf pneumonische Herde beziehen. Dies geschieht nicht selten, da die Unterscheidung der Atelektase von Hypostase und Pneumonie hier noch schwerer ist als oft beim Menschen, vor allem beim Kind. Auch die Oxydasereaktion ist mit Vorsicht zu verwerten, da vor allem beim *Meerschweinchen* schon normalerweise der Gehalt der Lungencapillaren und Septen an oxydasepositiven Zellen größer ist als beim Menschen (GERLACH und FINKELDEY). Meiner Ansicht nach spielen die Größenverhältnisse der Lunge (absolute Werte sowohl, wie das Verhältnis von Lungengröße zu Bronchial-, bzw. Alveolar- und Capillardurchmesser) eine größere Rolle für die Form, Ausbreitung und Ausdehnung der verschiedenen Erkrankungen, besonders der Entzündungen, als man ihnen bisher zugeschrieben hat. Ähnliche Größenverhältnisse sind sicher ein Grund — vielleicht nicht der unwichtigste —, weshalb vielfach das Bild der Lungenentzündungen der kleinen Laboratoriumstiere nicht nur in Äußerlichkeiten mit den Befunden bei menschlichen Kleinkindern und Säuglingen übereinstimmt. Auf der anderen Seite sollten die so verschiedenen Größenverhältnisse einen Grund zu besonderer Vorsicht abgeben, wenn man die experimentell erzeugten Lungenerkrankungen der kleinen Laboratoriumstiere mit den Verhältnissen in der *erwachsenen* Menschenlunge vergleichen will.

Wie beim Menschen finden sich auch in der Nagerlunge *Poren* in den Alveolarwänden (MÜLLER), durch welche benachbarte, auch nicht zum gleichen Bronchiolus gehörige Alveolen in Verbindung stehen. Ob sich auch in den interlobulären Septen solche Fenster finden, wie sie LOESCHCKE für den Menschen annimmt, konnte ich nicht feststellen. Die scharf lobuläre Begrenzung mancher atelektatischer Bezirke beim *Meerschweinchen* spricht jedenfalls dafür, daß derartige Fenster höchstens in sehr geringer Entwicklung vorhanden sein können.

In der Lunge *trächtiger Meerschweinchen* fand MOTTA zahlreiche *lipoid-haltige Zellen* in den Alveolarsepten. Er leitet sie von den Alveolarepithelien ab und bringt ihre Vermehrung während der Gravidität mit dem in dieser Zeit gesteigerten Lipoidstoffwechsel in Zusammenhang. Wahrscheinlich handelt es sich hier aber um Abkömmlinge des Retikuloendothels.

Von großer Bedeutung für den experimentell arbeitenden Forscher ist die Kenntnis des Verhaltens des *lymphatischen Gewebes* in der Nagerlunge. Es ist nicht nur oft in verhältnismäßig sehr großer Menge vorhanden, sondern zeigt

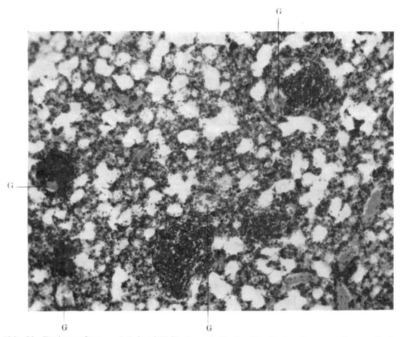

Abb. 20. Perivasculäre und interstitielle lymphatische Herde in einer sonst unveränderten Meerschweinchenlunge. G Gefäße.

auch besonders beim *Meerschweinchen* eine ungewöhnlich große Reaktions-fähigkeit auf die verschiedensten Reize hin. Man kann zwei Formen des Auf-tretens (GUERISSE-PELLISIER, KLEIN) unterscheiden: kompakte, mehr oder weniger scharf begrenzte Knötchen, die sich in dem gröberen bindegewebigen Gerüst, d. h. also peribronchial und perivasculär reichlich eingelagert finden (Abb. 21) und ganz diffuse, sehr wechselnd stark entwickelte lymphatische Häufchen in den zarteren Septen, oft unabhängig von Bronchien und Gefäßen (Abb. 20). Wie besonders aus den eingehenden Untersuchungen von GERLACH und FINKELDEY hervorgeht, gehören diese wechselnd stark ausgebildeten „lymphoiden Knötchen" zum normalen Bild der *Meerschweinchenlunge* von der 5. extrauterinen Lebenswoche an. Sie finden sich manchmal besonders häufig unter der Pleura (ARNOLD). Schon auf geringfügige, nicht nur bakterielle, sondern auch schon mechanische Reize hin vergrößern sich diese Knötchen sehr schnell und ausgedehnt, so daß ihr Befund nach irgendwelchen Eingriffen nur mit größter Vorsicht zu bewerten ist. Die in Abb. 20 dargestellten Herde

fand ich in der Lunge eines spontan gestorbenen *Meerschweinchens* ohne sonstige
Lungenveränderungen. Sie sind in dieser starken Entwicklung oft nicht mehr
von den perivasculären Knötchen zu unterscheiden. Bei Bestehen kleiner
pneumonischer Herde sind sie samt den perivasculären Lymphknoten oft enorm
entwickelt und bilden dann breite lymphatische Bänder und Ringe um Gefäße
und Bronchien. Auch beim *Kaninchen,* bei *Ratte* und *Maus* findet man oft
eine — mit dem Menschen verglichen — enorme Wucherung des lymphatischen
Gewebes im Verlauf von chronischen Entzündungsprozessen. (S. Abb. 21).
Es eignen sich daher die kleinen Nager nicht zu Versuchen, bei deren Auswertung die Ausbreitung und Menge des lymphatischen Gewebes in der

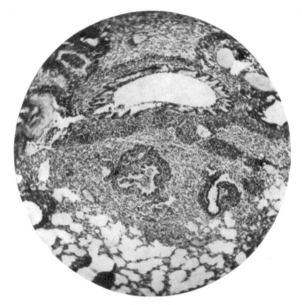

Abb. 21. Peribronchiale Lymphocytenmäntel. Mäuselunge. (Lichtbild von H. J. ARNDT-Marburg.)

Lunge irgendeine erhebliche Rolle spielt. Zahlreiche Irrtümer in der Literatur beweisen dies zur Genüge (s. darüber GERLACH u. FINKELDEY). Welche Reize
zu einer besonders starken lymphatischen Reaktion führen, ist noch wenig
bekannt. Zweifellos genügen hierzu beim *Meerschweinchen* schon mechanische
Reize (z. B. Steinstaub). Andererseits folgt nicht auf jede chronische Infektion
eine stärkere lymphatische Reaktion. Ein Vergleich der Abb. 21 u. 28 zeigt
dies sehr deutlich. In Abb. 21 erkennt man die enorme Vermehrung des lymphatischen Gewebes in der Wand der nicht wesentlich veränderten Bronchien,
während die sicher schon lange bestehende Entzündung der Bronchien im Falle der
Abb. 28 gar keine Hyperplasie des lymphatischen Apparates nach sich gezogen
hat, obwohl sich bereits eine außergewöhnlich hochgradige Bronchiektasie
entwickelte und alle Bronchien mit Eiter erfüllt waren. In dem ganzen Schnitt,
der den größten Teil des Unterlappens umfaßt, findet sich nur bei L ein
verhältnismäßig kleines Lymphknötchen mit „Keimzentrum" in der Bronchialwand.
Neben den vorwiegend aus Lymphocyten bestehenden Zellhaufen beschreiben GERLACH und FINKELDEY im normalen Lungenbild des *Meerschweinchens*
adventitielle Zellanhäufungen, aus lymphoiden Zellen und reichlichen polymorph-

kernigen Leucocyten mit eosinophiler und pseudo-eosinophiler Körnelung. Die Ausbildung dieser Herde geht im allgemeinen den „lymphoiden Knötchen" parallel, man findet sie aber schon bei ganz jungen Tieren.

Einer besonderen Besprechung bedürfen die *Lungengefäße,* da sich auch in ihrem Bau weitgehende Abweichungen von dem uns vom Menschen geläufigen Befund ergeben. Die *Lungenvenen* aller vier Nagerarten sind vom Herzen aus mit quergestreifter Muskulatur umgeben, die sich aber bei den verschiedenen Arten verschieden weit erstreckt. Bei *Kaninchen* und *Meerschweinchen* umgibt sie nur den kurzen extrapulmonalen Teil in Form einer Ring- und Längs-schicht. Die *Ratte* besitzt nur eine Ringfaserschicht, die aber auch die größeren Pulmonaläste noch umgibt. Bei der *Maus* finden sich nach Stieda selbst in

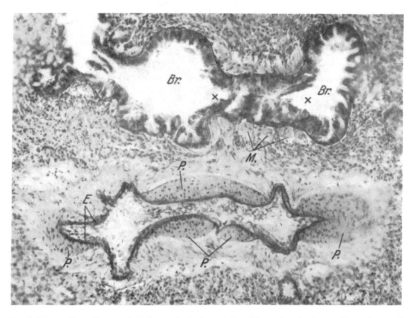

Abb. 22. Größerer Bronchus und Pulmonalarterienast des Meerschweinchens. Bronchus zwischen x und x stark kontrahiert. M Kontrahierte Muskelbündel. E Elastica der Arterie. P Polsterartige Verdickungen der Arterienmuskulatur.

der Wand der kleinen Venen noch derartige quergestreifte Muskelbündel, die fast die ganze äußere Wand ausmachen sollen. Ich habe mich davon bis-her nicht überzeugen können. Nach *Arnstein* sollen diese quergestreiften Muskel-fasern um die Lungenvenen der *Ratte* und *Maus* alle Eigentümlichkeit der Herzmuskulatur aufweisen. Sie sollen dazu dienen, die Abführung des Blutes aus der Lunge zum Herzen zu unterstützen. Die *Lungenarterien von Kaninchen, Ratte* und *Maus* weisen im Vergleich mit dem Menschen eine sehr dicke Mus-kularis auf, die den Eindruck erweckt, daß sie die Herzaktion weitgehend unter-stützt. Ganz merkwürdige, und soweit meine Literaturkenntnis reicht, bisher nicht beachtete Verhältnisse zeigen die *Lungenarterien des Meerschweinchens.* Sie besitzen nicht, wie die bisher besprochenen Nager, eine gleichmäßige Mus-kularis; diese Schicht der Wand ist vielmehr zu perlschnurartig aneinanderge-reihten Muskelwülsten aufgeteilt, die schon beim Neugeborenen stark ent-wickelt sind. Die Lichtung der Arterie ist — verglichen mit der Dicke der Muskulatur — meist unverhältnismäßig eng, da in den meisten Fällen im histologischen Präparat die Arterien kontrahiert sind. Die Verhältnisse erkennt man deutlich in Abb. 22. Hier ist der Arterienast mit dem zugehörigen Bronchus bei Elasticafärbung dargestellt. Die Muskelpolster (P) treten klar hervor, ebenso die sehr gradlinig und ungewellt verlaufende Elastica interna des hier ungewöhnlich wenig kontrahierten Gefäßes. Bei der Durchsicht der Literatur auf Mitteilungen ähnlicher Verhältnisse bei anderen Tieren fand ich bisher nur die Angabe bei OPPEL daß nach PLANA die kleinen Lungenarterien von Rind, Schaf und Schwein Muskelringe um das Gefäßlumen besitzen, denen wahrscheinlich die Aufgabe zukommt, die Geschwindigkeit des Blutstromes gegen die Capillaren hin zu mäßigen, also die entgegengesetzte Aufgabe, die aus der gleichmäßig stark entwickelten Muskularis von *Kaninchen, Ratte* und *Maus* hervorzugehen scheint. Welche Deutung richtig ist, muß ich offen lassen. Für das *Meerschweinchen* kommt noch eine weitere Deutung in Betracht, welche auch die schon erwähnte Ringmuskelbildung um die Bronchien berücksichtigt. Wie schon erwähnt, bringe ich die auch nach GERLACH und FINKELDEY zum normalen Lungenbild des *Meerschweinchens* gehörenden atelektatischen Bezirke mit Kontraktionen einzelner Bronchien in Beziehung (s. Abb. 24). Es ist nun durchaus vorstellbar, daß mit der Kontraktion des Bronchus auch eine Kontraktion des zugehörigen Lungenarterienastes einhergeht, so daß die von der Luftzufuhr abgeschnittenen Bezirke gleichzeitig auch mit weniger Blut versorgt werden. Der hier gegebene Deutungsversuch stützt sich hauptsächlich auf noch nicht veröffentlichte Untersuchungsergebnisse von CEELEN an den Lungen von *Meerschweinchen*, die Staubinhalationsversuchen ausgesetzt waren. Hierbei ergab sich, daß die *Meerschweinchen* auf die Staubinhalation nur sehr gering reagieren, da sie anscheinend in der Lage sind, große Abschnitte der Lunge durch Kontraktion der Bronchien auszuschalten, während *Kaninchen* die Staubinhalation nur sehr schlecht vertragen. Es eignen sich also beide Nagerarten nicht zu solchen Versuchen, aber aus entgegengesetzten Gründen: die *Meerschweinchen* reagieren zu wenig, die *Kaninchen* zu stark. Auch bei kürzlich von SCHULTZ-BRAUNS im Bonner Institut ausgeführten Versuchen mit Nitrosegasen ergaben sich wesentliche Unterschiede in der Reaktion bei Kaninchen und Meerschweinchen, die sich auch auf die Fähigkeit des Meerschweinchens zurückführen lassen, große Abschnitte der Lungen durch Kontraktion der Bronchien auszuschalten.

Es wäre von großem Interesse, der Frage nachzugehen, warum sich bei dem *Meerschweinchen* dieser ungewöhnliche Bau der Arterien entwickelt hat. Die Schwierigkeit der Materialbeschaffung und die geringe Kenntnis von der Lebensweise der wilden Verwandten des *Meerschweinchens* erschweren die Lösung dieser Frage vorläufig. Von den nächsten Verwandten des Meerschweinchens konnte ich bisher nur das gewöhnliche und das schwarzrückige Aguti untersuchen. Sie zeigten ebensowenig wie die sonstigen bisher untersuchten Nager (s. Anm. S. 29) eine Verdickung der Gefäß- und Bronchialmuskulatur. Nur bei einem Insektenfresser, dem Igel fand ich eine dem Meerschweinchen ähnliche Verdickung der Bronchialmuskulatur. Es fehlte bei ihm aber die viel auffälligere Verdickung der Gefäßmuskeln.

Die *Lymphgefäße der Lunge* sind wie beim Menschen sehr reichlich entwickelt. Sie umgeben die Bronchien und die Gefäße von allen Seiten und haben ihre Quellen in den Alveolarwänden. In der normalen Lunge treten sie nicht hervor und sind selbst an dünnen Schnitten nicht mit Sicherheit in dem umgebenden Bindegewebe zu finden, da ihre Wände aufeinanderliegen. In akut entzündeten Lungen treten sie oft sehr deutlich in Erscheinung und umgeben dann als stark gedehnte Räume die Gefäße, deren Lichtung sie häufig bei weitem übertreffen.

Sowohl die Gefäße wie die Bronchialverzweigungen der Lunge sind mit zahlreichen *Nerven* versehen, über deren Verhalten im einzelnen die Arbeiten von BERKLEY für die *Ratte*, von LARSELL für das *Kaninchen* unterrichten.

Der *Bakteriengehalt der normalen Lunge* ist sehr gering. In den Alveolen fehlen Bakterien gewöhnlich ganz. Das geht schon aus der Tatsache hervor, daß Gewebskulturen von Lungengewebe so gut wie stets steril bleiben, wenn man die peripheren Teile des Organs zur Kultur benutzt. Auch nach bakteriologischen Untersuchungen von ARLO (*Meerschweinchen*) und JONES (*Kaninchen, Meerschweinchen, Ratte* und *Maus*) ist das Lungengewebe selbst fast stets steril, während die Lymphknoten bis zu 50% infiziert sein können. Man findet in ihnen nach Angabe der genannten Untersucher vor allem Streptotrix, Bacillus subtilis und verschieden Kokken, alles Mikroben, die auch in dem Staub von Heu und Stroh gefunden werden. Für gewöhnlich sind sie unschädlich, nur unter besonders ungünstigen Bedingungen entfalten sie pathogene Eigenschaften (s. S. 55, Nekrobazillose).

d) Pleura.

Bezüglich der *Pleura* wurde schon auf das Bestehen der beim Menschen nicht vorhandenen Ligamenta pulmonales hingewiesen (S. 32) und auch der besondere Pleuralsack für den Herzlappen erwähnt. Histologisch besteht die Pleura aus einer dünnen Lage straffen Bindegewebes mit einer elastischen Grenzlamelle. Auf der Oberfläche ist sie von einer einschichtigen Lage platter Deckzellen besetzt, über deren Natur (ob epi- oder endothelial) die gleichen Meinungsverschiedenheiten bestehen, wie über die Natur der Alveolarepithelien (s. S. 33). Die Deckzellen sind sehr hinfällig, so daß man sie nur bei sehr vorsichtiger Behandlung der Lungen darstellen kann. Öfters bekommt man sie zu Gesicht, wenn die Pleura von fibrinösem Exsudat bedeckt ist, unter dem sie häufig anschwellen und oft unter Verfettung kubische Gestalt annehmen können.

II. Pathologische Anatomie.

Der nun folgende pathologische Teil mußte, vielfach mehr allgemein gehalten, unvollständiger und verhältnismäßig kürzer ausfallen als der vorhergehende, da bisher nur ein geringer Teil der Veränderungen, die sehr wahrscheinlich gelegentlich spontan vorkommen, in der Literatur beschrieben wurde. Auch das mir selbst zur Verfügung stehende Material war natürlich in dieser Beziehung unvollständig. Dieser Mangel, der einer erstmaligen Zusammenfassung wohl meist anhaftet und hoffentlich mit der Zeit ausgeglichen wird, ist praktisch aber nicht sehr bedeutungsvoll. Viele der in Betracht kommenden Veränderungen werden niemals mit etwaigen Folgen experimenteller Eingriffe verwechselt werden können; bei einem großen Teil seltener vorkommender Erkrankungen und Veränderungen werden genügende Kontrollen vor Fehlschlüssen bewahren.

a) Mißbildungen.

Häufig, aber praktisch wenig wichtig, sind die schon besprochenen *Abweichungen in der Zahl* der Lungenlappen; Vermehrung wird öfter gefunden als Verminderung. Die rechte Seite ist bevorzugt (PAGEL). Beruht die Vermehrung der Lappen nicht nur auf einer Unterteilung der normalen Lappen durch abnorm tiefes Einschneiden schon normalerweise vorhandener oberflächlicher Furchen, sondern auf einer abnormen Teilung der Trachea (meist Dreiteilung), so kommt es zur Bildung von *Nebenlungen* oder *akzessorischen Lappen*. Diese Fehlbildungen, die also eine größere Selbständigkeit besitzen, zeigen meist auch im mikroskopischen Bau mehr oder weniger ausgedehnte Störungen und Abweichungen von der normalen Gewebszusammensetzung. So ist es nicht selten, daß größere Abschnitte derartiger Lappen zu großen Blasen emphysematös aufgetrieben sind, und auf den ersten Blick als cystische Anhänge der Lungen erscheinen (sog. *Lungencysten*). Die nähere Untersuchung ergibt dann aber meist, daß doch hie und da, vor allem im Stiel noch Reste normaleren Lungengewebes vorhanden sind. PAGEL beschreibt einen hierher gehörigen Fall vom *Meerschweinchen*. In anderen Fällen, die eine festere Konsistenz und kleinere Hohlräume aufweisen, ist das Lungengewebe in zahlreiche Cysten mit kubischem bis flachem Epithel umgewandelt, so daß ein geschwulstartiges Bild entsteht und man vielfach von *adenomartigen Wucherungen* spricht. Es handelt sich aber hierbei nicht um eine echte Geschwulst, denn es fehlt das autonome dauernde Wachstum. Man muß daher diese Veränderungen als *Gewebsmißbildungen* bezeichnen. Sie sind am häufigsten beim *Meerschweinchen* beobachtet (STERNBERG, v. HANSEMANN, PAGEL) und haben hier schon mehrfach zu der irrtümlichen Annahme geführt, es handle sich um eine künstlich erzeugte echte Geschwulstbildung (GAYLORD) oder um Veränderungen, die auf die Inhalation von Steinstaub zurückgeführt werden müßten (WILLIS und BRUTSAERT). Zweifellos gibt es gerade beim *Meerschweinchen* ganz ähnliche Wucherungen der Bronchien, die sich im Verlaufe chronischer Entzündungen entwickeln, bei ihnen lassen sich aber die Zeichen der chronischen Entzündung

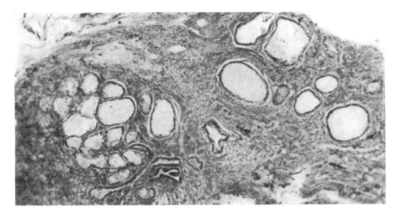

Abb. 23. Adenomartige Gewebsmißbildung in der Meerschweinchenlunge.

stets nachweisen (s. S. 55 u. Abb. 33). In Abb. 23 ist eine als Gewebsmißbildung sichergestellte „adenomatöse Wucherung" dargestellt, die ich Herrn Prof. CEELEN verdanke. Sie fand sich als gut begrenzter derber, weißlicher Bezirk in der Nähe des Lungenhilus bei einem *Meerschweinchen* als zufälliger Nebenbefund. Es handelt sich um Gruppen von kleinen Cysten, die in reaktionslosem Bindegewebe liegen und (auf der linken Seite der Abb.) in atelektatisches Lungengewebe übergehen.

Weitere Mißbildungen, wie Fehlen einer Lunge, Ösophagotrachealfistel u. dgl. fand ich weder in der Literatur beschrieben noch in meinem Material.

b) Störungen des Luftgehaltes.

1. A t e l e k t a s e. Luftleere oder besser luftarme Bezirke findet man sehr häufig in normalen Lungen, zumal wenn das Tier schnell getötet wurde und vor den Tode keine heftigen Abwehrbewegungen machte. Beim *Meerschweinchen* gehören atelektatische Bezirke zum normalen Lungenbild. Hierauf haben besonders GERLACH u. FINKELDEY hingewiesen. Ich kann diesen Befund, vor allem auf Grund zahlreicher Präparate von Herrn Prof. CEELEN, durchaus bestätigen. Es handelte sich dabei um *Meerschweinchen*, die Staubinhalationen ausgesetzt waren im Rahmen der Untersuchungen der Kommission zur Erprobung des Steinstaubverfahrens zur Bekämpfung der Grubenexplosionen. Hierbei ergab

sich, daß die Tiere nach längerem Verweilen in den Staubkästen nur außerordentlich wenig Staub inhaliert hatten und große atelektatische Bezirke in den Lungen aufwiesen. Die zugehörigen Bronchien waren meist auch im histologischen Präparat noch kontrahiert, ähnlich wie auf Abb. 22 zu sehen. Aus diesen Versuchen geht wohl mit Sicherheit hervor, daß die Meerschweinchen — wahrscheinlich reflektorisch — größere oder kleinere Abschnitte ihrer Lungen von der Beatmung und gleichzeitig wohl auch von stärkerer Durchblutung ausschalten können. Diese den *Kaninchen*, *Ratten* und *Mäusen* nicht zukommende Fähigkeit steht sicher in Beziehung zu den schon besprochenen Besonderheiten in der Anordnung der Bronchial- und Gefäßmuskulatur, über deren Entstehung nur bereits

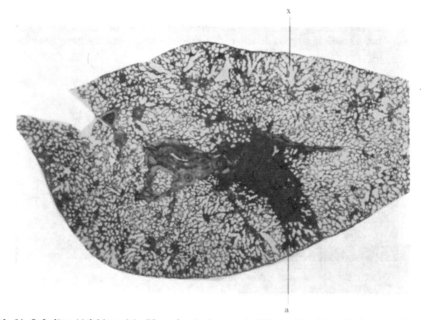

Abb. 24. Lobuläre Atelektase (a). Meerschweinchen. x Aufteilung eines Bronchiolus respiratorius.

in Angriff genommene vergleichende Untersuchungen an den wilden Stammformen der *Meerschweinchen* und ihren weiteren Verwandten Klarheit schaffen könnten (s. Anm. S. 30). In Abb. 24 ist ein lobulärer atelektatischer Bezirk abgebildet von einem Ausmaß, wie man ihn recht oft findet.

Außer diesen „physiologischen Atelektasen", die beim *Meerschweinchen* fast stets und oft ausgedehnt zu finden sind, bei den übrigen Nagern seltener und meist in geringerem Ausmaße, kommt es im Verlauf von zahlreichen Erkrankungen zu einer Verminderung des Luftgehaltes, sei es nach Verlegung des Bronchiallumens bei Entzündungen *(Resorptionsatelektase)*, sei es durch Kompression des Lungengewebes, durch raumbeengende Prozesse verschiedenster Art *(Kompressionsatelektase*, s. Abb. 26, A). In seit längerer Zeit luftfreiem Lungengewebe nehmen die Alveolarepithelien sehr oft wieder die kubische Form an, die sie in der unentfalteten embryonalen Lunge besessen hatten. Vor allem findet man diese Umwandlung des Alveolarepithels in solchen Alveolen, die den gröberen bindegewebigen Septen aufsitzen (Abb. 33), aber häufig auch an anderen Stellen. Ich habe schon darauf hingewiesen, daß ich dieses Wiederauftreten einer aus kubischen Epithelien bestehenden Alveolarauskleidung für den besten Beweis dafür halte, daß auch beim Erwachsenen dauernd Reste des Alveolarepithels persistieren, von denen aus die dauernde Regeneration der nicht sehr lange lebensfähigen „kernlosen Platten" vor sich geht. Gerade die Nagerlunge zeichnet sich dadurch aus, daß solche Regenerate sehr leicht und an vielen Stellen auftreten, wenn es für einige Zeit zum Verlust des Luftgehaltes kommt (s. Abb. 31, 32 und 33).

2. E m p h y s e m. Da ich über das spontane Vorkommen von *interstitiellem* (*traumatischem*) *Emphysem* (dem Austritt von Luft in das interstitielle Bindegewebe der Lunge nach Zerreißung der Alveolarwand) weder in der Literatur Angaben fand noch in meinem Material einen derartigen Befund erheben konnte, beschränke ich mich hier auf die Besprechung des *alveolären* (vesiculären oder *substantiellen*) *Emphysems*. Es kommt als *akutes Emphysem* oder *Lungenblähung* bei Erstickungstod vor und wird gelegentlich vorgetäuscht, wenn die Lungen zur Fixation mit zu reichlichen Mengen oder unter Druck mit der Fixierungsflüssigkeit gefüllt wurden. Das Emphysem im engeren Sinne als *chronische* Erweiterung einzelner Lungenabschnitte unter Schwund der Alveolarwandungen und Bildungen großer blasiger Auftreibungen habe ich in einigen Fällen beim *Kaninchen* gesehen. Wie beim Menschen sind die scharfen Ränder der Lungenlappen vorzugsweise befallen. Die beiden ausgesprochensten Fälle betrafen die Oberlappen von *Angorakaninchen* (Material von Jaffé). Einmal handelte es sich um eine haselnußgroße, mehrkammerige cystische Auftreibung des rechten Oberlappens, die so ausgedehnt war, daß von Lungengewebe nur ein schmaler Stiel an der Basis übrig geblieben war, während der größte Teil des Lappens in eine dünnwandige Blase verwandelt war, die — wenigstens an dem mir zugesandten fixierten Präparat — nach unten geschlagen war und zwischen Unter- und Herzlappen lag. Von dem zweiten Falle gebe ich die in durchfallendem

Abb. 25. Großblasiges Randemphysem. Angora-Kaninchen. O Oberlappen, U Unterlappen.

Licht aufgenommene Abb. 25. Die Untersuchung im Schnitt (Abb. 26) ergab, daß hier außer dem Emphysem (E) eine chronische Entzündung (Pn) in den zentralen Abschnitten des Oberlappens vorhanden war, auf die später noch eingegangen wird. Diese Emphysembildung ist mit großer Wahrscheinlichkeit mit der Entzündung in ursächlichen Zusammenhang zu bringen. Es liegt hier eine Form des sog. *vikariierenden Emphysems* vor, d. h. umschriebene Erweitreungen einzelner Lungenabschnitte nach Verödung benachbarter Teile, wobei weniger eine kompensatorische Vergrößerung des emphysematösen Teiles, als vielmehr eine Erweiterung durch eine Art von Ventilbildung in den abführenden Luftwegen angenommen werden muß, durch welche zwar Luft in die noch ausdehnungsfähigen Abschnitte hinein, aber nicht oder nur schwer wieder hinausgelangt, so daß die Alveolen allmählich gedehnt werden. Auch bei der Pneumonia verminosa (s. S. 58) und anderen chronischen Entzündungen, vor allem Bronchitiden, kommt häufig umschriebenes, „vikariierendes" Emphysem vor. Bei *Meerschweinchen*, *Ratte* und *Maus* fand ich nur Andeutungen von Randemphysem, ebenfalls nur an den Oberlappen. Die emphysematöse Erweiterung von mißbildeten Lungenlappen, wie sie u. a. PAGEL beschrieb, wurde schon erwähnt (S. 40).

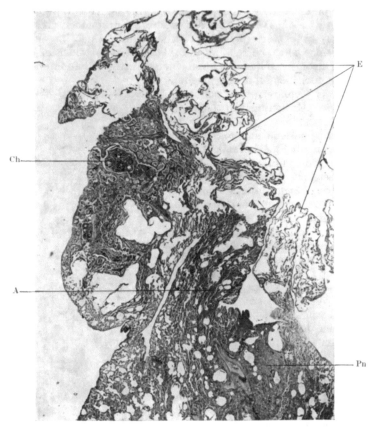

Abb. 26. Schnitt aus dem Oberlappen von Abb. 25. Lupe. E Emphysemblasen; Ch Herd mit Cholesterinkrystallen (s. Abb. 31); A atelektatische Abschnitte; Pn pneumonische Bezirke.

c) Kreislaufstörungen.

Für sich allein spielen Kreislaufstörungen in der Lungenpathologie der kleinen Laboratoriumstiere nur eine untergeordnete Rolle. Meist treten sie als Teilerscheinung von entzündlichen Vorgängen auf und werden bei Besprechung der Entzündungen Erwähnung finden. Der *Blutgehalt der Lungen* bei der Sektion ist nur in geringem Grade von der Tötungsart abhängig. Ich habe die Lungen von Kaninchen, die durch Nackenschlag, Verbluten (Durchschneiden der Carotiden) oder durch Äthernarkose getötet waren, makroskopisch und mikroskopisch auf ihren Blutgehalt untersucht und fand keine regelmäßigen Unterschiede. Im gesunden Zustand findet man die Lungen nach Eröffnung des Brustkorbes stets sehr wenig bluthaltig und stark retrahiert. Wenn vor der Eröffnung des Thorax Unterschiede je nach der Tötungsart bestanden haben, werden sie durch die Retraktion der Lungen jedenfalls so ausgeglichen, daß sie bei Herausnahme der Organe nicht mehr festzustellen sind. Wichtig ist das Vorkommen von *Blutungen* in den Lungen *nach Nackenschlag*. Bei *Kaninchen* habe ich sie nur ausnahmsweise gesehen, bei *Meerschweinchen* sind sie aber nicht selten. Noch häufiger und zwar sowohl bei *Kaninchen* wie bei *Meerschweinchen* kann man *Blutaspiration* in die Bronchien und (seltener) auch in die Alveolen beobachten. Wenn die Tiere durch Nackenschlag getötet wurden, stammt das Blut fast stets aus der Nase. Bei Tötung durch Carotidenschnitt findet man Blutaspiration nur dann, wenn die Trachea verletzt wurde, was vor allem bei kleinen Tieren leicht vorkommt. Eine weitere, fast regelmäßige Folge des Nackenschlages ist die *Fettembolie*. Die Erschütterung des Körpers durch den Schlag genügt, um zuweilen ganz beträchtliche Fettmassen in die Blutbahn und damit

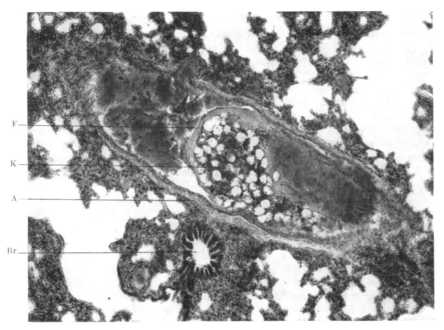

Abb. 27. Knochenmarkembolie (K). F Fibringerinnsel um das embolisierte Stück. A Wand der Art. pulmonalis. Br Bronchus.

auch in die Lunge zu befördern. Ich habe diese, schon von FLOURNOYS mitgeteilte Tatsache, sehr oft bestätigt gefunden. Nach Erfahrungen RIBBERTs genügt schon die Erschütterung durch Herabfallen vom Tisch, um beim *Kaninchen* eine Fettembolie hervorzurufen. Man muß also beim Befund von Fett in den Lungencapillaren immer daran denken, daß die Tötungsart oder auch eine sonstige heftige Erschütterung diese Veränderung hervorgerufen haben kann. Seltener wird beim Tier die Quelle des Fettes in den Lungencapillaren darin zu suchen sein, daß ein Öl oder Fett injiziert wurde. Immerhin muß man auch diese Möglichkeit kennen. Nach sehr erheblichen Verletzungen der Röhrenknochen findet man gelegentlich nicht nur Fett, sondern ganze Stücke von Knochenmark in den Lungengefäßen: *Knochenmarkembolie* (MAXIMOW, LUBARSCH). Ich sah kürzlich in der Lunge eines abessinischen Backenhörnchens oder Schilu (Xerus rutilus), die mir zu vergleichenden Untersuchungen vom zool. Garten in Berlin in freundlicher Weise zur Verfügung gestellt wurde, die in Abb. 27 wiedergegebene Knochenmarkembolie, die ohne nachweisbare Fraktur entstanden war. Es fanden sich außer der abgebildeten noch zahl-

reiche weitere Embolien meist kleinerer Knochenmarkstücke, sowie eine ausgedehnte Fettembolie.

Über *Hyperämie, Blutungen, Lungenödem* und *Embolie infizierter Thromben*
bei entzündlichen Prozessen verschiedenster Art und Lokalisation siehe den
folgenden Abschnitt.

d) Entzündungen.

1. Allgemeines.

Entzündungen sind die häufigsten Erkrankungen im Bereich der Atmungsorgane der kleinen Laboratoriumstiere. Sie sind nicht nur eine überaus häufige
Teilerscheinung der meist seuchenartigen Erkrankungen, sondern kommen auch
als Folge von „Erkältungen" und Infektionen verschiedenster Art für sich
allein recht oft zur Beobachtung. Wie beim Menschen (s. Lauche), so ist auch
beim Tier das histologische Bild in der entzündeten Lunge meist keineswegs
charakteristisch für einen bestimmten Erreger. Die gleiche Form und Aus-
breitungsweise kann verschiedenste Ursachen haben, wie andererseits der gleiche
Erreger unter verschiedenen sonstigen Bedingungen ganz verschiedene Reaktionen in den Lungen hervorrufen kann. Es läßt sich daher fast nie mit genügender Sicherheit aus dem histologischen Bild allein ein Schluß auf den Erreger
ziehen, falls dieser nicht ausnahmsweise schon bakterioskopisch sicher dia-
gnostizierbar ist. Die bakteriologische Untersuchung ist daher meist unerläßlich, um die Zugehörigkeit einer Lungenentzündung zu einer bestimmten Seuche
oder Krankheit festzustellen. Es kann sich deshalb in dem vorliegenden Abschnitt nur darum handeln, vom *allgemein pathologischen Standpunkt* aus die
verschiedenen Formen zu besprechen, in denen Entzündungen in den Atmungs-
organen beobachtet werden. Dabei ist allerdings gelegentlich ein Hinweis
möglich, daß bei bestimmten Seuchen oder Erkrankungen durch bestimmte Erreger die eine oder andere Form der Pneumonie oder Pleuritis usf. besonders
oft gefunden wird, so daß die Beobachtung gewisser Entzündungsformen den
Verdacht auf bestimmte Seuchen u. dgl. unterstützen kann. Im großen und
ganzen muß sich aber die histologische Untersuchung auf eine richtige Schilderung der gerade vorliegenden Entzündungsform beschränken, ohne die Möglichkeit ätiologische Schlüsse ziehen zu können. Eine ätiologische Einteilung der
Entzündungsformen ist damit hinfällig. Ich muß daher vor allem auf den
Abschnitt von Seifried verweisen, der die Erkrankungen nach den Erregern
geordnet bringt und dabei auch auf die jeweiligen Lungenbefunde eingeht. Die
verhältnismäßig geringe Rolle, die der anatomische und histologische Lungen-
befund spielt, erlaubt also, auf eine allzu ausführliche Darstellung zu verzichten.
Es soll der Hauptwert auf die Heraushebung der einzelnen Formen gelegt werden,
um für die Beschreibung der Lungenveränderungen eine gewisse Unterlage
zu geben, denn das Studium der bisher vorliegenden Schilderungen läßt nur
zu oft eine Übereinstimmung mit der in der Pathologie üblichen Nomenklatur
vermissen, so daß man sich häufig aus der Beschreibung kein Bild davon machen
kann, welche Veränderungen in der betreffenden Lunge vorhanden waren. Vor
allem ist häufig von fibrinöser oder lobärer Pneumonie die Rede, wenn sicher
eine konfluierte herdförmige, eitrige Pneumonie vorgelegen hatte.

2. Die Entzündungen der Trachea und der Bronchien.

Eine *akute eitrige* oder *katarrhalisch-eitrige Tracheitis und Bronchitis* schließt
sich an viele akute Entzündungen der oberen Luftwege an. Sie ist makroskopisch gekennzeichnet durch starke Rötung und Schwellung der Schleimhaut mit
Auftreten eines glasigen oder eitrigen, bzw. eitrig-schleimigen Inhaltes in Trachea
und Bronchien. Seltener, z. B. bei der hämorrhagischen Septicämie, finden sich

auch Blutungen in die Schleimhaut. *Histologisch* findet man eine starke Füllung der Gefäße, vermehrte Schleimsekretion und Abstoßung der Becherzellen. Bei eitriger Entzündung ist die Schleimhaut durchsetzt von zahlreichen polymorphzelligen Leukocyten, die sich oft in so großer Menge in der Lichtung der kleineren und mittleren Bronchien ansammeln, daß diese ganz von ihnen ausgefüllt ist. Besteht die Entzündung etwas länger, so entwickelt sich oft

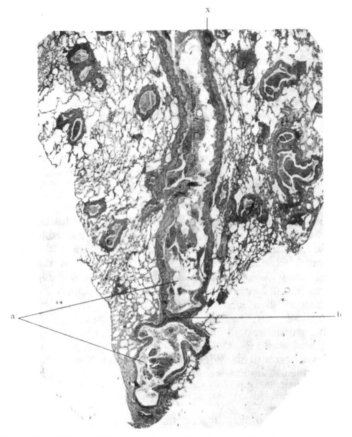

Abb. 28. Eitrige Bronchitis und Bronchiektasien. Kaninchen. Unterlappen. a Stark erweiterter Bronchus mit eitrigem Exsudat. b Anschnitt der Bronchialwand bei einer Biegung des Bronchus. x Lymphknötchen.

eine Hyperplasie der Schleimhaut mit Vermehrung der Epithelschichten, stärkerer Fältelung und Vermehrung der Becherzellen auf Kosten des Flimmerepithels. Seltener stößt sich das Epithel an umschriebener Stelle ab, so daß ein Geschwür entsteht, in dessen Grunde sich Granulationsgewebe entwickelt. Meist ist die Regenerationsfähigkeit des Bronchialepithels so groß, daß auch stärkere Erweiterungen der Bronchiallichtung durch Eitersammlungen (*sackförmige oder zylindrische Bronchiektasien,* [Abb. 28]) überall mit Epithel ausgekleidet bleiben. Derartige größere Ansammlungen von Eiter in der Bronchiallichtung finden sich vorzugsweise in den Unterlappen. Sie führen mit der Zeit zu einer erheblichen Verdickung der Bronchialmuskulatur, die dann oft als ringförmige, vorspringende Leisten das Lumen wellig uneben gestalten (Abb. 28). Wie schon oben erwähnt, ist die *chronische Bronchitis* manchmal mit sehr erheblicher Vermehrung des lymphatischen Gewebes verbunden, während in anderen Fällen eher eine Verminderung der Lymphknötchen zu finden ist (Abb. 28). Worauf dieses unterschiedliche Verhalten beruht, vermag ich nicht zu sagen, anscheinend spielt neben der Tierart auch die Art des Erregers oder des chronischen Reizes eine ausschlaggebende Rolle, denn man findet die verschiedenen Formen bei allen vier Nagerarten, und es läßt sich, wenigstens nach meinen bisherigen Erfahrungen, kein durchgreifender Unterschied zwischen den Bronchitisformen, etwa des *Kaninchens* oder des *Meerschweinchens* und denen der *Ratte* und *Maus* feststellen.

Über die *Ausgänge bzw. die Folgen der Bronchitis* ist kurz zu sagen, daß sich am häufigsten eine *Bronchopneumonie* (s. S. 49) anschließt; seltener greift die Entzündung auf dem Lymphwege auf die Septen der Lunge über in Form einer *peribronchialen interstitiellen Pneumonie* (s. S. 52). In der Umgebung stark ausgedehnter Bronchien (*Bronchiektasien*) sind die angrenzenden Alveolen oft komprimiert und luftleer (atelektatisch). Dann schwellen die Epithelien in diesen Alveolen meist wieder zu ihrer ursprünglichen kubischen Form an. Bronchogene faulige Einschmelzungsprozesse (*Gangränhöhlen*) habe ich bei den kleinen Laboratoriumstieren bisher nicht beobachtet, sie werden aber bei sekundärer Infektion mit den entsprechenden Erregern ebenfalls gelegentlich zu finden sein (s. S. 55).

3. Die Entzündungen der Lunge.

Die Entzündungen des Lungengewebes selbst, die verschiedenen Formen der *Pneumonien* und ihre Folgen sowie die Pleuritis, sind die praktisch wichtigsten Erkrankungen der Atmungsorgane der kleinen Laboratoriumstiere sowohl für den Züchter, dessen Tierbestände sie dezimieren, wie auch für den experimentell arbeitenden Forscher, dem sie außer vorzeitigem Verlust der Versuchstiere auch Schwierigkeiten in der Beurteilung seiner Versuchsergebnisse bedingen können, vor allem, wenn es sich um künstliche Infektion mit bestimmten Erregern handelt. Wenn wir ein Tier an einer Lungenentzündung verendet finden, erhebt sich immer die Frage, liegt hier eine bestimmte spontane Infektion, vielleicht eine bestimmte Seuche vor, oder handelt es sich (wenn ein Versuchstier betroffen wurde) um die Wirkung des experimentellen Eingriffs?

So ist, um ein Beispiel anzuführen, oft nicht mit Sicherheit histologisch zu entscheiden, ob etwa ein Meerschweinchen mit käsig-pneumonischen Herden in der Lunge an einer experimentellen Infektion mit tuberkulösem Sputum eingegangen ist, oder einer spontanen Pseudotuberkulose erlag.

Wie schon oben erwähnt, läßt sich diese Frage rein histologisch meist nicht mit genügender Sicherheit entscheiden, da sehr viele verschiedene Erreger die gleichen Veränderungen hervorrufen können, und andererseits der gleiche Erreger, je nach den sonstigen Umständen, verschiedene Reaktionen auslösen kann. Wir sind also gerade auf dem Gebiet dieser praktisch wichtigsten Erkrankungen auf die Mithilfe der Bakteriologie angewiesen, der in den allermeisten Fällen die Entscheidung überlassen bleiben muß. Es hat aus diesem Grunde keinen Wert, hier die verschiedenen, in der Lunge sich lokalisierenden Infektionen nach ätiologischen Gesichtspunkten abzuhandeln, denn dann würden sich dauernde Wiederholungen nicht vermeiden lassen und das Ergebnis wäre doch negativ im Hinblick auf die Möglichkeit, rein histologisch zu einer Diagnose zu kommen. Es bleibt also nur übrig, nach allgemein pathologischen Gesichtspunkten die verschiedenen Entzündungsformen in der Lunge zu besprechen, wobei allerdings gelegentlich ein Hinweis auf besonders häufiges Vorkommen bestimmter Formen bei bestimmten Seuchen u. dgl. möglich sein wird. In der Anordnung des Stoffes folge ich meiner Bearbeitung der menschlichen Pneumonien im Handbuch von HENKE-LUBARSCH und unterscheide:

Entzündungen **ohne** *Einschmelzung des Lungengewebes:*

  α) Vorwiegend des respiratorischen Anteils (herdförmige Pneumonie, Bronchopneumonie);

  β) vorwiegend des interstitiellen Gewebes (interstitielle Pneumonie).

Entzündungen **mit** *Einzchmelzung des Lungengewebes:*

  γ) Lungenabsceß;

  δ) Lungengangrän.

α) **Die herdförmige Pneumonie (Bronchopneumonie).** Nur sehr wenige Entzündungen des eigentlichen Lungenparenchyms ergreifen die ganze Lunge oder ganze Lungenlappen, die allermeisten beschränken sich auf größere oder kleinere Bezirke, Herde, zwischen denen das Lungengewebe ganz frei bleibt oder nur Zirkulationsstörungen (Hyperämie, Ödem und Atelektase) aufweist. Ich habe keinen einzigen sicheren Fall einer *spontanen lobären Pneumonie* bei Nagetieren in dem Sinne finden können, daß es sich um eine fibrinöse Entzündung mit typischem, regelmäßigem Verlauf gehandelt hätte, wie wir sie beim Menschen in Gestalt der Lungenentzündung im engeren Sinne, der lobären, fibrinösen, genuinen oder croupösen Pneumonie kennen. Die FRÄNKELschen Diplokokken verursachen z. B. beim *Meerschweinchen* eitrige herdförmige Entzündungen. Die kleinen Laboratoriumstiere verhalten sich in dieser Hinsicht ähnlich wie die Menschen im jugendlichen Alter. Auch bei Kindern sind lobäre Pneumonien selten. Wahrscheinlich hängt das damit zusammen, daß die zur Entwicklung einer lobären Pneumonie notwendige Reaktionslage im Körper [wahrscheinlich in einer Sensibilisierung durch vorausgegangene gleichartige Infektionen bestehend (LAUCHE)] beim jugendlichen Menschen und auch bei dem nur verhältnismäßig kurze Zeit lebenden kleinen Tier selten oder gar nicht zustande kommt. Künstlich kann man allerdings durch *partielle Immunisierung* bei *Ratten* und *Mäusen* (vielleicht auch bei *Kaninchen* und *Meerschweinchen*) Pneumonien erzeugen, die der menschlichen lobären Pneumonie in vieler Hinsicht vergleichbar sind. Dabei handelt es sich also nicht um spontane Erkrankungen. Sie sind demnach hier nicht zu erörtern. Wir können uns vielmehr auf die Schilderung der herdförmigen Pneumonie beschränken.

Wie beim Menschen entwickelt sich der größte Teil der Pneumonien auch beim Tier *absteigend* von Infektionen der oberen Atemwege, sei es von einer Rhinitis oder von einer Bronchitis aus. Man kann daher die meisten Pneumonien als *Bronchopneumonien* bezeichnen. Auch die nicht auf dem Luftwege entstehenden seltenen, *embolischen Herdpneumonien* beteiligen beim kleinen Nager sofort die Bronchien und sind überdies in etwas fortgeschrittenem Stadium nicht mehr als embolische Herde zu erkennen.

Das *makroskopische Bild der Bronchopneumonie* ist durch das Bestehen meist zahlreicher graugelber bis gelber Herde im Lungengewebe gekennzeichnet. Diese Herde, welche keinen Abschnitt der Lungen wesentlich bevorzugen (ich fand sie sehr viel häufiger als beim Menschen auch in den Oberlappen), haben etwas festere Konsistenz als die Umgebung. Sie springen über die Schnittfläche meist leicht vor und zeigen vielfach um ein gelbes, bereits in Erweichung begriffenes Zentrum einen mehr graugelben und außen oft noch einen grauroten bis blauroten Hof. Liegen sie unter der Pleura, so findet man sehr häufig auf dieser einen feinen abstreifbaren graugelben, seltener grauroten Belag (fibrinöse bzw. fibrinös-hämorrhagische Pleuritis). Durch das Zusammenfließen mehrerer solcher Herde entstehen oft blattartig-zackige größere Herde, welche — bei der Kleinheit der betroffenen Organe — schnell einen ganzen Lappen einnehmen können und dann eine lobäre Pneumonie vortäuschen. Von einer solchen soll man aber nur sprechen, wenn eine *unizentrisch* entstandene Pneumonie vor-

liegt, zu deren Eigentümlichkeiten ferner der Fibrinreichtum und die überall
gleichartige Zusammensetzung des Exsudates gehört. Wie schon erwähnt,
habe ich bisher niemals eine spontane Pneumonie bei unseren kleinen Laboratoriumstieren beobachtet oder in der Literatur gefunden, welche mit genügender Sicherheit diesen Anforderungen, die man an eine lobäre Pneumonie
stellen muß, genügt hätte. Wenn auch zugegeben werden kann, daß das makroskopische Bild gelegentlich keine sichere Entscheidung zuläßt, so klärt die *histologische Untersuchung* sofort darüber auf, welche Form der Pneumonie vorliegt. Aus Abb. 29 erkennt man die wichtigsten histologischen Eigentümlichkeiten der Herdpneumonie bei den kleinen Nagern. Das Bild erinnert sehr an
eine Herdpneumonie beim menschlichen Säugling, nur sind die Alveolarwände

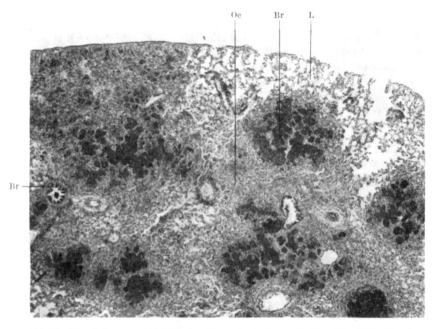

Abb. 29. Bronchopneumonische Herde. Meerschweinchen. Br Exsudaterfüllte Alveolen.
Oe „Ödematöse Randzone". L Lufthaltiges Lungengewebe.

noch dicker im Verhältnis zu dem geringen Durchmesser der Alveolen. Das
Exsudat ist stets sehr reich an polymorphkernigen Leukocyten, so daß die exsudat-
erfüllten Alveolen im gefärbten Präparat sehr dunkel erscheinen. Sie bilden
rosetten- oder blattartige dunkle Figuren, welche durch die helleren verhältnismäßig breiten Alveolarwände auch dann deutlich abgegrenzt werden, wenn
die anliegenden Alveolen atelektatisch sind und lufthaltigem Lungengewebe
gegenüber ziemlich dunkel erscheinen. Mit bloßem Auge kann man oft einen
pneumonischen Bezirk nicht sicher von einem nur luftleeren unterscheiden.
Im mikroskopischen Bild ist dies ohne weiteres möglich. Hier löst sich dann
ein größerer, mit bloßem Auge ziemlich gleichmäßig erscheinender Herd in
eine ganze Anzahl deutlich getrennter Herde auf und läßt den lobär erscheinenden
Herd als eine Summe *konfluierter bronchopneumonischer Herde* erkennen. Beim
näheren Studium der Exsudatzellen ergibt sich, daß diese fast ausschließlich
aus polymorphkernigen Leukocyten bestehen, denen sich vereinzelte größere
Zellen (Staubzellen, Makrophagen) beimischen können. Rote Blutzellen finden
sich bei den meisten Pneumonien nur ganz vereinzelt im Exsudat. Eine stärkere

Beimengung von Erythrocyten, welche das Exsudat zu einem eitrig-hämor-
rhagischen oder fast rein hämorrhagischen macht, findet sich nur bei einzelnen
Infektionen, die gleichzeitig auch in anderen Organen hämorrhagische Entzündungen hervorrufen (hämorrhagische Septicämie). Der Gehalt an Fibrin
ist meist sehr gering, so daß er ohne Fibrinfärbung kaum erkennbar ist. Wenn
erheblichere Fibrinmengen in einer Alveole gefunden werden, so handelt es
sich fast immer um ein Lungenbläschen, welches einem gröberen Septum aufsitzt, eine Befund, den man auch bei menschlichen Herdpneumonien (vor allem
kindlichen) oft erheben kann. Außerdem fand ich gelegentlich reichlich Fibrin
in der „ödematösen" Randzone pneumonischer Herde (s. Abb. 30). Solche
„ödematösen" (besser serofibrinös-entzündeten Randzonen sind jedoch die Ausnahme. Meist ist der zentrale pneumonische Herd von einer Zone zusammenge-
fallener Alveolen umgeben. Die Atelektase entsteht auf zweierlei Art, einmal

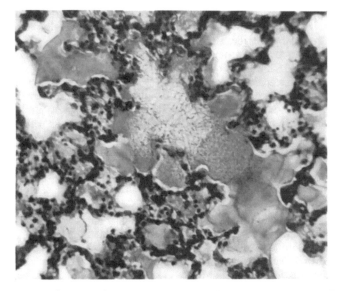

Abb. 30. Gruppe von Alveolen mit sero-fibrinösem Exsudat. Meerschweinchen spontan gestorben.

aus den Alveolen, welche, zu benachbarten Bronchien gehörig, von den exsudat-
erfüllten komprimiert werden und zweitens aus den Endausbreitungen des
Alveolarbaumes, der zu dem entzündeten Bronchus gehört, und zwar dann,
wenn der Bronchus durch den Exsudatpfropf verstopft wurde, die Entzündung
sich aber nicht auf alle zugehörigen Alveolen ausbreitete. Dann wird die Luft
aus den peripheren Lungenbläschen resorbiert. So finden wir Kompressions-
und Resorptionsatelektase meist nebeneinander an dem Aufbau der atelek-
tischen Zonen um die Entzündungsherde beteiligt. Das lufthaltige Lungengewebe
der weiteren Umgebung ist nicht selten durch „kompensatorisches" Emphysem
gebläht. Es ist aber keineswegs immer sicher, daß hier wirklich eine kompensatorische Erweiterung vorliegt, häufig hat man vielmehr den Eindruck, daß
es sich um die Folge eines „Ventilverschlusses" eines größeren Bronchus handelt,
der zwar Luft in sein Versorgungsgebiet hinein, aber nicht wieder hinaus läßt.
Die Größe der bronchopneumonischen Herde wechselt sehr; meist haben sie
beim *Kaninchen* und *Meerschweinchen* etwa 2—3 mm Durchmesser (bei *Ratte*
und *Maus* etwas weniger) und entsprechen dann im großen und ganzen je einem

Lobulus, dessen Grenzen sie häufiger einhalten, als dies beim Menschen der Fall ist. Die größere Dicke der interlobulären Septen und die Kleinheit der Lobuli selbst ist wohl die Ursache für dieses unterschiedliche Verhalten im Vergleich zum Menschen.

Einzelne Erreger, z. B. der *Streptobacillus pseudotuberculosis rodentium* (PFEIFFER) und das KUTSCHERsche *Bacterium pseudotuberculosis murium* bewirken durch die starke toxische Wirkung ihrer Stoffwechselprodukte eine schnelle Koagulationsnekrose (*Verkäsung*) des pneumonischen Exsudates, so daß der menschlichen exsudativen Tuberkulose sehr ähnliche Herde in den Lungen entstehen können. Da diese *spontane Pseudotuberkulose* der *Kaninchen* und *Meerschweinchen* aber fast stets auf dem Wege durch den Verdauungskanal die Tiere befällt, so sind Lungenherde durch den Streptobacillus pseudotuberculosis rodentium sehr selten. In einzelnen Fällen hat man allerdings tuberkelartige Knötchen unter der Pleura und sogar in der Trachea gefunden (s. den Abschnitt von SEIFRIED), so daß man bei der Beobachtung tuberkelartiger Lungenherde mit zentraler Verkäsung die Differentialdiagnose gegenüber der experimentellen Tuberkulose bei Versuchstieren in Betracht ziehen muß. Für Pseudotuberkulose spricht das Fehlen von LANGHANSschen Riesenzellen, fehlende Verkalkung und der rein exsudative Charakter der Herde. Man sieht aber schon aus dieser Aufzählung, daß es histologisch nicht möglich ist, die Pseudotuberkulose von einer frischen exsudativen experimentellen Tuberkulose zu unterscheiden, da auch dieser gerade beim Nager häufig die Riesenzellen, die Verkalkung und proliferative Prozesse fehlen. Man ist also auf den Nachweis der Erreger selbst angewiesen (darüber siehe bei SEIFRIED). Die vorwiegend bei *Ratten*, seltener bei *Kaninchen* spontan vorkommende *Pestinfektion* verursacht gelegentlich auch Lungenentzündungen, die der Pseudotuberkulose sehr ähnlich sehen und histologisch nicht sicher abgegrenzt werden können (s. SEIFRIED). Die *spontane Tuberkulose* kommt bei ihrer Seltenheit (s. den Abschnitt über Tuberkulose) praktisch nicht in Betracht. Die *pseudotuberkuloseartige Erkrankung der Mäuse* durch das Bacterium pseudotuberculosis murium (KUTSCHER) ist etwas häufiger primär in der Lunge lokalisiert. Diese Erkrankung betrifft aber vorwiegend graue Mäuse, die zu experimentellen Arbeiten wenig verwendet werden.

Die *Tularämie* ist, soweit mir bekannt, noch nicht als Spontaninfektion bei Laboratoriumstieren beobachtet.

β) **Entzündungen mit vorwiegender Beteiligung des interstitiellen Gewebes (interstitielle Pneumonien)** sind bei allen kleinen Nagern recht selten. Wir finden zwar häufig eine erhebliche Beteiligung der bindegewebigen Septen an den Entzündungsprozessen in Bronchien und Alveolen, aber selten eine so überwiegende Beteiligung des Interstitiums, daß die Bezeichnung „*interstitielle Pneumonie*" gerechtfertigt wäre. Der große Reichtum der Nagerlunge an Bindegewebe hat die Folge, daß sich Entzündungen der Bronchien oft nicht nur auf die zugehörigen Alveolen, sondern auch auf dem Lymphwege, entlang den Septen bis an die Pleura ausbreiten und dann in einiger Entfernung von dem primären Herd den Eindruck einer interstitiellen Pneumonie mit anschließender Pleuritis erwecken können. Genaueres Studium zeigt dann aber fast regelmäßig bronchopneumonische Herde als Ausgangspunkte. In den zunächst ödematös aufgequollenen Septen mit stark erweiterten Lymphbahnen kommt es sehr bald zu fibrinösen und dann zu eitrigen Exsudatbildungen, welche allerdings selten so erheblich werden, daß man schon mit bloßem Auge auf der Schnittfläche der Lunge die eitrig infiltrierten Septen erkennen könnte. Histologisch findet man jedoch eine serofibrinöse und auch eitrig-fibrinöse Entzündung der Septen bis unter die Pleura nicht selten. Bei manchen Infektionen, die besonders zu einer lymphogenen Ausbreitung neigen, wie z. B. die Infektion mit dem

Micrococcus tetragenus. findet man den Erreger in den erweiterten Lymphräumen um die Gefäße und Bronchien in großen Kolonien. Der große Reichtum der Nagerlunge an Lymphbahnen in den verhältnismäßig dicken Septen
ist neben der Kleinheit der Organe die Ursache, daß bei diesen Tieren, ähnlich wie beim kleinen Kinde, so häufig die Pleura beteiligt wird und eine eitrige
oder auch nur fibrinöse Pleuritis an die Bronchopneumonien verschiedenster
Genese sich anschließt.

Es mag hier darauf hingewiesen werden, daß es manchmal bei Anwendung der gewöhnlichen Färbemethoden (Häm. Eos., van Gieson) nicht ganz leicht ist, chronische lymphocytäre Infiltrate (etwa bei Vorhandensein abgekapselter Parasiten) von akuten eitrigen
interstitiellen Entzündungen zu unterscheiden. Die Anwendung der Oxydasereaktion klärt
dann sofort den Befund.

Die Ausgänge und Folgen der Pneumonien. Wie häufig eine Heilung mit
völliger Wiederherstellung des normalen Zustandes beim Tier vorkommt, entzieht sich unserer Kenntnis. Wir sehen fast nur den tödlichen Ausgang, meist

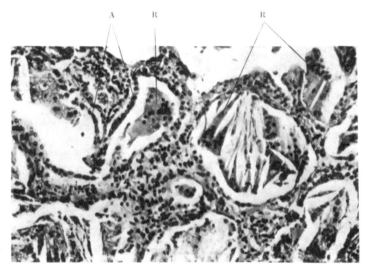

Abb. 31. Cholesterinkrystalle von Riesenzellen (R) umgeben in chronisch-pneumonischem
Lungenbezirk. Kaninchen (s. Abb. 26, Ch). A Kubische Alveolarepithelien.

durch Ausbreitung der Entzündung über größere Teile der Lungen oder durch
Beteiligung der Pleura. Oft ist die Todesursache auch außerhalb der Lunge
zu suchen, da die Pneumonien nicht selten nur eine Teilerscheinung einer Allgemeinerkrankung sind, oder sich zu einer anderen Hauptkrankheit hinzugesellen.
Trotz des großen Bindegewebsreichtums der tierischen Lunge habe ich bisher
noch keinen Fall von einer *bindegewebigen Organisation* oder *Karnifikation*
gesehen. Das hängt sehr wahrscheinlich mit der Fibrinarmut des Exsudates
zusammen. Wir wissen ja, daß ein Hineinwachsen organisierenden Bindegewebes in die Alveolen nur dann erfolgt, wenn Fibrinfasern als Leitbänder für
die Fibroblasten vorhanden sind (s. Lauche in Henke-Lubarsch, S. 824).
In rein eitriges Exsudat kann kein Bindegewebe einwachsen. Das Bild der
chronischen Pneumonie bei den uns hier interessierenden Tieren besteht nach
meinen bisherigen Erfahrungen nur in einer bindegewebigen Verdickung der
Septen und Alveolarwände, gelegentlich unter Verwachsung der nach Kolla-
bierung aufeinanderliegenden Alveolen. In einem Falle fand ich einen anscheinend aus eitriger Pneumonie hervorgegangenen Herd beim *Angorakaninchen,*

in welchem die Alveolen von zahlreichen Cholesterinkrystallen mit großen Fremdkörperriesenzellen ausgefüllt waren (s. Abb. 31). Anscheinend handelt es sich hier um Umsetzungsprodukte aus einem sehr stark verfetteten Eiter. Die Alveolen zeigten in diesem Falle auf weite Strecken eine Auskleidung mit kubischen Zellen, auch an solchen Stellen, die nicht an ein gröberes Septum grenzten. Der häufigste Ausgang der eitrigen Herdpneumonie beim Tier scheint die Abszeßbildung zu sein.

γ) **Lungenabscesse** finden sich beim kleinen Laboratoriumstier viel häufiger als etwa beim erwachsenen Menschen. Nicht selten sind ganze Lungenlappen zu einem großen Absceß umgewandelt und stellen dann einen mit eingedicktem

Abb. 32. Alter, abgekapselter Lungenabsceß (A). Kaninchen.
K Kapsel. Ad Adenomartige Umwandlung der angrenzenden Alveolen.

Eiter gefüllten, ziemlich festen Herde mit derber bindegewebiger Wand dar. Außen von der Bindegewebskapsel ist häufig kollabiertes oder durch Kompression atelektatisches Lungengewebe erhalten, dessen Alveolen zu drüsenartigen Bildungen umgeformt sind (s. Abb. 32). Sowohl *Kaninchen*, wie *Meerschwein*, wie *Ratte* und *Maus* neigen zu solchen drüsenartigen Bildungen weit mehr als der Mensch. Nicht nur das Alveolarepithel wuchert in solchen Abschnitten, sondern auch häufig das Bronchialepithel. Man kann die vom Bronchial-epithel ausgehenden Wucherungen an dem deutlich zylindrischen Epithel dieser „*adenomartigen*" *Herde* erkennen. In Abb. 33 ist beides nebeneinander zu sehen, links die vom Bronchialepithel ausgehenden drüsenartigen Wucherungen, deren Zellen mindestens doppelt so hoch sind als der Kern, rechts die einem gröberen Septum (P.B.) aufsitzenden Alveolen mit kubischem Epithel, das nur wenig höher ist als der Kern. Zwischen diesen beiden Partien liegt eine Zone rundzellig-infiltrierter-atelektatischer Alveolen ohne kubisches Epithel. Aus diesem — häufig in gleicher Form zu beobachtenden — Bilde geht meines Erachtens mit Sicher-heit hervor, daß das kubische Epithel in den Alveolen nicht gewuchertes Bron-chialepithel sein kann, denn es sieht anders aus und steht gar nicht mit der

Bronchialepithelwucherung in Verbindung. Ich sehe auch keinen Grund zu der Annahme, daß die kubischen Zellen in den Alveolen epithelartig aufgereihte mesenchymale Zellen sein sollten, wie dies von den Forschern angenommen wird, welche das Vorkommen von Alveolarepithelien beim erwachsenen Tier leugnen. Ich halte die hier beschriebenen Befunde vielmehr für den besten Beweis für die Persistenz von Alveolarepithel bis in das höchste Alter.

Außer den bronchogenen und postpneumonischen Abscessen kommen gelegentlich auch *embolische Abscesse* bei unseren Nagern vor, so bei der von SCHMORL zuerst beschriebenen *Nekrobacillose*, (*Streptostrichose* durch Streptothrix cuniculi), die zuweilen zu einer Thrombophlebitis der Halsvenen führt, von der dann infizierte Emboli in die Lunge verschleppt werden (siehe S. 610 und Abb. 242).

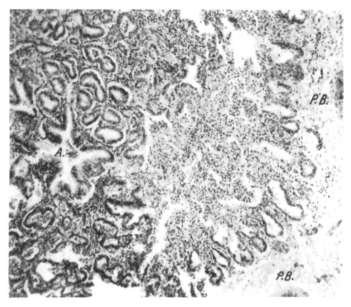

Abb. 33. Chronische Pneumonie. Meerschweinchen. A Adenomartige Wucherungen des Bronchialepithels. P.B. Peribronchiales Septum, angrenzend Alveolen mit kubischem Epithel.

δ) Selten sind bei den kleinen Nagern Fälle von **Lungengangrän** (GALLI, *Kaninchen*). Sie kommen zustande, wenn im Verlauf einer anderen, meist eitrigen Entzündung, eine Mischinfektion mit Fäulniserregern stattfindet, durch welche das abgestorbene Gewebe bzw. das Exsudat sekundär zersetzt wird, unter Bildung von sehr übelriechenden Zersetzungsprodukten. Ob und wie oft eine Fremdkörperaspiration (Futterbestandteile u. dgl.) eine Lungengangrän hervorrufen kann, vermag ich nicht zu beurteilen. Die Möglichkeit dazu liegt jedenfalls vor. Die *Gangrän* ist an dem fauligen, aashaften Geruch und der graubraunen oder braungrünen Farbe der Gangränherde leicht zu erkennen und von rein eitrigen Zerfallsherden zu unterscheiden. *Histologisch* ist die Unterscheidung oft nicht so leicht, da man ein sehr ähnliches Bild findet, wie bei einem älteren Lungenabsceß. Die zentrale Nekrose ist allerdings gewöhnlich weiter fortgeschritten und hat meist zu einer völligen Verflüssigung geführt, so daß der Inhalt der Zerfallshöhlen meist nicht mehr vorhanden ist. Ist er aber noch festzustellen, so findet man einen sehr feinkörnigen Detritus. Auch die noch festeren Randpartien der Gangränherde sind bei fortgeschritteneren Fällen manchmal nekrotisch, ohne daß eine eitrige Infiltration oder eitrige Exsudatbildung in den Alveolen vorhanden sein muß. Es handelt sich dann um eine starke toxische Wirkung auf das angrenzende Gewebe. In den meisten Fällen findet man jedoch um den Gangränherd eine Zone eitrig-pneumonischer Alveolen und weiter außen die gleiche Zonenbildung, wie sie beim Lungenabsceß beschrieben wurde. *Embolische Gangränherde* habe ich bisher nicht beobachtet.

4. Die Entzündungen des Brustfelles.

Die Entzündungen der Pleura sind in den meisten Fällen keine für sich allein bestehenden Erkrankungen, sondern eine Teilerscheinung entweder einer Allgemeininfektion (hämorrhagische Septicämie, Streptokokken-Sepsis u. dgl.) oder von Lungenentzündungen. Die Brustfellentzündungen sind makroskopisch gekennzeichnet durch Rötung und Trübung der befallenen Brustfellabschnitte unter Auftreten von wechselnd zusammengesetztem Exsudat. Dieses kann vorwiegend aus Flüssigkeit bestehen (*seröse, serös-hämorrhagische Pleuritis*) oder einen wechselnden Gehalt von den verschiedenen geformten Exsudatbestandteilen (Fibrin, Leukocyten und rote Blutkörperchen) aufweisen. Findet sich wenig, in dünnen Lagen auf der Pleura liegendes fibrinöses Exsudat, so spricht man von einer *fibrinösen Pleuritis* (*Pleuritis sicca*). Diese Form findet sich sehr häufig als erstes Zeichen der Mitbeteiligung der Pleura über entzündlichen Lungenherden. In anderen Fällen, so z. B. bei der *Diplokokkenseuche* der *Meerschweinchen* ist die fibrinöse Ausschwitzung von reichlicheren Mengen seröser Flüssigkeit durchtränkt, daher dicker, weicher, schwammartig und dann auch leichter und in größeren Fetzen abstreifbar, z. B. bei der „infektiösen Pleuropneumonie" der Kaninchen (GLAUE): *serofibrinöse Pleuritis*. In solchen Fällen findet sich neben den Auflagerungen auf der Pleura meist auch freie Flüssigkeit in mehr oder weniger großer Menge in der Brusthöhle. Diese Flüssigkeit ist gelblich, trübe und oft mit Fibrinflocken durchsetzt. Stärkere Beteiligung von polymorphkernigen Leukocyten bedingt eine zunehmende Trübung und Gelbfärbung des Exsudates unter gleichzeitiger Zunahme der Konsistenz bis zur rahmartigen Dickflüssigkeit: *eitrige, eitrig-fibrinöse Pleuritis*. Diese Form ist kennzeichnend für die Beteiligung von „Eitererregern" (z. B. Pyobacillus capsulatus cuniculi, Eiterkokken verschiedenster Art; s. S. 568). Die Beteiligung der roten Blutzellen ist an der zunehmenden Rotfärbung des Exsudates kenntlich: *hämorrhagische Pleuritis*. Sie ist stets ein Zeichen stärkerer Gefäßschädigung (meist durch starke Toxinwirkung), daher öfter als die übrigen Formen mit *Blutungen in das subpleurale Bindegewebe* verbunden (z. B. *bei hämorrhagischer Septicämie*) (siehe S. 570 und Abb. 231).

Das *histologische Bild der exsudativen Pleuritis* ist recht einförmig. Abgesehen von der verschiedenen Zusammensetzung des Exsudates finden wir eine Abhebung oder Überlagerung des Deckepithels durch das Exsudat. Die Gefäße des subpleuralen Bindegewebes sind stark gefüllt, das Bindegewebe selbst meist ödematös aufgequollen und bei den eitrigen Formen überdies mit Leukocyten mehr oder weniger stark durchsetzt. Bei der Pleuritis sicca bilden die fibrinösen Auflagerungen leisten- und wellenförmige Beläge, die bei serofibrinöser Pleuritis lockerer, dicker und meist auch leukocytenreicher sind. Das Lungengewebe unter dem entzündeten Pleurabezirk kann lufthaltig und unverändert sein, meist ist es aber zum mindesten „ödematös" durchtränkt, noch öfter pneumonisch, da die weitaus größte Mehrzahl der Pleuraentzündungen sekundär von Lungenentzündungen aus entsteht. Sehr häufig liegen die pneumonischen Herde dicht unter der Pleura, in anderen Fällen aber auch tiefer im Lungengewebe. Dann handelt es sich um Infektionen mit Erregern, die eine besonders große Neigung haben, auf dem Lymphwege sich auszubreiten, so daß zunächst interstitielle Pneumonien die Folge sind, die erst in einiger Entfernung von dem tiefer gelegenen Herde die Pleura erreichen.

Chronische Pleuritis mit bindegewebiger *Organisation* des Exsudates und Verwachsungen zwischen den Pleurablättern ist bei den kleinen Laboratoriumstieren selten, da die Tiere fast immer schon in der akuten Phase der Erkrankung sterben. Nur einmal sah ich bei einem Meerschweinchen mit zahlreichen pneumonischen Herden eine beginnende Organisation eines eitrig-fibrinösen Pleuraexsudates. Man findet in solchen Fällen ein Einwachsen von Fibroblasten und capillären Gefäßen in die fibrinöse Auflagerung. An einigen Stellen vereinigen sich schließlich die Gefäßsprossen und Fibroblastenzüge, welche gleichzeitig von beiden Pleurablättern aus vorsprossen, so daß eine bindegewebige Verwachsung (*Pleuraadhäsion*) zustande kommt. Über spezifische Entzündungen der Pleura ist mir nichts bekannt geworden, außer der Mitteilung von DELBANCO, daß bei der *Pseudotuberkulose* selten einmal zentral nekrotische Entzündungsherde auch in der Pleura beobachtet werden.

5. Parasiten und Fremdkörper.

a) Von höheren *pflanzlichen Parasiten* (s. auch S. 625 f.) finden sich in der Lunge des *Kaninchens* in seltenen Fällen Kolonien von *Aspergillus fumigatus*. Dieser Schimmelpilz kann als verhältnismäßig harmloser Saprophyt in den Atemwegen gefunden werden, er kann aber auch schwere eitrige, mit Absceßbildung einhergehende Entzündungen hervorrufen (HÖPPLI, SCHÖPPLER). In solchen Fällen ist die Lunge durchsetzt von zahlreichen stecknadelkopfgroßen und größeren gelblichen Herden, deren Zugehörigkeit zu einer *Pneumonomycosis aspergillina* nicht mit bloßem Auge zu erkennen ist. Erst die *histologische Untersuchung* deckt die Schimmelpilze als Erreger auf. Sie bilden farblose mit der GRAMschen Färbung darstellbare Mycelien, die stellenweise knopfartige Fruchtträger an den Enden der Fäden erkennen lassen. Frische Herde von *Aspergillusmykose* bestehen aus zahlreichen polymorphkernigen Leukocyten, welche oft die Pilzfäden so sehr verdecken, daß das Mycel ohne spezifische Färbung übersehen werden kann. Ältere Herde weisen zunehmende Beteiligung von Bindegewebe an der Knötchenbildung auf. Es kommt zur Entwicklung von Fremdkörperriesenzellen um die Pilzfäden, so daß man an die Verwechslungsmöglichkeit mit Tuberkulose denken muß. Mit der abnehmenden Widerstandsfähigkeit des befallenen Tieres können die Pilzfäden schließlich das Lungengewebe nach allen Seiten hin durchwachsen und gelangen dabei sowohl in exsudatfreien Alveolen wie auch in die Septen, gelegentlich auch in die Gefäße, so daß hämatogene Metastasen entstehen können. Heilt der Prozeß aus, so geschieht dies durch bindegewebige Durchwachsung von den Randpartien her unter Verfettung der zentralen Teile des Herdes. Infolge der oft starken Verdeckung der Pilzfäden durch Leukocyten führt in manchen Fällen die Untersuchung an Zupfpräparaten besser zum Nachweis der Aspergillusinfektion als die Durchmusterung von Schnitten (s. Abb. 243).

b) Von *tierischen Parasiten* (s. auch den Abschnitt: Parasiten S. 695, 701) sind bei den kleinen Nagern vornehmlich folgende zu nennen: *Leberegel (Distomum oder Fasciola hepatica*, vielleicht auch *Fasciola lanceolata), Bandwurmfinnen (Cysticercus pisiformis*-Finne des Hundebandwurms, *Taenia serrata* und Finnen von *Taenia echinococcus*), ferner *Lungenwürmer (Strongylus* oder *Synthetocaulus commutatus* und fraglich *rufenscens*). Auch die zu den Spinnentieren gehörigen *Zungenwürmer (Linguatula denticulata, rhinaria* und *serrata* bzw. deren Jugendformen, die als *Pentastomum* bezeichnet werden) sind in vereinzelten Fällen in den *Kaninchen-* und *Meerschweinchenlungen* beobachtet worden. Bei der *Distomatose*, der *Leberegelkrankheit*, findet man zuweilen in den Lungen von

Kaninchen und selten auch *Meerschweinchen* (SCHMIDT) etwa erbsengroße Höhlen, die mit Luft oder Blut gefüllt sind, meist aber keine Parasiten mehr enthalten, da diese inzwischen ihren Aufenthaltsort gewechselt haben, indem sie Gänge in die umgebenden Organe, vor allem in die Thoraxwand bohren. Da die Haupt-veränderungen in der Leber zu suchen sind, wird die Diagnose nur in seltenen Fällen durch Untersuchung der Lunge gestellt werden. Auch die *Cysticercus*- und *Echinokokkusblasen* finden sich vorwiegend im Bereich der Bauchhöhle, so daß die Ansiedelung in der Lunge als wenig bedeutsamer Nebenbefund zu werten ist. In den Blasen des *Cysticercus pisiformis* findet sich stets nur ein Scolex, während der *Echinokokkus* deren mehrere hervorbringt. Wichtiger

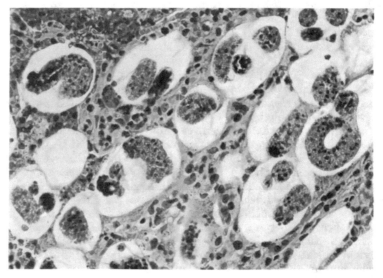

Abb. 34. Pneumonia verminosa. Kaninchen. Alveolen mit Entwicklungsstadien der Parasiten (Strongylus). Sehr geringe Reaktion im Interstitium. Kein Exsudat in den Alveolen. Präparat von JAFFÉ.

als die bisher besprochenen Parasiten sind für die Lungenpathologie die Infek-tionen mit *Lungenwürmern*: die *Lungenwurmkrankheit, Lungenwurmseuche* oder *Strongylose,* die sowohl bei wilden Hasen und Kaninchen, wie auch bei Stall-tieren manchmal gehäuft vorkommt und zahlreiche Tiere dahinrafft. Der In-fektionsweg ist noch nicht sicher bekannt. Man findet die ersten Furchungs-stadien der Wurmlarven in den Alveolen (s. Abb. 34), die oft gar keine oder nur sehr geringe Reizungserscheinungen zeigen. Mit fortschreitender Ent-wicklung wandern die Larven in die größeren Bronchien und in die Trachea ein und können diese Hohlorgane fast ganz oder völlig verstopfen. Sekundär hinzutretende Infektion bedingt bei stärkerer Infektion meist die Entwick-lung herdförmiger Pneumonien (*Pneumonia verminosa*), welche als ,,Wurm-knoten" einen oder mehrere Lungenlappen durchsetzen können (Abb. 35). In solchen Fällen gesellt sich zu der Pneumonie oft eine Abszeßbildung und auch eine Pleuritis, die den tödlichen Ausgang beschleunigen. *Linguatulalarven* gelangen aus dem Darm des infizierten Tieres in die Lungen und wandern ähn-lich wie die Lungenwürmer in die Bronchien ein. Auch sie können eitrige Ent-zündungen hervorrufen, vor allem, wenn sie sich in größerer Zahl in den Bron-chien und in der Trachea ansammeln. In vielen Fällen gelangen nur vereinzelte

Parasiten in das Tier und nur einer oder ganz wenige in die Lunge. Dann wird der Organismus häufig Herr der Infektion. Der Parasit wird von Bindegewebe abgekapselt und zerfällt zu feinkörnigem Detritus, in welchem manchmal härtere Gebilde, wie Haken u. dgl. noch längere Zeit erhalten bleiben können und eine Diagnose ermöglichen. In anderen Fällen aber zerfallen auch diese Hartgebilde oder entwickeln sich überhaupt nicht, so daß dann nicht zu entscheiden ist, welcher Parasit die Knotenbildung in der Lunge hervorgerufen hat. Kürzlich hat STERNBERG darauf aufmerksam gemacht, daß sich bei einer Infektion der *weißen Maus* mit dem Parasiten *Klossiella muris* auch lymphocytäre Lungenherde finden, die vielleicht mit der Anwesenheit dieses Parasiten in Beziehung stehen. Da derartige Infiltrate aber überaus häufig sind

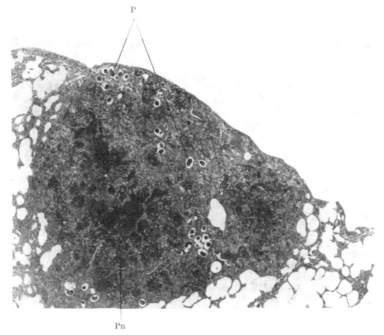

Abb. 35. „Wurmknoten" in der Kaninchenlunge. Übersicht.
Pn Exsudaterfüllte Alveolen. P Querschnitte durch die Parasiten. Präparat von JAFFÉ.

(s. S. 36) und der Parasit in solchen Herden noch nicht nachgewiesen werden konnte, muß diese Frage noch offen gelassen werden (s. S. 709).

Unter den *unbelebten Fremdkörpern* verdient nur die *Kohle* hier erwähnt zu werden, da wir bei Tieren, welche längere Zeit in einem staubigen Stall gelebt haben, eine deutliche Pigmentierung mit Kohlenstaub in den „Staubzellen" der Lunge finden können. In seltenen, besonders hochgradigen Fällen findet sich hier und da auch einmal eine geringe Pigmentierung des interstitiellen Bindegewebes mit Kohle. Diese ist aber spontan nicht so erheblich, daß sie etwa mit bloßem Auge auf der Schnittfläche der Lunge zu erkennen wäre. Oben wurde bereits darauf hingewiesen, daß die *Meerschweinchenlunge* der Staubinhalation sehr viel weniger zugänglich ist als etwa die des *Kaninchens*. Es wurde auch bereits angedeutet, daß vielleicht die Fähigkeit des Meerschweinchens, große Teile der Lunge aus der Beatmung auszuschalten, mit diesem unterschiedlichen Verhalten in Beziehung steht. Bei der Beurteilung des Staubgehaltes der Lungen stören oft die feinen Niederschläge, welche sich nach Fixierung in Formalin bilden; für Untersuchungen auf den Staubgehalt empfiehlt es sich daher, formalinfreie Fixierungsflüssigkeiten anzuwenden.

Die in Abb. 31 wiedergegebenen Cholesterinkrystalle mit den sie umgebenden Fremdkörperriesenzellen mögen als „*Fremdkörper aus körpereigenen Zerfalls-produkten*" hier der Vollständigkeit halber angeführt werden.

Literatur.

ARLO: C. r. Soc. Biol. Paris **76**, 291 (1914). — ARNOLD: Virchows Arch. **80**, 315 (1880). BINET: (a) Bull. Soc. Med. Hôp. Paris **42**, 1319 (1926). (b) C. r. Soc. Biol. Paris **94**, 1133 (1926).

CARLETON: Quart. J. microsc. Sci. N. s. **71**, 223 (1927).

DELBANCO: Beitr. path. Anat. **20**, 477 (1896).

FLOURNOYS: Thèse de Strasbourg 1878.

GALLI: Zit. nach SEIFRIED. — GERHARDT: Das Kaninchen. Leipzig 1909. — GERLACH u. FINKELDEY: Krkh.forschg **4**, 29 (1926). — GLAUE: Zbl. Bakter. I. Orig. **60**, 176 (1911). — GUIEYSSE-PELLISIER: (a) C. r. Soc. Biol. Paris **901**, 452 (1924). (b) Archives Anat. microsc. **23**, 347 (1927).

HÖPPLI: Z. Infkrkh. Haustiere **24** (1923).

JONES: J. of exper. Med. **36**, 317 (1922).

KASPAR u. KERN: Zbl. Bakter. Orig. **63**, 7 (1912). — KLEIN: The anatomy of the lymphatic system, Vol. 2. London 1875. — KRAUSE, R.: Mikroskopische Anatomie der Wirbeltiere in Einzeldarstellungen. I. Säugetiere (Kaninchen): Berlin u. Leipzig 1921. — KRAUSE, W.: Die Anatomie des Kaninchens, 2. Aufl. Leipzig 1884.

LANG: Virchows Arch. **275**, 104 (1930). — LARSELL: Ref. Zool. Ber. **1**, 118 (1922). — LAUCHE: HENKE-LUBARSCHS Handbuch der speziellen Pathologie, Bd. 3, S. 701. 1928. — LINSER: Anat. H. **13**, 307 (1900). — LOESCHCKE: Münchn. med. Wchr. **1929**, Nr 32, 1358. — LUBARSCH: Allgemeine Pathologie 1905. S. 252.

MOTTA: Archives d'Anat. **6**, 458 (1926). Ref. Zool. Ber. **14**, 279 (1927). — MÜLLER: Arch. mikrosk. Anat. **69**, 1 (1907).

NIEBERLE in JOEST: Spezielle pathologische Anatomie der Haustiere. Bd. 3, S. 836. 1922.

OLT: Dtsch. tierärztl. Wschr. **1898** u. **1906**. — OPPEL: Lehrbuch der vergleichenden mikroskopischen Anatomie, Bd. 6. 1905. Jena: Gustav Fischer.

PAGEL: Virchows Arch. **262**, 589 (1927). — POLICARD: Bull. Histol. appl. **3**, 236 (1926). Ref. Zool. Ber. **12**, 335 (1927).

RAEBIGER u. LERCHE: Ergebnisse der Pathologie **21 II**, 686 (1926).

SCHAFFNER: Virchows Arch. **152**, 1 (1898). — SCHMIDT: Zbl. Bakter. Orig. **91**, 315 (1924). SCHMORL: Dtsch. Z. Tiermed. **17**, 375 (1891). — SCHÖPPLER: Zbl. Bakter. Orig. **82**, 559 (1919). — SEEMANN: Beitr. path. Anat. **81**, 508 (1929). — SEIFRIED: Erg. Path. **1925**. — STERNBERG: (a) Verh. dtsch. path. Ges. 3. Tagg **1903**, 134. (b) Wien. klin. Wschr. **1929**, Nr 14. — STIEDA: Arch. mikrosk. Anat. **14**, 243 (1877).

WILLIS u. BRUTSAERT: Amer. Rev. Tbc. **17**, 268 (1928). Ref. Z. Krebsforschg **27** (1929).

Verdauungsorgane.

A. Maulhöhle.

I. Normale Anatomie.

Von RUDOLF WEBER, Köln.

Mit 14 Abbildungen.

Der Bau der Mundschleimhaut ist bei den für die zahnärztliche Forschung in Betracht kommenden kleinen Laboratoriumstieren, also bei Lepus cuniculus, Cavia cobaya und den Muridae im großen und ganzen einheitlich. Die Schleimhaut besteht aus typischem Plattenepithel, das vor allem bei den

Muridae zur Parakeratose neigt. Auf der Gaumenschleimhaut kommt es zu einer Fältelung (Rugaebildung).

Auch die Schleimhaut der Zunge zeigt innerhalb der erwähnten Nager keine wesentlichen Verschiedenheiten. Hier handelt es sich um ein mächtiges Lager von Plattenepithel, dessen oberste Lage nur wenige oder gar keine Kerne mehr besitzt und das auf der Oberfläche spornartige Differenzierungen zeigt (Papillae filiformes). Die Papillae vallatae, deren Sitz keinerlei Abweichungen von den sonst bekannten Verhältnissen aufweist, tragen Geschmacksknospen von typischem Bau. Von OPPEL werden für Lepus cuniculus 2 Papillae vallatae angegeben, für die Muridae nur eine. Beim Kaninchen (v. WYSS, zit. n. OPPEL) sind die Papillae foliatae neben den zwei Papillae vallatae auf beiden Seiten des Zungengrundes als ein aus etwa 12 hintereinander angeordneten Schleimhautfalten bestehendes Gebilde angelegt; auf den Seitenflächen der Schleimhautfalten sitzen 4—5 Geschmacksknospen.

In der Zunge der Rodentia sind zweierlei Drüsen vorhanden: 1. seröse Drüsen (Speicheldrüsen) mit grobkörnigen Epithelzellen und zentralen Kernen, vor allem in der Gegend der Papillae foliatae. 2. Schleimdrüsen, nach hinten von den Speicheldrüsen gelegen, vom Charakter tubulöser Drüsen mit hellen durchsichtigen Zellen und wandständigem Kern.

Bei Lepus cuniculus sind im Bereich der Lippenbehaarung tubulöse Drüsen vorhanden. Die eigentliche Mundschleimhaut hat bis zum ersten Molaren nur Speicheldrüsen, am Gaumendach finden sich Drüsen in der Gegend der Choanen. Die Gl. submaxillaris ist eine seröse, die Gl. sublingualis eine Schleimdrüse. Eine retrolinguale Drüse fehlt. Bei Cavia cobaya ist die Retrolingualis eine reine Schleimdrüse.

Bei Mus decumanus sind Gl. sublingualis und retrolingualis Schleimdrüsen. Die Gl. submaxillaris ist eine seröse Drüse.

Von den oben erwähnten Nagern sind die Lepus cuniculus und Cavia cobaya der histologischen Untersuchung leicht zugänglich, zeigen aber größere Abweichungen im Bau des Gebisses von den bei den übrigen Säugetieren bekannten Verhältnissen; die Muridae weichen in Anbetracht der Zähne weniger ab.

Alle die genannten Familien gehören den Rodentia oder Nagetieren an. Ihr Gebiß zeigt im hohen Grade eine Anpassung an die Art der Nahrungszerkleinerung. Zahnstellung und Zahnform werden in weitgehendem Maße bedingt durch die Konstruktion des Kiefergelenkes, das lediglich eine Bewegung in bestimmten Richtungen erlaubt und keineswegs die Möglichkeit zu allseitiger Beweglichkeit gibt. Allen den genannten Tieren gemeinsam ist die Tatsache des Vorhandenseins bestimmt konfigurierter Zähne im Vorderkiefer, der Nagezähne, deren Zahl allerdings nicht konstant ist. Eckzähne fehlen vollkommen. Von den Nagezähnen durch ein weites Diastemma getrennt folgen dann die Mahlzähne, deren Zahl ebenfalls verschieden sein kann.

Die Nagezähne stellen, wie auch die Mahlzähne bei Lepus cuniculus und Cavia cobaya, immer wachsende, sog. wurzellose Zähne dar. Es muß hier gleich eingefügt werden, daß der Ausdruck „wurzellos" sich auf den Mangel eines Abschlusses des Wurzelendes, d. h. auf das Ausbleiben einer Einstellung des Zahnwachstums bezieht. Bei den Muriden liegen dagegen für die Mahlzähne die Verhältnisse ähnlich wie beim Menschen: Die Wurzelbildung wird abgeschlossen, es wird ein Foramen apicale gebildet; Keimfelder sind dann in der Tiefe der Alveole nicht mehr zu finden. Bei den zuerst genannten Familien ist charakteristisch, daß sich in der Tiefe des Kiefers aber die Keimzentren für die Zahngewebe, besonders für Schmelz und Dentin, dauernd finden. Wenn also von wurzellosen Zähnen gesprochen wird, so bezieht sich der Ausdruck nur auf die geschilderten Verhältnisse; damit ist nicht gemeint, daß ihnen die Befestigung in einer besonderen Alveole fehlt. Im Gegenteil sind die Befestigungsverhältnisse außerordentlich verwickelt.

Allgemein ist zu sagen, daß die Nager nach der Zahl ihrer Nagezähne im Oberkiefer in zwei Gruppen zerfallen: in die *Duplizidentaten* mit zwei Paar Nagezähnen im Oberkiefer und in die *Simplizidentaten* mit nur ein Paar Nagezähnen im Oberkiefer. Zu der ersteren Gruppe gehören lediglich die Leporiden mit Lepus cuniculus; alle anderen Nager fallen unter die Simplizidentaten. — Im Unterkiefer ist immer nur ein Paar Nagezähne vorhanden.

Von den uns interessierenden Familien sind die *Leporiden* durch folgende *Zahnformel* ausgezeichnet. I : 2/1, C : 0/0, M : 6/5. Die Familie der *Subungulaten*, zu denen Cavia cobaya zählt, hat folgende Gebißformel: I : 1/1, C : 0/0, M 4/4. Bei den *Muriden* wechselt die Zahl der Mahlzähne zwischen 2/2, 3/3 und 4/3 Molaren. Näheres wird darüber noch unten gesagt werden.

Bei den für diese Beschreibung zu berücksichtigenden Tieren spielt das Milchgebiß keine Rolle. DE TERRA gibt an, daß bei Meerschweinchen die Milchzähne, soweit sie überhaupt angelegt werden, schon vor der Geburt ausfallen und bei den Hasen schon am 18. Tag nach der Geburt verloren werden. Außer diesen beiden Spezies fand man in keiner anderen Gruppe Milchschneidezähne.

COPE kam (zit. nach DE TERRA) aus paläontologischen Gründen zu der Überzeugung, daß der untere Nagezahn im Gebiß der zweiten Incisivus sei. Nach ADLOFF bestätigt sich das auch für den oberen. Der untere erste Incisivus kommt nur noch ganz vorübergehend zur Anlage als Milchschneidezahn. Der obere Nagezahn hat aber keinen Vorgänger mehr im Milchgebiß.

Im folgenden kann zunächst das *Gebiß des Kaninchens und des Meerschweinchens* gemeinsam beschrieben werden, da sich die dabei ergebenden Abweichungen im Bau der Mahlzähne leicht auseinanderhalten lassen. Für die Muriden ist eine gesonderte Besprechung am Platze.

Wie oben erwähnt, besitzt Lepus cuniculus im Oberkiefer 4, im Unterkiefer 2 Schneidezähne, Cavia cobaya dagegen in beiden Kiefern nur je zwei Nagezähne. Die Nagezähne des Kaninchens stehen im Oberkiefer zu zweit hintereinander, der vordere ist naturgemäß der größere und längere. Die Nagezähne sind dadurch charakterisiert, daß ihre freie, in die Mundhöhle hineinragende Fläche, die Artikulationsfläche, Schliffacetten aufweist, wodurch sie labial länger erscheinen als mundhöhlenwärts. Der außerhalb des Epithelansatzes liegende Teil ist also größer als innen, eine Tatsache, die mit der Abnutzung der Zähne beim Kaugeschäft zusammenhängt. Das Nagen geschieht in der Weise, daß der untere Nagezahn an dem oberen einmal palatinal und dann wieder labial vorbeigleitet; dadurch schleift bei der ersten Bewegung der schmelzbedeckte Teil des unteren Zahnes die schmelzfreie Zahnbeinfläche des oberen gegen lingual zu schief ab, während bei der Bewegung nach vorne die Dentinfläche des unteren von der Schmelzfläche des oberen Nagezahnes lingualwärts abgeschliffen wird. Bei geschlossenen Kiefern ruhen die Schneidekanten der unteren Nagezähne in einer Rinne der oberen palatinalen kleinen Schneidezähne (ORBÁN).

Bei Lepus cuniculus ist der große Schneidezahn des Oberkiefers halbkreisförmig nach hinten gebogen; er bildet eine nach oben konvexe Figur. Der frontal hinter ihm stehende kleine Nagezahn ist wesentlich weniger gekrümmt und in der frontalen Ausdehnung fast halb so lang wie der große. Der untere Nagezahn ist länger als der obere, sein Krümmungsradius ist ebenfalls größer. Nach ORBÁN bildet seine Längsachse mit der des ersten Mahlzahnes einen annähernd rechten Winkel. Das basale Ende liegt lingual und etwas vor dem ersten Mahlzahn in der Höhe seines unteren Drittels.

Der *Querschnitt des oberen großen Nagezahnes* ist beim Kaninchen ziemlich kompliziert gebaut. Die palatinale Seite ist flach und geht mit abgerundeten Ecken in die mediale und distale Seitenfläche über. Die labiale Fläche zeigt eine mediane Kerbe, die sich auch an der Pulpahöhle durch eine Einschnürung kenntlich macht. Der Zahn ist nicht in seinem ganzen Umfang mit Schmelz bedeckt; Schmelz findet sich in durchgehender Lage nur auf der labialen und eine ziemliche Strecke weit auch auf den Seitenflächen. Die palatinale Fläche besitzt keinen Schmelzüberzug, sie ist vielmehr mit einem Zementbelag ausgestattet.

Der kleine Schneidezahn des Kaninchens ist vollständig mit einer in ihrer Dicke allerdings wechselnden Schmelzschicht überzogen. Medial und distal ist die Schmelzlage mächtiger. Auf dem Querschnitt bildet dieser Zahn eine ovale, medio-distal zusammengedrückte Figur. Eine Einkerbung, wie sie eben für den großen Schneidezahn beschrieben wurde, fehlt hier vollkommen. Im Gegensatz zu dem großen Nagezahn, bei dem keine Zementbefestigung in größerem Ausmaße auf dem Schmelz gefunden werden kann, und bei dem lediglich an den medialen und distalen Flächen sich der Zement eine ganz kurze Strecke weit auf den Schmelz herüberschiebt, findet sich auf den Schmelzpartien des kleinen Nagezahnes eine dünne Lage Zement.

Der *Querschnitt des unteren Nagezahnes* weist sowohl bei Lepus cuniculus wie bei Cavia cobaya eine trapezförmige Form

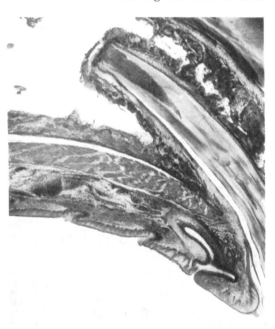

Abb. 36. Lepus cuniculus, freies Ende des 2. Nagezahnes. Oberfläche der Gaumenschleimhaut mit Drüsenausführungsgang.

auf; er ist labial mit Schmelz bedeckt, lingual besitzt er einen Zementüberzug, der sich auch auf die Seitenteile des Schmelzes verfolgen läßt.

Über die histologischen Einzelheiten dieser Zähne und ihres Zahnbettes wird unten im Anschluß an die Beschreibung der mikroskopischen Anatomie der Mahlzähne noch zu sprechen sein. Hier mag erwähnt werden, daß im Schmelz- und Dentinbau keine Abweichungen vom Bau der Molaren gefunden wird. Genau so wie bei den Molaren (vgl. auch oben S. 61) fehlt der Abschluß des Wurzelwachstums bei den Mahlzähnen. Abb. 36 vom zweiten Nagezahn des Oberkiefers von Lepus cuniculus gibt das freie Ende des Zahnes wieder. Eingebettet in eine von dünnen Lagen Compacta hergestellter Alveole, in deren Umgebung sich das Fettmark des Kiefers befindet, ist das „apikale" Zahnende stumpf abgeschnitten und wird nach unten (d. h. nach dem Kiefer zu) von einer dünnen, vielfach durch Gefäßlücken durchbrochenen Knochenplatte begrenzt. Hier befindet sich das *Keimfeld,* d. h. die Bildungsstätte für die aufzubauende Zahnsubstanz. In seinen Einzelheiten weicht dieses Keimfeld nicht von den unten noch zu erläuternden Verhältnissen bei den Molaren ab. Es wird daher auf S. 68 verwiesen.

Beim Kaninchen artikulieren die Mahlzähne so, daß jedem unteren Zahn je zwei obere entsprechen. Jedoch haben der erste und der letzte Oberkiefermolar nur einen Antagonisten. Die Konfiguration der Artikulationsfläche geht aus der schematischen Figur 37 (nach ORBÁN) hervor, so daß sich eine eingehende Beschreibung hier erübrigt. Die Form der Kauflächen ist auch hier durch die Bewegungsmöglichkeit, die das Kiefergelenk zuläßt, diktiert. Beim Meerschweinchen liegen ganz ähnliche Verhältnisse vor.

Abb. 37. Schematische Darstellung der Artikulationsverhältnisse der Kaninchenmolaren (nach ORBÁN).

Im Tangentialschnitt durch den Oberkiefer des Kaninchens ergibt sich für die Stellung der Mahlzähne folgendes Bild. Der erste Mahlzahn ist nach hinten gekrümmt und beschreibt einen nach medial konvexen Bogen. Die übrigen Mahlzähne zeigen mit Abweichung des zweiten eine gewisse Neigung nach medial, sind außer dem leicht nach distal vorgebuchtet. Der zweite Mahlzahn steht gerade im Kiefer. An Horizontalschnitten kann man feststellen, daß dieser Zahn nach palatinal konvex gebogen ist. Er tritt demgemäß, wie an geeigneten Schnitten verfolgt werden kann, deutlich nach buccal heraus.

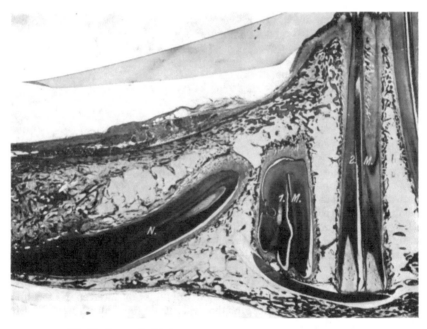

Abb. 38. Längsschnitt durch den Unterkiefer von Lepus cuniculus. N Nagezahn, 1. M. 1. Molar, 2. M. 2. Molar.

Im Unterkiefer beschreiben die Mahlzähne des Kaninchens einen nach medial konvexen Bogen, auch hier mit Ausnahme des zweiten Molaren. Dadurch, daß die Zähne sich an den Kauflächen nähern und an den Wurzelenden auseinanderweichen, entsteht eine fächerförmige Anordnung (Abb. 38).

An dem Gebiß des Meerschweinchens sind derartige Unterschiede in der Anordnung nicht, oder wenigstens nicht in diesem Maße ausgeprägt. Das hängt eng mit dem unterschiedlichen Bau der Molaren zusammen, worauf gleich einzugehen ist.

Betrachtet man den *Querschnitt* der *Mahlzähne* von *Lepus cuniculus,* so ergeben sich zwischen denen des Ober- und Unterkiefers bemerkenswerte Unterschiede (vgl. Abb. 39). Die Oberkiefermolaren sind annähernd oval gebaut, wobei die längere Achse quer zur Sagittalebene verläuft. Der Zahnkörper besteht aus zwei Dentinplatten, die in der Mitte durch einen tiefen Einschnitt

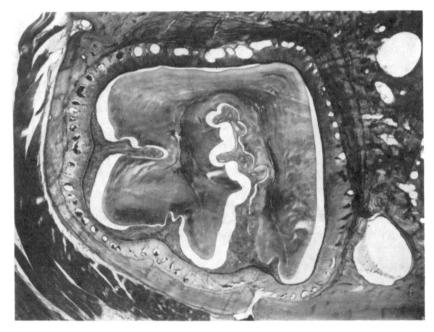

Abb. 39. Querschnitt durch einen oberen Molaren (1. Molar) von Lepus cuniculus. Schmelz bei der Präparation ausgefallen. Näheres siehe Text.

getrennt sind. Es entsteht dadurch eine U-förmige Figur, deren Schenkel zungenwärts offen sind. In den Einschnitt schiebt sich von lingual her eine Knochenspange ein. An dem medialen inneren U-Schenkel ist das Dentin wellenförmig vorgebuchtet, eine Eigentümlichkeit, deren „Negativ" auch in dem interradikulären Knochen wieder zu finden ist. Die labiale Seite des Dentinkörpers ist leicht eingedellt. Der Schmelzüberzug der Oberkiefermahlzähne findet sich hauptsächlich auf den äußeren Partien der Schenkel, in dünnerer Lage auch streckenweise auf der inneren Oberfläche, also interradikulär, sowie auf der labialen Delle. Der letzte Oberkiefermahlzahn hat demgegenüber einen einfacheren Bau, er ist ungeteilt, von längsovaler Form und nur an der lingualen Seite mit Schmelz bedeckt, dem ebenso wie beim schmelzfreien Dentin Primärzement aufgelagert ist.

Auch die unteren Molaren sind zweigeteilt und halten im großen die U-förmige Figur der oberen ein. Doch erscheinen im allgemeinen die Schenkel etwas auseinandergezogen (vgl. Abb. 38), die Schmelzlage ist auf den inneren Schenkelteilen etwas dicker. Die Dentinbrücke, die die beiden Zahnbeinschenkel zusammenhält, ist verhältnismäßig schmäler als im Oberkiefer. Wichtig und bemerkenswert ist, daß die Einkerbung an den Unterkiefermolaren von der labialen Seite ausgeht die U-Schenkel also nach labial offen sind.

Bei *Cavia cobaya* besitzen die *Molaren* einen komplizierten Bau, eine Form, die man am besten mit einem liegenden ∽ vergleichen kann, dessen Schenkel etwas zusammengedrückt sind. Während beim Kaninchen die Molaren nur aus zwei Dentinplatten bestehen, sind hier deren drei vorhanden. Der ganze Zahn wird ebenso wie bei Lepus cuniculus durch eine knöcherne Alveole eingehüllt; jedoch ergibt sich eine Abweichung von den dort beschriebenen Verhältnissen insofern, als zwischen die einzelnen Dentinplatten sich nicht Knochen, sondern

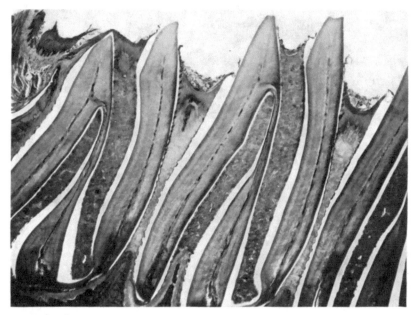

Abb. 40. Cavia cobaya, Molaren. Zwischen den Dentinplatten liegt jeweils eine Schicht von besonders strukturierter Hartsubstanz (Zement).

ein Hartgewebe anderer Struktur einschiebt, das von GOTTLIEB und GREINER mit dem Namen *Knorpelzement* belegt worden ist.

Bei beiden Tieren verläuft im Inneren der Dentinplatten der Pulpahohlraum, der also in großen Zügen die Kontur des Zahnes wiedergibt. Durch die starke Bildung von Ersatzdentin erscheint in den coronalen Partien der Morlaren und der Nagezähne die Pulpahöhle enger. Im Querschnitt finden sich deshalb Seitenäste, die durch die Anbildung neuen Zahnbeines ausgespart bleiben, und mit dem Vorrücken des Zahnes allmählich verschwinden, weil auch sie zu Dentin umgewandelt werden.

Je nach Lage des Schnittes finden sich im sagittalen Schnitt der Kaninchenmolaren verschiedene Bilder, die sich an Hand der schematischen Abbildung leicht erklären lassen (vgl. Abb. 41). Schnittführung B zeigt also zunächst zwei Dentinröhren und den interradikulären Knochen sowie die Schmelzschicht; Schnittführung A zeigt nur eine Dentinröhre mit Schmelzüberzug, die darum wesentlich breiter ist, weil sie die Querplatte trifft.

Das genaue Studium der Sagittalschnitte beim *Kaninchen* ergibt folgende Verhältnisse (Schnittführung B): Wir haben zwei Dentinröhren vor uns, die zunächst einen selbständigen Charakter wahren. Zwischen beiden Röhren sehen wir ein knochenähnliches Gewebe eingelagert, ein Knochenzement, das kronenwärts unter dem Einfluß des Kauaktes Nekrosen zeigen kann. In den tiefsten apikalen Partien der Molaren ist es nicht zu finden. Hier wird es durch ein anders gebautes abgelöst. Zwischen den Schenkeln der Molaren befinden sich in den apikalen Partien Schmelzbildungszellen, aber in einer derartigen Anordnung, daß sich an der Seite, die den bis zur Krone durchgehenden Schmelzüberzug bekommt, eine Ganoblastenschicht, welche sich ziemlich weit nach aufwärts schiebt, eindeutig feststellen läßt. Auf der anderen Seite sind meist ebenfalls Schmelzzellen vorhanden. Ihre Lage endigt aber eher. Der durch sie gebildete Belag setzt sich nicht weit nach der Krone fort. Zwischen beiden Schichten von Schmelzepithel, die wie überall auch hier zu finden sind und keine

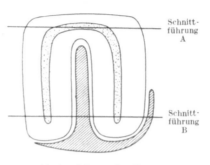

Abb. 41. Schema des Baues eines Kaninchenmolaren.

Abweichungen von den sonst bekannten Verhältnissen zeigen, liegt die Schmelzpulpa. Im Schnitt läßt sich verfolgen, wie die Schmelzpulpa durch die zusammentretenden, bzw. noch nicht getrennten Schichten (inneres und äußeres Schmelzepithel i. S. E., ä. S. E.) nach unten abgegrenzt wird. Nach coronal

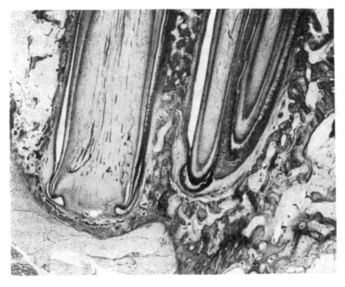

Abb. 42. Schnitt durch das apikale Ende der Molaren von Lepus cuniculus. Der Molar im Bilde links entspricht der Schnittführung A der Abb. 41, der rechte Molar (tangential getroffen) der Schnittführung B.

verliert die Schmelzpulpa allmählich ihr typisches Aussehen. Die Zellen treten enger zusammen, es tritt kernreiches Bindegewebe auf. Eine scharf gezogene Grenze läßt sich aber nicht feststellen. Auch an den äußeren Partien der Dentinplatten findet sich apikal ein Schmelzbildungsapparat mit demselben histologischen Bau.

In den Dentinröhren verläuft bei beiden Tieren, wie gesagt, Pulpa, die keine Differenzen zu den sonst bekannten Baueigentümlichkeiten des Zahnmarks der Wirbeltiere aufweist. Die Schicht der Odontoblasten, die das Zahnbein aufbauen, liegt demselben ununterbrochen auf. Es handelt sich um zylindrische Zellen mit einem deutlich gefärbten länglichen Kern, die eng aneinandergedrängt liegen. Apikal erscheint das Pulpagewebe viel dichter; die Pulpen der einzelnen Dentinplatten konfluieren außerhalb, d. h. unterhalb der Dentinröhren miteinander. Dadurch wird der oben erwähnte Abschluß der Schmelzpulpa notwendig und verständlich. Die Verhältnisse liegen also in der Gegend des dauernd offenen Wurzelloches so, daß außerhalb der Dentinröhren die Pulpen miteinander konfluieren. Plastisch gesehen hat man sich vorzustellen, daß die Schmelzbildungszone den Apikalbereich der Molaren auf beiden Schenkeln und zwischen ihnen nach Art zweier Hosenbeine umgibt (beim Meerschweinchen liegen trotz der Abweichung im Bau der Molaren die Dinge ganz ähnlich, so daß nicht ausdrücklich darauf eingegangen werden muß), die zwischen den Platten miteinander verlötet sind. Die Dentinröhren würden dann in manschettenartigen Röhren stecken. Die Manschetten oder Hosenbeine sind nach unten offen, dadurch können die beiden Pulpen in Verbindung treten.

Abb. 43 vom wachsenden Zahnende verdeutlicht das Geschilderte. Nach oben ist noch nicht völlig verkalkter, intensiv gefärbter junger Schmelz zu sehen, peripher die Ganoblasten, von einer Basalzellenschicht hinterlegt. Je weiter wir coronalwärts hinaufdringen, um so weniger typisch wird die Gestalt der Schmelzbilder, die in den abhängigen Partien des Zahnes eine

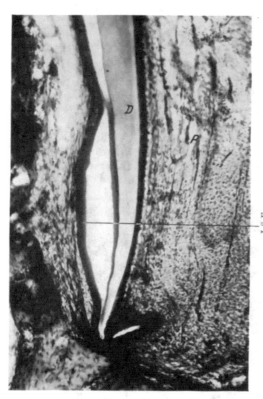

Abb. 43. Schnitt durch das apikale Ende eines Molaren von Lepus cuniculus (D Dentin, I.S.E Inneres Schmelzepithel, P Pulpa). Man beachte am Unterrand des Bildes den Abschluß der Pulpa gegen das Kieferbindegewebe und die Begrenzung des Endes der harten Zahnsubstanz durch das Schmelzbildungsgewebe.

deutliche Cylinderzellenform aufweisen. Schmelzpulpa tritt in einigermaßen dicker Lage erst verhältnismäßig weit unten auf, nämlich da, wo wirklich typische Ganoblasten vorhanden sind. Bei genauem Zusehen finden wir, daß zwischen Basalmembran und Periodontium sich auch weiter oben, jedoch nicht so weit, wie das innere Schmelzepithel reicht, eine ganz feine Schicht Schmelzpulpa dazwischen schiebt.

Am Wurzelende, nämlich da, wo die Bildung der parablastischen Substanz noch nicht begonnen hat, stoßen Dentin- und Schmelzbildungszellen unmittelbar aufeinander, allerdings zunächst noch getrennt durch eine schmale, feine Lage unverkalkter Dentinsubstanz. Hier haben die Ganoblasten ihre typische Cylinderzellenform noch nicht erreicht, die Zellen sind niedriger und rundlicher als im Funktionsstadium.

Die Befestigung der Nage- und Mahlzähne wird beim *Kaninchen* auf ähnliche Weise gewährleistet wie bei Mensch und Hund, nämlich durch eine Lage von *Faserzement*, die sich auf den schmelzfreien Flächen der Nagerzähne und Molaren unmittelbar auf das Dentin auflagert und bindegewebiger Abkunft ist.

Dieser Faserzement ist bindegewebiger Herkunft. Er besteht aus einer mehr oder weniger dünnen Lage einer verkalkten Grundsubstanz, in die die SHARPEYschen Fasern eingebettet sind. An seiner freien Oberfläche ist es von einer schmalen

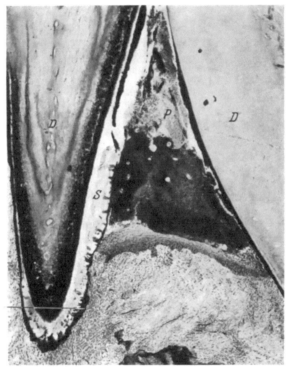

Abb. 44. Lepus cuniculus. Molarzahn. (P Papille, D Dentin, S Schmelz.)
Man beachte die Ablagerung von Zement auf dem Schmelz.

Schicht rundlicher Zellen hinterlegt. Diese Zellen werden durch die in den Zement einstrahlenden Bindegewebsfasern getrennt, so daß in dem nur eine Ebene darstellenden Schnitt eigentlich nicht von einer zusammenhängenden Lage gesprochen werden kann. Es besteht aber kein Zweifel darüber, daß doch durch die räumlichen Verhältnisse ein — allerdings durchlöcherter — Zusammenhang der Zementbildungszellen gegeben ist, den man sich in Form eines die Zahnwand umgebenden Netzes vorzustellen hat. Im ganzen liegt für den Faserzement eine völlige Gleichheit mit den Verhältnissen bei anderen Säugern in Bildung und Bau vor. Zum Teil erhält auch der Kaninchenschmelz eine Auflagerung von Faserzement, wie oben bereits erwähnt wurde.

Die Abb. 44 u. 45 zeigen die Anheftung des Zementes am Schmelz. Während es sich auf den weiten Strecken nur um eine Auflagerung handelt, strahlen hier Zementspitzen in den Schmelz ein, wodurch die Befestigung naturgemäß

erhöht wird. In dem Faserzement findet man häufig Kernreste, wodurch
seine bindegewebige Herkunft erhärtet wird. Oben schon wurde darauf hingewiesen, daß sich eine knochenähnliche Hartsubstanz zwischen die Schenkel
der Dentinplatten und die Ausbuchtungen auf den äußeren Partien hinein-
schiebt, ein *Knochenzement*. Dieser, ebenfalls bindegewebiger Herkunft, hat,
worauf schon der Name hindeutet, einen Bau, der mit dem des wahren Knochens
größere Ähnlichkeiten besitzt; von ihm ist er jedoch dadurch unterschieden,
daß die Zahl der zelligen Elemente größer ist. Im groben scheint es sich hier
um ein Gewebe zu handeln, das eine Mittelstellung zwischen Knochen und
Knorpel einnimmt, mit größerer Annäherung an den Knochen als an den
Knorpel. In ihm finden sich zahlreiche Gefäßkanäle.

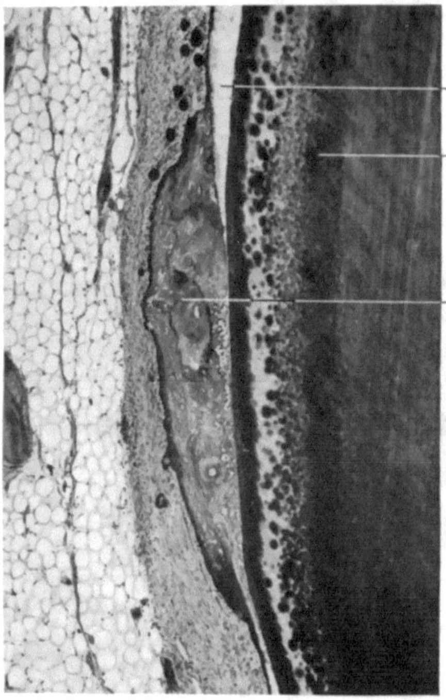

Neben diesen beiden Formen des Zementes kommt noch eine weitere beim Kaninchen vor, die *Zementperlen*, die an Form und Ausdehnung des Vorkommens allerdings keine größere Bedeutung erlangen. Es handelt sich um kleine Inseln von Zement-
substanz, die dem Schmelz un-mittelbar aufliegen. Auf sie wird bei der Beschreibung der Zement-
verhältnisse beim Meerschwein-chen gleich eingegangen werden.

Bei *Cavia cobaya* finden sich nun *grundlegende Unterschiede im Bau der Zementsubstanz* dem-gegenüber beim Kaninchen. Die Hartsubstanz, die sich zwischen die Schenkel der Dentinplatten einschiebt, hat hier einen ganz anderen Bau; er läßt viel knor-pelähnlichere Struktur erkennen. Es wurde schon erwähnt, daß GOTTLIEB und GREINER diesen Parablasten als *Knorpelzement* be-zeichnen. Dieser Knorpelzement stellt sich im Hämatoxylin-Eosinpräparat tiefblau gefärbt

Abb. 45. Lepus cuniculus. Molarzahn. Neben und über
dem Knochenzement eine Anzahl frei im Bindegewebe
liegender Zementkugeln.

dar und besteht aus einer fibrillenreichen Grundsubstanz, in die zahlreiche
Zellen eingebettet sind. In diesen Zellen, die immer einzeln in der Grundsubstanz liegen, ist Zelleib und Zellkern deutlich erkennbar. Um den Leib kann
man einen helleren Hof unterscheiden; jedoch kann nicht unterschieden
werden, ob das etwa durch die Fixierung bedingt ist. Die Gestalt der Höhlen
in der Grundsubstanz, in die diese Kernplasmamassen eingebettet sind, wechselt.
Teilweise ist sie rund, teilweise läßt sich eine regelmäßige, sechs- bis achteckige
Figur beobachten. Zweifellos besteht eine Knorpelähnlichkeit. Seine bindegewebige Herkunft beweist er durch Bildungsvorgänge, die der von mir an
anderer Stelle beschriebenen Histogenese des sekundären Zementes sehr ähnlich sind.

Sehr viel größere Verbreitung und Bedeutung als beim Kaninchen haben beim
Meerschweinchen die oben beschriebenen Zementperlen. Hier handelt es sich

um Inseln vom Zementgewebe, die dem Schmelz aufgelagert sind und seine Anheftung an die Umgebung fördern, bzw. überhaupt ermöglichen (Abb. 46). Die Perlen haben den typischen Bau des Faserzementes. An sie strahlen die Bindegewebsfasern, wie sich in der Abb. 46 erkennen läßt, heran; die funktionelle Anordnung der Bindegewebsfasern ist an dem Bild ebenfalls deutlich. Zwischen den Perlen liegen, undeutlich gegen das Bindegewebe abgegrenzt, die Überreste des Schmelzepithels. Hier muß noch nachgetragen werden, daß an der Schmelz-Knorpelzementgrenze sich einzelne Zementnasen an den Schmelz heranschieben und an ihm inserieren. Sonst ist der Schmelz durch eine dünne Lage Bindegewebe vom Knorpelzement getrennt.

Besondere Aufmerksamkeit erfordern die *Befestigungsverhältnisse* der immer wachsenden Zähne der beschriebenen Tierfamilien. Geht man zunächst von der Tatsache aus, die die Zähne mit abgeschlossenem Wurzelwachstum (z. B. Mensch) bieten, so ist festzustellen, daß hier die Fasern des Halteapparates je nach der Höhe des Schnittes durch die Alveole einen schräg von oben nach unten dem Zahn zu gerichteten Verlauf nehmen, wodurch eine Übertragung der senkrecht auf den Zahn gerichteten Kräfte auf den Knochen gewährleistet wird. Der Druck auf den Zahn wird in Zug auf den Alveolarknochen umgewandelt. Im allgemeinen läßt sich weiter sagen, daß beim Menschen die Zähne erst dann in Artikulation treten und erst dann belastet werden, wenn die Entwicklung der Wurzel nahezu abgeschlossen ist. Dies gilt mit der Einschränkung, daß nur

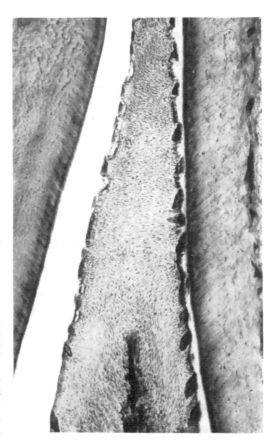

Abb. 46. Cavia cobaya. Zementperlen auf der Schmelzoberfläche.

noch kurze Zeit an durchgebrochenen und belasteten Zähnen Entwicklungsvorgänge am Dentin und Zement in den apikalen Teilen ablaufen, die allerdings gegenüber der schon fertig gebildeten Masse des Zahnkörpers in den Hintergrund treten und demgemäß funktionell kaum belastet werden, weil die Haltefähigkeit des Zahnes durch die große Fläche des Wurzelumfanges für die Insertion der Haltefasern gewährleistet ist. Im Gegensatz dazu fallen bei den immer wachsenden Zähnen in bezug auf die Konstruktion des Halteapparates zwei anatomische Eigentümlichkeiten besonders ins Gewicht. Das ist einmal die Tatsache, daß diese Zähne nur etwa bis zu ihrer Hälfte im Knochen befestigt sind, mit anderen Worten, daß derjenige Anteil des Zahnbettes, der rein bindegewebig funktionell ausgebildet ist (Interdentalpapille), einen viel größeren

Umfang annimmt als bei den Zähnen mit abgeschlossenem Wurzelwachstum. Ferner muß als zweite Eigentümlichkeit berücksichtigt werden, daß sich dauernd in der Tiefe der Alveole entwicklungsgeschichtliche Vorgänge abspielen, die die Lieferung neuer Zahnsubstanz als Ziel haben. Gerade aus dem Bestehen dieses zweiten charakteristischen Merkmals der beschriebenen Nagetiermolaren muß gefolgert werden, daß die Befestigung der Zähne so konstruiert sein muß, daß diese nichtdifferenzierte Zone entlastet wird.

Über die Befestigung der immer wachsenden Zähne, und zwar sowohl der Nage- wie Mahlzähne, ist im Schrifttum wiederholt verhandelt worden (RÖTTER, v. BRUNN, v. EBNER). In neuerer Zeit haben die Untersuchungen von H. SICHER am Molaren des Meerschweinchens zu einer Kontroverse mit MACH geführt, und zwei verschiedene Ansichten sind in den Arbeiten dieser Autoren zur Diskussion gestellt worden. Bevor jedoch auf diese eingegangen wird, muß noch an der Hand der Abb. 39 ein Blick auf die Topographie der Alveole geworfen werden.

Beim Kaninchenmolaren wird der Zahn in den tieferen Partien seines Zahnbettes umgeben von einer Knochenschale, deren innere Partien dem Typus des Faserknochens von WEIDENREICH entsprechen. Von den knöchernen Alveolen ziehen Bindegewebsbündel zum Knochenzement. Ein oberflächlicher Blick auf die Abb. 39 lehrt, daß allein schon durch die Tatsache, daß im Wurzelhautgewebe reichlich größere und kleinere Gefäße eingelagert sind, dieses eine bestimmte Anordnung seines Faserverlaufes erhält. Die Bindegewebsbündel weichen den Gefäßen, dieselben zwischen sich fassend, aus und strahlen dann in den Knochenzement ein. Auch der Meerschweinchenmolar ist von einer einheitlichen Knochenkapsel umgeben. Wie oben bereits erwähnt, werden die Verhältnisse hier allerdings dadurch etwas mehr kompliziert, daß der Zahn aus drei Dentinplatten besteht und nicht die ziemlich einfache U-Form des Kaninchens bewahrt hat. Weiter muß beachtet werden, daß sich ein viel mächtiger entwickeltes, besonders differenziertes Hartgewebe (der Knorpelzement) sich zwischen die Dentinplatten einschiebt. Aber auch hier ist die Einstrahlung der Bindegewebsfasern vom Knochen her nach der Zahnwand genau so wie beim Kaninchenmolaren.

Den beiden oben beschriebenen Eigentümlichkeiten des anatomischen Baues der immer wachsenden Zähne trägt die Erklärung von SICHER meines Erachtens vollkommen Rechnung. Der Aufhängeapparat der in Rede stehenden Zähne ist nach den Ausführungen von SICHER in seiner Textur von der am Menschen und anderen Säugern beschriebenen dadurch als abweichend gegeben, daß die Fasern nicht unmittelbar als geradlinige Züge vom Knochen nach der Zahnwand verlaufen, sondern etwa in der Mitte des Wurzelhautraumes ein intermediäres Geflecht bilden; sie gewinnen erst nach dem Austritt aus diesem Geflecht wieder die Beziehung zum Zahn. Es werden demnach von SICHER drei Fasersorten unterschieden, die *Fibrae alveolares*, die *Fibrae dentales* und *der intermediäre Faserplexus*. Die erstgenannte Faserart entspringt vom Knochen, richtet sich schräg nach abwärts gegen den Zahn zu aus und geht in den Plexus intermedius über. Der Plexus selbst ist eine Verflechtung der Fibrae alveolares und dentales, besteht aber darüber hinaus noch aus eigenen Fasern. Diese letzteren laufen im Gegensatz zu der schrägen Richtung jener fast alle parallel zur Zahnoberfläche oder überkreuzen sich in einem spitzen Winkel. Die Anordnung der Fibrae dentales ist je nach dem Verhalten des Zementes verschieden: bald verlaufen sie gleichmäßig in dichter Anordnung, bald wieder zu Bündeln vereinigt. Wie die Fasern im intermediären Plexus verknüpft sind, entzieht sich bei der weitgehenden Verfilzung der genauen Beobachtung. Es entsteht nach SICHER stellenweise der Eindruck, als ob einzelne periphere Fasern sich durch den Plexus hindurch fortsetzen und als dentale Fasern wieder erscheinen. Nach SICHER ist die kauflächenwärts gerichtete Bewegung des Zahnes dadurch gewährleistet, daß sich in dem Fasergewirr sowohl mechanische als auch organische Umbauvorgänge abspielen, die dieser Bewegung förderlich sind. Die Anordnung der Fasern erlaubt eine gewisse Verschiebung einzelner Bezirke, wo die Fasern nicht so straff gespannt sind; dadurch werden dann wieder andere Faserbündel entspannt, die die Bewegung des Zahnes fortsetzen. Auf alle Fälle muß darüber hinaus angenommen werden, daß das junge, nicht ausdifferenzierte Gewebe in der Tiefe der Alveole durch seinen Turgescenz und seine Elastizität einen gewissen, ebenfalls der Bewegungsrichtung des Zahnes entsprechenden Druck ausübt und so den Zahn nach aufwärts schiebt. Demgegenüber erscheint die Annahme von Mach, daß der immer wachsende Zahn nur eine scheinbare Aufwärtsbewegung vollführt, während in Wirklichkeit der Alveolarrand durch Abbau entsprechend niedriger gelegt wird, nicht genügend fundiert. Nur dadurch, daß der Zahn bzw. der Kiefer immer weiter in die Tiefe rückt, werden neue unverbrauchte Zahnteile zum Kauakt bereitgestellt. Der Kiefer soll durch Apposition von Knochensubstanz am Unterrande wachsen, der Alveolarrand kontinuierlich abgebaut werden. Für den Unterkiefer ist diese Darlegung noch verständlich. Ich kann mich ihr jedoch nicht anschließen, weil die Annahme eines derartigen Modus für den Oberkiefer unüberwindliche Schwierigkeiten bereitet, außerdem Abbauvorgänge am freien Rande der Alveole nicht in diesem Maße gefunden werden.

Das Gebiß der *Ratte* und der weißen *Maus* besteht aus je einem Nagezahn und drei Molaren in jeder Kieferhälfte. Der Nagezahn, der sowohl im Ober- wie im Unterkiefer sehr weit nach rückwärts, bis in die Ebene des dritten Molaren reicht, ist in der Sagittalebene gegen die Mundhöhle konkav ausgebogen, zeigt also demnach dieselben Verhältnisse wie die Nagezähne von Kaninchen und Meerschweinchen. An der äußeren, konvexen Seite sind die Nagezähne mit

Abb. 47. Ratte. Längsschnitt durch den Unterkiefer. Molaren tangential angeschnitten.

Schmelz überzogen, während an der konkaven Seite des Wurzelhautbindege- webe dem Dentin durch Vermittlung einer Zementschicht aufliegt (Abb. 48). Bei den Nagezähnen handelt es sich um immer wachsende Zähne mit dauernd offenem Foramen apikale, an dem die Zahnbildungsvorgänge dauernd ablaufen. Über die Einzelheiten dieser entwicklungsgeschichtlichen Vorgänge ist dasselbe zu sagen, wie oben über die immer wachsenden Zähne von Lepus cuniculus und von Cavia cobaya, so daß an dieser Stelle darüber hinweggegangen werden kann. Die Molaren zeigen einem der Mahlzähne des Menschen ähnlichen Bau. Sie sind zweiwurzelig und bilden ein abgeschlossenes Foramen apikale.

Bei der Betrachtung eines Längsschnittes durch den Unterkiefer der Ratte, ergeben sich die topographischen Beziehungen von selbst (Abb. 47). Für die Maus braucht keine besondere Beschreibung gegeben zu werden, weil die Anatomie des Rattenkiefers und der Rattenzähne die gleiche ist wie die der Maus.

Von dem Nagezahn wurde seine Form und Art der Schmelzbedeckung bereits erwähnt. Darüber hinaus muß nachgetragen werden, daß sich auf der konvexen Seite des Nagezahnes die Tasche des Ansatzes des Mundhöhlenepithels sehr weit nach distal erstreckt, während auf der konkaven schmelzfreien Seite der Taschenboden sehr viel weniger tief ist. Die Ganoblasten haben auch hier eine typische Cylinderzellform, die sich später in den Partien, in denen der Schmelz fertig gebildet ist, in eine kugelige Form umwandelt. Erwähnenswert ist, daß das Schmelzepithel dem Schmelz in seiner ganzen Länge anliegt und am Ansatz des Mundhöhlenepithels sich mit diesem vereinigt. Auf der schmelz- freien Seite des Nagezahnes wird dem Dentin eine Zementschicht aufgelagert

(Faserzement), an dem die Bindegewebsfibrillen der Wurzelhaut inserieren. Das Zahnbein selbst zeigt keine besonderen Abweichungen von sonst bekannten Verhältnissen, auffällig ist höchstens die große Verbreitung von Dentinkugeln in der Grundsubstanz.

Von den Nagezähnen durch einen weiten Zwischenraum getrennt, folgen auch hier die drei Molaren, die eng auf Kontaktpunkt stehen und eine ausgebildete Interdentalpapille besitzen. Hier liegen die gleichen anatomischen Verhältnisse vor, wie wir sie auch sonst von Säugetiermolaren mit Abschluß des Foramen apicale kennen, so daß sich eine weitere Beschreibung erübrigt.

Die Alveole wird gebildet von einer zusammenhängenden Knochenschicht, die von zahlreichen Gefäßkanälen durchzogen ist. Fettmark ist auch hier,

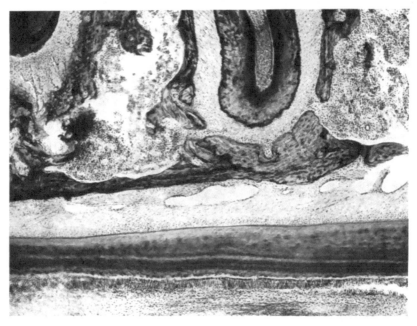

Abb. 48. Ratte. Im oberen Teile die Wurzelenden der Molaren. Darunter der Nagezahn in seiner Alveole.

wie beim Kaninchen und Meerschweinchen kaum anzutreffen, her Inhalt der Markräume des Kiefers besteht aus blutbildendem Knochenmark.

Hier ist der Ort, um noch auf weitere Einzelheiten des Ansatzes des Zahnepithels am Zahn anzugeben. Abb. 47 zeigt die Verhältnisse des Nagezahnes. Die Mundhöhlenschleimhaut tritt hier in unmittelbarer Verbindung mit dem äußeren Schmelzepithel, das in der Abb. 47 vom Schmelz abgelöst ist; hinter ihm, dem Bindegewebe zugewandt bildet das Epithel mäßig hohe Papillen. Die Mundhöhlenschleimhaut besteht bei den genannten Familien aus einer ziemlich dicken Lage von Epithel, das auf der Oberfläche verhornt ist, reichlich große Papillen in die Tiefe schickt, sonst aber keinerlei bemerkenswerte Abweichungen besitzt. Zwischen Schleimhaut und Knochen befindet sich eine ziemlich dicke Submucosa, die reichlich Drüsen enthält. Ein großer Ausführungskanal wird beim Kaninchen und Meerschweinchen hinter den oberen Nagezähnen gefunden.

Bei Lepus cuniculus und Cavia cobaya sind regelmäßig an den Interdentalpapillen der Molaren ziemlich ausgedehnte Nekrosen der Schleimhaut zu finden. Diesen Veränderungen kommen durch den Kauakt durch sich einquetschende Nahrung zustande, sie werden aber auch im ausgedehnten Maße bei Maus und Ratte gefunden. Sie stellen die einzigste mechanische Spontanerkrankung der Mundhöhlenschleimhaut der Nagetiere dar, führen vor allen Dingen bei der mit Hafer gefütterten Ratte zu ausgedehnten Schädigungen des ganzen Zahnbettes, die der Paradentitis des Menschen durchaus ähnlich sind, und wie dort auch hier bis zur völligen Zerstörung des bindegewebigen und knöchernen Halteapparates führen, so daß die Zähne endlich völlig gelockert werden und ausfallen. Die Läsionen der Schleimhaut werden bei derart gefütterten Ratten durch sich einspießende Hafergrannen gesetzt. Von STAHR sind an der Zunge der Ratte Spontantumoren beschrieben worden. Diese

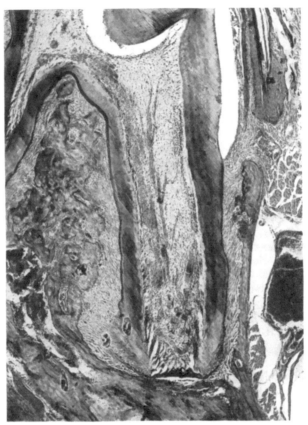

Abb. 49. Rattenmolar.

Tumoren entstehen gleichfalls unter dem Reiz der sich einspießenden Grannen immer in der Gegend der Papilla vallata. Es handelt sich dabei um einen durch Fremdkörperreiz entstehenden Plattenepithelkrebs.

Literatur.

BRUNN V.: Arch. mikrosk. Anat. **29.**

GOTTLIEB: Vjschr. Zahnkeilk. **38** (1922). — GOTTLIEB, GREINER u. SICHER: Z. Stomat. **21** (1923).

KRAUSE: Die Anatomie des Kaninchens. Leipzig 1884.

MACH: Korrespbl. Zahnärzte **49** (1925). — MÜLLER: Arch. f. Anat. **1896.**

OPPEL: Lehrbuch der vergleichenden mikroskopischen Anatomie, 3. Teil. 1900. — ORBAN: Vjschr. Zahnheilk. **41** (1925).

SICHER: Korresp.bl. Zahnärzte **49** (1925). — STAHR: Beitr. path. Anatomie **61** (1916). STAHR: Zieglers Beitr. **1911.**

TERRA DE: Vergleichende Anatomie des menschlichen Gebisses und der Zähne der Wirbeltiere. Jena 1910.

WEBER: Dtsch. Mschr. Zahnheilk. **43** (1925).

II. Pathologische Anatomie.

Von J. Berberich und R. Nussbaum, Frankfurt a. M.

a) Mißbildungen.

Über die Mißbildungen der Haus- und Laboratoriumstiere besteht eine reichliche Literatur und eine ausgezeichnete Zusammenstellung von Kitt. Soweit sie hier von Interesse ist, entnehmen wir die Angaben der Arbeit von Kitt.

Durch verhinderte Entwicklung des Oberkiefer- und Unterkieferfortsatzes und des Stirnnasenfortsatzes können Entwicklungsanomalien im Gesicht bis zum vollständigen Gesichtsmangel entstehen: *Perocephalie, Peroprosopie, Aprosopie.* Diese Gesichtsmißbildungen sind meistens mit einer Mißbildung des vorderen Teiles des Gehirns verbunden, so daß ganz verstümmelte Köpfe entstehen oder nur das Rudiment eines Kopfes den Abschluß des Halses bildet. Der Kopf wird durch einen kugeligen Cranialteil dargestellt, der überall von Haut überzogen erscheint, dem die Augen und Ohren fehlen und der keinerlei Differenzierung im Angesicht zeigt. Da der übrige Körper normal ist, sehen die Individuen wie geköpft aus.

Die Ausdehnung der Mißbildungen ist außerordentlich wechselnd, in manchen Fällen sieht man z. B. ein verkümmertes Occipitalstück, das noch zwei Ohrmuscheln trägt, die ventral zusammenstoßen und eine zum Schlunde führende Öffnung zwischen sich lassen. Bei geringen Graden von Aprosopie fehlt nur der Stirnnasenfortsatz (*Perocephalie, Arhincephalie*) oder es sind nur die Ober- und Zwischenkieferteile zu kurz, der Unterkiefer normal, so daß er weit über die fehlenden Partien des Oberkiefers hinausreicht (*Brachyprosopie*).

Spaltbildungen des Gesichts entstehen durch vollständiges Fehlen der Nasen und Augen und Klaffen der Tränenfurche (*Schistoprosopie*).

Bei vollständigem oder äußerlich scheinbar völligem Fehlen des Unterkiefers mit schmalem Gesicht, freiliegendem schmalen Gaumen findet man einen engen röhrenförmigen Spalt als Eingang zur Mund-Rachenhöhle, die ventral nur von einer Hautbrücke geformt erscheint.

Bei der *Prognathie* und *Agnathie* ist der Unterkiefer wie abgeschnitten, der Defekt mit Haut überzogen und an Stelle des Unterkiefers findet man zuweilen Reste von Knochenstücken. Durch gänzliches Fehlen des Unterkiefers und bei gleichzeitiger Verkümmerung des Oberkiefers nähern sich Ohren und Augen bis zur Berührung in der Mittellinie; hierbei fehlt oft die Maulhöhle und der Gaumen ist von äußerer Haut überzogen. In solchen Fällen hat sich vom Kopf nur der kranielle Teil und Stirnnasenfortsatz entwickelt, so daß der Kopf letzten Endes nur aus Nase, Augen und Ohren besteht. Die Ohren stehen so, als lägen sie im Kehlgang. Die Öffnung zwischen den Ohren führt in den Schlund. Schließlich findet man noch zu kurz entwickelte Unterkieferäste, so daß der Unterkiefer stark zurücksteht (*Brachygnathie, Mikrognathie*) und auch rudimentäre Entwicklung des Unterkiefers auf einer Seite (Hemignathie).

Je nach der Vereinigung der inneren Nasenfortsätze findet man eine *mediale Hasenscharte* (Cheiloschisis media), eine mittlere *Lippen-Zwischenkieferspalte* oder *Oberlippen-* oder *Nasenspalte*. Die *seitliche Lippen-* oder *Kieferspalte* (Cheilognathoschisis lateralis) entsteht durch die unvollständige Verwachsung des lateralen Nasenfortsatzes mit dem Oberkieferfortsatz, wodurch das untere Ende der Tränenfurche oder die Nasenfurche halbkreisförmig offen bleibt. Auch an der Naht zwischen Oberkiefer und Zwischenkiefer findet man Spaltbildungen, die häufig doppelseitig und mit anderen Mißbildungen vergesellschaftet sind, z. B. mit der Gaumenspalte. Derartige Spaltbildungen erstrecken sich zuweilen bis gegen die Augenwinkel hinauf. Bei offen bleibender Tränenfurche spricht man von schiefer Gesichtsspalte.

Auch Gaumenspalten durch mangelhafte Vereinigung der Gaumenplatte kann man beobachten: *Palatoschisis*. Dieser sog. *Wolfsrachen* ist charakterisiert dadurch, daß er am harten Gaumen eine breite Öffnung zeigt, durch welche man in den ventralen Teil der Nase sieht und durch den Nasen- und Maulhöhle miteinander communicieren.

Auch das Gaumensegel kann fehlen oder gespalten sein. Die mediane Gaumenspalte ist oft mit Lippen-Kieferspalte verbunden (*Cheilognathopalatoschisis*).

Man kennt auch eine mangelhafte Vereinigung der beiden konvergierenden Unterkieferfortsätze und spricht dann von *Unterkieferspalte* (*Unterlippenspalte*, Cheilognathoschisis inferior), dabei kann gleichzeitig die Zunge gespalten sein. Kombinationen aller dieser Spaltungen nennt man *Schistoprosopie*. Wachsen die Weichteile der Backen und Wangen nicht aneinander, und wird infolgedessen die Furche zwischen Ober- und Unterkieferfortsatz nicht überbrückt, so erscheint das Maul bis zu den Ohren aufgeschlitzt (*Wangenspalte, Fissura buccalis*, sog. *Großmaul*). Man findet dabei in der Regel noch andere Mißbildungen. Ist dagegen die Haut, welche die Kieferfortsätze überzieht, zu weit miteinander verwachsen, so kann die Mundbucht verengert oder ganz verschlossen werden (*Mikrostomie, Astomie, Syncheilie*). Zuweilen findet man eine totale Verkrümmung des Kopfes, gepaart mit Drehung der Halswirbel, infolge fehlerhafter Lagerung im Uterus (*Contorsio oder Curvatura congenita capitis et colli*). Bei Verkrümmung des Kiefer-Nasenteiles spricht man von *Contorsio oder Curvatura maxillae superioris congenita* oder von *Campygnathie*. Durch abnorme Entwicklung der Kiemenbogen und der Kiemenfurchen können *Halskiemenfisteln, Ohrkiemenfisteln, Kiemenfurchen, Teratome* und *branchiogene Dermoidcysten* entstehen. Reißt schon in der Embryonalzeit die dünne Verschlußplatte ein, welche innere und äußere Kiemenfurchen voneinander trennt, so entstehen Kanäle in die Rachenhöhle oder seltener in die Luftröhre (Fistula colli et auris congenita unilateralis oder bilateralis). Bei blindsackähnlichem Verschluß der Fisteln entstehen *Divertikel* der Haut oder der Rachenschleimhaut oder als Ausbuchtung der Kiemenfurchen abgesackte *Cysten* (Cystoma dermoides oder Dermatocystis congenita). Die häufig vorkommenden *Haarbalgcysten* am Hals oder die seltene *Hydrocele* colli congenita hängen vermutlich mit den Visceralfurchen zusammen und zwar wahrscheinlich durch teilweises Erhaltenbleiben der nicht zerrissenen Furche und durch eine später eintretende hernienartige Ausstülpung. Die Dermoidcysten können wahrscheinlich durch amniotische Abschnürung und darauffolgende Einsenkung von ektodermalem Gewebe, das späterhin wuchert, entstehen. Nicht allzu selten findet man bei Kiemenspalten, aber auch ohne deren Vorhandensein, einen akzessorischen rudimentären Hinterkiefer am Ohrmuschelgrund (*Otognathie*). Dieser kann einseitig oder doppelseitig vorhanden sein und entsteht durch Knospen- oder Sprossenbildung aus dem Unterkieferfortsatz des ersten Visceralbogens, vielleicht als Folge von Einschnürung oder Spaltung durch amniotische Fäden. Es handelt sich dabei um ein dem Unterkiefer sehr ähnliches Gebilde am Grunde der Ohrmuschel, das vornehmlich bei Schafen, aber auch sonst gefunden werden kann.

Häufig ist diese Mißbildung mit solchen des Mittelohres verbunden (*Dignathie*). Man findet auch Verdoppelung des Unterkiefers am facialen Ende. Beim Kaninchen sieht man auch Antiperotie und Mikrotie durch Störungen der Entwicklung der ersten Visceralfurche und ihrer Umgebung. Dabei kommen auch Mißbildungen des Mittelohrs vor. Bei den Mißbildungen des äußeren Ohres, die vermutlich durch amniotische Abschnürung oder durch Druck eines engen Amnionsackes entstehen, findet man an Stelle der Ohrmuscheln kleine Warzen.

b) Entzündliche Veränderungen.

Die *entzündlichen Veränderungen* im Bereich der Maulhöhle entstehen entweder durch Verletzungen, Verbrühungen, heißes Futter, chemische Reize, Fressen von giftigen Pflanzen oder Durchbruch der Zähne, bei allgemeinen Infektionskrankheiten, bei Ernährungsstörungen als kollaterale Entzündungen, bei Erkrankungen der Umgebung oder als Prodromalsymptome spezifischer Allgemeininfektion.

Man unterscheidet nach JAKOB eine desquamative, eine ulceröse, eine erosive, eine suppurative, eine croupöse Entzündung der Maulschleimhaut.

Die *Stomatitis catarrhalis* ist eine Entzündung des Zahnfleisches, die mit Rötung und Schwellung der Schleimhaut und Epitheldesquamation einhergeht. Die Nahrungsaufnahme ist hierbei sehr erschwert, die Speichelsekretion vermehrt, die Schleimhaut gerötet und geschwollen, zum Teil ödematös, zum Teil mit fibrinösen Belägen bedeckt. Es besteht Foetor ex ore.

Das Allgemeinbefinden ist gewöhnlich nicht gestört, während bei den übrigen Erkrankungen Temperaturerhöhung vorhanden ist und eine Allgemeinstörung beobachtet werden kann. Geht die Stomatitis in nekrotisierende Prozesse über, so beginnt diese am Zahnfleisch, dabei werden die Zähne gelockert und können ausfallen. Die nekrotischen Prozesse neigen im übrigen sehr leicht zum Übergreifen auf die ganze Maulhöhlenschleimhaut, wobei der Speichel blutig-gelb verfärbt ist und penetrierend stinkt. Bei den nekrotisierenden Prozessen wie bei allen schwer entzündlichen Vorgängen in der Maulhöhle sind die regionären Lymphdrüsen geschwollen. Durch Verschlucken derartiger Membranen kann auch Gastroenteritis mit blutiger Diarrhöe, Abmagerung, Exitus eintreten. Die Aspiration solcher Membranen ruft Pneumonie hervor. Bei diffusen phlegmonösen Entzündungen im Bereich der Maulhöhle kann die Nahrung aus der Nase fließen oder eine starke seröse Sekretion aus der Nase beobachtet werden.

Beim Kaninchen tritt nach SEIFRIED und SUSTMANN eine Stomatitis vesiculosa sporadisch oder seuchenähnlich in Form von Massenerkrankungen auf, befällt besonders junge Tiere hochgezüchteter Rassen und weist eine Sterblichkeit bis zu 50% auf. Als Ursache sehen SUSTMANN und SEIFRIED Futterschädlichkeiten, insbesondere nasse, verdorbene, von Schimmelpilzen befallene Futtermittel und gewisse Giftpflanzen an. Harte, stechende, ätzende Futterstoffe, wie Getreidegrannen, Fichtennadeln, Disteln, hartes Heu, sollen das Zustandekommen derartiger Affektionen durch mechanische Verletzungen unterstützen. Jedoch diskutiert SUSTMANN auch die Möglichkeit der Mitwirkung eines infektiösen Agens. Klinisch äußert sich eine derartige Stomatitis vesiculosa durch starke Teilnahmslosigkeit, mangelnde Freßlust, glanzloses struppiges Fell, stark schaumigen, zum Teil übelriechenden, zunehmenden Speichelfluß, starke Gewichtsabnahme, Abmagerung, Exitus. Mitunter verläuft diese Erkrankung auch rasch und gutartig.

Anatomisch finden sich bei dieser Erkrankung kleine, weißliche, stecknadelkopfgroße, meist runde Knötchen und Bläschen an den Rändern der Lippe, an der Spitze, den Seitenflächen der Zunge und auf der übrigen Maulschleimhaut. Zwischen diesen sieht man Erosionen und Epitheldefekte von unregelmäßiger Form und Größe, zum Teil mit grauweißem Schorf bedeckt, zum Teil mit weißem Grund. In anderen Fällen kann man nach SEIFRIED nur leichte Rötungen der Maul- und Rachenschleimhaut beobachten. Die Speicheldrüsen sind unverändert.

Eine Reihe von Allgemeinerkrankungen verläuft, wie wir oben schon erwähnt haben, mit einer Stomatitis. So findet man z. B. beim *Milzbrand* neben Karbunkel und Ödem der Maulschleimhaut eine typische Stomatitis mit hochgradigen Schlingbeschwerden und laryngealer Stenose.

Bei der Stomatitis sind die verschiedensten Erreger schon nachgewiesen worden, so u. a. auch Ödembacillen, Tetanusbacillen.

Verletzungen durch Zähne führen sehr leicht zu eitrigen Prozessen in der verletzten Schleimhaut oder zu Phlegmonen und Abscessen. Da derartige Abscesse durch die Bakterienflora der Maulhöhle meist sekundär mischinfiziert werden, haben sie sehr häufig einen stark fötiden Geruch. Man findet in solchen Abscessen Proteus und Coliarten, Nekrosebacillus, Strepto- und Staphylokokken. Verlaufen solche Prozesse chronisch an Stellen, wo weiche lockere, mit Saftspalten sehr reichlich versehene Muskel- und Bindegewebsmassen vorhanden sind, so findet man nach KITT eine außerordentlich mächtige Bindegewebswucherung, so daß man von einer *Stomatis indurativa* oder *fibromatosa profunda* sprechen kann.

Spielen sich diese Prozesse in der Zunge ab, so bleibt als Restzustand eine Verdickung und Verhärtung, *Sclerosis linguae* oder auch *Holzzunge* genannt, übrig. Die Zunge kann bis zur Unbiegsamkeit verhärten. Dabei darf man nicht vergessen, daß die Aktinomykose und die Sarkomatose die gleichen Erscheinungen machen kann.

Verlängerung der *Schneidezähne* wird besonders bei älteren Kaninchen beobachtet. Nach OWEN kann in einzelnen Fällen nach Abbrechen eines Schneidezahnes der Antagonist so stark wachsen, daß er in den gegenüberliegenden Gaumen eindringt. In einzelnen Fällen soll der Zahn so stark im Kreis gewachsen sein, daß die Spitze des Zahnes wieder in die Alveole eindrang.

Durch ungleichmäßige Abnutzung der Zähne kann es sogar zu Abweichungen der Kieferstellung des Kaninchens kommen, ähnlich wie man sie bei der Kaumuskellähmung findet.

Auch *Zahncaries* und *eitrige Alveolarperiostitis* kennt man beim Kaninchen (SEIFRIED). Die Alveolarperiostitis hat die Neigung, auf Tränenkanal, Orbita, Kieferknochen überzugehen. Auf diese Weise kann es nach SUSTMANN zu Nebenhöhleneiterungen kommen. Mitunter sieht man sogar als Folge einer Alveolarperiostitis Absceßbildung in der Alveole. Diese Abscesse können bis zum Kehlgang, bis zur Ohrspeicheldrüse oder bis zu den regionären Lymphdrüsen reichen.

Auch beim *Abzahnen* kann es nach JAKOB zu Absceßbildung kommen. Die Abscesse sitzen vor allem in der Backengegend am Unterkiefer; bakteriologisch enthalten sie meistens Staphylokokken.

Epulis. Die Epulis geht vom Zahnfleisch aus, kann gestielt oder breitbasig aufsitzen und wölbt je nach ihrer Größe die Backen- oder Lippenwand vor. Sie gehört eigentlich zu den bösartigen Neubildungen und ist sehr häufig carcinomatös oder sarkomatös entartet. Sie kann eine weitgehende Zerstörung mit Ausfallen der Zähne hervorrufen (s. Tumorkapitel).

c) Spezifische Entzündungen.

1. Die Necrobacillose

(SCHMORLsche Krankheit) tritt enzootisch auf, ist äußerst kontagiös und sehr
bösartig. Man findet eine fortschreitende Nekrose der Maulschleimhaut, der
Kieferknochen, der Paukenschleimhaut, der Zunge des Kaninchens, der äußeren
Haut im Bereich des Kehlgangs, des Halses und der Vorderbrust. Derartige Veränderungen findet man bei dieser Erkrankung nur selten in anderen Organen. Sie hat
eine weitgehende Ähnlichkeit mit der Kälberdiphtherie (FRÖHNER und ZWICK).
Der Necrosebazillus, der diese Erkrankung hervorruft, ist unter den Haustieren
sehr verbreitet. Nach BANG und JENSEN (zit. nach FRÖHNER und ZWICK) ist
der Nekrosebacillus ein regelmäßiger Bewohner des Darmkanals bei Haustieren
und wird durch den Kot verbreitet. Die Ansteckung erfolgt durch Aufnahme der
im Futter vorkommenden Bakterien, die dann durch oberflächliche Schleimhautverletzungen in die Schleimhaut eindringen. Jedoch soll auch ohne Verletzung
eine Infektion möglich sein, wobei vielleicht dem Zahnwechsel eine Bedeutung
zukommt. Die Nekrosebacillose beginnt gewöhnlich mit einer dunkelroten Verfärbung an der Unterlippe und an den Backen, die sehr rasch fortschreitet,
bald Allgemeinerscheinungen macht und meist innerhalb zwei Wochen zum
Exitus führt. Außer den schweren Nekrosen im Bereich der ganzen Maulschleimhaut und den speckigen Belägen findet man stark geschwollene Hals-
lymphdrüsen mit käsigen Einlagerungen, Thrombose in den Halsgefäßen und
insbesondere in der Lunge. Außer der Pneumonie kommen als Komplikation
noch die Pleuritis, die Perikarditis und Meningitis vor. Histologisch findet man
die Nekrosebacillen charakteristisch abgelagert zwischen lebendem und nekrotischem Gewebe, und zwar in radiär angeordneten Nestern, die ihre Fäden
senkrecht in das gesunde Gewebe hineinschicken und dort von einem Leukocytenwall umgeben sind. In den nekrotischen Herden selbst gehen die Bacillen
zugrunde, während sie sich im gesunden Gewebe weiter ausdehnen.

2. Maul- und Klauenseuche.

Über die Maul- und Klauenseuche bei den Laboratoriumstieren liegen nur
spärliche Mitteilungen vor. Man findet sie in seltenen Fällen bei jungen Tieren
nach Genuß von Milch infizierter Kühe und Ziegen. Klinisch äußert sich die
Maul- und Klauenseuche bei diesen Tieren als hanfkorngroße, gelbweiße Bläschen am Zahnfleisch, namentlich am zahnlosen Rand des Oberkiefers, am
Zungenrand, am Zungengrund, auf der Unterfläche der Zunge, auf dem Zungen-
rücken, der Backenschleimhaut, an den Lippen. Die Bläschen werden allmählich größer, können konfluieren und bis fünfmarkstückgroß werden. Ihr Inhalt ist anfangs wasserklar, später getrübt; die Blasen platzen leicht und hinterlassen nässende hochrote, schmerzhafte Erosionen, die sich zu Geschwüren umwandeln können oder durch Neuepithelialisierung abheilen. Die Maul- und
Klauenseuche ist von starkem Speichelfluß begleitet, das Exanthem kann auf
die Umgebung des Maules und der Nasenöffnungen und auf den Rachen übergreifen. Derartige Tiere leiden unter Schluckbeschwerden, Regurgitieren,
Husten, Nasen- und Bronchialkatarrh und gehen häufig an Pneumonie zugrunde.
Ist die Entzündung im Maule stark exsudativ, so findet man käseähnliche,
blattartige Auflagerungen auf der Maulschleimhaut mit Zersetzung des abgestoßenen Epithels und üblem Geruch (Maulfäule).

3. Tuberkulose

im Bereich des Maules und Rachens ist eine große Seltenheit. Man findet sie
mitunter bei Schleimhautverletzungen des Maules, durch die Infektion mit

tuberkulösen Auswurfs. Die Tuberkulose bildet auf der Zunge typische derbe Knötchen und Geschwüre, ebenso auf der Tonsille. Beim Hasen sollen die Tonsillen oft die Eintrittspforten für eine *Pseudotuberkuloseinfektion* darstellen (SEIFRIED). Die Keime der Pseudotuberkulose dringen in die oberflächlichen Capillaren der Tonsille ein, vermehren sich dort derart, daß die erweiterten Capillarlumina durch Bakterien vollkommen verlegt werden; dadurch entsteht dann eine Gewebsnekrose ohne Leukocytenemigration. Zuweilen verkäsen die Tonsillen in toto. Die Käsemassen können in die Rachenhöhle ausgestoßen werden und so in den Darmkanal gelangen. Von den Capillaren der Tonsille aus kann auch auf hämatogenem Weg die Pseudotuberkulose disseminiert werden. Bei Meerschweinchen findet man ähnliche Zustände.

Aktinomykose. Sie ist eine spezifische Erkrankung des Rindes. SEIFRIED weist auch darauf hin, daß die Aktinomykose beim Kaninchen außerordentlich selten ist, sie geht nach seinen Erfahrungen mit Beulenbildungen und Fistelöffnungen einher. Ein von SUSTMANN näher untersuchter Fall dieser Art ergab eine Aktinomykose des Unterkiefers. In diesem Fall soll die Infektion nicht durch Getreidegrannen, sondern durch Waldheu verursacht worden sein.

4. Spirochätosen.

Bei der Syphilis, besonders beim Kaninchen, kommt es auch an der Schleimhaut des Maules zu charakteristischen Veränderungen, ebenso an der Haut der Schnauze und an der Nasenöffnung (näheres s. unter Spirochäten u. Spirillen).

d) Parasiten.

Parasiten sind in der Maulhöhle keine Seltenheiten. So kann man den Pferdeegel (Haemopis sanguisuga) in südlichen Ländern öfters finden; er ruft leicht ödematöse Entzündungen hervor.

Bei der Kaninchencoccidiose besteht, wie wir schon oben erwähnt haben, starker Speichelausfluß, starke Sekretion aus der Nase. An den Maulwinkeln findet man als Folge davon stark entzündliche und eitrige Veränderungen. Auch bei der Dermatocoptenräude findet man entzündliche Alterationen auf der Maulschleimhaut.

Bei den septischen Allgemeinerkrankungen, vor allem beim Kaninchen sieht man ausgedehnte Blutungen im Bereich der Maul- und Rachenhöhle.

Anhang.
1. Speicheldrüsen.

Speichelfluß (Ptyalismus) kommt bei den verschiedensten Erkrankungen und Reizungszuständen der Maulhöhle und bei den verschiedensten Allgemeinerkrankungen vor. Man findet ihn nach Trauma, Entzündungen, bei Fremdkörpern, Vergiftungen, Nervenreizungen, bei Magendarmerkrankungen, bei Wurmkrankheiten, bei Uteruserkrankungen, bei Quecksilber- und Pilocarpinvergiftungen, bei Jod- und Morphiumintoxikationen. In erster Linie erkrankt die Drüse selbst *(Sialoadenitis)*, und nur in den wenigsten Fällen ist der Ausführungsgang miterkrankt *(Sialodochitis)*. Die Entzündung der Ausführungsgänge der Speicheldrüsen (Parotis, Sublingualis, Submaxillaris) kommt hauptsächlich bei Fremdkörpern in den Gängen zustande. Durch die Stauung des abfließenden Sekrets im Ausführungsgang wird der Drüsengang erweitert, evtl. sekundär infiziert und entzündlich verändert.

Man sieht in solchen Fällen an der Stelle der Mündung des Ausführungsgangs eine sulzige, gerötete, verdickte Schleimhaut. Bei dieser Stauungsveränderung im Ausführungsgang kann die Infektion auf die Drüse fortschreiten und sie mitbefallen.

Bei mehr chronischem Verlauf einer Erkrankung der Speicheldrüsenausführungsgänge durch Obturation (Speichelsteine) kann der Ausführungsgang cystisch erweitert werden

(Sialodochitis cystica). Man findet eine derartig cystische Erkrankung besonders an der Sublingualis bzw. deren Ausführungsgänge, seltener an dem Ausführungsgang der Submaxillaris (Ductus Whartoniarus) und am seltensten an der Parotis.

Fremdkörper im Bereich der Maul- und Rachenhöhle findet man in Form von Resten aufgenommener Nahrung oder in Form von Knochenstücken, Holzsplittern, Fischgeräten, Nadeln, die mit der Nahrung aufgenommen worden sind. Je nach der Stelle, an der sich die Fremdkörper einspießen, können Entzündungserscheinungen oder Glottisödem entstehen und dadurch zu hochgradigen Atembeschwerden und Erstickungstod führen. Auch Eiterungen können auf diese Weise zustande kommen.

2. Rachen.

Die Rachenerkrankungen sind letzten Endes nur eine Teilerscheinung der Maulhöhlenerkrankungen. Man findet allerdings bei den Laboratoriumstieren auch eine isolierte Pharyngitis, die sehr rasch, phlegmonös-eitrig, seuchenhaft verläuft, alle Tiere eines Wurfes befällt und meistens letal durch Pyämie endet. Das klinisch wichtigste Merkmal der Pharyngitis ist die Schmerzhaftigkeit und die Erschwerung der Nahrungsaufnahme. Man sieht oft die Nahrung aus der Nase zurückfließen. Eine der häufigsten Ursachen der Pharyngitis ist die Erkältung oder der Fremdkörperreiz. Bei Übergreifen der Pharyngitis auf den Kehlkopf entstehen die bekannten Erscheinungen der Atemnot mit Erstickungsanfällen, Cyanose und zuweilen Exitus.

3. Schlundkopflähmung.

Die Schlundkopflähmung findet man bei Erkrankung des Zentralnervensystems, wie Meningitis, Bulbärparalyse, Intoxikation (Botulismus, Ptomain- und Fleischvergiftung), bei der Laryngitis, oder mechanisch durch traumatische Insulte. Klinisch ist diese Lähmung des Schlundkopfes dadurch charakterisiert, daß die Tiere die Nahrung verweigern, sie fällt wieder aus der Maulhöhle heraus, aufgenommene Flüssigkeit fließt aus der Nase ab, dabei besteht starker Speichelfluß. Foetor ex ore, starke Allgemeinstörungen. Durch Verschlucken von Speichel kann Lungengangrän eintreten. Die Heilung ist je nach der Ursache schwierig.

4. Schlund.

Die entzündlichen Affektionen des Schlundes sind selten. Sie entstehen durch reizende oder ätzende Stoffe, durch spitze oder scharfe Fremdkörper in der Nahrung, selten durch Parasiten (Spiroptera sanguinolenta). Bei entzündlichen Veränderungen ist nach JAKOB, HUTYRA und MAREK die Nahrungsaufnahme gestört; feste Speisen können nicht mehr geschluckt werden. Es treten Schmerzen beim Schlucken auf, es besteht Brechreiz und Erbrechen. Die Halsgegend ist geschwollen und gespannt, Salivation wird beobachtet, das Allgemeinbefinden ist gestört, Fieber tritt auf. Die entzündlichen Veränderungen können aus den oben angegebenen Ursachen lokal entstehen oder sie können vom Nasenrachenraum her fortgeleitet sein. Lokal sieht man eine Infiltration des Gewebes, Epithelabstoßung und Rötung der Schleimhaut.

Literatur.

FRÖHNER u. ZWICK: Lehrbuch der speziellen Pathologie und Therapie der Haustiere. Stuttgart: Ferdinand Enke 1915.

HUTYRA u. MAREK: Spezielle Pathologie und Therapie der Haustiere. Jena 1910.

KITT: Lehrbuch der pathologischen Anatomie der Haustiere. Stuttgart: Ferdinand Enke 1923.

SEIFRIED: Die wichtigsten Krankheiten des Kaninchens. Erg. Path. **1927**.

Weitere Literatur siehe bei Kapitel Ohr.

B. Speiseröhre und Magen.

Von WALTER LENKEIT, Berlin.

Mit 5 Abbildungen.

I. Speiseröhre.

Die Lage der Speiseröhre ist bei allen Tieren sowohl am Halse wie im Brustkorb ziemlich die gleiche. Die Länge beträgt, vom Pharynx gemessen, beim
Kaninchen 12—15 cm, beim Meerschweinchen etwa 8—10 cm, bei der Ratte
ungefähr 7—8 cm, bei der Maus ungefähr $3^1/_2$ cm.

Die Schleimhaut zeigt beim Meerschweinchen leistenförmige Erhebungen,
deren Höhe von oben nach unten zunimmt. Beim Kaninchen sind nur im
obersten Abschnitt etwa bis zur Höhe der Kehlkopfmitte Schleimdrüsen vorhanden (R. KRAUSE), bei den anderen Nagern sollen sie vollkommen fehlen
(OPPEL). Die Muscularis mucosae ist beim Kaninchen nur im unteren Oeso-
phagusdrittel deutlich ausgebildet (OPPEL, R. KRAUSE). Die Tunica muscularis
besteht beim Kaninchen bis in die Nähe der Kardia, bei Meerschweinchen,
Ratte und Maus bis zur Kardia aus quergestreiften Muskelfasern (OPPEL).
Die physiologische Untersuchung über den Gehalt des Oesophagus an beiden
Muskelarten ergibt bei den genannten Tieren die für quergestreifte Muskulatur
typischen schnellen Kontraktionen (E. MANGOLD, INAOKA). Nur bei jungen
Kaninchen deutet der langsam an- und absteigende Verlauf der Zuckungs-
kurven auf eine Beteiligung glatter Muskulatur hin (INAOKA). Die glatte Muskulatur würde danach beim Kaninchen im Laufe der Entwicklung aus dem Oesophagus schwinden. Eingehende morphologische wie physiologische Untersuchungen darüber stehen noch aus.

II. Magen.
a) Normale Anatomie.
1. Morphologie.

Der Magen des **Kaninchens** hat die Gestalt einer Retorte; links von der
Kardia treffen große und kleine Kurvatur zur Bildung eines großen, dorsal
gerichteten Blindsackes, des Magenfundus, zusammen. Nach rechts verengt
sich der Magen allmählich, bildet vor dem Pylorus noch eine Erweiterung,
das *Antrum pylori*. Das Fassungsvermögen beträgt nach SCHAUDER ungefähr
40—50 ccm.

Die Muskulatur ist schwach entwickelt; nur am Antrum pylori ist sie besonders dick. Die Schleimhaut erscheint makroskopisch fast einheitlich. Sie
ist, besonders im Fundus, in mehr oder weniger seichte Falten gelegt; an der
Kardia sind weißliche Ringfalten vorhanden. Die Farbe der Schleimhaut
ist im Fundusteil graurötlich, im Pylorusteil graugelb. Magengrübchen sind
im Fundusteil mit der Lupe deutlich zu erkennen, weniger gut im Pylorus
(R. KRAUSE).

Lage. Der Magen liegt im gefüllten Zustand — was fast immer der Fall ist —
ventral der Bauchwand an, ist kranial und mit der kleinen Kurvatur der Leber
angelagert. Links kann der Magenblindsack die laterale Bauchwand in der
Gegend der beiden letzten Rippen berühren. Rechts liegt zwischen ihm und
der Bauchwand der ventrale diagonale Blinddarmabschnitt (SCHAUDER).

Der **Meerschweinchen**-Magen zeigt ebenfalls Retortenform (SCHAUDER). Der Blindsack links von der Kardia ist bedeutend schwächer ausgebildet als beim Kaninchen und als bei der Ratte und der Maus, wie unten gezeigt wird. Vor dem Pylorus ist eine geringe Erweiterung zu erkennen. Bei äußerer Betrachtung tritt der Pylorus auch durch seine rötlichgelbe Eigenfarbe deutlich hervor, während die graugrünliche Farbe des Fundus zum Teil durch das Futter bedingt ist. Der größte dorso-ventrale Durchmesser liegt zwischen dem Pylorus und der Kardia. Die Kapazität beträgt ungefähr 10—25 ccm. Die Muskulatur ist nur im Pylorusabschnitt gut entwickelt, am übrigen Magen dagegen dünn. Die graurötliche Schleimhaut ist im Fundus leicht gefaltet, im Pylorus je nach dem Füllungszustand in mehr oder weniger deutliche Wülste gelegt, die pyloruswärts und parallel zueinander verlaufen.

Lage. Der linken Bauchwand liegt der Magen zwischen 9. und 11. Rippe an, ventralwärts bis zu deren Rippenbogen reichend. Kranial liegt dem Magen die Leber an, hinten ungefähr im Verlauf der 11. Rippe die Milz. Medial von der Milz kann er die linke Niere berühren. Die ventrale Bauchwand wird vom gefüllten Magen gewöhnlich erreicht.

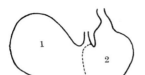

Abb. 50. Magen von der Ratte
(nach SCHAUDER).
1 Vormagen, 2 Drüsenmagen.

Der Magen der **Ratte** und der **Maus** zeigen weitgehende Übereinstimmungen, so daß er für beide Tiere zusammen beschrieben werden kann. Er zeigt eine deutliche Zweiteilung (Abb. 50), und zwar einen größeren dünnwandigen, fast durchscheinenden grauweißlichen Abschnitt, den *Vormagen*, der den großen Blindsack bildet und fast $^2/_3$ des Magens ausmacht (EDELMANN), und einen kleineren gelblich-rötlichen, dickwandigen pyloruswärts gelegenen Teil, der den eigentlichen, sezernierenden Magen, den *Drüsenmagen*, darstellt. Das Volumen des Rattenmagens beträgt nach E. MANGOLD und HAESLER bei einem Füllungsdruck von 7 cm ungefähr 4—7 ccm, seltener 10 ccm; bei einem Füllungsdruck von 9,7 cm im Durchschnitt 11—16 ccm, seltener 20—25 ccm. Der Mäusemagen vermag ungefähr $^1/_2$—$1^1/_2$ ccm aufzunehmen.

Der dünnwandige helle Vormagen mit der Einmündungsstelle des Oesophagus trägt eine weißliche, glatte Schleimhaut. Die Drüsenmagenschleimhaut ist gelbrot und wulstig längsgefaltet, was an nicht stark gefülltem Magen bereits auf der Außenseite zu erkennen ist. Beide Partien sind durch eine bis 2 mm (Ratte) und bis 1,5 mm (Maus) hohe Grenzfalte der cutanen Vormagenschleimhaut (Margo-plicatus) scharf gegeneinander abgegrenzt (Abb. 52—54).

Die Muskulatur, eine Quer- und Längsschicht bildend, ist am Vormagen bedeutend schwächer ausgebildet als am Drüsenmagen.

Lage. Die Topographie des Magens ist bei der Ratte und der Maus ziemlich die gleiche. Die linke Wand berührt der Magen dorsolateral zwischen der 11. und 12. Rippe mit einem kleinen Dreieck des Vormagens, das bei stark gefülltem Magen sich ventralwärts entsprechend vergrößert. Dieser von außen leicht zugängliche Teil wird vorn von der Leber und hinten von der Milz, die bei der Ratte gewöhnlich dem hinteren Rande der 12. Rippe parallel liegt, begrenzt. Medial von der Milz kann eine schmale Zone des Vormagens die linke Niere erreichen. An die kleine Kurvatur legt sich der Proc. papillaris der Leber.

2. Histologie.

Kaninchen. Nach der Beschaffenheit der Drüsen sind zwei ausgedehnte Regionen zu unterscheiden, die *Fundusdrüsen-* und die *Pylorusdrüsen*region.

Eine ausgedehnte *Kardiadrüsen*region ist nicht vorhanden (OPPEL, EDELMANN, SCHAUDER); nur um die Schlundmündung ist eine 1 mm breite Zone von Kardiadrüsen (R. KRAUSE).

Die *Kardiadrüsen* sind tubulöse Drüsen, stark gewunden und verzweigt (R. KRAUSE) und frei von Belegzellen (EDELMANN). Sie münden nach KRAUSE zwischen den den Ringfalten aufsitzenden Sekundärfalten. Das Lumen ist eng. Die Zellen sind kubisch bis niedrigzylindrisch und granuliert; der Kern liegt peripher (EDELMANN). Das zwischen den Drüsenschläuchen gelegene Bindegewebe ist stärker entwickelt als in der Fundusdrüsenregion (EDELMANN).

Die anschließende Region der *Fundusdrüsen* umfaßt ungefähr zwei Drittel der ganzen Magenschleimhaut. Sie kann noch in zwei sich durch die Beschaffenheit der Hauptzellen (s. unten) unterscheidenden Zonen geteilt werden, dem *eigentlichen Fundus* im Blindsack und der *großen Kurvatur* (Abb. 51). Die ebenfalls tubulösen Drüsen liegen dicht beieinander, gehen durch die ganze Tunica propria bis zur Muscularis mucosae und sind zum größten Teil einfach, seltener gegabelt.

Die beiden die Fundusdrüsen zusammensetzenden Zellarten, die Beleg- und Hauptzellen, zeigen die übliche Verteilung. Die helleren *Belegzellen* sind besonders zahlreich im oberen Abschnitt, dem Halsteil der Drüse und begrenzen hier dicht beieinander liegend das enge Lumen. Nach der Tiefe zu werden sie spärlicher und rücken mehr vom Lumen ab. ANZAI und SUGAI konnten auch in den Belegzellen des Kaninchens mit ammoniakalischer Silberlösung (Methode KON) feinkörnige Granula feststellen. Am intensivsten war die Reaktion in den Belegzellen in der Tiefe der Drüsen. Es zeigte sich ein Zusammenhang zwischen der Intensität der Granulierung und dem Funktionsstadium der Zellen. Am schwächsten fiel die Reaktion aus auf der Höhe der Magensekretion. Feiner wurden die Granula nach Reizung des Vagus, fast pulverförmig nach Verabfolgung von Pilocarpin.

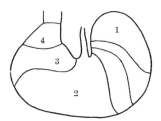

Abb. 51. Kaninchenmagen (nach LANGLEY aus OPPEL). 1 Fundus, 2 große Kurvatur, 3 kleine Kurvatur und Pylorusregion, 4 Pylorus. Die Region zwischen 1 und 2 wird im Hungerzustand mehr 1 ähnlich, im Verdauungsstadium 2 ähnlicher.

Die *Hauptzellen* sind im Blindsack stark granuliert, dagegen in der großen Kurvatur nur undeutlich granuliert (ELLENBERGER). Im Hungerstadium sind sie mit Granula angefüllt, die während der Verdauung aus dem peripheren Teil der Zelle allmählich schwinden.

Das Bindegewebe zwischen den Fundusdrüsen ist schwach entwickelt.

Die *Pylorusdrüsenzone*, an der kleinen Kurvatur, der „*Magenstraße*" (ASCHOFF, BILLENKAMP) gelegen (Abb. 51), weist nach EDELMANN beim Kaninchen auffallend lange Zotten auf. Die Zellen sind kubisch und zeigen keine besondere Granulierung auf (R. KRAUSE).

Zwischen beiden Drüsenzonen liegt nach BILLENKAMP eine von Hauptzellen freie *Intermediärdrüsenzone*. Die Muscularis mucosae ist kräftig entwickelt, 10—20 μ dick (R. KRAUSE); es sind hauptsächlich längsverlaufende Fasern. Feine Muskelsepten steigen zwischen den Drüsen in die Höhe.

Meerschweinchen. Histologisch weicht der Magen des Meerschweinchens auch nicht wesentlich vom Kaninchenmagen ab. Eine eigentliche Kardiadrüsenzone fehlt ebenfalls, nur einige Tubuli in der Umgebung der Schlundmündung sind nach EDELMANN als Kardiadrüsen anzusehen. In der ausgedehnten Fundusregion sollen die Granula in den Hauptzellen eine andere Empfindlichkeit gegen Osmiumsäure zeigen als beim Kaninchen (LANGLEY). Die Pylorusdrüsen weisen keine Besonderheiten auf.

Nach KULL sind im Meerschweinchenmagen besonders reichlich die beim
Menschen vorwiegend im Darm vorkommenden Zellen mit *chromaffinen Granula*
vorhanden. Diese eigentümlichen Zellen liegen zwischen den Drüsenepithelien,
sie sind sehr breit und haben einen größeren Kern als die Epithelzellen. In den
Fundus- und Kardiadrüsen fand KULL bisweilen drei und darüber in einem
Gesichtsfeld. Nach ERÖS sind diese Zellen identisch mit den acidophilen und
den argentoaffinen Zellen der Magen- und Darmschleimhaut. Die Funktion
dieser Zellen ist nicht ganz klar; es wird ihnen eine innersekretorische Bedeutung
zugewiesen (KULL, ERÖS).

Ratte und Maus. An der Schleimhaut des Ratten- wie auch des Mäuse-
magens sind histologisch vier Zonen zu unterscheiden: 1. der wie der Oesophagus
cutane Schleimhaut tragende *Vormagen*, 2. die *Kardia*-, 3. die *Fundus*- und
4. die *Pylorusdrüsenregion* (Abb. 52, 53).

Der *Vormagen* ist mit typischem, geschichtetem und verhornendem Pflaster-
epithel ausgekleidet, das von einem gut ausgebildeten Papillarkörper getragen
wird. Deutlich sind die Schichten vom Stra-
tum germinativum bis zum Stratum corneum zu erkennen. Be-
reits SCLAVUNOS konnte
Eleidinkörnchen nach-
weisen. Drüsen fehlen
vollkommen. Die Grenz-
falte zwischen dem Vor-
und Drüsenmagen wird
von der Vormagen-
schleimhaut gebildet.
Diese hat die größte
Dicke an der Vormagen-
seite und nimmt nach
der Drüsenmagenseite

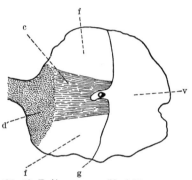

Abb. 52. Rattenmagen. (Nach EDELMANN
modifiziert). v Vormagen, g Grenzfalte,
c Kardia-, f Fundus-,
p Pylorusdrüsenregion.

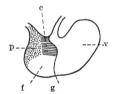

Abb. 53. Magen von
der Maus. (Nach
TOEPFER modifiziert.)
v Vormagen, g Grenz-
falte, c Kardia-,
f Fundus-, p Pylorus-
drüsenregion.

allmählich ab, so daß schließlich am Grunde
der Falte nur das Stratum germinativum
übrig bleibt; dieses geht direkt in das Drüsenepithel über (TOEPFER). An der
Bildung der Falte ist außer der Tunica propria auch die Submucosa mit der
Muscularis musosae beteiligt (TOEPFER).

Von der eigentlichen Verdauungsschleimhaut ist zuerst die *Kardiadrüsenzone*
zu nennen. Diese hat nach den Untersuchungen von EDELMANN bei der Ratte
und der Maus eine relativ große Ausdehnung an der *kleinen* Kurvatur der Magenstraße, vom Margo plicatus bis zur Pylorusdrüsenzone (Abb. 52, 53). Die Schleimhaut ist hier ungefähr 40—50 μ dick; die Drüsentubuli sind englumig, tragen
Cylinderepithel, das besonders an der Drüsenbasis sehr hoch ist. Teilungen
der Tubuli sind vorhanden. Die Zellkerne sind groß. Das Zellplasma färbt
sich nur im Ausführungsgang gut mit Eosin, dagegen nur gering im Drüsenkörper (EDELMANN). Das kräftig entwickelte Gewebe zwischen den Drüsenschläuchen setzt sich aus Bindegewebe und zahlreichen Muskelfasern zusammen.

Angrenzend dehnt sich an der *großen* Kurvatur vom Margo plicatus bis
zur Pylorusdrüsenzone die *Fundusdrüsenregion* aus. Der Übergang von der
Kardiadrüsenzone ist ein allmählicher. Zuerst treten ganz vereinzelt die Belegzellen auf, und zwar fast nur an der Basis der Drüsen, allmählich nehmen sie
an Zahl zu. Diese Belegzellen haben eine zugespitzte bis keulenförmige, oft
auch längliche Form. Auch die Hauptzellen lassen mit der zunehmenden Entfernung von den Kardiadrüsen ihr charakteristisches Aussehen deutlicher
werden. Diese *Übergangszone* kann sich bei der Ratte nach EDELMANN sogar

auf 5—6 mm erstrecken. In der eigentlichen Fundusdrüsenregion sind die Tubuli etwas weiter, die Belegzellen haben die typische runde Form. Sie sind in auffallend großer Zahl vorhanden. Die kleineren Hauptzellen treten ihnen gegenüber zurück (EDELMANN).

Die *Pylorusdrüsen* zeigen keine Besonderheiten gegenüber anderen Tieren. Sie sind häufig stark geschlängelt.

Bei der Ratte ist ebenfalls zwischen der Fundus- und Pylorusdrüsenregion eine Zone ohne Hauptzellen, eine *Intermediärzone* vorhanden (BILLENKAMP).

3. Physiologische Bemerkungen.

Hinsichtlich der Verdauungsvorgänge im Magen zeigen sich zwischen Kaninchen und Meerschweinchen einerseits und Ratte und Maus andererseits ebenfalls einige Unterschiede.

Beim *Kaninchen* und *Meerschweinchen* ist die gesamte Magenschleimhaut an der Bildung des Verdauungssekrets beteiligt; etwas verschieden ist bei beiden Tieren nur dessen Verteilung.

Nach den Versuchen über die Schichtung des Mageninhaltes von GRÜTZNER ist beim Kaninchen im Magenfundus während und besonders bei Beginn der Verdauung die größte *Pepsinmenge,* im Übergang des Fundus zur großen Kurvatur weniger, bedeutend weniger in der großen Kurvatur, und zum Pylorus hin nimmt sie noch weiter ab.

Beim Meerschweinchen fand GRÜTZNER in der großen Kurvatur die größte Pepsinmenge.

Das aus dem Speichel stammende diastatische Ferment ist am reichlichsten im frischen Futter im Fundus (links) vorhanden; je näher dem Pylorus, um so älter das Futter, und um so geringer wird bis zum vollständigen Verschwinden der Gehalt an diastatischem Ferment. In den oberflächlichsten Schichten des Futters ist dieses beim Kaninchen und Meerschweinchen überhaupt nicht zu finden (GRÜTZNER).

Was die Aufenthaltsdauer des Futters im Magen anbetrifft, so beginnt beim *Meerschweinchen* nach eigenen Versuchen mit mit Fuchsin gefärbtem Körnerfutter (LENKEIT u. HABECK) der Austritt nach $1/_2$ bis 1 Stunde; nach 7 bis 8 Stunden sind nur noch Spuren oder nichts mehr vom Probefutter im Magen vorhanden. Ungefähr die gleichen Zahlen erhielt auch KRZYWANEK durch röntgenologische Untersuchungen. Beim *Kaninchen* hat eine Mahlzeit nach den ebenfalls röntgenologischen Beobachtungen von HENRICHS den Magen nach ungefähr 9 Stunden verlassen.

Anläßlich anderer Untersuchungen wurde auch die Durchgangszeit einer Mahlzeit durch den *gesamten* Verdauungskanal mit mit Fuchsin gefärbtem Hafer bestimmt. Beim Kaninchen beginnt das Auftreten einer Mahlzeit eines Körnerfutters im Kot nach etwa $5^1/_2$—8 Stunden und ist nach etwa 8—11 Tagen beendet, beim Meerschweinchen nach $4^1/_2$—6 Stunden bis etwa 6, 7—10 Tagen.

Bei der *Ratte* und der *Maus* bleibt in dem großen drüsenlosen Vormagen das mit Speichel durchsetzte Futter, begünstigt durch die Schichtung, ungestört eine gewisse Zeit der Einwirkung der Speichel- wie Nahrungsdiastase ausgesetzt, während im Drüsenmagen die Wirkung des Verdauungssaftes Pepsin-Salzsäure im Vordergrund steht. So können bei diesen Nagern die „amylolytische" und die „proteolytische" Verdauung lange Zeit (wie beim Pferde) nebeneinander hergehen (GRÜTZNER). Über die Verteilung des diastatischen Ferments und des Pepsins in den verschiedenen Verdauungsstadien bei der Ratte geben Untersuchungen von GRÜTZNER Aufschluß. Kurze Zeit nach der Nahrungsaufnahme ist das diastatische Ferment überall, am reichlichsten im Vormagen zu finden, das Pepsin dagegen nur im eigentlichen Magen. Im Laufe der Verdauung nimmt die Diastase allmählich ab, und zwar zuerst im Drüsenmagen und schließlich auch im Vormagen, während die Pepsinmenge vom Pylorus zum Vormagen hin zunimmt. Beim Kohlenhydrat- wie Eiweißabbau im Magen ist außerdem die Mitwirkung von Bakterien möglich, ebenfalls unterstützt durch die Schichtung des Futters (SCHEUNERT); denn dadurch kann im Innern des Mageninhalts die alkalische Reaktion noch einige Zeit anhalten. Die Resektion des Vormagens hat nach eigenen Untersuchungen keinen Einfluß auf die Ausnützung der Stärke. Die physiologische Bedeutung der Kardiadrüsen ist noch nicht genügend klar. Sie liefern ein alkalisches Sekret. Das darin gefundene diastatische Ferment beim Schwein konnte durch Nachuntersuchung nicht bestätigt werden (TRAUTMANN).

In der Intensität der Bewegung ist ebenfalls ein bedeutender Unterschied zwischen den beiden Magenabschnitten vorhanden. Der muskelärmere Vormagen führt gegenüber den vom Pylorus ausgehenden starken peristaltischen Wellen nur schwache Bewegungen aus.

Nach den Untersuchungen von NAKANISHI wirkt Reizung des Vagus bei der Ratte auf den Pylorus kontraktionshemmend, dagegen Reizung des Sympathicus kontraktionserregend. Nach Durchschneidung des Vagus tritt ein Krampfzustand der Pylorusportion ein (GRÜTZNER).

Der Austritt des Futters aus dem Magen beginnt bei der Ratte wie bei der Maus etwa $^1/_4$—$^1/_2$ Stunde nach der Aufnahme (KRZYWANEK, LENKEIT). Verlassen hat eine Mahlzeit den Magen bei der Ratte nach ungefähr 7 Stunden, bei der Maus nach ungefähr 6 bis 7 Stunden. Im Kot beginnt die Ausscheidung der Reste einer Körnermahlzeit bei der *Ratte* wie *Maus* nach etwa 3—5 Stunden und ist beendet bei der Ratte nach etwa 3 bis 6 Tagen; gerade die Endzeit steht innerhalb gewisser Grenzen mehr oder weniger in Abhängigkeit von der Menge des aufgenommenen Futters.

Erwähnenswert ist noch die Eigenart der Nager, den eigenen Kot zu fressen *(Koprophagie)*. Das *Kaninchen*, weniger das *Meerschweinchen,* frißt immer Kot, auch bei reichlichem Futter (GRÜTZNER, eigene Beobachtungen), ganz besonders natürlich bei vollständiger Karenz. Wie SWIRSKI beobachtet hat, fängt dann das Kaninchen den Kotballen sofort beim Austritt aus dem Rectum ab und läßt ihn so überhaupt nicht zu Boden fallen. SWIRSKI setzte den Tieren einen Maulkorb auf und bekam erst dadurch nach Hungern von 4mal 24 Stunden einen leeren Magen. Bei der Ratte ist das Kotfressen dagegen nur bei Hunger und bei einseitiger Ernährung zu beobachten.

b) Pathologische Anatomie.

Beim *Kaninchen* ist der Magen stets gefüllt. Bei starker Füllung ist eine *postmortale Ruptur* des Magens ein nicht seltener Befund. Bei der *Ratte* und der *Maus* ist bei *Blähung* besonders der muskelschwache Vormagen stark gedehnt, so daß er dann oft nicht $^2/_3$, sondern $^3/_4$ des Magens ausmacht.

Intravitale Ruptur der Magenwand ist beim *Kaninchen* wie *Meerschweinchen* häufig die Todesursache bei Tympanitis, die nach übermäßiger Aufnahme von jungem Klee, nassem Klee und Gras auftreten kann.

Punktförmige hämorrhagische **Erosionen** werden beim *Kaninchen* häufig als Folge der Magenwurmseuche (Strongylus strigosus, s. Kap. Parasiten) gefunden. Im Magen der Ratte sind Erosionen wie Ulcerationen vorwiegend im *Vormagen* lokalisiert. FIBIGER fand unter 1144 Laboratoriumsratten 11mal minimale, häufig um Haare gelagerte Ulcerationen, besonders in der Nähe der Grenzfalte. BÜCHNER, SIEBERT, MOLLOY beobachteten nach 24stündigem Hungern unter 45 Tieren zweimal Ulcera im Vormagen nach subcutanen Histamininjektionen bei 33,3% der Versuchstiere. UEYAMA fand bei seinen Hungerversuchen nach 1—$3^1/_2$ Tagen bei 11,76% der Tiere Geschwürsbildung und Hyperkeratosis. Makroskopisch stellen die Vormagengeschwüre nach BÜCHNER, MOLLOY wie nach UEYAMA hügelige Auftreibungen dar, mit mehr oder weniger ausgedehntem zentralem Zerfall. Mikroskopisch zeigen die Veränderungen zum Teil Quellung, zum Teil bereits Defekte und Verschorfung der oberflächlichen Schichten des Plattenepithels mit Ödem und neutrophil-eosinophiler Infiltration der Tunica propria. Tiefere Geschwüre werden bei spontanen Fällen nicht gefunden.

Bei unzweckmäßiger Ernährung, z. B. zu lange anhaltender Einseitigkeit, bei Unterwertigkeit der Nahrung, sind bisweilen ähnliche ulcerative Veränderungen im Vormagen zu finden. PAPPENHEIMER und LARIMORE führen diese auf die Aufnahme von Haaren zurück, die besonders bei solchen schlecht ernährten Ratten zu beobachten ist. Denn durch Beimischung von Haaren zu einer vollwertigen Nahrung konnten ebenfalls Ulcerationen hervorgerufen werden. Als Ausgangspunkt der Veränderungen sind danach durch Haare hervorgerufene Stichverletzungen der Schleimhaut anzusehen.

Im *Drüsenmagen* der Ratte sind Erosionen und Geschwüre seltener. Bei Ratten, die etwa eine Woche oder kurz nach 48stündigem Dursten starben, fand ich im Drüsenmagen, vorwiegend auf der Höhe der Schleimhautfalten, mehrere stecknadelgroße, selten größere, schmutzigbraune Herde (Abb. 54). Der Vormagen zeigte unter 7 Fällen nur einmal die oben beschriebenen Veränderungen. Das mikroskopische Bild läßt flache Nekrosen des Drüsenepithels, zum Teil mit oberflächlichem Substanzverlust, erkennen. Gegen die gesunde Umgebung sind die Herde mehr oder weniger scharf abgegrenzt. Eine leukocytäre Reaktion ist nicht vorhanden. Es ist nicht ausgeschlossen, daß die vorausgegangenen Durstversuche als Ursache der Veränderungen eine Bedeutung haben.

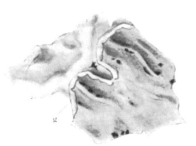

Abb. 54. Rattenmagen. Erosionen im Drüsenmagen. g Grenzfalte.

An **Entzündungen** sind beim Kaninchen sämtliche Stadien vom Katarrh bis zur croupösen Form zu beobachten (SEIFRID), bedingt vorwiegend durch die Fütterung, bisweilen durch Vergiftungen. Bei der stark verbreiteten hämorrhagischen Septicämie der Kaninchen ist eine katarrhalische bis hämorrhagische Gastroenteritis vorhanden (SEIFRID).

Fremdkörper im Magen der Laboratoriumsnager werden selten angetroffen. BRAUN fand bei einem Kaninchen, das an der ,,Gnubber- oder Wetzkrankheit" litt, zwei Haarbälle von 2 und 1 cm Längendurchmesser. Das Tier hatte eigene abgeleckte Haare verschluckt. Bei einer Ratte, der der Vormagen reseziert und die einige Zeit einseitig ernährt worden war, enthielt der Magen einen Haarball von 1,5 cm Länge und etwa 8 mm Breite.

Hyperkeratosis, Epithelproliferation, bis zum Metastasen bildenden *Krebs*, können bei der Ratte und Maus im Vormagen bei einseitiger Ernährung (HARDE), wie bei A-Avitaminose und nach Fütterung von Fetten (FUJIMAKI) entstehen. Näheres s. Kapitel Geschwülste.

Literatur.

ANZAI u. SUGAI: Trans. jap. path. Soc. **17**, 72 (1927).

BILLENKAMP: Beitr. path. Anat. **82**, 475 (1929). — BRAUN u. BECKER: Kaninchenkrankheiten und deren rationale Behandlung, 5. Aufl. Leipzig: Poppe 1919. — BRÜMMER: Dtsch. Z. Tiermed. **2**, 158 (1876). — BÜCHNER u. MOLLOY: Klin. Wschr. **1927**, 2193. — BÜCHNER, P. SIEBERT u. P. J. MOLLOY: Beitr. path. Anat. 18, 391 (1929).

EDELMANN: Dtsch. Z. Tiermed. **15**, 165 (1889). — ELLENBERGER: Handbuch der vergleichenden mikroskopischen Anatomie, Bd. 3, S. 241. Berlin 1911. — ERÖS: Frankf. Z. Path. **36**, 402 (1928).

FIBIGER: Klin. Wschr. **1913**, 289. — FUJIMAKI, KIMURA, WADA and SHIMADA: Gann (Tokyo) **21**, 8 (1927). (b) Trans. jap. path. Soc. **17**, 484 (1927).

GERHARDT: Das Kaninchen. Leipzig: W. Klinkhardt 1909. — GRÜTZNER: Pflügers Arch. **106**, 463 (1905).

HABERLANDT: Operative Technik des Tierexperiments. Berlin: Julius Springer 1926. — HARDE: C. r. Soc. Biol. Paris **102**, 730 (1929). — HENRICHS: Pflügers Arch. **104**, 303 (1916). — HUNT: A laboratory manuel of the anatomy of the rat. New York 1924. INAOKA: Pflügers Arch. **204**, 368 (1924). KRAUSE, R.: Mikroskopische Anatomie der Wirbeltiere, Bd. 1. 1921. — KRAUSE, W.: Anatomie des Kaninchens in topographischer und operativer Hinsicht, 2. Aufl. Leipzig 1884. — KRZYWANEK: Arch. Tierheilk. **55**, 523 u. 537 (1927). — KULL: Z. mikrosk.-anat. Forschg **2**, 163 (1925). LENKEIT u. HABECK: Wiss. Arch. Landw. **2**, 517 (1930). MANGOLD, E.: Handbuch für Hals-, Nasen- u. Ohrenkrankheiten von DENKER u. KAHLER, Bd. 9. 1929. — MANGOLD, E. u. HAESLER: Der Einfluß verschiedener Ernährung auf die Größenverhältnisse des Magendarmkanals bei Säugetieren (nach Versuchen an Ratten). Wiss. Arch. Landw. B, **2**, 279 (1930). NAKANISHI: J. of Physiol. **58**, 480 (1929). OPPEL: Vergleichende mikroskopische Anatomie der Wirbeltiere, Bd. 1 (Magen). 1896 u. Bd. 2) 1897 (Schlund). PAPPENHEIMER u. LARIMORE: J. of exper. Med. **40**, 719 (1924). RAEBIGER: Ätiologie und Pathologie der hauptsächlichsten spontanen Erkrankungen des Meerschweinchens. Erg. Path. **21 II**, 686 (1926). SCHAUDER: Lehrbuch der Anatomie von MARTIN, Bd. 4, 1923. — SCHEUNERT: OPPENHEIMERS Handbuch der Biochemie, Bd. 5, S. 136, 1925. — SCHMIDT: Krankheiten der Nagetiere. Dtsch. Z. Tiermed. **2**, 29 (1876). — SCLAVUNOS: Verh. physik.-med. Ges. Würzburg **24** (1891). — SEIFRID: Erg. Path. **22 I**, 432 (1927). — SWIRSKI: Arch. f. exper. Path. **41**, 143 (1898). TOEPFER: Morph. Jb. **17**, 380 (1891). — TRAUTMANN: Pflügers Arch. **211**, 440 (1926). UEYAMA: Trans. jap. path. Soc. **17**, 351 (1927). ZÜRN: Krankheiten der Kaninchen. Leipzig 1894.

C. Darm.

Von A. HEMMERT-HALSWICK, Berlin.

Mit 7 Abbildungen.

I. Normale Anatomie.

a) Morphologie.

1. Kaninchen.

Anlehnend an die anatomische Einteilung des Darmes beim Menschen kann man auch bei den kleinen Laboratoriumstieren von Zwölffingerdarm, Leer- und Hüftdarm, von Blind-, Grimm- und Mastdarm sprechen. Die makroskopisch-anatomische Beschreibung wird sich eng an die Bearbeitung von SCHAUDER (1923) in MARTIN, Anatomie der Haustiere, Bd. 4, anlehnen.

Der Zwölffingerdarm bildet beim Kaninchen eine langgestreckte, dorsal gelegene Schleife. Man unterscheidet am Duodenum eine kurze Pars horizontalis cranialis, die vom Pylorus aus nach rechts und etwas dorsokranial verläuft. Ihr schließt sich die Pars descendens an, welche mittels der nach links verlaufenden kurzen Pars horizontalis caudalis in das Endstück des Duodenums, die Pars ascendens übergeht. Der Ductus choledochus mündet unweit des Pylorus in der Pars horizontalis cranialis. Die Mündung des Ductus pancreaticus liegt weit abwärts, etwa am Übergang der Pars horizontalis cranialis in die Pars ascendens.

Der *Leerdarm* hängt in vielen Schlingen an einem langen Gekröse, das caudal in die Gekrösfalten der Hüftblindgrimmdarmspirale übergeht. Die Leerdarmschlingen werden gewöhnlich durch den großen Blinddarm auf das linke Bauchdrittel gedrängt (Abb. 55).

Der *Hüftdarm*, durch das Ligamentum ileocoecale mit dem Blinddarm verbunden, zeigt kurz vor der Einmündung in den Blinddarm eine sack- oder flaschenförmige Erweiterung, den Sacculus robundus. KRAUSE (1884) rechnet diesen Teil schon zum Blinddarm. Die Schleimhaut des Sacculus robundus ist hellgrau und durch Einlagerung von Lymphfollikeln auf 2—3 mm verdickt. Der Hüftdarm ragt zapfenartig 1—2 mm in den Blinddarm hinein, umsäumt von der Hüftblinddarmfalte, die auch reich an Lymphfollikeln ist.

Die Schleimhaut des 2—3 m langen Dünndarmes ist blaßrötlich, sie bildet niedrige Längsfalten und unregelmäßige Querfalten. Einzelfollikel sind überall in der Dünndarmschleimhaut anzutreffen. Im Hüftdarm finden sich 4—6 zu PEYERschen Haufen vereinigte Lymphfollikel.

Das Gekröse des Darmes setzt sich in der Medianlinie am Rücken an. Nahe ihrem Kranialrande, etwa in Höhe des Caudalpols der rechten Niere,

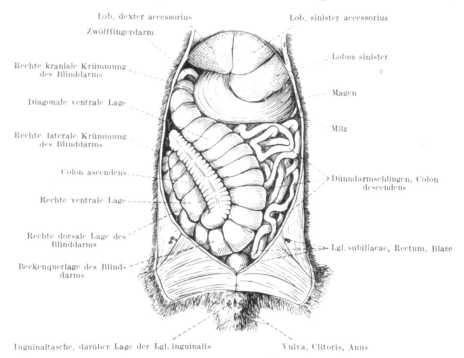

Abb. 55. Lage der Bauchorgane des Kaninchens. (Nach SCHAUDER.)

liegen dicht gedrängt die Hanfkorn- bis linsengroßen kranialen Gekröslymphknoten. Sie messen etwa 0,5—1 : 4 cm. Inkonstant finden sich einzelne kleine Lymphknoten am Gekrösansatz des Darmes.

Der *Blinddarm* ist der Darmteil, der bei Eröffnung der Bauchhöhle das Bild beherrscht. Er ist in eine fast doppelte Spiralwindung gelegt und füllt ein Drittel, bei älteren Tieren ein Fünftel der Bauchhöhle aus. Das Fassungsvermögen des Blinddarmes ist 6—12mal so groß wie das des Magens. Er nimmt seinen Anfang mit einem schwach kuppelförmigen, caudal gerichteten Kopf, der unter Verengerung in das Kolon übergeht. Der Blinddarmkörper stellt eine dünnwandige, schneckenhausartige, anderthalbfache Windung dar. Die Länge der Mittelachse des Blinddarmkörpers beträgt 30—55 cm, die größte Weite 3—4 cm.

Der stets reichlich mit dickbreiigem Inhalt gefüllte Blinddarm beginnt mit einem weiten, in der rechten ventralen Bauchgegend kranial und lateral verlaufend, der ventralen Bauchwand unmittelbar anliegenden Abschnitt (rechte ventrale Lage), welcher in der rechten mittleren Bauchgegend mit dorsal aufsteigender oder nach rechts gerichteter, kurzer Krümmung scharf caudal umbiegt (rechte laterale [Dorsal-]Krümmung). Weiterhin läuft der Blinddarm dorsolateral vom Anfangsteil längs der rechten seitlichen Bauchwand caudo-medial zur rechten Leistengegend zurück (rechte obere Lage), dann quer zur linken Leistengegend (Beckenquerlage). Dann zieht er im Bogen kranial, etwa diagonal durch die Bauchhöhle, der ventralen Bauchwand aufgelagert, zur rechten Unterrippengegend (diagonale ventrale Lage). Hier rollt sich der Blinddarm, besonders bei reichlicher Magenfüllung dorsal etwas aufsteigend, nochmals caudal um (rechte kraniale [Dorsal-]Krümmung) und geht nach kurzem Verlaufe unter schwacher Verjüngung in den langen Wurmfortsatz über, der in etwa halbkreisförmigen, nach rechts und gegen die Beckenhöhle konvexen Bogen nach links zieht. Die Spitze des Wurmfortsatzes ist in der linken mittleren Bauchgegend gelegen.

Die rechte ventrale Lage verläuft in der Richtung des Uhrzeigers, alle anderen Lagen entgegengesetzt (bei Betrachtung von der Ventralseite). Die beiden rechten Dorsalkrümmungen können nur schwach ausgeprägt sein und mehr horizontal gelegene flache Bögen bilden. Im übrigen ist die Lage des Blinddarmes (ebenso des Hüft- und Grimmdarmes) eine beständige durch die Gekrös-verbindungen. In seinem ganzen Verlauf ist nämlich der Blinddarm, einschließ-lich Wurmfortsatz, mit dem zwischen seinen Windungen gelegenen Hüftdarme durch das nur $^1/_2$—$1^1/_2$ cm lange Hüftblinddarmband verbunden. Dieses geht vom Hüftdarm auch auf den Anfangsteil des Kolon und von diesem auf den Blinddarm über. Durch diese Befestigungen liegen stets der Anfangsteil des Kolon und dicht dorsal von ihm der Hüftdarm zwischen den Windungen des Blinddarmkörpers und Wurmfortsatzes.

Der Blinddarm hat keine Tänien. Der Blinddarmkörper zeigt aber äußerlich spiralig um seine Mittelachse verlaufende 1—2 cm voneinander entfernte Win-dungsfurchen, die durch einzelne inwendig verlaufende Spiralfalten von etwa 5 mm Breite bedingt werden. Es finden sich etwa 25 Windungen. Gegen die Blinddarmspitze zu werden sie niedriger, rücken näher zusammen und ver-schwinden schließlich ganz. Der eigentliche Blinddarm ist dünnwandig, die Schleimhaut glatt und mit Einzelfollikel besät. Der walzenförmige und kolbig endende Processus vermiformis ist 8—12 cm lang und 0,5—1 cm dick. Bei jüngeren Tieren ist er stärker entwickelt als bei älteren Tieren. Seine Wandung ist durch dicht gedrängte Lymphknötchen stark verdickt, so daß der Wurm-fortsatz eine einzige große flächenförmig ausgebreitete Lymphdrüse darstellt. Die Lichtung ist eng und enthält nur wenig flüssigen Inhalt.

Das etwa 1 m lange *Kolon* weist in seinem Anfangsteil drei Tänien auf, von denen zwei frei, eine mesenterial liegt. Die linke freie Tänie läuft nach etwa 12 cm aus. Gegen Ende der ersten Hälfte des Kolons verlieren sich die Tänien vollständig. Seine caudale Hälfte ist dünnwandig und dünndarmähnlich. Der Anfangsteil des Kolons liegt zwischen rechter und diagonaler Blinddarmspirale der Bauchwand auf. Dann legt er sich der rechten oberen Lage und der Beckenquerlage des Blinddarmes mehr dorsal auf und beschreibt eine becken-wärts konvexe Schleife, die mit dem Anfange des Hüftdarmes durch das Hüftgrimmdarmband verbunden ist, während das kurze Hüftblinddarmband hier den Wurmfortsatz fixiert. In der Nähe des Pylorus angelangt, beschreibt das Kolon hier sowie zwischen der Öffnung der Duodenalschleife einige un-regelmäßige, durch kurze Gekrösverbindungen fixierte Schlingen und verläuft dann hoch dorsal in der Nähe der kleinen Magenkurvatur schräg hinüber zur linken Niere. Unter Bildung einer kurzen Schleife verläuft es dann caudal und geht in den *Mastdarm* über. Dieser wie auch der Endabschnitt des Kolons ist in regelmäßigen Abständen durch bohnenförmige Kotballen buchtig erweitert.

Das Verhältnis der Körperlänge zur Länge des Darmkanals ist etwa 1 : 9,3, und zwar ist das Verhältnis beim Dünndarm wie 1 : 6, beim Blinddarm wie 1 : 1 und beim Grimm- und Mastdarm wie 1 : 2,3.

2. Meerschweinchen.

Der *Zwölffingerdarm* ist etwa 12 cm lang und S-förmig gekrümmt. Er besitzt ein kurzes eigenes Gekröse. Mit der Leber ist er durch das Ligamentum

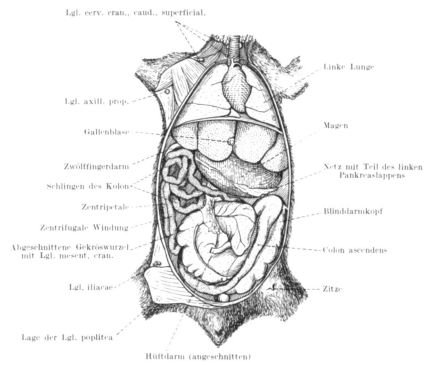

Abb. 56. Lage der Brust- und Bauchorgane des Meerschweinchens. (Leer- und Hüftdarm sind entfernt.)
(Nach SCHAUDER.)

hepatoduodenale und mit dem Grimmdarm durch das Ligamentum duodeno-colicum verbunden.

Der hauptsächlich in der rechten mittleren und hinteren Bauchgegend gelegene *Leer- und Hüftdarm* ist etwa 1 m lang. Die unregelmäßigen Schlingen hängen an einem 4—5 cm langen Gekröse, das an seinem Ansatz kleine Lymphknötchen enthält. Der Hüftdarm zeigt im Endteil ein kurzes Hüftblinddarmband, das einerseits zur Blinddarmspitze, andererseits zur konkaven Krümmung des Blinddarmkörpers verläuft.

Der etwa 15 cm lange *Blinddarm* füllt etwa $1/3$ des Bauchhöhlenvolumens aus. Er bildet eine $1^1/4$ Spiralwindung (Abb. 56), die von der Bauchseite her betrachtet in Richtung des Uhrzeigers verläuft. Der Blinddarmkopf liegt in der linken Lendengegend. Der Blinddarm besitzt drei Tänien, eine freie dorsale, eine freie ventrale und eine mesenteriale an der konkaven Krümmung.

Die graugrüne Schleimhaut ist in teilweise verstreichbare höhere Falten gelegt und enthält neun Follikelplatten (ELLENBERGER-KLIMMER). Die Blindgrimmdarmklappe stellt eine 0,8 cm hohe, wulstige, einen Dreiviertelbogen bildende Falte dar.

Der etwa 70 cm lange *Grimmdarm* umkreist den Blinddarm zunächst ventral, dann rechts lateral und schließlich dorsal die Spirale des Blinddarmkörpers und verläuft dann kranial bis an den rechten Leberlappen . Hier, der rechten Bauchwand aufliegend, bildet der Grimmdarm eine kreisförmige Doppelspirale, deren Umschlag zur äußeren Spirale nach dem rechten Leberlappen zu gelegen ist. Die äußere zentripetale Spiralwindung enthält bereits geformten Kot. Die innere zentrifugale Windung ist durch ein breites Gekröse verbunden, in dem zwei bis vier stecknadelkopfgroße Lymphknoten einzeln liegen. Innere und äußere Spiralwindung sind durch ein kurzes Gekröse verbunden. Der kraniale Bogen der zentrifugalen Windung ist an das Duodenum durch das Lig. duodenocolicum angeheftet. Von der zentrifugalen Windung ab hängt das Kolon an einem 6 cm langen Gekröse, in dem sich vereinzelte Lymphknötchen finden. Mit einem nach der linken Niere zu verlaufenden Bogen geht schließlich das Kolon in das Rectum über.

Als Besonderheit ist zu vermerken, daß im Anfang des Kolons ein PEYERscher Nodulus liegt, der hier nach RETTERER (1892) ständig angetroffen wird.

3. Ratte und Maus.

Der *Zwölffingerdarm* hängt an einem kurzen Gekröse und verläuft in einer S-förmigen Schleife. Mit der Leber und dem Kolon ist er durch je ein kurzes Band verbunden.

Der *Leer- und Hüftdarm* ist bei der Ratte etwa 70—90 cm und bei der Maus 20—25 cm lang. Seine Schleimhaut ist sammetartig, grau und fast faltenlos. An einem 6 bzw. 2 cm langen Gekröse hängt er in unregelmäßigen Schlingen in der rechten Bauchseite. Die vorderen Gekröslymphknoten liegen am kranialen Gekrösrand als dichtgelagertes längliches Paket.

Der Blinddarm ist bei Ratte (Abb. 57) und Maus (Abb. 58) erheblich einfacher gelagert und kleiner als bei Kaninchen und Meerschweinchen. Die Spiralform ist nur bei mäßig gefülltem Darm einigermaßen deutlich zu erkennen. Bei der Ratte bildet er gewöhnlich in der linken Leistengegend einen $^3/_4$-Kreisbogen mit nach rechts gebogener Blinddarmspitze. Von der Bauchseite gesehen ist der Verlauf ein der Uhrzeigerrichtung entgegengesetzter. Die Spitze läuft in einem mehr oder weniger ausgeprägtem Processus vermiformis aus, der eine dicke follikelreiche längsgefaltete Schleimhaut besitzt (Abb. 59). Bei der Maus bildet der Blinddarm eine U-förmige Schleife mit gleichlangen parallelen Schenkeln. Der Scheitel liegt in der linken Flanke. Die Blinddarmspitze zeigt gegen die rechte Leistengegend. Gegen Ende der Blinddarmspitze liegt eine breite Follikelplatte. Tänien und Poschen fehlen. Die Schleimhaut ist glatt mit Ausnahme der drei oder vier Stellen, wo PEYERsche Noduli liegen (GRIMM 1866). Bei der Ratte ist der Blinddarm 6—9 cm, bei der Maus etwa 3 cm lang.

Der *Grimmdarm* ist ebenfalls einfach gestaltet. Bei der Ratte ist er etwa 16—20 cm, bei der Maus etwa 12 cm lang. Tänien und Poschen fehlen. Der Grimmdarm bildet zunächst eine nach der rechten Leistengegend gerichtete, bei der Ratte in der Regel S-förmige, bei der Maus eine W-förmige Krümmung und geht in den an der rechten Bauchwand entlang laufenden Teil, das Colon ascendens über. Kranial am rechten Leberlappen geht es mit einem rechtwinkeligen Knick in das Colon transversum über. Hier ist es durch ein Band mit dem Magen und Duodenum verbunden. Etwas hinter der Mittellinie geht das Kolon bogenförmig in das Colon descendens über, an das sich das Rectum

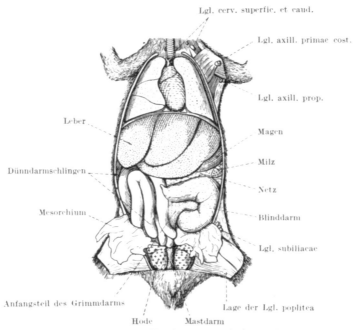

Abb. 57. Lage der Bauch- und Brustorgane der Ratte. (Nach SCHAUDER.)

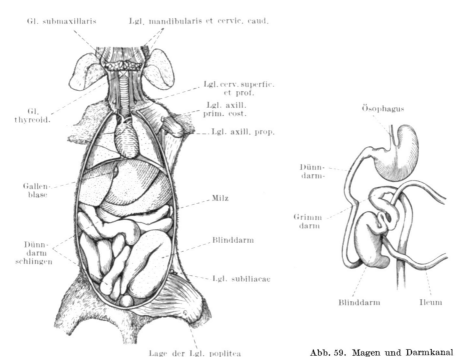

Abb. 58. Lage der Bauch- und Brustorgane der Maus.
(Nach SCHAUDER.)

Abb. 59. Magen und Darmkanal
der Ratte. (Der größte Teil des
Dünndarms ist weggelassen.)
(Nach FLOWER.)

anschließt. Geformter Kot befindet sich bereits in der zweiten Hälfte des Colon ascendens.

Die Durchschnittslänge des Darmes bei der Ratte beträgt das 11fache der Rumpflänge, die durch animalische oder vegetarische Ernährung nicht beeinflußt wird. Bei vegetarisch aufgezogenen Ratten ist das Gewicht und Volumen vergrößert, das Dünndarmgewicht verkleinert. Bei animalisch aufgezogenen Ratten zeigt sich eine Verkleinerung des Blinddarm- und Vergrößerung des Dünndarmvolumens (MANGOLD und HÄSLER 1930).

b) Histologie.

Die Darmwand besteht aus drei Schichten: 1. einer drüsenhaltigen Tunica mucosa, 2. einer meist zweischichtigen Tunica muscularis und 3. der Serosa. Besonderes Interesse beansprucht die Tunica mucosa, die in drei Schichten zerfällt: Die Lamina submucosa, Muscularis mucosae und Propria tunicae mucosae. Die letztere Schicht, die Lamina propria tunicae mucosae enthält die Darmeigendrüsen (LIEBERKÜHNsche Drüsen), die Ausführungsgänge der submukösen Drüsen (BRUNNERsche Drüsen) und im Dünndarm die Zotten. Das Gerüst dieser Schicht besteht aus bindegewebig-muskulösen Elementen, das sehr reich an *Leukocyten* ist. Besonders am Grund der LIEBERKÜHNschen Drüsen und der Darmzotten findet sich durchweg reichlich *cytoblastisches Gewebe*. Auf die hier und in der Submucosa häufig recht zahlreich anzutreffenden *acidophilen Körnerzellen*, die von ELLENBERGER 1877 entdeckt wurden, sei besonders hingewiesen.

Die oberste Schicht der Darmschleimhaut, *das Oberflächenepithel*, besteht bei allen Tieren aus zwei Zellarten, den mit Saum versehenen *Cylinderzellen* (Saumzellen, Hauptzellen) und den *Becherzellen*.

Die *Saumzellen* sind hoch und schmal. Das freie Ende ist konvex vorgewölbt mit einem eigenartigen, optisch, chemisch und tinktoriell vom Zelleib verschiedenen, weichen Cuticularsaum bedeckt, der am Dickdarmepithel niedriger ist als der Dünndarmsaum.

Die *Becherzellen* kommen im Oberflächenepithel meist nicht sehr zahlreich vor, häufiger sind sie in den intervillösen Räumen und am Grunde der Zotten. Sie sind dadurch gekennzeichnet, daß der Zelleib im sekretgefüllten Zustand mit blassen, schwach lichtbrechenden, matt glänzenden, relativ großen Mucingranula angefüllt ist. Der basale Zellabschnitt ist rein protoplasmatisch und enthält den Zellkern. Umstritten ist, ob sie Zellen sui generis sind oder aus den Saumzellen hervorgehen. Nach OPPEL (1897) sollen die Becherzellen bei Mäusen, die gehungert haben, viel zahlreicher sein, obschon sie auch bei den gefütterten nicht ganz fehlen.

Im Oberflächenepithel kommen stets *leukocytäre Zellen* verschiedener Art vor. Zwischen den Basalseiten der Zellen sitzen mehr oder weniger kugelige und eckige Zellen, die Basalzellen, deren Bedeutung unklar ist, die heute aber allgemein als leukocytäre Zellen angesprochen werden. Im übrigen kommen aber an allen Stellen des Epithels Leukocyten vor. Am zahlreichsten trifft man sie im Epithel der Zotten und im Epithel über den Lymphknötchen.

Im ganzen Darm finden sich einfache tubulöse Drüsen, die *Darmeigendrüsen oder LIEBERKÜHNschen Drüsen*. In ihnen sind nicht Ersatzherde für das Oberflächenepithel zu erblicken, sondern echte Drüsen, die den zur Verdauung notwendigen Darmsaft liefern. Ihre Funktion ist im Dünn- und Dickdarm sicherlich verschieden. HEIDENHAIN (1880) hält die LIEBERKÜHNschen Drüsen des Dünndarmes für Darmsaftdrüsen, die des Dickdarmes für Darmschleimdrüsen. Im Dünndarm zeigen sie wenig Becherzellen, während diese in den Darmeigendrüsen des Dickdarmes vorherrschend sind.

Bei der Maus und beim Meerschweinchen (OPPEL 1897) sowie bei vielen anderen Tieren finden sich am Grund der LIEBERKÜHNschen Drüsen Zellen, die in ihrem äußeren Teil glänzende, stark lichtbrechende, verschieden große

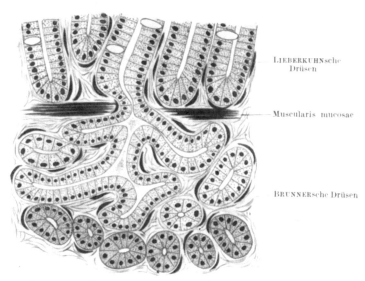

LIEBERKÜHNsche Drüsen

Muscularis mucosae

BRUNNERsche Drüsen

Abb. 60. BRUNNERsche Drüsen vom Meerschweinchen. Zeiß Obj. D; Ok. 2. (Nach KUCZYNSKI.)

Körnchen enthalten. Diese sind fuchsino- und acidophil. Man bezeichnet diese Zellen als seromuköse Drüsengrundzellen (PLANETsche Zellen).

Im Duodenum aller Säugetiere finden sich in der Submucosa verästelte tubulöse Drüsen, die als *Duodenaldrüsen* (Submucosa- oder BRUNNERsche *Drüsen*) (Abb. 60) bezeichnet werden. Sie finden sich vom Pylorus aus eine Strecke weit abwärts im Duodenum, auch wohl darüber hinaus. Das Ausbreitungsgebiet ist beim Kaninchen und Meerschweinchen relativ am größten, weniger groß bei der Maus und Ratte (KUCZYNSKI 1890). Man kann allgemein sagen, daß die pflanzenfressenden Säugetiere mehr Duodenaldrüsen besitzen als fleischfressende (MIDDELDORF 1846). Phylogenetisch sind sie als fortentwickelte Pylorusdrüsen aufzufassen (OPPEL 1897).

Beim Kaninchen lassen sich die BRUNNERschen Drüsen etwa 30 cm nach abwärts verfolgen (KUCZYNSKI 1890). Nach demselben Autor sollen die Duodenaldrüsen beim Kaninchen neben den echten Duodenaldrüsenläppchen auch solche besitzen,

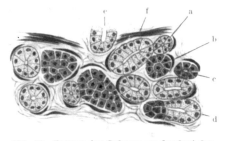

Abb. 61. Drüsen der Submucosa duodeni des Kaninchens. Zeiß Obj. D. Ok. 2. Sublimatfixierung, Zinkbion mit Thionin. (Nach KUCZYNSKI.) a Querschnitt eines nach dem Typus der BRUNNERschen Drüsen anderer Tiere gebauten Tubulus; b Tubulus vom Bau des Pankreas; c Querschnitt eines Tubulus vom Bau des Pankreas mit einem wahrnehmbaren Lumen; d ein gemischter Tubulus; e Ausführungsgang der BRUNNERschenDrüse; f Muscularis mucosae.

die denen des Pankreas (SCHWALBE 1872) entsprechen (Abb. 61). Nach KUCZYNSKI liefern die BRUNNERschen Drüsen wie das Pankreas ein diastatisches Ferment, das Stärke in Traubenzucker verwandelt. Ferner löst das Sekret der BRUNNERschen Drüsen Fibrin, läßt aber koaguliertes Eiweiß und Fett unverändert.

Ferner sind noch die *Zotten* zu erwähnen, die sich nur im Dünndarm finden. Sie bestehen aus der Epithelschicht und dem Zottenkörper. Der letztere besteht aus dem zentralen Lymphraum und den peripher gelagerten Capillaren, den zur Zottenachse parallel verlaufenden glatten Muskelbündeln und Bindegewebsbälkchen.

II. Pathologische Anatomie.

a) Bakterielle Erkrankungen.

1. Pseudotuberkulose (Nagertuberkulose)[1].

Die natürliche Infektion mit dem Bacillus pseudotuberculosis rodentium (PFEIFFER 1889) erfolgt beim Kaninchen, Meerschweinchen und anderen Nagetieren auf intestinalem Wege. Diese Annahme wird gestützt durch die Beobachtung, daß bei der spontanen Pseudotuberkulose die Veränderungen häufig auf die Bauchhöhlenorgane beschränkt bleiben. Die Veränderungen sind denen der Tuberkulose weitgehend ähnlich. Der Leib ist in der Regel stark aufgetrieben. Bei der Eröffnung entleert sich vielfach eine reichliche Menge seröser Flüssigkeit. Der Darmkanal, besonders der Dünn- und Blinddarm, zeigt unter der Serosa zahlreiche hirse- bis erbsengroße, trübe, hellgraue bis gelbliche Knötchen mit dünner durchscheinender Randzone. Wenn mehrere solcher Knötchen zusammenfließen, kommt es zu eigentümlichen traubenförmigen Bildungen. Abgekapselte Herde zeigen vielfach eine flüssige, rahmige oder eitrige Masse, um die herum trockener Käsebrei und nekrotisches Gewebe ringförmig liegt. In der Darmschleimhaut liegen die Knötchen vornehmlich im Bereich der Lymphknötchen. Die PEYERschen Platten werden durch derartige Knötchen vielfach in eine starre Platte verwandelt, die über das Niveau der Nachbarschaft hervorragt, ja sogar durch die Serosa durchschimmert.

OLT (1914) hat von einer Nagetierepizootie in der Umgegend von Gießen berichtet, von der sowohl Hauskaninchen und Hasen betroffen waren. Hier waren die Blinddärme vielfach in ein starres Rohr verwandelt durch die dicht aneinandergedrängten verkästen senfkorngroßen Knötchen, die am Übergange in den Grimmdarm gegen die unversehrte Schleimhaut scharf abgegrenzt waren. OLT ist der Ansicht, daß die Infektionsporte an der Hüftblinddarmöffnung gelegen ist, wo durch das Vorhandensein dicht nebeneinander gelegener kegelförmiger Lymphfollikel, über denen die Drüsenschläuche sinuös ausgebreitet sind, ein günstiger Ort für die Ansiedelung der Bacillen gegeben ist.

Von der Darmschleimhaut aus gelangen die Erreger auf dem Wege der oft strangartig verdickten Lymphgefäße in die Darmlymphknoten (besonders des Dickdarmes), die mit Knötchen und verkästen Herden durchsetzt sind. Verkalkung tritt niemals auf.

Histologisch bestehen die Knötchen in den jüngsten Stadien vorwiegend aus lymphoiden Zellen. DELBANCO (1896) sah im Zentrum auch epitheloide Zellen. Daneben sieht man auch häufig polymorphkernige Leukocyten. In den Randpartien tritt jüngeres und älteres Granulations- und Bindegewebe auf, das zum Teil ringförmig gelagert ist. Da die Knötchen gefäßlos sind, fallen sie bald der Koagulationsnekrose anheim. OLT (1914) weist darauf hin, daß die chromatische Kernsubstanz lange ihre Färbbarkeit beibehält.

KUTSCHER (1894) und BONGERT (1901) beschrieben bei Mäusen eine bacilläre Pseudotuberkulose, die nur auf Mäuse übertragbar ist. Die Gekröslymphknoten zeigen dabei käsige Knötchen. BONGERT sah auch käsige Darmgeschwüre.

2. Tuberkulose[1].

Auch bei der Tuberkulose ist beim Kaninchen der Darm fast stets miterkrankt, und zwar sowohl Dünn- als auch Dickdarm. Linsen-, erbsen- und selbst walnußgroße Knötchen sind in der Darmwand zu finden. Besonders

---

[1] Siehe auch das entsprechende Kapitel im Abschnitt Bakteriologie.

bevorzugt sind der Blinddarm und die Ileocöcalgegend. In der Schleimhaut entsprechen ihnen Ulcerationen. Auch die Darmlymphknoten sind vergrößert und mit Käseherdchen durchsetzt. JOEST (1919) fand bei einem Kaninchen eine spontane Darmtuberkulose des Kolons in Form von hanfkorngroßen kraterförmigen Schleimhautgeschwüren.

Beim Meerschweinchen sind Spontanerkrankungen an Tuberkulose selten, doch werden sie bisweilen in Rinderstallungen und Phthisikerwohnungen beobachtet. In erster Linie erkranken bei der Fütterungstuberkulose die Gekröslymphknoten.

3. Paratyphus[1].

Der Paratyphus ist bei den Leporiden, besonders beim zahmen Kaninchen selten, dagegen ist er beim Meerschweinchen sehr häufig anzutreffen. Hier handelt es sich durchweg um das Bacterium enteritidis Breslau. Nur zwei Autoren, PALTAUF (1917) und TRAVINSKI (1922) beobachteten eine Meerschweinchenepidemie, die durch ein Bakterium der Gärtnergruppe hervorgerufen wurde.

Pathologisch-anatomisch findet man in der Bauchhöhle reichliche Mengen einer gelblichen oder geringere Mengen einer rötlichen serösen Flüssigkeit. Zuweilen liegen die Zeichen einer fibrinösen oder eitrigen Peritonitis vor. Der Dünndarm ist gerötet, die Gefäße sind stärker injiziert. Die Dünndarmschleimhaut ist blaßrot und geschwollen, zum Teil mit winzigen Blutpünktchen durchsetzt. Der Inhalt des Dünndarmes ist flüssig, gelblich, zuweilen schleimig, der des Kolons breiig und fest. Die Gekröslymphknoten erreichen Erbsengröße, sind weiß, saftig und weich.

Besonders erwähnt werden muß hier der von LÖFFLER (1890) zuerst beobachtete Mäusetyphus. Hierbei findet sich eine hämorrhagische Gastroenteritis. Der untere Teil des Jejunums ist vielfach mit schwärzlichem Inhalt gefüllt. Die Meseteriallymphknoten sind geschwollen, graurot und mit Hämorrhagien durchsetzt. LASER (1892) und DANYSZ (1900) berichten über andere Bakterien der Colityphusgruppe, die Seuchen mit ähnlichen Erscheinungen bedingen.

Auch bei Ratten sind seuchenhafte Paratyphuserkrankungen zu beobachten (ISSATSCHENKO 1898).

4. Colibacillose.

Coliinfektionen sind bei den kleinen Versuchstieren selten. KOVAREK (1904) und LOCHMANN (1902) berichten über eine seuchenhafte Coliinfektion bei Versuchsmeerschweinchen.

Bei den verendeten Tieren fand sich in der Bauchhöhle eine seröse Flüssigkeit. Der Dünndarm war mit gelblichem, flüssigem, von Gasblasen durchsetztem Inhalt gefüllt. Die Schleimhaut war geschwollen und gerötet.

5. Ansteckende diphtheroide Darmentzündung der Kaninchen[1].

RIBBERT (1889) hat eine Kaninchenerkrankung beschrieben, die durch diphtheroide Darmentzündung, nekrotische Herdchen in den Darmlymphknoten und im Parenchym der Leber, Milz und Nieren gekennzeichnet ist. Dieselbe Krankheit wurde 1919 von SARNOWSKI ohne Erwähnung der RIBBERTschen Arbeit als „Neue Infektionskrankheit der Kaninchen" beschrieben.

Der *Erreger* der Krankheit ist ein 1,5—2,0 μ langes, 0,8—1,0 μ breites, kurzes, plumpes Stäbchen mit abgerundeten Enden, das sich gramnegativ bis gramlabil verhält und leicht mit den Anilinfarbstoffen färbbar ist. Das Bakterium ist im Herzblut, in der Leber, Milz, den Darmlymphknoten und im Kot nachweisbar. Es ist auf den gebräuchlichen Nährboden leicht züchtbar, nimmt aber hier mehr und mehr rundlich-ovale Form und bipolare Färbung an. Im übrigen sei auf das im Abschnitt Bakteriologie Gesagte verwiesen.

---

[1] Siehe das entsprechende Kapitel im Abschnitt Bakteriologie.

Das Bakterium ist für alle hier zu behandelnden Versuchstiere pathogen. Die Tiere erliegen der Infektion nach 3—8, seltener nach 14 Tagen.

Die *natürliche Infektion* scheint vornehmlich von den Tonsillen aus und auf dem Wege des Verdauungstraktus zu erfolgen.

Pathologische Anatomie. In der freien Bauchhöhle findet sich meistens eine geringe Menge einer rötlichgelben, klaren, bisweilen auch trüben mit Fibrinflocken vermischten Flüssigkeit. Bauchfell und Darmschlingen sind stets mit leicht abziehbaren Fibrinfäden und -fetzen bedeckt. Manchmal sind die Fibrinbeläge am Darm so stark, daß die Darmschlingen mehr oder weniger fest verklebt sind. Die Darmschleimhaut zeigt besonders im unteren Abschnitt des Dünndarmes fleckige Rötung und einen gelblichgrauen, pseudomembranösen, mit Rissen versehenen, schwer abziehbaren Belag, der dem Darmrohr eine gewisse Starrheit verleiht. Außerdem finden sich in der Dünndarmschleimhaut kleine grauweißliche, trübe Knötchen, die über die Nachbarschaft hervorragen und scharf abgesetzt sind. Durch Zusammenfließen benachbarter Knötchen können auch größere Herde zustande kommen. Nur selten erkrankt auch der Dickdarm.

Histologisch stellen die Knötchen unregelmäßige Rundzelleninfiltrate dar, die der Nekrose anheimfallen. Die Kerne zeigen dabei sowohl Karyolysis als auch Karyorhexis. Die Färbbarkeit des Chromatins geht schließlich ganz verloren. Auch die Zellen in der Nachbarschaft dieser Herde zeigen deutliche Degenerationserscheinungen. Die Erreger lassen sich im Schnitt sehr schön darstellen. Die sonst veränderten Darmteile zeigen im histologischen Schnitt eine unveränderte Serosa und Muskularis. Die Submucosa ist in den oberen Partien stark mit Rundzellen durchsetzt, die bisweilen häufchenförmig zusammenliegen. Die der Schleimhaut aufliegende Pseudomembran geht ohne scharfe Grenze in diese über.

6. Hämorrhagische Septicämie (Kaninchensepticämie, Meerschweinchensepticämie, Pest)[1].

Darmveränderungen sind bei diesen Erkrankungen gar nicht selten. In der Serosa des Darmes finden sich sehr häufig punktförmige Blutungen. Ein tauähnlicher oder hauchartiger Fibrinbelag verklebt die Darmschlingen leicht. Die Schleimhaut des Darmes ist häufig katarrhalisch oder hämorrhagisch entzündet. OLT (1924) sah bei der Septicämie der Hasen oft einen starken Befall mit Trichocephalen, die seiner Ansicht nach eine Eintrittspforte für die Erreger schaffen. Ist bei der Rattenpest der Magen-Darmkanal der primäre Sitz der Infektion, so findet man einige Darmfollikel stark gerötet und bis zu Linsengröße geschwollen. Die Mesenteriallymphknoten sind in diesen Fällen stärker durchfeuchtet und enthalten große Mengen Pestbacillen.

7. u. 8. Wenig charakteristisch sind die Darmveränderungen bei der *Tularämie* der Kaninchen und Ratten und bei der *Mäusesepticämie*.

9. Nekrosebacillose (SCHMORLsche Krankheit [1891])[2].

Zweimal sind auch bei dieser Erkrankung Veränderungen am Darm beobachtet worden.

SCHMORL (1891) berichtet von einem Fall beim Kaninchen, bei dem ein subcutaner Abszeß in die Bauchhöhle eingebrochen war und am Darm zu schweren Veränderungen geführt hatte. SUSTMANN (1916) sah beim Kaninchen schwere nekrotische Veränderungen am Dünndarm, die ebenfalls durch den Nekrosebacillus hervorgerufen waren.

---

[1] Siehe das entsprechende Kapitel im Abschnitt Bakteriologie.
[2] Siehe Abschnitt Bakteriologie.

10. Fibrinöse Serosenentzündung der Meerschweinchen.

Bei dieser von STEINMETZ und LERCHE (1921) und SCHMITT (1925) beschriebenen Seuche, die durch ein kurzes gramnegatives ovoides Stäbchen mit Polfärbung verursacht wird, findet sich in der freien Bauchhöhle bisweilen eine trübe, rotgraue Flüssigkeit in mehr oder weniger großer Menge. Stets sieht man eitrig-fibrinöse Auflagerungen auf den Serosen der Leibeshöhle, wodurch die Darmlagen vielfach vollständig verklebt sind.

b) Durch tierische Parasiten bedingte Erkrankungen.

1. Flagellaten[1].

Im Magen und Dünndarm des Kaninchens finden sich bisweilen mit einem Saugnapf ausgestattete Flagellaten (Lamblia intestinalis), die unter Umständen eine tödlich verlaufende Magen- und Darmentzündung hervorrufen können.

2. Coccidiose[2].

Veränderungen am Darm durch Coccidien findet man beim Kaninchen, dem Meerschweinchen und der Maus. Während sich die Coccidien beim Kaninchen nur in der Dünndarmschleimhaut, bisweilen nur im oberen Duodenum finden, werden sie beim Meerschweinchen nur in der Kolonschleimhaut angetroffen (BUGGE und HEINKE 1921). Der Befall der Schleimhaut ist meist ein diffuser. Man beobachtet entweder einen akuten, desquamativen oder schleimigen Katarrh mit deutlicher Rötung und Schwellung der Schleimhaut oder einen ausgesprochen chronischen Katarrh mit starker Schleimhautverdickung, zähem rötlichem Schleimbelag, seltener eine hämorrhagische Entzündung. In vielen Fällen beobachtet man beim Kaninchen auch pseudomembranöse Prozesse. Werden schwere diphtheroide, nekrotisierende und geschwürige Entzündungszustände gesehen, so sind diese wahrscheinlich auf sekundäre bakterielle Infektionen zurückzuführen.

Im *histologischen* Bild findet man die Darmepithelien, auch die der LIEBERKÜHNschen Drüsen dicht besetzt mit Coccidien in den einzelnen Stadien der Sporogonie und Gametogonie. Der Kern der Zelle wird vielfach dadurch, daß die Coccidien fast das ganze Protoplasma ausfüllen, zur Seite gedrängt. Durch die stets zunehmende Größe der Parasiten gehen schließlich die Epithelien zugrunde und werden mit den freiwerdenden Coccidien ins Darmlumen abgestoßen. Die Darmzotten sind etwas verlängert und zeigen eine leukocytäre Infiltration in der Propria mucosae.

3. Toxoplasmose der Kaninchen.

Hierbei ist die Darmwand stark hyperämisch und häufig mit linsengroßen Geschwüren bedeckt, in denen die Parasiten in großer Zahl gefunden werden können. Die Gekröslymphknoten sind geschwollen und stark hyperämisch.

WALZBERG (1913) fand histologisch die Lymphspalten der Tunica propria, der Submucosa, der Muskularis und der Subserosa mit Toxoplasmen angefüllt.

4. Bandwurmseuche[1].

Starker Befall mit Bandwürmern bedingt oft einen akuten oder chronischen Darmkatarrh. Bisweilen führt eine Zusammenballung der Tänien zu einer Verstopfung. RAILLET (1895) fand beim Kaninchen Bandwürmer in der freien Bauchhöhle, ohne daß eine Perforationsstelle nachweisbar war.

---

[1] Siehe Abschnitt „Tierische Parasiten".
[2] Siehe Abschnitt „Tierische Parasiten und Leber".

5. Trichocephaliasis.

Die Trichocephalen siedeln sich mit Vorliebe im Blinddarm an und bedingen hier beim Kaninchen einen mehr oder weniger starken Katarrh.

Auch die Oxyuren, die beim Kaninchen im Blinddarm parasitieren, können eine heftige Blinddarmentzündung hervorrufen. Schmidt (1876) berichtet, daß man beim Kaninchen bisweilen zwischen den Darmwänden kleine gelbliche Flecke findet, die aus Anhäufungen von Tausenden von Eiern einer Oxyurenart bestehen.

c) Unspezifische Erkrankungen.

Die sporadischen Erkrankungen treten gegenüber den ansteckenden ganz in den Hintergrund.

1. Obstipation.

Fortgesetzte reichliche oder ausschließliche Trockenfütterung bedingt im Dickdarm Kotanschoppung. Auch sekundär bei chronischen Darmkatarrhen oder bei Hindernissen in der Darmpassage (Futterballen, Invagination, Volvulus) sowie bei Erkrankungen des Mastdarmes oder Afters kommt es zu Verstopfungen. In den betroffenen Darmabschnitten sah Seifried (1927) beim Kaninchen sogar geschwürige Veränderungen.

2. Unspezifische Darmentzündungen

aller Grade werden dann und wann als Folge von Erkältungen und Fütterungsfehlern gesehen.

3. Darminvaginationen

sind nach Schmidt (1876) beim Kaninchen nicht selten, auch beobachtete er *Mastdarmvorfälle*. — Auf postmortal auftretende Invaginationen sei kurz hingewiesen.

4. Hernien.

Etwa vorkommende Bauchbrüche werden wie bei anderen Tieren verlaufen.

Literatur.

Bongert, J.: (a) Corynethrix pseudotuberculosis murium, ein pathogener Bacillus der Mäuse. Z. Hyg. 37, 449 (1901). (b) Mäusetyphus. In Kolle-Wassermann, 2. Aufl. Bd. 6. 1913. — Braun u. Becker: Kaninchenkrankheiten und deren rationelle Behandlung. Leipzig u. Wien: Poppe 1919. — Brunner, J. C.: De glandularis in intestino duodeno hominis detectis. Heidelberg 1688. — Bugge u. Heinke: Coccidiose der Meerschweinchen. Dtsch. tierärztl. Wschr. 1921, Nr 4.

Ellenberger, W.: Handbuch der vergleichenden mikroskopischen Anatomie der Haustiere, Bd. 3. Berlin: P. Parey 1911.

Feyerabend: Beitr. Klin. T. 39 (1913).

Gerhardt: Das Kaninchen. Leipzig: W. Klinkhardt 1909.

Heidenhain, R.: Beiträge zur Histologie und Physiologie der Dünndarmschleimhaut. Pflügers Arch. 43, Suppl., 103 (1888).

Issatschenko, B.: (a) Über einen neuen für Ratten pathogenen Bacillus. Zbl. Bakter. I 23, 873 (1898). (b) Untersuchungen mit den für Ratten pathogenen Bacillus. Zbl. Bakter. I 31, 26 (1902).

Joest, E.: Spezielle pathologische Anatomie der Haustiere, Bd. 1. Berlin: R. Schoetz 1919.

Kolle, W. u. H. Hetsch: Die experimentelle Bakteriologie und die Infektionskrankheiten, 7. Aufl. Berlin-Wien: Urban u. Schwarzenberg 1929. — Kovarek: Seuchenhafte Colinfektion beim Meerschweinchen. Zbl. Bakter. I 33, 143 (1903). — Krause, W.: Anatomie des Kaninchens, 2. Aufl. Leipzig 1884. — Kuczynski, A.: Beiträge zur Histologie der Brunnerschen Drüsen. Pam. Towarz. Lek. Vol. 86, p. 323. 1890. Zit. nach Oppel. Kutscher: Ein Beitrag zur Kenntnis der bacillären Pseudotuberkulose der Nagetiere. Z. Hyg. 18, 327 (1894).

Laser, H.: Ein neuer, für Versuchstiere pathogener Bacillus aus der Gruppe der Frettchen-Schweineseuche. Zbl. Bakter. I 11, 184 (1892). — Lochmann: Zbl. Bakter. I 31,

385 (1902). — Löffler: Über Epidemien unter den im hygienischen Institut zu Greifs-wald gehaltenen Mäusen und über die Bekämpfung der Feldmausplage. Zbl. Bakter. I 11, 129 (1890).
Mangold, E. u. K. Häsler: Der Einfluß verschiedener Ernährung auf die Größen-verhältnisse des Magen-Darmkanals bei Säugetieren. (Nach Versuchen an Ratten.) Wiss. Arch. Landw. B. 2, 279 (1930). — Markt, G.: Über die Bedeutung des Danyszschen Bacillus bei der Rattenvertilgung. Zbl. Bakter. I 31, 202 (1902). — Middeldorf, J. Th.: Disquisitio de glandules Brunnianis. Vratislaviae 1846.
Olt u. Ströse: Die Wildkrankheiten und ihre Bekämpfung. Neudamm 1914. — Oppel, A.: (a) Über den Darm der Monotremen, einiger Mäsupalier und von Manis javanica. Semons zool. Forschungsreisen in Australien und dem malaischen Archipel, Bd. 2, S. 277. 1897. (b) Lehrbuch der vergleichenden mikroskopischen Anatomie, Bd. 2. Jena: Gustav Fischer 1897.
Pfeiffer: Über die bacilläre Pseudotuberkulosis bei Nagetieren. Leipzig 1889. — Prowazek-Nöller: Handbuch der pathologischen Protozoen. Bd. 2. 1920.
Raebiger: Das Meerschweinchen, seine Zucht, Haltung und Krankheiten. Hannover 1923. — Raebiger, H. u. M. Lerche: Ätiologie und Pathologie der hauptsächlichsten spontanen Erkrankungen des Meerschweinchens. Erg. Path. II 21, 686 (1926). — Reiche-now: Die Coccidien. In Prowazek-Nöller: Handbuch der pathogenen Protozoen, Bd. 3, S. 1136. 1921. — Ribbert: Dtsch. med. Wschr. 1887, 141.
Sarnowski, v.: Inaug.-Diss. Hanover (1919). — Schauder, W.: In Martin, Lehrbuch der Anatomie der Haustiere, Bd. 4. Stuttgart: Schickhardt u. Ebner 1923. — Schmidt, M.: Die Krankheiten der Nagetiere. Z. Tiermed. 2, 19 (1876). — Schmorl: Dtsch. Z. Tiermed. 17, 375 (1891). — Seifried, O.: Die wichtigsten Krankheiten des Kaninchens. Erg. Path. I 22, 432 (1927). — Steinmetz u. Lerche: In Raebiger, Das Meerschweinchen, seine Zucht, Haltung und Krankheiten. Hannover 1923.
Zürn: Krankheiten des Kaninchens. Leipzig 1894.

D. Die Bauchspeicheldrüse.

Von Walter Lenkeit, Berlin.

Mit 1 Abbildung.

I. Normale Anatomie.

a) Morphologie.

Die Bauchspeicheldrüse der Laboratoriumsnager weicht in Ausdehnung und Lage von der der anderen Säugetiere ab.

Beim *Kaninchen* stellt das Pankreas ein zwischen den Bauchfellplatten, im Winkel des Duodenums gelegenes flaches, baumförmig fein verzweigtes Drüsensystem dar (Abb. 62). Eine Trennung in Kopf-, Körper- und Schwanzteil ist nicht möglich. Die Drüsenläppchen liegen weitgehend voneinander isoliert, bei fetten Tieren können sie mit den zwischen ihnen liegenden Fettgewebs-läppchen verwechselt werden. Es ist ungefähr 15—20 cm lang und etwa 2—3 cm breit (Schauder). Der Ausführungsgang hat einen Durchmesser von etwa 1 mm und mündet etwa 40 cm von der Mündungsstelle des Ductus choledochus. Der akzessorische Ductus Santorini, der zuweilen bei anderen Säugern zu finden ist, fehlt (W. Krause, Freise).

Das Pankreas des *Meerschweinchens* zeigt ungefähr dieselben Verhältnisse; es erscheint nur etwas kompakter, die Drüsenläppchen liegen dichter beieinander als beim Kaninchen. Nach der Beschreibung von Schauder liegt der Körper in der zweiten Krümmung des Duodenums, der rechte Lappen in der ersten Duodenumschleife, der linke an der großen Krümmung des Magens. Körper und rechter Lappen sind je 2 cm lang, der linke Lappen etwa 8 cm. Die Breite beträgt am Körper ungefähr $1^1/_2$ cm. Der Ductus pancreaticus mündet etwa 7 cm vom Ductus choledochus.

Bei der *Ratte* ist die Anordnung der Drüsenläppchen nicht so dicht wie beim Meerschweinchen; die Lage ist fast die gleiche. Nach SCHAUDER sind Körper und rechter Lappen ungefähr 3 cm, linker Lappen ungefähr 6 cm lang. Der Pankreassaft tritt durch mehrere kleine, nur mikroskopisch deutliche Kanäle in den vom Pankreasgewebe umgebenen Gallengang (OPPEL, HUNT) und gelangt auf diesem Umwege mit der Galle in das Duodenum.

Bei der *Maus* besteht das Pankreas mehr aus einzelnen Lobuli.

b) Histologie.

In der feineren Struktur des Pankreas weichen die Laboratoriumstiere nicht wesentlich von dem der anderen Säuger ab.

Beim *Kaninchen* ist das regelmäßige Vorkommen von zentroacinären Zellen zu erwähnen. Die Zellen der LANGERHANS-schen Inseln, bisweilen auch die der Drüsen, enthalten beim Kaninchen Granula, die nach den Untersuchungen von KON und TAKAHASHI ammoniakalische Silberlösung zu reduzieren vermögen. Die Granula liegen im Protoplasma bald perinucleär, bald mehr diffus. Am zahlreichsten sind sie in den Zellen an der Peripherie der Inseln, während sie in den im Zentrum der Inseln gelegenen meist fehlen. Beim Kaninchen fällt die Reaktion schwächer aus, als z. B. beim Menschen und Schwein. Nach Hungern tritt eine bedeutende Zunahme der Granula ein, nach einer gewissen Zeit nach der Nahrungsaufnahme dagegen eine Abnahme. Eine Vermehrung konnte TAKA-HASHI auch nach Verfütterung von rohem Fleisch oder Casein, wie nach Injektion kleiner Dosen von Insulin feststellen. Durch

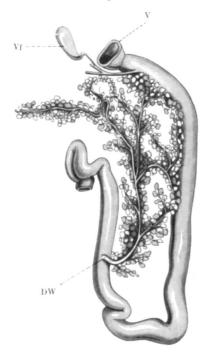

Abb. 62. Pankreas des Kaninchens. DW Ductus Wirsungianus, V Pylorus, Vf Gallenblase mit Ductus cysticus und den abgeschnittenen Ductus hepatici. (Nach W. KRAUSE.)

Zufuhr verdünnter Salzsäure kann infolge der dann entstehenden Acidosis die Silberreaktion verstärkt werden. Leicht verloren geht das Reduktionsvermögen durch Fixierung in Formol und in MÜLLERscher Flüssigkeit. Nach TAKAHASHI sind die Silbergranula nicht identisch mit den sog. Sekretkörnern, sondern sie stellen durch Einwirkung der reduzierenden Substanz der Zelle entstandene Silberkörnchen dar.

In den zentroacinären Zellen und den Epithelien der Ausführungsgänge sind keine Silbergranula nachzuweisen. Der mit einfachem Cylinderepithel ausgekleidete Ductus pancreaticus enthält zahlreiche Becherzellen (R. KRAUSE).

Im Pankreas des *Meerschweinchens* fanden KON und TAKAHASHI weder in den Drüsen- noch in den Inselzellen Silbergranula. Die oben (S. 86) beim Magen des Meerschweinchens beschriebenen chromaffinen Zellen sind nach KULL auch im Parenchym und in den Ausführungsgängen des Pankreas in großer Zahl vorhanden. Becherzellen sind in den Ausführungsgängen, wie beim Kaninchen, regelmäßig zu finden (OPPEL), ebenso Drüsen in der Tunica propria (OPPEL, KULL).

Bei der *Ratte* fällt die Silberreaktion in den Zellen der LANGERHANSschen Inseln sehr schwach, oft sogar negativ aus.

Die Inseln der *Maus* sind immer frei von Silbergranula.

II. Pathologische Anatomie.

Pathologische Veränderungen des Pankreas der Laboratoriumsnager sind wenig bekannt.

Bei *Mäusen*, die zu chemotherapeutischen Zwecken verwandt wurden, fand APOLANT dreimal eine *Lipomatose* des Pankreas. In zwei Fällen war diese besonders hochgradig; das Pankreas war einem Fettlappen ähnlich. Mikroskopisch waren vom Drüsenparenchym nur noch spärliche Reste zu finden. In allen Fällen waren die LANGERHANSschen Inseln unverändert erhalten, in einem Falle sogar besonders schön ausgebildet.

Literatur.

APOLANT: Virchows Arch. **212**, 188 (1913).

FREISE, G.: Z. mikrosk.-anat. Forschg **17**, 185 (1929).

HUNT: A laboratory manuel of the anatomy of the rat. New York 1924.

KON u. TAKAHASHI: Trans. jap. path. Soc. **16**, 91 (1926). — KRAUSE, R.: Mikroskopische Anatomie der Wirbeltiere, Bd. 1. Berlin 1921. — KRAUSE, W.: Anatomie des Kaninchens usw., 2. Aufl. Leipzig 1884. — KULL: Z. mikrosk.-anat. Forschg **2**, 163 (1925).

OPPEL: Vergleichende mikroskopische Anatomie der Wirbeltiere, Bd. 3.

SCHAUDER: Lehrbuch der Anatomie der Haustiere von MARTIN, Bd. 4. 1923.

TAKAHASHI: Trans. jap. path. Soc. **17**, 65 (1927).

E. Leber und Gallenwege.

Von PH. REZEK und E. LAUDA, Wien.

Mit 20 Abbildungen.

I. Normale Anatomie.

a) Morphologie.

Der makroskopische Aufbau der Leber und der Gallenwege bei den hier zu besprechenden Versuchstieren unterscheidet sich insbesondere durch die Unterteilung des Organes durch tiefe Furchen wesentlich von der menschlichen Leber. Unter den Laboratoriumstieren selbst ergeben sich geringere, doch recht charakteristische Unterschiede.

α) Kaninchen. An der Leber des Kaninchens (s. Abb. 63) (Gewicht nach WALL 3—4⁰/₀ des Körpergewichts) kann ein rechter und ein linker Anteil unterschieden werden; beide unterscheiden sich individuell in verschiedener Weise in den eigentlichen dorsal gelegenen Hauptlappen und dem ventralwärts, dem Zwerchfell zugekehrten akzessorischen Lappen. Die rechte Leberhälfte besteht neben diesem Hauptlappen, von welchem ein Lobus quadratus abgegrenzt werden kann (s. unten), auch aus einem Leberanteil, der mit dem Hauptlappen nur durch eine schmale Brücke in Verbindung steht und sich in den mächtigen Lobus caudatus und den kleinen Lobus papilliformis teilt.

Nach F. MEYER, der eine ausführliche „Terminologie und Morphologie der Säugetierleber nebst Bemerkungen über die Homologie ihrer Lappen" auf Grund vergleichender anatomischer und entwicklungsgeschichtlicher Untersuchungen gegeben hat, entsteht der Processus caudatus des Kaninchens aus der Verschmelzung des bei anderen Tieren mächtig entwickelten, beim Kaninchen in seinem Wachstum zurückgebliebenen rechten Hauptlappens und des eigentlichen Lobus caudatus; diese doppelte Zusammensetzung des Lappens ist nach diesem Autor bei den meisten Kaninchenlebern an einer kleinen, in der Nähe der Basis dieses Lappens liegenden Einschnürung zu erkennen.

Die Unterteilung der Leber in die verschiedenen Lappen geschieht bei den verschiedenen Individuen in unterschiedlichem Ausmaße und auch in verschiedener Weise.

Die Incisura interlobularis trennt die rechte und die linke Leberhälfte; sie zieht an der konvexen Leberoberfläche etwa in der rechten Mamillarlinie oder auch nahe derselben nach abwärts. An ihrem oberen Ende findet sich der Ansatzpunkt des äußersten Anteiles des Ligamentum falciforme, einer sagittal gestellten Peritonealduplikatur, welche vom Diaphragma an die konvexe Oberfläche der Leber zieht. Die linke Leberhälfte stellt zumeist die Hauptmasse der Leber dar und zeigt wohl regelmäßig die Unterteilung in den akzessorischen und den Hauptlappen. Eine tiefgreifende Furche, die fast bis an die Porta hepatis reicht, trennt diese beiden Anteile.

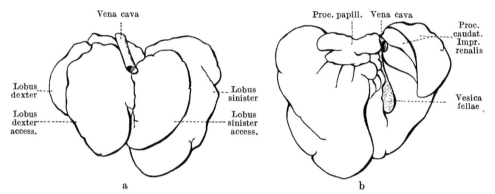

Abb. 63. Leber des Kaninchens. a Zwerchfellfläche. b Eingeweidefläche.
(Nach Martin, Lehrb. d. Anatomie d. Haussäugetiere.)

Hebt man den linken Hauptlappen kranialwärts auf, so erscheint ein Teil des Lobus papilliformis, welcher von der Hinterfläche des rechten Hauptlappens entspringend mit seinem Ansatzstück zwischen Oesophagus und Gebilden der Porta hepatis gelegen, gegen die kleine Kurvatur des Magens zieht und sich hier in zwei flügelförmige Läppchen teilt, welche die kleine Kurvatur des Magens von vorne und hinten umgreifen. Der vordere flügelförmige Lappen ist im allgemeinen größer als der hintere; letzterer kann vollständig fehlen. Der vordere Anteil desselben kann sich auch auf die ventrale i. e. konvexe Fläche des Hauptlappens legen. Ein von der Unterfläche des linken Hauptlappens zur ventralen Fläche des flügelförmigen Lappens ziehendes Ligament fehlt. An der Stelle, an welcher sich der flügelförmige Lappen in die zwei Flügel teilt, liegt auch das Verbindungsstück zum Lobus caudatus, welcher sich hinter dem Ligamentum hepatoduodenale befindet. Bei rudimentärer Entwicklung des hinteren flügelförmigen Lappens teilt sich also das vom rechten Lappen kommende, früher genannte Ansatzstück in den vorderen flügelförmigen Lappen und in das Ansatzstück des Lobus caudatus. Die rechte Leberhälfte wird vor allem vom rechten Hauptlappen gebildet.

An der caudalen, dem Magen zugekehrten Ventralfläche befindet sich meist nahe dem medialen Rande des rechten Hauptlappens eine tiefe, den vorderen Leberrand nicht erreichende Furche, das Bett der Gallenblase. Der medial von der Gallenblase gelegene Abschnitt des rechten Leberlappens, welcher in seinen zwerchfellnahen Anteilen durch eine verschieden gestaltete Brücke die Verbindung mit dem linken akzessorischen Leberlappen herstellt, wird Lobus quadratus genannt.

Caudal vom rechten Hauptlappen liegt der meist mächtige Lobus caudatus. An seiner Caudalfläche zeigt er die tiefe Impressio renalis, mit der er der rechten Niere aufsitzt, dieselbe mehr als zur Hälfte bedeckend. Der Lobus caudatus läßt sich von der Seite nach links zu umschlagen, da er nur mittels der bereits früher erwähnten schmalen Brücke mit den dorsalen und caudalen Abschnitten des rechten Leberlappens, bzw. dem Lobus papilliformis zusammenhängt. An der genannten Stelle finden sich im Lobus caudatus individuell verschieden tiefe zwischenteilende Furchen, von welchen eine zumeist besonders deutlich entwickelt ist und nach MEYER die Verschmelzungsstelle zwischen rudimentärem rechtem Hauptlappen und Caudallappen anzeigt.

Die Gebilde der Porta hepatis laufen am rechten Rande des Lobus papilliformis und ventral vom Ansatzstück des Lobus caudatus. Hierbei liegt der annähernd $1\frac{1}{2}$ mm breite Ductus choledochus und die Arteria hepatica ventral vor der Vena portae, die Arterie zumeist auf dem Ductus choledochus. Die Vena portae gibt bereits beim Vorbeiziehen am medialen Rande des Lobus caudatus an diesen einen starken Ast ab und teilt sich schließlich an der Porta hepatis in eine Reihe von Ästen. Die Arteria hepatica ist ein Ast der Arteria gastroduodenalis, welche sich um den caudalen Pol des hinteren Flügels des Lobus papilliformis umschlägt, auf die Vorderfläche der Vena portae und auch des Ductus hepaticus zu liegen kommt und sich hier in individuell verschiedener Weise in kleinere Äste aufsplittert, die zum Duodenum, zum Pylorus und auch zur Leberpforte ziehen (Arteria hepatica). Der Ductus choledochus entsteht aus dem Zusammenflusse mehrerer Ductus hepatici und des Ductus cysticus und nimmt in seinem weiteren Verlaufe noch den abführenden Gallengang des Lobus caudatus auf. Er mündet in den pylorusnahen Duodenalabschnitt.

Die Gallenblase ist ein flaschenförmiges, relativ kleines Gebilde, welches, wie oben vermerkt, in eine tiefe Leberfurche eingebettet ist. Es erscheint beachtenswert, daß die Gallenblase zwar ungefähr in drei Vierteln ihrer Circumferenz vom rechten Hauptlappen eingeschlossen wird, hierbei aber fast überall Peritonealüberzug trägt, mit Ausnahme eines schmalen Streifens, an welchem sie am Grunde der Furche mit der Leberunterfläche verwachsen ist. Der Ductus cysticus ist an seiner Ursprungsstelle am Gallenblasenhals fast rechtwinkelig geknickt. Auch er verläuft in einer tiefen Leberfurche, welche die Fortsetzung der Fossa vesicae fellae bildet und hat ebenso wie die Gallenblase einen fast zirkulären Peritonealüberzug, der gelegentlich sogar ein an der Leber fixiertes Gekröse des Gallenganges bildet. Die Vena cava inferior liegt den medialen und gleichzeitig dorsalen Teilen des Lobus caudatus innig an, ist hier aber nie vollständig in das Lebergewebe versenkt. Sie wird an dem oberen Pol der ventralen Fläche des Lobus caudatus auf eine kurze Strecke sichtbar und verläuft dann hinter dem rechten Hauptlappen zum Hiatus venae cavae des Diaphragmas. Im Bereiche dieses Anteiles ist sie mit den vorderen und lateralen Partien des gemeinsamen Ansatzstückes von Lobus caudatus und Lobus papilliformis innig verwachsen und nur zu einem ganz geringen Teile in das Lebergewebe eingesetzt. Der Lobus caudatus hat eine selbständige, mächtige Vena hepatica, welche unmittelbar in die aufsteigende Vena cava inferior mündet. Der Lobus caudatus stellt daher beim Kaninchen einen fast selbständigen Leberabschnitt dar; es besteht ein eigener Zufluß des Portalblutes und eine eigene Vena hepatica. Der Lobus caudatus ist daher nur in geringem Ausmaße mit dem übrigen Lebergewebe in unmittelbarer Verbindung.

b) Meerschweinchen. Die Meerschweinchenleber (Abb 64) ist hinsichtlich der Anordnung ihrer Lappen analog der unten besprochenen Rattenleber gebaut, wenn man davon absieht, daß diese keine Gallenblase und daher keinen Lobus quadratus hat. Auch hier wird die Leber durch die Incisura hepatis in zwei Hauptabschnitte geteilt, von denen jeder in einen dorsalen Haupt- und einen ventralen akzessorischen Lappen zerfällt. Auch die Meerschweinchenleber zeigt einen in Bau und Größe der Rattenleber vergleichbaren Lobus caudatus und papilliformis.

Es erscheint bemerkenswert, daß der vordere dem Magen aufliegende Rand des linken Hauptlappens mehrere Incisuren trägt. Ferner wäre hervorzuheben, daß die beiden Flügel des Lobus papilliformis meist rudimentär entwickelt sind und daher die kleine Kurvatur des Magens kaum umgreifen. Der rechte akzessorische Lappen erfährt durch die eingebettete, unten zu beschreibende Gallenblase gegenüber der Rattenleber bestimmte Unterschiede. Der Lobus caudatus, welcher ein gemeinsames Ansatzstück mit dem Lobus papilliformis am rechten Hauptlappen hat, läßt sich um dieses Ansatzstück nach links luxieren. Das gemeinsame Ansatzstück liegt hinter dem Ligamentum hepatoduodenale. Die konvexe Oberfläche der Leber ist in der Gegend der Incisura hepatis durch das sagittal verlaufende Ligamentum falciforme an das Zwerchfell fixiert. Ein kurzes Ligamentum coronarium sinistrum und ein rudimentäres Ligamentum coronarium dextrum verlaufen beiderseits quer um die oberste Kurvatur der Leber. Das Ligamentum falciforme ist in seinem vordersten freien Anteile zum Ligamentum teres verdickt, welches sich an der Incisura hepatis teilt, sich teilweise in die Incisura hepatis hineinschlägt und zum Teil an die Kuppe der Gallenblase heranzieht.

Die Gallenblase stellt ein Organ von der Größe einer kleinen Kirsche dar, welches in einer tiefen Furche der caudalen Fläche des rechten akzessorischen Lappens gelegen ist. Dieses Leberbett reicht bis an den vorderen Leberrand und bedingt daher hier in der Ansicht von oben eine annähernd halbkreisförmige Aussparung, in welcher die Kuppe der Gallenblase über die Leberoberfläche etwas vorspringt. Die Gallenblase ist auch beim Meerschweinchen wie beim Kaninchen fast vollständig von Peritoneum überzogen, bzw. das Gallenblasenbett ist bis auf ein schmales Areale an seinem Grunde, dort, wo die Gallenblase an das Lebergewebe unmittelbar fixiert ist, von der peritonealen Leberkapsel überzogen. Die Gallenblase liegt also nur in ihren ventralsten Anteilen fixiert, in einer Nische des Lebergewebes.

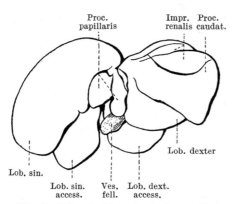

Proc. papillaris   Impr. Proc. renalis caudat.

Lob. dexter

Lob. sin.

Lob. sin. access.   Ves. fell.   Lob. dext. access.

Abb. 64. Leber des Meerschweinchens. (Aus MARTIN, Lehrb. d. Anatomie d. Haussäugetiere.)

Auch beim Meerschweinchen ist der Ductus cysticus in seinem Anfangsteile scharf geknickt und auch hier mit einer Peritonealduplikatur, welche eine Art Gekröse bildet, nur locker mit der Leberunterfläche verbunden. Es ist ferner auffallend, daß sich zwischen Gallenblase und Ductus cysticus einerseits und Duodenum andererseits eine Peritonealduplikatur flächenhaft ausspannt, die etwa von der Mitte der dorsalen Fläche der Gallenblase und von dem dem Duodenum zugekehrten Rand des Ductus cysticus seinen Ursprung nimmt und dorsalwärts am Ligamentum hepatoduodenale fixiert ist. In demselben verläuft links und ventral der Ductus hepaticus, rechts und etwas dorsal die Vena portae. Der Ductus choledochus, der an der Leberpforte durch den Zusammenfluß des Ductus cysticus und der Ductus hepatici entsteht und an dieser Stelle etwas erweitert ist, hat eine Länge von ungefähr 1 cm und mündet in geradem Verlaufe in den magennahen Duodenumteil. Die Vena portae gibt bereits am Wege zur Porta hepatis einen mächtigen Ast an die rechte Leber ab, welcher sich in die Furche zwischen Lobus caudatus und rechtem Hauptlappen einsenkt, um sich alsbald in Äste zur Versorgung der beiden genannten Lappen zu teilen. Die Arteria hepatica, ein Ast der Arteria gastropancreatica, splittert sich im Ligamentum hepatoduodenale in eine Reihe von Ästen auf.

Die Vena cava inferior tritt in den medialen unteren Anteilen in den Lobus caudatus ein, durchläuft ihn, tief im Lebergewebe eingebettet, der Länge nach und lagert sich nach ihrem Austritte aus demselben an die Hinterfläche des rechten Hauptlappens, mit diesem nur in einem Teile ihrer Circumferenz bindegewebig verbunden.

c) **Ratte.** Bei eröffneter Bauchhöhle erscheint unter dem rechten Rippenbogen der rechte akzessorische Lappen in einem ziemlich großen Bezirke, während der Hauptlappen nur in einem kleinen Areale zu sehen und im übrigen vom akzessorischen Lappen vollständig bedeckt ist. Der mediale Rand des rechten Lobus accessorius verläuft in oder eher etwas rechts von der Medianlinie. Der größte Teil der bei der Eröffnung der Bauchhöhle sichtbaren Leber wird vom linken Hauptlappen gebildet, welcher mit seinem unteren Rande der Vorderfläche des Magens, diesen fast vollständig bedeckend, bis zum Pylorus aufliegt. Sein unterer Rand reicht bis an die rechte Mamillarlinie, wo er den unteren Rand des eben noch sichtbaren rechten Hauptlappens trifft (Abb. 65).

Hebt man den rechten Lobus accessorius, so erscheint im rechten Hypochondrium die konvexe Fläche des rechten Hauptlappens und ein Teil der konvexen Flächen der beiden linken Lappen. Hebt man auch den Hauptlappen, so sieht man unter ihm den Lobus caudatus, welcher nach hinten unten der in ihrer unteren Hälfte noch sichtbaren Niere aufliegt. Dieser Lappen reicht medianwärts über die Mittellinie und schiebt sich zwischen die Vena cava inferior und die Vena portae ein, die letztere zum Teil umgreifend. Der annähernd dreikantige, in seinen Rändern vielfach unregelmäßige Lobus caudatus läßt sich von rechts nach links fast vollständig umschlagen, vom oberen Nierenpol also vollständig abheben. Er entspringt von dem hinteren untersten Abschnitt des rechten Hauptlappens. Nach Aufheben des Lobus accessorius sinister erscheint der mächtige linke Hauptlappen, nach Aufheben des letzteren der Lobus papilliformis, welcher von der Unterfläche des rechten Hauptlappens entspringend sich caudalwärts in zwei abgeplattete Flügel teilt, welche von hinten und vorne den bei der Ratte meist weit in die Bauchhöhle herabziehenden Oesophagus umgreifen, um sich vorne

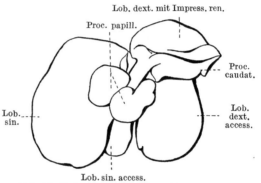

Lob. dext. mit Impress. ren.

Proc. papill.

Proc. caudat.

Lob. sin.

Lob. dext. access.

Lob. sin. access.

Abb. 65. Leber der Ratte. (Aus MARTIN, Lehrb. d. Anatomie d. Haussäugetiere.)

und hinten der kleinen Magenkurvatur anzulegen. Von der Unterfläche des linken Hauptlappens zieht eine Peritonealduplikatur zum Magen (Ligamentum hepatogastricum), den Lobus papilliformis überdeckend. Nach Durchschneidung des Ligamentum gastrolienale und Aufheben des Magens nach oben erscheint der der Magenhinterwand breit aufliegende, sehr abgeplattete hintere Flügel des Processus papilliformis. Der hintere Flügel ist häufig in zwei flache Lappen unterteilt.

Nach Umschlagen des ventral gelegenen flügelförmigen Lappens nach links erscheinen die Gebilde der Porta hepatis: Ductus choledochus, Vena portae und Arteria hepatica und das Ligamentum hepatoduodenale. Sie zeigen folgende gegenseitige Topographie. Der Ductus choledochus, der an der Porta hepatis aus dem Zusammenflusse mehrerer, den verschiedenen Lappen entsprechender Ductus hepaticis entsteht, liegt am meisten ventral und gleichzeitig rechts außen von der Pfortader. Er hat manchmal die beträchtliche Länge von 3 bis 4 cm und mündet, nachdem er in die Nähe des Duodenums gelangt ist und eine Strecke lang durch das Pankreas gezogen ist, tief unten ins Duodenum. Er ist als ein starkzwirnfadendickes, zartseidigglänzendes Gebilde leicht zu finden. Der dem Duodenum zunächst gelegene, in den Choledochus einmündende Hepaticus gehört dem Lobus papilliformis zu. Dieser Ast überquert ventral die Arteria hepatica und Vena portae. Die Arteria hepatica liegt vor und etwas links in unmittelbarer Nähe der Pfortader. Hebt man den Rippenbogen auf und drängt die Leber nach unten, so erscheint die konvexe Leberoberfläche, die vornehmlich vom rechten Lobus accessorius gebildet wird. Zwischen rechtem und linkem Lobus accessorius inseriert das Ligamentum falciforme. Ein Ligamentum coronarium dextrum ist nicht entwickelt. Links fixiert ein Ligamentum coronarium sinistrum ein kleines Stück des Lobus accessorius und den linken Hauptlappen an seiner kranialen Kante am Zwerchfell. Die Leber wird außerdem in ihrer Konvexität in der unmittelbaren Umgebung der Durchtrittsstelle der Vena cava inferior durch das Diaphragma an dieses fixiert. Dort, wo die Konvexität des rechten und linken Lobus accessorius aneinanderstoßen und organisch miteinander verbunden sind, findet sich die Austrittsstelle der Vena cava inferior aus der Leber. Die Cava ist in den dorsalen Anteilen des Lobus caudatus und des rechten Hauptlappens gelegen und hier zumeist von Lebergewebe vollständig eingescheidet. Eine Gallenblase fehlt.

d) **Maus.** Die Leber der Maus ist prinzipiell gleichartig gebaut wie die der Ratte, weshalb auf die Beschreibung der letzteren hingewiesen sei. Auch die Leber der Maus besteht im wesentlichen aus zwei Hauptlappen, von denen sich je zwei akzessorische Lappen durch eine tiefgreifende Furche sondern, ferner aus den Lobus caudatus und Lobus papilliformis, welche analog gebaut sind wie die entsprechenden Lappen der Ratte. Auch hier stellt der linke Haupt- und Nebenlappen die Hauptmasse der Leber dar. Es ergeben sich aber der Rattenleber gegenüber folgende Unterschiede. Das von der Unterfläche des linken Hauptlappens zum ventral gelegenen der Vorderfläche der kleinen Magenkurvatur angelagerten Flügel hinziehende Ligament ist außerordentlich dünn und zeigt stellenweise Dehiszenzen. Die Leber ist nur in dem kleinen Areale in der nächsten Umgebung der Vena cava inferior und durch ein Ligamentum falciforme an die Unterfläche des Zwerchfells fixiert. Ein Ligamentum coronarium sinistrium kann ebenso wie ein Ligamentum coronarium dextrum fehlen. Die Maus besitzt zum Unterschiede von der Ratte eine etwa reiskorngroße, eiförmige Gallenblase, welche, zwischen den beiden Leberlappen gelegen, an der Incisura hepatis mit den äußersten Teilen des Ligamentum falciforme verbunden ist.

Die Gebilde der Leberpforte sind bei der Maus ebenso leicht darzustellen wie bei der Ratte. Ihre Topographie ist bei beiden Tieren die gleiche. Der Ductus cysticus mündet in den Ductus choledochus etwas leberwärts von der Einmündungsstelle eines zur rechten Leber ziehenden Ductus hepaticus. Die Vena cava inferior ist der Hinterfläche der Leber angelagert und ist im allgemeinen an keiner Stelle vollständig von Lebergewebe umgeben, wie dies bei der Ratte die Regel ist.

b) Histologie.
1. Allgemeiner Teil.

Wenn auch der allgemeine histologische Bau der Säugetierleber, sein Aufbau in Läppchen, die zweifache Blutversorgung usw. als allgemein bekannt vorausgesetzt werden muß, so seien hier doch einige prinzipielle Bemerkungen, auch bezüglich der gröberen Histologie angeführt.

Der Begriff des Läppchenaufbaues der Leber ist nicht dahin zu verstehen, daß das Organ aus einer großen Zahl selbständiger, in sich abgeschlossener Einheiten zusammengesetzt ist. Die Leber, die fetal als große, zentroacinöse Drüse ohne Unterteilung in Läppchen angelegt ist, wird erst später durch Einwucherung des Bindegewebes der GLISSONschen Kapsel in Unterabteilungen zerlegt, wobei aber die einzelnen Elemente den Zusammenhang untereinander zum größten Teil nicht verlieren. Das Läppchen stellt also weder anatomisch noch funktionell eine Einheit dar. THEILE, WEBER, BEALE und KRUKENBERG haben in ausführlichen Arbeiten gezeigt, daß die geschlossene Abgrenzung des Leberläppchens nicht nur beim Menschen, sondern auch bei Kaninchen, Ratte und Maus nicht zu Recht besteht. Der Zusammenhang zwischen den einzelnen Läppchen ist bei den verschiedenen Tierarten verschieden deutlich, die Isolierung bestimmter Leberabschnitte zu einem Läppchen ist z. B. beim Schwein am weitgehendsten.

Bei den in Rede stehenden Tierarten ist nun der Läppchenaufbau im allgemeinen zwar ohne Schwierigkeiten zu erkennen, eine Abgrenzung der einzelnen Läppchen voneinander durch sie trennende Bindegewebszüge aber nicht allseits zu finden. Die Läppchen gehen vielfach ohne Grenzen ineinander über und nur in der Umgebung der größeren Gallenwege finden sich schmale, periportale Zonen, die insbesondere bei Bindegewebsfärbungen deutlicher zum Vorschein kommen. Wenn also keine der untersuchten Tierarten die Bildung isolierter Läppchen erkennen läßt, so ergibt ein Vergleich der Lebern von Kaninchen, Meerschweinchen, Ratte und Maus hinsichtlich der Ausbildung der periportalen Felder und der Abgrenzung der Läppchen voneinander doch gewisse Unterschiede.

Bei der *Ratte* und noch mehr bei der *Maus* finden sich nämlich nur sehr kleine periportale, aus größeren Gallengängen, Gefäßen und sehr spärlichem Bindegewebe bestehende Felder, die zwischen mehreren, aneinander stoßenden Läppchen als kleine, nicht parenchymatöse Inseln erscheinen. Es finden sich nirgends zwischen den Läppchen periportale, das Läppchen ganz einschließende Bindegewebszüge oder auch nur Andeutung solcher; die Läppchen stoßen ohne erkennbare Grenze aneinander. Die Erkennung einer Zentralvene, die Abgrenzung eines Parenchymabschnittes, der einem Läppchen zugehört, bereitet dem Ungeübten daher große Mühe und auch der Geübte stößt bei dem Versuch einer genaueren Umgrenzung oft auf unüberwindbare Schwierigkeiten. Etwas anders liegen die Verhältnisse beim *Kaninchen* und beim *Meerschweinchen*, bei welchen die Lupenvergrößerung eine gewisse Felderung des Leberparenchyms in Läppchen zumeist erkennen läßt. Es gilt dies für das Meerschweinchen in noch höherem Maße als für das Kaninchen. Wenn auch, wie unten gezeigt werden soll, diese Felderung oft nur zum Teil auf eine stellenweise deutliche bindegewebige Abgrenzung der Läppchen zu beziehen ist und noch andere Momente für die Felderung maßgebend sind, so stellt der relative Bindegewebsreichtum bei den genannten Tieren doch ein gewisses Unterscheidungsmerkmal gegenüber Ratte und Maus dar. Es ist dies nicht dahin aufzufassen, als würde das Läppchen bei Kaninchen und Meerschweinchen durch periportale Bindegewebszüge in isolierte Parenchymabschnitte getrennt werden; auch hier gibt es allerorts, wie oben betont, zahlreiche Zusammenhänge der Leberzellbalken verschiedener Läppchen; von Drüsenparenchymeinheiten kann auch hier nicht gesprochen werden. Immerhin aber zeigen Bindegewebsfärbungen beim Kaninchen sehr häufig, daß vereinzelte Bindegewebsfasern von einem periportalen Feld zum anderen ziehen und so das Läppchen umgreifen; diese Bindegewebszüge sind oft unterbrochen; die Läppchenabgrenzung ist daher keine vollständige. Zumeist verliert sich auch die Faser in einiger Entfernung vom periportalen Feld vollständig, an anderen Stellen ist der Bindegewebszug sogar nur angedeutet. Bei Meerschweinchen sind die das Läppchen umgreifenden Züge, wie oben gesagt, etwas deutlicher. Bei starker Vergrößerung ist aber auch hier ohne weiteres der Übergang von Leberzellbalken benachbarter Läppchen ineinander aufzufinden; die Begrenzung ist also ebenfalls keine vollständige, immerhin ergeben sich aber gegenüber Ratte und Maus recht deutliche Unterschiede.

Die Umgrenzungslinie des Läppchens ist übrigens, worauf wir oben schon hingewiesen haben, nicht nur durch die Zwischenschaltung von Bindegewebsfasern, sondern oft auch durch eine Reihe anderer Umstände möglich; es gilt dies auch in höherem Maße für das Meerschweinchen und für das Kaninchen als für Ratte und Maus. Da die Venae centrales in verschiedener Richtung des Raumes verlaufen, die Lebercapillaren in annähernd senkrechter Richtung zur zugehörigen Leberläppchenachse ziehen, so treffen die Leberzellbalken, bzw. die Capillaren der verschiedenen Läppchen an deren Grenze in verschiedener Richtung aufeinander, so daß auch trotz Ineinanderübergehens der Leberzellbalken das Grenzgebiet zu erkennen ist. Schon bei schwacher Vergrößerung fällt schließlich noch ein weiterer Umstand auf: an der Peripherie der Läppchen sind die Leberzellen oft kleiner, die Kerne liegen daher dichter, so daß insbesondere bei schwacher Vergrößerung die intensivere Kernfärbung in bestimmten Zügen des Gesichtsfeldes die Läppchengrenzen andeutet. Vor allem beim Meerschweinchen erscheint z. B. im Hämalaun-Eosinpräparat der Leberschnitt nicht nur durch deutlichere Bindegewebszüge, sondern auch durch diese intensivere, der Kernfärbung entsprechende Blaufärbung bestimmter Abschnitte in Läppchen gegliedert. Auch die Zahl der Kupfferzellen erscheint im übrigen in diesem Bezirk vermehrt. Trotzdem ist auch beim Meerschweinchen eine scharfe Abtrennung der Läppchen nirgends möglich; es gilt dies vor allem für Läppchen, in welchen die Zentralvene mehr minder parallel zur Schnittrichtung verläuft.

Es sei hier auch auf die Ansicht LÖFFLERs verwiesen, der die Zusammensetzung der Leber aus Läppchen im landläufigen Sinne, welche sich aus dem Begriffe der Interlobular- und der Zentralvene ergibt, in Abrede stellt und den Pfortaderzweig, die Vena interlobularis in den Mittelpunkt des von ihm als mehr minder funktionell und anatomisch einheitlich aufgefaßten Parenchymabschnittes stellt, an dessen Peripherie zwei oder auch mehrere Venae centrales verlaufen.

Ersieht man daraus, daß die Existenz der Läppchen im alten Sinn von neueren Autoren vollständig geleugnet wird, daß die Zerlegung der Leber in Läppchen beim Säugetier bis zu einem gewissen Grad eine willkürliche ist, so gilt das gleiche für den Aufbau des Läppchens aus sog. Leberzellbalken. Auch dieser stellt nicht eine abgeschlossene Einheit dar, sondern er entspricht nur einem Querschnitt des Leberparenchyms, welcher das freie Maschenwerk der Pfortaderverzweigungen ausfüllt. Die Pfortader gibt von den im periportalen Feld gelegenen Venae interlobulares horizontal verlaufende Seitenzweige gegen die Mitte des Läppchens ab, wo sich die Capillaren zur Vena centralis sammeln, die wieder das Blut zu den Venae sublobulares führen. Dank dieser Richtung der Venae centrales und der darauf senkrechten Strömungsrichtung der Capillaren müssen Querschnitte durch das Läppchen einen radiären Bau ergeben, der auch bei Querschnitten des Läppchens mit elliptischem Kontur angedeutet ist. Das zwischen den Lebercapillaren getroffene Leberparenchym scheint daher in Form der ,,Balken'' speichenförmig von der Peripherie gegen das Zentrum der Läppchen zu ziehen. Die Balken sind demnach nicht Verbände von radiär angeordneten Leberzellen, sondern nur Querschnitte der zwischen den radiär gestellten Lebercapillaren zu schmalen Gewebsbrücken zusammengelegten Leberparenchymabschnitte. Es handelt sich also nicht um große, meist plattenförmige Verbände; eine Tatsache, die auch das Studium der Gallenwege deutlich veranschaulicht und BRAUS dazu geführt hat, von Leberzellplatten zu sprechen. Je nach der Schnittrichtung sieht man die Leberzellbalken bald von der Zentralvene gegen die Peripherie des Läppchens strahlenförmig verlaufen, bald trifft man eine längsgetroffene Zentralvene, von der aus die Leberzellbalken parallel zueinander gegen das periportale Feld ziehen. Die Balken scheinen hierbei gelegentlich die Peripherie als schmale, parallel verlaufende Zellverbände zu erreichen, an anderen Stellen ist der parallele oder radiäre Verlauf schon unweit von der Zentralvene nicht mehr zu sehen; die Leberzellplatten erscheinen durcheinandergeworfen und lösen sich gelegentlich peripheriewärts wieder in isolierte Zellstränge auf.

Bei Ratte, Maus, Meerschweinchen und Kaninchen ergeben sich diesbezüglich keine prinzipiellen Differenzen. Eine schematische Darstellung eines Leberzellbalkens zeigt im allgemeinen zwei Reihen von aneinandergelegten Leberzellen, welche in ihrer Mitte die Gallencapillare umgreifen. Aus der obigen Darstellung ergibt sich aber, daß ein Leberzellbalken gelegentlich auch nur aus der Aneinanderreihung von Einzelzellen, welche bei der gegebenen Schnittrichtung von beiden Seiten von Capillaren umschlossen sind, dargestellt werden kann; diese Leberzellen haben in der zu der Schnittrichtung senkrechten Richtung unter Bildung von Gallencapillaren Kontakt mit anderen Leberzellen.

Die sog. Leberzellbalken sind auch peripheriewärts gegen das periportale Feld in sich nicht abgeschlossen, sondern gehen vielfach in Leberzellbalken benachbarter Läppchen über, eine Tatsache, die sich ja aus der Beschreibung der nur angedeuteten, oft fast fehlenden Abgrenzung der Läppchen untereinander ergibt. Bei Ratte und Maus sind die Übergänge derart zahlreich, daß eine Läppchengrenze zumeist überhaupt nicht angegeben werden kann; nur durch den Umstand, daß Leberzellbalken, wie oben beschrieben, in verschiedener Richtung gegeneinander ziehen, ergeben sich schmale Zonen unregelmäßig gestellter Zellen, die eben den Zusammenhang benachbarter Balken aufrecht erhalten, und die andeutungsweise eine Abgrenzung der Läppchen ermöglichen. Aber auch bei Kaninchen und Meerschweinchen kann eine scharfe Grenze nicht gefunden werden, den unmittelbarsten Bereich eines größeren periportalen Feldes ausgenommen. Sobald sich das interlobuläre Bindegewebe in Fasern aufsplittert, sieht man auch schon ineinander übergehende Leberzellbalken.

Ein prinzipieller Unterschied im Aufbau eines Leberzellbalkens zwischen Meerschweinchen, Kaninchen, Ratte und Maus kann nicht festgestellt werden. Der Leberzellbalken setzt sich, wie oben betont, der Breite nach vielfach nur aus einer Zelle zusammen und es scheint, daß dies nahe der Zentralvene im Horizontalschnitt des Läppchens sogar die Regel ist, peripheriewärts gabelt sich der Balken zumeist. Bei Durchsicht einer größeren Anzahl von Präparaten macht es nun vielleicht den Eindruck, als würde bei Maus und Ratte der einzellige Leberzellbalken seltener gefunden werden, ein Befund, der nur mit einem weitmaschigeren Capillarnetz bei diesen Tieren erklärt werden könnte. Aus dem vorher Gesagten ergibt sich, daß einreihige Balken niemals das ganze Läppchen bis an die Läppchenperipherie durchziehen, denn der Balken ist ja nur ein optischer Querschnitt durch das wabenförmig angeordnete Gefüge des Parenchyms.

2. Spezieller Teil.

a) Die Leberkapsel.

Bei sämtlichen untersuchten Tieren besteht die Leberkapsel aus einer sehr dünnen, gleichmäßig breiten Lage von Bindegewebsfasern, in welcher Einlagerung von elastischen Fasern nicht nachgewiesen werden konnte. Es erscheint bemerkenswert, daß die Leberkapsel bzw. das ihr angelagerte Capillarendothel die scheinbar blinden Enden der Lebercapillaren im Raume zwischen zwei Leberzellbalken abschließt. An manchen Stellen erreicht das Lebergefäßsystem die Leberkapsel nicht nur mit diesen Capillaren, sondern es finden sich unmittelbar unter der Kapsel (speziell beim *Kaninchen*) auch größere Venen, Zentral- oder Interlobularvenen. Alle diese Verhältnisse erscheinen am übersichtlichsten in Mallorypräparaten.

β) Protoplasma der Leberzellen.

Da die Plasmastrukturen, welche wir in Schnittpräparaten beobachten, nach bestimmten Regeln hergestellte Artefakte sind, eignet sich die Nativuntersuchung der Zelle am besten, um den tatsächlichen Verhältnissen am nächsten zu kommen. Im folgenden soll die Zellstruktur bei der üblichen histologischen Technik — wir wählen die Hämatoxylin-Eosinfärbung nach Formolfixierung — besprochen werden. Es ergeben sich hierbei konstante Unterschiede bei den verschiedenen Tierarten, eine Tatsache, die für den Tierexperimentator unter Umständen von Bedeutung sein kann.

Kaninchen: Das Protoplasma der Leberzelle ist im allgemeinen grob granuliert. Neben gröberen finden sich aber auch feinere Protoplasmaverdichtungen, zwischen ihnen sieht man ein unregelmäßig gestaltetes Lückenwerk. Auch dort, wo das letztere mehr zurücktritt und das Protoplasma bei schwacher Vergrößerung homogen aussieht, besteht tatsächlich ein scholliges Cytoplasma.

Meerschweinchen: Es liegen ähnliche Verhältnisse wie beim Kaninchen vor,
jedoch mit dem Unterschied, daß sich nicht selten Differenzen in den Plasmastrukturen zwischen Zentrum und Peripherie des Läppchens ergeben. Die zentral
gelegenen Zellen haben im Plasma ein grobes Lückenwerk, dementsprechend
grobe Protoplasmaschollen, die dem periportalen Felde nahen Zellen zeigen
ein dichtes, grobes oder auch gleichmäßig fein granuliertes Protoplasma. Es
gibt aber auch Ausnahmen von dieser Regel.

Ratte: In vereinzelten Zellen ist das Protoplasma zwar gleichmäßig fein
granuliert, zumeist herrscht aber wie beim Kaninchen die grobschollige Struktur
mit Lückenwerk vor.

Maus: Hier finden sich im Vergleich zu anderen Tierarten so abweichende
Verhältnisse, daß auch die isolierte Zelle als Mausleberzelle erkannt werden kann.
Das Protoplasma ist regelmäßig sehr stark zerklüftet, scheinbar zu verschieden
intensiv gefärbten Schollen gefällt; diese werden im allgemeinen durch ein
feines Netzwerk zusammengehalten. Der Kern scheint vielfach frei in einem
Hohlraum zu liegen. Auf die Frage der Natur der das Plasma zusammensetzenden Schollen sei hier nicht eingegangen. Hinsichtlich des Glykogengehaltes des Protoplasmas sei auf das entsprechende Kapitel verwiesen. Hervorgehoben sei, daß man mit Methylgrün-Pyroninfärbung in der Leberzelle Eiweißgranula darstellen kann, worüber bereits eine umfangreiche Literatur vorliegt
(BERG, PASCHKIS).

γ) Der Leberzellkern.

Die Kerne sind nie randständig. Bei Zweikernigkeit sind beide Kerne etwas
kleiner als sonst. Die Kerne zeigen bei den vier Tierarten keine wesentlichen
Differenzen. Der relativ auffälligste Unterschied besteht vielleicht darin,
daß die Kerne bei der Maus im gleichen Schnitte der Größe nach außerordentlich
variieren, und daß sich neben den normal großen Kernen solche finden, die etwa
die dreifache Größe der übrigen erreichen. Hinsichtlich der Zahl der Kerne der
Leberzellen seien aus der Literatur die folgenden bemerkenswerten Daten zusammengestellt. BEALE findet beim ausgewachsenen Tiere fast immer nur
einen, selten zwei Kerne, beim Embryo konnte er ein umgekehrtes Verhalten
feststellen und bis sechs Kerne in einer Leberzelle beobachten. Demgegenüber
fand BRIDGE — und unsere eigenen Beobachtungen stimmen damit überein —
reichlich Zellen mit zwei Kernen. BÖHM und DAVIDOFF fanden in der Leber
einiger Kaninchen fast ausschließlich zweikernige Zellen. Endlich hat TOBIAS
COHN bei mit Gras und Hafer gefütterten Kaninchen in den drei- bis neunmal
so großen Leberzellen zwei bis vier Kerne gefunden. Auch konnte er in diesen
Fällen deutliche Mitosen beobachten. Dieser Befund erscheint auffallend,
da ja, wie schon BISOZERRO und VASSALE betont haben, Mitosen in den Leberzellen erwachsener, gesunder Tiere außerordentlich selten sind. Figuren, die
einer direkten Teilung entsprechen, sollen sich häufiger finden. LUKJANOW
hat insoferne eine Abhängigkeit der Kernzahl von der Ernährung nachweisen
zu können geglaubt, als die zweikernigen Zellen bei der Maus nach Fettzufuhr
an Zahl zunehmen. Wir konnten beim Kaninchen einmal das Vorkommen
dreikerniger, bei den übrigen Tierarten, wenn auch nicht regelmäßig, das zweikerniger Zellen feststellen. Von verschiedenen Autoren wurde eine Mehrkernigkeit in der Gravidität beschrieben.

Bei sämtlichen hier zu besprechenden Tieren finden sich zwei bis vier Kernkörperchen. Man kann sie am besten bei Anwendung der HEIDENHAINSCHEN
Färbung, resp. bei der von KOLMER angegebenen Modifikation studieren.

Sie müssen nicht immer rund sein, können auch eine eiförmige Gestalt aufweisen und zeigen variable Größe. Im allgemeinen erscheint die Chromatinstruktur des Kernes, speziell bei der HEIDENHAINschen Färbung sehr locker und eher fein granuliert. Gelegentlich ist sie auch aus groben Fäden zusammengesetzt. Unterschiede in der Struktur des Chromatins bei den verschiedenen Tieren konnten wir nicht finden. Das Chromatin ist im Kerne gleichmäßig verteilt und erscheint an den Rändern nicht besonders angehäuft. Unter normalen Umständen konnten wir bei den verschiedenen Tieren keine Degenerationserscheinungen im Sinne von Pyknose und Rhexis feststellen. Nach SCHLATER hat der Kern bei Untersuchung mit Sublimat oder Pikrinsublimat-Eisessig einen prinzipiell gleichartigen, wabigen Bau.

δ) Die Gallencapillaren.

Der langjährige Streit über die Existenz von Gallencapillarnetzen kann als dahin entschieden betrachtet werden, daß bei den Säugern derartige Netze zur Regel gehören. Auf die eingehende diesbezügliche Literatur, insbesondere auf

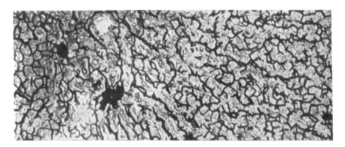

Abb. 66. Gallencapillaren beim Kaninchen. Golgimethode.

den Streit zwischen RETZIUS einerseits, HERING und v. EBERTH andererseits, kann hier nicht näher eingegangen werden, und es sei auf die diesbezügliche erschöpfende Zusammenstellung von OPPEL hingewiesen.

Von der Richtigkeit der Anschauung über die Existenz von Gallencapillarnetzen bei den von uns untersuchten Tieren überzeugt man sich leicht durch Präparate, welche dem Golgiverfahren unterworfen wurden (s. Abb. 66). Sowohl bei der Ratte und bei der Maus als auch beim Kaninchen und beim Meerschweinchen kann man an entsprechenden Stellen einwandfreie Netze in großer Zahl feststellen. Gelegentlich gewinnt man sogar den Eindruck, daß blinde End-, bzw. Seitenäste in geringer Zahl vorkommen. Es ist dies insbesondere in den dickeren Schnitten der Fall, welche in mittlerer Schnitthöhe mikroskopiert werden, bzw. in welchen die Gallencapillaren durch den Schnitt verfolgt werden. Wenn VON MÖLLENDORFF-STÖHR bei Beschreibung der menschlichen Leber glauben, sagen zu dürfen, daß die Zahl der Maschen keineswegs so groß sei, wie man bei Betrachtung gewisser feiner Schnitte bei schwacher Vergrößerung annehmen könnte — die genannten Autoren begründen dies mit dem Umstand, daß die Maschen nur dadurch vorgetäuscht werden, daß die vielfach im Zickzack verlaufenden, mit Seitenästen versehenen Kanälchen sich in verschiedenen Ebenen überkreuzen — so gilt dies für die von uns untersuchten Tierarten gewiß nicht. Die Zahl der echten Maschen ist sicherlich außerordentlich groß. Wir möchten auch zu bedenken geben, daß dickere Schnitte beweisendere Bilder geben als dünne, da in dünneren Schnitten naturgemäß intakte, nicht angeschnittene Maschen in nur relativ geringer Zahl gefunden werden können.

Es besteht aber kein Zweifel, daß bei sämtlichen genannten Tierarten auch blindendigende Seitenzweige der Gallencapillaren bestehen. Der Durchmesser derartiger Seitenzweige ist jenem der Hauptgänge gleich, ein Moment, welches neben anderen beweist, daß es sich hier also nicht um die von verschiedenen Autoren beschriebenen intracellulären Sekretcapillaren handelt. Die Seitenäste haben verschiedene Länge und erreichen manchmal an Größe den Durchmesser der Leberzelle. Sie können am Ende kleine, knopfförmige Verdickungen tragen. Die Seitenäste zweier im Leberzellbalken parallel zueinander verlaufender Hauptcapillaren greifen stellenweise ineinander ein. Abgesehen von diesen offenkundig in die Leberzellen eintauchenden, blind endigenden Seitenästen der Capillaren finden sich im Golgipräparat kleine, oft nur als Punkte den Haupt- und Seitenästen aufsitzende, nur bei starker Vergrößerung erkennbare Ausstülpungen, welche jenen Bildungen entsprechen, die als intracelluläre Sekretcapillaren beschrieben werden. Aus Golgipräparaten läßt sich die Natur dieser Ausstülpungen deshalb nicht mit Sicherheit ableiten, weil Zellgrenzen nicht zur Beobachtung gelangen, wobei aber die Tatsache, daß diese Ausstülpungen gelegentlich den Capillaren sehr dicht ansitzen, wohl mit Sicherheit vermuten läßt, daß diese Ausstülpungen tatsächlich den sog. intracellulären Bildungen entsprechen. Die oben beschriebenen großen Seitenäste der Capillaren zeigen manchmal eine dichotomische Verzweigung, wobei beide Enden knopfförmig aufgetrieben sein können. Es sei schließlich hervorgehoben, daß die Gallencapillaren, sowohl Seiten- wie Hauptäste, gestreckt oder geschlängelt verlaufen können. In letzterem Fall kann es sich aber auch um Artefakte handeln, auf welche später eingegangen werden soll.

Sowohl nach der Methode von Golgi, als insbesondere nach Injektion der Capillaren mit verschiedenen Farbstoffen haben eine Reihe von Autoren nicht nur größere, rundliche Farbstoffanhäufungen, sondern auch feinste, sich netzförmig ausbreitende Fädchen beschrieben, welche die größeren Anhäufungen und die der Zelle anliegenden Gallencapillaren miteinander verbinden. Die Existenz derartiger in den Leberzellen gelegener Wurzelkanälchen des Gallensystems ist umstritten. Die Gegensätzlichkeit der Anschauungen erweist sich am besten aus der Gegenüberstellung von v. Kupffer und Frisch. Der erstere sprach sich nach dem Studium der Verhältnisse bei den verschiedenen Tieren insbesondere dahin aus: „Durch Injektion des Gallengangssystems lassen sich von den Gallencapillaren aus kleine intracelluläre Hohlräume oder Vakuolen erfüllen, die durch äußerst feine Kanälchen mit den die betreffende Leberzelle umgreifenden Gallencapillaren zusammenhängen. An gut gelungenen Injektionspräparaten erhält man durch diese Verhältnisse ein Bild, das die Capillaren mit kleinen, aber durchschnittlich gleichgroßen, gestielten Knöpfen besetzt zeigt. Der feine Stiel, d. h. das Verbindungsstück zwischen der injizierten Vakuole und dem intracellulären Gallengange erscheint meist gekrümmt." Fritsch lehnt die Präexistenz derartiger Räume ab und erklärt die obigen Bilder damit, daß die extravasierende Farbstoffmasse nach Durchbruch der Capillaren an schmaler Stelle das Zellprotoplasma vor sich herdrängt und somit „Sekretkapseln" schafft. In einer zusammenfassenden Darstellung Oppel (1900) führt dieser gegen die Anschauung von Fritsch und für die Deutung Kupffers folgendes an: 1. Gleichmäßiges Vorkommen im ganzen Bereich des injizierten Läppchens. 2. Gleiche Form und gleiche Größe der Knöpfchen. 3. Regelmäßiges Vorkommen der feinen Stiele.

In eigenen Präparaten konnten nach der Golgischen Methode gleichartige Bilder nicht erhalten werden und mit der Methode von Otami, auf welche wir weiter unten zurückkommen werden, konnten beweisende Tatsachen für die Existenz derartiger intracellulärer Gangsysteme mit Sicherheit nicht beigebracht werden.

Die modernen Lehr- und Handbücher der normalen Histologie lassen diese Frage gleichfalls unentschieden. Nach Schaffer ist ein intracellulärer Ursprung eines Teiles der vorwiegend intercellulär verlaufenden Sekretcapillaren mit Sicherheit nicht erwiesen (1920), er ist jedoch wahrscheinlich. Nach Braus (1924) erscheint es strittig, ob neben den blind endigenden Seitenkanälchen binnenzellige Kanälchen vorkommen. Auch er gibt die Existenz der oben von uns beschriebenen, den Seitenkanälchen aufsitzenden Knöpfchen im Golgipräparate zu, doch erscheint es seiner Meinung nach nicht sicher, ob es nicht Vakuolen innerhalb der Zellen sind, die sich zufällig imprägnieren ließen. Nach VON MÖLLENDORFF (1928) handelt es sich bei diesen Knöpfchen zwar um binnenzellige Sekretkanälchen, zweifellos aber um vorübergehende, nur an gewisse Funktionsstadien gebundene Bildungen in Form von Sekrettröpfchen, die aus der Leberzelle ins Kanälchen übertreten.

Was die Frage einer selbständigen Gallencapillarwand anlangt, so möchten wir unter besonderem Hinweis auf die Darstellung von OPPEL die Tatsache hervorheben, daß wir mit der üblichen Untersuchungsmethodik eine Membrana propria bei keinem der von uns untersuchten Tiere sehen konnten. Wir müssen daher die Existenz einer solchen mit größter Wahrscheinlichkeit ablehnen. Wenn die Leber, wie wohl allgemein angenommen wird, letzten Endes auf einen tubulösen Bau zurückgeführt wird, so stellen die Gallencapillaren die Drüsenlumina, die Leberzellen deren Wandungen dar, und die Annahme einer Lumen und Zelle trennenden Membrana propria wäre a priori nicht verständlich.

Prinzipielle Unterschiede in der Morphologie der Gallencapillaren von Kaninchen, Meerschweinchen, Ratte und Maus lassen sich nicht aufstellen, da, wie bereits oben erwähnt, das System bei allen Tieren in Form von Netzen mit blind endigenden großen und kleinen Seitenzweigen angelegt ist. Nichtsdestoweniger ergibt ein vergleichendes Studium der Morphologie gewisse Differenzen, welche unseren Erfahrungen nach in folgender Weise zusammengefaßt werden können: das Kaninchen unterscheidet sich von den übrigen Tieren hauptsächlich dadurch, daß Gallencapillarnetze relativ spärlich sind, eine Tatsache, welche auch bei der Durchmusterung eines dickeren Schnittes in mittlerer Höhe (s. oben) zum Ausdruck kommt. Jedenfalls überwiegen die blind endigenden großen Äste über die Netze. Ferner ist es auffallend — und gerade daran kann die Kaninchenleber in Golgipräparaten im allgemeinen leicht erkannt werden — daß die größeren Gallenwege, wenigstens an vielen Stellen des Präparates, stark geschlängelt sind, und daß sich die kleinen, sog. intracellulären Gallengangsausstülpungen in viel größerer Zahl als bei anderen Tieren finden. Vom technischen Standpunkte sei schließlich hervorgehoben, daß die Gallencapillaren des Kaninchens im Gegensatze zu denen des Meerschweinchens bei Anwendung des Golgiverfahrens verhältnismäßig schwer darstellbar sind, und daß im allgemeinen nur kleinere Areale des gleichen Schnittes eine deutliche Anfärbung zeigen. Die stärkere Schlängelung der Gallencapillaren kann, wie weiter oben erwähnt, als Artefakt aufgefaßt werden; die relative Konstanz des Befundes aber gerade nur beim Kaninchen spricht bis zu einem gewissen Grade gegen diese Deutung. Bei Meerschweinchen, Ratte und Maus lassen sich unterscheidende morphologische Merkmale nicht mit Sicherheit anführen. Vielleicht besitzt die Rattenleber etwas grobmaschigere Netze und relativ weniger Seitenäste.

Wie bereits früher erwähnt, gelingt es auch mit Hilfe von bestimmten Hämatoxylinfärbungen die Gallencapillaren darzustellen. Wenn sich auch bei der Anwendung dieses Verfahrens die Beziehungen der Gallencapillaren zu den Leberzellen klar erfassen lassen — ein wesentlicher Vorteil gegenüber der Golgimethode — so hat es nach unseren Erfahrungen den Nachteil, daß es nicht regelmäßig gelingt, und daß es bei bestimmten Tierarten meist versagt. Während man mit dieser Technik beim Kaninchen gewöhnlich gute Gallengangsbilder erhält, sind Präparate von Meerschweinchen, Ratte und Maus zum Studium der feineren Gallengänge so gut wie unbrauchbar; dies ist zum Teil darauf zurückzuführen, daß sich das Leberzellprotoplasma, resp. die Plastosome bei den letztgenannten Tieren meist stark anfärben, wodurch die Gallengangsstrukturen meist nicht hervortreten. Kaninchenpräparate liefern, wie bereits erwähnt, eindeutige Bilder. Die Gallencapillaren laufen hier entweder im Quer- oder Längsschnitte zwischen den Leberzellen. Sehr häufig sieht man, daß eventuell dichotomisch geteilte Gallengangscapillaren *auf* einer Leberzelle zu liegen kommen, Bilder, welche den Eindruck von dichotomisch verzweigten, intracellulären Capillaren erwecken können. Daß es sich um solche nicht handelt, beweist ein genaues Studium der Präparate. Dieses führt zur Überzeugung, daß diese Bilder Flachschnitten durch die oberflächlichsten Zellanteile entsprechen, daß die fraglichen Gänge in die Leberzellen eingegraben sind und intercellulären Gallencapillaren entsprechen. Es erhellt dies in erster Linie daraus, daß man in gleicher Höhe an die Leberzelle herantretende Blutcapillaren nicht beobachten kann, daß die zu den entsprechenden Zellen gehörenden Kerne regelmäßig höher oder tiefer liegen. Auch mit den Hämatoxylinmethoden konnten wir die intracellulären Bildungen, die oben kritisch besprochen sind, nicht mit Sicherheit finden.

Der Übergang der Gallencapillaren in die Gallengänge ist im Golgipräparat ohne Mühe zu finden (s. Abb. 67). Der Übergang ist im allgemeinen ein recht unvermittelter. Bei Färbungsmethoden, welche Leberzellen zur Darstellung bringen, ist dieser Übergang, wie unter anderem auch VON MÖLLENDORFF hervorhebt, außerordentlich selten zu beobachten. Nach dem genannten Autor fügen sich die zu einer einfachen Lage niedriger Epithelzellen verjüngten Cylinderzellen der Gallenwege direkt an die Leberzellbalken an.

ε) *Große Gallenwege, Gallenblase und periportales Feld.*

Beim *Kaninchen* liegen die Verhältnisse folgendermaßen: wie in dem Kapitel über die Gallengangscapillaren beschrieben wurde, legen sich mehrere der Capillaren zu kleinen Gallengängen zusammen. Die Vereinigungsstelle liegt entweder in den Randpartien des Läppchens oder häufiger im periportalen Felde. Die kleinen Gallengänge sind von einem flachen, endothelartigen, einreihigen Epithel ausgekleidet, welches sich alsbald in ein kubisches und dann mit Zunahme der Gallengangsgröße in ein regelmäßiges, hohes, einreihiges Cylinderepithel umwandelt. TOBIAS KOHN unterscheidet im Ductus hepaticus des Kaninchens neben den normalen Epithelzellen große, bauchige, helle Zellen, welche im intraportalen Abschnitte gänzlich fehlen, und schließlich Übergangsformen zwischen diesen hellen und den dunklen Zellen. Das Epithel der extraportalen Gallengangsabschnitte beim Kaninchen ist gegenüber dem fettreichen der Carnivoren durch gänzliche Fettlosigkeit auffallend.

Nach RENAUT zeigt der Ductus choledochus beim Kaninchen auf dem Querschnitt (in der Nähe der Mündung) unter dem Epithel in der Mucosa acinöse Drüsen, dann folgen Schichten glatter Muskelfasern in verschiedener Richtung und endlich Bindegewebe. Die Drüsen sind seröse. Am Grunde der Längsfalten münden Schleimdrüsen. Das Oberflächenepithel ist zylindrisch mit gestreiftem Cuticularsaum. Im Niveau der VATERschen Ampulle finden sich zahlreiche Schleimdrüsen, welche sich von den BRUNNERschen Drüsen dadurch unterscheiden, daß der Drüsengrund bei letzteren mit gekörnten Zellen ausgekleidet ist.

Die Gallenblasenschleimhaut zeigt eine deutliche Zottenbildung, in der Submucosa liegen spärliche seröse Drüsen.

Die topographische Anordnung der kleinen Gallenwege beim *Meerschweinchen* ist analog jener bei der Ratte (s. unten); kleine Gänge finden sich auch hier bereits in den periportalen Anteilen des Läppchens, im übrigen sieht man Gallengänge hauptsächlich in den periportalen Räumen. Hinsichtlich des Gallengangsepithels liegen ähnliche Verhältnisse vor; je größer der Gallengang, um so höher wird das Epithel. Es besteht aber gegenüber der Ratte insoferne ein markanter Unterschied, als das Epithel der kleinsten Gallengänge bereits kubisch ist und sich in den größeren zu einem hohen, sehr regelmäßig gebauten Cylinderepithel umwandelt. In diesen Zellen liegen die Kerne an der Basis, der lumenwärts gelegene Anteil ist von einem homogenen Protoplasma ausgefüllt. In vereinzelten Zellen der größeren Gallenwege erscheint der Zelleib becherzellenähnlich aufgetrieben; das Protoplasma ist grob vakuolisiert, in einzelnen Vakuolen finden sich mit Hämatoxylin gefärbte, unregelmäßig granulierte Ausgüsse (Schleim?). Die zuletzt beschriebenen Zellen sind selten. Die Auskleidung der großen Gallenwege kann gefältelt sein.

Die kleineren interacinösen Gallenwege der *Ratte* entstehen allem Anscheine nach durch Zusammenfluß von Gallencapillaren und auch von bereits im Läppchen entspringenden, kleinsten, mit Epithel ausgekleideten Gallengängen. Das Epithel der interlobulären kleineren Gallenwege ist nicht wie beim Kaninchen

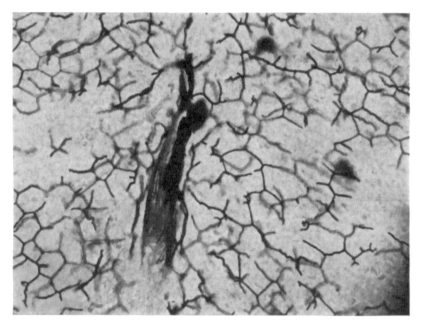

Abb. 67. Gallencapillaren des Kaninchens. Einmündung kleiner Capillaren in einen Gallengang. Golgimethode.

aus kubischen Epithelien zusammengesetzt, sondern zumeist aus langgestreckten, endothelartigen Zellen. Auch die Kerne derselben sind eher langgestreckt und erinnern bis zu einem gewissen Grade an die der KUPFFERschen Sternzellen. Erst nach dem Zusammenfluß einer größeren Anzahl solcher Gänge zu größeren, ändert sich das Epithel allmählich zu einem kubischen. Die Kerne runden sich ab, die Zellen werden höher. Das Epithel des Gallenausführungsganges zeigt nach RANVIER Cylinderzellen und zwischen diesen basalwärts verbreitete Zellen und Zwischenformen zwischen beiden. Die Membrana propria der kleinen Gallengänge wird aus einer Lage Bindegewebe gebildet, deren Kerne parallel zu den flachen, endothelartigen Gallengangsepithelzellkernen liegen und sich von diesen im allgemeinen nur durch ihre dichtere Struktur unterscheiden.

Die Hepatici sind, noch im Leberparenchym innerhalb der Leberkapsel gelegen, bereits mächtige, von einschichtigem Cylinderepithel ausgekleidete Kanäle. In der unmittelbaren Umgebung des Kanals ist das periportale Bindegewebe außerordentlich zellreich, die Kerne sind im Bindegewebe besonders dicht gelagert und unterscheiden sich in ihrer Morphologie kaum von den Kernen der kleineren Gallengangsepithelien. Schnitte durch den Ductus choledochus unmittelbar nach seinem Austritt aus der Leber und auch entfernt von der Leberpforte lassen in der Umgebung des großen Gallenganges eine große Anzahl quer getroffener kleinerer Gänge erkennen, deren Genese nicht ohne weiteres klarliegt. Die quergetroffenen kleineren Gänge machen vorerst den Eindruck von Ausstülpungen des Choledochus, die den LUSCHKAschen Gängen in der Gallenblasenwand bei anderen Tieren entsprechen könnten. Vielleicht handelt es sich in diesen Querschnitten aber um kleine Gallengänge, welche selbständig in den Choledochus einmünden. Für eine derartige Deutung ließe sich vor allem die Tatsache anführen, daß sich in den lebernahen Anteilen des Ligamentum hepatoduodenale zahlreiche kleine Gallenwege finden, welche offenbar mit dem Hauptgang in Verbindung stehen. Genauere Studien dieser Frage erscheinen notwendig.

Die Gallenwege der *Maus* unterscheiden sich von denjenigen der übrigen untersuchten Tierarten hinsichtlich des Epithels in so auffälliger Weise, daß die Mäuseleber an diesen, abgesehen von den übrigen unterscheidenden Merkmalen, identifiziert werden kann. Das Epithel nicht nur der kleinsten, sondern auch der größeren Gallenwege im periportalen Feld ist nämlich niedrig, endothelartig, erinnert noch in den größeren Gallenwegen an den Endothelbelag der Milzsinus und wandelt sich erst in den großen intrahepatalen Gallenwegen in ein kubisches Epithel um, um erst in den extrahepatalen Gallenwegen und in der Gallenblase Cylindercharakter anzunehmen. Hierbei bleiben die Kerne im Verhältnis zum Protoplasma relativ groß, der breite Protoplasmastreifen, der lumenwärts bei den anderen Tieren zu finden ist, fehlt. Seröse oder muköse Anhangsdrüsen werden bei der Maus intrahepatal nicht gefunden. Bezüglich der Anhangsdrüsen der extrahepatalen Wege stehen eingehende Untersuchungen aus.

Hinsichtlich der Gallengangsmuskulatur können wir folgende Angabe machen. Bei der Maus konnten wir weder im Choledochus noch in den kleineren Gallenwegen glatte Muskulatur mit Sicherheit nachweisen. Nach RANVIER enthält der Gallenausführungsgang der Ratte keine glatten Msukelfasern, die Wand wird von Längsbündeln von Bindegewebe gebildet, untermischt mit elastischen Fasern, welche netzförmig in Längsmaschen der Achse des Kanals folgend angeordnet sind. Ductus choledochus und cysticus des Meerschweinchens haben eine beträchtliche Muskelschichte (VARIOT), hinsichtlich der Muskulatur der kleineren Wege bedarf es noch eingehender Untersuchungen. Mit den verschiedenen Muskelschichten der Ausführungsgänge des Kaninchens hat sich HENDRICKSON in vergleichenden Studien mit Hund und Mensch eingehend beschäftigt und kam hinsichtlich des Kaninchens zu folgenden Schlußfolgerungen (zit. nach OPPEL):

„Der Ductus cysticus und hepaticus zeigen eine quere, eine Längs- und eine Schrägmuskelschichte, der Ductus choledochus nur eine Quer- und eine Längsschichte. An der Vereinigungsstelle der Ductus cysticus, hepaticus und choledochus behält jeder Duktus seine typische Struktur; die Wände eines jeden gehen allmählich in die der anderen über. In den intrahepatalen Gallenwegen des Kaninchens konnten wir glatte Muskelfasern weder im van Gieson- noch im Mallorypräparate einwandfrei feststellen."

Hinsichtlich der Muskulatur der Gallenblasenwand liegen eingehende Untersuchungen beim Meerschweinchen von DOYON vor. Es handelt sich hier um ein Netz von ovalen und elliptischen Maschen, nicht wie bei anderen Tieren, z. B. Hund, Katze, Taube um Muskelbündel, welche nach einer kleinen Zahl von Hauptrichtungen gruppiert sind, die sich untereinander schief schneiden. Beim Kaninchen zeigt die Gallenblase nach HENDRICKSON drei Lagen von Muskelbündeln: eine Quer-, eine Längs-, eine Schräglage. Bei dieser Tierart wird von dem gleichen Autor im Duodenalanteil des Ductus choledochus ein muskulärer Sphincter beschrieben, welcher dem Sphincter odi der anderen Tierarten entspricht, und über dessen Existenz bei Meerschweinchen, Ratte und Maus unseres Wissens vorläufig Literaturangaben nicht vorliegen.

ζ) Die periportalen Infiltrate.

Bei sämtlichen Versuchstieren, die wir untersuchten, fanden sich in der Leber, und zwar zumeist im Bereiche des periportalen Feldes Anhäufungen von Zellen, die bald Lymphzellen, bald großen mononucleären Elementen entsprachen, deren Kenntnis für die Experimentalpathologen gewiß von großer Bedeutung ist. Trotz eingehender Beschäftigung mit dieser Frage können wir auch heute noch nicht für *jeden* Fall mit Sicherheit sagen, ob der Zellherd als Normalbefund gewertet werden darf. Beim Kaninchen z. B. wird die Frage gelegentlich offen bleiben müssen, ob das Infiltrat nicht einer, bei der Coccidiose beschriebenen (s. diese) Pericholangitis entspricht. Wir glauben aber doch die folgenden Befunde als normale Vorkommnisse bezeichnen zu dürfen.

In der Leber der *Ratte* finden sich relativ häufig in größerer oder kleinerer Anzahl Zellherde, welche bei schwacher Vergrößerung den Eindruck von Rundzellenanhäufungen machen. Diese Zellen liegen in ihrer Hauptmasse im Bereiche der größeren periportalen Felder oder in jener Gegend, die der Grenze zweier ineinander übergehender Leberläppchen entspricht. Diese Zellanhäufungen scheinen ausnahmslos perivasculär angeordnet zu sein. Bei den spärlichen Herden, die ein zugehöriges Gefäß vermissen lassen, scheint es sich um schräg getroffene Zellhaufen zu handeln. Größe und Ausdehnung dieser den Lymphfollikeln ähnlichen Gebilde schwanken außerordentlich; sie können vollständig fehlen. Diese Bildungen wurden von Paschkis, Lauda usw. beschrieben und verschieden gedeutet. Bei objektiver Betrachtung lassen sich die diese Haufen aufbauenden Zellen morphologisch ungefähr folgendermaßen beschrieben: es handelt sich zum größten Teil um relativ plasmaarme Zellen mit großem, sich dunkel färbenden Kern. Die Kerne sind zumeist polygonal begrenzt, vielfach auch länglich oder gebuchtet. Das Protoplasma läßt im Hämatoxylin-Eosinpräparat keinerlei Struktur erkennen. In der peripheren Zone der Herde finden sich gelegentlich auch eosinophil gekörnte (resp. pseudoeosinophile Leukocyten des Kaninchens) oder auch ungranulierte Zellen mit einem Kern vom Typus desjenigen der Leukocyten. Neben diesen Zellen erkennt man vereinzelte, allem Anscheine nach dem Stützgerüst des Zellkomplexes zugehörige Elemente mit länglichem Kern, dessen Chromatinstruktur locker und fein granuliert ist. In manchen Herden, und zwar im Zentrum derselben finden sich Zellen vom Typus der polymorphkernigen Neutrophilen.

Ganz vereinzelt sieht man analoge, sehr kleine Herde im Bereiche des Läppchens selbst, nahe der Vena centralis.

Der Befund von umschriebenen Zellherden, wie sie eben erwähnt wurden, kann beim *Meerschweinchen* fast als regelmäßig bezeichnet werden. Die Infiltrate liegen zumeist im periportalen Felde, seltener in sehr kleiner Ausdehnung im Läppchen selbst. Die Herde sind entweder um einen Gallengang oder um eine interlobäre Vene oder um beide angeordnet. Es erscheint bemerkenswert, daß die Herde umschriebenen Bildungen entsprechen und nicht Gefäße oder Gallenwege auf lange Strecken umscheiden, wie aus Bildern längs getroffener interlobärer Venen hervorgeht, an welchen, wenigstens bei schwacher Vergrößerung, die umschriebene Lokalisation der in Rede stehenden Zellgruppen eindeutig hervorgeht. Bei starker Vergrößerung kann man allerdings beobachten, daß sich der Zellherd nicht scharf begrenzt, sondern daß die größeren Interlobarvenen eine sehr zellreiche Adventitia haben, ja daß man gelegentlich

den Eindruck gewinnt, daß der Adventitia nicht zugehörige, fremde Elemente
in die Wand der Venen eingestreut sind. Dieser Zellreichtum des die Venen
umgebenden Gewebes und der Venenwand selbst scheint ja in erster Linie die
Ursache zu sein, daß die Interlobärräume beim Meerschweinchen relativ deutlich
zum Ausdruck kommen (s. oben). Was die Zusammensetzung der Zellherde
anlangt, so finden sich oft innerhalb der gleichen Leber recht differente Verhältnisse. Zumeist handelt es sich, ähnlich wie bei der Ratte, um relativ große
Zellen mit großem, unregelmäßig geformtem, aber doch einheitlichem Kern.
In anderen finden sich vereinzelt oder auch in größerer Zahl manchmal auch
ausschließlich Zellen mit unregelmäßigen gebuchteten oder auch zerklüfteten,
ja sogar karyorhektischen Kernen, so daß der Eindruck einer akut-infektiösen
Leukocyteneinlagerung erweckt wird. Endlich findet man, besonders in der
Peripherie dieser Herde, vereinzelt oder auch in großer Zahl, eosinophil gekörnte
Zellen. Abnorm große Zellen mit basischem Protoplasma sind selten; sie
können auch Mitosen zeigen. Die früher beschriebenen Herde mit stark zerklüfteten, karyorhektischen Kernen sind besonders auffallend, wenn sie nicht
im periportalen Felde, sondern mitten im Läppchen zu liegen kommen.

Auch bei der *Maus* finden sich gelegentlich ähnliche Infiltratherde. Ihr
Vorkommen ist allerdings relativ seltener. Man findet sehr häufig Lebern,
in denen jegliche Anhäufung von Zellinfiltraten im periportalen Feld fehlt.
Die Anordnung der Infiltrate ist auch hier zumeist eine perivasculäre. Gelegentlich finden sie sich aber auch im Bereiche des Leberparenchyms selbst. Auffällig ist die Tatsache, daß die Infiltrate gegen die Umgebung zumeist nicht
scharf begrenzt sind. Was die Zusammensetzung anlangt, so bestehen sie bald
aus größeren Zellen mit bläschenartigem Kern, bald aus dicht gedrängten kleinen
Elementen.

Beim *Kaninchen* finden sich allerdings relativ selten in *coccidienfreien* Lebern
Infiltrate der beschriebenen Art. EPSTEIN bildet ein periadventitielles Zell-
häufchen in der Leber der Normaltiere ab, welches zum Teil aus Rundzellen,
zum Teil aus „interfibrillären Histiocyten" besteht.

Wenn wir die genannten Befunde bei Kaninchen, Meerschweinchen, Ratte
und Maus, wie oben gesagt, auch als normal bezeichnen wollen, möchten wir
doch betonen, daß Lebensweise, Haltung der Tiere, Ernährung usw. auf ihre
Entstehung von Einfluß sein könnten, daß einem Herdchen allein der pathologische Charakter auch niemals mit Sicherheit zu- oder abgesprochen werden
kann, und daß daher Befunde, wie z. B. jene von EPSTEIN, im Rahmen bestimmter
Experimente nur dann Schlußfolgerungen nach irgendeiner Richtung erlauben,
wenn eine entsprechend große Zahl von unvorbehandelten Normaltieren der
gleichen Zucht zur Kontrolle mituntersucht wurden.

η) Die Kupfferzellen.

Die Kupfferzellen stellen das Endothel der Lebercapillaren dar. Ob diese
einfache Endothellage einer Grundmembran aufsitzt, ist noch eine Streitfrage.
Fest steht, daß eine derartige Membran mit den üblichen histologischen Methoden
mit Sicherheit nicht nachzuweisen ist. Bei der Flachheit der Zellen ist das
Zellprotoplasma nicht zu sehen, bei Normaltieren stützt sich das Studium der
Kupfferzellen daher fast ausschließlich auf Zellkerne. Unter pathologischen
Verhältnissen können die Zellen allerdings wesentlich gebläht sein, insbesondere
durch Phagocytose zu mächtigen Zelleibern anschwellen. Die Kerne der Kupfferzellen bei Normaltieren sind im allgemeinen schon bei schwacher Vergrößerung
von den Leberzellkernen leicht zu unterscheiden; sie sind vor allem kleiner,
haben eine dichtere Chromatinstruktur, färben sich daher mit Kernfarbstoffen
intensiver und haben schließlich zumeist eine andere Gestalt als diese. Sie sind

in der Regel stäbchenförmig. Die Längsachse der Stäbchen liegt zumeist in der Achse der Lebercapillaren, bzw. senkrecht auf die Zentralvene. Je nach der Schnittrichtung finden sich längs- oder quergetroffene Kerne. Wenn sich auch prinzipielle Unterschiede zwischen den Kupfferzellen von Kaninchen, Meerschweinchen, Ratte und Maus nicht ergeben, müssen doch die folgenden geringfügigen unterscheidenden Merkmale festgestellt werden. Der wichtigste Unterschied bei den genannten Tieren ist die relativ große Zahl der Kupfferzellen beim *Meerschweinchen,* eine Tatsache, welche im allgemeinen die Erkennung eines Präparates als Meerschweinchenschnitt gestattet. Es wurde bereits in einem früheren Abschnitt darauf hingewiesen, daß die KUPFFERschen Sternzellen beim Meerschweinchen in der Peripherie des Leberläppchens dichter liegen, wodurch eine mehr minder scharfe Trennung der Leberläppchen voneinander auch dort ermöglicht ist, wo das Fehlen des periportalen Bindegewebes eine derartige Trennung nicht gestatten würde. Die Kupfferzellen springen vielleicht beim Meerschweinchen auch deshalb mehr ins Auge, weil die Struktur ihrer Kerne auffallend dicht ist. Es sei vielleicht noch erwähnt, daß man bei Durchsicht einer großen Anzahl von Präparaten den Eindruck gewinnt, daß die Kerne der Kupfferzellen beim Kaninchen weniger längsoval sind als die der übrigen Tiere. Hervorgehoben sei schließlich, daß Normaltiere Phagocytose irgendwelcher Art in den Kupfferzellen nicht erkennen lassen. Erythrophagocytose wurde von uns nie beobachtet. Hinsichtlich des Fett-, Glykogen- und Eisengehaltes der Kupfferzellen, bzw. ihrer Kerne s. entsprechende Abschnitte.

ϑ) Die Nerven der Leber und der Gallenblase.

Aus dem sympathischen Grenzstrange gelangen sowohl Sympathicus- wie Vagusfasern in das Organ, wobei im Ganglion coeliacum eine Umschaltung erfolgt. Bevor wir auf die dürftigen Befunde näher eingehen, müssen wir betonen, und das gleiche gilt für die Milz, daß die gefundenen Bilder fast nur Zufallsbefunde darstellen. Leider sind es besonders die parenchymatösen Organe, die keiner histologischen Methode mit Sicherheit Einblick in ihren nervösen Aufbau gestatten. Dies geht ja auch aus der Fülle histologisch-technischer Angaben hervor, von denen sich keine als durchaus verläßlich bewährt hat.

Wir konnten bei sämtlichen in Rede stehenden Tieren in den periportalen Feldern gelegentlich Nervenbündel feststellen, wobei wir uns der Methode von AGDUHR und von DE CASTRO bedienten. Diese Nervenbündeln entfasern sich dann und bilden feinere Geflechte (RETZIUS, KÖLLIKER). STÖHR gelang es mit Hilfe der Golgimethode ein derartiges Nervengeflecht beim Kaninchen darzustellen. Nach STÖHR scheinen im periportalen Bindegewebe Ganglienzellen nur gelegentlich zu finden zu sein (SCHMINCKE).

In der Gallenblase finden sich in deren Wand Ansammlungen von Ganglienzellen, die multi-, bi- oder unipolar gestaltet sind. Diese Ganglien sind untereinander durch Fasern verbunden, wobei Neuriten und Dentriten voneinander nicht zu unterscheiden sind. Es entsteht somit eine dichte Verflechtung imprägnierbarer Fasern. Die Nerven der Gallenblase als solcher folgen im allgemeinen den Gefäßen und versorgen dann, an die Adventitia gelangt, die verschiedenen Anteile der Blasenwand (STÖHR).

II. Pathologische Veränderungen.

Die folgenden Ausführungen sind eine Darstellung der speziellen Pathologie von *Kaninchen, Meerschweinchen, Ratte* und *Maus,* soweit diese dem Experimentalpathologen unseres Erachtens von Interesse sind. Auf die Beschreibung allgemein pathologischer Zustände, wie Stauung, Degeneration, Leichenerscheinungen usw. haben wir verzichtet und verweisen diesbezüglich auf die gangbaren Lehr- und Handbücher. Der Glykogenstoffwechsel hat an anderer Stelle dieses Buches Berücksichtigung gefunden. Mit der Erweiterung unserer Kenntnisse werden zweifellos pathologische Zustände an der Leber bekannt werden, welche uns in unserem relativ großen Material nicht begegnet sind. Auch wird unsere Darstellung vielleicht in mancher Hinsicht eine Korrektur erfahren müssen, wenn diese oder jene Fragestellung an einem noch größeren Material überprüft wird. Wie aus dem Folgenden jeweils zu ersehen ist, stützt sich unsere Beschreibung einiger pathologischer Zustandsbilder oft nur auf vereinzelte Fälle.

1. Cystenbildung in der Leber des Kaninchens.

Wir verfügen über *eine* einschlägige Beobachtung. In einem Lobus accessorius eines spontan verendeten Kaninchens fand sich eine kavernomähnliche Bildung mit den ungefähren Ausmaßen 2:1 cm im größten Querschnitt, welche fast den ganzen Lappen durchsetzte. Es handelt sich offenbar um eine multiloculäre Cystenbildung. Die Wand der Hohlräume ist glatt und glänzend. Den Inhalt der Cysten bildet eine klare, wässerige Flüssigkeit. Die Cysten erreichen an keiner Stelle die Leberoberfläche. Die histologische Untersuchung ergibt, daß es sich tatsächlich um ein multiloculäres Cystom handelt, welches von einem kubischen bis zylindrischen Epithel ausgekleidet ist. Zwischen den größeren Kammern enthalten die bindegewebigen Scheidewände zahlreiche gewucherte größere und kleinere, stellenweise beträchtlich erweiterte Gallengänge, wohl ein Beweis für die Gallengangsabstammung der Neubildung. Leberparenchymzellen sind im Bereiche des Kavernoms nicht zu finden. Die ganze Leber ist von zahlreichen miliaren Pseudotuberkelherden durchsetzt, die ausnahmslos Bacillenhaufen aufweisen. Es handelt sich um ein akutes Stadium einer „Pseudotuberkulose" mit frischer Nekrose des Parenchyms und mit relativ spärlichen Leukocytenanhäufungen. Anzeichen einer parasitären Lebererkrankung (Echinokokkus) konnten nicht gefunden werden.

Ähnliche, allerdings rudimentäre Cystenbildungen sahen wir in je einem Fall von Coccidiose und Leberegelkrankheit, in welchen es sich offenbar um stark erweiterte Gallengänge oberhalb der Verlegung derselben handelt.

2. „Pseudotuberkulose", herdförmige Infiltrate und Nekrosen.

Die pathologisch-anatomischen Veränderungen der Leber bei der sog. *„Pseudotuberkulose"* sind durch das Auftreten von Nekroseherden mit entzündlicher Reaktion charakterisiert. Es scheint, daß dieses wesentliche Merkmal der „Pseudotuberkulose" durch die verschiedensten Krankheiten hervorgerufen wird, daß die verschiedenen Autoren, welche sich mit der pathologischen Anatomie und Histologie dieser Zustände beschäftigt haben, verschiedenartige pathologische Bilder vor sich hatten, daß somit von einer Einheitlichkeit des Begriffes „Pseudotuberkulose" vom ätiologischen Standpunkt heute nicht die Rede sein kann. Es geht dies mit Sicherheit aus der Durchsicht der einschlägigen Literatur, sowie insbesondere aus der vor kurzem erschienenen kritischen Zusammenstellung von POPPE hervor. Dieser nimmt an, daß es drei verschiedene Arten von „Pseudotuberkelbacillen" gibt, und zwar: Bac. pseudotuberculosis rodentium (Nagetiere, Mensch), *Bac. pseudotuberculosis avis* (Schaf), *Bac. pseudotuberculosis muris* (Maus); der erstgenannte ist für die Maus, das Kaninchen und das Meerschweinchen pathogen; die Empfänglichkeit der Ratte scheint verschieden zu sein, in der Mehrzahl der Fälle werden negative Übertragungsergebnisse mitgeteilt. Auch der Bac. pseudotuberculosis avis ist für Maus, Meerschweinchen und Kaninchen pathogen. Der Bac. pseudotuberculosis muris ist nur auf die

Maus, vornehmlich die graue Hausmaus, übertragbar; dieser ruft in der Leber niemals Veränderungen hervor. Der charakteristisch pathologisch-anatomische Befund wird aber nicht *nur* durch die genannten Pseudotuberkelbacillen hervorgerufen, es wurden vielmehr gleichartige Veränderungen durch Bakterien, welche dem Bac. pseudotuberculosis rodentium verwandt sind (GALLI-VATERIO, CAGNETTO u. a.), ferner durch sog. atypische Pseudotuberkelbacillen (CIPALLINA u. a.) und schließlich durch Bakterien der Paratyphusgruppe (NEISSER, BÖHM, ATTULEN u. a.) verursacht, wie dies aus der übersichtlichen und erschöpfenden Darstellung von POPPE hervorgeht. Aber nicht nur Bakterien, auch Blastomyceten, Streptothrix, Schimmelpilze, tierische Parasiten, Wurmeier und sogar Fremdkörper (siehe POPPE) kommen als Ursache der gleichen anatomischen Veränderungen in Betracht. Diese Tatsache erklärt die bei den verschiedenen Autoren trotz aller Ähnlichkeit gegeneinander sehr abweichenden histologischen Beschreibungen und zeigt die Schwierigkeit, die sich einer systematischen Darstellung der Anatomie der ,,Pseudotuberkulose" entgegenstellt.

Wir glauben eine prinzipielle Abtrennung der bei den verschiedenen Tierseuchen beschriebenen (infektiöse diphtheroide Darmentzündung des Kaninchens, Diplokokkenseuche des Meerschweinchens, Mäusetyphus usw.) Infiltrate und Nekrosen, welche in der Literatur nicht unter der Bezeichnung Pseudotuberkulose laufen, von der Pseudotuberkulose nicht durchführen zu dürfen, solange man nicht der Nomenklatur ätiologische Prinzipien zugrunde legt, und lediglich die durch die anerkannten spezifischen Pseudotuberkelbacillen hervorgerufenen Veränderungen mit diesem Namen belegt.

JOEST, der sich mit der Frage der Rinderpseudotuberkulose eingehend beschäftigt hat, versteht unter ,,Pseudotuberkel" nicht einfache Nekrosen, sondern im wesentlichen zellige Knötchen, ,,die auf der Höhe ihrer Ausbildung in der Hauptsache aus epitheloiden, mit phagocytären Eigenschaften ausgestatteten Zellen und aus wenig zahlreichen Lymphocyten, Endothelien und Sternzellen bestehen", die später einer allmählichen Nekrobiose verfallen. An anderer Stelle sagt JOEST: ,,Die Ausbildung der Herdchen beginnt mit lokaler Anhäufung der vorgenannten Zellen anscheinend in den Lebercapillaren. Im Bereich dieser Zellenanhäufungen verkleinern sich die Leberzellbalken zunächst und verschwinden, namentlich im Zentrum der in Ausbildung begriffenen Herdchen, bald ganz. Dieser Untergang der Leberzellen scheint teils auf eine Druckatrophie, bedingt durch die in den Capillaren steckenden Zellmassen, teils auf eine Giftwirkung seitens der ursächlich beteiligten Gärtnerbakterien zurückzuführen zu sein. Sind die Leberzellen im Bereiche der Zellanhäufungen verschwunden, so bleibt ein zellreiches Herdchen übrig, das sich aus den mit dem Untergang der Leberzellen zusammenfließenden übrigen Zellmassen, also auch aus den vom Lebergewebe übrig bleibenden Capillarendothelien und Sternzellen zusammensetzt, zum Teil auch noch vereinzelte regressiv veränderte Leberzellkerne aufweist. Zunächst erscheinen alle diese Elemente (abgesehen von den vorhandenen Leberzellresiduen) noch lebensfähig, was sich in guter Kernfärgung ausspricht; dann aber verfallen sie der Nekrobiose, die sich zunächst in einer Deformation der Kerne, sodann teils in einer mangelhaften Färbbarkeit der Kerne (Karyolyse), teils in pyknotischen Erscheinungen äußert. Den abblassenden Kernen der allmählich untergehenden Zellen des Herdchens mischen sich noch Kernreste untergegangener Leberzellen bei. Weiter verschwinden die das Herdchen zusammensetzenden Elemente wohl ganz, d. h. die Nekrobiose endet mit Nekrose."

Wenn wir der Nomenklatur von JOEST auch insoferne folgen möchten, daß wir nur jene histologischen Bilder mit der Bezeichnung Pseudotuberkulose belegen, welche den Aufbau eines Knötchens aus zelligen, insbesondere epitheloiden Elementen darbieten und so Ähnlichkeit mit einem echten Tuberkel haben, so müssen wir auf Grund unserer Beobachtungen bei den Laboratoriumstieren bekennen, daß eine scharfe Abtrennung dieser Bilder von anderen, in welchen Nekrose oder Infiltratherde oder beides vorherrschen, epitheloide Anhäufungen fehlen oder nur angedeutet sind, nicht möglich ist, und daß wir daher bei der Unmöglichkeit der Trennung der „Pseudotuberkulose" von anderen Nekrosen und Infiltraten mit Pseudotuberkulose vorläufig nur ein histologisches Zustandsbild bezeichnen wollen. Wir betiteln diesen Abschnitt daher mit *„Pseudotuberkulose" herdförmige Infiltrate und Nekrosen"*.

Im folgenden sei der Versuch einer Beschreibung der verschiedenen hierhergehörigen pathologisch-anatomischen und histologischen Veränderungen gemacht. Es sei hierbei ausdrücklich hervorgehoben, daß die verschiedenen „Pseudotuberkulosen" — bzw. Nekrosen und Infiltrate — hervorrufenden Bakterien die im folgenden beschriebenen, mannigfaltigen histologischen Bilder wahrscheinlich nicht regelmäßig zu erzeugen vermögen, daß den verschiedenen Erregern offenbar ein verschiedener Reaktionsmechanismus im Gewebe zukommt. Man darf zum Beispiel nicht erwarten, daß in jedem Fall der sog. „Pseudotuberkulose" narbig sklerosierende Endstadien zur Beobachtung gelangen, da vielmehr je nach der Pathogenität der Erreger die Pseudotuberkulose etwa bald unter dem Bilde der akuten Nekrose, bald unter dem eines chronisch entzündlichen narbigen Prozesses einhergeht. Die folgende Darstellung stützt sich zum Teil auf das Studium der Literatur, zum Teil auf eigenes Material, welches allerdings bakteriologisch nicht untersucht wurde.

Vorausgeschickt sei, daß Artefakte, die entweder auf Fehlern in der Fixierungs- und Färbetechnik beruhen und vor allem zur Nichtfärbung der Kerne führen oder die durch Schädigung des Gewebes beim Anfassen mit der Pinzette entstanden sind, den nicht Erfahrenen zur falschen Annahme einer Spontanschädigung, resp. Nekrose verleiten können. Lokalisation, Abgrenzung, Umgebung der Herde usw. werden im allgemeinen den richtigen Weg weisen.

Durch die Gleichartigkeit der pathologisch-anatomischen Veränderungen läuft man vorläufig Gefahr, vom ätiologischen Standpunkt durchaus heterogene Zustände zusammenzuwerfen. Erst weitere Erkenntnisse in der Ätiologie dieser Leberkrankheiten werden richtunggebend sein. Wir möchten hier darauf hinweisen, daß z. B. bei der perniziösen Anämie der Ratte (s. unten) umschriebene nekrotisch-entzündliche Herde in der Leber gefunden werden, die als solche histologisch ähnlichen Stadien einer sog. Pseudotuberkulose entsprechen, ein Beispiel, welches allein zeigt, daß nur die ätiologische Forschung eine endgültige Klärung über die Frage der Pseudotuberkulose bringen können wird. Hier müssen wir auch auf die Ähnlichkeit mancher Spätstadien der Coccidienerkrankung und Nekroseherden anderer Art hervorheben und verweisen auf das einschlägige Kapitel.

Die verschiedenen morphologischen Bilder bei den in Frage stehenden Tieren sind folgendermaßen charakterisiert:

Kaninchen: Analoge Bilder, wie sie beim Kalb bekannt sind (s. die Abbildungen bei JOEST), nämlich ausgedehnte, umschriebene, gegen die Umgebung gut abgegrenzte, makroskopisch sichtbare, durch den Nekrosebacillus hervorgerufene Lebernekrosen, bei welchen im Anfangsstadium strukturlose Herde, vorerst ohne sekundäre entzündliche Reaktion auftreten, haben wir in unserem Material niemals gefunden. Hingegen verfügen wir über einen Fall, in dem sich eine sehr große Anzahl stellenweise konfluierender nekrotischer Leberbezirke findet, in welchen wenigstens in der Mehrzahl der Herde eine entzündliche Reaktion nicht oder kaum nachweisbar ist. Die Bilder, welche hier gesehen werden (Abb. 68), unterscheiden sich von den beim Kalb beschriebenen vor allem durch ihre unregelmäßige Begrenzung; wenn auch da und dort das nekrotische Gebiet ganz umschriebene Bezirke des Leberparenchyms einnimmt, so sieht man doch zumeist eine ganz unregelmäßige Verteilung; selbst im gleichen Leberbalken können zentrale und periphere Leberzellen zugrunde gegangen sein, während die dazwischen liegenden erhalten sind. Bemerkenswert ist, daß die herdförmige Nekrose auf bestimmte Bezirke der Leber begrenzt ist. Aus dem Vorangegangenen ergibt sich, daß eine Beziehung der Nekroseherde zu bestimmten Läppchenanteilen nicht besteht, bald ist ein ganzes Läppchen, bald ein Quadrant, bald die Intermediärzone, bald nur kleinere Parenchyminseln befallen. Die Nekrose der Leberzellen äußert sich in einer nur angedeuteten oder auch fehlenden Anfärbung der Kerne, ferner durch eine lichte Färbung des Protoplasmas. Die Leberzellbalkenstruktur ist im großen und ganzen erhalten, nur in bestimmten Herden geht sie vollständig verloren und ein Detritus ist an Stelle

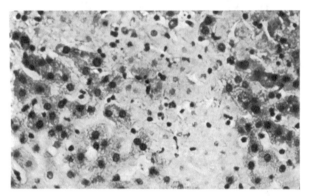

Abb. 68. Kaninchen. Leberzellnekrose ohne entzündliche Reaktion.

der normalen Struktur zu beobachten. Während eine zellige Reaktion im allgemeinen fehlt, finden wir in den Herden mit völligem Untergang der normalen Leberzeichnung neben einer größeren Menge von Chromatinresten auch leukocytäre Infiltration. Dieser letztere Umstand scheint zu beweisen, daß es sich hier tatsächlich um intra vitam aufgetretene Leberveränderungen handelt. Über die Klinik des Falles war uns nichts bekannt.

Zu den akuten Nekrosen des Lebergewebes sind weiterhin jene zu rechnen, welche durch miliare, umschriebene, runde Herdchen charakterisiert sind. Ob es sich hierbei um eine primäre Leberzellnekrose oder um eine primäre Zellanhäufung mit sekundärer Degeneration und Nekrose der Leberzellen und auch der Infiltratzellen handelt, läßt sich aus den Schnitten nicht mit Sicherheit entscheiden. Manches spricht allerdings für die primäre Leberzellnekrose. Soferne es erlaubt ist, aus histologischen Bildern allein den chronischen Ablauf des Prozesses zu erschließen, scheinen die jüngsten Stadien die folgenden wesentlichen Merkmale aufzuweisen: die Herde bestehen aus Ansammlungen von Infiltratzellen, zwischen welchen noch spärliche Reste von degenerierten Leberzellen zu finden sind; diese erscheinen geschrumpft, die Kerne pyknotisch, oft sind sie nicht mehr mit Sicherheit als Leberzellen ansprechbar. Im Vordergrunde stehen die Infiltratzellen, welche sich zum kleinen Teil aus pseudoeosinophilen polymorphkernigen Zellen, zum größeren Teil aus mononucleären Elementen zusammensetzen; die letzteren sind durch einen runden oder länglichen, gelegentlich auch gebuchteten, oft pyknotischen Kern ausgezeichnet.

Bei schwacher Vergrößerung machen die Herde den Eindruck einer dichten
Ansammlung von kleinen Infiltratzellen. Die Herde sind rund und haben etwa
die Größe eines kleinen Miliartuberkels. Sie grenzen sich gegen die Umgebung
zwar scharf ab, man erkennt aber bei stärkerer Vergrößerung doch, daß die
Zellen das zunächst gelegene Lebergewebe infiltrieren, so daß in den peripheren
Anteilen des Knötchens mehr minder intakte Leberzellen gefunden werden
können. Tangential getroffene Läppchen zeigen diese Verhältnisse am an-
schaulichsten. Wenn auch eine konstante Lagebeziehung des Herdchens zum
Leberläppchen nicht mit Sicherheit nachgewiesen werden kann, so bleibt doch
auffällig, daß es zumeist in der Nähe der Zentralvene, jedenfalls fast immer im

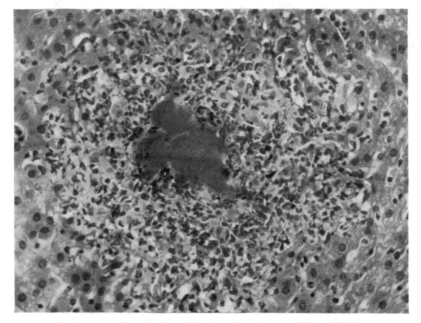

Abb. 69. Kaninchen. Leber. Nekroseherd mit entzündlicher Reaktion.

Läppchen selbst, selten in der Nähe der periportalen Felder gefunden wird.
Das übrige Lebergewebe ist intakt.

Ein vorgeschrittenes Stadium scheinen jene Herde darzustellen (Abb. 69), in
welchen von Leberzellen nichts mehr zu sehen ist und die Infiltratzellen schwerste
degenerative Veränderungen hauptsächlichst im Sinne des Zellverfalles und der
Karyorhexis aufweisen. Der Hauptanteil des Herdchens wird von einer sich
mit Eosin anfärbenden Detritusmasse und den Kernresten gebildet, welch
letztere aus kleinen Partikeln oder Kernstaub bestehen. Zwischen diesen Zelltrümmern finden sich in geringer Menge intakte junge Bindegewebszellen. Das
Aussehen der Herde variiert insoferne, als die Mengen von Chromatinsubstanz
(Kernbröckel, Kernstaub) in den verschiedenen Herden verschieden groß sind, so
daß die Herde bei Hämatoxylin-Eosinfärbung bald einen dunkleren, bald einen
lichteren Eindruck hervorrufen. Die schwerste Degeneration der Infiltratzellen
findet sich regelmäßig im Zentrum des Herdes, hier kann es auch zur Bildung
eines kleinkrümeligen Detritus kommen, welcher sich gelegentlich mit Hämatoxylin diffus blau anfärbt. Diejenigen Herde, welche eine größere Anzahl von

Epitheloidzellen, wenn auch nur in der Peripherie aufweisen, würden einer „Pseudotuberkulose" der obigen Definition im engeren Sinn entsprechen.

In einem noch späteren Stadium scheint sich der Herd durch Bildung eines jungen Granulationsgewebes abzukapseln. Dieses etabliert sich in dem an den Herd angrenzenden Lebergewebe und bringt dieses zur Druckatrophie. Die Entwicklung des Granulationsgewebes scheint bald früher, bald später, bald vor, bald nach der Einschmelzung des Knötchens zu Detritus zu erfolgen, so daß das histologische Bild recht mannigfaltig sein kann. Riesenzellen fehlen.

Über das weitere Schicksal dieser Herde wissen wir vorläufig nichts. Es wäre denkbar, daß die Krankheit tödlich endet, oder daß eine weitere Involution in dem Sinne auftritt, daß das Granulationsgewebe den Herd vollständig ersetzt und der Prozeß mit narbiger Heilung ausgeht. Wir sind analogen Bildern, wie sie JOEST beim Kalb beschreibt, alte Nekroseherde mit bindegewebiger Abkapselung nicht begegnet. Wir verfügen zwar über eine große Anzahl von Lebern, in welchen sich auch makroskopisch sichtbare, große Knoten finden, die sich histologisch aus einer zentralen Detritusmasse und einem diese einschließenden Granulationsgewebe, bzw. einer bindegewebigen Kapsel bestehen; wir glauben aber diese zumeist sehr großen Herde der Coccidiose zurechnen zu müssen. Im Kapitel über diese Krankheit wird ausgeführt, daß in den Spätstadien bindegewebig abgegrenzte, im Zentrum Käsemassen beherbergende Knoten entstehen, in welchen Oocysten nicht mehr gefunden werden müssen, und es ist klar, daß derartige Herde evtl. auch der Pseudotuberkulose zugerechnet werden könnten. Wir möchten diese Annahme aber im Hinblick darauf ablehnen, daß wir diese großen Herde fast immer in Kombination mit sicherer Coccidiose beobachteten, daß wir ferner ganz analoge Herde gesehen haben, in welchen das eine Mal keine, das andere Mal ganz vereinzelte Oocysten nachweisbar waren, und daß unserer Meinung nach schließlich das knotige Endstadium der Coccidiose histologisch einige für sie bis zu einem gewissen Grad charakteristische Merkmale aufweist. Während Riesenzellen bei der „Pseudotuberkulose" anscheinend fehlen, werden sie hier in großer Menge gefunden; auf S. 145 wird auseinandergesetzt, woher die Riesenzellen wahrscheinlich ihren Ursprung nehmen. Es läßt sich ferner fast regelmäßig die Beziehung des Knotens zu größeren Gallenwegen nachweisen. Die fraglichen Herde sind schließlich meist größer als die rein nekrotischen Herdchen. Nicht unwichtig erscheint schließlich, daß sich in der Umgebung der Coccidienknoten zum Unterschied von den Nekroseherden sehr häufig Ansammlungen von eosinophilen Zellen finden. Wir glauben nicht mit diesen Merkmalen eine sichere Unterscheidung von Coccidienknoten und Knoten anderer Art, die vielleicht Endstadien einer sog. „Pseudotuberkulose" darstellen, durchführen zu können, glauben in ihnen aber doch genügend vorläufige Richtlinien zur Klassifizierung des Einzelfalles zu erblicken.

Die vorstehende Darstellung versucht die verschiedenen Knötchen der Pseudotuberkulose des Kaninchens auf Grund der histologischen Bilder zeitlich zu ordnen. Es sei zugegeben und betont, daß die verschiedene Zusammensetzung des Pseudotuberkels aber nicht nur von der Dauer, sondern auch von der Art der Schädigung und auch von der Virulenz des etwaigen Erregers abhängt. GRUBER, der die Pseudotuberkulose des Kaninchens nach Paratyphus-B-Infektion studierte, erhielt je nachdem, ob er voll virulente oder abgeschwächte Keime verimpfte, verschiedene Bilder; im ersteren Fall überwiegt die Nekrose und Infiltration, im anderen tritt die Reaktion des retikuloendothelialen Systems in den Vordergrund, die zu einem Knötchen führen kann, welches einer herdförmigen knötchenartigen Hyperplasie des „Retikuloendothels" entspricht. Auf die interessante Ausführung GRUBERS sei ausdrücklich hingewiesen.

Die von MESSERSCHMIED und KELLER beschriebenen Knötchen bei der gelegentlich spontan vorkommenden Pest des Kaninchens bestehen nach ihren Angaben der Hauptsache nach aus einer Anhäufung polynucleärer Leukocyten mit zentraler Verdichtung und Kernzerfall; ob es sich hier, wie in den vorangegangenen Beispielen vermutet wurde, um primäre Leberzellnekrosen mit sekundärer Infiltratbildung oder nicht doch um primäre Leukocytenanhäufungen handelt, ist nicht klargestellt.

Anhang. Schließlich sei hier ein einmalig erhobener Befund erwähnt, der jedesfalls in die Gruppe der Lebernekrose gehört, mit den vorstehend beschriebenen aber kaum in Parallele gesetzt werden kann. Bei einem Kaninchen, dessen Todesursache uns nicht bekannt ist, und bei welchem die Leber makroskopisch sichtbare, verschieden große, weißliche Knoten aufwies, wurden histologisch folgende Veränderungen gefunden: die zentralen Anteile des Leberläppchens zeigen eine akute Nekrose, die Leberzellen sind zwar noch erhalten, aber verschmälert, die Kerne nicht oder kaum mehr darstellbar. Um die leere, weite Vena centralis liegen Ansammlungen von Exsudatzellen, welche zum größten Teile nekrotische Veränderungen aufweisen; die Kerne dieser Zellen sind zumeist pyknotisch oder karyorhektisch verändert und zerfallen vielfach, wie oben erwähnt, zu Kernstaub, der sich übrigens in geringen Mengen auch im ganzen nekrotischen Bezirk findet. Diese zentrale Nekrosemasse wird nun von drei allerorts gut voneinander abgrenzbaren Schichten umfaßt: 1. eine Schichte dicht gelagerter Infiltratzellen, 2. eine äußere Schichte jungen Granulationsgewebes und 3. eine weitere ringförmige Schichte eosinophiler Zellen, welche bereits zum Teil zwischen die gesunden Leberzellen zu liegen kommen.

Meerschweinchen. Die beim Meerschweinchen zu beobachtenden Bilder, welche den umschriebenen Nekrosen, bzw. der Pseudotuberkulose zuzurechnen sind, unterscheiden sich in mancher Hinsicht von den beim Kaninchen besprochenen. Man gewinnt den Eindruck, daß den Prozessen vermutlich eine verschiedene Ätiologie zugrunde liegt, eine Vermutung, die sich allerdings nur auf das histologische Bild stützt und erst durch Infektionsversuche auf ihre Stichhaltigkeit geprüft werden müßte. Soweit aus dem histologischen Bild geschlossen werden darf, scheinen die jüngsten Stadien in dreifach verschiedener Form auftreten zu können.

I. Die akute Leberzellnekrose.

II. Miliare umschriebene Knötchen mit Leberzellnekrose und dichter Infiltration; Knötchen, welche den miliaren umschriebenen Knötchen des Kaninchens gleichzusetzen sind.

III. Pseudotuberkel im Sinne von JOEST.

ad I. Die unter I. genannte Veränderung scheint relativ selten zu sein. Wir sind ihr einmal begegnet. Es handelt sich hierbei um die Größe eines Hirsekorns erreichende Herde, die der Hauptsache nach aus einem Bezirk nekrotisch veränderter Leberzellen bestehen. Die gröbere Struktur des Parenchyms, die Anordnung der Zellen zu Balken ist zum Teil erhalten, die Struktur aber dennoch durch Ansammlung von reichlichem, körnigem, sich zum größten Teil mit Hämatoxylin färbenden Detritus verwischt. Die Leberzellen selbst zeigen fettige Degeneration, Schrumpfung, Überfärbbarkeit des Protoplasmas mit Eosin, mangelhafte oder fehlende Kernfärbbarkeit, pathologische Kernstrukturen. Stellenweise sind die Leberzellen im Detritus vollständig aufgegangen. In den Randpartien der Nekrose findet sich ein schmaler Streifen, in welchem die Leberzellen noch etwas besser erhalten sind, und in welchem zwischen den Leberzellen reichlich Infiltration nachweisbar ist, wobei aber die Infiltratzellen bereits schwere Veränderungen, hauptsächlich im Sinne der Karyorhexis aufweisen. Der Herd grenzt sich gegen das normale Lebergewebe durch einen schmalen Streifen von Granulationsgewebe ab, welches in erster Linie aus Epitheloiden und Rundzellen besteht.

ad II. Die unter zwei genannten Bildungen stellen zumeist sehr kleine Herde dar, in welchen noch ganz vereinzelt Reste nekrotisierender Leberzellen gefunden werden und die der Hauptsache nach aus Infiltratzellen bestehen, unter denen polymorphkernige Elemente dominieren. Ob die Bilder I und II prinzipiell zusammengehören, ob speziell Typus II ein späteres Stadium kleinerer

Herde des Typus I darstellt, ob mit anderen Worten die Nekrose das Primäre-, die Infiltration das Sekundäre darstellt, läßt sich auf Grund unseres Materiales nicht mit Sicherheit behaupten, erscheint aber eher unwahrscheinlich.

ad III. Typus III besteht in erster Linie aus Epitheloidzellen mit großen, sich blaß färbenden, intakten Zellen. Zwischen diesen finden sich neben Rundzellen polymorphkernige Elemente, die im Zentrum sogar dominieren und gelegentlich dort als alleinige Zellform vorhanden sind. Dieser „Pseudotuberkel" ist außen von einer kernreichen Bindegewebsschichte umgeben, welche stellenweise kleine Infiltrate umschließt, und welche sich gegen das umgebende Leberparenchym unscharf abgrenzt. In den gleichen Lebern, in denen die geschilderten Herde gefunden werden, trifft man auch solche an, in

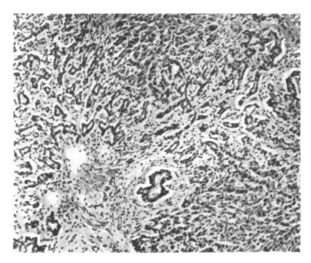

Abb. 70. Meerschweinchen. Gallengangswucherung in der Umgebung vernarbender Pseudotuberkuloseherde.

deren Zentrum eine Ansammlung zahlreicher polymorphkerniger Zellen nachweisbar ist, ein Befund, der einerseits dafür zu sprechen scheint, daß der Pseudotuberkel sekundär erweicht und der andererseits den Übergang zu einem nächstfolgenden Stadium, zur chronischen Form des Prozesses bildet. Es handelt sich in dieser späten Entwicklungsform um im allgemeinen makroskopisch sichtbare Herde, deren histologisches Charakteristikum darin besteht, daß eine zentrale Detritus- und Eitermasse in einer bindegewebigen Kapsel eingeschlossen ist. Die Zellen der zentralen Eitermasse sind je nach dem Entwicklungsstadium bald noch relativ wohl erhalten, bald zu einem uncharakteristischen, im Hämatoxylin-Eosinpräparat diffus blau gefärbten Detritus zerfallen. Zwischen den Zentralmassen und der bindegewebigen Kapsel finden wir regelmäßig ein junges Granulationsgewebe, welches dem bei „Pseudotuberkeln" auftretenden Gewebe außerordentlich ähnlich ist. Die bindegewebige Kapsel besteht je nach dem Alter des Prozesses aus jüngeren oder älteren Bindegewebszellen mit ihren Fibrillen; sie ist nicht gefäßreich. Besonderes Interesse verdient die Tatsache, daß das angrenzende Lebergewebe häufig von Zügen durchsetzt ist, die von der bindegewebigen Kapsel ausgehen, daß die Leberzellbalken vielfach druckatrophisch sind, und daß es durch die Bindegewebseinlagerung zu einer Abschnürung von Leberzellinseln einerseits und zu einer Gallengangswucherung andererseits kommt. Diese Gallengangswucherung nimmt gelegentlich ein derartiges Ausmaß an, daß es berechtigt scheint, von einem Gallengangsadenom zu sprechen, wie die Abb. 70 zeigt.

Ein merkwürdiges Bild der Leberveränderungen beim Meerschweinchen im chronischen Verlaufe einer durch den Micrococcus tetragenes entstandenen Seuche geben uns KASPAR und KERN. Sie fanden zur Konfluenz neigende Zellhaufen und mächtige Lückenbildungen. Die Zellen waren intraacinös angeordnet und stellten unregelmäßig geformte Elemente dar. Die zwischen dem Zellinfiltrate gelegenen Leberzellbalken waren druckatrophisch. Die eben erwähnten Lückenbildungen waren auch im Zentrum anzutreffen, soferne dieses keine Colliquationsnekrose aufwies. Auch pflegten diese Lücken gelegentlich die Erreger aufzuweisen. Die Gefäße der Umgebung waren stark gefüllt und enthielten viele weiße Blutelemente. Die Umgebung der Herde zeigte auch Rundzellenanhäufungen, epitheloide Zellen und Kerntrümmer. Um vereinzelte Leberzellgruppen hatte sich ein Kranz von Granulationsgewebe gebildet. Ferner konnte Gallengangswucherung, Ablagerung von Gallenpigment sowie periportale Zellinfiltrate festgestellt werden. Auch große konfluierende Nekrosen, besonders in der Nähe der GLISSONschen Kapsel, wurden gesehen. Der Prozeß schien vom Läppchenzentrum seinen Ausgang zu nehmen. Ähnliches, ohne die beschriebene Lückenbildung, aber mit positivem Bakterienbefund sah WITTNEBEN bei einer Meerschweinchenepizootie, hervorgerufen durch den Streptococcus lanceolatus.

Ein letztes Stadium endlich, das aufzustellen wir uns berechtigt fühlen, ist das der Vernarbung. Man findet gelegentlich Knötchen, welche aus einem zellarmen Bindegewebe bestehen. Im Zentrum waren die Kerne in unserem Präparat immer etwas reichlicher als in der Peripherie.

Die gegebene Darstellung soll vor allem zur Beobachtung gelangende Bilder aufzählen. Die von uns angenommene zeitliche Folge der verschiedenen Stadien wird bei der Durchmusterung eines großen Materiales vielleicht auch hier in dieser oder jener Richtung eine Korrektur erfahren.

Auf die eigentümlichen Veränderungen der Milz bei der sog. Pseudotuberkulose kommen wir später zurück.

Ratte: Spontane Nekrosen haben wir bei der Ratte nicht angetroffen. In diesem Zusammenhange sei aber auf die bei der infektiösen Anämie der Ratte (Bartonellenkrankheit) auftretenden Lebernekrosen und Infiltrate hingewiesen, welche vorläufig allerdings nur nach Splenektomie oder nach experimenteller schwerer Infektion des milztragenden Tieres bekannt sind. LAUDA hat die Herde in der Leber bei der Bartonellenkrankheit folgendermaßen beschrieben: „Die Herde sind zwar nicht regelmäßig, aber doch in der Mehrzahl der Fälle zu finden. Oft nur an vereinzelten Stellen von geringer Ausdehnung nehmen sie nicht selten größere Bezirke eines Lappens ein, wobei nur kleine Inseln noch mehr oder weniger unveränderter Leberzellbalken erhalten bleiben. Die Leberzellen der nekrotischen Bezirke erscheinen im allgemeinen kleiner als normal, geschrumpft. Bei Hämalaun-Eosinfärbung nehmen sie einen stärkeren, mehr leuchtendroten Farbstoff an und heben sich dadurch von der Umgebung deutlich ab. Die kleinen nekrotischen Bezirke finden sich im allgemeinen an umschriebener Stelle, etwa in der Mitte zwischen interlobulären Feld und Zentralvene, es ist dies aber keine Regel. Gelegentlich sieht man sie auch in der Nähe der größeren Gallenwege und in der unmittelbaren Umgebung der Zentralvene. Die Herde können also, wie gesagt, auch eine größere Ausdehnung erfahren, sie können einen Quadranten eines Läppchens oder mehr einnehmen, mehrere Herde können zusammenfließen und es kann schließlich ein Bezirk von mehreren Läppchen der Nekrose anheimfallen. Nicht selten sieht man ausgedehnte Anschnitte des Organs in diesem Sinne verändert, es bleiben dann meist nur, gerade um die größeren Gallenwege, Teile von Leberzellbalken erhalten, die wie von einem Punkt, eben dem periportalen Feld, radiär in die nekrotischen Gebiete auszustrahlen scheinen. Die Kerne der nekrotischen Leberzellen zeigen nekrobiotische Veränderungen, bald im Sinne einer Kernfragmentation, bald im Sinne einer Hyperchromatose verschiedener Form oder sie erscheinen als kleine,

fein bläulich bestäubte, meist unregelmäßig zusammengeflossene Gebilde oder
sie nehmen eine Färbung überhaupt nicht mehr an. In den den Nekrosen benachbarten Leberzellen wird meist neben der Verfettung Kerndegeneration, Hyperchromatose, Chromatinverdichtung und Randstellung des Chromatins, Pyknose
usw. beobachtet, anscheinend Veränderungen, welche den Zelltod einleiten.
Es macht oft den Eindruck, daß die die nekrotischen Teile begrenzenden und
in ihrem Bereiche liegenden Capillaren eine große Anzahl fragmentierter Kerne
beherbergen, die anscheinend von zugrunde gehenden Endothelzellen und nur
zum kleineren Teil vielleicht auch von Blutleukocyten abstammen. Eine wesentliche Vermehrung der Zellen findet hier aber anscheinend nicht statt, durch die
Schrumpfung der zugrunde gehenden Leberzellen hat es nur den Anschein,
daß die Kerne hier dichter liegen als in der Umgebung. Diese zum Teil also
wohl nur scheinbare Kernanhäufung gibt den Herden, insbesondere wenn sie
klein sind, ein eigentümliches Gepräge. In einer Reihe von Fällen war aber
auch eine beträchtliche leukocytäre Infiltration dieser Herde nachzuweisen.
Wenn die fragmentierten Kerne am Rande nekrotischer Abschnitte gehäuft
liegen, so macht es manchmal den Eindruck, als sei ein derartiger Herd durch die
umliegenden Zellen aus dem normalen Verbande losgelöst werden. Irgendwelche sichere Zusammenhänge dieser nur scheinbaren Verstopfung der Capillarlumina durch Erythrophagen oder überhaupt geblähte Kupfferzellen und dem
Auftreten der Nekrose oder der Verfettung der Leberzellen habe ich in meinen
Präparaten nicht finden können."

Gelegentlich sieht man beim chronischen Milzbrand der *Ratte* herdförmige Leberzellnekrose mit reaktiver demarkierender Entzündung (K. Müller, und G. Frank Zwick).
Lediglich der Nachweis von Milzbrandbacillen ist für die Diagnose entscheidend. (Näheres
s. Milz.) Neben diesen Herden finden sich schwere Veränderungen der Kupfferschen Sternzellen und des gesamten Leberparenchyms; hinsichtlich der Einzelheiten sei auf die Originalarbeit verwiesen.

Maus: Herdförmige Nekrosen bei der Maus scheinen selten zu sein. Seemann berichtet in einer Übersicht über die pathologischen Spontanerkrankungen
der Maus über Leberveränderungen wahrscheinlich parasitären Ursprunges,
die „zu herdförmigen Lebernekrosen oder zur Bildung zellreicher aus Polyo-
blasten, lymphoiden Zellen und sehr zahlreichen eosinophilen Zellen zusammen-
gesetzter Knötchen von beträchtlicher Größe führen." Nach diesem Autor
ähneln diese Knötchen in weitgehendem Maße den sog. „toxischen Pseudotuberkeln" (M. B. Schmidt). Uns selbst sind Lebernekrosen, und zwar offenbar
anderer Art nur einmal begegnet. Über den Krankheitsfall des spontan verendeten Tieres ist uns nichts bekannt. Makroskopisch bestanden in der Leber
kleine, umschriebene weißliche Knötchen. Im histologischen Bilde zeigte sich,
daß die Herde ungefähr der Größe eines Leberläppchens entsprechen und daß
einige derselben nekrotische Leberläppchen darstellen. Gelegentlich findet
man Konfluenz von 2—3 derartigen Herden. Daneben finden sich kleinere,
die nur einen Sektor des Leberläppchens einnehmen. Im Zentrum der Nekrose
ist der normale Leberbau vollständig zugrunde gegangen. Es findet sich hier
ein dichtes Gewirr von mit Eosin rot gefärbten Fäden und gröberen Brücken,
das Kernreste oder auch irgendeine Struktur vermissen läßt. Die Fäden
schließen in ihrem Maschenwerk leere Lücken ein. In dieser Kolliquations-
nekrose finden sich relativ spärliche rundkernige Elemente, die vielleicht noch
zum Teil erhalten gebliebenen Sternzellen entsprechen. Peripheriewärts gegen
den Rand der Nekrose werden die Lücken von immer dichteren Haufen von
Infiltratzellen, die zum größten Teil degenerierten polymorphkernigen Zellen
zu entsprechen scheinen, ausgefüllt, so daß ähnliche Bilder entstehen, wie wir
sie beim Kaninchen beschrieben haben. Die Neubildung von Granulationsgewebe in der Grenzschichte zwischen Lebergewebe und Nekrose fehlt allerdings

in unserem Präparate. Die Grenze gegen das Lebergewebe ist eine scharfe. Bemerkenswert ist, daß in den nekrosenahen Partien die Leberzellen vielfach Degenerationserscheinungen im Sinne von Kernwandhyperchromatose, Karyorhexis und Kernblähung einerseits, sowie, wenn auch in spärlicher Zahl, Kernteilungsbilder andererseits aufzeigen. In einem Grampräparat konnten Bakterien nicht gefunden werden.

3. Leberveränderungen bei der Toxoplasmose des Kaninchens.

Die Leber ist geschwollen, an ihrer Oberfläche finden sich entweder kleine weißliche Knötchen oder eine marmorierte Zeichnung. Histologisch finden sich Nekroseherde, welche von thrombosierten Capillaren ausgehen. Im Zentrum der Knötchen treten später eosinophile Leukocyten und Bindegewebsneubildung auf. Die Leber ist sehr blutreich. In den Parenchymzellen und den mononucleären Leukocyten sind Toxoplasmen in großer Zahl zu finden[1].

4. Leberveränderungen bei Tularämie.

Die Beschreibung der Veränderungen der Leber bei Tularämie könnte ihren Platz ebensogut in dem Kapitel: ,,Pseudotuberkulose, herdförmige Nekrosen und Infiltrate'' finden. Da aus der Literatur aber hervorgeht, daß das histologische Bild bei der *Maus* ein eigenes Gepräge besitzt, sei sie gesondert angeführt.

Nach COUNCILMAN und STRONG, LEDINGHAM und FRASER dringen die Erreger bei der Maus größtenteils in die Leberzellen ein und verursachen eine vollkommene Zerstörung des Kerns. Die äußere Zellumgrenzung bleibt erhalten, das Zellinnere ist mit Bakterien ausgefüllt. Zwischen den pathologischen liegen normale Leberzellen. Das Giemsapräparat ist besonders instruktiv. Kreisförmige Nekroseherde fehlen. Makroskopisch macht die Leber einen normalen Eindruck. Bei der *Ratte, dem Kaninchen und dem Meerschweinchen* finden sich Nekroseherde. Die Leber ist von runden, bis 1 mm großen Herden durchsetzt, die kreisrund erscheinenden Knötchen erheben sich nicht über die Oberfläche. Jedes Knötchen besitzt, offenbar in bestimmten Entwicklungsstadien, eine bindegewebige Kapsel. Histologisch handelt es sich um herdförmige Läsionen, in deren Zentrum die von WOOLEY zuerst beschriebene starke Rhexis zu sehen ist. Mikroorganismen werden im Schnitte nur selten gefunden.

5. Lepra.

Spontanlepra bei Mäusen wurde von ABRAHAM beschrieben. Relativ häufig, wenn auch nicht in unseren Gegenden, findet sich spontane Lepraerkrankung bei Ratten. STEFANSKY und DEAN, RABINOWITSCH usw. fanden Bacillen in der Milz. Im allgemeinen erkranken die inneren Organe selten. WALKER, LEBOEUF und SALOMON fanden sowohl in Leber wie in Milz Knötchen und Bacillen. Die Erkrankung ist mit der menschlichen Lepra enge verwandt, der Beweis der Identität aber steht noch aus. Nach ISHIWARA und anderen Autoren ist zur Sicherung der histologischen Diagnose der Rattenlepra nur der Bacillenbefund ausschlaggebend, da die Organveränderungen unter Umständen mit Pseudotuberkulose und anderen ähnlichen Erkrankungen verwechselt werden können.

Die *Milz* ist makroskopisch oft wenig verändert. Manchmal ist sie vergrößert, weich oder bei ihrer Durchsetzung mit Punkten, Streifen oder Knoten auch härter als normal. Die leprösen Infiltrate folgen den Gefäßen in den Trabekeln. Die Bacillen finden sich besonders in großen endothelialen Zellen, die sie komplett ausfüllen. Diese Zellen platzen, wodurch Bacillen frei und von anderen Zellen aufgenommen werden. Auch sonst finden sich disseminiert Leprazellen und Globis. In den Lymphfollikeln können die Bacillen oft massenhaft in Bündeln gefunden werden. Daneben sieht man reichlich Plasmazellen

---

[1] Lit. s. GERLACH in KOLLE-KRAUS-UHLENHUTSCHEN Hdb. d. path. Mikroorganismen.

und Makrophagen. Die *Leber* ist oft auch bei makroskopisch negativem Befunde von Bacillen durchsetzt, sie ist oft derb, geschwollen und weist gelbweiße Streifen und Punkte auf. Die Bacillen finden sich in rund- und großzelligen interstitiellen Infiltraten, die bis an die Zentralvene reichen, sie finden sich ferner in Leukocyten und Blutcapillaren. Von hier aus nehmen die Leprome ihren Ursprung. In Leberzellen und Kupfferzellen finden sich gleichfalls reichlich Bacillen. Atrophie der Leberzellbalken, Gallengangswucherung, amyloide Entartung, hypertrophische und atrophische Cirrhose mit Fett und Pigment sind die Folgen der Erkrankung. Näheres siehe bei JADASSOHN, dessen Ausführungen wir hier folgten.

6. Subakute diffuse zentrolobuläre Hepatitis des Kaninchens.

Im Anschluß an die herdförmigen Infiltrate und Nekrosen sei ein eigenartiger Befund an der Leber des Kaninchens besprochen, der unseres Wissens bisher nicht beschrieben wurde. Wir verfügen über zwei einschlägige Beobachtungen; einen der beiden Fälle verdanken wir der Liebenswürdigkeit des Herrn Prof. JAFFÉ, der andere stellt einen Zufallsbefund eines interkurrent verendeten Tieres unserer Zucht dar.

Makroskopisch handelt es sich in jedem Falle um eine wesentlich vergrößerte und in ihrer Konsistenz erhöhte Leber mit feinkörnig granulierter Oberfläche. Die makroskopische Betrachtung läßt den Schluß auf das Vorliegen eines cirrhotischen Prozesses zu. Prof. JAFFÉ übersandte uns das eine Präparat unter Diagnose Spontancirrhose des Kaninchens. Wie aus den folgenden Ausführungen hervorgeht, ist diese Bezeichnung jedoch auf Grund des mikroskopischen Befundes unzutreffend, da Leberzelluntergang und Bindegewebsneubildung der Leberveränderung zwar zugrunde liegen, das Wesentliche der Cirrhose aber, der Umbau des Lebergewebes, die Degeneration *und* Regeneration bei gleichzeitiger Bindegewebsneubildung fehlt.

Der Leberprozeß charakterisiert sich *histologisch* folgendermaßen: Die Veränderungen betreffen fast ausschließlich das Läppchenzentrum. Der Prozeß ist ein diffuser in dem Sinne, daß ausnahmslos jedes Läppchen befallen ist. In der unmittelbaren Umgebung der Zentralvene ist die normale Leberstruktur durch Infiltration, Degeneration und Nekrose des größten Teiles der Leberzellen und durch geringgradige Bindegewebsneubildung zerstört. Das Areale der Infiltration reicht an den schwerst veränderten Stellen ungefähr bis zur Läppchenmitte; sie ist im Läppchenzentrum am stärksten. Die Wand der Zentralvene ist durch sie oft dicht durchsetzt. Die Infiltratzellen sind zum größten Teil rundkernige Elemente, zwischen ihnen finden sich zum kleinen Teil polymorphkernige Leukocyten. Ein Teil der Infiltratzellen mit länglichem, schwächer färbbarem Kerne dürfte den restierenden Kupfferzellen entsprechen. Degenerationserscheinungen der Infiltratzellen, insbesondere pathologische Kernveränderungen werden im allgemeinen vermißt, einige kleine Rundzellen zeigen vielleicht einen hyperchromatischen Kern. Zwischen den Infiltratzellen finden sich noch vereinzelte Leberzellen, die zum größten Teil isoliert liegen und zumeist pathologische Veränderungen im Sinne von Schrumpfung und leichter Überfärbbarkeit des Protoplasmas zeigen. Die Zellen weisen trotz ihrer Kleinheit nicht selten zwei, seltener drei bis vier Kerne auf. Die Leberzellen sind einerseits durch die Infiltratzellen, andererseits durch eine faserige Grundsubstanz auseinandergedrängt. In den gegen die Peripherie gelegenen Läppchenpartien, in welchen die Infiltration langsam abnimmt und eine Zellbalkenstruktur bereits erkannt werden kann, weisen die Leberzellen zumeist Fettinfiltration auf.

In einem der beiden Fälle war sowohl der infiltrierte Bezirk als auch das übrige Parenchym pigmentfrei. In dem anderen fand sich in sämtlichen Leberzellen des ganzen Läppchens feinkörniges, spärliches Pigment. Besonders bemerkenswert aber war, daß sich im Bereiche der Infiltration zahlreiche große, anscheinend geblähte Zellen fanden, deren Protoplasma dicht mit Pigmentgranulis erfüllt war, Zellen, die zum Teil rundliche, zum Teil aber mehr oblonge Gestalt aufwiesen und morphologisch den benachbarten noch mehr minder intakten Kupfferzellen, die gleichfalls Pigment enthielten, nahezustehen scheinen.

Im Mallory-, resp. Azanpräparate treten die zentralen, pathologisch veränderten Läppchenanteile, wie die nebenstehenden Abb. 71 u. 72 zeigen, durch die Blaufärbung sehr deutlich hervor. Man gewinnt den Eindruck, daß die zentrale Läppchenpartie durch feinere und dichtere Bindegewebszüge dicht durchfilzt

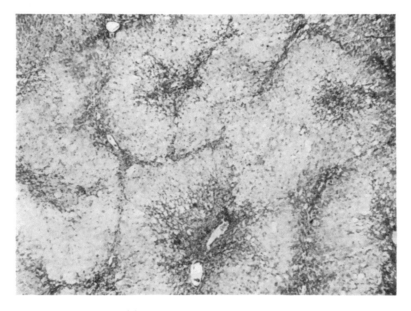

Abb. 71. Kaninchen. Hepatitis centrolobularis subacuta. Infiltrate im Läppchenzentrum. Azanfärbung.

ist, ein Bild, das unseres Erachtens eine Neubildung von Bindegewebe im Bereiche des chronisch entzündlichen Gewebes außerordentlich wahrscheinlich macht. Herr Prof. C. STERNBERG, der die Liebenswürdigkeit hatte, die Präparate durchzusehen, glaubte allerdings die Vermehrung der bindegewebigen Anteile auf einen Schwund des Parenchyms und ein dadurch bedingtes deutlicheres Hervortreten des Bindegewebsgerüstes erklären und eine Bindegewebsneubildung ablehnen zu können. Wir möchten uns dieser Auffassung insoferne durchaus anschließen, als die Vermehrung des Bindegewebes tatsächlich zum Teil nur eine scheinbare ist und durch den Untergang der Leberzellen vorgetäuscht wird, glauben aber doch durch Vergleich dieser Bilder mit azan- odar mallorygefärbten „herdförmigen Nekrosen" (s. o.), in welchen zwar auch ein deutlicheres Hervortreten der bindegewebigen Grundstruktur zweifellos manifest ist, in welchen aber eine derart dichte Verfilzung des Gewebes mit Bindegewebsfibrillen vermißt wird, ferner durch die Mächtigkeit der bindegewebigen Lager an sich, auch eine Wucherung des interstitiellen Bindegewebes annehmen zu dürfen.

Als weiterer Beleg für diese Anschauung darf vielleicht die Konsistenzerhöhung des Organes, der makroskopische Cirrhoseeindruck der Leber angeführt werden. In beiden Fällen konnten schließlich auch in den periportalen Feldern geringgradige Infiltration und Bindegewebswucherung nachgewiesen werden.

In diesem Zusammenhang sei auch auf *Fettlebern* hingewiesen, in welchen das Leberläppchenzentrum allein von der Verfettung betroffen ist. Es wäre denkbar, daß diese zentrale Leberläppchenverfettung den primären Ausgangspunkt des Prozesses darstellt. Wir glauben eine derartige Auffassung damit unterstützen zu können, daß wir über einen Fall verfügen, bei welchem neben der zentralen Leberzellverfettung eine allerdings sehr geringgradige Zellvermehrung in der Umgebung der Vena centralis nachweisbar war, welche das Initialstadium der zentrolobulären Hepatitis darstellen könnte.

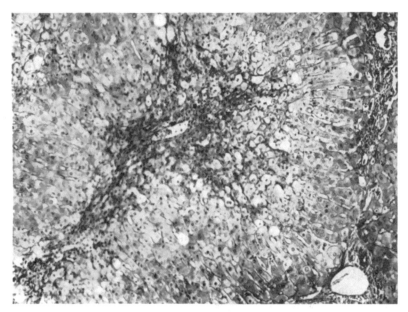

Abb. 72. Kaninchen. Ein Herd der Abb. 71 bei stärkerer Vergrößerung. Der Entzündungsprozeß reicht bis in die Läppchenmitte. Am untersten Läppchenrande intakte Leberzellen.

Wenn man, der allgemeinen Anschauung folgend, nur diejenigen Leberindurationen mit dem Namen Cirrhose belegt, welche „einen herdweise lokalisierten, rezidivierenden chronischen *Degenerationsprozeß* mit eingeschobenen *Regenerationen* des Parenchyms" bei gleichzeitiger primärer oder auch sekundärer Reizung des interstitiellen Bindegewebes aufzeigen, wobei nach KRETZ der regenerative Umbau das Wesentliche am pathologischen Geschehen darstellt, so muß in unserem Falle eine Beziehung der Krankheit zu den Cirrhosen abgelehnt werden; Regeneration des Lebergewebes fehlt. Der Befund von einzelnen Kernteilungsfiguren in Leberzellen ändert daran nichts. Im wesentlichen handelt es sich um eine in der Umgebung der Zentralvene lokalisierte, subakute Hepatitis mit Leberzelluntergang, Infiltration und Bindegewebsneubildung. Es ist anzunehmen, daß dem Prozeß eine Intoxikation zugrunde liegt.

Der Befund erscheint uns auch insoferne interessant, als er dem experimentellen Pathologen zeigt, daß das makroskopische Aussehen einer „cirrhotischen

Leber" die Zuordnung zur Cirrhose nicht erlaubt, daß allein der histologische
Befund ausschlaggebend ist. Dies führt zur Besprechung der echten Cirrhosen,
die ebenfalls nur beim *Kaninchen* bekannt sind.

7. Die atrophische Lebercirrhose des Kaninchens.

Die Krankheit wurde beim Kaninchen erstmalig von BEITZKE und SSAWATJEFF
beschrieben. Wir folgen der Darstellung zweier Fälle. Die Tiere waren mit
Kohl, Rüben, gelegentlich auch mit Hafer, Kleie und mit in Wasser geweichten
Brotresten gefüttert. BEITZKE beschreibt die beiden Fälle folgendermaßen:
1. 3 Jahre altes Tier, spontan ohne eigentliche Todesursache gestorben. Leber blaß,
blaurot. Auf der Oberseite des rechten Hauptlappens zwei ockergelbe Fleckchen. Oberfläche
fein granuliert, Konsistenz derb. Maße im Kayserlingpräparate: 11,5 : 9 : 3,5, Gewicht
125 g. Auch die Milz ist groß. Maße 6 : 2 : 1. Kein Ascites.
Mikroskopischer Befund: Das periportale Gewebe ist dicht, durch massenhafte Rundzellen infiltriert und verbreitert. Die Rundzellen dringen allenthalben in die Peripherie
des Läppchens ein und haben bereits eine Anzahl Leberzellen abgesprengt, die inmitten
der Rundzellenwucherungen liegen und stark verfettet sind. Feine Züge jungen Bindegewebes, erfüllt mit mehr oder weniger zahlreichen Rundzellen, durchschneiden das Lebergewebe nach allen Richtungen und vereinigen sich zu einem breiten Masch nnetz. Die
Leberläppchen werden hierdurch teils eingeengt, teils zerstückelt. Eine Anzahl der so erzeugten Inselchen besitzt keine Zentralvene, der Verlauf der Leberzellbalken ist unregelmäßig, die Leberzellen zeigen gruppenweise eine verschiedene Größe und Färbbarkeit.
Die bei der Sektion bemerkten gelben Flecken sind kugelige, gegen die Umgebung scharf
abgesetzte Herde vergrößerter und verfetteter Leberzellen.
2. Makroskopisch verhält sich dieser Fall sehr ähnlich. Auch die Milz ist hier sehr groß.
Mikroskopisch ist das Bild noch nicht so ausgesprochen. Die Zellinfiltration ist weniger
stark, das Eindringen der jungen Bindegewebszüge in die Acini nur in den ersten Ansätzen zu erkennen. Die Leberzelle zeigt noch das große, helle, blasige Aussehen der normalen
Kaninchenleberzellen im Gegensatze zu ersterem Fall, wo die Zellen durchwegs kleiner
und fein granuliert sind.

Es handelt sich nach BEITZKE also um eine Cirrhose mit Umbau, die der
menschlichen atrophischen Cirrhose sehr ähnlich ist. Über die Ätiologie dieser
Cirrhose ist nichts bekannt. Hier sei jedoch einer Beobachtung RÖSSLEs gedacht, der bei einer ganzen Kaninchenzucht, die aus äußeren Gründen im
Tierstalle Ätherdämpfe einatmen mußte, Zirrhosen feststellen konnte.

8. Die cholangitische Induration der Leber beim Kaninchen.

Im Anschluß an die Lebercirrhose sei einer Form der Induration der Leber
beim Kaninchen Erwähnung getan, welche makroskopisch den Cirrhoseeindruck
erweckt, welche aber histologisch der chronischen Cholangitis, resp. Pericholangitis
zuzuzählen ist. Wir selbst sind dieser Form der Leberveränderung nur in zwei
Fällen begegnet. In dem ersten Falle handelte es sich um eine deutlich vergrößerte, indurierte, an der Oberfläche deutlich granulierte Leber eines Kaninchens, welches zwecks anderer Untersuchungen getötet wurde. Histologisch
finden sich in den großen periportalen Feldern ausgedehnte Bindegewebszüge
mit zahlreichen gewucherten Gallengängen. Das Bindegewebe ist relativ kernarm. In kleineren interlobulären Herden sieht man aber gelegentlich noch sehr
kernreiches, teilweise leukocytär infiltriertes Bindegewebe, welches nur vereinzelte, ganz kleine Gallengänge umschließt. Die Infiltratzellen reichen stellenweise bis an die Gallengangswandungen heran, teilweise sind diese vollständig
von ihnen umschlossen und auch durchsetzt. In den großen Herden ist das
Gallengangsepithel intakt. Stellenweise finden sich in den Infiltratherden
riesenzellenähnliche Bildungen, welche ihrer Form und Lage nach aus Gallengängen hervorgegangen sein könnten. Durch die narbigen Bindegewebszüge
entstehen Leberparenchyminseln, welche einen „Umbau" vortäuschen.

Das zweite Präparat verdanken wir Herrn Prof. JAFFÉ, der uns dasselbe
zwecks genauerer Untersuchung zur Verfügung stellte. Die Leber war etwas

vergrößert, ihre Konsistenz wesentlich erhöht. Am Durchschnitt war die Leberzeichnung allerdings erhalten, aber durch unregelmäßige, weißliche Züge abnorm verändert. Makroskopisch wurde dadurch der Eindruck von Cirrhose erweckt, wenn auch die Leberoberfläche kaum granuliert war.

Mikroskopisch handelt es sich um einen chronischen pericholangitischen Prozeß mit Neubildung von breiten Bindegewebslagern um die größeren und kleineren Gallenwege. Die Entzündung ist als abgelaufen zu betrachten, da Ansammlungen von Infiltratzellen nicht mehr gefunden werden können. Das Leberparenchym zeigt keine pathologischen Veränderungen, wenn man davon absieht, daß da und dort Parenchyminseln durch das Bindegewebe abgeschnürt werden. Für Leberzelluntergang mit gleichzeitiger Leberzellneubildung fehlen alle Anhaltspunkte. Bemerkenswert ist die verdickte Kapsel, die einer Perihepatitis fibrosa entspricht.

Aus der obigen Beschreibung geht deutlich hervor, daß die Bindegewebsvermehrung, bzw. die Induration der Leber einer pericholangitischen Entzündung ihre Entstehung verdankt, daß sie also mit jener bei der atrophischen Cirrhose nicht in Parallele gesetzt werden darf. Wenn es auch stellenweise zur Abschnürung von Leberzellinseln kommt, so fehlt doch der Umbau, der neben der Degeneration die atypische Regeneration erkennen läßt. Die Bezeichnung pericholangitische Cirrhose ist zulässig, soferne man, wie dies vielfach üblich ist, unter Cirrhose im weitesten Sinne des Wortes lediglich eine bindegewebige Induration versteht.

Über die Ätiologie der Erkrankung können wir nichts angeben, möchten aber eine Coccidiose nicht ausschließen (s. u.).

9. Die Coccidiose.

Da es sich bei der Coccidiose des *Kaninchens* um eine primäre Erkrankung der Gallenwege handelt, so ist JOEST beizupflichten, wenn er die Bezeichnung Lebercoccidiose ablehnt und statt ihrer die Bezeichnung Gallengangscoccidiose wählt. Die Erkrankung bedingt nach SEIFRIED in frischen Fällen meist eine Vergrößerung der Leber. Nach unseren Erfahrungen sind normal große Lebern keine Seltenheit. Die Coccidiose ist durch weißliche, weißlichgelbliche Knötchen charakterisiert, welche teilweise an der Oberfläche, teilweise im Parenchym der Leber lokalisiert sind. Die Größe der Knötchen schwankt zwischen makroskopisch gerade noch sichtbaren und über linsen- bis haselnußgroßen Herden. Sie sind makroskopisch gegen das umgebende Leberparenchym scharf abgegrenzt; das letztere läßt mit freiem Auge Besonderheiten nicht erkennen. Die an der Leberoberfläche gelegenen Knötchen springen gelegentlich über das Leberniveau vor. Die meisten Knötchen sind rund oder annähernd rund, öfters aber handelt es sich um Konglomeratherde, welche am Querschnitt eine Verästelung erkennen lassen; die Knötchenform kann hierbei zurücktreten und der Herd streifige Form annehmen. Wie SEIFRIED hervorhebt, läßt sich gelegentlich eine bestimmte Anordnung der Herde in der Art erkennen, daß sie reihenförmig nebeneinander liegen, wobei die Verteilung meist eine regellose ist. In schweren Fällen können sämtliche Leberlappen von Knötchen und Streifen in breiter Ausdehnung durchsetzt sein. Die Konsistenz der Knötchen ist je nach dem Stadium verschieden; jüngere Entwicklungsstadien sind weich, ältere zeigen erhöhte Konsistenz. Vom durchschnittenen Knoten läßt sich zumeist eine weißlich-gelbe, eiterähnliche, bald mehr feuchte, bald mehr trockene Masse abstreifen. Nach FELSENTHAL und STAMM kann in den großen Gallenwegen und auch in der Gallenblase ein gleichartiger Brei aufgefunden werden. Die käsigen Massen sind von einer oft makroskopisch erkennbaren bindegewebigen Wand eingeschlossen, die sich gegen das Lebergewebe scharf absetzt.

Mikroskopisch bietet die Lebercoccidiose je nach den Entwicklungsstadien sehr verschiedene Bilder. Während die jungen außerordentlich charakteristisch sind und durch den leicht zu erbringenden Parasitennachweis ohne weiteres erkannt werden können, bereitet gelegentlich die Zuordnung älterer, in Vernarbung übergehender Herde zur Coccidiose größere Schwierigkeiten (s. cholangitische Induration und Pseudotuberkulose, s. o.).

Aus der Entwicklungsreihe von den jungen zu den vernarbten Knoten können folgende mehr minder typische Stadien herausgehoben werden. Vorausgeschickt sei, daß von den drei beim Kaninchen vorkommenden Coccidienarten, die sämtlich zur Gattung der Eimeria gehören, nur die eine, Eimeria stiedae (LINDEMANN), in der Leber schmarotzt, während die anderen, Eimeria magna (PÉRARD) und Eimeria perforans (LEUKKART) den Darm bewohnen (REICHENTOR, WULKER u. a. [s. auch das Kapitel Protozoen]). Der Merozoid wandert in die Gallengänge ein und befällt hier eine Epithelzelle. Die Frage, auf welchem Wege die Infektion der Gallenwege erfolgt, ist noch nicht beantwortet. Es kann sich um ein Aufwärtswandern der Sporozoiten durch aktive Bewegungen oder um ein langsames Fortschreiten der Infektion von Epithelzelle zu Epithelzelle vom Darme her und vielleicht auch um eine Infektion auf dem Blutwege handeln. Die größte Wahrscheinlichkeit besteht für die erste Annahme (s. JOEST). Es entwickelt sich an umschriebener Stelle eine charakteristische Epithelwucherung, in welcher der Parasit den auf S. 692 beschriebenen Entwicklungscyclus der Schizogonie und Sporogonie durchmacht, bei welcher es zu einer raschen Vermehrung der Parasiten kommt, wobei immer neue Epithelzellen befallen werden.

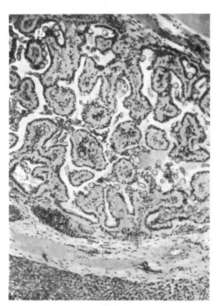

Abb. 73. Lebercoccidiose des Kaninchens. Junges Stadium.

Die typischen Bilder sind folgende. Der histologische Aufbau des jungen Knötchens (Abb. 73) kann mit dem eines papilloformen Cystomes in Parallele gesetzt werden. SCHWEIGER bezeichnet die Knoten auch tatsächlich als Geschwülste. Durch Wucherung der Gallengangswand kommt es zur Bildung von Zotten, welche sich vielfach verzweigen und den Hohlraum, der durch die Erweiterung des Gallenganges zustande gekommen ist, fast vollständig ausfüllen können. Die Zotten stoßen vielfach aneinander und sind nicht selten miteinander durch Zottenbalken verbunden. Relativ häufig sieht man Bilder, in welchen ein größerer Knoten durch eine lange Zotte quer abgeteilt erscheint, Bilder, welche als mehrkammerige Coccidienknoten (Abb. 74) bezeichnet werden. Die die Scheidewand bildende Zotte trägt beiderseits kleinere, sich neuerdings dichotomisch verzweigende Zotten. Nach JOEST sind diese Scheidewände so entstanden, daß zwei oder mehrere nahe benachbarte Gallengänge von Coccidiose ergriffen wurden und bei ihrer Erweiterung das zwischen ihnen liegende Gewebe bis auf eine schmale Scheidewand zum Schwund brachten. Die einzelne Zotte besteht der Hauptsache nach aus einem bindegewebigen Stroma, welches im Zentrum ein oder mehrere kleinste Gefäße aufweist; nahe dem Zottenrande ist das Bindegewebe kernarm, in der Umgebung der kleinen Gefäße, im Zentrum der Zotte kernreicher. Die Zotten sind in jungen Stadien von einem einreihigen Cylinderepithel überzogen, welches bis auf den intracellulären Parasitismus und die sekundären Degenerationen der Epithelzellen intakt ist (Abb. 75). Im freien Raum zwischen den Zotten sieht man die verschiedenen Entwicklungsstadien der Coccidien, meist handelt es sich um Oocysten. Das ganze Knötchen ist gegen die Peripherie von neugebildetem, relativ schmächtigem Bindegewebe abgegrenzt, in welchem große Gefäße, gewucherte Gallengänge und stellenweise

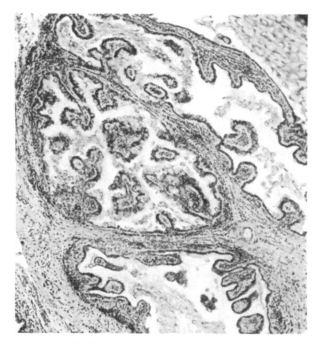

Abb. 74. Mehrkammeriger Coccidienknoten.

kleinzellige Infiltrate anzutreffen sind. In diesem Stadium läßt sich die Schizogonie deutlich verfolgen. Die Coccidien sitzen regelmäßig über dem Kerne, welcher durch den wachsenden Parasiten gegen die Basis der Zelle gedrängt wird. Die Epithelzellen selbst werden insbesondere durch die größeren Stadien der Coccidien in ihrer Form verändert, es kommt vor allem zu einer Auftreibung des freien Endes, zu einer Längsverziehung der Basalteile. Auch mehrere Parasiten können von einer Zelle beherbergt werden.

Die Proliferation des Epithels, bzw. die Neubildung durch Zotten macht in einem bestimmten Stadium einer langsamen Rückbildung Platz, welche gleichzeitig mannigfache Veränderungen der Wand und des Inahlts des Knötchens zur Folge hat, so daß die verschiedensten Bilder resultieren. Hierbei kommt es regelmäßig zur Degeneration und auch zum Schwund der Epithelien, offenbar auch zu einer Einschmelzung der vorerst nur im Zentrum gelegenen Zotten und damit zur Bildung eines feinkörnigen Detritus. Bei diesem Vorgange kann es auch zu kleineren Blutungen kommen. Je älter das Knötchen, um so mehr tritt die Schizogonie zurück und macht der Sporogonie Platz.

Die weitere Veränderung des Knötchens hängt in erster Linie davon ab,
ob die Regression ohne Entzündungserscheinungen verläuft, oder ob neben
der Zottenrückbildung eine gleichzeitige zellige Reaktion in der Umgebung
und in der Kapsel des Knötchens auftritt, welche ihrerseits das weitere Schicksal
des Knötchens wesentlich beeinflussen kann. Im ersteren Falle sehen wir eine
Vermehrung der käsigen Masse im Zentrum, bei gleichzeitiger Verklumpung
und langsamem Schwund auch der peripheren Zotten, wodurch schließlich ein
cystomartiger, von einreihigem, jetzt zumeist flachem Epithel ausgekleideter
Hohlraum entsteht. Der Cysteninhalt kann entweder aus einer sehr großen
Anzahl von Oocysten (Abb. 76) bestehen oder wir finden eine feingranulierte,
sich mit Eosin färbende Masse, in welcher sich auch noch vereinzelte Oocysten

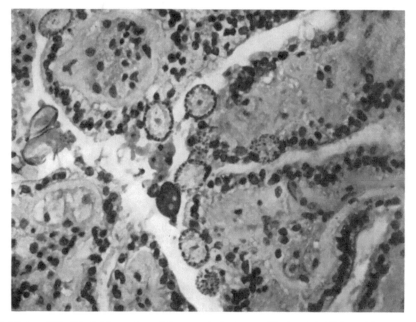

Abb. 75 (aus Abb. 74). Schizogonie und Sporogonie in jungen Knoten bei stärkerer Vergrößerung.

finden. In den *Epithelzellen* derartiger Spätstadien wird weder Schizogonie
noch Sporogonie beobachtet. Das Epithel kann schließlich zugrunde gehen und
wir sehen eine bindegewebige reaktionslose Kapsel, welche den früheren Cysteninhalt einschließt.

In der bindegewebigen Wand des Herdes liegen Gallengänge, die zumeist
stark geschlängelt sind und gelegentlich nur in geringem Ausmaße, manchmal
ganz beträchtlich ektasieren. Der cystisch dilatierte Gallengang kann sich in
den Coccidienherd vorbuchten, wobei Bilder resultieren, in welchen der dilatierte, von einem einschichtigen, zum Teil degenerierten Epithel ausgekleidete
Gang von mehreren Seiten von der Käsemasse, bzw. dicht gelagerten Coccidien
des ursprünglichen Herdes umgeben erscheint. Die Gallengangscyste, die
ihrerseits wieder eine mehr minder große Anzahl von Oocysten beherbergt,
hat nur an umschriebener Stelle mit der Bindegewebsmembran des Herdes
direkten bindegewebigen Kontakt. An anderen Stellen finden sich nur weit
verzweigte, sich dichotomisch verteilende Gallengangswucherungen ohne Dilatation des Lumens in der bindegewebigen Kapsel. In den letzteren kann man

schließlich kleine Arterien und Venen sehen, welche endo- und periarteriitische Veränderungen aufweisen. Zu erwähnen wäre noch, daß die käseähnlichen Massen auch verkalken können.

Die geschilderten Verhältnisse von Cystombildungen und von Wucherungen von Gallengängen in der Wand eines Coccidienknotens führen zu der Frage, wie diese cystadenomartigen Bildungen entstehen, und welches die Pathogenese der papilliformen Wucherungen sowie die der Dilatation der Gallenwege in den Anfangsstadien der Erkrankung sind. Wenn uns das Wuchern von Gallenwegen im narbig veränderten Leberparenchym bei den verschiedenen Cirrhosen ebenso wie die cystomartige Erweiterung eines Ganges im Bereiche einer Bindegewebswand ohne weiteres verständlich oder mindestens geläufig ist, so ist

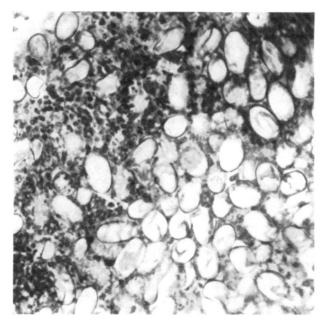

Abb. 76. Kaninchen. Lebercoccidiose. Zahlreiche Oocysten im Cysteninhalt.

die Ursache der Erweiterung der Gallenwege beim Primärherd nicht geklärt. Wir halten es nicht für angängig, die primäre Wucherung des Epithels und des Bindegewebes mit gleichzeitiger Erweiterung des Gallenganges als Cholangitis coccidiosa (JOEST) zu bezeichnen, da gerade dieses Stadium Zeichen der Entzündung vollständig vermissen läßt, wenn wir auch zugeben wollen, daß die späteren Stadien der Erkrankung sekundär entzündliche Zeichen aufweisen. Wir möchten uns aber dem ebengenannten Autor dahingehend anschließen, daß wahrscheinlich von den in den Gallengangsepithelien schmarotzenden Coccidien ein mechanischer oder vielmehr auch chemischer Reiz ausgeht, der diese eigenartige Wucherung auslöst. Daß, wie FELSENSTAL STAMM und andere Autoren annehmen, die Erweiterung des Gallenweges infolge primärer Verstopfung desselben durch Coccidien hervorgerufen wird, möchten wir ebenso bezweifeln wie die These von JOEST, nach welcher eine „chronische Entzündung der Gallenwege, in deren Verlaufe die elastischen und muskulären Elemente der Gallengangswand zerstört werden", das Primäre darstellen soll und nach welcher sich die in ihrer Widerstandsfähigkeit der Wand geschädigten Gallengangsstellen „sekundär unter dem geringeren Drucke der infolge der Coccidienanhäufung im Lumen sich anhäufenden Galle ausweitet". Maßgebend für die Ablehnung dieser Theorie erscheint uns vor allem der Umstand, daß Cholangitiden anderer Art mit vermutlich gleicher Widerstandsverminderung der Wand vergleichbare Bildungen nicht auslösen und daß die Coccidienlebern, speziell die Coccidienknoten Anhaltspunkte für Gallenstauung vollständig vermissen lassen.

Wir haben früher darauf hingewiesen, daß sich in der Kapsel auch junger Stadien Herde kleinzelliger Infiltration finden können. Diese nehmen nun gelegentlich an Zahl zu, das stark infiltrierte Gewebe schließt die Zentralmasse ein oder die Infiltration durchsetzt die Bindegewebskapsel, wobei die früher geschilderte regressive Umwandlung des papilliformen Cystoms offenbar unter

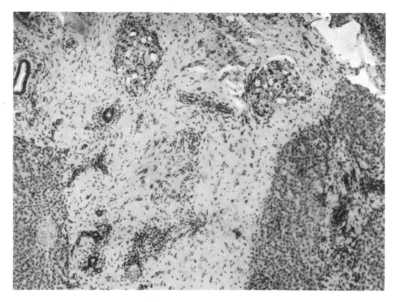

Abb. 77. Kaninchen. Lebercoccidiose. Bindegewebig abgekapselte Oocystenherde.

dem Einflusse dieser Infiltration die verschiedensten Modifikationen erleiden kann. Wir sehen Bilder, in welchen sich das Epithel stellenweise abschilfert und neben den offenbar gleichzeitig eingewanderten Infiltratzellen im Cysteninhalt zu liegen kommt. Polymorphkernige Leukocyten konnten wir ebensowenig finden, wie PFEIFFER, FELSENTHAL und STAMM, es handelt sich vielmehr um kleine Rundzellen mit rundem, dicht färbbarem Kern, der zumeist Zeichen schwerer Degeneration aufweist. Es sei nochmals aufmerksam gemacht, daß in den primären cystomartigen Bildungen Infiltratzellen ursprünglich durchaus fehlen. In anderen Fällen ist das Epithel im zentralen Käse vollständig untergegangen und wir finden in dem Detritus eine große Anzahl von Kernresten, so daß die früher geschilderte Rotfärbung im Hämatoxylin-Eosinpräparat einer Blaufärbung Platz macht. Die Gegenwart auch nur vereinzelter Oocysten in den im Hämatoxylin-Eosinpräparat blaugefärbten Käsemassen beweist die Zugehörigkeit zur Coccidiose.

Die weitere Umwandlung der Coccidienknoten ist vornehmlich durch Bindegewebsneubildung gekennzeichnet. Die früher beschriebene zirkuläre Bindegewebsschichte wird außerordentlich mächtig, das Innere des Knötchens wird, unter gleichzeitiger Resorption der Detritusmassen, von Granulationsgewebe durchsetzt. Ob sämtliche Herde schließlich einer vollständigen bindegewebigen Vernarbung verfallen, kann nicht entschieden werden, erscheint aber unwahrscheinlich. Wenigstens sieht man in Lebern mit älteren Coccidiosen zumeist Bilder, in welchen das vernarbende Knötchen doch noch an mehreren Stellen nekrotisches Material einschließt und in dessen Umgebung viele Leukocyten und epitheloide Zellen mit stark sich eosinfärbendem Plasma zu finden sind. Stellenweise kann man auch noch gut erhaltene abgeschnürte Epithelzellen und zum Teil in Detritusresten, zum Teil in jungem Granulationsgewebe eingebettete Oocysten auffinden (Abb. 77). Nicht selten kommen Ausheilungsstadien zur Beobachtung,

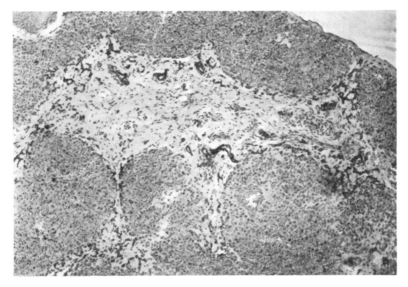

Abb. 78. Kaninchen. Lebercoccidiose. Narbige Ausheilung.

in welchen der Knoten durch reaktionsloses Bindegewebe ersetzt ist, wobei der narbige Herd gegen das gesunde Parenchym dicht durch kleinzellige Infiltration abgegrenzt erscheint. Im Bindegewebe können vereinzelte Oocysten oder auch eine große Anzahl solcher abgekapselt sein. Das Knötchen ist in seinem bindegewebigen Anteil reichlich mit Blutgefäßen versorgt. In Lebern, die diese Stadien zeigen, sieht man endlich häufig noch größere bindegewebige Narben, welche offenbar einer vollständigen Rückbildung eines Coccidienherdes entsprechen (Abb. 78). In der Umgebung dieser Stellen finden sich zumeist auch kleinere Bindegewebszüge, die den später zu besprechenden pericholangitischen Prozessen ihre Entstehung verdanken und zu cirrhoseähnlichen Bildern Anlaß geben, welch letztere allerdings Regenerationsherde im Leberparenchym vermissen lassen. Bemerkenswert ist, daß sich im neugebildeten Bindegewebe häufig Riesenzellen finden; die oft zahlreichen Kerne zeigen den Typus der Fremdkörperriesenzellen, ihr Protoplasma ist fein granuliert und ihre Konturen sind im allgemeinen nicht scharf zu erkennen. An vielen Stellen gewinnt man den Eindruck, daß sie von Epithelzellen abstammen. Nach HEINDL sind zwei Arten von Riesenzellen zu unterscheiden: Erstens solche, die in einiger Entfernung der Knötchen gelegen sind und nach Art gewöhnlicher Riesenzellen aus dem

wuchernden Granulationsgewebe stammen, zweitens solche, die epitheloider
Genese sind. Die Entwicklung der letzteren geht aus syncytialen Bildern
hervor, welche die Epithelien umliegender Gallengänge zeigen. Die fortschreitende Bindegewebsneubildung führt zu einem langsamen Verschwinden der
Detritusmassen, so daß bindegewebige Knötchen, die zum Teil Riesenzellen
beherbergen, entstehen, die an Tuberkel erinnern. In den Herden finden sich
gelegentlich auch Verkalkungen.

Proliferation der Gallengangsschleimhaut, Infiltration, Nekrose und Binde-
bewebsneubildung bzw. Vernarbung müssen nicht, wie die folgenden Bilder
zeigen, den vorgeschriebenen Ablauf nehmen. Nicht selten sieht man nämlich
erweiterte Gallenwege mit gewucherter, in leichte Falten gelegter Schleimhaut
oder geringgradige Bindegewebsneubildung, gelegentlich auch Infiltration in

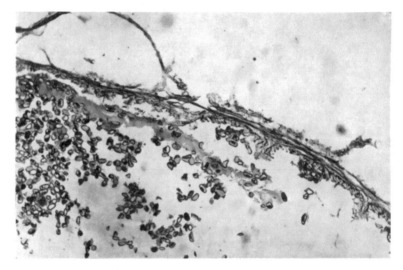

Abb. 79. Coccidien in der Gallenblase eines Kaninchens.

der Umgebung des Gallenganges. Coccidien werden an solchen Stellen nicht
mehr gefunden; es scheint sich um ein Ausheilungsstadium zu handeln. Ähnliches gilt für Cysten, welche evtl. noch einige Zotten aufweisen, von einem
durchaus unregelmäßig gebauten, einreihigen, niederen Epithel ausgekleidet
sind und deren äußere Wand durch ein reaktionsloses Bindegewebe gebildet wird.

Die gesamte Darstellung ergibt, daß die Morphologie der Coccidienherde
außerordentlich variabel ist, zumal wenn man berücksichtigt, daß in der vorangehenden Beschreibung nur die wichtigsten Typen der Knötchenbildung wiedergegeben werden konnten.

HEINDL hat einen an die „periacinöse Cirrhose" erinnernden Prozeß des
ganzen Leberparenchyms bei Lebercoccidiose des Kaninchens beschrieben.
In eigenen Präparaten wurden derartige diffuse, an cholangitische Cirrhose
erinnernde Bilder zwar auch gesehen, doch war die pericholangitische Infiltration, bzw. Bindegewebsneubildung allerdings zumeist auf die größeren Gallenwege in den periportalen Feldern beschränkt; nur in der unmittelbaren Umgebung von Coccidienherden zeigten auch kleine Gallengänge diese Veränderung.
Die Kenntnis dieser pericholangitischen, sich hauptsächlich in den periportalen
Feldern abspielenden Veränderungen verdient deshalb besondere Beachtung,
weil man Schnitte zu Gesicht bekommt, in welchen die Coccidienherde nicht

getroffen sind und nur diese der Coccidiose zugehörigen periportalen Veränderungen angetroffen werden. Diese Möglichkeit kann zu mannigfachen Irrtümern Veranlassung geben. Für den Einbruch von Coccidien in die Blutgefäße der Leber und die Bildung von Tochterknoten in der Nähe der Zentralvenen oder kleinerer Äste der Vena portae konnten in eigenen Präparaten sichere Anhaltspunkte nicht gefunden werden. Wohl finden sich in seltenen Fällen umschriebene Infiltrate, die der HEINDLschen Beschreibung entsprechen könnten, die diskutierte Genese dieser Bilder aber konnte ebensowenig bewiesen werden wie ihr coccidiärer Ursprung, da wir in einschlägigen Fällen weder über diesbezüglich beweisende Serienschnitte verfügten, noch Coccidien in den Herden fanden. Hingegen sahen wir in einem Falle einer schweren Coccidiose eine ausgedehnte Blutung in einen größeren Gallengang und in einem zweiten Falle eine vor dem Abschluß stehende Organisation einer größeren Blutung in einem Gallengang. In einem unserer Fälle konnten wir Coccidien in der Gallenblase eines Kaninchens (s. Abb. 79) feststellen.

Die gegebene Darstellung der Gallengangscoccidiose bezog sich auf das Kaninchen. Die Erkrankung wurde auch beim *Meerschweinchen*, bei der *Hausmaus* und bei der weißen *Maus* beschrieben. Angaben, wonach die Ratte an Coccidiose erkranken könne, konnten im Schrifttum nicht gefunden werden. Abgesehen von der Möglichkeit, weiße Mäuse experimentell zu infizieren, findet man nach REICHENOW und WULKER bei wilden *Hausmäusen* eine *spezielle Coccidienart (Eimeria falciformis Eimer)*, die auch in Züchtung weißer Mäuse auftreten und zu Erkrankung und Tod der Mäuse führen kann. Nach STADA und TRAINA (s. RAEBIGER) kann man auch beim Meerschweinchen Lebercoccidiose finden. Das Meerschweinchencoccidium, über dessen innere Entwicklungsstadien bisher Angaben fehlen, ist von dem anderer Haustiere speziell dem des Kaninchens verschieden. Kaninchencoccidiose kann auf das Meerschweinchen nicht übertragen werden. Wir selbst haben bei unseren Laboratoriumstieren Meerschweinchencoccidiose nie beobachtet. Die Meerschweinchencoccidiose in der Leber weist anatomisch, soweit aus der kurzen Beschreibung RAEBIGERs ein Urteil erlaubt ist, keine Besonderheiten auf.

10. Leberegelkrankheit des Kaninchens und des Meerschweinchens.

Die Leberegelkrankheit des Kaninchens ist relativ selten. Wir selbst sind ihr nur einmal begegnet und lassen nun die Beschreibung dieses Falles folgen.

Das Organ ist bedeutend vergrößert, die Oberfläche unregelmäßig und knotig. Die Kapsel ist mächtig verdickt, die Konsistenz deutlich erhöht. Am Durchschnitte sieht man weißgelbliche bis daumennagelgroße Herde. Diese Herde erscheinen oft durch Brücken miteinander verbunden. Letztere zeigen im wesentlichen dieselbe Beschaffenheit wie die Herde selbst. Die Herde zeigen bei näherer Betrachtung eine Art konzentrischer Schichtung, indem das Zentrum gelbweiß gefärbt ist und eine scharfe unregelmäßige Begrenzung darbietet. Die nächste Schichte erscheint milchig-opak. Die Schichtung kann die ganze Circumferenz der Herde oder Teile derselben betreffen, sie kann aber auch vollkommen fehlen. Über die Färbung des Leberparenchyms kann Sicheres nicht ausgesagt werden, da es sich um ein formolfixiertes, zugeschicktes Präparat handelt. Die mikroskopische Betrachtung eines Schnittes durch einen dieser Herde ergibt im Zentrum desselben eine nekrotisch-käsige Masse, welche zum größten Teil aus einem feinkörnigen Detritus, zum kleineren Teile aus einem Faserwerke besteht; dieses zeigt stellenweise vielleicht noch Gefäß- oder Gallengangskonturen. Peripheriewärts schließt sich eine, allerdings vielfach unterbrochene Zone an, in welcher neben nekrotischen Leberzellen zum Teil gut, zum Teil schlecht gefärbte leukocytäre Elemente überwiegen. Es erscheint beachtenswert, daß diese Leukocyteninfiltration stellenweise auch zwischen Leberzellkomplexe in der Form zu liegen kommt, daß man den Eindruck gewinnt, als ob die Gallencapillaren von Eiterzellen durchsetzt wären. In anderen zentralen Partien findet sich eine ausgedehnte akute Nekrose des Leberparenchymes, wobei die grobe Struktur der Anordnung zu Leberzellbalken erhalten ist, Kerne aber nicht mehr gesehen werden. Auch diese Partie grenzt, wie oben beschrieben, an die Leukocyten- bzw. eiterreiche Zone an. Noch weiter peripheriewärts schließt sich eine verschieden dicke Lage einer zellreichen Bindegewebsschichte an, welche den Nekroseherd zirkulär umgreift. Die Bindegewebsfasern dieser Schichte sind stellenweise anscheinend durch Ödem auseinandergedrängt. Die Schichte entspricht der oben beschriebenen, makroskopisch erkennbaren, transparenten opaken Zone. In diesem Bindegewebe finden sich nun einerseits Einlagerungen von polymorphkernigen Leukocyten und deutlichen eosinophil granulierten Zellen, andererseits auch Riesenzellen, welche etwa die vier- bis fünffache Größe einer Leberzelle erreichen können, mit 10, 20 und mehr Kernen. Diese Riesenzellen nehmen anscheinend von versprengten Gallengangsepithelzellen ihren Ursprung, wobei man auch alle Übergänge von kleinen Gallenwegen bis zu diesen mächtigen cellulären Bildungen sieht. Die Bindegewebsschichte ist reich an Capillaren und enthält größere, zum Teil mächtig erweiterte Gallengänge, deren Epithel meist Zeichen von Degeneration zeigt.

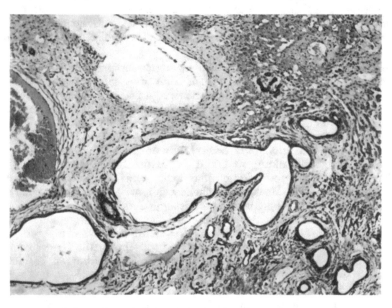

Abb. 80. Leberegelkrankheit des Kaninchens. Cystisch erweiterte Gallengänge
mit Bindegewebswucherung. (Kavernomähnliche Bildungen.)

Die übrigen Leberanteile sind infoferne cirrhotisch verändert, als das intra- und interlobuläre Bindegewebe wesentlich vermehrt ist und insbesondere in der Umgebung der früher beschriebenen großen Nekroseherde beträchtliche Mächtigkeit aufweist. Diese diffuse Bindegewebsvermehrung ist stellenweise nicht nur auf die periportalen Felder beschränkt, sondern erstreckt sich vielfach auf das ganze Läppchen. Diese indurative Veränderung des Leberparenchyms ist offenbar in erster Linie auf eine chronische Cholangitis, bzw. Pericholangitis zurückzuführen, die zur sekundären cholangitischen Bindegewebsinduration der Leber führt. Die gröberen Gallenwege selbst sind offenbar auf Grund der Gallenstauung zumeist stark erweitert, an Zahl vermehrt und bilden stellenweise mächtige kavernomähnliche Bildungen. Die Wand dieser Gallenwege zeigt oft noch die Zeichen der chronischen Entzündung (Abb. 80). Die Bindegewebsvermehrung des Leberparenchyms ist in Azanpräparaten außerordentlich eindrucksvoll zu sehen. In einem der mächtig erweiterten Gallengänge, dessen Epithel plattgedrückt erscheint, konnten zwei Exemplare von Distomum hepaticum gefunden werden (Abb. 81). Bei Domonicifärbung heben sich die Chitinstacheln der Tiere als rotgefärbte Gebilde deutlich ab (Abb. 82).

Soweit aus unserem Einzelfall geschlossen werden kann, möchten wir die Veränderungen der Leber im Gefolge von Leberegelinvasion dahin zusammenfassen, daß es sich hierbei um eine chronische Cholangitis mit konsekutiver cholangitischer Induration handelt. Stellenweise kommt es zu großen umschriebenen Nekrosen, welche sich durch eine reaktive Entzündung mit folgender

Bindegewebsneubildung abkapseln. Die Gallenwege sind offenbar infolge von Gallenstauung durch Verlegung des Gallenabflusses durch Parasiten, deren

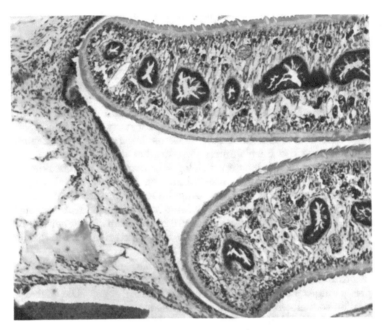

Abb. 81. Leberegelkrankheit des Kaninchens.

Abb. 82. Leberegelkrankheit des Kaninchens bei stärkerer Vergrößerung. (Chitinstachel.)

Eier, cholangitisches Exsudat usw. erweitert und bieten stellenweise kavernom-ähnliche Bilder. Es ist wohl anzunehmen, daß Cholangitis und Nekrosen mit partieller Abscedierung wenigstens zum Teil auf eine Sekundärinfektion zu beziehen sind, wenn auch in unserem Falle bei Bakterienfärbungen Mikroorganismen nicht gefunden werden konnten. Dieser negative Befund kann nicht als entscheidend gewertet werden, da es sich in dem von uns untersuchten Falle um das Endstadium der Erkrankung handelt.

Ob die in der obigen Beschreibung angenommene ursächliche Beziehung zwischen Distomuminfektion und Bildung der großen Nekroseherde zu Recht besteht, müßte wohl erst auf Grund ausgedehnterer Untersuchung an Hand eines größeren Materiales sichergestellt werden. Es erscheint bemerkenswert, daß SCHMIDT bei einer durch Leberegel bedingten Seuche mehrmals eine Kombination von Leberegel und Pseudotuberkulose beobachtet haben will; da dieser Autor nähere Angaben über die Histologie der vermeintlichen Pseudotuberkuloseherde und über bakteriologische Untersuchungen der betreffenden Lebern nicht macht und da die Bezeichnung Pseudotuberkulose (s. d.) in der Literatur offenbar für die verschiedensten ätiologisch differenten Krankheitsprozesse, die besonders in der Leber mit abszeßähnlichen Bildungen, Nekrosen usw. einhergehen, verwendet wird, kann diese Angabe keine Grundlage für die Annahme abgeben, daß im beobachteten Falle eine gleichartige Kombination vorlag. Eine bakteriologische Untersuchung konnte in unserem Falle nicht durchgeführt werden. Die Untersuchung der Schnitte auf Bakterien ergab durchwegs ein negatives Resultat.

Bei SEIFRIED ist die Literatur über die Leberegelkrankheit des Kaninchens zusammengestellt. Die Leberveränderung wird pathologisch-anatomisch als eine mehr oder weniger ausgebreitete Hepatitis beschrieben. Die Leberoberfläche sieht bisweilen so aus, als wäre sie mit Exsudatflocken bedeckt. Diese entpuppen sich jedoch unter dem Mikroskope als junge Distomen von 1—3 mm Länge und etwa einem halben Millimeter Breite.

Unter den sonstigen Distomen der Leber des Kaninchens ist Opisthorchus felineus hervorzuheben, der nach QUERINI in der Leber eine Cholangitis und Pericholangitis hervorruft. Bei starker Invasion werden Erweiterung der Gallengänge, sowie chronisch interstitielle Hepatitis beobachtet.

Über die Distomatose des *Meerschweinchens* liegen Mitteilungen von DE DOES, SOHNS und SCHMIDT vor. Eine übersichtliche Darstellung findet sich diesbezüglich bei RAEBIGER und LERCHE. Das histologische Bild der Leber wird hier als cholangitische und pericholangitische Veränderung mit Lebercirrhose beschrieben. Das periportale Bindegewebe ist stark gewuchert, die acinöse Zeichnung erscheint weitgehend aufgehoben. Innerhalb des gewucherten Bindegewebes sind die Leberzellen hochgradig atrophisch. In dem erhaltenen Lebergewebe liegt vielfach Verfettung der Leberzellen vor. Die Gallengänge sind reparatorisch gewuchert, einige erscheinen erweitert (s. auch Kapitel Parasiten).

11. Cysticerkose des Kaninchens.
(Bandwurmfinnen, Cystic. pisiformis.)

Die beschalten Embryonen (die sog. Onkosphären) gelangen durch das Pfortaderblut in die Leber, bleiben in den Lebercapillaren stecken und trachten, während die Cysticercusbildung beginnt, durch das Parenchym wandernd unter die Leberkapsel zu gelangen; sie siedeln sich daselbst an und kommen die Kapsel durchbrechend in die freie Bauchhöhle. Diejenigen Onkosphären, welche nicht an die Leberoberfläche gelangen können, bleiben unter Hinterlassung von Bohrgängen in der Leber und gehen dort zugrunde, wobei sie hanfkorngroße Herde bilden (SEIFRIED). Makroskopisch zeigt die Leber unter ihrem Serosaüberzuge erbsen- bis haselnußgroße, längliche, meist flaschen- bis kugelförmige,

6—13 mm lange und 4—6 mm breite, in traubigen Konglomeraten angeordnete
Blasen, die gelegentlich am ventralen Rande kurze Stiele aufweisen. (Über den
Parasitenaufbau siehe das einschlägige Kapitel.) Nach SEIFRIED, dessen Dar-
stellung wir hier folgen, wird die Wirtskapsel vom subserösen Gewebe gebildet
und verhält sich im Sinne von JOEST wie diejenige des Echincoccous unilocu-
laris. Sie besteht aus drei Schichten, und zwar der inneren Fibroblasten — und
Riesenzellenschichte, der intermediären Rundzellenschichte und der äußeren
Bindegewebsschichte. Alle Schichten enthalten mehr oder weniger eosinophile
Leukocyten. Zwischen Kapsel und Blasenwand der Finne befindet sich der
„pericytäre Lymphraum", der etwas seröse Flüssigkeit enthält. Die an der
Leberoberfläche sitzenden Blasen bewirken eine Druckatrophie des Parenchyms.
Daneben sieht man Reste alter Bohrgänge in Form von Blutungen, Nekrosen
und Narben. Auch Rückstände der Durchbruchsstellen werden oft gefunden.
Sterben die Parasiten ab, was nach JOEST häufig vorkommt, dann bilden sie
käsig-kalkige, von einer Bindegewebskapsel überzogene Herde an der Leberoberfläche und im Leberparenchym. (Wichtig wegen Verwechslung mit Pseudotuberkulose.) Auch bei der enzootischen Encephalitis des Kaninchens findet
man außer im Gehirn u. a. auch in der Leber lymphocytäre Herde, die bald
herd-, bald streifenförmig angeordnet sind. Über den Parasitennachweis in
den Leberknoten fehlen Angaben (SEIFRIED).

12. Echinokokkenkrankheit.

Hervorgerufen durch die Taenia echinococcus; sie ist beim Kaninchen sehr
selten. Die im Magen von ihren Schalen befreiten Onkosphären gelangen mit
dem Pfortaderblute in die Leber und bleiben daselbst teilweise in den Capillaren
stecken. Hier entwickeln sie sich in einem Zeitraume von etwa 20 Wochen bis
zu über haselnußgroßen Herden. Die zarte Blasenwand besteht aus einer Chitin-
schichte und einer sog. Keim- oder Parenchymschichte. Auch das Wirtstier
umgibt den Parasiten mit einer Kapsel. Zwischen beiden befindet sich der
pericytäre Lymphraum. Der Cysteninhalt ist wasserklar oder gelblich. Durch
die Echinokokkenblase erscheint die Leber vorgewölbt und buckelig. Krankmachend wirken die Blasen eigentlich nur in gehäufter Zahl und rufen dann
Ikterus, Druckatrophie, Gallengangsatrophie und Ascites hervor (Druck auf
die V. port. und V. cav.).

Anhangsweise wollen wir nun einiger Parasiten gedenken, die sich gelegentlich
in der Leber der hier zu besprechenden Tiere finden. So beschreibt MURATE
das Vorkommen von Trichocephalus und Eiern desselben in der Leber von
Mus decumans. RHODENBURG und BULLOCK berichten über transplantable
Sarkome der Leber einer Ratte, die in den Wandungen der Cyste der Taenia
crassicolis entstanden war.

13. Seltene tropische Leberaffektionen.

Bevor wir uns den leukämieähnlichen Erkrankungen zuwenden, wollen wir gewisse
Erkrankungen erwähnen, die für uns, da sie eigentlich nur in den Tropen vorkommen,
nur untergeordnete Bedeutung haben. SPLENDORE beschreibt einen neuen Parasiten des
Kaninchens aus der Protozoenreihe, der mit der Leishmania tropica große Ähnlichkeit
aufweist, vorwiegend in der Leber des Tieres zu finden ist und für das *Kaninchen* hoch
pathogen ist. Die durch ihn gesetzten Leberveränderungen erinnern durchaus an die Bilder,
wie wir sie bei der Kala-Azar zu sehen gewohnt sind. Die Leber ist also vergrößert, weist
erhöhte Konsistenz auf und ist durch die Anwesenheit von Leishmanien gekennzeichnet.
Diese finden sich in großen mononucleären Zellen, in den erweiterten interlobulären Capillaren,
aber auch in Gefäßendothelien und frei im Lumen werden sie gesehen. Sieht man sie in
Leberzellen, dann erscheinen diese mächtig vergrößert. Auch perivasculäre Rund- und
Plasmazelleninfiltrate, Wucherung des periportalen Bindegewebes, Blut- und Gallenpigment werden festgestellt (W. FISCHER). Die durch *Trypanosoma Evansi* hervorgerufene

Surrakrankheit, sowie durch *Trypanosoma Lewisi* bedingte Erkrankungen rufen mehr
weniger typische Veränderungen hervor. Wir wollen der Raumersparnis halber hier
kurz auch die Milzveränderungen bei diesen Erkrankungen erwähnen. Sie ist vergrößert und höckerig. Die Follikel sind teils vergrößert, teils atrophisch. Die Leber ist
gleichfalls vergrößert, rotbraun oder lehmfarben, die Oberfläche ist feinhöckerig. Am
Durchschnitt deutliche Läppchenzeichnung (Zentrum rot, Peripherie gelbbraun). Massenhaft Trypanosomen in den Capillaren, daher regressive und progressive Parenchymver-
änderungen (NEPOROYNI und JAKUNOFF [s. auch Kapitel Protozoen]).

14. Leukämie.

Nach HENSCHEN stellt die Leukämie bei den Tieren keine seltene Erkrankung dar. Trotz vorliegenden kasuistischen Materiales ist die Kenntnis der
Leukämien bei den hier zu besprechenden Tieren eine durchaus mangelhafte.
Akute Leukosen bei Tieren sind so gut wie unbekannt, auch läßt sich trotz
vieler Analogien eine Identität zwischen tierischer und menschlicher Leukose
nicht feststellen.

Da wir lediglich über entsprechendes Lebermaterial verfügen, wollen wir
hier die Literaturübersicht bringen und bei der Milz auf die Leber verweisen.

Die allerersten Angaben des Schrifttums beziehen sich auf die Leukämie
der *Maus*. So berichtet EBERTH (1878), sowie FAJERSZOTIYN und KOUCZYNSKI
(1892) je über einen Fall, der sich durch besondere Milzvergrößerung auszeichnete.
Die Milz war gleichmäßig graurötlich gefärbt. Mikroskopisch fand sich eine
Hyperplasie der Pulpa. Ebenso waren Leber und Niere leukämisch infiltriert,
und zwar die Leber reichlicher als die Niere. Es fanden sich in der ersteren Zell-
wucherungen zwischen den Leberbalken, wodurch diese in der Dicke reduziert
wurden. 1905 erwähnt HAALAND in einer Arbeit über die Spontantumoren der
Mäuse das Vorkommen von Lymphomen in Leber, Milz, Nieren, Lunge usw.
Er nimmt eine Hyperplasie, resp. Hypertrophie präexistenten lymphatischen
Gewebes an. Im Gegensatze zu LEVADITI fand er keine Blutveränderungen und
verglich die Erkrankung mit der aleukämischen Lymphadenose des Menschen.
LEVADITI beschreibt die Zeichen lymphatischer Leukämie in Blut und Organen
an zwei erwachsenen Mäusen. In beiden Fällen war die Milz sehr vergrößert.
Mikroskopisch fand er eine lymphoide Umwandlung des Organes. Daneben sah er
reichlich große Mononucleäre und sehr viele Megakaryocyten (diese kommen
bereits normal bei der Maus in der Milz vor; (s. d.). Auch die Leber wies
mächtige Lymphomata, sowie Anhäufungen verschiedener Typen mononucleärer
Zellen auf. Die Zellanhäufungen waren alle perivasculär angeordnet. In den
Nieren, Lungen und Lymphdrüsen konnten ähnliche Befunde erhoben werden.
Bakterien waren nicht darstellbar und konnten aus den Organen auch nicht
gezüchtet werden. VON GIERKE beschreibt nicht übertragbare leukämische
Infiltrate in der Leber und Niere einer Maus. K. LÖWENTHAL erwähnt im Rahmen
einer anderen Fragestellung zwei Fälle von Lymphosarkomatose und einen
Fall von Leukämie bei der Maus, ohne aber auf histologische Befunde einzugehen.

Ob es sich bei den nun zu besprechenden Leukämien des *Meerschweinchens*
und des *Kaninchens* wirklich um echte Leukämien oder um Geschwülste handelt,
müssen wir sowohl für die in der Literatur beschriebenen als auch für unsere
Fälle offen lassen. Lediglich die Ähnlichkeit der Befunde mit Bildern, wie wir
sie unter Umständen bei Leukämien zu sehen gewöhnt sind, zwingt uns an dieser
Stelle darauf einzugehen. Wir möchten aber gleich hier vorwegnehmen, daß es
sich in all diesen Fällen um echte Tumoren (Sarkome) mit myeloischer Reaktion
des umgebenden Gewebes handeln könnte, eine Möglichkeit, auf die uns Herr
Geheimrat L. PICK in liebenswürdiger Weise aufmerksam machte. Er stellte
uns das Milzpräparat einer Katze zur Verfügung, bei welcher die Milz auf eine
in ihr gelegene Tumormetastase durchaus myeloisch reagierte. Neben der Fülle

unreifer myeloischer Elemente fiel in dem Präparate die große Anzahl von Megakaryocyten auf. Herr Prof. PICK meinte, daß nach seiner Erfahrung die eben erwähnte Reaktion bei kleinen Säugetieren besonders häufig vorkommt.

MIGUES (Buenos Aires) berichtet über ein transplantables Rundzellensarkom der Leber bei *Meerschweinchen*, welches aber von FISCHER und KANTOR als Leukämie gewertet wurde. Besonders wertvoll auf diesem Gebiete waren die Untersuchungen von SNIJDERS (1926) und TIO TJWAN GIE (1927). In jüngster Zeit berichtet GERLACH über Leukämie bei in Österreich angekauften Meerschweinchen (Organ- und Blutbefunde fehlen). Über Leukämie beim Kaninchen berichten v. GIERKE, SCHULTZE und ZSCHOKKE. SNIJDERS konnte in der Milz und in den Lymphdrüsen der spontan eingegangenen Meerschweinchen starke Follikelvergrößerung, reichliche Zellinfiltrate, bestehend aus großen lymphoiden Zellen und viele Mitosen feststellen. Die Follikel zeigten Konfluenz. In den Sinus lagen sehr viele große Zellen, die Makrophagen entsprachen. Auch die Kapsel war dicht infiltriert. Der Bakterienbefund fiel negativ aus. SNIJDERS nahm eine großzellige Lymphoblastenanämie an und konnte auch im Blute entsprechende Befunde erheben. Übertragungsversuche gelangen vollkommen, sofern man sie mit lebenden Zellen durchführte. Gelegentlich trat im Laufe der Übertragungsversuche ein mehr weniger ausgesprochener Geschwulstcharakter der Veränderungen auf, die von SNIJDERS als Leukosarkomatose im Sinne von STERNBERG angesprochen wurden. Das Auftreten dieser tumorartigen Veränderungen zeigt im Laufe der Passagen folgenden chronologischen Ablauf: Leukämische Veränderungen im Blute .... reiner Geschwulstcharakter..... Tumorveränderungen neben solchen leukämischer Natur.... rein leukämische Befunde. Die Überimpfungen auf Ratten, Kaninchen und Hühner gelangen nicht. Während in den Tropen die Passagen in beliebiger Zahl durchzuführen waren, waren in Europa nur drei Passagen möglich. SCHULTZE transplantierte mit Erfolg beim Kaninchen ein Sarkom, wobei im Verlaufe der Transplantation leukämische Veränderungen in den Organen und im Blute festzustellen waren. Die Milz war auf das drei- bis fünffache vergrößert, in der Leber fanden sich Geschwulstknoten neben einer feinen weißen netzförmigen Zeichnung. Mikroskopisch sah SCHULTZE in der Leber eine diffuse Infiltration und sowohl das periportale Gewebe wie die Blutcapillaren zwischen den Leberzellbalken waren teils von Geschwulstzellen, teils von leukämischen Infiltraten durchsetzt. Im Blute wurde festgestellt: 450 000 weiße Blutkörperchen bei 4 000 000 roten Blutkörperchen, 70% Mononucleäre, 21% Leukocyten, 9% große und kleine Lymphocyten. Auch SCHULTZE sprach sich in seinem Falle wie SNIJDERS für eine Leukosarkomatose im Sinne STERNBERGS aus. v. GIERKE sah gleichfalls einen Fall von Leukämie beim Kaninchen, wobei jedoch der Übertragungsversuch nicht gelang.

Wir glauben den referierten Fällen die folgenden an die Seite stellen zu dürfen. Beide Male handelt es sich um *Kaninchenlebern*. Leider war es uns nicht möglich, die beiden Fälle genauer zu analysieren, da es sich um eingesandtes formolfixiertes Material handelte.

Die Leber zeigt im ersten Falle einerseits große bis Läppchengröße erreichende, andererseits kleine Herde, welche das Parenchym infiltrierend durchsetzen. Die großen Herde liegen ausschließlich im periportalen Felde. Eine Beziehung zu den Gallenwegen oder zu den großen Gefäßen ist aus den Präparaten nicht herauszulesen, da man sowohl Gefäße wie Gallenwege von dichten zelligen Herden umgeben findet. Eine Abstammung der Infiltratzellen von der Adventitia der Gefäße erscheint vielleicht insoferne wahrscheinlich, als sich in der Niere isolierte Herde finden, welche sich strenge an die unmittelbare Umgebung des Gefäßes halten. Die großen periportalen Leberherde sind gegen das Parenchym fast nirgends schärfer abgegrenzt. Sie lösen sich peripheriewärts, die äußere Läppchenzone infiltrierend auf. Diese Infiltration des Läppchens nimmt gegen das Zentrum an Intensität ab, so daß die Zentralvenenumgebung zumeist frei bleibt. Im Läppchenzentrum finden sich zumeist nur hier und da Herdchen, welche im Querschnitt aus 5—10 Zellen zusammengesetzt sind. Das Leberparenchym fällt im Bereiche der Infiltration einer Druckatrophie anheim. Die Leberzellbalken sind dadurch zu ganz schmalen Parenchymbrücken reduziert. Das neugebildete Infiltratgewebe besteht aus großen, zumeist rundkernigen Elementen, zwischen welchen sich auch kleine, mit pyknotischen, seltener karyorhektischen Kernen finden. Granulierung der Zellen kann mit Sicherheit nicht nachgewiesen werden, wobei allerdings die Formolfixation und die Unmöglichkeit der Herstellung von Spezialfärbungen Berücksichtigung finden muß. Im Gegensatze zum zweiten Falle werden hier Megakaryocyten völlig vermißt.

Die beschriebene Anordnung der Infiltrate, insbesondere die Einwucherung fremden Gewebes in die Leberzellbalken, hat mit jener der menschlichen Myelose weitgehende Ähnlichkeit. Die Leberzellen sind stark pigmenthaltig.

Während die Veränderung in der Leber eine diffuse ist, ist jene in der Niere ausschließlich auf die Nierenrinde und auf das submuköse Nierenbeckengewebe beschränkt. Wie bereits erwähnt, ist die Beziehung des infiltrierenden Gewebes zu den Gefäßen in der Niere außerordentlich deutlich. Die Mehrzahl der großen Gefäße ist von einem dichten Wall umgeben. Die Infiltration ist aber keineswegs auf die periarterielle Umgebung beschränkt, sondern umgibt stellenweise wenigstens sämtliche Tubuli. Bemerkenswert ist ferner, daß manche Rindenteile frei von Infiltration sind. Im Bereiche des Nierenbeckens verdient besonders die Infiltration des submukösen Fettgewebes Beachtung. Die Bilder erinnern, allerdings bei völligem Mangel an Megakaryocyten, sehr an Knochenmarksgewebe.

Im zweiten Falle war die vergrößerte Leber durch eine gewisse marmorierte Zeichnung charakterisiert. Mikroskopisch konnten Veränderungen in doppelter Hinsicht festgestellt werden. Zunächst waren die mittleren und größeren Gallengänge von einem überaus dichten Infiltrat umgeben, welches in seiner massigen Anordnung mit gleichartigen Herden anderer periportaler Felder konfluierte. Die Zellen wiesen Polychromasie und Polymorphie auf, zeigten reichlichst Mitosen und entsprachen auch in ihrem Verhalten zu den Gefäßen, in welchen gelegentlich Zelleinbrüche zu sehen waren, durchaus jenen, wie wir sie bei malignen Blastomen zu sehen gewöhnt sind. Es verdient erwähnt zu werden, daß auch in den kompakten Infiltraten Zellen gefunden werden konnten, die vielleicht als Megakaryocyten angesprochen werden könnten. Die andere Veränderung war in der Gegend der Zentralvenen und in den Läppchen verteilt zu sehen. Sie entsprach kleinen Herdchen, welche mit den im ersten Fall beschriebenen große Ähnlichkeit aufwiesen. In ihrer mittelbaren und unmittelbaren Umgebung jedoch fanden sich hier zahlreiche Megakaryocyten.

Während wir mit einer gewissen Einschränkung berechtigt sind, den ersten Fall als Leukämie aufzufassen, gehen wir vielleicht nicht fehl, den zweiten Fall als malignes Blastom (Sarkom) mit myeloischer Entartung des Lebergewebes anzusprechen und ihn in Analogie mit der uns von Herrn Prof. PICK zur Verfügung gestellten Katzenmilz zu bringen.

Literatur.

ABRAHAM: Zit. nach JADASSOHN. — ATTULLEN: Zit. nach POPPE.
BEALE: Zit. nach OPPEL. — BEITZKE: Zbl. path. Anat. 14, 625 (1914). — BERG: Pflügers Arch. 214, 295; Münch. med. Wschr. 1914, 19. — BISOZZERO-VASSALE: Zit. nach OPPEL. — BÖHM: Zit. nach POPPE. — BÖHM-DAVIDOFF: Zit. nach OPPEL. — BRAUS: Lehrbuch der Anatomie, Bd. 2. — BRIDGE: Zit. nach OPPEL.
CAGNETTO: Sperimentale 1905; Ann. Inst. Pasteur 19, 449 (1905). — CASTRO DE: Trab. Inst. Cajal 1926. — CIPOLLINA: Zit. nach SEIFRIED. — COHN, TOBIAS: Zit. nach OPPEL. — COUNCILMAN u. STRONG: Zit. nach FRANCIS.
DOYON: Zit. nach OPPEL.
EBERTH (b): Virchows Arch. 72 (1878). (b): Zit. nach OPPEL. — EPSTEIN (a): Virchows Arch. 273, H. 1, 89 (1929). (b): Sitzg Wien. mikrobiol. Ges. 1928.
FELSENTHAL u. STAMM: Virchows Arch. 132, 36 (1893). — FIEBIGER: Die tierischen Parasiten der Haus- und Nutztiere. Wien u. Leipzig 1923. — FISCHER: HENKE-LUBARSCHs Handbuch der pathologischen Anatomie, Bd. 5, S. 1. — FRANCIS, EDWARD: Tularämie. KOLLE-KRAUS-UHLENHUTS Handbuch der pathogenen Mikroorganismen, Bd. 6, T. 1. — FRANK, G.: Zit. nach NICKERLE. — FRITSCH: Zit. nach OPPEL.
GALLI-VALERIO: Zbl. Bakter. I Orig. 33 (1903); 75, 47; 94, 62 (1925). — GERLACH: Handbuch von KOLLE-KRAUS-UHLENHUT. — GIERKE v.: Verh. dtsch. path. Ges. München 1924. — GRUBER: Zbl. Bakter. Orig. 77, H. 4, 301.
HAALAND: Ann. Inst. Pasteur 29, 165 (1905). — HEINDL: Inaug.-Diss. Bern 1910. — HENDRICKSON: Zit. nach OPPEL. — HENSCHEN, FOLKE: JOESTS Handbuch der speziellen pathologischen Anatomie der Haustiere. — HERING: Zit. nach OPPEL.
ISCHIWARA: Zit. nach JADASSOHN.
JADASSOHN: Lepra. KOLLE-KRAUS-UHLENHUTS Handbuch der pathogenen Mikroorganismen. — JOEST: Handbuch der speziellen pathologischen Anatomie der Haustiere, Bd. 2. 1921.
KASPAR u. KERN: Zbl. Bakter. Orig. 63 (1912). — KÖLLIKER: Zit. nach STÖHR. — KRUCKENBERG: Zit. nach OPPEL.
LAUDA: Virchows Arch. 258, 529 (1925). — LAUDA u. E. HAAM: Z. exper. Med. 66, H. 3/4. — LEBOEUF u. SALOMON: Zit. nach JADASSOHN. — LEDINGHAM u. FRASER: Zit. nach FRANCIS. — LENHART: Zit. nach FIEBIGER. — LEVADITI: C. r. Soc. Biol. Paris 77, 258 (1914). — LÖFFLER: Z. ges. Anat. 84, H. 3/4 (1927). — LOEWENTHAL, K.: Med. Klin. 1928, Nr 33. — LUKJANOW: Zit. nach OPPEL.
MARTIN: Lehrbuch der Anatomie der Haustiere, 3. Lief. — MESSERSCHMIED u. KELLER: Z. Hyg. 77, 289 (1914). — MEYER, F.: Terminologie der Säugetierleber, Diss. Hannover

1911. — MIGNES: Rev. Inst. bacter. Buenos Aires 1918. — v. MOELLENDORF-STÖHR: Lehrbuch der Histologie. Jena 1913. — MÜLLER, K.: Zit. nach NICKERLE.

NEISSER: Zit. nach POPPE. — NEPOROYIN u. JAKUNOFF: Zit. nach P. KASEWURM u. H. STEINBRÜCK. Erg. Path. 8 (1902). — NICKERLE: Erg. Path. 31, 2.

OPPEL: Lehrbuch der vergleichenden mikroskopischen Anatomie der Wirbeltiere. Jena 1900. — OTAMI: Zit. nach ROMEIS, Hist. Technik 1929.

PASCHKIS: Klin. Wschr. 1928, 1393. — PÉRARD: Zit. nach SEIFRIED. — PFEIFFER: Zit. nach SEIFRIED. — POPPE: KOLLE-KRAUS-UHLENHUTS Handbuch der pathogenen Mikroorganismen, 1929.

RABINOWITSCH: Zit. nach JADASSOHN. — RAEBIGER, H. u. M. LERCHE: Erg. Path. 21 II (1926). — RANVIER: Zit. nach OPPEL. — REICHENOW: PROWAZEK-NÖLLERS Handbuch der pathogenen Protozoen. — RENAUT: Zit. nach OPPEL. — RETZIUS (a): Zit. nach STÖHR. (b): Zit. nach OPPEL. — RHODENBURG, G. L. u. D. F. BULLOCK: Proc. N. Y. path. Soc. 15, 152 (1915). — RÖSSLE: HENKE-LUBARSCHS Handbuch der speziellen pathologischen Anatomie, Bd. 5, T. 1.

SCHAFFER: Lehrbuch der Histologie, 1922. — SCHLATER: Zit. nach OPPEL. — SCHMIDT, M. B.: Zit. nach GRUBER. — SCHMINCKE: Zit. nach STÖHR. — SCHULTZE: Verh. dtsch. path. Ges. München 1914. — SEEMANN: Beitr. path. Anat. 78 (1927). — SEIFRIED: Die wichtigsten Erkrankungen des Kaninchens. Erg. Path. I 22 (1927). — SNIJDERS: Nederl. Tijdschr. Geneesk. 1926 II A, 1256. — SOHNS: Dtsch. tierärztl. Wschr. 1916, 130. — SPLENDORE: Bull. Soc. Path. exot. 2, 462 (1909); ref. Zbl. Bakter. 45, 527 (1910). — STADA u. TRAINA: Zbl. Bakter. 28, 635. — STEPHANSKY u. DEAN: Zit. nach JADASSOHN. — STÖHR: Handbuch der mikroskopischen Anatomie, herausgeg. von v. MOELLENDORFF, Bd. 4, T. 1.

THEILE: Zit. nach OPPEL. — TIO TJWAN GIE: Amsterdam Uitg. N.V.T. Raedthuys, 1927. VARIOT: Zit. nach OPPEL.

WALKER: Zit. nach JADASSOHN. — WALL: Zit. nach MARTIN. — WEBER: Zit. nach OPPEL. — WITTNEBEN: Zbl. Bakter. Orig. 44, 316 (1907). — WOOLEY: Zit. nach FRANCIS. ZSCHOKKE: Vet.wes. Sachsen 1914, 93. — ZWICK: Zit. nach NIEBERLE.

Blut und blutbildende Organe.

A. Blut.

I. Das Kaninchen.

Von EMMERICH HAAM, Wien.

Mit 1 Abbildung.

a) Normale morphologische Befunde.

1. Technische Vorbemerkungen.

Zur Technik des Blutbefundes beim Kaninchen ist folgendes zu erwähnen. Als geeignete Stelle der Blutentnahme erweist sich, wie in der Literatur angegeben, die Ohrvene des Tieres.

FRITSCH wählte für seine Untersuchungen die mittlere, an der Dorsalseite des Ohres verlaufende Vene. Es ist bekannt, daß sich die Venen des Kaninchenohres in einem von der Herztätigkeit unabhängigen, viel langsameren Rhythmus lehren und füllen. Es ist dies eine Folge rhythmischer Kontraktionen und Erschlaffungen der Gefäßwände. „L'oreille du lapin est le theâtre des phenomènes vasomoteurs" (COURMONT et NICHOLAS). Nach Befestigung des Tieres auf dem Kaninchenbrett in möglichst natürlicher Haltung, nach Abrasieren der Haare des Ohres erfolgt eine gründliche Reinigung der Stelle mit Äther. Meist füllen sich hierauf die Venen prall an und springen deutlich vor. KLIENEBERGER und CARL halten für diesen Eingriff eine Befestigung des Tieres gar nicht für nötig. Mittels einer scharfen Lanzette wird ein kleiner Einstich in die Vene gemacht, worauf das Blut stets reichlich hervortritt. Die meisten Autoren pipettieren das Blut von der blutenden Stelle direkt in die Mischpipetten. FRITSCH fängt das Blut zuerst in einem ausgehöhlten Paraffinblock auf, in dem sich einige Schüppchen Hirudin zur Vermeidung der Blutgerinnung befinden. Aus den Versuchen von BERNAUD scheint hervorzugehen, daß Zählungen aus der Ohrvene des Kaninchens unter sorgfältiger Vermeidung jeder Art von Stauung richtige Werte für das Tier geben. Er untersuchte mit der BÜRKERschen Methode das Blut der großen Gefäße wie Pfortader, Carotis, Arteria epigastrica und Milzarterie auf ihren Erythrocytengehalt und fand annähernd übereinstimmende Werte; nur in den Milzvenen war die Erythrocytenzahl erhöht.

HINO hat diese Frage in jüngster Zeit in sehr sorgfältigen Untersuchungen nachgeprüft und kam zu dem Ergebnis, daß wohl die Verteilung der roten Blutkörperchen eine gleiche sei, für die weißen Blutkörperchen aber eine ungleichmäßige Verteilung in den verschiedenen Gefäßbezirken angenommen werden müsse.

Ein Großteil der Differenzen hinsichtlich der Erythrocytenzahl des Kaninchens in den Angaben der verschiedenen Autoren ist auf eine mangelhafte Technik der Blutkörperchenzählung zurückzuführen. Die Resultate der alten Methode von THOMA und ZEISS waren infolge der verschiedenen Senkungsgeschwindigkeit der Erythrocyten oft mit großen Fehlern behaftet (BÜRKER); für das Kaninchen errechnete MARLOFF, wie aus seiner Tabelle hervorgeht, einen Fehler von 9%.

Als Verdünnungsflüssigkeit des Blutes zur Zählung der roten Blutkörperchen dient die HAYEMsche Lösung.

Die Trockenpräparate zur Darstellung der Polychromasie, Vitalfärbung usw. werden nach den bekannten Methoden gefärbt.

Die Hämoglobinbestimmung geschieht am einfachsten nach der Methode von SAHLI. FRITSCH, MARLOFF und andere Autoren verwendeten zur genauen absoluten Hämoglobinbestimmung das HÜFNERsche Spektrophotometer. Auch andere Methoden, wie die spektroskopische Methode (SUBBOTE) oder chemische Bestimmung des Hämoglobins (BÜRKER) wurden angewandt. Der für die Lebensvorgänge im Tierorganismus so wichtige Wert des Hämoglobins pro Oberflächeneinheit des Erythrocyten, der für alle Tiere eine Konstante bilden soll (BÜRKER) wurde von der BÜRKERschen Schule auch für das Kaninchen errechnet. Er stimmt mit dem von BÜRKER aufgestellten Wert von $31{,}7 \times 10^{-14}$ g Hämoglobin pro μ^2 Oberfläche des Erythrocyten ziemlich überein.

Für die Zählung der weißen Blutkörperchen kann die TÜRKsche Lösung verwendet werden. Um störende Eiweißniederschläge zu vermeiden, gibt FRITSCH folgende Modifikation an:

Eisessig 0,5
Destill. Wasser 150,0
1%ige wässerige Gentianaviolettlösung 1,5.

BUSHNELL und BINGS verwenden für ihre Untersuchungen eine 0,3%ige Lösung von Acid. acet. glac. Beim Färben der Ausstrichpräparate zur Differentialzählung des weißen Blutbildes ist auf das eigentümliche Verhalten der fein gekörnten Leukocyten des Kaninchenblutes zu achten. Eine Reihe von Spezialmethoden, die zur näheren Differenzierung der pseudoeosinophilen Leukocyten des Kaninchenblutes angegeben wurden, soll bei der Besprechung dieser Leukocytenart erwähnt werden.

Wie bei den Erythrocyten, sind auch bei den weißen Blutkörperchen die Schwankungen der in der Literatur angegebenen Zahlen beim Kaninchen eine außerordentlich große.

BUSHNEL und BINGS unternahmen es, die Ursache dieser großen Differenzen zu ergründen und durch Untersuchungen an einem großen Tiermaterial und wiederholten Untersuchungen desselben Tieres verläßliche Grenzwerte der Norm herauszufinden. Sie versuchten so die Abweichungen, die durch die Individualität des Tieres (Alter, Rasse, Geschlecht) und durch die Lebensweise bedingt waren, abzutrennen von den Fehlern, die auf die Technik und den persönlichen Irrtum beim Zählen zurückzuführen sind.

Untenstehende Tabelle BUSHNELs und BINGS zeigt die von ihnen gefundenen Grenzwerte des normalen Blutbefundes beim Kaninchen.

Tabelle 1. *Fehlergrenzen und Durchschnittswerte im Kaninchenblut*
nach BUHSNELS *und* BINGS.

Bezeichnung	Durch-schitts-werte	Abwei-chungen	In % v. D.-Wert	Persönliche Fehler	In % v. D.-Wert	Pers. Fehler × 3 · 2	In % v. D.-Wert
Erythrocyten . . .	5,989 500	779,358	13,01	± 525,676	8,77	± 1,682 100	28,08
Leukocyten . . .	10,675	2,224 15	20,83	± 1,500 18	14,05	± 4,800 57	44,97
Polymorphkernige Leukocyten . .	39,10	10,88	27,57	± 7,34	18,77	± 23,48	60,05
Kleine Lympho-cyten	53,90	11,20	20,77	± 7,55	14,01	± 24,16	44,82
Große Lympho-cyten	2,55	2,06	80,78	± 1,39	54,51	± 4,45	174,51
Große mono-nucleäre Leukoc.	0,43	0,51	118,60	± 0,34	79,07	± 1,08	251,16
Eosinophile Leukoc.	1,12	0,84	75,00	± 0,56	50,00	± 1,79	159,82
Basophile Leukoc. .	3,58	2,17	60.61	± 1,46	40,78	± 4,67	130,44
Übergangszellen. .	1,07	0,90	84,11	± 0,71	57,01	± 1,95	182,24

Aus dieser Tabelle geht hervor, daß bei Bewertung des Blutbildes des Kaninchens mit allergrößter Vorsicht vorgegangen werden muß. Beträgt doch die Fehlergrenze für gewisse Zellgruppen 200%. Wir können daraus denselben Schluß ziehen, den KLIENEBERGER und CARL für das Blutbild der Mäuse gezogen haben, nämlich daß die Beurteilung eines pathologischen Befundes nur dann gestattet werden darf, wenn sehr markante Veränderungen vorliegen. Auch SCHULZE hebt in seinen einleitenden Worten im Handbuch der vergleichenden Physiologie die große Variabilität des als normal angesprochenen Blutbildes des Kaninchens hervor.

2. Die roten Blutkörperchen.

Die Zahl der Erythrocyten des Kaninchenblutes war der Gegenstand zahlreicher Untersuchungen. Über die ältere Literatur berichtet BETTMANN. Neuere Untersuchungen wurden besonders von der Schule BÜRKERs, von KLIENE-BERGER und CARL, sowie von einer Reihe amerikanischer und japanischer Autoren vorgenommen.

Bei Durchsicht der Werte der einzelnen Autoren stößt man auf so große Differenzen, daß jeder Versuch, aus den vorliegenden Untersuchungen einen Mittelwert zu errechnen, mit großen Fehlern verbunden sein muß. Werte wie 2,760 000 (KRAUSE) und 9,000 00 (PRÖSCHER) können wohl mit Sicherheit als nicht physiologisch für das Kaninchen angesehen werden. Auf Grund eigener Zählungen müssen wir eine Zahl von 5—6 Mill. Erythrocyten als Normalwert für das Kaninchen aufstellen, ein Wert, der auch mit den Angaben der meisten Autoren (BETTMANN, BÜRKER, KLIENEBERGER und CARL, ZIEGLER) recht gut übereinstimmt. Große Schwankungen, wie sie DOMARUS angibt (zwischen 4 und 8 Millionen) konnten wir bei unseren Tieren nicht finden, doch scheinen solche wirklich in der Literatur vorzukommen (OTTO, M. JO). Die Ursache dieser Schwankungen zu erkennen, war der Gegenstand zahlreicher Untersuchungen. SABBIN studierte die Verteilung der Erythrocyten in den verschiedenen Gefäßen und Organen des Kaninchens und kommt zu dem Ergebnis, daß diese eine ziemlich konstante ist.

Wie auch bei anderen Säugetieren ist die Zahl der Erythrocyten vom Alter, vom Geschlecht und von den äußeren Lebensbedingungen abhängig.

Auf die Bedeutung des Alters der Tiere bei den morphologischen Blutuntersuchungen hat als erster wohl LINDBERG hingewiesen. Wir geben eine

Tabelle LANGEs wieder, der das rote Blutbild des Kaninchens in den verschiedenen Altersstufen untersucht hat.

Tabelle 2. *Das rote Blutbild bei Kaninchen verschiedenen Alters nach* LANGE.

Alter	Geschlecht	Gewicht	Zahl an Erythrocyten i.Mill.	Hb.-Gehalt in % n. SAHLI	Durchmesser in μ	Dicke in μ	Oberfläche der Erythrocyten in cmm in qmm	Oberfläche aus Erythrocyten in μ²
Fetus von 29 Tagen		34,5	3,69	77	8,0	2,50	602,80	163,36
		35,0	—	75	7,20	2,12	—	142,88
		37,0	—	75	7,20	2,12	—	142,88
		37,1	3,78	79	7,96	2,50	603,33	159,61
12 Stunden	♀	37,2	4,5	83	7,48	2,50	664,80	147,73
60 ,,	♀	70,0	4,7	86	7,58	2,55	709,82	151,63
5 Tage	♀	56,5	4,51	92	—	—	—	—
5 ,,	♀	65,0	4,46	91	—	—	—	—
12 ,,	♂	117,0	4,87	80	7,20	2,5	660,60	135,65
12 ,,	♀	122,0	4,44	78	7,48	2,5	640,30	144,21
19 ,,	♀	173,0	4,45	76	6,50	2,4	713,16	115,32
19 ,,	♂	173,0	5,8	83	7,32	2,5	759,62	146,64
4 Wochen	♀	238,0	5,57	86	7,16	2,5	865,30	155,46
4 ,,	♂	254	6,06	84	6,88	2,4	777,64	128,32
4 ,,	♀	320	5,28	74	7,67	2,5	806,20	152,69
4 ,,	♂	340	5,64	80	7,60	2,5	848,36	150,42
4 ,,	♀	377	5,30	83	7,54	2,4	617,11	116,44
5 ,,	♂	321	5,40	82	6,40	2,4	607,70	112,54
5 ,,	♀	322	4,75	70	6,52	2,4	550,40	115,88
6 ,,	♂	395	4,48	65	6,40	2,4	504,18	113,65
6 ,,	♀	308	4,50	65	6,40	2,4	506,32	108,70
8 ,,	♀	320	6,02	85	6,42	2,4	680,81	109,79
8 ,,	♂	728	4,64	69	6,52	2,4	537,68	108,94
8 ,,	♀	820	4,75	73	6,44	2,4	539,00	108,16
9 ,,	♀	842	5,58	75	6,26	2,4	606,54	—
9 ,,	♂	870	5,88	79	6.38	2,4	645,57	—
9 ,,	♂	522	4,87	77	6,27	2,4	530,54	—
10 ,,	♀	525	6,32	88	6,24	2,4	683,20	—
Durchschnittswert	—	509	79,3	6,83	2,40	648,03		—

Nach den Untersuchungen LANGEs kommt es also bei zunehmendem Alter des Tieres zu einer deutlichen Zunahme der Zahl der roten Blutkörperchen, die gegenüber der Erythrocytenzahl des Fetus beim 10 Wochen alten Tier um etwa das Doppelte ansteigt. Der Hämoglobingehalt der Tiere bleibt prozentuell ziemlich derselbe, die Blutkörperchen werden eher schmäler und ihr Durchmesser wird kleiner. Als Folge davon verändert sich auch die Oberfläche des Erythrocyten, so daß trotz der gesteigerten Zahl der roten Blutkörperchen beim älteren Tier die Gesamtoberfläche der Erythrocyten pro Kubikmillimeter geringer ist als beim jungen Tier.

Ein Unterschied zwischen dem Blutbild beider Geschlechter ist schon von manchen Untersuchern angeführt worden. GALAMBOS, VON BINSDORF, CUSANA fanden keinen Unterschied. Doch andere Autoren wie MALASSEZ, TATARA, LANGE, OTTO, KLIENEBERGER und CARL, TJER PETERSEN behaupten, daß beim männlichen Tier die Erythrocytenzahl und der Hämoglobingehalt höher ist als beim weiblichen.

Von den äußeren Lebensbedingungen scheint die Zahl der Erythrocyten im allgemeinen ziemlich unabhängig zu sein. DOMARUS und GRUBER sprechen wohl von einer Stallanämie der Kaninchen, doch scheint dies nur den Hämoglobin-

Tabelle 3. *Der Unterschied im roten Blutbild beim männlichen und weiblichen Kaninchen nach* LANGE.

Tierart		Anzahl	Erythrocyten in Millionen	Hämoglobingehalt in % SAHLI	Länge	Breite	Dicke	Oberfläche eines Erythrocyten in μ^2	Oberfläche der Erythrocyten eines cmm in qmm
					\multicolumn{3}{c}{eines Erythrocyten}		
Hauskaninchen. . . .	♂	11	5,63	78,3	6,15	—	2,4	104,22	602,08
	♀	15	5,23	75,3	6,28	—	2,4	109,99	578,15
Wildkaninchen und	♂	2	6,77	96,5	6,3	—	2,4	109,79	742,74
Hauskaninchen. . .	♀	2	6,37	95,0	6,35	—	2,4	111,54	710,15
Wildkaninchen	♂	4	6,62	92,0	6,31	—	2,4	110,15	729,01
domestiziert	♀	1	6,69	96,0	6,3	—	2,4	109,79	734,50
Wildkaninchen. . . .	♂	3	7,71	101,0	6,17	—	2,4	106,22	817,53
	♀	7	7,03	100,3	6,27	—	2,4	108,94	761,15

gehalt, nicht aber die Erythrocytenzahl zu betreffen. FRITSCH zieht Rassenunterschiede bei verschiedenen Tieren gelegentlich der Besprechung der Literaturangaben in Erwägung. Während der Schwangerschaft vermindert sich nach Angaben von K. TOI und TATARA die Zahl der Erythrocyten beim Kaninchen in geringem Grade, was auch HINO bestätigen konnte.

Der Kaninchenerythrocyt sieht an Form und Gestalt dem Erythrocyten des Menschen und der übrigen Säugetiere sehr ähnlich. Auch er ist ein bikonkaves, rundes Scheibchen, der jedoch keine besondere Neigung zeigt sich in Geldrollenformation aneinanderzulegen. Die im Blutbild normaler Kaninchen vorhandene Anisocytose kann oft ziemlich beträchtlich sein (KLIENEBERGER und CARL). BITTMANN erwähnt das Vorkommen von Mikrocyten, die oft nur den halben oder vierten Teil der Größe eines normalen Erythrocyten haben, als regelmäßigen Befund. Eine Poikylocytose fehlt im allgemeinen. Die Oberfläche des einzelnen Kaninchenerythrocyten wird von BÜRKER nach der WELCKERschen Formel ($O = D_E^2 \times 1{,}57$) mit 68,4 μ^2 berechnet. EISBRICH findet einen Wert von 65,8 μ^2. Den mittleren Durchmesser berechnet LANGE mit 6,83 μ. Er wird bei zunehmendem Alter kleiner. GULLIVER findet 7 μ, HAYEM 6,6—7,5 μ, M. SCHMIDT 6,4 μ, FORMAT 6,9 μ, BÜRKER 6,6 μ. KLIENEBERGER und CARL, dessen Normalwerte 5,7—6,9 μ betragen, gibt an, daß auch Werte von 7,1 μ nicht selten zu finden sind. Die Werte der einzelnen Autoren liegen also ziemlich dicht beieinander. Als mittlere Dicke des Kaninchenerythrocyten findet Lange 2,4 μ, welcher Wert durch das ganze Leben ziemlich konstant bleibt. Bei der chromoanalytischen morphologischen Untersuchung heben die meisten Autoren (FRITSCH, KLIENEBERGER und CARL, BITTMANN u. a.) die große Anzahl polychromatischer Erythrocyten hervor. Basophil getüpfelte Zellen kommen nach KEY regelmäßig im Blut junger Tiere vor, und zwar findet er Durchschnittszahlen von 4,1 % basophil getüpfelter und 2,2 % polychromatischer Erythrocyten im normalen Kaninchenblut. Der niederen Resistenz gegen hypotonische Lösungen entsprechend finden sich im Nativpräparat meist zahlreiche Stechapfelformen (KLIENEBERGER und CARL). Normoblasten sind nach BITTMANN ein recht seltener Befund im peripheren Kaninchenblut. JAFFÉ und KEY leugnen ihr Vorkommen ganz, DOMARUS und GRUBER sehen sie öfters. KLIENEBERGER und CARL beschreiben ihr Plasma als stark polychromatisch, die Kerne meist stark pyknotisch.

Vital färbbare Erythrocyten kommen beim Kaninchen regelmäßig vor. Besonders bei jungen Tieren finden wir oft einen hohen Prozentsatz vital färbbarer Erythrocyten. KEY gibt als Durchschnittswert eine Zahl von 7,3% vital färbbarer Blutkörperchen an. Im Embryonalblut zeigen nach NAEGELI der überwiegende Teil der Zellen basophile Granulierung, die in den verschiedensten Formen vom feinsten basosphilen Stäubchen bis zur groben Körnelung des Erythrocyten auftreten. Außer dieser Körnelung kommen noch drei Arten basophil regenerativer Substanzen in den Erythrocytenzellen des Kaninchens vor:

1. Ziemlich zentral gelegene rote Chromatinreste, die mit zunehmendem Alter der Erythrocyten allmählich kleiner werden.

2. 1—2 periphere, winzige, rote Körnchen (Zentrosom nach NISSLE, Chromatinstäubchen nach WEIDENREICH).

3. Eigenartige Kernabschnürungen in embryonalen Megaloblasten und Megalocyten, die zuerst oft noch nahe dem Kern liegen, sich selten noch rot färben, bald aber zur Peripherie streben und sich dann ausschließlich blau kantieren.

Der erste Beginn der Blutbildung beim Kaninchen erfolgt in der Area vasculosa der primitiven Blutinseln, die sich am achten Tage nach der Befruchtung bilden. Dort bilden sich hämoglobinfreie basophile Blutkörperchen, von denen sich dann in bekannter Weise die primitiven Erythroblasten und endlich die primitiven Erythrocyten ableiten. Die Rolle der Area vasculosa ist bei den verschiedenen Säugetieren zeitlich sehr verschieden begrenzt. Beim Kaninchen hört ihre bluterzeugende Tätigkeit erst mit Ende des intrauterinen Lebens auf. Nach den Untersuchungen NAEGELIs finden sich im Kaninchenembryo von 0,7—0,8 cm Länge nur Megaloblasten und Megalocyten. Erst beim Kaninchenembryo von 14,—1,5 cm Länge tritt die Generation des kleineren Erythroblasten und Erythrocyten langsam in den Vordergrund, um bei einem Kaninchenembryo von ungefähr 5 cm Länge fast das ganze Blutbild zu beherrschen. Bei einem Embryo von 10 cm Länge fehlen bereits Megaloformen vollständig. Für die Beurteilung des Blutbildes junger und neugeborener Kaninchen verweisen wir auf die Tabelle von LANGE (2).

Bei jüngeren Tieren ist die Zahl der roten Blutkörperchen geringer, Durchmesser und Oberfläche derselben größer als bei älteren.

Das Zugrundegehen des Kaninchenerythrocyten wurde besonders von SABIN eingehendst studiert. Sie konnte einen dauernden Zerfall roter Blutkörperchen im Kaninchenblut nachweisen. Die Fragmentation des Kaninchenerythrocyten geht so vor sich, daß der Erythrocyt einen längeren Fortsatz entwickelt und so die Gestalt des Poikilocyten annimmt. Dieser Fortsatz verschmälert sich dann an einer Stelle und löst sich endlich vom Erythrocyten. Der übrigbleibende Rest kann noch lange die Form des normalen Erythrocyten beibehalten.

SABIN hält den Poikilocyten für das Beginnstadium, den Mikrocyten für das Endstadium der erfolgten Fragmentation. Die fragmentierten Teilchen werden sofort von den Clasmatocyten, die nach den amerikanischen Autoren von den Monocyten des Kaninchenblutes strenge zu unterscheiden sind, phagocytiert. Sie sind noch längere Zeit in der Zelle sichtbar, färben sich mit acidophilen Farbstoffen und können so den Eindruck eosinophiler Granulationen hervorrufen. Der Unterschied ist mit der supravitalen Färbemethode leicht zu stellen. Die phagocytierten Teilchen ergeben, wie die ganzen Erythrocyten, niemals Oxydasereaktion.

3. Das Hämoglobin.

So oft auch relative Hämoglobinbestimmungen vorgenommen worden sind, so selten finden wir in der Literatur absolute Zahlenangaben.

Von älteren Angaben, die FRITSCH in seiner Arbeit erwähnt, seien zitiert: SUBBOTIN fand mittels der spektroskopischen Methode von BREUER 7,1—9,5 g, im Mittel 8,4 g Hämoglobin pro 100 ccm Blut. J. G. OTTO fand bei 10 männlichen Tieren einen Wert von 9,4 bis 10,8 g, im Mittel 10,1 g, bei 10 weiblichen Tieren 7,9—9,4 g, im Mittel 8,8 g und als

Gesamtdurchschnitt seiner Untersuchungen 9,4 g in 100 ccm Blut. Auf chemisch-analytischem Wege fand ABDERHALDEN in einem Falle einen Wert von 12,4 g Hämoglobin pro 100 ccm, K. BÜRKER, der mit der NEUMANNschen Eisenmethode arbeitete, fand einen Hämoglobingehalt von 11,4 g. KLIENEBERGER und CARL erhalten bei den älteren Untersuchungen einen Wert von $63^0/_0$ nach SAHLI, in ihren neueren Untersuchungen einen Wert von $77,6^0/_0$ als mittleren Hämoglobingehalt.

Die Werte von BÜRKER, EDERLE und KIRCHER sind nach HÜFNERs spektrophotometrischer Methode bestimmt, ebenso die Werte von MARLOFF und FRITSCH. Sie stellen also genaue absolute Hämoglobinwerte dar. Bei seinen eigenen Untersuchungen findet FRITSCH Werte von 9,8—13,2 g beim männlichen Tier (Mittelwert 12,1), bei seinen weiblichen Tieren einen Mittelwert von 11,6 in 100 ccm Blut. FRITSCH faßt diese Differenz als zu geringfügig auf, um daraus eine Regel machen zu dürfen, im Gegensatz zu OTTO und TATARA. KLIENEBERGER und CARL lehnen in ihren neueren Untersuchungen einen Einfluß des Geschlechtes auf den Hämoglobingehalt des Tieres ab.

FRITSCH betonte als erster beim Kaninchen die große Wichtigkeit des mittleren absoluten Hämoglobingehaltes pro Erythrocyt. Nach seinen Untersuchungen beträgt er beim männlichen und weiblichen Tiere gleich viel, nämlich 20×10^{-12} g. Er betont, daß dieser Wert bei den verschiedenen Tieren auffallend geringe Schwankungen zeigt. Der niederste gefundene Hämoglobingehalt von 19×10^{-12} g und der höchste von 23×10^{-12} g liegen nur 5 bzw. $15^0/_0$ vom Mittelwert entfernt. MALASSEZ berechnete den Hämoglobingehalt pro Erythrocyt bei beiden Geschlechtern getrennt, erhält aber ebenfalls sehr nahe beieinander liegende Werte, die mit denen der anderen Autoren sehr gut übereinstimmen.

Tabelle 4. *Hämoglobingehalt beim männlichen und weiblichen Kaninchen nach* MALASSEZ.

	Zahl der Erythrocyten in Millionen	Hämoglobin in g in cmm Blut	Hämoglobin pro Erythrocyt in 10^{-12} g
Kaninchen			
männlich . .	4,160	0,084	20,35
weiblich. . .	4,540	0,096	21,14

Die in der Einleitung erwähnte BÜRKERsche Regel, nämlich die Konstanz des Hämoglobingehaltes pro Oberflächeneinheit des Säugetiererythrocyten wurde von BÜRKER und EISBRICH auch am Kaninchen untersucht. Die Werte beider Autoren weisen kleine Differenzen auf. Während BÜRKER einen seinem Normalfaktor ($31,7 \times 10^{-14}$) sehr naheliegenden Wert von $32,0 \times 10^{-14}$ g Hämoglobin pro Oberflächeneinheit des Erythrocyten angibt, fand EISBRICH auf Grund seiner Messungen nur $30,3 \times 10^{-14}$ g Hämoglobin pro Oberflächeneinheit. Doch sind die Fragen der Beziehungen des Hämoglobins zur Oberfläche der Blutkörperchen noch zu strittig, um bei Kaninchen eine entscheidende Stellungnahme zu den Angaben einzelner Autoren zu gestatten.

4. Die weißen Blutkörperchen.

a) Allgemeines.

Über die Zahl der weißen Blutkörperchen liegt eine außerordentlich große Literatur vor. Wir haben in Anlehnung an die Arbeit von BITTMANN und HINO die uns zugängigen Werte tabellarisch zusammengestellt und die Tabellen beider Autoren ergänzt.

Aus dieser Tabelle geht vor allem hervor, welch große Differenzen in den Angaben der einzelnen Autoren bestehen. Die Frage nach der Aufklärung dieser großen Unstimmigkeiten, die wohl kaum durch eine mangelnde Technik

Tabelle 5. *Die weißen Blutkörperchen des Kaninchens, zusammengestellt nach der Literatur.*

Autoren	Gesamtzahl der weißen Blutkörperchen pro cmm²	Lymphocyten in %	Pseudo Eosinophile in %	Mastzellen in %	Große Mononucl. u. übergr. F. in %	Eosinophile in %
BITTNER	9600	59,3	38,2	1,7	6,6	0,2
BUNTING	7000—9000	53—54	35	8,5	—	0,5
BURNETT	8500	48	47	2	—	3
COURMONT und LESIEUR	9000	—	45	—	—	—
v. DOMARUS	3800—13100	251—441	47,1—64,1	6,4—10	—	0—3,1
DUMOULIN	7000	10—30	30—50	15—30	15—30	0,3
FRITSCH	—	—	62	33	2	2
	6900—10500	32—39,8	43,6—67	0—0,8	1,9—10,5	0,7—1,9
GOLDSCHEIDER und JAKOB	8000—14000	—	—	—	—	—
COODALL	10500	52	43	2,5	—	2,5
GRUBER, G. B.	5000—14000	28—44	37—54	2,1	3,13	0,5—2,5
HAYEM	6200	—	—	—	—	—
HEINEKE	9000—12000	38,3—41,5	36,6—42,1	0,9—3	18,2—18,8	0,3
M. JO.	5800—19300	37—90	10—57	—	2	1
JOLLY und ACUNA	—	—	41,7	—	—	1
KANTHAK u. HARDY	—	70—80	20—30	2—5	2—6	1—2
KLIENEBERGER u. CARL	8150	45,5	50,5	1	2,5	0,45
LINDBERG	—	36	45,5	6	7	1,5
LOEWIT	10720	31,9	60,4	1,6—3	3	0—0,8
MEZINCESCU	—	36	56	3	—	5
MUIR	7570	40,2	47,7	—	12	—
NICOLAS u. FROUMENT	7213	26	46,1	—	26,7	1,4
OKINTSCHITZ	—	25,9	51	—	11,6	—
OKANA	16400	45,9	47,6	0,7	1,3	1,2
PRÖSCHER	—	60—65	33—40	4—8	—	0—0,8
SCHOLZ	4500	41,0	55	4	—	—
SCHULZ, G.	9905	—	—	—	—	—
TAUSSIG	10000—12000	—	—	—	—	—
TALLGUIST und WILLEBRANDT	11000	20—25	45—55	2—5	2,0—2,5	0,5—3
	11000	—	—	—	—	—
TATARA	10800	—	—	—	—	—
TEKAMINE	6500—14600	27,4—49,3	49,2—67,7	0—0,7	1,3—6,9	1—3,9
WERTHEIM	11200—14500	42—59	44—46	1—2	2,9—9	2—4
WILLIAMSON	5500—12500	—	—	—	—	—
ZIEGLER	8000—13000	50—60	30—40	3—5	5—10	—
	5300—13500	51—76,5	—	0—3	0,5—1,5	3,51—4,66
	4200—11640	—	—	—	—	—

allein erklärt werden können, hat zahlreiche Untersuchungen über die Abhängigkeit der Leukocytenzahl und ihrer Zusammensetzung von äußeren und inneren Momenten hervorgerufen. Während nach POHL, JACOB und GOLDSCHEIDER die Zahl der weißen Blutkörperchen beim Kaninchen keinerlei periodischen Schwankungen unterworfen sein soll, fand SCHWENKENBECHER das Gegenteil. Auch BITTMANN fand bei seinen Zählungen beträchtliche Schwankungen zwischen den Befunden am Vormittag und am Nachmittag, besonders in der Zahl der Lymphocyten.

Ist auch die Technik der genannten Autoren nach den neueren Forschungsergebnissen der BÜRKERschen Schule nicht vollkommen, so scheinen doch die Angaben von SABIN und ihren Mitarbeitern den Forderungen moderner Technik vollauf zu genügen. Sie bestimmten mit Hilfe der von SABIN angegebenen supravitalen Färbetechnik in zahlreichen Untersuchungen das weiße Blutbild

Tabelle 6. Die Verteilung der weißen Blutkörperchen im Organismus des Kaninchens nach HINO.

Kaninchen Nr.	Ohrvene	Leber-parenchym	Milz-parenchym	Magenwand	Coecum und Dickdarm	Niere	Nebenniere	Vena mesent.	Arteria mesent.	Vena cava inf.	Aorta	Lunge	Herzmuskel	Vena pulmonalis	Knochen-mark	Vena femoralis	Arteria femoralis	Vena renalis	Arteria renalis	Vene porte	Dünndarm-wand
1	6075	6950	45000	7750																	
3	12650	8550	70650	6350																	
4	12200	10400	45850	8050	8600																
5	13400	12550	36850	9600	9550																
6	13500	10500	24800	10050		9600															
7	8400					8000	6100	5600										5450			
8	7500					8400	5750	6000											6700		
9	8050					7350	5350	6900													
10	6700					8000	5450	6650													
11	7500	8500			6900				8900	9000	8500										
12	10950				6500				7000	6950	6950										
13	9000								7600	7800	7850										
14	6350								7700	7650	7200										
15	10650											8200	6900	3750							
16	10050											6500	5300	3600							
17	8450											6950	5150	4900							
18	10150											3500	3600	2650							
19	5300																				
23	8950														8500	6700	6100				
24	6600														9000	5250	5300				
25	11050														7400	4650	5000				
26	8950														20700		8450				
20	7270					6450															
21	6150					4650															
22	7750					7450															
27	8275	6450																5790	5000	5800	
28	10800	11400																3600	3600	9700	
29	8700	7300																4450	4150	5850	
30	8950	10650																		7050	7250
Mittelwert %	100	83,9	385,9	72,2	73,2	108,2	73,9	82,0	84,4	84,9	82,6	74,4	61,7	43,9	128,2	62,4	69,9	62,7	60,5	77,3	81,0

11*

des Kaninchens und erhielten so Tageskurven, die einen charakteristischen Rhythmus sowohl der Gesamtzahl der weißen Blutkörperchen als auch der verschiedenen Zellformen erkennen lassen, welche von äußeren Umständen (Nahrung, Stallverhältnisse) und von individuellen Momenten (Rasse, Alter, Geschlecht unabhängig waren. Sie erklären diese Schwankungen mit dem periodisch erfolgenden Absterben der weißen Blutzellen und ihrer Regeneration aus dem Knochenmark.

Aufhören der amöboiden Beweglichkeit und Veränderung der sichtbaren Granula, die größer und stärker lichtbrechend werden, sich in Alkohol lösen und nicht mehr Neutralrot aufnehmen, sind die charakteristischen Zeichen des physiologischen Zelltodes. Die jungen Zellen zeichnen sich durch eine stark erhöhte Beweglichkeit aus. Das Vorkommen einer Verdauungsleukocytose wird von ihnen ebenso wie von vielen anderen Autoren geleugnet und schon mit der Lebensweise des Kaninchens erklärt.

Über die Verteilung der weißen Blutzellen im Körper des Kaninchens liegen verschiedene Angaben vor. Nach RÖSNER und RIEDERS ist die Verteilung im peripheren und zentralen Gefäßsystem eine gleiche, eine Angabe, die von den meisten Autoren kritiklos übernommen wurde. SCHWENKENBECHER findet nur Unterschiede, wenn das Tier zur Vornahme des operativen Eingriffes narkotisiert wurde. Diesen älteren Angaben stehen die neuen Untersuchungen HINOS gegenüber, der an einem großen Material die Frage der Leukocytenverteilung im Kaninchenkörper untersucht hat. Wie aus seiner Tabelle (6) ersichtlich, fand er im Gegensatz zu den roten Blutkörperchen in den Capillaren der capillarreichen Organe (Milz, Niere, Leber, Knochenmark) wesentlich mehr weiße Blutkörperchen als in der Peripherie und den übrigen inneren Organen (Darm). Dabei bleibt das prozentuale Verhältnis in der Zusammensetzung des weißen Blutbildes das gleiche. Als Erklärung der von ihm als Verschiebungsleukocytose bezeichneten Tatsache führt HINO im Gegensatz zu anderen Autoren die verlangsamte Strömungsgeschwindigkeit des Blutes in den capillarreichen Organen an, wodurch ein Hängenbleiben der Leukocyten und somit eine Vermehrung in den betreffenden Capillargebieten erfolgt; eine Ansicht, die nach unserer Meinung durch die Untersuchungen HINOS nicht genügend gestützt scheint.

Es scheint also aus den beiden zuletzt zitierten ganz modernen Arbeiten hervorzugehen, daß die weißen Blutkörperchen beim Kaninchen unabhängig von äußeren oder individuellen Momenten Schwankungen unterliegen, deren Ursache allerdings weder von SABIN noch von HINO mit Sicherheit angegeben werden konnte. Daß diese Schwankungen allein große Differenzen bei verschiedenen Untersuchungen hervorrufen können, ist einleuchtend.

SCHULZ betont dies und hält daher jede nähere Diskussion der Leukocytenzahlen beim Kaninchen für wenig aussichtsreich. KLIENEBERGER und CARL geben ähnliche Verhältnisse an. BITTNER verweist noch auf die Fehler, die durch die psychische Erregung des Tieres (LLOYD JONES), die momentane Abkühlung der Körpertemperatur (LOEWIT), den Kältereiz bei der Ätherabreibung (GRAWITZ) zustandekommen können. Auch Entzündungsprozesse und lokale Thrombosen (DU MOULIN) können den Gefäßtonus und somit die Leukocytenzahlen beeinflussen. Der von GOLDSCHEIDER und JAKOB berechnete Fehler von $2^1/_2$—$10^0/_0$ dürfte wohl als zu knapp angesehen werden. KLIENEBERGER und CARL geben einen Fehlerprozentsatz von $20^0/_0$ an.

Einen sicheren Einfluß auf die Zahl und die Zusammensetzung des weißen Blutbildes beim Kaninchen hat das Alter der Tiere. Es ist das Verdienst LINDBERGs als erster darauf hingewiesen zu haben. In der folgenden Tabelle sind die Ergebnisse seiner Untersuchungen an verschieden alten Kaninchen wiedergegeben. Wir wollen auf seine Arbeit bei der Besprechung des Differentialblutbildes noch einmal zurückkommen. Hier sei erwähnt, daß bei einem Kaninchen von 4—6 Monaten deutlich das Maximum der Leukocytenzahl erreicht wird, jüngere und ältere Tiere weisen niedrigere Werte auf.

Tabelle 7. *Leukocytenzahlen bei verschieden alten Kaninchen nach* C. LINDBERG.

Alter	Zahl der Tiere	Gesamtzahl der Leukocyten pro cmm			Pseudoeosinophile Zellen			Lymphocyten		
		Minimum	Maximum	Mittel	Minimum	Maximum	Mittel	Minimum	Maximum	Mittel
14 Tage	8	1700	2100	2000	300	400	400	1300	1600	1500
1 Monat	8	2600	3500	3000	500	1100	800	2000	2300	2100
2 Monate	12	3600	6500	5500	800	1800	1200	2400	5000	4100
3 ,,	22	4600	7700	5900	400	2800	1400	3400	5900	4300
4 ,,	22	5000	9000	7000	600	2400	1400	4300	6800	5400
5 ,,	22	7100	10000	8900	1100	2400	1500	3700	8400	7200
6 ,,	22	4000	10000	6500	1000	3900	1600	3100	6800	4600
7 ,,	17	4000	8000	6200	800	2500	2000	1400	5400	4000
8 ,,	17	4200	7900	6000	1000	2400	1600	3000	5400	4000
9 ,,	12	4500	7700	5800	900	2800	1600	2900	4800	3800
10 ,,	9	4800	6500	5500	1400	2300	1600	2400	4900	3600
11 ,,	9	5200	7600	5100	1400	2500	1700	3000	4300	2900

Das Geschlecht der Tiere scheint nur einen sehr geringen Einfluß auf die Leukozytenzahl des Kaninchens auszuüben (FRITSCH).

Eine Verdauungsleukocytose wird im allgemeinen von den meisten Autoren abgelehnt (KLIENEBERGER und CARL in besonderen Versuchen, SABIN usw.). BITTNER diskutiert die Möglichkeit, daß sich bei der notwendigen Regelmäßigkeit einer Laboratoriumsfütterung eine solche wohl einstellen könnte.

Der Einfluß der Rasse der Tiere wurde noch nicht untersucht.

Noch größere Differenzen als bei den Gesamtzahlen der Kaninchenleukocyten finden sich beim Studium der einzelnen Zellformen im weißen Blutbilde. Die erste Schwierigkeit auf die man hier stößt, ist die Einteilung und Benennung der einzelnen Blutzellen. Trotz der verschiedensten Einteilungsversuche nach allen möglichen Prinzipien (morphologisch, physiologisch, genetisch) mußte man doch wieder auf das chromoanalytische Klassifikationsprinzip EHRLICHs zurückgreifen, welches, wie sich alle Autoren einig sind, an Klarheit viel zu wünschen übrig läßt. Besonders beim Kaninchen erweist sich diese Methode der Klassifizierung wie wohl bei keinem anderen Tier als mangelhaft und damit ist wohl auch hauptsächlich die Differenz der von den einzelnen Autoren erhobenen Befunde zu erklären. Wie wir später noch sehen werden, sind es besonders zwei Zellformen, deren Benennung und Einordnung in die Leukocytenreihe beim Kaninchen auf Schwierigkeiten stößt, nämlich die als pseudoeosinophile Zellen bezeichneten fein granulierten Leukocyten und die großen mononucleären Leukocyten.

In Übereinstimmung mit allen anderen Tieren unterscheiden wir beim Kaninchen folgende Gruppen weißer Blutzellen:

1. Lymphocyten, welche wieder in kleine, mittlere und große Formen unterschieden werden können.

2. Leukocyten, deren ausgereifte Formenreihe sich in die Gruppe der pseudoeosinophilen, der eosinophilen und basophilen oder Mastleukocyten teilt.

3. Monocyten, entweder mit großem rundem oder gelapptem Kern.

4. Clasmatocyten: Sehr große Zellen, oft von bizarren Formen und monocytenartigem Kern, oft Zeichen lebhafter Phagocytose zeigend. Diese Zellen kommen im peripheren Blutkreislauf nur sehr selten vor, da sie wegen ihrer Größe in den Lungencapillaren abfiltriert werden.

β) Lymphocyten.

Die Lymphocyten können im Blute des Kaninchens in einem Prozentsatz von 30—40% gefunden werden. Zahlen wie 10% (DUMOULIN) oder 90% (M. JO) sind wohl selten. Leider fehlen bei solchen Befunden genauere pathologisch-anatomische Untersuchungen des Tieres, so daß die Angabe der Autoren, daß es sich um normale Tiere gehandelt hat, nicht allzu fest begründet scheint. Doch finden wir 20% Lymphocyten auch in den Untersuchungen von TAL-QUIST und WILLEBRAND, während KANTHAK und HARDY 70—80% Lympho-cyten, HINO 51—76$\frac{1}{2}$% und FRITSCH bei 3 Tieren 71% Lymphocyten findet. Eine teilweise Erklärung dieser scheinbar so großen Differenzen finden wir in der schon früher erwähnten Arbeit LINDBERGs. Untenstehende Kurve ist seiner Arbeit entnommen.

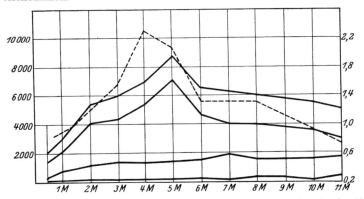

Abb. 83. Durchschnittswerte (Zahlen links) der verschiedenen Leukocytenarten im Alter von 14 Tagen bis zu 11 Monaten. Die ausgezogenen Linien bedeuten von oben nach unten gerechnet: Gesamtzahl der Blutleukocyten, Lymphocyten, Pseudoeosinophile, Basophile. Die obere gestrichelte Linie gibt die Gewichtskurve der Kaninchenthymus in Gramm (Zahlen rechts). (Nach GÖDERLUND und BACKMANN.)

Wir sehen, daß hier die Schwankungen der Leukocytenzahlen beim Kanin-chen verschiedenen Alters nur auf Schwankungen der Lymphocyten beruhen, welche wieder, wie die gestrichelte Linie der Kurve des Thymusgewichtes von Kaninchen nach SUNDERSON und BEGELUND zeigt, indirekt mit der Thymus-involution der Tiere zusammenzuhängen scheint. Die Differenz zwischon den absoluten Lymphocytenzahlen ganz junger und erwachsener Kaninchen beträgt etwa 300%. Nun finden wir aber bei den wenigsten Autoren genauere Angaben über das Alter der untersuchten Tiere, eine Tatsache, womit auch FRITSCH die großen Differenzen erklären will. Bei seinen 10 untersuchten Tieren, die genau 5 Monate alt waren, also ein Alter mit hohem Lymphocytengehalt (s. die Kurve LINDBERGs) betrug die Zahl der Lymphocyten mit einer einzigen Ausnahme immer zwischen 60 und 71%. Eine nähere Beschreibung der Lympho-cyten kann an dieser Stelle wohl unterbleiben, da sie sich weder an Gestalt und Größe noch in ihrem färberischen Verhalten von den Lymphocyten der übrigen Säugetiere unterscheiden.

Einen Versuch, die Lymphocyten nach ihrem Alter weiter zu unterteilen (entsprechend dem ARNETHschen Schema bei den granulierten Formen) unternimmt SABIN. Sie findet nämlich bei ihren Studien der lebenden weißen Blutzellen mit Hilfe der supravitalen Färbe-methode, daß die größeren Lymphocyten den Farbstoff besser aufnehmen und auch größere amöboide Beweglichkeit zeigen wie die kleineren Formen. Sie hält daher die größeren Formen auch für die jüngeren, während die ganz kleinen Lymphocyten mit kaum erkennbarem Plasmasaum den degeneriert stabkernigen Leukocyten ARNETHs entsprechen.

Lymphoide Riesenzellen beschreibt KLIENEBERGER und CARL. Auch BITT-MANN spricht von mächtigen, das 3—5fache Volumen eines gewöhnlichen

Lymphocyten einnehmenden lymphoiden Zellen. Azurgranula (WOLFF-MICHA-ELIS) finden wir in den Lymphocyten des Kaninchens nicht selten (WEIDEN-REICH, MEZINCESCU). Sie haben dasselbe Aussehen wie bei den übrigen Säugetieren. Ob sie mit den beim Kaninchen von ARNOLD, ROSIN und BIBERGEIL bei der Vitalfärbung im Körper des Lymphocyten beschriebenen Granulationen, die unter dem Einfluß des Farbstoffes allmählich deutlich werden und endlich zu einem Farbtropfen zusammenfließen, identisch sind (wie es FERRATA zu beweisen sucht), steht noch offen. WALLGREEN u. a. studierten die ALTMANNsche Granulierung an den lymphoiden Zellen des Kaninchenblutes. Er konnte bestätigen, daß die Befunde SCHRIDDEs auch für das Kaninchen Geltung haben. Es gelingt leicht mit Hilfe des Fuchsin-Pikrinsäure-Gemisches die charakteristische Granulierung im Plasma der Kaninchenlymphocyten zur Darstellung zu bringen. Nur die „großen lymphoiden Zellen" weisen sich manchmal als körnchenfrei. Die Peroxydasereaktion ist beim Kaninchen bei allen Zellen der lymphatischen Reihe negativ (KATSENUMA).

γ) Die Leukocyten.

Die feingranulierten, polymorphkernigen Leukocyten. Den neutrophilen Leukocyten beim Menschen und den Säugetieren entsprechend finden sich beim Kaninchen ebenfalls gelapptkernige Leukocyten mit einer feinkörnigen Granulierung (Spezialgranulocyt EHRLICHs). Ihre Zahl schwankt zwischen 30 und 50%. SUZUKI und TATAMARI finden 67%, KANTHAK und HARDY 20—30%. Es finden sich also hier keine so großen Differenzen wie bei den Lymphocyten, was wieder für die Richtigkeit der Annahme LINDBERGs und BITTMANNs spricht. Der tägliche Rhythmus dieser Zellen studiert am vitalgefärbten Präparat (SABIN und Mitarbeiter) wurde schon früher erwähnt. Die Deutung der Granula des fein gekörnten Kaninchenleukocyten hat einen lange währenden Streit in der Gelehrtenwelt hervorgerufen, ohne das Problem restlos zu klären. Die von EHRLICH vorgeschlagene Bezeichnung „pseudoeosinophile Leukocyten" mußte mangels eines besseren bis auf den heutigen Tag beibehalten werden. Die Zellen verdanken diese Bezeichnung dem Umstand, daß sich ihre Granula mit sauren Farbstoffen leuchtend rot färben, wodurch sie ganz den Eindruck eosinophiler Leukocyten hervorrufen. Allerdings weichen sie in der Gestalt der Granula, in der Form des Kernes und dem Verhalten des Plasmas sehr bedeutend von den echten eosinophilen Leukocyten ab. BITTMANN sowie KLIENEBERGER und CARL betonen diese Unterschiede, während viele Autoren sie vermissen.

GROSSO versucht durch eine neue Färbemethode die Differentialdiagnose beider Leukocytenarten zu erleichtern. Er verwendet dabei ein Methylgrün-Pyronin-Orange-Neutralgemisch von folgender Zusammensetzung:

Methylgrün 3,2
Pyronin 6,0
Orange 1,0
Aqua dest. 75,0.

Auch Formol-Alkohol-Fixierung zulässig.

Das Bestreben nach einer genauen und sicheren Differenzierung beider Zellarten hat noch zu weiteren Spezialfärbemethoden Anlaß gegeben, die wir hier nicht zitieren wollen. Die technischen Einzelheiten mögen in SCHMORLs „pathologisch-histologischen Untersuchungsmethoden" nachgesehen werden.

Zusammenfassend müssen wir also sagen, daß es beim Kaninchen eine Leukocytenform gibt, die in der Bildung des Kerns, des Plasmas, der Form und Größe der Granula den neutrophilen, polymorphkernigen Leukocyten sehr nahe steht. Nur zeigen ihre Granula ein abweichendes tinktorielles Verhalten, indem sie sich besonders leicht und schön mit sauren Farbstoffgemischen färben. Eine Amphophilie der Körnchen wird von vielen Seiten behauptet, von anderen abgelehnt. Ihrer ganzen Gestalt nach ist es sehr wahrscheinlich, daß sie mit den neutrophilen Leukocyten des Menschen und der übrigen Säugetiere identisch sind und auch deren Funktion im Organismus erfüllen. Aus dem Vorschlage von EHRLICH werden sie als pseudoeosinophile, polymorphkernige Leukocyten bezeichnet.

Mit der supravitalen Färbemethode (SABIN und Mitarbeiter) zeigt diese Leukocytenart die größte Beweglichkeit, indem sie deutlich in der Richtung der Fortbewegung schmale, lange Pseudopodien aussendet. Der Zellkern folgt der Bewegung des Plasmas nach (WITTS).

Die Oxydasereaktion ergibt nach der Methode von SATOR und SEKIYA eine feine Granulierung des Zellplasmas. Sie ist deutlich weniger stark ausgebildet wie beim Menschen und der Zellkern bleibt deutlich sichtbar (DOAN und SABIN).

Als Gegensatz zu den fein granulierten Leukocytenformen stellt EHRLICH die grob granulierten auf, welche wieder in die Gruppen der eosinophilen und absophilen Leukocyten zerfallen.

Die eosinophilen, polymorphkernigen Leukocyten. Sie wurden besonders von BITTNER eingehendst studiert und wir haben seinen Ausführungen kaum etwas Neues hinzuzufügen. Wir finden sie im Kaninchenblut in einem Prozentsatz von 0,—2% selten 3% (HINO) und ihre Zahl zeigt auch im allgemeinen keine starken Schwankungen (SABIN, LINDBERG). Von EHRLICH, SCHWARZE und später HIRSCHFELD wurde ihr Vorkommen wie bei allen Tieren so auch bei Kaninchen beschrieben. Sie zeigen das charakteristische Bild eines einfachen, meist Zwerchsack- oder sanduhrförmigen Kernes, der selten dreigelappt ist, mit sehr dichtem Chromatinnetz. Sie haben dunkelblau gefärbtes Plasma und charakteristische Granulationen. Diese schildert BITTNER beim Kaninchen als große, dicht nebeneinander liegende Kugeln, die schon im Nativpräparat durch ihren gelblichgrünen Glanz und ihr stark lichtbrechendes Verhalten den Zellen ein charakteristisches Gepräge verleihen. Nach DUNGERN lassen sie sich auch beim Kaninchen leicht in der Zählkammer auszählen. Im MAY-GRÜNWALD-Präparat haben die Granula eine stark dunkelrote Nuancierung. Sie sind gröber und umfangreicher als die Spezialgranula, liegen mosaikartig eng ohne jede Spur von Zwischensubstanz aneinandergepreßt und wirken, wie sich BITTNER treffend ausdrückt, wie mächtige sphärische Gebilde.

Über die Größe und Gestalt der einzelnen Körnchen beim Kaninchen liegen verschiedene Darstellungen vor.

HIRSCHFELD schildert sie als spitz, KANTACK und HARDY als sphärisch oder ovoid, SHERRINGTON als kugelig. NIEGOLEWSKI hält die meisten Körnchen für rund, während daneben auch ovale Formen vorkommen sollen. HESSE schreibt ihnen alle möglichen Formen zu, ganz runde, ovoide, dreieckige, längliche, unregelmäßig zugespitzte, abgeplattete usw. MAXIMOW endlich vergleicht sie mit kurzen Stäbchen, welcher Ansicht sich WEIDENREICH anschließt.

BITTNER selbst beschreibt die Granulationen als kugelige bis länglich ovoide Gebilde mit meist schmalen Seitenflächen, so daß man allerdings leicht bei Kantenstellung den Eindruck kurzer Stäbchen gewinnt. Die Granulas scheinen aber eine gewisse Elastizität und Kompressibilität zu besitzen, denn in dicht granulierten Zellen kann man in der Tat alle möglichen Formen erkennen, die auf diese Weise leicht erklärbar sind. Bei gequetschten, aus dem Zellverband gelösten Körnchen konnte BITTMANN fast ausschließlich kugelige bis ovoide Formen finden. Während HESSE behauptet, daß die Größe der einzelnen Granulis sowohl an ein und derselben Zelle wie auch bei verschiedenen

Zellen ganz erheblich varriieren soll, kann BITTMANN dies nicht bestätigen. Er gewinnt im Gegenteil den Eindruck, daß von ganz minimalen Unterschieden abgesehen, ein bestimmter Größentypus für die eosinophilen Körnchen ohne Rücksicht auf die Zelldimensionen obligatorisch ist, und daß größere Zellen mehr Granulationen aufweisen. Zwischenformen zwischen den kleinen pseudo-eosinophilen Spezialgranulas und den echten acidophilen Körnchen, wie sie ARNOLD und HESSE beschrieben, konnte BITTNER nie bemerken. Ebensowenig konnte er die von ARNOLD, HESSE, PAPPENHEIM, KARDOS und BENACHIO beschriebenen basophilen Vorstufen der eosinophilen Zellen finden, die nach den Untersuchungen der genannten Autoren unter gewissen Umständen im strömenden Kaninchenblute zu finden sein sollen. Auch die eosinophilen Zellen des Kaninchenblutes zeigten amöboide Beweglichkeit (SABIN). Diese ist jedoch etwas langsamer und vom differenten Typus wie die Fortbewegung der fein gekörnten Leukocyten (WITTS).

Die basophilen polymorphkernigen Leukocyten. Die Bedeutung der basophilen Leukocyten (Mastleukocyten nach EHRLICH und WESTPHAL) für das Kaninchenblut ist noch wenig geklärt. Übereinstimmend wird von allen Autoren der relative Reichtum des Blutes an Mastleukocyten beim Kaninchen angegeben (FRITSCH), obwohl andere Autoren (SCHIFFONE, BETTMANN, OKINTSCHITZ) ihr Vorkommen überhaupt nicht erwähnen. Ihre Zahl wird meist mit 2—9$^0/_0$ angegeben. Vereinzelt steht die Angabe DUMOULINs da, der 15—30$^0/_0$ Mastleukocyten beim Kaninchen findet. Sie färben sich am besten nach MAY-GRÜNWALD (KLIENEBERGER und CARL). Durch die Untersuchungen MICHAELIS, PAPPENHEIM und MAXIMOW haben wir erkannt, daß die im Blute und Bindegewebe vorkommenden gleichartigen Zellen vollständig voneinander zu trennen sind. Unsere Aufgabe ist es hier nur die Mastzellen des Blutes beim Kaninchen zu beschreiben. Es handelt sich hier um große runde Zellen mit meist kompakten oder leicht gelappten Kernen und relativ kleinen und wenig dick stehenden Granulationen.

MAXIMOW beschreibt ihren Kern als einen zusammengeknickten Schlauch von unregelmäßiger Dicke und mit abgerundeten Ecken und oft sehr typischen Einschnürungen. BITTNER spricht von einem schwach färbbaren polymorphen Kern, der sich oft nur sehr schwer darstellen läßt und zum größten Teil durch die Granula verdeckt ist. LOEWIT beobachtet eine Kernform wie WEIDENREICH. Es finden sich nach ihm auch oft 2—3 sich blaß färbende Kerne in ein und derselben Zelle. LEVATITI beschreibt wie KLIENEBERGER und CARL sehr unregelmäßige Granulationen. MAXIMOW findet sie fein, dicht und rundkörnig, BITTNER findet sie als grobe Körner, die oft an einzelnen Stellen zu derben runden Klumpen zusammengeballt sind, so daß bei kleiner Zellform das Bild des stark pyknotischen Lymphocyten vorgetäuscht werden kann. Die Körnchen decken oft den Kern ganz zu.

PAPPENHEIM hat die selbständige Existenz der Mastleukocyten angezweifelt und hat ihre Granulationen nur als ,,mucoide Degeneration des Spongio plasmas" aufgefaßt, welche mit den Azurgranula von Lymphocyten in eine Parallele zu stellen wäre. Auch PRÖSCHER schließt sich diesen Anschauungen PAPPENHEIMs, die in scharfem Gegensatz zu den Anschauungen TÜRKs stehen, an. PRÖSCHER spricht die Meinung aus, daß die hämatogenen Mastleukocyten beim Kaninchen innerhalb der Blutbahn durch einen degenerativen Prozeß aus den hämatogenen Lymphocyten gebildet werden. Die mucoide Degeneration der Lymphocyten ist nach seiner Meinung der sichtbare Ausdruck bei der Bindung und Unschädlichmachung gewisser Toxine. Auf die ausführliche Arbeit BENACHIOS soll im Kapitel Knochenmark eingegangen werden. Endlich erwähnt noch PAPPENHEIM und SZECSI das Auftreten von Pseudoblutmastleukocyten im Blute vom Kaninchen und Meerschweinchen, Tiere mit amphooxyphiler Spezialkörnung. Diese Zellen sind echte spezifische Blutleukocyten in dieselbe Gruppe wie die anderen Granulocyten gehörig, nur daß sie unreif gekörnt, und zwar total oder diffus mit unreifen Körnern beladen sind. Die supravitale Technik der amerikanischen Autoren läßt auch hier die Beweglichkeit der Mastzellen deutlich erkennen. Ihre Bewegung vergleicht WITTS mit der eines Seitenschwimmers. Der Kern liegt auf der sich fortbewegenden Seite der Zelle, und zwar fast immer vorne. Die Granula färben sich leuchtend rot. Die Oxydasereaktion zeigt nach der Methode von SATO deutlich rote Granula, im Gegensatz zu den blaufärbenden Granulationen der übrigen myeloischen Zellen (DOAN).

δ) Die Monocyten.

Der Name Monocyt ist für die großen mononuclearen Leukocyten (EHRLICH) beim Kaninchen jetzt allgemein gebräuchlich (SABIN und DOAN). Wir finden sie in einer Zahl von etwa 4—10% im strömenden Blut. Ein vollkommenes Fehlen oder ein Vorkommen von 30% (DUMOULIN) kann wohl als pathologisch angesehen werden. Die Monocyten beim Kaninchen stellen große rundkernige mononucleäre Zellen dar mit gewaltigem Protoplasmaleib (BITTNER). Der Kern kann manchmal gebuchtet oder gelappt sein (Übergangsformen von TÜRK). Typisch ist sein lockeres Chromatingewebe. Das Plasma der Zellen ist ungranuliert. Selten finden sich WOLFF-MICHAELISche Azurgranulationen. Zur guten Unterscheidung der Monocyten und der großen Lymphocyten empfiehlt SABIN eine gute Methylenblau-Azurfärbung. Mit der Supravitalfärbung gefärbt haben die Monocyten ein äußerst charakteristisches Aussehen, das sie unbedingt von den großen Lymphocyten unterscheidet. Die Monocyten des Kaninchenblutes nehmen Neutralrot begierig auf und dieses lagert sich in kleinen und kleinsten Vakuolen zentrisch um den Kern, so daß eine Rosette gebildet wird, wobei die größeren gefärbten Vakuolen in die Peripherie zu liegen kommen. Die Färbung hat einen lachsroten Ton.

Die Oxydasereaktion der Kaninchenmonocyten ist ein sehr umstrittenes Gebiet. Es findet sich nur sehr selten eine positive Reaktion. MAC JUNKIN wurde dadurch veranlaßt, die Monocyten zur lymphatischen Reihe zuzuzählen und schlägt den Namen Lymphendotheliocyt vor. SABIN sieht keinen Grund wegen dieser Ähnlichkeit die anderen so bedeutungsvollen Unterschiede zwischen Monocyt und Lymphocyt zu vernachlässigen, wo doch eine einfache Erklärung eines verschieden physiologischen Zustandes hinreicht, das Auftreten und Nichtauftreten einer Oxydasereaktion im Kaninchenmonocyten zu erklären, da einige (wenn auch wenige) Kaninchenmonocyten doch deutlich eine positive Reaktion geben.

ε) Clasmatocyten.

Von SABIN und ihren Mitarbeitern wurde diese Zellart für das Kaninchenblut eingehendst studiert. Es handelt sich um Zellen, die zu den größten des strömenden Blutes gehören. Sie sind so groß, daß sie die Lungencapillaren meistens nicht passieren können und daher nur sehr selten im Kreislauf der peripheren Gefäße zu finden sind. Im Blute des Portalvenensystems aber kann man sie häufig antreffen. Immerhin berichtet SABIN, daß sie im peripheren Gefäßsystem bis 0,8% Clasmatocyten finden konnte. Der Kern dieser Zellen ist größer als der Kern der übrigen weißen Blutkörperchen, mehr oval, lang und schmal und manchmal leicht gebogen. Im Vitalpräparat zeichnet er sich durch eine besonders scharfe Kontur ähnlich dem der Lymphocytenkerne aus. Im gefärbten Ausstrich enthält es sehr viel Chromatin, welches sich aus massiven, dichten Granulationen zusammensetzt. Viele Kerne haben einen deutlichen Nucleolus (FERRATA, RICHTER). Das Protoplasma ist so veränderlich, daß kaum eine Norm aufgestellt werden kann. Bei der Größe der Zellen und bei ihrer starken Vulnerabilität finden wir nur sehr selten intakte Formen. Diese haben ein blaues, leicht violett gefärbtes Plasma, das fast ganz strukturlos ist. Nur hier und da finden sich kleinste, mit Azur gefärbte nucleolusartige Körperchen in der Nähe des Kernes. Die Zellen enthalten öfters Erythrocytenreste phago- cytiert. Während manchmal das Protoplasma sehr reichlich vorhanden ist, finden wir oft auch nur einen schmalen Plasmasaum um dem Kern. Mit Hilfe der supravitalen Färbung ist es aber nach SABIN immer möglich, diese Zellart zu erkennen. Eine weitere Unterteilung der Zellen in Clasmatocyten und große mononucleare phagocytierende Endotheliocyten wird von SABIN aufgestellt, von CARRELL geleugnet. Stirbt die Zelle, so entfärbt sich das früher mit Neutralrot färbbare Plasma plötzlich vollständig, ohne daß die für den Leuko- cytentod so charakteristischen Kernveränderungen auftreten (PLAUTIN, NEEDHAM und NEEDHAM, DOAN). Als Zeichen der Zellgeneration kann auch das Fehlen der Mitochondrien und das Auftreten kleiner heller Vakuolen im Plasma ge- deutet werden (SABIN und DOAN). Oft sehen solche degenerierte Formen den kleinen Lymphocyten täuschend ähnlich. Interessant ist das Studium der Phagocytose an diesen Zellen. DOAN und SABIN führen aus, daß solche Clasmato- cyten mit phagocytierten Erythrocytenresten den echten eosinophilen Zellen des Kaninchens sehr ähnlich sehen können, und daß oft nur die Oxydasereak- tion zwischen beiden Zellarten unterscheiden kann. Meist allerdings sind die phagocytierten Elemente von stark wechselnder Größe und auch durch den Mangel stärkerer Lichtbrechbarkeit leicht von einer eosinophilen Granulation zu unterscheiden. Bei erhöhtem Blutzerfall finden wir auch die Zahl der phago- cytierenden Zellen im kreisenden Blut erhöht. Überdies hat WEIDENREICH auf die Möglichkeit der Entstehung der eosinophilen Leukocyten aus derartigen Zellformen hingewiesen. Die Oxydasereaktion ist bei den Clasmatocyten immer negativ. Nur wenn sie positiv reagierendes Material phagocytieren, können sie, wie das KAZENUMA an den KUPFFERschen Endothelzellen der Leber schön nachweisen konnte, eine positive Reaktion geben.

Zum Schlusse sollen hier noch zwei Untersuchungsmethoden besprochen werden, deren Resultate durch die geringe Zahl der bis jetzt erfolgten Beob- achtungen noch keineswegs als gesichert angesehen werden können. Es ist dies die Beobachtung im Dunkelfeld und die Methode der vitalen Speicherung.

Die Dunkelfeldbeleuchtung befähigt uns die lebende weiße Blutzelle zu studieren ohne sie irgendwie beeinflussen zu müssen. Für das Kaninchen konnten nun WITTS und WEBB zeigen, daß die ungefärbten, im Dunkelfeld beobachteten weißen Blutzellen eine weit leb- haftere Bewegung zeigen wie die supravital gefärbten Zellen. Die großen Körner der eosino- philen Leukocyten, die viel zarteren Granula der pseudoeosinophilen und die staubartig feine Körnelung der basophilen Leukocyten wird ausgezeichnet gut sichtbar, desgleichen auch die Mitochondrien. Auch die Beweglichkeit der Lymphocyten kommt im Dunkel- feldpräparat gut und deutlich zum Ausdruck. Der Kern ist der führende Punkt und der Protoplasmasaum wird nachgezogen, so daß die Bewegung eine wurmartige ist. In den Kaninchenlymphocyten beobachten WITTS und WEBB gewöhnlich 2—3 hellere Körnchen, die offenbar keine Mitochondrien sind. Sie deuten sie als die im Giemsapräparat als Azur- körner bekannten Gebilde. Die Monocyten führen mehr Gestaltsveränderungen als Lage- veränderungen durch, indem der Kern innerhalb des Plasmas wandert und der Rand der Zelle sich durch eigenartige kleine, wellenförmig sich bewegende Pseudopodien fortwährend in Bewegung ist (Undulationsmembran CARRELs). Die Kaninchenmonocyten enthalten eine große Anzahl von Mitochondrien, die diffus über die ganze Zelle verteilt sind. Es kommt hier zu keiner Differenzierung des Plasmas in Somato- und Kinoplasma. Außerdem finden sich vereinzelte Granulationen, die oft spärlich, oft aber in einer Anzahl von 10—20 oder auch mehr in der Zelle zu finden sind und deren Deutung eine fragliche ist. Im ge- färbten Präparat fehlen sie. Ähnliche Verhältnisse zeigen die Clasmatocyten.

Die Speicherung der Tiere intra vitam (ASCHOFF-KUYIONO) führt zu einem Auftreten von gespeicherten desquamierten Endothelzellen im strömenden Blut. Infolge der Größe der Zellen, die durch die Aufnahme der Karmingranula vielleicht noch voluminöser werden, wird der größte Teil dieser Zellen in den Lungencapillaren abfiltriert und nur sehr selten sind vital gespeicherte Zellen in der peripheren Blutbahn anzutreffen (SIMPSON). Man kann sich aber durch Untersuchungen des Pfortaderblutes (besonders schön im histologischen Schnitt durch die gefüllte und fixierte Pfortader) leicht von dem Vorhandensein der gespeicherten Zellen im Blutstrom überzeugen. Monocyten sowie die übrigen weißen Blutzellen nehmen keinen Farbstoff auf.

5. Die Thrombocyten.

Über die Thrombocyten des Kaninchens finden sich in der alten Literatur nur kurze Anmerkungen ohne Zahlangabe oder nähere Beschreibung. Auch FRITSCH gibt in seinen Untersuchungen nur Schätzungen der Thrombocytenzahl (sehr viel, wenig usw.) an. KLIENEBERGER und CARL berichten erst in ihren neueren Untersuchungen über genaue Zählungen der Thrombocyten beim Kaninchen. Bei 8 untersuchten Tieren schwankte die Zahl zwischen 126 480 und 251 140. Wir berechnen daraus ein Mittel von 186 425. KLIENEBERGER und CARL geben auch noch an, daß die Zentralzone zu geeigneter Färbung stärker dingiert wie die Peripherie. OGATA schildert die Thrombocyten des Kaninchens als kleine längliche Gebilde, die eine Größe von etwa 3 μ haben und eine längsovale Gestalt aufweisen. WALTER beschreibt sie als spindelförmige Blutschreibchen. Im Giemsapäparat zeigen sie im Zentrum eine grauviolette staubartige Granulation, die oft so dicht sein kann, daß sie den Eindruck einer kompakten Substanz macht (CHROMER). Die Peripherie ist matt hellblau gefärbt (HYELOMER). Ihren Zusammenhang mit den Megakariocyten des Kaninchens sucht OGATA durch Knochenmarkstudien nachzuweisen. Nach SCHRIDDE stimmen die Thrombocyten an Form und Größe mit den Thrombocyten der übrigen Säugetiere überein.

GUN empfiehlt zur schönen und genauen Darstellung der Kaninchenthrombocyten folgendes Verfahren:

Ein Gemisch von   5 ccm käuflichem Formalin,
                       3 g Natr. citr.

100 ccm phys . NaCl-Lösung

wird als Auffangflüssigkeit des aus der Öhrvene quellenden Blutstropfens verwendet.

Die Zählungen GUNs weichen erheblich von den Befunden KLIENEBERGERs und CARLs ab, er fand Werte von 700 000—1 040 000 mit einer Maximalschwankung von 530 000 und einer Minimalschwankung von 20 000 bei ein und demselben Tier. Auch RENZ gibt nach der Methode von CHRISTENSON den Thrombocytengehalt des Kaninchenblutes mit 825 000 im Mittel an. Beide letztgenannten Werte sind also 3—4mal so hoch wie die Zahlen KLIENEBERGERs und CARLs. Sicher spielt eine exakte und gute Technik bei den Thrombocytenzählungen eine äußerst wichtige Rolle. Ob Rassenunterschiede oder sonstige Umstände für diese Differenzen verantwortlich zu machen sind, kann heute nicht entschieden werden.

b) Biologische Untersuchungen.

Im Rahmen dieses Kapitels sollen folgende biologischen Daten des Kaninchenblutes besprochen werden: die Gesamtmenge des Blutes, die Resistenz der roten Blutkörperchen, ihre Senkungsgeschwindigkeit und die Gerinnungsdauer des Blutes.

1. Die Gesamtblutmenge.

DREYER, REY und WALKER haben für das Kaninchen 126 Bestimmungen der Gesamtblutmenge zusammengestellt, die auch die verschiedenen Einflüsse von Alter, Geschlecht, Ernährungszustand und Klima berücksichtigen, ohne daß aus den oft beträchtlichen Schwankungen irgendwelche Schlüsse zu ziehen wären (SCHULZ). Untersuchungen BOYKOTTS ergaben folgende Werte:

Tabelle 8. *Blutmengen beim Kaninchen nach* BOYKOTT.

Gruppe	Zahl der Tiere	Mittleres Körpergewicht g	Mittleres Blutvolum ccm	Blut=Prozent des Körpergewichtes	Blut zum Körpergewicht
1	7	285	16,09	5,65	1 : 17,7
2	7	235	27,84	5,20	1 : 19,2
3	7	1078	48,36	4,49	1 : 22,3
4	8	1971	85,81	4,35	1 : 23
5	8	2250	99,35	4,42	1 : 22,6
6	8	2494	111,45	4,47	1 : 22,3
7	7	3147	147,86	4,70	1 : 21,3

DREYER glaubte aus seinen Untersuchungen eine für das Kaninchen allgemein gültige Blutmengenformel errechnen zu können, wonach

$$B \text{ (Blutmenge)} = \frac{W \text{ (Körpergewicht)} \times 0{,}72}{2{,}37}.$$

2,37 stellt einen für das Kaninchen als konstant gefundenen Faktor dar, der auch bei anderen Tierarten seine Geltung haben soll. Aus der folgenden Tabelle, die die letzten größeren Arbeiten umfassen und dem Handbuch der vergleichenden Physiologie entnommen wurde, sehen wir, wie unübersichtlich die Verhältnisse beim Kaninchen noch liegen. Der Grund dieser großen Uneinstimmigkeiten dürfte wohl zum großen Teil in der Technik der Bestimmung liegen.

Tabelle 9. *Übersicht über die Blutmenge des Kaninchens nach* SCHULZE.

Untersucher	Methode	Blutmenge in %	Blutmenge Körpergewicht
HEIDENHAIN	WELCKER	5,0—6,7	1 : 20—1 : 15
GSCHEIDLEIN	,,	4,5—5,9	1 : 22—1 : 17
RANKE	,,	5,4	1 : 18,4
WELCKER	,,	5,5	1 : 18
STEINBERG	,,	7,5—8,1	1 : 13—1 : 12,3
JOLYET et LAFFONT . .	,,	5,5	1 : 18
SCHERRINGTON u.COPEMAN	Infusionsmethode	7,4	1 : 13,5
ABDERHALDEN	WELCKER	4,26	1 : 23,5
,, ...	,,	4,68	1 : 21,5
,, ...	,,	4,68	1 : 21,3
,, ...	,,	4,60	1 : 21,7
NELSON	,,	5,6	1 : 18
SCHÜRER	Antitoxinmethode	5,66	1 : 17,7
DREYER und RAY . . .	WELCKER	4,6	—
BOYKOTT	,,	4,35—5,65	1 : 11,8—1 : 18
CERUM	Infusion (CO-)	5,4—5,85	1 : 18—1 : 17,5

Eine Durchschnittsberechnung aller angeführten Werte ergibt für das Kaninchen eine Blutmenge von 5,46%, das Durchschnittsverhältnis von Blutmenge zu Körpergewicht beträgt 1 : 18,3. Wir stimmen SCHULZ bei, der sagt, daß aus den bisherigen Resultaten irgendwelche Schlüsse von Alter, Geschlecht und Lebensweise auf die Blutmenge bis jetzt nicht zu ziehen sind.

2. Die Resistenz der roten Blutkörperchen.

Bei der osmotischen Resistenz der roten Blutkörperchen sind drei Faktoren von Wichtigkeit. Die maximale, die minimale Resistenz gegen hypotonische Kochsalzlösungen und die Resistenzbreite. Nach KLIENEBERGER und CARL beginnt die Hämolyse des Kaninchenblutes (Ohrvenenblut) bei 0,524%iger

NaCl-Lösung (7 Untersuchungen). WAGNER und RIBIERRE fanden beginnende
Hämolyse erst bei 0,42%iger Kochsalzlösung, die Totale erfolgt bei 0,29%iger
Kochsalzlösung (Resistenzbreite 0,13). PARIS und SALOMON erhielten ähnliche
Resultate (beginnende Hämolyse bei 0,41%iger Kochsalzlösung, totale Hämo-
lyse bei 0,31%, Resistenzbreite 0,10%. RYVOS und IKAMIS und BRAT erhielten
Resultate wie KLIENEBERGER und CARL, nämlich beginnende Hämolyse bei
0,51 bzw. 0,52%iger Kochsalzlösung. Als Schwellenwert der maximalen Hämo-
lyse fand RYVOS 0,40%ige Kochsalzlösung, IKAMIS 0,31%. Demgemäß erhält
RYVOS eine Resistenzbreite von 0,11, IKAMIS von 0,21. Unsere Untersuchungen
an 10 Kaninchen ergaben als Mittelwert der fast ganz übereinstimmenden
Einzelbestimmungen eine beginnende Hämolyse bei 0,50%iger Kochsalzlösung,
totale Hämolyse bei 0,30%iger Kochsalzlösung, Resistenzbreite 0,2. Unsere
Untersuchungen decken sich daher für einen Maximalschwellenwert mit den
Untersuchungen KLIENEBERGERs und CARLs, RYVOS, IKAMIS und BRATs,
für den Minimalschwellenwert mit den Befunden WAGNERs und RIBIERRES,
PARIS und SALOMONs und IKAMIS und BRATs. Die verschiedenen Einflüsse indi-
vidueller Natur und der äußeren Lebensbedingungen wurden für das Kaninchen
noch nicht untersucht. Als einzige Angabe finden wir die von UROCLEY, daß
das Blut der Muttertiere weniger resistent gegen hypertonische Kochsalzlösung
ist wie das der Feten.

3. Senkungsgeschwindigkeit der roten Blutkörperchen.

Von der großen Zahl der Untersuchungen, die meistens andere biologische
Zwecke beabsichtigten (theoretische Ergründungen oder experimentelle Beeinflussung) seien die Ausführungen von NASSE, ABDERHALDEN, KLIENEBERGER
und CARL genannt.

NASSE findet in seinen Untersuchungen bei verschiedenen Säugetieren, daß sich die
Senkungsgeschwindigkeit der roten Blutkörperchen umgekehrt verhalte wie die Gerinnungszeiten des Blutes. Die Tierreihe Pferd, Katze, Hund, Kaninchen, Ziege, Schaf, Ochs, Vögel
und Schwein ist diejenige, nach welcher sich die Blutkörperchen rascher oder langsamer
senken. Diese Reihe verhält sich fast umgekehrt zur Reihe der Gerinnungszeiten dieser
Tiere.

SCHULZ hebt mit Recht hervor, daß die Angaben von NASSE recht ungenau
sind und besonders, daß die Beschreibung der Technik viel zu wünschen übrig
läßt. SCHULZ kommt auf Grund seiner Untersuchungen zu Resultaten, die
eine solche Reihe nicht bestätigen. Auch ABDERHALDEN, der wie SCHULZ mit
Oxalatblut arbeitet, kommt zu differenten Resultaten.

KLIENEBERGER und CARL bestimmten an 7 Kaninchen aus dem Ohrvenenblut die Senkungsgeschwindigkeit nach der Methode von WESTERGREEN. Ihre
Resultate sind auf folgender Tabelle wiedergegeben:

Tabelle 10. *Senkungsgeschwindigkeit des Kaninchenblutes nach* KLIENEBERGER *und* CARL.

Tier	Senkung n. 1 Std.	Senkung n. 2 Std.	Senkung n. 24 Std.	Sm. R.
1	1,5 mm	3,5 mm	58 mm	1,625
2	2 ,,	3 ,,	30 ,,	1,75
3	1 ,,	2 ,,	50 ,,	1
4	1 ,,	2,5 ,,	54 ,,	1,125
5	1 ,,	2,5 ,,	28 ,,	1,125
6	1 ,,	3 ,,	25 ,,	1,125
7	1 ,,	2 ,,	22 ,,	1

Aus ihren Untersuchungen berechnen wir für das Kaninchen eine mittlere
Senkungsgeschwindigkeit von 1,253.

4. Die Blutgerinnungszeit.

Die Blutgerinnungszeit ist beim Kaninchen nur sehr ungenau untersucht worden. Die älteren Befunde (THACQERAT, NASSE) geben eine halbe bis eine Minute als mittlere Gerinnungszeit an ohne bestimmte Angaben über die Berücksichtigung der Temperatur und die Art der Blutgewinnung. Nach der Methode von BÜRKER prüfte AMENDT die Gerinnungszeit einiger Tiere, unter anderem auch des Kaninchens und fand einen Wert von 4 Minuten, welcher sich also von den früheren Untersuchungen beträchtlich unterscheidet. Auch AMENDTs Versuche leiden am Mangel einer genügend genau beobachteten Technik (SCHULZ), und besonders die Vernachlässigung der Forderung zur Gerinnungsbestimmung nur Blut zu nehmen, das mit der Wundfläche noch in keine Berührung gekommen ist, beeinträchtigt den Wert seiner Untersuchungen sehr. KLIENEBERGER und CARL geben Gerinnungsbestimmungen von fünf Kaninchen aus dem Ohrvenenblute an.

Tabelle 11. *Blutgerinnungszeit nach* KLIENEBERGER *und* CARL.

Tier	Reaktionszeit	Gerinnungszeit
1	1′20″	5′40″
2	1′35″	6′20″
3	1′42″	7′
4	1′15″	5′40″
5	1′25″	5′30″

Tabelle 12. *Blutgerinnungszeit nach eigenen Untersuchungen.*

Tier	Gerinnungszeit	Tier	Gerinnungszeit
1	4′50″	6	6′13″
2	6′42″	7	6′47″
3	5′58″	8	6′38″
4	5′52″	9	7′02″
5	6′12″	10	6′14″

Ihre Werte schwanken zwischen 5 und 7 Minuten. Wir haben an 10 Kaninchen in Doppelbestimmungen die Blutgerinnungszeit unter besonderer Berücksichtigung der Temperatur (Verwendung des Blutgerinnungsapparates nach STARLINGER) untersucht und erhielten vorstehende Werte (s. Tabelle 12).

c) Pathologische Veränderungen.

1. Die infektiöse Monocytose der Kaninchen.

SIMPSON, SABIN, DOAN und CUNINGHAM, MASUGI, WITTS und WEBB, MURAY, WEBB und SIDAMI beschrieben in den letzten Jahren eine merkwürdige Infektion des Tieres, die binnen 3—5 Tagen zum Tode führt und mit einem charakteristischen Blutbefund einhergeht. Als Erreger dieser Infektion isolierten MURAY, WEBB und SIDAMI 1926 einen Bacillus, den sie als Bacillus monocytogenes caniculi bezeichneten. Das Blutbild zeigt schon 24 Stunden nach der Infektion eine deutliche Leukopenie, so daß es oft schwierig ist, in den Ausstrichen genügend weiße Blutzellen zu finden. Die Lymphocyten sind prozentual vermehrt. Während der nächsten Tage verschwindet die Leukopenie und es kommt zu einer geringen Leukocytose, die ihren Höhepunkt am 2.—3. Tag erreicht (BLOOM). Die Prozentzahl der Lymphocyten und der basophilen Leukocyten sind erhöht. Zugleich findet sich als charakteristisches Merkmal der Infektion eine Monocytose von 30—50%. Die Mehrzahl dieser Monocyten zeigen atypische Formen mit großem Unterschied in der Größe. Abgesehen von normal aussehenden Monocyten kommen bei dieser starken Vermehrung der Zellen auch Formen vor, die in der Supravitalfärbung gewisse Übergänge zu den Lymphocyten zeigen. Diese Zellen werden von den Autoren als junge Monocyten oder Monoblasten bezeichnet und ihre Stellung ist im Blutsystem noch recht strittig. Während MASUGI sie von den Lymphocyten trennt, sieht BLOOM eine Abtrennung als willkürlich und ungerechtfertigt an, und will

in diesen Formen einen Beweis der Entstehung der Monocyten aus der Lympho-
cytenreihe erblicken. BLOOM hält es für unmöglich, im MAY-GRÜNWALD-GIEMSA-
Präparat genaue Differentialzählungen zu erheben, da bei dieser Färbung die
Lymphocyten von den monocytoiden Zellen noch schwerer abzutrennen sind.
Alle möglichen denkbaren Zwischenformen zwischen den genannten Zellformen
sind zu finden. Gegen Ende der Infektion, das ist am 5.—6. Tage wird die
Zahl der Monocyten womöglich noch größer, und ihre Kerne zeigen fast ausschließlich hufeisenförmige oder stark gelappte Formen, so daß sie manches Mal
den Kernen der polymorphkernigen Leukocyten sehr ähnlich sehen. Die Oxydasereaktion verläuft stets negativ (BLOOM).

2. Die Leukämien.

ZSCHOKKE beschreibt einen Fall von Pleuropneumonie mit lymphatischer
Leukämie beim Kaninchen. Die Veränderungen im peripheren Blut werden
von ihm nicht näher beschrieben. Sonst sind nach unserem Wissen keine einschlägigen Fälle in der Literatur bekannt.

Literatur.

ABDERHALDEN, E.: (a) Assimilation des Eisens. Z. Biol. 39, 192 (1899). (b) Über den
Einfluß des Höhenklimas auf die Zusammensetzung des Blutes. Z. Biol. 43, 125 (1902).
(c) Weitere Forschungen über die Senkungsgeschwindigkeit der roten Blutkörperchen bei
verschiedenen Tierarten und unter verschiedenen Bedingungen. Pflügers Arch. 193, 236
(1921). — AINLAY WALKER, E. W.: The blood volum of rabbits. J. of Path. 17, 143 (1913). —
AMENDT, K.: Das Blut der Haustiere mit neueren Methoden untersucht. IV. Die Gerinnungszeit des Blutes der Haustiere. Pflügers Arch. 197, 556 (1922). — ARNOLD: (a) Das
Knochenmark beim Kaninchen und Frosch. Virchows Arch. 140. (b) Der Farbenwechsel
der Zellgranula, insbesondere der Acidophilen. Zbl. Path. 10 (1899). — ASCHOFF u. KYIONO:
Fol. haemat. (Lpz.) 15 I, 383 (1913).
BENACCHIO G. B.: Gibt es beim Meerschweinchen und Kaninchen Mastleukocyten usw. ?
Fol. haemat. (Lpz.) 11, 253 (1911). — BERNEAND: Über die Beeinflussung des Blutes durch
die BRUNSSche Unterdruckatmung. Fol. haemat. (Lpz.) 19, 134 u. 144 (1915). — BETHE:
Zahl und Maßverhältnisse der Erythrocyten. Diss. Straßburg 1891. — BETTMANN: Über
den Einfluß des Arsens auf das Blut und das Knochenmark des Kaninchens. Beitr. path.
Anat. 23, 377 (1898). — BING, H. J.: Sur le nombre de globule rouge dans le sang capill.
de sujets normaux aux divers points du corps. Bull. Soc. Biol. Paris 84, 315 (1911). —
BITTORF: Dtsch. Arch. klin. Med. 133, 317 (1923). — BOYKOTT, A. E.: The size and growth of
the blood in rabbits. J. of Path. 16, 485 (1912). — BRINKERHOFF u. TYZZER: On the leucocytes of the circulating blood of the rabbit. J. med. Res. 7 (1902) — BÜRKER, K.: (a) Ver-
einfachte Methode zur Bestimmung der Blutgerinnungszeit. Pflügers Arch. 149, 318 (1913).
(b) Über die notwendige exakte absolute Hämoglobinbestimmung und Erythrocytenzählung. Münch. med. Wschr. 1921, 571. (c) Verteilung des Hämoglobins auf die Oberfläche der Erythrocyten. Sitzgsber. preuß. Akad. Wiss., Math.-physik. Kl. 1922, 140. (d) Gesetz
der Verteilung des Hämoglobins auf die Oberfläche der Erythrocyten. Pflügers Arch.
195, 516 (1922). (e) Ein neues Oberflächengesetz, das Hämoglobinverteilungsgesetz. Arch.
néerl. Physiol. 7, 309 (1922). — BUNTING: Ref. Fol. haemat. (Lpz.) 1, 176 (1904). — BURNETT:
The clinical pathology of the blood etc. Ithaca 1908, New York: Taylor and Carpenter.
CARREL and EBELING: Fundamental properties of fibroblast and macrophag. J. of exper.
Med. 44, 261 (1926). — COHNSTEIN u. N. ZUNTZ: Untersuchungen über das Blut, Kreislauf
und Atmungsverlauf beim Säugetierfetus. Pflügers Arch. 34, 173 (1884). — COURMONT
u. NICHOLAS: Étude de la leucocytose etc. Bull. Soc. Biol. Paris 1897. — CUNNINGHAM, R. S.,
F. R. SABIN, C. H. DOAN: The development of leucocytes, lymphocytes and monoc.
form and specif. stern cell in adult tissue. Contrib. to Embryol. 84, 361. Carn.-Inst. of
Wash. 1925; Proc. Soc. exper. Biol. a. Med. 23—24, 21, 326. — CUNNINGHAM, R. S.,
F. R. SABIN, SUGUJAMA, KINDWALL: Bull. Hopkins Hosp. 37, 231 (1925).
DEHLER, A.: Beiträge zur Kenntnis des feineren Baues der Roten beim Hühnerembryo.
Arch. mikrosk. Anat. 46 (1895). — DOAN, C. H. a. F. R. SABIN: Normal and pathological
fragment of red bloodcells etc. J. of exper. Med. 43, 839 (1926). — DOMARUS, v.: Über die
Blutbildung in der Milz, Leber usw. Arch. f. exper. Path. 58, 319 (1908). — DREYER, G.
and W. Ray: The blood volum of mammals as determined by experiments upon rabbits
guinea piges and mice and its relationship to the body weight and to the surface area

expressed in a formula. Phil. Trans. roy. Soc. Lond. B **201**, 133 (1910). — DUMOULIN, F.: Contribution à l'étude du rôle de la rate etc. Thèse de Lyon **1904**. — DUNN, J. S.: Oxydase react in myel. tissue. Exper. Journ. **15** (1911). — DURHAM: J. of Path. **4**, 338 (1894). EHRLICH: Über die spezifischen Granulationen des Blutes. Verh. physiol. Ges. Berlin **1878/79**, Nr 20. — EHRLICH u. LAZARUS: Die Anämie in NOTHNAGELs spezielle Pathologie und Therapie 1898. — EISBRICH, B.: Verteilung des Hämoglobins auf der Oberfläche der Säugetiererythrocyten. Pflügers Arch. **203**, 285 (1914).

FERRATA: Le emopatie. Milano 1928. — FEUCHT, B.: Zur BÜRKERschen Methodik der Erythrocytenzählung. Pflügers Arch. **187**, 139 (1921). — FLÖSSNER, O.: Beobachtung und Zählung von Blutplättchen. Z. Biol. **77**, 113 (1922). — FRITSCH: Untersuchungen über das Kaninchen-, Hühner- und Taubenblut. Pflügers Arch. **181**, 78 (1920). — FUCHS: Beitrag zur Kenntnis der Entstehung usw. der Eosinophilen. Dtsch. Arch. klin. Med. **63** (1899). — FURNO: Beitrag zur Kenntnis der vergleichenden Hämatologie der speziellen Leukocytengranulationen einiger Laboratoriumssäugetiere. Fol. haemat. (Lpz.) **11**, 219 (1911).

GOLDSCHEIDER u. JACOB: Über die Variationen der Leukocytose. Z. klin. Med. **25**, 373 (1894). — GOODALL: The numbers proportion and characters of the red and white blood corp. etc. J. of Path. **14** (1909). — GRUBER, B. G.: Über die Beziehung von Milz und Knochenmark zueinander usw. Arch. f. exper. Path. **58**, 289 (1908). — GSCHEIDLER, R.: Bemerkungen zu der WELKERschen Methode der Blutbestimmung und der Blutmenge einiger Säugetiere. Pflügers Arch. **7**, 530 (1873).

HALDANE, J. and J. L. SMITH: The mass and capacity of the blood in man. J. of Physiol. **25**, 331 (1900). — HAYEM: (a) Du sang. Paris 1899. (b) Du sang et de ses altérations anat. Paris 1889. (c) Recherches sur l'éle des hematies. Ann. de Physiol., II. s. **5** (1878) u. **6** (1879). — HEIDENHAIN, R.: Disquis. et exper. de sanguine quantitate. Halle 1857. — HEINECKE, H.: Experimentelle Untersuchung über die Einwirkung der Röntgenstrahlen auf das Knochenmark. Dtsch. Z. Chir. **58**. — HESSE, F. R.: Zur Kenntnis der Granula der Zellen des Knochenmarks bzw. der Leukocyten. Virchows Arch. **167**, 231 (1902). — HIRSCHFELD, W. C.: Beiträge zur vergleichenden Morphologie der Leukocyten. Virchows Arch. **159**, 22 (1897). — HOFMANN, F. B.: Beobachtung und Zählung von Blutplättchen. Sitzgsber. Ges. Naturwiss. Marburg **1922**, Nr 4, 17.

ILBERG: Das Blut des Menschen und der Tiere usw. Inaug-Diss. Berlin 1895. — ITAMI: Ein experimenteller Beitrag zur Lehre von der extramedullären Blutbildung bei Anämien. Arch. f. exper. Path. **60**, 76 (1909). — ITAMI, S. u. J. PRATT: Über die Veränderungen der Resistenz und der Stromata roter Blutkörperchen bei experimentellen Anämien. Biochem. Z. **18**, 392 (1909).

JACOB: Über artefizielle Leukocytose. Verh. physiol. Ges. Berlin **1893**. — JOLLY et ACUNA: Les leucocytes du sang chez les embryo des mammifères. Archives Anat. microsc. **7**, 257 (1905). — JOLYT, F. et M. LAFFONT: Recherches sur la quantité du sang etc. Gaz. méd. **1877**, 349.

KANTHACK and HARDY: The morphology and distrib. of wandering cells of mammalia. J. of Physiol. **17**, 81 (1894/95). — KATSUNUMA: Intracelluläre Oxydase und Indophenolsynthese. Jena 1924. — KIYONO: Vitale Carminspeicherung. Jena 1924. — KLEIN: Die Herkunft und die Bedeutung der Eosinophilen des Blutes usw. Zbl. inn. Med. **20** (1899). — KLIENEBERGER u. CARL: (a) Die Blutmorphologie der Laboratoriumstiere. Leipzig: Joh. Ambros. Barth 1912. (b) Die Verdauungsleukocytose bei Laboratoriumstieren. Ref. Fol. haemat. (Lpz.) **10**, 20 u. 338 (1911). — KRAUS, F.: Berl. klin. Wschr. **1913**, 1421.

LANGE, W.: Untersuchungen über den Hämoglobingehalt, Zahl und Größe der Erythrocyten. Zool. Jb., Abt. allg. Zool. **36**, 57 (1919). — LINDBERG, G.: Zur Kenntnis der Älterskurve der weißen Blutkörperchen beim Kaninchen. Fol. haemat. (Lpz.) **9**, 64 (1910). — LOEWIT: Die Entstehung der polynucleären Leukocyten. Fol. haemat. (Lpz.) **4**, 473 (1907).

MC JUNKINS, F. A.: Identification of the three types of normal phagoc. in the periph. blood. Arch. int. Med. **36**, 783 (1925). — MALASSEZ: De la numerat. des globul. de sang etc. C. r. Soc. Biol. Paris **75**, 1528 (1872). — MALLORY, F. G.: J. of exper. Med. **3**, 611 (1898). — MARIGLIANO: Beiträge zur Pathologie des Blutes. Verh. Kongr. inn. Med. **11** (1892). — MARLOFF, R.: Die früheren Zählungen der Erythrocyten im Blute verschiedener Teile sind teilweise mit großen Fehlern behaftet. Pflügers Arch. **175**, 355 (1919). — MAXIMOW: Experimentelle Untersuchungen über die entzündliche Neubildung von Bindegewebe. Beitr. path. Anat. **1902**, Suppl.-Bd. — MEVES: Darstellung der Quermembranen in den Roten des Salamanders. Anat. Anz. **28**, 444 (1906). — MEYER, KARL: Die klinische Bedeutung der Eosinophilie. Berlin 1905. — MEZINCESCU, F.: Contribution à la morphologie comparée des leucocytes. Arch. Méd. expér. et Anat. path. Paris **14**, 562 (1902). — MILNE, EDWARDS, H.: Lecons sur la physiologie et anatomie comparée de l'homme et des animaux. Paris 1817. — MÜLLER, J.: Handbuch der Physiologie, 3. Aufl. Koblenz 1837. — MÜLLER u. RIEDER: Über Vorkommen und klinische Bedeutung der Eosinophilen im zirkulierenden Blute. Dtsch. Arch. klin. Med. **48**.

NAEGELI: Blutkrankheiten und Blutdiagnostik. Leipzig 1907. — NAEGELI u. SCHRIDDE: Hämatologische Technik. — NASSE, H.: Blut. In WAGNERs Handwörterbuch der Physiologie, Bd. 1, S. 75. 1842. — NEEDHAM, J. u. B. M. NEEDHAM: Proc. roy. Soc. Lond. B **98**, 259 (1925). — NELSON, L.: Über eine Methode der Bestimmung der Gesamtblutmenge beim Tier, nebst Bemerkungen über die Veränderungen der letzteren bei Hunger und Mast. Arch. f. exper. Path. **60**, 340 (1909). — NIEGOLEWSKI, F. v.: Die EHRLICHschen Granula der weißen Blutkörperchen bei einigen Tierspezies. Inaug.-Diss. München 1894.

OERUM, H. P. T.: Über die Einwirkung des Lichtes auf das Blut. Pflügers Arch. **114**, 1 (1906). — OKINTSCHITZ: Über die Zahlenverhältnisse verschiedener Arten weißer Blutkörperchen bei vollständiger Inanition usw. Arch. f. exper. Path. **31** (1893).

PAPPENHEIM: (a) Vergleichende Untersuchungen über die elementare Zusammensetzung des roten Knochenmarks einiger Säugetiere. Virchows Arch. **157**, 19 (1899). (b) Über Mastzellen. Fol. haemat. (Lpz.) **5**, 156 (1908). (c) Einige interessante Tatsachen und theoretische Ergebnisse der vergleichenden Morphologie der Leukocyten. Fol. haemat. (Lpz.) **8**, 504 (1909). — PAPPENHEIM u. FERRATIS: Über die verschiedenen lymphocytären Zellformen des normalen und pathologischen Blutes. Leipzig 1921. — PAPPENHEIM u. SZECSI: Hämatologische Beobachtungen bei experimenteller Saponinvergiftung der Kaninchen. Fol. haemat. (Lpz.) **13**, 25 (1912). — PARIS u. SALOMON: Zit. nach GOVAERTS. Bull. Soc. Biol. Paris **85**, 475 (1921). — PELOUZE: Zit. nach OVERTON: Verh. physik.-med. Ges. Würzburg, N. F. **36**, 277. — PLAUTIN, C. F.: Amer. J. Mar. biol. Ann. **13**, 23 (1923). — PONDER: Observations on the correlation between area and haemoglobin content of erythrocyte. Quart. J. exper. Physiol. **14**, 37 (1924). — PRÖSCHER: Über experimentelle basophile Leukocytose beim Kaninchen. Fol. haemat. (Lpz.) **7**, 107 (1909).

RANKE, J.: Die Blutverteilung und der Tätigkeitswechsel der Organe. Leipzig 1871. — RICHTER, M. N.: Amer. J. med. Sci. **169**, 336 (1925). — RIEDER, H.: Beiträge zur Kenntnis der Leukocyten usw. Leipzig 1892. — ROWLEY, M. W.: J. of exper. med. **10**, 78 (1908). — RYWOSCH, D.: Vergleichende Untersuchungen über die Resistenz der Erythrocyten einiger Säugetiere gegen hämolytische Agenzien. Pflügers Arch. **116**, 229 (1907).

SABIN, F. R., C. H. DOAN: Arch. f. exper. Med. **43**, 163 (1926); J. of exper. Med. **46**, 677 (1927). — SABIN, F. R., C. H. DOAN and R. S. CUNNINGHAM: Determination of two types of phagoc. cell etc. Contrib. to Embryol. **82**, 361. Carn.-Inst. of Wash. 1925; Proc. Soc. exper. Biol. a. Med. **23—24**, 21, 330. — SABIN, SUGIYAMA and KINDWALL: Bull. Hopkins Hosp. **37**, 231 (1925). — SATOT, A. and S. SEEKIYA: A simple method for differ. of the myelic and lymph. leucoc. Tohoku J. exper. Med. **7** (1926). — SCARPATETTI: Die eosinophilen Zellen des Kaninchenknochenmarks. Arch. mikrosk. Anat. **38** (1891). — SCHIFONE: Contributione alle morf. comp. dei leuc. nei vertebrati. Napoli 1907. Stabilimento tipogr. Michele d'Auria. — SCHILLING u. TONYAN: Blutbild und seine klinische Verwertung. Jena 1912. — SCHULZE: Blut. Handbuch der vergleichenden Physiologie, Bd. I/1, 1925. — SCHULZ, G.: Experimentelle Untersuchungen über das Vorkommen und die Bedeutung der Leukocyten. Arch. klin. Med. **51**, 234 (1893). — SCHÜRER, J.: Versuche zur Bestimmung der Blutmenge durch Injektion von artfremdem Serum. Arch. f. exper. Path. **66**, 171 (1912). — SCHWARZ, G.: Über eosinophile Zellen. Inaug.-Diss. Berlin 1880. Fol. haemat. (Lpz.) **15** I, Arch. 2. — SIMPSON: The exp. prod. of macroph. in the circul. blood. J. med. Res. **43**, 77 (1922). — STÄUBLI: Die klinische Bedeutung der Eosinophilen. Erg. inn. Med. **6**, 192 (1910). — STEINBERG, J.: Über die Bestimmung der absoluten Blutmenge. Pflügers Arch. **7**, 101 (1873). — STUTZ: Über eosinophile Zellen in der Schleimhaut des Darmkanals. Inaug.-Diss. Bonn 1895. — SUBBOTIN, F.: Mitteilung über den Einfluß der Nahrung auf den Hämoglobingehalt der Erythrocyten. Z. Biol. **7**, 157 (1872).

TALLQUIST u. WILLEBRAND: Zur Morphologie der weißen Blutkörperchen des Hundes und des Kaninchens. Skand. Arch. Physiol. (Berl. u. Lpz.) **10**, 37 (1900). — TAUSSIG: Blutuntersuchungen bei Phosphorvergiftung. Arch. f. exper. Path. **30** (1892). — THACKRAH: Inquiry into the nature and propert. of the blood etc. London 1819. Zit. nach ROLLET in HERMANNs Handbuch der Physiologie, Bd. 4, T. 1, S. 103. 1880. — TIETZE: Untersuchungen über das Blut beim Fetus. Diss. Breslau 1821.

URCELAY: De la résistence des globules rouges. Thèse de Paris **1895**. Zit. nach ELLERMANN. Fol. haemat. (Lpz.) **27**, 171 (1922).

VAQUEZ u. RIBIERRE: Zit. nach GOVAERTS. Bull. Soc. Biol. Paris **85**, 745 (1921).

WALTER, F. R.: Zur Kenntnis der Blutplättchen. Diss. 1920 Berlin. Z. Tiermed. — WEIDENREICH: (a) Anat. Anz. **20**, 183, 188 (1901). (b) Die roten Blutkörperchen. I. u. II. Erg. Anat. **13** (1903) u. **14** (1905). (c) Die Leukocyten und verwandte Zellformen. Erg. Anat. **19**, 2 (1911). Wiesbaden: J. F. Bergmann 1911. (d) Studien über das Blut und die blutbildenden und -zerstörenden Organe. Arch. mikrosk. Anat. **66**, 270 (1905). (e) Blutkörperchen und Wanderzellen. Slg anat. u. physiol. Vortr. GAUPP-TRENDELENBURG. Jena: Gustav Fischer 1911. — WELCKER, H.: Bestimmung der Menge des Körperblutes usw. Z. ration. Med. 3. Reihe **4**, 145 (1858). — WILLIAMSON, C. H.: Über das Verhalten der

Leukocyten bei der Pneumokokkenerkrankung der Kaninchen. Beitr. path. Anat. **29** (1901). — WOLFF, A.: Die eosinophilen Zellen, ihr Vorkommen und ihre Bedeutung. Beitr. path. Anat. **28**, 150 (1900).

ZAPPERT: Über das Vorkommen der Eosinophilen. Z. klin. Med. **23**, 227 (1893). — ZEPP: Beiträge zur vergleichenden Untersuchung von heimischen Froscharten. Z. Anat. **69**, 84 (1923). — ZIEGLER, KURT: Experimentelle und klinische Untersuchungen über die Histogenese der myeloischen Leukocyten. Jena 1906. — ZSCHOKKE, A.: Pleurapneumonie und Anatomie beim Kaninchen. Ber. d. Veter. Wes. in Sachs. 1914. 13.

II. Das Meerschweinchen.

Von ERNST FLAUM, Wien.

Mit 1 Abbildung.

a) Normale morphologische Befunde.

1. Technische Vorbemerkungen.

Die Venen an der Dorsalseite des Ohres sind zur Blutentnahme vorzüglich geeignet; hierbei ist das Vorgehen kurz folgendes:

Es empfiehlt sich zunächst bei Vorhandensein längerer Haare an der seitlichen Schädelpartie diese etwas zu stutzen, damit sie nicht bei der folgenden Untersuchung in den austretenden Blutstropfen eintauchen; sodann wird das Ohr mit einem in Äther getränkten Tupfer abgerieben und eines der Venenstämmchen mit einem spitzen Skalpell angeritzt. Werden kleine Venen gewählt resp. größere Blutmengen benötigt, so ist es empfehlenswert, den Schnitt in der Verlaufsrichtung des Gefäßes zu führen und dieses auf eine etwas längere Strecke zu eröffnen. Die Blutung steht auch bei diesem Vorgehen bald spontan, da das Blut des Meerschweinchens rasch gerinnt. Die Fixierung des Tieres geschieht am besten durch einen Assistenten, welcher mit einem Tuche das Tier vom Rücken her ergreift und leicht an die Unterlage drückt, wobei er darauf achten muß, daß er mit Daumen und Zeigefinger die Schultern des Tieres umfaßt, um so zu vermeiden, daß das lebhafte Tierchen im Augenblicke des Einschneidens mit den Vorderpfoten nach der schmerzhaften Stelle fährt. Übrigens beruhigen sich die anfangs sehr ängstlichen Meerschweinchen unter dem steten, leichten Druck der Hand rasch. Für wiederholte Untersuchungen soll die Einschnittstelle gewechselt werden. Natürlich ist es auch möglich, das Tier auf einem Kaninchenbrett zur Blutentnahme zu fixieren (KLIENEBERGER und CARL), doch bleibt es bei diesem Verfahren lange Zeit unruhig, während die umschließende Hand eine suggestiv-beruhigende Wirkung auszuüben scheint. Äthernarkose zum Zwecke der Blutentnahme kommt bei der bekannten Empfindlichkeit der Meerschweinchen gegen Äther wohl kaum in Betracht.

Soll zur Untersuchung Herzblut verwendet werden, dann wird die recht einfache Punktion derart ausgeführt, daß nach Jodierung der Haut etwas einwärts von der Gegend des Herzspitzenstoßes die Nadel eingestochen wird. Es ist ratsam, eine Kanüle mit kurz abgeschliffener Spitze zu verwenden, da bei Verwendung einer langen Spitze leicht die Hinterwand des Herzens verletzt werden kann (PUTTER). Es sei hier noch erwähnt, daß die Untersuchung von Herz- und Venenblut gut übereinstimmende Resultate liefert.

Die Tageszeit der Blutentnahme ist nicht von Bedeutung für den zu erhebenden Blutbefund, insbesondere scheint die Fütterung keinen merklichen Einfluß auf das Blutbild zu haben (vgl. hierzu KLIENEBERGER und CARL 1910). Recht interessant, wenn auch zunächst noch nicht bestätigt, sind die von BENDER und DE WITT mitgeteilten jahreszeitlichen Schwankungen der Blutkörperchenzahlen.

2. Erythrocyten.

Wenn die Angaben der einzelnen Untersucher über die Erythrocytenzahl des Meerschweinchens auch recht weit auseinander gehen, so werden von den *meisten* doch Werte gefunden, die ziemlich nahe beieinander liegen, und zwar bei wenig über 5 000 000 pro Kubikmillimeter. Gerade jene Arbeiten, welche ausführliche Protokolle enthalten, zeigen recht gut übereinstimmende Werte und von mancher

Seite wird geradezu auf die Konstanz der Erythrocytenzahl hingewiesen. KLIENEBERGER und CARL fanden bei ihren Untersuchungen eine Schwankungsbreite von 20—25%, nach anderen Autoren ist sie eher geringer. Die Differenzen zwischen den Befunden einzelner Untersucher müssen demnach wohl in dem unterschiedlichen Verhalten verschiedener Meerschweinchenstämme oder in der geübten Untersuchungsmethode begründet sein.

Auf große Genauigkeit dürfen die Untersuchungen von GABBI Anspruch erheben, der bei 5 Tieren je 6 bis 7 Erythrocytenzählungen vornahm. Seine Resultate haben wir in der folgenden Tabelle 1 zusammengefaßt.

Tabelle 1.

Meerschweinchen Nr.	Zahl der Untersuchungen	Niedrigste Zahl	Höchste Zahl	Mittelwert
1	7	4,860 800	5 493 200	5,182 257
2	6	4 963 100	6 394 600	5 475 628
3	6	5 418 800	5 970 000	5 521 300
4	6	5 405 000	6 293 000	5 953 166
5	6	5 140 000	5 870 000	5 506 660

Aus dieser Tabelle läßt sich ein Mittel von 5 527 801 errechnen, sie enthält als Höchstwert 6 394 600 als niedrigsten 4 860 800. KLIENEBERGER und CARL untersuchten 18 Tiere und fanden, daß die Erythrocytenzahl zwischen 4 430 000 und 6 150 000 schwanke, der Durchschnitt bei 5 219 000 liege. Bei ihren früheren Untersuchungen von nur 6 Meerschweinchen waren sie zu ähnlichen Ergebnissen gekommen (Schwankung von 4 560 000 bis 6 490 000, Mittelwert 5 270 000). Gleichfalls eine große Zahl von Untersuchungen führten BENDER und DE WITT aus, die ihre 29 Tiere monatelang kontrollierten. Sie fanden als Durchschnitt 6 000 000 rote Blutkörperchen pro Kubikmillimeter.

Zur Illustration der gefundenen Differenzen führen wir noch die Mittelwerte verschiedener Untersucher nach der Erythrocytenzahl geordnet an: MALASSEZ 3 600 000; COHENSTEIN und ZUNZ 4 240 000; BUCHHEIM 4 600 000 (14 Tiere); BETHE 5 114 000; BURNETT 5 276 000; KLIENEBERGER und CARL 5 231 833 (24 Tiere); S. MEYER 5 420 000; GABBI 5 527 801 (s. oben); LYONS und VAN DE CARR 5 565 000 (64 Tiere von 500 bis 1000 g Gewicht); GOODALL 5 600 000; HAYEM 5 859 000; SCHOLZ 5—6 000 000 (4 ausgewachsene Tiere); BENDER und DE WITT 6 000 000 (s. oben).

Die roten Blutkörperchen zeigen stets auch beim gesunden Tier eine erhebliche Anisocytose, der mittlere Durchmesser beträgt nach KLIENEBERGER und CARL, die häufig auch Kleinformen mit einem Durchmesser von 4,3 μ finden, nur 5,0—5,7 μ. Diesen Angaben stehen die höheren Zahlen anderer Untersucher gegenüber, von denen SCHAFFER 7,48 μ als Mittelwert bestimmte, HAYEM einen Durchmesser von 6,6—7,9 μ, BETHE von 6,6—9,24 μ fanden. Polychromatophilie der Erythrocyten ist beim Meerschweinchen ein normaler Befund (BUCHHEIM, KLIENEBERGER und CARL, SCHILLING u. a.); die Angaben von KLIENEBERGER und CARL, welche auf 80 sich normalfärbende Blutkörperchen eine polychromatophile Blutscheibe rechnen, mag wohl manchmal zutreffen, ist aber für den Durchschnitt wohl zu niedrig gehalten. Unser häufigerer Befund polychromatophiler Erythrocyten stimmt gut mit der größeren Anzahl vitalfärbbarer roter Blutkörperchen überein, die bei unseren Untersuchungen mit Nilblausulfatfärbung in der feuchten Kammer nach SCHILLINGS Angabe stets über 2% betrug und von SEYFARTH bei Brillantkresylblaufärbung mit 0,5 bis 5,0% angegeben wird. Auch basophil punktierte Erythrocyten finden sich stets im Blute des Meerschweinchens, doch scheint ihre Zahl sehr wechselnd zu sein: BUCHHEIM vermißt sie überhaupt, KLIENEBERGER und CARL fanden sie erst vereinzelt, bei späteren Untersuchungen einzelner Individuen recht zahlreich, während WEIDENREICH zum Studium der basophilen Tüpfelung gerade Meerschweinchenblut verwendete, da in diesem basophil Punktierte einen „außerordentlich reichen und normalen Anteil der Erythrocyten im strömenden Blute" bilden. Normoblasten kommen regelmäßig in geringer Anzahl im strömenden Blute zur Beobachtung, nach Angabe V. SCHILLINGs findet man im Ausstrich 1—2 Normoblasten auf 100 Leukocyten.

3. Hämoglobin.

Der Hämoglobingehalt des Meerschweinchenblutes scheint ebenso wie die Erythrocytenzahl nur wenig zu schwanken. Wenn man den von Angaben S. MEYERs, der bei Untersuchung von 6 Tieren 87% Hämoglobin fand, absieht, so liegen die übrigen Angaben alle recht nahe beisammen, doch darf nicht übersehen werden, daß dies nur für die Mittelwerte zutrifft, während bei den einzelnen Untersuchungen nicht unerhebliche Differenzen vorzukommen scheinen. Bei zweifellos sehr zahlreichen Bestimmungen fanden BENDER und DE WITT 95% Hämoglobin als Mittelwert; GABBI stellte bei 5 Tieren je 6—7 Untersuchungen an und fand als Durchschnitt 94,0 resp. 95,8 resp. 96,6 resp. 98,0 resp. 100% Hämoglobin. Auch die Mittelwerte von KLIENEBERGER und CARL stimmen hiermit gut überein; diese finden bei Untersuchung von 6 Meerschweinchen durchschnittlich $99,9\%$ Hämoglobin, bei weiteren 20 Meerschweinchen $96,1\%$ Hämoglobin. Allerdings zeigte die erste Untersuchungsreihe Schwankungen von 82—125% Hämoglobin, die zweite von 83—110% Hämoglobin.

4. Leukocyten.

Der Zeitpunkt der Blutentnahme ist ohne wesentlichen Einfluß auf das Leukocytenbild; insbesonders gilt dies auch für den Sättigungszustand des zu untersuchenden Tieres; bei der üblichen Fütterungsart haben die Meerschweinchen immer einen vollen Magen, so daß das Moment der Verdauungsleukocytose a priori wegfällt (KLIENEBERGER und CARL 1910); aber selbst wenn man die Tiere eigens zum Zweck einer diesbezüglichen Kontrollbestimmung 24 Stunden hungern läßt und dann vor und 2 Stunden nach einer ausgiebigen Mahlzeit untersucht, überschreiten die so festzustellenden Differenzen kaum die Fehlergrenze.

Im folgenden sind die von verschiedenen Autoren als normal aufgestellten Leukocytenzahlen angeführt. Pro Kubikmillimeter fanden: HAYEM 5 600; BETHE 7 200; BUCHHEIM bei Untersuchung von 14 Tieren 8 000 (Schwankung von 5—12 000); GOODALL 9 170; LYONS und VAN DE CARR bei Untersuchung von 64 (!) Tieren 9 600; KLIENEBERGER und CARL in ihrer neuen Untersuchungsreihe bei 10 Tieren 9 668 (Schwankung von 5 900 bis 13 500); S. MEYER bei 6 Tieren 10 160; BURNETT 10 897; BENDER und DE WITT bei zahlreichen Untersuchungen 10—15 000; KURLOFF 12 600; KLIENEBERGER und CARL in einer älteren Untersuchungsreihe bei 6 Tieren 15 000 (9 950 bis 18 825); endlich SCHOLZ bei 4 Tieren 15—16 000.

Eine eingehende Berücksichtigung der obigen Zahlen zeigt zunächst wohl die sehr große Spanne zwischen den Angaben verschiedener Untersucher (5 600 bis 16 000 weiße Blutkörperchen pro Kubikmillimeter), jedoch auch, daß die meisten Angaben, und zwar besonders diejenigen, welche dadurch an Dignität gewinnen, daß die Anzahl der untersuchten Tiere mitgeteilt wird, um einen mittleren Wert von 8—10 000 zu liegen kommen. Gerade die extrem hohen und niedrigen Zahlen sind nur von geringerer Bedeutung, da sie in relativ alten Untersuchungen gewonnen vielleicht auf mangelhafte Technik schließen lassen.

Ebenso muß wohl eine Angabe von KLIENEBERGER und CARL, die bei Herzblutuntersuchung 20 660 weiße Blutkörperchen fanden, als Resultat eines technischen Fehlers angesehen werden, sofern es sich hier nicht etwa um ein krankes Tier gehandelt hat.

Nebenbei sei hier noch erwähnt, daß auch unsere allerdings an einem recht kleinen Material ausgeführten Zählungen einen Mittelwert von 9 430 Leukocyten ergaben.

Das Aussehen der einzelnen Kategorien weißer Blutzellen unterscheidet diese in mancher Hinsicht von denen des Menschen. Die Reihe der lymphoiden Zellen, welche bei oberflächlicher Durchmusterung eines Ausstriches etwa die Hälfte der weißen Blutkörperchen auszumachen scheint, wird vorwiegend von Lymphocyten, und zwar zumeist von kleinen repräsentiert. Diese haben einen ziemlich pyknotischen runden Kern mit Andeutung von Radspeichenstruktur und einen schmalen Saum eines bei Giemsafärbung hellblauen Protoplasmas. Zarte Azurgranula sind in nur spärlicher Anzahl vorhanden. Die großen Lymphocyten, deren Abgrenzung von den Monocyten nicht immer leicht ist, haben einen etwas lockeren mehr ovalen Kern, eine reichliche Menge von Protoplasma und meist eine dichtere Azurgranulation. Nicht selten zeichnen sich die Azurgranula durch auffallende Größe aus und sind dann in nur geringerer Anzahl vorhanden; der Farbenton dieser größeren Granula jedoch ist vollkommen identisch mit dem der zarteren Granulationen. Auf die Bedeutung der erwähnten großen Granula muß später bei der gesonderten Besprechung der Kurloffzellen noch einmal eingegangen werden. Die Monocyten haben selten runde, meist mehr oder weniger stark gebuchtete, durch die wabige Chromatinstruktur charakterisierte Kerne und unterscheiden sich kaum von denen des Menschen.

Die Granulationen der myeloischen Zellreihe zeigen in ihrem morphologischen und färberischen Verhalten gewisse Unterschiede gegenüber menschlichen Blutzellen, was zu vielfachen prinzipiellen Erörterungen über ihre Zugehörigkeit Veranlassung gab.

KURLOFF entdeckte in EHRLICHS Laboratorium, daß die Spezialgranula eine Affinität zu sauren Farbstoffen haben. EHRLICH bemerkte später eine spezifische Affinität zu Indulin und nannte sie deshalb indulinophil. Da er aber ferner meinte, daß sie sich auch mit rein basischen Farbstoffen färben können, wurden sie als amphooxyphil bezeichnet. Nach EHRLICH und PAPPENHEIM ist dies der Name für Granula, die saure und basische Farbstoffe, vorwiegend aber jene aufnehmen. S. MEYER nannte die Spezialgranula des Meerschweinchens pseudoeosinophil, eine Bezeichnung, die ausdrücken soll, daß die Granula sich wohl mit Eosin färben, daß aber bei ihnen im Gegensatz zu den echten eosinophilen Granulationen der Farbstoff durch Säure und Alkohol nicht extrahiert werden kann. Die Auffassung EHRLICHS wurde von HIRSCHFELD geteilt. NIEGOLEWSKI und später MEZINESCU stellten jedoch die neutrophile Natur der Spezialgranula des Meerschweinchens fest, während sich SCHIFONE und nach ihm GOODALL der Auffassung KURLOFFS und HIRSCHFELDS anschlossen. FURNO stellte schließlich die Basophilie der Spezialgranula gänzlich in Abrede: Die Granula seien oxyphil, möglicherweise auch neutrophil und könnten höchstens in diesem Sinne als amphophil bezeichnet werden.

Die Oxyphilie steht also nach Angabe sämtlicher Untersucher fest und kann bei Betrachtung des einfach nach GIEMSA gefärbten Ausstriches wohl keinem Zweifel unterliegen. Die Deutung dieser „pseudoeosinophil" granulierten Zellen ergibt sich zwanglos aus dem Studium ihrer Morphologie: sie entsprechen jedenfalls den neutrophilen Leukocyten des Menschen, mit denen sie abgesehen von der Färbung der Körnchen weitgehendste Übereinstimmung zeigen. Die Größe der Zellen, die Kernplasmarelation, die Form und Struktur des Kernes und die Feinheit und Dichte der Granulation sprechen alle im Sinne dieser Auffassung. Im folgenden sollen diese Zellen der Einheitlichkeit halber auch als neutrophil gezählt werden.

Von diesen pseudoeosinophilen Zellen lassen sich auf den ersten Blick die echten Eosinophilen unterscheiden (STÄUBLI). Sie sind meist etwas größer, haben grobe, sehr dicht liegende Granula, welche sich intensiver rot färben als die oben besprochenen, meist den ganzen Zelleib erfüllen und nur den Kern freilassen. Dieser ist nur wenig gebuchtet, fast niemals wie der Kern der Neutrophilen in mehrere Segmente abgeschnürt. Die Mastzellen endlich haben ein ganz anderes Aussehen als die des Menschen. Sie sind weit größer als jene, ihr Durchmesser ist fast doppelt so groß wie der eines Erythrocyten, der Kern ist gelappt oder segmentiert (A. ZIMMERMANN). Die Granula sind auffallend groß und mäßig dicht gelagert; ihr Rand erscheint bei der üblichen Behandlung stets etwas verschwommen, die einzelnen Granula innerhalb einer Zelle verhalten sich, was Farbton und Intensität der Färbung anlangt, etwas different zueinander. Bei Färbung nach JENNER erscheinen sie blauviolett, bei Tinktion mit polychromem Methylenblau braunrot, nach PAPPENHEIM färben sie sich rot.

Myelocyten werden von den meisten Untersuchern im Blute normaler Tiere vermißt, KLIENEBERGER und CARL haben aber ebenso wie I. BUCHHEIM auch solche sowie gelegentlich sogar Myeloblasten gesehen. LAMBIEN und PIERAERTS beschreiben schließlich noch histiocytäre Elemente im strömenden Blute des Meerschweinchens, auf die indes nicht näher eingegangen werden soll. Die von KURLOFF zum erstenmal gesehenen Einschlußzellen werden in einem gesonderten Absatz besprochen.

KLIENEBERGER und CARL notieren überdies in ihren Protokollen einen basophilen Kugelhaufen, ein Befund, den wir in seiner Isoliertheit, und insbesondere seit diese Zellen von LAUDA und FLAUM als blutfremde Elemente, die sich nur bei Ratte und Maus finden, erkannt wurden, wohl bezweifeln müssen. Wahrscheinlich handelt es sich bei der Beobachtung der genannten Autoren um eine Verwechslung mit Mastzellen, die beim Meerschweinchen wohl eine gewisse oberflächliche Ähnlichkeit mit Kugelhaufenzellen haben.

Über die zahlenmäßige Verteilung der einzelnen Kategorien weißer Blutzellen orientiert am besten eine Tabelle, in welche wir die Ergebnisse verschiedener Untersucher in Prozenten ausgedrückt zusammengefaßt haben.

Tabelle 2.

	Neutrophile	Eosinophile	Baso-phile	Mono-cyten	Lympho-cyten
BENDER und DE WITT . .	35—60	3—4	1	5—8	35—55
BURNETT	31—52	10—72	0,37	10,05	47,32
GOODALL	37	3	—	—	60
HAJÓS	—	1,5—1,8	—	—	—
HAJÓS, NÉMÉTH u. ENYEDY	—	8,19	—	—	—
HOWARD	43—69	2—33,6	0—0,13	0,8—6,6	16—36
JOLLY und ACUNA	10—55	1	—	53	53
KANTHACK und HARDY . .	62	2—3	0,7	11	24
KLIENEBERGER und CARL	38,5	13	0,85	1,15	46,5
ältere Untersuchungen	(19,25—47,5)	(0,5—38,0)	0—1,25	0—3,5	(39—53)
KLIENEBERGER und CARL .					
neuere Untersuchungen	(9—47)	(9,66—10,0)	(0—1)	(0,4—4)	33,0—88,6
KURLOFF	40—45	10	—	15—20	30—35
LOEWIT	52,5	3,3	—	3,0	38,5
LYONS und VAN DE CARR	34,9	3,1	0,8	7	49
S. MEYER	36,26	1,09	0,72	4,25	57,08
MEZINESCU	22—30	7	2	3	45
SCHILLING	25—30	1—3	1—3	1—2	65—70
SCHOLZ	47	5	—	—	38
STÄUBLI	—	0,5—35,0	—	Überwiegend	

Eine Unterscheidung in große und kleine Lymphocyten, wie sie von manchen Untersuchern durchgeführt wird, ist schwer durchführbar, da, wie wir meinen, beim Meerschweinchen durch das häufige Vorkommen von Mittelformen eine derartige Abtrennung nicht immer möglich ist. Wenn in der obigen Tabelle auch einige Zahlen von dem Durchschnitt ziemlich weit abweichen, so zeigt sie doch ein recht gutes Übereinstimmen der meisten Untersuchungsergebnisse.

Einzig bei den Eosinophilen sind die Differenzen sehr große. Schon in einer älteren Untersuchung weist H. HIRSCHFELD auf die große Häufigkeit der Eosinophilen im Meerschweinchenblute hin, nach BURNETT schwanken diese Zellen zwischen 1 und 20%, und auch STÄUBLI betont die individuell große Verschiedenheit der Eosinophilenzahl, durch die es dem Experimentator in die Hand gegeben sei, „bei Versuchen über die Vermehrung der eosinophilen Zellen Tiere mit niedrigem Gehalt (bis zu 0,5%) dieser Zellen, bei Versuchen über die Verminderung Tiere mit hohen prozentualischen Werten (bis 20% und darüber) zu verwenden". HAJÓS, NÉMÉTH und ENYEDY veröffentlichen eine Tabelle, welche die Zahl der eosinophilen Leukocyten bei 10 normalen Meerschweinchen zeigt und in der 1 resp. 21% als Grenzwert erscheinen. Als Ursache für diese so großen Schwankungen kommt in erster Linie die beim Meerschweinchen sehr häufige Infektion mit Coccidien in Betracht, die regelmäßig mit mehr oder minder hoher Eosinophilie einhergeht. BENDER und DE WITT weisen überdies auf einen zahlenmäßigen Zusammenhang zwischen Eosinophilen und Kurloffkörperchen hin, worauf unten bei Besprechung dieser Gebilde näher einzugehen sein wird.

5. Die Kurloffkörperchen.

Anschließend an die Beschreibung des Leukocytenbefundes müssen nun für das Blut des Meerschweinchens eigentümliche Gebilde besprochen werden, die lange Zeit hindurch Gegenstand zum Teil sehr lebhafter Diskussion waren. Es sind dies Einschlüsse in einkernigen Zellen, die zum erstenmal von KURLOFF beschrieben, als Kurloffkörperchen in die internationale Literatur Eingang gefunden haben. Da bis heute eine einheitliche Anschauung über Ursprung und Natur dieser Gebilde noch aussteht, und andererseits gerade ihrer Besonderheit wegen an die Kurloffkörperchen interessante, zum Teil für die allgemeine Hämatologie bedeutsame Theorien geknüpft wurden, verdienen sie wohl gesonderte, etwas breitere Besprechung.

Aus EHRLICHs Laboratorium beschrieb KURLOFF im Jahre 1888 „nebenkernähnliche" Gebilde in großen mononucleären Zellen des Meerschweinchenblutes, die mit dem Kern nicht in Zusammenhang stehen und nur beim Meerschweinchen gefunden werden. Ihre Größe schwankt um die eines Monocytenkernes, die kleinsten Formen erreichen kaum Erythrocytengröße, während die größten den zwei- bis dreifachen Durchmesser eines roten Blutkörperchens aufweisen. Sie liegen zumeist in der Nähe des Kernes, häufig in einer Bucht desselben und füllen zusammen mit diesem die Zelle manchmal fast vollständig aus, so daß nur ein schmaler Protoplasmasaum sichtbar bleibt. Die feinere Struktur der Kurloffkörperchen ist außerordentlich wechselnd; gerade diese Tatsache war Ausgangspunkt von Meinungsdifferenzen verschiedener Untersucher.

Da bis heute über die Natur der Kurloffkörper keine einheitlichen Anschauungen vorliegen, seien hier die *wichtigsten* Untersuchungen in einer übersichtlichen historischen Darstellung auszugsweise wiedergegeben, um so die bisher vorgebrachten Theorien aufzuzeigen.

Von frühen Beschreibungen (BALFOUR, GOLDHORN) läßt sich zum Teil nicht mit Sicherheit bestimmen, ob sie sich tatsächlich auf Kurloffkörperchen beziehen. ADIE, der bei der Maus, BENTLEY, der beim Hunde ähnliche Gebilde („Leukocytozoon") beschreibt, will ebenso wie später JAMES und wie PATTON kernähnliche Gebilde gesehen haben und spricht sich darum für die Parasitennatur der Kurloffkörperchen aus.

In Unkenntnis der Arbeiten KURLOFFS hat CESARIS-DEMEL im Jahre 1905 den gleichen Körper beschrieben, den er später mit den Kurloffkörperchen identifizieren konnte. (Vielfach wird insbesondere in der älteren Literatur auch die Bezeichung KURLOFF-DEMELsche Körperchen gebraucht.) Er hielt sie damals für Sekretvakuolen, jedoch nicht, ohne das Hypothetische dieser Anschauung selbst zu betonen.

Im Jahre 1906 tritt LEDIGHAM wegen der Ähnlichkeit der Kurloffkörperchen mit als Parasiten sichergestellten Gebilden bei anderen Tieren für die Parasitennatur der Kurloffkörperchen ein.

1907 sprach sich FERRATA dahin aus, daß die Kurloffkörperchen den von ihm im vorangehenden Jahre beschriebenen plasmosomischen Körpern zuzuzählen seien. CORTI bestätigte später die Befunde FERRATAS.

Auf Grund der ersten eingehenden Untersuchungen tritt im Jahre 1908 PATELLA für die protozoische Natur der Kurloffkörperchen ein. Auf Grund zahlreicher Argumente kommt er zu dem Schluß, daß die Kurloffkörperchen weitgehende Ähnlichkeit mit den von BENTLEY beim Hund beschriebenen Gebilden hätten und mit den von ADIE bei Mäusen gefundenen identisch seien. Hinweis auf die Ähnlichkeit mit Protozoenflagellaten, die aus dem kalten Aufguß von Endivien (dem Futter der Meerschweinchen!) gewonnen werden können.

Im gleichen Jahre bestätigte MONCALVI im großen und ganzen die Meinung CESARIS-DEMELS.

Gegen die Auffassung der Kurloffkörperchen als Sekretvakuole einerseits und als Parasit andererseits wendet sich im Jahre 1909 V. SCHILLING auf Grund experimenteller Untersuchungen. Die Kurloffkörperchen könnten mit der Blutvernichtung im Zusammenhang stehen, ihr Aussehen entspreche phagocytierten kernlosen Zellen, „die nur eine regressive Entwicklung in den Mononucleären durchmachen".

Im gleichen Jahre beschäftigte sich CESARIS-DEMEL zum zweiten Male mit dem KURLOFFschen Einschlußkörper und deutet ihn wieder als großen, ein Produkt der Zellsekretion enthaltenden Hohlraum. Dieser entspräche, wie FERRATA 1908 festgestellt hat, dem hyalinen Körper, welchen FOÀ und CARBONE in einkernigen Leukocyten der Meerschweinchenmilz beschrieben und als Parasiten gedeutet hatten. Die Kurloffkörperchen fänden sich eingeschlossen in einkernigen Leukocyten des Blutes und der blutbildenden Organe vom zweiten Tage nach der Geburt bis zum Tode des Tieres in individuell sehr wechselnder Anzahl; während der Schwangerschaft nehmen sie an Zahl und Größe zu. Sie finden sich auch in mittleren und sogar in den kleinen einkernigen Zellen des Meerschweinchenblutes.

Im selben Jahre sprach sich HUNTER wieder dafür aus, daß die Kurloffkörperchen als intracelluläre Protozoen aufzufassen seien.

1910 studierten PAPPENHEIM und FERRATA neuerlich die Frage der Kurloffkörperchen. Diese seien als mit azurophilem Sekret gefüllte Vakuolen aufzufassen. Wegen ihrer Ähnlichkeit mit Azurgranulis liegt es nahe, die Kurloffkörper nur als eine besonders großeManifestation derselben anzusehen.

Im Jahre 1911 lehnte V. SCHILLING diese Anschauung von PAPPENHEIM und FERRATA auf das Entschiedenste ab, da sie durch nichts als durch eine oberflächliche Ähnlichkeit zwischen Kurloffkörperchen und Azurgranulis begründet sei. Die KURLOFFschen Prozentzahlen (15—20% aller Leukocyten) sind nach dem Material SCHILLINGS viel zu hoch gegriffen; sie schwanken vielmehr zwischen 1—8 (bis 12) %, wobei die letzten Zahlen schon zu den Seltenheiten gehören. Seine frühere Ansicht, daß die Kurloffkörperchen phagocytär aufgenommene Gebilde (Erythrocyten) seien, muß der Autor auf Grund seiner neuen Untersuchungen fallen lassen und bringt eine neue Deutung: die Kurloffkörperchen sind, wie aus ihrer auffallenden Ähnlichkeit mit Chlamydozoeneinschlüssen hervorgeht, möglicherweise als solche aufzufassen.

WEIDENREICH spricht sich dahin aus, daß die Annahme einer sekretorischen Funktion immer noch die wahrscheinlichste sei. Er weist darauf hin, daß anscheinend analoge Bildungen auch bei anderen Tieren beschrieben sind (MEINERTZ, N. LOEWENTHAL).

Im Jahre 1912 erschienen mehrere Arbeiten, welche das Problem von neuen Gesichtspunkten beleuchteten, jedoch ohne damit seiner Klärung näherzukommen. Die interessanteste ist wohl die von E. H. Ross, der die Kurloffkörperchen mit Spirochäten, die er frei im strömenden Blute gesehen haben will, in Zusammenhang bringt und sie für deren intracelluläres Entwicklungsstadium hält. Die übrigen (FLU und PAPPENHEIM, NAKANO, CANNAVON, FLU, E. H. ROSS, V. SCHILLING) enthalten nichts wesentlich Neues.

1913 kommt V. SCHILLING zu dem Ergebnis, „die Kurloffkörperchen als Ganzes sind am wahrscheinlichsten kompliziert gebaute Zellreaktionsprodukte von weitgehender Ähnlichkeit mit den durch Chlamydozoen hervorgerufenen. Die einzelnen Strukturelemente sind .... keine Mikroorganismen, sondern.... Protoplasma- oder Archoplasmastrukturen...., die Erscheinungsform ist stets einem ungewöhnlich hohem Grade von der Methode abhängig".

MIYAJI sah in den Kurloffkörpern für das Meerschweinchen physiologische vakuolenartige Gebilde, die sich in einem gewissen Wachstumsstadium der Tiere spontan entwickeln und zum Geschlechtsleben in Beziehung stehen.

Im gleichen Jahre gaben KNOWLES und ACTON ihre Meinung dahin kund, daß die Kurloffkörperchen Zellprodukte nichtparasitärer Natur seien, vergleichbar den Archoplasmabläschen der Hodenzellen.

Das Jahr 1914 brachte mehrere eingehende Untersuchungen zu dem Thema der Kurloffkörperchen. PAPPENHEIM weist darauf hin, daß es nicht eigentlich Monocyten, sondern große Lymphocyten sind, in denen die Kurloffkörperchen vorkommen. Abermals werden sie von ihm mit Azurgranulis geradezu identifiziert. Der nächste Verwandte des Meerschweinchens, der Aguti, weist ebenfalls sehr große Azurkörner und Übergangsformen zu den Kurloffkörperchen im Blute auf.

KOLMER macht ebenso wie früher andere Untersucher (CESARIS-DEMEL, CIACCIO, FERRATA, JOLLY und ROSELLO) im gleichen Jahre darauf aufmerksam, daß die Kurloffkörperchen gerade während der Gravidität und Lactation eine auffallende Vermehrung zeigen und schließt auf einen weitgehenden Zusammenhang mit dem Geschlechtsleben der Tiere.

SCHULHOF fand bei Untersuchung einer Reihe mehr oder minder verwandter Nagetiere nur bei einer Flughundrasse den Kurloffkörperchen einigermaßen ähnliche Gebilde. Für seine Untersuchungen stellt sich SCHULHOF zwei Fragen: 1. Sind die Kurloffkörperchen normale oder pathologische Gebilde? 2. Besitzen sie eine präformierte Struktur oder ist das Substrat dieser Strukturen ursprünglich homogen gelöst und wird erst durch supravitale Färbung ausgefällt? — Die erste Frage wird folgendermaßen beantwortet: „Die Kurloffkörperchen sind physiologische Gebilde, für deren Entstehung exogene Ursachen (Parasiten, auch invisible Virus, Toxine) nicht in Betracht kommen. Insbesondere spricht alles gegen die Annahme der Chlamydozoennatur". Hinsichtlich der zweiten Frage wird darauf hingewiesen, daß nach kalter Sublimatalkoholfixation bei Giemsafärbung die Kurloffkörperchen absolut homogen sind. Bei vorheriger Behandlung mit Vitalfarbstoffen erscheinen die Kurloffkörperchen homogen, selbst wenn nachher Fixation durchgeführt wird. „Auch das ungefärbte Präparat zeigt nichts, was für eine präformierte Struktur sprechen würde."

Im Jahre 1921 spricht sich WOODCOOCK dafür aus, daß die Kurloffkörperchen unvollkommen verdaute rote Blutkörperchen seien.

Diese Untersuchungen WOODCOOCKs wurden im Jahre 1923 von BENDER und DE WITT nachgeprüft, ohne daß jedoch seine Angaben bestätigt werden konnten. Die beiden Autorinnen machten eine eigenartige Beobachtung: Die Zahl der Eosinophilen war in den ersten Monaten der Untersuchung durchwegs niedrig und erst nachher erfolgte ein Anstieg, der für den Rest der Zeit bestehen blieb; gleichzeitig mit dem Auftreten der Eosinophilie wurden die ersten Kurloffkörperchen im Blute gesehen. Sie traten zuerst in größerer Anzahl bei den Tieren eines bestimmten Käfigs auf und schienen dann die Tiere aller umliegenden Käfige zu ergreifen, bis schließlich die ganze Zucht befallen war.

Im folgenden Jahre stellte BENDER fest, daß Kurloffkörperchen in den Geweben niemals gefunden werden. Während sie in gefärbten Trockenpräparaten die üblichen Bilder einer Vakuole mit azurophilen Körnern bieten, erscheinen sie im frischen Blute stets als regelmäßige, runde, homogene Zelleinschlüsse. Die Oxydasereaktion fällt bei kurloffkörperchenhaltigen Zellen negativ aus. Färbung mit „Neumethylenblau GG" läßt die Kurloffkörperchen sehr deutlich in einem dunkelpurpurroten Ton hervortreten.

LYONS und VAN DE CARR geben im Jahre 1927 die Zahl der Kurloffzellen mit $5^0/_0$ aller kernhaltigen Zellen an.

Im Jahre 1928 endlich studierte WADA die Kurloffkörperchen. Durch ihr Verhalten bei Dunkelfeldbeleuchtung sind die Kurloffkörperchen als Kolloid charakterisiert, nach ihren physikalisch-chemischen Eigenschaften müssen sie Eiweißkörper sein. Auf Grund feinerer morphologischer Studien über die Anordnung des Chromatins glaubt WADA die Kurloffkörperchen den Lymphocyten zuordnen zu sollen. Sie finden sich am reichlichsten in der Milz, demnächst im Knochenmark und in den Lungen, sodann im peripheren Blute. Die Zahl der Kurloffzellen im peripheren Blute geht der in den inneren Organen parallel. Die Kurloffzellen sind bei allen normalen Meerschweinchen zu finden; bei jungen Tieren sind sie 2 Monate nach der Geburt im Blute auffindbar, bei Neugeborenen und selbst bei älteren Feten trifft man sie stets in der Milz. Größe und Form der Kurloffkörperchen ist auch bei ein und demselben Tiere sehr verschieden. Bei trächtigen Tieren zeigt sich eine erhebliche Vermehrung der Kurloffzellen im peripheren Blute um das Zwei- bis Neunfache. Dabei findet sich eine bedeutende Größenzunahme der Kurloffzellen und der Größenkörper. Nach dem Werfen nehmen die Kurloffzellen an Zahl und Größe wieder ab und zeigen nach 7—10 Tagen wieder normales Verhalten. Aus experimentellen Untersuchungen ergibt sich, daß das Kurloffkörperchen ein physiologisches Element darstellt, „welches der hormonalen Einwirkung der Geschlechtsdrüsen unterliegt und", wie aus Größenmessungen hervorzugehen scheint, „zu dem Wachstum in naher Beziehung steht".

Eine zusammenfassende Besprechung der Kurloffkörperchen erübrigt sich. Viele von den zu ihrer Deutung vorgebrachten Theorien haben sich im Laufe der Zeit als unhaltbar erwiesen, ob überhaupt eine von den bis heute vorliegenden

Anschauungen endgültig allgemeine Anerkennung finden wird, scheint zweifelhaft, da wohl keine von ihnen restlos befriedigt. Wir fügen eine Abbildung bei, welche in ein Gesichtsfeld zusammengezeichnet, eine Anzahl von Kurloffkörperchen wiedergibt und wohl die Vielgestaltigkeit zeigt, in der sie sich darstellen können. Die Zeichnungen sind aus nach GIEMSA gefärbten Blutausstrichen ein und desselben Meerschweinchens abgebildet und erwecken, wie wir glauben, bei einem unbefangenen Beobachter deutlich den Eindruck, von durch Fällung und Schrumpfung entstandenen Artefakten. Die Auswahl wurde so getroffen, daß möglichst verschiedene „Typen" herausgegriffen wurden, zwischen denen sich, wie ausdrücklich betont werden muß, zahllose Übergangs- und Zwischenformen finden (s. Abb. 84).

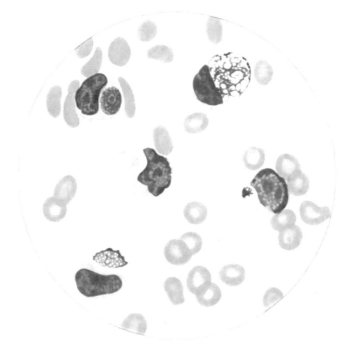

Abb. 84. Kurloffkörperchen. Giemsafärbung.

6. Thrombocyten.

Eine genaue Thrombocytenzählung macht beim Meerschweinchen recht große Schwierigkeiten, da die Neigung der Plättchen, sich in Haufen zusammenzulegen, außerordentlich groß ist. Bis zu einem gewissen Grade läßt sich diesem Umstand wohl durch Verwendung von Magnesiumsulfatlösung abhelfen, doch können gelegentliche Verklumpungen nie ganz vermieden werden.

Man geht dabei am zweckmäßigsten derart vor, daß man das Ohr des Tieres möglichst exakt enthaart (durch Rasieren oder Abreiben mit einem in Natrium sulfuricum-Lösung getränkten Tupfer) und reinigt, sodann einen Tropfen der 14%igen Magnesiumsulfatlösung über einem Venenstämmchen deponiert und durch diesen hindurch das Gefäß anritzt. Der austretende Blutstropfen durchmengt sich sodann innig mit der Lösung und das Gemisch wird sogleich in der üblichen Weise langsam streichend auf einen Objektträger verteilt. Es empfiehlt sich hierzu ungefähr auf Körpertemperatur gehaltenen Objektträger resp. Deckgläschen zu verwenden.

Die Zählung erfolgt in der üblichen Weise. KLIENEBERGER und CARL bestimmten die Anzahl der Thrombocyten bei 10 gesunden Meerschweinchen und fanden als Grenzwerte 83 040 resp. 155 760 Thrombocyten pro Kubikmillimeter; der Durchschnitt lag bei 115 309, die meisten Werte kamen wenig über 120 000 zu liegen. Das Aussehen der Plättchen ist nicht auffallend, sie lassen deutlich eine intensiver gefärbte Innenzone erkennen, die bei Giemsafärbung einen roten Ton annimmt.

7. Einfluß von Alter und Geschlecht.

Nirgends in der Literatur finden sich Angaben über einen merklichen Einfluß des Geschlechtes auf den Blutbefund des Meerschweinchens. Auch das Alter scheint nicht von großer Bedeutung zu sein. BENDER und DE WITT, die zahlreiche erwachsene Tiere untersuchten, stellten zum Vergleiche auch Blutbefunde bei 8 neugeborenen Meerschweinchen an und fanden:

Tabelle 3.

Alter	Erythrocyten	Hb.	Leukocyten	Lymphocyten
Neugeboren . .	7,000 000	100	3 000—8 000	25%
Erwachsen . .	6,000 000	95	10 000—15 000	33—53%

Das Verhalten der Lymphocyten bei jungen und alten Tieren ist nach diesen Angaben also gerade umgekehrt wie beim Menschen. COHENSTEIN und ZUNZ bringen eine ausführliche Zusammenstellung der Blutbefunde bei embryonalen Meerschweinchen und bei Muttertieren; danach sind die Hämoglobinwerte beim Fetus und beim Muttertier ungefähr gleich, die Zahl der roten Blutkörperchen jedoch beim Fetus niedriger, der Färbeindex bei diesem also (durchschnittlich etwa um $1/4$) höher als beim Muttertier.

Daß die Zahl der vitalfärbbaren Erythrocyten in der Jugend größer ist als beim erwachsenen Tier, entspricht nur einer für das ganze Tierreich bekannten Tatsache. So fand SEYFARTH beim ausgewachsenen Meerschweinchen 0,5 bis 5,0%, beim Neugeborenen dagegen 10—30% vitalfärbbare rote Blutkörperchen.

b) Biologische Untersuchungen.

Osmotische Resistenz. Über die osmotische Resistenz der Meerschweinchenerythrocyten liegen Untersuchungen von SCHULZ und KRÜGER vor. Diese fanden beginnende Hämolyse bei 0,44%, komplette bei 0,34% Kochsalzlösung. Weit niedrigere Werte geben KLIENEBERGER und CARL an, welche 5 Tiere untersuchten und zweimal 0,37%, einmal 0,36% und zweimal 0,35% Kochsalzkonzentration als Grenze der osmotischen Resistenz bestimmten.

Senkungsgeschwindigkeit. Über die Senkungsgeschwindigkeit der Meerschweinchenblutkörperchen liegen unseres Wissens keine Untersuchungen vor. Wir haben deshalb einige orientierende Bestimmungen vorgenommen, welche ergaben, daß die Senkungsgeschwindigkeit der Meerschweinchenerythrocyten weit geringer ist als die der menschlichen. Wir gingen so vor, daß wir in eine PRAVAZsche Spritze, welche 0,2 ccm einer 3,6%igen Natriumcitratlösung enthielt, direkt durch Herzpunktion 0,8 ccm Blut aufzogen, in der Spritze durchmischten und sodann in Senkungsröhrchen nach FAHRÄUS füllten. Die von uns dabei festgestellten Werte in Stunden ausgedrückt zeigt die folgende Tabelle 4.

Tabelle 4.

	Tier 1	Tier 2	Tier 3	Tier 4	Tier 5
6 mm	13	24	13	15	17
12 „	29	> 48	29	30	40
18 „	> 48	—	> 48	> 48	> 48

Gerinnungszeit. Die Gerinnungszeit des Meerschweinchenblutes wurde von BENDER und DE WITT an einem größeren Tiermaterial studiert (70 Untersuchungen) und eine durchschnittliche Gerinnungszeit von 5 Minuten ermittelt, die Schwankung lag zwischen 4 und $5^1/_2$ Minuten. KLIENEBERGER und CARL bestimmten bei 5 Meerschweinchen nach NONNENBRUCH und SZYSZKA die Gerinnungszeit und fanden niedrigere Werte, nämlich:

1. Reaktionszeit 27"   Gerinnungszeit 3'14"
2.   „   25"   „   2'30"
3.   „   20"   „   3'00"
4.   „   19"   „   2'35"
5.   „   30"   „   3'30".

c) Pathologische Befunde.

1. Die Leukämie.

Nur spärliche Angaben finden sich in der Literatur über leukämische Veränderungen beim Meerschweinchen. Erst seit dem Jahre 1923 ist die Meerschweinchenleukämie bekannt und es ist das Verdienst SNIJDERs und TIO TJWAN GIES, sich mit dieser selten vorkommenden Erkrankung erstmalig eingehend befaßt zu haben. SNIJDERS fand bei der Sektion eines Meerschweinchens im Laboratorium von MEDAN Veränderungen der Leber, Milz und aller Lymphdrüsen, welche an Leukämie denken ließen. Übertragung des aufgeschwemmten Milzbreies löste bei einer Reihe weiterer Meerschweinchen das gleiche Krankheitsbild aus, von denen eines 2 Monate nach der intraperitonealen Injektion einging; die Leukocytenzahl war auf 67 000 angestiegen, 86% der Leukocyten waren einkernige Zellen.

Ein Fall von spontanem, transplantablem Rundzellensarkom, über den MIGUES in Buenos Aires im Jahre 1918 berichtete, muß nach der vorliegenden Beschreibung eher als Leukämie gedeutet werden; zu diesem Ergebnis kamen insbesondere FISCHER und KANTOR, welche das „transplantable Lymphosarkom von MIGUES" in mehr als 50 Meerschweinchenpassagen studierten.

Neuestens hat F. GERLACH bei den in Österreich angekauften Meerschweinchen Leukämie in ausgedehntem Maße festgestellt. Die pathologisch-anatomischen Veränderungen bei dieser Krankheit sind um so tiefgreifender, je langsamer sie verläuft; bei raschem Verlaufe können sie vollständig fehlen. Die Blutbefunde werden leider nicht ausführlich mitgeteilt. Jedenfalls findet sich eine starke Vermehrung der weißen Blutzellen, insbesondere der großen rundkernigen Zellen. Die Leukocytenformel nach TIO TJWAN GIE lautet: Eosinophilie 1%; Segmentkernige 4,5%; Lymphocyten 31,5%; abnorme Zellen 63%. Die Übertragung der Krankheit gelingt mit dem Bodensatz von zentrifugiertem Blut und mit Organbrei, nicht aber mit zellfreien Filtraten.

2. Die Bartonellen.

Es muß hier kurz eines Befundes von M. MAYER gedacht werden, der bei einem Meerschweinchen Bartonellen gefunden hat, die mit Bartonella muris morphologisch durchaus übereinstimmten; ob sie mit diesen tatsächlich identifiziert werden dürfen, erscheint fraglich.

Literatur.

ADIE, I. R.: Note on a leucocytozoon found in mus rattus in the Pundjaub. J. trop. Med. Nov. **1906.**
BALFOUR: Hemogregarine in Desert. Nat. J. trop. Med. **1903.** — BENACCHIO, G. B.: Gibt es bei Meerschweinchen und Kaninchen Mastmyelocyten und stammen die basophil gekörnten Blutmastzellen aus dem Knochenmark? Fol. haemat. (Lpz.) **11** (1911). — BENDER, L.: Kurloffboddies in the blood of Guineapigs. J. med. Res. **44,** 4, 383 (1924). — BENDER, L. u. L. DE WITT: Hematological studies on experim. tubercul. in Guinea pig, I. Blood morphology etc. Amer. Rev. Tbc. **8,** Nr 2, 138—162 (1923). — BENTLEY: Preliminary note upon a leucocytozoon of the dog. Brit. med. J. **1905,** 5. — BETHE: Zahlen- und Maßverhältnisse der Erythrocyten. Diss. Straßburg 1891. — BUCHHEIM, I.: Das weiße Blutbild des tuberkulösen Meerschweinchens. Beitr. Klin. Tbk. **66,** 599 (1927). — BURNETT, S. A.: A study of the blood of normal Guinea pigs. J. med. Res. **11,** 537 (1904).

CANAVAN, M. M.: The blood cell picture in horse serum anaphylaxis in the guinea pig: Note on Kurloffs inclusion cells. J. med. Res. **27,** 2, 189—203 (1912). — CESARIS-DEMEL, A.: (a) Sulla particclare strutt. di alcuni grandi leucociti mononucl. della cavia colorati a fresco. Arch. Sci. med. **1905,** 29. (b) Beobachtungen über das Blut. (Von einem in einkernigen Leukocyten des Meerschweinchens eingeschlossenen Körper.) Verh. ital. path. Ges., April **1905.** Sperimentale **59.** (c) Über die morphologische Struktur und die morphologischen und chromatischen Veränderungen der Leukocyten auf Grund der Untersuchungen nach der Methode der Vitalfärbung des Blutes. Virchows Arch. **195,** 1 (1909).— CIACCIO: Ricerche sui mononucleati a corpo incluso della cavia. Anat. Anz. **30,** 514. — COHENSTEIN u. ZUNZ: Untersuchungen über das Blut, den Kreislauf und die Atmungsverhältnisse beim Säugetierfetus. Pflügers Arch. Physiol. **34,** 17 (1884).

EHRLICH u. LAZARUS: Die Anämie. Nothnagels Handbuch, Bd. 8, S. 56. 1889.

FERRATA, A.: Über die plasmosomischen Körper und eine metachromatische Färbung. des Protoplasmas der uninucleären Leukocyten im Blut und in den blutbildenden Organen. Virchows Arch. **187,** 351. — FLU, P. C.: Over de z. g. n. Kurloff-lichamen in de mononucleaire van Cavia cobaye. Geneesk. Tijdschr. Nederl. Indië **52,** 697—702 (1912). — FLU, P. C. u. A. PAPPENHEIM: Zur Kenntnis und zur Frage der protozoischen Natur der sog. Kurloffkörper des Meerschweinchenblutes. Fol. haemat. (Lpz.) **13** (1912). — FOÀ u. CARBONE: Beitrag zur Histologie und Physiologie der Milz der Säugetiere. Beitr. path. Anat. **5,** (1889). — FURNO, A.: Beitrag zur Kenntnis der vergleichenden Hämatologie der Spezialgranulationen einiger Laboratoriumssäugetiere. Fol. haemat. (Lpz.) **9** (1911).

GABBI, U.: Die Blutveränderungen nach Exstirpation der Milz in Beziehung zur hämolytischen Funktion der Milz. Beitr. path. Anat. **19,** 647 (1896). — GERLACH, F.: Die praktisch wichtigen Infektionen der Versuchstiere. Handbuch der pathogenen Mikroorganismen, Bd. 9. — GOLDHORN: N. Y. path. Soc. Proc. **1905.** Zit. BENDER und DE WITT. GOODALL: J. of Path. **14** (1909).

HAJÓS, K.: Beitrag zur Eosinophiliefrage. Z. exper. Med. **59,** 383 (1928). — HAJÓS, K., L. NÉMÉTH u. Z. ENYEDY: Über den Einfluß der direkten Vagusreizung auf die Eosinophilie und auf die Leberstruktur. Z. exper. Med. **48,** 590 (1926). — HAYEM: (a) Du sang et de ses alterations anatom. Paris 1889. (b) Recherches sur l'evolution des hématies. Arch. de Physiol., II. s. **5** u. **6.** — HIRSCHFELD, C. W.: Virchows Arch. **149** (1897). — HIRSCHFELD, H.: Beiträge zur vergleichenden Morphologie der Leukocyten. Virchows Arch. **1897,** 22. — HOWARD, C. P.: The relation of the eosinoph. cells of the blood etc. J. med. Res. **17,** 237 (1907/08). — HUNTER: Univ. Peru. M. Bull. **22,** 333 (1909); zit. BENDER und DE WITT.

JAMES, J. P.: On a parasite found in the corps etc. Sci. India **1905,** H. 14; zit. CESARIS-DEMEL. — JOLLY, J. et M. ACUNA: Les leucoc. du sang chez les embryones des mammifères. Archives Anat. microsc. **7,** 257 (1905). — JOLLY, J. et ROSELLO: C. r. Soc. Biol. Paris **66,** 40.

KANTHACK, A. A. and W. B. HARDY: The morphol. and distrib. of the wandering cells of mammalia. J. of Physiol. **17,** 81 (1894). — KLIENEBERGER u. CARL: (a) Die Verdauungsleukocytose beim Laboratoriumstier. Zbl. inn. Med. **1910,** Nr 24 u. 25. (b) Die Blutmorphologie der Laboratoriumstiere. Leipzig 1927. — KNOWLES, R. and H. W. ACTON: A note of Kurloff-bodies. Indian med. Res. **1,** Nr 1, 206 (1913). — KOLMER: Beziehungen von Nebenniere und Geschlechtsfunktion. Pflügers Arch. Physiol. **144,** 361. — KURLOFF: In EHRLICH, Die Anämie. I. 1. Aufl., S. 57.

LAMBIEN, P. et G. PIERAERTS: Observation sur les histiocytes circulantes du cobaye. Ann. Soc. sci. Brux. C 47 1, H. 1, 37—40. — LEDINGHAM: On the vacuol. mononucl. cells in the blood. etc. Lancet 1906. — LÖWENTHAL, N.: Beitrag zur Kenntnis der Struktur und Teilung von Bindegewebszellen. Arch. mikrosk. Anat. 63, 389 (1904). — LOEWIT, M.: Die Entstehung der polynucleären Leukocyten. Fol. haemat. (Lpz.) 2, 473 (1909). — LYONS, W. R. and F. R. VAN DE CARR: The blood of the normal guinea pig. Proc. Soc. exper. Biol. a. Med. 25, 89 (1927).

MALASSEZ: Lit. bei SCHULZE und KRÜGER. — MAXIMOW: Zit. bei BENDER und DE WITT. MEINERTZ, J.: Beiträge zur vergleichenden Morphologie farbloser Blutzellen. Virchows Arch. 168, 353 (1902). — MEYER, S.: Die Blutmorphologie einiger Haus- und Laboratoriumstiere. Fol. haemat. (Lpz.) 30 (1924). — MEZINESCU, D.: Contribution à la morphologie comparée des leucocytes. Arch. Med. expér. et Anat. path. 14, 562 (1902). — MIYAJI, S.: Zur Frage der KURLOFFschen Körperchen. Zbl. Bakter. 571, 189 (1913). — MONOCALVI: Alcuna osservaz. sulla strutt. del corpo di KURLOFF-DEMEL. Bull. Soc. med.-chir. Pavia 1908.

NAKANO, J.: Wie verhalten sich die Kurloffzellen des Meerschweinchenblutes bei protozoischen Infektionen? Fol. haemat. (Lpz.) 14 (1912). — NIEGOLEWSKI: Die EHRLICHschen Granulationen der weißen Blutkörperchen bei einigen Tierspezies. Inaug.-Diss. München 1894.

PAPPENHEIM, A.: (a) Über neuere Feststellungen zur Natur der sog. Kurloffkörperchen in den Lymphocyten des Meerschweinchens. Fol. haemat. (Lpz.) 17, (1914). (b) Nochmals zur Frage der sog. Kurloffkörper. Fol. haemat. (Lpz.) 18 (1914). — PAPPENHEIM, A. u. FERRATA: Über die verschiedenen Zellformen des normalen und pathogenen Blutes. Fol. haemat. (Lpz.) 10 (1910). — PATELLA, V.: (a) Corpi di KURLOFF-DEMEL etc. Siena 1907. (b) KURLOFFsche Körper in Mononucleären des Meerschweinchens und ihre protozoische Natur. Berl. klin. Wschr. 1908, Nr 41. — PATTON: Sci. mem. by off. u. India 1906, Nr 24. Zit. CESARIS-DEMEL. — PUTTER, E.: Zur Technik der Herzpunktion beim Meerschweinchen. Z. Immun.forschg 32, 475 (1921). — ROSS, E. H.: (a) The development of a leucocytozoon of Guinea-pigs. Ann. trop. Med. 6, 69 (1912). Zit. SCHILLING. (b) An intracellular parasite developing into spirochaetes. Brit. med. J. 1912, 1651. (c) Proc. roy. Soc. London 85, 67 (1912).

SCHAFFER: Vorlesungen über Histologie und Histogenese. Leipzig 1920. — SCHIFONE: Contributio alla morphologia comparata dei leucociti nei vertebrati etc. Napoli 1907. — SCHILLING, V.: (a) Über KURLOFFsche Körperchen beim Meerschweinchen. Fol. haemat. (Lpz.) 7, 225 (1909). (b) Über die feinere Morphologie der Kurloffkörper des Meerschweinchens und ihre Ähnlichkeit mit Chlamydozoeneinschlüssen. Zbl. Bakter. 18, 318 (1911). (c) Über die mögliche Umwandlung von Strukturen zu Pseudoparasiten, Chlamydozoenkörpern usw. in Erythrocyten und anderen Zellen. Zbl. Bakter. 63, 393 (1912). (d) Über die feinere Morphologie der Kurloffkörperchen und ihre Ähnlichkeit mit Chlamydozoeneinschlüssen. II. Zbl. Bakter. 69, 412 (1913). (e) Berichtigung zu KAMIL SCHULHOF. Fol. haemat. (Lpz.) 17, 443 (1914). — SCHULHOF, K.: Studien über die Kurloffkörper nebst Beiträgen zur vergleichenden Hämatologie. Fol. haemat. (Lpz.) 13 (1914). — SCHOLZ: Blutkörperchenzählungen bei gesunden bzw. künstlich infizierten Rindern, Kaninchen, Meerschweinchen usw. Zbl. Bakter., Ref. Fol. haemat. (Lpz.) 17 (1914). — SCHULZ, F. u. F. KRÜGER: Das Blut der Wirbeltiere. Handbuch der vergleichenden Physiologie I, 1. — SEYFARTH, C.: Experimentelle und klinische Untersuchungen über vitalfärbbare Erythrocyten. Fol. haemat. (Lpz.) 34 (1917). — SNIJDERS, E. P.: Over een overentbare leukaemie bij cavias. Nederl. Tijdschr. Geneesk. 1926 II, 1257. — STÄUBLI, C.: (a) Zur Kenntnis der lokalen Eosinophilie. Münch. med. Wschr. 1905, Nr 43. (b) Über die „Eosinophilie". Slg klin. Vortr. 1909, Nr 543, 43.

TIO TJWAN GIE: Zit. F. GERLACH.

WADA, H.: Studien über die Kurloffkörperchen. Z. exper. Med. 1928, Nr 62, 542. — WEIDENREICH F.: Die Leukocyten und verwandte Zellformen. Wiesbaden 1911. — WOODCOOCK: J. Army med. Corps. 38, 321 u. 418 (1921).

ZIEGLER, K.: Die Milzveränderungen bei experimenteller Impftuberkulose der Meerschweinchen und ihre Beziehungen zur menschlichen Pathologie. Arch. f. exper. Path. 1926, Nr 115, 244. — ZIMMERMANN, A.: Über das Vorkommen der Mastzellen beim Meerschweinchen. Arch. f. mikrosk. Anat. 22 (1908).

III. Die Ratte.

Von ERNST FLAUM, Wien.

a) Normale morphologische Befunde.

1. Technische Vorbemerkungen.

Das zur Untersuchung erforderliche Blut kann bei der Ratte von drei verschiedenen Stellen gewonnen werden: aus dem Schwanz, aus oberflächlichen Schenkelgefäßen und aus dem Herzen. Für die übliche hämatologische Untersuchung ist die Verwendung von Schwanzblut wohl die einfachste und darum auch am häufigsten geübte Methode, wiewohl ihr nicht unerhebliche Fehler anhaften; für wiederholte, fortlaufende Untersuchungen kommt jedoch nur sie in Betracht, da sie für das Tier am schonendsten ist.

Das Vorgehen ist dabei kurz folgendes: Die Ratte wird am Nacken mit einer langen Kornzange gefaßt und von einem Assistenten gehalten, der mit der zweiten Hand den Schwanz an der Wurzel ergreift und unter leichtem Zug auseinander das Tier an die Unterlage fixiert. Steht ein Assistent nicht zur Verfügung, so kann auch der Untersucher allein zuwege kommen, indem er die Kornzange durch einen Pean ersetzt, diesen an die Nackenhaut des Tieres klemmt und sodann an einem geeigneten Haken befestigt. Bei einiger Übung ist auch auf diese Art ein vollständig ruhiges Arbeiten möglich. In letzter Zeit wurden verschiedene Vorrichtungen empfohlen, welche eine Hilfsperson zum Halten der Ratte ersetzen. Es sind dies im allgemeinen der Körperform der Ratte entsprechende kleine Behälter, die das Tier ziemlich eng umschließen und aus denen nur der Schwanz hervorragt. Das Schwanzende wird mit einem raschen Scherenschlag coupiert, der erste austretende Blutstropfen abgetupft und die folgenden zur Untersuchung verwendet. Da die spontan austretende Blutmenge häufig sehr gering ist, wird sich eine leichte melkende Bewegung meist nicht vermeiden lassen. Durch Abpressen von Gewebsflüssigkeit kommt es dabei zu einer Verdünnung des austretenden Blutes oder andererseits infolge Stauung zu einer relativen Eindickung, wodurch die Methode nicht unerheblich leiden kann. Dieser Fehler kann jedoch weitgehend vermieden werden, wenn man vor dem Coupieren das Schwanzende in Wasser von 40—50° hält oder wenn man, wie WOENCKHAUS, stets ein größeres, nicht unter 1 cm langes Stück Schwanz abschneidet; dabei fließt dann zumeist die zur morphologischen Blutuntersuchung nötige Blutmenge ohne jedes weitere Zutun ab. Dieses letztere Verfahren — methodisch wohl das einwandfreieste — ist allerdings für häufiger zu wiederholende Untersuchungen ungeeignet.

Für fortlaufende Untersuchungen liegt eine weitere Fehlerquelle in den reparativen Entzündungsvorgängen, welche auf den Eingriff folgen. Durch Beimengung von Exsudat zu dem austretenden Blutstropfen werden die gewonnenen Werte fehlerhaft, man erhält zu niedrige Werte für die roten, zu hohe für die weißen Blutkörperchen, insbesondere natürlich für die Neutrophilen. Wenn jedoch der neue Schnitt nicht allzu nahe von der jeweiligen alten Wunde geführt wird — nach unseren Erfahrungen genügt 1 mm — so kommt er wohl bereits außerhalb des Entzündungsbereiches zu liegen. Wenn überdies die ersten Blutstropfen, denen evtl. noch Exsudatflüssigkeit beigemengt sein könnte, verworfen werden, darf wohl angenommen werden, daß die folgenden ihrer Zusammensetzung nach reines Blut sind.

Einige Übung vorausgesetzt, lassen sich alle diese Fehler bei ihrer Kenntnis und entsprechender Berücksichtigung weitgehend vermeiden (LAUDA). So konnten wir bei fortlaufender Untersuchung normaler Tiere ziemlich konstante Werte erhalten. Allerdings muß betont werden, daß die Schwankungsbreite eine größere ist als etwa bei am Menschen ausgeführten Untersuchungen, da sich die in den üblichen Zählmethoden gelegenen Fehler den oben genannten addieren. Bei Feststellung von Schwankungen unter bestimmten Versuchsbedingungen dürfen daher nur größere Ausschläge verwertet werden (LEVY). Die von KLIENEBERGER und CARL empfohlene Äthernarkose halten wir für die Schwanzblutuntersuchung für entbehrlich, um so mehr als, wie bekannt, schon der Einfluß des Äthers zu einer Änderung der Blutzusammensetzung führen kann.

Die Untersuchung des Blutes aus den oberflächlichen Schenkelgefäßen ergibt zweiffellos einwandfreie Resultate, ist jedoch für wiederholte Untersuchungen nicht geeignet, wenngleich für eine einmalige Untersuchung das Tier nicht geopfert zu werden braucht.

Man fixiert dazu das Tier in Rückenlage durch Bindfadenschlingen, welche Hand- und Fußgelenke umfassen, durchschneidet die Beugeseite der Haut eines Hinterbeines oberhalb des Knies und ritzt mit einem Skalpell das zusammen mit einem Nerven ziehende, etwa einen halben Millimeter dicke Gefäß. Das in die gebildete Hauttasche einschießende Blut genügt zur Untersuchung, doch ist es notwendig, rasch zu arbeiten, da das Blut der Ratte schnell gerinnt und die früh auftretende Gerinnselbildung Fehler, besonders der Leukocytenzahl, zur Folge hat. Die Blutung steht durch Gerinnung oder durch den Druck der Hautnaht spontan, die Wunde heilt stets glatt zu (KLIENEBERGER und CARL).

Die Punktion des Herzens endlich ist für die gewöhnliche hämatologische Untersuchung durchaus entbehrlich und bleibt für jene Fälle reserviert, wo eine größere Menge sicher chemisch unveränderten oder sterilen Blutes gebraucht wird, also etwa für chemische und biologische Blutuntersuchungen, ferner für Überimpfung von Blutparasiten auf andere Tiere usw.

Die von KOLMER ausführlich geschilderte und sehr empfohlene Methode, welche die Blutentnahme gestattet, ohne das Tier zu töten oder auch nur ernstlich zu schädigen, besteht darin, daß nach Jodierung der Haut die Nadel einer PRAVAZschen Spritze in der Gegend der Herzspitze direkt ins Herz eingestochen wird, worauf sich die Spritze rasch füllt. Das Herausziehen hat mit einer raschen Bewegung zu erfolgen. Je nach dem Zweck kann in die Spritze Citratlösung, Natriumfluorid usw. vorgelegt sein.

Der Zeitpunkt der Blutentnahme scheint für deren Ausfall nicht von Bedeutung zu sein. Sowohl beim hungernden Tier zu verschiedenen Tageszeiten als auch in bestimmtem zeitlichem Zusammenhang mit der Nahrungsaufnahme durchgeführte Untersuchungen ergaben keine verwertbaren Differenzen (s. auch KLIENEBERGER und CARL 1910).

2. Erythrocyten.

Die Aufstellung einer Normalzahl der Erythrocyten bei der Ratte stößt auf die größten Schwierigkeiten. Nicht nur, daß in technischer Hinsicht die oben besprochene Möglichkeit von Fehlbestimmungen recht groß ist, scheinen auch beträchtliche Unterschiede zwischen Ratten verschiedener Zuchten und innerhalb dieser zwischen den einzelnen Individuen zu bestehen. In ihrer Blutmorphologie der Laboratoriumstiere betonen KLIENEBERGER und CARL, daß die Schwankungen der Erythrocytenzahlen bei den verschiedenen von ihnen untersuchten Tieren sehr gering sei, errechnen aber nichtsdestoweniger in ihren alten Protokollen einen Mittelwert von 9 300 000, während sie bei neueren Untersuchungen bloß 6 180 000 im Durchschnitt finden. Die Zahlen der einzelnen Untersucher überschreiten diesen Wert, wie später gezeigt werden soll, zumeist nach oben, gelegentlich auch nach unten. Wir möchten mit LAUDA meinen, daß die Konstruierung eines Mittelwertes nur zu Fehlschlüssen Veranlassung geben kann und daß vielmehr jeweils, wenn ein Tier zu experimentellen Zwecken in den Versuch gestellt wird, dessen durchschnittliche Erythrocytenzahl ermittelt werden muß. Auch dabei stößt man allerdings oft auf nicht unbeträchtliche Differenzen. Wie fortlaufende Untersuchungen bei vollster Berücksichtigung der Fehlerquellen zeigen, ergeben sich im Laufe mehrerer Tage Unterschiede bis zu einer Million und gelegentlich sogar etwas darüber. Zur Erklärung dieses Verhaltens müssen wohl Blutverschiebungen im Sinne BARCROFTs herangezogen werden. Das Steigen oder Fallen um eine Million darf jedenfalls nie als Effekt eines Versuches gewertet werden. Auf eine interessante Tatsache macht LAUDA aufmerksam: Bei wiederholter, evtl. täglicher Blutentnahme sah er manchmal ein fortgesetztes Absinken der Erythrocytenzahl, das er für den Ausdruck einer sekundären Anämie hält. Diese sei eine Folge der an sich geringen, für ein so kleines Tier wie die Ratte aber doch bedeutungsvollen Blutverluste. Auch in solchen, wohl recht seltenen Fällen stellt sich die Zahl der Erythrocyten nach allmählichem Absinken auf ein etwas tieferes konstantes Niveau ein (siehe z. B. Tabelle 3; diese zeigt bei wiederholter Untersuchung der Mutterratte ein beträchtliches Absinken der Erythrocytenzahl, das wohl nur als Effekt der angewandten Methode — coupieren von 1 cm Schwanz zu jeder Blutentnahme — aufgefaßt werden kann).

Im folgenden seien kurz die Angaben einiger Untersucher über die Erythrocytenzahlen gesunder Ratten mitgeteilt. FORD und ELIOT fanden 10—11 000 000, CANNON, TALIAFERRO und DRAGSTEDT 10 000 000, als Durchschnittswert bei Untersuchung von 18 gesunden Ratten fanden LEVY 10 511 000, TAYLOR 10 000 000. Niedrigere Zahlen finden sich bei WOENCKHAUS (8 500 000), W. LANGE (8 450 000), GOODALL (8 100 000), LAUDA (7—8 000 000), JAFFÉ und WILLIS (6 500 000). Die Zahlen von KLIENEBERGER und CARL wurden bereits oben erwähnt. Zu ihnen ist aus den ausführlich mitgeteilten Protokollen zu bemerken, daß die Schwankungsbreite jeder Untersuchungsreihe eine Million nicht überschreitet und insbesondere, daß sich keine verwertbaren Differenzen ergaben, gleichgültig, ob das Blut aus Schenkelarterie oder -vene oder aus dem Schwanz entnommen wurde, ob es von jungen oder alten Tieren stammte. Im folgenden führen wir die von uns bei Untersuchung von 32 gesunden Ratten verschiedenen Alters gefundenen Erythrocytenzahlen an (Tabelle 1).

Aus diesen Zahlen ergibt sich ein Mittel von etwa 6 430 000, ein Wert, der durch die gelegentlich gefundenen höheren Zahlen den eigentlichen Durchschnitt etwas übersteigt. Zur Erklärung der so weit gehenden Differenzen zwischen den Werten der einzelnen Untersucher müssen wohl Unterschiede zwischen den einzelnen Rattenzuchten herangezogen werden.

Tabelle 1.

Über 8 Millionen	6—7 Millionen	5—6 Millionen	Unter 6 Millionen
8 450 000	7 900 000	6 810 000	5 980 000
8 230 000	7 830 000	6 780 000	5 960 000
	7 480 000	6 720 000	5 860 000
	7 450 000	6 630 000	5 860 000
	7 350 000	6 620 000	5 840 000
	7 200 000	6 550 000	5 840 000
		6 480 000	5 830 000
		6 090 000	5 720 000
		6 000 000	5 650 000
			5 630 000
			5 620 000
			5 600 000
			5 480 000
			5 350 000
			5 310 000

Das Aussehen der roten Blutkörperchen läßt die Regelmäßigkeit der menschlichen Erythrocyten vermissen. Sie zeigen stets eine deutliche Anisocytose, sind rund oder nicht selten leicht oval gestaltet mit einem mittleren Durchmesser von 6,2 (Schwankung zwischen 5,7 μ und 7 μ). Die Polychromatophilie ist auch bei gesunden Ratten recht beträchtlich. KLIENEBERGER und CARL fanden auf 18, WOENCKHAUS im Durchschnitt auf 20 sich normal färbende einen polychromatophilen Erythrocyten; diese Befunde stimmen auch mit unseren eigenen gut überein. Fast immer sind die polychromatophilen roten Blutkörperchen größer als die übrigen und ausgesprochen oval, meist etwas unregelmäßig geformt. Der großen Zahl polychromatophiler Erythrocyten entspricht der hohe Prozentsatz vitalfärbbarer. SEYFARTH fand bei Anwendung von Brillantkresylblaufärbung 3—5% der roten Blutkörperchen vitalfärbbar. Mit Nilblausulfatfärbung in der feuchten Kammer nach SCHILLING glauben wir oft noch weit höhere Zahlen gefunden zu haben.

Auch kernhaltige rote Blutkörperchen kommen im Blute der normalen Ratten vor. MAURER, DIEZ und BEHREND sahen im Blute von 11 normalen Ratten nur in 2 Fällen Normoblasten, nach KLIENEBERGER und CARL finden sie sich spärlicher. Diese fanden einmal auf 200, ein weiteres Mal auf 400 Leukocyten ein kernhaltiges rotes Blutkörperchen. Zu ähnlichen Ergebnissen kam

HAPP. Auch nach unseren eigenen Erfahrungen sind Normoblasten kein seltener Befund im Blute normaler Ratten.

3. Hämoglobin.

Der Hämoglobingehalt des Blutes ist ziemlich konstant, die Angaben der einzelnen Untersucher stimmen diesbezüglich recht gut überein.

LEVY fand als Mittelwert von 18 Untersuchungen 94,3% Sahli, FORD und ELIOT bezeichnen ebenso wie JAFFÉ und WILLIS 100% als normal, KLIENEBERGER und CARL fanden als Durchschnitt allerdings recht weit auseinander liegender Werte 105%, HAPP fand bei 4 Monate alten Ratten einen Hämoglobingehalt bis zu 110%.

4. Leukocyten.

Wenn es schon schwierig ist, für die normale Ratte eine durchschnittliche Erythrocytenzahl anzugeben, so gilt dies in noch weit höherem Maße bezüglich der Leukocytenzahl. Zunächst scheint die Nahrungsaufnahme die Zahl der weißen Blutkörperchen nicht stark zu beeinflussen, wie eigens darauf gerichtete Untersuchungen von KLIENEBERGER und CARL zeigen. Bei Vergleich der Leukocytenzahl von Ratten im Hungerzustand und im Zustande der Sättigung kam es zweimal zu einer geringgradigen, einmal zu einer außerordentlichen Steigerung der Leukocytenzahl (von 25 000 auf 42 000!), in einem Fall jedoch zu einer wiederholt beobachteten und so sicher gestellten Abnahme (von 18 000 auf 8 000). Dem Einfluß der Nahrungsaufnahme wird man bei Laboratoriumsratten wohl keine allzu große Bedeutung beimessen dürfen, da diese Tiere fast stets einen vollen Magen haben.

Dennoch ist die Anzahl der weißen Blutkörperchen recht schwankend und wird z. B. von LAUDA mit 5 000—21 000 angegeben.

Als Mittelwert werden verschiedene Zahlen genannt, so von GOODALL 10 600, von CANNON, TALIAFERRO und DRAGSTEDT 10 000—12 000, von WOENCKHAUS 15 000, von FORD und ELIOT 16 000, von TAYLOR, der 18 normale Ratten untersuchte 19 000 (Schwankung 12 000—30 000) und endlich von LEVY ebenfalls bei Untersuchung von 18 Ratten 25 700. KLIENEBERGER und CARL teilen ihre Protokolle ausführlich mit und berechnen daraus einmal 15 200, später 11 100 als Durchschnittszahl; die Schwankungsbreite dieser Protokolle ist beträchtlich, als niedrigster Wert finden sich 4 800 Leukocyten gegenüber einem Höchstwert von 29 800.

Die Leukocyten sind weitaus überwiegend lymphocytär und zwar vom Typus der kleinen Lymphocyten. Neben den großen und kleinen Lymphocyten findet man neutrophile, eosinophile und außerordentlich spärlich basophile Leukocyten, ferner Monocyten und Übergangsformen. Jüngere Zellen der myeloischen Reihe werden im strömenden Blute nicht beobachtet. Morphologisch verhalten sich die Leukocyten im allgemeinen entsprechend denen des Menschen. Die Masse der segmentkernigen Zellen hat eine feine, neutrophile, nicht sehr dichte Granulation. Gegenüber der ursprünglichen Anschauung C. W. HIRSCHFELDs, der glaubte, wegen eines Farbunterschiedes die neutrophilen Granulationen der Ratte von denen des Menschen scharf abtrennen zu müssen, betont FURNO auf das nachdrücklichste die prinzipielle Wesensgleichheit dieser beiden Granulationen; auch S. MEYER fand volle Übereinstimmung in dem Verhalten der Granula. Die neutrophilen Granula, die auch bei Triacidfärbung distinkt erscheinen, nehmen häufig bei Jennerfärbung einen deutlich roten Ton an, obwohl sie Eosin gegenüber refraktär sind. Der Kern der eosinophilen Zellen zeigt ein lockeres Chromatingerüst und ist meist bandartig geformt, bildet insbesondere häufig einen vollständigen Ring. Die kleinen Lymphocyten haben einen ziemlich pyknotischen runden, die großen Lymphocyten einen etwas lockeren, meist ovalen Kern. Das Protoplasma umschließt hellblau als feiner Saum den Kern

und zeigt feine leuchtend rote Körnelung. Die Monocyten sind von den Lymphocyten meist leicht zu unterscheiden. Schon durch ihre Größe fallen sie auf:
sie sind fast doppelt so groß wie ein Erythrocyt, manchmal sogar noch größer.
Der Kern ist meist bohnenförmig, exzentrisch gelagert und zeigt eine unscharfe,
gefleckte, ausgesprochen wolkige Struktur. Der breite Protoplasmasaum ist
blaßviolett bis ziemlich intensiv blau gefärbt und mit einer feinen, leuchtend
roten Granulierung bestäubt.

Bei Untersuchung von Blut aus der V. cava inferior, aus der Aorta abdomi-
nalis usw., werden gelegentlich eigentümliche Zellen, „basophile Kugelhaufen"
beobachtet, die jedoch bei Besprechung der Knochenmarksabstriche eingehend
abgehandelt werden sollen.

Das zahlenmäßige Verhalten der einzelnen Kategorien weißer Blutzellen,
wie es von verschiedenen Untersuchern mitgeteilt wird, haben wir in der folgenden Tabelle 2 übersichtlich zusammengestellt. Die in Klammer beigefügten
Zahlen bedeuten hierbei die niedrigsten und höchsten beobachteten Werte.

Tabelle 2.

Untersucher	Anzahl der untersucht. Tiere	Lymphocyten groß	Lymphocyten klein	Neutrophile	Eosinophile	Basophile	Monocyten	Übergangsformen
MAURER, DIEZ u. BEHREND	6	71,7	—	26,2 (21,6—35,2)	0,73 (0,4—1,2)	—	0,93 (0,6—1,2)	0,77 (0,2—4,0)
KANTHACK u. HARDY .	?	50,0	—	45,0	2,0	—	2,0	(2,1—14,0)
TAYLOR . . .	18	44,0	—	50,0 (30,0—60,0)	1,0 (0—3,0)	—	—	5,0 (2,0—14,0)
GOODALL. . .	?	68,0	—	28,0	3	1	—	—
WOENCKHAUS	?	79,5	—	17,3	1,0	—	1,9	—
KLIENEBERGER u. CARL alte Protokolle	8	25,16 (15,75—43,5)	54,25 (37,5—71,5)	14,6 (8,75—25,0)	3,55 (1,75—7,5)	—	0,4 (0—1,5)	2,0 (1,0—3,5)
KLIENEBERGER u. CARL neue Protok.	13	8,0 (4,0—12,0)	61,6 (48,0—73,0)	26,5 (13,5—41,5)	1,6 (0—6,5)	—	0,3 (0—1,5)	1,1 (0—2,0)

5. Thrombocyten.

Für die Ermittlung der Thrombocytenzahl gelten die gleichen Fehlerquellen
wie für die Zählung der Erythrocyten. Um ein Zusammenkleben der Plättchen
zu vermeiden, hat BIZZOZERO empfohlen, das Blut direkt aus der Stichwunde
in eine Lösung von Magnesiumsulfat einfließen zu lassen.

Dies kann bei größeren Tieren, etwa bei Ohrblutentnahme so geschehen, daß auf die
geritzte Stelle ein Tropfen der Magnesiumsulfatlösung gebracht wird. Für die Schwanzblutuntersuchung hat sich uns ein kleiner Kunstgriff bewährt: wir bringen die Lösung auf
den gereinigten Objektträger und tauchen in diesen das coupierte Schwanzende, wodurch
eine sofortige Durchmischung mit dem austretenden Blutstropfen stattfindet.

Die Durchschnittszahl der Thrombocyten wird von TAYLOR (Untersuchung
18 gesunder Ratten) mit 1 000 000 angegeben. Die Schwankung beträgt nach
ihm 850 000 bis 1 200 000. Aus den Protokollen von KLIENEBERGER und CARL
läßt sich ein Mittelwert von 292 600 errechnen. Der von ihnen gefundene Höchstwert ist 462 680, der niedrigste 121 600.

Das Aussehen der Plättchen ist analog dem der menschlichen Thrombocyten, im Durchschnitt scheinen sie etwas größer zu sein.

6. Einfluß von Alter und Geschlecht.

Das Alter der Ratten ist von erheblichem Einfluß auf die Zusammensetzung des Blutes. Im Gegensatz zu KLIENEBERGER und CARL, nach denen die *Erythrocyten* und das *Hämoglobin* vom Alter des Tieres unabhängig sind, stehen z. B. die Untersuchungen von WOENCKHAUS. Dieser stellte an einem gesunden Muttertier und ihren 4 normalen Jungen fortlaufende Blutuntersuchungen an, deren Ergebnisse in der folgenden Tabelle auszugsweise enthalten sind (Tabelle 3).

Tabelle 3.

Ratte Nr.	Geschlecht	Alter in Versuchstagen	Gewicht in g	Hb. in %	Erythrocyten in Millionen	Leukocyten	Lymphocyten in %	Neutrophile in %	Eosinophile in %	Basophile in %	Monocyten in %
A	♀	70	186,0	105	9,2	19 100	80,0	18,0	1,0	—	1,0
		77	188,5	108	9,8	17 000	77,0	20,0	1,0	—	2,0
		85	195,0	106	8,9	14 000	82,0	13,0	3,0	—	2,0
		96	193,0	102	8,8	15 500	74,0	22,5	—	—	3,5
		110†	226,0	101	7,8	12 500	83,0	13,0	1,5	—	2,5
1	♂	8	18,4	95	5,8	13 800	81,0	16,0	2,0	—	1,0
		15	26,5	105	6,9	10 200	84,0	13,5	1,0	—	1,5
		23	38,0	100	5,5	15 400	78,0	18,5	0,5	—	3,0
		30†	52,0	105	7,2	14 100	81,0	17,5	0,5	—	1,0
2	♀	7	19,0	96	6,2	16 200	76,0	18,5	1,5	—	3,0
		14	28,0	92	7,0	14 800	83,0	15,5	1,0	—	0,5
		22	48,5	100	8,1	19 200	82,0	15,5	0,15	—	2,0
		31†	56,0	101	7,8	14 500	71,0	17,5	1,0	—	0,5
3	♀	35	67,5	100	7,4	16 200	89,0	6,0	1,5	—	3,5
		42	72,0	105	8,1	14 800	79,5	17,0	1,0	—	2,5
		50	91,5	111	8,7	19 200	80,0	17,5	2,0	—	0,5
		68	104,0	106	8,8	15 100	80,0	17,0	1,0	—	2,0
4	♀	36	72,0	105	8,2	15 400	74,0	14,0	—	—	2,0
		44	83,0	108	8,1	16 200	74,0	12,0	1,0	—	3,0
		52	93,0	106	7,9	14 100	79,0	20,0	—	—	1,0
		67†	114,5	105	8,4	18 200	83,0	15,0	—	—	2,0

Aus dieser Tabelle ist zu ersehen, daß der Hämoglobingehalt und die Zahl der Erythrocyten mit steigendem Alter und Gewicht der Ratten zunehmen.

Bei ganz jungen Ratten, die bei Beginn des Versuches erst 8 Tage alt waren und 18 bis 19 g wogen, betrug der Hämoglobinwert 95—96%, bei denselben Tieren nach 4 Wochen 100—105%. Die Erythrocytenwerte bewegten sich in der gleichen Zeit zwischen 5,8 und 6,2 Millionen bei Beginn des Versuches und zwischen 7,2 und 7,8 Millionen 4 Wochen später. Analog sind die Angaben von HAPP, der bei jungen, noch saugenden Ratten eine „physiologische Anämie" beobachtete. Er fand bei neugeborenen Ratten 75% Hämoglobin und 3,2 Millionen rote Blutkörperchen; bei 4 Monate alten Ratten war der Hämoglobingehalt auf 110% und die Zahl der Erythrocyten 11,2 Millionen angestiegen. Wieder andere Ergebnisse brachten die Untersuchungen von WILLIAMSON und ETS. Diese stellten auf Grund einer großen Anzahl von Bestimmungen fest, daß das Hämoglobin während der ersten 50 Lebenstage etwas abnehme (von 12,94 g pro 100 ccm Blut auf 12,44 g), dann langsam wieder ansteige, etwa am 150. Tage sein Maximum von 15,51 g erreiche, um später allmählich bis auf 13,80 g abzufallen.

Die Zahl der *vitalfärbbaren* Erythrocyten ist ebenfalls weitgehend vom Alter des Tieres abhängig; sie ist bei jungen Ratten durchgehend wesentlich erhöht, beträgt bei Neugeborenen 30—50% (SEYFARTH).

Auch *Normoblasten* sind, wie nicht anders zu erwarten, im strömenden Blut junger Tiere häufiger anzutreffen. WOENCKHAUS z. B. fand bei 21 Differentialzählungen verschieden alter Tiere auf 200 Leukocyten 4mal je einen Normoblasten, und zwar bei Ratten, die erst 23 Tage alt waren und 38—48,5 g wogen. Die sehr genauen Untersuchungen von WOENCKHAUS könnten in diesem Punkt leicht irreführen und es muß daher nochmals darauf hingewiesen werden, daß auch im Blute gesunder, ausgewachsener Ratten Normoblasten einen regelmäßigen, allerdings manchmal recht spärlichen Befund darstellen.

Die *Leukocytenzahl* scheint vom Alter des Tieres unabhängig zu sein, wie aus Tabelle 3 hervorgeht. Diese zeigt auch, daß das differentiale Leukocytenbild bei Tieren verschiedenen Alters ziemlich konstant bleibt. Nach Angaben von JOLLY und ACUNA, die allerdings das Blut neugeborener Tiere mit dem erwachsener verglichen, überwiegen bei jenen die Neutrophilen (65,8%), während sie bei diesen bloß 18,5% ausmachen und 80,0 aller Leukocyten lymphocytär sind.

Eine Differenz im Blut männlicher und weiblicher Tiere läßt sich nicht mit Sicherheit nachweisen (WOENCKHAUS). Die von W. LANGE für zahme Wanderratten (Mus decumanus) errechneten Unterschiede seien hier angeführt, liegen aber wohl zweifellos noch innerhalb der Fehlergrenze (Tabelle 4).

Tabelle 4.

Geschlecht	Zahl der untersuchten Tiere	Erythrocyten	Hämoglobin in %	Durchmesser der Erythrocyten
Männlich . .	14	8 520 000	93,3	6,14
Weiblich . .	15	8 390 000	95,5	6,28

b) Biologische Untersuchungen.

Osmotische Resistenz. Über die osmotische Resistenz der Erythrocyten gegen hypotonische Kochsalzlösungen liegen nur spärliche Untersuchungen vor. SCHULZ und KRÜGER fanden für die graue Ratte den Beginn der Hämolyse bei einer Kochsalzkonzentration von 0,49%, komplette Hämolyse bei 0,40%, für die weiße Ratte Beginn der Hämolyse bei 0,48%, komplette Hämolyse bei 0,36%. LAUDA fand bei seinen Untersuchungen 0,42% bzw. 0,23% Kochsalzkonzentration. KLIENEBERGER und CARL untersuchten das Blut von 4 Ratten und sahen den Eintritt der Hämolyse je einmal bei 0,47; 0,45; 0,45 und 0,42%iger Kochsalzlösung.

Senkungsgeschwindigkeit. Über die Senkungsgeschwindigkeit der Rattenblutkörperchen liegen unseres Wissens keine Untersuchungen vor. Zur ungefähren Orientierung über dieses Thema haben wir einige Bestimmungen vorgenommen, deren Ergebnis hier kurz mitgeteilt sei. In eine PRAVAZsche Spritze, welche 0,2 ccm einer 3,6%igen Natriumcitratlösung enthält, wurde durch Herzpunktion 0,8 ccm Blut direkt aufgezogen, in der Spritze durchmischt und sodann in Senkungsröhrchen nach FAHRÄUS gefüllt. Die Senkung erfolgte im Vergleich zur Senkungsgeschwindigkeit der menschlichen roten Blutkörperchen durchwegs außerordentlich langsam. Sie betrug in Stunden ausgedrückt:

Tabelle 5.

	Ratte 1	Ratte 2	Ratte 3	Ratte 4	Ratte 5
6 mm	21	7	17	16	12
12 mm	52	34	44	31	18
18 mm	>72	>72	>72	>72	>72

Gerinnungszeit. KLIENEBERGER und CARL bestimmten 3mal die Gerinnungszeit des Rattenblutes (Angaben über die Methode fehlen) und fanden 5 Minuten, 4 Minuten 20 Sekunden bzw. 4 Minuten bei gesunden Tieren. PAGNIEZ, RAVINA und SOLOMON geben eine eigene Methode zur Bestimmung der Gerinnungszeit an, deren Schwankung 10—20 Sekunden beträgt. Als Normalwerte für Ratten finden sie 4—5 Minuten.

c) Pathologische Befunde.

1. Die Bartonellen.

MARTIN MAYER berichtete im Jahre 1921 über Einschlüsse in den roten Blutkörperchen von Ratten und Meerschweinchen, die er unmittelbar nach Heilung von schweren Trypanosomeninfektionen beobachtet hatte, und die ein ähnlich schweres anämisches Blutbild verursachten, wie es beim Oroyafieber gefunden wird. Der genannte Autor dachte schon damals an die Aktivierung einer latenten Infektion, doch schien ihm die Parasitennatur der Gebilde nicht sicher, weshalb er, ihrer Ähnlichkeit mit der Bartonella bacilliformis, dem Erreger des Oroyafiebers, wegen nur unter Vorbehalt für seine Einschlüsse den Namen *Bartonella muris* vorschlug. Als im Jahre 1925 LAUDA schwere anämische Zustände im Anschluß an die Splenektomie bei Ratten beschrieb und auf Grund seiner Übtragungsversuche nachweisen konnte, daß es sich hierbei um eine durch die Entmilzung aktivierte Infektionskrankheit mit einem endogenen Rattenvirus handle, ließ diese Mitteilung M. MAYER vermuten, daß das endogene Virus mit den von ihm früher beobachteten Erythrocyteneinschlüssen identisch sein könnte, und daß diese Einschlüsse der Erreger der nach Entmilzung auftretenden Anämie seien. Diese Vermutung bestätigte sich tatsächlich: bei splenektomierten, an der infektiösen Anämie LAUDAS erkrankten Ratten konnte er zahlreiche derartige Erythrocyteneinschlüsse nachweisen, die er nunmehr *Bartonella muris ratti* nannte. In der Folgezeit machte die Erforschung der Bartonellen rasche Fortschritte, zahlreiche Untersucher bestätigten die Befunde M. MAYERS und die Parasitennatur der Einschlüsse wurde fast einmütig anerkannt. Auch bei anderen Tieren wurden später Bartonellenarten gefunden, auf die indes hier nicht näher eingegangen werden soll. Eine übersichtliche Zusammenstellung und Kritik derselben findet sich in der jüngsten Darstellung des Gegenstandes von LAUDA im Handbuch der pathogenen Mikroorganismen. Daselbst findet sich auch eine eingehende Diskussion der zur Zeit wohl noch offenen Frage, welcher Kategorie bekannter Mikroorganismen die Bartonellen zuzuordnen seien, ob sie als Gruppe für sich anzusehen sind oder vielmehr zu den Grahamellen gehören, resp. mit ihnen zusammen eine Gruppe bilden. Die von BRUYHOGHE und VASSILIADES angeführten Unterscheidungsmerkmale halten einer objektiven Kritik nicht restlos stand, wenngleich andererseits nicht übersehen werden darf, daß sich zwischen Bartonellen und Grahamellen manche gewichtige Unterschiede, insbesondere der Morphologie anführen lassen.

Die Bartonellen im allgemeinen sind Mikroorganismen von recht variablem Aussehen. Sie finden sich als Kokken-, Diplokokken-, Bacillen-, Diplobacillen-, Kugel-, Hantel- oder Keulenformen, liegen bald einzeln, bald in Haufen oder Ketten; bacilläre Formen können sich kreuzen und so X-Formen bilden. Bei aller Polymorphie lassen sich für die einzelnen Arten doch gewisse Gesetzmäßigkeiten der Form finden, eine Tatsache, welche die Spezifität der einzelnen Arten außerordentlich wahrscheinlich macht. Bei gewissen gut studierten Bartonellen hat schließlich die Serienuntersuchung ergeben, daß sich die Morphologie gleichzeitig mit den verschiedenen Stadien des klinischen Bildes ändert, Formveränderungen, die nach Ansicht mancher Autoren einem Entwicklungscyclus entsprechen.

Die Bartonella muris ratti Mayer mißt in der am häufigsten gefundenen Diploform 0,7 μ in der Länge weniger als 0,1 μ in der Breite. Man beobachtet vornehmlich Kokken- und Diplokokkenformen, seltener Stäbchen, die entweder einzeln oder in Haufen und Ketten auf den Erythrocyten oder auch frei im Plasma zu finden sind. LAUDA und MARKUS haben einen „Entwicklungszyklus" im obigen Sinne beschrieben, der auch in der Schilderung der Morphologie durch andere Autoren wieder gefunden werden kann (MAYER, BORCHARD und KIKUTH, SORGE u. a.).

Verfolgt man nämlich das Auftreten der Bartonellen zur Zeit ihrer Vermehrung, so kann man in einem Stadium, in dem anämische Veränderungen des Blutbildes noch nicht nachweisbar sind, erst in ganz vereinzelten, dann auch in einer größeren Anzahl von Erythrocyten einzelne Bartonellenexemplare beobachten, die regelmäßig die Diploform zeigen. Es handelt sich hierbei um außerordentlich kleine, zarte Gebilde, die in ihrer Form einem Pneumococcus lanceolatus nicht unähnlich, nur wesentlich zierlicher gebaut sind. Bei der Kleinheit des Objekts ist meist nicht zu entscheiden, ob es sich hier nicht um Stäbchen mit bipolar angefärbten Enden handelt, zwischen welchen eine Brücke ungefärbt bleibt. In den nächsten Tagen nach dem Erscheinen der Diploformen kommt es nicht nur zu einem Befallensein mehrerer Erythrocyten, sondern auch zur Bildung von zu Ketten und Haufen angereicherten Bartonellen in einem und demselben roten Blutkörperchen. Vorerst besteht diese Bartonellenanreicherung zumeist aus regelmäßig gebauten gleichförmigen Elementen, in welchen man die Diploform wieder erkennen kann. In einem späteren Zeitpunkt treten Haufen außerordentlich polymorpher Gebilde auf, bei denen die Überfärbbarkeit einzelner Elemente ungemein charakteristisch ist. Die Bartonellen können vor dem Tode des Tieres manchmal gänzlich aus der Zirkulation verschwinden, oder es finden sich auch mehr oder weniger zahlreiche extracelluläre Formen.

Was die Lagebeziehung der Bartonellen zu den Erythrocyten anlangt, so hat ein genaues Studium gezeigt, daß es sich wahrscheinlich nicht um Einschlüsse, vielmehr um eine Anlagerung der Bartonellen an die Oberfläche der roten Blutkörperchen handelt. Abgesehen davon, daß man den Eindruck gewinnt, die Bartonellen häufig bei Einstellung auf die Erythrocytenoberfläche deutlicher zu sehen, erscheint diese Auffassung auch durch jene Bilder gestützt, die ein „Abgleiten" eines Bartonellenhaufens vom Erythrocyten zeigen, wobei ein Teil der Bartonellengruppe noch auf dem Erythrocyten liegt, der andere den Erythrocytenkontur jedoch überschreitet.

Die Bartonellen sind im Nativpräparat nicht zu sehen, sie färben sich am besten nach GIEMSA, wobei sie einen Azurton annehmen; sie sind gramnegativ und nicht säurefest; sie entfärben sich nach ZIEHL; nach MANSON, mit Fuchsin oder mit Methylgrün färben sie sich nur schwach.

Eine Eigenbeweglichkeit scheint den Bartonellen zu fehlen.

Die Kultur der Bartonella muris ratti wurde vielfach versucht, von einigen Autoren wurden negative Resultate erzielt (METELKIN, unveröffentlichte Versuche LAUDAS, FORD und ELIOT, REITANI), von anderen wurden gelungene Kulturen behauptet, ohne daß aber eindeutige Beweise hierfür vorliegen.

Die souveräne Rolle der Milz als Abwehrorgan bei der Bartonellenanämie wurde Anlaß zahlreicher experimenteller Untersuchungen.

Auf die außerordentlich interessanten pathologisch-anatomischen und klinischen Erscheinungen, welche bei der Bartonellenanämie splenektomierter Ratten beobachtet werden, kann hier nur kurz eingegangen werden. Wir folgen hierin der zuerst von LAUDA gegebenen Schilderung, welche auch heute, bei genauer Kenntnis des Krankheitsbildes, noch ihre volle Gültigkeit besitzt.

Wenige Tage nach der Splenektomie, welche von den Tieren anscheinend gut vertragen wird, beginnen diese abzumagern, werden auffallend ruhig, wehren sich kaum, wenn sie angefaßt werden und verlieren die Freßlust; das Fell wird meist struppig. Bei genauerer Beobachtung kann man bemerken, daß die roten Bulbi der albinotischen Ratte eine abnorme Blässe zeigen; gelegentlich wird eine leichte, manchmal hämorrhagische Conjunctivitis mit teilweiser borkiger Verklebung der Lider bemerkt. Mit zunehmendem Kräfteverfall zeigen die

Ratten wachsende Atemnot; während bei gesunden Tieren 50—80 Atemzüge in der Minute gezählt werden, beobachtet man in diesem Stadium 150. Nach etwa zweitägiger Dauer der Krankheit, oft früher, stellt sich neben den genannten Symptomen auch Hämaturie bzw. Hämoglobinurie ein. Wenn die Tiere nicht spontan Harn lassen, so erkennt man die Hämoglobinurie (Hämaturie) an einer blutigen Verfärbung der äußeren Genitalgegend. Die Tiere, die sich in diesem schweren Krankheitszustand meist nicht mehr von der Stelle rühren, verunreinigen sich mit Harn, den sie unter sich lassen. Unter all diesen Symptomen, in deren Vordergrund Abmagerung, Blässe, bisweilen Atemnot und Hämaturie stehen, gehen die Tiere binnen kurzem ein. Tiere, die einmal Hämoglobinurie zeigen, sterben meist innerhalb von Stunden. Der Krankheitsverlauf kann ein viel stürmischerer sein als wie eben beschrieben. Die Tiere verenden oft schon nach eintägiger Krankheitsdauer, gelegentlich findet man Tiere, die am Abend vorher noch munter und anscheinend gesund waren, am Morgen tot im Käfig. Die Krankheit geht nicht immer tödlich aus, die Tiere können sich erholen, sie beginnen nach mehreren Tagen wieder normal zu fressen, nehmen an Gewicht zu und nach zwei Wochen kann auch die genaueste Beobachtung keinerlei krankhafte Symptome mehr bemerken.

Die Veränderungen des peripheren Blutes lassen sich — abgesehen von dem bereits besprochenen Bartonellenbefund — etwa folgendermaßen kurz zusammenfassen: bei einer großen Anzahl von Tieren kommt es meist wenige Tage nach der Entmilzung (manchmal erst nach Wochen) zu einer schweren Anämie mit jähem Absturz der Erythrocytenzahl auf 2 bis 1 Million und darunter. Diese Anämie ist durch eine Anisocytose mit Mikrocytose und Megalocytose, durch eine starke Polychromasie bzw. durch das Auftreten zahlreicher vitalfärbbarer Erythrocyten und durch die Ausschwemmung einer großen Anzahl kernhaltiger roter Blutkörperchen (Normoblasten), seltener durch das Auftreten von Jollykörperchen charakterisiert. Der Färbeindex beträgt 1 oder etwas über 1. Es finden sich also im erythrocytären Blutbild die Zeichen des perniziös-anämischen Blutbildes. Gleichzeitig mit der Anämie kommt es zu einer hochgradigen absoluten und relativen Neutrophilie mit einem Anstieg der Gesamtleukocytenzahl bis auf 50 000 und darüber ohne Ausschwemmung von pathologischen Granulocytenformen und zu einer relativen und absoluten Monocytose. Die Monocyten zeigen meist Degenerationszeichen. Etwa die Hälfte der Tiere zeigt Erythrophagocytose im strömenden Blute. Die Blutplättchen sind meist vermehrt.

Die Obduktion der eingegangenen Tiere läßt nur geringe makroskopisch sichtbare Veränderungen an den Organen erkennen, die den Tod der Tiere anscheinend nicht zu erklären vermögen.

Die Leber zeigt meist folgende Veränderung: Sie ist wesentlich vergrößert, die Konsistenz vermindert, sie ist weich und brüchig. Am meisten fällt die Veränderung der Farbe auf. Während die Leber gesunder Tiere eine dunkelrote Farbe aufweist, zeigt die Leber des an der Anämie verendeten Tieres meist eine gelbliche Farbe. Die Gelbfärbung ist oft nicht eine diffuse, sondern eine fleckige; zwischen den mehr gelben, unregelmäßig konturierten, bis kleinstecknadelkopfgroßen Teilen finden sich blaßrötliche Gewebsabschnitte. Ebenso wie die Leber scheinen die übrigen Organe anämisch zu sein, vor allem die Nieren, die einen blaßroten Farbton aufweisen. Bestand Hämaturie, so können die Nieren dunkelschwarzrot verfärbt sein, seltener ist ihre Oberfläche von einer großen Anzahl feiner punktförmiger Blutungsherde bedeckt. Der Blasenharn ist hämorrhagisch, soferne im Leben Hämaturie bestand. Es wird schließlich konstant ein stark gallig verfärbter Dünndarminhalt gefunden; der Dickdarminhalt zeigt keine besonderen Veränderungen. Die Lungen sind anämisch, hin und wieder finden sich kleine punktförmige Blutungen. Das Knochenmark der langen Röhrenknochen ist rot,

es sei aber hier hervorgehoben, daß im allgemeinen das Knochenmark gesunder
Tiere nicht anders gefärbt ist. Wenn die Tiere mehrere Tage lang krank waren,
fällt nicht selten eine leicht gelbliche Verfärbung sämtlicher Organe auf, die insbesondere bei Betrachtung der aufgeschnittenen und zurückgeschlagenen Bauch-
decken leicht erkannt wird und anscheinend nicht nur durch die ungewöhnliche
Blässe, sondern auch durch eine ikterische Verfärbung der Gewebe bedingt ist.

Die schwersten und regelmäßigsten histologischen Veränderungen zeigt die
Leber, und zwar ist es hier vorwiegend das retikuloendotheliale System, die
KUPFFERschen Sternzellen, welche ein pathologisches Verhalten darbieten.
In diesen Zellen findet sich stets in größerem oder geringerem Maße Erythro-
phagocytose, Zugrundegehen und Abstoßung derselben. Auch die eigentlichen
Leberzellen sind verändert; es finden sich kleine herdförmige und auch ausgedehnte Nekrosen des Parenchyms. An den Gallengängen lassen sich keine
Veränderungen nachweisen. In den Nieren findet sich das histopathologische
Korrelat der Hämoglobinurie, nämlich Hämoglobin- und seltener Erythrocyten-
cylinder usw. Die Endothelzellen und fixen Bindegewebszellen der Lunge
scheinen sich an der allgemein gesteigerten Erythrophagocytose des Organismus
zu beteiligen. Diese sowie Phagocytose von Hämoglobintropfen in den retikuloendothelialen Zellen gibt auch den Lymphknoten ihr charakteristisches histologisches Bild. Ähnliche Veränderungen scheinen sich auch im Knochenmark
abzuspielen.

Die Durchseuchung verschiedener Rattenbestände ist eine durchaus nicht
überall gleichmäßige. Während beispielsweise die Wiener Zuchten, mit denen
LAUDA arbeitete, fast zu 100% infiziert erscheinen, waren die Ratten SORGES
in Catania frei von der Infektion. Wenn heute fast aus der ganzen Welt Arbeiten
vorliegen, in welchen über die massenhafte, fast 100%ige Durchseuchung der
Rattenbestände berichtet wird, so hat doch eine Reihe von Untersuchern
(ASZODI, CANNON, TAGLIAFERRO und DRAGSTEDT, MARIEN, REITANI, FORD
und ELIOT) mit bartonellenfreien Ratten gearbeitet. Es muß hier angeführt
werden, daß MAYER experimentell einen bartonellenfreien Stamm gewinnen
konnte; ausgehend von der Beobachtung, daß gewisse Arsenpräparate (Arsalyt,
Salvarsan) als spezifisch gegen Bartonella muris ratti wirken, wurden Würfe
junger Ratten, die von Tieren stammten, welche mit Arsalyt vorbehandelt
worden waren, unter sterilen Ernährungsbedingungen aufgezogen und erwiesen
sich tatsächlich als infektionsfrei.

Wenn das Auftreten von Bartonellen im Blut ausgewachsener milzhaltiger
Ratten als außerordentliche Seltenheit aufgefaßt werden muß, so gehört es
bei 3—4 Wochen alten Tieren, sofern sie überhaupt aus infizierten Beständen
stammen, zur Regel (JAFFÉ und WILLIS, noch unveröffentlichte Untersuchungen
von LAUDA und FLAUM). Trotz des positiven Bartonellenbefundes zeigen diese
jungen Tiere jedoch keine Anzeichen von Anämie, das klinische und hämatologische Verhalten unterscheidet sie nicht von gesunden ausgewachsenen Ratten.
Ob nun dieser positive Bartonellenbefund auf einem Fehlen der schützenden
Milzfunktion beruht oder ob es sich vielmehr um das erste Befallenwerden des
noch nicht „immunen" Organismus durch Bartonellen handelt, die eben infolge
fehlender Immunität sich eine zeitlang vermehren können, durch den Schutz
der Milz jedoch nicht krankmachend wirksam werden, all diese Fragen können
zur Zeit noch nicht eindeutig entschieden werden.

Die Übertragung der Bartonellen ist auf verschiedene Art möglich. Auf oralem Wege
konnte seinerzeit LAUDA aus Catania stammende nichtinfizierte Ratten, die splenektomiert
und gesund geblieben waren, infizieren, indem er mittels Schlundsonde bartonellenhaltiges
Material in den Magen einbrachte. MAYER konnte später zeigen, daß die natürliche Übertragung von Tier zu Tier durch einen Ektoparasiten, den Rattenfloh Haematopinus spinulosus besorgt wird.

2. Die Grahamellen.

Grahamellen wurden vielfach bei der Ratte beschrieben, doch kann auf ihre Besonderheiten hier nicht näher eingegangen werden. Wir führen im folgenden nur eine Zusammenstellung der bisher bekannten Arten auf, die wir der Arbeit Laudas im Handbuch der pathogenen Mikroorganismen entnehmen, müssen jedoch bezüglich ihrer Morphologie, ihres Vorkommens usw. auf die zitierten Originalarbeiten verweisen.

Tabelle 6.

Name	Tier	Ort	Verfasser
Gr. joyeuxi Brumpt, 1913	Golunda fallax	Französisch Guinea	Joyeux, 1913
Gr. acodoni Carini 1924	Acodon serrensis	Brasilien	Carini, 1924
Gr. muris Carini, 1915	Mus rattus	Französisch Guinea	Joyeux, 1913
	Mus rattus	Goldküste	Macfie, 1917
	Mus norvegicus	Goldküste Brasilien	Macfie, 1917
			Carini, 1915
	Mus maurus	Nigerien	A. Léger, 1915
	Cricetomys gambianus	Belgisch-Kongo	Rodhain, 1915
Gr. criceti domestici Parzwanidze, 1925	Cricetus domesticus	Transkaukasien	Parzwanidze, 1925
	Braune Ratte (sp. ?)	Goldküste	Macfie, 1914
	Field-rat (sp. ?)	Goldküste	Macfie, 1916
	Ratte (sp. ?)	Sudan	Balfour, 1911
	Ratte (sp. ?)	England	Coles, 1914
	Rattus norvegicus decumanus		Nauck, 1927

Literatur.

Aszodi: Biochem. Z. **1925**, Nr 162, 152.

Balfour, A.: Second Report of the Wellcom research Labor. Karthoum 1906. — Bizzozero: Zit. Boros und Kaltenstein. — Boros u. Kaltenstein: Beiträge zur Frage der Blutplättchenzählung. Fol. haemat. (Lpz.) **35** (1928). — Bruyhoghe, A. u. P. C. Vassiliades: (a) L'Eperythrozoaire coccoide. Č. r. Soc. Biol. Paris **100**, 763. Ref. Zbl. Bakter. **95**, 181 (1928). (b) Unterschied zwischen Bartonella muris ratti und Grahamella. C. r. Soc. Biol. Paris **100**, 150 (1929). (c) Eperythrozoon dispar. Ann. de Parasitol. **7**, 361.

Cannon, P. R., H. W. Taliaferro u. L. R. Dragstedt: Anemia following splenectomy in wild rats. Proc. Soc. exper. Biol. a. Med. **25**, 359 (1928). — Carini, A.: (a) Corps de Graham Smith dans les hematies du Mus decumanus. Bull. Soc. Path. exot. Paris 8, 103 (1915). (b) Ann. de Path. **2** (1914). — Coles, A. C.: Blood parasites found in mammals, birds and fishes found in England. Parasitology **1914**, 7.

Ford, W. W. u. C. P. Eliot: (a) Rat anemia and Bartonella muris. J. amer. med. Assoc. **90**, 2136 (1928). (b) The transfer of rat anemia to normal animals. J. of exper. Med. **1928**, Nr 48, 475. — Furno, A.: Beitrag zur Kenntnis der vergleichenden Hämatologie der Spezialleukocytengranulationen usw. Fol. haemat. (Lpz.) **9** (1911).

Gerlach, F.: Die praktisch wichtigen Infektionen der Versuchstiere. Handbuch der pathogenen Mikroorganismen, Bd. 9.

Happ, M. W.: Occurence of anemia in rats of deficient diets. Ref. Ronas Ber. **17**, 171. Zit. Woenckhaus.

Jaffé, R. H. u. D. Willis: Bartonella infection in local rats. Proc. Soc. exper. Biol. a. Med. **25**, 242 (1928). — Jolly, J. u. M. Acuna: Les leucoc. du sang chez les embryones des mammifères. Archives Anat. mircrosc. **7**, 257 (1905). — Joyeux, C.: Note sur quelques protozoaires sanguicoles et intestinaux, observés en Guinée française. Bull. Soc. Path. exot. Paris **1913**.

Kanthack, A. A. u. W. B. Hardy: The morphol. and distrib. of the wandering cells of mammalia. J. of Physiol. **17**, 81 (1894). — Kikuth, W.: Die Bartonellen, eine neue

Gruppe von Anämieerregern. Münch. med. Wschr. **1928**, Nr 37, 1595. — KLIENEBERGER u. CARL: (a) Die Verdauungsleukocytose beim Laboratoriumstier. Zbl. inn. Med. **1910**, Nr 24 u. 25. (b) Die Blutmorphologie der Laboratoriumstiere. Leipzig 1927. — KOLMER, J. A.: A method of transmitting blood parasites. J. inf. Dis. **16** (1915).

LANGE, W.: Untersuchungen über den Hämoglobingehalt, Zahl und Größe der roten Blutkörperchen. Zool. Jb., Abt. Allg. Zool. **36**, 657 (1919) — LAUDA, E.: (a) Über schwere anämische Zustände bei splenektomierten Ratten (,,perniziöse Anämie der Ratten''). Klin. Wschr. **1925**, Nr 33, 1587. (b) Wien. Arch. inn. Med. **1925**, Nr 5, 293. (c) Über die bei Ratten auftretenden schweren anämischen Zustände: ,,Perniziöse Anämie der Ratten''. Virchows Arch. **258**, 529 (1925). (d) Weitere Beiträge zur infektiösen Anämie der Ratten. Zbl. Bakter. **98**, 522 (1926). (e) Die Bartonelleninfektionen. Wien. med. Wschr. **1927**, Nr 23. (f) Seuchenbekämpfg **6**, H. 1. (g) Die Bartonellen. KOLLE-UHLENHUTHS Handbuch der pathogenen Mikroorganismen. — LAUDA, E. u. E. FLAUM: Die basophilen Kugelhaufen im Knochenmark von Ratte und Maus. Fol. haemat. (Lpz.) **38**, H. 2 (1929). — LAUDA, E. u. MARKUS: (a) Zur Frage der Rattenbartonellen. Zbl. Bakter. **104** (1928). (b) Über Bartonellen und deren Bedeutung für die Parasitologie. Wien. mikrobiol. Ges., Zbl. Bakter. **90**, 428 (1928). — LÉGER, A.: (a) Parasite des hématies, genre Grahamella (BRUMPT), de Mus maurus (GRAY). Bull. Soc. Path. exot. Paris **6** (1913). Ref. Zbl. Bakter. **60** (1914). (b) Corps de Grahamella Smith dans les hématies d'un primate (Macacus rhesus). Bull. Soc. Path. exot. Paris **1922**. — LEVY: Zur Hämatologie der weißen Maus und Ratte. Fol. haemat. (Lpz.) **32** (1926).

MACFIE, I. W. D.: Notes on some blood parasites collected in Nigeria. Ann. trop. Med. **8** (1914). — MARIN: Consequence tardive della splenectomia sperimentale. Minnesota Med. **1927**, No 7, 19. — MARIN u. PASSINI: Minnesota Med. **1927**, No 24. — MAURER, E., S. DIEZ u. TH. BEHREND: Das Blutbild der Ratte bei experimentell erzeugter Rhachitis. Klin. Wschr. **1925**, Nr 39. — MAYER, M.: (a) Über einige bakterienähnliche Parasiten der Erythrocyten bei Mensch und Tieren. Arch. Schiffs- u. Tropenhyg. **25**, 165 (1921). (b) Versuche zur Übertragung der infektiösen Rattenanämie. Med. Welt **1928**, Nr 37, 1378. (c) Erythrocyteneinschlüsse bei entmilzten Ratten. Klin. Wschr. **5**, Nr 19, 869. (d) Die Übertragungsweise der infektiösen Rattenanämie. Klin. Wschr. **1928**, 2390. — MAYER, M., BORCHARD u. KIKUTH: (a) Über Einschlüsse der Erythrocyten bei exper. Anämie. (Eine neue Parasitengruppe.) Klin. Wschr. **1926**, Nr 13, 30. (b) Die durch Milzexstirpation auslösbare infektiöse Rattenanämie. Beih. zum Arch. Schiffs- u. Tropenhyg. **31**, 4 (1927). (c) Chemotherapeutische Studien bei der infektiösen Anämie der Ratten, ,,Therapia sterilisans'', mit den Arsenobenzolen Salvarsan und Arsalyt. Dtsch. med. Wschr. **1927**, Nr 9. — METELKIN: Beitrag zum Studium des Erregers der infektiösen Anämie der Ratten. Arch. Schiffs- u. Tropenhyg. **32**, H. 7, 355 (1928). — MEYER, H.: Beitrag zur Bartonellenanämie der weißen Ratten. Zbl. Bakter. **110** (1929). — MEYER, S.: Die Blutmorphologie einiger Haus- und Laboratoriumstiere. Fol. haemat. (Lpz.) **30** (1924).

NAUCK: Über Befunde mit Blut splenektomierter Nager. Arch. Schiffs- u. Tropenhyg. **31**, H. 7, 322 (1927).

PAGNIEZ, RAVINA u. SOLOMON: Influence de l'irritation de la rate sur le temps de coagulation du sang. C. r. Soc. Biol. Paris, 1, Juli 1922. — PLAUT: Untersuchungen über die Rolle der Milz für die Aufrechterhaltung der isolierten Gehirnspirochätose bei Recurrensratten. Klin. Wschr. **7**, Nr 7, 301 (1928). — PARZWANIDSE: Das Material zum Hämatoparasitismus bei uns. Tiflis 1925.

RODHAIN, I.: Quelques hématozoaires petits mammifères de l'Uele (Ouellé) Congo belge. Bull. Soc. Path. exot. Paris **1915**.

SCHULZ, F. u. F. KRÜGER: Das Blut der Wirbeltiere. Handbuch der vergleichenden Physiologie, Bd. 1. — SEYFARTH, C.: Experimentelle und klinische Untersuchungen über vitalfärbbare Erythrocyten. Fol. haemat. (Lpz.) **34** (1927). — SORGE, G.: (a) Note critiche e sperimentali sugli effetti della estirpatione della milza. Boll. Soc. Biol. sper. **1**, H. 4 (1926). (b) Riv. Path. sper. **6**, 438 (1926). (c) Sulla anaemia di ,,Bartonella'' dei ratti sp. Biochimica e Ter. sper. **1928**, No 15. — SORINA, E.: Anämie der Ratten nach Entmilzung. Virchows Arch. **270**, 698 (1928).

TAYLOR, K.: Studies on the blood of the albino rat. etc. Proc. Soc. exper. Biol. a. Med. **13**, Nr 7 (1916).

WILLIAMSON, C. S. u. H. N. ETS: The effect of age on the hemoglobin of the rat. Amer. J. Physiol. **77**, 480 (1926). — WOENCKHAUS, E.: Blutuntersuchungen an weißen Laboratoriumsratten bei experimenteller Rachitis. Arch. exper. Path. **122**, 44 (1927).

IV. Die Maus.

Von EMMERICH HAAM, Wien.

Mit 1 Abbildung.

a) Normale morphologische Befunde.

1. Technische Vorbemerkungen.

Die Technik des Blutbefundes der Maus ist wegen der Kleinheit des Versuchstieres und der daraus resultierenden geringen Blutmenge nicht so einfach wie bei den übrigen Tieren.

Schon die Frage des Ortes zur Blutgewinnung kann auf erhebliche Schwierigkeiten stoßen, besonders wenn es sich um Serienbefunde handeln soll, wie dies ja bei experimentellen biologischen Arbeiten meistens der Fall ist. Drei verschiedene Stellen kommen bei der Maus zur Blutentnahme in Betracht. Die Schwanzvenen, die Vena und Arteria femoralis und das Herz des Tieres.

Die Herzpunktion der Maus ist ein relativ einfacher Eingriff und gelingt bei einiger Übung. Das Tier wird zu diesem Zwecke auf dem Mäusebrett befestigt und leicht narkotisiert. Das Haarkleid der Brust wird zweckmäßig entfernt, wodurch der Herzspitzenstoß des Tieres gut sichtbar wird. Es wird dann mit einer dünnen Subcutannadel etwa $^1/_2$ cm oberhalb des fühlbaren oder sichtbaren Spitzenstoßes unmittelbar neben dem linken Sternalrand eingestochen. Es können nur $^1/_3$—$^1/_2$ ccm Blut aufgesogen werden. Die Maus übersteht diesen Eingriff bei einiger Übung des Experimentators, und wenn nicht zuviel Blut entzogen wird, gut. Wenn nötig, kann die Herzpunktion jede Woche wiederholt werden.

ISAACS gibt an, daß man bei Entblutung der Maus aus dem Herz 0,8—1,2 ccm Blut bekommen kann (bei einem Gesamtvolumen von etwa 2 ccm), doch bewirkt nach seinen Ausführungen schon der mehrmalige Verlust von 0,1 ccm Blut wichtige Veränderungen des roten Blutbildes durch Knochenmarksreizung. Eine Blutentnahme von unter 0,1 ccm hat keinen Einfluß auf die regeneratorischen Faktoren des Knochenmarkes. Die Venae femoralis sind bei der Maus leicht durch einen kleinen Einschnitt in der Inguinalgegend zu erreichen.

Eine Punktion der Femoralvene mit Nadel und Spritze ist aber ein technisch viel schwierigerer Eingriff als die Herzpunktion. Wenn er auch schon wiederholt gemacht worden ist (WARBURG), so erfordert er doch äußerste Geschicklichkeit und ein ausgezeichnetes Instrumentarium. Eine Wiederholung des Eingriffes aber an derselben Vene ist meistens unmöglich. Eine zweite Möglichkeit, Blut aus der Femoralis zu gewinnen, ist die Vene durch einen kleinen Einstich mittels einer schmalen scharfen Lanzette zu eröffnen. Bei unseren Blutuntersuchungen (LAUDA-HAAM) haben wir diese Methode zuerst versucht, dann aber wegen der raschen Blutgerinnung fallen gelassen. KLIENEBERGER und CARL bevorzugen die Arteria femoralis. Sie heften zu diesem Zwecke die gestreckten Hinterbeine der auf dem Rücken liegenden und leicht narkotisierten Maus auf dem Mäusebrette an und lassen das Arterienblut in eine Hauttasche ausfließen. Bei diesem Eingriffe gilt dasselbe, was vorher von der Vene gesagt wird. Die rasche Gerinnung des Blutes und das dadurch erforderliche rasche Blutentnahme erschweren den Eingriff, der außerdem bei der Arterie für die Maus nicht ungefährlich ist.

Als letzte und gebräuchlichste Methode zur Blutentnahme kommt das Kappen des Schwanzes in Betracht. Wegen der Kleinheit dieser Gefäße ist ein Anritzen der dorsalen Schwanzvene, wie es für die Ratte angegeben wurde, ganz ausgeschlossen. Quetscht man aber und sucht durch Pressen mehr Blut zu erhalten, so tritt unvermeidlich Gewebssaft zum Blut, welcher die Resultate der Zählung oft in hohem Maße beeinflussen kann. Dadurch auch, daß bei jedem Blutstropfen verschieden gepreßt wurde, ist der Fehler der Verdünnung des Blutes mit Gewebssaft jedesmal ein anderer, so daß auch ein Vergleich zweier Werte (z. B. die Bestimmung des Färbeindex) unmöglich ist (s. auch LEVY).

Bei einer öfteren Wiederholung des Blutbefundes aus der Schwanzvene treten auch noch entzündliche Erscheinungen hinzu, auf die besonders KLIENEBERGER und CARL aufmerksam machen. Sie veranschlagen die Fehlerquelle, die auf diese Weise in der Beurteilung des weißen Blutbildes der Maus entstehen kann, mit 20—200%. Ein einfacher Kunstgriff ist vielleicht geeignet, die Fehlerquellen bei der Blutgewinnung aus dem Schwanze etwas herabzusetzen: eine Erzeugung einer künstlichen Hyperämie des Schwanzes durch Eintauchen in heißes Wasser (KLIENEBERGER und CARL).

Die Vorteile, die ein kurzes Eintauchen des Schwanzes (1—3 Minuten) in heißes Wasser (50—60°) bietet, sind sehr ins Auge springend. Der Blutstropfen quillt aus den erweiterten Venen auch ohne starkes Pressen leicht und groß hervor und die Resultate der Erythrocytenzählung und des Hämoglobinwertes sind besser vergleichbar. Der Färbeindex weist nicht so große Differenzen auf, wie es bei anderen Autoren mit anderer Methodik zu finden ist.

Tabelle 1.

Tier Nr.	Untersuch. a. d. Schwanzvenenblut ohne Vorbereitung			Nach Eintauchung des Schwanzes d. 2—3' in 50—60° H$_2$O		
	Erythrocyten	Hämoglobin in %	Färbeindex	Erythrocyten	Hämoglobin in %	Färbeindex
1	6,54	94	0,77	8,45	99	0,59
2	8,16	78	0,48	8,76	99	0,57
3	7,21	82	0,57	9,91	99	0,50
4	10,12	86	0,42	9,82	102	0,52
5	11,14	120	0,50	11,64	114	0,49
6	5,92	88	0,74	8,16	87	0,53
7	7,82	94	0,60	9,78	95	0,49
8	6,87	96	0,70	8,54	88	0,52
9	8,81	110	0,66	9,63	96	0,50
10	9,34	78	0,42	10,25	110	0,54

Die Forderung ISAACS', darauf zu achten, daß nur Capillarblut aus dem Mäuseschwanz gewonnen wird, wird auch ein geübter Experimentator selten erfüllen können. Auch scheinen uns, wie wir später sehen werden, die Differenzen zwischen arteriellem und venösem Blute keine sehr großen, so daß wir diesem Umstand keine so große Bedeutung beimessen wie ISAACS, der darin eine Ursache der verschiedenen Zählresultate erblickt. ISAACS' Meinung, daß lokale Entzündungsprozesse nur die Gesamtzahl der weißen Blutkörperchen, nicht aber ihre prozentuale Zusammensetzung beeinflußt, dürfte wohl nach den Untersuchungen von MEYER nicht zu Recht bestehen. JAFFÉ gelang es, durch Auflegen von kleinen Hydrodinschüppchen auf die Schwanzwunde größere Blutmengen (0,2—0,3 ccm jeden 2. Tag) zu gewinnen. Die Wichtigkeit der Vermeidung einer größeren Nachblutung betont ISAACS, nach dessen Angaben schon der tägliche Blutverlust einiger Tropfen Veränderungen in der Zusammensetzung des Blutbildes verursachen könne (durch Knochenmarksreiz). Dies kann dann leicht Anlaß zu Irrtümern geben. Als Ort der Wahl für Serienuntersuchungen kommen nur Untersuchungen aus dem Schwanzvenenblute in Betracht (KLIENEBERGER und CARL).

Die Verdünnungsflüssigkeiten zum Zählen der Blutkörperchen sind dieselben wie bei den übrigen Säugetieren. KERTI und STENGEL erhielten bessere Resultate, wenn sie die Lösung mit der gleichen Menge Wasser verdünnten.

Die Hämoglobinbestimmung kann nach allen bekannten Methoden vorgenommen werden. KABIERSKI wählt wegen der geringen zur Verfügung stehenden Blutmenge die Bestimmung mittels der TALQUISTschen Papierskala. Der Hämoglobinindex wird nach JAFFÉ unter Annahme des zugrunde gelegten

Normalwertes von 100% Hämoglobin (nach SAHLI) und 10 000 000 Erythrocyten mit der Formel

$$\frac{100 \times \text{Hämoglobin}}{10\,000\,000 \text{ Erythrocyten}} = 1$$

bestimmt.

Die Ausstrichpräparate werden nach der bekannten Weise verfertigt.

2. Die roten Blutkörperchen.

Auf der folgenden Tabelle sind die Zahlen der uns aus der Literatur zugänglichen Befunde angegeben.

Tabelle 2.

Autoren	Zahl der unters. Tiere	Erythrocyten in Millionen	Hämoglobin-gehalt in % (SAHLI)	Leukocyten	Bemerkungen
BETHE	—	8,8	—	8 230	
JAFFÉ	—	10,408 (7,58—12,32)	92,8 (80—105)	18 150 (15 800—20 800)	
HAAM	20	9,42 (8,16—11,46)	94,2 (76—112)	—	
HIRSCHFELD . .	6	7,056 (5,20—9,15)	93,3 (85—100)	8680 (7 800—10 200)	
KABIERSKI . . .	33	10,73 (8,20—14,0)	97,0 —	16 506 (7 400—42 000)	
KERTI u. STENGEL	—	9,26 (8,20—10,90)	95,0 (72—124)	—	
KLIENEBERGER u. CARL	7 10	9,72 (7,89—11,72)	116 (94—106)	7 400 (7 500—13 200)	alte Unters. neue Unters.
LEVY	55	9,826 5,52—13,98	97,1 (75—125)	15 127 (5 600—37 500)	
MEYER	8	8,25	87	7 800	
SIMMONDS . . .	—	6,0—8,0	—	6 000—11 000	
GOODALL	—	10,85	90	5 000	

Wie aus dieser Tabelle ersichtlich, schwanken die Zahlen der roten Blutkörperchen bei den einzelnen Autoren zwischen 5 200 000 (HIRSCHFELD) und 14 000 000 (KABIERSKI). Von diesen ganz extremen Erythrocytenwerten abgesehen schwanken die Angaben der Erythrocyten bei der Maus nicht sehr stark. Der Normalwert liegt nach unserer Erfahrung zwischen 8 und 19 Millionen.

Periodische Schwankungen der Erythrocytenzahlen behauptet LEVY, ohne aber diese Frage näher zu untersuchen. Auch KERTI und STENGEL finden bei ihren Untersuchungen tägliche Schwankungen bei ein und demselben Tiere, doch beträgt die Schwankungsbreite nur 600 000 Erythrocyten, also weniger wie 10%, eine Zahl, die wohl noch als innerhalb der Fehlergrenze liegend angesehen werden muß.

Vergleichende Untersuchungen über die Verteilung der Erythrocyten im Organismus der Maus finden wir bei KLIENEBERGER und CARL. Diese haben systematisch die Blutkörperchen aus der Schwanzvene (venöses Blut) und der Femoralarterie ausgezählt und folgende Tabelle erhalten.

Tabelle 3.

Tier Nr.	Schwanzvenenblut			Femoralarterienblut		
	Erythrocyten	Hämoglobin in %|0	Weiße Blutkörperchen	Erythrocyten	Hämoglobin in %|0	Weiße Blutkörperchen
1	10,6	120	16 000	10,25	120	8 250
2	10,745	125	13 000	10,625	125	10 568
3	11,225	125	31 600	11,03	125	10 900
4	12,385	133	16 086	10,475	133	7500
5	8,89	—	18 500	9,2	95	6200
6	11,64	—	12 750	8,75	120	6000
7	9,15	—	7 000	7,73	95	2000

Aus dieser Tabelle ergeben sich für das Schwanzblut ein Mittelwert von 10 660 000, für das arterielle Blut ein solcher von 9 727 000 Erythrocyten. Die gefundene Differenz ist sicher größtenteils durch die Technik (Stauung durch Quetschen des Schwanzes, sehr rasches Senken der Blutkörperchen beim Ausfließenlassen des arteriellen Blutes in eine Hauttasche) zu erklären. Der richtige Wert dürfte wohl in der Mitte liegen. Jedenfalls bestehen grundlegende Differenzen nicht.

Das Alter der Tiere spielt nach den Untersuchungen einiger Autoren eine gewisse Rolle für die Zahl der roten Blutkörperchen. So gibt BETHE an, daß embryonale und ganz junge Tiere weniger Blutkörperchen enthalten als erwachsene Mäuse. Auch KERTI und STENGEL finden Ähnliches.

Das Geschlecht der Tiere ist nach KLIENEBERGER und CARL ohne besonderen Einfluß auf die Erythrocytenzahl. KERTI und STENGEL fanden als Mittelwert für männliche Tiere 9 450 000 Erythrocyten, für die weiblichen Tiere 9 660 000. LANGE, der in sehr genauer Weise den Einfluß des Geschlechtes auf das rote Blutbild untersuchte, fand nur sehr geringe Differenzen.

Tabelle 4. (Nach LANGE.)

Tierart	Anzahl der Untersuchungen	Erythroc. in Mill.	Hämoglobingehalt in %	Länge	Breite	Dicke	Oberfläche eines Erythrocyten in μ^2	Oberfläche der Erythrocyten eines mm³ in mm²
				eines Erythrocyten				
Hausmaus ⌠♂	13	9,48	100,1	5,78	—	2,13	90,65	880,72
(zahm) ⌊♀	7	9,18	95,6	5,77	—	2,12	91,0	855,35
Hausmaus ⌠♂	10	10,07	104,0	5,72	—	2,1	78,78	904,59
(wild) ⌊♀	8	10,01	99,8	5,74	—	2,1	91,7	899,26

Der Einfluß der Rasse der Tiere wurde von KLIENEBERGER und CARL, BETHE und LANGE untersucht. Diese Frage scheint uns deshalb von prinzipieller Wichtigkeit, weil in den verschiedenen Laboratorien verschiedene Mäuserassen verwendet werden und deren physiologischen Unterschiede genau bekannt sein müssen. BETHE findet bei der schwarzen Maus im Mittel 8 700 000 Erythrocyten, bei der weißen 8 900 000. KLIENEBERGER und CARL untersuchen drei verschiedene Mäusearten: die weiße Wintermaus (Realgymnasiummaus), die Laboratoriumsmaus und die japanische Tanzmaus.

Tabelle 5. (Nach KLIENEBERGER und CARL.)

Tierrasse	Anzahl der Tiere	Erythrocyten in Mill.	Hämoglobin in %|0	Färbeindex	Weiße Blutkörperchen
Wintermaus	4	9,100	114	0,62	2,900(?)
Laboratoriumsmaus .	10	9,940	104	0,52	10,462
Japan. Tanzmaus .	2	7,890	—	—	6,100

Wegen der geringen Anzahl der Untersuchungen können bindende Schlüsse aus den Angaben KLIENEBERGERs und CARLs wohl nicht gezogen werden. LANGE findet bei der wilden Hausmaus höhere Erythrocytenwerte als bei der zahmen.

Der Einfluß der äußeren Lebensbedingungen auf das rote Blutbild der Maus wurde fast gar nicht untersucht. KERTI und STENGEL geben an, daß während der Schwangerschaft der Tiere die Zahl der Erythrocyten auf eine niedrigere Stufe herabsinkt. KLIENEBERGER und CARL sowie KNORR und MEYER fanden keine Beeinflussung der Erythrocyten durch Hunger.

Überblicken wir die vorliegenden Angaben, so müssen wir sagen, daß die roten Blutkörperchen der Maus nach den allerdings spärlichen Untersuchungen ziemlich konstante Zahlenverhältnisse zeigen. Der Meinung LEVYs, wonach eine Anämie der Maus nicht aus der Blutzahl, sondern aus dem Ausstrichpräparat geschlossen werden soll, können wir uns nicht anschließen. Wir halten im Gegenteil die Zahl der Blutkörperchen für ein verläßlicheres Merkmal zur Anämiediagnose als das Bild im gefärbten Ausstrich, da dieses, wie wir sehen werden, auch bei der gesunden Maus große Variationen aufweist.

Die Form der Mäuseerythrocyten ist der des Menschen und der übrigen Säugetiere sehr ähnlich (HIRSCHFELD). KLIENEBERGER und CARL schildern sie als kreisrunde Scheiben mit einem Durchmesser von 5,7 μ. KERTI und STENGEL finden den Durchmesser im Durchschnitt 6 μ, mit einer Schwankungsbreite von $\pm 2 \mu$. Die stark außerhalb des Mittelwertes liegenden Formen machen etwa 2% der Gesamtzahl aus. Der größere Teil von ihnen entfällt auf die Zwergformen.

BETHE fand bei der grauen Maus Durchmesserwerte von 5,2—8,1 μ, bei der weißen solche von 4,5—7,15 μ (Rassenunterschiede?). C. SCHMIDT gibt 6,1, GULLIVER 6,7 μ als mittleren Durchmesser des Mäuseerythrocyten an. LANGE findet 5,77 μ für die zahme, 5,37 μ für die wilde Maus ohne Unterschied des Geschlechtes. Nach seinen Untersuchungen beträgt die Dicke des Erythrocyten 2,1—2,13 μ, die Oberfläche 78,78—91 μ im Quadrat. Eine Anisocytose wird von allen Autoren gefunden. KLIENEBERGER und CARL hält sie nur für gering, ebenso LEVY. KERTI und STENGEL beschreiben ganz kleine Zwergformen, die sich allerdings nur in sehr geringer Zahl im Blut befinden, deren Durchmesser zu einer Größe von 1 μ herabsinkt, und die lebhafte BRAUNsche Bewegung zeigen. Diese Bewegung konnten sie auch bei größeren Blutkörperchen sehen. Bei der Gravidität fanden sie eine verstärkte Anisocytose mit Betonung der kleinen Formen.

Im gefärbten Präparate fällt sofort die starke Polychromasie des Mäuseblutes auf. KLIENEBERGER und CARL geben das Verhältnis der polychromatischen Erythrocyten zu den normal gefärbten mit 1:50, manchmal sogar 1:5 an. Beim jungen Tier ist der Gehalt an polychromatischen Erythrocyten erhöht. aus folgenden Tabellen ersichtlich.

LEVY konstatiert, daß die Polychromasie mit der Niedrigkeit der Werte für Hämoglobin und Erythrocyten durchaus nicht parallel geht. Eine sehr starke Polychromasie ist nach ihrer Angabe als pathologisch zu verwerten und solche Tiere sind bei Versuchen auszuschalten. Punktierte Erythrocyten werden von KLIENEBERGER und CARL im strömenden Blute vermißt, nur Normoblasten zeigen basophile Tüpfelung. ISAACS hingegen findet granulierte Erythrocyten bei der Maus in einem Ausmaß von 1—3%.

Die Vitalfärbbarkeit der Mäuseerythrocyten (die sog. Retikulocyten), wurde von ISAACS an der erwachsenen Maus, von SEYFARTH und JÜRGENS an Embryonen und jungen Mäusen untersucht. Die Resultate ihrer Forschung sind aus den Tabellen 6 und 7 (s. S. 210) ersichtlich.

Danach schwankt der Gehalt des Mäuseblutes an Retikulocyten zwischen 3,2 und 8%, was eine ungewöhnlich hohe Zahl darstellt. Irgendeine Ursache für diese „physiologischen Schwankungen" (ISAACS) konnte nicht gefunden werden.

Tabelle 6. *Tägliche Schwankungen der granulierten Erythrocyten und Retikulocyten.* (Isaacs).

Tage	Gewicht in %/g	Granulierte rote Blut- zellen in %	Retikulo- cyten in %	Tage	Gewicht in %/g	Granulierte rote Blut- zellen in %	Retikulo- cyten in %
1	22,7	1,8	3,2	13	28,7	1,8	4,2
2	22,3	1,6	4,2	14	28,6	1,0	6,8
3	23,4	3,2	3,6	15	29,2	1,8	7,0
4	23,3	2,5	5,0	16	29,0	1,2	6,5
5	24,6	2,2	3,2	17	29,2	2,5	6,8
6	25,0	1,3	·5,8	18	29,6	2,0	7,5
7	24,5	2,2	5,2	19	29,4	1,1	7,2
8	25,1	1,0	6,1	20	30,0	1,7	8,0
9	26,3	2,8	4,2	21	29,8	1,6	6,5
10	26,6	1,5	5,6	22	30,6	2,1	6,7
11	26,9	3,0	5,6	23	30,6	2,5	7,7
12	27,3	2,2	5,8	24	31,0	2,0	6,0

Tabelle 7. *Die Wirkung des täglichen Verlustes von einigen Tropfen Blut und einer einmaligen größeren Blutmenge (0,5 ccm) auf die granulierten Erythrocyten und Retikulocyten* (nach Isaacs).

Tag	Gewicht in %/g	Granulierte rote Blut- zellen in %	Reticulo- cyten in %	Tag	Gewicht in %/g	Granulierte rote Blut- zellen in %	Retikulo- cyten in %
1	22,7	1,8	6,7	16	26,6	3,8	11,8
2	22,3	5,0	6,4	18	27,3	4,0	11,9
3	23,4	—	—	19	26,9	2,8	13,1
4	23,3	4,3	7,7	20	28,7	—	—
8	24,6	2,0	9,4	21	28,6	3,4	18,3
9	25,0	1,4	10,0	22	29,2	—	—
10	24,5	2,6	12,1	23	29,3	2,1	15,8
11	24,5	2,0	12,0	24	29,2	—	—
12	24,4	3,0	10,7	25	30,0	1,3	13,0
15	26,3	3,6	10,1	27	25,3	—	—

Der Blutverlust kann, wie aus dieser Tabelle hervorgeht, ein außerordentlich starkes Ansteigen der Jugendformen des roten Blutbildes bewirken. Der Anstieg

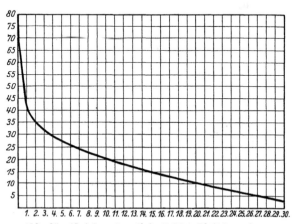

Abb. 85. Absinken der vitalgefärbten Blutkörperchen.

von 6,4% bis auf 18,3% wird von Isaacs als Ausdruck einer Knochenmarks- reizung infolge der leichten Blutungsanämie erklärt. Die Untersuchungen Seyfahrts und Jürgens schließen sich an die Ausführungen Isaacs' an. Sie untersuchten das Blut junger Mäuse von ihrer Geburt bis zu einem Alter von 6 Wochen und fanden ein Sinken der vital granulierten Erythrocyten von 40% bis auf 5%. Die Retikulocyten 6 Wochen alter Tiere zeigen nurmehr eine lockere, netz- oder fadenförmige Substantia granulofilamentosa. Sehr schön wird dieses Absinken der vital gefärbten Blutkörperchen in Abb. 3 zum Ausdruck gebracht.

Die Embryologie des Mäuseblutes wurde besonders von SEYFARTH und JÜRGENS untersucht, die folgenden Angaben sind aus ihrer Arbeit entnommen.

Bei der Maus lassen sich deutlich zwei verschiedene Blutgenerationen unterscheiden, die einander beim Embryo ablösen und keinerlei Übergänge zeigen: die Megaloblastenreihe und die Normoblastenreihe. Abkömmlinge der Megaloblastenreihe finden wir bis zu Embryonen von 9 cm Länge. Der kleinste untersuchte Mäuseembryo (3 mm) zeigt im Präparat nur große Myeloblasten und vereinzelte Promegaloblasten. Normoblasten treten zum ersten Male erst bei Mäuseembryonen von 8 mm auf. Bei einem Mäuseembryo von 10 mm Länge zeigen die Megaloblasten bereits vorwiegend karyorektische Bilder, andere Zellen zeigen dichtere kleine Kernkugeln, mitunter auch punktförmige oder etwas größere Gebilde. Einige wenige Zellen lassen keinen Kernrest mehr erkennen (Megalocyten). Bei Mäuseembryonen von 17 mm Länge finden sich keine Megaloblasten mehr. Auch Megalocyten sind nurmehr 4% vorhanden. Die sehr reichlich vorhandenen Normoblasten und Erythrocyten sind sämtlich vital granuliert. Bei einem Mäuseembryo von 21 mm Länge sind Zellen der Megaloblastenreihe nicht mehr nachzuweisen. Die Zahlenverhältnisse im Embryonalblut der Mäuse sind in folgender Tabelle von SEYFARTH und JÜRGENS zusammengestellt. Es geht daraus hervor, daß alle Blutzellen des Embryonalstadiums der Maus vital granuliert sind. Nur die allerfrühesten Stadien der primitiven Blutzellen, die völlig hämoglobinfreien, kernhaltigen Zellen (Hämocytoblasten) lassen keinerlei Substantia granulofilamentosa erkennen.

Tabelle 8. *Das rote Blutbild von Mäuseembryonen.* (Nach SEYFARTH und JÜRGENS.)

Länge des Embryo mm	Megaloblastenreihe				Normoblastenreihe					Auf je 100 rote Blutzellen überhaupt kommen Vitalgranul. %
	Megalo-blasten	Megalocyten			Normo-blasten	Erythrocyten				
		mit Kern-resten	mit Vital-granul.	ohne Vital-granul.		mit Kern-resten	mit dicht. Vital-granul.	mit locker. Vital-granul.	ohne Vital-granul.	
3	100	—	—	—	—	—	—	—	—	100
4	100	—	—	—	—	—	—	—	—	100
5	100	—	—	—	—	—	—	—	—	10
7	99	1	—	—	—	—	—	—	—	100
8	94	4	—	—	2	—	—	—	—	100
9	88	8	—	—	4	—	—	—	—	100
10	75	8	2	—	7	5	3	—	—	100
12	4	10	5	—	5	—	28	48	—	100
13	3	8	12	—	8	—	24	45	—	100
14	1	4	8	—	6	—	40	41	—	100
15	—	4	6	—	10	—	33	47	—	100
17	—	3	4	—	24	—	24	45	—	100
18	—	1	1	—	24	—	28	46	—	100
19	—	—	1	—	14	—	17	68	—	100
21	—	—	—	—	3	—	8	89	—	100
23	—	—	—	—	1	—	7	92	—	100
23,5	—	—	—	—	2	—	6	74	18	82
24	—	—	—	—	—	—	7	68	25	75

Im Blute der erwachsenen Maus werden kernhaltige rote Blutkörperchen nur sehr selten gefunden (KERTI und STENGEL, KABIERSKI, JAFFÉ). Dagegen finden sich sehr häufig Erythrocyten mit Kernresten (JAFFÉ, SEYFFARTH und JÜRGENS). NETOUSEK beschreibt eigentümliche Erythrocyteneinschlüsse, die manchmal unter normalen Verhältnissen, bei schweren Anämien und auch im Embryonalblut neben den banalen Manifestationen der artlichen Ausreifung der Erythrocyten auftreten, und die er nach dem Ausfall der mikrochemischen Reaktion als singuläre, blastinoide Spongioplasmarückstände auffaßt.

3. Das Hämoglobin.

Wie aus Tabelle 2 ersichtlich, beträgt der Hämoglobingehalt der Maus im Durchschnitt 97% nach SAHLI. Genauerere absolute Hämoglobinbestimmungen sind bei der Maus bisher aus technischen Gründen nicht vorgenommen worden. Die täglichen Schwankungen des Hämoglobins betragen nach KERTI und STENGEL 14%. LEVY führt diese täglichen Schwankungen auf die verschiedenartige Ernährung des Tieres zu verschiedenen Zeiten zurück. Das Alter und Geschlecht der Tiere haben nur einen geringen Einfluß auf den Hämoglobingehalt. Der Hämoglobingehalt junger Tiere ist geringer als der erwachsener Tiere. KLIENEBERGER und CARL finden bei weiblichen Tieren einen etwas höheren Hämoglobingehalt als bei männlichen, während KERTI und STENGEL umgekehrte Verhältnisse angeben. Nach ihren Berechnungen beträgt der durchschnittliche Hämoglobingehalt für die männlichen Tiere 98%, für die weiblichen Tiere 93%. Mäuse verschiedener Rasse wurden von KLIENEBERGER und CARL untersucht und bedeutende Unterschiede festgestellt. Die Wintermaus hat den höchsten Hämoglobingehalt (114%). Das Hungern der Tiere hat auf die Hämoglobinbildung keinen Einfluß. Schwangerschaft läßt den Hämoglobingehalt ebenfalls unbeeinflußt (KERTI und STENGEL). Im venösen und arteriellen System der Tiere ist der Hämoglobingehalt der gleiche.

Fast alle Untersucher geben ein starkes Schwanken des Färbeindex an. So führt LEVY aus ihren Untersuchungen als Beispiel an:

Maus 6 Hämoglobin 115%, Erythrocyten 5 520 000.
Maus 28   „ 75%,   „   10 154 000.

Der Färbeindex bei Maus 6 beträgt also 1,05, bei Maus 28 0,37. Dasselbe Verhalten bestätigen KERTI und STENGEL, MAYER, KLIENEBERGER und CARL. Letztere finden auch einen bedeutenden Unterschied des Färbeindex bei den verschiedenen untersuchten Mäuserassen. Während die Wintermaus einen Färbeindex von 0,63—0,65 zeigt, beträgt er bei den Laboratoriumsmäusen nur 0,49—0,50. Ob hier die Lebensweise eine Rolle spielt, wird von den Autoren nicht erörtert. Dabei stimmen die Einzeluntersuchungen sehr gut miteinander überein. JAFFÉS Untersuchungen über den Färbeindex bei der weißen Maus zeigen im Gegensatz zu den übrigen Autoren ziemlich übereinstimmende Werte.

Tabelle 9. (*Färbeindexbestimmung nach* JAFFÉ.)

Maus Nr.	Erythrocyten in Mill.	Hämoglobin in $\%$/Sek.	Färbeindex
1	11,31	105	0,96
2	10,42	90	0,86
3	12,32	96	0,80
4	7,58	80	1,06

Wenn der Verfasser mit diesen relativ geringen Schwankungen nicht zufrieden ist und sie als „große Differenzen" hinstellt, so sind sie doch unbedeutend gegenüber den Unterschieden LEVYs und anderer. Wir haben schon in unserer Einleitung darauf hingewiesen, daß ein großer Teil der Differenzen bei Berechnung des Färbeindex auf mangelnde Technik zurückzuführen ist. In Tabelle 1 konnten wir zeigen, daß bei sorgfältiger Untersuchungstechnik die Schwankung des Färbeindex nicht so groß ist wie früher angenommen wurde.

Berechnungen des Hämoglobins für den einzelnen Erythrocyten sowie die Bestimmung des Verhältnisses Hämoglobin zu Oberfläche des Erythrocyten wurden noch nicht durchgeführt.

4. Die weißen Blutkörperchen.

α) Allgemeines.

Die Untersuchungen über die Zahl und das prozentuale Verhältnis der weißen Blutkörperchen sind aus beigegebener Tabelle ersichtlich.

Tabelle 10. *Das weiße Blutbild der Maus.*

Autoren	Gesamtzahl	Lymphocyten		Leukocyten			Monocyten (Übergangs-zellen)
		groß	klein	neutrophil	eosino-phil	baso-phil	
GOODALL . . .	5000	71		23	5,75	0,25	—
HIRSCHFELD . .	8680 (7800—10200)	60		25	3	—	12
KABIERSKI. . .	16506 (7400—42000)	19	53,7	24	2,5	—	0,8
JAFFÉ	18156 (15800—20800)	10,5 (6—14,5)	59 (28—76,5)	23 (10—47,5)	3 (2—4,5)	—	4,4 (2—8,5)
KLIENEBERGER und CARL . . .	alte Unters. 9725	15	37	46	1,25		0,75
	neue Unters. { [750]—13200	31—88		8—45½	½—2½	½	Monoc. ½ * Übgz. 5½ *
	{ [560]—3960	72—91		4,0—26	0—2	1	Monoc. 1 † Übgz. 1 †
KNORR	—	70—80		20—30	—	—	—
LEVY	15127 (37500—5600)	80		—	—	—	—:
MAYER	7800	11	48,5	31,5	2	—	7
SIMMONDS . . .	6000—11000	50—60		24—50	0,5—3	unter 1⁰/₀	3—10

* Schwanzvene. † Femoralarterie.

Die Zahl der weißen Blutkörperchen bei der Maus schwankt ziemlich stark. Der Durchschnitt liegt bedeutend höher als beim Menschen und beim großen Säugetier. Werte unter 3000 und über 20 000 sind wohl nur mit großer Vorsicht als normale Werte zu verwerten. So gibt KLIENEBERGER für seine Werte von 750 und 560 Leukocyten eine pathologische Ursache zu. Aber auch die extrem hohen Werte, wie wir sie bei LEVY (37 500) und KABIERSKY (42 000) finden, müssen den Verdacht eines pathologischen Befundes erregen. Die Verteilung der Leukocyten im Tierkörper ist nach den Untersuchungen KLIENEBERGERs und CARLs in folgender Tabelle zusammengestellt.

Tabelle 11. *Verteilung der weißen Blutkörperchen im Organismus* (KLIENEBERGER und CARL).

Tier Nr.	Schwanzvenenblut						Femoralarterienblut					
	Ge-samt-zahl	Lymphocyten		Leukocyten		Über-gangs-zellen	Ge-samt-zahl	Lymphocyten		Leukocyten		Über-gangs-zellen
		groß	klein	neutro-phil	eosino-phil			groß	klein	neutro-phil	eosino-phil	
1	16006	18	60	17,5	3,5	1	8256	20	47,5	30,5	1	1
2	13600	21,5	56,5	18,5	2	1,5	10260	19,5	45,5	39	1½	½
3	31600	20,5	59,0	19	1	0,5	10900	13	50,0	35,5	1	½

Bei diesen Untersuchungen spielt der Zählfehler aus dem Schwanzblut sicher eine sehr große Rolle. Im Gegensatz zu den Gesamtzahlen stimmen die prozentualen Einzelbefunde sehr gut überein. Ihre Durchschnittszahl ergibt eine deutliche Vermehrung der kleinen Lymphocyten im Schwanzblut der Maus auf Kosten der polymorphkernigen Leukocyten. Über die Abhängigkeit der Leukocytenzahl von individuellen und äußeren Momenten liegen bei der Maus noch sehr wenig Untersuchungen vor.

Der Einfluß der verschiedenen Rassen auf die weißen Blutkörperchen wurde von KLIENEBERGER und CARL untersucht. Die großen, von ihm gefundenen Unterschiede sind aber wegen der geringen Zahl der Einzeluntersuchungen kaum zu verwerten.

Tabelle 12. *Einfluß der Rasse auf das weiße Blutbild* (KLIENEBERGER und CARL).

Tierart	Gesamt-zahl	Lymphocyten		Leukocyten			Über-gangs-zellen	Mono-cyten	Stab-kerne	Jugend-formen
		groß	klein	neutro-phil	eosino-phil	baso-phil				
Wintermaus . .	2900	6,5	77	13	—	0,25	1,0	0,6	0,9	—
Laboratoriums-maus	6100	2,7	77$^{1}/_{2}$	16,4	0,9	0,17	2,3	—	0,5	—
Jap. Tanzmaus .	10460	7	32	48	1$^{1}/_{4}$	—	4,5	$^{1}/_{2}$	7,25	1

Nach seinen Untersuchungen verhält sich das Blutbild der Wintermaus ähnlich dem der Laboratoriumsmaus. Die japanische Tanzmaus zeigt eine starke Vermehrung der polymorphkernigen Leukocyten mit Auftreten von jugendlichen Zellen.

Über den Einfluß des Alters und des Geschlechtes auf die Zahl der weißen Blutkörperchen liegen Untersuchungen bis jetzt nicht vor.

Eine Verdauungsleukocytose wird von KLIENEBERGER und CARL für die Maus geleugnet. Das Blutbild gesättigter Tiere und solcher im Hungerzustand zeigt keine wesentlichen Differenzen.

Tabelle 13. *Einfluß des Ernährungszustandes auf das weiße Blutbild.*
(Nach KLIENEBERGER und CARL.)

Tier Nr.	Nach 12 stündigem Hunger						Tier Nr.	Satte Tiere					
	Ge-samt-zahl	Lymphocyten		Leukocyten		Über-gangs-zellen		Ge-samt-zahl	Lymphocyten		Leukocyten		Über-gangs-zellen
		groß	klein	neutro-phil	eosino-phil				groß	klein	neutro-phil	eosino-phil	
1 ♀	2900	15$^{1}/_{2}$	40	28$^{1}/_{2}$	15$^{1}/_{2}$	$^{1}/_{2}$	5 ♀	5000	13$^{1}/_{2}$	63$^{1}/_{2}$	17$^{1}/_{2}$	5$^{1}/_{2}$	—
2 ♂	5456	9$^{1}/_{2}$	64$^{1}/_{2}$	22$^{1}/_{2}$	3	$^{1}/_{2}$	6 ♀	4920	7$^{1}/_{2}$	81$^{1}/_{2}$	8$^{1}/_{2}$	2$^{1}/_{2}$	—
3 ♀	5400	6$^{3}/_{4}$	64$^{3}/_{4}$	26$^{1}/_{2}$	2	—	7 ♀	7200	3	59$^{1}/_{2}$	32$^{1}/_{2}$	4$^{1}/_{2}$	$^{1}/_{4}$
4 ♂	3960	10$^{1}/_{2}$	67$^{2}/_{3}$	15$^{2}/_{3}$	5$^{1}/_{2}$	$^{2}/_{3}$	8 ♂	6700	4	72	21	3	—
D.-W.	4422	10,56	59,23	23,24	6$^{1}/_{2}$	0,42	D.-W.	5972	7,0	69,19	17,4	3,1	10,06

Maus 1—4 haben 12 Stunden lang kein Futter erhalten, Maus 5—8 wurden in der üblichen Weise bei reichlichem Futter untersucht. Wie die Durchschnittszahlen ergeben, kommt es bei dem Hungertier zu einer leichten Verminderung der Gesamtzahl sowie zu einer allerdings kaum angedeuteten Verminderung der kleinen Lymphocyten. KLIENEBERGER und CARL leugnen daher in ihrer Diskussion jedweden Einfluß des Ernährungszustandes auf das weiße Blutbild der Maus. Im Gegensatz zu diesen Untersuchungen stehen die Befunde von KNORR und MAYER. Sie fanden, daß nach lange andauerndem Hungern der

Tiere (2—3 Tage) eine starke Zunahme der Leukocyten und eine Abnahme der Lymphocyten eine Umkehr des Verhältnisses Lymphocyt und Leukocyt herbeiführen. Die Befunde KLIENEBERGERs und CARLs erklären sie mit der Tatsache, daß eine Hungerperiode von 12 Stunden zu kurz sei um diese Veränderungen hervorrufen zu können. Eine Neigung zu ähnlichem Verhalten sei ja auch schon aus den Befunden KLIENEBERGERs und CARLs zu erkennen.

Die weißen Blutkörperchen der Maus zeigen tinktoriell ein ähnliches Verhalten wie bei den übrigen Säugetieren. Wir unterscheiden folgende Zellarten: 1. Lymphocyten, welche wieder in große und kleine Formen unterteilt werden können: 2. polymorphkernige Leukocyten, die in die Gruppen von neutrophil, basophil und eosinophil granulierte Leukocyten zerfallen und 3. die Monocyten (auch große mononucleäre Zellen und Übergangszellen genannt). Es soll im folgenden eine kurze Beschreibung der einzelnen Zellen folgen, wobei wir uns wegen der großen Ähnlichkeit dieser mit den Blutzellen der übrigen Säugetiere meistens kurz fassen können.

β) Die Lymphocyten.

Die Lymphocyten bilden den Hauptbestandteil der weißen Blutzellen der Maus. Bei manchen Autoren werden die Zahlenverhältnisse für die großen und kleinen Formen gesondert angegeben, wobei allerdings Differenzen bei der Zurechnung mittelgroßer Formen nicht zu vermeiden sind. Doch hat auch eine Reihe von Autoren (HIRSCHFELD, SIMMONDS, LEVY, GOODALL) auf diese Unterteilung ganz verzichtet. Die Lymphocyten machen bei der Maus 34—91% der weißen Blutkörperchen aus (JAFFÉ). Die Durchschnittszahlen bewegen sich meist zwischen 50 und 60% (SIMMONDS). Der größte Teil (etwa $^3/_4$) gehört zu den kleinen Formen. Die großen Lymphocyten machen etwa 10—20% der Gesamtleukocyten aus. KLIENEBERGER und CARL vermissen bei einigen Mäusen allerdings große Lymphocyten ganz. Das Verhalten der Lymphocyten gegenüber verschiedenen bakteriellen und toxischen Noxen wurde wiederholt untersucht (lymphocytäre Reaktion, BERGEL und WALLBACH). Doch gehören diese rein experimentellen Arbeiten nicht in dieses Kapitel. Auch durch bösartige Tumoren werden sie in charakteristischer Weise beeinflußt (HIRSCHFELD, KABIERSKY u. a.). Bakterielle Infektion bewirkt eine Verminderung der Lymphocyten (MEYER).

Die kleinen Zellformen zeigen einen stark pyknotischen Kern ohne besondere Differenzierung verschiedener Kernteile. Seltener findet man kleine Lymphocyten mit etwas gebuchtetem und weniger pyknotischem Kern. KABIERSKY beschreibt neben den weniger differenzierteren stark pyknotischen Kernformen auch solche mit deutlich erkennbaren Chromatinschollen und intensiv gefärbten Kernkörpern. Nach unseren Untersuchungen sind die stark pyknotischen Kerne stark überwiegend. Azurgranulationen sind in den Mäuselymphocyten nicht sehr häufig. Die großen Lymphocyten zeigen fast immer einen hellen großen Kern, der die Zelle meist ausfüllt oder aber etwas exzentrisch liegt und so einen breiten halbmondförmigen Plasmasaum freiläßt. KABIERSKY rechnet solche Zellen, besonders wenn ihr Kern leichte Dellenform zeigt, stets zu den großen Mononucleären. Nach unseren Beobachtungen bietet die mehr homogene Verteilung des Chromatins im großen Lymphocytenkern gegenüber der feinwabigen Struktur des Monocytenkernes ein gutes Unterscheidungsmittel.

γ) Die Leukocyten.

Die Anerkennung der auch bei den übrigen Säugetieren gefundenen drei Zelltypen (neutrophil, eosinophil und basophil granulierte Leukocyten) für das Blut der Maus ist erst nach längeren wissenschaftlichen Auseinandersetzungen erfolgt und auch jetzt gibt es noch eine Reihe von Autoren, die diese Einteilung der polynucleären Leukocyten für unberechtigt hält. So sprechen KLIENEBERGER und CARL von ungranulierten und granulierten Leukocyten, wobei die Granula rein oxyphiler Natur sind. Dieselbe Ansicht äußert auch HIRSCHFELD in seinen ersten Untersuchungen des Mäuseblutes und er hält die ungranulierten Leukocyten für identisch mit den neutrophil gekörnten, die granulierten mit den eosinophilen gekörnten Zellen. Der Begriff der ungranulierten Leukocyten bei der Maus hat sich bis auf den heutigen Tag erhalten (SIMMONDS).

Die neutrophilen, polymorphkernigen Leukocyten. Sie kommen bei der Maus in einem Prozentsatz von 8—57$\frac{1}{2}$ % vor (GOODALL). Der mittlere Durchschnittswert beträgt 35—40%. Bei gewissen Infektionen sowie bei malignen Tumoren erfährt ihre Zahl eine Erhöhung, wobei Zellen mit jugendlichen Kernbildungen auftreten (MEYER-HIRSCHFELD). Auch beim Hungertier soll sich ihre Anzahl bedeutend erhöhen (bis 80% nach KNORR-MEYER).

Der Kern dieser Zellen ist meist zusammenhängend. Seltener findet man einzelne, nur durch dünne Brücken miteinander verbundene Kernstücke. Außerordentlich auffällig ist der starke Chromatinreichtum des Kernes. Dieses ist ungleichmäßig verteilt, so daß der Kern einen zerbröckelten Eindruck macht (KABIERSKY). KLIENEBERGER und CARL beschreiben ihn sehr treffend als ungleich pyknotisch, so daß bei dem vielfach verschlungenen und gewundenen Kernstab dichtere und dünnere Kernmassen abwechseln. Das Protoplasma der Zellen ist im Giemsapräparat zart rosarot gefärbt und zeigt deutlich feinste Granulierung. Diese Granulation ist nicht bei allen Leukocyten gleich zu beobachten. Bei manchen Zellen zeigt das Protoplasma ein scheinbar homogenes Aussehen. Die Granula sind meist relativ spärlich, äußerst zart und blaß und haben einen bläulich, hellvioletten Ton im Gegensatz zu den Granulationen der übrigen Säugetiere. Oft finden sich nur 2—3 solche Körnchen in der Zelle. Dieser von uns wiederholt erhobene Befund ist in der Literatur nicht allgemein anerkannt. Doch beruhen die negativen Befunde (KABIERSKI, HIRSCHFELD, PAPPENHEIM) auf einer mangelhaften Technik, wie dies MECINCESCU, NIEGOLEWSKI, GOODALL und SCHIFFONE übereinstimmend zeigen konnten. Auch HIRSCHFELD gibt in einer späteren Arbeit das Vorhandensein der Granulationen zu.

Die eosinophilen Leukocyten. Sie kommen im Mäuseblut in einem Prozentsatz von 0—3% vor. Bei bakteriellen Infektionen verringert sich ihre Zahl (MEYER). Bei parasitären Infektionen, die bei der Maus sehr häufig zu finden sind, steigt sie (LEVY). Auffallend viele Zellen zeigen Ringkernformen, andere wieder die gewöhnliche zwerchsackförmige Kernform. Die Granula dieser Kerne sind schon im Vitalpräparat leicht zu erkennen. Sie sind sehr dicht aneinandergereiht und erfüllen oft das Plasma wie eine kompakte Masse. Im Giemsapräparat färben sie sich düsterrot. KLIENEBERGER und CARL heben die wechselnde Größe der einzelnen Granula hervor. Die Granula erscheinen rundlich bis ovoid, auch stäbchenförmige Granulationen kommen vor. JAFFÉ hebt als hauptsächlichsten Unterschied der eosinophilen Leukocyten der Mäuse gegenüber den eosinophilen Leukocyten der übrigen Säugetiere die gelegentliche Ringkernform, die düsterrote Granulafärbung und das häufige Fehlen des basophil gefärbten Plasmasaumes hervor.

Die basophilen Leukocyten. Angaben über das Vorkommen von basophilen Leukocyten im kreisenden Blute der Maus finden sich erst in der neueren Literatur, während ihr Vorkommen im Knochenmark schon seit längerer Zeit bekannt war. KLIENEBERGER und CARL sowie SIMMONDS geben ihre Zahl mit höchstens $\frac{1}{2}$—1% an. Alle anderen Autoren vermissen sie. JAFFÉ hebt ausdrücklich hervor, daß Blutmastzellen im Mäuseblute nicht vorkommen; nur im Herzblut der Mäusefeten kommen sie gelegentlich vor. An Gestalt, Größe und färberischem Verhalten sind die basophilen Leukocyten der Maus den Mastzellen des Menschen und der größeren Säugetiere sehr ähnlich, und es erübrigt sich eine gesonderte Besprechung. Die Granula sind sehr grob und spärlich.

Die Monocyten sind bei der Maus unter den verschiedensten Namen beschrieben worden. KABIERSKY und andere beschreiben sie als große mononucleäre Zellen, SIMMONDS und KLIENEBERGER und CARL sprechen von Monocyten. Wir finden sie im Mäuseblut in einem Prozentsatz von $0,12\%$ (HIRSCH-FELD). Ihre Durchschnittszahl beträgt 6—7%. Es handelt sich um große Zellen mit großem, hellem Kern, der ein zartes feinwabiges, manchmal auch gröber netzartiges Chromatingerüst besitzt. Der Kern zeigt nur relativ selten eine schöne Ringform, meist besitzt er eine Eindellung (Lappung). Oft aber finden wir auch hufeisenförmig gebogene Stabkerne. KABIERSKY beschreibt auch Loch- und Ringkerne. KLIENEBERGER und CARL zählen solche Formen mit gelapptem und zwerchsackförmigem Kern zu den Übergangszellen und betonen die Seltenheit runder Monocytenkerne bei der Maus. Der Kern füllt die Zelle meist fast ganz aus, manchmal ist auch ein größerer Plasmasaum zu erkennen. Dieser ist dann von zarter, hellgrauer Farbe und frei von Granulation. Azurgranula kommen bei Mäusemonocyten viel seltener vor als bei den Lymphocyten.

5. Die Thrombocyten.

KLIENEBERGER und CARL zählten im arteriellen Blut der Mäuse 157 000 bis 620 000 (Mittelwert 284 810). Durch geeignete Färbung (nach JENNER und GIEMSA) läßt sich eine Innen- und Außenzone differenzieren. Die Außenzone ist stark hellblau, die Innenzone schmutzig-violett gefärbt. KABIERSKY schildert sie als besonders klein und will eine besondere Eigenart der Mäusethrombocyten darin erblicken, daß sie sich leicht zu Häufchen zusammenlegen. Nach unseren Untersuchungen unterscheiden sie sich fast gar nicht von den Thrombocyten der übrigen Säugetiere.

b) Biologische Untersuchungen.

1. Die Blutmenge.

Diese wird von ISAACS auf beiläufig 2—$2^1/_2$ ccm geschätzt. WELKER gibt nach seinen Untersuchungen an 5 Tieren das Verhältnis von Blutmenge zu Körpergewicht mit 1:13,1 im Mittel an. Der mittlere Prozentgehalt, bezogen auf das Körpergewicht, beträgt $7,6\%$. Die Grenzwerte der Verhältniszahlen betragen 1 : 15,7 und 1 : 11,8. Mit der gleichen Methodik bestimmten JOLLY und LAFOND die Blutmenge der Maus mit $5,4$—$8,2\%$ Körpergewicht (im Mittel $6,6\%$). Das Verhalten von Blutmenge zu Körpergewicht beträgt 1 : 18,4 bis 1 : 12,2 (Durchschnittswert 1 : 15,3). Die Untersuchungsergebnisse beider Autoren stimmen also gut überein.

2. Die Resistenzbestimmung der roten Blutkörperchen.

Resistenzbestimmungen der Maus wurden von RYWOSCH, KABIERSKY und von uns durchgeführt. RYWOSCH fand für die graue Maus eine beginnende Hämolyse der roten Blutkörperchen bei $0,61\%$ NaCl-Lösung, eine komplette Hämolyse bei $0,45\%$iger Kochsalzlösung. Die Resistenzbreite betrug 0,16. Die Zahlen stimmen mit den Ergebnissen von KABIERSKY und von uns annähernd überein.

Tabelle 14.

Tier Nr.	Beginnende Hämolyse	Komplette Hämolyse	Resistenzbreite	Tier Nr.	Beginnende Hämolyse	Komplette Hämolyse	Resistenzbreite
1	0,58	0,40	0,18	5	0,60	0,42	0,18
2	0,58	0,42	0,16	6	0,58	0,40	0,16
3	0,60	0,42	0,18	7	0,56	0,38	0,18
4	0,58	0,42	0,16	8	0,60	0,40	0,20

3. Die Senkungsgeschwindigkeiten der roten Blutkörperchen.

Bestimmungen wurden an der Maus bis jetzt unseres Wissens nicht durchgeführt.

4. Die Gerinnungszeit.

Die Versuche von Klieneberger und Carl zeigen in sehr schöner Weise die außerordentlich rasche Gerinnbarkeit des Mäuseblutes. Schon nach 24 bis 40 Sekunden ist das erste Auftreten der Gerinnungsreaktion zu merken und nach 1 Minute 45 Sekunden bis 3 Minuten 35 Sekunden ist die Gerinnung des Blutes komplett.

c) Pathologische Befunde.

Das pathologische Blutbild der Maus wurde bis jetzt nur sehr wenig studiert. Die meisten dahinzielenden Untersuchungen sind wegen ihrer rein experimentellen Basis für das Kapitel dieses Buches nicht geeignet; soweit aus ihnen über das pathologisch-physiologische Verhalten des Mäuseblutes Schlüsse gezogen werden können, haben wir sie schon früher erwähnt. In diesem Kapitel sollen die Einschlußkrankheiten der Mäuseerythrocyten und die Leukämie der Maus besprochen werden.

1. Die Grahamellen.

Die von Graham Smith im Blute von Maulwürfen zuerst beschriebenen stäbchenförmigen Einschlußkörperchen der Leukocyten (Grahamella talpae) wurden auch bei Mäusen gefunden. Die folgende Übersicht über die beschriebenen Grahamellaarten bei der Maus ist dem Kapitel ,,Bartonella'' im Handbuch von Kolle-Wassermann von Lauda entnommen.

Name	Tier	Ort	Verfasser
Gr. muris musculi iberica Parswanidre 1925	Mus musculus	Transkaukasien Rußland	Parswanidre, 1925 Marloff, 1926
Gr. musculi Benoit Basil 1920	Mus musculus var albinos	Frankreich	Benoit Basil, 1920
	Gelbmaus (sp.?)	Kamerun	Provazek, 1913
	Fieldmouse (sp.?)	England	Cols, 1914

Die zitierten Grahamellaarten unterscheiden sich morphologisch voneinander sehr wenig. Meist handelt es sich um innerhalb, selten außerhalb der Erythrocyten liegende, mit Giemsa leicht färbbare stäbchenartige Gebilde, deren Spezifität von einigen Autoren (Brumpt u. a.) überhaupt angezweifelt wird, die sie als identisch mit den später zu beschreibenden Bartonellen erklären. Ihnen gegenüber betont eine andere Reihe von Autoren (unter ihnen Schilling und Bruyhoghe und Vassiliades) die Verschiedenheit der Grahamella von den Bartonellaarten. Als wichtige Unterschiede werden besonders angeführt:

ein verschiedenes morphologisches Verhalten, das Lageverhältnis zum Erythrocyten, das tinktorielle Verhalten sowie der verschiedene Effekt der Splenektomie
und von Arsenderivaten auf Grahamella und Bartonella. Sichere Unterscheidungsmerkmale sind nach LAUDA nicht bekannt, und es erscheint nach seinen
Ausführungen durchaus möglich, daß die spätere Forschung Grahamella und
Bartonella zu einer Gattung vereinigt, oder aber daß ein genaueres Studium
der verschiedenen Arten Differenzen nachweisen läßt, welche der jetzt gangbaren und von den meisten Autoren akzeptierten Trennung erst eine definitive
Grundlage geben werden.

2. Die Bartonellen.

Als Bartonella musculi wurde von SCHILLING 1928 ein der Bartonella canis
sehr ähnliches Gebilde beschrieben, nur sind diese Stäbchen viel feiner und
spärlicher im einzelnen Erythrocyten, sind aber in ihrer oft starren Form und
Lage durchaus verwechselbar. Da diese Gebilde nur nach Splenektomie zu
finden waren, paßt ihre Beschreibung ebenso wie die der Bartonella muris
Noguchi nicht in den Rahmen dieses Buches, doch sollen beide Arten kurz erwähnt werden, da die analoge Bartonella von ZÜLZER auch im Blute nicht-
splenektomierter Tiere vorkommt. Von diesem wurden nämlich als Spontaninfektion der Feldmaus (Arvicola arvalis) bartonellaartige Einschlußgebilde
beschrieben, die unter den in Grunewald auftretenden Mäusescharen bei 80—90%
der Individuen gefunden wurden. Die Infektion konnte sowohl im Frühjahr wie
im Sommer und Herbst festgestellt werden. Die Einschlußkörper waren vorwiegend innerhalb der Erythrocyten zu finden, und zwar in wechselnder Anzahl (1—13). Die Einschlußkörperchen färben sich nach GIEMSA leuchtend rot.
Im Vitalpräparat sind sie farblos und im Blutkörperchen durch ihre starke
Lichtbrechung kenntlich. Sie können 0,2—0,3 μ lang werden. Bezüglich ihrer
näheren Beschreibung sei auf die ausführliche Arbeit ZÜLZERs verwiesen.

3. Eperythrozoon coccoides.

Gelegentlich seiner Übertragungsversuche mit Bartonella muris ratti beschrieb SCHILLING bei der Maus einen Einschlußkörper von scharf gezeichneter
feinster Ringform und von blasser, leicht rosa Färbung. Diese sind besonders
in zerfallenden Erythrocyten deutlich als kleinste kreisrunde Scheibchen zu erkennen, deren Ringform nur durch stärkere Lichtbrechung der Randlinie entsteht. Sie erscheinen also wie feinere blaßgefärbte oder auch farblose kokkenähnliche Körperchen. Daß sie aber nicht kugelig, sondern abgeflacht sind,
ergibt ihr anderes Aussehen am Rande des von ihnen befallenen Erythrocyten.
Sie erscheinen dann wie ein viel stärker gefärbter und scharfer Purpursaum,
der den polychromatischen Erythrocyten der Maus kappenartig auf einer Seite
aufsitzt, oder aber ihn mit Unterbrechungen oder selbst geschlossen ringförmig
umgibt. Die am Rande stehenden Scheibchen sind ziemlich purpurrot gefärbt.
Fast immer lösen sich einzelne Exemplare aus der dichten Oberfläche am
Rande los und erscheinen dann scheibchenförmig. Besonders schön kommt die
wahre Gestalt der Gebilde zum Vorschein, wenn ein infizierter Erythrocyt
durch die Ausstrichtechnik aufgelöst. wurde. Es verwandeln sich dann alle die
dunkleren Pünktchen und Strichelchen, die man am Rande des gut erhaltenen
polychromatischen Erythrocyten erkennt, in kleine Scheiben von blasser Farbe.
Eine andere merkwürdige Eigentümlichkeit besteht in der Bevorzugung von
polychromatischen Erythrocyten, die meist der Makroform angehören. Die
Körperchen liegen auf ihnen entweder in der geschilderten kappenartigen Anordnung, indem sich eine große Anzahl von ihnen (etwa 20—40) pilzhutförmig

auf einer Seite ansammeln oder sie bilden einen dichten Rand, der durch dunkle Azurpurpurfarbe gegen die tiefblaue Färbung der meist sehr stark polychromatischen Zellen absticht. Es handelt sich ausschließlich um Oberflächenparasiten, bei denen diese Lage viel deutlicher zu erkennen ist als bei den Bartonellen. Für diese Einschlußkörper der Maus wird von SCHILLING der Name Eperythrozoon coccoides vorgeschlagen. Von DUNGER wurden ähnliche Gebilde als *Gyromorpha musculi* beschrieben. Es dürfte sich wohl um identische Paragebilde handeln. Sie sind von der Bartonella und von der Grahamella verschieden und bilden eine spontane Infektion des Mäuseblutes. Durch Entmilzung kommt es zu einer bedeutenden Vermehrung der Gebilde. Die Übertragung auf infektionsfreie Mäuse ist gelungen. Besonders schön gelingt sie auf splenektomierte Tiere.

Literatur.

ADIE: Leucocytocoon bei Ratte und Maus. J. trop. Med. **1906.**

BERGEL: Zit. nach WALLBACH. — BETHE: Zahl und Maßverhältnisse der Erythrocyten. Diss. Straßburg 1981.

FURNO: Fol. haemat. (Lpz.) **11**, 252 (1909).

GOODALL: J. of Path. **14** (1909). — GULLIVER, JARDINE u. SELTYS: (a) Ann. of nat. hist. **17**, 200. (b) Edinburgh med. J. **65**, 497.

HIRSCHFELD: Beitrag zur Morphologie der Leukocyten. Virchows Arch. **149** (1897).

ISAACS: The effect of Arsenic etc. Fol. haemat. (Lpz.) **37** (1928).

JAFFÉ: Blutbild bei anämischer Nausea. Beitr. path. Anat. **68.** — JOLLY u. LAFOUD: Recherches sur la quantité du sang etc. Gaz. méd. **1877,** 349.

KABIERSKY: Fol. haemat. (Lpz.) **20.** — KERTI u. STENGEL: Über die Einwirkung des Bilirubins auf das Blutbild der weißen Maus. Z. exper. Med. **1930.** — KLIENEBERGER u. CARL: Das Blut der Laboratoriumstiere. — KNORR u. MAYER: Die weiße Maus als Versuchstier. Zbl. Bakter. **1**, 99, 176 (1926).

LANGE, W.: Untersuchungen über den Hämoglobingehalt, Zahl und Größe der Erythrocyten. Zool. Jb., Abt. Allg. Zool. **36** (1929). — LAUDA u. HAAM: Über ein neues, nach Splenektomie auftretendes Krankheitsbild der weißen Maus. Z. exper. Med. **60** (1928). — LEVY, M.: Das Blutbild der Maus und Ratte. Fol. haemat. (Lpz.) **32** (1926).

MECINCESCU, C. W.: Arch. internat. Méd. expér. **5**, 562 (1902). — MEYER: (a) Pathologie der Haustiere. Fol. haemat. (Lpz.) **30** (1924). (b) Lymphocytäre Zustände der Mäuse. C. r. Soc. Biol. Paris **77**, 258. — MÜLLER, F.: Zit. nach FURNO.

NIEGOLEWSKI, C. W.: Inaug.-Diss. München 1894.

RYWOSCH: Vergleichende Untersuchungen über die Resistenz der Erythrocyten. Arch. f. Physiol. **116**, 229 (1907).

SCHIFFONE: Contributione alle morfologia comparata etc. Napoli 1907. — SCHILLING: Eperythrozoon coccoides. Klin. Wschr. **1928,** 1853. — SCHMIDT, G.: Die Diagnose verdächtiger Flecken in Kriminalfällen. 1848. — SEYFARTH, C. u. JÜRGENS: Untersuchungen über das Vorkommen der roten Blutkörperchen bei Embryonen und Neugeborenen. Virchows Arch. **266** (1927). — SIMMONDS: The blood of the normal mice. Anat. rec. **30**, 99—106.

WALLBACH: Zur Frage der lymphocytären und monocytären Reaktion bei weißen Mäusen. Virchows Arch. **267** (1928). — WELKER: Größe, Zahl und Volumen der verschiedenen Erythrocyten. Z. ration. Med., 3. R. **20**, 264 (1863).

ZÜLZER: Über eine bartonellaartige Infektion der Feldmäuse. Zbl. Bakter. Ref. **102,** 450 (1927).

B. Knochenmark.

Mit 1 Abbildung.

I. Kaninchen.

Von EMMERICH HAAM, Wien.

Die Technik der Herstellung von Knochenmarksausstrichen beim Kaninchen ist sehr einfach. KLIENEBERGER und CARL empfehlen den Femur des Tieres mit einem Nadelhalter mit breiten, platten Enden zu quetschen und den Marktropfen (rotes Mark) zum Ausstrich zu verwenden. SABIN gewinnt unter Schonung des Lebens des Tieres kleine Partikel Knochenmarks durch Trepanation des freigelegten Femurs und Auskratzen der Markhöhle mit einem scharfen Löffel. Die Färbung der Ausstriche erfolgt nach den bekannten Methoden.

Im Knochenmark des Kaninchens unterscheiden wir folgende Zellen: Myeloblasten, Promyelocyten, Myelocyten mit verschiedener Granulation, jugendliche und Stabkernformen sowie polymorphkernige Leukocyten, große und kleine Lymphocyten, Monocyten, Knochenmarksriesenzellen und Normoblasten. Die Zusammensetzung des Knochenmarks ist aus folgenden Tabellen ersichtlich. Tabelle 1 zeigt einen Vergleich zwischen Blut und Knochenmark bei drei Tieren, Tabelle 2 Vergleiche mit Differentialzählungen aus dem Marke kurzer und langer Knochen. Nach WITTS und WEBB werden solche Differentialzählungen nach folgender Technik verfertigt:

Der Femur wird etwas oberhalb des Zentrums trepaniert und eine Pasteurpipette in der Markhöhle in der Richtung gegen den Femurkopf vorgestoßen, bis eine Flüssigkeit von Blut-, Fett- und Knochenmarkszellen erhalten wird. Diese wird dann nach der Methode der gewöhnlichen Blutkörperchenzählung in der Zählkammer ausgeführt.

Wie aus der folgenden Tabelle ersichtlich, sind die Gesamtzahlen der weißen Knochenmarkszellen bedeutend höher als die Leukocytenzahlen des Blutes und erreichen oft das Drei- bis Sechsfache der Blutwerte.

Tabelle 1.

Kaninchen	Material	Gesamtsumme	Technik	Polymorphkern.	Myelocyten	Myeloblasten	Primärzellen	Lymphocyten	Monocyten	Erythroblasten	Rest
1111	Ohrvene	7500		39,3%	—	—	—	56,0%	3,3%	—	1,3%
			Supravit.	2950				4200	250	—	100
			LEISHMAN	35,0%	—	—	—	61,5%	2,5%	—	1,0%
				2625	—	—	—	4610	190		75
	Knochenmark	—	Supravit.	17,5%	25,5%	0,5%	—	2,0%	1,0%	53,5%	—
			LEISHMAN	23,6%	9,0%	7,6%	—	9,3%	1,6%	48,6%	
1222	Ohrvene	6000	LEISHMAN	34,5%	—	—	1,0%	55,5%	9,0%	—	
				2070			60	3330	540		
	Knochenmark	17000	Supravit.	38,0%	9,0%	—	0,5%	24,5%	5,5%	22,5%	
				6460	1530	—	85	4165	935	3825	
			LEISHMAN	29,0%	4,0%	1,5%	1,5%	26,5%	6,5%	30,5%	0,5%
				4930	680	255	255	4505	1105	5185	85
1226	Ohrvene	6200	LEISHMAN	54,5%	—	—	—	40,0%	5,5%	—	
				3380	—	—		2480	340	—	
	Knochenmark	36000	Supravit.	36,5%	12,5%	—	—	22,0%	2,5%	26,0%	0,5%
				13140	4500	—		7920	900	9360	180
			LEISHMAN	35,0%	15,0%	2,0%	—	21,0%	2,0%	25,0%	—
				12600	5400	720		7560	720	9000	

Aus der Tabelle geht deutlich das starke Überwiegen der Zellen der Myelocytenreihe hervor. Das Verhältnis der reifen polymorphkernigen Leukocyten in Blut und Mark beträgt etwas weniger wie 2 : 1. Auch die Lymphocyten sind im Knochenmark sehr stark in der Minderzahl. Besonders hervorgehoben wird von WITTS und WEBB, im Gegensatz zu den älteren Autoren, das seltene Vorkommen der Monocyten im Knochenmark. Beide Autoren arbeiten mit der Supravitalfärbung nach SABIN und führen die früheren hohen Monocytenwerte auf Verwechslung mit den Myeloblasten und Primärzellen zurück, welche Verwechslung durch die Methode der Supravitalfärbung ausgeschlossen ist.

Tabelle 2. *Knochenmarksentnahme beim lebenden Tiere.*

	Myelo-blasten	Promye-locyten	Myelo-cyten	Jugend-liche	Stab-kernige	Segmen-tierte
Sternum	4	50	5	11,0	14,0	16
Rippe	2	60	5	10,0	21,0	3
Tibia.	4	53	2	12,5	18,5	10
Femur	6	54	3	10,0	13,0	14

Nach dem Tode entnommen.

Sternum	1	58	2	15,0	16,0	8
Rippe	4	58	4	9,0	14,0	11
Femur rechts	1	53	1	11,0	24,0	10
Femur links	3	55	2	12,0	16,0	12
Tibia rechts	6	56	2	11,0	13,0	12
Tibia links:	4	59	2	19,0	18,0	8
Humerus.	4	62	2	11,0	12,0	9
Wirbel	3	62	1	11,0	15,0	8
Scapula	2	57	3	11,0	16,0	11

Tabelle 2 zeigt uns die gleiche Zusammensetzung des Differentialbildes im Marke verschiedener Knochen, ein Befund, den schon KLIENEBERGER und CARL allerdings nicht zahlenmäßig und nicht für so viele Knochen angedeutet haben. Auch bei Durchsicht unserer zahlreichen Präparate, die aus verschiedenen Kaninchenknochen verfertigt waren, konnten wir keine Unterschiede feststellen und müssen YAVAMOTO beipflichten, der die Gleichheit der Zusammensetzung des Markes beim Kaninchen in allen Knochen betont.

Die jüngste Zelltype, die WITTS und WEBB im Knochenmark des Kaninchens beschreiben, wird von ihnen Primitivzelle genannt. Es handelt sich um eine Zelle, die den großen Lymphocyten ähnlich ist, einen großen runden Kern mit hellem retikulären Chromatingerüst besitzt und dessen Plasma im Giemsapräparat schön hellblau gefärbt wird. Das Plasma enthält nie Granulationen, höchstens vereinzelt Vakuolenbildungen. Sie nimmt kein Neutralrot auf, wohl aber färben sich die Mitochondrien, die durch die ganze Zelle verstreut sind, gut mit Janusgrün. Aus dieser Zelle sollen sich dann je nach Art der verschiedenen Differenzierungsmöglichkeit die Zellen der lymphatischen, myeloischen und monocytären Reihe entwickeln. Ihre Häufigkeit im Knochenmark beträgt 1—2%.

Die Myeloblasten des Kaninchens ähneln sehr denen des Menschen; ihr Zellkern ist vielleicht etwas kleiner und das Plasma etwas reicher. Auch die sog. polsterzipfelartigen Ausstülpungen haben wir in unseren Präparaten nie finden können. Nach KLIENEBERGER und CARL kommen sie besonders häufig im Rippenmark vor. MAXIMOFF, der als erster die Entwicklung des Knochenmarks bei Säugetieren studierte, beschreibt diese Zellen beim Kaninchen als indifferente Zellen von lymphocytärem Charakter. Sie ist identisch mit der späteren Bezeichnung Myeloblasten (SCHRIDDE-WEIDENREICH). Schon MAXIMOFF beschreibt oft auffallend kleine Myeloblasten, ein Befund, den wir durchaus bestätigen können. Merkwürdigerweise können wir sogar sagen, daß die Kaninchenmyeloblasten fast durchwegs kleiner sind wie die nächst ältere Zellform, die Myelocyten. Nach unserer Auffassung ist ihre Kleinheit oft durch den relativ kleinen Zellkern bedingt, dessen Größe zwischen dem der Primitivzellen und der Myelocyten liegt und der uns chromatinreicher erscheint als beide anderen Kerne. Auch das Plasma ist wesentlich dunkler gefärbt als das der Primitivzelle. In der Supravitalfärbung verhält sich der Myeloblast wie die Primitivzelle.

Die Myelocyten des Kaninchens haben alle einen großen, runden oder gebuchteten, evtl. auch gelappten Kern, der sich oft auffallend schlecht mit Farbstoffen tingiert und im Giemsapräparat meist sehr blaß erscheint. Die Granula sind sehr dicht und bereits weitestgehend differenziert. Am häufigsten finden sich die Myelocyten der spezialgranulierten Leukocyten (pseudoeosinophile Myelocyten), seltener die basophilen und weiter am seltensten die eosinophilen Myelocyten (KLIENEBERGER und CARL und eigene Beobachtungen). Die pseudoeosinophilen Myelocyten sind noch viel schwerer von den echten eosinophilen Myelocyten zu unterscheiden als ihre reifen polymorphkernigen Formen, da die Granulationen und auch die Kerne täuschend ähnlich sind und nur geringe Unterschiede in der Färbung des Plasmas eine Differenzierung beider Zellformen gestatten. Die pseudoeosinophilen Granula umgeben den Kern als dichten Mantel, ohne ihn aber dabei zu bedecken, oft sind sie auch gleichsam auf einen Teil des Plasmas zusammengedrängt, während der andere Teil wie leer erscheint. Die Körnchen haben meist deutlich ovoide, leicht wetzsteinartige oder runde Gestalt, sind von gleicher Größe und sind in größeren Zellen zahlreicher wie in kleineren. Wird die Zelle beim Ausstreichen verletzt, so finden wir die Granula frei im Präparat. Wichtig erscheint uns auch der Befund von basophilen Granulationen in pseudoeosinophilen Myelocyten. Wir können hiermit die Angaben ARNOLDS und anderer nur bestätigen. Bei einigermaßen guter Färbung sieht man ganz deutlich neben und auch mitten in der pseudoeosinophilen Granulation Granula von meist plumperer, aber auch zarter Gestalt, meist nur in geringer Anzahl, die deutlich basophile Tingierung aufweisen. Der Befund war bei allen Tieren und in allen Präparaten konstant. Wir haben dabei den Eindruck, daß die Granula auch in Form und Gestalt verschieden sind von den pseudoeosinophilen Körnern. Wir finden runde Formen bis kleine kurze Stäbchen, die Granula liegen oft auf dem Kern. Sie erscheinen absolut identisch mit den Granulationen der basophilen Myelocyten. Diese sind allerdings viel zahlreicher vorhanden und oft noch dunkler gefärbt. In der Supravitalfärbung finden wir die Zellen je nach ihrer Spezifität verschieden mit Neutralrot tingiert. Die Oxydasereaktion ist deutlich positiv.

Die im Knochenmark vorkommenden Jugendformen, stabkernigen und reifen Leukocyten haben dasselbe Aussehen wie im strömenden Blut. Zur Differenzierung der Lymphocyten und Monocyten verwenden WITTS und WEBBS die Supravitalmethode; bei den jungen (großen) Lymphocyten gruppieren sich die Mitochondrien um den Zellkern und es zeigen sich nur ein bis zwei Neutralrotpartikelchen im Plasma, während bei jungen Monocyten die Mitochondrien regellos über das ganze Plasma verteilt sind und sich allmählich die typische Neutralrotrosette ausbildet.

Die Knochenmarksriesenzellen sind beim Kaninchen sehr große Zellen mit zentralkernartigem Gebilde, das sich jedoch nicht scharf abgrenzt und eigentlich aus einer dicht granulierten Masse besteht, in deren Innerem manchmal eine Art von Kernstruktur (aber kleiner als die zentrale Masse) zu erkennen ist.

Der periphere Plasmasaum ist körnchenfrei und blau. Die Zelle zeigt oft verschiedene Fortsätze, und in jedem dieser Fortsätze findet sich ein Teil dieser
Granulamassen. Dieser Befund ist schon von OGATA ausführlich beschrieben
worden.

Als Stammzellen der Erythrocyten finden wir im Knochenmark Normo-
und Megaloblasten. Megaloblasten finden sich besonders im Blute junger
Kaninchen und zeigen beim embryonalen Kaninchen vorwiegend rein basophiles
hämoglobinfreies Plasma (PAPPENHEIM). Normoblasten sind seltener basophil
gefärbt. Die Kerne zeigen schöne Radspeichenstruktur und auch zahlreiche
Mitosen sowie alle Formen der Karyokinese. Bei embryonalen oder ganz jungen
Kaninchen überwiegen die roten Blutzellen (PAPPENHEIM). Von den weißen
Zellen sind die ungranulierten in der Mehrzahl, weshalb PAPPENHEIM das Mark
embryonaler Kaninchen als ein myeloblastisches lymphocytotisches bezeichnet.

Die Fettzellen des Knochenmarks zeigen keinerlei Besonderheiten.

II. Das Meerschweinchen.

Von ERNST FLAUM, Wien

Die Elemente des Meerschweinchenknochenmarkes dürfen in aller Kürze
abgehandelt werden, da ihnen besondere morphologische Eigenheiten fast
vollständig fehlen. Das Femurmark wird in der Hauptsache von weißen Blutzellen gebildet, die Erythrocyten mit ihren Vorfahren machen schätzungsweise
nur ein Viertel des Knochenmarkinhaltes aus. Fettzellen finden sich nur äußerst
spärlich.

Unter den weißen Blutzellen überwiegen die rundkernigen Formen, die
ungefähr zu gleichen Teilen der Agranulocyten- und der Granulocytenreihe
angehören. Für diese gilt die Einteilung in die Gruppen Neutrophile, Eosinophile
und Basophile nach jenen Gesichtspunkten, die im Kapitel Blut dargestellt sind.
Wiewohl schon bei flüchtiger Betrachtung die relativ große Zahl echter eosinophil
gekörnter Zellen auffällt, bilden doch die neutrophilen (pseudoeosinophilen)
Zellen mit ihrer zarten, mehr unscheinbaren Körnelung die Mehrheit unter
den Granulocyten. Die gemeinsame Stammzelle, der Myeloblast ist ein äußerst
seltener Befund im Knochenmark des Meerschweinchens; etwas ältere Stadien
jedoch, Promyelocyten mit angedeuteter oder beginnender Körnelung, finden
sich schon weit reichlicher. Gerade zu jenen jüngsten Formen ist zu bemerken,
daß sie in der Mehrzahl neutrophile Granula haben, während unter den Eosinophilen meist erst die schon reiferen Myelocyten zur Beobachtung kommen.
Es macht den Eindruck, als ob die Entwicklung der neutrophilen Granula nur
sehr langsam vor sich ginge und zunächst nur wenige Körner innerhalb einer
Zelle gebildet würden, während bei den Eosinophilen die Entstehung der
Granula eine rasche, fast plötzliche zu sein scheint, so daß das Auftreten einzelner
Körner fast nie beobachtet wird, sondern die Zelle stets gleich das gewohnte
Bild zeigt, von Granulis dicht erfüllt ist. Die reiferen Formen, eosinophile und
neutrophile Metamyelocyten und insbesondere Leukocyten, bieten in ihrem
Verhalten nichts Auffälliges. Sie stehen an Zahl etwas hinter den rundkernigen
Formen zurück.

Entsprechend der Spärlichkeit basophiler Leukocyten im strömenden Blute
finden sich im Knochenmark Vertreter dieser Reihe weit seltener als eosinophil

und neutrophil gekörnte Zellen. Die Ansicht BENACCHIOs, der basophile Myelocyten im Knochenmark überhaupt vermißte, ist wohl nur so zu verstehen,
daß Zellen, deren Granula morphologisch mit den basophilen Granulis des
Menschen übereinstimmen, wohl im Knochenmark des Meerschweinchens fehlen,
doch meinen wir entschieden, daß jene im Abschnitt „Das Blut" geschilderten,
den tiefblau gefärbten, basophilen Granulis entsprechenden Körner einen wohl
spärlichen, aber regelmäßigen Befund darstellen. Es muß allerdings auch hier
ausdrücklich darauf hingewiesen werden, daß diese „basophilen" Granula größer
und weniger intensiv gefärbt sind, als wir es bei basophilen Granulis des
Menschen zu sehen gewohnt sind, und daß ihr Farbton graublau bis grauviolett
ist. Bei Jennerfärbung treten die Körner am deutlichsten hervor. Derart basophil
gekörnte Zellen sind etwa zu gleichen Teilen rundkernige und gelapptkernige.

Stets finden sich im Knochenmark des Meerschweinchens Kurloffkörperchen,
allerdings schwankt die Häufigkeit ihres Vorkommens hier noch weit mehr
von Individuum zu Individuum als im Blute. Manchmal sind sie so spärlich
vorhanden, daß ihre Auffindung erst nach längerem Suchen gelingt, während
sie wieder in anderen Fällen fast in jedem Gesichtsfeld in der Mehrzahl aufscheinen. Ihr Aussehen unterscheidet sie im allgemeinen nicht von jenen
Formen, die im Blute angetroffen werden, doch glauben wir im Knochenmark
häufiger etwas bizarr gestaltete Kurloffkörperchen zu finden, die dann meist
etwas kleiner, von einer größeren freien Zone umgeben sind. Wir möchten
diesen Befund dahin erklären, daß bei der üblichen Herstellungsart der Präparate
das Eintrocknen an der Luft rascher bei Blutausstrichen als bei Knochenmarksausstrichen erfolgt, da diese wohl oft in etwas dickerer Schicht angefertigt werden
und überdies ihre mehr zähe Grundsubstanz länger zum Trocknen braucht als
bei jenen die relativ geringe Plasmamenge. Dieser langsame Trocknungsvorgang
nun wäre die Ursache der stärkeren Retraktion des Kurloffkörperchens von
seiner ursprünglichen Wandung; zwischen ihr und dem derart geschrumpften
Kurloffkörperchen erscheint dann das erwähnte leere Spatium. Im gleichen
Sinne läßt sich die gröbere Ausfällung der Substanz des Kurloffkörperchens
in Knochenmarksabstrichen durch das langsamere Trocknen, das einer mangel-
hafteren Fixation entspricht, erklären. Auch dieser Umstand scheint also dafür
zu sprechen, daß jene Formen, wie wir sie in gefärbten Ausstrichen zu sehen
gewohnt sind, weitestgehend als Artefakte betrachtet werden müssen.

Unter den Agranulocyten überwiegen Monocyten und große Lymphocyten,
deren Unterscheidung vielfach auf Schwierigkeiten stößt. Kleine Lymphocyten
stellen einen spärlicheren Befund dar. Das morphologische Verhalten dieser
Zellen entspricht vollkommen dem menschlicher Zellen.

Auch die Vorstufen der Erythrocyten sind in ihrem Aussehen durchaus
unauffällig. In wechselnder Menge finden sich alle Übergänge von den vollständig ausgereiften Formen der roten Blutkörperchen über weniger oder mehr
polychromatisch gefärbte zu Normoblasten und Megaloblasten. Gerade diese
stellen ein großes Kontingent der gesamten erythropoetischen Zellen im Knochenmark des Meerschweinchens dar und stechen auch durch ihre intensive Färbung
in den Ausstrichen hervor. Es mag hier noch erwähnt werden, daß man kernhaltige rote Blutkörperchen, insbesondere Normoblasten, häufig in Gruppen,
Haufen und längeren Reihen angeordnet antrifft. Inwieweit es sich dabei um
Artefakte des Ausstriches handelt, ist allerdings schwer zu entscheiden.

Riesenzellen sind ziemlich spärlich. Ihre Form ist recht variabel, man findet
Zellen mit einem syncytialen Kerngebilde, in dem sich die einzelnen Zellkerne
nicht scharf voneinander trennen lassen. Manchmal ist die Zelle von einem
großen, relativ wenig gebuchteten Kern fast vollständig erfüllt, von dessen
Masse sich nur einzelne kurze Ausläufer abzulösen scheinen. In anderen Fällen

wieder finden sich in der Vielzahl vollständig voneinander getrennte, meist kleinere Kerne in der Zelle verstreut, derart, daß das Protoplasma nur zum geringsten Teil von Kernen erfüllt ist. Die Kerne färben sich in einem violetten Ton, demgegenüber sich die meist in der Zweizahl vorhandenen großen, bläulich tingierten Nucleolen sehr deutlich abheben.

Literatur.

BENACCHIO, G. B.: Gibt es bei Meerschweinchen und Kaninchen Mastmyelocyten, und stammen die basophil gekörnten Blutmastzellen aus dem Knochenmark? Fol. haemat. (Lpz.) **11** (1911).

III. Die Ratte.

Von ERNST FLAUM, Wien.

Mit 1 Abbildung.

Abstriche vom Femurmark der Ratte zeigen neben den im strömenden Blut vorkommenden Formen die ganze Skala unreifer Zellen bis hinauf zu den Myeloblasten und Megaloblasten. Myeloblasten sind nicht sehr zahlreich vorhanden und unterscheiden sich in ihrem morphologischen und färberischen Verhalten kaum von denen des Menschen. Der Zahl nach herrschen die Myelocyten vor, Zellen von beträchtlicher, jedoch schwankender Größe, deren runder Kern ein recht undifferenziertes lockeres Chromatingerüst enthält und die Zelle zu einem großen Teil ausfüllt. Bemerkenswert ist, daß die eosinophilen Myelocyten im Knochenmark weit zahlreicher vorkommen als es dem prozentuellen Verhältnis der eosinophilen Leukocyten im Blute entspricht; sie stellen etwa die Hälfte aller Myelocyten dar, während die andere Hälfte neutrophil granuliert ist und basophil granulierte Myelocyten sich nur sehr spärlich finden. Das Zellplasma der Myelocyten ist meist nur schwach basophil, bei den eosinophilen Myelocyten übrigens kaum zu sehen, da der Zelleib von den dichten eosinophilen Granulis strotzend ausgefüllt ist. Diese sind sehr grob und lassen bei tadelloser Giemsafärbung deutliche Farbunterschiede erkennen. In den relativ älteren Zellen (Myelocyten, Metamyelocyten) sind sie hell- bis leuchtendrot gefärbt und zeigen untereinander gleichartiges Aussehen. Die an ihrem weniger ausgereiften Kernchromatin als jünger erkennbaren eosinophilen Myelocyten bieten bezüglich ihrer Granulation ein bunteres Bild. Noch immer sind die Granula an ihrer Größe und Anordnung als eosinophile zu erkennen, doch zeigen einigen von ihnen eine weniger intensive Rotfärbung, viele tingieren sich violett, ja manche nehmen einen tiefblauen Farbton an. Die neutrophilen Granulationen, die bei Jennerfärbung häufig rosarot erscheinen, sind weniger dicht und sehr zart. Basophil granulierte Zellen finden sich nur gelegentlich in Knochenmarksabstrichen, wie sie ja auch in Blutausstrichen nur ausnahmsweise beobachtet wurden. Während, wie erwähnt, die Myelocyten etwa zur Hälfte neutrophil, zur Hälfte eosinophil gekörnt sind, überwiegen unter den gelapptkernigen Zellen die neutrophil granulierten etwa in dem gleichen Maße wie im strömenden Blut; ihre Kerne zeigen die bekannten Übergangsformen, Stabformen, Ringe, Schleifen usw.; basophile Leukocyten finden sich nur ganz selten.

Knochenmarksriesenzellen finden sich in wechselnder Häufigkeit, sie haben ein mächtiges Protoplasma, das sich nach GIEMSA blaugrau färbt und entweder vollkommen homogen oder leicht wolkig erscheint. Die meist zahlreichen Kerne sind klein und liegen, zu einem Haufen angeordnet, im Zentrum der Zelle. Gelegentlich findet man auch Zellen mit sehr großen Kernen, die nur in geringer Zahl vorhanden sind und die Zelle fast vollständig ausfüllen. Bei Durchmusterung weiterer Strecken eines Ausstriches fällt es oft auf, daß die Riesenzellen in Gruppen beisammenliegen und so den Eindruck eines cellulären Verbandes erwecken.

Ausgereifte Erythrocyten finden sich in den Ausstrichen nur sehr selten und sind wohl kaum als eigentliche Knochenmarkselemente anzusehen. Unter den unreifen Formen herrschen neben polychromatophilen Erythrocyten Normoblasten vor, die durch den charakteristischen Kern gekennzeichnet sind, und deren Plasma Basophilie verschiedenen Grades aufweist. Die Megaloblasten stehen hinter ihnen an Zahl weit zurück.

Neben diesen Formen, die den Zellen des menschlichen Knochenmarkes analog sind, finden sich noch eigentümliche Gebilde im Knochenmark der Ratte, auf die hier ihrer Sonderstellung wegen näher eingegangen werden muß. KLIENEBERGER und CARL beschreiben sie als „einzeln liegende, basophil sich tingierende Kügelchen und Kugelhaufen, deren einzelne kugelige Elemente gleiche Größe haben, die bei Jennerfärbung im Gegensatz zu den etwas violett sich färbenden Mastzellen dunkelblau sich tingieren. Wiewohl also Zellkontur und Zellkern fehlt, erinnern sie nach Form und Anordnung an Zellen. In der Nähe solcher Gebilde werden isoliert liegende Kügelchen häufiger angetroffen (am besten stellen sich die Kügelchen und Kugelhaufen nach JENNER und GIEMSA dar)". Aus dem Befund einzeln liegender Kügelchen neben Kugelkomplexen folgern die genannten Autoren ein Fehlen der Zellmembran, „wenn anders diese Kugelhaufen überhaupt mit Zellen identifiziert werden dürfen und nicht Kernreste darstellen". Ausgehend von der merkwürdigen Beobachtung, daß die Kugelhaufen beim Studium einiger Tausend Blutausstriche von mehreren hundert Ratten in keinem Falle gesehen wurden, wenn in der üblichen Weise Schwanzblut zur Untersuchung verwendet wurde, sich jedoch scheinbar konstant im Blute der Vena cava inferior fanden, haben LAUDA und FLAUM in Gemeinschaft mit CAMPANACCI diese Gebilde einer eingehenden Untersuchung unterzogen.

Die zunächst interessierende, höchst auffällige Tatsache, daß die Kugelhaufen sich anscheinend nur in bestimmten Gefäßabschnitten finden, wurde durch Kontrolle zahlreicher Blutausstriche aus den verschiedensten Zirkulationsgebieten studiert: dabei wurden nun zunächst recht verwirrende Befunde erhoben:

1. Im Femurmark fanden sich die Kugelhaufen am häufigsten, im Mark der anderen Röhrenknochen (z. B. Humerus) und kurzer Knochen (z. B. Sternum) wohl auch konstant, jedoch in geringerer Menge.

2. Ebenso wie im Schwanzvenenblut fehlten sie regelmäßig im peripheren Blut (Arterie und Vene) der Extremitäten.

3. In der Vena cava inferior knapp vor dem Durchtritt durch das Zwerchfell wurde fast ausnahmslos ein positiver Befund erhoben.

4. Wechselnd positive und negative Befunde ergab die Untersuchung anderer Venen der Bauchorgane (auch der mehr peripheren Anteile der Vena cava inferior), ebenso Blut aus dem rechten und linken Ventrikel.

Die vorerst unverständliche Verteilung in den einzelnen Gefäßabschnitten konnten LAUDA und FLAUM auf Grund ihrer Untersuchungen so erklären, daß es sich bei den in den Ausstrichen gefundenen Zellen um eigentlich blutfremde, aus dem Peritonealraum stammende Elemente handle, welche durch die gehandhabte Technik den Ausstrichen beigemengt waren. In analoger Weise konnten sie die Beobachtung von KLIENEBERGER und CARL, welche die Kugelhaufen auch in Leber und Milzabstrichen gefunden hatten, als durch die Präparation zustande gekommen deuten. Durch Ausspülen der Bauchhöhle, aber auch der anderen serösen Höhlen mit physiologischer Kochsalzlösung und Zentrifugieren der Spülflüssigkeit konnte LAUDA und FLAUM in dem so gewonnenen Sediment überaus zahlreiche Kugelhaufen finden und gewannen auf diese Art reichliches Material, diese nativ, bei vitaler Färbung und in fixierten Präparaten zu studieren.

Wenn KLIENEBERGER und CARL die celluläre Natur der Gebilde fraglich erschien, konnte diese von LAUDA und FLAUM einwandfrei erwiesen werden. Zusatz bestimmter Farbstoffe zu den in physiologischer Kochsalzlösung aufgeschwemmten Zellen führt bei geeigneter Verdünnung zu einer zunächst isolierten Färbung des *Kernes*, der erst später die Fixation des Farbstoffes an die Granula folgt, welche dann meist auch einen anderen Farbton aufweisen. Bezüglich des Verhaltens den einzelnen Farbstoffen gegenüber muß auf die Originalarbeit von LAUDA und FLAUM verwiesen werden. In den nach GIEMSA gefärbten Ausstrichpräparaten erscheinen die Zellen, soferne sie ganz intakt sind, als große, kreisrunde oder ovale Körper von dunkelblauer Farbe, die scharf oder leicht wellenförmig begrenzt sind und Einzelheiten nicht erkennen lassen. Die etwas geschädigten Zellen lassen deutlich ihre Zusammensetzung aus zahlreichen kleinen, kugeligen Gebilden erkennen, die je nach dem Grade der mechanischen Läsion der Zelle mehr oder minder weit in der Umgebung verstreut sind,

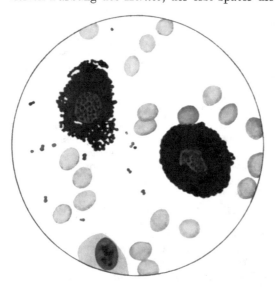

Abb. 86. Basophile Kugelhaufenzellen.
(Nach LAUDA-FLAUM.)

wobei der in der nicht zerstörten Zelle gänzlich von Granulis überdeckte Kern erst sichtbar wird (s. Abb. 86).

Oft findet man die Kügelchen unzusammenhängend über ein großes Areale verteilt und in ihrer Nähe den Kernrest. Die einzelnen Kügelchen sind etwa so groß wie eosinophile Granula oder etwas größer und tief dunkelblau gefärbt. Zum Unterschied von echten basophilen Granulis sind sie jedoch nicht wasserlöslich.

Zur Bestimmung der Natur dieser Granula wurden von LAUDA und FLAUM die verschiedensten Verfahren herangezogen, doch konnte nur eine Summe negativer Ergebnisse gewonnen werden, wie etwa, daß die Granula keine Lipoidstoffe, daß sie nicht wasserlöslich, daß sie nicht doppelbrechend, daß sie mit sauren Farbstoffen nicht färbbar sind, daß sie keine Eisenreaktion geben usw. Interessant ist wohl die Feststellung, daß die Oxydasereaktion der Granula stark positiv ausfällt.

Von Erwägungen allgemeiner Natur ausgehend, meinen LAUDA und FLAUM, daß die Granula nicht eine bestimmte Art von Spezialgranulation besonderer Knochenmarkszellen darsellen und geben der Vermutung Ausdruck, es könnte sich um sekundär in Makrophagen abgelagertes Material handeln. In diesem Zusammenhang sehen sie die Kugelhaufenzellen (dieser Name wird sowohl dem ursprünglich von KLIENEBERGER und CARL gebrauchten Wort „Kugelhaufen" als auch der nunmehr von LAUDA und FLAUM erwiesenen Zellnatur der Gebilde gerecht) nicht als echte Knochenmarkselemente an, sondern ordnen sie dem retikulo-endothelialen System im weitesten Sinn des Wortes zu. Das regelmäßige Vorkommen dieser Zellgruppe im Knochenmark und in den serösen Höhlen stellt jedenfalls eine Besonderheit dar, welche den Kugelhaufenzellen, ungeachtet der Tatsache, daß sie bei anderen Tieren als bei Ratte und Maus nicht gefunden wurden, bis zur vollständigen Klärung ihrer Natur allgemein physiologisches Interesse sichert.

Literatur.

CAMPANACCI: Particolare elementi cellulari a granulazione basofila nel ratto e nel topo. L'Ateneo Parmenese II. 1. 1930.

KLIENEBERGER u. CARL: Die Blutmorphologie der Laboratoriumstiere. Leipzig 1927.

LAUDA, E. u. E. FLAUM: Die basophilen Kugelhaufen im Knochenmark von Ratte und Maus. Fol. haemat. (Lpz.) 38, H. 2 (1929).

IV. Die Maus.

Von EMMERICH HAAM, Wien.

Wegen der Kleinheit des Tieres kommt für Knochenmarksausstriche nur der Femur in Betracht. Die Technik gestaltet sich am einfachsten so, daß man den Femur frei herauspräpariert, ihn mit einem Nadelhalter (KLIENEBERGER und CARL) quetscht und den herausquellenden Marktropfen ausstreicht. Dabei kann man ihn, um dünnere Ausstriche zu erzielen, mit einem Tropfen physiologischer Kochsalzlösung verdünnen.

Nach JAFFÉ findet sich bei der Maus während des ganzen Lebens, gut funktionierendes Knochenmark, eine Verwandlung in Fett- oder Gallertmark kommt unter physiologischen Verhältnissen bei der Maus nicht vor. Die Markhöhlen der langen wie der kurzen Knochen sind mit dicht aneinandergelagerten Zellmassen angefüllt. In folgender kurzer Tabelle geben wir einen Versuch einer Differentialzählung der Zellen des Knochenmarks nach JAFFÉ wieder.

Tabelle 3.

Tier	Myeloblasten	Neutroph. Myelocyten	Neutroph. Leukocyten	Eosinoph. Promyelocyten	Eosinoph. Myelocyten	Eosinoph. Leukocyten	Normoblasten	Erythrocyten	Riesenzellen
XV	11,2	25,4	13,2	14,2	4,2	4	21,4	18	1,2
XIX	23	12,1	0,8	0,8	0,2	0,3	38,0	24,3	0,5

Als jüngste Form der Granulocytenreihe beschreibt JAFFÉ eine verhältnismäßig große Zelle, die einen großen runden Kern mit lockerem Chromatingerüst und mit einem oder mehreren sehr deutlichen Kernkörperchen besitzt. Ihr Plasma ist ungefähr so breit wie die Hälfte des Kernradius, manchmal etwas breiter oder schmäler, stets aber deutlich stark basophil. Mit der Oxydasereaktion können im Plasma wenige feine blaue Körnchen festgestellt werden. Nach unserer Erfahrung ähnelt diese Zelle sehr den Myeloblasten des Menschen und der übrigen Säugetiere, nur ist ihr Kern meist etwas heller gefärbt und das Plasma vielleicht etwas breiter. Manchmal läßt der Kern in der Mitte eine hellere vakuolenartige Aufhellung erkennen. Es kommen auch leicht ovale Kernformen vor. JAFFÉ findet diese Zellen, die er Myeloblasten nennt, in einer Anzahl von 11,2 bis 23%.

Die Myelocyten der spezialgranulierten Leukocyten sind den Myeloblasten ziemlich ähnlich. Eine Granulierung des Plasmas ist sehr oft nicht zu sehen, so daß der wichtigste Unterschied zwischen beiden Zellstufen wegfällt. Das Plasma hat allerdings seine starke basophile Eigenschaft größtenteils eingebüßt und auch der Zellkern ist deutlich kleiner und füllt die Zelle nicht mehr so aus. Doch sind diese Unterschiede oft sehr undeutlich und eine Differenzierung der neutrophilen Myelocyten von den Myeloblasten oft sehr schwer. JAFFÉ gibt als gutes Mittel zur Differenzierung die Oxydasereaktion an, die bei den Myelocyten zahlreiche sehr schön tiefdunkelblaue Oxydasegranula erkennen läßt, während bei den Myeloblasten nur vereinzelte feine Körnchen zu sehen sind. Bei älteren Myelocytenformen (Metamyelocyten) fallen allerdings die Veränderungen des Zellkernes deutlich aus. Das Chromatinnetz wird viel grobmaschiger, und man gewinnt den Eindruck, als ob die Chromatinmasse zu größeren dichteren Partien zusammengeballt wird. Dabei behält der Kern noch lange Zeit seine rundliche oder ovale Gestalt. Sehr deutlich erkennbar sind die eosinophilen Myelocyten. Sie sind von verschiedener Größe, oft kommen sehr große Formen vor, haben einen fast immer runden und eher kleinen Kern, und das Plasma enthält meist sehr dicht oxophile Granulationen. Die Granula sind nach unserer Erfahrung fast stets rund, sehr groß und füllen die Zelle entweder ganz aus oder liegen an einem Punkt zusammengeballt. Basophile Körnchen, wie sie JAFFÉ zu sehen angibt, haben wir nicht finden können. Myelocyten kommen im Marke bis zu 31% vor. Nach unserer Erfahrung bilden die eosinophilen Myelocyten durchaus keinen so seltenen Befund.

Mit fortschreitender Reifung nimmt dann der Kern der Zelle alsbald eine plumpe, stäbchenförmige Gestalt an. Durch Abknicken kommt es zu hufeisenförmigen Bildern, wie wir sie bei den stabkernigen Zellen des Menschen und der Säugetiere zu sehen gewohnt sind. Nur erfolgt bei der Maus die Krümmung des Kernes derart, daß es durch Verschmelzung der beiden plumpen Kernenden zu Ringform des Kernes kommt. Diese Zellen mit Ring- oder Lochkernen sind für die Maus außerordentlich typisch. Man findet sie zahlreich im Knochenmark, aber auch gelegentlich im fließenden Blut. Dabei ist das Loch zuerst kleiner, später wird es durch Schrumpfung der Kernmasse größer, endlich zerfällt der Kern durch Abschnürung in einzelne Segmente. Während die mehr voluminösen Kerne schwache Tinktionsfähigkeit besitzen, sind die schmalen Kernringe meist sehr stark pyknotisch.

Ausgereifte neutrophile und eosinophile Leukocyten finden sich im Knochenmark ebenfalls, doch in relativ geringerem Prozentsatz. KLIENEBERGER und CARL beschreiben auch vereinzelte basophil granulierte Zellen mit großen, nicht sehr dicht stehenden Granulationen. Wir konnten diese Zellen in unseren Präparaten nicht finden. Alle diese Zellen geben mit Oxydase eine deutliche und schöne Reaktion.

Große und kleine Lymphocyten finden sich im Knochenmark ebenso wie im strömenden Blut. Die kleinen Lymphocyten kommen oft zu ganzen Klumpen geballt vor, die großen Lymphocyten liegen meist isoliert.

Sehr zahlreich sind im Knochenmark der Maus die Erythroblasten. Wir finden sie als Normoblasten nach JAFFÉ oft zu kleinen Häufchen geordnet. Der Kern ist dunkel und läßt nur undeutlich die radiäre Zeichnung erkennen, das Protoplasma fast ausschließlich stark basophil oder polychromatisch, alle Übergänge des kernhaltigen Erythroblasten zum kernlosen Erythrocyten

sind zu sehen. JAFFÉ schildert den Kernschwund durch Kernzerfall und intracelluläre Auflösung der Kerntrümmer. KLIENEBERGER und CARL beschreibt
auch Übergangsmegaloblasten. Auch wir konnten gelegentlich größere Normoblasten finden, ohne sie jedoch als Megaloblasten klassifizieren zu können.
Die Bezeichnung als Übergangsmegaloblasten scheint uns nicht vollkommen
begründet.

Riesenzellen (Megakaryocyten) kommen im Mäusemark 10—20 auf 1000
Knochenmarkszellen (JAFFÉ). Der Kern ist sehr stark gelappt und außerordentlich vielgestaltig. Die Kernmasse läßt sich nicht immer deutlich differenzieren (KLIENEBERGER und CARL). Die Größe der Riesenzellen schwankt
außerordentlich. Sehr oft finden sich Gebilde, die den Eindruck von Riesen-
zelltrümmern machen, die jedoch auch ein Protoplasma und eine kernähnliche
Innensubstanz besitzen. Um den Kern herum findet sich das Plasma oft mit
feinen azurophilen Granulis bestäubt (JAFFÉ). Die Riesenzellen der Maus
bilden sowohl, was Größe und Form anbelangt, ein ungemein wechselvolles Bild.

Literatur.

KLIENENBERGER und CARL: Die Blutmorphologie der Laboratoriumstiere. 2. Aufl.
Leipzig: J. A. Barth 1927.

C. Milz.

Von E. LAUDA und PH. REZEK, Wien.

Mit 6 Abbildungen.

I. Normale Anatomie.

a) Morphologie.

1. Maus.

Gewicht etwa 0,2 g. Die Milz ist nach MARTIN 1,5 : 0,3 : 0,2 cm groß;
diese Mittelzahlen werden nach unserer Erfahrung nach oben und unten wesentlich überschritten. Die von uns gefundene kleinste Milz beim ausgewachsenen
Tier war 0,7 : 0,55 : 0,3 cm groß. Die auf Grund der obigen Durchschnitts-
maße sich ergebende langgestreckte Konfiguration der Mäusemilz verändert
sich bei derart abnorm kleinen Maßen zur bohnenförmigen Gestalt. Die Farbe
der Milz ist rotbraun, ihre Konsistenz etwas höher als die der Leber. Die zahlreichen, makroskopisch, sichtbaren glasigen Aufhellungen des Parenchyms entsprechen den Follikellagern.

Im Querschnitt zeigt die Milz die Form eines Dreieckes, dessen Ecken dem
Durchschnitte des caudalen, des kranialen und des dorsalen Randes entsprechen.
Der caudale Rand ist etwas schärfer als die übrigen Ränder; am dorsalen Rand
inseriert das Gekröse. Die drei Milzränder laufen am oberen und unteren Pol
zusammen, wobei der untere mehr rundlich stumpf ist und der obere mehr spitz
ausläuft.

Der caudale Abschnitt der Milz ist bei Eröffnung der Bauchhöhle von vorne
häufig sichtbar. Der Hauptanteil liegt seitlich und hinter dem Magen und liegt
in breiter Ausdehnung der Wirbelsäule an.

Das am ventralen Rande inserierende Gekröse besteht aus zwei Blättern. Das vordere ist das dünne durchsichtige, nur spärliche Gefäße enthaltende *Ligamentum gastrolienale,* nach dessen Abtrennung man auf das hintere stößt, welches jenem freien Gekröseanteil des Nagetieres entspricht, in welchem das Pankreas eingebettet ist. Der Pankreasschwanz erreicht hier fast die Milz. Dieser letztgenannte bedeutendere Gekröseanteil steht mit dem Magen nicht in unmittelbarer Verbindung und es ist daher fehlerhaft, das Milzgekröse als Ligamentum gastrolienale zu bezeichnen, wie dies allgemein geschieht. Ein Milzhilus fehlt, der größte Teil der Milzgefäße findet sich im hinteren Blatte der beschriebenen Gekröseduplikatur.

Das vordere und das hintere Gekröseblatt vereinigen sich in der Höhe des oberen Milzpoles zu einem Ligament, welches vom Magen und oberen Milzpol kranial gegen das Zwerchfell zieht (Ligamentum phrenicolienale).

2. Ratte.

Gewicht etwa 1 g. Die Größe der Rattenmilz variiert außerordentlich. Mit Bartonellen infizierte, aber sonst gesunde Tiere haben zumeist mächtige Milzen (s. S. 248 Literatur bei LAUDA, SORGE, CANNON u. a.). MARTIN gibt als Durchschnittszahlen 3,5—4,5 cm Länge, 0,8—1,0 cm Breite und 0,5—0,6 cm Dicke an. Die übrigen Verhältnisse sind analog jenen bei der Maus (s. o.). In der äußeren Gestaltung ist nur der Umstand abweichend, daß auch der untere Milzpol im allgemeinen zugespitzt erscheint, und daß der caudale Milzkontur im Gegensatze zum geradlinig verlaufenden ventralen Kontur oft unregelmäßig geschwungen ist, so daß die Breite der Milz in verschiedenen Abschnitten etwas varriieren kann. Auch die Gekröseverhältnisse unterscheiden sich von denen bei der Maus in keiner Weise.

3. Meerschweinchen.

Gewicht etwa 0,5 g. Die Milz des Meerschweinchens ist ein plattgedrücktes Organ, welches sich durch seine Scheibenform von den Milzen der anderen Tiere wesentlich unterscheidet. Beim ausgewachsenen Tier sind die Maße nach MARTIN wie folgt: Länge 2,5—3,0 cm, Breite 0,8—1,0 cm, Dicke 0,3—0,4 cm, Zahlen, die wir bestätigen können. Durch die geringe Dickendimension ist die Dreiecksform des Querschnittes, wenngleich vorhanden, jedoch verwischt. Der ventrale, dem Magen zugekehrte Rand, an welchem das Gekröse ansetzt, ist aus dem gleichen Grunde stark abgestumpft und verliert sich gelegentlich in den caudalen Milzabschnitten vollständig. Der obere und der untere Rand sind deutlich abgerundet.

Die Gekröseverhältnisse sind analog denen bei den früher besprochenen Tieren, unterscheiden sich aber insoferne, als vorderes und hinteres Blatt der Mesenterialduplikatur außerordentlich kurz sind, so daß die Milz an den Magen fast unmittelbar fixiert erscheint. Ein schwaches Ligamentum phrenicolienale ist vorhanden.

Die Milzoberfläche ist bei guter Blutfüllung glatt, bei kontrahierter Milz deutlich granuliert.

4. Kaninchen.

Die relativ kleine Milz besitzt nach MARTIN beim erwachsenen Tiere — beim jungen ist sie etwas größer — folgende Maße: 5 cm Länge, 1 cm Breite und 3 mm Dicke. Gewicht etwa 0,1—0,3% des Körpergewichtes nach WALL. Nach MARTIN liegt die Milz in der Gegend der 10. bis 11. Rippe, bei reichlicher Magenfüllung 1—2 cm weiter caudal, und zwar caudolateral vom linken Teile der großen Magenkrümmung, mit der sie durch ein Lig. gastrolienale verbunden ist. Das dunkelbraunrot gefärbte Organ zeigt eine weiche Konsistenz, einen kranial abgerundeten Rand, während die übrigen Ränder scharf sind. Lgm. lienales sind nicht vorhanden.

b) Histologie.

1. Allgemeiner Teil.

Bei aller Ähnlichkeit im Milzbau bei *Maus, Ratte, Meerschweinchen* und *Kaninchen* ergibt ein genaueres Studium der Anatomie bzw. Histologie doch recht charakteristische Unterschiede, deren Kenntnis nicht nur vom vergleichend anatomischen Standpunkte interessant erscheint, sondern für den Tierexperimentator bei speziellen Fragestellungen zur Vermeidung von Fehlschlüssen bedeutungsvoll ist. Ehe wir die Verschiedenheiten im Milzbau der genannten Versuchstiere aufzeigen, erweist es sich zur leichteren Verständigung als notwendig, den Bau der Säugetiermilz im allgemeinen zu beschreiben, wobei im Rahmen des vorliegenden Buches nur das Wichtigste hervorgehoben werden kann. Vorausgeschickt sei, daß das Mysterium um den Bau der normalen Milz dank intensiver Arbeit besonders der letzten Zeit zum größten Teil geklärt wurde, daß insbesondere die seit jeher offene Frage der geschlossenen oder offenen Blutbahn in der Milz, ferner die Frage des Baues der Sinus, der Anordnung des Reticulums als entschieden betrachtet werden kann, daß aber nur eine genaue theoretische Kenntnis der Milzhistologie den Untersucher die verschiedenen Einzelheiten im mikroskopischen Bild richtig erkennen läßt, und daß speziell der weniger Erfahrene die verschiedenen Details nur bei bestimmter Technik wird erfassen können. Die Erkennung der Milzsinus, der Sinuswandstruktur z. B. kann nur im gut gespülten Präparat zur Darstellung gebracht werden, in gewöhnlichen Milzschnitten hat auch der Geübte Schwierigkeit, sie zu erkennen.

Zwei Bestandteile des Milzgewebes sind es vor allem, die eine oberflächliche Orientierung in dem kompliziert gebauten Organ gestatten, das Bindegewebsgerüst und die Gefäße, die übrigens untereinander in einem bestimmten Abhängigkeitsverhältnis stehen. Das Bindegewebsgerüst besteht aus der das Organ umfassenden bindegewebigen Kapsel und dem Trabekularsystem. Die Milzkapsel ist bei den verschiedenen Säugern verschieden stark entwickelt, sie besteht aus dichten Bindegewebsfasern, welchen glatte Muskelfasern und elastische Elemente zwischengelagert sein können; von ihr nehmen die Milzbalken oder Trabekeln ihren Ausgangspunkt, welche sich immer mehr verjüngen, von der Kapsel in das Milzgewebe einziehen und so das grobe bindegewebige Gerüst des Milzparenchyms darstellen. Auch diese Balken bestehen aus Bindegewebe, elastischen Fasern und muskulären Elementen. Die gröberen Milzbalken führen in ihrem Zentrum zu- und abführende Gefäße, bei den kleineren fehlt diese Beziehung zu den Gefäßen. Wie HARTMANN und BENNET jüngst zeigen konnten, tritt im Gerüst des Trabekularsystems insofern eine Regelmäßigkeit zutage, als die gröberen Trabekel die Milz in eine Art von ,,Kämmerchen'' zerlegen, wobei von einer scharfen, gegenseitigen Abtrennung derselben allerdings nicht gesprochen werden kann. Die Verhältnisse werden am besten mit dem Schema der genannten Autoren wiedergegeben, aus welchem hervorgeht, daß die Balken vielfach abgeplattet sind und so wandartige Gebilde repräsentieren. Auf die Frage, ob diesen ,,Kämmerchen'' eine Funktion als ,,Flutkammern'' zukommt, sei hier nicht eingegangen, nur betont, daß es bei einer Kontraktion der Milz zweifelsohne zu einer Verkürzung der Balken und unter mannigfacher Formveränderung zu einer Verkleinerung der Kammern kommen muß. Der Vergleich mit einem Schwamme (HUECK u. a.) ist sicherlich zutreffend. Zwischen den größeren und kleineren Trabekeln spannt sich das faserige Reticulum aus, welches die Milzpulpa dicht durchsetzt und welches mit den Adventitialscheiden der Gefäße und den venösen Sinus in bestimmte Beziehungen tritt. Auf dessen Einzelheiten wird später zurückgekommen werden.

Die größten Schwierigkeiten ergaben sich bei der Erforschung der Gefäßverteilung in der Milz, wobei speziell die Frage nach der offenen und geschlossenen Blutbahn lange Zeit Gegenstand heftiger Diskussion blieb. Auch diese schwer zu lösende Frage erscheint vor allem durch die treffliche Darstellung der Verhältnisse durch HUECK geklärt, auf dessen Ausführungen in den Verhandlungen der deutschen Gesellschaft für innere Medizin 1928 besonders verwiesen werden muß.

Die Milzarterie tritt zumeist bereits, in mehrere Äste aufgesplittert, am Milzhilus in das Organ ein. Die einzelnen Äste liegen nach ihrem Eintritt in das Parenchym der Milz, wie früher erwähnt, in den dicken bindegewebigen Scheiden, welche die Milzbalken repräsentieren, um sich in und mit diesen weiter zu verzweigen. Die Arterie ist von der Vene begleitet. Die Arterie verläßt ihre bindegewebige Hülle und trennt sich von der Vene, wenn der Durchmesser des Gefäßes auf ein bestimmtes Maß abgenommen hat (beim Menschen nach HUECK bei einem Durchmesser von 0,2 mm) und tritt nun in die Pulpa über, wobei sich in der Media und Adventitia des Gefäßes lymphatische Zellen einlagern, die die bekannten Lymphscheiden darstellen. An den Teilungsstellen der Arterie nehmen die Lymphscheiden an Masse zu, sie bilden ein Knötchen, das MALPIGHI*sche Körperchen,* welches die Arterie etwas exzentrisch umfaßt und dessen nähere Beschreibung später folgt. Unter Abgabe kleinerer arterieller Stämmchen innerhalb der Knötchencapillaren verjüngt sich diese sog. Zentralarterie des Lymphfollikels und verläßt schließlich nach völligem Verlust der Lymphscheide das Knötchen, um sich alsbald in der Pulpa in eine größere Anzahl kleinerer Gefäße, die Penicillargefäße, aufzusplittern. Für diese ist es charakteristisch, daß sie, wenigstens zumeist, alsbald mit einer Wandverdickung ausgestattet werden, welche diese kleinen arteriellen Stämme auf eine kurze Strecke hin als Hülsenarterien kennzeichnet. Diese Hülsen bestehen aus Bindegewebsfasern, die zur Achse des Gefäßes parallel verlaufen, zwischen welchen vereinzelte oder auch mehrere Kerne zu liegen kommen. Das ganze Gebilde hat meist elliptische Gestalt (Ellipsoid der englischen und amerikanischen Literatur). In nicht gespülten, mit Bindegewebsfärbung behandelten Schnitten sind diese Hülsen nicht ohne weiteres zu finden, bei Azan- oder Malloryfärbung erscheinen sie im Schnitt als dunkelblaue, wohl umschriebene, je nach der Schnittrichtung längliche oder auch rundliche Flächen mit Längsstreifung, in deren Zentrum die schmale, arterielle Capillare nachgewiesen werden kann. Diese besteht aus einem Endothelbelag, dessen Kerne nach HUECK in die Lichtung des Gefäßes auffällig weit hineinragen und welcher auf einem Häutchen zu liegen scheint. Muskuläre Elemente sind an der Hülsenarterie nicht mehr zu beobachten. Ob man die Hülsenarterie oder erst ihre Fortsetzung nach Verlassen der Hülse als Capillare bezeichnet — in der Literatur finden sich verschiedene Angaben —, ist von untergeordneter Bedeutung. Auch die Frage der Funktion dieser eigentümlichen Wandverdickungen der Milzarterie bzw. -capillare soll hier nur kurz berührt werden. Manche sprechen von einem Klappenventil, welches das Eindringen einer größeren Blutmenge unter größerem Druck in das Milzparenchym verhindert, manche erblicken in ihr eine Vorrichtung, bestimmt eine Rückstauung des Blutes aus der Pulpa in das arterielle System zu verhindern (Rückstromventil-OBERNIEDERMAYR). Nach MILES fehlen die Hülsen beim Kaninchen.

Nach HUECK hat die Auffassung einer Klappenfunktion viel für sich, er verweist aber auf die Untersuchungen von JÄGER, aus welchen hervorgeht, daß die arterielle Capillare die Hülse gelegentlich vermissen läßt, eine Tatsache, die übrigens auch wir auf Grund der Untersuchung zahlreicher durchspülter Milzen glauben bestätigen zu müssen. Wenn wir auch Serienschnitte in nur geringer Zahl angelegt haben, so ergaben sich doch hie und da Bilder, in welcher die arterielle Capillare in ihrer ganzen Länge getroffen schien, ohne daß eine Hülse zur Ansicht gekommen wäre. Auf die Theorie der Bedeutung der Hülsen einerseits als Wachstumszentrum der Milzpulpa und der arteriellen Capillaren und andererseits als Filterapparat sei ebenfalls hingewiesen und in diesem Zusammenhang vom histologischen Standpunkte, speziell auf die wieder von HUECK besonders betonten Spaltbildungen in den Hülsen hingewiesen, die ein in sich zusammenhängendes System darzustellen scheinen. Mit dem Blutweg durch die Lymphknötchen, mit dem arteriellen Capillarnetz der Follikel, den Knötchencapillaren haben sich in letzter Zeit besonders JÄGER und ONO, Schüler HUECKS, beschäftigt. Nach ihnen durchbrechen einzelne der Capillaren den Follikel, um nach Verlassen desselben zumeist hülsenfrei in die sog. Randzone des Follikels (siehe unten) umzubiegen. Ähnliche Verhältnisse sollen sich bei einem Teil der Penicillargefäße finden, die ebenfalls in der Richtung gegen den Follikel zurück umbiegen und sich in die Zone des Knötchenhofes begeben.

Der arterielle Schenkel der Milzzirkulation kann daher bis zu den folgenden Punkten verfolgt werden:

1. Penicillargefäße, die die Fortsetzung der Zentralarterie darstellen — Hülsencapillare — arterielle Capillare.

2. Penicillargefäße, welche in der Umgebung des Follikels in dessen Randzone enden.

3. Follikelcapillaren, welche zum Teil ebenfalls die Randzone erreichen.

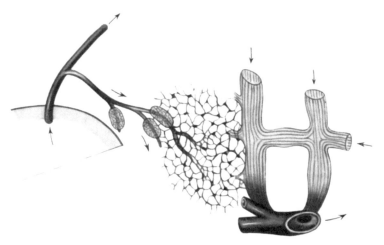

Abb. 87. Ungeordnete offene Blutbahn. (Nach HUECK.)

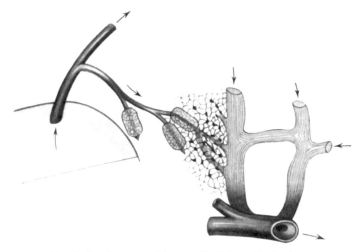

Abb. 88. Geordnete, geschlossene Blutbahn. (Nach HUECK.)

Die Hauptabzugskanäle für das venöse Blut stellen die bereits erwähnten Balkenvenen dar; es wäre nachzutragen, daß sie in ihren kleinen Ästen nicht im Balken, sondern diesem angeschmiegt verlaufen. Die Balkenvenen sammeln das Blut aus dem Sinus. Diese stellen Bluträume dar, welche dank dem eigentümlichen Bau ihrer Wand den Durchtritt von Erythrocyten in die Pulpa bzw. von der Pulpa gestatten, sie sind zumeist miteinander anastomosierende Schläuche.

Die Untersuchung von Schnitten von nicht gespülten Milzen zeigt nämlich, daß die Wand der Sinus im Querschnitt von einer Lage von Endothelzellen gebildet wird, deren Kerne weit in das Lumen des Blutraumes vorspringen. Die einzelnen kernhaltigen Elemente machen wenigstens den Eindruck von Endothelzellen, welche nahe aneinander gelagert eine kontinuierliche Begrenzung des Gefäßes darstellen. Die Sinuswand ist in diesen nicht gespülten Milzen häufig sehr schlecht zu sehen, da die umgebende Pulpa ebenso wie das Innere des Sinus gleichförmig mit Erythrocyten angefüllt ist; in der subkapsulären Region ist sie leichter zu finden. In gespülten Milzen erkennt man sie unvergleichlich deutlicher, und man hat hier auch zumeist nicht viel Mühe, längsgetroffene Sinus zu finden, in welchen bei entsprechender Färbung die Zusammensetzung der Wand aus längsgestellten „Milzfasern", die später von WEIDENREICH als „Stabzellen" bezeichnet wurden, klar zum Ausdruck kommt. Diese Stabzellen liegen nach EBNER und SCHUMACHER einer dünnen Membran auf (siehe auch OBERNIEDERMAYR). Es ist das Verdienst von MOLLIER, gezeigt zu haben, daß diese protoplasmatischen Längsfasern der Wand durch protoplasmatische Brücken verbunden sein können, die insbesondere bei denen der Sinuswand die Bildung eines Gitters bedingen, dessen Öffnungen vom Grade der Dehnung abhängig sind. Das sog. Endothel der Sinus bestände demnach nicht aus einzelnen Zellen, die in Kittlinien aneinander grenzen — Kittlinien konnten an den Sinus auch niemals gefunden werden—, sondern aus einem Syncytium. Dasselbe besteht beim Menschen nach MOLLIER fast ausschließlich aus längsgestellten Protoplasmafasern, es hat aber besonders HUECK darauf hingewiesen, daß auch hier zwischen den Längsstäbchen Querbrücken erscheinen. Bei bestimmten Tierarten sind die Querbrücken reichlich vorhanden. Neben diesen protoplasmatischen Brücken zwischen den Längsfasern hat man die retikulären Ringfasern zu unterscheiden, welche dem Pulpareticulum angehören und sich an die Sinus „faßreifenförmig" anlegen, Fasern, welche früher als selbständige Bestandteile der Sinuswand, als Ringfasern derselben aufgefaßt wurden, heute aber von den modernen Autoren dem Wesen nach als Bestandteile des Pulpareticulums zu betrachten sind.

Nach der überzeugenden Darstellung von MOLLIER, HUECK u. a. scheint es möglich zu sein, daß der Sinus bei entsprechend dichter Lagerung der Milzfasern eine geschlossene Wandung (s. Abb. 87), bei stärkerer Dehnung eine vielfach durchbrochene Membran darstellt, um schließlich in einen Zustand überzugehen, der im Aufbau dem Reticulum der Pulpa verwandt ist (s. Abb. 88). Der Milzsinus, speziell der eigentliche Bau seiner Wand, hat in der heiß umstrittenen Frage nach der offenen und geschlossenen Blutbahn eine besondere Stellung eingenommen. Bis vor kurzem standen sich die Verfechter der beiden gegensätzlichen Lehren schroff gegenüber. Nahmen die einen an, daß sich das Blut aus der arteriellen Capillare frei in die Pulpa ergieße und von hier durch Lücken der Sinuswand in diesen aufgenommen würde, so bestanden für die anderen direkten Verbindungen der arteriellen Capillaren mit dem Sinus; das Vorhandensein der roten Blutkörperchen in den Pulpamaschen wurde als Folge des Durchtrittes von Erythrocyten durch die durchlöcherte Sinuswand erklärt. Wie betont, hat MOLLIER den eigentümlichen durchbrochenen Aufbau der Sinuswand zuerst richtig erkannt, ohne daß er aber mit seinem Befund die in Rede stehende Streitfrage hätte lösen können. Eine Klärung war um so weniger zu erzielen, als die verschiedenen Autoren, allerdings auch bei verschiedener Technik (Injektionsverfahren, Milzspülung usw.) das eine Mal Bilder erhielten, welche offenbar unzweideutig eine direkte Kommunikation zwischen venösem und arteriellem Schenkel des Kreislaufes bewiesen, das andere Mal wieder Schnitte beobachteten, in welchen eine freie Auflösung der arteriellen Capillare in der Pulpa, ein freies Ergießen des arteriellen Blutes in die Pulpamassen fraglos bewiesen erschien. HUECK glaubt sowohl diesen wie jenen Bildern Rechnung tragen zu müssen und kam zur Überzeugung, daß die schon von STRASSER vermutete Annahme die richtige Erklärung sei, daß nämlich sowohl mit offenen als mit geschlossenen Bahnen gerechnet werden müsse. Ähnlich hatten sich auch schon andere Autoren, unter ihnen EPPINGER geäußert; der wesentliche Unterschied in den Anschauungen liegt aber darin, daß EPPINGER z. B. für bestimmte arterielle Capillaren offene Enden, für bestimmte direkte Kommunikation mit dem Sinussystem annahm, während die moderne Anschauung in der offenen oder geschlossenen Blutbahn den Ausdruck eines besonderen Funktionszustandes des Zirkulationsapparates in der Milz erblickt, die offene oder geschlossene Blutbahn als fakultative Zustandsbilder auffaßt.

MOLLIER hatte den eigentümlich durchbrochenen Aufbau des Sinus als erster richtig erkannt.

Wir haben früher darauf hingewiesen, daß die Pulpa vom bindegewebigen Reticulum durchzogen ist. Es ist nun von besonderer Bedeutung, daß nach MOLLIER und HUECK die retikulären Fasern, die Fortsätze der Reticulumzellen nicht runde Fäden, sondern häufig Membranen bilden, die nach den verschiedenen

Richtungen des Raumes ausgespannt, oft fadenartig dünne Wandungen darstellen, die miteinander anastomosieren. „Sie bilden ein System von Maschenräumen, die durch wechselnd große und verschieden geordnete Öffnungen (Fenster) miteinander verbunden sind." Zellgrenzen sind nicht zu sehen; das System muß als ein Syncytium aufgefaßt werden. Da eine Grenze des Protoplasmas oft nicht wahrgenommen werden kann, ist nach HUECK die Annahme naheliegend, daß die Form der Kammerwand wechseln kann, daß Quellungs- und Entquellungsvorgänge im Protoplasma Kammern gegeneinander abschließen, bzw. durch Verflüssigung der Scheidewände zu röhrenartigen Gebilden zusammenfließen lassen. Die Maschenräume werden als Blutkammern bezeichnet.

Nach der modernen Ansicht soll nun der Wechsel des „ungeordneten" Reticulums in das geordnete mit der Bildung der röhrenartigen Formationen die Erklärung dafür abgeben, daß je nach den speziellen Untersuchungsbedingungen von den einen Autoren eine offene, von den anderen eine geschlossene Blutbahn gefunden wird. Die Verbindung zwischen arterieller Capillare und Sinus wird das eine Mal durch das geordnete Reticulum in gleicher Weise gebildet wie durch eine unmittelbare Verbindung zwischen arteriellem und venösem Schenkel, wobei das röhrenartige Gebilde des Reticulums den Verbindungsabschnitt darstellt. Man kann von einer geordneten, d. h. geschlossenen und von einer ungeordneten, d. h. offenen Blutbahn sprechen.

Es ergibt sich nun die Frage, wie sich der Anschluß dieser im Reticulum gelegenen Blutstraße an die arterielle Capillare, bzw. an den Sinus vollzieht.

Für den arteriellen Schenkel hat HUECK die Übergangsmöglichkeit der Capillare in das Reticulum unserem Verständnis durch ein Schema nahe gebracht. Durch Auftreten von mit Flüssigkeit gefüllten Vakuolen in den Endothelien des arteriellen Rohres, durch Auftreten von Kommunikationen dieser Vakuolen mit der zwischenzelligen Flüssigkeit, durch Verschmälerung der protoplasmatischen Anteile zu Fasern öffnet sich das ursprünglich wohl umschlossene Rohr in ein System, welches vom Pulpareticulum nicht mehr unterschieden werden kann. Die beigegebenen Abbildungen 87 und 88 illustrieren dies am besten. Ob es hierbei erlaubt ist, einfach von verschiedenen Dehnungszuständen der Wand zu sprechen, oder ob die stärkere Durchlöcherung und Umbildung in ein Maschenwerk von Gitterfasern Ausdruck eines besonderen Funktionszustandes der Capillarwand ist, wobei es, wie HUECK annimmt, primär zu Vakuolenbildung im Endothelbelag kommt, die allmählich mit der zwischenzelligen Flüssigkeit röhrenartig communicieren, sei dahingestellt; physikalisch-chemische Veränderungen des Protoplasmas im Sinne der Verflüssigung und mechanische Momente im Sinne von bestimmten Zug- und Druckwirkungen sind nach HUECK für die Umbildung maßgebend. Ähnlich müssen die Verhältnisse am venösen Schenkel liegen. Das ungeordnete Maschenwerk der Pulpa verändert sich im Sinne der Ordnung zu Röhrchen, deren Wandung Reticulumfasern bzw. Protoplasmaquerbrücken darstellen, zu Flutkammern, welche mit einem gedehnten Sinus bereits weitgehende Ähnlichkeit haben.

Wenn SCHILLING HUECK so versteht, daß durch den Prozeß der Bahnung, d. h. die funktionelle Hintereinanderschaltung mehrerer dieser Kammern röhrenartige Gebilde sich entwickeln, die zu den Sinus hinleiten, „bzw. zu Sinus werden", indem sich die Reticulumzellen zu einem geschlossenen Endothelbelag zusammenlegen, so möchten wir dieser Anschauung insoferne widersprechen, als wir nicht glauben können, daß der Sinus sich durch mechanische und chemisch-physiologische Ursachen in ein retikuläres Flutröhrchen oder schließlich in ein ungeordnetes Reticulum umwandeln könne. Denn gerade in gespülten Milzen, in welchen eine Dehnung besonders mitwirkt, sind die Sinus in besonders schöner Ausbildung zu sehen, auch ist die Zahl der vorhandenen Sinus offenbar allein von der Tierspezies abhängig, so daß wir eine direkte Umbildung von Sinus in Reticulum und umgekehrt ablehnen möchten. Anders steht es mit den im allgemeinen, so schwer darstellbaren venösen Capillaren, den ersten Anfängen der Sinus, wie sie von WEIDENREICH als Pulpagänge, die röhrenartig in die Venen-

sinus einmünden, beschrieben wurden, und deren Existenz HUECK mit Wahrscheinlichkeit anerkennt; hier dürften analoge Übergänge der Capillaren in
das geordnete, bzw. ungeordnete Reticulum vorkommen wie beim arteriellen
Schenkel. Nach diesem Autor ist die offene oder geschlossene Bahn im obigen
Sinne sowohl in der Lymphknötchenumgebung als auch in der roten Pulpa dort
zu finden, wo jene Hülsenarterien liegen, welche die unmittelbare Fortsetzung
der Zentralarterie darstellen; es sei wahrscheinlich, daß die letzteren häufiger
das Bild der geschlossenen Einmündung in den Sinus zeigen als die Knötchencapillaren oder die im Hof des Lymphknötchens gelegene, aus der Follikel-
arterie entsprungene und zum Follikel umbiegende Knötchencapillare.

Die Milzpulpa wird in die weiße und rote Pulpa unterschieden; die erstere
entspricht den Ansammlungen der lymphoiden Zellen, vor allem den MALPIGHI-
schen Körperchen, die letztere dem dazwischen gelagerten Gewebe, welches
aus dem Reticulum und den in diesem eingeschlossenen Zellen besteht.

Wie schon früher hervorgehoben, treten in der Media und Adventitia der
Milzarterie lymphatische Elemente auf, sobald sich die Arterie vom Balken
losgelöst hat. Diese lymphatischen Lager bilden die Lymphscheiden der Arterie,
sie nehmen stellenweise an Mächtigkeit besonders zu und bilden so die Follikel.
Wie aus dem Schema des Milzaufbaues ersichtlich ist, unterteilt sich das Knötchen durch bestimmte Beziehungen zum Reticulum. Die den Balken ver-
lassende Arterie ist von starken Zügen eines ungeordneten Reticulums umgeben.
Nimmt der Umfang der Arterie durch Einlagerung größerer lymphatischer
Herde zu, so wird dieses festgefügte gröbere Reticulum nach auswärts verdrängt und bildet nun eine relativ deutliche Abgrenzung des lymphatischen
Herdes gegen das umgebende Gewebe, wie dies in Schnitten, die mit Binde-
gewebsmethoden gefärbt sind, besonders deutlich zum Ausdruck kommt. Die
nach außen zu folgende Schichte wird als Hof des Knötchens bezeichnet. In
diesem fehlen die Sinus im allgemeinen, es finden sich hier die früher beschriebenen Enden der Follikelcapillaren, bzw. der rückläufigen Penicillargefäße.
Im Knötchen selbst lassen sich wieder zwei Zonen unterscheiden, für welche
nach HUECK die Bezeichnung Kern- und Mantelzone zu bevorzugen ist. Im Kern
finden sich größere, meist helle Lymphzellen mit lockerem bläschenförmigem
Kern mit deutlichen Nucleolen, er stellt das sog. Keimzentrum dar, in der
Mantelzone finden sich kleine lymphatische Elemente mit relativ kleinem,
dunkel gefärbtem Kern. Im Keimzentrum kann man relativ häufig Mitosen
beobachten. Auch das Knötchen, Kern und Mantelzone ist von einem mehr
weniger feinen Reticulum durchzogen.

Die rote Pulpa wird, abgesehen vom Reticulum und den Sinus, von zelligen
Elementen dargestellt; es sei vor allem nochmals betont, daß die sog. Reticulumfasern in erster Linie Protoplasmafäden der Reticulumzellen der ,,Sternzellen"
darstellen, deren Kerne an den Knotenpunkten der Reticulumverzweigungen
zu finden sind. Sternzellen können in größerer und geringerer Zahl vorhanden
sein; sie stellen die bekannten Makrophagen dar, Verhältnisse, auf die hier
nicht näher eingegangen werden soll. Je nach Füllung der Flutkammern finden
sich zahlreiche oder weniger zahlreiche Erythrocyten und eingeschwemmte
Leukocyten. Auch myeloische Zellen können auftreten, manchmal zu Herden
gruppiert, einer myeloischen Metaplasie entsprechend. Auf Besonderheiten
im Zellcharakter bei den verschiedenen Tierspezies soll später zurückgekommen
werden. Dort soll auch das Vorkommen der Megakaryocyten dargestellt werden.

Schließlich sei vermerkt, daß wir den Eindruck haben, daß über die Lymphgefäße in der Milz Sicheres noch nicht bekannt ist (s. HARTMANN). Sie sollen
in den späteren Ausführungen auch nicht berücksichtigt werden.

2. Spezieller Teil.

α) Kapsel und Bindegewebsgerüst.

Die Kapsel und das gröbere Bindegewebsgerüst der Milz der vier zu besprechenden Tiere zeigen bei den verschiedenen Arten keine wesentlichen Unterschiede. Für alle gilt, daß die Kapsel relativ schmal und die Zahl der groben Balken relativ gering ist. In Schnitten, welche den Milzhilus treffen, sieht man allerdings auch einige gröbere Bindegewebszüge in das Innere der Milz eindringen. Im übrigen handelt es sich aber um schmale Streifen. Die Balken sind im Zentrum der Milz in ihrer Breite nicht schmächtiger als in der Nähe der Organoberfläche und man kann daher nicht von Bindegewebszügen sprechen, die ihren Ursprung in der Milzkapsel nehmen und sich nach ihrem Eintritt in das Milzparenchym immer mehr verjüngen. Die Milz ist vielmehr durch annähernd gleich dicke Balken in einzelne größere Abschnitte gegliedert. Hinsichtlich der Breite der Milzkapsel macht das *Kaninchen* vielleicht insoferne eine Ausnahme, als bei diesem die Milzkapsel, auch im Verhältnis zur Größe des Organs breiter erscheint. Was den histologischen Aufbau von Kapsel und Balken anlangt, so bestehen beide aus einem kernreichen Bindegewebe, elastischen Fasern und wohl auch aus muskulären Elementen. Die Kerne sind langgestreckt, verlaufen in der Kapsel parallel zur Oberfläche der Milz. Bei *Maus, Ratte* und *Meerschweinchen* erscheinen bei senkrechter Schnittführung entsprechend der Schmächtigkeit der Kapsel etwa 2—3 Kernlagen, beim *Kaninchen* ist die Zahl größer. Die elastischen Elemente sind ohne weiteres darstellbar, in den Balken sind sie von den elastischen Fasern der Gefäße schwer zu differenzieren. Was die glatten Muskelfasern anlangt, welche ja speziell in der letzten Zeit durch die Untersuchungen über die Kontraktilität der Milz und über die Funktion derselben als Blutreservoir (BARCROFFT u. a.) besondere Bedeutung erlangt haben, so bedarf diese Frage noch einer besonderen Bearbeitung; im H.-E.-Präparate und auch an van Giesonschnitten gewinnt man wohl den Eindruck, daß sich in der Kapsel spärlich muskuläre Elemente finden, eindeutige Bilder haben wir vorläufig nicht gesehen. Nach HARTMANN finden sich bei Meerschweinchen, Ratte und Maus spärliche Muskelzellen, die verstreut im Bindegewebe liegen. Die Kontraktilität des Organes ist bei allen Tieren außer Frage. Es ist aber denkbar, daß es vorzugsweise die glatte Muskulatur der Gefäße ist, welche die Zusammenziehung des Organes bedingt, und daß der glatten Muskulatur des Bindegewebsgerüstes und der Kapsel nur eine untergeordnete Rolle zukommt. An der Außenseite der Kapsel findet sich der peritoneale Überzug, der durch eine Lage flacher Endothelzellen gekennzeichnet ist. In manchen Schnitten liegen die Kerne sehr nahe und die Zellen erwecken fast den Eindruck eines Epithels; es ist möglich, daß es sich hier um kontrahierte Milzen handelt. Das Endothel zeigt nicht selten Zeichen von Degeneration im Sinne von Quellung und Vakuolenbildung (Artefakt?). Der peritoneale Überzug ist nur bei schonendster Behandlung des Ausgangsmaterials und der Schnitte zu finden. Die Milzkapsel begrenzt sich gegen das Milzparenchym nicht immer scharf, sie erscheint hier oft aufgesplittert und Pulpazellen kommen zwischen ihre innersten Lagen zu liegen. Die Aufsplitterung des Bindegewebes darf nicht mit der ödematösen Durchtränkung der Kapsel verwechselt werden, die sich bei unter starkem Druck gespülten Milzen findet.

β) Der lymphocytäre Apparat.

Der allgemeine Aufbau des Lymphapparates der Milz wurde auf S. 238 bereits beschrieben. Nachzutragen wäre, daß das Studium desselben sich in gespülten Milzen am leichtesten gestaltet. Schnitte derartiger Milzen lassen

vor allem die innige Beziehung der Lymphocytenherde zum Gefäßapparat verfolgen. In den nicht gespülten Milzen sieht man nämlich neben den charakteristischen großen Follikeln mit ihren Zentralarterien kleine umschriebene lymphatische Herde, die scheinbar frei in der Milzpulpa liegen und den Eindruck von
selbständigen, vom Gefäßsystem unabhängigen Lymphocytenansammlungen
der Pulpa machen, während in gespülten Milzen fast regelmäßig die nahe Beziehung auch dieser Herde zu kleinen Gefäßen aufgedeckt werden kann. Wenn
somit auch das Vorkommen von gefäßfernen Lymphocytenhaufen inmitten der
Pulpazellen nicht geleugnet werden soll, so stellt dieses doch die Ausnahme dar.
Wir haben diese Verhältnisse der fast regelmäßigen Beziehungen der kleinen
Herde zu den kleinen Gefäßen allerdings nicht bei allen der in Rede stehenden
Tiere eingehend untersucht und verfügen nur beim *Kaninchen* über diesbezüglich
ausreichende Erfahrungen.

Die Anteile der weißen Pulpa an der gesamten Pulpamasse wechseln bei den
verschiedenen Tierarten. Bei der *Maus* ergibt sich im allgemeinen ein deutliches Übergewicht des lymphatischen Gewebes, die rote Pulpa ist hier oft nur
auf schmale Züge beschränkt. Es scheint, daß auch die durchschnittliche Größe
der Follikel für bestimmte Tierarten bis zu einem gewissen Grade charakteristisch ist, beim *Kaninchen* sind die Follikel größer als bei *Meerschweinchen*,
Ratte und *Maus*.

Wie schon früher hervorgehoben, zerfällt der Follikel in eine Kern- und
Mantelzone. Die Unterscheidung der beiden gründet sich auf den Aufbau derselben aus den großen, blassen, bläschenförmigen Zellen der Kernzone und den
kleinen, im Kern chromatinreichen Zellen der Mantelzone. Die Kernzone wird
von manchen Autoren als Keimzentrum bezeichnet. Es ist zu bemerken, daß
diese Differenzierung in Kern- und Mantelzonen nicht immer getroffen werden
kann. Es gilt dies vor allem für jene als Milzfollikel imponierenden lymphatischen Herde, welche der Einlagerung der Lymphzellen in die Adventitia der
Gefäße bald nach ihrem Abgang von den Balkenarterien entsprechen, Herde,
welche also eigentlich nicht Lymphfollikeln, sondern Lymphscheiden der Arterien
entsprechen. Hier fehlen die großen Keimzellen; aber auch die echten MALPIGHI-
schen Körperchen lassen manchmal ein Keimzentrum vermissen, oder es finden
sich nur vereinzelte große, blasse Zellen.

Hinsichtlich der Veränderlichkeit der Follikel, insbesondere der Keimzentren bei
Einwirkung verschiedener Reize und verschiedenartiger Infektionen sei auf die Ausführungen von GROLL auf der 24. Tagung der deutschen pathologischen Gesellschaft und
die sich daran anschließende Diskussion verwiesen. Hunger konnte beim *Meerschweinchen*
Veränderungen am Follikel nicht hervorrufen. Bei von Paratyphus Breslau infizierten
Tieren fand sich ein starker Rückgang, vielfach selbst ein völliger Schwund der Keimzentren. Die soliden Follikel erscheinen lymphocytenärmer, zum Teil kleiner, die Lymphocyten scheinen sich durch Abwanderung von der Follikelperipherie auf die Pulpa zu verteilen. Nach Blutverlust vermehren und entfalten sich die Keimzentren, soferne die ent-
zogene Blutmasse ein gewisses Maß nicht überschreitet (GROLL). Daß die verschiedenen
Tierarten sich gleichen Reizen gegenüber verschieden verhalten, hat LUBARSCH hervorgehoben; so kann man bei *Mäusen* durch Wechsel der Ernährung erhebliche Veränderungen
an den Milzknötchen mit Keimzentrenbildung hervorrufen, beim *Meerschweinchen* nicht.
EPSTEIN glaubt auf der Höhe der Immunisierung gesetzmäßig Bilder hochaktiver Reaktions-
zentren in den Milzfollikeln beobachtet zu haben, die er mit dem Immunitätszustand in
gesetzmäßigen Zusammenhang bringen zu dürfen glaubt (EPSTEIN).

Dieses wechselvolle Verhalten des lymphatischen Apparates der Milz unter
bestimmten Versuchs-, Ernährungsbedingungen usw. erklärt wohl bis zu einem
gewissen Grade die oben angeführten Verschiedenheiten anscheinend normaler
Laboratoriumstiere. Im allgemeinen grenzt sich der Follikel gegen die Pulpa,
im speziellen gegen die Follikelhof-, auch Follikelaußenzone genannt, gut ab.
Nur bei der *Maus* ist der Kontur vielfach verwischt. Das Lymphgewebe des
Follikelmantels geht hier vielfach ohne scharfe Grenze in die relative lympho-

cytenreiche rote Pulpa über; rote und weiße Pulpa sind hier viel mehr als bei anderen Tieren zu einem untrennbaren Ganzen durchwebt. Die Abgrenzung des Follikels gegenüber der Pulpa vollzieht sich bei *Kaninchen, Meerschweinchen* und *Ratte,* abgesehen von der unterschiedlichen Zusammensetzung von Mantelzone und Hof aus verschiedenen Zellen, auch durch Bindegewebszüge, welche einen Teil des Bindegewebsgerüstes des Follikels darstellen. In der äußersten Mantelzone liegen nämlich zirkulär um den Follikel verlaufende Fasern, welche insbesondere bei Bindegewebs-, z. B. Azanfärbung eine recht scharfe Trennungslinie zwischen den Follikeln und der roten Pulpa darstellen. Ein genaues Studium der Follikelgrenze in derartigen Präparaten ergibt zwar, daß die bindegewebige Hülle des Follikels, wenn dieser Ausdruck erlaubt ist, vielfach aufgesplittert ist; das Bindegewebe ist aber bei den genannten Tieren in der äußersten Peripherie des Follikels jedenfalls viel deutlicher entwickelt als im Zentrum und in den kleineren Lymphocytenlagern, welche den Durchschnitten von Lymphscheiden der Arterien entsprechen. Man sieht hier den ganzen Lymphocytenherd von zahlreichen ringförmigen Fasern ziemlich gleichmäßig durchsetzt; ein Befund, der der Aufsplitterung der Adventitialschichte der Arterie durch Einlagerung von Lymphocyten entspricht. Zu bemerken ist schließlich, daß die Ausbildung des Bindegewebes des Follikels bei den verschiedenen Tieren der gleichen Art in relativ weiten Grenzen schwanken kann. Nicht nur die periphere Zone, auch die zentralen Anteile des Follikels sind bei allen Tieren von einem Reticulum durchzogen, welches speziell im Follikelzentrum, bzw. in der nächsten Umgebung der Zentralarterie an Mächtigkeit wesentlich zunehmen kann. Interessant ist hierbei, daß sich auch hier Unterschiede zwischen den verschiedenen Tiergattungen insoferne ergeben, als speziell beim *Meerschweinchen* das Bindegewebe in der Follikelkernzone fast immer in reichlichem Maße zu finden ist. Bei der *Maus* ist das Stützgewebe des Follikels relativ spärlich, die periphere dichtere Lagerung der Fasern ist oft nur angedeutet und stärkere Bindegewebszüge im Follikelzentrum fehlen im allgemeinen. Das Stützgewebe des Follikels geht in das Pulpareticulum über. Für dieses gilt das im allgemeinen Teil Gesagte, spezielle Unterschiede können nach unseren Erfahrungen bei den vier Versuchstieren nicht aufgedeckt werden.

Aus vorstehenden Ausführungen ergibt sich, daß bei den Laboratoriumstieren der lymphocytäre Apparat einerseits verschieden ausgebildet ist und daß sich andererseits auch bei der gleichen Tierart in der Histologie desselben bei verschiedenen Tieren große Verschiedenheiten finden, deren Ursachen nur zum geringsten Teile als aufgeklärt betrachtet werden können. SEEMANN hat diese Verhältnisse bei der *Maus* studiert und unter gleichzeitiger Berücksichtigung der Pulpa von einer „ruhenden und gereizten" Milz gesprochen, worauf wir nach dem Hinweis auf das unterschiedliche Verhalten der roten Pulpa unten noch zurückkommen.

γ) Die rote Pulpa mit den Sinus.

Die Pulpa setzt sich aus dem Sinus und dem eigentlichen Pulpagewebe zusammen.

Hinsichtlich der Sinus gilt für alle vier Laboratoriumstiere, daß sie im allgemeinen schwer aufzufinden sind. Eine relativ gute Übersicht geben nur Schnitte gespülter Milzen, wobei allerdings zu bemerken ist, daß Milzen von Ratte und Maus schwer rein zu spülen sind, während dies beim Kaninchen (Abb. 89) und Meerschweinchen ohne Schwierigkeiten gelingt. Man erkennt die Sinus in gespülten Milzen am leichtesten in Azan gefärbten Schnitten, wobei für ihre Auffindung die reihenförmig angeordneten und punktförmig erscheinenden Durchschnitte durch die Sinusfasern führend sind.

Bei vergleichender Betrachtung der Milz von Maus, Ratte, Meerschweinchen und Kaninchen fällt der zahlenmäßige Unterschied hinsichtlich der Sinus in die Augen. Sie sind beim *Kaninchen* am reichlichsten; eine Tatsache, welche in gespülten Milzen besonders hervortritt, in welchen die weiten, leeren Sinus das Pulpagewebe zu schmalen Zügen zusammendrängen, wodurch der Eindruck erweckt wird, als würde die Pulpa fast ausschließlich aus Sinus und ihren Wandungen bestehen (Abb. 90). Beim *Meerschweinchen* und bei der *Ratte* ist ihre Zahl noch groß, bei der *Maus* aber auffallend klein. Hinsichtlich der Größe der Sinus und ihres Baues konnten wir wesentliche Unterschiede bei den vier Tieren nicht fesstellen. Was das rote Pulpagewebe im engeren Sinne des Wortes anlangt, so ergeben sich Unterschiede der Mächtigkeit ihrer Lager

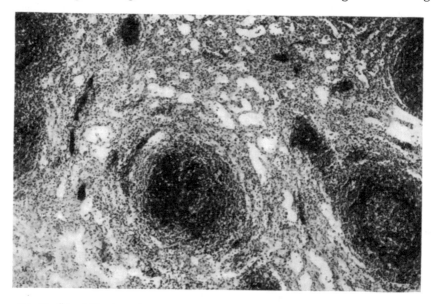

Abb. 89. Übersichtspräparat einer nach KOLMER gespülten Kaninchenmilz.   Azanfärbung.

bei den verschiedenen Tierarten und in der Zellzusammensetzung. Letzteres gilt sowohl für den Hof des Follikels, der Follikelaußenzone als auch für das intersinuöse Gewebe. Es sei hier daran erinnert, daß im Follikelhof Sinus sich nicht finden.

Haben sich in der Ausbildung des Lymphgewebes der Milz, der Mächtigkeit der Pulpastränge usw. zwischen den verschiedenen Tierarten und auch zwischen den einzelnen Exemplaren der gleichen Tierart Unterschiede ergeben, wie wir oben gezeigt haben, so ist es bei der Besprechung der die eigentliche Pulpa zusammensetzenden Zellen noch schwieriger, eine Norm aufzustellen. Wenn im folgenden einige unserer Meinung nach in die Augen springende Punkte aufgezählt werden sollen, welche die Milz der vier Tierarten bis zu einem gewissen Grade charakterisieren, so tragen diese Ausführungen, wie ausdrücklich vermerkt sei, nur vorläufigen Charakter; jede einzelne Zellart der Milzpulpa beansprucht ein eigenes umfassendes Studium, ehe ein abschließendes Urteil erlaubt ist. Der Zukunft bleibt es vorbehalten, hier einwandfrei Klärung zu schaffen, wobei unserer Ansicht nach nicht nur vom histologisch-deskriptiven, sondern wohl auch vom milzphysiologisch, resp. funktionellen Standpunkt aus mancherlei Einsicht gewonnen werden könnte.

Die Milzpulpa setzt sich, wie bekannt, aus großen Pulpazellen, auch Splenocyten genannt, aus Lymphocyten, Plasmazellen, neutrophilen und eosinophilen
Zellen, aus Erythrocyten, gelegentlich aus myeloblastischen, erythroblastischen
Zellen und Megakaryocyten zusammen, die in ihrer Gesamtheit im Reticulum
eingebettet sind. Bei der folgenden Besprechung wollen wir die Plasmazellen
unberücksichtigt lassen, da es unserer Meinung nach recht willkürlich ist,
welche Pulpazellen dieser Gruppe zugerechnet werden und da von verschiedenen
Autoren auch verschiedene Elemente als Plasmazellen aufgefaßt wurden. Eine
spezielle Erörterung verlangen aber die pigmentführenden und erythrophagen
Zellen.

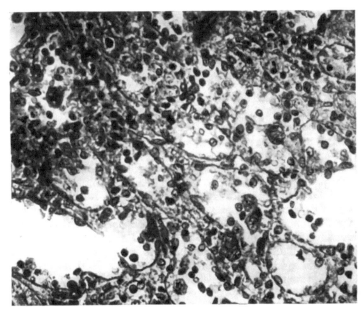

Abb. 90. Kaninchenmilz gespült nach KOLMER. Darstellung der Sinus. Azanfärbung.

Die großen Pulpazellen sind im allgemeinen mononucleäre Elemente mit
schwach färbbarem Protoplasma, welch letzteres im Schnitte in feine Fäden aus-
zulaufen scheint. Zweikernige Formen sind selten. Ihr Kern ist blaß gefärbt,
macht meist einen geblähten Eindruck und besitzt ein deutliches Kernkörperchen.
Größe, Zahl und Anordnung dieser Zellen schwankt in verschiedenen Bezirken
der gleichen Milz ebenso wie bei verschiedenen Tieren der gleichen Art, welch
letzterer Umstand vor allem für *Ratte* und *Maus* gilt. Die Zahl der Pulpazellen
ist bei diesen Tieren manchmal besonders groß, so daß bei flüchtiger Betrachtung des kernreichen Schnittes mit schwacher Vergrößerung eine Differenzierung von roter und weißer Pulpa nicht leicht ist. Die großen Milzzellen liegen
bald diffus im Pulpagewebe zerstreut, bald sieht man umschriebene Gruppen
und Züge, welche häufig den Sinus folgen und hierbei eine adventitiaartige
Hülle bilden. Wenn ihre Größe auch im gleichen Präparate starken Schwankungen unterworfen sein kann, so ist doch zu vermerken, daß einzelne Tiere
fast ausschließlich große Zellen mit stark geblähtem Kern, andere wieder mittelgroße und andere kleinzellige Elemente mit dichterem Kerne aufweisen. Bei
den letzteren, scheinbar geschrumpften Zellen ist es oft schwer zu sagen, ob

Splenocyten oder Lymphzellen der Pulpa vorliegen. Eine besondere Veränderlichkeit des Aufbaues der Milzpulpa ist bei der *Ratte* hervorzuheben, bei
welcher sich das eine Mal nur relativ spärliche Pulpazellen finden, das andere
Mal die Pulpa von großen Zellen mit stark geblähtem Kern dicht durchsetzt ist.
Der starke Wechsel in der Zahl und Morphologie der Pulpazellen trifft vielleicht
für die *Maus* noch mehr zu. Die Splenocyten können Mitosen zeigen. Man
findet diese bei der Maus am häufigsten, seltener bei der Ratte und beim
Meerschweinchen, fast nie beim Kaninchen.

In der Umgebung des Follikels finden sich bei sämtlichen Tieren die schon
früher kurz erwähnten Herde von um den eigentlichen Follikel dicht gelagerten
Pulpazellen, der sog. Follikelhof, auch Follikelrandzone genannt (STRASSER).
Diese Randzone des Knötchens besteht aus so zahlreichen, nahe aneinander-
liegenden mononucleären Elementen, daß bei tangentialer Schnittführung in
der Art, daß das Lymphgewebe des Follikels nicht mehr getroffen ist, ein umschriebener Herd von monocytären Elementen, der schräg getroffene Follikelhof, aufscheint und so der Eindruck eines Follikelquerschnittes erweckt wird;
nur ein genauer Vergleich der Zellart des vermeintlichen Follikels mit den lymphocytären Zellen des Schnittes bewahrt vor einem Irrtum.

Nach eigenen Erfahrungen ist die Knötchenrandzone beim Kaninchen
und beim Meerschweinchen immer leicht zu finden, sie ist im allgemeinen sehr
breit und wird nur beim Meerschweinchen manchmal auch schmal befunden.
Die Zone grenzt sich bei diesen Tieren sowohl gegen den Follikel als auch gegen
die Pulpa scharf ab. Bei *Ratte* und *Maus* scheint die Abgrenzung insbesondere
gegen die Pulpa viel unschärfer. Wie bereits früher betont, ist die Pulpa insbesondere bei der Maus viel zellreicher, so daß sich die Randzone gegen die Peripherie unscharf zu verlieren scheint. Bei der Maus ist die Vermehrung der Pulpazellen in der Umgebung des Follikels zum sog. Hof manchmal kaum angedeutet,
so daß in diesen Fällen von einem Follikelhof nicht mehr gesprochen werden kann.
Die Zellen des Follikelhofes sind zumeist größer als die übrigen Pulpazellen.
Analoge Zellen in spärlicher Anzahl finden sich als Reticulumzellen auch im
Follikel selbst. Innerhalb der gleichen Tierart sind Unterschiede in der Ausdehnung des Hofes und in der Art der ihn bildenden Zellen häufig zu finden;
man gewinnt auch hier den Eindruck, daß die verschiedene Gestaltung des
Hofes bestimmten Funktionszuständen der Milz entsprechen könnte; Randzonen, die relativ breit, nach außen unscharf begrenzt und aus geblähten Zellen
zusammengesetzt sind, dürften „aktiven", solche mit spärlicheren, kleinen, eher
geschrumpften Zellen „inaktiven" Milzen entsprechen. Im Hofe finden sich
gelegentlich einzelne Lymphocyten oder neutrophile polymorphkernige Leukocyten. Auf die Frage, inwieweit diese eigentlichen Parenchymzellen der Milz
(„Splenocyten", „Lymphoidzellen", „Lymphoblastische Zellen" usw.), dem sog.
retikuloendothelialen System zugehören, sei hier nicht näher eingegangen und
nur betont, daß gerade die Zellen der Knötchenrandzone makrophage Eigenschaften im allgemeinen vermissen lassen. Vielleicht liegen die Verhältnisse so,
daß die indifferenten großen Parenchymzellen sich zu verschiedenartigen Elementen, so auch zu Makrophagen differenzieren können, daß in diesem Sinne
von einer nahen Verwandtschaft zwischen Splenocyten und retikuloendothelialen Elementen im engeren Sinne des Wortes gesprochen werden kann.

Wie LAUDA schon seinerzeit betont hat, ist der Befund von Erythrophagen
in der Milz, im Gegensatz zur allgemeinen Ansicht, keineswegs konstant. Erythrophagen in größerer Anzahl dürften sogar zumeist einen pathologischen Befund
darstellen.

LUBARSCH hat diesen Standpunkt schon früher für die menschliche Milz vertreten.
Nach dem genannten Autor sind insbesondere die Milzen von jugendlichen normalen

Individuen in der Regel frei von Erythrophagen, im höheren Alter kommen sie allerdings häufiger vor.

Was die in Rede stehenden vier Tierarten anlangt, ergeben sich bei den erwachsenen Tieren wesentliche Unterschiede. Die Frage nach dem Auftreten der Zellen im verschiedenen Alter wurde hier nicht berücksichtigt. Bei erwachsenen Tieren fällt in unseren Protokollen vor allem der Umstand auf, daß bei den *Ratten* Erythrophagen ausnahmslos in großer Zahl gefunden wurden, während der Befund beim *Meerschweinchen,* beim *Kaninchen* und bei der *Maus* eine Seltenheit darstellt. Wir konnten nicht eine Mäusemilz finden, in der Erythrophagen einwandfrei nachgewiesen werden konnten. Die Sonderstellung, welche nach dem Gesagten die Ratte hier einnimmt, dürfte ihre Erklärung in der Bartonelleninfektion finden, welche unsere Ratten durchseucht. Es dürfte sich um Erythrophagen handeln, die ihre Entstehungsursache in der erhöhten Zerstörung von Erythrocyten durch Bartonellen finden. Genauere Untersuchungen, welche ergeben, daß mit Bartonellen nicht infizierte Tiere, etwa Cataniaratten, Erythrophagen vermissen lassen, wären nachzutragen. Die Erythrophagen der Rattenmilz liegen fast ausschließlich in der roten Pulpa, nicht in den Sinus, entsprechen also Pulpa-, nicht Sinuszellen. Stellenweise sind sämtliche Pulpazellen in Erythrophagen umgewandelt. Diese sind große, geblähte Zellen, ihr Kern weist meist Degenerationszeichen auf und im Zelleib finden sich bei der Ratte eine große Anzahl — bis 10 — Erythrocyten, die bald ausgelaugt und blaß, bald normal erscheinen. Interessant erscheint der Umstand, daß die Knötchenrandzone bei der Ratte von diesen Zellen frei ist oder daß der positive Befund hier wenigstens außerordentlich selten ist. Vereinzelte makrophage Elemente können auch im Reticulum des Follikels gefunden werden. Beim Kaninchen und beim Meerschweinchen ist der Erythrophagenbefund selten. Beim *Meerschweinchen* fiel es auf, daß die Erythrophagen, soferne sie überhaupt vorhanden sind, klein sind und nur einen, höchstens zwei Erythrocyten beherbergen. Diese auffällige Tatsache scheint unter normalen Bedingungen zuzutreffen, es ist möglich, daß unter besonderen pathologischen Bedingungen auch stark phagocytierende Zellen auftreten. Der Pigmentbefund ist bei der gleichen Tierart außerordentlich wechselnd. Bald sieht man Milzen, in welchen fast sämtliche Zellen mit Pigment voll beladen sind, bald hat man Mühe, eine Pigmentzelle zu finden. Ein paralleles Vorkommen von Pigmentzellen und Erythrophagen besteht nicht, zumindest kann eine Abhängigkeit der beiden als konstante Erscheinung nicht postuliert werden. Im Hof des Knötchens wird Pigment im allgemeinen nicht angetroffen.

Unter den Granulocyten der Pulpa interessieren die neutrophilen, polymorphkernigen und die eosinophilen Leukocyten. Die ersteren kommen bei sämtlichen Tieren zwar regelmäßig vor, sind aber zumeist nur in spärlichen Exemplaren vorhanden. Auch hier bildet die Ratte insoferne eine Ausnahme, als zumeist die Zahl der Neutrophilen doch eine relativ große ist und daß sich nicht so selten auch umschriebene Herde neutrophiler Elemente finden. Ähnliches sieht man beim Kaninchen und Meerschweinchen nur ausnahmsweise. Inwieferne der auffällige Leukocytenbefund bei der Ratte, ebenso wie das Erythrophagenvorkommen auf die Bartonelleninfektion, auf die Abwehrfunktion der Milz gegen diese zu beziehen ist, müssen weitere Studien ergeben.

Ein ähnlich wechselvolles Verhalten zeigen die vier in Rede stehenden Tierarten hinsichtlich der Eosinophilen der Pulpa. Sie finden sich bei der *Maus* nur ganz ausnahmsweise, bei der *Ratte* sind sie nicht selten, aber immer nur vereinzelt. Ähnlich liegen die Verhältnisse auch beim *Kaninchen.* Bemerkenswert ist, daß bei diesem gelegentlich der Follikelhof die Prädilektionsstelle für diese Zellart darstellt. Fast regelmäßig, und zwar in großer Zahl finden sich Eosinophile beim Meerschweinchen. Man sieht die entsprechenden Zellen hier bald diffus in der ganzen Pulpa verstreut, bald finden sich auch größere Herde dieser Zellart. Eine Abhängigkeit der Eosinophilen des Gewebes vom Pigmentgehalt ist nicht erweisbar. Was die Lymphocyten anlangt, so stellen sie bei allen Tierarten einen regelmäßigen Befund dar; wir haben schon früher darauf hingewiesen, daß ihre Unterscheidung von den Pulpazellen nicht selten Schwierigkeiten bereitet. Ehe das Vorkommen von Megakaryocyten in der Milzpulpa besprochen wird, sei vor Verwechslung dieser Elemente mit großen doppelkernigen Pulpazellen gewarnt. Kern- und Plasmastruktur wird eine sichere Entscheidung im allgemeinen leicht treffen lassen. Beim ausgewachsenen *Kaninchen* finden sich im allgemeinen Megakaryocyten nicht. Beim *Meerschweinchen* und bei der *Ratte* ist der Befund selten, bei der Maus handelt es sich um ein regelmäßiges Vorkommen, wobei aber die Zahl der Zellen außerordentlich schwanken kann. Hier sei ausdrücklich darauf aufmerksam gemacht, daß der Kern der Megakaryocyten nicht immer polymorph sein muß, sondern daß auch rundliche bzw. ovale Kernformen unterlaufen. Über die Entstehung der Megakaryocyten in der Mausemilz berichtet KLASCHEN (s. d.). Schließlich beherbergt die Pulpa jene erythrocytären Elemente, welche in der Zirkulation der Tiere vorzukommen pflegen. Kernhaltige rote Blutkörperchen finden sich daher bei der Maus und bei der Ratte, selten beim Meerschweinchen und fast gar nicht beim Kaninchen. Das sichere Vorkommen erythroblastischen Gewebes konnten wir bei den erwachsenen Tieren nicht feststellen.

δ) *Eisenpigment.*

Das Vorkommen von Eisenpigment in der Milz der Säuger galt früher als normaler Befund. Ein eingehendes Studium dieser Frage in neuerer Zeit hat jedoch gezeigt, daß histologisch nachweisbares Eisen in der Milz von verschiedenen Bedingungen abhängt, was in gleicher Weise für die Leber gilt. Es ist dies der Grund, warum sich bei den verschiedenen Autoren, wie EPPINGER, LEPEHNE, LUBARSCH, STRASSER widersprechende Angaben über den Eisengehalt von Milz und Leber, wie z. B. der Ratte finden. Das Alter der Versuchstiere scheint auf den Eisengehalt von entscheidender Bedeutung zu sein, wie schon TEDESCHI in quantitativ chemischen Untersuchungen gezeigt hat. Gleiches konnte IRISAWA für den Hund feststellen. LAUDA und LUBARSCH haben betont, daß normale junge Versuchstiere, wie Mäuse, Ratten, Meerschweinchen und Kaninchen histologisch nachweisbares Eisen so gut wie vermissen lassen. Unsere Laboratoriumsratte macht nur insoferne eine Ausnahme, als hier mit der PERLschen Reaktion frühzeitig große Eisenlager aufgedeckt werden können, eine Tatsache, welche durch die mit der latenten Bartonelleninfektion und durch die damit stark gesteigerte Blutmauserung wohl begründet erscheint. Daß die normale Meerschweinchenmilz so gut wie kein Eisen zeigt, hat STRASSER betont; es waren nur spärliche Eisengranula in den Sinusendothelien und wenige in den Pulpazellen zu finden. Auch die normale Leber ist so gut wie eisenfrei. Auf Details kann hier nicht eingegangen werden, da das ganze Eisenstoffwechselproblem aufgerollt werden müßte. Es sei hier auf die Arbeit von SCHWARZ verwiesen, aus der hervorgeht, daß die Ernährung der Versuchstiere für den Eisengehalt der Leber und Milz von größter Bedeutung ist. Es handelt sich hierbei nicht um die Frage, ob die Nahrung mehr oder weniger eisenhaltig ist, sondern auch um die Zusammensetzung der Nahrung als solcher. Eine Ei-, Milch-, Semmelfütterung und bei Mäusen z. B. auch Zufütterung von Hämoglobin, also von Nahrungseisen ließ in der Leber und auch in der Milz nie Eisenablagerung aufkommen, während eine Wassersemmelfütterung unter übrigen gleichen Bedingungen in der Leberzelle Eisen auftreten ließ. Mangel an B-Vitamin in der Nahrung soll nach PLAUT zu einer sehr mächtigen Eisenablagerung in der Milzpulpa führen. Vom histologischen Standpunkte aus erscheint schließlich beachtenswert, daß bei Vorhandensein von Eisen in der Milz eine charakteristische Lokalisation der Ablagerung gefunden werden kann, wie vor allem STRASSER gezeigt hat. Während sich nämlich in der Innenzone des Follikels und auch in der Pulpa reichlich, zum großen Teile grobschollig Eisen zeigt, sieht man an der Follikelaußenzone nichts von Eisen. Dieser kurze Hinweis soll genügen, um den Tierexperimentator vor der Überschätzung von Eisenpigmentbefunden im negativen oder positiven Sinne zu warnen und anzuregen, sich an Kontrolltieren, die unter gleichen Umweltsbedingungen gestanden sind, zu überzeugen, welcher Grad und welche Art der Eisenpigmentablagerung für die verwendeten Tiere als normal zu bezeichnen ist.

ε) Milznerven.

Die aus dem Plexus coeliacus stammenden Nerven dringen gemeinsam mit der Arterie, diese umflechtend, in die Milz ein. Diese Milznerven sind gelegentlich bei unseren Tieren sehr gut entwickelt und auch gut darstellbar. KÖLLIKER u. a. konnten die Ausläufer dieser Nerven bis in die Follikel verfolgen. HÖHN bringt die Abbildung eines Nervengeflechtes aus dem Milztrabekel einer *Maus*, das sich innerhalb der Trabekel aufsplittert (Muskulatur?). Ebenso findet man in der Milzpulpa vereinzelt Nervenfasern. Über den Gehalt der übrigen Milzanteile an Nervenfasern liegen weitere verwertbare Befunde nicht vor. Es sei hier wie im Leberabschnitte (s. d.) nochmals gewarnt, aus imprägnierten Fasern, speziell in der Milz, weitgehendere Schlüsse zu ziehen.

II. Pathologische Veränderungen.

Der vorliegende Abschnitt gibt vor allem eine Übersicht über die in der Literatur niedergelegten Mitteilungen über pathologische Milzen bei Kaninchen, Meerschweinchen, Ratte und Maus, wobei mit Berücksichtigung eigener, allerdings verhältnismäßig spärlicher Erfahrung versucht werden soll, die Darstellung systematisch zu gestalten. Es wird Aufgabe späterer Forschung sein, eine Grundlage der pathologischen Anatomie der Milz der Versuchstiere zu schaffen. Vorläufig ist in vielen Fällen ein Urteil nicht möglich, ob eine Milz auf Grund eines geringen Abweichens des histologischen Bildes von dem zumeist Gesehenen als pathologisch aufzufassen ist und wie dieser Befund zu klassifizieren wäre. Wenn wir auch in einem oder dem anderen Falle den Eindruck hatten, daß die vorliegende Milz histologisch geringe Abweichungen von der Norm zeigt, bot sie im allgemeinen nicht genügend sichere Anhaltspunkte für eine spezielle Charakterisierung. Nur ein sehr umfangreiches Material könnte hier weiterhelfen. Wie schwierig eine nähere Definition der pathologischen Milz bzw. Milztumoren vom rein histologischen Standpunkte aus ist, erkennt man, wenn man die von LUBARSCH vor kurzem ausführlich studierte und beschriebene Humanpathologie berücksichtigt.

Wir haben uns bemüht, die Literatur, soweit sie uns zugänglich war, zu berücksichtigen. Die folgende Übersicht kann aber nicht Anspruch auf Vollständigkeit machen.

a) Mißbildungen.

Doppelmilzen: diese Mißbildung wurde von CARNET beim *Kaninchen* in einem Falle beschrieben.

Nebenmilzen sind nach unseren Erfahrungen bei den genannten Tieren außerordentlich selten. HENSCHEN betont dies für das *Kaninchen* und für die *Ratte*. Er sah eine derartige Anomalie bei Sektion von 1100 wilden Ratten nur einmal.

b) Die infektiös-septischen Milzveränderungen. Akuter und chronischer infektiöser Milztumor. Infektöse Milznekrosen. „Pseudotuberkulose".

Die Darstellung der Veränderungen der Milz bei Infektionskrankheiten stellt uns vor Schwierigkeiten, wie sie aus der Humanpathologie bekannt sind. Wenn auch die Beziehungen zwischen Milz und Infektion bei den spontanen und experimentellen Erkrankungen der Versuchstiere in der Literatur ihren Ausdruck darin findet, daß bei der Beschreibung der pathologischen Anatomie dieser Erkrankungen Milzschwellungen, Indurationen, abnorme Weichheit, Hyperämie des Organes usw. verzeichnet werden, so fehlt in den meisten Fällen eine eingehende histologische Untersuchung. Es mag dies seinen Grund wohl darin haben, daß mehr minder charakteristische Einzelheiten des histologischen Bildes hier schwer zu fassen sind.

Das Gesagte illustrieren z. B. folgende Beschreibungen septischer Milzen ohne Angabe des histologischen Befundes: BONGERT beschreibt beim *Mäusetyphus* neben der hämorrhagischen Gastritis, der Rötung und Schwellung der mesenterialen Lymphdrüsen und einer parenchymatösen Entzündung der Leber, sowie rotfleckigem Aussehen der Lunge einen starken Milztumor, in dessen Ausstrich Zellen zu finden sind, welche den Bacillus typhi muri in großer Zahl einschließen. Bei der Rhinitis contagiosa des *Kaninchens* ist die Milz in stürmisch septicämisch verlaufenden Fällen vergrößert und geschwollen. Nach RAEBIGER und LERCHE ist die Milz bei der Diplokokkenseuche des *Meerschweinchens* gewöhnlich geschwollen, sie hat glatte Kapsel und rote Farbe. Der Stäbchenrotlauf der Schweine ist auf die *Maus* übertragbar; die Krankheit charakterisiert sich unter anderem durch eine akute Milzschwellung, die Milz ist prall, blaurot und die Pulpa mäßig weich. SEIFRIED beschreibt bei Septicaemia haemorrhagica des *Kaninchens,* welche nach BONGERT mit der Geflügelcholera ätiologisch identisch sein soll, entzündliche Schwellung und Hyperämie der Milz. Bei der Toxoplasmose des *Kaninchens* befindet sich die Milz nach SEIFRIED im Zustande hochgradiger Schwellung, sie kann um das Mehrfache vergrößert sein und eine weiche, resp. breiige Konsistenz aufweisen. Die Milz zeigt starken Blutreichtum (s. auch LAVERAN, NATHAN-LARIN usw.).

Für den Tierexperimentator ist es von besonderer Bedeutung, daß auch bei scheinbar gesunden Laboratoriumstieren, und zwar *weißen Ratten* auffallende Milzvergrößerungen gefunden werden können, die unseres Erachtens als chronisch entzündliche, infektiöse Milztumoren aufgefaßt werden müssen.

An einem umfangreichen Material haben wir nämlich gleich SORGE die Beobachtung gemacht, daß sogar die Mehrzahl unserer *weißen Laboratoriums-ratten* Milztumoren aufweisen, welche auf Grund ihrer auffallenden Größe schon makroskopisch den Eindruck eines pathologischen Befundes erwecken. Beim Studium der Bartonellenanämie nach Splenektomie dieser Tiere wurde der Eindruck gewonnen, daß es gerade diese Tiere mit großen Milzen sind, welche nach dem Eingriff unter den Zeichen der Bartonelleninfektion erkrankten. Wenn auch vorläufig der diesbezügliche Beweis nicht mit Sicherheit erbracht ist, so scheint der Schluß doch berechtigt, daß die Milzvergrößerung dieser Tiere im Sinne eines chronisch infektiösen Milztumors zu deuten ist. Die Milz verhindert das Haften der Infektion (s. LAUDA), die Milzvergrößerung scheint die Folge des Abwehrkampfes gegen die latente Bartonelleninfektion zu sein. An anderer Stelle wurde bereits darauf hingewiesen (s. S. 245), daß auch dem makroskopischen Verhalten nach scheinbar normale Milzen histologische Details erkennen lassen, welche eine gegen Infektion gerichtete Aktivität erschließen lassen. Die in Rede stehenden großen Milztumoren weisen diese Veränderungen in noch erhöhtem Maße auf. Daß die Verhältnisse tatsächlich so liegen, beweist der Umstand, daß einerseits ähnliche mikroskopische Milzveränderungen bei chronischen Infektionen anderer Art bei anderen Tieren zu finden sind und daß andererseits bei einer experimentell besonders virulenten krankmachenden Infektion milzhaltiger Ratten, welche unter besonderen Versuchsbedingungen gelingt, die gleichen histologischen Milzbilder in schwerer Form gesehen werden. Berücksichtigt man schließlich, daß an den Kupffer-

zellen der bartonelleninfizierten, anämischen Tiere gleichartige Degenerations-
und Wucherungserscheinungen zu sehen sind wie an den Histiocyten der in
Rede stehenden Milztumoren, daß ferner in den großen chronisch infizierten
Milztumoren analoge Infiltrations- und Nekroseherde auftreten können, wie
sie so häufig in den Lebern und Lymphdrüsen der krankmachend-infizierten
anämischen Tiere gefunden werden, so ist man wohl berechtigt, die im folgenden
zu beschreibenden Veränderungen der Milz, die offenbar zur Bildung der großen
Milztumoren scheinbar gesunder Tiere führen, auf die latente Bartonelleninfektion zu beziehen.

Bei schwacher Vergrößerung fallen bei diesen Milzen der weißen *Ratten*
zwei Umstände auf. Erstens ein Zurücktreten der Lymphfollikel gegenüber
der roten Pulpa, zweitens eine Zusammensetzung der letzteren vornehmlich
aus großen geblähten Zellen, die offenbar dem Retikuloendothel entsprechen.
Das Zurücktreten des lymphofollikulären Apparates ist zum Teil darauf zurückzuführen, daß die Reticulumzellen des Lymphfollikels sowohl an Zahl wie an
Größe zugenommen haben, wodurch der sonst einheitlich erscheinende Follikel
durch die Einlagerung dieser Zellen aufgesplittert erscheint. Bei stärkerer
Vergrößerung erkennt man, daß die genannten großen Zellen entweder Pulpa-
oder Sinusendothelzellen entsprechen. Ihr Kern zeigt vielfach Degenerationserscheinungen im Sinne einer Hyperchromatose und Polymorphie sowie schlechte
Färbbarkeit. Das Protoplasma ist wesentlich verbreitert, mit Eosin nur schwach
angefärbt und zeigt Einschlüsse von Pigment, Erythrocyten oder deren Schlacken
sowie seltener auch phagocytierte Kernreste. Stellenweise hat die Zahl der
Reticulumzellen lediglich zugenommen, ohne daß die Zellen wesentliche morphologische Abweichungen von der Norm zeigten. Diese Zellen sind kleiner als die
geblähten Reticulumzellen und erinnern lebhaft an die Elemente des normalen
Follikelhofes. Wenn auch die Erythrophagocytose überall gefunden wird,
so sind Reticulumzellen mit Phagocytose einer großen Zahl von Erythrocyten
doch selten. Sie finden sich aber gelegentlich, dann aber zumeist an umschriebener
Stelle in großer Zahl; in diesen Erythrophagen liegen die Kerne bald zentral,
bald auch peripher an die Zellmembran gepreßt, sie sind klein und zeigen schwere
Degenerationszeichen. Diese massige Erythrophagocytose erinnert an jene,
welcher man bei der experimentellen Bartonellenanämie milzhaltiger Tiere
in großer Zahl begegnet (LAUDA). Neben dem reichlichen intracellulären Eisen-
pigmente ist solches auch extracellulär zu sehen.

An umschriebener Stelle fanden wir in einer dieser Milzen Nekroseherde
mit leukocytärer Infiltration, welche den Nekrosen der Leber bei der Bartonellenanämie zu entsprechen scheinen. Diese Veränderung ist der „Pseudotuberkulose" im weitesten Sinne des Wortes zuzuordnen, welcher wir uns nun
zuwenden wollen.

Hinsichtlich des Begriffes „Pseudotuberkulose" siehe unsere Ausführungen
auf S. 124. Die folgende kurze Literaturübersicht, die übrigens keinen Anspruch
auf Vollständigkeit erheben will, zeigt neuerdings, daß unter der „Pseudotuberkulose" die verschiedensten krankhaften Prozesse zusammengefaßt werden;
sie erscheinen nur dadurch verbunden, daß ihnen mehr minder charakteristische
histologische Befunde zukommen.

Bei der experimentellen Paratyphusbacillose des *Kaninchens* und bei der
spontanen und experimentellen Paratyphusbacillose des *Meerschweinchens* finden
sich nach HENSCHEN ähnliche Veränderungen, wie er sie beim Kalb beschrieb.
Die histologische Untersuchung der Milz ergibt dort Durchsetzung des Schnittes
mit kleinen, ziemlich scharf begrenzten Herden, die hauptsächlichst aus großen,
hellen, epitheloiden Zellen bestehen. Daneben finden sich in geringer Menge
Lymphocyten und weiße Blutkörperchen. Die MALPIGHIschen Körperchen

treten stark zurück. Die großen, hellen Zellen stellen größtenteils gewucherte Reticulumzellen dar; auch gewucherte Endothelien der venösen Sinus nehmen an der Knötchenbildung teil. Die einzelnen Elemente der Herde zeigen oft ausgesprochene Phagocytose roter Blutkörperchen und weisen schon frühzeitig degenerative und nekrobiotische Veränderungen auf. Besonders auffallend sollen manchmal Pyknosis und Rhexis der Zellkerne sein. In älteren Fällen schildert HENSCHEN die Umwandlung der zentralen Teile der Infiltrate in eine körnig-faserige, diffus gefärbte Masse. Kernreste werden in wechselnder Anzahl beobachtet. In der Peripherie finden sich neben epitheloiden Zellen Lymphocyten und junge Fibroblasten. Die Herde sind auch in diesem Stadium von der Umgebung ziemlich scharf abgegrenzt.

Auch beim Paratyphus des *Meerschweinchens,* der von RAEBIGER und LERCHE wie folgt eingehend dargelegt wird, finden sich anatomische Veränderungen, die hierher gezählt werden müssen. Die Milz wird außerordentlich groß, sie erlangt eine Länge von 4, eine Breite von 3 cm, im Gegensatz zu $1^1/_2$—1 cm des normalen Tieres. Sie hat meist Ziegelfarbe oder ist auch blaurot. Sie ist gewöhnlich durchsetzt von gelbweißen Herden, deren Zahl verschieden groß sein kann. Manchmal gehen sie ineinander über. Ihre Form ist kugelig und ihre Größe submiliar bis erbsengroß, meist jedoch sind sie hirsekorngroß. Die Herde lassen sich leicht herausheben, sind von einer Kapsel umgeben und enthalten in ihrem Lumen eine eiterartige, bröckelige Masse. Sie sind oft mit dem Bauchfell verwachsen. Histologisch sind die Nekrosen nicht so ausgesprochen wie in der Leber, im Knötchen finden sich zahlreiche Leukocyten. In der Peripherie der Herde liegen Lymphocyten, Leukocyten, Fibroblasten. Das Milzstroma wuchert und bildet um die Herde eine Art Kapsel.

Von KASPAR und KERN wurden im Verlaufe einer durch den Micrococcus tetragenes hervorgerufenen Meerschweinchenseuche u. a. auch das Verhalten der Milz studiert. Während sich in akuten Fällen nur ein einfacher Milztumor fand, war die Milz in chronischen Fällen nur mäßig vergrößert (Blutstauung). Außer in den Follikel konnten gelegentlich auch in der Pulpa Bakterien gefunden werden. Waren die Bakterien intracellulär gelegen, so erschien der Kern an die Wand gedrückt. Pulpa und Milzkapsel waren im übrigen gut erhalten, wenn erstere auch reduziert erschien. Die überfüllten Blutgefäße enthielten zahlreiche Phagocyten, Makrophagen, Zell- und Kerntrümmer. Gelegentlich sahen die Autoren ausgedehnte Hämorrhagien (s. Leber).

SCHERN (zit. nach JOEST) fand bei einer durch einen Bacillus der Gärtnergruppe bedingten *Rattenseuche* bis stecknadelkopfgroße Milzherde. Analoge Milzveränderungen mit ähnlichen Knötchenbildungen sah HENSCHEN bei einer Kolibacillose des *Kaninchens* mit schwerer nekrotisierender Enteritis. Das Aussehen der jüngeren und älteren Herde stimmte im großen und ganzen mit der Organnekrose beim Kalb überein; es fanden sich jedoch im peripheren Granulationsgewebe der älteren Herde Riesenzellen mit phagocytierten Zelltrümmern. In den jüngeren Knötchen war der Bakteriennachweis im Schnitt leicht, in den älteren Herden waren Mikroben nicht färbbar. RAEBIGER und LERCHE erwähnen im pathologisch-anatomischen Befund der *Meerschweinchen*-Pseudotuberkulose hirsekorn- bis erbsengroße Herde auch der Milz. Die Milz ist außerdem hyperämisch. Der histologische Befund deckt sich mit dem der Knoten in der Leber (s. o.). Ähnliche Milzherde erwähnen schließlich RIBBERT bei der *Darmdiphtherie* des *Kaninchens,* SARNOSTI bei einer „*neuen Infektionskrankheit des Kaninchens*".

Beim *Kaninchen* und *Meerschweinchen* ist die durch *Bacillus pseudotuberculosis rodentium* hervorgerufene Pseudotuberkulose nach HENSCHEN verhältnismäßig häufig. Dieser Autor beschreibt das makroskopische Aussehen dieser Milzen folgendermaßen: „An der Oberfläche des mehr oder weniger vergrößerten, dunkelroten, ziemlich festen Organs finden sich punktförmige bis erbsengroße

Knötchen in wechselnder Anzahl, bisweilen zu Hunderten. Die jüngeren, kleineren Herde sind oft flach, grau und halb durchsichtig, die alten, großen Knoten sind trüb-gelblich und heben sich oft stark hervor. Die Oberfläche der Milz kann mit Fibrinhäutchen versehen sein. Auch im Inneren des Organs können die Herde sehr zahlreich vorhanden sein."

Histologisch bestehen die jüngeren Knötchen vorwiegend aus Massen von lymphocytären Elementen und polymorphkernigen Leukocyten, deren gegenseitige Menge wechselt. Daneben kommen größere, epitheloide Zellen in geringer Anzahl vor. Besonders reichlich scheinen sie nicht zu sein (HENSCHEN, SEIFRIED). Sehr frühzeitig treten zentral nekrobiotische Veränderungen ein (Abb. 91); die Herde besitzen dann oft ein bei Färbung dunkleres Zentrum mit massenhaft angehäuften Kerntrümmern und eine Randzone aus gut erhaltenen

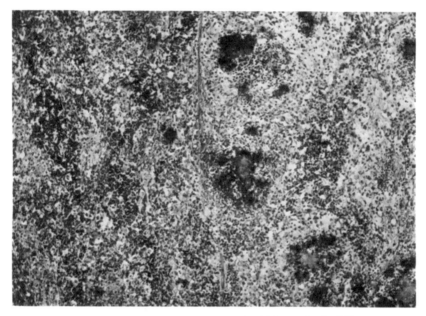

Abb. 91. Meerschweinchen. Herdförmige Nekrosen in der Milz.

Zellen. In etwas älteren Knötchen entwickelt sich eine große zentrale Nekrose, die bisweilen in eine körnige, weiche Masse zerfällt. In der Peripherie findet man jetzt vorwiegend Lymphocyten und Fibroblasten. Verkalkung der Herde dürfte, wenn überhaupt, nur selten vorkommen. Über das Auftreten von Riesenzellen gehen die Angaben auseinander; im allgemeinen sind sie bei dieser Form von Pseudotuberkulose nicht nachweisbar (SEIFRIED, HENSCHEN), was von gewisser Bedeutung für die histologische Differentialdiagnose gegenüber echter Tuberkulose ist.

Spontaninfektion von *Ratten* und *Mäusen* mit *Bacillus pseudotuberculosis rodentium* scheint nach BONGERT kaum vorzukommen. Dieser Autor sah käsige Knötchen der Milz bei einer unter Mäusen seuchenartig auftretenden Pseudotuberkulose, welcher ein pseudodiphtherieähnliches Stäbchen zugrunde lag.

Auch bei der *ansteckenden diphtheroiden Darmentzündung der Kaninchen*, hervorgerufen durch den Bacillus der Darmdiphtherie der Kaninchen (RIBBERT), ist die Milz nach SEIFRIED stark vergrößert und enthält multiple, mohn- bis hanfkorngroße, trübe, grauweiße, zum Teil konfluierende Knötchen, die über die Oberfläche des Organs hervorragen und ihm ein höckeriges Aussehen verleihen. Auf der Schnittfläche handelt es sich um scharf gegen die Umgebung abgesetzte, zum Teil zusammenfließende Herde mit trockenem, weißlich grauem Inhalt. Histologisch sieht man unregelmäßige Rundzelleninfiltrate, deren Zellen ausgesprochene Zerfallserscheinungen, sowohl in Form der Karyolysis als auch der Karyorhexis aufweisen, und die ihre Färbbarkeit fast völlig eingebüßt haben. Sie stellen demnach ausgesprochene Nekroseherde dar. Die in der Nachbarschaft der Nekroseherde gelegenen Zellen zeigen nach RIBBERT ebenfalls degenerative Veränderungen.

Bei Infektionen der *Kaninchen* mit dem *Nekrosebacillus* (Streptothrix cuniculi, Actinomyces cuniculi, Bacillus necrophorus u. a. m.) werden nach SCHMORL

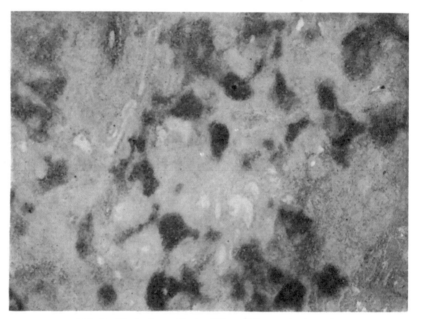

Abb. 92. Kaninchen. Große diffuse Nekrosen in der Milz.

Milzveränderungen im allgemeinen vermißt. SUSSMANN dagegen berichtet über linsengroße, weißliche Herde in Milz und Nieren neben den schweren Veränderungen des Dünndarmes. Hinsichtlich der Lagerung der Nekrosebacillen zwischen lebendem und nekrotischem Gewebe siehe SEIFRIED.

Wie SEIFRIED gezeigt hat und wie wir auf Grund einer eigenen Erfahrung wissen, kann die Milz bei der sog. Pseudotuberkulose eine außerordentliche Größe erreichen. In unserem Falle betrugen die Maße: Länge etwa 11 cm, Breite 2 cm, Dicke etwa 8 mm bis 1 cm. Die von SEIFRIED gegebene Darstellung deckt sich mit den von uns gesehenen Bildern, die übrigens den bei der Leber beschriebenen analog sind. Nach OLD und ROEMISCH findet sich in der Umgebung der Knötchen bisweilen eine auffallende Hyperplasie der Pulpa und der Follikel.

Makroskopisch erscheint die Pseudotuberkulose in Form von miliaren bis kleinerbsengroßen, weißgelblichen Knötchen.

Bei der spontanen Pestinfektion der Ratten und der selten vorkommenden *Pest* der in Gefangenschaft gehaltenen Kaninchen, ferner bei der *Tularämie* der Kaninchen und der

VINCENZschen Erkrankung des Kaninchens soll es schließlich zu der Pseudotuberkulose analogen histologischen Veränderungen kommen.

Unser histologisches Material stammt zum Teil von Autopsien von an Pseudotuberkulose spontan eingegangenen Tieren; zum Teil verdanken wir es der Liebenswürdigkeit von Professor JAFFÉ. Bakteriologische Untersuchungen dieser Tiere liegen nicht vor. Unsere folgenden Befunde stellen demnach nur Beschreibungen histologischer Bilder dar, welche der Pseudotuberkulose im weitesten Sinn des Wortes zuzuordnen sind.

Inwieweit und ob bestimmten bakteriellen Infektionen, z. B. der Infektion mit Bacillus pseudotuberculosis rodentium, der Colibacillen-, der Paratyphusinfektion usw. bestimmte histologische Veränderungen zukommen, bleibt Gegenstand besonderer Untersuchungen.

Auf Grund eigener Erfahrungen kann der große Milztumor des *Kaninchens* durch ausgedehnte Nekroseherde bedingt sein (Abb. 92), die in ihren zentralen Anteilen aus Detritus und aus nekrotisierenden Leukocyten zusammengesetzt sind, Herde, welche sich gegen die Peripherie unscharf absetzen und welche das intakte Milzparenchym fast vollständig zurückdrängen. Dort, wo derartige Parenchyminseln erhalten sind, ist die Zahl der geblähten Retikuloendothelzellen groß.

Andere Nekroseherde sind umschrieben und entsprechen in allen Details den Nekrose-, resp. Pseudotuberkuloseherden der Leber.

In einem Falle fanden wir in einer stark vergrößerten Milz zahlreiche miliare Herde, welche offenbar als akut entstanden zu betrachten sind. Es handelt sich um Ansammlungen von polymorphkernigen Leukocyten mit starken Degenerationen, in deren Zentren regelmäßig eine Nekrose zu finden ist. Die Herdchen sind den analogen Bildern in der Leber gleichzusetzen. Die Milz ist übrigens pigmentreich und zeigt eine Hyperplasie der Retikuloendothelzellen.

Schließlich verfügen wir über eine Milz, die vermutlich ebenfalls der Pseudotuberkulose, und zwar einem Spätstadium derselben zuzuzählen ist. Es finden sich hier zahlreiche große Knoten, die etwa die 10fache Größe eines Follikels erreichen können und die zum Teil in der Pulpa, zum Teil im Follikel gelegen und wohl abgegrenzt sind. An einigen wenigen Stellen findet sich zentral eine amorphe Masse, stellenweise auch mit vereinzelten Kernresten. Zumeist aber lassen die Knötchen einen nekrotischen Kern vermissen und stellen bei schwacher Vergrößerung einen aus kernreichem Granulationsgewebe aufgebauten Knoten dar. Bei starker Vergrößerung erkennt man, daß sich dieses Gewebe aus großen, manchmal polygonalen, zumeist allerdings länglich geformten, dicht gelagerten Zellen, welche einen großen bläschenförmigen Kern beinhalten, zusammensetzt. Es macht den Eindruck, als hätte man Abkömmlinge der Reticulumzellen vor sich. Vereinzelt finden sich Riesenzellen. Die übrige Milzpulpa ist eher zellreich, die Sinus sind relativ leer.

Bei der *Ratte* ist uns die Pseudotuberkulose nur in der auf S. 248 (s. vorherigen Abschnitt) beschriebenen Form begegnet.

Der bei der Ratte öfters spontan auftretende und unter Umständen chronisch verlaufende Milzbrand muß hier doch auch erwähnt werden (NIEBERLE, K. MUELLER und G. FRANK, ZWICK). Die Milz kann bis auf die zu beschreibenden Herde mehr weniger unverändert sein. Die Herde sind nach NIEBERLE linsen-, erbsen- oder bohnengroß, haben knotige Gestalt, schwarzrote Farbe und ragen halbkugelig über die Oberfläche vor (Milzbrandkarbunkel). Sie sind über das ganze Organ verteilt. Am Querschnitte erscheinen sie ziemlich trocken. Histologisch manifestieren sie sich als herdförmig, hämorrhagisch-nekrotisierende Entzündung. In den Reticulummaschen und Sinusbahnen findet sich reichlichst Blut, welches sehr viel Leukocyten enthält. Innerhalb der Herde sind zahlreiche Milzbrandbacillen festzustellen. Ansonsten ist das Herdgebiet sehr nekrotisch, wobei es sich gegen die Umgebung scharf abgrenzt. Manchmal wieder sind die Milzherde nur klein und stellen wie in der Leber (s. d.) kleine grauweise Herde dar (B. ZWICK).

Beim *Meerschweinchen* trafen wir die Pseudotuberkulose relativ häufig. Wir glauben die folgenden histologischen Typen aufstellen zu dürfen, welche dem histologischen Bilde nach zu schließen, verschiedenen Entwicklungsstufen entsprechen und welche auch nebeneinander in der gleichen Milz gefunden werden können:

1. Miliare Absceßbildungen; Anhäufungen von Leukocyten, die eine zentrale Nekrose beinhalten. Diese Herde kapseln sich peripheriewärts bindegewebig ab und leiten damit zum nächsten Stadium über. Die Milzpulpa zeigt eine beträchtliche Wucherung des Endothelsystems. Sie scheint gelegentlich fast ausschließlich aus dicht gelagerten, etwas geblähten, meist polygonalen, mononucleären Elementen mit blassem Protoplasma zusammengesetzt. Die Sinusendothelien schilfern sich ab (Sinuskatarrh). Diese Endothelproliferation ist keine regelmäßige Erscheinung.

2. Herde mit ausgedehnter zentraler Nekrose, welche sich gegen das gesunde Gewebe mit Granulationsgewebe unscharf abgrenzen.

3. Knötchen, welche fast ausschließlich aus Granulationsgewebe bestehen und sich im allgemeinen gegen die Peripherie schärfer absetzen. Manche dieser älteren Herde erreichen eine beträchtliche Größe, sie sind bindegewebig gut abgekapselt und können in ihrem Zentrum eine mit Hämatoxylin anfärbbare körnige Detritusmasse beherbergen, welche dem käsigen Inhalte entspricht.

Über Milzveränderungen bei Leukämie und Protozoenerkrankungen siehe Abschnitt Leber.

Literatur.

BARCROFFT: Lancet **1925**, 319; **1926**, 544; Erg. Physiol. **25**, 818 (1926). — BENNET, G. A. u. A. HARTMANN: Z. Zellforschg **1927**, H. 5, 620. — BONGERT: Bakteriologische Diagnostik für Tierärzte. Berlin 1927.

CARNET: Rec. Méd. vét. **1890**.

EBNER: Zit. nach OBERNIEDERMAYR. — EPPINGER: Die hepatolienalen Erkrankungen. Berlin 1920. — EPSTEIN: Sitzg mikrobiol. Ges. Wien **1928**.

FRANK, G.: Zit. nach NIEBERLE.

GROLL: Verh. dtsch. path. Ges. 23. Tagg **1928**.

HARTMANN: v. MÖLLENDORFFs Handbuch der mikroskopischen Anatomie, Bd. 6, S. 1. HENSCHEN: JOESTs Handbuch der speziellen pathologischen Anatomie der Haustiere, Bd. 5, S. 1. 1929. — HÖHN: Zit. nach STÖHR aus v. MÖLLENDORFFs Handbuch der mikroskopischen Anatomie. — HUECK: Krkh.forschg **3**, H. 6, 468 (1926); Verh. dtsch. path. Ges. 23. Tagg **1928**.

IRISAWA: Zit. nach LUBARSCH.

JÄGER u. ONO: Zit. nach HUECK und HARTMANN. — JOEST: Spezielle pathologische Anatomie der Haustiere.

KASPAR u. KERN: Zbl. Bakter. I Orig. **63** (1912). — KÖLLIKER: Zit. nach STÖHR aus v. MÖLLENDORFFs Handbuch der mikroskopischen Anatomie.

LAUDA: Virchows Arch. **258**, 529 (1925). — LAVERAN, A. u. M. MARULLAY: Bull. Soc. path. **1914**. — LEPEHNE: Beitr. path. Anat. **54**, (1918); **65** (1919). — LUBARSCH: Handbuch der speziellen pathologischen Anatomie, Bd. 1, S. 2.

MARTIN: Lehrbuch der Anatomie der Haussäugetiere, 3. Lief. — MOLLIER: Sitzgsber. Ges. Morph. u. Physiol. München **1909**; Arch. mikrosk. Anat. **76** (1911). — MUELLER, K.: Zit. nach NIEBERLE.

NIEBERLE: Erg. Path. **21**, 2.

OBERNIEDERMAYR: Krkh.forschg **3**, H. 6, 476 (1926). — OLD u. ROEMISCH: Zit. nach SEIFRIED.

PLAUT: Zit. nach LUBARSCH.

RAEBIGER u. LERCHE: Erg. Path. **21**, 2. — RIBBERT: Dtsch. med. Wschr. **1883**.

SARNOSTI: Zit. nach HENSCHEN. — SCHERN: Zit. nach JOEST. — SCHILLING, V.: Zit. nach HUECK, BETHE u. a., Handbuch der normalen und pathologischen Physiologie, Bd. 6, S. 2. — SCHMORL: Dtsch. Z. Tiermed. **17**, 375 (1891). — SCHUHMACHER: Zit. nach OBERNIEDERMAYR. — SCHWARZ: Zit. nach LUBARSCH. — SEIFRIED: Erg. Path. **22**, 1. — SORGE: Boll. Soc. Biol. sper. **1**, H. 4 (1926); Riv. Pat. sper. **6**, 439 (1926). — STRASSER: Beitr. path. Anat. **70** (1922). — SUSTMANN: Münch. tierärztl. Wschr. **1916**, 121.

TEDESCHI: Zit. nach LUBARSCH.

WALL: Zit. nach MARTIN. — WEIDENREICH: Zit. nach HARTMANN.

ZWICK: Zit. nach NIEBERLE.

D. Die Lymphknoten.

Von ELSE PETRI, Berlin.

Mit 2 Abbildungen.

Die Untersuchungen der Lymphknoten bei kleinen Nagern führen uns in Neuland, da auf diesem Gebiete bisher nur ganz vereinzelte (aus dem englisch-amerikanischen Schrifttum stammende) Arbeiten vorliegen. Es handelte sich hier nicht darum — wie etwa DONALDSON es für die Rattenorgane in groß-angelegten Reihenuntersuchungen durchführte — die *Variationsbreiten* der Lymphknoten bei den einzelnen Tierarten festzulegen. Mit Rücksicht auf den Zweck dieses Buches schien es ausreichend, eine beschränkte Zahl klinisch und anatomisch gesund erscheinender, ausgewachsener Tiere, bei welchen die feineren Strukturen der Lymphknoten in den Grundzügen übereinstimmten, als Norm aufzustellen. Demgemäß blieben auch die von (uns in den meisten Fällen unbekannten) Faktoren wie Alter, Ernährungsweise, Umweltsbedingungen usw. abhängigen Schwankungen um dieses Durchschnittsbild herum unberücksichtigt.

Bei Embryonen und Neugeborenen (bzw. Jungtieren), die zum Studium der *Lymphknotenentwicklung* mit herangezogen wurden, gelang es aus technischen Gründen nur ganz vereinzelt, die winzigen, auch mit der Lupe nur schwer sicht-baren Lymphknotenanlagen herauszuschälen und zu untersuchen.

Die *pathologisch-anatomische Ausbeute* ist gering; bei verschiedenen para-sitären und infektiösen Erkrankungen, bei der von mir gesehenen Gewächs-bildungen sprachen die Lymphknoten überhaupt nicht an. Soweit sich die Einzelbefunde mit den entsprechenden Sonderabschnitten (Infektionskrank-heiten usw.) überschneiden bzw. decken, wird hier nur kurz darauf eingegangen werden.

Einige, sich auf das ausgewachsene Tier beziehende Bemerkungen über das *Aufsuchen der Lymphknoten* mögen ihrer Beschreibung vorangehen. Obwohl Lymphknotenzahl und -größe der kleinen Nager — wenn auch nicht in gleich starkem Grade wie beim Menschen — von Tier zu Tier wechseln, gelingt es fast 100%ig, die den Gefäßen unmittelbar anliegenden Organe in *Leistenbeuge* und *Achselhöhle* herauszupräparieren. Meist sind — auch beim gesunden Tier — mehrere *Gekröselymphknoten* für das bloße Auge kenntlich, im Gekröse-Dick-darmansatz ist zum mindesten *ein* größerer Knoten stets an der Übergangs-stelle vom Dünn- zum Dickdarm auffindbar. *Periportale*, *paratracheale* und *Bifurkationslymphknoten* werden meist erst bei Erkrankung der Quellorgane bis zu faßbaren Ausmaßen vergrößert.

Die im Fettgewebe eingebetteten und zu diesem — wie das histologische Bild (besonders beim Embryo und Jungtier) lehrt — häufig noch in inniger geweb-licher Beziehung stehenden Knoten sind zumeist gelbbräunlich-rosafarbene, flache, längliche bis runde Gebilde, welche bei pathologischen Vorgängen bis auf das 3- und 4fache des Gewöhnlichen anwachsen können. Der längste Durchmesser der Organe schwankt beim „Normaltier"

a) Maus: zwischen 1 und 3 mm,
b) Ratte: zwischen 2 und 7 mm,
c) Meerschweinchen: zwischen 2 und 5 mm,
d) Kaninchen: zwischen 2 und 15 mm.

In der Regel sind die Leistenlymphknoten am kleinsten, die Gekröselymphknoten am größten.

Da die — in der Hauptsache an große, intrasinuöse, als Retikuloendothelien zu deutende Elemente gebundene — Speicherung von Erythrocyten, eisenhaltigem Pigment und Fett weder der Lagerung noch Menge nach gesetzmäßige Beziehungen zu bestimmten Erkrankungen erkennen ließ, wurde von ihrer jedesmaligen Einzelaufführung im Text Abstand genommen und ihre tabellarische Anordnung vorgezogen, wodurch bessere Übersicht und die Möglichkeit des Vergleiches unter den einzelnen Tiergruppen gewährleistet wurde. Die Angaben der Mengen beruhen auf Schätzung; ihre genaue zahlenmäßige Erfassung — etwa durch Auszählen der speichernden Zellen pro Quadratmillimeter — erwies sich als nicht durchführbar (s. Tabelle).

Art der Tiere	Zahl	Erythrocyten-phagocytose				Eisenpositives Pigment				Zahl	Fett[1]			
		fehlend	gering	mittel	viel	fehlend	gering	mittel	viel		fehlend	gering	mittel	viel
Mäuse	13	8 = 61%	1 = 8%	4 = 31%	0 = 0%	6 = 46%	3 = 23%	3 = 23%	1 = 8%	8	1 = 12,5%	1 = 12,5%	4 = 50%	2 = 25%
Ratten	14	7 = 50%	1 = 7%	2 = 14%	4 = 29%	2 = 14%	0 = 0%	3 = 21%	9 = 65%	14	5 = 36%	3 = 21,3%	3 = 21,3%	3 = 21,3%
Meerschweinchen	28	19 = 68%	2 = 7%	4 = 14%	3 = 11%	19 = 68%	4 = 14%	3 = 11%	2 = 7%	22	9 = 41%	7 = 32%	6 = 27%	0 = 0%
Kaninchen	14	12 = 85%	0 = 0%	2 = 15%	0 = 0%	10 = 72%	1 = 7%	1 = 7%	2 = 14%	12	3 = 25%	3 = 25%	4 = 33,4%	2 = 16,6%

a) Mäuse.

Die Mehrzahl der Knoten ließ beim *Jungtier* noch keine Gliederung erkennen. Vereinzelt zeigten sie fortgeschrittenere Entwicklung, indem streckenweise im diffus lymphatischen, noch von Jugendformen der lymphatischen und — spärlicher — der myeloischen Reihe durchsetzten Gewebe die Bildung von Follikeln und Randsinus bemerkbar wurde. Das Retikuloendothel war fett- und pigmentfrei.

Bei den *ausgewachsenen Normaltieren*, von denen 5 untersucht wurden, bargen die in der Weite wechselnden, jedoch vorwiegend klaffenden (starren) Sinus (s. Abb. 93) mehr oder minder zahlreich retikuloendotheliale, lympho- und leukocytäre Elemente. Riesenzellen vom gleichen Typ wie die in der Milz traten vereinzelt sowohl in den Sinus, als auch in den dichten lymphatischen Strängen auf. Intrasinuöse Erythrocyten — und dementsprechende Erythrocytenphagocytose und Hämosiderinbildung — waren gar nicht oder nur spärlich vorhanden; die Follikelzahl war gering, Keimzentren wurden nur vereinzelt beobachtet.

b) Ratten.

Das *Jungtier* wies Lymphknoten in verschiedensten Entwicklungsstufen auf: von diffus lymphatischen, noch nicht allseitig abgekapselten Gebilden mit eben angedeuteten (keimzentrenhaltigen) Follikeln und Randsinus bis zu voll

---

[1] Bei verschiedenen Tieren reichte das Material zur Vornahme der Fettreaktion nicht aus.

ausgebildeten Knoten mit in der Mehrzahl engen, zum Teil erythrocyten- (und normoblasten- ?)haltigen Sinus. Myeloische Jugendformen waren nicht nachweisbar.

Das Verhalten der Lymphknoten bei 6 *ausgewachsenen Normaltieren* war folgendes: man sah meist spärliche und kleine Follikel ohne Keimzentren neben weiten, von Fasern durchsponnenen Sinus. Häufig ließen sich Bilder feststellen, wie sie ähnlich beim Sinuskatarrh des Menschen vorkommen, d. h. Anfüllung der Sinus mit vorwiegend großen, rundlichen, mehr oder minder stark eosinfärbbaren, vereinzelt auch zweikernigen Zellen, die — zufolge ihrer pigment- und fettspeichernden Eigenschaften — als abgestoßene bzw. eingewanderte Retikuloendothelien zu deuten sein dürften. Zwischen ihnen lagen stellenweise lymphatische und myeloische (auch jugendliche), vor allem eosinophile Formen.

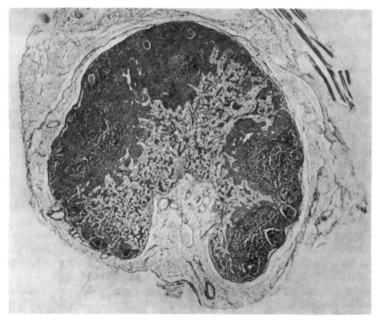

Abb. 93. Maus Nr. 7. Typischer Lymphknoten mit weit klaffenden Sinus. 23fache Vergrößerung.

Ab und an zeigten Knoten diffuse Eosinophilie. Gelegentlich vorhandene fibrilläre, ausgedehnte oder fleckförmige Bindegewebsvermehrung ist wahrscheinlich als Alterserscheinung anzusprechen.

Die von dem Amerikaner JOB aufgestellte Einteilung der Lymphknoten in zwei — durch Anordnung von Sinus und Knötchen gegeneinander abzugrenzende — Typen muß ich aus Mangel an entsprechenden Befunden ablehnen.

Ein Tier mit kirschkerngroßem *Atherom* bot gewisse Abweichungen vom Durchschnittsbild, nämlich auffallend starke Speicherung eisenhaltigen Pigments, die vielleicht mit dem Vorhandensein von *Leberparasiten* in ursächlichen Zusammenhang gebracht werden konnte, da auch ein zweiter Parasitenträger ähnliches Verhalten zeigte, wobei das Fehlen oder der geringe Grad von Erythrocytenphagocytose bemerkenswert war.

Tiere mit *Hautkrankheiten* (nicht näher zu bestimmender Natur), von denen ich drei zu untersuchen Gelegenheit hatte, zeichneten sich durch besonders kräftige Entwicklung und durch Dunkelrotbraunfärbung der — in atrophischem Fettgewebe liegenden — Achselhöhlenlymphknoten aus. Der Farbton war offenbar auf starke Blutgefäßfüllung und ungewöhnlich reichliche Ablagerung von (überwiegend eisenpositivem) Pigment zurückzuführen. Der intrasinuöse Erythrocytengehalt wechselte von Fall zu Fall, desgleichen die Erythrocytenphagocytose.

Bronchopneumonien, bzw. *Lungenabscesse* riefen lediglich beträchtliche diffuse Leukocytose, sonst aber keine Abweichungen vom Normalen hervor.

c) Meerschweinchen.

Bei einem *Embryo* von 9 cm Länge waren *Lymphknotenanlagen* im Fettgewebe der Leistenbeugen und der Achselhöhlen zu finden. Sie bestanden aus ungegliederten, teils peri- und paracapillär gelagerten, teils mit dem Fettgewebsreticulum in inniger Beziehung stehenden Zellhaufen und -strängen, die sich zusammensetzten aus Elementen mit dunklen oder auch helleren, ovalen und zugespitzten Kernen, ferner aus spärlichen erythro- und myeloblastischen Bestandteilen.

Die *in der Entwicklung fortgeschritteneren Lymphknoten* waren bereits gekennzeichnet durch einzelne Follikel, durch weite, von unreifen und reifen Blutzellen angefüllte Sinus, beginnende Kapselbildung.

Beim *Jungtier* schließlich bestanden die winzig kleinen, spärliche Follikel aufweisenden Knoten aus vorwiegend diffus lymphatischem, noch nicht in Stränge und Sinus gegliedertem Gewebe. Fleckweise Ablagerung von Fett und eisenpositivem Pigment ließ sich schon in diesem Alter feststellen.

Ausgewachsene *Normaltiere* zeigten kräftig entwickelte Follikel, meist mit Keimzentren. Die Sinus waren weit, enthielten massenhaft protoplasmareiche, gelegentlich zweikernige (wahrscheinlich retikuloendotheliale) Elemente, spärlicher Lympho- und Leukocyten. Vereinzelt wiesen die Bifurkationslymphknoten geringgradige Anthrakose auf.

In 7 Fällen von *Paratyphus* bzw. *Kolibacillosis* (SEINMETZ und LERCHE) sprachen die *Gekröselymphknoten*, deren Follikel in Zahl und Größe wechselten, mit betont eosinophiler Leukocytose in Sinus und lymphatischen Strängen an (eitrige Lymphonoditis?). Meist war hochgradiger Sinuskatarrh zu beobachten. Die im Gekrösefettgewebe ganz vereinzelt aufzufindenden, vorwiegend aus lymphatischen und myeloischen Jugendformen aufgebauten Zellhaufen möchte ich — in Analogie mit den von mir bei Peritonitis usw. des Menschen beobachteten Befunden [1] — als *Lymphknotenneubildungen* werten.

Ähnliche Bilder boten die Lymphknoten bei einem Tier mit *fibrinöser Polyserositis* dar.

Bei *Pseudotuberculosis caviarum* (s. rodentium) gilt die von SEIFRIED für die Organe des Kaninchens gelieferte Schilderung auch für die Meerschweinchenlymphknoten. Die durch Infektion vom Darme her in erster Reihe betroffenen Gekröseknoten sind von stecknadelkopfgroßen und größeren, grauweißen Knötchen durchsetzt oder — öfter noch — zu linsen- bis erbsgroßen, gewächsartigen Paketen miteinander verbacken. Histologisch bestehen die Gebilde — soweit sie noch nicht in Zerfall (bzw. Einschmelzung) begriffen sind — aus epitheloiden (wahrscheinlich retikulären) Elementen, untermischt mit mehr oder minder reichlichen leukocytären und lymphatischen Zellformen. (Erwähnen möchte ich dabei, daß die Peroxydasereaktion am Meerschweinchenleukocyten in der Regel unvergleichlich schwächer ausfällt als beim Menschen.) Die mittleren Knötchenanteile unterliegen offenbar sehr bald der Nekrose. Beim Kernzerfall bleibt die chromatische Substanz in Form von Tropfen, Körnern usw. auffallend färbbar. Riesenzellen, die nach den Ausführungen von SEIFRIED beim Kaninchen des öfteren beobachtet werden, habe ich nicht gesehen (vgl. Kapitel „Bakteriologie").

---

[1] Virchows Arch. **258**, 37.

d) Kaninchen.

Die geweblichen Verhältnisse beim *Jungtier* sind annähernd die gleichen wie die bei den jungen Tieren von I, II und III beschriebenen.

Für die *ausgewachsenen Normaltiere* waren weite, von Reticulumfasern und -zellen durchsetzte, aber sonst wenig zellhaltige Sinus und zahlreiche große, meist keimzentrenhaltige Follikel kennzeichnend (s. Abb. 94). Intrasinuöse Erythrocyten treten spärlich auf, ausgesprochene „Hämolymphknoten" waren nicht nachweisbar. Für die von JORDAN and LOOPER auf Grund von Beobachtungen an drei Tieren aufgestellte Behauptung einer „erythroblastischen Tätigkeit der Lymphocyten" ergaben sich keinerlei Anhaltspunkte.

6 Tiere mit *parasitären Krankheiten* (Coccidiose usw.) ließen gelegentlich größere Blutungen erkennen. Ab und an fand sich herdweise auffallend starke Ansammlung von gelappt- und rundkernigen Eosinophilen in lymphatischen

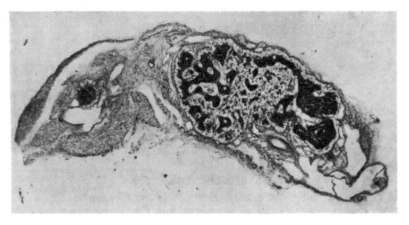

Abb. 94. Kaninchen Nr. 10. Ausgewachsener Lymphknoten und Lymphzellhaufen (Lymphknotenneubildung?) im Fettgewebe. 33fache Vergrößerung.

Strängen und in den Sinus. Einmal waren größere Erythrocytenmengen im Randsinus zu bemerken.

Über makro- und mikroskopische Befunde bei *Pseudotuberculosis caviarum* (s. rodentium) siehe beim Meerschweinchen.

Auf *Bronchopneumonien,* die ich allerdings nur an einem Tier zu sehen Gelegenheit hatte, antworteten die Bifurkationslymphknoten mit Katarrh der Sinus, bestehend in beträchtlicher intrasinuöser Exsudation (stark eosinfärbbare Eiweißmassen in den Sinus!), Endothelwucherung und -Abstoßung usw.

Ein Tier, das unter *Darmerscheinungen* einging und bei der Sektion *infarzierte Dünndarmschlingen* und blutigen *Ascites* aufwies, ergab bräunlichrote Gekröselymphknoten, deren Farbe bedingt war durch Massen von intrasinuösen, mit gelapptkernigen Eosinophilen untermischten Erythrocyten. Daneben fanden sich reichlich Erythrocyten- und Pigmentmakrophagen. Das intracelluläre Pigment war nur zum Teil eisenpositiv.

Zusammenfassend und *histologisch* bzw. *pathohistologisch vergleichend* ist zu sagen, daß die Lymphknoten der kleinen Nager durchschnittlich weniger leicht und weniger stark als die des Menschen auf örtliche und allgemeine Erkrankungen mit Gewebsveränderungen zu antworten scheinen. Die Organe zeichnen sich aus durch klaffende Weite (Starrheit) der Sinus, welche gewöhnlich von retikulären

Anteilen über- bzw. durchsponnen erscheinen, durch den oft beträchtlichen Erythrocytengehalt der Sinus und durch massige Loslösung, intrasinuöse Abstoßung und makrophage Umformung retikuloendothelialer Elemente, wobei Erythrocytenphagocytose eine besonders große Rolle spielt. Es ergeben sich dadurch Bilder, wie sie aus den Beschreibungen der vergleichenden Anatomen unter dem Namen „Hämolymphknoten" bekannt sind. Im Hinblick auf ihr häufiges Vorkommen muß diese Form des Lymphknotens als eine normale angesprochen werden.

Literatur.

DONALDSON: The Rat. Philadelphia 1924.

JOB: (a) The adult anatomy of the lymphatic system in the common rat. Anat. Rec. 9, 447 (1918). (b) Studies on lymph nodes. Amer. J. Anat. 31, 125 (1922). — JORDAN and LOOPER: The comparative histology of the lymph nodes of the rabbit. Amer. J. Anat. 39, 437 (1927).

SEIFRIED: Die wichtigsten Krankheiten des Kaninchens. Ergebn. d. Path. Bd. XII, Abtlg. 2, S. 432. — STEINMETZ u. LERCHE: In RAEBIGER, Das Meerschweinchen. Schaper 1923.

Urogenitalorgane.

A. Harnsystem.

Von RUDOLF JAFFÉ und PAUL RADT, Berlin.

Mit 4 Abbildungen.

I. Normale Anatomie.

Bei der Darstellung der normalen anatomischen Befunde stützen wir uns neben eigenen Untersuchungen besonders auf die Darstellung von RUDOLF KRAUSE, sowie auf die Angaben von MARTIN. Bei Einzelheiten werden wir auch noch auf andere Autoren verweisen.

a) Nieren.

1. Morphologie.

Die Nieren des Kaninchens sind von rotbrauner Farbe und bohnenförmiger Gestalt. Beim Kaninchen liegen sie in ungleicher Höhe, die rechte liegt näher an der Wirbelsäule und mehr kranialwärts als die linke. Der obere Pol der linken Niere liegt ungefähr in gleicher Höhe wie der untere Pol der rechten. Die beigegebene Abbildung, die aus der Arbeit von IHLE stammt, veranschaulicht besser als Worte die ganze Topographie des Urogenitalsystems bei männlichen Kaninchen (s. Abb. 95). Nach MARTIN reicht die rechte Niere vom caudalen Rand der 11. Rippe bis zum kranialen Rand des 2. Lendenwirbels, die linke von der Mitte des 2. bis zur Mitte des 4. Lendenwirbels.

Die Größe der Nieren beträgt nach MARTIN 3,5 : 3,2 cm, doch sind diese Maße anscheinend nur für große Rassen zutreffend. Wir sehen ja beim Kaninchen gerade außerordentliche Schwankungen der Körpergröße, je nach der Rasse, und so ist es selbstverständlich, daß auch die Größe der einzelnen Organe dem entsprechend schwanken kann. Das Gewicht beträgt etwa 15—16 g (rechts oft etwas schwerer als links). Bei einem horizontalen Schnitt durch die Niere sieht man eine relativ schmale, graurote Rinde, deren Breite durchschnittlich 3 mm beträgt. Die Markschicht ist wesentlich heller, meist nicht sehr scharf von der Rinde abgesetzt und läßt eine deutliche Längsstreifung erkennen.

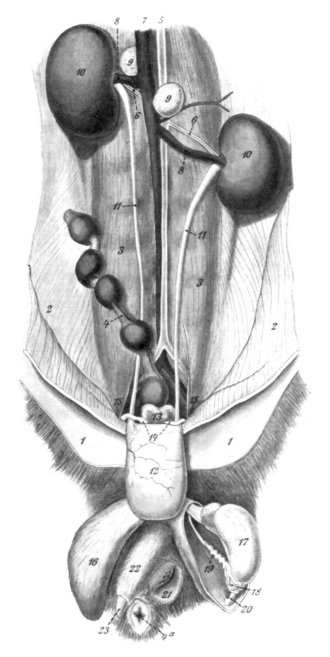

Abb. 95. Männliche Urogenitalorgane von Lepus. Aorta descendens und Vena cava inferior frei-präpariert. Linker Scrotalsack der Länge nach geöffnet. Harnblase caudalwärts geklappt und ein wenig aus der Leibeshöhle herausgezogen. (Aus RÖSELER und LAMPRECHT.) *1* Innenfläche der Bauchhaut. *2* Reste der Bauchwand. *3* Beugemuskulatur des Rückens. *4* Endstück des Darmes (*4a* Afteröffnung). *5* Aorta descendens. *6* Arteriae renales. *7* Vena cava inferior. *8* Venae renales. *9* Nebennieren. *10* Nieren. *11* Ureteren. *12* Harnblase. *13* Vesicula prostatica. *14* Ductus deferentes. *15* Venae spermaticae (nur teilweise erhalten). *16* Rechter Scrotalsack. *17* Linker Testis. *18* Dessen Epididymis. *19* Vas deferens. *20* Conus inguinalis. *21* Perinealtasche. *22* Penis. *23* Glans penis.

Diese Marksubstanz mündet aus in einen Fortsatz, der der Nierenpapille entspricht, die beim Kaninchen nur einfach vorhanden ist. In die Papille münden
mit feinen Löchern die Ausführungsgänge der Knälchen.

Die Nieren liegen retroperitoneal und sind auf der Ventralfläche vom Bauchfell überzogen. Der Nierenhilus als Austrittsstelle des Ureters und Eintrittsstelle der großen Gefäße entspricht dem bei anderen Tieren. Die großen Gefäße
laufen rechts annähernd horizontal, links jedoch liegt die Abgangsstelle von der
Aorta bzw. Vena cava mehr kranialwärts, etwa in der Höhe des oberen Nieren-
pols. Die Nieren sind von einer dünnen, bindegewebigen Kapsel umgeben,
die sich sehr leicht abziehen läßt. Bei gut genährten Tieren findet sich außerdem
eine mitunter sehr stark entwickelte Fettkapsel.

Die Oberfläche der Nieren ist vollkommen glatt. Auf der Schnittfläche kann man die
tiefen Rindenpartien von den übrigen abtrennen. Die innere, durch die Markstrahlen
bedingte Schicht, wird als Pars radiata von der Pars convoluta unterschieden.

2. Histologie.

Der histologische Aufbau der Nieren entspricht dem des Menschen. Es kann
daher darauf verzichtet werden, auf Einzelheiten des Aufbaues einzugehen,
vielmehr sei auf die bekannten Handbücher über den Aufbau der menschlichen
Organe, besonders auf das Kapitel Niere von MÖLLENDORFF im Handbuch der
mikroskopischen Anatomie des Menschen, Bd. VII/1 verwiesen. Hier sollen
nur Besonderheiten der Niere der kleinen Nager dargestellt werden. Die
MALPIGHIschen Körperchen haben nach KRAUSE einen Durchmesser von
19—20 μ, sie liegen in der Pars convoluta der Rinde, ebenso wie die
Tubuli contorti, nur deren Endstück kann mitunter auch in der äußeren
Markzone liegen und geht hier regelmäßig in die HENLEsche Schleife über. Diese
verläuft als U-förmig gebogenes Rohr verschieden weit, aber stets in der Marksubstanz, und zwar liegen absteigender und aufsteigender Schenkel stets dicht
beieinander. Nachdem der letztere wieder in die Pars convoluta der Rinde
eingedrungen ist, geht er in das Schaltstück über und führt dann durch ein Verbindungsstück zu den Sammelröhrchen, die mehrere Verbindungsstücke aufnehmen, in der Marksubstanz verlaufen und schließlich zu den Ausflußröhrchen
oder Ductus papillares zusammenfließen.

Die Glomeruli füllen in gut fixierten Präparaten den Kapselraum annähernd
aus, nur ein kleiner Spaltraum bleibt übrig. Dieser ist mit einem niedrigen
Epithel ausgekleidet, das sich am Stiel des Glomerulus von der visceralen Innenwand auf die Außenwand umschlägt. Nach außen folgt eine dünne Membrana
propria. Die niedrigen platten Epithelzellen werden allmählich höher und gehen
ganz allmählich über in die kubischen Epithelzellen der Tubuli contorti. Der
Kern liegt etwa in der Mitte dieser Zellen. Im Protoplasma sind feine Körnchen, sowie nach außen radiär gelagerte Streifchen, die sog. HEIDENHAINschen
Stäbchen erkennbar. Die freie Zellkuppe ist von einem feinen Bürstenbesatz
bedeckt. Auch die Kanälchen sind von feiner Membrana propria umgeben.

Die HENLEschen Schleifen sind wesentlich enger als die Tubuli contorti.
Nach KRAUSE sind stets zwei Abschnitte, ein hellerer dünner, mit ganz
platten Zellen und relativ weitem Lumen, sowie ein dunklerer dicker Abschnitt mit mehreren höheren Zellen und engerem Lumen zu unterscheiden;
auf den Tubulus contortus folgt zunächst der dünne Abschnitt, der entweder
bis zur Abbiegungsstelle oder auch noch weiter in den aufsteigenden Schenkel
hineinreicht. Hier sind die Zellen stark granuliert mit Stäbchenstruktur.
Die weiteren Abschnitte hingegen erscheinen wieder heller, ohne Granulierung
oder Stäbchen. Das Schaltstück dagegen zeigt wieder Zellen mit diesen
Merkmalen, während in den Sammelröhren das Epithel sich allmählich aufhellt.

Die histologische Differenzierung der einzelnen Kanälchenabschnitte kann außerordentlich große Schwierigkeiten verursachen. Wir müssen es uns aber versagen, auf weitere Einzelheiten, die Unterschiede in dem Aussehen der Zellen der verschiedenen Kanälchenteile betreffen, einzugehen und verweisen auf die Arbeiten von PETER, POLICARD u. a. Interessant ist es, daß es LAUDA und REZEK gelang, mit der Versilberungsmethode nach DA FANO isoliert die dicken Anteile der HENLEschen Schleife, das Zwischenstück und Schaltstück darzustellen, während Hauptstück und die dünnen Anteile der HENLEschen Schleife ungefärbt bleiben. Diese Darstellung gelang an den Nieren von Kaninchen, Ratte und Maus, aber auch bei Hund, Rind und Mensch, ist also nicht etwas für die kleinen Nagetiere Charakteristisches.

Das Bindegewebe in der Kaninchenniere ist außerordentlich spärlich, höchstens in der Marksubstanz etwas reichlicher. Auf die Blutversorgung soll hier nicht weiter eingegangen werden, da der Verlauf der Gefäße im ganzen dem beim Menschen entspricht.

Die Niere der Meerschweinchen, Ratte und Maus entspricht fast vollkommen den eben geschilderten Verhältnissen beim Kaninchen. Auch die Größe ist im Verhältnis zum Gesamttier etwas die gleiche. Als Maße gibt MARTIN für das Meerschweinchen 1,8 cm : 1,2 cm : 0,9 cm an. Die linke Niere ist meist etwas kürzer und dicker. Die Maße bei der Ratte sind nach dem gleichen Autor 1,6 cm : 1,0 cm : 9,0 cm. Bei der Maus 0,9 cm : 0,5 cm : 0,4 cm.

Fetteinlagerungen in den Epithelzellen der Harnkanälchen finden wir normalerweise nicht (vgl. das bei Degeneration ausgeführte). Dagegen finden sich, allerdings meist nur bei jugendlichen Tieren, im Sammelröhrensystem reichlich Glykogenablagerungen. Nach ARNDT findet sich Glykogen nicht nur im Epithel der Sammelröhrchen, sondern auch in dem des Nierenbeckens und des Ureters. ARNDT fand Glykogeneinlagerungen regelmäßig in den ersten Lebenswochen, mitunter aber auch noch bei älteren Tieren in den ersten Lebensjahren. Er konnte zeigen, daß diese Glykogenbefunde nicht mit der Ernährungsweise des Tieres im Zusammenhang stehen, und betrachtet sie daher als stabiles Glykogen, d. h. als zum Zellaufbau gehörig. Wir verweisen im übrigen wegen dieser Befunde auf den Abschnitt „Glykogenstoffwechsel" in diesem Buch und auf die dort gegebenen Abbildungen.

b) Nierenbecken und Harnleiter.

Das Nierenbecken ist ein trichterförmiger Hohlraum, der sich seitlich der Nierenpapillen bis zu einem schmalen Spaltraum hin verschmälert, und zwar reicht dieser Spaltraum nicht allseitig gleich weit in das Nierengewebe hinein.

Ausgekleidet wird das Nierenbecken von einer Schleimhaut. Das Epithel ist bei der Papille hoch und wird allmählich zum Harnleiter hin immer niedriger. Zunächst zweischichtig ist es weiter abwärts ausgesprochen mehrschichtig. Unter dem Epithel liegt eine gefäßhaltige Bindegewebsschicht, die ihrerseits in eine Muskelfaserschicht überleitet, in welcher die Fasern hauptsächlich zirkulär, in den äußeren Lagen aber auch längs verlaufen. Nach außen folgt Bindegewebe und Fett.

Die Harnleiter, etwa 1—2 mm starke Röhren, verlaufen retroperitoneal in einer Richtung, die aus der Abb. 95 (s. S. 261) deutlich hervorgeht. Vor der Arteria und Vena iliaca communis hinwegziehend, gelangen sie zu der Hinterwand der Harnblase. Hier münden sie mit schlitzförmigen Öffnungen dicht nebeneinander.

Die Schleimhaut der Harnleiter zeigt leichte Längsfältelung und ist von einem am besten als Übergangsepithel zu bezeichnenden Epithelbelag ausgekleidet.

c) Harnblase.

Die Harnblase ist bei den Kaninchen sehr dünnwandig, etwa birnenförmig, und läßt einen deutlichen, engen, unter der Symphyse gelegenen Blasenhals und einen, in gefülltem Zustande oft viele Zentimeter in die Bauchöhle hineinragenden, sackförmigen Fundus erkennen. Sie wird vom Peritoneum überzogen. Die Schleimhaut ist leicht gefältet, das Epithel ein mehrschichtiges Übergangsepithel. Die Muskulatur ist ziemlich schwach entwickelt und besteht aus Bündeln glatter Muskelfasern. Diese bilden im Blasenhals den Sphincter.

Bei den kleinen Säugetieren, Maus und Ratte ist die Blasenwand verhältnismäßig dicker, sonst aber ebenso gebaut wie beim Kaninchen.

d) Harnröhre.

In der Harnröhre findet sich eine deutlich in Längsfalten gelegte Schleimhaut, deren Falten aber im weiteren Verlauf verschwinden. Beim Männchen liegen ihr die Samenleiterampullen, die Samenblase, sowie die Anhangsdrüsen an. Sie wird ausgekleidet von einem Epithel, das zunächst dem der Harnblase entspricht, beim Männchen in ein geschichtetes Cylinderepithel, beim Weibchen in ein geschichtetes Plattenepithel übergeht.

II. Pathologische Veränderungen.

a) Mißbildungen.

Beobachtungen über Mißbildungen an dem Harnsystem unserer kleinen Laboratoriumstiere sind nur sehr spärlich mitgeteilt. Es liegt das vielleicht daran, daß derartige Mißbildungen nicht lebensfähige Tiere betreffen, die nicht näher untersucht werden. Wir fanden nur, daß HARRISON einen Fall von Agenesie beschreibt, und auch STRECKER teilt einen Fall mit, in dem bei einem Kaninchen außer der rechten Niere und dem rechten Harnleiter, die rechte Hälfte des Uterus und der Vagina fehlte.

In das Gebiet der Mißbildungen sind nach der heutigen Auffassung wohl auch die Nierencysten und Cystennieren zu rechnen. Während derartige Befunde bei den Haussäugetieren vielfach mitgeteilt worden sind, konnten wir entsprechende Beobachtungen bei den Laboratoriumstieren in der Literatur nicht finden. Trotzdem kommen Cystenbildungen in den Nieren der Laboratoriumstiere hin und wieder vor. Wir selbst haben im Laufe der Jahre zwei Fälle beim Kaninchen und drei Fälle beim Meerschweinchen beobachten können. Die Zahl und Größe der Cysten schwankten. Bei einem Meerschweinchen fanden sich nur vereinzelte kleine Cysten. In einem anderen Falle war nur die eine Niere befallen, während in den anderen Fällen mehr oder weniger stark die ganzen Nieren von Cysten durchsetzt waren, die allerdings nicht einen solchen Grad erreichen, wie wir es von der menschlichen Cystenniere her kennen. Der Inhalt der Cysten war in den von uns untersuchten Fällen klar, nach der Fixation geronnen, im Hämatoxylin-Eosinpräparat leicht rötlich gefärbt.

Die mikroskopische Untersuchung ergab in unseren Fällen einen meist einschichtigen, niedrigen Epithelbelag, darunter nur ganz spärliches Bindegewebe, darauf folgte unmittelbar das vollkommen intakte Nierengewebe. Die Nieren waren im übrigen ohne jeglichen pathologischen Befund, auch waren Krankheitserscheinungen, die etwa auf die Nierencysten zu beziehen waren, nicht beobachtet, vielmehr handelt es sich in unseren Fällen stets um reine Zufallsbefunde.

Über die Entstehung der Cystenbildung in unseren Fällen können wir nichts aussagen. Doch ist wohl anzunehmen, daß sie in ihrer Entstehung ebenso auf-

zufassen sind, wie die Cysten und Cystennieren des Menschen, also auf Entwicklungsstörungen bezogen werden müssen.

b) Die Nieren bei Allgemeinerkrankungen.

Wie auch beim Menschen und bei größeren Säugetieren sind die Nieren bei
unseren kleinen Laboratoriumstieren bei Allgemeinerkrankungen oft mitbeteiligt, und zwar kann sich diese Beteiligung äußern in Kreislaufstörungen,
in Degenerationen oder in entzündlichen Erscheinungen.

1. Kreislaufstörungen

sind nicht häufig erwähnt, doch nennt RAEBIGER z. B. eine Hyperämie der
Nieren der Meerschweinchen bei Pseudotuberkulose und bei der infektiösen
Meerschweinchenpneumonie. Auch beschreibt er Rindenblutungen bei Pseudotuberkulose und subkapsuläre Blutungen beim Paratyphus. Auch bei Kaninchen-
erkrankungen ist mitunter besonders starke Hyperämie der Nieren zu sehen.

2. Degenerationen.

Wesentlich häufiger finden sich bei Allgemeinerkrankungen, und zwar
besonders bei Allgemeininfektionen *Degenerationen* in den Nieren. So erwähnt
SEIFRIED Nierenveränderungen bei dem ansteckenden Kaninchenschnupfen,
bei der Diplokokkenseuche, Paratyphus, diphtheroiden Darmentzündung, der
Pseudotuberkulose, dem Abortus Bang, der hämorrhagischen Septicämie, der
lepraähnlichen Rattenkrankheit. Wir glauben auf Grund unserer Untersuchungen,
daß man den Kreis der Erkrankungen, bei denen degenerative Veränderungen
in der Niere gefunden werden, noch wesentlich weiter ziehen muß, und daß es
eigentlich keine Infektionskrankheit gibt, bei der nicht einmal mehr oder weniger
ausgedehnte Degenerationen zu finden wären. Allerdings ist überhaupt zu berücksichtigen, daß die Versuchstiere meist unter mehr oder weniger unnatürlichen
Verhältnissen gehalten werden, daß auch die Ernährung durchaus nicht immer
den natürlichen Verhältnissen entspricht, und daß schon dadurch gerade in
den Nieren Veränderungen entstehen können. Vielleicht ist dadurch auch der
Umstand zu erklären, daß die Angaben über Auftreten von Fett in der normalen
Kaninchenniere wesentlich schwanken. So gibt z. B. HENSCHEN an, daß man
bei Kaninchen fast immer im Markteil der Hauptstücke Fett in wechselnder
Menge findet, während PFEIFFER hervorhebt, daß auch in der Pars contorta
hin und wieder eine unregelmäßige Menge Fett festzustellen sei. TRAINA sagt
sogar, daß die normale Kaninchenniere stets reichlich Fett in den Epithelien
der Sammelröhren und HENLEschen Schleifen enthielte, und daß dieses Fett
auch während des Hungers unverändert bliebe. Unsere Untersuchungen
sprechen dafür, daß der Fettbefund zumindesten kein regelmäßiger ist, und daß
vielmehr wahrscheinlich sogar die Fettablagerung immer als etwas Pathologisches anzusehen ist, denn wir sahen bei getöteten, sonst gesunden Tieren
gewöhnlich kein Fett, während bei spontan gestorbenen solches in wechselnder
Menge und wechselnder Verteilung stets nachweisbar war. Allerdings nimmt
das Protoplasma der Tubuli contorti bei Sudanfärbung auch normaler Weise
sehr oft einen rötlichen Ton an, doch sind wir nicht berechtigt, hierin bereits
einen Beweis für Fettablagerungen zu sehen, vielmehr dürfen wir erst dann von
Auftreten von Fett sprechen, wenn wir ausgesprochen rotgefärbte Tröpfchen
wahrnehmen.

Derartige typische ausgesprochene Verfettungen kommen nach unseren
Erfahrungen bei den verschiedensten Allgemeinerkrankungen vor, und zwar
sahen wir die verschiedensten Schwankungen sowohl der Menge als auch der

Ablagerung nach. So sahen wir mitunter eine ausgedehnte Verfettung der Tubuli contorti und Sammelröhrchen bei Freibleiben der geraden Kanälchen, während in anderen Fällen mehr die geraden Kanälchen befallen waren, und die gewundenen mehr oder weniger frei blieben. In einem Falle fanden sich ausgedehnte Glomerulusverfettungen, und zwar fanden sich fast stets nur einzelne Schlingen der Glomeruli befallen, die Zellen geschwollen und mit feinsten staubförmigen Fetttröpfchen vollgepfropft. Es handelte sich um einen alten Bock, der an spontaner Lebercirrhose zugrunde ging, der aber nicht lange krank war, sondern bis zum Schluß gut fraß und einen gesunden Eindruck machte und unerwartet eines Tages tot aufgefunden wurde.

Bei Ratte und Maus fanden wir im allgemeinen die Verfettung geringer als bei Kaninchen und Meerschweinchen. Gerade bei der Ratte konnten wir sehr häufig sehen, wie nicht die ganzen Zellen mit Fetttropfen angefüllt sind, sondern diese nur an der Basis der Zelle liegen.

Bei anderen Tieren fand sich, zum Teil auch mit Verfettung kombiniert, trübe Schwellung, sogar mit weitgehendem Verlust der Kernfärbung. Letzteres sahen wir besonders deutlich bei einer Reihe von Ratten, die an Räude zugrunde gingen.

Epithelverkalkungen werden gleichfalls mitunter beobachtet, und zwar fanden wir in erster Linie Kalkablagerungen in den Epithelien der Schaltstücke und HENLEschen Schleifen. Manchmal liegen die Kalkmassen scheinbar im Innern der Kanälchen, doch handelt es sich wohl ausnahmslos um eine nachträgliche Loslösung verkalkter Epithelzellen. Besonders stark fanden wir die Verkalkung in zwei Fällen spontaner Glomerulonephritis, auf die weiter unten noch zurückgekommen werden soll.

Amyloidablagerungen sind mitunter beschrieben worden, und zwar bei Mäusen und Ratten, die an Carcinom oder Sarkom zugrunde gingen. Da es sich bei diesen Tieren jedoch meist um Versuchstiere mit künstlicher Tumorerzeugung handelt, soll hier nicht näher darauf eingegangen werden.

c) Entzündliche Veränderungen.

1. Glomerulonephritis.

Eine echte Glomerulonephritis kommt bei den kleinen Versuchstieren vor, doch ist sie sehr selten. In allen den Fällen, in denen uns Material mit dieser Diagnose zur Verfügung gestellt wurde, zeigte es sich, daß nicht eigentlich eine Glomerulonephritis vorgelegen hat, sondern daß es sich entweder um eine rein degenerative Veränderung handelte, oder aber, daß interstitielle, entzündliche Veränderungen vorlagen, wie sie bei allgemeinen Infektionskrankheiten, aber auch bei Pyelonephritis, sowie bei speziellen Niereninfektionen, auf die wir unten noch weiter eingehen müssen, mitunter zu beobachten sind.

Auch die Angaben der Literatur sind außerordentlich unsicher. Mitunter wird zwar besonders bei bestimmten Allgemeinerkrankungen erwähnt, daß bei diesen auch eine Nephritis oder eine parenchymatöse Nephritis vorkäme. Diese Angaben sind natürlich gänzlich unbrauchbar, wenn nicht eine genaue Beschreibung des Nierenbefundes gegeben ist. Soweit dies aber der Fall ist, handelt es sich meist um Veränderungen, die nicht als Glomerulonephritis bezeichnet werden dürfen. Auf die Veränderungen der Nieren, die künstlich experimentell zu erzeugen sind, kann natürlich im Rahmen dieses Buches nicht eingegangen werden.

Auch HENSCHEN hebt hervor, daß über das Vorkommen einer spontanen, diffusen Glomerulonephritis beim Kaninchen sichere Angaben bisher fehlen. Er selbst sah aber einen Fall ausgeprägter, chronischer, diffuser Glomerulonephritis bei einem Meerschweinchen. Die Nieren waren verkleinert, graubräunlich, feingranuliert und derb. Mikroskopisch waren die Glomeruli normal groß oder leicht verkleinert und mehr oder weniger vollständig hyalinisiert.

In den erweiterten, mit niedrigem Epithel versehenen Kanälchen fanden sich massenhaft Zylinder und hier und da Kalkkonkremente. Das interstitielle Gewebe war erheblich vermehrt.

Nach den Angaben des gleichen Autors soll auch bei Ratten und Mäusen ab und zu spontane Nephritis gefunden werden. Er gibt allerdings nur eine ganz kurze Beschreibung eines Falles und sagt nur, daß die Veränderungen in diesem Falle makroskopisch typisch gewesen seien, und daß sich mikroskopisch Kernwucherungen und Hyalinisierungen der Glomeruli, Atrophie der Kanälchen und starke zellige Vermehrung des Bindegewebes gefunden habe.

Wenn es sich in diesem Falle wirklich um eine echte Glomerulonephritis gehandelt hat, so muß es sich um ein sehr spätes Stadium, bzw. um eine Schrumpfniere gehandelt haben. Sind einmal Glomeruli hyalinisiert und das Bindegewebe vermehrt, so ist es sehr schwer zu entscheiden, wie der Prozeß pathogenetisch vor sich gegangen ist, und ob die gefundenen Veränderungen wirklich auf eine Glomerulonephritis zu beziehen sind.

Wir haben uns seit Jahren bemüht, Material von Nephritisfällen zu bekommen. Von den zahlreichen untersuchten Fällen fand sich aber nur ein einziger bei einer Ratte und einer bei einem Kaninchen, der als Glomerulonephritis bezeichnet werden kann. In dem ersten Falle sind die Glomeruli groß und füllen den Kapselraum vollkommen aus. Das Epithel der Schlingen erscheint geschwollen. Die Glomeruli erscheinen nicht übermäßig zellreich, doch sind auffallend reichlich Leukocyten in ihnen erkennbar. Sie sind eigentlich niemals blutleer, doch ist der Blutgehalt herabgesetzt, besonders wenn man sie mit dem Blutgehalt des übrigen Nierengewebes vergleicht. Die Epithelien der Kanälchen zeigen überall gute Kernfärbung, das Protoplasma ist aber gequollen. Fettfärbung ist negativ. Auffallend sind ferner mäßig reichlich Verkalkungen in der Rinde, die ihrer Form nach mitunter verkalkten Glomerulis zu entsprechen scheinen, die an anderen Stellen aber meist die Epithelien der gewundenen Kanälchen betreffen, während schließlich teilweise auch in der Wand einiger größerer Gefäße Kalkablagerungen zu finden sind.

Nicht zu dem Bild der gewöhnlichen Glomerulonephritis paßt es nun aber, daß an mehreren Stellen interstitielle Infiltrate gefunden werden. Diese Infiltrate bestehen wohl zum Teil aus gewucherten Gewebszellen, größtenteils aber aus Rundzellen. Sie finden sich ohne besondere regelmäßige Lokalisation in der Rinde, manchmal streifenförmig dieselbe durchsetzend, dann aber in Form kleiner Herde an einzelnen Stellen in der Umgebung eines Glomerulus.

Der Befund, den wir an den Nieren dieser Ratte erhoben haben, ist nicht identisch mit der Glomerulonephritis des Menschen. Man könnte sogar zweifelhaft sein, ob es sich wirklich um eine echte Glomerulonephritis handelt, oder ob nicht etwa nur sekundäre Veränderungen bei irgendeiner Allgemeinerkrankung vorliegen, wie sie bei den kleinen Laboratoriumstieren häufig zu beobachten sind, worauf wir im nächsten Abschnitt noch ausführlicher eingehen müssen. Die deutliche Beteiligung der Glomeruli spricht aber dafür, daß der Prozeß als Glomerulonephritis zu bezeichnen ist.

Wesentlich stärker sind die Veränderungen, die wir bei einem Kaninchen erheben konnten, und zwar handelt es sich auch in diesem Falle um ein Tier, das sicher niemals im Versuch gewesen ist, da es im hiesigen Institut jahrelang als Zuchttier gedient hat.

Der auffallendste Befund ist eine ausgedehnte Verkalkung. Die Schaltstücke und die HENLEschen Schleifen zeigen größtenteils Kalkeinlagerungen in den Epithelien, und zwar in ganz besonderer Ausdehnung und Mächtigkeit. Die einzelnen Epithelzellen sind mit Kalkkörnchen vollgepfropft, oft so stark, daß die einzelnen Körnchen im Schnitt gar nicht mehr erkennbar sind und der ganze Umfang des Kanälchens von einer Kalkplatte umschlossen erscheint. Kalkkörnchen liegen auch im Innern der betreffenden Kanälchen, wohl durch den Zerfall von Epithelzellen freigeworden.

Weitere Veränderungen des epithelialen Apparates sind nicht erkennbar. Die Kernfärbung ist an den nicht befallenen Kanälchen durchaus deutlich, die Zellen kaum geschwollen, fettfrei. Dagegen zeigen die Glomeruli einen deutlichen Befund, der am stärksten bei etwas dickeren Gefrierschnitten ins Auge springt. Die Glomeruli sind groß, füllen den ganzen Kapselraum aus, und zeigen herabgesetzten oder auch vollkommen fehlenden Blutgehalt. Meist allerdings sind noch einzelne Blutkörperchen in den Schlingen erkennbar. Die

Glomeruli sind zellreich. Auch in der nächsten Umgebung des Glomerulus finden sich mitunter kleine Rundzellanordnungen.

Abb. 96 gibt die Verhältnisse dieser Nieren deutlich wieder. Es kann danach kein Zweifel bestehen, daß eine echte Glomerulonephritis vorliegt, die allerdings durch die ausgedehnten Verkalkungen von dem Bilde, das wir von der menschlichen Glomerulonephritis kennen, abweicht. Auffallenderweise fanden sich aber auch in dem ersten Falle bei einer Ratte, wenn auch in wesentlich geringerem Grade, Verkalkungen. Auch HENSCHEN erwähnt in einem oben zitierten Falle einer Glomerulonephritis beim Meerschweinchen Kalkablagerungen. Wenn also auch drei Fälle nicht ausreichen, um allgemein Schlüsse zu ziehen, so ist doch die Wiederholung dieses Befundes in allen bisher beschriebenen Fällen bedeutungsvoll.

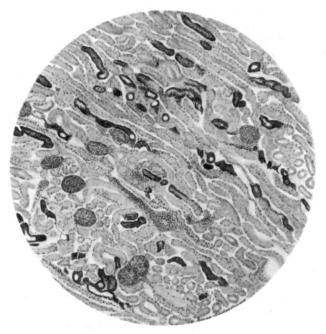

Abb. 96. Spontane Glomerulonephritis beim Kaninchen. Ausgedehnte Verkalkungen.

2. Interstitielle Nephritis.

Interstitielle Nephritis als selbständiges Krankheitsbild gibt es anscheinend bei den kleinen Laboratoriumstieren nicht, doch finden sich sehr häufig kleine interstitielle Infiltrate, die mit Wahrscheinlichkeit auf irgendeine bestehende oder abgelaufene Allgemeininfektion zu beziehen sind.

So finden sich leukocytäre Infiltrationen und Abscesse z. B. bei pyämischen Allgemeinerkrankungen; kleine Infiltrate und Narben, in denen hyaline Glomeruli, atrophische oder zugrunde gegangene Kanälchen und kleinzellige Infiltrate nachzuweisen sind, sind kein seltener Befund und, wie schon gesagt, wahrscheinlich auf irgendeine überstandene Allgemeinerkrankung zu beziehen.

Derartige Narben und Infiltrate finden sich vielleicht am häufigsten bei der Maus. Wir werden im nächsten Absatz zu besprechen haben, daß gerade bei der Maus eine spezielle Infektion der Niere, nämlich eine durch Klossiella muris hervorgerufene Erkrankung häufig vorkommt, und wir gehen wohl nicht fehl, wenn wir die Narben und Infiltrate auf eine derartige abgeklungene Infektion beziehen. Wir verweisen wegen dieser Erkrankung auf den nächsten Absatz und das Kapitel Parasiten.

3. Veränderungen der Nieren bei spezifischen Infektionskrankheiten.

Bei den verschiedensten spezifischen Infektionskrankheiten kann es auch zu einer Lokalisation des Prozesses in der Niere kommen. Da diese Krankheiten meistens ausgedehnte Veränderungen in anderen Organen als in der Niere setzen, so ist meist die Diagnose der Nierenveränderungen in diesen Fällen leicht zu stellen und bedarf daher hier nur kurzer Erwähnung.

α) In dem Kapitel über spontane *Tuberkulose* ist erwähnt, daß auch die Nieren mitunter befallen sein können; daß die Nieren ein Prädilektionsorgan für spontane Tuberkulose darstellen, kann man nicht sagen, doch können hier ebenso wie in allen anderen Organen einzelne Knötchen, sowie auch größere, konfluierende Tuberkel und Käseherde beobachtet werden. Die mikroskopische Untersuchung zeigt den typischen Bau der Tuberkel.

β) Bei der *Pseudotuberkulose* sollen nach SEIFRIEDs Angaben die Nieren bei den Kaninchen frei bleiben, dagegen sind sie beim Meerschweinchen nach RAEBIGER und LERCHE häufig mitbefallen. Auch wir sahen bei einem großen Material von Pseudotuberkulose der Meerschweinchen fast regelmäßig die Nieren mitbefallen, konnten aber ein gleiches auch in einer Anzahl von Fällen bei Kaninchen beobachten. Mitunter handelt es sich nur um kleine gelbliche Knötchen, oft aber um ausgedehnte große Käseherde. Das Aussehen dieser Herde unterscheidet sich weder mikroskopisch noch makroskopisch von den Veränderungen, die die Pseudotuberkulose überhaupt hervorruft, und wir verweisen vor allem auf das, was im Kapitel über Infektionskrankheiten gesagt ist. Wir wollen hier nur hervorheben, daß die histologische Untersuchung die Abgrenzung von echter Tuberkulose leicht zeigt, da sich niemals echte Tuberkel finden, vielmehr die käsigen Knoten, besonders in der Mitte, stark von Leukocyten durchsetzt sind. Wenn also auch in frühen Stadien und in den Randzonen lymphoide Zellen (DELBANCO, RAEBIGER und LERCHE) und evtl. auch epitheloide Zellen vorkommen, so spricht doch der Reichtum an Leukocyten besonders in den zentralen Einschmelzungsherden durchaus gegen Tuberkulose. Die Knötchen erinnern vielmehr etwas an Rotz.

Bei der bacillären Pseudotuberkulose der Mäuse kommen nach KUTSCHER-BONGERT gleichfalls kleine Knötchen mit dem Bilde der charakteristischen Koagulationsnekrose vor.

γ) Bei *Paratyphus* sollen in den Nieren, besonders beim Meerschweinchen mitunter submiliare bis erbsengroße Herde von gelbweißer Farbe vorkommen, die zum Teil käsig oder eiterähnlich aussehen (SEIFRIED).

Mikroskopisch bestehen sie aus nekrotischem Gewebe mit zerfallenen Kernen, Detritus und Leukocyten. Letztere besonders in den Randpartien (RAEBIGER und LERCHE und GERLACH). Wir selbst verfügen über kein entsprechendes Material.

δ) Multiple kleine, bis hanfkorngroße, grauweiße bis hellgraue, zum Teil konfluierende Knötchen, die über die Oberfläche hervorragen und den Nieren ein höckeriges Aussehen verleihen, sind auch bei der *diphtheroiden Darmentzündung* der Kaninchen beschrieben worden (SEIFRIED, GERLACH).

Die mikroskopische Untersuchung zeigt hier Rundzelleninfiltrate mit ausgedehnten Zerfallserscheinungen, und zwar sowohl in Form der einfachen Nekrose als auch der Karyolysis und der Karyorhexis. Nach RIBBERT greifen diese Nekrosen auch auf das umgebende Nierengewebe über.

ε) Bei der *Nekrobacillose* der Kaninchen (SEIFRIED) kann man außer den charakteristischen nekrotischen Veränderungen im Dünndarm auch in den Nieren wie in der Milz linsengroße, weißliche Herde sehen.

Sie sind histologisch dadurch ausgezeichnet, daß die Nekrosebacillen eine charakteristische eigentümliche Lagerung an der Grenze zwischen Bindegewebe und nekrotischem

Gewebe haben. Dort liegen sie in großen Mengen und in dicken, radiär gestellten Büscheln, die Fäden senkrecht ins gesunde Gewebe senden. Letzteres ist von den Nekroseherden, in deren Innern sich höchstens vereinzelte kurze Formen der Bacillen und Zelltrümmer finden, durch einen Leukocytenwall abgegrenzt.

ζ) Bei der *enzootischen Encephalomyelitis* der Kaninchen (SEIFRIED) finden sich außer den kleinen eigentümlichen Knötchen im Gehirn, auch in Leber und Nieren ebensolche Veränderungen. In den Nieren liegen die Knötchen besonders in der Nierenrinde zwischen den abführenden Tubuli als herdförmige und streifenförmige Zellansammlungen.

Histologisch finden sich entzündliche Granulome, die in der Nähe kleinster Gefäße liegen. Sie bestehen aus einem peripherischen Ring von Lymphocyten, auf die nach innen eine Zone von gleichförmigen, großen epitheloiden Zellen folgt, die aus wuchernden Gefäßwandzellen hervorgegangen sein sollen (siehe bei SEIFRIED). Wenn der Prozeß lange Zeit besteht, kommt es nicht selten zu zentralen Nekrosen. Es finden sich die verschiedensten Entwicklungsstadien der Granulome nebeneinander.

η) Bei Mäusen kommt sehr häufig eine Infektionskrankheit vor, die speziell in den Nieren lokalisiert ist und hier morphologische Veränderungen verursacht. Es handelt sich um die Infektion mit einem Protozoon, der *Klossiella muris*.

Diese Infektion ist schon seit langer Zeit bekannt (zuerst von TH. SMITH beschrieben) meist aber sehr wenig beachtet worden. Erst in neuerer Zeit erfolgte eine ausführliche Beschreibung der Erreger und der dadurch hervorgerufenen Veränderungen durch STERNBERG.

Auf die Einzelheiten in dem Aussehen der Parasiten kann an dieser Stelle nicht näher eingegangen werden. Wir verweisen deswegen auf das Kapitel Parasiten. Es soll hier nur betont werden, daß es sich um kugelförmige oder etwas längliche Gebilde handelt, die innerhalb der Tubuli contorti liegen. In den Glomeruli sah STERNBERG, und zwar ganz vereinzelt am inneren Blatt der BOWMANschen Kapsel an der Oberfläche des Glomerulus elliptische Gebilde.

Parasiten wurden bisher nur in den Nieren gefunden. Nur STEVENSON sah ein sehr junges Stadium der Klossiella muris im peripheren Blut. Vielleicht sind kleinste Chromatinpünktchen, die STERNBERG in einzelnen Epithelzellen der Lunge sah, als Jugendstadium der Parasiten anzusprechen. Auch in der Leber werden Infiltrate gefunden, doch ist auch hier ein sicherer Nachweis der Parasiten noch nicht geglückt.

SMITH und JOHNSON nehmen an, daß es sich bei den Befunden in den Tubuli contorti um die Sporogonie handelt, die zur Bildung von Sporozoiten führt. Möglicherweise wären dann die Gebilde in den Glomeruli als Stadien der Schizogonie anzusehen.

Nach SMITH und JOHNSON finden sich in frühesten Stadien in den Epithelien der Tubuli contorti Vakuolen, die sich allmählich vergrößern und zum Untergang des Epithels führen. Entzündliche Reaktion fehlt in diesem Stadium, doch kommt es mitunter zu kleinen nekrobiotischen Herden, denen dann eine Proliferation des Zwischengewebes mit Rundzellenanhäufungen folgt.

PEARCE beschreibt in der Umgebung der Glomeruli unregelmäßige Anhäufungen von Fibroblasten und Anhäufungen von Rundzellen. STERNBERG gibt eine genaue Beschreibung der Befunde. Nach ihm findet man am häufigsten und reichlichsten kleinere und größere, unscharf umschriebene Zellanhäufungen, die zum größten Teil aus Lymphocyten bestehen und auch Plasmazellen sowie Bindegewebszellen enthalten. Er fand diese Infiltrate häufig in der Umgebung der befallenen Kanälchen, sah sie aber auch perivasculär entwickelt, und konnte sie dann auf größere Strecken durch die Niere hindurch verfolgen. Er hebt hervor, daß man auch parasitenhaltige Kanälchen mit ganz geringen oder überhaupt ohne Zellanhäufungen finden kann.

Es scheint sich bei der Infektion mit der Klossiella muris um eine relativ harmlose Erkrankung zu handeln, da entsprechende Veränderungen außerordentlich häufig gefunden werden. STEVENSON fand sie z. B. in 40% der darauf untersuchten weißen Mäuse. STERNBERG gibt zwar keine Zahl an, hebt aber auch hervor, daß er sie bei einer großen Zahl von Mäusen, die verschiedensten Versuchen gedient hatten, gefunden habe.

Vereinzelt soll diese Infektion nach Angabe von HEIDELIN und PEARCE auch beim Meerschweinchen gefunden werden.

Wir glauben auch, daß diese Infektion einen recht häufigen Befund darstellt. Wir haben schon eingangs erwähnt, daß man häufig bei Nierenuntersuchungen besonders der Maus, kleine Rundzelleninfiltrate oder kleine Narben antrifft. Wenn auch in dem betreffenden Schnitt meist die Parasiten nicht nachweisbar sind, so erscheint es doch wahrscheinlich, daß die Mehrzahl dieser Fälle auf eine Klossiellainfektion zu beziehen ist, und daß bei Untersuchung von Serien die Parasiten vielleicht nachweisbar wären. LEFFKOWITZ und ROSENBERG erwähnen bei Mäusen, die sie gelegentlich bei Versuchen untersuchten, lymphocytäre Infiltrate um kleinere Arterien, die sie in Anlehnung an KUCZYNSKI als infektiöse Nephrose bezeichnen und als Folge einer Klossiellainfektion ansprechen. Wir glauben, daß auch einige Fälle von „Schrumpfniere", die wir zu untersuchen Gelegenheit hatten, mit Wahrscheinlichkeit auf eine abgeheilte Klossiellainfektion zurückzuführen sind. Natürlich läßt sich in einem solchen Falle der Erreger nicht mehr nachweisen und nur aus dem Umstand des Nachweises der Häufigkeit dieser Infektion ist ein derartiger Schluß berechtigt. STERNBERG erörtert gleichfalls die Frage, ob es sich um einen pathogenen Parasiten handelt. Nach den bisher vorliegenden Erfahrungen scheint mit Sicherheit hervorzugehen, daß die beschriebenen morphologischen Veränderungen auf den Parasiten zurückzuführen sind, doch scheint es sich andererseits nicht um eine bösartige, zum Tode führende Erkrankung zu handeln, sondern vielmehr um eine Infektion, die auf das Allgemeinbefinden der Maus keine große Wirkung hat.

ϑ) Auch bei der Coccidiose sollen die Nieren beteiligt sein können, doch scheint dies ein sehr seltenes Vorkommen zu sein. SMITH beschreibt den Fall von drei Hausmäusen, bei denen das Epithel von gewundenen Harnkanälchen von Coccidien durchsetzt war. BRAUN-BECKER sah massenhaft Coccidien zerfallen in der Harnblase und der Harnleiterschleimhaut.

4. Ascendierende Entzündung (Cysto-Pyelonephritis).

Entzündungen der Harnblase und Harnwege kommen mitunter vor, besonders bei Kaninchen nach Rückenmarksverletzungen. Wie in dem Kapitel Knochen hervorgehoben worden ist, sind Frakturen der Wirbelsäule bei unvorsichtigem Hantieren ein bei Kaninchen gar nicht seltenes Ereignis. Als Folge der Rückenmarksverletzungen und der Blasenlähmungen kommen dann fast immer schwere Entzündungen der Harnblase, der Ureteren und der Nierenbecken bis zu ausgesprochener eitriger Pyelonephritis vor.

Die Harnblase ist in diesem Fall enorm erweitert und kann bis zur halben Höhe der Bauchhöhle heraufreichen. Sie schimmert schon von außen betrachtet, schmutzig graubläulich durch. Die Wand ist dünn, gedehnt, der Urin trübe. flockig, stark riechend. Die Schleimhaut erscheint gerötet und kann die verschiedensten Formen und Grade von Entzündungen aufweisen. Meist handelt es sich um ausgesprochene leukocytäre Entzündung, evtl. mit Ulceration der Oberfläche. Die Befunde in den Ureteren sind oft geringer, doch kann auch hier die Schleimhaut hochgradig entzündet sein. Die Nierenbecken sind erweitert und gleichfalls entzündlich verändert. Die Nieren sind vergrößert, trübe, blaßgelblich, oft von Abscessen durchsetzt.

Die mikroskopische Untersuchung entspricht im ganzen dem Bild, wie wir es auch beim Menschen kennen: leukocytäre Infiltrate in der Marksubstanz, oft aber bis in die Rinde hineinreichend und Anfüllung zahlreicher Harnkanälchen

mit Leukocyten. Mitunter sahen wir aber bei Kaninchen die Entzündung
sogar bis in die Glomeruli fortgesetzt, indem diese auffallend reichlich mit Leukocyten durchsetzt erschienen.

Während so schwere Formen von Pyelonephritis wohl stets im akuten
Stadium zum Tode des Tieres führen, kann es bei leichterer Infektion auch vorkommen, daß die Tiere am Leben bleiben und die Veränderungen in das chronische Stadium übergehen. Wir konnten die verschiedensten Stadien verfolgen,
mit Bildung von Granulationsgewebe, teilweise noch mit starker, gleichzeitig
bestehender Infiltration, bis zu ausgesprochen zellarmen Narben. Diese Bilder
unterscheiden sich nicht von denen, wie man sie auch beim Menschen in
entsprechenden Fällen sieht.

5. Produktive Entzündung der Harnblase der Ratte durch Trichosomum crassicauda.

In der Harnblase der Ratten kommen mitunter Parasiten vor, *Trichosomum
crassicauda*. Wegen des Aussehens und der Stellung der Parasiten sei auf das
entsprechende Kapitel (Parasiten) verwiesen. Die Harnblasen derartiger Ratten
sind meist nicht deutlich vergrößert, ihre Wandung erscheint aber verdickt

und schon makroskopisch sind mitunter papilläre Excrescenzen zu beobachten. Die mikroskopische Untersuchung
zeigt deutliche papilläre Wucherungen, die leicht zu Ver-
wechselungen mit echten Papillomen führen können. Bei
genauerer Suche gelingt aber nach unserer Erfahrung stets
leicht der Nachweis der Parasiten innerhalb der Epithelschicht.

Eine Bedeutung für das Wohlbefinden der Tiere scheint
diese Erkrankung nicht zu haben.

Abb. 97. Blasenstein
eines Kaninchens.
Natürliche Größe.

6. Paranephritis.

Entzündungen der Nierenkapsel bzw. des paranephriti-
schen Gewebes können auch bei den Laboratoriumstieren
vorkommen, sind im ganzen aber sicher selten. Wir sahen nur einen Fall
einer ausgesprochenen hochgradigen Para- bzw. Perinephritis bei einem an
Pseudotuberkulose zugrunde gegangenen Meerschweinchen.

Am ehesten kommen Entzündungen der Nierenkapsel zustande, wenn ein
eitriger Prozeß der Niere auf die Umgebung übergreift. Derartige Abscesse
in der Niere selbst können bei allgemeiner Sepsis vorkommen. Sie finden sich
meist als kleine, eben sichtbare gelbe Herdchen in Rinde und Mark, selten
erreichen sie Hanfkorngröße oder noch größere Dimensionen. Liegt ein solcher
Absceß oberflächlich in der Rinde, so kann von hier aus die Entzündung auf die
Umgebung übergreifen und evtl. auch hier zur Absceßbildung führen.

7. Konkrementbildungen.

Konkrementablagerungen im Nierenbecken und den ableitenden Harnwegen scheinen selten zu sein. Es kann dies auffallend erscheinen, wenn wir
eingangs sahen, daß Kalkablagerungen in den Nierenepithelien bei Nephritis
häufig vorzukommen scheinen. Nach PERLMANN und WEBER sollen Blasen-
steine bei Ratten durch Mangel an Vitamin A entstehen. Wenn auch diese
Befunde experimentell erhoben wurden, so wäre es natürlich denkbar, daß bei
unzweckmäßiger Ernährung auch einmal spontan derartige Befunde entstehen
können. Wir selbst fanden ein einziges Mal bei einem Kaninchen, das genau
wie die anderen ernährt worden war, einen großen Blasenstein, der in natürlicher
Größe in Abb. 97 wiedergegeben ist.

d) Leukämie und Tumoren.

Wegen des Vorkommens von Leukämie sei auf die Kapitel Tumoren und Leber verwiesen. Es kann uns nur hier interessieren, daß bei der Leukämie auch Veränderungen in den Nieren beobachtet werden. Wir hatten Gelegenheit, einzelne derartige Fälle von Kaninchen, Meerschweinchen und Maus zu untersuchen. Im ganzen scheint allerdings die Leukämie bei den kleinen Versuchstieren selten zu sein (s. GERLACH).

Die Veränderungen in den Nieren entsprechen denen, wie wir sie auch beim Menschen kennen. Es finden sich unregelmäßig verteilte Infiltrate, besonders in der Rinde, die mitunter schon makroskopisch als unscharf begrenzte graue

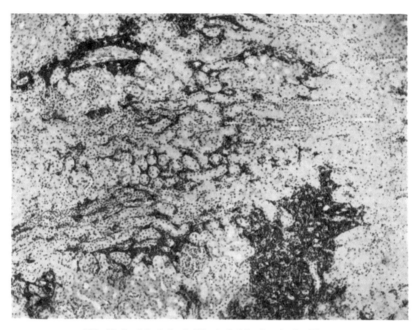

Abb. 98. Leukämische Infiltrate bei Leukämie der Maus.

Herde erkennbar sind, und die mikroskopisch aus den gleichen Zellformen, die im Blute gefunden werden, bestehen. Auch die Capillaren sind in diesen Fällen mit den entsprechenden Zellen vollgepfropft. Auch die Wand des Nierenbeckens kann dicht von solchen Infiltraten durchsetzt sein (s. Abb. 98).

Auch auf Tumoren kann im einzelnen hier nicht eingegangen werden, und wir müssen auf das entsprechende Kapitel verweisen. Wir wollen hier nur erwähnen, daß HENSCHEN ein sehr großes, stark nekrotisches, papillomatöses Adenom beim Kaninchen beschrieben hat, daß LUBARSCH beim Kaninchen ein embryonales Adenosarkom sah, das er, obwohl das betreffende Tier im Versuch war, als primär entstanden ansieht. Auch versprengte Gewebsinseln sah LUBARSCH in den Nieren der Kaninchen, und zwar einmal hyalinen Knorpel, einmal Plattenepithelinseln und dreimal kleine Züge glatter Muskulatur. Mischgeschwülste der Nieren, die als embryonales Adenosarkom aufgefaßt werden, beschrieben STILLING, BELL und HENRICI, sowie MAGNUSSON. Bei einer alten Ratte fand NICOLSON ein großes Carcinom. Bei Mäusen wurden Adenocarcinome von HAALAND und TYZZER beschrieben.

Auch Metastasen in den Nieren von anders lokalisierten Tumoren wurden mehrmals gesehen (z. B. v. Niessen). Im übrigen verweisen wir auf das Kapitel Tumoren.

e) Urinuntersuchungen.

Über Urinuntersuchungen bei den kleinen Nagern ist sehr wenig mitgeteilt worden. Helmholz und Millikin fanden von 63 Kaninchen nur 43mal den Urin steril, in den übrigen Fällen fanden sich Colibacillen, Streptokokken oder Staphylokokken. Unter den 43 sterilen Fällen war 11mal Eiweiß, Zylinder und Blutkörperchen nachweisbar. Wenn auch nicht gesagt ist, daß diese Beimengungen aus den Nieren oder nicht vielmehr aus den abführenden Harnwegen stammten, so zeigen sie doch, daß bei der Beurteilung von Urinbefunden bei den kleinen Versuchstieren Vorsicht geboten ist.

Literatur.

Arndt, H. J.: Vergleichend-morphologische und experimentelle Untersuchungen über den Kohlehydrat- und Fettstoffwechsel der Gewebe. Beitr. path. Anat. **79**, 69.

Bell u. Henrici: Zit. nach Seifried. — Braun-Becker: Kaninchenkrankheiten. Leipzig 1919.

Gerlach: Kolle-Kraus-Uhlenhuths Handbuch der pathogenen Mikroorganismen.

Haaland: Zit. nach Henschen. — Harrison, J.: Anat. u. Physiol. **1928**. Zit. nach Henschen. — Helmholz u. Milliker, J.: Labor. a. clin. Med. **7** (1922.) Zit. nach Seifried.

Henschen, F.: Joests Spezielle Pathologie und Anatomie der Haustiere. Berlin 1924.

Ihle, Kampen, Nierstuszu, Verluys: Vergleichende Anatomie der Wirbeltiere, 1927.

Kolle, Kraus, Uhlenhuth: Handbuch der pathogenen Mikroorganismen. Berlin u. Wien 1928 u. 1929. G. Poppe: Pseudotuberkulose der Maus, Bd. 4. F. Gerlach: Die praktisch wichtigen Spontaninfektionen der Versuchstiere. — Krause, Rud.: Mikroskopische Anatomie der Wirbeltiere, 1921. — Kuczynski: Zit. nach Leffkowitz und Rosenberg. — Kutscher-Bongert: Zit. nach Henschen.

Leffkowitz u. Rosenberg: Lipoidfütterung und Organbefunde bei Omnivoren. Frankf. Z. Path. **34**, 174. — Lauda u. Rezek: Zur färberischen Darstellung bestimmter Kanälchen-Abschnitte in der Niere. Virchows Arch. **269**, 218 (1928). — Lubarsch, O.: Über einen großen Nierentumor beim Kaninchen. Zbl. Path. **16**, 342 (1905).

Magnusson: Sv. vet. Tidskr. **1918** u. **1923**. Zit. nach Henschen. — Martin: Lehrbuch der Anatomie der Haustiere, Bd. 4. Stuttgart 1922.

Niessen, von: (a) Ein Fall von Krebs beim Kaninchen. Dtsch. tierärztl. Wschr. **1913**, Nr 40, 637. (b) Ein Fall von Leberkrebs beim Kaninchen auf experimenteller Basis. Z. Krebsforschg **24**, 272 (1927).

Poppe: Kolle-Kraus-Uhlenhuths Handbuch der pathogenen Mikroorganismen. — Perlmann, S. u. W. Weber: (a) Experimentelle Erzeugung von Blasensteinen durch Avitaminose. Dtsch. med. Wschr. **1928**, Nr 25, 1045. (b) Weitere Erfahrungen mit der experimentellen Blasensteinerzeugung durch Avitaminose. Münch. med. Wschr. **1928**, Nr 51, 2167. — Peter: Untersuchungen über den Bau und die Entwicklung der Niere. Jena 1909. — Pfeiffer: Arch. Tierheilk. **1912**. — Pfeiffer, L.: Protozoen als Krankheitserreger. Jena 1890. — Policard: C. r. Assoc. Anat. **1912** u. Ann. l'Anat. microsc. **1910**.

Raebiger, H.: Das Meerschweinchen, seine Zucht, Haltung und Krankheiten. Hannover 1923. — Raebiger, H. u. Lerche: Ätiologie und pathologische Anatomie der hauptsächlichsten spontanen Erkrankungen der Meerschweinchen. Erg. Path. **21**, 2. — Rauther, Max: Über den Genitalapparat einiger Nager und Insektivoren, insbesondere die akzessorischen Genitaldrüsen derselben. Jena. Z. Naturwiss. **37** (1903). — Ribbert: Verh. path. Ges. **1899**. — Richters, E.: Diplococcus lanceolatus. Fränkel als Todesursache. Z. Inf.krkh. Haustiere **14**, 163 (1913).

Seidelin u. Pearce: Zit. nach Sternberg. — Seifried, O.: Die wichtigsten Krankheiten des Kaninchens. Erg. Path. **22**, 1 (1927). — Smith: Zit. nach Pfeiffer. — Statkewitsch, P.: Über Veränderungen des Muskel- und Drüsengewebes der Haussäugetiere beim Hunger. Arch. f. exper. Path. **33**, 415 (1894). — Sternberg, C.: Klosiella muris, ein häufiger, anscheinend wenig bekannter Parasit der weißen Maus. Wien. klin. Wschr. **1929**, 419. — Strecker: Arch. f. Anat. **1911**.

Traina, R.: Über das Verhalten des Fettes und der Zellgranula bei chronischem Marasmus und akuten Hungerzuständen. Beitr. path. Anat. **35**, 1 (1904). — Tyzzer: Zit. nach Henschen.

B. Männliche Genitalorgane.

Von Rudolf Jaffé und Paul Radt, Berlin.

Mit 4 Abbildungen.

I. Normale Anatomie.

a) Hoden.

Die Hoden des Kaninchens stellen zwei walzenförmige, leicht gekrümmte Organe dar, die in ihrer Größe ziemlich weitgehende Schwankungen aufweisen können. Einmal kann die Größe abhängig sein von der Brunstzeit, andererseits von der Größe des Tieres. Doch scheint besonders letzteres nicht in allen Fällen zuzutreffen, sondern es gibt auch kleine Tiere mit relativ großen, und große Tiere mit relativ kleinen Hoden. Wenn also Martin, dessen Darstellung wir uns ebenso wie der von Krause weitgehend anschließen, die Größe mit 30—40 : 12 : 8 mm angibt, so mag das als Durchschnittswert stimmen, doch sind ziemlich weitgehende Abweichungen möglich.

Der Hoden macht auch bei den Kaninchen und bei den anderen uns interessierenden Nagetieren einen Descensus durch. Er ist ursprünglich retroperitoneal in der Bauchhöhle, nicht weit von der Niere angelegt und wandert allmählich abwärts durch den Leistenkanal bis in eine nur schwach vorspringende Tasche, die *Scrotaltasche*. Bei diesem Descensus stülpt das voranwandernde, also das caudale Ende, das Bauchfell als Processus vaginalis peritonei vor sich her. Dadurch wird der Hoden vom Peritoneum bedeckt, während andererseits die Scrotaltasche von seinem parietalen Blatt ausgekleidet wird. Dazwischen bleibt ein mit der Bauchhöhle in Verbindung stehender Spaltraum. Noch ein zweiter, muskulärer Sack entsteht durch das Entgegenwachsen des Conus inguinalis; dieser als Cremastersack bezeichnet, ist mit dem unteren Hodenende fast verwachsen.

An der medialen Seite des Hodens liegt der Hilus, an dem die Blutgefäße und die Samenwege in den Hoden ein- bzw. austreten. Die hier hervorragende Bindegewebsansammlung wird als Corpus Highmori bezeichnet. Von diesem aus erstrecken sich feine bindegewebige Septen durch das ganze Organ, die einzelnen Läppchen abtrennend.

Umgeben ist der ganze Hoden von einer bindegewebigen, derben Hülle. In den äußeren Schichten folgen dann die Tubuli contorti, die sich stark schlängeln, miteinander vereinigen, und dann bei gleichzeitiger starker Verdünnung in die geraden Hodenkanälchen, Tubuli recti, übergehen. Diese treten dann am Corpus Highmori nach Ausbildung eines weiten Netzes in den Nebenhodenkopf ein.

Die Samenkanälchen zeigen eine Membrana propria und mehrschichtiges Epithel, und zwar unterscheiden wir die zylindrischen Sertolischen Zellen und die Samenzellen. Erstere liegen immer in der äußersten Lage, während die Samenzellen in mehreren Reihen geschichtet angeordnet sind. Auf die Samenbildung soll an dieser Stelle nicht näher eingegangen werden, da sie sich prinzipiell nicht von der anderer Säugetiere unterscheidet, und eine außerordentlich große Literatur über diese Frage besteht.

In dem spärlichen Bindegewebe zwischen den Samenkanälchen ziehen feine Blutgefäße und Nervenfasern entlang. Außerdem finden sich hier aber die Leydigschen Zwischenzellen, die in verschiedener Anzahl vorhanden sein können. Nach unseren Erfahrungen sind sie meist zu 3 oder 4, selten zu 8—10 an einem Knotenpunkt zu finden. Sie können aber noch erheblich spärlicher sein. Es handelt sich um große, oft vieleckige Zellen mit großem, kugeligem oder länglichem Kern und hellem Protoplasma. Meist enthalten sie Lipoide und sind nach unserer Auffassung oft nur dann, wenn Lipoide nachweisbar sind, mit Sicherheit von den anderen Bindegewebszellen zu unterscheiden.

Nach unseren Untersuchungen sind die Samenzellen beim Kaninchen und Meerschweinchen fast stets lipoidfrei, während die Zwischenzellen reichlich Lipoid enthalten. Ratte und Maus dagegen zeigen ein etwas anderes Verhalten. Hier finden sich in den Basal-Lagen der Samenzellen stets mehr oder weniger reichlich Fetttröpfchen. Ob die fetthaltigen Zellen stets nur Sertolizellen darstellen, oder ob es sich nur um Ursamenzellen handelt, ist sehr schwer zu entscheiden. Die Zwischenzellen können auch bei Ratte und Maus Lipoid enthalten, doch sind diese wesentlich spärlicher als bei Kaninchen und Meerschweinchen.

Eine Identifizierung der Lipoide auf histochemischem Wege ist nach den neueren Auffassungen bekanntlich nicht möglich. Chemische Untersuchungen liegen bisher nicht vor und können auch kaum über die Natur der sichtbaren Lipoide Aufschlüsse geben, da die chemische Untersuchung keinen Aufschluß darüber gibt, ob die gefundenen Lipoide von den Samenzellen oder Zwischenzellen stammen. Doppelbrechung ist beim Kaninchen der Regel nach nicht zu erzielen, bei der Maus und Ratte ist sie oft positiv, doch sind die Ergebnisse wechselnd.

Frei im Lumen sind beim geschlechtsreifen Tier, besonders in der Brunstzeit, sehr reichlich fertig ausgebildete Samenfäden zu sehen. Diese sind jedoch noch unbeweglich und erreichen erst im Nebenhoden ihre Beweglichkeit.

b) Nebenhoden.

Die Nebenhoden bestehen aus einem Kopf- und einem Schwanzteil. Der Kopf liegt kappenartig dem kranialen Abschnitt des Hodens auf, während der Schwanz fest angeschmiegt am caudalen Pol liegt. Vom Kopf zum Schwanz ziehen die Ductus epididymidis. Der Kopf des Nebenhodens ist durch eine bindegewebige Hülle, die mit der Hodenhülle in Zusammenhang steht, überzogen. Von dieser dringen bindegewebige Septen in das Nebenhodenparenchym ein und teilen einzelne Läppchen ab. Die in den Nebenhodenkopf aus dem Hoden her eindringenden Ductuli efferentes bilden sich in die Nebenhodenkanälchen um und knäulen sich in den einzelnen Läppchen auf. Aus jedem Läppchen tritt dann ein Ductus epididymidis, diese ziehen an der medialen Hodenkante entlang und vereinigen sich so weit, daß schließlich nur noch 5—6 solche Ductus vorhanden sind, die sich im Nebenhodenschwanz wiederum aufknäulen und sich dann erst allmählich zu dem einfachen Ductus deferens vereinigen. Die Nebenhodenkanälchen haben nach KRAUSE einen Durchmesser von 300—400 μ. Mikroskopisch findet sich ein zweireihiges, flimmerndes Cylinderepithel, dessen Kern in der Nähe der Zellbasis liegt und dessen Zellkörper mit stark acidophilen Sekretkörnern gefüllt ist, nach außen folgt eine Membrana propria.

c) Samenleiter.

Der Samenleiter gelangt vom Nebenhodenschwanz aus durch den Leistenring in die Bauchhöhle, beschreibt dann eine langgezogene Schleife und kommt schließlich hinter den Blasenhals zu liegen. Die hier gebildete Anschwellung, die von beiden Seiten her in der Mitte zusammenstößt, wird als Samenleiterampulle bezeichnet. Die Samenleiter liegen medial von der noch zu besprechenden Samenblase, ihren Durchmesser gibt KRAUSE mit 1,3 : 1,5 mm an, während er in der Ampulle sich auf 4—5 mm verdickt, um im Endstück wieder nur 1 mm Durchmesser aufzuweisen. Die Schleimhaut des Samenleiters weist zahlreiche Längsfalten auf, am stärksten in der Ampulle. Das Epithel ist einschichtig, niedrig zylindrisch mit Flimmerbesatz, der nur in den Ampullen fehlt. Die weitere Wandung besteht aus einer bindegewebigen Propria und einer aus glatten Muskelfasern bestehenden Muscularis.

Wenn die eben gegebenen Beschreibungen sich auf das Kaninchen beziehen, so entsprechen sie doch auch den Verhältnissen der übrigen uns interessierenden Tiere, nur daß die Maße entsprechend kleiner anzusehen sind. Genaue Zahlenangaben haben wir in der Literatur nicht finden können, unsere eigenen Messungen sind zu spärlich, um als Durchschnittszahlen bewertet werden zu können.

d) Anhangsdrüsen.

Bei den Nagetieren finden sich an den männlichen Genitalorganen zahlreiche Anhangsgebilde, die den Samenwegen anliegen.

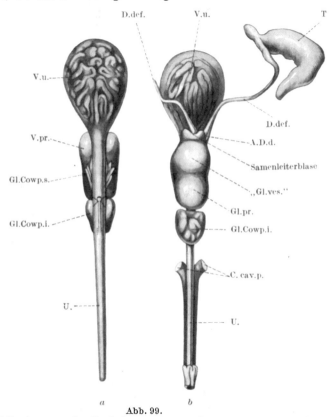

Abb. 99.

a Tractus urogenitalis eines normalen Kaninchens, auf der hinteren Seite der Blase gelegen. Durch einen horizontalen Schnitt sind Blase und Urethra mitten durchteilt, so daß die uns zugekehrte Hälfte fortgenommen wurde. (Nach SCHAAP.) V. pr. Samenleiterblase; Gl. Cowp. s. obere COWPERsche Drüse (Gl. paraprostaticae R); Gl. Cowp. i. untere COWPERsche Drüse.
b Urogenitaltractus eines normalen Kaninchens, von hinten gesehen. (Nach SCHAAP.) A. D. d. Ampulle des Samenleiters; Gl. ves. Glandula vesicularis (Gl. prost. R); Gl. pr. Glandula prostata; Gl. Cowp. i. Glandula Cowp. inferior; C. cav. p. Corp. cav. penis.

Ihre Erklärung hat vielfach Schwierigkeiten gemacht und es liegen bereits zahlreiche Untersuchungen und Veröffentlichungen vor, die die Lage und den Aufbau dieser Organe klären wollen. Es würde im Rahmen dieses Buches zu weit führen, alle diese Arbeiten einzeln zu besprechen. Wir werden infolgedessen uns damit begnügen, die Auffassung, die heute vorherrscht, mitzuteilen und nur bei Einzelheiten auf Spezialarbeiten verweisen. Im ganzen stützen wir uns bei unseren Ausführungen neben eigenen Untersuchungen auf die ausgezeichnete Darstellung von DISSELHORST im Lehrbuch der vergleichenden mikroskopischen Anatomie von OPPEL und auf die Untersuchungen von RAUTHER.

1. Samenblasen.

Am meisten Schwierigkeiten hat den Autoren die Erklärung eines Gebildes gemacht, das heute als *Samenblase* betrachtet wird und das hinter der Harnröhre, dicht unterhalb der Harnblase gelegen ist.

Lange Zeit (z. B. von LEREBOULLET, VANDEN, WERBER, LEUCKART, KRAUSE u. a.) glaubte man, daß es sich um einen Uterus masculinus handelte, aber schon KÖLLIKER wies nach, daß beim Kaninchenembryo schon am 23. Tage die MÜLLERschen Gänge vollkommen verschwunden sind, und das fragliche Gebilde durch eine Verschmelzung der WOLFschen Gänge zustande gekommen ist. Für die Natur dieses Gebildes als Samenblase oder, wie es RAUTHER nannte, Samenleiterblase, spricht auch der Umstand, daß die Ausführungswege gemeinsam mit dem Samenleiter in den Ductus ejaculatorius münden.

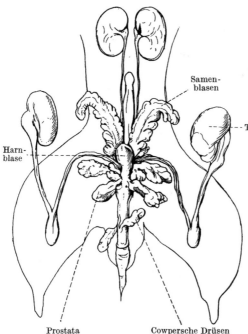

Die Samenblase stellt ein Säckchen dar, das stark abgeplattet ist und zur Harnblase hin zwei Zipfel bildet. Sie liegt, wie schon erwähnt, dorsal von der Harnröhre und von den Samenleiterampullen, die ventral, und zwar im caudalen Abschnitt einmünden. Beim normalen ausgewachsenen Kaninchen ist sie nach SCHAAP etwa 3,5 cm lang und 1,5 cm breit, verjüngt sich aber nach unten. Sie mündet schließlich in den Ureter.

Die Schleimhaut der Samenblase ist stark gefaltet, so daß zahlreiche Krypten entstehen. Sie ist bedeckt mit einem hohen Cylinderepithel, das großenteils

Abb. 100. Urogenitalapparat der Maus. (Natürliche Größe.) Aus DISSELHORST in OPPEL.

zweischichtig ist. Nach RAUTHER sollen in der Schleimhaut zahlreiche Drüsen liegen. Nach außen hin folgt eine Membrana propria mit reichlichen elastischen Fasern, danach Bindegewebe mit glatten Muskelfasern und schließlich im größten Teil der Dorsalwand Prostatagewebe.

DISSELHORST fand bei einem im Februar untersuchten Tier in der Samenblase ein Sekret von milchiger Färbung, in dem Krystalle und Rundzellen nachweisbar waren.

KAYSER fand in der milchigen Flüssigkeit auch Samenfäden. DISSELHORST weist darauf hin, daß ein Sekret auch außerhalb der Brunstzeit vorhanden ist.

Die Verhältnisse beim Meerschweinchen sind denen des Kaninchens sehr ähnlich, nur scheint hier die Samenblase noch weiter in zwei Teile getrennt und nur auf einer kürzeren Strecke vereinigt zu sein.

Die Ductus deferentes münden in die Samenblase an der Stelle ein, wo diese miteinander verschmelzen. Der absteigende Teil wird daher mitunter auch als Ductus ejaculatorius bezeichnet.

Bei der Ratte und der Maus erreichen die Samenblasen eine sehr erheblich größere Ausdehnung. Sie stellen sich als wurstartig gekrümmte, vielfach gewulstete Gebilde dar, wie aus der beigegebenen, der Arbeit von DISSELHORST entnommenen Zeichnung hervorgeht. Sie liegt zwischen Harnblase und Rectum und ist meist mit einem homogenen hellen, ziemlich zähen Sekret gefüllt. Samenfäden sind, soweit wir sehen konnten, noch niemals in ihr gefunden worden.

Das die Samenblase auskleidende Drüsenepithel ist ein einschichtiges Cylinderepithel, das mit leistenartigen Vorsprüchen in das Innere ragt. Auf einer Membrana propria folgt wiederum eine, von glatten Muskelfasern durchsetzte, derbe Bindegewebsschicht.

An der Stelle der Einmündung der Ductus deferentes, also an der Stelle, die ampullenartig erweitert ist, finden sich kleine Drüsen, die beim Kaninchen und Meerschweinchen in der Wand, bei der Maus und Ratte außerhalb derselben gelegen sind. Sie werden entwicklungsgeschichtlich nach DISSELHORST von den Samenleitern abgeleitet.

2. Prostata.

Die Prostata des Kaninchens setzt sich paarig zusammen und liegt teilweise hinter, teilweise unterhalb der Samenblase. Ein medianes, bindegewebiges Septum weist auf die paarige Anlage hin.

Nach KRAUSE führen jederseits vier bis fünf Ausführungsgänge in die Dorsalwand des Sinus urogenitalis. Die Ausführungsgänge verzweigen sich innerhalb der Drüsen. Die einzelnen Zweige führen in die verschiedenen Drüsenläppchen. Die Ausführungsgänge sind mit einfachem, niedrigem Cylinderepithel ausgekleidet, das nach der Drüse zu höher wird. Nach RAUTHER soll jedes Läppchen mit einem eigenen Ausführungsgang in die Harnröhre münden.

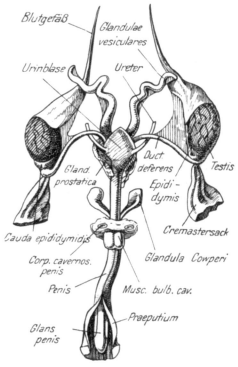

Abb. 101. Männliche Geschlechtsorgane einer jungen Cavia coboya. Der Cremastersack ist künstlich von innen nach außen gekehrt. (Nach MAX RAUTHER.)

Die Prostata scheint bei den uns interessierenden Tieren ziemlich gleich gebaut zu sein. Sie ist überall gleichförmig, die einzelnen Läppchen durch Bindegewebe getrennt. In der Prostata findet sich ein blasiges, feinkörniges Sekret.

3. Glandulae Cowperi superiores.

Neben und bzw. dicht unterhalb der Prostata folgen die sog. *Glandulae Cowperi superiores* oder wie sie nach RAUTHER besser genannt werden, die Glandulae paraprostaticae.

Nach STILLING bestehen sie aus vier bis fünf kleinen Drüsenröhrchen. Sie sind histologisch gleich gebaut, wie die eigentlichen COWPERschen Drüsen. Sie zeigen einen tubulären Bau mit hochzylindrischen Zellen.

4. Cowpersche Drüsen.

Die eigentlichen Cowper*schen Drüsen* folgen weiter abwärts an der Rückseite der Harnröhre. Auf einem Durchschnitt sieht man überall zwischen quergestreiften Muskelbündeln verzweigte Drüseninseln. Sie sind ausgekleidet mit einem einschichtigen Cylinderepithel. Die Cowperschen Drüsen sind von Rauther genau untersucht. Wir verweisen auf seine Ausführungen.

Bei der Maus und der Ratte sind die Cowperschen Drüsen relativ groß, nach Disselhorst innerhalb des Beckens gelegen. Nach diesen Autoren sind sie immer von einem kräftigen Mantel quergestreifter Muskulatur umgeben, zwischen der dicht aneinandergedrängte Querschnitte von Drüsenbläschen und Schläuchen nachweisbar sind. Disselhorst hebt das ungewöhnlich große Lumen dieser Drüsen hervor. Er konnte stets ein reichliches Sekret mit gröberen Körnchen nachweisen und fand auch innerhalb des Zellprotoplasmas große, schwach gefärbte Sekrettropfen. Das Epithel beschreibt er als ein regelmäßiges, sehr hohes Cylinderepithel mit kleinen, an dem Basalteil der Zellen gelegenen Kern.

5. Glandulae urethrales.

In der Umgebung der Harnröhre finden sich, wie besonders Rauther beschreibt, kleine Drüsengänge, die er als becher- oder schlauchförmige Schleimdrüsen bezeichnet. Beim Kaninchen sind diese Drüsen bisher nur von Rauther gesehen worden, was von Disselhorst darauf bezogen wird, daß sie nur im Stadium der Brunst zur vollen Entwicklung gelangen. Bei der Ratte und der Maus sind diese Drüsen reichlicherer entwickelt und umgeben kranzförmig die Harnröhre, und zwar vom oberen Teil der Pars cavernosa bis etwa oberhalb der Einmündungsstelle der Samenleiter in den Urogenitalkanal.

Rauther meint, daß die Massenhaftigkeit dieser von ihm als Schleimdrüsen angesprochenen Gebilde dafür spricht, daß ihnen eine besondere Funktion zukommt.

6. Glandulae inguinales.

Diese Drüsen, die beim Kaninchen bei beiden Geschlechtern gefunden sind, werden von den Autoren mit zu den Geschlechtsdrüsen gerechnet und müssen infolgedessen auch hier kurz erwähnt werden, doch verweisen wir im übrigen auch auf das Kapitel „Haut", in dem sie als Anhangsgebilde der Haut gleichfalls besprochen sind. Bei Meerschweinchen, Ratte und Maus sind analoge Bildungen bisher nicht gefunden worden.

Sie liegen zwischen Penis und Rectum und münden an einer kleinen, unbehaarten Stelle der Haut. Sie sezernieren einen stark riechenden Saft, von dem der charakteristische Geruch der Kaninchen herrühren soll. Die Inguinaldrüsen bestehen stets aus zwei verschiedenen Abschnitten, die schon makroskopisch voneinander zu trennen sind, da der eine Teil mehr bräunlich, der andere mehr weiß erscheint. Der bräunliche Teil, der das intensiv riechende Sekret durch einen einzigen Ausführungsgang auf die Haut befördert, ist von tubulösem Bau. Der weißliche Teil wird für eine Abart der Talgdrüsen gehalten und liefert ein tropfiges lipoidhaltiges Sekret.

Disselhorst vergleicht den tubulären Teil mit modifizierten Schweißdrüsen, den weißen Teil mit Talgdrüsen.

7. Glandulae praeputialis.

Im Praeputium des Penis (aber auch bei weiblichen Tieren in der Klitoris) sind kleine Drüsen sowohl beim Kaninchen wie Meerschweinchen, Ratte und Maus, besonders aber bei letzteren, symmetrisch auf beiden Seiten gelagert, beschrieben worden. Sie sind mit mehrschichtigem Epithel bekleidet und mit einer homogenen, talgartigen Masse gefüllt. Teilweise jedoch sind sie nach DISSELHORST ganz wie Talgdrüsen gebaut und lassen kaum ein Lumen zwischen den großen Drüsenzellen erkennen.

8. Glandulae anales.

Zum Schluß wären noch die *Glandulae anales* zu erwähnen, doch scheint es, daß diese in keinem Zusammenhange mit den Geschlechtsorganen stehen. Infolgedessen soll hier nur auf das verwiesen werden, was über sie in dem Kapitel „Haut" gesagt ist.

e) Harnröhre und Penis.

Kurz nach Austritt aus der Samenblase vereinigt sich der Samenleiter mit der Harnröhre zu dem Sinus urogenitalis. In diesen münden bald danach dorsal die Ausführungsgänge der Prostata und der Glandulae bulbo-urethrales. Die Schleimhaut im Sinus zeigt niedrige Längsfalten und einen mehrschichtigen Cylinderepithelbelag, der zum Orificium hin immer niedriger wird und allmählich in ein geschichtetes Plattenepithel übergeht.

Der Penis ist gebildet durch das paarige Corpus fibrosum und das unpaarige ventrale Corpus spongiosum. Beide zeigen bindegewebige Gerüste und eine, besonders beim ersteren, derbe, bindegewebige Kapsel. Der Bau der kavernösen Hohlräume unterscheidet sich nicht von dem anderer Tiere. Die zahlreichen, ungleich großen Hohlräume sind mit niedrigem Zellbelag ausgekleidet.

Am Orificium geht die Schleimhaut über in die äußere Haut der Penisspitze und schlägt sich dann, die sog. Präputialtasche bildend, auf die äußere Haut über. Der Penis liegt also im Ruhezustand in dieser schleimhautartigen Tasche versteckt, ist aber leicht ausstülpbar.

II. Pathologische Veränderungen.

Über krankhafte Veränderungen der männlichen Genitalorgane der kleinen Laboratoriumstiere ist sehr wenig bekannt. Auch wir selbst haben trotz umfangreicher Beobachtungen nur wenig Feststellungen machen können.

a) Hoden bei Allgemeinerkrankungen.

Genauer beschrieben sind von STEINACH die senilen Veränderungen besonders bei der Ratte. Es handelt sich danach um eine hochgradige allgemeine Atrophie, besonders der Samenblase und der Anhangsdrüsen. Wir beschränken uns darauf, ein Bild aus der Arbeit von STEINACH wiederzugeben und verweisen im übrigen auf seine Darstellung. Wir selbst hatten nicht Gelegenheit, derartige Individuen zu untersuchen, wie sie STEINACH beschreibt. Bei den ältesten uns zur Verfügung stehenden Exemplaren konnten wir so weitgehende Unterschiede, wie sie STEINACH darstellt, nicht sehen.

Wieweit bei Allgemeinerkrankungen Veränderungen im Hoden zu finden sind, ist außerordentlich schwer zu entscheiden. Wir sahen weitgehende Schwankungen in der Spermiogenese. In einzelnen Fällen waren reife Samenfäden überhaupt nicht zu finden. Wenn auch bei den Laboratoriumstieren die männlichen im allgemeinen keinen regelmäßigen Brunstzyklus durchmachen, so ist es doch zu bedenken, daß die Haltung der Tiere (Haltung im Freien, in ungeheiztem oder im geheizten Raum) sowie auch die Ernährung eine große Bedeutung für die Spermiogenese haben kann. Da uns aber bei vielen uns überlassenen Tieren die entsprechenden Angaben nicht zu erhalten waren, ist es nicht möglich zu beurteilen, ob die erwähnten Befunde nur als verschiedene Brunststadien anzusehen sind, oder ob sie mit der zum Tode führenden Erkrankung in Zusammenhang gebracht werden müssen.

Auch die Menge und der Lipoidgehalt der Zwischenzellen, in geringeren Grade auch der Lipoidgehalt der Samenzellen ist Schwankungen unterworfen, doch gelang es uns auch hier nicht, bestimmte Zusammenhänge mit Allgemeinerkrankungen festzustellen. Auf Zusammenhänge zwischen dem Lipoidgehalt und der Ernährung kann an dieser Stelle nicht eingegangen werden, da die hier erhobenen Befunde schon in das Gebiet der Experimente gehört. Wir verweisen deswegen auf das, was JAFFÉ und BERBERICH im Handbuch der inneren Sekretion ausgeführt haben.

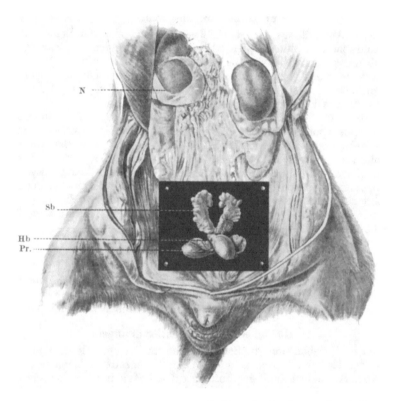

Abb. 102. Formalpräparat der sekundären Geschlechtsmerkmale eines senilen Rattenmännchens. Samenblasen und Prostata geschrumpft, leer, atrophisch. Hodensack haarlos, geschrumpft. Das Tier ist im Alter von $28^{1}/_{2}$ Monaten im natürlichen Marasmus eingegangen. Sb Samenblasen; Hb Harnblase; Pr. Prostata; N Niere. (Aus STEINACH, Verjüngung.)

b) Entzündliche Veränderungen.

Entzündungen an den Genitalorganen entstehen nicht selten nach Verletzungen. Besonders wenn mehrere Böcke in einem Käfig gehalten werden, werden bei Beißereien die Hoden häufig verletzt, oft sogar ganz herausgerissen. Die verschiedensten Formen von Entzündung können folgen, es kann sogar von solchen Wunden eine Allgemeininfektion ausgehen, die den Tod des Tieres zur Folge hat.

Spezielle Infektionen der Genitalorgane sind mitunter beobachtet worden. So beschrieben FRIEDBERGER und FRÖHNER eine ansteckende Geschlechtskrankheit der Kaninchen, die beim Männchen am Praeputium Schwellung sowie schleimig-eitrigen Ausfluß aus der Harnröhre hervorruft. Ob die von SUSTMANN als Knotenseuche beschriebene Erkrankung ein bläschenförmiger Ausschlag der Vorhaut die gleiche Erkrankung ist, erscheint nicht ganz sicher. Wegen der Kaninchensyphilis verweisen wir auf das Kapitel „Protozoen und Haut".

MUCHA sah bei mehreren Kaninchen eine Balanopostitis mit Epithelnekrosen auf beiden Präputialblättern. Er konnte hier Streptokokken, einen anaeroben Kokkus und saprophytischen Bacillus nachweisen.

Kurz hingewiesen werden soll auch auf die Erkrankung des Hodens bei Meerschweinchen nach Impfung mit Rotz. Doch ist eine derartige Erkrankung bisher spontan nicht beobachtet worden.

Bei der myxomatösen Krankheit der Kaninchen kommt nach SEIFRIED mitunter eine Orchitis zur Beobachtung.

Literatur.

BERBERICH u. JAFFÉ: Kap. Hoden im Handbuch der inneren Sekretion. Von M. HIRSCH, Leipzig.

DEEN, J. VAN: Beitrag zur Entwicklungsgeschichte des Menschen und der Säugetiere, mit besonderer Berücksichtigung des Uterus masculinus. Z. Zool. 1 (1849). — DISSELHORST: (a) Lehrbuch der vergleichenden mikroskopischen Anatomie der Wirbeltiere. Von A. OPPEL. Jena 1904. (b) Die akzessorischen Drüsen an den Geschlechtsorganen der Wirbeltiere. Wiesbaden 1897.

FRIEDBERGER u. FRÖHNER: Spezielle Pathologie und Therapie, Bd. 2, S. 496. 1908.

IHLE, KAMPEN usw.: Vergleichende Anatomie der Wirbeltiere, 1927.

KRAUSE, RUD.: Mikroskopische Anatomie der Wirbeltiere, 1921. — KOLLE-HETSCH: Bakteriologie, 7. Aufl. 1929. Die Kaninchenspirochätose.

LANGERHANS, P.: Die akzessorischen Drüsen der Geschlechtsorgane. Virchows Arch. 51 (1874).

MARTIN: Lehrbuch der Anatomie der Haustiere. Stuttgart 1922. — MUCHA: Österr. Wschr. Tierheilk. 1911.

SCHLEGEL: Die männlichen Geschlechtsorgane. JOESTS Spezielle pathologische Anatomie der Haustiere. Berlin 1924. — SEIFRIED, O.: Die wichtigsten Krankheiten der Kaninchen. Erg. Path. 1927. — STEINACH, E.: (a) Untersuchungen zur vergleichenden Physiologie der männlichen Geschlechtsorgane, insbesondere der akzessorischen Geschlechtsdrüsen. Pflügers Arch. 56 (1894). (b) Verjüngung durch experimentelle Neubelebung der alternden Pubertätsdrüse. Berlin 1920. — STILLING, H.: (a) Über die COWPERSCHEN Drüsen. Virchows Arch. 100 (1885). (b) Über die Funktionen der Prostata und über die Entstehung der prostatischen Konkremente. Virchows Arch. 98 (1884). — SUSTMANN: Multiple Melanombildungen beim Kaninchen. Dtsch. tierärztl. Wschr. 1922, Nr 31, 402 u. 1921.

C. Weibliche Genitalorgane.

Von ERNST PREISSECKER, Wien.

Mit 27 Abbildungen.

I. Über die Stellung der Nager in der Säugetierreihe in bezug auf Genitale und Fortpflanzung.

Unter den Säugetieren stellen die *Nager (Rodentia)* eine wohlumschriebene Gruppe dar, die auf Grund ihres übereinstimmenden Zahnbaues aufgestellt wurde. Aber auch die Eihüllen stimmen bei den einzelnen Nagerfamilien so weitgehend überein, daß auch diese als Gruppencharakteristicum bezeichnet werden (HERTWIG, GROSSER). Der weibliche Geschlechtsapparat der Nager kann ebenso wie derjenige der übrigen Säugetiere in zwei Abschnitte zerlegt werden; in den generativen Anteil, den Eierstock, und in den Genitalschlauch. Die inneren Genitalteile liegen nicht wie beim Menschen im kleinen Becken, sondern reichen weit in den Bauchraum hinauf. Der Genitalschlauch hat sich seiner doppelten Anlage entsprechend (MÜLLERscher Gang) weitergebildet. Während der obere Abschnitt des Genitalschlauches (der Eierstock und Eileiter) bei allen Säugetieren getrennt geblieben ist, zeigt der untere eine mehr oder minder stark ausgeprägte Verschmelzung. Bei den Primaten (Affen) und beim Menschen ist der untere Teil vollkommen einheitlich und bildet *einen* Uterus, während bei den niedrigeren Tieren, besonders bei den Nagern, das Bild des *Uterus duplex* vorherrscht.

Wir finden bei den *Muriden (Maus* und *Ratte)* und beim *Meerschweinchen* einen Uterus bicornis *unicollis,* beim *Kaninchen* hingegen einen Uterus bicornis *bicollis* seu *duplex,* doch sind bei diesem Tier die beiden Hörner im untersten Abschnitt so dicht verwachsen, daß eine Trennung nur präparatorisch möglich ist. Die anatomischen Beziehungen zwischen Urethra und Vagina sind bei den einzelnen Familien verschieden. So mündet einmal die Harnröhre so in die Vagina, daß ein Stück derselben als *Canalis urogenitalis* Verwendung findet und als gemeinsamer Kanal in die Vulva mündet, die dann die Klitoris mit einschließen kann (Kaninchen). Oder wir finden knapp hinter dem Introitus die Urethralmündung in die Scheide, so daß nur ein ganz kurzer Canalis urogenitalis entsteht, der bei weiterer Verkürzung in einen *Sinus urogenitalis* übergeht (Meerschweinchen). Als letztes Extrem sehen wir bei Ratte und Maus vollkommen getrenntes Münden von Scheide und Harnröhre am Damm ohne Bildung eines Sinus.

Ein weiteres Merkmal, das den Nagern zukommt, ist die starke Entwicklung der akzessorischen Geschlechtsdrüsen, die am Praeputium, am Perineum und um den After herum münden und manchmal starke Riechstoffe enthalten und wohl der gegenseitigen Anlockung der Geschlechter dienen (GROSS, DRAHN).

Auffallend ist die große Fruchtbarkeit der Rodentaten; die Zahl der Feten (Eikammern) ist mit Ausnahme der Subungulaten (Meerschweinchen) sehr groß. Dem entspricht auch die hohe Zahl der Milchdrüsen. Was die Placenta betrifft, so wird sie bei den Nagern im allgemeinen in die Gruppe der Hämochorialen eingeteilt (näheres siehe Placentation, S. 319). Sie wird durch das dorsal zum Fetus gelagerte Allantochorion scheibenförmig (discoidal) gebildet. Das Omphalochorion ist stark entwickelt und wir finden den Embryo in ihm napfförmig eingesenkt. Während der ganzen Zeit der Entwicklung können wir einen Dottersack nachweisen, der aber nur in den jüngsten Stadien eine Rolle spielt.

II. Normale Anatomie.
a) Maus (Mus musculus et Varietas alba). (Abb. 103.)

Ovarium. Der Eierstock der erwachsenen Maus ist ein fast kugeliges, wenig gekerbtes Gebilde, das einen Durchmesser von etwa 2 mm aufweist. Der Eierstock ist paarig und liegt links und rechts verschieden hoch. Rechts finden wir das Ovarium höher und dem caudalen Nierenpol mehr genähert als links. Die Lage des linken Organs ist ziemlich variabel; manchmal findet man den Eierstock ganz nahe dem lateralen Nierenrand und dann wieder, in seltenen Fällen, verdeckt vom unteren Nierenpol liegen. Diese Verschiedenheit in der Topographie des Eierstocks ist auf die große Beweglichkeit desselben zurückzuführen, die durch das lange Gekröse (Mesovarium) ermöglicht wird. Das fettreiche *Mesovarium* setzt an der Bauchhinterwand an und bildet den obersten Abschnitt einer Mesenterialplatte, die sich nach unten als Mesotubarium zum Mesometrium fortsetzt. Wenn wir die Bauchhöhle einer Maus eröffnen und das Ovarium mit einer Lupe betrachten, so erkennen wir, daß nicht die nackte Ovarialoberfläche vor uns liegt, sondern der Eierstock durch eine darüberliegende durchsichtige

Membran durchschimmert. Diese Membran ist die *Ovarialkapsel (Bursa ovarica,* siehe Abb. 104), die beim Transport des Eies in die Tube eine ausschlaggebende Rolle spielt (siehe Eiwanderung). Ihre Wand besteht aus zwei epithelialen Blättern, die histologisch der Serosa gleichen (Peritoneal-duplikatur). Dazwischen finden sich wenige Lagen lockeren Bindegewebes (POWIERZA). Die Ovarialkapsel ist zum Teil in Fett eingebettet und median an das Mesovarium angeheftet. Hier und hinter der Bursa findet man zahlreiche Fettläppchen. Die Insertion an der lateralen Seite findet im Ovarialstiel *(Hilus ovarii)* statt. Über den kranialen Pol der Kapsel ziehen die Blutgefäße zum Ovarialstiel, durch den sie in das Innere des Eierstockes einstrahlen. Die Kapsel sendet Bindegewebsarme aus, die gegen die Tube ziehen und eine Tubenschlinge fixieren. Es ist dies ein wichtiger Halteapparat und ein Träger für den Eileiter. FISCHEL bezeichnet diesen Bindegewebsabschnitt als *Mesenterium tubae.* Wir finden in dem Mesenterium tubae zahlreiche glatte Muskelfasern, die im mittleren Teile dichter angeordnet sind und bei der Kontraktion Eileiter und Eierstock

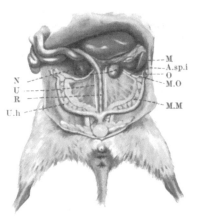

Abb. 103. Maus. Situsbild (Ventralseite). M Milz, N Niere, U Ureter, M.O Mesovarium, M.m Mesometrium, R Rectum, O Ovarium, U.h Uterushorn, A.sp.i Arteria spermatica interna.

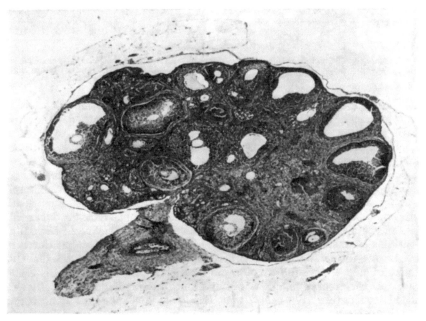

Abb. 104. Schnitt durch das Ovarium einer geschlechtsreifen weißen Ratte im Diöstrum. Ovarialkapsel mit Fettanlagerung. Unten bei der Einziehung setzt der Ovarialhilus an. Vergr. 30mal.

einander nähern sollen. FISCHEL nennt daher diese Muskelfasern *Musculus adtrahens tubae,* oder *Musculus adtrahens bursae ovaricae,* in der Gesamtheit *Musculus mesenterii tubae.* DRAHN, dem wir neue Untersuchungen in diesem Gebiete verdanken, macht für die gegenseitige Annäherung von Tube und Ovar in erster Linie das kräftige muskulöse *Ligamentum ovarii proprium* verantwortlich (Abb. 105). Dieses Ligament setzt am Eierstockhilus an und zieht zur Spitze des Uterushornes. Es enthält reichlich Muskelfasern, die zum Teil vom Mesenterium tubae (Mesotubarium) und zum Teil vom Infundibulum tubae (Musculus infundibuli, FISCHEL) ausgehen. Das *Infundibulum* des Eileiters ragt als Zapfen durch den unteren Ovarialkapselpol in den Periovarialraum hinein und sendet, außer dem bereits erwähnten Musculus infundibuli zum Ligamentum ovarii proprium, einen Muskelfortsatz zum Ovarialstiel (Infundibulo-Ovarialzacke des Musculus mesenterii tubae). Wir sehen also eine enge, zum Teil muskulöse, zum

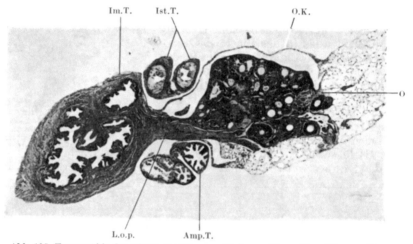

Abb. 105. Topographie der Eierstocks-Uterusverbindung. Maus. Vergrößerung 30. Amp.T. ampulläre Tubenschlinge; Im.T. intramurale Tube mit Colliculus tubarius; L.o.p. Lig. ovarii proprium; Ist.T. isthmische Tube; O Ovarium; O.K. Ovarialkapsel.

Teil bindegewebige Verbindung der Tube mit der Ovarialkapsel bzw. dem Ovarium selbst. Dazu wird der Eierstock an seiner Basis durch das Ligamentum ovarii proprium mit dem Uterushorn fest verbunden. Einen weiteren Haft- und Halteapparat des Ovariums erkennen wir in dem *Ligamentum suspensorium ovarii*, das ebenfalls am Hilus entspringt und nach seinem Verlaufe am freien vorderen Rande des Mesometrium unter der Niere ansetzt. Auch dieses Ligament enthält glatte Muskelfasern, die eine Strecke weit in die Ovarialkapsel einstrahlen, so daß bei ihrer Zusammenziehung notwendigerweise eine Spannung der Ovarialkapsel eintreten muß. Man kann diese Muskelfasern daher in ihrer Gesamtheit als *Musculus constrictor capsulae ovarii* bezeichnen. Der Hilus des Ovariums ist mehr nach unten und lateral gerichtet, und bewirkt durch seinen Ansatz die seitliche Einziehung des Eierstockes. An ihm setzt die Ovarialkapsel an und es treten durch ihn die Blutgefäße und Nerven in die Zona centralis des Eierstockes ein. Das Mesovarium, das an der hinteren Bauchwand angeheftet ist, führt Blutgefäße zum Eierstock, zur Tube und zum oberen Teil des Uterushornes.

Das *Ovarialstroma*, das sehr zellreich ist, tritt am Hilus in dichter Anordnung nahe an die Oberfläche, während es sonst in radiären Ästen sich zwischen die Follikel und Gelbkörper fortsetzt. Im Nagereierstock (mit Ausnahme vom Meerschweinchen) sehen wir diese Zone sehr stark entwickelt und finden überall größere und kleinere Follikel (Abb. 104). Zu jeder Ovulationszeit springen zahlreiche

Follikel. Jederzeit sind mehrere Follikel desselben Reifestadiums vorhanden. Auch die Corpora lutea sind in einer großen Ausdehnung und Anzahl vorhanden, besonders als Corpora lutea graviditatis (Abb. 106). Wie zuerst Sobotta für die Maus feststellte, sind die Luteinzellen des Corpus luteum Abkömmlinge der epithelialen Granulosazellen. Auffallend ist das räumliche Verhältnis zwischen Granulosa und Liquor folliculi. Die Follikelflüssigkeit ist in geringer Menge vorhanden, während das Granulosaepithel den Follikel in dicker Schichte auskleidet (siehe Abb. 104).

Das Stroma des Eierstockes besteht teils aus indifferenten Bindegewebszellen, teils aus Zellen, die für das Ovarium charakteristisch sind. Sie haben entweder die Form einfacher Spindelzellen oder wandeln sich dort, wo sie an

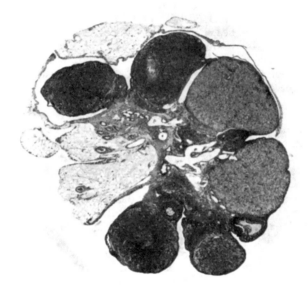

Abb. 106. Schnitt durch das Ovar einer weißen Ratte mit Corpora lutea graviditatis. Vergr. 20mal.

dem Aufbau größerer Follikel beteiligt sind und den Hauptteil, die Theca interna, darstellen, in eigenartige fetthaltige epitheloide Zellen um, die man als *Thecaluteinzellen* oder *Zwischenzellen* bezeichnet. In Follikeln, welche vor erlangter Reife degenerieren, gehen mit der Eizelle auch die Granulosazellen zugrunde. Die Thecazellen wuchern dagegen und füllen den Follikelraum aus. Man nennt diesen Vorgang *Follikelatresie*. Nimmt die Atresie nur geringen Umfang an, dann kann man an dem Thekaluteinzellhaufen noch deutlich die kugelige Follikelform erkennen. Ist aber die Follikelatresie wie beim Kaninchen sehr lebhaft, dann fließen die Herde von Thecaluteinzellen zusammen, nehmen einen großen Teil des Eierstockes ein und bilden einen eigenartigen Körper, der nach dem Vorschlage französischer Autoren (Limon u. a.) als *„interstitielle Drüse"* bezeichnet wird. Die eigenartige Zellformation hat nicht bloß in ihrer Anordnung große Ähnlichkeit mit anderen innersekretorischen Drüsen (Corpus luteum, Nebenniere, Epithelkörperchen), sondern zeigt auch, wie neuere Untersuchungen (Wagner u. a.) ergeben, die feineren cytologischen Veränderungen, die drüsigen Elementen zukommen.

Tube (Tuba uterina). Der Eileiter durchbricht die Ovarialkapsel am unteren
Pol und ragt mit seinem Infundibulum in den Periovarialraum hinein. Die
Schleimhaut des Infundibulum *(Mucosa fimbriata)* zeigt fast keine Falten-
bildung und ist mit einem einschichtigen, zylindrischen Epithel überkleidet.
Eine ausgesprochene Fimbrienbildung sehen wir nicht. Ein Muskelzug tritt,
wie oben erwähnt, vom Mesotubarium (Mesenterium tubae) mit dem Eileiter
in den Periovarialraum ein und setzt sich am Infundibulum und im weiteren
Verlaufe zum Teil auch am Ovarium selbst fest. Vor dem Durchbruch durch die
Kapsel bildet die Tube zahlreiche Schlingen, die in dichtem Knäuel den Raum
zwischen Uterus und Ovarium ausfüllen. Die mittlere Tubenschlinge legt sich
der Ovarialkapsel lateral an und ist mit ihr durch Bindegewebszüge verbunden.
Die oberste Schlinge hat muskulöse Beziehungen zu dem Ligamentum ovarii
proprium. Die Tube kann man anatomisch in zwei Anteile gliedern, in einen
weiteren ampullären, den Anfangsteil, und in den engeren isthmischen Abschnitt. Beide Abschnitte bestehen aus drei Schichten, der Mucosa, der Muskularis und der Adventitia (Serosa). Diese Schichten sind im ampullären Teil
sehr dünn. Die Schleimhaut zeigt ebenso wie das Infundibulum einen Belag
von einfachem niedrigem Cylinderepithel, das gegen den isthmischen Abschnitt
zu unregelmäßiger und höher wird. Nach den Untersuchungen von SCHAFFER
sind im ampullären Teil die Epithelzellen niedrig, zum Teil polyedrisch und man
findet zwischen ihnen Zellen, die in Abstoßung begriffen oder schon abgestoßen
sind. Auch auf oder zwischen den Flimmerhaaren können diese gemauserten
Epithelien liegen. Im isthmischen Abschnitte nehmen die Epithelzellen größere,
prismatische Form an, die Kerne werden oval und stark vakuolär und das
Protoplasma dieser Zellen gibt keine Mucicarminfärbung wie im ampullären Teil.
Der ampulläre Teil zeigt ausgesprochene Längsfalten, von denen kleine Seiten-
täler abgehen. Untersuchen wir das Epithel des ampullären Teiles, so erkennen
wir deutlich den typischen Flimmerbesatz, der im isthmischen Abschnitt vollkommen fehlt (SCHAFFER). Die Längsfältelung hört gegen den Uterus zu fast
vollkommen auf. Auch die Muskelwand zeigt im Verlaufe des Eileiters Unterschiede in ihrer Stärke. Die Muskularis steht in allen Abschnitten der Tube
in engem Zusammenhang mit Muskelfasern, die aus dem muskelreichen Mesotubarium einstrahlen. Sie ist im ampullären Teile äußerst schwach entwickelt,
während sie nach dem Uterus hin an Dicke stark zunimmt. Einige Fasern der
Längsmuskelschicht gehen auch Verbindungen mit dem Ligamentum ovarii proprium ein, während andere besonders im mittleren Teil der Tube strangartig in
das Ligamentum proprium einstrahlen. Die Muskulatur ist zirkulär angeordnet
und bildet caudalwärts einen starken Muskelring. Die Tube endet schließlich
exzentrisch an der Hinterseite des Uterushorns und verläuft noch eine Strecke
in der Wand desselben, umgeben von einer eigenen zirkulären Muskelschicht
(Abb. 105), um sich mit einer frei in die Uterushöhle ragenden Papille, dem
Colliculus tubarius, in das *Cavum* zu öffnen (FISCHEL). Es ist also berechtigt,
von drei Abschnitten im Verlaufe des Eileiters zu sprechen: dem ampullären,
weiten, dünnwandigen; dem engeren, muskulösen, isthmischen, und einem
kurzen Teil, wo die Tube intramural verläuft und den Endabschnitt mit dem
Ostium uterinum tubae bildet.

Uterus. Der Uterus der Maus (und Ratte) besitzt eine *Pars indivisa,* einen
ungeteilten Teil, der in ein Korpus und in eine Cervix zerlegt werden kann.
Der paarig angelegte Abschnitt besteht aus den beiden Uterushörnern (Cornua
uteri). Diese sind etwa 2—3 mm dick und 4—5 cm lang und ziehen in einem
medianwärts offenen Bogen von außen oben nach innen unten. Der unpaarige
Teil mißt 3—4 mm. Untersuchen wir die anatomischen Verhältnisse vom letzten
Drittel der Scheide gegen den Fruchthalter zu, so sehen wir, wie eine dorsale

Längsfalte der Scheide höher, dicker und muskulöser wird und ihre Muskelfasern in die zirkuläre Muskelpartie des Endabschnittes der Pars indivisa übergehen. Diese Muskelpartie springt etwas gegen das Lumen der Scheide vor,
so daß wir zum Unterschied von der Ratte bei der Maus von einer *Pars vaginalis
uteri* sprechen können; denn man kann auf Schnittserien zu beiden Seiten des
beginnenden Cervixlumens noch Vaginallichtungen (Fornix) sehen. Die Cervix
zeigt unregelmäßige Fältelung und ist dorso-ventral platt zusammengedrückt.
Der obere Abschnitt des unpaaren Raumes, das Corpus, geht ohne scharfe
Grenze in die Cervix über. Schnitte höher hinauf ergeben eine Lichtung, die
zuerst einem X, später einem H ähnelt und zeigen im weiteren Verfolg, daß
die einheitliche Höhlung plötzlich durch ein medianes Septum zweigeteilt worden

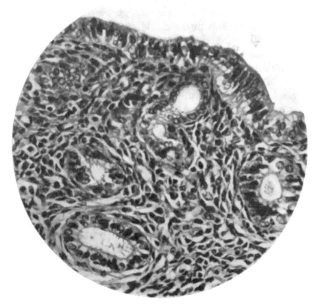

Abb. 107. Weiße Ratte. Endometrium. Spärlich Drüsen in lockerem Stroma. Vergr. 400mal.

ist. Es ist der paarige Abschnitt eingetreten, der aber äußerlich noch nicht als
paarig erkannt werden kann. Beide Lumina sind vorerst noch mit einer zirkulären Muskelschicht umgeben und getrennt durch ein bindegewebiges Septum,
bis sich mehr kranial in das Septum von oben und dorsal ein keilförmiger Längs-
muskelzapfen einschiebt. Eine kurze Strecke höher ist dann auch äußerlich
die Trennung in zwei Uterushörner zu erkennen und beide Teile sind von einer
Längsmuskularis umscheidet. Die Serosa ist knapp vor der Trennung an den
Uterus herangetreten und hat von ihrem Muskelgehalt einige Fasern in die
Längsmuskulatur des Septums abgegeben.

Wir finden in den untersten Abschnitten der Cervix geschichtetes Plattenepithel, das zum Teil den Zyklus noch mitmacht und nach oben zum Korpus
hin einem niedrigen kubischen Epithel in einfacher Schichte Platz macht,
um dann in das typische einschichtige Cylinderepithel überzugehen, das wir in
den Uterushörnern bis zu ihrem Ende finden. Die einzelnen Epithelarten zeigen
fließenden Übergang. Der unterste Abschnitt des unpaaren Anteiles ist drüsen-
frei und auch im Korpus finden sich nur spärliche, wenig verzweigte Drüsen,

die meist nur aus einer seichten Einbuchtung des Oberflächenepithels bestehen. Die Drüsen sollen nach POWIERZA erst nach der Geburt auftreten. Alle Epithelzellen sind auffallend groß, besitzen einen kleinen Kern, der von mäßig viel Protoplasma umgeben ist. Sie entbehren einer basalen Membran (BEILING).

Uterushörner (Cornua uteri). Die Wand des Uterushornes zeigt drei Schichten: Schleimhaut, Muskelschichte und Serosa. Die Schleimhaut liegt der zirkulären Muskelschicht eng an, an die sich wiederum ein schmaler Bindegewebsstreif mit Blut-und Lymphgefäßen anschließt (Stratum vasculare [POWIERZA]). Es folgt eine stark entwickelte Längsmuskulatur, die schwanzwärts größere Dicke aufweist. Vom *Mesometrium* (Ligamentum latum), das je nach dem Ernährungszustand des Tieres mehr oder weniger fetthaltig ist, strahlen zahlreiche Muskelfasern in die äußere Muskelschicht ein. Das Uteruscavum zeigt teilweise exzentrische Lage und ist durch zahlreiche Längsfalten unregelmäßig begrenzt. Es finden sich wenige geschlängelte tubulöse Drüsen, die mit denselben Epithelzellen ausgekleidet sind wie die Innenfläche der Höhle (Abb. 107). Da das Ostium uterinum tubae nicht in der Längsachse des Uteruscavums gelegen ist, sondern seitlich davon und tiefer als das Cavumende, so endet die Uterushöhle blind, und wir finden bei Schnitten durch diesen Abschnitt zwei Lumina: die in der Uteruswand verlaufende Tube und daneben das sich konisch verjüngende Uteruscavum. Am kranialen Pol des Uterushornes setzt das *Ligamentum ovarii proprium* an, das in Fortsetzung der Verlaufsrichtung des Hornes zum Eierstock zieht (Abb. 105).

Vagina. Die Vagina der Muriden ist weit und sehr dünn und mündet ohne Vestibulum in den Damm. Sie umgibt halbmondartig das Rectum, mit dem sie im unteren Abschnitt bindegewebige Verbindungen eingeht (Septum rectovaginale). Die Lichtung stellt einen queren Spalt dar, dessen Wand auf dem Querschnitt durch die zahlreichen Längsfalten tief gezackt erscheint. Die Falten sind von mehrschichtigem Plattenepithel überzogen. Über Epithelveränderungen im Zyklus ist S. 313 ausführlich die Rede. An die vollkommen drüsenfreie Mucosa schließt sich eine dünne Muskelschicht an, in der elastische Fasern nachzuweisen sind. Auch Blutgefäße sehen wir reichlich in der Scheidenwand, ohne aber die Ausbildung eines Schwellkörpers erkennen zu können.

Peritoneum. Außer den schon beschriebenen Beziehungen zwischen Bauchfell einerseits und Genitalschlauch andererseits sind noch die topographischen Verhältnisse des Peritoneums im kleinen Becken zu erwähnen. Ein DOUGLASscher Raum, eine *Excavatio recto-uterina* ist bei den Muriden vorhanden, da sich das Bauchfell zwischen Uterushinterwand und Rectum bis in die Höhe des Cervicalabschnittes nach abwärts senkt. Auch von einer *Excavatio vesico-uterina* kann gesprochen werden, da die Umschlagstelle des Peritoneums auf die Blase sich in der Höhe des Blasenhalses befindet, so daß die Blase ziemlich frei in der Bauchhöhle liegt. Die Mesometrien beider Seiten laufen in die Höhe der äußerlichen Vereinigung der Uterushörner zusammen, um an der Hinterwand der Scheide flach zu enden.

Urethra. Da die Harnröhre in enger Beziehung zur Scheide steht (siehe Abb. 117), sei ihr Bau und Verlauf kurz beschrieben. Sie entspringt in der Höhe des Beckeneingangringes aus der Harnblase und tritt als dorsoventral plattgedrücktes Rohr, bindegewebig mit der Scheide verbunden, nach abwärts. Die Harnröhre tritt unter dem Schambeinast durch und mündet in die Fossa clitoridis (s. später). Im Durchschnitt zeigt die Schleimhaut Längsfalten, die mit einem mehrschichtigen Plattenepithel bekleidet sind. Eine starke Muskelschicht und ein großer Blutgefäßreichtum ist ebenfalls zu erkennen. Irgendwelche Ansätze zu einem Corpus cavernosum fehlen (s. auch Harnorgane).

Perineum. Der Damm ist bei den Muriden lang. Der Eingang zur Scheide und die Mündung der Harnröhre sind getrennt. Eine Pars vestibularis besitzt die Vagina der Maus im Gegensatz zu der Scheide des Meerschweinchens und

Kaninchens nicht. Die Urethralöffnung liegt unter einem kegelförmigen Zapfen, der (bei Rückenlage) über den Scheideneingang weit vorspringt und von einer Hautfalte bedeckt ist. In diesem Zapfen befindet sich ein röhrenförmiger Hohlraum, von dem sich dorsal die Urethra fortsetzt und der ventralwärts in einer Grube *(Fossa clitoridis)* blind endigt (Abb. 109 a). Die Fossa clitoridis weist Schleimhautfalten mit geschichtetem Plattenepithel auf. Ventralwärts wenig entfernt von der gemeinsamen Öffnung der Fossa clitoridis und Harnröhre liegt die Mündung der paarig angelegten Klitoraldrüse. DRAHN nennt das ganze Gebiet dieses charakteristisch vorspringenden Endes, zu dem beim Meerschweinchen und Kaninchen noch die Klitoris gehört, *Klitorium.* Eine Klitoris fehlt bei den Muriden. Das Klitorium wird von zahlreichen Blutgefäßen durchzogen, die aber auch hier nirgends den Bau eines Schwellkörpers annehmen. Die Blutgefäße verlaufen zwischen großen Fettmassen, denen das Klitorium seine äußere Form verdankt. Bei der Maus ist dieser Teil nicht so stark vorspringend wie bei der Ratte. Unter der Haut, in der Subcutis, fallen Muskelfasern auf, die mit den Klitoraldrüsen und ihren Ausführungsgängen im Zusammenhang stehen. Man kann annehmen, daß diese Muskulatur für das Auspressen des Klitoraldrüsensekretes von Wichtigkeit ist. Die mächtig entwickelten *Klitoraldrüsen* (Perineal- oder Präputialdrüsen fehlen bei Maus und Ratte) stellen typische Talgdrüsen mit großen polygonalen Zellen dar. Das Sekret wird in einem zentralen Hohlraum gesammelt und bei der Maus in getrennten Gängen nach außen geleitet. Bei der Maus finden wir daher an der Klitoriumspitze drei Öffnungen: Die Urethralmündung und zu beiden Seiten je einen Ausführungsgang der Klitoraldrüse. Auch der Ausführungsgang ist von geschichtetem Plattenepithel ausgekleidet. Sind die Drüsenräume mit Sekret gefüllt, so kann man eine Vorwölbung der Haut bemerken. Außer diesen Drüsen findet sich in der Subcutis um den After herum ein Konglomerat kleiner Talgdrüsen, deren Ausführungsgänge sich in den Anus öffnen (*Analdrüsen* [s. Kapitel äußere Haut]).

In der Anordnung *der Blutgefäße* des Genitalschlauches lassen sich drei Abschnitte unterscheiden:

Der oberste Abschnitt wird von der Arteria spermatica interna (Vena spermatica interna) gebildet, die aus der Arteria renalis, selten aus der Aorta selbst entspringt. Sie verläuft im Ligamentum latum und teilt sich am Übertritt ins Mesovarium in die Arteria (Vena) ovarica und in die Arteria (Vena) uterina anterior. Die Ovarialarterie zieht im Bogen längs des oberen Randes der Bursa zum Hilus ovarii, während die Arteria uterina anterior mit kleineren Ästen des Uterushornes und die Tube ernährt und eine starke Anastomose zur Arteria (Vena) uterina media (Arteria [Vena] spermatica externa) sendet. Die mittlere uterine Arterie wiederum ist ein Ast der Arteria iliaca externa, die oberhalb des Abganges der Arteria obturatoria aus der A. iliaca externa entspringt. Das Versorgungsgebiet der mittleren uterinen Arterie ist der caudale Abschnitt des Hornes und die Cervix. Verschiedene Blutgefäße, die mit der Arteria uterina media kleine Anastomosen von hinten her bilden, versorgen die Scheide und entspringen zum Teil aus der Arteria obturatoria. Wir können sie als Arteria uterina posterior bezeichnen (DRAHN).

b) Ratte (Mus decumanus et Varietas alba). (Abb. 108.)

In diesem Abschnitt sind die anatomischen Verhältnisse bei der Ratte nur so weit genauer beschrieben, als es sich um Abweichungen im Bau, in der Größe oder der topographischen Lage gegenüber der Maus handelt. Einzelheiten, die auf den folgenden Seiten gefunden werden, mögen daher in dem die Verhältnisse der Maus darstellenden Abschnitt nachgesehen werden.

Ovarium. Der Eierstock der Ratte ist ein längliches, 0,4—0,5 cm langes und 0,3 cm breites Gebilde, das in der Mitte des lateralen Randes gekerbt erscheint. Diese Einkerbung teilt den Eierstock in zwei mehr oder weniger deutlich erkennbare Partien, die durch vorspringende Follikel oder Corpora lutea eine höckerige Oberfläche aufweisen. An dieser Stelle setzt der Ovarialstiel (Hilus ovarii) an, der ebenso wie bei der Maus die Blutgefäße und Nerven zum Ovarium führt. Auch im Ratteneierstock fällt in den Follikeln die geringe Flüssigkeit gegenüber einer dicken Granulosaschichte auf. Die Ratte besitzt eine vollkommen geschlossene Ovarialkapsel, die einerseits an das Mesovarium, andererseits an den Hilus und die Ligamente angeheftet ist. Der histologische Bau des

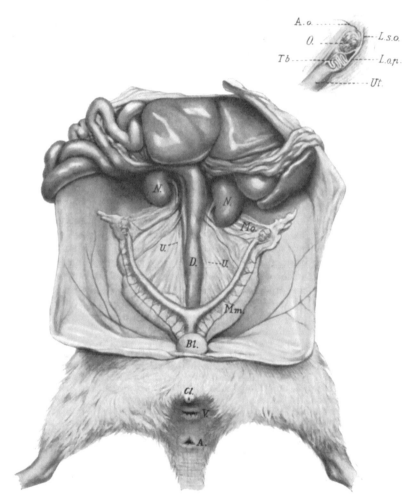

Abb. 108. Ratte. Situsbild der Geschlechtsorgane einer erwachsenen weißen Ratte. Rechts oben topographische Verhältnisse der Eierstocksgegend links. N Niere, D Rectum, U Ureter, M.O Mesovarium, M.M Mesometrium, Bl Harnblase, Cl Clitorium, V Vagina, A Anus, L.S.O Lig. suspensorium ovarii, L.O.P Lig. ovarii proprium, Tb Tube, O Ovarium mit Kapsel, A.o Arteria ovarica, Ut Uterushorn.

Rattenovars zeigt genau dieselben Charakteristica wie bei der Maus. Das Ovarialstroma nimmt nur wenig Raum ein, da die zahlreichen mehr oder weniger an der Oberfläche liegenden Follikel und die ebenso reichlich vorhandenen Corpora lutea, die zum Teil mehr im Inneren liegen, die Gesamtmasse des Ovars ausmachen (Abb. 104).

Tuba uterina. Auch am Ratteneileiter lassen sich zwei Abschnitte, die Ampulle und der Isthmus, unterscheiden. Beide Teile sind zwischen Uterus und Ovarium in einem dichten Knäuel angeordnet, dessen mittlere Schlingen sich der Ovarialkapsel eng anlegen. Das periphere Ende der Tube ragt mit seinem Infundibulum durch die Kapsel in den Periovarialraum hinein. Die oberste Schlinge und das Infundibulum haben Faserverbindungen mit der Ovarialkapsel. Über den Muskelapparat dieser Gegend sind auf S. 285 und S. 286 nähere Angaben zu finden. Der ampulläre Teil des Eileiters ist weit, dehnbar und sehr dünnwandig (siehe Abb. 116). Die Schleimhaut bildet hohe Falten (etwa 16—18), die mit geschichtetem Cylinderepithel ausgekleidet sind. Im ampullären Abschnitt findet man Cilienbildung an den Epithelzellen, gegen den isthmischen Teil zu werden große Partien flimmerlos; die Pars isthmica selbst ist vollkommen ohne Cilienbesatz (SCHAFFER). SCHAFFER fand auch große Strecken des Tubenepithels sezernierend. Die glatten Muskelzellen sind im ampullären Verlaufe des Eileiters nur spärlich vorhanden, nehmen aber im Isthmus große Ausdehnung an, so daß das Tubenrohr bei gleichbleibendem Außendurchmesser ein enges Lumen zeigt. Eine Fältelung der Isthmusschleimhaut ist kaum bemerkbar. Man bemerkt nur einige niedere flache Falten als Fortsetzung der hohen Falten im ampullären Anteil. Das *Mesotubarium* (Mesenterium tubae) wird von kräftigen Muskelpartien durchzogen, die den Grundstock der Tubenmuskulatur bilden. Wir sehen auch bei der Ratte exzentrische Einmündung der Tube in das Uterushorn an der dorsalen Seite und intramuralen Verlauf unter Beibehaltung einer eigenen Ringmuskulatur. Das *Ostium uterinum tubae* liegt auf der Spitze eines *Colliculus tubarius*.

Uterus. Die Uterushörner weisen eine Länge von durchschnittlich 5 cm und einen Durchmesser von 2—3 mm auf. Sie sind wenig geschlängelt und im allgemeinen zylindrisch. Nur ganz am Ende ihres Verlaufes gegen die Tube zu nimmt ihr Durchmesser etwas ab. An der hinteren Fläche setzt das Mesenterium an, das die Blutgefäße und Nerven für den Uterus in sich führt. Die Wandung ist sehr muskulös, besonders durch die gut entwickelte äußere Longitudinalis, die mit der Muskulatur des Mesometriums in engem Zusammenhange steht. Zwischen beiden Schichten ist eine deutliche Zone gefäßreichen Bindegewebes nachzuweisen. Der Bau der faltenreichen Schleimhaut, der Bau des Epithels und der Drüsen weicht nicht ab von dem der Maus. Die *Pars indivisa uteri*, der unpaare Anteil des Genitalschlauches, ist bis zu $1/_2$ cm lang. Korpus und eine lange Cervix sind auch hier zu unterscheiden. Das Stroma ist fast drüsenlos, das Epithel ein- bis mehrschichtig, stellenweise kubisch. Der Zustand des Epithels hängt ja, wie auf S. 316 ausführlich besprochen wird, wesentlich vom Zeitpunkt des Zyklus ab. Man kann auf diese Weise die wenig übereinstimmenden Befunde mancher Autoren erklären. Die kräftige innere Ring- und die äußere Längsmuskelschichte gehen unter Reduktion ihrer Stärke fast unmittelbar in die Scheidenwand über, so daß von einer Portio vaginalis uteri bei der Ratte nicht gesprochen werden kann.

Peritoneum. Das Bauchfell bildet zwischen Uterus und Rectum eine tiefe Mulde, indem es die Uterushinterwand bis zur Vaginalgrenze überzieht. Auch vorne reicht das Peritoneum tief zwischen Uterusvorder- und Blasenhinterwand hinab, so daß die Blase fast völlig frei in die Bauchhöhle ragt und eine tiefe *Excavatio vesico-uterina* entsteht (Abb. 109 a).

Vagina. Bei einer Gesamtlänge von etwa 2 cm und einem queren Durchmesser von $1/_3$—$1/_2$ cm bildet die Scheide der Ratte einen dünnen, dorso-ventral zusammengedrückten Schlauch, dessen Wand im Durchschnitt aus drei Schichten. (Schleimhaut, Muskularis, Adventitia) besteht. Die Längsmuskulatur der Cervix geht, wie oben erwähnt, allmählich in die Scheide über, so daß die Wanddicke letzterer im kranialen Teil am größten ist. Die Vagina endigt ohne Zwischenschaltung eines Vestibulum am Damm, begrenzt von zwei Schleimhautwülsten, in deren Bereiche die Schleimhaut in die äußere Haut übergeht.

Urethra. Das dickwandige Rohr der Harnröhre zeigt histologisch ähnlichen Bau wie bei der Maus, die Blutgefäße nehmen hier aber mehr den Charakter eines Corpus cavernosum an, das in retroperitoneales Bindegewebe, mit vereinzelten Muskelfasern vermischt, eingebettet liegt. Auch die Ratte hat nach den

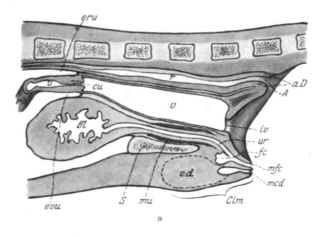

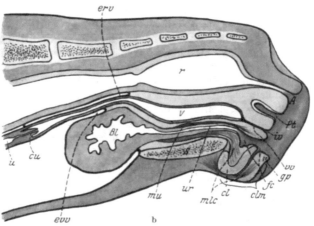

Abb. 109. Längsschnitt durch das Körperhinterende von Ratte (a) und Meerschweinchen (b) (teilweise nach DRAHN). A Anus, AD Analdrüsen, Bl Blase, Cd Clitoraldrüsen, cl Clitoris, Clm Clitorium, cu Cervix uteri, eru excavatio rectouterina, erv excavatio rectovaginalis, evu excavatio vesicouterina. evv excavatio vesicovaginalis, fc fossa clitoridis, gp Präputialdrüsen, iv introitus vaginae, mcd Mündung der Clitoraldrüsen, mfc Mündung der Fossa clitoridis, mlc muscul. levator clitor., mu Musculus urethrae, Pt Perinealtasche, r Rectum, rh Uterushorn, S Symphyse, U Uterus, ur Urethra, v vagina, vv vestibulum vaginae.

Untersuchungen DRAHNs keine Klitoris; doch liegt an der Stelle, wo die Klitoris zu suchen wäre, ein mit mehrschichtigem Epithel ausgekleideter faltiger Blindsack *(Fossa clitoridis)*, in den die Urethra mündet, um gemeinsam mit dem Ausführungsgang der Fossa clitoridis an der Spitze des Klitoriums zu enden (Abb. 109a). Die äußere Form des *Klitoriums* wird wesentlich beeinflußt durch die mächtig entwickelten, paarig angelegten *klitoralen* Drüsen, die sich in Birnenform kranial bis unter den Beckenboden erstrecken. Nach DISSELHORST entsprechen sie den Präputialdrüsen der männlichen Wanderratte, denen sie in Lage, Form und histologischen Eigenheiten gleichen.

Das Sekret, das sich in zentralen Räumen sammelt, entsteht durch Zerfall der polygonalen Talgzellen. In der Umgebung der Ausführungsgänge soll sich schwarzes Pigment finden (LEYDIG). Das Klitorium ist besonders bei der Ratte gut ausgeprägt und macht infolge seiner Länge den Eindruck einer über der Vaginalöffnung liegenden Klappe. Auch bei Mus decumanus und ihrer weißen Abart finden wir *Analdrüsen* (s. Maus).

Perineum siehe Maus.

c) Meerschweinchen (Cavia cobaya). (Abb. 110.)

Das Kaninchen und das Meerschweinchen zeigen im Gegensatz zu den Muriden keinen geschlossenen Periovarialraum, sondern besitzen nur eine nach einer Seite offene Peritonealtasche. Vor der Ovulation aber nehmen die die Ovarialtasche bildenden Teile — in erster Linie das Infundibulum tubae — an Größe zu und verändern ihre Lage wahrscheinlich durch Muskelkontraktion (SOBOTTA) derart, daß zur Zeit des Follikelsprunges der Eierstock von diesen Taschenteilen vollkommen bedeckt wird. Das Infundibulum tubae mündet in die geschlossene Tasche, wodurch dieselben Verhältnisse wie bei Tieren mit dauernd vollkommen geschlossenem Periovarialraum hergestellt sind. Die *Bursa ovarica* des Meerschweinchens — und aller Tiere, die ein sog. „oberes" Gekröse (ZUCKERKANDL) haben — wird zum Teil von einer Bauchfellfalte gebildet, die vom oberen Rand des Eierstockes als sog. *Suspensorium ovarii* entspringt und als oberste Fortsetzung des Eierstockgekröses an die hintere Bauchwand in die Gegend der letzten Rippe zieht. Diese Falte enthält glatte Muskelfasern und setzt sich noch nach unten in das Mesovarium — das ebenfalls die Ovarialtasche mitbilden hilft — fort. Als mediale Begrenzung der Bursa und zugleich als Randabschluß des Mesovariums ist das *Ligamentum ovarii proprium* anzusehen, das vom unteren Pol des Eierstockes zur Spitze des Uterushornes zieht. Als seitliche Taschenwand dienen die Tubenschlingen mit ihrem kurzen Gekröse und als Hauptteil der Bursa das mächtig entwickelte *Infundibulum* (Abb. 111). Dieses setzt sich mit einer gut ausgebildeten Fimbrie an dem kranialen Rand des Ovariums fest *(Fimbria ovarica)*. Diese Fimbrie ist für den Verschluß der Bursa zur Ovulationszeit wichtig; denn ein Muskelstrang, der vom Uterushorn längs des Mesenterium tubae zum unteren Ende des Infundibulums zieht *(Musculus mesenterii tubae*, SOBOTTA*)* bewirkt bei seiner Kontraktion, daß sich das Infundibulum, durch die Fimbria ovarica am oberen Eierstockrand befestigt, über das Ovarium und die Bursa schlägt. Dabei sieht das Infundibulum mit seinem *Ostium abdominale tubae* gegen die Eierstockoberfläche: der geschlossene Periovarialraum ist hergestellt.

Ovarium. Der Eierstock des Meerschweinchens ist mehr als bei den anderen hier beschriebenen Nagern dem caudalen Nierenpol genähert. Er ist bei erwachsenen Tieren längsoval und hat einen Durchmesser von 3—5 mm. Ein eigentlicher Ovarialstiel besteht nicht. Die Blutgefäße und die Nerven ziehen von dem am hinteren Ovarialrand befestigten Mesovarium in das Ovarialstroma und bilden mit dem zellreichen Stroma die zentrale Zone. In radiären Strängen strahlt das Stroma in die Corticalis ein, in der sich die Follikel und die Gelbkörper befinden. Die Zahl dieser Gebilde ist entsprechend der geringeren Fruchtbarkeit des Meerschweinchens kleiner als bei den anderen Tieren. Auch im Meerschweincheneierstock fällt die starke Ausbildung der Granulosa auf. (Über interstitielle Drüse s. S. 287.)

Bevor wir in der Beschreibung des Genitalschlauches weitergehen, wollen wir kurz die *Blutgefäße* der weiblichen Geschlechtsorgane des Meerschweinchens besprechen.

Wir sehen auch hier die *Arteria (Vena) spermatica interna* zum Eierstock ziehen. Sie entspringt meist direkt aus der Aorta, nur in seltenen Fällen aus der Nierenarterie. Beim

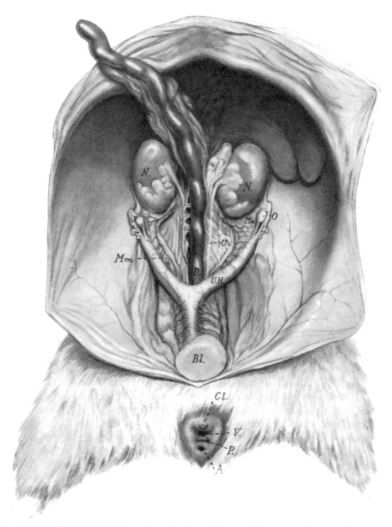

Abb. 110. Situsbild. Meerschweinchen (Ventralseite). N Niere, U Ureter, D Rectum, M.o Mesovarium, M.m Mesometrium, O Ovarium, U.H Uterushorn, Bl Harnblase, Cl Clitorium, V Vagina, P Perinealtasche, A After.

Übertritt ins Mesovarium teilen sich die inneren Spermatikalgefäße in Gefäße, die zum Eierstock ziehen *(Arteria und Vena ovarica)* und in solche, die als *Arteria et vena uterina anterior* einen Teil der Tubenschlingen und den oberen Abschnitt des Tubenhornes versorgen. Man findet regelmäßig zwischen diesem Blutgefäß und der weiter unten einstrahlenden *Arteria (Vena) uterina media* ausgedehnte Anastomosen. Die mittlere uterine Arterie entspringt aus der äußeren Iliacalarterie und ernährt den unteren Abschnitt der Uterushörner, das Korpus und die Cervix, und beteiligt sich noch an der Versorgung des oberen Abschnittes der Scheide. Weiter unten zweigen aus der Arteria (Vena) iliaca externa weitere

Gefäße ab, eine *Arteria (Vena) pudenda interna* und eine *Arteria* bzw. *Vena obturatoria.*
Kleine Äste der Arteria pudenda können als *Arteria uterina posterior* zusammengefaßt
werden (DRAHN). Die Arteria obturatoria versorgt den Harnapparat samt Klitoris.

Tuba uterina. Der etwa 6 mm lange und bis 1 mm dicke *Eileiter* des Meerschweinchens beginnt mit einem auffallend großen *Infundibulum,* das sich seitlich und etwas unterhalb des Ovariums befindet. Eine ausgesprochene Fimbrienbildung finden wir nicht, nur eine am oberen Rande befindliche Fimbrie
heftet sich, wie früher erwähnt, am oberen Pol des Ovariums an. Die Schleimhaut ist mit einem einschichtigen Cylinderepithel bekleidet. Das Infundibulum

geht über in den ampullären Teil
der Tube, der dünnwandig und
weit ist. Auch hier ist die muskulöse Wandschicht weniger stark
ausgebildet und nimmt gegen den
Isthmus an Stärke zu. Die auskleidende Schleimhaut zeigt eine
dünne Propria und ein einschichtiges Cylinderepithel. Die Längsfältelung derselben ist so stark
ausgeprägt wie bei den Muriden;
die Falten nehmen an Höhe und
Ausdehnung uteruswärts ab und
sind am Ende des Isthmus kaum
mehr zu erkennen. Auch das Epithel wird im unteren Teil niedriger.
Wir können hier zwei verschiedene
Zellformen unterscheiden, helle,
Cilien tragende und Schleim pro-
duzierende Zellen. Doch sind diese
Schleimzellen in ihrem Sekret
anders beschaffen als z. B. beim
Kaninchen, da der Schleim nicht
so gut färbbar ist (SCHAFFER).
Längere Partien im Epithel des Eileiters sind flimmerlos. Die Tube
besitzt ein ziemlich kurzes Mesometrium, das glatte Muskulatur
enthält. Diese Muskulatur bildet
in der Nähe des Gekröserandes
einen etwas festeren Zug, der
von SOBOTTA als *Musculus me-*
senterii tubae beschrieben wurde

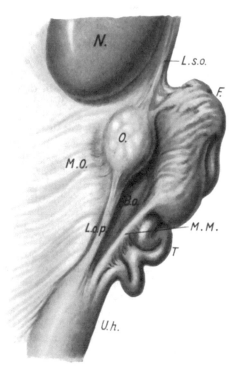

Abb. 111. Meerschweinchen. Linke Eierstocksgegend
(etwa 4mal vergrößert). Schematisiert. Bursa ovarica.
N Niere, O Ovarium, M.O Mesovarium, T Tube,
U.h Uterushorn, L.o.p Lig. ovarii proprium, B.o Bursa
ovarica, L.s.o Lig. suspensorium ovarii, M.M Musculus
mesotubarius (mesenterii tubae) (übertrieben
gezeichnet), F Fimbria ovarica des Infundibulum.

(Abb. 111). Die Rolle dieses Muskels bei der Befruchtung wurde oben besprochen.

Uterus. Die Tube mündet beim Meerschweinchen etwas exzentrisch in das
Ende des Uterushornes, das sich gegen das tubare Ende zu konisch verjüngt.
Das Uterushorn des Meerschweinchens weist eine Länge von 4—5 cm auf,
wovon ein ungefähr 3 cm langer Teil dem äußerlich getrennten paarigen Abschnitt
entspricht und der andere Teil, der äußerlich schon unpaarig erscheint, etwa
1 cm beträgt. Das fettreiche Mesometrium ist stark entwickelt und näher der
Mittellinie angesetzt als bei den anderen Nagern. Nach der Vereinigung der
Hörner entsteht die wirkliche *Pars indivisa uteri,* die aber beim Meerschweinchen
sehr kurz ist und aus dem Korpus (4 mm Länge) und der Cervix uteri (4—5 mm

Länge) gebildet wird. Die Wand der Uterushörner zeigt denselben Bau wie
bei den anderen schon beschriebenen Tieren, nur fehlt eine so ausgeprägte
Faltenbildung der Schleimhaut, die mit einem niedrigen, zylindrischen, einschichtigen Epithel bekleidet ist. Die uterinen Drüsen sind bei Cavia cobaya
in größerer Anzahl vorhanden, stark geschlängelt, tubulös und ebenfalls von
einer einschichtigen Lage kubischer Zellen ausgekleidet. Eine basale Membran
der Zellen ist nicht nachzuweisen. Die Schleimhaut legt sich ohne Subcutis
direkt der zunächst folgenden gut entwickelten Ringmuskulatur an. Zwischen
dieser Muskelschicht und der äußeren Muscularis longitudinalis ist ein deutliches
Stratum vasculare nachzuweisen. Nach der äußerlichen Vereinigung der Uterushörner laufen diese noch eine Strecke weit getrennt, mit eigener Muskelschicht
umgeben. In der Mitte zieht ein medianes Längsseptum bis zur Vereinigungsstelle. Wie schon erwähnt, ist die wirkliche *Pars indivisa uteri sehr* kurz. Die
Wand dieses Abschnittes zeigt eine innere Ring- und eine äußere Längsmuskelschicht, die sich (besonders die erstere) zum Vaginalende zu stark verdicken.
Dieser muskulöse Teil springt in den Fornix vaginae vor und bildet eine kurze
Portio vaginalis uteri (Abb. 109 b). Die Schleimhaut des *Korpus* zeigt Ansätze
von Drüsenbildungen in Form kleiner Einstülpungen. Das Epithel ist wieder
als einschichtig, kubisch bis niedrig zylindrisch zu bezeichnen und trägt zur
Zeit der Brunst stellenweise einen Cilienbesatz. Der Übergang in das *Cervix-
epithel* ist allmählich. Dieses zeigt hohe, helle zylindrische Zellen mit basalem
Kern. Das Stroma ist drüsenarm. Beide Abschnitte erscheinen im Querschnitt
durch eine hohe Längsfältelung der Schleimhaut unregelmäßig.

Vagina. Die Scheide ist dünn und weit, drüsenlos und zeigt im Durchschnitt drei Schichten. Ihre Länge beträgt bei erwachsenen Tieren 3—4 cm,
ihre Breite bis zu 0,6 cm. Das Lumen der Scheide ist fast immer durch die
Füllung des Rectum mit harten Kotballen flach gedrückt und durch eine innere
hohe und breite Längsfältelung am Querschnitt unregelmäßig begrenzt. Es
bildet einen deutlichen Blindsack (Fornix vaginae), in den die Portio vaginae
uteri vorspringt. Querschnitte durch den oberen Scheidenteil und den unteren
Abschnitt der Pars indivisa zeigen, daß sich eine hintere Längsfalte der Scheidenwand zu einem Wulst erhebt, der gegen die vordere Scheidenwand vorspringt.
Auf der ventralen Seite entsteht eine Rinne, die sich weiter oben zu einem Kanal
bildet und in die Portio vaginalis uteri übergeht. Man sieht daher auf Querschnitten in dieser Höhe zwei Lichtungen: eine mit Plattenepithel ausgekleidet,
dem Fornix vaginae entsprechend und eine andere an der ventralen Wand,
das Cylinderepithel zeigt und dem letzten Cervixabschnitt entspricht. Das
Epithel der Scheide ist mehrschichtiges Plattenepithel, das je nach dem Zyklus
verschiedene Höhe und Abstoßung zeigt. Zu manchen Zeiten tritt an Stelle
des Plattenepithels ein zylindrisches. KELLY fand in der Schwangerschaft diese
Umwandlung und bedient sich dieser zur Schwangerschaftsdiagnose, indem er
Vaginalschleimhaut abkratzt und untersucht. Dasselbe Bild des schleim-
sezernierenden Cylinderepithels sah er in der Scheide von unreifen Weibchen,
dann nach Geburt oder Abortus (Abb. 112). Die Scheide endet durch Vermittlung
eines kurzen *Vestibulums.* Dieses 2 mm lange Endstück ist meist epithelial
verklebt (s. S. 317) und öffnet sich nur zur Zeit der Brunst. Es zeigt alle
Eigenschaften einer Schleimhaut im Übergang zur äußeren Haut, die mehr-
schichtige Plattenepithellagen zeigt, aber keinen Ansatz zur Verhornung. Die
zirkuläre Muskelschicht ist am oberen Ende etwas stärker entwickelt und nimmt
nach unten zu stark ab, zeigt aber überall das Bestreben zu einer ringförmigen
Anordnung. Eine Adventitia der Scheide wird durch das retroperitoneale
Bindegewebe gebildet. Ein Teil der Vagina liegt im Bauchraum (intraperitoneal).

Die Bauchfellfalten, die an die Hinterwand der Pars indivisa und Vagina herantreten und eine eigene Muskulatur besitzen, lassen einzelne Muskelfasern in ihrem Verlaufe an der Scheide in die Wand derselben einstrahlen und verstärken so die Scheidenmuskulatur. Da das Peritoneum sowohl zwischen Uterus, Scheide und Rectum tief nach abwärts zieht und sich auch vorne zwischen Blase und Scheide einschaltet, können wir von einer ausgedehnten *Excavatio rectouterina (+ rectovaginalis)* und einer *Excavatio vesicouterina (+ vesico-vaginalis)* sprechen (Abb. 109 b).

Urethra. Im Verlauf und im Bau der Harnröhre sind keine Unterschiede gegenüber der bei den anderen Tieren nachzuweisen. Die zirkuläre Muskulatur

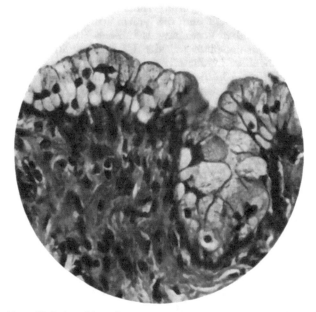

Abb. 112. Scheidenepithel eines Meerschweinchens während der Schwangerschaft. Vergr. 440mal.

um die gefaltete Schleimhaut, die mit geschichtetem Plattenepithel bekleidet ist, ist kräftig entwickelt. In der Gegend des Ansatzes der Klitoris mündet die Urethra in die Fossa clitoridis, die beim Meerschweinchen keine große Tiefe und starke Ausbildung aufweist. Mit dem Ausführungsgang dieser Grube gemeinsam mündet die Harnröhre in den kurzen Sinus urogenitalis (Vestibulum). Ein Corpus cavernosum urethrae hat sich beim Meerschweinchen nicht entwickelt.

Klitorium. Das Klitorium zeichnet sich bei den Muriden durch den Mangel einer Klitoris aus. Das Meerschweinchen aber weist eine solche auf (ebenso das Kaninchen), die mit zwei kurzen Schenkeln am unteren Rand der Symphyse inseriert. Die Schenkel vereinigen sich bald zu einem derben fibrösen Strang, der in scharfem Bogen mit ventralwärts konvexer Krümmung gegen die Fossa clitoridis zieht und mit seiner Spitze in diese hineinragt (Abb. 109 b). Die Teile der Klitoris, die frei in die Klitoraltasche ragen, sind mit demselben geschichteten Plattenepithel bekleidet, wie die Fossa selbst. Ein ausgeprägter Schwellkörper ist in dem fibrösen Gewebe der Klitoris nachzuweisen. Eingebettet ist die Klitoris in Fettmassen, die ja einen Hauptbestandteil des Klitoriums ausmachen. Vom ventralen Rand der Symphyse ziehen schwache Muskelfasern um die Bogenspitze der Klitoris zum Rande des Klitoriums; diese Muskelzüge drängen bei Kontraktion — wie die Straffung einer Bogensehne den Pfeil — die Klitoris nach oben (dorso-caudal).

Ein weiterer Unterschied im Bau gegenüber dem bei Muriden ist das Fehlen der charakteristischen Klitoraldrüsen. Nur verkümmerte Drüsen vom Typ der Talgdrüsen münden in ziemlicher Anzahl im Verlaufe von Haaren an der Spitze des Klitoriums.

Perineum. Der Damm des Meerschweinchens erscheint gewöhnlich als ein dreieckiger ganz spitzwinkeliger Spalt, gebildet durch zwei mehr oder minder stark auseinanderlaufende Hautwülste (Schamlippen) und durch einen ganz kurzen Querwulst knapp unter Symphysenhöhe. Dieser Spalt schließt auch den Anus mit ein (Abb. 110). Zieht man die Wülste auseinander, so liegt am Grunde der hierdurch entstehenden Vertiefung weit oben (bei in Rückenlage befindlichem Tier) die Klitoriumspitze mit der Urethramündung. Zu unterst sieht man den After. Ungefähr in der Mitte zwischen Anus und Vestibulum führt eine quere Taschenöffnung in die Tiefe, in der rechts und links zwei Blindsäcke in der Höhe des Rectums enden. Es sind dies die sog. *Perinealtaschen (Bursae perineales)* mit unbehaarter, äußerer Haut ausgekleidet und erfüllt von schmierigen Massen, die aus abgestoßenen, verhornten Plattenepithelien und aus dem Sekret der Perinealdrüsen bestehen. Die *Glandulae perineales* sind Drüsen vom Talgtyp, die sich in größerer Zahl im Unterhautzellgewebe der Perinealgrube und in der Gegend um den Sphincter herum finden.

Analdrüsen fehlen bei Cavia cobaya (DRAHN).

d) Kaninchen (Lepus cuniculus). (Abb. 113.)

Ovarium. Der Eierstock des Kaninchens findet sich als bohnenförmiger Körper unter dem Nierenpol, links näher diesem als rechts. Er liegt in der Furche lateral vom Musculus psoas major, etwa in der Hälfte der Länge dieses Muskels. Die Längsachse steht bei jüngeren Tieren senkrecht, bei älteren in einem nach außen offenen Winkel, schräg zur Medianebene. Das Ovarium ist gestreckt, spindelförmig mit einem Längsdurchmesser von ungefähr 15 mm und einem queren von 5 mm. Die Außenfläche, d. h. die konvex gebogene Kante sieht lateral, die konkave medial. Die Oberfläche des Ovariums ist unregelmäßig und je nach dem Alter des Tieres mit zahlreichen verschieden großen kugeligen Erhebungen bedeckt. Die Farbe erscheint manchmal weiß, dann wieder mehr grau. Der Eierstock ist mit der hinteren Bauchwand durch eine kurze Bauchfellduplikatur (Mesovarium) verbunden. So wie beim Meerschweinchen liegt auch das Ovarium des Kaninchens in einer Bauchfalte der hinteren Bauchwand und wird von der Ovarialtasche *(Bursa ovarica)* umschlossen, ohne aber in einer geschlossenen Kapsel zu liegen. Ungefähr die Hälfte der Oberfläche bleibt von dem Peritonealüberzug frei.

Nach SOBOTTAS Untersuchungen findet auch beim Kaninchen zur Zeit der Ovulation die Bildung eines vollkommen geschlossenen Periovarialraumes statt. Ist das Tier im nichtbrünstigen Zustande, so bietet der Eierstock in seinen anatomischen Verhältnissen die denkbar ungünstigsten Aussichten für eine Befruchtung der Eier. Während der Ovulation aber finden dieselben Vorgänge im Ovarialtaschenapparat statt wie beim Meerschweinchen (S. 295). Nur fehlt dem Ligamentum suspensorium ovarii der Muskelinhalt. Auch ist die Bursa weniger tief und der Eierstock nicht so ausgedehnt von den Taschenteilen bedeckt, so daß dieser noch freier gegen die Peritonealhöhle gerichtet ist als beim Meerschweinchen. Das Ovarium wird von dem Eileiter mit dem Infundibulum schleifenförmig umzogen. Das Eileiterende mit seinem Ostium abdominale tubae legt sich von der Außenseite her an und bedeckt einen Teil der Oberfläche des Ovariums, indem es sich peritonealhöhlenwärts kehrt. Durch den Hilus ovarii, der von medial und caudal eintritt, ziehen die Blutgefäße zum Teil in den Eierstock und geben zum anderen Teil Äste an das Mesometrium ab.

Histologisch können wir ebenso wie beim menschlichen Ovarium Mark und Rinde unterscheiden. Das Keimepithel ist einfach, niedrig zylindrisch und

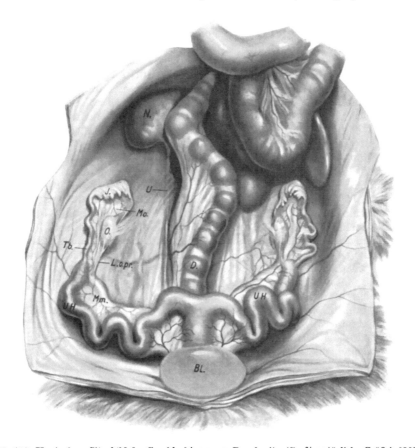

Abb. 113. Kaninchen. Situsbild der Geschlechtsorgane, Bauchseite. (Ca. ²/₃ natürliche Größe). N Niere, U Ureter, Bl Blase, D Rectum, O Ovarium, Tb Tube, Uh Uterushorn, Mo Mesovarium, Mm Mesometrium, I Infundibulum L. o. pr. Ligamentum ovarii proprium.

überzieht überall dort, wo der Eierstock vom Bauchfell nicht überdeckt ist, seine Oberfläche. Eine scharfe Grenze zwischen Mark und Rinde ist nirgends zu finden. Das Stroma ovarii strahlt radiär aus, so daß es in manchen Teilen nahe zur Oberfläche kommt, an anderen Stellen wieder weit davon entfernt ist. Im zentralen Teil des Stromas liegen große Massen von zu Haufen und Strängen angeordneten Zellen, die in ihrer Gesamtheit als *interstitielle Eierstocksdrüse* bezeichnet werden. Die einzelnen Zellelemente der Drüse sind klein, manchmal kugelig, dann wieder polyedrisch, enthalten einen runden Kern; ihr Protoplasma ist erfüllt von feinen Tröpfchen eines Lipoids. (Über die Histogenese s. S. 287 bei der Maus.) Die Durchblutung des Ovariums ist in der Marksubstanz sehr gut. Die Gefäße treten am Hilus ein, wo die Marksubstanz die Rinde verdrängt hat und bis an die Oberfläche des Organs tritt.

In das Bindegewebe der Rinde sind die Follikel eingebettet, die je nach ihrer Größe der Oberfläche mehr oder weniger genähert sind. Man findet die kleinsten Eichen am weitesten außen gelegen, die älteren Follikel mehr innen. Nur wenige dieser Eizellen kommen im Laufe des Geschlechtslebens zu vollkommener Entwicklung und stoßen nach dem Follikelsprung ein Ei aus. Der größte Teil geht atretisch zugrunde. Der Bau der jüngsten Stadien (Ur- oder Primordialeier) weicht nicht ab von dem bei den anderen Säugetieren. Auch die Weiterentwicklung vom Urei zum GRAAFschen Follikel und später zum sprungreifen Eifollikel zeigt beim Kaninchen keine speziellen Sonderheiten. Der Durchmesser des Eies steigt bis auf 200 μ; eine Zona pellucida kann man schon bei einem Durchmesser von 70—80 μ als homogene Membran um das Ei herum beobachten. Das Epithel des Follikels zeigt lebhaftes Wachstum. Es ist zunächst kubisch oder zylindrisch, vermehrt sich mitotisch, so daß sich bald um das Ei ein vielschichtiger Zellbelag gebildet hat. Bald kommt es innerhalb des Follikelepithels durch Vakuolisierung oder Verflüssigung des Epithels zur Bildung von Hohlräumen, die allmählich zusammenfließen und eine einzige Follikelhöhle liefern, die mit einem mehrschichtigen Epithel ausgekleidet ist. Der Cumulus ovigerus ragt in die Follikelhöhle hinein. Auch um den Follikel herum wird vom Eierstockstroma eine bindegewebige Hülle gebildet, die Theca folliculi. Hat sich der Follikel durch Expansion der Oberfläche des Eierstockes genähert, so degeneriert die darüberliegende Rinde und unter gleichzeitiger Steigerung des Follikelinnendruckes erfolgt der Durchbruch in die Ovarialtasche. Das Ei beginnt dann seine Wanderung durch die Fimbrien und Tube in den Uterus. Bald nach dem Austritt des Eies bzw. der Eier, kollabieren die Follikelwände und bilden zuerst die Granulosadrüse, aus der sich das Corpus luteum entwickelt. Die Umbildung des Corpus luteum in das Corpus albicans zeigt beim Kaninchen keine anderen Wege als bei den anderen Nagetieren.

Bei jüngeren Tieren findet man ganz in der Nähe des Eierstockes oft ein kleines rudimentäres Organ, das sog. *Paroophoron*. Es ist ein Überbleibsel des caudalen Teiles der Urniere und kann in seltenen Fällen aus Urnierenkapsel und gewundenen, mit kubischem Epithel ausgekleideten Kanälchen bestehen, die sich später zu pathologischen Neubildungen wie Cysten und unregelmäßigen Epithelhaufen umbilden können.

Bevor mit der Besprechung des Eileiters begonnen wird, sind noch einige Worte über das Schicksal der Eier zu sagen, die nicht zur Reifung gelangen, die nicht in die Bursa ovarica austreten und die zumeist der *Atresie* verfallen.

Ein Follikel, der bereits atresierend ist, liegt mehr oder weniger von der Oberfläche entfernt. Eine Wucherung der Granulosazellen besonders an einer Seite tritt nicht auf, so daß die Follikelwand überall gleich stark ist. Auch findet man den Liquor des atresierenden Follikels im Präparat nicht so gleichmäßig geronnen wie bei lebenden Eiern, sondern er erscheint körnig. Befindet sich die absterbende Oocyte in einem größeren Follikel, so beginnen die Zellen der Theca folliculi zu wuchern und durchsetzen den Follikel, so daß dieser bald in eine bindegewebige Narbe umgewandelt ist. Die Follikelatresie findet sich in jedem Säugetierovar und weist bei den einzelnen Gruppen weitgehende Übereinstimmung auf (s. S. 287).

Eileiter. Die Tuben umziehen als vielfach gewundener, etwa 2 mm dicker Strang den Eierstockpol und wenden sich dann caudalwärts gegen die Medianlinie zu, um in das Uterushorn einzumünden. Der Eintritt in das Uterushorn ist konzentrisch. Das abdominale Ende, Ostium abdominale, ist trichterförmig erweitert und wird daher Infundibulum genannt. Im Innern des Trichters sind radiär gestellte Falten vorhanden, die über den Rand als Fimbrien hinweg reichen. Das Infundibulum bedeckt einen großen Teil der Eierstockoberfläche, und zwar von oben her, so daß es mit einer eng anliegenden Tubenschlinge und der oben erwähnten Bauchfellfalte die Bursa ovarica bilden hilft. Der Eileiter erreicht eine Länge von 80—100 mm. Die Schleimhaut zeigt starke Längsfaltung, bei der die einzelnen Falten vom Ostium uterinum zum Ostium abdominale an Höhe und Zahl zunehmen. Diese Falten werden von einem 25—30 μ hohen Cylinderepithel überdeckt, das aus zahlreichen hellen, teils flimmernden, teils flimmerlosen Schleimzellen besteht. Das Epithel ruht auf einer Membrana propria, welche die Basis für die großen Schleimhautfalten abgibt. Eine Submucosa ist nicht nachzuweisen. An die Membrana propria schließt sich unmittelbar die aus zirkulären glatten Muskelfasern bestehende Muskularis. Die Tube wird äußerlich vom Peritoneum überzogen, das sie mit einer Duplikatur (Mesosalpinx) an die hintere Bauchwand beweglich fixiert.

Uterushörner. Die Länge der Uterushörner beträgt bei virginellen Tieren 7—8 cm; sie ziehen schräg mediocaudal, in einem großen Bogen, der zur Mittellinie konkav ist und sind stark geschlängelt. In der Medianebene legen sich die beiden Hörner eng aneinander und laufen anscheinend vereint, in Wirklichkeit nur bindegewebig verwachsen hinter der Harnblase schwanzwärts, bis sie, jedes mit einem besonderen Muttermund (Orificium uteri) versehen, in die Scheide münden. Wir haben also beim Kaninchen zwei vollkommen getrennte Uteri (Uterus bipartitus, duplex) vor uns. An der Grenze zwischen Uterushorn und Tube geht das runde Mutterband, das Ligamentum rotundum uteri, gegen den inneren Leistenring zu ab. Ebenso wie die Tube ist auch das Uterushorn durch das *Mesometrium* (Ligamentum latum), eine Bauchfellduplikatur, an die hintere Bauchwand befestigt. Das Mesometrium führt die Blutgefäße, die ganz ähnliche topographische Verhältnisse zeigen wie bei den erstbeschriebenen Nagern, an den Uterus heran. Die den Uterus auskleidende Schleimhaut legt sich in niedere Längsfalten, die das Horn seiner ganzen Länge nach durchziehen und dem Muttermund ein sternförmiges Aussehen verleihen. Es lassen sich ziemlich regelmäßig sechs längsverlaufende Wülste nachweisen, von denen die zwei an der mesometralen Seite liegenden immer gut ausgebildet sind und bei der Placentation eine große Rolle spielen (s. S. 320 und Abb. 120). Das Cylinderepithel der Schleimhaut ist niedrig und flimmerlos und kleidet auch die zahlreichen Uterusdrüsen aus, die meist in Form gerader Schläuche in die Tiefe ziehen. Die Membrana propria besteht im Uterushorn aus dicht gedrängten Zellen und weist nur wenige kollagene Fasern auf. Die Muskularis ist sehr kräftig und besteht aus inneren Zirkulär- und äußeren Längsmuskelfasern.

Vagina. Die Vagina ist unpaarig angelegt, hat beim virginellen Tiere eine Länge von 7—8 cm und einen Durchmesser von ungefähr $^1/_2$—1 cm. Sie erstreckt sich hinter der Symphyse und Harnröhre bis in die Ebene der Harnröhrenöffnung, um sich hier in den Sinus urogenitalis zu öffnen. Im kranialen Teil, also gegen die Uterushörner hin, bildet die Vagina einen Fornix, so daß die beiden Uterusöffnungen zapfenförmig in das Scheidenlumen hineinragen. Das Scheidenlumen ist meist queroval. Die Schleimhaut legt sich in niedere Längsfalten, die in den oberen Abschnitten von niedrigem, flimmerlosem Cylinderepithel überzogen sind. Es fehlen hier Drüsen. Nach abwärts verdickt sich das Epithel allmählich und geht im caudalen Scheidenabschnitt in ein geschichtetes Plattenepithel über. Die Scheide selbst besitzt eine dünne Membrana propria, eine dünne Lage von Längs- und eine dickere Schichte von zirkulärer glatter Muskulatur. Diese „Vermuskelung" (STIEVE) der Scheide ist funktionell wichtig, da die Scheide bei der Austreibungsarbeit während der Geburt eine aktive Rolle zu spielen hat.

Der obere Teil der Vagina ist dadurch ausgezeichnet, daß er noch von Mesometrium (Ligamentum latum) bedeckt wird. Die Verbindung der Scheide mit
dem Rectum im aboralen Teil ist so innig, daß eine Trennung beider Teile nur
mit Gewalt gelingt. Die Blutgefäßverteilung am weiblichen Genitale des
Kaninchens ist ähnlich der beim Meerschweinchen (S. 296).

Sinus urogenitalis. Der Sinus urogenitalis des Kaninchens stellt eine Rinne
(Rima pudendi) dar, in welche sich bauchwärts die Harnröhre, rückenwärts die

Abb. 114. Äußeres Genitale des Kaninchens ♀ (²/₃ Größe). B.pr Bursa praeputialis, Cl Clitoris,
V Vestibulum, P Perineal („Inguinal")-taschen, A Anus.

Scheide öffnet. Die äußere Öffnung wird beiderseits von den Labia vulvae,
den Schamlippen, die den Labia minora der Frau entsprechen, umgeben. Ein
Analogon zu den Labia majora des Menschen besitzt das Kaninchen nicht.
Innerhalb des ventralen Winkels der Schamlippen ragt eine *Klitoris* hervor
(Abb. 114). Diese zeigt in Form und Bau große Ähnlichkeit mit dem Penis,
entspringt mit zwei Schenkeln am unteren Rand der Symphyse und läßt sich
leicht hervorstülpen. Sie weist eine Länge bis zu 2¹/₂ cm auf. Ein Querschnitt
zeigt derbfibröses Gewebe, in dem ein gut entwickelter Schwellkörper nachzuweisen ist. Bedeckt wird die Klitoris von einem aus zwei Blättern bestehenden

Praeputium, das mit der oberen Umrandung des Introitus vaginae eine Tasche bilden hilft, die wir als *Bursa praeputialis* bezeichnen, und die ebenso wie der ganze Sinus urogenitalis mit mehrschichtigem Plattenepithel ausgekleidet ist. Im oberen Abschnitt der Labia vulvae finden sich zahlreiche Talgdrüsen, *Präputialdrüsen*, während in den Sinus urogenitalis die *Glandulae bulbo-urethrales* münden. Diese liegen zu beiden Seiten der Harnröhre, sind umfangreicher als beim Männchen, zeigen aber sonst gleichen Bau. Von weiteren Anhangdrüsen sind die von manchen Autoren als *Inguinaldrüsen* bezeichneten Körper mit der Unterabteilung *Glandulae inguinales tubulosae* und *Glandulae inguinales sebaceae* zu unterscheiden (JOHANNES MÜLLER, CUVIER, LEYDIG). Jedoch ist der Ansicht DRAHNs durchaus beizupflichten, daß diese Drüsen die Bezeichnung „Inguinal" zu Unrecht tragen. Da der Damm beim Kaninchen sehr kurz ist, ist nicht genügend Raum für die Perinealtaschenanlage zwischen Anus und Vestibulum vorhanden wie beim Meerschweinchen. Die Trennung des gemeinsamen Tascheneinganges und die Seitenverschiebung der jetzt paarig erscheinenden Tasche hat einige Autoren veranlaßt, von Inguinaltaschen zu sprechen. Doch ist die Lage und der Bau der einzelnen Blindsäcke so ähnlich den Verhältnissen beim Meerschweinchen, daß auch diese Anhangsgebilde als *Bursae perineales* zu bezeichnen sind. Wie erwähnt, zerfallen die Perinealdrüsen in zwei scharf getrennte Teile. In einen Teil vom Typus der Talgdrüsen mit unechter Sekretion und einen zweiten von mit zylindrischem Epithel ausgekleideten tubulösen Drüsen und echter Sekretion.

Außer diesen Drüsen findet man beim Kaninchen *Analdrüsen,* die schlauchartigen Bau und echte Sekretion aufweisen und dazu dienen sollen, die harten Kotballen schlüpfrig zu machen (s. Kapitel Haut).

Das *Perineum.* Der Damm ist beim Kaninchen sehr niedrig und muskulös. Vom Sphincter ani bildet sich beim Weibchen eine starke Fortsetzung der Fasern aus, die ventralwärts ziehen und als *Musculus constrictor cunni* zusammengefaßt werden. Dieser Muskel strahlt in die Schamlippen ein. Zu beiden Seiten der Klitoris zieht ein schwach entwickelter Muskelstrang, der *Musculus ischiocavernosus*, der vom absteigenden Schambein- und aufsteigenden Sitzbeinast entspringt und die Klitoris umzieht. Auffallend zart ist beim Kaninchen bei beiden Geschlechtern der Levator ani entwickelt.

III. Pathologische Veränderungen.

Eine zusammenfassende Beschreibung der Spontanerkrankungen des weiblichen Genitales der kleinen Laboratoriumstiere nimmt, da unsere Kenntnisse auf diesem Gebiete heute noch wenig entwickelt sind, einen nur verhältnismäßig kleinen Raum in Anspruch. Daß wir über diese Erkrankungen so wenig wissen, hat zweierlei Ursachen: Erstens, daß die Spontanerkrankungen des weiblichen Genitales bei den kleinen Nagern relativ selten vorkommen, und zweitens, daß Erfahrungen auf diesem Gebiete bisher weder systematisch gesammelt noch systematisch verarbeitet worden sind.

Da in diesem Buche ein eigener Abschnitt über die Spontantumoren enthalten ist, seien hier die Geschwülste nur kurz und mit den nötigsten Literaturangaben versehen abgehandelt.

a) Muriden (Maus, Ratte).

Äußeres Genitale. Veränderungen am äußeren Genitale und seiner Umgebung kommen nicht selten zur Beobachtung. Es finden sich häufig Entzündungen und in ihrer Folge Ekzeme mit Krustenbildung. Sie bilden sich auf der Grundlage von Verletzungen, die teils von Bissen herrühren, teils beim Coitus entstehen. Anderseits werden Ekzeme durch den chronischen Reiz eines Fluors hervorgerufen, der seinerseits die Folge einer Vaginitis oder Endometritis ist. Doch kommt es bei Muriden selten vor, daß nur die Scheide isoliert von einer Entzündung befallen wird, wohl deshalb, weil die Scheidenschleimhaut der Muriden einen Zyklus besitzt und physiologischerweise in kurzen Zeitabständen immer wieder erneuert wird. Ich habe nur einen einzigen Fall beobachtet, und zwar bei einer Maus, die an einer Enteritis zugrunde gegangen war. Bei diesem Tier war die Vagina klaffend und gerötet und von Eiter erfüllt. Am histologischen Schnitt war sie von niedrigem, unregelmäßig kubischem Epithel ausgekleidet, auf dem Detritus und Eiterzellen lagen; zwischen den Epithelzellen und unter dem Epithel fand sich starke Leukocyteninfiltration. Eine bakteriologische Untersuchung wurde leider versäumt.

Uterus. Viel häufiger sind entzündliche Veränderungen des Uterus zu finden, aber fast alle Fälle, in denen ich Entzündungen der Schleimhaut und der Wand des Uterus gesehen habe, wiesen Zeichen von einer abgebrochenen oder eben abgelaufenen Schwangerschaft auf. Es ist wohl anzunehmen, daß mit Ausnahme der Tumoren die überwiegende Mehrzahl der Erkrankungen des Uterus mit der Gestation in Zusammenhang steht. Endometritiden vor allem treten auf, wenn eine Schwangerschaft durch intrauterinen Fruchttod unterbrochen und der Eikammerinhalt resorbiert wird. Wir wissen, daß erfahrungsgemäß ein gewisser Prozentsatz der Fruchtanlagen in früherem oder späterem Zeitpunkt zugrunde geht und resorbiert wird. Wir wissen auch, daß es in einer Anzahl von Fällen zu Totgeburten kommt. So gibt KING für die weiße Ratte 1,3% Totgeburten an. Auch während der Geburt kann das Muttertier eingehen. Dann finden wir bei der Obduktion in Ausstoßung begriffene Feten. Die Veränderungen der Uteruswand und des Endometriums bei solchen Fehlschwangerschaften und Fehlgeburten können verschiedene Grade erreichen; zumeist ist die Schleimhaut von Eiterzellen durchsetzt, deren Menge in vorgeschrittenen Fällen bis zur Abszeßbildung zunimmt. Die uterinen Drüsen sind häufig kaum mehr zu erkennen, auch in den Muskelbündeln zeigt sich starke Infiltration durch Leukocyten, so daß die einzelnen Fasern auseinandergedrängt werden. Bei Tieren, die an einer Peritonitis zugrunde gegangen sind, sieht man, daß die Eiterung die Uteruswand vollkommen durchsetzt, so daß die entzündliche Infiltration das Mesometrium erreicht und ergreift. Im Lumen der Uterushörner liegen von Eiter durchsetzte nekrotische Massen oder auch nur Eiterzellen allein. Zeigt der Inhalt nur Eiterzellen oder Gewebe, das vollkommener Nekrose verfallen ist, so ist die ätiologische Erklärung des Befundes schwierig. Zumeist finden sich aber Elemente, die noch den Ursprung von einer zugrunde gegangenen Eianlage erkennen lassen. Während die Weichteile des Fetus bei der Resorption einer Eikammer rasch verschwinden, bleiben Knorpel- und Knochenreste lange erhalten und ermöglichen es so, den Befund richtig zu deuten.

In unserer Sammlung besitzen wir den Uterus einer Maus, die unter Erscheinungen einer Darmkrankheit (Durchfall) verendete. Bei der Obduktion fand sich eine diffuse eitrige Peritonitis, wobei die Uterushörner doppelt so dick waren, als normal. Im Schnitt erwies sich die Uteruswand als vollständig vereitert, so daß im dicht entzündlich-infiltrierten Stroma Uterindrüsen nur mehr ganz vereinzelt zu erkennen waren. Das Cavum war erfüllt von vereitertem und nekrotischem Gewebe. Da aber an einer Stelle noch ein in Resorption begriffener Knochen zu erkennen war, ließ sich die Erkrankung in sicherem Zusammenhang mit dem Absterben eines Eies bringen.

Professor STAEMMLER (Chemnitz) war so liebenswürdig, den nachfolgenden Fall zur Verfügung zu stellen: Bei der Sektion einer Ratte fanden sich beide Uterushörner stark aufgetrieben, das eine mit einer eiterähnlichen Masse erfüllt, etwa haselnußgroß, das andere etwa bleistiftdick, ziemlich derb, leicht gewunden. Das kleinere Horn wurde geschnitten. Man sieht Granulationsgewebe in zum Teil engem Zusammenhang mit der Uteruswand. Die Infiltration ist gering, Uterindrüsen mit starker Vergrößerung gut zu erkennen. Stellenweise finden sich Infiltrationsherde. Auch Bindegewebe mit Fibroblasten sind vereinzelt zu sehen. An wenigen Stellen breiten sich Netzmaschen aus, die teilweise mit Blut und homogenem Inhalt gefüllt sind und Fettlücken entsprechen dürften. Auch beginnende Verkalkung ist an einigen Punkten nachzuweisen. Vielleicht sind das Überreste eines abgestorbenen, zum Teil resorbierten Eies.

Es kommen aber auch *Myometritiden* und *Endometritiden* bei den kleinen Nagern vor, die sicher nicht im Zusammenhang mit einer Gravidität stehen. In solchen Fällen ist die Infiltration und Vereiterung des Gewebes eine viel geringere, weshalb es auch nie zur Abszeßbildung kommt. Das Lumen, das von kaum verändertem Epithel ausgekleidet wird, ist leer oder enthält nur wenige Leukocyten. Dementsprechend sind auch die klinischen Erscheinungen gering. Ich besitze ein Präparat des Uterus einer Maus, die im Verlaufe des Versuches getötet wurde. Das Epithel war unversehrt und nur im Stroma und zum Teil in der Muskulatur fand sich geringe Leukocyteninfiltration. Anhaltspunkte für eine unterbrochene oder abgelaufene Gravidität waren nicht zu finden.

Während des Höhepunktes des Zyklus wird physiologischerweise der Uterus durch Füllung seines Lumens mit wasserklarer, heller Flüssigkeit erweitert, so daß die gedehnte Uteruswand verschmälert und nahezu pergamentartig wird. Macht man in dieser Phase einen Querschnitt durch die Uteruswand, so sieht man, daß die Falten nur an wenigen Stellen und dort nur ganz niedrig erhalten, im größten Teil des Umfanges aber verstrichen sind. Dabei ist das Epithel immer noch hochspindelig. Ist die Sekretion in das Cavum aber pathologisch, die Resorption unmöglich und der Abfluß des Sekretes erschwert oder ganz verhindert, so bleibt die Erweiterung des Lumens bestehen und es kommt zur Bildung einer *Hydrometra* (Abb. 115). Wir sprechen dann von Hydrometra, wenn der erhöhte Innendruck unverändert bestehen bleibt und der Sekretionsreiz, den dieser Druck anfänglich auf die Zellen ausgeübt hat, aufgehört hat. Die Cylinderzellen sind dann durch die

Abb. 115.
Beiderseitige Hydrometra
bei einer weißen Maus
(natürliche Größe).

dauernde Einwirkung des Druckes atrophisch geworden und bilden eine abgeflachte, endothelartige Schichte, wie es FISCHEL für die experimentell erzeugte Hydrosalpinx beschrieben hat. Bei den Fällen, die ich zu beobachten Gelegenheit gehabt habe, habe ich keine Erweiterung der Eileiter gefunden, sondern nur eine auch makroskopisch erkennbare geringere Durchblutung der Tubenschlingen; im Eierstock war die geringe Zahl und Ausbildung der Follikel bemerkenswert.

Tumoren des Uterus sind bei Maus und Ratte nicht selten, zumal wenn man mit FISCHER-WASELS und LÖWENTHAL berücksichtigt, daß viele Tumoren, die bei der Obduktion mit Tumorbrei geimpfter Tiere in von der Impfstelle entfernten Organen gefunden wurden, nicht als Impferfolg bzw. Metastasen des Impftumors, sondern als selbständige Spontantumoren aufzufassen sind. Besonders bei Tieren in vorgeschrittenem Alter kommen häufiger Spontantumoren zur Beobachtung, wie die gründlichen Untersuchungen von BULLOCK und RHODENBURG zeigten (s. auch Kapitel Tumoren).

Diese Autoren fanden bei 15 000 Ratten, die im Alter zwischen 3 und 8 Monaten standen, nur vier echte Geschwülste, dagegen bei den nächsten 4000 obduzierten Tieren, bei denen auch ältere Tiere zur Beobachtung gelangten, bereits 21 Tumoren. MAUD SLYE, der wir die umfangreichsten Untersuchungen über die Spontantumoren der Maus verdanken, fand in einer gemeinsamen Arbeit mit HOLMES und WELLS unter 39 000 Mäusen 7 Sarkome, 3 benigne Adenome, 1 Teratom des Uterus, 1 Vaginalcarcinom, aber kein Uteruscarcinom und kein Myom. Über *Myome* findet sich nur eine beiläufige Notiz bei LÖWENTHAL, daß bei einer Maus, die er mit Embryonalbrei 11mal impfte (Prot.-Nr. 576 seiner Versuchsreihe), ein Uterusmyom und ein kleines Uteruscarcinom zu finden waren. Über einen *Krebs* des Mäuseuterus berichtet WOGLOM. In einer Arbeit von HEIDENHAIN findet sich die Angabe, daß nach einer Mitteilung der Herren CASPARI und TEUTSCHLÄNDER außer diesen beiden Fällen kein weiteres Uteruscarcinom der Maus bekannt ist. Vielleicht gehören aber die zwei Fälle, die HEIDENHAIN kürzlich beschrieben hat, als primäre Spontantumoren des Uterus ebenfalls hierher. Histologisch erwiesen sich diese Tumoren als drüsige Krebse mit — bei den Fällen von HEIDENHAIN — fleckweiser Umwandlung in Plattenepithelcarcinome. Im zweiten Teil seines Buches über das Problem der bösartigen Geschwülste stellt HEIDENHAIN die von SLYE an Mäusen gefundenen Spontantumoren (s. S. 307 unten) seinen Befunden gegenüber. Er führt in dem Kapitel über Spontantumoren 3 Carcinome und 4 Sarkome des Uterus an. Wenn man sich der oben erwähnten Ansicht von FISCHER-WASELS und LÖWENTHAL anschließt (und man hat Berechtigung das zu tun), so wäre noch als Spontan*sarkom* des Uterus der Fall C 37 der Versuchsreihe HEIDENHAINs zu erwähnen. Es sei auch als mögliches Spontan*sarkom* des *Ovariums* auf Fall B 29 desselben Autors hingewiesen. Ein sicheres primäres Adenocarcinom des Eierstockes beschreibt HAALAND. SLYE berichtet von 46 ,,solid tumors'' des Ovarium auf 22 000 Mäuse, sagt aber nichts aus, ob es sich um gutartige oder bösartige Geschwülste handelt.

b) Meerschweinchen.

Über spontane Erkrankungen des Geschlechtsapparates des *Meerschweinchens* ist so gut wie nichts in der Literatur zu finden. Das trifft sowohl für entzündliche Erkrankungen zu als auch für Tumoren. Am Material unseres Tierstalles konnte ich im Verlaufe einiger Jahre außer geringen, schon bei den anderen Tieren beschriebenen Veränderungen entzündlicher Natur an der Vulva nichts Krankhaftes an den Geschlechtsorganen finden. Vaginitis und Endometritis soll bei bakteriellen Allgemeinerkrankungen, wie bei der Diplokokkenseuche usw. vorkommen (s. darüber Abschnitt von SEYFRIED). Auch das verhältnismäßig so häufig bei den anderen Tieren vorkommende Absterben des Eikammerinhaltes mit Resorption desselben konnte ich beim Meerschweinchen niemals finden.

c) Kaninchen.

Von den Spontanerkrankungen der kleinen Laboratoriumstiere sind uns die Erkrankungen des Kaninchens am besten bekannt, was sich aus der großen Häufigkeit des Experimentierens an diesen Tieren erklärt.

Am äußeren Genitale finden wir Entzündungen der *Vulva*, die meist von Verletzungen herrühren, sei es nun beim Coitus oder durch Beißen und Kratzen des Rammlers. Wir finden einzeln stehende Eiterpusteln und wir sehen alle Übergänge bis zur ausgedehnten Impetigo. Auch Ekzeme an der Vulva und an den Labien des Kaninchens sind beschrieben worden. Bei längerer Dauer des schädigenden Reizes durch einen Ausfluß, z. B. bei Endometritis oder Kolpitis, kann es zu brombeerartigen polypösen Wucherungen kommen. Abstriche ergeben oft Balanitiskeime. SUSTMANN fand keine spezifischen Keime bei diesen Entzündungen und hält die vorhandenen Mikroorganismen für sekundär eingewandert. An entzündlichen Erkrankungen finden wir dann in der *Scheide* die typische Form einer Colpitis simplex mit Rötung der Schleimhaut, stärkerer seröser bis eitriger Sekretion.

Am *Uterus* sind entzündliche Erkrankungen beschrieben worden; besonders nach Geburten können Endometritiden auftreten. Auch bei dem Kaninchen kommt das Absterben der Früchte in den Eikammern vor, wenn auch nicht so häufig wie bei Ratte und Maus. Wir finden bei Sektionen die Uterushörner unregelmäßig verdickt ohne scharfe Unterteilung in Kammern. Aufgeschnitten entquillt dem Cavum eine mehr oder weniger nekrotische, vereiterte Masse, die oft noch Knochenreste enthält. Die Veränderungen der Uteruswand, Granulationsgewebebildung, Entzündung usw. sind genau die gleichen wie bei der Erkrankung der Muriden (S. 306). Oft stirbt der Eikammerinhalt durch Infektionskrankheiten des Muttertieres, die in der Schwangerschaft auftreten, ab.

Wir besitzen ein Uteruspräparat eines Kaninchens, das an einer Lungenentzündung während der Gravidität zugrunde ging. Das eine Uterushorn war unförmig und über kirschengroß aufgetrieben; sein Inhalt in Resorption begriffene knochenhaltige Reste eines Embryos. Die nachbarliche Eikammer war bedeutend kleiner, der Inhalt schon weitgehend aufgesaugt.

Infolge lymphogener Ausbreitung kann es auch zur Entzündung des umliegenden Bindegewebes (Parametritis) kommen. Von PETRI wurde ein Fall von malignem Ödem post partum beschrieben, mit ödematöser Durchtränkung des Uterus und der Adnexe und peritonitischen Erscheinungen.

Auch *Lageanomalien* sind an den Genitalorganen des Kaninchens beschrieben worden: Vorfall der Scheidenwand, Descensus und sogar Prolaps der Gebärmutter. Es ist nicht viel darüber zu sagen, da diese Erkrankungen wohl selten Gelegenheit bieten, mit experimentell erzeugten Veränderungen verwechselt zu werden.

An den *Ovarien* sind bis jetzt nur Cysten bekannt, meist einfache Follikelcysten mit niederem kubischem Epithel; auch kleincystische Degeneration des Eierstockes kommt vor. Es muß hier die Beobachtung NOVAKs von Dauerbrunst mitgeteilt werden bei kleincystischer Degeneration der Ovarien.

Weitaus das wichtigste Kapitel für den Experimentator ist die Kenntnis der spontanen *Tumoren* des Kaninchens (s. Kapitel Tumoren).

Die Beobachtungen über spontanes Auftreten von Geschwülsten sind erst verhältnismäßig spät gemacht worden. Das hängt zum Teil mit dem schon oben erwähnten Grund zusammen, daß erst in den letzten Jahrzehnten das Experimentieren an Tieren stark um sich gegriffen hat und damit, daß Spontantumoren nur bei alten Tieren vorkommen. Gewöhnlich erreichen die Kaninchen kein hohes Alter, sei es im Laboratorium durch den frühen Experimentaltod oder bei sonstigen Züchtern wegen der Verwertung ihres Felles und Fleisches. In den letzten Jahren kam aber in der Literatur eine größere Zahl von Carcinomen und anderen Tumoren zu allgemeiner Kenntnis. Über *Sarkome* des Uterus konnte ich aus der Literatur nichts ermitteln, nur ein Angiosarkom wurde von BAUMGARTEN 1906 beschrieben. Er fand Metastasen in Lunge, Zwerchfell, Milz, Leber, Niere, Uterus und Lymphdrüsen. Das linke Uterushorn war etwa 3,5 cm vom Teilungsabgang in Pflaumengröße kugelig aufgetrieben und zeigte am Schnitt einen kleinhöckerigen Tumor. Histologisch war im Uterustumor nichts zu erkennen. Das Gewebe war vollkommen nekrotisch. Nach dem histologischen Befund der anderen Tumoren war aber ein sarkomähnlicher perithelialer Tumor anzunehmen. Transplantationsversuche auf 12 Kaninchen blieben erfolglos. *Myome* des Uterus wurden wenig veröffentlicht, nur STILLING, dem wir die Kenntnis eines großen Teiles der bis jetzt bekannten Spontangeschwülste bei Kaninchen verdanken, hat unter seinen 30 Fällen (nach der Zusammenstellung von BEITZKE) 5 Myome gefunden.

Bedeutend häufiger sind die epithelialen Tumoren. So hat G. A. WAGNER 1905 aus dem PALTAUFschen Institut Mitteilung gemacht über einen Kaninchenuterus mit 5 Geschwülsten, davon eine von Taubeneigröße, die alle scheibenartige Form aufwiesen und an der Fläche eine Delle trugen. Der mikroskopische Bau entsprach einem Adenom mit papillären Wucherungen, ausgehend von den Uterusdrüsen. Obwohl sie stellenweise das Myometrium infiltrierten, hat sie WAGNER aber doch als gutartige Adenome bezeichnet. Ein Fall von PIERRE MARIE und AUBERTIN 1911 betrifft ein 9 Jahre altes Kaninchen, das sehr viele Junge geworfen hatte, seit einem Jahr zunehmend abgemagert ist. Bei der Sektion fand man in beiden Uterushörnern großknollige, ziemlich weiche und weißliche Tumoren, die das Lumen verschlossen. Nirgends Metastasen. Nach der mikroskopischen Untersuchung bezeichneten die Autoren diesen Tumor als „*Epithelíòme cylindrique metátypique*". Das histologische Bild ähnelte sehr den menschlichen Korpuscarcinomen. Später hat der Japaner KATASE in Tokio einen Tumor des Kaninchenuterus demonstriert, den er als *Adenocarcinom* bezeichnet. In dem deutschen Sitzungsbericht fehlen nähere Angaben. Unter den von STILLING (BEITZKE) beobachteten 30 Tumoren finden sich außer den schon erwähnten 5 Myomen *Adenomyome*, *Adenome* und *Adenocarcinome*. Es waren durchwegs alte Tiere, bei denen sich diese Geschwülste fanden. STILLINGs Beobachtung spricht auch für eine gewisse familiäre Disposition. Sowohl PIERRE-AUBERTIN als auch STILLING sahen diese Neoplasmen sich in verhältnismäßig kurzer Zeit entwickeln. Der Sitz der *Myome* und *Adenomyome* war meist im Ansatz des Mesometriums gelegen. Diese beiden Arten von Tumoren waren immer gut abgegrenzt und verursachten keine Störungen, waren also reine Zufallsbefunde. Die *Adenome* und der Übergang von diesen in *Adenocarcinome* entwickelten sich in den meisten Fällen an der dem Ansatz des Mesometriums gegenüberliegenden Uteruswand und nur in vereinzelten Fällen an der mesometralen Seite. Die Übergänge von Adenom zum *Carcinom* waren fließend. STILLING konnte niemals eine scharfe Trennung finden. Ausgangspunkt waren immer die Drüsen in den Schleimhautfalten der Uterushörner. Das Neoplasma selbst bot kein einheitliches Bild. In einem und demselben Tumor konnte man alle Entwicklungsstadien nebeneinander beobachten. Die Epithelwucherung war im Anfange im Hintergrunde, nur die Drüsenschläuche wurden länger, weiter, sie schlängelten sich und erst nach diesem Stadium setzte die Wucherung der epithelialen Elemente ein. Durch diese Entstehungsart bedingt, boten sich ganze Epithelknäuel den Blicken, Bildungen, die später konfluierten. Die Drüsentätigkeit nimmt bald ab, da die Tumoren die Ausführungsgänge verlegen. Entweder wird das Sekret kolloidartig eingedickt oder es entstehen verschieden große Retentionscysten; auch kleine Nekrosen und Eiterungen können sekundär auftreten. Während die gutartigen Adenome niemals in die Muskulatur eindringen, hat BEITZKE an den STILLINGschen Fällen eine starke Durchsetzung der Muskulatur bei den carcinomatösen Tumoren gesehen. Die Serosa fand er aber immer intakt. Es fiel ihm auf, daß alle Tumoren den Charakter eines Adenocarcinoms hatten, nur eine Geschwulst, die besonders schnell wuchs, zeigte das Bild eines medullären Krebses oder eines Scirrhus. Das Bild eines *soliden Krebses* trat nie auf, nur bei den künstlich gesetzten Metastasen wucherten die implantierten Teile ungeheuer und boten histologisch das Bild eines soliden Carcinoms. Die geringere oder größere Inanspruchnahme des Uterus durch Schwangerschaft scheint keinen Einfluß auf die Entstehung dieser Geschwülste auszuüben, denn bei allen Tieren, unabhängig von früheren Würfen, traten Neoplasmen auf. In letzter Zeit haben RUSK und EPSTEIN von einem $4^1/_2$ Jahre alten, virginellen Kaninchen berichtet, das ein malignes papilläres Adenom des Uterus aufwies. Das Blastom hatte bereits Blase und Scheide ergriffen.

IV. Über den Transport des Eies bei Nagern.

Durch grundlegende Arbeiten von SOBOTTA und FISCHEL scheint unsere Kenntnis des Mechanismus der Eiaufnahme bei Maus und Ratte gesichert.

Besonders die ausführlichen anatomischen Untersuchungen FISCHELs am Rattengenitale lassen uns den später beschriebenen Vorgang der Eiaufnahme als natürlich und ungezwungen erscheinen.

Vor diesen Untersuchungen, als man über die Anatomie einer Ovarialkapsel und ihre muskulösen Beziehungen zu Tube und Ligamenten noch nichts wußte, nahm man an, daß das abdominale Tubenende, um die in einer Ovulationsperiode aus zahlreichen Follikeln springenden Eier aufzunehmen, schnell und weitreichend verschieblich sei, um die günstigste Stellung zur jeweiligen Eiaufnahme einzunehmen. Da aber das Infundibulum tubae keine Muskulatur aufweist, sondern nur aus Epithel und Bindegewebe besteht, ist eine aktive Verschieblichkeit unmöglich.

Abb. 116. Eiwanderung bei der weißen Maus. Ballonartig aufgetriebener ampullärer Teil der Tube mit vier Eiern. Präparat Prof. KOLMER. Vergr. etwa 100mal.

Auch der Eitransport durch Flimmerbewegung läßt sich nur bis zu einem gewissen Grade annehmen, weil weite Strecken, wie uns die Untersuchungen SOBOTTAS und SCHAFFERS gelehrt haben, besonders im isthmischen Teil des Eileiters flimmerlos sind. Überdies spielen bei Tieren mit geschlossenem Periovarialraum die hydrostatischen Verhältnisse eine besondere Rolle. SOBOTTA fand nun, daß die Ovarialkapsel in der Intraovulationszeit dem Eierstock schlaff anliegt und erst knapp vor den Follikelsprüngen durch reichliche Flüssigkeitsansammlung prall gespannt und vorgewölbt wird. Springen die Follikel, so treten die Eier nicht plötzlich aus, sondern werden zuerst durch den zähen Follikelinhalt in der Nähe der Ovarialoberfläche gehalten, um später in den Periovarialraum zu fallen. Durch die von FISCHEL beschriebene Tätigkeit bestimmter Muskeln wird der Ovarialkapselinhalt (Eier + Flüssigkeit) in den einzigen Ausgang, das ist in die Tube, hineingepreßt und erweitert den Eileiter im ampullären Teil blasenartig. Ich verdanke Professor KOLMER ein Bild, das diese blasenartige Auftreibung und Verdünnung der Tube bei der Maus in deutlicher Weise zeigt (Abb. 116).

Wie kommt nun dieses Auspressen des Kapselinhaltes und das Ansaugen desselben durch die Tube zustande? Erinnern wir uns der anatomischen Verhältnisse von Eileiter und Ovarialkapsel (S. 285 f.), so erkennen wir, daß bei Kontraktion des Musculus mesenterii tubae (M. adtrahens tubae, M. adtrahens bursae ovaricae) die Tube dem Eierstock genähert wird, und daß durch Muskelfasern des Mesotubariums (Mesenterium tubae), die in die Ovarialkapsel einstrahlen, bei Innervation eine Detrusorwirkung auf die durch den gesteigerten Innendruck pralle Ovarialkapsel ausgeübt wird.

Die zweite Muskelgruppe, die wir kennen gelernt haben und die als Zapfen in den Periovarialraum hineinragt (der Musculus infundibuli tubae), erweitert und verengert durch rhythmische Kontraktionen das Lumen des Infundibulums. Eine Saugwirkung läßt sich dadurch ohne Gezwungenheit erklären. Diese Muskelgruppe kommt als synergistische Hauptkraft bei der Eiaufnahme in Betracht. Die Kontraktionen beider Muskeln können entweder rhythmisch oder kontinuierlich erfolgen, so daß ihre Kraft dazu ausreicht, den Kapselinhalt mit den Eiern bis zum isthmischen Teile des Eileiters vorzubringen. Die an dieser Stelle bereits kräftige Tubenmuskulatur übernimmt den Weitertransport. Die Flimmerung im ampullären Abschnitt kommt wohl nur als geringe Hilfskraft in Betracht; Sobotta spricht dem flimmernden Infundibulum und dem ampullären Tubenepithel jede weiterbefördernde Fähigkeit ab im Hinblick darauf, daß die Lichtung der Tube durch eingepreßte Flüssigkeit auf ein Vielfaches erweitert erscheint (siehe Abb. 116), so daß die Flimmerhaare mit dem Ovulum kaum in Berührung kommen können.

Drahn hält für die Annäherung von Eileiter und Eierstock den Musculus mesenterii et infundibuli tubae nicht für so ausschlaggebend wie das Ligamentum ovarii proprium, dieses kräftige, zwischen Uterus und Ovar ausgespannte muskulöse Band, in das zahlreiche Muskelfasern des Eileitergekröses einstrahlen. Die elastische Basis erhält das Ligamentum ovarii proprium durch das Ligamentum suspensorium ovarii, das am Ovarialstiel in das Ligamentum ovarii proprium übergeht und unterhalb der Niere inseriert. Durch Kontraktionen des Ligamentum ovarii proprium wird der Eierstock an seiner Basis zum Eileiter hin verschoben (Abb. 105).

So können wir als gesichert annehmen, daß zur Zeit der Ovulation durch gesteigerten Innendruck infolge starker Flüssigkeitssekretion in die Ovarialkapsel, durch vermehrte Blutzirkulation und durch Nervenreizung, eine rhythmische oder kontinuierliche Kontraktion bestimmter Muskelgruppen ausgelöst wird, durch die der Kapselinhalt in die einzig mögliche Richtung, gegen die Tube, ausgepreßt wird, unter gleichzeitiger Ansaugung durch das Infundibulum tubae. Der Flimmerstrom spielt eine untergeordnete Rolle. Vom isthmischen Abschnitt an erfolgt der Weitertransport durch Tubenperistaltik. Die Eier machen in der Nähe des Uterus Halt, um erst gegen Ende der Furchungsperiode in das Horn einzutreten. Die Tubenwanderung dauert bei Nagern durchschnittlich drei Tage.

Der Eitransport bei *Meerschweinchen* und *Kaninchen* ist nicht so genau untersucht worden. Er scheint aber dem bei Maus und Ratte ähnlich zu sein. Die Bursa ovarica, die Gekrösetasche, ist bei diesen Tieren gegen den Peritonealraum zu offen, so daß das Infundibulum tubae aus ihr hervorsieht. Zur Zeit der Brunst schließt sich wahrscheinlich durch Muskelzug die Öffnung der Bursa unter Einstülpung des Infundibulums. Dann sind im Prinzip dieselben Verhältnisse wie bei der Mäusegruppe geschaffen (S. 295, 300).

Chinesische Autoren (Kno, Yü-Ping und Lim) fanden bei ihren Untersuchungen, daß beim Transportmechanismus des Kanincheneies weniger die Muskulatur als die Cilien des Epithels eine Rolle spielen.

V. Der Genitalzyklus der Nager.

Die Genitalfunktion der Tiere, die in den Kulturkreis des Menschen gezogen sind, weicht wesentlich ab von der Funktion, die wir bei wildlebenden Tieren noch finden. Der Wechsel der Jahreszeiten, die Umweltbedingungen und die veränderte Vegetation üben oft einen nachhaltigen Einfluß auf die Fortpflanzungstätigkeit der wildlebenden Tiere aus, während bei solchen, die mehr oder minder unter dem Einfluß der Kultur stehen, sich die Genitaltätigkeit durch die Konstanz der Lebensbedingungen über das ganze Jahr erstreckt. Zu diesen Säugern gehören auch unsere gebräuchlichsten Laboratoriumstiere; sie sind vielbrünstig, d. h. sie können während *einer* Jahresfortpflanzungsperiode mehrmals — bei ausbleibender Gravidität — brünstig werden. Der Eintritt einer Schwangerschaft bringt die Brunst sofort zum Erlöschen. Die Periodizität der Genitalfunktion entspricht einer Kurve, deren Gipfelpunkt durch die *Hitze-* *oder Brunstzeit* gegeben ist, durch die bei den meisten Nagern die Geschlechtstätigkeit zum Teil schon äußerlich erkannt, beurteilt und gemessen werden kann. Nur zur Zeit dieser Funktionshöhe lassen die Weibchen Begattung zu.

Die älteren Befunde über den Brunstzyklus der Nager (Lataste, Bischoff, Morau, Sobotta u. a.) sind ungenau und unsicher und waren zum Teil in Vergessenheit geraten. Wir haben aber in neuerer Zeit, besonders durch die exakten Untersuchungen amerikanischer Autoren (Allen, Long-Evans) und durch die Arbeiten Zondek-Aschheims eine erschöpfende Kenntnis über den Ablauf des Sexualzyklus erhalten. Diese Kenntnis, die uns das gegenwärtig beste Verfahren zur Prüfung von Hormonpräparaten ermöglicht hat, ist Allgemeingut der Ärzte geworden.

Im folgenden sei der Genitalzyklus bei den einzelnen Laboratoriumstieren speziell beschrieben, wobei derjenige der Maus besonders ausführlich behandelt werden wird, weil die Maus *das* Testobjekt für Versuche über Beeinflussung des Genitales durch Hormonpräparate ist, und wohl auch durch den schnellen Ablauf des Brunstzyklus und durch die verhältnismäßig geringen Kosten von Mäuseversuchen das Arbeiten bei der Maus besonders erleichtert ist. Da Maus und Ratte, obwohl sie verwandtschaftlich nicht völlig übereinstimmen — durch die Präcipitinreaktion z. B. kann man Maus- und Rattenblut voneinander unterscheiden — anatomisch und physiologisch einander sehr ähneln, werden beide Tiere gemeinsam abgehandelt.

Maus und *Ratte* zeigen in der temporären Folge der Brunst fast vollständige Übereinstimmung. Die alten Angaben (Maus: Sobotta 21 Tage, Königstein 14 Tage, Lataste 10 oder 20 Tage) sind als unzuverlässig erkannt worden. Nach den oben erwähnten neueren Untersuchungen beträgt der Zwischenraum von zwei Funktionsperioden 4—6 Tage (Allen und Long-Evans). Der Zyklus bei braunen Tieren hat die längste, bei schwarzen Tieren und Albinos die kürzeste Dauer. Zondek-Aschheim findet 6—8 Tage, *eigene* Beobachtungen ergeben ebenfalls 6—8 Tage als Zeitspanne. Es fällt auf, daß das Erkennen dieser Tatsache so lange auf sich warten ließ; doch muß man bedenken, daß die Erscheinungen der Brunst nach außen hin sehr gering sind und oft nur wenige Stunden andauern. Bei genauer Beobachtung aber lassen sich auch äußerlich Hitzezeichen an den Tieren bemerken. Darüber wird später berichtet werden. Das einzig sichere Zeichen aber, das wir besitzen, um die Brünstigkeit zu erkennen, ist die Duldung des Coitus.

Auch das *Meerschweinchen* gehört zum vielbrünstigen Typ. Die Zwischenzeit von zwei Hitzeperioden beträgt nach Lataste 10—20 Tage, nach Stockard-Papanikolaou und Löb-Hesselberg 16 Tage. Nur Bischoff nimmt 38 bis 44 Tage an.

Die Brunst des *Kaninchens* findet alle 28 Tage statt (Tsu-Zong-Yung; Clauberg alle 23 Tage). Das Kaninchen kann ebenfalls das ganze Jahr über schwanger werden. Die Erscheinungen der Brünstigkeit sind bei diesen Tieren sehr gering, und wir können nur dann mit Sicherheit einen Höhepunkt der Funktionsphase annehmen, wenn das Weibchen seinen Partner nicht „abbeißt".

Den äußeren Erscheinungen des Zyklus gehen Veränderungen in den inneren Genitalien parallel. Für die Festlegung dieses komplizierten Vorganges war eine exakte Terminologie von grundlegender Bedeutung. HEAPE führte als erster eine solche ein. Vor der eigentlichen Brunst, dem *Östrus* oder *Stadium II* nach LONG-EVANS (bei Ratte und Maus) kann man das *Proöstrum* oder *Stadium I* unterscheiden. Das Proöstrum läßt sich als Vorbereitungszeit (Proliferationsphase) anatomisch klar erfassen. Der absteigende Schenkel der Kurve bis zum vollständigen Abklingen der Hitzeerscheinungen wird *Metöstrum* genannt (Stadium III); als *Diöstrum* bezeichnen wir die kürzere oder längere Pause zwischen zwei Brunstäußerungen. Wie in der menschlichen Physiologie können wir auch hier mit WIESNER die Gesamtheit einer Phasenfolge, die mit *einer* Brunstzeit verknüpft ist, *Zyklus* nennen, während für die regelmäßig aufeinanderfolgenden Brunstzeiten der Ausdruck *Rhythmus* geeignet erscheint.

a) Ratte und Maus.

Bei diesen Tieren umfaßt das Proöstrum die mittlere Zeit von 12 Stunden, während die Dauer des Östrums auf 10—18 Stunden zu veranschlagen ist. Für das Metöstrum hat man 24—30 Stunden als Durchschnittswert gefunden, während das Ruhestadium (Diöstrum) etwa 50—60 Stunden dauert. Wir sind in der Lage, durch die nachfolgend beschriebenen anatomischen Veränderungen in der Scheide die jeweilige Phase genauest zu bestimmen. Von den Vorgängen im Eierstock, von der Entstehung und Histologie der Gelbkörper, von den Veränderungen an den übrigen Abschnitten des Genitales ist später die Rede. Zuerst wollen wir die zyklischen Veränderungen in der Scheide beschreiben.

Schon makroskopisch fallen zwei deutlich zu unterscheidende Wandzustände der Scheide auf, die an bestimmte Zyklusphasen gebunden sind: Der rötlich feuchte Zustand im Intervall und der weiße trockene während der Brunst. Wir geben zwei histologische Bilder der Scheidenwand in diesen Stadien zur Ansicht (Abb. 117) und stellen diese Bilder denen gegenüber, die wir zur gleichen Zeit im vaginalen Ausstrich finden (Abb. 118); denn für den praktischen Gebrauch ist einzig und allein der leicht und schnell auszuführende *Vaginalausstrich* wichtig.

Es besteht insoferne eine Schwierigkeit in der Gewinnung richtiger Bilder, daß einerseits jeder Ausstrich eine Reizung des Epithels hervorruft und damit eine vermehrte Leukocytenwanderung, andererseits der Zyklus so schnell abläuft, daß man gezwungen ist, das Tier sofort nach dem Ausstreichen zu töten, um die zum Ausstrich passende Wandphase der Scheide zu bekommen.

Die Technik des Ausstreichens von Scheideninhalt bei Maus und Ratte ist nicht schwer. Mit einer kleinen Öse gelingt es leicht, Scheidensekret zu gewinnen. Es ist nötig, nicht zu seicht abzustreichen, da man sonst nur Sekret aus dem Introitus gewinnt. Ungeübten Untersuchern fällt es manchmal schwer, die Geschlechter zu unterscheiden, besonders bei jungen Tieren, wo die Hoden noch nicht völlig descendiert sind. Auch ähnelt die Klitoris (Klitorium) an Länge und Größe dem retrahierten Penis. Die Ausstrichpräparate fixiert man mit (Methyl)-Alkohol, wenn man klare Bilder haben will. Man färbt mit Methylenblau oder besser mit Hämalaun-Eosin, um die Schollen gut gefärbt zu erhalten.

Im Ruhestadium finden wir eine große Menge von Leukocyten, die, mit wenigen unregelmäßigen und kernhaltigen Epithelzellen vermischt, zwischen Schleimfäden liegen. Die darauffolgende Phase, die man an der allgemeinen Trockenheit der Scheide makroskopisch erkennen kann, bietet ein einheitlich regelmäßiges Ausstrichbild. Die Leukocyten fehlen im Proöstrum vollkommen

und einförmig kleine, runde, noch kernhaltige Epithelzellen beherrschen das
Gesichtsfeld. Der Übergang zum Östrus kennzeichnet sich durch das Verschwinden der kernhaltigen Zellen, an deren Stelle große, durchscheinende,
vollkommen kernlose Epithelien treten, die einen hohen Grad von Verhornung
aufweisen (Abb. 118). Man hat dieses Zustandsbild auch als *Schollenstadium*
(ZONDEK-ASCHHEIM) bezeichnet. Damit ist die Brunst eingetreten. Erst in

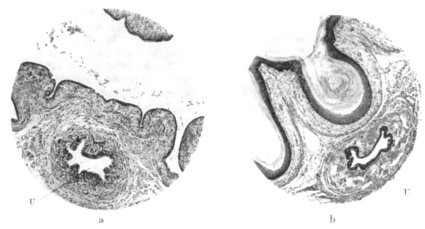

Abb. 117. a Schnitt durch die Scheidenwand einer Maus im Diöstrum. Einreihiges Epithel. Im
Lumen nur Leukocyten und Schleim. b Schnitt durch die Scheidenwand einer Maus im Östrus.
Hohes aufgebautes Epithel mit zahlreichen abschilfernden Hornlamellen. Vergr. 50mal. U Urethra.

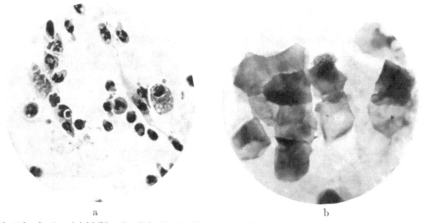

Abb. 118 a, b. Ausstrichbilder der Scheide der Maus. a Im Diöstrum. Nur Leukocyten, Schleimfäden
und vereinzelt kernhaltige Epithelzellen. b Ausstrich während der Brunst. Nur große kernlose
und verhornte Epithelien. Vergr. 500mal.

dieser Phase läßt das Tier das Männchen zum Coitus zu. Man nimmt an, daß
diese Hornmassen den für den Menschen unangenehmen Geruch abgeben und
glaubt, daß durch diesen Geruch das Tiermännchen angelockt wird.

   Die Bedeutung dieser Verhornung bei der Befruchtung ist groß. Es bildet
sich durch Vermischung dieser Hornmassen mit dem Sperma ein fester Klumpen
(*Vaginalpfropf, vaginal plug* der englischen Autoren), der ringsherum an der
Scheidenwand haftet und die Vagina nach außen zu verschließt. Dieser Pfropf

bleibt 18—24 Stunden kleben. Der Vaginalpfropf kann als untrügliches Zeichen einer Befruchtung angesehen werden. Ein mikroskopischer Schnitt durch ihn zeigt homogene Sekretmasse, an deren Peripherie Epithelien liegen. Am uterinen Pol des Pfropfes findet man meist einige Samenfäden.

Die verhornten Zellen zersetzen sich immer mehr und mehr und bilden im Metöstrum eine käsige Masse, die das Scheidenrohr erfüllt. In diesem Stadium wird die Begattung nicht mehr geduldet. Am Ende des Metöstrums zeigen sich bei abnehmender Zahl der Hornlamellen bereits Leukocyten, die sich im Diöstrum wieder mit kleinen kernhaltigen Epithelien zusammengefunden haben.

Die am *äußeren Genitale* auftretenden Zyklusveränderungen sind noch kurz zu beschreiben: Die die Vaginalöffnung umgebenden Falten beginnen im

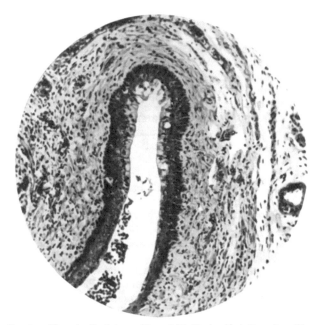

Abb. 119. Scheide einer Maus im Proöstrum. Man sieht die in Abstoßung begriffenen kernhaltigen Epithelzellen. Das Epithel selbst ist bereits aufgebaut. Vergr. 80mal.

Stadium I zu schwellen. Diese Schwellung nimmt bis zum Ende des Östrus zu, um dann allmählich abzuklingen. Manchmal kann die Schwellung so stark sein, daß es zu kleinen Blutaustritten ins Gewebe kommt.

Es erscheint an dieser Stelle angebracht, auch über die *histologischen Veränderungen des Genitales* während des Ablaufes des Zyklus zu sprechen. Im Intervall besteht das Scheidenepithel aus wenigen Schichten. Wir finden auf einem parallelfaserigen Bindegewebsgrund eine Schichte von basalen Cylinderepithelzellen, denen ein kubisches bis zylindrisches Schleimepithel aufsitzt, das deutlich Mucicarminreaktion gibt. Diese Schleimzellen sondern das Mucin ab, mit dessen Erscheinen im Ausstrich das Stadium des „Diöstrums" begonnen hat. Die überall im Stroma liegenden und durch das Epithel wandernden Leukocyten mischen sich in dieser Phase den hier und da im Sekret auftretenden kernhaltigen Epithelzellen bei. Dazwischen, wie schon erwähnt, Schleimnetze und Schleimfäden. Die Schichtdicke des Epithels nimmt gegen Ende des Diöstrums zu, indem sich zwischen der basalen Cylinderepithelschichte und dem Deckepithel eine Zone polygonaler, geschichteter Epithelzellen bildet. Man

findet auch zahlreiche Mitosen. Die oberflächlichsten Zellen quellen auf und
werden, ohne daß sie ihren Kern verlieren, an den Scheideninhalt abgegeben
(Abb. 119). Diese für das Proöstrum typischen Zellen sind das wichtigste Zeichen
für das Herannahen der Brunst. Bevor sich aber diese gequollenen kernhaltigen
Epithelzellen vollkommen abgeschilfert haben, hat sich darunter eine acidophile,
verhornende Schichte gebildet, die, sobald die darüberliegenden Schichten
abgestoßen sind, an die Oberfläche kommt, und zuerst in geringerem Grade
und später am Beginn des Metöstrums in Massen abfällt. Im weiteren Verlaufe
durchsetzen zahlreiche Leukocyten das Epithel, es treten nekrobiotische Vorgänge
auf und wir finden, daß manchmal der Abbau des Epithels bis zur Basalis stattfindet. Nur in diesem Zeitpunkte ist die Höhe des Scheidenepithels stark reduziert. Bald aber beginnt wieder der Aufbau, der vom Proöstrum ab an der
Dicke nichts mehr ändert, weil sich Wachstum und Abschilferung bis zum
Metöstrum die Waage halten.

Der *Uterus* macht bis zu einem gewissen Grade ähnliche Veränderungen mit.
Die Wand ist im Ruhestadium dünn und das runde Lumen erreicht selten mehr
als 3 mm Durchmesser. Die Epithelauskleidung besteht aus einer einfachen
Schichte von Cylinderzellen, die nach dem Lumen zu mit einer zarten Cuticula
versehen ist. Zwischen den einzelnen Zellen liegen verstreute Leukocyten.
Im weiteren Verlaufe zur Brunst hin sammelt sich im Uterus eine Menge klarer
Flüssigkeit an, die das zylindrische Epithel zu einem kubischen zusammen-
preßt. Die Blutgefäße sind stark erweitert. Am Beginn des Stadiums II (Östrus)
ist die Ausdehnung des Uteruslumens und die Hyperämie am größten. Wenn
der Höhepunkt der Funktion überschritten ist, nimmt der Innendruck durch
Verminderung der Flüssigkeitsansammlung stark ab, und das Epithel kann
aus der kubischen wieder in die zylindrische Form übergehen. Bemerkenswert
ist zu Beginn des Metöstrums eine vakuoläre Degeneration des Epithels und die
starke Leukocytenwanderung in diesem Stadium. Bald setzt aber wieder die
Regeneration ein, so daß im Diöstrum wieder ein zusammenhängendes zylindrisches Epithel vorhanden ist.

Im *Ovarium* finden wir Veränderungen in den Follikeln, die den allgemeinen
Generationsphasen im Eierstock bei den anderen Säugetieren entsprechen. Im
Intervall sind die Follikel klein, und wir finden zu diesem Zeitpunkte Corpora
lutea des letzten Zyklus mit Zellen, die sich bei Hämalaun-Eosinfärbung blau
tingieren. Gelbkörper von älteren Zyklen sind mehr rot gefärbt. Einige Follikel
beginnen im Metöstrum zu wachsen und sich über die Oberfläche vorzuwölben.
Tritt das II. Stadium, also der Beginn der Brunst ein, so erreichen die Follikel
oft einen Durchmesser von 1 mm. Die Theca interna schiebt sich an einzelnen
Stellen gegen die Membrana propria granulosa vor, so daß die Granulosa wie
gezahnt erscheint. In den äußeren Regionen der Granulosazellen treten bereits
kleine Lipoidablagerungen auf. Den Zustand der höchsten Reife erreichen
die Follikel 18—24 Stunden nach Beginn der Brunst. In diesen Zeitpunkt
fällt die Ovulation. Die Follikelsprungstellen schließen sich sehr rasch und bald
ist die Theca interna mit ihren Capillaren gegen das Zentrum vorgewachsen
und bildet den zentralen Bindegewebskern. Die Granulosazellen verteilen sich
und füllen die Hohlräume zwischen den Bindegewebsnetzen aus. Das vollent-
wickelte Corpus luteum erreicht eine Größe bis zu $1\frac{1}{2}$ mm. Nur langsam erfolgt
das Kleinerwerden des Gelbkörpers und wir können Corpora lutea von 3 oder
4 aufeinanderfolgenden Generationen in der gleichen Größe vor uns haben.
Nur durch den Nachweis von verschiedenen Mengen an Lipoiden und durch die
verschiedene Tinktion bei Hämalaun-Eosinfärbung können wir das Alter bestimmen; und auch hier dürfen wir annehmen, daß mit Zunahme der Verfettung
des Gelbkörpers seine hormonale Funktion abnimmt; denn die Hormone dürften

an die feinst dispersen Lipoidtröpfchen gebunden sein. Je grobkugeliger diese Fette werden und je mehr die doppeltbrechenden Substanzen schwinden, desto geringer wird der Hormongehalt. Ist der Höhepunkt der Verfettung (Neutralfett) erreicht, so treten überall Makrophagen auf, die in kurzer Zeit das Fett abtransportieren und so das Corpus luteum schnell verkleinern.

Über die Zahl der bei einem Ovulationstermin springenden Eier herrscht keine Übereinstimmung. SOBOTTA und BURCKHARD geben für beide Ovaren 13 Eier an, LONG-EVANS im Durchschnitt 9,6; DONALDSON hält für das Maximum 18 Stück. Doch nur etwa 90% der gesprungenen Eier gelangen in die Tuben. Über das Schicksal der anderen 10% Eier ist näheres im Abschnitt über „abnorme Trächtigkeiten" zu finden.

Die Veränderungen des *Eileiters* sind gering, obwohl die Tube gerade bei den Nagern aktiv beim Eitransport mitzuwirken hat (s. Eitransport). Vor der Ovulation liegen die Falten des Eileiters eng aneinander, während sie etwa 12 Stunden nach dem Follikelsprung durch Flüssigkeitsansammlung gespreizt werden, so daß den Eiern die Durchwanderung erleichtert wird. SOBOTTA beschrieb eine aktive umschriebene Erweiterung jener Tubenteile, die das Ei eben durchwandert (Abb. 116). Durch diese Dilatation wird der flüssige Tubeninhalt und mit ihm das Ei in den erweiterten Teil angesogen.

b) Meerschweinchen.

Auch das *Meerschweinchen* gehört zu dem vielbrünstigen Typ mit regelmäßigem Zyklus. Es ist in seinen physiologischen und anatomischen Verhältnissen besonders von STOCKARD-PAPANICOLAOU und ISCHII beschrieben worden. Das Meerschweinchen wird Ende des 2. Lebensmonats geschlechtsreif. Eine Woche vorher kann man den Stillstand im Körperwachstum bemerken, der nach der ersten Brunst aber wieder verschwindet. Der Zyklus umfaßt 15—17 Tage, doch nimmt in ihm die eigentliche Brunst nur den kleinen Zeitraum von höchstens 24 Stunden ein. Bemerkenswert ist, daß das Meerschweinchen während des ganzen Diöstrums und eines Teiles des Proöstrums und Metöstrums einen Vaginalverschluß aufweist, der jede Begattung außerhalb der Brunstzeit unmöglich macht. Es handelt sich um einen echten epithelialen Verschluß, der durch Verwachsen zweier Epithelleisten im Orificium vaginae zustande kommt. Am Ende des Proöstrums wölbt das Scheidensekret diese Membran vor, die dann für die Brunstperiode einreißt und den Eingang in die Scheide freigibt. Bald nach Ablauf der Brunst findet der Verschluß wieder statt.

Das Sekret der Vagina ist im Diöstrum in der ersten Woche spärlich, schleimig und besteht nur aus Leukocyten, während in der zweiten Woche kernhaltige Epithelien auftreten und die Leukocyten verdrängen. Das Sekret bleibt weiter schleimig und bedeckt im Proöstrum die Scheidenwand in folgender Zusammensetzung: Keine Leukocyten, zahlreiche, kernhaltige Plattenepithelien ohne Vakuolen oder Granula. Am Ende des Proöstrums werden die Kerne der Epithelien pyknotisch, das Protoplasma erscheint retikulär strukturiert und der Charakter des Sekretes ist noch immer schleimig. Am Beginn des Östrus treten nur *wenig* verhornte, *kernlose* Zellen auf. Man kann aber doch ein Schollenstadium nachweisen (LONG-EVANS); allerdings ist der trockene Charakter des Scheideninhaltes nicht so ausgeprägt wie bei Maus und Ratte, denn es mischt sich dauernd Schleim aus dem Uterus dem Sekret bei. Erst im Metöstrum wird das Sekret käsig infolge massenhaften Auftretens *kernhaltiger* Epithelien, die wenig verhornt sind. Am Ende des Metöstrums tritt eine Verflüssigung ein, die Epithelien verschwinden, wahrscheinlich aufgelöst durch die fermentative Kraft der immer mehr und mehr die Oberhand gewinnenden Leukocyten. Es können auch rote Blutkörperchen vereinzelt auftreten; eine Tatsache, die von manchen Autoren bestritten wird.

Diesen mikroskopischen Ausstrichsbildern entsprechen Veränderungen, die in der Scheidenwand histologisch nachweisbar sind. Vor allem fällt im Proöstrum eine starke Zellproliferation des Epithels auf, indem die basalen Zellen größer und höher werden, während die oberflächlichen Lagen sich abplatten. Eine acidophile, verhornende, kernlose Schichte *unter* dem kernhaltigen Epithel — wie wir sie in schöner Weise bei Maus und Ratte erheben konnten — ist beim Meerschweinchen nicht so ausgeprägt. Long-Evans beschreibt sie aber deutlich. Nach Abschilferung der oberflächlichen kernhaltigen Zellagen kommt die kernlose Schichte an die Oberfläche und liefert die wenigen „*Brunstzellen*". Mit Eintritt des Metöstrums beginnt dann das große Sterben der Epithelzellen, die durch die Proliferationstätigkeit des Östrus in hoher Lage geschichtet liegen. Sie werden in Massen abgestoßen und machen bei dem geringeren Schleimgehalt der Scheide in diesem Stadium den massigen, käsigen Charakter des Inhaltes aus. Sobald das Scheidenepithel auf wenige Zellagen reduziert ist, beginnt die Leukocytenwanderung in und unter das Epithel und damit beginnt auch die durch die fermentative Tätigkeit der Leukocyten bedingte Verflüssigung des Scheideninhaltes. Ist die Vagina gereinigt, so mischen sich die Eiterkörperchen dem Inhalt als typischer Bestandteil des Intervallsekretes bei. Bemerkenswert ist, daß am Ende des Metöstrums durch starke Füllung der Capillaren kleine Hämorrhagien auftreten können, aus denen sich rote Blutkörperchen dem Scheideninhalt zugesellen.

Das Epithel des *Uterus* ist im Ruhestadium kubisch und trägt Wimperhaare. Im ersten Stadium (Proöstrum) wird das Epithel zylindrisch und stark schleimsezernierend; man hat in diesem Stadium oft den Eindruck einer Vielschichtigkeit („pseudostratified" der englischen Autoren). Die stärkere Durchsetzung des Epithels mit Leukocyten, die vom Ende des Proöstrums an einsetzt und die ganze Hitzezeit über dauert, verursacht stellenweise eine Ansammlung von Eiterzellen unter dem Epithel, die man als pathologische Infiltration aufgefaßt werden darf. Auch das Stroma ist zu dieser Zeit stark ödematös und aufgelockert. Nach der Kopulationszeit zerfällt das Endometrium durch fermentativen Prozeß, nachdem sich eine vakuoläre Degeneration in den Zellen bemerkbar gemacht hat. Es kann auch gelegentlich bei diesem Zerfall zu kleineren Blutungen kommen. Die Regeneration des Epithels geht von den basalen Drüsenteilen, die vom Zerfall verschont geblieben sind, aus; schon 10—12 Stunden nach Ablauf des Metöstrums besteht wieder eine vollkommen geschlossene, einheitliche Epitheldecke.

Im *Eierstock* des Meerschweinchens finden wir fast dieselben, bei Maus und Ratte beschriebenen Veränderungen: Im Diöstrum ruhende Follikel und alte Gelbkörper, im Proöstrum vermehrtes Wachstum der Follikel. Der Follikelsprung erfolgt am Ende des Metöstrums. Auffallend ist aber beim Meerschweinchen, daß eine große Zahl von Follikeln der Atresie verfällt, auch wenn diese die erste Richtungsspindel bereits gebildet haben. Die *Atresie* läuft in der Weise ab, daß zuerst der gewesene Kern pyknotisch wird, dann die Follikelzellen degenerieren, worauf Bindegewebe vom Rande her einwuchert. Wenige Stunden nach dem Follikelsprung erfolgt die Umbildung der Follikelkapsel in den Granulosakörper. Das gefäßhaltige Bindegewebe der Theca dringt gegen die Mitte schnell vor und hat bald den bindegewebigen Kern gebildet. 4—5 Tage nach der Brunst hat der Gelbkörper seine volle Größe erreicht. Die Rückbildung vollzieht sich ebenfalls sehr langsam, so daß wir Corpora lutea verschiedener Generationen in gleicher Größe nebeneinander finden können.

c) Kaninchen.

Das *Kaninchen* läßt Zyklusveränderungen, wie wir sie bei den anderen Nagern finden, vermissen. Lediglich die Scheide weist solche auf. So fehlen im *Uterus* fast vollkommen jene Veränderungen, die eine Brunst anzeigen würden. Das Endometrium hält sich stets auf einer gewissen Höhe, unabhängig von der Phase des Brunstzyklus (HAMMOND). Nur nach erfolgtem Coitus entwickelt sich die Schleimhaut weiter. Darüber ist im Kapitel über die Pseudogravidität berichtet.

Die *Vagina* ist im Intervall von einer Schichte von Zellen ausgekleidet, die verschiedene Formen zeigen. Man findet überwiegend große, zylindrische Schleimzellen, zwischen denen kleine Epithelzellen liegen. Diese kleinen Zellen nehmen im Proöstrum an Zahl und Größe zu und bilden im Östrus nach Abstoßung der zylindrischen Schleimzellen das sog. „Brunstepithel", indem sie flach und polyedrisch in mehreren Lagen sich anordnen. Alsbald setzt die Reduktion ein und an Stelle des Brunstepithels treten hohe, zylindrische Zellen mit Cilien, die im Diöstrum durch die anfangs erwähnten Schleimzellen ersetzt werden. Darauf muß besonders hingewiesen werden, daß eine Verhornung der abschilfernden Epithelien oder gar die Bildung einer acidophilen, kernlosen Hornschichte unter dem Normalepithel beim Kaninchen nicht vorkommt (TSU-ZONG-YUNG). Es muß noch daran erinnert werden, daß die Ovulation im Ovarium nur dann erfolgt, wenn das Tier während der Brunst belegt worden ist, auch wenn der Coitus steril war. Man nimmt an, daß der schon reife Follikel ungefähr 10 Stunden post coitum springt (HEAPE), wahrscheinlich durch erhöhten Innendruck infolge vermehrter Sekretion des Follikelepithels. Eine Reflexwirkung zur Sprengung des Follikels während der Paarung dürfte nicht anzunehmen sein. GOICHI ASAMI beobachtete den Follikelsprung 18 Stunden nach der Paarung. Bleibt die Ovulation aus, so wird der reife Follikel atretisch (siehe S. 302).

VI. Placentation.

Wenn auch die Placentarverhältnisse bei den Nagern besonders verwickelte sind und zum völligen Verständnis ausführlich besprochen und an Bildern demonstriert werden müßten, so sind sie doch auch im Rahmen dieses Buches kurz zu erwähnen, da sie für den Experimentator eine gewisse Bedeutung haben; auch ist die Fruchtbarkeit der Nager so groß, daß wir in einer ganzen Reihe der obduzierten Tiere Trächtigkeiten als Zufallsbefunde erheben werden.

Da jede Nagerfamilie ihre besonderen Placentarverhältnisse hat, müssen wir die drei häufigsten Gruppen, die *Hasen (Leporiden)*, die *Mäuse (Muriden)* und das *Meerschweinchen (Subungulaten)* besonders besprechen. Nur die Embryonalhüllen stimmen, wie anfangs erwähnt, so weitgehend in ihrem Bau überein, daß die ganze Ordnung ebenso gut auf Grund dieser Hüllen aufgestellt hätte werden können, als auf Grund des Zahnbaues.

Wir unterscheiden im Bau der Säugetierplacenta nach GROSSER, auf dessen Werke in allen Fragen von Placentation und Frühentwicklung hingewiesen sei, vier Arten der Placentation, je nach dem Zusammenhang von Mutterkuchen und mütterlichem Gewebe.

Die einfachste Art der Placentabildung finden wir beim Schwein. Hier berühren sich Chorionepithel der Placenta und das intakte Epithel des Uteruscavums: *Placenta epitheliochorialis*. Verliert die Mutterseite das Epithel, wie wir es hauptsächlich bei den Wiederkäuern finden, so grenzt das Chorionepithel an das mütterliche Bindegewebe. Wir haben dann eine *Placenta syndesmochorialis* vor uns. Ist auch das Bindegewebe auf mütterlicher Seite verloren gegangen und bleibt nur das Gefäßendothel in Kontakt mit dem Chorionepithel, so sprechen wir von *Placenta endotheliochorialis*; und fällt schließlich auch noch das Endothel der mütterlichen Gefäße, so ist die höchste Stufe im Placentarbau erreicht:

Wir haben eine *Placenta haemochorialis* vor uns. Nach MOSSMANN (1926) soll noch ein fünfter Typus vorkommen, der für uns Bedeutung hat: Die *Placenta haemoendothelialis*, bei der auch auf fetaler Seite das Chorionepithel und das Chorionbindegewebe zum Teil in Wegfall gekommen ist. MOSSMANN zählt dazu die Placenta des Kaninchens, wahrscheinlich auch die der Ratte, der Maus und des Meerschweinchens; doch ist diese Ansicht nicht durchgedrungen, zumal man bei der Ratte ein sicheres Syncytium nachweisen kann.

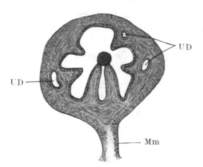

Abb. 120. Zentrale Eieinpflanzung im Hauptlumen des Uterushornes (Kaninchen) an der mesometralen Seite. UD Uterindrüsen, Mm Mesometrium.

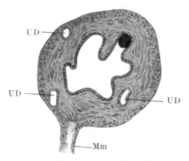

Abb. 121. Exzentrische Eieinpflanzung zwischen Schleimhautfalten (Maus, Ratte). Die Implantation erfolgt an der antimesometralen Seite. UD Uterindrüsen, Mm Mesometrium.

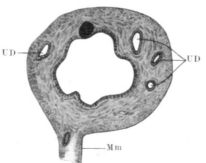

Abb. 122. Interstitielle Implantation des Eies an der antimesometralen Seite (Meerschweinchen). UD Uterindrüsen, Mm Mesometrium mit Blutgefäß.

Nach STRAHL unterscheiden wir an makroskopischen Formen der Placenta eine Placenta *diffusa*, eine *multiplex*, eine *zonaria* und eine *discoidale* Placenta. Die scheibenförmige discoidale Anordnung der Placentarzotten finden wir bei unseren Laboratoriumstieren. Eine weitere Unterteilung der Placenta discoidalis berücksichtigt den feineren Bau. STRAHL nennt hier Labyrinthplacenten solche, bei denen das mütterliche Blut in engeren capillarartigen Bahnen strömt und Topfplacenten, Placentae olliformes, jene, bei denen sich das Blut in einen größeren Blutsinus ergießt.

Die Art der Nidation, der *Implantation*, zeigt bei den Nagern ebenfalls Mannigfaltigkeiten. Wir kennen die zentrale Einpflanzung im Hauptlumen des Uterus wie beim Kaninchen (siehe Abb. 120), wir sehen die Implantation in einer Furche oder in einem Divertikel der Gebärmutter wie bei Maus und Ratte (Abb. 121), und nennen diese Art exzentrische Nidation. Wird das Uterusepithel zerstört und pflanzt sich das Ei nach Verschluß der Eingangspforte in das Bindegewebe ein, so sprechen wir von interstitieller Implantation. Zu dieser Art rechnen wir die Nidation beim Meerschweinchen (Abb. 122). Doch hält neuestens MACLAREN auch diese Eieinpflanzung für exzentrisch. Seine Abbildungen sind aber nicht überzeugend.

Beim *Kaninchen* findet die Eieinpflanzung in den beiden mesometral liegenden Falten statt, die später die mütterliche Placenta bilden und die zweilappige Form derselben ausmachen. Die zwei gegenüberliegenden Wülste werden Ob-, die lateralen Periplacenta genannt (MINOT). In dem Raum zwischen den beiden Faltenwülsten hat das Ei für die weiteren Furchungsprozesse Platz. Schon in der zweiten Hälfte der Gravidität findet, wie auch ziemlich allgemein bei allen Nagern, eine weitgehende Regeneration des zerstörten Uterusepithels statt, das sich von beiden Seiten gegen die Placenta vorschiebt, so daß nur mehr ein gefäßführender Stiel am Ende der Schwangerschaft zu finden ist. Das ist im Gegensatz zur menschlichen Placenta wichtig. Nach der Geburt, nach Abreißen des Placentar-

stieles bleibt nur eine kleine Schleimhautwunde zurück (s. auch bei Puerperium, S. 324). Eine eingehende Beschreibung der reifen Placenta würde viel zu
weit führen. Es sei daher nur eine Abbildung der Placenta eines Kaninchenembryos von 23 mm Länge aus Grossers Buch gegeben (Abb. 123). (Literatur:
Chipman, Schönfeld, Mossmann, Duval, Maximow, Minot.)

Bei *Ratte* und *Maus* erfolgt die Implantation antimesometral in einer Schleim-
hautfurche, deren Wände sich rasch verdicken, so daß das Ei in einem Schlauch

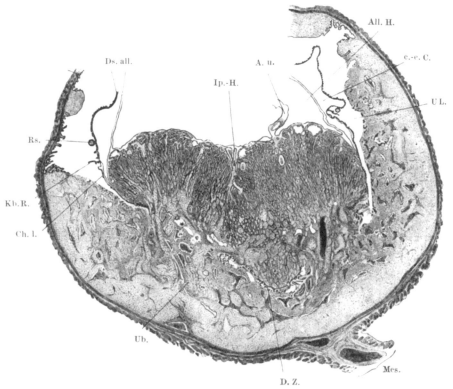

Abb. 123. Querschnitt der Placenta eines Kaninchenembryos von 23 mm größter Länge. Vergr. 6½.
A. u. Arteria umbilicalis (im Verlauf durch die Allantois). All Allantoiswand. All.-H Allantoishohl-
raum. Ch.l Chorion laeve. Ds Dottersack. D.-Z Durchdringungszone. e.-e.C extraembryonales
Cölom. Ip.-H Interektoplacentarhöhle. Kb.-R Keimblasenrest (Ekto- und Entoderm ohne Mesoderm). Mes Mesometrium. Rs Randsinus. Ub Unterbau (Decidua subplacentalis). U.-L Uteruslumen; neben dem Weisungsstrich Symplasmen mütterlich-epithelialer Herkunft. (Nach Grosser.)

zu liegen scheint (Eibuckel). Bald verschwindet das Uteruslumen, so daß der
Eibuckel auch mit der mesometralen Seite in Verbindung steht. Um die Eianlage
herum befindet sich dicke Decidua. Nun dringt ein neu gebildetes Uteruslumen
von beiden Seiten antimesometral so gegen den Eibuckel vor, daß dieser von seiner
Haftseite abgelöst wird und die weitere Eientwicklung an der Wand des Mesometriums stattfindet. Bei der Maus sollen nach Sobotta (1908) die übrig gebliebenen uterinen Drüsen an der Bildung des neuerlichen Uteruslumens beteiligt
sein. Es hat somit eine Überwanderung des Eies stattgefunden. Die reife Placenta
ist scheibenförmig, knopfartig. Es lassen sich ein schmaler mütterlicher Unterbau
und ein dickes Placentarlabyrinth auf fetaler Seite unterscheiden. Der Unterbau
besteht aus degenerierten Deciduazellen, mütterlichen Symplasmen und fetalen
Riesenzellen neben zahlreichen weiten mütterlichen Venenräumen, die am

Schluß der Gravidität verschwinden. Ebenso wie beim Kaninchen schiebt sich auch bei Ratte und Maus das regenerierende Epithel konzentrisch unter die Placenta vor, so daß ein Placentarstiel entsteht. Das Syncytium der Fetalplacenta ist nicht wie beim Kaninchen in Blätter geteilt, sondern mehr diffus und netzartig angeordnet und wird nur stellenweise von Partien fetalen Bindegewebes mit embryonalen Gefäßen durchzogen (Abb. 124).

Auch beim *Meerschweinchen* findet die Implantation an der antimesometralen Seite statt, ist aber weder als zentral noch als exzentrisch zu bezeichnen, sondern muß für interstitiell gehalten werden (BISCHOFF u. a.). Der Eibuckel wandert ebenso wie bei den Muriden auf die mesometrale Seite über. Die reife Placenta

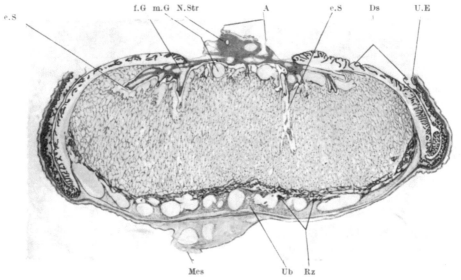

Abb. 124. Beinahe reife Placenta der weißen Ratte im Querschnitt. Vergr. 10. A Amnion. Ds Dottersack. f.G fetale Gefäße. m.G mütterliches (zuführendes) Gefäß. Mes Mesometrium. N.Str Nabelstrangansatz. Rz Riesenzellen der Durchdringungszone. e.S entodermale Sinus. Ub mütterlicher Unterbau. U.E Uterusepithel. Der Rest der Decidua capsularis ist bei dieser Vergrößerung nicht erkennbar. (Nach GROSSER.)

zeigt im fetalen Anteil Läppchenbau mit weitgehender Verdünnung der Scheidewände der Gefäße, wie wir sie sonst nirgends beobachten. Der mütterliche Unterbau ist dick und trägt als Charakteristicum das sog. „Dach der zentralen Exkavation" (DUVAL), das durch das Vordringen der mesodermalen Gefäßschicht gegen die Trophoblastwucherung und durch das Aushöhlen derselben entstanden ist (ausführliche Beschreibung bei GROSSER 1927; Abb. 125). Auffallend ist die lange Tragzeit (60 Tage) und die kleine Zahl der Jungen, die allerdings weit entwickelt geboren werden (Abb. 126).

Über die *Verteilung der Eier* im Uterus bei Nagern und ihre Orientierung sei auf die Arbeiten von WIDAKOWICH, CORNER u. a. hingewiesen. Es sei nur so viel gesagt, daß die Regelmäßigkeit der Verteilung zum Teil nur durch die Tätigkeit der Uterusmuskulatur erklärt wird (SOBOTTA 1916, CORNER 1921, VÖLKER 1922, KYE 1923). Es sollen sich die Eier im Rhythmus der peristaltischen Welle einpflanzen.

Was die *Zahl der Eikammern* anlangt, so finden wir bei der erstgebärenden Maus 4—8 Feten, bei mehrgebärenden 6—14 in beiden Uterushörnern. Bei der

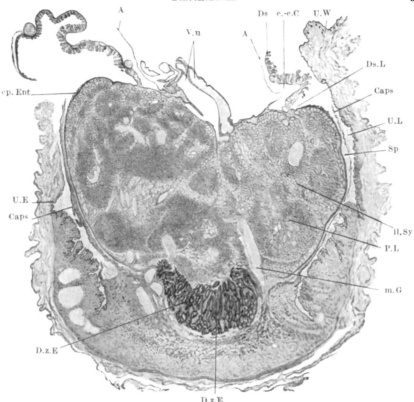

Abb. 125. Placenta vom Meerschweinchen aus der zweiten Hälfte der Gravidität. Embryo 34 mm lang. Vergr. 7. A Amnion. Caps Capsularis. D.z.E Dach der zentralen Excavation (Unterbau der Placenta). Ds Dottersack. Ds.L Dottersacklumen. ep.Ent ektoplacentares Entoderm mit Epithelzotten. m.G mütterliches Gefäß. P.L Placentarlabyrinth. Sp Spalte zwischen Placenta und Capsularis, dem Dottersacklumen entsprechend. il.Sy interlobuläres Syncytium (die lichten Straßen zwischen den dunklen Läppchen). U.W Uteruswand. U.E Uterusepithel. U.L Uteruslumen. V.u Vasa umbilicalia. e.-e.C extraembryonales Cölom. (Nach GROSSER.)

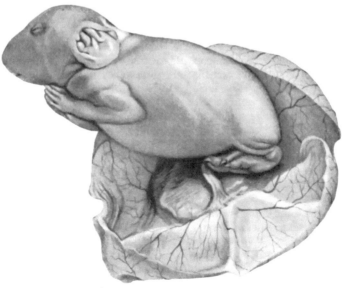

Abb. 126. Reife Eikammer des Meerschweinchens (natürliche Größe).

Ratte sehen wir im Durchschnitt 12 Eianlagen. SOBOTTA und BURCKHARD geben für die Ratte die Zahl 13 für die in beiden Eierstöcken gesprungenen Follikeln an, LONG-EVANS 9—6 und DONALDSON sogar 18. Es sei aber daran erinnert, daß nicht alle Eier ihren Weg zur Implantationsstelle im Uterus beenden und diese Zahlen etwas reduziert werden müssen, um den Durchschnitt für die Zahl der Eianlagen zu bekommen. Das Meerschweinchen bringt, wie oben erwähnt, bei der ersten Geburt nur 1—2, bei den späteren höchstens 3—4 gut ausgebildete Junge zur Welt. Das Kaninchen ist mit 8—15 Embryonen trächtig.

Die 60tägige *Tragzeit* des Meerschweinchens wurde schon erwähnt. Die Ratte ist 3 Wochen trächtig, die Maus im Durchschnitt einige Tage länger (22—24 Tage); 28—32 Tage finden wir als Schwangerschaftsdauer beim Kaninchen.

VII. Das Puerperium.

Die Nager sind dadurch ausgezeichnet, daß sie sofort nach dem Wurfe wieder trächtig werden können. Dies ist zum Teil darauf zurückzuführen, daß ein eigentliches Puerperium, wie wir es beim Menschen und bei den Primaten finden, nicht besteht. Schon wenige Stunden nach der Entleerung der Eikammern ist eine Wundfläche im Uterus nicht mehr nachzuweisen. Untersucht man knapp nach dem Wurfe den puerperalen Uterus, so findet man die Placentarstelle durch die Kontraktion der Muskulatur auf ungefähr die Hälfte verkleinert. Bei der Maus sind genaue Untersuchungen von BURCKHARD angestellt worden. In dem Stadium unmittelbar nach der Geburt sind die Eikammern makroskopisch noch deutlich zu erkennen und durch seichte Furchen voneinander getrennt. Histologisch findet man die noch immer sehr starke Längsmuskelschicht in leicht geschlängelten Bündeln angeordnet. Diese Schicht ist erheblich verbreitert und in ihren Fasern hypertrophisch. Zwischen Längs- und Ringmuskulatur findet sich komprimiertes Bindegewebe, das serös durchtränkt ist. In ihm liegen größere und kleinere Gefäße mit mächtiger Erweiterung, strotzend mit Blut gefüllt.

Besonders auffällig sind die in das Gewebe ausgetretenen Blutmengen. Im Lumen der Uterushörner liegt bald nach dem Wurfe Detritus, bestehend aus Zelltrümmern, roten Blutkörperchen, Leukocyten und geronnener Flüssigkeit. Die Schleimhaut selbst weist hohe und reichlich verzweigte Falten auf, die das Bild gegenüber dem nicht schwangeren Uterus stark verändern. An der mesometralen Seite, wo die Placenta gelegen ist, finden wir die epithelfreie Stelle. Diese Stelle ist bis auf wenige Stunden nach dem Wurfe noch bedeckt mit einer Schicht von geronnener Flüssigkeit und zahlreichen Zelltrümmern. Untersucht man den Rand der Placentationsstelle, so erkennt man bereits rege Epithelregeneration mit zahlreichen Mitosen; diese Zelltätigkeit hat im Laufe von wenigen Stunden den Großteil der Wundfläche mit Epithel überzogen. Die auf die Wundfläche zu liegen kommenden Cylinderepithelzellen sind sehr stark abgeflacht und werden erst wieder höher, wenn die Epithelialisierung vollendet ist. Nach ungefähr 24—48 Stunden ist dieser Vorgang beendet und der Uterus zeigt nirgends mehr eine epithelfreie Stelle. Nur die in dem Bindegewebe liegenden Blutextravasate und der zum Teil im Lumen noch vorhandene Detritus weisen auf die vorangegangene Geburt hin. Die vollkommene Regeneration des Epithels ist nach etwa 70 Stunden zum Abschluß gekommen, während die Veränderungen im Bindegewebe bis zu 120 Stunden noch deutlich erkennbar sind. Diese rasche Rückbildung hat einen physiologischen Zweck. Bei Maus und Ratte erfolgt sofort post partum eine Ovulation, wodurch eine Konzeption wieder möglich geworden ist. Für den Weg, den das befruchtete Ei bis zur Implantationsstelle zurückzulegen hat, benötigt es einen Zeitraum, der ungefähr der Zeit entspricht, die wir für die vollständige Epithelialisierung der Placentarstelle in den Eikammern gefunden haben. Auch beim Meerschweinchen und Kaninchen finden wir ähnliche Verhältnisse.

Bei dem Kaninchen sollen bereits nach 12—16 Stunden (KIERSNOWSKI) die Uterindrüsen in Zusammenhang mit dem Uteruslumen stehen. KIERSNOWSKI findet das Auftreten der Mitosen in den Epithelzellen bei Kaninchen bereits nach 16 Stunden, bei Meerschweinchen nach 18 Stunden. Auffallend ist der Befund dieses Autors, daß beim Meerschweinchen post partum zahlreiche nekrotische abgehobene Epithelfetzen im Uterushorn zu finden sind, die einem neuen Zellüberzug schon aufsaßen. Nach anderen Untersuchungen sollen bei Kaninchen und bei Meerschweinchen die Mitosen und somit die Regeneration unmittelbar nach dem Wurf auftreten. An unseren Präparaten haben wir ebenfalls den Beginn der Überhäutung der Placentarstelle *gleich* nach der Geburt feststellen können.

VIII. Die abnorme Trächtigkeit.

Schwangerschaft außerhalb des Uterus kann durch *primäre* Eiimplantation oder nach Austritt des mehr oder weniger weit entwickelten Eies aus den Uterushörnern *sekundär* zustande kommen.

Primäre Bauchhöhlenschwangerschaft ist nicht mit Sicherheit beobachtet worden. Auch über Graviditäten im Eierstock und über Tubenschwangerschaften ist in der Literatur nichts zu finden (ein Fall von DE BRUIN betrifft die Katze). Desgleichen ist eine Trächtigkeit in der Scheide nie zur Beobachtung gelangt.

Wir können daher nur von sekundären Bauchhöhlenschwangerschaften sprechen, die weitaus am häufigsten bei den Leporiden gefunden wurden.

Schon 1880 wurde von ROMMEL ein Fall mitgeteilt, bei dem er in der Bauchhöhle eines Hasen einen freien Fruchtsack fand. Gleiche Beobachtungen bei Hasen oder Kaninchen haben wir von DOHRN (1861) und STERNBERG (1906). In der Diskussion zum Vortrag STERNBERGS erwähnte HALBAN, daß er bei der Sektion eines Kaninchens ein Lithopädion in der Bauchhöhle gefunden habe, das schon vorher durch die Bauchdecke zu tasten war. Die Suche auf Narben im Uterus, um die Bauchgravidität als sekundär gelten zu lassen, war in diesem Falle vergebens, doch nahm HALBAN in Anbetracht der guten Regenerationsfähigkeit des Gewebes eine primäre Bauchhöhlenträchtigkeit *nicht* an. SITTNER, in dessen Arbeit die Literatur bis 1903 gesammelt ist, vertritt die Ansicht, daß durch äußere mechanische Gewalteinwirkung oder durch Tragsackverdrehung eine Zerreißung des Uterushornes zustande kommt mit nachfolgendem Austritt des Eies in die Bauchhöhle.

Tatsächlich hat man in vielen Fällen von Abdominalgravidität bei Kaninchen Narben im Uterus nachweisen können. Ob ein Austreten des jungen Eies auf retrogradem Wege durch Antiperistaltik der Eileiter zustande kommen kann, ist zumindest noch strittig. Meistens findet man freie Fruchtsäcke ohne irgendwelche Verbindung mit dem Genitale. Nur ein dünner Stiel führt zur Placenta, die an Netzzipfeln oder sonstwo an der Serosa inseriert. Man findet die Placenten meist bindegewebsreich und geschrumpft. Bei jüngeren Graviditäten wird der Fruchtsack nur an einem dünnen Stiel hängend, ohne eigentliche Placenta gefunden. In zahlreichen Fällen fand man in der Bauchhöhle im Fruchtsack ausgetragene Feten, die dann immer auffallend starke Behaarung zeigten (WOLFF). Wir sehen extrauterine Schwangerschaften viel häufiger bei mehrgebärenden Tieren auftreten als bei erstgebärenden, was der Annahme der traumatischen Genese und Sekundäreinpflanzung eine gewisse Unterstützung verleiht.

Interessant und wichtig ist auch die schon erwähnte Tatsache, daß die Zahl der Eikammern nicht der Zahl der gelben Körper in den Eierstöcken entspricht, mit anderen Worten, daß ein gewisser Prozentsatz primärer Mortalität der Eier und jungen Embryonen bestehen muß (HAMMOND, dann BIEDL, PETERS und HOFSTÄTTER für das *Kaninchen*, LONG-EVANS, HUBER für die *Ratte*). HAMMOND

nahm an, daß eine Anzahl Eier auf dem Wege vom Ovar zur Tube in die Bauchhöhle falle, dort zugrunde gehe und sich dem Nachweis entziehe. Nach den
Untersuchungen SOBOTTAS über die Ovarialtasche erscheint dieser Vorgang
aber unwahrscheinlich, bei Maus und Ratte mit geschlossener Ovarialkapsel
geradezu unmöglich. Man kann annehmen, daß solche Eier entweder unbefruchtet
bleiben oder frühzeitig verkümmern und resorbiert werden. Man findet nicht
selten verkümmerte, mehr oder weniger weit entwickelte Embryonen im Fruchthalter. Ebenso ist der Befund einer verkümmerten Eikammer zwischen normal
ausgebildeten ziemlich häufig. HOFSTÄTTER beschreibt außer einem Fall, bei
dem der Fetus nicht mehr, die Placenta aber vollkommen gefunden wurde,
noch einen zweiten Fall von Fetus papyraceus, der von einem eigenen Frucht-
häutchen umgeben war. Eine eigene Placenta war von der Placenta des wohl
ausgebildeten Bruders nicht zu trennen (s. auch Spontanerkrankungen).

In dieses Kapitel gehören auch die Untersuchungen NOVAKs und EISINGERs, die bei
ihren Versuchen zur Erzeugung von extrauteriner Gravidität bei Mus decumanus (mittels
Unterbindung des Eitransportweges) Zellballen im Periovarialraum, an der Eierstockrinde
und in der Kapselwand fanden, die nicht befruchteten, zum Teil parthenogenetisch geteilten
Eiern entsprachen. Solche Zellballen können spontan vorkommen und zu Verwechslungen
und Fehlbefunden Veranlassung geben.

IX. Scheinträchtigkeit.

VAN BENEDEN und HEAPE stellten fest, daß die Ovulation beim Kaninchen
in der Regel nur nach der Kopulation eintritt. Spontane Follikelberstung
findet nur in Ausnahmefällen statt; daher finden wir, wie in der normalen

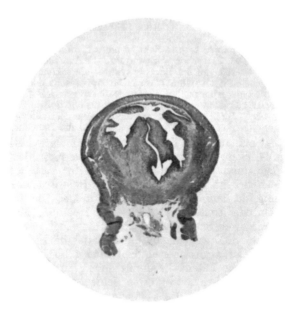

Abb. 127a.

Anatomie schon beschrieben wurde, im Eierstock des Kaninchens sog. Blut-
follikel, die nach HAMMOND als Degenerationsprodukt überreifer, aber unge-
platzter Follikel aufzufassen sind. Erfolgt beim brünstigen Weibchen der
Coitus, so berstet der Follikel einige Stunden nachher (HEAPE 10 Stunden,
GOICHI ASAMI 18 Stunden nach der Paarung). Erfolgt bei dieser Kopulation

keine Befruchtung, so zeigen sich im weiteren Verlaufe am Tier typische Veränderungen anatomischer und biologischer Natur, die wir als ,,*Pseudogravidität*''

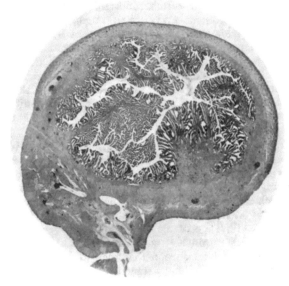

Abb. 127b.

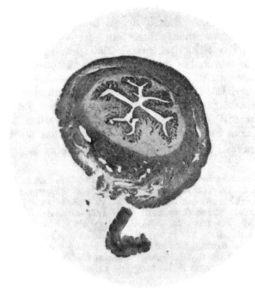

Abb. 127c.

Abb. 127. a Schnitt durch das Uterushorn des Kaninchens im Ruhestadium. b Uterusschleimhaut
am 6. Tag der Scheinschwangerschaft. c Mucosa am 17. Tag der Pseudogravidität. Wohl Schrumpfung und Vereinfachung des Schleimhautlabyrinthes, doch noch kein Zerfall der Schleimhaut.
Aufnahmen nach Präparaten H. KNAUS. Vergr. 10mal.

(Graviditas spuria, Scheinträchtigkeit) bezeichnen. Es sind dies typische Veränderungen, hervorgerufen von den sich entwickelnden Corpora lutea, die

jedem Experimentator bekannt sein müssen. Wir können die Zeichen der
Pseudogravidität während der Brunst durch verschiedene Mittel hervorbringen.
Am besten durch infertilen Coitus (z. B. durch den Deckakt eines nach Steinach
vasektomierten Rammlers) oder durch mehrmalige Berührung der Scheiden-
oberfläche mit einem Instrument (Wiesner). Auch durch psychische Affekte
(Müller) und durch Verhinderung der Begattung im Stadium der Hochbrunst
(Hofstätter). Es kann der Follikelsprung und somit die Entstehung der
„falschen Gravidität" ausgelöst werden. Es bilden sich dann Corpora lutea,
unter deren Einfluß die typischen Veränderungen am Genitalapparat eintreten.
Die Scheinschwangerschaft dauert nach Ancel und Bouin 13—14 Tage, nach
Hammond 16—19 Tage, nach H. Knaus 16 Tage. Sie endet mit dem Zerfall der
Uterusschleimhaut, die wiederum durch die Degeneration der Gelbkörper aus-
gelöst wird.

Normalerweise gehen die unbefruchteten Eizellen des Kaninchens wenige
Stunden nach der Ovulation zugrunde. Sobotta hat uns über das Schicksal
der geplatzten Follikel genau unterrichtet und uns gezeigt, daß in der 32. Stunde
nach der Begattung die Corpus luteum-Bildung einsetzt. Hammond hat nachgewiesen, daß durch die Corpora lutea, die auch in der Scheinschwangerschaft
nach dem Deckakte entstehen, die weitere Follikelreifung und Ovulation gehemmt
wird. Erst nach dem 16. Tage, wenn der Gelbkörper schon der Degeneration
verfallen ist, reagiert das Kaninchen nach dem Deckakt wieder mit Ovulation.
Wir finden daher im Schnitt durch den Eierstock in der ersten Zeit der Scheinschwangerschaft die von den Follikelsprüngen nach dem Deckakt entstandenen
Gelbkörper („Pseudogelbkörper" nach L. Fraenkel, Fellner, E. Fels oder
Corpus luteum simile graviditatis nach H. V. Klein) und vermissen bis zum
Zugrundegehen dieser Körper die Weiterentwicklung und Reifung neuer Eizellen.

Über die Veränderung des Uterusmuskels in funktioneller Beziehung hat
uns Knaus interessante Experimente mitgeteilt. Er wies nach, daß das Hormon
des Corpus luteum in der Scheinschwangerschaft protoplasmatische Veränderungen in den Uterusmuskelzellen setzt und die Reaktionsfähigkeit der Uterusmuskulatur gegenüber dem Hypophysenhinterlappenhormon aufhebt. Im
Gegensatz zu Ancel und Bouin konnte Knaus Wachstum der Muskelzellen oder
Vermehrung der Zellzahl unter dem Einfluß des Corpus luteum nicht nachweisen. Es steht nur fest, daß außer der schon erwähnten Erschlaffung eine
Schwellung und stärkere Durchblutung des Myometriums stattfindet.

Weitaus die charakteristischsten Veränderungen aber zeigt uns das Endometrium.

Bevor wir darauf eingehen, sei der Bericht von Ancel und Bouin (1911) erwähnt, der
besagt, daß bei Kaninchen, die von sterilisierten Rammlern besprungen wurden, neben der
Hypertrophie der Brustdrüsen auch Formationen im Uterus auftraten, wie sie sich in erster
Linie bei der echten Schwangerschaft fanden. Sie sahen unter der Mucosa in der Muskelschicht Zellen, die am 16. Tag auftraten, am 23. Tag ihre größte Ausdehnung erreichten
und bald nachher verschwanden. Sie leiten diese Zellen vom Bindegewebe ab, halten sie
für ein Organ mit innerer Sekretion und setzen die Funktion dieses Organs der des Corpus
luteum gleich (Glande endocrine myométriale). Spätere Untersucher, wie Fraenkel (1913)
geben dieser Formation nur geringe Bedeutung, da sie auch in der Schwangerschaft nicht
regelmäßig gefunden wird.

Nach dem neuesten Stand unserer Kenntnis aber ist die Existenz einer
interstitiellen Uterusdrüse vollkommen abzulehnen (Robert Meyer 1921). Es
handelt sich hier wohl nur um choriale Wanderzellen, die zu Fehldeutung Anlaß
gegeben haben. Daher kann nach dieser Ansicht eine Formation im Sinne Ancels
und Bouins bei einer Scheinschwangerschaft gar nicht zur Ausbildung kommen.

Wir finden — analog der Tatsache, daß 32 Stunden nach dem Coitus sich
das Corpus luteum zu bilden beginnt (Sobotta) — die ersten Veränderungen in

der Schleimhaut erst nach dieser Zeit. Von diesem Zeitpunkt an geht die Decidua-
bildung äußerst rasch vor sich, so daß schon nach wenigen Stunden des Bestandes des jungen Corpus luteum (bzw. der Corpora lutea) ein reges Zell- und
Drüsenwachstum beginnt, das bis zum 4. Tage der Pseudogravidität Labyrinthe
von Schleimhautfalten gebildet hat. Abbildungen, die ich H. KNAUS verdanke,
zeigen dieses überstürzte Wachstum in ausgezeichneter Weise (Abb. 127 a—c).
Die Höhe der Deciduaentwicklung ist am 6.—8. Tage erreicht. Nach dem
10. Tage wird eine Schrumpfung und eine Vereinfachung des Formenreichtums
der Decidua sichtbar. Doch erst am 17. Tage kommt es zur Auflösung und zum
Zerfall der Schleimhaut unter Entleerung eines gelben schleimigen Sekretes
aus dem Cavum in die Scheide[1].

Es besteht das Bild völliger Auflösung der decidualen Bildungen zum Unterschied
der Befunde während der echten Schwangerschaft, wo von Degenerationsvorgängen
zu dieser Zeit noch gar nichts zu bemerken ist. Erst am 22. Tag der wahren Schwangerschaft
treten Zerfallserscheinungen an den epithelialen Drüsenelementen auf. Man findet zu dieser
Zeit nekrotische Zellherde, riesenzellenartig, die von MINOT zuerst gesehen und als *Monster
cells* beschrieben, von MAXIMOW als Schleimhautriesenzellen untersucht wurden. KNAUS
hat jüngst mit Sicherheit festgestellt, daß diese *Monster cells* epithelialer Herkunft und aus
den Drüsenzellen hervorgegangen sind.

In den nächsten Tagen bildet sich das Endometrium ebenso schnell, wie
es aufgebaut war, zurück. Es ist interessant zu beobachten, wie auch das
Muttergefühl des Kaninchens (Nestbau usw.) mit dem Zerfall des Corpus luteum
simile graviditatis (H. V. KLEIN) schwindet.

X. Die senilen Veränderungen.

Es ist sehr schwer, eine scharfe Grenze zwischen noch „geschlechtsreif"
und „senil" bei den Nagetieren zu fixieren. Die äußeren Zeichen führen uns nur
dann zur Erkennung der Senilität, wenn das Tier schon schwer krank erscheint
und die Eierstocksfunktion längst erloschen ist. Die Tiere sind freßunlustig,
zeigen gebückte Haltung, sind bewegungsfaul, sitzen meist in einer Ecke und
schlafen einen großen Teil des Tages. Ihr Fell ist struppig und zeigt bald kahle
Stellen. Der Hämoglobingehalt und die Erythrocytenzahl sind außerordentlich
niedrig. Dem entspricht die hohe Anämie aller sichtbaren Schleimhäute. Eröffnet man ein solches Tier, so findet man das Genitale vollkommen atrophisch.
Die Diagnose einer Altersatrophie ist dann leicht zu stellen. Wichtiger aber sind
die Stadien von Senescenz, die nicht diesen hohen Grad von Atrophie zeigen,
die nicht schon am lebenden Tier die Diagnose „senil" stellen lassen und die
daher am ehesten Anlaß geben können zu Fehlbefunden.

Wir bezeichnen mit STEINACH ein Tier dann als senil, wenn es bei täglichem
Abstrich mindestens 2 Monate keinen Genitalzyklus gezeigt hat. Bei Ratten
z. B. ist das oft schon im Alter von 20 Monaten der Fall[2], doch läßt sich eine
genaue Angabe über das Grenzalter nicht stellen, da wir große Unterschiede
in der Länge der Fortpflanzungsperiode bei den verschiedenen Stämmen feststellen können. Die Fortpflanzungsfähigkeit pflegt 1—3 Monate vor dem
Sistieren des Zyklus zu erlöschen. Als *präsenil* kann man solche Tiere bezeichnen,
die unregelmäßigen Östrus aufweisen und nur selten mehr trächtig werden.

Am *Genitale* fällt eine gewisse Schlaffheit der Vagina auf, die in späteren
Stadien der Senilität einer Atrophie Platz macht. Bei Eröffnung der *Bauchhöhle*

---

[1] Diese Umwandlung der Schleimhaut in Decidua verwendet C. CLAUBERG (Kiel)
in neueren, sehr interessanten Arbeiten als Test für das Corpus luteum-Hormon (ähnlich
wie KNAUS die Muskelerregbarkeit.

[2] DONALDSON nennt als Spanne für die Menopause 18—24 Monate, als Höchstwert
40 Monate. GREENMAN und DÜHRING sahen ebenfalls die Menopause zwischen dem 18. und
24. Lebensmonat auftreten.

ist in erster Linie die Fettarmut oder der gänzliche Fettmangel ein Hinweis auf das verhältnismäßig hohe Alter des Tieres. Das Mesenterium und in

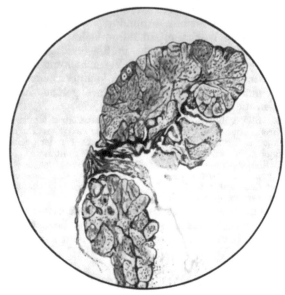

Abb. 128. Senil atrophisches Ovarium einer weißen Ratte. Vergrößerung etwa 20mal.
(Aus STEINACH, KUN und HOHLWEG, Pflügers Arch. 219.)

gleicher Weise das Mesometrium erscheint nur als dünnes Häutchen, in dem man kaum Blutgefäße sieht. Ein Kardinalsymptom für Altersveränderung des Genitales ist die Blutarmut der Organe. Die Uterushörner sind stark anämisch, erscheinen oft vollkommen weiß und ziehen als fadendünne, millimeterdicke Stränge schräg durch die Bauchhöhle. Verfolgt man die Uterushörner zum abdominalen Ende hin, so findet man ein kleines, blasses Ovarium ohne jedes Fettpolster. Das Gleiche findet man an dem nichtgeteilten Teil der Gebärmutter. Verhältnismäßig weit erscheint die Scheide, die erst, wie früher erwähnt, in noch höherem Alter atrophiert. Wir finden bei allen Nagetieren ähnliche Alterserscheinungen, so daß es berechtigt erscheint, die histologischen Bilder nur eines Tieres, z. B. der Ratte, zu besprechen.

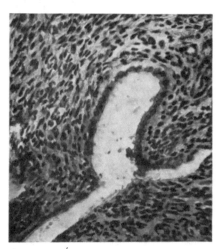

Abb. 129. Uterusepithel einer senilen Ratte.
(Aus STEINACH, HEINLEIN u. WIESNER,
Pflügers Arch. 210.)

Das *Ovarium* bietet uns ein Bild völliger Ruhe. Man sieht keine Follikel von mehr als 300 μ Durchmesser. Die wenigen Follikel zeigen durchwegs niedere Wachstumsstufe; auch die Zahl der kleinen, degenerierten Follikel ist stark verringert. Die spärlichen Primordialeier färben sich schlecht und die GRAAFschen Follikel verfallen in frühen Stadien der Atresie; die Rinde weist nur geringe Dicke auf, während das Stroma zum Hauptteil aus Bindegewebe besteht. Gelbkörper fehlen oder sind äußerst spärlich und klein. Der Gefäßstiel und der Gefäßapparat des Ovariums sind vollkommen geschrumpft. Zum besseren Verständnis sei auf die Abb. 128 verwiesen. Auch bei Schnitten durch ein *Uterushorn* können wir in erster Linie Anämie und Atrophie feststellen. Das durchwegs ruhende Uterusepithel ist niedrig, nur bis 10 μ hoch, die Kerne der Zellen sind klein und rund (Abb. 129). Ähnlich wie in der menschlichen Histologie finden wir auch hier Krypten- und Cystenbildung mit atrophischem niederem Epithel. Die Submucosa ist wenig deutlich vom Epithel abgesetzt und eine Membrana propria kaum zu erkennen. Die Muskelschicht ist vielfach von Bindegewebe ersetzt. Machen wir einen Schnitt durch die Scheide, so finden wir Bilder, die dem auf S. 316 beschriebenen Zyklusintervall entsprechen.

Literatur.

ALLEN: The oestrus cycle in the mouse. Amer. J. Anat. **30** 297 (1922). — ALLEN-DOISY: (a) The induction of a sexually mature condition etc. Amer. J. Physiol. **69**, 577 (1924). (b) Ref. in Ber. Gynäk. **9**, H. 3 u. Zbl. Gynäk. **1924**, 27. — ANCEL et BOUIN: (a) Sur l'existence d'une glande myométriale endocrine chez la lapine gestante. C. r. Assoc. Anat. Paris **1911**. (b) Sur la fonction du corps jaune etc. C. r. Soc. Biol. Paris **66, 67** (1909). — ASCHHEIM: Die Schwangerschaftsdiagnose aus dem Harn. Berlin: S. Karger 1930. — ASCHHEIM-ZONDEK: Die Schwangerschaftsdiagnose aus dem Harn durch Nachweis des Hypophysenvorderlappenhormons. Klin. Wschr. **1928**, 30, 31. — ASCHNER: Über Morphologie und Funktion des Ovars. Arch. Gynäk. **102**, H. 3.

BAUMGARTEN: Zbl. Path. **17**, 769 (1906). — BEATTI: (a) Tumores spontaneos de ratas salvajes. Semana méd. Buenos-Aires **24**, 643. (b) (Kurze Mitteilung). Z. Krebsforschg **19**, 207 (1923). — BEILING: Beiträge zur makroskopischen und mikroskopischen Anatomie der Vagina und des Uterus der Säugetiere. Arch. mikrosk. Anat. **67**, 588. — BEITZKE: Uterustumoren bei Kaninchen. Virchows Arch. **214**, 358 (1913). — BENEDEN, VAN: Arch. de Biol. **1** (1880). — BIEDL: Kongreßber. dtsch. gynäk. Ges. Bonn **1927**. Arch. Gynäk. **132**. BIEDL, PETERS, HOFSTÄTTER: (a) Versuche zur Isolierung der interstitiellen Drüse im Ovar. Z. Geburtsh. **88** (1925). (b) Experimentelle Untersuchungen über die Eieinnistung und Weiterentwicklung des Eies im Uterus. Z. Geburtsh. **84** (1921). — BISCHOFF: Entwicklung des Meerschweinchens. Gießen 1852. — BRÜHL: Die ASCHHEIM-ZONDEKsche Reaktion. Dtsch. med. Wschr. **1**, 696 (1929). — BRUIN: Berl. tierärztl. Wschr. **1900**, 2, zit. nach REINHARDT. — BULLOCK and RHODENBURG: Spontaneous tumors of the rat. J. Canc. Res. **2**, 39 (1916).

CHIPMAN: Observations on the placenta of the rabbit etc. Vict. Hosp., Montreal 1902, I. — CLAUBERG: Das Hormon des Corpus luteum. Zbl. Gynäk. **1930**, H. 1, 19, 44; Klin. Wschr. **1930**, 43. — CORNER: Internal migration of the ovum. Bull. Hopkins Hosp. **32** (1921). — CORNER and ALLEN: Physiology of the corpus luteum. Amer. J. Physiol. **86** (1928) and **88** (1929).

DISSE: Die Eikammern bei Nagern. Erg. Anat. **15** (1905). — DISSELHORST: Die akzessorischen Geschlechtsdrüsen. München: J. F. Bergmann 1897. — DOHRN: Zit. nach SITTNER. DONALDSON: The rat. Philadelphia 1924. — DRAHN: Der weibliche Geschlechtsapparat von Kaninchen, Meerschweinchen, Ratte und Maus in HALBAN-SEITZ: Biologie und Pathologie des Weibes Bd. 1. Wien u. Berlin. — DUVAL: Le placenta des Rongeurs. J. Anat. et Physiol. **25—28** (1889—1892).

EVANS and LONG: Über das Hervorbringen von Bedingungen der Pseudogravidität. Anat. Rec. **21**, 57 (1921).

FELLNER: Über die Tätigkeit des Ovariums während der Schwangerschaft (interstitielle Zellen). Mschr. Geburtsh. **1921**, 54. — FISCHER-WASELS: Die parasitäre Theorie der Krebskrankheit nach L. HEIDENHAIN. Münch. med. Wschr. **1928**, H. 22. — FISCHEL: Zur normalen Anatomie und Physiologie der weiblichen Geschlechtsorgane von Mus decumanus. Arch. Entw.mechan. **39** (1914). — FLEXNER and JABLING: Metaplasia and metastasis of a rat tumor. Proc. Soc. exper. Biol. a. Med. **5**, 52. — FRAENKEL: (a) Vergleichende histologische Untersuchungen über das Vorkommen drüsiger Formationen im interstitiellen Eierstocksgewebe (Glande interstitielle de l'ovarie). Arch. Gynäk. **75**, 443. (b) Glande endocrine myométriale. Arch. Gynäk. **1913**, 99.

GAYLORD, H. R.: Endemisches Vorkommen von Sarkomen bei Ratten. Z. Krebsforschg **4**, 679. — GEBHARDT: Das Kaninchen. Leipzig 1911. — GOICHI ASAMI: Zitiert nach KELLER in HALBAN - SEITZ, Biologie und Pathologie des Weibes. Wien 1922. — GREENMAN and

DUHRING: Breeding and care of the albino rat for research purposes, published by the Wistar institute, Philadelphia. — GROSSER: Frühentwicklung, Eihautbildung, Implantation. München 1927.
HAALAND: Imp. Canc. Res. Fund. **4**, 46. — HAMMOND: Reproduction in the Rabbit. Biol. Monogr. and Manuals, Edinburgh 1925. — HAMMOND and MARSHALL: Correlation between ovaries, uterus and mammary glands in Rabbit. Proc. roy. Soc. Lond. **87**. London 1911. — HARZ: Beiträge zur Histologie des Säugetierovars. Arch. mikrosk. Anat. **22**, 374 (1883). — HEAPE: The sexual season of mammals etc. Quart. J. microsc. Sci. Lond. **1900**. — HEIDENHAIN: (a) Über zwei Uteruscarcinome bei weißen Mäusen. Z. Krebsforschg **1929**, 28. (b) Über das Problem der bösartigen Geschwülste. Berlin 1928. — HEINMANN: Scheinträchtigkeit. Med. Klin. 46 (1929). — HOFSTÄTTER: (a) Über Beziehungen zwischen befruchtetem Ei und Gelbkörper. Zbl. Gynäk. **46**, 546. (b) Über eingebildete Schwangerschaft. Wien u. Berlin 1924. — HUBER: The development of the albino rat. Mus norvegicus albinus: II, abnormal ova etc. J. Morph. a. Physiol. **26** (1925).
ISCHII: Observations on the sexual cycle of the guinea pig. Biol. Bull. Mar. biol. Labor. Wood's Hole. **38**.
KAMANN: Scheinbare Abdominalgravidität beim Kaninchen nach primärer Uterusruptur. Zbl. Gynäk. **1903**, 515 u. Mschr. Geburtsh. **1903**, 17. — KELLER: Vergleichende Physiologie der Sexualorgane der Haussäugetiere. HALBAN-SEITZ, Biologie und Pathologie des Weibes, Bd. 1. — KELLY: Diagnose der Trächtigkeit beim Meerschweinchen. Anat. Rec. **1928**, 40. — KIERSNOWSKI: Regeneration des Uterusepithels nach der Geburt. Anat. H. **1894**, H. 13, 4. — KING: A comparison study of the birth mortality in the albino rat. Anat. Rec. **20**, 321. — KLEBS: Zit. nach SITTNER. — KLEIN, H. V.: Beobachtungen über das Entstehen von Scheinträchtigkeit. Z. Geburtsh. **95**, 465 (1929). — KNAUS: Arch. Gynäk. **138**, 201 (1929). — KNO, YÜ-PING and LIM: Über den Transportmechanismus der Eier (Kaninchen). Chin. J. Physiol. **2**, 389 (1928). — KÖNIGSTEIN: Die Veränderungen der Genitalschleimhaut während der Gravidität und Brunst bei einigen Nagern. Arch. f. Physiol. **119** (1907). — KRAUSE: Anatomie des Kaninchens. Leipzig 1884. — KYE: Zit. nach GROSSER 1927.
LATASTE: (a) Sur le bouchon vag. des rongeurs. Zool. Anz. Leipzig **1883**, 6. (b) Transf. periodique de l'epithelium du vagin des rongeurs. Bull. Soc. Biol. Paris **1892**, 44. — LEYDIG: Zur Anatomie der männlichen Geschlechtsorgane und Analdrüsen der Säugetiere. Z. Zool. **1850**, 2. — LIMON: Observations sur l'etat de la glande interstitielle dans de ovaires transplantés. J. Physiol. et Path. gén. **1904**, 6. — LIPSCHÜTZ: Die Pubertätsdrüse. Bern 1919. — LÖWENTHAL: Einige Grundfragen der experimentellen Geschwulstforschung. Med. Klin. **1928**, 33. — LONG and EVANS: The oestrus cycle in the rat. Mem. Univ. Calif. **1922**, 6.
MACLAREN: Development of Cavia: Implantation. Trans. roy. Soc. Edinburgh **1926**, 55 u. **1926**, 99. — MARSHALL: Phys. of reproduction. London. 1910. — MAXIMOW: Zur Kenntnis des feineren Baues der Kaninchenplacenta. Arch. mikrosk. Anat. u. Entw.mechan. **1898**, 51 u. 56. — MEYER, R.: Ein Mahnwort zum Kapitel der interstitiellen Drüse. Zbl. Gynäk. **1921**, 17. — MINOT: Die Placenta des Kaninchens. Biol. Zbl. **1890**, 10. — MORAU: Des transformations épithéliales de la muqueuse du vagin de quelques rongeurs. J. Anat. et Physiol. Paris **1889**, 25. — MOSSMANN: The rabbit placenta and the problem of placental transmission. Amer. J. Anat. **1926**, 37. — MÜLLER: Zit. nach H. V. KLEIN.
NOVAK u. EISINGER: Über künstlich bewirkte Teilung des unbefruchteten Säugetiereies. Arch. Entw.mechan. **98**, 1, H. 2, 10.
PARKES: The internal secretions of the ovary. London 1929. — PIERRE MARIE et AUBERTIN: Bull. Assoc. franç. Étude Canc. **1911**, 253. — POWIERZA: Über Veränderungen im Bau der Ausführungsgänge im weiblichen Geschlechtsapparat der Maus. Akad. Wiss. Krakau, Math.-naturwiss. Kl. **1912**, Reihe B.
REINHARDT: Die abnormen Trächtigkeiten in HARMS Lehrbuch der tierärztlichen Geburtshilfe, 4. Aufl., II. Teil, S. 51—60. — ROMMEL: Zitiert nach SITTNER. — RUSK and EPSTEIN: Adenocarcinoma of the uterus in a rabbit. Amer. J. Path. **1927**, 3.
SCHAEFFER: Vergleichende histologische Untersuchungen über die interstitielle Eierstocksdrüse. Arch. Gynäk. **94**, 491 (1911). — SCHAFFER: Über Bau und Funktion des Eileiterepithels bei Mensch und Säugetieren. Mschr. Geburtsh. **28**. — SCHÖNFELD: Contribution a l'étude de la fixation de l'oeuf de Mammiferes. Arch. f. Biol. **1929**, 88. — SCHROEDER: Der Genitalzyklus bei Säugetieren (bearbeitet von WERNER BREMICKER) in VEIT-STOECKEL, Handbuch der Gynäkologie, Bd. 1, 2. Hälfte. München 1928. — SEIFERT: Krankheiten des Kaninchens. München 1927. — SITTNER: Bauchschwangerschaft des Kaninchens. Mschr. Geburtsh. **15**, 718 u. Arch. Gynäk. **69**, 680. — SLYE, HOLMES, WELLS: Primary spontaneous tumors in the ovary in mice. J. Canc. Res. **5**, 205 (1920), **8**, 96 (1923). — SOBOTTA: (a) Die Befruchtung und Furchung des Eies der weißen Maus. Arch. mikrosk. Anat. **1895**, 45. (b) Über den Eitransport usw. Anat. H. **54**, H. 163 (1916). (c) Über die Bildung des Corpus luteum bei der Maus. Arch. mikrosk. Anat. **1896**, 47. — SOBOTTA u. BURCKHARD: Reifung und Befruchtung des Eies der weißen Ratte. Anat. H. **42**, 433 (1910). — STEINACH,

HEINLEIN, WIESNER: Reaktivierende Wirkung auf den senilen weiblichen Organismus durch Ovar- und Placentaextrakt. Pflügers Arch. **210**, H. 4/5 (1925). — STEINACH, KUN, HOHLWEG: Reaktivierung des senilen Ovars. Pflügers Arch. **219**, H. 2 (1928). — STOCKARD-PAPANICOLAOU: (a) The vaginal closure-membrane, copulation and the vaginal plug in the guineapig etc. Biol. Bull. Mar. biol. Labor. Wood's Hole **37** (1919). (b) The existence of a typical oestrus cycle in the guineapig etc. Amer. J. Anat. **1917**, 22. — STERNBERG: Diskussion im Zbl. Gynäk. **1906**, 734.

TSU-ZONG-YUNG: Le rythme vaginal chez la lapine et ses relations avec le cycle oestrien de l'ovarie. C. r. Soc. Biol. Paris **89**, 1107 (1923) u. Straßburg. Med. Verlag 1924.

VÖLKER: Normentafeln zur Entwicklungsgeschichte der Wirbeltiere, H. 13, 1922.

WAGNER, G. A.: Zbl. Path. **16**, 131 (1905). — WEBER: Die Säugetiere, 2. Aufl., 2. Teil. Jena 1928. — WIDAKOWICH: Über die regelmäßige Orientierung der Eier im Uterus der Ratte. Anat. Anz. **1911**, 38. — WIESNER: (a) Sitzungsbericht der Akademie der Wissenschaften. Akad. Anz. **1925**, 21/22. (b) Die Phasen des Sexualzyklus. Wien 1926. — WOGLOM: J. Canc. Res. 8, 96 (1924), zitiert nach HEIDENHAIN. — WOLFF: Sitzungsbericht der Berliner gynäkologischen Gesellschaft. Z. Geburtsh. 48, 1.

ZUCKERKANDL: Zur vergleichenden Anatomie der Ovarialtasche. Anat. H. **1897**, H. 27, 81. — ZONDEK-ASCHHEIM: Der Scheidenzyklus der weißen Maus als Testobjekt zum Nachweis des Ovarialhormons. Klin. Wschr. **1926**, 5. — ZONDEK-BRAHN: Über Darstellung des Ovarialhormons in wässeriger Lösung. Klin. Wschr. **1925**, 4 u. Zbl. Gynäk. **1929**, 1.

Endokrine Drüsen.

A. Hypophysis cerebri.

Von C. BENDA, Berlin.

Mit 3 Abbildungen.

I. Normale Anatomie.

a) Morphologie.

Die Hypophyse der Säugetiere zeigt eine ganze Reihe von Unterschieden des Baues gegen diejenige des Menschen, die allen Untersuchern seit LOTHRINGER aufgefallen sind; erst bei den höchststehenden Affen findet die Angleichung statt. Die uns beschäftigenden Säuger schließen sich selbstverständlich der niederen Gruppe an, und besonders sind es die beiden Angehörigen der Gattung Mus, die, wie auch STENDELL betont, einen recht primitiven Typus aufweisen.

Die Abweichungen von der uns geläufigen Struktur des menschlichen Organs beginnen mit der seiner topographischen Anatomie, die, soweit ich die Literatur übersehe, allerdings bisher nur wenig Beachtung gefunden hat. Zwar hat schon LOTHRINGER zutreffend darauf hingewiesen, daß bei den von ihm untersuchten Säugern das Infundibulum samt der Hypophyse nach hinten, also parallel der Grundfläche der Schädelhöhle, gerichtet ist und somit der sog. Vorderlappen nicht vor, sondern unter dem Hirnteil, dem sog. Hinterlappen gelegen ist, bei der gewöhnlichen gesenkten Kopfhaltung der Tiere somit sogar hinter den Nervenlappen zu liegen kommt. Es empfiehlt sich, diesen Verhältnissen in der Nomenklatur Rechnung zu tragen und die Benennungen „Vorder- und Hinterlappen" zu vermeiden. Das betrifft selbstverständlich auch die vier uns beschäftigenden Arten.

Hieraus ergeben sich bemerkenswerte Beziehungen zu den Nachbarorganen. Betrachten wir zunächst die Beziehung zur Schädelbasis.

Feststehend ist die hintere Begrenzung des Hirnanhangs insofern, als sie stets der kammartigen Umbiegungsstelle des Clivus gegen die obere Fläche des Keilbeinkörpers entspricht, obgleich ein eigentliches Dorsum ephippii bei den Musarten fehlt und auch beim Meerschweinchen kaum angedeutet ist. Nur beim Kaninchen ist im Zusammenhang mit einer beträchtlichen Ausbildung und Vertiefung der Sattelgrube auch der Knochenkamm der Sattellehne mit einem deutlichen Überhang nach vorn gut entwickelt. Hier ruht also der Hirnanhang ähnlich wie bei den höheren Säugern und wie beim Menschen mit seiner Hauptmasse tief im Knochen. Beim Meerschweinchen wird die Hypophysengrube lediglich von einer flachen elliptischen Knocheneinsenkung mit leicht hervorragendem Hinterrande gebildet, der sich gelegentlich bei älteren Tieren noch mit einer dünnen Knorpelplatte in das durale Diaphragma hinein fortsetzt. Bei Ratte und Maus ist dagegen überhaupt keine Hypophysengrube erkennbar; die obere Fläche des Keilbeins stellt eine platte Ebene dar. Die vordere Begrenzung der Sattelgrube ist entsprechend der horizontalen Lage des Trichters und des Hypophysenstiels bei den meisten Säugern ganz unbestimmt; auf einem Abhang mit sehr geringer Neigung liegt vorn das Chiasma, hinten das Infundibulum und der Stiel auf. Selbst beim Kaninchen, bei dem am hinteren Stielende die Einsenkung des Drüsenkörpers in den Knochen beginnt, ist an dessen vorderen bzw. unteren Rande keine Knochenspange erkennbar. Dagegen schiebt sich beim Kaninchen an dieser Stelle das Diaphragma als ein ziemlich kräftiges Durablatt über den Drüsenkörper vor. Bei Meerschweinchen und den Musarten ist auch das Diaphragma so zart, daß es makroskopisch kaum wahrgenommen wird und der Hirnanhang frei in der Schädelhöhle zu liegen scheint.

Noch auffallender gestalten sich die topographischen Beziehungen der Tierhypophysen zu den Hirnteilen. Dies tritt am klarsten an der Lagerung zum Chiasma in Erscheinung. Beim Menschen verdanken wir ZANDER die Feststellung, daß das Chiasma normalerweise nicht, wie früher im allgemeinen angenommen wurde, der Hypophyse aufliegt, daß es vielmehr wesentlich *hinter* ihr gelegen ist und höchstens sein vorderster Rand die Sattellehne überragt. Die hauptsächlichen nachbarlichen Beziehungen bestehen daher beim Menschen zwischen Hirnanhang und Sehnerven. Ganz anders bei den meisten Säugern und bei unseren vier Arten; das Chiasma liegt hier weit vor der Hypophyse, deren Hauptmasse den hinteren Abschnitt des 3. Ventrikels unterlagert. Bei der Gattung Mus schmiegt sie sich, wie auf Sagittalschnitten erkennbar ist, der Furche zwischen Großhirnschenkeln und Brücke ein und gewinnt dadurch die im Sagittalschnitt dreieckige Gestalt, auf die wir noch zurückkommen werden.

Die Gesamtgestalt der Hypophyse zeigt mancherlei Abweichungen von der menschlichen, doch scheint bei der Betrachtung der im ganzen doch noch recht beschränkten Anzahl von beschriebenen Säugetierarten die Anzahl der verschiedenen Typen nicht sehr groß zu sein. Wie STENDELL zutreffend bemerkt, ist es nicht möglich, eine Norm aufzustellen, da sich sogar innerhalb der größeren Ordnungen verschiedene Konstellationen der einzelnen Teile zueinander herausgebildet haben und andererseits, wie ich hinzufügen möchte, dieselben Konstellationen in ganz voneinander fernstehenden Ordnungen auftreten. Ersteres Verhältnis, das Zusammentreffen verschiedener Typen in einem systematisch eng vereinten Tierkreis trifft in auffälligster Weise auf die vier uns beschäftigenden Arten zu: nur die zwei der Gattung Mus zugehörigen Arten sind gleich hinsichtlich ihres Hypophysenbaues; Meerschweinchen und Kaninchen weichen von ihnen und untereinander beträchtlich ab.

Die Gesamtgestalt des Organs wird durch das Verhalten der makroskopisch unterscheidbaren drei Abschnitte: des Stieles, des Nervenanteiles (Neurohypophyse) und des Hauptlappens des Drüsenteils (der Adenohypophyse) bedingt. während die beiden anderen dem letztgenannten Abschnitt zugehörigen Teile: der Zwischenlappen und der zungenförmige Fortsatz (Pars tuberalis) sich makroskopisch nicht geltend machen. Abgesehen von dem ziemlich kurz geratenen Stiel schließt sich das Kaninchen am meisten dem anscheinend in der Säugerreihe meist verbreiteten Typus an. Die beiden Hauptabschnitte sind hier sehr innig zu einem länglichen Kolben verschmolzen, der sich an seinem dorsalen Ende abrundet, an seinem ventralen Ende mit schneller Verjüngung in den Stiel übergeht.

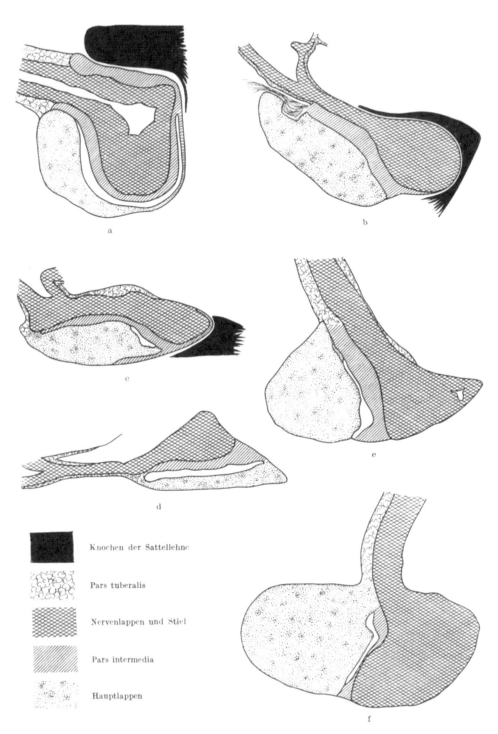

Abb. 130 a—f. Schematische Übersicht über die Verteilung der verschiedenen Bestandteile der Hypophyse bei Säugetieren und Menschen. a Katze; b Kaninchen; c Meerschweinchen; d Ratte; e menschlicher Fetus von 5 mens; f Kind von 7 Jahren.

Die Meerschweinchenhypophyse bildet eine länglich runde, also etwa elliptische Platte, deren untere, d. h. dem Knochen aufliegende Fläche ziemlich eben und nur gegen den Rand etwas abgerundet ist. An der oberen, dem Gehirn zugewandten Fläche erhebt sich zu beiden Seiten eine rundliche Wulst von Gestalt eines der Länge nach halbierten Eies, dessen spitzerer Pol nach hinten gerichtet ist. Zwischen den Wülsten bleibt oben eine sich nach vorn und hinten erweiternde Rinne. Diese Rinne dient zur Aufnahme des Stiels und des Nervenlappens; ersterer geht in der vorderen Erweiterung der Rinne aus dem bis hier hineinragenden Trichter hervor, nimmt den schmalen Abschnitt der Rinne ein, und geht kurz in den der hinteren Erweiterung der Rinne eingelagerten und diese etwas nach hinten überragenden kolbigen Nervenlappen über. In der Aufsicht von oben entsteht hierdurch ein sehr eigenartiges Bild, welches ich nirgends abgebildet finde, welches man aber kennen muß, um die sonst schwer deutbaren Schnittbilder zu verstehen; es gleicht entfernt einem Kleeblatt, dessen Stiel von dem Übergang des Infundibulums in den Hypophysenstiel, dessen Blättchen von den beiden Wülsten und dem Nervenlappen dargestellt werden. Das Bild wird noch sonderbarer, wenn sich, wie es bei frischer Präparation nicht selten vorkommt, der Nervenlappen (samt dem mit ihm fest verwachsenen Zwischenlappen) von dem Hauptlappen losreißt und frei über die hintere Rinnenerweiterung hinaushängt. Es leuchtet ein, daß sich durch diesen etwas komplizierten Bau zwischen medialen und lateralen Sagittalschnitten und Horizontalschnitten verschiedener Höhe einige Schwierigkeiten des Vergleichs ergeben müssen, auf die wir zurückkommen.

Die Hypophyse der Gattung Mus, die bei der Ratte leicht zu präparieren ist, während ich sie bei der Maus wesentlich nur aus Schnittbildern kenne, zeigt den Drüsenlappen als eine flache, etwas längliche, an beiden Seiten etwas verdickte Scheibe; ihr sitzt der Nervenlappen als quere Wulst auf. Durch die dichte Anlagerung des Organs an die Unterfläche des Gehirns ist der sehr zarte Stiel makroskopisch nur schwer darstellbar.

b) Histologie.

Die Säugerhypophysen weisen eine schärfere mikroskopische Gliederung auf als die menschliche; das beruht einmal auf der gleichmäßigeren Entwicklung der einzelnen Abschnitte, und andererseits auf der ausgeprägten Erhaltung der letzteren während des ganzen Lebens. Dessen ungeachtet tritt uns in den verschiedenen Spezies hinsichtlich der Ausbildung und der Anordnung der einzelnen Abschnitte eine große Mannigfaltigkeit entgegen.

Gewissermaßen als Prototyp einer vollkommen ausgebildeten Säugerhypophyse könnte man diejenige der Gattung Felis, von der ich mehrere Exemplare verschiedenen Alters bei der Hauskatze untersucht habe, aufstellen (s. STENDELL, Abb. 52 und a meines Schemas, Abb. 130, ferner auch HERRING, TILNEY, ATWELL). Sie setzt sich aus einem mit Stiel versehenen kolbigen Nervenlappen zusammen, der ebenso wie der Stiel einen von Ependym ausgekleideten Fortsatz des Recessus infundibuli, also eine ependymale Stiel- und Nervenlappenhöhle (Recessus hypophyseus Stendell) einschließt. Der Drüsenlappen umhüllt den ganzen Nervenlappen und setzt sich in der ganzen Circumferenz in die drüsige Umhüllung des Stiels, die Pars infundibularis bzw. tuberalis fort. Die Hypophysenhöhle umgibt wie ein Kelch den weitaus größten Teil des Nervenlappens und bleibt nur an der dorsalen Seite etwas von seinem oberen Rande zurück. Ihre ganze, dem Nervenlappen zugekehrte Wand ist von dem Epithelsaum PEREMESCHKOS (Zwischenlappen) ausgekleidet. Ihre äußere Wand wird im vorderen Abschnitt von der dicken Wulst des drüsigen Hauptlappens gebildet, der am vorderen oberen Rand der Höhle mit nicht ganz scharfer Abgrenzung in den meist etwas nach außen übergreifenden Zwischenlappen übergeht. Nach hinten und den Seiten verjüngt sich der Hauptlappen allmählich in einem stellenweise nur ein- oder zweischichtigen äußeren Epithelsaum, in dem stellenweise drüsige, denen des Hauptlappens gleichende Abschnitte eingesprengt sind. Letztere nehmen nach hinten oben wieder etwas an Mächtigkeit zu, und am hinteren oberen Rand der Höhle erfolgt wieder der Umschlag in den Zwischenlappen. Der Umschlagsrand setzt sich in die Pars tuberalis fort, sowohl vorn wie hinten. Besonders betonen möchte ich noch, daß Unterbrechungen des äußeren Epithelbelags der Hypophysenhöhle, also ein scheinbares Offensein der Höhle gegen die Kapsel oder gegen arachnoidale Höhlen, wie es seinerzeit HALLER behauptete, wie sie selbst BIEDL in seinem berühmten Werke, und noch neuerdings CAMERON (Abb. 2, S. 28) bei der Katze abbildete, auf Präparationsfehlern beruhen und weder bei der Katze noch bei einem anderen Säuger, wahrscheinlich auch bei keinem anderen Vertebraten normalerweise vorkommen. Auch die Schemata, die ATWELL neuestens gebracht hat, sind nicht ganz zutreffend, da sie eine tatsächlich nicht bestehende Lücke zwischen dem Umschlagsrande und der Pars tuberalis zur Darstellung bringen.

Mit dieser Form, die ähnlich, aber schon mit erheblich geringerer Ausbildung der Hypophysenhöhle beim Hunde auftritt und vermutlich bei den Carnivoren weiter verbreitet ist, lassen sich die anderen Säugerhypophysen und so auch die uns beschäftigenden sehr wohl in Vergleich setzen. Letztere bieten, wie STENDELL bemerkt, einen recht primitiven Typus, oder vielleicht richtiger gesagt, einfacheren Typus, da manche ihrer Eigentümlichkeiten eher Reduktionen als Urformen sein dürften.

Bei allen vier Arten besitzt weder der Stiel noch der Nervenlappen eine Höhle, der Recessus infundibuli hört am Stielansatz auf. Hierdurch verschärft sich auch die Abgrenzung zwischen Trichter und Stiel bei den Musarten, während bei Kaninchen und Meerschweinchen immerhin eine Verjüngung des Trichters gegen den Stielansatz angedeutet ist.

Die Kolbenform des Nervenlappens ist beim Kaninchen der der Katze ähnlich; beim Meerschweinchen erheblich schlanker, bei Ratte und Maus wohl infolge der Einpassung in die Hirnkrümmung eigenartig scharfkantig.

Das Verhalten des Drüsenlappens zum Nervenlappen läßt sich beim Kaninchen und den Musarten auf sagittalen Längsschnitten leicht mit den Verhältnissen bei der Katze vergleichen; jene zeigen die letzteren in höchstem Grade vereinfacht. Die Hypophysenhöhle ist beim ausgewachsenen Kaninchen stets durch Anlagerung und Verwachsung von Zwischenlappen und Hauptlappen bis auf vereinzelte kleine, mit Epithel ausgekleidete Spalten obliteriert; sie hat nicht die Rundung des Nervenkolbens erreicht; aber der Zwischenlappen, der aus ihrer dem Nervenlappen zugewandten Wand hervorgegangen ist, schiebt sich über ihr hinteres Ende, sich zu einer schmalen Schneide verjüngend, noch bis fast an die hintere Rundung des Kolbens heran. Nach vorn schließt sich der tuberale Abschnitt an der Unterseite dem Zwischenlappen unmittelbar, aber ziemlich scharf durch die einschneidende Durafalte des Diaphragmas abgegrenzt an und reicht auf die Oberseite des Stiels herum. Der Hauptlappen zeigt im medialen Teil und nach vorn die stärkste Entwicklung; doch ist die an dem in Abb. 130 abgebildeten Exemplar erkennbare vordere Ausladung, die sich unter dem Durablatt vorwölbt, nicht regelmäßig zu finden. Nach den Seiten wird der Nervenlappen, wie an Schnittreihen und Querschnitten sichtbar, etwa zu drei Vierteln von dem Hauptlappen umgriffen. Dieser verschmälert sich indessen schnell, so daß er keine seitliche Ausladung bedingt. Ich erwähne, daß meine Bilder nicht unerheblich von denjenigen, die ROGOWITSCH gebracht hat, abweichen, er hat allerdings überhaupt keinen Medianschnitt, sondern nur Schräg- und Horizontalschnitte dargestellt. Auf einem der letzteren findet sich der viel zitierte „dreieckige Raum", dem wir ausgeprägter beim Meerschweinchen begegnen werden.

Bei der Ratte und Maus bildet die untere Fläche des Nervenlappens eine nahezu glatte, also auf dem Querschnitt linear erscheinende Ebene. Ihr fast parallel liegt unter ihr die einen horizontalen Spalt bildende Hypophysenhöhle, die meist auch beim ausgewachsenen Tier persistiert und fast stets durch ein kolloides Sekret zu einer stark abgeplatteten Linsengestalt ausgedehnt ist. Sie wird gegen den Nervenlappen durch die ihre obere Wandbekleidung bildende

Epithelschicht des Zwischenlappens abgegrenzt. Dieser verbreitert sich gegen das Hinterende und umgreift etwas das Hinterende des Nervenlappens nach oben, während er sich nach vorn ein wenig verschmälert. Vorn und hinten geht er mit einem schmalen Umschlagsrand in den im ganzen medialen Bezirk ziemlich schmalen Hauptlappen über. Letzterer zeigt sich auf Medianschnitten nur nach hinten mäßig verbreitert; auf Schnittreihen und Frontalschnitten erkennt man indes, daß die Hypophysenhöhle seitlich bald verschwindet und der Hauptlappen hier eine solide Wulst bildet, die etwa die Höhe der oberen Grenze des Zwischenlappens erreicht. Nach vorn setzt sich der bei der Gattung Mus äußerst dürftig entwickelte Tuberalteil an den vorderen Umschlagsrand an.

Die schlanke Kolbengestalt des Nervenlappens beim Meerschweinchen und seine tiefe Einbettung in den vornehmlich in seinen seitlichen Teilen zu relativer Mächtigkeit entwickelten Hauptlappen bedingen es, daß sich nur mit einiger Schwierigkeit gute Medianschnitte des ganzen Organs gewinnen lassen. An solchen findet man den Nervenlappen bis weit über seinen hinteren Pol hinauf von Zwischenlappengewebe überkleidet, allerdings nie so weit, wie wir es bei der Katze trafen. Die Hypophysenhöhle persistiert in verschiedenem Umfange, erreicht aber bei weitem nicht den hinteren Pol des Nervenlappens; im vorderen Abschnitt ist sie durch Verwachsung von Zwischen- und Hauptlappen regelmäßig obliteriert. Der Hauptlappen ist im medialen Gebiet am wenigsten ausgebildet, er zeigt hier im Sagittalschnitt nur eine schlanke Lanzettform. Auf Schnittserien stoßen wir bald seitlich auf die am makroskopischen Bild beschriebenen eiförmigen Wülste, deren Masse diejenige der ganzen Medianschnitte erreicht oder sogar übertrifft, die aber aus reinem Hauptlappengewebe bestehen, nachdem anfänglich noch im hinteren Abschnitte die tangentialen Schnittbilder der kolbigen Anschwellung des Nervenlappens erschienen waren. Der Tuberalteil besitzt beim Meerschweinchen eine recht stattliche Entwicklung. Es gewinnt fast den Anschein, als ob er sich auf die Oberseite des Nervenlappens fortsetzt, doch ist das Bild wohl dahin zu deuten, daß die hintere Abgrenzung des Stiels gegen den Nervenlappen ganz unausgeprägt geblieben ist.

Recht eigenartig sind, wie schon erwähnt, die Horizontalschnitte der Meerschweinchenhypophyse. In den obersten Schnitten werden die rundlichen Querschnitte der beiden seitlichen Hauptlappenwülste und zwischen ihnen nach hinten der rundliche Tangentialschnitt des Nervenlappenkolbens, nach vorn ein Schrägschnitt des Trichters oder Stiels getroffen. Je mehr man in die Tiefe vordringt, um so mehr nimmt die Masse der Seitenwülste zu, um so schwieriger wird aber das Verständnis der zwischen ihnen auftretenden Flach- und Schrägschnitte des Stiels sowie des Nerven- und Zwischenlappens. In einer bestimmten Höhe verschwindet der Nervenlappen aus der Schnittebene und es bleibt in der Enge zwischen den beiden Seitenwülsten nur der nach hinten zugespitzte, nach vorn verbreiterte Schrägschnitt des Zwischenlappens, d. h. jener dreieckige Raum, den ROGOWITSCH beim Kaninchen abgebildet hat, und den man vergeblich beim Menschen gesucht hat.

Anhangsweise habe ich ebenso, wie wir das auch bei STENDELL finden, zum Vergleich auf meiner schematischen Tafel auch die Sagittalschnitte eines jungen menschlichen Fetus und eines 7jährigen Kindes (an dessen Stelle STENDELL diejenige eines erwachsenen Menschen gegeben hat) abgebildet. CAMERON gibt statt dessen an dieser Stelle die Hypophyse eines „Primaten"; sie stammt aber offensichtlich von einem niederen Affen, denn die Anthropoiden schließen sich, wie PLAUT erst neuerdings wieder beim Orang feststellte und ich selbst an mir gütigst von Herrn Kollegen JOËL zur Verfügung gestellten Schnitten CHRISTELLERs vom Schimpansen bestätigen konnte, völlig in ihrem Bau dem Menschen an, während die niederen Affen noch typische, den anderen Säugern ähnliche Hypophysen besitzen. Die fetale Hypophyse zeigt in ihrer Schräglagerung von ventral oben nach dorsal unten und in der vollständigen Anlage des Zwischenlappens in der hinteren Wand der Hypophysenhöhle noch große Verwandtschaft mit den übrigen Säugerdrüsen. Schon beim Kinde erkennen wir die fortschreitende Reduktion des Zwischenlappens, die sich in der weiteren Entwicklung bis auf geringfügige Spuren vollendet. Jedoch ist in diesem Werke nicht der Ort für die Besprechung dieser interessanten und strittigen Frage. Ich darf noch darauf hinweisen, daß in den medianen Schnitten des in Abb. 130 e abgebildeten Fetus die beim Menschen ganz inkonstante ependymäre Nervenlappenhöhle n. b. ohne Zusammenhang mit der Infundibularhöhle gefunden und dargestellt worden ist.

Über den feineren Bau des Organs bei den vier hier besprochenen Arten glaube ich mich kurz fassen zu dürfen, da hierin im wesentlichen doch dieselben Verhältnisse vorliegen wie bei den übrigen Säugern einschließlich des Menschen. Immerhin muß auf einige Unterschiede aufmerksam gemacht werden.

1. Der Nervenlappen und der Stiel. Das nervöse Gewebe ist äußerst wenig differenziert. Es enthält reichlich Spindelzellen oder richtiger gesagt, spindelige Kerne innerhalb einer feinkörnigen Zwischensubstanz, die nur in einer kleinen Strecke des cerebralen Stielansatzes eine deutlichere Längsfaserung erkennen läßt, aber nirgends eine sichere Gliofibrillenfärbung annimmt. Dagegen konnte ich an einem gelungenen Mitochondrienpräparat vom Meerschweinchen eine sehr reichliche Einlagerung von Gliosomen (FIEANDT), d. h. also Michondrien erkennen, worin ich ein weiteres Merkmal für den geringen Differenzierungsgrad des Gewebes erblicken möchte. Eine reichlichere Faserbildung ist mit geeigneten Methoden auch an der Grenzschicht des Stiels und Nervenlappens gegen ihre epithelialen Bekleidungen, nämlich Zwischenlappen und Tuberalteil, darzustellen, so daß hier Bilder entstehen, die durchaus der gliösen Membrana limitans externa HELDs entsprechen. Obgleich letztere vielfach von Blutgefäßen durchbrochen ist und stellenweise sowohl vereinzelte als auch kleine Gruppen von Zwischenlappenzellen an ihre Innenseite verlagert sind, beweist ihr Vorhandensein doch, daß die Abgrenzung des Nervenlappens gegen seine epithelialen Bekleidungen keineswegs so verschwommen ist, wie das gelegentlich behauptet wird.

Die zahlreichen kleineren und größeren Gefäße, die den Nervenlappen durchsetzen, sind mit sehr schmalen Bindegewebsscheiden mit Gitterfasern umgeben. Sie lassen, wie ich ausdrücklich hervorhebe, keine Lymphräume als Begleiter erkennen; sie sind vielmehr öfter von besonders dichten, ihnen eng anliegenden Gliamassen umgeben. Ebensowenig sehe ich in dem übrigen Gewebe Lymphbahnen oder sonstige präformierte Sekretstraßen, die man heutzutage als unerläßliches Postulat für das Verständnis der Hypophysenfunktion ansieht. Natürlich werde ich nicht in Abrede stellen, daß es auch im Nervenlappen Gewebslücken gibt, durch die ein flüssiges Sekret hindurchgepreßt werden könnte; ich verschweige aber nicht, daß ich weder makroskopisch noch mikroskopisch den Motor gefunden habe, der das zuwege bringen könnte! Schließlich erwähne ich noch, daß das Eindringen von Drüsenzellen in den Nervenlappen auf ganz spärliche Zwischenlappenelemente, die man bei Kaninchen und Meerschweinchen, nicht aber bei Ratte und Maus findet, beschränkt ist. Pigment habe ich in keiner der Nagerhypophysen gesehen; die eigenartigen kolbenartigen Gebilde, in denen man es oft beim Menschen findet, und deren Ähnlichkeit mit Ganglienzellen schon LUSCHKA auffiel, ohne für die auch von ihm vermutete Herkunft aus degenerierten Nervenzellen Beweise erbringen zu können, sind spärlicher als beim Menschen vorhanden.

Ependyminseln, die man im Nervenlappen dieser Tiere trotz des Fehlens einer eigentlichen Ependymhöhle vermuten sollte, habe ich in keinem meiner Präparate gesehen. Bei einem älteren Kaninchen finde ich auf Medianschnitten im Stiel nahe dem Trichteransatz einige scharf begrenzte Hohlräume mit kleineren, kolloidähnlichen Kügelchen. Ihr Rand hat keinen epithelialen oder ependymären Belag, und ich bin über ihre Natur nicht recht klar geworden.

2. Der Drüsenlappen mit seinen vier Unterabschnitten: a) Hauptlappen, b) Zwischenlappen, c) Tuberalteil, d) Hypophysenhöhle.

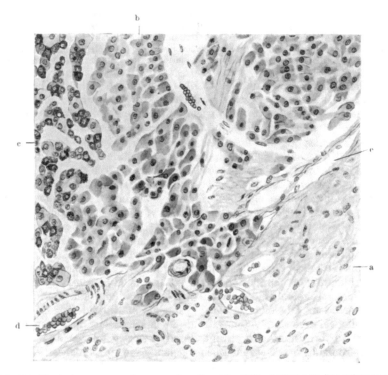

Abb. 131. Kaninchen ausgewachsen; vordere Umschlagstelle, Grenze von Hauptlappen und
Zwischenlappen. a Nervenlappen; b Zwischenlappen; c Hauptlappen; d Arterie
und e Venen des Grenzgeflechts von Nerven- und Zwischenlappen.

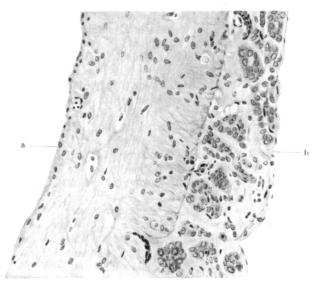

Abb. 132. Kaninchen ausgewachsen. Stiel und Pars tuberalis. a Nervöser Stilanteil, b arachnoidaler
Stilanteil mit Drüsen der Pars tuberalis.

1. Hauptlappen.

Durch die große Zartheit der Bindegewebssepten und die sehr dichte Lagerung der Drüsenzellen, die die einzelnen Kammern völlig auszufüllen pflegen, erscheint dieser Abschnitt besonders bei den Musarten nur undeutlich gegliedert. Wenn die Blutgefäße gefüllt sind oder spezifische Bindegewebsfärbungen, besonders Färbung der Gitterfasern, zur Anwendung gekommen sind, tritt aber bei allen Tieren die Einteilung in rundliche Drüsenkammern, die durch reich vascularisierte Bindegewebssepten unvollständig gegeneinander abgegrenzt werden, hervor. Die Drüsenzellen füllen die Lichtung der Kammern ganz aus; sie sind kleiner und unregelmäßiger gestaltet als beim Menschen, oft auffallend spindelförmig. Ich kann die Bemerkung STENDELLs nach meinen Präparaten voll bestätigen, daß die färberischen Unterschiede, die wir im Leib der menschlichen Hauptlappenzellen kennen, in den Tierhypophysen im allgemeinen bei weitem nicht so klar ausgebildet sind, und daß das ganz besonders für einige der Nagerdrüsen zutrifft. Die Menge der gekörnten Zellen tritt an Masse gegen die der Hauptzellen erheblich zurück, und unter den gekörnten Zellen wieder ist das ganz erhebliche Überwiegen der acidophilen sehr in die Augen fallend. Bei Ratte und Maus habe ich in manchen Drüsen überhaupt kaum eine basophil gekörnte Zelle finden können, und auch bei Kaninchen und Meerschweinchen, bei denen basophile regelmäßig vorkommen, ist ihre Menge sehr gering. Man könnte vermuten, daß das Überwiegen der Hauptzellen und acidophilen mit der dauernden Trächtigkeit der ausgewachsenen Weibchen in Zusammenhang steht, doch habe ich kein auffällig anderes Verhalten bei Männchen und jungfräulichen Weibchen feststellen können. Ich möchte daher gegenüber den Angaben der Literatur über das mikroskopische Verhalten der Hypophyse bei Trächtigkeit und bei Kastration innerhalb dieser Tierfamilie gewisse Bedenken aussprechen, ob hier auch stets genügende Vergleiche mit normalen Kontrolltieren oder nur die schematischen Angaben der Lehrbücher über die sog. Norm zugrunde gelegt wurden.

Über das schwierige Problem, welches das gegenseitige genetische Verhältnis der drei Zellarten des Hauptlappens allen Forschern darbietet, vermag ich keine neuen Tatsachen beizubringen. Bekanntlich handelt es sich um die Frage, ob sie verschiedene Entwicklungs- und Funktionszustände ein und derselben Zellart oder ganz voneinander getrennte Zellstämme darstellen. Ich habe von meinen ersten Hypophysenarbeiten an die erstgenannte Anschauung vertreten, und befinde mich damit mit einer großen Anzahl angesehener Forscher in Übereinstimmung. Meine Begründung läßt sich kurz auf folgende Punkte zusammenfassen: dafür, daß die gekörnten Zellen zunächst einmal aus einer ungekörnten Form hervorgehen, scheint mir einwandfrei die Tatsache zu sprechen, daß in der Drüsenentwicklung lange Zeit nur ,,chromophobe" Zellstränge auftreten, und innerhalb dieser die gekörnten Zellen erst ziemlich spät erscheinen. Auch bei der Schwangerschaftshyperplasie der Drüse gehen die ERDHEIM-STUMMEschen Schwangerschaftszellen offenbar aus den ungekörnten Hauptzellen hervor und lassen erst sekundär in ihrem Zelleib die Körner erscheinen. Weniger bedeutsam erscheint mir die von allen Seiten anerkannte Beobachtung, die aber nur beim Menschen gemacht wird, daß durch Ausstoßung der Körner wieder ungekörnte Zellen entstehen; letztere machen mehr den Eindruck von Degenerationsprodukten als von neuaktivierten Hauptzellen.

Der Verhältnis von oxyphilen (eosinophilen) und basophilen (cyanophilen) Zellen zueinander ist erheblich schwieriger verständlich. Mir schien die nahe Verwandtschaft beider Körnungen aus dem Umstande hervorzugehen, daß die färberischen Unterschiede, die bei manchen Färbungen, besonders bei der Alaunhämatoxylin-Eosinfärbung und noch schöner bei der von mir vorwiegend benutzten Alaunhämatoxylin-Säurefuchsinfärbung so prägnant hervortreten, bei anderen Färbungen sich als erheblich labiler erweisen. Ich führe hier nur die Tatsachen an, daß die gegensätzliche Färbung mit den typischen EHRLICHschen Neutralgemischen im allgemeinen versagt, und daß die gern benutzte Malloryfärbung ihr brillantes Ergebnis der Zusammenwirkung zweier saurer Farben verdankt, von denen es ganz unklar ist, warum das saure Fuchsin die eosinophilen, das ebenfalls saure Anilin- oder Methylblau dagegen die sog. basophilen Granula färbt und die dritte, in dem Mallorygemisch vorhandene saure Farbe, Orange G, sich bei der Granulafärbung gar nicht beteiligt.

Auch das in der menschlichen Hypophyse zuweilen, sicher erkennbare gleichzeitige Vorkommen von roten und blauen Körnern spricht gegen eine grundsätzliche Trennung beider Zellarten.

Nichtsdestoweniger habe ich in neuerer Zeit doch auch die Bedenken berücksichtigt, die sich der Anerkennung einer weitgehenden Einheit der Hauptlappenzellen entgegenstellen. Als deren gewichtigstes erscheint mir die Tatsache, daß es beim Menschen unzweifelhaft Geschwülste gibt, die ausschließlich aus *einer* der in Betracht kommenden Zellarten, Hauptzellen oder eosinophilen oder cyanophilen zusammengesetzt sind, und deren Entstehung unverständlich wäre, wenn sie nicht, unbeschadet ihrer ontogenetischen Verwandtschaft, noch in dem betreffenden Differentierungszustand ihre Vermehrungsfähigkeit beibehalten hätten.

Von den feinsten Zellstrukturen erwähne ich noch, daß zuerst GEMELLI, später TELLO den GOLGIschen Netzapparat in den Hauptlappenzellen nachgewiesen haben.

In mehreren Arbeiten ist auch von den Mitochondrien der Drüsenzellen die Rede, doch finde ich nicht, daß irgendwo die von mir als spezifisch für ihren Nachweis erklärten Methoden zur Anwendung gebracht worden sind. Ohne diese Vorsicht bleibt es ganz in das Belieben der Autoren gestellt, was sie von dem mit der ALTMANNschen oder der Eisenhämatoxylinmethode gefärbten Körnern unter den ebenso gefärbten Sekretkörnern als Mitochondrien auswählen wollen. Ich habe in diesen Arbeiten keine überzeugenden Bilder gefunden. In den wenigen gelungenen Mitochondrienfärbungen, die ich von einer Meerschweinchenhypophyse besitze, kann ich nur feststellen, daß diese Gebilde in Gestalt von kurzen Stäbchen und Körnerreihen vorhanden sind, daß sie aber nur eine geringe Masse besitzen und keine spezifische Anordnung aufweisen. Dieses Verhalten entspricht durchaus der geringen Bedeutung, die ich den Mitochondrien, deren Wichtigkeit ich übrigens als ihr erster Autor gewiß nicht unterschätze, gerade für den Sekretionsvorgang zuschreibe. Ich möchte das gleich an dieser Stelle betonen und damit ATWELL widersprechen, der aus dem (nach seinen Bildern nicht sehr überzeugenden!) Nachweis von Mitochondrien in den Zellen der Pars tuberalis einen Beweis für die sekretorische Funktion dieser Zellen herleiten will. Ihr Fehlen oder Vorhandensein beweist in dieser Richtung nicht das Geringste!

2. Zwischenlappen.

Dieser, zuerst von PEREMESCHKO als Markschicht, von LOTHRINGER als Epithelsaum beschriebene Anteil des Hirnanhangs wird jetzt gewöhnlich als Pars intermedia oder Zwischenlappen bezeichnet. Er ist in der ganzen Säugetierreihe mit Ausnahme der anthropoiden Affen und des Menschen wohl ausgebildet. Durch die charakteristische Gestalt der ihn zusammensetzenden Zellen ist er auch an den Stellen, wo er sich, wie am hinteren Umschlagsrand an den Hauptlappen, oder am vorderen Umschlagsrand an den Hauptlappen und die Pars tuberalis dicht anlegt, und sogar eine gewisse Durcheinandermischung der Elemente beider Lappen vorkommt, gegen die Nachbargebilde scharf abgrenzbar. Diese Zellen, die eine gewisse Ähnlichkeit mit den Hauptzellen des Hauptlappens aufweisen, unterscheiden sich von diesen aber durch die außerordentlich gleichmäßige Größe, ihre regelmäßige rundliche oder polyedrische Gestalt, ihre scharf membranöse, aber äußerst zarte äußere Begrenzung. Der fast stets zentral gelegene Kern ist drehrund, ziemlich reich an feinkörnigem Chromatin; dazwischen vorkommende dunkle Kerne von unregelmäßiger Gestalt scheinen mir artifizielle Schrumpfungsprodukte zu sein. Der Zelleib erweist sich bei den gewöhnlichen Färbungen als blaß basophil; doch kann man schon bei Überfärbung mit Hämatoxylin eine äußerst feine Körnung wahrnehmen. Auch mit sauren Anilinfarben ist sie aber darstellbar, und die besonders zu ihrer

Sichtbarmachung empfohlene MAURER-LEWISsche Färbung benutzt zwei saure Farben, Säurefuchsin und Säureviolett, wobei die Körnchen auf mattblauem Grunde rötlich erscheinen.

Diese Zellen sind bei dreien von den uns beschäftigenden Spezies, bei Ratte, Maus und Meerschweinchen in einem auf den ersten Blick ganz einförmig erscheinenden vielschichtigen Lager über die Oberfläche des Nervenlappens ausgebreitet. Bei genauerer Betrachtung nimmt man dazwischen längliche Zellen wahr, die vorwiegend das Lager durchqueren, aber oft genug auch schräg oder horizontal liegen. Ich nehme an, daß das die Zellen sind, die als ,,epitheliale Stützzellen" oder sogar als Gliazellen des Zwischenlappens beschrieben worden sind, die aber in der Tat nichts anderes als *Capillarendothelien* sind! Leider sind mir bisher Injektionen der Blutgefäße dieser kleinen Tiere mißlungen, aber an Hypophysen, die zufällig bei der Fixierung blutreich waren, kann man sich überzeugen, daß die gewöhnliche Angabe, nach der die Pars intermedia arm an Blutgefäßen ist, nicht zutrifft. Zunächst verläuft auf der Grenze zwischen Nerven- und Zwischenlappen ein Geflecht größerer Blutgefäße, welches auf dem auch von STENDELL reproduzierten Bilde HERRINGs zum Teil zur Darstellung gekommen ist, auch von KASCHE beim Schwein erwähnt wird und auf meinen Präparaten überall sichtbar ist. Von diesem Geflecht gehen nun die meines Wissens bisher unbeachteten, sehr reichlichen Capillaren aus, die man erstens bei Blutfüllung erkennt, deren Wandung aber auch sehr schön bei der RIO-HORTEGAschen Gitterfaserfärbung zutage tritt, die ich durch einen bei Herrn Professor JAFFÉ arbeitenden spanischen Arzt, Herrn Dr. COSTERO, jüngst kennen gelernt habe. Diese in einem äußerst zierlichen Gitterfasergerüst verfestigten Capillaren verlaufen bei den genannten Tieren fast frei durch das Epithellager, ein Verhältnis, wie wir es ähnlich an der Stria vascularis des inneren Ohres und im Epithel des Nierenbeckens kennen. Bei sorgfältiger Betrachtung finden wir, besonders auf zufälligen Flachschnitten des Zwischenlappens, daß durch die Verteilung der Capillaren auch bei den genannten drei Arten eine gewisse Gliederung des Zellagers in Gruppen zustande kommt. Das tritt beim Kaninchen noch ausgeprägter zutage, die Zwischenlappenzellen erscheinen hier zu umgrenzteren Ballen angeordnet, zwischen die sich bei älteren Tieren stellenweise auch schmale Bindegewebsblätter einschieben. Ein weiterer Schritt der Entwicklung führt bei anderen Säugern, so bei Katze und Hund, zu ausgesprochener follikulärer Anordnung der Elemente. Bei letzterer Form finden sich dann auch im Zwischenlappen nicht selten Kolloidcysten oder geschichtete Konkremente, wie ich sie im Hirnanhang eines Pferdes sah. Derartiges habe ich bei unseren vier Arten nicht gesehen.

3. Pars tuberalis.

Der jetzt mit Vorliebe als Pars tuberalis bezeichnete Drüsenteil war schon den älteren Untersuchern des Hirnanhanges, wie R. VIRCHOW und LUSCHKA bekannt, die das Vorkommen von Epithelcysten am Stiel auf ihn bezogen. Er hat aber erst seit TILNEYs Arbeiten in den letzten Dezennien eine lebhaftere, wie mir scheint, sogar übermäßige Beachtung gefunden, so daß ihm eine Reihe umfänglicher Arbeiten gewidmet wurde. Sicherlich kommt ihm morphologisch und genetisch eine Sonderstellung zu. Wir haben uns nur mit ersterer bei den vier Tierarten zu beschäftigen. Der Trichterteil ist, wie schon oben dargetan, bei Kaninchen und Meerschweinchen gut ausgebildet, bei Ratte und Maus dagegen höchst dürftig. Bei ersteren Arten finden sich in lockerem, sehr gefäßreichem Stroma, welches der Arachnoidea zuzurechnen ist, bisweilen wohl abgegrenzte Durchschnitte von Drüschen, die als Durchschnitte von runden, abgeschlossenen Alveolen angesehen werden könnten, an denen man sich aber oft genug auf Längsschnitten überzeugen kann, daß sie geschlängelten, netzförmig anastomosierenden Tubulis zugehören. Sie schließen ein ziemlich enges Lumen ein, welches mit einer einfachen Schicht kubischer Epithelzellen umkleidet ist, die eine scharfe Abgrenzung gegen das Lumen, eine unscharfe gegeneinander aufweisen. Ihr Zelleib ist dicht, feingekörnt, der Kern rundlich, bläschenförmig. Im Zelleib der Trichterteilepithelien hat ATWELL regelmäßig bei der Katze einen Golgiapparat und Mitochondrien nachweisen können und will daraus, wie schon erwähnt, auf eine sekretorische Tätigkeit der Zellen schließen. Stellenweise ist die Lichtung der Drüsenstränge rundlich erweitert und enthält einen wenig färbbaren Kolloidtropfen. Die Epithelstränge reichen oft bis unmittelbar an die gliöse Grenzschicht, springen auch bisweilen gegen das nervöse Gewebe vor, jedoch meine ich in meinen Präparaten stets eine Abtrennung durch die gliöse Grenzscheide erkennen zu können.

In dem äußerst schmalen Trichterbelag bei Ratte und Maus ist zwar zweifellos epitheliales Gewebe, aber nur ganz selten eine klare, strangförmige oder gar drüsenartige Anordnung zu erkennen. Dieser Teil macht bei den genannten Tieren einen ganz undifferenzierten oder rückgebildeten Eindruck.

Bei keiner der vier Arten, übrigens auch bei keinem anderen Säuger sind die merkwürdigen, in der menschlichen Pars tuberalis vorkommenden Pflasterzelleninseln gesehen worden.

Gegen Hauptlappen und Zwischenlappen ist die Pars tuberalis wohl abgegrenzt, dagegen glaube ich öfters Verbindungen der Tuberalisdrüsen mit der Hypophysenhöhle zu erkennen.

4. Die Hypophysenhöhle.

Die Hypophysenhöhle stellt das Überbleibsel der RATHKEschen Tasche dar. Sie hat während der Entwicklung den Ausgangspunkt für Hauptlappen und Zwischenlappen gebildet; der Tuberalteil entsteht nach HOCHSTETTER, DE BEER u. a. aus zwei besonderen seitlichen Anlagen, doch will mir scheinen, daß man bei menschlichen Feten auch aus dem oberen Umschlagsrand der RATHKEschen Cyste Aussprossungen von Epithelkanälchen, die zum Stielbelag verlaufen, wahrnimmt. Das sei hier unerörtert gelassen; auf jeden Fall beweist das Verhalten der Höhle, aus deren einer Wand der Hauptlappen, aus deren anderer der Zwischenlappen hervorgeht, daß sie selbst keinem von beiden zuzuzählen ist. Ich möchte das auch an dieser Stelle betonen, weil bei der Behandlung des schwierigen Problems nach dem Verbleib des menschlichen Zwischenlappens auch die Lösung versucht worden ist, ihn in den wohlerkennbaren Resten der Hypophysenhöhle zu erkennen, was ich für völlig verfehlt halte.

Nach Abschluß der Entwicklung und der mit dieser verbundenen Aussprossung unterliegt die Hypophysenhöhle verschiedenen Schicksalen: entweder bleibt sie in vollem Umfang bestehen, oder sie obliteriert vollkommen oder sie obliteriert teilweise und ihre Reste bleiben als Cysten übrig. Diese Schicksale sind zum Teil arteigen, wie z. B. die regelmäßige Persistenz der Höhle bei den Katzenarten oder individuell variierend. So finden wir beim Menschen, bei dem im allgemeinen die Höhle im ersten Lebensdezennium bis auf cystische Reste verschwindet, nicht so ganz selten eine umfangreiche Erhaltung der Höhle bis in ein höheres Lebensalter.

Von unseren vier Arten kommt im allgemeinen den beiden Musarten eine Persistenz der Höhle zu; doch habe ich auch eine alte Ratte untersucht, bei der sie bis auf kleine Cysten verschlossen war. Bei Kaninchen und Meerschweinchen obliteriert sie bei ausgewachsenen Tieren stets, und zwar bleiben beim Meerschweinchen fast nie Cysten erhalten, während man solche beim Kaninchen fast regelmäßig findet.

Was nun die feineren mikroskopischen Verhältnisse dieser Gegend betrifft, so bleibt bei Obliteration der Höhle ein feines gefäßführendes Bindegewebsblatt als eine scharfe Grenze zwischen Haupt- und Zwischenlappen bestehen, eine Grenze, die nicht durch Einwucherungen von Zellen der einen oder anderen Seite überschritten wird. Nur in der Gegend des hinteren, d. h. des dem Stielansatz entgegengesetzten Umschlagsrandes sind die Grenzen beider Lappen verwischt, so daß man Zellstränge beider Lappen in einem allerdings nur schmalen Bezirk durcheinander gemischt findet, bisweilen sogar den Eindruck erhält, als ob im selben Zellstrang Zwischenlappen und Hauptlappenzellen durcheinandergewürfelt liegen.

Das Verhalten des eigentlichen Oberflächenepithels in den persistierenden Höhlen ebenso wie in den Höhlenrestcysten ist recht variabel und schwer deutbar. Im allgemeinen ist es gegen das anstoßende Vorderlappengewebe stets durch eine Art Basalmembran schärfer abgegrenzt als gegen das anstoßende Zwischenlappenepithel. Mit diesem bildet es meist eine einheitliche Lage, und stellt nur deren etwas differenzierte Deckschicht dar, indem die oberflächlichen Zellen von niedriger Cylinderzellengestalt eine gegen die freie Höhle cuticulaartig abgegrenzte Phalanx bilden, aber nach unten in die gewöhnlichen Zwischenlappenzellen eingelagert sind. Wenn wir aus diesem Befund das Recht herleiten wollten, die Hypophysenhöhle doch als Zwischenlappenteil ansehen zu wollen, so belehrt uns der häufige Befund von echten gekörnten Vorderlappenepithelien in der lateralen Höhlenwand einwandfrei von der Tatsache, daß diese durchaus dem Vorderlappen zugehört. Sowohl in den persistierenden Höhlen (z. B. Katze) wie in den Cysten kommen im Oberflächenepithel Flimmerzellen vor. Ich habe sie von unseren vier Arten bei Ratte, Meerschweinchen und Kaninchen gesehen und nur bei der Maus bisher nicht gefunden, möchte aber nicht bezweifeln, daß sie auch dort vorkommen. Sie bilden in meinen Präparaten nirgends einen größeren zusammenhängenden Überzug, sondern stehen nur vereinzelt oder in Inseln, sind indes unverkennbar. Es ist mir unverständlich, daß sie von manchen Untersuchern, so von dem trefflichen Stendell nicht gefunden worden sind. Den Inhalt der Höhlen und Cysten bildet eine kolloidartige Masse, die bald basophil, bald acidophil erscheint, und weder mit intracellulären Tröpfchen zusammenhängt noch zerfallene Zellen enthält, also durchaus als ein echtes Sekret erscheint. Über seine weiteren Schicksale vermag ich nichts auszusagen; ich habe es weder in den Nervenlappen noch in die Blutgefäße, noch sonst in eine der Stellen, in welche es die rege Phantasie der Autoren verlegt, verfolgen können!

5. Bindegewebe, Gefäße und Nerven.

Das Bindegewebe der Hypophyse ist am meisten in der Kapsel, die mit der Dura mater in Verbindung steht, entwickelt. Die als Falte von der Kapsel ausgehende durale Bedeckung des Organs, das Diaphragma sellae, welches dem Stiel den Durchtritt gewährt, ist als ein zartes Bindegewebsblatt auch bei den Musarten vorhanden, die, wie wir oben gesehen haben, tatsächlich keine Sella turcica besitzen. Bei Meerschweinchen und Kaninchen ist es gut ausgebildet, es legt sich besonders bei letzterem sehr dicht an Stiel und Oberfläche des Hauptlappens an. Die Kapsel selbst bildet mit dem inneren Periost des Schädelgrundes ein einheitliches Bindegewebsblatt, in dem weite Venensinus verlaufen. Das von der Kapsel aus in die Drüse eindringende Bindegewebe ist bei diesen kleinen Nagern, die wir hier behandeln, außerordentlich zart; nur selten trifft man im Hauptlappen einen breiteren Zug als Träger eines größeren Gefäßes. Sonst schieben sich nur äußerst feine Blätter zwischen die Lappen; die bindegewebigen Wände der Epithelstränge und Alveolen sind so fein, daß sie ohne

Spezialfärbungen kaum zu erkennen sind, bei Färbung der Gitterfasern aber eine weitgehende Ausbildung zeigen. Das gilt besonders vom Zwischenlappen, dagegen zeigt der Tuberalteil relativ die breitesten Bindegewebszüge, deren lockere Anordnung und nahe Beziehung zur Arachnoidea auf das Vorhandensein umfangreicherer Lymphspalten schließen läßt, während solche in den feinen Blättern des übrigen Organs wohl kaum Platz finden dürften. Subepitheliale Lymphspalten, die bei Mensch und Tieren gelegentlich im Hauptlappen erwähnt werden, sind nach meiner Überzeugung nichts wie artifizielle Schrumpfungen, durch die das Epithel von seiner Unterlage abgerissen wird.

Über die Blutgefäßversorgung der Hypophysen der kleinen Versuchstiere finde ich keine neueren Angaben, was nicht wundernehmen mag, da diese wichtige Frage noch nicht einmal beim Menschen einwandfrei geklärt ist. Für Ratte und Maus mit ihren ganz der Hirnbasis eingeschmiegten Hypophysen kann mit einiger Wahrscheinlichkeit die Gültigkeit der von DANDY und GOETSCH beim Hunde gefundenen Verhältnisse der Arterienversorgung anerkannt werden. Auch beim Meerschweinchen mag noch die Blutzufuhr durch kleine vom Circulus Willisii eindringende Ästchen genügen. Aber für die tief im Knochen eingebettete Kaninchenhypophyse möchte ich die Beteiligung tieferer, direkt von der Carotis interna stammender arterieller Zufuhr vermuten. Auf jeden Fall habe ich bei dieser Art auf den Schnitten nicht selten eine von vorne her in den Hauptlappen eindringende größere Arterie angetroffen, die außerhalb des Duralsackes verläuft, also nicht wohl aus dem Circulus stammen kann. Auch bei der Katze bildet HERRING eine offenbar nicht aus dem Circulus stammende Nervenlappenarterie ab. Ich habe leider mit neueren Injektionsversuchen noch keine überzeugenden Ergebnisse gehabt.

Auch über die Nervenversorgung der Hypophysen unserer Arten habe ich keine speziellen Angaben gefunden und keine eigenen Erfahrungen. Das Vorhandensein von Nervenfasern in der Drüse ist nach den früheren Untersuchungen, z. B. BERKELEY, TELLO festgestellt.

II. Pathologische Anatomie.

Das von mir aufgefundene Material von Spontanerkrankungen des Hirnanhangs der vier hier besprochenen Tierarten ist äußerst dürftig; die einzige Materiallieferantin ist die Ratte.

Da ist zunächst ein etwas dunkler Fall, den STENDELL S. 117 erwähnt. Er fand bei einer alten Ratte eine Degeneration ganzer Zellterritorien. Die Hypophysenhöhle war mit Massen von degeneriertem Drüsengewebe ausgefüllt, welches sich unter Umfärbungserscheinungen vom Hauptlappen losgelöst zu haben schien. Der Autor betrachtet den Vorgang als eine Alterserscheinung. Der, wie ich erfahren habe, inzwischen verstorbene Verfasser war Zoologe, es ist schade, daß das Präparat anscheinend keinem Pathologen vorgelegen hat. Nach der Beschreibung sollte man vermuten, daß es sich um eine Infarzierung durch eine Arterienverstopfung (Embolie oder Thrombose) gehandelt hat, wie sie beim Menschen nicht ganz selten vorkommt.

Interessanter sind die Mitteilungen O. FISCHERs über Geschwulstbefunde, die er unter 200—300 Rattensektionen dreimal erheben konnte. In zwei Fällen handelte es sich um bösartige Geschwülste, Carcinome, die der Autor vom Umschlagsteil der Hypophysenhöhle ableitet, und deren Elemente er als „Kastrationszellen" identifizieren will. Die Geschwulstzellen zeigten Sekretionserscheinungen; in Kern und Protoplasma soll sich ein kolloidähnliches Sekret in Vakuolen gefunden haben, desgleichen auch in den Retikuloendothelien der Capillaren.

Im dritten Falle wurde ein Adenom des Nervenlappens gefunden, welches von der Pars intermedia oder tuberalis ausgegangen zu sein scheint. Es glich den fetalen Adenomen KRAUS' und zeigte reichliche Lumenbildung und Kolloidansammlung.

Als klinische Symptome werden Abmagerung und eine in den letzten Tagen auftretende Hinfälligkeit notiert. In dem einen Falle bestand Zwergwuchs.

Ich selbst habe außer gelegentlich im Hauptlappen aller vier Arten auffindbaren kleinen Kolloidcysten, die in dem Hauptlappen älterer Tiere bei allen vier Arten gesehen werden können, keine pathologischen Befunde gehabt.

Literatur.

ATWELL, WAYNE J.: On the finer Structure of the pars tuberalis of the Hypophyse. Endocrinologie 5, BIEDL-Festschrift 1929.

BEER, G. R. DE: (a) Geschichte der Pars tuberalis der Pituitardrüse. Anat. Anz. 60 (1925). (b) The comparative Anatomy, Histology and Development of the pituitary body. Edinburgh, Oliver and Boyd 1926. — BENDA, C.: (a) Pathologische Anatomie der Hypophysis. Handbuch der pathologischen Anatomie des Nervensystems. Berlin 1903. (b) Beiträge zur normalen und pathologischen Anatomie der Hypophyse. Verh. dtsch. path. Ges. Danzig 1927. — BERBLINGER, W.: Hypophyse und Zwischenhirn. Verh. path. Ges. Göttingen 1923. BERKELEY, H. I.: Finer anatomy of the infundibulary region of the cerebrum including the pituitary gland. Brain 17 (1894). — BIEDL, ARTHUR: (a) Innere Sekretion II. Berlin-Wien 1913. (b) Physiologie und Pathologie der Hypophyse. Ref. Verh. 34. Kongr. inn. Med. Wiesbaden 1922. — BJÖRKMAN, HALVOR: Bidrag till hypofysens äldersanatomi hos kaninen (mit deutscher Inhaltsübersicht). Uppsala Läk.för. Förh., N. F. 21 (1915).

CAMERON, G. R.: Die Beziehungen der Pars tuberalis hypophysis zum Hypophysenapparat. Jena 1929. — CHRISTELLER, ERWIN: Die Rachendachhypophyse des Menschen usw. Virchows Arch. 218 (1914). — COLLIN, R.: La neurocrinie hypophysaire. Arch. de Morph. 28 (1928). — COSTA, DA: Sur l'existence des filaments ergoplastiques dans les cellules du lobe anterieur de l'hypophyse du cobaye. Bull. Soc. port. Sci. nat. 1909.

DANDY, W. E. and E. GOETSCH: The blood supply of the pituitary body. Amer. J. Anat. 1911. — DOSTOJEWSKY, A.: Über den Bau des Vorderlappens des Hirnanhangs. Arch. mikrosk. Anat. 26 (1886).

EDINGER, LUDWIG: Die Ausführwege der Hypophyse. Arch. mikrosk. Anat. 78 (1911). ERDHEIM, J. u. STUMME: Schwangerschaftsveränderungen der Hypophyse. Beitr. Path. 46 (1909).

FICHERA: Sulla ipertrofia della ghiandola pituitaria consecutiva alla castrazione. Policlinico 1905. — FISCHER, O.: Über Hypophysengeschwülste der weißen Ratte. Virchows Arch. 259 (1926). — FLESCH, MAX: Beobachtungen über den Bau der Hypophyse des Pferdes. Tagebl. Naturforsch. 57. Verslg Magdeburg 1884.

GEMELLI, EDOARDO: (a) Contributo alla conoscenza della struttura della ghiandola pituitaria nei mammiferi. Boll. Soc. med.-chir. Pavia 1900. (b) Nuove ricerche sull'anatomia e sull'embriologia dell' ipofisi. Boll. Soc. med.-chir. Pavia 1903. — GEMELLI, FRA AGOSTINO: (a) Nuovo contributo alla conoscenza della struttura dell' ipofisi dei mammiferi. Riv. Fisica Pavia 6 (1905). (b) ulteriori osservazioni sulla struttura dell' ipofisi. Anat. Anz. 28 (1906). (c) Sull' ipofisi delle marmotte durante il letargo e nella stagione estiva. Rendic. R. Ist. Lombardo di Sci., II. s. 39 (1906). — GENTES, M. L.: (a) Structure du feuillet juxtanerveux de la portion glandulaire de l'hypophyse. C. r. Soc. Biol. Paris 55 (1903). (b) L'hypophyse des vertebrés. C. r. Soc. Biol. Paris 63 (1907). — GUIZZETTI, PIETRO: (a) Sulla porzione lingueforme dell' hypophysis cerebri nell' uomo e sui di lei cordoni di epitelio pavimentoso stratificato. Sperimentale 79 (1925). (b) Sulla struttura della pars intermedia dell' hypophysis cerebri dell' uomo. Sperimentale 80 (1927). (c) Secondo contributo sulla pars intermedia etc. Sperimentale 81 (1928).

HABERFELD, WALTHER: (a) Rachendachhypophyse usw. Beitr. Path. 46 (1909). (b) Zur Histologie des Hinterlappens der Hypophyse. Anat. Anz. 35 (1909). — HALLER, BELA: (a) Über die Hypophyse niederer Placentalier usw. Arch. mikrosk. Anat. 74 (1909). (b) Über die Ontogenese des Saccus vasculosus und der Hypophyse der Säugetiere. Anat. Anz. 37 (1910). — HERRING, P. T.: (a) Contribution to the comparative physiology of the pituitary body. Quart. J. exper. Physiol. 1 (1908). (b) Histological appearances of the mammalian pituitary body. Quart. J. exper. Physiol. 1 (1908). (c) Development of the mammalian pituitary body and its morphological significance. Quart. J. exper. Physiol. 1 (1908). — HOCHSTETTER, FERDINAND: Die Entwicklung des Hirnanhanges. Wien u. Leipzig 1924.

Izumi, G.: Experimentelle Beiträge zur inneren Sekretion der Hypophysis cerebri usw. Inaug.-Diss. Zürich 1920.

Joris, Hermann: (a) Contribution à l'étude de l'hypophyse. Bull. Acad. Méd. Brux. 19 (1907). (b) L'hypophyse au cours de la gestation. Bull. Acad. Méd. Brux. 1908.

Kasche, Fritz: Histologie der Pars intermedia der Hypophyse beim erwachsenen Manne. Inaug.-Diss. Jena 1926. — Kohn, Alfred: (a) Über die Hypophyse. Münch. med. Wschr. 1910, Nr 28. (b) Über das Pigment der Neurohypophyse des Menschen. Arch. mikrosk. Anat. 75 (1910). — Kraus, E. J.: Die Hypophyse. Henke-Lubarschs Handbuch der speziellen pathologischen Anatomie, Bd. 8. 1926.

Lehmann, Joachim: (a) Zur Frage der Geschlechtsspezifität der Keimdrüsensekrete. (Kastrationshypophyse der Ratte). Pflügers Arch. 216 (1927). (b) Die Struktur des Hirnanhangs nebennierenloser Ratten. Z. exper. Med. 65 (1929). — Lothringer, S.: Untersuchungen an der Hypophyse einiger Säuger und des Menschen. Arch. mikrosk. Anat. 28 (1886). — Luksch, Franz: Hypophysentumoren beim Hunde. Tierärztl. Arch. 3 (1923). — Luschka, Hubert: Der Hirnanhang und die Steindrüse. Berlin 1860.

Marburg, Otto: Zur Frage der Pars intermedia der menschlichen Hypophyse. Endokrinol. 5, Biedl-Festschrift (1929). — Maurer, Siefried and Dean Lewis: Structure and differentiation of the specific cellular elements of the pars intermedia of the hypophysis of the domestic pig. J. exper. Med. 36 (1922). — Meuret, W. u. B. Junker: Versuche über die Regenerationsfähigkeit des Hirnanhangs. Dtsch. Z. Chir. 195 (1926). — Müller, Wilhelm: Über Entwicklung der Hypophyse und des Processus infundibularis cerebri. Beob. d. Pathol. Inst. Jena. Jena. Z. 6 (1871).

Pende, Nicolo: Die Hypophysis pharyngea etc. Beitr. Path. 49 (1910). — Peremeschko: Über den Bau des Hirnanhangs. Virchows Arch. 38 (1886). — Plaut, Alfred: (a) Stellung der Pars intermedia im Hypophysenapparat des Menschen. Klin. Wschr. 1922, Nr 32. (b) Hypophyse eines weiblichen Schimpansen. Anat. Anz. 56 (1922). (c) Die Hypophyse eines Orang-Utang. Anat. Anz. 68 (1930). — Pokorny, Franz: Zur vergleichenden Anatomie der Hypophyse. Z. Anat. 78 (1926). — Portella, A.: La secretion graisseuse de l'hypophyse. Trav. Inst. histol. Univ. Porto 1, 1. Porto 1920.

Rogowitsch, N.: Die Veränderungen der Hypophyse nach Entfernung der Schilddrüse. Beitr. Path. 4 (1889). — Rössle, R.: Verhalten der menschlichen Hypophyse nach Kastration. Virchows Arch. 216 (1914). — Roussy, Gust. et J. J. Gournay: Hypophyse et Région infundibulo-tubérienne. Traité de Physiol. norm. et path. Tome 4. Paris 1928.

Saint-Remy, G.: Contribution à l'histologie de l'hypophyse. Archives de Biol. 12 (1892). — Schönberg, S. u. Y. Sakaguchi: Einfluß der Kastration auf die Hypophyse des Rindes. Frankf. Z. Path. 20 (1917). — Schönemann, A.: Hypophysis und Thyreoidea. Virchows Arch. 129 (1892). — Schönig, Albert: Extrauterine Entwicklungsphase der Pars intermedia der menschlichen Hypophyse usw. Frankf. Z. Path. 34 (1926). — Siguret, Alfred: L'hypophyse pendant la gestation. Paris 1912. — Stendell, W.: (a) Zur vergleichenden Anatomie und Histologie der Hypophysis cerebri. Arch. mikrosk. Anat. 82, 1 (1913). (b) Die Hypophysis cerebri. Lehrbuch der vergleichenden mikroskopischen Anatomie, Bd. 8, Jena 1914. — Stieda, L.: Verhalten der Hypophyse des Kaninchens nach Entfernung der Schilddrüse. Beitr. path. Anat. 8 (1890). — Stumpf, R.: Zur Histologie der Neurohypophyse. Virchows Arch. 206 (1911).

Tello, F.: Algunas observaciones sobre la histologia de la hipofisis humana. Trab. Labor. Invest. biol. Univ. Madrid 10 (1912). — Tilney, Frederick: (a) Study of the Hypophysis cerebri with special reference to its comparative histology. Mem. of Wistar Instit. 2. Philadelphia 1911. (b) Juxtaneural epithelial portiou of the hypophysis cerebri with an embryological and histological account of a hitherto undescribed part of the organ. Internat. Mschr. Anat. 30 (1913). — Trautmann, A.: (a) Anatomie und Histologie der Hypophysis einiger Säuger. Arch. mikrosk. Anat. 74 (1904). (b) Hypophyse und Thyreoidektomie. Frankf. Z. Path. 18 (1916).

Urasov, I.: (a) Observations cytologiques sur le lobe intermediaire de l'hypophyse chez la souris blanche. Arch. russ. d'Anat. 7 (1928). (b) Die feinere Struktur der Zellen im Vorderlappen der Hypophyse der weißen Maus. Arch. russ. d'Anat. 6 (1927).

Woerdemann, Martin, W.: Über den Zusammenhang der Chorda dorsalis mit der Hypophysenanlage. Anat. Anz. 43 (1913) u. Arch. mikrosk. Anat. 86 (1914).

Zander: Über die Lage und die Dimensionen des Chiasma opticum usw. Ver. wiss. Heilk. Königsberg i. Pr., Sitzg 9. Nov. 1896; Dtsch. med. Wschr. 1897, Vereinsbl. — Zondek, Hermann: Krankheiten der endokrinen Drüsen. 2. Aufl. Berlin 1926.

B. Epiphysis.

Von W. Kolmer, Wien.

Mit 1 Abbildung.

Der Zirbel (Epiphysis, Conarium) des *Kaninchens* ist ein bis 3 mm dicker, 6—7 mm langer runder Strang, der proximal vom Mittelhirndach von der Commissura posterior abgehend, fest mit der Pia und Dura mater distal verwachsen ist. Nach Krause sollen mit den Blutgefäßen die darin einen ausgedehnten Plexus bilden, zahlreiche marklose sympathische Nervengeflechte

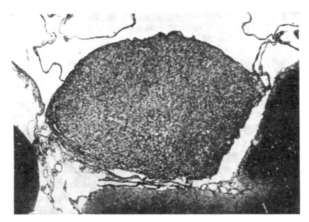

Abb. 133. Übersichtsbild der Zirbel der Maus im Sagittalschnitt in situ. Reichert Obj. 2, Kompl. Ok. 2.

eindringen und die Parenchymstränge umflechten, die aus polyedrischen Zellen mit großen ovoiden Kernen bestehen. Beim Abziehen der Dura mater wird leicht die Zirbel abgerissen oder verletzt, nur Sagittalschnitte mit der Dura mater geben die topographischen Verhältnisse richtig wieder. Bei jungen Tieren beschrieb schon Krabbe das Vorkommen follikulärer Strukturen.

Beim Kaninchen sind oft Pakete der Parenchymzellen umgeben von einer besonderen Art dunklerer Zellen. Diese letzteren enthalten viel braunes Pigment, während in den Parenchymzellen selbst solches nur ausnahmsweise sich findet. Ganglienzellen finden sich nicht, auch Nervenfasern sind schwer erkennbar. Gliazellen treten bei gewöhnlichen Färbungen nicht hervor (Krabbe).

Ich fand bei Injektion der Gefäße unter stärkerem Druck ein auffallendes Hervortreten eigenartiger kleiner Gefäßknäuel aus präcapillaren und capillaren Gefäßen speziell beim *Kaninchen* (Abb. 133).

Manche Autoren (Krabbe, Volkmann) betonen die Bedeutung des auffallend großen Kernkörperchens der Parenchymzellen, welches manchmal, besonders wenn die Kerne deutliche Nierenform zeigen, dem Rande des Hilus dieser Nierenform angelagert erscheint. Es ist dies als Zeichen einer angeblichen sekretorischen Tätigkeit, die von diesen Kernkugeln ausgehen soll, gedeutet worden. Doch scheinen mir diese Nucleolen von Gebilden der gleichen Art in anderen Zellen sich kaum zu unterscheiden. Die zarten kolbig endenden

Fortsätze der Zellen können nur gut durch Silberimprägnation dargestellt werden. Nebenzirbeln und Corpora arenacea habe ich beim Kaninchen nicht beobachtet.

Bei einem Kastraten glaubte ich ein Auftreten minimalster Granula im Cytoplasma der Parenchymzellen deutlicher zu sehen als bei normalen Tieren.

Die *Zirbel* ist bei der *Ratte* ein $1^1/_2$ mm langes, elliptisches Gebilde, das mit einem feinen Stiel an der Commissura posterior des Gehirnes befestigt ist und vom Plexus chorioideus gedeckt wird. Das Organ besteht aus untereinander zusammenhängenden Gruppen unregelmäßig ovaler Parenchymzellen, die vom Bindegewebe umscheidet sind und durch Gliazellen und Gliafasern zusammengehalten werden. Es enthält sehr zahlreiche präcapillare und capillare Gefäße. Die Parenchymzellen sind bei der *Ratte* von ziemlich gleichmäßiger Größe, enthalten einen nierenförmigen, 7 μ langen und 4 μ breiten Kern, ein Chromatingerüst und 1—2 Nucleolen. Faltungen der Kernmembran sind häufig.

Eine deutliche Veränderung der *Zirbel* kastrierter *Ratten* war bisher nicht nachzuweisen. Altersveränderungen sind auch jedenfalls viel weniger deutlich als bei vielen anderen Tieren, eine auffällige Vermehrung des Stützgewebes wird dabei wenigstens nicht beobachtet. Die Bildung von Corpora arenacea, die übrigens nur recht klein sind, bleibt auf die oberflächlichsten der Kapsel anliegenden Schichten beschränkt. Veränderungen in der Schwangerschaft wurde bei der *Ratte* bisher nicht beschrieben.

Das Cytoplasma enthält eine Sphäre mit Diplosom, daneben zahlreiche Granula. Die Capillaren sind von einem perivasculären Lymphraum umgeben, das ganze Organ ist in eine bindegewebige Kapsel, eine Fortsetzung der Pia, eingehüllt, die Kapsel hängt mit Strängen der Arachnoidea zusammen. Die *Ratten*zirbel liegt dicht unter der Dura, überdeckt vom Sinus sagittalis und ist nach Eröffnung des Schädels besonders leicht zugänglich. Bündel markloser Fasern gelangen aus der Gegend der hinteren Commissur in die Zirbel. Ganglienzellen wurden bei der Ratte bisher nicht beobachtet. Die Gliazellen sind durch schmale homogene Kerne ausgezeichnet, nicht sehr reichlich vorhanden. Am besten stellen sie die Methoden von Rio-Hortega dar. Pigment fehlt ebenso wie Acervulus, der nur in der Kapsel beobachtet wird, im Parerchym. Nebenzirbeln fehlen.

Der Stiel der *Ratten*zirbel ist äußerst dünn, ein Ventrikel darin nicht deutlich abzugrenzen, stellenweise etwas breitere Bänder von Parenchymzellen.

Die Zirbel des *Meerschweinchens* ist ein langes, zylindrisches Gebilde, das an der Abgangsstelle und an dem keulenförmigen Ende nur wenig verbreitert ist. Die Abgangsstelle enthält einen winzigen Ventrikel, im übrigen besteht das Organ nur aus Parenchymzellen, Bindegewebe, kleinen Arterien, Capillaren und Venen. Ganglienzellen wurden nicht gefunden. Die Kapsel ist mit der Arachnoidea verwachsen.

Wir sehen von den Parenchymzellen der Zirbel bis zu drei Fortsätze ausgehen, die nur mit Silbermethoden deutlich verfolgbar sind, manche teilen sich, sie endigen mit ansehnlichen Endkeulen bis zu 3 μ groß in der Nähe von Gefäßen oder besonders nahe der Zirbeloberfläche. Hier finden sich auch keulenförmige Endigungen oberflächlich verlaufender, manchmal auch verästelter dicker Nervenfasern, bei Anwendung der Silbermethoden.

Das Epithel des Subcommissuralorganes grenzt beim Meerschweinchen unmittelbar an das Zirbelparenchym an.

Bei der *Maus* ist die Zirbel etwas kleiner als bei der Ratte und weniger spitz geformt. Sonst gelten alle Einzelheiten, die von der Ratte gelten.

Nach Cutore wiegt die Zirbel beim Kaninchen 0,01 g, bei der Ratte 0,02 g, beträgt also $^1/_{1000}$ des Hirngewichtes. Sie ist relativ 20mal größer wie beim Hunde und 10mal größer wie beim Menschen.

Literatur.

ACHUCARRO u. SACRISTAN: Trab. Labor. Invest. biol. Univ. Madrid **10** (1912); **11** (1913).
BERBLINGER: Glandula pinealis. HENKE-LUBARSCHs Handbuch der speziellen pathologischen Anatomie und Histologie, Bd. 8, S. 681. 1926. Daselbst ausführliche Literatur. — BIEDL: Innere Sekretion, 83. Aufl. 1916.
CUTORE: (a) Il corpo pineale in alcuni mammiferi. Arch. ital. Anat. **1911**. (b) Anat. Anz. **50** (1912).
FUNKQUIST: Anat. Anz. **42** (1912).
HULLES: Über die Beziehung der Zirbeldrüse zum Genitale. Wien. klin. Wschr. **1912**.
ILLING: Vergleichend anatomisch-histologische Untersuchungen über die Epiphysis einiger Säuger. Inaug.-Diss. Leipzig 1910.
JOSEPHY: Z. Neur. **61** (1920).
KOLMER: Technik der experimentellen Untersuchungen über die Zirbeldrüse. ABDERHALDENS Handbuch der biologischen Arbeitsmethoden, Abt. 5, 3 B, H. 2, 1925. — KOLMER u. LÖWY: Pflügers Arch. **196** (1922). — KRABBE: (a) Contributions to the knowledge of the pineal gland in mammals. Biol. meddelelser II. Kopenhagen 1920. (b) Endocrinology **7** (1923).
MARBURG: Arb. neur. Inst. Wien **23** (1920). — MÜNZER: Die Zirbeldrüse. Berl. klin. Wschr. **1911**, 37.
PASTORI: Z. Neur. 123, S. 81, 1930.
RAMON Y CAJAL: (a) Textura del sistema nervioso del hombre y de los vetebrados. Madrid 1904. (b) Arch. de Neurobiologia 9. 1929. — RIO-HORTEGA: (a) Trav. Labor. Recherch. biol. Univ. Madrid **21** (1923). (b) Histologischer Bau der Zirbeldrüse. Zbl. Neur. **1924**, 34.
VOLKMANN, v.: Z. Neur. **1923**; Münch. med. Wschr. **1923**.
WALTER: Z. Neur. **17** (1913).

C. Thyreoidea.

Von W. KOLMER, Wien.

Mit 3 Abbildungen.

a) Kaninchen und Meerschweinchen.

Die Schilddrüse des *Kaninchens* ist ein wenig hervortretender graurötlicher Körper von annähernd H-Form, der vom Musculus sterno-thyreoideus bedeckt, am unteren Ende des Kehlkopfs ventral und lateral der Luftröhre aufsitzt. Häufig sind die beiden Lappen nicht durch einen Isthmus verbunden. Das *Parenchym* der Schilddrüse besteht aus 80—120 μ dicken Blasen, die größtenteils kugelige Follikel darstellen, manchmal unregelmäßige Ausbuchtungen zeigen. Das gewöhnlich kubische Epithel bildet überall eine einfache Zellage und wird bei größeren Follikeln offenbar durch den Druck des Sekretes flacher gepreßt.

Jede Zelle enthält einen kugeligen Kern, auch lassen sich im Cytoplasma Mitochondrien nachweisen. Aus ihnen soll in Form von acidophilen Körnchen, die sich vereinigen, das im Inhalt des Follikels vorhandene acidophile Sekret, das Kolloid, hervorgehen. Fast konstant finden sich ausschließlich am Rande der Kolloidmasse kleinere hellere Bläschen, die aber offenbar auch mit Flüssigkeit gefüllt sind, der Epitheloberfläche anliegen. Die Blutgefäße der Thyreoidea sind außerordentlich reichlich entwickelt und umgeben jeden Follikel mit korbartigen, sehr dichten Capillaren. Sie verlaufen im perilobulärem Bindegewebe, das aus etwas gröberen Kollagenfasern besteht und aus fein verwobenen Netzen von Gitterfasern, die sich speziell durch die Silbermethoden deutlich darstellen lassen. Eine eigentliche Membrana propria besitzt aber der Follikel nicht. Die Follikel werden auch von einem weitmaschigen Lymphgefäßnetz umgeben. Zahlreiche feine Nervenäste, hauptsächlich sympathische Nerven, verzweigen sich an der Außenwand der Follikel und treten mit

kleinen, eine Verdickung tragenden Endästen an und zwischen die Epithelzellen. Ganglienzellen sind bei Nagetieren bisher nicht beschrieben worden.

Zumeist sind die Follikel der Schilddrüse untereinander vollkommen getrennt,
gelegentlich findet man embryonal unvollkommene Trennungen der Follikel,
aber nur selten. Auch kommen Epithelkomplexe vor, die keine Lichtung enthalten, aber solche solide Epithelhaufen sind an Zahl gering. Sie können sich
durch Ausbildung eines Hohlraumes zwischen den Zellen zu typischen Follikeln
umbilden. Eine eigentliche Membrana propria fehlt den Follikeln, aber die

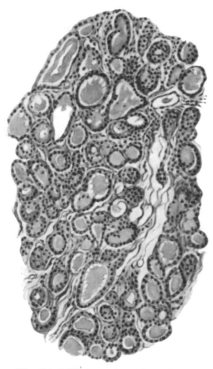

lückenlos dicht aneinander schließenden
Epithelzellen werden von feinen Gitterfasern dicht umwoben. Abstoßung einzelner Zellenepithelien ins Innere kommt
vor, hat aber nichts mit der normalen
Funktion zu tun. Je nach der Menge
des Follikelinhaltes erscheinen die Epithelien höher zylindrisch oder mehr abgeplattet, doch können auch lokal in
einem Follikel Strecken höherer Zellen
vorkommen. Der Form der Zelle nach
ändert sich der zumeist kugelige Kern
ganz wenig. Meistens liegen die Kerne
annähernd in gleicher Höhe im Epithel.
MAVAS schloß aus der verschiedenen Färbbarkeit des Kernes auf dessen Rolle bei
der Absonderung.

Beim *Kaninchen* ist häufig sehr wenig
Kolloid in der Schilddrüse vorhanden.
Form und Größe der Follikel der Thyreoidea beim Kaninchen können sehr stark
wechseln. Im Durchschnitt betragen die
Durchmesser der Follikel 32 bis 50 μ. Die
Capillarnetze, die die Follikel umfassen,
zeigen breitere Maschen und nicht so stark
gewundene Verläufe als bei der Ratte.

Gelegentlich finden sich innerhalb der
Kolloidsubstanz, die manchmal äußerst
stark saure Farben annimmt, Vakuolen
mit Gerinnungsphänomenen im Innern.

Abb. 134. Schilddrüse eines Kontrolltieres.
Typus der normalen Rattenschilddrüse.
(Nach BREITNER.)

Bindegewebe und elastisches Gewebe bilden ein Gerüst für die Follikel. Die
oberflächliche Verdickung dieses Gerüstes bildet die zarte Kapsel des ganzen
Organs. Trotz ihrer wechselnden Form steht die Schilddrüse stets mit Ästen
der Arteriae thyreoideae superiores und inferiores manchmal mit einem Truncus
thyreo-cervicalis in Verbindung. Der Verlauf der Äste wechselt stark. Venae
thyreoideae superiores und inferiores, klappenlose Gefäße, führen das Blut ab.

Die Capillaren liegen den Follikelepithelien äußerst dicht an, ja sie drängen
sich zumeist, sich vorbuchtend, zwischen die Epithelien fast bis an das Follikellumen heran, so daß man nicht selten den Querschnitt einer blutgefüllten
Capillare zwischen zwei Epithelzellen erblickt.

Sensible Endapparate, die ich vereinzelt beim Hunde fand, vermißte ich bei
allen Nagetieren.

Unter Anwendung von Eisenhämatoxylin und Lichtgrünfärbung läßt sich nach FLO-
RENTIN nachweisen, daß Kolloid intra- und extracellulär abgesondert wird, und zwar sowohl
gegen die Follikel als gegen die Gefäße bei geringer Tätigkeit durch merokrine Sekretion
bei starker Sekretion auch durch holokrine Tätigkeit.

Mit den Mitochondrienmethoden lassen sich im Cytoplasma Fadenkörner und einzelne körnchenförmige Mitochondrien, möglicherweise bei der Bildung der Vorstufen von Sekretkörnchen der Drüsenzelle beteiligt, nachweisen. Man trifft bald körnchenreiche, bald relativ arme Zellen (SOBOTTA), nicht aber verschiedene Zellarten, wie EBNER hervorhebt. Neben eigentlichen Sekretgranula finden sich nahe der inneren Oberfläche des Epithels nach ERDHEIM Fetttropfen und Körnchen eines ölsäurehaltigen Fettes, das aber mit der Abscheidung des Kolloids nichts zu tun hat.

Zumeist findet man die Follikel mit einem großen, sie annähernd vollkommen ausfüllenden Tropfen von Kolloid gefüllt. Am Rande des Tropfens zeigen sich häufig kleinere ausgesparte Räume, als ob hier von den Zellen Flüssigkeit austreten würde. Ist viel solche Flüssigkeit vorhanden, so kann um den Kolloidtropfen noch eine feinkörnige Gerinnung sich finden. Das Diplosom der Zelle liegt nach ZIMMERMANN dicht unter der freien Oberfläche.

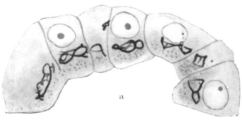

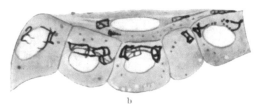

In der Nähe dieses freien Poles liegt zwischen Zelloberfläche und Kern für gewöhnlich der Netz-apparat der Zelle. Gerade aber in der Thyreoidea hat COWDRY darauf hingewiesen, daß er gelegentlich zwischen Kern und Zellbasis

Abb. 135 a u. b. Verschiedene Lage des Golgiapparates in den Schilddrüsenzellen eines erwachsenen Meer-schweinchens. a Gewöhnliche Lage zwischen Kern und Follikellumen. b Lage zwischen Kern und Bindegewebe. CAJALS Uraniumnitrat-Silbermethode. (Nach COWDRY 1922.)

angetroffen wird, was als Ausdruck dafür gedeutet werden dürfe, daß die Zelle auch vom Follikelinhalt weg in die Richtung gegen die Blutgefäße zeitweise absondere, da der Netzapparat die Richtung des funktionellen Poles der Zelle weist.

Die Thyreoidea des Meerschweinchens ist sehr klein und verhält sich im wesentlichen wie beim Kaninchen.

Nach NICHOLSON treten in der Schilddrüse des *Meerschweinchens* nach Verwandlung von Mitochondrien in Granula beim Hungern Fetttropfen auf.

Nach REGAUD und PETITIJEAN finden sich beim *Meerschweinchen* wenig, aber ziemlich regelmäßig weite Lymphgefäße in der Schilddrüse, die aber die Grenzen der Bindegewebstrabekel um die Gefäße herum nicht zu überschreiten scheinen.

b) Ratte.

Nach ERDHEIM liegen bei der *Ratte* im Zentrum der Thyreoidea größere kolloid-führende Follikel mit zylindrischem Epithel, dunkelrot färbbarem Protoplasma und dunklem ovalem Kern, ringsumher kleine, runde Follikel mit engem leerem Lumen und kubischem Epithel, mit lichtem Protoplasma und runden Kernen. Manchmal sind die Zellen sehr groß und gequollen, das Protoplasma ganz licht, die Kerne dem engen Lumen dicht anliegend. Häufig finden sich in der Schild-drüse der Ratte Schichtungskugeln aus Plattenepithel wahrscheinlich aus der 3. und 4. Schlundtasche herrührend, da sie fast ausschließlich im Seitenlappen, also dem Derivat der 4. Schlundtasche angetroffen werden und in der Nähe des aus der 3. Schlundtasche hervorgehenden Epithelkörperchens, oder an der Spitze des linken Thymus. In der Nähe finden sich auch versprengte Thymus-läppchen, ferner finden sich drüsige und cystische Formationen.

Die Follikel der *Thyreoidea* der *Ratte* zeigen einen Durchmesser von 48 bis 210 μ und ihre Capillarversorgung ist eine so dichte, daß fast jede Epithelzelle von einer Capillare basalwärts berührt wird.

Nach WATSON wird durch Fleischfütterung bei *Ratten* nach Monaten die Schilddrüse durch Wucherung des Epithels, Hyperämie unter Verminderung des Kolloids verändert, selbst noch bei den saugenden Jungen solcher fleischgefütterter Ratten. Veränderungen wurden bei Ratten auch nach Fütterung mit abgelagerter Leber, nicht mit frischer beobachtet. Es scheint sich um Einfluß einseitiger Eiweißnahrung zu handeln. Bei hungernden Kaninchen fanden BARBERA und BICCI Verkleinerung der Epithelien, besonders von derem Protoplasma, Kolloid bleibt vorhanden. MISSIROLI fand bei Hungerkaninchen Kolloid-

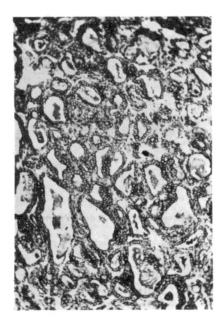

Abb. 136. Struma parenchymatosa eines Kaninchens. Reichert 4, Kompl. Ok. 2.

anhäufung. Nach Fütterung ist das verkleinerte Epithel nach 24 Stunden wieder kubisch, reich an Granula, die Kerne größer, chromatinreicher, das Kolloid großenteils aus den Follikeln verschwunden, die Lymphgefäße erscheinen gefüllt. Ähnliches fanden TRAINA und RADAELLI. Die Fettkörnchen der Epithelien sollen nach TRAINA beim Hungern keine Veränderung erleiden.

WEGELIN fand bei hungernden *Mäusen* und *Ratten* sehr wechselnde Bilder. Bei Verhungerten Schwund des Kolloids, Degeneration des Epithels. Die Schilddrüse von *Ratten*, die stark dem Licht ausgesetzt sind, ist nach ASCHOFF und SOROUR auffallend klein und atrophisch, bei dunkel gehaltenen vergrößert, das Kolloid dünnflüssig oder fehlt ganz. Das Epithel ist hochzylindrisch. Hitze soll bei Kaninchen und Meerschweinchen nach MILLS das Epithel abflachen, Kälte höher und heller machen. Ähnliches fand HART.

Bei der *Ratte* hat *Loeb* ein Carcinosarkom beschrieben, WEGELIN ein Schilddrüsensarkom mit Metastasen in Lunge und Perikard. Nach *St. Lager* kommt bei domestizierten Tieren, sehr selten bei wildlebenden Ratten (1 : 163 nach MAC CARRISON) Struma vor. Nach LANGHANS und WEGELIN ist Kropf bei der weißen Maus häufig (WEGELIN, LUBARSCH-OSTERTAG S. 434). Die Erkrankung geht mit dem menschlichen Kropf parallel. Verfütterung und Einspritzung vom Kot erkrankter Ratten kann wieder Rattenkropf hervorrufen.

Bei der *Ratte* beobachtete ich mäßig vergrößerte Thyreoideen, in denen fast sämtliche Follikel flach ohne eigentliches Lumen waren, nur ganz vereinzelt fanden sich geringe Spuren von Kolloid streifenweise im Inneren der flachen Teilkörper. Dabei fanden sich häufig Mitosen in den hochzylindrischen Epithelien, am ehesten der Struma diffusa parenchymatosa des Menschen entsprechend. J. BAUER beschrieb zahlreiche Formen von Strumen bei Ratten.

Beim *Kaninchen* sind nach REGAUD in der Schilddrüse mehr und größere Lymphgefäße als beim Meerschweinchen vorhanden, sie sind in ihrer Lage den sackförmigen Zuflüssen, die bei Hund und Katze vorkommen, ähnlich, besonders an der Peripherie von größeren Gruppen von Acini angesammelt. Die Lymphwurzeln scheinen also bei den Nagern nicht zwischen den Acini gelegen zu sein und ihr Zusammenhang mit den Drüsenbläschen weit weniger intim als bei anderen Tieren. Regeneration aus Follikelresten beobachteten FARNER und KLINGER bei der Ratte.

c) Maus.

Die *Thyreoidea der Maus* setzt sich aus Follikeln zusammen, die zumeist regelmäßig oval auf dem Querschnitt erscheinen und einen Durchmesser von 24 bis 60 μ und darüber zeigen. Die sie zusammensetzenden Epithelzellen sind kubisch

6 μ hoch, der annähernd kugelige Kern mißt 5 μ. Das Cytoplasma zeigt wenig Einzelheiten, einen kleinen Netzapparat, distalwärts nahe der Zelloberfläche. Die Kolloidtropfen füllen zumeist die Follikel nicht ganz aus und zeigen oberflächlichere vakuolisierte Partien. Abgestoßene Zellen beobachtete ich nicht. Die Bindegewebsmembran, die das Organ umscheidet, ist sehr zart, die einzelnen Follikel werden durch feine Bindegewebslamellen, die im wesentlichen aus Gitterfasern sich aufbauen, umscheidet.

Strumen bei der Maus beschreiben PFEIFFER und MAYER.

Zahlreiche engmaschige Capillaren, die von Ästen der Arteria thyreoidea versorgt werden, hüllen die Follikel ein.

JUNET fand bei kropfig entarteten Mäusen cystische Entartung, Kolloid in Capillaren, im Mittelteil Adenombildungen.

JAKOB[1] beobachtete bei einem 2jährigen Kaninchen eine umfangreiche Struma fibrosa von gleichmäßig derber Konsistenz, glatter Oberfläche und der Größe einer Mannsfaust. Auch BRAUN-BECKER[2] erwähnt deren Vorkommen. Ich beobachtete eine kirschgroße Struma parenchymatosa beim Kaninchen, deren Struktur von der der normalen Schilddrüse wenig abwich.

Literatur.

ANDERSON: Arch. f. Anat. u. Ent.geschw. 1894. — ASCHOFF: Schilddrüse und Epithelkörperchen bei Licht- und Dunkeltieren. Zbl. Path. 33 (1922).

BARTELS: Über den Verlauf der Lymphgefäße, der Schilddrüse bei Säugetieren und beim Menschen. Anat. H. 16 (1901). — J. BAUER: Innere Sekretion. — BRAEUKER: Anat. Anz. 56 (1922). — BREITNER: (a) Die Erkrankungen der Schilddrüse. Wien 1928. (b) Mitt. Grenzgeb. Med. u. Chir. 25 (1913).

CHRISTIANI: (a) Sur les glandes thyroidiennes chez le rat. C. r. Soc. Biol. Paris 9, 798 (1891); 1893, 279. (b) Les glandes thyroidiennes accéssoires chez la souris et le campagnol. Arch. Physiol. norm. et Path. Paris 1893. — COWDRY: The reticular material as an indicator etc. Amer. J. Anat. 30 (1922).

FARNER u. KLINGER: Mitt. Grenzgeb. Med. u. Chir. 32 (1920). — FLINT: Bull. Hopkins Hosp. 14 (1904). — FLORENTIN: Les manifestations histologiques de l'activité thyreoidienne chez les mammifères. Rev. franç. Endocrin. 6, 293 (1928).

GOLD u. ORATOR: Virchows Arch. 252.

HANSON: Anat. Anz. 39, 545 (1911).

ISCHIMARU: Der Golgiapparat in den Schilddrüsenzellen. Fol. anat. jap. 4 (1926).

JUNET: Études des phénoménes secretoires dans un de corps thyreoide goitreux de souris. Rev. franç. Endocrin. 5, 263 (1927).

KOLMER: Anat. Anz. 50 (1917). — KRAUSE, R.: Anatomie der Wirbeltiere in Einzeldarstellungen, S. 1. Berlin 1921.

LANGHANS u. WEGELIN: Der Kropf der weißen Ratte. Beitrag zur vergleichenden Kropfforschung. Bern 1919. — LIVINI: Sperimentale 53, 261 (1899); Anat. Anz. 34 (1909). LÖB: Über Transplantationen eines Sarkoms der Thyreoidea bei einer weißen Ratte. Virchows Arch. 167 (1902).

MAC CARRISON: The thyroid gland in health and disease. London 1917; Brit. med. J., Febr. 1922. — MATSUNAGA: Die parenchymatösen Lymphbahnen der Thyreoidea und ihre Sekretion. Arch. f. Anat. 1909, 339. — MAVAS: Sur la structure du protoplasma de cellules epitheliales du corps thyroide de quelques mammifères. Bibliogr. Anat. 21, 256. — MILLS: Effect of external temperature, morphine, quinine and strichnine on thyroid activity. Amer. J. Physiol. 46 (1918). — MISSIROLI: Arch. Physiol. norm. et Path. Paris 2 (1910); 4 (1912); 6 (1909).

NICHOLSON: (a) Mitochondrial changes in the thyroid gland. J. of exper. Med. 39, 65. (b) An experimental study of mitochondrial changes in the thyroid gland. J. of exper. Med. 39 (1924).

OTTO: Beiträge zur vergleichenden Anatomie der Glandula thyreoidea und Thymus der Säugetiere. Ber. naturwiss. Ges. Freiburg 10 (1898).

PFEIFFER u. MAYER: Experim. Beiträge usw. Mitt. Grenzgeb. Med. u. Chir. 1908, 405.

POPOW: Über die Innervation der Glandula thyreoidea. Z. Neur. 110, 383 (1927).

---

[1] Berl. tierärztl. Wschr. 1915, 484.

[2] Kaninchenkrankheiten. Leipzig: F. Poppe 1919.

RABL, H.: Über die Abkömmlinge der Kiementaschen und das Schicksal der Halsbucht beim Meerschweinchen. Verh. anat. Ges., Anat. Anz. **38** (1911); Arch. mikrosk. Anat. **82**, 97. — RADAELLI: Riforma med. **27** (1911). — REGAUD u. PETITJEAN: Bibliogr. Anat. **14** (1906). — RHINEHART: Amer. J. Anat. **13** (1912). — RUBEN: Anat. Anz. **39**, 571.

SOBOTTA: Anatomie der Schilddrüse. Handbuch der Anatomie des Menschen von BARDE-LEBEN, Bd. 6. 1915. Daselbst ausführliche Literatur. — SOROUR: Versuche über Einfluß von Nahrung usw. Beitr. path. Anat. **7**, 71 (1923).

TRAINA: (a) Beitr. path. Anat. **25** (1904). (b) Über eine Struktureigentümlichkeit des Schilddrüsenepithels. Anat. Anz. **35** (1910). — TRAUTMANN: Über die Nerven der Schild-drüse. Diss. Halle 1895.

WATSON: The influence of diet on thyroid gland. Quart. J. of exper. Physiol. **5** (1913). WEGELIN: HENKE-LUBARSCHS Handbuch der speziellen pathologischen Anatomie und Histo-logie, Bd. 8, S. 1—547. Sehr ausführliche Literatur.

D. Thymus.

Von **W. KOLMER**, Wien.

Mit 1 Abbildung.

Der Thymus liegt beim *Kaninchen* in der oberen Brustapertur dorsal vom Sternum, ventral vom Aortenbogen. Er ist bei jungen Tieren 24—30 mm lang, besteht aus 2 undeutlich getrennten, am rostralen Rand verlöteten Lappen. Das Organ bildet sich weitgehend teilweise unter Umwandlung in Fett im Alter zurück, aber auch noch bei alten Tieren finden sich Thymusreste in den hier vorhandenen Fettläppchen. Eine zarte bindegewebige Kapsel umhüllt das Organ und dringt mit feinen bindegewebigen Septen zwischen die Läppchen ein, ohne sie vollkommen zu trennen. Auf dem Querschnitt erkennen wir im Thymusparenchym ein Reticulum, in dessen Maschen dicht aneinander ge-schlossen, kleine, mit Hämatoxylin dunkel färbbare Thymuszellen liegen, die die Rinde darstellen und einen zentralen helleren Anteil, die Marksubstanz umschließen. Die beide Anteile durchziehenden Reticulumzellen anastomo-sieren miteinander und bilden auch intracelluläre Fasern. In Mark und Rinde finden wir eingewanderte Lymphocyten, die die Hauptmasse der Rinde bilden, dazwischen nicht selten auch eosinophile Leukocyten.

Als HASSALsche Körperchen werden rundliche, unregelmäßig geformte Zellkonglomerate aus epitheloiden Zellen bezeichnet, die aus umgewandelten Zellen des Reticulums unter Größenzunahme sich ausbilden. Später werden die Kerne pyknotisch und die Zellen zerfallen, so daß mit dem Eintritt der Involution die HASSALschen Körperchen kleiner werden und seltener gefunden werden.

Im Gegensatz zu manchen Nagern, wie das Eichhörnchen und der Biber, besitzen *Maus, Ratte* und *Kaninchen* eine Thymus, die vollkommen intrathorakal liegt. Beim Kaninchen entwickelt sich die Thymus aus der 2. und 3. Schlund-tasche, aber hauptsächlich aus der letzteren.

Die Thymusanlage stellt zuerst ein rein epitheliales Organ dar, das sich erst sekundär durch Einwandern von Lymphzellen von außen (oder nach anderen durch Entstehung lymphzellenartiger kleiner Thymuszellen aus der Organanlage selbst) in späterer Em-bryonalzeit vollkommen verändert.

Das Reticulum des Thymus und die HASSALschen Körperchen, die aus der ursprüng-lich epithelialen Anlage hervorgehen, sind Differenzierungen derselben. Möglicherweise stammt aber auch ein Teil des Reticulums vom Bindegewebe. DEANESLY findet nach Röntgenisierung HASSALsche Körperchen sich aus Bindegewebszellen regenerieren, Flimmer-cysten aus Blutgefäßen, retikuläre Zellen in Fibroblasten sich umwandeln, glaubt also nicht an die epitheliale Genese der letzteren bei der Maus.

Die arterielle Blutversorgung geschieht durch die Arteriae thymicae aus der Arteria mammaria oder den Art. mediastinales anteriores und pericardiacophrenicae. Sie dringen vom interlobulären Bindegewebe in das Markgewebe ein, verlaufen an der Markgrenze, lösen sich in radiär ausstrahlende Rindencapillaren auf, diese sammeln sich in die kleinen interlobulären Venen oder in solche, welche mit den Arterien der Marksubstanz verlaufen. Der Abfluß erfolgt ‚durch eine zentralwärts gelegene Vene in die Anonyma sinistra. Lymphgefäße wurden beschrieben. Nerven sollen mit kolbenförmigen Anschwellungen endigen. An Nerven scheint der Thymus hauptsächlich sympathische Äste mit ihren Gefäßen zu empfangen. Nach BOVERO und

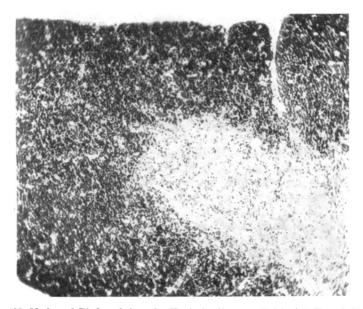

Abb. 137. Mark- und Rindensubstanz des Kaninchenthymus. Reichert 4, Kompl. Ok. 2.

BRAEUCKERS kommen Nerven vom Ganglion cervicale inferior und thoracale I des Sympathicus, teilweise auch aus dem Vagus stammend, sie gelangen von den Herznerven und vom Herzgeflecht durch Vermittlung von Gefäßnerven und manchmal des Phrenicus zur Drüse.

FUKUCHI beschreibt, daß sich bei der Thymusinvolution bei Meerschweinchen, Ratte und Maus die Gitterfasern zurückbilden, welche sich am Stützgerüst beteiligen.

Nach GOLDNER sollen in der *Meerschweinchen*thymus nach Knochenfrakturen HASSALsche Körperchen rasch neu gebildet werden.

Sowohl das Parenchym als das interlobuläre Bindegewebe der Thymus enthalten Lymphwege.

Nach SOEDERLUND und BACKMANN wiegt beim *Kaninchen der Thymuskörper* im Durchschnitt bei der Geburt 0,10 g, nach einer Woche 0,35 g, nach 2 Wochen 0,48 g, nach 3 Wochen 0,98 g, nach 4—6 Wochen 1,07 g, nach 2 bis 3 Monaten 1,70 g, 4 Monaten 2,10 g, 5 Monaten 2,34 g, aber nach 6 Monaten nur mehr 1,69 g, nach 7—8 Monaten 1,62 g, nach 1 Jahr 0,98 g, nach 2 Jahren 1,32 g. Der reduzierte Parenchymwert beträgt im Durchschnitt beim Neugeborenen 0,1 g, 1 Woche alt 0,34 g, 2 Wochen 0,44 g, 3 Wochen 0,86 g, 4 bis

6 Wochen 1,00 g, 2—3 Monate 2,56 g, 4 Monate 2,30 g, 5 Monate 2,08 g, 6 Monate 1,31 g, 7—8 Monate 1,30 g, 1 Jahr 0,58 g, 2 Jahre 0,47 g. Der Unterschied zwischen Mark und Rinde läßt sich normalerweise bis zum Alter von 1—1$^{1}/_{2}$ Jahren beobachten. Die Rinde überwiegt der Menge nach, und zwar besonders während des Alters von 3—6 Monaten. Sie wird im Alter kleiner. Beim Neugeborenen wiegt die Rinde 0,084 g, Mark 0,015 g, interstitielles Gewebe 0,004 g. Die höchsten Werte fanden sich mit 4 Monaten mit Rinde 1,875 g, Mark 0,425 g, Zwischengewebe 0,167 g, während nach einem Jahre die Werte 0,485 g, 0,145 g, 0,400 g, nach 2 Jahren 0,502 g, 0,145 g, 0,843 g betrugen. Beim neugeborenen Kaninchen beträgt sowohl der Thymuskörper als das Parenchym 1,80 pro Mille des Körpergewichts, erreicht nach 3 Wochen 3,33 bzw. 2,98, sinkt nach 1 Jahr auf 0,47 und 0,28, nach 2 Jahren auf 0,63 und 0,22$^{0}/_{00}$ ab. Das Maximum des relativen Thymusgewichts fällt demnach beim Kaninchen in das Ende der 3. Woche des Postfetallebens, während für das Meerschweinchen das entsprechende Maximum während des Fetallebens und für den Menschen um die Zeit der Geburt vorhanden zu sein scheint. Nach einem Jahr hört das Wachstum des Kaninchens bei einem Gewicht von 2000 g durchschnittlich auf. Das Maximum des absoluten Gewichts des Thymuskörpers und des Parenchyms fällt ins Alter von 4 Monaten, wo die Präspermiogenese beginnt. Dann vermehrt sich das interstitielle Gewebe des Thymus als Vorbereitung zum Übergang ins Fettgewebe.

Die Thymus der Maus und der Ratte verhalten sich ähnlich der des Kaninchens, doch sind die einzelnen Bestandteile nicht so deutlich zu unterscheiden.

Nach FLORENTIN finden sich beim Meerschweinchen gelegentlich Thymusinseln mit Hassalkörperchen innerhalb der Epithelkörperchen.

Nach MANDELSTAMM speichert die Thymus Trypanblau verschieden in verschiedenem Alter in HASSALschen Körperchen und in Reticulumzellen, am meisten wird im 1. Lebensmonat gespeichert.

FLORENTIN findet beim Meerschweinchen in der äußeren bindegewebigen Kapsel und in dem die Läppchen trennenden Bindegewebe der Parathyreoidea des Meerschweinchens Lamellenkörperchen, wie ich sie ebendaselbst bei Hunden gefunden habe.

Literatur.

BIEDL: Innere Sekretion, 2. u. 3. Aufl. — BLOOM u. ADERMANN: Zur Altersanatomie der Kaninchenthymus. Uppsala Läk.för. Förh. **28**. — BREITNER: Mitt. Grenzgeb. Med. u. Chir. **24** (1912); **25** (1913).
CRISTIANI: Remarques sur l'anatomie et la physiologie des glandes thyreoidiennes chez le rat chez la souris et le campagnol. Arch. Physiol. norm. et Path. Paris **1893**.
DEANSLY, R.: Experimental studies on the histology of the mammalian thymus. Quart. J. microsc. Sci. **72**, 247 (1928). — DUSTIN: Auslösung von Mitosen. C. r. Soc. Biol. Paris **85** u. **86**.
ERDHEIM: Zur Anatomie der Kiemenderivate bei Ratte, Kaninchen und Igel. Anat. Anz. **29**, 609 (1907); Wien. klin. Wschr. **1901**; Beitr. path. Anat. **33**, 35. Mitt.; Grenzgeb. Med. u. Chir. **1906**.
FLORENTIN: C. r. Soc. Biol. Paris **98**, 1133 u. 1359 (1928). — FUKUCHI: Über die Gitterfasern im Thymus mit besonderer Berücksichtigung ihres Verhaltens bei der Thymusinvolution. J. of orient. Med. 8 (1928).
GEDDA: Zur Altersanatomie der Kaninchenthymus. Uppsala Läk.för. Förh. **26**. — GOODALL: The post natal changes in the Thymus of guinea-pigs etc. J. of Physiol. **32**, 191 (1906).
HAMMAR: Zur Histogenese und Involution der Thymusdrüse. Anat. Anz. **27** (1905); Zbl. Path. **33**, 505, (1923); Erg. Anat. **19** (1910). — HART: Thymusstudien. Virchows Arch. **217** (1914).
JACKSON: Zuwachs und Variabilität des Körpers und der verschiedenen Organe der albinotischen Ratte. Amer. J. Anat. **15** (1913). — JONSON: Studien über Thymusinvolution Arch. mikrosk. Anat. **73**.
MANDELSTAMM: Die Trypanblauspeicherung im Thymus wachsender Tiere. Z. Zellforschg **7**, 487 (1928). — MAXIMOW: Arch. mikrosk. Anat. **74**, 525 (1909).

SANDEGREN: Über die Anpassung der von HAMMAR angegebenen Methode der mikroskopischen Analyse an die Thymus des Kaninchens. Anat. Anz. **50**. — SCHAFFER u. RABL: Sitzgsber. Akad. Wiss. Wien, Math.-naturwiss. Kl. **118** (1909). — SOBOTTA: Anatomie der Thymusdrüse. Handbuch der Anatomie des Menschen von BARDELEBEN, Bd. 6. Daselbst reiches Literaturverzeichnis. — SOEDERLUND u. BACKMAN: Studien über die Thymusinvolution. Arch. mikrosk. Anat. **73**, 609 (1909). — SOULIÉ u. VERDUN: J. of Anat.-Physiol. **6**, 604 (1898). — SYK: Über Altersveränderungen in der Anzahl der HASSALschen Körperchen nebst einem Beitrag zum Studium der Mengenverhältnisse der Mitosen in der Kaninchenthymus. Anat. Anz. **34**, 560 (1909).

TOYOFUKU: Über das Vorkommen der Kiemenknorpel in der Thymus der Ratte. Anat. Anz. **37**, 575 (1910).

UNGER, ERNST: Technik der Organtransplantationen. Handbuch der biologischen Arbeitsmethoden. Bd. 5, Tal. 1, H. 2, S. 312.

ZUCKERKANDL: Die Entwicklung der Schilddrüse und der Thymus der Ratte. Anat. H. **21**, 1 (1903).

E. Epithelkörperchen.

Von W. KOLMER, Wien.

Mit 3 Abbildungen.

Die Beischilddrüsen oder Glandulae parathyreoideae kommen beim Kaninchen der Schilddrüse am Isthmus anliegend vor, werden aber auch am dorsalen Rand der Lappen oder bis zur Zungenwurzel hinauf, in anderen Fällen nahe dem oberen Thymuspol vorgefunden. Es sind 4, manchmal mehr Körperchen vorhanden, und man kann beim Kaninchen die Schilddrüse entfernen, ohne für gewöhnlich alle Epithelkörperchen, von denen immer einzelne etwas abseits liegen, mitzunehmen. Die Epithelkörperchen bestehen aus rundlichen, gegenseitig sich abplattenden Zellen, die durch die Blutgefäße und das Bindegewebe in nicht ganz regelmäßigen zarten Lagen angeordnet erscheinen.

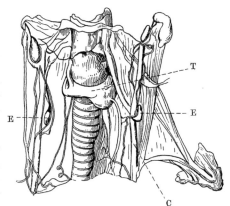

Abb. 138. Lage der Epithelkörperchen E beim Kaninchen. C Carotis, T Thyreoidea. (Nach UNGER.)

In den Beischilddrüsen unterscheiden manche Autoren die Hauptzahl der Zellen als mehr basophile Hauptzellen, eine Minderzahl als oxyphile Elemente, letztere leicht gekörnt. Der Unterschied beider Zellarten ist aber bei den Nagern nicht deutlich. Auch die Elemente der Parathyreoidea enthalten einen Netzapparat; wird durch Darstellung desselben der freie Zellpol markiert, so erscheinen streckenweise scheinbar die Zellen in gekrümmten Platten angeordnet. Vielfach wurden kleinste Abschnitte der Epithelkörperchen beschrieben, die durch Ausbildung von Kolloid sich zu akzessorischen Anteilen der Thyreoidea entwickeln können.

Beim Kaninchen kommen Parathyreoideen vom 3. und 4. Kiemenspalt aus zur Entwicklung.

Winzige Haufen kleiner, kleinsten Lymphocyten nicht unähnlicher Zellen bilden den sog. ultimobronchialen Körper, dessen Bedeutung unbekannt.

Bei reichlich genährten Tieren finden wir in jedem Zellelement der Epithelkörperchen Fetttropfen, die die Größe des Zellkernes annähernd erreichen
können.

Beim *Kaninchen* sahen ERDHEIM sowie PEPERE *im Thymus* zahlreiche
überzählige Epithelkörperchen, HABERFELD und SCHILDER fanden sie sogar
regelmäßig. Ihre Zahl wechselt, die letztgenannten Untersucher fanden bis
zu 26, ERDHEIM sogar 32 getrennte Epithelkörperchenhaufen in einem Thymus.
Sie können an Menge die freigelegenen Epithelkörperchen übertreffen, HANSON
legte dar, daß sie aus der 3. Anlage entstehen. Bei der Ratte fand ERDHEIM

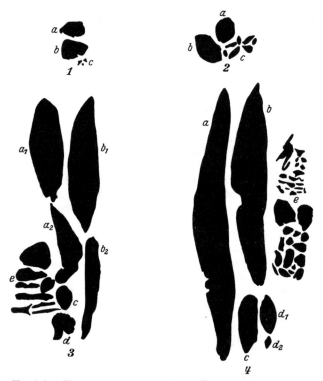

Abb. 139, 1—4. Von jedem Haupt- resp. akzessorischen EK wurde der größte Schnitt aus der Serie
aus gewählt, mit dem Zeichenapparat bei 100facher Vergrößerung gezeichnet, dann auf photo-
graphischem Wege verkleinert, so daß eine 13,5fache Vergrößerung resultierte. Da es bloß auf die
Größenverhältnisse, zum Teil auch auf die Gestalt der einzelnen Gebilde ankam, wurden bloß die
Konturen wiedergegeben. (Nach ERDHEIM.)

1 Erwachsene, weiße Ratte. a, b die beiden Haupt-EK. c 3 ganz kleine akzessorische EK.

2 Erwachsene, graue Ratte. a, b die beiden Haupt-EK. c 7 akzessorische EK, von recht
ansehnlicher Größe.

3 Erwachsenes Kaninchen I. a_1, a_2 und b_1, b_2 die beiden äußeren, zweigeteilten EK im Längsschnitt.
c, d die beiden inneren EK im Längsschnitt. e 9 akzessorische EK im Längsschnitt, eines von
ihnen größer als ein inneres Haupt-EK. Die Form im allgemeinen länglich.

4 Erwachsenes Kaninchen II. a, b die beiden äußeren EK im Längsschnitt. c und d_1 d_2 die beiden
inneren EK im Längsschnitt, eines ist zweigeteilt. e 33 akzessorische EK im Querschnitt, von sehr
verschiedener Größe, einzelne recht groß.

stets eine mehr oder weniger große Zahl kleinerer überzähliger Epithelkörperchen
zwischen den größeren Epithelkörperchen und der Thymusspitze zerstreut
gelegen, ferner solche im Thymus und in und an, sowie unterhalb der Schilddrüse.
FARNER-KLINGER sahen dagegen bei dieser Tierart verhältnismäßig selten
überzählige Epithelkörperchen am häufigsten im Thymus, öfters aber verlagerte

Epithelkörperchen. HAMMETT sowie BAYER-FORM vermißten hier versprengte Epithelkörperchen überhaupt (zitiert nach HERXHEIMER).

Es muß also immer die Abwesenheit von Epithelkörperchengewebe an einer vollständigen Serie der thyreothymischen Region nachgewiesen werden. Der Wegfall der Epithelkörperchen wurde als Ursache der Tetania parathyreopriva von BAGGIO beim Kaninchen, FEREIRA DE MIRA beim Meerschweinchen, von ERD-HEIM, PFEIFFER, MAYER, ISELIN, ADLER, THALER, FARNER, KLINGER und BLUM bei Ratte, von PFEIFFER, MAYER auch bei Mäusen nachgewiesen (vgl auch HERXHEIMER, die Epithelkörperchen. Handbuch von HENKE-LUBARSCH, Bd. 8, S. 584. 1926).

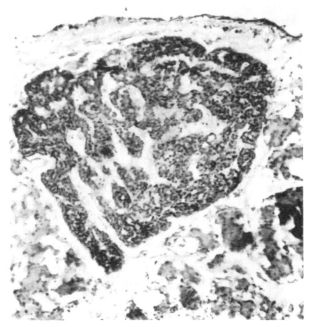

Abb. 140. Äußeres Epithelkörperchen der Ratte. Reichert 4, CO_2.

Während bei verschiedenen Haustieren cystische Umwandlungen der Epithelkörperchen beschrieben wurden, wurden solche bisher bei Nagetieren nicht beschrieben.

Die Nebenschilddrüse der *Ratte* ist ein kugeliges Körperchen, das sich aus gleichartigen epitheloiden Zellen von durchschnittlich $6\ \mu$ Durchmesser zusammensetzt, die Kerne sind unregelmäßig oval, etwa $5\ \mu$ lang. Pakete von einigen 100 Zellen werden durch zartestes Bindegewebe zu winzigen Läppchen zusammengefaßt, zwischen denen ziemlich engmaschige Capillarnetze, oftmals etwas gewunden verlaufender Capillaren sich finden.

Das Epithelkörperchen kann nahe am unteren Pol der Schilddrüse eingepflanzt sein. Neben akzessorischen Thymusläppchen finden sich Anhäufung von lymphoiden Zellen, die infolge Fehlens von HASSALschen Körperchen und Markgewebe nicht als Thymusgewebe bezeichnet werden können. Durch die embryonale Trennung der Thymusanlage von der Schilddrüsenanlage werden kleine akzessorische Schilddrüsenläppchen an die Spitze oder in die Substanz der Thymus hineinverlagert. Die Ratte besitzt 2 Epithelkörperchen bald in der

Mitte, bald am oberen, bald am unteren Pol der Schilddrüse eingebettet. Eines liegt aber manchmal, häufiger links, außerhalb der Schilddrüse. An der lateralen Pharynxwand finden sich kleine akzessorische Epithelkörperchen, häufig 3, maximal bis zu 11, im kranialen Teil der Thymus oder nahe der Trachea und der Carotis zwischen Thymus und Schilddrüse mit kleinen Thymusläppchen vergesellschaftet, am seltensten im Schilddrüsengewebe selbst. Häufig finden sich Cysten in unmittelbarer Nähe der akzessorischen Epithelkörperchen.

Die *Epithelkörperchen* bei der *Ratte* sind (nach ERDHEIM) in die Seitenlappen der Schilddrüse eingelassen, und zwar im Bereich der lateralen Kante oder sogar noch weiter rückwärts; um sie zur Ansicht zu bringen, muß man das dem Seitenlappen anliegende Gefäßnervenbündel vorsichtig von der Schilddrüse abpräparieren, es in ein Häkchen mitfassen und den nun mobil gemachten Schilddrüsenlappen durch zartes Anfassen seines unteren Pols nach vorn ziehen. Liegt das Epithelkörperchen an der typischen Stelle, so fällt es in Form eines deutlichen lichten runden Fleckes an der Schilddrüsenoberfläche auf, der in günstigsten Fällen prominiert. Es kommen Epithelkörperchen auch zwischen Oesophagus und der Trachea und längs dieser, akzessorisch auch in der Thymusspitze vor, in anderen Fällen nahe dem oberen Thymuspol längs der Carotis.

Nach WAHLBAUM finden sich beim *Kaninchen* 4 Epithelkörperchen, jederseits ein inneres und ein äußeres, manchmal kann das eine oder das andere in der Zweizahl vorkommen. Das innere Epithelkörperchen liegt in der Schilddrüse, allseitig von ihr umschlossen oder wie ein Keil in sie eingelassen. Es ist schwer am unteren Pol zu unterscheiden und erst die histologische Untersuchung gibt Gewißheit seiner Entfernung. Die äußeren Epithelkörperchen sind spindelförmige Organe von etwa 2 mm Länge und kaum 1 mm Breite, zuweilen sind sie mehr kugelig, sie liegen unterhalb der Schilddrüse, ganz von dieser getrennt, der Carotisscheide unmittelbar auf. Ihre braunrötliche Farbe erlaubt sie nicht mit kleinen Lymphdrüsen zu verwechseln.

Entwicklung siehe RABL Literatur c. Die Varianten bei der *Maus* siehe PFEIFFER und MAYER. Bei der Maus liegen die Epithelkörperchen am Rand des Seitenlappens etwas mehr vorne.

Während bei der *Ratte* die *Epithelkörperchen* tiefer in die Schilddrüse verlagert sind, ragen sie bei der Maus *etwas* heraus. Nach KOHN ist das halbe, mitunter das ganze Epithelkörperchen bei *Maus*, *Ratte* und *Meerschweinchen* in die Außenfläche des Seitenlappens förmlich eingekeilt.

Das Epithel bildet eine fast kompakte, zusammenhängende Zellmasse ohne Andeutung eines Netzwerks, welche nur durch wenige gefäßführende Septa aus fibrillärem Bindegewebe unterbrochen ist. Manchmal aber bildet es netzartig zusammenhängende, bald schmälere, bald breitere Balken, in anderen Fällen tritt eine deutliche Läppchenbildung auf, die durch Bindegewebszüge, Zellbalken, in denen größere Blutgefäße, besonders Venen verlaufen, untereinander zusammenhängen. Die Nerven verzweigen sich nach SACERDOTTI mit den Blutgefäßen und dann weiter in den bindegewebigen Septen der Drüse. Bei der *Ratte* scheint manchmal das Epithelkörperchen aus schmalen, von einschichtigem Epithel ausgekleideten Schläuchen mit spaltförmigem Lumen zu bestehen. Beim *Kaninchen* findet sich ein inneres Epithelkörperchen, das aber KOHN dagegen bei Maus, Ratte und Meerschweinchen vermißte.

Thymusläppchen in der Schilddrüse finden sich bei der Ratte, und zwar oft ein äußeres, aber nicht regelmäßig. Bei jungen Tieren finden sich sowohl im Epithelkörperchen wie in den Thymusläppchen Mitosen.

Gelegentlich finden sich bei sonst normalen *Meerschweinchen* neben einer normalen Schilddrüse mehrere sehr kleine Parathyreoideen, deren eine normal, die nächste aber kleine Cysten ohne kolloidalen Inhalt enthält.

Literatur.

ADLER u. THALER: Z. Geburtsh. **62** (1908).

BAYER u. FORM: Z. exper. Med. **40** (1924). — BLUM: (a) Virchows Arch. **162**. (b) Studien über die Epithelkörper. Jena 1925 u. Arch. f. Physiol. **159** (1914).

ERDHEIM: (a) Zur Anatomie der Kiemenderivate bei Ratte, Kaninchen und Igel. Anat. Anz. **29**. (b) Denkschr. Akad. Wiss. Wien **90** (1914). (c) Mitt. Grenzgeb. Med. u. Chir. **16** (1906); Frankf. Z. Path. **1911**, 157, 238, 295.

FARNER u. KLINGER: Mitt. Grenzgeb. Med. u. Chir. **32** (1920).

GULECKE: Exstirpation der Nebenschilddrüsen. Handbuch der biologischen Arbeitsmethoden von ABDERHALDEN, Lief. 62.

HABERFELD u. SCHILDER: Mitt. Grenzgeb. Med. u. Chir. **20** (1909); Wien. klin. Wschr. **1909**. — HANSON: Anat. Anz. **1911**. — HERXHEIMER: Die Epithelkörperchen. Handbuch der speziellen pathologischen Anatomie und Histologie von HENKE-LUBARSCH, Bd. 8, S. 548. Daselbst ausführliche Literaturangabe.

ISELIN: In Neur. Zbl. **30** (1911); Dtsch. Z. Chir. **93** (1908).

KOHN, A.: Die Epithelkörperchen. Erg. Anat. **9** (1900); Arch. mikrosk. Anat. **44** u. **48** (1896). (b) Studien über die Schilddrüse. Arch. mikrosk. Anat. **74**, 366 (1895).

LAMPE: Methodik der Exstirpation der Thymusdrüse und Schilddrüse. Handbuch der biologischen Arbeitsmethoden von ABDERHALDEN, Lief. 62.

PEPERE: Arch. di Biol. **48** (1907). — PFEIFFER u. MAYER: Mitt. Grenzgeb. Med. u. Chir. **18** (1908).

UNGER, E.: Über die Technik der Organtransplantation. Handbuch der biologischen Arbeitsmethoden von ABDERHALDEN, Lief. 89.

WAHLBAUM: Kaninchen. Mitt. Grenzgeb. Med. u. Chir. **12**, 299 (1903).

F. Nebennieren.

Von KARL LÖWENTHAL, Berlin.

Mit 2 Abbildungen.

I. Normale Anatomie.

a) Morphologie.

Mit den Nebennieren der Laboratoriumstiere hat sich die experimentelle Forschung vielfach beschäftigt und daher liegt auch eine erhebliche Anzahl von Beobachtungen über die Beschaffenheit des gesunden Organs vor. Jedoch sind sie nicht in genügender Menge gesammelt und nicht systematisch genug angestellt worden, so daß viele Widersprüche bestehen bleiben. Erst in den letzten Jahren hat man größere Reihen von Untersuchungen über die normale Anatomie der Nebennieren vorgenommen. Ich werde daher die ältere Literatur wenig berücksichtigen und für die folgende Schilderung fast nur die für unseren Zweck wertvollen Arbeiten benutzen. Da unter gewissen Umständen, die in das Bereich des Nichtkrankhaften fallen, die Organe sichtbare Veränderungen durchmachen, sollen auch diese letzteren Erwähnung finden. Die pathologische Anatomie der Nebennieren ist überhaupt noch nie bearbeitet worden. Das ist eigentlich erstaunlich, da diese bei vielen Schädigungen des Gesamtorganismus regelmäßig und ähnlich wie beim Menschen deutliche und bestimmte Befunde bieten. Trotzdem sind bisher wenig Angaben darüber gemacht worden.

Die *Lage* der Nebennieren entspricht ungefähr der bei den meisten Säugetieren. Wer Exstirpationen vornehmen will, wird sich jedoch nicht die Mühe ersparen können, die besten operativen Zugangsmöglichkeiten selbst auszuforschen. Nach SCHAUDER füllt beim Kaninchen die rechte Nebenniere den Raum zwischen dem Kranialteile der Niere und der caudalen Hohlvene aus, ist die linke auch neben der Hohlvene gelegen in der Höhe des kranialen

Poles der linken Niere, aber fingerbreit von ihr entfernt. Bei der Maus liegen die Organe mediokranial von den oberen Nierenpolen, die linke bei reichlichem Fettpolster etwa $1\frac{1}{4}$ mm, die rechte $\frac{3}{4}$ mm davon entfernt, bei Schwund des Fettgewebes dagegen nur etwa $\frac{3}{4}$ und $\frac{1}{2}$ mm.

Die *Größe* der Nebennieren nach Ausdehnung und Gewicht und die Mengenverhältnisse der einzelnen Organbestandteile zueinander erfordern ein näheres Eingehen; die Schilderung der Befunde wird am besten nach den einzelnen Tierarten vorgenommen werden. *Kaninchen:* SCHAUDER: $7 \times 4 \times 3$ mm. R. KRAUSE: Länge 8—12, Breite 3—4 mm. BRAUER: Gewichtsangaben nur nach Fixierung, und zwar beiderseitig mit verschiedenen Fixierungsmitteln, also praktisch nicht brauchbar. BAGER: Größenbestimmungen bei 101 Kaninchen im Alter von 0—42 Monaten. Der großen Sorgfalt wegen, mit der diese Untersuchungen durchgeführt sind, bringe ich die Ergebnisse in der folgenden Tabelle, die allerdings von mir sehr vereinfacht worden ist; ich betone ausdrücklich, daß hier nur die Durchschnittswerte jeder einzelnen Altersgruppe angeführt werden, während die Variationsbreite sowohl in bezug auf gleichalterige als auch auf gleichgewichtige Tiere eine sehr große ist.

Alter in Monaten	Gew. beid. Nebennier. in mg	Gew. beid. Nebennier. in ‱ des Körpergew.	Gew. beid. Nebennier. in mg ♂	Gew. beid. Nebennier. in ‱ d. Körpergew. ♂	Gew. beid. Nebennier. in mg ♀	Gew. beid. Nebennier. in ‱ d. Körpergew. ♀	Gewicht des Markes in mg	Gew. d. Markes in ‰ des Nebennierengew.	Gewicht des Markes in mg ♂	Gew. d. Markes in ‰ d. Nebennierengew. ♂	Gewicht des Markes in mg ♀	Gew. d. Markes in ‰ d. Nebennierengew. ♀	Gewicht der Rinde in mg	Gewicht d. Rinde in ‰ des Nebennierengew.	Gewicht der Rinde in mg ♂	Gewicht d. Rinde in ‰ d. Nebennierengew. ♂	Gewicht der Rinde in mg ♀	Gewicht d. Rinde in ‰ d. Nebennierengew. ♀
0	3,4	0,05	3,6	0,06	3,0	0,05	0,7	20,8	0,7	20,4	0,6	21,3	2,7	79,2	2,9	79,6	2,3	78,7
1	55	0,10	52	0,10	64	0,09	6	9,8	6	10,8	6	8,9	49	90,2	46	89,2	58	91,1
2	98	0,12	114	0,14	82	0,09	6	6,1	7	5,7	5	6,5	94	93,9	116	94,3	77	93,5
3	194	0,16	224	0,19	154	0,12	8	4,2	9	3,9	7	4,7	186	95,8	215	96,1	147	95,3
4	254	0,16	280	0,18	223	0,15	10	3,9	10	3,7	9	4,1	244	96,1	270	96,3	214	95,9
5	350	0,18	269	0,14	432	0,22	10	2,9	10	3,7	10	2,4	340	97,1	259	96,3	412	97,6
6	349	0,18	321	0,15	417	0,24	12	3,3	12	3,6	12	2,8	337	96,7	309	96,3	405	97,2
7⅓	571	0,25	452	0,21	719	0,29	11	2,0	11	2,5	11	1,5	560	98,0	440	97,5	708	98,5
10	571	0,24	556	0,22	581	0,24	11	1,9	13	2,3	10	1,7	560	98,1	543	97,7	571	98,3
12	648	0,23	564	0,19	690	0,26	12	1,8	11	2,0	12	1,7	636	98,2	553	98,0	678	98,2
21	481	0,19	524	0,21	460	0,18	14	2,9	14	2,7	14	3,0	467	97,1	510	97,3	446	97,0
42	583	0,27	434	0,20	632	0,29	21	3,4	19	2,9	22	3,4	612	96,6	620	97,1	610	96,5

Auf die Tabelle muß ich später noch mehrmals zurückkommen, so bei der Erörterung der Größenbeziehungen der einzelnen Organteile zueinander. Jedenfalls geht aus den Zahlen von BAGER einschließlich der hier nicht genannten hervor, daß erstens das Nebennierengewicht weder dem Körpergewicht noch dem Lebensalter unmittelbar proportional ist, daß zweitens fast immer die linke Nebenniere größer ist als die rechte, wie es auch beim Menschen der Fall und leicht aus den räumlichen Verhältnissen im Oberbauch zu erklären ist, und daß drittens die Nebennieren beim Weibchen von der Geschlechtsreife ab wesentlich größer sind als beim Männchen. Diese Tatsachen finden bei den anderen Tierarten ihr Analogon (CASTALDI, DEANESLY, DONALDSON, GUIEYSSE, HATAI, HETT, KOJIMA, MASUI u. a.) und weisen darauf hin, Versuchs- und Kontrolltiere auf beide Geschlechter gleichmäßig zu verteilen, und bei der Feststellung einer kompensatorischen Hypertrophie nach Exstirpation einer Nebenniere vorsichtig zu sein. *Meerschweinchen:* GUIEYSSE: Länge 8—$10\frac{1}{2}$ mm beim Männchen, $10\frac{1}{2}$—14 mm beim Weibchen, wobei auch gravide Tiere (s. später) mitgemessen sind. VERDOZZI: Bei erwachsenen Weibchen von 400 bis

600 g etwa 1 : 1000 bis 1 : 1350 des Körpergewichts. BESSESEN und CARLSON: 72 Tiere. Formel zur Berechnung des zu erwartenden Nebennierengewichts y aus dem Körpergewicht x, nämlich $y = ax - b - cx^2$, wenn $x < 400$ g, und $y = cx^2 - b - ax$, wenn $x > 400$ g; die Konstanten sind im ersten Falle (bzw. zweiten) $a = 0,00083$ (bzw. 0,00069), $b = 0,035$ (bzw. 0,214), $c = 0,00000084$ (bzw. 0,0000014). Auch hier findet sich eine sehr große Streuung der Einzelwerte, und die Durchschnittsgewichte beider Nebennieren zusammen betragen bei einem Körpergewicht von 100 g 40 mg, bei 200 g 90 mg, bei 300 g 140 mg, bei 400 g 165 mg, bei 500 g 220 mg, bei 600 g 305 mg, bei 700 g 415 mg, bei 800 g 555 mg. MATERNA und JANUSCHKE: 13 Tiere. Gewicht 380—800 g, durchschnittlich 568 g, beide Nebennieren 126—632 mg, durchschnittlich 345 mg $= 0,06\%$ des Körpergewichts. KOJIMA: 22 Tiere. 470—600 g, durchschnittlich 527 g, überwiegend Männchen, Nebenniere links 60—190, rechts 50—170, durchschnittlich 107 und 89 mg. Ausdehnung links $10,0 \times 4,6 \times 3,6$ und rechts $9,6 \times 5,6 \times 2,7$ mm mit ebenfalls großer Variationsbreite. CASTALDI: Ich zitiere die Zahlen für beide Geschlechter gemeinsam: Alter 1 Monat 40 bis 80 cmm Volumen und 120—170 mg Gewicht für beide Nebennieren, Alter 3 Monate 100—200 cmm und 230—360 mg, Alter 4—6 Monate 160—300 cmm und 300—670 mg. *Ratte:* HATAI: Körpergewicht 5 g, Gewicht beider Nebennieren bei Männchen (Weibchen) 1,6 (1,6) mg; 10 g und 4,4 (4,4) mg; 15 g und 6,4 (6,4) mg; 20 g und 8,1 (8,1) mg; 30 g und 10,7 (10,7) mg; 40 g und 12,9 (13,4) mg; 50 g und 14,7 (16,1) mg; 70 g und 18,0 (21,3) mg; 100 g und 22,2 (28,8) mg; 200 g und 34,2 (52,9) mg; 300 g und 44,6 (76,6) g. CAMERON und CARMICHAEL: 4 jüngere Tiere; Gewicht 67—160 g, beide Nebennieren 14—26 mg. CAMERON und SEDZIAK: 4 ältere Männchen; Gewicht 255—289 g, 23—28 mg; 1 älteres Weibchen, 244 g und 53 mg. DONALDSON verwertet in seiner großen Monographie über die Ratte die Zahlen von HATAI; er betont, daß die sexuelle Differenz im Nebennierengewicht erst im Alter von 50 Tagen auftritt. Er erwähnt auch erhebliche Rassedifferenzen; die Nebennieren von Mus norvegicus sind etwa $2^{1}/_{2}$mal so groß wie die von Mus norvegicus albinus. *Maus:* Gewichtsbestimmungen des ganzen Organs liegen kaum vor, und das ist bei der Kleinheit desselben auch verständlich. Nur von LEFFKOWITZ und ROSENBERG wird als Größe $1^{1}/_{2} \times 1^{1}/_{4} \times 1$ mm angegeben.

Bei einem Organ, das aus zwei so grundverschiedenen Geweben zusammengesetzt ist, der mesodermalen Rinde und dem ektodermalen Mark und erstere noch aus so ungleich gebauten Schichten, haben viele Untersucher ihr Augenmerk auf das *Verhältnis dieser einzelnen Teile zueinander* gerichtet. Naturgemäß sind die Befunde der verschiedenen Forscher nur schwer miteinander zu vergleichen, da die Methoden vielfach unvollkommen sind und voneinander erheblich abweichen. Wir müssen wieder jede Tierart gesondert betrachten.

Kaninchen: Nur BAGER bringt genaue Zahlen (s. Tabelle S. 364). Es zeigt sich, daß die Rinde weit überwiegt, während das Mark bei dem neugeborenen Kaninchen etwa $^{1}/_{5}$ des Organgewichts ausmacht, sinkt es bis zur Zeit der Geschlechtsreife auf ungefähr $^{1}/_{30}$. *Meerschweinchen:* CASTALDI: Die Rinde überwiegt, doch läßt sich keine so annähernd regelmäßige Beziehung zum Lebensalter feststellen, wie es BAGER für das Kaninchen tun konnte. Ich führe daher nur die Durchschnittswerte für beide Geschlechter und alle Altersstufen gemeinsam an und auch diese etwas vereinfacht. Beide Nebennieren 129,8 · 8,83 cmm, Rinde beiderseits $117,1 \pm 7,09$ cmm, Mark beiderseits $13,1 \pm 1,08$ cmm, $\frac{\text{Rinde}}{\text{Mark}} = 8,9$. *Ratte:* DONALDSON: Bis 100 g Körpergewicht sinkt der Anteil des Markes an der Organmasse, dann bleibt das Verhältnis einigermaßen konstant. Bezogen auf seine in der erwähnten Monographie niedergelegten Standardzahlen stellt sich die Markmenge durchschnittlich bei Mus norvegicus Männchen auf $6,2\%$ und Weibchen auf $8,3\%$, bei Mus norvegicus albinus Männchen auf $4,7\%$ und Weibchen auf $5,9\%$ der Gesamtnebenniere. *Maus:* MILLER: Durchschnittswerte an nur wenigen Tieren gewonnen und mit nur geringen Altersdifferenzen. Junge Weibchen Nebenniere 1,88 cmm, Rinde 1,76 cmm, Mark 0,12 cmm;

ältere Weibchen 1,84 cmm, 1,62 cmm und 0,22 cmm. TAMURA: 10 normale Weibchen
Nebenniere 1,42, Rinde 1,20, Mark 0,22 qmm. HETT: Rinde bei Männchen 75—85, durchschnittlich 82, bei Weibchen 78—92, durchschnittlich 87% des ganzen Organs. Bei einer
Reihe von Autoren finden sich weitere Angaben über das Verhältnis der einzelnen Rindenschichten zueinander; auf diese sei hier nur hingewiesen (BAGER, KOJIMA, KOLMER, TAMURA
u. a.).

b) Histologie.

Die *Histologie* der Nebenniere entspricht im allgemeinen der des Menschen,
jedoch ist einerseits der Bau infolge des Fehlens der Oberflächenfurchung übersichtlicher, andererseits aber wegen infolge besserer Untersuchungsmöglichkeiten
genauer studierter Einzelheiten scheinbar komplizierter. In der Rinde sind die
bekannten drei Schichten deutlich. Unter der dünnen Bindegewebskapsel
liegt die Glomerulosa, die eigentlich nur von den Umbiegungsstellen der Fasci-
culatazellsäulen ineinander gebildet wird; sie hebt sich aber nicht nur gestaltlich,
sondern auch histochemisch und funktionell von der folgenden Schicht durch
ihren geringen Lipoidgehalt und durch ihren Gehalt an Mitosen ab, wenn auch
über letzteren Punkt keine Einigkeit besteht. Die Fasciculata nimmt den
größten Teil der Rinde ein und besteht aus senkrecht zur Oberfläche gestellten
parallelen Zellsäulen, die durch Capillaren, wie auch in der Glomerulosa, regelmäßig voneinander getrennt sind. In der Retikularis werden die Zellbalken
ungeordneter, die Capillaren weiter und konfluieren vielfach miteinander.
Die Marksubstanz wird aus ungleichmäßig großen Zellhaufen und unregelmäßigen Zellsträngen gebildet, die Zellen sind größer als die der Rinde, die
Kerne ebenfalls größer und blasiger; die Capillaren haben fast Retikularisweite
und verbinden sich entsprechend miteinander. Im Mark sollen normalerweise
beim Meerschweinchen kleine Rundzellenhaufen liegen (STERNBERG), von anderen
Autoren wird derartiges aber nicht erwähnt; bei Mäusen ist das nach meinen
Erfahrungen sicher nicht der Fall. Die Grenze zwischen Rinde und Mark ist
bei Kaninchen in der Jugend scharf, im Alter unscharf mit in das Mark versprengten Rindeninseln, jedoch nie bindegewebig (BRAUER); bei der männlichen
Maus von 5 Wochen soll sie scharf und bindegewebig sein, beim Weibchen
dagegen unregelmäßig (DEANESLY), und etwas Ähnliches wird auch sonst angegeben (HETT, MILLER, TAMURA).

Die mikroskopisch sichtbaren bzw. färbbaren Einlagerungen in den Zellen
sind annähernd die gleichen wie beim Menschen, Lipoide, Pigment und chromaffine Substanz.

Die *Lipoide* kommen besonders in der Fasciculata vor; sie sind überwiegend
Neutralfette, bei Meerschweinchen teilweise doppeltbrechend (FIESCHI, KOJIMA),
bei der Maus fast gar nicht (LEFFKOWITZ und ROSENBERG) und färben sich
hier nach meiner Erfahrung immer metachromatisch rot mit Nilblausulfat.
JAFFÉ und BÄR meinten, daß es beim Kaninchen sich hauptsächlich um Phos-
phatide und Cerebroside, zum kleinsten Teil auch um Cholesterinfettsäure-
gemische handle. Nach den meisten Untersuchern ist die Glomerulosa frei
oder fast frei von Lipoiden, KOJIMA erwähnt allerdings in ihr in mehr als der
Hälfte der Tiere reichlichen Fettgehalt. Aber auch in der Fasciculata ist die
Lipoidmenge nicht immer durch die ganze Breite gleichmäßig verteilt; so ist
bei Meerschweinchen nur die äußere Hälfte lipoidreich und wird daher nach dem
Bild, das das eingebettete Paraffinpräparat darbietet, als Zona spongiosa
(GUIEYSSE, KOLDE u. a.) bezeichnet Ebenso ist bei der Maus die innere Fasciculata manchmal lipoidarm gefunden worden (WOLFF). MILLER hat das Gesetzmäßige dieses Verhaltens nachgewiesen. Sie nennt die innere Fasciculata
besonders Zone X und gibt als charakteristisch für sie an: Nicht so gleichmäßig
reihenförmiger Bau, kleinere Zellen und kleinere Kerne, dichteres lipoidarmes

Protoplasma. Diese Zone ist bei beiden Geschlechtern im Alter von 3 Wochen gut ausgeprägt, bei Männchen mit 5 Wochen wieder verschwunden, bei Weibchen macht sie auf der Höhe ihrer Entwicklung etwa $55^0/_0$ der Rinde aus, bildet sich jedoch auch hier langsam nach Eintritt der Geschlechtsreife zurück, und zwar in einem eigenartigen Degenerationsprozeß mit Hyperämie, Auftreten großer Fetttropfen, fast ähnlich wie im Fettgewebe und vielfach Konfluieren von Zellen; in der Gravidität schwindet die Zone rasch. Gerade entgegengesetzt hat Tamura diese Schicht erst in der Gravidität auftreten sehen und bezeichnet

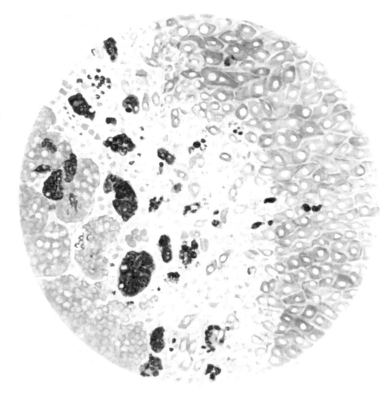

Abb. 141. Maus 401. Fixierung Orthsches Gemisch; Färbung Nilblausulfat. Kerne ungefärbt, Rinde rechts, Mark links (chromiert), in der Mitte Paraxanthomzellen. Leitz Obj. 6, Ok. 2.

sie darum als Zona gestationis. Genau so unterscheidet Preston drei Rindenzonen beim Männchen, vier beim Weibchen.

Eine andere Form der Lipoidablagerung kommt daneben bei Mäusen sehr häufig vor, wenngleich ich betonen muß, daß ich bisher keine systematischen Untersuchungen darüber habe anstellen können; bei der ganz ungleichmäßigen Verteilung dieser lipoidhaltigen Zellen in der Retikularis dürfte man auch nur an Serienschnitten einen einwandfreien Überblick bekommen. Ich kann also nur sagen, daß die Ablagerung im allgemeinen mit zunehmendem Alter stärker wird und dann auch ein gewisses Analogon in anderen Organen, so in der Leber, findet. Diese Speicherung erfolgt in Gestalt zahlreicher feiner Tröpfchen ausschließlich in Endothelien, und zwar besonders der Retikularis, nur ganz wenig auch der inneren Fasciculata und des Markes; die Lipoide sind nie doppelbrechend, färben sich nach Smith-Dietrich schwach graublau, mit Nilblausulfat gesetzmäßig tiefblau und nur dann leicht grünlich, wenn bereits ein Ersatz der Lipoide durch bräunliches Pigment vor sich geht; sie sind ungefärbt mattgrau in durchfallendem und auffallendem Licht und zeigen manchmal alle Farbenzwischenstufen zu dem erwähnten Pigment. Die kleineren Zellen sind noch von spindeliger Form, die größeren vieleckig; oft verschmelzen benachbarte Zellen miteinander; der kleine kugelige Kern oder die mehrfachen Kerne sitzen dann irgendwo im Zellkörper. Nach Herkunft und Gestalt müßte man die Zellen als Pseudoxanthomzellen bezeichnen; da sie aber mit Sicherheit andere Lipoide, d. h. keine Cholesterinester enthalten, habe ich sie Paraxanthomzellen (siehe LEFFKOWITZ und ROSENBERG) genannt. Daß diese Lipoide auch funktionell ganz anders zu bewerten sind als die übrigen Rindenlipoide, läßt sich auch daraus ersehen, daß sie bei dem so regelmäßigen infektiös-toxischen Lipoidschwund (s. später) vollkommen unbeeinflußt an Ort und Stelle liegen bleiben. Eine Erklärung der möglichen Bedeutung dieser Zellform ist von LEFFKOWITZ und ROSENBERG versucht worden. Auch WOLFF erwähnt die Paraxanthomzellen; jedoch kann keine Rede davon sein, wie er behauptet, daß sie manchmal wie Fettzellen aussähen; vielleicht liegt hier eine Verwechslung mit der Degeneration der Zone X von MILLER vor. HETT schildert in der Retikularis Syncytien von Zellen mit Lipoiden und Pigment, meint aber, daß es sich um epitheliale Elemente handle, wenn er auch die Entwicklung aus Endothelien nicht ganz abstreiten will; seine Abb. 5 spricht mehr für die von mir gegebene Erklärung. Bei anderen Tierarten finden sich anscheinend entsprechende Zellen. KOLMER beschreibt sie ziemlich ähnlich, hält sie allerdings, obwohl er mittels Durchspülung fixiert hat, erstaunlicherweise für in die Capillaren eingewanderte degenerierte Retikularisepithelzellen. Ebenfalls beim Meerschweinchen hat sie KOJIMA gesehen, ferner vielleicht auch STERNBERG bei Meerschweinchen und Kaninchen, wenigstens in der Gravidität.

Über die Nebennieren*pigmente* ist weniger bekannt; sie nehmen jedenfalls mit Alter und Krankheitsdauer zu. Sie liegen in der Retikularis (KOLMER, KOLDE, KOJIMA, HETT, STERNBERG, VERDOZZI), sind nach KOJIMA und HETT eisenhaltig. Das Pigment der Paraxanthomzellen enthält dagegen kein Eisen und kann wegen seiner Beziehungen zu Lipoiden gut als Lipofuscin angesprochen werden; ob es mit dem braunen Abnutzungspigment des Menschen identisch ist, müßte demnach nach der gegenwärtig in Deutschland vorherrschenden Ansicht (LUBARSCH) zweifelhaft sein. MILLER hat bei zahlreichen erwachsenen Mäusen Pigment vermißt.

Die *chromaffine Substanz* ist in feinsten Körnchen in das Protoplasma der Markzellen eingelagert. Sie ist beim Mäuseembryo von etwa 15 Tagen oder 10 mm Länge zuerst sichtbar, im Alter von 5—7 Tagen nach der Geburt in allen Markzellen und mit 14 Tagen in voller Menge vorhanden (MILLER); diesem Verhalten geht die physiologische Wirkung parallel. Die Adrenalinmenge beträgt bei Meerschweinchen 0,10—0,22, durchschnittlich 0,15% der frischen Nebennierensubstanz, bei Kaninchen anscheinend etwas weniger (LEULIER und GOJON).

Wichtig für die Beurteilung von Hypertrophie oder Atrophie einzelner Rindenschichten in ihrer funktionellen Bedeutung ist natürlich die Entscheidung, welche als *Keimschicht*, welche als *Untergangsstätte* anzusehen ist. Daß letztere in der Retikularis zu suchen ist, kann aus dem Pigmentgehalt und Vorkommen mesenchymaler Phagocyten geschlossen werden. Dagegen gilt im allgemeinen die Glomerulosa als Keimschicht. In ihr hat KOLMER regelmäßig Mitosen gefunden, in der Gravidität sogar bis zu 180 im Schnitt. Nach KOJIMA finden sich die meisten in der äußeren Fasciculata, weniger in der inneren und in der Glomerulosa, gar keine in der Retikularis und im Mark. KOLDE und STERNBERG haben überhaupt keine Mitosen bemerkt.

Außer den bereits hervorgehobenen Verschiedenheiten der Nebennieren in Größe und Bau nach Körperseite, Alter und Geschlecht gibt es nun noch einen nichtkrankhaften Zustand, in dem das Organ seine Struktur verändert; das ist die *Schwangerschaft*. Die vielen Untersuchungen, die über diesen Punkt angestellt worden sind, kommen leider zu widersprechenden Ergebnissen, und inwieweit Besonderheiten der Tierart oder Rasse diese zu erklären vermögen, ist noch nicht zu sagen. Am längsten bekannt ist die Nebenhypertrophie beim Meerschweinchen (GUIEYSSE). Sie beruht auf einer Vergrößerung der Rinde, während das Mark unbeteiligt ist (KOLMER, KOLDE, CASTALDI, VERDOZZI), und in erster Linie scheint die Fasciculata, weniger die Retikularis sich zu verbreiten (KOLMER, KOLDE, STERNBERG, VERDOZZI, TAMURA); nur KOJIMA hebt die Vergrößerung der Glomerulosa hervor. Dabei liegt anscheinend sowohl eine echte Hypertrophie mit Mitosenvermehrung (KOLMER) als auch eine Zellvergrößerung durch Lipoidspeicherung (STERNBERG, KOJIMA, FIESCHI u. a.) und Pigmentvermehrung (KOLDE, VERDOZZI) vor. Gegen das Ende der Gravidität soll sich das Organ wieder verkleinern (CASTALDI, TAMURA). Bei Kaninchen sind die Verhältnisse nicht so eindeutig (KOLDE, STERNBERG), was vielleicht in der kürzeren Tragezeit seinen Grund hat. Bei Albinoratten scheint die Vergrößerung überhaupt zu fehlen, bei anderen Rassen aber nicht (DONALDSON). Für die Maus ist wieder eine entsprechende Hypertrophie anzunehmen (TAMURA, eigene Eindrücke).

II. Pathologische Veränderungen.

Die *Pathologie* der Nebennieren ist fast unerforscht. So ist über *Mißbildungen* nichts bekannt.

Sehr häufig kommen Veränderungen zur Beobachtung, die ganz denen beim Menschen gleichen und so charakteristisch sind, daß man sie selbst bei der Maus sofort makroskopisch erkennen kann. Ob man hierbei im Sinne der allgemeinpathologischen Systematik mehr von Stoffwechselstörungen, von Kreislaufstörungen oder von entzündlichen Prozessen sprechen soll, bleibe dahingestellt. Es handelt sich um die *Reaktionen auf* experimentelle oder spontane *Infektionen oder Intoxikationen*; sie setzen sich zusammen aus Lipoidschwund der Rinde, anfangs fleckförmig, dann diffus, bei Erhaltenbleiben der Lipoide in mesenchymalen Zellen wie den Paraxanthomzellen der Maus, aus Schwund der chromaffinen Substanz, ebenfalls erst fleckförmig und dann diffus, ferner aus Hyperämie, manchmal mit Blutungen. So ein Organ ist leicht an der grauroten Farbe anstatt der gewöhnlichen gelben zu erkennen. Es ist nicht zu bezweifeln, daß diese Veränderungen bei Überstehen der Grundkrankheit völlig reparabel sind; wenn aber ein Gewebszerfall eingetreten ist, müssen bei der Rückbildung mehr oder weniger umschriebene *Narben* übrig bleiben. Solche Narbenbildungen habe ich mehrfach bei Mäusen gesehen, ohne allerdings beweisen zu können, daß sie sich in der eben angenommenen Art entwickelt haben müßten. Sie strahlen von der Kapsel in die Rinde aus, sind nicht sehr faserig, sondern in erster Linie spindelzellig, manchmal sind auch Rundzellen beigemischt. Auch *Infiltrate* rein zelligen Charakters gibt es, anscheinend aber recht selten. Die Beispiele, die ich mit der folgenden *Kasuistik* geben kann, sind nicht die einzigen von mir beobachteten Fälle dieser Art, jedoch hatte ich ursprünglich auf diese Dinge nicht besonders geachtet und daher nicht mein Material vollständig aufgehoben. Warum ich die geschilderten Veränderungen als spontan entstanden auffasse, ist im Kapitel „Kreislaufapparat" gesagt.

Nr. 494, K_3, ♀, weiß, Alter 14 Monate, Gewicht $16\frac{1}{2}$ g, 15mal Teeröl intraperitoneal zuletzt 2 Wochen vor dem Tode, Tod an Kachexie mit Schrumpfleber. Nur in der Glomerulosa Lipoid, viel Paraxanthomzellen, Chromierung unregelmäßig, Leukocytenhaufen im Mark.

Nr. 534, S_1, ♀, weiß, Alter $19^1/_4$ Monate, Gewicht 18 g, 10mal Embryonalbrei subcutan zuletzt $4^1/_2$ Monate vor dem Tode, Tod an Adenocarcinom am Rücken. Fleckförmiger Lipoidgehalt, mittelreichlich Paraxanthomzellen, Chromierung nicht geprüft, eine kleine, die äußersten Rindenteile ersetzende spindelzellige Narbe.

Nr. ...., früher bereits veröffentlicht, Tod an Aortenruptur. Nur in der Glomerulosa Lipoid, mehrere große Paraxanthomzellen, Retikularis stärkst hyperämisch, nur einzelne Markzellen und dazwischen Lymphocytenhaufen.

Nr. 536, S_3, ♀, weiß, Alter $18^1/_2$ Monate, 5mal Embryonal- und 5mal Placentarbrei subcutan, zuletzt $3^3/_4$ Monate vor dem Tod, Tod an in das Pankreas penetrierendem chronischem Duodenalgeschwür. Reichlicher aber fleckförmiger Lipoidgehalt, viel Paraxanthomzellen, Chromierung nicht geprüft, mehrfache oberflächliche die Glomerulosa und äußere Fasciculata ersetzende Spindelzellenherde, an einer Stelle bis zur Retikularis durchbrechend und hier rundzellig.

Nr. Cho 254, ♂, grau, Alter unbekannt, Tod 215 Tage nach Chrondromtransplantation mit winzigem Tumor und zahlreichen spontanen Lungenchondromen. Diffuser Lipoidgehalt, keine Paraxanthomzellen, Chromierung nicht geprüft, kleine spindelzellige Rindennarben und ein Rindenadenom von halbem Durchmesser der größten Markbreite.

Nr. Cho 259, ♀, grau, vor Chondromtransplantation bereits krank, Tod 21 Tage nach Transplantation noch ohne sichtbaren Tumor an Schrumpfnieren. Diffuser aber spärlicher Lipoidgehalt, mittelreichliche Paraxanthomzellen, Chromierung unregelmäßig, zwei spindelzellig-rundzellige Herde der äußeren Rindenschichten etwa $^1/_7$ und $^1/_{10}$ des Organumfangs und $^1/_5$ der Rindenbreite einnehmend.

Eine Beobachtung von BAGER gehört vermutlich auch in diese Gruppe von Narbenprozessen. Bei einem Kaninchen von 3 Jahren fand sich in der rechten Nebenniere das Mark durch vascularisiertes Bindegewebe ersetzt, die Rinde war schmal und lipoidreich; auf der linken Seite hatte sich eine Rindenhypertrophie entwickelt. Zur Veranschaulichung mögen die folgenden Zahlen dienen: Spalte 1 Körperseite, 2 Nebenniere in Milligramm, 3 Mark in Milligramm, 4 Mark in Prozent der Gesamtnebenniere, 5 und 6 dasselbe für die Rinde:

1	2	3	4	5	6
rechts	165	32	19,4	133	80,6
links	739	13	3,5	726	96,5

Echte *Blastome* der Nebenniere sind schon mehrfach beschrieben worden, allerdings als ausgeprägte Seltenheiten. Am häufigsten trifft man noch kleine lipoidhaltige Rindenadenome oder akzessorische Rindenknötchen, deren Bau abgesehen von ihrer scharfen Grenze keine wesentlichen Abweichungen gegen die übrige Rinde zeigt. Auf einer Abbildung bei BAGER ist ein derartiges Knötchen zu sehen; ich habe sie bei Kaninchen und Mäusen gefunden. Ein Nebennierensarkom erwähnen BULLOCK und ROHDENBURG bei einer Ratte; leider war es mir nicht möglich, herauszubekommen, aus welcher Arbeit die Autoren den Fall zitiert haben. Unter mehreren Tausend von Mäusetumoren haben SLYE, HOLMES und WELLS nur ganz vereinzelt von der Nebenniere ausgehende beobachtet:

1. ♀. Tod an chronischer Nephritis und Amyloidose. Beide Nebennieren normal, nur etwas Lymphocyteninfiltration in den äußeren Schichten. Zwischen beiden Nebennieren ein Knoten von 5 mm Durchmesser. Solider Haufen großer Zellen. Diagnose: Akzessorisches Rindenadenom.

2. ♂. Statt der rechten Nebenniere ein Knoten von 5 mm Durchmesser, vollkommen abgekapselt. Alveolen und Bänder von großen polygonalen Zellen, spärliches Stroma und Gefäße, Kapselinvasion. Diagnose: Mesotheliom.

3. ♀. Statt der linken Nebenniere weißlicher Knoten von Nierengröße, retroperitoneale Lymphknoten vergrößert, weißliche Massen im Bauch besonders an Leber und Uterus, blutiges Exsudat im Bauch, rechte Nebenniere o. B., Lungen o. B. Histologisch wie vorher. Diagnose: Mesotheliom.

4. ♀. Beide Nebennieren von Nierengröße, mit Umgebung verwachsen, starke Vergrößerung vieler Lymphknotengruppen bis $40 \times 20 \times 20$ mm, eine Lungenmetastase,

Ascites, Hydrothorax, Ödeme. Solide Zellmassen vom vorher beschriebenen Zelltyp, viel Mitosen, wenig Nekrosen und Blutungen; die gleichen Zellmassen in Lymphknoten und Lungenlymphgefäßen.

Ich selbst konnte ein ähnliches Gewächs untersuchen, kam aber dabei zu einer anderen Auffassung dieser Blastomart als die genannten amerikanischen Forscher.

Nr. 584, W₃, ♀, weiß, Alter 21 Monate, 6mal Embryonal- und 5mal Placentarbrei subcutan zuletzt 1 Monat vor dem Tode, Tod ohne besondere Erscheinungen. Mittlerer Ernährungszustand; an Stelle der linken Nebenniere ein hellvioletter Körper ventromedial auf dem linken oberen Nierenpol. Größe senkrecht 5, frontal 6, sagittal 4 mm, größte Ausdehnung von links oben nach rechts unten 8 mm; retroperitoneale Blutung vom Tumor bis zur Teilungsstelle des Uterus links von der Mittellinie; linke Niere um halben Längsmesser caudalwärts verdrängt, rechte Nebenniere und Niere, übrige Brust- und Bauchorgane o. B. Breite Zellbalken und -haufen ohne besondere Anordnung, aus großen polygonalen Zellen mit großen hellen blasigen Kernen und dichtem Protoplasma bestehend,

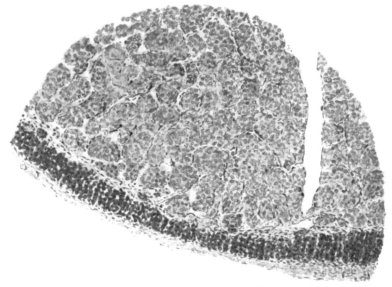

Abb. 142. Maus 584. Färbung Sudan-Hämatoxylin. Leitz Obj. 3, Ok. 2.

dazwischen enge und weitere Capillaren; oberflächlich sitzt diesem Gebilde die überall lipoidreiche und bis auf stärkere Dehnung normal erscheinende Rinde unmittelbar kappenförmig auf; an der Grenze von Rinde und Tumor zahlreiche Paraxanthomzellen. Wenn auch infolge Fixierung in KAISERLINGscher Flüssigkeit die Feststellung von chromaffiner Substanz nicht möglich war, muß man doch wegen der Lage der Geschwulst selbst und wegen Anordnung und Gestalt der Einzelzellen einen völlig ausgereiften Tumor der Marksubstanz, ein Phäochromocytom, annehmen. In den makroskopisch unveränderten Lungen sind in wechselnder Ausdehnung die peribronchialen Lymphgefäße und die Lungenarterienäste mit Geschwulstmassen ausgefüllt, ein primärer Lungentumor liegt sicher nicht vor (Serienschnitte).

Ich glaube, daß diese Deutung auch für die vorher geschilderten Befunde von SLYE, HOLMES und WELLS zutreffen dürfte und die überhaupt unzweckmäßige und hier wohl unrichtige Bezeichnung Mesotheliom fallen gelassen werden muß.

Geschwulst*metastasen* in den Nebennieren sind nicht beschrieben; daß sie bei genauerer Untersuchung doch dann und wann mal gefunden werden müßten, ist aber kaum zu bezweifeln. Vielleicht ist Fall 4 von SLYE, HOLMES und WELLS sogar ein metastatischer Tumor.

Daß die Nebennieren bei den *systematisierten Blastosen* auch befallen werden, ist anzunehmen; anscheinend sind sie bei den nicht seltenen Tier*leukämien* aber nicht mituntersucht worden. Unter 3 Fällen von spontaner Mäuseleukämie habe ich zweimal die Nebennieren mikroskopiert und fand die typischen Infiltrate innerhalb der Retikularis zwischen den Paraxanthomzellen, sie waren einmal nur aus großen Rundzellen zusammengesetzt, einmal noch mit Leukocyten vermischt.

Es hat sich also gezeigt, daß die Nebenniere der systematischen Erforschung noch große Ausbeute verspricht. Einer ganzen Reihe von Fragen muß noch an großem Material nachgegangen werden; dazu gehört das Vorkommen der Paraxanthomzellen, der Infiltrate, der Rindennarben, die Beteiligung an metastatischer Gewächsbildung und an den Hämoblastosen. Von Wichtigkeit sind noch einige technische Dinge; die Anwendung der Gelatineeinbettung und der Sudanfettfärbung ist dringend anzuraten, ebenso die Fixierung in ORTHschem Gemisch; nur so werden die bedeutungsvollsten Einzelheiten, die Lipoide und die chromaffine Substanz, der Untersuchung nicht entgehen.

Literatur.

ALTENBURGER: Kastration und Nebennieren. Pflügers Arch. **202**, 668 (1924). BAGER: Bidrag till binjurarnas åldersanatomi hos kaninen. Uppsala Läk.för. Förh. **23**, 48 (1917). — BÄR u. JAFFÉ: Lipoidbefunde in Nebennieren und Keimdrüsen beim Kaninchen. Z. Konstit.lehre **10**, 321 (1924). — BESSESEN u. CARLSON: Postnatal growth in weight of the body and of the various organs in the guinea-pig. Amer. J. Anat. **31**, 483 (1923). — BRAUER: Experimentelle Untersuchungen über die Einwirkung der Kastration auf Nebenniere und Hypophyse beim Kaninchen. Z. mikrosk.-anat. Forschg **16**, 101 (1929). — BULLOCK u. ROHDENBURG: Spontaneous tumors of the rat. J. Canc. Res. **2**, 39 (1916). CAMERON u. CARMICHAEL: The comparative effects of parathyroid and thyroid feeding on growth and organ hypertrophy in the white rat. Amer. J. Physiol. **58**, 1 (1921). — CAMERON u. SEDZIAK: The effect of thyroid feeding on growth and organ hypertrophy in adult white rats. Amer. J. Physiol. **58**, 7 (1921). — CASTALDI: Accrescimento delle sostanze corticale e midollare della glandola surrenale e loro rapporti volumetrici. Arch. di Fisiol. **20**, 33 (1922). DEANESLY: A study of the adrenal cortex in the mouse and its relation to the gonads. Proc. roy. Soc. Lond. **103**, 523 (1928). — DONALDSON: (a) The rat. 2. Aufl. Memoirs of the Wistar institute of anatomy and physiology. Philadelphia 1924. (b) The influence of pregnancy and lactation on the wheigt of adrenal glands in the albino-rat. Amer. J. Physiol. **68**, 517 (1924). (c) Adrenal gland in wild gray and albino rat. Proc. Soc. exper. Biol. a. Med. **25**, 300 (1928). (d) The adrenal gland in pregnancy: Cortico-medullary relations in albino rat. Anat. Rec. **38**, 239 (1928). FIESCHI: Grassi e lipoidi della surrenale in gravidanza. Ref Ber. Biol. **5**, 612. GUIEYSSE: La capsule surrénale du cobaye. Histologie et fonctionnement. J. Anat. et Physiol. **37**, 312, 435 (1901). HATAI: On the weights of the abdominal and thoracic viscera, the sex glands, the ductless glands and the eyeballs of the albino rat (mus norvegicus albinus) according to body weight. Amer. J. Anat. **15**, 87 (1914). — HERRING: The effect of pregnancy upon the size and weight of some organs of the body. Brit. med. J. **2**, 886 (1920). — HETT: (a) Beobachtungen an der Nebenniere der Maus. I. Beobachtungen an hungernden Tieren und nach Injektion von Trypanblau. Z. mikrosk.-anat. Forschg **7**, 403 (1926). (b) Beobachtungen an der Nebenniere der Maus. II. Geschlechtsunterschiede im gegenseitigen Mengenverhältnis von Rinde und Mark bei wachsenden Tieren. Z. mikrosk.-anat. Forschg **13**, 428 (1928). KOJIMA: Qualitative und quantitative morphologische Reaktionen der Nebenniere (Meerschweinchen) auf besondere Reize. Beitr. path. Anat. **81**, 264 (1928). — KOLDE: Veränderungen der Nebenniere bei Schwangerschaft und nach Kastration. Arch. Gynäk. **99**, 272 (1913). — KOLMER: Beziehungen von Nebennieren und Geschlechtsfunktion. Pflügers Arch. **144**, 361 (1912). — KRAUSE, R.: Mikroskopische Anatomie der Wirbeltiere. I. Säugetiere. Berlin u. Leipzig 1921. LEFFKOWITZ u. ROSENBERG: Lipoidfütterung und Organbefunde bei Omnivoren. Frankf. Z. Path. **34**, 174 (1926). — LEULIER u. GOJON: Sur la teneur en adrénaline des capsules surrénales de différents mammifères. C. r. Soc. Biol. Paris **96**, 547 (1927). — LÖWENTHAL: (a) Wege der Lipoidzufuhr und Orte der Lipoidablagerung. Verh. dtsch. path. Ges.

21, 209 (1926). (b) Nekrotisierende Aortitis und Aortenruptur bei einer Maus. Virchows Arch. **265**, 424 (1927). (c) Einige Grundfragen der experimentellen Geschwulstforschung. Med. Klin. **24**, 1263 (1928). (d) Die Vereinigung von Interrenalsystem und Adrenalsystem zur Gesamtnebenniere. Die Nebenniere als einheitlich funktionierendes Organ. Berl. klin. Wschr. **57**, 807 (1920). — LUCKSCH: Über das histologische und funktionelle Verhalten der Nebennieren beim hungernden Kaninchen. Arch. exper. Path. **65**, 160 (1911).

MASUI: The functional relation between the suprarenal gland and ovary in the mouse. Ref. Ber. Biol. **5**, 180. — MATERNA u. JANUSCHKE: Gewicht, Wasser- und Lipoidgehalt der Nebennieren. Virchows Arch. **263**, 537 (1926). — MILLER, E. H.: (a) The development of the epinephrin content of the suprarenal medulla in early stages of the mouse. Amer. J. Physiol. **75**, 267 (1926). (b) A transitory zone in the adrenal cortex which shows age and sex relationships. Amer. J. Anat. **40**, 251 (1927).

PRESTON: Effects of thyroxin injections on the suprarenal gland of the mouse. Endocrinology **12**, 323 (1928).

SCHAUDER: Anatomie der Impfsäugetiere. MARTINS Lehrbuch der Anatomie der Haustiere, 2. Aufl. Stuttgart 1923. — SLYE, HOLMES u. WELLS: Studies on the incidence and inheritability of spontaneous tumors in mice. XVII. Primary spontaneous tumors in the kidney and adrenal in mice. J. Canc. Res. **6**, 305 (1921). — STERNBERG: Die Nebenniere bei physiologischer (Schwangerschafts-) und artefizieller Hypercholesterinämie. Beitr. path. Anat. **61**, 91 (1916).

TAMURA: Structural changes in the suprarenal gland of the mouse during pregnancy. Brit. J. exper. Biol. **4**, 81 (1926).

VERDOZZI: Capsules surrénales et allaitement. Arch. ital. Biol. **66**, 121 (1917).

WOLFF: Nebennierenlipoide und Schilddrüse. Verh. dtsch. path. Ges. **22**, 201 (1927).

Bewegungsapparat.

A. Knochen.

Von H. J. ARNDT, Marburg.

Mit 8 Abbildungen.

I. Normale Anatomie.

a) Morphologie.

Die Unmöglichkeit ausführlicherer Darstellung der *Skeletanatomie* der kleinen Laboratoriumstiere an dieser Stelle bedingt die Beschränkung auf die Auswahl bestimmter, beim experimentellen Arbeiten besonders zu beachtender Punkte. Ihre Kenntnis mag vielleicht zur Verhütung von Mißdeutungen, insbesondere von Röntgenbildern beitragen.

An der *Wirbelsäule* der kleinen Laboratoriumstiere betreffen die Besonderheiten vor allem Lenden- und Schwanzteil (die Ausbildung des letzteren wechselt natürlich mit der des Schwanzes). Auffallend ist die starke Entwicklung der Dornfortsätze an Lenden- sowie auch Brutwirbelsäule und der Querfortsätze der Lendenwirbel, die kurzen Rippen ähnlich sind. Wirbelzahl: 7 Hals- und 4 Kreuzwirbel sind allen vier Tierarten gemeinsam. Brust- und Lendenwirbel zählt man beim Kaninchen 12 und 7, bei Ratten 13 und 16; Schwanzwirbel beim Kaninchen 16—17, bei der Ratte etwa 30, bei der Maus 27—32.

Eine „Costa decima fluctuans" findet sich normalerweise beim Kaninchen, insofern die drei unteren *Rippen* frei- und knorpelig endend angegeben werden. Die Kenntnis des Beginns der Verkalkung des Rippenknorpels ist für die Ratte als „Rhachitistier" wichtig. STRONG gibt sie hier mit 3 Wochen an. Die scharfe Abgrenzung und charakteristische Schaufelform des Schwertfortsatzes des Brustbeins wird zu dessen denkbar einfacher Resektion verleiten, um bei operativen Eingriffen im Oberbauch bei unseren Versuchstieren bequemer arbeiten zu können. Da der Schwertfortsatz sich ferner zu gegebenenfalls mehrfach zu wiederholenden Knorpelentnahmen, natürlich vorausgesetzt, daß man ohnehin laparotomieren muß, besonders eignet, ist eine strukturelle Eigentümlichkeit desselben beim Kaninchen zu erwähnen, die ARNOLD angibt: teilweise (oben) besteht er aus hyalinem, teilweise (in der Mitte) aus elastischem Knorpel. Der normale Thorax fällt besonders wohl bei der Ratte durch seine eigentümliche, sich nach oben verjüngende Trichterform auf.

Von den Knochen der *vorderen Extremität* ist zunächst die rudimentäre Anlage des Schlüsselbeins beim Kaninchen beachtlich; auch beim Meerschweinchen ist es reduziert. Die Unterarmknochen sind — wenigstens bei Kaninchen — so gelagert (der Radius vor der Ulna und mit dieser in einer frontalen Ebene), daß eine eigentliche Pronations-Supinations-bewegung beider Knochen nicht in Frage kommt (KRAUSE). Die Handwurzel besteht aus 9 Knochen, da außer den beim Menschen bekannten noch ein in der Mitte gelegenes „Os centrale" hinzukommt. Bei der Ratte (Röntgenbilder!) liegen in der proximalen Reihe 3, in der distalen 6 Knochen. Der Daumen ist rudimentär.

Hintere Extremität: Im auffallend lang gestreckten Becken gehen „großes" und „kleines" Becken bei unseren Versuchstieren ohne erkennbare Grenzen ineinander über. An der Zusammensetzung des Hüftbeins beteiligt sich außer Darm-, Sitz- und Schambein noch

Abb. 143. Form des Rattenschädels als sekundäres Geschlechtsmerkmal (vgl. Text). Links Schädel einer erwachsenen männlichen Ratte, in der Mitte einer gleichaltrigen weiblichen, rechts einer 5 Tage alten männlichen. Natürliche Größe.

ein vierter, manchen Nagetieren eigentümlicher Knochen, das sog. *„Os acetabuli"*, „Pfannen-knochen", der an dem vorderen medialen Rande der Hüftgelenkpfanne liegt (Verwechs-lungsmöglichkeit mit Infraktionen des Beckengürtels im Röntgenbild!). Am deutlichsten ist er bei jüngeren Kaninchen nachzuweisen (KRAUSE), wird aber auch bei jugendlichen Ratten angegeben; bei ausgewachsenen Kaninchen gelingt der röntgenologische Nachweis wohl kaum mehr (eigene Beobachtung). — Von den für die experimentelle Rhachitisforschung [1] ja besonders wichtig gewordenen Knochen des Unterschenkels ist die Fibula nur schwach ausgebildet und vereinigt sich mit der Tibia beim Kaninchen etwa in deren Mitte, bei der Ratte nur wenig tiefer; beim Meerschweinchen dagegen werden beide Knochen als getrennt angegeben. Am Tarsus sind beim Kaninchen nur 2 Ossa cuneiformia vorhanden; zahlreich sind die Sesambeine, besonders auch bei der Ratte (SPARK und DAWSON), von denen sich auch eines am Ansatz der Achillessehne findet. Mittelfußknochen und Zehen, die man ja auch als „Strahlen" bezeichnet, finden sich nur in Vierzahl.

Die Ausbildung des *Schädels* der kleinen Laboratoriumstiere wird wie diejenige der Zähne durch die weitentwickelte Nagefunktion beherrscht. Dementsprechend betreffen die besonderen Eigentümlichkeiten, die nach ihrer Ausbildung zu systematisch-zoologisch verwertbaren Merkmalen geworden sind, vor allem Ober- und Unterkiefer.

Das beim Menschen kleine Foramen infraorbitale ist — am ausgesprochensten bei Meerschweinchen, Ratte und Maus, etwas weniger beim Kaninchen — zu einem *Canalis infraorbitalis* am Untervorderrande der Orbita ausgeweitet, dessen Umfang wenig hinter dem der letzteren zurücksteht. Er gewährt einer besonderen Portion des gewaltig ent-wickelten Musculus masseter Ursprung, für den der Jochbogen als Ursprungsgebiet bei diesen Tieren nicht mehr genügt. Die Augenhöhle steht so in weiter Kommunikation mit der Temporalgrube.

---

[1] Daß die Schreibweise „Rhachitis" die einzig berechtigte ist, unterliegt keinem Zweifel, wenn schon die Schreibweise ohne „h" ja sehr verbreitet ist.

Der *Unterkiefer* ist mächtig entwickelt; erstaunlich ist sein Gewicht im Vergleich zu dem des Schädels (bei erwachsenen Ratten die Hälfte, bei Maus ein Drittel nach DONALDSON). Auf die charakteristische Umbildung des Angulus mandibulae zu einem nach oben ziehenden richtigen „Processus angularis" wird in der Systematik und vergleichenden Anatomie großer Wert gelegt. — In der Art der gegenseitigen Verbindung beider Unterkieferhälften und damit ihrer Beweglichkeit und der Kieferfunktion überhaupt besteht ein erheblicher Unterschied zwischen dem ja zur Unterordnung der Duplicedentata gehörenden Kaninchen einerseits und Meerschweinchen, Ratte und Maus (Simplicedentata) andererseits. Beim Kaninchen sind beide Unterkieferhälften durch eine bei erwachsenen Tieren im übrigen meist mehr oder weniger verknöchernde Symphyse fest miteinander verbunden, bei den Simplicedentata aber derart nachgiebig miteinander vereint, daß eine rotatorische Bewegung beider Hälften gegeneinander um die Längsachse des Kiefers möglich ist (vgl. dazu auch im Kapitel „Muskeln"). Auch die durch die Form der Kiefergelenkflächen ermöglichte, für die Nager charakteristische Gleitbewegung von vorn nach hinten ist bei den Simplicedentata ausgiebiger.

Die *Nähte* zwischen allen Knochen des *Schädels* bleiben beim Kaninchen das ganze Leben über erhalten (vgl. Abb. 143). Ein Os interparietale (zwischen Hinterhaupt- und beiden Scheitelbeinen) findet sich typischerweise beim Kaninchen (GERHARDT) und ist für die Unterscheidung vom Hasenschädel wertvoll.

Von Interesse sind gewisse *Geschlechtsunterschiede* am Rattenschädel, die geradezu als sekundäre Geschlechtsmerkmale aufgefaßt werden (DONALDSON, SCHULTZ). Zunächst sind die Nasenbeine der männlichen Ratte etwa um $2^0/_0$ länger (DONALDSON). Ein weiterer Unterschied in der Kopfform kommt durch die verschiedene Art und Weise der Absetzung der Stirn von den Nasenbeinen zustande. Der männliche Schädeltypus ist durch eine scharfwinkelig abgesetzte „Crista frontalis externa" charakterisiert, der weibliche durch eine leicht geschwungene und steht dadurch dem kindlichen Schädel näher. Am Abziehen der Haut sind diese Verhältnisse bereits einigermaßen deutlich zu machen (vgl. Abb. 143), die hier deswegen hervorzuheben sind, weil, wie hier vorweg bemerkt sei, nach SCHULTZ bei rhachitischen Ratten die angegebene Geschlechtsdifferenzierung der Kopfform nicht in typischer Weise eintreten soll (Stehenbleiben auf infantiler Stufe bzw. Neigung der männlichen Tiere zum weiblichen Typus).

Relative Gewichtsverhältnisse: Über die normalen Beziehungen zwischen Skelet- und Körpergewicht orientieren Mitteilungen aus neuerer Zeit von LANDING (Kaninchen) und DONALDSON (Ratte; die DONALDSONschen Werte zum Vergleich mit den von LANDING angegebenen auf macerierte Knochen umgerechnet). Das „relative Skeletgewicht" erreicht demnach seinen größten Wert beim Kaninchen im Alter von 3 Monaten: $4,2^0/_0$; die Altersschwankungen sind im übrigen keine bedeutenden (z. B. 1 Monat alte Kaninchen $3{,}5^0/_0$; 12 Monate alte $3,7^0/_0$ usw.). Bei Ratten liegt das Maximum des relativen Skeletgewichts in noch früherer Jugendzeit (Ratten von 15 g Gewicht $3,8^0/_0$), im übrigen zeigen die Werte ziemlich auffallende Übereinstimmung mit denen beim Kaninchen.

Bezüglich der

b) allgemein-physikalischen und chemischen Eigenschaften

des Knochens bei den kleinen Laboratoriumstieren können hier nur einige Bemerkungen über die chemische Zusammensetzung und andererseits die „Härte" angeschlossen werden.

Über die *chemische Zusammensetzung* der Knochen, namentlich auch in den verschiedenen Altersstufen, liegen beim *Kaninchen* genauere Untersuchungen vor (GRAFENBERGER, WEISKE, WILDT, vgl. auch ARON und GRALKA). Nur geringen Schwankungen je nach dem Lebensalter ist nach WILDT der Gehalt an organischer Substanz (Ossein) unterworfen (Durchschnittswert etwa $15^0/_0$), sehr erheblichen dagegen der an Wasser, Fett und anorganischer Substanz (Mineralstoffe). Der Wassergehalt nimmt von $65,07^0/_0$ bei neugeborenen Kaninchen auf $21,45^0/_0$ bei 3—4 Jahre alten ab; andererseits zeigt der Fettgehalt eine Zunahme von $0,57^0/_0$ bei neugeborenen, auf $18,05^0/_0$ bei 1 Jahr alten Tieren, von da ab aber wiederum eine gewisse Abnahme ($16,28^0/_0$ bei 3—4 Jahre alten Kaninchen; in hohem Alter weitere Abnahme GRAFENBERG); der Gehalt an Mineralstoffen ist mit etwa $45^0/_0$ bei 3 bis 4 Jahre alten Kaninchen fast dreimal so groß als bei neugeborenen (etwa $15^0/_0$). Als durchschnittliche Zusammensetzung der Knochen würde sich für das 1 Jahr alte Kaninchen etwa ergeben: rund $21^0/_0$ Wasser, $18^0/_0$ Fett, $15,5^0/_0$ organische und $44,5^0/_0$ anorganische Substanz. Bei zahmen Kaninchen soll beiläufig das Skelet mehr Wasser und organische Substanz enthalten als bei wilden (WEISKE). Für den Fettgehalt des Knochens ist ferner begreiflicherweise der Ernährungszustand von Bedeutung; im Hungerzustand nimmt er außerordentlich ab (nach 7tägiger Hungerperiode auf $0,6^0/_0$ beim Kaninchen — ARON und GRALKA).

Wichtig sind die Angaben DONALDSONS über die Zusammensetzung der anorganischen Knochensubstanz bzw. den *Salzgehalt* bei der *Ratte:* 37,5%/₀ Calcium, 0,85%/₀ Magnesium, 18,3%/₀ Phosphor. Dieses Prozentverhältnis stimmt sowohl in verschiedenen Lebensaltern als auch in verschiedenen Knochen ziemlich gut überein.

Die gelegentlich (z. B. bei ZUERN) zu findenden Angaben, die Knochen des Kaninchens seien besonders „spröde" bzw. „brüchig", können mangels genauerer, die physikalischen Eigenschaften betreffenden Untersuchungen natürlich nur mit Reserve wiedergegeben werden. Nach dem von ROESSLE neuerdings angegebenen, sich auf die in der Technik (Materialprüfungswesen) verwandte Kugeldruckprobe aufbauenden Verfahren zur Prüfung der *Knochenhärte* wurde neben anderen herangezogenen Tierknochen (DU TOIT, anhangsweise in der ROESSLEschen Arbeit mitgeteilt) auch ein Kaninchenfemur untersucht; dabei stimmte das Maß der Knochenhärte mit den bei anderen Tieren und beim Menschen gefundenen Werten eigentlich überein.

c) Histologie und Organstruktur des Knochens.

Die *allgemein-histologischen Verhältnisse,* soweit hinsichtlich des Feinbaues des Knochengewebes bei den kleinen Laboratoriumstieren Übereinstimmung herrscht,

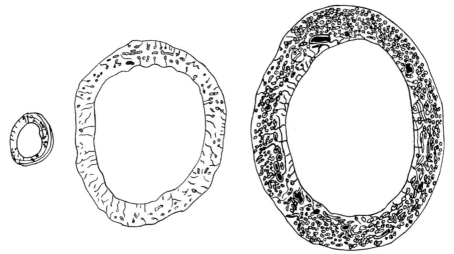

Abb. 144. Vergleich der Ausbildung des Osteonensystems im Femur (Schnitt durch die Mitte des Schaftes) bei Maus (links), Meerschweinchen (in der Mitte) und Kaninchen (rechts). Vergr. 10mal. (Nach DEMETER u. MÁTYÁS, Z. Anat. **87** (1928.)

sind hier vorauszusetzen (bezüglich Knochenmark s. Kapitel „Hämopoetisches System"; auf die Ossificationsvorgänge wird unten im Zusammenhang eingegangen).

Einige Besonderheiten bei unseren Versuchstieren zeigt dagegen die *Organstruktur,* namentlich der *Substantia compacta* der (langen) Röhrenknochen. Zweierlei ist hier besonders hervorzuheben: einmal die Verschiedenheiten in der *Ausbildung des „Osteonensystems"* überhaupt, sodann die *Aufbaubeteiligung des Faserknochens.*

Aufbau und Anordnung der Knochenröhrchen bzw. der sog. HAVERSschen Kanäle, die im Sinne BIEDERMANNS hier als „Osteone" bezeichnet seien, bedingen die Charakteristik der Struktur des Röhrenknochens; die Anordnung dieses „Osteonensystems" wiederum wird natürlich wesentlich durch diejenige der Blutadern beeinflußt. Nach neuestens mitgeteilten Untersuchungen (DEMETER und MÁTYÁS) bestehen nun in dieser Beziehung wesentliche, differentialdiagnostisch verwertbare Unterschiede zwischen den einzelnen Tierarten.

Gerade bei den kleinen Laboratoriumstieren müssen hier nach den — zunächst vorzugsweise an der Mitte der Femurdiaphyse (mittels Schleifmethode) durchgeführten — vergleichenden Untersuchungen von DEMETER und MÁTYÁS die Verhältnisse beim Kaninchen einerseits und Meerschweinchen, Ratte und Maus andererseits auseinander gehalten werden, zoologisch-systematisch ausgedrückt also bei den Duplicedentata und Simplicedentata. Beim Kaninchen (Duplicedentata) ist eine dichte, die ganze Dicke des Knochens einnehmende, namentlich auch gegen den inneren Hohlraum gut ausgebildete Osteonenschicht angelegt; bei Meerschweinchen, Ratte und Maus finden sich im Querschliff des Oberschenkelbeins viel weniger Osteone und insbesondere überhaupt kaum solche „innen", in der perimedullären Zone, wo man von der Markhöhle aus radial ziehende Kanälchen antrifft (Abb. 144). Das Kaninchen repräsentiert so einen *höheren Strukturtypus*, die drei anderen Versuchstierarten einen einfacheren, der sie zu den Insektenfressern stellt (*„Insectivoroidtypus"* der Knochenstruktur nach DEMETER und MÁTYÁS).

Inwieweit diese bisher offenbar wenig beachteten Strukturdifferenzen auch für die Knochenpathologie Bedeutung gewinnen können, muß die Zukunft lehren; systematisch, aber auch biologisch, paläontologisch, forensisch usw. sind sie sicherlich wertvoll. — Beachtlich scheint ferner, daß diese Untersuchungen nach Methodik und Auswertung gewissermaßen einen Platz zwischen Knochenhistologie und makroskopischer Anatomie einnehmen; so stellt die neue Lehre von der artspezifischen Ausbildung des Osteonensystems auch eine Art *„Histotopographie"* des Röhrenknochens dar.

In anderem Licht, wennschon es durch die Betonung des Zurücktretens der lamellären Struktur bzw. der Osteone (beim Meerschweinchen) an Berührungspunkten zu den Untersuchungen von DEMETER und MÁTYÁS nicht fehlt, erscheint die Beziehung zwischen Organstruktur und Tierart in den Studien WEIDENREICHS über den Charakter des Knochengewebes (insbesondere zur Frage: lamellär oder faserig), auf die bei ihrer grundsätzlichen Bedeutung für die heutigen Anschauungen über den normalen Knochenbau besonders zu verweisen ist[1]. WEIDENREICH stellt in dieser Beziehung gerade das Meerschweinchen als kleines „Säugetier" dem Menschen und den großen Säugetieren gegenüber: bei diesen spielt der sog. *„Faserknochen"* seine Rolle doch vor allem in der Fetalperiode (embryonaler Periostknochen); beim Meerschweinchen aber ist der Faserknochen auch am Aufbau des ausgebildeten Knochens erheblich beteiligt (Compacta der Röhrenknochen). Am deutlichsten kommt diese Faserknochenstruktur im Bereich der Sehnenansätze zum Ausdruck (WEIDENREICH), die ja aber beim Meerschweinchen ziemlich breit sind.

Anhangsweise eine Bemerkung über die *„Organstruktur des Knorpels"*. Bei der neuerdings von verschiedenen Seiten wieder aufgerollten Frage über die eigentliche (gegebenenfalls fibrilläre) Struktur des sog. „hyalinen" Knorpels dürfen Beobachtungen am Rippenknorpel der Ratte als neuester Zeit nicht unerwähnt bleiben (DAWSON und SPARK): gleichzeitig mit dem Beginn der Verkalkung des Rippenknorpels, bei der Ratte also mit der 3. Woche nach der Geburt, wird an diesen eine *fibrilläre Struktur* gewissermaßen entlarvt, so daß förmlich eine knochengewebsähnliche Architektur resultieren kann (vgl. hierzu auch die schon oben genannte „besondere Struktur" des Schwertfortsatzknorpels beim Kaninchen).

Über die besonders hervorzuhebenden

d) Ossificationsvorgänge

sind wir bei Kaninchen und Ratte etwas näher unterrichtet. Bei der Bedeutung gerade der *Ratte* als Versuchstier auf den einschlägigen Forschungsgebieten (Rhachitis usw.) sind die Verhältnisse bei dieser vornehmlich zu berücksichtigen und ferner von den Skeletanteilen besonders die *langen Röhrenknochen*.

Die ersten, noch in die Fetalperiode fallenden Verknöcherungserscheinungen sind bei der Ratte erst im letzten Drittel des intrauterinen Lebens, kaum eine Woche vor der Geburt festzustellen (STRONG), also spät im Vergleich zum Menschen (Beginn mit 2 Fetalmonaten). Das Skelet eines Menschenfetus von 3 Monaten ist etwa so weit wie das einer Ratte bei der Geburt.

Was die Zeitpunkte der eigentlichen Verknöcherungen (in der postfetalen Periode) im einzelnen betrifft, so ergibt sich bei der Ratte (nach DONALDSON bzw. DAWSON) für die großen Röhrenknochen etwa folgende *Reihenfolge der Epiphysenverknöcherungen:* distale Humerusepiphyse (2. Monat) — proximale Radius- und distale Tibiaepiphyse (3. Monat) — distale Fibulaepiphyse (4. Monat) — proximale Ulnaepiphyse (zwischen 25—31 Monaten) — Femurkopf (31 Monate) — distale Femurepiphyse, proximale Epiphyse von Tibia, Fibula und Humerus, sowie distale Epiphyse von Radius und Ulna (die letzten 6 etwa mit 37 Monaten noch nicht vollständig verschmolzen). Bei 1 Jahr alten Ratten ist also nur an der distalen Epiphyse von Humerus, Tibia und Fibula und an der proximalen des Radius der Knorpel vollständig „verschwunden".

---

[1] Vgl. auch WEIDENREICH, Handbuch der mikroskopischen Anatomie des Menschen. Bd. 2, S. 391—508. 1930 (inzwischen erschienen. — Anm. b. d. Korrektur).

Mit diesen Angaben der amerikanischen Autoren stimmen andere Beobachtungen ziemlich überein, z. B. BURCKHARDTS (Oberarm, Elle, Speiche), der im übrigen die *individuellen Schwankungen* im Verknöcherungsprozeß bei gleichalterigen Ratten betont, wenigstens soweit es sich nicht um Tiere des gleichen Wurfes handelt.

Von den eingehenden Untersuchungen SPARKS und DAWSONS an den hier minder interessierenden Knochen des Vorder- und Hinterfußes der Ratte seien hier nur zwei allgemeinere Ergebnisse angegeben, nämlich daß die Verknöcherung am Vorderfuß früher erfolgt als am Hinterfuß, und dann vor allem, daß die weiblichen Ratten den männlichen hier gewissermaßen „voraneilen". *Geschlechtsdifferenzen* in den Verknöcherungszeiten gerade der Fußknochen sind ja auch beim Menschen bekannt geworden.

Die Verknöcherung der *Rippen* erfolgt bei der Ratte etwa 3 Wochen nach der Geburt (STRONG). Übrigens stellen die oberen Rippen bei der Ratte ihr Wachstum schon zu einer Zeit ein, wo das der mittleren noch lebhaft ist (ERDHEIM). Es ist das bei vergleichenden histologischen Untersuchungen zu berücksichtigen.

Beim *Kaninchen* beginnt die Verknöcherung des Epiphysenknorpels der *langen Röhrenknochen* (wenn wir hier den Angaben LANDINGS, die sich allerdings nur auf macerierte Knochen beziehen, folgen) mit dem 2. Monat (Humerus) und erstreckt sich etwa bis in den 9. Monat (Femur). Bei 10 Monate alten Kaninchen sollen sich jedenfalls keine „losen Epiphysen" mehr finden. Die Reihenfolge der Verknöcherungszeiten wäre folgendermaßen zu formulieren: Humerus — Radius — Ulna — Tibia — Fibula — Femur.

Über den *Zeitpunkt des Abschlusses des Knochenwachstums* sind im übrigen bei den kleinen Laboratoriumtieren die Ansichten offenbar nicht einheitlich. KRAUSE z. B. bezeichnet beim Kaninchen das Knochenwachstum mit dem 6. Lebensjahr als „abgeschlossen". Dem stehen nicht nur die eben genannten LANDINGSchen Daten gegenüber, sondern wohl auch die allgemeine Erfahrung der Züchter, nach der man das Kaninchen doch erst gegen Ende des 1. Lebensjahres als ausgewachsen ansehen wird. Etwas früher hat jedenfalls beim Meerschweinchen das Körperwachstum im Sinne der definitiven Ausbildung des Knochengerüstes sein Ende erreicht, nämlich etwa mit 8 Monaten. Wenn man die Ratte wiederum mit $\frac{1}{2}$ Jahr als ausgewachsen bezeichnet — noch etwas früher dann die Maus — so geschieht das freilich ohne rechte Berücksichtigung der eigentlichen Ossificationszeiten (s. o.). Von Interesse ist dabei die von FLOURENS in der Mitte des vorigen Jahrhunderts aufgestellte Beziehung zwischen Lebensdauer und Ausbildung des Skelets, also der Wachstums- oder Jugendperiode [1]. Jene soll das Fünffache von dieser betragen, was indessen nur ganz grob und insbesondere kaum für die Nagetiere gelten dürfte. Gerade diese erfreuen sich ja — wenigstens im Domestikationszustand — im Verhältnis zur Körpergröße (etwa mit den Huftieren verglichen) einer recht langen Lebensdauer [2].

In den feineren strukturellen Verhältnissen, bzw. im *mikroskopischen* Bild weisen die *Ossificationsvorgänge* bei den kleinen Laboratoriumtieren grundsätzlich keine Besonderheiten auf. Allerdings hat ERDHEIM gewisse Abweichungen bei der Ratte angegeben (die „Säulenzone" der Knorpelwucherung sollte hier so gut wie fehlen usw.). In der Allgemeinheit scheinen indessen tiefgreifendere Unterschiede im allgemeinen Bilde der Osteogenese bei der Ratte nicht zu bestehen (eigene Beobachtungen); und ein Bedürfnis zu einer besonderen *Zoneneinteilung* [3] wird kaum vorliegen (auch SCHULTZ lehnt diese offenbar ERDHEIM gegenüber neuerdings ab). Allerdings hat ERDHEIM seine Studien ja vornehmlich an der Rippe der Ratte durchgeführt. Als Vergleichsmaterial ist die Epiphysengrenze der langen Röhrenknochen geeigneter; bei der Ratte insbesondere ist die obere Tibiametaphyse in neuerer Zeit geradezu zum „Testobjekt" (s. u.) geworden (zweckmäßig im natürlichen Zusammenhang mit der unteren Femurmetaphyse histologisch zu untersuchen).

---

[1] Die Wachstumsperiode, zugleich als „Jugendperiode" eines Tieres aufzufassen, erscheint gegeben; es ist aber daran zu erinnern, daß z. B. die Erlangung der Fortpflanzungsfähigkeit keineswegs mit dem Abschluß des (Knochen-)Wachstums zusammenfällt, sondern meist in wesentlich frühere Lebensperioden, ganz besonders gerade bei den Nagetieren (werden doch Kaninchen im Alter von 5—8 Monaten, Meerschweinchen bereits nach 2 Monaten, etwa ebenso Ratten und Mäuse fortpflanzungsfähig).

[2] Erstaunlich ist die Lebensdauer des Meerschweinchens (Cavia porcellus kann bis 8 Jahre alt werden! Dabei sind die Neugeborenen doch schon sehr weit entwickelt); diejenige des Kaninchens wird mit 5—7, die der Ratte mit 3, die der Maus mit 3—3$\frac{1}{2}$ Jahren angegeben (KORSCHELT).

[3] Da die Benennung der für die enchondrale Ossification an der „Knorpel-Knochengrenze" der Röhrenknochen so charakteristischen Zonen leider noch nicht genügend einheitlich durchgeführt wird, sei die von uns hier wie im folgenden angewandte Einteilung in 5 Zonen angegeben: 1. Ruhender Knorpel, 2. Knorpelwucherungszone, 3. Zone der präparatorischen Verkalkung, 4. Zone der primären Markräume (Knorpelabbau), 5. Zone der eigentlichen „enchondralen Ossification" (Knochenneubau durch Osteoblasten aus dem Mark).

Von Wichtigkeit ist die *meßbare Höhe* der einzelnen *Schichten* bzw. Zonen der normalen Ossificationen. Zum Beispiel würde in der normalen Rippe der Ratte nach ERDHEIM die Höhe der Knorpelwucherungsschicht durchschnittlich etwa 150 μ betragen, etwa die Hälfte davon diejenige der präparatorischen Verkalkung (zwischen 50 und 100 μ schwankend). Für die besonders wichtige proximale Tibiametaphyse gibt SCHULTZ bei etwa 40 Tage alten Ratten die Höhe der „gesamten Knorpelwucherungszone" mit 400—500 μ an. Nach eigenen Beobachtungen können diese zahlenmäßigen Angaben bestätigt und ergänzt werden. So war die „gesamte Knorpelwucherungszone im Sinne von SCHULTZ bzw. der Epiphysen-knorpelstreifen an der proximalen Tibia bei etwa $^3/_4$ Jahre alten Ratten 140—150 μ hoch, bei $1^1/_2$—2jährigen ebenfalls etwa 130 μ; die entsprechenden Maße in der distalen Femurepiphyse waren etwa 130 μ, bzw. 120 μ. Bei etwa 35 Tage alten Mäusen maß die gesamte Knorpel-wucherungszone der Metaphyse an der proximalen Tibia etwa 150 μ, am distalen Femur etwa 180 μ.

Mit diesen Zahlenangaben können und sollen nur einige Beispiele und Anhaltspunkte gegeben werden. Wer experimentell arbeitet, wird doch genötigt sein, durch eigene Messungen bei der jeweils herangezogenen Tierart für jede Altersstufe und jeden Knochen in jedem einzelnen Fall sich die notwendigen Vergleichsgrundlagen zu verschaffen.

Die Darstellung speziell des *Tibia-metaphysenspaltes* bei der Ratte durch eine besondere „histologische Schnell-methode", den sog. „*line-test*", spielt bekanntlich oder spielte wenigstens in der experimentellen Rhachitisfor-schung bzw. bei der Vitaminprüfung eine Rolle (feine Linie bei ausreichen-der Vitaminfütterung, daher die Be-zeichnung). Es kann darauf hier nicht eingegangen werden (vgl. SCHULTZ u. a.); im übrigen sind ja auch man-cherlei Bedenken gegen den „line-test" laut geworden; die eigentliche histo-logische Untersuchung kann er natür-lich niemals ersetzen.

Anhangsweise sei hier schließlich auf die *Dicke des Osteoids* als histo-logisch verwertbares Merkmal hinge-wiesen (namentlich von ERDHEIM bei

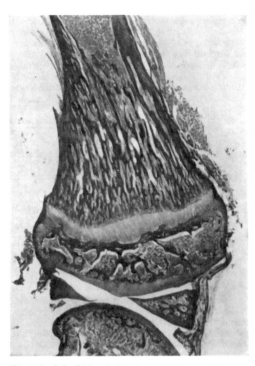

Abb. 145. Schnitt durch die obere Hälfte der Tibia und angrenzenden Femur bei einer 62 Tage alten normalen Ratte zur Veranschaulichung der Tibiametaphyse. [Nach SCHULTZ, Z. Kinderheilk. 47 (1929).]

der Ratte betont). Einzelne Angaben werden hier keinen besonderen Wert haben (beispiels-weise durchschnittliche Osteoiddicke in der normalen Rippe der Ratte nach ERDHEIM etwa 5 μ); im Bedarfsfalle indessen ist die Festlegung der jeweiligen Osteoiddicke für Tierart, Altersstufe und Skeletteil als Grundlage experimenteller Untersuchungen nicht zu vernachlässigen.

e) Röntgenologisches.

Bei der heutigen großen Bedeutung des Röntgenverfahrens für die einschlägige experi-mentelle Forschung ist auf die diesbezüglichen normalen Verhältnisse, wenigstens bei der Ratte, kurz hinzuweisen.

Auch für die Röntgenuntersuchung [1] kommt vorzüglich die obere Tibiaepiphyse bzw. *obere Tibiametaphyse* in Frage, d. h. also die röntgenoskopische Festlegung des unver-kalkten Anteils zwischen proximaler Epiphyse und Diaphyse der Tibia. Die Bestimmung der „Höhe" (bzw. der „Breite", wie man sich die Messung nun ausgeführt denkt) dieses

---

[1] Es ist darauf zu achten, daß die Röntgenaufnahmen, zu denen die lebende Ratte aufgebunden wird (Narkose ist abzuraten), immer in dem gleichen Abstand Fokus-Haut und mit derselben Härte vorgenommen werden. Praktische Hinweise für die Röntgentechnik bei Ratten gibt SCHULTZ.

Spaltes durch vergleichende Röntgenaufnahmen bei ein und demselben Tier (Poulsson und Loevenskioeld sowie Schultz) ist als „Röntgentest" zum unentbehrlichen Hilfsmittel etwa bei der biologischen Auswertung antirhachitischer Mittel u. dgl. geworden. Eine derartige zahlenmäßige Festlegung ist aber nur an der oberen Tibiametaphyse möglich; die distale Femurepiphyse z. B. gibt wegen der vorspringenden Tubercula keine hinreichend scharfe Zeichnung.

Normalerweise ist nun bei etwa 40 Tage alten Ratten dieser Tibiametaphysenspalt sehr eng, noch unter 0,2 mm, bei etwa 60 Tage alten unter 0,1 mm. Gerade in dieser Altersspanne, mit dem Menschen verglichen, also etwa in der Mitte zwischen „Knaben-" und „Jünglingsalter", ist ja die Ratte für derartige Beobachtungen besonders geeignet. Eine *Spaltbreite von über 0,4 mm* wird schon als leichteste „Röntgenrhachitis" gebucht; bei manifester Rhachitis werden schließlich 2,0 mm und mehr beobachtet (näheres bei Schultz). Als weiteres, allerdings sehr viel weniger zuverlässiges Testobjekt können die Zwischenwirbelscheiben an den Schwanzwirbeln dienen (Schultz). Normalerweise sollen sie bei 40 bzw. 60 Tage alten Ratten durch einen nur sehr schmalen Spalt von den Wirbelkörpern getrennt oder auch mit diesen bereits verbunden sein.

Technisch erfolgt die *Messung* des Metaphysenspaltes der Tibia entweder direkt mit einem Millimetermeßinstrument (Schubleere) oder viel zweckmäßiger indirekt durch Projektion der Röntgenaufnahme (Angaben über die praktische Durchführung und Berechnung bei Schultz).

Von besonderem Interesse ist schließlich der schon von Schultz durchgeführte Vergleich von „Röntgentest" und „histologischem Test", wobei die Tibiametaphyse beiden als Grundlage dient. Beispielsweise entspricht dem „Röntgentest" 0,0 mm bis 0,4 mm ein histologischer von 0 μ bis 400 μ, Werte, die das rhachitisfreie Gebiet umgrenzen (oder einer „manifesten Röntgenrhachitis", durch den Wert 2,0—2,5 mm ausgedrückt, entspricht eine „histologische Rhachitis" mit einer 961—1200 μ messenden Spaltbreite).

II. Pathologische Veränderungen.

a) Störungen der Entwicklung.

Die einzigen, nicht ganz seltenen, hierher gehörigen Veränderungen, soweit bisher bekannt, betreffen die Ausbildung des Schwanzes bzw. der *Schwanzwirbelsäule*, begreiflicherweise bei den Muriden. Vor allem ist die *„Knickschwänzigkeit"* der Mäuse zu nennen.

Die Verhältnisse sind durch die eingehenden Untersuchungen Blanks bei einem spontanen Massenauftreten von „Knickschwänzen" in den Zuchten des Jenaer Zoologischen Instituts geklärt. Anatomisch handelt es sich um eine einseitige *synostotische Verschmelzung* benachbarter Schwanzwirbel mit Verdrängung der Zwischenwirbelscheiben und entsprechender Verkürzung der Wirbelkörper selbst; die Knickbildung, in extremen Fällen bis zum rechten Winkel, ist natürlich nur symptomatisch. Die Veränderung ist sicher nur kongenital bedingt (Keimplasmavariation, Blank); ihre Anfänge sind schon beim Embryo nachzuweisen; sie ist morphologisch und genetisch mit der „Stummelschwänzigkeit" etwa bei Hund und Katze identisch, wie diese ein Hinweis auf den weit verbreiteten Schwanzreduktionsprozeß bei den Säugetieren überhaupt und insofern von phylogenetischem Interesse.

Mehr oder weniger vollständige *Schwanzlosigkeit* scheint bei der Ratte gelegentlich spontan vorzukommen (Corsy, Conrow); über Mäuse liegt hier eine kasuistische Mitteilung von Landois vor.

Kann man diese Schwanzanomalien als *lokale* Wachstumshemmungen auffassen, so ist zur Frage der *allgemeinen Wachstumshemmungen* bei den kleinen Laboratoriumstieren die Ansicht von Lewin und Jenkins zu erwähnen, die Meerschweinchen seien — wie gewisse Hunderassen (Dackel, Mops) und andere Tiere — von Natur aus Chondrodystrophiker bzw. hätten eine Art rassenmäßige *chondrodystrophische Anlage.*

Eine Diskussion über diese Auffassung, für die die Autoren im übrigen den Beweis schuldig bleiben, wird sich erübrigen; von einer echten Chondrodystrophie im Sinne einer Entwicklungsstörung der knorpeligen Skeletanlage kann ja hier doch keine Rede sein.

Über sonstige Entwicklungsstörungen des Knochensystems bei den kleinen Laboratoriumstieren liegen nur vereinzelte kasuistische Mitteilungen vor (so der von Ackerknecht mitgeteilte Fall von Fissura sterni beim Meerschweinchen).

Von
b) regressiven Veränderungen
ist vor allem die *Atrophie* (im Sinne des Schwundes bereits gebildeter Knochen-substanz) zu nennen.

Sehen wir hier von Veränderungen im Anschluß an entzündliche, gegebenen-falls auch neoplastische Vorgänge im Knochen bzw. Knochenmark ab — bei den kleinen Laboratoriumstieren besonders etwa bei Pseudotuberkulose —, so kommen derartige mithin „einfache" *Atrophien* (Atrophien im engeren Sinne) bei unseren Versuchstieren wohl hauptsächlich als Druckatrophie und Alters-atrophie vor (jedenfalls finden sich für spontane Inaktivitäts- und neurotische Atrophien zunächst keine besonderen Hinweise).

Nur eine dem Nagetier eigenartige Form der *Druckatrophie* sei hervorgehoben: die im Anschluß an die „Campylognathie", also eine Anomalie der Zahnstellung (vgl. Kapitel „Zähne"), am Kieferknochen auftretende, d. h. bei dem infolge fehlenden Gegenbisses abnormen Überwachstum der Schneidezähne und anschließendem Zurückwachsen in die eigene Alveole oder in den Gaumen. Der Knochen, besonders des Oberkiefers, kann dabei sogar zur Perforation gebracht werden. Über einschlägige Beobachtungen bei Kaninchen berichtet Joest; auch diejenigen von Hansemann an „abnormen Rattenschädeln" (s. u.) können hier angeführt werden.

Bezüglich der *Altersatrophie* bieten die — an sich freilich von anderer Fragestellung aus-gehenden — Untersuchungen von Landing (Kaninchen) einige Fingerzeige. Schon mit dem Beginn des 2. Lebensjahres ist bei Kaninchen eine von da ab langsame fortschreitende Abnahme des Skeletgewichtes, im ganzen wie auch seiner Teile, festzustellen (damit über-einstimmend steigt die Körpergewichtskurve nur bis zum 12. Monat an). Demgegenüber fand Donaldson bei der Ratte fortgesetzte Skeletgewichtszunahmen bis zum beobachteten Endwert, der mit 474 Tagen allerdings mit erst 39 Jahren des Menschenlebens verglichen wird.

Die *altersatrophischen* Vorgänge am Knochen scheinen demnach je nach der *Tierart* beträchtlich verschieden, beim Kaninchen aber auffällig früh einzusetzen.

Zur Kenntnis der feineren Vorgänge bei der Atrophie des Knochengewebes bzw. der sich dabei abspielenden Abbau- und Zerstörungsprozesse bei den kleinen Versuchstieren können die genannten Arbeiten naturgemäß nicht beitragen (hier unterrichten, was Meerschweinchen und Druckatrophie betrifft, experimentelle Untersuchungen von Jores).

Über allgemeine progressive Knochenatrophie (bei Kaninchen) s. u.

Auf die *Nekrose* von Knochen, spontan bei den kleinen Laboratoriumstieren vorkom-mend als meist leicht deutbarer Folgezustand andersartiger Veränderungen, namentlich entzündlicher oder spezifisch-entzündlicher (vgl. unter Pseudotuberkulose, Nekrosebacillose usw.), ist an dieser Stelle nicht weiter einzugehen.

Als rückschrittliche und zugleich Altersveränderungen am Knorpel seien schließlich die *Verkalkung* bzw. auch *Verknöcherung der Rippenknorpel* erwähnt, die man wohl namentlich bei der Ratte, schon bei 1¹/₂—2 Jahre alten Tieren finden kann.

c) Malacische Knochenerkrankungen.

Als „malacische Knochenerkrankungen" sollen hier im Sinne Christellers zwei Hauptgruppen generalisierter, in der Regel auf allgemeine Stoffwechselstörungen zurück-geführter Skeleterkrankungen zusammengefaßt werden: die *„achalikotischen"*, durch fort-schreitende mangelhafte Knochenverkalkung charakterisierten und andererseits die *„meta-poetischen"* knochenumbauenden Malacien. Die ersteren werden durch Rhachitis und Osteomalacie repräsentiert, die metapoetischen vor allem durch den Formenkreis der Ostitis oder besser „Osteodystrophia" fibrosa sowie die „Osteodystrophia rareficans (progressive Knochenatrophie, Moeller-Barlow usw.).

Gerade die *vergleichend-pathologische* Bearbeitung dieser Skeletsystemerkrankungen hat ihre Kenntnis zum mindesten in formaler und formalgenetischer Beziehung wesentlich vertieft und ihre scharfe klassifikatorische Umgrenzung ermöglicht (vgl. Christeller). Vorweg sei dabei die hervorragende Rolle hervorgehoben, die gerade bei vielen Tieren die metapoetischen Malacien, insbesondere eben die fibrösen Osteodystrophien spielen (Chri-steller, Arndt).

Nicht überflüssig ist eine weitere Vorbemerkung: für die Feststellung dieser Erkran-kungen, insbesondere bei den Versuchstieren ist die *sorgfältigste anatomisch-histologische,* namentlich von Schmorl und Christeller hier aufgestellten technischen Forderungen voll Rechnung tragende Untersuchung unerläßlich. Die Diagnose etwa einer „Rhachitis" nur nach dem makroskopischen Knochenbefund (oder vollends nur nach dem klinischen

Bilde!) ist unbedingt abzulehnen. Viele der hierher gehörigen Mitteilungen verdienen daher größte Skepsis; das gilt nicht nur für ältere Literaturangaben; bis in die neueste Zeit hinein kann auch allzu häufig die Bewertung gerade auch der hier verzeichneten experimentellen Befunde vom anatomischen Standpunkt aus keineswegs befriedigen. Dem Einwand, die anatomisch-histologische Seite würde damit überschätzt, ist entgegenzuhalten, daß diese Erkrankungen auch heute noch schlechterdings nicht zu definieren sind — es sei denn nach ihrer morphologischen Grundlage. Wir glauben, das, einer heute verbreiteten Auffassung gegenüber, betonen zu müssen, nach der besonders für die Feststellung der experimentellen Rhachitis die makroskopische, röntgenoskopische und blutchemische Untersuchung ausreiche.

Kommt *echte Rhachitis* bei den kleinen Versuchstieren überhaupt spontan vor? Eine durchaus nicht leicht zu beantwortende Frage, die natürlich für die experimentelle Forschung, namentlich bei der Ratte als jetzt klassisch gewordenem Rhachitisversuchstier von grundsätzlicher Bedeutung ist.

Die *experimentelle Rattenrhachitis* steht hier nicht zur Erörterung (vgl. namentlich die Arbeiten der englischen und amerikanischen Autoren, wie MELLANBY, McCOLLUM u. a. m., ferner SCHULTZ). Die Hauptsache ist, daß nach neueren Untersuchungen die Möglichkeit, bei der Ratte eine mit der menschlichen Rhachitis auch histologisch durchaus wesensgleiche Erkrankung zu erzeugen, zugegeben werden muß, was CHRISTELLER 1926 noch ablehnte. Im übrigen aber ist das *anatomische Bild* der Veränderungen, die meist schlechtweg als „experimentelle Rattenrhachitis" bezeichnet werden, *keineswegs einheitlich*. Der eben genannten „typischen", gewissermaßen also der „experimentellen Rattenrhachitis im engeren Sinne" steht eine „atypische" gegenüber und drittens eine osteoporotische Form (näheres bei M. B. SCHMIDT und LOBECK sowie KIHN).

Was die *Spontanrhachitis* der *Ratte* betrifft, so ist man fast ausschließlich auf die monographische Darstellung ERDHEIMS angewiesen (über MORPURGOS Befunde vgl. unter Osteomalacie). Danach wäre allerdings ihr Vorkommen bei der Ratte kaum zu leugnen.

„Rosenkranz", Verdickung der Epiphysengegenden, Hemmungen des Längenwachstums und Nagezahnveränderungen sind die typischen *grob-anatomischen Kennzeichen*; charakteristisch für die Rattenrhachitis sind ferner u. a. nach ERDHEIM seitliche Einknickungen der Rippen längs der Insertionslinien der Serratuszacken und vielfach richtige Spontanfrakturen. Und *mikroskopisch* vor allem stimmt die ERDHEIMsche Rattenrhachitis gleichfalls mit der menschlichen hinreichend überein, deren histologisches Grundprinzip ja auf die kurze Formel „Anbaustörung der Ossification — kalkloser Knochenneubau" gebracht werden kann, mikroskopisch ausgedrückt: breite osteoide Säume und Defekte der Knorpelverkalkung. Nicht unerwähnenswert ist freilich ein *Altersunterschied*: die Rhachitis befällt die Ratte mit dem Menschen verglichen in beträchtlich höherem Alter, eigentlich — sit venia verbo! — schon ältere „Rattenknaben" und „Rattenjünglinge".

Eines aber scheint uns sehr bemerkenswert und darin noch eine letzte Reserve gegen die unbedingte Anerkennung der spontanen Rattenrhachitis zu liegen: ERDHEIM selbst gibt an, daß er nur bei Tieren, die lange im Laboratoriumsstall gelebt hatten oder überhaupt dort geboren und aufgewachsen waren, Rhachitis fand, nie an den vom Lande stammenden Vergleichstieren.

Nur unter der Einschränkung, daß nicht doch vielleicht noch andere und alle möglichen, heute gar nicht mehr recht übersehbaren Haltungseinflüsse bei den doch schon lange zurückliegenden, einer Vor-Vitamin-Ära angehörenden Untersuchungen ERDHEIMs mitgespielt haben, möchten wir die oben gestellte Frage nach dem Vorkommem einer Spontanrhachitis bei der Ratte bejahen. Und in jedem Falle bleibt die Bedeutung des *Domestikationsfaktors* bei der Rattenrhachitis bestehen, was mit allgemeinen Erfahrungen übereinstimmt.

Von den anderen Laboratoriumstieren ist beim *Kaninchen* ein Fall augenscheinlich spontaner Rhachitis von GLEY und CHARRIN als der menschlichen sehr ähnlich beschrieben, indessen so knapp und völlig unkontrollierbar, daß er nicht verwertet werden kann. Beobachtungen von HOLZ aber tragen wir vollends Bedenken noch als Spontanrhachitis beim Kaninchen zu bezeichnen, da die Tiere (absichtlich?) besonders reichlich gefüttert und in engen Behältern gehalten waren, so daß die Frage, ob, wie HOLZ meint, auch mikroskopisch eine echte Rhachitis vorgelegen hat, hier gar nicht erörtert sei.

Was sonst in der (älteren) Literatur vorliegt — vorwiegend übrigens bei den hier interessierenden Tierarten experimentelle Beobachtungen —, wird meist unschwer als *„Pseudorhachitis"* zu entlarven sein, wie wir mit STOELTZNER derartige Krankheitszustände, bei Tieren zumal, bezeichnen.

Die *Osteomalacie* ist mit der Rhachitis, histogenetisch zum mindesten, wesensgleich, wenn man will, nichts anderes als eine „Rhachitis des Erwachsenen". Sieht man von experimentellen Beobachtungen ab, bei denen hier im übrigen, namentlich in der älteren Literatur, ohne Zweifel viele Fehldeutungen unterlaufen sind, und legt man einen strengen anatomischen Maßstab an, so bleibt wenig übrig, was bei den kleinen Laboratoriumtieren — wie bei den Tieren überhaupt — als echte Osteomalacie anerkannt werden kann.

Auch hier kommt in erster Linie die *Ratte* in Frage. Viel besprochen sind die fast 30 Jahre zurückliegenden Beobachtungen MORPURGOs über eine „*spontane infektiöse Osteomalacie*" bei weißen Ratten.

Es handelt sich um eine Art „Stallepidemie". Aus dem Rückenmark von 5 spontanerkrankten Ratten wurden Diplokokken gezüchtet und durch deren Überimpfung dieselben Knochenveränderungen erzeugt, die je nachdem, ob junge oder ältere Tiere verwandt wurden, als „*rhachitisch*" oder „*osteomalacisch*" imponierten. Nach makroskopischem und mikroskopischem Verhalten nahm MORPURGO eine Osteomalacie an, freilich mit der Einschränkung, daß sich mancherlei *an Ostitis fibrosa erinnernde Züge* fanden; die Knochensubstanz war hochgradig porosiert. Der kalklose Anbau manifestierte sich in den osteoiden Säumen um die Knochenbälkchen; aber auch der Knochenabbau war stark gesteigert (Osteoklasie) und das Knochenmark ein zell- und gefäßreiches Fasermark. Gerade dieses Nebeneinander an- und abbauender, zum Teil auch umbauender Vorgänge hat CHRISTELLER veranlaßt, die MORPURGOsche Rattenerkrankung zur Osteodystrophia fibrosa zu stellen während neuerdings M. B. SCHMIDT (und seinerzeit schon SCHMORL) sie als mit der menschlichen Osteomalacie im ganzen übereinstimmend anerkennen.

Sei dem nun wie ihm wolle, ob Osteomalacie, ob Osteodystrophia fibrosa, jedenfalls ist das spontane Vorkommen derartiger malacischer Knochenerkrankungen nach MORPURGOs Untersuchungen nicht zu bestreiten; ebensowenig die Tatsache, daß es sich bei der MORPURGOschen Beobachtung um eine infektiöse übertragbare Form gehandelt hat, so wenig wir in späteren Beobachtungen auch über parallel gelagerte Fälle verfügen.

Ob bei den *anderen Laboratoriumstieren* Osteomalacie spontan vorkommen kann, ist zweifelhaft. Ebenso übrigens auch, ob bei diesen experimentell zu erzeugen (die „experimentelle Kaninchenosteomalacie" von MOUSSU und CHARRIN ist mangels mikroskopischer Knochenuntersuchungen unverwertbar). Möglicherweise hat es sich bei den von HOENNICKE demonstrierten Kaninchen um eine spontane puerperale Osteomalacie gehandelt; der Autor denkt an Experimentalfolgen (Schilddrüsenfütterung); eine Nachprüfung ist nicht ermöglicht.

Die durch die überstürzten Knochenumbauvorgänge charakterisierte *Osteodystrophia fibrosa*, eine so wichtige Rolle sie sonst in der Tierpathologie (z. B. bei Affen, Hund, Pferd, Ziege usw.) spielt, scheint bei den Nagetieren recht selten. Bei den kleinen Versuchstieren ist sie, sieht man von den Beziehungen der MORPURGOschen Rattenerkrankung zur Osteodystrophia fibrosa ab, offenbar überhaupt noch nicht einwandfrei beobachtet.

Bei der Bedeutung gerade dieser Erkrankung sei hier vermerkt, daß im pathologischen Institut der Berliner tierärztlichen Hochschule (Professor Dr. DOBBERSTEIN) nach einer mir zur Verfügung gestellten Mitteilung des Herrn Dr. HAUPT vor Jahren ein umgrenzter Osteodystrophia fibrosa-Fall bei einem Kaninchen beobachtet wurde; Material war leider nicht mehr vorhanden. Beim Stachelschwein hat übrigens neuerdings CHRISTELLER einen einwandfreien Fall mitgeteilt.

Von den „*rarefizierenden Osteodystrophien*", worunter wir ihr histogenetisches Prinzip gleich kennzeichnend, mit CHRISTELLER die Gruppe der „*reinen Osteoporosen*" zusammenfassen, kommen für die kleinen Laboratoriumtiere wohl nur die progressive Knochenatrophie und der infantile Skorbut (Morbus Barlow) in Betracht.

Die *progressive Knochenatrophie* ist eine äußerst selten beobachtete Erkrankung[1]. Aber just beim Kaninchen ist ihr Vorkommen einwandfrei sichergestellt;

---

[1] Die progressive Knochenatrophie wird hier also als selbständige Erkrankung aufgefaßt. Die möglichen Beziehungen zur Osteodystrophia fibrosa (etwa als erstes Stadium dieser aufzufassen?) können hier nicht erörtert werden.

der Fall Lévy-Christeller beim Kaninchen steht bislang freilich als Unikum dem Fall Pick (Igel) und Askanazy (Mensch) zur Seite.

Über Einzelheiten unterrichtet die von Christeller durchgeführte Nachuntersuchung des Lévyschen Falles (stark gesteigerte Resorptionsvorgänge bzw. Osteoklasie ohne irgendwelchen Knochenanbau usw.). Bemerkenswert sind die gleichzeitigen, ausgedehnten Kalkmetastasen im Magen, Niere, Lunge. Geradeso wie in den Parallelfällen bei Igel und Mensch.

Das spontane Vorkommen von Moeller-Barlow*scher Krankheit* (infantiler Skorbut) ist bislang bei den kleinen Laboratoriumstieren nicht bekannt geworden.

Experimentell sind beim Meerschweinchen mehrfach Skeletveränderungen erzeugt worden, die als mit dem menschlichen Moeller-Barlow durchaus übereinstimmend gedeutet wurden (Holst, Froehlich, Ingier, Fraenkel, Fujihira).

d) Frakturen und Frakturheilung.

Spontan auftretende oder wenigstens unbeabsichtigte Zusammenhangstrennungen, Infraktionen und vollständige Frakturen sind bei den kleinen Laboratoriumstieren ab und zu zu beobachten, und zwar beim Kaninchen jedenfalls eher als bei den gewandten Springern, Ratte und Maus. An sich sind natürlich die Versuchstiere der Möglichkeit, sich Knochenbrüche spontan zuzuziehen, wenig ausgesetzt. So werden denn auch die Knochenbrüche, die wohl in jedem größeren Tierbestand gelegentlich als unerwünschte Ereignisse anscheinend „von selbst" vorkommen, wenn man die Verhältnisse genau betrachtet, vorwiegend und wenigstens *mittelbar* durch die *Haltung* oder *Verwendung als Versuchstiere* bedingt oder begünstigt erscheinen. Ungeschicktes Hantieren, unsachgemäße oder gar rohe Behandlung, Verletzungen bei Zwangsmaßnahmen oder auch Abwehrbewegungen u. dgl. kommen hier in Frage. So können schon beim zu energischen, einfachen Aufbinden der Tiere

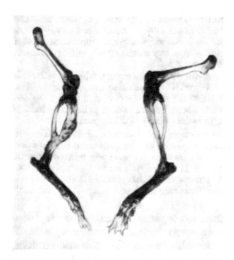

Abb. 146. Geheilte Fraktur des rechten Unterschenkels, 4 Wochen nach der Entstehung, bei einer 10 Wochen alten Ratte. Linker Unterschenkel zum Vergleich.

die dünnen Extremitätenknoten, besonders bei jüngeren Mäusen und Ratten brechen.

Besonders disponiert dürften beim *Kaninchen* die langgestreckten und ziemlich dünnwandigen Knochen des *Beckens* und die *Wirbelsäule* sein. Aber auch Frakturen der Extremitäten und der Rippen sind gewiß nicht allzu selten, wenn schon sie naturgemäß kaum publiziert werden. Mehr oder weniger erhebliche Dislokationen der Fragmente ergeben sich leicht, wie ja bei Tieren überhaupt (vgl. hier die Untersuchungen Korschelts aus neuerer Zeit), zumal für gewöhnlich ja wohl kaum eine geeignete Frakturbehandlung erfolgt, und sind für die Art und Weise der Ausheilung bedeutsam. Daß (beim Kaninchen) komplizierte Knochenbrüche häufiger vorkommen sollen als unkomplizierte, wie Zuern meint, scheint uns nicht erwiesen.

Kasuistisches: Die Zufallsbeobachtung von Brüchen der 6., 7. und 8. Rippe bei Kaninchen von Braun und Becker ist wegen einer teilweisen *Pseudarthrosenbildung* bemerkenswert. Über einen Bruch der rechten Tibia mit starker winkeliger *Verlagerung der Fragmente* bei Kaninchen — allerdings einem Wildkaninchen — berichten Korschelt und Stock. Nach eigenen Beobachtungen registrieren wir beim Kaninchen Becken- und Wirbelsäulenbrüche und einen eigenartigen Fall einer intraartikulären Humerusfraktur, auf den wegen der erheblichen Gelenkveränderungen unten noch kurz zurückzukommen ist.

Daß für die Rattenrhachitis Spontanfrakturen der Rippen charakteristisch sind, wurde oben schon erwähnt. Sie finden sich besonders an den hinteren Rippenabschnitten und bleiben klinisch gewöhnlich unerkannt.

Über die *feineren* regeneratorischen *Vorgänge* bei der Bruchheilung sind wir durch experimentelle Arbeiten bzw. durch das Studium absichtlich hervorgerufener Brüche (vgl. namentlich ERDHEIM: Ratte, ferner FRANKE: Kaninchen u. a.) unterrichtet; grundsätzliche Abweichungen von den allgemein und speziell pathologisch-anatomisch bekannten Verhältnissen liegen hier jedenfalls kaum vor.

Von Interesse sind die *Zeitverhältnisse der Heilungsdauer,* über die bei der Ratte die grundlegende Arbeit ERDHEIMS einige Anhaltspunkte bietet. So wurde bei Fibulabrüchen die einheitliche Heilungsdauer mit 15 Tagen fixiert; danach ist beim Normaltier eine feste Verbindung der Bruchenden eingetreten (einer starken Verzögerung der Callusheilung bei rhachitischen Ratten gegenüber). Wir hatten die Möglichkeit, eine zufällig unmittelbar nach der (unabsichtlichen) Entstehung entdeckte Fraktur beider Unterschenkelknochen bei der Ratte systematisch röntgenoskopisch zu verfolgen (endgültige feste Vereinigung der Bruchenden auch der Tibia zwischen der 3. und 4. Woche). Der Effekt der ohne jede Kunsthilfe erfolgten Heilung ist, wie das anatomische Präparat der 4 Wochen alten Fraktur (Abb. 146) zeigt, ein recht befriedigender.

Auf die *regenerativen* bzw. *Ausheilungs- und Anpassungsvorgänge* des Knochens im allgemeinen und — von der Frakturheilung abgesehen — auch im besonderen bei den kleinen Laboratoriumstieren weiter einzugehen, wird sich an dieser Stelle erübrigen.

Die spontan auftretenden

e) Entzündungen

im Bereich der Knochen scheinen bei den kleinen Laboratoriumstieren, insbesondere bei den Kaninchen — über die anderen Versuchstierarten liegt hier

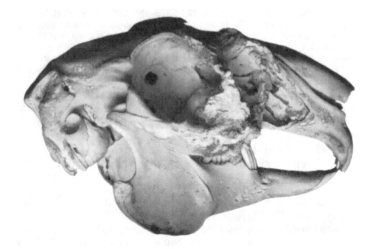

Abb. 147. Macerierter Schädel eines etwa 3 Jahre alten weiblichen Kaninchens mit ausgedehnter cariöser Zerstörung als Folgezustand nach eitrigem Kieferkatarrh. Natürliche Größe. Präparat zur Photographie von Geh. Rat Prof. OLT, Gießen, überlassen.

fast nichts vor — vorwiegend vom *Periost* auszugehen. *Osteomyelitiden* sind offenbar recht selten (beim Hasen ein Fall von BUERGI mitgeteilt); insbesondere durch hämatogene Infektion (pyämisch) scheint das Knochenmark schwer zu erkranken. Auch gewisse experimentelle Erfahrungen von LEXER bzw. SCHIMMELBUSCH und MUEHSAM bei Kaninchen könnten vielleicht in diesem Sinne sprechen.

Die praktisch wichtigste Form entzündlicher Knochenveränderungen stellt wohl der von SUSTMANN so bezeichnete „*eitrige Kieferkatarrh*" dar; eine beim Kaninchen offenbar ziemlich häufige Erkrankung. Anatomisch wird man sie als *Alveolarperiostitis* mit Neigung zu Chronizität und Übergang in *Osteoperiostitis* bzw. *Panostitis* aufzufassen haben; diese gemeinsame Deutung glauben wir wenigstens den vorliegenden, in dieser Beziehung allerdings nicht immer ganz übersichtlichen Mitteilungen geben zu können.

Die *Ätiologie* ist jedenfalls gewöhnlich traumatisch (Verletzungen durch Einspießung von Fremdkörpern zwischen Zahnfleisch und Zähne, wie Holzsplitter, Getreidegrannen u. dgl.). SEIFRIED hat in einigen Fällen im Eiter Staphylokokken nachgewiesen. *Klinisch* bestehen die ersten Erscheinungen in einseitigem Augenträufeln (durch Quetschung des Tränenkanals) und Speichelfluß; mehr oder weniger umfängliche, mitunter fluktuierende Schwellungen und härtere Auftreibungen an den Kiefern schließen sich an. Das Bild kann an Aktinomykose erinnern. *Pathologisch-anatomisch* stellen die „Auftreibungen" mit den Zahnalveolen meist in direkter Verbindung stehende Eiteransammlungen und Einschmelzungsherde dar; die Prozesse haben eine Neigung zum Fortschreiten in die umgebenden Weichteile. So werden einerseits Tränenkanal und Orbita in Mitleidenschaft gezogen, andererseits die Weichteile des Kehlganges (Ohrspeicheldrüsen, regionäre Lymphknoten usw.), je nachdem ob Ober- oder Unterkiefer vorzugsweise befallen sind. Der Kieferknochen zeigt schließlich umfängliche cariöse Zerstörung (vgl. Abb. 147). Weitere Einzelheiten bei SUSTMANN sowie SEIFRIED; auch die von JAKOB beschriebenen Spontanabszeßbildungen in der Backengegend dürften hierher gehören.

Vom Kieferkatarrh abgesehen, kommen beim Kaninchen hier ferner vom *Gehörorgan* auf dessen *knöcherne Kapsel* übergreifende entzündliche Prozesse in Frage oder kommen vielleicht sogar mit diesem kombiniert vor (möglicherweise der von BRAUN und BECKER mitgeteilte Fall).

Indem wir hier, besonders auch bezüglich der experimentellen Seite (Cholesteatombildung?), vor allem auf BERBERICH verweisen, sei hier nur erwähnt, daß so Mittelohreiterungen, die ja beim Kaninchen gar nicht selten sind — etwa als Komplikation der bekannten „kontagiösen Rhinitis" —, chronisch geworden, zu erheblichen Knocheneinschmelzungen im Schläfenbein führen können (wie in dem von GRUENBERG mitgeteilten Falle). Aber auch Erkrankungen des äußeren Ohres, besonders die bei Kaninchen so häufige Ohrräude (Dermatokoptesräude) können auf das Innere des Ohres übergreifend, entzündliche intrakranielle Veränderungen erheblichen Grades im Gefolge haben und bieten so eine Erklärung für den oft schweren, ja tödlichen Verlauf der zunächst harmlos erscheinenden äußeren Affektion (vgl. SEIFRIED).

Welche Grundlage auch immer die genannten Veränderungen haben mögen, ob *oral* wie beim Kieferkatarrh, ob *otogen* entstanden, hier interessiert vor allem gemeinsame Wirkungsweise und Ergebnis am Knochen: chronische, intraossale Granulationswucherungen, wenn man will eine *„rarefizierende Ostitis"* führen zu fortschreitender Knochenauflösung, zur *Caries*.

Einer besonderen Erwähnung bedürfen die Knochenveränderungen bei

f) Nekrosebazillose.

Auch hier stehen, wie ja so oft in ortho- wie pathologischer Betrachtung des Knochensystems der Nagetiere, die *Kieferknochen* im Vordergrunde. Die schwere, ja wiederum besonders bei Kaninchen vorkommende Erkrankung etabliert sich bekanntlich wie die ihr ja äußerst nahestehende Kälberdiphtherie vor allem in der Mundhöhle. Die Beteiligung der Kieferknochen gehört so durchaus zum Bilde der Erkrankung; die *entzündlich-nekrotisierenden Prozesse* greifen *von der Mundschleimhaut* aus auf diese über. Auf die genaueren pathologisch-anatomischen und histologischen, ätiologischen und sonstigen Verhältnisse wird hier zur Vermeidung von Wiederholungen nicht eingegangen; alles Nähere ist im Kapitel „Bakteriologie" nachzulesen.

Diese durch einen spezifischen Erreger, den Nekrosebacillus bzw. den „Streptothrix cuniculi" (SCHMORL) hervorgerufene Erkrankung leitet bereits über zu den

g) infektiösen Granulomen.

Hier kommen in Frage: Tuberkulose, Pseudotuberkulose und Aktinomykose. Praktisch größere Bedeutung hat indessen nur die dem Nagergeschlecht eigene Pseudotuberkulose.

Über Knochenlokalisationen bei spontaner *echter Tuberkulose* liegt, soweit zu übersehen, bei den kleinen Laboratoriumstieren bislang nichts vor, wenn wir dabei von der von COBBET beim Kaninchen beobachteten Gelenktuberkulose (vgl. unten) absehen.

Demgegenüber ist bei der *Pseudotuberkulose*, die ja bei den kleinen Laboratoriumstieren ungleichlich häufiger und bedeutungsvoller ist, die Beteiligung des Skeletsystems keine Seltenheit.

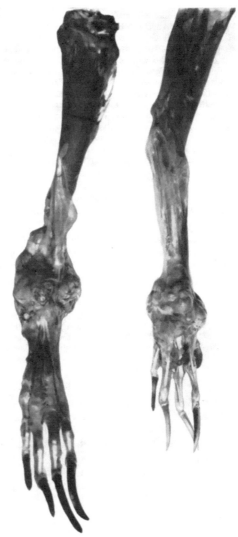

Abb. 148. Pseudotuberkulose an der Hinterwand des Brustbeins und Umgebung bei einem Meerschweinchen. Medianschnitt durch die beiden großen, knolligen pseudotuberkulösen stark verkästen „Tumoren". Natürl. Größe.

Die vorliegenden Beobachtungen wie auch unsere eigenen hierher gehörigen betreffen *Kaninchen* und *Meerschweinchen*. (Für die künstliche Infektion zum mindesten sind ja aber auch Mäuse sowie Ratten empfänglich.) Bezüglich der ätiologischen, epidemiologischen, klinisch-symptomatologischen, aber auch makroskopisch- und mikroskopisch-anatomi-

Abb. 149. Pseudotuberkulose der Hand- und Fußwurzel mit Zerstörung von Knochen und Gelenken bei einem etwa 2 Jahre alten Kaninchen. Aufnahme von vorn.

schen Grundlagen muß hier auf den Abschnitt „Pseudotuberkulose" im Kapitel „Bakteriologie" verwiesen werden.

Im Knochen ist die Pseudotuberkulose *sekundär*. Sie gelangt dorthin typischerweise jedenfalls auf dem *Lymphwege*. Zunächst werden offenbar die Lymphknoten (beispielsweise die retrosternalen) betroffen. Von diesen greift der Prozeß gegebenenfalls auf die Umgebung über, zunächst auf die Weichteile,

25*

die Muskulatur usw. (vgl. im Kapitel „Muskeln"), schließlich auch auf den Knochen, d. h. also naturgemäß erst in weit vorgeschrittenen und hochgradigen Fällen.

Ob diese Darstellung den *formal-genetischen* Zusammenhängen bei der Pseudotuberkulose der Knochen durchweg Rechnung trägt, müssen wir offen lassen; unsere Beobachtungen sprachen jedenfalls in diesem Sinne. Bemerkenswert scheint uns noch, daß manchmal, wenn nach dem äußeren Aspekt bereits eine Pseudotuberkulose des Knochens vorzuliegen scheint, die genaue mikroskopische Untersuchung belehrt, daß lediglich die Weichteile ergriffen sind und der Prozeß am Knochen Halt gemacht hat.

Eine bevorzugte *Lokalisation* für die Pseudotuberkulose scheint die vordere Brustwand abzugeben (Brustbein, angrenzende Rippen), und zwar zunächst die Innenseite gemäß den Lymphbahnen des vorderen Mediastinum. Wir konnten selbst drei derartige Fälle in verschiedenen Stadien beim Meerschweinchen beobachten; einen hochgradigen stellt Abb. 148 dar mit großen, knolligen, käsigen „Tumoren". GERLACH bildet einen ähnlichen Fall ab. Eine hochgradige Pseudotuberkulose an Hand- und Fußwurzeln, die Knochen und Gelenke weitgehend zerstört hatte, beim Kaninchen zeigt Abb. 149. Eine weitere Darstellung der makroskopischen Erscheinungsform werden diese typischen Bilder ersparen. Grundsätzliche Besonderheiten liegen hier wie auch im mikroskopischen Bilde nicht vor. Sehr charakteristisch war in unseren Fällen die Ähnlichkeit der pseudotuberkulösen Knötchen in ihrem feineren Bau mit Malleomen; Riesenzellen und Verkalkung haben wir nicht gefunden.

Über *Aktinomykose* liegen bei den kleinen Laboratoriumstieren bisher nur vereinzelte Beobachtungen vor (SUSTMANN sowie SANDIG: Kaninchen, auch mikroskopisch sichergestellte Fälle); soweit freilich nach persönlichen, von uns angestellten Umfragen zu urteilen, ist möglicherweise ihr Vorkommen doch kein so ganz seltenes. Es leuchtet ein, daß bei der gewöhnlichen Haltung der Versuchstiere die Möglichkeit zur Infektion eine sehr geringe sein wird.

Die bisherigen Mitteilungen, von denen diejenige von SUSTMANN durch das förmlich „epidemische" Auftreten (6 von 7 Tieren eines Bestandes erkrankt!) bemerkenswert ist, betreffen ausschließlich *Kieferaktinomykose*. Die Infektion wird mit der Verfütterung von hartem Waldheu in Zusammenhang gebracht. Pathogenetisch und pathomorphologisch herrscht durchaus Übereinstimmung mit den in der Veterinärpathologie besonders beim Rindvieh hinlänglich bekannten Verhältnissen (granulierende Form der Aktinomykose mit Fistelbildung und Zerstörung der Backenzähne, SUSTMANN).

Über spontan entstandene

h) bleibende Gestaltsveränderungen des Skelets

bei den kleinen Laboratoriumstieren liegt in der Literatur so gut wie nichts vor. Interessieren würden hier vor allem Verkrümmungen der *Wirbelsäule*.

Wichtig scheint uns an dieser Stelle der Hinweis auf eine „*Haltungskyphose*" *der Ratte:* die Ratte kommt gewöhnlich in Buckelstellung mit kontrahierten Extremitäten zum Exitus. Das darf nicht mißdeutet werden (etwa „rhachitische Kyphose"). Es ist ferner zu bedenken, daß bei vierfüßigen Säugetieren für die Ausbildung einer Kyphose bzw. einer Kyphoskoliose ja überhaupt (im Gegensatz zu den Vögeln) im allgemeinen keine rechten Vorbedingungen gegeben sind.

Eine eigene Zufallsbeobachtung von einer mäßigen skoliotischen Wirbelsäulenverkrümmung (rechtskonvexe Dorsalskoliose) bei einer Ratte, die mit geringer kyphotischer Verbiegung kombiniert war, ist mangels genauerer Daten und, da (eingesandtes Material) nicht das ganze Skeletsystem zur Verfügung stand, hier kaum zu registrieren.

i) Geschwülste.

Geschwülste des Knochensystems, primäre wie sekundäre, sind bei den kleinen Versuchstieren spontan bisher nur ganz vereinzelt beobachtet worden.

Hierher gehört das von W. H. SCHULTZE bei einem einjährigen Kaninchen beobachtete großzellige *Sarkom des Unterkiefers*, das jedenfalls vom Periost ausgegangen war und durch starkes destruierendes Wachstum, Organmetastasen und Überimpfbarkeit sich auszeichnete.

Nur durch destruierendes Wachstum in Mitleidenschaft gezogen war die Brustwirbelsäule bei einem vom Unterhautbindegewebe ausgegangenen Spindelzellsarkom am Rücken einer Ratte (LUBARSCH und KLEINKUHNEN).

Die Knochenmetastasen aber z. B. des FLEXNER-JOBLINGschen Rattentumors (Gemischtzellensarkom) gehören, obwohl es sich dabei ja um ein ursprünglich spontanes Gewächs handelt, als Metastasen der Impftumoren schon nicht mehr hierher zu den Spontanveränderungen.

Anhang. **Erkrankungen der Gelenke.**

Einige Bemerkungen über spontane Veränderungen der Gelenke, lediglich soweit hier Beobachtungen bei den kleinen Laboratoriumstieren vorliegen, seien hier angeschlossen, um das diesbezüglich zum Teil schon bei den Erkrankungen des Knochensystems Erwähnte ein wenig zu ergänzen.

Vor allem ist auf Luxationen und entzündliche Veränderungen hinzuweisen.

Luxationen sollen speziell am *Kiefergelenk* bei der Ratte nach der Ansicht v. HANSE-MANNS nicht selten vorkommen, und ihre Entstehung vor allem „gegenseitigen Raufereien"

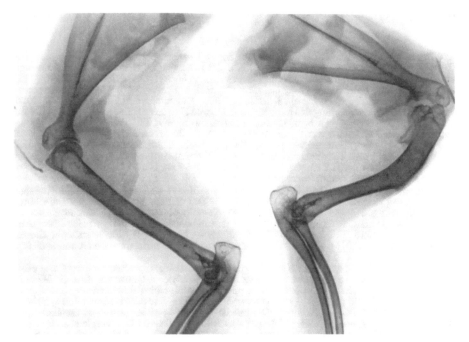

Abb. 150. Alte intraartikuläre Fraktur im rechten Schultergelenk eines Kaninchens. Röntgenaufnahme. Links die normale linke obere Extremität zum Vergleich.

dieser Tiere verdanken. Soweit aus den kurzen Hinweisen zu entnehmen ist, hält v. HANSE-MANN diese Luxationen besonders im Hinblick auf Anomalien der Zähne und Zahnstellung für bedeutungsvoll.

Eine spontane, wahrscheinlich traumatisch entstandene *„Luxationsfraktur"* im rechten Schultergelenk konnten wir selbst zufällig beobachten. Es handelte sich um eine intraartikuläre Fraktur des rechten Humeruskopfes, die unter üppiger Callusbildung und mit schweren deformierenden Veränderungen des Schultergelenkes ausgeheilt war, wie sie schon das Röntgenbild (Abb. 150) zeigte, und namentlich aus dem Vergleich des anatomischen Präparates mit dem normalen linken Schultergelenk hervorgeht.

Ankylose. Bei sonst normalen Kaninchen scheint gelegentlich eine ankylotische Verbindung der beiden Unterschenkelknochen, Tibia und Fibula, in ihrem oberen, sonst freien Teil vorzukommen. In diesem Sinne kann jedenfalls ein diesbezüglicher Hinweis von LANDING verwertet werden.

(Bezüglich Skoliose, Kyphose, Lordose vgl. oben. Auch die der Knickschwänzigkeit zugrundeliegende Synostose der Schwanzwirbel hat schon Erwähnung gefunden.)

Was die *entzündlichen* Veränderungen der Gelenke betrifft, so ist zunächst der Hinweis von ZSCHIESCHE auf *eitrige, metastatisch* hervorgerufene Gelenkentzündungen bei Kaninchen (vorzugsweise freilich wildlebenden) und Hasen bemerkenswert. Sie werden als Teilerscheinung der „Traubenkokkenkrankheit" der Nagetiere aufgefaßt; die Infektion erfolgt möglicherweise durch Stiche des Hasenflohes. Auch eitrige *Tendovaginitiden* an den Läufen können so *metastatisch-pyämisch* entstehen. Vielleicht wäre auch die von BRAUN und BECKER angeführte „*Gelenklähme* der neugeborenen und jungen Kaninchen" ähnlich aufzufassen (pyämisch-metastatisch nach Nabelinfektion?); jedoch sind die Angaben der Autoren jeder Nachprüfung entzogen.

Im Gegensatz zu dem bisher noch ausstehenden Nachweis spontaner echt-tuberkulöser Veränderungen am Knochen ist *spontane Gelenktuberkulose* wenigstens einmal (COBBET) beim Kaninchen bekannt geworden, eine Beobachtung, die dadurch noch besonderes Interesse hat, daß es sich um eine Spontaninfektion mit Geflügeltuberkulosebacillen handelt: Bei 2 mit tuberkulösen Hühnern gemeinsam untergebrachten Kaninchen wurden neben tuberkulösen Veränderungen der inneren Organe auch solche der Gelenke gefunden. Der Typus gallinaceus als Erreger wurde einwandfrei festgestellt.

Pseudotuberkulöse Gelenkveränderungen (eigene Beobachtung: Kaninchen; Karpal- und Tarsalgelenke; vgl. Abb. 149) sind oben schon erwähnt worden.

Literatur.

ACKERKNECHT, E.: JOESTs Handbuch der speziellen pathologischen Anatomie der Haustiere, Bd. 4, Berlin 1925. — ARNDT, H. J.: (a) Die generalisierten Skeleterkrankungen der Haussäugetiere im Lichte neuerer Forschungsergebnisse. Berl. tierärztl. Wschr. **1923**, Nr 51. (b) Zur Pathologie systematisierter Knochenerkrankungen der Haussäugetiere. 89. Verslg Ges. dtsch. Naturforsch. Düsseldorf **1926**. Dtsch. tierärztl. Wschr. **34**, 760 (1926). ARNOLD, J.: Die Abscheidung des indigoschwefelsauren Natrons im Knorpelgewebe. Virchows Arch. **73**, 125 (1878). — ARON u. GRALKA: Stützgewebe und Integumente der Wirbeltiere. Handbuch der Biochemie von OPPENHEIMER, 2. Aufl. Bd. 4, S. 222. 1925.

BLANK, E.: Die Knickschwänze der Mäuse. Arch. Entw.mechan. **42**, 333 (1917). — BRAUN u. BECKER: Kaninchenkrankheiten und deren rationelle Behandlung. Leipzig 1919. — BURCKHARDT, H.: Knochenregeneration. Beitr. klin. Chir. **137**, 63 (1926). — BUERGI, M.: Die Staphylokokkeninfektion bei den Hasen. Zbl. Bakter. I **39**, 559 (1905).

CHRISTELLER, E.: (a) Die Formen der Ostitis fibrosa und der verwandten Knochenerkrankungen der Säugetiere usw. Erg. Path. **20** II 1 (1922). (b) Referat über die Osteodystrophia fibrosa. Verh. dtsch. path. Ges. 21. Tagg Freiburg **1926**, 7 — COBBET: zit. nach SEIFRIED. — COHRS, P.: Gelenke in JOESTs Handbuch der speziellen pathologischen Anatomie der Haustiere, Bd. 5, S. 585. Berlin 1929. — CONROW, S.: Taillessness in the rat. Anat. Rec. **9**, 777 (1915). — CORSY: Absence congénitale de la queue chez un rat. C. r. Soc. Biol. Paris **64**, 987 (1908).

DAWSON, A. B. and SPARK: The fibrous transformation and architecture of the costal cartilage of the albino rat. Amer. J. Anat. **42**, 109 (1928). — DEMETER, J. u. J. MÁTYÁS: Mikroskopische vergleichend-anatomische Studien am Röhrenknochen usw. Z. Anat. u. Entw.gesch. **87**, 45 (1928). — DONALDSON, H. H.: The rat. 2. Ed. Philadelphia 1924. — DONALDSON, H. H. and S. CONROW: Quantitative studies on the growth of the skeleton of the albino rat. Amer. J. Anat. **26**, 237 (1919). — DUERST, J. U.: Vergleichende Untersuchungsmethoden am Skelet bei Säugern. Handbuch der biologischen Arbeitsmethoden, Abt. VII, H. 2, S. 125. 1926.

ERDHEIM, J.: Rhachitis und Epithelkörperchen. Denkschr. Akad. Wiss. Wien, Math.-naturwiss. Kl. **90**, 363 (1914).

FLEXNER, S. u. J. W. JOBLING: Infiltrierendes und Metastasen bildendes Sarkom der Ratte. Zbl. Path. **18**, 257 (1907). — FRAENKEL, E.: Infantiler Skorbut (MOELLER-BARLOWsche Krankheit). HENKE-LUBARSCHs Handbuch der speziellen pathologischen Anatomie, Bd. 2, Teil 1, S. 222. 1929. — FRANKE, G.: Über Wachstum und Verbildungen des Kiefers usw. Z. Laryng. usw. **10**, 187 (1922). — FUJIHIRA, S.: Die Knochenveränderungen bei rezidivierender experimenteller MOELLER-BARLOWscher Krankheit. Z. exper. Med. **45**, 106 (1925).

GERHARDT, U.: Das Kaninchen. Leipzig 1909. — GERLACH, F.: Die praktisch wichtigen Spontaninfektionen der Versuchstiere. Handbuch der pathogenen Mikroorganismen, Bd. 9, S. 497. 1928. — GLEY et CHARRIN: Le squelette d'un lapin présentant l'aspect du rachitisme. C. r. Soc. Biol. Paris X. s. **3**, 409 (1896). — GRAFENBERGER: Zit. nach ARON und GRALKA. — GRUENBERG: Ein labyrinthogener Subduralabsceß beim Kaninchen. Beitr. Anat. usw. Ohr usw. **21**, 377 (1924). — GYOERGY, P.: Die Behandlung und Verhütung der Rhachitis und Tetanie usw. Erg. inn. Med. **36**, 752 (1929).

v. HANSEMANN: Über abnorme Rattenschädel. Arch. f. Physiol. **1904**, 376. — HOENNICKE: Demonstration eines Kaninchens mit experimenteller puerperaler Osteomalacie. Dtsch. med. Wschr. **1906**, 166. — HOLST u. FROEHLICH: Über experimentellen Skorbut. Z. Hyg. **72**, 1 (1912). — HOLZ: Über Rhachitis beim Hunde, Hasen und Reh. Verh. Ges. Kinderheilk. 23. Tagg Stuttgart **1906**, 188.

INGIER, A.: Beiträge zur Kenntnis der BARLOWschen Krankheit. Frankf. Z. Path. **14**, 1 (1913). — JAKOB, H.: Mitteilungen aus der Klinik für kleine Haustiere zu Utrecht. Berl. tierärztl. Wschr. **1915**, Nr 41, 483. — JOEST, E.: Spezielle pathologische Anatomie der Haustiere, Bd. 1. Berlin 1919. — JORES, L.: Experimentelle Untersuchungen über die Einwirkung mechanischen Druckes auf den Knochen. Beitr. path. Anat. **66**, 433 (1920).

KIHN, B.: Zur pathologischen Anatomie der experimentellen Avitaminosen. In STEPP und GYOERGY: Avitaminose und verwandte Krankheitszustände. Berlin 1927. — KLEIN-KUHNEN, J.: Über spontane und Impfsarkome beim Meerschweinchen. Vet. Med. Diss. Hannover 1916. — KORSCHELT, E.: Lebensdauer, Altern und Tod, 3. Aufl. Jena 1924. — KORSCHELT, E. u. H. STOCK: Geheilte Knochenbrüche bei wildlebenden und in Gefangenschaft gehaltenen Tieren. Berlin 1928. — KRAUSE, W.: Die Anatomie des Kaninchens, 2. Aufl. Leipzig 1884.

LANDING, H. A.: Beiträge zur Altersanatomie des Kaninchenskelets. Uppsala Läk.för. Förh. **28** (1922). — LANDOIS, H.: Zit. nach E. BLANK. — LÉVY, E.: Metastases calcaires classiques revelant une maladie ossene chez le lapin. Arb. path. Inst. Tübingen **6** II, 555 (1908). — LEWIN, PH. u. E. B. JENKINSON: Chondrogenesis imperfecta. Achondroplasia. Chondrodystrophia fetalis usw Zit. nach M. B. SCHMIDT 1929. — LEXER, E.: Osteomyelitisexperimente mit einem spontan beim Kaninchen vorkommenden Eitererreger. Arch. klin. Chir. **52**, 592 (1896). — LOBECK, E.: Über experimentelle Rhachitis an Ratten. Frankf. Z. Path. **30**, 402 (1924). — LUBARSCH, O.: Über spontane Impfsarkome bei Meerschweinchen. Z. Krebsforschg **16**, 315 (1919).

MECKEL, J. F.: System der vergleichenden Anatomie. Teil 2, Abt. 2. Halle 1825. — MORPURGO, B.: (a) Über eine infektiöse Form der Knochenbrüchigkeit bei weißen Ratten. Verh. path. Ges. 3. Tgg **1900**, 40 u. Beitr. path. Anat. **28**, 620 (1900). (b) Durch Infektion hervorgerufene malacische und rhachitische Skeletveränderungen an jungen weißen Ratten. Zbl. Path. **13**, 113 (1902). (c) Über die infektiöse Osteomalacie und Rhachitis der weißen Ratte. Verh. dtsch. path. Ges. 11. Tagg Dresden **1907**, 282.

OLT u. STROESE: Wildkrankheiten und ihre Bekämpfung. Neudamm 1914.

PICK, L.: Die indikatorische Bedeutung der Kalkmetastase für den Knochenabbau. Berl. klin. Wschr. **1917**, Nr 33, 797. — POULSSON, E. and H. LOEVENSKIOLD: The quantitative determination of vitamin D. Biochem. J. **22**, 135 (1928).

RAEBIGER, H. u. M. LERCHE: Ätiologie und pathologische Anatomie der hauptsächlichsten Spontanerkrankungen des Meerschweinchens. Erg. Path. **21**, II 686 (1926). — ROESSLE, R.: Untersuchungen über Knochenhärte. Beitr. path. Anat. **77**, 174 (1927).

SANDIG: Aktinomykose bei einem Kaninchen. Tierärztl. Rdsch. **1924**, 65. — SCHIMMELBUSCH u. MUEHSAM: Über eine spontane eitrige Wundinfektion der Kaninchen. Arch. klin. Chir. **52**, 76 (1896). — SCHMIDT, M. B.: Rhachitis und Osteomalacie. Handbuch der speziellen pathologischen Anatomie von HENKE-LUBARSCH, Bd. 9, 1. Teil, S. 1. 1929. — SCHMORL, G.: (a) Über ein pathogenes Fadenbakterium. Dtsch. Z. Tiermed. **17**, 375 (1891). (b) Verh. dtsch. path. Ges. 11. Tagg Dresden **1907**, 286. — SCHULTZ, O.: (a) Die D-Vitamineinheit. Z. Kinderheilk. **46**, 449 (1929). (b) Experimentelle Rhachitis bei Ratten. 3., 4. und 7. Mitt. Arch. Tierheilk. **59**, 240; **60**, 259 u. 273 (1929). — SCHULTZE, W. H.: Beobachtungen an einem transplantablen Kaninchensarkom. Verh. dtsch. path. Ges. 16. Tagg Marburg **1913**, 358. — SEIFRIED, O.: Die wichtigsten Krankheiten des Kaninchens. Erg. Path. **22** I, 432 (1927). — SPARK, CH. and B. DAWSON: The order and time of appearance of centres of ossification in the fore and hind Limbs of the albino rat. Amer. J. Anat. **41**, 411 (1928). — STOELZTNER, W.: Pseudorhachitische Krankheitszustände. Schr. Königsberg. gelehrte Ges., Naturwiss. Kl. **4**, 29 (1928). — STRONG, R. M.: The order, time and rate of ossification of the albino rat... skeleton. Amer. J. Anat. **36**, 313 (1925). — SUSTMANN: (a) Aktinomykose beim Kaninchen. Tierärztl. Rdsch. **1913**, Nr 13, 135. (b) Etwas über Kaninchenkrankheiten und deren Behandlung. Dtsch. tierärztl. Wschr. **1921**, 247.

TULLBERG, T.: Über das System der Nagetiere. (Nova acta Uppsalensia.) Uppsala 1899/1900.

VOIT, M.: Das Primordialkranium des Kaninchens unter Berücksichtigung der Deckknochen. Arb. anat. Inst. **38**, 427 (1909).

WEBER, M.: Die Säugetiere, Bd. 1 u. 2. Jena 1927 u. 1928. — WEIDENREICH, F.: Knochenstudien. Z. Anat. u. Entw.gesch. **69** I, 382 (1923). — WEISKE, H.: Zit. nach ARON und GRALKA. — WILDT, E.: Zit. nach ARON und GRALKA.

ZSCHIESCHE, A.: Krankheiten des Wildes. Berl. tierärztl. Wschr. **1915**, Nr 52, 618. — ZUMPE, A.: Knochen. In JOESTS Handbuch der speziellen pathologischen Anatomie der Haustiere, Bd 5, 2; S. 677. Berlin 1929. — ZUERN: Die Krankheiten der Kaninchen. Leipzig 1894.

B. Muskeln.

Von H. J. ARNDT, Marburg.

Mit 6 Abbildungen.

I. Normale Anatomie.

a) Makroskopische Anatomie.

Die *Myologie* der Rodentien und damit auch der kleinen Laboratoriumstiere hat schon vor langer Zeit durch PARSONS eine eingehende Bearbeitung gefunden. Darauf, sowie auf die einschlägigen vergleichend-anatomischen und zoologischen Handbücher ist zu verweisen; hier kann nur auf einige Besonderheiten, im Vergleich zum Menschen oder auch zu anderen Tieren kurz hingewiesen werden. Sieht man dabei etwa von der minder interessierenden Muskulatur des Schwanzes ab, so werden in erster Linie die sog. „Hautmuskulatur" und die Kaumuskeln zu nennen sein.

Wie andere Säugetiere mit Ausnahme der Anthropomorphen verfügen die kleinen Laboratoriumstiere über einen in der Haut bzw. Unterhaut gut ausgebildeten speziellen Muskelapparat: eine über Rumpf, Kopf und proximalen Teil der Extremitäten beinahe geschlossene, mit der Haut verbundene Muskellage, die man zusammenfassend als *„Musculus subcutaneus"* oder auch als „Panniculus carnosus" bezeichnen kann. Bei der Vornahme von Sektionen der kleinen Versuchstiere werden beim Abziehen des Felles namentlich die von Brust- und Bauchhaut auf die vorderen und hinteren Extremitäten übergehenden starken Hautmuskelzüge auffallen. Gesichtsportionen des Hautmuskels bedingen das fortwährende „Spiel" der Nase, das ja gerade für das Kaninchen so charakteristisch ist [1].

Die Nagefunktion hat bei den kleinen Laboratoriumstieren die Ausbildung der *Kaumuskeln* maßgeblich beeinflußt — ebenso wie diejenige der entsprechenden Knochen (Ober- und Unterkiefer, vgl im Kapitel „Knochen"; daselbst auch über das Kiefergelenk).

Der Musculus masseter hat bei allen 4 Versuchstierarten nicht nur über den Musculus temporalis ein deutliches Übergewicht, sondern ist überhaupt einer der verhältnismäßig kräftigsten und wohlausgebildetsten Muskeln des Nagetierkörpers. Der sattrot gefärbte Muskel zerfällt — sehr deutlich wenigstens bei den Simplicedentata (von den hier interessierenden Tieren also bei Meerschweinchen, Ratte und Maus) — in zwei Portionen, einen oberflächlichen „Masseter lateralis" und einen tiefen „Masseter medialis" (vgl. M. WEBER u. a.). Der letztere benötigt das zum Canalis infraorbitalis umgewandelte Foramen infraorbitale noch mit als Ursprungsfeld (vgl. im Knochenkapitel); legt man etwa am Rattenschädel nach Abziehen der Kopfhaut den Masseter präparatorisch frei, so erhält man den eigenartigen Eindruck, daß ein Teil dieses Muskels unmittelbar aus den Augenhöhlen entspringt.

Die wiederum für die Rodentia simplicedentata so charakteristische Bewegungsmöglichkeit beider Unterkieferhälften gegeneinander (vgl. hierzu S. 375) wird durch einen diesen Tieren eigenen besonderen „Musculus transversus mandibulae" unterstützt (TULLBERG u. a.), der hinter der Symphyse des Unterkiefers im Winkel zwischen den beiden Unterkieferhälften quer von Unterrand zu Unterrand zieht und eine selbständige Portion des Musculus mylohyoideus darstellt.

Von der Kaumuskulatur abgesehen, sind bei den Nagetieren im allgemeinen auch die Lendenmuskeln (M. psoas und quadratus lumborum) sowie die Muskeln der Extremitäten (an Hand und Fuß freilich ausgenommen!) kräftig entwickelt. Dabei ist — besonders beim Kaninchen — das Übergewicht der Flexoren gegen

---

[1] Über die Facialismuskulatur bei verschiedenen Nagern (so auch beim Meerschweinchen) hat neuestens SCHREIBER Untersuchungen mitgeteilt. Bemerkenswert ist u. a. der Hinweis auf einen „Musculus sphincter colli profundus", der beim Meerschweinchen eine zwischen Sternum und Jochbogen ausgespannte, größtenteils vom Platysma bedeckte kräftige Muskelplatte darstellt und vermutlich als Feststeller des Kopfes gegen den Rumpf bei der Nagetätigkeit von Bedeutung ist.

die Extensoren auffallend, so daß die Extremitäten eigentlich nie in völlige Streckung übergehen.

Nach dem allgemeinen Eindruck, den man von dem Muskel-„Fleisch" der zu Laboratoriumszwecken gehaltenen Nagetierarten bei der makroskopischen Betrachtung erhält, erscheint die Muskulatur bekanntlich mehr oder weniger blaß, „weich" und „zart". — Von besonderem Interesse ist die seit langer Zeit gemachte Unterscheidung in „blasse" und „rote" Muskeln. Die Besprechung der hierher gehörigen Besonderheiten soll, um Wiederholungen zu vermeiden, zusammen mit den histologischen Eigentümlichkeiten weiter unten erfolgen.

b) Histologie.

Im allgemeinen weist die Organstruktur des Muskels und seiner Hilfsorgane (Sehnen, Fascien usw.) bei den kleinen Laboratoriumstieren keine grundsätzlichen Abweichungen von dem Bekannten auf.

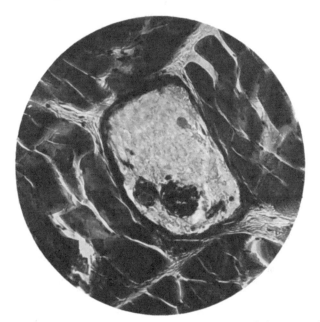

Abb. 151. Muskelspindel (etwas ödematös) aus der Extremitätenmuskulatur eines Kaninchens. Mikrophotogramm. Zeiß Obj. 16 mm, Homal.

Öfter fällt der Reichtum an nervösen Endplatten bzw. auch corpusculären Nervenendigungen (Endkolben u. dgl.) auf, die auch ohne Anwendung besonderer Darstellungsmethoden mitunter deutlich hervortreten. Besonders sei dabei noch auf die sog. „Muskelspindeln" hingewiesen, jene merkwürdigen ja zu den sensiblen Nervenendigungen am Muskel gehörenden Gebilde (vgl. Abb. 151).

Bei ihrer Lage im Perimysium internum, der scharfen Abgrenzung und deutlichen Umhüllung durch konzentrisch angeordnetes Bindegewebe sowie bei dem eigenartigen, meist embryonalen Charakter der im Innern der Spindel gelegenen Muskelfasern liegt die Gefahr einer Mißdeutung nahe, ja selbst die Möglichkeit einer Verwechslung mit parasitären Bildungen.

Was nun die Muskelfasern selbst betrifft, so darf man nach den Untersuchungen MORPURGOs, die sich allerdings nur auf die weiße Ratte beziehen, wohl eine inverse Beziehung zwischen der Anzahl der *Muskelfasern* und derjenigen der *Muskelfaserkerne* (eines bestimmten Muskels) in den verschiedenen Altersstufen annehmen.

Erstere nimmt mit dem Lebensalter fortlaufend mäßig zu, die letztere aber fortlaufend und sehr erheblich ab (von mehr als $1/2$ Million — in einem Kubikmillimeter — bei der neugeborenen Ratte bis auf etwa 37 000 bei der 420 Tage alten, bezogen auf den Musculus radialis). — Der Hinweis darauf ist vielleicht nicht ganz überflüssig, weil eine gewisse Vorstellung von der Menge der normalerweise vorhandenen Muskelfaserkerne für die Abgrenzung pathologischer Befunde (vgl. unten) von Nutzen ist.

Für das Studium der bekannten Doppelbrechungserscheinungen im polarisierten Licht werden die quergestreiften Muskelfasern des Oesophagus (von Kaninchen und Meerschweinchen) empfohlen (vgl. W. J. SCHMIDT, Angabe einer besonderen Konservierungstechnik nach ROLLET).

Von den mikroskopisch nachweisbaren *Stoffablagerungen* im Muskel interessieren hier Fettstoffe und Glykogen.

Fettstoffe sind bei allen vier Versuchstierarten unter normalen Verhältnissen in den Muskelfasern nur recht selten anzutreffen, und im positiven Falle auch nur als feinste Tröpfchen bzw. „Bestäubung". Indessen wird man den gelegentlichen Befund einzelner Fetttröpfchen in den Muskelfasern (notabene, ohne daß andere Veränderungen nachweisbar sind!) natürlich noch nicht als „pathologisch" buchen dürfen. Im übrigen ist daran zu erinnern, daß der morphologische Fettstoffnachweis ja gerade in der Muskulatur besonders unvollkommen gelingt (ARNDT u. a.).

Scharf davon zu trennen ist natürlich die Verfettung des interstitiellen Bindegewebes bzw. die Fettgewebsdurchwachsung der Muskulatur; wie sie besonders ja für den Mästungszustand charakteristisch ist. Im allgemeinen finden sich aber auch derartige Fettgewebsansammlungen im intermuskulären Bindegewebe bei unseren Versuchstieren nur selten und spärlich; oft werden interstitielle Fettzellen ganz vermißt.

Abb. 152. Querschnittsbilder weißer und roter Muskelfasern vom Kaninchen; links vom M. adductor magnus (weißer Muskel), rechts vom M. semitendinosus (roter Muskel). 100 : 1. Kopie aus RANVIER Traité technique. (Nach RAUBER-KOPSCH, Lehrbuch der Anatomie, Abt. I, 9. Aufl.)

Morphologisch nachweisbares *Glykogen* findet sich in den Muskelfasern bei den 4 kleinen Laboratoriumstieren recht ungleich und in mehr oder weniger erheblich schwankenden Mengen. Bei der großen Anzahl von Faktoren, die gerade auf das „labile" Muskelglykogen Einfluß gewinnen, wird das ohne weiteres verständlich sein. Die Verhältnisse im einzelnen einschließlich der mikroskopischen Erscheinungsform des Muskelglykogens werden im Kapitel „Kohlehydratstoffwechsel" bereits behandelt (Lit. bei ARNDT). Zusammenfassend ist der „morphologisch (!) nachweisbare Gesamtglykogengehalt" in der quergestreiften Muskulatur der Versuchstierarten als gering zu bezeichnen.

Hier sei noch angemerkt, daß der durchschnittliche *Milchsäuregehalt* der Muskulatur, dessen erhebliche Zunahme nach dem Tode auf Kosten der Glykogenvorräte ja allgemein bekannt ist, beim Kaninchen normalerweise mit 0.15% angegeben wird (BAUR).

„Rote" und „weiße" Muskeln. Die Beteiligung von *verschiedenfarbigen Muskelfasern*, „roten" und „weißen" in Mischung, am Aufbau ein und desselben Muskels ist bekanntlich bei zahlreichen Tieren wie auch beim Menschen zu finden; aber nur bei wenigen Spezies treten diese beiden Faserarten zu besonderen Muskeln zusammen. Als charakteristischer Vertreter dieses Typus ist gerade das Kaninchen bekannt, bei dem mit bloßem Auge sofort zwei Arten von Muskeln, „rote" und „weiße" (oder „blasse") zu unterscheiden sind; bei den anderen kleinen Laboratoriumstieren sind derartige Unterschiede viel weniger in die Augen springend.

Zu den *weißen Muskeln* gehören beim Kaninchen z. B. der M. adductor magnus, biceps femoris, gastrocnemius, zu den *roten,* die hier in der Minderzahl sind, u. a. der M. soleus, semitendinosus, masseter, zygomaticus. Sehr auffallend ist, namentlich auf Querschnitten, die völlige Umwachsung des roten M. semitendinosus durch das weißliche Muskelfleisch des Adductor magnus.

Die naheliegende Frage, ob und welche feineren *strukturellen Unterschiede* zwischen diesen blassen und roten Muskeln bestehen, kann als gelöst gelten (W. KRAUSE, SCHAFFER u. a.). Es herrscht Übereinstimmung darüber, daß die roten Muskeln etwas mehr elastische Fasern und Bindegewebe, deutlichere Längsstreifung, aber minder regelmäßige Querstreifung und reichlicheren Sarkoplasmagehalt aufweisen. Der wesentlichste histologische

Unterschied aber liegt im Verhalten der Kerne: Die roten Muskeln besitzen kürzere, dickere, zum Teil auch im Innern der Fasern verteilte und überhaupt mehr Kerne; die weißen dagegen längere, dünnere, unmittelbar dem Sarkolemm anliegende und weniger zahlreiche (vgl. Abb. 152). Ferner wird die rote Muskulatur stärker mit Blutgefäßen versorgt als die weiße; allerdings ist die gelegentlich zu findende Formulierung, die roten Muskeln seien hämoglobinreicher, nicht unwidersprochen geblieben (ELLENBERGER).

Mit derartigen histologischen Differenzen gehen solche im *elektrophysiologischen* Verhalten Hand in Hand, wie schon lange bekannt ist: die blassen Muskeln haben kürzere Latenz und kürzere Kontraktionsdauer, aber andererseits ermüden sie rascher.

Die roten Muskeln führen die gedehnten, andauernden Bewegungen aus (rote Farbe der anhaltend tätigen Kaumuskulatur!), die weißen dagegen haben offenbar die flinken Einzelbewegungen zu erzeugen.

Tiefgreifende Unterschiede in der *chemischen Zusammensetzung* der beiden Muskelarten dürften dagegen kaum vorliegen (nach DANILEWSKY sollen die roten Kaninchenmuskeln prozentual etwas mehr Myosin aufweisen als die weißen). — Angemerkt sei hier, daß in eigenen Untersuchungen der morphologisch (!) nachweisbare Gehalt an Fettstoffen und Kohlehydraten (Glykogen) in roten und weißen Muskeln ein und desselben Tieres verglichen wurde; nennenswerte Unterschiede haben sich dabei nicht ergeben (vgl. dazu auch das Kapitel „Kohlehydratstoffwechsel"). Allerdings wäre Untersuchungen von EMBDEN und LAWACZECK zufolge hier doch mit chemisch nachweisbaren Differenzen zu rechnen. Danach ist um so mehr Cholesterin in einem Kaninchenmuskel enthalten, zu je andauernder Arbeit er befähigt ist; im leicht ermüdbaren weißen Muskel ist die Cholesterinmenge vergleichsweise am geringsten (beispielsweise im weißen M. biceps femoris 0,04—0,06% gegen 0,07—0,10% im roten M. semitendinosus und im Zwerchfell).

Was die *Bedeutung* dieser Differenzierung der Kaninchenmuskulatur betrifft, so wird man der Auffassung KRAUSES heute sicherlich nicht mehr zustimmen können, der sowohl die weißen Muskeln (Blässe infolge Nichtgebrauchs!) als auch die besondere Struktur des (roten) M. semitendinosus letzten Endes als pathologische Produkte erklärt. Insbesondere gilt das von KRAUSE Bewertung der angegebenen histologischen Besonderheiten im roten Muskel im Sinne einer chronischen Myositis mit venöser Stauung. Höchstens ein gewisser Einfluß der Domestikation ist vielleicht diskutabel, insofern die blassen Muskeln in typischer Ausbildung ja gerade bei den gezähmten, eingesperrt gehaltenen Tieren vorkommen, während schon bei wilden Kaninchen derartige Farbunterschiede viel mehr verwischt sind.

So wird man sich im ganzen genommen zunächst mit der Feststellung einer funktionellen Differenzierung auf Grund der physiologischen Prüfung in dem oben angegebenen Sinne (blasse Muskeln: flinke Bewegung, rote: andauernde) begnügen müssen.

II. Pathologische Veränderungen.

a) Regressive Veränderungen (Störungen des Stoffwechsels).

1. Keiner eingehenderen Erörterung bedürfen die sog. „*einfachen Atrophien*" der quergestreiften Muskulatur, also der ohne wesentliche qualitative Abweichungen verlaufende Schwund von Muskelfasern. Derartige Veränderungen kommen bei den kleinen Laboratoriumstieren nicht allzu selten vor, wennschon sie gewöhnlich nicht besonders beachtet werden dürften, mag es sich nun um „örtliche, einfache Atrophien" einzelner Muskeln oder Muskelgruppen handeln, etwa als „*Druckatrophien*" infolge Kompression von entzündlichen Gewebsneubildungen, Gewächsen, Parasiten (wie Blasenwürmern, vgl. unten) oder als „*Inaktivitätsatrophie*"[1] nach Gelenkveränderungen (eigene Beobachtung) u. dgl. oder um mehr oder weniger die gesamte Skeletmuskulatur betreffende „allgemeine, einfache Atrophien". Die letztere kann bei schlecht gehaltenen und ernährten Tieren oder bei Allgemeinerkrankungen *(„kachektische Atrophie")* sowie auch bei alten Tieren *(„senile Atrophie")*, besonders wohl bei Kaninchen, angetroffen werden (eigene Beobachtungen); im einzelnen liegen keine Angaben vor.

Das hauptsächlich durch Vermehrung der Muskelkerne, Volumensveränderungen der Fasern und Zunahme des interstitiellen Bindegewebes im allgemeinen hinreichend charakterisierte histologische Bild der einfachen Atrophie der Muskulatur ist aus der menschlichen Pathologie bekannt. Über die genaueren Vorgänge, namentlich über das Verhalten der

---

[1] Über die Auffassung W. KRAUSES, die blassen Muskeln des Kaninchens seien auf „Nichtgebrauch" (also auf Inaktivitätsatrophie) zurückzuführen, vgl. oben.

feinsten darstellbaren Bestandteile der contractilen Substanz, unterrichten die Untersuchungen von SCHMIDTMANN an der Kaninchenmuskulatur, die sich auf — freilich experimentell (durch Nervendurchschneidung) hervorgerufene — neurotische bzw. Inaktivitätsatrophie beziehen. In eigenen Beobachtungen konnte in makroskopisch deutlich atrophischen Muskeln (Kaninchen) gelegentlich auch eine stärkere Entwicklung des interstitiellen Fettgewebes festgestellt werden bzw. eine Art lipomatöse Pseudohypertrophie. Pigmentierung (braunes Abbaupigment!) atrophischer Muskelfasern haben wir niemals gesehen. Über allgemeine „progressive" bzw. „myopathische" Muskeldystrophie (bzw. allgemeine lipomatöse Pseudohypertrophie) scheint bei den kleinen Laboratoriumstieren (beim Hunde sind einige Fälle beschrieben) nichts bekannt zu sein.

2. Die „Degenerationen" oder *degenerativen Atrophien"* der quergestreiften Muskulatur — vielleicht würde man zweckmäßig von *„Atrophie + Degeneration"* sprechen — sind den „einfachen Atrophien" gegenüber durch verschiedenartige, im morphologischen Bilde freilich nicht immer ganz leicht zu deutende „qualitative" Veränderungen in der Struktur und im Stoffgehalte der Muskelfasern und durch das gleichzeitige Auftreten von Regenerationserscheinungen gekennzeichnet. Sie sind bei den kleinen Laboratoriumstieren, da auch bei diesen die Muskeln gegen allerlei infektiöse und toxische Schädigungen recht empfindlich sind, sicherlich nicht so selten, wie es nach den vereinzelten hier vorliegenden Beobachtungen erscheinen könnte, bei denen es sich überdies zum Teil um durch experimentelle Anordnungen beeinflußte Veränderungen handelt. Für gewöhnlich wird eben nur selten die Muskulatur in den Kreis der Untersuchungen einbezogen.

„Wachsartige Degeneration" (im ZENKERschen Sinne) wurde bei tollwütigen Kaninchen (zugleich mit anderen Veränderungen der Muskelfasern) von ALEZAIS und BRICKA beobachtet. — Bei einem spontan ausgebrochenen „Meerschweinchenparatyphus" im Tierbestande unseres Institutes konnten keine hierher gehörigen Veränderungen der Muskulatur (speziell Bauchmuskeln und Adductoren) festgestellt werden.

Pathologische Fettstoffablagerungen in den Muskelfasern selbst (nicht zu verwechseln mit der interstitiellen Lipomatose!) — gewöhnlich ja als „fettige Degeneration" bezeichnet — müssen von einem möglicherweise bereits physiologischen Fettstoffvorkommen daselbst (vgl. oben) getrennt werden, das ja allerdings zumeist nur äußerst geringgradig ist. Die Beobachtungen BURZIOS über die Verfettung des Muskelgewebes bei Kaninchen gehören als im Grunde experimenteller Natur (Camphervergiftung) streng genommen schon nicht mehr hierher.

Eigenartige und verwickelte Bilder schwerer degenerativer Muskelveränderungen konnten im Verlaufe eigener systematischer Untersuchungen der Muskulatur der Laboratoriumstiere in einigen Fällen beobachtet werden (Kaninchen und Ratten, ältere Tiere und gleichzeitiges Vorliegen schwerer Allgemeinerkrankungen, insbesondere der Atmungsorgane, Pleuraempyem u. dgl.).

Von allgemeiner Atrophie und mäßigem interstitiellem Ödem abgesehen, fiel namentlich eine *fibrilläre Zerklüftung,* ja geradezu asbestartige Aufsplitterung, möchten wir sagen, der Muskelfasern neben hyalin-scholliger Entartung anderer Fasergruppen auf. Sehr bemerkenswert waren ferner Veränderungen der Muskelkernsubstanzen, die wenigstens zum Teil wohl als Ansätze zu Regeneration bzw. gewissermaßen als „Regeneration + Degeneration" gedeutet werden können, nämlich einmal eine allgemeine hochgradige Vermehrung der Muskelkerne und dann namentlich außerordentlich auffallende *Chromatinverschmelzungen* und Verklumpungen unter Bildung abenteuerlich geformter enormer Chromatinblöcke. (Unter Verzicht auf eine detaillierte Schilderung wird auf die Abb. 153 verwiesen.)

Namentlich muß hier ferner auf die von HOBMAIER beschriebene *„Myodegeneratio hyalinosa toxica calcificans"* hingewiesen werden, die er außer bei Lämmern und Ferkeln auch bei Kaninchen feststellen konnte und die wegen der Beziehungen zu der sog. „enzootischen Hämoglobinurie" des Pferdes von besonderem vergleichend-pathologischen Interesse ist.

Es handelt sich um eine hyalin-schollige Gerinnung der Muskelfasern mit folgender starker Kalkablagerung in den nekrotisch gewordenen Faserpartien, die Kaumuskeln, Zunge und schließlich auch die Stammesmuskulatur befällt. Sie wurde nur bei jugendlichen Kaninchen, namentlich Saugkaninchen beobachtet und wird von HOBMAIER als „Aufzuchtkrankheit" aufgefaßt.

Von solcher dystrophischen Verkalkung in geschädigten Muskelfasern wie etwa bei den HOBMAIERschen Beobachtungen abgesehen, wären hier bei den Laboratoriumstieren noch *Kalkablagerungen* in abgestorbenen Parasiten (namentlich Sarkosporidien) zu erwähnen, auf die bei den parasitären Veränderungen der Muskulatur noch zurückzukommen sein wird. — Über „Muskelverknöcherung" vgl. gleichfalls weiter unten.

Über die *Nekrose* der Muskulatur, als den schwersten Grad regressiver Veränderungen, liegen, die kleinen Laboratoriumstiere betreffend, außer den schon gegebenen Hinweisen keine besonderen Beobachtungen vor. Die örtlichen Absterbevorgänge des Muskelgewebes im Anschluß an traumatische Insulte oder etwa bei entzündlichen oder spezifisch entzündlichen Veränderungen u. dgl.

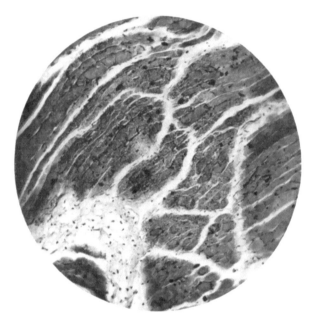

Abb. 153. Atrophie der Oberschenkelmuskeln mit schweren degenerativen Veränderungen bei einem Kaninchen. Hyalin-schollige Gerinnung und fibrilläre Zerklüftung der contractilen Substanz, Vermehrung der Muskelkerne, Verschmelzungen und Verklumpungen des Chromatins und Bildung großer Chromatinblöcke, Ödem im interstitiellen Gewebe. Mikrophotogramm. Zeiß Obj. 16 mm, K. Ok. 2.

bedürfen keiner besonderen Erörterung. Innerhalb der nekrotischen Partien fehlen natürlich regenerative Erscheinungen, im Gegensatz zu den verschiedenen „degenerativen" Muskelveränderungen.

b) Hypertrophie und Regeneration.

Während über spontane Muskelhypertrophie bei den kleinen Laboratoriumstieren keine näheren Angaben vorliegen, unterrichten über die feineren histologischen Vorgänge bei experimentell hervorgerufener *Arbeitshypertrophie* der willkürlichen Muskeln bei Ratten die Untersuchungen MORPURGOS, nach denen die Hypertrophie lediglich auf Verdickung, nicht auch auf Verlängerung der Fasern beruht.

Bezüglich der *Regenerationsvorgänge* der quergestreiften Muskulatur ist, was die kleinen Laboratoriumstiere betrifft, auf die Untersuchungen von SCHMINCKE bei Meerschweinchen und Ratten hinzuweisen, denen allerdings experimentelle Beobachtungen zugrunde liegen. Als typischer Regenerationsmodus ergab sich für diese Tiere die terminale Knospenbildung, meist mit dem Auswachsen des ganzen Muskelfaserendes in die Knospe. Die Regeneration erfolgt in der Kontinuität mit den alten Fasern.

c) Die Zusammenhangstrennungen der quergestreiften Muskulatur

erfordern bei den kleinen Laboratoriumstieren natürlich keine gesonderte Besprechung. Namentlich sind ja *direkte Muskelwunden* keine Seltenheit, vielfach (besonders bei Ratten) auf Verletzungen zurückgehend, die sich die Tiere selbst gegenseitig beibringen.

Von

d) Störungen des Kreislaufs

kommen an der Muskulatur der kleinen Laboratoriumstiere (über Anämie, insbesondere gegebenenfalls interessierende spontane ischämische Nekrosen scheint nichts vorzuliegen) praktisch genommen nur *Ödeme* und *Blutungen* in Frage. Ödematöse Durchtränkung der Muskulatur findet sich namentlich im Gefolge von Atrophie oder auch bei parasitären Veränderungen (vgl. die entsprechenden Abschnitte).

Blutungen in die Muskelsubstanz finden sich, sieht man von den ohne weiteres verständlichen *traumatischen Blutungen* ab, offenbar nicht so selten bei den kleinen Laboratoriumstieren auch im Gefolge von schweren Infektionen, also als multiple „*infektiös-toxische Blutungen*".

Beispielsweise konnten nach eigenen Beobachtungen beim (spontanen) Meerschweinchenparatyphus mehrfach Blutungen in der Muskulatur, und zwar besonders im M. psoas festgestellt werden. Ebenso fanden sich bei Kaninchen, die mit verschiedenartigen Infektionserregern vorbehandelt waren, ausgedehnte Blutungen wiederum vornehmlich in der *Psoasmuskulatur,* worauf, mag es sich dabei auch nicht mehr um Spontanveränderungen im eigentlichen Sinne handeln, doch wegen der bemerkenswerten Vorzugslokalisation (innere Hüftmuskeln) hingewiesen sei. — Diese Blutungen, mit denen sich mehr oder weniger deutliche ödematöse Durchtränkungen, mitunter auch schon beginnende entzündliche Reaktionen verbinden können, betreffen zunächst naturgemäß das interstitielle intermuskuläre Bindegewebe, greifen dann aber auch auf die Muskelfaserbündel selbst über, drängen die Muskelfasern auseinander und können selbst eine gewisse Zerstörung des Muskelgewebes bedingen. — Möglicherweise sind diese mehr oder weniger schweren Veränderungen der Psoasmuskulatur für die Beurteilung von plötzlich auftretenden lähmungsartigen Erscheinungen bei den kleinen Versuchstieren nicht belanglos (in eigenen Beobachtungen war mehrmals eine deutliche Parese der Hinterbeine festzustellen).

e) Entzündungen.

Entzündliche Veränderungen der Muskulatur sind bei den kleinen Laboratoriumstieren, so wenig darüber vorliegt, keine allzu große Seltenheit, d. h. wenigstens *akute eitrige Myositiden*.

Diese sind ihrer Entstehung nach vorwiegend direkt traumatisch oder fortgeleitet. Hierhin gehören vor allem die Bißverletzungen (vgl. auch unter „Zusammenhangstrennungen"), die sich die Tiere, wenn sie zusammen gehalten werden, gegenseitig beibringen, Ratten zumal, aber auch Kaninchen, deren Verträglichkeit manchmal überschätzt wird. Lieblingsstellen sind Extremitäten und Ohren, deren gegebenenfalls starke Verunstaltungen wohl in jedem größeren Tierbestand leicht zu beobachten sein werden. Sei es direkt, sei es durch Fortleitung von der Unterhaut, wird die Muskulatur mitbetroffen. Das mikroskopische Bild solcher abscedierender oder phlegmonöser Muskeleiterungen bietet naturgemäß nichts besonderes (über die feineren Vorgänge, z. B. die Beimischung der losgelösten Muskelzellen zu den Leukocyten u. dgl. unterrichten u. a. experimentelle Untersuchungen von SALTYKOW am Kaninchen).

Ob bei unseren Laboratoriumstieren Gasbrandinfektionen und damit die hierhergehörigen Muskelveränderungen spontan überhaupt vorkommen, ist noch nicht sichergestellt (ein von PETRI mitgeteilter Fall von Gasödem bei einem Kaninchen wird neuerdings von SEIFRIED bezweifelt).

Zu der *nicht-eitrigen akuten* interstitiellen *Myositis*, insbesondere zu der aus der menschlichen Pathologie bekannten sog. „Polymyositis acuta" („Dermatomyositis") sind offenbar bei den kleinen Laboratoriumstieren noch keine Gegenstücke bekannt geworden.

„*Muskelrheumatismus*" wird zwar von BRAUN und BECKER in ihrem Buche „Kaninchenkrankheiten" angeführt; doch sind das natürlich nur rein klinische Angaben (so wird Steifhaltung von Kopf und Hals als bemerkenswertes Symptom bezeichnet). Es wird sich erübrigen, darauf näher einzugehen, zumal es sich beim sog. „Muskelrheumatismus" ja doch überhaupt um einen klinischen Begriff handelt.

Auf die entzündlichen Veränderungen der Muskulatur im Gefolge parasitärer Erkrankungen, die ja gegebenenfalls auch zur (akuten) Myositis gestellt werden könnten (z. B. die „trichinöse Myositis"), wird, um Wiederholungen zu vermeiden, erst weiter unten eingegangen.

Über das spontane Vorkommen von *chronischer* bzw. „fibröser" *Myositis* bei den kleinen Laboratoriumstieren scheinen bislang keine besonderen Mitteilungen vorzuliegen (über chronische interstitielle Myositis bei Pseudotuberkulose s. u.), ebensowenig über die viel diskutierte sog. „*Myositis ossificans*", d. h. der metaplastischen intra- und intermuskulären Knochenbildung, die also wohl zweckmäßiger als „Myopathia osteoplastica" bezeichnet wird (GRUBER).

Experimentell ist allerdings in der Oberschenkelmuskulatur des Kaninchens durch traumatische Einwirkung Knorpel- und Knochengewebe erzeugt worden (GRUBER). Ob es sich schließlich bei der Beobachtung von KROESING (Umwandlung von Muskelgewebe in Spindelzellen und dieser wiederum in Knorpelgewebe im parostealen Callus nach einer Fraktur bei einem Kaninchen) um spontan oder experimentell entstandene Veränderungen handelt, ist nicht sicher zu beurteilen.

Die Anschauung von KRAUSE von einer „chronischen Myositis", die typischerweise im Musculus semitendinosus des Kaninchens anzutreffen sei, ist oben bereits als unzutreffend gekennzeichnet worden.

f) Infektiöse Granulome.

Zu den spezifischen Entzündungen bzw. spezifisch-entzündlichen Gewebsneubildungen in der Muskulatur, von denen bei den kleinen Laboratoriumstieren speziell Tuberkulose, Pseudotuberkulose und Aktinomykose zu berücksichtigen sind, leiten die Veränderungen der Muskulatur bei der „Nekrosebacillose" über.

Bei der *Nekrosebacillose* (vgl. auch die Kapitel „Bakteriologie" und „Knochensystem"), die sich ja typischerweise mit besonderer Vorliebe in der Mundhöhle, am Kiefer usw. lokalisiert, können auch die Muskeln des Gesichtes, der Augen und des Halses betroffen werden. Schon SCHMORL hat in seiner einschlägigen grundlegenden Arbeit auf derartige, vom Mundboden auf die Muskulatur des Gesichtes und Halses übergreifende Verkäsungen hingewiesen (vgl. auch GERLACH). So kann beispielsweise die ganze Unterlippe in eine derbe, speckige Masse verwandelt werden. (Über den histologischen Bau vgl. a. a. O.)

Pseudotuberkulöse Veränderungen scheinen bei Kaninchen und Meerschweinchen in der Muskulatur nicht eben selten; die Erreger gelangen hierhin auf dem Wege der Lymphbahnen; gegebenenfalls kommt wohl auch ein einfaches Übergreifen (etwa von der Pleura usw.) in Frage (vgl. dazu auch „Pseudotuberkulose" im „Knochen"-Kapitel). Eigene Beobachtungen beziehen sich auf Intercostalmuskeln sowohl wie auf die Muskulatur der Extremitäten.

Histologisch sind nach dem Material, das uns vorgelegen hat, zu urteilen, dabei zu trennen: einmal richtige pseudotuberkulöse, sich im interstitiellen Muskelgewebe entwickelnde Knötchenbildungen und zweitens die Ausbildung eines uncharakteristischeren Granulationsgewebes, das in diffuser Weise die inter- und intramuskulären Bindegewebsräume durchsetzt, also eine (chronische) spezifische interstitielle Myositis, an deren Aufbau sich kleine Rundzellen besonders beteiligen und der sich Ödem, Wucherung des interstitiellen Bindegewebes und schließlich Zerstörung und Zerfall der eigentlichen contractilen Substanz zugesellen. Wir befinden uns hier im großen und ganzen in Übereinstimmung mit

MESSERSCHMIDT und KELLER, die die Beteiligung der Skeletmuskulatur bei der Pseudo-tuberkulose in ähnlicher Weise schildern.

Demgegenüber treten bei den kleinen Laboratoriumstieren *Aktinomykose* und *Tuberkulose* der Muskeln ganz zurück.

Bezüglich der ersteren kann auf das beim Knochensystem Ausgeführte verwiesen werden. In den dort angegebenen vereinzelten Fällen von Kieferaktinomykose waren naturgemäß auch die umliegenden Weichteile und die Muskulatur in typischer Weise mitverändert (Granulationen mit Absceß- und Fistelbildung).

Spontane Muskeltuberkulose vollends scheint bei den kleinen Laboratoriumstieren überhaupt noch nicht beobachtet zu sein (experimentell wurden sie bei Kaninchen von SALTYKOW erzeugt, bei dem sich insbesondere Angaben über die Beteiligung der quer-gestreiften Muskelfasern an der Tuberkelbildung finden.)

g) Echte Geschwülste.

Primäre Gewächse der Muskulatur sind bei den kleinen Laboratoriumstieren bisher nicht bekannt geworden. Auch über sekundäre bzw. über fortgeleitete Tumoren, resp. Gewächsmetastasen liegen nur vereinzelte Beobachtungen vor.

Hierher gehören die *Sarkom*fälle mit destruierendem Einwachsen in die benachbarte Muskulatur bei einem Kaninchen (W. H. SCHULTZE, vom Periost des Unterkiefers aus-gegangen) und bei einem Meerschweinchen (LUBARSCH-KLEINKUHNEN; Spindelzellensarkom am Rücken) und ein von SUSTMANN als „Melanosarkom" beschriebenes, „multipel auf-tretendes" (Sitz des Primärtumors?) *Melanocytoblastom* bei einem Kaninchen, bei dem sich Herde auch in Hals-, Brust- und Lendenmuskeln fanden.

h) Parasiten.

Die parasitären Veränderungen nehmen auch bei den kleinen Laboratoriumstieren unter den Erkrankungen der Muskulatur nach Häufigkeit und Bedeutung eine bevorzugte Stellung ein und sind überdies den bisher besprochenen gegenüber, über die man ja selbst in der menschlichen Pathologie nur recht unvollkommen unterrichtet ist, im ganzen viel besser bekannt und untersucht (s. auch Kap. Parasiten).

Ihrer zoologischen Einteilung nach kommen für die kleinen Versuchstiere in Frage: von den Protozoen die Sarkosporidien, von den Würmern: Bandwurmfinnen (Coenurus serialis) und — von den Nematoden — die Trichinen.

1. Die Sarkosporidien

sind, wie schon der Name sagt, die typischen Parasiten der quergestreiften Mus-kulatur. Die zu den Sporozoen gehörenden Schmarotzer sind ja zuerst gerade in der Muskulatur von Hausmäusen von MIESCHER entdeckt worden, worauf noch die vielfach gebräuchliche Bezeichnung „MIESCHERsche Schläuche" hinweist.

Beim Menschen bekanntlich nur in ganz vereinzelten Fällen beobachtet, finden sich die Sarkosporidien bei einer ganzen Reihe von (Säuge-)Tierarten ja mehr oder weniger häufig (bei nicht mehr ganz jungen Schweinen — Sarko-cystis miescheriana — sogar fast regelmäßig!); von den Nagetieren kommen sie besonders oft bei Mäusen und Ratten vor, aber auch das Meerschweinchen ist zum mindesten für die experimentelle Infektion empfänglich. Die für die Muriden charakteristische Art ist *Sarkocystis muris Blanchard*. (Einzelheiten in systematischer Hinsicht bezüglich der Biologie der Parasiten usw. s. in den protozoologischen Werken, z. B. DOFLEIN-REICHENOW.)

Bei Maus und Ratte insbesondere kommt es mitunter zu einem geradezu epidemischen Auftreten unter dem Bilde einer schweren Erkrankung und mit zahlreichen Todesfällen. Es ist das bei der Neigung dieser Tiere, die toten Art-genossen zu verzehren, begreiflich. Nicht nur durch solche Beobachtung natür-licher Infektion, sondern auch auf experimentellem Wege ist ja im übrigen die leichte Übertragbarkeit durch Verfütterung und damit der *intestinale In-fektionsweg* nachgewiesen (allerdings stellt das wohl nicht den einzigen Infektions-modus dar; so finden sich Sarkosporidien ja auch bei Pflanzenfressern!).

Im einzelnen ist für die Sarkosporidien ihre Entwicklung als schlauchförmige Gebilde intracellulär („Sarkocysten"), d. h. ausschließlich in Muskelfasern charakteristisch. Schon bei der Betrachtung mit bloßem Auge können weiße oder weiß-gelbliche Streifchen im Muskelfleisch auffallen, bei stärkerem Befall kann bei der Maus die ganze Körpermuskulatur fein weißgestreift erscheinen. Die einzelnen Schläuche können in der Mäusemuskulatur eine außerordentliche Länge erreichen (bis mehrere Zentimeter!). — Was die Verteilung auf die einzelnen Muskelgebiete betrifft, so dürften bei Maus und Ratte die Rumpfmuskeln bevorzugt sein.

Das *mikroskopische Bild* der MIESCHERschen Schläuche ist äußerst charakteristisch (vgl. Abb. 154). Sie zeigen eine doppelte Hülle, die feine Scheidewände in das Innere sendet und als vom Wirtsgewebe gebildet aufzufassen ist. Innerhalb dieser Hülle finden sich in den Schläuchen dicht gelagerte Massen teils rundlicher, teils mehr bohnen- oder sichelförmiger Gebilde, die Sporozoiten und ihre Vorstufen. Die einzelnen Sporen messen — bei

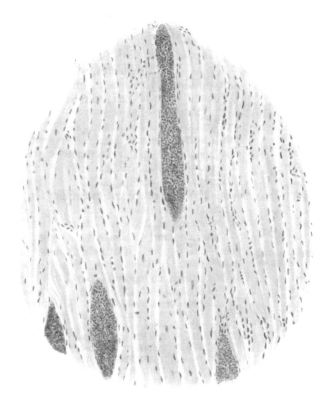

Abb. 154. Sarkosporidienschläuche in der Mäusemuskulatur. Längsschnitt. Zeiß Obj. 8 mm, Ok. 1.
Hämatoxylin-Eosin.

Sarkocystis muris — bis 15 μ in der Länge und 2,5—3 μ in der Breite. Bemerkenswert ist das reichliche Vorkommen von Glykogen in den Sporen, so daß bei der Anwendung der BESTschen Carminfärbung schon bei schwacher Vergrößerung der ganze Schlauch leuchtend rot hervortritt. — Natürlich erscheinen je nach der Schnittrichtung in den mikroskopischen Präparaten die Sarkosporidienschläuche mehr als rundliche (mitunter geradezu kreisrunde) oder mehr als länglich gestreckte Gebilde. Bei der intensiven Dunkelfärbung des Schlauchinhaltes mit Kernfarbstoffen springen in den Schnittpräparaten die Sarkosporidien sofort ins Auge.

Die Berücksichtigung der histologischen Details schützt vor Verwechslung mit Trichinen, die nicht selten vorkommt, um so mehr als die MIESCHERschen Schläuche ebenso wie die Trichinen verkalken können.

Auffallend *gering* ist in der Regel die *Reaktion* der befallenen Muskelfasern. Diese mögen noch eine gewisse Druckatrophie aufweisen. Aber sonst wird man so leicht keine

Veränderungen feststellen können. Die Querstreifung ist überall gut erhalten. Man ist geradezu überrascht, in der unmittelbaren Nachbarschaft des Parasiten sowohl degenerative Veränderungen in den ergriffenen Fasern selbst als auch jedwede entzündliche Reaktion in der Umgebung zu vermissen. Erst beim Absterben der Sarkocysten scheinen Leukocyten und andere Entzündungszellen mobilisiert zu werden.

Dementsprechend scheinen chronisch-entzündliche Muskelveränderungen im Gefolge von Sarkosporidienbefall, wie sie als „*Myositis sarcosporidica*" bisweilen bei Pferden und Rindern vorkommen und kasuistisch auch bei Schwein und Schaf mitgeteilt sind (näheres bei ZIEGLER), bei den kleinen Laboratoriumstieren überhaupt noch nicht bekannt geworden zu sein, womit unsere eigenen Beobachtungen in Übereinstimmung stehen. Immerhin, die Möglichkeit des Vorkommens kann damit natürlich noch nicht ausgeschlossen werden; und da gerade aus der Veterinärpathologie Fälle von „Myositis sarcosporidica" bekannt sind, in denen der Nachweis der Parasiten — nach deren Absterben — nur mit Mühe oder überhaupt kaum mehr gelang, wird in Fällen sonst unklarer chronischer interstitieller Myositis eine derartige spezifische zooparasitäre Ätiologie auch bei Ratte und Maus künftig im Auge zu behalten sein.

Abb. 155. Coenurus serialis vom Kaninchen an der linken vorderen Extremität. Vier Streifen von reihenförmig angeordneten Kopfanlagen sind in der Parasitenblase zu sehen. Nach ZIEGLER, Kapitel „Muskeln" in JOESTS Handbuch der speziellen Anatomie der Haustiere, Bd. 5. 1929.

2. Coenurus serialis.

Von den Blasenwürmern sind die eigentlichen „myophilen Cysticerken" im Sinne von JOEST, die „Finnen" $\varkappa\alpha\tau$ ' $\dot{\varepsilon}\xi o\chi\dot{\eta}v$, die ja ihren Lieblingssitz in der Skeletmuskulatur haben (Cysticercus cellulosae des Schweines, Cysticercus inermis des Rindes usw.) bei unseren kleinen Laboratoriumstieren unbekannt. Dagegen ist hier der *Coenurus serialis* als typischer Parasit des *intermuskulären*, dann auch des subserösen *Bindegewebes* bei einigen Nagern (Kaninchen, Hasen und Eichhörnchen) zu nennen. Der Parasit ist in Frankreich und Italien schon lange bekannt und dort offenbar ziemlich verbreitet; vielleicht wird aber auch in Deutschland, nachdem ZIEGLER ihn in neuerer Zeit bei 5 von 9 Kaninchen eines Bestandes nachgewiesen hat, mit einem nicht mehr allzu seltenen Vorkommen zu rechnen sein.

Der Coenurus serialis ist ein naher Verwandter des viel bekannteren Coenurus cerebralis („Drehwurm" des Schafes). Wie bei diesem schmarotzt der Wurm (Taenia serialis) im Darm des Hundes. Das Kaninchen bzw. auch Hase und Eichhörnchen spielen die Rolle des Zwischenwirtes. Die mit der Nahrung oder dem Trinkwasser aufgenommenen Wurmembryonen (Onkosphären) gelangen vom Intestinaltraktus aus in das Pfortadergebiet und werden so den Lieblingsstellen ihrer Entwicklung zugeführt, dem intermuskulären und dem subserösen Bindegewebe. Dort wachsen die Onkosphären in wenigen Wochen zu den Blasenwürmern aus.

In der Muskulatur selbst können diese Blasenwürmer nun beim Kaninchen an den verschiedensten Körperstellen sitzen, an den Extremitäten, am Hals und am Bauch. Die Cysten ragen mehr oder weniger über die Oberfläche der Muskulatur hervor; und man kann den Eindruck gewinnen, als hätten sie sich in der Subcutis gebildet; indessen entwickeln sie sich allemal zwischen den Muskeln und drängen die Muskelfasern lediglich durch ihr expansives Wachstum auseinander (vgl. Abb. 155). Auf die dadurch bedingte Druckatrophie beschränken sich aber auch die örtlichen Schädigungen an der Muskulatur selbst.

Mitunter können die Parasitenblasen außerordentliche Dimensionen annehmen. So hat HENRY über ein kindskopfgroßes (!) Exemplar bei einem Kaninchen berichtet, das von der Muskulatur der Lendenwirbelsäulengegend seinen Ausgang genommen und so eine Schwangerschaft vorgetäuscht hatte.

Rücksichtlich des *feineren Baues* sind ähnlich wie bei den anderen Blasenwürmern auch beim Coenurus serialis eine äußere bindegewebige Wirtskapsel und die innen davon gelegene eigentliche Parasitenblase zu unterscheiden. Die letztere ist durchsichtig und zeigt häufig eine reihenförmige Anordnung der Kopfanlagen (Abb. 155). Im übrigen ist, weitere histologische Einzelheiten betreffend, auf ZIEGLER zu verweisen.

Der allgemeine Gesundheitszustand ist bei dieser Coenurosis in der Regel nicht gestört; auch wird eine Bluteosinophilie vermißt.

Einen ganz vereinzelten Befund stellt jedenfalls das von KRAUSE registrierte Vorkommen eines *Coenurus cerebralis* in den Brustmuskeln eines Kaninchens dar, also der Finne von Taenia coenurus, die ja beim Kaninchen überhaupt nur ganz ausnahmsweise angetroffen wird und im übrigen bekanntlich ihren gewöhnlichen Sitz im Zentralnervensystem, besonders im Gehirn hat. — Die Möglichkeit einer Verwechslung mit Coenurus serialis scheint uns in dem angegebenen Falle nicht ausgeschlossen.

3. Trichinen.

Der häufigste und wichtigste *Trichinendauerträger* unter allen Tieren ist die *Ratte*. Schon das weist auf die Bedeutung der kleinen Nagetiere für die Trichinose hin, die ja auch mit der Geschichte dieser Erkrankung eng verknüpft sind; sollen doch erst mit dem Vordringen der Wanderratte aus Asien nach Europa die Trichinen zu uns eingeschleppt sein, eine Anschauung, die allerdings nicht unwidersprochen geblieben ist. Geradezu historische Bedeutung erlangt hat ferner die geglückte Verfütterung von menschlicher, trichinöser Muskulatur auf ein Kaninchen, zu der R. VIRCHOW Material von jenem berühmt gewordenen, von ZENKER 1860 zu Dresden sezierten Fall eines 19jährigen Mädchens verwandte.

Unter den wild lebenden Ratten ist die *Verbreitung* der Trichinen bekanntlich eine sehr erhebliche, ganz enorm aber geradezu unter den auf Abdeckereien und Schlachthöfen gefangenen (bis zu 70% und mehr; aber auch von wahllosen Örtlichkeiten untersuchte Ratten wurden stellenweise bis etwa 10% trichinös befunden, vgl. v. OSTERTAG).

Natürlich ist demgegenüber die Möglichkeit, sich mit trichinösem Fleisch zu infizieren, für die in Gefangenschaft gehaltenen Laboratoriumstiere eine recht geringe. Immerhin wird mit der Möglichkeit spontanen Vorkommens von Trichinen auch bei den Laboratoriumsratten und -mäusen zum mindesten durchaus zu rechnen sein, wennschon darüber keine Angaben vorzuliegen scheinen (ebenso wie in eigenen systematischen Untersuchungen der Muskulatur der Laboratoriumstiere niemals Trichinen gefunden werden konnten).

Durch *Verfütterung* von trichinösem Fleisch — auf experimentellem Wege — sind alle kleinen Laboratoriumstiere leicht trichinös zu infizieren, insbesondere auch Kaninchen. (Es ist vielleicht der Hinweis am Platze, daß es sich etwa für Kurszwecke empfiehlt, von dieser Tatsache praktischen Gebrauch zu machen: so werden im Marburger pathologischen Institut immer einige trichinöse Kaninchen gehalten, so daß im Bedarfsfalle stets frische trichinenhaltige Muskulatur durch Excision entnommen werden kann.)

Auf die makroskopisch und mikroskopisch anatomischen Einzelheiten bei der Trichinose ist hier, als aus der menschlichen und veterinären Pathologie hinreichend bekannt, nur kurz einzugehen. (Natürlich interessieren hier dabei nur die durch das Jugendstadium, die Muskeltrichine, hervorgerufenen Veränderungen; über die Darmtrichine wie über die Morphologie und Biologie des Parasiten selbst vgl. S. 706.)

Die verschiedenen *Muskelgruppen* werden offenbar nicht in gleichmäßiger Weise von der Trichineninvasion betroffen. Als *Lieblingssitze* werden ja im allgemeinen das Zwerchfell, dann auch Zungen- und Kehlkopfmuskeln genannt, also, wenn man so sagen darf, eine Anzahl „Atmungsmuskeln". Gerade bei den Nagetieren (Ratte, Kaninchen usw.) gehört wohl auch der lange Rückenmuskel dazu, wie v. OSTERTAG, BONGERT folgend, angibt. Grundsätzlich aber bleibt der Herzmuskel — im Gegensatz zur Sarkosporidiose — verschont.

Nach der Aufnahme trichinösen Fleisches treten die ersten Trichinen in der Muskulatur bekanntlich etwa nach 7—8 Tagen auf („*Einwanderungsstadium*") und wandern dann im Sarkolemmschlauch noch mehr oder weniger lebhaft, nach etwa 14 Tagen sind sie vollends ausgewachsen und beginnen sich nun innerhalb der Muskelfasern einzurollen, womit das „*Ruhestadium*" eingeleitet wird. An die Aufrollung schließt sich die Kapselbildung an, vielleicht dadurch, daß die befallene Muskelfaser nach abgeschlossenem Wachstum der Trichine zerfällt und diese nun zwischen die Muskelfasern zu liegen kommt. Jedenfalls erfolgt die Einkapselung im intramuskulären Gewebe, und das Perimysium internum beteiligt sich am Aufbau der Kapsel. Häufig kommt es auch bald zur Entwicklung der charakteristischen Fettzellen an den Polenden der Kapsel, während eine Verkalkung der Trichinenkapsel — wiederum an den Polenden beginnend — erst etwa 6 Monate nach der Infektion einsetzt. Erst dadurch werden ja in der Regel die Trichinen für das unbewaffnete Auge sichtbar. Das interstitielle Muskelgewebe ist im allgemeinen nur ziemlich gering beteiligt; die Veränderungen bestehen, namentlich im Anfang des Ruhestadiums, im Auftreten von leukocytären Elementen (besonders vielen eosinophilen) in der Umgebung des Parasiten. Doch kann auch unabhängig von den einzelnen Orten der Trichinenansiedlung der befallene Muskel, wenn man von der Vermehrung der Muskelkerne absieht, mit einer mäßigen interstitiellen Myositis reagieren. — Bemerkenswert ist die starke Abnahme oder der völlige Schwund des Glykogens aus den Muskelfasern, während die Trichine strotzend damit angefüllt ist (Abb. 156 nach einer eigenen Beobachtung).

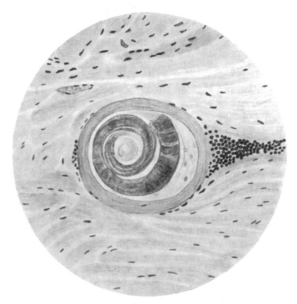

Abb. 156. Aufgerollte und bereits eingekapselte Trichine in der Muskulatur einer Ratte. Geringe Rundzellenansammlungen in der Umgebung. Der Parasitenleib strotzend mit Glykogen beladen. dagegen in der Muskulatur überhaupt kein Glykogen. Leitz Obj. 6, Ok. I. Glykogenfärbung mit BESTs Carmin.

Die (durch Verfütterung erzeugte) *Muskeltrichinose des Kaninchens* weist in den feineren strukturellen Verhältnissen dem allgemeinen Bilde, insbesondere dem vom Menschen bekannten gegenüber nach den vergleichenden Untersuchungen EHRHARDTs einige Besonderheiten auf, die indessen nicht allzu sehr ins Gewicht fallen. So ist beim Menschen die interstitielle Muskelentzündung im allgemeinen erheblicher, beim Kaninchen eine stärkere und diffusere Verfettung der Muskelfasern zu vermerken.

Auffällig sind im Gegensatz zum Menschen beim Tier ganz allgemein und so auch bei den kleinen Laboratoriumstieren die sehr geringen Folgen der Trichinellosis für den Gesamtorganismus. Nicht einmal das Einwanderungsstadium scheint erheblichere Veränderungen hervorzurufen.

4. Die „Muskelnematoden"

mögen hier schließlich nicht unerwähnt bleiben, da sie als „falsche Trichinen" gelegentlich zu Verwechslungen Anlaß geben können (v. OSTERTAG); besonders kommen sie wohl bei der Maus vor.

Es handelt sich dabei um einen nicht gerade einheitlichen Begriff. Nach von dem Privatdozenten für Parasitologie an der Universität Leipzig, Herrn Dr. SPREHN, freundlichst erteilter Auskunft würden unter „Muskelnematoden" alle Nematodenformen zu verstehen sein, die überhaupt gelegentlich einmal in der Muskulatur (der Maus) vorkommen können, ohne daß damit ein bestimmter Wurm getroffen werden soll. In der Regel wird es sich also um wandernde Larven handeln, die zufällig in den Darmkanal der Maus gelangt, nun eine Körperwanderung durchmachen, wie etwa Askaridenlarven, Larven von Strongyloides, auch Hakenwurmlarven und andere. Es ist bemerkenswert, daß eine ganze Reihe von Nematoden, die sich im „richtigen" Wirt ohne Körperwanderung entwickeln, im „falschen" Wirt, in diesem Falle also bei der Maus, eine Körperwanderung ausführen (z. B. Uncinaria stenocephala, der bekannte Hakenwurm des Hundes und Silberfuchses).

Anhang.
Über Erkrankungen der Sehnenscheiden

ist bei den kleinen Laboratoriumstieren bislang fast nichts Näheres bekannt geworden. Nur bei Zschiesche findet sich ein Hinweis auf eitrige Entzündungen der Sehnenscheiden an den Hinterläufen bei Kaninchen (und Hasen) als Erscheinungsform der „Staphylo-mykose" („Traubenkokkenkrankheit") dieser Tiere (vgl. auch S. 390, sowie Buergi und Olt-Stroese). Hierbei würde es sich also vor allem um *metastatisch* bedingte *eitrige Tendo-vaginitiden* handeln.

Aber es ist wohl auch daran zu denken, daß hier gerade bei den Laboratoriumstieren, insbesondere den Kaninchen die Art und Weise der Stallhaltung von ungünstigem, krankheitsdisponierendem Einfluß sein könnte. Kann man doch häufig bei Kaninchen, die unter schlechten äußeren Bedingungen gehalten werden — nasse Stallungen, schlechtes Einstreumaterial, dazu der Mangel an Auslauf —, die bekannten *„wunden Läufe"* beobachten, in deren Gefolge es zu richtigen Decubitalgeschwüren kommen kann. So kann von der Haut aus eine Infektion leicht fortschreiten, und eitrige Tendovaginitiden werden so, einfach *fortgeleitet,* sehr wohl entstehen, ja ihrerseits gegebenenfalls sogar zu schwerer Allgemeininfektion, womöglich mit tödlichem Ausgang, führen können.

Literatur.

Alezais et Bricka: Les altérations des muscles chez les lapins rabiques. C. r. Soc. Biol. Paris **1904**, 385. — Arndt, H. J.: Vergleichend-morphologische und experimentelle Untersuchungen über den Kohlehydrat- und Fettstoffwechsel der Gewebe. Beitr. path. Anat. **79**, 69 (1928).

Baur, H.: Zur Kenntnis des Insulins und seiner Wirkungen. V. Beitr. path. Anat. **83**, 1 (1929). — Braun u. Becker: Kaninchenkrankheiten und deren rationelle Behandlung, 5. Aufl. Leipzig 1919. — Buergi, M.: Die Staphylokokkeninfektion bei den Hasen. Zbl. Bakter. I Orig. **39**, 559 (1905). — Burzio, F.: Experimenteller Beitrag zum Studium der Pathologie des Muskelgewebes. Ref. Zbl. Path. **9**, 377 (1898).

Danilewsky, A.: Über die Abhängigkeit der Kontraktionsart der Muskeln von den Mengenverhältnissen einiger ihrer Bestandteile. Z. f. physiol. Chem. **7**, 124 (1882). — Doflein u. Reichenow: Lehrbuch der Protozoenkunde, 5. Aufl. Jena 1927. — Donaldson, H. H.: The Rat., 2. Ed. Philadelphia 1924.

Ehrhardt, O.: Zur Kenntnis der Muskelveränderungen bei der Trichinose des Kaninchens. Beitr. path. Anat. **20**, 1 (1896). — Ellenberger, W.: Vergleichende Histologie der Haussäugetiere. Berlin 1887. — Embden, G. und H. Lawaczeck: Über den Cholesteringehalt verschiedener Kaninchenmuskeln. Z. physiol. Chem. **125**, 199 (1923).

Gerhardt, U.: Das Kaninchen. Leipzig 1909. — Gerlach, F.: Die praktisch wichtigen Spontaninfektionen der Versuchstiere. Handbuch der pathogenen Mikroorganismen, Bd. 9, S. 497 1928. — Gruber, G. B.: Histologie und Pathogenese der circumscripten Muskelverknöcherung. Jena 1913.

Henry, M.: Énorme coenure chez une lapine. Bull. Soc. Méd. vét. **1909**, 297. — Hobmaier: Die sog. Hämoglobinuria enzootica des Pferdes und ihr verwandte Krankheiten unserer Haustiere. Arch. Tierheilk. **54**, 213 (1926).

Ihle, v. Kampen, Niestrasz u. Versluys: Vergleichende Anatomie der Wirbeltiere. Berlin 1927.

Kitt, Th.: Pathologische Anatomie der Haustiere, 5. Aufl. Stuttgart 1921. — Kleinkuhnen, J.: Über spontane und Impfsarkome beim Meerschweinchen. Vet.-Med. Diss. Hannover 1916. — Krause, W.: Die Anatomie des Kaninchens, 2. Aufl. Leipzig 1884. — Kroesing, R.: Über die Rückbildung und Entwicklung der quergestreiften Muskelfasern. Virchows Arch. **128**, 445 (1892).

Lubarsch, O.: Über spontane Impfsarkome bei Meerschweinchen. Z. Krebsforschg **16**, 315 (1919).

Messerschmidt u. Keller: Befunde bei der Pseudotuberkulose der Nagetiere usw. Z. Hyg. **77**, 289 (1914). — v. Meyenburg, H.: Die quergestreifte Muskulatur. In Henke-Lubarschs Handbuch der speziellen pathologischen Anatomie und Histologie, Bd. 9, Teil 1, S. 507. 1929. — Morpurgo, B.: (a) Über Aktivitätshypertrophie der willkürlichen Muskeln.

Virchows Arch. **150**, 522 (1897). (b) Über die postembryonale Entwicklung der quergestreiften Muskeln von weißen Ratten. Anat. Anz. **15**, 200 (1898).

OLT u. STROESE: Wildkrankheiten und ihre Bekämpfung. Neudamm 1914. — v. OSTERTAG, R.: Handbuch der Fleischbeschau, 7. u. 8. Aufl. Stuttgart 1922—1923.

PARSONS, F. G.: (a) On the myology of the sciuromorphine and hystricomorphine rodents. Proc. zool. Soc. Lond. **1894**, 251. (b) Myology of rodents. Part. II. Proc. zool. Soc. Lond. **1896**, 159. — PETRI: Zit. nach SEIFRIED.

RAEBIGER, H.: Das Meerschweinchen, seine Zucht, Haltung und Krankheiten. Hannover 1923. — RAEBIGER, H. u. LERCHE: Ätiologie und pathologische Anatomie der hauptsächlichsten spontanen Erkrankungen des Meerschweinchens. Erg. Path. **21** II, 686 (1926).

SALTYKOW, S.: (a) Über Muskeleiterung. Verh. dtsch. path. Ges. 4. Tgg. **1902**, 182. (b) Über Tuberkulose quergestreifter Muskeln. Zbl. Path. **13**, 715 (1902). — SCHMIDT, W. J.: Die Bausteine des Tierkörpers in polarisiertem Lichte. Bonn 1924. — SCHMIDTMANN, M.: Über feinere Strukturveränderungen des Muskels bei Inaktivitätsatrophie. Zbl. Path. **27**, 337 (1916). — SCHMINCKE, A.: Die Regeneration der quergestreiften Muskelfasern bei den Säugetieren. Beitr. path. Anat. **45**, 424 (1909). — SCHMORL, G.: Über ein pathogenes Fadenbakterium. Dtsch. Z. Tiermed. **17**, 375 (1891). — SCHREIBER, H.: Über die Facialismuskulatur einiger Nager. Morphol. Jb. **62**, 243 (1929). — SEIFRIED, O.: Die wichtigsten Krankheiten des Kaninchens. Erg. Path. **22** I, 432 (1927). — SUSTMANN: Multiple Melanombildungen beim Kaninchen. Dtsch. tierärztl. Wschr. **1922**, 402.

TULLBERG, T.: System der Nagetiere. Uppsala 1899. — WEBER, M.: Die Säugetiere, Bd. 1 u. 2. Jena 1927/1928.

ZIEGLER, M.: (a) Coenurus serialis beim Kaninchen. Z. Inf.krkh. Haustiere, **24**, 137 (1923). (b) Muskeln. In E. JOESTS Handbuch der speziellen pathologischen Anatomie der Haustiere, Bd. 5, S. 383. Berlin 1929. — ZSCHIESCHE, A.: Krankheiten des Wildes. Berl. tierärztl. Wschr. **1915**, Nr 52, 618. — ZUERN: Die Krankheiten der Kaninchen. Leipzig 1894.

Haut.

Von ERICH HIERONYMI, Königsberg (Pr.).

Mit 5 Abbildungen.

I. Morphologie und Histologie der Haut.

a) Die Haut des Kaninchens.

Die Haut des Kaninchens ist durch ein lockeres Unterhautgewebe mit dem Körper verbunden und nur am Kopf, an den Extremitäten und am Schwanz straffer über die Unterlage gespannt. In der Halsgegend ist die Haut in sehr weite Falten gelegt, doch lassen sich feststehende Regeln über die Hautfaltenbildung nicht geben, da zwischen den einzelnen Kaninchenrassen darin erhebliche Unterschiede bestehen.

Das *Bindegewebe der Haut* ist gut entwickelt, das Unterhautfettgewebe dagegen spärlich. Nicht an allen Körperstellen sieht man eine deutliche Ausbildung des Papillarkörpers, der Pars papillaris des Corium. Doch ist am Kopf, am Rücken und an den Seitenflächen des Rumpfes eine kräftige Cutisleistenbildung erkennbar. Die Form der Cutisleisten ist unregelmäßig; spitze, kegelförmige Papillen wechseln mit breiteren, beetartigen Cutisleisten ab, auf denen kleine spangenförmige Sekundärfortsätze und wellenförmige Ausbiegungen im Oberflächenrelief des mesenchymalen Teiles der Haut erkennbar sind. Ein dichtes Geflecht kollagener Fasern ist im Papillarkörper, der nicht immer gegen eine tiefere Pars reticularis abgrenzbar ist, enthalten. Die Gitterfasern des Bindegewebes sind nicht sehr reichlich entwickelt; sie stehen büschel- und borstenartig an der Epithelbindegewebsgrenze und sind als feinste Fäserchen um Haarbälge und Talgdrüsen erkennbar. Zarte elastische Fasern sind zwischen die kollagenen Fasern eingestreut und umspinnen die acinösen Hautdrüsen.

In der *Subcutis* ist Fettgewebe nur spärlich enthalten. An der Grenze von Coriumbindegewebe und Subcutis liegt eine zarte Muskelplatte, die aus mehreren Bündeln zusammenhängender quergestreifter Muskelfasern besteht. Bündelchen quergestreifter Muskulatur schließen die Subcutis ab.

Die *Epidermis* der Kaninchenhaut besteht aus einer mehrschichtigen Epithelzellage. Die Basalzellenschicht ist gut entwickelt; ihre Zellform ist prismatisch Die Stachelzellenschicht ist mehrschichtig. Ihre Dicke wechselt stark. An manchen Stellen der Haut besteht das Retelager aus nur wenigen Zellagen. Stets ruht auf den Stachelzellen eine Keratohyalinschicht in Form eines Stratum granulosum. Das Stratum lucidum fehlt in der Epidermis, dafür ist das Stratum corneum ziemlich dick und in vielen feinen Lamellen geschichtet. An den Hautstellen, die reicher mit Haarfollikeln ausgestattet sind, ist auch die Epidermis dicker und kann 10—12 Zellagen stark werden.

In der Epidermis ist Pigment enthalten, das in den Basalzellen liegt. Auch im Mesenchym des Corium findet man in der Pars papillaris Pigmentzellen, die Chromatophoren. Nur den albinotischen Individuen fehlt jedes Pigment.

Die *Hautdrüsen* sind in der Kaninchenhaut so verteilt, daß die Schweißdrüsen rudimentär und nur an den Lippen, in der Gegend der Glandula inguinalis und an den Ballen zu finden sind. Dagegen stellen die Talgdrüsen regelmäßige, schmale Ausstülpungen des Haarfollikels dar. Am stärksten sind die Talgdrüsen am äußeren Ohr und am lateralen Ende der Glandula inguinalis ausgebildet.

Zu den Drüsen vom zusammengesetzten tubulären Typus rechnet man beim Kaninchen, auch beim Meerschweinchen und der Ratte verhältnismäßig große, isoliert liegende Drüsen, die ihr Sekret auf die Hautoberfläche ergießen, nämlich die HARDERschen Drüsen, die *Analdrüsen* und *Inguinaldrüsen,* auch *Präputialdrüsen* genannt, und zwar den braunen Abschnitt derselben. Auch die *Glandula mandibularis superficialis,* die unter der Haut entlang der Pars incisiva mandibulae liegt, wird zu dieser Drüsengruppe gerechnet.

Die HARDERsche Drüse liegt in der Augenhöhle, zwischen deren medialer Wandung und dem Augapfel. Ihr Ausführungsgang mündet in den Conjunctivalsack. Die HARDERsche Drüse ist keine Tränendrüse, sondern eine modifizierte Integumentaldrüse. Das Drüsenepithel ist anfänglich niedrig und kubisch, verwandelt sich aber in prismatische, lang ausgezogene, einschichtig angeordnete Zellen. Man rechnet die Drüse zum apokrinen Drüsentyp, da bei der Sekretionsarbeit ein kuppelförmiges Stück des Protoplasma mit verloren geht. Das Gewicht der Drüse beträgt 0,12—1,30 g, ihre physiologische Bedeutung ist ungeklärt. Man kann makroskopisch an dem HARDERschen Drüsenkörper zwei verschiedene Zonen erkennen: der kleine obere Teil der Drüse hat eine weiße Farbe, der größere untere Teil sieht graurot oder rosa gefärbt aus. Die Epithelauskleidung der Drüsenröhrchen des weißen Abschnittes ist einschichtig. Das Epithel ruht auf einer Membrana propria. Zwischen Epithel und der Membrana propria sind Korbzellen von flacher Sternform ausgespannt. Die Drüsenzellen selbst sind ihrem Füllungszustande nach entweder flach oder prismatisch. Die Sekrettropfen in diesen Epithelien besitzen anisotrope Eigenschaften, d. h. sie zeigen im Polarisationsmikroskop Kreuzfiguren. Isotrope Tropfen findet man nicht. Die Anisotropie der Sekretgranula beweist, daß sie aus Cholesterinestern bzw. aus Gemischen mit Fettsäuren bestehen, wie auch aus der Färbung mit Sudan III, Nilblausulfat und nach SMITH hervorgeht (WALTER).

Im rosafarbenen Teil der HARDERschen Drüse sind die Sekrettropfen bedeutend größer. Sie entstehen aus einer apokrinen Sekretion. Alle Sekretgranula erweisen sich als isotrop, also liegen hier keine Cholesterinester vor, sondern Neutralfette.

Die *Präputialdrüsen*, auch Glandulae inguinales genannt, liegen in der Leistengegend und sind sekundäre Geschlechtsdrüsen. Man unterscheidet auch an ihnen beim Kaninchen zwei verschieden gefärbte Abschnitte, einen braunen und einen weißen. Der braune Teil enthält keine Lipoideinschlüsse, die Granula haben isotrope Eigenschaften. Die Drüsenzellen sind prismatisch gebaut. Die Drüse gehört in diesem Abschnitt zum Typus der tubulösen Drüsen. Der weiße Abschnitt ist nach dem Typus der alveolären Drüsen gebaut.

Die *Analdrüsen* des Kaninchens sind Schlauchdrüsen. Sie sind sehr fettreich und liegen als zwei lappige Bildungen dem Rectum entlang, an dessen Dorsalseite den Schwanzwirbeln sich anlehnend. Der Ausführungsgang öffnet sich an der Grenze der Rectalschleimhaut und der Analhaut. Morphologisch verhält sich die Analdrüse wie der weiße Teil der HARDERschen Drüse; ihre Sekretgranula sind isotrop.

Die alveolär gebauten *Talgdrüsen* sind als Anhänge der Haarfollikel beim Kaninchen ebenso verteilt wie bei allen anderen Säugern, d. h. jedes Haar ist mit einem Talgdrüsenkomplex ausgestattet, der an manchen Körperstellen sehr klein ist, so daß er nur aus wenigen Drüsenzellen besteht. Reichlich entwickelt sind die Talgdrüsen, wie schon angedeutet, am Ohr, an den Lippenrändern und in der Analgegend. Das Sekret ist den Cholesterinestern zuzuzählen; es kommen aber auch Gemische von Cholesterin und Fettsäuren vor.

Der weiße Teil der *Präputialdrüse* beim Kaninchen gehört ebenfalls in die Gruppe der Hautdrüsen vom Talgdrüsentyp. Er schimmert durch die dünne Haut der Inguinalfalte in Form eines runden, weißen, erbsengroßen Körpers durch. Der braune Teil der Präputialdrüse sezerniert keine Lipoide, sondern eine stark riechende Substanz. Beide Drüsenteile zusammen sondern jene weißen, brüchigen, festen Massen ab, die den scharfen typischen Kaninchengeruch besitzen. Die Sekretgranula der Drüsenzellen des weißen Abschnittes stellen kleine anisotrope Tropfen dar, aber auch große und kleine Tropfen aus isotroper Fettsubstanz mit anisotroper Membran, rein isotrope Tropfen und bilden schließlich sog. Ringkörner, die aus einem hellen Kern mit isotroper Hülle bestehen; also werden in diesem Drüsenteil beim Kaninchen neben neutralen Fetten auch beträchtliche Mengen von Cholesterinderivaten sezerniert.

Die *Nervenendigungen* in der Haut sind beim Kaninchen in derselben Form und Anordnung gebaut und vorhanden, wie bei allen anderen Säugetieren und beim Menschen. Die MERKELschen Tastzellen liegen an der unteren Epidermisgrenze als helle Zellen, von denen intraepitheliale Nervenfasern ausstrahlen; sie sind reichlich in der Umgebung der Mundöffnung angeordnet. Am Haar verzweigen sich oberhalb der Talgdrüsenzone Nervenendbäumchen. Gerade Terminalfasern liegen am Hals des Haarfollikels. PINKUS fand Haarscheiben, die von RÖMER in der Haut von *Echidna* beschrieben wurden und die dieser Tuberkel nannte. Die Haarscheiben bilden runde Platten, die erst dann erkannt werden können, wenn man die Haare des Felles auszupft (Abb. 157). Sie liegen in weiten Abständen voneinander und gehören wahrscheinlich zu den in gleichen Abständen angeordneten Grannenhaaren. Sie stellen die einzigen, an der Hautoberfläche erkennbaren Sinnesorgane der Haut dar. Das schräg in der Haut steckende Haar neigt sich in spitzem Winkel über die Haarscheibe hin. Die Basalschicht der Epidermis besteht in den Haarscheiben aus höheren oder flacheren Cylinderzellen.

In der Subcutis liegen ovale Lamellenkörperchen mit einer zentralen Hauptfaser und einem äußeren Fadenapparat, der von einer dünnen markhaltigen Nervenfaser ausgeht.

Die *Blut-* und *Lymphgefäße* in der Haut des Kaninchens bieten nichts Besonderes in ihrem Verlauf und Bau.

Das *Haarkleid* des Kaninchens läßt eine Unterscheidung in Winter- und Sommerhaarkleid zu. Die Haare liegen schräg eingesenkt in der Cutis in Gruppen zusammen, meistens eine Dreihaargruppe bildend. Noch größere Gruppen entstehen dadurch, daß jedes der drei markhaltigen Stammhaare von einer Anzahl (6—8—12) schwächerer Haare, den Beihaaren, kranzförmig umgeben ist. Die Haarfollikel liegen in mehreren Schichten übereinander.

Makroskopisch sind bei der Untersuchung des Haarkleides zwei Haartypen erkennbar: das *Grannenhaar* und das *Wollhaar*. Man findet auch *Leithaare,* die jedoch mehr dem Winterhaarkleid angehören. Im Sommer stehen die Leithaare nur spärlich über die Gesamtoberfläche des Haarkleides hervor. Sie sind nach TOLDTS Angaben in weiten Abständen voneinander aufgerichtet. Sie sind gleichmäßig stark entwickelt, meist gerade oder nur schwach gebogen und

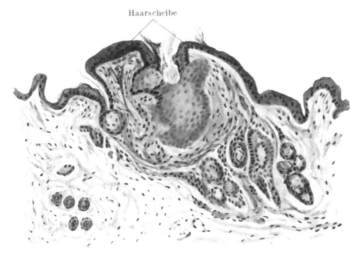

Abb. 157. Haarscheibe des Kaninchens. Ein großer Haarfollikel, links davon die Haarscheibe, rechts eine Hautfalte (Schuppenrudiment?). Aus Handbuch der Haut- und Geschlechtskrankheiten, Berlin 1928, Bd. I, 1.

an der Spitze lang und fein ausgezogen. Im embryonalen Leben werden sie sehr frühzeitig angelegt, wachsen schnell und verbleiben verhältnismäßig lange in der Haut.

Die *Grannenhaare* sind deutlich kürzer und auch schwächer entwickelt. Im apikalen Drittel oder Viertel besitzen sie eine Verstärkung und sind am Übergang zur Granne häufig gebogen oder sogar abgeknickt. Sie erscheinen später in der Haut als die Leithaare und bilden oft mit dem Wollhaar zusammen Bündelchen. Das untere Ende des dunklen Grannenhaares ist heller gefärbt und meist wellenförmig gebogen.

Die *Wollhaare* sind am reichlichsten im Fell enthalten. Sie stellen die kürzesten Haare dar. Sie sind gleichmäßig dünn und biegsam. Man beobachtet eine mehrfache starke Wellung des Haarschaftes, der nicht besonders lang und ausgezogen erscheint. Die Wollhaare werden am spätesten angelegt. Zählt man das Leithaar zu dem Grannen- und Wollhaar hinzu, so kann man von einem Dreihaarformsystem reden.

Das *Mark* in der Mitte des Haares ist so gebaut, daß seine Zellen eine Säule bilden. Die Markcylinder sind beim Kaninchen sehr stark entwickelt und erscheinen bei der Betrachtung des Haares in Wasser als dunkler Strang, der aus

Pigment und Luft aufgebaut ist. Die Luft liegt gewöhnlich zwischen den Zellen in einem System feinster Kanälchen und Spalträume, die netzwerkartig zusammenhängen. Die Markzellen selbst spannen zwischen sich Intercellularbrücken aus. Da die dunklen, blasenförmigen Zellen starre Wände besitzen, so können sie nicht zusammenfallen.

Die Leit- und Grannenhaare besitzen einen durchgehenden Markcylinder. Seine Zellen sind in Zeilen oder Säulen angeordnet. Ihr größter Längsdurchmesser steht quer zur Längsachse des Haares. Die Spitze des Haares besitzt kein Mark mehr. Das gleiche gilt von den Wollhaaren (SCHÜRMANN).

Die *Haarrinde* umschließt das Haarmark. Luftspalten sind weder an den markhaltigen noch an den marklosen Teilen des Haares erkennbar. Bei dünnen Haaren umfassen die Schüppchen des Oberhäutchens den ganzen Haarschaft und sind am Rande als Sperrzähnchen deutlich erkennbar. Die freien Ränder der Schüppchen verlaufen schräg von unten nach oben und sind etwas gewellt. Bei dickeren Haaren erscheinen die freien Ränder als feine dunkle Linien, die wellenförmig gebogen sind. Sie liegen ziemlich parallel und sind quer zur Längsachse des Haares gestellt.

Der bindegewebige Haarbalg der *Tast- oder Sinushaare* enthält größere Mengen elastischer Fasern. Zwischen äußerer und innerer Balglage ist ein Blutsinus eingeschaltet. Die Arrectoren dieser Haare sind sehr kräftig entwickelt und sind wie Taue an den äußeren Balg angeheftet.

In der normalen Kaninchenhaut werden, sofern es sich um Tiere farbiger Rassen handelt, *dunkle Flecken* beobachtet, die in Beziehung zum Haarwechsel stehen.

Die rasierte Haut schwarzhaariger Kaninchen ist zum Teil weiß, zum Teil mit dunklen Flecken bedeckt, deren Farbe von einem schmutzig-grauen Farbenton bis zum blauschwarzen Ton spielt. Die Anzahl der Flecke wechselt ebenso wie ihre Größe und Gestalt. Früher nahm man an, daß die Flecke Pigmentablagerungen darstellen. Doch bei Lupenvergrößerung erkennt man, daß sie aus schwarzen Haarstoppeln bestehen. Die dunklen Flecke sind nach den Untersuchungen von KÖNIGSTEIN Wachstumsbezirke der Haare. Die Haarinseln wechseln beim Kaninchen nach kürzeren oder längeren Intervallen ständig, doch ist der Wechsel völlig unabhängig von der Jahreszeit. Nach wenigen Wochen wandeln sich während des Haarwechsels die schwarzen Haarinseln in weiße um. Beim weißhaarigen, albinotischen Kaninchen vollzieht sich der Wechsel des Haarkleides in gleicher Weise, nur sind die Haarinseln erst dann sichtbar, wenn die Haare eine gewisse Länge erreicht haben. Die Haare in den dunklen Flecken sind proliferationsfähig, und ihr Pigmentgehalt verleiht den Flecken die Farbe. In den kahl erscheinenden Hautpartien befinden sich die Haare im Kolbenstadium. Da die Kolbenhaare aber kein Pigment produzieren und ihr Wachstum eingestellt haben, bleiben die betreffenden Hautstellen, solange keine Neubildung erfolgt, nackt und ungefärbt. Aus der Wurzelscheide entsteht durch Sprossenbildung ein neues Haar. Beim unrasierten Kaninchen entwickeln sich deshalb keine kahlen Stellen, weil die Kolbenhaare das Haarbeet erst dann verlassen, wenn neue Haare über die Oberfläche herausgetreten sind.

b) Die Haut des Meerschweinchens.

Die Meerschweinchenhaut ist ziemlich derb und sehr dicht mit kräftigen Grannen- und zarten Wollhaaren bedeckt. Kahle Hautpartien befinden sich nur an den Füßen und Zehen, und an diesen Stellen ist die derbe, faltenlose Haut unverschieblich über die Unterlage ausgespannt. Eine erhebliche Faltenbildung der Haut findet sich an keiner Körperregion mit Ausnahme der haararmen Scrotalhaut. Die Faltentäler sind hier mit einer weißlichgelben, smegma-ähnlichen Masse ausgefüllt.

Das Hautbindegewebe ist am Rumpf reichlich entwickelt. An der *Fußhaut* ist es fast ohne Cutisleisten aufgebaut. An manchen Stellen ist die Grenzfläche zwischen Epidermis und Corium sogar völlig eben. Eine sehr schmale Cutiszone läßt keine Unterscheidung in eine Pars papillaris und Pars reticularis zu. Die Haare fehlen hier völlig. Die kollagenen Fasern sind dicke, parallel in der Längs-richtung gepackte Bündel, zwischen denen die elastischen Fasern sehr spärlich liegen. Dicht unter der Cutis, ein subcutanes Gewebe ist nicht vorhanden, liegen Züge quergestreifter Muskulatur. Die Epidermis der Fußhaut zeigt ein schwaches Retezellenlager. Pigment ist weder in den Epidermisepithelien noch in den mesenchymalen Zellen der Cutis vorhanden. Die Schweißdrüsen und Talgdrüsen sind stark atrophisch und rudimentär. Blutgefäße sind nur spärlich in dem straffen Gewebe zu finden.

Die *Ballenhaut* läßt ein sehr dickes Stratum corneum erkennen. Das Stratum lucidum und granulosum sind gut entwickelt. Das Retezellenlager ist breit und ruht auf schön ausgebildeten, prismatischen Epithelien des Stratum germi-nativum. Dicke Epidermiszapfen senken sich in das Coriumbindegewebe ein. Sie stehen so dicht, daß die Cutispapillen und -leisten schlank und schmal erscheinen. Die Basalzellen der Epidermis enthalten bei Tieren mit farbigem Haarkleid Pigmentkörnchen. Auch Chromatophoren im Coriumbindegewebe sind vorhanden, doch nicht so reichlich wie bei anderen Säugern. Das Binde-gewebe enthält viele elastische Fasern, dagegen ist die Muskulatur in diesem Hautbezirk schwach entwickelt.

Ziemlich dicht unter der Epidermis liegt ein mächtiges Lager von Schweiß-drüsen. Die Ausmündungen der Knäueldrüsen befinden sich im Stratum cor-neum und bilden hier ziemlich weite, gerade Gänge. Die Ballenhaut ist völlig haarlos. Talgdrüsen werden nicht beobachtet. Unter dem Schweißdrüsen-lager liegt ein kräftiges Polster aus subcutanem Fettgewebe. In diesem Gewebe sind reichlich Lamellenkörperchen zu sehen.

Die *Nervenversorgung* der Haut des Meerschweinchens unterscheidet sich nicht we-sentlich von der in der Kaninchenhaut. Auch in die Haut des Meerschweinchens sind Haarscheiben eingelagert. Unter ihrem dicker geschichteten Epithel liegen die mit dem afferenten Nerven verbundenen Tastmenisken.

Die feine *Haut des Ohres* enthält wenige schwache Haare. Die Epidermis ist zart entwickelt, ihr fehlt ein Stratum lucidum. Ein schmaler Bindegewebs-streifen und wenige Muskelfasern aus quergestreifter Muskulatur bilden die Bedeckung des hyalinen Ohrknorpels. Schweißdrüsen fehlen in der Ohrhaut, die Talgdrüsen sind regelmäßige Ausstülpungen des Haarfollikels.

Die *Scrotalhaut* ist stark gerunzelt, in enge, tiefe Falten gelegt und ganz spärlich mit Haaren ausgestattet. Die tiefen Einkerbungen der Haut sind mit einer weißlichgelben, etwas trockenen, spezifisch riechenden, smegmaähnlichen Masse ausgefüllt. Der Papillarkörper weist eine starke Leistenbildung auf. Die Papillen sind fadenförmig und lang ausgezogen; sie erscheinen wie zusammen-gepreßt durch die dicken Epidermiszapfen, welche sich zwischen sie einsenken. Die Form der Epithelzapfen ist keulenähnlich und wechselt im übrigen stark. Das Epithel, das ohne Besonderheiten ist, trägt ein sehr stark entwickeltes Stratum corneum, das, lamellös und locker geschichtet, bisweilen die vielfache Stärke des lebenden Epithels besitzt. Das Coriumbindegewebe ist schon dicht unter der Epidermis reichlich mit Zügen glatter Muskelfasern durchflochten, die in den tieferen Schichten an Masse das kollagene Gewebe übertreffen. Das elastische Gewebe ist dagegen schwächer ausgebildet. Der größte Raum im bindegewebigen Teil der Scrotalhaut wird von mächtigen Talgdrüsentrauben

eingenommen, die dicht gedrängt nebeneinander liegen. Ihre Ausführungsgänge sind weit. Die Talgdrüsenkörper reichen bis auf eine kräftige Muscularis herab, welche die Grenze zur Subcutis bildet. Die meisten der großen
Talgdrüsenkomplexe sind selbständig, d. h. sie entsenden einen weiten Ausführungsgang durch das Epithel in eine flache Einsenkung der Epidermis.
Andere kleinere Drüsengruppen bilden Anhänge der Haarfollikel. Zarte Gitterfasern umspinnen die Drüsenkörper, an denen auch elastische Fasern darstellbar
sind. Schweißdrüsen sind in der Scrotalhaut nicht enthalten. Lamellenkörperchen findet man nur spärlich in diesem Hautbezirk.

Das *Haarkleid* des Meerschweinchens ist, wie schon erwähnt, sehr dicht.
Nur hinter dem Ohr liegt am Rumpf eine völlig haarlose, scharf abgegrenzte
Hautstelle. Die Haare sind straff und dick, fast sehen sie Borsten ähnlich.
Ihre stärkste Entwicklung zeigen die Haare der Kopfhaut. Die langgestreckten
Cuticulazellen liegen quer zur Haarachse. Sie bilden geschwungene oder fein-
gewellte Linien. Die Entfernung der freien Ränder voneinander beträgt nach
SCHÜNKE 13 μ. Die Cuticula der Tasthaare bildet gebuchtete oder fein gewellte
Schüppchen. Die Grenzlinien benachbarter Schüppchen bilden einen Winkel
von 45⁰. Die freien Zellränder liegen eng zusammen, im Mittel durch einen
etwa 4 μ breiten Zwischenraum getrennt. Bei den Körperhaaren bilden die Grenzlinien benachbarter Schüppchen spitze Winkel. Der Markcylinder ist groß.
Die Zellen bilden langgestreckte Gebilde von meist eckiger Form; sie sind
bedeutend breiter als höher. Nach der Spitze zu werden die Markräume immer
kleiner, ebenso die Zellen, doch wahren sie auch hier ihre Form. Am Grunde
des Haares findet sich wieder das für die Nager typische breite Mark.

Die *besonderen Hautdrüsen* des Meerschweinchens sind einfacher gebaut als
beim Kaninchen. So weist die HARDERsche Drüse keine Zweiteilung auf. Die
Drüse ist lappig und erstreckt sich mehr in die Tiefe der Orbita. Die Drüsenlappen umfassen den Nervus opticus. Die Farbe der Drüse ist ein Weißlichrosa.
Die Drüsenkonsistenz ist derber als beim Kaninchen, weil das Bindegewebe
stärker entwickelt ist. Das Gewicht der Drüse liegt zwischen 0,18 und 0,47 g.
Die Sekretgranula erscheinen größer als in der HARDERschen Drüse des Kaninchens. Im polarisierten Lichte erweisen sie sich an allen Stellen als anisotrop,
rein isotrope Granula trifft man niemals an. Also bestehen die Sekrettropfen
aus Cholesterinestern (WALTER).

Die *Präputialdrüsen* fehlen dem Meerschweinchen.

Die *Analdrüsen* liegen am Übergang der Haut in die Rectalschleimhaut und
bilden zwei erbsen- bis bohnengroße Körper. Die Analdrüsen stellen Anhäufungen
von alveolären Talgdrüsen dar. Ihre Sekretgranula bestehen aus oleinhaltigen
Glycerinestern und aus Gemischen von Cholesterin und Fettsäuren.

Das Drüsenfeld der *Glandula caudalis* liegt nach SPRINZ unter dem Haar-
wirbel, der sich über dem Steißbein befindet. An dieser Stelle konvergieren
die Rücken- und Seitenhaare des Meerschweinchens, die hier zugleich mit
abgestoßenen Hornmassen und fetthaltigem Sekret verklebt sind. Die Haare
sind hier dünner, spärlicher und kürzer als an anderen Hautstellen. Bei weißen
Tieren besitzt das Drüsenfeld durch das Sekret eine schmutziggelbe Farbe,
bei dunkel gefärbten Tieren markiert sich die Drüsengegend als schwärzlicher
Fleck. Die Form der Drüsenfläche ist längsoval, die Größe beim männlichen
Tier von etwa 16 mm Länge und 9 mm Breite, beim weiblichen Tier von 10 mm
Länge und 6 mm Breite. Man erkennt die Drüsen mit unbewaffnetem Auge als
gelbliche Pünktchen.

Histologisch sieht man mächtige Anhäufungen von Haar- und Talgfollikeln;
doch überwiegt den Drüsenanteil der Haaranteil gewaltig. Stets ist ein Zusammenhang der Drüsen mit dem Haar nachweisbar.

Die Epidermis verliert in der Höhe des Follikelhalses ihre Horn- und Keratohyalinschicht. Aus der äußeren Wurzelscheide gehen eine Reihe von Drüsenacini hervor, die um das Haar gruppiert sind. Der stärkste Anteil an Drüsenmasse liegt an der Seite, auf welcher das Haar mit der Hautunterfläche einen stumpfen Winkel bildet. Zu einem Haar gehören 1—4 Drüsen.

Das Sekret der holokrinen, alveolären Drüse schiebt sich in dem mächtig erweiterten Haarbalg aufwärts. Die dicke Sekretschicht, die schließlich auf der Hautoberfläche liegt, bildet mit dem in den Follikeltrichtern ruhenden Sekret eine einzige, zusammenhängende Masse. Die umfangreichen Drüsenkörper sind so dicht aneinander gelagert, daß sie die Cutis bis auf eine schmale bindegewebige Zwischenschicht fast völlig verdrängen. Die elastischen Fasern umspinnen die Drüsenläppchen mit zarten Ausläufern. In der Mitte, in welcher das Drüsenfeld am stärksten ist, kommen grobe Haare nicht vor. Die Haare in der Nachbarschaft der Glandula caudalis besitzen nur eine kleine birnenförmige Talgdrüsenanlage. Während auf dem Rücken die Haare in Gruppen von 6—7 Stück stehen — nicht immer ist die Gruppenbildung deutlich ausgeprägt — fehlt im Drüsenfeld selbst jede Haargruppenbildung. Die innerhalb des Drüsenfeldes vorhandenen Härchen halten nach SPRINZ den Ausführungsgang der Talgdrüsen für das zähe Sekret offen. Die Drüsenfelder werden als akzessorische Geschlechtsdrüsen gedeutet. Sie sind beim geschlechtsreifen Männchen am stärksten entwickelt.

c) Die Haut der Ratte.

Die Rattenhaut besitzt eine ziemlich dicke Cutis und ist straff über den Körper gespannt, so daß sich keine Hautfalten bilden. Das Bindegewebe der Cutis enthält weitmaschig angeordnete kollagene Fasern, zierliche Gitterfasern und elastische Fasern, die in Anordnung und Menge nichts Besonderes aufweisen. Eine Subcutis ist schwach ausgebildet. Die Fettzellen sind in ihr spärlich entwickelt. Die Grenze zwischen Cutis und Subcutis wird durch Züge quergestreifter Muskulatur gebildet, die zwar nicht in derselben Mächtigkeit wie beim Kaninchen vorhanden ist, aber doch eine zusammenhängende Lage, etwa 3—4 Muskelfasern breit, darstellt. Eigentümlich ist der Verlauf größerer Blutgefäße an der oberen Grenze der Muscularis, die in der Längsrichtung parallel den Muskelfasern verlaufen.

Der Papillarkörper des Corium ist gut ausgebildet, nur an der straffen Fußhaut findet sich kein Relief der Cutis.

Die Epidermis ist sehr zart und schwach entwickelt. An manchen Stellen bildet das Epithel nur 3—4 Zellschichten, deren Basalzellen sich schwer von den Stachelzellen differenzieren lassen. Die Basalzellen sind selten prismatisch, vielmehr gewöhnlich kubisch gebaut. Als Stratum granulosum kann nur eine Zellenlage angesprochen werden. Ein Stratum lucidum fehlt der Epidermis. Das Stratum corneum zeigt eine deutliche lamellöse Schichtung und kann bisweilen fast die Dicke aller anderen Epidermisschichten besitzen. Bei der albinotischen Rasse ist weder in der Epidermis noch in der Cutis Pigment enthalten. Die Epithelzapfen, die sich in den Papillarkörper einsenken, sind schwach ausgebildet. An der Fußhaut ist eine Papillenbildung nicht vorhanden, und Corium und Epidermis zeigen hier eine glatte, ebene Berührungsfläche.

Die *Talgdrüsen* sind gut ausgebildet, die *Schweißdrüsen* dagegen nicht an allen Stellen der Haut vorhanden und im Vergleich zu den Haussäugern bei der Ratte als rudimentär anzusprechen. Die Hauptmasse der Zelleinschlüsse in den alveolären Talgdrüsen besteht aus isotropen Substanzen, neben denen die anisotropen Sekretgranula verschwinden. Am reichlichsten sind die Talgdrüsen in der Umgebung der Mundöffnung und in den Augenlidern vorhanden.

Die Hardersche *Drüse* der Ratte hat Ähnlichkeit mit der des Meerschweinchens. Das Lumen der Drüsentubuli ist verhältnismäßig eng. Korbzellen sind nicht vorhanden. Die Zellformen dieser tubulösen Drüsen sind verschieden, manche Zellen sind kubisch, manche kegelförmig gestaltet. Ihr Protoplasma bildet ein feines Netzwerk. Der Zellkern ist rund und liegt basal. Das von der Drüse abgesonderte Sekret enthält vorwiegend Neutralfette.

Die *Präputialdrüsen* der Ratte sind tubulär gebaut und gut entwickelt. Ihre Zellen enthalten stets Lipoideinschlüsse und sind gewöhnlich prismatisch geformt.

Die *Analdrüsen* fehlen der Ratte.

Im allgemeinen kann festgestellt werden, daß die Ratte durch die Haut vorwiegend isotrope, das Meerschweinchen und Kaninchen anisotrope Substanzen ausscheiden (Walter).

Die *Tasthaare* an der Oberlippe der Ratte sind kräftig entwickelt, gerade und pigmentlos. Die Cuticulaschüppchen sind sehr lang gestreckt, und ihre freien Ränder sind verschieden eng zueinander gestellt; sie stehen etwa 4 μ weit auseinander. Ihr Verlauf ist unregelmäßig, wellenförmig und bisweilen gebuchtet. Die Grenzlinien der benachbarten Schuppen stoßen unter einem Winkel von etwa 20° zusammen. Die Form der Markzellen ist verschieden, ihre Größe dagegen ziemlich konstant.

Die *Grannenhaare* sind bei der Ratte straff und stark und haben eine Länge von etwa 0,7 cm. Sie sind leicht spindelförmig gebaut. Die Leithaare überragen die Grannenhaare nur um etwa 0,2 cm. Die freien Ränder der Cuticulaschüppchen stehen etwa 15—20 μ voneinander entfernt, die Schüppchen sind verhältnismäßig groß. Ihre Grenzlinien bilden einen stumpfen Winkel. Der stärkste Teil des Grannenhaares liegt nicht in der Mitte, sondern zwischen der Mitte und der Spitze des Haares.

Das *Wollhaar* ist fein und dünn, die Haarlänge beträgt etwa 0,7 cm. Bei farbigen Ratten ist es grau und bei allen Ratten marklos. Die Entfernung der freien Ränder der Cuticulaschüppchen voneinander beträgt im Mittel 15 μ. Alle Haare der Ratte, mit Ausnahme der Flaumhaare, sind markhaltig. Man hat nach der Lage der Zellen einreihiges und mehrreihiges Mark zu unterscheiden. Im allgemeinen ist das Leithaar markiger als das Grannenhaar, das Bauchhaar markhaltiger als das Rückenhaar. Gewöhnlich besitzen die Markzellen eine sechseckige Form (Schünke).

Über die Versorgung der Haut mit *Nerven* ist nichts besonderes zu erwähnen; es finden sich dieselben Nervenendapparate wie beim Kaninchen.

d) Die Haut der Maus.

Die Haut der Maus ist am Kopf, an den Beinen, an den Seitenflächen des Rumpfes so auf der Unterlage befestigt, daß sie nicht in Falten gelegt werden kann. Nur auf dem Rücken ist ein weitmaschiges Unterhautgewebe vorhanden, welches ein Abheben in Form hoher Falten ermöglicht.

Am Kopf, in der Umgebung der Nasen- und Mundöffnung, ist das Cutisgewebe mit einem kräftig ausgebildeten Papillarkörper ausgestattet. Doch tritt das kollagene Gewebe im Corium zurück hinter einer sehr stark entwickelten quergestreiften Muskulatur. Die Muskelfasern sind längs- und quergeschichtet und mit schiefen Fasern durchflochten. Sie reichen bis hoch in die Coriumleisten hinauf.

Die Subcutis enthält Fettzellen und zahlreiche Lamellenkörperchen. Elastische Fasern sind in dieser Hautregion spärlich vorhanden.

In der *Rumpf- und Schwanzhaut* ist der Papillarkörper ebenfalls gut ausgebildet, wenngleich hier die einzelnen Leisten nicht so spitz, sondern mehr beetartig oder knopf- und schuppenförmig gestaltet sind. An allen Hautstellen ist eine Muskelschicht, bisweilen nur 1—2 Muskelfasern breit, zwischen Cutis und Subcutis plattenförmig eingeschoben.

Die *Epidermis* ist zart, doch sind die einzelnen Zellschichten sehr gut voneinander abgrenzbar. Die Zellformen bei der Maus sind besonders regelmäßig und schön gebildet. Auf eine prismatische Basalzellenschicht ist ein Stachelzellenlager aufgebaut, das nach oben in 2—3 Zellschichten mit Keratohyalingranula, also in ein Stratum granulosum übergeht. Ein Stratum lucidum fehlt, das Stratum corneum ist überall vorhanden. Pigment ist bei weißen Mäusen weder in den Epidermiszellen noch in den Bindegewebszellen der Cutis zu finden. In der Gesichtshaut sind *Tasthaare* oder *Sinushaare* reichlich enthalten. Der Blutsinus liegt zwischen den bindegewebigen Scheiden des Haarfollikels. Die beiden Balglagen sind ziemlich dick, der Ringsinus ist glattwandig gebaut. Auffällig kräftige Bündel glatter Muskulatur strahlen in den Sinusbalg ein, der auch ein reichliches Netz elastischer Fasern besitzt. Die Talgdrüsen liegen oberhalb des Blutsinus, welcher im übrigen nicht unterteilt ist, also keine kavernösen Räume besitzt. Der Nervenreichtum des Sinushaarfollikels ist groß.

Die freien Nervenendigungen liegen baumartig verästelt auf der Glashaut. Andere Fasern dringen, wie SZYMONOWICZ beschreibt, bis zur äußeren Wurzelscheide vor und enden hier mit Tastmenisken. Während bei der weißen Maus die Tasthaare pigmentlos sind, ist in denen der grauen Maus Pigment enthalten, nur die Haarspitze pflegt pigmentfrei zu sein.

Die *Cuticulaschüppchen* verlaufen zur Querachse des Haares meist in schräger Richtung, d. h. von hinten oben nach vorn unten. Sie sind langgestreckt und in ihrem Verlaufe unregelmäßig gebuchtet und gewellt. Die Grenzlinien benachbarter Schüppchen bilden miteinander spitze Winkel. Die Form der Markzellen ist unregelmäßig, sie sind rund, dreieckig oder sechseckig; stets haben sie abgerundete Ecken. Bei der grauen Maus liegen dieselben Verhältnisse vor, wie sie eben bei der weißen Maus geschildert sind.

Die Länge der Leithaare bei den weißen und grauen Mäusen beträgt 1,2 cm, die der Grannenhaare 0,7 cm, die der Flaumhaare 2,5—3 mm. Die Schüppchen der Leithaare sind unregelmäßig geformt. Die Entfernung der freien Schüppchenränder beträgt etwa 7,5—12 μ. Die Schüppchen stoßen in spitzen Winkeln aneinander. Im einreihigen Mark bilden die Markzellen große rechteckige Gebilde, die länger als breit sind. Aus dem einreihigen Mark entwickelt sich wurzelwärts ein 2—4reihiger Markstrang. Hier sind die Markzellen secksseckig und besitzen scharfe Ecken, deren Verbindungslinien nicht gerade, sondern leicht gebogen sind.

Die *Talgdrüsen* treten gewöhnlich bei der Maus als Haarbalgdrüsen auf, doch finden sich in der Genital- und Analgegend auch selbständige Drüsenkonglomerate, bei denen ein Zusammenhang mit dem Haarbalg nicht besteht, die also einen eigenen Ausführungsgang besitzen. *Schweißdrüsen* sind selten und dann nur rudimentär in der Cutis enthalten.

Die *Nervenversorgung* der Haut ist dieselbe wie bei den übrigen Säugetieren, besonders den hier geschilderten Nagern.

II. Pathologische Veränderungen.
a) Dermatopathien.
1. Alopecia congenita und acquisita.

Beim *Kaninchen* beschreibt HELLER eine angeborene Alopecie. Die Haut des angeblich kahl geborenen Tieres war sehr dünn. Die Haare waren spärlich verteilt; während bei einem normalen Tier 120 Haare in einem Gesichtsfeld gezählt wurden, waren bei dem Tier mit Alopecie nur etwa 18—20 zu finden. Die Haare waren nur in einer einzigen, und zwar ziemlich tiefen Zone der Cutis angeordnet.

Beim *Meerschweinchen* enstand infolge einer Pneumonie eine Alopecie (HELLER). Pathologische Veränderungen in der Haut lagen nicht vor, doch war das Fehlen vieler Haarschäfte als krankhaft anzusehen. Lanugohärchen waren selten, noch seltener voll entwickelte pigmentierte, markhaltige Haare. Die inneren Wurzelscheiden waren leer, doch konnte eine Neubildung von Haarschäften festgestellt werden. Ernährungsstörungen schienen die Ursachen für die zeitweilige Alopecie gewesen zu sein.

Bei einer *Ratte* mit Alopecie fiel der Kernreichtum der Haut auf. Pathologisch war eine kleine Zahl von Haarwurzelscheiden, die bei sonst normalem Verhalten keine Haarschäfte zeigten.

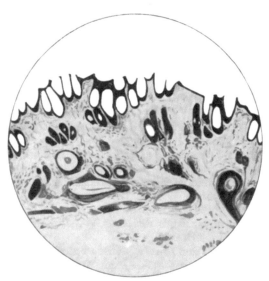

Eine *Maus* mit diffuser Alopecie wurde ebenfalls von HELLER beschrieben. Im histologischen Hautschnitt beobachtete er einen Ausfall der stärkeren Haarschäfte und Ersatz derselben durch feine, wenig pigmentierte Lanugohärchen. Auffallend war die starke zellige Infiltration der Oberhaut.

Abb. 158. *Ratte;* Hypotrichosis cystica acquisita. Cystenbildung der Haarfollikel. Aus J. HELLER: Vergleichende Pathologie der Haut, 1910.

2. Hypotrichosis acquisita cystica der Ratten.

HELLER fand in den Jahren 1903—1907 bei der Untersuchung zahlreicher Ratten aus Berlin und dessen Umgebung auf der fast kahlen Haut lediglich dünne Flaumhaare erhalten, neben denen nur eine Anzahl schwachentwickelter und wenig pigmentierter Tasthaare stand. *Histologisch* lagen neben cystisch entarteten Haaranlagen in der Tiefe auch völlig normale Haarschäfte. Die ersten Veränderungen spielten sich an den Haarpapillen ab, die zugrunde gingen. Kurz über der Wurzel sah HELLER eine Erweiterung der äußeren Wurzelscheide, die passiv durch Wucherung der inneren Wurzelscheide und Ausfüllung des Hohlraumes mit hornigen Massen entstanden war. Das in der Entwicklung begriffene, mangelhaft ausgebildete Haar war seitlich abgedrängt, das alte im Haarwechsel begriffene Kolbenhaar lag bereits weiter aufwärts in der an dieser Stelle noch normalen Haarscheide (Abb. 158). Die Mannigfaltigkeit der Cystenbildung war groß. Bald erweiterte sich eine Haaranlage etwas oberhalb der Wurzel zu einem großen Hohlraum von länglicher Gestalt, bald bildeten sich nach HELLERS Schilderung Milien gleichende, kreisrunde, mit verhornten Massen gefüllte Hohlräume. Meist lagen 4—8 mit hornigen Massen und atrophischen Haarstümpfen gefüllte Höhlen nebeneinander. In allen Cysten wiederholte sich derselbe Vorgang: Wucherung der inneren Wurzelscheide und Produktion eines hornigen Gewebes, Verdünnung der äußeren Wurzelscheide bis zur Persistenz weniger atrophischer Epithelreihen. Reste von Talgdrüsen und Schweißdrüsen waren an manchen Stellen noch zu entdecken. Die Epidermis war nur passiv verändert. Ein Teil der nach oben liegenden Haarcysten war nur durch ein dünnes Stratum corneum abgeschlossen.

b) Störungen in der Kontinuität der Haut.

1. Die Wunden

in der Haut der kleinen Laboratoriumstiere sind nicht häufig. Sie entstehen gewöhnlich durch Bisse der Tiere untereinander und durch Beschädigungen auf dem Transport. Meist werden die Wunden beim *Kaninchen* am Kopf und hier besonders wieder an den Ohrmuscheln gefunden. Weitere Lieblingssitze von Bißwunden sind die Extremitäten und beim männlichen Tiere das Scrotum. Nicht selten sind die Bißverletzungen beim Kaninchen nach SEIFRIED so tief, daß sie bis auf den Knochen an den Extremitäten reichen oder daß die Hoden freigelegt werden.

Bei den *Ratten* werden auch Schwanzverletzungen oder Verluste von Teilen des Schwanzes beobachtet. Weniger häufig kommen bei *Meerschweinchen,* die geduldiger leben, ein starkes Haarkleid und eine verhältnismäßig dicke Haut haben, Verletzungen vor. Auch bei *Mäusen* sind Wunden eine Seltenheit.

Die Wundheilung ist häufig eine primäre, doch ist besonders beim Kaninchen eine Verzögerung der Wundheilung durch sekundäre Eiterungen nicht selten. Die Heilungstendenz der Wunden ist dann gering. Langwierige Eiterungen schließen sich an, Abscesse und Geschwüre bilden sich. Der Eiter ist beim Kaninchen von zäher, pastenartiger oder dickrahmiger Konsistenz. Die Farbe des Eiters ist gelblich weiß und der Geruch unangenehm. Die Granulationsbildung geht langsam vonstatten, und die Heilung der Wunde endet unter deutlicher Narbenbildung.

2. Die Narben,

die nach Substanzverlusten in der Cutis entstehen, sind glatt, derb und weißlich und lassen z. B. am Schwanz bei der Ratte das eigenartige regelmäßige Schuppenrelief der Haut vermissen. Histologisch fällt der Mangel an Cutisleisten auf. Die untere Epidermisgrenze verläuft wellig. Das Stratum granulosum ist schwach ausgebildet, dagegen ist bei den Narben am Schwanz der Ratte das Stratum corneum verdickt.

c) Die entzündlichen Vorgänge in der Haut.

1. Die Dermatitis

ist beim Kaninchen unter der Bezeichnung der „*wunden Läufe*" ein häufiges Vorkommnis. Die Ursache dieser Hautentzündung beruht in zu feuchten und unsauberen Stallungen, in schlechter und rauher Beschaffenheit des Streumateriales. Auch ein ungenügender Auslauf bedingt das Entstehen der Hautentzündung.

An der Unterseite der Läufe sind die Haare ausgefallen. Die Sohlen- und Ballenhaut ist verdickt und gerötet. Ein klebriges, rötlichgelbes Exsudat bedeckt, zum Teil zu Schorfen eingetrocknet, die Hautoberfläche. Bisweilen liegt unter dem Schorf das glänzend rot aussehende, feuchte, leicht blutende Corium frei. Bei umschriebener Dermatitis sieht man Ulcerationen entstehen, deren Ränder leicht verdickt und hart sind. Der Geschwürsgrund ist mit Gewebsfetzen oder trockenen, nekrotischen Massen bedeckt. Auch ein Belag der Ulcerationen mit gelblichem, zähem Eiter kann beobachtet werden.

Histologisch sieht man eine aufgelockerte Epidermis, ein Stratum spinosum mit dissoziierten Epithelien (Spongiose), die vakuolig degeneriert sein können.

Das Corium ist zellig infiltriert, die Blutgefäße sind erweitert, und kleine Blutungen in ihrer Nachbarschaft treten auf. Bei längerem Bestehen der Dermatitis wird das Epithel acanthotisch verändert. Im Stratum corneum ist eine Parakeratose vorhanden. Weiße Blutkörperchen durchsetzen das Epidermismosaik und bilden zusammen mit fibrinösem Exsudat und Epithelien auf der Oberfläche der Epidermis eine lamellöse Kruste.

Eine *Dermatitis eczematosa* bei einer weißen *Maus* wurde von HELLER gesehen. Die Haut war an umschriebenen Stellen kahl, leicht gerötet, und an den Grenzen zur normalen Haut kam es zur Exsudation. Die Entzündung der Haut reichte bis zur Subcutis, ja auch das Muskelgewebe erschien kernreicher. Das Corium war im ganzen verdickt. Das zellige Infiltrat bestand aus ein- und mehrkernigen Zellen, unter denen auch Plasmazellen auftraten. Die elastischen Fasern färbten sich schlecht. Die Haarfollikel und Wurzelscheiden der Haare waren völlig erhalten, während die Haare selbst fehlten. Über den stark erkrankten Stellen war die Hornschicht sehr dünn, im Stratum spinosum lagen kaum Veränderungen vor, doch war an anderen Stellen eine Art Narbenbildung zu erkennen.

2. Die Nekrobacillose des Kaninchens

ist eine enzootisch auftretende Erkrankung, bei der es zu einer fortschreitenden Nekrose der Haut im Bereiche des Halses, des Kehlganges und der Vorderbrust kommt. Der Erreger der Nekrobacillose (Streptotrichose, SCHMORLsche Krankheit) ist der *Nekrosebacillus* (Streptothrix cuniculi s. Bac. necrophorus). Auch Mäuse sind empfänglich für eine Infektion mit dem Nekrosebacillus, während Ratten relativ und Meerschweinchen absolut immun gegen die Nekrobacillose sind.

Die durch Nekrosebacillen bedingten Hautveränderungen bestehen in einer Mumifikation der gesamten Hautschichten. Die pathologischen Veränderungen beginnen meist an den Lippen. Die Haut und Unterhaut der Unterlippe ist nach SEIFRIED in eine gelbweiße, dabei speckig glänzende Masse verwandelt. Der Gewebstod reicht bis an den Kieferknochen heran. Die Venen der Haut sind thrombosiert. Selten werden auch subcutane Abscesse mit käsigem und schmierigem Inhalt beobachtet (SCHMORL, LECLAINCHE und VALLÉE).

Histologisch ist für die Nekrobacillose die Lagerung der Bacillen an der Grenze zwischen gesundem und nekrotischem Gewebe eigenartig. Dicke, radiär angeordnete Bacillenbüschel senden ihre Fäden senkrecht in das gesunde Gewebe hinein. Ein dichter Leukocytenwall liegt vor der Bakterienzone, in deren Zentrum nur Zelltrümmer erkennbar sind. Nicht nur die Fibroblasten und Gewebshistiocyten fallen der Degeneration anheim, auch die Masse der ausgewanderten Leukocyten wird nekrotisch und ihre Kerne gehen durch Karyorrhexis zugrunde.

d) Infektiöse Granulome der Haut.

1. Die Kaninchenspirochätose, Spirochaetosis cuniculi

(s. Kapitel tierische Parasiten), ist eine beim Kaninchen spontan vorkommende Infektionskrankheit, die durch die Spirochaeta cuniculi bedingt wird. In ihrem Verlauf tritt eine papulöse und ulcerierende Entzündung der Haut des Geschlechtsapparates und auch anderer Hautregionen auf. Während die Primäraffektionen an den Genitalien beobachtet werden, entwickeln sich im Sekundärstadium der Krankheit die Hautveränderungen besonders in der Kopf- und Gesichtshaut.

Die nächste Umgebung des Anus und der Genitalorgane ist ödematös geschwollen und gerötet. Die hellrot gefärbte, entzündete Haut ist an der Randzone zum gesunden Gewebe mit weißen oder grauen Schuppen bedeckt, die leicht abblättern. Lange, braunrote, trockene Krusten liegen fest auf den Entzündungsherden. Eine eitrige Absonderung wird niemals beobachtet. Kleine Efflorescenzen und Knötchen wandeln sich leicht in Geschwüre um,

die Stecknadelkopfgröße, seltener Linsen- oder Erbsengröße besitzen; z. B.
umrahmen sie so, kranzförmig in der Haut angeordnet, die Vulva. Die Ulcera
bluten leicht und fließen zusammen; an den Stellen, an welchen die entzündeten
Hautfalten sich dauernd berühren, also in den Seitenfalten neben der Perinealgegend, liegt auf den Geschwüren ein eiterähnlicher, pseudomembranöser Belag,
dem das normal hier vorkommende Smegma beigemischt ist. NEUMANN beschreibt
nässende, flache Papeln, die mit Borken belegt sind und Dreimarkstückgröße
erreichen. Charakteristisch für alle Hautveränderungen ist ihre scharfe Lokali-
sierung und der unmittelbare und schroffe Übergang in das gesunde Gewebe.
Die Dermatitis beeinflußt das Haarwachstum erheblich und führt in der Peripherie der Ulcera zu Haarausfall. Doch beobachtete KLAARENBEEK an lange
bestehenden Geschwüren, daß in deren Mitte sich lange, kräftige Haare entwickeln,
die schnell wachsen und über die Spitzen der normalen nachbarlichen Haare
hervorragen.

Ist eine Generalisierung des Virus und damit eine Allgemeinerkrankung
des Kaninchens eingetreten, so entwickeln sich im Bereiche der ganzen Haut
Sekundärveränderungen. Lieblingssitze der spezifischen Dermatitis im Sekundärstadium sind die Analgegend, die Umgebung der Mundöffnung und die gesamte
Gesichtshaut, vornehmlich Ohrbasis, Nasenöffnungen, Augenlidränder, Kopf-
und Augenbogenhaut. Aber auch in der Haut der Extremitäten und des Rückens
schießen Efflorescenzen auf.

Die Hautveränderungen bestehen nach SEIFRIED, RUPPERT und KLAAREN-
BEEK in der Bildung von Papeln und flachen, linsen- bis erbsengroßen Ulcerationen. Durch das Zusammenfließen getrennter Ulcera entstehen größere,
bis zu zehnpfennigstückgroße Geschwürsflächen. Die Geschwüre überragen
etwas die Hautoberfläche und besitzen an ihren Rändern einen leicht ziegelrot
gefärbten Wall. Nicht selten sind die Ulcera mit grauen Krusten bedeckt.
Bei längerem Bestehen flachen sich die Geschwüre ab. Derbe Infiltrate oder
harte Primäraffekte, wie bei der experimentellen Infektion der Kaninchen
mit der Syphilisspirochäte, werden bei der spontanen Kaninchenspirochätose
niemals beobachtet. Auch ist bei der experimentellen Kaninchensyphilis die
Neigung zur Generalisierung viel häufiger — fast die Regel — als bei der Kaninchenspirochätose.

Die *histologischen* Veränderungen bei der Kaninchenspirochätose sind von
ADACHI, LEVADITI, WARTHIN und NOGUCHI beschrieben. Stets sind die pathologischen Vorgänge, die sich in der Haut abspielen, oberflächlicher Natur. Es
fehlt stets eine perivasculäre Infiltration im Bereiche der entzündeten Haut-
flächen. Nach WARTHIN ähnelt das histologische Krankheitsbild den chronischen
infektiösen Granulomen, die teilweise papillomatösen oder condylomatösen
Charakter besitzen. Nach SEIFRIED finden sich in den Frühstadien in den oberen
Teilen des Coriums Infiltrate, die aus Lymphocyten, Polynuclearen, seltener
Eosinophilen bestehen. Das Epithel weist über dieser Zone eine Schichten-
verdickung auf und eine Einwanderung der Zellelemente des Blutes. An den
gewöhnlich hyperämischen Blutgefäßen ist zum Unterschied von den syphilitischen Hautveränderungen, die durch die Spirochaeta pallida bedingt sind,
eine vasculäre Infiltration nicht nachweisbar. Die Spirochaeta cuniculi ist im
Epidermisepithel leicht und reichlich festzustellen.

Im *chronischen Stadium* tritt die Rundzelleninfiltration zurück, und die
Proliferation der Histiocyten rückt in den Vordergrund. Auch Plasmazellen
werden bis in die Papillenspitzen hinein angetroffen. Die Blutgefäße sind in
diesem Stadium verödet und verdickt. Nach der Abheilung der spezifischen
Hautentzündung sieht man wenig bleibende Veränderungen; nur eine schmale
Zone Narbengewebe unter dem Epithel bleibt bestehen.

2. Die Pseudotuberkulose der Nager, Pseudotuberculosis rodentium.

Die *Pseudotuberkulose,* die durch den Bacillus pseudotuberculosis rodentium
hervorgerufen wird (s. den Abschnitt Bakteriologie), ist beim Kaninchen am
häufigsten beobachtet worden, doch wird auch über Spontaninfektionen beim
Meerschweinchen, bei der weißen und grauen Maus und bei der weißen Ratte berichtet. Während die pathologischen Veränderungen der inneren Organe nach der
Infektion mit dem *Bacillus pseudotuberculosis* mannigfaltig und in den verschiedensten Organen lokalisiert sind, obwohl klinisch eine auffallende „Symptomen-
armut" (DELBANCO) besteht, findet man äußerst selten Spontaninfektionen
der Haut oder metastatische Veränderungen in ihr.

In einem Falle einer Spontaninfektion der Haut beim *Meerschweinchen* konnten von
mir in der Subcutis pfefferkorngroße bis kirschkerngroße Abscesse gefunden werden, die
die Haut kugelabschnittförmig hervorwölbten. Eine bindegewebige Kapsel umschloß
den Inhalt, der aus weißlichem, rahmartigem Eiter bestand. Eine Verkäsung oder Nekrose
war nicht festzustellen.

Histologisch besteht die Kapsel der Abscesse aus einem Granulationsgewebe und ge-
wuchertem Bindegewebe. Bis in das Stratum papillare, in die Cutisleisten hinein herrscht
eine lebhafte Zellunruhe. Die Fibroblasten sind vermehrt, und Lymphocyten zusammen
mit vielen Plasmazellen, weniger Leukoxyten, durchsetzen das Geflecht der kollagenen
Fasern. Die Blutgefäße sind erweitert und prall gefüllt. Eine deutliche perivasculäre
Infiltration besteht nicht, dagegen ist in allen Gefäßen eine starke Schwellung der Endothelien
erkennbar. Die kollagenen Fasern färben sich schlecht und schwach. Nach der Subcutis
hin sind die kollagenen Fasern vermehrt und besser färbbar. Die Histiocyten liegen als
große runde Zellen zwischen reichlich neugebildeten Fibroblasten. Das junge, neugebildete
Bindegewebe, in dem auch die Gitterfasern vermehrt sind, umschließt den Abscessinhalt.
Er besteht aus Rundzellen, in denen die Lymphocyten stärker als die Leukocyten vertreten
sind. Auch größere Monocyten liegen in der Zellmasse.

Das *Epidermisepithel* über dem Absceß ist eigenartig verändert. Zunächst
besteht eine Spaltbildung zwischen dem Corium und der Epidermis, die vom
Bindegewebe durch den Exsudatstrom abgehoben ist. Besonders die Epithelien
im Stratum spinosum sind stark vergrößert, kugelig gebläht und vakuolen-
haltig. Ein Zwischenzellödem führt zur Spongiose. Die Zellgrenzen sind verschwommen, die Zellkörper fließen ineinander und bilden so größere, wabige
Hohlräume, die von Protoplasmafäden durchzogen sind. Im Epithel liegen
Lymphocyten. Auch die Basalzellenschicht ist teilweise in derselben nekrobiotischen Art verändert. Das Stratum granulosum ist undeutlich konturiert.
Die einzelnen Zellen sind in ihren Umrissen nicht mehr erkennbar. Die Keratohyalingranula, die sich stark färben, liegen teils einzeln, teils zusammenge-
sintert in Klümpchen auf dem Stachelzellenlager.

Ganz besonders auffällig sind im ganzen Absceßbereiche die *chromato-
lytischen Kernveränderungen.* Am stärksten findet man die Kerne der Epithelzellen in der Epidermis geschädigt. Die Kerne färben sich schlecht. Andere
sind geschrumpft, ihr Umriß ist zackig, das Chromatin klumpig und dunkel
tingiert, so daß das Bild der Pyknose entsteht. Manchmal ist der Kern frag-
mentiert und zerklüftet, eine Karyorrhexis tritt ein, stärker noch als sie beim
Malleus beobachtet wird. Wieder andere Kerne zeigen eine Anhäufung von
Chromatinbruchstückchen an der Peripherie der Kernmembran, also eine
Kernwandhyperchromatose. Auch die Bindegewebszellkerne des neugebildeten
Granulationsgewebes zeigen, wenn auch in bedeutend schwächerer Form, einen
Zerfall des Kernes in feinere und gröbere Körnchen. Seltener ist an den Zellen
des Absceßinhaltes eine Kerndegeneration zu erkennen, doch sind diese Zellen
im allgemeinen auch in ihrem Protoplasma stark dystrophisch.

3. Die Aktinomykose

(s. Kapitel Bakteriologie), Strahlenpilzerkrankung der Haut ist beim *Kaninchen* im Anschluß an die aktinomykotische Infektion des Unterkiefers beobachtet (SUSTMANN [s. auch den Abschnitt Bakteriologie]). Die Erkrankung an Aktinomykose, veranlaßt durch den *Streptothrix actinomyces*, ist nach SEIFRIED beim Kaninchen außerordentlich selten, bei den übrigen Nagern hat man sie noch nicht festgestellt. Die aktinomykotischen Knochenveränderungen, die walnußgroß werden können und an den Unterkieferästen lokalisiert sind, brechen durch die Haut und lassen Fisteln in der Haut entstehen, die dauernd einen dünnflüssigen Eiter sezernieren und zu einem Zusammenkleben der Haare, zu Haarausfall und lokaler, nässender Dermatitis führen. Die sekundäre Hautaktinomykose tritt in Form teigiger, harter Infiltration der Haut und derber unregelmäßig gestalteter Geschwüre auf. In dem dünnflüssigen, blutig-serösen und eitrigen Sekret, das sich aus den Fisteln entleert, lassen sich die Aktinomycespilzdrusen makroskopisch in Form von blaßgelben Körnern und auch mikroskopisch nachweisen.

Histologische Untersuchungen der Hautaktinomykose beim Kaninchen sind bisher nicht mitgeteilt worden.

e) Die Geschwülste der Haut (s. Kapitel Tumoren).

Primäre Geschwülste der Haut der kleinen Laboratoriumstiere kommen außerordentlich selten vor.

Gutartige Hauttumoren sind überhaupt bisher nicht festgestellt worden. SLYE, HOLMES und WELLS fanden unter 28 000 Mäusen, die eines natürlichen Todes gestorben waren, 71 Haut- und Mundkrebse und 2 Adenome der MEIBOM*schen Drüsen.* Über Hautgeschwülste beim Kaninchen und der Ratte ist mir im Schrifttum nichts bekannt geworden.

1. Bösartige Bindesubstanzgeschwülste, Sarkom.

O. LUBARSCH und KLEINKUHNEN beschreiben beim Meerschweinchen eine Neubildung, die über apfelgroß war und am Rücken sich entwickelte. Die Geschwulst nahm ihren Ursprung in der Unterhaut und zeigte ein infiltrierendes malignes Wachstum in der nachbarlichen Muskulatur und eine Verwachsung mit der Rückenwirbelsäule. Das Geschwulstgewebe war sehr blutreich, und zahlreiche Nekrosen konnten auf den Schnittflächen festgestellt werden. *Histologisch* erwies sich der Tumor als ein großzelliges Spindelzellensarkom. Stellenweise waren die Zellen vielgestaltig, ja Riesenzellen kamen sogar vor.

2. Bösartige, epitheliale Geschwülste.

Der Hornstrahlentumor, Trichokoleom, Tumeur molluscoide (BORREL-HALAAND) der Maus.

TEUTSCHLAENDER gibt eine ausführliche Schilderung von 9 Fällen, darunter 2 eigenen dieses eigenartigen Tumors. Es handelt sich nicht um eine besondere Wuchsform eines gewöhnlichen Carcinomes, sondern ein biologisch, morphologisch, vielleicht auch histogenetisch eigenartiger Plattenepitheltumor liegt vor, der bisher nur bei der *Maus* beobachtet wurde.

Die Geschwulst wird meist im Bereiche der Milchdrüsenbezirke im Unterhautgewebe gefunden und ist bald breitbasig, bald gestielt mit der Unterlage und Nachbarschaft verbunden. Entweder wird er von normaler Haut überzogen, oder er ist ulceriert. Die Geschwulst ist ausgezeichnet durch ihren lappigen, sehr regelmäßig radiären Bau, durch sich dichotomisch verzweigende Hornstrahlen und eine peripherische Blindsackbildung. Mehrere birnförmige Lappen erkennt man auf dem Durchschnitt, deren Spitzen nach dem Zentrum zusammenfließen. Das organoide Blastom enthält in einem spärlichen Stroma ein ausgedehnt verhorntes epitheliales Parenchym (Abb. 159). Die Zellschläuche teilen sich von Zeit zu Zeit dichotomisch, und die peripherischen Teile der Geschwulstausläufer sind zu cystoiden Hohlräumen umgestaltet. Dem planmäßigen und komplizierten organoiden Wachstum ist merkwürdigerweise eine bedeutende Malignität mit destruierendem Wachstum vergesellschaftet, so daß die Bezeichnung Carcinom nicht völlig zutrifft und mit Recht ein besonderer Name für die Geschwulst geprägt wurde. Das Wachstum der Geschwulst entspricht den von HEIDENHAIN für die Speicheldrüsen festgestellten Gesetzen des dichotomischen Wachstums. Es läßt sich nicht mit Sicherheit beweisen, ob der Tumor von den Ausführungsgängen der Mamma oder einem Haarfollikelkeim ausgeht.

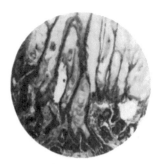

Abb. 159. Trichokoleom, Haut der Maus. Das Epithel umschließt Hohlräume, die mit eiweißhaltigen Massen gefüllt sind. Obj. Zeiß AA (10) Phoku Obj. L 4,7; Vergrößerung 47 mal.

Nimmt man die letztere Möglichkeit an, so wäre die Bezeichnung *Trichokoleom*, Haarscheidentumor angebracht.

TEUTSCHLAENDER erklärt die Histogenese etwa folgendermaßen. Ob die Entstehung aus dem Ausführungsgang der Mamma oder aus einem Haarfollikel zu denken ist, in jedem Falle entwickelt sich wahrscheinlich durch Spaltung und Verlagerung des Keimes eine kleine Epithelcyste. Aus dieser Cyste entsteht durch Knospung zunächst ein sternförmiges Gebilde, dessen Strahlen durch wiederholte Knospenbildung und dichotomische Teilung zu Strahlenbäumchen werden, von denen mehrere zusammen einen Geschwulstlappen bilden. Das Epithel der Strahlen, auch die Basalzellenschicht, ist verhornt. Die innersten Hornschichten der Strahlen sind zum Teil aufgelockert. Stellenweise umschließen sie unregelmäßig geformte Hohlräume, welche eiweißhaltige Massen oder Flüssigkeit enthalten, oder sie sind mit Kalksalzen imprägniert. Im Gegensatz zu diesem weitgehend degenerierten Parenchym ist das Stroma der Geschwulst noch leidlich erhalten. Es ist meist ödematös aufgelockert, leukocytär infiltriert und mit Blutungen durchsetzt. Ganz im Zentrum des Blastoms ist auch das Stroma zugrunde gegangen. Infolge der thrombosierten Gefäße und einer damit zusammenhängenden völligen Blutleere kommt die Stromanekrose zustande.

R. KLINGER und F. FOURMAN beschreiben *Talgdrüsencarcinome* bei der *Maus*. Eine Geschwulst hatte ihren Sitz hinter dem Ohr und ulcerierte. Warzig papilläre Wucherungen der peripherischen Abschnitte wurden beobachtet. *Histologisch* bestand das Blastomgewebe aus Epithelzellen, die in der Cutis infiltrierend wuchsen und aus carcinomatös entarteten Talgdrüsen. Die Ausbreitung der Geschwulst in der Subcutis war pilzartig. Bei größeren Tumoren kam es zu zentraler Erweichung mit Bildung zahlreicher Hohlräume. An den Zellen der Epithelstränge lag eine deutliche Verhornung vor; andere Zellgruppen bildeten Zellnester, die in Anordnung und Struktur Talgdrüsen entsprachen.

f) Dermatomykosen.

1. Herpes tonsurans, Glatzflechte.

Die Glatzflechte ist eine ansteckende Hauterkrankung, die bedingt wird durch einen Pilz, das *Trichophyton tonsurans*. Haarausfall und umschriebene kahle Stellen sind die Folgen der Pilzdermatitis (s. auch Kapitel Bakteriologie).

Die *Trichophytie* kommt als spontane Infektion der Haut beim *Kaninchen* sehr selten vor; sie ist beim *Meerschweinchen*, bei der *Maus* und *Ratte* als Spontanerkrankung nicht bekannt. Während die künstliche Infektion von Meerschweinchen mit dem Trichophyton gelingt, scheint die Ratte, auch das jugendliche Tier, eine erhebliche Widerstandsfähigkeit gegen die künstliche Trichophyteninfektion zu besitzen und nur eine schnell vorübergehende Hautentzündung ohne spezifische Merkmale zu erlangen.

Die *Trichophytiepilze* sind Epithelparasiten. Sie bilden 1—4 μ dicke, längliche, gestreckt oder wellig verlaufende Mycelfäden und rundliche Sporen. Zum Teil sind die Hyphen gegliedert, zum Teil scheidewandlos und stellenweise gabelförmig verzweigt. Die Sporen oder Konidien sind rundlich oder längsoval geformt und stark lichtbrechend. Sie entstehen exogen bei den hautparasitären Fadenpilzen nur in künstlichen Kulturen, während die regelmäßige Art der Fortpflanzung in der Haut und in den Haaren die endogene Sporenbildung darstellt. Das Trichophyton tonsurans findet sich beim Tier fast stets als *Ektothrixvarietät,* d. h. der Parasit siedelt sich nur im Haar an, verschont aber dessen Umgebung (JESIONEK).

Da die Erkrankung auf die Epidermis beschränkt bleibt, kann diese Pilzerkrankung auch als *Epidermidomykose* bezeichnet werden; nach der Heilung tritt eine völlige restitutio ad integrum ein. Beim Favus, der eigentlichen Dermatomykose, kommt es zu Zerstörungen des Bindegewebes, und Narbenbildung nach der Abheilung ist die Folge.

Das Trichophyton als reiner Epidermophyt siedelt sich nur in den Hornmassen der Epidermis an und vermehrt sich hier. Es dringt auch in die Haarbälge ein und bildet im Haar dichte Mycelien. Infolge der Infektion der Haarwurzeln treten Entzündungsvorgänge ein, die zum Haarausfall führen. Niemals werden die Trichophytiepilze im bindegewebigen Anteil der Haut gefunden.

Nach SEIFRIED befällt der Herpes den Kopf, Hals und die Extremitäten, doch kann sich die Trichophytie von diesen Stellen auch auf die übrigen Körperteile fortpflanzen. Auf der Haut entstehen allmählich haarlose Stellen, die scharf umrissen, und auf denen die Haare ausgefallen sind. Der Durchmesser der kahlen Stellen beträgt etwa 1—2 cm. Nicht selten tritt die Trichophytie lediglich als eine Alopecie auf. In den meisten Fällen werden aber entzündliche Vorgänge in der Haut beobachtet. Feine Schüppchen und Borken sind auf die haarlosen Stellen der Haut aufgelagert. Die geschwollenen Haarfollikel heben sich als dunkelrote, hirsekorngroße Knötchen von der nachbarlichen Haut ab. In anderen Fällen nimmt die Hautveränderung einen mehr papulösen Charakter an. Die in den Haarbälgen wachsenden Pilze, welche die Haarschäfte mantelförmig umhüllen, erzeugen eine eitrige Folliculitis und Perifolliculitis, in deren Verlauf das gelockerte Haar bald ausfällt. In alten Fällen ist die Haut völlig glatt und nur mit kleieartigen Auflagerungen versehen (SEIFRIED).

2. Favus, Erbgrind,

Wabengrind, Tinea favosa, Dermatomycosis achorina. Der Favus ist eine ziemlich seltene, kontagiöse Pilzerkrankung der Haut, die durch das *Achorion Schoenleinii* hervorgerufen wird.

Nach GANS ist der Erreger des Mäusefavus das *Achorion Quinckeanum* und *Achorion gypseum Bodin,* während allein für den Menschen das *Achorion Schoenleinii* pathogen ist. Die Krankheit findet sich spontan am häufigsten bei Mäusen, dann beim Kaninchen und bei Ratten. Meerschweinchen scheinen sich gegen eine spontane Ansteckung refraktär zu verhalten (s. auch Kapitel Bakteriologie).

Charakteristisch ist für die durch den Achorionpilz hervorgerufenen Hautveränderungen die Bildung von scheibenförmigen, dicken, in der Mitte vertieften und infolgedessen schüssel- oder schildförmigen Borken von schwefelgelber oder weißgelber Farbe.

Der Pilz ist in den schüsselförmigen Hautauflagerungen enthalten in Form von glasig homogenen oder etwas gekörnten, wellig verlaufenden Hyphen, die etwa 3—5 μ dick sind. Zuweilen sieht man eine verzweigte Gabelung der Pilzfäden, die an den Enden keulenförmig verdickt und in ihrem Verlaufe stellenweise kolbig aufgetrieben und dadurch eigentümlich knorrig erscheinen. In der Mitte des Mycelhaufens liegen die 3—6 μ großen, kugeligen oder eiförmigen, oder was am häufigsten ist, rechteckigen Sporen, die doppelt konturiert sind. Außer Zerfallsmassen, Fetttröpfchen und Epidermiszellen fehlen sonstige Bestandteile im Scutulum.

Bei *Mäusen* und *Ratten* ist, wie SCHINDELKA mitteilt, die Haut des Kopfes am häufigsten Sitz der Veränderungen. Man findet bei diesen Tieren entweder kleine, plattgedrückte, gedellte, schwefelgelbe und weißgelbe Scutula, die etwa linsengroß sind oder umfangreichere, trockene, mörtelartige Krusten von gelblichweißer Farbe und stark zerklüfteter Oberfläche. Die Krusten enthalten in großen Mengen Hyphen und Sporen des Favuspilzes. Die Haut in der Nachbarschaft der Scutula ist völlig haarlos. An den Ohrmuscheln und zwar besonders an deren innerer Fläche findet man am häufigsten die typischen Scutula. Dagegen ist die Haut des Gesichtes zwischen den Augen und Ohren mit dicken Borken belegt. Gewöhnlich sind die Hautveränderungen am Kopfe so massig, daß die Augen mit Krusten bedeckt und der Gehörgang mit ihnen ausgefüllt ist. Unter den Borkenlagern ist die Haut atrophisch. SHERWELL fand bei Mäusen oft, daß nach dem Abheben der Krusten nicht nur die Haut und das Schädeldach zerstört waren, sondern daß die Pilzwucherungen auch in der Schädelhöhle sich angesiedelt hatten. Auch die Abstoßung der Ohrmuschel wird beobachtet.

Auch beim *Kaninchen* hat der Favus seinen Lieblingssitz am Kopf und am Grunde der Ohren, doch werden auch die Pfoten und andere Körperstellen von der Pilzinvasion befallen. Meist bilden sich auch hier gut entwickelte Scutula aus, die in der Mitte einen Haarbüschel besitzen. Bisweilen sieht man nur etwa 1 cm breite flachkugelige oder bröckelige Borken mit weißlichem, staubförmigem Inhalt aus Sporen des Achorionpilzes. SAINT-CYR sah beim Kaninchen die Favusherde über den ganzen Körper verteilt, die in Form von trockenen gelben Platten und größeren Komplexen sich vorfanden. An den stärker behaarten Körperteilen pflegt die Schildbildung auszubleiben.

Hebt man die sich leicht lösenden Schildchen und Borken von der Unterlage ab, so liegt der gerötete, nässende, glänzend rot aussehende Papillarkörper frei. Er ist leicht eingesenkt. Eigentümlich ist der Geruch der favuskranken Haut, der an Schimmel oder Mäuseurin erinnert. Wenn sich die Krusten abgestoßen haben, kann eine Heilung durch Epithelneubildung erfolgen; an den sich entwickelnden Narben bleibt das Haarwachstum aus.

Histologisch bestehen die Scutula aus zahlreichen Sporen und kurzen Mycelien, die sich seitlich verzweigen und an ihrem Ende häufig in kurze, unregelmäßige Glieder zerfallen. Die Conidien liegen im Zentrum, an der Peripherie dagegen sind die Hyphen angeordnet, die sich wie Wurzeln in die Tiefe senken. Das Scutulum nimmt seinen Ausgang mit Vorliebe vom Infundibulum eines Haarbalges. Es breitet sich von hier zur Oberfläche hin aus und hebt das anfänglich darüber lagernde Stratum corneum in die Höhe, das schließlich einreißt und den Pilzkuchen frei zutage treten läßt (GANS). Meist besteht eine lebhafte Wucherung der Stachelzellenschicht, allmählich aber schwinden durch den Druck des Scutulum das Stratum corneum und granulosum, das Stachelzellenlager plattet sich ab. Das gesamte Haar ist bis in die Nähe der Papille von Pilzfäden durchzogen, ja von einem Pilzmantel eingehüllt, der zwischen Stachelzellenschicht und Wurzelscheide in die Tiefe dringt. Das Haar kann durch die Pilzwucherung verdickt und unregelmäßig aufgetrieben erscheinen.

In der Cutis liegen perivasculäre Infiltrate des Papillarkörpers vor, die vorwiegend aus Lymphocyten und Plasmazellen bestehen. Die Blutgefäße sind erweitert und stark gefüllt. Die toxische Wirkung der Pilze bedingt eine Auflockerung und einen Schwund der kollagenen und elastischen Fasern. Eine Bindegewebsneubildung findet nicht statt. Ein ausgeheilter Favusherd besitzt daher nur eine stark verschmälerte Cutis, eine Art Narbe ist entstanden.

g) Die zooparasitären Erkrankungen der Haut.

1. Epizoonosen.

Arachnoidea. Die durch *Arthropoden* verursachten Hautveränderungen sind, wenn man von der wichtigsten, der *Scabies* absieht, wenig charakteristisch.

Unspezifische Entzündungen meist leichterer Natur entstehen nach dem Befall der Kaninchenhaut durch die *Ixodinae* und *Argasinae.*

Von den *Trombidiidae* ist es die Larvenform des *Trombidium holosericeum,* die Herbstgrasmilbe, *Leptus autumnalis,* die auf der Kaninchenhaut, über andere Laboratoriumstiere wird im Schrifttum nicht berichtet, einen pustulösen Hautausschlag bewirken kann. Besonders am Kopf, an den Augenlidern, den Ohren, an Unterbrust, Unterbauch und an der Innenfläche der Extremitäten, sowie an den Genitalien treten nach SEIFRIED hanfkorngroße Punkte und Blutungen auf, aus denen sich bald kleine Knötchen und Pusteln entwickeln. In späteren Stadien des Parasitenbefalles entwickeln sich aus den anfänglichen Veränderungen bis markstückgroße, hyperämische Stellen, an denen die Haare ausgefallen sind. Auch ulceröse Dermatitiden können sich auf dem Boden der geschilderten Veränderungen entwickeln.

Erytheme und punktförmige Blutungen entwickeln sich, wenn auf der Haut *Cheyletiella parasitivorax, Listrophorus gibbus* und *Leiognathus suffuscus* schmarotzen.

2. Dermatozoonosen.

Während bei den *Epizoonosen* die Parasiten nur gelegentlich die Haut aufsuchen, sich aber nicht in ihr ansiedeln, dringen bei den *Dermatozoonosen* die Schmarotzer, meist handelt es sich um Milben, in die Haut ein.

a) *Scabies, Räude.*

Besonders beim *Kaninchen* und bei der *Ratte* sind die verschiedensten Räudeformen ziemlich häufig und stellen nicht nur lokale Hauterkrankungen vor, sondern es entwickeln sich nicht selten daraus tödliche Allgemeinleiden.

Die Räudemilben, *Sarcoptidae* gehören zur Gattung der *Arachnoidea* und zur Ordnung der *Akarina.* Sie sind rundliche Gliedertiere, die schon mit bloßem Auge erkennbar sein können, da ihre Größe 0,2—0,3 mm beträgt. Das Larvenstadium der Sarcoptidae besitzt 3 Beinpaare, das reife Tier 4 fünfgliedrige Beinpaare, die mit Borsten und Krallen, mit Saug- und Haftscheiben ausgestattet sind. Kopf, Thorax und Abdomen sind nicht geteilt, sondern bilden ein Ganzes. Die Kiefer besitzen Freßwerkzeuge, die sägeförmig, scheren- und borstenförmig gestaltet sind. Der Rumpf der Sarcoptidae ist mit Borsten, Haaren, Dornen und Stacheln bewehrt. Stets sind die Weibchen größer als die Männchen.

NÖLLER und SHILSTON haben festgestellt, daß aus den Eiern schon nach 2—3 Tagen Larven ausschlüpfen können. Nach 2 Tagen haben sich die Larven zu Nymphen entwickelt und nach weiteren 3—4 Tagen bilden sich diese zu geschlechtsreifen Individuen um. Demnach kann der Entwicklungsgang in 10 Tagen beendet sein. Nach der Eiablage am Wirtstier leben die Weibchen nur 3—6 Wochen, die Männchen sterben erst nach 5—6 Wochen (s. auch Kapitel Parasiten).

Die Kaninchenräude. In der Haut des Kaninchens schmarotzen 3 verschiedene Räudemilben: die *Sarcoptesmilbe,* die *Dermatocoptesmilbe,* die *Dermatophagusmilbe.*

Die Sarcoptesräude des Kaninchens wird durch *Notoëdres cuniculi,* s. Sarcoptes minor, hervorgerufen. Da gewöhnlich diese Räudeform am Kopf lokalisiert ist, nennt man sie auch Kopfräude.

Notoëdres cuniculi hat folgende Kennzeichen: Das Männchen ist 142—155 μ lang und 120—125 μ breit, das Weibchen ist 215—235 μ lang und 160—175 μ breit. Die Körperform ist rundlich. Nur auf schwarzer Unterlage kann die Milbe mit bloßem Auge gerade noch erkannt werden. Es sind 12 Rückendornen und Schulterstacheln sowie Hüftdornen vorhanden. Der Rücken besitzt keine oder nur stumpfe Schuppen. Die Analöffnung liegt dorsal nahe dem Hinterrande des Abdomen. Stigmen und Tracheen fehlen ebenso wie die Augen (s. auch Kapitel Parasiten).

Die Stellen der Milbeninvasion der Haut des Kopfes sind durch punktförmige Rötungen, Bläschenbildung und Haarausfall gekennzeichnet. An den kahlwerdenden Hautpartien sieht man übereinander gelagerte asbestgraue Schüppchen (GMEINER). Die Genese der Hautveränderungen ist so zu erklären, daß die Milben mit ihren scherenförmigen Mandibeln Gänge in die Hornschicht der Epidermis bohren.

Die *Primärläsion* der Räudeerkrankung ist demnach der *Milbengang,* der nie bis in das Stratum spinosum hinabreicht. Die Bohrgänge, die gewunden verlaufen, communicieren vielfach mit der Hautoberfläche. Im fortgeschrittenen Stadium der Erkrankung entsteht durch den Reiz der wandernden Milbe und deren Stoffwechselprodukte eine Entzündung. Es sammelt sich Exsudat an, der Hohlraum der Kanäle und ihre Umgebung ist mit Serum, roten und weißen Blutkörperchen ausgefüllt. Das Epithel wuchert acanthotisch, eine Bläschenbildung und Spongiose kann in ihm in Erscheinung treten. Die Folge der Exsudation und Epithelproliferation ist das Auftreten anfänglich geringerer, später mächtigerer Auflagerungen parakeratotischer Hornmassen. Es bilden sich zerklüftete, klebrige, sich fettig anfühlende, gelblichgraue Krustenmassen, die bis zu einer Dicke von 1 cm und darüber anwachsen können und sich über alle Teile des Kopfes ausdehnen. Namentlich an der Nase und in der Umgebung der Augen sind die Auflagerungen charakteristisch. Gewöhnlich sind beide Augenlider kranzartig, radiär, von solchen gelbbraunen, etwa $1/2$ cm dicken Schuppen bedeckt, die sich scharf von der gesunden Nachbarschaft abheben. Selten findet man einen Übergang der Scabies vom Kopf auf den Nacken, und nur in ganz vorgeschrittenen Fällen sind auch die übrigen Körperregionen von der Räude ergriffen.

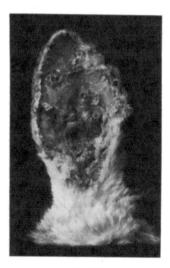

Abb. 160.
Ohrräude beim Kaninchen. Gehörgang und Ohrmuschel mit bröckeligen, blätterteigähnlichen Massen angefüllt. Aus O. SEIFRIED: Die wichtigsten Krankheiten des Kaninchens. München 1927.

Die *Histologie* der Sarcoptesveränderungen soll bei der Sarcoptesräude der Ratte abgehandelt werden.

Außer Sarcoptes minor kommt nach GMEINER beim Kaninchen auch *Sarcoptes squamiferus* vor (Sarcoptes praecox, Sarcoptes scabiei, var. cuniculi), doch ist diese Milbenart in Deutschland seltener als in Frankreich und Italien.

Sarcoptes squamiferus ist bedeutend größer als Sarcoptes minor. Die Maße betragen: Männchen 220—250 μ lang, 170—180 μ breit, Weibchen 410—440 μ lang, 320—340 μ breit. Die Analöffnung liegt nach GMEINER terminal, die Rückenschuppen sind spitz und zahlreich. Die Hüftdornen sind am Grunde breit und mäßig zugespitzt (s. auch Kapitel Parasiten).

Die durch den Sarcoptes squamiferus hervorgerufenen Hautveränderungen sind nicht allein am Kopf lokalisiert, sondern werden am ganzen Körper angetroffen, wo sie mit schweren borkenartigen Auflagerungen einhergehen.

Von BARDELLI wurde eine bei jungen *Kaninchen* und auch beim *Meerschweinchen* durch *Dermatoryctes mutans* (Sarcoptes mutans, Cnemidocoptes mutans) bedingte Räudeform beobachtet.

Die Milbe parasitiert gewöhnlich am Huhn und ruft hier die sog. Fußräude hervor. Die Kennzeichen der Dermatoryctesmilbe sind:

Männchen 190—200 μ, Weibchen 410—440 μ lang. Der Körper ist plump und schildkrötenartig, der Kopf kegelförmig oder stumpf. Die 4 Beinpaare sehen stummelförmig aus.

Auf der Haut des Kaninchens und Meerschweinchens treten nach der Invasion durch diese Milbe Abschilferungsherde auf, die sich schnell über den Körper mit Ausnahme der Extremitäten und des Kopfes ausbreiten. Weiße Flecke liegen dicht aneinander und enthalten zahlreiche Milben (s. auch Kapitel Parasiten).

Die *Dermatocoptesräude* ist beim Kaninchen als *Ohrräude* bekannt; ihr Erreger ist *Dermatocoptes cuniculi* (Psoroptes cuniculi, Dermatodectes cuniculi, Psoroptes communis, var. cuniculi, Psoroptes longirostris, var. cuniculi).

Das Männchen ist 580—680 μ lang und 370—450 μ breit, das Weibchen ist 760—860 μ lang und 450—540 μ breit. Das Männchen hat eine rundliche Körperform, beim Weibchen ist sie mehr eiförmig. Die Milben lassen sich, da sie erheblich größer als die Sarcoptesmilben sind, sehr leicht mit bloßem Auge erkennen. Ihre Farbe ist gelbbraun. Der Rücken ist schwach gepanzert und mit zwei großen Schulterborsten besetzt. Beim Weibchen befinden sich am Hinterleib beiderseits der Analöffnung noch je 3 Hinterrandborsten, außerdem am Hinterrande des Abdomen die Kopulationsöffnung. Beim Männchen sind neben der terminal gelegenen Analöffnung Haftnäpfe (Analnäpfe) gelegen, die bei der Begattung eine Rolle spielen (SEIFRIED, [s. auch Kapitel Parasiten]).

Die Ohrmuscheln von Kaninchen mit *Dermatocoptesräude* sind angefüllt mit gelben, lockeren, blätterigen, fettigen Krusten, in denen die Milben vegetieren. Der Grund der Ohren ist der Lieblingssitz der Parasiten. Besonders die Vertiefung der Ohrmuschel über dem äußeren Gehörgang und zwischen den Kammfalten an der inneren Ohrmuschelfläche ist eine Prädilektionsstelle (Abb. 160).

Die Milben benutzen das Sekret der Cutis zur Ernährung, das sie durch Verletzungen mittels ihrer Mundwerkzeuge gewinnen. An der Stelle des Stiches der Milbe durch die Epidermis in die Cutis hinein entsteht ein kleines Knötchen, das auf der Ohrhaut blaßrot aussieht. Es füllt sich mit seröser Flüssigkeit und bildet sich so zu einem Bläschen um, das mit rein serösem oder serös-eitrigem oder eitrigem Inhalt gefüllt ist. Das Anfangsstadium dieser Räude ist also im Gegensatz zur Sarcoptesräude ein *papulovesiculöses*. Da viele Milbenstiche dicht nebeneinander liegen, fließen die Bläschen zusammen und ordnen sich zu größeren Blasen, die von einem roten Saum umschlossen sind, an. Das Exsudat trocknet ein. So kommt es, daß die Innenfläche des Ohres gerötet, höckerig und warzig erscheint. Durch Wasserverdunstung wandeln sich die Exsudatmassen in gelbliche oder gelblichbraune, fettige, schmierige Krustenmassen um. Durch den dauernden Reiz der Milbenstiche, welche eine Entzündung der Haut unterhalten, vermehren sich die Krusten, sie verkleben miteinander und nehmen eine trockene Konsistenz an. Schließlich erhalten die Auflagerungen die Gestalt von geschichteten, blätterigen, pulverigen, lockeren, gelbbraunen bis braunen, zerklüfteten Massen, welche die ganze Ohrmuschel ausfüllen können, so daß das Ohr steif, ja vollkommen starr erscheinen kann. Die Haut ist bedeutend verdickt und gerötet. Entfernt man die Krusten, so liegt die Cutis, von der Epidermis entblößt, frei und ist leicht ulceriert und feucht.

Bleibt der Krankheitsvorgang nur auf die Ohrmuschel beschränkt, so wird er vom gesunden Gewebe durch einen roten Saum abgegrenzt. Viel häufiger jedoch ist der äußere Gehörgang ebenfalls infiziert und von einer gelben, fötiden, schmierigen, oft aber auch mehr trockenen Masse erfüllt, die aus Epidermiszellen, Eiterzellen, Krusten und Borken und aus Milben besteht. Nicht selten schreitet der Prozeß auch nach Perforation des Trommelfelles in das Mittelohr und innere Ohr fort. Die Paukenhöhle, das Felsenbein, ja die Meningen sind eitrig entzündet.

GMEINER machte einmal die sehr seltene Beobachtung, daß von dem erkrankten Ohr eine Weiterverbreitung der Erkrankung auf die Haut des Nackens statthatte. Auch Teile des Halses und Rückens und die Interdigitalhaut waren erkrankt.

GALLI-VALERIO stellte bei einem Kaninchen mit Ohrräude auch Hautveränderungen an der Nase und den Lippen fest. SCHINDELKA und ZÜRN sahen in der Haut des Nasenrückens durch die Dermatocoptesmilbe besonders schwere Nekrosen auftreten. Von JOWETT wurde über Dermatocoptesräude auch an den Backen, an der Schulter und an der Brustwand berichtet. Jakob fand in seltenen Fällen die Haut in der Umgebung der Ohren miterkrankt.

Scabies der Ratte, Rattenkrätze, Rattenräude. Die *Rattenkrätze* ist bei zahmen und wilden Ratten sehr häufig und kann epizootisch auftreten. Besonders bei älteren Tieren haftet die Milbeninvasion leicht, doch bereits bei jungen, 3 Wochen alten Ratten können die Hautveränderungen beginnen und im Alter von 2 Monaten schon sehr umfangreich sein. Bunte Ratten sollen nach Teutschlaender besonders für die Räude disponiert sein, doch habe ich wiederholt bei albinotischen Tieren ausgedehnte Erkrankungen und sehr schnelle Verbreitung des Leidens beobachtet. Die Rattenkrätze hat deswegen eine gewisse geschichtliche Bedeutung, weil sie in eine ursächliche Beziehung zur *Carcinomentstehung* bei der Ratte gebracht wurde.

W. Schürmann machte schon darauf aufmerksam, daß die am Ohr entstehenden Borken eine gewisse Ähnlichkeit mit spitzen Kondylomen besäßen. Teutschlaender betonte zuerst, daß die korallenstock- oder hirschgeweihähnlichen Veränderungen an den Ohren in vorgerücktem Zustande der Rattenkrätze nichts mit einer papillomartigen, fibroepithelialen Proliferation zu tun haben, sondern einen reaktiven und Destruktionsvorgang der Epidermis und des Coriums, darstellen. Noch niemals wurde auf dem Boden der Scabiesveränderungen eine Geschwulstentwicklung beobachtet, auch als präcanceröser Zustand ist demnach die Scabies der Ratte nicht aufzufassen.

Die für die Ratte pathogene Sarcoptesmilbe unterscheidet sich von der Sarcoptes scabiei hominis nur dadurch, daß der Bauch keine dicken Chitinanhänge zeigt und die Saugscheiben kürzere Stiele haben. Es wird auch mitgeteilt, daß der Scabieserreger der Ratte nur eine Anpassungsform des *Notoëdres cati*, des Erregers der Katzenräude ist. Die Länge der Milben beträgt 0,27 mm, ihre Breite 0,21 mm. Die Eier sind 0,12 mm groß. Eine Übertragung der Milben der Rattenkrätze auf Mäuse und Meerschweinchen blieb in Versuchen Schürmanns erfolglos, dagegen ist eine Übertragung auf den Menschen wiederholt beobachtet.

Manche Hautstellen der Ratte sind für die Entstehung der typischen Scabiesveränderungen disponiert, z. B. die Ohren, die Nase, die Umgebung der Mundöffnung, die Dorsalseite der Pfoten, die Umgebung des Genitale und des Anus.

Die *Invasion der Milben* verursacht in der Haut das Auftreten von roten Pünktchen, dann von Knötchen, aus denen sich Bläschen und Pusteln entwickeln, bis es schließlich zu einer Borkenbildung kommt. Die Knötchen sehen lebhaft rot aus und sind nur leicht erhaben. Sie stehen auf einem höher geröteten, entzündlichen Grund, und zwischen sie sind, da die Vorgänge nacheinander und nicht gleichzeitig ablaufen, Bläschen eingestreut. Die beginnende ekzemartige Bläscheneruption, die besonders an der Ohrhaut und Nasenhaut deutlich ist, geht bald über in die Bildung schuppender Efflorescenzen. Neben der Abschilferung, die auf der geschwollenen Haut beobachtet wird, kommt es sehr bald infolge einer entzündlichen Exsudation zu einer nässenden Dermatitis und zu einer Krustenbildung. Tritt eine Eiterung, bedingt durch Kratzen und Scheuern sekundär hinzu, so können Teile des Ohres durch echte ulceröse Defektbildung zugrunde gehen oder durch Nekrose, die auf Zirkulationsstörungen beruht, abgestoßen werden.

Besonders die *Schwanzhaut* und die Haut in der Umgebung der Afteröffnung und der Genitalien ist mit schuppenden Efflorescenzen bedeckt. Das klare Bild der Scabiesveränderungen wird sehr bald durch blutige Kratzeffekte getrübt.

Im Verlaufe der nässenden Hautentzündung kann es zu tiefer greifenden Excoriationen kommen, oder mächtige Krusten und Borkenlager türmen sich auf, die bis $1/2$ cm dick werden können und ringförmig den Schwanz umschließen.

An den *Ohrrändern* bilden sich an der Innen- und Außenfläche kirschkerngroße bis erbsengroße Wucherungen (L. Ascher). Sie sind zackig, pilzartig, papillär, warzig oder knotig geformt und an ihrer Oberfläche noch mit gelblich-braunen Borken und Krusten bedeckt. Dazwischen können einzelne flache oder mehr erhabene, gerötete Papeln aufschießen. Wenn die Krusten durch Scheuern und Kratzen abgestoßen werden, erscheinen blutige Rhagaden, die eintrocknen und nach einiger Zeit sich epithelisieren.

An der Nasenhaut entwickeln sich kleine Höcker, in vorgeschrittenen Stadien rüsselartige Gebilde, die, wie Ascher beobachtete, bis zu 2 cm lang werden können. Hebt man die Krusten ab, so liegt das leicht blutende Corium frei.

Sehr häufig kommt auch eine Erkrankung der Haut in der Umgebung der äußeren *Genitalien* zur Beobachtung. Bisweilen kann an dieser Stelle die Scabies primär beginnen, bevor an den Ohren, am Schwanz oder an der Nase Veränderungen sichtbar werden. Es entwickeln sich miliare oder submiliare, gelbliche bis braune Knötchen, deren Oberfläche schuppt und die schließlich abgestoßen werden. Ascher sah einmal am distalen Ende des Penis das Auftreten mächtiger Borken, so daß dessen Retraktion unmöglich war. Ebenso waren in Fällen, die Ascher beschreibt, die Vulva und der Anus von einem Wall starker Borken und blutiger Krusten umgeben.

Abb. 161. Rattenkrätze, Ohr der Ratte. Acanthose des Epidermisepithels. Milbenlager im Stratum corneum. Einbuchtung der Stachelzellenschicht. Leukocytäre Umwallung des Milbenganges, Infiltration des Corium. Obj. Zeiß AA (10) Phoku Obj. L 4,7; Vergrößerung 47 mal.

Die übrige Haut, besonders die *Rückenhaut* ist ebenfalls im Verlaufe der Erkrankung in Mitleidenschaft gezogen. Sie ist leicht verdickt, schuppig, gerötet und wird haarlos.

Histologie der Rattenkrätze. Das Milbenweibchen bohrt in das Stratum corneum Gänge, die um den Lagerplatz der Milben herum angeordnet sind und wird hier stets an den tiefsten Stellen des Kanalsystems angetroffen. Das Milbenmännchen bleibt in den oberen Bohrkanälchen liegen und geht nach der Befruchtung des Weibchens zugrunde. Das normal in der Haut gut entwickelte Stratum corneum verdickt sich an der Invasionsstelle der Milben erheblich. Die Hornschicht sieht wie aus Lamellen aufgebaut aus. Zu derselben Zeit beginnen die Zellen des Stratum spinosum zu wuchern und senden zwischen die schmalen Cutisleisten verdickte und verlängerte Retezapfen in die Tiefe. Es beginnt also eine Acanthose der Epidermis neben der Hyperkeratose (Abb. 161). Die Cutispapillen sind länger und schmäler, häufig an ihren Enden kolbig verdickt. An manchen Stellen der wuchernden Reteleisten kommt es zu einer *Hornperlenbildung* wie beim Cancroid. In der Hornschicht ist eine starke Parakeratose zu beobachten. Während dieses Stadiums sind reaktive Gewebsveränderungen im Coriumbindegewebe noch nicht festzustellen. In der Basalzellenschicht erkennt man als Zeichen der Proliferationsvorgänge Mitosen.

Das parakeratotische Stratum corneum türmt sich immer höher auf, und in ihm entsteht ein förmliches Bergwerk mit Stollen und senkrechten Gängen; Hornpfeiler, die Bögen stützen, schichten sich in Stockwerken übereinander. Tunnel ziehen unter dickeren Hornlamellen hin. In dem Gang- und Höhlenwerk, in allen mehrkammerigen Hohlräumen sieht man Milben liegen, zusammen mit Larven und Unmengen von Kotkugeln und Eiern. Alle Scheidewände bestehen aus verhornten Zellen mit deutlichem Kern, aus Plasma, vielen farblosen Zellen und aus massenhaften, zusammengesinterten Erythrocyten.

Denn sehr bald gesellen sich zu den Epithelveränderungen *reaktive* Vorgänge im Coriumbindegewebe. Die Blutgefäße sind stark geschlängelt, erweitert und gefüllt, ja es kommt zu Hämorrhagien in das Gewebe, wenn in fortgeschrittenen Stadien der Krankheit Kratzeffekte auftreten. Auch scheinen die Blutgefäße weiter gegen die Epidermis vorgeschoben zu sein. Die Blutungen können sehr erheblich sein. Eine reichliche kleinzellige Infiltration im Bindegewebe bis in die Cutisleisten hinauf setzt ein, und weiße Blutkörperchen sind auf der Durchwanderung durch die Epidermis begriffen. Die Stachelzellenschicht ist im Zustande der Spongiose. Die Blutgefäße sind mit einem dichten Infiltratmantel umhüllt. Auch die Hautanhangsgebilde sind mit lymphocytären Infiltraten umkleidet. Auch Plasmazellen treten reichlich in Erscheinung. Die Infiltration mit farblosen Blutzellen, meist Lymphocyten, kann so dicht sein, daß die Fibroblasten völlig überlagert werden; bis in die Muskulatur und am Ohr bis an die Knorpelzone können die farblosen Blutzellen angetroffen werden. In diesem Stadium sieht die Haut wie bei einer stärkeren Dermatitis aus, aber die sekundären Veränderungen dieser Art nehmen den durch die Parasiten gesetzten Primärläsionen im Epithel die charakteristische Note. Durch derartige stürmische Entzündungen, die das Zeichen einer sekundären, eitrigen Infektion sind, wird das Bild der Scabies undeutlich, zumal da es jetzt zu lokalen Gewebseinschmelzungen kommen kann.

Selbst bei stärkster Milbeninvasion, vorausgesetzt, daß infolge von Kratzeffekten keine Eiterung vorhanden ist, und bei den mächtigsten Hyperkeratosen bleiben die Milben nur im Stratum corneum. Niemals dringen die Milben, entgegen anderen Schilderungen, spontan über das Stratum granulosum in das Stachelzellenlager ein. Immer findet man die Hohlräume von verhornten Zellen, die Keratinbildung ist ja gesteigert, eingeschlossen, und meist ist auch das Stratum granulosum erhalten. Sind die hyperkeratotischen Auflagerungen sehr stark entwickelt, korallenstockähnlich gewuchert, dann kann durch den dadurch ausgeübten dauernden Druck eine Atrophie der Zellen des Stratum granulosum und des Stratum spinosum eintreten, das dann an den Stellen des Milbenlagers eingebuchtet erscheint, aber in struktureller Beziehung völlig intakt ist. Die Milben erscheinen also *niemals* in der Cutis oder dringen gar bis auf den Ohrknorpel vor. Wenn solche Bilder vorliegen, so sind sie durch die eitrige Demarkation, durch Substanzverlust entstanden.

TEUTSCHLAENDER beschreibt das Eindringen der Milben in die Haarscheiden und Talgdrüsen. Ich habe mich nie von der Richtigkeit dieser Behauptung überzeugen können, und weder bei der Scabies der Ratte noch bei den Räudeerkrankungen der Haustiere Räudemilben an diesen Stellen gefunden.

Bisweilen wird das Stachelzellenlager durch den Exsudatstrom vom Stratum germinativum losgerissen und die Retezellen sind dissoziiert. Die Zellen im Stratum spinosum sind, wenn eine Bläschenbildung vorliegt, gebläht, vakuolig degeneriert und gequollen, durch ein intra- und interepitheliales Ödem auseinandergedrängt. Der Zustand der Spongiose der Epidermis tritt also in Erscheinung. Die Epithelzellen färben sich schlecht. In den mit Serum gefüllten, im Epithel gelegenen Bläschen sind auch Leukocyten enthalten. Da die Milbengänge oberhalb der Bläschen verlaufen, ist anzunehmen, daß die Epithelalteration und -degeneration und das Ödem auf die Wirkung von Stoffwechselprodukten der Milben zurückzuführen ist.

Über die Sarcoptesräude beim *Meerschweinchen* und bei der *Maus* liegen Beobachtungen im Schrifttum nicht vor.

Die Dermatophagusräude des Kaninchens. Die Dermatophagusräude ist beim Kaninchen als *Ohrräude* zwar beschrieben, aber außerordentlich selten. ZÜRN fand in der Tiefe der Ohrmuschel Dermatophagusmilben, die genau dieselben Erscheinungen erzeugt hatten wie die Dermatocoptesmilben.

Der Dermatophagus cuniculi hat folgende Größenmaße: Das Männchen ist 0,31 bis 0,34 mm lang und 0,26—0,28 mm breit, das Weibchen ist 0,40—0,43 mm lang und 0,27 bis 0,30 mm breit.

β) Demodicidae, Akarusausschlag (Demodexräude, Haarsackmilbenausschlag).

Nur ganz spärlich wird über das Vorkommen des Akarusausschlages beim Kaninchen im Schrifttum berichtet. PFEIFFER fand in China beim Kaninchen den Akarusausschlag. Nur einmal ist von HAHN bei einer Ratte eine circumscripte Dermatitis gesehen worden, in deren Bereich die Milben nachgewiesen wurden.

ZSCHOKKE fand die Demodexräude einmal bei der Feldmaus, OUDEMANN stellte bei einer an Ekzem der Flankengegend leidenden Hausmaus Demodices als Ursache fest.

Morphologie der Demodexmilbe. Demodex folliculorum cuniculi (PFEIFFER) soll kleiner sein als Demodex folliculorum canis. Die Akarusmilbe gehört zur Ordnung *Akarina* der Klasse *Arachnoidea,* Familie *Demodicidae.* Der Körper ist wurmförmig. Am Thorax sitzen stummelförmige Beine. Das Abdomen ist länglich-kegelförmig und quergestreift. Der Kopf besteht aus einem häutigen Lappen (Epistom), griffelförmigen Mandibeln, einander genäherten Maxillen und dreigliedrigen, vorstreckbaren Maxillarpalpen mit einem Haken am Endglied. Das Männchen ist kleiner als das Weibchen. Die Eier sind spindelförmig und dünnschalig (s. auch Kapitel Parasiten).

PFEIFFER beschreibt in seinen Fällen ausschließlich die squamöse Form der Akarusräude beim Kaninchen. Die Veränderungen beginnen in Form kahler Stellen und starker Abschuppung in der Umgebung der Augen. Auch die innere Fläche der Ohrmuscheln und die übrigen Teile des Kopfes können miterkranken.

Die Haut verdickt sich und legt sich in Falten, die mit Borken bedeckt sind. Gleichzeitig besteht eine starke Eiterbildung, durch welche schließlich die Augenlider zerstört werden, ebenso wie Teile der Ohrmuscheln und der Kopfhaut. Starke Entzündungen des Mittelohres und inneren Ohres, Meningitiden schließen sich an. Die Augen selbst bleiben bis auf eine leichte Keratitis unversehrt.

Literatur.

ASCHER, L.: Beitrag zur Kenntnis der Rattenkrätze. Arch. f. Dermat. **100**, 211 (1910). BARDELLI, P. C.: Dermatoryctesräude bei Kaninchen. Clin. vet. Mailand **32**, 19 (1921). DELBANCO, E.: Über Pseudotuberkulose. Beitr. path. Anat. **20**, 477 (1896). FELTER, J.: Über den Favus bei Tieren. Diss. Hannover 1912. T. H. — FIEBIGER, F.: Untersuchungen über die Räude. Z. Inf.krkh. Haustiere **14**, 341 (1913). — FIEBIGER, J.: Über die Rattenräude. Wien. klin. Wschr. **1921**, 30. — FRIEDENTHAL, H.: Zur Technik der Untersuchung des Haarkleides und der Haare der Säugetiere. Z. Morph. u. Anthrop. **14**, 441 (1911/12). FRIES, F.: Die Sarcoptesräude einiger wild lebenden Cavicornier. Diss. Stuttgart 1912. T. H.

GALLI-VALLERIO: Die Dermatocoptesräude beim Kaninchen. Zbl. Bakter. I Orig. **76**, 517 (1915); I Orig. **79**, 46 (1917). — GANS, O.: Histologie der Hautkrankheiten, 1. Aufl., Bd. 2. Berlin: Julius Springer 1928. — GMEINER, F.: (a) Die Sarcoptesräude beim Kaninchen.

Arch. Tierheilk. **32**, 170 (1906). — (b) Die Ohrräude des Kaninchens. Dtsch. tierärztl. Wschr. **1903**, 69. — GUNST: Favus beim Kaninchen und Huhn. Tijdschr. vergelijk. Geneesk. **2**, 62 (1910).

HELLER, J.: Die vergleichende Pathologie der Haut, 1. Aufl. Berlin: August Hirschwald 1910. — HUTYRA, F. v. und J. MAREK: Spezielle Pathologie und Therapie der Haustiere, 6. Aufl., Bd. 3. Jena: Gustav Fischer 1922.

JAKOB: Die Ohrräude der Kaninchen. Berl. tierärztl. Wschr. **1915**, 483. — JESIONEK, A.: Biologie der gesunden und kranken Haut, 1. Aufl. Leipzig: F. C. W. Vogel 1916. — JOWETT: Die Lokalisation der Dermatocoptesräude beim Kaninchen. J. comp. Path. a. Ther. **1911**, 134.

KLAARENBEEK, A.: Über das spontane Vorkommen der dem Syphilisparasiten ähnlichen Spirochäte beim Kaninchen. Dtsch. tierärztl. Wschr. **1922**, 290. — KLEINKUHNEN, J.: Über spontane und Impfsarkome beim Meerschweinchen. Diss. Hannover 1916. T. H. — KLINGER, R. und F. FOURMAN: Beobachtungen über eine Krebsepidemie unter Mäusen. Z. Krebsforschg **16**, 231 (1919). — KÖNIGSTEIN, H.: Über dunkle Flecke auf der Kaninchenhaut. Arch. f. Dermat. **143**, 315 (19122). — KYRLE, J.: Vorlesungen über die Histo-Biologie der menschlichen Haut, 1. Aufl., Bd. 1 und 2. Wien-Berlin: Julius Springer 1925.

LUBARSCH, O.: Über spontane und Impfsarkome beim Meerschweinchen. Z. Krebsforschg. **16**, 315 (1919).

NEUMANN, FR.: Zwei Fälle von spontan entstandener originärer Kaninchensyphilis (Genitalspirochätose). Zbl. Bakter. I Orig. **90**, 100 (1923). — NÖLLER, W.: Zur Biologie und Bekämpfung der Sarcoptesmilbe. Z. Vet.kde **1917**, 481.

OYAMA, K.: Entwicklungsgeschichte des Deckhaares der weißen Maus. Arb. anat. Inst. **23**, 218 (1903).

PFEIFFER: Acarus folliculorum cuniculi. Berl. tierärztl. Wschr. **1903**, 155. — PILLERS, A. W.: Cheiletiella parasitivorax Megnin causing lesions in the domestic rabbit. Vet. J. **81**, 96 (1923). — PINKUS, F.: Anatomie der Haut in Handbuch der Haut- und Geschlechtskrankheiten, Bd. 1, 1. Teil. Berlin: Julius Springer 1927.

RUPPERT, F.: Über eine durch Spirochaeta cuniculi hervorgerufene kontagiöse Geschlechtskrankheit der Kaninchen. Berl. tierärztl. Wschr. **37**, 492 (1921).

SAINT-CYR: J. Méd. vét. Lyon **1868/69**. Zit. nach SCHINDELKA. — SCHINDELKA, H.: Hautkrankheiten bei Haustieren, 2. Aufl. Wien-Leipzig: Wilhelm Braumüller 1908. — SCHMORL, G.: Über ein pathogenes Fadenbakterium (Streptothrix cuniculi). Dtsch. Z. Tiermed. **17**, 375 (1891). — SCHÜNKE, P.: Untersuchungen über die Haare von der Ratte, dem Meerschweinchen, der Hausmaus und der weißen Maus. Diss. Berlin 1924. T. H. — SCHÜRMANN, W.: Über eine durch Milben hervorgerufene Erkrankung von Ratten. Zbl. Bakter. I Orig. **48**, 167 (1909). — SCHWARZE, W.: Vergleichende mikroskopische Untersuchungen der Haare von Reh und Ziege, sowie Hase und Kaninchen. Diss. Hannover 1920. T. H. — SEGALL, A.: Über die Entwicklung und den Wechsel der Haare beim Meerschweinchen. Arch. mikrosk. Anat. I **1918**, 218. — SEIFRIED, O.: Die wichtigsten Krankheiten des Kaninchens. München: J. F. Bergmann 1927. — SHERWELL: Favuserkrankung bei Mensch und Tier. Amer. vet. Rev. **16**, 129 (1892). — SHILSTON: Die Sarcoptesräude. J. comp. Path. a. Ther. **29**, 290 (1916). — SPRINZ, O.: Über die Glandula caudalis bei Cavia cobaya. Dermat. Wschr. **55**, 1371 (1912). — SUSTMANN, H.: (a) Favusausschlag bei Kaninchen. Dtsch. tierärztl. Wschr. **1918**, 295. (b) Wunde Läufe bei Kaninchen. Tierärztl. Rdsch. **18**, 179 (1912). (c) Aktinomykose bei Kaninchen. Tierärztl. Rdsch. **19**, 135 (1913). (d) Erfahrungen über Kaninchenseuchen. Leipzig: A. Michaelis 1914. — SZYMONOWICZ, L.: Lehrbuch der Histologie, 5. Aufl. Leipzig: Curt Kabitzsch 1924.

TEUTSCHLAENDER, O.: (a) Über die Rattenkrätze und deren angebliche Bedeutung für die Krebsforschung. Z. Krebsforschg **16**, 125 (1919). (b) Der Hornstrahlentumor (Tumeur mulluscoide [BORREL-HAALAND]). Z. Krebsforschg **32**, 209 (1926). (c) Über das Trichokoleom. Verh. dtsch. path. Ges. **20**, 322 (1926). — TOLDT, K. jun.: (a) Über eine herbstliche Milbenplage in den Alpen. Veröffentl. d. Museum Ferdinandeum, H. 3. Innsbruck 1923. (b) Beiträge zur Kenntnis der Behaarung der Säugetiere. Zool. Jb. Systematik **33**, 212 (1912).

WAELSCH, P.: Über den Favus. Zbl. Bakter. I Orig. **18**, 212 (1895). — WALTER, A.: Über die Hautdrüsen mit Lipoidsekretion bei Nagern. Beitr. path. Anat. **73**, 142 (1922). — WARTHIN, SCOTT, BUFFINGTON, WANDSTRÖM: Über Kaninchenspirochätose. J. inf. Dis. **32**, 315 (1913).

ZÜRN: Die Ohrkrankheiten des Kaninchens. Dtsch. Z. Tiermed. **1**, 278 (1875).

Sinnesorgane.

A. Sehorgan.

I. Normale Anatomie.

Von W. KOLMER, Wien.

Mit 5 Abbildungen.

a) Kaninchen.

Das *Auge des Kaninchens* ist ein etwas unregelmäßiger kugeliger Körper, sein horizontaler Durchmesser beträgt etwa 17 mm, sein vertikaler Durchmesser beim erwachsenen Tiere ungefähr 18 mm, die optische Achse, die Entfernung des Scheitels der Hornhaut von der hinteren Bulbusfläche etwa 16 mm.

Der größte Teil des Bulbus liegt innerhalb der Orbita. Diese besteht im dorsalen, rostralen und caudalen Anteil aus Knochen, ventral wird die Augenhöhle durch die Membrana orbitalis abgeschlossen, unterhalb derselben befindet sich Muskulatur. Die Lage des Bulbus in der Orbita ist nach LORENTE DE No abhängig einerseits von dem Turgor des Orbitalfettes und des sonstigen Orbitalinhaltes wie der verschiedenen Drüsen, andererseits bedingt durch die aus dem Kontraktionszustand und Tonus der 4 geraden, der beiden schiefen Augenmuskeln und des Retractor bulbi sich ergebenden Druckkräfte.

Nach SZOVINECZ beträgt das Verhältnis zwischen dem Körpergewicht und dem Gewicht beider Augen 1 : 476, die Augenachse mißt durchschnittlich 17,1 mm, die optische Achse 17,7 mm, die Vertikalachse 18,4 mm, die Transversalachse 17,9 mm. Die Cornea nimmt 140—150° ein, es fehlt ihr eine Lamina elastica externa, die DESCEMETsche Membran ist 7—9 μ dick, die Sklera hat eine Stärke von 160—390 μ. An der Grenze von Sklera und Cornea befindet sich der 400—450 μ starke Corneoscleralwulst. Die Pupille ist 4,3—6,5 mm weit. Die Augenachsen schließen 85° ein (JOHNSON).

1. Sklera.

Die *Sklera* ist eine feste bindegewebige Haut, welche in der Dicke von 250 bis 300 μ die äußere Begrenzung des Auges bildet. Sie verdünnt sich rings um den Eintritt des Sehnerven und geht kontinuierlich in die äußere Sehnervenscheide über. In der Gegend des Ciliarkörpers ist sie wesentlich verdickt, indem hier Bindegewebsbündel einerseits gegen den Ciliarkörper ziehen, die den sog. Scleralwulst bilden, die Hauptmasse der Bündel aber sich in das Stroma der Hornhaut fortsetzt. Ein im Bulbus vor dem Scleralwulst verlaufende seichte Rinne wird als Sulcus sclerae internus bezeichnet. Nach R. KRAUSE ist ein ihm entsprechender an der äußeren Corneascleralgrenze verlaufender Sulcus sclerae externus nur ganz schwach angedeutet.

Bündel von kollagenen Fasern mit vorwiegend meridionalem Verlauf bilden die Grundsubstanz der Sklera. Sie werden von Bindegewebszellen, den sog. Scleralkörperchen mit lappigen Fortsätzen umscheidet. Zirkuläre Bündel finden sich im Scleralwulst, hier treten auch elastische Fasern in größerer Anzahl hervor. Pigmentzellen, manchmal in Streifen angeordnet, kommen vor, sind besonders dort häufiger, wo die Sklera von Gefäßen durchbohrt wird.

Die Sklera wird von einer bindegewebigen Kapsel, der TENONschen Kapsel, die nicht mit Endothel ausgekleidet ist, umhüllt.

Der Muskelansatz der Recti reicht sehr weit nach vorne, so daß man einzelne Faserportionen bis zum Limbus in der Höhe des SCHLEMMschen Kanals verfolgen kann.

2. Cornea.

Die *Cornea* ist sehr stark gewölbt und nimmt etwa ein Drittel der Circumferenz des Bulbus ein. Am Scheitel ist sie etwas dicker als an der Peripherie; sie ist außen überzogen von dem Epithel, das 3—6 Zellschichten enthält und etwa 30 μ dick ist, das geschichtete Plattenepithel geht am Rande der Cornea in das Limbusepithel der Conjunctiva über.

Die Epithelzellen zeigen kubisch prismatische Form in der basalen Reihe, hier finden sich ausschließlich die Mitosen, die beiden oberen Reihen flachen sich immer mehr ab, wobei der Kern allmählich zugrunde geht. Distal vom Kern lassen sich nur mit Mühe Diplosomen nachweisen, das Cytoplasma der Zellen ist mit dem der Nachbarzellen durch zahlreiche schmale Intercellularbrücken verbunden, es gelingt mit spezifischen Methoden reichliche Epithelfibrillen, die von einer Zelle durch die Brücken in die benachbarte übertreten, nachzuweisen (FRIBOES). Daß diese Fibrillen, wie der genannte Autor behauptet, ihre Fortsetzung in der Propria der Hornhaut finden, ist von einigen Nachuntersuchern bestritten worden. Wo die Zellen mit ihren Kanten zusammenstoßen, finden sich feinste Kanälchensysteme; besonders auch basal in diesen findet man gelegentlich durchtretende Wanderzellen.

In den Cornealzellen findet man Netzapparate, die in den basalen Zellen deutlicher entwickelt sind, in den oberflächlichen nur in Bruchstücken nachweisbar (BARINETTI, SAGUCHI). Die Nerven steigen vom Limbus conjunctivae herkommend, einen dichten Plexus bildend, bis unterhalb des Epithels auf, hier bilden ihre zarteren Äste neuerlich einen zarteren Plexus, und von diesen erstrecken sich Äste, feinste Verästelungen, ins Epithel hinauf; nach den neuesten Untersuchungen von BOEKE sollen diese Verästelungen und Endästchen mit Knöpfen nicht nur zwischen den Epithelzellen, sondern zum Teil mindestens auch innerhalb derselben liegen. Ja es sollen sogar Epithelzellen geradezu durchwachsen werden.

Das Epithel, das 25—30 μ Dicke besitzt, geht in das der Conjunctiva bulbi über. Etwa $^9/_{10}$ der Hornhautdicke werden von der Grundsubstanz gebildet. Eine BOWMANsche Membran fehlt. An der Cornea-Scleralgrenze dringen mit Bindegewebe der Conjunctiva bulbi die schlingenförmig umbiegenden, das Randschlingennetz bildenden Capillargefäße ein, manche begleiten die eintretenden Nerven eine Strecke weit.

Das Stroma der *Cornea* besteht aus der Grundsubstanz, an der aber eine vordere, verdichtete Schichte, die der BOWMANschen Membran des Menschen entsprechen würde, sich nicht abgrenzen läßt. Die Hornhautlamellen bestehen aus feinsten sehr gleichmäßigen Bindegewebsfasern, die als Fortsetzung der Scleralfaserbündel aufzufassen sind. Die Bündel dieser Fasern tauschen mit ihren Nachbarn Fasern aus, was deutlicher in den vordersten Lagen hervortritt, zwischen den aus den Bindegewebsbündeln zusammengesetzten Platten liegen die Hornhautzellen. Es sind mit vielen verzweigten Fortsätzen versehene Bindegewebszellen mit ovalen Kernen, deren Ausläufer an vielen Stellen miteinander anastomosieren. Das so gelieferte ziemlich dichte Netzwerk liegt nicht nur in den einzelnen Platten, sondern erstreckt sich auch von einer Lage zur anderen. Tritt wie häufig bei der Fixation eine leichte Schrumpfung ein, so sieht man zwischen den Lamellen in der Umgebung der Hornhautzellen ein wie diese Zellen zusammenhängendes System feinster Spalträume, das sog. Saftkanalsystem, von dem man annimmt, daß es nicht nur die ernährenden Flüssigkeiten leitet, sondern mit dem Lymphgefäßsystem der Conjunctiva und der Sklera in Verbindung steht. Auf diesem Wege gelangen auch Wanderzellen zwischen die Lamellen, besonders unter pathologischen Verhältnissen hinein. Die Grundsubstanz wird nach rückwärts gegen die innere Kammer durch eine besondere Lage, die homogen erscheint, die DESCEMETsche Membran, abgeschlossen, welche keine Zellkerne enthält. Es handelt sich um eine Membrana propria, die von dem flachen hinteren Hornhautepithel abgeschieden wird. An der Peripherie der Hornhaut sehen wir Übergänge dieser Membran in die Fasermasse, die sich dem Ligamentum pectinatum, das hier in der Kammerbucht gelegen ist, beimischen. Die innere Fläche der Hornhaut wird gebildet durch eine einfache Lage von Plattenepithel, in dessen Zellen man Epithelfasern, die von einer Zelle zur anderen die Intercellularlücken mit Hilfe von Zellbrücken durchsetzen, findet. Nach R. KRAUSE lassen sie sich mit Hilfe der WEIGERTschen Fibrinfärbungsmethoden nachweisen. Der Netzapparat der Zelle, von BALLOWITZ als Centrophormium bezeichnet und mit Goldmethoden dargestellt, ist sehr flächenhaft neben dem Kern, zum Teil oft in einer Kerndelle gelegen, ausgebreitet.

In der Cornea des Kaninchens finden wir dicht unterhalb der Membrana Descemeti äußerst zarte Nervenfasern. Im Stroma einen Plexus, der Fasern verschiedensten Kalibers enthält, wobei gröbere Fasern ziemlich gerade auf lange Strecken sich verfolgen lassen, wobei sie von einem Plexus feinster Fasern dicht umwoben werden.

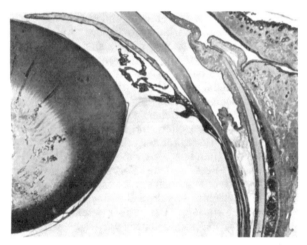

Abb. 162. Linse, Iris, Cornea, Ciliarkörper, Nickhautfalte des Kaninchens bei Lupenvergrößerung.

Im Stroma kann man horizontal kaum 1 μ dicke Nervenfasern auf Strecken von fast 1 mm schnurgerade in einem Schnitt verfolgen. Andere Fasern verdünnen sich bis auf $^1/_5 \mu$. Die dickeren Fasern werden von Zellkernen, die den Charakter der SCHWANNschen Scheidenkerne tragen, begleitet.

3. Iris.

Die Regenbogenhaut oder *Iris* bildet einen leicht geneigten Kegelmantel, der mit der hinteren Fläche der vorderen Linsenkapsel aufsitzt. Der Ansatzpunkt, der an der Kammerbucht gelegen ist, ist etwas schmäler, der freie Rand der Iris wieder etwas zugespitzt, dazwischen verbreitert sich das Gewebe etwa auf das Doppelte. Die Iris setzt sich zusammen aus eigenartigem Bindegewebe, in dem zahlreiche, auch verzweigte Zellelemente in großer Zahl vorhanden sind. Man kann eine oberflächliche Grenzschichte der Iris nach vorne unterscheiden, ohne daß man aber diese ganz genau abgrenzen kann; auf ihr liegen vielfach durch Lücken unterbrochen, platte Zellen, die als vorderes Irisepithel bezeichnet werden. Diese Lage endet einerseits am Pupillarrand und läßt sich andererseits gegen die Fasern des Ligamentum pectinatum verfolgen. Es sind endothelartig abgeflachte Mesenchymzellen. Zahlreiche größere Blutgefäße verlaufen vorwiegend in radiärer Richtung gegen den Pupillarrand, geben gegen die vordere und hintere Irisfläche zahlreiche stark gewundene Arteriolen und Präcapillaren ab, die durch ebenfalls gewundene Capillaren mit entsprechenden Venen zusammenhängen. Ein eigentliches Randgefäß konnte ich nicht darstellen.

Der Pupillarrand wird hauptsächlich durch einen im Querschnitt längsovalen zirkulären Zug glatter Muskeln gebildet, den Musc. sphincter pupillae.
Die hintere Fläche der Iris wird von zwei miteinander verklebten flachen
Epithelschichten überkleidet, die die Fortsetzung des embryonalen Augen-
bechers, die Pars iridica retinae, bilden. Beide Lagen enden spitz am Pupillarrand.

Unmittelbar distal von dem hinteren Epithelbelag finden wir zarte, radiär
gestellte Muskeln in einer Schichte liegen. Dieser glatte Muskel wird als
Dilatator der Iris bezeichnet, er ist vom Epithel gebildet.

Je nach der Farbe des Kaninchens wechselt auch die Farbe der Iris, und man unterscheidet blaugraue, grünliche und dunkelbraune Formen. Bei den albinotischen Tieren
fehlt das Pigment vollkommen, und erscheint dann die Iris durch den reichlichen Blutgehalt der Gefäße rot gefärbt.

Sehr zahlreich sind die in die Iris eindringenden Nerven. Es sind vorwiegend
marklose, nur ganz vereinzelt markhaltige Fasern, welche in radiären Zügen
unter Bildung eines Plexus das Stroma durchziehen. Von diesem Plexus sieht
man zahlreiche sehr feine Fasern abgehen, die zum Teil die motorische Innervation des Sphincter pupillae besorgen, zum Teil mit feinen Endästen gegen die
vordere Irisoberfläche aufsteigen. Unter der vorderen Grenzschichte läßt
sich ein äußerst engmaschiger Plexus feinster markloser Fasern beobachten,
in dessen Knotenpunkten oft zwischen feinsten Faserbündeln SCHWANNsche
Zellkerne gelegen sind. Ganglienzellen sind kein regelmäßiger Befund innerhalb
des Nervenplexus der Iris, doch können einzelne gelegentlich bis in die Iris
vorgeschoben werden. Es handelt sich dann um Zellen vom Typus kleiner
bipolarer Ganglienzellen. Verschiedene Nervenfärbungsmethoden stellen besonders in der albinotischen Iris vielfach verzweigte, kleine, mit ihren Fortsätzen scheinbar auch anastomosierende Zellen dar, die wiederholt als gangliöser
Plexus der Iris geschildert wurden. Bei pigmentreichen Tieren ist die Mehrzahl
dieser Zellen pigmentiert, bei unpigmentierten pigmentfrei. Es handelt sich
somit nicht um nervöse Elemente, doch können sie möglicherweise wie andere
Pigmentophoren von einem Nervenendast innerviert werden, was aber nicht
sichergestellt ist. Auch die Dilatorfasern werden reichlich innerviert.

Das innere Blatt der Pars ciliaris retinae zeigt unter seinen Zellen feinste
Verzähnungen.

Das Irisstroma geht am Rande in die Substanz des Ciliarkörpers über, dessen kompliziert gestaltete, nach innen gelegene Leisten, die Ciliarfortsätze bis zum Rande der Netzhaut
an der Ora terminalis im Orbiculus ciliaris reichen. Die einzelnen Falten sind ebenso wie die
von ihnen entspringenden sekundären Ciliarfalten von dem Epithel der Pars iridica retinae
überzogen. Sie enthalten zahlreiche bandartig angeordnete oder aufgeknäuelte Blutgefäße.
Auch in den Ciliarfalten finden sich viele verästelte Pigmentzellen. Das Stroma ist durch
eine dünne Basalmembran gegen das Epithel abgegrenzt, unter dieser verlaufen feinste,
faserreiche Nervenplexus. Die Grundplatte des Ciliarkörpers, auf dem Radiärschnitt ungefähr dreieckig, enthält große Mengen von glatten Muskeln, deren Bündel teilweise
meridional in der Gegend des Ciliarfortsatzes und von da gegen die Vasculosaschichte der
Chorioidea ziehen. Dieser Teil der Muskeln wird als Tensor chorioideae bezeichnet. Die
übrigen Muskelfasern, die im pigmenthaltigen Bindegewebe eingelagert sind, das auch
elastische Fasern enthält, ziehen vorwiegend zirkulär und bilden den Akkommodations-
muskel. Auch hier finden wir zahlreiche marklose, wenig markhaltige Fasern, sehr selten
vereinzelte bipolare Ganglienzellen.

Zwischen dem Endothel der hinteren Corneafläche und der vorderen Fläche
der Iris befindet sich ein dreieckiger Raum, die sog. Kammerbucht. Hier
füllen Bindegewebsfasern und Zellen diesen spitzen Winkel und bilden das wenig
hervortretende Ligamentum pectinatum. Die aus der Iriswurzel entspringenden
Fasern gehen hier in die DESCEMETsche Membran über, indem sie den Sulcus
sclerae internus abschließen. Zu innerst liegt in diesem Gewebe ein bloß von
Endothel begrenzter Ringkanal, der sog. SCHLEMMsche Kanal, der in direkter

Verbindung mit den vorderen Ciliarvenen steht und den Abfluß des Kammerwassers in diese vermitteln soll. Ich konnte ihn durch Injektion füllen. Manchmal liegt er auch nach einwärts vom Rande der DESCEMETschen Membran. Vom Kammerraum gelingt es beim Kaninchen nach OVIO weder durch Injektion noch durch späteren Transport Tusche in den Ringkanal zu bringen.

Die Kammerbucht wird aber nach innen zu von diesem Gewebe durch ansehnliche, oft kegelförmig zulaufende, meist stark pigmentierte Bindegewebsstränge in unregelmäßiger Weise überbrückt, die teilweise auch die DESCEMETsche Membran durchbohren. Die zwischen ihnen vorhandenen Lücken entsprechen den als FONTANAsche Räume beschriebenen Bildungen anderer Wirbeltiere. Bei guter Nervenfärbung sieht man Nerven auch in die Gegend des Ligamentum pectinatum und der eben erwähnten Stränge verlaufen, auch durch solche Stränge hindurch ziehen.

Nach MAGGIORE entsprechen die Gebilde in der Gegend des SCHLEMMschen Kanals beim Kaninchen den Verhältnissen beim Menschen relativ so wenig, daß ihm die Übertragung von Resultaten, die am Kaninchenauge experimentell erzielt werden, kaum auf Verhältnissse beim Menschen übertragbar erscheinen.

Die Pigmentierung der Augenhäute ist bei den Kaninchen eine stark wechselnde, neben Formen mit brauner bis dunkelbrauner Iris finden sich solche mit graublauer, zumeist mit braunem Haarkleid vergesellschaftet, und dann reine Albinos und gescheckte sowie weiße mit blauer Iris.

4. Netzhaut.

Die *Netzhaut* ist am dicksten in der Umgebung des Sehnerveneintrittes, etwa 200—250 μ, und verdünnt sich gegen die Ora serrata langsam auf 80 bis 100 μ, wo sie rasch in die Pars ciliaris retinae übergeht. Die Netzhaut ist im Fundus 144 μ dick, davon entfallen 16 auf die Opticusfaserschichte, 8 auf die Opticusganglienschichte, 24 auf die innere plexiforme, ebensoviel auf die Schichten der inneren Körner, 10 auf die äußere plexiforme Schichte, 33 auf die äußere Körnerschichte, 34 auf die Stäbchen und Zapfen. Das Pigmentepithel ist 6—7 μ dick.

Beim Hineinblicken in den vorderen Bulbusabschnitt von innen markiert sich das Ende der eigentlichen Retina als Linie, Ora serrata, wenn Zacken nicht erkennbar als Ora terminalis bezeichnet. Betrachten wir die Kaninchennetzhaut in der Flächenansicht von vorne mit dem Augenspiegel oder an einem äquatorial halbierten Bulbus, so sehen wir im horizontalen Meridian einen auffallenden weißen Streifen, der dadurch bedingt ist, daß in den innersten Schichten reichlich markhaltige Nervenfasern entwickelt sind. Ein Befund, der für das Kaninchen besonders charakteristisch ist. Sonst sind im übrigen regionäre Unterschiede in der Dicke und im Bau der Netzhaut wenig ausgesprochen; eine eigentliche Area oder Bezirk des deutlichsten Sehens scheint beim Kaninchen nur wenig entwickelt zu sein, sie liegt ventralwärts in horizontaler Richtung, etwa parallel zum Markfaserstreifen und zur Lidspalte. Eine Fovea fehlt. Die Area centralis ist etwa 3 mm breit. Nach HOSOYA soll beim *Kaninchen* speziell der Sehpurpur in einem Streifen der Netzhaut unterhalb des Markstreifens aus der Papille auffällig angehäuft erscheinen.

Eine gute Fixierung der Kaninchennetzhaut ist besonders schwierig und *nur durch Injektion von den Gefäßen zu erreichen,* da sonst bezüglich der Sehelemente leicht Trugbilder entstehen. Die Dicke der Netzhaut genau festzustellen ist kaum möglich, da je nach der angewendeten Fixationsflüssigkeit die Netzhaut bald quillt, bald schrumpft, gleichzeitig aber unabhängig von der Netzhaut der Glaskörper sein Volumen vergrößern oder verkleinern kann.

So stellt beispielsweise die für die Darstellung des Glaskörpers vorzügliche
Methodik von St. Györgi stets die Netzhaut viel zu schmal dar.

Die äußerste Schichte der Netzhaut, das *Pigmentepithel,* stellt eine einfache
Lage flacher Epithelien mit kugeligem oder etwas abgeplattetem Kern dar.
Die proximale Hälfte der Zellen enthält wenig Pigment, es lassen sich darin
bei guter Fixation mit Hämatoxylin färbbare Körner, die Aleuronidkörner,
nachweisen. Die distale Hälfte der Zelle ist in feine Fortsätze aufgelöst, welche
die Außenglieder der Sehepithelien dicht umscheiden. In diesen ist Pigment in
Form von Körnchen und feinen Krystalloiden enthalten, sie sind je nach der

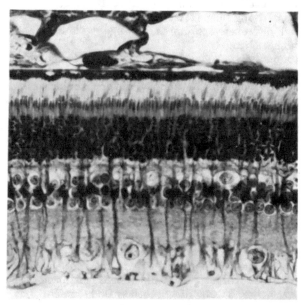

Abb. 163. Kaninchen. Netzhaut. Bichromatformol-Eisessig-Fixation von der Aorta aus. In der
Sehzellenschicht deutliche Zapfen neben zahlreicheren Stäbchen. Zeiß, 3 mm, 1,40. Kompl. Ok. 2.

Rasse heller oder dunkler, schwarzbraun und treten nach Dunkelaufenthalt
deutlicher hervor.

Nach Kalt sollen beim Kaninchen einer Pigmentzelle etwa 20 Zapfen und
100 Stäbchen gegenüberstehen.

Eine Pigmentwanderung beim Wechsel der Beleuchtungsintensität läßt
sich beim Kaninchen und den anderen Nagern nicht mit Sicherheit nachweisen.
Die dicht angelagerte Schichte besteht aus den Stäbchen und Zapfen. Die
Stäbchen haben eine Länge von 20—25 μ und stehen sehr dicht über die ganze
Netzhaut verteilt. Ihr Innenglied ist schmalzylindrisch, das dünnere, faden-
artige, zylindrische Außenglied reicht ins Pigmentepithel hinein. Krause
beschreibt im Innenglied der Stäbchen und Zapfen ein undeutliches Ellipsoid.
Oft erscheinen die Innenglieder dunkler.

Die *Zapfen* treten viel weniger deutlich hervor, bestehen aus einem langen
Innenglied und kürzerem, spitz zulaufendem Außenglied, manchmal ist das
Innenglied so verlängert, daß die Zapfen noch tiefer in die Pigmentschichte
hineinreichen als die Stäbchen.

Möglicherweise besitzen manche Kaninchenrassen weniger oder undeut-
lichere Zapfen, da man sie manchmal sehr deutlich darstellen kann, in anderen
Fällen trotz bester Fixation nur Stäbchen findet.

Nur bei guter Konservierung kann man nachweisen, daß die Zapfen mit einem keulenförmigen unteren Teil und einem sehr kurzen Außenglied zwischen den Außengliedern der Stäbchen gelegen sind, während das sehr zarte, zwischen den Innengliedern der Stäbchen gelegene Myoid bei gewöhnlichen Färbungen kaum hervortritt. Stäbchen und Zapfen durchbohren eine auffällige, sehr dünne Schichte, die als Limitans externa bezeichnet wird, und setzen sich in die aus dem Kern und einer verschwindend kleinen Menge Cytoplasma bestehenden Zellkörper der äußeren Körnerschichte fort. Zwischen Stäbchen- und Zapfenkörnern ist kein sehr auffallender Unterschied. Die letzteren liegen zunächst der Limitans, die Stäbchenkörner liegen in 5—6 Reihen übereinander. Eisenhämatoxylin und Azanfärbung sind empfehlenswert. Die Schichte der äußeren Körner ist 30—35 μ dick, die Zapfenkörner erscheinen durch geringeren Chromatingehalt, 5—6 kleine Chromatinbrocken, heller als die die überwiegende Mehrheit bildenden Stäbchenkörner. Die Zapfenkerne sind länglich, tropfenförmig, $5 \times 2,5 \mu$, die Stäbchenkerne oval, oft fast kugelig, $3 \times 2,5 \mu$. In den letzteren findet sich eine durch zackige Ausläufer mit der Kernmembran verbundene Chromatinmasse, die in der Mehrzahl durch einen nicht immer vollständigen Querspalt in horizontaler Richtung in zwei Hälften geteilt erscheint. Ein Kernkörperchen läßt sich darin nicht mit Sicherheit unterscheiden. Nach innen zu gehen die Körper der Sehzellen in einen kurzen nervösen Fortsatz über, der in der äußeren plexiformen Schichte mit einer winzigen kugeligen Anschwellung endet. Mit der Schichte dieser Anschwellungen treten hier die distalen Fortsätze der bipolaren Zellen und der Horizontalzellen, welche mit den Amacrinen die innere Körnerschichte aufbauen, in enge Beziehung. Die Körner dieser Schichte liegen in 2—3 Reihen und sind etwas größer als die äußeren Körner. Während die letzteren im Durchschnitt 6—7 μ Durchmesser haben, haben die inneren Körner 7, die in dieser Schichte gelegenen großen Horizontalzellen bis zu 12 μ Durchmesser. In diesen Kernen ist ein zartes Gerüstwerk von Lininfäden innerhalb der deutlichen Kernmembran sichtbar, auf welchen zarte, fein verteilte Chromatinbrocken aufsitzen. Häufig zentral, teilweise aber auch exzentrisch findet sich ein dunkel färbbarer Nucleolus. In der inneren Körnerschichte finden sich auch zum größten Teile die cytoplasmatischen Verbreiterungen der die MÜLLERschen Stützfasern der Netzhaut bildenden Gliazellen, welche hier einen fast stets unregelmäßig geformten, von den inneren Körnern deformierten Zellkern umschließen, der ein wenig deutliches Chromatingerüst und ein winziges Kernkörperchen aufweist.

Als LANDOLTsche Keulen werden in der Körnerschichte unter der Limitans externa endigende Fortsätze von Elementen der inneren Körnerschichte bezeichnet. Von ihrem Vorhandensein beim Kaninchen konnte ich mich nie recht überzeugen; nur die Chromsilbermethoden stellen sie dar.

In den *Horizontalzellen* befindet sich ein enges Neurofibrillennetzwerk, sie erstrecken sich mit ihren Fortsätzen in einer Horizontalebene, aber ohne Anastomosen zu bilden, auch nicht mit den Endramifikationen der Bipolarzellen. Sie besitzen einen manchmal sehr dünnen, glaskörperwärts gerichteten Fortsatz, der in sich eine Anzahl scharfer konturierter, ziemlich dicker Neurofibrillen birgt, die in Endfibrillen auslaufen, die sich in der inneren plexiformen Schicht mit den Fibrillen aus den amacrinen Zellen verflechten. Unter den Bipolarzellen finden sich solche, die hauptsächlich in der äußeren Etage der inneren Körnerschicht ihren Platz finden und wahrscheinlich den Zapfenbipolaren CAJALs entsprechen. Sie sind dadurch charakterisiert, daß der Protoplasmamantel, der in Gestalt eines dünnen Belages den relativ großen Kern umschließt, nicht überall, sondern bloß an einer Seite bzw. am scleralen Pol ein sehr zartes engmaschiges fibrilläres Netzwerk enthält, welches einerseits mit den zarten Neurofibrillen der scleralen Fortsätze, andererseits durch Vermittlung eines oder mehrerer dicht an der Kernoberfläche entlang ziehender, ziemlich dichter Balken, mit einer sehr starken Neurofibrille des vitralen Fortsatzes in direktem Zusammenhang steht. Letzterer Fortsatz findet in der scleralen Hälfte der inneren plexiformen Schicht seine Endigung.

Die amacrinen Zellen sind innerhalb des Zellkörpers durch die Neurofibrillen von ansehnlicher Dicke und eigenartig spiraligem Windungsverlauf charakterisiert, indem eine stärkere Fibrille von einem Pol in den Zellkörper kommend, mehrere große Spiraltouren ausführt, um den Zelleib wieder am selben Pol zu verlassen. Sie bildet außerhalb des Zellkörpers mit den Fibrillen der angrenzenden Zellen Verflechtungen, aber keine Anastomosen.

Die horizontalen amacrinen Zellen liegen im vitralen Anteil der inneren Körnerschicht dicht unterhalb der gewöhnlichen amacrinen Zellen. Sie entsenden einen langen Nervenfortsatz und mehrere Protoplasmafortsätze in horizontaler Richtung (UYAMA).

Horizontale amacrine Zellen finden sich bei den Säugetieren sehr verbreitet und liegen im vitralen Teil der inneren Körnerschicht, dicht unterhalb der gewöhnlichen amacrinen Zellen. Nach UYAMA haben sie einen langen Nervenfortsatz und mehrere Protoplasmafortsätze, die in horizontaler Richtung verlaufen. Diese Zellen sollen bei Säugetieren nur zerstreut vorkommen und nirgends zusammenhängen. Ihre Neurofibrillen sind verhältnismäßig dick, ziemlich locker angeordnet, wodurch an das Verhalten bei Horizontalzellen erinnert wird. Es finden sich ferner in der inneren plexiformen Schichte der Säuger sog. interstitielle, amacrine Zellen, die vereinzelt nach Form und Neurofibrillenbeschaffenheit an die horizontalen Amacrinen erinnern. Während CATTANEO sie für ausgewanderte Ganglienzellen hält, glaubt UYAMA dies nicht.

In der Ganglienzellenschicht sollen bei *Kaninchen* und *Meerschweinchen* nach UYAMA verhältnismäßig zahlreiche amacrine Zellen vorkommen, die durch Aussehen und Beschaffenheit der Neurofibrillen den Amacrinen der inneren Körnerschicht ähnlich sind. Aber sie besitzen besser entwickelte Fortsätze und Neurofibrillen, welch letztere vor dem Austritt aus dem Zellkörper in dessen Pol eine mehrmals in horizontaler Richtung gewickelte Spiralwindung zeigen.

Nach innen zu folgt die innere plexiforme Schichte, die nur ganz vereinzelte Zellkörper enthält, sonst ganz aus den dendritischen Aufzweigungen der Bipolaren einerseits und der Opticusganglienzellen andererseits aufgebaut erscheint.

Die Schichte der *Opticusganglienzellen* setzt sich aus diesen Zellen und aus flügelartigen Verbreiterungen der MÜLLERschen Stützfasern, die die ersteren umfassen, zusammen. Die Ganglienzellen haben einen 20—25 μ breiten Zellkörper. Der Zellkern liegt zumeist exzentrisch, häufig proximal, er ist oval, enthält ein größeres und ein kleineres Kernkörperchen und ein ziemlich spärliches Chromatingerüst. Ihm liegt eine unscheinbare Sphäre mit Diplosom an, das Cytoplasma, das beide Bildungen umgibt, enthält aus feinen Granulis aufgebaute Tigroidschollen, zwischen denen die helleren, von den Neurofibrillen eingenommenen Cytoplasmastraßen verlaufen. In der Höhe dieser Schichte finden sich vereinzelt sehr kleine dunkle Kerne, allem Anschein nach zu kleinen Gliazellen gehörig. Solche Elemente finden sich auch in der innersten Schichte der Netzhaut, die dadurch gebildet wird, daß die basalen Fortsätze der MÜLLERschen Stützfasern sich verbreitern und aufsplittern, somit eine Schichte liefern, welche der marginalen Glia des Gehirnes homolog ist. Zwischen ihnen laufen die Bündel der teils markhaltigen, größtenteils aber marklosen Opticusfasern, von wenig Glia umscheidet, hindurch. An vereinzelten MÜLLERschen Stützfasern liegen auch die Kerne in diesem basalen Anteil.

In der Opticusganglienzellenschichte kommen auch noch amacrine Zellen vor, die nach Form und Anordnung der Neurofibrillen den Amacrinen der inneren Körnerschichte ähnlich sind, nur haben sie besser entwickelte Fortsätze, deren Neurofibrillen kurz vor dem Austritt aus dem Zellkörper in dessen Pol mehrmals horizontal gewickelte Spiraltouren machen (UYAMA).

Zahlreiche Gefäße liegen der zarten Abschlußmembran der Netzhaut, der Limitans interna besonders im Bereich des Markstreifens dicht auf. Sie versorgen mit Gefäßen bloß die Fasern des Markstreifens selbst, die *eigentliche Netzhaut bleibt ganz gefäßfrei.*

5. Sehnerv.

Der *Sehnerv* bildet beim Kaninchen eine auffallend weiße Papille, die eine ganz leichte Exkavation zeigt und die mit Stamm und Ästen gelegentlich parallel verlaufende Arteria und Vena centralis umschließt. Von der Papille gehen in horizontaler Richtung parallel zur Lidspalte nach beiden Seiten Bündel auffällig markhaltiger Fasern hervor, die als leuchtende Stränge schon im ophthalmoskopischen Bild des Kaninchens sehr charakteristisch hervortreten. Mit ihnen verlaufen die Hauptgefäßstränge. Die übrigen von der Papille dorsal und ventral ausstrahlenden Sehnervenfasern sind marklos. Der Opticus besitzt eine Pial-, Arachnoidal- und Duralscheide, ein zartes Gerüst von Gliazellen, ein bindegewebiges Endo- und Perineurium, letzteres bildet die zarte Lamina cribrosa. Die Bindegewebsbündel der Letzteren werden von Gliafasern begleitet.

6. Chorioidea.

Die *Aderhaut, Chorioidea* ist beim pigmentierten Kaninchen 40 μ dick, besteht aus einer lockeren Suprachorioidea außen, mit einzelnen verzweigten Pigmentzellen, einer dichter pigmentierten mittleren Lage, in der sich die arteriellen Gefäße und die Wurzeln der Venae verticosae verzweigen und der dem Pigmentepithel der Netzhaut unmittelbar anliegenden Choriocapillaris. Sowohl die Arterien wie die Venen werden von außerordentlich zahlreichen, plexusartig angeordneten, marklosen Fasern äußerst dicht umsponnen, wie man besonders auf Methylenblauflächenpräparaten albinotische Tiere erkennen kann. Eine äußerst zarte homogene Schichte zwischen den Pigmentepithelzellen und der Choriocapillaris wird als BRUCHsche Membran bezeichnet.

7. Linse.

Die relativ sehr voluminöse *Linse* weist beim erwachsenen Albino 10 mm im Durchmesser, 8,5 mm in der anterior-posterioren Achse auf. Eine konzentrische Schichtung ist besonders deutlich ausgesprochen. Die vordere Linsenkapsel ist auffallend dick, 40 μ, am hinteren Pol viel dünner (2 μ).

Beim *Kaninchen* ist die Wölbung der vorderen Fläche der *Linse* eine ziemlich geringe, der Äquator ist leidlich gut markiert und die Äquatorialebene schneidet die Linsenachse vor ihrer Mitte (RABL).

Die *Linse* des Kaninchens ist im fixierten Zustand keineswegs ein Rotationsellipsoid, sondern trägt nicht ganz gleichmäßige Kerben, etwa 50 an der Zahl am Rande, die durch kleine Erhöhungen am Äquator getrennt sind. Sie sind der Ausdruck schon im Leben vorhandener geringerer Formdifferenzen. Das vordere Epithel ist beim Kaninchen 5 μ dick.

Die Kerne sind plattgedrückt; man unterscheidet unter den Linsenfasern Zentralfasern, Übergangsfasern, Haupt- und Grundfasern. Die Fasern stehen in radiären Lamellen, das Kaninchen besitzt bald nach der Geburt 1706 Lamellen, erwachsen (nach RABL) 2440, das Meerschweinchen 1101, die Ratte 1273, die Maus 664. Im Alter nehmen die Lamellen zu.

Beim Kaninchen besitzt die Linse eine einfache lineare Naht, die hinten etwas schief, von vorne oben nach hinten unten, vorne von hinten oben nach vorne unten zieht. Häufig sind die Nähte winkelig abgeknickt oder wellenförmig gebogen. Ja, sie können auch winkelförmig sein oder dreistrahlig werden (RABL). Der Äquatorialdurchmesser der Linse ist beim alten Kaninchen 11,89 mm, die Achse 8,79, somit der Index 1,35 (nach RABL). Die Fasern der Linse werden gegen den Kern zu dicker und verlieren ihre Kerne.

Im Gegensatz zu manchen Nagerlinsen, wie etwa der des Eichhörnchens, finden sich beim *Kaninchen* keine so vollkommen regelmäßigen Anordnungen der Linsenfasern in radiären Lamellen auf dem Äquatorialschnitt der Linse. Ja, es kommen Verwerfungen mit Störung der Ordnung vor. Die Maus besitzt auffallend schmale Fasern, die anderen Nager etwas breitere. Die Breite der Fasern nimmt von innen nach außen zu. Bei der Konservierung weichen die Fasern oft unter Bildung von radiären Spalten auseinander. Es finden sich homogene Gerinnsel in manchen Spalten, die daran denken lassen, daß schon im Leben solche Bildungen vorhanden sind (RABL).

Nach BUSACCA soll mit Eisenhämatoxylin und der Bielschowskymethode in den Zellen des Linsenepithels eine Art von Tonofibrillen, besonders in der Äquatorialgegend, wo die Zonulafasern sich ansetzen, also je nach der funktionellen Beanspruchung stärker entwickelt, sich nachweisen lassen. Sie sollen am vorderen Zellpol verbreiterte Endfüße besitzen.

8. Glaskörper.

Der Glaskörper des Kaninchens ist offenbar wegen seines besonders großen Wassergehaltes sehr flüssig und deshalb auch besonders schwer zu fixieren; trotz aller sonst zum Ziel führenden Vorsichtsmaßregeln schrumpft er zumeist sehr leicht, wenigstens in gewissen Anteilen des Auges, so daß ihn z. B. R. KRAUSE gar nicht schildert. Bei entsprechender Erhaltung sehen wir feinste Fasern im Glaskörper oft mit winzigen Körnchen, offenbar Niederschlägen einer albuminoiden Substanz belegt.

Der *Glaskörper* besteht im wesentlichen aus einer hoch gequollenen kolloiden Substanz, welche je nach dem Alter des Tieres mehr sich einer Flüssigkeit nähert. Ob er im Leben eine Struktur aufweist, wird auf Grund der Spaltlampenbefunde umstritten. Je nach der Art der Konservierung finden wir bald zartere, bald etwas gröbere faserige Gerinnsel, welche an der Papilla nervi optici in deutlichere Strukturen übergehen, nur unter bestimmten Vorsichtsmaßregeln, besonders durch die von ST. GYÖRGY angegebene Fixation des ganzen Augapfels in Formalin-Sublimat-Aceton-Eisessig bekommen wir ein in gleichmäßiger Weise im ganzen Glaskörper ausgebildetes System feinster Fäserchen, Glaskörperfibrillen, auf deren Oberfläche wieder mit stärkster Vergrößerung erkennbare, niederschlagartige Körnchen durch Silberfärbungen oder Molybdän-Hämatoxylin dargestellt werden können. Es gelingt nicht eben leicht, im Innern dieser Glaskörperstrukturen eine Verdichtung nachzuweisen, die einen trichterförmigen Raum, dessen Spitze mit dem Austritt der Arteria centralis retinae, dessen Basis ungefähr mit dem Linsenrand zusammenfällt, darstellt. Das Innere dieses trichterförmigen Raumes (Canalis Cloquetii) enthält bloß Flüssigkeit, unter Umständen minimale Reste der embryonalen Glaskörpergefäße. Im embryonalen Auge zieht hier die Arteria hyaloidea, um zuerst Gefäße im Glaskörper, später die Tunica vasculosa lentis rings um die Linse zu bilden. Die Glaskörperfasern lassen sich bei Neugeborenen- und noch jüngeren Entwicklungsstadien leichter zur Ansicht bringen. Sie gehen bei diesen kontinuierlich über in Faserbündel, welche vom hinteren Ciliarepithel auf den Ciliarfortsätzen gegen den Linsenrand und den Raum vor und hinter dem Linsenäquator an der Linsenkapsel hinziehen. Aus diesen Fasern gehen die schon mit freiem Auge sichtbaren, besonders aber unter Anwendung der Spaltlampe im Leben sehr deutlichen, im fixierten Präparat stark lichtbrechenden und deutlich färbbaren Fasern der sog. *Zonula Zinnii,* des Aufhängeapparates der Linse hervor. Wir können ihn besonders deutlich darstellen, wenn wir nach Halbierung des Auges im Äquator den Glaskörper entfernend, von hinten auf die Linse blicken. Die von der Gegend der Ciliarfortsätze, ja selbst noch von der Ora serrata der Netzhaut ausgehenden, sich überkreuzenden Bündel scharf gespannter Fasern weichen in der Nähe des Linsenrandes auseinander, wo sie mit der Linsenkapsel verkittet sind. Die Tatsache, daß diese Fasern embryonal aus der gleichen Grundsubstanz wie die Glaskörperfasern hervorgehen, spricht zugunsten einer wenigstens teilweisen präformierten Faserstruktur des Glaskörpers.

Die Fasern der *Zonula Zinnii* erstrecken sich im wesentlichen von den Ciliarfortsätzen bzw. deren Basen und von der Pars coeca retinae fächerförmig auseinanderweichend zur Vorder- und Hinterfläche der Linsenkapsel, auf welcher sie sich nicht ganz regelmäßig im Kreise anheften. Sie färben sich mit basischen Farbstoffen. Sie sind im ganzen beim Kaninchen schwächer entwickelt als in anderen gleich großen Augen, hinter dem Linsenrand zarter als vorne.

Bei bester Fixation ist der Raum vor dem Glaskörper, der die Zonula enthält, auch neben deren Fasern mit ziemlich gestreckt zur Linse verlaufenden außerordentlich feinen Fibrillen ausgefüllt. An der Retina haftete der Glaskörper an frischen Augen außerordentlich fest an, eine verdichtete feinste Schichte seiner Substanz liegt der Limitans interna der Netzhaut absolut dicht an; wenn sie sich retrahiert, wird sie als Membrana hyaloidea bezeichnet.

Der Glaskörper ist nach vorne gegen die Linse zu und die Zonula Zinnii durch eine zarte Verdichtung seiner Faserzüge abgeschlossen, auf der die Linsenkapsel ruht. Eine eigentliche abschließende Membran, eine Membrana hyaloidea, ist hier nicht vorhanden.

9. Blutgefäße.

Die Gefäße der Retina werden gebildet von der Arteria centralis retinae, die seitlich als Ast der Arteria ophthalmica wenige Millimeter hinter der Papilla nervi optici in den Sehnerven hineinzieht, zentral bis zur tiefsten Stelle des Sehnervenkopfes verläuft und hier leicht hervortretend, sich in zwei fast genau entgegengesetzt verlaufende Äste aufteilt. Diese Äste und ihre Aufzweigungen verlaufen hauptsächlich in dem in der Horizontalebene gelegenen auffallenden Markfaserstreifen. Die Netzhaut außerhalb des Bereiches des Markstreifens ist beim Kaninchen vollkommen gefäßlos, wird somit nur von der Choriocapillaris aus ernährt. Die Capillaren vereinigen sich zu kleineren, dann größeren Venen, die in ihrem Verlauf im wesentlichen den Arterien parallel ziehen. Die zentrale Vene verläßt durch den Opticus ziehend das Auge. Das Gefäßgebiet der Centralis retinae ist von dem der übrigen Augenhäute getrennt.

Die Blutgefäße der Chorioidea der Iris und des Ciliarkörpers stammen aus den von der Carotis kommenden Aa. ciliares breves und longae, welche Äste in die Sklera, zahlreiche Äste an die Chorioidea, den Ciliarkörper und die Iris abgeben. Aus diesen entwickelt sich in der innersten Schichte der Chorioidea, nur durch die zarte BRUCHsche Membran vom Pigmentepithel der Netzhaut getrennt, ein sehr dichtes, flach ausgebreitetes Capillarnetz, die Choriocapillaris. Aus dieser sammeln das Blut zahlreiche kleine Venen, die einen engmaschigen Plexus bilden, dessen Gefäße sich endlich in den vier Quadranten des Auges zu je einer Vena vorticosa, die den Bulbus verläßt, zusammenfinden. Die letzteren ergießen ihr Blut in eine V. ophthalmica superior und inferior, deren erstere in den Sinus cavernosus, letztere in die V. maxillaris interna sich ergießt.

Retikulo-endotheliale Elemente im Auge des Kaninchens. Bei Trypanblauspeicherung sieht man besonders auf Gefrierschnitten, daß die Farbe die Linsenkapsel etwas anfärbt und mit Ausnahme der Netzhaut, die wie das Zentralnervensystem kaum etwas vom Farbstoff aufnimmt (nur die äußeren Körner zeigen eine kaum wahrnehmbare diffuse Färbung), alle übrigen Gewebe des Auges speichernde „retikulo-endotheliale" Elemente enthalten. In der Cornea färbt sich die DESCEMETsche Membran, viele Zellen am Limbus. In der Iris sind beim albinotischen Tier nur vereinzelte Elemente gefärbt. Dagegen enthält der Ciliarkörper sehr reichliche, außerordentlich große, bis über 40 μ, mit dunklen Granulis vollgepfropfte, sehr polymorphe Zellen, zum Teil mit amöboiden Fortsätzen. Sehr zahlreiche, aber wesentlich kleinere Zellen finden sich im Bindegewebe der Chorioidea, kleine Zellkörper auch in der Sklera, im Bindegewebe der Conjunctiva und der Nickhaut.

10. Augenlider.

Der *Lidapparat* des Kaninchens besteht aus dem Ober- und Unterlid sowie aus dem dritten Lid, der Nickhaut, oder wie STIBBE sie nennt, der Plica intercipiens. Die Ober- und Unterlider sind äußerlich von einer Fortsetzung der allgemeinen Hautdecke überzogen, die beim Kaninchen nicht wesentlich haarärmer ist als die übrige Kopfregion, wenn auch die Haare etwas kürzer sind. Auf einen frontalen Querschnitt der Lider finden wir dichtes Bindegewebe, aber keine Tarsalplatte und in diesem eingelagert senkrecht zum Lidrand mündende 40—50 MEIBOMsche Drüsen oder Lidranddrüsen, welche verzweigte, in einen gemeinsamen Ausführungsgang an der Kante des Lides ausmündende große Talgdrüsen darstellen. Dagegen finden sich nicht Schweißdrüsen und den ZEISSschen Drüsen des Menschen homologe Drüsen. In der nasalen Ecke des Augenlides findet sich die Öffnung des Ductus lacrimalis, der hier mit einer winzigen, leicht gewulsteten Öffnung ausmündet. Die Haut der Lider ist mit reichlichen Blutgefäßen versehen, die zwei übereinander liegende Plexus arterieller und venöser Gefäße bilden, vom oberen gehen die Papillarschlingen der Capillaren aus. Die Innenfläche beider Lider wird von Conjunctivalepithel überzogen, dabei geht das am Lidrande noch leicht verhornte Plattenepithel in ein mehrreihiges kubisches bis zylindrisches Epithel über, dessen sehr zahlreiche Becherzellen diesem Epithel den Charakter der Schleimhaut verleihen. Die Conjunctiva des Kaninchens enthält sehr viele Gefäße (HANS VIRCHOW). Auch die Nickhaut ist von Conjunctivalepithel, und zwar auf beiden Flächen überzogen, sie bildet außen und innen eine Tasche. In ihr ist ein hyaliner Knorpel, Cartilago intercipiens, eingelagert und hier finden sich Ausführungsgänge der Nickhautdrüsen. In der Falte, Fornix, der Conjunctiva zwischen dem oberen Lid und der Bulbusoberfläche münden im obersten Winkel mehrere Ausführungsgänge der in der Orbita dem Augapfel dicht aufliegenden Tränendrüse.

Auf dem Querschnitt der Lider finden wir die Fasern des Musculus orbicularis palpebrarum. Die sehr dünnen Fasern verlaufen, zu primären und sekundären Bündeln zusammengefaßt, der Lidkante parallel. Dicht nach außen vom Lidrande stehen besonders große Haare, die Cilien. Der Muskel reicht distalwärts bis zu den Cilien, proximalwärts schließt sich an ihn das Lig. palpebrale an (R. KRAUSE), das Haut und Conjunctivalteil des Lides voneinander trennt und im Oberlid sich in die Sehne des Levator palpebrae superioris, im Unterlid in den M. depressor palpebrae inferioris fortsetzt.

Im *Conjunctivalepithel* finden wir immer zahlreiche Lymphocyten und stellenweise kleine Lymphfollikel.

11. Drüsen.

Die *Nickhautdrüse*, Glandula palpebrae tertiae superficialis, eine zusammengesetzte verzweigte tubulo-alveoläre Drüse, mündet mit mehreren kurzen Ausführungsgängen auf der konkaven Fläche des Lides. In der Drüse finden wir ein acidophil gekörntes Drüsenepithel. Am unteren Rand der Nickhaut finden wir die Mündung des Ausführungsganges einer einen großen Teil der Augenhöhle des Kaninchens ausfüllenden Drüse, der HARDERschen Drüse, die größtenteils den seitlichen und unteren Teil des Bulbus umfaßt. Im frischen Zustand kann man an ihr einen kleineren weißlichen oberen Lappen und einen auffallend rosa gefärbten unteren Abschnitt erkennen, beide zeigen typische Läppchenstruktur. Der Ausführungsgang zerfällt innerhalb der Drüse in zahlreiche tubuläre Gänge, die Interlobulargänge. Diese verbinden sich dann als intralobuläre Gänge mit den Tubuli und Alveoli, die im Oberlappen aus etwas schmäleren zylindrischen Zellen, im Unterlappen aus breiteren, mehr kubischen Zellen bestehen; beide Anteile der Drüse zeigen nach den meisten Fixationen besonders auffallende Wabenstrukturen im Cytoplasma, doch lassen sich in diesen Waben, auch besonders im Oberlappen, acidophile Körnchen darstellen. Im Unterlappen neben gröberen Sekretkörnern auch feine Fetttröpfchen (R. KRAUSE).

Mit Silbermethoden (CAJALS Uranfixation) sieht man an diesen Drüsen leicht (KOLMER) die untereinander anastomosierenden, verzweigten Korbzellen, die die einzelnen Drüsenacini umgeben und man kann nachweisen, daß diese wahrscheinlich contractilen Zellen von feinvariкösen, vermutlich sympathischen Nervenfasern, die an ihnen mit unscheinbaren Verdickungen enden, innerviert werden, während benachbarte Fasern weiterziehend, zwischen die Epithelzellen gelangen und an diesen mit kleinen Knöpfchen endigen.

Im temporalen Augenwinkel liegt die rundliche Tränendrüse, die viel kleiner ist als die HARDERsche Drüse. Sie mündet mit mehreren Ausführungsgängen in die Conjunctiva des oberen Lides.

Ähnlich wie die Nickhautdrüse zeigt ihr Aufbau Verwandtschaft mit der Struktur der Ohrspeicheldrüse. Die Alveolengänge sind mit Membrana propria und Korbzellen versehen, zeigen wechselnde Dimensionen. Die Lichtung der schlauchartigen und alveolenartigen Teile ist weiter als in der Parotis, die zylindrischen Zellen höher. Man findet in ihnen Granula, die an der Oberfläche zerfließen, und ein Diplosom, an der Zellbasis eine deutliche Basalstreifung. Die sezernierenden Zellen gehen allmählich niedriger werdend in das Epithel der intralobulären Ausführungsgänge über.

Man findet in den Zellen Granula, wenn sie sich zur Sekretion vorbereiten. Später umgeben sich die Granula mit einer besonders durch Brillantschwarz-Toluidinblau-Safraninfärbung (FLEISCHER) gut darstellbaren Kappe und werden zu „Halbmondkörperchen". Unter Quellungsvorgängen der Trägersubstanz werden diese dann in das Sekret der Drüse übergeführt [1].

Die dritte, in der Orbita gelegene Drüse, die *Glandula infraorbitalis,* ist eine in die Mundhöhle mündende Speicheldrüse.

Der *Ductus naso-lacrimalis* ist ein 30—40 mm langer, von niedrigem geschichtetem Flimmerepithel ausgekleideter Gang, der aus dem etwa 10 mm von dem Tränenpunkt aus sich erstreckenden *Tränenröhrchen* entsteht. Letzteres Röhrchen ist gegen die Oberfläche zu von geschichtetem Plattenepithel ausgekleidet. Auffallend stark ist die Entwicklung der Blutgefäße und der vorspringenden Capillaren im Ductus naso-lacrimalis.

Nach G. F. ROCHAT und C. E. BENJAMINS beginnt der Tränen-Nasengang des Kaninchens am Tränenpunkt, unter dem sich ein flacher, ungefähr dreieckiger Sack befindet, von dem ein Kanal ausgeht, der seinerseits wieder mit einem Sporn in einen länglichen, nach dorsal zu einen Blindsack bildenden Kanal einmündet. Dieser Gang zieht nach unten und rostralwärts, biegt am Schneidezahn fast rechtwinkelig nach aufwärts und mündet dann nach einer kurzen Erweiterung aus.

Nach ZABOJ-BRUCKNER besteht nur ein Tränenpunkt 2—3 mm unter dem Lidrande, am unteren Ende der Nickhaut. Er ist 0,5—0,75 mm weit und rings von einer Schleimhautkuppe umgeben. Der Canaliculus ist 12 mm lang, 0,3 mm weit und zieht im Winkel von 30° abwärts zum Tränensack, der in der Fossa lacrimalis liegt und 2—3 mm weit ist. Der Tränen-Nasengang umzieht das Foramen infraorbitale und mündet 8 mm hinter dem Nasenloch in den unteren

---

[1] HEIDENHAIN, Plasma und Zelle, S. 378.

Nasengang ein, er ist 1 mm weit und anfangs mit geschichtetem Plattenepithel, gegen die Nase mit geschichtetem Cylinderepithel ausgekleidet.

Während W. KRAUSE am Tränenkanal Knorpelzellen beschrieb, haben sie die Autoren nicht gefunden. Über den großen Hohlraum zieht ein Muskelzug der Musc. zygomatico-lacrimalis. Der blindsackartige Anhang liegt in unmittelbarer Nähe der Nickhautdrüse. Manchmal ist sein Ende gegabelt. Um das Lumen des Canaliculus finden sich große kavernöse Hohlräume. Im vorderen Teil der Nase zieht der Kanal ganz oberflächlich im knöchernen Canalis lacrimalis, so daß man ihn in dieser Gegend von außen her auf mehrere Zentimeter freilegen kann. Hier ist er immer im Knochenkanal von kavernösen Hohlräumen umgeben. Nahe am vorderen Ende der Muschel bildet er die erwähnte weite Ampulle. Die Ausmündung, eine schmale vertikale Spalte, die nur mit der Lupe sichtbar ist, verläuft unmittelbar am Nasenknorpel der lateralen Nasenwand und mündet ganz nahe am äußeren Nasenloch. Auch der Orbicularis oculi, der beim Kaninchen im unteren Lide schwach entwickelt, drückt auf den Canaliculus. Auch ein 3. Muskel, der als Hervorzieher des 3. Augenlides wahrscheinlich bezeichnet wird, tritt am Knochenhaken, der den Eingang zum knöchernen Tränenkanal bildet, in Beziehung zum Tränenschlauch [Arch. Ophthalm. **91**, 66 (1916)].

Nach SEIFRIED kommen beim Kaninchen Entzündungen der Bindehaut vor, zumeist infolge Fremdkörperverletzung und im Zusammenhang damit auch Entzündungen am Lid. Hier findet sich auch Hyperkeratose bei Sarcoptesräude, bei Favus und Herpes tonsurans. Neubildungen an den Augenlidern sind selten. Corneaerkrankungen finden sich im Anschluß an die Bindehautentzündung verschiedener Art, auch Ulcus corneae mit Bakterien aus der Gruppe der hämorrhagischen Septicämie. Solche Erscheinungen können zur Durchbrechung der Hornhaut und Panophthalmie führen. Irisveränderungen und Star sind selten. VON HIPPEL beschrieb einen Ringwulst in der Kaninchenlinse. Fälle von Glaukom mit Exkavation der Papille sind mitgeteilt worden, der Nekrosebacillus führt zu Veränderungen an den Augenmuskeln und am Opticus.

b) Meerschweinchen.

Die Cornea des *Meerschweinchens* ist 380 μ dick, das Epithel ist 48 μ dick, durchschnittlich fünfschichtig, die Basalschichte, welche hohe zylindrische Elemente enthält, ist allein 18 μ dick, eine BOWMANsche Membran ist nur undeutlich vom übrigen Stroma abzugrenzen, die DESCEMETsche Membran ist deutlich entwickelt, aber kaum 3 μ dick, das Endothel 8 μ dick.

RUBERT fand beim Meerschweinchen nicht nur im Epithel, sondern auch in den oberen Lamellen der Propria Pigment.

Nach DUBAR und CIEULIN: L'état de réfraction des yeux des mammifères domestiques. Rev. Gén. Méd. Vet. (auch Angaben über Kaninchen, Meerschweinchen, Hund, Katze) ist beim Meerschweinchen die größte Streuung der Befunde, die Cornea ist selten völlig gesund, Keratoconus ist häufig, der Fundus eines Auges von 14 Dioptrien Myopie war normal.

Im deutlich entwickelten Ligamentum pectinatum finden sich mehrere kleinere FONTANAsche Hohlräume.

Einen eigentlichen SCHLEMMschen Kanal, der in eine Scleralrinne gelagert wäre, konnte ich nicht auffinden. Wo bei Menschen ein solcher liegt, finden sich beim Meerschweinchen Nervenzüge; dagegen sehen wir im Ligamentum pectinatum selbst ein auffallendes, nur vom Endothel begrenztes Ringgefäß.

Das Linsenepithel ist am vorderen Pol 9 μ, die Linsenkapsel 6 μ dick. Letztere ist am hinteren Linsenpol kaum 1 μ dick.

Beim Meerschweinchen ist die Iris dadurch charakterisiert, daß auch bei pigmentierten Exemplaren das Irisstroma meist sehr pigmentarm ist. Es enthält reichlich Gefäße, und zwar Arterien, Venen und Capillaren. Der Sphincter ist gut entwickelt, setzt sich aber aus besonders feinen Fasern zusammen. Bei starker Blutfüllung kann die Iris stellenweise eine Dicke von 120 μ überschreiten. Im Bereiche der Iris sind die Elemente des äußeren Blattes des Irisepithels zu langen, spindelförmigen Zellen ausgezogen, deren ebenfalls spindelförmige Kerne 12 μ lang werden, so daß dieses Gewebe geradezu den Eindruck organischer glatter Muskelfasern macht. Bei stark pigmentierten Tieren gelingt es, das Bild einer von den Zellkörpern abgegliederten Dilatatorfaserschichte wie

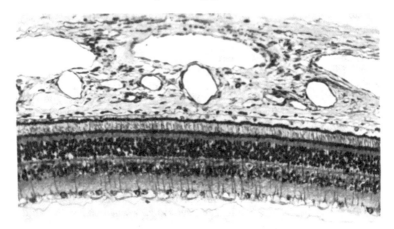

Abb. 164. Übersicht der Retina und Chorioidea eines pigmentierten Meerschweinchens. Reichert 4, Kompl. Ok. 2.

bei anderen Tieren hier zu sehen. Zwischen beiden Schichten des Irisepithels treten bei Anwendung von starkem Druck zahlreiche Spalten auf. Möglicherweise handelte es sich um Lymphgefäßwurzeln.

Die *Iris* enthält in ihrem dichten Stroma nicht übermäßig viel größere Gefäße, die besonders an der Peripherie hervortreten und sich vorbuchten. Der Sphincter pupillae erscheint durch eine Einbuchtung des freien Randes der Iris in zwei Portionen geteilt. Bei pigmentarmen Tieren finden sich im Pigmentepithel der Iris kleinste cystische Hohlräume.

Der *Ciliar*körper des *Meerschweinchens* besteht größtenteils aus einem bindegewebigen Stroma, der Ciliarmuskel ist nur durch vereinzelte Fäserchen repräsentiert, aber ein eigentlicher Ciliarmuskel ist nicht recht nachzuweisen. Dementsprechend ist auch die Zonula Zinnii viel schwächer entwickelt wie bei anderen gleich großen Tieren.

Die Faserportion, die den Tensor chorioideae darstellt, ist besser entwickelt. Das Stroma der Ciliarfalten ist spärlich, enthält aber ziemlich viel weite Gefäße.

Bei pigmentierten Exemplaren ist Iris und Ciliarkörper durch die ganze Dicke von langen, vielfach senkrecht und schräg gegen die Oberfläche gerichteten dunkelpigmentierten Pigmentophoren durchzogen.

Bei den Zuchtrassen der *Meerschweinchen* unterscheidet HARMS solche, bei denen das Augenmelanin, das Chromogen und eine Oxydase vorhanden sind, und die schwarzäugig sind; dieselben erscheinen, wenn das Tier keine Oxydase bildet, rotäugig, dabei kann das Hautmelanin mit Oxydase schwarze Haare ergeben, abgeschwächt grau bis schwarz alle Töne liefern, es ergibt aber ohne Oxydase weiße Haare. Es gibt ferner ein Hautlipochrom, das mit Oxydase rötlich-gelbe bis braune Haare, abgeschwächt blaßgelb bis braun alle Töne ergibt, ohne Oxydase aber weiße Haare. Vergleiche die Befunde von GREGORY und IBSEN.

Die *Chorioidea* setzt sich aus sehr gleichartig geformten, äußerst zarten Bindegewebssträngen zusammen, zwischen welchen kleine Pigmentzellen eingewoben sind. Die Arterien sind äußerst zart und besitzen höchstens eine Schichte der Muskularis und eine kaum abgrenzbare Adventitia. Ebenso zart sind die Venen, die Choriocapillaris, deren Gefäße, wenn sie gefüllt sind, durchschnittlich 4—5 μ im Durchmesser zeigen, ist sehr gut entwickelt, sie ernährt ja die gesamte Netzhaut, der sonst Gefäße vollkommen fehlen. Bei guter Gefäßfüllung ist die Chorioidea 145 μ dick. Die Sklera ist zart, 175 μ dick, ihre Bindegewebszüge sehr regelmäßig angeordnet. Am Äquator ist sie mit 100 μ dünner als die Cornea.

Das *Pigmentepithel* enthält fast ausschließlich stäbchenförmige braune Pigmentnadeln nur im distalen Anteil, sonst im Cytoplasma winzige, schwach färbbare Granula.

Die Netzhaut des Meerschweinchens besitzt eine Dicke von 145 μ, wobei auf das Pigmentepithel 8 μ, auf die Stäbchen-Zapfenschichte 24 μ, auf die äußere Körnerschichte 36 μ, die innere plexiforme Schichte 5 μ, die innere Körnerschichte 24 μ, die innere plexiforme Schichte 24 μ, die Ganglienzellen und Opticusschichte 13 μ entfallen. Die Netzhaut zeigt im ganzen Bereich so ziemlich vollkommen gleichen Bau; aber die zentralen Teile der Meerschweinchennetzhaut enthalten relativ viel mehr Zapfen, deren Außenglieder bis zu 10 μ lang werden können; auch die Opticusganglienzellen stehen hier dichter gedrängt.

Die Schichte der Sehelemente setzt sich aus $1^{1}/_{2}$ μ dicken Stäbchen, die vorwiegen, und Zapfen zusammen. Das Verhältnis ist etwa wie 3 : 8. Das Innenglied der Stäbchen besteht aus einem peripheren dunkleren und einen proximalen helleren Abschnitt, die beide 2 μ dick sind. Zwischen Innen- und Außenglied findet sich ein winziges Ellipsoid. Die Zapfen sitzen mit einem außerordentlich zarten basalen Anteil zwischen den Stäbchen an der Limitans externa auf, verbreitern sich dann zu einem kolbenförmigen Innenglied, das über die Mitte des Außengliedes der Stäbchen hinaus vorgeschoben ist und eine Längsstreifung aus deutlich acidophilen Körnern aufweist. Zwischen Innen- und Außenglied befindet sich eine ansehnliche runde Vakuole, die wie die Öltropfen der Vögel gelagert, hervorragt. Sie enthält vielleicht im Leben Glykogen. Das Außenglied ähnelt sehr dem Außenglied der Stäbchen, ist aber nur 6 μ lang, im Gegensatz zu dem 15 μ langen Stäbchenaußenglied. Trotz dieser in Form und Färbbarkeit außerordentlich deutlichen Unterscheidbarkeit von Stäbchen und Zapfen finden wir gleichwohl die Schichte der äußeren Körner *nur von einer Sorte von Kernen zusammengesetzt*, es sind ovale Elemente, die einen häufig durch eine Brücke in 2 Anteile unterteilten Chromatinkörper enthalten, der zur Kernmembran allseitig feine Fortsätze ausschickt. Die proximalen Fortsätze der äußeren Körnerzellen sind außerordentlich kurz, so daß eine HENLEsche Faserschicht nicht nachzuweisen ist. Sie enden mit winzigen Endknöpfchen, die gegen die äußere plexiforme Schichte eine minimale Verdichtung enthalten. Alle diese Knöpfchen sind ganz gleich, so daß eine Unterscheidung von Stäbchen und Zapfenendfüßen nicht durchführbar ist. Stellenweise findet man in der äußeren plexiformen Schicht vereinzelte winzige Kerne, die kleiner sind als die äußeren Körner, aber die gleiche Farbennuance des Chromatins zeigen. Mit den Elementen der inneren Körnerschicht haben diese nicht die geringste Ähnlichkeit. Die innere Körnerschichte setzt sich aus 3 Reihen kleineren, proximalen, zumeist runden Kernen von durchschnittlich 7 μ Durchmesser zusammen und einer distalen Reihe, die den Horizontalzellen angehört, die 9 μ Durchmesser zeigen. Alle besitzen einen zentralen deutlichen Nucleolus und ein zartes Kerngerüst. Außerdem enthält diese Schichte die ziemlich dicht stehenden spindelförmigen, durch ihre dunkle Färbung hervortretenden Kerne der MÜLLERschen Stützfasern.

Beim *Meerschweinchen* kommen in der inneren Körnerschichte besonders große Riesenamacrinen vor, die keine Neuriten besitzen und bloß zwei starke Dendriten zeigen, die an der Bildung der inneren plexiformen Schichte teilnehmen. Ferner finden sich interstitielle amacrine Zellen vereinzelt in der inneren plexiformen Schichte. Sie erinnern morphologisch wie auch nach dem Verhalten ihrer Neurofibrillen an die horizontalen amacrinen Zellen eher als an ausgewanderte Ganglienzellen.

In der inneren plexiformen Schichte ist eine Horizontalschichtung nur schwer zu erkennen, nur selten finden wir in ihr vereinzelte Ganglienzellen. Die Opticusganglienzellen zeigen verschiedene Größe, die größten bei einem Durchmesser

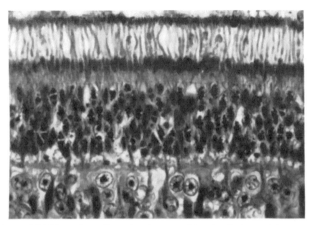

Abb. 165. Äußere Schichten der Meerschweinchennetzhaut, Bichromat-Formol-Eisessig-Durchspülung, deutlich entwickelte charakteristisch strukturierte Zapfen zwischen den Stäbchen, deutliche Limitans externa, Zapfen und Stäbchenkerne nicht zu unterscheiden. Zeiß, ¹/₁₂ Immersion, Kompl. Ok. 2.

von 14 × 17 μ, einen rundlichen Kern von 12 μ und deutliche Nisslschollen. Die Limitans interna gleichzeitig als Membrana hyaloidea ist deutlich zu unterscheiden. Unter ihr ziehen die zarten Bündel der Opticusfasern, die nirgends eine bedeutendere Schichte bilden.

Beim *Meerschweinchen* sehen wir mit Hilfe der Chromsilberimprägnation, daß die MÜLLERschen Stützfasern an der Limitans interna der Netzhaut mit 2—3 basalen Fortsätzen, die ihrerseits wieder aufgefasert erscheinen, sich ansetzen. Die Faser verläuft konisch zugespitzt durch die Opticuszellenschichte, gibt dann in der Gegend der inneren plexiformen Schichte feine dornenartige Fortsätze ab, in der Höhe der inneren Körnerschichte bildet sie rings um die Gegend, wo ihr Kern enthalten ist, zarte, blättchenartige Verbreiterungen, die die Ganglienzellenkörper zwischen sich fassen; sie bildet endlich die Limitans externa, auch zwischen den äußeren Körnern blättchenförmige Verbreiterungen zeigend. Jenseits der Limitans ragen aus ihr feinste Spitzchen, die offenbar den Faserkörben an der Basis der Sehelemente entsprechen, hervor. Die Netzhaut ist ganz gefäßlos.

Die Linse des *Meerschweinchens* ist ziemlich stark gewölbt, besonders rückwärts. Die Ebene des Äquators schneidet die sagittale Achse im vorderen Drittel. Die Schichtung der Linse ist besonders regelmäßig. Das Linsenepithel ist 4 μ dick, am Äquator bis 16 μ. Die Linsenkapsel ist am vorderen Pol 20 μ dick, am hinteren Pole bloß 2 μ dick (RABL). Beim *Meerschweinchen* sind beide Flächen wenigstens in der Umgebung der Pole stark abgeflacht, die Wölbung nimmt aber gegen den Äquator erheblich zu. Die Äquatorialebene fällt in die vordere Hälfte der Linse. Für das Meerschweinchen findet RABL den Äquatorial-durchmesser 5,53 bzw. Achse 3,84 mm, 1,44 Index.

Beim Meerschweinchen ist die Linsenkapsel sehr zart, auch die Zonulafasern sind spärlich und sehr dünn.

Die *Conjunctiva* des *Meerschweinchens* enthält zahlreiche Becherzellen, besonders in der Übergangsfalte, aber auch im Lidteil und über dem Tarsus. Hier befinden sich ziemlich große Lymphfollikel, über deren Zentrum gewöhnlich die Becherzellen spärlicher sind, und das kubische bis zylindrische Epithel von Wanderzellen stellenweise durchsetzt ist.

Die Tränendrüse ist nach dem Typus der Speicheldrüsen gebaut (HAUSCHILD), ihre Ausführungsgänge zeigen ein hohes Cylinderepithel, in deren Umgebung finden sich zahlreiche lymphatische Elemente. Die Nickhautfalte ist von einem hohen geschichteten Cylinderepithel beiderseits überzogen, das oberflächlich nur ver-einzelte schmale Becherzellen enthält. Das Stroma der Nickhautfalte enthält große Lymphfollikel, in denen neben Lymphocyten auch größere Elemente mit polymorphen Kernen und hellem Protoplasma sich finden, die reichlich phago-cytierte Massen enthalten.

Beim Meerschweinchen finden sich im Gegensatz zu anderen Tieren, die nur einen besitzen, nach ZABOJ-BRUCKNER zwei Tränenpunkte. Sie sitzen auf der Bindehautseite des Canthus internus, wo die Haut in die rudimentäre Caruncel übergeht. Die Tränenröhrchen sind 2,5 mm lang, leicht gebogen und bei pig-mentierten Tieren der Länge nach pigmentiert. Sie münden in einen Tränen-sack konvergierend ein, dessen Lumen 0,75 mm ist. Der Tränennasengang ist S-förmig gekrümmt, durchbohrt das Maxillare und mündet unter der unteren Muschel. Er ist 14—15 mm lang, 0,25 mm weit.

Ein eigentlicher Tarsus ist im Augenlid des Meerschweinchens nicht aus-gebildet. Auch die Anordnung der MEIBOMschen Drüsen ist nicht ganz regel-mäßig. Im Bereich der Augenlider fehlen Schweißdrüsen.

c) Ratte.

Die Netzhaut der *Ratte* ist im Durchschnitt 208 μ dick, die Schichte der Opticusfasern ist sehr dünn, die Opticusganglienzellen stehen in einer Reihe, die innere plexiforme Schicht ist 56 μ dick, die Schicht der inneren Körner-zellen 24 μ, die äußere plexiforme Schichte 15 μ, die äußere Körnerschichte 56 μ, die Schichte der Stäbchen und Zapfen 40 μ.

Die Sehelemente bestehen ausschließlich aus sehr dicht stehenden, langen Stäbchen. Die kaum 1 μ dicken Außenglieder derselben sind 21 μ lang, die Innenglieder, die sich schwächer färben, 12 μ lang. In dünnsten Schnitten ist es nicht möglich, irgendwelche zapfenartige Gebilde nachzuweisen. ALEXANDER-SCHÄFER zählte in der Rattenretina 530000 Endelemente je mm². In der äußeren Körnerschichte finden sich gleichwohl zweierlei Arten von Kernelementen, ovale, 6 × 4 μ große, die 5—6 getrennte, durch zackige Ausläufer verbundene Chromatinbröckchen innerhalb einer zarten Kernmembran enthalten, zumeist nahe der Limitans, wenn auch nicht immer dicht unterhalb derselben gelegen. Alle übrigen kleinen ovalen Kerne (5 × 4 μ) enthalten einen ungegliederten, am Rand feinst ausgezackten Chromatinbrocken, dicht umgeben von einer äußerst zarten Kernmembran. Es sind mindestens 10mal soviel derartige Kerne vorhanden als von der erstgenannten Art. MENNER deutet die ersteren größeren Elemente, trotzdem Zapfen nicht sichtbar, als Zapfenkerne.

Die äußere plexiforme Schichte enthält eine nicht ganz kontinuierliche Schichte großer keulenförmiger bläschenförmiger Elemente mit einer nach innen zu gerichteten Substanzverdichtung, so wie wir sie sonst in Augen, die Zapfen enthalten, zu finden gewohnt sind.

Bei entsprechender Fixation im Dunkeln enthält die im Leben reichlich sehpurpurhaltige Schichte der Stäbchenaußenglieder durch Eisenhämatoxylin darstellbare, $1^1/_2$—2 μ große, dicht gestellte Tröpfchen, von denen schwer zu entscheiden ist, ob sie als Abscheidungsprodukt der Pigmentepithelfortsätze zwischen den Außengliedern anzusehen sind, oder eine aus den Außengliedern bei der Fixation austretende Substanz darstellen, welche bei der Belichtung fast vollständig verschwinden kann, ebenso wie der Sehpurpur. Auch die Stäbchenkerne erscheinen dann weniger dunkel gefärbt, dafür halten die Außenglieder dann das Eisenhämatoxylin fester zurück. Die Limitans ist äußerst zart. Die innere Körnerschichte enthält 4 Reihen von mäßig chromatinreichen, locker gebauten Kernen 6 × 7 μ. Nach außen liegend vereinzelte größere Kerne mit spärlichem Gerüst und deutlichem Cytoplasma, den Horizontalzellen angehörig, 8 × 9 μ.

Eine vor anderen Netzhautstellen ausgezeichnete Area läßt sich nicht nachweisen.

Die MÜLLERschen Stützfasern sind dicht gestellt, zart, aber sehr deutlich. Die Elemente der Opticusganglienzellenschichte sind im allgemeinen unansehnlich, doch kommen auch vereinzelte größere Elemente vor mit deutlichen Nisslkörnern und Neurofibrillen usw.

Nach WALLS läßt sich keine Pigmentwanderung im Nagerauge bei Belichtung nachweisen.

Bei der *Ratte* und der *Maus* ist die Linse mehr kugelig, der Krümmungsunterschied der beiden Flächen gering. Dementsprechend läßt sich auch die Lage des Äquators schwer mit Sicherheit angeben.

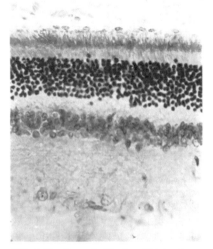

Abb. 166. Querschnitt der Netzhaut aus dem Fundus einer gescheckten Ratte in der Sehzellenschichte ausschließlich dicht gedrängte Stäbchen. Das Pigmentepithel fast pigmentfrei. Blutkörperchen in der Choriocapillaris. Zeiß 3 mm, 1,40. Kompl. Ok. 2.

Die Äquatorialebene dürfte die Linsenachse knapp vor ihrer Mitte treffen. Das Linsenepithel ist am vorderen Pol 2,5 μ dick, am Äquator bis zu 4mal dicker. Der Äquatordurchmesser 2,49, die Achse 2,00 mm, der Index somit 1,24 (RABL).

Die wilden graubraunen *Ratten* besitzen viel dunkelbraunes Pigment im Auge. Die braungraue Zuchtrasse etwas weniger, die weiß-schwarz gescheckten Laboratoriumstiere in wechselnder Menge, die albinotischen Tiere sind vollkommen pigmentfrei.

Bei albinotischen Tieren findet sich keinerlei Pigment in der Iris, im Pigmentepithel und in der Chorioidea. Die rote Farbe des Auges entspricht im wesentlichen der Farbe des Blutes in den Gefäßen der Tunica vasculosa. Man kann daher nach dem Farbton des Auges bei den albinotischen Ratten und Mäusen den Grad der Sauerstoffsättigung des Blutes recht gut beurteilen. Der Erfahrene erkennt daran die Cyanose bei der Narkose und Erstickung; das auffallende Abblassen des Auges zeigt den Eintritt irreversibler Herzschädigung, auf die meistens vollständiger Herzstillstand bald folgt, an.

Die Blutgefäßversorgung der Netzhaut erfolgt durch eine zentrale Arterie, die erst nahe an der Lamina cribrosa eintritt, die sich in mehrere Hauptäste abspaltet, die ganz oberflächlich in der Ganglienzellenschichte verlaufen, zahlreiche kurze senkrechte Äste abgeben, die innerhalb der inneren Körnerschichte ein Capillarnetz bilden, dessen Maschen vorwiegend in der äußeren Schichte dicht unter der äußeren plexiformen Schichte sich ziemlich dicht ausbreiten. Der venöse Abfluß geschieht durch ebenfalls oberflächlich in der Netzhaut verlaufende Venen, die mit dem Opticus austreten (siehe Guist, 1923). Das Pigmentepithel ist sehr dünn. Die Chorioidea enthält reichlich Pigment. Eine zarte Choriocapillaris wird von hinteren und vorderen Ciliararterien versorgt, das venöse Blut durch Venae verticosa abgeführt. Zwischen Gefäßen der Netzhaut und denen der Chorioidea bestehen keine Anastomosen. In den kleinen Ciliarfortsätzen sind ziemlich weite Gefäßschlingen ausgebildet, die Gefäße der Iris ziehen auffällig mäandrisch gewunden an der vorderen Fläche stark vorspringend bis zum Circulus arteriosus. Dabei können die Venen bei starker Füllung 54 μ dick werden, aber auch die kleineren Gefäße in der Mitte der Iris gegen die vordere Kammer hervorragen.

Das Auge der *Ratte* ist ein kugeliger Körper, der sich schon leicht durch mäßigen Druck vor die Lider luxieren läßt, es sind deshalb hier die hinteren Anteile leichter zugänglich als bei anderen Tieren, da Muskel und Gefäße dehnbar.

Guist gibt die Maße verschiedener Rattenbulbi an. Während nach Tandler die Augengefäße Endäste der Carotis bei der Ratte sind, fand Guist, daß es die bei der Ratte mächtig entwickelte *Arteria stapedia* ist, die eine Art. buccolabialis, eine Art. lacrimalis und eine Art. infraorbitalis abgibt, nach Abgabe dieser Äste bleibt ein Truncus orbitalis übrig, der die Art. ethmoidalis, die Art. supraorbitalis und den gemeinsamen Stamm für die Ciliares und die Centralis retinae abgibt. Letztere zieht mit der Vene schräg neben der Vena e Lamina cribrosa in den Opticus hinein, worauf schon früher als Eigenheit bei der Ratte Hofmann aufmerksam machte.

Die Iris der *Ratte* ist dadurch charakterisiert, daß sie ein äußerst dünnes, nach vorne gewölbtes Blatt darstellt, welches selbst bei starker Gefäßinjektion nur etwa 80 μ dick wird, bei pigmentierten Tieren enthält die Iris außerordentlich viel Pigment in allen Schichten. Auf dem Radiärschnitt bildet der Sphincter ein kräftiges, längliches Band, welches rings von Pigment umschlossen ist. Auch in dem die Muskelzellen umscheidenden Bindegewebe findet sich Pigment, ja selbst die glatten Muskeln des Sphincters enthalten in ihrem Cytoplasma auch in der Nähe der Kerne ziemlich grobe rundliche Pigmentkörnchen. Der Dilatator ist äußerst schwach entwickelt, so daß er schwer nachzuweisen ist. Die äußere Oberfläche der Iris ist fast vollkommen glatt, es ist aber kein eigentlicher endothelialer Überzug entwickelt.

An ihrem Ansatzpunkte geht die Iris in die sehr dünnen Ciliarfalten über. Ein eigentlicher Ciliarmuskel fehlt fast vollständig. Wir finden nur eine zarte Portion radiär gestellter glatter Muskeln, die ihrem Verlaufe nach am ehesten dem Tensor chorioideae anderer Tiere entsprechen. Auch zwischen ihnen liegen reichliche Pigmentzellen mit ihren Fortsätzen. Zirkuläre Muskelzüge konnte ich nicht mit Sicherheit nachweisen. Der Übergang der Netzhaut in das Epithel der Pars coeca an der Ora terminalis erfolgt sehr plötzlich. Am inneren Anteil der Ciliarfalten ist bloß die Fortsetzung des Pigmentblattes der Retina mit dicht stehenden, groben rundlichen, dunkelbraunen Körnchen versehen. An der Iris selbst trägt auch das innere Blatt sehr dichte, etwas zartere Körnchen.

Im Augenlid der *Ratten* finden wir keinen deutlichen Tarsus, gut entwickelte Maibomsche Drüsen, daneben Cilien mit Talgdrüsen. Das Epithel am freien Lidrand ist stark verdickt, jede einzelne Epithelzelle enthält hier eine der Oberfläche zugewendete, dem Kern nahe anliegende Sichel äußerst feiner Pigmentkörner, die selbst noch in den oberflächlich verhornten Zellen daselbst nachweisbar sind. Die Basalzellenschichte zeigt das Pigment den Zellkern fast rings umgebend. Auch die Cutis unterhalb dieser Verdickung enthält viel Pigment. Dies reicht aber nur in die Umgebung der Haarwurzel der Cilien, welche selbst dunkel pigmentiert sind. Die übrige Lidhaut ist in ihrem epithelialen sowie im Cutisanteil pigmentfrei, nur die Haare enthalten solches. Der Orbicularis oculi ist gut entwickelt.

Die Conjunctiva der *Ratte* ist dadurch charakterisiert, daß schon nahe vom Limbus corneae innerhalb des aus dreischichtigem Epithel gebildeten Conjunctivaüberzuges intraepitheliale Drüsen auftreten. Es handelt sich um rundliche, dicht gedrängte Gruppen von zylindrischen Schleimzellen, die die ganze Dicke des Epithels durchsetzen. Der Durchmesser dieser intraepithelialen Schleimdrüsen nimmt gegen die Übergangsfalte zu. Die größten finden sich nahe dieser Falte auf der Conjunctiva tarsi, auf welcher sich die Drüsen oft bei pigmentierten Tieren bis an jene Region erstrecken, die vom freien Lidrand nach einwärts noch Pigment enthält.

Die HARDERsche Drüse bei der Ratte verhält sich ähnlich wie beim Kaninchen, ist aber wesentlich kleiner. Dasselbe gilt von der Maus (vgl. HAUSCHILD).

d) Maus.

Im Auge der *Maus* finden sich alle Einzelheiten in vollständiger Übereinstimmung mit dem Auge der Ratte, bloß sind die Dimensionen verkleinert.

Die Cornea der *Maus* ist 184 μ dick, davon das Epithel, das bis zu 7 Reihen aufweist, 72 μ dick.

Die Retina der Maus ist 135 μ dick, davon entfallen 4 μ auf das Pigmentepithel, 17 μ auf die Stäbchen-Zapfenschichte, 33 μ auf die äußere Körnerschichte, 6 μ auf die äußere plexiforme, 27 μ auf die innere Körnerschichte, etwa 30 μ auf die innere plexiforme Schichte und 10 μ auf die Schichte der Ganglienzellen und Opticusfasern. Die Fortsätze des Pigmentepithels sind bei pigmentierten und albinotischen Ratten nur schwach entwickelt. Die Kerne sind 7 × 3 μ groß. Die Schichte der Sehelemente zeigt auf den ersten Blick nur Stäbchen. Die Außenglieder der Stäbchen sind 9 μ lang und 1 μ dick. Die Innenglieder kaum eine Spur dicker. Bei sehr genauer Durchsicht dünner Schnitte läßt sich aber der Befund von W. KRAUSE bestätigen, daß vereinzelte Zapfen, wenn auch fast ausschließlich im zentralen Bezirk der Netzhaut vorkommen, welche bei optimaler Fixierung durch ihr etwas breiteres und dunkel färbbares Innenglied zwischen den längeren Stäbchen hervortreten. Doch sind sie außerordentlich schwer gut darzustellen. Die Netzhaut soll auch peripher Zapfen enthalten, ich konnte sie, ebenso wie MENNER als winzige, fast ganz zwischen den Innengliedern der Stäbchen liegende Gebilde, leichter bei grauen Mäusen nachweisen. MENNER fand den Zapfenkörnern entsprechende Kerne. Einzelne Stäbchenkörner finden sich ins Epithel verlagert, eine Limitans externa ist deutlich erkennbar, wenn auch sehr zart. Unmittelbar unter ihr finden sich in der Schichte der Körnerzellen jene Elemente, die schon von MENNER als Zapfenkerne angesprochen wurden, und die in meinen Präparaten sehr deutlich sich von den in 8—10 Reihen angeordneten Stäbchenkörnern unterscheiden. Während nämlich letztere einen kompakten Chromatinkörper, der durch leicht acidophile, feinste Fortsätze mit der ebenfalls acidophilen Kernmembran zusammenhängt, aufweisen, erscheinen die Zapfenkörner größer, länger und heller, enthalten 2 hellere, durch eine Brücke zumeist verbundene Chromatinpartikel innerhalb der Membran. Nur ganz ausnahmsweise kommen solche Kerne einmal in einer tieferen Schichte vor. Ein Unterschied zwischen Stäbchen- und Zapfenfasern konnte ich nicht wahrnehmen. Horizontalzellen sind in der inneren Körnerschichte erkennbar, auch Amacrine zwischen den Bipolaren. Die Opticusganglienzellen sind ausnahmslos sehr klein, vereinzelte Exemplare in der größten Dimension 16 μ, die Nisslkörper schwer

nachzuweisen. Die Blutgefäße gehen bis in die äußere plexiforme Schichte.
Die Chorioidea ist im Augenhintergrunde nur 5 μ, auch die Sklera bloß 15 μ dick.

Schon mehrfach wurden in Deutschland und Amerika Stämme von Mäusen
beschrieben (KEELER, HOPKINS), bei denen eine erbliche Hemmungsmißbildung
in der Weise besteht, daß die Stäbchen und Zapfen sowie deren Bildner, die
Zellen der äußeren Körnerschichte abnorm entwickelt sind, wobei nur Rudi-
mente von Stäbchen zur Entwicklung gelangen können, bloß eine oder zwei
Schichten von Körnern vorhanden sind, in extremen Fällen auch diese letztere
Schichte vollkommen fehlen kann. Versuche, welche HOPKINS anstellte, scheinen
bei den noch Stäbchenrudimente besitzenden Formen eine Unterscheidung
von weißem und rotem Licht nachgewiesen zu haben. Die Formen, welche gar
keine Körner besitzen, dürften wohl vollkommen blind sein (KEELER). Die
inneren Schichten der Netzhaut und der Sehnerv scheinen gleichwohl annähernd
unverändert sich zu entwickeln.

KEELER fand, daß solche Augen auf Belichtung keine photoelektrischen
Erscheinungen geben, somit blind sind.

MENNER, der Mäuse aus derselben Zucht wie HOPKINS untersuchte, beobachtete, daß selbst unter Geschwistern das eine Tier eine Retina haben kann,
in der die äußere Körnerschichte, somit das ganze rezipierende Neuron fehlen
kann, das andere Tier hochgradig entwickelt, die Körnerschichte und die Sehelemente aufweist, die Körner selbst in 12 Schichten stehen und in einer solchen
Retina, MENNER nennt sie übernormal, ich halte sie aber für die Norm, da sie
dem Vorkommen bei grauen Mäusen entspricht, von der Opticusumgebung
gegen die Ora an Zahl abnehmend, Zapfen mit charakteristischen Zapfenkernen
neben den Stäbchen sich finden. Er berechnet den äquatorialen Durchmesser
des Auges mit 4 mm, die Oberfläche des Hintergrundes mit 25 000 000 μ und
da der Querschnitt der Stäbchen 1 μ, der der Zapfen 1,5 μ beträgt, besäße eine
solche Maus 31 000 000 Stäbchen und 250 000 Zapfen. Bei den in bezug auf die
Retina degenerierten hochgezüchteten Laboratoriumsstämmen dürfte wahrscheinlich die Ausbildung des receptorischen Neurons ein mendelndes Gen darstellen.

Die Achse der *Mauslinse* mißt 1800 μ, der Äquator 2240 μ, der vordere und
der hintere Anteil sind ungefähr gleich stark gewölbt, der vordere Pol dagegen
abgeflacht. Das Linsenepithel mißt vorne wenig über 2 μ, am Äquator 5 μ.

Die *Iris* der *Maus* ist sehr dünn, stark nach vorne gewölbt, ihre Dicke
beträgt durchschnittlich 25 μ, der Ciliarmuskel ist sehr zart, ein Dilatator ist
schwer nachzuweisen. Die Ciliarfortsätze sind äußerst zart entwickelt, besitzen
nur wenig Stroma, ein Ciliarmuskel fehlt so gut wie vollkommen. Die Zonulafasern sind deutlich, aber spärlich und setzen sich ziemlich weit nach rückwärts
vom Äquator an der Linse an, erstrecken sich bis zur Ora terminalis. Die
Conjunctiva der Maus enthält Konglomerate von Becherzellen und einzelne
Becherzellen, lymphatische Elemente sind selten.

Die Nickhaut der *Maus* besteht aus einer sehr zarten Platte von Fettknorpel,
welche besonders nach innen in einen ganz scharfen Rand ausläuft und ist
beiderseits mit geschichtetem Plattenepithel überzogen. Nur gegen die Übergangsfalte zum Lid finden sich vereinzelte Cylinderepithelien und Becherzellen.

BLOTEVOGEL fand bei Mäusen von der Geburt bis zu 14 Tagen eine Speicherung von
Trypanblau im Auge, und zwar in der Pars ciliaris ähnlich wie im Epithel des Plexus
chorioideus, sonst im Bindegewebe, während bei erwachsenen nur die Clasmatocyten
speichern. Auch in der Pars optica retinae wird Farbstoff bei jungen Tieren gespeichert.

Die *Caruncula lacrimalis* bildet bei der *Maus* einen kleinen Schleimhauthügel
im nasalen Augenwinkel zwischen dem Canthus internus und der nasalen Seite
der Nickhautfalte. In diesem ragen einige kurze feinste Haare vor, an deren
Bälge ansehnliche Talgdrüsen wie bei den anderen Tieren herantreten.

Literatur.

Ashikaga: Struktur der Kaninchenretina im Licht der vitalen Färbung. Nippon Gankakai Zasshi (jap.) **28** (1924). Alexander-Schäfer: Vgl. physiolog. Unters. über die Sehschärfe. Pflügers Arch. 119, 1907.

Bach: Die Nerven der Augenlider und der Sklera beim Menschen und Kaninchen. Arch. f. Ophthalm. 41 (1895); Arch. Augenheilk. **35** (1896). — Baldwin: Die Entwicklung der Fasern der Zonula Zinnii im Auge der weißen Maus nach der Geburt. Arch. mikrosk. Anat. 80. — Barinetti: Di una fina particolaritá nelle cellule del epitelio della cornea. Boll. med.-chir. Pavia 1911. — Baurmann: Ber. Verslg ophthalm. Ges. Heidelberg **1930**. — Blotevogel: Der vitale Farbstofftransport im jugendlichen Auge. Z. Zellenlehre 1, 447 (1924). — Bonnefon et Lacoste: Recherches sur la regeneration transparante du tissu corneén normal du lapin. C. r. Soc. Biol. Paris **72** (1912); Arch. de Ophthalm. **32** (1912). — Busacca: Monit. zool. ital. **38**, 271 (1927).

Carrère: Histologie de la région ciliaire de la rétine chez le lapin albino. C. r. Soc. Biol. Paris 88, 420 (1923). — Chia Chi Wang: J. comp. Neur. **43**.

Dejean: Des aquisitions nouvelles sur la histologie et la physiologie de la cornée. Bull. Histol. appl. 4, 279 (1927). — Detwiler: J. comp. Neur. **37** (1924). — Dogiel: Anat. Anz. **1881**.

Eisler: Anatomie. Handbuch der Ophthalmologie von Schieck und Brückner. Bd. 1, S. 1. 1930. Daselbst reiches Schriftverzeichnis!

Faldino: Implantation embryonalen Gewebes in die vordere Kammer des Kaninchens. Ophthalm. Zbl. **15**. — Franz: Oppels Handbuch der vergleichenden mikroskopischen Anatomie. Bd. 7. 1913.

Gregory: An histological description of pigment distribution in the eyes of Guinea pigs of various genetic types. J. Morph. a. Physiol. **47**, 227 (1929). — Gregory u. Ibsen: The inheritance of salmon eye in guinea-pigs. Amer. Naturalist 60. — Grosskopf: Die Markstreifen in der Netzhaut des Kaninchens und des Hasen. Anat. H. **2**. — Grünhagen: Die Nerven der Ciliarfortsätze des Kaninchens. Arch. mikrosk. Anat. 22. — Grynfeltt: Sur le development du muscle dilatateur de la pupille chez le lapin. C. r. Acad. Sci. Paris 127, Nr 23. — Guist: (Rattenauge.) Z. Augenheilk. 51 (1923).

Harms, I. W.: Die Realisation von Genen usw. Z. Zool. **133**, 211 (1929). — Hesse: Die Netzhaut bei der Ratte. Arch. f. Anat. 1880, 21. — Hauschild: Orbitaldrüsen. Anat. H. 50, 533 (1914). — Heyne: Beiträge zur Anatomie des Ciliarmuskels bei Katze, Hund und Kaninchen. Diss. Leipzig 1908. — Hiess: Netzhaut des Kaninchens. Arch. f. Anat. 1880, 224. — Hoffmann: Zur vergleichenden Anatomie der Lamina cribrosa (Ratte). Arch. f. Ophthalm. **29**, 45 (1885). — Hopkins: Vision et retinal structure in mice. Proc. nat. Acad. Sci. U. S. A. **13**, 488 (1927).

Ishikawa: Ciliararterien bei Kaninchen. Graefes Arch. **119**, H. 2.

Johnson: Trans. roy. Soc. Lond. **194** (1901).

Kalt: Anatomie et physiologie comparées de l'appareil oculaire. Encycl. Franc. d'Ophtalm. p. 685. Paris 1905. — Keeler: Rodless retina an ophtalmic mutation in the housemouse. J. of exper. Zool. 46 (1927). — Kirpitschowa-Leontowitsch: Zur Frage der Irisinnervation im Auge des Kaninchens. Graefes Arch. **79**, 385 (1911). — Knutson: The function of the musculus retractor bulbi in rabbits. Acta otolaryng. (Stockh.) **13**, 116 (1928). — Kolmer: (a) Über einige durch Ramon y Cajals usw. (Hardersche Drüse, Kaninchen). Anat. Anz. 48, 516 (1915). (b) Über die Innervation der Korbzellen usw. Anat. Anz. 48, 66 (1928). (c) Über einen sekretartigen Bestandteil der Stäbchenzapfenschicht. Pflügers Arch. **129** (1909). — Krause, R.: Anatomie der Wirbeltiere in Einzeldarstellungen. Berlin 1923. — Krause, W.: Die Retina der Säuger. Internat. Mschr. Anat. u. Physiol. 12.

Leber: Die Zirkulationsverhältnisse. Graefe-Saemischs Handbuch der Augenheilkunde. Bd. 2. — Lor: Note anatomique sur les glandes de l'orbite et spécialement sur une glande lacrimale méconnue chez le lapin. J. Anat. Physiol. norm. et path. **34**.

Maggiore: Schlemms Kanal. Ann. Ottalm. 40 (1916). — Markowski: Die orbitalen Venensinus des Kaninchens. Anat. Anz. 38 (1911). — Menner: (a) Untersuchungen über die Retina. Z. Physiol. 8 (1929). (b) Zapfen in der Retina der Maus. Z. Zellforschg 11, 53 (1930). — Mukai: Über die feinere Struktur der Harderschen Drüse beim Kaninchen. Arch. f. Ophthalm. 117, 243 (1926).

No, L. de: Trav. Labor. Recherch. biol. Univ. Madrid. **1927**.

Ovio: La Circolazione dei liquidi endoculari. Ann. Ottalm. 21 (1892).

Pick: Untersuchungen über die topographischen Beziehungen zwischen Retina, Opticus und gekreuztem Tractus opticus beim Kaninchen. Halle 1895.

Rabl: Über den Bau und die Entwicklung der Linse. Z. Zool. **67** (1900). — Ramon y Cajal: (a) Die Retina der Wirbeltiere. (b) Das Neurofibrillennetz der Retina. Internat. Mschr. Anat. u. Physiol. **21**. — Rejsek: Über den Eintritt des Sehnerven bei einigen Nagetieren. Bull. der böm. Akad. 1894. — Rubert: Über Hornhautpigmentierung beim Meerschweinchen. Arch. vergl. Augenheilk. 4 (1914).

SAGUCHI: Cytologische Studien, Bd. 2, S. 80. Kanazawa. — SCHULTZE, M.: Arch.
mikrosk. Anat. 2 u. 7. — SCHLEICH: Der Augengrund des Kaninchens und des Hundes. Mitt.
ophthalm. Klin. Tübingen 2 (1885).
UYAMA: (a) Untersuchungen über die Verbreitung der Neurofibrillen in der Netzhaut
bei den Wirbeltieren. Fol. anat. jap. 4 (1926). (b) Ein Beitrag zur Kenntnis der Anatomie
der Sehzellen usw. Graefes Arch. 118, 725 (1927).
VIRCHOW, H.: Über die Form der Falten des Corpus ciliare bei Säugern. Morph. Jb. 11.
WALLS: Science (N.Y.) 67, 655 (1928). — WALZBERG: Über die Tränenwege der Haussäugetiere und des Menschen. Rostock 1876.
ZABOJ-BRUCKNER: Lacrimal passages in the guinea-pig. and rabbit. Brit. J. Ophthalm.
8, 158 (1924). — SZOVINECZ: Der Augapfel des Kaninchens. Közlemenyek. Ref. Ber. Biol.
11, 697 (1928).

II. Pathologische Anatomie.

Von WILHELM ROHRSCHNEIDER, Berlin.

Mit 4 Abbildungen.

Die spontanen Augenerkrankungen der kleinen Laboratoriumstiere bilden
ein im ganzen bisher noch wenig erforschtes Gebiet der Pathologie. Abgesehen
von ihrem wohl tatsächlich seltenen Vorkommen erklärt sich dies aus der
Schwierigkeit der Untersuchungsmethoden des Auges.

Die Erkrankungen des Sehorganes lassen sich in zwei Gruppen einteilen:
erstens kann es sich um eine örtliche Augenkrankheit handeln, zweitens kann
das Augenleiden in Beziehung stehen zu Allgemeinleiden oder Erkrankungen
anderer Organe, wobei das seltene Vorkommnis erwähnt werden soll, daß eine
primäre Augenerkrankung eine sekundäre Erkrankung des ganzen Körpers
zur Folge hat, wie es z. B. bei der myxomatösen Krankheit der Kaninchen der
Fall sein kann (SPLENDORE). Bei Allgemeinleiden erkranken die Augen entweder
durch Fortleitung des Krankheitsprozesses von den Nachbarorganen oder
durch Vermittlung des Zirkulations- oder Nervensystems. Beispiele für Augen-
krankheiten durch Fortleitung von der Nachbarschaft sind die Erkrankungen
der Lider und der Bindehaut bei Kopfräude, ferner die Beteiligung der Orbita
bei eitriger Alveolarperiostitis der Kaninchen. Auf dem Blutwege entstandene
Augenerkrankungen stellen z. B. die Augenmanifestationen der Kaninchenspirochätose dar, sowie die gelegentlich beobachteten metastatischen Erkrankungen des Auges bei Nekrobacillose.

Die Durchsicht der Literatur ergibt, daß die bei Kaninchen, Meerschweinchen,
Ratten und Mäusen beschriebenen spontanen Augenerkrankungen in der Hauptsache den vorderen Augenabschnitt und die Lider betreffen, also schon
durch die Inspektion erkennbar sind. Es wäre erwünscht, daß die Forschungen
über spontane Augenveränderungen bei diesen Tieren in stärkerem Maße auch
auf den Augenhintergrund ausgedehnt würden. Darüber hinaus könnte aber
durch Anwendung der in der ophthalmologischen Klinik gebräuchlichen neu-
zeitlichen Untersuchungsmethoden auch bei den Erkrankungen des vorderen
Augenabschnittes viel an Klarheit des Befundes gewonnen werden. In erster
Linie wäre hier weitgehende Anwendung der GULLSTRANDschen Spaltlampe
und des Hornhautmikroskopes zu empfehlen. Durch einfache und billig herzu-
stellende Abänderungen läßt sich diese Apparatur ohne besondere Schwierigkeit
auch bei kleineren Tieren anwenden. Abb. 167 zeigt einen in der Berliner Augen-
klinik benutzten Untersuchungstisch für kleinere Tiere. Der Tisch wird mittels
einer Schraube an der Kinnstütze der Spaltlampenapparatur von Zeiß befestigt;
er ist um die vertikale Achse schwenkbar zur Untersuchung des rechten und

linken Auges. Eine Methode zur mikroskopischen Untersuchung des lebenden Auges mit starken Vergrößerungen beim narkotisierten Tier hat VONWILLER angegeben. Gegenüber der histologischen Untersuchung bietet die klinische den Vorteil des besseren Überblicks über die Ausdehnung und Anordnung der krankhaften Veränderungen. Die klinische Untersuchung ist deshalb in vielen

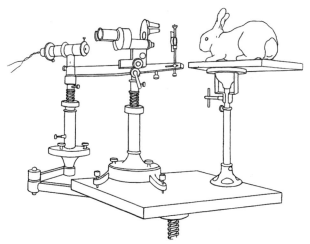

Abb. 167. Untersuchungstisch für kleine Laboratoriumstiere nach Dr. SCHMERL als Ergänzung zum Spaltlampengerät. (Hersteller: E. Sydow, Berlin, Marienstr. 10.)

Fällen (z. B. bei der Linse) der histologischen überlegen. Letztere ist nur dann als vollständig zu betrachten, wenn sie sich auf Serienschnitte stützt. Über die histologischen Untersuchungsmethoden des Auges vergleiche Abschnitt normale Anatomie des Auges.

a) Erkrankungen der Lider.

Von örtlichen Erkrankungen der Lider sind beim *Kaninchen* nur angeborene Anomalien bekannt. Als *Ankyloblepharon* bezeichnet man die unvollständige Verwachsung der beiden Lidränder miteinander und das dadurch bedingte Fehlen bzw. die Verkleinerung der Lidspalte. Beim *Kryptophthalmus* handelt es sich um eine Mißbildung, bei der Augenlider und Lidspalte vollständig fehlen, die Stirnhaut also ununterbrochen über die Augen hinwegzieht. Vom Bulbus oculi ist in solchen Fällen häufig nur ein Rudiment vorhanden. Als Ursache wird fetale Entzündung angenommen (DEUTSCHMANN, BACH).

Beteiligung der Lider bei Allgemeinerkrankungen. Durch Fortschreiten krankhafter Prozesse von der Kopfhaut erkranken häufig die Lider. So finden sich beim *Favus* die Scutula, die sich hauptsächlich im Bereiche des Kopfes entwickeln, nach SEIFRIED auch an den Augenlidern. Bei der *Ohrräude* (Dermatokoptes) kann der Prozeß auf die Lider übergreifen. Sehr schwere Lidveränderungen beobachtete PFEIFFER bei einer Epidemie von *Acarusräude*. Bei mehreren Kaninchen waren die Augenlider vollständig, bei anderen teilweise zerstört. Infolge dieser schweren Liderkrankung war bei einem Tier die Hornhaut erkrankt. Die Krankheit breitete sich von den Augenlidern auf die übrige Haut aus. Auch die Beobachtungen LÖHLEINs zeigen, daß bei Milbenerkrankungen das erste Symptom eine Affektion der Augenlider sein kann. Er sah bei Kaninchen schmutzig grauweiße Krusten auf den Augenlidern, die sich auf dem schwarzen Fell der Tiere wie breite graue Brillenränder abhoben. Später griffen die

Veränderungen auf die Haut der Lippen und des Nasenrückens über. Als Ursache der Erkrankung fand LÖHLEIN Sarcoptes minor. Bei der *Sarcoptesräude* kommt es offenbar nicht zu so tiefgreifenden Zerstörungen der Lider wie bei der Acarusräude. Bei den Fällen LÖHLEINS blieb jedenfalls die Conjunctiva völlig frei von entzündlichen Erscheinungen; auch der Bulbus war dauernd reizlos. Dementsprechend betrafen, wie aus den histologischen Untersuchungen LÖHLEINS hervorgeht, die krankhaften Veränderungen nur die äußere Lidhaut und machten an der inneren Hälfte des Lidrandes Halt. An der Lidhaut fand sich starke Hyperkeratose; die Parasiten lagen stets innerhalb der Epithelschicht und drangen niemals in die Cutis ein.

Auf dem Blutwege entstandene Liderkrankungen sind die von JAHNEL bei der Kaninchen*spirochätose* beschriebenen und von SEIFRIED abgebildeten Papeln und Ulcerationen, die im Stadium der Generalisation auftreten. Bei der *Rhinitis contagiosa* können die in den verschiedenen Körperregionen entstehenden Abscesse auch die Lider betreffen (SEIFRIED).

3 Fälle von angeborenem Kryptophthalmus bei weißen *Mäusen,* deren Eltern durch intraperitoneale Injektion von Steinkohlenteer geschädigt waren, teilt MERCIER mit. COATS fand im Unterlid einer Maus zwei eingekapselte Parasiten, wahrscheinlich Jugendformen von Ollulanus tricuspis. Beobachtungen über Liderkrankungen bei *Meerschweinchen* und *Ratten* liegen nicht vor.

b) Erkrankungen der Conjunctiva.

Die häufigste Form der Bindehauterkrankung ist der Katarrh, dessen klinische Symptome in Rötung und Schwellung der Schleimhaut sowie in seröser, schleimiger oder eitriger Sekretion bestehen. Das Sekret verklebt die Lidränder miteinander und trocknet zu Borken und Krusten, die auf der Lidhaut haften, ein. Die Haut des Lides und der Lidränder wird durch die ständige Sekretbenetzung leicht in den Zustand der Entzündung versetzt.

Wenn auch bei *örtlichen Erkrankungen der Bindehaut* sich bestimmte Erreger nicht immer nachweisen lassen, so muß man doch annehmen, daß diese häufig eine ursächliche Rolle spielen. Auch auf der gesunden Bindehaut von *Kaninchen* sind nach OLLENDORF stets *Mikroorganismen* vorhanden, die sich jedoch bei cornealer und bei intraokularer Impfung als wenig pathogen erweisen. Durch Bakterioskopie und Kulturverfahren sind von OLLENDORF und von TSCHIRKOWSKY eine ganze Reihe von Mikroorganismen aus dem Conjunctivalsack normaler Kaninchen isoliert worden. OLLENDORF fand in Abstrichpräparaten von 10 Augen 9mal Xerosebacillen, außerdem 5mal Kokken. Im Gegensatz zu OLLENDORF bezeichnen BLAGOVECHENSKY und TSCHIRKOWSKY den Xerosebacillus als selten. Letzterer hat 50 Kaninchenaugen mit Kulturmethoden untersucht und fand vorwiegend (41mal) Staphylokokken in verschiedenen Arten, darunter nur zweimal Staphylococcus pyogenes aureus. Außerdem konnte er zweimal einen sehr wenig pathogenen Streptokokkus nachweisen, ferner Micrococcus flavus, Micrococcus auraticus, „Pseudogonokokkus", Sarcina alba und flava, Bacillus mesentericus fuscus und ruber, Bacillus fluorescens liquefaciens, Bakterien der Coligruppe. Von Anaerobiern wies er Bacillus perfringes und einen unbekannten Anaerobier nach (kurze unbewegliche grampositive Bacillen). Xerosebacillen fand TSCHIRKOWSKY bei seinen Fällen nur dreimal. Nach den Untersuchungen LEBERS sind Staphylococcus albus und aureus häufig auf der Conjunctiva des Kaninchens anzutreffen.

Beim *Meerschweinchen* sind nach den Ergebnissen von MIKAELJAN und RATNER an 72 normalen Augen Staphylokokken die häufigsten Schmarotzer auf der Bindehaut. Diese wurden in etwas höherem Prozentsatz als beim

Kaninchen gefunden. Xerosebacillen konnten beim Meerschweinchen in etwa 16 Fällen nachgewiesen werden. Im übrigen fanden sich Sarcina, Bacillus subtilis, Gramstäbchen und einmal Bacterium coli. Bei Einführung von Conjunctivalbakterien in die Vorderkammer, beziehungsweise den Glaskörper desselben Tieres haben sich diese nur in sehr großen Dosen als relativ pathogen erwiesen.

Bei dieser reichhaltigen Flora der normalen Kaninchen- und Meerschweinchenconjunctiva ist es verständlich, daß gelegentlich spontane Conjunctivitis auftritt, und daß bei Gelegenheit von schweren Allgemeinerkrankungen durch Virulenzsteigerung Bindehautentzündungen auf Grund der präexistierenden Mikrobenflora, auch ohne Hinzutreten von spezifischen Erregern entstehen können.

Die Entdeckung einer in *Kaninchenbeständen* epidemisch auftretenden spontanen *Conjunctivitis granulosa* durch NICOLLE und LUMBROSO hat deswegen ein gewisses Aufsehen erregt, weil diese Krankheit wegen ihrer Ähnlichkeit mit dem tierischen Impftrachom zunächst von NICOLLE, CUÉNOD und BLANC für eine gelungene Übertragung des Trachoms auf Kaninchen angesehen wurde. (Bekanntlich sind für menschliches Trachom sonst nur Affen empfänglich.) Einige Jahre später traten NICOLLE und LUMBROSO mit der Mitteilung hervor, daß diese Conjunctivitis granulosa bei manchen Zuchtstämmen häufig spontan vorkommt; sie konnten bei dieser Gelegenheit eine genaue Beschreibung des klinischen Befundes geben und Experimente über die Übertragungsweise anstellen.

Nach NICOLLE und LUMBROSO tritt die Krankheit in zwei Formen auf. Bei der chronischen Form finden sich größere Haufen von Lymphfollikeln in der Conjunctiva am inneren und äußeren Lidwinkel; die einzelnen Follikel sind groß, ragen über die Oberfläche der Schleimhaut hervor und sind bisweilen deutlich hyperämisch, bisweilen aber auch blaß und schlaff. Bei der akuten Form sind die Follikel mehr oder weniger zahlreich über die ganze Conjunctiva verteilt. Sie können dicht gedrängt stehen und bilden dann runde Haufen oder Bogen, die sich von einem Lidwinkel zum anderen erstrecken. Hornhautkomplikationen fehlen. Die Krankheit beginnt am Unterlid. Es handelt sich um eine Infektionskrankheit, welche die jungen Tiere von der Mutter erwerben. Auch beim erwachsenen Tier ist natürliche Infektion möglich. Das Virus der „Conjontivite granuleuse naturelle" der Kaninchen steht dem Trachomvirus nahe, da es wie dieses filtrierbar und auf Affen und Menschen übertragbar ist, jedoch ist dabei die Inkubationszeit länger und die Lokalisation der Veränderungen anders beim echten Trachom. Auf Grund histologischer Untersuchungen hat später V. ROSSI die in Frage stehende Bindehautaffektion, die übrigens außer beim Kaninchen auch bei anderen Tieren spontan vorkommt, vom echten Trachom abgegrenzt, durch das Fehlen einer bindegewebigen Hülle um die Follikel und das Fehlen der großen phagocytären Zellen in denselben, durch die oberflächliche Lage der Follikel und das Freibleiben der übrigen Conjunctiva von entzündlichen Veränderungen. Bisher ist das Vorkommen des „Kaninchentrachoms" nur in Italien und in Tunis beobachtet, wo die Krankheit nach NICOLLE und LUMBROSO sehr verbreitet ist.

Bei einigen *Allgemeinerkrankungen* tritt — jedoch nicht in allen Fällen — Conjunctivitis auf, z. B. bei der Rhinitis contagiosa cuniculorum und bei der chronischen Form der hämorrhagischen Septicämie der Kaninchen (SEIFRIED). Über das Vorkommen der für die Allgemeinkrankheit verantwortlichen Erreger im Conjunctivalsekret ist nichts bekannt, vergleiche jedoch die Befunde von SCHMEICHLER und MEISSNER (Abschnitt Erkrankungen der Cornea). Bei der die Coccidiose der Kaninchen begleitenden Conjunctivitis gelingt der Nachweis von Coccidien im Bindehautsekret (ZÜRN, SEIFRIED [s. auch die Abschnitte Bakteriologie und Parasiten]).

Eine hervorragende Rolle scheint die Conjunctivalerkrankung bei der seltenen myxomatösen Krankheit der Kaninchen zu spielen. Nach SPLENDORE ist eitrige Conjunctivitis und Ödem der Augenlider das erste Symptom der Infektion, die sich von hier auf Nase, Lippen usw. ausbreitet. Experimentell ist es SPLENDORE gelungen, durch leichtes Einreiben der Conjunctiva mit einem Stückchen myxomatösen Gewebes das charakteristische Ödem mit sich daran anschließendem typischem Verlauf der Krankheit zu erzeugen.

Über Conjunctivalerkrankungen bei *Meerschweinchen, Ratten* und *Mäusen* ist in der mir zugänglichen Literatur nichts mitgeteilt.

c) Erkrankungen der Cornea.

Abgesehen von Verletzungen und den bei Mißbildungen des Auges vorkommenden Hornhautveränderungen handelt es sich bei den spontanen Hornhauterkrankungen der Laboratoriumstiere stets um Entzündungen mit ihren Folgen. Reine Degenerationen sind nicht beobachtet. Die Symptome einer Keratitis bestehen in Trübung der Hornhautsubstanz, bedingt durch Rundzelleninfiltration und Quellung bzw. Nekrose der Hornhautlamellen. Über der erkrankten Stelle ist meist das Epithel gelockert und hat seinen spiegelnden Glanz verloren. Durch Abstoßung des nekrotischen Gewebes entstehen Geschwüre. Gleichzeitig sind die pericornealen Blutgefäße erweitert und im histologischen Präparat mit Rundzellenmänteln umgeben. Hornhautentzündungen stärkeren Grades sind namentlich bei Kaninchen häufig verbunden mit Entzündung der Bindehaut, deren Symptome in manchen Fällen im Vordergrunde des klinischen Bildes stehen können. Da außerdem bei infektiösen Hornhauterkrankungen die Erreger sich vielfach primär im Bindehautsack aufhalten, so hat man es gewöhnlich mit Keratoconjunctivitis zu tun.

LEBER erwähnt das Vorkommen spontaner eitriger Keratitis beim *Kaninchen*. Eingehender sind solche Fälle von SCHMEICHLER und MEISNER untersucht. Ersterer fand bei einem Kaninchen ein im oberen äußeren Quadranten der Hornhaut gelegenes *Geschwür* mit unterminierten Rändern. Die Lider waren geschwollen, es bestand starke eitrige Sekretion aus der wenig geröteten Conjunctiva. Bakteriologisch wurden im Abstrichpräparat des Geschwüres neben Xerosebacillen reichlich kleine gramnegative Stäbchen gefunden, die am besten bei Bruttemperatur und nur aerob wuchsen; im hängenden Tropfen zeigten sie langsame Eigenbewegung. Sie wurden vom Verfasser unter Vorbehalt als „Pseudoinfluenzabacillen" bezeichnet. Im Impfversuch erwiesen sich diese Mikroorganismen als pathogen für die Cornea, dagegen nicht für die Conjunctiva. Ein ähnliches gramnegatives Stäbchen, jedoch ohne Eigenbewegung konnte MEISNER bei einem oberflächlichen Hornhautgeschwür mit Hypopyon züchten. Er nimmt an, daß es sich um einen Bacillus aus der Gruppe der Erreger der hämorrhagischen Septicämie der Kaninchen handelt. Im Tierversuch entstand bei Impfung in die Cornea ein in 2—3 Tagen abheilendes Hornhautinfiltrat; bei subcutaner Impfung bildete sich ein Abszeß, der die Stäbchen in Reinkultur enthielt.

Während es sich bei den beiden soeben erwähnten Fällen spontaner Hornhauterkrankungen bei Kaninchen um schwere Veränderung mit Geschwürsbildung handelt, boten die von ROSE beobachteten Fälle einen mehr dem *Herpes corneae* ähnelnden Befund. Die Kenntnis dieser Hornhauterkrankung ist für die experimentelle Herpesforschung besonders wichtig. Durch den Immunitätsversuch hat ROSE festgestellt, daß bei seinen Fällen von Keratoconjunctivitis Herpesinfektion tatsächlich nicht vorgelegen hat. Die krankhaften Veränderungen bestanden in zarten oberflächlichen Trübungen, verbunden mit geringer Reizung der Conjunctiva. Im Epithel gelegene Bläschen, wie sie beim Herpes corneae vorkommen, fanden sich nicht. Die Krankheit ließ sich durch Verimpfung von Reinkulturen gramnegativer Stäbchen, die aus dem Augensekret spontan erkrankter Tiere gezüchtet waren, bei anderen Tieren hervorrufen.

Über einen eigentümlichen Fall von *kongenitaler endogener Hornhautentzündung* berichtet WIMANN. Unter einem Wurf von 8 jungen Kaninchen, deren Eltern beide eine syphilitische Impfkeratitis durchgemacht hatten, befand sich ein Tier mit einseitiger Keratitis und Lähmung der Hinterbeine bei schlechtem Allgemeinzustande. Im Abschabsel der Cornea wurden einzelne Spirochäten vom Typus pallida gefunden. Etwa 6 Wochen, nachdem das Tier die Augen geöffnet hatte, begannen sich die Veränderungen zurückzubilden und das Auge blieb mit totaler wolkiger Hornhauttrübung völlig reizlos. WIMANN ist der Ansicht, daß in diesem Falle eine hämatogene Infektion während des intrauterinen Lebens vorliegt. Es dürfte sich hier wohl um einen Fall von Keratitis parenchymatosa bei kongenitaler Lues handeln, ein Krankheitsbild, das uns aus der menschlichen Pathologie geläufig ist. Ähnliche Fälle sind neuerdings von GRIGORIEW mitgeteilt, der bei 2 jungen Kaninchen, deren Mutter mit Syphilisspirochäten in die vordere Augenkammer geimpft war, im Hornhautgewebe Spirochäten nachweisen konnte. Eine weitere Veröffentlichung von BROWN und PEARCE über Keratitis parenchymatosa und Iritis bei Kongenitallues war mir leider nicht im Original zugänglich. Über die Möglichkeit kongenitale Lues im Tierexperiment zu erzeugen, hat PERKEL einen interessanten Beitrag geliefert. Es gelang ihm, bei 30 jungen Kaninchen, die von luetisch infizierten Eltern abstammten, in fast der Hälfte der Fälle Osteochondritis nachzuweisen.

Bei zwei neugeborenen *Meerschweinchen* konnte MEISNER *interstitielle Infiltration* der vorderen Hornhautschichten feststellen, die wahrscheinlich durch endogene Infektion von der Mutter aus entstanden war. Die Augen dieser Tiere waren in verschiedenem Maße erkrankt; bei einem war es durch Abstoßung des erkrankten Gewebes zu sekundärer Geschwürsbildung gekommen. Im Gegensatz zu den oben erwähnten Fällen fetaler Keratitis beim Kaninchen kommt offenbar hier Syphilis ursächlich nicht in Betracht.

Als Folge einer Hornhautentzündung unbekannten Ursprunges sah RUBERT bei erwachsenen Meerschweinchen *abnorme Pigmentierung* in den oberflächlichsten Schichten. In einer Serie von 34 Tieren wiesen 3 diese Veränderung auf, in einer zweiten Serie von 118 Augen wurde sie fünfmal angetroffen. Diese Pigmentierung, die auf dem Einwandern der normalerweise beim Meerschweinchen am Limbus corneae vorhandenen pigmentierten Epithelien in das Epithel der Cornea beruht, erscheint im Vergleich zum Limbuspigment etwas heller und steht mit diesem in engster Verbindung.

Die Veränderung beruht offenbar auf einer in den oberflächlichen Schichten der Substantia propria sich abspielenden Entzündung, als deren Folge RUBERT unter der vorderen Grenzmembran die Entwicklung eines Granulationsgewebes feststellte. Hierdurch geht das ursprüngliche Hornhautepithel zugrunde und wird durch das pigmentierte Limbuspigment ersetzt. Experimentell konnte LÖHLEIN eine derartige, allerdings nur vorübergehende Hornhautpigmentierung bei Kaninchen durch Abschabung des Hornhautepithels hervorrufen. Bei der Regeneration des Epitheldefektes schiebt sich eine pigmentierte Epithelschicht vom Limbus her in die Hornhaut.

Ein *Dermoid* in der Hornhaut eines Meerschweinchens untersuchte BRUNSCHWIG. Es fand sich in der Hornhaut des rechten Auges eine gelbliche runde Geschwulst von 5 mm Durchmesser und 3 mm Höhe mit einem Haarbüschel. Die Geschwulst saß den tiefen Hornhautschichten auf. Im Gegensatz zu dem üblichen Verhalten der Dermoide saß in diesem Falle die Geschwulst in der Hornhautmitte, nicht am Limbus corneae. Ein gleichfalls in der Hornhautmitte gelegenes Dermoid bei einem Meerschweinchen hat ALLESSANDRINI 1907 beschrieben. Die Originalarbeit war mir nicht zugänglich.

Über spontane Hornhauterkrankungen bei *Ratten* und *Mäusen* ist nichts bekannt.

d) Erkrankungen der Linse.

Die typische und häufigste Erkrankungsform der Linse ist der Star. Durch die verschiedenartigsten exogenen und endogenen Schädigungen erkrankt die Linse immer wieder unter dem Bilde der Katarakt. Für eine ätiologische Abgrenzung der verschiedenen Starformen nach morphologischen Merkmalen, wie sie beim Menschen zum Teil durchgeführt ist, besitzen wir bei den Laboratoriumstieren bislang noch keine Unterlagen.

Unter „grauem Star" im ursprünglichen Sinne verstehen wir die durch mehr oder weniger vollständige Trübung der Linsensubstanz bedingte *praktische Erblindung* des Auges. Im Einzelfalle kommt jedoch nicht immer der Star

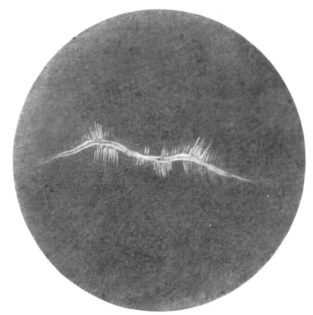

Abb. 168. Normale Linsennaht des Kaninchens bei Spaltlampenuntersuchung.

in voller Ausbildung zur Beobachtung, sondern meist in seinen Anfangsstadien in Form von Linsentrübungen, die zum Teil gut abgrenzbar in den verschiedenen Schichten der Linse liegen. Die Gestalt und die Anordnung dieser Linsentrübungen bilden die Grundlage für die Unterscheidung der verschiedenen Starformen beim Menschen. Zur Vermeidung von Irrtümern ist es wichtig zu wissen, daß auch die normale Linse nicht ganz frei von Trübungen ist. Vielmehr sind die sog. Linsennähte erkennbar als feine Trübungen, welche auch eine gewisse Ausdehnung in der Längsachse der Linse haben.

Die Gestalt dieses „Linsensternes" ist bei den einzelnen Laboratoriumstieren verschieden. Nach FRIDENBERG, der auch einige Abbildungen dieser physiologischen Linsentrübungen gibt, unterscheidet sich das Kaninchen dadurch von den anderen Tieren, daß in seiner Linse kein eigentlicher Stern vorhanden ist. „Man sieht in ihr nur eine scharfe Linie, die meist von dem inneren oberen zu dem unteren äußeren Quadranten läuft." Nach meinen eigenen Erfahrungen scheint jedoch der horizontale Verlauf der häufigere zu sein. Bei Untersuchung mit der Spaltlampe findet man außer dieser Nahtlinie, die stellenweise zweigespalten ist, noch feinste spritzerartige Trübungen der Naht senkrecht aufsitzend (Abb. 168). Bisweilen, hauptsächlich bei älteren Tieren, kann man mit Hilfe der Spaltlampe in einiger Entfernung von der vorderen und hinteren Linsenkapsel je eine Diskontinuitätsfläche [1] beobachten. Diese physiologische Erscheinung markiert sich auch bei der einfachen Durchleuchtung. Hiervon gibt HESS (S. 12) eine Abbildung.

Beim Meerschweinchen bildet der Linsenstern ein liegendes Y, besitzt jedoch meist mehrere Fortsätze und Verzweigungen (Abb. 169). An den Linsen älterer Tiere wird der Kern durch die stärkere Lichtreflektion an seiner Oberfläche bei Spaltlampenbeleuchtung deutlich.

Die Linse der Ratte läßt nach JESS bei Spaltlampenuntersuchung eine größere Anzahl von Diskontinuitätsflächen mit Sternstrahlen erkennen, welche in der vorderen Hälfte die Form eines aufrechten, schräg nach unten gestellten, in der hinteren Hälfte die eines umgekehrten Y besitzen. Im Zentrum der Linse findet sich eine leicht grau reflektierende Kernpartie, die im Alter deutlicher wird und einen Zentralstar vortäuschen kann.

Die Linse der Maus hat eine drei- oder vierstrahlige Nahtfigur mit gekrümmten Zweigen, die ihre Konvexität dem Pol zuwenden (FRIDENBERG).

Bei den Spaltmißbildungen des Auges finden sich häufig Linsentrübungen (s. den betreffenden Abschnitt). Auch bei den übrigen isolierten spontan entstandenen Linsentrübungen handelt es sich nach den Angaben der Autoren stets um angeborene Anomalien, die sich — wie aus den Untersuchungen KAUFMANNs hervorgeht — beim *Kaninchen* als dominantes Merkmal mit photographischer Treue bezüglich Lage und Form der Trübungen vererben können, und zwar sowohl von der starkranken Mutter her als auch vom starkranken Vater über eine gesunde Mutter.

Ein großer Teil dieser angeborenen Katarakte ist als *Linsenmißbildung* aufzufassen, wie z. B. die Beobachtung v. HIPPELs über einen Ringwulst in der Linse bei Kaninchen aus einer mit Augenmißbildungen behafteten Familie. Die Linsen besaßen einen ganz ausgesprochenen Ringwulst,

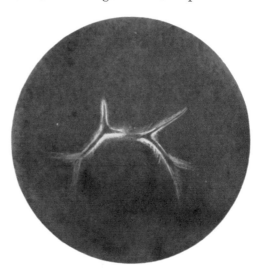

Abb. 169. Normale Linsennaht des Meerschweinchens bei Spaltlampenuntersuchung.

ähnlich wie er in der Linse von Vögeln und Reptilien normalerweise vorhanden ist. Außerdem fand sich eine ungewöhnliche Form von Wucherung der Kapselepithelien entsprechend der Mesodermleiste in dem gleichzeitig bestehenden Kolobom.

In anderen Fällen steht die Linsentrübung mit der unvollständigen Rückbildung der im fetalen Leben zur Linsenhinterfläche ziehenden Arteria hyaloidea bzw. der Tunica vasculosa lentis im Zusammenhang. Auf diese Weise sind die Beobachtungen von MAYERHAUSEN zu erklären, der bei einer Familie von acht albinotischen Kaninchen auf der vorderen und hinteren Linsenkapsel dendritisch verzweigte Trübungen sah, die im histologischen Präparat als Reste der Tunica vasculosa zu deuten waren. In den zentralen hinteren Partien, wo die Tunica vasculosa die größte Dicke besaß, fehlte die eigentliche Linsenkapsel vollständig. Eine gleichfalls hierhergehörige Mißbildung dürfte bei dem Tiere MULDERs

---

[1] Als Diskontinuitätsflächen bezeichnet man die bei Spaltlampenbeleuchtung *innerhalb* der Linse sichtbaren lichtreflektierenden Streifen, welche an Flächen mit Brechungssprung auftreten. Ihr Vorhandensein läßt erkennen, daß eine diskontinuierliche Zunahme des Brechungsindex in der Linse stattfindet. Vgl. GOLDMANN: Über Entstehung von Diskontinuitätsflächen in der Linse. Graefes Arch. **122**, 197 (1929).

vorgelegen haben. Bei im übrigen normaler Linse waren die hinteren Rindenschichten zerrissen und ließen einen Teil der Kernmasse nach hinten durch-
treten; hierdurch war eine runde Vorbuckelung gegen den Glaskörper hin,
ähnlich wie ein Lentikonus, entstanden. Auch Bach beobachtete Lentiglobus
mit Kapselruptur zugleich mit Resten der Arteria hyaloidea, am anderen Auge
desselben Tieres Kernstar und partiellen hinteren Axialstar. Der als Einzel-
beobachtung nicht ganz leicht zu deutende Befund, den Vüllers an beiden
Augen eines jungen Kaninchens erheben konnte, muß wohl gleichfalls zu dieser
Gruppe von Linsenmißbildungen gerechnet werden. Die Linse war nach allen
Richtungen erheblich verkleinert, die Linsenkapsel gefaltet; es bestand also
eine geschrumpfte Katarakt. Zugleich waren aber auch entzündliche Verwachsungen zwischen der atrophischen Iris und der Linsenkapsel vorhanden.
Während Vüllers annimmt, daß diese Veränderungen auf eine doppelseitige
intrauterine Verletzung durch einen anderen Fetus zurückzuführen seien, wird
die wahrscheinlich zutreffendere Deutung des Befundes als eine im Zusammenhang mit der Tunica vasculosa stehende Mißbildung durch die Forschungsergebnisse Addisons ermöglicht.

Addison konnte verschiedene Stadien dieser Mißbildung bei albinotischen
Ratten untersuchen. Aus seinen Befunden geht hervor, daß bei geringgradiger
Mißbildung die Linsen nur Veränderungen an den zentralen hinteren Teilen
erkennen läßt. Die Linsenkapsel ist normal mit Ausnahme der Stelle, wo die
Arteria hyaloidea ansetzt. In späteren Stadien ist die ganze Linse degeneriert,
geschrumpft, die Linsensubstanz teilweise aus der zerrissenen hinteren Kapsel
ausgetreten. Schließlich wird die Linse resorbiert und es treten hintere Synechien
auf, womit das Stadium des Vüllersschen Falles erreicht ist. Ob die von Anderson bei einer albinotischen Ratte beschriebene Gestaltveränderung der Linse,
deren vordere und hintere Fläche konisch war, auch hierher gehört, läßt sich
nicht mit Sicherheit entscheiden.

Aus der menschlichen Pathologie ist bekannt, daß *toxische Einwirkungen* Linsentrübungen hervorrufen können. Bei der experimentellen Starerzeugung handelt es sich stets
um die Auswirkung endogener oder exogener Schädigung an der Linse. Sind diese
Schädigungen von begrenzter Dauer und treffen sie Feten oder junge Tiere, so trübt sich
nur die während der Wirkungsdauer des Reizes in der Entstehung begriffene Linsenschicht.
Durch Apposition normaler Linsenfasern entsteht dann das Bild des „Schichtstars".

Obarrio berichtet über das Vorkommen von schichtstarähnlichen Linsentrübungen bei *Kaninchen*. Die Trübungen lagen in der Rinde, daneben war
noch eine zweite Trübungszone im Kern vorhanden, welche hinten mit der
Rindentrübung im Zusammenhang stand. Auch die von Kaufmann beobachteten,
als dominantes Merkmal vererbbaren Linsenanomalien bei Kaninchen gehören
vielleicht zu diesen Formen kongenitaler Stare, da sie stets doppelseitig waren
und meist das Embryonalgebiet der Linse betrafen, jedoch läßt das gleichzeitige
Vorhandensein von Veränderungen am hinteren Pol bei 3 Tieren an einen Zusammenhang mit abnormer Persistenz der Arteria hyaloidea denken. Kaufmann
fand diese Kataraktform unter 400 Tieren 20mal, je 10mal bei männlichen
und bei weiblichen Tieren.

Ähnliche gleichfalls kongenitale und vererbbare Linsenanomalien sind von
Jess bei weißen *Ratten* eingehend untersucht und abgebildet worden. Unter
300 Augen fand er in 34,6$^0/_0$ kleinfleckige Linsentrübungen, die dem Bilde
eines Bienenschwarmes vergleichbar sind. Sie liegen in einiger Entfernung
von der vorderen Linsenkapsel unter der vorderen Linsennaht. Stets waren
beide Augen in ziemlich derselben Art und Ausdehnung befallen.

v. Szily und Eckstein haben bei jungen säugenden Ratten schichtstar-
ähnliche Linsentrübungen hervorgerufen durch vitaminarme Ernährung der

Muttertiere (Mangel an Faktor A, Fett und Phosphor). Wenn es sich hierbei auch um experimentell erzeugten Star handelt, so liegt doch — wie die Autoren selbst hervorheben — eine Noxe zugrunde, die recht wohl auch unter den gewöhnlichen Lebensverhältnissen bei den Tieren vorhanden sein könnte.

Bei *Mäusen* hat MERCIER Katarakt und Kryptophthalmus bei solchen Tieren festgestellt, deren Eltern durch intraperitoneale Injektion von Steinkohlenteer geschädigt waren.

Über spontane Linsenveränderungen bei *Meerschweinchen* liegen keine Beobachtungen vor.

e) Erkrankungen der Uvea.

Während über die Erkrankungen des vorderen Augenabschnittes bei den kleinen Laboratoriumstieren ein verhältnismäßig großes Beobachtungsmaterial vorliegt, ergibt die Literatur über Krankheiten der Uvea der Retina und des Sehnerven nur eine geringe Ausbeute. ARISAWA macht auf das Vorkommen von *hyaliner Degeneration des Irisvorderblattes* am Pupillarrand bei *Kaninchen* aufmerksam. Die Veränderung besteht in rein weißen, von der Umgebung scharf abgegrenzten, über das Niveau der Iris wenig oder gar nicht erhabenen Flecken von ovaler oder runder Gestalt, die meist dicht am Pupillarrand liegen. Nicht selten sind beide Augen ergriffen. Mikroskopisch fand sich eine scharf abgegrenzte Zone hyaliner Degeneration im vorderen Teil des Stromagewebes und der Grenzschicht im Sphinctergebiet. Diese Degeneration stellte ARISAWA bei 400 untersuchten Augen 11mal fest; sie tritt nach ihm nur an Augen von dunkelhaarigen ausgewachsenen Tieren auf. Eine Erklärung für das Zustandekommen kann der Autor nicht geben; er läßt es offen, ob es sich um Reste einer unbemerkt verlaufenen Iritis oder Gebilde, die bei der Rückbildung der Membrana papillaris entstanden sind, oder um „senile" Rückbildungserscheinungen handelt. Auf dieselbe Veränderung scheint STOCK hinzuweisen, wenn er von dem spontanen Vorkommen heller Stellen in der Iris, die besonders häufig am Rande auftreten, spricht.

Bezüglich der beim Menschen nicht seltenen metastatischen Entzündungen der Uvea, wie sie bei septischer Allgemeinerkrankung und bei der Tuberkulose auftreten, findet sich nur die Beobachtung, daß bei Nekrobacillose des Kaninchens *Panophthalmie* vorkommt (SEIFRIED). Tuberkulöse Erkrankungen treten offenbar bei den Laboratoriumstieren spontan nicht auf (MANLEITNER), während sie experimentell zu erzeugen sind (STOCK). Bezüglich der gelegentlich bei Kaninchen feststellbaren Pigmentierungen und abgelaufenen entzündlichen Herde in der Chorioidea hebt STOCK ausdrücklich hervor, daß sie nicht tuberkulöser Natur sind. Nicht ganz geklärt in seiner Entstehung scheint ein von DEUTSCHMANN mitgeteilter Fall von *Chorioiditis disseminata* mit Sehnervenatrophie bei einem jungen Kaninchen, dessen Vater mit Tuberkelbacillen intraokular geimpft worden war und bei dessen Mutter auf operativem Wege eine Katarakt erzeugt war. Andere Tiere desselben Stammes hatten Spaltmißbildungen der Augen.

BROWN und PEARCE beobachteten ein *pigmentiertes Sarkom* in dem Auge eines Kaninchens, das zweimal genital mit Syphilis infiziert worden war. 45 Tage nach der Reinfektion entstand am rechten Auge ein Reizzustand, Conjunctivalödem, diffuse Hornhauttrübung mit Pannus. Nach Abklingen dieser Entzündungserscheinungen wurde das Auge mikroskopisch untersucht, wobei die den Ciliarkörper und die Iris teilweise ersetzende Geschwulst entdeckt wurde. Der pigmentierte Tumor bestand hauptsächlich aus Spindelzellen und enthielt auch Riesenzellen. An einzelnen Stellen wurde infiltrierendes

Wachstum in die Sklera gefunden. An einer Stelle war die Corneascleralgrenze durchbrochen.

Eine seltene Form von Mißbildung der Iris und des Ciliarkörpers bei einer albinotischen *Ratte* untersuchte ADDISON. Das rechte Auge war in allen Dimensionen größer als das linke. Die Iris schien zu fehlen, bei der histologischen Untersuchung zeigte es sich, daß noch ein hypoplastischer Rest der Iris vorhanden war. Auch der Ciliarkörper war verändert, indem die Pars plicata verkleinert, die Pars plana vergrößert war; es bestanden außerdem entzündliche Veränderungen. Eine hinter der Cornea vorhandene Membran wird als persistierende Pupillarmembran gedeutet.

Spontane Erkrankungen der Uvea bei *Meerschweinchen* und *Mäusen* sind nicht beobachtet.

f) Glaukom.

Im engen Zusammenhang mit den Erkrankungen der Uvea steht das Glaukom, dessen im Vordergrund stehendes klinisches Symptom die Erhöhung des intraokularen Druckes ist.

Die intraokulare Drucksteigerung wird auf exakte Weise mittels der Tonometrie gemessen. Der hierfür in Deutschland am meisten gebrauchte Apparat ist das Tonometer nach SCHIÖTZ, das aber nicht den intraokularen Druck selbst, sondern nur die Eindrückbarkeit der Hornhaut zu messen gestattet, die neben anderen Faktoren hauptsächlich von der Höhe des intraokularen Druckes abhängt. Bei experimentellen Untersuchungen läßt sich der Augendruck nach Einführen einer Kanüle in das Auge auf manometrischem Wege genauer feststellen. Die folgende Tabelle, die einer Arbeit von BLIEDUNG entnommen ist, gibt die für das normale Kaninchenauge von den verschiedenen Autoren durch manometrische Untersuchung gefundenen Druckwerte wieder.

Nicht narkotisierte Kaninchen:
WEGNER, 18—35 mm Hg, Mittel 26,5 mm Hg,
LEBER, 18,5—29,5 mm Hg, Mittel 23,2 mm Hg,
NISNAMOFF, 25 mm Hg.
Narkotisierte Kaninchen:
PFLÜGER, 18 mm Hg (Curare),
v. SCHULTEN, 15—30 mm Hg, Mittel 22,5 mm Hg (Curare oder Chloral),
v. HIPPEL-GRÜNHAGEN, 25—30 mm Hg (Curare),
STOCKER, 18—20 mm Hg (Billrothmischung),
WESSELY 20—25 mm Hg.

BLIEDUNG selbst machte bei seinen Experimenten die wichtige Feststellung, daß die dem SCHIÖTZschen Tonometer beigegebene Eichkurve, aus der man die dem Zeigerausschlag entsprechenden Druckwerte in mm Hg ablesen kann, für das Kaninchenauge keine Gültigkeit hat, daß vielmehr am Kaninchenauge der gleiche Tonometerausschlag einen weit höheren Druckwert bedeutet als am menschlichen Auge [1] und daß der normale intraokulare Druck des Kaninchenauges erheblich höher ist als der des menschlichen Auges, welcher nach LANGENHAN 19—30 mm Hg beträgt. Er gibt in seiner Arbeit die für das Kaninchenauge gültige Eichkurve wieder. Der normale Druck des Kaninchenauges schwankt nach BLIEDUNG zwischen 27 und 38 mm Hg. Später hat BOYDEN, allerdings ohne diese Ergebnisse BLIEDUNGs zu berücksichtigen, an 60 normalen Kaninchenaugen mit dem Schiötztonometer den intraokularen Druck gemessen und als normalen Durchschnittswert 24—26 mm Hg angegeben. Der niedrigste von ihm festgestellte Druck betrug 16 mm Hg, der höchste 28 mm Hg. ROCHON-DUVIGNAUD gibt als normalen Wert 22 bis 25 mm Hg, gemessen mit Schiötztonometer, an.

Aus diesen Untersuchungen geht hervor, daß der intraokulare Druck des normalen Kaninchenauges innerhalb ziemlich weiter Grenzen schwanken kann und daß nach den sorgfältigen Versuchen BLIEDUNGs ein Druckwert von 38 mm Hg, der beim Menschen schon sicher pathologisch wäre, noch an der Grenze des normalen liegen kann.

---

[1] SCHIÖTZ hat 1 Jahr später auf Grund von Messungen an Augen menschlicher Leichen eine neue korrigierte Tonometerkurve mitgeteilt, deren Werte die von ihm früher angegebenen übersteigen, aber noch nicht die von BLIEDUNG am Kaninchenauge gefundenen erreichen.

Aus der menschlichen Pathologie ist bekannt, daß längere Zeit bestehende Steigerung des intraokularen Druckes, wenn sie ein kindliches Auge betrifft, eine Dehnung der Bulbuskapsel bewirken und dadurch zu einer Vergrößerung des Augapfels in allen seinen Dimensionen führt. Der dadurch vergrößerte Augenbinnenraum füllt sich mit Flüssigkeit. Dieser Zustand wird als *Hydrophthalmus* bezeichnet. Nach PICHLER ist die *Hydrophthalmie die allgemeine Form des tierischen Glaukoms.* Die Bulbuskapsel ist also beim Tier im Gegensatz zum *erwachsenen* Menschen nachgiebig und weitet sich unter der Wirkung des pathologisch erhöhten Innendruckes.

Beim *Kaninchen* ist Hydrophthalmus als Folgezustand anderweitiger Erkrankungen des Auges, meist als Folge von Entzündungen der Uvea, bei Experimenten häufig zu beobachten. Einen derartigen Fall beschreibt SCHLÖSSER. Spontaner Hydrophthalmus bei Tieren als kongenitale Anomalie ist von ROSENTHAL und von PICHLER beobachtet. VOGT hat eine Kaninchenfamilie mit vererbbarem Hydrophthalmus untersucht. Der Hydrophthalmus dieser Tiere trat erst einige Wochen nach der Geburt in die Erscheinung. Den genaueren Befund eines doppelseitigen Hydrophthalmus beim Kaninchen teilt ROCHON-DUVIGNAUD mit:

Bei einem sonst ganz gesunden 2 Monate alten Kaninchen waren beide Bulbi vergrößert. Die Hornhaut im Zentrum getrübt, die Vorderkammer sehr tief, Pupillen erweitert, lichtstarr. Der intraokulare Druck wechselt bei Messung an mehreren Tagen rechts zwischen 25 und 35, links zwischen 35 und 50 (normaler Wert nach ROCHON-DUVIGNAUD 22—25), Pilocarpin setzt den Druck etwas herab. Intravenös injiziertes Fluorescinkalium wird in derselben Weise ausgeschieden wie beim normalen Tier. Als Ursache des Hydrophthalmus sieht ROCHON-DUVIGNAUD die bei der histologischen Untersuchung aufgedeckten Veränderungen im Kammerwinkel an: das netzförmige Gewebe, das im Normalzustande den Raum zwischen Iriswurzel und Sklera ausfüllt, ist hier wenig entwickelt, dichter und fester gefügt, wodurch eine Obliteration des Kammerwinkels zustande kommt. Die intrascleralen Venen sind wie bei normalen Kaninchen mit Blut gefüllt. Im übrigen wurde folgender histologischer Befund erhoben: Hornhaut durch ödematöse Quellung beinahe aufs Doppelte verdickt, keine entzündlichen Erscheinungen. Vorderkammer viel tiefer als normal, was weniger durch die Vergrößerung der Hornhaut als durch das Zurücksinken des Irisdiaphragmas bedingt ist. Irisfortsätze verlängert.

Aus dem histologischen Befund am Kammerwinkel in diesem Falle geht hervor daß dem spontanen Hydrophthalmus des Kaninchens meist eine Entwicklungsstörung zugrundeliegt, was auch durch das Fehlen entzündlicher Veränderungen bestätigt wird. Hiermit in Übereinstimmung steht die Beobachtung von HUDDI bei Zuchtversuchen an einer mit Augenmißbildungen behafteten Kaninchenfamilie. Bei 30 diesem Stamme angehörenden Tieren waren verschiedene Mißbildungen, darunter auch Hydrophthalmus anzutreffen.

Ein Fall von einseitigem kongenitalem Hydrophthalmus bei einer albinotischen *Ratte* wird von ADDISON mitgeteilt. Auch hier handelt es sich nach Ansicht des Verfassers um eine Mißbildung; eine hinter der Cornea gelegene Membran wird als Membrana pupillaris persistens gedeutet. Die Vergrößerung des Augapfels betraf hauptsächlich den vorderen Abschnitt. Die durch histologische Untersuchung festgestellte Verdünnung der Cornea wird als Folgeerscheinung der Drucksteigerung aufgefaßt.

Über spontanes Glaukom bei *Meerschweinchen* und *Mäusen* liegen keine Beobachtungen vor.

g) Erkrankungen der Retina.

Die beim neugeborenen Menschen gelegentlich vorkommenden Netzhautblutungen, die auf Zirkulationsstörungen während des Geburtsaktes zurückzuführen sind, konnte METZGER bei *Kaninchen* nicht feststellen.

Was sonst noch aus der Literatur über spontane Netzhautveränderungen der kleineren Laboratoriumstiere bekannt ist, bezieht sich auf eine von KEELER entdeckte Mißbildung: die *stäbchenlose (rodless) Retina* bei *Mäusen*. Es ist dies allerdings eine Veränderung, die für den Experimentator von größter Wichtigkeit ist. Wie KEELER festgestellt hat, handelt es sich hierbei um eine ohne Geschlechtsgebundenheit oder Geschlechtsbeschränktheit regressiv vererbbare Anomalie, die bei weißen und pigmentierten Mäusen auftritt. Die Störung besteht darin, daß sich postembryonal die äußere Körnerschicht der Netzhaut und die Stäbchenschicht unvollständig, letztere unter Umständen gar nicht entwickelt. KEELER unterscheidet nach dem Grade der Entwicklungsstörung den ein-, drei- und sechsreihigen Typus, während die normale Netzhaut viel mehr Reihen äußerer Körner besitzt. Bei den Tieren vom einreihigen Typus fehlen die Stäbchen gänzlich, diese Augen sind, wie aus den Dressurversuchen KEELERs hervorgeht, als Sehorgan funktionslos. Ein Aktionsstrom bei Belichtung konnte von den Netzhäuten derartiger Tiere von KEELER, SUTCLIFFE und HAFFEE nicht gewonnen werden. HOPKINS, der die Versuchsergebnisse KEELERs an einem in Deutschland gezüchteten Stamm von Mäusen mit stäbchenloser Netzhaut mit ähnlicher Versuchsordnung nachprüfte, kommt zu dem Ergebnis, daß diese Augen lichtempfindlich sind. Sehpurpur konnte er in derartigen Augen nicht nachweisen [1].

Über Netzhauterkrankungen bei *Kaninchen*, *Meerschweinchen* und *Ratten* ist nichts bekannt.

h) Erkrankungen des Nervus opticus.

Das Auftreten von *Sehnervenerkrankung* bei der Nekrobacillose des *Kaninchens* erwähnt SEIFRIED. Weitere Beobachtungen von Opticusveränderungen sind als *Mißbildungen* aufzufassen, so der von MANZ publizierte Fall von mangelhafter Bildung des Sehnerven bei einem Kaninchen, der von ROSEN-BAUM histologisch untersucht worden ist. Bei einem Kaninchen mit einseitiger Mißbildung des Auges (Phthisis bulbi, Ankyloblepharon) stellte DEUTSCHMANN außer Chorioiditis disseminata auch Sehnervenatrophie fest.

Über Sehnervenerkrankungen bei *Meerschweinchen*, *Ratten* und *Mäusen* liegen keine Beobachtungen vor.

i) Erkrankungen der Orbita.

Beim *Kaninchen* kann die Lage des Bulbus in der Orbita wechseln. Auch unter physiologischen Bedingungen kann ein mehr oder weniger deutlicher *Exophthalmus* vorhanden sein. Diese Bewegungen des Augapfels in der Längsrichtung der Orbita werden hervorgerufen durch stärkere oder geringere Blutfüllung der sinusartigen Erweiterungen der Orbitalvenen. Diese haben nach ULBRICH bei vollkommener Füllung etwa Kugelgestalt und die Größe des Auges. ULBRICH erklärt auf diese Weise die Entstehung eines intermittierenden Exophthalmus bei einem Kaninchen, das infolge hochgradiger Difformität des Sternums Blutstauung am Kopf aufwies. Entzündliche Orbitalerkrankungen entstehen bei septischen Erkrankungen (Nekrobacillose der Kaninchen) auf metastatischem Wege und durch Fortleitung von Entzündungen der Nachbarorgane, z. B. bei der eitrigen Alveolarperiostitis (SEIFRIED).

Ein *Dermoid* von Schleimhautcharakter, das hinten der Sklera aufsaß, ist von LEVINSOHN bei einem mit Aderhautkolobom behafteten Kaninchenauge beschrieben worden.

Mehrere Fälle von Orbitaltumoren bei weißen *Mäusen* hat MAISIN untersucht. Diese Geschwülste gehen von der HARDERschen Drüse aus. MAISIN fand Sarkome und papilläre Epitheliome. Ein Riesenzellen enthaltendes Spindelzellensarkom ließ sich auf andere Tiere übertragen.

---

[1] Vgl. *Sehorgan*, Normale Anatomie, S. 453/454.

Über Erkrankungen der Orbita bei *Meerschweinchen* und *Ratten* sind keine Beobachtungen gemacht worden.

k) Refraktionsanomalien.

Anomalien der Refraktion beruhen auf einer Störung der Korrelation zwischen der Brechkraft der brechenden Medien und der Länge der optischen Achse des Auges. Emmetropie (Rechtsichtigkeit) nennt man den idealen Brechungszustand des Auges, bei dem die Netzhaut in der Brennebene des bilderzeugenden Apparates liegt. Bei der Ametropie (Fehlsichtigkeit) besteht dieser Idealzustand nicht, die Brennebene des bilderzeugenden Apparates liegt entweder vor der Netzhaut (Myopie) oder hinter ihr (Hyperopie). In beiden Fällen wird kein scharfes Bild auf der Netzhaut erzeugt.

Über die bei den Laboratoriumtieren vorkommenden Refraktionsanomalien können wir uns nach den vorliegenden Untersuchungen ebenso wie über die „normale" Refraktion dieser Tiere nur lückenhafte Vorstellungen machen. Im allgemeinen wird angenommen, daß bei den in der Freiheit lebenden Tieren die Rechtsichtigkeit der normale Brechungszustand ist. Dagegen soll nach LINDSAY bei gezähmten Tieren, bei Meerschweinchen, Kaninchen und anderen in engen Ställen gehaltenen Nagern die Refraktion für alle Fehler (Hyperopie, Myopie, Astigmatismus) variieren. Besonders soll Myopie häufig sein. Hierzu im Gegensatz steht die — allerdings durch objektive Untersuchung nicht belegte — Ansicht von HESS, daß die meisten Kaninchenaugen einen leicht hyperopischen Bau haben. Systematisch sind dieser Frage DUBAR und THEULIEN nachgegangen, indem sie mit Hilfe der Skiaskopie (ohne künstliche Akkommodationslähmung) 30 Kaninchen und 40 Meerschweinchen auf den Refraktionszustand ihrer Augen untersucht haben. Sie fanden bei *Kaninchen:*

Sphärische Refraktion:		Astigmatismus:	
+ 2,0	3%	Hypermetropicus compos.	17%
+ 1,5	8%	Hypermetropicus simplex	3%
+ 1,0	24%	Mixtus	0%
+ 0,5	10%	Myopicus simplex	3%
Emmetropie	15%	Myopicus compos.	5%
— 0,5	3%		
— 1,0	8%		

Bei *Meerschweinchen:*

Sphärische Refraktion:						Astigmatismus:	
+ 3,5	4%	+ 0,5	4%	— 2,5	4%	Hyperop. compos.	8%
+ 3,0	7%	Emmetropie	8%	— 3,0	3%	Hyperop. simplex	12%
+ 2,5	0%	— 0,5	8%	— 3,5	4%	Mixtus	12%
+ 2,0	0%	— 1,0	4%	— 14	1[1]	Myop. simplex	4%
+ 1,5	7%	— 1,5	0%				
+ 1,0	3%	— 2,0	7%				

PLANGE, der sich mit der sphärischen Refraktion wachsender Kaninchen beschäftigt hat, stellte fest, daß die sphärische Refraktion neugeborener Kaninchen stets mehr oder weniger hyperopisch ist und sich in den ersten 200 Lebenstagen bis in den Bereich der Emmetropie ändert. Diese Refraktionsänderung wachsender Kaninchen beruht auf der Veränderung der Hornhautkrümmung beim Wachsen des Auges.

Bei *Ratten* soll nach REISINGER die vorherrschende Refraktion die Myopie sein; REISINGER schließt das aus der starken Brechkraft der kugelförmigen Linse bei diesen Tieren. Diese Ansicht hält JESS auf Grund seiner Unter-

---

[1] Albino ohne Augenhintergrundsveränderungen.

suchungen mit dem Refraktionsaugenspiegel nicht für richtig. Die starke Brechkraft der Rattenlinse werde durch die Kürze der optischen Achse des Ratten-
auges ausgeglichen.

l) Spaltmißbildungen.

Wie aus den vorhergehenden Ausführungen ersichtlich, stellt ein großer
Teil der spontanen Augenerkrankungen der Laboratoriumstiere Mißbildungen
dar. Wenn im folgenden Abschnitt noch eine besondere Art von Entwicklungsstörungen besprochen wird, so erklärt sich dieses daraus, daß es sich bei den
Spaltbildungen des Auges gleichsam um ein einheitliches Krankheitsbild handelt.
Diese Mißbildung beruht auf einer Störung im Verschluß der fetalen Augen-
becherspalte; die daraus sich ergebenden Abweichungen vom normalen Bau
des Auges bezeichnet man als „Kolobom". v. Szily verdanken wir eine groß
angelegte, sehr eingehende Bearbeitung dieses Gebietes, und es sei hier auf dessen

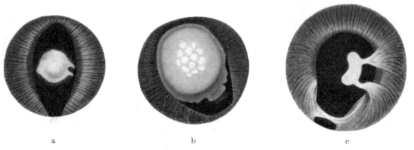

a   b   c

Abb. 170 a—c. Drei verschiedene Erscheinungstypen der mikrophthalmischen Spaltaugen bei Jungtieren aus der Kolobomzucht. a Senkrecht ovale Pupille mit Kolobom des vorderen Bulbus-
abschnittes und vorderem Polstar. b Iris- und Ciliarkörperkolobom mit Totalkatarakt. c Kolobom
der Iris mit Irisstromabrücke und adhärentem Kapselstar. (Nach v. Szily.)

Originalarbeiten verwiesen, die in der Zeitschrift für Anatomie und Entwicklungsgeschichte, Band 74 (1924) zusammengefaßt sind. Daselbst findet sich auch
eine Übersicht über die bisher bei Tieren, namentlich beim Kaninchen beobachteten Kolobome. Abb. 170 ist dieser Arbeit entnommen.

Die Spaltbildungen betreffen in vielen Fällen nicht nur die Iris sondern
erstrecken sich häufig außerdem weiter nach hinten in den Ciliarkörper und
die Aderhaut. Infolge der Nachgiebigkeit der Augenwand im Bereiche der Mißbildung finden sich an solchen Augen Ausbuchtungen nach hinten (Scleral-
staphylome, Orbitalcysten). Gleichzeitig ist oft der Bulbus im ganzen verkleinert (Mikrophthalmus). Gelegentlich werden Hornhauttrübungen, Linsentrübungen und Mißbildungen des Sehnerven beobachtet. Nach v. Szily beträgt
„die Gesamtzahl der zufällig zur Beobachtung gelangten spontan entstandenen
(idiotypischen) Kolobome und Mikrophthalmen beim *Kaninchen* 38 Augen...
Bei Dazurechnen der durch Züchtung gewonnenen 336 Fälle würde sich die
Gesamtzahl der Kolobome beim Kaninchen auf 374 erheben". Da v. Szily
in seinem Literaturverzeichnis die Arbeiten über spontane Kolobome nicht
anführt, so seien hier die Namen der Autoren genannt: Samelsohn (1880),
Deutschmann (1881), Höltzke (1883), Manz (1891), Wertheimber (1893),
Bach (1896), Ginsberg (1896), Knapp (1901), v. Hippel (1903), Terrien
(1903), Könnecke (1910), Huddi (1926). v. Szily hat durch seine Untersuchungen bewiesen, daß die Kolobome vererbbare Mißbildungen sind und daß
die Ansichten früherer Autoren, die durch experimentelle Augenschädigung bei
der Nachkommenschaft dieser geschädigten Tiere Kolobome erzeugt haben
wollten, nicht haltbar sind.

Dies trifft natürlich auch für die bei anderen Laboratoriumstieren vorkommenden Mißbildungen zu, so auch für die Beobachtung Brown-Sequards, der bei 8 Jungen eines weiblichen *Meerschweinchens*, dem er einen Augapfel entfernt hatte, das Fehlen beider oder wenigstens eines Auges feststellte, bzw. bei anderen Versuchen unter ähnlichen Bedingungen verschiedene Mißbildungen bei der Nachkommenschaft der geschädigten Tiere sah.

Auf die Vererbung von Mikrophthalmus und Anophthalmus bei *Ratten* hat bereits 1912 Hofmann hingewiesen. Ähnliche Beobachtungen stammen von Addison. Yudkin stellte zufällig bei jungen Ratten, die von gesunden Eltern stammten, neben Mißbildungen am Kopfe Anophthalmus fest. Da ein zweiter Wurf derselben Eltern nur normale Tiere enthielt und auch bei der Kreuzung der beiden Würfe untereinander bis in die dritte Generation niemals Mißbildungen auftraten, so erklärt Yudkin das vollständige Fehlen der Bulbi und der Sehnerven durch toxische, chemische oder infektiöse Einflüsse von seiten der Mutter, welche die Ausbildung der primären Augenblase verhindert haben.

Die bei *Mäusen* von Mercier beobachteten Mißbildungen bestehen in Kryptophthalmus mit Katarakt, gehören also nicht in das Gebiet der Spaltbildungen.

Literatur.

Addison, W. H. F.: Histological study of eye defects in albino rats. Anat. Rec. **29**, 344 (1925). — Addison, W. H. F. and H. W. Hew: Congenital hypertrophy of the eye in an albino rat. Anat. Rec. **32**, 271 (1926). — Allesandrini: Dermoide centrale della cornea in una cavia cobaya Schreb. Progr. Oftalm. **3**, 88 (1907). — Anderson, R. J.: The lens in an albino rat. Internat. Mschr. Anat. u. Physiol. **10**, 65 (1893). — Arisawa, U.: Über „hyaline Degeneration des Irisvorderblattes am Pupillarrand" beim Kaninchenauge. Arch. vergl. Ophthalm. **4**, 305 (1913).

Bach, L.: (a) Anatomischer Beitrag zur Genese der angeborenen Kolobome des Bulbus. Arch. Augenheilk. **32**, 277 (1896). (b) Anatomischer Befund eines doppelseitigen angeborenen Kryptophthalmus beim Kaninchen nebst Bemerkungen über das Oculomotoriusgebiet. Arch. Augenheilk. **32**, 16 (1896). (c) Demonstration einiger Mißbildungen. Ber. 27. Verslg dtsch. ophthalm. Ges. Heidelberg **1898**. (d) Pathologisch-Anatomische Studien über verschiedene Mißbildungen des Auges. Graefes Arch. **45** I, 1 (1898). — Blagovechensky: Contribution à l'étude de l'asepsie et de l'antisepsie de la conjonctive normle de l'oeil. Thèse de St. Petersbourg **1895**. — Bliedung, C.: Experimentelles zur Tonometrie. Arch. Augenheilk. **92**, 143 (1923). — Boyden, M. G.: Tonometrie study of normal and abnormal rabbit eyes. Amer. J. Ophthalm. **8**, 40 (1925). — Brown, W. H. and L. Pearce: Melanoma (sarcoma) of the eye in a syphilitic rabbit. J. of exper. Med. **43**, 807 (1926). — Brown-Sequard: Transmission par hérédité de certaines altérations des yeux chez les cobayes. Gaz. méd. Paris **1880**, 638. — Brunschwig, A.: Ein Dermoid der Hornhaut bei einem Meerschweinchen. Amer. J. Path. **4**, 371 (1928).

Coats, G.: Comparative anatomy and pathology. A parasite in the eye-lid of the mouse. Trans. ophthalm. Soc. U. Kingd. **35**, 390 (1915).

Deutschmann, R.: (a) Über Vererbung von erworbenen Augenaffektionen bei Kaninchen. Klin. Mbl. Augenheilk. **18**, 507 (1880). (b) Zur pathologischen Anatomie des Iris- und Aderhautkoloboms als Grundlage eines Erklärungsversuches der sog. Hemmungsbildungen überhaupt. Klin. Mbl. Augenheilk. **19**, 101 (1881). — Dubar u. Thieulien: L'état de réfraction des yeux des mammifères domestiques. Rev. gén. Méd. vét. **36**, 561 (1927).

Fridenberg, P.: Über die Figur des Linsensternes beim Menschen und einigen Vertebraten. Arch. Augenheilk. **31**, 293 (1895).

Ginsberg: Über die angeborenen Kolobome des Augapfels. Zbl. prakt. Augenheilk. **20**, 255 (1896). — Grigoriew, P.: Angeborene, durch ein in die vordere Augenkammer infiziertes Kaninchen übertragene Syphilis. Dermat. Wschr. **1929** II, 1122.

Hess, C.: (a) Weitere Untersuchungen über angeborene Mißbildungen des Auges. Graefes Arch. **36**, 135 (1890). (b) Pathologie und Therapie des Linsensystems. Graefe-Saemisch, Handbuch der Augenheilkunde, Bd. 6, Kap. IX. 1905. — Hippel, E. v.: (a) Embryologische Untersuchungen über die Entstehungsweise der typischen angeborenen Spaltbildungen (Kolobome) des Augapfels. Graefes Arch. **55**, 507 (1903). (b) Anatomische Untersuchungen über angeborene Katarakt, zugleich ein Beitrag zur Kenntnis einer neuen Mißbildung der Linse. Graefes Arch. **60**, 427 (1905). (c) Ringwulst in der Kaninchenlinse. Anat. Anz.

27, 334 (1905). — HOFMANN, F. B.: Über die Vererbung einer Entwicklungshemmung des Auges bei Ratten. Klin. Mbl. Augenheilk. **50** I, 594 (1912). — HÖLTZKE, H.: Mikrophthalmus und Kolobom von einem Kaninchen. Arch. Augenheilk. **12**, 147 (1883). — HOPKINS, A. E.: Vision in mice with „rodless" retinae. Z. vergl. Physiol. **6**, 345 (1927). — HUDDI, K.: Über die hereditären Mißbildungen des Auges beim Kaninchen. Okayama-Igakkai-Zasshi (jap.) **1926**, 1214 u. deutsche Zusammenfassung 1926, 1254.

JESS, A.: Über kongenitale und vererbbare Starformen der weißen Ratte nebst Bemerkungen über die Frage des Verhaltens der Linsen bei vitaminfreier Ernährung. Klin. Mbl. Augenheilk. **74**, 49 (1925).

KAUFMANN: Zuchtversuche bei starkranken Kaninchen. Klin. Mbl. Augenheilk. **76**, 132 (1926). — KEELER, C. E.: The inheritance of a retinal abnormity in white mice. Proc. nat. Acad. Sci. U. S. A. **10**, 329 (1924). — KEELER, L. F.: Rodless retina an ophthalmic mutation in the house-mouse, mus musculus. J. of exper. Zool. **46**, 355 (1927). — KEELER, SUTCLIFFE and CHAFFEE: Normal and „rodless" retinae of the house mouse with respect to the electromotive force generated through stimulation by light. Proc. nat. Acad. Sci. U. S. A. **14**, 477 (1928). — KNAPP, P.: Über einige Fälle von sog. Sehnervenkolobom. Arch. Augenheilk. **43**, 228 (1901). — KÖNNECKE: Beitrag zur Pathologie des Opticuskoloboms. Z. Augenheilk. **24** (1910).

LANGERHAN: Ophthalmotonometrie. GRAEFE-SAEMISCH, Handbuch der gesamten Augenheilkunde, 3. Aufl. Die Untersuchungsmethoden. Bd. 3, S. 271. Berlin: Julius Springer 1925. — LEBER: Die Entstehung der Entzündung. Leipzig 1891. — LEVINSOHN, G.: Kurzer Beitrag zur Histologie angeborener Augenanomalien. Graefes Arch. **57**, 266 (1904). — LINDSAY, JOHNSON: Contributions to the comparative anatomy of the mammalian eye, chiefly based on ophthalmoscopic examination. Philos. Trans. roy. Soc. Lond. **194**, 1 (1901). — LÖHLEIN, W.: (a) Die Liderkrankung der Kaninchen bei Infektion mit Sarcoptes minor. Arch. vergl. Ophthalm. **1**, 189 (1910). (b) Versuche über die Pigmentwanderung in der Epithelschicht der Hornhaut. Arch. Augenheilk. **100—101**, 385 (1929).

MAISIN, I.: Un groupe nouveau de tumeurs intraorbitaires spontanes chez la souris blanche. C. r. Soc. Biol. Paris **88**, 821 (1923). — MANLEITNER, C.: Zur Kenntnis der Augentuberkulose bei Rind und Schwein. Graefes Arch. **61**, 152 (1905). — MANZ, W.: Über das angeborene Kolobom des Sehnerven. Arch. Augenheilk. **23**, 1 (1891). — MAYERHAUSEN: Ungewöhnlich langes Persistieren der Tunica vasculosa lentis beim Kaninchen. Z. vergl. Augenheilk. **1883**, 80. Ref. Jahresber. über die Leistungen und Fortschritte im Gebiete der Ophthalmologie. Bericht über das Jahr 1883, S. 634. — MEISNER, W.: Über ein spontanes Hornhautgeschwür beim Kaninchen und eine fetale Keratitis beim Meerschweinchen. Arch. vergl. Ophthalm. **3**, 11 (1913). — MERCIER, L.: Trois cas de cataracte congénitale obtenus expérimentalement dans une même lignée de souris. C. r. Acad. Sci. Paris **186**, 1447 (1928). — METZGER, E.: Experimentelle Untersuchungen zur Genese der Netzhautblutungen der Neugeborenen. Dtsch. med. Wschr. **51**, 1446. — MIKAELJAN, R. u. J. RATNER: Über die Mikroflora der normalen Bindehaut des Meerschweinchens. Russk. oftalm. Ž. **7**, 41 (1928). Ref. Zbl. Ophthalm. **19**, 777. — MULDER: Cataracte polaire postérieure du lapin. (Soc. Neerlandaise d'Ophthalm.) Ref. Annales d'Ocul. **117**, 52 (1897).

NICOLLE, CUÉNOD et BLANC: Reproduction expérimentale de trachome (conjonctivite granuleuse) chez le lapin. C. r. Acad. Sci. Paris **170**, 642 (1920). — NICOLLE, CH. et LUMBROSO: (a) Origine et conception du trachome. Sud. Med. et Chir. **58**, 500 (1926). (b) Recherches sur les conjonctivites granuleuses naturelles de quelques animaux de laboratoire. Arch. Inst. Pasteur Tunis **15**, 240 (1926). (c) Seconde contribution à la connaissance de la conjonctivite granuleuse naturelle du lapin. Arch. Inst. Pasteur Tunis **16**, 286 (1927).

OBARRIO, DE: Über angeborenen Star beim Kaninchen. Zbl. prakt. Augenheilk. **23**, 49 (1899). — OLLENDORF, A.: Über die Rolle der Mikroorganismen bei der Entstehung der neuroparalytischen Keratitis. Graefes Arch. **49**, 455 (1900).

PERKEL, J. D.: Syphilitische Osteochondritis bei experimenteller Kongenitallues. Dermat. Wschr. **45**, 1809 (1929). — PFEIFFER: Acarus folliculorum cuniculi. Berl. tierärztl. Wschr. **1903**, 155. — PICHLER, A.: Spontanes Glaukom (Hydrophthalmus) beim Kaninchen, nebst einem Überblick über die Frage des tierischen Glaukoms überhaupt. Arch. vergl. Ophthalm. **1**, 175 (1910). — PLANGE, O.: Die sphärische Refraktion wachsender Kaninchen. Klin. Mbl. Augenheilk. **74**, 700 (1925).

REISINGER: Zool. Anz. **46** 1 (1916). Zit. nach JESS. — ROCHON-DUVIGNAUD, A.: Un cas de buphtalmie chez le lapin. Étude anatomique et physiologique. Annales d'Ocul. **158**, 401 (1921). — ROSE: Über die spontane, experimentell übertragbare Keratoconjunctivitis der Kaninchen. Z. Hyg. **101**, 327 (1924). — ROSENBAUM, S.: Beiträge zur Aplasie des Nervus opticus. Z. Augenheilk. **7**, 200 (1902). — ROSENTHAL: Ein Fall von doppelseitigem Hydrophthalmus congen. beim Kaninchen. Inaug.-Diss. Würzburg 1896. — ROSSI, V.: Tracoma dell' uomo e tracoma degli animali. Arch. Oftalm. **33**, 387 (1926). — RUBERT, I.: Über Hornhautpigmentierung beim Meerschweinchen. Arch. vergl. Ophthalm. **4**, 1 (1913).

SAMELSOHN, I.: Zur Genese der angeborenen Mißbildungen, speziell des Mikrophthalmus congenitus. Zbl. med. Wiss. 1880, Nr 17 u. 18. — SCHIÖTZ, H. J.: Tonometrie. Acta ophthalm. (København.) 2, 1 (1924). — SCHLÖSSER: Akutes Sekundärglaukom beim Kaninchen. Z. vergl. Augenheilk. 4, 79 (1886). — SCHMEICHLER: (a) Über den Erreger einer Hornhautentzündung beim Kaninchen. Klin. Mbl. Augenheilk. 46 II (1908). (b) Über einen Bacillus, der in einem Ulcus eines Kaninchenauges gefunden ist. Verh. Ges. deutsch. Naturforsch. 79. Verslg Dresden 2, 2, 272. — SEIFRIED, O.: Die wichtigsten Krankheiten des Kaninchens. München: J. F. Bergmann 1927. — SPLENDORE: Über das Virus myxomatosum der Kaninchen. Zbl. Bakter. I Orig. 48, 300 (1909). — STEIGER, A.: Die Entstehung der sphärischen Refraktion des menschlichen Auges. Berlin 1913. — STOCK: Pathologisch-anatomische Untersuchungen über experimentelle endogene Tuberkulose der Augen beim Kaninchen. Klin. Mbl. Augenheilk. 41, Beil.-H., 417 (1903). — SZILY, A. v.: Die Ontogenese der idiotypischen (erbbildlichen) Spaltbildungen des Auges, des Mikrophthalmus und der Orbitalcysten. Z. Anat. u. Entw.gesch. 74, 1 (1924). — SZILY, A. v. u. A. ECKSTEIN: Vitaminmangel und Schichtstargenese. Katarakte als eine Erscheinungsform der Avitaminose mit Störung des Kalkstoffwechsels bei säugenden Ratten, hervorgerufen durch qualitative Unterernährung der Muttertiere. Klin. Mbl. Augenheilk. 71, 545 (1923).

TERRIEN: Colobom du tractus uvéal et microphtalmie avec luxation du maxillaire inférieur dans l'Orbite. Examen anatomique. Arch. de Ophtalm. 23, 596 (1903). — TSCHIRKOWSKY: Contribution à l'étude de la flore normale des conjonctives du lapin et de l'influence des Microbes habituels du la conjonctive sur l'oeil. Annales d'Ocul. 141, 291 (1909).

ULBRICH: Blutsinus der Kaninchenorbita. Dtsch. med. Wschr. 1909, 2302.

VOGT: Vererbter Hydrophthalmus beim Kaninchen. Klin. Mbl. Augenheilk. 63, 233 (1919). VONWILLER, P.: Die mikroskopische Untersuchung des lebenden Auges mit starken Vergrößerungen. Z. Augenheilk. 63, 362 (1927). — VÜLLERS, H.: Angeborener Katarakt beider Augen mit Perforation der Linsenkapsel beim Kaninchen. Graefes Arch. 40, 5 (1894).

WERTHEIMBER, TH.: Über die anatomischen Befunde bei Kolobombildung am Kaninchenauge. Inaug.-Diss. Würzburg 1893. — WIMAN: Ein Fall von Keratitis bei einem jungen Kaninchen. Arch. f. Dermat. 93, 379 (1909).

YUDKIN, A. M.: Congenital anophthalmos in a family of albino rats. Amer. J. Ophthalm. 10, 341 (1927).

ZÜRN: Die Krankheiten der Kaninchen. Leipzig 1894.

B. Gehörorgan.

I. Normale Anatomie.

Von W. KOLMER, Wien.

Mit 15 Abbildungen.

a) Kaninchen.

1. Äußeres Ohr.

Das äußere Ohr ist von einem Teil der Hautdecke überzogen; da das subcutane Bindegewebe schwach entwickelt ist, ist diese Haut nur wenig verschieblich. Sie enthält zahlreiche Talgdrüsen, keine Schweißdrüsen, reichlich arterielle Gefäße, die Äste der von der Carotis externa abgehenden A. auricularis posterior sind, auffallend weite Venen an der Innenfläche und an der Außenfläche, ihr Verlauf ist variabel; ziemlich konstant sind Randvenen entwickelt, was für Injektionszwecke von Bedeutung ist. Nach Angaben russischer Physiologen kann die isolierte Ohrmuschel des Kaninchens besonders lange überleben. Die Arterienäste zeigen 3—8 mal pro Minute rhythmische Erweiterungen.

Die Haare der Ohrmuschel sind an der Außenseite dichter, an der Innenseite relativ spärlich gestellt, der Rand der Ohrmuschel zeigt eine dichtere Haarstellung. Gröbere Haare sowie Sinushaare fehlen.

Der Knorpel der Ohrmuschel ist ein hyaliner Knorpel; er zeigt, wenn man ihn ausbreitet (BOAS), 2 Einschnitte und 2 basale Fortsätze.

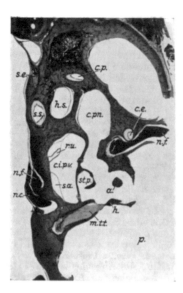

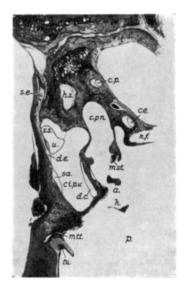

Abb. 171. M.-*Schnitt* VI. Durch ovales Fenster, Steigbügel und Steigbügelplatte. Macula sacculi tritt hier deutlicher hervor, das weitere Crus commune (Sinus sup. utriculi) ist im Schnitt bereits durch eine Knochenbrücke vom Utriculus getrennt. Der schräg durchschnittene freie Schenkel des hinteren vertikalen Bogenganges nähert sich dem Crus commune. Randschnitt durch den Saccus endolymphaticus, Längsschnitt durch den querverlaufenden N. facialis und die Sehne des Musc. tensor tympani. (Zeichenerklärungen vgl. S. 475.)

Abb. 172. M.-*Schnitt* V. Vorhof oberhalb der Schnecke durchschnitten mit dem unteren Ende der Macula sacculi, dem Ductus und Saccus endolymphaticus, dem blindsackförmigen Ende des Ductus cochlearis und dem Eingang zum Sinus sup. utriculi (Crus commune), Bogengangsquerschnitt wie vorher. Hiatus subarcuatus deutlich weiter. Tubenöffnung mit Schrägschnitt des Musc. tensor tympani. Randschnitt durch Facialkanal (Nerv noch nicht getroffen) und Knochenansatz des Musc. stapedius.
Abb. 171—176. *Meerschweinchen* nach ECKERT-MÖBIUS.

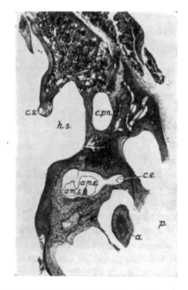

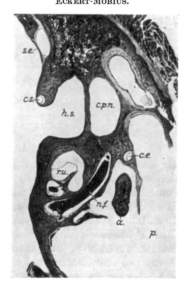

Abb. 173. M.-*Schnitt* VIII. Durch den ampullären Schenkel und die Ampulle des äußeren (horizontalen) Bogenganges mit zentralem Querschnitt seiner Crista und Cupula, durch die Einmündung der Ampulle des oberen vertikalen Bogenganges und seinen durch den Hiatus subarcuatus von der Ampulle getrennten einfachen Schenkel.

Abb. 174. M.-*Schnitt* VII. Durch den Recessus utriculi mit seiner Macula und Nerveneintrittsstelle, die Schenkel des horizontalen und oberen vertikalen Bogenganges (Crus commune und Einmündung der Ampulle des unteren vertikalen Bogenganges liegen bereits unterhalb dieser Schnittebene) und den querverlaufenden N. facialis. Der Hiatus subarcuatus öffnet sich breit in die Schädelhöhle.

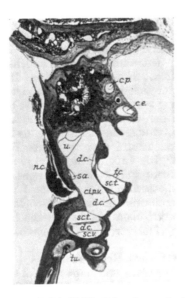

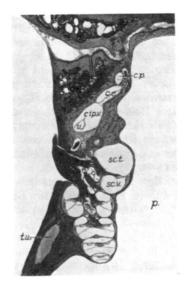

Abb. 175. M.-*Schnitt* IV. Schnecke nur in den ersten Windungen noch von oben her tangential getroffen. Tubenschrägschnitt. Vorhof mit Utriculus, Sacculus, Cisterna perilymphatica vestibuli, Ductus cochlearis, Scala tympani und Membrana tympani secundaria. Querschnitte des horizontalen und hinteren vertikalen Bogengangs und der Ausläufer des Hiatus subarcuatus medial davon.

Abb. 176. M.-*Schnitt* III. Schneckenspitze bereits seitlich durchschnitten. Canalis singularis mehr nach dem Nervenstamm zu gelegen. Querschnitt des Aquaeductus cochleae mitten im Knochen. Tangentialschnitt des Tubenknorpels.

Zeichenerklärung zu Abb. 171 bis 176. a. Ambos, Incus a.c., Aquaeductus cochleae, a.d. Aditus ad antrum, Recessus epitympanicus, am.e. Ampulla externa, am.p. Ampulla posterior, am.s. Amp. superior, a.v. Apertura interna aquaeductus vestibuli, b.j. Bulbus jugularis, c.e. Canalis semic. externus, ch.t. Chorda tympani, ci.p.V. Cisterna perilymphatica vestibuli, c.p. Can. semic. post., c.pn. Cellulae pneumaticae, c.s. Canal. semic. sup., c.st. Capitulum stapedi, i.d.c. Ductus cochlearis, d.e. Ductus endolymphaticus, d.r.h. Ductus reuniens Henseni, d.s. Ductus saccularis, d.u. Ductus utriculi, f.c. Membr. fenestrae cochleae, f.g. Fettgewebe, g.h.g. äußerer Gehörgang, h. Hammer, h.gr. Hammergriff, h.s. Hiatus subarcuatus, m. Markräume des Knochens, m.a.i. Meatus acust. int., m.n. rudim. Macula neglecta, m.s. Macula sacculi, m.st. Musculus stapedius, m.t.t. Musc. tensor tympani, m.u. Macula utriculi, n.a.p. Nerv. ampull. post., n.c. Nerv. cochlearis, n.f. Nerv. facialis, n.J. Nerv. Jakobsonii, n.p.s. N. petros. superf., n.s. N. saccul., n.u.a. N. utriculoampull., p. Paukenhöhle, pr. Promontorium, n.f.c. Nische des runden Fensters, r.f.o. Rahmen des ovalen Fensters, r.u. Recessus utriculi, Sa. Sacculus, Sc.t. Scala tympani, Sc.v. Scala vestibuli, S.e. Saccus endolymph., S.p. Sin. post. utriculi, S.s. Sin. sup. utriculi crus commune, st. Stapes, st. p. Stapesplatte, s.t.t. Sehne des Tensor tympani, t. Trommelfell, t.u. Tuba Eustachii, u. Utriculus, v.a.c. Inneres Endstück der Vena aquaeduct. cochleae, I, II, III Basal-, Mittel-, Spitzenwindung der Schnecke.

Die Knorpelgrundsubstanz läßt nach BÄCKER Gliederung in Kapsel, Zellhof und Interterritorialsubstanz erkennen. Die elastische Substanz bildet ein zierliches Netz feinster Fasern. Die Knorpelzellen enthalten reichlich große Fetttropfen eingelagert.

2. Äußerer Gehörgang.

Der äußere Gehörgang findet sich von einer Fortsetzung der Epidermis ausgekleidet, die wenige zarte Haare und ziemlich dicht stehende flache große Talgdrüsen fast ausschließlich im Zusammenhang mit diesen Haaren aufweist. Die Talgdrüsen zeigen holokrine Sekretion und liefern das Ohrenschmalz allein, da die bei anderen Säugern vorkommenden apokrinen Knäueldrüsen vollkommen fehlen. HIRSCH fand mit der Silbermethode von GROSS im äußeren Gehörgang Haarnerven, solche mit freien Endigungen und mit Aufzweigungen, aber keine Kapselapparate.

Das Tympanicum des Kaninchens trägt eine etwa 1 mm hohe scharfe Crista tympanica, die hinten oben auf etwa 2 mm unterbrochen ist. Sie endet hinten mit einer deutlichen Spina. Die Enden der Crista sind durch den Grenzbogen des Trommelfells verbunden. Die lateral von der Crista befindliche Rinne dient nicht der Trommelfellinsertion, die sich streng auf die Crista beschränkt, und ist daher als Recessus meatus (VAN KAMPEN) aufzufassen. Die Tympanicumschenkel sind, da sie lateralwärts in den röhrenförmigen knöchernen Gehörgang übergehen, nicht scharf abgrenzbar. Entsprechend dem Defekt der Crista bleibt zwischen ihnen ein Spalt, der sich lateralwärts verengt und sich schließlich bis auf eine Fissur im Gehörgang schließt. Während diese durch straffes Bindegewebe geschlossen wird, ist in den dreieckigen Raum zwischen den Schenkeln und den Grenzbogen die SHRAPNELLsche Membran eingelagert (BONDY); letztere besteht aus ziemlich zellreichem, locker gefügtem Bindegewebe mit zahlreichen Gefäßen und Nerven. Die äußere Fläche trägt mehrschichtiges verhorntes Plattenepithel, die innere Fläche ein niedriges, einschichtiges Epithel mit ziemlich nahe beisammenstehenden rundlichen Kernen. Das äußere Epithel geht im Bereich des Manubrium in ein mehrschichtiges, aber aus sehr niedrigen Zellen bestehenden Epithel über. In der unteren Hälfte des Trommelfells sowie beiderseits vom Manubrium wird dasselbe einschichtig, fast endothelartig.

Nach oben geht das Epithel der SHRAPNELLschen Membran in das derbere des äußeren Gehörgangs über, während der Recessus epitympanicus oberhalb der Membran von endothelartigen platten Zellen ausgekleidet ist. Medial vom Trommelfell erhebt sich aus dem Tympanicum an dessen hinterer oberer Peripherie unterhalb der Facialisrinne eine niedrige Knochenleiste, die nahezu parallel zum Trommelfell steht und mit einer dem Tympanicumausschnitte zugewendeten Spitze endigt. Diese wird als Chordafortsatz bezeichnet. Die Chorda durchbohrt, nachdem sie sich vom Facialis abgesondert, den Boden der Facialisrinne, gelangt an die laterale Fläche des Chordafortsatzes und verläuft an dessen Rand in einer Rinne bis zur Spitze. Von hier verläuft sie frei ohne Gekröse, erreicht den Hammergriff unterhalb des Processus muscularis, an den sie sich anlegt, biegt im rechten Winkel nach aufwärts und zieht, dem Processus folianus angelagert, zur Fissura glaseri. Da der Processus folianus bis zur Fissur freiliegt, fehlt eine vordere Chordafalte, während eine hintere durch den Chordafortsatz vertreten erscheint.

Der Hammergriff stellt eine senkrecht auf das Trommelfell gestellte Knochenplatte dar, welche an ihrem medialen Rand verstärkt, im übrigen aber sehr dünn ist. In der Substanz des Trommelfells selber liegt ein T-förmig angesetztes Knochenplättchen, das vom Processus brevis über die halbe Länge des Manubriums nach abwärts reicht. Das Manubrium ist also in Form eines Doppel-T-Trägers gebaut. Diese in das Trommelfell eingesetzte Knochenplatte ergibt auf Schnitten das Bild einer knöchernen Membrana propria.

3. Trommelfell.

Das *Trommelfell* ist am Rande des Annulus tympanicus ausgespannt, der vom übrigen Mittelohr durch eine zirkuläre, von einigen Knochenleisten unterbrochene Furche abgegliedert ist, es ist an den Rändern dicker, wie im Zentrum. Es setzt sich zusammen aus der Fortsetzung der Epidermis des äußeren Gehörganges, einem 2—3 schichtigen Epithel mit starker Abschilferung, radiären, gegen die Ansatzstelle des Hammergriffes hinstrahlenden Fasern, einer Lage von Zirkulärfasern, die den Charakter der Bindegewebsfasern zeigen, mit dazwischen gelegenen, den Sehnenkörperchen ähnlichen Zellen. Dazwischen findet sich zartes elastisches Gewebe (WATSUJI). Die Innenseite des Trommelfells zeigt eine zarte, der Submucosa der Trommelhöhlenschleimhaut entsprechende Bindegewebsschichte und ein flaches ein- bis zweischichtiges Epithel. Flimmerzellen kommen vereinzelt in der Richtung gegen die Tubenmündung vor.

Das ganze *Trommelfell* ist in der Mitte 30 μ, am Rande 60 μ, stellenweise aber nur 18 μ, an einzelnen Punkten nur 7 μ dick. Sowohl in dem äußeren, der Cutis entsprechenden Bindegewebe als in dem der Schleimhautschichte finden sich zahlreiche Gefäße, Arterien, Venen und Capillaren, die vom Rande her, hauptsächlich aber längs des Hammergriffes zutreten.

An der gleichen Stelle treten auch Nerven zu, andererseits treten solche Nervenstämmchen auch von der ganzen Peripherie in das Bindegewebe des Trommelfells sowohl im Cutisteil als auf der tympanalen Seite ein und bilden darin ansehnliche Plexus aus flachen Faserzügen markhaltiger Fasern.

Nervenendigungen sind als freie Nervenendigungen und als eingekapselte Körperchen bei anderen Tieren beschrieben worden.

4. Mittelohr.

Das Mittelohr besteht aus der eigentlichen *Trommelhöhle* und der an sie anschließenden, gut ausgebildeten *Bulla*. Der Annulus tympanicus ragt in die Bulla hinein. Im Mittelohrraume befinden sich Hammer, Amboß und Steigbügel, sowie die Chorda tympani, welche sich bis zur Sehne des Tensor tympani verfolgen läßt. Die Paukenhöhlenschleimhaut ist sehr zart und ist nur etwas dicker an Stellen, wo Nischen überbrückt werden, da hier das Bindegewebe stärker entwickelt ist. Arterien und Venen verzweigen sich reichlich und bilden ein ziemlich enges Capillarnetz (s. Abb. 177). Die Schleimhaut ist von einem flachen, plattenartigen Epithel

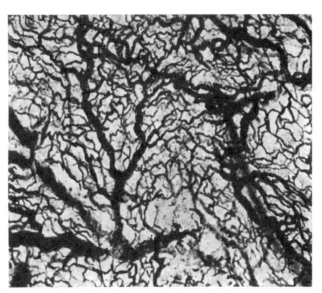

Abb. 177. Paukenhöhlenschleimhaut des Kaninchens, die Blutgefäße mit Berlinerblau injiziert. Vergr. 67fach.

überzogen, das nirgends mehr als zwei Schichten zeigt, nur in der Gegend der Tubenmündung geht dieses Epithel in eine kubische Form über, die ihrerseits in das zylindrische Epithel der Tubenmündung, das wie ersteres Flimmern trägt, sich fortsetzt. In diesem Raume kommen auch Becherzellen vor. Drüsen wurden außerhalb der eigentlichen Tube nicht beobachtet. Die Schleimhaut überkleidet alle freien Oberflächen der Knöchelchen und der Muskelsehnen. Dicht unter ihr verlaufen auch die die Trommelhöhle passierenden nervösen Geflechte, der Plexus tympanicus, der Nervus petrosus superficialis major und minor. Diese enthalten Ganglienzellen. Letztere kommen auch zu kleineren Aggregaten vereinigt vor, sympathische Fasern sind auch darin enthalten (BOVERO).

Die Tuba Eustachii besteht aus einem knorpeligen Halbrohr, das der knöchernen Tube anliegt und einer einfach gebauten Schleimhaut mit Falten. Der

Knorpel ist hyaliner Knorpel mit stellenweiser Fasereinlagerung, das Epithel ist als Fortsetzung der Rachenschleimhaut ein geschichtetes Flimmerepithel, gemischte Schleimdrüsen kommen im Bereich der Rachenmündung dorsal in Beziehung zum Tensor veli palatini vor.

Eine Arteria stapedia ist, wie bei den meisten Säugern, embryonal ausgebildet, wird aber schon vor der Geburt beim Kaninchen fast vollkommen rückgebildet.

Die Substanz der Gehörknöchelchen enthält keine größeren Markräume, nur wenig Fettgewebe. Zwischen Hammer und Amboß besteht keine echte Gelenkverbindung, sondern lokale Ankylose.

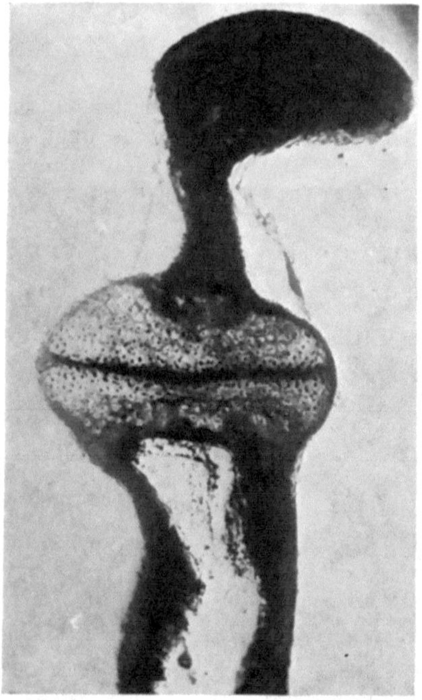

Das Incus-Stapesgelenk macht meist den Eindruck einer fast unbeweglichen Synchondrose, bei älteren Tieren besteht knöcherne Ankylose. Das Hammerligament wird dadurch charakterisiert, daß inmitten einer lockeren Gewebsmasse strahlenförmige Bindegewebszüge gestreckt verlaufen. Der Tensor tympani enthält viel Fett und einen auffallend großen Anteil von Bindegewebe, mehr wie bei anderen Säugern.

Ein Linsenknöchelchen ist nicht beobachtet, ein Knöchelchen von PAAUW und eines von SPENCER sind bisher bei den Nagern nicht beobachtet. Die Binnenmuskeln liegen in nicht sehr tiefen Hohlräumen, der Tensor tympani setzt in einer Grube des Promontoriums neben der Schnecke an.

Der *Musculus stapedius* setzt sich in einer Vertiefung, vom Facialis nur durch lockeres Bindegewebe getrennt, neben dem Canalis facialis an und erreicht mit seiner zarten Sehne, die im Muskelansatz Fett enthält, einen kleinen Knochenfortsatz neben dem Stapesköpfchen. Die Innervation des Tensor erfolgt durch einen Facialisast, die des Stapedius durch einen Trigeminusast. NABEYA fand, daß die Blutversorgung des Mittelohres von vier Arterien in Form von 2 Strängen gebildet wird, welche sich nochmals teilen und die Gehörknöchelchen und ihre Muskeln versorgen, und zwar kommen von der A. meningea media die A. nurticia incudomallei, sowie der Ramus tensoris tympani, welche Hammer und Amboß und deren Muskel versorgen. Von der A. stylo-mastoidea kommt die A. stapedia sowie die A. musculi stapedii, welche den Stapes und seine Muskeln versorgen. Hammer und Amboß werden von einem kleinen Zweig des dritten Astes des N. trigeminus innerviert, der in enger Beziehung zur A. meningea media steht, während der Stapes und sein Muskel durch einen Zweig des N. facialis, der seinerseits mit der A. stylo-mastoidea korrespondiert, innerviert werden, so daß NABEYA auf die entwicklungsgeschichtliche Beziehung zwischen dem Gefäßsystem des Mittelohres und den Nerven hinweist.

Das ovale Fenster ist 280 μ lang und 100 μ breit, das Ligamentum stapedii besteht aus sehnenartig angeordneten Bindegewebsfasern mit spärlicher Beimengung von elastischem Gewebe, die sich am überknorpelten Rande der Stapesplatte einerseits, der Fenestra ovalis andererseits ansetzten.

Die Fenestra rotunda liegt in einer seichten Vertiefung der Fensternische. Das runde Fenster ist etwa 640 μ weit und wird von der konkaven Membrana

Abb. 178. Kaninchen, 40 Tage alt. Amboß-Stapesgelenk. Reichert 4, kompl. Ok. 2. 30 cm Plattenabstand. (Nach KATAJAMA.)

tympani secundaria verschlossen, die vom Paukenhöhlenepithel außen, von sehr flachen Zellen der Skalenauskleidung innen überzogen ist und aus feinen Bindegewebsfasern mit etwas elastischen Elementen untermischt sich zusammensetzt. Die Fasern setzen sich als SHARPEYSCHE Fasern in den Knochenrand des Fensters fort. Die Membran verdünnt sich bis auf 15 μ.

5. Labyrinth.

Das *knöcherne Labyrinth* ist von zarten, flachen Bindegewebselementen ausgekleidet, von diesen gehen Brücken durch den perilymphatischen Raum zur

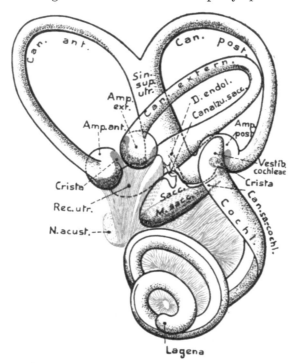

Abb. 179. Lepus cuniculus. Links Labyrinth von der Lateralseite. (Nach RETZIUS 1881. Aus BÜTSCHLI.)

Oberfläche des häutigen Labyrinths, dieses überkleidend. An den Stellen, wo die Nerven herantreten, ist das Bindegewebe viel stärker, dort, wo Gefäße an das Labyrinth herantreten, etwas zarter entwickelt.

Wir unterscheiden am häutigen Labyrinth den Utriculus mit der Macula utriculi und einer rudimentären Macula neglecta oder Crista quarta, 3 Bogengänge mit je einer Ampulle. Sacculus und Utriculus sind durch zwei kurze, etwas gekrümmte Röhrchen V-förmig mit dem Ductus endolymphaticus verbunden, der zum Saccus endolymphaticus führt. Die Wandung des häutigen Labyrinths besteht aus einem ziemlich homogenen, fast knorpelartig ausgebildeten Bindegewebe mit nur spärlich eingelagerten Zellen. Die indifferente Auskleidung des Labyrinths besteht aus flachen polygonalen Epithelien, die einen ovalen Kern, einen flächenhaft angeordneten Netzapparat und in einer Ecke ein Diplosom besitzen. Nach HELD soll auch eine Geißel auf dem Diplosom vorkommen.

Das Sinnesepithel der *Maculae* besteht aus Stützzellen, die einen konischen Fußteil, der den Kern enthält, aufweisen, durch ein schmales Verbindungsstück in den ebenfalls kelchförmigen distalen Kopf übergehen, der ein Diplosom enthält; dieser Kopf ist mit den Nachbarzellen durch kräftige Kittleisten verbunden. Innerhalb des distalen Teils lassen sich 2—3 Tonofibrillen darstellen, nur selten aber bis in den proximalen Teil verfolgen.

Die Sinneszellen sind flaschenförmige Gebilde mit einem kreisrunden, cuticularen Kopf, der durch einen Randreifen, der mit den Stützzellen verbunden ist, abgeschlossen ist. Bei optimaler Fixation füllt der Zellkörper den Raum zwischen den Stützzellen fast vollkommen aus, gewöhnlich aber retrahiert er sich bei der Konservierung. Der Körper ist 25 μ lang, auf der Oberfläche trägt jede Zelle auf einer Verdickung der cuticularen Platte ein spitz zulaufendes Zellhaar, das bei Maceration sich als aus unmeßbar dünnen Fäserchen abgestufter Länge, die durch eine Kittsubstanz zusammengehalten sind, zusammengesetzt erweist. Neben diesem Zellhaar, häufig ihm aufliegend, liegt eine gleich lange, von einem Diplosom nahe der Zelloberfläche entspringenden Geißel, die nicht leicht darzustellen ist. Am Rand der eigentlichen Sinnesfläche gehen die Zellen in etwas niedrigere zylindrische Zellen des Übergangsepithels über, das zum indifferenten überleitet. Granuläre Strukturen in diesen Zellen haben die Auffassung als sezernierendes Epithel, „Regio secretoria" (IWATA) gerechtfertigt. Die Basen dieser Epithelzellen zeigen eine besenreiserartige Struktur des Protoplasmas. Sinnes- und Stützzellen sowie die anderen Epithelien enthalten kurz stäbchenförmige Chondriomiten (ALAGNA, IWATA). Die Nerven treten, das Bindegewebe unter der Macula durchbohrend, durch Löcher der Basalmembran unter die Epithelzellen. Zartere,

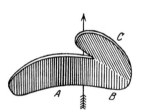

markhaltige Fasern bilden besonders an der Peripherie der Macula sich verästelnd, an und zwischen den Epithelien freie Endigungen; dickere, hauptsächlich zentral eintretende markhaltige Fasern umfassen kelchförmig die Substanz einer, gewöhnlich aber mehrerer, bis zu 5 Epithelzellen. Man kann in diesem Kelch ein Neurofibrillengitter verfolgen. Auch die Epithelzelle selbst enthält als fortsatzloses Neuron ein Neurofibrillengitter, das erst spät embryonal darstellbar wird. Im Embryonalzustand haben Sinnes- und Stützzellen auch einen Netzapparat. Es kann auch eine Zelle von zwei Achsencylindern innerviert werden.

Die Haare der Sinneszellen der Macula ragen in Kämmerchen einer Gallerte hinein, welche offenbar nur von den Stützzellen gebildet, bei optimaler Fixation mit diesen zusammenhängt, aber auch an den indifferenten Zellen der Maculaumrahmung befestigt erscheint; WITTMAACK läßt die Haare in die Gallerte direkt übergehen. Die Gallerte zeigt eine horizontale, zarteste Schichtung, der obersten homogenen Lage sind die Statoconien (Otolithen) in Form kleinster, krystallartiger Arragonitkörperchen, Wetzsteinformen bis Prismen mit aufgesetzten Pyramiden, aufgelagert, die offenbar als Niederschlag aus der Endolymphe auf die Gallerte sich abscheiden. Die größten Körperchen liegen zumeist an der Peripherie.

Die *Macula sacculi* entspricht in allem der Macula utriculi, ihre Form ist nierenförmig, mit einem etwas aufgebogenen „Dorsallappen". Für das Kaninchen gibt DE BURLET und DE HAAS an, daß der Flächeninhalt der Maculae im Utriculus und Sacculus 1 760 000 μ^2 bzw. 1 180 000 μ^2 beträgt.

MAGNUS und DE KLEIJN berechnen das Gewicht der Otolithenmembran beim Kaninchen im Utriculus mit 0,05—7 mg, im Sacculus 0,06 mg, davon sind $CaCO_3$-Krystalle 31—36$^0/_0$, im Sacculus 30$^0/_0$, das spezifische Gewicht der Otolithenmembran demnach 1,32—1,39, im Sacculus 1,27.

Schon RETZIUS hat bei Kaninchen und Maus, die er untersuchte, ein Fehlen der Macula neglecta nachgewiesen.

Die Verästelung der Vorhofsnerven erfolgt nach DE BURLET nach folgendem Schema: Vom Ramus saccularis zweigt ein Nervenbündel ab, welches sich dem N. cochlearis anschließt und von OORT beschrieben wurde. Ein anderes Bündel beschrieb VOIT; es spaltet sich vom Ramus utricularis ab, verläuft in der Richtung der Macula sacculi und beteiligt sich an der Innervation von deren Dorsallappen. Die Macula sacculi wird beim *Kaninchen* so innerviert, daß der Vestibularis einen Ast, der parallel mit dem Ramus utricularis verläuft, zur dorsalen Hälfte abgibt, während die ventrale größere Hälfte der Sacculus macula von einem in anderer Richtung ziehenden Aste, der den Ramus cochlearis des Acusticus

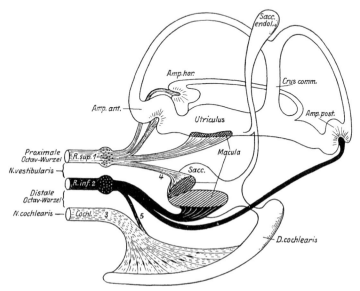

Abb. 181. Schema der Innervation der Sinnesendstellen des Säugetierlabyrinths. (Nach DE BURLET.)

begleitet, innerviert wird. Beide Äste sind derart unabhängig, daß bei experimenteller Ausschaltung des einen die andere vom anderen Ast innervierte Maculahälfte erhalten bleibt (DE BURLET).

6. Bogengänge.

Die *Bogengänge* zeigen nach RETZIUS und R. KRAUSE annähernd gleiche Dimensionen. Die Überkreuzungsstelle der Bogengänge ist konstant bloß bindegewebig geschieden, nicht verknöchert.

Nach DE BURLET und KOSTER schließen die Bogengänge derselben Seite beim *Kaninchen* zwischen oberem und äußerem Gang 94⁰ ein, zwischen äußerem und oberem Bogengang 90⁰, zwischen hinterem und oberen 89,5⁰. Die beiden äußeren schließen miteinander einen Winkel von 173⁰ ein. Die Schnittlinie ihrer Ebenen mit der Schädelbasislinie 15,5⁰. Die Ebenen beider oberen Bogengänge 82,5⁰, die Schnittlinie ihrer Ebenen mit der Basis 82⁰, die beiden hinteren miteinander 99⁰, ihre Schnittlinie mit der Basislinie 88⁰, die mittleren Ebenen der Otolithenmembranen bilden miteinander einen Winkel von 101⁰ auf einer Seite, beide Utriculusmembranen einen von 173⁰. Ihre Schnittlinie mit der Basis 44⁰, die Ebenen der Sacculusotolithen bilden einen Winkel von 54,5⁰, ihre Schnittlinie mit der Basislinie einen von 49⁰.

Die Auskleidung der häutigen Bogengänge ist 3—6 μ dick, das flache indifferente Epithel hat Zellen von 20 μ Länge, an der Raphelinie sind sie etwas kleiner. In jede Ampulle ragt eine Crista, deren Epithel im wesentlichen der

Schilderung des Sacculusepithels entspricht, mit dem Unterschiede, daß die Haare der Zellen die Zellänge und mehr als das Doppelte übertreffen. Über der Crista schwebt eine hutförmige Gallerte, deren Form nach WITTMAACK durch Schrumpfungsvorgänge bei der Fixation weitgehend variabel ist, da hypotonische Lösungen die Gallerten ausdehnen, hypertonische sie unter Formänderung verkürzen. Es scheint die Gallerte mit einem sehr zarten Rand ringsum an den Zellen des Übergangsepithels befestigt zu sein (WITTMAACK). Ihre Befestigungsweise auf dem Epithel entspricht der der Otolithenmembran. Ihre Höhe entspricht dem 2—3fachen dieser Membran. Die Cupula ist von leicht konvergierenden, in der Zahl den Haaren der Sinneszellen entsprechenden Kanälen der Länge nach durchbohrt, in denen die Zellhaare eingelagert sind. Die Substanz zeigt in der Querrichtung zu den Zellhaaren verlaufende feinste Streifung. Die Innervation der Crista ist ganz ähnlich der der Macula.

Die *Crista* geht in der Querrichtung über in zwei halbmondförmige Flächen kubischen Epithels an den Seiten der Ampullen, Planum semilunatum. In der Längsrichtung der Ampulle findet sich Epithel mit den Charakteristica der Regio secretoria („Übergangsepithel"). Von diesen setzt sich ein Streifen leicht erhöhter Epithelien längs des Innenrandes der Bogengänge (Raphe) fort. PORTMANNs „Bandelette epitheliale" entspricht einem erhöhten Epithelstreifen am Außenrand des Bogengangs.

Der *Ductus endolymphaticus* ist auf dem Querschnitt gefaltet, durch Bindegewebe mit dem knöchernen Kanal, weiter nur mit einer Knochenrinne verbunden. Es läßt sich eine proximale Region flacheren Epithels, eine „Isthmusregion" höheren Epithels und eine distale Region kubischen Epithels, die in das zottentragende Lumen des erweiterten Saccus übergeht, unterscheiden. Im Lumen des Saccus endolymphaticus, dessen epitheliale Auskleidung zwischen den beiden Blättern der Dura gefunden wird, finden sich gelegentlich verschiedene Formen von Wanderzellen vor. Am Isthmus und in den Zotten finden sich stärker entwickelte Gefäße mit dichter stehenden Capillaren. Manchmal finden sich kolloid- und kalkstaubartige Inhaltsmassen im Saccus (vgl. KATAYAMA).

Die knöcherne Schnecke tritt mit ihren oberen Anteilen nur undeutlich an der Oberfläche des Promontoriums hervor. Sie besitzt $2^3/_4$ Windungen. Der Ductus reuniens ist nicht besonders lang.

7. CORTisches Organ.

Der Ductus cochlearis hat $2^1/_2$ Windungen, das CORTische Organ weist einen unregelmäßig trapezförmigen Querschnitt auf. Wir finden überall eine Reihe innerer Haarzellen, stellenweise vereinzelte in zweiter Reihe modioluswärts von dieser Reihe angeschlossen, als Stützelemente eine Reihe von Grenzzellen und eine Reihe von Innenphalangen, welche die inneren Haarzellen stützen.

Der Tunnel des CORTischen Organs wird vom inneren und äußeren Pfeiler gebildet. Nach RETZIUS kommen auf 3 innere, 2 äußere Pfeiler, die den Kopf des inneren Pfeilers teilweise überdecken.

Der innere Pfeiler enthält ein an der Basis auseinanderweichendes Bündel von Stützfibrillen, die im Kopf wieder trompetenförmig auseinanderweichen und an der Oberfläche inserieren. Der äußere Pfeiler ist ähnlich gebaut, nur länger; dort wo er in Form eines Gelenkes mit dem inneren verbunden ist, beide Gelenkflächen sind durch eine Kittmasse fest unbeweglich verklebt, findet sich ein mit Hämatoxylin färbbarer, annähernd linsenförmiger Einschlußkörper.

In allen Windungen finden wir 3 Reihen von äußeren, schräg stehenden Haarzellen; sie sind basal $10\,\mu$ lang, zylindrisch, tragen eine cuticulare Deckplatte, auf der 12—20 Haare im Bogen stehen. Der HENSENsche Körper, offenbar eine Modifikation des Netzapparates, ist nicht leicht darzustellen, eine

Verdichtung am basalen Ende, vielleicht Neurofibrillenmaschen entsprechend, bildet den RETZIUSschen Körper. Die halbkugelförmige Basis der Haarzellen ist fest verbunden mit dem sog. unteren Kopf der DEITERSschen Zellen, die Abschlußplatte durch Kittleisten mit den biskuitförmigen Phalangenplatten benachbarter DEITERSscher Zellen der nächsten Reihe innig verbunden. In dem obersten Windungsanteil findet sich gelegentlich eine vierte Reihe vereinzelter Haarzellen.

Das ganze CORTIsche Organ nimmt von der Basis zur Spitze an Höhe etwas (weniger als bei anderen Tieren) zu, dabei werden die Haarzellen und ihre Haare, aber auch die Stützzellen und die Pfeiler länger.

Die DEITERSschen Zellen enthalten einen aus Fibrillen gebildeten Stützstab; dieser gibt in der Basalwindung zu dem unteren, die Haarzelle tragenden Teil,

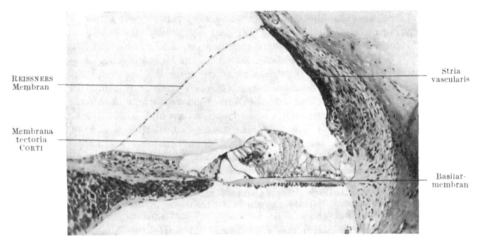

Abb. 182. Querschnitt des Ductus cochlearis der obersten Windung des Kaninchens mit auffallend dicker Basalmembran und relativ niedrig entwickelter Papilla basilaris. Reichert 4, Kompl. Ok. 2.

dem unteren Kopf 3—4 am Ende verbreitete Fibrillen ab, die einen Stützkelch bilden, der die Haarzelle zangenförmig umgreift. In der 2. und 3. Windung bilden die Fibrillen bloß ein Stützpolster, aber keinen Kelch. In der obersten Windung ist besonders an der äußersten Reihe der DEITERSschen Zellen der Phalangenfortsatz lang und stark ausladend. In die Phalangenfortsätze hinein erstreckt sich der 2. Anteil des Stützfadens von einem zarten protoplasmatischen Überzug begleitet, die Fibrillen weichen unterhalb der biskuitförmigen Platte trompetenförmig auseinander, um sich an deren cuticularer Randverdickung anzusetzen. In den unteren Köpfen der DEITERSschen Zellen sind stark färbbare, reichliche Einschlußkörper vorhanden.

Nach außen im CORTIschen Organ folgen 3 Reihen unregelmäßig polygonal sich überlagernder Epithelien, die höchsten Elemente der Papilla basilaris, die HENSENschen Zellen. Sie enthalten einen 5μ großen, ovalen Kern, bei älteren Tieren im Protoplasma Lipoidgranula und Pigment. Sie gehen über in die niedrige Auskleidung des Sulcus spiralis externus.

Auffallend ist die starke Entwicklung der BÖTTCHERschen Zellen, die weit mehr hervortreten als bei anderen Tieren; auf dem Querschnitt der Basalwindung in 13 Reihen, an der Spitzenwindung noch mit 6 Reihen vertreten sind.

Deutlich im Embryonalzustand, schwerer beim erwachsenen Tier darzustellen, finden sich an der Oberfläche des CORTIschen Organs dicht unter der

Abschlußplatte der Zellen in der Membrana reticularis meist in einem Winkel
die Diplosomen und eine davon ausgehende kurze Geißel.

In den Haarzellen liegt das Diplosom in einer hellen Area nach außen vom
Haarbüschel, bei den Pfeilern näher dem äußeren Rande.

RETZIUS fand die Papilla basilaris 16 250 μ lang und berechnete darin ungefähr
1600 innere Haarzellen, 1900 äußere Haarzellen in den inneren 3 Reihen, außerdem in der 4. Reihe etwa 300, so daß im ganzen 6000 äußere Hörzellen vorhanden wären, die gesamte Papilla basilaris somit 7600 Haarzellen im ganzen
besitzen würde.

Auf der inneren Seite des CORTISCHEN Organs gehen die Zellen in die den
Sulcus spiralis internus auskleidenden Zellreihen über, dessen Zellen sich wieder-
um auf das Epithel des Limbus fortsetzen. Dieser Vorsprung, welcher an der
Oberseite bei Aufsicht das Bild der sog. Hörzähne darbietet, besteht aus einem
Lager von Bindegewebssubstanz mit eingelagerten verzweigten Mesenchymzellen.
In dieses vorspringende Lager, das von den Epithelien des Sulcus spiralis internus im Querschnitt sichelförmig abgegrenzt ist, sind die Fortsetzungen dieses
Epithels an der Oberfläche wie dicke Nägel in ein Holz eingelassen, so daß die
kerntragenden Teile dieses Epithels zwischen dem Bindegewebe stecken, die
den Nagelköpfen entsprechenden oberflächlichen Anteile miteinander ein Mo-
saikwerk bilden, von welchem aus die Membrana tectoria entspringt. Diese ist
auf dem Querschnitt gegen den freien Rand zu stumpf abgerundet und überbrückt den Sulcus spiralis internus. Ihr freies Ende befindet sich etwas nach
außen von den Köpfen der äußersten Haarzellenreihe. Sie verbreitert sich auf
dem Querschnitt von der Basis zur Spitze um mehr als das Doppelte.

Es sei betont, daß die Membrana tectoria in ihrer gallertigen Substanz leicht
S-förmig gewundene Fasern enthält, die im allgemeinen gegen die Richtung der Basilaris-
fasern schräg ziehen. An ihrer Oberfläche sieht man auf Querschnitten Punkte, die die
Durchschnitte der Fasern des Randfasernetzes darstellen. Nahe dem freien Ende, das
verdickt erscheint, befindet sich an der Oberseite auf dem Querschnitt ein kleiner Wulst.

Die Membrana basilaris des *Kaninchens* ist auffallend dick, dicker auch
in der Zona arcuata als bei irgendeinem der bisher untersuchten Säuger, so daß
der Erfahrene danach einen Querschnitt der Kaninchenschnecke als solchen
sofort erkennen kann, besonders da die Dicke der Membran bis in die oberste
Windung sich fortsetzt. Der Aufbau aus zwei Schichten ist überall deutlich,
an beiden Ansatzpunkten verschmälert sich die Membran.

Das Ligamentum spirale ist von der Basalwindung bis zum Beginn der
Mittelwindung, streifenweise bis zum Ansatz der Basilarmembran bei erwachsenen Tieren verknöchert.

Die Wurzelzellen, die vom Epithel mit Fortsätzen in das Ligamentum
spirale hineinreichen, sind schwach entwickelt, schon bei jungen Tieren etwas
vakuolisiert.

Der Aquaeductus cochleae ist nach MEURMAN beim Kaninchen ein etwa
400—500 μ breiter, etwas gewundener Gang, etwa 2,5 mm lang. Der Kanal
enthält bindegewebiges Netzwerk, gegen die Wände sind die Zellen flacher
und bilden eine verdichtete Schichte längs des Randes, welche näher zur Paukentreppe mit dem Endost des Ganges fest zusammenhängt. In der Mitte des
Kanals und an der äußeren Apertur findet man zwischen dem Strange und der
Knochenwand stets einen Spaltraum. Das Netzwerk des Stranges setzt sich
in die Paukentreppe fort, dort eine Bucht zwischen der Paukentreppenwand
und der Membrana tympani secundaria ausfüllend. In der mittleren Höhe der
Nische des runden Fensters hat diese Bucht einen ziemlich großen, blindsack-
artigen Ausläufer zwischen der Fenstermembran und der hinteren medialen
Wand der Fensternische, da die Fenstermembran beim Kaninchen in der Mitte

konkav nach der Pauke gewölbt ist. Die übrige Paukentreppe ist leer und das Maschenwerk des Stranges hat gegen das Lumen eine scharfe zarte Grenze. Für Injektionen von Tusche in den Spinalkanal und solchen in den perilymphatischen Kanal wurde ein Mittelohr trepaniert und mit dem Bohrer nach KLEINSCHMIDT und HELD in die unterste Paukentreppe der Basalwindung ein Loch gemacht, aus dem man die Tusche ausfließen sehen konnte; sie gelangt aber auch in den anderen Aquädukt. Erhöhung des Druckes im Spinalkanal trieb die Farbe durchs Helicotrema in die Scala vestibuli. Bei geringer Druckerhöhung gelangt die Farbe nur bis zur inneren Aquäduktbucht in der Paukentreppe, auf der Seite, wo keine Trepanationsöffnung gemacht worden war, was durch Serienschnitte kontrolliert wurde. Vom perilymphatischen Raum aus gelang es selten Farbe in den Aquaeductus zu treiben. Durch Einführung einer Capillare in die Schneckenwand ließ sich zeigen, daß in den Spinalkanal eingespritzte Flüssigkeit die Ebene der Flüssigkeit im Capillarrohr erhöhte. Stand die Flüssigkeit im Spinalkanal unter dem Druck von 80 cm Ringer, stieg im Capillarrohr, das beim Kaninchen in die Schneckenwand eingedichtet war, die Flüssigkeit um 3 cm, fiel wieder bei Verschwinden des Druckes (MEURMAN, KARBOWSKI).

8. Nerven.

Die Fasern des N. cochlearis ziehen im Meatus acusticus internus zusammen mit dem Vestibularis in etwas gewundenem Verlauf. Der Ramus cochlearis teilt sich in einzelne, fächerförmig verlaufende Äste, die zu den Ganglienzellen im Ganglion cochleare (G. spirale Rosenthali) ziehen. Vom entgegengesetzten Pol jeder dieser Ganglienzellen, aber nur selten dem Eintrittspole direkt gegenüberliegend, sondern etwas seitlich verschoben, ziehen dünne markhaltige Fasern zwischen den beiden Knochenblättern der Lamina spiralis ossea zu den Löchern der Habenula perforata. Hier verlieren sie ihr Mark und treten zwischen den Basen der Pfeiler hindurch. Viele der Acusticusfasern bilden innerhalb des Ganglions in spiraliger Richtung verlaufende Nervenzüge und gelangen auch in spiralig gegen die Schneckenspitze gerichtetem Verlauf erst ins CORTISCHE Organ. Marklos geworden bilden sie einen zarten rundlichen inneren Spiralzug unter den inneren Haarzellen, dann ziehen sie frei vereinzelt mit kleinen protoplasmatischen Massen versehen, durch die Flüssigkeit des Tunnels zwischen den Pfeilern, wobei gelegentlich Teilungen beobachtet werden; jenseits des Tunnels verlaufen die Fasern in Spiralzügen zwischen den Reihen der DEITERSSCHEN Zellen. Es werden drei äußere Spiralzüge gebildet, deren Fasern flächenhaft übereinander angeordnet sind. Die einzelne Faser verläuft spiralig mit 1—3fachen Knickungen spitzenwärts bis zu den Haarzellen, an deren Basis sie sich befestigt, wobei die Neurofibrillen, die in ihr verlaufen, ein basales Gitter bilden, dessen Maschen wahrscheinlich mit länglichen Fibrillenmaschen in den Haarzellen zusammenhängen, was bisher nur bei Maus und Ratte beobachtet wurde. Freie Nervenendigungen wurden beim Kaninchen im CORTISCHEN Organ bisher nicht beobachtet, auch ist die Frage, ob jede Haarzelle eine Faser bekommt, oder Verzweigungen einer Faser Haarzellen in verschiedener Windungshöhe innervieren, für das Kaninchen nicht ganz geklärt, doch ist letzteres nicht unwahrscheinlich.

9. Blutgefäße.

Die *Blutgefäße* des Kaninchenlabyrinthes sind nach NABEYA:

Die A. labyrinthica. Sie ist der Ast einer Arterie der Hirnbasis, die wahrscheinlich der A. cerebelli inferior anterior des Menschen entspricht. Diese ist die 4. von der Basilaris abgehende Arterie von unten. Die Labyrinthica zerfällt in die A. vestibuli anterior, die A. cochleae propria und die A. vestibuli posterior. Letztere beide aus einem gemeinsamen Stamm der A. cochleae communis im inneren Gehörgang.

Die A. vestibuli anterior, der erste Hauptstamm, entspringt eben noch außerhalb des Porus acusticus internus und verläuft längs des Ramus anterior in Schlangenlinien. Sie gibt schmale Äste für den Rand der Macula utriculi ab, und teilt sich am oberen Teil der Ampulla superior in zwei Stämme, von denen der eine den vorderen inneren Raum der oberen Ampulle kreuzt und umklammert das Periost der kurzen oberen Portion des Bogenganges, wo er den unteren Rand der oberen Ampulle verläßt, verläuft längs der konkaven Oberfläche desselben, ihre Endäste verbinden sich mit entsprechenden der Gegenseite, die vom Crus commune kommen. Die anderen verlaufen am vorderen Rande des Utriculus und der Ampulla lateralis und am konkaven Rande des Bogenganges, wobei sie zwei schmale Äste für den Sulcus ampullaris abgeben, die Capillarnetze bilden.

Die A. vestibuli posterior kommt von der A. cochleae communis der Labyrinthica an der Basis der ersten Windung, also an der Wurzel der A. cochleae propria. Sie verläuft zuerst etwas aufwärts und vorwärts, dann abwärts in eine zur posterior schrägen Linie, und windet sich schließlich am inneren und hinteren Rand der Basalarwindung des vestibularen Teiles und kreuzt den Ductus reuniens. Von ihr entspringen als Äste die A. saccularis zur Macula sacculi, und die A. nervi ampullae posterioris in der Höhe des Vorhofblindsackes. Diese Arterie ist lang und ziemlich stark und gibt einen langen Ast zur Versorgung des hinteren Bogenganges ab. Einige weitere Äste versorgen die Lamina spiralis im proximalen Anteil der Basalwindung. Ein Ast zum Vorhofblindsack von der Hauptarterie abgehend, gibt mehrere kürzere Äste zum letzten Ende des Ligamentum spirale und endet im unteren Drittel der Vestibularteils der Basalwindung an einem gerade dem untersten Ast der Cochlea propria in ihren Endigungen gegenüberliegenden Punkt. Nach Abgabe dieser Äste teilt sich die Arterie in zwei Endäste am unteren hinteren Ende des Vestibulums, deren einer zum Crus simplex laterale, der andere zum Crus commune zieht, wo er an das Periost zieht und dann zum Crus commune membranaceum zieht, wo er sich in zwei Richtungen, zum hinteren und oberen Bogengang abspaltet. Die Endcapillaren gehen in die entsprechenden Venen über.

Die A. cochleae propria ist der Endast der Labyrinthica in der Schnecke und windet sich längs des Modiolus aufwärts. Sie verläuft in der Basalwindung von der vorderen zur Hinterseite, in der zweiten Windung in umgekehrter Richtung, in der letzten etwas nach rückwärts und schließlich zur Höhe der Windung, mit anderen Worten, längs des inneren Randes des Helicotremas, wo sie mit 3—4 Endästen endigt. Radiär abgehende Äste versorgen die obere Wand der Scala vestibuli von der ganzen Länge des Stammes abgehend; sie enden im Ligamentum spirale und der Stria vascularis. Andere radiäre Äste auf der Lamina spiralis kommen direkt vom Stamm der Arterie und indirekt von den Wurzeln der radiären Äste der Scala vestibuli, und zwar auf der Wand der Scala vestibuli 9—11 als Wurzeln der Radiäräste (primäre Äste), 30—38 als deren radiäre Äste auf der Lamina spiralis, 8—10 als Wurzeln der Radiäräste, 28—35 als deren Endäste.

Das venöse System des Labyrinths des Kaninchens hat zwei Stämme, die V. canaliculi cochleae und die V. aquaeductus vestibuli. Der venöse Plexus der Auditiva interna hat keine direkte Beziehung, außer durch einige Capillaren mit dem Blutsystem des Labyrinths. Die V. canaliculi cochleae nimmt auf: die V. spiralis posterior aus der hinteren Wand des Vorhofblindsackes am Ende der Stria vascularis und des Ligamentum spirale und der Endportion der Lamina spiralis. Sie nimmt auf: radiäre Venen aus der Scala tympani der Basalwindung, einen Teil der Spiralblattvenen, die radiär verlaufen, und aus dem Ganglion spirale, ferner eine V. fenestrae cochleae längs des hinteren Randes der Scala tympani in dem absteigenden Teil der Basalwindung, ferner Vv. laminae spiralis primae und secundae, die Verbindungsgefäße zwischen den Vv. radiatae laminae spiralis primae und secundae bilden, als 2. Teil der Spiralblattvene und ferner noch eine V. cochleae accessoria.

Die V. aquaeductus vestibuli nimmt auf: eine V. vestibuli anterior, eine V. utriculosaccularis, eine V. saccularis, eine V. utricularis superior, eine V. utricularis media, eine V. utriculo-ampullo-semicircularis anterior et lateralis, eine V. utricularis inferior, eine V. ampullo-semicircularis anterior, eine V. ampullo-semicircularis lateralis, eine V. cruris communis, eine V. vestibuli posterior, eine V. cochleo-vestibularis, eine V. saccularis dorsalis, schließlich eine V. ampullo-semicircularis posterior et cruris simplicis.

Eigentümlich ist das Capillarsystem der Lamina spiralis, das zwei verschiedene Blutgefäße hat, eines, das über die REISSNERsche Membran von der oberen Oberfläche der Lamina spiralis zum unteren Rand der Stria vascularis zieht und das andere, das über die Zona pectinata von den Spiralgefäßen des Labium tympanicum zu dem Spiralgefäß der Crista basilaris zieht (was sonst nur in ähnlicher Weise bei Schaf und Kalb vorkommt). Capillare Verbindungen zwischen den Endgefäßen am Ende der Lamina spiralis und am Blindsack, die beim Meerschweinchen vorkommen, fehlen hier. Die Capillaren der Wand des Canaliculus cochleae und des Aquaeductus vestibuli stehen in keiner Weise mit der Arterie in Verbindung, sondern sind nur dem venösen System angeschlossen.

Beim erwachsenen Kaninchen verschwindet das Vas spirale gewöhnlich und wird durch einen homogenen Strang, der zur tympanalen Belegschicht zu gehören scheint, ersetzt (RETZIUS).

Beim Kaninchen, der Ratte und der Maus kommen die Jungen mit einem noch nicht fertig entwickelten Labyrinth zur Welt. Im Mittelrohr und den Skalen sind noch Gallerten vorhanden, die Hohlräume in der Papilla basilaris sind noch nicht ausgebildet, die Membrana tectoria hat noch nicht ihre definitive Lage; diese Verhältnisse bedingen Taubheit, während das Vestibulum schon wohl früher funktioniert, bis zum 14. Tage bei der Maus und wohl auch bei der

Ratte. An diesem Zeitpunkt sind die Sinnesendstellen schon entwickelt und beginnen zu funktionieren (KREIDL u. YANASE). Auch die Nerven bilden sich in einigen Einzelheiten erst während dieser postfetalen Entwicklung aus.

Mäuse und Ratten eignen sich, weil in den ersten 6 Lebenstagen noch sehr wenig Kalk in der Labyrinthkapsel abgelagert ist, besonders zu cytologischen und neurologischen Untersuchungen, da man das Labyrinth schneiden kann, ohne zu entkalken. Nach dem 6. Tage bei der Ratte, dem 8. bei der Maus leidet das Messer und es empfehlen sich dann die Methoden mit Entkalkung, wie die von AGDUHR und die von DE CASTRO zum Studium der Nerven in der späteren Entwicklung.

b) Meerschweinchen.

Die Paukenhöhle des *Meerschweinchens* besteht aus einem Hauptraum und einem System von epitympanal gelegenen Nebenräumen, die durch Knochenblätter gegeneinander abgegrenzt, mit dem Hauptraum in weiter Kommunikation stehen. An ihrer Umgrenzung nehmen das Tympanicum und das Petrosum teil, deren Grenzen beim erwachsenen Tiere nicht mehr erkennbar sind. Das Tympanicum ist hier durch eine stark ausgebildete Crista, die der Insertion des Trommelfells dient, in einem Gehörgangteil und einem bullösen Anteil geschieden.

Die SHRAPNELLsche Membran hat die Form einer schmalen, am Knochenrand sitzenden Sichel. Im Bereiche des kurzen Hammerfortsatzes stellt sie ein straffes Band dar, welches den Hammer an den Annulus tympanicus anheftet. Mit der Crista tympanica vereinigt sich kranial vom Hammer ein vom Petrosum kommendes Knochenblättchen, welches die eigentliche Trommelhöhle von der darüber liegenden vorderen Cellula epitympanica scheidet und mit freiem, nach rückwärts gerichtetem Rande aufhört. Von diesem senkt sich eine gekröseartige, bindegewebige Platte an die Sehne des Tensor tympani und bis an den Hammer, so daß der Boden dieser Cellula epitympanica eine bindegewebige Ergänzung erfährt, und der Eingang in die Zelle hinter dem Processus muscularis und die Tensorsehne zu liegen kommt. Auf dieses Knochenblättchen legt sich der Processus folianus, für den eine Rinne des Blättchens bestimmt ist, während der Hammerkopf im Recessus epitympanicus liegt, von der lateralen Seite her durch dessen Knochenwand gedeckt. Der Processus folianus ist an dem Rand der Crista tympanica durch ein sehr dichtes, straffes, bindegewebiges Band angeheftet.

Die Chorda gelangt vom Facialis durch einen kurzen Knochenkanal in die Paukenhöhle, geht zunächst auf die laterale, dann untere Fläche des Amboß, von diesem auf den Hammer über, verläuft weiter auf der medialen Seite des Hammerkopfes in der Höhe des Processus brevis zum Processus muscularis und gelangt im Bereich der Tensorsehne, nahe dem Labyrinth auf einer gekröseartigen Platte unter Annäherung an den Hammer in die Cellula epitympanica, von da in die Fissur. Eine hintere Chordafalte fehlt (BONDY).

Das Mittelohr des Meerschweinchens bietet kaum Besonderheiten, ebensowenig die zarten Gehörknöchelchen.

Form und Stellung der Maculae acusticae im Meerschweinchenschädel wurden von DE BURLET und DE HAAS rekonstruiert und in einem Modell wiedergegeben, die Winkel gemessen.

Das Vestibulum ist relativ klein, die Crista der Bogengänge, sowie die Macula der Säckchen sind von sehr stark pigmentierten Pigmentsicheln im Bindegewebe umgeben. Die perilymphatischen (periodischen) Räume sind mittelweit. Eine Macula neglecta ist sehr rudimentär vorhanden. Wie DE BURLET ausgeführt hat, wird das feine bindegewebige Rahmenwerk, das die Bogengänge,

Ampullen und den Utriculus umschließt, gegen die Cisterna perilymphatica durch eine membranartige Verdichtung abgeschlossen, so daß hier der Raum des Sacculus und die Schneckenskalen frei von den Bindegewebssträngen erscheinen.

Die Macula utriculi des *Meerschweinchens* ist, soweit sie auf der bindegewebigen Grenzmembran ruht, flach; dort, wo das Sinnesepithel sich über eine kurze Strecke auf die vordere und mediale Wand des Utriculus fortsetzt, zeigt sie einen aufgebogenen Rand. Sie ähnelt einem Viereck mit abgerundeten Ecken, wobei von vorne nach hinten der größte Durchmesser 750 μ, der Breitendurchmesser 700 μ beträgt. Ihre Fläche entspricht etwa 0,5 mm. Die Macula sacculi besteht aus einem leicht gekrümmten, länglich-nierenförmigen Hauptstück und einem sich daran ansetzenden Dorsallappen. Ihren Flächeninhalt bestimmte DE BURLET auf annähernd denselben Wert wie den der Macula sacculi.

Die Utriculus-Maculaebenen stehen nahezu senkrecht gegen die des Sacculus. Die Otolithenmembranen einer Seite bilden miteinander durchschnittlich einen Winkel von 101°, die Ebenen der Utriculusotolithenmembranen beider Seiten schließen miteinander einen Winkel von 173° ein, ihre Schnittlinie mit der Basislinie des Schädels einen Winkel von 44°. Zwischen den beiden Sacculusotolithenmembranen findet sich ein Winkel von durchschnittlich 54,5°; deren Schnittlinie bildet mit der Schädelbasislinie einen solchen von 49°. Im Meerschweinchenschädel sind beide Maculae utriculi ungefähr 7,5 mm auf beiden Seiten voneinander entfernt.

Beim *Meerschweinchen* bestimmten DE BURLET und DE HAAS eine Hauptfläche der Sacculusmacula nach vorne mit einer Fortsetzung der Fläche, die mit der ersteren einen Winkel von etwa 160° bildet und eine halb nach unten, halb dem Rücken der Utriculusmacula zugewendete Fläche, die mit der erstgenannten einen Winkel von 140°, mit der zweitgenannten einen solchen von 150° bildet. Die Oberfläche, die mit der der Utriculusmacula etwa übereinstimmt, berechnen sie auf 90 700 μ^2.

GUILD hat den Saccus und Ductus endolymphaticus des *Meerschweinchens* untersucht, unterscheidet an ihm drei Abschnitte, und sieht in dem mit Zotten versehenen mittleren und proximalen Abschnitt einen physiologisch aus der Endolymphe Stoffe in die Blutbahn überleitenden Apparat, was er durch Einbringen von Berlinerblau in die Basalwindung der Schnecke nachwies, das dann im Saccus gefunden wurde. Im erweiterten Teil des Saccus fand er Wanderzellen. IWASA hat cytologische Einzelheiten und das Verhalten der Mitochondrien ebenso wie früher ALAGNA in den Zellen des Ductus cochlearis geschildert.

Das Labyrinth des *Meerschweinchens* ist durch die starke Entwicklung der Pars inferior ausgezeichnet (vgl. ALEXANDER, CLAOUÉ, BODECHTEL); die Tatsache, daß die Schnecke 4 volle Windungen besitzt, und daß die knöcherne Schnecke zu mehr als $^2/_3$ an der Oberfläche des Petrosums ins Mittelohr hineinspringt, hat sie als besonders günstiges Objekt für experimentelle Eingriffe von jeher erscheinen lassen. Auch ist sie deshalb für viele anatomische Zwecke geeignet, da die sehr dünne Wandung der Schnecke von Reagenzien leichter als bei den meisten anderen Tieren durchdrungen wird, so daß auch die Einbettung erleichtert wird. Allerdings wird die Schnecke, wenn sie entkalkt ist, aus den gleichen Umständen leicht deformiert. Die knöcherne Schneckenkapsel ist an der Basalwindung wesentlich kräftiger, kann hier mit zahnärztlichen Bohrern angebohrt werden (HELD und KLEINKNECHT); die 2. und 3. Windung ist aber so zart, daß sie zumeist bei stärkerer mechanischer Beanspruchung springt oder einbricht. BODECHTEL hat neuerdings Labyrinthmodelle abgebildet.

Das CORTISCHE Organ zeigt infolge seiner großen Länge sehr auffallende Veränderung seiner Gesamtform und der Dimensionen der Elemente, die es

zusammensetzen, von der Basalwindung bis zur Spitze. Es wird charakterisiert durch die besonders starke Ausbildung der Phalangenfortsätze der DEITERS-
schen Zellen und die Länge der äußeren Haarzellen. Die DEITERSschen Zellen
bilden mit den gegen die Spitze zu sich an Länge mehr als verdoppelnden Pfeiler-
zellen, die das Tunnel bilden, ein kompliziertes Strebepfeilersystem von Stützbogen, das durch Ausbildung von Stützfibrillen seine Verfestigung bekommt.
Auch die HENSENschen Zellen nehmen gegen die Spitze hin außerordentlich an
Länge zu, besonders in den obersten Windungen. Charakteristisch ist für sie der
Gehalt von einzelnen großen Fetttropfen, wie wir sie sonst höchst selten noch
bei Eichhörnchen, nicht aber bei anderen Säugern treffen. Von der Basis zur
Schneckenspitze nehmen die inneren und äußeren Haarzellen nicht nur fast
auf das Dreifache an Länge zu, sondern auch die Hörhaare, die in Form eines
Hufeisens auf der cuticularen Abschlußplatte derselben angeordnet sind, nehmen
an Länge zu, so daß HELD geradezu an eine Abstimmung derselben gedacht hat.

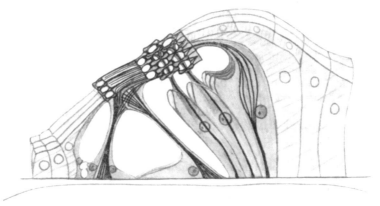

Abb. 183. Schema des ausgestützten und verstärkten Tragbogens im CORTIschen Organ des
Meerschweinchens. (Nach HELD.)

Während in den DEITERSschen Zellen in der Basalwindung sehr deutliche, vom
Stützfaden der Zelle abzweigende Stützkelche entwickelt sind, die die Basis
der Haarzellen ihr eng anliegend umfassen, nimmt diese Bildung allmählich
gegen die Spitze an Deutlichkeit ab, in den oberen Windungen sind nurmehr
aus Stützfäden gebildete Stützpolster vorhanden, in der Spitzenwindung treten
auch diese zurück (KATZ, RETZIUS, HELD, KOLMER).

Die Deckmembran nimmt von der Schneckenbasis gegen die Spitze zu
weniger an Dicke zu. Bei entsprechend guter Fixation berührt ihre Unterfläche eben die Sinneshaare der Haarzellen, *ohne aber mit diesen verkittet zu sein.*
Die Haare der inneren Haarzellen findet man aber fast immer von der Tectoria
abgehoben. Ein HENSENscher Streifen ist auf der basalen Seite deutlich zu
erkennen.

Die Köpfe der inneren und der äußeren *Pfeiler* sind durch eine unbewegliche,
da verkittete, gelenkartig geformte Zellverbindung aneinander befestigt, der
äußere Pfeiler enthält einen cuticularen Einschlußkörper von annähernder
Dreiecksform auf dem Radiärschnitt der Schnecke (JOSEPH).

Die *Basilarmembran* besteht aus zwei Schichten von Fasern, die einerseits
peripher in die Fasern des Ligamentum spirale, andererseits modioluswärts
in das verknöcherte Bindegewebe der Lamina spiralis ossea übergehen. Die
spindelförmigen Zellen, die in mehreren Schichten mit der Längsachse auf
die erstgenannten Fasern quer, somit spiralig zum Modiolus angeordnet, die

tympanale Belegschichte bilden, sind zart entwickelt und treten in den unteren Windungen stark zurück, so daß beim Meerschweinchen schon dadurch die Basilarmembran wesentlich von anderen Tieren unterschieden ist. Die Radiärfasern der Basilarmembran sollen nach HELD und KLEINKNECHT in bogenförmig nach aufwärts und abwärts im Ligamentum spirale ziehende Fasern übergehen, und hier so verankert sein, so daß diese Verfasser imstande waren, durch vorsichtiges Anbohren der knöchernen Wand der Basalwindung, lokal die Fasern der Basilarmembran zu entspannen.

Die REISSNERsche Membran besteht aus den flachen, sehr verdünnten Epithelien des Ductus cochlearis und einer Lage endothelartiger Mesenchymzellen der Scala vestibuli. Zwischen beiden hat man Mühe, eine Spur Bindegewebe nachzuweisen.

Die Innervation der Meerschweinchenschnecke entspricht im wesentlichen der des Kaninchens; durch das von WITTMAACK angegebene Verfahren lassen sich zarte Markscheiden auch um die Zellen des Ganglion spirale nachweisen. Die feineren Einzelheiten der Innervation sind aber noch nicht ganz geklärt, doch dürfen jedenfalls Spironeuren, deren Dendriten zu Sinneszellen in verschiedener Höhe der Schnecke ziehen, neben Orthoneuren, deren Endfasern mit winkeligen Abknickungen, sonst aber in ziemlich radiärer Richtung zu ihren Endzellen ziehen, vorhanden sein (HELD). Auf radiären Schnitten durch den Modiolus finden wir nahe der Basalwindung multipolare Ganglienzellen in den Acusticusstamm einverwoben. Offenbar handelt es sich um hierher verlagerte, bei anderen Tieren nicht innerhalb des Meatus acusticus internus gelegene zentrale Elemente.

c) Ratte.

In den Gehörgang mündet nahe dem Trommelfell eine große konglobierte Talgdrüse. Das Tympanicum der Ratte bildet einen dorsal, etwa 3 mm klaffenden Ring und zerfällt durch die an der Innenfläche vorspringende Crista tympanica, an deren lateralen Seite sich der Sulcus tympanicus für den Trommelfellansatz findet, in die Bulla und den Gehörgangsteil. Das Trommelfell haftet im Sulcus tympanicus. Zwischen die hierbei stark auseinanderweichenden Trommelfellfasern ist ein Venenplexus eingeschaltet, der besonders an der unteren Hälfte des Limbus ausgebildet ist, nach oben an Mächtigkeit abnimmt und sich gehörgangwärts in das Drüsenlager verfolgen läßt. Vom hinteren Ende des Tympanicums spannt sich der Grenzbogen des Trommelfells zum vorderen Ende der Crista tympanica. Die ziemlich breite SHRAPNELLsche Membran wird ventral durch den Grenzbogen begrenzt, dorsal durch den vorderen Tympanicumschenkel, das Tegmen tympani und das an diesem haftende Bindegewebe des äußeren Gehörgangs, caudal von einem Fortsatz des Petrosums. Sie besteht stellenweise aus lockerem, stellenweise aus dichterem Bindegewebe (BONDY). Das zarte Trommelfell verdünnt sich stellenweise bis auf $4\,\mu$.

Der Tubenknorpel ist ein hyaliner Knorpel mit recht großen Zellen und Knorpelkapseln, welche Fetttropfen umschließen. Die tympanale Tubenportion trägt einschichtiges Flimmerepithel, vereinzelte basale Zellen und viele Becherzellen sind vorhanden, rachenwärts ist es zweischichtig.

Der M. stapedius umgibt kegelförmig die zentral gelegene Sehne, die sich geradlinig an den Stapes ansetzt und auf Sagittalserien der Länge nach zu treffen ist, hier sieht man auch die Tensorsehne. Letztere enthält wie ihr Muskel Fett.

Das freie Durchziehen der A. stapedia, an Stärke der Carotis fast gleichkommend, durch den Raum zwischen den Stapesschenkeln sieht man am besten auf Serien, die zur Schädelbasislinie parallel geführt sind. Sie berührt nirgends den Stapes.

Die Stapesplatte ist $640\,\mu$ breit.

Die Fenestra rotunda der Ratte ist etwa 1600 μ weit, die Dicke der Membrana tympani secundaria beträgt 7 μ.

CUMMINS fand bei der weißen Ratte die ganze Länge des rekonstruierten häutigen Labyrinths nach Plattenmodellen 4,9 mm, die Spannweite des vorderen Bogengangs 2,6 mm, die Höhe desselben 2,2 mm, Spannweite des hinteren Bogengangs, sowie dessen Höhe 1,9 mm, Spannweite des lateralen 2,0, Höhe 1,8 mm.

Nach CUMMINS ist bei der *Ratte* die Macula utriculi im Durchschnitt 0,62 mm lang und 0,58 mm breit. Die Macula sacculi 0,60 mm lang, 0,48 mm breit. Der Sacculus zeigt eine unregelmäßige Form, ist von der Seite zusammengedrückt, annähernd dreieckig, auf einem zur Längsachse quer geführten Schnitt.

Der vordere knöcherne Kanal ist 6,8 mm, der hintere 6 mm, der laterale 5,4 mm lang. Der vordere membranöse Kanal ist 7 mm, der laterale 6,1 mm, der hintere 6 mm lang, da sie in den knöchernen gekrümmt liegen. Die membranösen Kanäle füllen fast vollständig die knöchernen aus, ihr Querschnitt ist 0,22, 0,25, 0,26 mm. Die Dimensionen wechseln parallel mit der Körpergröße. Der vordere Bogengang schließt mit dem hinteren 102,3°, der vordere mit dem seitlichen 89,7°, der hintere mit dem lateralen 89,8° ein. Zwischen beiden Seiten sind minimale Differenzen. Der vordere Kanal schließt mit der Sagittalebene einen Winkel von 27,2°, mit der senkrechten Transversalebene einen Winkel von 52,7° ein. Der hintere Kanal schließt mit dieser Ebene 60,7° ein, mit der Sagittalebene 27,6°. Der laterale Kanal liegt senkrecht zur Sagittalebene und schließt mit der Basi-occipitalebene 28,4° ein. In der Ruhelage des Kopfes ist bei der Ratte die Basi-occipitalebene 30° zur Horizontalen geneigt. Die Lateralkanäle, die mit dieser Ebene 28,4° einschließen, liegen also ungefähr horizontal bei dieser gesenkten Haltung des Kopfes. Dabei ist die Macula utriculi 14° nach vorn geneigt.

In bezug auf die Kopfhaltung wird angegeben, daß bei der normalen Ruhelage der seitliche Bogengang wie bei anderen Tieren horizontal steht. Der vordere freie Rand der vorderen Crista schaut ganz direkt dorsal und nach rückwärts. Die lange Achse der Crista bildet einen Winkel von 45° mit der transversen vertikalen Ebene und etwa 30° mit der basi-occipitalen Ebene. Der freie Rand der hinteren Crista sieht hauptsächlich nach hinten und nach dorsal, deren Längssache ist so angeordnet, daß sie nach 2 Richtungen schaut. Auch der freie Rand der seitlichen Bogengangs sieht beinahe direkt nach rückwärts. Die Achse dieser Crista weicht kaum eine Spur von der senkrechten zur basi-occipitalen Ebene ab. Die Macula utriculi ist breitoval und ist durchschnittlich 0,62 mm lang und hat 0,58 größte Breite. Die freie Oberfläche ist nach beiden Richtungen hin gekrümmt, die Oberfläche bildet deshalb mit der Sagittalebene einen Winkel von 65,3°, ihre hintere Krümmung bildet einen Winkel von 16,3° mit der Basi-occipitalebene. Die Macula sacculi ist hakenförmig, 0,60 mm lang, 0,48 mm breit. Ihre Oberfläche sieht hauptsächlich lateralwärts, nur wird sie durch die Anwesenheit von 2 Vertiefungen, von denen jede in einer Achse der Macula liegt, in 3 Areen geteilt, welche jede von der lateralen Orientierung etwas abweicht. Im allgemeinen stimmen die gefundenen Lagerungsverhältnisse bei der weißen Ratte mit denen von DE BURLET untersuchten Nager überein.

Manche Zellen der Auskleidung des Saccus endolymphaticus enthalten feinste acidophile Granula. Im Inhalt findet sich eine amorphe kolloide Masse.

Die Schnecke der *Ratte* umfaßt $2^1/_2$ Windungen. Ihr Bau ist relativ gedrungen, der Schneckenkanal nimmt von 800 μ an der Basis auf 400 μ an der Spitze ab, der Ductus cochlearis in seiner größten Breite gemessen von 320 μ auf 170 μ nahe dem Helicotrema ab. In der Basalwindung finden wir die Basilarmembran, ähnlich wie es bei den Fledermäusen beschrieben ist, in 2 Abschnitte gegliedert, deren äußerer bis zum Fuß des äußeren Pfeilers reichend, 7 μ dick ist und auf dem Querschnitt plankonvex erscheint, indem 2 Schichten von Fasern von einer homogenen Zwischenmasse getrennt erscheinen. Die tympanale Belegschichte ist verschwindend zart, kaum durch eine Reihe von weit auseinanderstehenden Kernen repräsentiert. Die Pars arcuata, die von den beiden Pfeilern überbrückt wird, zeigt tympanalwärts 2 kleine, auf dem Querschnitt als Wülste erscheinende Leisten. Die ganze Basilarmembran ist an der Basis1 35 μ breit, an der Spitze in der Mittelwindung 200 μ und wird dann bald wieder schmäler. Charakteristisch für die Ratte ist die starke Entwicklung der Zellen des Sulcus spiralis internus in der ganzen Basalwindung, die sich von den HENSENschen Zellen nicht abgrenzen lassen und den Sulcus externus ausfüllen, so daß sie mit 56 μ fast so hoch sind wie die HENSENschen Zellen mit 58 μ. Die beiden genannten Zellarten zeigen gelegentlich Lochkerne. Dicht an der Basilaris liegen 4 Reihen von BÖTTCHERschen Zellen in der gesamten Basalwindung. Die DEITERSschen Zellen zeigen an der Basis deutliche Stützkelche, in den höheren Windungen Stützpolster und anhängende Einschlußkörper, die manchmal hakenförmig erscheinen. Ein äußerer Stützbogen ist nirgends sehr deutlich ausgebildet. Auch sind die Phalangenfortsätze der DEITERSschen Zellen relativ kurz. Die Haarzellen nehmen von etwa 9 μ an der Basis bis auf 20 μ an der Spitze zu, die Länge der inneren Haarzellen von 18 μ an der Basis auf 24 μ an der Spitze. Die Tectoria verbreitet sich in ihrem freien Anteil von 60 μ an der Basis auf 120 μ an der Spitze.

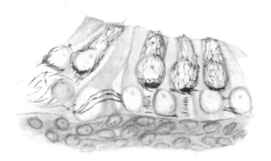

Abb. 184. Innervation der inneren und äußeren Haarzellen im CORTISchen Organ einer 8 Tage alten Ratte. Neurofibrillengitterbildung in den oberflächlichen Cytoplasmaschichten der Haarzellen. Tunnelfasern und die drei äußeren Spiralzüge. Vergr. 1100fach.

Das Ligamentum spirale ist ziemlich dicht gebaut und weist viele Kerne auf. Die Wurzelzellen von IWATA sind in der Basalwindung leicht nachweisbar, treten aber nicht sehr deutlich hervor. In den höheren Windungen sieht man sie nurmehr vereinzelt. Die Stria ist sehr reichlich mit Capillaren durchzogen, so daß man auf einem Radiärschnitt in einer Windung 5—6 Querschnitte von Capillaren ins Epithel verlagert findet; es ist schwer zu entscheiden, ob sie nur zwischen den Zellen liegen oder stellenweise die äußerst fein gestreiften Epithelien der Stria durchbohren. Nach außen von diesen Epithelien gegen das Ligamentum hin, findet sich eine Lage flacher niedriger Zellen, die offenbar epithelialer Natur sind. Die hohen sekretorischen Epithelien weisen sehr deutliche Streifung durch Einlagerung von Mitochondrien auf. An der Oberfläche sind ihre Zellgrenzen durch scharfe Kittleisten markiert. Im Ligamentum spirale läßt sich eine sichelförmige, hellere, periostale Lage und eine die Protoplasmafarbstoffe intensiver färbbare innere Lage unterscheiden. Am Ansatzpunkt der Basilarfasern sind die Zellkerne wesentlich seltener. Mehrere kräftige Capillaren sind im Ligamentum spirale vorhanden.

Auch bei der Ratte obliteriert das Vas spirale, das in der Jugendperiode wie bei anderen Säugern unter der Pars arcuata der Basilarmembran verläuft, vollständig, und ist in den mittleren Windungen als Strang in den oberen kaum mehr nachzuweisen.

Die REISSNERsche Membran ist äußerst zart.

Das Ganglion spirale ist in einem geschlossenen Knochenkanal eingeschlossen, der auf dem Querschnitt etwa die Form einer Citrone aufweist; bei guter Fixation mittels Durchspülung sieht man, daß die bipolaren Ganglienzellen, die durchschnittlich 15 μ lang und 12 μ breit sind, nicht besonders dicht gedrängt stehen. Jede Zelle besitzt 1—2 Kapselzellen. Die Zellfortsätze entspringen

nicht genau an den Zellpolen. Der periphere Fortsatz ist stets deutlich
zarter.

Die Innervation wurde von POLJAK und LORENTE DE No studiert und entspricht im wesentlichen den Verhältnissen beim Kaninchen.

Trypanblau speichern im Gehörorgan der Ratte die Bindegewebszellen des Coriums,
des äußeren Gehörgangs, einzelne Elemente im Trommelfell, die Ligamente der Gehörknöchelchen, besonders Zellen im Bindegewebe, das den Tensor tympani umgibt und
sehr vereinzelte in der Submucosa der Pauke. Das Labyrinth und das perilymphatische
Gewebe bleiben auch bei höchsten Graden der Speicherung frei.

d) Maus.

In nächster Nähe des Trommelfells mündet wie bei der Ratte eine große,
konglobierte Talgdrüse in den äußeren Gehörgang aus. Der Knorpel des Gehörganges ist ein Fettknorpel. Die Form des Ohrknorpels siehe bei BOAS.

Das Trommelfell ist in seinen dicksten Anteilen über 18 μ, in seinen dünnsten
Stellen unter 3 μ dick.

Das tympanale Epithel ist flach, die Haut des Gehörgangs bekleidet die
Außenseite, wobei sich Blutgefäße und Nerven auf die Membran fortsetzen.

Abb. 185. Basale Neurofibrillengitter und der Querschnitte der Fibrillen in den höheren Abschnitten
der inneren Haarzellen aus einem Flachschnitt des CORTISCHEN Organs einer 10 Tage alten Maus.
Vergr. 1280fach.

Nur die zentrale Partie, dem Processus brevis des Hammers entsprechend, bleibt
davon frei. Der Tympanicumring ist bei der *Maus* dorsal eine Strecke weit
unterbrochen; die Crista tympanica, an deren lateraler Seite sich ein gut entwickelter Sulcus findet, läßt sich am hinteren Schenkel an ein gegen die
Paukenhöhle vorspringendes Knochenstückchen verfolgen, welches den Chordafortsatz bildet. Das vordere Ende der Crista liegt im Niveau des Ausschnittes,
den das Tympanicum für den Processus folianus trägt. Der Grenzbogen des
Trommelfells geht vom hinteren Ende der Crista auf den Hammer über, begleitet
den Processus folianus bis zur Fissura glaseri, wo er das vordere Ende der Crista
erreicht. In den hintersten Anteil des Grenzbogens am Abgang von der Crista
ist ein kleines, nur aus wenigen blasigen Zellen vom Typus des Fettknorpels
bestehendes Knorpelstäbchen eingefügt. Die SHRAPNELLsche Membran ist hier
ein sehr ausgedehntes Gebilde. Sie besteht an ihrem Ursprung aus ziemlich
lockerem, von Gefäßspalten durchzogenem Bindegewebe und ist außen von
mehrschichtigem, verhorntem Epithel vom Typus des Gehörgangsepithels überkleidet. Vom Processus folianus des Hammers gliedert sich ventralwärts ein
Knochenplättchen ab, das manchmal an seinem dorsalen Rande angewachsen,
von der Chorda durchbohrt wird.

Das Hammer-Amboßgelenk der Maus ist eine Synchondrose, bei älteren
Tieren teilweise deutliche Ankylose. Der Hammergriff ist mit dem Annulus
tympanicus verwachsen. Eine A. stapedia ist vorhanden, aber stark rückgebildet.

Im Tensor tympani ist in der Sehnenportion das Fett mit den Charakteren
des braunen Fettes mit dicht gedrängten, kleinen Fetttropfen in den Zellen
ausgebildet, was bei anderen Säugern sonst nicht vorkommt. Die Tuben verlaufen gerade gestreckt und lassen sich auf einem Schnitte in einer Ebene von
ihrem Ausgangspunkt dem Rachen bis zu ihrer in die Pauke vorspringenden
Mündung verfolgen. Sie enthalten Flimmerepithel, Drüsen sind kaum ausgebildet.

Über den Netzapparat der Zellelemente bei *Mäusen* im Gehörorgan berichtete
KAWANO, der fand, daß speziell die Elemente der Stria vascularis denselben
sehr früh verlieren, während die anderen Epithelien ihn behalten.

Die Entstehung der Otolithen auch bei der Maus wurde von NISHIO studiert,
und das Vorhandensein gelösten Kalkes zwischen Maculaoberfläche und den
Otolithen mittels Fixation in Formol-Natriumoxalat nachgewiesen.

Die Cochlea ist in allen Einzelheiten eine verkleinerte Abbildung der
Rattencochlea.

Literatur.

ALAGNA, Zbl. Ohrheilk. 4 (1906); Z. Ohrheilk. 59 (1909); 70 (1914). ALEXANDER: (a) Das
Labyrinthpigment des Menschen und der höheren Säuger. Arch. mikrosk. Anat. 58, 134
(1901). (b) Wachsplattenmodelle der Labyrinthentwicklung des Meerschweinchens. 71.
Verslg Naturforsch. München. (c) Entwicklung und Bau der Pars inferior labyrinthy der
höheren Säuger. Denkschr. Akad. Wiss. Wien 70 (1900). (d) Über die Endigung des
CORTISchen Organs im Vorhofblindsack usw. Mschr. Ohrenheilk. 56 (1922). (e) Zur Ana-
tomie des Ganglion vestibulare der Säugetiere. Sitzg Akad. Wien 108, 1 (1899). — ASAI:
Die Blutgefäße des häutigen Labyrinths der Ratte. Anat. H. 36.

BAECKER: Histologie des Ohrknorpels der Säuger. Z. mikrosk.-anat. Forschg 15 (1928).
BENJAMINS: (a) Macula neglecta. Nederl. Tijdschr. Geneesk. 1903 u. 66, 4 (1922). (b) Crista
acustica. Z. Ohrenheilk. 68, 101 (1913). — BERTELLI: Contributions a la structure de la
couche moyenne de la membrane tympanique chez le cobaye. BODECHTEL. Z. Anat. 92 (1930).
Tafel I. — BIELSCHOWSKY u. BRÜHL: Über die nervösen Endigungen im häutigen Labyrinth der Säuger. Arch. mikrosk. Anat. 71, 22 (1907). — BOAS: (a) Zur vergleichenden Anatomie des Ohrknorpels der Säugetiere. Anat. Anz. 30, 438 (1907). (b) Ohrknorpel und
äußeres Ohr der Säugetiere, Atlas. Kopenhagen 1912. C. r. Congr. 14 Assoc. med. ital.
1891. — BONDY: Beiträge zur vergleichenden Anatomie der Gehörorgane der Säuger.
Tympanicum, Membrana Shrapnelli und Chordaverlauf. Anat. H. 35, 295 (1907). —
BURLET DE: (a) Zur Innervation der Macula sacculi bei Säugetieren. Anat. Anz. 58 (1924).
(b) Der perilymphatische Raum des Meerschweinchenohres. Anat. Anz. 53, 302 (1920).
(c) Zur vergleichenden Anatomie und Physiologie des perilymphatischen Raumes. Acta
oto-laryng. (Stockh.) 13 (1929). BURLET DE u. DE HAAS: Die Stellung der Maculae
acusticae im Meerschweinschenschädel. Z. Anat. 71 (1924). — BURLET DE u. DE KLEIJN:
Über den Stand der Otolithenmembran beim Kaninchen. Pflügers Arch. 163 (1916). —
BURLET DE u. KOSTER: Zur Bestimmung des Standes der Bogengänge und der Maculae
acusticae im Kaninchenschädel. K. Akad. Wetensch. Amsterdam 19 (1916).

CAJAL: Trab. Labor. Invest. biol. Univ. Madrid 3 (1904); 4, 246; 12, 127 (1912); 17,
181; 16 (1907). — CLAOUÉ: Anatomie et histologie topographique de l'oreille du cobaye etc.
Otol. internat. 8, 129 (1924). — CLERC: Osservazioni sulle glandule del orecchio medio di
alcune mammiferi. Arch. ital. Otol. 26 (1915). — CUMMINS: The vestibular labyrinth of
the albino rat. J. comp. Neur. 38 (1925).

DEINEKA: Über die Nerven des Trommelfelles. Arch. mikrosk. Anat. 66.

ECKERT-MÖBIUS: (a) Untersuchungstechnik und Histologie des Gehörorgans. Handbuch
für Hals-, Nasen- und Ohrenheilkunde von DENKER-KAHLER, Bd. 6, S. 301. (b) Handbuch
der speziellen Pathologie und Histologie von HENKE-LUBARSCH, Bd. 12, S. 1. 1926. —
FORNS: Terminaciones nervosas en la membrana tympanica etc. Kongr. internat. Otol.,
Bordeaux 1904. — FREUND: Zur Morphologie des äußeren Gehörgangs der Säugetiere.
Passow-Schaefers Beitr. 3, 1. — FREY: (a) Zur Mechanik der Gehörknöchelchenkette.
Verh. otol. Ges. 113 (1910). (b) Vergleichend-anatomische Studien über die Hammer-
Amboßverbindung der Säuger. Anat. H. 133 (1911). — FUCHS: Arch. f. Anat., Suppl.-Bd.
1905 u. 1906.

GANFINI: Anat. Anz. 26. — GREY: The labyrinth of animals stereoskopisch-photo-
graphischer Atlas. London: Churchill 1907. — GRIFFITH: The effect upon the white rat
of continued bodily rotation. Amer. Naturalist 54 (1920). — GUILD: Anat. Rec. 22 (1922);
27 u. 29.

HAAS: Über den Stand der Macula acustica beim Meerschweinchen. Nederl. Tijdschr.
Geneesk. 66 (1922). — HAZAMA: Die absondernden Zellelemente des Wirbeltierlabyrinths.
Z. Anat. 88, 224 (1928). — HELD: (a) Untersuchungen über den feineren Bau des Ohr-
labyrinths. Abh. sächs. Ges. Wiss. 28 (1902). (b) Untersuchungen über den feineren Bau
des Ohrlabyrinths der Wirbeltiere. Abh. sächs. Ges. Wiss. 31 (1908). (c) Die Sinnes-
haare des CORTISchen Organs usw. Z. Ohrenheilk. 9 (1924). — HELD u. KLEINKNECHT: Die
Entspannung der Basilarmembran, ein Experiment zur Theorie des Gehörorgans. Ber.
Sächs. Ges. Wiss. Leipzig 77 (1925); Pflügers Arch. 1926. — HIRSCH: Über die

Nerven des Trommelfells und des äußeren Gehörgangs. Passow-Schaefers Beitr. **26**, 129.
HOLMGREN: Lerobok i Histologi. Stockholm 1921. — HÖSSLI: Die akustischen Schädigungen des Säugetierlabyrinths. Z. Ohrenheilk. **64** (1912); **69** (1917).
    IWATA, AICHI. J. of exper. Med. **1**, 41 (1924). (b) Das Wurzelepithel des Ligamentum
spirale der Schnecke. Fol. anat. jap. **3** (1925). — IWASA: Cytologische Studien am Gewebe
des membranösen Labyrinths. Fol. anat. jap. **3** (1925).
    JENKINSON: Development of the ear-bones in the mouse. J. Anat. a. Physiol. **45** (1911).
JOSEPH: Zur Kenntnis vom feineren Bau der Gehörschnecke (Meerschweinchen). Anat. H.
14 (1900).
    KATAYAMA: Studien zur vergleichenden mikroskopischen Anatomie des Labyrinths der
Nagetiere. Z. Anat. **85**, 287 (1928). — KARBOWSKI: Mschr. Ohrheilk. **64** (1930). — KAWANO:
Beiträge zur Entwicklungsgeschichte des Säugetierlabyrinths. Arch. Ohrenheilk. **110**
(1922). — KISHI: Arch. mikrosk. Anat. **59** (1901); Arch. Ohrenheilk. **73**. — KLAUUW,
VAN DER: Bau und Entwicklung der Gehörknöchelchen. Erg. Anat. **25** (1924). — KOLMER:
Möllendorfs Handbuch der mikroskopischen Anatomie, Bd. 3, 1. Gehörorgan, S. 250—478.
Darin ausführlichste Literaturangabe. Handbuch der Neurologie des Ohres I von ALEXANDER-
Marburg. — KRAUSE, R.: Mikroskopische Anatomie der Wirbeltiere in Einzeldarstel-
lungen, Bd. 1: Säugetiere. Berlin 1923. — KREIDL u. YANASE: Z. Physiol. 1907.
    LENNEP, VAN: Entwicklung des Tanzmauslabyrinths. Diss. Utrecht 1910. — LONDON
u. PESKER: Über die Entwicklung des peripheren Nervensystems bei Säugetieren (Maus).
Arch. mikrosk. Anat. **67** (1906). — LORENTE DE NO: Trav. Labor. Recherch. biol. Univ.
Madrid 1928.
    MAC NALLY u. TAIT: Experiments on the saccus endolymphaticus in the rabbit. J.
laryng. a. Otol. **41** (1926). — MEURMAN, Y.: Zur Anatomie und Physiologie des Aquaeductus
cochleae. Vorl. Mitt. Z. Laryng. **17**, 401—409 (1929).
    NABEYA: (a) Blutgefäße des Ohres. Fol. anat. jap. **1**, 243. (b) Studien über Gefäße
des Mittelohres. Jap. J. med. Sci., Trans. **22** (1923). (c) The blood vessels of the middle-ear
in relation to the development of the small earbone and their muscles. Fol. anat. jap. **1**
(1923). (d) A Study in comparative anatomy etc. Acta Scholae med. Kioto 1923. —
NISHIO: Über die Otolithen und ihre Entstehung. Arch. Ohrenheilk. **115**, 19.
    OORT: Über ein Modell zur Demonstration der Stellung der Maculae acusticae im Kanin-
chenschädel. Pflügers Arch. **186** (1921); Anat. Anz. **52** (1919).
    PETER: Die Ohrtrompete der Säugetiere usw. Arch. mikrosk. Anat. 1894. — POLJAK:
(a) J. f. Psychiatr. **32** (1926). (b) Über den allgemeinen Bauplan des Gehörsystems usw.
Z. Neur. **110**, 1 (1927). — PORTMANN: Recherches sur le sac et le canal endolymphatique
du cobaye. C. r. Soc. Biol. Paris **82**, 1384. Rév. d'Otol. etc. **47** (1926). — PRENANT: Internat. Mschr. Anat. u. Physiol. **9** (1892).
    QUIX: Angeborene Labyrinthanomalie bei Tieren. Internat. Zbl. Ohrenheilk. **5** (1906).
    RETZIUS: (a) Das Gehörorgan der Wirbeltiere, Bd. 2. Stockholm 1884. (b) Biologische
Untersuchungen 1882 u. 1902, 1903. **12** (1905); **18** (1914).
    TANDLER: Zur vergleichenden Anatomie der Kopfarterien bei den Mammalia. Anat. H.
59 (1901); Morph. Jb. **30** (1902).
    WATSUJI: Z. Ohrenheilk. **47**. — WITTMAACK: Z. Ohrenheilk. **51**, **54** u. **61**; Pflügers
Arch. **95** u. **120**; Passow-Schaefers Beitr. 1919.

II. Pathologische Anatomie.

Von J. BERBERICH und R. NUSSBAUM, Frankfurt a. M.

Mit 6 Abbildungen.

a) Mißbildungen.

Es liegt eine ganze Reihe von Arbeiten über die angeborenen Mißbildungen
im Bereich des Mittel- und Innenohres vor. Diese im Ohr lokalisierte Mißbildung hat immer eine besondere Rolle bei den *japanischen Tanzmäusen* und
den *albinotischen Tieren* gespielt.

ALEXANDER hat einen Cephalothorakopagus beim Kaninchen beschrieben, dessen
Vordergesicht normal war und der am Hinterkopf einen 2 mm langen Hautrüssel zeigte.
Darunter fanden sich nebeneinander zwei Augen in einer gemeinsamen Höhle und ein synotes
Ohrenpaar. Die Ohrmuschel war normal, der Gehörgang äußerlich verdoppelt, in der

Tiefe unpaar, annuli verschmolzen, das Trommelfell unpaar, an dem die 2 Hammergriffe der miteinander verschmolzenen Hammer inserierten. Die Ambosse waren vereinigt, die Tube unpaar, äußeres Ohr und Nerv normal, Kehlkopf doppelt angelegt, Oesophagus unpaar.

Auch synote Gehörorgane sind bei Laboratoriumstieren beschrieben worden (BEYER, ALEXANDER).

Außer den oben beschriebenen Mißbildungen der Ohrmuschel scheinen nur die Mißbildungen des inneren Ohres eine besondere Rolle zu spielen.

Bei den Untersuchungen, die zuerst RAWITZ über die japanischen Tanzmäuse angestellt hat, beschreibt er auch ausgiebig das klinische Verhalten dieser Tiere. Er weist darauf hin, daß sie niemals geradeaus laufen können, sich im Zickzack bewegen, plötzlich ihren Lauf unterbrechen und sich im Kreise drehen. Wenn ein feststehender Gegenstand im Weg ist, so bildet er das Zentrum der Drehbewegungen. Die Tanzmäuse sind nach seinen Untersuchungen vollkommen taub. Er glaubt nachgewiesen zu haben, daß nur ein normaler Bogengang vorhanden sei, und zwar der obere, der nicht mit dem hinteren verwachsen ist. Der hintere obere Bogengang soll verkrüppelt sein, die Einmündungsstelle in dem Utriculus verändert, der Utriculus unregelmäßig. Sacculus und Utriculus und Canalis reuniens bilden einen Raum. Dadurch wird eine weite Verbindung zwischen Utriculus und Schnecke geschaffen. Das CORTISCHE Organ soll bei diesen Tanzmäusen in allen Windungen erhalten, die Hörzelle und die Zellen des Ganglion spirale, die zu- und austretenden Nervenfasern sollen hochgradig entartet sein. RAWITZ folgert aus diesen Befunden, daß die Tanzmäuse nur einen normalen, den oberen Bogengang haben, während die übrigen verkümmert seien. Die Entartung der nervösen Elemente in der Schnecke hält er für sekundär, primär ist nach seiner Auffassung nur die weite Verbindung zwischen Scala tympani und Utriculus und das Überströmen der Endolymphe aus den Bogengängen in die Schnecke. Hierdurch wird das CORTISCHE Organ schwingungsunfähig gemacht. Er glaubt, daß Neugeborene noch hören können, weil das CORTISCHE Organ zur Ausbildung gelangt sei. Die Drehbewegungen der Tanzmäuse sind nach seiner Meinung keine Zwangsbewegungen, er glaubt vielmehr, der einzige Zwang bestünde in der Unfähigkeit, die angenommene Bewegungsrichtung dauernd innezuhalten. Schließlich folgert er aus dem Befund, daß Tanzmäuse mit einem Bogengang ihr Gleichgewicht erhalten können, daß es keine statischen Sinne gäbe, und daß die Bogengänge der Sitz des Orientierungsvermögens seien.

v. CYON geht in einer ausführlichen Betrachtung über die Zusammenhänge zwischen Ohrlabyrinth, Raumsinn und Orientierungssinn von den Untersuchungen von RAWITZ aus. Auch nach seiner Auffassung sind die Bogengänge der Sitz des Orientierungsvermögens, die Tanzbewegungen der Mäuse sind willkürlich, zwangsmäßig sind nur die Tanzbewegungen im Kreise. Er teilt die Tanzbewegungen ein

1. in Manegebewegungen (Diagonale, Halbkreise, Achtertouren).

2. Walzerbewegungen. Bei den Walzerbewegungen drehen sich die Tiere um die eigene vertikale Achse mit rasender Geschwindigkeit bis zu drei Drehungen in der Sekunde. Die Hinterbeine sind dabei weit gespreizt, der Rücken gewölbt, der Kopf nach unten dem Schwanz genähert. Die Tiere nehmen dadurch die Form eines Balles an. Die Tänze können stundenlang andauern, plötzlich unterbrochen werden, z. B. zum Fressen und sofort weiter fortgesetzt werden. Die Anregung zum Tanzen kann anscheinend auch durch Geruchsempfindungen ausgelöst werden. Nach der Auffassung von v. CYON sind die Tiere nicht völlig taub, sondern verstehen noch Töne, die in der Höhe ihrer eigenen Schreie liegen.

Aus Gehversuchen in der Geraden und auf der schiefen Ebene folgert v. CYON, daß die Tiere sich weder in der vertikalen Ebene noch geradeaus nach vorn oder hinten, sondern nur nach rechts oder links bewegen. Im Dunkeln sind alle Bewegungen möglich, die bei

Licht sofort unterbrochen werden. v. CYON will das auf Schwindelerscheinungen zurückführen. Bei Verschließen der Augen führen diese Tiere zunächst unkoordinierte Bewegungen wie bei der experimentellen Zerstörung sämtlicher Bogengänge aus, später machen sie nur noch zickzackförmige oder halbkreisförmige Bewegungen. Die Störungen werden zurückgeführt

1. auf Gesichtsschwindel infolge Widerspruch zwischen gesehenem Raum und dem durch die Bogengänge gebildeten,

2. auf die dadurch bedingte falsche Orientierung im Raum und

3. auf Abweichungen in der Verteilung des Muskeltonus.

Bei Tanzmäusen kommt nach v. CYON nur das letztere in Frage, da sie auch im Dunkeln tanzen. Er folgert sogar daraus, daß bewußte Gesichtseindrücke bei den Bewegungen keine Rolle spielen, sondern von den Augen ausgehende Erregungen derjenigen Hemmungsmechanismen, die von den Bogengängen aus in Tätigkeit versetzt werden. Die Desorientierung bei Verschluß der Augen ist seiner Meinung nach eine Folge der Unbeweglichkeit der Augäpfel.

Im Gegensatz zu RAWITZ und v. CYON beobachtete ZOTH bei Tanzmäusen, daß sie sich zwar vielfach im Zickzack bewegen, daß sie aber auch unter Umständen ohne Schwierigkeiten die gerade Richtung einhalten können. Ferner beobachtete ZOTH, daß sie in einem engen Gang, in dem sie sich nicht drehen können, willkürlich vorwärts und rückwärts laufen. Die Beobachtungen über das Drehen oder Tanzen stimmen mit den Ergebnissen anderer Untersucher überein. Das Gleichgewichtsvermögen ist nach ZOTHs Anschauung sehr vollkommen. Die Orientierung in der horizontalen und vertikalen Ebene ist ohne Mithilfe des Gleichgewichtssinnes möglich. Scheinbare Störungen will er nur auf die Aufgeregtheit und verminderte Leistungsfähigkeit des Muskelapparates zurückführen. Nach ZOTH können Tanzmäuse Bewegungen auf schiefer Ebene und in vertikaler Richtung nach auf- und abwärts ausführen. Sie sind allerdings oft zu schwach, um sich an glatten Flächen zu halten. Gesichtsschwindel und Drehschwindel will er bei diesen Mäusen nicht annehmen. Die Muskelkraft ist im Gegensatz zu weißen Mäusen wesentlich herabgesetzt. Hörreaktionen waren unsicher.

ZOTH bestätigt dagegen im großen und ganzen die Untersuchungen von ALEXANDER und KREIDL. Histologisch haben sie bei solchen Mäusen regelmäßig solide Ceruminalpfröpfe nachweisen können; sie fanden ferner eine Zerstörung der Macula sacculi, eine Destruktion der Papilla basilaris in der Schnecke mit Übergreifen auf die Umgebung, Atrophie des Ganglion spirale, Auflockerung und Verminderung der Nervenfasern des Acusticus, Verkleinerung der Ganglien des Vestibularis. ALEXANDER betrachtet die Hypoplasie der Ganglien als primäre Veränderung. Er glaubt, eine ziemlich große Variationsbreite in diesen Befunden bei den Tanzmäusen gesehen zu haben. So sah er auch zum Teil Fehlen der Otolithen. Fernerhin nimmt ALEXANDER an, daß nach dem anatomischen Befund absolute Taubheit nicht vorhanden zu sein braucht. Er erklärt die Störungen des Balancierungsvermögens durch die Veränderungen im Vorhofapparat und die Tatsache, daß bei diesen Mäusen kein Drehschwindel zu erzeugen ist, mit den Veränderungen am Bogengangsapparat. Durch galvanische Reizung wird bei den Tieren Schwindel wie bei normalen Mäusen erzeugt. Die Tanzbewegungen der Mäuse sieht ALEXANDER als willkürliche Bewegung an, hervorgerufen durch Mangel der Impulse durch das periphere Sinnesorgan, besonders der mangelnden Drehempfindung. Die zentralen Apparate weisen nach den Untersuchungen ALEXANDERs und KREIDLs keine Veränderungen auf.

Auch WITTMAACK hat zu dieser Frage Stellung genommen. Er fand zum Teil keine Veränderungen im Sinne von RAWITZ, zum Teil und zwar gleichmäßig bei Tanzmäusen derselben Zucht, Totalausfall der Cristae acusticae, gleichzeitig Verkümmerung des knöchernen und häutigen vorderen ampullären Schenkels des horizontalen Bogengangs. Statt dessen fand sich ein von dem sich nach vorn zu verjüngenden hinteren Schenkel fortsetzender, meist äußerst feiner, mit flachem Epithel ausgekleideter Kanal, der in den oberen Pol des Utriculus einmündet. Alle sonstigen Gebilde waren normal angelegt.

WITTMAACK glaubt daher, daß solche Befunde nicht regelmäßig und nur bei bestimmten Mäusestämmen gefunden werden. WITTMAACK hält diese Veränderungen nicht für die Ursache der Drehbewegungen, weil sie nicht regelmäßig vorkommen. Trotzdem glaubt er, daß die Beobachtungen von RAWITZ richtig sind. WITTMAACK sieht die Veränderungen bei diesen Tieren als kongenitale Anlage an. Im Gegensatz zu den Untersuchungen von RAWITZ haben QUIX und VAN LENNEP bei Untersuchungen an mehr als hundert Tanzmäusen nur einen Fall gefunden, bei denen der horizontale Bogengang umschrieben obliteriert war.

Schließlich seien noch die Arbeiten von PANSE erwähnt, der bei seinen Untersuchungen im Gegensatz zu RAWITZ bei den Tanzmäusen das Epithel des CORTISchen Organs normal fand. Die Tiere reagierten auf hohe Stimmgabeltöne nicht. Histologisch konnte er die Krümmungs- und Mündungsunregelmäßigkeiten der Bogengänge nicht nachweisen, nur vereinzelt sah er spiralische, bandartige Anordnung von Hörkrystallen an der lateralen Wand des Utriculus, die bei normalen Mäusen nur paarweise zu finden seien. Er lehnt deshalb die Anschauung von RAWITZ ab.

Auch bei albinotischen Tieren (Hunde, Katzen) findet man Mißbildungen im Innenohr (ALEXANDER, BEYER, RAWITZ).

b) Erkrankungen des äußeren Ohres.

Erkrankungen des äußeren Ohres findet man bei Kaninchen, Maus, Meerschweinchen usw. Man unterscheidet prinzipiell zwei Gruppen bei den entzündlichen Erkrankungen des äußeren Ohres, und zwar 1. die nichtparasitären und 2. die parasitären Entzündungen. Die nichtparasitären Erkrankungen sind mitunter nur eine Teilerscheinung einer allgemeinen Erkrankung, auf die wir im einzelnen später noch zurückkommen werden.

Bevor wir auf die entzündlichen Erkrankungen eingehen, müssen noch verschiedene andere Ursachen der Erkrankungen des äußeren Ohres erwähnt werden. So findet man z. B. bei der Mutterkornvergiftung des Kaninchens eine *Mumifikation* der Ohrmuschelspitze mit *Gangrän,* evtl. sogar der ganzen Ohrmuschel.

Die *Bißwunden* bei Kaninchen, Mäusen, Ratten sind eine häufige Krankheitsursache an den Ohrmuscheln, dabei kann es zu mehr oder weniger großen Defekten mit sekundären Eiterungen und Abscessen kommen. Je nach der Sekundärinfektion dieser Wunden können von hier aus *Phlegmonen,* allgemein *septische Zustände, Pyämien* oder auch lokale *Perichondritiden* ausgehen. Bei der Perichondritis kann der Ohrmuschelknorpel vollkommen zur Einschmelzung und Abstoßung kommen, wodurch nach Abheilung die Ohrmuschel vollkommen verkrüppelt aussieht.

1. Das Othämatom,

fälschlich als Bluterguß zwischen die Subcutis und das Perichondrium bzw. zwischen Perichondrium und Knorpel aufgefaßt, entsteht durch starkes Schütteln mit den Ohren, Anschlagen oder Reiben an festen Gegenständen. Nach der Erfahrung der menschlichen Pathologie (Voss) und nach den experimentellen Untersuchungen am Kaninchen (Voss) dürfte es sich wohl beim Othämatom der Tiere ebenfalls um einen Lympherguß zwischen Knorpel und Perichondrium oder zwischen Perichondrium und Subcutis handeln. Der Lympherguß täuscht durch die sekundäre Beimengung von Blut häufig einen Bluterguß vor, daher auch die Bezeichnung Othämatom. Das sog. Othämatom entsteht nur durch Tangentialgewalt, indem die betreffenden Gewebsteile gegeneinander verschoben werden, auf diese Weise die Lymphgefäße zerreißen und ihren Inhalt zwischen die Gewebsschichten ergießen. Das Othämatom tritt vor allen Dingen bei langohrigen Tieren, und zwar besonders an der Medialfläche auf. Eine Prädilektionsstelle ist der Anthelix. Das Othämatom, kann bei Hunden bis mannsfaustgroß werden, und durch den Flüssigkeitsdruck kann die Haut an der Oberfläche infolge von Zirkulationsstörungen ein cyanotisches, blaues Aussehen bekommen. Häufig beobachtete man bei derartigen Tieren mit Othämatom eine Schiefhaltung des Kopfes, d. h. die kranke Seite wird nach unten geneigt.

Auch mehrere Othämatome an derselben Ohrmuschel kann man bei Tieren finden. Nach BECKER treten die Othämatome stets an der Innenfläche der Ohrmuschel auf. BECKER weist auch darauf hin, daß die Mehrzahl der Autoren die Othämatome als richtige Blutungen angesehen haben will und betont, daß nur HOFFMANN bei dem sog. Othämatom Lymphextravasate gefunden hat. Nach Abheilung der Othämatome kann auch Verknöcherung an diesen Stellen der Ohrmuschel auftreten, ähnlich wie sie VOSS beim Menschen beschrieben hat. Werden die Othämatome sekundär infiziert, so tritt eine Perichondritis ein. Dabei muß darauf hingewiesen werden, daß nach JAKOB analog, wie es VOSS beim Menschen beschrieben hat, der Bacillus pyocyaneus ein spezifischer Erreger der Perichondritis mit Knorpeleinschmelzung ist.

2. Ohrmuschelgeschwür.

Ulcus conchae auris; es entsteht am äußeren Rand der Ohrmuschel bei langohrigen, kurzhaarigen Hunden, bei Kaninchen, Ratten, und zwar durch das Schütteln mit den Ohren, wodurch es zu Blutungen und Juckreiz kommt. Die Tiere kratzen an den schmerzhaften Ohrmuscheln und rufen auf diese Weise Ulcerationen an den erkrankten Partien hervor. Die Ohrmuschel ist etwas verdickt, das Geschwür zeigt einen wallartigen Rand und kann mit Blutgerinnsel bedeckt sein. Die Umgebung des Geschwürs ist hyperämisch. Derartige Ohrmuschelgeschwüre neigen sehr gern zu Rezidiven. Geht ein Ohrmuschelgeschwür bis auf den Knorpel, so kann es zur Perichondritis und Einschmelzung des Knorpels kommen. Bei Sekundärinfektionen können auch in der Nachbarschaft Geschwüre, Phlegmonen auftreten, und schließlich kann es von dort aus sogar zu allgemeinen pyämischen Zuständen kommen. Heilt ein Geschwür aus, so kann man Substanzverluste in Form von gezackten Defekten am Ohrmuschelrand beobachten.

Ohrrandekzem. Eczema marginis auriculae chronica. Bei kurzohrigen und noch häufiger bei langohrigen Hunden, bei Meerschweinchen, Ratten, Kaninchen kann man am äußeren Rand ein squamöses Ekzem finden; der Ohrmuschelrand ist verdickt, zum Teil nässend mit grauweißen Schuppen bedeckt, die Haare sind verklebt. Bei längerer Dauer kann der Rand verschieden stark eingekerbt sein.

Man findet auch *chronische Ekzeme* im Bereich der Ohrmuschel mit abnormer Pigmentierung an der Ohrmuschelhaut (Keratosis oder Acanthosis nigricans cutis auriculae). Dieses chronische Ekzem tritt meist an beiden Ohrmuscheln auf und befällt sie in ganzer Ausdehnung. Die Ohrmuschel ist verdickt, besonders an der Hornschicht und sieht an der Oberfläche reibeisenähnlich aus, zeigt beetartige, leicht zerklüftete, ungleich hohe Erhabenheiten, die sich trocken und hart anfühlen, zum Teil dunkelbraun bis schwarz pigmentiert sind und eine hornartige Farbe haben. Diese Erkrankung verläuft ohne Juckreiz.

3. Otitis externa acuta.

Die Otitis externa acuta kann bei Hunden, Katzen, Mäusen, Kaninchen, Meerschweinchen in den verschiedensten Formen auftreten (IMHOFER, ZÜRN, JAKOB, HUTYRA und MAREK). Nach BECKER tritt die *Otitis externa* in vier Formen auf:

1. Otitis externa catarrhalis.
2. Otitis externa purulenta.
3. Otitis externa ulcerosa.
4. Otitis externa chronica hyperplastica.

1. Die *Otitis catarrhalis* kommt in ungefähr 80$^0/_0$ aller Erkrankungen des äußeren Gehörganges vor. Die Epidermis ist aufgelockert und sezerniert seröse Flüssigkeit. Man findet im äußeren Gehörgang gelblich bis schwarzbraunes, schmieriges Sekret, das die Falten und Furchen ausfüllt und bei größerer Ansammlung den ganzen Gehörgang verstopft. Die Haare im Gehörgang verkleben und können einen filzartigen Pfropf bilden. Bei Entfernung der Massen aus dem Gehörgang findet man leicht blutende Substanzverluste in der Epidermis. Zersetzt sich das angesammelte Sekret im Gehörgang, so wird es fötid. Die Ursache derartiger Erkrankungen sind nach BECKER Ansammlung von Schuppen, Schmutz, Ohrenschmalz im Gehörgang, nach KITT Fremdkörper, Zersetzung des Ohrenschmalzes oder Einfließen von Wundsekret. Nach ARMBRECHT können eindringende Insekten, nach HERTWIG, HECKMEYER mangelnde Luftventilation, nach HERING Erkältungen, nach FRÖHNER, HUTYRA-MAREK, LANGE die Staupe die Ursache einer derartigen Otitis externa sein. BECKER glaubt, daß der Luftabschluß vor allem für die Entstehung der Otitis externa heranzuziehen sei. Durch die mangelnde Luftventilation kann das Sekret der Ohrenschmalzdrüsen nicht schnell genug eintrocknen, durch die gleichzeitig gesteigerte Wärme entstehen Zersetzungen im dem flüssigen Sekret, deren Produkte eine entzündungserregende Wirkung auf die Gehörgangshaut haben. Als Beweis für diese Anschauung führt er an, daß bei einem Kopfverband mit Ohrverschluß regelmäßig eine Otitis externa entstehe, und daß diese Erkrankung im Sommer häufiger auftrete als im Winter.

2. Die *eitrige Erkrankung* des Gehörgangs ist nach BECKER verhältnismäßig selten. Klinisch treten dieselben Erscheinungen auf wie bei der katarrhalischen Entzündung. Man findet im Gehörgang grünlichgelben, dünnflüssigen Eiter, der die Gehörgangswand in dünner Schicht bedeckt. In dem Sekret findet man kein Ohrenschmalz, und zwar nach SCHWARTZE deshalb, weil die Eiterung im Gehörgang die Ohrenschmalzsekretion stark oder vollständig herabsetzt. Diese Form der Otitis externa neigt auch gern zu Blutungen. Ursächlich führt man ebenso wie bei der katarrhalischen Form die verschiedensten Entstehungsmöglichkeiten an. Die Otitis externa purulenta kann auch aus der katarrhalischen Form hervorgehen.

3. Die *Otitis externa ulcerosa* kann sowohl aus der katarrhalischen als auch aus der eitrigen Form entstehen, und zwar nach längerem Bestehen dieser Krankheit. Die oben schon angedeuteten Substanzverluste in der Gehörgangshaut sind bei der ulcerösen Erkrankung zahlreicher, größer, bis pfennigstückgroß. Die Defekte zerfallen langsam zu Geschwüren und zeigen infolge der dauernden Reizung durch das Wundsekret keine Heilungstendenz. Häufig sind die Geschwüre mit Schorf oder Eiter bedeckt; nach deren Entfernung tritt starke Blutung auf. Diese ulceröse Otitis externa heilt mitunter aus, neigt jedoch gern zu Rezidiven und geht bald in ein chronisches Stadium über, vor allen Dingen dann, wenn die Ulcerationen weit in die Tiefe gehen. Derartige kranke Tiere sind besonders empfindlich, werden bösartig, mürrisch, niedergeschlagen, haben mangelnde Freßlust und leichtes Fieber.

4. *Otitis externa chronica hyperplastica.* Nach BECKER entwickelt sich die Erkrankung aus einer der drei vorher beschriebenen und zwar vor allen Dingen dann, wenn die Sekret- und Eitermassen keinen genügenden Abfluß haben und eintrocknen.

Die chronisch-hyperplastische Gehörgangsentzündung tritt entweder verrukös oder diffus-sklerotisch auf. Die verruköse Form ist seltener und entsteht dadurch, daß an den Stellen der ursprünglichen Epitheldefekte sich Granulationsgewebe bildet, das sich allmählich in derbes fibröses Bindegewebe umwandelt und dann von Epidermis überzogen wird. An diesen Stellen sind die Ohrenschmalzdrüsen zugrunde gegangen. Bei der diffus-sklerotischen Form der hyperplastischen Otitis externa tritt eine Bindegewebsneubildung im Bereich des ganzen äußeren Gehörgangs und oft sogar auch im Bereich der Ohrmuschel auf. Der Gehörgang ist im ganzen derb verdickt und gleicht einem Rohr. Die Rigidität des Gehörgangs wird durch Ablagerung von Kalksalzen im neu gebildeten Bindegewebe erhöht. Durch die Bindegewebsneubildung ist die Ohrenschmalzdrüsensekretion stark herabgesetzt. Die Verdickung kann so hochgradig werden, daß das Lumen des Gehörgangs vollkommen verschlossen wird und die Tiere taub erscheinen. Durch die röhrenförmige Verdickung und Versteifung des ganzen Gehörgangs stehen die Ohrmuscheln ebenfalls steif vom Kopf ab. Bei dieser diffusen Erkrankung des Gehörgangs findet man zwischen dem Bindegewebe noch vereinzelte intakte Ohrenschmalzdrüsen, die durch ihre Weiterproduktion an Ohrenschmalz cystenartig erweitert werden können. Bei dieser Erkrankung ist das Allgemeinbefinden der Tiere außerordentlich wenig gestört. Mitunter ist Juckreiz zu beobachten, so daß die Tiere mit dem Kopf schütteln, an den Ohrmuscheln kratzen, es können dadurch Sekundärulcerationen und Othämatom (etwa 8%) entstehen, ebenso auch Ekzeme.

Nach SCHINDELKA kann als Folgeerscheinung einer Otitis externa eine Phlegmone auftreten oder durch Reizung des Ramus auricularis N. vagi auch Erbrechen eintreten.

Die Otitis externa wird von anderen Autoren prinzipiell anders eingeteilt und wir wollen diese Einteilung der Vollständigkeit halber hier erwähnen. Wir möchten allerdings nicht versäumen darauf hinzuweisen, daß uns die Einteilung von BECKER, ebenso wie das HUTYRA und MAREK getan haben, die klarste und brauchbarste zu sein scheint.

JAKOB teilt die Otitis externa ein in:
1. Otitis externa erythematosa squamosa.
2. Otitis externa erythematosa ceruminosa.
3. Otitis externa squamo crustosa.
4. Otitis externa pustulosa.
5. Otitis externa impetiginosa (purulenta) ulcerosa.

Erwähnenswert aus den Ausführungen von JAKOB ist in diesem Zusammenhang noch die Tatsache, daß er bei dieser letzten Art der Otitis externa Perforationen des Trommelfells, Otitis media, Felsenbeincaries, Otitis interna, Panotitis mit Exitus beobachtet haben will. Hier ist allerdings nach unserer Auffassung die Frage aufzuwerfen, ob ein Teil dieser Erkrankungen des äußeren Gehörgangs nicht die Folgeerscheinung der primär entstandenen Otitis media oder interna darstellt. Ähnliche Komplikationen (Labyrinthusuren, Caries der Gehörgangsknöchelchen, Empyem der Paukenhöhle) haben SCOTT, KITT, HERTWIG gefunden.

Auch IMHOFER hat eine Einteilung der Otitis externa bei Hund und Katze, Maus, Kaninchen gegeben. Er teilt die Otitis externa ein in:
1. Otitis externa, bei der Staupe, die der menschlichen Otitis externa bei Influenza entspricht.
2. Ekzem der Ohrmuschel und des äußeren Gehörgangs.
3. Die gewöhnliche Otitis externa im engeren Sinn (akute und chronische Form).
4. Die sekundäre Otitis externa bei der Otitis media durch den Reiz des abfließenden Sekrets.

Interessant an den Untersuchungen IMHOFERs sind die anatomisch-pathologischen Befunde bei den verschiedenen Erkrankungen des Gehörgangs. Er konnte bei der Otitis externa bei Staupe histologisch vor allem Rundzelleninfiltrate um die Haarbälge und um die mit diesen in Verbindung stehende Talg- und Knäueldrüsen, ohne Strukturveränderungen der Drüsenkörper, finden. Im Bindegewebe unter den Drüsen sah er vereinzelte erweiterte Gefäße. Das Trommelfell zeigte eine starke Abstoßung der Cutisschicht. An der Stelle von makroskopischen Sugillationen fand er mikroskopisch eine Ansammlung von Erythrocyten, die allmählich in die Rundzelleninfiltrate überging. Die Gefäße der Umgebung sind erweitert und strotzend gefüllt. Längs der Haarbälge kann die Entzündung in die Tiefe wandern, so daß auch die Haarbälge zum Teil zerstört werden. Charakteristisch für diese Form der Otitis externa ist vor allem die herdweise Entzündung.

Beim *Gehörgangsekzem* sah IMHOFER als charakteristisch vor allem die Erweiterung im Gefäßnetz der Cutis an, und zwar der Capillaren, die die Drüsen umgeben. Außerdem fand er Rundzelleninfiltrate in der Umgebung der Drüsen, die sogar zum Teil zwischen die Drüsenläppchen eindringen. Bei stärkeren Entzündungen können die Drüsen durch diese Infiltrate zerstört werden. Außerdem findet man Rundzelleninfiltrate um die Gefäße, so daß sie wie eingescheidet erscheinen. Die perivasculäre Infiltration geht mit den Capillaren bis unter die Epidermis. Auf diese Weise kommt es auch sekundär nach der Auffassung IMHOFERs zur Abstoßung von oberflächlichen Epithelschichten, die zum Teil von Leukocytenherden durchsetzt sind. Vereinzelt konnte er auch eine Hyperämie in den Nervenscheiden beobachten und will damit den Juckreiz bei dieser Erkrankung erklären.

Die Otitis externa im engeren Sinne ist nach den Untersuchungen IMHOFERs in ihrer chronischen Form dadurch charakterisiert, daß das Epithel verdickt ist, in die Tiefe wuchert, vereinzelte Defekte zeigt und oberflächlich zum Teil verhornt ist. Die Drüsen sind zum Teil cystisch degeneriert, während längs der Haarbälge oder der zugrunde gegangenen Drüsen eine starke Pigmentansammlung zu erkennen ist; das elastische Gewebe des Gehörgangs ist teilweise zerstört oder in seiner Anordnung verändert. An den Stellen der Epitheldefekte sieht man eine Infiltration oder jugendliches Granulationsgewebe.

Bei der sekundären Otitis externa finden sich nach IMHOFER anatomisch-pathologisch die Merkmale des chronischen Hautekzems: Hyperämie, Einscheidung der Gefäße durch mehr oder minder große Infiltrate, Infiltrate um die Drüsen nnd unter dem Epithel, Epitheldefekte, teilweise Zerstörung der Drüsenläppchen.

4. Parasitäre Entzündungen.

Nach ZÜRN findet man im Gehörgang der Kaninchen
1. Psorospermien.
2. Dermatocoptes cuniculi und Dermatophagus cuniculi.
3. Dipterenlarven.

Die *Psorospermien* rufen bei den Kaninchen nicht nur eine Erkrankung des Gehörgangs, sondern auch gleichzeitig eine Erkrankung des Maules und der Nase (Stomatitis, Rhinitis, Angina) hervor. Sie sind die häufigsten Schmarotzer im Ohr des Kaninchens. Sie kriechen in alle Höhlen des Maules und des Gehörgangs und können auf diese Weise ins Mittelohr entweder durch die Eustachische Röhre oder durch Einwanderung durchs Trommelfell gelangen und rufen dort Mittelohrentzündungen hervor. Sie lassen sich in den oberen Epidermisschichten des äußeren Gehörgangs histologisch nachweisen. Die Entzündungen im Gehörgang, die durch die Psorospermien hervorgerufen werden, sind vor allen Dingen durch reichliche Hämorrhagien ausgezeichnet. Wenn die Psorospermien ins Mittelohr gelangen, entstehen natürlich dort auch Hämorrhagien in der Mittelohrschleimhaut, es können sogar Labyrinthblutungen auftreten. Die Tiere bekommen dann starke Fallneigung beim Laufen, sie drehen sich um ihre Längsachse, machen Manegebewegungen.

Bei der *Dermatocoptesräude* findet man die Milbe vorzugsweise am Grunde der Ohren, besonders in der Vertiefung der Ohrmuschel über dem äußeren Gehörgang. Sie rufen im äußeren Gehörgang Blasen mit seröser Sekretion hervor oder eine serös-eitrige Sekretion mit starkem Juckreiz. Bei größerer Blasenbildung entstehen nach deren Eintrocknung fest anhaftende große Borken, die sich zum Teil in Gestalt von geschichteten, blätterteigähnlichen, pulverigen gelbbraunen Massen in den Gehörgang abstoßen und ihn verstopfen. Die Blasen- und Borkenbildung geht gewöhnlich auf die Ohrmuschel über und neigt auch zum Übergreifen auf das Mittelohr, die Felsenbeine, Hirnhäute und Gehirn. Bei Mitbeteiligung des Mittelohrs sieht man Schiefhaltung des Kopfes, Taumeln beim Gehen, Roll- und Wälzbewegungen. Bei Mitbeteiligung des Gehirns kann man Krampfanfälle, Zwangsbewegungen, Schlafsucht finden. Nach JAKOB kann es auch durch zur Gattung Dermatocoptes gehörige Milben in seltenen Fällen zur Beteiligung der Umgebung der Ohren mit schweren Nekrosen kommen. Die Dermatocoptenräude kommt nach JAKOB auch beim Meerschweinchen vor.

Ganz ähnliche Erscheinungen wie die Dermatocoptesräude macht die Dermatophagusräude. Jedoch ist diese Erkrankung im ganzen außerordentlich selten.

Bei der *Acarusräude* (Demodex folliculorum) kann es nach SEIFRIED, HUTYRA und MAREK zur Mitbeteiligung der Ohren von den Augen aus kommen, und zwar werden die inneren Flächen der Ohrmuscheln hauptsächlich befallen.. Dabei können größere Teile der Ohrmuscheln zerstört werden. Häufig kommt es dabei auch zu heftigen Entzündungen des mittleren und inneren Ohres und im Anschluß daran zu tödlicher Hirnhautentzündung.

Auch *Schimmelpilze* kommen im Gehörgang von Tieren vor (Aspergillus mucor, Vertizillium), die auf feuchten modrigen Plätzen gehalten werden. Die Pilze finden sich in braungelblichen, graugrünlichen, häutigen und krustösen Massen. Sie rufen eine diffuse Dermatitis des Gehörgangs und der Ohrmuschel mit geringer Sekretion und reichlicher Epidermisabstoßung hervor. Die Epidermis bildet bisweilen vollkommene Ausgüsse des Gehörgangs. Von verschiedenen Autoren werden auch noch als Entstehungsursache der Otitis externa die *Herbstgrasmilbe* (Leptus autumnalis) und der *Favuspilz*, mit charakteristischen

Erscheinungen am Grund der Ohren genannt (HUTYRA und MAREK, JAKOB, ZÜRN).

Auch bei der Kaninchensyphilis findet man die Veränderungen an der Haut der Ohrmuschelbasis (s. Kapitel Syphilis).

Auch *Fremdkörprr* werden im äußeren Gehörgang von Laboratoriumstieren gefunden. Man sieht Holzstücke, kleine Steine, Kohlenstücke, Getreideähren, die je nach ihrem Sitz auch eine Entzündung des Gehörgangs hervorrufen können. Kaninchen, Hunde schütteln bei Fremdkörpern im Gehörgang stark mit den Ohren, halten den Kopf zur kranken Seite und kratzen heftig an der Ohrmuschel.

Auch *Cerumenpfröpfe* kommen im Gehörgang der Laboratoriumstiere vor, und zwar werden sie bei Kaninchen, Meerschweinchen, Ratten, Mäusen sehr häufig gefunden und bei Tanzmäusen regelmäßig (ALEXANDER), während sie bei Hunden und Katzen selten sind. Man findet im Ohrenschmalz häufig Fliegenleiber, trotzdem man annehmen sollte, daß der bittere Geschmack des Cerumens die Insekten abhalten sollte (BEYER). Im übrigen besteht weitgehende Übereinstimmung mit den Ohrenschmalzpfröpfen beim Menschen.

c) Mittelohrentzündung.

Über die spontane Mittelohrentzündung bei den Laboratoriumstieren liegt außerordentlich wenig Literatur vor. Es ist aber eine bekannte Erfahrungstatsache,

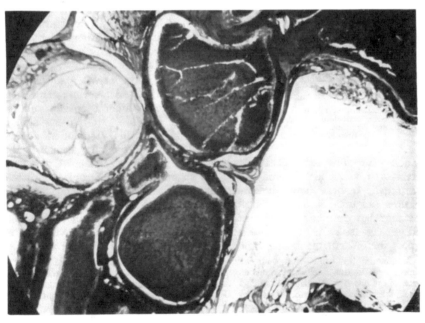

Abb. 186. Spontane Otitis media bei der Ratte.

daß man bei Mäusen, Meerschweinchen, Kaninchen, Ratten und Hunden in vereinzelten Fällen leichte Grade der Entzündung des Mittelohrs antrifft. Die Mittelohrentzündungen können entweder rhinogen über die Eustachische Röhre oder durch eine Fortleitung der Entzündung vom Gehörgang aus entstehen. Die Entzündungsfortleitung vom äußeren Gehörgang aus, vor allem bei parasitären Erkrankungen ist unvergleichlich viel häufiger als beim Menschen. Der Grund für diese Tatsache ist wohl darin zu suchen, daß die Parasiten auch das Trommelfell durchbohren können und ins Mittelohr gelangen. So beschreibt z. B. BENJAMINS eine Mittelohrentzündung durch die Psoroptes cuniculi beim Kaninchen, bei der er allerdings die Milbe häufiger im Sekret des äußeren Gehörgangs als im Mittelohr nachweisen konnte. Die einzelnen Erreger, die vom äußeren Gehörgang aus ins Mittelohr gelangen können, wurden bei der Besprechung der Otitis externa bereits erwähnt.

Die *akute Otitis media* beim Kaninchen verläuft in typischer Weise. Klinisch macht sie nur dann Erscheinungen, wenn das Labyrinth mitbeteiligt ist, und zwar derart, daß die Tiere die erkrankte Seite nach unten halten, nicht aufrecht laufen können und Manegebewegungen ausführen. Histologisch findet man bei der akuten Otitis media eine starke Erweiterung der Schleimhautgefäße, eine Infiltration der Schleimhaut mit Leukocyten, Blutaustritte ins Gewebe und in das Lumen des Mittelohrs, Eiterbildung; Perforationen des Trommelfells kann man in allen Teilen desselben beobachten, meistens sitzen sie jedoch in den unteren Partien. Auf die Komplikationen der akuten Mittelohrentzündung werden wir weiter unten zu sprechen kommen.

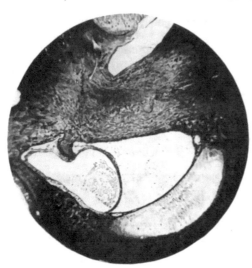

Abb. 187. Membrana tympani secundaria nach innen gewölbt. Im Mittelohr Eiter, in der Basalwindung fibrinöses Exsudat. Spontanes Cholesteatom des Kaninchens. (Fall KELEMEN.)

Chronische Mittelohreiterung der Laboratoriumstiere scheint nur außerordentlich selten beobachtet worden zu sein. Soweit die Literatur zu übersehen ist, liegen nur wenige Beobachtungen über chronische Mittelohreiterungen vor. Wie uns erfahrene Experimentatoren versichert haben, haben sie so gut wie nie chronische Mittelohreiterungen, insbesondere cholesteatomatöse Eiterungen, gesehen. Auch wir konnten bei unseren experimentellen Untersuchungen niemals spontane Cholesteatome bei den Laboratoriumstieren finden. In den letzten Jahren jedoch sind vereinzelte Fälle von spontanem Cholesteatom des Mittelohrs von KELEMEN, HESSE und NIENHUIS beobachtet worden.

KELEMEN beschrieb eine beiderseitige Panotitis cholesteatomatosa beim Kaninchen. Klinisch zeigte das Tier eine Kreisbewegung nach rechts, Kopfhaltung nach links rückwärts, Kopf bis auf den Boden geneigt, nach 4 Tagen Ohrenfluß, kein Nystagmus. Histologisch war das rechte Trommelfell nur in Resten erhalten, das Gehörgangsepithel breit in die Paukenhöhle eingewachsen. In der Bulla ausgesprochenes Cholesteatom, die Umgebung derselben nekrotisch, das Mittelohr selbst chronisch entzündlich verändert, der Steigbügel sequestriert. Am runden Fenster Einbruch ins Labyrinth mit eitriger Entzündung der Schnecke, Sequesterbildung, Knochenneubildung. Am linken Trommelfell fanden sich hinten oben und vorn unter eine Perforation mit Einwachsen von Epithel, im Mittelohr sah er Cholesteatome und chronisch eitrige Entzündung, die Gehörknöchelchen erhalten, den Facialiskanal arrodiert, fibrinöse Erkrankung der Schnecke, Eiterbildung im perilymphatischen Raum, Membrana tympani secundaria perforiert, Gehirnhäute ohne Veränderung.

Dieser Befund entspricht vollkommen den an Meerschweinchen, Mäusen und Kaninchen erhobenen Befunden beim experimentell erzeugten Cholesteatom (BERBERICH) und entspricht auch den heutigen Anschauungen über die Entstehung des Cholesteatoms beim Menschen.

HESSE hat noch bei 2 Meerschweinchen spontanes Cholesteatom beschrieben.

NIENHUIS hat in letzter Zeit über ähnliche Untersuchungen berichtet und darauf hingewiesen, daß bei den chronischen Entzündungen des Gehörgangs eine Epithelwucherung entsteht, die auf das Trommelfell übergeht und ins Mittelohr übergreift, um dort zum Cholesteatom zu führen.

VAN DER LOO hat noch eine Stapesfraktur bei einem Kaninchen beschrieben, die angeblich in der Narkose entstanden sein soll. Es fanden sich zwei Frakturlinien im Stapes, wodurch ein Teil der Fußplatte isoliert und sequestriert war. Die Schnecke war eitrig entzündet und zeigte hochgradige Einschmelzung, geringgradige Organisationsvorgänge im Vestibulum und leicht entzündliche Reize an der medialen Paukenhöhlenwand.

Nach SEIFRIED kommt es bei der *Kaninchencoccidiose* in seltenen Fällen zu Miterkrankungen des Mittelohrs. Man beobachtet dabei schiefe Kopfhaltung, Taumeln, Rollbewegungen, Krämpfe.

Auch die *ansteckende Nasenentzündung* der Kaninchen kann infolge besonders günstiger Verhältnisse zu Mittelohreiterungen mit allen üblichen Komplikationen führen (SMITH, WEBSTER, GROSSO u. a.). Schließlich findet man bei der hämorrhagischen *Septicämie* und bei der durch den Bacillus mobilis cunicucida hervorgerufenen Septicämie entzündliche Prozesse im Mittelohr mit Abscessen und entzündlichen Granulomen (SEIFRIED).

d) Labyrinthitis.

Über die Labyrinthitis der Laboratoriumstiere, besonders beim Kaninchen und bei der Ratte, liegt eine außerordentlich große Literatur vor (HUIZINGA, BRUNNER, DEMETRIADES, NEUMANN, RUTTIN, YOSHII, ALEXANDER u. a.). Man findet sowohl circumscripte wie diffuse Labyrinthitiden. Sie ist so gut wie immer eine Folge einer gleichzeitig vorhandenen Mittelohreiterung.

Die umschriebene Labyrinthitis wurde schon von YOSHII als Zufallsbefund bei einem Meerschweinchen beschrieben. Es fand sich neben einer Schleimhautverdickung mit Rundzelleninfiltration und Cystenbildung im Mittelohr eine frische eitrige Entzündung der Schneckenspitze durch Einbruch und Knochenarrosion aus dem Mittelohr. Im gleichen Fall sah er eine abgelaufene Entzündung an der Vorhoftreppe der Basalwindung, besonders in der Gegend des runden Fensters in Form von

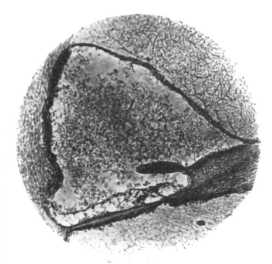

Abb. 188. Im Ductus cochlearis zellreiches, in beiden Skalen fibrinöses Exsudat. Beginnende Infiltration der Papille. Spontane Otitis cholesteatomatosa des Kaninchens. (Fall KELEMEN.)

Bindegewebs- und Knochenneubildung. Fast alle übrigen publizierten Fälle sind diffuse Labyrintherkrankungen. Die Labyrintherkrankung äußert sich pathologisch-anatomisch dadurch, daß sie in erster Linie den perilymphatischen Raum befällt. Man sieht dort hochgradige Leukocytenansammlung, Fibrinausschwitzung, Organisationsvorgänge mit Bindegewebsneubildung.

Die Erkrankung des endolymphatischen Raumes ist nur vereinzelt beschrieben und immer an Intensität geringer als die im perilymphatischen Raum. In den von HUIZINGA publizierten Fällen war der endolymphatische Raum miterkrankt. Die Erkrankung des Labyrinths kann so hochgradig sein, daß das ganze Labyrinth durch die Entzündung zur Einschmelzung kommt und histologisch von ihm kaum noch etwas zu erkennen ist. Je nach dem Befallensein des einen oder beider Labyrinthe äußern sich auch die klinischen Erscheinungen. So beobachtete NEUMANN bei einseitiger Erkrankung des Meerschweinchenlabyrinths Scheu vor Bewegungen, als ob unangenehme Schwindelempfindungen aufträten, Neigung des Kopfes nach der kranken Seite, bei Bewegungen Drehung im Kreise nach der Seite der Kopfneigung; nur entlang der Wand können die Tiere gerade gehen. Zur kranken Seite kann man sie schwer umwerfen, da sie

Abb. 189. Drehhase. Rechtsseitige spontane Otitis media und Labyrinthitis.

starken Widerstand leisten, während sie nach der entgegengesetzten Seite viel leichter umgeworfen werden können. Die Tiere machen einen schwerkranken Eindruck, das Auge der erkrankten Seite steht nach unten innen, das der gesunden nach oben außen. Man beobachtet Nystagmus nach der gesunden Seite; derartige Erscheinungen können wochen- und monatelang anhalten, ja, NEUMANN konnte sogar bei Ratten derartige Gleichgewichtsstörungen zwei Jahre lang beobachten. Nach seiner Auffassung ist die Krankheit endemisch und gewöhnlich werden im selben Stall mehrere Tiere davon befallen. Der Erreger soll der Streptococcus mucosus sein. Diese Beobachtung von NEUMANN kann man prinzipiell immer wieder bestätigen. Man sieht gar nicht selten, daß in einem größeren Tierstall der Reihe nach zahlreiche Tiere mit derartigen einseitigen oder doppelseitigen Labyrinthaffektionen erkranken. Die Dauer der Erkrankung scheint von der Virulenz der Infektion abhängig zu sein. Nur ganz selten scheint die Infektion so virulent zu sein, daß die Tiere bald darauf an Komplikationen, wie Meningitis und Hirnabsceß zugrunde gehen.

Außer der Virulenz der Bakterien spielt für den Verlauf der Labyrinthitis die Ursache eine besondere Rolle; nach HUIZINGA kann man nicht nur eitrige Labyrinthiden, sondern auch toxische Erkrankung des Labyrinths bei einer gleichzeitig vorhandenen Mittelohreiterung oder Cholesteatom beobachten.

Die *toxische Labyrinthitis* scheint nach den Erfahrungen von NEUMANN, RUTTIN, HUIZINGA als *seröse Labyrinthitis* ohne nachweisbaren Durchbruch zu verlaufen. Das leichte Übergreifen der Entzündung vom Mittelohr aufs Labyrinth ist anscheinend auch dadurch bedingt, daß die Labyrinthkapsel beim Tier im Gegensatz zu dem des Menschen nur aus einer Knochenschicht besteht. Nach allen Untersuchungen, die bisher über die Labyrinthentzündung vorliegen, scheint der Einbruch ins Labyrinth entweder über die Steigbügelfußplatte oder über die Membrana tympani secundaria zu gehen (MARX). Die Mehrzahl der Autoren kann histologisch in den von ihnen publizierten Fällen die Durchwanderung der Leukocyten durch die Membrana tympani secundaria mit Zerstörung des bindegewebigen Anteils und von da aus die weitere Ausbreitung auf die Schnecke verfolgen. Man kann bei der Labyrinthentzündung des Kaninchens (MARX) ebenso wie bei Labyrinthitis des Menschen eine Ausbuchtung der REISSNERschen Membran beobachten und auch hyaline Ablagerungen sollen im Labyrinth vorkommen.

Isolierte Erkrankungen des Labyrinths ohne Mitbeteiligung des Mittelohrs sind, wie oben schon hervorgehoben, außerordentlich selten.

Auch *Osteomyelitis* des Felsenbeins mit Labyrinthitis kommt nach HUIZINGA, BENJAMINS und EWALD vor.

Abb. 190. Akute Entzündung im perilymphatischen Raum bei Otitis media des Kaninchens.

Die Komplikationen der Labyrinthitis sind mannigfacher Art. So beobachteten BIACH und BAUER bei einem Kaninchen eine subakute Peri- und Endolabyrinthitis mit Zerstörung des Nervenepithels, Kompression der Bogengänge und Ampullen, Übergreifen der Eiterung auf den Acusticusstamm und Kleinbrückenwinkel, in dem sich ein erbsengroßer Absceß entwickelt hatte. Dieser Absceß hatte die Medulla oblongata und den Flocculus verdrängt.

GRÜNBERG konnte einen subduralen Absceß beim Kaninchen mitteilen. Es handelt sich um ein Tier, daß klinisch eine Ohreiterung links bot und den Kopf so stark nach links neigte, daß der Scheitel den Boden berührte. Beim Versuch der Fortbewegung beschrieb das Tier einen Kreisbogen nach links und überschlug sich nach links. Das linke Auge war stark nach unten deviiert, Nystagmus bestand nicht. Histologisch zeigte sich (bei normalem rechtem Ohr) links eine chronische Mittelohreiterung mit entzündlich verdickter Schleimhaut, Knochenapposition und stellenweiser Arrosion. An dem Eingang zu den Fensternischen waren Exostosen. An den Nischen zum ovalen und runden Fenster war Granulationsgewebe und Eiter nachweisbar, die Steigbügelschenkel fehlten. Die Fußplatte war durch eine rarefizierende Ostitis fast ganz eingeschmolzen. An der Stelle des Ringbandes sah man Eiter. Die Membrana tympani secundaria war durch

Granulationsgewebe ersetzt und die Labyrinthkapsel an dieser Stelle zerstört. Außerdem bestand diffuse eitrige Entzündung in sämtlichen Teilen des Labyrinths. Die Entzündung war längs der Nerveneintrittsstelle fortgeschritten, die Nervenfasern waren zum Teil zerstört, der Facialis ohne Veränderung. An der basalen Windung war die Eiterung in den Meatus acusticus internus durchgebrochen und hatte dort im subduralen Raum zu einem Absceß geführt, der über den Porus acusticus internus hinaus bis zum Kleinhirnbrückenwinkel reichte. Die Dura oberhalb des Abscesses war entzündlich verdickt und in der Innenseite mit Granulationsgewebe bedeckt. Im Bereich des Abscesses sah GRÜNBERG

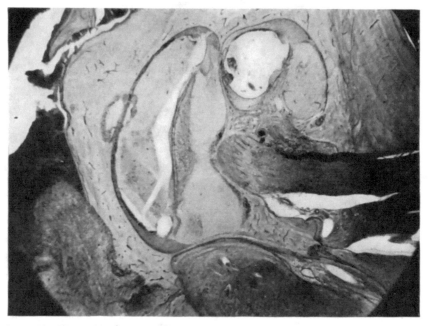

Abb. 191. Hochgradige Einschmelzung der Schnecke eines Kaninchens mit Spontancholesteatom.

ebenfalls Granulationsgewebe und entzündliche Veränderungen; in den benachbarten Hirnschichten tiefgehende, kleinzellige Infiltration, besonders entlang den von der Pia ausstrahlenden Gefäßen. Keine Thrombose. Ein miliarer Hirnabsceß fand sich außerdem in der Pons. Die inneren Schichten des dem Absceß anliegenden Sinus waren verdickt und infiltriert, das Endothel intakt. Zwei ähnliche Fälle konnte GRÜNBERG auch bei Ratten beobachten, die sich klinisch analog dem oben beschriebenen Kaninchen verhielten. Bei der ersten Ratte sah GRÜNBERG eine eitrige Entzündung mit starker Schleimhautverdickung im Mittelohr und mit ausgedehnter Cystenbildung in der Umgebung der Fenster. Der Steigbügel war vollkommen in Cysten eingebettet, die Membrana tympani secundaria eitrig infiltriert, in der Schnecke eitriges Exsudat, das zur Spitze hin abnahm; die Perilymphe war im Vorhof geronnen, der Ductus cochlearis zum Teil zerstört. Zur Absceßbildung war es nicht gekommen. Der zweite Fall verhielt sich sehr ähnlich. GRÜNBERG zieht aus diesen beiden letzten Beobachtungen des Schluß, daß für die Überwanderung der Entzündung vom Mittelohr ins Labyrinth das Schneckenfenster von besonderer Bedeutung ist. Bei beiden Ratten war die Entzündung des Mittelohrs bzw. Labyrinths von einer Nekrose des Oberkiefers mit Eiterung im Nasenrachenraum ausgegangen.

Eine ebenfalls relativ seltene Komplikation der Labyrinthitis ist die *Meningitis*; der Ausbreitungsweg ist derselbe, wie er eben von den Abscessen beschrieben worden ist, d. h. die Entzündung geht vom Labyrinth längs des Acusticus auf die Hirnhäute über. Man findet dann eine hochgradige Infiltration der weichen Hirnhäute mit überwiegender Rundzellenansammlung.

Lähmung des Gehörnerven besonders bei Hunden, Kaninchen und Vögeln entsteht nach ansteckenden Nasenentzündungen der Kaninchen, bei der Hühnerpest, bei Gehirnkontusionen, bei Blutungen ins innere Ohr, bei Oblongata- und Kleinhirnerkrankungen.

Literatur.

ALEXANDER: (a) Zur vergleichenden pathologischen Anatomie des Gehörorgans. I. Gehörorgan und Gehirn einer unvollkommen albinotischen Katze. Arch. Ohrenheilk. 5 (1900). (b) Zur Kenntnis der Mißbildungen des Gehörorgans, besonders des Labyrinths. Z. Ohrenheilk. 46 (1904). (c) Anatomisch-physiologische Untersuchungen an Tieren mit angeborenen Labyrinthanomalien. Wien klin. Wschr. 1902. (d) Weitere Studien an den Gehörorganen unvollkommen albinotischer Tiere. II. Zur Kenntnis der kongenitalen Mißbildungen des inneren Ohres. Z. Ohrenheilk. 48. — ALEXANDER u. KREIDL: (a) Zur Physiologie des Labyrinths der Tanzmaus. Pflügers Arch. 82. (b) Anatomisch-physiologische Studien. Pflügers Arch. 88. (c) Zur Physiologie der neugeborenen Tanzmaus. Pflügers Arch. 88. ALEXANDER u. TANDLER: Untersuchungen an kongenital tauben Hunden und Katzen und an Jungen kongenital tauber Katzen. Arch. Ohrenheilk. 66.

BECKER: Untersuchungen über die Otitis externa des Hundes. Mschr. Tierheilk. 18 (1907). — BENJAMINS: Über die Psoroptes cuniculi. Arch. Ohr- usw. Heilk. 122 (1929). — BEYER: Befunde an den Gehörorganen albinotischer Tiere. Arch. Ohrenheilk. 64. — BIACH u. BAUER: Ein otogener Absceß im Kleinhirnbrückenwinkel bei einem Kaninchen. Mschr. Ohrenheilk. 43. — BRUNNER u. DEMETRIADES: Über eine eigenartige Form der Labyrinthentzündung bei einer weißen Katze. Persönliche Mitteilung.

CYON, V.: Ohrlabyrinth, Raumsinn und Orientierung. Pflügers Arch. 79.

FRÖHNER u. ZWICK: Lehrbuch der speziellen Pathologie und Therapie der Haustiere, 8. Aufl. Stuttgart: Ferdinand Enke 1915.

GILSE VAN: Spontane Otitis media bei der Katze. Ref. Zbl. Hals- usw. Heilk. 12, 547 (1928). — GRÜNBERG: Ein labyrinthogener Subduralabsceß beim Kaninchen. Passow-Schaefers Beitr. 21, 377 f. (1924).

HESSE: Zur Diagnostik wahrer und falscher Cholesteatome. Arch. Ohrenheilk. 114. — HUIZINGA: Über zwei spontane Labyrinthentzündungen beim Kaninchen. Acta oto-laryngol. Stockh. 1930. Kongr.-Ber. London. — HUTYRA-MAREK: Spezielle Pathologie und Therapie der Haustiere, 3. Aufl. Jena: Gustav Fischer 1910.

IMHOFER: Beiträge zur pathologischen Anatomie der Otitis externa beim Hunde. Passow-Schaefers Beitr. 2.

KELEMEN: (a) Cholesteatomatöse beiderseitige Panotitis beim Kaninchen. Arch. Ohrenheilk. 116 (1926). (b) Spontane Labyrinthreizerscheinungen an einigen Säugetieren. X. Internat. Zoologenkongreß. — KITT: Lehrbuch der pathologischen Anatomie der Haustiere, 5. Aufl. Stuttgart: Ferdinand Enke 1921—1923.

LOO VAN DER: Stapesfrakturen und ihre Folgen. Passow-Schaefers Beitr. 26, 856 f. (1927).

MARX: Beitrag zur vergleichenden pathologischen Anatomie der Labyrinthitis. Z. Ohrenheilk. 59 u. 61 u. Verh. dtsch. otol. Ges. 1909. — MAYER, OTTO: Zur Bedeutung des Schneckenfensters für den Übergang der Eiterung aus dem Mittelohr ins Labyrinth. Z. Ohrenheilk. 55, 48 f.

NEUMANN: Gleichgewichtsstörungen beim Meerschweinchen. Zbl. Ohrenheilk. 7. — NIENHUIS: Beitrag zur Erkenntnis über die Entstehung des Mittelohrcholesteatoms beim Kaninchen. Z. Hals- usw. Heilk. 19, 186 f. (1927).

PANSE: (a) Zu Herrn BERNHARD RAWITZ Arbeit: „Das Gehörorgan der japanischen Tanzmäuse". Arch. f. Physiol. 1901. (b) Otol. Verh. 1912, Disk.bem.

QUIX: Otol. Verh. 1912, Disk.bem.

RAWITZ: (a) Über die Beziehungen zwischen unvollkommenem Albinismus und Taubheit. Arch. f. Physiol. 1897. (b) Das Gehörorgan der japanischen Tanzmäuse. Arch. f. Physiol. 1899.

SEIFRIED: Die wichtigsten Krankheiten des Kaninchens: Erg. Path. I 22, 432—589 (1927).

Voss: (a) Die Verletzungen und chirurgischen Krankheiten des äußeren Ohres. Katz-Blumenfeld: Handbuch der speziellen Chirurgie des Ohres, 2. Aufl. Bd 2. (b) Bacillus pyocyaneus im Ohr. Berlin: August Hirschwald 1906. (c) Othämatom. I. Internat. Kongr. Hals-, Nasen- u. Ohrenärzte, Kopenhagen 1928.
Wittmaack: Über das Bogengangssystem der Tanzmäuse. Otol. Verh. 1912.
Zaviska: Otitis externa parasitaria beim Kaninchen. Zit. nach Zbl. Hals- usw. Heilk. 11, 547 (1928). — Zoth: Ein Beitrag zu den Beobachtungen und Versuchen an japanischen Tanzmäusen. Pflügers Arch. 86. — Zürn: Ohrkrankheiten der Kaninchen. Dtsch. Z. Tiermed. u. vergl. Path. 1 (1875).

C. Geschmacksorgan.

Von W. Kolmer, Wien.

Mit 4 Abbildungen.

Das Geschmacksorgan des Kaninchens setzt sich zusammen aus einzelnen auf den *Papillae fungiformes*, auch auf der *Unterseite* der Zungenspitze befindlichen Geschmacksknospen, den zwei Papillae circumvallatae an der Zungenbasis und den beiden Papillae foliatae am Übergange von der Zungenbasis zum Arcus palato-glossus, die die bestausgebildete Papilla foliata fast aller Tiere darstellen. In der Papilla circumvallata finden wir auf der Innenseite des Grabens im Papillenabhang übereinander mehrere Reihen von dichtgedrängten Geschmacksknospen auf der Seite des Walles vereinzelte. Die Gesamtzahl der Knospen wurden von Eerelman und Jonxis mit 2000 für die Papilla foliata, für die Papilla circumvallata mit 250 bestimmt. Die individuellen Schwankungen dieser Zahl sind gering.

In der *Papilla foliata* finden sich die Geschmacksknospen innerhalb der Sinnesflächen jeder Falte in Reihen, welche auf der Zungenoberfläche senkrecht stehen, angeordnet. Heidenhain hat diese als „Stäbe" bezeichnet, sie sollen sich aus genetisch zusammengehörigen Knospen zusammensetzen. Die größeren Knospen enthalten 2, die größten 3 und mehr Poren, und Heidenhain nimmt an, daß sie sich in der Richtung gegen die Zungenoberfläche teilen. Oft zeigen die zusammengehörigen Knospen eines solchen Stabes eine durch Konvergenz der Knospenachsen bedingte Fächerstellung. Auf 400 2porige Knospen fanden sich 368 1porige, 120 3porige, 7 4porige, 1 5porige und 4 6porige. Zuerst soll eine Teilung der Knospen zustande kommen. Sie sollen genetische, auf Teilung regulierte Systeme sein. Die mittlere Größe des Querschnittes der Halbteile doppelporiger Knospen wird als geringer befunden als das Mittel des Querschnittes 1poriger, ebenso die mittlere Größe des Durchschnittes der Dritteile 3poriger geringer als der bezügliche Querschnitt der Halbteile doppelporiger. Bilder, bei denen die Scheidewandbildung ausbleibt, während die Geschmacksgrübchen und die an sie angrenzenden Ampullen sich zerlegen, werden als innere Teilung der Knospen bezeichnet. Da nach Inhalt und Oberfläche das individuelle Größenwachstum ein engbegrenztes ist, muß die Knospe sich teilen, sobald die Zahl der Sinneszellen durch Mitose über ein gewisses Maximum zunimmt. Die in einer Geschmacksknospe enthaltenden Elemente zeigen verschiedene Zellformen infolge des wechselnden, offenbar durch das Alter der Zelle beeinflußten Turgors. Doch besteht kein Anlaß, verschiedene Zelltypen zu unterscheiden, wie sie früher als Stütz- und Sinneszellen angenommen wurden. Äste des Nervus glossopharyngeus, welche Ganglienzellen, die ein kleines Ganglion unterhalb der Papillen bilden, mit sich führen, senden ihre vielfach sich verzweigenden Endfasern ins Epithel. Sie steigen oft gewunden, zwischen den dicht aneinandergedrängten Geschmacksepithelien bis nahe an die kleine Ampulle jeder Knospe auf, sie haften in Isolationspräparaten ziemlich fest

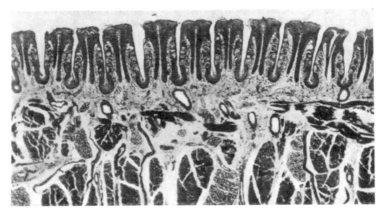

Abb. 192. Übersichtsbild eines Schnittes quer durch die Leisten der Papilla foliata eines *Kaninchens*. Ausführungsgänge der Spüldrüsen im Schrägschnitt. Vergr. 54fach.

an der Oberfläche der Sinneszellen (intragemmale Nerven). Andere Verzweigungen anderer, aber auch oft der erstgenannten Fasern, verzweigen sich im Epithel um und zwischen den Geschmacksknospen (perigemmale Fasern).

Überkreuzung der Innervation oder doppelte Innervation der Papillen scheinen im Gegensatz zur Ratte beim Kaninchen nach Durchschneidungsversuchen nicht vorhanden (EEREL-MAN und JONXIS).

Die Oberfläche der *Geschmackszellen* trägt eine in die Ampulle hineinragende zarte Spitze, in die sich ein wahrscheinlich die Umwandlung eines Diplosoms und einer Geißel darstellendes Fädchen hineinverfolgen läßt. Sie endet im Geschmacksporus.

Am Grunde der Gräben der Wallpapillen und der Falten der Papillae foliatae münden mit kurzen Ausführungsgängen Eiweißdrüsen, die EBNER-schen Spüldrüsen aus. Sie stehen um die Wallpapille im Stroma der Zungenschleimhaut versenkt, fächerförmig. Wahrscheinlich werden sie auch vom Sympathicus innerviert.

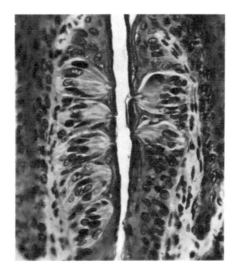

Abb. 193. Details einer Gruppe von Geschmacksknospen aus der Papilla foliata des *Kaninchens*. Vergr. 240fach.

Das *Meerschweinchen* besitzt am Zungengrunde eine nach Art der Papilla foliata geformte Endstelle auf jeder Seite 4 kleine Gruben, keine eigentliche Papille bildend. Etwas weiter rostral beiderseits eine Papilla foliata mit ganz ähnlichen 5 kleinen spaltförmigen Vertiefungen.

Das *Meerschweinchen* besitzt auch an der Zungenspitze auf der unteren Seite Geschmacksknospen auf kleinen Papillae fungiformes. Ferner derartige

am vorderen Zungenabschnitt, auf der Zungenbasis am Zungengrund 2 Papillae
foliatae, die einen Übergang zum Typus der Circumvallata bilden. Charakteristisch sind für das Meerschweinchen überall schmale, spitz zulaufende Geschmacksknospen.

Die Geschmacksorgane der *Maus* und der *Ratte* sind auf einzelne wenig
auffällige Papillae fungiformes im vorderen Abschnitte der Zunge und eine
unpaare Papilla circumvallata am Zungengrunde beschränkt. Auch am weichen
Gaumen finden sich vereinzelte Geschmacksknospen. Die neugeborene Maus
scheint überhaupt noch keine Geschmacksknospen zu besitzen, trotzdem finden
wir im Epithel sich verzweigende Nervenfasern mit freien Endigungen. Erst
bei jungen Tieren entwickeln sich die ziemlich dicht stehenden Geschmacksknospen, jede einzelne Geschmacks-
knospe besteht aus dicht gedrängten
Zellen verschiedener Form, die offenbar verschiedene Alters- und Kom-
pressionszustände eigenartig ausgebildeter Epithelzellen darstellen. Die
Kerne sind lang oval, die Zellen bald
sehr schmal, bald etwas breiter, immer
spitz gegen die Oberfläche zulaufend,
wo sie ein winziges konisches Stift-
chen tragen; es ist aber nicht möglich, Sinneszellen und Stützzellen als
zwei verschiedene Zellarten zu unterscheiden. Die im wesentlichen vom
Glossopharyngeus   herstammenden
Nerven treten an die Basis der Papille
heran, verzweigen sich nach allen
Seiten im Stroma der Papille zu den
Geschmacksknospen und treten in die
einzelnen Knospen von unten her ein,
verästeln sich im Epithel und endigen
mit kleinen Retikolaren an der Oberfläche der verschiedenen Elemente, die
die Geschmacksknospen zusammen-

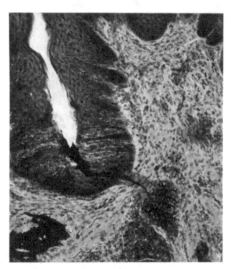

Abb. 194. Ausführungsgang einer Spüldrüse, in
der die Sekretkanäle imprägniert sind, in den
Graben der Papilla circumvallata eines *Meerschweinchens* einmündend. Chromsilber nach
GOLGI-KOPSCH. Vergr. 728fach.

setzen (intragemmale Fasern). Andere Fasern (extragemmale Fasern) endigen
im Epithel zwischen den Geschmacksknospen. Die Basis der Papilla circumvallata enthält ein kleines Ganglion, das wahrscheinlich sympathischer Natur
ist. B. WHITESIDE hat für die Ratte nachgewiesen, daß die Geschmacksknospen
nervenbedingte Strukturen sind, welche verschwinden, wenn man den Glossopharyngeus durchschneidet. Aus dem sie dann ersetzenden indifferenten Epithel
entwickeln sich die Geschmackszellen, die Geschmacksknospen, ja die Papilla
circumvallata selbst, wenn durch Regeneration die Fasern wieder bis zum
Epithel vorgedrungen sind, unter dem Einfluß dieser Fasern auch dann, wenn
man mit dem Thermokauter die Papille oberflächlich zerstört hat. Es zeigt
sich dabei, daß die Geschmacksfasern in der Mitte der Papillen sich teilweise
überkreuzen, also hier ein peripheres Chiasma gustativum vorhanden ist.

Auch Fasern der Chorda tympani versorgen, durch den Nervus lingualis
zugeführt, die Geschmacksknospen der Papillae fungiformes der Ratte. Die
Papilla circumvallata ist so von Glossopharyngeusfasern versorgt, daß ihre
Gesamtheit, auch die der Gräben, von Fasern der beiderseitigen Nerven versehen
wird. Es ergibt das Durchschneidungsexperiment das Vorhandensein eines Ge-
schmacksnervenchiasmas, welches anatomisch von früheren Untersuchern

bereits beschrieben wurde (VASTARINI - CRESI). Der 9. Nerv ist der Hauptfaktor in der Innervation der Papilla foliata. Auch hier besteht ein Übergreifen in den Chorda tympani-Fasern, die hauptsächlich zu den vorderen Falten, gelegentlich auch zu den hinteren Falten ziehen. Nach den Resultaten der angeführten Durchschneidungsversuche, und mit einem Vergleich der Vorkommnisse an anderen Punkten von Nervenüberlagerung liegt es nahe, eine doppelte Innervation einzelner Geschmacksknospen anzunehmen.

Die Maus besitzt eine zart ausgebildete, sehr kleine Papilla foliata am hinteren Drittel der Zunge mit nur einer Falte.

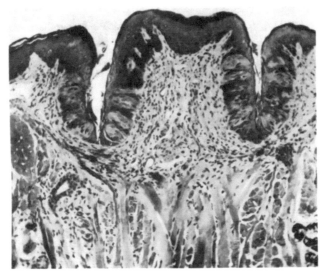

Abb. 195. Papilla circumvallata der Maus, Reichert 4, Komp. Ok. 2. Geschmacksknospen auch am Wall, Ganglion in der Papille.

Bei der Maus finden sich zahlreiche einzeln stehende Geschmacksknospen am weichen Gaumen.

Am Grunde der Gräben der Wallpapillen und der Falten der Papillae foliatae münden Eiweißdrüsen, die EBNERschen Spüldrüsen. Sie stehen um die Wallpapille im Stroma der Zungenschleimhaut versenkt fächerförmig. Ihre Innervation erfolgt wohl vom Sympathicus.

VUORI betont, daß auch beim Kaninchen Zungenpapillen durch Einstrahlen von Muskeln beweglich werden, was auch von Insectivoren und Reptilien bekannt ist.

Bei der Ratte und bei der Maus fand ich, daß der *Canalis incisivus* auf der medianen Seite eine Anzahl von Geschmacksknospen enthält; diese Partie des Plattenepithels der medialen Halbrinne wird bei der Maus auch durch einen besonderen Fortsatz des Nasenscheidewandknorpels gestützt. Man sieht einen Ast von kräftigen, markhaltigen Nervenfasern in einer Rinne des Knorpels ziehen, und von diesen werden einige Äste in die Gegend dieses Geschmacksorgans entsendet, die markhaltig bis in seine nächste Nähe zu verfolgen sind. Die Anordnung ist eine derartige, daß offenbar beim Anpressen der Zungenspitze an die Papilla palatina der Canalis incisivus zusammengepreßt wird und beim Nachlassen des Druckes spaltförmig wieder klafft, so daß wahrscheinlich bei diesem Mechanismus Flüssigkeit in den vorderen Abschnitt der Nasenhöhle und in die Gegend des Jacobsonschen Organs eingesogen werden kann, die dabei gleichzeitig einer Prüfung durch dieses Geschmacksorgan unterzogen wird.

Im Canalis incisivus des *Kaninchens*, der mit geschichtetem Plattenepithel, das winzige Gefäßpapillen besitzt, ausgekleidet ist und von einer kleinen Rinne Fetttropfen enthaltenden Knorpels gestützt wird, konnte ich keine Geschmacksknospen finden.

Nach Simonetta finden sich auch auf der Vorderseite der Epiglottis bei der Maus, ähnlich wie wir es vom Menschen und vielen Tieren kennen, Geschmacksknospen.

Literatur.

Eerelmann und Jonxis: Über die Innervation der Papillae vallatae und foliatae der Kaninchenzunge. Proc. roy. Acad. Amsterd. **33**, 401 (1930).

Grossmann: Mschr. Ohrenheilk. **1921**.

Heidenhain: Untersuchungen über die Teilkörpernatur der Geschmacksknospen in der Papilla foliata des Kaninchens. Anat. Anz. **45**, 358 (1914); Arch. mikrosk. Anat. **83** (1914); Münch. med. Wschr. **1918**. — Hönigschmied: Z. wiss. Zool. **23** (1873); **29** (1877); **34** (1880); **47** (1888).

Kolmer: (a) Über Strukturen im Epithel der Sinnesorgane. (b) Geschmacksorgan. Handbuch der mikroskopischen Anatomie von Möllendorff, S. 154. Daselbst ausführliche Literaturangabe. (c) Über das Vorkommen von Geschmacksknospen im Ductus nasopalatinus der Ratte. Anat. Anz. **63** (1927).

Oppel: Mundhöhle. Handbuch der vergleichenden mikroskopischen Anatomie, Bd. 1.

Retzius: Zur Kenntnis des Geschmacksorgans beim Kaninchen. Biol. Unters. **17**.

Simonetta: Presenza di calici gustativi nella porzione laringea della faringe del topo bianco. Pisa 1928.

Vastarini-Cresi: Chiasma gustativo etc. Internat. Mschr. Anat. u. Physiol. **31** (1915).

Vuori: Duodecim (Helsingfors) **43**, 592 (1925).

Whiteside, B.: Nerve overlap in the gustatory apparatus of the rat. J. comp. Neur. **44**, 363 (1927).

D. Geruchsorgan

s. Respirationsorgane.

Nervensystem.

Von B. Ostertag, Berlin-Buch.

Mit 33 Abbildungen.

I. Vorbemerkung.

Die Schwierigkeit, mit der wohl alle Mitarbeiter dieses Buches zu kämpfen hatten, und die in erster Linie dadurch bedingt ist, daß bei möglichster Kürze eine erschöpfende Darstellung gegeben werden sollte, war für das Nervensystem besonders groß. Alle die Literaturangaben, zumal die ausländischen, die teils in der Fachliteratur der Neurologen, teils der Veterinärexperimentatoren, der Physiologen und Bakteriologen verstreut sind, auch nur einigermaßen vollständig zu berücksichtigen, dürfte kaum gelungen sein.

Die Behandlung des Nervensystems der kleinen Tiere im Rahmen solcher ganz verschiedener Interessengebiete erschwert hier wiederum die einheitliche Darstellung. Immerhin waren die Eindrücke dieses Literaturstudiums der Anlaß, die normale Anatomie, die moderne Auffassung von der Architektonik, sowie die Histologie des Gehirns unserer Versuchstiere wenigstens kurz darzustellen.

Um bei der Beschreibung der Erkrankungen Wiederholungen zu vermeiden, und um für die dringend notwendige einheitliche Untersuchungstechnik und Nomenklatur zu werben, habe ich in weitgehendster Anlehnung an die Lehre der Nissl-Alzheimerschen Schule zusammenfassend die allgemein-pathologischen Veränderungen des nervösen Gewebes und die histopathologischen Symptomenkomplexe besprochen und bei der Darstellung der speziellen Erkrankung der einzelnen Tiere auf das in dem allgemeinen Teil Gesagte, soweit angängig, verwiesen. Auch weiterhin haben wir Wiederholung zu vermeiden gesucht und die Erkrankungen, die bei dem Kaninchen bereits erörtert wurden, bei den anderen Tieren nicht erneut behandelt. — Leider sind wir von einer Vollständigkeit des nachfolgenden Abschnittes noch weit entfernt, da wir Vieles noch nicht zum Abschluß bringen und trotz eines relativ großen Materials nicht alle vorkommenden Erkrankungen beobachten konnten, insbesondere zu wenig Gehirne solcher Tiere bekamen, die nur somatisch erkrankt waren.

Viel des uns liebenswürdigerweise zur Verfügung gestellten Materials war durch ungeeignete Vorbehandlung unbrauchbar geworden, weshalb wir uns entschlossen haben, einleitend kurz auf die Technik der Präparation und der Untersuchung des Zentralnervensystems der Tiere einzugehen.

II. Technik der Untersuchung des Zentralnervensystems.

Liegen nicht besondere Gründe (wie z. B. durch experimentelle Eingriffe bedingte besondere Verhältnisse) vor, dann stellt die zweckmäßigste Methode die Eröffnung des gesamten Zentralnervensystems in der Art der beigefügten Abbildung dar.

Die wesentlichste Vorbedingung zur Gewinnung einwandfreier Resultate ist die *gleichmäßige Technik*. Zur Erzielung auch nur einigermaßen exakter Ergebnisse sind moribunde Tiere eher zu töten, bevor der Tod in der Nacht eintritt, und das Tier erst nach mehr oder weniger vorgeschrittener Autolyse zur Präparation gelangen kann. Denn, wie wir uns dauernd überzeugen konnten, wird gerade die histologische Verarbeitung der kleinen Tiere durch nichts so beeinträchtigt, wie durch die kadaverösen Veränderungen.

Sollte ein Tier unerwartet des Nachts verendet sein, so wird man grundsätzlich sofort beim Auffinden des Tieres das Fell abziehen, die Bauchhöhle eröffnen und das Tier bis zur Präparation des Zentralnervensystems in Formol aufbewahren lassen. Hierdurch wird viel eher ein Stillstand der Autolyse erreicht, als es nach unseren Erfahrungen durch Aufbewahren im Kühlschrank möglich ist. Ist eine Präparation nicht sofort durchführbar, dann lassen wir die obersten Halswirbel und eventuell vorsichtig ein Stückchen Schädeldach auf beiden Seiten eröffnen, um der Fixierungsflüssigkeit Zutritt zu gewähren.

Die Präparation beginnen wir auf der Scheitelhöhe, wo man mit einem geeigneten Instrument (bei jugendlichen Tieren genügt eine Schere) das Schädeldach eröffnet und tunlichst durch einen biegsamen weichen Spatel das Gehirn schützt, denn Verletzungen der Hirnhäute sind unter allen Umständen zu vermeiden, da bei jeder Läsion nur zu leicht Gehirnsubstanz hervorquillt und störende Bilder entstehen.

Die weitere Eröffnung des Schädeldaches nehmen wir in oraler Richtung vor (tragen dabei alles Notwendige vom Orbitaldach ab), bis der Tractus olfactorius vollkommen freiliegt. Dann drehen wir das aufgespannte[1] Tier herum (bedecken dabei die freigelegten Hirnpartien mit einem feuchten, eventuell mit dünnem Formalin getränkten Tupfer) und präparieren caudalwärts weiter.

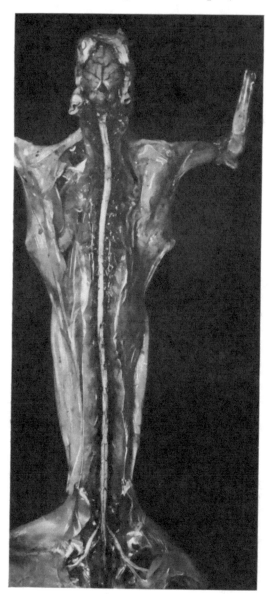

Erleichtert wird das Arbeiten durch eine Fixierung der Kiefer, wodurch wir den Kopf so weit abbiegen können, daß das Gebiet der Nackenbeuge vollkommen gestrafft ist. Besondere Vorsicht erheischt die Präparation der dorsalen Kleinhirnzisterne (in der sich sehr häufig pathologische Prozesse einnisten), sowie die Präparation des Kleinhirns, besonders beim Kaninchen, dessen Pars petrosa cerebelli vorsichtig vom Knochen befreit werden muß. Hier fügen wir stets eine Inspektion des Ohres ein, weil sich an dieser Stelle gern Infektionen ansiedeln.

Wir setzen die Präparation vorsichtig caudalwärts fort, indem wir mit einer scharfen Knochenzange, die der Größe des Tieres entsprechen muß, die Wirbelbögen so weit nach beiden Seiten abpräparieren, daß die Spinalganglien sichtbar sind. Die freigelegten Partien bedecken wir immer wieder zum Schutz vor dem Austrocknen der Pia mit einem feuchten Tupfer. So wird bis zum Filum terminale freipräpariert, etwas oberhalb davon erkennt man den Abgang der Wurzelfasern, die sich zum Ischiadicus vereinigen, den wir ebenfalls im Zusammenhang mit dem Rückenmark freilegen.

Unter gewöhnlichen Verhältnissen, vor allen Dingen wenn es sich um die Aufklärung des anatomischen Substrates irgendwelcher Erkrankungen handelt, lasse ich das Zentralnervensystem in dieser Lage noch

Abb. 196. Fertiges Präparat des Kaninchens mit freigelegtem Zentralnervensystem und Präparation des Ischiadicus.

[1] Das Aufspannen geschieht am besten in der Weise, daß auf einer geeigneten Platte zunächst die hintere Extremität fixiert und alsdann die vordere Extremität möglichst gespannt angebunden wird. Unter den Brustkorb bzw. die Unterseite der Schultergelenke schiebt man einen gehörigen Bausch aus Zellstoff oder Watte, durch den eine vollkommene Spannung des Präparates und damit dessen Unverschieblichkeit erreicht wird.

einmal 24 Stunden anfixieren, nur entnehme ich sofort aus dem in situ belassenen Organ mit einem scharfen Messer Stücke zur anderweitigen Fixierung, insbesondere der in 96%igem Alkohol zwecks Herstellung der Nisslbilder. Von dem vielfach empfohlenen Vorgehen, Gehirn und Rückenmark noch in frischem Zustande von der knöchernen Unterlage zu entfernen, sind wir bei den kleineren Tieren seit langem abgekommen, weil dabei nur zu leicht eine Zerstörung durch Abreißen eintritt und wichtige Zusammenhänge nicht mehr erkennbar werden. Unsere Fixierung ist überdies eine sehr viel bessere und gleichmäßigere, als wenn etwa das frisch gewonnene Präparat von der knöchernen Unterlage entfernt und auf eine Wachsplatte gelagert wird. Sie bietet den großen Vorteil, stets eine Lokalisation zu gestatten, sowie es dauernd zu ermöglichen, etwaige Infektionswege, wie durch die Nebenhöhlen oder vom Ohr aus eindeutig aufzudecken. Besonders aber sei noch auf die Wichtigkeit der Freilegung der großen Nervenstämme, z. B. des Ischiadicus im Zusammenhang mit dem Rückenmark hingewiesen.

Für die *bakteriologische* Untersuchung dürfte es bezüglich des Rückenmarks am zweckmäßigsten sein, aus einer oder verschiedenen Stellen mit einer sterilen Schere in kurzen Schlägen ein Stück des Wirbelkanals zu entnehmen und nach Abtrennen desselben mit einem sterilen Draht die Nervensubstanz herauszuschieben. Man wird dabei so vorgehen, daß man zunächst die äußere Haut spaltet und zur Seite schiebt, schließlich die Muskulatur entfernt und die Umgebung abbrennt, ehe man den Wirbelkanal herausnimmt.

Wird *Gehirnsubstanz* zum Überimpfen gewünscht und soll trotzdem eine histologische Untersuchung durchgeführt werden, so beschränken wir uns auf die Überimpfung aus der einen Gehirnhälfte, man wird die benötigte Substanzmenge leicht von einem Knochendefekt (wie oben zur Fixierung angegeben) erhalten können.

Zur *histologischen Untersuchung* schneiden wir mittels eines scharfen Messers, besser jedoch oft mit einer spitzen scharfen Schere in kleinen Schlägen zur Fixierung in 96%igem Alkohol Stückchen heraus und belassen den Rest in situ in Formalin.

Kommt jedoch das Material nicht frisch in unsere Hände oder ist es zu weich, um glatte Schnitte ohne Quetschungen überhaupt erzielen zu können, dann belassen wir das Zentralnervensystem zunächst in Formalin. Oft dürfte dies das Zweckmäßigste sein, selbst wenn wir dabei auf das Nissläquivalentbild verzichten müssen, denn wesentlicher ist es unter gewissen Umständen, daß eine absolut gleichmäßige Technik beibehalten wird, die vergleichbare Bilder gibt.

Wie sehr die Ganglien-Zellbilder abhängig sind von der Art der Fixierung, zeigt u. a. ganz eindeutig die Arbeit MAXIMILIAN ROSEs, der die folgenden 4 Abbildungen verkleinert entnommen sind.

Abb. 197a: Area postcentralis, 24 Stunden in der Leiche belassen, dann in 10% Formalinlösung fixiert,

Abb. 197b: Dieselbe Region nach dem Tode mit 10% Formalinlösung durchspült,

Abb. 197c: Dieselbe Region gleich nach dem Tode mit RINGERscher Lösung und 20%iger Formalinlösung durchspült und

Abb. 197d: Gleich nach dem Tode in 96% Alkohol eingelegt.

Die mikroskopische Technik ergibt für unsere Kleintiere nur selten die Notwendigkeit, von dem Herkömmlichen abzuweichen. Das in 96% Alkohol fixierte Nervenmaterial wird entweder in Celloidin oder vorsichtig in Paraffin eingebettet. Bei sorgfältiger Paraffineinbettung fallen Schrumpfungen vollkommen fort, und die Bilder unterscheiden sich in keiner Weise von den in Celloidin eingebetteten Präparaten. Dagegen geben die Paraffinschnitte die Möglichkeit, dünnere Schnitte, insbesondere für Bakterienfärbungen zuzulassen. An derartigen Paraffinpräparaten haben wir schließlich für die vorliegenden Untersuchungen

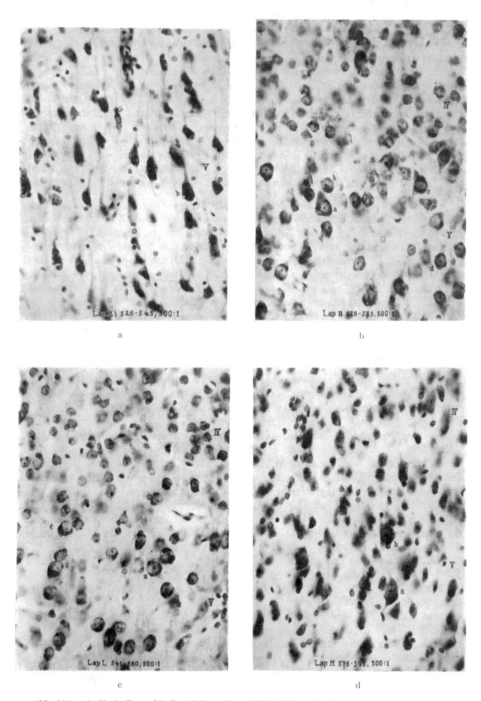

Abb. 197 a—d. Nach ROSE [J. Psychol. u. Neur. 38 (1929)]. Dieselbe Region des Kaninchens
bei verschiedener Fixierung.

regelmäßig die Cresylviolettfärbung zur Darstellung des Zellbildes, die Toluidin-Rhodamin-
färbung, die May-Grünwald-Giemsafärbung, die HOLZERsche Gliamethode und nach vor-
hergehender Beizung mit der WEIGERTschen Gliabeize auch die ALZHEIMER-MANNsche
Färbung angewandt.

Auf Gefrierschnitte kann da, wo es sich um fettige Abbauprodukte handelt, oder wo die
Silberimprägnation nach BIELSCHOWSKY herangezogen werden soll, nicht verzichtet werden.

Bei den Tieren ziehen wir die Einbettung in Gelatine den einfachen Gefrierschnitten vor, weil sonst zu leicht Teile des Organs verloren gehen oder einzelne
Stränge beim Färben des Rückenmarks ausfallen.

Auch die Pia werden wir dabei stets vollständig mit am Präparat behalten.
Trennt sich jedoch bei schnell herzustellenden Gefrierschnitten die Pia ab, dann
ist es zweckmäßig, die von einem Querschnittsblock abgelöste Pia für sich getrennt wie einen Schnitt zu behandeln und das gut ausgebreitete Präparat auf-
zuziehen. Man ist stets erstaunt, auf diese Weise oft Veränderungen der Pia
erkennen zu können, die sich auf dem dünnen Querschnitt des Organs der
Beobachtung entziehen.

Handelt es sich um frischere Erkrankung, so verwenden wir auch die
Marchimethode. Mit dieser sind schon Abbauprodukte feststellbar, die wir
mit Sudan oder Scharlachrot noch nicht färben können.

Als Spezialfärbemethode für den peripheren Nerv seien neben der BIEL-
SCHOWSKYschen Silbermethode die GROSSSche Imprägnation genannt.

Literatur für Technik und normale Anatomie: SPIELMEYER, BIELSCHOWSKY, JAKOB
u. Enzyklopädie der mikroskopiscnen Technik.

Bezüglich des vegetativen Nervensystems siehe bei STÖHR, der seine Erfahrungen u. a.
in dem neu erschienenen Handbuch der experimentellen Physiologie niedergelegt hat.

III. Normale Anatomie.

a) Morphologie.

Kurze Angaben finden sich bei GERHARDT, SCHAUDER und HABERLAND,
etwas eingehender ist die makroskopische Anatomie des Kaninchens von KRAUSE
behandelt. Die einzig wirklich brauchbare Darstellung mit genügender Berücksichtigung der Faserverhältnisse und des Zellaufbaues stammen von WINKLER
und POTTER und dürfte, wenngleich in Einzelheiten überholt, für jeden Experimentator unentbehrlich sein. Der im Erscheinen begriffene Atlas über
das Kaninchengehirn von ROSE (J. Psychol. u. Neur.) berücksichtigt leider
zunächst nur den Cortex, während der Rattenatlas POPOFFs ebenda das
gesamte Rattengehirn miteinbeziehen soll. Die vergleichende Anatomie auch
der Nager ist in dem Handbuch ARIEN KAPPERS weitgehendst berücksichtigt,
verstreute Angaben finden sich in EDINGERs Vorlesungen über die nervösen
Zentralorgane und in KUHLENBECK, Zentralnervensystem der Wirbeltiere.
Für die physiologische Anatomie der subcorticalen großen Ganglienzellen bzw.
des Mittel- und Nachhirns sind die Werke von R. MAGNUS: Körperstellung
(Berlin 1924) und von RADEMAKER: Die Bedeutung der roten Kerne usw. (Berlin
1925) von ausschlaggebender Bedeutung geworden.

Kaninchen. Die seitlich stark ausgezogenen Hemisphären bedingen eine
Vogelähnlichkeit des Gehirns. Der Frontalpol ist sehr spitz, der Occipitalpol
flach abgerundet, der Occipitallappen weicht auseinander und läßt in der Tiefe
gerade die Vierhügelplatte erkennen. Das Kleinhirn ist durch die sehr tiefe Fissura transversa gegen das Großhirn abgegrenzt. Dem Frontalpol vorgelagert
ist der Bulbus olfactorius, der gegen das übrige Gehirn durch die ticfe Fissura
rhinalis abgesetzt ist. Dieselbe setzt sich bis in das Hinterhaupt fort und trennt
damit das gesamte Riechhirn (den Tractus olfactorius und den Lobus piriformis) ab. Ungefähr in der Mitte dieser Furche liegt die Fossa Sylvii, von
der aus sich die Fissura Sylvii gegen die Kante des Hirnmantels hinzieht.

Parallel zur Mantelkante läuft der Sulcus occipitalis lateralis und weiter vorn der nur schwach ausgeprägte Sulcus coronarius. Schräg dorsal von der SYLVIIschen

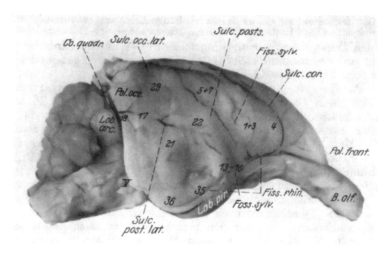

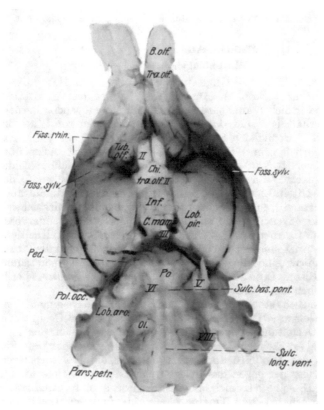

Abb. 199.

Furche geht der schwach ausgeprägte Sulcus post-sylvicus ab und in der Nähe der Calcarinaregion verläuft der Sulcus occipitalis posterior lateralis. Der Gyrus Hypocampi wird von dem Occipito-temporal-Gyrus durch den Sulcus collateralis des Schläfenlappens getrennt.

Wir können Stirn-, Scheitel- und Occipitallappen nur annähernd unterscheiden, eine scharfe Trennung durch eine Furchung, die wirklich genetisch verschiedene Hirnteile voneinander trennt, ist nur die Fissura rhinalis, die (EDINGERS) Archipallium von dem Neopallium abgrenzt.

Auf dem Sagittalschnitt in der Medianlinie imponiert zunächst der beim Kaninchen auch sehr gut ausgeprägte Balken, in dem wir Splenium, Truncus und Balkenknie unterscheiden können. Ebenso ist die Fornixformation deutlich zu erkennen.

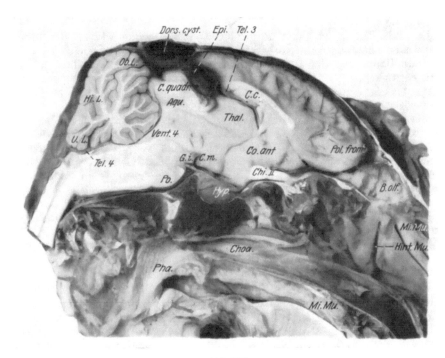

Abb. 200.

Erklärungen zu Abb. 198—200.

Aqu. Aquädukt.
B. olf. Bulbus olfactorius.
C. c. Corpus callosum.
C. mam. Corpus mammillaris.
Co. ant. Commissura anterior.
C. quadr. Corpus quadrageminata.
Co. ps. Hintere Commissur.
Chi. Chiasma.
Choa. Choane.
Dors. cist. Dorsale Kleinhirnzisterne (durch Blutung ausgefüllt, Vordringen der Blutung in die Tela chorioidea).
Epi. Epiglottis.
Fiss. rhin. Fissura rhinalis.
Fiss. Sylv. Fissura Sylvii.
Foss. Sylv. Fossae Sylvii.
Pars petr. Pars petrosa.
G. i. Ganglion interpedunculare.
Hi. M. Hintere Muschel.
Hi. L. Hinterlappen des Kleinhirns.
Hyp. Hypophyse.
Inf. Infundibulum.
Lob. pir. Lobus piriformis.
Lob. arc. Lobus arcuatus.
mi. Mu. mittlere Muschel.
Ol. Olive.
Ob. L. Oberlappen.
Pha. Pharynx.
Po. Pons.
Pol. front. Frontalpol.
Pol. occ. Occipitalpol.
Py. Pyramiden.
Ped. Pedunculi cerebri.

Sulc. bas. Sulcus basilaris pontis.
Sulc. cor. Sulcus coronarius.
Sulc. l. v. Sulcus longitudinalis ventralis.
Sulc. occ. lat. Sulcus occipitalis lateralis.
Sulc. post. Sulcus post-sylvicus.
Sulc. post. lat. Sulcus posterior lateralis.
Tel. 3. Tela chor. d. 3. Ventrikels.
Tel. 4. Tela chor. d. 4. Ventrikels.
Thal. Thalamus mit der sehr stark entwickelten Massa intermedia.
Tra. olf. Tractus olfactorius.
Tra. II. Tractus opticus.
Tub. olf. Tuberculum olfactorius.
U. L. Unterlappen des Kleinhirns.
V. Kleinhirnwurm.
Vent. 4. 4. Ventrikel.
II. Nervus opticus.
III. Nervus oculomotorius (zwischen den Oculomotorii das Ganglion interpedunculare.)
V Trigeminus.
VI Nerv. abducens.
VIII Nerv. acusticus, darüber Nerv. VII.
1 + 3 Area postcentralis.
4 Area praecentralis.
5 + 7 Area parietalis.
13—16 Area insularis.
17 Area occipitalis.
18 Area calcarina.
20 Area temporalis inferior.
21 Area temporalis media.
22 Area temporalis superior.
35 Area perirhinalis.
36 Area ectorhinalis.

Besonders charakteristisch für das Kaninchengehirn sind die ziemlich schwache Brücke bei der mächtig entwickelten Oblongata und der enorm entwickelten Vierhügelgegend, sowie die recht großen Thalami.

Der Circulus arteriosus Willisii ist nicht vorhanden, da die vordere nasale Verbindung fehlt.

Die Falx cerebri ist kaum ausgebildet, ein Tentorium wie bei den großen Säugern ist ebenfalls nicht vorhanden. An dessen Stelle lediglich eine sinusführende Doppelung der Dura. Die Brust- und Lendenanschwellung ist sehr stark entwickelt.

Die Halsanschwellung liegt beim Kaninchen zwischen dem 5. und 7. Hals, die Lendenanschwellung auf der Höhe des 12. Brust- bis 1. Lendenwirbels.

Meerschweinchen. Das Meerschweinchengehirn ist etwas kürzer und gedrückter, die Fissura Sylvii steht nahezu senkrecht, die Furchen sind wesentlich prägnanter, ebenso wie die Kleinhirnläppchen eine weitaus bessere Zeichnung zeigen wie beim Kaninchengehirn. Der Wurm tritt deutlicher hervor, die Kleinhirnhemisphären stehen denen des Kaninchens ganz erheblich an Größe nach. Die für das Kaninchengehirn charakteristische Pars petrosa cerebelli fehlt vollkommen.

Die Bulbi olfactorii sind relativ groß, der Scheitellappen recht breit, die Stirnlappen verjüngen sich mehr nasal.

Die Nackenbeuge beim Meerschweinchen ist wesentlich stärker ausgeprägt als beim Kaninchen, ein Grund mit, weshalb es so überaus schwierig ist, vom Meerschweinchen Liquor zu erhalten.

Ratte. Die Bulbi olfactorii sind sehr groß. Die Scheitellappen ziemlich breit. Der Stirnlappen verjüngt sich nasal mehr als beim Kaninchen.

Das Rattengehirn ist im ganzen gleichmäßig gestreckter als das der beiden vorher genannten Tiere, die Hals- sowohl wie die Lendenanschwellung sind außerordentlich stark ausgeprägt und imponieren gegenüber dem sonst dünnen Brustmark.

Die Hinterstränge sind bei der Ratte sehr schwach entwickelt.

Maus. Bei der Maus sind nur noch die Hauptfurchen leicht angedeutet. Der Occipitallappen bedeckt nicht mehr die relativ großen Vierhügel.

Die Zeichnung des Kleinhirns läßt noch deutlich den Wurm und die beiden nur wenig gegliederten Hemisphären erkennen.

Hals- und Lendenanschwellung sind ähnlich wie bei der Ratte stark ausgeprägt.

Allen Tieren gemeinsam ist das Offenbleiben des Zentralkanals, der von einer (selten mehrschichtigen) Ependymschicht ausgekleidet ist.

Beim Kaninchen mündet er caudal auf der Höhe des zweiten Lumbalwirbels in den Ventriculus terminalis, einer Erweiterung des ursprünglichen Medullarrohrs.

Die Pyramidenbahnen gehen bei den kleinen Nagern, wie Maus, Ratte und Meerschweinchen zum größten Teil nicht in die Pyramidenseitenstränge, sondern in die Hinterstränge über.

Die Markreifung ist beim Meerschweinchen im Gegensatz zum Kaninchen schon bei der Geburt sehr weit fortgeschritten.

Zu beachten ist die Lagebeziehung des Gehirns zu den Nebenhöhlen (s. Abb. 200).

Insbesondere sei darauf hingewiesen, daß der Subarachnoidalraum mit den Lymphspalten der Cerebrospinalnerven communiciert, sowie mit den Lymphgefäßen der Nasenschleimhaut und dem inneren Ohr.

b) Architektonik [1].

Die etwas grobe Einteilung des Vorderhirns, wie sie noch EDINGER gegeben hat, in ein Palaeo-, Archi- und Neopallium, hat rein anatomisch keine hinreichende Berechtigung, weil alle Anhaltspunkte dafür fehlen, unter denen ein cytoarchitektonisch oder ein funktionell aufgebautes Zentrum mit Recht zu irgendeiner oder der anderen Gruppe gerechnet werden kann. Aus diesem Grunde hat BRODMANN, insbesondere aber M. ROSE, die histogenetische Einteilung der Großhirnrinde geschaffen, als deren Ergebnis die genannten cytoarchitektonischen Atlanten der Maus (ROSE), der der Ratte (POPOFF) und der demnächst erscheinenden ROSES über das Kaninchen multieren. Ich kann auf

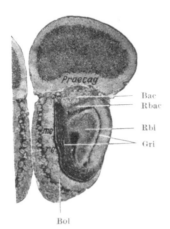

Abb. 201. Frontalschnitt durch den caudalen Bulbus olfac. und den vordersten Teil des Stirnlappens (agranuläre Präzentralregion. Rbac Reg. retrobulbaris. Gri Stratum granulosum internum. me Stratum moleculare externum. re Stratum pyramidale externum. (Die Bezeichnung me bezieht sich auf die rechts gelegene Zellschicht, während sich die Bezeichnung pe auf die links gelegene Zellschicht bezieht.)

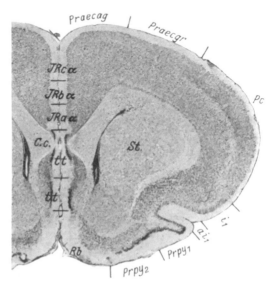

Abb. 202. Frontalschnitt durch das orale Striatum der Ratte. Die Furche bei ai 1 ist die Fiss. rhinal. Bezeichnungen s. Tabelle. Das Striatum ist von den Faserbündeln der inneren Kapsel durchzogen. Wir sehen ferner größtenteils auf dem Anschnitt den vordersten Teil des Seitenventrikels.

den Entwicklungsgang dieser Forschungsrichtung nicht näher eingehen und beschränke mich, indem ich den Ausführungen ROSES in seinem Mäuseatlas [J. Psychol. u. Neur. **40** (1929)] folge, auf die Wiedergabe seiner heutigen Einteilung.

---

[1] Aus Ersparnisgründen mußten die dem Manuskript ursprünglich beigefügten Zellübersichtsbilder von Ratte, Maus und Kaninchen ganz erheblich reduziert werden, und aus eben demselben Grunde mußten wir auf die Wiedergabe der Markscheidenpräparate der wichtigsten Frontalschnitte verzichten. Die Auswahl der 8 architektonischen Übersichtsbilder geschah nur unter dem Gesichtspunkte, wenigstens einigermaßen einen Eindruck der einzelnen Hirnregionen zu vermitteln. Wir glaubten, dies nicht unterlassen zu dürfen, nachdem wir uns mehrfach davon überzeugen konnten, daß gewisse Veränderungen nicht selten in bestimmten Regionen zuerst auftreten oder sich am schwersten manifestieren. Wir wollten es insbesondere auch dem weniger Geübten möglich machen, bei Beschreibung pathologischer Prozesse die einzelnen Gehirngebiete mehr zu berücksichtigen und durch Kenntnis der Struktur Fehler zu vermeiden, wie sie gelegentlich einzelnen Untersuchern doch unterlaufen, z. B. bei den Zellanhäufungen im Tuberculum olfactorium caudale, bei dem Anschneiden des Ventrikels oder bei Beurteilung pathologischer Prozesse in gewissen Areae. Es erscheint auch, wenn wir die Prozesse bei unseren Versuchstieren vergleichend anatomisch auswerten wollen, heute nicht mehr angängig, einfach nur von Veränderungen in der Hirnrinde zu sprechen. — Durch den Ausfall des größten Teiles der Abbildungen ist ein erheblicher Mangel entstanden, den wir auch dadurch nicht ausgleichen konnten, daß wir die vorhandenen Bilder, soweit nachträglich noch möglich, beschrifteten.

Wir unterscheiden heute an der Großhirnrinde der Nager

1. den Cortex semiparietinus (den *Semicortex*), wie ihn Rose und Popoff zwecks Vereinheitlichung der Namengebung genannt haben, der folgende Regionen umfaßt: Regio praepyriformis, Tuberculum olfactorium, Regio periamygdalaris, Regio diagonalis, Septum pellucidum:

2. den Cortex totoparietinus sive pallialis, *Totocortex* benannt, mit seinen Untergruppen: schizoprotoptychos (*Schizocortex*) und holoprotoptychos (*Holocortex*). Es gliedert sich in den Cortex

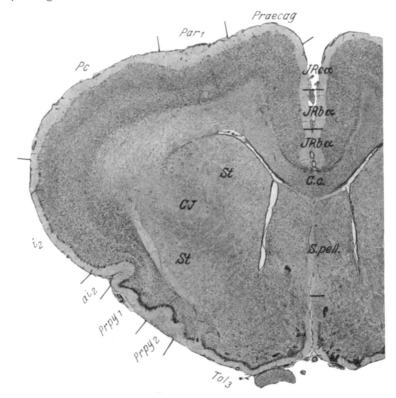

Abb. 203. Vom Kaninchen. Bei dem Feld ai 2 wieder die Fiss. rhin. Ci Capsula interna. St: das Striatum, oberhalb der Capsula interna der Nucl. caud. Unterhalb der inneren Kapsel die helleren Partien das Putamen; die dunkleren, der inneren Kapsel anliegenden Partien rechts von dem unteren „St" gehören dem Globus pallidus an. Zwischen Putamen und der Rinde das Marklager der Capsula externa.

a) schizoprotoptychos (Schizocortex),
    α) parumstratificatus (Regio praesubicularis, Regio perirhinalis),
    β) multistratificatus (Regio entorhinalis).

b) holoprotoptychos (Holocortex),
    α) bistratificatus (Cornu Ammonis, Subiculum, Taenia tecta, Fascia dentata, Regio retrobulbaris),
    β) quinquestratificatus (Regio infraradiata, Regio subgenualis, Regio retrosplenialis granularis, Regio retrosplenialis agranularis),
    γ) septemstratificatus (Regio frontalis, Regio parietalis, Regio temporalis, Regio occipitalis).

3. den Cortex pallio-striatalis sive bigenitus (*Bicortex* genannt).

Hierzu gehören die Area praepyriformis I, Regio insularis agranularis, Regio insularis granularis und propeagranularis.

Der Semicortex ist die primitivste Rinde, die sich aus denselben Abschnitten der Wand der sekundären Hirnbläschen, wie der Streifenhügel entwickelt und somit derselben Matrix entstammt. Es sind *die* Rindenformationen, die den Streifenhügel an der Oberfläche bedecken. Die Zellschichten des Semicortex enthalten nur einen Teil des Bildungsmateriales der Rindenplatte, dessen überwiegende Masse sich vom Ventrikelependym nicht losgelöst hat und statt dessen das Striatum mitbildet.

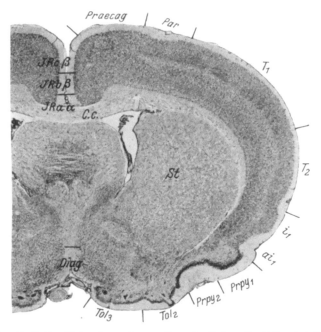

Abb. 204. Von der Ratte. Unter den unteren spitzen Ausläufern des Seitenventrikels erkennt man die schräg getroffene vordere Commissur. Die Zellmassen unter derselben gehören der Regio innominata an.

Im Gegensatz dazu nimmt der *Totocortex* wesentlich mehr Bildungsmaterial aus der Mutterschicht auf. Seine *Schizocortex* genannte Unterabteilung entsteht aus 4 Schichten der Hemisphärenwand (Mutterschicht, Zwischenschicht, Rindenplatte, Randschleier) des sekundären Hirnbläschens, wobei die eigentliche Rindenplatte nur wenige Zellelemente aus der Mutterschicht aufnimmt. Aus der Mutterschicht wandern jedoch später noch weitere Zellen aus, und diese bilden dann unterhalb der eigentlichen Rindenplatte eine durch einen hellen Streifen voneinander getrennte akzessorische Rindenplatte.

Daraus resultiert der 4schichtige Grundtypus:

1. Lamina zonalis,
2. Lamina principalis externa (aus der eigentlichen Rindenplatte entstehend),
3. Lamina dissecans und
4. Lamina principalis interna (die frühere akzessorische Rindenplatte).

Die andere Untergruppe, der *Holocortex*, entsteht aus der völligen Ausdifferenzierung des gesamten Zellmaterials der Matrix.

In früheren Entwicklungsperioden bildet die Wand des sekundären Hirnbläschens 4 Schichten: Mutter-, Zwischenschicht, Rindenplatte und Randschleier.
Aus der Matrix (unter Loslösung vom Ependym) wandern sämtliche Elemente
der Mutterschicht in die Rindenplatte hinein, wo deren Differenzierung und der
architektonische Aufbau statthat. Es entstammen also sämtliche Zellen der
Rindenplatte (Protoptyxrindenplatte). Je nach ihrer Schichtung in 4 oder 6

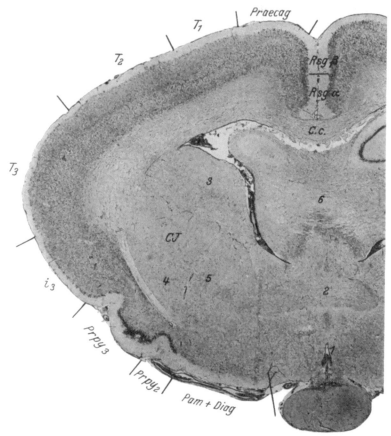

Abb. 205. 1 Infundibulum, darunter das Chiasma. 2 Commissura anterior. 3 Nucl. caud. und
beginnender Thalamus. 4 Putamen. 5 Pallidum. 6 Commissura fimbriae, links und rechts die
Nuclei proprii. Links von 4 die Caps. externa.

Zellschichten + Lamina zonalis unterscheidet man den 5- oder 7geschichteten
Typus. Unterbleibt die Unterschichtung, wie z. B. im Ammonshorn, dann sprechen wir von dem 2geschichteten Typus, den ROSE als einen primitiven Zustand des Holocortex auffaßt. Der 7geschichtete Holocortex stellt die höchste
Entwicklungsstufe dar[1].

Schließlich haben wir noch den sog. Bicortex zu erwähnen, dem die Insel-
rindenformation zugehört. Er nimmt eine Zwischenstellung zwischen dem

---

[1] BRODMANN hat zwar nur den 6geschichteten Grundtypus anerkannt, mit VOGT teilen
wir jedoch die Rinde in eine 7geschichtete ein, nachdem dieser Autor die 6. Schicht in die
6. und 7. Schicht untergeteilt hat.

Toto- und Semicortex ein, weil er das Bildungsmaterial teils von der Mutterschicht des Palliums, als auch von der Mutterschicht des Striatums herleitet,
weshalb ihm ROSE den ebengenannten Namen *Bigenitus* gegeben hat. Zu den
charakteristischen Merkmalen des Bicortex „gehört im definitiven Zustand
die Vormauer" (das Claustrum).

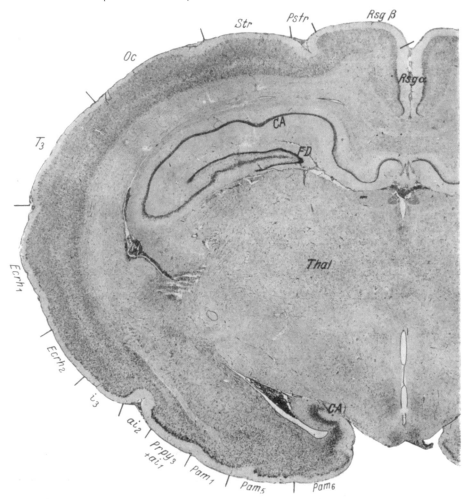

Abb. 206. Medial unten das Infundibulum. Der Thalamus befindet sich auf der Höhe der größten Ausdehnung, lks. unten das Unterhorn des Seitenventrikels, unter der Tela chorioidea der Ventrikel, der
durch die ungeheure Massa intermedia thalami unterbrochen wird.

Die Frontalschnittzellbilder, deren Bezeichnung ROSE liebenswürdigerweise
mit übernommen hat, haben wir aus der Serie der genauer untersuchten Tiere,
Kaninchen, Ratte und Maus, so ausgewählt, daß sich der Untersucher, der ja
doch meist mit Frontalschnitten arbeitet, am leichtesten orientieren kann.
Die Bilder sind alle im gleichen Maßstabe 7,5 vergrößert wiedergegeben und
so ausgewählt[1], daß sie eine Ergänzung füreinander (soweit es natürlich bei
den verschiedenen Tieren möglich ist) darstellen.

---

[1] Auch ihre Zahl mußte aus Ersparnisgründen reduziert werden (vgl. Anm. S. 523).

Auf Faserbahnen und Faserverlauf kann ich hier nicht eingehen und muß deshalb auf die bereits genannteñ Werke, insbesondere auf den Atlas von WINKLER und POTTER für das Kaninchen, verweisen.

Beim Kaninchen stellt die innere Kapsel noch ein deutlich erkennbares Gebilde dar, das von den Zellbrücken des Neostriatums (Putamen und Nucleus caudatus) durchbrochen wird, während bei den kleineren Tieren der Faserreichtum erheblich nachläßt und an Stelle der inneren Kapsel mehr einzelne, aus lockeren Bündeln zusammengesetzte Faserzüge die subcorticalen Ganglien durchziehen. Trotzdem ist auch bei den kleinen Tieren das Striatum durch

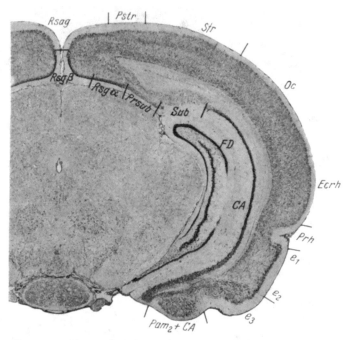

Abb. 207. Ratte. Man sieht medial rechts und links von der Mediallinie unterhalb des Aquädukts die großen Zellmassen der roten Kerne.

seinen Zellaufbau charakterisiert, was unter pathologischen Verhältnissen Bedeutung gewinnen kann, wie z. B. bei den Hyperkinesemäusen F. H. LEWYs und den unserigen die kleinen neostriären Zellen zuerst und am stärksten erkranken.

Das Pallidum erkennt man an seinem einförmigen Zellaufbau, und der bei unseren Tieren sehr mächtige Thalamus ist im Zellbild gut zu erkennen.

Wie bei allen kleineren Tieren finden sich im Rückenmark, dessen Vorderhörner meist sehr kräftig entwickelt sind, zahlreiche Ganglienzellen in den Markarealen zerstreut.

c) Histologie.

1. Ganglienzellen.

Die histologischen Elemente des Zentralnervengewebes bestehen aus den eigentlichen *nervösen Parenchymbestandteilen* ektodermaler Abkunft, den Ganglienzellen und den Nervenfasern, und aus dem *Stützgewebe*, der gleichfalls ektodermalen Glia. Dazu tritt das *mesodermale Gefäßbindegewebe.*

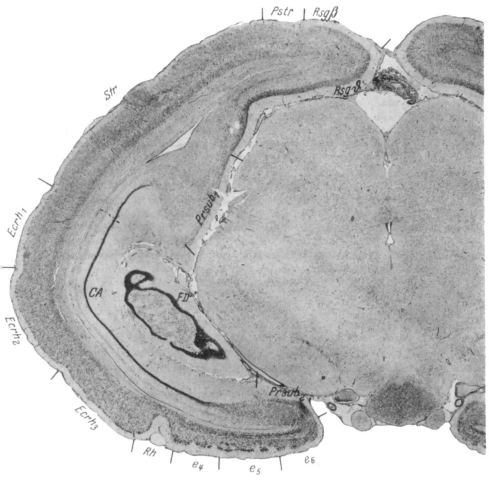

Abb. 208. Zeigt das caudale Ende der Ammonshornformation und die Area striata auf ihrer größten Ausdehnung. In dem Bindegewebe zwischen den beiden Hemisphären liegt die Epiphyse mit eingelagert. Die Fiss. rhinalis liegt jetzt an der Hirnbasis. Über dem Aquaeduct die Commissura posterior. Die Corpora quadrigemina in ihrem oralen Anteil getroffen.

Erklärungen zu Abb. 201—208.

ai 1   Area insularis agranularis anterior.
ai 2   Area insularis agranularis posterior.
Bac   Bulbus olfactorius accessorius.
CA   Cornu Ammonis.
Cc   Corpus callosum.
Diag Regio diagonalis.
e 1   Area entorhinalis anterior dorsalis.
e 2   Area entorhinalis anterior intermedia.
e 3   Area entorhinalis anterior ventralis.
e 4   Area entorhinalis posterior dorsalis.
e 5   Area entorhinalis posterior ventralis.
Ecrh Area ectorhinalis. (Beim Kaninchen
    weitere Teilfelderung Ecrh 1—3.)
FD   Fascia dentata.
i 1   Area insularis granularis anterior.
i 2   Area insularis granularis posterior. (Beim
    Kaninchen weitere Teilfelderung 1—3.)
IRaα   Area infraradiata ventralis anterior.
IRaβ   Area infraradiata ventralis posterior.
IRbα   Area infraradiata intermedia anterior.
IRcα   Area infraradiata dorsalis anterior.
IRcβ   Area infraradiata dorsalis posterior.
Oc   Area occipitalis.
Pam₁   Area periamygdalaris lateralis.
Pam₂   Area periamygdalaris intermedia.
Pam₃   Area periamygdalaris medialis. (Beim
    Kaninchen weitere Teilfelderung Pam 1-6.)

Par   Regio parietalis.
Pc   Area postcentralis.
Praecag   Regio praecentralis agranularis.
Praecgr   Regio praecentralis granularis.
Prh   Area perirhinalis.
Prpy 1   Area praepyriformis lateralis.
Prpy 2   Area praepyriformis medialis.
Prpy 3   Area praepyriformis intermedia.
Prsub 1   Area praesubicularis dorsalis.
Prsub 2   Area praesubicularis ventralis.
Pstr   Area peristriata.
Rb   Regio retrobulbaris.
RSag   Regio retrosplenialis agranularis.
RSgα   Area retrosplenialis granularis ventralis.
RSgβ   Area retrosplenialis granularis dorsalis.
S.pell.   Septum pellucidum.
St   Striatum.
Str   Area striata.
Sub   Subiculum.
T 1   Area temporalis prima.
T 2   Area temporalis secunda.
T 3   Area temporalis tertia.
Tha 1   Thalamus opticus.
Tol 2   Tuberculum olfactorium intermedium.
Tol 3   Tuberculum olfactorium caudale.
tt   Taenia tecta.

Die *Ganglienzellen* weisen sowohl in der Größe wie in ihrer Struktur Unterschiede auf und sind in verschiedenen Hirnregionen charakteristisch gelagert. Diese charakteristische Lagerung in den Rindenarealen bildet den Gegenstand der cytoarchitektonischen Forschung (s. o.).

Charakteristisch für die Gestalt der Ganglienzellen ist eine unregelmäßige Stern- oder Pyramidenform, von der eine Anzahl Fortsätze abgehen. In der Rinde ist deutlich neben verschiedenen peripherwärts und seitwärts gerichteten Fortsätzen der an der Basis der Zellen gelegene Achsencylinderfortsatz zu erkennen, aus dem das Axon, die Nervenfaser, abgeht. Die übrigen Fortsätze, die Dendriten, verzweigen sich alsbald und stellen die Verbindungen mit anderen Ganglienzellen her. Der bläschenförmige Kern der Ganglienzelle enthält den dunkelgefärbten Nucleolus. Der Zelleib, dessen Größe im Verhältnis zum Kern außerordentlich wechselt, enthält in mehr oder minder reichlichem Maße die mit den basischen Anilinfarben sich tief dunkel färbenden Nisslschollen, das sog. Tigroid. Zwischen diesem streifenförmig angeordneten Tigroid liegen die sog. ungefärbten Bahnen, an deren Stelle im Fibrillenpräparat nach BIELSCHOWSKY die intracellulären Fibrillenzüge gefunden werden. An einzelnen Stellen ist die Granulastruktur auch in den Zellfortsätzen erkennbar, so z. B. bei den motorischen Vorderhornzellen, während der Achsencylinderfortsatz stets frei von Tigroid ist.

In der Großhirnrinde unterscheiden wir je nach dem Überwiegen des färbbaren Plasmaleibes oder des Kernes somatochrome oder karyochrome Zellen. Sind die letzteren sehr klein, dann bereitet gelegentlich die Unterscheidung zwischen den kleinen karyochromen Ganglienzellen und gliösen Elementen gewisse Schwierigkeiten. Einen besonderen Typ der Ganglienzellen stellen die Purkinjezellen der Kleinhirnrinde dar: große kugelförmige Elemente mit um den Kern streifig netzförmig angeordnete Tigroidkörper und unipolaren, sich bald weit verzweigenden Fortsatz.

Die Vorderhornzellen sind der Typ einer großen multipolaren Ganglienzelle mit vielen Fortsätzen.

Bei den Spinalganglienzellen ist das kleinkörnige Tigroid konzentrisch um den Zellkern gelegen und läßt zwischen den peripher und den um den Kern angeordneten NISSLschen Stippchen eine lichte Zone frei. Um die Spinalganglienzellen herum finden sich die Kapselzellen.

Häufig finden wir bei den Ganglienzellen, zumal nach der NISSLschen Methode, Kernkappen und Kernfalten. Das sind dunkel tingierte Verdichtungen der infolge der Alkoholfixierung geschrumpften Kernmembran ohne pathologische Bedeutung.

Der andere Parenchymbestandteil, die *Nervenfasern* sind teils marklos, teils markhaltig. Der Nervenfortsatz entsendet das Axon, das sich bald mit der markhaltigen Scheide umgibt, in deren Mitte er dann als Achsencylinder gelegen ist. Den markhaltigen Fasern des Zentralnervensystems fehlt die SCHWANNsche Scheide, an deren Stelle die benachbarte Neuroglia tritt. Ferner bilden die zentralen Markfasern im Gegensatz zu den peripheren ein ununterbrochenes Rohr.

Die graue Farbe der Rinde beruht auf der Marklosigkeit der Nervenfasern, während das Marklager oder die weiße Substanz nach der Eigenfarbe der markhaltigen Fasern bezeichnet wird.

Die *Glia* ist die ektodermale Stützsubstanz und zugleich das Stroma des Zentralnervensystems. Die Zahl der Methoden, mit denen wir die einzelnen Bestandteile der Glia darzustellen versuchen, ist allein recht erheblich: WEIGERTSsche Originalmethode mit ihren Abwandlungen, unter ihnen die Holzermethode am einfachsten, dient der Färbung der Gliafasern. Das Glianetzwerk, das gliöse Reticulum, wird ausgezeichnet mit der Goldsublimat- und der Säure-Fuchsin-Lichtgrünmethode, in der Marksubstanz jedoch besser mit dem ALZ-HEIMER-MANNschen Verfahren dargestellt. Die Gliazellen selbst sind schon im NISSLschen Zellbild gut von den anderen Gewebselementen zu erkennen.

Wir unterscheiden 1. die protoplasmareichen Zellen mit ziemlich großen Kernen, unter denen wiederum die protoplasmatischen und die faserbildenden unterschieden werden, 2. die plasmaarmen Oligondendrogliazellen mit kleinem Rand und 3. die nach HORTEGA benannten Zellen mit länglichem Zellkern und ihren langen eigenartigen protoplasmatischen Ausläufern.

Während die großen Gliazellen mittels der CAJALschen Methode zu differenzieren sind, insbesondere lassen sich die plasmatischen und faserigen Fortsätze ausgezeichnet darstellen, die Hortegazellen mittels der Originalmethode oder der KANZLERschen Modifikation gut sichtbar zu machen sind, besteht eine besondere Methode für die Oligodendrogliazelle leider noch nicht.

Die Gliafasern liegen in einem großen Protoplasmanetz, in dem die einzelnen Fasern gegeneinander gewissermaßen isoliert sind. Am faserreichsten ist das Mark, die Randzone der Rinde, ebenso wie die Membrana limitans, die die Nervensubstanz überall gegen das mesenchymale Gefäßbindegewebe abgrenzt.

2. Periphere Nerven.

Die peripheren Nervenfasern bestehen erstens aus dem Parenchymelement, nämlich dem Achsencylinder, dem aus Neurofibrillen bestehenden Strang, der die Fortsetzung der zentralen Axone bzw. der Axone aus den Zellen der intervertebralen oder sympathischen Ganglienzellen bildet.

Die markhaltigen Fasern haben die aus stark lichtbrechendem Myelin bestehenden Markscheiden, die jedoch nicht wie im Zentralorgan kontinuierlich verlaufen, sondern durch die RANVIERschen Schnürringe unterbrochen werden. Sie finden sich in ziemlich regelmäßiger Entfernung von 1—2 mm. An dieser Stelle ist der Achsencylinder lediglich vom Neurilemm bedeckt. Ferner weist die Markscheide die LANTERMANNschen Einkerbungen auf. Weiter nach außen liegt die SCHWANNsche Scheide mit ihrem Kern, der ungefähr in der Mitte eines jeden der intercellulären Marksegmente liegt. Die SCHWANNsche Scheide stellt die Glia des peripheren Nerven dar (sie wurde früher als Mesoderm-Abkömmling angesehen).

Eine Gruppe von Nervenfasern werden durch Bindegewebe zu Bündeln zusammengehalten, die zu den ,,Nerven" zusammengeschlossen sind. Dieses Bindegewebe enthält die Lymphbahnen und führt die Gefäße.

Man unterscheidet am Bindegewebe 1. das Epineurium, das den ganzen Nerv umgibt, 2. das Perineurium, das konzentrisch mit Lamellen die einzelnen Nervenbündel umfaßt, und 3. das Endoneurium, womit das Bindegewebe bezeichnet wird, das vom Perineurium aus in die Nervenfaserbündel eindringt und so als feinste Fibrillenscheide die SCHWANNsche Scheide jedes einzelnen Nerven umgibt.

3. Das Mesoderm.

Bei der bindegewebigen Hülle wird unterschieden die Dura mater und die weichen Hirnhäute, die Pia mater und die Arachnoidea. Sie entstehen aus dem lockeren Bindegewebe, das sich schon frühzeitig beim Fetus zwischen die knöcherne Schädelkapsel bzw. die Knochen des Rückenmarkkanals legt.

Dieses Mesoderm lockert sich in der Mitte auf und zeigt bald die Scheidung in harte und weiche Hirnhaut. Die inneren Hirnhäute entsenden die Gefäße in die Hirnsubstanz, an gewissen Stellen verdoppeln sie sich unter Vordrängen des Hirnmantels und bilden so den gefäßreichen Plexus chorioideus. Dabei wird die Hirnwand zu einer einfachen kubischen Epithelschicht reduziert (Tela chorioidea), während die Gefäße mit der gedoppelten Leptomenings den Plexus chorioideus bilden.

Die Dura mater übernimmt an ihrer Außenseite die Funktion des inneren Periost der Schädelknochen, sie umscheidet noch ein Stück weit die austretenden Gehirnnerven, sie führt die venösen Sinus.

Beim Übergang der Dura in den Wirbelkanal teilt sich dieselbe in zwei Blätter, von denen das eine nur die Funktion des Periost, das andere das der Dura spinalis übernimmt, so daß dazwischen der epidurale Raum entsteht.

Histologisch besteht sie aus derben Bindegewebsfibrillen und elastischen Fasern. Auf dieser Faserlage liegen vorwiegend langgestreckte Kerne. An der äußeren und inneren Oberfläche hat OBERSTEINER noch die Membrana limitans interna und externa nachgewiesen. Nach innen und außen findet sich ein feiner Endothelbelag.

Von den beiden Blättern der Leptomenings liegt die Pia mater eng dem Gehirn an. Sie bildet, wie oben gesagt, die Tela chorioidea und besteht aus zartem Bindegewebe mit wenigen eingestreuten Zellen. Während bei den größeren Tieren mit zahlreichen Furchen die Trennung zwischen Arachnoidea und Pia leichter erkennbar ist, fällt dies bei den furchenarmen kleinen Tieren fort. Arachnoidea und Pia sind auf der Höhe der Konvexität der einzelnen Hirnabschnitte eng miteinander verbunden und nur, wo sich die Pia in die seichte Furche einsenkt, ist sie mit der Arachnoidea durch lockeres Bindegewebe verbunden. Die der Dura anliegende Arachnoidea besteht aus elastinimprägnierten kollagenen Fasern mit eingestreuten Kernen. Die bei Menschen vorhandenen Pacchionischen Granulationen fehlen z. B. schon beim Kaninchen.

Im Gehirn haben wir demnach einen subduralen Raum zwischen Dura und Arachnoidea, der den klaren Liquor cerebrospinalis enthält, den subarachnoidalen Raum zwischen Arachnoidea und Pia, sowie 3. einen pialen Lymphraum zwischen den beiden Bindegewebsblättern der Pia, der innen von der Intima pia begrenzt wird. In diesem liegen die zahlreichen pialen Gefäße. Gegen die Intima piae setzen sich die Membrana limitans gliae superficialis fest an. Der Subarachnoidalraum communiciert erstens mit dem Ventrikelsystem, und zwar bei den Tieren in erster Linie durch die Foramina Luschkae des 4. Ventrikels, zweitens mit den Lymphspalten der Cerebrospinalnerven, sowie durch die Lamina cribrosa hindurch mit den Gefäßen der Nasenschleimhaut. Ein früher angenommener epicerebraler Raum existiert nicht.

Die aus der Pia in das Gehirn eindringenden Gefäße stülpen gleichzeitig die Intima piae und die Membrana limitans gliae mit ein.

So finden wir um die Gefäße herum immer wieder dasselbe Bild: die gliöse Membrana limitans grenzt das Zentralorgan gegen das gefäßführende (piale) Bindegewebe ab.

Die Tela chorioidea stellt, wie gesagt, ein Organ vom Bau der weichen Hirnhaut — sie ist nämlich die gedoppelte Pia — dar, das an ihrer ventrikulären Oberfläche von einer ektodermalen Epithelschicht bekleidet ist, so daß auch an den Stellen des Plexus der Gehirnmantel ein völlig geschlossenes Ganzes darstellt, denn die ektodermale Ependymschicht des Plexus geht kontinuierlich in das Ventrikelependym über.

Der Plexus schiebt sich in der Furche zwischen Nucleus caudatus und dem Hypocampus in den Ventrikel ein. Zwischen den Kleinhirnhemisphären und der Medulla oblongata haben wir die seitlichen Adergeflechte des Rautenhirns und ventral am Kleinhirnwurm, also an der Decke des 4. Ventrikels, das mittlere Geflecht des Rautenhirns.

Der Liquor cerebrospinalis wird von dem seitlichen Adergeflecht und dem mittleren Plexus im 3. Ventrikel geliefert, geht in den 4. Ventrikel, in den (bei Tieren offenen) Zentralkanal des Rückenmarks und communiciert durch die Foramina Luschkae mit den Subarachnoidalraum.

4. Blutgefäße.

Die Arterien des Zentralnervensystems entspringen sämtlich aus den pialen Gefäßen, die Venen sammeln sich zum größten Teil wieder zu pialen Venen. Sie werden überall von dem pialen Bindegewebe begleitet, das wiederum von der gliösen Membrana limitans umscheidet wird.

Histologisch bestehen die größeren Gefäße gewöhnlich aus einer inneren Endothelschicht und der Accessoria, die aus der Intima media und Adventitia besteht. Die Endothelmembran, die mit JAKOB von der Intima zu trennen ist, besteht aus einschichtigen, langgestreckten Zellkernen und einem plasmatischen Häutchen. Die Kerne enthalten kleine lichtbrechende Einschlüsse, die einen vakuoligen Eindruck machen. Nach außen folgt die Membrana elastica interna, die im kollabierten Zustand des Gefäßes gefältelt und gelegentlich von Bindegewebskernen eingerahmt sein kann. Diese (subendothelialen) Kerne sind besonders deutlich und zahlreich (nichts Pathologisches!) an dem Abgang der Verzweigungsäste der größeren und mittleren Gefäße. Die Media besteht aus einer Lage konzentrisch angeordneter Muskelfasern mit Muskelkernen, zwischen die feinere elastische Fasern eingelagert sind. An die Media grenzt die lockere Adventitia mit unregelmäßigen Bindegewebskernen, die aus kollagenen und wenigen elastischen Fasern besteht, und reichlich argentophile Fibrillen aufweist.

Bei weiterer Aufteilung der Gefäße verschmälert sich zunächst Adventitia und Media und die elastischen Fasern werden zahlenmäßig geringer.

Auch in den Capillaren ist eine deutliche mit Elasticafärbungen nachweisbare Membran sichtbar, ebenso wie eine schmale Adventitia.

Die Endothelkerne liegen in der Längsrichtung des Endothelrohrs und ragen im mikroskopischen Bilde in das Lumen ein.

Von den kleinsten arteriellen Gefäßen, nämlich den Präcapillaren kleineren Kalibers und den Capillaren sind die kleineren Venen histologisch nicht zu unterscheiden. Auch sie weisen eine elastische Membran auf, die sich in den kleineren intracerebralen Venen fortsetzt, aber beim Übergang in größere Venen immer mehr abnimmt. Außer Endothelkernen besteht die Venenwand aus einer dünnen Bindegewebslage mit spindelförmigen Kernen; Muskelfasern und Kerne enthalten nur die größeren Venen der Pia.

5. Liquor cerebrospinalis.

Wie oben ausgeführt, bildet der Subduralraum nur einen capillären Spalt, während die Hauptmasse des Liquors im Subarachnoidalraum konfluiert.

Bei der geringen Furchung der kleinen Tiere ist der Subarachnoidalraum (der Raum zwischen der Pia und der Arachnoidea) außerordentlich eng, und nur an der Hirnbasis und beim Übergang in die Medulla spinalis ist die Arachnoidea von der Pia auch bei den Tieren weiter entfernt, wodurch die Zisternen entstehen. Die Cisterna chiasmatis umgibt das Chiasma, das bei den Tieren weniger ausgeprägt ist, der Cisterna interpeduncularis dagegen kommt wie der Cisterna ambiens, die lateral von dem Hirnschenkel zu den Vierhügeln führt, und dort in die große Cisterna über der Vierhügelplatte, der Dorsalzisterne, die caudal vom Kleinhirn begrenzt wird, führt, große Bedeutung zu.

Zwischen dem Kleinhirn und der Medulla oblongata liegt die Cisterna cerebello-medullaris, aus der wir bei Punktion den Liquor gewinnen.

Die Zisternenpunktion der letztgenannten kommt bei den kleinen Tieren ausschließlich in Frage, da die perorbitale Methode und die Ventrikelpunktion bei ihnen kein Liquor ergibt.

WEED hat zuerst bei Kaninchen, Meerschweinchen und Ratten (nach den Vorgängen von DIXON und HALLIBURTON beim Hunde) die Zisternenpunktion angewandt, unabhängig von ihnen hat PLAUT die Suboccipitalpunktionstechnik bei uns eingeführt.

Die Punktion wird am besten in Totalnarkose ausgeführt, nachdem das Tier etwa 20 Minuten vorher eine Morphiuminjektion von 0,04 bis 0,06 g bekommen hat. Ein längeres Zuwarten als eine halbe Stunde ist nicht zulässig, weil der Liquordruck nach der Morphiumspritze erheblich sinkt.

Das Allerwichtigste bei der Punktion ist die richtige Lagerung der Tiere; 1. zwecks richtiger Fixation des Kopfes und 2. zur Vermeidung der Spontanabwehrbewegung.

PLAUT empfiehlt, und wir haben uns von deren Brauchbarkeit bald überzeugen können, die Operationsbretter nach MÖHNLE, wo durch federnde Klammern die Pfoten schnell fixiert werden können, und nur noch eine Person das Tier und Operationsbrett hält. Das Tier wird in Rückenlage fixiert. Ein Assistent hält den Kopf, indem er mit jeder Hand ein Ohr umfaßt und nach vorn zieht, mit einem Finger in die halbmondförmige Incisura semilunaris posterior des Unterkiefers faßt und dann mit dem Daumen die Nase des Tieres herunterdrückt, wodurch mit Leichtigkeit der Kopf maximal nach vorn abgebogen werden kann.

Für die Punktion tastet man sich den Prozessus spinosus des zweiten Halswirbels ab, dessen oralwärts zeigender Dornfortsatz zum Teil den Atlasbogen überlagert. Unmittelbar darüber ist in der Tiefe der Rand des Atlas an dem mit dem verschieden stark hervortretenden Tuberculum posterior des Atlas zu fühlen. Unmittelbar über dem Tuberculum punktiert man exakt in der Mittellinie.

Als Punktionsnadel empfiehlt PLAUT eine Nadel von 5 cm Länge, 1 mm lichte Weite und 2 mm Wanddicke. Die Spitze muß kurz aber sehr scharf abgeschliffen sein (bei längerer Spitze gelangt man schon in den Subarachnoidalraum, während der Liquor noch nicht abfließen kann).

Beim Punktieren fühlt man deutlich den derben elastischen Widerstand der Membrana atlanto occipitalis, der alsbald nachläßt. (Beim Durchstechen desselben zuckt das Kaninchen oft zusammen) und es tritt Liquor aus der Nadel. Da dies verschieden schnell geschieht, schaut man in die innere Öffnung der Nadel hinein. Um dies beobachten zu können, ist es notwendig mit trockenen sterilisierten Nadeln zu arbeiten, damit man das eventuelle langsame Austreten des Liquors übersehen kann. Das Punktieren mittels der Spritze gibt nur selten blutfreien Liquor.

Zweckmäßigerweise punktiert man ein zweites Mal mit einer neuen Nadel. Etwas blutig getrübter Liquor, wie es gelegentlich mit den ersten 2 Tropfen geschieht, fängt man besser gesondert auf.

Für die Untersuchung des Liquors hat PLAUT besondere Mikromethoden angegeben. Irgendwelche Erscheinungen nach der Liquorpunktion treten nicht auf, und es kann ohne Schaden öfters hintereinander punktiert werden.

Ist jedoch auch nur eine kleine Blutung aufgetreten, so führt diese schon zu einer Vermehrung des Zellgehaltes, die mehrere Wochen bestehen bleiben kann.

PLAUT verlangt daher mit Recht die Notierungen jeder auch nur so geringen Blutbeimengungen bei Punktionen, um die artifiziellen Pleocytosen ausscheiden zu können.

PETTE, der die Tiere in der Weise punktierte, daß sie der Untersucher zwischen den Beinen nimmt und mit der Hand den Kopf beugt, weist auf die Gefahr hin, die dadurch entsteht, daß durch Druck auf die Weichteile des Halses oder durch Zusammenpressen des Kopfes Kleinhirnveränderungen im Manegegang auftreten können, die aber in kurzer Zeit heilen.

Die Liquordiagnose ist leider nicht unbedingt zuverlässig, da ihre Ergebnisse nach den Untersuchungen von JAHNEL und ILLERT stark schwanken können.

So liegen Beobachtungen über Tiere vor, die mit bislang stets negativem Befund eines Tages, ohne inzwischen eine Infektionsmöglichkeit gehabt zu haben, einen pathologischen Liquorbefund zeigen. Bei anderen Tieren mit stets gesundem Liquor deckte die später vorgenommene histologische Untersuchung entzündliche Veränderungen auf. Für dieses Verhalten des Liquors gibt SEIFRIED die durchaus plausible Erklärung, daß die entzündliche Liquorzellvermehrung nur der Ausdruck einer Meningitis sei, obwohl diese Meningitis auch fast regelmäßig die Spontanencephalitis begleitet, so kann sie doch bisweilen fehlen (MC CARTNEY).

Liegt nur ein rein encephalitischer Prozeß ohne Beteiligung der Meningen vor, so kann die Pleiocytose nicht erwartet werden. Meist findet sich jedoch eine auffallende Pleiocytose und Globulinvermehrung. Die anderen Reaktionen, wie Untersuchungen auf den Gesamteiweißgehalt, die Kolloidkurven usw. haben bislang nur recht inkonstante Werte ergeben.

IV. Pathologische Anatomie.

a) Agonale und Leichenerscheinungen.

Während einer länger andauernden Agonie können schwerwiegende Veränderungen des Organs auftreten, insbesondere in Fällen, in denen die Tiere nach einer Erkrankung des nervösen Zentralorgans Lähmungen und trophische Störungen zeigten und, bei denen infolge von Decubitalgeschwüren oder Blasen- und Mastdarmlähmungen eine septische Infektion Platz gegriffen hat. Derartige Tiere faulen schon sub finem, und wir beobachteten selbst an den schnell unter allen Kautelen verarbeiteten Präparaten Zeichen schwerer kadaveröser Veränderung. Insbesondere ist es bei solchen Tieren nicht selten, daß terminal Bakterien in das Zentralnervensystem gelangen und sich dort vermehren. Wir werden dann zwar keine Reaktionserscheinungen finden, doch muß dieser Umstand besonders beachtet werden, wenn eine bakteriologische Überimpfung zwecks ätiologischer Feststellung der betreffenden Krankheit durchgeführt werden soll. (Auf die Anwesenheit anderer, offenbar nicht pathogener Saprophyten, die gleichfalls keine Reaktionserscheinungen im Zentralorgan hervorrufen, s. an anderer Stelle.) Handelt es sich um den Einbruch von Infektionserregern, z. B. auf dem Lymphwege in den Subduralraum, so kann, infolge postmortaler oder agonaler Vermehrung, wie in unseren Fällen die gesamte äußere und innere Oberfläche des Gehirns und Rückenmarks von Bakterien übersät sein. Der Zeitraum des Eintretens aller derartigen Veränderungen ist von den äußeren Temperaturverhältnissen und dem Zustand des Tieres vor dem Tode weitgehendst abhängig.

Septisch verstorbene Tiere faulen wesentlich schneller, auch macht sich bei ihnen die Folge der agonalen Kreislaufstörung durch eine Verquellung und Flüssigkeitsdurchtränkung des Zentralnervensystems und seiner Hüllen stärker geltend. Das Aussehen des Gehirns und der Meningen wird unansehnlich, die Gehirnsubstanz nimmt zunehmend eine breiige Konsistenz an. (Vorsichtsmaßregeln bei Herausnahme derartiger Gehirne s. o.)

Das Rückenmark der hier behandelten kleinen Tiere ist mit seinem geringen Querschnitt viel eher autolytischen Vorgängen ausgesetzt als das der größeren Haustiere mit stärkerem Organdurchmesser.

Die mikroskopische Untersuchung wird gelegentlich unmöglich gemacht. Die Verquellung des Myelins mit ihren abenteuerlichen Figuren gibt lochartige Lücken in der gequollenen Marksubstanz, zwischen den Fasern finden sich cystische Hohlräume, die allerdings durch ihre Unregelmäßigkeit als postmortale Veränderungen zu erkennen sind —, bei vorgeschrittener Fäulnis (was im warmen Stall sehr schnell gehen kann) ist das Zentralnervensystem wie von Käselöchern durchsetzt, wabig umgewandelt.

Besonders bei Anwendung der Marchimethode ist zu beachten, daß sich schnell autolytische Produkte an der Peripherie des Rückenmarks bilden, die sich mit Osmium schwärzen. Marchidegeneration ist nur dann anzunehmen, wenn der Zerfall kontinuierlich der Faserbahn folgt, alles, was nicht der Lage der präformierten Markfasern entspricht, ist bei der Beurteilung auszuschalten.

Die kadaverösen Veränderungen der Ganglienzellen bestehen in einer starken Schwellung des Ganglienzelleibes, in dem sich Vakuolen bilden, bis er in schwereren Fällen platzen kann. Die normale Struktur und Chromatinanordnung verschwindet schnell, der Kern rundet sich ab, färbt sich diffus, auch der Achsencylinderfortsatz ist diffus schmutzig gefärbt.

Schwerer zu beurteilen sind die Veränderungen der Glia und des Mesoderms; bei fortgeschrittener Fäulnis läßt sich jedoch die Hortegamethode, wie überhaupt die Imprägnationsmethoden, nur schwer anwenden; die Nervenfasern (von der Markscheide ist bereits gesprochen worden) rollen sich auf.

An den Meningen treten je nach der Lage, die das verendete Tier innegehabt hat, durch die Hypostase Veränderungen in dem Blutgehalt der Venen ein, und es kann je nach der Lage des Tieres die stärkste Hypostase sich gerade im Kopf bzw. an den Gehirnhäuten einstellen. Dies sei deshalb besonders vermerkt, weil auffallend häufig, zumal in der älteren Literatur, der Diagnose Hyperämie der Hirnhäute große Bedeutung beigelegt wird.

Auch die *Liquor*menge steht natürlich post mortem unter Einfluß der Lage des Kopfes. Relativ schnell tritt eine Trübung des Liquors durch Zelldesquamation ein, bei längerem Liegen wird der Liquor durch blutige Imbibition rötlich getrübt. JOEST und SCHEUNERT haben den Zusammenhang der kadaverösen hämolytischen Rötung des Liquors mit der Zunahme des Eiweißgehaltes nachgewiesen.

Bei Anwendung unserer oben beschriebenen Technik, nämlich Gehirn und Rückenmark auf der Schädelbasis bzw. auf dem ventralen Teil des Wirbelkanals belassend anzufixieren, ist es unmöglich gemacht, daß die bei Herausnahme des Organs sonst häufig eintretenden und leicht fehlgedeuteten *Zerrungen, Zerreißungen* und Ineinanderschiebungen des Organs eintreten.

b) Allgemeine Pathologie der Gewebselemente [1].

Für das Erkennen pathologischer Vorgänge am Zentralnervensystem ist die Kenntnis der krankhaften Veränderungen der einzelnen Gewebselemente unerläßlich. Wie aber schon oben dargelegt, ist eine getrennte Betrachtungsweise der Vorgänge am nervösen Parenchym oder des gliösen Stützgewebes und Stromas oder etwa des Mesenchyms nicht möglich. Eine Schädigung der funktionstragenden nervösen Substanz ist undenkbar, ohne daß die Glia mitbeteiligt würde und ebenso finden die Erkrankungen des mesodermalen Gefäßbindegewebsapparates ihre Auswirkung in der Schädigung der Nervensubstanz. Infolgedessen läßt es sich z. B. nicht umgehen, gewisse Veränderungen der Glia schon bei den pathologischen Veränderungen der Ganglienzellen mitzubehandeln, sofern sie für diese charakteristisch sind.

Der komplizierte Aufbau des Organs bedingt also zunächst die genaue Kenntnis der pathologischen Veränderungen der einzelnen Gewebselemente. Soweit die Kenntnis spezieller Verhältnisse wie z. B. bei der Entzündung und dem Abbau im Nervensystem vorliegen, müsen wir die Summe der Erscheinungen der verschiedenen Gewebsarten unter dem zusammenfassenden Begriff der Symptomenkomplexe behandeln.

---

[1] In erster Linie verweisen wir auf das Lehrbuch SPIELMEYERs, Histologie des Zentralnervensystems und die Darstellung JAKOBs (im Handbuch für Psychiatrie, Allg. Teil, Bd. 1. Leipzig u. Wien 1927).

1. Ganglienzellen.

Ungleich schwerer als im menschlichen Gehirn, in dem die Ganglienzellen differenziertere und charakterisierte Formen aufweisen, ist die Beurteilung pathologischer Veränderungen bei den Ganglienzellen der Tiere. Die Kernplasmarelationen sind anders und der Aufbau der Rinde ist weniger differenziert.

Die *akute Schwellung*[1] ist nicht etwa die akute Zellveränderung, sondern lediglich ein Sonderfall akuter Zellprozesse. Sie besteht in einer Schwellung der Zelle mit ihren Fortsätzen, Auflösung der basophilen Substanz, Färbung der ungefärbten Bahnen in den Zellfortsätzen und des Achsencylinders, der in gleicher Farbe wie die Substanz des Zelleibes weithin sichtbar wird. Das

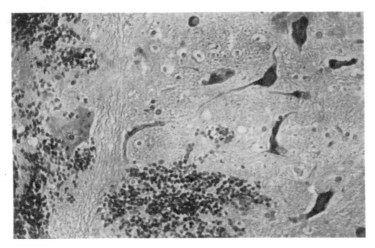

Abb. 209. Zeigt, wie schnell eine Nervenzelle ein pathologisches Aussehen gewinnen kann. Durch eine Ungeschicklichkeit beim Halten des Kaninchens bei einer Lumbalpunktion wurde die Medulla oblong. verletzt, und es resultiert die auf dem Bilde gut erkennbare Blutung. Toluidin-Rhodamin-färbung. Das Tier wurde *sofort* getötet und die Oblongata in Alkohol fixiert. Während die Nervenzellen rechts das Tigroid noch gut erhalten haben, ist in der großen Nervenzelle links der Zelleib gequollen und völlig pigmentlos.

Kerngerüst färbt sich mit, das Fibrillenbild bleibt jedoch gut erhalten. Die Erkrankung ist diffus ausgebreitet, am deutlichsten an den protoplasmareichen Ganglienzellen; an den karyochromen Zellen ist sie zunächst nur an dem Färbbarwerden der Fortsätze erkennbar.

Bei Formalinfixierung wird nur zu leicht auch der Achsencylinderfortsatz färbbar und das Bild der akuten Zellerkrankung vorgetäuscht. Regelmäßig ist die Zellerkrankung von Veränderungen der Glia begleitet, bald als progressive Veränderungen mit Gliamitosen, bald als regressive mit Kernwand- oder Totalhyperchromatose des Gliakernes bis zum hyperchromatischen Zerfall. Die akute Schwellung kann reversibel sein, die Fibrillen bleiben noch lange intakt, doch finden sich meist auch Übergänge bis zum Zelltod. Die Zellen werden immer blasser, oft sieht man nur noch einen Zellschatten und schließlich an Stelle der Ganglienzellen nur eine Ansammlung blasser Körnchen. Diese Erkrankung kommt bei Allgemeininfektionen und Intoxikationen vor. Wir selbst haben

---

[1] Da sich die NISSLsche Bezeichnung der verschiedenen Zellerkrankung allgemein eingebürgert hat, seien sie hier beibehalten, wenngleich die Bezeichnung z. B. der schweren und der chronischen Zellerkrankung (NISSL) auch heute noch vielfach falsche Vorstellungen zu erwecken scheint.

sie an den durch Hitze geschädigten Kaninchen und der Pneumonie-Meer-
schweinchen gesehen.

NISSLS *chronische Zellerkrankung* hat SPIELMEYER durch die Bezeichnung
einfache Schrumpfung ersetzt, nachdem es sich erwiesen hat, daß diese Veränderung ziemlich zeitig auftreten kann.

Der Prozeß ist anfangs nicht leicht zu erkennen und kann gerade beim
Tier mit gelegentlich anzutreffenden pyknomorphen Ganglienzellen verwechselt
werden. Jedoch ist die einfache Schrumpfung meist über die ganze Rinde
verbreitet. Der Kern wird dunkler, verkleinert sich, die ungefärbten Bahnen
werden schmäler oder schwinden frühzeitig, die Nisslsubstanz verwischt, die
Fortsätze werden weithin sichtbar, oft korkzieherartig gewunden, die Zellen
machen den Eindruck, als wenn sie in der Längsrichtung zusammengedrückt
seien. Die Fibrillen sind nur ungleichmäßig zu färben, und die Glia enthält
Abbauprodukte.

Der Ausgang des Prozesses ist die sog. *sklerotische Ganglienzellerkrankung.*
(Extreme Schrumpfung, Granula und Kern stark dunkel gefärbt.)

NISSLS *schwere Zellerkrankung* (eine Bezeichnung, die SPIELMEYER lediglich
aus didaktischen Gründen beibehalten hat) ist ein Verflüssigungsprozeß
mit rascher Auflösung der Zelleibsubstanz zu blaß gefärbten Zerfallsprodukten
mit Kernpyknose und schließlicher Einschmelzung des gesamten Zellkörpers,
beginnend mit Chromolyse der Nisslschollen bis zu deren Farblosigkeit, Auftreten von Vakuolen, meist vergesellschaftet mit der amöboiden Gliaveränderung.

Diese Zellerkrankung finden wir bei jungen Tieren ungleich häufiger als bei
älteren. Ihre Abgrenzung gegenüber den kadaverösen Veränderungen ist oft
sehr schwer.

Unter der *chronischen Zellveränderung* versteht SPIELMEYER einen Ge-
rinnungsvorgang (allgemeinpathologisch als Koagulationsnekrose der Ganglienzellen aufzufassen), der sich in einer Homogenisierung des farblos werdenden
Zelleibes (im Hämatoxylinpräparat ist er jedoch noch häufig leidlich darstellbar)
mit Kernpyknose kenntlich macht.

Derartige Ganglienzellen neigen zu Inkrustationen, was ich bei experimentellen Arbeiten beim Hunde wohl schon beobachtet, bei den kleinen Versuchstieren bis jetzt aber noch nicht gesehen habe.

An den Purkinjezellen hat SPIELMEYER noch die *homogenisierende Zellerkrankung* beschrieben.

Verfettung von Ganglienzellen findet sich bei Spontanerkrankungen der
kleinen Tiere recht selten.

Als weitere unspezifische Zellveränderung sei erwähnt: die *primäre Reizung*
NISSLS oder die *retrograde Degeneration* (die immer wieder mit der akuten Zellerkrankung verwechselt wird). Sie hat ihren Namen von den Versuchen NISSLS
her, der sie im Fascialiskern nach Exhaerese des Nerven beobachtet hat. Sie
tritt schon 24 Stunden nach Unterbrechung des Achsencylinders auf, erreicht
im Verlauf bis 4 Wochen ihren Höhepunkt, bleibt lange Zeit unverändert,
kann zum Zelltode führen oder reversibel sein.

Die Nisslsubstanz färbt sich zunächst schlechter in der Umgebung des Kernes,
der Zelleib schwillt an, der geschwollene Kern und das Kernkörperchen wird
an den Rand der Zelle verlagert. Unter Schwellung der Dendriten wird der
Zelleib abgerundet, wobei die Lösung des Chromatins zur Peripherie hin fortschreitet. So sind die peripheren Fibrillen oft noch gut, die zentralen weniger gut
darstellbar. Die Reversion beginnt mit Abschwellung, mit Kernrückwanderung

und Rückbildung der Tigroidsubstanz, die sich zunächst in dünnen Streifen um den Kern lagert, bis sich allmählich das Bild der Zelle der normalen wieder nähert.

Den etwa eintretenden Zelluntergang erkennt man zunächst an der Lösung des Chromatins, Zunahme der Kernveränderung und schließlich der Umwandlung in einen Zellschatten mit gelegentlichen großen Vakuolen im Zelleib und Fortsätzen. An der umgebenden Hortega- und Oligodendroglia sind Veränderungen nicht selten.

Die retrograde Zellveränderung findet sich nicht ausschließlich nach traumatischen Störungen des Axons. Dasselbe (auch reservible) Bild gibt es bei den B-Avitaminosen der Tiere, die zwar meist experimentell erzeugt werden, jedoch auch spontan bei einzelnen Ratten infolge mangelhafter Fütterung auftraten.

2. Nervenfasern.

Bei den markhaltigen *Nervenfasern* kann zunächst einmal die Markscheide zugrunde gehen und der Achsencylinder noch eine ganze Weile erhalten bleiben.

Der frische Markzerfall wird am besten nach MARCHI dargestellt, erst nach einiger Zeit erfolgt die Umwandlung der Markscheide in sudanfärbbare Lipoide, die dann weiter abgebaut werden. (Näheres s. unter Abbau.)

In den Achsencylindern treten die Veränderungen als ungleiche Quellungen, Verdickungen, Auftreibungen, körniger Zerfall und abnorme Schlängelungen mit Retraktionskugeln, Aufsplitterungen (effilochement) und vakuolige Einlagerungen auf.

In der peripheren Nervenfaser sind die Vorgänge im wesentlichen dieselben.

3. Glia.

Bei den sogenannten „regressiven" Veränderungen handelt es sich *einmal* um eine (auch physiologisch nicht seltene) allmählich zur Schrumpfung von Zelleib und Kern führende Veränderung, also einfach atrophische Vorgänge, im anderen Falle um mehr akut verlaufende Prozesse, bei denen der Kern im Sinne der Karyorrhexis (Chromatokinese) seltener der Karyolyse verändert wird, und zwar lassen sich diese Veränderungen an allen Gliaformen auch bei unseren Tieren beobachten.

Besonders zu erwähnen ist die *amöboide* Veränderung ALZHEIMERs, die mittels der ALZHEIMER-MANNschen Darstellung oder Jacob-Malloryfärbung sichtbar gemacht wird, häufig werden Erscheinungen fälschlicherweise mit diesem Namen belegt. Besonders können postmortale Veränderungen der Glia diesen amöboiden Formen sehr ähnlich sehen.

JAKOB meint allerdings, daß eine postmortale amöboide Glia sich in der Regel nur dann entwickelt, wenn dem Tode ein besonders toxischer Prozeß zugrunde liegt und definiert die amöboide Glia als eine zu Tode getroffene nekrobiotische Glia, der wir keine aktive Leistung mehr zusprechen können.

Die Gliakerne werden dabei hyperchromatisch-pyknotisch, das Protoplasma färbt sich im Zellbild schon diffus an, mit den genannten Methoden färbt er sich diffus und geht pseudopodienartig in die Umgebung über, besonders in der weißen Substanz sind die Veränderungen deutlich. Dort ist das gesamte Gliareticulum geschwollen, in dem die Protoplasmaleiber „amöboid" in dem Netzwerk liegen. Das Plasma zerfällt in feine oder grobe Körner (Methylblaugranula). Hortegazellen pflegen sich nicht an der Umwandlung zur amöboiden Glia zu beteiligen.

Als „progressive" Veränderungen der Glia werden die hyperplastischen und die hypertrophischen Prozesse zusammengefaßt. Die Hyperplasie drückt sich in der zahlenmäßigen Vermehrung der Zellen und Neubildung der Fasern (der paraplastischen Substanz) aus.

Die Vermehrung der Zellen geschieht auf mitotischem und amitotischem Wege und gar nicht selten liegen dann mehrere Zellkerne in einem Symplasma[1].

Die Hypertrophie der einzelnen gliösen Elemente, die auch ohne die zahlenmäßige Vermehrung auftritt, kann einmal den Zellkern, jedoch auch das Plasma betreffen.

Besonders charakteristische Bilder geben die Hortegazellen, die rein plasmatisch wuchern. Sie haben im Zellbild einen langgestreckten, meist ganz schmalen Zellkern, an dessen beiden Polen sich ein Protoplasmastreifen lange verfolgen läßt. In ihrem Plasma finden sich häufig Abbauprodukte, bei dem mobilen Abbau spielen sie eine außerordentlich große Rolle, wobei sie sich im Gegensatz zu ihrer sonst länglichen Form vollkommen abrunden können.

Mittels der KANZLERschen Modifikation sind sie heute leicht darstellbar, und sie imponieren bei dieser Färbung durch ihre in der Verlängerung des Kernes weit ausstrahlenden und sich bald geweihartig ausbreitenden Protoplasmafortsätze.

Gerade an der Gliastrauchwerk- und Rosettenbildung, insbesondere aber an dem Granulom in der Hirnrinde der Kaninchen sind die Hortegazellen weitgehendst beteiligt. Die Hypertrophie der Oligodendroglia finden wir am häufigsten als Trabantzellwucherung oder bei der Neuronophagie, d. h. beim Ersatz eines zugrunde gegangenen Parenchymelements durch die Glia.

Bei chronischen Schädigungen der Nervensubstanz vermehren sich auch die großen faserbildenden Elemente, aus einem relativ plumpen Plasma entwickeln sich die Gliafasern, und sie bilden Fortsätze, die mit einem Fuß den Gefäßwänden anliegen, wobei die Fasern nicht immer das Produkt einzelner Zellen zu sein brauchen, sondern oft aus proliferierten plasmatischen Verbänden entstehen. Ähnlich wie in einer Bindegewebsnarbe bilden sich die Kerne nach Vollendung des Fasernetzes zurück.

Als besonders bezeichnete Bilder seien noch erwähnt: die *Gliarosetten* oder *Gliasterne* an Stelle zugrunde gehender Ganglienzellen; das *Gliastrauchwerk,* vornehmlich im Mark beim Untergang von Nervenfasern, die *Gliaknötchen,* in der Gefäßnähe bei allen möglichen toxischen und Infektionskrankheiten. Alle diese Gebilde bestehen aus oft lebhaften protoplasmatischen Wucherungen der Oligodendro- und Hortegaglia.

Beim Kaninchen finden wir bisher derartige Gliarosettenbildungen am häufigsten im Kleinhirn und im Ammonshorn.

Die Gliaknötchen bestehen auch beim Tier in erster Linie aus den Hortegazellen, — denen sich aber nicht selten durchbrechende mesenchymale Elemente beimischen.

Als *Gliarasen* wird der Proliferationsvorgang der Glia bezeichnet, in dem in einem weit ausgedehnten Plasma mehrere Zellkerne zusammenliegen. Sie zeigen meist keine lange Lebensdauer und mit den „progressiven" Veränderungen verbinden sich häufig schon die Zeichen regressiver Vorgänge, wie überhaupt bei schwerer Erkrankung dasselbe Agens, das durch seinen Reiz die progressiven Veränderungen hervorgerufen hat, auch die proliferierten Elemente wieder schädigt.

Als Schlauch- oder Kammerzellen bezeichnet SPIELMEYER ähnliche Elemente, deren Protoplasma pseudopodienartig vom Zellkern hin fortwuchert und in dem sich vielfach (kammerartige) Vakuolen finden.

4. Mesenchym.

Eine ausgesprochene originäre *Pachymeningitis* interna haben wir nie finden können, etwaige Affektionen der Dura waren immer infektiös entzündlicher Natur

---

[1] Mitosen der Stäbchenzellen (Hortegazellen) haben wir bei den Tieren nie beobachten können.

und entstanden meist durch unmittelbare Fortleitung auf dem Blut- oder Lymphwege (otogene, epidurale und subdurale Abscesse und Entzündungen nach
Otitis media oder bei Wirbelprozessen, z. B. der Osteomyelitis der Ratte s. u.).

Häufiger sind die Affektionen der *weichen Hirnhäute*, auf die wir der Übersicht halber bei Erkrankung der einzelnen Tiere eingehen werden.

Bei der akuten eitrigen Leptomeningitis überwiegen die polynucleären Leukocyten, zwischen denen man oft noch pathogene Erreger findet.

Bei den epi- oder subduralen Infektionen ist auch stets die Pia über der
betreffenden Stelle mitaffiziert.

Das Ausgangsstadium der chronischen Meningitis ist eine (narbige) Fibrose
der Pia, in die dann nur noch gelegentlich kleinere Rundzellen oder degenerierte
Plasmazellen mit ihren typischen Maulbeerformen eingelagert sind.

Bei Affektionen der Pia, zumal bei den chronischen Formen greift die Entzündung natürlich auch auf die der Pia eingelagerten Gefäße über, in deren Folge
es dann zu endarteriitischen Prozessen kommt, bei denen wir oft Infiltratzellen
in der Gefäßwand, sowie Vermehrung der Intimakerne finden. Auf die Häufigkeit der endarteriitischen Prozesse beim Kaninchen weisen insbesondere JAKOB
und JAHNEL hin, gelegentliche Folge derartiger Endarteriitiden sind gefäß-
abhängige Verödungsherde im Gehirn.

Bei der biologischen und anatomischen Zusammengehörigkeit des das ganze
Gehirn umscheidenden Gefäßbindegewebsapparates dringen die entzündlichen
Infiltrate von der Pia aus mit den Gefäßlymphscheiden in die Rindenschichten
und in die Nervensubstanz ein[1].

An den *Gefäßen* selbst konnten wir wohl Wandverdickungen und endarteri-
tische Veränderungen öfter nachweisen. Arteriosklerose fand ich nur ein einziges Mal an der Basilaris eines Kaninchens.

c) Symptomen - Komplexe.

1. Entzündung und deren Folgeerscheinungen.

Nicht alle Infiltrate, die wir am Gefäßbindegewebe des Zentralnervensystems
antreffen, sind der Ausdruck einer selbständigen Entzündung. Mit LUBARSCH
ist zwischen selbständiger und unselbständiger Entzündung streng zu scheiden,
letztere nennt SPIELMEYER symptomatische Entzündung.

Sie ist der Ausdruck einer *lokalen* Reaktion auf einen primären Prozeß,
z. B. eine Erweichung oder eine traumatische Läsion. Häufig handelt es sich
dabei allein um Resorptionsinfiltrate, die mit Abbauprodukten weitgehendst gespeichert sind.

Die selbständigen Entzündungen sind im nervösen Parenchym diffuser ausgebreitet, unmittelbar von der ursächlichen Noxe selbst abhängig und verraten
eine weitgehendste Unabhängigkeit („Selbständigkeit") gegenüber den degenerativen Vorgängen am nervösen Parenchym, mit denen sie einhergehen.

Den Begriff der „itis" werden wir deshalb nur dort anwenden, wo im histologischen Präparat die infiltrativen, exsudativen und produktiven Vorgänge am
mesenchymalen Gefäßbindegewebsapparat im Vordergrunde stehen und als
primäres selbständiges Symptom imponieren.

---

[1] Eine Betrachtung der Veränderung der Meningen ohne Berücksichtigung der Nervensubstanz selbst ist ein Unding, und wenn so häufig noch bei Niederlegung der Befunde
ausschließlich von meningealen Prozessen die Rede ist, so hat es seinen Grund darin,
daß die mühseligen Untersuchungsmethoden des Zentralnervensystems teils zu wenig
angewandt wurden, zum Teil aber auch das schnell in Fäulnis übergehende Untersuchungs-
material die Anwendung der Methoden nicht mehr zuließ.

Von besonderèm Interesse ist das Übergreifen der Entzündung von den Meningen auf das Zentralnervensystem.

Die diffusen Entzündungen zeigen Infiltrate um die Gefäße und Capil- laren, die meist mit den Veränderungen der Leptomenings in Einklang stehen.

Handelt es sich lediglich um Infiltrate in der Substanz des Nervensystems selbst, dann sprechen wir von Encephalitis oder Myelitis bzw. Encephalo- myelitis.

Diese können auch heute noch aus unerklärlichen Ursachen lokal ganz ver- schieden stark sein, wie es z. B. bei unserer Meerschweinchenlähme der Fall ist.

Oft durchbrechen die Infiltratzellen die biologischen Grenzscheiden, die gliöse Grenzmembran, und Entzündungszellen breiten sich im Nerven- gewebe aus.

Gerade in dem genannten Beispiel, das weitgehendst mit der Poliomyelitis anterior übereinstimmt, treten Infiltratzellen oder Leukocyten in das Gewebe aus und können sich in der untergegangenen Nervensubstanz am Abbau beteiligen (mesodermale Körnchenzellen). Auch die Granulome, wie sie unten bei der Kaninchenencephalitis behandelt werden, entstehen dadurch, daß die biologischen Grenzscheiden durchbrochen werden und mesenchymale Zellen in die Nervensubstanz eindringen. Allerdings sind die hier so häufig zur Rede stehenden Granulome mit gewucherten gliösen Elementen durch- setzt.

Die akute Entzündung kann chronisch werden oder unter Narbenbildung ausheilen, wobei die Spuren am Nervensystem oft recht gering sind. Bei schwerer Zerstörung reicht oft die Glia zur Narbenbildung nicht aus, und es resultiert die gemischte mesodermal-gliöse Narbe.

Bei jugendlichen Tieren überwiegen die Verflüssigungsvorgänge, es resultieren große Lücken- und Höhlenbildungen.

Die chronische Entzündung zeigt (oft nur spärliche) Infiltrate, sie ist vielmehr charakterisiert durch die immer noch fortschreitende degenerative Alteration der nervösen Substanz. Die gliösen Reaktionen verraten noch immer den aktiven Charakter. Abbauvorgänge sind noch nicht zum Abschluß gelangt.

Untersuchungen über das Stationärwerden einer chronischen Entzündung liegen bei unseren Tieren noch nicht vor.

Wir müssen uns dabei aber an die Fälle der menschlichen Pathologie erinnern, z. B. gerade der ALZHEIMERschen stationären Paralyse, bei der der Prozeß doch eines Tages wieder aktiv werden konnte.

2. Abbau.

Geht Nervensubstanz zugrunde, dann erfolgt der Abbau entweder durch Glia allein oder bei ganz schweren Schädigungen durch Glia und Mesoderm. Je nach dem Verhalten der Glia unterscheidet man den mobilen und den fixen ektodermalen Abbautypus.

Das klassische Beispiel des ektodermalen Abbaues ist das der sekundären Degeneration.

Bei Zerstörung z. B. eines Rückenmarkquerschnittes degenerieren die Fasern, deren Kontinuität unterbrochen ist. Der Zerfall ruft eine Reihe reaktiver Vor- gänge an der Glia hervor: zunächst proliferieren die plasmatischen Strukturen der Glia (Oligodendro- und Hortegaglia) unter amitotischer Kernvermehrung und umfassen die zerfallenden Markscheidenlipoide (die sich zunächst im beginnenden Marchistadium rauchgrau anfärben).

Durch die fermentative Tätigkeit des gliösen Protoplasmas werden die Lipoide so weit abgebaut, daß nach MARCHI Schwarzfärbung eintritt. Das gliöse Protoplasma schließt die Marchischolle ein. Freie kleine Abräumzellen lösen sich aus dem syncytialen Verbande (JAKOBS Myeloklasten). In deren Plasma erfolgt der weitere Abbau zu feinsten scharlachfärbbaren Körnchen, sie gehen bald zugrunde und etwa am 4. Tage nach Faserunterbrechung treten die Gliaphagocyten auf (ein weiteres Stadium wuchernder interfasciculärer Glia). Sie besorgen den Abbau der von den gliösen Strukturen umwucherten Marchischollen und enthalten schließlich deren Zerfallsreste in Form größerer Kugeln. Indessen zeigen die Hortega- und Oligodendrogliazellen weitere Kernproliferationen, es bildet sich ein kernreiches, mit Vakuolen durchsetztes Plasma (JAKOBS syncytiale Myelophagen).

Aus diesem Verbande lösen sich die freien Abräumzellen los, sie enthalten kleinere Lipoidkugeln und scheiden in ihrem feinen Netzwerk feintropfiges nunmehr mit Scharlach tiefrot färbbares Fett ab.

In ihnen wird der Abbau so gefördert, daß die lipoiden Abbauprodukte sich zwar nach Marchi und mit Hämatoxylin anfärben, aber auch schon durch Scharlachrot gut darzustellen sind. An den syncytialen Myelophagen spielt sich ein analoger Vorgang ab.

Bei größeren Defekten nehmen außer den Strukturen der Mikro- und Hortegaglia auch die Cajalzellen teil.

Auch diese Zwischenstufe der Abräumzellen geht zugrunde und den weiteren Abbau übernimmt die umgebende Glia in ihrem Plasma, bis die Zerfallsprodukte am Orte ihrer Entstehung in Neutralfette umgewandelt sind. Aus diesem Plasma lösen sich dann Zellen ab, die wir im Nisslbild bereits als Gitterzellen (Körnchenzellen) erkennen. In ihnen wird das zunächst feintropfige Fett zu gröberen Kugeln vereinigt, auch sie gehen zugrunde, die benachbarte Glia übernimmt das Fett, bis dieses oft nach langer Zeit in Gefäßnähe gelangt, wohin allerdings auch die Körnchenzellen selbst hinwandern können.

In alten Herden finden sich Körnchenzellen in Nähe der Gefäßwand, und selbst im Adventitialraum. (Beim Menschen findet man sie oft noch nach sehr langer Zeit im adventitiellen Gewebe liegen, oft geschrumpft und mit pyknotischem Kern.) Bei solchen Zellen läßt es sich nicht mehr entscheiden, ob sie gliogener Herkunft sind oder mesenchymaler, d. h. ob etwa Adventitialzellen bei dem oben beschriebenen Modus von Auflösung und Synthese die Lipoide phagocytiert haben.

Während noch die Abbauvorgänge im Gange sind, findet man schon die Ansätze zur gliogenen Narbe, indem sich ein Fasergerüst bildet, in dessen Lücken zunächst Abräumzellen liegen, bis nach längerer Zeit ein von Fettkörnchenzellen freie gliöse, später schrumpfende Narbe resultiert.

Der Abbau im *peripheren* Nerv verläuft in ähnlicher Weise. Die Funktion der Glia wird von der SCHWANNschen Scheide ersetzt und der Abbau geht wesentlich schneller vonstatten, das Endoneuralrohr zeigt lebhafte Reaktionen.

Bei *schwereren Läsionen*, insbesondere bei größerer Zerstörung der Nervensubstanz, begegnen wir der mesodermalen Beteiligung am Abbau mit Mobilisierung der Gefäßwandzellen. Am häufigsten ist allerdings der gemischte mesodermal-ektodermale Abbau, und schon frühzeitig beteiligen sich dann Glia und Mesoderm an der Ausfüllung des Defekts.

Bei größerer Nekrose z. B. (eine typisch-anämische Rindennekrose haben wir bisher nur ein einziges Mal bei Thrombose nach otogener Meningitis gesehen) finden wir analog in den Vorgängen der menschlichen Pathologie schon frühzeitig die Proliferation der mesodermalen Elemente mit Gefäßsprossungen und Auftreten von mesenchymalen Silberfibrillen.

d) Spezielle Erkrankungen der einzelnen Tierarten.

1. Kaninchen.

α) *Encephalitis.*

Seit in den beiden letzten Jahrzehnten das Kaninchen als Versuchstier für Übertragungsversuche menschlicher und tierischer nervöser Erkrankungen benutzt wird, trafen einzelne Forscher auf Affektionen, sowohl der Meningen, wie der Nervensubstanz, die sicher in keinem Zusammenhang mit dem Experiment stehen konnten. Solche spontane Affektionen bieten immer wieder die Gefahr, zu Trugschlüssen zu führen oder die Verhältnisse der experimentell gesetzten Infektion völlig undurchsichtig zu gestalten. So hat mit Recht die originäre Spontanencephalitis des Kaninchens eine große Bedeutung erlangt, mindestens ebenso wichtig ist aber das Wissen von den sekundären Affektionen des Zentralnervensystems bei andersartigen allgemeinen Erkrankungen, z. B. der hämorrhagischen Septicämie, bei der Coccidiose und beim Kaninchenschnupfen, Krankheiten, die oft symptomlos verlaufen. Auch der Erreger der hämorrhagischen Septicämie scheint ein sehr häufig vorkommender harmloser Parasit zu sein, der unter den Bedingungen des Experiments zur Virulenz gelangt.

Nach der ersten Mitteilung 1917 von BULL fand OLIVER 1922 in San Franzisko 20% der Kaninchen, sowie TWORT und ARCHER in England in der gleichen Prozentzahl Tiere an spontaner Encephalitis erkrankt. Dann wies BONFIGLIO in Rom 1924 die Erkrankung bei 25 unter 74 Tieren nach, LÖWE, HIRSHFELD und STRAUSS am Mont Sinai Hospital in New York in 55% ihres Bestandes, während GOODPASTURE und TEAGUE bei einem Viertel ihrer 30 Tiere auf die Erkrankung stießen. VERATTI und SALER fanden in Italien unter 200 Tieren nur ein krankes. SCHUSTER in Budapest fand wiederum den vierten Teil seiner Tiere erkrankt (und ein ähnliches Virus bei Katzen).

Eingehendere Beobachtungen stammen von WRIGHT und CRAIGHFAD aus England, aus Frankreich aus der Schule LEVADITIS. Aus der Schweiz liegen Beobachtungen von DÖRR und ZDANSKY vor. In Deutschland haben JAHNEL und ILLERT, PETTE (etwa 150 Tiere), PLAUT, und am eingehendsten SEIFRIED ihre Beobachtungen mitgeteilt.

In seiner Arbeit über Gehirnveränderungen beim Hauskaninchen hat MC CARTNEY unter 372 Kaninchen verschiedenster Art, darunter auch ganz gesunde, in 55% Veränderungen angetroffen, die einer Meningoencephalitis entsprechen. Er beschreibt insbesondere perivasculäre Rundzellenanhäufungen in den Meningen, der Rinde und subependymären Gefäßen, sowie herdförmige Nekrosen. Auf die Ätiologie geht der Verfasser nicht ein. COWDRY beschäftigt sich mit der geographischen Verteilung der Spontanencephalitis in den Vereinigten Staaten, Europa, Peking und Nagasaki und fand in einem erheblichen Prozentsatz Encephalitiden, während in anderen Gegenden (z. B. in Tokio und tropischen Ländern) die Tiere frei sein sollen. Da er über die Erreger nichts aussagt, wir aber andererseits wissen, daß bei der Kaninchenrhinitis und der Coccidiose sehr häufig Encephalitiden auftreten können, so ist das Auftreten dieser Erkrankung natürlich abhängig von dem Auftreten der in anderen Körperorganen lokalisierten Haupterkrankung. Wie wenig selten Kaninchenencephalitiden in einzelnen Beständen und ihre Folgeerscheinungen sein können, geht auch aus den Mitteilungen JAKOBs hervor, der auf die Häufigkeit der endarteritischen Gefäßveränderungen (nach überstandenen Meningitiden beim Kaninchen) hinweist. Besondere Bedeutung hatten die Arbeiten von PLAUT und seinen Mitarbeitern, der dem Kaninchenliquor wiederholt eingehendes Studium gewidmet hat. Er und seine Mitarbeiter sind zu der Erkenntnis gelangt, daß beim Kaninchen eine Spontanencephalitis auftritt, die aber nichts mit der Nachüberimpfung von Paralytikergehirnen auf Kaninchen beobachteten Paralyseencephalitis dieser Tiere zu tun hat. Die Autoren bezeichnen es selbst als zweifelhaft, ob diese durch eine Syphilisspirochäte erzeugt wird, das ätiologische Agens würde aber sicher durch das Impfmaterial übertragen. Auf die zahlreichen Arbeiten, die abgesehen von den eben genannten Autoren, aus dem PASTEURschen Institut, und in Deutschland von ZWICK und seinen Mitarbeitern über das Auftreten der Encephalitis bei intracerebraler Verimpfung von Gehirn- und Rückenmarkemulsion beobachtet sind, darf an dieser Stelle nur verwiesen werden.

Was die Häufigkeit des Vorkommens anbetrifft, so betont SEIFRIED mit Recht, daß weder NISSL noch SPIELMEYER oder KLINK ebensowenig wie ZWICK und seine Mitarbeiter, die doch mehrere hundert Kaninchen über Jahrzehnte

verteilt auch histologisch untersucht haben, nie auf Spontanencephalitiden ge-
stoßen sind. Ein Hinweis auf die Spontanencephalitis stammt unseres Wissens
erstmals von JAKOB. Andererseits verlaufen die Spontanencephalitiden oft
latent ohne klinische Symptome, so daß das Auftreten der Erkrankung leicht
übersehen werden kann, zumal wenn keine Serienuntersuchungen durchgeführt
wurden.

Das Hauptinteresse hat die *enzootische Encephalomyelitis,* die ansteckende
Gehirn- und Rückenmarksentzündung gewonnen. In neuester Zeit ist die
Frage ausführlich bearbeitet von SEIFRIED, PETTE, von BALO und GAL. BALO

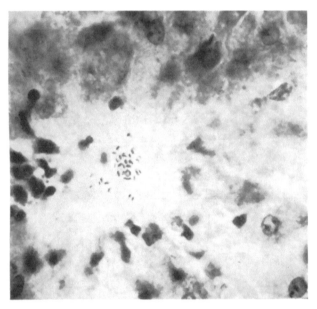

Abb. 210. Erreger im Zentrum eines Granuloms. (Aus SEIFRIED: Kaninchenkrankheiten.)

und GAL haben in 9% von aus verschiedenen Budapester Züchtungen hervorgegangenen Kaninchen das Encephalitozoon nachgewiesen und zwar in 7 Fällen
sowohl im Gehirn als auch in der Niere und einmal nur im Gehirn.

Als Erreger wird das Encephalitozoon cuniculi angesehen, das sich besonders
in den subcorticalen Herden in der Nähe der Epitheloid- und Riesenzellen
finden soll. Es ist nach dem Autor in größerer Zahl in cystenartigen Hohlräumen
eingeschlossen, die zwar scharf begrenzt sind, eine eigentliche Wand aber nicht
erkennen lassen, daneben werden sie auch eingeschlossen in Makrophagen, zum
Teil auch isoliert gefunden. Die Angaben über die Größe sind schwankend, die
färberische Darstellung gelingt gut nach BALO und GAL mittels der Toluidin-
Rhodaminfärbung oder nach der von anderen geübten Karbol-Fuchsinfärbung.
Bei der Gramfärbung zeigt sich ein wechselndes Verhalten, bei Färbung mit
dem MANNschen Gemisch sind die Parasiten rot, nach GIEMSA blaßblau-
grünlich gefärbt. Der endgültige Beweis für die ursächliche Bedeutung des
Erregers für die Spontanencephalitis[1] bei Kaninchen ist zwar noch nicht erbracht.

---

[1] In neuester Zeit berichtet LEVADITI über einen weiteren Encephalitiserreger des Kaninchens, das Toxoplasma cuniculi, gleichfalls auf Mäuse übertragbar, wo es auch bei klinisch
anscheinend gesund gebliebenen Tieren isoliert im Gehirn persistiert.

Das Encephalitozoon wurde frei im Gewebe gefunden, also auch unabhängig von den Herden, seine Größe beträgt 1,8 bis 2 μ, hat eine scharf abgegrenzte kapselähnliche Schicht, das Zentrum und die Endteile färben sich stärker. Der Parasit soll in der Niere größer werden als im Hirn.

Der *klinische Verlauf*. Werden die Tiere bereits in jugendlichem Alter infiziert, so entwickeln sie sich in der Jugend zunächst schlecht. Die erwachsenen Tiere magern ab, werden kachektisch, fressen wenig, reagieren langsam, ebenso sind die Bewegungen verlangsamt, sie kauern an einer Stelle, auch zwangsmäßige Kopfhaltungen sollen vorkommen.

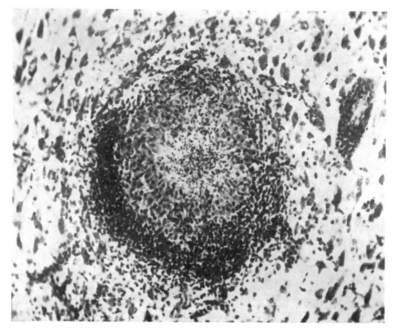

Abb. 211. Ein Granulom mit einem Wall aus Epitheloid und außen Rundzellen. Rechts im Bilde ein Gefäß mit perivasculären Infiltraten. (Aus SEIFRIED: Kaninchenkrankheiten.)

Bei einer Anzahl Tiere treten gegen Ende der Erkrankung deutlichere nervöse Symptome auf, wie fortdauernde Schläfrigkeit, Zittern, insbesondere des Kopfes, Krämpfe und Lähmungen verschieden starker Intensität. Meist scheint jedoch sowohl die spontane als auch die durch Übertragung erzeugte Kaninchenencephalitis keine erheblichen klinischen Symptome zu machen oder lange Zeit hindurch nur mit relativ geringfügigen allgemeinen Symptomen einherzugehen. So sind Tiere beobachtet worden, bei denen nur subnormale Temperaturen, Haarausfall und katarrhalische Erscheinungen auffielen. WRIGHT und CRAYHEAD haben bei den von ihnen beobachteten Tieren einen akuten, meist zum Tode führenden Verlauf der Krankheit beobachtet. TWORT und ARCHER glaubten, daß die Kaninchen ihrer Beobachtung an Urämie gestorben wären.

Über den Infektionsmodus ist nichts Sicheres bekannt, eine Kontaktinfektion wird von den Autoren nicht für wahrscheinlich gehalten. LEVADITI und seine Mitarbeiter nehmen auf Grund der Tatsache, daß die Sporidien auch in der Niere nachgewiesen werden, an, daß dieselben mit dem Urin ausgeschieden das Futter befeuchten und so auf intestinalem Wege in den Kaninchenkörper gelangen.

Pathologisch-anatomische Untersuchungen. Ein makroskopischer Befund läßt sich in der Mehrzahl der Fälle nicht erheben, dagegen ergibt die histologische Untersuchung ein lediglich in der Intensität verschiedenes, aber sonst ziemlich monotones Bild. Die Meningen sind leicht infiltriert, die

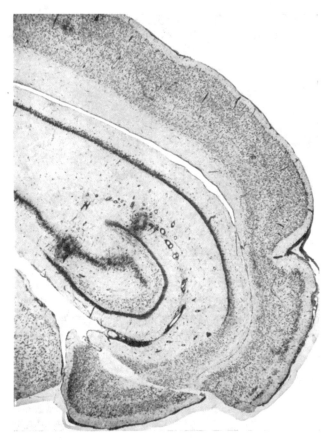

Abb. 212. Zahlreiche Herde im Ammonshorn. Diffuse encephalitische Infiltrate in der ganzen Hirnrinde. (Aus SEIFRIED: Kaninchenkrankheiten.)

Infiltrate bestehen vorwiegend aus Lymphocyten, denen gelegentlich Plasmazellen, bei chronischen Veränderungen auch Histiocyten beigemengt sind.

Im Zentralnervensystem selbst finden sich neben diffusen adventitiellen Infiltraten die schon bei schwacher Vergrößerung stark imponierenden perivasculären Rundzelleninfiltrate, die, wie die Abbildungen zeigen, dichte Zellmäntel bilden können.

BALO und GAL finden um die Herde herum eine starke Proliferation der Gliafasern und allgemein eine Verdickung der kleinen Gefäße durch Vermehrung der Adventitialzellen.

Neben den gefäßgebundenen Veränderungen treten schon bei Betrachtung mit bloßem Auge erkennbare Zellanhäufungen hervor, die aus einem äußeren Wall von Lymphocyten bestehen, auf die noch eine Zone von gleichförmigen großen Epitheloidzellen folgt und deren Zentrum in älteren Fällen von einer zentralen Nekrose gebildet wird. Diese „entzündlichen Granulome" zeigen, wie SEIFRIED hervorhebt, nicht immer eine derartig ausgeprägte scharfe Trennung. Von beginnenden Zellanhäufungen bis zu den entwickelten älteren Granulomen mit ihrem nekrotischen Zentrum finden sich alle Übergänge. Auch SEIFRIED schließt sich der Auffassung von VERATTI und SALA, sowie STERN an, nach denen die großen epitheloiden Zellen aus Gefäßwandzellen hervorgegangen sein sollen und vertritt damit die mesodermale Herkunft der Granulomzellen. In den Granulomen läßt sich auch am häufigsten das Encephalitozoon nachweisen.

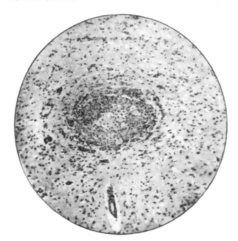

Abb. 213. Chronischer Schnupfen mit subcutanen Abscessen. Granulom in der Hirnrinde mit beginnender Nekrose im Zentrum und geringgradiger Infiltration der benachbarten Gefäße. (Aus SEIFRIED: Z. Inf.krkh. Haustiere 35.)

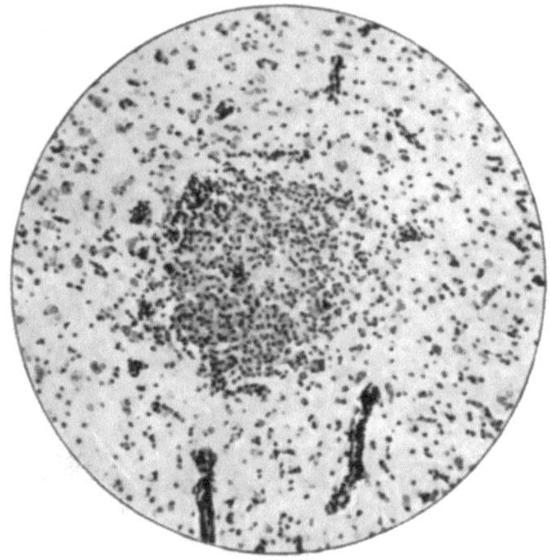

Abb. 214. Hämorrhagische Septicämie beim Kaninchen. Junges Granulom, hauptsächlich aus epitheloiden Zellen bestehend. Infiltration der benachbarten Gefäße (Ammonshorn.) (Aus SEIFRIED: Z. Inf.krkh. Haustiere 35.)

Über die entsprechende Veränderung in den Körperparenchymen, vor allen Dingen in Leber und Nieren und der aus dem letzteren Befund hergeleiteten Ansicht der Übertragbarkeit der Erkrankung durch den Urin siehe bei SEIFRIED, sowie bei BALO und GAL.

Leider kann aber aus dem Fehlen der Granulome bei einer Encephalitis nicht etwa auf das Vorliegen eines andersartigen Krankheitsprozesses geschlossen werden, denn nur bei einem kleinen Prozentsatz von Spontanencephalitis sind sie bisher nachgewiesen worden[1]. Es bedarf dringend weiterer eingehender Untersuchungen, ob neben der enzootischen Encephalitis und den sekundären Encephalitiden bei andersartigen somatischen Erkrankungen des Kaninchens noch weitere Spontaninfektionen des Zentralnervensystems vorkommen. Die klinische Beobachtung und exakte Untersuchung des Liquors, die bakteriologische und anatomische Untersuchung muß gemeinsam zur Klärung herangezogen werden.

β) Sekundäre Infektion des Kaninchengehirns bei Allgemeinerkrankungen.

Sowohl bei der Darmcoccidiose, der hämorrhagischen Septicämie und der Rhinitis contagiosa finden sich in hohem Prozentsatz encephalitische Prozesse, die

---

[1] JAHNEL und ILLERT vermuten ein latentes Saprophytieren des Erregers, da die Encephalitis häufig erst nach Einführung größerer Mengen von Proteinsubstanzen auftritt. Das ist natürlich bei Experimenten zu beachten, ebenso wie der Umstand, daß durch den Zerfall etwa intracerebral eingeimpfter Gehirnsubstanz und des dabei geschädigten Nervensystems eine Pleocytose als Ausdruck einer symptomatischen Entzündung auftreten kann.

SEIFRIED als Granulomencephalitis bezeichnet. SEIFRIED weist an der Stelle, der die beigefügten Abbildungen entnommen sind, darauf hin, daß dieselben

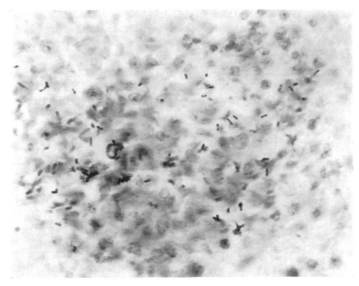

Abb. 215a. Mangankaninchen IV. Bacill. cuniculoseptic. in einem atypischen Herd der Rinde.
[Aus LEWY: Z. Neur. 71 (1921).]

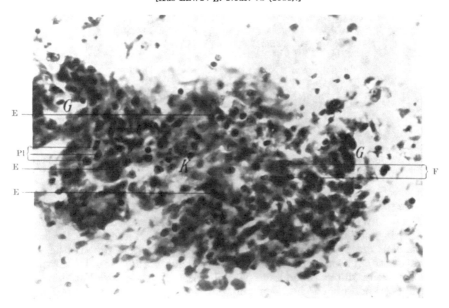

Abb. 215b. Manganoxydkaninchen. Encephalitischer Herd der weißen Substanz. E Epitheloide Zellen. F Fibroblasten. G Gefäße mit Infiltratmänteln. K Körnchenzellen. Pl Plasmazellen.
[Aus LEWY: Z. Neur. 71 (1921).]

histologischen Veränderungen auch nach Einverleibung von anderen tierischen Parasiten nachgewiesen werden konnten, und zwar nach intracerebellarer Verimpfung von Borna-, Tollwut-, Pseudowut- und Hundestaupevirus, sowie einmal durch intraspinale Einverleibung von Pferdeserum. Er kommt zu folgendem Schluß: „*Die histologischen Befunde all dieser auf so verschiedene Weise entstandenen Gehirnentzündungen sind so übereinstimmend, daß dafür mit größter Wahrscheinlichkeit ein einheitliches Agens zu beschuldigen ist. Es ist möglich, daß dieses Agens spontan im Kaninchenorganismus, allerdings nicht sehr verbreitet, vorkommt und durch Einfluß endogener oder exogener Art pathogene Eigenschaften erlangen kann.*"

Pathogenes Ansiedeln von Saprophyten im geschädigten Zentralnervensystem. Von besonderer Wichtigkeit ist die schon eingangs erwähnte Tatsache, daß bei Arbeiten am Zentralnervensystem die physiologischen Saprophyten pathogene

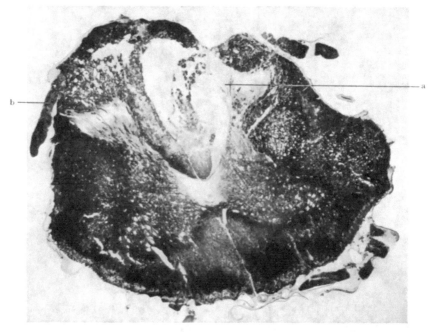

Abb. 216. Aus dem Lumbalmark. Bei a völlige Einschmelzung des Gewebes in Hintersträngen und Hinterhorn. Zahlreiche Lückenfelder. Bei b Infiltrate und Endmyelinisation der eintretenden hinteren Wurzel.

Eigenschaften annehmen können. Ein Beispiel finden wir in der Arbeit von F. H. LEWY und TIEFENBACH über die experimentelle Manganperoxydencephalitis und ihre sekundäre Autoinfektion. Die vorstehenden Abbildungen entstammen dieser Arbeit. Es handelt sich dabei um die Tatsache, daß ein als Saprophyt oder im Zustand der ruhenden Infektion im Körper befindlicher Keim unter besonderen Verhältnissen sich weiterbahnt und pathologische Veränderungen im Zentralorgan hervorruft. Durch die Manganperoxydvergiftung dieses Beispiels haben die Autoren eine sehr langsam verlaufende, wenig torpide entzündliche Erkrankung mit Degeneration des Parenchyms gesetzt. Das Schwermetall scheint seine ersten Angriffspunkte an der Gefäßinnenhaut zu haben, woran sich die Bildung hyaliner Thromben anschließt. Dort erfolgt dann erst die Ansiedlung der Bakterien im offenbar geschädigten Gewebe.

γ) *Noch nicht bekannte infektiöse Meningoencephalitis.*

Neuerdings beobachteten wir eine sporadisch auftretende Erkrankung, die sich in allererster Linie durch eine entzündliche Affektion des Lendenmarks mit schwerer Einschmelzung und dort wiederum vorwiegend in den Hintersträngen manifestiert. Die übereinstimmenden Erscheinungen der 3 bisher beobachteten Fälle, die alle dem Stalle des Professor NACHTSHEIMSchen Instituts entstammen, zwingen, dieselben zusammenzufassen. Klinisch besteht eine sich allmählich entwickelnde, schließlich vollständige schlaffe Lähmung der hinteren Extremität, Blasen- und Mastdarmstörungen. Die Tiere sind häufig benommen, soporös, richten sich nur mühsam auf den Vorderpfoten auf, der Kopf wird in leichter Dorsalflexion gehalten, das Beugen des Kopfes ist schmerzhaft, bei der Liquorpunktion ist ein erhöhter Zellgehalt nachweisbar. Die Tiere gehen unter Blasen- und Mastdarmstörungen zugrunde. Schon makroskopisch imponiert beim frischen Fall die hochgradig ödematöse Quellung des ganzen unteren Rückenmarksabschnittes. Bei dem einen Tier, das wir sehr lange am Leben erhalten konnten, war schon makroskopisch die Einschmelzung im Rückenmark, besonders die ausgedehnte Zerstörung der dorsalen Lendenmarksanteile zu erkennen. Es läßt sich bis ins Brustmark herein ein Zerfall der Nervenfasern nachweisen und neben den durch Zerfall der Myelinscheiden entstandenen Fetttropfen und Fettkörnchenzellen finden sich reichlich interstitielle Infiltrate.

Da die Erkrankung mit neuritischen Erscheinungen der hinteren Extremität einhergeht, und wie wir an der letzten Beobachtung sehen konnten, mit diesen Erscheinungen sogar beginnt, so mag auf die mir leider nur im Referat zur Kenntnis gelangte Arbeit von PAPADOPOULO Erwähnung finden, der allerdings nur bei einem Kaninchen „neurotrope" Störungen an den Hinterpfoten feststellte. Das Leiden konnte durch ein filtrierbares Virus mit dem Erfolge der klinisch ganz gleichartigen Erscheinungen immer wieder übertragen werden, das Virus war nur im Gehirn und Rückenmark nachzuweisen. Das Referat sagt leider nichts von einem pathologisch anatomischen Befund. Auch diese Beobachtungen bedürfen dringend der Nachprüfung, vor allen Dingen von bakteriologischer Seite.

δ) *Entzündung der Hirnhäute.*

Eine bekannte Erscheinung ist die Schiefhaltung des Kopfes der Kaninchen, die mitunter extreme Grade erreichen kann. Dieselbe ist entweder bedingt durch Erkrankung des inneren Ohres (s. das betreffende Kapitel) oder durch eine von dort aus fortgeleitete Entzündung. Die Erkrankung des inneren Ohres führt häufig zu epiduralen Abscessen, wo dann die Dura tumorartig vorgewölbt sein kann und die in der hinteren Schädelgrube liegenden Partien des Zentralnervensystems komprimiert. Gar nicht selten werden aber Erreger auch auf den Lymphwegen vom inneren Ohr aus verschleppt, ohne daß es zu wesentlichen Reaktionen der Dura kommt, und wir finden dann an der Basis von Pons und Kleinhirn, besonders im Lobus petrosus desselben, sowie in der Vierhügelplatte meningitische und encephalitische Herde. Ätiologisch sind die Mittelohreiterungen eine Folge von sekundärer Infektion bei der Ohrräude oder auch von Otitiden unbekannter Genese. In einem eingehend untersuchten Fall fanden wir eine Labyrintheiterung infolge einer Kaninchenrhinitis mit Durchbruch in den inneren Gehörgang und als Folge davon eine diffuse Meningitis. In anderen Fällen fanden wir nur die bereits erwähnten subduralen Abscesse. In einem Fall hat GRÜNBERG einen subduralen Abszeß an atypischer Stelle beobachten können, der dadurch entstanden war, daß die Eiterung durch die dünne Knochenlamelle an der Basalwindung der Schnecke in den subduralen Raum durchgebrochen war. Derartige subdurale Eiterungen und Abscesse können vollkommen abgekapselt und organisiert werden, und wir haben ebenfalls, ähnlich wie GRÜNBERG beobachten können, daß in der Gegend eines solchen subduralen Abscesses eine ausgesprochene, aber streng lokalisierte Meningoencephalitis besteht, während die gesamte andere Gehirnoberfläche frei ist. Die Bedeutung dieser Beobachtungen, über die ich an anderer Stelle berichte, liegt darin, daß nicht regelmäßig der Durchbruch der Erreger in den subduralen Raum von einer diffusen Meningitis gefolgt zu sein braucht. — SEIFRIED erwähnt Abscesse durch Periphlebitis eines Piagefäßes.

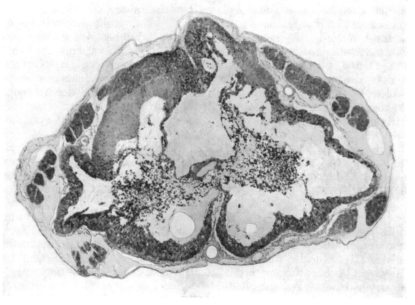

Abb. 217. Die Randsubstanz des Rückenmarks ist noch erhalten, aber auch diese von zahlreichen, auf der Photographie schwarz (im Scharlachpräparat rot) gefärbten Fettkörnchen durchsetzt. Das lockere Bindegewebswerk, das das Organ durchzieht, enthält zahlreiche grobe Fetttropfen.

Auch BARRAT, GROSSO und WEBSTER haben bei Rhinitis contagiosa cuniculorum eitrige Mittelohrentzündungen gesehen und im Anschluß daran durch unmittelbare Fortleitung des Prozesses auf das Felsenbein Hirnhautentzündung, subdurale Abscesse, Meningitiden und Encephalitiden beobachten können. Interessant ist eine unserer Beobachtungen, nach der ein Tier im Anschluß an eine Rhinitis auf dem genannten Wege einen epiduralen Absceß bekam (die Bezeichnung subdurale Abscesse wird oft falsch angewandt, da die Abscesse meist zwischen dem Knochen und der Dura sitzen) und sich weiterhin bei negativem Ausfall der Zisternenpunktion Bakterien in der Pia und auch perivasculär im Gehirn fanden, ohne daß es aber zu irgendwelchen Reaktionen gekommen wäre.

ε) Invasionskrankheiten.

Der Vollständigkeit halber sei noch von den Erregern der Invasionskrankheiten das gelegentliche Vorkommen der Finnen des beim Hunde im Darm sich ansiedelnden multiceps Multiceps erwähnt, dem aber eine praktische Bedeutung kaum zukommt (SEIFRIED).

Äußere Krankheitsursachen.

ζ) *Trauma.*

Unter den nervösen Erkrankungen spielen die traumatisch bedingten immerhin eine gewisse Rolle, und zwar gibt es beim Kaninchen ein ausgesprochenes Geburtstrauma (vgl. Abb. 217). Es handelt sich um ein wenige Wochen altes Tier mit vollkommener Lähmung der hinteren Extremität. Das histologische Präparat zeigt nahezu völlige Zerstörung des Organs, von dem nur an der einen Seite noch etwas Nervensubstanz erhalten ist, während die Randpartien reichlich Fettkörnchenzellen enthalten und im übrigen der Querschnitt des Organs durch eine Flüssigkeit enthaltende Höhle und Bindegewebe mit reichlichen Fettkörnchenzellen ausgefüllt ist.

Traumatische Lähmungen älterer Tiere kommen infolge ungeeigneten Haltens der Tiere vor, besonders wenn sich dieselben gegen das Aufnehmen sträuben. Es braucht nicht immer dabei zu Wirbelbrüchen oder Luxationen einzelner Wirbel zu kommen, oft ist die Folge der mit großer Kraftanstrengung erfolgenden Abwehrbewegung eine Blutung oder eine Zerrung des Organs, denen in einigen Tagen der Abbau des geschädigten Gewebes folgt. Klinisch finden diese Läsionen ihren Ausdruck in spastischen oder schlaffen Lähmungen, sowie in trophischen Störungen, meist gehen die Tiere an Blasenlähmung oder Decubitalgeschwüren zugrunde.

η) *Einwirkung höherer Außentemperatur.*

Selbst bei gut entwickelten Tieren, die sonst keinerlei Krankheitszeichen aufweisen, besteht offenbar eine große Empfindlichkeit gegenüber höheren Temperaturen. Seifried erwähnt die Erscheinungen der Gehirnhyperämie bzw. Gehirnkongestion, die bei gut ernährten Tieren in heißen und dunstigen Stallungen auftreten sollen, besonders nach heftigen geschlechtlichen Aufregungen, sowie in der heißeren Jahreszeit bei längeren Bahntransporten in engen Käfigen. Über den Ausgang der Erkrankung wird nichts gesagt. Unter den uns von auswärts zugesandten Kaninchen bekamen wir Tiere, die beim Auspacken schwindlig-taumelig waren und corticale Reizerscheinungen zeigten, sich oft in Krämpfen wanden und sich dabei sogar um die eigene Achse drehten. Gingen die Tiere zugrunde, dann bestand eine starke Blutfülle der pialen und der intracerebralen Gefäße, im Vordergrund standen jedoch zahlreiche, schon makroskopisch erkennbare Blutungen (einmal eine flächenhafte subpiale Blutung), sowie ein hochgradiges Gehirnödem. Histologisch waren neben reichlichen Blutaustritten im Großhirn und in der Medulla oblongata schwere Ganglienzellveränderungen nachzuweisen und gelegentlich sogar eine mangelnde Färbbarkeit der Nervenzellen festzustellen. Bleiben die Tiere am Leben, so behalten sie doch einen gewissen Grad von Stumpfheit. Die Nahrungsaufnahme ist wohl gut, die Bewegungen sind jedoch verlangsamt und durchweg etwas steif. Es hat also doch den Anschein, als ob hier irreparable Veränderungen gesetzt werden. Die Untersuchungen über diese hitzegeschädigten Tiere sind noch nicht abgeschlossen, wir haben absichtlich noch zwei derartige Tiere am Leben gelassen.

ϑ) *Entwicklungsstörungen und dysontogenetische Tumoren*

des Zentralnervensystems sind seltener beim Kaninchen beobachtet worden. Shima hat ein Teratom im Kaninchengehirn beobachtet.

Wir haben unter bestimmten erbbiologischen Bedingungen das Auftreten von dysrhaphischen Störungen (echte Syringomyelie) beim Kaninchen beobachten können. Die Kenntnis dieser Dinge ist deshalb besonders wichtig, weil die histologische Diagnose des anatomischen Substrats der Lähmungen zunächst auf Schwierigkeiten stößt, wenn es sich um Tiere handelt, bei denen nur eine fortschreitende Hinterstranggliose (-gliomatose) das nervöse Gewebe zerstört, ohne daß schon die deutlichen Zeichen einer Syringomyelie vorhanden waren. (Ausführliche Beschreibung bei OSTERTAG.)

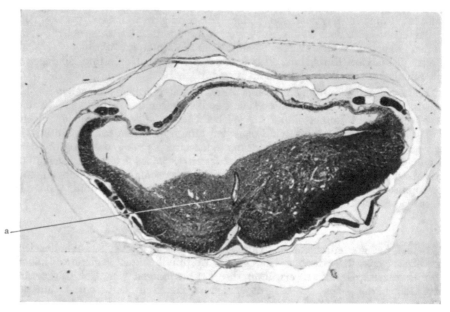

Abb. 218. Echte (vererbbare) Syringomyelie. Bei a der nur vom vorderen Ependymkeil gebildete Zentralkanal. Die Höhle wird überall von gliösem Gewebe umgrenzt, indem besonders in den seitlichen Partien noch Spongioblastenhaufen eingeschlossen sind. Regulär entwickelt ist nur der ventrale Teil der grauen Substanz. (Aus OSTERTAG: Verh. path. Ges. 1930.)

Die Höhlenbildungen selbst dürfen nicht etwa mit den (oft auch glattwandigen) Hohlräumen verwechselt werden, die den Ausgang von Affektionen des Rückenmarks ganz jugendlicher Tiere bilden (vgl. hierzu die Untersuchungen von SPATZ).

2. Meerschweinchen.

α) Entzündungen.

Die bisher beobachteten nervösen spontanen Erkrankungen gehören alle in das Gebiet der Entzündungen, sie treten meist im Verlaufe allgemeiner Infektionskrankheiten, insbesondere septischer Erkrankungen auf, wobei klinische Symptome von seiten des Zentralnervensystems häufig nicht einmal beobachtet werden.

Als im Herbst 1929 in unseren Beständen eine Diplokokkenpneumonie große Opfer forderte, und wohl die meisten Tiere mehr oder minder schwer erkrankt waren, fanden wir regelmäßig eine Affektion der Meningen, insbesondere der basalen und der dorsalen Kleinhirnzisterne, und zwar nicht nur bei den verendeten Tieren, sondern auch bei überlebenden, die wir erst nach vier Monaten getötet haben. Besonders an den genannten Stellen des Gehirns blieben die Infiltrate aus Rund- und Plasmazellen, gelegentlich auch aus Makrophagen zusammengesetzt, in der Pia (vgl. Abb. 219) noch lange bestehen.

Ebenfalls bei Coccidiosen fehlen entzündliche Veränderungen an den Meningen selten, klinische Symptome werden allenfalls nur dann bemerkt, wenn die Entzündung auf die Gefäße der Hirnrinde übergreift. Der pathologisch-anatomische Befund deckt sich mit dem beim Kaninchen erhobenen.

Während wir metastatische Entzündungen infolge otogener Infektionen beim Meerschweinchen nicht zu sehen bekamen (im Gegensatz zu den Befunden bei Ratte und Kaninchen), haben wir einen überaus auffälligen Befund bei diesem Tier erheben können, nämlich den einer vorwiegend basalen, aber auch um das Kleinhirn lokalisierten Meningitis, die sich auf dem Lymphwege vom Nasen-rachenraum und den Nebenhöhlen her ausbreiten. Ein Beispiel für diese

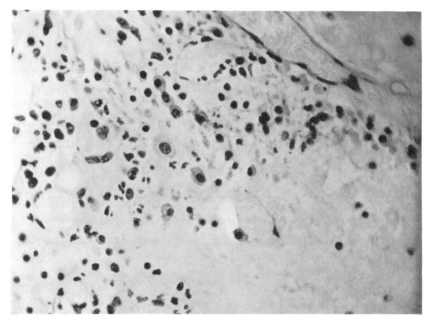

Abb. 219. Siehe Text.

Ausbreitung ist die Beobachtung, in der die Abb. 220 und 221 stammen; allerdings handelt es sich hierbei um einen leider nicht näher bestimmbaren Pilz, den wir sowohl in der Nasenschleimhaut wie in den meningitischen Infiltraten nachweisen konnten.

Das Tier war in einem großen Bestand lediglich dadurch aufgefallen, daß es rück-wärts lief. Abgesehen von einer gewissen Bewegungsarmut zeigte es später bei uns klinisch keinerlei Veränderungen mehr.

Was die Ausbreitung der entzündlichen Prozesse beim Meerschweinchen anbetrifft, so weichen sie nicht von dem uns allmählich geläufigen Ausbreitungs-wege, dem der äußeren und inneren Oberfläche folgenden, ab. Es ist dabei be-sonders interessant, daß unter den speziellen Verhältnissen, zumal des jüngeren Tieres, der offene Rückenmarkskanal mit seiner weiten Mündung in den 4. Ventrikel ebenfalls eine „innere Oberfläche" darstellt, an der sich der Ent-zündungsprozeß ausbreitet.

Je nach der Dauer der Entzündungen finden wir bei den Tieren eine mehr oder minder deutliche Randmyelitis, die Abb. 223 gibt ein deutliches Bild von den beginnenden Aufhellungen der peripheren Strangareale.

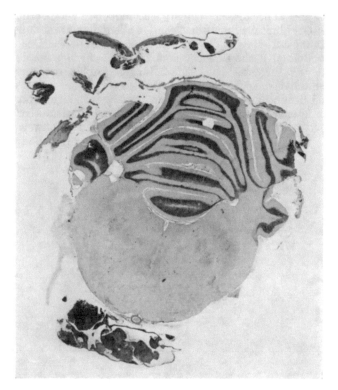

Abb. 220. Frontalschnitt durch Pons und Kleinhirn, massive Infiltrate in der Pia.

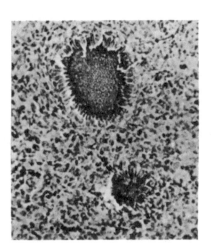

Abb. 221. Zeigt die drusenähnliche
Pilzwucherung im Granulationsgewebe.

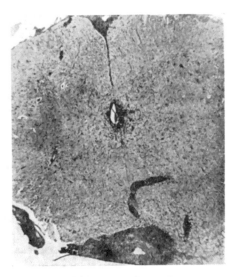

Abb. 222. Zahlreiche Infiltratzellen in den
Vorderhörnern um einzelne Gefäße herum
(Meningenencephalitis).
(Aus RÖMER: Dtsch. med. Wschr. 1911, Nr 26.)

In diesem Zusammenhang sei die Möglichkeit der Ausbreitung des Infektes auf dem Wege der nervösen Leitungsbahnen (der peripheren Nerven) erwähnt. Unsere einzige Beobachtung ist nicht eindeutig. WALDHARD hat jedoch diesen Ausbreitungsweg experimentell feststellen können. Läsionen an der unteren Extremität waren bei unserem Tiere nicht zu finden.

Spezifische Erkrankungen des Meerschweinchens stellen die

β) Meerschweinchenlähme und Meerschweinchenpest

dar.

Die Meerschweinchenlähme wurde zuerst 1911 von RÖMER als sporadisch auftretende Erkrankung, die mit Lähmungen einherging, beschrieben. Er

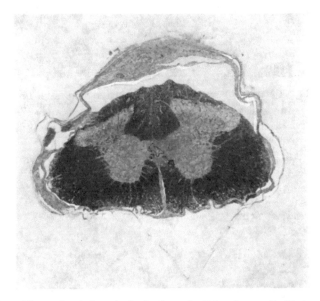

Abb. 223. Etwas ältere, chronisch verlaufende Form der Erkrankung; die Meningitis, besonders stark an der dorsalen Seite des Organs, enthält schon zahlreiche Fibroblasten und Bindegewebe. Lückenfelder an der Peripherie des Organs infolge Übergreifens des meningitischen Prozesses auf die Nervensubstanz. Der deutlich erkennbare Zentralkanal ist von Lympho- und Leukocyten ausgefüllt, die die Nervensubstanz, vor allem das Vorderhorn, durchsetzen.

hatte sie in den Beständen des Marburger Instituts beobachtet und sie vergleichend-pathologisch der HEINE-MEDINschen Krankheit des Menschen an die Seite gestellt.

Klinisch beobachtete er eine inzipiente Temperaturerhöhung, dann allgemeine Erscheinungen von seiten des Zentralnervensystems, Verweigerung der Futteraufnahme, Abmagerung, Sträuben der Haare, Dyspnoe und unwillkürlicher Harnabgang. Innerhalb von etwa zehn Tagen (ab Krankheitsbeginn) tritt der Tod ein, nachdem die Muskeln der Gliedmaßen, des Nackens von tonisch-klonischen Krämpfen befallen sind, und zumeist terminal das Bild der schlaffen Parese vorherrscht. Die Tiere liegen meist seitwärts auf dem Boden.

Der Obduktionsbefund hat bei den im Endstadium getöteten Tieren makroskopisch nichts Besonderes erkennen lassen, nur zeigen die verendeten Tiere eine starke Hyperämie eigentlich aller Organe, insbesondere aber des Zentralnervensystems. Der histologische Befund gipfelt in einer starken perivasculären Infiltration der Pia und der gesamten Rückenmarkssubstanz. In den Infiltraten überwiegen die Lymphocyten und Histiocyten. Am stärksten ist

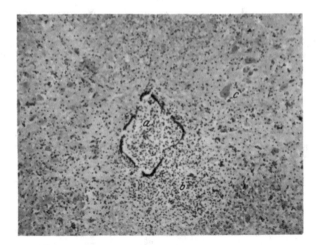

Abb. 224. Zellbild bei stärkerer Vergrößerung von demselben Fall. Bei a Leukocyten, Plasmazellen und vereinzelte Lymphocyten im Zentralkanal. Bei b Eindringen in das Vorderhorn, bei
c zugrundegehende, gänzlich abgeblaßte Ganglienzelle.

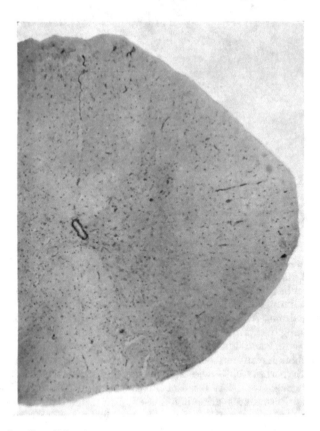

Abb. 225. Aus derselben Erkrankungsserie. Keine meningitische Infiltrate, dagegen Schwellung
der Endothelien und Endothelvermehrung. Verdickung der Gefäße. Zugrundegehen der Ganglienzellen in den Vorderhörnern, während im Hinterhorn noch zahlreiche gut erhaltene Elemente
vorhanden sind.

das Lumbalmark betroffen, die Medulla oblongata ist meist stärker als das Rückenmark beteiligt, die Infiltrate sind innerhalb des Zentralorgans in der grauen Substanz überall anzutreffen.

Hervorgerufen wird die Erkrankung durch ein nicht färb- und nicht filtrierbares Virus, das sich noch nach etwa zehn Tagen langer Aufbewahrung in $10^0/_0$igem Glycerin weiter verimpfen läßt (näheres s. Abschnitt Allgem. Bakteriologie).

Die *Meerschweinchenpest* wurde erstmalig 1912 von GASPERI und SANGIORI, ferner von PETRI und O'BRIAN und von BERGE beschrieben. Die Meerschweinchenpest wird von der Meerschweinchenlähme unterschieden, und zwar in erster Linie wegen des mangelnden pathologisch - histologischen Befundes, zweitens wegen des ausgesprochen epizootischen Charakters und drittens, weil das fragliche ebenfalls filtrierbare Virus nicht nur aus Gehirn und Rückenmark, sondern aus dem Blut aller anderen Körperorgane gezüchtet werden kann. Es wurde sogar die placentare Übertragung auf den Fetus beobachtet. Das außerordentlich resistente Virus findet sich außerdem in den Ausscheidungen und in der Galle. Außerdem sollen die Tiere bei der Meerschweinchenpest mehr unter klonisch-tonischen Krämpfen zugrunde gehen.

Diese scharfe Trennung von Meerschweinchenlähme und Meerschweinchenpest wird allerdings nicht überall durchgeführt. BERGE ist der Ansicht, daß beide Erkrankungen etwas Einheitliches darstellen und RAEBIGER hat sie in den Ergebnissen als etwas Zusammengehöriges abgehandelt, während in dem 1923 erschienenen Heftchen über das Meerschweinchen seine Mitarbeiter STEINMETZ und LERCHE die Erkrankungen getrennt anführen.

Bei unseren Beobachtungen, die sich auf etwa 30 Tiere einer bestimmten Zuchtfarm erstrecken, herrscht durchaus das Bild der Meerschweinchenpest vor (Abb. 225). Es zeigt sich lediglich eine Quellung der Endothelien an den Gefäßen, sowie weitgehendste degenerative Schädigung an Ganglienzellen und Glia. Bei den Tieren 483 und 489 aus derselben Zucht, die bald darauf erkrankt waren, haben wir dagegen das typische Bild der Meningomyelitis vor uns, wie es als klassisch für die Meerschweinchenlähme von RÖMER angegeben wurde.

Von den zunächst überlebenden Tieren starben im Winter 1928/29 noch einige an einem Wiederaufflackern derselben Erkrankung, wie es meines Wissens bisher noch nicht beschrieben worden ist. Die ersten Tiere, die damals zugrunde gingen, zeigten wieder eine ausgesprochene Meningomyelitis[1], während bei den später gestorbenen nur die degenerativen Veränderungen im nervösen Parenchym, verbunden mit einzelnen Hämorrhagien, überwogen. Eine endgültige Entscheidung ist natürlich noch nicht möglich, ich glaube jedoch diese Tatsachen nicht verschweigen zu dürfen, da sie immerhin für die Frage der einheitlichen Genese von Bedeutung ist. Von dem Vorliegen etwa sekundärer Infektion, die erst zur Meningitis geführt hat, haben wir uns nicht überzeugen können, wenngleich sie naturgemäß noch nicht ausgeschlossen werden kann.

3. Ratte.

Über Erkrankungen des Zentralnervensystems der Ratte ist außerordentlich wenig bekannt, was zum großen Teil daran liegt, daß Ratten als Versuchstiere wohl nur selten für Fragen der Erkrankung des Zentralnervensystems benutzt und etwaige kranke Tiere sofort beseitigt werden.

---

[1] Die Meningomyelitis war bei diesen beiden Tieren von so hochgradigem Ödem begleitet, daß das Rückenmark in seinem Lendenteil makroskopisch völlig erweicht erschien.

Es berichtet lediglich HUTYRA über eine infektiöse Bulbärparalyse, die durch ein in den Organen und im Blute vorhandenes Virus verursacht wird, und übertragen werden konnte.

Nähere Untersuchungen über das Virus und ein späteres Auftreten sind nicht bekannt geworden. Es handelt sich auch hierbei um ein glycerinfestes filtrierbares Virus. Die Beschreibung Bulbärparalyse erscheint mir jedoch nach dem Symptomenbild nicht ganz gerechtfertigt.

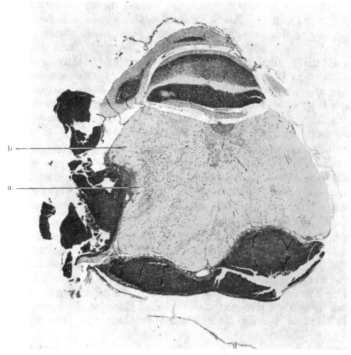

Abb. 226. Otogene absceßartige Meningitis bei der Ratte. Klinisch völlige Remission. Bei a Übergreifen des Granulationsgewebes auf die Oblongata. Bei b Eindringen der Infiltrate in die Gefäßscheiden.

Eine Anzahl von Ratten, die an einer „infektiösen Lähmung" gelitten haben sollen, erhielten wir leider alle schon im toten Zustande. Die histologische Untersuchung der Tiere ergab geringgradige Meningitis, Randmyelitis, Degeneration der Hinterstränge und der intraduralen Wurzelnerven.

Die häufigsten Affektionen des Zentralnervensystems, die zur Beobachtung kamen, sind die Meningitiden, meist otogenen Ursprungs, die gelegentlich auch absceßartigen Charakter annehmen können. Es ist von Interesse, daß ein Teil der Tiere, die entsprechend dem Sitze der massiven entzündlichen Veränderungen (vgl. Abb. 226) wochenlang mit einem schiefen Kopf im Kreise herumliefen, Spontanremissionen bekamen und in ihrem Verhalten durchaus den Eindruck gesunder Tiere machten, während die histologische Untersuchung noch recht erhebliche, dicke Infiltrate und gar nicht selten auch encephalitische Prozesse aufdeckte. Das histologische Bild entspricht dem beim Kaninchen besprochenen. Nicht selten ist das Nervensystem der Ratte affiziert bei osteomyelitischen Prozessen, die teilweise auf das Rückenmark direkt übergreifen oder aber, sofern sie sich nur sub- oder epidural ausdehnen, zur Kompression des Organs führen können.

Nicht infektiöse Affektionen des Nervensystems ohne klinische Erscheinungen haben wir bei einer spontanen Avitaminose bei jungen Ratten gesehen (vgl. oben unter „primärer Reizung").

4. Maus.

Auch bei klinisch gänzlich symptomlosen Mäusen finden wir histologisch nicht selten eine Encephalitis, ohne daß wir einen Erreger nachweisen können. COWDRY und NICOLSON nehmen allerdings für die Spontanencephalitis der Maus einen dem Encephalitozoon[1] verwandten Erreger an (bei 25 %/₀ von

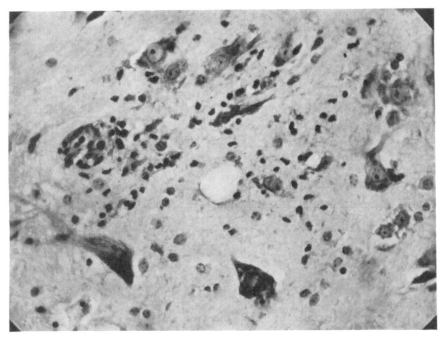

Abb. 227. Links ein Gefäß mit Infiltraten, die noch einige geschrumpfte Plasmazellen enthalten. Die großen Ganglienzellen im unteren Teil des Bildes sind verklumpt und weisen auch hyperchromatische, weit verfolgbare Fortsätze auf.

141 weißen Mäusen haben sie Diprotozoen nachgewiesen). In Polen fand ANIG-STEIN unter 17 Mäusen in 11 Fällen eine Encephalitis, darunter bei 5 auch die Sporen, von denen er glaubt, daß es sich um Haplosporidien und nicht um Mikrosporidien handelt.

Bei der Murisepticusinfektion sind die Meningen eigentlich immer mitbeteiligt. In schwereren Fällen besteht auch eine Meningoencephalitis über die ganze Hirnoberfläche verteilt, die gelegentlich zu Nekrosen im Nervengewebe führt. Abb. 227 stammt von einer Maus, die eine Allgemeininfektion durchgemacht hatte und uns mit Drehbewegungen überwiesen worden war. Wir haben das Tier dann Monate hindurch leben lassen, es wurde völlig symptomlos, zeigte aber bei der mikroskopischen Untersuchung noch eine ganze Anzahl chronischer encephalitischer Herde.

---

[1] LEVADITI, NICOLAU und SCHÖN (zitiert nach FISCHL und SCHÄFER) beschreiben die Übertragbarkeit des bei Kaninchen vorkommenden Encephalitozoon cuniculi auf Mäuse und Persistenz des Erregers im Gehirn dieser Tiere.

Weiter beobachteten wir meningeale Infiltrate, die gelegentlich auf die Hirnrinde übergreifen, bei Tieren, die an Ekzemen oder Ekzemen mit Abscessen
erkrankt waren, wie sie gelegentlich bei ungesundem Halten der Tiere auftreten[1].

Hyperkinesemäuse mit Bewegungen zum Teil von choreatischem Typ
erhielten wir dadurch, daß bei Tieren, die zur Prüfung des Schweinerotlaufserums
benutzt worden waren, zwar eine Immunität gegenüber dem Rotlaufbacterium
erzielt war, aber doch unter der Toxinwirkung degenerative Läsionen der
Ganglienzellen verschiedener Rindengebiete und der kleinen Striatumzellen der
Maus entstanden. Von besonderem Interesse ist folgende Beobachtung: In einen
Mäusebestand waren Tiere, die zur Prüfung des Rotlaufserums benutzt waren,

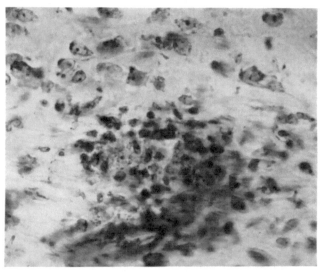

Abb. 228. Von einzelnen mesenchymalen Elementen durchsetzter gliöser Herd, in seiner linken Seite
eine von wuchernden Gliazellen umgebene Nekrose.

zurückgekommen. In diesem Bestande erkrankten eine Anzahl von Tieren
unter dem typischen Bilde der Bacillus murisepticus-Infektion, deren Nachweis
gesichert werden konnte. Von den zufällig noch gezeichneten Tieren aus dem
Rotlaufversuch erkrankten einzelne Mäuse lediglich an einer ganz ähnlichen
Hyperkinese, wie sie eben beschrieben worden ist. Der vorhergegangene Rotlaufversuch hatte also eine Immunität gegenüber dem ihm verwandten Muri-
septicus bedingt, aber doch nicht verhindern können, daß wir bei negativem
Befunde an sämtlichen Körperorganen degenerative Veränderungen im Zentralnervensystem nachweisen konnten.

Abb. 228 zeigt einen encephalitischen Herd bei einer dieser Hyperkinesemäuse.

Die spezifische Affinität des Erregers oder des Toxins im Zentralnervensystem
ist im vorliegenden Fall ebensowenig geklärt wie die Affinität der Diphtherie-
bacillen zu bestimmten Teilen des Hirnstammes in F. H. Lewys Mitteilung,
der nach experimentellen Diphtherieinfektionen ein choreatisches Syndrom sah.

---

[1] Degenerative Veränderungen in den Nervenzellen (im Sinne der akuten Zellerkrankung
oder der Zellschrumpfung) begegneten wir bei Tieren, deren Ekzem mit Erfolg mit Peru-
balsam behandelt worden war. Bei 2 dieser Tiere traten während der Behandlung anfangs
leichte Erregungszustände, späterhin ein soporöses Stadium auf.

FISCHL und SCHÄFER weisen mit Recht auf den Unterschied zwischen Tanz-
mausstellung und Encephalitisstellung hin, bei der letzteren fehlt die Athetose
und die Ataxie.

Literatur.

Allgemeines.

Technik der Untersuchung des Zentralnervensystems.

Enzyklopädie der mikroskopischen Technik. Berlin-Wien: Urban & Schwarzenberg 1927.
SPIELMEYER: (a) Technik der mikroskopischen Untersuchung des Nervensystems.
Berlin: Julius Springer 1930. (b) Histopathologie des Nervensystems. Berlin 1922.

Normale Anatomie.

EDINGER: Vorlesung über den Bau der nervösen Zentralorgane. Leipzig 1908.
GERHARDT: Das Kaninchen. Leipzig 1909.
HABERLAND: Operative Technik des Tierexperimentes. Berlin 1926.
KAPPERS: Die vergleichende Anatomie des Nervensystems der Wirbeltiere und des
Menschen, Bd. 2. Haarlem 1921. — KUHLENBECK: Vorlesung über das zentrale Nervensystem
der Wirbeltiere. Jena 1927.
SCHAUDER: Anatomie der Haustiere, 2. Aufl., Bd. 4. Stuttgart 1923.
WINKLER u. POTTER: Anatomical guide . . . on the rabbits brain. Amsterdam 1911.

Normale Histologie.

Handbuch der mikroskopischen Anatomie des Menschen, Bd. 4. Nervensystem I. Teil.
Beitrag BIELSCHOWSKY, S. 1 f. u. Beitrag STÖHR, S. 143 f. Berlin: Julius Springer 1929.
JAKOB: Normale Anatomie und Histologie des Großhirns in ASCHAFFENBURG: Handbuch
für Psychiatrie. Leipzig u. Wien 1927.
OBERSTEINER: Anleitung bei Studium des Baues der nervösen Zentralorgane im ge-
sunden und kranken Zustande. Leipzig u. Wien 1921.

Liquor.

DIXON u. HALLIBURTON: Zit. nach PLAUT.
PLAUT: Z. Neur. **67**, 373; **120** (1929).

Agonale und Leichenerscheinungen.

JOEST u. SCHEUNERT: Literatur bei JOEST: Spezielle pathologische Anatomie der
Haustiere, Bd. 2. Berlin 1921.

Allgemeine Pathologie und Symptomenkomplexe.

JAKOB: Handbuch für Psychiatrie, Bd. 1. Leipzig u. Wien: Deuticke 1927.
SPIELMEYER: Histopathologie des Zentralnervensystems. Berlin 1922.

Kaninchen.

BALO u. GAL: Virchows Arch. **265**, 386 (1927). — BONFIGLIO: (a) Policlinico sez. prat.
30, 825 (1923). (b) Policlinico sez. mrf. **32**, 377 (1925). — BULL: J. of. exper. Med. **25**,
557 (1917).
CARTNEY, MC.: J. of exper. Med. **39** I. — COWDRY: J. of exper. Med. **63**, 725 (1926).
DOERR u. ZDANSKY: (a) Z. Hyg. Wschr. **101**, 239 (1923/24). (b) Schweiz. med.
Wschr. **53**, 1189 (1923).
GOODPASTURE and TAEGUE: J. med. Res. **44**, 121 u. 139 (1923). — GRÜNBERG: Beitr.
Anat. usw. Ohr usw. **21**, Sonderdruck.
JAHNEL u. ILLERT: Klin. Wschr. **2**, Nr 14 u. 37/38 (1923); **3**, Nr 18 (1924). — JAKOB:
Handbuch der Psychiatrie. Spezielle Histopathologie des Großhirns. Leipzig 1929.
LEVADITI: Schweiz. med. Wschr. **1924**. — LEWY, F. H. u. TIEFENBACH: Z. Neur. **71**
(1921). — LOEWE, HIRSHFELD and STRAUSS: J. inf. Dis. **25**, 378 (1919).
OLIVER: J. inf.Dis. **30**, 91 (1922). — (a) OSTERTAG: Verh. dtsch. path. Ges. **1930**, 166.
(b) Ges. dtsch. Nervenärzte Dresden **1930**; Zbl. Neur. **57**; Dtsch Z. Nervenheilk. **1931**.
PAPADOPOULO: C. r. Soc. Biol. Paris **99** (1928). — PETTE: (a) Klin. Wschr. **4**, 257 (1925).
(b) Ärztl. Ver. Hamburg, Sitzgsber. 9. Dez. 1924. Ref. Zbl. Neur. **11**, H. 5/6 (1925).
(c) 20. Jverslg norddtsch. Psychiater Kiel, 25. Okt. 1924; Zbl. Neur. **11**, H. 5/6, 345 (1924).
(d) Klin. Wschr. **4**, Nr 6, 25 u. 27 (1925). (e) Dtsch. Z. Nervenheilk. **89** (1926). (f) Z. Neur.
108 (1927). — PLAUT u. MULZER: Münch. med. Wschr. **69**, 1179 (1922). — PLAUT, MULZER
u. NEUBÜRGER: Münch. med. Wschr. **1923**, Nr 47; **1924**, Nr 51.

SCHUSTER: Klin. Wschr. **4**, 550 (1925). — SEIFRIED: (a) Vortrag 90. Verslg dtsch. Naturforsch., Hamburg, Sept. **1928**. (b) Die wichtigsten Krankheiten des Kaninchens mit besonderer Berücksichtigung der Infektions- und Invasionskrankheiten, Wiesbaden 1927. (c) Z. Inf.krkh. Haustiere **36** (1929). — SHIMA: Literatur ELLEHBERGER, SCHÜTZ: Jber. **30** (1910). — SPATZ: NISSL-ALZHEIMERS Arbeit, Erg.-Bd. 1919. — STERN: Ref. auf der 11. Tagung der Deutschen Gesellschaft für Mikrobiologie in Frankfurt. Zbl. Bakter. I, **97**, Beih., 94 (1926).

TWORT and ARCHER: Vet. J. 78, 367 (1922).

VERATTI e SALA: Ref. Zbl. Hyg. 9, 33 u. 244 (1924).

WRIGHT and CRAIGHEAD: J. of exper. Med. **36**, 136 (1922).

ZWICK u. Mitarbeiter: Z. Inf.krkh. Haustiere **30**, 42 (1926).

Meerschweinchen.

BERGE: Dtsch. tierärztl. Wschr. **10** (1924).

GASPERI u. SANGIORI: Zbl. Bakter. **71**. — GERLACH: Handbuch der pathogenen Mikroorganismen, Bd. 9. Berlin u. Wien 1928.

PETRI u. O'BRIAN: J. of Hyg. **1910**.

RAEBIGER: Erg. Path. II **21**. — RÖMER: Dtsch. med. Wschr. **1911**, Nr 26; Zbl. Bakt. **50**.

STEINMETZ u. LERCHE, in RAEBIGER: Das Meerschweinchen. Hannover 1923.

WALTHARD: Krankheitsforschg 4 (1927).

Ratte.

HUTYRA: Berl. tierärztl. Wschr. **1910**.

Maus.

COWDRY and NICOLSON: J. amer. med. Assoc. **82**, 545 (1924).

FISCHL u. SCHÄFER: Experimentelle Encephalitis bei Mäusen. Klin. Wschr. **1929**, Nr 46.

LEWY: Virchows Arch. **238** (1922).

Allgemeiner Teil.

Bakterielle und parasitäre Erkrankungen.

A. Die durch Bakterien und pflanzliche Parasiten hervorgerufenen Erkrankungen[1].

Von **Oskar Seifried**, Gießen.

Mit 18 Abbildungen.

I. Seuchen bakteriellen Ursprungs.
a) Diplokokkenseuche.
Meerschweinchen.

Diese nicht selten vorkommende und äußerst gefährliche Meerschweinchenseuche wurde 1901 von Tartakowsky zum erstenmal beschrieben[2]. Weitere Beobachtungen sind von Richters und von Stefansky mitgeteilt worden. Dem Verfasser stehen zahlreiche eigene Erfahrungen zur Verfügung. Es ist eigenartig, daß die Krankheit hauptsächlich in den Wintermonaten auftritt, und daß meistens ältere Tiere von ihr befallen werden. Die Krankheit ist gekennzeichnet durch das Auftreten entweder einer eitrigen Pleuropneumonie, einer fibrinös-eitrigen Peritonitis oder einer ulcerösen Metritis. Die letztere ist vielfach allein vorhanden; es gibt aber auch Fälle, bei denen beide Formen miteinander vergesellschaftet sind.

Ätiologie. Als Erreger der Krankheit findet man regelmäßig in den Lungen, in der Brust- und Bauchhöhlenflüssigkeit, in den geschwürig-eitrigen Veränderungen der Gebärmutterschleimhaut, seltener in anderen Organen den Diplococcus lanceolatus (Fraenkel). Im Blute, in der Milz und den Nieren sind die Keime in der Regel bakterioskopisch nicht nachweisbar. In aus den obengenannten Organen hergestellten Ausstrichpräparaten liegen diese Diplokokken teils einzeln, teils zu kurzen Ketten angeordnet und zwar in der Regel extracellulär. Nur selten trifft man sie in Leukocyten phagocytiert.

Die Diplokokken färben sich leicht mit den gebräuchlichen Anilinfarbstoffen und auch nach Gram. Sie besitzen eine ausgesprochene Lanzettform und lassen eine deutliche Kapsel erkennen. Sie sind beweglich.

Die Züchtung aus den genannten Organen (vielfach auch aus dem Blute, aus der Milz und aus den Nieren) gelingt bereits auf den gebräuchlichen Nähr-

---

[1] Von den bisher erschienenen zusammenfassenden Arbeiten auf diesem Gebiete seien erwähnt:
Seifried, O.: Kaninchenkrankheiten. München: J. F. Bergmann 1927. — Raebiger, H.: Das Meerschweinchen. Hannover: M. u. H. Schaper 1923. — Gerlach, F.: Die praktisch wichtigen Spontaninfektionen der Versuchstiere. Handbuch der pathogenen Mikroorganismen von Kolle, Kraus u. Uhlenhuth, Bd. 9, S. 497. 1928. — Meyer, K. F.: Communicable Diseases of Laboratory Animals. The Newer Knowledge of Bacteriology and Immunology of Jordan and Falk. The University of Chicago Press. Chicago, Illinois 1929.

[2] Eine ähnliche Krankheit ist vom Verfasser beim Kaninchen beobachtet worden.

böden. Auf Agar treten schon innerhalb 12—24 Stunden kleine graue, isolierte, durchscheinende Kolonien auf. Besseres Wachstum wird auf Glycerinagar, sowie auf Agar, dem Rohr- oder Traubenzucker zugesetzt ist, erzielt. In flüssigen Nährböden, so besonders in flüssigem Serum tritt besonders deutlich Verband- sowie Kapselbildung hervor. Milch wird koaguliert, auf Kartoffeln findet Wachstum nicht statt.

Der Diplococcus lanceolatus ist hochpathogen für Mäuse, Meerschweinchen und Kaninchen. Weiße Ratten verhalten sich refraktär.

Pathologische Anatomie. In der Mehrzahl der Fälle findet man eine fibrinös- eitrige Peritonitis. Auch die Leber ist vielfach mit fibrinös-eitrigen Membranen bedeckt. Im übrigen zeigt die Leber eine mehr oder weniger deutliche Ver- größerung und mitunter diffuse oder mehr herdförmige fettige Degenerationen. Die Milz ist in manchen Fällen hochgradig geschwollen. Die Nieren sind graugelb, bisweilen vergrößert, sonst aber ohne nennenswerte Veränderungen. Einen besonders auffallenden Befund weist die Brusthöhle auf, die mit serofibrinösem Exsudat völlig angefüllt sein kann. Die Pleura parietalis ist nicht selten in ihrem ganzen Umfange, oder aber nur im Bereiche der erkrankten Abschnitte mit fibrinösem Exsudat bedeckt, ebenso auch die Pleura visceralis. Die Lungen selbst befinden sich im Stadium der Hyperämie, des Ödems oder der Hepati- sation. Besonders häufig sind die Spitzenlappen bronchopneumonisch verändert. Die peribronchialen Lymphknoten sind stark vergrößert und mit eitrigen Herden durchsetzt. Nicht selten besteht gleichzeitig eine fibrinös-eitrige Perikarditis sowie eine Degeneration des Herzmuskels. Die Veränderungen, die im Einzel- falle angetroffen werden, sind sowohl in ihrer Ausdehnung als auch in ihrer Intensität großen Schwankungen unterworfen, so daß sehr vielgestaltige Bilder zustande kommen. Bisweilen gesellen sich dem bisher beschriebenen pathologisch- anatomischen Befunde noch ausgesprochene Veränderungen des Uterus und der Vagina hinzu. Es muß aber besonders hervorgehoben werden, daß in einem Teil der Fälle diese Uterus-Veränderungen allein vorhanden sind, ohne daß in der Bauchhöhle oder in der Brusthöhle sonstige Veränderungen nachweisbar sind. Die Veränderungen im Bereiche der Geschlechtsorgane bestehen in einer hämorrhagischen bzw. eitrigen Metritis und Kolpitis. Die Schleimhaut der Vagina, besonders aber diejenige des Uterus, ist hochgradig gerötet, verdickt, und auffallend in Falten gelegt. Besonders die Uterusschleimhaut ist mit einer zählklebrigen, grauen oder gelben Masse belegt und mit verschieden großen Geschwüren durchsetzt, die bis Pfennigstückgröße erreichen können. Diese Geschwüre reichen vielfach bis auf die Muskularis; sie besitzen wulstige, manch- mal zerfranste Ränder und sind mit schmutzig-braunen, eitrigen, nekrotischen und jauchigen Massen bedeckt.

Pathologisch-histologisch findet man in den Lungen das Bild der eitrigen Bronchopneumomie und die Anwesenheit zahlreicher Diplokokken in den broncho- pneumonisch veränderten Lungenalveolen. Herzmuskel und Leber bieten neben zum Teil umfangreichen, entzündlichen Zellinfiltraten den Zustand der fettigen Degeneration dar. In den Nieren trifft man eine akute, parenchymatöse Nephritis mit Epithelnekrose der Harnkanälchen.

Literatur.

RAEBIGER: Das Meerschweinchen, seine Zucht, Haltung und Krankheiten. Hannover: M. u. H. Schaper 1923. — RAEBIGER u. LERCHE: Erg. Path. II 21 (1926). — RICHTERS: Z. Inf.krkh. Haustiere 14, 163 (1913).
STEFANSKY: Zbl. Bakter. Orig. 30, 202 (1901).
Weitere Literatur siehe unter infektiöse und septische Lungenentzündungen S. 581.

b) Diplo-Streptokokkensepticämie.
(Kaninchen, Meerschweinchen, Ratte, Maus.)

Außer den durch bipolare Bakterien aus der Gruppe der hämorrhagischen Septicämie hervorgerufenen Septicämien kommen auch Diplo-Streptokokkeninfektionen vor. Sie spielen jedoch bei Kaninchen, Meerschweinchen, Ratte und Maus eine weit geringere Rolle als jene. Über ein enzootisches Auftreten der Seuche bei **Kaninchen** berichten HÜLPHERS, HORNE, DESSY; Beobachtungen beim **Meerschweinchen** liegen vor von WEBER, WAGNER, TH. SMITH, HORNE, BOXMEIER und FLEXNER, TEACHER und BURTAN, HOHMANN, PARSONS und HYDE, DESSY, SEIFRIED; bei der **Ratte** von WHERRY u. a.; bei der **Maus** von FRICKE, SEIFRIED u. a. Die von LAFRANCHI beschriebene Diplokokkenseuche der Nagetiere gehört ebenfalls hierher.

Ätiologie. Im Blut, im Brust- und Bauchhöhlenexsudat, sowie in zahlreichen Organen (Lungen, Lymphknoten, Nieren, Uterus) der der Krankheit erlegenen Tiere werden Streptokokken in größerer oder geringerer Zahl ermittelt, die bald in Diplokokkenform, bald in kürzeren oder längeren Katten auftreten und große Ähnlichkeit mit den Druse- und Mastitis-Streptokokken besitzen. Sie sind grampositiv, gedeihen leicht auf den gebräuchlichen Nährböden und sind in der Regel nicht hämolysierend.

Beim Meerschweinchen scheint am häufigsten Streptococcus pyogenes, weniger häufig Streptococcus fecalis und Streptococcus mitis vorzukommen. In einigen Fällen konnte auch Streptococcus equinus nachgewiesen werden (HOLMANN).

Über die Art und Weise der **natürlichen Ansteckung** sind sichere Tatsachen nicht bekannt. Künstlich kann die Krankheit durch subcutane, intravenöse und intraperitonale Einverleibung von Blut und Organteilen von den der Spontankrankheit erlegenen Tieren sowie mit Reinkulturen der daraus gezüchteten Streptokokken bei Kaninchen, Meerschweinchen, Ratten und weißen Mäusen in typischer Weise erzeugt werden. Auch die künstliche Ansteckung bei diesen Tieren gelingt mit großer Regelmäßigkeit.

Pathologische Anatomie. Bei der Sektion verendeter Tiere finden sich an den verschiedensten Körperstellen blutigseröse Ergüsse und gallertige Anschwellungen im Unterhautzellgewebe. In den serösen Höhlen (Brust- und Bauchhöhle, Herzbeutel) lassen sich größere oder geringere Mengen blutig-seröser Flüssigkeit nachweisen. Die Lungen sind hyperämisch, ödematös und bisweilen mit bronchopneumonischen Herden durchsetzt. Pleuritis. Milz und Lymphknoten sind geschwollen. Bisweilen besteht hämorrhagische Enteritis. Metritiden und Abscesse an den verschiedensten Körperstellen sind ebenfalls häufige Vorkommnisse. Hämorrhagien auf den serösen Häuten sind seltener.

Immunität und Immunisierung: Beim Kaninchen kann mit durch Erhitzen abgetöteten Streptokokkenkulturen ein wirksamer Impfschutz erzielt werden (HORNE). Versuche zur passiven Immunisierung fielen weniger günstig aus.

Literatur.

BOXMEYER: J. inf. Dis. 4, 657 (1907).
CATTERINA: Zbl. Bakter. I Orig. 34, 108 (1903).
FRICKE: Vet.-med. Inaug.-Diss. Hannover 1913.
HOLMAN: J. med. Res. 35, 151 (1916/17). — HORNE: Z. Tiermed. 17, 49 (1913); Zbl. Bakter. I Orig. 66, 169 (1912). — HUELPHERS: Sv. Veterinärtidskrift 1912, 396. Ref. ELLENBERG-SCHÜTZ: Jber. 31 u. 32, 99 (1912).
PARSONS u. HYDE: Amer. J. Hyg. 1928, Nr 8, 356—385. — PAWLOWSKY: Z. Hyg. 33, 261 (1900).
REICHSTEIN: Zbl. Bakter. I Orig. 73, 211 (1914).

TEACHER u. BURTON: J. of Path. 18, 440 (1914); 29, 14 (1915).
WAGNER: Zbl. Bakter. I Orig. 37, 25 (1904). — WEBER: Inaug.-Diss. München 1901. —
WEIL: Z. Hyg. 68, 346 (1911). — WHERRY: J. inf. Dis. 5, 515 (1908). — WYSSOKOWITSCH:
Z. Hyg. 1 (1886).

c) Pyämien und Eiterungen.

(Kaninchen, Meerschweinchen, Ratte, Maus.)

Pyämien und Eiterungen sind bei allen kleinen Versuchstieren häufige Vorkommnisse. Besonders neigt aber das Kaninchen zu derartigen Erkrankungen.

Bereits 1881 berichtet SEMMER über eine kontagiöse Pyämie beim Kaninchen. Größeres Interesse verdient eine in neuerer Zeit von KOPPÁNYI beschriebene

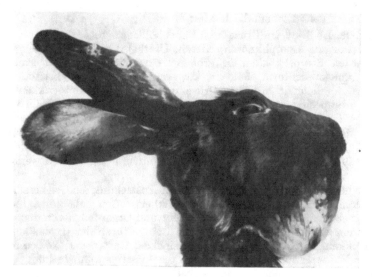

Abb. 229. Folgezustand nach eitriger Alveolarperiostitis. Großer Staphylokokkenabsceß im Bereiche des Unterkiefers mit teilweiser Zerstörung der Unterkieferäste.

Kaninchenpyämie, die durch einen polymorphen, bald in Kokken- und Diplokokken-, bald in Kurzstäbchenform auftretenden Kapselbacillus (Pyobacillus capsulatus cuniculi) verursacht wurde. Der Bacillus, der leicht züchtbar und äußeren Einflüssen gegenüber wenig widerstandsfähig ist, bildet in Bouillonkulturen Toxine, die aber nur bei Meerschweinchen und Mäusen eine schwache Giftwirkung entfalten. Die Krankheit läßt sich beim Kaninchen durch Einverleibung kleinster Kulturmengen auf den verschiedensten Wegen erzeugen. Dagegen liegen über den natürlichen Infektionsweg Angaben nicht vor.

Pathologisch-anatomisch ist die Krankheit durch eine fibrinös-eitrige Perikarditis und Pleuritis gekennzeichnet, der sich mitunter Bronchopneumonie anschließt. In den stark vergrößerten Lymphknoten befinden sich Abscesse, wie solche in chronischen Fällen auch im Unterhautbindegewebe in verschiedener Größe feststellbar sind.

Ähnlich verlaufende, ebenfalls zum Teil mit fibrinös-eitriger Pleuritis, Peritonitis und Eiterungsprozessen einhergehende Pyämien sind später von LAVEN und COMINOTTI mitgeteilt worden, als deren Erreger aber von dem „Pyobacillus capsulatus" unterschiedliche, nicht einheitliche Bakterien nachgewiesen wurden. JAKOBSOHN und KOREF wollen die hier aufgeführten Pyämien als eine besondere Form der Rhinitis contagiosa betrachtet wissen.

Beim *Meerschweinchen* ist u. a. von VINZENT eine häufig mit der Pseudotuberkulose verwechselte Lymphknotenerkrankung festgestellt worden, die
durch einen Anaerobier („Streptobacillus caviae") verursacht wird. SAENZ und
REFIK konnten nachweisen, daß der Krankheitsprozeß bisweilen nicht nur auf
die parietale und viscerale Pleura übergreift, sondern daß es zur Bildung von
Abscessen kommt, die sich spontan eröffnen. Bei Versuchen, die Krankheit
experimentell von Meerschweinchen zu Meerschweinchen zu übertragen, fanden
diese Autoren die orale Infektionsart besonders häufig zum Ziele führen. Sie

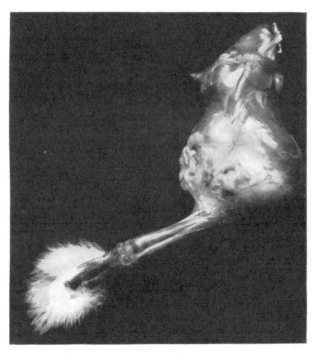

Abb. 230. Staphylokokkenabsceß beim Kaninchen.

ziehen daraus den Schluß, daß die natürliche Krankheit möglicherweise durch
den mit dem Futter verschleppten Absceßeiter weiterübertragen und verschleppt
wurde.

Von ALTANA, KASPER und KERN wurde Micrococcus tetragenus als Erreger
einer seuchenartigen Meerschweinchenkrankheit beobachtet. Neben den genannten Pyämien spielen andere Eiterungsprozesse, namentlich beim Kaninchen
eine nicht unerhebliche Rolle. Sie treten an den verschiedensten Körperstellen
(Subcutis, Nasen- und Nebenhöhlen, Mittelohr, Gehirn, innere Organe) hervor,
vielfach im Verlaufe und als Komplikationen der Rhinitis contagiosa, der hämorrhagischen Septicämie, der Nekrobacillose u. a. (s. dort).

Die übrigen, in der Literatur beschriebenen, zahlreichen Eiterungsprozesse
sind ätiologisch nicht einheitlicher Natur (SCHIMMELBUSCH und MÜHSAM,
MANNINGER, FUCHS, DAVIS u. a.). Als häufigste Eitererreger findet man beim
Kaninchen Staphylokokken (Staphylococcus pyogenes albus) besonders in
Unterhaut, Lymphknoten und inneren Organen (JAKOB, OLT-STRÖSE, BÜRGI,
SUSTMANN, eigene Erfahrungen). Bei Feldhasen und wilden Kaninchen ist das

Auftreten einer enzootisch vorkommenden Staphylomykose wohlbekannt (persönliche Mitteilung von OLT, BÜRGI, KNÖSEL).

Weniger häufig sind Staphylokokken beim Meerschweinchen. Es sind aber Staphylococcus aureus, albus und citreus von BINAGHI und ARLO, SCHILLER, HOLMAN nachgewiesen worden. Auch Streptokokken, Bacterium pyocyaneus, sowie Bacterium lactis aerogenes als Eitererreger (Abscesse) kommen vor.

Aus Abscessen bei Kaninchen und Meerschweinchen wurden neuerdings von GIBBONS zwei bisher nicht beschriebene Organismen (Hämophilus sp. und Neisseria sp.) isoliert.

Eine epizootische Lymphadenitis bei Meerschweinchen, verursacht durch einen hämolytischen Streptokokkus, wurde von CUNNINGHAM beschrieben.

Zu den Eiterungsprozessen im weiteren Sinne ist endlich noch die **Aktinomykose** zu rechnen, der man allerdings bei den hier in Betracht kommenden Versuchstieren nur selten begegnet.

In diesem Zusammenhange scheint es zweckmäßig, auf die Untersuchungen über die normale Mikroflora der Bindehaut, der Lungen und Lungenlymphknoten des Meerschweinchens von MIKAELJAN und RATNER und VON ARLO, sowie auf diejenigen über die normale Scheidenflora der Ratte von KREISMANN und FLEISHER hinzuweisen. Auch die von HOLMANN erhobenen Bakterienbefunde sind beachtenswert. Ihre Kenntnis ist von größter Wichtigkeit.

Literatur.

ALTANA: Zbl. Bakt. I Orig. 48, 42 (1909). — ARLO: C. r. Soc. Biol. Paris 76, 291 (1914). BÜRGI: Zbl. Bakter. I Orig. 39, 559 (1905).
COMINOTTI: Clin. vet. 1921, 45.
CUNNINGHAM: J. inf. Dis. 45, 474 (1929).
DAVIS: J. inf. Dis. 12, 42.
FUCHS: Zit. nach GLAGE in Kolle-Wassermanns Handbuch der pathogenen Mikroorganismen, Bd. 6. 1913.
GIBBONS: J. inf. Dis. 45, 288 (1929).
HOLMAN: J. inf. Dis. 35, 151 (1916/17).
JAKOB: Berl. tierärztl. Wschr. 1915, 484.
KASPER u. KERN: Zbl. Bakter. I Orig. 63, 7 (1912). — KNÖSEL: Berl. tierärztl. Wschr. 1929, Nr 17, 284. — KOPPÁNYI: Z. Tiermed. 10, 429 (1906). — KREISMANN u. FLEISCHER: Proc. Soc. exper. Biol. a. Med. 25, 503 (1928).
LAMIÈRE: J. Sci. Méd. Lille 8, 481, 511, 529, 557 (1890). — LAVEN: Zbl. Bakter. I Orig. 54, 97 (1910).
MANNINGER: Dtsch. tierärztl. Wschr. 1918, 289. — MIKAELJAN: Russk. oftalm. Ž. 1928, 41—46.
OLT-STRÖSE: Die Wildkrankheiten und ihre Bekämpfung. Neudamm 1914.
SAENZ u. REFIK: (a) C. r. Soc. Biol. Paris 99, 1705—1706 (1928). (b) C. r. Soc. Biol. Paris 99, 1707—1708 (1929). — SCHILLER: Ann. Inst. Pasteur 27, 69 (1913). — SCHIMMELBUSCH u. MÜHSAM: Arch. klin. Chir. 52, 576. — SEMMER: Zbl. med. Wiss. 41, 737 (1881). — SHIN MAIC: Z. Hyg. 97, 99 (1923). — SUSTMANN: Dtsch. tierärztl. Wschr. 1921, 247.
TANAKA: J. inf. Dis. 38, 389 (1926).
VINZENT: Ann. Inst. Pasteur 42, 529 (1928).
WOLFF: Z. Imm.forschg 45, 515 (1926).

d) Hämorrhagische Septicämie.

(Kaninchen, Meerschweinchen, Ratte, Maus.)

Die hämorrhagische Septicämie ist bei den kleinen Laboratoriumstieren stark verbreitet. Namentlich Kaninchen, aber auch Meerschweinchen werden von dieser Krankheit befallen. Ratten und Mäuse erkranken seltener. KLEE fand zwei Drittel bis drei Viertel aller von ihm sezierten Kaninchen, SUSTMANN 10% seines Untersuchungsmaterials (Kaninchen) mit der hämorrhagischen Septicämie behaftet. Auch bei Meerschweinchen sind zeitweise derartig schwere

Verluste beobachtet worden (FREUND, BUSSON, GERLACH, CARPANO, PHISALIX, REED und ETTINGER).

Bei den in der Literatur mehrfach und unter den verschiedensten Bezeichnungen beschriebenen septicämischen Erkrankungen des *Kaninchens* handelt es sich bei einem großen Teil der Fälle um solche, die klinisch und pathologisch-anatomisch weitestgehende Ähnlichkeit mit der septicämischen Form des ansteckenden Kaninchenschnupfens (Brustseuche, Coryza contagiosa) besitzen. Sofern bipolare Bakterien ursächlich dabei in Betracht kommen, müssen die beiden Krankheiten als identisch angesehen werden. Es liegt keine Berechtigung vor, sie voneinander abzutrennen und als selbständige Krankheiten zu betrachten.

Besondere Beachtung hinsichtlich des *epidemiologischen Auftretens* der hämorrhagischen Septicämie bei den kleinen Laboratoriumstieren verdienen die Beobachtungen von WEBSTER. Nach seinen Feststellungen ist die Häufigkeit des Auftretens, besonders der Kaninchensepticämie großen Schwankungen unterworfen. Das jahreszeitliche Vorkommen läßt einen bestimmten Zyklus erkennen insofern, als im Frühjahr, Herbst und Winter ein Ansteigen, im Sommer dagegen ein Zurückgehen der Krankheit beobachtet wird. Witterungsverhältnisse und Rassenunterschiede besitzen auf die Entstehung und den Verlauf der Krankheit einen wesentlichen Einfluß. So werden vielfach in den Herbst- und Wintermonaten zahlenmäßig nicht nur die meisten Erkrankungsfälle, sondern auch die meisten Todesfälle festgestellt. Der Einfluß der verschiedenen Empfänglichkeit verschiedener Rassen läßt sich darin erkennen, daß die einen an Pneumonie und Sepsis verenden, während andere lediglich an Schnupfen erkranken und zu Bacillenträgern werden. Die Untersuchungen, von MILLER und NOBLE zeigen weiterhin, daß Temperaturwechsel sowohl aus der Kälte in die Wärme als auch umgekehrt das Angehen einer künstlichen nasalen Infektion mit den Erregern der hämorrhagischen Septicämie begünstigen. Zweifellos spielen für das Zustandekommen auch der natürlichen Infektion derartige Einflüsse eine nicht zu unterschätzende Rolle.

Ätiologie. Nach den ätiologischen Feststellungen über das spontane Vorkommen von Septicämien bei kleinen Laboratoriumstieren scheint es einem Zweifel nicht zu unterliegen, daß in der Mehrzahl der Fälle bipolare Bakterien aus der Gruppe der hämorrhagischen Septicämie ursächlich in Betracht kommen. Mit Rücksicht darauf, daß es sowohl beim Kaninchen als auch beim Meerschweinchen auch andere Septicämien mit hämorrhagischem Charakter gibt, die auf anderer ätiologischer Grundlage beruhen, ist diese Bezeichnung nicht zweckmäßig. Die hämorrhagischen Septicämieerreger der Laboratoriumstiere (Bacillus cuniculisepticus, s. cuniculicida, Bacterium leporisepticum, Bacterium lepisepticum u. a.) stellen kleine, unbewegliche, ovoide Stäbchen dar, die in der Mitte etwas eingeschnürt sind (Gürtelbakterien) und daher achterförmige Gestalt aufweisen.

Mit den gewöhnlichen Anilinfarbstoffen färben sie sich bipolar; der Gramfärbung gegenüber verhalten sie sich negativ. Wachstum erfolgt auf den gewöhnlichen Nährböden in Form von feinen, durchsichtigen Kolonien oder dichten Rasen, die nach einigen Tagen mattweiße Farbe zeigen. Milch wird nicht zur Gerinnung gebracht, Indolbildung findet nicht statt. DE KRUIF und WEBSTER konnten zwei verschiedene Typen des Septicämiebacteriums nachweisen, die zwar verschiedenes Wachstum, morphologisch und chemisch aber Unterschiede nicht erkennen lassen. Um die weitere Erforschung der Biologie des Bacterium lepisepticum hat sich neuerdings WEBSTER sehr verdient gemacht.

Die Erreger der hämorrhagischen Septicämie bilden sowohl in der Kultur als auch im Organismus ein außerordentlich heftig wirkendes Toxin.

Von BULL und BAILEY wurde aus eitrigem Nasensekret sowie aus Lidbindehaut und Phlegmonen von Kaninchen ein Bacterium gezüchtet, das große Ähnlichkeit mit Bacterium lepisepticum besitzt, aber auf Kaninchenblutagar Hämolyse erzeugt. Mittels der Agglutination und der Komplementbindung läßt sich dieses Bacterium vom Bacterium lepisepticum und auch vom Bacterium bronchisepticum unterscheiden (s. Abschnitt Kaninchenschnupfen).

Resistenz. Nach den Untersuchungen von BEHRENS wird der Infektionserreger durch eine $1/2^0/_0$ige Lysollösung nach 15 Minuten dauernder Einwirkung nicht, durch eine $1^0/_0$ige 10 Minuten lang einwirkende Lysollösung nicht völlig abgetötet. Dagegen kann er durch eine $3^0/_0$ige Lösung bei 5 Minuten dauernder Einwirkung völlig unschädlich gemacht werden. Durch $1^0/_0$ige Sublimatlösung wird er innerhalb von 3 Minuten ebenfalls zerstört.

Die **natürliche Ansteckung** kommt sowohl auf dem Atmungswege als auch auf dem Wege des Verdauungskanals zustande. Die letztere Annahme, die durch eine Reihe von praktischen Erfahrungen gestützt wird, steht zwar in scharfem Widerspruch mit den fast regelmäßig erfolglos verlaufenden Versuchen, die Krankheit künstlich auf dem Fütterungswege zu erzeugen. Mit großer Wahrscheinlichkeit kommt die Infektion vom Boden oder von infizierter Streu aus, sowie durch infiziertes Futter zustande und wird auf diesen Wegen von Tier zu Tier übertragen. Diese Art der Infektion ist um so naheliegender, als bereits frühere und auch neuere Untersuchungen, besonders über die Kaninchensepticämie, darauf hindeuten, daß die ovoiden Septicämiebakterien in der freien Natur weit verbreitet sind, sich in organischen Substanzen ansiedeln und auch außerhalb des Tierkörpers virulent erhalten können. Nachdem von FIOCCA, WEBSTER, McCARTNEY u. a. der sichere Nachweis erbracht worden ist, daß ovoide Gürtelbakterien in den Atmungs- und Verdauungswegen von ganz gesunden Kaninchen und anderen Tieren saprophytisch vorkommen, und nachdem weiterhin bekannt ist, daß solch saprophytische Arten durch geeignete Tierpassagen eine erhebliche Virulenzzunahme erleiden können, läßt sich die Möglichkeit nicht von der Hand weisen, daß die Entstehung der

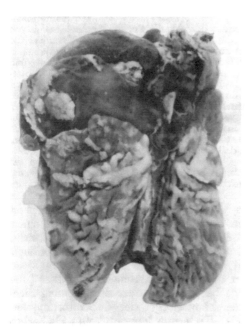

Abb. 231. Hämorrhagische Septicämie beim Kaninchen. Fibrinöse Pleuritis und Perikarditis.

Seuche nicht selten auf ovoide Bakterien zurückzuführen ist, die vorher im Körper gesunder Tiere ein saprophytisches Dasein gefristet haben. Für die plötzliche Erlangung pathogener Eigenschaften spielen nicht nur Virulenzunterschiede, sondern wie die praktischen Erfahrungen zeigen, prädisponierende Momente (Witterungseinflüsse, Erkältungskrankheiten, Eisenbahntransporte in engen Käfigen, Hungern, schlechter Ernährungszustand u. a.) eine ausschlaggebende Rolle. Für die Verbreitung der Krankheit kommt auch Zwischenträgern (Personen und Gegenständen) sowie Dauerausscheidern eine Bedeutung zu. So wurde beispielsweise nach SMITH eine Epidemie in einem Kaninchenbestande durch Tiere ausgelöst, die in Transportkörben versandt worden waren, in denen kurze Zeit vorher infizierte Kaninchen sich befanden.

Da die Erreger der hämorrhagischen Septicämie bei den verschiedenen Haustieren einschließlich der kleinen Laboratoriumstiere lediglich Standortsvarietäten einer und derselben Bakterienart darstellen, so können unter Umständen Seuchenausbrüche bei anderen Tiergattungen eine Infektionsquelle auch für Kaninchen und die übrigen Laboratoriumstiere darstellen. Anderseits liegen Beobachtungen vor, nach denen beim Ausbruch einer verheerenden Septicämie in einem Meerschweinchenbestande im gleichen Raume sich befindliche Kaninchen und Mäuse von der Krankheit nicht befallen wurden. Das vielfach plötzliche Verschwinden der Seuche findet darin seine Erklärung, daß die Bakterien der hämorrhagischen Septicämie aus unbekannten Ursachen ihrer Virulenz verlustig gehen, und daß sie durch die Einwirkung von Sonnenlicht, Hitze und Austrocknung rasch abgetötet werden.

Die *künstliche Infektion* gelingt am schnellsten und sichersten durch intravenöse Einverleibung des Infektionserregers. Aber auch die cutane und subcutane Infektion führt zur Entstehung der hämorrhagischen Septicämie unter denselben Erscheinungen und unter Entstehung derselben Veränderungen wie bei der Spontankrankheit. Sowohl nach

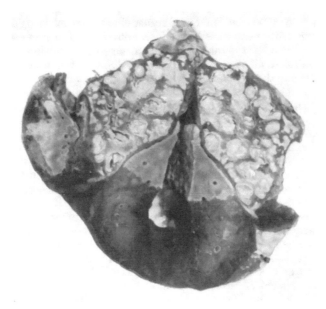

Abb. 232. Hämorrhagische Septicämie beim Kaninchen. Nekrotisierende Pneumonie mit Sequestration.

subcutaner als auch nach cutaner Impfung kommt es häufig an der Impfstelle und in deren Umgebung zu einer schmerzhaften, ödematösen Anschwellung, in deren Bereich bei der Sektion Blutungen festgestellt werden können. Auch die intrapleurale und intraperitoneale Infektion bei Verwendung sehr virulenten Materials führt zum Ziele. Dagegen kann die Krankheit auf dem Inhalationswege, sowie durch intratracheale Infektion nicht mit Regelmäßigkeit erzeugt werden. WEBSTER ist auch die intranasale Infektion gelungen. Fütterungsversuche verlaufen in der Mehrzahl der Fälle negativ. Im allgemeinen entfalten die Erreger der hämorrhagischen Septicämie bei künstlicher Einverleibung ihre größte pathogene Wirkung immer bei denjenigen Tieren, die sie auch unter natürlichen Verhältnissen krank zu machen pflegen. Für das Kaninchen, aber auch für das Meerschweinchen und für die Maus besitzen die hämorrhagischen Septicämieerreger fast aller Haustiere eine stark pathogene Wirkung. Dagegen sind andere Tiere für den Erreger der Kaninchen- und der Meerschweinchensepticämie weniger empfänglich.

Pathologische Anatomie. Bei Tieren, die der akuten Form der Seuche erliegen, läßt sich das Bild der Septicämie am reinsten nachweisen. Fast regelmäßig findet sich eine mehr oder weniger heftige, meist hämorrhagische *Entzündung der Schleimhäute der oberen Luftwege*, besonders des Larynx und der Trachea. Bisweilen sind die genannten Schleimhäute außerdem mit zahlreichen, flohstichartigen Blutungen, seltener mit größeren Blutflecken besetzt. Solche Petechien werden auch in der Lungenserosa sowie den übrigen serösen Häuten der Brust-

und Bauchhöhle angetroffen (Epikard, Peritoneum, Darm). Nicht selten lassen sich auch Veränderungen an den Augen in Form einer eitrigen Keratitis und Conjunctivitis nachweisen. Derartige Beobachtungen liegen nicht nur beim Kaninchen, sondern auch beim Meerschweinchen und bei der Maus vor.

Die *Lungen* befinden sich im Zustande hochgradiger Hyperämie mit mehr oder weniger ausgeprägtem Ödem. In mehr chronisch verlaufenden Fällen findet sich ziemlich häufig eine fibrinöse, serofibrinöse, seltener eitrige Pleuritis und Perikarditis. Die Pleuritis kann entweder für sich allein bestehen oder mit bronchopneumonischen Herden in den Lungen, ja selbst mit croupösen, hämorrhagisch-croupösen und selbst nekrotisierenden Pneumonien vergesellschaftet sein. Diese nekrotisierende Wirkung des Erregers tritt in ausgesprochen chronischen Fällen besonders deutlich hervor (s. Abb. 232).

Bei einem großen Teil der Fälle wird ferner eine katarrhalische oder hämorrhagische Gastroenteritis beobachtet. Vielfach können im Darme unter der Serosa und auf der Schleimhaut punktförmige Blutungen nachgewiesen werden. Die Gastroenteritis führt nicht selten zu einer Peritonitis. Sie äußert sich in Form leichter Verklebung der Darmschlingen untereinander und mit dem Peritoneum, sowie in einem feinen tauähnlichen oder hauchartigen Fibrinbelag an den genannten Stellen. Von den übrigen Organen lassen Milz und Lymphknoten häufig erhebliche Schwellung und starke Hyperämie erkennen. Leber und Nieren zeigen in der Regel normales Aussehen. Mitunter sollen an ihnen degenerative Veränderungen vorkommen. Außerdem können in der Leber bei ausgesprochen chronischem Verlaufe, ähnlich wie bei der Geflügelcholera, kleine miliare Nekroseherde auftreten (Bakterienanhäufungen in den Lebercapillaren mit anschließender Nekrose der benachbarten Leberzellen). Ödeme an den verschiedensten Körperstellen werden nicht nur bei der künstlich erzeugten Krankheit, sondern vielfach auch bei der Spontankrankheit beobachtet. Eigene Erfahrungen des Verfassers beim Auftreten der Kaninchensepticämie in einem Kaninchenbestande zeigen, daß die Spontankrankheit unter Umständen lediglich durch umfangreiche Ödeme, besonders im Bereiche des Bauches, gekennzeichnet sein kann. Bei weniger empfänglichen Tieren sieht man mitunter an den verschiedensten Körperstellen eitrige Abscesse zur Entstehung kommen. Entzündliche Prozesse (Abscesse, entzündliche Granulome) können sich auch im Mittelohr und im Zentralnervensystem lokalisieren (GROSSO, BULL, WEBSTER, TIEFENBACH u. a.). Bisweilen kann die Krankheit nach den Erfahrungen des Verfassers mit Kieferhöhleneiterung sowie mit Meningitiden und Encephalitiden vergesellschaftet sein (s. Abb. 233).

Diagnose. Da es auch Septicämien anderen Ursprungs sowie polybakterielle Erkrankungen der oberen Luftwege und der Atmungsorgane gibt, die klinisch und pathologisch-anatomisch nicht von der hämorrhagischen Septicämie unterschieden werden können, so ist es notwendig, die Diagnose dieser Seuche durch den Nachweis der bipolaren Bakterien zu sichern. In den perakuten und in den akuten Krankheitsfällen können sie gewöhnlich im Blute, in den inneren Organen sowie in den Exsudaten der serösen Höhlen festgestellt werden. Immerhin gibt es aber auch Fälle, besonders solche mit chronischem Verlaufe, bei denen der Nachweis nicht oder nur sehr schwer gelingt. Da andererseits bipolare Septicämiebakterien auch im Körper gesunder Laboratoriumstiere vorkommen und sich im Verlaufe von anderen Krankheiten oder nachträglich im Organismus ansiedeln können, so erfährt die diagnostische Bedeutung des Nachweises bipolarer, ovoider Bakterien eine ganz wesentliche Einschränkung. In zweifelhaften Fällen führt unter Umständen die Impfung eines Kaninchens, Meerschweinchens oder einer Maus mit Blut oder Organemulsion rasch zum Ziele.

Immunität und Immunisierung. Die Versuche von BEHRENS, mit thermisch abgetöteten oder abgeschwächten Bakterienkulturen des Erregers beim Kaninchen eine aktive Immunität zu erzeugen, haben zu einem Erfolge nicht geführt. Dagegen will es KIRSTEIN gelungen sein, einen auf nicht näher bezeichnete Weise hergestellten Bakterienimpfstoff zu gewinnen (Cuniculin), der nach einmaliger subcutaner Einverleibung (2—3 ccm) eine 3—6 Monate dauernde Immunität erzeugen soll. Weitere Erfahrungen oder Bestätigungen dieser Angaben liegen bis jetzt nicht vor. Auch JARMÁI berichtet über eine Schutzimpfung gegen Kaninchensepticämie. BAILEY stellte fest, daß bei natürlicher Infektion oder künstlicher Immunisierung mit Bacterium lepisepticum das Serum hohe spezifische Agglutinations- und Komplementbindungstiter zeigt. Die Titer der Seren nehmen mit beginnender Infektion zu, und später bei Rückgang der Infektion wieder ab. Durch Vorbehandlung von Kaninchen mit künstlichen Aggressinen sowie durch intravenöse Impfung von Ziegen mit mäßigen

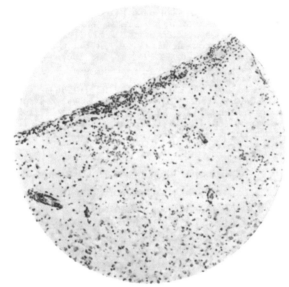

Abb. 233. Hämorrhagische Septicämie beim Kaninchen.   Meningitis, leichte Infiltration der Rindengefäße (Schläfenhirn.)

Kulturmengen des Erregers haben BEHRENS sowie RAEBIGER Seren mit gewissen schützenden Eigenschaften hergestellt. SELTER berichtet bei der Kaninchensepticämie, SÊVCIK und HARNACH bei der Meerschweinchensepticämie über befriedigende Erfolge bei Anwendung von Schweineseucheserum. Die Werturteile über derartige Schutzimpfungen gehen noch sehr auseinander.

Da auch therapeutische Versuche bei der Kaninchensepticämie bei Anwendung der verschiedensten Arzneimittel (besonders Farbstoffe) zu einem völlig negativen Ergebnis geführt haben (BULL und BAILEY, WEBSTER, TANAKA u. a.), kommt prophylaktischen Maßnahmen für die Bekämpfung der Kaninchensepticämie und auch der hämorrhagischen Septicämie der übrigen Laboratoriumstiere nach wie vor eine Hauptrolle zu.

Literatur.

BAILEY: Proc. Soc. exper. Biol. a. Med. **24**, 183 (1926); Amer. J. Hyg. **7**, 334, 370 (1927). — BECK: Z. Hyg. **15**, 363 (1893). — BEHRENS: Vet.-med. Inaug.-Diss. Hannover 1913. — BULL a. MOKEE: Amer. J. Hyg. **7**, 100, 114 (1927). — BULL u. BAILEY: Amer. J. Hyg. **7**, 185 (1927); Proc. Soc. exper. Biol. a. Med. **24**, 183 (1926). — BYLOFF: Zbl. Bakter. **41**, 707, 789 (1906); **42**, 5 (1906).

CARPANO: Moderno Zooiatro **1915**, No 7; Amer. J. Hyg. **7**, 334 (1927). — CARTNEY, MC: J. of exper. Med. **38**, 591 (1923). — COZE u. FELTZ: Recherches sur la présence des infusiares dans les malad. inf. Straßbourg 1875.

DAVAINE: Bull. Acad. Méd. Paris 1872 u. 1873. — DESSY: Clin. vet. **50**, 528—545.

EBERTH u. MANDRY: Fortschr. Med. 8 (1890). — EBERTH u. SCHIMMELBUSCH: Fortschr. Med. **1888**; Virchows Arch. **1889**.

FERRY: Zbl. Bakter. I **59**, 368 (1914); J. of Path. **18**, 445 (1914). — FIOCCA: Zbl. Bakter. I Orig. **11** (1892). — FROHBÖSE, H.: Zbl. Bakter. I Orig. **100**, 213 (1926).
GAFFKY: Mitt. ksl. Gesdh.amt **1** (1881).—GROSSO: Z. Inf.krkh. Haustiere **8**, 438 (1910).
HUEPPE: Berl. klin. Wschr. **1886**, 753. — HUTYRA: Handbuch der pathogenen Mikroorganismen von KOLLE-WASSERMANN, 2. Aufl., Bd. 6. 1913.
JÁRMAI: Allat. Lapok. **1918**, 157.
KIRSTEIN: Mitt. dtsch. Landwirtschafts-Ges. **1911**, 5 — KOCH, R.: (a) Untersuchungen über die Wundinfektionskrankheiten. Leipzig 1878. (b) Mitt. ksl. Ges.amt **1** (1882). — KRUIF, DE: J. of exper. Med. **33**, 773 (1921); **35**, 561, 621 (1922); J. gen. Physiol. **4**, 395 (1922).
LAVEN: Zbl. Bakter. I Orig. **54**, 97 (1910). — LEVÉBURE u. GAUTIER: Rec. Méd. vét. **1881**. — LIGNIÈRES: Bull. Méd. vét. **1900**; Bull. Soc. vét. **1898**, 1900. — LUCET: Ann. Inst. Pasteur **1898**.
OLT-STROESE: Die Wildkrankheiten und ihre Bekämpfung. Neudamm 1914.
PHÉSALIX: C. r. Soc. Biol. Paris **10**, 761 (1898).
RACCUGLIA: Arb. path.-anat. Inst. Tübingen **1** (1982). — RAEBIGER: Tierärztl. Rdsch. **18**, 503 (1912). — REED u. ETTINGER: J. inf. Dis. **41**, 439 (1927).
Sacchetto u. SAVINI: Boll. Ist. sieroter. milano **2**, 217 (1922). — SELTER: Zbl. Bakter. I Orig. **41**, 432 (1906). — SEVČIK u. HARNACH: Zvèrol. Obz. **1926**, 153. — SMITH: J. comp. Med. a. Surg. **8** (1887). J. of exper. Med. **45**, 553 (1927). — SUSTMANN: (a) Münch. tierärztl. Wschr. **66**, 41 (1915); Dtsch. tierärztl. Wschr. **1918**, 294. (b) Kaninchenseuchen. Leipzig: Michaelis. Tierärztl. Rdsch. **21**, 21.
TANAKA: J. inf. Dis. **38**, 389, 409, 421 (1926); **39**, 337 (1926). — THOINOT u. MASSELIN: Précis de microbiol. 1. édition 1889. — TIEFENBACH u. LEWY: Z. Neur. **71**.
WEBSTER: J. of exper. Med. **39**, 837, 843, 857 (1924); **40**, 109, 117 (1924). J. gen. Physiol. **7**, 513 (1925); J. of exper. Med. **41**, 275 (1925); **42**, 571 (1926); **43**, 555, 573 (1926); **44**, 343, 359 (1926); **45**, 529 (1927). — WEBSTER u. BURN: J. of exper. Med. **45**, 911 (1927).
ZEISS: Arch. f. Hyg. **82**, 1 (1914).

e) Septicämien verschiedenen Ursprungs.

(Kaninchen, Meerschweinchen.)

Kaninchensepticämie (EBERTH und MANDRY). Diese durch den Bacillus cumiculicida mobilis verursachte Krankheit wird zum Teil der Rhinitis contagiosa, zum Teil der hämorrhagischen Septicämie zugezählt. Auf Grund von bestimmten biologischen Merkmalen des Erregers, die von denjenigen der Gruppe der hämorrhagischen Septicämie abweichen, hält LIGNIÈRES eine Abtrennung dieser Septicämie von der hämorrhagischen Septicämie für berechtigt.

Kokkensepticämie (CATTERINA). Kaninchen. Als Erreger dieser Septicämie ist von CATTERINA ein Mikrokokkus (Micrococcus agilis albus) festgestellt worden. Der Kokkus ist mit den gewöhnlichen Methoden leicht färbbar, nicht dagegen nach GRAM. Er tritt fast regelmäßig als Einzelkokkus, seltener in Diplokokkenform auf und ist lebhaft beweglich. Der Mikrokokkus ist besonders dadurch gekennzeichnet, daß er an zwei entgegengesetzten Stellen ansetzende Wimpern trägt (protoplasmaartige Fortsätze, CATTERINA). Ähnliche Mikroorganismen sind in der Literatur von COHEN, LÖFFLER und MENGE beschrieben.

Auf Agar und in Gelatine wächst der Mikrokokkus in Form von kleinen, weißlichen, runden oder unregelmäßig begrenzten Kolonien mit peripherischen fädchenförmigen Ausstrahlungen. In Gelatine keine Verflüssigung. Milch wird nicht verändert. Indolbildung findet nicht statt.

Durch subcutane Verimpfung von Reinkulturen gelingt es, die Krankheit auf Kaninchen, Meerschweinchen und Mäuse in typischer Weise zu übertragen. Der Tod erfolgt in der Regel innerhalb von 48 Stunden. Mit Kulturfiltraten (Chamberlandfilter) will CATTERINA Kaninchen einen gewissen Impfschutz gegenüber dem virulenten Micrococcus agilis albus verliehen haben.

Septische Krankheit der Kaninchen (LUCET). Als Kaninchendruse bezeichnet. Der Erreger ist ein kleiner, beweglicher Bacillus, den LIGNIÈRES und LUCET nicht zur Gruppe der hämorrhagischen Septicämie rechnen wollen. Im Verlaufe der Krankheit kommt es zu phlegmonösen Anschwellungen im Kehlgang und in der Kehlkopfgegend, Nasenausfluß, Atembeschwerden und Abmagerung.

Bei der Sektion findet man Eiterungen in der Unterhaut, Ödeme, Exsudat in der Brust und Bauchhöhle, Darmentzündung und Milzschwellung.

Neue Kaninchensepsis (SACEGHEM). Von SACEGHEM in Ruanda (Viktoria-Nianza-See) beobachtet. Als Erreger wird ein kleiner gramnegativer, eiförmiger Kokkobacillus angesprochen, der bisweilen Diplokokkenform annimmt.

Wachstum erfolgt auf Agar in dichten Rasen. Auf Kartoffeln und in Bouillon zeigt er ein sehr zartes Wachstum. Auf Endoagar bildet er gefärbte Kolonien. Gelatine wird nicht verflüssigt, Traubenzucker nicht vergoren, Milch erst nach mehreren Wochen koaguliert. Subcutane Einverleibung von 1 ccm Kultur tötet Kaninchen in 48 Stunden.

Pathologisch-anatomisch lassen sich alle Zeichen einer Septicämie feststellen. Die Erreger sind im Blut und in den Organen (in diesen auch histologisch) nachweisbar.

Im Zusammenhange mit den Septicämien ist noch eine interessante Feststellung von MURRAY, WEBB und SWANN zu erwähnen. Sie konnten ein kleines grampositives, bisher unbekanntes Bacterium (Bact. monocytogenes) als Erreger einer spontanen Kaninchenkrankheit nachweisen, die durch eine Zunahme der großen mononukleären Blutzellen gekennzeichnet ist.

Literatur.

CATTERINA: Zbl. Bakter. I Orig. **34**, 108 (1903).
EBERTH u. MANDRY: Fortschr. Med. **8** (1890).
LUCET: Ann. Inst. Pasteur **1892**.
MURRAY, WEBB u. SWANN: J. of Path. **29**, 407 (1926).
SACEGHEM, VAN: C. r. Soc. Biol. Paris **86**, 281 (1922).

f) Ansteckende Nasenentzündung der Kaninchen.
Rhinitis contagiosa cuniculorum.

Syn. Bösartiges Schnupfenfieber; infektiöser oder bösartiger Schnupfen; Rhinitis purulenta; Brustseuche der Kaninchen; Kaninchenseuche; influenza-artige Kaninchenseuche; bösartiges Katarrhalfieber der Kaninchen; Kaninchen-septicämie; Kaninchenstaupe; infektiöse Kaninchenpneumonie; Snuffles (engl.).

Diese unter den genannten Bezeichnungen laufende Krankheitsform ist eine weit verbreitete, gewöhnlich enzootisch auftretende, ihrem Wesen nach polybakterielle Erkrankung der Luftwege und der sonstigen Atmungsorgane, die neben der Kaninchencoccidiose als eine der gefürchteten Kaninchenseuchen angesehen werden muß. Zum Unterschied von dem nicht ansteckenden Erkältungsschnupfen, von der Coccidienrhinitis (deren Bedeutung als selbständige Krankheit heute fraglich erscheint), sowie mit Rücksicht auf das häufige Ergriffensein der Lungen, schlägt RAEBIGER vor, die durch Bakterien bedingte Krankheit als „Brustseuche der Kaninchen" zu bezeichnen.

In *epidemiologischer Hinsicht* ist besonders bemerkenswert, daß die Häufigkeit des Kaninchenschnupfens von Monat zu Monat großen Schwankungen unterworfen ist. Sie beträgt nach den Feststellungen von WEBSTER (an dem Kaninchenvorrat des Rockefeller-institutes in New York) im Sommer nur 20%, steigt dann im September und Oktober schnell auf 50—60$\%$; sinkt langsam und steigt dann im März und April wieder auf 50$\%$ an, um daraufhin wieder auf 20$\%$ zurückzugehen. Beachtenswert ist weiterhin, daß Bacterium lepisepticum und Bacillus bronchisepticus nicht nur im Nasensekret von Schnupfenkaninchen, sondern auch bei ganz gesunden Tieren vorkommt (WEBSTER). In der Nasenflora des Kaninchens finden sich außerdem noch: Micrococcus catarrhalis, Staphylokokken, Streptokokken und verschiedene andere Bakterien, die später zu Komplikationen der Krankheit führen können. Dem Auftreten des Schnupfens pflegt das vorwiegende Erscheinen des Bacterium lepisepticum im Nasenschleim vorauszugehen. Es hängt ganz von der jeweiligen Empfänglichkeit ab, ob es zur Auslösung der Krankheit kommt, oder ob die betreffenden Tiere zu Bacillenträgern und Bacillenausscheidern werden, ohne selbst krank zu sein. Daß außerdem Temperatureinflüsse für das Zustandekommen der Krankheit eine wesentliche Rolle spielen, ist sehr wahrscheinlich, besonders mit Rücksicht auf den Ausfall der künstlichen Infektionsversuche von MILLER und NOBLE (s. S. 573 bei hämorrhagischer Septicämie).

Ätiologie. Für einen Teil der Fälle von ansteckendem Schnupfen kommt als Erreger ein dem Influenzabacillus ähnliches, kleines, schlankes, unbewegliches Stäbchen in Betracht. Es ist gramnegativ und bildet keine Sporen. Das Bacterium gedeiht auf den gewöhnlichen Nährböden. Auf Agar wächst es in Form eines üppigen, grauweißen Belages; auf Gelatineplatten entstehen nach 48 Stunden kleine, feingekörnte Kolonien mit scharfem, bisweilen gezähneltem Rande (KRAUS). Milch wird nicht zur Gerinnung gebracht, Indolbildung findet nicht oder nur schwach statt. Die von BECK, KRAUS, VOLK, KASPAREK, KURITA u. a. beschriebenen Bakterien lassen zwar alle gewisse Unterschiede erkennen; sie sind jedoch keineswegs so weitgehend, daß den durch sie hervorgerufenen Krankheiten eine Sonderstellung eingeräumt werden könnte. Viel wahrscheinlicher ist es, daß die gefundenen Bakterien Ab- oder Spielarten einer und derselben Bakterienart darstellen. Hierher gehören weiterhin die von DAVIS, MANNINGER, SCHIMMELBUSCH und MÜHSAM sowie von SÜDMERSEN beschriebenen Bakterien (möglicherweise handelt es sich bei dem letzteren um Bacillus bronchisepticus [s. O. SEIFRIED: Kaninchenkrankheiten. München, J. F. Bergmann, 1927]). Der von KOPPÀNYI gefundene Pyobacillus capsulatus cuniculi, sowie das von LAVEN beschriebene Bacterium unterscheiden sich in einigen Punkten von den bisher genannten.

Abb. 234. Rhinitis contagiosa (Kaninchen).
Eitrige Keratoconjunctivitis.

GROSSO glaubt indessen, daß auch der LAVENsche Bacillus mit dem BECKschen Bacillus pneumonicus übereinstimmt. Dieselbe Ansicht auch hinsichtlich des Pyobacillus capsulatus wird in neuerer Zeit von JACOBSOHN und KOREF vertreten.

Den bisher genannten Befunden stehen nun diejenigen von RAEBIGER, GROSSO, BEHRENS, SELTER, BULL, SUSTMANN, DE KRUIF, WEBSTER, FERRY, TANAKA, SEIFRIED u. a. gegenüber. Nach deren Untersuchungen ist als Erreger der Krankheit ein feines, ovoides Bacterium anzusehen (Bacillus cuniculisepticus, s. cuniculicida, Bacterium lepisepticum u. a.), das nach seinem morphologischen und biologischen Verhalten der Gruppe der hämorrhagischen Septicämie einzureihen ist. Die Rhinitis und die Lungenveränderungen stellen in diesem Falle also nur eine bestimmte Form der hämorrhagischen Septicämie dar. Im Nasensekret von an infektiösem Schnupfen leidenden Kaninchen wurden außerdem festgestellt und in ursächliche Beziehung zu dieser Krankheit gebracht: Staphylococcus albus, Bacillus bronchisepticus (nicht selten vergesellschaftet mit Bacterium lepisepticum) und Micrococcus catarrhalis (WEBSTER, TANAKA, BULL und McKEE, McCARTNEY u. a.). Über Mutationen des Bacterium lepisepticum s. WEBSTER, DE KRUIF, S. 571). Die von FERRY, HOSKINS, DETROIT und McGOWAN studierte sog. Schnüffelkrankheit, die durch Nasenausfluß, Niesen, Reiben der Schnauze gekennzeichnet ist, soll ebenfalls durch Bacterium leporisepticum und Bacillus bronchisepticus verursacht sein. Endlich zählt hierher die von LUCET beschriebene, septische Kaninchenkrankheit (Kaninchendruse), sowie das von BAUDET beschriebene Krankheitsbild, das er durch intrathorakale Verimpfung eines von ihm ermittelten Bakterienstammes wieder erzeugen konnte (Schnupfen, Lungen-, Brustfellentzündung). Aus eitrigem Sekret der Nase, der Bindehaut und aus Phlegmonen von Kaninchen konnten BULL und BAILEY ein Bacterium isolieren, das mit Bacterium lepisepticum große Ähnlichkeit besitzt, aber auf Kaninchen-Blutagar hämolytisch wächst. Mittels Agglutination und Komplementbildung läßt sich dieses Bacterium von Bacterium lepi- und bronchisepticum unterscheiden.

Die **natürliche Ansteckung** kommt wohl in der Hauptsache durch Inhalation von Nasensekretteilchen zustande, die von kranken Tieren beim Ausprusten verstäubt und von gesunden Kaninchen entweder unmittelbar oder mit dem Staub aufgenommen werden. Für die Vermittlung einer Infektion kommen weiterhin in Betracht: infiziertes Futter und Streu, Wartepersonal, Futternäpfe, Tränkgeschirre, sowie andere Gegenstände und Stallgeräte. Als prädisponierende Momente sind Erkältungsursachen (MILLER und NOBLE, WEBSTER, DESSY), alimentäre Faktoren sowie Darmparasiten für eine intestinale Infektion zu beschuldigen (OLT). Im besonderen bilden aber chronisch kranke Tiere, die als Virusträger zu gelten haben, eine ständige Infektionsgefahr für ihre Umgebung. Sie sind für die Verbreitung der Krankheit besonders gefährlich.

Abb. 235. Rhinitis contagiosa (Kaninchen). Lidabsceß. (Aus SEIFRIED, Kaninchenkrankheiten.)

Auch die **künstliche Übertragung** gelingt mit Material von erkrankten und verendeten Tieren. Dagegen führt die Einverleibung von Reinkulturen der verschiedenen Krankheitserreger nur unregelmäßig zur Entstehung der typischen Krankheit. Einer Reihe von negativen Übertragungsversuchen steht eine gleiche Zahl von positiven gegenüber (RAEBIGER, GROSSO, MC CARTNEY, KURTIA, KRAUS, WEBSTER, LAVEN).

Pathogenese. Zunächst führen die Krankheitserreger zu einer heftigen Entzündung der Schleimhaut der Nase und ihrer Nebenhöhlen sowie der tieferen Luftwege und der Lungen. Außerdem kommt es von der Nasenhöhle aus zur Entstehung von Mittelohreiterungen und Gehirnabscessen (SMITH und WEBSTER, GROSSO u. a.), sowie von Conjunctividen, vielfach eitriger Natur. Die Erreger gelangen aber auch in den Blutstrom und führen so zur Septicämie, zur Entzündung der serösen Auskleidung der Körperhöhlen und zur Entstehung von Abscessen in den verschiedensten Körpergegenden.

Pathologische Anatomie. In allen Fällen findet man bei den der Kranheit erlegenen Tieren eine mehr oder weniger hochgradige serös-eitrige Entzündung der Nasen- und Rachenschleimhaut. Bei der subakuten und chronischen Form werden vielfach die Schleimhäute der Nebenhöhlen und die Augenschleimhäute (s. Abb. 234) in den entzündlichen Prozeß mit einbezogen (BECK, KRAUS, RAEBIGER, McCARTNEY und OLITZKY, BAUDET, SMITH u. a.). Nicht selten besteht gleichzeitig eine eitrige Bronchitis mit reichlicher Ansammlung seröser Flüssigkeit in den Pleurahöhlen; Pyothorax ist seltener. Dagegen finden sich in den Lungen bronchopneumonische Herde und Abscesse, Brustwandabscesse und als deren Folge Atelektasen (KURITA, eigene Beobachtungen).

Auch in der Bauchhöhle sind in seltenen Fällen Veränderungen in Form
von serösen, serofibrinösen und eitrigen Peritonitiden nachweisbar. Leber
und Nieren zeigen oft parenchymatöse Trübung, die Nieren bisweilen außerdem in der Rinde flächenhafte Blutungen. Die Milz ist selten vergrößert;
nur in ganz stürmischen, septicämisch verlaufenden Fällen ist sie vergrößert
und geschwollen, und auf den serösen Häuten finden sich Petechien. Bisweilen
sind auch Darmentzündung und Petechien auf der Darmserosa nachweisbar.

Diesen, zum reinen Bilde des ansteckenden, bakteriellen Schnupfens gehörigen Veränderungen gesellen sich im Verlaufe der Krankheit **Komplikationen**
hinzu von denen besonders eitrige Mittelohrentzündungen, Hirnhautentzün-
dungen, Subdural- und Hirnabscesse zu nennen sind (GROSSO, SMITH und WEB-
STER, BARRAT, GROSSO, SMITH u. a.). Außerdem werden, hauptsächlich in chronischen Fällen, subcutane, abgekapselte Abscesse in verschiedener Größe und an

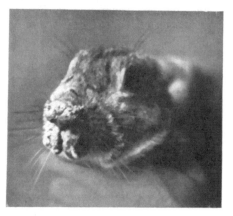

Abb. 236. Rhinitis contagiosa. Faustgroßer
subcutaner Absceß am Halse und an der
Vorderbrust.
(Aus SEIFRIED, Kaninchenkrankheiten.)

Abb. 237. Rhinitis contagiosa. Borkenartige Auf-
lagerungen und brombeerartige Wucherungen am
Eingang und in der Umgebung der
Nasenöffnungen.
(Aus SEIFRIED, Kaninchenkrankheiten.)

den verschiedensten Körperabschnitten (Kopf, Nase, Augenlider, Hals, Gliedmaßen, Brustwand) angetroffen (s. Abb. 235 u. 236). Endlich kommt es im
Bereich der Nasenöffnungen und an den Unterlippen (auch im Bereiche der
Augen) infolge des ständigen, entzündlichen Reizes zu Schleimhautdefekten,
borkenartigen Auflagerungen, Phlegmonen und bei längerem Bestehen zu polypösen, brombeerartigen Wucherungsprozessen (eigene Beobachtung, s. Abb. 237).

In den genannten Veränderungen sowie im Blute der verendeten Tiere lassen
sich die Erreger in großer Zahl nachweisen.

Diagnose und Differentialdiagnose. Im allgemeinen stößt die Diagnose der
Rhinitis contagiosa auf keine Schwierigkeiten. Zu Verwechslungen geben
unter Umständen die Coccidienrhinitis und der Speichelfluß Veranlassung.
Erstere kann aber durch den Nachweis der Coccidien leicht von der ansteckenden
Nasenentzündung unterschieden werden. Der Speichelfluß stellt eine vesiculäre
Mundentzündung dar und unterscheidet sich von der Rhinitis contagiosa durch
das Auftreten von Knötchen und Bläschen an den Lippen und durch das Fehlen
eines Nasenausflusses, sowie von pathologisch-anatomischen Veränderungen
in der Brusthöhle.

Immunität und Immunisierung. Nach den Untersuchungen von RAEBIGER und GROSSO
ist es gelungen, durch intravenöse Impfung von Ziegen mit mäßigen Kulturmengen des

Bacillus pneumonicus ein Schutzserum zu gewinnen. Über seine praktische Brauchbarkeit gehen die Meinungen noch sehr auseinander. Von TANAKA angestellte Versuche, ein aktives Immunisierungsverfahren auszuarbeiten, sind völlig negativ ausgefallen. Dagegen scheint das Überstehen der Krankheit eine, wenn auch geringe Immunität zu hinterlassen. Bacillenträger und -ausscheider sollen mit Hilfe serologischer und allegorischer Methoden erfaßt werden können (s. auch unter hämorrhagischer Septicämie S. 575).

Literatur.

BAILEY: Amer. J. Hyg. 7, 370 (1927). — BAUDET: Tijdschr. v. diergeneesk. 50, 769 (1924); Ref. Berl. tierärztl. Wschr. 40, 456 (1924). — BECK: Z. Hyg. 15, 363 (1893). — BEHRENS: Vet.-med. Inaug.-Diss. Hannover 1913. — BULL u. BAILEY: Amer. J. Hyg. 7, 185 (1927); Proc. Soc. exper. Biol. a. Med. 24, 183 (1926). — BULL u. McKEE: Amer. J. Hyg. 5, 530 (1925); 7, 110, 114 (1927).

CAMERON a. ELEANOR, WILLIAMS: J. of Path. 29, 185 (1926). — McCARTNEY: J. of exper. Med. 38, 591 (1923).

DAVIS: J. inf. Dis. 12, 42 (1913). — DESSY: Clin. vet. 50, 528—545 (1927).

EBERTH u. MANDRY: Fortschr. Med. 8, 14.

FERRY: Zbl. Bakter. I, Ref. 59, 368 (1924); J. of Path. 18, 445 (1914). — FERRY, HOSKINS, DÉTROIT, GOWAN: Zit. nach HUTYRA-MAREK, 6. Aufl., Bd. 1. 1922.

GROSSO, G.: Z. Inf.krkh. Haustiere 8, 438 (1910).

HARDENBERGH: J. amer. vet. med. Assoc. 64, 193 (1923).

JACOBSOHN u. KOREF: Zbl. Bakter. I Orig. 100, 553 (1926).

KASPAREK: Österr. Mschr. Tierheilk. 1902, 333. — KIRSTEIN: Mitt. dtsch. landwirtsch. Ges. 1911, S. 5. — KOPPÀNYI: Z. Tiermed. 11, 429 (1907). — KRAUS, R.: Z. Hyg. 24, 396 (1897). — KRUIF, DE: J. of exper. Med. 33, 773 (1921); 35, 561, 621 (1922). — KURITA, SH.: Zbl. Bakter. I Orig. 49, 508 (1909).

LAVEN: Zbl. Bakter. I Orig. 54, 97 (1910). — LIGNIÉRES: Bull. Med. vet. 1900; Bull. Soc. vet. 1898, 1900. — LUCET: Ann. Inst. Pasteur 1892.

MANNINGER: Dtsch. tierärztl. Wschr. 32 (1924). — MILLER u. NOBLE: J. of exper. Med. 24, 223 (1916).

OLT-STRÖSE: Wildkrankheiten und ihre Bekämpfung. Neudamm 1914.

RAEBIGER: Tierärztl. Rdsch. 18, 503 (1912); Bericht des bakteriologischen Institutes Halle 1907/10; Der Kaninchenzüchter 14, 946 (1908). — REUE, VAN DE CARR u. KATHLEEN u. KILGARIEFF: J. inf. Dis. 43, 442 (1928).

SCHIMMELBUSCH u. MÜHSAM: Arch. klin. Chir. 52, 576. — SCHWER: Zbl. Bakter. I Orig. 33, 41 (1903). — SELTER: Zbl. Bakter. I Orig. 41, 432 (1906). — SMITH: J. of exper. Med. 45, 553 (1927). — SMITH u. WEBSTER: J. of exper. Med. 41, 275 (1925). — SÜDMERSEN: Zbl. Bakter. I Orig. 38, 343 (1905). — SUSTMANN: Münch. tierärztl. Wschr. 66, 41 (1905); Kaninchenseuchen. Leipzig: Michaelis 1919. Tierärztl. Rdsch. 1912, 432.

TANAKA: J. of inf. Dis. 38, 421, 389, 409 (1926); 39, 337 (1926). — TARTAKOWSKY: Zbl. Bakter. I Orig. 31, 177 (1902).

WEBSTER: Proc. Soc. exper. Biol. a. Med. 22, 139 (1924); J. of exper. Med. 39, 837, 843, 857 (1924); 40, 109, 117 (1925); 41, 245; 42, 571; 43, 555 (1926); 43, 573 (1926); 44, 343, 359 (1926); 45, 529 (1927); J. gen. Physiol. 7, 513 (1925). — WEBSTER u. BURN: J. of exper. Med. 45, 911 (1927).

g) Infektiöse und septische Lungenentzündungen.

(Kaninchen, Meerschweinchen, Ratte, Maus.)

Neben den im Verlaufe der Rhinitis contagiosa (ansteckende Nasenentzündung), der hämorrhagischen Septicämie, der Diplokokkenseuche des Meerschweinchens u. a. auftretenden, sowie als Folgen von Erkältungen sich einstellenden Pleuropneumonien spielen auch noch andere Lungenentzündungen bei den Laboratoriumsversuchstieren, insbesondere beim Meerschweinchen, eine nicht geringe Rolle.

Ätiologisch sind diese infektiösen Lungenentzündungen nicht einheitlicher Natur. Aus dem Studium der auf diesem Gebiete sehr umfangreichen und teilweise verwirrten Literatur gewinnt man indessen den Eindruck, daß in der Hauptsache drei Bakterienarten eine praktische Bedeutung zugemessen werden muß, nämlich dem Bacterium bronchisepticum, dem Pneumokokkus sowie Kapselbakterien aus der Friedländergruppe. Außerhalb dieser Erregergruppen, auf die im einzelnen näher eingegangen werden soll, kommen auch noch andere Bakterienarten als Erreger von infektiösen Lungenentzündungen in Betracht. Sie sind aber praktisch entweder bedeutungslos oder aber ist die Zugehörigkeit der bei ihnen ätiologisch beschuldigten Bakterien noch strittig, so daß es fraglich erscheint, ob es sich dabei wirklich um selbständige Krankheiten handelt.

Von diesen soll hier die von GLAUE beschriebene Pleuropneumonie bei *Kaninchen* zunächst Erwähnung finden, weil sie mit dem ansteckenden Schnupfen ätiologisch und pathologisch-anatomisch Ähnlichkeit besitzt. Sie wurde als verheerende Laboratoriumsseuche beobachtet, der ein sehr hoher Prozentsatz der erkrankten Tiere zum Opfer fiel.

Als *Erreger* dieser Seuche wird von GLAUE ein charakteristisches Stäbchen von 0,2—0,6 μ Länge und 0,15—0,25 μ Breite beschuldigt. Die kleinsten Formen lassen sich von Kokken nicht unterscheiden, besonders wenn zwei Stäbchen zusammenhängen. Längere Fadenverbände werden vermißt.

Im Gegensatz zu dem von GOWAN bei der Staupe (,,Distemper") beschriebenen Bacterium ist dieses hier unbegeißelt und bildet keine Sporen. Mit den gewöhnlichen Anilinfarbstoffen färbt es sich leicht, aber meist ungleichmäßig und bisweilen bipolar. Es ist gramnegativ.

Die *künstliche Züchtung* gelingt auf allen gebräuchlichen Nährmedien, besonders leicht aber auf schwach alkalischem Fleischagar. Bereits nach sechsstündiger Bebrütung bei 37⁰ C wachsen auf diesem nadelspitzgroße Kolonien von bläulicher, opalescierender Farbe in der Größe bis zu 2 mm Durchmesser. Schon nach 24 Stunden zeigen die Kulturen eine eigenartige Austrocknung, eine Eigenschaft, die von JAKOBSOHN und KOREF bestätigt und der von GLAUE geradezu differentialdiagnostische Bedeutung zugesprochen wird.

Das Bacterium ist selbst in kleinsten Dosen bei intraperitonealer, intravenöser und subcutaner Einverleibung für Kaninchen, Meerschweinchen, Ratten, Mäuse, Tauben und Hühner pathogen. Das Serum immunisierter Tiere enthält spezifische Schutzstoffe (GLAUE). Das Bacterium besitzt hinsichtlich seiner Eigenschaften zahlreiche Berührungspunkte mit dem von LAVEN beschriebenen Bacterium (s. unter Pyämie S. 568). Ob die von GLAUE ausfindig gemachten Abweichungen biologischer und pathogener Art konstant sind und die Berechtigung in sich schließen, die GLAUEsche Pleuropneumonie von der Rhinitis contagiosa abzutrennen und als selbständige Krankheit zu betrachten, müssen weitere Untersuchungen ergeben.

Weiterhin beschreibt McGOWAN (Edinburgh) unter der Bezeichnung *Staupe (,,Distemper")* eine seuchenhaft auftretende Erkrankung der oberen Luftwege und der Lungen bei Kaninchen und Meerschweinchen. Die Krankheit besitzt große Ähnlichkeit mit dem bei diesen Tieren auftretenden ansteckenden Nasenkatarrh, von dem sie klinisch nicht unterschieden werden kann. Außer Kaninchen und Meerschweinchen werden von der Krankheit auch Affen, Frettchen, Ziegen, Katzen und Hunde heimgesucht.

Als Erreger dieser Krankheit wird ein im Nasenschleim nachweisbarer Mikroorganismus angesehen. Er ist ein kurzes, gramnegatives, nicht sporenbildendes Stäbchen, das in flüssigen Nährmedien zu Ketten auswächst, während es im Gewebe mehr den Charakter von Kokken annimmt. Das Stäbchen besitzt geringe Eigenbeweglichkeit; durch Anwendung geeigneter Färbemethoden kann auch der Besitz von Geißeln nachgewiesen werden.

Durch Verbringen von Reinkulturen dieses Erregers auf die Nasenschleimhaut von Kaninchen und Meerschweinchen sowie von anderen empfänglichen Tieren gelingt es, die Krankheit unter Entstehung der typischen entzündlichen Veränderungen im Bereiche der oberen Luftwege und der Lungen in charakteristischer Weise zu erzeugen.

Ob dieses von McGOWAN beschriebene Bacterium sowie das von SÜDMERSEN ermittelte Stäbchen mit dem Bacterium bronchisepticus identisch ist, wie dies HOLMAN anzunehmen geneigt ist, ist nicht sicher. Soviel scheint aber einwandfrei festzustehen, daß **Bacterium bronchisepticum als Erreger von Lungenentzündungen** bei den kleinen Laboratoriumsversuchstieren eine nicht zu unterschätzende

Bedeutung besitzt. Epizootien dieser Art besonders beim Meerschweinchen sind beschrieben von Tartakowsky, Stada und Traina, Selter, Ferry, und besonders eingehend von Theobald Smith, der eine ausführliche Beschreibung des Erregers und der durch ihn verursachten Lungenveränderungen gibt. Den in seinen Fällen beim Meerschweinchen gleichzeitig nachgewiesenen Pneumokokken, die seiner Ansicht nach beim Meerschweinchen sehr weit verbreitet sind, mißt Th. Smith eine sekundäre Bedeutung zu. Über weitere Bact. bronchisepticum-Befunde beim Meerschweinchen wird von Holman, beim Kaninchen von Webster, Ferry und zahlreichen anderen berichtet (s. unter Coryza contagiosa, Seite 577).

Dieses Bacterium, das von Stada und Traina als ,,Bacterium pneumoniae caviarum" bezeichnet wird, findet sich in Ausstrichpräparaten aus Lungen und Herzblut verendeter Tiere in Form eines länglich-ovalen Stäbchens, das vielfach paarweise gelagert und mit den gewöhnlichen Anilinfarbstoffen färbbar ist. Es ist ausgesprochen gramnegativ. Im hängenden Tropfen besitzt es Eigenbewegung. Seine künstliche Züchtung gelingt auf allen gebräuchlichen Nährböden; am besten gedeiht es aber auf Nährmedien mit Traubenzuckerzusatz. Auf Agar und Gelatine entstehen stecknadelkopfgroße, runde, wenig erhabene Kolonien mit perlmutterartigem Glanz. Bouillon wird gleichmäßig getrübt, an ihrer Oberfläche bildet sich ein dünnes, bläuliches Häutchen, während am Boden ein flockiger, fadenziehender Niederschlag sich findet. Milch wird nicht koaguliert. Auf Kartoffeln findet üppiges Wachstum statt. Gasentwicklung und Indolbildung fehlt. Die Kulturen besitzen üblen Geruch.

Meerschweinchen und weiße Mäuse erkranken nach intravenöser, intratrachealer intrathorakaler und intraperitonealer Impfung mit Bouillonkulturen oder Lungensaft innerhalb weniger Stunden. Nach subcutaner Impfung entsteht lediglich ein lokaler Abszeß. Kaninchen und Hunde sind refraktär.

Weiterhin sind **durch Pneumokokken verursachte Lungenentzündungen** bei Kaninchen und Meerschweinchen häufig verzeichnet. Besonders zu erwähnen sind die Beobachtungen von Binaghi, Stephansky, Tartakowsky, Wittneben, Christiansen, Th. Smith, Richters, Holman, Branch u. a. (s. auch unter Dipplokokkenseuche Seite 565). Boni und Selters fanden diese Mikroorganismen auch bei gesunden Meerschweinchen; wahrscheinlich ist auch die von Weber, Salomon, Ungermann, Kaspar und Kern beschriebene Diplokokkenseuche bei Meerschweinchen hierher zu rechnen. Diese Pneumokokken bzw. Diplokokken finden sich im Herzblut, in den Lungen, der Pleura und dem Perikard, nach Branch außerdem auch im Mittelohr, Frontalsinus, Peritoneum, Haut und in anderen Organen (Uterus). Sie sind lanzettförmig, mit einer Kapsel versehen und grampositiv. Sie besitzen geringe Virulenz und sind für Meerschweinchen und Mäuse pathogen.

Die verwandtschaftlichen Beziehungen der bei den Laboratoriumstieren gefundenen Pneumokokken zum menschlichen Pneumokokkentypus sind noch nicht in allen Teilen klargestellt.

Bei Meerschweinchen, Ratten und Mäusen kommen endlich **septisch verlaufende Lungenentzündungen** vor, die durch **Kapselbakterien aus der Friedländergruppe** verursacht sind. Derartige Beobachtungen liegen vor von Pfeiffer (Meerschweinchen), Klein (Meerschweinchen und Mäuse), Weaver (Meerschweinchen), Skivan (Ratten), Perkins (Meerschweinchen), Sachs (Ratten), Schilling (Ratten), Toyama (Ratten), Aujezky (Ratten), Xylander (Ratten). Gardner, Petroff, Holman, Branch (Meerschweinchen) und endlich in neuester Zeit von Webster (Maus). Weiterhin stammen Mitteilungen von Fricke, Wilde, Fasching und Gaffky. Es ist sehr fraglich, was auch Webster betont, ob es sich in allen angeführten Fällen um wirkliche Friedländertypen gehandelt hat; viele unterscheiden sich in gewissen Punkten von den bekannten Friedländertypen.

Was die **natürliche Ansteckung** bei diesen Friedländerinfektionen anbetrifft, so geschieht sie höchstwahrscheinlich von den oberen Luftwegen oder vom Mittelohr aus.

Die Empfänglichkeit der verschiedenen kleinen Laboratoriumsversuchstiere gegenüber einer künstlichen Infektion ist je nach dem vorliegenden Typus verschieden.

Bei einer unter weißen und bunten Ratten auftretenden Bronchopneumonie, Enteritis und Septicämie fand TARTAKOWSKY einen kleinen ovalen Bacillus, der wahrscheinlich mit dem von SCHILLING früher schon beschriebenen identisch ist. Der Bacillus gehört in die Typhus-Coli-Gruppe und wurde Bacterium pneumoenteritis murium genannt.

Außer den bisher beschriebenen Erregern von infektiösen Lungenentzündungen wird von MARTINI noch ein weiterer, andersartiger mitgeteilt. Es handelt sich um den „Bacillus pulmonum caviarum glutinosus" (kurzes, dickes Stäbchen, 1,5 μ lang, 0,5—0,7 μ breit, bildet bisweilen kurzgliederige Kettenverbände, ist gramnegativ, begeißelt und eigenbeweglich. Das Bacterium besitzt eine Kapsel.

Auf Agar wachsen hirsekorngroße, bräunlichweiße Kolonien oder milchweiße Beläge. Gelatine wird nicht verflüssigt, Milch nicht zur Gerinnung gebracht. Üppigstes Wachstum erfolgt auf Kartoffeln in Form von honigähnlichen, dicken Belägen, die nach 1—2 Wochen am Rande der Kartoffel eine bläuliche Verfärbung hervorrufen.

Intrapulmonale Einverleibung von Kulturen führt bei Meerschweinchen zur Entstehung einer beiderseitigen Pneumonie (nach 1—4 Tagen) mit in der Regel tödlichem Ausgang. Andere Infektionsarten versagen. Nach subcutaner Infektion entsteht lokale Infiltration oder Absceßbildung.

In Fällen von Lungenentzündungen bei der Ratte konnten außerdem Streptothrix (TUNNICLIFF, K. F. MEYER) sowie ein dem B. actinoides ähnlicher Mikroorganismus (JONES) ermittelt werden.

Pathologische Anatomie. Bei Tieren, die einer der oben genannten Infektionen erlegen sind, findet man bei der Obduktion mehr oder weniger ausgedehnte ein oder doppelseitige Pleuropneumonien. Die nicht erkrankten Lungenteile sind vielfach emphysematös. In den hepatisierten Lungenabschnitten lassen sich histologisch die üblichen Veränderungen feststellen. In der Mehrzahl der Fälle besteht gleichzeitig ein ausgesprochener Katarrh der Bronchialschleimhäute. Außerdem ist häufig Myokarddegeneration, Stauung sowie trübe Schwellung in den Parenchymen nachweisbar. Bisweilen wird auch klare, gelbrötliche Flüssigkeit in der Bauchhöhle angetroffen. Bei den Pneumokokken- und Friedländerinfektionen, die zu einem septischen Verlauf neigen, findet man pathologisch-anatomisch in einem hohen Prozentsatz der Fälle subseröse Hämmorrhagien sowie alle anderen Zeichen der Septicämie. Außer dem Respirationstraktus sind auch andere Organsysteme ausgesprochen verändert. So kommen in einer großen Zahl der Fälle auch noch Perikarditis, Sinusitis, Otitis, Metritis, Abscesse, Ödeme und septische Milzschwellungen zur Beobachtung.

In allen Organen können die Krankheitserreger nachgewiesen werden.

Literatur.

AUJEZKY: Zbl. Bakter. **36**, 603 (1904).
BINAGHI: Zbl. Bakter. I Orig. **22**, 273 (1897). — BONI: Zbl. Bakter. I Orig. **30**, 704 (1901).
BRUCKNER: C. r. Soc. Biol. Paris **79**, 102 (1916). — BRANCH: J. inf. Dis. **40**, 533 (1927).
CHERREL u. RANQUE, SENOX u. GRUAT: C. r. Soc. Biol. Paris **82**, 74 (1919). —
CHRISTIANSEN: Z. Inf.krkh. **14**, 101 (1913).
FERRY: Vet. J. **68**, 376 (1912); J. of Path. **18**, 445 (1914); **19**, 488 (1915).
GLAUE: Zbl. Bakter. I Orig. **60**, 176 (1911).
HOLMAN: J. med. Res. **35**, 151 (1916).
ISSATSCHENKO, B.: Zbl. Bakter. I Orig. **23**, 873 (1898); **31**, 26.
JACOBSOHN u. KOREF: Zbl. Bakter. I Orig. **100**, 353 (1926). — JONES: J. of exper. Med. **35**, 361 (1922).
KASPAR u. KERN: Zbl. Bakter. I Orig. **77**, 70 (1913). — KLEIN: Zbl. Bakter. I Orig. **5** 625 (1889); **10**, 619, 841 (1891).
LINDEMANN: Arb. Reichsgesdh.amt **38**, 41 (1911).

MARTINI: Arch. f. Hyg. **38** (1900). — MC GOWAN: J. of Path. **15**, 372 (1911).
RAEBIGER: Bericht über die Tätigkeit des Bakt.-Instituts der Landwirtschaftskammer in Halle 1918/19.
SACHS, M.: Zbl. Bakter. I Orig. **33**, 657 (1902/03). — SALOMON: Zbl. Bakter. I Orig. **47**, 1 (1908). — SELTER: Z. Hyg. **54**, 347 (1906). — SKSCHIVAN: Zbl. Bakter. I Orig. **28** (1900); I **33**, 260 (1902, 1903). — SCHILLING: Arb. ksl. Gesdh.amt **23**, 108. — SCHILIING: Arb. ksl. Gesdh.amt **18**, 108 (1902). — SMITH: J. med. Res. **29**, 291 (1913). — STADA u. TRAINA: Zbl. Bakter. I Orig. **28**, 635 (1900). — STEPHANSKY: Zbl. Bakter. I Orig. **30**, 201 (1901).
TARTAKOWSKY: Jber. Med. **31**, 276 (1899); Zbl. Bakter. I Orig. **25**, 81 (1899); Arch. f. Vet. Wiss. **32**. Ref. Baumgartens Jber. **18**. — TOYAMA: Zbl. Bakter. I Orig. **33**, 273 (1902/03).
UNGERMANN: Arb. ksl. Gesdh.amt **36**, 341 (1911).
WEAVER: Tr. Chicago Path. Soc. **111**, 228 (1897/99). — WEBER: Arch. f. Hyg. **39** (1901). — WEBSTER: J. of exper. Med. **47**, 685 (1928). — WIENER: Zbl. Bakter. I Orig. **34**, 406. — WITTNEBEN: Zbl. Bakter. I Orig. **44**, 316 (1907).
XYLANDER: Arb. ksl. Gesdh.amt **24**, 196 (1906).

h) Anhang: Mittelohrentzündungen bei Ratten.

In diesem Zusammenhange sei noch kurz auf die bei der Ratte häufig vorkommenden Mittelohrentzündungen hingewiesen, die von K. F. MEYER u. a. als sekundäre Veränderungen im Anschluß an die genannten Erkrankungen der Atmungswege betrachtet werden, ähnlich wie bei der Rhinitis contagiosa des Kaninchens. Nach den Beobachtungen von NELSON und GOWEN besteht aber auch die umgekehrte Möglichkeit, nämlich, daß sich von Mittelohrentzündungen aus auch entzündliche Zustände im oberen Respirationstraktus und in den Lungen entwickeln können. Als Erreger dieser Mittelohrentzündungen ist eine Vielheit von Bakterien nachgewiesen worden. So konnten MC CORDOCK und CONGDON einen gramnegativen, pleomorphen, beweglichen, kurzen Bacillus nachweisen, während NELSON B. actinoides, Streptokokken und ein diphtheroides Stäbchen am häufigsten antraf. Es ist außerdem bekannt, daß eine Reihe von Begleitumständen, so z. B. Vitamin A-Mangel u. a. die Anfälligkeit für Mittelohrentzündungen wesentlich erhöht (s. auch Kap. Ohr).

Literatur.

JONES, F. S.: J. of exp. Med. **35**, 361 (1922).
MC CORDOCK, H. A. and CONGDOM, C. C.: Proc. Soc. exper. Biol. a. Med. **22**, 150 (1924).
MEYER, K. F., JORDAN, E. O. a. I. S. FALK: The newer knowledge of bacteriology and immunology, 1928, S. 635.
NELSON, J. B.: J. inf. Dis. **46**, 64 (1930). — NELSON, J. B. a. J. W. GOWEN: J. inf. Dis. **46**, 53 (1930).

i) Meerschweinchen. Fibrinöse Serosenentzündung.

Über diese 1921 zuerst von STEINMETZ und LERCHE beschriebenen Seuche, die sehr verlustreich auftreten kann, liegen in der Literatur nur wenige Mitteilungen vor.

Ätiologie. Nach den Untersuchungen von STEINMETZ und LERCHE lassen sich bei dieser Krankheit aus dem Exsudat der Körperhöhlen sowie aus den fibrinösen Belägen der serösen Häute und aus den Organen gramlabile, meistens grampositive, kurze, ovoide Stäbchen mit deutlicher Polfärbung nachweisen. SCHMIDT, der bei späteren Untersuchungen morphologisch dieselben Bakterien fand, bezeichnet sie als ausgesprochen gramnegativ. Er glaubt, sie auf Grund ihrer morphologischen Merkmale sowie ihres färberischen Verhaltens, besonders aber auf Grund ihres guten Wachstums auf bluthaltigen Nährböden der Gruppe der hämophilen Bakterien einreihen zu dürfen. Sie gedeihen indessen nicht nur auf bluthaltigen Nährböden; nach 3—4 Passagen über Blutagar findet Wachstum auch auf gewöhnlichem Agar statt, und zwar in Form kleinster, runder, glasklarer, ganzrandiger Kolonien. Ältere Kolonien werden mehr und mehr undurchsichtig, leicht granuliert und mit einem flachen Saum versehen. Zweifellos handelt es sich bei den von Steinmetz und Lerche sowie bei den von Schmidt nachgewiesenen Erregern um identische Bakterien. Es scheint indessen fraglich, ob bei dieser Krankheit ursächlich nur diese Bakterienart oder auch noch andere in Betracht zu ziehen sind.

Übertragbarkeit. Beobachtungen über eine natürliche Übertragung der Krankheit liegen nicht vor. Dagegen gelingt es, durch Einverleibung (intraperitoneal) von Reinkulturen der beschriebenen Bakterien Meerschweinchen unter Entstehung des typischen Krankheitsbildes und der bei der Spontankrankheit vorkommenden charakteristischen Veränderungen zu töten. Die von Steinmetz und Lerche nachgewiesenen und in Reinkultur gezüchteten Bakterien sind für Meerschweinchen und Mäuse apathogen.

Pathologische Anatomie. Das pathologisch-anatomische Gesamtbild ist gekennzeichnet durch das Auftreten von eitrig-fibrinösen Auflagerungen auf den serösen Häuten der großen Körperhöhlen und der Organe. Vielfach findet sich in der Bauchhöhle Exsudat in mehr oder weniger großen Mengen. Die Organparenchyme selbst sind unverändert. Bisweilen besteht geringgradige Milzschwellung. Nicht selten sind die Nebennieren vergrößert, ziegelrot verfärbt und mit punktförmigen Blutungen versehen. In den Lungen werden Stauungszustände, seltener Bronchopneumonien angetroffen.

Literatur.

Schmidt-Höhnsdorf: Arch. Tierheilk. **53**, 255 (1925). — Steinmetz u. Lerche: In Raebiger: Das Meerschweinchen, seine Zucht, Haltung und Krankheiten. Hannover: M. u. H. Schaper 1923.

j) Mäusesepticämie.

Bei Mäusen sind septicämische Krankheiten verschiedener Ätiologie beschrieben. Von diesen spielt die allgemein als Mäusesepticämie bekannte Krankheit eine gewisse Rolle. Die Häufigkeit ihres Auftretens ist indessen nicht allzu groß.

Von der Krankheit werden weiße und graue Mäuse befallen. Die erkrankten Tiere zeigen als hervorstechendste Symptome verklebte Augenlider und gesträubtes Haarkleid; sie verenden in der Regel bereits nach 2—3 tägiger Krankheit.

Ätiologie. In den inneren Organen verendeter Tiere läßt sich mit Leichtigkeit das zuerst von R. Koch ermittelte Bacterium der Mäusesepticämie (Bacterium murisepticum) nachweisen. Dieses Bacterium besitzt morphologisch, kulturell und serologisch völlige Übereinstimmung mit dem Schweinerotlaufbacterium und wird als identisch mit diesem bzw. als eine abgeschwächte Varietät betrachtet (Lorenz, Jensen, Rosenbach). Es ist wahrscheinlich, daß die Verbreitung der Mäusesepticämie mit dem Auftreten des Schweinerotlaufs unter Umständen im Zusammenhange steht (Gerlach, Wayson).

Bei einem gehäuften Auftreten dieser Seuche in Laboratoriumsbeständen empfiehlt es sich, von der Anwendung eines hochwertigen Rotlaufimmunserums Gebrauch zu machen.

Als bisher unbekannten Erreger einer Mäusesepticämie beschreibt v. Holzhausen ein Corynebacterium (Corynebacterium murisepticum n. sp.), das ein grampositives 1,2—1,5 μ langes Stäbchen mit kolbigen Endauftreibungen und Scheinfadenbildung darstellt.

Wachstum erfolgt auf allen gebräuchlichen Nährböden in zwei verschiedenen Kolonieformen, nämlich als runde granulierte Form mit gekerbtem Rande, und als unscharf begrenzte, mehr flockige Kolonie.

Das Bacterium besitzt eine elektive Pathogenität für weiße und graue Mäuse, die an ausgesprochener Septicämie ohne sichtbare Organveränderungen (mit

Speicherung der Bakterien in den Gefäßendothelien) verenden. Die übrigen kleinen Laboratoriumstiere verhalten sich dem Bacterium gegenüber vollkommen refraktär.

Literatur.

HOLZHAUSEN, v.: Zbl. Bakter. I Orig. **105**, 94 (1927).
JENSEN: Dtsch. Z. Tiermed. **18**, 278 (1892).
KOCH: Ätiologie der Wundinfektionskrankheiten. 1878.
LORENZ: Dtsch. Z. Tiermed. **20**, 1 (1893).
ROSENBACH: Z. Hyg. **63**, 343 (1909).
WAYSON: Publ. Health Rep. **1927**, 1489.

k) Bakterielle Keratoconjunctivitis.
(Kaninchen, Meerschweinchen.)

Außer denjenigen Lidbindehautentzündungen, wie sie im Verlaufe zahlreicher Infektionskrankheiten, so der Rhinitis contagiosa, Brustseuche, des infektiösen Schnupfens, der Coccidienrhinitis, der Kaninchensepticämie u. a. als Begleitsymptome nicht selten vorkommen, gibt es noch andere, offenbar selbständige Lidbindehautentzündungen bakterieller Natur, die eine gewisse Ähnlichkeit mit den Veränderungen nach cornealer Herpes- und Encephalitisinfektion besitzen und deshalb differentialdiagnostisch von Wichtigkeit sind. Über derartige Lidbindehautentzündungen berichtet ROSE, dem sie bei Gelegenheit von experimentellen Encephalitis- und Vaccineuntersuchungen beim Kaninchen begegnet sind. Über eine Corneaerkrankung bei Meerschweinchen berichtet SOMMER, ohne indessen nähere bakteriologische Befunde zu geben.

Ätiologie. Ätiologisch handelt es sich hier um polybakterielle Erkrankungen. So hat ROSE aus 3 verschiedenen Fällen gramnegative Stäbchen ermittelt, die sich ihrem morphologischen, kulturellen, sowie tierpathogenen Verhalten nach in 3 verschiedene Gruppen einteilen lassen. Einer dieser Bakterienstämme besaß coliähnliche Eigenschaften. Bei einer experimentell erzeugten Keratitis beim Kaninchen hat auch KOY ähnliche Mikroben nachweisen können. Wieder von anderen Autoren, so von LEVADITI, HARVIER und NICOLAU konnten bei experimentell erzeugten encephalitischen Augenaffektionen grampositive Kokken und gramnegative Stäbchen ermittelt werden. Während von diesen Autoren Angaben über die Pathogenität dieser Keime nicht gemacht werden, gelang es SALMANN, aus dem Blute von Herpeskaninchen Bakterien mit einer ausgesprochenen Pathogenität für das Kaninchenauge zu züchten.

Da alle die ermittelten Keime mit den Erregern der experimentell zu erzeugenden Impfkrankheiten nicht im Zusammenhange stehen, so ist es sehr wahrscheinlich, daß hier selbständige Spontankrankheiten vorliegen. Andererseits kann aber die Möglichkeit von Sekundärinfektionen im Anschluß an corneale und intraokuläre Impfungen nicht in Abrede gestellt werden. Nach zahlreichen Erfahrungen des Verfassers kommt es im Anschluß an derartige Impfungen nicht selten zur Entstehung von schweren Lidbindehautentzündungen bakterieller Natur, besonders wenn bereits eine Verunreinigung des Ausgangsmaterials vorliegt.

Natürliche Übertragung. Sichere Tatsachen über die natürliche Ansteckungsweise bei den in Rede stehenden Lidbindehautentzündungen sind bis jetzt nicht bekannt.

Künstliche Übertragung: ROSE ist sie wiederholt in seinen Fällen gelungen, und zwar sowohl unter Verwendung des Bindehautsekrets als auch von Reinkulturen der von ihm isolierten Bakterienstämme, die übrigens in vitro ihre Pathogenität lange Zeit ohne Virulenzabnahme beibehielten. Die Inkubationszeit schwankte zwischen wenigen Stunden bis zu 4 Tagen. Erwähnt zu werden verdient noch, daß sich nach subduraler Verimpfung der von Rose isolierten Bakterienstämme zum Teil Gehirnabscesse, zum Teil meningitische und encephalitische Prozesse entwickelten.

Über den Befund bzw. die pathologisch-anatomischen Veränderungen bei diesen Lidbindehautentzündungen siehe Kap. Auge.

Diese Beobachtungen über das Auftreten spontaner Lidbindehautentzündungen zeigen, daß es angezeigt ist, bei der Beurteilung experimentell erzeugter Lidbindehautentzündungen unbekannter Natur große Vorsicht zu üben.

Literatur.

Rose: Z. Hyg. **101**, 327 (1924).
Sommer: Inaug.-Diss. Jena 1900.

l) Coliinfektionen.
(Meerschweinchen, Maus.)

Infektionen mit dem Bacterium coli kommen nach den in der Literatur mitgeteilten Beobachtungen unter den hier in Betracht kommenden Laboratoriumstieren in der Hauptsache beim Meerschweinchen vor. So berichtet Kovarzek über eine seuchenartig verlaufende Coliinfektion unter Meerschweinchen, der zahlreiche Tiere zum Opfer fielen. Kaninchen, Mäuse und Tauben, die gemeinsam mit diesen Meerschweinchen gehalten wurden, blieben von der Krankheit verschont. Eine ähnliche Beobachtung über die Coliinfektion des Meerschweinchens liegt von Lochmann vor.

Ätiologie. Der Erreger der Krankheit ist das Bacterium coli, das im Dünndarm und im Bauchhöhlenexsudat verendeter Tiere regelmäßig nachgewiesen werden kann.

Auf Grund von Laboratoriumsversuchen ist es wahrscheinlich, daß die natürliche Infektion auf dem Fütterungswege erfolgt. Künstlich läßt sich die Krankheit jedenfalls durch Verfütterung, sowie durch subcutane Verimpfung von Reinkulturen in typischer Weise erzeugen.

Pathologisch-anatomisch ist die Krankheit durch eine akute fibrinöse Peritonitis sowie durch das Auftreten seröser Flüssigkeit in der Bauchhöhle gekennzeichnet. Die Schleimhaut des Darmes (besonders des Dünndarms) ist geschwollen und zum Teil hochgradig gerötet. Der Darminhalt ist stinkend und dünnflüssig. In Leber und Milz finden sich regelmäßig grauweiße, nekrotische Herde in verschiedener Größe und Ausdehnung. Sie sind vielfach nicht nur an der Oberfläche, sondern nicht selten auch in der Tiefe dieses Organs lokalisiert.

Über ein coliähnliches Bacterium als Erreger einer spontanen Epizootie bei weißen Mäusen berichtet Sangiorgi.

Erfolgreiche Versuche zur Mutterschutzimpfung bei der Colisepsis des Meerschweinchens sind von Werner angestellt worden.

Zahlreiche Colibefunde sind in der Literatur noch verzeichnet (s. Holman). Sie scheinen indessen in den mitgeteilten Fällen nur eine sekundäre Bedeutung zu besitzen.

Literatur.

Kovárzik: Zbl. Bakter. I Orig. **33**, 143 (1903).
Lochmann: Zbl. Bakter. I Orig. **31**, 385 (1902).
Sangiorgi: Zbl. Bakter. I, Orig. **57**, 57 (1911).
Werner, F.: Wien. tierärztl. Mschr. **15**, 393 (1928).

m) Paratyphus.
(Kaninchen, Meerschweinchen, Ratte, Maus.)

Spontaninfektionen bei den kleinen Laboratoriumsversuchstieren mit Bakterien aus der Paratyphusgruppe kommen nicht selten vor. Unter allen Versuchstieren scheint das Meerschweinchen weitaus am empfänglichsten zu sein, dann folgt die Maus und an letzter Stelle das Kaninchen. Über das Vorkommen von Paratyphosen bei diesem Tier liegen in der Literatur nur vereinzelte Mitteilungen vor (HAYTHOM, TEN BROECK (persönliche Mitteilung), KARSTEN und EHRLICH). Paratyphuserkrankungen beim **Meerschweinchen** nehmen jedoch in der Literatur einen breiten Raum ein. Zahlreiche Mitteilungen (THEOBALD SMITH, VAN ERMENGEM, DURHAN, KLEIN, MORGAN und MARSHALL, ECKERSDORF, NEISSER, LÖFFLER, DIETERLEN, BOFINGER, MÜLLER, STEINMETZ und LERCHE, SIMON, LÜTJE, KITTLER, O'BRIEN, PETRIE, UHLENHUTH und HÜBENER, KIRCH, BÖHME u. v. a.) zeigen, wie sehr diese Krankheit unter den Meerschweinchenbeständen verbreitet ist. Sie stellt eine der wichtigsten Meerschweinchenkrankheiten überhaupt dar und verdient wegen ihres seuchenhaften Auftretens ganz besondere Beachtung. Auch bei Ratten und Mäusen spielen Paratyphuserkrankungen eine erhebliche Rolle (LÖFFLER, ROTHE, KUTSCHER, OKAMOTO, PRITSCHETT, SAVAGE und READ, DANYSZ, ISSATSCHENKO, SCHERN, PAPPENHEIMER, TRAUTMANN, CANNON, BALL und PRICE-JONES, LYNCH).

Ätiologie. Die Erreger der Paratyphosen der kleinen Laboratoriumstiere stimmen morphologisch, kulturell, biochemisch und serologisch in der Mehrzahl der Fälle mit dem Bacterium enteritidis Breslau überein. Dies trifft insbesondere für den Meerschweinchenparatyphus zu. Die Beobachtungen von PALTAUF und diejenigen von TRAVINSKI u. a. zeigen indessen, daß auch Stäbchen aus der Gärtnergruppe als Erreger in Frage kommen können. Die Befunde von KARSTEN bilden dafür eine Bestätigung. Außer Breslau- und Gärtnerstämmen kommen nach den Untersuchungen von TH. SMITH und J. B. NELSON, sowie von KARSTEN auch noch andere Stämme vor, die weder dem einen, noch dem anderen dieser beiden Typen eingereiht werden können. Bei der **Ratte** ist das Vorkommen von zahlreichen Bakterien aus der Gruppe der Salmonellen beschrieben (DANYSZ, DUNBAR, BAHR, MARKL, KOHLER, RAEBIGER, TOYOMA, MERESHKOWSKY, SCHERN u. a.). Sie entsprechen aber vielfach nicht dem modernen Stande der Forschung auf dem Paratyphusgebiet. Viele dieser Erreger sind als Präparate in Form von Kulturen zur Bekämpfung der Rattenplage im Handel. Soweit es sich um Erreger von Spontankrankheiten bei der Ratte handelt, stimmen sie mit dem Bacterium enteritidis Gärtner und dem Bacterium typhi murium in den meisten Eigenschaften überein. Daneben sind aber auch Paratyphus-A- und B-Bakterien sowie solche vom Aertryk- und Suipestifertypus nachgewiesen worden. Gärtnerstämme konnten auch aus anscheinend ganz gesunden Ratten isoliert werden.

Bei der **Maus** scheinen Breslau- und Gärtnertypen die hauptsächliche Rolle zu spielen. Selbst bei ganz gesunden Mäusen kommen Paratyphusinfektionen vor, die unter dem Einfluß schädigender Momente pathogene Bedeutung erlangen können (ZWICK und WEICHEL). Nach den Untersuchungen von PFEILER und ROEPKE führt eine Cyprinicidainfektion zur Infektion mit den im Körper latent vorhandenen Bakterien aus der Coli-Typhusgruppe. Dasselbe scheint nach Verimpfung verschiedenartigen, anderen Materials der Fall zu sein. So konnten beispielsweise von LÜTTSCHWAGER gelegentlich von Untersuchungen mit der Rotlaufkultur von SABELLA an Mäusen Paratyphusinfektionen bei allen geimpften Tieren festgestellt werden. BITTER beobachtete im Anschluß an die Einverleibung von Staphylokokkenkulturen bei Mäusen zahlreiche Todesfälle, die auf eine Infektion mit Paratyphus-Breslaubakterien zurückgeführt wurden. Ähnliche Befunde konnten auch im hiesigen Institut gelegentlich anderer Untersuchungen erhoben werden. Auch in der Literatur sind weitere ähnliche Beobachtungen niedergelegt, von denen diejenige besonders betont sei, nach der es gelang, bei gesunden weißen Mäusen lediglich durch Hungernlassen Paratyphuserkrankungen hervorzurufen, während normal ernährte Kontrolltiere gesund blieben. Im Gegensatz zu anderen Untersuchern konnten PFEILER und ROEPKE dem Gärtner-Suipestifertypus nahestehende Mikroorganismen isolieren. Auf die interessanten Untersuchungen von WEBSTER über spontane Enteritisinfektionen bei der Maus sei noch besonders hingewiesen.

Bakterien aus der Paratyphusgruppe kommen demnach bei Mäusen zweifellos häufig vor und sind auch seit langem als Erreger des sog. Mäusetyphus bekannt. Die hohe Empfänglichkeit der Mäuse für diese Erregergruppe hat zur Bekämpfung der Mäuseplage mit Hilfe von Paratyphusbakterien geführt. Daß die Bekämpfung der Rattenplage auf diese Weise nicht immer gleich erfolgreich ist, ist auf die geringere Empfänglichkeit der Ratte für die Erreger der Paratyphusgruppe zurückzuführen.

Die Paratyphusbakterien können aus Herzblut, Leber, Milz, Lungen, Nieren verendeter Tiere gezüchtet werden. MORGAN und MARSHAL gelang sogar der Nachweis von Bakterien der Paratyphusgruppe im Kot anscheinend gesunder Meerschweinchen.

Morphologisch, kulturell und biochemisch lassen die Paratyphusbakterien der Laboratoriumstiere die bekannten Merkmale erkennen. Einzelheiten über die Differenzierung müssen in Spezialwerken nachgelesen werden. Zu erwähnen ist noch, daß die Paratyphusbakterien des Meerschweinchens in der Mehrzahl der Fälle mit Enteritis-Breslauserum beeinflußt werden. Agglutinierendes Typhus-, Paratyphus-A-, Gärtner- und Ferkeltyphusserum lassen die Bakterien in der Regel unbeeinflußt. Dagegen tritt durch Hühnertyphusserum ebenfalls Agglutination ein. Das Auftreten der Agglutinine im Blute erkrankter Tiere kann bereits zu Lebzeiten zur Diagnose auf serologischem Wege verwendet werden.

Die **künstliche Übertragung** der Krankheit gelingt am leichtesten auf dem Wege der subcutanen und intraperitonealen Einverleibung von Reinkulturen, während dagegen durch Fütterung infektiösen Materials es nur in seltenen Fällen möglich ist, die Krankheit in typischer Weise zu erzeugen.

Der Ausbruch von Spontanerkrankungen, besonders beim Bestehen latenter Infektionen, scheint durch verschiedene Begleitumstände, wie z. B. Erkältungsursachen, Impfung mit verschiedenen anderen Krankheitserregern, in hohem Maße begünstigt zu werden.

Pathologische Anatomie. Außer hochgradiger Abmagerung findet man bei an Paratyphus verendeten Tieren mehr oder weniger große Mengen seröser Flüssigkeit in der Bauchhöhle, Rötung und Injektion der Dünndarmserosa, und insbesondere feinste Blutungen auf der geschwollenen und leicht geröteten, bisweilen mit Ulcera versehenen Dünndarmschleimhaut. Der Darminhalt ist dünnflüssig, schleimig, gelblich und stinkend. Die Milz, ebenso wie die Gekröslymphknoten sind hochgradig geschwollen. In der Milz lassen sich vielfach zahlreiche, gelblich-weiße knötchenförmige Herde nachweisen, die unter Umständen mit dem Peritoneum verwachsen sind. Ähnliche Herde, zum Teil in größerer Zahl und haufenweise beieinanderliegend, enthält auch die Leber, die Lymphknoten und das Knochenmark. In diesem Organ können die Knötchen nicht selten Walnußgröße erreichen. Auch in den Nieren und in den Lungen finden sich gelegentlich ähnliche Veränderungen. Die Knötchen, besonders diejenigen der Lungen, lassen vielfach zentrale Verkäsung erkennen. Ebenso wie in der Bauchhöhle ist auch in der Brusthöhle und im Herzbeutel serofibrinöses Exsudat anzutreffen. *Histologisch* zeigen die Knötchen in der Leber und in der Milz regelmäßig ein nekrotisches Zentrum mit einem peripherischen Wall von Lymphocyten, Leukocyten, Fibroblasten und Kerntrümmern. Sie sind wahrscheinlich auf die unmittelbare Toxinwirkung der Bakterien zurückzuführen. Im Leberparenchym lassen sich entzündliche Infiltrate bisweilen in größerem Umfange auch zwischen den Leberzellbalken nachweisen. Die Lungenknötchen besitzen denselben Aufbau. Außerdem finden sich in den Lungen zum Teil umfangreiche Gefäßinfiltrate sowie ausgesprochene bronchitische Veränderungen.

In chronisch verlaufenden Fällen sind die Knötchen nicht selten (in allen Organen) von einer mehr oder weniger umfangreichen bindegewebigen Kapsel umgeben.

Differentialdiagnostisch besitzt die paratyphöse Erkrankung größte Ähnlichkeit mit der Pseudotuberkulose und der Tuberkulose. Bei diesen beiden Erkrankungen sind aber die Körperlymphknoten wesentlich stärker ergriffen als beim Paratyphus.

Von den vorbeugenden Maßnahmen besitzt die strenge Isolierung der gesunden Tiere besondere Bedeutung. Frisch zugekaufte Tiere müssen einer längeren Beobachtungszeit unterworfen werden, ehe sie den gesunden Beständen einverleibt werden. Die Verabreichung unabgekochter Milch ist nach Möglichkeit zu vermeiden, ebenso wie auch Vorsicht bei der Verfütterung von Körnerfutter geboten ist. Nach den Beobachtungen von GERLACH kann beispielsweise die Einschleppung des Mäuseparatyphus in gesunde Bestände dadurch erfolgen, daß Körnerfutter aus Speichern verabreicht wird, in denen Mäuseparatyphuskulturen zur Bekämpfung der Mäuseplage ausgelegt wurden.

Für den Menschen sind Mäusetyphusbakterien nicht ungefährlich (TROMMSDORF, SHIBAYAMA u. a.). Über den Wert der Anwendung der Vaccination und der Serumtherapie bestehen noch auseinandergehende Ansichten.

Literatur.

BAHR: Zbl. Bakter. I Orig. **39**, 263. — BALL u. PRICE-JONES: J. of Path. **29**, 27 (1926); **30**, 45 (1927). — BOFINGER: Dstch. med. Wschr. **1911**, 1063. — BOYGOTT: J. of Hyg. **11**, 443 (1911).

CANNON: J. inf. Dis. **26**, 402 (1920).

DANYSZ: Ann. Inst. Pasteur **1900**, 193. — DIETERLEN: Arb. Reichsgesdh.amt **30**, H. 2.

GHEORGHIU: Ann. Inst. Pasteur **39**, 712 (1925).

HERZ u. TRAVINSKI: Wien. klin. Wschr. **1917**, 254. — HURTER: Zbl. Bakter. I Orig. **63**, 341 (1912).

ISSATSCHENKO: Zbl. Bakter. **23** u. **31**.

KARSTEN: Dtsch. tierärztl. Wschr. **1927**, 781. — KITTLER: Zvérol. Obz. **1925**, 37. — KOHLER: Seuchenbekämpfg **6**, 48 (1929).

LANGE: Z. Hyg. **102**, 224 (1924). — LANGE u. JOSHIOKA: Z. Hyg. **101**, 451 (1924). — LEBRAM: Zbl. Bakter. I Orig. **50**, 315 (1909). — LÖFFLER: Zbl. Bakter. I Orig. **11**, 129 (1892). — LÜTJE: Dtsch. tierärztl. Wschr. **1924**, Nr 12. — LYNCH: J. of exper. Med. **36**, 15 (1922).

MARKL: Zbl. Bakter. **31**, 202.

NELSON: J. of exper. Med. **47**, 207 (1928).—NELSON a. SMITH: J. of exper. Med. **45**, 353 (1927); **45**, 365 (1927).

O'BRIEN: J. of Hyg. **10**, 231 (1910).

PAPPENHEIMER: J. inf. Dis. **14**, 180 (1914); Proc. New York Path. Soc. **13**, 89 (1913). — PFEILER u. ROEPKE: Berl. tierärztl. Wschr. **1916**, 439.

SAVAGE u. READ: J. of Hyg. **13**, 343 (1913). — SCHERN: Arb. ksl. Gesdh.amt **30**, 575 (1909). — SMITH u. STEWART: J. Boston Soc. Med. Sci. **1**, 12 (1896). — SMITH u. TIBBETS: J. of exper. Med. **45**, 337 (1927).

TEN BROECK: J. of exper. Med. **32**, 19 (1920). — TOPLEY, WEIR u. WILSON: J. of Hyg. **45**, 337 (1927). — TRAVINSKI: Zbl. Bakter. Orig. **88**, H. 1. — TROMMSDORF: Arch. f. Hyg. **55**, 279 (1906).

WEBEL, v.: Proc. New-York Path. Soc. **13**, 97 (1913). — WEBSTER: J. of exper. Med. **36**, 71, 97 (1922); 38, 33, 45 (1923); **46**, 847, 855, 871, 887; **40**, 397 (1924); — WHERRY u. BUTTERFIELD: J. inf. Dis. **27**, 315 (1920).

YONG, DE: Rev. gén. Méd. vét. **22**, 117 (1913).

ZWICK u. WEICHEL: Arb. ksl. Gesdh.amt **33**, 250 (1910).

n) Pseudotuberkulose.

(Kaninchen, Meerschweinchen, Ratte.)

Syn. Pseudotuberculosis rodentium. Nagertuberkulose.

Unter der Pseudotuberkulose der Nagetiere versteht man eine weit verbreitete, bei Kaninchen und Meerschweinchen vorkommende Infektionskrankheit, die durch das Bacterium pseudotuberculosis rodentium Pfeiffer, (Streptobacillus pseudotuberculosis rodentium Dor) hervorgerufen wird. Die in der Literatur als Pseudotuberkulose beschriebenen Fälle sind nicht einheitlicher Natur, denn es sind diesem Begriff fälschlicherweise auch andere, mit Knötchenbildung einhergehende Krankheiten bakterieller, ja selbst zooparasitärer Natur zugezählt worden. Da dadurch leicht Verwechslungen vorkommen, so wäre es zweckmäßig, diese Bezeichnung entweder ganz fallen zu lassen, oder sie aber lediglich für die durch den obengenannten Bacillus hervorgerufene Krankheit zu gebrauchen.

Außer beim Kaninchen und Meerschweinchen wurde die Pseudotuberculosis rodentium in zahlreichen Fällen bei Hasen (MEGNIN und MOSNY, OLT-STRÖSE, BASSET, OPPERMANN, GALLI-VALERIO u. a.) beobachtet. Auch über das Auftreten der Pseudotuberkulose bei anderen Tieren liegen zahlreiche Mitteilungen vor. Die als Pseudotuberkulose der Mäuse beschriebene Krankheit ist indessen von der hier in Rede stehenden abzutrennen, weil es sich hierbei um ein Bacterium handelt, das weitgehende Verschiedenheiten gegenüber dem Bacterium pseudotuberculosis rodentium aufweist (s. S. 608).

Auch beim Menschen ist eine Reihe von Erkrankungsfällen bekannt geworden, ohne daß jedoch in allen Fällen ihre Zugehörigkeit zur Pseudotuberculosis rodentium einwandfrei als erwiesen gelten dürfte. Immerhin sind diese Beobachtungen erwähnenswert, weil sie zeigen, daß unter Umständen mit einer Ansteckung des Menschen von pseudotuberkulosekranken Tieren gerechnet werden muß.

Ätiologie. Das Bacterium pseudotuberculosis rodentium ist in so verschiedenartigem Ausgangsmaterial ermittelt worden, daß mit seiner außerordentlich starken Verbreitung in der Außenwelt zu rechnen ist. Sehr wahrscheinlich stellt es einen weit verbreiteten Saprophyten dar, der nur unter bestimmten, nicht näher bekannten Bedingungen pathogene Eigenschaften annimmt. Für dieses saprophytische Vorkommen spricht nicht nur sein Nachweis in der Erde, in Wasser und Staub, in Futtermitteln, in der Kanaljauche sowie in der Milch, sondern auch die wiederholt mitgeteilte Tatsache, daß Versuchstiere (insbesondere Kaninchen und Meerschweinchen) an Pseudotuberkulose erkrankten, im Anschluß an die Einverleibung von Material, das gar nicht aus Produkten dieser Krankheit stammte. Die sehr lange Lebensfähigkeit des Bacteriums außerhalb des Tierkörpers läßt sich ebenfalls mit der Annahme seines saprophytischen Vorkommens in Einklang bringen.

Morphologische und biologische Eigenschaften. Das Bacterium pseudotuberculosis rodentium stellt ein kurzes, plumpes, kokkenähnliches Stäbchen von etwa 0,6 bis 2,0 μ Länge dar, über dessen Beweglichkeit widersprechende Ansichten bestehen. Nach KLEIN, BYLOFF sowie PLASAJ und PRIBRAM sollen trotz mangelnder Beweglichkeit polständige Geißeln vorhanden sein. Sporenbildung wird nicht beobachtet. Dagegen besitzt das Bacterium, besonders in flüssigen Nährböden, die ausgesprochene Neigung, in kürzeren oder längeren Ketten sich anzuordnen, Diploformen zu bilden, eine Eigenschaft, die zu der Bezeichnung „Streptobacillus pseudotuberculosis" geführt hat.

Das Bacterium färbt sich mit allen Anilinfarbstoffen, besonders mit Carbolfuchsin, alkalischem Methylenblau oder alkalischem Gentianaviolett. Es ist gramnegativ und nicht säurefest. Nicht selten nehmen die Bakterienleiber eine ungleichmäßige Färbung an, so daß sie bipolaren, ovoiden Bakterien ähnlich sehen. Diese Eigentümlichkeit tritt besonders deutlich in Gewebsschnitten hervor, weshalb die Darstellung des Bacteriums in Schnittpräparaten auf Schwierigkeiten stößt.

Züchtung. Das Bacterium pseudotuberculosis rodentium ist auf den gebräuchlichen Nährböden aërob und anaërob sowohl bei Zimmertemperatur von $+ 5^0$ C an als auch bei Brutwärme zu züchten. Zusätze von Glycerin und Zucker zu den Nährböden begünstigen sein Wachstum wesentlich. Auf Agar bildet das Bacterium bereits nach 24 Stunden üppige Kolonien von grauweißer, etwas irisierender Farbe, die Ähnlichkeit mit denjenigen des Bacterium coli besitzen und bei wiederholter Weiterzüchtung einen dicken, saftigen Rasen mit teils schleimiger Konsistenz, einem grauweißen, etwas ins gelbliche gehenden Farbton und mitunter unangenehmem Geruch bilden. Zusätze von Kochsalz zum Agar führen — wie ROSENFELD und SKSCHIVAN nachgewiesen haben — zur Bildung von verzweigten und geschlängelten Involutionsformen.

In Bouillon ist das Wachstum langsamer, so daß im allgemeinen eine gleichmäßige Trübung nicht eintritt. Bei Brutschranktemperatur bilden sich nach einigen Tagen an der Wand und am Boden des Röhrchens haftende Schlieren, die sich bei längerem Stehen unter Klärung der Flüssigkeit zu Boden setzen. Wie auf Gelatineplatten, so kann auch in Bouillonkulturen Krystallbildung beobachtet werden, die besonders beim Aufschütteln erkennbar wird. Diese Krystallbildung ist nicht von allen Autoren beobachtet worden. In alten Bouillonkulturen bildet sich vielfach eine dünne, faltige und bröckelige Oberflächenhaut, die bald zu Boden sinkt.

Im Gelatinestich ist deutliches Wachstum in Form eines grauweißen Schleiers zu erkennen, der am Rande Einzelkolonien hervortreten läßt. Oberflächenwachstum kommt erst später in Form einer dicken Scheibe zustande, ohne daß Verflüssigung der Gelatine eintritt. Auf Gelatineplatten entstehen wasserhelle, ebenfalls scharf abgegrenzte Tiefenkolonien, die später grauweiße bis dunkle Farbe annehmen und mit einem konzentrischen Ring versehen sind. Die Oberflächenkolonien auf Gelatineplatten zeigen wesentlich rascheres Wachstum, eine mehr unregelmäßige Form und im Zentrum eine eigentümlich marmorierte ,,Wachstumsscheibe'', die von feinen Krystallausscheidungen umgeben ist.

Auf erstarrtem Serum wächst das Bacterium pseudotuberculosis rodentium in Form isolierter, wasserheller Kolonien von leicht opalisierender Farbe. Auch auf Kartoffeln findet Wachstum statt und zwar in Form eines gelblichbraunen Belage, der eine gewisse Ähnlichkeit mit Rotzkulturen erkennen läßt. Ebenso gedeiht das Bacterium in Milch, ohne sie in ihrer Farbe, ihrer Reaktion und in ihren sonstigen Eigenschaften zu verändern. Indol wird nicht gebildet; in Lackmusmolke findet leichte Trübung und nach einigen Tagen Blaufärbung statt. Von den Kohlenhydraten werden Dextrose, Lävulose, Maltose, Galaktose, Mannit, Adonit unter Säuerung, aber ohne Gasbildung gespalten. Dagegen werden Saccharose, Lactose, Dextrin, Dulcit und Inulin nicht angegriffen. Auf Lackmusmilchzuckernährböden wird Farbänderung nicht hervorgerufen; in Nutrose-Traubenzuckerlösung kommt es zu starker Säurebildung und zur Gerinnung, während Nutrose-Milchzuckerlösung unverändert bleibt.

Spielarten und verwandte Arten des Bacterium pseudotuberculosis rodentium. Abweichend von diesen Befunden konnte ROEMISCH bei der Pseudotuberkulose des Kaninchens zwei verschiedene Arten von Pseudotuberkulosebacillen ermitteln, die auf Grund vergleichender serologischer Differenzierung als Variationen eines und desselben Ausgangsstammes erkannt wurden. Nach ROEMISCH soll es auch Stämme geben, die biologisch in allen Merkmalen übereinstimmen, in serologischer Hinsicht jedoch Unterschiede aufweisen. KAKEHI konnte sogar drei verschiedene Wachstumstypen auf Agar feststellen, die jedoch ebenfalls nur als Varietäten eines und desselben Stammes zu betrachten sind. Als weitere Spielarten des PFEIFFERschen Pseudotuberkelbacteriums sind die von DON ZELLO aus verkästen Lungenherden eines wilden Kaninchens und die von DIENA aus einem Falle von spontaner Pseudotuberkulose beim Kaninchen gezüchteten Bakterien anzusehen.

Weiterhin hat VINCENCI (1890 und 1909) als Erreger einer pseudotuberkuloseähnlichen Krankheit den von ihm so genannten Bacillus opale agliaceus nachgewiesen, der morphologisch zahlreiche Ähnlichkeiten mit den PFEIFFERschen Pseudotuberkulosebacterium besitzt. Er stellt ebenfalls ein Kurzstäbchen mit abgerundeten Ecken und Neigung zur Verbandbildung dar. Ob ihm Eigenbewegung zukommt, steht noch nicht einwandfrei fest. PLASAJ und PRIBRAM konnten ebenfalls wie beim Bacterium pseudotuberculosis rodentium das Vorhandensein einer extrapolarständigen Geißel nachweisen. Das Stäbchen bildet keine Sporen. Seine *Züchtung* gelingt auf allen gebräuchlichen Nährmedien. Vom Pseudotuberkulosebacterium unterscheidet es sich vor allem dadurch, daß es schon bei 0^0 C gedeiht, während die niedrigste Wachstumstemperatur für das PFEIFFERsche Bacterium bei 5^0 C liegt. Weitere Unterschiede sind gegeben durch den ausgesprochen bläulichen, glänzenden Farbenton der Kolonien auf Gelatineplatten, sein feuchtes Wachstum, ferner durch den auffallend knoblauchartigen Geruch der Agar- und Gelatinekulturen und endlich durch seine für Kaninchen und Meerschweinchen im Vergleich zum Pseudotuberkulosebacterium bedeutend höhere Virulenz.

Die intestinale Infektion wird von VINCENCI als der natürliche Ansteckungsweg angesehen. Künstlich läßt sich durch Verfütterung des Erregers die Krankheit in typischer Weise erzeugen.

Beide Krankheiten lassen sich auf Grund der angegebenen Merkmale verhältnismäßig leicht voneinander trennen.

Auch beim Meerschweinchen sind pseudotuberkuloseähnliche Bakterien beschrieben worden, die vom Bacterium pseudotuberculosis rodentium in mancher Hinsicht abweichen. So berichtet GALLI-VALERIO (1901) über ein Pseudotuberkulosebacterium beim Meerschweinchen, das Milch zur Gerinnung brachte. In gleicher Weise rief auch das von CAGNETTO (1905) als Erreger einer Meerschweinchenseuche nachgewiesene, dem Pseudorotzbacterium nahestehende Stäbchen, langsame Koagulation der Milch hervor. Es unterscheidet sich vom Bacterium pseudotuberculosis rodentium auch noch durch das Fehlen der Krystallbildung in Agar- und Gelatinekulturen, sowie durch seine abweichenden pathogenen Eigenschaften. Der von MILLER und GLADKY bei einer pseudotuberkuloseartigen Krankheit beim Meerschweinchen nachgewiesene Erreger stimmt in allen Eigenschaften mit dem Bacterium pseudotuberculosis rodentium überein, mit Ausnahme der fehlenden Vergärung von Saccharose und Dulcit. Auch Lackmusmolke wird nicht verändert. Eine Abart des Bacteriums pseudotuberculosis rodentium stellt auch das von TASHIN nachgewiesene Stäbchen dar, das er bei einer seuchenartigen Krankheit beim Meerschweinchen ermittelte.

Endlich wurde auch noch bei der Ratte (weiße Ratte) von GALLI-VALERIO (1896) ein atypisches Pseudotuberkulosebacterium nachgewiesen. DUDTSCHENKO züchtete aus weißen Ratten einen dem PFEIFFERschen Bacillus sehr nahestehenden, auch für Mäuse pathogenen Bacillus.

Außer bei den im Laboratorium gebräuchlichen Versuchstieren sind auch noch bei anderen Tierarten verwandte Stämme des Bacterium pseudotuberculosis rodentium festgestellt worden, deren Aufzählung im einzelnen in diesem Rahmen zu weit führen würde.

Es verdient bereits hier hervorgehoben zu werden, daß das Bacterium pseudotuberculosis rodentium einerseits dem Rotzbacterium, andererseits dem Pestbacillus und damit den Bakterien aus der Gruppe der hämorrhagischen Septicämie nahesteht. SAISAWA und ROWLAND gehen sogar so weit, für die Nagerpseudotuberkulosebakterien die Bezeichnung „Pseudopestbacillen" vorzuschlagen. Andererseits hat KLEIN bei einer Meerschweinchenpseudotuberkuloseenzootie ein Stäbchen ermittelt, das serologisch dem Paratyphus-B-Bacterium nahesteht. Der von ihm aus diesem Befund gezogene Schluß, das Bacterium pseudotuberculosis rodentium sei der Paratyphusgruppe zuzurechnen, besteht aber — wie die Untersuchungen von HEMPEL gezeigt haben — zu Unrecht.

Die **Widerstandsfähigkeit** des Bacterium pseudotuberculosis rodentium gegen höhere Wärmegrade ist sehr gering. Einstündiges Erhitzen auf 60° C beraubt es bereits seiner Virulenz. Sowohl durch Antiformin als auch durch Hitze von 66° C wird es früher abgetötet als der Tuberkelbacillus, eine Eigenschaft, die die Trennung des Tuberkelbacteriums aus Bakteriengemischen möglich macht. Niedere Temperaturen beeinträchtigen weder die Virulenz noch die Entwicklungsfähigkeit des Bacteriums. Auf künstlichen Nährböden, die während der Dauer von 7 Stunden bei einer Temperatur von — 9° C gehalten wurden, konnte PFEIFFER keinerlei Beeinflussung beobachten. Gegenüber der Eintrocknung besitzt das Bacterium eine weit geringere Widerstandsfähigkeit, ebenso wie gegenüber der Einwirkung des Sonnenlichtes. Die getrockneten Bakterien werden nämlich durch Sonnenlicht in 30 Minuten, durch Zimmerlicht in 8 Stunden abgetötet. 1%ige Carbolsäurelösung tötet das Bacterium nach 5 Minuten 2%ige Carbolsäurelösung bereits nach 2 Minuten; in 1%iger Sublimatlösung und in 40%igem Alkohol findet Abtötung sogar augenblicklich statt.

Die **natürliche Ansteckung** erfolgt mit großer Wahrscheinlichkeit auf dem Wege des Verdauungsschlauches. STRÖSE nimmt nach den von ihm erhobenen Ermittelungen bei der Pseudotuberkulose der Hasen auch eine gelegentliche Übertragung auf dem Atmungswege an. Ein solcher Infektionsweg besitzt aber nur geringe Wahrscheinlichkeit, weil bei den der spontanen Krankheit erlegenen Tieren Lungenveränderungen nur äußerst selten angetroffen werden. Von OPPERMANN wird schließlich bei weiblichen Feldhasen auch eine Infektion auf dem Begattungswege in den Bereich der Möglichkeit gezogen. Als Hauptinfektionsquelle dürfte jedenfalls die Aufnahme des Erregers vom Boden aus oder mit dem Futter zu gelten haben. Daneben scheinen nach neueren, sehr interessanten Untersuchungen von OLT auch die Tonsillen häufige Eintrittspforten für die Erreger abzugeben. Von den Tonsillen aus können offenbar die Bakterien sehr leicht nach Durchwandern des Epithels in die Capillaren und dadurch in den Blutkreislauf gelangen, so daß in der Mehrzahl der Fälle eine Infektion der Tonsillen gleichbedeutend mit einer hämatogenen Ausbreitung der Bakterien zu gelten hat.

Die erkrankten Tiere scheiden die Bakterien mit dem Kote aus und geben infolgedessen durch Aufnahme von beschmutztem Futter, beschmutzter Streu und beschmutztem Trinkwasser eine ständige Gefahr für die Stallinsassen ab. Die Weiterverbreitung der Krankheit geschieht hauptsächlich auf diesem Wege. Daneben scheinen aber für die Übertragung der Krankheit in Kaninchen- und Meerschweinchenstallungen auch Zwischenträger in Betracht zu kommen. Wie leicht Ansteckungen empfänglicher Tiere zustande kommen können, beweist die Beobachtung OPPERMANNs, der, nachdem ein Wasserschwein an Pseudotuberkulose verendet war, kurz darauf in dem benachbarten Käfig ein Meerschweinchen an derselben Krankheit verenden sah.

Künstliche Infektion. Das Bacterium pseudotuberculosis rodentium ist pathogen für Kaninchen, Hasen, Meerschweinchen, weiße Ratten, weiße Mäuse und Hamster. Die Empfänglichkeit der Ratte scheint geringer zu sein wie die der übrigen Tiere, denn es wird vielfach über negative Übertragungsversuche berichtet. Die Infektion gelingt auf dem Wege der subcutanen, intraperitonealen, intramuskulären, intravenösen Impfung, sowie durch Verfütterung von bakterienhaltigem Organmaterial und von Kulturen. Kaninchen und Meerschweinchen verenden im Anschluß an die subcutane Impfung nach etwa 1 bis 3 Wochen. Die Fütterungsinfektion dagegen nimmt bereits nach 7—10 Tagen einen tödlichen Verlauf. Am sichersten und zuverlässigsten führt die intravenöse Impfung zum Ziele, nach der die Tiere schon in wenigen Tagen verenden. Im Anschluß an die intraperitoneale Impfung männlicher Meerschweinchen entwickelt sich häufig eine Periorchitis (STRAUSSsches Phänomen). Weiterhin gelingt bei Kaninchen die Infektion auch auf intraokulärem Wege, und zwar unter Entstehung einer akuten Iritis mit Exsudat- und Pseudomembranbildung, Panophthalmie, sowie allgemeiner Metastasenbildung in den inneren Organen (DEYL). Bei künstlich infizierten Mäusen tritt der Tod gewöhnlich zwischen 4 und 20 Tagen nach der Infektion ein. Auch Ratten lassen sich auf den angegebenen Wegen erfolgreich infizieren und verenden in der Regel innerhalb der für Mäuse angegebenen Zeiten.

Die bei den genannten Tieren erzeugte Impfkrankheit entspricht klinisch und pathologisch-anatomisch völlig der natürlichen Krankheit.

Pathologische Anatomie. Die Veränderungen bei der Pseudotuberkulose besitzen insofern große Ähnlichkeit mit der Tuberkulose, als sie durch das Auftreten zahlreicher Knötchen in den inneren Organen gekennzeichnet sind. Im allgemeinen besitzen diese Knötchen die Größe eines Hirsekorns bis zu der einer Erbse, trübe, hellgraue bis gelbliche Farbe und eine dünne, durchscheinende Randzone. Entsprechend der vorwiegend intestinalen Infektion treten die Knötchen hauptsächlich unter der stark injizierten Serosa des Darmkanals hervor. In der Darmschleimhaut selbst findet man sie in die großen Lymphknötchen eingelagert. Auch im Blinddarm (besonders bei Feldhasen) finden sich bei generalisierter Pseudotuberkulose ausgedehnte Veränderungen, ebenso im Bereich der Hüftblinddarmöffnung, von wo aus eine günstige Infektionsmöglichkeit gegeben ist. Vom Darmkanal aus breiten sich die Erreger auf dem Wege der oft strangartig verdickten Lymphgefäße aus und gelangen in die mesenterialen Lymphknoten, in die Leber und in die Milz, wo sie zur Bildung von zahlreichen Knötchen in größerer oder geringerer Ausdehnung Veranlassung geben (s. Abb. 238—241). Nach den übereinstimmenden Angaben der Autoren sind bei der spontanen Pseudotuberkulose des Kaninchens die Nieren und die Brustorgane in der Mehrzahl der Fälle frei von Veränderungen. Bei künstlich infizierten Meerschweinchen finden sich dagegen Knötchen auch in den Lungen und in den Nebennieren, beim Kaninchen auch in den Nieren. An der Impfstelle

selbst entsteht vielfach Induration und Vereiterung, sowie Schwellung und Verkäsung der regionären Lymphknoten. In seltenen Fällen werden auch kleine
lobuläre Pneumonien und Pleuritis, zum Teil mit Knötchenbildung auf den Pleurablättern beobachtet. Sogar in der Luftröhre sind Knötchen und daran anschließende Ausbreitung des Prozesses in die Lungen festgestellt worden (Möglichkeit einer aërogenen Infektion). Nach den Beobachtungen OPPERMANNs ist beim
Kaninchen bzw. Hasen bisweilen auch die Schleimhaut der Vagina und des Uterus

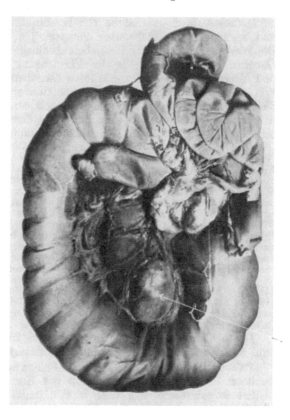

Abb. 238. Pseudotuberkulose. Verkäste Knötchen in der Blinddarm-
schleimhaut.(NachOLT, ausSEIFRIED,
Kaninchenkrankheiten.)

Abb. 239. Pseudotuberkulose. Vergrößerter und mit
Knötchen besetzter, mesenterialer Lymphknoten.
(Nach OLT, aus SEIFRIED, Kaninchenkrankheiten.)

von Knötchen besetzt. Ob in diesen Fällen eine primäre, durch den Begattungs-
akt übertragene Infektion vorliegt, oder ob es sich um sekundär entstandene,
metastatische Prozesse in diesen Organen handelt, läßt sich nicht ohne weiteres
entscheiden. Auch die Lymphknoten des Rumpfes und der Extremitäten
können befallen sein und dieselben Veränderungen zeigen wie die Lymphknoten
im Mesenterium. (Pseudotuberkulose der Haut, s. Kapitel Haut.)

Histologisch bestehen die pseudotuberkulösen Knötchen aus einer Anhäufung
lymphoider und polymorphkerniger Zellen, die von Bakterienhaufen umgeben
sind. Nach dem histologischen Aufbau überwiegt bei der Pseudotuberkulose
der exsudative Charakter gegenüber dem proliferativen, wodurch sich das
pseudotuberkulöse Knötchen von der Tuberkulose unterscheidet und eine gewisse
Ähnlichkeit mit dem Rotzknötchen besitzt. Die Angaben über das Auftreter

von Riesenzellen sind widersprechend; sie sind in der Mehrzahl der Fälle nicht vorhanden, und wenn sie angetroffen werden, dann sind sie im Vergleich zur Tuberkulose jedenfalls nicht vorherrschend. Immerhin ist es mit Rücksicht auf die Unterscheidung von der Tuberkulose beachtenswert, daß von APOSTOLO-POULOS, sowie von MALASSEZ und VIGNAL in der Leber und Milz von an Pseudotuberkulose verendeten Meerschweinchen, sowie von WORONOFF und SINEFF in den Leberknötchen eines spontan verendeten Huhnes und in den Organen von künstlich damit infizierten Kaninchen, Meerschweinchen und Mäusen Riesenzellen vom Langhanstypus in großer Zahl festgestellt wurden. In der Umgebung der Knötchen kann je nach ihrer Größe eine mehr oder weniger stark ausgeprägte Druckatrophie der Parenchymzellen, in der Milz bisweilen auch eine auffallende Hyperplasie der Pulpa und der Follikel nachgewiesen werden (OLT, ROEMISCH). Bei der histologischen Untersuchung der Skeletmuskulatur findet sich nach MESSERSCHMIDT und KELLER eine ausgesprochene Myositis mit herdförmigen, aus lymphocytären und leukocytären Elementen bestehenden Infiltrationen, Wucherung des interstitiellen Bindegewebes, Kernzerfall und Koagulationsnekrose.

Immunitätsverhältnisse. Im Blute spontan erkrankter Tiere und Menschen, ebenso wie von auf künstlichem Wege immunisierten Tieren sind Antikörper enthalten. Auf diese Tatsache hat zuerst LEDOUX-LEBARD hingewiesen. Später hat DE BLASI durch vergleichende Untersuchungen nachgewiesen, daß das Pseudotuberkuloseserum eine beschränkte Anzahl agglutinierender Receptoren auch mit dem Pseudopestbacterium Galli-Valerios und dem Bacillus opale agliaceus Vincenzis gemeinsam hat. Von SAISAWA sind die verschiedenen serodiagnostischen Methoden an immunisierten Kaninchen geprüft worden. Dabei hat sich ergeben, daß die Agglutination zur Identifizierung nicht geeignet ist, auch schon deshalb, weil ihre Ausführbarkeit schwierig ist und Kochsalz- und Normalserumkontrollen nicht selten Spontanausflockungen zeigen. Auch die Komplementbindung besitzt für die Differenzierung wenig Wert, da die Seren auch mit dem homologen Extrakt eine geringe, meistens sogar noch eine unspezifische Reaktion ergeben. Die Präcipitation soll nach den Versuchen von McCONKEY und von WELTMANN und FISCHER negative Ergebnisse liefern, während dagegen von ZLATOGOROFF spezifische Ergebnisse erzielt wurden. Auch der PFEIFFERSche Versuch ist nicht brauchbar. Dagegen ist eine Identifizierung möglich an immunisierten Meerschweinchen, die einen spezifischen Schutz besitzen.

Abb. 240. Pseudotuberkulose. Zahlreiche, zum Teil verkäste Knötchen in der Milz. (Nach OLT, aus SEIFRIED, Kaninchenkrankheiten.)

Die Immunisierung gelingt sowohl mit lebenden als auch mit durch Hitze abgetöteten Bakterien (NOON, SAISAWA). DESSY verneint die Möglichkeit einer aktiven Immunisierung, sowie die Brauchbarkeit der passiven Immunisierung mit Serum immunisierter Tiere. McCONKEY will mit dem Erreger der Pseudotuberkulose bei Meerschweinchen und Ratten auch eine aktive Immunität gegen Pest erzeugt haben. Nach den Untersuchungen von ZLATOGOROFF und McCOY übt das Pestserum auch auf das Bacterium pseudotuberculosis rodentium eine agglutinierende Wirkung aus. Im Gegensatz dazu fanden SWELLENGREBEL und HOESEN, MESSERSCHMIDT und KELLER, sowie WELTMANN und FISCHER, daß Immunsera von Pest, Ruhr, Typhus und Paratyphus spezifische Agglutine für das Bacterium pseudotuberculosis nicht enthalten. Zur Feststellung der Pseudotuberkulose am Tier ist endlich von BACHMANN die Intracutanmethode unter Verwendung bestimmter Antigenkonzentrationen verwendet worden.

Diagnose und Differentialdiagnose. Der Nachweis der Pseudotuberkulosebacillen in Schnittpräparaten gelingt bei an der akuten Krankheit verendeten Tieren verhältnismäßig leicht. Auch in dem flüssigen Inhalt der Knötchen lassen sich die Bakterien, meist haufenförmig angeordnet, nachweisen, während dagegen in ausgesprochen chronischen Fällen die Erreger entweder nicht oder nur ganz vereinzelt auffindbar sind. In derartigen Fällen können auch Kulturversuche völlig negativ ausfallen. Im allgemeinen stößt die Diagnose der Kaninchenpseudotuberkulose auf keine Schwierigkeiten, weil ihr Erreger auf Grund seiner morphologischen und kulturellen Eigenschaften leicht vom Tuberkelbacillus und dem ihm nahestehenden Rotzbacillus unterschieden werden

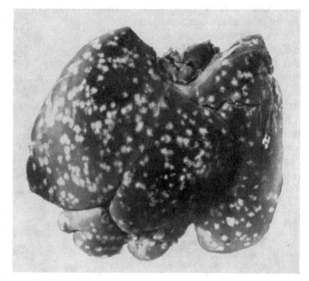

Abb. 241. Pseudotuberkulose. Multiple Knötchen in der Leber.
(Nach OLT, aus SEIFRIED, Kaninchenkrankheiten.)

kann. Auch von den Bakterien der Paratyphusgruppe, der er von manchen Autoren zugerechnet wurde, gelingt die Unterscheidung mittels der Agglutination. *Die größten differentialdiagnostischen Schwierigkeiten bereitet der Pestbacillus,* dem das Bacterium pseudotuberculosis rodentium tatsächlich auch am nächsten steht. Diese Schwierigkeiten sind in diagnostischer Hinsicht um so größer, als für Pestversuche außer Ratten hauptsächlich Meerschweinchen und Kaninchen als für die Pestinfektion geeignete Versuchstiere verwendet werden. Auch mit Rücksicht darauf, daß die Pest nicht nur bei Ratten, sondern — wenn zwar auch selten — bei Kaninchen, Hasen und Meerschweinchen als spontane Krankheit zur Beobachtung kommt, ist bei der experimentellen Pestdiagnose Vorsicht am Platze, weil immerhin Verwechslungen vorkommen können. Nach den Untersuchungen von ZLATOGOROFF stehen beide Bakterienarten morphologisch und kulturell einander so nahe, daß sie nur mit Hilfe des Tierversuchs voneinander unterschieden werden können. Das Bacterium pseudotuberculosis rodentium soll nämlich im Gegensatz zum Pestbacillus für Ratten nicht pathogen sein. Auch die Agglutination soll für die Unterscheidung zwischen Pest und Pseudotuberkulose verwendet werden können (SAISAWA). Im Gegensatz dazu vertritt aber ZLATOGOROFF ebenso wie McCoy die Ansicht, daß die Pseudotuberkulosebacillen auch durch Pestserum beeinflußt werden. Diese Beobachtungen konnten aber von SWELLENGREBEL und HOESEN sowie von MESSERSCHMIDT und KELLER nicht bestätigt werden. Über die Möglichkeit der Differenzierung der beiden Bakterienarten mit Hilfe der Präcipitinreaktion und der kreuzweisen Immunisierung bestehen ebenfalls noch verschiedene Ansichten.

Auch das biochemische Verhalten der beiden Bakterienarten ist zur Kulturdifferenzierung herangezogen worden. So hat McCONKEY festgestellt, daß die Pestbacillen sich durch ein mehr schleimiges Wachstum auf Agar von dem Bacterium pseudotuberculosis unterscheiden, und daß letzteres in Lackmusmolke Blaufärbung hervorruft. Nach VOURLOUD bildet der Pestbacillus auf Drigalskinährböden rote Kolonien mit einer allmählichen Rotfärbung des Nährbodens, während die Pseudotuberkulosebacillen in farblosen Kolonien mit allmählicher Blaufärbung des Nährbodens wachsen. Neuerdings sind von COLAS-BELCOUR weitere Differenzierungsversuche ausgeführt worden. Er konnte feststellen, daß Pseudotuberkulosestämme auf Glycerin-Lackmusnährböden ein üppiges Wachstum sowie eine Rotfärbung des Nährbodens zeigen, während Peststämme eine derartige Wirkung nicht erkennen lassen. Auch von PETRIE und MACALISTER sowie von SWELLENGREBEL und HOESEN sind Differenzierungsversuche auf Zuckernährböden angestellt worden. Besonders zu erwähnen sind noch die Untersuchungen von OTTEN, die zeigen, daß der Pestbacillus in Lackmusmolke nach PETRUSCHKY Rotfärbung infolge Säurebildung hervorruft, während das Bacterium pseudotuberculosis nach anfänglicher Rötung Umschlag in blau und das Bacterium plurisepticum keine Änderung des Nährbodens ergeben. Er fand auch sonst noch eine Reihe von Unterschieden zwischen diesen drei Bakterienarten. Nach diesem Verhalten würde das Bacterium pseudotuberculosis rodentium als eine besondere Art zu betrachten sein, die von den Pestbacillen und von den Bakterien der hämorrhagischen Septicämie unterschieden werden kann. Alle drei Bakterienarten sind der großen Gruppe der bipolaren Bakterien einzureihen, die in drei Gruppen zerfallen, nämlich:

1. Bacterium plurisepticum,
2. Bacillus pestis,
3. Bacillus pseudopestis oder Bacterium pseudotuberculosis rodentium.

Eine gewisse Schwierigkeit bietet die histologische Unterscheidung der pseudotuberkulösen Knötchen von denjenigen bei der Tuberkulose, von denen sie makroskopisch nicht zu unterscheiden sind, um so mehr, als beide die Verkäsung als gemeinsames Merkmal besitzen. Als unterschiedlich von dem tuberkulösen Granulom müssen aber bei dem pseudotuberkulösen die rasche Entwicklung, die sofortige Verkäsung und die fehlende Verkalkung hervorgehoben werden. Außerdem tritt bei der Pseudotuberkulose der exsudative Charakter des Prozesses gegenüber dem proliferativen in den Vordergrund. Endlich sind im Pseudotuberkel im Gegensatz zum echten tuberkulösen Knötchen die Epithelioidzellen entweder nur spärlich oder werden völlig vermißt, ebenso wie auch LANGHANSsche Riesenzellen im Pseudotuberkel im allgemeinen nicht nachweisbar sind. In der Mehrzahl der Fälle ist es möglich, auf Grund dieser Unterschiede das pseudotuberkulöse Knötchen von dem tuberkulösen zu trennen.

Was die histologischen Unterschiede zwischen den durch den Pseudotuberkulosebacillus und den durch den Pestbacillus in den inneren Organen erzeugten Veränderungen anbetrifft, so ist hervorzuheben, daß die letzteren im wesentlichen aus polymorphkernigen Leukocyten bestehen, die zentral am dichtesten liegen und im Gegensatz zur Pseudotuberkulose nur geringgradigen Kernzerfall aufweisen (MESSERSCHMIDT und KELLER).

Differentialdiagnostisch kommen noch in Betracht pyämische Zustände, sowie die hauptsächlich in der Leber lokalisierten Produkte abgestorbener

Cysticercus pisiformis-Finnen und anderer Parasiten. In beiden Fällen stößt bei näherer Untersuchung die Erkennung und Abtrennung von der Pseudotuberkulose auf keinerlei Schwierigkeiten.

Literatur.

ALBRECHT: Wien. klin. Wschr. 1910, 991; Zbl. Bakter. I Ref. 48, 201 (1911). — APOSTOLOPOULOS: Arb. path.-anat. Inst. Tübingen 2, 198 (1896). — ARKWRIGHT: Lancet 1, 13 (1927). BACHMANN: Zbl. Bakter. I Orig. 87, 171 (1922). — BASSET: Bull. Soc. Centr. Méd. vét. 84, 334 (1907). — BETTENCOURT: Zbl. Bakter. I Ref. 24, 84 (1898). — BLASI, DE: Ann. d'ig. speriment. 18, 611 (1908). — BONOME: Erg. Path. 5, 819 (1897). — BRANCH: J. inf. Dis. 40, 533 (1927). — BYLOFF: Zbl. Bakter. I Orig. 85, 116.

CAGNETTO: Sperimentale 1905; Ann. Inst. Pasteur 19, 449 (1905). — CHANTEMESSE: Ann. Inst. Pasteur 1, 97 (1887). — CHARIN u. ROGER: C. r. Acad. Sci. Paris 106 (1888); C. r. Soc. Biol. Paris 1888. — CHIERICI: Jber. Vet. med. von ELLENBERGER-SCHÜTZ 27, 78. — CHRÉIEN: Hyg. viande et lait 6, 432 (1912).

DELBANCO: Beitr. path. Anat. 20, 477 (1896). — DESSY: Zbl. Bakter. I Ref. 83, 186 (1926). — DEYL: Erg. Path. 3, 732 (1896). — DIENA: Zbl. Bakter. I 43, 60 (1909). — DIEUDONNÉ u. OTTO: In Handbuch der pathogenen Mikroorganismen von KOLLE, KRAUS u. UHLENHUTH, 3. Aufl., Bd. 4. 1927. — DONZELLO: Baumgartens Jber. 21, 570 (1905). — DOR: C. r. Acad. Sci. 106, 1027 (1888). — DUDTSCHENKO: Zbl. Bakter. I Orig. 75, 264 (1914). DUNKEL: Inaug.-Diss. Gießen 1908.

EBERT: Virchows Arch. 100 (1885); 103 (1886); Fortschr. Med. 3 (1885).

FORGEOT u. CESARI: Ann. Inst. Pasteur 26, 102 (1912).

GALLAVIEILLE: C. r. Soc. Biol. Paris 1898, 492. — GALI-VALERIO: Zbl. Bakter. I Orig. 20, 199 (1896); I Orig. 33, 321 (1903);I Orig. 70, 278 (1913); 75, 47; 79, 41 (1916); 94, 62 (1925). — GATÉ u. BILLA: Presse méd. 1928, 1001. — GLÄSSER: Arch. f. Tierheilk. 35, 471 u. 582 (1909). — GRANCHER u. LEDOUX-LEBARD: Arch. exper. Méd. 1, 203 (1889); 2, 588 (1890).

HEMPEL: Inaug.-Diss. Berlin 1919.

KAKEHI: J. of Path. 20, 269 (1915/16). — KLEIN: Zbl. Bakter. I Orig. 86, 564 (1921). — KUTSCHER: Z. Hyg. 18, 327 (1894); 21, 156 (1896).

LEDOUX-LEBARD: Ann. Inst. Pasteur 11, 909 (1897). — LEGRAIN: Bull. méd. 1891, 1019. — LIGNIÈRES: Bull. Soc. centr. Méd. vét. 52, 193 (1898). — LUCET: Arch. de Parasitol. 1, 100 (1898).

MALASSEZ u. VIGNAL: Arch. Physiol. norm. et Path. Paris 1883, 370. — McCONKEY: J. of Hyg. 8, 335 (1908); Plaque-Suppl. 2, 387 (1913). — MÉGNIN u. MOSNY: Zbl. Bakter. I Orig. 10, 775 (1891). — MESSERSCHMIDT u. KELLER: Z. Hyg. 77, 289 (1914). — MILLER u. GLADKY: Vestn. Mikrobiol. (russ.) 6 (1927). — MUIR: Baumgartens Jber. 14, 544 (1898).

NOCARD: Bull. Soc. centr. Méd. vét. 1885, 207; 1893, 116; C. r. Soc. Biol. Paris 1889, 608; Ann. Inst. Pasteur 10, 609 (1896). — NOCARD u. MASSELIN: C. r. Soc. Biol. Paris 1889, 177. — NOON: J. of Hyg. 9, 181 (1909); Zbl. Bakter. I. Ref. 45, 388 (1910).

OLT-STRÖSE: Die Wildkrankheiten und ihre Bekämpfung. S. 477. Neudamm 1914. — OPPERMANN: Dtsch. tierärztl. Wschr. 1905, 45. — OTTEN: Zbl. Bakter. I Orig. 98, 484 (1926).

PANISSET: Ann. Inst. Pasteur 24, 519 (1910). — PARIETTI: Zbl. Bakter. I Orig. 8, 577 (1890). — PETRIE u. MACALISTER: Rep. Local Gouvernement board. 1911. Zit. nach DIEUDONNÉ u. OTTO. — PFEIFFER: Über die bacilläre Pseudotuberkulose bei Nagetieren. Leipzig 1889. — PLASAJ u. PRIBRAM: Zbl. Bakter. I Orig. 85, 116 (1921). — POPPE: Handbuch der pathogenen Mikroorganismen von KOLLE, KRAUS u. UHLENHUTH, Bd. 4, S. 413. 1927. — PREISS: Ann. Inst. Pasteur 8, 231 (1894); Erg. Path. 1, 733 (1896). — PRIBRAM u. PLASAJ: Zbl. Bakter. I Orig. 85, Beih. 117 (1921).

RAMON: Ann. Inst. Pasteur 28, 585 (1914). — REED: Hopkins Hosp. Rep. 9, 525 (1902). — RÖMISCH: Z. Inf.krkh. Haustiere 21, 138 u. 212 (1921). — ROSENFELD: Zbl. Bakter. I Orig. 30, 642 (1901). — ROWLAND: J. of Hyg. Plaque-Suppl. 2, 350 (1930).

SACHEGHEM, v.: C. r. Soc. Biol. Paris 79, 908 (1916). — SAISAWA: Z. Hyg. 73, 353 (1913); 73, 401 (1913). — SCHLAFFKE: Z. Vet.kde 33, 1 (1921). — SIMON: C. r. Soc. Biol. Paris 69, 393 (1910). — SKSCHIVAN: Zbl. Bakter. I Orig. 28, 289 (1900). — STROH: Berl. tierärztl. Wschr. 1914, 513 u. 533. — STRÖSE: Dtsch. Jägerztg., Neudamm 1905, Nr 26 u. 27. — SWELLENGREBEL u. HOESEN: Zbl. Bakter. I Orig. 75, 456 (1915).

TARTAKOWSKY: Erg. Path. 5, 685 (1898). — TAHSSIN-BEY: Zbl. Bakter. I Orig. 102, 374 (1927). — TWORT u. CRAIG: Zbl. Bakter. I 68.

VINCENZI: Zbl. Bakter. I Orig. 50, 2 (1909).

WELTMANN u. FISCHER: Z. Hyg. 78, 447 (1914). — WORONOFF u. SINEFF: Zbl. Path. 8, 622 (1897). — WREDE: Beitr. path. Anat. 32, 526 (1902).

ZAGARI: Zbl. Bakter. I Orig. 8, 208 (1890). — ZELLO DON: Jber. path. Mikroorg. 21, 570 (1905). — ZLATOGOROFF: Zbl. Bakter. I Orig. 37, 345 (1904).

o) Pest.
(Ratte, Meerschweinchen, Kaninchen.)

Als eine mit der Pseudotuberkulose der Nager nahe verwandte Krankheit ist die durch den *menschlichen Pestbacillus* hervorgerufene Pest der Nagetiere anzuführen, die hinsichtlich der morphologischen und biologischen Eigenschaften ihres Erregers weitestgehende Ähnlichkeit mit der Pseudotuberkulose besitzt (Zlatogoroff, Messerschmidt und Keller u. a.). Unterschiedliche Merkmale beider Bakterienarten s. S. 594.

Wie bekannt, herrscht die Pest fast dauernd in bestimmten Gegenden Zentralasiens und Afrikas, und besonders in Britisch-Indien unter den wilden Ratten und anderen Nagetieren. Selbst bei in der Gefangenschaft gehaltenen Meerschweinchen, Kaninchen und Affen sind Spontanerkrankungen an Pest, allerdings verhältnismäßig selten beobachtet worden (Indien, England). Nach dem Stande unserer heutigen Kenntnisse darf es als gesichert gelten, daß die Pest des Menschen durch solche Pestepizootien unter den Nagern und besonders den Ratten verbreitet, und daß Ansteckungsherde durch latent und chronisch pestkranke Tiere unterhalten werden.

Die **natürliche Ansteckung** bei der Nagerpest (Rattenpest) geschieht in der Hauptsache durch Vermittlung der Rattenflöhe, von denen Xenopsylla cheopis in den Tropen die größte Bedeutung bei der Verbreitung der Rattenpest besitzt. In den gemäßigten Zonen kommen auch andere Floharten als Überträger in Frage.

Auch für die **künstliche Infektion** besitzen **Meerschweinchen** eine außerordentlich große Empfänglichkeit. Die subcutane, cutane und intraperitoneale Einverleibung von Kulturmaterial oder von Pestblut ruft in wenigen Tagen den Tod hervor. Einverleibung per os, (Einspritzung in das Maul, in die Schleimhaut der Nase), sowie Einstreichen in die Augenschleimhaut führt weniger regelmäßig zum Ziele. Auch ein chronischer, auf 3—4 Wochen sich erstreckender Verlauf der künstlich erzeugten Krankheit ist beobachtet worden. Schwach virulente Pestkulturen können Veränderungen hervorrufen, die in die Gruppe der chronischen Granulationsgeschwüre gehören.

In der Empfänglichkeit der **Ratte** besteht zwischen der zahmen grauen, weißen bzw. bunten Ratte kein Unterschied. Die künstliche Infektion gelingt auf subcutanem, cutanem, intraperitonealem Wege, sowie per os (Eindringen meist von den oberen Verdauungs- und Respirationswegen aus), von der Augenbindehaut und von der Nasenschleimhaut aus. Der Tod erfolgt durchschnittlich nach 3 Tagen. Inhalation führt zur Pestpneumonie.

Etwas weniger empfänglich als *Ratten* sind **Mäuse und Kaninchen**. Immerhin erliegen auch sie bei subcutaner Infektion nach 3—5 Tagen der Krankheit. Andere Einverleibungsarten führen bei diesen Tierarten weit weniger regelmäßig zum Ziele.

Was die **pathologische Anatomie** der natürlichen Rattenpest anbetrifft, so findet man nach den Berichten der Indischen Kommission in 35% der Fälle mehr oder weniger ausgeprägte Bubonen, subcutane Kongestion mit Hämorrhagien unter der Haut und in den Organen, kleine weiße oder graue Herde in der Leber und Milz sowie reichlich seröse Flüssigkeit in der Pleura.

Histologisch lassen sich in den früheren Stadien ausgedehnte Hämorrhagien, Blutfülle in den Sinus der Milzpulpa und nekrotische Herde, besonders in der Leber nachweisen (Ähnlichkeit mit Pseudotuberkulose). In den Capillaren und zum Teil in den Endothelien im Bereiche dieser Herde finden sich reichlich Bacillen. In der Umgebung der nekrotischen Herde werden Riesenzellen vom Langhansschen Typus beobachtet.

Besonders bemerkenswert ist, daß die chronische Rattenpest auch ohne makroskopisch sichtbare Organveränderungen auftreten kann (Raynaud).

Literatur.

Amaka: Mitt. med. Ges. Tokio **16**, Nr 74, 8 (1902).

Bacot: J. of Hyg. Plaque-Suppl. **3**, 423 (1914). — Bessonowa: Rev. Microb. et d'Epid. **3** (1925).

DAMBERG: Russk. Wratsch **1914**, Nr 11. — DIEUDONNÉ u. OTTO: Handbuch der pathogenen Mikroorganismen. 3. Aufl., Bd. 4, S. 179. 1927 (dort zahlreiche weitere Literatur). DOLD: Z. Hyg. **92**, 11 (1921). — DUDTSCHENKO: Zbl. Bakter. I Orig. **75**, 264 (1914). FREUND: Prag. tierärztl. Abende **1924**, 113. GALLI-VALERIO: Zbl. Bakter. I Orig. **68**, 188 (1913). — GIEMSA: Arch. Schiffs- u. Tropenhyg. **15**, 641 (1911). MACALISTER u. BROOKS: J. of Hyg. **14**, 316 (1914). — MARKL: Zbl. Bakter. I Orig. **15** (1914). — MC COY u. CHAOIN: J. inf. Dis. **9**, 276 (1911); **19**, 61 (1912). — MANTEUFEL: Seuchenbekämpfung **1925**, H. 1/2. NEWHAM: J. Lond. School of trop. Med. **1**, 35 (1911). PADLEWSKY: Zbl. Bakter. Ref. **53**, 325 (1912). RAADT DE: Geneesk. Tijdschr. Nederl.-Indië **57**, 520 (1917). — RUCKER: J. amer. med. Assoc. **65**, 1767 (1915). SCHTSCHASTNY: Zbl. Bakter. Ref. **53**, 324 (1912); **56**, 388 (1913). Russk. Wratsch **1912**, Nr 10, 341. — SWELLENGREBEL: Arch. Schiffs- u. Tropenhyg. **18**, 149 (1914). — SWELLENGREBEL u. OTTEN: Zbl. Bakter. I Orig. **74**, 592 (1914).

p) Tularämie.
(Nager, Kaninchen, Ratten.)

Unter Tularämie versteht man eine durch das Bacterium tularensi hervorgerufene Infektionskrankheit, die unter natürlichen Bedingungen hauptsächlich bei wild lebenden Nagetieren, besonders bei Kaninchen und Hasen vorkommt. Sie ist auch unter den Namen Kaninchenfieber, Zeckenfieber bekannt. Die Krankheit verdient besonders deshalb Interesse, weil sie auch auf den Menschen übertragbar ist. Im Jahre 1911 ist ihr Auftreten von MCCOY bei Erdhörnchen in Californien zum erstenmal beobachtet und als eine neue „pestartige Krankheit der Nager" bezeichnet worden. Weitere Mitteilungen liegen von FRANCIS vor, der sie bei wilden, auf den Märkten in Washington feilgehaltenen Kaninchen feststellte. Seither ist sie in Amerika eine wohlbekannte und gut studierte Krankheit, die wegen ihrer Übertragbarkeit auf den Menschen und die bei ihm hervorgerufenen Augenveränderungen die besondere Aufmerksamkeit der Augenärzte auf sich gezogen hat. In der amerikanischen Literatur wird über zahlreiche Erkrankungsfälle beim Menschen ausführlich berichtet.

Was die **geographische Verbreitung** der Krankheit anbetrifft, so liegen Mitteilungen über unter natürlichen Bedingungen erfolgte Infektionen bei Kaninchen und Menschen aus 27 Staaten der Union vor. In den Jahren 1925 und 1926 wurden noch weitere Erkrankungsfälle aus insgesamt 18 weiteren Staaten mitgeteilt. Außer in Nordamerika kommt die Krankheit auch in Japan vor, wo sie von OHARA in Fukushima in mehreren Fällen beim Menschen und epizootisch unter wilden Kaninchen beobachtet werden konnte.

Für die Spontankrankheit empfänglich ist außer dem californischen Erdhörnchen auch das wilde Kaninchen und der Hase. Bei Stallkaninchen, die in Gehegen aufgezogen werden und zu Laboratoriumszwecken Verwendung finden, wurden Spontaninfektionen bis jetzt nicht beobachtet. Dagegen liegen, was besonders bemerkenswert ist, neuerdings einwandfreie Beobachtungen über das Auftreten der Krankheit bei wilden Ratten vor.

Ätiologie. Das Bacterium tularense ist ein kleiner, pleomorpher, gramnegativer, unbeweglicher und nicht sporenbildender Mikroorganismus, der nach seinem serologischen Verhalten der Abortus-Melitensisgruppe nahesteht. Was seine Färbbarkeit anbetrifft, so gelingt sie leicht in aus Kulturen und Geweben hergestellten Ausstrichen unter Verwendung der üblichen Farbstoffe, am besten jedoch mit Anilin-Gentianaviolett. Besonders schön lassen sich die Bakterien mit der Giemsamethode und mit MALLORYs Eosin-Methylenblau in Schnittpräparaten darstellen. In jungen Kulturen finden sich stets stäbchen- und kokkenartige Formen nebeneinander vor, während in älteren Kulturen die kokkenartigen Gebilde mehr und mehr zunehmen und zuletzt fast ausschließlich vorhanden sind. Ähnliche Verhältnisse trifft man auch in Ausstrichen aus frischem tierischem Gewebe an. Die Färbung ist meist gleichmäßig; die Stäbchen selbst sind gerade oder gekrümmt, mit spitzen- oder keulenförmigen Enden. Seltener sind große, kugelartige oder keilförmige Gebilde. In Ausstrichen aus flüssigen Nährböden tritt nicht selten bipolare oder streifige Färbung hervor.

Züchtung. Das Bacterium tularense ist ein obligater Aërobier und gedeiht am besten bei 37° C bei einer optimalen Wasserstoffionenkonzentration zwischen 6,8 und 7,3. Glucose, Lävulose, Mannose und Glycerin werden unter Säurebildung, aber ohne Entstehung von Gas vergoren. Auf den gewöhnlichen Nährböden gedeiht das Bacterium nicht, dagegen wächst es gut auf koaguliertem Hühnereidotter oder auf einem von FRANCIS angegebenen Serum-Glucose-Cystinagar. Von weiteren Nährböden, die für die Züchtung des Bacterium tularense geeignet sind, sind noch zu nennen: Serum-Glucoseagar, Glucose-Blutagar und gewöhnlicher Blutagar. Das Wachstum auf allen diesen Nährböden kann durch Zusatz frischer Kaninchenmilz noch wesentlich gefördert werden. Derartige, mit Milzzusatz hergestellte Nährböden und darauf erbrütete Kulturen sind aber zur Verwendung zu Agglutinationsversuchen nicht geeignet. Es muß besonders hervorgehoben werden, daß bei Anlegung von Kulturen aus dem Tierkörper Wachstum innerhalb von 2—7 Tagen, bisweilen aber erst nach 14 Tagen und noch später erfolgt. Bei Weiterimpfung auf künstlichen Nährböden tritt Wachstum jedoch bereits nach 24—48 Stunden ein. Das Wachstum selbst geschieht in Form von Einzelkolonien oder dichten Rasen, die feucht, farblos und leicht klebrig sind. Toxinbildung wird nicht beobachtet.

Widerstandsfähigkeit. Temperaturen von 56—58° C vermögen den Erreger der Tularämie sowohl in Kulturen als auch in Geweben verhältnismäßig rasch abzutöten. Kochhitze beraubt infektiöses Gewebe völlig seiner Ansteckungsfähigkeit. In Formalin (0,1%ige Lösung) erfolgt Abtötung nach 24 Stunden; Trikresol in 1%iger Lösung vermag den Tularämieerreger in Milzgewebe schon nach 2 Minuten unschädlich zu machen. Der Einwirkung von Kälte (— 14° C) vermag er bis zu 3 Wochen zu widerstehen, während er dagegen bei Temperaturen über dem Gefrierpunkt seine Infektiosität in weniger als 3 Wochen verliert. Der Austrocknung scheint der Erreger längere Zeit (20—25 Tage) zu widerstehen. In Glycerin bleiben sowohl Kulturen als auch Organmaterial 8—12 Monate virulent, wenn die Aufbewahrung bei einer Temperatur von — 14° C geschieht. Bei der Aufbewahrung bei — 10° C soll das Virus nur 6 Monate, bei Zimmertemperatur sogar nur 1 Monat voll virulent bleiben.

Natürliche Infektion. Spontaninfektionen kommen lediglich bei wild lebenden Nagetieren, besonders bei dem in Californien lebenden Erdhörnchen, sowie einigen wilden Kaninchenarten vor. Nach Maßgabe von Laboratoriumsversuchen erfolgt die natürliche Infektion durch Vermittlung der Holzzecke (Dermacentor andersoni), der Pferdefliege (Chrisops discalis), der Kaninchenlaus (Haemadipsus ventricosus) und dem Erdhörnchenfloh (Ceratophyllus acutus). Für die Übertragung der Krankheit auf andere Laboratoriumtiere (Meerschweinchen, Mäuse) kommen auch noch andere Gliedertiere in Betracht. Die meisten Erkrankungsziffern entfallen auf die Monate März, April, Mai, Juni, Juli, August und September, weil zu dieser Zeit Dermacentor andersoni und Chrisops discalis ihre Haupttätigkeit ausüben. Durch Auffressen von an Tularämie verendeten Tieren sowie durch Verzehren infizierter Fliegen, Zecken und Flöhe kommen bei empfänglichen Tieren ebenfalls Infektionen zustande. Dies hängt damit zusammen, daß nach den Untersuchungen von PARKER besonders bei im Freien gesammelten Zecken Bakterien nachweisbar und in diesen in der freien Natur mindestens bis zu 8 Monaten lebens- und infektionsfähig sind. In Laboratoriumsversuchen konnte die Lebensfähigkeit der Bakterien in Zecken sogar bis zu 200 Tagen nachgewiesen werden. Besondere Gefährlichkeit erlangen die Zecken als Überträger der Krankheit dadurch, daß sie die Infektion auch auf die nächstfolgende Generation übertragen. Auch die Excrete sowie die Bauchhöhlenflüssigkeit infizierter Zecken enthalten die Erreger der Tularämie in reichlichen Mengen.

Künstliche Übertragung. Die künstliche Übertragung auf Kaninchen, Meerschweinchen, Ratten und Mäuse gelingt sowohl mit Organmaterial (Milz, Leber) und Herzblut von an Tularämie verendeten Tieren als auch durch Einverleibung von Reinkulturen des Bacterium tularense auf subcutanem, intraperitonealem und intravenösem Wege. Auch durch cutane, conjunctivale Einverleibung und auf dem Fütterungswege kann die Krankheit bei Kaninchen, Meerschweinchen und weißen Mäusen erzeugt werden. Weniger empfänglich sind Ratten. Laboratoriumstiere, die an akuter Tularämie verenden, enthalten in der Regel so große Mengen des Erregers, daß 0,000 000 01 ccm ihres Herzbluts genügen, um andere empfängliche Tiere mit Erfolg anzustecken. Auch durch subcutane Infektion von Harn und Nasenschleim infizierter Kaninchen läßt sich die Krankheit auf andere Individuen übertragen.

Pathologische Anatomie. Die hauptsächlichsten Veränderungen bei an Tularämie verendeten Kaninchen, Meerschweinchen, Ratten und Mäusen bestehen in einer ausgesprochenen Schwellung der Lymphknoten. In der Leistengegend, in der Achselhöhle, der Halsgegend und im Bereiche des Beckens treten Bubonen hervor, die eine erhebliche Größe erreichen können. Eiterherde in den Lymphknoten werden nicht beobachtet, aber nicht selten Blutungen in ihrer Umgebung. Neben den Lymphknotenveränderungen finden sich in einem großen Teil der Fälle Milzschwellung, multiple nekrotische Herde im Milzgewebe, bisweilen auch in der Leber, seltener in der Lunge. Das Bauchfell kann mit miliaren Knötchen beinahe übersät sein. Bei der Ratte ist unter Umständen die Milzschwellung der einzige makroskopisch sichtbare Befund. Nekroseherde in Milz und Leber können aber auch bei diesem Tiere vorkommen. Die pathologisch-anatomischen Veränderungen bei der Tularämie besitzen so große Ähnlichkeit mit der Pest der Nagetiere und unter Umständen auch mit der Tuberkulose, daß die Unterscheidung selbst dem geübten Untersucher nicht ohne weiteres möglich ist.

Immunitätsverhältnisse. Im Serum von tularämiekranken Tieren und Menschen treten nach FRANCIS spezifische Agglutinine auf. Ein Teil solcher Seren bewirkt aber auch eine Agglutination des Bacterium abortus Bang und des Bacterium melitense, wenn auch der Agglutinationstiter im ersteren Falle in der Regel wesentlich höher liegt als bei den zuletzt genannten Erregern. Umgekehrt sind auch Maltafiebersera imstande, das Bacterium tularense zu agglutinieren. Neben der Agglutination soll auch die Komplementbindung für die Erkennung der Krankheit günstige Ergebnisse liefern. Die Agglutination ist jedoch zuverlässiger und der Komplementbindung vorzuziehen.

Kreuzweise ausgeführte Immunisierungsversuche zwischen den Erregern der Pest und der Tularämie wurden an Tieren angestellt, führten aber zu negativen Ergebnissen ebenso wie diejenigen, die mit dem Bacterium abortus Bang, dem Bacterium melitense einerseits und dem Bacterium tularense andererseits ausgeführt wurden. Von Pferden und Schafen können wirksame Seren gewonnen werden.

Tularämie beim Menschen. Beim Menschen sind wiederholt Infektionen mit dem Erreger der Tularämie beobachtet und beschrieben worden. Unter diesen spielen Laboratoriumsinfektionen eine nicht geringe Rolle. Sie kommen entweder durch Wunden an den Fingern beim Hantieren mit kranken und verendeten Tieren, durch Vermittlung von Stechfliegen (Chrisops discalis) und durch den Biß der Holzzecke (Dermacentor andersoni Stiles) zustande. Auch die bloße Berührung der Hände oder der Augenschleimhaut mit Teilen innerer Organe oder Körperflüssigkeit infizierter Versuchstiere mit Zecken oder mit Zeckenexkrementen kann eine Infektion im Gefolge haben. Wegen dieser großen Gefahr der Ansteckung, die zu langwieriger, unter Umständen tödlicher Erkrankung führt, sollten Arbeiten mit Tularämie im Laboratorium nur unter besonderen Schutzmaßnahmen (Gummihandschuhe) ausgeführt werden. Das einmalige Überstehen der Krankheit hinterläßt beim Menschen einen dauernden Schutz gegenüber Neuansteckungen, nicht aber gegenüber einer Infektion mit dem Erreger der Pest.

Literatur.

ADAMS u. CARTER: Dalles med. J. **11**, 179 (1925). — ALBERT: Bull. Nevada Stead Board of Health **1926**. — AOKI, KONDO u. TAZAWA: Tokyo Iji-Shinshi **1925**, Nr 2411.
COUNCILMAN u. STRONG: Trans. Assoc. amer. Physicians **36**, 135 (1921).
DIETER u. RHODES: J. inf. Dis. **38**, 541 (1926).
FRANCIS: Publ. Health Rep. **34**, 2061 (1919); **37**, 102 (1922); **38**, 1391, 1396 (1923). — FRANCIS u. EVANS: Publ. Health Rep. **41**, 1273 (1926). — FRANCIS u. LAKE: Publ. Health Rep. **36**, 1747 (1921); **37**, 83, 96 (1922). — FRANCIS u. MAYNE: Publ. Health Rep. **36**, 1738 (1921).
IWAMOTO, MUTO u. AOMURA: Tokyo Shinshi **1925**, Nr 2421.
McCOY: Publ. Health Bull. **1911**, Nr 43. U. S. Publ. Health Serv. — McCOY u. CHAPIN: Publ. Health Bull. **1912**, Nr 53. U. S. Publ. Health Serv.; J. inf. Dis. **10**, 61 (1912).
OHARA: Kinsei Igaku **12**, Nr 5 (1925). Zit. nach FRANCIS; Jikken Iho **1925**. Zit. nach FRANCIS.

PARKER u. SPENCER: Publ. Health Rep. **41**, 1341 (1926); **41**, 1403, 1407 (1926). — PARKER, SPENCER u. FRANCIS: Publ. Health Rep. **39**, 1057 (1924). — WAYZON: Publ. Health Rep. **29**, 3390 (1914). — WHERRY: Publ. Health Rep. **29**, 3387 (1914). — WHERRY u. LAMB: J. inf. Dis. **15**, 331 (1914); J. amer. med. Assoc. **63**, 2041 (1914). — WOOLLEY: J. inf. Dis. **17**, 510 (1915).

Weitere Literatur, besonders auch über Tularämie beim Menschen, s. bei FRANCIS, E.: Handbuch der pathogenen Mikroorganismen von KOLLE-KRAUS-UHLENHUTH, Bd. 6, S. 207. 1928.

q) Tuberkulose.

Siehe Abschnitt: RABINOWITSCH-KEMPNER S. 629.

r) Vorkommen von Anaërobiern und Anaërobeninfektionen.
(Kaninchen und Meerschweinchen.)

Spontanes Auftreten von echtem malignem Ödem will PETRIE bei hochtragenden und im Puerperium befindlichen Kaninchenweibchen beobachtet haben. In den *pathologisch-anatomischen* Veränderungen (Ödem der Uterusadnexe und deren Umgebung, peritonitische und pleuritische Ergüsse, Blutungen) ermittelte er einen kettenbildenden, auf Gelatine (bei Zimmertemperatur) und auf Kartoffeln und Möhrenscheiben (bei 17—38⁰ C) züchtbaren Bacillus, der für Kaninchen, Meerschweinchen, Ratten, Hausmäuse und Feldmäuse pathogen war und mit dem Bacillus des malignen Ödems von KOCH identifiziert wurde. Im Hinblick auf die unter aëroben Verhältnissen und auf gewöhnlichen Nährböden gelungene Züchtbarkeit des Bacillus besteht wenig Wahrscheinlichkeit, daß es sich hier wirklich um den malignen Ödembacillus gehandelt hat.

Einen anderen, streng anaëroben Bacillus aus einem gangränösen Lungenherd beim Kaninchen wies GALLI nach. Der Bacillus besitzt eine Länge von 3—15 μ und eine Breite von 0,8—1,2 μ. Er färbt sich nach GRAM, bildet zentrale Sporen, wächst unter Gasentwicklung und ist unbeweglich. Gelatine wird nicht verflüssigt, Indolbildung findet nicht statt. Kulturen besitzen einen fauligen Geruch. Der Bacillus ist für Kaninchen, Meerschweinchen und andere Laboratoriumstiere pathogen.

Weitere Anaërobenbefunde konnten von KITT, E. SCHMIDT u. a. erhoben werden. Sie fanden in Darminhalt, Faeces, Peritonealflüssigkeit, Herzblut bzw. Leberoberfläche den Bacillus des malignen Ödems, sowie diesem nahestehende Bacillen, Bacillus enteritidis sporogenes, Bacillus phlegmones emphysematosa, weiterhin den Bacillus amylobacter, den Bacillus cadaveris sporogenes, sowie Stämme, deren Zugehörigkeit nicht ermittelt werden konnte. Unter den genannten Stämmen befanden sich zahlreiche pathogene Arten.

Diese Befunde, besonders das Vorkommen von Anaërobiern beim Meerschweinchen, besitzen Bedeutung insofern, als das Meerschweinchen in der Anaërobenbakteriologie eines der gebräuchlichsten und geeignetsten Versuchstiere darstellt. Wenn auch seine Verwendbarkeit durch diese Befunde eine wesentliche Einbuße nicht erleidet (s. die Untersuchungen von BECKER, ZEISSLER, WAGENER u. a.), so ist doch die Kenntnis dieser Verhältnisse für jeden, der experimentell mit Anaërobiern am Meerschweinchen arbeitet, unerläßlich (s. auch den Abschnitt über „Pyämien").

Literatur.

CARL: In KOLLE-WASSERMANNS Handbuch der pathogenen Mikroorganismen, Bd. 4. 1912.
GALLI: Boll. Ist. sieroter. milan. **3**, 331 (1924).
PETRIE: Zbl. med. Wiss. Nr 47 u. 48. Ref. ELLENBERGER-SCHÜTZ Jber. **4**, 53.
SCHMIDT: Z. Inf.krkh. Haustiere **23**, 249 (1922).
WAGENER: Arch. Tierheilk. **52**, 73 (1925).

s) Lepraähnliche Krankheit der Ratten.

Das Vorkommen von echter Lepra bei Tieren ist noch umstritten. Bei Ratten gibt es aber nach zahlreichen einwandfreien und übereinstimmenden Beobachtungen eine Krankheit, die mit der Lepra des Menschen zum mindesten weitgehende Ähnlichkeiten besitzt. Das Vorkommen dieser Krankheit ist hauptsächlich bei Kanal- und Kloakenratten beobachtet worden, so von STEFANSKY in Odessa, von DEAN in London, MEZINESCU in Rumänien, MARCHOUX in Paris, RABINOWITSCH in Berlin. In Amerika und in Japan ist das Auftreten dieser Krankheit selten (KITASATO und USHIDA, WALKER und WHERRY, McGOY). Mus rattus und Alexandrinus werden nicht oder nur selten befallen, häufiger dagegen Norwegicus sowie weiße Ratten.

Ätiologie. Die Erreger der lepraähnlichen Erkrankung der Ratten finden sich im Bereiche der pathologisch-anatomischen Veränderungen (Haut, Muskulatur, Lymphknoten, Milz, Herzblut) in Form von 3 bis 5 μ langen Stäbchen mit leicht abgerundeten, etwas abgebogenen Enden und knopfförmigen Anschwellungen. Sie färben sich leicht mit Carbolfuchsin wie der Leprabacillus; die Entfärbung in 3%igem Salzsäure-Alkohol findet aber rascher statt als bei diesem. Die Bakterien, die vielfach intracellulär (in Endothelien, Riesenzellen und Leukocyten) in großer Zahl vorkommen, sind nicht selten leicht granuliert. Auf dem Lymphwege gelangen die Bakterien außer in die Haut und in die Unterhaut auch in das zentrale und peripherische Nervensystem, in die Nieren und in andere Organe. (Über die pathologisch-anatomischen Veränderungen in diesen Organen siehe die entsprechenden Kapitel.)

Züchtung. Im allgemeinen gelingt es verhältnismäßig leicht, die Bakterien aus dem Ausgangsmaterial auf künstlichen Nährböden zu züchten, während dagegen die Anlegung von Subkulturen den größten Schwierigkeiten begegnet.

Über die **natürliche Ansteckungsweise** bei der lepraähnlichen Krankheit der Ratten sind sichere Tatsachen nicht bekannt. Wenn auch nachgewiesen ist, daß Milben, die auf kranken Ratten schmarotzen, zahlreiche Bakterien beherbergen, so ist es doch fraglich, ob ihnen für die Weiterverbreitung der Krankheit eine Bedeutung zukommt. Auch die Vermittlerrolle von Fliegen, die von den Rattenkadavern Bakterien aufnehmen und sie wieder ausscheiden, ist bis jetzt nicht sicher erwiesen. Von MARCHOUX und SOREL wird eine solche in Abrede gestellt. Diese Autoren vertreten vielmehr die Ansicht, daß die Ansteckung durch Bisse kranker Tiere, unter Umständen auch auf dem Begattungs- oder Verdauungswege (Auffressen kranker Tiere) zustande kommt. CURIE und HOLLMANN sind Kontaktversuche von kranken mit gesunden Tieren einwandfrei gelungen.

Über die Möglichkeit der **künstlichen Übertragung der Krankheit** (meist mit Reinkulturen angestellt) auf Ratten und andere Versuchstiere gehen die Ansichten noch auseinander. Während USHIDA sowie STEFANSKY eine Übertragung auf Ratten nicht oder nur selten gelang, berichten DEAN und ALEXANDRESKU über positive Übertragungen auf Ratten und Meerschweinchen. Auch BAYON gelang es, auf intratestikulärem Wege erfolgreich zu infizieren. Diesen positiven Ergebnissen stehen aber auch negative gegenüber. Nach MARCHOUX soll eine Übertragung auf weiße Ratten, Kanalratten und Mäuse durch epilierte oder erodierte Haut sowie durch intakte Schleimhaut unter bestimmten Versuchsbedingungen leicht gelingen.

Pathologisch-anatomisch ist die Krankheit gekennzeichnet durch das Vorhandensein unbehaarter, verschorfter Hautpartien, Schwellung der Lymphknoten (besonders derjenigen der Leistengegend); letztere können mitunter verkäst sein. Auch in der Muskulatur, in den Nieren, im Zentralnervensystem sowie in anderen Organen werden Veränderungen beobachtet.

Zur Frage der Identität bzw. Verwandtschaft der lepraähnlichen Krankheit der Ratten und der Lepra des Menschen. Wenn auch sichere Beweise für eine Identität der beiden Krankheiten bis jetzt nicht vorliegen, so bestehen doch zweifellos zwischen ihnen enge verwandtschaftliche Beziehungen. Dafür sprechen nicht nur die Einheitlichkeit der histologischen Veränderungen bei der spontanen lepraähnlichen Rattenkrankheit und bei der mit menschlichen Leprabacillen künstlich erzeugten Krankheit bei der Ratte (BAYON), sondern hauptsächlich auch die weitgehende Übereinstimmung in serologischer Hinsicht (DEAN, MECINESCU).

Ob sich Menschen durch lepröse Ratten anstecken können, ist fraglich. Eine Beobachtung von MARCHOUX kann nicht als beweiskräftig in diesem Sinne angesehen werden.

Es verdient noch besonders darauf hingewiesen zu werden, daß die Paratuberkulose des Rindes sowohl in bakteriologischer als auch in histologischer Hinsicht gewisse Ähnlichkeiten mit der lepraähnlichen Krankheit der Ratten besitzt.

Vaccinationen von infizierten und erkrankten weißen Ratten ergaben negative Resultate; dagegen scheinen prophylaktische Impfungen aussichtsreicher zu sein.

Literatur.

BAUMGAERTEL: Grundriß der theoretischen Bakteriologie. Berlin 1924. — BAYON: Lepra (Lpz.) **14** (1914).

CURRI, CLEGG u. HOLLMANN: Lepra (Lpz.) **13** (1913).

DEAN: Zbl. Bakter. I Orig. **34**, 222.

ISCHIWARA: Zbl. Bakter. I Orig. **67**, 446 (1913).

JITOYO u. SAKAI: Saikingaku-Jassi **1910**, Nr 177.

KITASATO: Z. Hyg. **63**, 507 (1909).

LEBOEUF: Bull. Soc. Path. exot. Paris **5**, 463 (1912); Ann. Hyg. et Méd. coloniales. **17**, 177 (1914). — LIMOUSIN: C. r. Acad. Sci. Paris **1924**, 599.

McGOY: Publ. Health Bull. **1914**, Nr 66; **1916**, Nr 75. — MARCHOUX: Zbl. Bakter. Ref. **58**, 37; Bull. Soc. franç. Dermat. **1913**, No 5, 247; Ann. Inst. Pasteur **30**, No 2 (1916); **37**, No 4 (1923); Bull. Assoc. méd. **87**, 546 (1922). — MARCHOUX u. SOREL: Ann. Inst. Pasteur **26**, 778 (1912); C. r. Soc. Biol. Paris **72**, 169, 214 (1912). — MARKL: Zbl. Bakter. I Orig. **67**, 388 (1912). — MAZZA: Bull. Soc. Path. exot. Paris **17** (1924). — MECINCESCU: C. r. Soc. Biol. Paris **64**, 514 (1908).

NEWHAM: J. Lond. School of trop. Med. **1**, 35 (1911). — NOELLER: Zbl. Bakter. **84** (1927).

PALLASKE: Virchows Arch. **263**, 189 (1927).

RABINOWITSCH: Zbl. Bakter. I Orig. **33**, 577.

WALKER: J. amer. med. Assoc. **51**, Nr 14 (1908). — WHERRY: J. inf. Dis. **5**, 507 (1908).

t) Ansteckende diphtheroide Darmentzündung.
(Bacillus der Darmdiphtherie der Kaninchen [RIBBERT].)

Unter ansteckender diphtheroider Darmentzündung versteht man eine infektiöse, durch einen spezifischen Erreger verursachte Krankheit, die insbesondere durch eine diphtheroide Darmentzündung sowie durch nekrotische Herde in den Darmlymphknoten sowie in den Parenchymen der großen Körperorgane gekennzeichnet ist.

Die Krankheit wurde 1889 von RIBBERT zum erstenmal beobachtet und in klassischer Weise beschrieben. Um dieselbe Krankheit handelt es sich auch bei der von SARNOWSKI als „Neue Infektionskrankheit der Kaninchen" beschriebenen Erkrankung. Weitere Mitteilungen über das spontane Auftreten dieser Krankheit liegen bis jetzt nicht vor.

Ätiologie. Der Erreger der Krankheit ist ein 1,5—2,0 μ langes, 0,8—1,0 μ breites, plumpes Stäbchen mit abgerundeten Ecken, das im Herzblut, in Leber, Milz, Darmlymphknoten und Kot nachgewiesen werden kann. Es ist mit den gewöhnlichen Anilinfarbstoffen leicht färbbar. Besonders deutlich gelingt seine Färbung in histologischen Präparaten. Der Gramfärbung gegenüber verhält es sich negativ bis gramlabil. Es ist beachtenswert, daß dieses Bacterium durch fortgesetzte Züchtung auf künstlichen Nährböden bipolare Färbung und rundlich-ovale Form annimmt.

Züchtung. Das Bacterium wächst verhältnismäßig leicht auf den üblichen Nährböden. Nach 24 Stunden bildet es auf Schrägagar kaum sichtbare, durchsichtige bis weißliche Kolonien, die im durchfallenden Licht völlig farblos sind. Ältere Kolonien können unter

Umständen einen etwas mehr bräunlichen Farbton annehmen. Das Wachstum in Bouillon ist durch ein feines, grauweißes Häutchen an der Oberfläche gekennzeichnet. Während dieses bereits nach 24 Stunden hervortritt, bedarf es mehrere Tage, bis in der Bouillon ein geringer Bodensatz entsteht. Gelatine wird nicht verflüssigt. Auf Grund des kulturellen und serologischen Verhaltens kann dieses Bacterium von der Coli-Typhusgruppe leicht abgetrennt werden.

Pathogenität. Kaninchen, Meerschweinchen und Mäuse erliegen nach subcutaner, intraperitonealer, intravenöser, intratrachealer Einverleibung, sowie nach Verfütterung von Reinkulturen der Infektion unter Entstehung der typischen Veränderungen in der Regel nach 3—8, seltener nach 14 Tagen. Weiterhin ist es RIBBERT gelungen, eine tödliche Infektion bei Kaninchen durch Einbringen von Kulturemulsionen des Erregers in die Mundhöhle zu erreichen. Da in solchen Fällen regelmäßig eine Schwellung der Halslymphknoten beobachtet wird, und die Bakterien in den veränderten Tonsillen nachweisbar sind, so ist es durchaus wahrscheinlich, daß für das Zustandekommen der natürlichen Infektion die Tonsillen eine Rolle spielen. Sie stellen aber jedenfalls nicht die einzige Eintrittspforte dar, denn es hat sich gezeigt, daß auch die übrige Mund- und Zungenschleimhaut eine Eintrittspforte darstellen kann, um so mehr, als ja dort beim Kaninchen vielfach Verletzungen durch Futterteile vorhanden sind. Selbst die Infektion von der intakten Nasenschleimhaut, ja sogar von der intakten äußeren Haut aus ist mit Kulturmaterial gelungen. BRAUNSCHWEIG hat Tiere sogar durch Einträufeln von Kulturmaterial in den Lidsack infizieren können. Im übrigen ist für die natürliche Infektion auch der gesamte Magen- und Darmtraktus in Betracht zu ziehen.

Die Sterblichkeitsziffer dieser verhältnismäßig selten vorkommenden Krankheit ist ziemlich hoch.

Pathologisch-anatomisch findet sich eine diphtheroide Darmentzündung mit zum Teil erheblicher Schwellung der Darmfollikel. Der Dickdarm ist selten mitergriffen. Die stark vergrößerte Milz, ebenso wie Darmlymphknoten, Leber und Nieren, sind mit multiplen grauweißen Nekroseherden durchsetzt. Meistens ist eine sero-fibrinöse Peritonitis nachweisbar.

Diagnose. Da diphtheroide Darmentzündungen beim Kaninchen als Sekundärerscheinungen auch bei anderen Spontankrankheiten vorkommen können, so ist es unerläßlich, in fraglichen Fällen den Nachweis der spezifischen Bakterien in den genannten Organen zu führen, und die Diagnose unter Umständen durch die histologische Untersuchung der veränderten Organe zu sichern. Über Einzelheiten der pathologisch-anatomischen Veränderungen Kap. Darm.

Literatur.

RIBBERT: Dtsch. med. Wschr. 1887, Nr 8, 141. — ROTH: Z. Hyg. 4, 151 (1888). SARNOWSKI, v.: Inaug.-Diss. Hannover 1919. — SEIFRIED: Kaninchenkrankheiten. München: J. F. Bergmann 1927.

u) Pseudotuberkuloseähnliche Krankheit der Maus.
(Bacterium pseudotuberculosis murium [KUTSCHER]).

Diese Krankheit wird zu Unrecht als Pseudotuberkulose der Maus bezeichnet, denn das von KUTSCHER als Erreger (1894) festgestellte Bacterium unterscheidet sich in wesentlichen Punkten vom Bacterium pseudotuberculosis rodentium.

Ätiologie. Es handelt sich um ein kleines, an den Enden zugespitztes Stäbchen, das mit den gewöhnlichen Anilinfarbstoffen zwar leicht färbbar ist, den Farbstoff aber sehr ungleichmäßig aufnimmt. Morphologisch erinnert es sehr an den Diphtheriebacillus. Es ist grampositiv, unbeweglich und bildet keine Sporen.

Die **Züchtung** des Bacteriums gelingt auf den gebräuchlichen Nährböden. Es wächst auf Agar in Form von zarten, durchscheinenden, feingranulierten Kolonien mit gezähntem Rande, die leicht gelblichen Farbton annehmen und zu feinen Rasen auswachsen können. Zusätze von Blut und Glycerin fördern das Wachstum wesentlich. Ältere Kolonien nehmen mehr rundliche und spindlige Formen an und erinnern mikroskopisch in ihrer Variabilität an den Streptococcus pyogenes.

Auf erstarrtem Blutserum findet üppiges Wachstum statt, ohne daß es zur Peptonisierung des Nährbodens kommt. Auf Gelatineplatten entstehen ähnliche Kolonien wie auf Agar, jedoch ohne Gelbfärbung; im Gelatinestrich wachsen meistens runde, tautropfenähnliche Einzelkolonien, während in der Stichkultur nach wenigen Tagen ein kräftiger weißer Faden sich entwickelt, der nach allen Richtungen plumpe Ausläufer aussendet. Verflüssigung der Gelatine findet nicht statt; in Bouillonkulturen wird Ausscheidung von Krystallen beobachtet (phosphorsaure Ammoniakmagnesia). Indol wird nicht gebildet. Milch bleibt unverändert.

Die *Widerstandsfähigkeit* des Bacteriums ist gering. Durch zweistündiges Erhitzen auf 60° C wird es vernichtet. An Seidenfäden angetrocknete Bakterien sind nach 10 Wochen nicht mehr entwicklungsfähig.

Für die Krankheit sind nur Mäuse (besonders graue Hausmäuse) empfänglich. Für die künstliche Infektion eignen sich die subcutane und noch besser die intrathorakale Einverleibung, von denen die letztere regelmäßig zum tödlichen Ausgang mit den typischen Veränderungen in den inneren Organen führt. Auch durch wiederholte Inhalationen infizierten Staubes kann die Krankheit mit Erfolg übertragen werden. Fütterungsversuche führen jedoch regelmäßig zu einem negativen Ergebnis.

Pathologische Anatomie. Die Krankheit ist gekennzeichnet durch das Auftreten von Nekroseherden in den Lungen und in den Nieren, seltener in der Milz. Die Herde, die Knötchenform besitzen, zeigen das Bild der typischen Koagulationsnekrose. In diesen Herden können die Bakterien teils einzeln, teils phagocytiert und bisweilen auch in kleineren Haufen nachgewiesen werden.

Dem KUTSCHERschen Bacterium nahestehende Stäbchen sind von BONGERT (1901), von REED (1902) und von SABRAZÈS (1902) bei Mäusen beschrieben worden. Sie unterscheiden sich nur durch geringe kulturelle Merkmale von dem Bacterium pseudotuberculosis murium.

Literatur.

BONGERT: Z. Hyg. 37, 449 (1901).
KUTSCHER: Z Hyg. 18, 327 (1894).
REED: Hopkins Hosp. Rep. 9, 525 (1902).
SABRAZÈS: Ann. Inst. Pasteur 16, 525 (1902).

v) **Abortus-Bang-Infektion.**

(Meerschweinchen.)

Die künstliche Infektion des Meerschweinchens mit dem BANGschen Abortusbacillus, mit Milch oder Organmaterial von mit diesem Bacterium infizierten Rindern besitzt bekanntlich eine besondere diagnostische Bedeutung. Es kommen aber auch Spontaninfektionen mit dem BANGschen Abortusbacillus beim Meerschweinchen vor. Solche wurden von SURFACE serologisch und kulturell festgestellt. NICOLLE und CONSEIL untersuchten Meerschweinchen von einem Händler, der auch mit Maltaziegen handelte. Sie konnten bei 2 Meerschweinchen Agglutinationswerte mit dem Micrococcus melitensis bis 1:300 feststellen. Aus der Milz eines positiv reagierenden Tieres konnte der Micrococcus melitensis herausgezüchtet werden. Vielleicht hat es sich bei den Befunden von KLEIN, G. SMITH, TEACHER und BURTON, die „diphtheriebacillenähnliche Stäbchen" beim Meerschweinchen nachweisen konnten, ebenfalls um Banginfektionen gehandelt.

Die **künstliche Infektion** des Meerschweinchens mit dem Abortus-Bangbacillus gelingt auf allen möglichen Wegen, am leichtesten jedoch nach subcutaner und intraperitonealer

Impfung. Im Anschluß daran entwickeln sich die charakteristischen Veränderungen; bei trächtigen Tieren treten Aborte auf. Auch für Kaninchen sowie für bunte Ratten und weiße Mäuse ist der Bangsche Abortusbacillus pathogen. Im allgemeinen entsteht bei diesen Tieren eine ausgesprochene chronische Impfkrankheit.

Natürliche Infektion. Nach den Untersuchungen von Cotton, Hagan und Koegel besteht die Möglichkeit, daß die Krankheit von infizierten weiblichen Tieren auf männliche übertragen wird und umgekehrt. Eine Spontanansteckung beim Zusammensein von kranken und gesunden Tieren sowie Übertragungen bei gleichgeschlechtlichen Tieren scheinen aber nicht vorzukommen.

Das **pathologisch-anatomische** Bild besonders der künstlich erzeugten Infektion beim Meerschweinchen ähnelt weitgehend demjenigen bei der Tuberkulose, der Pseudotuberkulose und dem Paratyphus, was differentialdiagnostisch beachtenswert ist. Die in den Organen befindlichen, kleinen Knötchen bestehen aus epithelioiden Zellen und einem peripherischen Wall von lymphoiden Zellen; in der Milz können auch Riesenzellen vorkommen. *Histologisch* besteht Ähnlichkeit mit dem Bilde der tuberkulösen Granulome. Vielfach fehlt die Knötchenbildung und beschränken sich die Veränderungen auf zum Teil umfangreiche Milz-, Leber- und Lymphknotenschwellungen, sowie auf Nieren-, Hoden-, Knochen- und Hirnhautveränderungen.

Literatur.

Holman: J. Med. Res. **35**, 151 (1916.)
Koegel: Münch. tierärztl. Wschr. **1923**, 6, 10, 617, 629, 641; **1924**, 73 u. 95.
Nicolle u. Conseil: C. r. Soc. Biol. Paris **66**, 593 (1909); **67**, 267 (1909).
Poppe: In Handbuch der pathogenen Mikroorganismen von Kolle, Kraus, Uhlenhuth, Bd. 6, S. 693. 1928.
Surface: J. inf. Dis. **11**, 464 (1912).
Teacher u. Burton: J. of. Path. **18**, 449 (1914).

w) Nekrobacillose.
(Streptotrichose. Schmorlsche Krankheit.)
(Kaninchen.)

Die Nekrobacillose ist eine beim Kaninchen vorkommende, meist enzootisch auftretende, hochkontagiöse Krankheit. Die Krankheit besitzt große Ähnlichkeit mit der zuerst von Löffler 1884 näher erforschten Kälberdiphtherie.

Ätiologie. Als Erreger wurde von Schmorl (1891), der die Krankheit zum erstenmal bei Kaninchen beobachtete, ein Fadenpilz ermittelt, den er als „Streptothrix cuniculi" bezeichnete. Durch die eingehenden Untersuchungen von Bang, Jensen, Ernst u. a. konnte später einwandfrei nachgewiesen werden, daß sowohl der von Schmorl festgestellte Fadenpilz als auch der Löfflersche Kälberdiphtherie-Bacillus als dem Nekrosebacillus gleich anzusehen sind, der außerordentlich weit verbreitet ist und in der Tierpathologie bei einer Reihe von Prozessen eine bedeutende Rolle spielt. Um die Erforschung der morphologischen und biologischen Eigenschaften des Nekrosebacillus haben sich besonders Schmorl, Bang, Jensen, Kitt, Ernst, Sames, Basset, Céssari u. a. verdient gemacht. Weitere Beiträge zur Kenntnis der Nekrobacillose beim Kaninchen verdanken wir Bongert, Sustmann u. a.

Auch dem Verfasser stehen eigene Beobachtungen zur Verfügung.

Morphologie. Der Nekrosebacillus (Streptothrix cuniculi, Streptothrix necrophora, Actinomyces cuniculi, Actinomyces necrophorus, Bacillus necrophorus u. a.) findet sich in älteren Herden, nicht dagegen im Blut in Form von dünnen, kurzen Stäbchen, die außerordentlich schwer färbbar sind und fädige Anordnung zeigen. Besonders in frischen Fällen tritt die letztere Eigenschaft deutlich hervor. Die Fäden erreichen nicht selten eine Länge bis zu 80 und 100 μ, während die Dicke der Stäbchen nur etwa 0,6 bis 1,75 μ beträgt. Von Schmorl wurde außerdem noch eine mikrokokkenähnliche Form angetroffen, die aber nicht ohne weiteres mit Entwicklungsstadien des Nekrosebacillus in Zusammenhang gebracht werden kann. Die längeren Fäden sollen an einem Ende vielfach Verdickungen aufweisen und echte Verzweigungen besitzen. Diese Beobachtungen sind aber nicht allgemein bestätigt worden. Charakteristisch ist, daß sowohl die aus Ausgangsmaterial als auch aus Kulturen stammenden Bakterien in ungefärbtem und in gefärbtem Zustande bald ein homogenes Aussehen, bald in ihrem Innern Lücken und kokkenähnliche sporoide Gebilde erkennen lassen. Auch feine Granulierung und körniges Protoplasma werden beobachtet. Im allgemeinen nimmt der Nekrosebacillus wässerige Farblösungen nur schwach und ungleichmäßig auf. Dagegen färbt er sich gut mit Löfflers Methylenblau, mit Carbolfuchsin und Carbolthyonin. Der Gramfärbung gegenüber verhält er sich negativ. Besonders charakteristisch lassen sich die Nekrosebacillen in Gewebeschnitten nachweisen, in denen sie an der Grenze zwischen lebendem und nekrotischem Gewebe in ihrer charakteristischen Anordnung (radiäre Büschel und Fäden) hervortreten. Eine spezielle Färbung für Schnittpräparate, die spezifisch sein soll, wurde von Jensen angegeben.

Was die Beweglichkeit der Nekrosebacillen anbetrifft, so will Schmorl bei kürzeren Stäbchen Eigenbewegung gesehen haben. Eine solche ist aber nicht allgemein festgestellt worden. Der Nekrosebacillus besitzt weder Sporen noch Geißeln.

Züchtung. Der Erreger der Nekrobacillose ist ein obligater Anaërobier, der nur bei einer Temperatur zwischen 36 und 40° C gedeiht. Die gewöhnlichen Nährböden (Bouillon, Agar, Gelatine) sind seinem Wachstum nicht zuträglich. Dagegen findet er günstige Wachstumsbedingungen auf erstarrtem Blutserum oder auf den sonst üblichen Nährböden mit Serumzusatz. Er gedeiht weiterhin auch in Milch (unter Gerinnung), im Harn, in Martinbouillon und in eiweißhaltigen Substraten, in denen er stark stinkende Gase entwickelt. Der Bacillus bildet in den Kulturen Indol, dagegen keinen Schwefelwasserstoff.

Bis jetzt darf es noch nicht als sicher erwiesen gelten, daß dem Nekrosebacillus Toxinbildung eigentümlich ist. Bahr ist es nicht gelungen, Toxine nachzuweisen. Dagegen scheinen nach den Untersuchungen von Christiansen nekroseerzeugende Endotoxine vorzukommen. Auch von Césari ist ein Toxin ermittelt worden, das nach subcutaner Einspritzung zwar lediglich lokale Veränderungen, nach intravenöser und intraperitonealer Einverleibung allgemeine Erscheinungen und den Tod hervorruft. Gegen Hitze und Eintrocknung besitzt der Nekrosebacillus eine hohe Widerstandsfähigkeit.

Als Erreger einer mit der Nekrobacillose durchaus übereinstimmenden Krankheit bei Kaninchen wurde von Beattie ein aërob wachsendes, bewegliches, sonst aber in vielen seiner morphologischen Merkmale dem Nekrosebacillus weitgehend ähnliches Bacterium beschrieben. Über das Auftreten von Lebernekrosen beim Kaninchen berichtet Hülphers, der als Erreger grampositive, bewegliche aërobe, vom Nekrosebacillus unterschiedliche Bakterien ermitteln konnte.

Natürliche Ansteckung. Sie kommt mit großer Wahrscheinlichkeit auf dem Wege des Verdauungstraktus zustande. Schleimhautverletzungen, oberflächliche Abschürfungen, wie sie durch harte Futterteile leicht entstehen, scheinen Eintrittspforten für die Nekrosebacillen darzustellen. Auch dem Zahnwechsel ist für das Zustandekommen der Infektion von der Mundhöhle aus eine Rolle zugemessen worden. Daß Ansteckungen auch ohne das Vorhandensein von Wunden in der Mundhöhle vorkommen können, zeigen die Beobachtungen von Bongert, der in einem gesunden Kaninchenbestande die Krankheit auftreten sah, nachdem der Wärter, der zuvor mit Material von Lebernekrose beim Rinde zu tun hatte, den Tieren Futter vorlegte, ohne seine Hände vorher gereinigt zu haben. Auf Grund dieser Beobachtung darf eine Verschleppung der Krankheit durch Zwischenträger als sehr wahrscheinlich angenommen werden. Eine unmittelbare

Übertragung von Tier zu Tier kommt dagegen nach den von Schmorl angestellten Versuchen nicht vor.

Künstliche Übertragung. Kaninchen und weiße Mäuse können durch subcutane, intramuskuläre, intravenöse und intraperitoneale Einverleibung von Reinkulturen des Nekrosebacillus leicht infiziert werden. Im Anschluß an die subcutane Impfung kommt es zur Entstehung einer fortschreitenden Gewebsnekrose, die nach 1—3 Wochen zum Tode führt. Vielfach kommen sowohl nach subcutaner als auch nach intraperitonealer Einspritzung von Reinkulturen Pleuropneumonien zur Entstehung, wie dies von Basset mitgeteilt wurde. In eigenen Versuchen konnte diese Beobachtung durchaus bestätigt werden. Die cutane Impfung versagt, dagegen gelingt es nach Schmorl durch Verfütterung infizierten Heues, eine Infektion zu bewerkstelligen. Das Meerschweinchen ist viel weniger empfänglich wie das Kaninchen. Nach intravenöser bzw. intraperitonealer Einverleibung des Nekrosebacillus entstehen bei diesem Tiere lediglich lokale Veränderungen in der Leber.

Hühner, Tauben, Ratten und Katzen verhalten sich im allgemeinen refraktär. Für den Menschen kommen dem Nekrosebacillus pathogene Eigenschaften nicht zu.

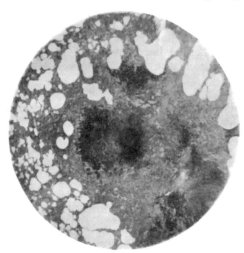

Abb. 242. Nekrosebacillose (Kaninchen). Nekroseherd in der Lunge.

Pathologisch-anatomisch ist die Nekrosebacillose gekennzeichnet durch das Auftreten einer fortschreitenden Nekrose im Bereiche der Mundschleimhaut, der Schleimhaut der Backen, der Zunge, der Kieferknochen, der äußeren Haut, Kehlgang, Hals, Vorderbrust, nicht selten auch der Lungen und anderer Organe, besonders der regionären Lymphknoten. In den Halsvenen findet sich häufig Thrombophlebitis, die zu nekrotischen Prozessen in den Lungen, Pleuritiden, Pneumonien und Perikarditiden führt. Selbst Basilarmeningitis und subcutane Abscesse sind beobachtet worden.

Die **Diagnose** begegnet im allgemeinen keinen Schwierigkeiten. Für den bakteriologischen Nachweis des Erregers ist es erwähnenswert, daß er zwar in den Organen, nicht aber im Blute vorhanden ist.

Immunitätsverhältnisse. Nach den Untersuchungen von Bahr, sowie von Basset gelingt es, vom Pferde, von der Ziege und vom Meerschweinchen Seren herzustellen, die die Nekrosebacillen zu agglutinieren und Meerschweinchen einen sicheren Schutz gegenüber einer tödlichen Impfgabe zu verleihen vermögen. Beobachtungen über eine natürlich erworbene Immunität liegen bis jetzt nicht vor.

Zur **Verhütung der Weiterverbreitung** empfiehlt es sich, die gesunden Tiere von den kranken abzusondern und eine gründliche Desinfektion der Stallungen, Stalleinrichtungen und Käfige vorzunehmen.

Literatur.

Albrecht: In Handbuch der pathogenen Mikroorganismen von Kolle, Kraus, Uhlenhuth, Bd. 6, S. 673. 1929.

Basset: Rec. Méd. vét. **1908**, 345; Zbl. Bakter. Ref. **43**, 739 (1909). — Beattie: J. o Path. **18**, 34. — Bongert: Bakteriologische Diagnostik, 6. Aufl. Berlin 1927.

Cesari: Ann. Inst. Pasteur **26**, 802 (1912); Zbl. Bakter. Ref. **56**, 698 (1913).

Hülphers: Ref. Ellenberger-Schütz, Jber. **31**, 146 (1912).

Jensen: Erg. Path. I 1 (1897).

Kitt: Bakterienkunde und pathologische Mikroskopie. Wien 1908.

Schmorl: Dtsch. Z. Tiermed. **17**, 375 (1891). — Sustmann: Münch. tierärztl. Wscl **1916**, 121.

x) Aktinomykose.

(Strahlenpilzerkrankung.)

(Kaninchen.)

Erkrankungen an Aktinomykose kommen bei den Laboratoriumsversuchstieren ziemlich selten vor. In der Literatur finden sich Angaben über ihr Auftreten beim Kaninchen.

So berichtet SUSTMANN über das Auftreten der Aktinomykose in einem Bestande von 7 Jungtieren. 6 von diesen Tieren zeigten eigentümliche, beulenförmige Knochenwucherungen am Kopfe von zum Teil erheblichem Umfange, sowie Eiterungen und Fistelbildungen auch an anderen Körperstellen. Durch die histologische Untersuchung konnte bei einem dieser Kaninchen einwandfreie Aktinomykose in dem über das dreifache verdickten Unterkiefer festgestellt werden. Ähnliche Fälle von Unterkieferaktinomykose mit starker Auftreibung und schwammiger, spongiöser Beschaffenheit der Knochensubstanz wurden von SANDIG beobachtet. Auch in diesen Fällen gelang der Nachweis der Aktinomycesdrusen in einwandfreier Weise. Andersartige Fälle von Aktinomykose beim Kaninchen sind von OLT mitgeteilt worden. Er konnte vielfach in den Tonsillen des Hasen Strahlenpilze feststellen, die aber nicht auf das cytoplastische Gewebe übergriffen, sondern nur ganz geringgradige Reizerscheinungen von der Art der Fremdkörper auslösten.

Was die **Art und Weise der Infektion** in den vorliegenden Fällen von Kieferaktinomykose anbetrifft, so sollen dafür die üblichen Getreidegrannen nicht in Frage kommen. Es wird vielmehr die Vermutung ausgesprochen, daß für die Entstehung die Verfütterung von hartem Waldheu, das auch als Einstreu verwendet wird, verantwortlich zu machen ist.

Der Krankheit, die in Laboratorien nur ganz selten zur Beobachtung kommt, ist nur eine untergeordnete Bedeutung beizumessen.

Literatur.

OLT: Festschrift für EUGEN FRÖHNER, S. 242. Stuttgart: Ferdinand Enke 1928. SANDIG: Tierärztl. Rdsch. **1924**, 65. — SUSTMANN: Tierärztl. Rdsch. **1913**, 135.

y) Bartonelleninfektionen der Ratten und Mäuse (s. auch Kap. Blut).

α) *Bartonellenanämie der Ratten.*

Nachdem zahlreiche Untersucher weiße Ratten im Anschluß an die Splenektomie erkranken und verenden sahen, konnte LAUDA bei derartigen Tieren ein spezifisches Krankheitsbild beobachten, das er als infektiöse oder perniziöse Anämie bezeichnete. Bereits wenige Tage nach der Entmilzung lassen die Tiere außer Freßunlust und struppigem Fell auffallende anämische Erscheinungen erkennen, die durch eine schwere Veränderung des Blutbildes erklärt werden (s. Abschnitt Hämopoetisches System). Die Krankheit, die rasch fortschreitet, und der sich später Hämoglobinämie und Hämoglobinurie zugesellen, führt in der Mehrzahl der Fälle unter kachektischen Erscheinungen zum Tode. Eine Reihe von epidemiologischen Beobachtungen bestärkte LAUDA in der Vermutung, daß bei dieser Krankheit infektiöse Ursachen im Spiele sind. Diese Auffassung ist durch die Untersuchungen von MAYER, BORCHARDT und KIKUTH u. a. vollauf bestätigt worden.

Über die *Verbreitung* der Rattenanämie liegen eingehende Untersuchungen bis jetzt nicht vor. Es scheint indessen erwiesen, daß manche Bestände vollkommen verseucht, andere wieder ganz davon verschont sind.

Ätiologie. MAYER, BORCHARDT und KIKUTH ist es zuerst gelungen, den Erreger dieser eigenartigen Rattenanämie in Form der sog. Bartonella muris ratti[1] zu entdecken. Es handelt sich dabei um kleine, zum Teil an der Grenze der Sichtbarkeit stehende, bald kokken-, bald stäbchenförmige Gebilde, die

---

[1] Der Name stammt von BARTON, der ähnliche Erreger beim Oroyafieber beschrieben hat. Über ihre Zugehörigkeit zu den Bakterien oder zu den Rickettsien besteht noch keine volle Klarheit.

einzeln, häufchenförmig oder auch in kürzeren und längeren Ketten in oder auf den Erythrocyten liegen. Dabei lassen die einzelnen Gebilde vielfach Diplokokkenform oder eine Art bipolare Färbung erkennen. Während zu Beginn der Erkrankung nur vereinzelte und spärliche Exemplare in den Blutkörperchen vorhanden sind, treten später zahlreiche polymorphe Gebilde in Form von größeren oder kleineren Kokken sowie von Stäbchen auf, die sich färberisch mehr oder weniger leicht darstellen lassen. Daß die Bartonellen unter Umständen gar nicht in den Blutkörperchen, sondern an ihrer Oberfläche ihren Sitz haben, geht daraus hervor, daß sie vielfach den Rand der Erythrocyten überragen, als ob sie „abrutschen" wollten (LAUDA). Bei Tieren, die die Krankheit überstehen, verschwinden die Bartonellen wieder aus der Blutbahn. Auch kurz vor dem Tode können sie unter Umständen im Blute infizierter Tiere nicht mehr nachweisbar sein. Sonst gelingt ihr Nachweis aber regelmäßig bei anämisch erkrankten und gelegentlich auch bei ganz gesunden, nicht entmilzten Ratten, bei diesen allerdings nur ganz vereinzelt in Diplokokkenform.

Die *Färbung* gelingt am besten nach der Methode von GIEMSA, während die Färbungen mit Fuchsin und Mansonlösung nur unzureichende, diejenigen nach GRAM und ZIEHL sogar negative Ergebnisse liefern. In histologischen Schnitten sollen die Bartonellen nicht oder nur sehr schwer, und dann nur in bestimmten Zellen (Retikuloendothel, Leber) nachweisbar sein.

M. MAYER und Mitarbeitern, sowie in neuerer Zeit auch SCHILLING und KUCZINSKY, sowie SCHILLING und MARTIN ist die künstliche Züchtung der Bartonellen gelungen (Noguchinährböden, Blutagar).

Natürliche Übertragung. Über die Infektionsart unter natürlichen Verhältnissen liegen weder Beobachtungen, noch einwandfreie experimentelle Untersuchungen vor. Indessen scheinen nach LAUDA Stallinfektionen (Kontaktinfektionen) vorzukommen. Ob hierbei Zwischenträger eine Rolle spielen, ist nicht bekannt.

Die **künstliche Übertragung** gelingt (auch mit Kulturmaterial) auf entmilzte Ratten, Mäuse und Hamster. Die Entmilzung scheint erst die Möglichkeit des Angreifens der wahrscheinlich latent im Organismus vorhandenen Erreger zu schaffen, denn bei milzhaltigen Tieren vermögen die Bartonellen Veränderungen nicht hervorzurufen.

Pathologische Anatomie. Außer der auffallenden Anämie aller Organe finden sich in der Leber in einem bestimmten Prozentsatz der Fälle kleinste gelbe Flecken und größere Herde, die sich histologisch als mehr oder weniger umfangreiche Nekrosen darstellen. Die Veränderungen besitzen weitgehende Ähnlichkeit mit der akuten gelben Leberatrophie des Menschen. (Näheres über den pathologisch-anatomischen Befund s. Abschnitt: Hämopoetisches System und Leber.)

Immunität. Ob die Tiere, die eine Bartonelleninfektion überstehen, eine Immunität erwerben, ist nicht festgestellt. Die Tatsache, daß Ratten, die bereits vor der Entmilzung Bartonellen in ihrem Blut enthalten, im Anschluß an die Splenektomie zwar erkranken, aber meistens wieder genesen, wird von LAUDA und MARCUS als eine Art Immunität angesehen.

β) Bartonellen bei Mäusen.

Ähnliche Erythrocyteneinschlüsse, wie die bei der Rattenanämie auftretenden, sind gelegentlich anderer Untersuchungen von BENOIT BAZILLE sowie von MAYER und Mitarbeitern bei weißen Mäusen, von ZUELZER neuerdings auch bei Feldmäusen nachgewiesen worden. Auch bei Maulwürfen und Hamstern liegen ähnliche Bartonellenbefunde vor.

Diese Bartonellenarten zeigen nicht nur Unterschiede in ihrem morphologischen, sondern hauptsächlich in ihrem tierpathogenen Verhalten. Ob sie unter natürlichen Bedingungen eine pathogene Bedeutung überhaupt besitzen, ist fraglich, denn es wurden bei den betreffenden Tieren weder Blutveränderungen, noch irgendwelche klinische Erscheinungen beobachtet. Wie neuere Untersuchungen gezeigt haben, spielt die Entmilzung für die krankmachende Wirkung der Mäusebartonellen eine ähnliche Rolle wie bei der Bartonellenanämie der Ratten (LAUDA und HAAM).

Literatur.

BONNIN u. JOUCHÈRES: C. r. Soc. Biol. Paris 101, 681 (1929).
FORD u. ELIOT: J. amer. med. Assoc. 90, 2136 (1928).
HAAM, LAUDA u. SORGE: Klin. Wschr. 1927, 2240.
LAUDA: Seuchenbekämpfg 6, 7 (1929). — LAUDA u. MARCUS: Zbl. Bakter. I Orig. 104, 194 (1927). — LAUDA u. HAAM: Z. exper. Med. 60, 385 (1928). — LWOFF u. PROVOST: C. r. Soc. Biol. Paris 101, 8 (1929).
MAYER, BORCHARDT u. KIKUTH: Arch. Schiffs- u. Tropenhyg. 31 (1927); Dtsch. med. Wschr. 1927, 9. — METELKIN: Arch. Schiffs- u. Tropenhyg. 32, 355 (1928).
NAUCK: Arch. Schiffs- u. Tropenhyg. 31, 322 (1927).
SCHILLING u. NEUMANN: Klin. Wschr. 1929, 691. — SCHILLING u. SAN MARTIN: Klin. Wschr. 1928, 1166.
ZUELZER: Zbl. Bakter. I Orig. 102, 449 (1927).
Weitere Literatur s. Abschnitt Hämopoetisches System und Leber.

z) Saccharomyces guttulatus Robin.
(Kaninchen.)

In Fällen von Meteorismus bei Kaninchen konnte GALLI-VALERIO im Darm Saccharomyceten (Saccharomyces guttulatus) in großer Zahl nachweisen. Mit Wasser versetzter und in einer verschlossenen Flasche aufbewahrter Kot solcher Kaninchen führte zu einer derartigen Gasentwicklung, daß der Pfropf abgehoben wurde und es zum Überschäumen der Flüssigkeit kam.

GALLI-VALERIO ist geneigt, den Meteorismus bei Kaninchen mit den Saccharomyceten in Zusammenhang zu bringen, um so mehr, als von VERSÉ ein ebenfalls durch Blastomyceten verursachter Fall von Magenruptur beim Menschen mitgeteilt wurde.

Literatur.

GALLI-VALERIO: Schweiz. Arch. Tierheilk. 1919, H. 7/8; Zbl. Bakter. I Orig. 94, 61 (1925).

II. Durch filtrierbare Virusarten verursachte Seuchen.
a) Myxomatöse Krankheit.
(Kaninchen.)

Diese zuerst von SANARELLI in Montevideo und von SPLENDORE in St. Paolo (Brasilien) beschriebene Krankheit kommt hauptsächlich in Südamerika vor und besitzt seuchenhaften Charakter. Obgleich ihr Auftreten wiederholt beobachtet wurde, liegen bis jetzt Mitteilungen über ihr Vorkommen in Deutschland nicht vor.

Ätiologie. Die Untersuchungen von SANARELLI haben bereits Anhaltspunkte dafür ergeben, daß der dieser Krankheit zugrunde liegende Erreger den ultravisiblen Virusarten angehört. Die zunächst von SPLENDORE sowie von BIFFI und MOSES angestellten Filtrationsversuche unter Benützung von Chamberlandfiltern haben indessen zu negativen Ergebnissen geführt. Erst als von MOSES Berkefeldfilter zur Filtration verwendet wurden, konnten einwandfreie Filtrate erzielt werden. Ultrafiltrate haben sich dagegen als nichtinfektiös erwiesen. Es unterliegt demnach keinem Zweifel, daß das Virus myxomatosum den filtrierbaren Virusarten zuzurechnen ist. Dafür spricht nicht nur die gelungene Filtrierbarkeit, sondern hauptsächlich auch der Nachweis von bestimmten Zelleinschlußkörperchen, die in Zellen aus den veränderten Organen von einer Reihe von Autoren nachgewiesen werden konnten. So fand SPLENDORE in myxomatösen Zellen bei Anwendung der Giemsafärbung spezifische Einschlüsse, die sehr an diejenigen erinnern, wie sie beim Trachom ebenfalls vorkommen. Dieselben Körperchen wurden bisweilen auch in Leukocyten angetroffen. ARA- GAO gelang es, in den Kernen von gequollenen Bindegewebszellen aus den krank- haft veränderten Geweben „Elementarkörperchen" nachzuweisen. Er bezeichnet die von ihm gefundenen „Chlamydozoen" als „Chlamydozoon myxomae". Auch MOSES konnte rote, runde Körperchen in der Umgebung entzündlicher Herde in nach GIEMSA gefärbten Tumor-, Gehirn- und Nierenschnitten nach- weisen. Besonders interessante Befunde liegen neuerdings von LIPSCHÜTZ vor. Bei der histologischen Untersuchung von in REGAUDscher Flüssigkeit fixiertem Material aus verändertem Gewebe fand er bereits bei gewöhnlichen Färbe- methoden, besonders aber bei Anwendung der Giemsafärbung und bei der Heidenhainfärbung eigenartige Körperchen, in denen er eine besondere Gruppe von Krankheitserregern („Sanarellien") zu sehen geneigt ist. Er bezeichnet sie als eine Art Strongyloplasmen von der Form eines Kokkobacillus, der in größeren oder kleineren Haufen im Protoplasma von histiocytären Zellen mitunter so zahlreich vorkommt, daß das Protoplasma nahezu ganz davon ausgefüllt ist. RIVERS gelang es, in mit Eosin und Methylenblau gefärbten Hautschnitten im Cytoplasma der Epithelien rote, granuläre Stellen, und in deren Mitte runde oder stäbchenförmige Körperchen sichtbar zu machen, die er in ihrem Aus- sehen mit denjenigen beim kontagiösen Epitheliom des Huhnes vergleicht. Diese Veränderungen in den Epithelien, die neben denjenigen im subcutanen Bindegewebe einhergehen, legen unter Umständen die Vermutung nahe, daß bei dieser Krankheit vielleicht mehrere Virusarten ursächlich beteiligt sind. Es ist noch zu erwähnen, daß die gefundenen Elementarkörperchen sehr fein sind und staubförmigen Charakter besitzen.

Widerstandsfähigkeit des Virus. Ein mehrtägiger Aufenthalt im Eisschrank vermag die Virulenz des Ansteckungsstoffes nicht herabzusetzen (SPLENDORE), dagegen genügt bereits ein einstündiger Aufenthalt im Brutschrank bei 50⁰ C, um das Virus völlig unschäd- lich zu machen. Verhältnismäßig große Widerstandsfähigkeit zeigt es gegenüber der Einwirkung von Chemikalien (Borsäure, Phenylsäure, Sublimatlösung, Formalin und übermangansaures Kali).

Natürliche Infektion. Einwandfreie Beobachtungen über eine natürliche Ansteckung sind bis jetzt in der Literatur nicht mitgeteilt. Von SPLENDORE angestellte Kontaktversuche von gesunden mit kranken Tieren haben zu nega- tiven Ergebnissen geführt.

Künstliche Übertragung. Die auf verschiedenen Wegen gelungene experimentelle Übertragung der Krankheit auf Kaninchen läßt Zweifel an dem ansteckenden Charakter dieser Seuche nicht aufkommen. Die künstliche Infektion gelingt leicht durch corneale, intraperitoneale und subcutane Einverleibung von Tumormaterial, Blut, Augensekret, Lymphfollikelsaft, ödematösem Gewebe und Leber. Es genügt bereits, die Lidbindehaut mit kleinsten Stückchen myxomatösen Gewebes einzureiben, um schon nach 4—5 Tagen die Krankheit in ihrem charakteristischen Verlaufe auftreten zu sehen. Bei subcutaner und bei intraperitonealer Einverleibung des Virus treten die ersten Anzeichen der Krankheit etwas später, im allgemeinen erst nach 8—10 Tagen hervor. Die Krankheit selbst nimmt dagegen einen rascheren Verlauf wie bei der cornealen Infektion und führt bereits 2—4 Tage nach Ausbruch der ersten Krankheitssymptome zum Tode.

Auf Hunde, Katzen, Meerschweinchen, Mäuse, Vögel und Affen ist die Krankheit nicht übertragbar.

Pathologisch-anatomisch ist die Krankheit gekennzeichnet durch das Auf- treten gelatinöser Tumoren an verschiedenen Körperstellen, Vergrößerung der regionären Lymphknoten, Milztumor und Orchitis. Gleichzeitig findet man eitrige Blepharoconjunctivitis sowie Schwellungen im Bereiche des Kopfes und der natürlichen Körperöffnungen. Selbst in den Lungen werden Verände- rungen beobachtet. Nach RIVERS führt Wachstum und Zerstörung von Zellen der Epidermis im Bereiche der myxomatösen Massen zur Bildung von Bläschen.

Literatur.

ARAGAO: Brasil. med. (ital.) **25**, No 47, 471 (1912); Hid. **33**, No 10, 74 (1920).
DUPONT: Rev. Zootechnic e Vet. **12**, No 1 (1926).
FINDLAY: Brit. J. exp. Path. **10**, 214 (1929).
HOBBS: Amer. J. Hyg. **8**, 800 (1928).
KRAUS: Seuchenbekämpfg **3**, H. 2 (1926).
LIPSCHÜTZ: Wien. klin. Wschr. **1927**, Nr 35.
MOSES: Mem. Inst. Cruz (port.) **3**, H. 1, 46 (1911).
PARREIRAS HORTA: Diss. Rio de Janeiro 1904.
RIVERS: Proc. Soc. exper. Biol. a. Med. **24**, 435 (1927); Am. J. Path. **4**, 91 (1928). J. of exper. Med. **51**, 965 (1930).
SPLENDORE: Zbl. Bakter. I Orig. **48**, 300 (1909). — SAVATEEFF: Russian J. of Trop. Med. Moskau **56** (1926). — SANARELLI: Zbl. Bakter. I Orig. **23**, 865 (1898); Bull. Inst. Pasteur **1912**.

b) Aphthenseuche.
(Kaninchen.)

Über das spontane Auftreten der Aphthenseuche liegen vereinzelte Mitteilungen beim Kaninchen vor. Spontanerkrankungen bei den übrigen, in Betracht kommenden Laboratoriumstieren sind nicht bekannt.

BECKER berichtet, daß eine Übertragung der Krankheit von größeren Haustieren auf Kaninchen im allgemeinen ein seltenes Vorkommnis darstelle. Immerhin würde bisweilen, besonders bei jungen Tieren, nach der Verabreichung von Milch maul- und klauenseuchekranker Kühe und Ziegen eine Erkrankung der Mundschleimhaut in Form einer Art Bläschenausschlag beobachtet. Auch SCHMIDT teilt Erkrankungsfälle bei Kaninchen mit, die in einem mit maul und klauenseuchekranken Rindvieh besetzten Stalle frei umherliefen. Die Erkrankung äußerte sich hier ebenfalls in der Bildung von Bläschen auf der Mundschleimhaut, aus denen sich Geschwüre entwickelten, die rasch wieder abheilten. Ein Teil der Tiere soll der Krankheit zum Opfer gefallen sein.

Wenn auch diese beiden Beobachtungen des experimentellen Beweises entbehren, so scheinen sie doch der Mitteilung wert, besonders mit Rücksicht auf die experimentelle Übertragung der Aphthenseuche auf Kaninchen und Meerschweinchen, die bekanntlich leicht gelingt.

Literatur.

BECKER: Der Kaninchenzüchter 1911, S. 69.
SCHMIDT: Arch. Tierheilk. **20**, 331 (1894).

c) Meerschweinchenlähme.

Unter der Bezeichnung Meerschweinchenlähme wurde im Jahre 1911 von RÖMER eine sporadisch auftretende, mit Lähmungen einhergehende Krankheit beschrieben, die eine auffallende Ähnlichkeit mit der HEINE-MEDINschen Krankheit besitzt. Die von der Krankheit befallenen Tiere zeigen zunächst leichte Temperatursteigerungen, denen schon nach wenigen Tagen nervöse Erscheinungen folgen. Neben einer eigenartigen Hypotonie der Muskulatur ist besonders eine Schwäche der hinteren Extremitäten erwähnenswert, die in der Regel im Verlaufe der Krankheit zu schweren, meistens schlaffen Paresen führt. Nicht selten gesellen sich diesen Erscheinungen auch noch Blasenlähmungen hinzu.

Die *Dauer der Krankheit* beläuft sich entweder nur auf wenige Tage oder auf 8—14 Tage. Es kommen indessen auch Fälle vor, in denen der Tod erst nach vier Wochen eintritt. Gegen Ende der Krankheit und besonders mit dem Einsetzen der Lähmungen sinkt das Gewicht der Tiere ebenso wie die Temperatur außerordentlich stark.

Ätiologie. Als Erreger der Krankheit konnte von RÖMER ein filtrierbares Virus nachgewiesen werden, das Berkefeldfilter passiert. Im Gegensatz zu Filtrationsversuchen, wie sie bei anderen Viruskrankheiten angestellt wurden, betrug die Inkubationszeit bei mit bakterienfreien Filtraten der Meerschweinchenlähme geimpften Meerschweinchen genau so lange Zeit, wie bei der Impfung mit unfiltriertem Material. Die Tatsache, daß sich der Prozeß mit Gehirnmaterial der nach Filtratimpfung erkrankten Meerschweinchen bei weiteren Meerschweinchen in Passage bringen läßt, ist ein einwandfreier Beweis für die Virusnatur des Erregers. Es ist bisher nicht gelungen, dieses Virus färberisch sichtbar zu machen, noch konnte es bis jetzt auf künstlichen Nährböden gezüchtet werden. Dagegen gelang es, für das Virus der Meerschweinchenlähme die auch anderen Virusarten zukommende Eigenschaft der Glycerinfestigkeit nachzuweisen. In 50%igem Glycerin kann das Virus 10 Tage lang völlig virulent erhalten werden. Über sonstige Eigenschaften des Meerschweinchenlähmevirus liegen Mitteilungen bis jetzt nicht vor. Es darf aber als gesichert gelten, daß es sich konstant im Gehirn und Rückenmark erkrankter oder verendeter Tiere nachweisen läßt; außerdem wurde es in den prävertebralen, inguinalen und mesenterialen Lymphknoten, seltener in anderen Organen festgestellt. In den Nieren, den Lungen, in der Galle und im Harn, sowie auch im Blut ist der Nachweis des Virus bis jetzt nicht gelungen[1].

Künstliche Infektion. Die Krankheit kann durch intracerebrale Verimpfung von Gehirn- und Rückenmarksemulsion auf Meerschweinchen in beliebigen Passagen mit großer Regelmäßigkeit übertragen werden. Andere Einverleibungsarten des Virus scheinen weit unregelmäßiger zum Erfolg zu führen. Die künstlich infizierten Meerschweinchen erkranken nach einem ziemlich konstanten Inkubationsstadium, dessen Dauer zwischen 9 und 22 Tagen schwankt. Die Krankheitssymptome decken sich in allen Einzelheiten mit denjenigen, wie sie auch bei der Spontankrankheit beobachtet wurden. In Analogie mit der künstlichen Übertragung der BORNAschen Krankheit auf kleine Versuchstiere ist auch hier bei der experimentellen Meerschweinchenlähme die ziemlich gleichmäßige Dauer des Inkubationsstadiums hervorzuheben. Hier wie dort kommt es durch fortgesetzte Passagen im Meerschweinchenkörper weder zu einer wesentlichen Verkürzung noch zu einer wesentlichen Verlängerung der Inkubationszeit. Auch ist beachtenswert, daß starke Verdünnungen der von RÖMER benutzten, in der Regel 5%igen virushaltigen Gehirnemulsion sich genau so wirksam erwiesen wie das unverdünnte Material. Bei einer 10 000fachen Verdünnung ist die Infektion indessen nicht mehr gelungen.

Über die Empfänglichkeit anderer Versuchstiere für das Virus der Meerschweinchenlähme liegen Erfahrungen bis jetzt nicht vor.

Pathologische Anatomie. Im Gegensatz zu der sog. Meerschweinchenpest, die von manchen Autoren mit der Meerschweinchenlähme identifiziert wird, muß betont werden, daß die Meerschweinchenlähme makroskopisch im Zentralnervensystem entweder keine oder nur ganz geringgradige Veränderungen in Form von Rötung und starker Füllung der Piagefäße des Gehirns und Rückenmarks erkennen läßt, daß aber dafür die histologischen Veränderungen um so deutlicher in die Erscheinung treten. Die hauptsächlichsten histologischen Veränderungen bei der Meerschweinchenlähme betreffen die Meningen und besonders

---

[1] Über eine *durch Tuberkelbacillen verursachte Paralyse bei Meerschweinchen,* die mit der von RÖMER beschriebenen Meerschweinchenlähme klinisch weitgehende Ähnlichkeit besitzt, berichten in neuerer Zeit SHOPE und LEWIS (Rockefeller Institute for Medical Research, Departement of Animal Pathology, Princeton). Es handelte sich dabei um einen aus der Lunge eines Negers isolierten Tuberkelbacillenstamm, der bei einer auffallend großen Zahl von subcutan infizierten Meerschweinchen Hirnsymptome und ausgesprochene Paresen und Paralysen hervorrief. Anatomisch lag eine echte tuberkulöse Meningitis vor, die in Passagen durch intracerebrale Verimpfung von Gehirn auf Meerschweinchen weitergeführt werden konnte. Die Tiere erkrankten durchschnittlich nach 14 Tagen und verendeten 5 Tage nach Hervortreten der ersten Symptome. Das Vorliegen filtrierbarer Virusarten (RÖMERS Virus oder Herpesvirus) konnte durch einwandfreie Filtrationsversuche ausgeschlossen werden.

Färberisch zeigte dieser Tuberkelbacillenstamm besonders in Abstrichen aus dem Gehirn und jungen Kulturen insofern ein eigenartiges Verhalten nach Fixierung in Methylalkohol oder Hitze, als er weniger säurefest und überhaupt nicht alkoholfest war. Dagegen war er nach der von MUCH modifizierten Gramfärbung färberisch darstellbar.

diejenigen des Lumbalmarks. Die dort vorhandene Meningitis beschränkt sich nicht nur auf umschriebene Partien, sondern erstreckt sich diffus über größere Gebiete. Von der Pia aus greift der entzündliche Prozeß regelmäßig auch auf die Rückenmarksubstanz über. Besonders ausgedehnte Infiltrate finden sich in der grauen Substanz in der Umgebung des Zentralkanals. Diese Gefäßinfiltrate sind im Lumbalmark stets weit stärker ausgeprägt als im Brust- und Halsmark. Auch die Medulla oblongata ist an dem entzündlichen Prozeß beteiligt, jedoch nicht in dem Umfange wie das Rückenmark. Dagegen finden sich im Gehirn wiederum stärkere Veränderungen, und zwar sowohl an der Hirnoberfläche als auch an der Hirnbasis. Auch im Gehirn scheint die Meningitis im Vordergrund zu stehen, während die entzündlichen Infiltrate in der Gehirnsubstanz selbst weniger stark ausgeprägt sind. Immerhin läßt sich feststellen, daß sowohl im Gehirn als auch im Rückenmark, was den Sitz der entzündlichen Veränderungen anbetrifft, die graue Substanz bevorzugt wird. Die an den entzündlichen Veränderungen in den Meningen und an den Gefäßinfiltraten beteiligten Zellelemente bestehen in der Hauptsache aus Lymphocyten und Histiocyten; es finden sich jedoch mitunter nach RÖMER auch polymorphkernige Leukocyten in größerer Zahl. Histologisch liegt hier also eine Meningo-Myeloencephalitis vor, die zweifellos eine gewisse Ähnlichkeit mit der Poliomyelitis des Menschen, sowie mit einem Teil von anderen neurotropen Viruskrankheiten besitzt. Neben den entzündlichen Veränderungen finden sich nach RÖMER auch noch degenerative an den Ganglienzellen von der Art, wie sie unter dem Begriff der Neuronophagie zusammengefaßt werden (s. auch Kap. Zentralnervensystem).

Literatur.

LEWIS u. SHOPE: J. of exper. Med. 50, 371 (1929).
RAEBIGER u. LERCHE: Ergebnisse der allgemeinen Pathologie und pathologischen Anatomie, Jg. 21, 2. Abt., 700 S. 1926. — RÖMER: Zbl. Bakter. 50, Beih. 30 (1911); Dtsch. med. Wschr. 37, 1209 (1911).
SHOPE, R. E. u. P. A. LEWIS: J. of exper. Med. 50, 365 (1929).

d) Meerschweinchenpest.

Diese mit der Meerschweinchenlähme gewisse Ähnlichkeiten aufweisende Krankheit wurde im Jahre 1912 von GASPERI und SANGIORGI als eine außerordentlich verlustreiche Seuche beobachtet und näher beschrieben. Ähnlich wie bei der Meerschweinchenlähme treten auch bei dieser Krankheit Krämpfe der Skelet- und Gliedmaßenmuskulatur und außerdem ausgesprochene Lähmungen hervor. Eine ähnliche Erkrankung wurde von PETRI und O'BRIEN beobachtet, und aus neuerer Zeit liegt eine ausführliche Mitteilung über das Auftreten der Meerschweinchenpest in Deutschland von BERGE vor. Von GERLACH ist sie auch in Österreich nachgewiesen worden.

Ätiologie. Auch dieser Krankheit liegt, wie die Untersuchungen von GASPERI und SANGIORGI und der übrigen Autoren einwandfrei ergeben haben, ein filtrierbares Virus zugrunde, dessen Sichtbarmachung bis jetzt nicht gelungen ist. Das Virus passiert Berkefeldfilter. Es kann nicht nur in der Gehirnsubstanz von an der spontanen oder der experimentellen Krankheit erlegenen Meerschweinchen mit Regelmäßigkeit nachgewiesen werden, sondern es findet sich auch im Blut und in den Organen infizierter Tiere. Sogar eine placentare Übertragung des Virus von der Mutter auf den Fetus ist nachgewiesen worden.

Was die sonstigen Eigenschaften des Virus der Meerschweinchenpest anbetrifft, so ist auch ihm eine hohe Glycerinresistenz eigen. Es ist auch anderen Einflüssen gegenüber verhältnismäßig widerstandsfähig. So wird es bei der

Einwirkung einer Temperatur von 70—72^0 C erst nach 1 Stunde abgetötet.
Auch im Eisschrank vermag es sich bei einer zwischen + 1 und + 6^0 C schwankenden Temperatur 15 Tage lang vollvirulent zu halten. Der Fäulnis gegenüber
vermag es 6, der Austrocknung 14 Tage lang zu widerstehen, während es durch
5$^0/_0$ige Carbolsäure schon innerhalb $^1/_2$ Stunde zerstört werden kann. Das
Virus besitzt in dieser Hinsicht mit dem Virus der Geflügelpest und auch insofern gewisse Ähnlichkeiten, als selbst stärkste Verdünnungen (1:100 Millionen)
noch imstande sind, empfängliche Versuchstiere zu töten [1].

Natürliche Infektion. Der im Kot, im Harn und in der Galle an Meerschweinchenlähme verendeter Tiere gelungene Nachweis des Virus spricht dafür, daß
die natürliche Infektion in der Hauptsache auf dem Wege des Verdauungskanals,
und zwar durch Vermittlung der mit diesen Ausscheidungen beschmutzten
Futtermittel zustande kommt.

Künstliche Infektion. Durch intraperitoneale, subcutane, intravenöse und subdurale
Verimpfung virushaltiger Organemulsionen und von bakterienfreien Filtraten gelingt es,
die Krankheit auf Meerschweinchen unter Entstehung der bei der Spontankrankheit
beobachteten Symptome zu übertragen. Sowohl die spontane als auch die künstliche
Infektion führt ausnahmslos den Tod der betreffenden Tiere herbei. Die Virulenz des
Virus nimmt durch die Tierpassagen zu, was sich darin zu erkennen gibt, daß die Zeitspanne
zwischen Infektion und tödlichem Ausgang wesentlich verkürzt wird. Mäuse sind gegenüber
dem Virus der Meerschweinchenpest widerstandsfähig; dagegen lassen sich Kaninchen
auf intravenösem Wege erfolgreich infizieren. Indessen scheint das Kaninchen für die
Infektion weit weniger empfänglich zu sein. Auch kann beobachtet werden, daß durch
Kaninchenpassagen das Virus in seiner Virulenz wesentlich einbüßt.

Pathologische Anatomie. Bei der Obduktion der an der spontanen oder experimentellen Krankheit verendeten Tiere konnten von sämtlichen Autoren
übereinstimmend bemerkenswerte Veränderungen nicht festgestellt werden.
Petri und O'Brien konnten gleichzeitig an den Organen pathologisch-anatomische Veränderungen von der Art feststellen, wie sie bei dem nicht selten vorkommenden Meerschweinchenparatyphus beobachtet werden. Diese Befunde
weisen darauf hin, daß jenen Autoren mit großer Wahrscheinlichkeit Misch-
infektionen mit Paratyphus vorgelegen haben. Gegenüber der Ansicht derjenigen Autoren, die in der Meerschweinchenpest eine mit der Meerschweinchenlähme identische Krankheit sehen wollen, muß besonders betont werden, daß
bei dieser Krankheit histologisch im Gehirn und auch im Rückenmark, soweit
dieses bei der Untersuchung berücksichtigt wurde, Veränderungen irgendwelcher
Art nicht festgestellt werden konnten. Im Gehirn der an Meerschweinchenpest
verendeten Tiere finden sich nach den bisherigen Untersuchungen weder Entzündungserscheinungen noch Einschlußkörperchen, wie sie bei anderen Viruskrankheiten vorkommen. Als unterschiedlich gegenüber der Meerschweinchenlähme ist schon von Römer hervorgehoben worden, daß letztere kein epizoo-
tisches, sondern ein sporadisches Auftreten zeigt, und daß das Virus nicht im
Blut zirkuliert, sondern im Zentralnervensystem seinen Lieblingssitz hat, und
daß es sich nur zuweilen in Lymphknoten, in der Milz und in der Leber feststellen läßt. Solange nicht weitere Untersuchungen über Meerschweinchenlähme
und Meerschweinchenpest vorliegen, scheint keine Berechtigung vorzuliegen,
beide Krankheiten ohne weiteres zu identifizieren.

---

[1] Papadopoulo beobachtete bei einem Kaninchen eigenartige neurotrophische Störungen
an den Hinterpfoten. Durch Filtration von Gehirn- und Rückenmarksemulsion konnte
ein „Agens" ermittelt werden, das bei gesunden Tieren ebenfalls die genannten neuro-
trophischen Störungen hervorrief und in mehreren Passagen weiter übertragen werden
konnte. Der Ansteckungsstoff konnte ausschließlich im Zentralnervensystem der Versuchstiere nachgewiesen werden.

Literatur.

BERGE: Dtsch. tierärztl. Wschr. **1924**, 110.
GASPERI u. SANGIORGI: Zbl. Bakter. **71**, 257 (1913). — GERLACH: Handbuch der pathogenen Mikrorganismen, Bd. 9, S. 521. 1928.
PAPADOPOULO: C. r. Soc. Biol. Paris **99**, 1545 (1928). — PETRI u. O'BRIEN: J. of Hyg. **10**, 287 (1910).
VALLILO: Z. Inf.krkh. Haustiere **9**, 433 (1911).

e) Infektiöse Ectromelia (Maus).

Unter diesem Namen beschreibt neuerdings MARCHAL eine Krankheit bei Mäusen, die mit einer hohen Sterblichkeitsziffer einhergeht. Sie ist in einem Teil der Fälle durch lokale Veränderungen, meistens Schwellung eines Hinterfußes gekennzeichnet. Im Anschluß daran kann Gangrän sich einstellen und die gangränösen Teile können zur Abstoßung gelangen. Diejenigen Tiere, die ohne lokale Symptome verenden, zeigen bei der Obduktion ausgesprochene Veränderungen in Leber und Milz.

Ätiologie. Das dieser Krankheit zugrunde liegende Virus ist filtrierbar. Es passiert Pasteur-Chamberland-L_2-, Mandler- und Berkefeld-N-Kerzen. Es läßt sich im Herzblut, in Leber, Lungen, Pleuraflüssigkeit und Mesenteriallymphknoten nachweisen. Was die Eigenschaften des Virus anbetrifft, so bleibt es bei niedrigen Temperaturen (0^0 C bis 10^0 C) lange Zeit virulent. Infektiöses Gewebe behält seine Infektiosität in $50^0/_0$igem oder reinem Glycerin bei 0^0 C monatelang. Über Phosphorpentoxyd getrocknetes und bei Zimmertemperatur aufbewahrtes Gewebe war nach 6 Monaten noch vollvirulent. Durch zweistündige Einwirkung einer Temperatur von 50^0 C konnte es nicht vollkommen, bei 55^0 C dagegen bereits nach 30 Minuten vollkommen inaktiviert werden. Durch $0,5^0/_0$ige Phenollösung konnte es selbst nach 50 Tagen, durch $1,0^0/_0$ige Phenollösung nach 20 Tagen nicht abgetötet werden. Dagegen vermochte eine $0,01^0/_0$ige Formalinlösung das Virus schon nach 48 Stunden vollkommen zu vernichten.

Über die Art und Weise der **natürlichen Ansteckung** sind bis jetzt sichere Tatsachen nicht bekannt.

Künstlich läßt sich die Krankheit auf Mäuse durch intradermale und intraperitoneale Einverleibung selbst kleinster Virusmengen leicht übertragen Die intravenöse und subcutane Infektion ist dagegen weniger zuverlässig. Auch sind größere Dosen für eine erfolgreiche Infektion notwendig.

Pathologische Anatomie. Die am meisten auffallenden pathologisch-anatomischen Veränderungen sind durch eine Gangrän der Hinterfüße, schmutziggraue Verfärbung der Leber, die auch mit weißlichen Flecken versehen sein kann, gekennzeichnet. Die Milz ist in der Regel leicht vergrößert, die Peritonealflüssigkeit stark vermehrt. Die Nieren sind meistens normal, nur bisweilen zeigen sie das Aussehen der subakuten parenchymatösen Nephritis. Pleuraflüssigkeit ist vermehrt, die übrigen Organe dagegen nicht wesentlich verändert. Histologisch zeigt sich die Wirkung des Virus in einer ausgesprochenen Nekrose, besonders des mesodermalen Gewebes. Die Veränderungen im epithelialen Gewebe sind durch die Gegenwart von großen und zahlreicher Einschlußkörperchen im Cytoplasma charakterisiert, die streng acidophil sind.

Immunitätsverhältnisse. Das Überstehen der Krankheit verleiht Immunität gegenüber der Injektion von vielen tödlichen Dosen des Virus. Serum von wiedergenesenen Tieren neutralisiert das Virus in vitro.

Literatur.

MARCHAL: J. Path. a. Bact. **33**, 713 (1930).

f) Filtrierbare Virusarten bei gesunden Kaninchen und Meerschweinchen.

α) Kaninchen.

Ein filtrierbares Virus bei gesunden Kaninchen wurde zuerst von RIVERS und TILLET nachgewiesen. Die Anwesenheit dieses Virus zeigte sich bei der intratestikulären Impfung von Kaninchen mit Varizellenvirus und bei der Herstellung von Passagen (Kaninchenhoden) in vier- bis fünftägigen Abständen. Ein Jahr später (1924) stießen MILLER, ANDREWES und SWIFT gelegentlich der intratestikulären Einverleibung von Blut und Gelenkflüssigkeit polyarthritiskranker Menschen auf Kaninchen und bei Weiterimpfung auf diesem Tier in Passagen von Hoden zu Hoden auf ein Virus mit denselben Eigenschaften. Es wurde außerdem bei Kaninchen angetroffen, die mit Blut oder Serum normaler Kaninchen intratestikulär geimpft, und bei denen in kurzen Abständen Passagen von Hoden zu Hoden hergestellt worden waren. Als besonders auffallend muß es bezeichnet werden, daß sowohl in den Versuchen von RIVERS und TILLET als auch in denjenigen von MILLER und Mitarbeitern das Virus erst von der vierten Passage ab nachgewiesen werden konnte. Diese Feststellungen sind von DOERR bestätigt worden.

Aus diesen Versuchen geht hervor, daß im Kaninchenkörper latent ein Virus vorkommen kann, das durch Einverleibung gewisser Substanzen (Gelenkflüssigkeit, Blut, andere Virusarten) aktiviert wird.

Über die **Verbreitung des Virus** sind Einzelheiten bis jetzt nicht bekannt. Sein Vorkommen ist in Amerika, England und in der Schweiz nachgewiesen. In England soll es aber sehr viel seltener sein, wie beispielsweise in den Vereinigten Staaten von Nordamerika.

Über den *Verlauf von Spontaninfektionen* ist in der Literatur nichts mitgeteilt.

Eigenschaften des Virus. Bei Kaninchen ruft das Virus nach intratestikulärer Verimpfung eine akute Orchitis hervor, die in beliebigen Passagen auf Kaninchen intratestikulär weiter übertragen werden kann. Nach intradermaler Einverleibung des Virus entsteht nach 3—6 Tagen ein leicht erhabenes Erythem; im Anschluß an die intrathorakale Verimpfung kommt es dagegen zur Entstehung einer fibrinösen Perikarditis und Myokarditis. Die histologischen Veränderungen sind durch starke celluläre Reaktion (hauptsächlich mononucleäre Zellen) gekennzeichnet, sowie durch das Auftreten großer, eosinophiler Zelleinschlußkörperchen, wie sie in ähnlicher Form bei Varicellen, Herpes simplex und Herpes zoster beobachtet werden.

Resistenz des Virus. Das Virus hält sich in 50%igem Glycerin etwa acht Tage; eingetrocknet in gefrorenem Zustande wahrscheinlich 10 Wochen lang. In normalen Kaninchen ist es bis zu 72 Stunden nachweisbar, während es in schwach immunisierten Tieren bereits nach 48 Stunden, bei gut immunisierten sogar schon nach zwei Stunden unwirksam wird. In Mäusetumoren behält es bis zu vier Tagen seine volle Virulenz. Nach Verimpfung auf die Hoden von Meerschweinchen kann es dort nach 24 Stunden, nicht mehr aber nach 48 Stunden nachgewiesen werden.

Immunitätsverhältnisse. Intratestikuläre und intracutane Impfung mit virushaltigem Material verleiht Kaninchen einen sicheren Schutz gegen eine bereits nach zwei Wochen vorgenommene intracutane Neuinfektion. Bei Wiederimpfung in den Hoden kommen nur leichte, lokale, histologische Veränderungen ohne Kerneinschlußkörperchen zur Entstehung. Schwach immunisierte Kaninchen dagegen zeigen stärkere Reaktionen als immunisierte und auch als normale. Das Serum immuner Tiere besitzt die Eigenschaft, das Virus in vitro zu neutralisieren. Gekreuzte Immunisierungsversuche zeigen, daß das von RIVERS und TILLET gefundene Virus mit dem von MILLER und Mitarbeitern nachgewiesenen in allen Teilen identisch ist.

β) Meerschweinchen.

Auch beim Meerschweinchen ist das spontane und latente Vorkommen von Virusarten nachgewiesen worden. Die Aufmerksamkeit auf solche Virusarten wurde zunächst durch die von JACKSON erhobenen Befunde hingelenkt, der in den Speicheldrüsen normaler, erwachsener Meerschweinchen in über 80% der Fälle acidophile, intranucleäre Epithelzelleinschlüsse feststellen konnte, wie solche in ähnlicher Form auch bei anderen Viruskrankheiten gefunden werden. Diese Befunde fanden durch die Untersuchungen von COLE und KUTTNER eine Bestätigung, und zwar auch nach der Richtung, daß in der Hauptsache erwachsene Meerschweinchen Träger dieses Virus sind ($84^0/_0$), während unter einem Monat alte Tiere nur selten davon befallen sind.

Wenn schon die Anwesenheit der Kerneinschlüsse auf die Einwirkung eines filtrierbaren Virus als ursächliches Agens hinwies, so wurde diese Vermutung durch vorgenommene Übertragungsversuche vollauf bestätigt. Sowohl nach subcutaner, intraperitonealer und intravenöser Einverleibung virushaltigen Materials beim Meerschweinchen setzt sich das Virus in den Speicheldrüsen fest und führt dort innerhalb von 12—15 Tagen zum Auftreten der charakteristischen Einschlußkörperchen. Wenn vor der Infektion die Submaxillarisdrüsen entfernt werden, so lokalisiert sich das Virus in den Parotiden. Nach intratestikulärer Einverleibung werden auch in den Hodenepithelien sowie im interstitiellen Gewebe der Hoden Einschlußkörperchen angetroffen. Die intracerebrale Verimpfung virushaltigen Materials führt in der Regel zur Entstehung einer Meningitis, an deren Folgen die Tiere am 5.—7. Tage verenden. In den meningitischen Infiltratzellen können ebenfalls Einschlußkörperchen nachgewiesen werden. Serienübertragungen von Hirn zu Hirn gelingen nicht; dagegen konnte das Virus durch unmittelbare Übertragung von Speicheldrüse zu Speicheldrüse beim Meerschweinchen in 7 Passagen fortgeführt werden. Noch einfacher und sicherer soll die Übertragung in der Weise gelingen, daß nach subcutaner Injektion die Speicheldrüsen in vierzehntägigen Abständen subcutan weiterverimpft werden. Außer den genannten Organen scheinen auch noch andere (Lunge, Zunge) das Virus zu enthalten.

Junge Tiere sind ganz allgemein für die Infektion empfänglicher als erwachsene. Sämtliche Versuche, das Virus auf erwachsene Meerschweinchen zu übertragen, verliefen negativ. Kaninchen, Ratten (und andere Tiere) können mit dem Virus nicht infiziert werden.

Eigenschaften des Virus. Nach den Untersuchungen von COLE und KUTTNER passiert das Virus Berkefeld-N-Filter.

Es besitzt außerdem eine gewisse, allerdings geringe Glycerinresistenz. So soll es in $50^0/_0$igem Glycerin mindestens 11, nicht aber 28 Tage lang virulent bleiben. Durch einstündige Erhitzung auf 54^0 C wird das Virus zerstört.

Das Serum spontan oder künstlich infizierter Tiere besitzt keine viruliziden Eigenschaften.

Auch RUPPERT und COLLIER ist es gelungen, durch intracutane Verimpfung von Normalpferdeserum in die Planta pedis und Weiterimpfung der abgeschabten Sohlenhaut auf Meerschweinchen verschiedene Stämme eines filtrierbaren Virus aufzufinden. Dieses Virus bewirkt nicht nur charakteristische entzündliche Erscheinungen an der Sohlenhaut des Meerschweinchens, sondern es läßt sich in fortgesetzten Passagen weiterimpfen und in seiner Virulenz steigern. Das Virus ist ebenfalls filtrierbar (Berkefeld-N-Filter) und glycerinresistent. Es können damit Immunitätserscheinungen hervorgerufen werden.

Diese Befunde über das Vorkommen von filtrierbaren Virusarten bei Kaninchen und Meerschweinchen mahnen bei Versuchen mit unbekannten Virusarten an diesen Tieren zu größter Vorsicht.

Literatur.

ANDREWES u. MILLER: J. of exper. Med. **40**, 789 (1924).
COLE u. KUTTNER: J. of exper. Med. **44**, 855 (1926).
DOERR: Zbl. Bakter. I Orig. **97**, 76 (1926).
KUTTNER: J. of exper. Med. **46**, 935 (1927). — KUTTNER u. COLE: Proc. Soc. exper. Biol. a. Med. **23**, 537 (1926).
M'CARTNEY: Ann. Rep. of the Met. Asyl. Board **1925**, 152. — MILLER, ANDREWES u. SWIFT: J. of exper. Med. **40**, 773 (1924).

RIVERS u. TILLET: J. of exper. Med. **38**, 673 (1923); **39**, 777 (1924); **40**, 281 (1924). — RIVERS u. PEARTE: J. of exper. Med. **42**, 523 (1925). — RUPPERT u. COLLIER: Berl. tier-ärztl. Wschr. **1927**, 861.

g) Filtrierbares Virus bei Ratten (NOVY).

1911 beschreibt NOVY ein filtrierbares Virus bei Ratten, auf das er durch Zufall bei Gelegenheit von Versuchen über Rückfallfieber stieß. Das Virus passiert nicht nur gewöhnliche Berkefeldfilter, sondern sehr leicht auch noch feinere Filter, so z. B. Pasteur-B- und Doultonfilter, auch geht es durch nicht zu dicke Collodium- und Agarfilter hindurch. Das Virus ist glycerinfest (4—6 Monate), nicht zentrifugierbar und tötet Ratten gewöhnlich in 36—48 Stunden. In starken Verdünnungen einverleibt, dauert es länger, bis Krankheitssymptome und der Tod bei Ratten hervorgerufen werden. Das Blut infizierter Ratten ist für Ratten selbst in kleinen Mengen infektiös.

Literatur.

NOVY: Physician a. Surgeon **33**, 243 (1911); Trans. Clin. Soc. Univ. Michigan **2**, 182 (1911); Rep. Michigan Acad. Soc. **13**, 31 (1911).

III. Seuchen ungeklärten Ursprungs.

a) Leukämie des Meerschweinchens.

Das Vorkommen dieser Erkrankung beim Meerschweinchen ist erst seit kurzem bekannt (1923) und zwar hauptsächlich durch die Arbeiten von SNIJDERS und TIO TJWAN GIES, die sich zum erstenmal mit ihrem Studium eingehend beschäftigt haben. GERLACH hat neuerdings diese Meerschweinchenleukämie in Österreich in größerem Umfange unter angekauften Meerschweinchen beobachtet.

Ätiologie. Über den Erreger der Krankheit sind bis jetzt sichere Tatsachen nicht bekannt. Weder in Ausstrichpräparaten aus den verschiedenen Körperorganen noch in Kulturen auf verschiedenen Nährböden konnten irgendwelche Bakterien nachgewiesen werden. Bakterienfreie Filtrate sind nicht infektiös.

Über die **natürliche Infektion** liegen ebenfalls sichere Anhaltspunkte nicht vor.

Die **künstliche Infektion** gelingt nur in einem Teil der Fälle, und zwar mit Blut, Verreibungen aus Milz, Leber, Lymphknoten, Knochenmark und Peritonealflüssigkeit. Am leichtesten gelingt die Übertragung durch intraperitoneale Einverleibung von Lymphknotenemulsion oder von Peritonealflüssigkeit. Keimfreie Filtrate haben sich als nicht mehr infektiös erwiesen. Auch das Zentrifugieren von Aufschwemmungen infektiösen Organmaterials und Verimpfung der überstehenden Flüssigkeiten vermag eine Infektion nicht zu bewerkstelligen. Je mehr Passagen das Virus im Meerschweinchenkörper durchläuft, desto mehr nimmt seine Virulenz für diese Tierart zu.

Pathologische Anatomie. Die pathologisch-anatomischen Veränderungen bei dieser Krankheit sind, je nach der Dauer des Krankheitsverlaufs, sehr verschieden. Bei Tieren, die an der akuten Form der Krankheit verenden, können unter Umständen Veränderungen vollkommen vermißt werden. Im allgemeinen findet man aber eine erhebliche Schwellung der Körperlymphknoten, des Thymus und besonders der Milz, die um das fünf- bis zehnfache vergrößert und von zahlreichen leukämischen Herden durchsetzt sein kann. Auch in der Leber, in den Nieren, seltener in den Lungen lassen sich bisweilen derartige leukämische Herde nachweisen.

Histologisch läßt sich eine zellige Infiltration in der Kapsel der Lymphknoten nachweisen. Die Lymphfollikel sind vergrößert; zwischen ihnen finden sich Reste von Bindegewebe. In den Lymphsinus trifft man große Zellen, besonders auch Makrophagen mit phagocytierten roten Blutkörperchen. Auch die Milz läßt eine Vergrößerung der Follikel, sowie zahlreiche Zellinfiltrate mit Kernteilungsfiguren, ähnlich wie in den Lymphknoten erkennen. Dieselben Infiltrate werden bisweilen auch in den Nieren, in der Leber und in den Lungen angetroffen (s. diese Abschnitte, bes. Leber).

Die *Untersuchung des Blutes* ergibt eine starke Vermehrung der weißen Blutkörperchen (s. auch Kapitel: Tumoren).

Literatur.

GERLACH: Handbuch der pathogenen Mikroorganismen von KOLLE, KRAUS, UHLENHUTH, Bd. 9, S. 521. 1928.

TIO TJWAN GIES: Inaug.-Diss. Amsterdam 1927.

b) Infektiöse Bulbärparalyse.
(Ratte.)

HUTYRA hat bei Ratten eine infektiöse Bulbärparalyse beobachtet, die durch ein in den Organen und im Blute vorhandenes Virus verursacht wird. Auf einem Gute, auf dem die infektiöse Bulbärparalyse unter Rindern herrschte, verendeten auch Ratten. Durch Verimpfung des Gehirns dieser Ratten auf Kaninchen konnte die Krankheit in typischer Weise erzeugt werden.

Literatur.

HUTYRA: Berl. tierärztl. Wschr. **1910**, 149.

c) Kurloffkörperchen im Blut des Meerschweinchens.

In den Blutkörperchen gesunder und kranker Meerschweinchen sind von zahlreichen Autoren die zuerst von KURLOFF gefundenen und nach ihm benannten Körperchen (Kurloffkörperchen) nachgewiesen worden. Es handelt sich um eosinophile Körperchen im Cytoplasma von Lymphocyten. Über die Natur und die Bedeutung dieser Gebilde gehen die Meinungen noch sehr auseinander. BENDER will sie in neuerer Zeit mit den Eosinophilen in Zusammenhang bringen.

Literatur.

BENDER: J. med. Res. 44, 383 (1924), dort weitere Literatur.

KNOWLES u. ACTON: Indian J. med. Res. 1, 206 (1913).

IV. Durch Fadenpilze hervorgerufene Krankheiten.
a) Aspergillose, Schimmelpilzerkrankung.

Syn. Lungenmykose, Pneumomycosis aspergillina, Pseudotuberculosis aspergillina.

Schimmelpilzerkrankungen sind bei den kleinen Laboratoriumsversuchstieren ein seltenes Vorkommnis. Bei den in der Literatur niedergelegten Beobachtungen beim Kaninchen handelt es sich um sporadische Fälle. Enzootien scheinen nicht vorzukommen.

Als **pathogener Schimmelpilz** kommt hauptsächlich *Aspergillus fumigatus* in Betracht. Sämtliche Aspergillazeen bilden ein farbloses Mycel, aus dem unverzweigte, mit einer kolbigen Anschwellung, dem Fruchtköpfchen (Kolumella) versehene Fruchtträger hervorgehen. Diese tragen die radiär gerichteten Sterigmen, auf denen durch Abschnürung drei große Sporen (Conidien) entstehen. Diese Sporen bringen bei Zimmertemperatur wiederum Mycelien hervor. Ihre künstliche Züchtung gelingt auf den gebräuchlichen Nährböden, besonders auf bluthaltigen, und zwar in Form von weißlichen Rasen, mit zentraler grünlicher, später bräunlicher, blaugrau-schwarzer Färbung.

Die **natürliche Ansteckung** erfolgt in der Hauptsache auf dem Atmungswege bei der Aufnahme schimmelpilzhaltigen Futters, selten auf intestinalem Wege.

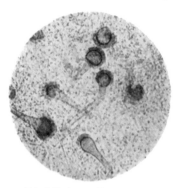

Künstlich ist es verschiedenen Autoren gelungen, die Krankheit u. a. beim Kaninchen zu erzeugen, und zwar durch intravenöse Einverleibung von Aufschwemmungen von Schimmelpilzsporen.

Die **pathologisch-anatomischen** Veränderungen bestehen in subpleural und im Lungengewebe gelegenen Knötchen und Knoten, die zum Teil zusammenfließen und die Lungenoberfläche buckelig vorwölben. Sie besitzen große Ähnlichkeit mit tuberkulösen Veränderungen und können leicht mit solchen verwechselt werden (s. Abb. 243—245). Nach den Feststellungen von HOEPPLI und von SCHÖPPLER weichen sie aber in ihrem histologischen Aufbau weit von demjenigen tuberkulöser

Abb. 243. Aspergillus fumigatus (Zupfpräparat).

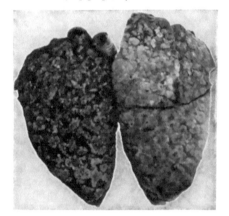

Abb. 244. Aspergillose beim Kaninchen. Lungenveränderungen. (Nach SCHOEPPLER aus SEIFRIED, Kaninchenkrankheiten.)

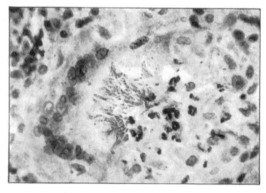

Abb. 245. Aspergillose beim Kaninchen. Schnitt durch ein Aspergillusknötchen. Im Zentrum Riesenzellen und Reste von Pilzfäden. (Nach HOEPPLI aus SEIFRIED, Kaninchenkrankheiten.)

Veränderungen ab (s. Abb. 245). Knötchen und geschwürähnliche Veränderungen finden sich bisweilen auch auf der Schleimhaut der Trachea und in den Bronchien.

Diagnose. In der Mehrzahl der Fälle ist die Krankheit erst post mortem feststellbar. Oft genügt zur Feststellung die histologische Untersuchung nicht allein; es ist vielmehr zweckmäßig, von vornherein Kulturen anzulegen sowie Zupfpräparate herzustellen.

Literatur.

HOEPPLI: Z. Inf.krkh. Haustiere 24, 39 (1923).
SCHÖPPLER: Zbl. Bakter. I Orig. 82, 559 (1919).

b) Favus. Erbgrind.
(Kaninchen, Ratte, Maus.)

Syn. Wabengrind, Dermatomycosis achorina. Tinea favosa.

Der Favus ist eine bei den kleinen Laboratoriumsversuchstieren nicht besonders häufig vorkommende infektiöse Hautkrankheit, die durch das Auftreten von scheibenförmigen, dicken, in der Mitte vielfach vertieften, schüsselförmigen oder schildförmigen Borken (Scutula) von schwefelgelber bis weißgelber Farbe im Bereiche des Kopfes, an den Pfoten und anderen Körperstellen gekennzeichnet ist. Am häufigsten werden Kaninchen und Maus von der Favuskrankheit heimgesucht.

Ätiologie. Gewöhnlich wird die Favuskrankheit der Laboratoriumsversuchstiere durch Achorion Schönleinii hervorgerufen. Die zahlreichen Abarten dieses Pilzes kommen weniger in Betracht. Der Pilz ist in den schildförmigen Hautveränderungen enthalten, und zwar in Form homogener oder leicht gekörnter, wellig verlaufender Hyphen, die bisweilen dichotomisch verzweigt sind und eine Dicke von 3—5 μ besitzen. Manchmal zeigen die Fadenstücke keulen- oder kolbenförmige Auftreibungen an den Enden oder in ihrem Verlaufe. Die Sporen sind doppelt konturiert, 3—6 μ groß, kugelig, oval, biskuitförmig oder rechteckig.

Abb. 246. Favus beim Kaninchen. (Nach HUTYRA-MAREK aus SEIFRIED, Kaninchenkrankheiten.)

Auf **künstlichen Nährböden** (Gelatine, Traubenzuckeragar, 20%igem Fleischpeptonagar, Kartoffeln) wächst der Pilz bei einem Temperaturoptimum von 30° C in Form von moosartigen Ausläufern, die von einer meist grauweißen, gewulsteten Rasenperipherie ausgehen. Je nach Alter und Beschaffenheit des Nährbodens besitzen die Favuskulturen eine große Vielgestaltigkeit, ähnlich wie die Trichophytiepilze, zu denen sie nahe verwandtschaftliche Beziehungen unterhalten.

Was die *Pathogenität des Favus* anbetrifft, so gelingt die Übertragung auf dieselbe Tiergattung am leichtesten; indessen können auch andere Tiergattungen und der Mensch angesteckt werden, wie auch umgekehrt die Möglichkeit einer Ansteckung der Laboratoriumsversuchstiere durch andere favuskranke Tiere besteht (SAINT-CYR, SABRAZÈS, FELTEN).

Die *natürliche Übertragung* geschieht wahrscheinlich durch unmittelbare und mittelbare Berührung. Durch kranke Tiere sowie durch Gegenstände,

die mit solchen in Berührung gekommen sind, besteht deshalb die größte
Verschleppungsgefahr. Junge und schlecht genährte Tiere scheinen eine besondere Disposition für die Krankheit zu besitzen.

Im allgemeinen verläuft die Krankheit durchaus gutartig und heilt vielfach
spontan wieder ab. Ein Todesfall infolge Verlegung der Mastdarmöffnung
durch eine Favusborke ist von MÉGNIN beschrieben.

Über *Pathogenese und pathologisch-anatomische sowie histologische Veränderungen* s. Kapitel Haut.

Die Favuskrankheit ist durch den Nachweis der Pilzmassen und Pilzfäden
auf mikroskopischem und histologischem Wege verhältnismäßig leicht festzustellen (s. auch Kapitel „Haut").

Literatur.

FELTEN: Favus bei Tieren usw. Inaug.-Diss. Hannover 1912. — FRANK: Wschr. Tier-
heilk. 1891, Nr 36. — FROEHNER-ZWICK: Lehrbuch der speziellen Pathologie und Thera-
pie. Organkrankheiten, Bd. 1. 1922.
GUNST: ELLENBERGER-SCHÜTZ Jber. **35** u. **36** (1917).
HELLER: Vergleichende Pathologie der Haut. Berlin 1910. — HIERONYMI: In JOESTS
Handbuch der speziellen pathologischen Anatomie der Haustiere, Bd. 3. Berlin 1924.
HUTYRA u. MAREK: Spezielle Pathologie und Therapie der Haustiere. Jena 1920.
JARISCH: Hautkrankheiten. 1900. — JESIONEK: Biologie der gesunden und kranken
Haut. Leipzig 1910.
KITT: Bakterienkunde und pathologische Mikroskopie. Wien 1908.
MÉGNIN: Bull. Soc. centr. Méd. vét. **1880.** — MÉGNIN u. HEIM: Soc. biol. **1894.**
SABRAZÈS: Ann. de Dermat. **1893.** — SAINT-CYR: J. Méd. vét. Lyon **1868/69**; Ann.
Méd. vét. **1868**; Rec. Méd. vét. **1869, 1881**; Ann. de Dermat. **1869.** — SCHINDELKA: Haut-
krankheiten bei Haustieren. Wien u. Leipzig 1908 (Lit.). — SCHLEGEL: Z. Tiermed. **16,** 308
(1912). — SUSTMANN: Dtsch. tierärztl. Wschr. **1918,** 295.
UNNA: Histopathologie der Hautkrankheiten. Berlin 1894.
WAELSCH: Zbl. Bakter. I Orig. **18,** 138 (1895); **23** (1898).

c) Herpes tonsurans. Glatzflechte.

Syn. Dermatomycosis tonsurans, Trichophytia, Ringflechte, Borkenflechte.

Auch dieser Hautkrankheit kommt bei den Laboratoriumsversuchstieren
eine untergeordnete Bedeutung zu.

Ätiologie. Die Trichophytiepilze (Trichophyton tonsurans) — beim Meerschweinchen wurde Trichophyton gypseum asteroides beobachtet — bilden
1—4 μ dicke, längliche, gestreckt oder wellig verlaufende Mycelfäden oder
Hyphen mit unregelmäßig auftretender Gliederung und gabelförmigen Verzweigungen. Aus diesen Hyphen gehen die stark lichtbrechenden Conidien
hervor, die ketten- oder haufenförmig angeordnet sind und in großen Mengen
vorkommen. In den Haarbälgen und im Haar bildet der Pilz dichte Mycelien,
die zum Teil in die Haarwurzel eindringen und Follikulitis sowie Haarausfall
verursachen.

Die **künstliche Züchtung** des Pilzes gelingt am besten auf kohlehydratreichen und eiweiß-
armen Nährstoffen bei Zimmer- und Körpertemperatur (Temperaturoptimum bei 33⁰ C).
Die Kulturen besitzen große Ähnlichkeit mit denjenigen des Favus, einen weitgehenden
Pleomorphismus und eine große Variabilität in ihrem Aussehen.

Die **natürliche Ansteckung** erfolgt sowohl unmittelbar durch Berührung
als auch durch Vermittlung von Zwischenträgern (Streu, Wände des Stalles,
Stalleinrichtungsgegenstände usw.). Künstlich kann die Glatzflechte der
verschiedenen Haustiere auf Kaninchen und Meerschweinchen übertragen werden.

Die **Veränderungen** bei der Glatzflechte, die sich auf Kopf, Hals, Extremitäten, aber auch auf andere Körperstellen erstrecken können, bestehen in

fleckförmigem Haarausfall (Alopecie), dem sich vielfach Entzündungserscheinungen hinzugesellen. Die haarlosen Stellen sind dann mit Schuppen und Krusten bedeckt, unter denen die geschwollenen Haarfollikel als hirsekorngroße Knötchen oder Papeln von stark roter Farbe hervortreten. In diesem Stadium können sich auch noch sekundäre Eiterungen einstellen. Bei chronischem Verlauf kann die Haut völlig glatt oder lediglich mit kleienförmigen Auflagerungen bedeckt sein (s. auch Kapitel „Haut").

Diagnose. Bei negativem Ausfall der mikroskopischen Untersuchung der Borken und Haare empfiehlt Tröster die Excision kleiner Hautstücke, in denen die Haarbälge mit Sporen angefüllt sind. Bei Vereiterung der Follikel gelingt der Nachweis der Pilze schwer oder überhaupt nicht. In solchen Fällen findet beim Menschen die cutane Trichophytiehautprobe Anwendung (Quaddelbildung).

Besonders bemerkenswert ist, daß die pilzbefallenen Haare auch eine charakteristische makroskopische Reaktion geben, wenn man sie mit Chloroform behandelt und dieses verdunsten läßt. Sie werden dann kreideweiß. Bei nachheriger Befeuchtung mit Öl nehmen sie jedoch ihre ursprüngliche Farbe wieder an (Dyce, Duckworth und Behrend).

Literatur.

Beurmann de u. Gangerot: Rev. gén. Méd. vét. **21**, 557 (1913).

Froehner-Zwick: Spezielle Pathologie und Therapie der Haustiere. 1922.

Horta: Mem. Inst. Cruz (port.) 4, 120 (1912). — Hutyra-Marek: Spezielle Pathologie und Therapie der Haustiere, Bd. 3. 1922.

Kitt: Bakterienkunde und pathologische Mikroskopie. 1908.

Schindelka: Hautkrankheiten bei Haustieren. Wien u. Leipzig 1908. — Sustmann: Kaninchenseuchen. Leipzig: Michaelis.

Tuberkulose.

Von Lydia Rabinowitsch-Kempner, Berlin.

Die für Laboratoriumszwecke meist gebräuchlichen Tiere — Meerschweinchen und Kaninchen — können, wenn die Infektionsgelegenheit sich bietet, an Tuberkulose erkranken. Robert Koch hat schon in seiner ersten Tuberkulosearbeit berichtet, daß er bei 17 Meerschweinchen und 8 Kaninchen Spontanerkrankung an Tuberkulose mit Kavernenbildung gesehen habe. Er betonte, daß zuerst unter vielen Hunderten von Kaninchen und Meerschweinchen, die für Versuchszwecke angekauft waren, kein einziges bei der Sektion tuberkulöse Veränderungen aufwies. Erst nachdem ungeimpfte Tiere mehrere Monate in engen Käfigen denselben Raum mit zahlreichen mit Tuberkulose geimpften teilten, akquirierten sie Tuberkulose.

Römer war der Meinung, daß jedes Meerschweinchen, das etwa 1 Jahr mit infizierten, offene tuberkulöse Ulcerationen aufweisenden zusammensaß, tuberkulös würde.

Rothe berichtete über eine Perlsuchtepidemie unter dem Kaninchenbestande einer Lungenheilstätte. Von 51 Tieren erwiesen sich 26 mit Typus bovinus infiziert. Die Infektion war vermutlich auf Milchfütterung zurückzuführen.

Bang, Guérin und Raymond berichteten über je einen Fall von Tuberkulose beim Kaninchen in Dänemark, Frankreich und Deutschland.

Von 50 Meerschweinchen einer Sendung wurden von FEYERABEND 12 Tiere, von 60 eines späteren Transportes 6 tuberkulös befunden. Wie durch weitere Untersuchungen festgestellt, handelte es sich auch hier um eine Tuberkulose des Typus bovinus. Die Ansteckung war auf den Genuß von Milch einer tuberkulösen Ziege zurückzuführen. Nachdem die Ziege entfernt wurde, hörte die Epizootie auf.

SEIFERT gibt an, daß von den 129 im Pathologischen Institut der Tierärztlichen Hochschule in Dresden 1896—1913 sezierten Kaninchen 4 = 3,1% tuberkulös befunden wurden.

COBBETT hat unter seinen Versuchskaninchen 2 mit spontaner Tuberkulose beobachtet, die durch Typus avium verursacht waren. Die erkrankten Kaninchen wurden mit Meerschweinchen und Geflügel, von dem mehrere Stücke an Tuberkulose eingingen, im gleichen Raume gehalten. Dies ist der erste Bericht über Fälle von spontaner Geflügeltuberkulose beim Kaninchen.

PERLA fand, daß gesunde Meerschweinchen, die mit tuberkulös infizierten in denselben Käfigen gehalten wurden, leicht an spontaner Tuberkulose erkrankten, selbst wenn die Infektionsträger intraperitoneal infiziert wurden und keine offenen Krankheitsherde hatten.

Entgegen diesen Beobachtungen stehen die von REMLINGER, dem es trotz jahrelanger Versuche bei Hunderten von Meerschweinchen niemals gelungen ist, eine natürliche Tuberkuloseübertragung von einem Käfig auf einen anderen herbeizuführen.

Nach COULANDS Erfahrungen können junge Kaninchen sowohl an humaner wie an boviner Tuberkulose spontan erkranken.

DEBRÉ et COSTE fanden bei Meerschweinchen, die lange Zeit (bis 8 Monate) in einem Raum mit Phthisiker sich aufhielten, schwere Lungen- und Bronchialdrüsentuberkulose.

Gelegentlich eines zu anderem Zwecke unternommenen Versuches, Meerschweinchen durch Einatmen eigener verbrauchter Atmungsluft zu sensibilisieren, beobachteten SEWALL und LURIE eine tuberkulöse Erkrankung von gesunden Meerschweinchen, die mit infizierten in demselben Käfig saßen. Neuerdings berichtet SEWALL wiederum über Fälle spontaner Tuberkulose bei Meerschweinchen und glaubt, daß die Infektionsquelle in der Butter zu suchen ist, die die Tiere mit Brot zusammen erhalten haben[1].

FERRAN ist der Meinung, daß gesunde Meerschweinchen, die in hygienisch einwandfreien Ställen gehalten und zweckmäßig ernährt werden, tuberkulosefrei bleiben, auch wenn sie mit tuberkulösen Meerschweinchen den Stall teilen und eine Infektion des Futters durch die kranken Tiere (tuberkulöse Geschwüre der Bauchhaut) unvermeidbar ist.

STANLEY GRIFFITH berichtet über 6 Fälle spontaner Meerschweinchen- und 8 spontaner Kaninchentuberkulose. Bei den ersteren Tieren wurde 5mal der bovine und einmal der menschliche Typus herausgezüchtet. Dagegen

---

[1] Zu berücksichtigen wären noch die letzthin erschienenen Untersuchungen von LUERIE: „Zur experimentellen Epidemiologie der Tuberkulose" (J. exper. Med. **51**, 729, 243, 253, 769). LUERIE fand, daß wenn normale Meerschweinchen mit in die Bauchhöhle infizierten im selben Käfig gehalten werden, der Prozentsatz der Kontaktinfektion mit der Zahl der Tiere pro Käfig wächst. In dichter besetzten Käfigen werden relativ akuter verlaufende Kontaktinfektionen beobachtet. Von 103 Tieren, die bis 32 Monate lang im gleichen Raume, aber nicht im gleichen Käfig mit infizierten Tieren gehalten wurden, erkrankten 15 an Tuberkulose, scheinbar an Inhalationstuberkulose. Ein Minimumkontakt von 8 Monaten war notwendig. Spontane Infektion in infizierten Käfigen führt zu Fütterungstuberkulose, die chronischer ist als Inhalationstuberkulose.
Die Eintrittspforte der Tuberkulose hängt von der Gelegenheit zur intestinalen oder respiratorischen Infektion ab.

verteilten sich die 8 Kaninchenfälle gleichmäßig auf den Typus bovinus und Typus avium.

HARKINS und SALEEBY haben 2 Fälle spontaner Tuberkulose bei Kaninchen beobachtet. In beiden Fällen handelte es sich um Infektionen durch den Typus bovinus. ZLATOGOROFF, PALANTE und KOCHKINE fanden neuerdings, daß zahlreiche Laboratoriumstiere Träger von Streptokokken sind, die unter dem Einfluß äußerer Einwirkungen zu einer virulenten Blutinfektion führen können, dagegen haben sie eine spontane Tuberkuloseinfektion nie beobachtet. In gelegentlich vorkommenden tuberkelähnlichen Bildungen konnten sie ebenfalls keine Tuberkelbacillen nachweisen.

Um über die Häufigkeit des Vorkommens spontaner Tuberkulose bei Versuchstieren ein objektives Bild zu erlangen, habe ich einerseits eine Anzahl von Versuchen selber angestellt, andererseits habe ich letzthin einen diesbezüglichen Fragebogen veröffentlicht, auf den mir von Tuberkuloseforschern aller Länder Äußerungen zugingen[1].

Meine eigenen Beobachtungen und Versuche haben folgendes ergeben: Unter den zahlreichen von mir seit über 30 Jahren sezierten Meerschweinchen und Kaninchen habe ich nur vereinzelte Spontanerkrankungen gesehen. Selbst in diesen Fällen, besonders bei den Meerschweinchen, hielt ich es nicht für ausgeschlossen, daß die uns gelieferten Tiere vielleicht schon vorher anderweitig zum Versuch gebraucht wurden. Wie wenig empfänglich unter Umständen Meerschweinchen für eine Spontanerkrankung an Tuberkulose sein können, hatte ich letzthin erst wieder Gelegenheit zu beobachten.

Bei einer von mir subcutan mit menschlichen Tuberkelbacillen geimpften Versuchsreihe von Meerschweinchen befanden sich zufällig mehrere trächtige Tiere. Die Impfung war 3—4 Wochen vor dem Werfen vorgenommen. 3 der Meerschweinchen haben je 1—3 Junge geworfen. Zur Zeit des Werfens wies eine der Mütter einen offenen tuberkulösen Absceß an der Impfstelle auf. Die jungen, von tuberkulösen Müttern gezeugten Tiere saßen in engen Käfigen bis zu ihrem Tode mit diesen zusammen und wurden von ihnen genährt. Keines dieser wochenlang von mir beobachteten Jungtiere (ihr Gewicht blieb nur zuerst im Vergleich zu denen von gesunden Müttern Geworfenen zurück) wies eine Tuberkulose auf. Ich habe sie zu verschiedenen Zeiten getötet, das letzte als es bereits über 3 Monate alt war. Aus den makroskopisch unveränderten Organen und aus den zuweilen etwas vergrößert erschienenen Drüsen habe ich Ausstrichpräparate untersucht, Kulturen angelegt und Weiterimpfungen vorgenommen. Sämtliche Versuche fielen negativ aus.

Ich will allerdings mit der obigen Beobachtung durchaus nicht das Vorkommen von Spontaninfektion unserer Versuchstiere in Abrede stellen. Erst vor kurzem wurden uns vom Institut für Vererbungsforschung 2 Kaninchen (Marderkaninchen) übergeben, die an spontaner Tuberkulose eingegangen waren. Die Tiere saßen einzeln in Käfigen und wurden mit Milch großgezogen, da die Mutter kurz nach dem Werfen starb.

Die von mir von dem einen dieser Kaninchen herausgezüchtete Kultur (von dem zweiten erhielt ich die Organe bereits in Formalin), war ein hochvirulenter Rindertuberkulosestamm. Über einen ähnlichen Fall von spontaner durch bovine Tuberkulose bedingte Kaninchentuberkulose hat vor kurzem MEYN aus dem Institut von EBER berichtet. Auch in seinem Fall wurde das Kaninchen mit Kuhmilch genährt.

Fasse ich die Ergebnisse der von mir veranstalteten Rundfrage, sowie meine eigenen und die in der Literatur vorliegenden Beobachtungen zusammen,

---

[1] Z. Tbk. **50**, 110 (1928); Ann. Med. **25**, Nr 4, 287 (1929).

so ergibt sich, daß Meerschweinchen und Kaninchen spontan an Tuberkulose erkranken können. Mit welchem Tuberkulosetypus sich die Tiere infizieren, hängt von der sich bietenden Gelegenheit ab. Das für Impftuberkulose sowohl mit menschlichen wie bovinen Stämmen hoch empfindliche Meerschweinchen erkrankt verhältnismäßig seltener an einer Spontantuberkulose als das Kaninchen und besonders das junge Kaninchen. Während beim Kaninchen die Spontaninfektion in erster Linie vom Darm aus erfolgt (durch Verfütterung tuberkulöser Nahrungsmittel) und Darmgeschwüre bildet, finden wir beim Meerschweinchen sehr selten eine ausgesprochene Darmtuberkulose. Die Tuberkelbacillen passieren den Darm dieses Tieres ohne Veränderungen hervorzurufen; erst in den Mesenterialdrüsen treten die ersten Zeichen der tuberkulösen Infektion auf. Auch ist die Spontantuberkulose der Meerschweinchen in den meisten Fällen aerogenen Ursprungs und befällt hauptsächlich die Lunge und die Bronchialdrüsen. Außer der Infektion auf aerogenem und oralem Wege sei hier noch ganz darauf hingewiesen, daß nach den neuesten Arbeiten besonders der französischen Autoren (CALMETTE, VALTIS, COULAND, ARLOING usw.) eine Übertragung von mit Tuberkulose infizierten Elterntieren auf ihre Nachkommenschaft stattfinden kann, und zwar durch die filtrierbaren Formen des Tuberkelbacillus.

Wenn die Spontantuberkulose auch nur selten auftritt, so muß doch jeder experimentell arbeitende Forscher mit dem Bild dieser Erkrankung vertraut sein, um Versuchsfehler bei seiner Arbeit auszuschließen. Die Diagnose beim lebenden Tier ist nicht leicht zu stellen, da die Krankheitserscheinungen wenig charakteristisch sind. Erst kurz vor dem Tode nimmt die Freßlust rapide ab und die Tiere büßen stark an Gewicht ein. Bei der aerogenen Infektion der Kaninchen macht sich eine mehr oder minder starke Dyspnoe geltend. Dagegen stellen sich bei den intestinalen Erkrankungen Durchfälle ein, wobei in den Faeces und im Urin Tuberkelbacillen nachweisbar sind. Mitunter können auch Gelenkerkrankungen auftreten, die Lähmungen bedingen, wie sie von COBBETT für Kaninchen beschrieben sind.

Zur Diagnosestellung wird bei Meerschweinchen nach Angaben von RÖMER die intracutane Tuberkulinprüfung angewandt. Diese Reaktion besteht darin, daß bei tuberkulösen Tieren kurze Zeit nach der intracutanen Einspritzung verdünnten Tuberkulins eine leicht feststellbare Hautreaktion einrtitt, die es ermöglicht, ein tuberkuloseinfiziertes Tier von einem nicht infizierten zu unterscheiden.

Die *Technik* der Reaktion besteht nach RÖMER-JOSEPH darin, daß die zu prüfenden Tiere an einer möglichst pigmentlosen Stelle in etwa fünfmarkstückgroßer Ausdehnung geschoren und mittels eines Enthaarungsmittels (Calciumhydrosulfid) die Haare entfernt werden. Das Präparat Kalkschwefelleber, Calcium sulfuratum (Ca(HS)$_2$) wird mit Wasser zu einem Brei angerührt, der die Haare in wenigen Minuten in eine gallertige Masse verwandelt. Eine zu lange (länger als 2—3 Minuten) Einwirkung des Enthaarungsmittels muß vermieden werden, damit die Haut nicht gereizt, da dadurch die Beurteilung der Reaktion erschwert wird. Nach gründlichem Abwaschen und Abtrocknen der enthaarten Stelle wird in deren Mitte 0,02 ccm staatlich geprüftes Tuberkulin injiziert.

Tuberkulosefreie Meerschweinchen zeigen etwa 24 Stunden nach der Tuberkulininjektion in der Umgebung der Einstichstelle zuweilen Rötung, zum Teil auch eine Schwellung der Haut, die traumatischen Ursprungs sein dürfte und schon nach spätestens 48 Stunden wieder verschwindet. Ein endgültiges Resultat ist erst nach 48 Stunden zu fällen. Bei *tuberkulösen* Meerschweinchen entsteht, je nach der Stärke der Infektion und der Tuberkulinempfindlichkeit, 24 Stunden nach der Impfung eine Schwellung und Verfärbung der Haut um die Einstichstelle, es bildet sich eine Quaddel mit Blutextravasat und nachfolgender Nekrose, die in einigen Tagen allmählich zurückgeht.

Vergleichende Versuche haben ergeben, daß die intracutane Tuberkulinprüfung bei Meerschweinchen und noch in höherem Maße bei Kaninchen doch noch manche Versager aufweist, so daß man bei der Diagnosestellung nur beschränkt auf sie bauen kann (s. HERMANN MÜLLER und ZLATOGOROFF, PALANTE und KOCHKINE).

Während wir bei der künstlichen Infektion, besonders beim subcutanen Impfmodus, mit Leichtigkeit Veränderungen an der Impfstelle feststellen können, ist dies bei der natürlichen Infektion meist nicht der Fall.

Bei der künstlichen Infektion der Meerschweinchen werden in erster Linie Impfstelle, Drüsen und Bauchorgane befallen. An der Impfstelle tritt ein Absceß auf, die Drüsen, besonders die benachbarten sind mehr oder weniger stark vergrößert, mit gelblichen Einsprüngen und Verkäsung. Milz vergrößert, kleinere oder größere graue bis gelbe Knoten aufweisend. Leber zeigt größere oder kleinere, graue, gelbliche, bei hochvirulenten Stämmen galliggrün gefärbte Knoten. In den Ausstrichpräparaten, *man versäume nie, bei der Diagnosestellung solche anzufertigen,* sind in größerer oder kleinerer Anzahl typische Tuberkelbacillen nachweisbar. Die Lunge und die ihr benachbarten Drüsen werden bei der Impftuberkulose des Meerschweinchens erst im späteren Stadium befallen. Eine makroskopisch feststellbare Tuberkulose der Nieren und Geschlechtsorgane tritt nur selten auf.

Bei den spontan mit Tuberkulose infizierten Meerschweinchen kann man dagegen frühzeitig Herde in der primär befallenen Lunge feststellen und eine tuberkulöse Erkrankung der bronchialen und trachealen Drüsen wahrnehmen. Die Tuberkulose der Bauchorgane tritt dagegen in den Hintergrund. Bei der Spontaninfektion der Kaninchen sehen wir gleichfalls eine starke Beteiligung der Lunge und der zugehörigen Drüsen. Erstere ist mitunter völlig durchsetzt mit kleineren und größeren Knoten; es treten miliare Herde sowie auch größere Nekrosen und käsige Pneumonien auf. Auch die Pleura ist am Krankheitsprozeß beteiligt. Von den übrigen Organen sind besonders die Nieren in Mitleidenschaft gezogen, sie weisen (im Gegenteil zum Meerschweinchen) zahlreiche kleinere oder größere Knoten auf.

Erfolgt die Spontaninfektion des Kaninchens auf dem Fütterungswege, so finden wir tuberkulöse Geschwüre im Darm. Besonders sind die Stellen befallen, an denen die großen lymphatischen Platten in der Darmwand liegen, die Eintrittsstelle des Dünndarms in den Dickdarm, die Wand des Processus vermiformis in seiner ganzen Ausdehnung und die Mesenterialdrüsen. Allein auch in diesen Fällen sind sowohl Lunge als Niere frühzeitig stark infiziert, Milz und Leber dagegen weniger in Mitleidenschaft gezogen. Zuweilen tritt tuberkulöse Erkrankung der Gelenke hinzu.

Das histologische Bild der tuberkulösen Organe von spontan befallenen Tieren ist das gleiche wie von den künstlich Infizierten.

Die Diagnose der verhältnismäßig selten auftretenden spontanen Tuberkulose der Meerschweinchen und Kaninchen bietet dem Spezialforscher wenig Schwierigkeiten. Doch möchten wir besonders noch einmal hervorheben, daß die Diagnosestellung durch den Tuberkelbacillenbefund in jedem Fall seine Bestätigung finden muß. Zwecks Bestimmung des Typus müssen Kulturen sowie eventuell weitere Tierversuche vorgenommen werden.

Um eine falsche Diagnosestellung auszuschließen, muß man selbstverständlich auch mit dem Bild der Pseudotuberkulose der Versuchstiere vertraut sein (s. das entsprechende Kapitel), denn es kommen in der Leber und der Milz sowohl von Meerschweinchen wie von Kaninchen mitunter Veränderungen vor, die auf dem ersten Blick eine Tuberkulose vortäuschen können.

Bei *Ratten* und *Mäusen* tritt, wenn auch selten, eine spontane Infektion mit Tuberkulose auf. WEBER hat schon 1891 in Pennsylvania mehr als 1000 Ratten pathologisch-anatomisch untersucht und bei einer Anzahl derselben tuberkulöse Veränderungen der Organe festgestellt. DE JONG war der erste, der bei weißen Mäusen ein wiederholtes Vorkommen spontaner Tuberkulose beobachten konnte, und zwar wurde dieselbe von ihm zuerst bei 3 Mäusen festgestellt, die mit nicht tuberkulösem Material infiziert bald oder kurz nach der

Impfung eingingen. Es fand sich bei diesen Mäusen eine Tuberkulose der Lungen, der Milz, Bronchial- und Mesenterialdrüsen mit zum Teil käsigen Herden, auch die Cöcal- und Portaldrüsen waren bei der einen oder anderen Maus befallen. Die aus den befallenen Mäusen gezüchteten Reinkulturen erwiesen sich als Vogeltuberkulose. Nach dem pathologisch-anatomischen Bild ist es unmöglich festzustellen, mit welchem Tuberkulosetypus das Tier infiziert ist. Nur der Ausfall der Züchtungsversuche vermag darüber Aufschluß zu erteilen.

WEBER und BOFINGER haben einen Fall spontaner Tuberkulose bei einer grauen Maus, bedingt durch Vogeltuberkulose beobachtet. MAX KOCH und LYDIA RABINOWITSCH fanden von 100 frei lebenden Mäusen 18 und von 50 Ratten 6 tuberkulös. Die Tiere stammten aus dem Berliner Zoologischen Garten, und zwar aus den mit Tuberkulose verseuchten Hühnerställen und aus der Fasanerie. Sie waren mit Vogeltuberkulose infiziert.

Die Ratten und Mäuse scheinen sich meist durch Fütterung mit dem bacillenhaltigen Kot von Tieren zu infizieren, wozu ihnen besonders in verseuchten Ställen reichlich Gelegenheit geboten ist. — Auch bei einer weißen Maus wurde eine Spontaninfektion mit Tuberkulose festgestellt.

Das Bild der spontan mit Vogeltuberkulose infizierten Ratten ist durchaus verschieden von der lepraähnlichen Hauterkrankung der Ratten, bei der STEFANSKI säurefeste Bacillen aufgefunden hat, die zu züchten bisher nicht gelungen ist.

STEFANSKI konnte zuerst in Odessa bei einer großen Anzahl Ratten einen Krankheitsprozeß feststellen, der vornehmlich in Haut und Lymphdrüsen lokalisiert war. In den befallenen Partien fand sich stets eine Unmenge ein und derselben Bakterienart, die ihrem färberischen Verhalten nach in die Gruppe der tuberkelbacillenähnlichen Bakterien gehört, und die STEFANSKI als die Urheber jenes eigentümlichen Krankheitsbildes ansah. In den befallenen Drüsen und den erkrankten Hautpartien fanden sich die säurefesten in großen Haufen, wie wir sie nur in Leprapräparaten zu sehen gewohnt sind. Auch das histologische Bild zeigte sich dem bei leprösen Veränderungen nicht unähnlich. Die Züchtung und die Übertragungsversuche sind negativ ausgefallen.

Dieselbe Hauterkrankung der Ratten wurde von LYDIA RABINOWITSCH in Berlin bei Wanderratten, von DEAN in England, von MARCHOUX und SOREL in Paris, von LEBOEUF in Neu-Caledonien und von SCHIWARA, IITOGO und SAKAI in Japan beobachtet.

Literatur.

ARLOING: Riforma med. 43, No 49 (1927).
BANG: Dtsch. Z. Tiermed. u. vergl. Path. 1890, 353. — BRANCH: J. inf. Dis. 40, 533 (1927).
CALMETTE: C. r. Soc. Acad. Paris, 19. Okt. 1925 u. 15. Nov. 1926; Presse méd. 1926, No 90, 5. — COBBETT: J. comp. Path. a. Ther. 26 (1913). — COULAND: Sect d'Etudes Scient. d. d'loeuvre de la Tub. 13. Mai 1922; Ann. Inst Pasteur 38, Nr 7, 581 (1924).
DEAN: Zbl. Bakter. I 34, 222 (1903). — DEBRÉ et COSTE: C. r. Soc. Biol. Paris 1923, No 34, 1098. — DISTASO: C. r. Soc. Biol. Paris 79, 119 (1916).
FERRAN: Rev. Hig. y Tbc. 20, No 230 (1927). — FEYERABEND: Beitr. Klin. Tbc. 29, H. 1 (1913). — FREUND: Z. Hyg. 106, 627 (1926).
GRIFFITH, STANLEY: J. comp. Path. a. Ther. 51 I u. II, 53 u. 109 (1928). — GUÉRIN: L'hyg. d. la viande et du lait. Tome 2. 1908.
HARKINS u. SALUBY: J. inf. Dis. 43, 554 (1929).
JONG, DE: La tuberculose humaine et celle des animaux domestique sout-elles dues à la même espèce microbienne. 11. Congr. internat. Hyg. Brüssel, Sept. 1903.
KOCH, ROBERT: Ätiologie der Tuberkulose. Mitt. ksl. Gesdh.amt 2. Berlin 1884. — KOCH, M. u. LYDIA RABINOWITSCH: Virchows Arch. 190, Beih. — KÖNIG: Sächs. Jber. 1895, 109.
LEBOEUF: Bull. Soc. Path. exot. Paris 5, 463 (1912); Ann. Hyg. et méd. colon. 17, 177 (1914).
MARCHOUX u. SOREL: C. r. Soc. Biol. Paris 72, 169 (1912); Ann. Inst. Pasteur 26, 675 (1912). — MEYN: Z. Pelztierkde 4, Nr 7 (1928). — MÜLLER, HERMANN: Zbl. Bakter. I Orig. 84, 256.
PERLA: J. of exper. Med. 45, 209 (1927).

RABINOWITSCH: Zbl. Bakter. I **33**, 507 (1903). — RAYMOND: Berl. tierärztl. Wschr. **1913**, 308. — REMLINGER: Ann. Inst. Pasteur **7**, 686 (1923). — RÖMER: Beitr. Klin. Tbk. **22** (1912). — RÖMER-JOSEPH: Beitr. Klin. Tbk. **14**, 1 (1909). — ROTHE: Veröff. Koch-Stiftg **1912**, H. 4; Veröff. ksl. Gesdh.amt **4** (1913).
SEWALL: Amer. Rev. Tbc. **18**, Nr 6 (1928). — SEWALL u. LURIE: Amer. Rev. Tbc. **9**, Nr 6 (1924). — SEYFERT: Vet. med. Inaug.-Diss. Dresden-Leipzig **1919**. — STEFANSKY: Wratsch (russ.) **1902**, Nr 47; Zbl. Bakter. I **33** (1903).
VALTIS: C. r. Soc. Biol. Paris **91**, 853 (1924).
WEBER: Comp. med. a. vet. Arch. **12**, 374. New York 1891. — WEBER u. BOFINGER: Tbk.-Arb. ksl. Gesdh.amt, H. 1.
ZLATOGOROFF, PALANTE u. KOCHKINE: Ann. Inst. Pasteur **43**, 12, 1645 (1929).

B. Erkrankungen durch tierische Parasiten.

I. Trypanosomiasen, Spirochätosen und Spirillosen.

Von H. SCHLOSSBERGER und W. WORMS, Berlin.

Mit 10 Abbildungen.

a) Trypanosomen.

Bei den im nachfolgenden zu besprechenden Trypanosomen der im Laboratorium Verwendung findenden Nagetiere handelt es sich durchweg um Arten, die im allgemeinen gar keine oder nur eine geringe krankmachende Wirkung auf die infizierten Individuen ausüben. Als Prototyp dieser Gruppe kann das bei Ratten vorkommende *Trypanosoma lewisi*, eine der am meisten studierten und infolgedessen am besten bekannten Flagellatenarten gelten. Die Mehrzahl der übrigen hierher gehörenden Trypanosomenarten ist dem Trypanosoma lewisi außerordentlich ähnlich. Das Hauptunterscheidungsmerkmal aller dieser Arten besteht in ihrer Anpassung an ganz bestimmte Wirtstiere.

Es wurde deshalb schon mehrfach, vor allem von LAVERAN und seinen Mitarbeitern die Frage aufgeworfen, ob die bei Nagern und auch anderen kleinen Säugetieren vorkommenden Trypanosomen mit Recht als besondere Arten betrachtet werden, ob sie nicht vielmehr durch Adaptation entstandene Unterarten, Spielarten oder Varietäten einer und derselben Art darstellen. Im Sinne dieser Auffassung scheinen besonders die Ergebnisse der auf Anregung LAVERANs von ROUDSKY durchgeführten Untersuchungen zu sprechen, dem es im Gegensatz zu anderen Autoren angeblich gelang, durch Verimpfen von parasitenreichem Blute einerseits das Trypanosoma lewisi von der Ratte auf eine Reihe anderer Nagetiere, in erster Linie auf Mäuse, andererseits das Trypanosoma duttoni von der Maus auf Ratten zu übertragen, sowie durch kreuzweise Reinfektionsversuche an Ratten die Identität dieser beiden Trypanosomenarten zu beweisen. Die von MANTEUFEL, REGENDANZ und KIKUTH und anderen Autoren vorgenommene Nachprüfung dieser Angaben hatte aber ein vollkommen negatives Ergebnis. REGENDANZ und KIKUTH nehmen daher zur Erklärung der Befunde von ROUDSKY an, daß es sich bei den scheinbar gelungenen Übertragungen um zufällige Verwechslungen gehandelt habe. Auffallend ist jedenfalls die von REGENDANZ und KIKUTH hervorgehobene Tatsache, daß ROUDSKY in keiner seiner Veröffentlichungen von erfolgreichen Rückübertragungen der auf Individuen anderer Tierarten verimpften Stämme berichtet hat.

Immerhin muß es aber doch fraglich erscheinen, ob die zahlreichen, negativ verlaufenen Übertragungsversuche einer Reihe von Autoren als unbedingter Beweis gegen die Annahme einer Identität der verschiedenen Nagetiertrypanosomen angesehen werden dürfen. Da bei den bisher angestellten Untersuchungen dieser Art eine experimentelle Übertragung der Infektion von einer Nagetierspezies auf die andere fast ausschließlich durch Verimpfung parasitenhaltigen Blutes versucht worden ist, besteht unseres Erachtens immer noch die Möglichkeit, daß eine solche Übertragung *unter natürlichen Bedingungen*, d. h. durch den *natürlichen Zwischenwirt* stattfinden kann (vgl. YAMASAKI). Solange Experimentalbefunde in dieser Richtung nicht in größerem Umfange vorliegen, ist unserer Meinung nach ein abschließendes Urteil in dieser Frage nicht möglich.

In der nachfolgenden Darstellung wird das Trypanosoma lewisi seiner Bedeutung entsprechend eingehender besprochen. Da die übrigen Nagetiertrypanosomen verhältnismäßig nur selten angetroffen werden, haben wir uns hier im allgemeinen auf eine kurze Anführung der hauptsächlichen bisher bekannten Arten und ihrer Besonderheiten beschränkt.

1. Trypanosoma lewisi (KENT 1880).

Synonyma: Herpetomonas lewisi Kent 1880; Trypanomonas lewisi Labbé 1881; Trypanosoma rattorum Börner 1881; Trichomonas lewisi Crookshank 1886; Trypanosoma sanguinis KANTHACK, DURHAM und BLANDFORD 1898; Trypanomonas murium DANILEWSKI 1889; Trypanosoma (Herpetosoma) lewisi Doflein 1901; Trypanosoma longocaudense Lingard 1906.

Das als Trypanosoma lewisi bezeichnete, auf der ganzen Welt verbreitete *Rattentrypanosom* wurde erstmals von J. B. CHAUSSAT im Jahre 1850 im Blute von Epimys rattus beobachtet, aber fälschlicherweise als Entwicklungsstadium eines Nematoden angesehen. Seine Protozoennatur wurde erst im Jahre 1877 durch T. R. LEWIS in Kalkutta erkannt. In der Folgezeit wurde der Flagellat vor allem bei Epimys rattus L. (Hausratte), Epimys norvegicus Erxl. (Mus decumanus Pall., Wanderratte) und Epimys refuscens Gray (Lewis, A. Lingard) nachgewiesen. Er kommt aber auch bei anderen Arten der Untergattung Epimys z. B. bei Epimys niveiventer (LINGARD), bei Epimys maurus (G. MARTIN, LEBOEUF und ROUBAUD), bei Epimys macleari (DURHAM) und bei Epimys alexandrinus (Dachratte) (YAKIMOFF und KOHL-YAKIMOFF) vor.

α) Häufigkeit des Vorkommens.

Die *Häufigkeit des Vorkommens* infizierter Ratten weist nicht nur in verschiedenen Ländern, sondern auch in verschiedenen Städten zum Teil recht erhebliche Unterschiede auf. So wurde nach einer von GALLI-VALERIO im Jahre 1905 mitgeteilten Zusammenstellung in London bei $25^0/_0$, in Paris bei $6^0/_0$, in Lille bei $50^0/_0$, in Bordeaux bei $100^0/_0$, in Krommenie (Nordholland) bei $90^0/_0$, in Berlin bei $41,8^0/_0$ der untersuchten wilden Ratten das Trypanosoma lewisi festgestellt. Häufig sind die Rattentrypanosomen nach den Angaben des genannten Autors in Alfort, dagegen wurden sie im Veltlin und in Italien (B. GRASSI) nicht gefunden und in St. Petersburg sollen sie nur selten vorkommen. Nach den Befunden von LINGARD, PETRI und AVARI, sowie YAKIMOFF ist die Häufigkeit des Trypanosoma lewisi außerdem aber auch jahreszeitlichen Schwankungen unterworfen; nach den Feststellungen dieser Autoren ist die Prozentzahl der infizierten Ratten während des Sommers höher als in der kalten Jahreszeit. Demgegenüber gibt allerdings BAUNI an, daß er solche jahreszeitlichen Schwankungen nicht beobachten konnte, daß aber nach seinen Ermittelungen die Prozentzahl der infizierten Ratten in verschiedenen Gebäuden eines und desselben Häuserkomplexes erhebliche Unterschiede aufweisen kann.

β) Infektionsverlauf und Morphologie

(vgl. insbesondere RABINOWITSCH und KEMPNER, v. WASIELEWSKI und SENN, LAVERAN und MESNIL, JÜRGENS, FRANCIS, MARTINI, v. PROWAZEK, KUDICKE, WENYON, TALIAFERRO).

Das Trypanosoma lewisi zeichnet sich durch einen bemerkenswerten Formenreichtum aus. Bei weißen Ratten, die häufig spontan infiziert sind (LAVERAN

und MESNIL) und sich besonders durch intraperitoneale Einimpfung parasitenhaltigen Blutes sehr leicht experimentell infizieren lassen, treten die Flagellaten

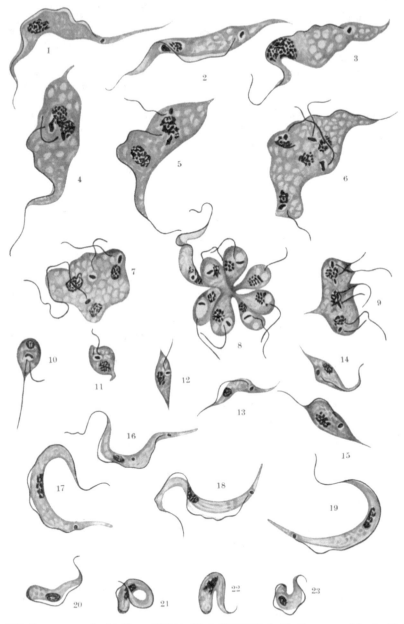

Abb. 247. Trypanosoma lewisi. Vergr. 2000 ×. (Nach WENYON). 1—15: Formen, welche im Blut der
Ratte während der Vermehrungsperiode anzutreffen sind. 16—19: Formen, welche sich im Blut
während des chronischen Stadiums finden. 20—23: Metacyclische Trypanosomen, welche in den
Faeces infizierter Flöhe nachzuweisen sind.

etwa vom 4.—7. Tage nach der Infektion im peripheren Blute auf. Während
des nur kurz, d. h. etwa bis zum 8.—12. Tage dauernden *Vermehrungsstadiums*

sind teils mehr rundliche, teils schlankere Formen von verschiedener Größe, die großenteils in Teilung begriffen sind (s. Abb. 247, 1—15), festzustellen. Die Zahl der Parasiten nimmt in dieser Zeit ständig zu und beträgt schließlich mehrere Hunderttausend in 1 cmm Blut. Ungefähr vom 10. Tage an erfolgt jedoch eine mehr oder weniger rasche Abnahme, wodurch die Zahl der Trypanosomen auf etwa 50 000 im Kubikmillimeter heruntergeht (STEFFAN, TALIAFERRO, REGENDANZ und KIKUTH).

Während des anschließenden sog. *chronischen Stadiums* („Erwachseneninfektion", TALIAFERRO), das etwa 1—4 Monate lang dauert und mit einer zweiten, zur Zerstörung sämtlicher noch vorhandener Trypanosomen führenden Krisis endigt, finden sich im Blute der infizierten Ratten fast ausschließlich die charakteristischen schlanken und infolgedessen lebhaft beweglichen Formen (Abb. 247, 16—19); ihre Länge beträgt einschließlich der freien Geißel, auf die ungefähr $^1/_3$ der Gesamtlänge entfällt, etwa 25 μ, ihre Breite 1,5—3 μ. Das hintere Ende ist scharf zugespitzt. Der rundliche oder ovale Kern liegt ungefähr an der Grenze des mittleren und vorderen Drittels des meist gekrümmten Körpers, während sich der gewöhnlich quer oder schräg zur Längsachse gestellte stäbchenförmige Blepharoplast[1] im hinteren Drittel des Tieres befindet. Die undulierende Membran ist nur wenig entwickelt; ihr Randfaden, der sich als freie Geißel fortsetzt, weist einen ziemlich gestreckten Verlauf auf (s. Abb. 247, 16—19). Bei der Fortbewegung geht das begeißelte Ende gewöhnlich voran. Hinsichtlich der Variabilität des Trypanosoma lewisi vgl. insbesondere TALIAFERRO.

Vermehrung. Eine Vermehrung des Trypanosoma lewisi findet offenbar nicht, wie früher angenommen wurde (JÜRGENS, MAC NEAL u. a.), während des ganzen Infektionsverlaufes, sondern ausschließlich während des, wie bereits erwähnt, nur kurzdauernden Vermehrungsstadiums zu Beginn der Infektion statt (RABINOWITSCH und KEMPNER, v. WASIELEWSKI und SENN, LAVERAN und MESNIL, STEFFAN, TALIAFERRO u. a.). Die Rattentrypanosomen vermehren sich zum Teil ebenso wie andere Trypanosomenarten durch einfache Zweiteilung in der Längsrichtung; vorwiegend erfolgt aber eine mit sog. *Rosettenbildung* einhergehende Art von *multipler* Teilung. Nach der Darstellung von WENYON spielt sich dieser Vorgang in der Weise ab, daß sich in den in dieser Periode auftretenden, mindestens 35 μ langen großen Formen, deren Ursprung noch nicht völlig geklärt ist (Abb. 247, 1—3), zunächst der Blepharoplast und hierauf der Kern teilt, und daß sich dann von dem Tochterblepharoplasten aus ein neuer Randfaden mit undulierender Membran ausbildet. Anschließend daran teilt sich das Cytoplasma zwischen den beiden Geißeln. Aber noch bevor sich das kleine Tochtertrypanosom vollständig abgetrennt hat, setzt häufig in dem Muttertrypanosom eine neue Teilung ein. Wiederholt sich dieser Vorgang mehrfach in rascher Aufeinanderfolge, so entstehen dadurch, daß die jungen Trypanosomen zunächst noch mit den Hinterenden zusammenhängen, charakteristische rosettenförmige Gebilde, die 2, 4, 8 oder 16 Kerne, ebensoviele Blepharoplasten und eine entsprechende Anzahl Randfäden und nach außen gerichtete Geißeln aufweisen (Abb. 247, 4—9). Bei dieser Art der Vermehrung unter Rosettenbildung wandert der Blepharoplast schon vor Beginn der ersten Teilung des Muttertrypanosoms in die Nähe des Kerns; die bei den Teilungen entstehenden Tochterblepharoplasten liegen dann peripher zu den entsprechenden Kernen (sog. Crithidiaform; Abb. 247, 4—11).

Nach der Trennung können die jungen Flagellaten ihrerseits entweder eine runde Form annehmen und sich ebenfalls in der geschilderten Weise teilen

---

[1] Hinsichtlich des Aufbaues des Blepharoplasten aus Kernsubstanz vgl. BRESSLAU und SCREMIN.

(Abb. 247, 10—11) oder aber durch Streckung des Cytoplasmas in die typische Trypanosomenform übergehen. Im letzteren Falle wandert der Blepharoplast allmählich nach dem hinteren Ende des Trypanosomenkörpers (Abb. 247, 12—19).

Pathogenität. Wie schon oben kurz angedeutet wurde, sind Krankheitserscheinungen bei den mit dem Trypanosoma lewisi spontan oder experimentell infizierten Ratten im allgemeinen nicht wahrzunehmen; auch können dementsprechend in den Organen der infizierten Tiere meist keine krankhaften Veränderungen festgestellt werden. Sowohl bei den spontan als auch bei experimentell infizierten Ratten verschwinden die Trypanosomen meist innerhalb von 1—4 Monaten unter Hinterlassung einer Immunität (s. S. 641) für dauernd aus dem Blute. Nach den Befunden von REGENDANZ, sowie LINTON wird der Blutzuckerspiegel der Ratten durch eine Infektion mit Trypanosoma lewisi nicht vermindert. Eine Vererbung der Infektion auf die Nachkommenschaft findet bei den Ratten offenbar nicht statt (BAUNI).

Nach den Mitteilungen verschiedener Autoren (RABINOWITSCH und KEMPNER, JÜRGENS, TERRY, W. H BROWN, STEFFAN) ist allerdings anzunehmen, daß das Trypanosoma lewisi unter natürlichen Verhältnissen aus bisher unbekannter Ursache *gelegentlich pathogen* werden und zu einer in einem hohen Prozentsatz *tödlich* endigenden Erkrankung der infizierten Ratten führen kann. Diese unter natürlichen Bedingungen ausnahmsweise zu beobachtende Erhöhung der Virulenz ist, wie BROWN nachwies, aber offenbar stets nur *vorübergehender* Art und geht bei der passageweisen Fortführung des betreffenden Stammes im Verlauf der weiteren Überimpfungen wieder verloren. Nach den Angaben von WENDELSTADT und FELLMER kann eine solche Virulenzsteigerung der Rattentrypanosomen durch Kaltblüterpassagen (Frösche, Nattern, Eidechsen), nach den Befunden von ROUDSKY durch rasch aufeinanderfolgende Rattenpassagen künstlich hervorgerufen werden.

Von Interesse ist die Feststellung von WENDELSTADT und FELLMER sowie von BROWN, daß bei den Rattentrypanosomen mit der Zunahme der Virulenz auch eine *Änderung ihrer morphologischen Besonderheiten* einhergeht. So konnte BROWN beobachten, daß bei schwerer verlaufenden Infektionen im Blute der befallenen Ratten zahlreiche *kleine* Trypanosomen auftreten, die eine Länge von nur 7—8 μ (ohne Geißel) aufweisen und wahrscheinlich mit den kleinen Formen identisch sind, welche STRICKLAND und SWELLENGREBEL als eine besondere Phase des im Rattenfloh sich abspielenden Entwicklungscyclus der Rattentrypanosomen beschrieben haben (s. S. 643). Häufig wurden von WENDELSTADT und FELLMER sowie von BROWN im Blute der mit einem virulenten Stamm des Trypanosoma lewisi infizierten Ratten auch Individuen mit ungewöhnlich lang ausgezogenem Hinterende gefunden, die von manchen Autoren (E. A. MINCHIN u. a.) wohl fälschlicherweise als besondere Entwicklungsformen angesehen wurden; gelegentlich konnten die genannten Autoren auch ganz schmale und unregelmäßig gestaltete Exemplare, mitunter Individuen mit auffallend kurzem Hinterende und solche mit besonders stark ausgebildeter undulierender Membran und kurzer Geißel, schließlich noch Formen, deren Protoplasma fadenförmig angeordnete chromatinreiche Streifen oder eine wabenförmige Struktur aufwies, feststellen.

Neben diesen morphologischen Änderungen waren bei den durch Kaltblüterpassage oder unter natürlichen Bedingungen in ihrer Virulenz gesteigerten Stämmen des Trypanosoma lewisi nach den Befunden von WENDELSTADT und FELLMER sowie BROWN aber auch noch gewisse Abweichungen hinsichtlich der Vermehrungsvorgänge zu beobachten. Diese bestanden zum Teil in einer Verkürzung der Inkubationsperiode und in einem beschleunigten, mit der Bildung zahlreicher unregelmäßig gestalteter, auch kern- oder blepharoplastloser

Individuen einhergehenden Ablauf des Teilungsprozesses, zum Teil in einer erheblichen Verlängerung des sonst nur wenige Tage lang dauernden Vermehrungsstadiums.

Bei der Obduktion der einer Infektion mit einem virulenten Stamm des Trypanosoma lewisi erlegenen Ratten sind nach den Angaben von BROWN, ROUDSKY u. a. nekrotische Herde in der Leber, ferner eine Vergrößerung der Milz und eine Hyperplasie des Knochenmarks festzustellen. Außerdem wiesen die von BROWN untersuchten Tiere eine akute Enteritis auf.

Wie bereits angedeutet wurde, ist die Frage, ob das Trypanosoma lewisi außer Ratten auch Individuen anderer Tierarten zu infizieren vermag, noch nicht restlos geklärt. Nach den Befunden von KANTHACK, DURHAM und BLANDFORD, R. KOCH, RABINOWITSCH und KEMPNER, MANTEUFEL, REGENDANZ und KIKUTH sind Hunde, Katzen, Kaninchen und Mäuse für die Rattentrypanosomen nicht empfänglich. Dagegen konnten KANTHACK, DURHAM und BLANDFORD bei Meerschweinchen, denen sie parasitenreiches Blut infizierter Ratten injizierten, vom 5. Tage nach der Infektion ab ein vorübergehendes, 2—3 Tage lang dauerndes Auftreten der Flagellaten im Blute feststellen. Während RABINOWITSCH und KEMPNER sowie FRANCIS die Übertragung der Rattentrypanosomen auf Meerschweinchen nicht gelang, hatten LAVERAN und MESNIL, MUSGRAVE und CLEGG, COVENTRY sowie NIESCHULZ und WAWO-ROENTOE bei ihren diesbezüglichen Versuchen positive Ergebnisse. LAVERAN und MESNIL wiesen nach, daß bei den mit Rattentrypanosomen intraperitoneal geimpften Meerschweinchen eine Vermehrung der Parasiten in der Bauchhöhle stattfindet und NIESCHULZ und WAWO-ROENTOE konnten zeigen, daß die Trypanosomen sich ziemlich lange, mindestens 20 Tage lang im Meerschweinchenorganismus halten können. Den letztgenannten Autoren gelang es auch, die Infektion von einem Meerschweinchen auf frische Individuen dieser Tierart zu übertragen; eine Erhöhung der Virulenz des Trypanosoma lewisi für Meerschweinchen wurde dabei indessen nicht beobachtet, so daß die Möglichkeit einer Fortführung der Parasiten in längeren Meerschweinchenreihen ihrer Ansicht nach wohl ausgeschlossen ist.

Schon oben wurde auf die Angabe von ROUDSKY, daß ihm durch rasch aufeinanderfolgende Rattenpassage eine Steigerung der Virulenz des Trypanosoma lewisi für Ratten gelungen sei, hingewiesen. Nach seinen Angaben (s. auch LAVERAN und ROUDSKY, LAVERAN und PETTIT) erwies sich der auf diese Weise erhaltene Stamm des Rattentrypanosoms („Trypanosoma lewisi renforcé") als infektiös nicht nur für Meerschweinchen, sondern auch für Kaninchen, ferner für weiße Mäuse, Feldmäuse (Microtus arvalis Pall., Arvicola agrestis), Waldmäuse (Mus sylvaticus L.), Baumschläfer (Myoxus nitela), Wüstenmäuse (Gerbillus hirtipes, Meriones shawi), Spitzmäuse (Sorex vulgaris) und Springmäuse (Jaculus orientalis). Wie LAVERAN und MESNIL angeben, ist der Infektionsverlauf bei den genannten kleinen Nagetieren nach intraperitonealer Injektion trypanosomenreichen Rattenblutes allerdings sehr verschieden; zum Teil waren die Trypanosomen nur 24—48 Stunden lang im Blute der infizierten Tiere nachweisbar, zum Teil war jedoch eine typische Vermehrung und eine längere Persistenz der Flagellaten zu beobachten. Eine passagenweise Fortführung des Stammes gelang in weißen Mäusen; ROUDSKY gibt an, daß er mehr als 80 Mäusepassagen erzielt habe. Bei einem Teil der Tiere führte die Infektion zum Tode; bei der Obduktion waren eine Milzhypertrophie und Leberveränderungen (lymphoide Umwandlung, Koagulationsnekrosen) festzustellen.

Während ROUDSKY zur Infektion der Mäuse einen in seiner Virulenz gesteigerten Stamm des Trypanosoma lewisi benützte, ist es nach dem Befunde von DELANOË auch möglich, die gewöhnlichen Rattentrypanosomen durch Verimpfen von Blut infizierter Ratten oder von Kulturen im Mäuseorganismus zum Haften zu bringen. Die Weiterimpfung eines solchen Stammes von Maus zu Maus gelang hier allerdings nur in 4 Passagen. Auch BIOT und RICHARD geben an, daß sie Springmäuse (Bipus gerbo) mit Rattentrypanosomen erfolgreich infizierten. Sie konnten bei den Tieren nach einem zum Teil auffallend langen Inkubationsstadium (bis zu 20 Tagen) das Auftreten charakteristischer Teilungsformen und eine etwa 7 Tage lange Persistenz der Parasiten im Blute beobachten; die Trypanosomen erfuhren, wie durch Rückimpfung auf Ratten festgestellt wurde, durch diese Passage durch die Springmaus keine Änderung ihrer morphologischen oder biologischen Besonderheiten. Schließlich wäre hier noch die Angabe von FANTHAM, daß ein von ihm im Blute der südafrikanischen

Wüstenmaus (Tatera lobengula) festgestelltes Trypanosom seiner Meinung nach als eine besondere Rasse des Trypanosoma lewisi anzusehen ist, zu erwähnen.

NAMIKAWA, der Seidenwürmer (Bombyx mori) mit Rattentrypanosomen infizierte, gibt an, daß die Flagellaten im Körper des Seidenwurmes mindestens 8 Tage lang am Leben bleiben und ihre Infektiosität dabei nicht verlieren.

Immunität. Wie bereits oben erwähnt wurde und wie erstmals RABINOWITSCH und KEMPNER festgestellt haben, verschwinden bei den mit dem Trypanosoma lewisi infizierten Ratten die Flagellaten verschieden lange Zeit nach Beginn der Infektion unter Hinterlassung einer Immunität aus dem Blute.

Während C. SCHILLING annahm, daß dabei die Trypanosomen durch die Antikörper niedergehalten, aber nicht abgetötet werden, daß es sich also lediglich um die Ausbildung eines Gleichgewichtszustandes zwischen dem Rattenorganismus und den in ihm enthaltenen Trypanosomen handle („labile Immunität"), konnte MANTEUFEL nachweisen, daß die bei den mit Trypanosoma lewisi infizierten Ratten sich ausbildende Immunität tatsächlich zu einer *Sterilisierung* des Körpers führt. Diese Immunität, die dem Individuum einen Schutz gegen Neuinfektion verleiht, ist nach den Angaben von MANTEUFEL und anderen Autoren allerdings nur von beschränkter Dauer und geht bei manchen Ratten schon nach mehreren Wochen, bei anderen erst nach einer Reihe von Monaten wieder verloren. Ihre Intensität hängt offenbar zum Teil von dem Infektionsverlauf ab; bei einer mehr akut verlaufenden Infektion ist die hernach feststellbare Immunität wesentlich stärker und nachhaltiger als bei den ausgesprochen chronisch verlaufenden Prozessen.

Was das Wesen der Immunität gegenüber dem Trypanosoma lewisi anlangt, so hatten schon RABINOWITSCH und KEMPNER erkannt, daß durch das Überstehen der Infektion das Serum der Ratten spezifische antiparasitäre Eigenschaften erwirbt. LAVERAN und MESNIL sowie MANTEUFEL konnten sodann zeigen, daß sich die schützende Wirkung des Serums solcher Tiere durch mehrfach wiederholte Behandlung mit trypanosomenhaltigem Blute so weit steigern läßt, daß es noch in relativ sehr geringer Menge eine *gleichzeitig* gesetzte Infektion zu verhindern vermag. Im *Heilversuch* an infizierten Ratten war dagegen eine Beeinflussung des Infektionsverlaufes durch solches Immunserum überhaupt nicht oder nur in ganz geringem Grade feststellbar (LAVERAN und MESNIL, MANTEUFEL, REGENDANZ und KIKUTH).

Wird das Serum immuner Ratten mit trypanosomenhaltigem Rattenblut in vitro gemischt, so kommt es innerhalb weniger Minuten zu einer *Agglomeration* der Trypanosomen, die darin besteht, daß die Flagellaten Klümpchen mit nach auswärts gerichteten Geißeln bilden (LAVERAN und MESNIL, PATTON, WOODCOCK, MANTEUFEL, KOKAWA). Nach den Angaben von FRANCIS, LAVERAN und MESNIL, sowie MANTEUFEL wird die Agglomerationskraft des Serums, deren Intensentät bei verschiedenen Tieren recht erhebliche Unterschiede aufweisen kann, durch einstündige Erwärmung auf 58° nicht merklich beeinträchtigt.

Sowohl bei der schützenden wie auch bei der agglomerierenden Wirkung des Immunserums handelt es sich um streng spezifische, d. h. nur auf das Trypanosoma lewisi eingestellte Eigenschaften, die aber unter sich in keinem engeren Zusammenhange stehen (MESNIL und BRIMONT, MANTEUFEL). Auch der Umstand, daß häufig schon einige Zeit vor dem Verschwinden der Trypanosomen die agglomerierenden Substanzen in dem Blute der Ratten auftreten, sowie die Tatsache, daß die unter der Wirkung des Serums verklumpten Trypanosomen vielfach ihre Beweglichkeit nicht verlieren, vielmehr sich später wieder trennen, in anderen Fällen aber nach einiger Zeit unbeweglich werden und zugrunde gehen, spricht dafür, daß die in dem Immunserum enthaltenen Agglutinine mit den schützend wirkenden Antikörpern nichts zu tun haben.

LAVERAN und MESNIL (s. auch MESNIL und BRIMONT, ROUDSKY, DELANOË) nahmen an, daß die Beseitigung der Trypanosomen aus dem Blute der infizierten Ratten und die bei diesen hernach feststellbare Immunität auf einer durch die Antikörper des Immunserums angeregten Phagocytose der Trypanosomen durch die weißen Blutkörperchen beruhe. Nach den Befunden von MANTEUFEL ist jedoch die primäre Phagocytose lebender Trypanosomen eine Ausnahmeerscheinung, die den normalen Bedingungen der Immunität nicht entsprechen kann. MAC NEAL, MANTEUFEL, TALIAFERRO u. a. sind vielmehr der Meinung, daß bei normalem Infektionsverlauf trypanocid wirkende Antikörper im Blute auftreten, und daß diese das schließliche Verschwinden der Parasiten aus der Blutbahn bewirken. Die Phagocytose spielt demnach nur eine sekundäre Rolle, indem sie die durch die trypanocid wirkenden Antikörper extracellulär abgetöteten Trypanosomen und deren Zerfallsprodukte zu beseitigen imstande ist.

Durch eine eingehende Analyse des Infektionsverlaufs und durch fortlaufende Untersuchung des Serums infizierter Ratten konnten W. H. und L. G. TALIAFERRO (s. auch W. H. TALIAFERRO) sowie COVENTRY den Nachweis erbringen, daß neben den trypanocid wirkenden Immunstoffen, welche für die am Schluß der Infektion eintretende Krise verantwortlich zu machen sind, noch besondere Reaktionsprodukte, welche nur die Vermehrung der Rattentrypanosomen hemmen, aber nicht trypanocid wirken, im Blute der infizierten Tiere auftreten. Die genannten Autoren nehmen an, daß das Ausbleiben von Vermehrungsvorgängen während des chronischen Stadiums auf die Wirkung dieser Stoffe zurückzuführen ist.

Es zeigte sich nämlich, daß in frischen Ratten, denen je 2 ccm eines am 10. Tage der Infektion gewonnenen Serums infizierter Ratten zusammen mit gewaschenen Rattentrypanosomen injiziert worden war, die Trypanosomen zwar am Leben blieben, sich aber nicht vermehrten, während bei entsprechender Verwendung von Serum normaler Ratten eine Beeinflussung des Infektionsverlaufs nicht festgestellt werden konnte. Die vermehrungshindernden Substanzen, die nach den Versuchen von COVENTRY etwa vom 5.—35. Tage nach der Infektion in zunehmender, dann in abnehmender Menge im Blute der Ratten festzustellen und bei fraktionierter Ausfällung des Serums in dessen Globulinanteil enthalten sind, unterscheiden sich von anderen Antikörpern dadurch, daß sie in vitro von den Trypanosomen nicht verankert werden. Da bei entmilzten Ratten eine erhebliche Verlängerung des Vermehrungsstadiums zu beobachten war, nehmen REGENDANZ und KIKUTH an, daß das teilungshemmende Reaktionsprodukt vornehmlich in der Milz gebildet wird.

Differentialdiagnostisch von Wichtigkeit ist die Tatsache, daß bei der Infektion der Ratten mit dem Trypanosoma lewisi nur das *Arsenophenylglycin* eine therapeutische Wirkung entfaltet (C. SCHILLING, UHLENHUTH und MANTEUFEL, GONDER, DOBELL, REICHENOW und REGENDANZ). Sämtliche übrigen bei den durch andere Trypanosomenarten hervorgerufenen Infektionen als wirksam bekannten Arsenverbindungen haben ebenso wie die zahlreichen trypanocid wirkenden Substanzen anderer chemischer Körperklassen (Farbstoffe, Germanin, Antimonverbindungen) auf das *Trypancsoma lewisi* keine Wirkung.

Übertragung. Lange Zeit hindurch herrschte die Meinung vor, daß das Trypanosoma lewisi unter natürlichen Verhältnissen in erster Linie durch die Rattenlaus (Haematopinus spinulosus [BURMEISTER]) von Ratte zu Ratte weiter übertragen wird. Diese Auffassung gründet sich vor allem auf Untersuchungen von v. PROWAZEK, der ebenso wie hernach BALDREY, sowie RODENWALDT Entwicklungsvorgänge in der Rattenlaus nachgewiesen zu haben glaubte. Er vermutete, daß die Vermehrung der Flagellaten im Magendarmkanal der Läuse stattfindet, daß dann die Trypanosomen durch das dorsale Blutgefäß in den Larynx gelangen und beim Saugakt in das Blut des Wirtstieres eingepreßt werden.

Wenn auch nach den Beobachtungen von MAC NEAL, NUTTAL, MANTEUFEL, GONDER u. a. die Möglichkeit einer Übertragung der Rattentrypanosomen durch die Laus besteht, so haben sich indessen bei dem weiteren Studium dieser Frage keinerlei Anhaltspunkte für die Annahme von v. PROWAZEK, daß das Trypanosoma lewisi in der Rattenlaus eine geschlechtliche Entwicklung durchmacht, daß also die Rattenlaus als echter Zwischenwirt des Rattentrypanosoms zu bezeichnen ist, ergeben (vgl. insbesondere NUTTAL, STRICKLAND, PATTON, MANTEUFEL, NÖLLER). Vielmehr ist auf Grund der eingehenden Untersuchungen von NÖLLER anzunehmen, daß die Läuse, deren Infektionsfähigkeit nach Abnahme von infizierten Ratten zudem sehr bald erlischt, nur als *mechanische* Verbreiter der Rattentrypanosomen in Frage kommen. Nach seinen Feststellungen sind die von v. PROWAZEK und RODENWALDT in der Rattenlaus

beobachteten „Entwicklungsformen" teils als Degenerationsformen, teils als
eine Art von Kulturform (s. auch SWELLENGREBEL und STRICKLAND) aufzufassen. Da in den Stechwerkzeugen und auch im Blute der Läuse Trypanosomen nie nachzuweisen waren, ist NÖLLER der Meinung, daß eine Übertragung
der Rattentrypanosomen durch Rattenläuse nur durch den Kot und evtl.
durch Verschlucken der Läuse, nicht aber durch den Stechakt geschehen kann.

Wie wir heute wissen, erfolgt die Verbreitung der Rattentrypanosomen fast
ausschließlich durch den *Rattenfloh* (Ceratophyllus fasciatus Bosc.) und andere
an Ratten saugende Flöhe (Ctenophthalmus agyrtes Heller, Ctenocephalus canis
Curtis, Ctenopsylla musculi Dugès, Ceratophyllus- und Pulexarten). Daß die
Flöhe als Überträger des Trypanosoma lewisi in Frage kommen, wurde erstmals
durch RABINOWITSCH und KEMPNER nachgewiesen und hernach durch SIVORI
und LECLER, NUTTAL, SWELLENGREBEL und STRICKLAND sowie SWINGLE
bestätigt. Durch diese Untersuchungen ergab sich, daß die experimentelle
Übertragung der Infektion durch Flöhe viel leichter und sicherer erfolgt als
durch Läuse, daß aber infizierte Flöhe die Infektion nicht durch den Stich,
sondern nur dann übertragen, wenn man sie frei auf frische Ratten setzt [1].

Bei seinen weiteren Versuchen konnte STRICKLAND nachweisen, daß sich
Ratten durch Verschlucken infizierter Flöhe leicht infizieren und nahm dementsprechend an, daß der Verbreitung der Rattentrypanosomen diese Art der
Infektion zugrunde liege. Wenn auch dieser Übertragungsmodus unter natürlichen Verhältnissen sicherlich vorkommt, so stellt er aber zweifellos doch
nicht die gewöhnliche Verbreitungsweise der Rattentrypanosomen dar, denn es
zeigte sich durch die Beobachtungen von MINCHIN und THOMSON, daß ein einziger infizierter Floh verschiedene Ratten hintereinander zu infizieren vermag.

Die endgültige Aufklärung des Übertragungsmechanismus verdanken wir
NÖLLER, dessen Feststellungen hernach von WENYON, MINCHIN und THOMSON
sowie BRUMPT bestätigt wurden. Diese Autoren erbrachten den Beweis dafür,
daß die Trypanosomen nicht in die Speicheldrüsen der infizierten Flöhe eindringen, daß sie sich vielmehr ausschließlich in deren Verdauungstraktus aufhalten und hier einen richtigen Entwicklungscyclus (s. unten), der insgesamt
etwa 5—6 Tage lang dauert, durchmachen. Mit Hilfe gefesselter Flöhe konnte
NÖLLER nachweisen, daß die infizierten Flöhe nach Ablauf dieser Entwicklungs-
periode infektiöse Trypanosomen mit ihren Faeces, die unter natürlichen Verhältnissen auf der Haut der Ratten deponiert und von diesen abgeleckt werden,
ausscheiden, und daß derartige trypanosomenhaltige Kottröpfchen, wenn sie
auf die Zunge frischer Ratten gebracht werden, eine Infektion der Tiere zu
bewirken vermögen. Bei den frisch infizierten Ratten treten die Trypanosomen
nach einem Inkubationsstadium von 5—7 Tagen im Blute auf.

Was den Entwicklungscyclus des Trypanosoma lewisi im Floh anlangt,
so konnten als erste SWELLENGREBEL und STRICKLAND sowie SWINGLE das
Auftreten von *Entwicklungsstadien* im Darmkanal der infizierten Flöhe beobachten. Nach ihren Befunden entstehen zuerst krithidienähnliche, dann rundliche Formen, die sich schließlich in kleine Trypanosomen umwandeln.

Nach den Angaben von MINCHIN und THOMSON, die NÖLLER bestätigte und
ergänzte, sind irgendwelche sexuelle Vorgänge bei der Entwicklung des Trypanosoma lewisi im Floh nicht nachzuweisen. Durch Nahrungsentzug wird die Entwicklung der Rattentrypanosomen im Floh nicht verhindert oder verzögert.
Die erste Entwicklungsphase spielt sich nach den Befunden der genannten

---

[1] Neuerdings gibt YAMASAKI auf Grund von Versuchen mit Hundeflöhen an, daß diese
die Infektion durch den Stich übertragen können. Eine Bestätigung dieser Befunde steht
noch aus.

Autoren in den Epithelzellen des Flohmagens ab, ist aber nach der Annahme von YAMASAKI nicht eine unbedingte Vorbedingung für die Weiterentwicklung im Floh.

Die beim Saugakt mit dem Blute aufgenommenen Trypanosomen verlieren im Magen des Flohes innerhalb der ersten 6 Stunden ihre Infektiosität und bohren sich hernach mit dem Hinterende in die Epithelzellen ein, wo eine Aufrollung des Trypanosoms und anschließend daran durch multiple Teilung die Bildung von Cysten („Kugeln") wechselnder Größe ($3,5$—$24\,\mu$ im Durchmesser), die schließlich 8—10, manchmal aber auch mehr Trypanosomen enthalten, erfolgt. Die durch Bersten der Cysten freiwerdenden Trypanosomen können wieder in neue Epithelzellen eindringen; so gibt NÖLLER auf Grund seiner am Hundefloh (Ctenocephalus canis Curtis) gemachten Feststellungen an, daß die Trypanosomen bei 25^{0} C normalerweise mindestens 2, vielleicht noch mehr intracelluläre Generationen durchmachen. Die intracelluläre Phase des Entwicklungsganges, die etwa 6 Stunden nach Aufnahme der Trypanosomen beginnt, währt nach den Angaben von MINCHIN und THOMSON im allgemeinen etwa 18 Stunden, kann aber gelegentlich auch 4—5 Tage dauern.

Die weitere Entwicklung der Trypanosomen geht in den unteren Darmabschnitten und im Rectum des Flohes vor sich. Bei diesem Überwandern und der anschließenden Festheftung der Trypanosomen am Epithel des Enddarmes erfolgt eine mit Verminderung der Beweglichkeit verbundene Strukturänderung, die in einer Abrundung des vorher spitzen Hinterendes, in einer Verkürzung der Geißel und einer Verlagerung des Blepharoplasten vor den Zellkern (Crithidiaform) besteht. Die Flagellaten, denen es gelungen ist, sich im Dünndarm festzuheften, beginnen nun sich lebhaft zu vermehren, wobei nur Crithidiaformen, und zwar teils sog. *Nektomonaden* (Schwimmformen), teils *Haptomonaden* (Haftformen) gebildet werden, aus welch letzteren dann etwa vom 4. oder 5. Tage ab die infektiösen kleinen Trypanosomen (Abb. 247, 20—23) entstehen. Schließlich ist das ganze Rectum von einem dichten Flagellatenpolster bedeckt. Da dieses ein Hindernis für den durchströmenden Darminhalt bildet, werden, wie NÖLLER ausführt, Tag für Tag große Mengen von verschiedenen Flagellatenformen (Haptomonaden, Nektomonaden, kleine Trypanosomen) losgerissen und mit den Faeces entleert. Der Floh ist nunmehr infektiös und bleibt es, soweit den Trypanosomen die Festsetzung in den unteren Darmabschnitten gelungen ist, lange Zeit hindurch, wahrscheinlich bis zu seinem Tode. Eine Vererbung der Infektion von Floh zu Floh findet nicht statt.

Die Übertragung der Infektion erfolgt nach den Befunden von MINCHIN und THOMSON ausschließlich durch die kleinen Trypanosomen, die schon von SWELLENGREBEL und STRICKLAND beobachtet worden sind. Da die übrigen, im Verdauungskanal des Flohes auftretenden Entwicklungsstadien des Trypanosoma lewisi für Ratten nicht infektiös sind, ist es verständlich, daß eine Ratte sich auch durch Auffressen infizierter Flöhe nur dann infiziert, wenn der Entwicklungsgang des Trypanosoms in diesen bereits abgeschlossen ist.

Während es RABINOWITSCH und KEMPNER, LAVERAN und MESNIL sowie MANTEUFEL, neuerdings auch BAUNI nicht gelang, frische Ratten durch Verfüttern oder durch intrastomachale Einverleibung trypanosomenhaltiger Organe oder parasitenhaltigen Blutes zu infizieren, geben FRANCIS sowie YAKIMOFF und SCHILLER an, daß ihnen die Übertragung der Infektion auf diesem Wege geglückt sei. Auch nach Einträufeln von trypanosomenhaltigem Blute in den Bindehautsack von frischen Ratten konnte MANTEUFEL in keinem Falle ein Auftreten der Trypanosomen im Blute feststellen. Dagegen lassen sich nach seinen Angaben Ratten durch einfaches Aufträufeln parasitenhaltigen Blutes auf die unversehrte Bauchhaut oder aber durch *Einspritzen* infizierten Blutes in die künstlich geöffnete Mundhöhle infizieren. Zur Erklärung dieser widersprechenden Befunde nimmt MANTEUFEL an, daß die Schleimhautsekrete schützende Eigenschaften besitzen, und daß eine Infektion nur dann zustande kommt, wenn die Trypanosomen mit der Schleimhaut des gesunden Tieres in *unmittelbare* Berührung treten.

Kultur. Im Kondenswasser des Kaninchenblutagars von Mac Neal und Novy läßt sich das Trypanosoma lewisi, wie diese Autoren feststellten, sehr gut auch in Passagen züchten. Am besten gelingt die Kultivierung bei einer Zusammensetzung des Nährbodens aus 1—2 Teilen Blut und 1 Teil Agar. Die bei Zimmertemperatur gehaltenen Kulturen des Trypanosoma lewisi zeigen nur ein langsames Wachstum, enthalten aber lange Zeit hindurch lebende Trypanosomen. In den bei 37⁰ gehaltenen Röhrchen ist dagegen der Höhepunkt der Trypanosomenentwicklung schon nach 8—12 Tagen erreicht und ein Absterben der Trypanosomen nach 15—20 Tagen festzustellen. Die Kulturtrypanosomen weisen meist eine leptomonas- oder crithidiaähnliche, gelegentlich eine leishmaniaähnliche Form auf; in älteren Kulturen sind nach den Angaben von Delanoë aber auch Trypanosomen nachzuweisen, die eine weitgehende Ähnlichkeit mit den am Schluß des Entwicklungscyclus im Floh auftretenden kleinen Trypanosomen besitzen. Nicht selten ist in den Kulturen die Bildung von Rosetten, bei denen *die Geißeln der Flagellaten jedoch stets nach innen gerichtet sind*, zu beobachten. Die Infektiosität der in Kulturen gehaltenen Rattentrypanosomen für Ratten bleibt lange Zeit erhalten, nimmt aber später ab und erlischt schließlich vollständig.

2. Trypanosoma duttoni (Thiroux 1905).

Das von dem Trypanosoma lewisi morphologisch nicht unterscheidbare Trypanosoma duttoni kommt bei Mäusen (Mus morio und Mus musculus) vor und ist wohl identisch mit dem Trypanosoma musculi (Kendall 1906) und den von Finkelstein beobachteten Formen, vielleicht auch mit den von Fantham im Blute von Tatera lobengula, der südafrikanischen Wüstenmaus festgestellten Trypanosomen. Im allgemeinen bewirkt es keine Krankheitserscheinungen; ebenso wie das Trypanosoma lewisi bei Ratten kann es aber offenbar gelegentlich tödlich verlaufende Infektionen bei Mäusen verursachen (Pricolo).

Nach Ansicht der meisten Autoren lassen sich Ratten und Meerschweinchen damit nicht infizieren; nur Roudsky (s. S. 635) gibt an, daß ihm die Übertragung des Trypanosoma duttoni auf Ratten gelungen sei. Daß auch beim Trypanosoma duttoni Flöhe als Überträger in Frage kommen, wurde zuerst durch Pricolo nachgewiesen. Wie Brumpt durch Versuche an Schwalbenflöhen (Ceratophyllus hirudinis) feststellen konnte, macht das Trypanosama duttoni in Flöhen einen ähnlichen Entwicklungscyclus durch wie das Trypanosoma lewisi; die Infektion läßt sich auch hier durch Verfüttern der Faeces infizierter Flöhe auf Mäuse übertragen.

Andere Trypanosomenarten wurden in verschiedenen Ländern bei wildlebenden Nagetieren festgestellt, spielen aber für unsere Laboratoriumstiere keine Rolle [Trypanosoma acomys (Wenyon 1909; wohl identisch mit dem von Dutton und Todd 1902 festgestellten Trypanosom), Tr. avicularis (Wenyon 1909), Tr. arvicanthidis (Delanoë 1915), Tr. eburneense (Delanoë 1915), Tr. guist'haui (Delanoë 1915), Tr. xeri (Leger und Baury 1922), Tr. grosi (Laveran und Pettit 1909; erstmals festgestellt von G. Gros 1845), Tr. microti (Laveran und Pettit 1909), Tr. peromysci (Watson 1912), Tr. crocidurae (Brumpt 1923), Tr. acodoni (Carini und Maciel 1915), Tr. blanchardi (Brumpt 1905; wohl identisch mit Tr. eliomys, C. França 1909), Tr. myoxi (R. Blanchard; identisch mit dem von Galli-Valerio 1903 festgestellten Trypanosom, sowie mit dem Tr. blanchardi), Tr. evotomys (Hadwen 1912; s. Watson und Hadwen), Tr. soricis (Hadwen 1912; s. Watson und Hadwen), Tr. acouchii (Brimont 1909), Tr. spermophili (Laveran 1911; identisch mit Tr. citelli, Watson 1912), Tr. otospermophili (Wellman und Wherry 1910), Tr. indicum (Lühe 1906), Tr. rabinowitschi (Brumpt 1906; identisch mit Tr. criceti, Lühe 1906), Tr. bandicotti (Lingard 1904)].

Erwähnt sei nur noch das

3. Trypanosoma nabiasi (Railliet 1895).

Synonyma: Trypanosoma cuniculi Blanchard 1904; Trypanosoma leporis sylvatici Watson 1912.

Dieser erstmals im Jahre 1891 von JOLYET und DE NABIAS aufgefundene, dem Trypanosoma lewisi außerordentlich ähnliche Flagellat wurde bei wilden (Lepus cuniculus L.) und zahmen Kaninchen (Lepus cuniculus domesticus) in verschiedenen europäischen Ländern festgestellt (PETRI, BOSC, LAVERAN und MESNIL, BETTENCOURT und FRANÇA, MANCA, ASHWORTH, MAC GOWAN und RITCHIE u. a.). Die Weiterverimpfung von Kaninchen auf Kaninchen gelingt leicht.

W. v. SCHUCKMANN und W. WORMS (unveröffentlicht) konnten das Trypanosoma nabiasi von spontan infizierten Kaninchen durch intraperitoneale und intravenöse Impfung auf frische Kaninchen übertragen, während eine solche Übertragung auf Meerschweinchen, Ratten und Mäuse nicht gelang. Bei den spontan oder experimentell infizierten Kaninchen verschwanden die Trypanosomen nach einiger Zeit spontan aus dem Blute; bei der 2. Passage traten, falls die Überimpfung überhaupt ein positives Ergebnis hatte, die Trypanosomen stets nur in sehr geringer Zahl im Blute der Kaninchen auf, um ebenfalls nach einiger Zeit wieder zu verschwinden.

Nach BRUMPT ist der Kaninchenfloh (Spilopsyllus cuniculi) der natürliche Überträger.

Von CAZALBOU (1913) wurde einmal im Blute eines Kaninchens ein 80 μ langer, von ihm als *Trypanosoma gigas* bezeichneter Flagellat mit breiter undulierender Membran und ovalem, in der Mitte gelegenem Kern festgestellt. Eine Bestätigung dieser Angaben von anderer Seite liegt bis jetzt nicht vor.

b) Spirochäten und Spirillen.

Wenn auch die Spirochäten und Spirillen hinsichtlich ihrer morphologischen und biologischen Eigenschaften mancherlei Ähnlichkeiten untereinander aufweisen und deshalb in einem Abschnitt zusammen abgehandelt werden, so muß doch von vornherein darauf hingewiesen werden, daß nach dem heutigen Stande unseres Wissens (vgl. ZUELZER, SOBERNHEIM und LOEWENTHAL) zwischen diesen beiden Protistengruppen prinzipielle Unterschiede bestehen, die eine solche gemeinsame Besprechung eigentlich nicht gerechtfertigt erscheinen lassen. Wenn dies trotzdem geschehen ist, so war hierfür vor allem der Gesichtspunkt maßgebend, daß das vorliegende Handbuch in erster Linie praktischen Bedürfnissen dienen und im Bedarfsfalle die Erkennung und Unterscheidung fraglicher Mikroorganismen ermöglichen soll. Da nun in differentialdiagnostischer Hinsicht gerade zwischen Spirochäten und Spirillen Verwechslungen sehr leicht möglich sind, glaubten wir aus Zweckmäßigkeitsgründen die in systematischer Beziehung bestehenden Bedenken zurückstellen und die beiden Gruppen in einem Kapitel zusammen besprechen zu sollen. Dagegen sind die Cristispiren (J. GROSS), Cristispirellen und ähnliche zu den Bakterien gehörige Mikroorganismen, wie z. B. die von HOLLANDE im Dünndarm, gelegentlich auch im Dickdarm von Meerschweinchen aufgefundene Cristispirella caviae in die nachfolgende Zusammenstellung nicht aufgenommen worden.

Die der von D. C. G. EHRENBERG 1833 aufgestellten Gattung Spirochaeta angehörenden Mikroorganismen sind nach O. BÜTSCHLI sowie ZUELZER dadurch charakterisiert, daß ihr Körper von einer plasmatischen Spirale gebildet wird, die schraubenförmig in regelmäßigen Touren einen zentral gelegenen, geradegestreckten elastischen Achsenfaden umwindet. ,,Das contractile Plasma stellt das aktiv bewegliche Element bei der Spirochätenbewegung dar, während der zentrale Achsenfaden, obwohl auch er elastisch und flexibel ist, mehr das Bestreben hat, möglichst gerade gestreckt zu bleiben und so bei allen den mannigfaltigen Bewegungen der Spirochäte als Antagonist zu funktionieren." ,,Der Achsenfaden ist niemals, wie gelegentlich vermutet wurde, chromatisch, er ist vielmehr eine strukturlose Fibrille, welche der nackten, d. h. von keiner morphologisch differenzierten Membran umgebenen plasmatischen Spirochätenzelle als formgebendes Skelett und Stützelement dient, ähnlich wie dies bei den Achsenstäben vieler Flagellaten, z. B. Lamblia und Trichomastix der Fall ist. Der Achsenfaden vermag sich nur in seiner Längenausdehnung zu kontrahieren und streckt die verschlungenen, oft ganz ineinander verwickelten Spirochäten immer wieder in ihre ursprüngliche Ruhestellung gerade aus" (ZUELZER).

Im Gegensatz zu den plicatilis- und recurrentisähnlichen Spirochäten, deren Plasma, wie ZUELZER und PHILIPP festgestellt haben, dünnflüssig, d. h. im Solzustand befindlich ist und chromatische Elemente beherbergt, und die darum schon im Hellfeld bei durchfallendem Licht erkennbar sind, ist das Plasma der pallidaähnlichen und der Weilspirochäten achromatisch und zähflüssig, d. h. im Gelzustand, darum so schwach lichtbrechend, daß die Organismen nur bei Dunkelfeldbeleuchtung wahrgenommen werden können. Durch diese Verschiedenartigkeit des Phasenzustandes des Plasmas erklären sich die bei den einzelnen Arten des Genus Spirochaeta zu beobachtenden Unterschiede hinsichtlich der Fortbewegungsweise. Während bei den recurrentis- und plicatilisähnlichen Spirochäten ähnlich wie bei den Amöben in dem dünnflüssigen Plasma lebhafte Strömungen, welche die Fortbewegung verursachen, zu beobachten sind, bewegen sich die Weilspirochäten, deren Plasma sich im extremen Gelzustand befindet, nur ausnahmsweise durch schlängelnde Bewegungen ihres ganzen Körpers vorwärts; vielmehr kommt bei ihnen die Fortbewegung hauptsächlich durch die Eigenbeweglichkeit ihrer lebhaft schlagenden Enden zustande.

Da durch die Untersuchungen von ZUELZER nicht nur bei den plicatilis-, pallida- und recurrentisähnlichen Spirochäten, sondern auch bei dem Erreger der WEILschen Krankheit und dem diesem nahestehenden Mikroorganismen der Nachweis des oben geschilderten Baues erbracht wurde, besteht kein Anlaß, die von NOGUCHI vorgeschlagene Abtrennung eines besonderen Genus Leptospira zu akzeptieren, vielmehr sind nach den Nomenklaturregeln sämtliche genannten Spirochätenarten wegen ihres einheitlichen Baues dem Genus Spirochaeta zuzuweisen. Ein gewisser Unterschied besteht nur, wie oben erwähnt wurde, hinsichtlich der Art der Fortbewegung, weshalb lediglich aus praktischen Gründen die Aufstellung einer besonderen Untergruppe Leptospira des Genus Spirochaeta, in der die Weilspirochäte und die ihr nahestehenden Arten zusammenzufassen wären, in Betracht kommen könnte.

Während alle Spirochäten nackte plasmatische Gebilde darstellen, sind die Spirillen ebenso wie die Zellen aller anderen Bakterien von einer Membran bekleidet, die in seltenen Fällen flexibel sein kann. Zur Fortbewegung besitzen die Spirillen end- oder seitenständige Geißeln, deren feinster Bau, worauf als erster O. BÜTSCHLI hingewiesen hat, mit dem Aufbau einer ganzen Spirochätenzelle übereinstimmt.

Saprophytische Spirochäten und Spirillen haben, obwohl sie keine strengen Anaerobier sind, eine gewisse Vorliebe für organische Substrate, die in Fäulnis begriffen sind und infolge des Eiweißabbaues neben Nitriten, Nitraten und Ammoniak noch Schwefelwasserstoff enthalten. Da diese Eigenschaft, in solchen Medien leben zu können, nur bestimmten Gruppen von Mikroorganismen zukommt, findet hier eine Überwucherung der Spirochäten und Spirillen durch andere Keime nicht so leicht statt. Dadurch wird es verständlich, daß man deratige saprophytische Spirochäten und Spirillen vor allem in organisch verunreinigtem und deshalb fäulnisfähigem Wasser, z. B. auch an selten benutzten Leitungshähnen, an denen sich kleine Schleimpfröpfe bilden, ferner in cariösen Zähnen, in ulcerierenden Geschwülsten, im Darm u. dgl. findet. Im Wasser leben, wie ZUELZER nachwies, die Spirochäten, die selbst nicht imstande sind, aus dem sie umgebenden Schwefelwasserstoff Schwefel abzuscheiden, sehr häufig vergesellschaftet mit Beggiatoa und Thiospirillum, die zur Abspaltung elementaren Schwefels befähigt sind.

In biologischer Hinsicht besteht zwischen den parasitischen Spirillen und manchen Spirochätenarten, besonders den Spirochäten vom Typus der Spirochaeta pallida insofern eine gewisse Ähnlichkeit, als bei den mit diesen Mikroorganismen infizierten Tieren eine Sterilisierung des Körpers durch aromatische Arsenverbindungen, vor allem durch Salvarsanpräparate erzielt werden kann (Literatur bei SCHLOSSBERGER). Bei den durch parasitische Spirochäten vom Typus der Spirochaeta recurrentis hervorgerufenen Infektionen haben diese Arsenverbindungen indessen zum Teil nur eine vorübergehende Wirksamkeit. Während nämlich die mit der Spirochaeta obermeieri infizierten Tiere durch Salvarsan und seine Derivate von den Erregern offenbar restlos befreit werden können, ist bei den mit der Spirochaeta duttoni, der Spirochaeta hispanica und der Spirochaeta crocidurae infizierten Tieren nach Anwendung dieser organischen Arsenikalien vielfach lediglich ein temporäres Verschwinden der Parasiten aus der Blutbahn, meist aber ein Persistieren der Erreger im Gehirn festzustellen (A. Buschke und H. Kroó, J. L. Kritschewski und M. A. Ljass, Y. Tomioka, P. Manteufel, F. Johannessohn, H. Schauder, Schlossberger und Wichmann). Bemerkenswerterweise kann aber bei den mit diesen Spirochätenarten infizierten Versuchstieren (Mäusen) durch manche Goldverbindungen (Solganal, Sanocrysin) eine Sterilisierung bewirkt werden (G. Steiner und V. Fischl, F. W. Wichmann [s. bei Schlossberger]). Im Gegensatz zu den Spirochäten vom Typus der Spirochaeta pallida, der Spirochaeta recurrentis und den Spirillen werden die Spirochäten vom Typus der Spirochaeta icterohaemorrhagiae durch organische Arsen- und durch Goldverbindungen in vivo gar nicht beeinflußt. Nach den Feststellungen von R. Sazerac, H. Nakamura und M. Kitchevatz, sowie P. Uhlenhuth und W. Seiffert ist aber eine Heilung der durch diese Mikroorganismen bedingten Infektionen durch Wismutpräparate zu erzielen, die bei den mit Rückfallfieberspirochäten oder mit Spirillen infizierten Tieren gar keine bzw. nur eine sehr geringe, bei den durch Spirochäten vom Typus der Spirochaeta pallida hervorgerufenen Prozessen nach den Befunden von W. Kolle wahrscheinlich keine sterilisierende, sondern nur eine entwicklungshemmende Wirkung ausüben.

Hinsichtlich der Züchtung der Spirochäten und Spirillen in künstlichen Nährböden vgl. Zuelzer, Collier, Mühlens, Uhlenhuth und Fromme.

Bei den für experimentelle Forschungen verwendeten Nagetieren werden unter natürlichen Bedingungen gelegentlich Spirochäten der verschiedenen Typen und auch Spirillen teils als reine Saprophyten, teils als Parasiten angetroffen. Dieser Umstand kann bei experimentellen Spirochäten- und Spirillenuntersuchungen in Anbetracht der weitgehenden morphologischen Ähnlichkeit, welche diese spontan vorkommenden Arten mit den zu den Versuchen verwendeten Mikroorganismen aufweisen können, naturgemäß leicht zu Verwechslungen und irrtümlichen Schlußfolgerungen führen. So sei z. B. daran erinnert, daß es sich bei den von C. Levaditi und A. Marie durch Verimpfung von Paralytikerblut auf Kaninchen nachgewiesenen Spirochäten entgegen der Annahme dieser Autoren wohl nicht um einen neurotropen Syphilisstamm, sondern allem Anschein nach um die pallidaähnliche Spirochaeta cuniculi handelte, daß also die von den französischen Forschern verwendeten Kaninchen aller Wahrscheinlichkeit nach schon vor der Impfung mit der spontanen Kaninchenspirochätose behaftet waren (F. Jahnel, A. Klarenbeek, F. Plaut und P. Mulzer). Derartige Selbsttäuschungen, die besonders auch deshalb leicht möglich sind, weil die spontanen Spirochäten- und auch Spirilleninfektionen größtenteils völlig symptomlos verlaufen, lassen sich nur durch vorherige eingehende Untersuchung und Beobachtung der Versuchstiere auf Grund genauer Kenntnis der in Frage kommenden Arten vermeiden.

1. Spirochäten vom Typus der Spirochaeta buccalis und der Spirochaeta recurrentis.

a) Saprophytische Arten.

Saprophytisch lebende Spirochäten vom Typus der Spirochaeta buccalis wies Drescher bei dem größten Teil der von ihm untersuchten *Meerschweinchen* in der Mundhöhle nach. Die Mehrzahl der festgestellten Spirochäten gehörte der Varietas undulata (Gerber), ein kleinerer Teil der Varietas tenuis (Gerber) der Spirochaeta buccalis Cohn an. Bemerkenswerterweise fehlten die Spirochäten regelmäßig in der Mundhöhle junger, bis zu 4 Wochen alter Tiere.

Im Gegensatz zu den Meerschweinchen wiesen Kaninchen, Ratten und Mäuse nach den Feststellungen von Drescher keine Spirochäten in der Mundhöhle auf. Auch KLARENBEEK gibt an, daß er in der Mundhöhle von Kaninchen zwar fusiforme Bacillen, aber keine Spirochäten gefunden habe.

Nach den an Meerschweinchen, Kaninchen und Mäusen erhobenen Befunden von BÉRENSKY sind bei diesen Nagern Speiseröhre und Magen frei von Spirochäten. Dagegen sind nach seinen Angaben bei den genannten Tieren im übrigen Teil des Verdauungskanals häufig verschiedenartige Spirochäten festzustellen. Ebenso konnte NAKANO im Darm von Hausratten, zahmen Ratten und Mäusen zwei verschiedene Spirochäten, von denen die eine dem Typus buccalis angehören dürfte, nachweisen.

ZUELZER und OBA geben an, daß sie im Darm von Kaninchen und im Blinddarm von Meerschweinchen (s. auch SANARELLI) Spirochäten gefunden haben,

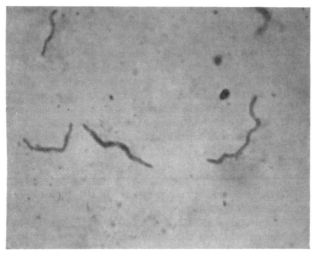

Abb. 248. Spirochäten vom Typus der Spirochaeta buccalis im Urin wilder Ratten. (Phot. M. ZUELZER; Vergr. 2000 ×).

welche im Aussehen, in der Bewegung und Färbbarkeit teils mit der im Munde des gesunden Menschen häufig vorkommenden Spirochaeta buccalis inaequalis, teils mit der Recurrensspirochäte übereinstimmten.

Ähnliche, außerdem auch pallidaartige Organismen wurden von ZUELZER (ined.) gelegentlich auch im Urin sowie im Kote von wilden Ratten, ferner in den Nieren von Meerschweinchen festgestellt (s. Abb. 248). Die Verimpfung solchen spirochätenhaltigen Urins oder der Nieren spirochätenausscheidender Ratten auf zahme Ratten, Mäuse, Meerschweinchen und Kaninchen, sowie auf Nährböden hatte stets ein negatives Ergebnis (SCHLOSSBERGER, ined.).

Nach den Befunden von SAVINI kommen bei Mäusen gelegentlich recurrentisähnliche Spirochäten im Darm vor. Seiner Meinung nach können diese unter gewissen Umständen, z. B. unter dem Einfluß einer anderen Infektion ins Blut übertreten. So gibt er an, daß er bei einer naganaifizierten Maus (Trypanosoma brucei) das Auftreten von Spirochäten, die eine durchschnittliche Länge von 15—16 μ, eine Breite von 0,3 μ und je etwa 10 Windungen aufwiesen, im Blute beobachten konnte; er nannte die Art „Spirochaeta naganophila". Über einen ähnlichen Befund bei einer trypanosomeninfizierten Maus berichtete später VINCENT; die von diesem Autor festgestellten Spirochäten (Länge 8—20 μ, 4—9 Windungen) wurden mit Erfolg auf Ratten, Mäuse und auch auf einen Paralytiker verimpft.

β) Parasitische Arten.

Spirochaeta recurrentis. Nachdem O. OBERMEIER im Jahre 1868 den Erreger des sog. europäischen Rückfallfiebers, die nach ihm benannte Spirochaeta obermeieri Cohn 1875 erstmals festgestellt und im Jahre 1873 beschrieben hatte, wurden später in zahlreichen, besonders tropischen Ländern bei ähnlich verlaufenden Erkrankungen des Menschen ebenfalls Spirochäten festgestellt, die zwar bezüglich ihrer morphologischen Eigentümlichkeiten mit der Spirochaeta obermeieri weitgehend übereinstimmen, die sich aber zum Teil durch die Art ihrer Übertragung, durch ihre Tierpathogenität und ihre sonstigen biologischen Eigenschaften, vor allem in immunisatorischer Hinsicht von der Spirochaeta obermeieri unterscheiden und deshalb als besondere Arten zu betrachten sind.

Eine kurze Aufführung der bisher bekannten Arten von Recurrensspirochäten erscheint an dieser Stelle deshalb angebracht, weil nach Ansicht verschiedener Autoren (R. KOCH, DARLING, NICOLLE und ANDERSON; vgl. MÜHLENS) kleine Nagetiere, in erster Linie Mäuse und Ratten als Spirochätenzwischenträger eine bedeutsame Rolle spielen dürften.

Die Recurrensspirochäten sind lebhaft bewegliche, mehrfach gewundene fadenförmige Gebilde (hinsichtlich des Aufbaues vgl. ZUELZER), die eine Länge von etwa 10—20 μ, eine Breite von 0,3—0,5 μ und 4—10 Windungen von etwa 2—2,5 μ Weite aufweisen. Größe und Dicke der einzelnen Spirochäten sind in weitgehendstem Maße vom umgebenden Medium abhängig. So ist die Recurrensspirochäte in der Maus feiner als beim Menschen, bei dem sie chromatinreicher ist. Es gelang ZUELZER der Nachweis des Achsenfadens nur bei Recurrensspirochäten aus Reinkulturen, vermutlich weil sie dort am chromatinärmsten sind.

Im allgemeinen verursachen die Recurrensspirochäten beim Menschen und bei Individuen empfänglicher Tierarten sog. Anfälle, die in einer Ausschwemmung mehr oder weniger reichlicher Erreger in die Blutbahn und meist in einer damit einhergehenden Steigerung der Körpertemperatur bestehen und in der Regel mit einer Krise endigen; der klinische Verlauf, vor allem die Zahl und die Dauer der Anfälle sind beim Menschen und den spontan oder experimentell infizierten empfänglichen Tieren von der Art und der Virulenz des Erregers, daneben aber auch von individuellen Faktoren abhängig (vgl. RUGE, MÜHLENS). Dadurch sind auch die hinsichtlich der Heilbarkeit der Erkrankung bestehenden Unterschiede bedingt. So sei hier nur kurz darauf hingewiesen, daß die Erreger des zentralafrikanischen (A. BUSCHKE und H. KROÓ, J. L. KRITSCHEWSKI und M. A. LJASS u. a.) und des spanischen Rückfallfiebers (SCHLOSSBERGER und WICHMANN) regelmäßig in das Zentralnervensystem der befallenen Individuen eindringen und dort lange Zeit hindurch, vielleicht lebenslänglich persistieren. Erwähnt sei noch, daß eine Infektion mit Rückfallfieberspirochäten bei Individuen mancher Tierarten offenbar auch ohne nachweisbare Ausschwemmung der Erreger in die Blutbahn einhergehen, sich vielmehr auf eine Ansiedlung der Parasiten in den inneren Organen, vor allem im Gehirn beschränken kann (SCHLOSSBERGER und WICHMANN).

Der Nachweis der Recurrensspirochäten erfolgt durch mikroskopische Untersuchung (Dunkelfeld, gefärbte Präparate; s. bei COLLIER, RUGE, MÜHLENS) oder durch Verimpfung des Blutes oder der Organe auf geeignete Versuchstiere. Die Identifizierung eines Stammes geschieht durch Feststellung seiner Pathogenität für verschiedene Tierarten, vor allem aber durch Prüfung seiner immunisatorischen Eigenschaften durch kreuzweise Immunisierungsversuche mit Hilfe bekannter Stämme der verschiedenen Arten von Rückfallfieberspirochäten.

Eine Übersicht über die hauptsächlichsten Arten von Recurrenserregern, ihre Überträger und über ihre krankmachenden Eigenschaften für Versuchstiere gibt die nachfolgende Tabelle.

Tabelle 1.

Bezeichnung der Spirochätenart	Bezeichnung der Erkrankung	Übertragbar auf	Nicht übertragbar auf	Natürlicher Überträger
Spirochaeta obermeieri (COHN 1875 [syn. Spirochaeta recurrent. LEBERT 1874])	Europäisches Rückfallfieber	Affen Weiße Ratten Weiße Mäuse Kaninchen	Braune Ratten Meerschweinchen Fledermäuse Hunde Katzen usw.	Pediculus vestimenti Pediculus capitis Phthirius pubis? Cimex lectularius
Spirochaeta hispanica (S. DE BUEN 1922 [s. S. 652])	Spanisches Rückfallfieber	Affen Ratten Mäuse Kaninchen Meerschweinchen	Schweine	Ornithodorus marocanus
Spirochaeta hispanica var. marocana (NICOLLE u. ANDERSON 1928 [s. S. 652])	Marokkanisches Rückfallfieber	Affen Ratten Mäuse Meerschweinchen	—	Ornithodorus marocanus
Spirochaeta berbera (ED. SERGENT u. FOLEY 1910) wohl identisch mit Spirochaeta aegyptica (DREYER 1910)	Nordafrikanisches Rückfallfieber	Affen Ratten Mäuse Kaninchen (vorübergehd.)	Meerschweinchen	Pediculus vestimenti Pediculus capitis Ornithodorusarten?
Spirochaeta duttoni (Novy und KNAPP 1906)	Zentralafrikanisches Rückfallfieber	Affen Ratten Mäuse Kaninchen (vorübergehend) Meerschweinchen (vorübergehd.) Pferd Hund Ziege Hamster	—	Ornithodorus moubata
Spirochaeta novyi (SCHELLACK 1907)	Nordamerikanisches Rückfallfieber	Affen Ratten Mäuse	Kaninchen Meerschweinchen	Läuse Zecken?
Spirochaeta carteri (MACKI 1907 [wohl identisch mit Spirochaeta obermeieri])	Indisches Rückfallfieber	Affen Ratten Mäuse Kaninchen Meerschweinchen Eichhörnchen	Ziege	Pediculus vestimenti
Spirochaeta neotropicalis (BATES und ST. JOHN 1922 [wohl identisch mit Spirochaeta venezuelensis BRUMPT 1921])	Mittelamerikanisches Rückfallfieber	Affen Ratten Mäuse	Meerschweinchen	Ornithodorus turicata

Wie schon aus der vorstehenden Zusammenstellung hervorgeht, nehmen die als Erreger des in der Gegend von Toledo und Cordoba endemisch vorkommenden spanischen Rückfallfiebers, die Spirochaeta hispanica S. de Buen 1922 und ihre marokkanische Varietät, die Spirochaeta hispanica var. marocana (Nicolle und Anderson 1928) unter den Recurrensspirochäten dadurch eine Sonderstellung ein, daß sie nicht nur bei Ratten und Mäusen, sondern auch bei experimentell infizierten Meerschweinchen zu einer starken Vermehrung der Parasiten im Blute führen und zudem bei den letztgenannten Tieren Fieberanfälle auslösen (Nicolle und Anderson, Schlossberger und Wichmann). Eine weitere meerschweinchenpathogene recurrensähnliche Spirochäte ist die Spirochaeta sogdianum (Nicolle und Anderson 1928). Die Abgrenzung der Spirochaeta marocana als besondere Unterart ist dadurch begründet, daß sie bei Tieren, welche eine Infektion mit der Spirochaeta hispanica überstanden haben, zu typischen Erkrankungen führt. Umgekehrt bewirkt aber die Spirochaeta marocana bemerkenswerterweise einen Schutz gegen eine Reinfektion mit der Spirochaeta hispanica (Nicolle und Anderson).

Auf einzelne, bei ausländischen Nagetieren gelegentlich gefundene Spirochätenarten [Spirochaeta gondii (Nicolle 1907), Spirochaeta crocidurae (A. Leger 1917; s. auch M. Leger, A. Leger und Le Gallen, Schlossberger und Wichmann), Spirochaeta normandi (Nicolle, Anderson und Colas-Belcour 1927), Spirochaeta raillieti (Mathis und Leger 1911)] soll hier nicht eingegangen werden. Erwähnt sei nur noch, daß in vereinzelten Fällen im Blute von *Meerschweinchen* Spirochäten festgestellt wurden [Spirochaeta caviae (San Giorgi 1913); s. auch de Gaspari, Macfie und Johnston], die allem Anschein nach, wenigstens zum Teil, dem Typus der Spirochaeta recurrentis angehören.

2. Spirochäten vom Typus der Spirochaeta pallida (Subgenus Treponema).

α) *Saprophytische Arten.*

In der Mundhöhle von *Meerschweinchen* konnte Drescher bei der überwiegenden Mehrzahl der von ihm untersuchten Tiere Spirochäten nachweisen, die nach ihren morphologischen Eigenschaften der beim Menschen vorkommenden feinen Zahnspirochäte, Spirochaeta dentium (Koch), Varietas dentium und Varietas denticola (Gerber) entsprachen. Bei jungen, d. h. weniger als 4 Wochen alten Meerschweinchen fehlten die Spirochäten regelmäßig. Die Mundhöhle von Kaninchen, Ratten und Mäusen erwies sich, wie bereits oben (S. 648) erwähnt, als frei von Spirochäten.

Nach den Angaben von Nakano, Zuelzer und Oba, Delamare, Djemil und Achitouv sowie Sabrazès finden sich der pallidaartigen Mundspirochäte des Menschen (Spirochaeta denticola) ähnliche Mikroorganismen im Darm von Hausratten, zahmen Ratten, Mäusen und Meerschweinchen. Vermutlich handelt es sich hier um dieselben Spirochäten, die Lebailly vor allem im Rectum von Vögeln, gelegentlich und in geringerer Anzahl aber auch im Mastdarm von Meerschweinchen, Ratten, Mäusen, Kaninchen und Igeln gefunden und als *Spirochaeta (Treponema) lari* bezeichnet hat.

β) *Parasitische Arten.*

Spirochaeta cuniculi (Treponema pallidum varietas cuniculi (Klarenbeek) = Spirochaeta cuniculi (Kolle, Ruppert und Möbus).

Bezeichnungen der Erkrankung und des Erregers derselben: Rabbit natural syphilis (Ross), desgleichen Syphilis naturelle du lapin (Perkel), Kaninchenspirochätose bzw.

Spirochaetosis cuniculi (ARZT und KERL, wie SEIFRIED), Paralues cuniculi und Spirochaeta paralues cuniculi (JACOBSTHAL), originäre geschlechtlich übertragbare Kaninchensyphilis (SCHERESCHEWSKY und WORMS), Kaninchentreponemose oder Lues cuniculi und Treponema paralues varietas cuniculi (KLARENBEEK), spontane Kaninchensyphilis und Spirochaeta cuniculi (KOLLE, RUPPERT und MÖBUS), sog. Kaninchensyphilis (SEITZ), venerische Kaninchenspirochätose und Treponema cuniculi (NOGUCHI), Genitalspirochätose des Kaninchens (LERSEY und KUCZYNSKI wie auch ZUELZER), spontane Spirochätose des Kaninchens und Spirochaeta cuniculi (LEVADITI und Mitarbeiter wie auch BESSEMANS), originäre Kaninchenspirochätose (MULZER), Pseudosyphilis des Kaninchens (ADACHI), spontane Kaninchenspirochätose (KOLLE und RUPPERT, FREI, WORMS).

Geschichtliches: Die Krankheit wurde erstmalig im Jahre 1912 in England von H. ROSS entdeckt, dann 1913 eingehender von H. BAYON beschrieben und durch die Arbeiten von ARZT und KERL (1914 und 1919) weiteren Kreisen bekannt gemacht.

Die vor dem Jahre 1912 in der Literaur enthaltenen Mitteilungen über die besonders in Laienkreisen als Hasen- und Kaninchensyphilis bezeichnete Erkrankung sind nicht eindeutig. Ausführliche Mitteilungen hierüber sind in einer Arbeit von KOLLE, RUPPERT und MÖBUS enthalten, aus der die nachfolgenden Angaben entnommen sind:

Zu diesen Krankheiten gehört die schon 1874 von BOLLINGER beschriebene Seuche bei Feldhasen, die äußerlich durch eine starke Vergrößerung der Hoden und durch ulcerative Prozesse im Gebiete der Haut der Genitalregion charakterisiert wurde. Außer diesen äußerlich erkennbaren Veränderungen konnten bei der Sektion in der Leber, der Lunge und den Mesenterialdrüsen knötchenförmige, prominierende Erosionen nachgewiesen werden, deren Zentren erweicht waren.

Auf eine Veränderung an den Genitalien wies erst 1903 MAIER wieder hin in seiner Arbeit: „Über sog. Hasenvenerie."

1914 berichteten OLT und STRÖSE über eine Knotenseuche unter den Feldhasen. Außer Veränderungen an den Geschlechtsorganen wiesen die kranken Tiere Knoten in den Organen auf, deren Ätiologie nicht sichergestellt werden konnte.

SUSTMANN beschreibt 1919 dieselbe Krankheit für Kaninchen.

FRÖHNER und ZWICK erwähnen in ihrem Lehrbuch eine Geschlechtskrankheit der Kaninchen mit infektiösem Charakter:

Die Verbreitung der spontanen Kaninchenspirochätose. Wie eingangs erwähnt, wurden die ersten Befunde der Erkrankung in England erhoben. ARZT und KERL fanden die Krankheit im Jahre 1914 unter 853 Kaninchen aus Zuchten, die sich teils in Wien oder seiner nächsten Umgebung befanden, bei $72 = 26,9\%$ der Tiere. Die Gewißheit, daß es sich bei dieser Kaninchenerkrankung um eine spontane Infektion und nicht um bereits früher mit menschlicher Syphilis experimentell infizierte Kaninchen, die wieder in den Handel gekommen wären, handelte, erlangte ARZT erst bei seinen im Jahre 1919 in Innsbruck durchgeführten Untersuchungen. Bei einer aus 35 Tieren bestehenden Zucht fand ARZT 17% erkrankte Kaninchen; nach den Erkundigungen, die er einzog, hatte in Innsbruck sich niemals jemand mit experimenteller Kaninchensyphilis beschäftigt, und zudem stammten die kranken Tiere aus einer Zucht, die sich seit Jahren in Innsbruck befand. 1919 stellte dann SCHERESCHEWSKY bei seinen Versuchen in Berlin fest, daß die Krankheit durch den Deckakt vom kranken auf den gesunden Partner übertragen wird. Wichtig für die Auffassung der spontanen Kaninchenspirochätose als Erkrankung sui generis war die Feststellung der Erkrankung bei rassereinen Zuchttieren eines Berliner Institutes durch SCHERESCHEWSKY und WORMS. In Deutschland wurde die Kaninchenspirochätose von JACOBSTHAL in Hamburg, von KOLLE, RUPPERT und MÖBUS in Frankfurt am Main, von FREI in Breslau und von SEITZ in Leipzig beobachtet.

KLARENBEEK fand erkrankte Tiere in Holland, LEVADITI und Mitarbeiter in Paris, DANILA und STROE in Rumänien, RETSCHMENSKY und PAWLOW in Moskau, NOGUCHI in den Vereinigten Staaten, ADACHI in Japan, PERKEL in Odessa (1925) und BESSEMANS in Belgien (1928). Als Prozent-Erkrankungszahlen werden von LERSEY und KUCZYNSKI bei 450 der Aufzucht dienenden Tieren in einer 2000 Tiere umfassenden Kaninchenzucht 90% angegeben, von PERKEL in Odessa 30% unter 44 Tieren, eine Prozentzahl, die auch UHLENHUTH bei all seinen angekauften wie aus eigener Zucht stammenden Tieren fand.

Solche hohen Zahlen sind aber wohl nur als Zufallsbefunde zu werten, denn infizierte Zuchtböcke können wegen der geschlechtlichen Übertragbarkeit der

Krankheit einen großen Bestand an Häsinnen, selbst in sonst einwandfrei gehaltenen Ställen durchseuchen. Im allgemeinen dürften die Zahlen aber niedriger liegen; so gibt SEITZ unter 200 Tieren 6 = 3% erkrankte Tiere an, eine Zahl, die mit den Angaben von KLARENBEEK und WORMS übereinstimmt.

Der Erreger der spontanen Kaninchenspirochätöse: Morphologische Eigenschaften (s. Abb. 249). Bei der Beobachtung im Dunkelfeld ist die große Mehrzahl der Untersucher der übereinstimmenden Meinung, daß eine Unterscheidung der Spirochaeta cuniculi von der Spirochaeta pallida unmöglich ist (BAYON, ARZT und KERL, SCHERESCHEWSKY und WORMS, LEVADITI und Mitarbeiter, KLARENBEEK, KOLLE, RUPPERT und MÖBUS, NOGUCHI, LERSEY und KUCZYNSKI,

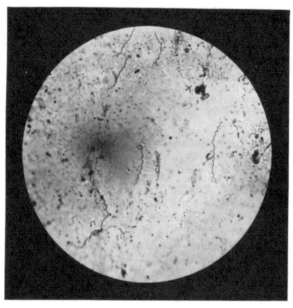

Abb. 249. Treponema cuniculi. (Mikrophotogramm. Vergr. 1:1000.) Nach W. KOLLE, F. RUPPERT und Th. MÖBUS, Arch. f. Dermat. **135.**

ADACHI, WARTHIN, SCOTT, BUFFINGTON und WANSTROM). Geringe und deswegen nicht näher anzugebende Abweichungen beobachteten JACOBSTHAL, MULZER, ADAMS, CAPPEL und MC CLUSKIE.

Über die Art der *Vermehrung* der Spirochaeta cuniculi schreibt M. ZUELZER: Die einzige bisher mit Sicherheit beobachtete Art der Vermehrung ist die Querteilung (KOLLE, RUPPERT und MÖBUS, ZUELZER unpubliziert — Zweiteilung). Übrigens wurden Teilungsformen schon von BAYON beschrieben.

Im gefärbten Zustand fanden ARZT und KERL, SCHERESCHEWSKY und WORMS, KLARENBEEK, LERSEY und KUCZYNSKI, KLAUDER, ADACHI, ADAMS, CAPPEL und MC CLUSKIE fast völlige Gleichheit der Spirochaeta pallida und der Spirochaeta cuniculi. Deswegen kann hier auch auf die Angabe genauer Vermessungszahlen verzichtet werden.

Unterschiede bei Anwendung des Färbeverfahrens nach BECKER geben KOLLE, RUPPERT und MÖBUS an gefunden zu haben; Nachprüfungen dieser Befunde seitens SCHERESCHEWSKY und WORMS konnten eine Bestätigung eines differenten tinktoriellen Verhaltens der Spirochaeta pallida und cuniculi nicht erbringen. Ferner gaben WARTHIN, SCOTT, BUFFINGTON und WANSTROM an, daß bei Anwendung der WARTHIN-STARRY-Silberagarfärbemethode die Spirochaeta cuniculi gewöhnlich dicker, länger, weicher und biegsamer und leichter in Ausstrichen auszustrecken sei als die Pallida. Cuniculispirochäten, die dieselbe Länge und Windungen haben wie die Pallidae, lassen immer den Eindruck der Steifheit und Enge der Windungen der letzteren vermissen. Ein umgekehrtes Verhalten der beiden Spirochäten gibt SEITZ bei Benutzung des BURRISCHEN Tuscheverfahrens an. SEITZ fielen „im Tuschepräparat die regelmäßigen steilen Windungen der Spirochaeta cuniculi auf, ihr steifes Aussehen, im Gegensatz zu den im Vergleich zu ihr doch manchmal unregelmäßigen, zuweilen weit ausgezogenen Windungen mit fadenförmigen Enden der Spirochaeta pallida. Diese macht einen leichter geschwungenen Eindruck.“

Die Aneinanderreihung dieser Befunde von WARTHIN und Mitarbeiter und von SEITZ ist beispielsweise gewählt worden, um zu zeigen, daß die färberischen Differenzen, wo solche überhaupt gefunden worden sind, sich widersprechen, so daß der Eindruck besteht, daß auch in tinktorieller Hinsicht fast völlige Übereinstimmung zwischen der Spirochaeta cuniculi und der Spirochaeta pallida vorhanden ist.

YAMAMOTO hat allerdings deutliche Unterschiede im Verhalten der Spirochaeta pallida und pallidula einerseits und der Spirochaeta cuniculi andererseits beobachtet. Säureblau bei Karbolzusatz (Acid Blue BBX [B. A.]) färbt die Spirochaeta cuniculi nicht (läßt sie sogar zeitweise als schönes negatives Bild hervortreten), wohl aber die Spirochaeta pallida und pallidula, was zur Unterscheidung von spontaner Kaninchenspirochätose und experimenteller Kaninchensyphilis sehr wichtig ist. Alkaliblau bei Carbolsäurezusatz (Alkali Blue B [S. B.]) färbt die Spirochaeta pallidula immer blau, die Spirochaeta cuniculi nicht; die Spirochaeta cuniculi wird nur negativ gefärbt (Färbung der Umgebung), was ebenfalls diese beiden Spirochäten unterscheidet.

Anhangsweise seien hier noch die Untersuchungen über einige Eigenschaften des Treponema cuniculi mitgeteilt, die BESSEMANS und DE GEEST angestellt haben: Die Beweglichkeit der Spirochaeta cuniculi scheint in physiologischer Kochsalzlösung fast die gleiche zu sein wie in verschiedenen eiweißhaltigen Flüssigkeiten (Bouillon, Serum, Ascites, Organextrakten). Die Dauer, nach der ihre Beweglichkeit aufhört, variiert nach der benutzten Flüssigkeit und schwankt von 3—36 Stunden bei gewöhnlicher Temperatur oder bei 37°, von 3—7 Stunden bei 40°, von 1—3 Stunden bei 42°. Aus einer Chamberlandkerze L² filtriert bei Laboratoriumstemperatur und normalem atmosphärischem Druck eine Suspension von frischen und lebenden Spirochäten nur schwierig und langsam. Bei einem Vakuum von 40—50 mm Hg wurden 5 ccm einer dichten Aufschwemmung von Spirochaeta cuniculi filtriert, danach mehrmals physiologische Kochsalzlösung durch dieselbe Kerze filtriert. Bei 6 Versuchen wurden nur einmal unbewegliche Treponemen gefunden, und zwar im 6. Filtrat des Versuches, während die vorhergehenden 5 Filtrate spirochätenfrei waren. In den anderen Fällen wurden vergeblich, bei 4 Versuchen je 3 Filtrate untersucht, in einem weiteren Versuch sogar 7 Filtrate. Die Intaktheit der Kerzen wurde jedesmal dadurch kontrolliert, daß der Spirochätenemulsion eine Aufschwemmung von frischen Pyocyaneus- und Hühnercholerabacillen beigegeben wurde. Jede Filtration dauerte 5—15 Minuten. Der Spirochätennachweis in den Filtraten wurde durch das Dunkelfeld geführt. Mischt man eine Aufschwemmung von Spirochaeta cuniculi in physiologischer Kochsalzlösung zu gleichen Teilen mit reiner Rindergalle, mit Gallensalzen (Mischung POULENC) zu 10—25% oder mit einer Saponinlösung (POULENC) zu 10—20%, so bleibt das Treponema erhalten (unbeweglich) und erscheint nicht verändert, selbst nach 36stündigem Brutschrankaufenthalt bei 37°. In einer Mischung zu gleichen Teilen mit KOH zu 1% fanden sich die Treponemen einmal vernichtet, bei einer 24stündigen Einwirkung bei 37°; bei den 5 anderen Versuchen zeigte sich nach 36 Stunden Brutschrankaufenthalt keine nennenswerte Schädigung. Zu gleichen Teilen mit 2%igem KOH vermischt, wurden bei 24stündiger Einwirkung bei 37° die Treponemen zuweilen, allerdings etwas angegriffen, wieder gefunden; bei höheren Konzentrationen von KOH war nach einem Tage bei 37° die Auflösung vollständig.

Kulturversuche. Die Züchtung der Spirochaeta cuniculi ist schon JACOBSTHAL, einem der ersten Autoren, die sich mit der spontanen Kaninchenspirochätose beschäftigt haben, auch nicht einmal in Mischkultur gelungen. Desgleichen fielen die Versuche von SCHERESCHEWSKY und WORMS, ferner auch die von NOGUCHI, wie der Arbeit von KLAUDER entnommen werden kann, negativ aus. Auch späteren Versuchen von WORMS, die Spirochaeta cuniculi auf den verschiedensten Nährböden und unter mannigfachen Variationen der Sauerstoff- und Temperaturverhältnisse zu züchten, blieb der Erfolg versagt. In letzter Zeit haben sich BESSEMANS und DE GEEST ebenfalls vergeblich bemüht, die Spirochaeta cuniculi zu züchten, desgleichen auch ADAMS, CAPPEL und McCLUSKIE, wenngleich die letztgenannten Autoren gelegentlich auch einen beträchtlichen Grad der Vermehrung in Mischkulturen beobachten konnten. Mehr Erfolg scheint SEITZ gehabt zu haben; er hatte zwar auch eine Reinkultur der Spirochaeta cuniculi nicht erzielen können, wohl aber, neben einer starken Anreicherung derselben, eine Übertragung und Vermehrung in der zweiten Generation im gallertigen Pferdeserum aerob und anaerob mit einem Zusatz wachstumsfördernder Keime.

Virulenz der Spirochaeta cuniculi. LEVADITI und NICOLAU haben in je einem Versuch an sich selbst und unter Wahrung der Kontrollversuche am Kaninchen gezeigt, daß eine *Menschenpathogenität* der Spirochaeta cuniculi nicht besteht. Eine Bestätigung fand dieses wichtige Versuchsergebnis durch entsprechende Untersuchungen von DANILA und STROE. Diese Versuche lassen einen von LERSEY und KUCZYNSKI mit aller Skepsis gemutmaßten Zusammenhang eines von ihnen beobachteten Zusammentreffens von sekundärsyphilitischer Erkrankung des Tierhalters und der spontanen Spirochätose eines Kaninchenbockes dieses Mannes als absolut unmöglich erscheinen. Übertragung der spontanen Kaninchenspirochätose auf *Affen* ist verschiedentlich, und zwar stets mit negativem Ergebnis versucht worden (ARZT und KERL, SCHERESCHEWSKY, KLARENBEEK, NOGUCHI, LEVADITI). Ergebnislos blieben auch die Versuche weiße Mäuse, Meerschweinchen, Ratten, Hunde und Katzen zu infizieren, wie sie von JACOBSTHAL, SCHERESCHEWSKY und WORMS, KOLLE, RUPPERT und MÖBUS, KLARENBEEK, LEVADITI und Mitarbeitern, BESSEMANS vorgenommen worden sind. Nur SEITZ will die Infektion weißer Ratten in die Schwanzwurzel gelungen sein; allerdings fehlt bei diesem sehr auffälligen Befund (Auftreten von rötlichen Effloreszenzen an Schwanz und Ohren nach 2monatiger Inkubation) die Angabe, daß die Erscheinungen die Spirochaeta cuniculi enthielten. WORMS hat nun letzthin wieder die Versuche der Übertragung der spontanen Kaninchenspirochätose auf weiße Mäuse aufgenommen, nachdem KOLLE und SCHLOSSBERGER sowie unabhängig von ihnen auch WORMS die erscheinungslos verlaufende Pallidainfektion der weißen Maus hatten feststellen können. Die Versuche von WORMS haben mit mehreren Cuniculistämmen bei Rückverimpfung der Organ- und Drüsenbreie der in bestimmten Zeitabständen nach der Impfung getöteten Mäuse auf Kaninchen ergeben, daß auch eine stumme Infektion der weißen Mäuse mit der Spirochaeta cuniculi nicht besteht. Demnach ist die *Maus in biologisch-differentialdiagnostischer Hinsicht ausgezeichnet als Unterscheidungsobjekt* für die Spirochaeta cuniculi und die Spirochaeta pallida geeignet.

Die *Inkubationszeit* der Infektion entspricht im allgemeinen den von der experimentellen Kaninchensyphilis her bekannten Terminen; die Zeit schwankt zwischen 20—80 Tagen und beträgt durchschnittlich etwa 3—4 Wochen. Unterschiede in der Inkubationszeit je nach Art des Impfterrains gibt KLARENBEEK an. Die kürzeste Zeit brauchte die Scarificationsimpfung der Perinealgegend, viel längere Zeit, bis zu 2 Monaten, verging, ehe nach Impfung der Rückenhaut spezifische Erscheinungen sichtbar wurden; 5—8 Wochen benötigte auch eine (subcutane) Impfung in das obere Augenlid, und ebenso lange Zeit die Entstehung einer Impfkeratitis. Daß schließlich auch die Impfart eine Rolle spielt, zeigten WARTHIN und Mitarbeiter, die durch einfache Inokulation des infektiösen Materials ohne Scarification die Inkubationszeit auf 56 Tage verlängert fanden.

Die zuerst von SCHERESCHEWSKY beobachtete natürliche *Übertragung* der Infektion durch den Geschlechtsakt ist in der Folge von LERSEY, DOSQUET und KUCZYNSKI, KLARENBEEK, WORMS, ADACHI, KLAUDER, NOGUCHI, LEVADITI und Mitarbeitern, WARTHIN und Mitarbeitern, MULZER, SEITZ, BESSEMANS, ADAMS und Mitarbeitern bestätigt worden. Eine Erhöhung der Infektionsergebnisse durch den Geschlechtsakt konnten SCHERESCHEWSKY und WORMS durch Anlegen von Erosionen und kleinen Rhagaden an den äußeren Geschlechtsteilen des gesunden Partners erzielen. Auch durch einfache intensive Berührungen kann unter natürlichen Verhältnissen eine Übertragung der Infektion erfolgen; es ist hier besonders an extragenital gelegene Affektionen zu denken. So sah WORMS eine Übertragung einer Lippenaffektion von einer kranken Häsin auf die Umgebung der Nasenöffnung eines gesunden Bockes, die beide in getrennten, aber dicht aneinander stehenden Eisenstabkäfigen, die doch solche Berührungen zuließen, saßen. Ferner berichtet auch KLARENBEEK über die Infektion gesunder Jungtiere im Alter von 1—2$\frac{1}{2}$ Monaten, so daß auch er der

Ansicht ist, daß „ohne Kohabitation die Infektion eines gesunden Kaninchens sehr gut möglich ist". Worms konnte, unter Wahrung notwendiger Kautelen, in eigenen Versuchen sich davon überzeugen, daß durch Unterbringung absolut gesunder Kaninchen in Käfigen, die kurz vorher erkrankte Tiere beherbergt hatten und nicht ausgedüngt waren, die Infektion herbeigeführt werden konnte. Nach Levaditi und Mitarbeitern werden die Spirochaetae cuniculi auch aus den

Abb. 250. Typisches Bild der Kaninchenspirochätose mit sehr ausgeprägten Erscheinungen an Scrotum, Praeputium (Paraphimose) und Peniswurzel. [Nach Arzt, Dermatol. Z. 29 (1920).]

Haarfollikeln der erkrankten Körperstellen eliminiert und hätten so Gelegenheit — als weiterer natürlicher Infektionsvorgang — ebenfalls in die Haarfollikel gesunder Kaninchen einzudringen.

Die künstliche Übertragung der spontanen Kaninchenspirochätose erfolgt durch direktes Einbringen infektiösen Materiales auf die durch den natürlichen Krankheitsablauf als bevorzugt gekennzeichneten Stellen, Genitale, Damm, Anus, Augenlidränder, Schnauze, Rückenhaut, Scrotum, Basis der Löffel, und zwar am besten durch die Scarificationsmethode mit der Glascapillarpipette nach Schereschewsky und Worms; vollständigkeitshalber sei auch auf die intrakardialen und intravenösen Impfversuche verwiesen.

Klinische Erscheinungen (s. Abb. 250). Allgemein läßt sich das Bild der spontanen Kaninchenspirochätose, sei es bei natürlicher, sei es bei experimenteller Übertragung, auf Haut und Schleimhaut so kennzeichnen, daß die Erkrankung mit der Bildung kaum sichtbarer Flecke beginnt, die allmählich deutlicher und größer werden, geringgradige Infiltration aufweisen oder erodieren, papulös werden und oft exulcerieren. Diese Efflorescenzen zeigen die Tendenz zur Ausbreitung und Konfluenz, überlagern sich auch häufig borkig und bleiben vor allem sehr lange Zeit bestehen. Solange die Erscheinungen bestehen bleiben, gelingt in ihnen der Nachweis äußerst zahlreicher Spirochaetae cuniculi sehr leicht. Hat es hin und wieder den Anschein, als ob die Erscheinungen zurückgehen wollten, so genügt jedesmal nur eine kleine Läsion, sei es durch den Coitus oder durch leichtes Kratzen mit der Glascapillare, um die Erscheinungen von neuem an derselben Stelle wieder aufblühen zu lassen (SCHERESCHEWSKY und WORMS). Ein allgemeines Zeichen spontanspirochätenhaltiger Affektionen, selbst beginnender Erscheinungen, ist darin zu sehen, daß diese Läsionen bei geringen Verletzungen leicht bluten, eine Eigenschaft, die unter anderen auch von KLARENBEEK wie auch von KOLLE, RUPPERT und MÖBUS hervorgehoben wird. Ein weiteres allgemeines Kennzeichen besteht in dem konstanten Fehlen jeglicher stärkerer Infiltration, wie es bei der experimentellen Kaninchensyphilis bekannt ist, ein Verhalten, das von fast sämtlichen Autoren, die sich mit dieser Krankheit beschäftigt haben, hervorgehoben wird. KLARENBEEK beobachtete, daß an lange bestehenden Geschwüren sich lange Haare entwickelten, ,,welche sehr schnell wachsen und meist über das andere kurzhaarige Hautniveau hervorragen". Die Beobachtung beginnender Krankheitserscheinungen wie auch solcher, die in Abheilung begriffen sind, erfordert eine gewisse Übung und Schärfung des Blickes. Trotzdem darf man sich niemals allein nur durch das makroskopische, wenn auch scheinbar typische Bild der Erscheinungen zur Diagnose ,,spontane Kaninchenspirochätose" verleiten lassen, denn es entscheidet, wie auch LERSEY und KUCZYNSKI hervorheben, ausschließlich der mikroskopische Befund. So konnte auch WORMS zuweilen, speziell bei der Untersuchung des Kaninchenbestandes des Dahlemer Institutes für Vererbungsforschung, ,,überhitzte" Kaninchen mit geröteten Genitalien auf längere Zeit beobachten, die trotz mehrfach wiederholter mikroskopischer Untersuchungen niemals Spirochäten erkennen ließen. Oft finden sich auch im Fell und auf der Körperhaut Borken von schuppenden Ekzemen, speziell bei schlecht gehaltenen Tieren, die den Verdacht einer später noch zu besprechenden Generalisation einer spontanen Kaninchenspirochätose aufkommen lassen könnten; doch auch hier verscheucht der wiederholte negative Spirochätenbefund des Reizserums aus den nicht leicht blutenden unspezifischen Veränderungen den sonst an sich nicht unbegründeten Verdacht, den man schließlich nach all den Erfahrungen jeder auch noch so harmlosen, speziell am Genitale lokalisierten Erscheinung entgegenbringen muß. Dieser Verdacht ist sogar so weit begründet, daß man vorgeschlagen hat (WORMS u. a.), Kaninchen, bei denen man eine latente spontane Spirochätose auszuschließen wünscht, erst vor ihrer Verwendung etwa 4 Wochen in sauberen Ställen einzeln zu halten und in dieser Zeit wiederholt nach einfacher mechanischer Reizung der Genital-, Damm- und Analregion als des häufigsten Sitzes dieser Krankheit mikroskopisch (Reizserum) auf Cuniculispirochäten zu untersuchen. Denn, wie schon erwähnt, liegt es im Verlauf dieser Infektion, daß häufig eine Latenz beobachtet wird, und daß dann nur ein Trauma (Scarification) genügt, wie es auch von KLARENBEEK und WARTHIN und Mitarbeitern beobachtet worden ist, um die Erscheinungen rezidivieren zu lassen. Dazu stimmen auch die Beobachtungen LEVADITIS und seiner Mitarbeiter von einer ,,scheinbaren Heilung", während der nur das Fortbestehen der Spirochäten anzeigt, daß der Krankheitsprozeß noch nicht beendet ist".

Der Verlauf der Krankheit ähnelt sehr dem der experimentellen Kaninchensyphilis, da dieselbe sich auch mit und ohne Rezidivausbildung über Jahre — Beobachtungen FREIS von über 3jähriger Krankheitsdauer spontan spirochätosekranker Kaninchen — erstrecken kann, ohne daß die Tiere im allgemeinen in ihrem Ernährungszustande irgendwie normalen Tieren gegenüber im Rückstande sind.

Die primären Erscheinungen sind zumeist entsprechend der geschlechtlichen Übertragung am Genitale oder den benachbarten Damm- oder Analregionen gelegen. Das Bild dieser primären Erscheinungen ist das gleiche, sei es, daß die Infektion durch den Coitus oder durch Scarificationsimpfung der betreffenden Körperstellen entstanden ist.

Eine sehr gute Beschreibung findet sich in der Arbeit von LERSEY und KUCZYNSKI: „Der Verlauf der Infektion ist beim Weibchen aus anatomischen Gründen ein etwas anderer als beim Männchen. Beim Weibchen sitzt die primäre Affektion zu meist hart am Eingang der Vulva, zuweilen etwas seitlich nach außen oder am Introitus selbst. An der äußeren Haut sieht man zuerst als Regel ein kleines, nicht ulceriertes Knötchen. Etwas später zeigt sich ein charakteristisches Ödem und die Oberfläche des Knötchens verschorft. Jetzt kann der Prozeß zweifellos zurückgehen, häufiger jedoch breitet er sich weiter aus. Ödem und Starre des Gewebes" — mit der Erwähnung dieser Starre stehen LERSEY und KUCZYNSKI allerdings vereinzelt da — „nehmen an Umfang zu, so daß ein äußerst bezeichnendes Oedema indurativum zustande kommt. Schließlich erhalten wir ein häufiges und daher als charakteristisch zu bezeichnendes Bild der genitalen Affektion, das sich in folgender Weise darstellt. Der Mons veneris und die wenig behaarte Umgebung der Labia majora wird in Gänze von dem starren Ödem eingenommen, das sich auch auf die Umgebung des Afters ausdehnen kann. Die Haut ist trocken und schuppend mit unregelmäßigen, von gelben, oft festhaftenden Krusten bedeckten Geschwürsbildungen. Die ganze Gegend kann auch von einer einzigen krustös bedeckten Geschwürsfläche eingenommen werden. Auch diese kann sich auf die ganze Umgebung des Afters erstrecken und mindestens bis zum Sphincter externus hinaufreichen. Der Prozeß kann sich in die Tiefe der Vulva in Gestalt eines Katarrhes mit oder ohne sehr deutliche Geschwürs- und Knötchenbildung fortsetzen, auch hier allein und vorzüglich ausgebildet sein. (Die Primäraffekte entwickeln sich nicht unähnlich denjenigen an der Innenfläche des männlichen Praeputiums). In diesem Falle finden sich zahlreiche Spirochäten im Schleim der Vagina. Im Anschluß an Gravidität und Geburt kommt es ganz offensichtlich zum Aufflackern der Erscheinungen."

Anhangsweise seien hier noch die Versuche mitgeteilt, die sich mit der **Verimpfung der Spirochaeta cuniculi in die Cornea bzw. vordere Kammer, Hoden bzw. Hodenhaut** beschäftigen. Bis auf eine von KLARENBEEK mitgeteilte erfolgreiche Cornealimpfung sind sämtliche okularen Impfversuche (JACOBSTHAL, KOLLE, RUPPERT und MÖBUS, WORMS, NOGUCHI, UHLENHUTH, DANILA und STROE, ADACHI und BESSEMANS) negativ geblieben. Hierin unterscheidet sich das Verhalten der Spirochaeta cuniculi wesentlich von dem der Spirochaeta pallida; aber auch bei der intratestalen Verimpfung gelingt es bei Verwendung der Spirochaeta cuniculi im Gegensatz zu der Spirochaeta pallida im allgemeinen nicht, Orchitiden zu erzeugen. Nur KLARENBEEK und SCHERESCHEWSKY und WORMS haben je einmal bei intratestaler Impfung eine Hodeninduration mit positivem Spirochaetenbefund erhalten; diese Befunde stellen aber absolute Ausnahmen dar. Bei oberflächlichen Hodensackbeimpfungen haben die Untersucher (KLARENBEEK, KOLLE, RUPPERT und MÖBUS, NOGUCHI, MULZER, ADACHI, WORMS) nur oberflächliche, wenig infiltrierte Affektionen erhalten; die sich deutlichst durch die fehlende Induration und mangelnde Schankerbildung von den entsprechenden durch die Spirochaeta pallida ausgelösten Erscheinungen unterscheiden. Verwechslungen sind aber immerhin mit schlecht und atypisch entwickelten experimentell syphilitischen Schankern möglich, jedoch zeigt die experimentelle Kaninchenhodensyphilis zumeist das Vorhandensein von inguinalen Drüsenschwellungen, die nur ganz gelegentlich bei der Kaninchenspirochätose beobachtet worden sind.

Gerade die Frage der Mitbeteiligung der Drüsen leitet zu der wichtigen Frage über: *Ist die spontane Kaninchenspirochätose nur eine örtliche Erkrankung oder eine Allgemeinerkrankung?*

Schon ARZT und KERL berichten 1914, daß sie unter 72 kranken Tieren 4mal inguinale Drüsenschwellungen konstatierten. Sie konnten zwar „nicht entscheiden, ob es sich dabei um Prozesse handelt, die mit den Ulcerationen am

Genitale denselben ätiologischen Faktor besitzen". Jedoch gelang es, „einmal in einer solchen Leistendrüse im Dunkelfeld, wenn auch außerordentlich spärlich, Spirochäten nachzuweisen", als sie „gelegentlich von Übertragungsversuchen die Excision von diesen vornahmen". Dieser Befund konnte in der Folgezeit nur noch von FREI wieder erhoben werden; er konnte eine Anschwellung der Leistendrüsen „bei 4 Kaninchen mit besonders stark entwickelten genitalen Primärläsionen feststellen" und hat „auch in einem dieser Fälle die Infektiosität der Drüsen durch den Tierversuch nachgewiesen, der trotz negativen mikroskopischen Befundes im Drüsensaft bei 3 von 4 mit diesem Material geimpften Tieren positiv ausfiel". Von den Autoren nun, die eine Beteiligung der Drüsen nicht feststellen konnten, ist zunächst KLARENBEEK zu erwähnen, der bei der Sektion primär oder generalisiert erkrankter Tiere niemals Lymphknotenschwellungen beobachten konnte, ferner PERKEL, SEITZ und NOGUCHI. Letzterer schreibt, „daß er weder bei spontan noch bei experimentell infizierten Tieren merkliche Lymphdrüsenvergrößerung feststellen konnte. Die Verimpfung von Kniekehlen- und Leistendrüsenemulsionen von 10 Spirochaeta cuniculi-infizierten Kaninchen in beide Hoden von 4 normalen Kaninchen erzeugte innerhalb 3 Monate keine Orchitis. Andererseits gab die Verimpfung entsprechender Aufschwemmung von Pallida-infizierten Kaninchen innerhalb eines Monates Anlaß zu typischer Orchitis". Zu diesen Versuchen ist zu bemerken, daß in der Tat nur der mikroskopische oder tierexperimentelle Spirochätennachweis über die Spezifität der Drüsenschwellungen zu entscheiden vermag, denn oft findet man, wie WORMS u. a. in eigenen Untersuchungen feststellten, bei „normalen" Kaninchen zum Teil bis erbsengroße Schwellungen der Leisten- und Kniekehlendrüsen. Es ist dabei allerdings auch darauf zu achten, ob nicht auch diese Drüsenschwellungen durch eine latente Infektion mit der Spirochaeta cuniculi bedingt sein könnten. Bei der Bedeutung, die die Frage der Drüsenbeteiligung bei der experimentellen Kaninchensyphilis erfahren hat, erschien es WORMS (1928) angebracht, dieDrüsenverhältnisse auch bei der spontanen Kaninchenspirochätose zu untersuchen, um so mehr als, wie oben ersichtlich, die bisherigen Beobachtungen über die Infektiosität dieser Drüsen sich widersprechen. Dabei ergab sich zunächst, daß bei 2 akut erkrankten wie auch bei 2 spontan abgeheilten Tieren die auf Kaninchen einzeln ausgeführten Verimpfungen von Organbrei, Achsel-, Leisten- und Kniekehlendrüsen in keinem Fall ein positives Ergebnis lieferten. Die Impfung des Organbreis bzw. Drüsenbreimaterials erfolgte percutan mit der Glascapillare, und zwar an der Haut der Augenlider und Schnauze und an der Haut bzw. Schleimhaut von After, Damm und Genitale. Die Versuche werden von WORMS noch an größerem Material mit verschiedenen Stämmen und auch mit intratestaler Impfweise fortgesetzt.

Daß aber die Spirochäten nicht nur in die Leistendrüsen, wie es die genannten Befunde von ARZT und KERL und ebenso von FREI zeigen, sondern auch in die Blutbahn gelangen können, beweisen mikroskopisch weiter unten noch zu besprechende Befunde WARTHINS und seiner Mitarbeiter. Schon KLARENBEEK hatte sich bemüht, Kaninchen „durch intravenöse Injektionen mit Blut von lokal oder generalisiert erkrankten Tieren und mit einer Gewebsemulsion von einer spezifischen conjunctivalen Wucherung, in der zahlreiche Spirochäten waren", zu infizieren. „Stets aber wurden hierzu erwachsene Tiere gebraucht. Niemals wurden bei diesen Tieren, selbst nicht nach Monaten, Symptome wahrgenommen, die auf Treponemose hinwiesen." In diesem Zusammenhang seien Versuche von WORMS kurz erwähnt. 5 etwa 2 Monate alte gesunde Jungtiere gesunder Eltern wurden intravenös mit einer NaCl-Gewebsaufschwemmung einer exzidierten, reichlich Spirochaeta cuniculi-haltigen Augenlidpapel gespritzt, wobei, wie auch bei der folgenden Versuchsreihe, besondere Vorsicht darauf verwandt wurde, daß nichts von dem injizierten Material die Körperhaut des Tieres infizieren konnte; 1 Tier starb interkurrent, die übrigen 4 Tiere zeigten 75, 77 bzw. 95 Tage nach der Injektion spirochätenhaltige Papeln am Genitale, Damm und Anus. Eines dieser 4 Tiere bekam 12 Tage nach dem ersten Auftreten der Erscheinungen bzw. 107 Tage post infectionem spirochätenreiche Papeln auch an der Schnauze und den Lidrändern beider Augen. Ein zweiter gleichsinniger Versuch wurde wieder an 5 gesunden 2 Monate alten Jungtieren gesunder Elterntiere ausgeführt; 3 Tiere wurden intravenös, 1 Tier intrakardial und 1 Tier intravenös und intrakardial gespritzt. Zwei der intravenös gespritzten Tiere starben interkurrent, die übrigen 3 Tiere bekamen sämtlich 60 bzw. 72 bzw. 90 Tage nach der Injektion spirochätenhaltige Allgemeinerscheinungen. Die intrakardiale Injektion einer Herzblut-NaCl-Aufschwemmung eines dieser Tiere auf 5 gesunde junge Kaninchen führte bei 6monatiger Beobachtung bei keinem dieser Tiere zur Entstehung der Krankheit.

Die Versuche zeigen also, daß *eine Allgemeininfektion mit Cuniculi-Spirochäten vom Blutweg durchaus möglich ist*, und daß bei einer solchen Infektionsart die Prädilektionsstelle, die Genitalregion, zuerst und zum Teil auch nur allein affiziert wird, daß dagegen auf diesem Wege ein Gehalt des Blutes allgemeinkranker Tiere an Spirochäten nicht nachweisbar war. Wie in diesen Versuchen spielt der Blutweg wohl auch bei den Fällen von Allgemeinerscheinungen nach Augenimpfungen eine Rolle, wie sie von KLARENBEEK und SEITZ beschrieben worden sind. Als ein weiteres Zeichen einer Generalisierung des Virus wäre man wohl früher geneigt gewesen, die von FREI und TROST gefundenen Liquorveränderungen im Sinne von PLAUT und MULZER hinzunehmen. Jedoch waren es besonders die Untersuchungen von JAHNEL und ILLERT sowie von PETTE, die auf das häufige Vorkommen der spontanen Encephalitis hinwiesen, und neuerdings auch die Untersuchungen von FRIED und ORLOW, die alle den diagnostischen Wert der bei Kaninchen gefundenen Liquorveränderungen sehr einschränken.

Zu den Autoren, die die spontane Kaninchenspirochätose nur für eine lokale Erkrankung halten, gehören ADACHI, sowie LEVADITI und Mitarbeiter. Die letzteren kamen zu ihrer Auffassung, weil einerseits die histologische Untersuchung der inneren Organe keinerlei spezifische Veränderungen offenbarte, andererseits die Versilberungsmethode weder im Gehirn, noch in Leber, Milz, Niere und Herz Spirochäten nachweisen ließ. Aus den gleichen negativen Erfahrungen, wie aus vergeblichen Bemühungen, allerdings erwachsene Kaninchen durch intravenöse Injektionen mit Blut kranker Tiere zu infizieren, kommt auch KLARENBEEK, dessen übrige, bereits beschriebenen Versuchsergebnisse eher den gegenteiligen Standpunkt zu rechtfertigen scheinen, zu dem Urteil, ,,die Kaninchentreponemose oder Lues cuniculi ist jedesmal nur eine lokale Erkrankung''.

Ferner halten, da sie niemals in den inneren Organen Spirochäten hatten finden können und Versuche, Kaninchen durch intravenöse Injektionen zu infizieren, nicht gelangen, auch WARTHIN und Mitarbeiter die Kaninchenspirochätose nur für eine lokale Erkrankung, obgleich es ihnen gelungen war, bei 6 von 9 Kaninchen Spirochäten, allerdings nach langem mühevollem Suchen und nur in einzelnen Exemplaren, nachzuweisen. Dieser Nachweis wurde in nach der WARTHIN-STARRY-Silberagarmethode hergestellten Deckglasblutausstrichen erbracht, die unter Bedingungen abgenommen waren, die eine Berührung mit etwa an der Haut befindlichen Spirochäten ausschlossen. Dieser für die gegenteilige Auffassung außerordentlich wichtige Befund wird von den Verfassern nur dahin gewertet, daß die Spirochäten nur gelegentlich in die Blutbahn kommen. Für die Bewertung dieser Befunde sei noch erwähnt, daß die Verfasser noch besonders hervorheben, nur gut erhaltene und deutlich erkennbare Exemplare als positive Spirochätenbefunde gewertet zu haben. Zum Schluß seien noch, weil trotz negativer Versuche, die Spirochäten im Blut und in den inneren Organen mikroskopisch nachzuweisen, dennoch die Möglichkeit besteht, daß Spirochäten in diesen Organen vorhanden sein könnten, Untersuchungen von MULZER erwähnt. MULZER ergab ,,die Verimpfung von Leber, Milz, Knochenmarkbrei in allen Fällen keinerlei Befunde, die denen der experimentellen Kaninchensyphilis auch nur annähernd glichen!'' und ,,auch die Verimpfung von Blut solcher Kaninchen in die Hoden gesunder Kaninchen hatte nie eine Hodenaffektion zur Folge, was bei echter Syphilis der Fall ist". Die hier mitgeteilten, zum Teil sich widersprechenden Ansichten lassen erkennen, daß die spontane Kaninchenspirochätose wohl zu einer Generalisierung des Virus führt, daß aber keineswegs immer bei lokalen Erscheinungen eine leicht nachweisbare Allgemeindurchseuchung des Tierkörpers wie bei der experimentellen Kaninchensyphilis erfolgt.

Wie in der eben behandelten Frage, so sind auch die Ansichten, ob der *spontanen Kaninchenspirochätose ein Einfluß auf die Fruchtbarkeit und Nachkommenschaft* zukomme, geteilt. Nach Beobachtungen von ARZT und KERL, SCHERESCHEWSKY und WORMS sowie von LERSEY und KUCZYNSKI sind schädigende Einflüsse vorhanden. In einer von den letztgenannten Autoren untersuchten Großzucht konnte für einen Beobachtungszeitraum von 6 Monaten ,,doch eine schwere Beeinträchtigung der Großzucht durch die seuchenhaft auftretende Krankheit unzweifelhaft" festgestellt werden, ,,indem zumindest jedes befallene Tier für eine Reihe von Monaten für das Zuchtgeschäft untauglich oder minderwertig wird".

Beobachtungen, die WORMS an einem etwa 400 Tiere umfassenden genau kontrollierten Kaninchenzuchtmaterial des Institutes für Vererbungsforschung der landwirtschaftlichen Hochschule zu Berlin anstellte, widersprachen den Ergebnissen von LERSEY und KUCZYNSKI ebenso wie die Untersuchungen, die CHODZIESNER auf einer großen bayerischen Kaninchenfarm anstellte, in der 90% der Tiere erkrankt waren. Nach dieser Autorin ,,hat die Genitalspirochätose der Kaninchen keinen erheblichen Einfluß auf die Fruchtbarkeit. Wurfzahl und Wurfhöhe zeigen keine Unterschiede von den durchschnittlich bei gesunden Tieren erreichten Werten. Oft sind unter den Jungen genitalspirochätosekranker Häsinnen ausgesprochen kräftige große Tiere. Andererseits sind allerdings die schwachen, kränklichen Jungtiere Abkömmlinge kranker Eltern." Allgemein kann gesagt werden, daß derlei Untersuchungen nur Wert haben können, wenn sie an einem Tiermaterial vorgenommen werden, das unter den besten sanitären Bedingungen lebt, da die Sterblichkeit der Jungtiere, die Gebärfähigkeit der Mütter usw. in hohem Maße von solchen Faktoren abhängig ist. Zum Schluß seien noch die Ergebnisse der Untersuchungen KLARENBEEKS angeführt, der eine Sterilität der spirochätosekranken Tiere nicht als notwendige Folge der Erkrankung fand. Auch ,,die Kinder infizierter Eltern brauchen nicht immun zu sein und können spontan oder experimentell infiziert werden". Ferner konnten auch LEVADITI und Mitarbeiter eine erbliche Übertragung der Krankheit nicht feststellen; bei keinem der gestorbenen Jungtiere waren weder im Blut noch in den Organen bei Dunkelfelduntersuchung Spirochäten nachzuweisen. Nach SEITZ blieben die Würfe der erkrankten Tiere ebenfalls spirochätenfrei, wie an verschiedenen Tieren, die kurz nach der Geburt eingingen, festgestellt wurde. Ein Verwerfen, wie es LERSEY und KUCZYNSKI beschreiben, war nicht zu beobachten.

BARTHÉLEMY bringt die Entstehung der ,,Castorex"-Kaninchenrasse mit kongenitaler Kaninchenspirochätose in Zusammenhang. Kaninchen, die an spontaner Spirochätose leiden, erkranken sehr häufig in Form von Hypertrophie oder mangelhafter Bildung an Haaren und Nägeln. Ein Züchter erzielte im Jahre 1919 bei 2 Würfen 2 Kaninchen verschiedenen Geschlechtes mit derartigen Mängeln: nachdem sie lange fast haarlos geblieben waren, entwickelte sich bei ihnen eine sammetartige Behaarung, in der kein längeres Haar zu finden war. Der Züchter ließ diese anormalen Tiere sich fortpflanzen, züchtete sie 6 Jahre hindurch konsequent weiter. Er erzielte dadurch ein Pelzwerk von neuer Art, das dem Biberfell ähnelte und danach ,,Castorex" genannt wurde. Die Tiere wiesen außerdem ungewöhnlich lange Nägel auf, waren konstitutionell zart und kurzlebig, litten häufig an Keratitis. Durch Untersuchungen von anderer Seite (E. KOHLER, R. LIENHART, PERROT) sei nachgewiesen, daß dieser Mutation des gemeinen Kaninchens zum ,,Castorex" kongenital syphilitische Veränderungen zugrunde liegen. Die Anomalie wird anscheinend im Laufe der

Generationen unabhängig von der parasitären Ursprungskrankheit, habe nicht mehr den Charakter eines dystrophischen Stigmas, sondern die Eigenschaft eines besonderen Rassemerkmals [zitiert nach einem Referat von Junius im Zbl. Hautkrkh. **31**, 644 (1929)].

Histologische Untersuchungen der Erscheinungen der spontanen Kaninchenspirochätose sind von Jacobsthal, Levaditi, Marie und Isaicu, Briese, Adachi, Noguchi, Warthin und Mitarbeitern ausgeführt worden. Sämtliche Untersucher heben entsprechend dem makroskopischen Verhalten auch histologisch das Fehlen tieferer Gewebsinfiltration und dementsprechend auch die Oberflächlichkeit des Prozesses hervor; ferner weisen alle Autoren auf das Fehlen der perivasculären Infiltration hin. Nach der Beschreibung von Warthin, Scott, Buffington und Wanstrom zeigt die lokale Läsion das Bild eines chronisch infektiösen Granuloms, das einen papillomatösen oder kondylomatösen Charakter anzunehmen sucht. In den Frühstadien sind die oberen Lagen der Submucosa oder des Coriums mit Lymphocyten und Polynucleären, gelegentlich auch Eosinophilen infiltriert und bilden eine schmale entzündliche Zone unter dem Epithel. Oberhalb dieser Zone ist das Epithel verdickt und zeigt mehr oder weniger leukocytäre Infiltration. Bei den mehr oder weniger hyperämischen Blutgefäßen besteht keine perivasculäre Infiltration wie bei den durch die Spirochaeta pallida verursachten Affektionen. Die Läsionen ähneln nicht Frühstadien der Schanker. Im Epithelbereich sind die Spirochaetae cuniculi in enormen Mengen zu finden, unterhalb der Epidermis finden sie sich selten tiefer als 1 mm. Bemerkenswert ist die entzündliche Infiltration immer in der Nähe des Epithels und nicht perivasculär; niemals zeigt sich endotheliale Proliferation wie bei Syphilis. Stets bleibt die Läsion oberflächlich und die Infiltration erstreckt sich nicht tiefer als 3—5 mm; die Infiltration des Epithels ist polynucleär und eosinophil, die des Bindegewebes ist mehr lymphocytär. In den chronischen Stadien ist die polynucleäre Infiltration weniger ausgeprägt, Plasmazellen und Fibroplasten erscheinen in den Papillen, das interpapilläre Epithel wird verhornt und zeigt weniger Wanderzellen. Die Blutgefäße zeigen Obliteration und sind nur wenig verdickt. In den fast geheilten Bezirken sind die Papillen zusammengezogen, plump oder verschwunden; das Epithel ist gewöhnlich ganz verhornt und ausgestreckt über einer schmalen Zone von Narbengewebe, in dem Inseln von *hyper*plastischem Epithel persistieren. In scheinbar ganz abgeheilten Bezirken ist die einzige Veränderung eine schmale Zone von Narbengewebe unter dem Epithel. Der ganze Prozeß ähnelt sehr der Entwicklung und Resolution eines Condyloma acuminatum beim Menschen. Riesenzellen waren niemals zu finden.

Eine histologische Untersuchung der inneren Organe haben Levaditi, Marie und Isaicu vorgenommen; sie fanden nur unspezifische Veränderungen, periportale Infiltration der Leber, Dilatation der Milzsinus. Spirochäten waren nicht nachweisbar. Hinsichtlich des Gehirns und Rückenmarks berichtet Mulzer, daß auch die von Neuburger ausgeführte Untersuchung keinerlei pathologische Veränderung ergeben hätte. Dem steht ein Befund von Briese gegenüber, der im Gehirn eines an spontaner Spirochätose erkrankten Kaninchens Veränderungen fand. die den bei Paralyse beobachteten Befunden entsprachen und seiner Meinung nach wahrscheinlich durch die Spirochätenerkrankung bedingt seien (s. auch S. 661).

Serologische Untersuchungen sind von Frei, Noguchi, Warthin und Mitarbeitern, Manteufel und Beger, Sato, Adachi, Bessemans vorgenommen worden. Frei fand, daß im Gegensatz zu den übrigen Tieren nur ein Kaninchen mit Allgemeinerscheinungen eine positive Wassermann- und Meineckereaktion zeigte. Noguchi fand bei 11 spontankranken und 33 experimentell infizierten Kaninchen nur negative Wassermannreaktionen; auch Warthin und Mitarbeiter erhielten bei 5 von 6 cuniculi-infizierten Tieren bei 5 negative, in einem Falle eine zweifelhafte Reaktion. Ferner hatten auch ADACHI, SEITZ und PERKEL bei ihren serologischen Untersuchungen stets nur negative Resultate. BESSE-MANS erhielt bei seinen Tieren bald positive, bald negative Reaktionen, jedoch wechselten dieselben bei ein und demselben Kaninchen, so daß die Reaktion nichts Spezifisches darstelle. JANTZEN, MANTEUFEL und BEGER sowie SATO empfehlen die besondere Eignung der Meineckereaktion für die experimentelle Kaninchensyphilis. MANTEUFEL und BEGER fanden bei der Inaktivmethode nach MEINECKE bei 17 mit Kaninchenspirochätose infizierten Tieren nur negative Reaktionen; mit experimenteller Kaninchensyphilis infizierte Tiere ergaben sämtlich positive Resultate. Dieses, der Meineckereaktion gegenüber differente Verhalten der spontanen Kaninchenspirochätose und der experimentellen Kaninchensyphilis dürfte, wenn es sich weiter an noch größerem Material bestätigt, differentialdiagnostisch großen Wert besitzen. Auch die Wassermannreaktion wäre in diesem Sinne zu verwenden, wenn nicht bekannt wäre, daß auch ein großer Teil ungeimpfter und gesunder Kaninchen schon ohnehin eine positive Wassermannreaktion hätte.

Anhangsweise seien hier noch die Intradermalproben erwähnt, die BESSEMANS bei verschiedenen Tieren zu verschiedenen Zeiten und gleichzeitig mit verschiedenen Stoffen ausgeführt hat: Luetin von NOGUCHI, Emulsionen von Treponema cuniculi, Emulsionen von Treponema pallidum aus syphilitischen Läsionen und Kulturen, Organextrakten (u. a. von normalen und syphilitischen Kaninchenhoden = Peptonwasser). Die Ergebnisse waren sämtlich vollkommen negativ.

Die Prophylaxe der spontanen Kaninchenspirochätose besteht natürlich in peinlichster Sauberkeit in der Tierhaltung. In Versuchslaboratorien wie in Zuchten muß ständig die Gefahr der Einschleppung der Seuche durch neu hinzukommende Tiere genau beachtet werden. Jedes Tier muß vorher an den Prädilektionsstellen der spontanen Kaninchenspirochätose auf das Vorhandensein auch nur verdächtiger Stellen untersucht werden. Zeigen sich verdächtige Stellen, so sind diese sogleich mikroskopisch zu untersuchen; fällt die Untersuchung negativ aus, so ist noch mehrmals an mehreren Tagen die Dunkelfeld-untersuchung zu wiederholen. Kommt es bei Versuchen besonders darauf an, die spontane Kaninchenspirochätose auf alle Fälle auszuschließen, muß die mikroskopische Untersuchung auch auf ganz gesund erscheinende Tiere ausgedehnt werden, da immer mit der Möglichkeit des Vorhandenseins einer nur gerade latenten Erkrankung gerechnet werden kann. Bei solcher Einstellung ist es notwendig, die Tiere, besonders an den äußeren Geschlechtsteilen zu untersuchen, d. h. es wird diese Region mit einer Glascapillare erodiert, das austretende Wundsekret im Dunkelfeld untersucht und bei negativem Ausfall diese Prozedur noch 4—5mal im Abstand von je 4—5 Tagen wiederholt. Als günstiger Umstand kommt dann noch hinzu, daß die Untersuchung durch die Scarification als Trauma wirkt, und solche Traumen sehr geeignet sind, wie oben bereits erwähnt, eine latente Erkrankung wieder manifest werden zu lassen. Sind nach Ablauf von 20 Tagen sämtliche Untersuchungen negativ ausgefallen, so sind mit an Sicherheit grenzender Wahrscheinlichkeit die Tiere als gesund zu betrachten. In Fällen, in denen man unter einer größeren Menge gekaufter und zusammen gelieferter Kaninchen auch infizierte Kaninchen antrifft, sind die erkrankten sofort zu eliminieren, die gesunden 2—4 Monate vor Versuchsbeginn genau, auch an anderen Körperstellen als nur an den äußeren Genitalien (wegen der Möglichkeit einer Kontakt-infektion) zu beobachten. In Zuchten, wenn es sich um wertvolle Zuchttiere handelt, kommt die **Therapie** der spontanen Kaninchenspirochätose in Frage. Doch kann auf diese hier nicht eingegangen werden. Wir verweisen daher auf die Arbeiten von SCHERESCHEWSKY und WORMS, KLARENBEEK, KOLLE und RUPPERT, WORMS, ADACHI, NOGUCHI, FREI, SEITZ, BESSEMANS und DE POTTER, CHODZIESNER, SAZERAC und LEVADITI, LEVADITI, ROUSSEL und LI YUAN PO. Von den Ergebnissen dieser Autoren ist besonders das Resultat der Unter-suchungen von KOLLE und RUPPERT hervorzuheben, die fanden, daß Kilogrammdosen von 4—6 mg Silbersalvarsan immer imstande wären, die Spirochaeta pallida zum Ver-schwinden und die Schanker zur Ausheilung zu bringen, während bei der Spirochaeta cuniculi erst 10 mg einen sicher heilenden Effekt garantierten (vgl. auch dazu die ergän-zenden Untersuchungen von WORMS [Handbuch der pathogenen Mikroorganismen, 3. Aufl., Bd. 7, S. 738. 1930.]).

Für die Frage der Herkunft der spontanen Kaninchenspirochätose zeigen die oben behandelten epidemiologischen, klinischen und experimentell-biologischen Befunde, daß keinesfalls ein Zusammenhang mit der experimentellen Kaninchensyphilis bestehen kann; diese Tatsache ist so feststehend, daß man dazu nicht mehr die Kreuzimpfungsversuche von KOLLE und Mitarbeitern heranzuziehen braucht, die im übrigen nach den in den letzten Jahren bei der experimentellen Kaninchensyphilis gemachten Erfahrungen nicht mehr die ihnen seinerzeit von den Autoren zur Stützung ihrer Auffassung bezüglich der Verschiedenheit der Spirochaeta pallida und cuniculi zuerkannte Beweiskraft besitzen.

In diesem Zusammenhang müssen die Versuche von NEUMANN erwähnt werden, der die Frage nach der Herkunft der Cuniculispirochäten dahin beantworten zu können glaubte, „daß es sich mit großer Wahrscheinlichkeit um eine *Einwanderung saprophytischer Arten aus der Außenwelt* handelt".

Der von NEUMANN als Beweis für diese Theorie mitgeteilte Versuch, ein normales Kaninchen nur durch Scarification für im Stalldung vorhandene pallidaforme Spirochäten empfänglich zu machen und unter den Erscheinungen und bakteriologischen Befunden der Kaninchenspirochätose erkranken zu lassen, hält jedoch der Kritik nicht stand (WORMS, ZUELZER), da in diesem Versuch die Möglichkeit des Vorliegens einer latenten, nur durch den traumatischen Reiz der Scarification zum Rezidivieren veranlaßten spontanen Kaninchenspirochätose nicht ausgeschaltet ist. Trotzdem hat aber die von NEUMANN ausgesprochene Hypothese eine gewisse Berechtigung, wenn auch die Nachprüfungen, die SEITZ in 10 Versuchen angestellt hat, bisher zu keinem Erfolg geführt haben, da für solche Untersuchungen sehr große Tierreihen notwendig sind.

Ähnlich äußert sich auch SEIFRIED. „Da Wunden (Bißwunden, Verletzungen beim Coitus, Abschürfungen, Scheuerwunden infolge Kratzens in der Analgegend bei Wurminvasionen) im Bereich der Geschlechtsteile beim Kaninchen nicht zu den Seltenheiten gehören, so ist die Möglichkeit einer Infektion durch diese Eintrittspforten mit Spirochäten außerordentlich groß, zumal die Aftergeschlechtsgegend mit dem Erdboden oder der verunreinigten Streu dauernd in engster Berührung sich befindet." — „Wenn es auch zwar noch keineswegs als erwiesen gelten darf, daß saprophytische Spirochäten unter günstigen Bedingungen zu parasitischen sich weiterentwickeln können, so muß eine solche Möglichkeit doch in Betracht gezogen werden."

Zusammenfassend läßt sich sagen, daß die *spontane Kaninchenspirochätose den Wert des Kaninchens als Versuchstier für die experimentelle Syphilisforschung* **nicht** beeinträchtigt. Es wurde oben bereits auseinandergesetzt, wie man sich vor dem Einschleppen der Seuche unter die Versuchstiere schützen könne. Treten aber im Verlauf von Versuchen mit experimenteller Syphilis Zweifel darüber auf, ob die beobachteten Erscheinungen nicht von einer übersehenen latenten oder noch in der Inkubation gewesenen spontanen Kaninchenspirochätose herrühren und ist die diesbezügliche Entscheidung nicht klinisch zu treffen (bei Hoden- und Genitalaffekten — das Fehlen der Infiltration und Induration), so muß zunächst die histologische Untersuchung zur Differentialdiagnose herangezogen werden.

Bei allen zweifelhaften Fällen, besonders bei etwaigen sekundären Papeln oder anderen Generalisationserscheinungen, sind zur Klärung neben der histologischen Untersuchung noch folgende Untersuchungen auszuführen: 1. die intratestale Verimpfung der betreffenden Efflorescenz: bei experimenteller Syphilis entsteht ein Schanker oder eine Orchitis, bei der Spirochätose kommt es im allgemeinen niemals dazu, sondern es entstehen nur oberflächliche Excoriationen der Hodenhaut. 2. Das Ergebnis einer intratestalen Verimpfung eines Lymphdrüsenorganbreies des fraglich erkrankten Tieres, da auch hierbei nur Schanker bei experimenteller Kaninchensyphilis erzielt werden. 3. Die corneale Verimpfung des verdächtigen Materiales, die im allgemeinen, wenn auch selten, nur bei pallidahaltigem Material positiv ausfällt, so daß ein positiver Ausfall der cornealen Verimpfung die Annahme, daß es sich um experimentelle Kaninchensyphilis handle, durchaus bestätigt. 4. Das chemotherapeutische Verhalten dem Silbersalvarsan gegenüber (KOLLE und RUPPERT, WORMS). 5. Die Anstellung der Meinecke-Trübungsreaktion. 6. Die Übertragung der Spirochäten auf Affen und Mäuse. Rückblickend können sicherlich eine Reihe von Befunden, die bei der experimentellen Kaninchensyphilis vor bzw. ohne Kenntnis der spontanen

Kaninchenspirochätose erhoben worden sind, als durch diese Seuche vorgetäuscht angesehen werden; heutzutage aber, wo man die genaue Kenntnis
der spontanen Kaninchenspirochätose von jedem Bearbeiter der experimentellen Syphilis verlangen kann, ist diese Irrtumsgefahr als außerordentlich gering
anzusehen.

3. Spirochäten vom Typus der Spirochaeta icterohaemorrhagiae.

a) *Spirochaeta (Leptospira) icterohaemorrhagiae*
(INADA und ITO 1915).

Synon.: Spirochaeta icterogenes UHLENHUTH und FROMME 1916, Spirochaeta nodosa
HÜBENER und REITER 1916.

Vorkommen: Der von INADA, IDO, HOKI, KANEKO und ITO, unabhängig davon
und beinahe gleichzeitig von UHLENHUTH und FROMME aufgefundene Erreger
der WEILschen Krankheit (Icterus infectiosus) kommt nach den Befunden
zahlreicher Autoren in weiter Verbreitung bei anscheinend ganz gesunden wilden
Ratten vor.

So wurde die Spirochaeta icterohaemorrhagiae, um nur einige Beispiele anzuführen
in Berlin bei $10^0/_0$ (P. UHLENHUTH und M. ZUELZER), in Freiburg i. Br. bei $10-15,7^0/_0$
(P. UHLENHUTH und H. GROSSMANN), in London bei $22,6-30^0/_0$ (FOULERTON, A. C. STEVEN-
SON, A. BALFOUR), in Edinburgh bei $36,7^0/_0$ (G. BUCHANAN), in Paris bei $10^0/_0$ (G. J. STE-
FANOPOULO), in Amsterdam bei $10-28^0/_0$ (W. SCHÜFFNER und W. A. KUENEN, R. SOESILO),
in Wien bei $37,5^0/_0$ (J. TAKAKI), in nordamerikanischen Städten bei bis zu $52^0/_0$ (A. WADS-
WORTH, V. LANGWORTHY, C. STEWART, A. MOORE und M. B. COLEMAN, E. W. WALCH
und G. B. WALCH-SORGDRAGER, G. H. ROBINSON u. a.), in japanischen Städten bei bis
zu $40,2^0/_0$ (IDO, HOKI, ITO und WANI u. a.), in Tunis bei bis zu $19^0/_0$ (NICOLLE und
LEBAILLY, G. BLANC) der gefangenen wilden Ratten (Mus rattus, decumanus, norvegicus,
alexandrinus) im Urin und in den Nieren durch mikroskopische Untersuchung, großenteils auch durch Verimpfung auf Meerschweinchen nachgewiesen (weitere Angaben
s. bei SCHÜFFNER, RUGE, sowie bei UHLENHUTH und FROMME).

Nach den Feststellungen von SCHÜFFNER und KUENEN, ROBINSON, SOESILO
u. a. sind es vor allem ältere Ratten, die sich bei der Untersuchung als positiv
erweisen; offenbar bleibt bei diesen Tieren die einmal erfolgte Infektion lebenslang
bestehen. Auf Grund dieser Feststellungen und im Hinblick auf die epidemiologischen Ermittlungen dürfte wohl kein Zweifel bestehen, daß die Ratten bei
dem Zustandekommen der menschlichen Erkrankungsfälle eine bedeutsame
Rolle spielen können.

Nach den Feststellungen von SCHÜFFNER (s. auch SCHÜFFNER und KUENEN)
findet man in den nach der Methode von C. LEVADITI behandelten Nieren der
infizierten Ratten eine nesterartige Ansiedlung der Leptospiren in den Tubulis
contortis. ,,Die Leptospiren liegen hier meist in dichten verfilzten Massen im
Lumen der Kanäle, fest auf dem Epithel lagernd" (s. Abb. 251). ,,Zuweilen
sind die Massen so groß, daß die Epithelzellen des Kanälchens leicht plattgedrückt werden; es bleibt aber innerhalb des Parasitenbelages ein feiner Kanal
ausgespart." Wie SCHÜFFNER weiter angibt, sind die Nester unregelmäßig in der
Rinde verteilt. Durch den Nachweis, daß die Leptospiren sich hier außerhalb
der Blutbahn angesiedelt haben, also saprophytisch auf dem Nierenepithel
leben und sich vermehren, wird es verständlich, daß das Blut der Ratte nicht
infektiös ist, daß die Ratte unter der Infektion nicht leidet und auch keine
spezifischen Antikörper in ihrem Blute enthält, zugleich aber auch, daß der
Prozeß wenig Neigung hat, zu verschwinden. Im allgemeinen stellen also die
Ratten Infektionsträger in des Wortes eigentlicher Bedeutung dar. *Erkrankungen*
wilder Ratten an WEILscher Krankheit stellen nach den Angaben von UHLEN-
HUTH und FROMME offenbar ganz seltene Ausnahmen dar.

Über das Zustandekommen der natürlichen Infektion der Ratten mit der Spirochaeta icterohaemorrhagiae sind wir noch recht wenig orientiert. Nach SCHÜFFNER bestehen hier zwei Möglichkeiten. Einmal könnte man sich vorstellen, daß die Ratten vielleicht schon in ihrer Jugend eine allgemeine, vielleicht auch latente Infektion durchmachen und dann zu Trägern werden; andererseits wäre daran zu denken, daß die Infektion der Nieren von der Blase her erfolgt.

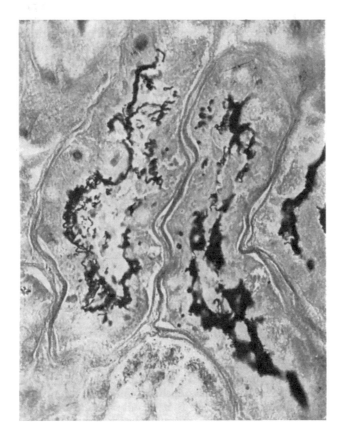

Abb. 251. Tubuli contorti besetzt mit Leptospiren. Vergr. 1:500. (Nach SCHÜFFNER, Arch. f. Schiffs- u. Tropenhyg. 29 (1925).

Immerhin ist es aber bemerkenswert, daß im Urin von wilden Ratten (ZUELZER, COLES, MENDELSON, SARDIJTO und POSTMUS, WALCH und WALCH-SORGDRAGER u. a.), sowie im Darm von Meerschweinchen und Kaninchen (ZUELZER und OBA) gelegentlich Organismen vom Typus der Spirochaeta icterohaemorrhagiae vorkommen, die bei Meerschweinchen auch nach intraperitonealer oder subcutaner Einimpfung großer Mengen keinerlei Krankheitserscheinungen hervorzurufen vermögen. Ferner konnte SIGALAS bei einem Meerschweinchen, das spontan gestorben war und keinerlei Anzeichen einer WEILschen Krankheit darbot, Spirochäten vom Typus der Spirochaeta icterohaemorrhagiae feststellen.

Schließlich geben BESSEMANS und THIRY an, daß sie bei ihren frischen *weißen Mäusen* sehr häufig, und zwar, ähnlich wie SCHÜFFNER und KUENEN bei wilden

Ratten, hauptsächlich bei älteren Tieren zahlreiche, meist gut bewegliche Leptospiren im Urin gefunden haben. Im Blute der infizierten Tiere waren die Spirochäten sehr selten und dann meist nur in unbeweglichem Zustande nachzuweisen.
Nach den Feststellungen der Autoren bleibt bei den Mäusen die Infektion ebenso
wie bei den wilden Ratten offenbar zeitlebens bestehen und führt im allgemeinen
im Verlauf von 5—12 Monaten unter den Erscheinungen der Kachexie zum
Tode. Eine Übertragung der Infektion auf frische Mäuse gelang durch subcutane
Injektion spirochätenhaltigen Urins nicht; sie erfolgte aber, wenn frische Mäuse
leptospirenhaltigen Urin peroral einverleibt erhielten oder mit infizierten Tieren
längere Zeit hindurch (2 Monate lang) zusammengesetzt wurden. Eine Übertragung der Infektion auf die Nachkommenschaft findet nach den Angaben der
Autoren bei rechtzeitiger Entfer-
nung der Jungen von den infizierten Muttertieren nicht statt.

Abb. 252. Spirochaeta icterohaemorrhagiae im
Dunkelfeld.
[Nach ZUELZER, Arb. Kaiserl.Ges.-Amte 51 (1918).]

Bei diesen für Versuchstiere
apathogenen Spirochäten vom Typus der Spirochaeta icterohaemorrhagiae handelt es sich offenbar
um Formen, die der als **Spirochaeta pseudoicterogenes** (UHLEN-
HUTH und ZUELZER 1919 syn.
Spirochaeta biflexa [WOLBACH und
BINGER 1914]) bezeichneten Gruppe
saprophytischer Wasserspirochäten
zuzurechnen sind. Dabei besteht
allerdings nach den Untersuchungs-
ergebnissen von UHLENHUTH und
ZUELZER, sowie ZUELZER die Möglichkeit, daß diese saprophytischen
Organismen im Tierkörper durch
Mutation oder Adaptation krankmachende Eigenschaften erwerben,
d. h. sich in die Spirochaeta icterohaemorrhagiae umwandeln können. Ob die
hierher gehörigen Wasserspirochäten als eine besondere Spezies anzusehen
sind (SCHÜFFNER) oder ob sie entsprechend den Anschauungen von ZUELZER
lediglich als avirulente Formen der Spirochaeta icterohaemorrhagiae zu gelten
haben, ist eine heute noch nicht entschiedene Streitfrage.

Morphologie der Spirochaeta icterohaemorrhagiae. Die Spirochaeta icterohaemorrhagiae
zeichnet sich durch ihre außerordentliche Zartheit und durch ihre Vielgestaltigkeit aus.
Ebenso wie die anderen Spirochäten besitzt sie einen gerade gestreckten zentralen Achsenfaden, den eine echte protoplasmatische Spirale schraubenförmig in regelmäßigen engen
Windungen umwindet. Sie unterscheidet sich aber von den Spirochäten der anderen Gruppen
dadurch, daß ihr Körper eine ausgesprochene Dreiteilung in ein längeres, etwas dicker
und starrer erscheinendes Mittelstück und die beiden hakenförmig gekrümmten, spitz
zulaufenden und meist mit einem runden Endkorn versehenen Enden aufweist. Die Durchschnittslänge der Spirochaeta icterohaemorrhagiae im Tierkörper (Meerschweinchen)
beträgt nach Inada und seinen Mitarbeitern 6—9 μ, nach ZUELZER 12—15 μ, ausnahmsweise
kommen aber erheblich längere Exemplare (bis 85 μ: ZUELZER) vor. Ihre lebhafte Fortbewegung kommt, wie bereits oben (s. S. 647) angedeutet wurde, im allgemeinen ausschließlich durch das quirlartige Schlagen der meist umgebogenen Körperenden und die
dadurch bedingten blitzschnellen Rotationen der Spirochäte um ihre eigene Längsachse,
wobei das Mittelstück steif und gerade bleiben kann, zustande. Der Spirochätenkörper
kann dabei je nach der Krümmung der beiden Enden nach derselben nach oder nach verschiedenen Seiten eine kleiderbügelähnliche oder eine S-förmige Gestalt annehmen (s. Abb. 252).
Die Vermehrung der Spirochaeta icterohaemorrhagiae erfolgt ausschließlich durch Querteilung (s. Abb. 253): In Kulturen kommen neben Zweiteilung sowohl bei kurzen, wie bei
langen Individuen Mehrfachteilungen vor, die ebenso wie die Zweiteilung verlaufen.

Nachweis der Spirochaeta icterohaemorrhagiae. Zur Untersuchung von Ratten, Meerschweinchen und Mäusen auf Leptospiren wird im allgemeinen der Urin, soweit es sich um gestorbene oder getötete Tiere handelt, auch Leber- und Nierenbrei verwendet. Nach bisher noch nicht veröffentlichten Befunden von M. ZUELZER an lebenden wilden Ratten ist das Ergebnis der Urinuntersuchung auf Leptospiren bei diesen Tieren weitgehend von der Reaktion ihres Urins abhängig. In Übereinstimmung mit ihrer früheren Beobachtung, daß die zur Gruppe der Spirochaeta icterohaemorrhagiae gehörenden freilebenden Organismen nur in den alkalisch reagierenden Gewässern (optimale Wasserstoffionenkonzentration p_H 7,4—7,8) gedeihen, konnte M. ZUELZER feststellen, daß auch bei infizierten Ratten der Nachweis der Spirochäten im Urin am sichersten dann gelingt, wenn dieser eine alkalische Reaktion aufweist. Füttert man nämlich wilde Ratten

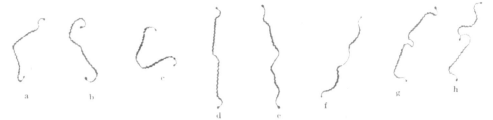

Abb. 253. Verlauf der Zweiteilung bei Spirochaeta icterohaemorrhagiae-Osmiumdampf. MAY-GRÜN-WALD, Vergr. 1:1800. a Beginn der Teilung, Mittelstück halbkreisförmig eingebogen. b Mittelstück in der Mitte scharf eingeknickt. c Die Knickstelle beginnt sich auszuziehen. d Mittelteil weiter ausgezogen, Primärwindungen unverändert. e Mittelteil weiter ausgezogen, beginnt sich einzubiegen; Primärwindungen unverändert. f Mittelteil weiter ausgezogen und umgebogen. g—h Mittelteil mit Primärwindungen weiter eingebogen und verdünnt; es wird dadurch ziemlich scharf an dem unveränderten Mittelteile der beiden Teilhälften abgesetzt, welche die typische Gestalt der Spirochaeta icterohaemorrhagiae ausgebildet zeigen. [Nach ZUELZER, Arb. Kaiserl. Ges.-Amte 51 (1918).]

mit Fleisch, Fischen oder Hundekuchen, so reagiert der Urin der Tiere ausgesprochen sauer; die Folge davon ist, daß von den infizierten Ratten die Spirochäten vorwiegend oder ausschließlich in abgetötetem, aufgelöstem oder derart demoliertem Zustande ausgeschieden werden, daß eine Identifizierung der Organismen häufig sogar für geübte Untersucher sehr schwierig ist. Werden dagegen die Ratten mit gekochten Kartoffeln, Haferflocken u. dgl. ernährt, so zeigt der Urin der Tiere eine durchaus alkalische Reaktion und enthält, soweit es sich um Keimträger handelt, meist lebende, großenteils gut bewegliche, typisch geformte und deshalb leicht erkennbare Spirochäten. Bei der Auswahl von Versuchstieren darf man, um absolut sicher zu gehen, daß sich keine Leptospirenträger darunter befinden, naturgemäß sich nicht mit einem einmaligen negativen Urinbefund begnügen; vielmehr wird man die Untersuchung des Urins der zweckentsprechend gefütterten Tiere in geeigneten Abständen wiederholen müssen.

Zum *mikroskopischen Nachweis* der Spirochäten vom Typus der Spirochaeta icterohaemorrhagiae bedient man sich im allgemeinen der Untersuchung im Dunkelfeld, das die achromatischen und darum so schwach lichtbrechenden und bei durchfallendem Licht nicht wahrnehmbaren Organismen schon bei verhältnismäßig schwacher Vergrößerung erkennen läßt. Zur Herstellung von Dauerpräparaten kann die Geißelfärbungsmethode (von LOEFFLER), noch besser die Färbung der Präparate mit MAY-GRÜNWALDscher oder GIEMSAscher Lösung nach vorausgegangener Osmiumdampffixierung (ZUELZER) mit Vorteil verwendet werden. Auch Tuscheausstriche, die zweckmäßigerweise hernach mit Osmiumdampf fixiert werden, geben gute Bilder. Zur Darstellung von Spirochäten in Schnittpräparaten eignet sich die ältere LEVADITIsche Methode.

Da indessen, wie bereits hervorgehoben wurde, bei Ratten, in selteneren Fällen offenbar auch bei Mäusen und Meerschweinchen apathogene oder saprophytische Organismen vom Typus der Spirochaeta icterohaemorrhagiae vorkommen, ist neben der mikroskopischen Untersuchung noch die Heranziehung *des Tierversuches* zur Stellung einer sicheren Diagnose erforderlich.

Als geeignete Versuchstiere werden hierzu junge Meerschweinchen verwendet, denen Urin, bzw. auch Emulsionen von Leber und Nieren der verdächtigen Tiere intraperitoneal eingespritzt werden. Enthält das Impfmaterial vollvirulente Weilspirochäten, so ist bei den Meerschweinchen vom 3.—5. Tage nach der Injektion an, neben einer Temperatursteigerung und einer zunehmenden Freßunlust eine starke Injektion der Scleralgefäße mit wäßriger Absonderung, nach weiteren 24 Stunden eine gelbliche Verfärbung der Sclera, später auch der Haut (besonders an den Ohren und an den Pfoten) und der sichtbaren Schleimhäute wahrzunehmen. Die Erreger lassen sich bei den Tieren am sichersten durch tägliche Untersuchungen des unter aseptischen Kautelen mittels feiner Glascapillaren entnommenen Peritonealexsudats mikroskopisch nachweisen. Bei der Mehrzahl der Tiere tritt dann nach kurzer Zeit, meist ganz plötzlich, vielfach unter Krämpfen und Temperaturabsturz der Tod ein. Bei der Sektion der gestorbenen Tiere sind außer einer allgemeinen Gelbfärbung der Gewebe punktförmige bis flächenhafte Blutungen in allen Organen, vor allem in den Lungen, in der Umgebung der subcutanen Drüsen und im Nierenbecken festzustellen. Die Nebennieren zeigen ein braunrotes Aussehen, das an den Befund bei der Diphtherievergiftung erinnert. Der mikroskopische Nachweis der Erreger gelingt am sichersten in der Leber, die häufig kleine nekrotische Herde aufweist, oft auch in den Nieren, seltener in den Nebennieren, den Lungen und den anderen Organen. Hinsichtlich der Blutveränderungen bei den infizierten Meerschweinchen vgl. W. H. Hoffmann.

Bei negativem Verlauf des Tierversuches darf allerdings nicht mit Sicherheit geschlossen werden, daß die verimpften Spirochäten als harmlose Saprophyten anzusprechen sind. Abgesehen von der bereits erwähnten Annahme von Zuelzer, daß zwischen den saprophytisch lebenden und den vollvirulenten Spirochäten vom Typus der Spirochaeta icterohaemorrhagiae ein prinzipieller Unterschied nicht besteht, könnte das negative Ergebnis des Tierversuches, worauf Foulerton u. a. hinweisen, darauf beruhen, daß die zur Prüfung verwendeten Meerschweinchen eine erhöhte natürliche Immunität besaßen. Vor allem ist aber auch dann, wenn man sich nicht auf den Standpunkt von Zuelzer stellt, daran zu denken, daß die in dem verimpften Urin oder Organbrei enthaltenen Spirochäten eine vielleicht nur vorübergehend herabgesetzte Virulenz aufweisen und deshalb keine erkennbaren Krankheitserscheinungen hervorrufen (vgl. auch Reiter).

Eine Entscheidung der Frage, ob die in Urin oder Organen von Ratten oder anderen Versuchstieren mikroskopisch nachgewiesenen, aber apathogenen Spirochäten vom Typus der Spirochaeta icterohaemorrhagiae als avirulente Weilspirochäten oder als saprophytische Organismen anzusehen sind, ist nach dem Vorgang von Zuelzer in der Weise möglich, daß man bei den geimpften Meerschweinchen durch mehrfache, in geeigneten Abständen vorgenommene Herzpunktionen und Verimpfung des dabei erhaltenen Blutes auf geeignete Nährböden, z. B. in unverdünntes oder mit Wasser verdünntes Kaninchenserum (E. Ungermann, Uhlenhuth, Pettit, P. Manteufel; s. bei Pettit, sowie Uhlenhuth und Fromme) Kulturen zu gewinnen sucht. Gelingt die Kultur, so ist dadurch auch bei Fehlen krankhafter Erscheinungen der Beweis erbracht, daß die Spirochäten wenigstens vorübergehend im Körper des Meerschweinchens gehaftet und im Blutstrom gekreist haben. Durch Weiterimpfung derartiger Kulturen auf frische Meerschweinchen, erforderlichenfalls durch nochmalige Herauszüchtung des Stammes und anschließende wiederholte Meerschweinchenpassage kann unter Umständen eine Virulenzsteigerung der Spirochäten erzielt und dadurch der Nachweis, daß es sich bei den im Urin oder in den Organen der spontan infizierten Versuchstiere festgestellten Spirochäten tatsächlich um avirulente Weilspirochäten handelte, geführt werden.

Nicolle und Lebailly schlagen vor, die ergebnislos mit spirochätenhaltigem Urin oder Organbrei geimpften Meerschweinchen mit einem virulenten Stamm der Spirochaeta icterohaemorrhagiae zu infizieren, um auf diese Weise eine durch die Erstimpfung etwa bewirkte Immunität und dadurch die Identität der einverleibten Organismen mit der Weilspirochäte festzustellen. Während Dalmau und Balta, sowie Smillie befriedigende Resultate mit diesem Verfahren erzielt haben wollen, ist es nach den Befunden von Uhlenhuth und Zuelzer, Schüffner, sowie Walch und Walch-Sordrager für die genannten

Zwecke nicht geeignet, da schwach virulente Weilstämme den Tieren nicht einmal einen sicheren Schutz gegen eine nachfolgende Reinfektion mit dem gleichen virulent gemachten Stamm verleihen. Dazu kommt aber noch, daß sich nach den Befunden von BAERMANN und ZUELZER u. a. die verschiedenen Stämme der Spirochaeta icterohaemorrhagiae hinsichtlich ihres Antigenapparates offenbar nicht einheitlich verhalten. Im Hinblick auf die Ergebnisse ihrer mittels der Agglutination, der Lysis, des PFEIFFERschen Versuchs vorgenommenen Prüfung zahlreicher Leptospirenstämme, sowie auf Grund von Schutz- und Heilversuchen stehen die genannten Autoren auf dem Standpunkt, daß sich sowohl bei den Wasserstämmen als auch bei den meerschweinchenpathogenen Weilstämmen aus Ratten und Menschen zahlreiche serologische Varianten, zwischen denen es die verschiedensten Übergänge gibt, unterscheiden lassen, und daß infolgedessen eine Differenzierung der einzelnen zur Gruppe der Spirochaeta icterohaemorrhagiae gehörenden Organismen, einschließlich der Spirochaeta autumnalis, des Erregers des als Akiyami bezeichneten japanischen Herbstfiebers und der Leptospira hebdomadis, des Erregers des Siebentagefiebers, sowie vermutlich auch des Erregers des europäischen Schlammfiebers auf serologischem Wege nicht möglich ist. Nach den Angaben von UHLENHUTH und ZUELZER, ZUELZER, PETTIT sind die antigenen Eigenschaften der einzelnen Leptospirenstämme zudem recht labil und können z. B. bei Fortzüchtung in künstlichen Nährböden oder durch Aufenthalt im Warmblüterorganismus einschneidende Änderungen erfahren.

β) *Spirochaeta (Leptospira) hebdomadis.*
(IDO, ITO und WANI 1918.)

Die von IDO, ITO, und WANI als Erreger des japanischen Siebentagefiebers nachgewiesene Spirochaeta hebdomadis ist morphologisch von der Spirochaeta icterohaemorrhagiae nicht zu unterscheiden. Ähnlich wie Ratten bei der WEILschen Krankheit spielen hier beim Siebentagefieber Feldmäuse (Microtus montebelli) die Rolle der Infektionsträger (SAWADA und MIZUMO). Bei jungen Meerschweinchen, die sich auch per os und durch die nichtrasierte Haut infizieren lassen, bewirkt die Spirochaeta hebdomadis einer der WEILschen Krankheit ähnliche Erkrankung.

Nach der Annahme von UHLENHUTH und FROMME ist die **Spirochaeta** *(Leptospira)* **autumnalis** (KITAMURA und HARA 1918) trotz teilweise bestehender serologischer Unterschiede offenbar mit der Spirochaeta hebdomadis identisch (s. auch STEFANOPOULO und HOSOYA).

Was schließlich noch das durch Spirochäten vom Typus der Spirochaeta icterohaemorrhagiae hervorgerufene europäische Schlammfieber anlangt, so besteht nach ZUELZER der Verdacht, daß an der Verbreitung der Erkrankung auch Feldmäuse, die saprophytische Wasserspirochäten in sich beherbergen, eine Rolle spielen. Tatsächliche Beobachtungen liegen noch nicht vor, doch sind in den Überschwemmungsgebieten, in denen das Schlammfieber im Herbst auftrat, Mäuse in größerer Anzahl beobachtet worden.

4. Spirillen: Spirillum minus. Rattenbißkrankheit (Sodoku).

Synonyma: Spirillum minor (CARTER); Spirillum minus (ROBERTSON); Spirochaeta morsus muris (FUTAKI, TAKAKI, TANIGUCHI und OSUMI); Spirochaeta Laverani BREINL (KASAI), und zwar Spirochaeta morsus muris (varietas humana) und Spirochaeta laverani s. muris, Spirillum minus var. morsus muris (RUYS).

Für die wissenschaftliche und experimentelle Erforschung der Rattenbißkrankheit stellt den bedeutsamsten Wendepunkt das Jahr 1915 dar, in dem es FUTAKI, TAKAKI, TANIGUCHI und OSUMI gelang, in einer geschwollenen Lymphdrüse eines an Rattenbißfieber erkrankten Patienten eine Spirochäte nachzuweisen, die sie als den Erreger der Krankheit bezeichneten. Im Laufe der Jahre war schon eine Reihe verschiedener Mikroorganismen als Ursache des Sodoku beschrieben worden, und zwar hauptsächlich Diplokokken, Streptokokken, Stäbchen, Streptothrixarten (MIDDLETON, DOUGLAS, COLEBROOK und FLEMING, PROESCHER, SOLLY, OGATA, SCHOTTMÜLLER); aber auch nach der Entdeckung FUTAKIs und seiner Mitarbeiter, die allmählich immer weiter anerkannt wurde, erschienen noch Veröffentlichungen, die unter anderem besonders der Streptothrix eine ätiologische Bedeutung zuerteilen wollten (TILESTON und LITTERER, BLAKE, TUNICLIFF, THORPE, EBERT und HESSE, BRIGGS,

CADBURY, BAYNE-JONES). Auch nach BURBI kann Sodoku außer durch die Spirochäten FUTAKIs noch durch ein kurzes unbegeißeltes Treponema (FRANCHINI und GHETTI) oder durch Sporozoen (OGATA) hervorgerufen sein.

Nachdem schon früher Arsenpräparate wie Kalium arsenicosum und auch Atoxyl (FRUGONI, vgl. auch GALT) bei der Therapie der Rattenbißkrankheit Verwendung gefunden hatten, machten HATA (1912), und ODA (1915) in Japan, SURVEYOR (1913) in Indien und CROHN (1915) in den Vereinigten Staaten die Beobachtung, daß die Mehrzahl der an Sodoku erkrankten Patienten durch Salvarsan auffallend rasch geheilt werden kann. Die auf Grund dieser Feststellungen berechtigte Vermutung, daß der Erreger der Erkrankung unter den Spirochäten oder verwandten Organismen zu suchen sei, wurde zur Gewißheit durch die oben eingangs erwähnten Untersuchungsbefunde von FUTAKI, TAKAKI, TANIGUCHI und OSUMI.

Morphologisches Verhalten. Nach FUTAKI und seinen Mitarbeitern sind bei den von ihnen gefundenen Spirochäten zwei Formentypen zu unterscheiden (Darstellung von M. ZUELZER): ein kleiner, welcher sich in der Rattenbißwunde des Menschen und im Blut der beimpften Mäuse, und ein größerer, welcher mehr in den Geweben und in den Lymphdrüsen des Menschen sich finden soll.

Die Spirochäten sind etwas größer und dicker als die Spirochaeta pallida, kleiner als Spirochaeta duttoni und obermeieri. Die größeren Spirochäten werden 6—10 μ lang (in Kulturen bis 19 μ). Sie sind außerordentlich flexibel und weisen 1 μ lange Windungen auf, welche meist ziemlich regelmäßig sind, gelegentlich jedoch auch unregelmäßig werden können. Der zweite Spirochätentyp findet sich gleichzeitig und neben dem größeren. Diese Organismen sind kürzer, dicker und starrer als jene. Ihre Windungen sind ganz regelmäßig und ihre Bewegungen vibrioartig, während die der langen als mehr schlängelnd, spirochätenartig beschrieben werden. Sie tragen meist an beiden Enden eine Geißel. Die Länge dieser Organismen beträgt ohne Geißel 2 μ (mit Geißel 6 μ) bis 4 μ (mit Geißel 9 μ). Diese kurzen Organismen sollen die Jugendformen der längeren Spirochäten darstellen:

Während von IDO, ITO, WANI und OKUDA, KITAKAWA, MUKOYAMA und MIDZUKUCHI sowie KANEKO und OKUDA eine Bestätigung der Befunde FUTAKIs und seiner Mitarbeiter erbracht wurde, sind in der Folgezeit hauptsächlich nur die kurzen Formen FUTAKIs beschrieben worden. ROBERTSON beobachtete an verschiedenen Tagen ein einheitliches Vorherrschen zuweilen kürzerer, zuweilen auch längerer Formen bei ein und demselben Tier, so daß hinsichtlich der Körpergröße — ohne Geißeln gemessen — Unterschiede zwischen 9—10μ und 1,5μ zu verzeichnen waren. Es wäre dies ein Befund, der die auf Grund histologischer Untersuchungen gewonnene Auffassung von KANEKO und OKUDA bestätigen könnte, daß „these two forms of spirochete belong to the same species, as one type grades into the other morphologically speaking". Nach ZUELZER ist es jedoch mehr als fraglich, „ob die sog. kurzen und die langen Spirochäten wirklich Varietäten des gleichen Organismus darstellen. Vielmehr scheint es sich hier um zwei untereinander sogar recht verschiedene Organismen mit distinkten morphologischen Unterschieden zu handeln. Es besteht auch hier die bei Spirochätenuntersuchungen stets vorhandene Gefahr einer Täuschung durch Verwechslung, indem die bereits primär im Versuchstier schmarotzenden Parasiten eine erfolgreiche experimentelle Übertragung pathogener Keime vortäuschen. Diese Annahme verdient um so mehr Beachtung, als in Mitteleuropa im Blut von weißen und grauen Mäusen sehr häufig Organismen gefunden werden, welche sowohl morphologisch mit den Abbildungen, als auch mit der Beschreibung der Bewegungen mit der von FUTAKI und Mitarbeitern, ISHIWARA und Mitarbeitern, STRETTI und MONTOVANI u. a. als kurze dicke Varietät bezeichneten, die Rattenbißkrankheit erregenden Spirochäte übereinstimmen" (BORREL, BREINL und KINGHORN, DEETJEN und LÖWENTHAL; s. bei WENYON).

Vergleichende Untersuchungen, die WORMS mit einem japanischen Rattenbißstamm und einem einheimischen Mäusespirillenstamm ausführte (1925), ergaben zunächst in morphologischer Hinsicht eine vollkommene Übereinstimmung.

Bei beiden Stämmen zeigten die im Blut und Peritonealexsudat auffindbaren Mikroorganismen durchschnittlich 4—6 meist regelmäßige Windungen, ihre Länge beträgt ohne Geißel 4—6 μ. Sie sind nicht flexibel und an beiden Enden mit einem bei der ZETTNOWschen Geißelfärbung allerdings häufig verklebten, aus feinsten Geißeln zusammengesetzten Geißelbüschel versehen (Abb. 254 u. 255). Die Länge der Geißeln entspricht durchschnittlich derjenigen von 1—3 Windungen, sie zeigen bei Dunkelfeldbeobachtung deutliche Eigenbewegung, im Gegensatz zu dem auch bei schnellstem, meist stoßartigem Fortbewegen stets starr bleibenden Körper. Die Geißeln sind nun nach den Untersuchungen von WORMS nicht nur an den Enden des Körpers, sondern häufig auch um die Mitte desselben angelegt, Bilder, die entsprechend den Befunden M. ZUELZERS bei den Mäusespirillen als beginnende Querteilungsvorgänge anzusprechen sind. (Querteilungen wurden bei den Rattenbißspirillen auch beobachtet von ROBERTSON, SCHOCKAERT, MC DERMOTT.) Die Länge der in Querteilung befindlichen Spirillen kann sehr wechseln; es wurden Geißeln um die Mitte von erst 2—3 Windungen aufweisenden Exemplaren angelegt gefunden, und so ist es verständlich, daß gar nicht selten Spirillen von nur einer Windungslänge mit an den Enden befindlichen Geißeln gefunden wurden (Abb. 256).

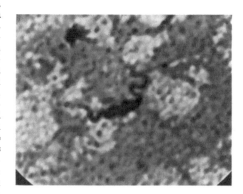

Abb. 254. Rattenbißspirille mit verklebten Seitenbüscheln an beiden Enden. Osmiumdampf; ZETTNOWsche Geißelfärbung. (Orig. Phot. WORMS.)

Abb. 255. Mäusespirillen aus Mäuseblut mit aufgespaltenen Geißelbüscheln. Osmiumdampf; ZETTNOWsche Geißelfärbung. Orig. Phot. Vergr. 2350. (Aus ZUELZER: Handbuch der pathog. Protozoen, 11. Lief., S. 1792, Fig. 77.)

Diese Befunde von WORMS bildeten eine Bestätigung der zuerst von ZUELZER (1920) ausgesprochenen Vermutung, daß, da die Gestalt der kurzen Varietät der „Spirochaeta" morsus muris derjenigen der „Spirochaeta" muris völlig gleiche, damit *dieser Erreger der Rattenbißkrankheit nicht zu den Spirochäten, sondern zu den Spirillen zu rechnen wäre*, welch letztere zum Unterschied von den Spirochäten nicht membranlose, von einem flexilen Achsenfaden durchzogene Zellen sind, sondern echte, von einer Membran umgebene Bakterien. Ferner bestätigen sie auch die Annahme von KUSAMA, KOBAYASHI und KASAI (1919) daß der Erreger der Rattenbißkrankheit „is, in all probability, similar to spirillum minor Carter, Spirochaeta laverani BREINL, Spirochaeta muris WENYON etc.".

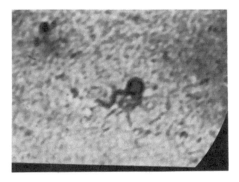

Abb. 256. Rattenbißspirille mit einer Windung und zwei Geißeln. Osmiumdampf; ZETTNOWsche Geißelfärbung. (Orig. Phot. WORMS.)

Diese Befunde wurden bestätigt von ADACHI (1921), ROBERTSON, CHARLOTTE RUYS (1926), die auch genaue Angaben über die Methoden zur Untersuchung dieser Spirillen macht und ausführlich zu der Frage Stellung nimmt, welche Stellung der Erreger der Rattenbißkrankheit im System der Spirochäten nach NOGUCHI einnimmt (SOESILO, HERZFELD und MACKIE, MC DERMOTT u. a.). Wegen

der Frage der Färbung und der Darstellung der Geißeln verweise ich auf die
Arbeiten von ADACHI, RUYS, MC DERMOTT, ROW, PARMANAND, V. LOOKEREN-
CAMPAGNE, MOOSER, ZUELZER, WORMS, ROBERTSON, SOESILO, SCHOCKAERT,
andererseits auf die Arbeiten von FUTAKI, TAKAKI, TANIGUCHI, OSUMI, ISHI-
WARA, OHTAWARA, die an der Spirochätennatur der Erreger festhalten. Als
Treponema bezeichnet auch MOOSER (1924) und POGGI (1927) das Virus, als
Spirochäten ZUCCOLA und GELONESI (1927) und als ein „genus Treponemella"
SANGIORGI (1925).

Trotz der Stellungnahme dieser letztgenannten Autoren glauben wir, daß
nach den oben beschriebenen morphologischen Befunden kein Zweifel bestehen
kann, daß der Erreger der Rattenbißkrankheit nicht zu den Spirochäten, sondern
zu den Spirillen gerechnet werden muß, eine Auffassung, die auch von den
deutschen Autoren, die in letzter Zeit darüber gearbeitet haben (SCHLOSS-
BERGER, GRABOW und STRUWE), sowie von den Verfassern zusammenfassender
Darstellungen [WENYON (1926), RUGE (1929), MÜHLENS (1930)] geteilt wird.

Kulturversuche. FUTAKI, TAKAKI, TANIGUCHI und OSUMI berichteten im Jahre 1917,
daß ihnen eine Kultur des Erregers der Rattenbißkrankheit gelungen sei. Sie benutzten
den Nährboden von SHIMAMINE (Nährbodenbeschreibung s. bei ZUELZER, Handbuch der
path. Prot. S. 1789), nach dessen Beimpfung die Kulturen bei 37⁰ C zwei Wochen
lang gehalten wurden; es zeigten sich dann in jedem Gesichtsfeld 6—10 Parasiten, die
außerordentlich lange Formen (bis zu 19 μ Länge) neben den kurzen Formen zeigen. Die
Windungen werden weiter und flacher, so daß die Windungszahl geringer wird; eine einzelne Windung wird hier 2 μ lang. Die Bewegungen sind meist sehr verlangsamt und
die Windungen untereinander unregelmäßig. FUTAKI und Mitarbeitern gelangen weder
Subkulturen, noch eine Infektion der mit den Kulturen geimpften Versuchstiere.

Über weitere Kulturversuche berichteten folgende Autoren, die zum Teil auch Subkul-
turen und künstliche Infektion der Versuchstiere mit positivem Erfolg aufweisen konnten:
ONORATO (1923), TEJERA (1924), JOEKES (1925), STRETTI und MONTOVANI, ROBINSON (1922).
Die Züchtung scheint aber doch sehr schwierig zu sein, da sie nur relativ wenigen
Autoren gelang.

Filtrationsversuche führte schon im Jahre 1922 v. LOOKEREN-CAMPAGNE, wie SCHOCKAERT
berichtet, aus, und zwar mit dem Filtrat (Berkefeld W) von 4mal verdünntem Blut
hochinfektiöser Ratten und Meerschweinchen. Die übrigens wenig zahlreichen Versuche
waren sämtlich negativ. Positive Ergebnisse hatten im Jahre 1925 SALIMBENI, KERMORGANT
und GARCIN.

Das *klinische Bild* der spontan wie experimentell infizierten Mäuse ist in
jeder Beziehung das gleiche insofern, als die Tiere keinerlei Krankheitszeichen
darbieten. So konnte HONDA nach Verimpfung von Rattenbißspirochäten
in die verschiedensten Körperregionen der Mäuse niemals das Entstehen von
schankerähnlichen Primäraffekten beobachten. Nach WORMS macht es bei
künstlichen Beimpfungen, die intraperitoneal oder auch subcutan vorgenommen
werden können, keinen Unterschied, ob Rattenbiß- oder Mäusespirillen verwandt werden.

Bei beiden Stämmen konnte WORMS die ersten Spirillen in gleicher Weise durchschnittlich am 8. Tage beobachten. Der Nachweis gelingt vereinzelt schon am 5. Tage, kann aber
auch bis zum 14. Tage nach der Impfung verzögert sein. Die Zahl der im Blute zu beobachtenden Spirillen ist außerordentlich wechselnd; meistens ist der Gehalt des Blutes an
Spirillen in der dritten Woche nach der Impfung am reichlichsten und regelmäßigsten,
man findet dann bis zu 4—5, zuweilen 12—15 Exemplare in einem Gesichtsfeld. Bei weiterer
Beobachtung ist das Mäuseblut viel besser infiziert als das Blut bei den gleich zu besprechenden Ratten. Die einmal infizierten Mäuse erweisen sich während der ganzen Zeit ihres
Lebens, das durch die Infektion in keiner Weise verkürzt wird, als infiziert, so daß noch
mehrere Monate nach der Impfung die Spirillose durch peritoneale Inoculation des Blutes
alter Mäuse, wenn dasselbe auch keine Spirillen erkennen läßt, auf gesunde Mäuse übertragen
werden kann.

In den Maulhöhlen geimpfter wie ungeimpfter Mäuse konnte WORMS in keinem
Fall Spirillen nachweisen. Bei diesen Maulhöhlenuntersuchungen achtete WORMS
peinlich darauf keine Schleimhautverletzungen zu setzen, da ja die geringste

Blutbeimengung bei infizierten Mäusen ein positives Resultat hätte vortäuschen können. Versuche von WORMS, die Übertragung der Infektion von Maus zu Maus durch Bisse der infizierten Maus auf die gesunde vorzunehmen, mißlangen bei beiden Stämmen, obgleich nur Mäuse, deren Blut reichlich infiziert war, dazu verwendet wurden. Dagegen war es möglich, gesunde Meerschweinchen durch den Biß gut infizierter Mäuse, und zwar solcher, die mit Mäusespirillen, wie auch solcher, die mit Rattenbißvirus infiziert waren, zu infizieren, KASAI konnte außerdem aber auch Mäuse durch den Biß kranker infizieren und glaubt, daß auf diese Weise die natürliche Ausbreitung der Infektion unter den Mäusen vor sich gehe. Einen Spirillengehalt des Harnes konnte WORMS weder im Dunkelfeld noch durch Verimpfung, und zwar bei den Mäusespirillen wie auch beim Rattenbißvirus, feststellen. Diese Befunde stimmen auch mit den Beobachtungen von KASAI überein, der weder im Speichel noch im Darminhalt und im Harn den Erreger nachweisen konnte. Mehrfach hatte WORMS Gelegenheit festzustellen, daß kranke Mäuse die Infektion auf die Jungen nicht übertrugen, und daß bei diesen Jungen eine ererbte Immunität weder gegen den einen noch gegen den anderen Stamm bestand.

Im Gegensatz zu diesen auch von KASAI erhobenen Befunden stehen die Versuchsergebnisse über die hereditäre Übertragung des Sodoku bei Mäusen, die APERT, KERMORGANT und GARCIN (1926) in folgenden Sätzen zusammenfassen: 1. Eine neugeborene Maus, die von frisch infizierten Eltern stammte, war selbst infiziert, ohne daß man dafür eine Infektion durch Lecken oder Bisse seitens der Eltern mit Rücksicht auf die Zeit der durchschnittlichen Inkubation annehmen kann. 2. Eine Maus, die von einem gesunden Muttertier und einem kranken Bock stammt, wird gesund geboren, wenn die Mutter hier nicht Bißverletzungen seitens des Bockes ausgesetzt ist. 3. Gesunder Bock und krankes Weibchen bringen infizierte Junge zur Welt. 4. Eine scheinbar gesunde neugeborene Maus kann trotzdem Spirochäten im Blut beherbergen. 5. Neugeborenen Mäusen kranker Elterntiere braucht nicht notwendig die Krankheit angeboren zu sein, da dieselbe cyclisch verläuft. Insofern können die Jungen später auch mit Rattenbißvirus erfolgreich infiziert werden.

Die Frage der kongenitalen Infektion mit dem Rattenbißvirus suchte 1924 ABE durch experimentelle Infektion der Mäuseweibchen vor und während der Schwangerschaft festzustellen. In keinem Falle ließ sich bei den Neugeborenen, bei denen das Blut nach verschieden vielen Tagen auf Spirillen untersucht wurde, eine Infektion feststellen. Weitere Versuche zeigten, daß bei den Jungen von einer Immunität keine Rede war; weder bei den Jungen infizierter Muttertiere noch bei den Jungen gesunder Muttertiere zeigte sich ein Unterschied in der Reaktion gegen die experimentelle Infektion. Subcutan eingeimpft, erscheinen die Erreger im Blute der Neugeborenen im allgemeinen spärlicher und zeitlich auch etwas später (etwa 1—2 Tage) als im Blute der erwachsenen Tiere. SCHOCKAERT endlich (1928) konnte ebenfalls eine kongenitale Übertragung der Infektion bei der Maus nicht feststellen.

Zu gleichen Ergebnissen kam MC DERMOTT in Übereinstimmung mit ABE, WORMS und SCHOCKAERT.

Untersuchungen über die Häufigkeit des spontanen Vorkommens des Spirillum muris unter den wilden Mäusen liegen nicht vor; unter den weißen Mäusen fand WORMS in etwa 1%, SCHOCKAERT bei 5 unter 120 Mäusen ein spontanes Vorkommen des Spirillums, Zahlen, die es bei der Verwendung von weißen Mäusen für derlei Versuche zur Pflicht machen, die betreffenden Mäuse vorher stets auf das Vorhandensein von spontan vorkommenden Spirillen zu untersuchen (Literatur über das spontane Vorkommen von Spirillen und Spirochäten bei Mäusen siehe bei WENYON).

Hinsichtlich der Übertragung der Infektion von Maus zu Maus fanden KUSAMA, KOBAYASHI und KASAI (1919) bei Versuchen, in denen 29 gesunde und infizierte Mäuse in Gruppen zusammengesetzt waren, 2 Fälle von Übertragung der Infektion. Die Autoren glauben in diesen Fällen an eine *Übertragung durch Bisse*. Durch Verfütterung von Spirillen erzielten KUSAMA und Mitarbeiter unter 24 Mäusen, die allerdings zusammensaßen, so daß die Möglichkeit einer Biß-infektion nicht ganz auszuschließen sei, 4mal ein Angehen der Infektion, ferner durch Einträufeln reichlich spirillenhaltigen Blutes in die Augen 1mal unter 19 Mäusen. Die Autoren glauben, daß sowohl bei den Fütterungs- wie bei den Augenimpfungsversuchen die Infektion nur durch *Schleimhautverletzungen* ermög-licht worden ist. SCHOCKAERT dagegen gelang es durch Verfütterung von mäuse-spirillenhaltigen Meerschweinchenorganen auf Mäuse in keinem Falle einen Infektionsangang zu erzielen.

Die Infektion der *Ratten* zeigt im allgemeinen völlige Übereinstimmung mit dem Bild der Mäuseinfektion, so daß dieselbe kürzer abgehandelt werden kann. Auch bei den Ratten gelang es HONDA niemals durch Verimpfung von Rattenbißvirus in die verschiedensten Körperregionen das Auftreten von schankerähnlichen Erscheinungen zu erzielen. WORMS impfte zum Vergleich in entsprechender Weise Mäuse- und Rattenbißspirillen auf ausgewachsene Ratten; es zeigte sich hier völlige Übereinstimmung mit dem Verhalten der mit Rattenbißvirus geimpften Ratten, im Gegensatz zu den Befunden von WENYON, der die von ihm im Mäuseblut aufgefundenen Spirillen nur auf junge, nicht aber auf ausgewachsene Ratten übertragen konnte, und auch im Gegensatz zu KASAI, der zum Unterschied von der Rattenbißspirochäte und der im Blut der Hausmaus vegetierenden Spirochäte die bei der weißen Maus vorkommende Spirochäte nur auf junge Ratten erfolgreich verimpfen konnte, und nur dann auf ausgewachsene Ratten, wenn diesen zuvor die Milz ex-stirpiert war, oder wenn die weiße Mausspirochäten 10 Passagen durch junge Ratten erfahren hatten. KUSAMA und Mitarbeiter konnten bei ihren Ver-suchen mit Feldmaus-, wilden Ratten- und vom Menschen herrührenden Stämmen bei den Ratten ein gleichmäßiges Verhalten feststellen, ROBERTSON dagegen konnte nur auf junge Ratten seinen vom Menschen gewonnenen Spirillenstamm verimpfen. SCHOCKAERT endlich berichtet, daß die Ratten sowohl für seinen Menschen- wie für seinen Mäusespirillenstamm empfänglich waren, aber für den Mäusespirillenstamm in einem viel geringeren Maße, und CHARLOTTE RUYS fand, daß die Verimpfung ihres Mäusespirillenstammes auf wilden Ratten zwar anging, aber bereits nach 2 Monaten ausheilte. Äußere Krankheitszeichen bei den infizierten Ratten konnten nur von drei Autoren beobachtet werden, und zwar von MOOSER, MATSUMOTO und ADACHI. Die beiden letztgenannten Forscher erzielten nach RUGE die Bildung eines Primär-affektes bei der Ratte durch Beimpfung der Hoden und betonen die weitgehende Übereinstimmung mit dem Ablauf des syphilitischen Primäraffektes. MOOSER fand zunächst bei seinen 6 Versuchsratten eine vorübergehende Schwellung an der Stelle, an der er die Tiere subcutan infiziert hatte. Bei Ratten, die er nach 4—5wöchiger Beobachtung hatte töten lassen, fand er bei der Sektion eine Hyper-ämie der inneren Organe mit einigen alten und frischen hämorrhagischen Flecken in der Lunge; KUSAMA dagegen konnte nur Milzschwellungen feststellen. In nach LEVADITI gefärbten Schnitten fand MOOSER nach wiederholten sorgfältigen Untersuchungen einige Organismen in den Nieren und Nebennieren; bei einer Ratte fand er mehrere Erreger in der Wand einer Nierenvene. Bei einer Unter-suchung von 26 Ratten, deren Infektion 4—5 Monate zurücklag, fand MOOSER bei acht das Vorhandensein einer Conjunctivitis, bei weiteren vier neben der Conjunctivitis Keratitis und Iritis mit Synechien, bei abermals vier anderen Ratten den Verlust eines oder beider Augen mit Iritis, und endlich bei der 17. Ratte eine frische Keratitis. Die Dunkelfelduntersuchung der Absonde-rungen von den Augen dieser Ratten ergab nur negative Resultate. Die

Verimpfung der Augenabsonderung einer seit 4 Monaten infiziert gewesenen Ratte, die Iritis und Conjunctivitis zeigte, auf zwei Meerschweinchen ergab eine Infektion dieser Tiere, wohingegen zwei weitere Meerschweinchen, die mit Blut dieser Ratte geimpft wurden, nicht erkrankten. Nach SCHOCKAERT fand auch FUTAKI bei den infizierten Ratten eine geringgradige Milzvergrößerung, und v. LOOKEREN-CAMPAGNE konnte feststellen, daß das Leben der infizierten Ratten etwas verkürzt wäre. Nach RUGE zeigen bei mikroskopischer Untersuchung besonders Leber und Nieren der Ratten stärkere Veränderungen.

Sämtliche Autoren stimmen darin überein, daß die Mengen der im Blut der infizierten Ratten zu beobachtenden Spirillen weit hinter der Anzahl der im Blut der infizierten Mäuse zu beobachtenden Organismen zurückbleibt, so daß für den Nachweis des Erregers in fraglichem Material die Maus als Tier der Wahl in Betracht kommt. Trotz der relativen Spärlichkeit der im Rattenblut nachzuweisenden Erreger und trotz der Tatsache, daß dieselben allmählich aus dem Blut verschwinden, gelingt oft noch nach Monaten der Nachweis der Spirillen im Rattenblut durch Verimpfung desselben auf neue Tiere. In diesen Zeitabschnitten findet man nach SCHOCKAERT die Spirillen, trotz ihres im Dunkelfeld nicht nachweisbaren Vorhandenseins im Blut, in gewissen Geweben und Organen wie in der Leber, den Nieren, in den Nebennierenkapseln, im Bindegewebe, besonders dem der Augenlider, der Schnauze und der Geschlechtsorgane.

Nach RUGE kommt allem Anschein der in die Wunde dringende Speichel als Träger für die Spirillen nicht in Betracht (FUTAKI und ISHIWARA), wenn man von dem einen und nicht wieder bestätigten Befund TSUNEOKAS, der sie auch im Urin nachweisen konnte, absieht. Übrigens konnten weder WORMS noch KASAI im Speichel der infizierten Ratten die Erreger nachweisen. Nur POGGI gibt an, bei der Mundschleimuntersuchung von 100 Ratten in Bologna in einem Fall Spirochäten neben anderen verschiedenen Keimen, darunter auffällig häufig fusiforme Bacillen gefunden zu haben. MOOSER ließ seine augenerkrankten infizierten Ratten zur Prüfung dieser Frage auf Holz, Toast oder Eisen beißen, um zu sehen, ob solche Bisse zu Verletzungen führen könnten; er konnte aber nachher in den Maulhöhlen kein Blut nachweisen. Diese Versuche entbehren aber, auch nach Ansicht McDERMOTTS einer absoluten Beweiskraft, da es sicherlich einen Unterschied ausmache, ob es sich um zahme Ratten, wie in den Versuchen von MOOSER, oder um wilde Ratten, wie unter natürlichen Verhältnissen handle. Ferner sei es auch nicht unerheblich, ob der Biß auf harte Objekte oder auf für die Rattenzähne eindringbare Objekte handle, bei welch letzteren dem Zahnfleisch Gelegenheit gegeben sei, die Wunde zu berühren. Zudem wisse man, daß wilde Ratten häufig an einer Art von Pyorrhöe litten, ferner auch, daß in einigen Fällen, wie es von FRUGONI (1912) und BORELLI (1918) berichtet sei, tatsächlich abgebrochene Schneidezähne in den Bißwunden gefunden seien; die Kraft, die notwendig sei, einen Schneidezahn abbrechen zu lassen, genüge vollständig, das nicht gesunde Zahnfleisch zu Blutaustritten zu veranlassen. Dazu kommt, daß trotz mangelnden Nachweises des Erregers im Speichel (allerdings konnten KUSAMA, KOBAYASHI und KASAI bei der Beimpfung von Mäusen mit dem Speichel von 2 infizierten Meerschweinchen, 3 wilden und 2 weißen Ratten in einem Falle, in dem eine Maus mit dem Speichel einer wilden Ratte geimpft war, das Vorhandensein des Erregers nachweisen, wobei die Autoren diesen einen Fall auch nicht für beweisend genug halten, um an eine Ausscheidung der Erreger im Speichel zu glauben) die Möglichkeit besteht, daß gelegentlich und zeitweilig die Spirillen mit dem Speichel ausgeschieden werden könnten, worauf vielleicht der seitens japanischer Autoren erhobene Befund von Rattenbißspirillen in den Ausführungsgängen und Tubuli der Speicheldrüsen infizierter Ratten hinweisen könnte. MACKIE und McDERMOTT sind der Ansicht, daß infektiöses Material, das von den infektiösen Conjunctivalabsonderungen stammt (wenn derartige Keratoconjunctividen bei den wilden Ratten ebenso vorkämen wie bei Meerschweinchen und weißen Ratten), in die Schnauze oder Nase herabströmen oder die Nasenhöhle und durch den Nasengaumengang die Schnauze erreichen könne. Nach KUSAMA und Mitarbeitern unterliegt es keinem Zweifel, daß die Infektion unter den wilden Ratten durch Bisse weiter verbreitet wird. Diese Tatsache wäre zuerst von ISHIWARA und seinen Mitarbeitern, später auch von anderen erwiesen worden. Auch KUSAMAs und seiner Mitarbeiter Versuche ergaben, daß unter 7 von infizierten wilden Ratten gebissenen Meerschweinchen 5 typisch erkrankten. Auch SOESILO gelang die Infektion von Meerschweinchen durch den Biß wilder infizierter Ratten, sowie RUYS die Infektion wilder Ratten durch den Biß kranker Ratten. Unter natürlichen Verhältnissen ist auch an eine Weiterverbreitung der Infektion durch Verletzungen der Schnauze oder anderer Körperpartien zu denken, die beim Auffressen gestorbener infizierter Ratten seitens gesunder Ratten auftreten könnten. So ist auch ARKIN der Ansicht, daß die Weiterverbreitung der Infektion unter den Ratten auch durch Verzehren infizierter Ratten seitens gesunder Ratten vor sich gehen könne.

Die Möglichkeit der Ausbreitung der Infektion unter den Ratten durch Flöhe ist nach den Beobachtungen von RUYS und nach den an Meerschweinchen vorgenommenen Untersuchungen von KUSAMA, KOBAYASHI und KASAI sowie von SCHOCKAERT zumindest wenig wahrscheinlich. Dagegen ist die Möglichkeit der Weiterverbreitung der Infektion durch spirillenhaltigen Urin nicht ganz abzulehnen, nachdem bei Meerschweinchen von KUSAMA und Mitarbeitern, ferner von TSUNEOKA sowie von v. LOOKEREN-CAMPAGNE Spirillen im Harn der infizierten Tiere nachgewiesen sind, Befunde, die RUYS bei ihren an Ratten angestellten Beobachtungen auch später KASAI (1923) nicht bestätigen konnten. Hinsichtlich der Frage der Weiterverbreitung der Infektion durch kongenitale Übertragung konnte WORMS bei 10 Jungen einer mit echten Rattenbißspirillen infizierten Mutterratte feststellen, daß eine erbliche Infektion nicht stattgefunden hatte. Nach alledem bleibt als der wahrscheinlichste Weg der Verbreitung der Infektion unter den wilden Ratten die Infektion durch den *Biß*, und vielleicht auch die Infektion beim Auffressen der Kadaver krank gewesener Ratten. Eine sehr gute Übersicht über die bisher erhobenen Prozentzahlen der bei den wilden Ratten festgestellten Infektionen gibt RUGE, die nachstehend wiedergegeben sei.

Tabelle 2.

Untersucher	Ort der Untersuchung	Art der Ratten	Zahl der untersuchten Ratten	infiziert %
IDO, ITO WANI u. OKUDA ISHIWARA, OHTAWARA	Japan	Microt. montebelli	150	2,6
u. TAMURA	,,	Ratten	73	8,2
		Mus alexandr.	3	100,0
MATSUSAKI	,,	Ratten	84	5,9
TSUNEOKA	,,	,,	58	13,8
KUSAMA	,,	,,	24	8,2
KOBAYASHI u. KODAMA	,,	Microt. montebelli	83	37,3
PARMANAND	Bombay	Mus rattus		
		Mus alexandr. N. bengal.	100	13,0
SOESILO	Weltevreden	Mus decum.	10	0
		Mus rattus	20	5,0
BASILE	ital. Somaliland	Ratten	15	9
COLES	England	,,	100	1
JOEKES	,,	,,	Anzahl fehlt	25
TAKAKI	Wien	,,	8	12,5
CHARLOTTE RUYS	Amsterdam	Mus rattus	15	6,7
		Mus decum.	235	0,8
TEJERA	Caracas	Ratten	Anzahl fehlt	10
BAYNE-JONES	Baltimore	,,	25	0

Zum Schluß sei noch hinsichtlich der bei Ratten spontan vorkommenden, von weiteren Autoren [CARTER (1887), LINGARD (1899), MAC NEAL (1907), MEZINESCU (1909), COLES (1918), CARSON, YORKE und MACFIE (1921) und LEESON und ABBOTT (1924)] beschriebenen Spirochäten bzw. Spirillen auf WENYON verwiesen.

Die Übertragung der Rattenbiß- und Mäusespirilleninfektion auf andere Tiere soll mit Rücksicht auf die in diesem Handbuch gegebene Fragestellung nur so weit erwähnt werden, als es für die Frage der Identifizierung der Mäusespirillen und der Erreger der Rattenbißinfektion von Bedeutung ist. Das Bild der durch Verimpfung der Rattenbißspirillen auf das *Meerschweinchen* erzielten Infektion ist durch die Arbeiten zahlreicher Autoren (OGATA, LINGARD, FUTAKI und Mitarbeiter, KANEKO und OKUDA, ISHIWARA, OHTAWARA und TAMURA, YAMADA, KITAKAWA, KUSAMA und Mitarbeiter, PARMANAND, ROBERTSON, WORMS, MOOSER, SALIMBENI, KERMORGANT und GARCIN, SCHOCKAERT, SOESILO, THEILER, LANFORD, STÜHMER, ISHIZU) so festgelegt, daß das Meerschweinchen ganz besonders zu vergleichenden Pathogenitätsprüfungen geeignet ist (klinische Hauptsymptome: Fieber, Haarausfall an Schnauze und Lidern, Conjunctivitis, Marasmus). Derartig vergleichende Untersuchungen mit je einem vom Menschen, von einer wilden Ratte und von einer Feldmaus gewonnenen Spirillenstamm sind zuerst von KUSAMA, KOBAYASHI und KASAI ausgeführt worden, wobei sich zeigte, daß alle 3 Stämme bei den Meerschweinchen Alopecie und Gewichtsverlust herbeizuführen vermochten, Fieber aber regelmäßig nur die ersten beiden Stämme, da die mit Feldmausvirus geimpften Tiere Temperaturerhöhungen nur in seltenen Fällen zeigten. WORMS fand bei Verimpfung seines Rattenbiß- und Mäusespirillenstammes auf Meerschweinchen im großen und ganzen die gleichen Krankheitsbilder und auch bei der Sektion dieser Tiere wurde makroskopisch und mikroskopisch von HEITZMANN völlige Übereinstimmung der festgestellten Veränderungen beobachtet; nur hinsichtlich des Ausganges der Krankheit zeigten sich bei beiden Stämmen erhebliche Unterschiede, da nach einer durchschnittlichen Krankheitsdauer von $9\frac{1}{2}$ Wochen sämtliche Rattenbißmeerschweinchen der Infektion erlagen, von den mit Mäusespirillen geimpften Meerschweinchen aber 70% am Leben blieben. SCHOCKAERT konnte mit seinem Mäusespirillenstamm beim Meerschweinchen krankhafte Erscheinungen nicht erzielen, dagegen war der Stamm fähig, junge Meerschweinchen zu infizieren und deren Tod zu verursachen.

Weitere entsprechende Versuche, teils mit negativem, teils mit positivem Ergebnis teilten CHARLOTTE RUYS, KASAI, ROW, ROBERTSON, PARMANAND, FISCHL (1929) mit, aus denen hervorgeht, daß graduelle Unterschiede oft beobachtet werden.

Auch auf die Kaninchen ist die Übertragung der Rattenbißspirillen (YAMADA, MATSUMOTO, ADACHI, WORMS, TAKENAKA, STÜHMER) und der Mäusespirillen (WORMS) gelungen, ferner die Überimpfung der Rattenbißkrankheit auf Affen (FUTAKI und Mitarbeiter, ISHIWARA und Mitarbeiter, KITAGAWA und MUKOYAMA, KOBAYASHI und KODAMA, v. LOOKEREN-CAMPAGNE, RUYS, zitiert nach SCHOCKAERT), auf Katzen (MOOSER und KASAI) [Katzenbißkrankheit (SANO, YAMADA, FUJIDA und SATO, FUTAKI und Mitarbeiter, ISHIWARA und Mitarbeiter, IZUMI und KATO, KITAGAWA, YAMADA, TANOKA, NEJROTTI, ANNECCHINO)], auf Hühner (? SCHOCKAERT) und auf einen Hund (MOOSER).

Auf die serologische Auswertung und Virulenzbestimmung kann im Rahmen dieses Buches nicht näher eingegangen werden, obwohl eine große Reihe einschlägiger Arbeiten und Untersuchungen vorliegt; es seien nur die Arbeiten von KUSAMA, KOBAYASHI und KASAI, WORMS, RUYS und SCHOCKAERT genannt. Die Ergebnisse sind etwas schwankend; im allgemeinen gelang es nur, nicht sehr hochwertige Sera darzustellen. Ferner können hier auch die Untersuchungsergebnisse der Sera auf Komplementablenkung nicht berücksichtigt werden (NAKAMURA).

Auch auf die zahlreichen chemotherapeutischen Versuche, die zeigten, daß Rattenbiß- und Mäusespirillen hauptsächlich durch Salvarsan gut beeinflußbar sind, während unter anderem auch Wismutverbindungen fast unwirksam waren, kann hier nicht eingegangen werden und ich verweise auf die Berichte von FUTAKI und Mitarbeiter, ISHIWARA, OHTAWARA und TAMURA, SHIMADA, WORMS, SCHOCKAERT, BROWNING, COHEN, GULBRANSON, PHILLIS und SNODGRASS, SCHLOSSBERGER, MC DERMOTT, SCHWARZMANN, ABE und SHIMODA, AKAZAWA, FISCHL, OKAWA.

Anhangsweise sei auf die zum Zwecke der Fieberbehandlung der progressiven Paralyse erfolgreich ausgeführten Verimpfungen der Rattenbißspirillen auf den

Menschen (Solomon, Berk, Theiler und Clay, Kihn, Grabow und Krey, Schockaert) hingewiesen; von diesen Autoren gelang Schockaert auch der Nachweis, daß die zum Zwecke der Therapie vorgenommene Rattenbißinfektion der Paralytiker weitgehend mit der aus demselben Grunde ausgeführten Mäusespirilleninfektion dieser Kranken übereinstimmt.

Literatur.

Abe, M.: Die Frage der kongenitalen Infektion mit den Spirochäten der Rattenbißkrankheit. Acta dermat. (Kioto) **3**, 237 (1924); Ref. Zbl. Hautkrkh. **16**, 759 (1925). — Abe, M. u. T. Shimoda: Therapeutic effect of oxyacetylaminophenylarsinic acid on experimental rat-bite fever in rabbits. Acta dermat. (Kioto) **10**, 347 (1927); Summarized. J. amer. med. Assoc. **89**, 2227 (1927); Ref. Trop. dis. Bull. **25**, 600 (1928). — Adachi, K.: Flagellum of the microorganism of rat-bite fever. J. of. exper. Med. **33**, 647 (1921). — Adachi, Y.: Comparative studies in experimental syphilis (Spirochaeta pallida) and Pseudosyphilis (Spirochaeta cuniculi) of the rabbit. Acta dermat. (Kioto) **2**, 294 (1924). — Adams, D. K., D. F. Cappel and I. A. W. Mc. Cluskie: Cutaneous spirochaetosis due to treponema cuniculi in british rabbits. J. of Path. **31**, 157 (1928). — Akazawa, S.: Studies on the drug fastness of rat-bite fever Spirochaete, Spirochaeta morsus muris. I. Bismuthfastness. J. jap. Soc. vet. Sci. **8**, 95 (1929, Juni); Ref. Trop. dis. Bull. **27**, 129 (1930). — Annecchino, F. P.: Su di un caso di sodoku da morso di gatto. Atti Congr. pediatr. ital. **794** (1928). Ref. Z. Hautkrkh. **32**, 620 (1930). — Apert, E., Y. Kermorgant u. R. Garcin: (a) Tois nouveaux cas de sodoku observés dans la région parisienne. Parallele entre le sodoku et la syphilis. Bull. Soc. méd. Hôp. Paris, III. s. **49**, 1080 (1925). (b) Arch. Méd. Enf. **29**, 92 (1926). Zit. nach Ruge. (c) Les formes cliniques du sodoku expérimental. Soc. Pediatr. Paris **24**, 154 (1926). — Arkin, Aaron: Ein Beitrag zur Rattenbißkrankheit. Wien. Arch. inn. Med. **11**, 133 (1925). Ref. Zbl. Hautkrkh. **18**, 900 (1926). — Arzt, L.: Spirochätenbefunde in Genitalveränderungen ungeimpfter Kaninchen. Dermat. Z. **29**, 65 (1920). — Arzt, L. u. W. Kerl: (a) Weitere Mitteilungen über Spirochätenbefunde bei Kaninchen. Wien. klin. Wschr. **1914**, Nr 27, 1053. (b) Beiträge zur experimentellen Kaninchensyphilis. (Übertragungsversuche mit Liquor cerebrospinalis bei primärer und sekundärer Lues.) Dermat. Z. **29**, 1 (1920). — Arzt, L., W. Kerl u. Mttauschek: Demonstration in der k. k. Gesellschaft der Ärzte am 30. Jan. 1914. Wien. klin. Wschr. **1914**, Nr 27, 340. — Ashworth, I. H., I. P. Mac Gowan u. J. Ritchie: Note on the occurrence of a trypanosome (Trypanosoma cuniculi Blanchard) in the rabbit. J. of Path. **13**, 437 (1909).

Baermann, G. u. M. Zuelzer: Die Einheitlichkeit aller tier- und menschenpathogenen Spirochäten vom Typus der Spirochaeta icterogenes syn. icterohaemorrhagiae und der mit ihr verwandten Wasserspirochäte vom gleichen Typus. Zbl. Bakter. I Orig. **105**, 345 (1928). — Baldrey, F. S. H.: Versuche und Beobachtungen über die Entwicklung von Trypanosoma lewisi in der Rattenlaus Haematopinus spinulosus. Arch. Protistenkde **15**, 326 (1909). — Balfour, A.: Observations on wild rats in England, with an account of their ecto- and endoparasites. Parasitology **14**, 282 (1922). — Basile, V. C.: Un caso di sodoku nella Somalia Italiana. Ann. di Med. nav. e colon **1**, 175 (1927). — Bates, L. B., L. H. Dunn u. J. H. St. John: Relapsing fever in Panama. Amer. J. trop. Med. **1**, 183 (1921). — Bates, L. B. u. J. H. St. John: Suggestion of spirochaeta neotropicalis as name for spirochaeta of relapsing fever found in Panama. J. amer. med. Assoc. **79**, 575 (1922). — Bauni, N.: Observations et recherches sur Trypanosoma lewisi et Schizotrypanum cruzi. Bull. Soc. Path. exot. **19**, 791 (1926). — Bayne-Jones, St.: Rat-bite fever. Report of a case with demonstration of the causative organism and its use in treatment of paresis. N. Y. State J. Med. **27**, 1113 (1927). — Bayon, H.: A new spezies of treponema found in the genital sores of rabbits. Brit. med. J. **1913**, 1159. — Becker, E.: Eine empfehlenswerte Methode für Spirochätenfärbungen. Dtsch. med. Wschr. **46**, Nr 10, 259 (1920). — Békensky, P.: Sur les spirochètes du tube digestif des rongeurs. Bull. Soc. Méd. vét. **71**, 296 (1918). — Bertarelli, E.: (a) Über die Transmission der Syphilis auf das Kaninchen. Vorläufiger Bericht. Zbl. Bakter. Orig. **41**, 320 (1906). (b) 2. Bericht. Zbl. Bakter. Orig. **43**, 167. (c) 2. Bericht (Schluß). Zbl. Bakter. Orig. **43**, 238. — Bessemans, A.: La spirochétose spontanée du lapin en Belgique. C. r. Soc. Biol. Paris **99**, 331 (1928). — Bessemans, A. et B. de Geest: Sur quelques propriétés du Treponema cuniculi. C. r. Soc. Biol. Paris **99**, 334 (1928). — Bessemans, A. et Fr. de Potter: Efficacité de la balnéo-thermothérapie chez le lapin atteint de spirochétose spontanée à Treponema cuniculi. C. r. Soc. Biol. Paris **99**, 1616 (1928). — Bessemans, A. u. U. Thiry: (a) Sur une leptospirose spontanée de la souris. C. r. Soc. Biol. Paris **101**, 486 (1929). (b) Les leptospires aquicoles isolés en Flandre orientale et la leptospirose spontanée de la souris. C. r. Soc. Biol. Paris **103**, 519 (1930). — Bettencourt, A. u. C. Franca: Note sur l'existence du Trypanosoma cuniculi en Portugal. Arch. Inst. roy. Bactér. Camara Pestana 1, 167 (1906). — BIOT, R. u. G. RICHARD: De la possibilité d'inoculer le Trypanosoma lewisi à d'autres animaux que les rats. Bull. Soc. Path. exot. Paris 5, 826 (1912). — BLANC, G.: Recherches sur les maladies à spirochètes du rat, transmissible au cobaye. Arch. Inst. Pasteur Tunis 11, 229 (1920). BLANCHARD, R.: Sur un travail de M. le Dr. Brumpt intitulé: ,,Quelque faits relatifs à la transmission de la maladie du sommeil.'' Arch. de Parasitol. 8, 585 (1904). — BLAKE, F. G.: The etiology of rat-bite fever. J. of exper. med. 23, 39 (1916). — BOLLINGER: Die Syphilis der Feldhasen. Virchows Arch. 59, 349 (1874). — BORREL, A.: C. r. Soc. Biol. Paris 58, 770 (1905). — BORELLI, E.: Le iniecioni mercuriali nella cura del sodoku. Policlinico, sez. prat. 25, 25 (1918). — BOSE, F. J.: Recherches sur la structure et l'appareil nucléaire des trypanosomes. Arch. Protistenkde. 5, 40 (1905). — BREINL, A. u. A. KINGHORN: (a) A Preliminary Note on a New Spirochaeta found in a Mouse. Lancet II 1906, 651. (b) Note on a new spirochaeta found in a mouse. Liverpool School trop. Med. Mem. 21, 53 (1906). — BRESSLAU, E. u. L. SCREMIN: Die Kerne der Trypanosomen und ihr Verhalten zur Nuclearreaktion. Arch. Protistenkde. 48, 509 (1924). — BRIESE, M.: Bull. Assoc. Psychiatr. roum. 5, 28 (1923). — BRIGGS, V.: Treatment of rat-bite fever with novarsenobillon. Brit. med. J. 1, 185 (1922). — BRIMONT, E.: Sur quelques hématozoaires de la Guyane. C. r. Soc. Biol. Paris 67, 169 (1909). — BROWN, W. H.: (a) A note on the pathogenicity of Trypanosoma lewisi. J. of exper. Med. 19, 406 (1914). (b) Morphological and developmental anomalies of a pathogenie strain of Trypanosoma lewisi and their relation to its virulence. J. of exper. Med. 19, 562 (1914). (c) Concerning changes in the bio'ogical properties of Trypanosoma lewisi produced by experimental means, with especial reference to virulence. J. of exper. Med. 21, 345 (1915). — BROWNING, C. H. I. B. COHEN, R. GULBRANSEN, E. PHILLIS u. R. SNODGRASS: Proc. roy. Soc. B. 102, 1 (1927). Zit. nach SCHLOSSBERGER. — BRUMPT, E.: (a) Trypanosomes et trypanosomoses. Rev. scient. 4, 321 (1905.) (b) Evolution de Trypanosoma lewisi, duttoni, nabiasi, blanchardi chez les puces et les punaises. Transmissions par les déjections. Comparaison avec Trypanosoma cruzi. Bull. Soc. Path. exot. Paris 6, 167 (1913). (c) Les spirochétoses. Nouveau traité de Médecine, Tome 4, p. 491. Paris 1921—1922. (d) Description d'une nouvelle espèce de trypanosome, Trypanosoma crocidurae, chez un musaraigne (Crocidura russulus). Ann. de Parasitol. 1, 262 (1923). — BUEN, S. DE: (a) Nuevos datos para la distribución de algunas enfermedades parasitarias en España. Libro en honor de D. Santiago Ramón y Cajal, 1922. (b) Note préliminaire sur l'épidémiologie de la fièvre recurrente espagnole. Ann. de Parasitol. 4, 185 (1926). — BURBI, L.: (a) Sul sodoku (Prima nota etiologica preventiva). Atti Soc. lombarda Sci. med. e biol. 17, 213 (1928). (b) Contributo alla concscenca del sodoku. Clin. med. ital. 59, 450 (1928). Ref. Zbl. Hautkrkh. 31, 720 (1929). — BUSCHKE, A.: Arch. f. Dermat. 123, 278 (1916). — BUSCHKE, A. u. M. GUMPERT: Die experimentelle Syphilisforschung, Bd. 3, S. 2068 u. 2109. 1924.

CADBURG, W. W.: Rat-bite-Fever in China. China med. J. 40, 1204 (1926). Ref. Trop. Dis. Bull. 24, 702 (1927). — CARINI, A. u. J. MACIEL: Sur un bémogrégarine et un trypanosome d'un muridé (Akodon fuliginosus). Bull. Soc. Path. exot. Paris 8, 165 (1915). — CARSON: Zit. nach WENYON. — CARTER, H. V.: Note of the Occurence of a minute Blood Spirillum in an Indian Rat. Sci. Mem. by Med. Off. of the Army of India, 1887, Part. 3, p. 45. — CAZALBOU, L.: Observation d'un nouveau trypanosome chez le lapin. Rec. Méd. vét. 90, 155 (1913). — CHATTON, E. u. P. DELANOË: Leptomonas Pattoni (Swingle) et Tryp. lewisi (Kent) chez l'adulte et chez la larve de Ceratophyllus fasciatus. C. r. Soc. Biol. Paris 73, 291 (1912). — CHAUSSAT, J. B.: Des hématozoaires. Thèse de Paris 1850. — CHODZIESNER, M.: Zit. nach M. ZUELZER im Anhang des Handbuches der pathologenen Protozoen von PROWAZEK-NÖLLER. Leipzig 1925. — COHN, F.: Beitr. Biol. Pflanz. 1, 180. Breslau 1875. — COLES, A. C.: (a) Spirochaeta icterohaemorrhagiae in the common rat in England. Parasitology 11, 1 (1918). (b) Rat-Bite-Fever. Lancet 1918 I, 350. (c) Leptospira: Methods of examination: New habitat of free-living forms. J. trop. Med. 29, 170 (1926). — COLLIER, W. A.: Die Methoden der Spirochätenforschung. Handbuch der biologischen Arbeitsmethoden, herausgeg. von E. ABDERHALDEN, Abt. VIII, Teil 2, S. 227. Berlin u. Wien 1926. — COVENTRY, F. A.: (a) The reaction product which inhibits reproduction of the trypanosomes in infections with Trypanosoma lewisi, with special reference to its changes in titer throughout the course of the infection. Amer. J. Hyg. 5, 127 (1925). (b) Experimental infections with Trypanosoma lewisi in the guinea pig. Amer. J. Hyg. 9, 247 (1929. — CROHN, B. B.: Rat-Bite-Fever. Arch. int. Med. 15, 1014 (1915).

DALMAU et BALTA: Sur l'immunité dans la spirochétose ictérohémorragique. C. r. Soc. Biol. Paris 82, 489 (1919). — DANILA, P. et A. STROE: (a) Infection syphilitique accidentelle de l'homme par le virus de passage du lapin. Syphilome primaire sous-cutané. C. r. Soc. Biol. Paris 77, 167 (1914). (b) Sur la spirochétose du lapin. C. r. Soc. Biol. Paris 88, 892 (1923). — DARLING, S. T.: The rat as a disseminator of the relapsing fever of Panama. J. amer. med. Assoc. 79, 810 (1922). — DEETJEN, H.: Spirochäten bei den Krebsgeschwülsten der Mäuse. Münch. med. Wschr. 55, 1167 (1908). — DELAMARE, G., S. DJÉMIL u. ARCHITOUV:

Spirochétose caecale, scorbut expérimental et mélaena. Bull. Acad. Méd. Paris **91**, 462 (1924). — DELANOË, P.: (a) Sur la réceptivité de la souris au Trypanosoma lewisi. C. r. Soc. Biol. Paris **70**, 649 (1911). (b) L'importance de la phagocytose dans l'immunité de la souris à l'égard de quelques flagellés. Ann. Inst. Pasteur **26**, 172 (1912). (c) Au sujet des trypanosomes du type T. lewisi Kent rencontrés chez des muridés dans la région de Bouaké (Côte d'Ivoire). Bull. Soc. Path. exot. Paris 8, 80 (1915). — DITTHORN, F. u. É. NEU-MARK: Prüfung von Schutzmitteln gegen Geschlechtskrankheiten. Z. Hyg. **100**, 170 (1923). — DEETJEN, H.: Spirochäten bei den Krebsgeschwülsten der Mäuse. Münch. med. Wschr. **55**, 1167 (1908). — DOBELL, C.: Some recent work on mutation in microorganisms. J. Genet. **2**, 201 (1912). — DOUGLAS, S. R.: L. COLEBROOK and A. FLEMING: A Case of Rat-Bite-Fever. Lancet 1918 I 253. — DRESCHER, E.: Spirochäten des Zahnsystems bei Meer-schweinchen und anderen Laboratoriumstieren. Inaug.-Diss. Rostock 1922. — DREYER, W.: Über durch Protozoen im Blut hervorgerufene Erkrankungen bei Menschen und Tieren in Ägypten. Arch. Schiffs- u. Tropenhyg. **14**, 37 (1910). — DURHAM, H. E.: Notes on nagana and on some haematozoa observed during my travels. Parasitology 1, 227 (1908). — DUTTON, J. E. u. J. L. TODD: First report of the trypanosomiasis expedition to Senegambia. Liverpool School trop. Med. Mem. **11**, 1 (1902).

EBERT, B. u. C. HESSE: Zur Klinik und Bakteriologie des japanischen Rattenbißfiebers (Sodoku). Arch. klin. Chir. **136**, 69 (1925).

FANTHAM, H. B.: Some parasitie protozoa found in South Africa. VIII. S. afric. J. Sci. **23**, 346 (1925). — FINKELSTEIN, N. J.: Les parasites du sang chez les animaux à sang froid de Caucase. Arch. Sci. Biol. Pétersbourg **13**, 1 (1908). — FISCHL, V.: Zur Kenntnis des experimentellen Sodoku. Z. Hyg. **110**, 499 (1929). — FOULERTON, A. G. R.: The pro-tozoal parasites of the rat with special reference to the rat as a natural reservoir of Spiro-chaeta icterohaemorrhagiae. J. of Path. **23**, 78 (1919). — FOURNIER, L. et A. SCHWARTZ: Pluralité des tréponèmes. Ann. Inst. Pasteur **37**, 183 (1923). — FRANCA, C.: Sur un trypa-nosome du lérot. Arch. roy. Inst. Bacter. Camara Pestana **3**, 41 (1909). — FRANCIS, E.: An experimental investigation of Trypanosoma lewisi. Bull. No 11, Hyg. Lab. U. S. Public Health and Marine-Hospital Service, Washington D. C. 1903. — FREI, W.: (a) Schlês. dermat. Ges. Breslau, 28. Jan. 1922. Ref. Zbl. Hautkrkh. **4**, 324 (1922). (b) Quecksilber-versuche bei experimenteller Kaninchensyphilis. Hundertjahrfeier deutscher Naturforscher und Ärzte, 22. Sept. 1922. Ref. Zbl. Hautkrkh. **7**, 162 (1923). (c) Zur Pathologie und Therapie der Impfsyphilis und spontanen Spirochätose des Kaninchens. Arch. f. Dermat. **144**, 365 (1923). (d) Persistenz der Kaninchenspirochätose. Schles. dermat. Ges. Breslau, 14. Febr. 1925. Ref. Zbl. Hautkrkh. **17**, 273 (1925). — FREI, W. u. TROST: Liquoruntersuchungen bei Kaninchenimphsyphilis und spontaner Kaninchenspirochätose nach PLAUT-MULZER. Schles. dermat. Ges. Breslau, 8. Juli 1922. Ref. Zbl. Hautkrkh. **6**, 227 (1922). — FRIED, S. M. u. S. S. ORLOW: Der Wert der Liquordiagnostik bei den Kaninchen. Z. Neur. **117**, 212 (1928). Ref. Zbl. Bakter. **93**, 547 (1929). — FRÖHNER u. ZWICK: Lehrbuch der speziellen Pathologie und Therapie der Haustiere. Stuttgart: Ferdinand Encke 1920. — FRÜHWALD, R.: (a) 3. Tagg mitteldtsch. Dermat., Halle a. d. S., 22. Jan. 1922. Ref. Zbl. Hautkrkh. **5**, 434 (1922). (b) Die Übertragung der (experimentellen?) Kaninchensyphilis durch den Coitus. Beitr. path. Anat. **71**, 627 (1923). — FRUGONI, C.: (a) Intorno al primo caso diagnosticato in Italia di sodòku. Riforma med. **27**, 1298 (1911). (b) Riv. crit. Clin. med. **12**, 792 (1911). (c) Sodóku. Berl. klin. Wschr. **49**, 253 (1912). — FUJIDA u. SATO: Zit. nach MÜHLENS 1902. — FUTAKI, K., S. TAKAKI, T. TANIGUCHI u. S. OSUMI: (a) Mitt. med. Ges. Tokyo **29**, Nr 23 (1915). (b) The cause of rat-bite-fever. J. of exper. Med. **23**, 249 (1916). (c) Spirochaeta morsus, muris, the cause of rat-bite fever. J. of exper. Med. **25**, 33 (1917). — FUTAKI, K., S. TAKAKI, T. TANIGUCHI, S. OSUMI, K. ISHIWARA u. T. OHTAWARA: Demonstration of the Spirochaete causing Rat-Bite-Fever. Trans. far-east. Assoc. trop. Med. 6. Biennial Congr. Tokyo **2**, 133—137 (1925). Ref. Trop. Dis.-Bull. **24**, 702 (1927).

GAHYLLE, W.: Le lapin atténue-t-ill a virulence pour l'homme du tréponème pâle? Soc. belge Biol. Brux., 11. Okt. 1924. Le Scalpel **77**, 1164 (1924). — GALLI-VALERIO, B.: (a) Notes de parasitologie. Zbl. Bakter. I Orig. **35**, 81 (1903). (b) Note de parasitologie et de technique parasitologique. (Présence de Trypanosoma lewisi Kent chez Mus rattus à Lausanne.) Zbl. Bakter. I Orig. **39**, 230 (1905). — GALT, C. M.: Rat-Bite-Fever. Report of Case. China med. J. **39**, 1029 (1925). Zit. nach RUGE. — GASPERI, F. DE: Présence d'un spirochète dans le sang d'un cobaye. Bull. Soc. Path. exot. Paris **5**, 589 (1912). — GELO-NESI, G.: Un importante caso di sodòku. Arch. ital. Sci. med. colon. **8**, 571 (1927). Ref. Zbl. Hautkrkh. **27**, 414 (1928). — GERBER, P.: Über Spirochäten in den oberen Luft- und Verdauungswegen. Zbl. Bakter. I Orig. **56**, 508 (1910). — GONDER, R.: Untersuchungen über arzneifeste Mikroorganismen. I. Trypanosoma lewisi. Zbl. Bakter. I Orig. **61**, 102 (1911). — GRABOW, C. u. J. KREY: Der Impfrattenbiß in der Behandlung der progressiven Paralyse. Z. Neur. **121**, 621 (1929). — GRABOW, C. u. F. STRUWE: Vorkommen des Erregers der Rattenbißkrankheit und sein Verhalten im Tierversuch. Zbl. Bakter. I Orig. **113**, 418 (1929). — GRAETZ, FR. u. E. DELBANCO: Beiträge zum Studium der Histopathologie der experimentellen Kaninchensyphilis. Med. Klin. 10, 420 (1914). — GROS, G.: Observations et inductions microscopiques sur quelques parasites. Bull. Soc. imp. Nat. Moscou 18, 380 (1845). — GROSS, J.: Cristispira nov. gen. Ein Beitrag zur Spirochätenfrage. Mitt. zool. Station Neapel 20, 41 (1910).

HAENDEL, UNGERMANN u. JAENISCH: Experimentelle Untersuchungen über die Spirochäte der WEILschen Krankheit (Icterus infectiosus). Arb. Reichsgesdh.amt 51, 42 (1919). — HAENSELL: Graefes Arch. 27, 93 (1881). — HATA, S.: Salvarsantherapie der Rattenbißkrankheit in Japan. Münch. med. Wschr. 59, 854 (1912). — HEITZMANN, O.: Vergleichende pathologische Anatomie der experimentellen Rattenbißkrankheit und der Infektion mit Mäusespirillen. Arch. f. Dermat. 153, 399 (1927). — HERZFELD, G. u. T. J. MACKIE: An investigation of a case of rat-bite-fever. Edinburgh med. J. 33, 606 (1926). — HOFFMANN, W. H.: Vergleichende Untersuchungen an Meerschweinchen bei experimenteller Infektion mit Gelbfieber und WEILscher Krankheit. Z. Immun.forschg 35, 489 (1923). — HOLLANDE, A. CH.: Présence d'un spirochétoïde nouveau, Cristispirella caviae n. g., n. sp., à membrane ondulante très développée, dans l'intestin du cobaye. C. r. Acad. Sci. Paris 172, 1693 (1923). — HONDA, M.: Kommt es bei den mit Rattenbißspirochäten geimpften Mäusen oder Ratten zu einer schankerähnlichen Läsion? Acta dermat. (Kioto) 11, 267 (1928). HÜBENER u. REITER: Beiträge zur Ätiologie der WEILschen Krankheit. Dtsch. med. Wschr. 41, Nr 43, 1275 (1915) u. 42, Nr 1, 1 (1916).

IDO, Y., HOKI, R., H. JTO u. H. WANI: The rat as a carrier of Spirochaeta icterohaemorrhagiae, the causative agent of WEILS disease (Spirochaetosis icterohaemorrhagica). J. of exper. Med. 26, 341 (1917). — IDO, Y., H. ITO u. H. WANI: Spirochaeta hebdomadis, the causative agent of seven day fever (Nanukayami). J. of exper. Med. 28, 435 (1918). — IDO, Y., H. ITO, H. WANI u. K. OKUDA: Circulating Immunity principles in rat-bite-fever. J. of exper. Med. 26, 377 (1917). — INADA, R. u. Y. IDO: A report on the discovery of the causal organism (a new species of spirochaete) of WEILS disease. Tokyo Ijishinshi 1915, Nr 1908, 921. — INADA, R., Y. IDO, R. HOKI, R. KANEKO u. H. ITO: The etiology, mode of infection, and specific. therapy of WEIL's disease (Spirochaetosis icterohaemorrhagica). J. of exper. Med. 23, 377 (1916). — INADA, R., Y. IDO, R. KANEKO, R. HOKI, H. ITO, H. WANI u. K. OKUDA: Mitteilung über die Ätiologie, Infektion, Immunität, Prophylaxis und Serumbehandlung der WEILschen Krankheit (Spirochaetosis icterohaemorrhagica INADA). Kitasato Arch. of exper. Med. (Tokyo) 1, 53 (1917). — ISHIWARA, K., T. OHTAWARA u. K. TAMURA: (a) Über die experimentelle Rattenbißkrankheit. Verh. jap. path. Ges. 6, 59 (1916). (b) Rat-Bite Disease. Demonstration of the Spirochaetes in healthy rats. Tokyo Ikaggwai Zasshi 30, 52 (1916). China med. J. 31, 79 (1916). (c) Spirochaetes in rats. Jap. Z. Urol. 17, 87 (1917). (d) Über ein neues Symptom der experimentellen Rattenbißkrankheit, die Sklerose an der Impfstelle. Verh. jap. path. Ges. 7, 143 (1917). (e) Experim. rat-bite-fever. First report. J. of exper. Med. 25, 45 (1917). — ISHIZU, YOSHITADA: Über das Blutbild und die hämopoietischen Organe (Knochenmark, Lymphdrüse und Milz) bei der experimentellen Rattenbißkrankheit (Meerschweinchen). Sci. Rep. Gov. Inst. inf. Dis. (Tokyo) 6, 267 (1928). Ref. Z. Hautkrkh. 29, 704 (1929). — IZUMI, G. u. M. KATO: Cat-bite disease and its pathogenicity. Tokyo Iji Shinshi. 1917, Nr 2021, 1.

JACOBSTHAL, E.: Untersuchungen über eine syphilisähnliche Spontanerkrankung des Kaninchens (Paralues cuniculi). Dermat. Wschr. 71, 569 (1920). — JAHNEL, F.: Arch. f. Dermat. 135, 232 (1921). — JAHNEL, F. u. E. ILLERT: Kritische Untersuchungen zur Ätiologie der epidemischen Encephalitis. Klin. Wschr. 2, 1731 (1923). — JANTZEN, W.: Theoretische und praktische Ergebnisse mit den Flockungsreaktionen nach MEINICKE. Z. Immun.forschg 33, 156 (1921). — JEANTET, P. et Y. KERMORYANT: Sur un caractère permettant de différencier treponema pallidum et spirochaeta cuniculi des autres spirochètes. C. r. Soc. Biol. Paris 92, 1036 (1925). — JOEKES, TH.: Cultivation of the spirillum of rat-bite-fever. Lancet 1925 II, 1225. — JOLYET, F. u. DE B. NABIAS: Sur un hématozoaire du lapin domestique. J. Méd. de Bordeaux 20, 325 (1891). — JÜRGENS: Beitrag zur Biologie der Rattentrypanosomen. Arch. Hyg. 42, 265 (1902).

KANEKO, R. u. K. OKUDA: A Contribution to the Etiology and Pathology of rat-bite-fever. J. of exper. Med. 26, 363 (1917). — KANTHACK, A. A., H. E. DURHAM u. W. F. H. BLANDFORD: Über Nagana oder die Tsetse-Fliegenkrankheit. Hyg. Rdsch. 8, 1185 (1898). — KASAI, K.: (a) A comparative Study of rat-bite fever Spirochaetes and Rat-Spirochaetes. Saikingaku Zasshi (jap.) 1922, Nr 324, 54; Jap. med. World Tokyo 3, 54 (1923). Ref. Trop. dis. Bull. 20, 581 (1923). (b) Recherches sur la Spirochaeta laverani Breinl. 1. Morphologie, Transmissibilité, Voies d'élimination et Mode d'infection. J. jap. Soc. of vet. Sci. 1, 235 (1922). 2. Symptôme. Ténacité et Immunité. J. jap. Soc. of vet. Sci. 2, 7 (1923).— KASAI, K. u. R. KOBAYASKI: The stomach spirochete occurring in mammals. J. of Parasitol. 6, 1 (1919). — KENDALL, A. J.: A new species of trypanosome occurring in the mouse Mus musculus. J. inf. Dis. 3, 228 (1906). — KIHN, B.: Über therapeutische Rattenbißimpfungen beim Paralytiker. Z. Neur. 113, 479 (1928). — KITAGAWA, T.: Spirochaete found in cases of Rat-Bite Diseases. Saikingaku Zasshi **1916**, 75. Ref. Trop. dis. Bull. **9**, 496 (1917). — KITAGAWA, J. u. T. MUKOYAMA: (a) Tierversuche mit den Spirochäten der Rattenbiß-krankheit. Verh. jap. path. Ges. **6**, 51 (1916). Zit. nach RUGE. (b) The etiological agent of Rat-Bite disease. Prelim. report. Arch. int. Med. **20**, 377 (1917). Zit. nach RUGE. — KITAMURA, H. u. S. HARA: Über den Erreger von „Akiyami". Tokyo Jjishinski **1918**, Nr 2056—2057. — KLAUDER, JOSEPH V.: Presentation of a stained specimen of treponema cuniculi from venereal spirochetosis of rabbits. Proc. path. Soc. Philad. **25**, 39 (1923). — KLARENBEEK, A.: (a) Experimentelle Untersuchung mit einer beim Kaninchen spontan vor-kommenden und dem Treponema pallidum ähnlichen Spirochäte. Vorläufige Mitteilung. Zbl. Bakter. Orig. **86**, 472 (1921). (b) Über das spontane Vorkommen der dem Syphilis-parasiten ähnlichen Spirochäte beim Kaninchen (Treponema pallidum var. cuniculi). Zbl. Bakter. Orig. **87**, 203 (1921). (c) Die Kaninchentreponemose. 3. Mitteilung. Zbl. Bakter. Orig. **88**, 73 (1922). (d) Le Virus neurotrope et la Spirochaeta cuniculi. Ann. Inst. Pasteur **37**, 886 (1923). (e) Plaut-Vincentsche Angina und das Auftreten der fusi-formen Bacillen und der Spirochäten in der Maulhöhle einiger Tiere. Arch. Protistenkde **46**, 211 (1923). — KOBAYASHI, R. u. M. A. KODAMA: A contribution to the study of Spiro-chaeta morsus muris in the Nippon field Vole (Microtus montebelli) Kitasato. Arch. of exper. Med. **3**, 199 (1919). — KOCH, R.: (a) Reiseberichte über Rinderpest, Bubonenpest in Indien und Afrika, Tsetse- oder Surrakrankheit, Texasfieber, tropische Malaria, Schwarz-wasserfieber. Berlin: Julius Springer 1898. (b) Über Trypanosomenkrankheiten. Dtsch. med. Wschr. **30**, Nr 47, 1705 (1904). — KOKAWA, H.: Immunitätsforschungen über die experimentelle Trypanosomiasis. 1. Mitteilung. Experimentelle Studien über die Agglome-ration. Fukuoka-Ikwadaigagu-Zasshi (jap.) **22**, Nr. 8 (1928). — KOLLE u. HETSCH: Die experimentelle Bakteriologie und die Infektionskrankheiten, 7. Aufl., Bd. 2, S. 653. Berlin-Wien: Urban u. Schwarzenberg 1929. — KOLLE, W. u. H. RITZ: Über spontane Übertragung der Kaninchensyphilis. Dermat. Z. **27**, 319 (1919). — KOLLE, W. u. F. RUP-PERT: Die chemotherapeutische Differenzierung von Spirochaeta pallida und Spirochaeta cuniculi in Kaninchen. Med. Klin. **18**, 620 (1922). — KOLLE, W., F. RUPPERT u. TH. MÖBUS: Untersuchungen über das Verhalten von Spirochaeta cuniculi und Spirochaeta pallida im Kaninchen. Arch. f. Dermat. **135**, 260 (1921). — KUDICKE, R.: Die Blutprotozoen und ihre nächsten Verwandten. Handbuch der Tropenkrankheiten, herausgeg. von C. MENSE, 2. Aufl., Bd. 4, S. 301. Leipzig: Joh. Ambros. Barth 1923. — KUSAMA, S., R. KOBAYASHI u. K. KASAI: The rat-bite-fever spirochete with comparative study of human, wild rat, and field vole strains. J. inf. Dis. **24**, 366 (1919).

LANFORD, J. A.: Etiology, pathology and distribution of rat-bite-fever. South. med. J. **19**, 179 (1926). Ref. Zbl. Hautkrkh. **21**, 447 (1926). — LAVERAN, A.: Identification et essai de classification des trypanosomes des mammifères. Ann. Inst. Pasteur **25**, 497 (1911). — LAVERAN, A. u. F. MESNIL: (a) Sur l'agglutination des trypanosomes du rat par divers sérums. C. r. Soc. Biol. Paris **52**, 939 (1900). (b) Recherches morphologiques et expérimentales sur le trypanosome des rats. (Tr. lewise Kent.) Ann. Inst. Pasteur **15**, 673 (1901). (c) Infections naturelles des rats blancs par Trypanosoma lewisi. C. r. Soc. Biol. Paris **57**, 247 (1904). (d) Trypanosomes et trypanosomiases, 2. Aufl. Paris 1912. — LAVERAN, A. u. A. PETTIT: (a) Sur le tryponosoma du mulot, Mus sylvaticus L. C. r. Soc. Biol. Paris **67**, 564 (1909). (b) Sur un trypanosoma d'un campagnol, Microtus arvalis Pallas. C. r. Soc. Biol. Paris **67**, 798 (1909). (c) Au sujet des trypanosomes du mulot et du campagnol. C. r. Soc. Biol. Paris **68**, 571 (1910). — LAVERAN, A. u. D. ROUDSKY: Contribution à l'étude de la virulence du Trypanosoma lewisi et du Trypanosoma duttoni pour quelques espèces animales. Bull. Soc. Path. exot. Paris **7**, 528 (1914). — LAVIER, G.: Hémogregarines, Gra-hamella spirochète et trypanosome du campagnol indigène, Microtus arvalis Pallas. Bull. Soc. Path. exot. Paris **14**, 569 (1921). — LEBAILLY, C.: Sur les spirochètes de l'intestin des oiseaux. C. r. Soc. Biol. Paris **75**, 389 (1913). — LEESON u. ABBOTT: 1924. Zit. nach WENYON. — LEGER, A.: (a) Spirochète de la musaraigne (Crocidura stampflii Jentink). Bull. Soc. Path. exot. Paris **10**, 280 (1917). (b) Spirochétose sanguine animale à Dakar. Sa valeur au point de vue épidémiologique. Bull. Soc. Path. exot. Paris **11**, 64 (1918). — LEGER, A. u. R. LE GALLEN: Etude expérimentale du pouvoir pathogène de Spirochaeta crocidurae. Bull. Soc. Path. exot. Paris **10**, 694 (1917). — LEGER, M.: Spirochétoses san-guicoles, au Sénégal, de l'homme, de la musaraigne et des divers muridés. Rev. méd. Angola **4**, 279 (1924). — LEGER, M. u. A. BAURY: Trypanosome de l'ecureuil fossoyeur du Sénégal. C. r. Soc. Biol. Paris **87**, 133 (1922). — LERSEY, P., H. DOSQUET u. M. KUCZYNSKI: Ein Beitrag zur Kenntnis der „originären" Kaninchensyphilis. Berl. klin. Wschr. **58**, 546 (1921).— LERSEY, P. u. M. KUCZYNSKI: Untersuchungen über die Genitalspirochätose des Kaninchens. 2. Mitt. Berl. klin. Wschr. **58**, 664 (1921). — LEVADITI, C. et BANU: Transmission expéri-mentale du tréponème de la paralysie générale (virus neurotrope) par contact sexuel. C. r. Acad. Sci. Paris **170**, 1021 (1920). — LEVADITI, C. et A. MARIE: Pluralité des virus syphi-litiques. Ann. Inst. Pasteur **37**, 189 (1923); Arch. de Neur. **42**, 1 (1923). — LEVADITI, C., A. MARIE et L. ISAICU: (a) Recherches sur la spirochétose spontanée du lapin. C. r. Soc.

Biol. Paris **85**, 51 (1921). (b) Étude expérimentale de l'hérédité syphilitique. C. r. Soc. Biol. Paris **85**, 342 (1921). — LEVADITI, C., A. MARIE et NICOLAU: Virulence pour l'homme du spirochéte de la spirillose spontanée du lapin. C. r. Acad. Sci. Paris **172**, 1542 (1921). LEVADITI, C., ROUSSEL, G. et LI YUAN PO: Le traitement bismuthique de la spirochétose spontanée des lapins en général, et du castorex en particulier. Bull. Acad. vét. France **3**, 183 (1930). — LEWIS, T. R.: Flagellated organisms in the blood of healthy rats. Quart. J. microsc. Sci. **19**, 109 (1879). — LINGARD, A.: (a) Report on horse surra 1 u. 2. Bombay 1893 u. 1898. (b) A short account of the various trypanosomata found to date in the blood of some of the lower animals and fish. Indien med. Gaz. **39**, 445 (1904). (c) Report on Surra in Equines, Bovines, Buffaloes and Canines, together with an account of experiments conducted with trypanosomes of Rats, Bandicoots and fish, Vol. 2, Teil I (1899). LINTON, R. W.: Blood sugar in infections with Trypanosoma lewisi. Ann. trop. Med. **23**, 307 (1929). — LITTERER, W.: New species of Streptothrix isolated from case of rat-bite-fever. Tennesee State med. Assoc. J. **10**, 310 (1917). Ref. J. amer. med. Assoc. **68**, 1286. Zit. nach RUGE u. MC DERMOTT. — LOOKEREN CAMPAGNE, J. v.: Rattenbeetziekte. Nederland. Maandschr. Geneesk **10**, 573 (1921) u. **11**, 73 (1922) u. Nederl. Tijdschr. Geneesk. **66**, 1892 (1922). — LÖWENTHAL, W.: Beitrag zur Kenntnis der Spirochäten. Berl. klin. Wschr. **43**, 283 (1906). — LÜHE, M.: Die im Blute schmarotzenden Protozoen und ihre nächsten Verwandten. Handbuch der Tropenkrankheiten, herausg. von C. MENSE, 1. Aufl., Bd. 3, S. 69. Leipzig: Joh. Ambros. Barth 1906.

MC DERMOTT, E. N.: Rat-Bite-Fever: A Study of the Experimental Disease, with a Critical Review of the Literature. Quart. J. Med. **21**, 433 (1928). — MAC NEAL, W. F.: a) A spirochete found in the blood of a wild rat. Proc. Soc. exper. Biol. a. Med. **4**, 125 (1907). (b) The life-history of Trypanosoma lewisi and Trypanosoma brucei. J. inf. Dis. **1**, 517 (1904). — MAC NEAL, W. J. u. F. G. NOVY: On the cultivation of Trypanosoma lewisi. Contributions to Medical Research, dedicated to T. C. Vaughan, p. 549. Michigan 1903. — MACFIE, J. W. S.: (a) A note on a trypanosome of the black rat. Ann. trop. Med. **9**, 527 (1915). (b) Notes on some blood parasites collected in Nigeria. Ann. trop. Med. **8**, 439 (1915). — MACKIE, F. P.: A preliminary note on Bombay spirillar fever. Lancet **1907 II**, 832. — MACKIE, T. J. u. MC. E. N. DERMOTT: Bacteriological and experimental observations on a cate of rat-bite fever: Spirillum minus. J. of Path. **29**, 493 (1926). — MAIER, TH.: Über sog. Hasenvenerie. Dermat. Z. **10**, 161 (1903). — MANCA, G.: Trypanosomes du lapin et d'anguille en Sardaigne. C. r. Soc. Biol. Paris **58**, 494 (1906). — MANTEUFEL, P.: (a) Untersuchungen über spezifische Agglomeration und Komplementbindung bei Trypanosomen und Spirochäten. Arb. ksl. Gesdh.amt **28**, 172 (1908). (b) Studien über die Trypanosomiasis der Ratten mit Berücksichtigung der Übertragung unter natürlichen Verhältnissen und der Immunität. Arb. ksl. Gesdh.amt **33**, 46 (1910). — MANTEUFEL, P. u. H. BEGER: Die Serodiagnose der Kaninchensyphilis. Dtsch. med. Wschr. **50**, 269 (1924). — MANTEUFEL, P. u. W. WORMS: Persönliche Prophylaxe der Syphilis. Handbuch der Haut- u. Geschlechtskrankheiten, Bd. 18, S. 941. Berlin: Julius Springer 1928. — MARTIN, G., LEBOEUF u. ROUBAUD: Trypanosomes d'animaux divers au Moyen-Congo. Bull. Soc. Path. of exot. Paris **2**, 209 (1909). — MARTINI, E.: Vergleichende Beobachtungen über Bau und Entwicklung der Tsetse- und Rattentrypanosomen. Festschrift zum 60. Geburtstage von ROBERT KOCH, S. 219. Jena: Gustav Fischer 1903. — MATHIS, C.: Virulence pour l'homme du spirochéte de la musaraigne. C. r. Acad. Sci. Paris **183**, 574 (1926). — MATHIS, C. u. M. LEGER: Spirochète du rat. C. r. Soc. Biol. Paris **70**, 212 (1911). — MATSUMOTO, SH. u. Y. ADACHI: Primary sclerosis in rat-bite-fever in the rabbit. Acta dermat. (Kioto) **1**, 403 (1923). — MATSUSAKI, S. and R. TSUNEMOCHI: Rat-bite-fever treated with Imamicol. Tokyo iji Shinji. **1917**, 2335. — MENDELSON, R. W.: Pseudoleptospira icterohaemorrhagiae. J. trop. Med. **25**, 125 (1922). — MESNIL, F. u. E. BRIMONT: Sur les propriétés préventives du sérum des animaux trypanosomiés. C. r. Soc. Biol. Paris **65**, 77 (1908). — MEZINCESCU: Sur une spirillose du rat (Note prélim.). C. r. Soc. Biol. Paris **66**, 58 (1909). — MIDDLETON: Rat-Bite-Fever. Lancet **1910 I**, 1618. — MIDZUKUCHI: 1917, s. KANEKO u. OKUDA. Zit. nach ZUELZER. — MINCHIN, E. A.: (a) The structure of Trypanosoma lewisi in relation to microscopical technique. Quart. J. microsc. Sci. **53**, 755 (1909). (b) An introduction to the study of the protozoa. London: E. Arnold 1912. — MINCHIN, E. A. u. J. D. THOMSON: (a) The transmission of Trypanosoma lewisi by the ratflea (Ceratophyllus fasciatus). (Preliminary communication.) Proc. roy. Soc., B **82**, 273 (1910). (b) The transmission of Trypanosoma lewisi by the rat-flea (Ceratophyllus fasciatus). Brit. med. J. **1911 I**, 1309. (c) On the occurrence of an intracellular stage in the development of Trypanosoma lewisi in the rat-flea. (Preliminary note.) Brit. med. J. **1911 II**, 361. (d) The rat-trypanosome, Trypanosoma lewisi, in its relation to the rat-flea, Ceratophyllus fasciatus. Quart. J. microsc. Sci. **60**, 463 (1915). — MONROE, P. W. u. H. MOOSER: A case of Rat-bite-fever. J. amer. med. Assoc. **84**, 890 (1925). — MONTOVANI, M.: Contributo all'eziologia del Sodoku u. Ulteriore Contributo all'eziologia del Sodoku. Pathologica (Genova) **1921**, No 306, 15. Aug. u. 1. Sept. 1921. — MOOSER, H.: Experimental studies with a spiral organism found in a wild rat.

J. of exper. Med. **39**, 589 (1924). (b) Experimental studies with a spiral organism found in a wild rat and identical with the organism causing rat-bite-fever. J. of exper. Med. **42**, 539 (1925). (c) Die Katze als Überträgerin von Sodoku. Arch. Schiffs- u. Tropenhyg. **29**, Beih. 1, 253 (1925). (d) Etudes expérimentales sur le sodoku. Schweiz. med. Wschr. **57**, 1154 (1927). (e) Sobre la Enfermedad Producida por Mordedura de Rata (Sodoku). Conf. sust. en la ses., 17. Nov. 1926. — MÜHLENS, P.: (a) Rückfallfieber. Handbuch der pathogenen Mikroorganismen, 3. Aufl., herausgeg. von W. KOLLE, R. KRAUS u. P. UHLENHUTH, Bd. 7, S. 383. Jena, Berlin u. Wien 1930. (b) Die Spirochäten bzw. Spirillen beim Rattenbißfieber (japanisch: Sodoku). Handbuch der pathogenen Mikroorganismen. 3. Aufl., herausgeg. von W. KOLLE, R. KRAUS u. P. UHLENHUTH, Bd. 7, S. 800. Jena, Berlin u. Wien 1930. — MUKOYAMA, T. u. J. KITAGAWA: (a) Beitrag zur Untersuchung des Rattenbißerregers. Verh. jap. path. Ges. **8**, 123 (1918). (b) Ein Fall von Rattenbißkrankheit, welcher von Kratzwunde der Eule infiziert ist. Verh. jap. path. Ges. **8**, 125 (1918). Zit. nach RUGE. — MULZER, P.: Neuere Ergebnisse der experimentellen Syphilisforschung. 13. Kongr. dtsch. dermat. Ges. München **1923**. Arch. f. Dermat. **145**, 243 (1924). (b) Handbuch der Haut- und Geschlechtskrankheiten, Bd. 15, 1. Teil. Berlin 1927. — MUSGRAVE, W. E. u. M. T. CLEGG: Trypanosoma and trypanosomiasis, with special reference to surra in the Philippine Islands. Bureau Gov. Lab., Manila, Bul. **1903**, No 5.

NAKAMURA, SOHJI: On the complement fixation reaction in rat-bite fever. Kei-O-Igaku, Vol. 6, Nr 7. Juli 1926. Summarized in Japan Med. World **7**, 79 (1927). Ref. Trop. dis. Bull. **25**, 98 (1928). — NAKANO: Spirochaetes of rats and mice. Jap. Z. Dermat. **17**, Nr 2, 1 (1917). — NAMIKAWA, H.: Über das Verhalten von Warmblüter-Trypanosomen im Körper des Seidenwurmes (Bombyx mori). Taiwan-Igakkai-Zasshi (jap.) **1927**, Nr 270, 8. — NEJROTTI, G. MARIO: Sodoku da morso di gatto. Policlinico, sez. prat. **33**, 724 (1926). — NEUMANN, F.: (a) Über das spontane Auftreten von Spirochäten des Pallidatyps bei einem nichtsyphilitischen isolierten Kaninchen. Klin. Wschr. **2**, 836 (1923). (b) Ein Beitrag zur Ätiologie der originären Genitalspirochätose der Kaninchen. Auszug aus der Inaug.-Diss. OTTO VOGEL.Lichtenstein C. **1922**. (c) Zwei Fälle von spontan ohne Ansteckung entstandener originärer Kaninchen-syphilis (Genitalspirochätose). Zbl. Bakter. Orig. **90**, 100 (1923). — NICOLLE, CH.: Sur une piroplasmose nouvelle d'un rongeur. C. r. Soc. Biol. Paris **63**, 213 (1907). — NICOLLE, CH. u. CH. ANDERSON: (a) Fièvre récurrente transmise à la fois par ornithodores et par la poux. Étude expérimentale de la récurrente espagnola. Arch. Inst. Pasteur Tunis **15**, 197 (1926). (b) Étude comparative de quelques virus récurrents, pathogènes pour l'homme. Arch. Inst. Pasteur Tunis **16**, 123 (1927). (c) Présence au Maroc du spirochète de la fièvre récur-rente d'Espagne. Arch. Inst. Pasteur de Tunis **17**, 83 (1928); C. r. Acad. Sci. Paris **186**, 991 (1928). (d) Un nouveau spirochète récurrent, pathogène pour le cobaye, Sp. sogdianum, transmis par Ornithodorus papillipes. Arch. Inst. Pasteur Tunis **17**, 295 (1928); C. r. Acad. Sci. Paris **187**, 746 (1928). — NICOLLE, CH., CH. ANDERSON u. J. COLAS-BELCOUR: (a) Sur un nouveau spirochète sanguicole pathogène (Sp. normandi) transmis par un ornithodore (O. normandi) hôte des terries de rongeurs. C. r. Acad. Sci. Paris **185**, 334 (1927). (b) Étude expérimentale du spirochète sanguicole du gondi, Sp. gondii. Arch. Inst. Pasteur Tunis **17**, 310 (1928); C. r. Acad. Sci. Paris **187**, 790 (1928). — NICOLLE, CH. u. CH. LEBAILLY: Recherches sur les maladies à spirochètes du rat transmissibles au cobaye. Arch. Inst. Pasteur Tunis **10**, 125 (1918). — NIESCHULZ, O. u. F. K. WAWO-ROENTOE: Infektionsversuche von Meer-schweinchen mit Trypanosoma lewisi. Z. Parasitenkde **2**, 294 (1929). — NIXON: Brit. med. J. **1914** II, 629. Zit. aus MC DERMOTT. — NOGUCHI, H.: (a) Spirochaeta icterohaemor-rhagiae in American wild rats and its relation to the Japanese and European strains. J. exper. Med. **25**, 755 (1917). (b) A note on the venereal Spirochaetosis of rabbits. J. amer. med. Assoc. **77**, 2052 (1921). (c) Venereal spirochaetosis in american rabbits. J. of exper. Med. **35**, 391 (1922). — NOVY, F. G. u. R. E. KNAPP: Studies on spirochaeta obermeieri and related organisms. J. inf. Dis. **3**, 291 (1906). — NÖLLER, W.: Die Übertragungsweise der Rattentrypanosomen durch Flöhe I und II. Arch. Protistenkde **25**, 386 (1912) u. **34**, 295 (1914). Auch als Monographie „Die Übertragungsweise der Rattentrypanosomen" er-schienen. Jena: Gustav Fischer 1914. — NUTTALL, G. H. F.: The transmission of trypanosoma lewisi by fleas and lice. Parasitology **1**, 296 (1909).

ODA, L.: Two Cases of rit-bite fever treated by salvarsan. Sei-i-Kwai med. J. **34**, 52 (1915). Ref. Trop. dis. Bull. **7**, 161 (1916). — OGATA, M.: (a) Die Ätiologie der Ratten-krankheit. Dtsch. med. Wschr. **34**, 1099 (1908). (b) Über die Ätiologie der Rattenbißkrank-heit. Mitt. med. Fak. Tokyo **8**, 287 (1909). (c) Zweite Mitteilung über die Ätiologie der Rattenbißkrankheit. Mitt. med. Fak. Tokyo **9**, 343 (1911). (d) Dritte Mitteilung über die Ätiologie und Therapie der Rattenbißkrankheit. Mitt. med. Fak. Tokyo **11**, 179 (1913). (e) Über die Kultur des Rattenbißfadenpilzes auf festem Nährboden. Mitt. med. Fak. Tokyo **13**, 93 (1914). — OKAWA, S.: Über die Entfaltung der Arsenfestigkeit der Spirochaete bei experimentellen Rattenbißkrankheit (I. Mitt.). Acta dermat. (Kioto) **14**, 325 (1929). — OLT u. STRÖSE: Zit. nach KOLLE, RUPPERT und MÖBUS.

PARMANAND, M. J.: Rat-Bite-Fever with special reference to its aetiological agent (Preliminary communication). J. med. Res. **11**, 181 (1923) u. **12**, 609 (1925). — PATTON, W. S.:

A critical review of our present knowledge of the haemoflagellates and allied forms. Parasitology **2**, 91 (1909). — PERKEL, J. D.: La syphilis naturelle du lapin. Brux. Méd. **1925**, No 13. — PETRIE, G. F.: (a) A note on the occurence of a trypanosome in the rabbit. Zbl. Bakt. I. Orig. **35**, 484 (1904). (b) Observations relating to the structure and geographical distribution of certain trypanosomes. J. Hyg. **5**, 191 (1905). — PETRIE, G. F.: u. C. R. AVARI: On the seasonal prevalence of Tryp. lewisi in Mus rattus and in Mus decumanus and in relation to the mechanism of transmission of the infection. Parasitology **2**, 305 (1909). PETTIT, A.: Contribution à l'étude des spirochétides. 2 Bände, Vanves (Seine) 1928 u. 1929, Selbstverlag. — PHILIPP, E.: Experimentelle Studien zur Frage der kongenitalen Trypanosomen- und Spirochäteninfektion. Arch. Gynäk. **133**, 573 (1928). — POGGI, I.: Sul sodòku eventuale reperto di spirochete nella bocca dei Mus decumanus. Arch. ital. Sci. med. colon. **8**, 533 u. 559 (1927). — PRICOLO, A.: Le trypanosome de la souris. Zbl. Bakter. I. Orig. **42**, 231 (1906). — PROESCHER, F.: Zur Kenntnis der Rattenbißkrankheit. Berl. klin. Wschr. **49**, 841 (1912),; Rat-Bite Disease with a Report of a New Case (1911). Internat. Clin. XXI. s. **4**, 77. Zit. nach ROBERTSON. — PROWAZEK, S. v.: Studien über Säugetiertrypanosomen. Arb. ksl. Gesdhamt **22**, 351 (1905).

RABINOWITSCH, L. u. W. KEMPNER: (a) Beitrag zur Kenntnis der Blutparasiten, speziell der Rattentrypanosomen. Z. Hyg. **30**, 251 (1899). — (b) Die Trypanosomen in der Menschen- und Tierpathologie, sowie vergleichende Trypanosomenuntersuchungen. Zbl. Bakter. I Orig. **34**, 804 (1903). — RAILLIET, A.: Traité de Zoologie médicale et agricole, 2. Aufl. Paris 1895 (s. S. 1298). — REČMENSKY, S. u. N. PAWLOW: Russk. Vestn. Dermat. **3**, 54 (1925). Ref. Zbl. Hautkrkh. **22**, 674 (1927). — REGENDANZ, P.: Pathogenicity of Trypanosoma lewisi and blood sugar in infections with Trypanosoma lewisi and Bartonella muris ratti. Ann. trop. Med. **23**, 523 (1929). — REGENDANZ, P. u. W. KIKUTH: Über die Bedeutung der Milz für die Bildung des vermehrungshindernden Reaktionsproduktes (Taliaferro) und dessen Wirkung auf den Verlauf der Rattentrypanosomiasis (Tryp. lewisi). Versuche der Übertragung des Typ. lewisi auf die weiße Maus. Zbl. Bakter I Orig. **103**, 271 (1927). — REICHENOW, E.: Parasitos de la saugre y del intestino de los monos antropomorfos africanos. Bol. Soc. españ. Hist. Nat. **17**, 312 (1917). — REICHENOW, E. u. P. REGENDANZ: Über die Flohpassage normaler und mit Arsenophenylglycin vorbehandelter Rattentrypanosomen. Abh. Auslandsk. Hamburg. Univ. **26** (Festschrift NOCHT), 446 (1927). — RETSCHMENSKY, S. u. N. P. PAWLOW: Kaninchen mit spontaner Spirochätose. Zbl. Hautkrkh. **16**, 527 (1925). ROBERTSON, A.: Observations on the causal organism of Rat-Bite-Fever in man. Ann. trop. Med. 18, 157 (1924). — ROBINSON, G. H.: (a) Some observations on a case of rat-bite-fever. Amer. J. Hyg. (1922) **2**, 324. Zit. nach MÜHLENS. (b) Occurence of Leptospira ictero-haemorrhagiae in wild rats of Baltimore. Amer. J. Hyg. **4**, 327 (1924). — RODENWALDT, E.: Trypanosoma lewisi in Haematopinus spinulosus. Zbl. Bakter. I Orig. **52**, 30 (1909). — ROSS, H.: An intercellular parasite developing into spirochetes. Brit. med. J. **1912**, 1651. — ROUDSKY, D.: (a) Sur l'inoculation de cultures de Trypanosoma lewi i au rat blanc et sur la réceptivité de la souris blanche à ce trypanosome. C. r. Soc. Biol. Paris **68**, 421 u. 458 (1910). (b) Sur le Trypanosoma lewisi Kent renforcé. C. r. Soc. Biol. Paris **69**, 384 (1910). — (c) Mécanisme de l'immunité naturelle de la souris vis-à-vis du Trypanosoma lewisi Kent. C. r. Soc. Biol. Paris **70**, 693 (1911). (d) Sur la possibilité de rendre le Trypanosoma lewisi virulent pour d'autres rongeurs que le rat. C. r. Acad. Sci. Paris **152**, 56 (1911). (e) Action pathogène du Trypanosoma lewisi Kent renforcé sur la souris blanche. C. r. Soc. Biol. Paris **70**, 741 (1911). (f) Lésions cellulaires produites chez la souris par le Tr. lewisi Kent renforcé. C. r. Soc. Biol. Paris **70**, 901 (1911). (g) Sur la réceptivité du rat au Trypanosoma duttoni Thiroux. C. r. Soc. Biol. Paris **72**, 221 (1912). (h) Sur l'immunité croisée entre le Trypanosoma lewisi et le Tr. duttoni renforcé. C. r. Soc. Biol. Paris **72**, 609 (1912). (i) Action pathogène de Tr. duttoni Thiroux et lésions provoquées chez le rat par ce flagellé. C. r. Soc. Biol. Paris **73**, 170, (1912). (k) Quelques remarques à propos de l'immunité naturelle et de la spécificité parasitaire. C. r. Soc. Biol. Paris **74**, 3 (1913). — ROW, R.: (a) On a new species of Spirochaete isolated from a case of rat-bite fever in Bombay. India J. med. Res. **5**, 386 (1917). (b) Cutaneous spirochaetosis produced by rat-bite in Bombay. Bull. Soc. Path. exot. **11**, 188 (1918). (c) Some cutaneous manifestations in rat-bite spirochaetosis. Trans. roy. Soc. trop. Med. Lond. **16**, 203 (1922). (d) Rat - bite spirochaete. Indian J. med. Res. **11**, 1283 (1924) u. Indian. med. Rec. **45**, 239 (1925). (e) Present position of the rat-bite spirochaete (Bombay). Indian. J. med. Res. **13**, 445 (1926). — RUGE, H.: (a) Neuere Literatur über WEILsche Krankheit und Siebentagefieber. Arch. Schiffs- u. Tropenhyg. **32**, 412 (1928). (b) Rückfallfieber. Handbuch der Tropenkrankheiten, herausgeg. von C. MENSE, 3. Aufl., Bd. 5, S. 424. Leipzig 1929. (c) Rattenbißfieber. Handbuch der Tropenbrankheiten. 3. Aufl., Bd. 5, 1 Teil, S. 621. Leipzig 1929. — RUPPERT, F.: Über eine durch Spirochaeta cuniculi hervorgerufene kontagiöse Geschlechtskrankheit der Kaninchen (Kaninchenspirochätose). Berl. tierärztl. Wschr. **37**, 493 (1921). — RUYS, Ch.: (a) De Verwekker van de Rattenbeet - Ziekte. Doctor-Diss. Amsterdam, Juli 1925. (b) Der Erreger der Rattenbißkrankheit. Arch. Schiffs- u. Tropenhyg. **30**, 112 (1926). (c) Geißelfärbung für das Spirillum der Rattenbißerkrankung. Geneesk. Tijdschr. Nederl.-Indie. **66**, 800 (1926). Ref. Zbl. Hautkrkh. **24**, 455 (1927). (d) Klassifikation des Erregers der Ratten-bißkrankheit. Zbl. Bakter. **103**, 268 (1927). SABRAZÈS, J.: (a) Treponèmes et spironèmes dans le péritonite expérimentale du cobaye. Gaz. Sci. méd. Bordeaux **1926**, No 29. (b) Nouvelles recherches sur la péritonite du cobaye par perforation coecale et par plaie septique de la paroi abdominale. Gaz. Sci. méd. Bordeaux **1926**, No 32. — SALIMBENI, A. T., Y. KERMORGANT u. R. GARCIN: (a) Sur l'existence de formes filtrables du parasite du Sodoku dans la rate des souris expérimentalement infectées. C. r. Soc. Biol. Paris **93**, 229 (1925). (b) L'infection expérimentale du cobaye provoquée par le parasite du Sodoku. C. r. Soc. Biol. Paris **1925**, 335. (c) La transmission héréditaire du Sodoku chez le cobaye. C. r. Soc. Biol. Paris, p. 337. — SALIMBENI, A. T. u. R. SAZERAC: Action du bismuth sur le spirochète du Sodoku dans l'infection expérimentale du cobaye. C. r. Acad. Sci. Paris **184**, 1497 (1927). Ref. Trop. dis. Bull. **25**, 99 (1928). — SALOMON, H.: Über das Spirillum des Säugetiermagens und sein Verhalten zu den Belegzellen. Zbl. Bakter. I **19**, 433 (1896). — SANARELLI, G.: Identité entre spirochètes et bacilles fusiformes; les Héliconèmes vincenti. Ann. Inst. Pasteur **41**, 679 (1927). — SANGIORGI, G.: (a) Spirochetosi della cavia. Pathologica (Genova) **5**, 428 (1913). (b) Le spirochetosi dei muride. I u. II. Pathologica (Genova) **14**, 253 u. 461 (1922). (c) A proposita della sclerosi primitiva sperimentale del Sodoku. Pa_hologica (Genova) **17**, 274 (1925). Ref. Trop. dis. Bull. **23**, 121 (1926). — SANO, T.: Rat-bite disease (?). Iji Shimbun, Med. News **1917**, Nr 981, 1153. — SARDIJTO, M. u. S. POSTMUS: Onderzoek naar het voorkomen van leptospirae onder de rattenbevolking van Weltevreden. Geneesk. Tijdschr. Nederl.-Indië **67**, 73 (1927). — SATO, G.: Zur Serodiagnostik der Syphilis beim Kaninchen. Z. Hyg. **101**, 362 (1924). — SAVINI, E.: Infection trypanospirochétique. C. r. Soc. Biol. Paris **88**, 956 (1923). — SAWADA, T. u. M. MIZUNO: Über einen neuen Infektionsmodus der Spirochaeta hebdomadis. Aichi-Igakkukai-Zasshi (jap.) **32**, Nr 6 (1925). — SCHELLACK, C.: Morphologische Beiträge zur Kenntnis der europäischen, amerikanischen und afrikanischen Recurrensspirochäten. Arb. ksl. Gesdh.amt **27**, 364 (1907). — SCHERESCHEWSKY, J.: Geschlechtlich übertragbare originäre Kaninchensyphilis und Chininspirochätotropie. Berl. klin. Wschr. **57**, 1142 (1920). Sitzg 13. Dez. 1921. — SCHERESCHWESKY, J. u. W. WORMS: (a) Originäre Kaninchensyphilis bei rassereinen Zuchttieren (Superinfektion und Generalisierung des Virus). Berl. klin. Wschr. **58**, 1305 (1921). Zbl. Hautkrkh. **4**, 445 (1922). (b) Beiträge zur Luesmikrobiologie (originäre Kaninchensyphilis). Dermat. Z. **33**, 10 (1921). — SCHILLING, C.: Chemotherapeutische Versuche bei Trypanosomeninfektionen. Arch. Schiffs- u. Tropenhyg. **13**, 1 (1908). — SCHLOSSBERGER, H.: (a) Chemotherapeutische Versuche bei der Rattenbißinfektion der weißen Maus. Z. Hyg. **108**, 627 (1928). (b) Chemotherapie der Infektionskrankheiten. Handbuch der pathogenen Mikroorganismen, 3. Aufl. Herausgeg. von W. KOLLE, R. KRAUS u. P. UHLENHUTH, Bd. 3, S. 551. Jena, Berlin u. Wien 1928. — SCHLOSSBERGER, H. u. F. W. WICHMANN: Experimentelle Untersuchungen über Spirochaeta crocidurae und Spirochaeta hispanica. Z. Hyg. **109**, 493 (1929). — SCHOCKAERT, J.: (a) Contribution à l'étude du Sodoku. Arch. internat. Méd. expér. **4**, 133 (1928). (b) Sur l'unicité des souches de Spirillum minus. C. r. Soc. Biol. Paris **98**, 595 (1928). (c) L'action de quelques agents chimiothérapeutiques dans l'infection expérimentale à Spirill. minus. C. r. Soc. Biol. Paris **98**, 597 (1928). — SCHOTTMÜLLER, H.: Zur Ätiologie und Klinik der Bißkrankheit (Ratten-Katzen-Eichhörnchen-Bißkrankheit). Dermat. Wschr. Erg.-Bd. **58**, 77 (1914). — SCHÜFFNER, W.: (a) Beitrag zur Leptospirose der Ratten. Arch. Schiffs- u. Tropenhyg. **29**, Beih. 1, 333 (1925). (b) Über das Vorkommen der WEILschen Infektion in Holland während der Jahre 1924—1929. Arch. Hyg. **103**, 249 (1920). — SCHÜFFNER, W. u. W. A. KUENEN: Het Voorkomen van Spirochaeten van het type der Sp. icterohaemorrhagiae bij Ratten in Amsterdam. Nederl. Tijdschr. Geneesk. **67**, 2018 (1923). — SCHWARZMANN, L.: Zur Frage der ätiotropen Therapie des experimentellen Sodoku (Rattenbißkrankheit). Zbl. Bakter. **112**, 60 (1929). — SEIFRIED, O.: Die wichtigsten Krankheiten des Kaninchens. München 1927. — SERGENT, ED. u. H. FOLEY: Sur la fièvre récurrente et son mode de transmission dans une épidémie algérienne. Ann. Inst. Pasteur **24**, 337 (1910). — SHIMODA, H.: Acta dermat. (Kioto). Zit. aus SCHLOSSBERGER (a). — SIGALAS, R.: Sur un spirochète de l'urine du cobaye. Gaz. Sci. méd. Bordeaux **41**, 50 (1920). — SIMON, CLÉMENT: Questions actuelles de syphiligraphie. 1. Kap. La pluralité des virus syphilitiques. Amédé Legrand, Paris 1926. — SIVORI, F. u. E. LECLER: Le surra américain ou mal de Cadéras. An. Minist. Agricult., Buenos Aires **5**, 1 (1902). — SMILLIE, W. G.: The prevalence of Leptospira ictero-haemorrhagiae in the wild rats of São Paulo, Brazil. Bull. Soc. Path. exot. Paris **13**, 561 (1920). — SOBERNHEIM, G. u. W. LOEWENTHAL: Allgemeines über Spirochäten. Handbuch der pathogenen Mikroorganismen, 3. Aufl., herausgeg. von W. KOLLE, R. KRAUS u. P. UHLENHUTH, Bd. 7, S. 1. Jena, Berlin u. Wien 1930. — SOESILO, R.: (a) Vergel jkende studie van enkele pathogene leptospirenstammen en leptospiren, aftomstig van de rattenbevolking van Amterdam en omgeving. Inaug.-Diss. Amsterdam 1925. (b) Das Vorkommen von Spir. minus var. morsus muris, Erreger der Rattenbißkrankheit, bei Ratten von Batavia. Geneesk. Tijdschr. Nederl.-Indië **66**, 522 (1926). Ref. Zbl. Hautkrkh. **23**, 185 (1927). — SOLLY, R. V.: Rat-bite-fever, two cases treated with apparent success by a single dose of nooarsenobenzol in travenously. Lancet **1919 I**, 458. — SOLOMON, H. C., A. BERK, M. THEILER and L. C. CLAY: The use of sodoku in the treatment of general paralysis. A. prel. report. Arch. int. Med. **38**, 391 (1926). — STEFANOPOULO, G. u. S. HOSOYA: Recherches sur les spirochétes icterogénes. Les spirochètes du „Akiyami" ou. „fièvre d'automne" du Japon. Bull. Soc. Path. exot. Paris **22**, 923 (1929). — STEFFAN, P.: Beobachtungen über den Verlauf der künstlichen Infektion der Ratte mit Trypanosoma lewisi. Arch. Schiffs- u. Tropenhyg. **25**, 241 (1921). — STEVENSON, A. C.: The incidence of a leptospira in the kidneys and of parasites in the intestines of one hundred wild rats examined in England. Amer. J. trop. Med. **2**, 77 (1922). — STRETTI, G. B. u. M. MONTOVANI: (a) Contributo all'etiologia del Sodòku. Nota preventiva. Policlinico, sez. prat. **28**, 875 (1921). (b) Bull. Soc. med.-chir. Bologna **1929**, 265. — STRICKLAND, C.: (a) On the supposed development of Trypanosoma lewisi in lice and fleas, and the occurrence of Crithidia ctenophthalmi in fleas. Parasitology **2**, 81 (1909). (b) The mechanism of transmission of Trypanosoma lewisi from rat to rat by the rat-flea. Brit. med. J. **1911 I**, 1049. — STRICKLAND, C. u. N. H. SWELLENGREBEL: Notes on Tryp. lewisi and its relation to certain arthropoda. Parasitology **3**, 436 (1910). — STÜHMER, A.: Die Rattenbißerkrankung als Modellinfektion für Syphilisstudien. Arch. f. Dermat. **158**, 98 (1929). — SUSTMANN: Die Lungenstrongylose und die Knotenseuche der Kaninchen. Ein weiterer Beitrag zu den seuchenartigen Erkrankungen der Kaninchen. Berlin. tierärztl. Wschr. **27**, 142 (1919). — SWELLENGREBEI, N. H.: Normal and abnormal morpholygy of Tryp. lewisi in the blood of the rat. Parasitology **3**, 459 (1910). — SWELLENGREBEL, N. H. u. C. STRICKLAND: The development of Trypanosoma lewisi outside the vertebrate host. Parasitology **3**, 360 (1910). — SWINGLE, L. D.: The transmission of Trypanosoma lewisi by rat fleas (Ceratophyllus sp. and Pulex sp.) with short descriptions of three new herpetomonads. J. inf. Dis. **8**, 125 (1911).

TAKAKI, I.: Über das Vorkommen der Erreger der WEILschen Krankheit (Spir. icterohämorrhagica) und der Rattenbißkrankheit (Spir. morsus muris) bei Wiener Ratten. Wien. klin. Wschr. **38**, 1231 (1925). — TAKENAKA, S.: On orchitis of the rabbit, experimentally produced by inoculation with the spirochete of rat-bite fever. Acta dermat. Kioto **4**, 271 (1924). — TANOKA, I.: Cat-bite disease. Juzenkai Zasshi (jap.) **23**, 5 (1918). — TALIAFERRO, W. H.: (a) Variation and inheritance in size in trypanosoma lewisi. I. Life-cycle in the rat and a study of size and variation in „pure line" infections. II. The effects of growing „pure lines" in different vertebrate and invertebrate hosts and a study of size and variation in infections occurring in nature. Proc. nat. Acad. Sci. U.S.A. **7**, 138 u. 163 (1921). (b) A study of size and variability, throughout the course of „pure line" infections with trypanosoma lewisi. J. of exper. Zool. **37**, 127 (1923). (c) A reaction product in infections with trypanosoma lewisi which inhibits the reproduction of the trypanosomes. J. of exper. Med. **39**, 171 (1924). (d) Infection and resistance in trypanosome infections: Studies on the reproduction-inhibiting reaction product in infections with trypanosoma lewisi. Proc. Inst. Med. Chicago **1925**. (e) Host resistance and types of infections in trypanosomiasis and malaria. Quart. Rev. Biol. **1**, 246 (1926). — TALIAFERRO, W. H. u. L. G. TALIAFERRO: The resistance of different hosts to experimental trypanosome infections, with especial reference to a new method of measuring this resistance. Amer. J. Hyg. **2**, 264 (1922). — TEJERA, E.: Spirochaeta morsus muris „microbio del Sodoku" en las ratas de Caracas. Gaz. med. Caracas **31**, 65 (1924). Ref. Trop. dis. Bull. **22**, 180 (1925). — TERRY, B. T.: An epidemic of trypanosomiasis among white rats. Trans. Chicago path. Soc. **6**, 264 (1905). — THEILER, M.: Experimental rat-bite fever. Amer. J. trop. Med. **6**, 131 (1926). — THIROUX, A.: (a) Sur un nouveau trypanosome de la souris domestique (Mus musculus). C. r. Soc. Biol **58**, 885 (1905). (b) Recherches morphologiques et expérimentales sur tryp. duttoni (THIROUX). Ann. Inst. Pasteur **19**, 564 (1905). — THORPE: Rat-bite fever in an infant. Brit. med. J. **1925 II**, 255. — TILESTON, W.: The etiology and treatment of rat-bite fever. J. amer. med. Assoc. **66**, 995 (1916). Zit. nach RUGE (c) und ROBERTSON. — TODD, J. L.: The trypanosome of gambian mice. Ann. trop. Med. **8**, 469 (1914). — TSUNEOKA, I.: Über die Spirochäte der Rattenbißkrankheit. Kioto Igaku Zasshi **14**, 46 (1917). — TUNICLIFF, R.: (a) Streptothrix in bronchopneumonia of rats, similar to that of rat-bite fever (A preliminary report). J. amer. med. Assoc. **66**, 1606 (1916). (b) J. inf. Dis. **19**, 767 (1916). — TUNICLIFF, R. u. K. MAYER: A case of rat-bite fever. J. inf. Dis. **23**, 555 (1918).

UHLENHUTH, P. u. W. FROMME: (a) Experimentelle Untersuchungen über die sog. WEILsche Krankheit (ansteckende Gelbsucht). Med. Klin. **11**, Nr 44, 1202 (1915). (b) Weitere experimentelle Untersuchungen über die sog. WEILsche Krankheit (ansteckende Gelbsucht). Med. Klin. **11**, Nr 46, 1264 (1915). (c) Untersuchungen über die Ätiologie, Immunität und spezifische Behandlung der WEILschen Krankheit (Icterus infectiosus). Z. Immun.forschg **25**, 317 (1916). (d) Experimentelle Untersuchungen über den Infektionsmodus, die Epidemiologie und Serumbehandlung der WEILschen Krankheit (Icterus infectiosus). II. Mitt. Z. Immun.forschg **28**, 1 (1919). (e) WEILsche Krankheit. Handbuch der pathogenen Mikroorganismen, 3. Aufl., herausgeg. von W. KOLLE, R. KRAUS u. P. UHLENHUTH, Bd. 7, S. 487. Jena, Berlin u. Wien 1930. — UHLENHUTH, P. u. P. MANTEUFEL: Chemotherapeutische Versuche mit einigen neueren Atoxylpräparaten bei Spirochätenkrankheiten mit besonderer Berücksichtigung der experimentellen Syphilis. Z. Immun.-forschg **1**, 108 (1908). — UHLENHUTH, P. u. P. MULZER: Beitrag zur experimentellen Pathologie und Therapie der Syphilis mit besonderer Berücksichtigung der Impfsyphilis des Kaninchens. Arb. ksl. Gesdh.amt **44**, 307 (1913). — UHLENHUTH, P. u. M. ZUELZER: Über das Vorkommen des Erregers der ansteckenden Gelbsucht (Spirochaeta icterogenes) bei frei lebenden Berliner Ratten. Med. Klin. **15**, Nr 51, 1301 (1919).

VINZENT, R.: Sur un spirochète de la souris blanche pathogène pour l'homme. C. r. Soc. Biol. Paris **95**, 286 (1926).

WADSWORTH, A., V. LANGWORTHY, C. STEWART, A. MOORE u. B. M. COLEMAN: Infectious jaundice occurring in New York State. J. amer. med. Assoc. **78**, 1120 (1922). — WALCH, E. W. u. G. B. WALCH-SORGDRAGER: (a) Enkele opmerkingen over Leptospira icterohaemorrhagiae. Nederl. Tijdschr. Geneesk. **69 II**, Nr 14, 1535 (1925). (b) Observations on Leptospira icterohaemorrhagiae in the wild rats of Baltimore. Amer. J. Hyg. **7**, 393 (1927). — WARTHIN, A. S., BUFFINGTON E. u. R. C. WANSTROM: A study of rabbit spirochetosis. J. inf. Dis. **32**, 315 (1923). — WASIELEWSKI, v. u. G. SENN: Beiträge zur Kenntnis der Flagellaten des Rattenblutes. Z. Hyg. **33**, 444 (1900). — WATSON, E. A. u. S. HADWEN: Trypanosomes found in Canadian mammals. Parasitology **5**, 21 (1912). — WELLMAN, C. u. W. B. WHERRY: Some new internal parasites of the California ground squirrel Otospermophilus beecheyi. Parasitology **3**, 417 (1910). — WENDELSTADT, H. u. T. FELLMER: Einwirkung von Kaltblüterpassagen auf Nagana- und Lewisi-Trypanosomen. Z. Immun.forschg **3**, 422 (1909) u. **5**, 337 (1910). — WENYON, C. M.: (a) Report of travelling pathologist and protozoologist. 3. Report, Wellcome Trop. Res. Labor., p. 121. Khartoum 1908. (b) Experiments on the transmission of Trypanosoma lewisi by means of fleas. J. Lond. School trop. Med. **2**, 119 (1913). (c) Protozoology, 2 Bände. London 1926. — WOLBACH, S. B. u. C. A. L. BINGER: Notes on a filtrable spirochete from fresh water. Spirochaeta biflexa (new species). J. med. Res. **30**, 23 (1914). — WOODCOCK, H. M.: The haemoflagellates and allied forms. Lankester's Treatise on Zoology, Teil I, p. 193. London 1909. — WORMS, W.: (a) Über das spontane Auftreten von Spirochäten des Pallidatyps bei einem nichtsyphilitischen, isolierten Kaninchen. Bemerkungen zur Arbeit von Dr. F. NEUMANN: Klin. Wschr. **2**, 836 (1923). (b) Die experimentellen Grundlagen der persönlichen Syphilisprophylaxe (Prüfungsmethoden). Med. Klin. **19**, 1335 (1923); (c) Experimentelle Untersuchungen mit Stovarsol. Zbl. Bakter. Orig. **93**, 188 (1924). (d) Die spontane Kaninchenspirochätose. Zbl. Hautkrkh. **17**, 821 (1925). (e) Handbuch der pathogenen Mikroorganismen von KOLLE u. WASSERMANN, 3. Aufl. Bd. 7, S. 717. 1930. (f) Weitere experimentelle Untersuchungen zur Stovarsolfrage. Dtsch. med. Wschr. **51**, 428 (1925). (g) Vergleichende experimentelle Untersuchungen mit dem Erreger der Rattenbißkrankheit und der Mäusespirille. Zbl. Bakter. I. Orig. **98**, 195 (1926).

YAKIMOFF, W. L.: Über Trypanosoma lewisi und seine Verbreitung in St. Petersburg. Z. Inf. krkh. Haustiere **2**, 341 (1907). — YAKIMOFF, W. L. u. N. KOHL-YAKIMOFF: Observations sur quelques parasites du sang rencontrés au cours de notre mission en Tunisie. Arch. Inst. Pasteur Tunis **6**, 198 (1911). — YAKIMOFF, W. L. u. N. SCHILLER: Zur Trypanosomeninfektion durch die Schleimhaut des Verdauungstraktus. Zbl. Bakter. I Orig. **43**, 694 (1907). — YAMADA, J.: Rat-bite-fever. Spontaneous transmission from guinea-pigs to rabbits. Tokyo Iji Shinji **1917**, 2577. Ref. Trop. dis. Bull. **13**, 338 (1919).—YAMADA, K.: Rat-bite-fever. Due to the scratch of a cat. Saikingaku-Zasshi (jap.) **1917**, Nr 265, 877. Ref. Trop. dis. Bull. **13**, 340 (1919). — YAMAMOTO: Studien über Spirochätenfärbung. 3. Mitt. Färberische Unterschiede zwischen Spiroch. pallida, Spiroch. pallidula und Spiroch. cuniculi. Acta dermat. (Kioto) **14**, 188 (1929). — YAMASAKI, S.: Über Leptomonas etenocephali, Trypanosoma lewisi und pathogene Trypanosomenarten im Hundefloh. Arch. Protistenkde **48**, 136 (1924). — YORKE, W. u. I. W. S. MACFIE: Laboratory meeting. Trans. roy. Soc. trop. Med. **15**, 149 (1921); Acra Labor. Rep. **1921**, 45.

ZUCCOLA: Contributo allo studio del sodòku. Rinasc. med. **4**, 403 (1927). Ref. Zbl. Hautkrkh. **27**, 414 (1928). — ZUELZER, M.: (a) Beiträge zur Kenntnis der Morphologie und Entwicklung der WEILschen Spirochäte. Arb. Reichsgesdh.amt **51**, 159 (1919). (b) Biologische und systematische Spirochätenuntersuchungen. Zbl. Bakter. I Orig. **85**, Beih. 154 (1921). (c) Die Spirochäten (Nachtrag). Handbuch der pathogenen Protozoen, herausgeg. von S. v. PROWAZEK und W. NÖLLER, 2. Aufl. Bd. 3, S. 1627. Leipzig 1925. (d) Beiträge zur Weilfrage. Arch. f. Hyg. **103**, 282 (1929). — ZUELZER, M. u. S. OBA: Beitrag zur Kenntnis saprophytischer Spirochäten. Zbl. Bakter. I Orig. **91**, 95 (1923). — ZUELZER, M. u. E. PHILIPP: Beeinflussung des kolloidalen Zustandes des Zellinhaltes von Protozoen durch Radiumstrahlen. Strahlenther. **20**, 737 (1925); Biol. Zbl. **45**, 557 (1925).

II. Die übrigen tierischen Parasiten.

Von J. FIEBIGER, Wien.

Mit 7 Abbildungen.

a) Kaninchen.

1. Protozoen.

α) Amöben. *Entamoeba cuniculi* wurde nur in Cystenform von BRUG im Kot von Kaninchen gefunden. Die Cysten messen 12—15 μ, besitzen 8 Kerne, keine besonderen Einschlüsse und eine doppelt konturierte Membran.

β) Flagellaten. *Lamblia intestinalis* LAMBL (Giardia intestinalis) (Abb. 257). Rübenförmiges Geißelinfusor, 10—12 μ lang, 5—12 μ breit. Vorne an der Bauchseite eine tiefe Sauggrube. 8 Geißeln, 1 Paar an der vorderen, 2 Paar an der hinteren Seite der Grube, 1 Paar an der hinteren Spitze. Protoplasma hyalin, sehr fein gekörnt. 2 Kerne mit Karyosom in einer Kernsaftzone, durch einen bogenförmigen Faden verbunden. Vermehrung in Cysten. Lebt im Dünndarm, selten Magen von Kaninchen, Ratte, Maus, Meerschweinchen und anderen Tieren oft in erheblicher Menge. Die Parasiten sitzen dort den Zellen mit dem Saugnapf auf und lassen den übrigen Körper flottieren. Im

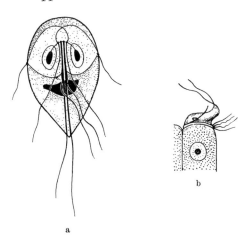

Abb. 257. *Lamblia intestinalis.* a Bauchseite (nach BENSEN); b an Darmepithelien angesaugt. (Nach GRASSI und SCHEWIAKOFF.)

Dickdarm gewöhnlich bloß in Cysten. Meist belanglos, sollen aber auch Enteritis und Todesfälle hervorrufen. Nach neueren Forschungen sind die Lamblien verschiedener Tiere eigene Arten. Die Lamblie des Kaninchens wird als *Lamblia cuniculi* BENSE bezeichnet.

Von anderen Flagellaten wurden noch beschrieben:

Embadomonas cuniculi COLLIER und BOECK. Mit zwei kurzen Geißeln, die an Basalknötchen entspringen; im Blinddarm, selten. *Chilomastix cuniculi* FONSECA und *Eutrichomastix cuniculi* TANABE aus dem Darm scheinen harmlos zu sein; ebenso *Trypanosoma cuniculi* BLUMHARD und das 80 μ große *Trypanosoma gigas* CAZALBOU im Blute (s. gesondertes Kapitel).

γ) Sporozoen. *Eimeria stiedae* LINDEM. (Coccidium cuniculi, Coccid. oviforme) (Abb. 258). Diese sehr eingehend studierte Coccidienart ist wohl der häufigste und wichtigste Parasit des Kaninchens. Die Entwicklung läuft unter dem Bilde des Generationswechsels ab, der hier kurz geschildert sei. Die Kaninchen infizieren sich durch die Aufnahme der im Kot ausgekeimten Sporen (5). Im Darm wird die Kapsel der Sporen gelöst, die Sporozoiten werden frei und dringen entweder in die Darmepithelzellen (6, 7) ein oder gelangen durch den Gallengang in die Leber, wo sie die Epithelien der Gallenwege infizieren. Hier wachsen sie zu Schizonten in einer Größe von 20—50 :

20—30 μ heran. Nach Kernteilungen werden 16—32 schlanke Merozoiten gebildet, welche zwiebelartig in Bündeln angeordnet sind (8—11). Die Merozoiten
infizieren neue Zellen, in denen sie sich wieder durch Schizogonie vermehren.
Die geschlechtliche Vermehrung wird eingeleitet durch die Bildung von bloß

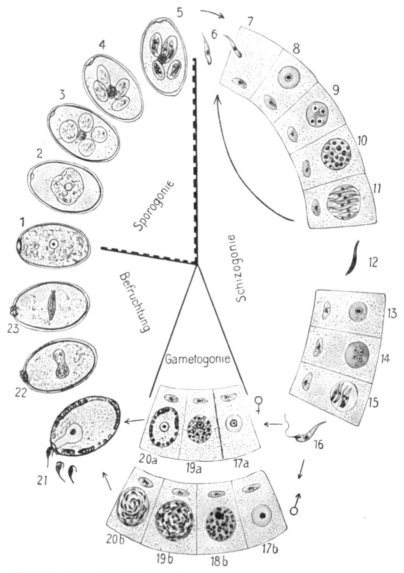

Abb. 258. Schema des Entwicklungskreises von Eimeria stiedae. (Nach REICH.)

4 Merozoiten mit je einer Geißel und einem Basalkorn (13—16). Daraus gehen
in neuen Wirtszellen Geschlechtszellen (Gametocyten) hervor. An den sehr
großen Mikrogametocyten bilden sich an der Oberfläche des großen Rest-
körpers in haarschopfähnlicher Anordnung die zahlreichen fadenförmigen
Mikrogameten, die sich lebhaft bewegen (17 b—20 b). Die Makrogametocyten

besitzen in ihrem Plasma reichlich chromatoide Körnchen, aus welchen sich die Kapsel der Oocysten bildet (17 a—20 a). Die Oocysten sind grünlich, längsoval, von einer ziemlich dicken, doppeltkonturierten Kapsel umgeben und besitzt eine Mikropyle, durch welche ein Mikrogamet eindringt, um die Befruchtung vorzunehmen (21). Die Oocysten der Gallenwege sind 28—40 μ lang und 16—25 μ breit, die des Darmes sind 16—23 μ lang, 12—16 μ breit, also kleiner. Sie wird auch als eigene Art, *Eimeria perforans* (LEUCKART) bezeichnet. PÉRARD hat neuerdings aus dem Darm eine größere Form, *Eimeria magna* beschrieben. Der Inhalt der Oocysten ist stets stark granuliert und zieht sich bald zu einer zentralen Kugel von den Polen zurück (22—2). Die Weiterentwicklung geht nicht mehr im Wirtstier, sondern erst im Freien, wohin sie mit dem Kot gelangen, vor sich. Der kopulierte Kern teilt sich in 4 Tochterkerne, jeder umgibt sich mit einer Protoplasmamenge, die an der Oberfläche eine Kapsel absondert. Der Inhalt einer jeden solchen Spore teilt sich schließlich in 2 Sporozoiten, wobei ein Restkörper übrig bleibt (3—5). In 3—4 Tagen ist bei entsprechender Temperatur und Feuchtigkeit die Sporenbildung vollendet. Die Stadien der Schizogonie sind nur bei ganz frischen Infektionen vorhanden, später erscheinen die Geschlechtsformen, sehr lange sind die charakteristischen Oocysten in den Herden zu finden.

Die Ansteckung erfolgt durch die Aufnahme solcher ausgekeimter Sporen mit dem Trinkwasser oder Futter. Auch Ratten, welche ebenfalls diesen Parasiten beherbergen, können die Übertragung vermitteln. Besonders disponiert sind junge Kaninchen. Die Mortalität ist sehr groß.

Der befallene Darm zeigt alle Erscheinungen der Enteritis, an deren Entstehung sich sekundär Bakterien beteiligen. Am auffallendsten sind die Veränderungen der Leber. Dort bilden sich grauweißliche bis gelbe Herde aus, die entweder als kleine Punkte regellos verteilt sind oder als größere Herde aufscheinen. In den Gallengängen wird eine papilläre Wucherung der Schleimhaut, in der Umgebung eine interstitielle Hepatitis hervorgerufen, die schließlich zu einer Atrophie des Lebergewebes führt. In vielen Fällen ist auch die Schleimhaut der *Nasenhöhle* befallen, wobei meist die kleinere, als Eimeria perforans bezeichnete Form, die auch die Darminfektion bewirkt, vorkommt. Die sekundär entstandene Entzündung setzt sich auf die Lidbindehaut und mitunter auch auf die Mundschleimhaut fort (s. auch die entsprechenden Kapitel dieses Buches). Nach RUDOVSKY kommt beim Wildkaninchen auch *Eimeria falciformis* vor (s. bei Ratte).

δ) Toxoplasma cuniculi SPLENDORE. Es sind rundliche oder bogenförmig gekrümmte Gebilde von 5—9 μ Länge und 2—4 μ Breite mit einem spitzen und einem rundlichen Ende, in welchem letzteren ein runder kompakter Kern liegt. Mitunter kommen diese Gebilde auch in Gruppen von 2—8 vor (Schizogonie). Die Keime können frei oder in bestimmten Zellen leben. Insbesondere werden die Monocyten und die polymorphkernigen Leukocyten, ferner Bindegewebs- und Endothelzellen befallen. Die freien Keime sind etwas größer.

Bis jetzt wurden diese Parasiten bei Kaninchen in Brasilien, Argentinien, am Senegal und im Kongostaat gefunden.

Die befallenen Tiere magern ab, die Leber ist angeschwollen und zeigt an der Oberfläche massenhaft kleine, weißliche Knötchen. Auch die Milz und die Lymphknoten sind angeschwollen. Der Darm ist hyperämisch, die Schleimhaut verdickt und mit Geschwüren bedeckt. In Brust- und Bauchhöhle ein blutgeseröses Exsudat mit reichlichen Parasiten, in der Lunge pneumonische Herde mit miliaren Knötchen. Die Parasiten finden sich überall in den erkrankten Organen, auch in der Niere und im Knochenmark.

ε) Von SPLENDORE wurde beim Kaninchen eine *Leishmaniose* beschrieben, deren Erreger in der Leber schmarotzen und mit *Leishmania tropica* große Ähnlichkeit besitzen sollen. Die Erscheinungen ähneln der *Kala-azar*. Ferner wurden in Sardinien in den roten Blutkörperchen von Kaninchen und Meerschweinchen *anaplasmaartige* Randkörperchen gefunden. Sie werden jetzt ebenso wie ähnliche Gebilde bei Ratte und Maus als „JOLLYsche Körperchen" bezeichnet, denen eine pathologische Bedeutung nicht zukommt.

Ebenso zweifelhaft wie diese Gebilde sind Körperchen, die beim Kaninchen als Erreger der „enzootischen Encephalomyelitis" beschrieben und *Encephalitozoon cuniculi* (LEVADITI, NICOLAU und SCHOEN) genannt werden. Die Körperchen finden sich in Gehirn und Niere, im Anfangsstadium auch in Milz und Leber, als birn- oder sichelförmige Gebilde von 1 bis 4 μ Länge, welche zum Teil in größerer Zahl in cystenartigen Hohlräumen eingeschlossen oder frei und einzeln angetroffen werden. Diese „Sporen" finden sich besonders in nekrotischen Herden im Gehirne innerhalb entzündlicher Granulome. Sie werden von den einen zu den Mikrosporidien, von den anderen zu den Pilzen gestellt. Die Krankheit hat einen im allgemeinen chronischen Verlauf und führt unter zunehmender Schwäche, Schläfrigkeit, Freßunlust, Tremor und Paresen allmählich zum Tode (s. Zentralnervensystem).

2. Würmer.

α) Fasciola hepatica L. (Distomum hepaticum), der Leberegel (Abb. 259). Ein blattförmiger Saugwurm, 20—30 mm lang, 8—13 mm breit, der breitere

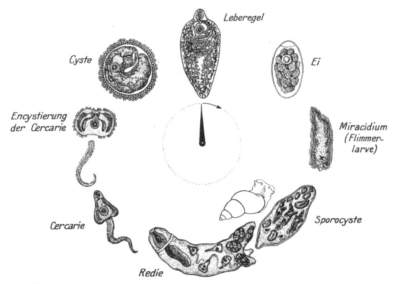

Abb. 259. Schema des Entwicklungskreises des Leberegels. (Nach NÖLLER.)

Vorderkörper mit aufgesetztem Kopfkegel, an dessen Ende der kleine Mundsaugnapf sitzt. Weiter rückwärts der etwas größere Bauchsaugnapf. Der Vorderkörper ist mit nach rückwärts gerichteten Schuppen besetzt. Ein blind endigender und bis zum Körperende reichender Gabeldarm mit verästelten Seitenzweigen, welche die Seitenteile des Wurmes durchziehen. Zwitter. Ovarien und Hoden sind ebenfalls stark verästelt. Der geschlängelte Uterus befindet sich hinter dem Bauchsaugnapf, er ist meist mit Eiern gefüllt. Diese sind beschalt, gelbbraun, oval, mit einem uhrglasähnlichen Deckel versehen, 0,14 mm lang, 0,08 mm breit. Knapp neben der Vulva münden die männlichen Geschlechtsorgane im Cirrusbeutel in den als Begattungsglied dienenden und vorstülpbaren Cirrus.

Die Entwicklung zeigt einen Generationswechsel. Aus den entleerten und schon befruchteten Eiern schlüpfen die bewimperten Larven (Mirazidien), diese dringen in die Sumpfschnecke (Limnaeus truncatula) ein und wachsen in deren Leber zu den gelben Keimschläuchen (*Sporocysten*) heran. In diesen bilden sich die 2 mm langen *Redien,* und in diesen oder erst in den Tochterredien die beschwänzten und mit Gabeldarm versehenen *Cercarien.* Diese verlassen die Schnecke, schwimmen im Wasser herum, werfen sodann den Schwanz ab, und kleben sich nach Abscheidung einer Schale an Gräsern an. Mit dem Grünfutter gelangen die Cysten in den Magen, dort wird die Kapsel gelöst, die Cercarien werden frei und wandern aus dem Darm entweder durch den Gallengang in die Leber oder sie werden dorthin auf dem Wege des Blutstromes, der sie auch in andere Organe befördern kann, verschleppt. In der Leber wachsen sie heran und verstopfen die Gallenwege. Dadurch und durch den ausgeübten Reiz wird Entzündung hervorgerufen. Es entsteht das Bild der Leberfäule. Durch Infektionsversuche beim Kaninchen hat SZINITSIN[1] nachgewiesen, daß die im Darm frei gewordenen Cercarien die Darmwand durchbohren und in die Bauchhöhle gelangen. Sie sammeln sich sodann auf der Oberfläche der Leber, dringen nach 4—14 Tagen in dieses Organ ein und siedeln sich schließlich in den Gallengängen an. Dieser Weg dürfte auch bei natürlicher Infektion beim Kaninchen der gewöhnliche sein, da hier am Beginn der Einwanderung die jungen, 1—3 mm langen Leberegel auf der Oberfläche der Leber angetroffen werden. Die Parasiten können von der Bauchhöhle aber auch in die Lunge, in die Subcutis und in die Muskulatur vordringen[2]. Die Vorgänge spielen sich hier also etwas anders ab als bei den anderen Haustieren. Die erkrankten Kaninchen magern ab, zeigen Bauch- und Brusthöhlenwassersucht, bisweilen Gelbsucht und Lähmungen entsprechend der Erkrankung der Muskeln (Höhlen und Gänge). Ähnliche Veränderungen werden beim *Meerschweinchen* beobachtet.

Seltener und von geringerer pathologischer Bedeutung ist der *Lanzettegel, Dicrocoelium lanceatum* STILES und HASSAL. Er ist viel kleiner, 8—10 mm lang, 2 mm breit, durchscheinend; die den ganzen Körper durchziehenden Uterusschlingen sind von den schwarzschaligen Eiern gefüllt und verleihen dadurch dem Wurm ein schwärzliches Aussehen. Die Eier sind 38 μ lang und 26 μ breit, gedeckelt. Mitunter wird in der Kaninchenleber auch der *Katzenegel, Opisthorchis felineus* RIVOLTA beobachtet.

β) Von **Bandwürmern** kommt eine ganze Anzahl als Darmschmarotzer des Kaninchens in Betracht. Sie sind durchwegs unbewaffnet (Fam. Anoplocephalidae). *Cittotaenia goezei*. 40—80 cm, Kopf ziemlich groß, Genitalpori beiderseitig, Uterus ein querer Schlauch.

Cittotaenia leuckarti. Bis 80 cm, Kopf klein, Hals breit.

Andrya cuniculi R. BL. (Taenia rhopalocephala). Bis 1 m lang, 8 mm breit, Kopf klein, Hals dünner. Geschlechtsöffnungen einseitig, etwas hinter der Mitte des Seitenrandes. Glieder trapezförmig.

Andrya wimerosa Mz. Kaum 1 cm lang, 1,5 mm breit. Kopf dick, Hals fehlt. Die Kette dick, wird von einem Dutzend Gliedern gebildet, welche am hinteren Rande Härchen tragen. Genitalöffnungen einseitig, am hinteren Winkel der Glieder. Eier mit deutlichem birnförmigem Apparat. Diese Bandwürmer wurden ziemlich häufig als Erreger von Seuchen gefunden, welche unter dem Bilde der perniziösen Anämie verliefen. Bei gehäuftem Vorkommen kann auch bei den anderen Bandwürmern Anämie und Kachexie erzeugt werden. Nach Durchwanderung der Darmwand kann Peritonitis entstehen.

Finnenstadien kommen folgende vor:

Cysticercus pisiformis, die Finne von *Taenia serrata* GOEZE, einem Hundebandwurm. Die einzelne Finne ist über erbsengroß (9 : 5 mm); der weißlich durchscheinende, eingestülpte Kopf und Hals verursachen eine Zuspitzung der Blase, durch Druck lassen sie sich ausstülpen. Diese häufig beim Kaninchen (noch häufiger beim Hasen, sehr selten bei der Maus) beobachtete Finne findet sich meist in Trauben, bei ersterem nur zu 3—15 Stück im Gekröse, Netz und am Bauchfell. Die Entwicklung dieses Wurmes hat LEUCKART in seinen berühmten Versuchen festgestellt. Die mit reifen Bandwurmgliedern aufgenommenen Onkosphären werden im Darm frei, dringen durch die Schleimhaut bis in die Wurzeln der Pfortader vor und werden in die Leber geschwemmt, wo sie wachsen, jedoch bald als junge Finnen zur Oberflächenserosa wandern.

---

[1] Zbl. Bakter. 74. Bd.
[2] SOHNS: Dtsch. tierärztl. Wschr. 1916.

Coenurus cerebralis, die Finne von *Taenia coenurus* SIEB. (Multiceps multiceps), des Quesenbandwurms des Hundes. Sie kommt nur selten als einfache taubeneigroße Blase, welche an ihrer Innenwand zahlreiche Tänienköpfchen trägt, im Zentralnervensystem vor.

Häufiger ist, besonders in Frankreich und Italien, eine verwandte Finne, der *Coenurus serialis,* die Finne des Hundebandwurms *Taenia (Multiceps) serialis,* Die Blasen sind hühnereigroß, die Köpfe etwas größer als bei dem früheren Bandwurm, in Reihen gestellt. Mitunter kommen Tochterblasen vor. Sie finden sich an verschiedenen Körperstellen, einzeln oder zahlreich an der Unterseite des Halses, in der Körper- und Extremitätenmuskulatur. wo sie die Haut vorwölben.

So wie zahlreiche andere Tiere ist auch das Kaninchen gelegentlich Träger des *Echinococcus polymorphus,* der Finne des dreigliedrigen Hundebandwurms, *Taenia echinococcus* SIEB. Es sind nuß- bis citronengroße Blasen mit deutlich geschichteter Chitinwand und klarem, gelblichem Inhalt. An der Innenfläche finden sich bei den fertilen Cysten die Brutkapseln mit den Echinokokkusköpfchen, schon mit freiem Auge als griesartige Körnchen sichtbar.

γ) Rundwürmer. *Strongyloides longus* GRASSI und SEGRÉ. 6 mm langer sehr dünner Wurm, der im Darm bloß weiblichen Typus besitzt. Vorderende etwas verschmächtigt, Mund mit drei kleinen Lippen. Der Oesophagus sehr lang ($^1/_5$ der Körperlänge), Vulva im hinteren Körperdrittel von Papillen umstellt. Eier 40 μ lang, 20 μ breit. Dieser für unsere Haustiere sehr wichtige Parasit wurde zuerst im Darm des Kaninchens von GRASSI und PERONCITO entdeckt. Im Winter ist die Entwicklung direkt, im Sommer findet sich ein Generationswechsel, indem sich eine zweigeschlechtliche frei lebende Generation einschiebt. Die Infektion erfolgt entweder mit der Nahrungsaufnahme oder durch Eindringen der Larven durch die Haut (FÜLLEBORN). Massenbefall kann zu schwerer Darmentzündung führen, ist jedoch meist bedeutungslos.

Trichocephalus unguiculatus RUDOLPHI 30—40 mm lang. Haardünner, peitschenartiger Vorderkörper, welcher bloß den in einem Zellkörper eingebetteten Oesophagus enthält, und dicker Hinterkörper mit den Geschlechtsorganen. Männchen mit einem dünnen, 7 mm langen Spiculum, dessen Scheide schwach, zylindrisch und mit kleinen Zähnen besetzt ist. Die Eier sind *tonnenförmig,* mit *Schleimpfröpfen* an den Enden, 52 μ lang, 33 μ breit. Man findet diesen Wurm im Blinddarm des Kaninchens. Die Parasiten sind meist harmlos, bei massenhaftem Vorkommen erzeugen sie Entzündung.

Trichinen können durch Verfütterung künstlich auf Kaninchen übertragen werden. Auch natürliche Infektion (Trichinose) wurde gelegentlich beobachtet.

Synthetocaulus commutatus DIESING (Strongylus commutatus). ♂ 18—30, ♀ 28—50 mm lang; braun gefärbt, infolge Durchscheinens des braunen Darmkanals haarförmig dünn. Vorderende abgerundet und abgeplattet, Mund nackt. Das Männchen besitzt eine kleine geschlossene Bursa; die in einem breiten Stamme vereinigten Hinterrippen liegen in einem gesonderten Hinterlappen. 2 dicke, breite Spicula, deren Wurzelteil marmoriert ist, während seitlich quergestellte Chitinborsten angefügt sind. Außerdem sind sichelförmige akzessorische Chitinstücke vorhanden. Weibchen mit stumpfer Schwanzspitze, Vulva dicht vor dem After. Die Eier werden im Zustande der Furchung abgelegt. Dieser Wurm kommt ziemlich häufig in den Luftwegen beim Kaninchen, besonders aber bei Hase, Reh und Gemse vor und erzeugt die „*verminöse Pneumonie*". Charakteristisch sind braunrote Wurmknötchen in der Lunge, welche abgestorbene Würmer enthalten. Die geschlechtsreifen Würmer finden sich in den Bronchien, die von ihnen verstopft werden können. Die Larven machen wahrscheinlich im Freien eine Weiterentwicklung durch (s. auch Kapitel Lungen).

Synthetocaulus rufescens LEUCKART ist wahrscheinlich mit der genannten Art identisch.

Graphidium strigosum DUJARDIN (Strongylus retortaeformis). ♂ 8—16, ♀ 11—20 mm lang. Blutroter, fadenförmiger Körper. Mund nackt; etwas nach rückwärts 2 nach hinten gerichtete zahnartige Seitenpapillen. Haut mit 50 Längskanten. Bursa das Männchens quastenförmig, leicht zweilappig. Zwei 1—2 mm lange Spicula, deren zerschlitzte Enden konvergieren. Vulva am Beginn des letzten Körperviertels von einem dicken Fortsatz bedeckt. Der vorn viel dickere Körper geht an dieser Stelle unvermittelt in ein dünneres Ende über. Die Eier sind bei der Ablage gefurcht. Im Wasser schlüpfen rhabditisähnliche Larven aus und entwickeln sich direkt. Lebt im Magen, seltener im Darm. Die Parasiten saugen Blut und verursachen Anämie. Mitunter seuchenhaftes Auftreten.

Trichostrongylus retortaeformis ZEDER (Strongylus instabilis, gracilis). Sehr dünner, weißlicher oder rötlicher Wurm, vorne stark verjüngt. Kopf mit 3 kleinen Lippen, mitunter mit Seitenflügeln. Haut mit Längsstreifen. Mund nackt. ♂ 4—5 mm; Bursa zweilappig, ziemlich breit. Zwei kurze, gewundene, löffelförmige Spicula mit schuhförmigem Beistück. ♀ 5—6 mm; Vulva in der Körpermitte längsgestellt. Eier elliptisch, 80 : 45 μ, werden im Zustande der Furchung abgelegt. Schmarotzt im Magen und Darm. Häufig zugleich mit *Graphidium strigosum*. Die beiden Würmer kommen oft sehr gehäuft vor und rufen dann das Bild der *Magenwurmseuche* hervor. Die Tiere magern ab, zeigen Anämie und Bauchwassersucht. Die Magenschleimhaut ist blutigrot und zeigt punktförmige Saugstellen von den Parasiten.

Oxyuris ambigua RUDOLPHI (Passalurus ambigua). ♂ 3—5, ♀ 8—12 mm. Weiß, mit einer Seitenmembran. Nur ein Spiculum, mit etwas gebogener Spitze. Weibchen mit pfriemenartigem Schwanzende. Die Eier werden gefurcht abgelegt, 88 μ lang, 42 μ breit, asymmetrisch, sehr widerstandsfähig. Schmarotzt hauptsächlich im Blinddarm, wo die Würmer eine schwere Blinddarmentzündung hervorrufen können.

3. Arthropoden.

Die Schmarotzer aus der Gruppe der Gliederfüßler sind fast ausschließlich Ektoparasiten. Von der hierher gehörigen Klasse der Spinnen interessieren als Schmarotzer in erster Linie die *Milben* (*Acarina*).

Ihr Körper läßt die den Spinnen sonst eigentümliche Gliederung in Kopfbruststück und Abdomen vermissen. Sie besitzen 2 Paare von Mundgliedmaßen, nämlich *Kieferfühler* (Cheliceren) und *Kiefertaster* (Maxillarpalpen), ferner 4 Paare von Rumpfgliedmaßen, die Larven jedoch nur 3.

Leiognathus suffuscus RAILLIET aus der Familie der Gamasiden. Ovaler Körper mit lederartiger Haut, an der Unterseite mit einer Analplatte. Mundteile mit freien, fünfgliedrigen, fadenförmigen Palpen; Kieferfühler zweifingerig und fadenförmig. Beine mit zwei, mit Haftläppchen versehenen ankerförmigen Haken. Stigmen zwischen dem 3. und 4. Beinpaar. Lebt in Gruppen im Pelz. Gelegentlich wandert auch die Vogelmilbe *Dermanyssus gallinae* auf das Kaninchen über.

Cheiletiella parasitivorax MÈGNIN. 0,26—0,4 mm lang. Sechseckiger, graugelber Körper, mächtige Palpen auf einem massigen Basalteil, das letzte Glied verkümmert, mit einem gespaltenen Haar oder 3 einfachen Haaren versehen. Vorderbeine kürzer als Hinterbeine. Die Tarsen enden in ein gekrümmtes Blatt, ohne Krallen. Pelzschmarotzer. Nach MÈGNIN macht dieses Tier Jagd auf den *Listrophorus gibbus* (s. d.), macht sich also dem Wirtstier nützlich.

Listrophorus gibbus Pag. (Familie *Sarcoptidae*). ♂ 0,48, ♀ 0,5 mm lang. Unterlippe in ein zweilappiges Greiforgan zum Umklammern der Haare umgewandelt. Beine mit kurzgestielten Haftnäpfen. Analnäpfe vorhanden. Hinterende des Männchens mit einem abgeplatteten und gespaltenen Fortsatz versehen. Kommt mitunter in großer Menge auf der Haut vor, ruft aber ebenso wie die beiden früher genannten Schmarotzer bloß Juckgefühl und Rötung hervor, ohne zu Räudeerscheinungen zu führen.

Räudemilben. Beim Kaninchen kommen eine ganze Anzahl von Milben vor, welche das Bild der *Räude* hervorrufen, d. h. eine mit Juckreiz verbundene Hautentzündung, welche unter Rötung und Schuppenbildung zum Auftreten von Knötchen, Bläschen und Krusten, sowie zu Haarausfall führt (s. Kapitel Haut). Als Erreger werden folgende Milben aus der Subfamilie der *Sarcoptinae* beschrieben.

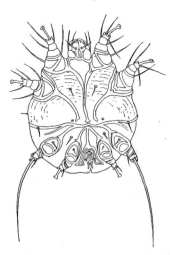

Abb. 260. Notoedres cati var. cuniculi, Männchen. Bauchseite.

1. *Sarcoptes scabiei var. cuniculi* Railliet. Diese Milbe unterscheidet sich nicht morphologisch von den anderen Scabieserregern des Menschen und der meisten Haustiere, kommt jedoch beim Kaninchen nur selten vor. Sie zeigt einen schildkrötenartigen Körper, über den vorne die zu einem kurzen Kegel verwachsenen Mundteile etwas vorragen, jedoch von einem von der Rückenhaut gebildeten Chitinküraß überdacht sind. 4 Paare kurzer, stummelartiger Beine, 2 Paare seitlich vom Mundkegel, 2 Paare am Hinterkörper. Sie sind mit Krallen, Borsten und zum Teil an den Enden mit langgestielten, tulpenförmigen Haftnäpfen ausgestattet. An der Unterseite des Körpers dienen Chitinstreifen an der Wurzel der Beine und des Kopfes, die sich auf den Körper fortsetzen, als äußeres Skelet diesen Teilen zur Stütze. Um den ganzen Körper verlaufen parallele Leisten. Auf dem Rücken kegelförmige Schuppen in Querreihen. Am Vorderrücken jederseits 4 eichelförmige, rückwärts 7 lange Dornen, alle auf runden Fußplatten. Je 2 lange Borsten am Hinterrande, eine am Seitenrande und kurze Borsten an den Beinen. Männchen 190—280 μ, das 1., 2. und 4. Beinpaar mit gestielten Haftnäpfen, das 3. mit einer langen Borste. Die zwischen den letzten Beinen liegende Geschlechtsöffnung von einem Chitingerüst umgeben, welches sich durch Seitenäste mit den Leisten des letzten Beinpaares in Verbindung setzt. Weibchen 300—500 μ. Gestielte Haftnäpfe am 1. und 2. Beinpaar, das 3. und 4. mit langen Borsten.

Die durch diese Milbe veranlaßte, nur *seltene* Räudeform beginnt an Nase, Lippen und an der Basis der Krallen, verbreitet sich jedoch auch auf den übrigen Körper, wo sie schwere Veränderungen erzeugen kann.

2. *Notoëdres cati var. cuniculi* Railliet (Sarcoptes minor) (Abb. 260). Diese beim Kaninchen viel *häufigere* Milbenform ist viel kleiner. Männchen 142—155 μ, Weibchen 215—235 μ. Körper mehr kugelig. After dorsal. Am Rücken konzentrische (kreisförmige) Leisten. Schuppen fehlen. Verteilung der Haftnäpfe und Borsten wie bei der früheren Form.

Die Räude bleibt in der Regel auf Lippen, Nase und Pfoten beschränkt und ist weniger ansteckend.

3. *Cnemidocoptes mutans* Robin (Dermatoryctes mutans). Plumper Körper, ähnlich Sarcoptes. Ohne Schuppen und Dornen am Rücken. Die Chitinleisten des ersten Beinpaares laufen auf den Rücken und vereinigen sich durch einen hufeisenförmigen Bogen.

♂ 190—200 μ, sämtliche Beine mit gestielten Haftnäpfen. ♀ 410—440 μ, Beine ohne Haftnäpfe, mit 2 Krallen. Vivipar. Die Milbe kommt häufig bei Vögeln vor und erzeugt hier
Fußräude. Sie befällt jedoch auch Kaninchen, welche in Hühnerställen gehalten werden
und verursacht hier Juckreiz und starke Schuppenbildung. Sie verbreitet sich in 8 Tagen
über den ganzen Körper. Die Haare werden glanzlos und struppig. Milbenherde werden
als weiße Flecke sichtbar. Das Allgemeinbefinden ist wenig beeinflußt, nach kurzer Zeit
konnte die Krankheit abgeheilt werden.

4. *Psoroptes communis var. cuniculi* RAILLIET (Dermatocoptes, Dermatodectes). Erreger der Ohrräude. Die größte Räudemilbe. Ovaler Körper. Langer
Mundkegel, lange Beine. Trompetenförmige Haftnäpfe auf dreigliederigen Stielen,
der des letzten Paares ungestielt. ♂ 520—620 μ, Haftnäpfe auf sämtlichen
Beinen. Am Hinterrande 2 Zapfen mit mehreren Borsten. Vor diesen an der
Bauchseite 2 Analnäpfe. ♀ 670—780 μ, das 1., 2. und 4. Beinpaar mit Haftnäpfen, das 3. Beinpaar mit langen Borsten. Am Hinterrande 2 Kopulationszapfen.

Lebt am Grunde der Ohrmuschel, an ihrer Innenfläche und im äußeren Gehörgang.
Sie erzeugt heftiges Juckgefühl. Es entsteht ein papulo-vesikuläres Ekzem mit Bildung
dicker Borken, welche die ganze Ohrmuschel und den äußeren Gehörgang anfüllen können.
Mitunter pflanzt sich der Prozeß auf das Mittelohr, ja sogar auf die Meningen fort und es
entsteht Hirnhautentzündung. In Ausnahmefällen geht der Prozeß auf die Umgebung über,
auch die Pfoten können durch das Kratzen erkranken (s. Kapitel Ohr).

5. *Chorioptes symbiotes var. cuniculi* RAILLIET (Dermatophagus). Diese
kleine Milbe (320 μ und 420 μ) zeichnet sich durch die kurzgestielten glocken-
förmigen Haftnäpfe und starken Krallen an den langen Beinen aus. Das Männchen
mit zwei Analnäpfen und zwei Anallappen, an welchen je eine schwertförmige
Membran und 2 lange Borsten stehen, das Weibchen mit Kopulationszapfen.
Wurde nur von ZÜRN und SCHLAMPP als Erreger einer *Ohrräude* beim Kaninchen
beobachtet.

6. *Demodex folliculorum var. cuniculi* RAILLIET. Wurmförmiger Körper
mit lyraförmigem Kopf, 4 Paaren kurzer stummelartiger Beine an dem walzen-
förmigen Mittelkörper, mit langem Hinterkörper. Diese „Wurmmilbe" ist der
Erreger der gefährlichen Acarusräude beim Hund. Beim Kaninchen kommt sie
nur selten und in kleinerer Form vor. Nach PFEIFFER wird sie häufiger in China
beobachtet. Sie verursacht Schuppenbildung, Haarausfall, Verdickung der
Haut mit Faltenbildung. Sie beginnt in der Umgebung der Augen. Unter
Eiterbildung kann es zu Zerstörung der Augenlider kommen. In weiterer Folge
erkranken auch die Ohrmuscheln, die Entzündung breitet sich auch auf die
Kopfhaut, ferner das mittlere und innere Ohr aus, sie kann sogar zu einer tödlichen Hirnhautentzündung führen.

Auch *Pentastomum denticulatum*, die Jugendform von *Linguatula rhinaria*
PILGER, der in der Nasenhöhle des Hundes schmarotzenden Wurmspinne,
wird beim Kaninchen beobachtet. Der Parasit ist 4—6 mm lang, 1,5 mm breit,
lanzettförmig, plattgedrückt, weißlich, durchscheinend. 80—90 Ringe, deren
hintere Ränder mit zahlreichen nach rückwärts gerichteten Dornen ausgestattet
sind. Mund elliptisch, seitlich von ihm die 4 charakteristischen Haken. Der
Verdauungstrakt zieht als weites Rohr an das schmälere Ende.

Diese Larvenform findet sich in den Eingeweiden, besonders Mesenteriallymphknoten,
ferner in Leber und Lunge von Pflanzenfressern, Schwein, Katze, Mensch und auch beim
Kaninchen. Ihre Anwesenheit gewinnt besonders in den Luftwegen ernstliche Bedeutung,
da bisweilen zum Tode führende Entzündungen hervorgerufen werden. Bei Wanderung in
die Nasenhöhle kann die Larve hier zum geschlechtsreifen Individuum heranreifen.

Insekten. Von *Insekten* seien folgende 2 Parasiten angeführt:

Haematopinus ventricosus DENNY (Haemodipsus ventricosus). 1,2—1,5 mm
lang, Kopf lyraförmig, breiter als lang, hinter den Fühlern eingezogen, weiter
rückwärts etwas verbreitert. Brust breiter als der Kopf. Hinterleib abgerundet,

fast so breit wie lang, mit 8 Segmenten, die eine Reihe spärlicher Borsten aufweisen. Kopf, Brust und Klauen hellbraun, Hinterleib- schmutzigweiß, mit
2 kleinen Flecken am letzten Segment.

Ctenocephalus goniocephalus Taschbg. (Spilopsyllus cuniculi Dale), der
Kaninchenfloh. 1,6—2 mm lang, gelbbraun. Stechende Mundwerkzeuge, Brustringe beweglich, die letzten Beine sind lange Sprungbeine, an den Enden der
Beine 2 Krallen. Die obere Kante des Kopfes ist stumpfwinkelig abgeknickt,
der untere Kopfrand ist unten und zu beiden Seiten mit einem Kamm von
5—6 Stacheln versehen. Prothorax mit 6 langen Borsten am Hinterrand. Vollkommene Metamorphose. Die Eier werden in Ritzen des Bodens abgelegt,
aus ihnen entwickeln sich die kleinen, madenförmigen Larven. Besonders
junge, schlecht genährte Kaninchen werden befallen. Bei massenhaftem Vorkommen infolge der Stiche und des dadurch verursachten Juckreizes wird mitunter die Entstehung von Hautentzündungen und Ekzemen veranlaßt.

Als gelegentliche Schmarotzer des Kaninchens aus dieser Gruppe werden noch angeführt
der *Menschenfloh* (Pulex irritans), der *Hundefloh* (Ctenocephalus canis) und der *Sandfloh*
(Sarcopsylla penetrans). Letzterer kommt nur in Amerika und Afrika vor, wo er den Menschen und verschiedene Tierarten befällt. Er dringt in die Haut und verursacht Entzündung.
Als vereinzelter Fund sei die Larve der Pferdemagenbremse (Gastrophilus pecorum)
im Magen des Kaninchens erwähnt (Ref. Bull. Inst. Pasteur 22).

b) Meerschweinchen.

Dieses Tier ist verhältnismäßig wenig von Parasiten heimgesucht.

1. Protozoen.

α) **Amöben.** Von Hegner wird *Endolimax caviae* als Bewohner des
Darmes angeführt. Es ist kleiner als die beim Menschen vorkommenden
Amöben.

Entamoeba cobayae Walker findet sich in Cysten im Blinddarm[1].

β) **Flagellaten.** *Trichomonas caviae* Davaine (Abb. 261). Kommt zusammen
mit *Eutrichomastix caviae* Grassi vor, mit dem es vielleicht artgleich ist. Dieses
Flagellat ist 20 μ lang und besitzt Birnform, das Protoplasma ist granuliert,
mit einer Vakuole und einigen Körnchen versehen. Es besitzt vorne 3, rückwärts
eine Geißel. Häufig finden sich Cysten, welche Dauerformen darstellen. Diese
Lebewesen haben im hygienischen Institut in Lausanne im Jahre 1898 unter
den Meerschweinchen ein Massensterben hervorgerufen. Sie sind Bewohner
des Dickdarms. Die Wirtstiere erkranken unter Durchfall und Abmagerung.
Sie zeigen struppiges Fell, Beschleunigung des Pulses und Abmagerung, die
Temperatur sinkt herab, der Tod tritt unter Konvulsionen ein. Bei der Sektion
findet sich eine Hyperämie des Dickdarmes.

Lamblia caviae Hegner ist kürzer und dicker als L. intestinalis (ähnlich
L. muris).

Trypanosoma caviae wurde von Kunstler im Jahre 1883 als sehr seltenes
Vorkommnis gefunden. Die Beschreibung von Neveu-Lemaire führt außer
der vorderen Geißel noch eine geißelartige Verlängerung des anderen Endes an,
wodurch sich das Lebewesen an die *Trypanoplasmen* anschließen würde (s. Abschnitt Trypanosomen).

γ) **Sporozoen.** *Coccidiose* wird sehr häufig gefunden (73%). Als Erreger
wurde *Eimeria caviae* Shaether beschrieben. Im Epithel des Dickdarms
finden sich die Oocysten in einer Größe von 16—25 : 12—18 μ; sie sind oval,
an dem schmäleren Pol abgeflacht oder mit einer kleinen Delle versehen. Eine
Mikropyle fehlt. Das Protoplasma ist gleichmäßig verteilt oder zu einer Körner-

---

[1] Holmes: J. of Parasitol. Vol. X, 1923/24.

kugel zusammengeballt. Die Hülle ist eine farblose, doppelt konturierte Membran. Die Sporulation beginnt im Freien am zweiten Tag und ist am sechsten Tag vollendet. Es werden 4 Sporoblasten zu 2 Sporozoiten gebildet. Die Krankheit beginnt mit schlechter Nahrungsaufnahme, Abmagerung und Durchfall; der Tod erfolgt unter Krämpfen.

In der Leber werden zahlreiche kleine, stecknadelkopf- bis hirsekorngroße Knötchen von gelblicher Farbe gefunden. Sie sind von einer Bindegewebskapsel umgeben. Im Darm ist Hyperämie oder blutige Darmentzündung vorhanden (s. Kapitel Leber).

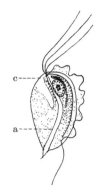

Abb. 261. Trichomonas caviae mit deutlichem Cytostom (c); a Achsenstab. (Nach KUZYNSKI 1914.)

Klossiella cobayae SEIDELIN. Sie schmarotzt ebenso wie die Artgenossin bei der Maus (s. dort) in der Niere. Es finden sich 2 Formen der Schizogonie: a) In Endothelzellen der Blutgefäße in verschiedenen Organen, Entwicklung von 8 Merozoiten. b) In den Zellen der Harnkanälchen, daraus gehen 100 Gametocyten hervor, diese infizieren paarweise aneinander gelegt weiter abwärts die Zellen. Hier erfolgt Gametenbildung und Befruchtung. Aus den Oocysten entwickeln sich 8—20 Sporen zu je 30 Sporozoiten (s. Kapitel Niere).

Die Meerschweinchen sind frei von Sarkosporidien, lassen sich jedoch durch Verfütterung von Mäusesarkosporidien infizieren.

2. Würmer.

α) Leberegel. Der *Leberegel* (*Fasciola hepatica*) wird bei uns beim Meerschweinchen wenig beobachtet. In Batavia, wo das Meerschweinchen nicht Gegenstand der Stallhaltung ist, sondern auch im Freien lebt, werden durch diesen Wurm merkwürdige und schwere Erkrankungen verursacht (vgl. Kaninchenparasiten). In der Haut entstehen erbsen- bis taubeneigroße, fluktuierende Knoten, ebenso in den Muskeln. Sie enthalten in communicierenden Höhlen eine dunkelbraune Flüssigkeit und in dieser die Leberegel. Ebensolche Höhlen finden sich auch in der Niere und Lunge. Von den Muskeln setzen sich Gänge zwischen die Rippen fort und können sich bis zu den Rückenmarkshäuten erstrecken. Die in den Gängen gefundenen Egel sind kleiner, vielfach nur 1—3 mm groß. Die Tiere gehen unter Lähmung der Nachhand an Kachexie und Decubitus zugrunde (SOHNS)[1]. In Deutschland hat SCHMIDT[2] ein Massensterben von Meerschweinchen infolge Infektion mit Leberegeln beschrieben. Die Ansteckung erfolgte durch Verfütterung von Gras, auf welchem sich Wasserschnecken befanden und Schafe geweidet hatten. Die Erscheinungen waren hier mehr auf die Leber beschränkt (Cholangitis, Pericholangitis, Hepatitis, Höhlen usw.). In den Höhlen fanden sich Egel von 25 mm Länge. In der Literatur wird auch das Vorkommen von *Dicrocoelium lanceatum* angeführt.

β) Bandwürmer. Bei LINSTOW wird *Ligula reptans* DIESING als unter der Haut eingebetteter Schmarotzer erwähnt. Gegen die Infektion mit Echinococcus ist das Meerschweinchen unempfänglich.

γ) Rundwürmer. Als weitere Schmarotzer werden *Trichocephalus nodosus* (vgl. Maus) und *Trichinella spiralis* gemeldet. Bei künstlicher Infektion mit Trichinen treten meist nur wenig Erscheinungen auf, mitunter aber magern die Tiere ab und der Tod tritt in der 4.—6. Woche ein.

---

[1] SOHNS: Dtsch. tierärztl. Wschr. **1916.**
[2] Zbl. Bakter. **91,** 315.

Im Blinddarm kommt *Oxyuris obvelata* BREMSER, *Ascaris oxyura* NIETZSCH vor (vgl. unter *Maus*).

3. Arthropoden.

Gelegentlich kommt eine Räude, verursacht durch *Sarcoptes scabiei var. cuniculi* vor (Angabe von HUTYRA-MAREK). Über die Übertragung von *Cnemidocoptes* vom Geflügel vgl. Kaninchen.

Pentastomum denticulatum wurde in den Gekröselymphknoten gefunden.

Von *Mallophagen (Haarlingen)* werden 3 Arten angeführt:

Gyropus ovalis NIETZSCH. 1—1,2 mm groß. Antennen ziemlich lang, Kopf rückwärts beiderseits mit einem Ausschnitt, auf welchen sehr vorspringende Schläfen folgen. Der Thorax besteht aus 2 Segmenten, welche 3 Beinpaare tragen. Abdomen sehr breit, oval, mit gezahnten Rändern, weißlich gefärbt mit hellgelben Flecken. 8 Segmente, aus jedem Segment 2 Reihen kurzer Haare. Letztes Segment mit 2 Stacheln. Sehr verbreitert.

Gyropus porcelli SCHRANK (Gyropus gracilis). Gleich groß. Kopf viel schmäler und länger, Antennen kürzer, Schläfen weniger vorspringend. Auch das Abdomen schmäler, schmutzig weiß bis ockergelb, fast nackt. Die Mallophagen leben von Epidermisschuppen und Haaren, sind also meist harmlos.

Menopon extraneum PIAGET. 1,7—2 mm. Schläfen abgerundet mit 3 kurzen Haaren. Brust viel länger als der Kopf. Abdomen oval, auf jedem Segment eine Reihe von spärlichen und hinfälligen Borsten, mit schwärzlichen Seitenbinden.

Gelegentlich findet sich auch der Rattenfloh *Ceratophyllus fasciatus.*

c) Ratte.

1. Protozoen.

α) **Amöben.** Über das Vorkommen von *Amoeben* im Darm von Ratten liegen folgende Angaben vor. RUDOVSKY und BÖHM haben im Blinddarm und Kolon die *Entamoeba muris decumani* n. sp. wiederholt gefunden. Sie hält sich hauptsächlich in den Darmdrüsen auf. Das vegatative Stadium besitzt einen Durchmesser von 30 μ, bei ausgestreckten Pseudopodien, läßt sich am Ektoplasma eine glasartige Hülle und eine fein gekörnte Zone unterscheiden. Im Plasma sind gelegentlich glänzende Körnchen vorhanden. Der Kern besitzt eine deutliche Membran mit innen anhaftenden Chromatinbröckeln und ein Karyosom. Im Plasma sind öfter Kokkenbakterien eingeschlossen; auch Mitosen werden beobachtet. Schließlich sind auch 4- und 8kernige Cysten vorhanden. Die Darmschleimhaut ist in der Regel normal. CARAZZI hat ebenfalls bei Ratte und Maus Amöben angegeben. GRASSI nennt die *Entamoeba muris* bei der Maus und weißen Ratte und betont die Ähnlichkeit mit *Entamoeba coli*. Der Durchmesser beträgt 15—20 μ. Das Ektoplasma bildet eine dünne Schichte, welche nur bei der Ausstreckung von Pseudopodien sichtbar wird. Starke Kernmembran, großes Karyosom, wenig Außenchromatin. Teilung unter Spindelbildung; Cysten mit 8 Kernen. Kommt in Dünndarm und Blinddarm der Hausmaus und der weißen Ratte vor.

Nach CHIANG läßt sich *Entamoeba histolytica* auf weiße Ratten übertragen, ohne daß sie ihre pathogenen Eigenschaften verlieren. Gesunde Ratten infizieren sich leicht, nach 1—2 Monaten ist der Höhepunkt der Erkrankung erreicht. Derselbe Autor nennt als Schmarotzer noch *Endolimax ratti* n. sp.

Trichomonas muris GRASSI. Ein birnförmiges, verhältnismäßig langes und breites Flagellat (20 μ) mit kräftiger undulierender Membran; der dicke Randfaden setzt sich als Geißel nach rückwärts fort. 3 sehr kurze und dünne Geißeln am Vorderende mit Achsenstab, der nach rückwärts in eine kurze Spitze endigt. Ein Cytostom ist vorhanden. Im Plasma Nahrungsvakuolen und Bakterien. Zweiteilung und multiple Teilung. Cystenbildung. Regelmäßig und massenhaft im Blinddarm von *Ratte* und *Maus*.

β) **Flagellaten.** *Octomitus intestinalis* PROWAZEK. Ovales Geißelinfusor, 8—12 *μ* lang, 5—7 *μ* breit, daneben viele kleine Individuen. An der Seite ein Spalt, aus welchem eine Schleppgeißel entspringt; nahe dem Vorderende jederseits 3 gleich lange Geißeln. 2 Kerne am Geißelursprung, von welchen 2 Achsenstäbe nach rückwärts ziehen. Weiter rückwärts eine contractile Vakuole. Wurde im Darm der Ratte gefunden. Wird für identisch mit dem jedoch nur 4—6 *μ* langen *Hexamitus muris* GRASSI gehalten.

Lamblia intestinalis kommt im Rattendarm häufig vor (vgl. Kaninchen). Nach neueren Untersuchungen ist eine bei Ratte und Maus sehr häufig vorkommende Form als eigene Art (*Lamblia muris* GRASSI) zu bezeichnen. Sie ist breiter und kürzer als Lamblia intestinalis und soll die Darmzellen ernstlich schädigen. Daneben schmarotzt in Ratten noch eine der Lamblia intestinalis sehr nahe stehende Form.

Trypanosoma lewisi siehe Kapitel Trypanosomen.

γ) **Sporozoen.** *Eimeria falciformis* EIM. (Abb. 262). Bei der Schizogonie werden 7—12 sichelförmige Merocoiten von 10 *μ* Länge gebildet. Kein Restkörper. Die Makrogametocyten sind zylindroid, oval oder kugelig. Nach der Befruchtung bekommt die Oocyste eine dicke Hülle, sie ist 18 *μ* lang und 14 *μ* breit.

Abb. 262. Eimeria falciformis (EIMER), Schizogonie. (Nach SCHUBERG.)

Die Sporen sind oval, mit feiner Hülle, 2 Sporocoiten und große Restkörper. Die Parasiten kommen im Darm der Maus und Ratte vor und können seuchenhafte Erkrankungen und Diarrhöen bewirken.

Als eigene Art wurde *Eimeria nieschulzi* DIEBEN aus dem Darm der Ratte aufgestellt, da die Anzahl der Meroʒoiten größer ist. Auch die Oocysten sind größer (18—20 *μ*), sie besitzen eine gelbliche Membran[1].

RUDOVSKY hat in 4% seines untersuchten Rattenmateriales *Eimeria stiedae* festgestellt, welche sich schon durch die viel bedeutendere Größe der Oocysten (32 : 17 *μ*) unterscheidet. Er schreibt der Ratte eine wichtige Rolle für die Verbreitung der Kaninchencoccidien zu[2].

OHIRA hat in Japan eine neue Art bei Ratten gefunden, welche er *Eimeria Miyairii* nannte. Sie zeigt sexuellen Dimorphismus bei der agamen Vermehrung. Die Befruchtung und Sporenbildung erfolgt in der Tunica propria.

Babesia muris FANTHAM wurde in den roten Blutkörperchen weißer Ratten in London gefunden. Ovale Stadien von 0,5—1,5 *μ* und in paarigen Birnformen von 2—3 *μ* Länge. 1—2 aber auch mehr Parasiten in einem Blutkörperchen. Bei wilden Ratten wurden 4 Birnformen in kreuzweiser Anordnung beobachtet (*Nuttalia decumani* MACFIE).

Hepatozoon perniciosum MILLER (Leukocytogregarina), aus der Familie der *Haemogregarinidae*. Wurde von MILLER bei weißen Ratten in Washington gefunden, wo der Parasit als ovales Gebilde von 15—16 *μ* Länge in den Leukocyten oder frei in Würmchenform im Blute lebt. Die Schizogonie geht in der Leber, auch in Milz, Niere und Hirn vor sich. Hier finden sich kugelige, bis 30 *μ* große Gebilde, welche nach Kernvermehrung in 12—20 Tochterindividuen zerfallen, in neue Leberzellen eindringen und schließlich als „Würmchen" ins Blut übergehen. Überträger ist die Gamaside *Laelaps echidninus* BERLESE, in deren Leibeshöhle sich Oocysten und daraus 50—100 Sporoblasten entwickeln. Die Ratten infizieren sich durch Verschlucken solcher Milben Der Parasit verursacht eine schwere Erkrankung, welche unter Anämie, Schlafsucht und Durchfall häufig zum Tode der Ratten führt. In Europa wurde der Parasit auch bei Kanalratten in der Leber und im Knochenmark gefunden.

---

[1] Zbl. Bakter. **87**, 427.
[2] Zbl. Bakter. **87**, 427.

In Khartum, Westaustralien und Punjab wurden Infektionen bei Wanderratten beschrieben, welche vielleicht identisch sind.

Sarcocystis muris BLANCHARD aus der Familie der Sarkosporidien. Der Parasit bewohnt in der Form der bekannten MIESCHERschen Schläuche die Rumpfmuskulatur (besonders den Musculus psoas) der *Hausmaus* und *Ratte*. Die Schläuche erreichen mitunter eine Länge von mehreren Zentimetern. Sie besitzen eine ziemlich derbe Hülle, deren Außenschichte häufig eine Querstreifung zeigt, als Ausdruck der Entstehung aus quergestreiften Muskelfasern. Die hyaline Innenschicht wird als Ektoplasma des Parasiten aufgefaßt. Sie löst sich nach innen in ein System von Balken und Lamellen auf, welche außen kleinere, rundliche, innen größere, mehr polygonale Kammern begrenzen. Die peripheren Kammern enthalten die rundlichen Pansporoblasten, darauf folgen nach innen Kammern, welche strotzend mit *Sporen* gefüllt sind, die inneren Kammern sind leer. Diese auch als *Sichelkeime* oder RAINEYsche Körperchen bezeichnete Gebilde sind 13—15 μ lang und $2^1/_2$—3 μ breit, bananenförmig gekrümmt, in der Mitte mit chromatophilen Körnchen versehen (Kern?). Die Körperchen zeigen Längsteilung, nach KOCH sollen die Sporen in vollkommen frischem Zustande eine rotierende Bewegung aufweisen. Verschiedenen Forschern (NEGRI, NEGRE, KOCH und SMITH) ist es gelungen, künstliche Infektionen von Mäusen und Meerschweinchen durch Verfütterung von Schläuchen aus der Maus zu erzielen. Die Muskelschläuche treten erst nach $2^1/_2$—3 Monaten auf, auch sind die Sporen im *Meerschweinchen* nur 3—5, die Schläuche nur 40—100 μ lang. ERDMANN ist eine Infektion von *Mäusen* durch Verfütterung von *Hammelsarkosporidien* gelungen.

2. Würmer.

α) **Saugwürmer.** Von *Saugwürmern* wird im LINSTOWschen Verzeichnis nur ein einziger Trematode angeführt, nämlich *Distomum spiculator* DUJARDIN. Der Parasit ist 1,8 mm lang, 0,5 mm breit; Kopf dreieckig, seitlich und rückwärts mit einer doppelten Reihe von geraden Dornen umgeben, durch eine Art Hals abgeschnürt. Mundsaugnapf fast terminal, Bauchsaugnapf doppelt so groß. Zwei durchscheinende Hoden hinter demselben, vor ihm der Cirrusbeutel, Cirrus lang, mit feinen Spitzen.

Hymenolepis diminuta RUD. (Taenia leptocephala, Taenia flavopunctata, minima). 20—60 cm lang, größte Breite 3,5 mm. 600—1000 Glieder. Kopf sehr klein, keulenförmig, mit rudimentärem, unbewaffnetem Rostellum, Hals kurz. Die Glieder viel breiter als lang, die Ränder der Kette gesägt. Genitalöffnungen auf der linken Seite. Eier rund oder oval, meist 70 : 80 μ im Durchmesser. Eischale gelblich, undeutlich radiär gestreift. Embryonalschale doppelt. Onkosphäre mit 3 Hakenpaaren, 28—36 μ im Durchmesser. Lebt im Darm der Maus und der Ratte. Die Finne findet sich nach GRASSI und ROVELLI in einem kleinen Schmetterling und dessen Larve (Asopia farinalis), sowie in Käfern.

Hymenolepis murina DUJARDIN bei Ratte und Maus (nähere Beschreibung bei den Parasiten der Maus).

Taenia brachydera DIES. 10 cm lang, Kopf klein, Saugnäpfe kugelig, kurzes Rostellum. Fadenförmiger Körper mit anfangs sehr kurzen, weiter rückwärts breiteren Gliedern. Taenia relicta ZSCHOKKE selten (s. Maus). Taenia pusilla GOEZE siehe bei Maus.

β) **Bandwürmer.** *Cysticercus fasciolaris,* die Finne von *Taenia crassicollis* RUD. im Darm der Katze. Diese ziemlich häufig in der Leber der Ratte und Maus vorkommende Finne zeichnet sich durch die sehr kleine Schwanzblase aus. Der Hals ist ausgestülpt, während der Kopf an der Kuppe noch eingestülpt ist. Das Gebilde zeigt durch die Runzelungen des Halses und die schon angedeutete Proglottidenbildung das Aussehen eines Bandwurmes, der am Ende die kleine Schwanzblase trägt. Die Totallänge beträgt 30—200 mm. Der Kopf ähnelt dem des Bandwurms; er ist groß, trägt auf dem Rostellum einen doppelten Kranz von auffallend großen Haken. Die Saugnäpfe sind kugelig und stark vorspringend.

γ) **Rundwürmer.** *Spiroptera obtusa* SCHNEIDER (Filaria obtusa) Kopf mit 6 Lippen, davon die 2 seitlichen größer, mit einem vorderen breiten, nach Art eines Beiles geformten Rande. Hinter den Lippen 4 Papillen. Die runde Mundöffnung führt in ein Vestibulum. Männchen 28 mm, Schwanzende spiralig gedreht; mit breiter Bursa, welche ungleich entwickelte Ränder besitzt. Ihre Innenfläche ist mit Längsreihen erhabener, viereckiger Fältchen ausgestattet; jederseits 6 Papillen. Spicula ungleich (1,0 und 0,85 mm). Weibchen 40 mm lang. Vulva 16 mm vom Kopf entfernt. Eier dickschalig, bei der Ablage embryoniert. Kommt im Magen der *Ratte* und *Maus,* nicht selten in großen Mengen vor. Zwischenwirt und Überträger ist *Tenebrio molitor,* in dessen Fettkörper sich die Larve aufhält[1].

Spiroptera neoplastica FIBIGER und DITLEVSEN (Gongylonema). Männchen 15—20 mm lang, 0,12 mm dick, Weibchen 60—80 mm lang, 0,33 mm dick. Weißer Körper, durch welchen die Eingeweide durchscheinen. An der Oberfläche eine feine aber deutliche quere Ringelung, welche sich jedoch nach vorne entsprechend der Mitte des Oesophagus verliert und breiten blasigen oder kugeligen Höckern Platz macht, ähnlich den Schildern bei Gongylonema. Am besten tritt diese Bildung bei trächtigen Weibchen, sonst weniger hervor. Mundöffnung dreieckig, ohne wirkliche Lippen. Die Ränder sind in starker Bewegung, besonders bei der Wanderung der Larven aus dem Ei in die Muskeln der Schabe. Excretionsporus ventral, weit vorne. Oesophagus vorne dünn, weiter rückwärts dicker. Seine Länge beträgt beim Männchen $1/_4$, beim Weibchen $1/_9$ der Gesamtlänge. Er ist vom Chylusdarm durch eine Einschnürung abgegrenzt; hier finden sich Ringmuskelfasern. Das Lumen des Chylusdarmes ist sehr eng, nur weiter rückwärts finden sich einige Buchten. Schwanzende beim Männchen korkzieherartig gewunden; mit einer bursaartigen unsymmetrischen Verbreiterung. Jederseits finden sich 4 pränale und 4 postanale Papillen. Die beiden Spicula sind in Gestalt, Größe und Sitz sehr ungleich. Das eine ist 93, das andere ist 528 μ lang. Das kürzere ist unregelmäßig schwertförmig, mit abgerundeter Spitze und einer Höhlung im Innern. Es ist in der Mitte fein quergestreift. Das längere Spiculum ähnelt einer dünnen Röhre; beide stecken in einer Scheide. Der Hoden ist ein einfaches, sehr dünnes Rohr, welches nach vorne bis zur Mitte des Oesophagus reicht und in den After mündet. Vulva im letzten Körperachtel, 2 Uteri. Die Eier messen 60 : 40 μ. Zwischenwirte sind Periplaneta americana und orientalis, Blatta germanica und Tenebrio molitor. Nach 5—6 Wochen sind die Wurmlarven in deren Muskulatur eingerollt. Sie umgeben sich mit einer Kapsel. Ihre Länge beträgt 1 mm. Die Parasiten scheinen von Dänisch-Westindien eingeschleppt zu sein. Sie werden mit den Schaben von den Ratten aufgenommen, die Larven werden im Magen frei und wachsen heran, indem sie sich in die Schleimhaut einbohren und mit einer Kapsel umgeben. In den berühmten Untersuchungen von FIBIGER wurde dargetan, daß infolge des auf die Magenschleimhaut ausgeübten Reizes Wucherungen entstehen, welche krebsartigen Charakter annehmen und auch zu Metastasen führen[2].

Gongylonema orientale wurde von YOKOGAWA[3] an den gleichen Orten und mit denselben Folgeerscheinungen bei der Ratte und anderen Nagern in Formosa gefunden.

---

[1] LEUCKART: Die Parasiten des Menschen, Bd. 2, 113.
[2] FIBIGER, J.: Z. Krebsforschg 14. — FIBIGER und DITLEVSEN: Denkschr. an Steenstrup **1914.**
[3] YOKOGAWA: J. of Parasitol. Vol. XI, 1924/25.

Über Trichocephalus siehe bei *Maus.*

Trichosomum crassicauda BELL. Männchen 3 mm, Weibchen bis 30 mm lang. Haardünner Körper, rückwärts dicker. Langer Oesophagus mit Zellkörper. Eier tonnenförmig, mit Schleimpfropfen. Die Weibchen finden sich sehr häufig, mitunter in größerer Menge in der *Harnblase* der Ratte. Sie beherbergen in ihrem Innern, und zwar im Fruchthalter bis zu 5 Männchen (Zwergmännchen). Letztere besitzen die Kopfbildung und den Darmapparat erwachsener Tiere, die Geschlechtsorgane zeigen einen reifen Hoden und ein Vas deferens, das in den Enddarm mündet und reife Samenzellen enthält. Begattungswerkzeuge (Spiculum) fehlen naturgemäß. Die Parasiten können Wucherungen der Schleimhaut erzeugen (s. Kapitel Harnblase).

Hierher gehörig: *Calodium annulosum* DUJARDIN. Männchen 14 : 0,04 mm. Verhorntes Spiculum mit sehr langer quergefalteter Scheide. Weibchen 23 mm. Massenbefund bei einer Ratte.

Trichinella spiralis Ow. Männchen 1,5 mm lang, 0,4 mm dick, Weibchen 3—4 mm lang, 0,06 mm dick. Haarförmig dünner Körper, welcher nach hinten etwas dicker ist. Mund klein, nackt und rundlich. Der Munddarm ist gegen den weiter werdenden Oesophagus abgesetzt. Dieser nimmt die halbe Körperlänge ein. Er besteht aus einem Chitinrohr von dreieckigem Querschnitt, welches in einen Zellkörper eingebettet ist. Der Chylusdarm ist mit Plattenzellen ausgekleidet. After endständig, spaltförmig. Der Hoden ist ein einfaches Rohr, welches mittels des Samenleiters in die Kloake einmündet. Beim Männchen kann das Endstück zur Begattung vorgestülpt werden. Außerdem dienen 2 Zapfen als Hilfsorgane. Das Weibchen besitzt ein einfaches, fadenförmiges Ovarium, welches am Hinterkörper beginnt, nach vorne läuft und in den Uterus, des weiteren in die Vagina und schließlich in die am Ende des vorderen Viertels befindliche Vulva ausmündet. Eier 40 : 30 μ groß. Vivipar. Die Embryonen werden in einer Anzahl von 1000—10 000 entleert. Sie sind 0,15 mm lang. Die Muskeltrichine ist 1,0 mm lang, das vordere Ende ist dicker als das hintere. *Entwicklung:* Wird trichinöses Fleisch aufgenommen, so werden durch die Verdauung die Muskeltrichinen im Darm frei und wachsen in 1—5 Tagen zu geschlechtsreifen Trichinen heran. Nach der Begattung bohren sich die Weibchen in die Darmdrüsen und weiter bis in die Lymphräume ein und legen ihre Jungen ab. Die Larven gelangen zum Teil durch aktive Wanderung, zum Teil auf dem Wege der Blut- und Lymphbahn in die Skeletmuskulatur; nur dort verlassen sie die Capillaren, dringen in die Sarkolemmschläuche ein und wachsen dort nach 10—14 Tagen zur Muskeltrichine heran. 2—3 Wochen nach der Infektion sind sie hier eingerollt. Die Muskelfaser degeneriert, das Sarkolemm wird glasig, es setzt eine infiltrierende Entzündung ein, die zur Ausbildung einer citronenförmigen Bindegewebskapsel führt. Diese ist 0,4 : 0,25 mm groß. Unter Ausbildung von Fettzellen setzt nach $^1/_2$—$^3/_4$ Jahr eine Verkalkung ein, die nach $^5/_4$ Jahr vollendet ist. Die Trichine kann hier jahrelang am Leben bleiben (s. Kapitel Muskeln).

Die Trichine kommt bei sehr vielen Säugetieren vor und läßt sich experimentell ziemlich auf alle übertragen. Die wichtigsten natürlichen Wirte sind das Schwein, die Ratte, der Hund und der Mensch. Das am meisten für die Infektion des Menschen in Betracht kommende Tier ist das Schwein. Diese Tiere infizieren sich durch die Aufnahme des trichinösen Fleisches ihrer Artgenossen oder von Ratten. Tatsächlich sind Ratten nicht selten trichinös. CSOKOR fand 5% der Ratten des Wiener Schlachthauses in St. Marx trichinös. Dadurch, daß Ratten ihre erkrankten Kameraden verzehren, ist die Trichinose unter diesen Tieren endemisch. Schweine gelten als gewandte Rattenjäger und haben dadurch Gelegenheit, selbst trichinös zu werden. Von STÄUBLI wird dagegen eingewendet, daß Ratten so empfindlich gegen diese Infektion sind, daß sie schon an Darmtrichinose zugrunde gehen müßten.

Hepaticola hepatica HALL, 1916 (Trichosomum hepat., Trichocephalus hepat., BANCROFT). Familie *Trichinellidae* STILES und CRANE 1910. Haardünner Körper, ähnlich den Trichosomen. Kein Spiculum. Die *Eier* werden in der Leber der Ratte abgelegt. Sie ähneln den Trichosomeneiern, sie sind tonnenförmig, an den Enden mit Schleimpfröpfen versehen. Die Außenhülle ist radiär gestreift. Sie messen 60 : 29 μ. — Die Infektion erfolgt durch Aufnahme von Eiern, welche im Freien ausgereift sind. Die Larven schlüpfen im Blinddarm aus, bohren sich in die Darmwand und gelangen durch die Pfortader in die Leber. Dort wachsen sie heran, werden geschlechtsreif und legen ihre Eier ab. Abgestorbene Würmer liegen zusammengeknäuelt in Bindegewebscysten. Bis jetzt wurden die Würmer nur in Frankreich, Italien, Schweiz, Australien, Ostasien und Amerika gefunden.

Rictularia tani HOEPPLI. 18,5—28 mm lang, 0,6 mm dick. Cuticula fein geringelt. Am seitlichen Mundrande je 3 kleine zahnartige Vorsprünge. Mundkapsel kräftig, Boden mit einem spitzen dorsalen und 2 kurzen subventralen Zähnen. Oesophagus ohne Bulbus, allmählich an Dicke zunehmend. An der Bauchseite vom Vorderende bis zum After ungefähr 100 Paare von Kämmen oder Stacheln.

Von dieser neuen Art fand HOEPPLI[1] unter 290 Ratten bei 2 Exemplaren 5 Würmer, welche er unter die Gattung Rictularia, die anscheinend zum Tribus der Bunostomeae gehört, einreihte. Leider lagen nur weibliche Exemplare vor. Die Gattungsmerkmale sind folgende: Schräg dorsal gerichtete Mundöffnung, deutliche mit Zähnen bewaffnete Mundkapsel. Längs der Bauchseite 2 Längsreihen von cuticularen Zähnen und Kämmen. Bursa verhältnismäßig klein oder fehlend. Spicula gleich oder ungleich. Die Eier enthalten bei der Ablage einen wohlentwickelten Embryo. Schmarotzer des Dünndarms von Nagetieren, Insektenfressern und Fleischfressern.

Heterakis spumosa SCHNEIDER. Männchen 7, Weibchen 9 mm. Kopf mit 3 sehr kleinen Lippen, gleich hinter ihm beginnt eine Seitenmembran, welche breit beginnt und schmäler werdend bis zum Schwanz verläuft. Vulva in der Körpermitte. Hinterende des Männchens zu einer Bursa verbreitert, welche durch 2 Einschnitte 3 Lappen zeigt. Sie trägt 9 Papillen. Kommt im *Blinddarm der Ratte* vor.

Oxyuris obvelata s. bei Maus.

3. Arthropoden.

Von Arthropoden schmarotzen bei den Ratten *Milben, Läuse und Flöhe.*

Notoëdres alepis RAILL. und LUC. Subfamilie Sarcoptinae, Räudemilben, Gattung Notoëdres. ♂ 170—180, trächtiges Weibchen 300—450 μ. Kugeliger Körper; After am Hinterrücken; auf dem Rücken konzentrisch verlaufende Leisten, keine Schuppen; am Vorderrücken beiderseits 4 sehr dünne und 6 ebenfalls dünne Dornen seitlich vom After am Hinterrücken. Anordnung der Haftnäpfe wie bei Sarcoptes. Diese Milbe ist als Erreger der *Rattenräude* außerordentlich verbreitet (s. Kapitel Haut), besonders unter den weißen Ratten, kommt jedoch auch häufig bei den Wildratten vor. Die Räude ist sehr ansteckend.

Sie beginnt mit Juckreiz und geht mit Haarausfall, Schuppen- und Borkenbildung einher. Besonders befallen sind Ohren, Nase und Schwanz. Die Haut wird zur Wucherung angeregt, dadurch können blumenkohlartige Wucherungen besonders an den Ohrrändern entstehen. Meist ist die Räude gutartig und leicht zur Heilung zu bringen. Es gibt aber auch schwere Erkrankungen, an welchen die Tiere zugrunde gehen[2].

Unter den *Insekten* kommt den Läusen und Flöhen eine große Bedeutung zu, weniger wegen der direkten Schädigung als deshalb, weil sie Krankheiten übertragen.

Haematopinus spinulosus BURM., die Rattenlaus. Kopf ziemlich schmal, Brust breiter, Segmentierung undeutlich, Hinterleib sehr dick, aus 8 Segmenten

---

[1] HOEPPLI: Rictularia tani, ein Parasit des Rattendarmes. Zbl. Bakter. **110**, 75.
[2] Literatur bei FIEBIGER und HELLER.

bestehend; lange Randborsten an den 4 letzten Segmenten. Findet sich häufig auf der grauen und weißen Ratte, wo sie sich besonders bei Vorhandensein von Räude sehr stark vermehrt. Überträger von Trypanosoma lewisi, Leukocytozoon musculi und der infektiösen Rattenanämie.

Aus der Familie der *Flöhe* sind 2 Rattenschmarotzer zu nennen.

1. *Ceratophyllus fasciatus* Bosc., der Rattenfloh der gemäßigten Zone. Allgemeine Merkmale siehe unter Kaninchenfloh. 2—3 mm lang, lichtbraun. Kopf sanft gerundet, Hinterrrand des 1. Brustsegmentes dorsal mit einem Kamm von 18 langen Stacheln versehen. Lebt auf Ratte und Maus. Überträger von Trypanosoma lewisi, Hymenolepis dimin. und der Beulenpest.

Xenopsylla cheopis Rotsch. (Loemopsylla), der eigentliche Pestfloh der Tropen. ♂ 1,5, ♀ 2,5 mm. Ähnlich dem Menschenfloh, jedoch kleiner und heller gefärbt, unterscheidet sich von diesem ferner noch durch 2 isolierte Haare hinter dem Auge. Gegenüber Ceratophyllus fasciatus ist das Fehlen des Stachelkammes am ersten Brustringe hervorzuheben. Dieser Floh ist der Hauptüberträger der Pest von Ratte zu Ratte und höchstwahrscheinlich auch von Ratte auf den Menschen. Im Floh ist auch eine ungeheure Vermehrung der Pestbakterien festgestellt worden.

d) Maus.

1. Protozoen.

So wie die Ratte ist auch die Maus der Wirt vieler Parasiten. Ähnlichkeiten in der Organisation und Lebensweise erklären die weitgehende Übereinstimmung, die in bezug auf den Parasitenbefall zwischen diesen beiden Tierarten besteht.

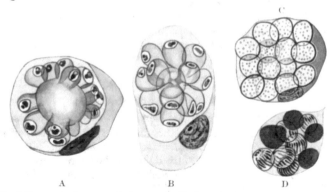

Abb. 263. *Klossiella muris* Smith und Johnson. Stadien der Spirogonie in den Epithelzellen der Nierenkanälchen. A und B Sporen auf einem Restkörper; C und D Sporocoitenbildung.

Unter den *Protozoen* wird der als Rattenparasit erwähnte *Octomitus intestinalis* für identisch mit dem kleineren *Hexamitus muris* Grassi aus dem Darm von Musarten gehalten und Wenyon[1] findet beide Arten in der Maus, jedoch die kleinere Form ausschließlich im Dünndarm, die größere im Blinddarm. Die auch im Dünndarm der Maus sehr häufig schmarotzende *Lamblia intestinalis* (s. Kaninchen und Ratte) wird für eine eigene Art, *Lamblia muris* Grassi gehalten. Nach Kofoid und Christiansen ruft sie bei jungen Mäusen häufig eine Enteritis hervor.

Über die Coccidienart *Eimeria falciformis*, deren Hauptwirt die Maus ist, wurde bei den Rattenparasiten das Nötige mitgeteilt. Ruft bei weißen Mäusen oft Massenerkrankungen und Todesfälle hervor.

---

[1] Wenyon: Arch. Protistenkde 1, Suppl.; Protozoology **1926**.

Sehr häufig findet sich bei Mäusen, auch weißen Mäusen, *Klossiella muris* Smith und Johnson (Abb. 263). Sie gehört zur Familie der *Klossiellidae,* Unterordnung *Adeleidae.* Sie schmarotzt hauptsächlich in der Niere. Die Schizogonie erfolgt im Epithel der Harnkanälchen und in den Endothelzellen der Blutcapillaren der Niere, Lunge und Milz. Die geschlechtliche Vermehrung geht in den Epithelien der Tubuli contorti vor sich. Wir finden dort von einer zarten Membran umgebene Gebilde in einer Größe von 25 μ, der Kern der Wirtszelle liegt plattgedrückt dem Gebilde an. Der Inhalt besteht aus 12—16 kugeligen Sporen von 7—10 μ im Durchmesser. Aus jeder von diesen gehen ungefähr 25 Sichelkeime (Sporozoiten) hervor, die mit dem Harn entleert werden. Ein Wirtswechsel findet nicht statt. Obwohl die Tiere im Leben keine Krankheitserscheinungen zeigen, deutet das Vorkommen von Infiltraten vor allem in der Niere, aber auch in der Lunge darauf hin, daß der Parasit pathogene Eigenschaften besitzt (s. Kapitel Niere)[1].

Unter den *Hämosporidien* wird als Blutparasit der Maus *Leucocytozoon muculi* Porter verzeichnet. Die Schizogonie geht im Blute (Knochenmark), die geschlechtliche Vermehrung unter Ausbildung von Trypanosomenformen in *Haematopinus spinulosus* vor sich. Vielleicht ist die Form zu *Hepatozoon* zu stellen. Über die bei der Maus vorkommenden Sarkosporidien, *Sarcocystis muris* wurde unter den Parasiten der Ratte berichtet. Interessant ist die Angabe von Galli-Valerio[2] über die Beobachtung amöboider Formen.

2. Würmer.

Von Trematoden wurde nur einmal von Rudolphi ein Exemplar gefunden, welches von diesem als *Distomum musculi* bezeichnet wurde.

Von den beiden wichtigsten Bandwürmern, *Hymenolepis diminuta* und *murina,* welche beide bei Ratte und Maus vorkommen, wurde ersterer schon bei der Ratte beschrieben.

Hymenolepis murina Weinland. 24—40 mm lang, bis zu 0,90 mm breit. Kopf klein, mit kurzem, dickem, zurückziehbarem Rostellum, welches mit einem einfachen Kranz von 20—24 Haken ausgestattet ist. Die 4 Saugnäpfe sind 80 μ breit. Hals ziemlich lang, schmäler als der Kopf. Die ersten Glieder sehr kurz, die folgenden allmählich breiter und länger werdend, bis zu einer Länge von 0,17 mm und einer Breite von 0,9 mm. Die hinteren Ecken der Glieder sägezahnartig vorspringend. Geschlechtsöffnungen einseitig. Eier elliptisch, mit mehreren Hüllen, die innerste trägt an jedem Pol ein deutliches Wärzchen. Die Entwicklung spielt sich *ohne Zwischenträger* ab. Die Finne entwickelt sich in der Darmwand und fällt nach vollendeter Entwicklung in das Darmlumen, wo sie sich zum geschlechtsreifen Bandwurm ausbildet.

Über *Cysticercus fasciolaris* und *Echinococcus polymorphus* wurde bei der Ratte berichtet.

Als seltene Funde sind in der älteren Literatur noch folgende Tänien verzeichnet:

Taenia microstoma Dujardin. 162 mm lang, 0,3 mm breit. Kopf kugelförmig mit sehr kleinem Rostallum, der einen Kranz von 30 sehr dünnen Haken trägt. Glieder viel breiter als lang, hinterer Winkel scharf vorspringend. Geschlechtsöffnungen einseitig. Wurde einmal bei einer Maus gefunden.

Taenia leptocephala Creplin. 100—500 mm lang, 1,5—4 mm breit, Glieder sehr zahlreich, sechsmal so breit wie lang. Kopf mit unbewaffnetem Rüssel. Saugnäpfe tief mit vorspringenden Rändern. Genitalöffnungen einseitig. Penis fadenförmig. Wurde bei Ratte und Maus gefunden.

---

[1] Doflein-Reichenow; Sternberg: Wien. klin. Wschr. **1929**, 419.
[2] Zbl. Bakter. **69**, 498.

Taenia pusilla GOEZE. 30—160 mm lang, 0,75—1,60 mm breit. Glieder zum größten Teil viel länger als breit, Rostellum und Haken fehlen. Genitalöffnungen unregelmäßig alternierend. Penis oft stark vorspringend. Kommt bei Ratte und Maus im Darm vor. Noch seltener sind *Taenia lineata* GOEZE (Mesocestoides lin., *Taenia canis lagopodis, Taenia pseudocucumerina*), *Taenia umbonata* MOLIN, *Taenia inbricata* DIESING (Angabe nach LINSTOW).

Cysticercus pisiformis kommt nach GOEZE und LEUCKART auch bei der Maus vor (vgl. Kaninchen).

Rundwürmer. Über *Spiroptera obtusa* wurde bei der Ratte berichtet.

Trichinellen kommen auch bei der Maus vor. Gegen künstliche Infektion ist die Maus widerstandsfähiger als die Ratte.

Von *Rundwürmern* findet sich am häufigsten *Trichocephalus nodosus* RUDOLPHI. Körper fein quergestreift, Männchen 15—20 mm, davon entfällt mehr als die Hälfte auf den sehr dünnen Vorderkörper, der Hinterkörper ist spiralig eingerollt. Ein röhrenförmiges, kreisförmig gebogenes Spiculum mit langer, bald blasiger, bald röhrenförmiger Scheide, Weibchen 23—31 mm. Eier 60 μ lang, die Form charakteristisch tonnenförmig mit Schleimpfröpfen an den Enden. Kommt oft in ganzen Knäueln im Blinddarm der *Maus,* aber auch bei *Ratte* und *Meerschweinchen* vor.

Von der Gattung *Trichosomen* verzeichnet LINSTOW *Trichosomum bacillatum* EBERTH im Oesophagus und *Trichosomum muris musculi* CREPLIN im Dickdarm.

LEUCKART[1] berichtet von Arten des Gen. *Trichosomum,* daß sie gelegentlich den Darm verlassen und sich in der Milz oder Leber ihrer Wirte einbohren, um hier ihre Eier abzusetzen (Beobachtung bei Spitzmäusen). Auch HARTL hat an der tierärztlichen Hochschule in Wien in der Leber der Maus häufig Herde von Trichosomen und die charakteristischen Eier beobachtet.

Oxyuris obvelata RUD.   ♂ 1,6, ♀ 4,5 mm lang. Kopf stumpf, mit blasiger Auftreibung. Mund dreieckig, mit 3 breiten, wenig vorspringenden Lippen. Oesophagus kurz, zylindrisch. Schwanzende des Männchens stark verschmächtigt, eingerollt. Spiculum 85 μ lang, schwach gebogen mit pflugscharartigem Beistück. Schwanzende des Weibchens spießartig verschmächtigt, After etwas vorspringend, Vulva am Ende des ersten Körperviertels. Kommt im Dickdarm von Maus und Ratte vor.

3. Arthropoden.

Echte Räudemilben wurden bis jetzt bei Mäusen nicht beobachtet, wohl aber kommt nicht selten aus der verwandten Familie der *Listrophorinae Myocoptes musculinus* CLAPARÈDE (Sarcoptes musculi) vor. Die Gestalt ähnelt der einer Sarcoptesmilbe. Das Abdomen des Männchens ist hinten zweilappig, mit 3 Borsten auf jeder Seite versehen. Die beiden letzten Beinpaare, besonders das vierte sind sehr dick und lang. Zwei kleine, weit nach hinten gerückte Analnäpfe sind vorhanden. Beim Weibchen ist das Abdomen abgerundet, mit 2 langen Borsten versehen. Die Hinterbeine sind ebenfalls kräftig. Ziemlich selten. Verursacht die Erscheinungen der „Mäuseräude", bestehend in *Haarausfall* am Abdomen, an den Flanken und Hinterbeinen, ferner kleienförmige Abschilferung der Epidermis und fortschreitende Kachexie[2].

Ceratophyllus fasciatus und *Xenospylla cheopis* schmarotzen auch bei der Maus. Als Mäusefloh wird *Ctenopsylla musculi* bezeichnet. Er ist weit verbreitet, schmarotzt auch gelegentlich bei der Ratte. Seine Kennzeichen sind: Eckiger Kopf, ein Mund- und Thoraxkamm. Die Augen sind rudimentär.

---

[1] LEUCKART: Menschliche Parasiten, Bd. 2, S. 462.
[2] LIPSCHÜTZ: Wien. klin. Wschr. **1920.**

Literatur.

In meinem Lehrbuch FIEBIGER, J.: Tierische Parasiten der Haus- und Nutztiere sowie des Menschen, 2. Aufl. 1923, wurden auch die Parasiten der Laboratoriumstiere kurz berücksichtigt, Kaninchen, Ratte und Maus (S. 421 u. 422) auch in die Wirtsliste aufgenommen und einige Literaturangaben gebracht. Von größeren Werken seien folgende genannt: RAILLIET: Zoologie medicale, 2. Aufl. Paris 1895. — NEUMANN, R. O. u. M. MAYER: Wichtige tierische Parasiten und ihre Überträger. München: J. F. Lehmann 1914. — DOFLEIN u. REICHENOW: Protozoenkunde, 6. Aufl. 1929. Da dieses umfassende Werk bezüglich der Protozoen allen neueren Forschungen Rechnung trägt und selbst mit einem ausführlichen Literaturverzeichnis ausgestattet ist, wird in der vorliegenden Zusammenstellung bezüglich dieser Tiergruppe auf nähere Angaben verzichtet. — Ein Verzeichnis der parasitischen Würmer unter Anführung der einschlägigen Literatur und des Sitzes, enthält, nach Wirten geordnet, das zwar veraltete, aber noch immer unentbehrliche „Kompendium der Helminthologie" von LINSTOW, 1878, mit Nachtrag 1889. — HELLER: Vergleichende Pathologie der Haut. Berlin 1910. — Eine ausführliche Zusammenstellung der Kaninchenparasiten findet sich in SEIFRIED, O.: Die wichtigsten Krankheiten des Kaninchens. München 1927. Mit zahlreichen Literaturangaben. — Die Meerschweinchenparasiten werden behandelt in RAEBIGER, H.: Das Meerschweinchen usw. Hannover 1923. Von älteren Werken seien erwähnt: RUDOLPHI: Vermium intestinalium Historia naturalis. Wien 1808. DIESING: Systema helminthum. 1850. — DUJARDIN: Historia naturalis des Helminthes. 1845. — SCHNEIDER: Nematoden. 1866. — Schließlich der alte GOEZE: Versuch einer Naturgeschichte der Eingeweidewürmer. 1782. — Parasitologische Arbeiten erscheinen oder werden besprochen in: Zentralblatt für Bakteriologie und Parasitenkunde, Journal of Parasitology, Bull. de l'Institut Pasteur u. a.

Kohlenhydratstoffwechsel (Glykogen).

Von H. J. ARNDT, Marburg.

Mit 3 Abbildungen.

Die morphologische Erforschung des Kohlenhydratstoffwechsels ist mangels der mikroskopischen Nachweisbarkeit der niederen Kohlenhydrate auf diejenige des Glykogens beschränkt. Insofern weiter das Mikroskop nur das gerade festgehaltene Bild der Stoff*ablagerung,* nicht aber streng genommen auch des Stoff*wechsels* aufzeigen kann, ist hier vom morphologisch nachweisbaren *Glykogenvorkommen* in Organen und Geweben der kleinen Versuchstiere zu handeln — namentlich natürlich unter Berücksichtigung der Besonderheiten und Abweichungen von den Verhältnissen beim Menschen und anderen Tieren, soweit diese wenigstens bekannt sind. Auf den Glykogen- (bzw. Kohlenhydrat-) stoffwechsel werden daraus nur mittelbar Schlüsse zu ziehen sein.

a) Glykogenstoffwechsel im allgemeinen.

Der Kohlenhydratstoffwechsel im tierischen Organismus steht namentlich seit der Entdeckung des Insulin im Mittelpunkt experimentell-biologischen Interesses. Die *physiologischen* und *physiologisch-chemischen* hierher gehörigen Grundlagen müssen hier vorausgesetzt werden (ausführliche neue Darstellungen bei MACLEOD, RAAB, GRAFE, THANNHAUSER, GEELMUYDEN, MAGNUS-LEVY, GOTTSCHALK, FISCHLER u. a.). — Der Hinweis auf einige Punkte ist indessen für die folgende morphologische Betrachtung unentbehrlich.

Als einer der Kernpunkte des Kohlenhydratstoffwechsels hat sich die *Synthese* von Zucker zu *Glykogen* („Glucogenie") als Vorbedingung für den normalen Zuckerverbrauch und unerläßlich für den geregelten Kohlenhydrathaushalt überhaupt behauptet, ja durch die Insulinentdeckung ist sie vertieft worden, insofern sicherlich gerade in diesen Stoffwechselvorgang das Pankreashormon regelnd eingreift. Die Auffassung vom Glykogen als nicht vielmehr als eines bloßen *Reservestoffes* indessen hat in neuerer Zeit mehr der als eines maßgeblichen *Betriebsstoffes* Platz machen müssen. Glykogen ist eine wichtige, vielleicht die wichtigste Energiequelle, insbesondere für die zur Muskelkontraktion nötigen Energien; ja es wird (GEELMUYDEN) die Vorstellung vertreten, daß die Körperzelle als

Energiequelle überhaupt nur Kohlenhydrate verwertet oder wenigstens stark bevorzugt. Absoluter Glykogenschwund aus sämtlichen Organen bzw. die Unfähigkeit zur Glykogenbildung ist mit dem Leben unvereinbar.

Daß eine Glykogensynthese auch außerhalb der Leber in manchen Organen und Geweben möglich ist, unterliegt keinem Zweifel (vgl. unten). Aber auch bezüglich der *Resorptionswege* der Kohlenhydrate ist nach neueren Forschungen mit weitergehenden Möglichkeiten zu rechnen als bisher (GIGON u. a.); die löslich und diffusibel gemachten Kohlenhydrate können etwa bei besonders reichlichem Angebot zum Teil wenigstens in die Chylusgefäße gelangen und so auf dem Wege der Lymphbahnen resorbiert werden, unter Abänderung des typischen Resorptionsweges also die Leber umgehen.

Die Unterscheidung der Kohlenhydrate in eine „*Transportform*" und eine „*Depotform*" ist gerade für die Morphologie wichtig: die erste ist der Zucker, die zweite das Glykogen. Ob ein Transport des Glykogen als solchem möglich ist, ist noch umstritten; innerhalb von Organen wenigstens wird er vom morphologischen Standpunkt (vgl. u.) nicht auszuschließen sein; ausgedehntere derartige Möglichkeiten sind nach allgemein chemischen Vorstellungen jedenfalls unwahrscheinlich. Übrigens scheinen die Unterschiede zwischen den Tierarten (wenigstens bei den Säugetieren), was Wege, Schicksal und Verarbeitung der Kohlenhydrate betrifft, keine allzu erheblichen.

Von besonderer Bedeutung sind die neuerdings wieder viel erörterten gegenseitigen *Umwandlungsmöglichkeiten* von *Kohlenhydraten* und *Fettstoffen* (kurze Zusammenstellung dieser Fragen bei ARNDT). Die Fettbildung aus Kohlenhydraten, stoffwechselphysiologisch schon lange anerkannt, ist in neuerer Zeit in ihrem chemischen Ablauf weiter geklärt worden (Untersuchungen über den Kohlenhydrat- bzw. Traubenzuckerabbau, vgl. EMBDEN, GOTTSCHALK u. a.). Die Umwandlung von Fettstoffen bzw. auch anderen Nichtkohlenhydraten in Kohlenhydrat, die „*Gluconeogenie*" im Sinne GEELMUYDENs ist neuerdings außerordentlich wahrscheinlich gemacht worden, allerdings weder chemisch noch streng genommen stoffwechselphysiologisch unbedingt sicher gestellt (vgl. besonders THANNHAUSER). Als Ort der Kohlenhydratfettbildung darf nach morphologischen wie physiologisch-chemischen Untersuchungen (ARNDT, v. GIERKE, WERTHEIMER und HOFFMANN) vor allem wohl das Fettgewebe selbst gelten (s. u.); für die Neubildung von Kohlenhydraten aus Fett dagegen dürfte vor allem die Leber in Betracht kommen. Die Tierart scheint für die Stoffumwandlungen nicht gleichgültig. So ist bei Kaninchen die Neigung zur Kohlenhydratumwandlung in Fett offenbar verhältnismäßig gering (ARNDT, RAAB). Teleologisch kann man in den Umwandlungen der beiden Stoffe ineinander wohl eine Art Ausgleichsmechanismus sehen: in gewöhnlicher Stoffwechsellage werden die Kohlenhydrate als vorzügliches Brennmaterial ausgenutzt. Reichliches Angebot führt zur Speicherung; doch hat der tierische Organismus in seinen Geweben nur für eine bestimmte Menge von Kohlenhydraten Raum (in Leber, Muskeln usw.). Bei starkem Überangebot werden die Kohlenhydrate nach Überführung in Fett in den Fettdepots gestapelt. Umgekehrt ist bei der „Gluconeogenie" von der Unentbehrlichkeit der Kohlenhydrate für die energetischen Bedürfnisse auszugehen: bei schwerer Kohlenhydratverarmung besonders der Leber (im wesentlichen also unter bestimmten pathologischen Verhältnissen) muß das Glykogen aus Nichtkohlenhydraten bereitet werden; in der Leber wäre dann das neugebildete Glykogen alsdann förmlich eine Art „Giftschutz" für die Leberzellen selbst.

b) Glykogenvorkommen unter physiologischen Bedingungen.

1. In der Morphologie des Kohlenhydratstoffwechsels sind **intrauterine Periode** und extrauterine zu trennen. Beim Embryo findet sich Glykogen bekanntlich viel verbreiteter und hat hier jedenfalls eine wichtige aufbauende Bedeutung (eingehendere neuere Arbeiten von SUNDBERG, LIVINI u. a.). Über die Verhältnisse bei den kleinen Laboratoriumstieren bieten teils mehr gelegentliche morphologische (v. GIERKE: Kaninchen und Mäuse; LUBARSCH: Kaninchen; CREIGHTON: Meerschweinchen) und chemisch-analytische Untersuchungen „ganzer Feten" (MENDEL und LEAVENWORTH: Meerschweinchen; CRAMER und LOCKHEAD: Kaninchen) einige Anhaltspunkte.

Bemerkenswert ist besonders das Verhalten des *fetalen Leberglykogens,* namentlich sein spätes Auftreten (bei Kaninchen nach CRAMER und LOCKHEAD erst vom 25. Tage an deutlich nachweisbar). Mikroskopisch werden bei Kaninchen- und Meerschweinchenembryonen, während Muskeln und Knorpel schon reichlich Glykogen enthalten, in der Leber noch kein oder nur sehr wenig Glykogen gefunden (LUBARSCH). Das Glykogen tritt in der Leber jedenfalls nicht früher auf, bevor die LANGERHANSschen Inseln des Pankreas „ausgereift" sind; Leberglykogen und Insulin stehen sich so wohl schon in der Entwicklung des Organismus nahe. Eine inverse Beziehung zu dem in der letzten Schwangerschaftsperiode abnehmenden Glykogengehalt der Placenta (s. u.) ist ferner schon CLAUDE BERNARD, dem Entdecker des Glykogen, aufgefallen (Kaninchen), ähnlich CRAMER und LOCKHEAD beim Meerschweinchen. Der Ernährungszustand der Mutter scheint für das fetale Leberglykogen jedenfalls ohne besondere Bedeutung (A.)[1].

Reichlicher Glykogengehalt findet sich bei den Feten der kleinen Versuchstiere im allgemeinen besonders in der quergestreiften Muskulatur (sowie auch im Herzmuskel), im Knorpel und in der Haut, sodann vielfach im Schleimhautepithel des Digestions- und Respirationsapparates. — Als „praktisch *glykogenfrei*" auch in der Fetalperiode sei die Nebenniere (s. u.) hervorgehoben (A.: Kaninchenfeten).

Hier ist die *Placenta* anzuschließen. Ihr Glykogenreichtum ist lange bekannt. Angaben über das Glykogen in der discoidalen Placenta von Kaninchen, Meerschweinchen, Ratte und Maus u. a. bei DRIESSEN (Kaninchen), SARETZKY und GROSSER. Reichlich Glykogen findet sich zumeist namentlich in den Deciduazellen des mütterlichen Placentargewebes; mütterliches Endothel und fetales Syncytium bleiben glykogenfrei. Bemerkenswert ist, daß in der zweiten Hälfte der Schwangerschaft der Glykogengehalt der Placenta abnimmt, ja allmählich verschwindet (28 Tage alte Kaninchenplacenten fand DRIESSEN glykogenfrei). Die schon erwähnte Wechselbeziehung zum Auftreten des fetalen Leberglykogens formulierte CLAUDE BERNARD als „fonction hépatique du placenta".

2. Im **extrauterinen** Leben bevorzugt das Glykogen bekanntlich, soweit es sich zunächst um das **„normale"** Vorkommen handelt, *bestimmte Gewebe* und *Organe*. Die Einteilung in „konstant glykogenhaltige", „inkonstant glykogenhaltige" und „glykogenfreie" Organe scheint indessen nicht allzu förderlich, da das Glykogen ja von Organ zu Organ jeweils sehr verschiedenen und zahlreichen Beeinflussungen unterliegt und andererseits fortschreitende Erkenntnis die Zahl der „glykogenfreien" Organe naturgemäß einschränkt. Ein weiteres Unterscheidungsprinzip in „labiles" und „stabiles" Glykogen wird in der folgenden Skizzierung der Orte der Ablagerung jeweils berücksichtigt.

Der Glykogengehalt der *Leber* ist wie überhaupt so auch bei den kleinen Versuchstieren außerordentlichen intra- wie interindividuellen *Schwankungen* unterworfen[2]. Die Wichtigkeit mannigfacher beeinflussender Faktoren, wie jeweilige Verdauungsphase, Ernährungsart und Ernährungszustand, vorausgegangene Arbeitsleistung bzw. Körperbewegung u. a. m. ist bekannt. Im Organ selbst sind die Kreislaufverhältnisse von besonderer Bedeutung bzw. die Schwankungen, die in der Intensität der Beziehungen von Blut, Lymphe und Zellplasma bestehen, auf die namentlich in ihren Beziehungen zum Nervensystem RICKERs Schüler LOEFFLER und NORDMANN (Studien an Kaninchen, Ratte und Maus) hinweisen. Für experimentelle Arbeiten ist ferner wichtig, daß auch mit gewissen, zunächst ganz außerhalb liegenden Ursachen zu rechnen ist: wie etwa jeweilige Außentemperatur und Jahreszeit.

Bei den eingehenden, 2 Jahre lang vergleichend durchgeführten Untersuchungen von FUJII enthielt die Kaninchenleber in den Sommermonaten wesentlich weniger Glykogen als im Winter, am wenigsten im Juni und Juli. Man hat keine Veranlassung, diese Angaben als nur für Japan (Sendai) gültig zu betrachten, da schon 1895 — natürlich mit der damals nur zur Verfügung stehenden Methodik — GUERBER in Deutschland auf derartige und noch

---

[1] (A.) bedeutet: (zum Teil anderweitig noch nicht mitgeteilte) eigene Beobachtungen des Verf.

[2] Wobei wir von der in der Leber besonders bedeutungsvollen raschen postmortalen Glykogenabnahme, die ja wahrscheinlich auf vermehrter Glykogenasewirkung beruht und im übrigen bei den Tierarten offenbar auch graduelle Unterschiede zeigt (vgl. KIRA), hier ganz absehen, da ja bei unseren Versuchstieren in der Regel vermeidbar.

viel stärkere Differenzen zwischen Sommer- und Winterkaninchen aufmerksam gemacht hat. — Diesen *Saisonschwankungen* gegenüber, die zunächst nur als Tatsache hinzunehmen sind, sind die *tageszeitlichen* Schwankungen im Glykogengehalt der Leber vor allem durch Zeitpunkt und Art der Nahrungsaufnahme beeinflußt. So ist bei Ratten etwa 3 (bis 5) Stunden nach der Mahlzeit mit einer maximalen Glykogenausbeute zu rechnen (vgl. DO-NALDSON).

Trotz dieser großen Schwankungen haben wir nach zahlreichen Untersuchungen doch eine Vorstellung vom durchschnittlichen Leberglykogengehalt wenigstens beim Kaninchen. Er liegt nach FUJIIS Bestimmungen an über 150 Kaninchen zwischen 2—4,5% (im Mittel 3,3%), d. h. das Verhältnis Leberglykogenmenge : Körpergewicht ist im Durchschnitt 1% — ein sehr geringer Betrag im Vergleich zur Gesamtmenge der aufgenommenen Kohlenhydrate. (Die von MACLEOD für die Kaninchenleber angegebenen Normalwerte — 5—7% — scheinen uns etwas zu hoch.) Bei den anderen kleinen Versuchstieren dürften sich die Durchschnitts-werte nicht allzu weit von denen der Kaninchenleber entfernen. Für die Normalmaus z. B. wird bei DUDLEY und MARRIAN etwa 2% angegeben.

Die wichtige Frage, ob im *Hungerzustand* das Leberglykogen gänzlich schwindet, wird noch immer nicht einheitlich beantwortet. Im allgemeinen wird angegeben, daß bereits nach 24stündiger Karenz nur noch spärliche Reste oder überhaupt kein Glykogen in der Leber der Versuchstiere nachzuweisen sind (vgl. EISNER, v. MEYENBURG, ARNDT: Kaninchen; EDELMANN: Meerschweinchen; dagegen aber andere Erfahrungen bei HETÉNYI: Kaninchen; WOLFF: Maus). Es verdient Beachtung, daß selbst nach 4—6tägigem Hunger das Glykogen oft nicht gänzlich verschwunden ist (z. B. KATSURA: Kaninchen)[1]. Ja, nach 4—5 Tagen Hunger scheint manchmal eher mehr Glykogen vorhanden zu sein als nach 1—2 Tagen (A.). Unseres Erachtens handelt es sich hierbei kaum um das sog. ,,Restglykogen" der Physiologen, also eine letzte nicht ausgeschüttete Kohlenhydratreserve, sondern wahr-scheinlich ist dieses Glykogen durch *Gluconeogenie* entstanden. (Daß im Hungerzustand die Glykogenbildungs- und Fixierungsfähigkeit erhalten bleibt, ist speziell für das Kaninchen von EISNER nachgewiesen.) Jedenfalls dürfen also Mechanismen angenommen werden, die auch im Hunger ein gewisses Minimum von Leberglykogen im tierischen Organismus zu gewährleisten bestrebt sind.

Vom *morphologischen Standpunkt* sind beim Leberglykogen vor allem von Bedeutung: 1. Die Verteilung in den verschiedenen grobanatomischen Anteilen der Leber, 2. die Ablagerungsform im Läppchen (,,Läppchentopographie"), 3. die Verteilung in den verschiedenen Strukturbestandteilen des Leberläppchens, 4. das Auftreten in der Zelle selbst.

In den *verschiedenen Portionen* ein und derselben Leber (z. B. in den verschiedenen Lappen) darf im großen und ganzen mit demselben Glykogengehalt gerechnet werden (neuere zahlenmäßige Angaben — Kaninchenleber — bei MACLEOD, GREVENSTUK und LAQUEUR u. a.). Das ist für den Experimentator wichtig. Man muß aber berücksichtigen, daß sehr häufig bei den mikroskopischen Untersuchungen dicht unter der Kapsel eine besondere Anhäufung des Glykogen sich vorfindet, und das auch bei Glykogenarmut, ja fast negativem Befunde in der übrigen Leber. Bei vergleichsweiser Entnahme bzw. bei Probeexcisionen können also zur flach abgetragene Leberstückchen, die vorwiegend subkapsuläres Gewebe enthalten, zu empfindlichen Trugschlüssen führen.

Die ,,*läppchentopographischen*" Verhältnisse (ausführliche Angaben bei ARNDT) sind beim *Kaninchen* ziemlich übersichtliche (vgl. Abb. 264). Bei ungebrauchten Tieren und in der nor-malen Leber ist eine *zentrale Vorzugslokalisation* unzweifelhaft (BARFURTH, BOCK und HOFF-MANN, JOMIER, ROSENBERG, ARNDT). Auch bei den morphologisch verfolgbaren Schwan-kungen im Glykogengehalt der Kaninchenleber erfolgt immer zuerst im Läppchenzentrum die Bewegung. Für die anderen Versuchstiere ist ein ausgesprochener Ablagerungstypus nicht ohne weiteres anzugeben; bei Ratte und Maus wurde (A.) neben vorwiegend zentroacinärer Ablagerung öfter auch mehr oder weniger ,,totale" angetroffen (im ganzen Läppchen), besonders bei jüngeren Tieren, beim Meerschweinchen außer diesen Typen manchmal auch zentral-periphere (,,vasoregionäre") Glykogenablagerung (vgl. auch EDELMANN). — Im übrigen sollte der Wert der Ablagerungsformen des Glykogen im Leberläppchen wohl überhaupt nicht überschätzt werden. — Immerhin ist *gewebsphysiologisch* die an die Ver-hältnisse der Kaninchenleber anknüpfende Vorstellung berechtigt, daß die Läppchenperi-pherie nur in geringem Maße auf den Glykogenstoffwechsel ,,eingestellt" ist, während die

---

[1] Für den Experimentator ist es also wichtig, daß man sich auch nach mehrtägigem Hunger (oder vielleicht gerade: nach mehrtägigem Hunger schon nicht mehr!) für eine Glykogenfreiheit der Leber keineswegs verbürgen kann. Im übrigen verdienen hier viel-leicht weiße Ratten den Vorzug, da sich bei ihnen wenigstens besonders gut übereinstimmende Werte ergeben (MACLEOD).

zentralen die eigentliche Abgabe des Glykogen für die energetischen Bedürfnisse des Organismus regeln und daher die der Leber zugeführten Kohlenhydrate möglichst schnell diesem zentralen „Verarbeitungsgebiet" zustreben. Totale und zentrale Glykogenablagerung — unseres Erachtens die eigentlichen Normaltypen — werden nur als 2 verschiedene Phasen eines in gleicher Richtung ablaufenden Stoffwechselvorgangs aufgefaßt. Das morphologisch gerade festgehaltene Bild wird im einzelnen vor allem von dem jeweiligen Stadium der Verdauung und des Kohlenhydratangebotes abhängig sein.

Die morphologisch (!) nachweisbare *Gesamtglykogenführung* scheint in der Kaninchenleber im allgemeinen geringer als bei anderen Tieren (insbesondere auch Ratte und Maus).

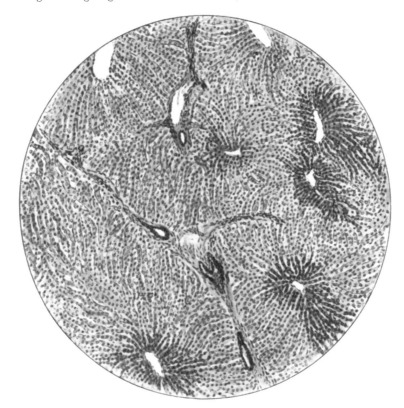

Abb. 264. Kaninchenleber mit ausgesprochener zentraler Glykogenablagerung. Zeiß Obj. 16 mm, Ok. 1. Hämatoxylin-BESTs Carmin.

Selbstredend ist die eigentliche Leberparenchymzelle der typische Ort der Glykogenablagerung. Von Wichtigkeit ist indessen die Kenntnis eines auch *„extracellulären"* (besser vielleicht „extraepithelialen") Glykogenvorkommens (in intra- und interlobulären Lymphspalten), im Lumen und in der Wandung von Blutcapillaren, im periportalen Bindegewebe — sei es also ganz frei, sei es an Zellen, besonders adventitielle Elemente gebunden, nur extrem selten aber auch in Gallengangsepithelien. Diese Form des Glykogenauftretens, öfter auch als *„Glykogenausschwemmung"* bezeichnet (ausführliche Darstellung bei ARNDT), kommt bei ungebrauchten Versuchstieren bestimmt viel seltener vor als beim Menschen und dürfte bei diesen wohl in erster Linie auf postmortale Einwirkungen zurückzuführen sein (A. in Übereinstimmung mit SJOEVALL und MIYAUCHI), sodann wahrscheinlich auch auf mittelbare oder unmittelbare Schädigungen der Leberzellen.

Was das morphologische Erscheinungsbild des Glykogen in der *Leberzelle selbst* betrifft, so sind hier auch heute noch die ARNOLDschen Untersuchungen ziemlich maßgebend, die überdies gerade auch an Kaninchen und Meerschweinchen durchgeführt wurden. Es ist fraglich, ob eine diffuse Verteilung des Glykogen in der Leberzelle überhaupt vorkommt; ARNOLD nimmt eine Bindung des Glykogen an die Plasmosomen und Granula, also jene präexistenten Zellkörnelungen an. Bei der üblichen BESTschen Carminfärbung allerdings erscheint das Glykogen in der Regel nur als schollige, klumpige oder körnige Zelleinschlüsse; natürlich bedingt die Art und Weise der Fällung durch den eindringenden fixierenden Alkohol auch das spätere morphologische Bild, wie ja auch die durch Diffusionsströme häufig in Glykogenpräparaten anzutreffende eigenartige Verlagerung des Glykogen nach einer bestimmten Zellseite hin Fixationsprodukte sind (FICHERA).

Zugleich mit *Fettstoffen* kommt Glykogen häufig in denselben Leberzellen bei unseren Versuchstieren vor, ja nicht selten erscheinen beide Stoffe förmlich „im selben Tropfen gemischt" (A.). — Dieses bloße Nebeneinander kann natürlich noch kein „Ineinander" beweisen. Die Leber wird ja (vgl. o.) als Ort der Gluconeogenie in Anspruch genommen. Dem liegt die Anschauung zugrunde, daß die Körperzelle, besonders die Leberzelle, als Energiequelle vorzüglich nur Kohlenhydrat verwerten kann, unveränderte Fettstoffe dagegen nicht oder nur in geringem Maße. (Sonst wäre ja die Umwandlung von Fett in Kohlenhydrat überflüssig!)

Von allgemeiner Wichtigkeit ist ferner die Vorstellung, daß der Glykogengehalt der Leberzelle für die regelrechte *Funktion* „nützlich" ist, ja dafür geradezu die notwendigen Voraussetzungen schafft und überdies der Leberzelle auch einen *Schutz* gegen „hepatotrope Noxen", autolytische Zerstörung usw. verleiht, die die Glykogenverarmung andererseits begünstigt.

Während man im übrigen in der menschlichen Pathologie zwei Arten von Glykogenschwund aus der Leber auseinander zu halten hat, mit oder ohne Hyperglykämie, ersteres etwa im Gefolge von Pankreasschädigungen und das zweite nach schweren Leberschädigungen, Vergiftungen, bei akuten Leberatrophien u. dgl. (wobei in der Leberzelle nicht Traubenzucker, sondern Milchsäure gebildet wird), hat diese Unterscheidung für die Verhältnisse bei unseren „normalen" Laboratoriumstieren keine rechte Bedeutung, insofern ja ein spontaner Diabetes bei diesen Tieren kaum je zu beobachten sein wird.

Der „normale" Blutzuckergehalt schwankt bei den kleinen Laboratoriumstieren in ziemlich weiten Grenzen, besonders beim Kaninchen, bei dem als Durchschnittswert 0,11% anzugeben sind (MACLEOD, FUJII). An dieser Stelle ist zu betonen, daß einmal bei Kaninchen unter ganz normalen Bedingungen ein leichter Abfall in den *Nachmittagsstunden* zu beobachten ist und ferner vor allem auch der Blutzucker nicht unerheblichen *jahreszeitlichen Schwankungen* zu unterliegen scheint; so fand EISNER bei Winterkaninchen einen durchschnittlichen Wert von 0,098%, bei Sommerkaninchen aber von 0,127%. In Japan hat allerdings FUJII keine nennenswerten Saisonschwankungen beim Kaninchen beobachtet, wohl aber bemerkenswerterweise eine Abhängigkeit des Grades der sog. „Fesselungshyperglykämie"[1] von der Jahreszeit: im Winter und Frühling war der „Fesselungsdiabetes" beim Kaninchen am stärksten.

In der *quergestreiften Muskulatur* ist das Glykogen im allgemeinen morphologisch ziemlich schwer darstellbar. Oft findet man auch in lebenswarm entnommenen Muskelstückchen von Normaltieren mikroskopisch nur sehr spärlich oder überhaupt kein Glykogen. Die Übereinstimmung zwischen mikroskopischer und chemischer Untersuchung scheint beim Muskel eine wesentlich schlechtere als in der Leber. Als durchschnittlichen *Muskel-Glykogenprozentgehalt* beim Kaninchen (Rückenmuskel) gibt FUJII 0,6% an. In der einzelnen Muskelfaser ist das Glykogen typischerweise in longitudinalen wie in quergestellten Körnerreihen angeordnet — ein zierliches Bild, dessen Übereinstimmung mit der Sarkosomenarchitektur sofort auffällt (Einzelheiten bei ARNOLD). Auch beim Muskel sieht man ferner oft eine Verlagerung nach einer Seite der Faser.

Von Wichtigkeit ist die Frage, ob den *verschiedenen Muskelgebieten* unter normalen Verhältnissen der gleiche Glykogengehalt zukommt.

Die Unterschiede, die LIPSKA-MLODOWSKA (beiläufig an einem ziemlich geringen Materiales) hier angibt (z. B. bei Kaninchen im Brustmuskel mehr Glykogen als im Zwerchfell, umgekehrt bei der Ratte; je nach der Spezies soll der Glykogengehalt in den verschiedenen Muskelgruppen verschieden sein), können in dieser Formulierung allerdings nicht bestätigt werden (A.). Die naheliegende Frage, ob sich die bei den Nagetieren oft so charakteristische Differenzierung in „*rote*" und „*blasse*" Muskeln (s. unter „Muskulatur") auch

---

[1] Auf die für experimentelle Arbeiten natürlich höchst wichtige Tatsache, daß das Aufbinden der Kaninchen auf den Operationstisch allein genügt, um eine diabetische Stoffwechselstörung hervorzurufen, letztlich also auf das Leberglykogen mobilisierend wirkt, wurde neuerdings wieder von FRANK und Mitarbeitern, sowie SATO u. a. besonders hingewiesen.

in einem verschiedenen Glykogengehalt äußert, wird von älteren Untersuchern (BARFURTH u. a.) bejaht (die weißen sarkoplasmaarmen Muskeln sollen mehr Glykogen enthalten als die roten sarkoplasmareichen). Nach eigenen vergleichenden Untersuchungen vor allem am Kaninchenmuskel dürfte freilich ein derartiger Unterschied jedenfalls für den mikroskopischen Nachweis zwischen blassen und roten Muskeln in der Allgemeinheit kaum bestehen. Aber uns erscheint gerade wegen der Schwierigkeiten des Nachweises überhaupt der Vergleich der verschiedenen Muskelgruppen zum mindesten mit morphologischen Mitteln auf ihren Glykogengehalt wenig aussichtsreich. (Daß dieser in den verschiedenen Muskeln bei ein und demselben Tier stark variieren kann, wird damit natürlich nicht bestritten; chemische Untersuchungen haben das in einigen Fällen auch schon erwiesen, s. MACLEOD.) Wichtig ist jedenfalls, daß aus dem gerade an irgendeinem Muskel zu erhebenden Befund — sei es mit morphologischer, sei es mit chemischer Methode — niemals auf den Glykogengehalt der Muskulatur überhaupt geschlossen werden sollte. (Für die chemische Analyse kommt ferner unter Umständen auch die Verarbeitung des ganzen Tierkörpers auf Glykogen in Frage, hauptsächlich freilich naturgemäß bei Mäusen.)

Im übrigen unterliegt der Glykogengehalt der Muskulatur denselben umfänglichen *Schwankungen* wie der der Leber, ja was die Abhängigkeit von der körperlichen Arbeit betrifft, begreiflicherweise womöglich noch stärkeren. Der postmortale, ja schon der agonale Glykogenschwund ist in den Muskelfasern ein besonders schneller. — Daß der Glykogenbestand des Muskels durch Hunger weitgehend erschöpft wird, für den morphologischen Nachweis meist bis zu völligem Schwund, unterliegt keinem Zweifel. Dagegen scheinen Abhängigkeiten zur Art der Ernährung im Kaninchenmyokard nicht annimmt (Unterschied zwischen Fleisch- und Pflanzenfressern), weniger bedeutungsvoll. — Auch jahreszeitliche Schwankungen dürften beim Muskelglykogen kaum in Frage kommen. —

Auch in der *glatten Muskulatur* findet man im übrigen — allerdings meist nur ziemlich spärlich und sehr feinkörnig — Glykogen (Angaben über Befunde bei Kaninchen bei KALBERMATTEN, RICHARD, ARNDT) namentlich in den glatten Muskelfasern von Darmwand, Uterus, Ureter und Gefäßwänden. Eine inverse Beziehung zwischen Glykogenmenge und Funktionsgrad ist auch beim glatten Muskel wahrscheinlich (RICHARD).

Etwas übersichtlicher sind die Glykogenverhältnisse in der *Herzmuskulatur* bei unseren Versuchstieren. Bei an sich nicht unerheblichen Schwankungen scheinen diese doch von denen des Skeletmuskels mehr oder weniger unabhängig zu verlaufen. So ist auch im Hungerzustand im Kaninchenmyokard nicht selten Glykogen noch in beachtlichen Mengen zu finden (A.); ähnliches dürfte von körperlicher Anstrengung gelten. Auch alimentäre Abhängigkeiten möchten wir — nach mikroskopischen Befunden (Kaninchen, Ratte, Maus) — im Gegensatz zu LIPSKA-MLODOWSKA (Kaninchen) nicht annehmen, womit auch STUEBELs Beobachtungen (Kaninchen) in Einklang zu bringen sein würden. Kurz, im Herzmuskel geht das Glykogen gewissermaßen „seine *eigenen Wege*", worauf übrigens auch experimentelle Beobachtungen hinweisen (A.) [1].

Mikroskopisch ist die Menge des im Herzmuskel bei ungebrauchten Versuchstieren nachzuweisenden Glykogens im allgemeinen gering, allerdings oft größer als im Skeletmuskel. Daß bestimmte Abschnitte, nämlich die PURKINJEschen Fäden der Huftiere entsprechenden besonders sarkoplasmareichen Myokardfasern durch reichlicheren Glykogengehalt ausgezeichnet sind, ist bekannt. Die feineren strukturellen Einzelheiten hat ARNOLD besonders am Kaninchenherzen studiert; auch im Herzmuskel erscheint das Glykogen an die Sarkosomen gebunden in granulärer Anordnung.

Das Glykogen im *Knorpel* ist den bisher angegebenen Ablagerungsorten gegenüber durch sein konstantes und *konstant reichliches* Vorkommen und die erhebliche Widerstandsfähigkeit gegen glykolytische Einflüsse bzw. geringe Löslichkeit und mithin leichte morphologische Darstellbarkeit ausgezeichnet. Bei allen 4 Versuchstierarten ist im Knorpel — gleichviel wo — Glykogen typischerweise reichlich anzutreffen (als Studienobjekt recht geeignet ist der

---

[1] Die neuestens von VALDES mitgeteilten „experimentellen Untersuchungen über das Verhalten des Herz-, Leber- und Skeletmuskelglykogens nach dem Tode, im Hunger und nach Traubenzucker- und Insulininjektionen" (Virchows Arch. **274**, 361 (1929), deren Hauptobjekt das Herzmuskelglykogen und vor allem das Kaninchen war, konnten nicht mehr berücksichtigt werden (Anm. bei der Korrektur).

Ohrknorpel, vom getöteten Tier auch der Schwertfortsatz). Eine Lagerungs-eigentümlichkeit ist für das Knorpelglykogen — am deutlichsten wohl im Rippen- und Luftröhrenknorpel — ziemlich charakteristisch, nämlich die Be-vorzugung der peripheren, subperichondralen Anteile der Knorpelplatte, während in zentral gelegenen der Glykogengehalt der Knorpelzellen abnimmt. Doch findet man auch, besonders wohl bei jungen Tieren, bei denen die Glykogen-beladung der dicht aneinander gedrängten Knorpelzellen ja überhaupt imposant ist, öfter gleichmäßig dichte Glykogenführung der Knorpelplatte. Über den chemisch feststellbaren Glykogenbestand im Knorpel liegen für die Versuchstiere wenig Angaben vor (bei Meerschweinchenfeten von 100—212 mm Länge wurden 0,4% Glykogen im Knorpel gefunden, MENDEL und LEAVENWORTH).

Wesentlich ist die *geringe Beeinflußbarkeit* des Knorpelglykogens. Im Hunger nimmt seine Menge nicht, jedenfalls nicht morphologisch nachweisbar ab (A.), was RABE gegenüber hervorzuheben ist. Dasselbe gilt mehr oder weniger auch von anderen glykogenvermindern-den Faktoren (einschließlich der postmortalen Zersetzungen). Das Knorpelglykogen er-heischt mithin eine durchaus andere Beurteilung als das Glykogen etwa der Leber und Muskeln: es ist im torpiden Knorpelgewebe nicht nur der Zirkulation bis zum gewissen Grade entrückt, sondern hat überhaupt an den eigentlichen rasch ablaufenden Stoffwechsel-vorgängen des Gesamtorganismus keinen rechten Anteil und kommt für diesen als Betriebs-stoff nicht in Frage. So ist es Prototyp „*stabilen*" Vorkommens und vielleicht für die Knorpelzelle integrierender Bestandteil.

Normalerweise sind ferner wenigstens teilweise glykogenhaltig gewisse zellige (kernhaltige) Elemente des Blutes und Knochenmarks und verschiedene geschichtete Epithelien.

Von den *Blutzellen* kommt bei Kaninchen nach ARNOLD im Knochenmark sowohl als auch innerhalb der Gefäßbahn Glykogen besonders in eosinophilen und pseudoeosinophilen Zellen vor, sodann in mononucleären Formen. Im großen und ganzen ist das Glykogen der verschiedenen Arten von Blutzellen (bzw. Leukocyten) und Knochenmarkszellen leicht löslich und labil (über Glykogen-gehalt in Leukocyten usw. unter pathologischen Verhältnissen, s. u.).

Bezüglich des Glykogenauftretens in den *geschichteten Plattenepithelien* der äußeren Haut samt Anhangsgebilden (Haarwurzelscheiden, dort bei Kanin-chen von BARFURTH nachgewiesen) und der Schleimhäute (etwa Mundhöhle) dürften, soweit zunächst zu übersehen, die Verhältnisse bei den kleinen Labo-ratoriumstieren mit den beim Menschen bekannten im ganzen übereinstimmen.

Sehr bemerkenswert, ja für eine der hier interessierenden Tierarten, das Kaninchen, in gewissen Altersstufen fast typisch scheint dagegen das hier anzuschließende Glykogenvorkommen in den ableitenden Harnwegen, besonders im „*Sammelröhrensystem der Niere*". — Es handelt sich um eine in ihrer scharfen Begrenzung sehr charakteristische und oft recht ansehnliche Glykogenablagerung in den Epithelien der Sammelröhren und Ductus papillares der Niere (Einzel-heiten bei ARNDT).

Bei jugendlichen Kaninchen bzw. Säuglingen erscheinen die kubischen Epithelien der Sammelröhren und die mehr zylindrischen der Ductus papillares auf das dichteste mit Glykogenkörnchen erfüllt (Abb. 265). Bei über 4 Wochen alten Kaninchen ist dieser Gly-kogenbefund nicht mehr so regelmäßig zu erheben[1], nicht selten aber auch bei ganz aus-gewachsenen noch sehr deutlich (A.). Was dagegen die anderen Tierarten betrifft, so scheint, soweit bisher zu übersehen, beim Meerschweinchen Glykogen im Sammelröhrensystem ziemlich selten, bei Ratte und Maus nur ausnahmsweise vorzukommen.

Die angegebene Eigentümlichkeit zum mindesten der *jugendlichen Kaninchenniere* ist natürlich für die Beurteilung von Versuchsbefunden nicht zu vernachlässigen. Dagegen ist, wiederum mit Rücksicht auf experimentelle und menschliche Pathologie (Diabetes und sonstiges Glykogenvorkommen der Niere), zu betonen, daß in den „oberhalb" der

---

[1] Wenn WELZ (in seiner von anderer Fragestellung ausgehenden Arbeit) angibt, bei normalen Kaninchen chemisch in der Niere kein Glykogen nachgewiesen zu haben, so ist das vielleicht darauf zurückzuführen, daß keine jungen Tiere untersucht wurden.

Sammelröhren gelegenen, also den Filtrations-, Sekretions- und Resorptionsabschnitten der Niere bei unseren Versuchstieren normalerweise niemals Glykogen zu finden ist.

Dieses Glykogen der *excretorischen* Abschnitte der Kaninchenniere setzt sich nun nicht selten förmlich kontinuierlich auf das Schleimhautepithel des *Nierenbeckens,* ja auch des *Ureters* und der *Harnblase* fort (A.). Hier in den Übergangsepithelien der ableitenden Harnwege erscheinen besonders die mehr lumenwärts gelegenen Epithelien glykogenhaltig. Auffallenderweise war beim Meerschweinchen öfter positiver Glykogenbefund in Nierenbecken und Ureter ohne gleichzeitigen in den Excretionsabschnitten der Niere zu buchen (A.).

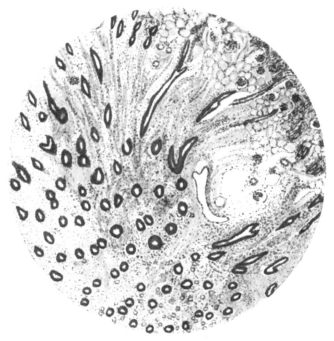

Abb. 265. Niere eines wenige Tage alten Kaninchens Reichliche Glykogenablagerung im Sammelröhrensystem. Vgl. Text. SEIBERT Obj. 2, Ok. 1. Hämatoxylin-BESTs Carmin.

Im ganzen betrachtet erweist sich das Glykogen der Harnwege von den das Betriebs- und Depotglykogen der Leber, Muskel usw. treffenden Einflüssen mehr oder weniger unberührt. So wurde es auch bei Hungerkaninchen ohne merkbare Abweichungen angetroffen (A.). Wie Knorpel- und Hautglykogen wäre es also zum „stabilen" Glykogen zu stellen. Damit scheint uns bereits die vorerst wohl nur mögliche Deutung dieses Glykogens im Epithel des Harnausführungsapparates gegeben: es ist mehr oder weniger unbeteiligt am allgemeinen Kohlenhydratstoffwechsel; maßgeblich ist vielmehr die *Eigenart* dieser morphologisch und morphogenetisch eng zusammengehörigen *Epithelformationen,* denen wir bei bestimmten Tierarten und augenscheinlich in bestimmten Lebensabschnitten eine besondere Neigung zur Glykogenspeicherung werden zuschreiben müssen.

Den bisher besprochenen Arten und Orten der Glykogenablagerung gegenüber, für die bei jeweils freilich erheblichen quantitativen Schwankungen das Glykogenauftreten an sich doch mehr oder weniger charakteristisch ist, ist nun noch auf einige Organe und Gewebe bei unseren Laboratoriumstieren hinzuweisen, in denen Glykogen entweder *nur unter bestimmten, aber* noch als *physiologisch* anzusehenden *Bedingungen oder* anscheinend überhaupt ganz *unregelmäßig* vorkommt, *oder* aber die Verhältnisse diesbezüglich heute *noch nicht geklärt* sind. Hierher gehören die Geschlechtsorgane (besonders der Uterus), der Magen-Darmkanal, die Mundspeicheldrüsen und das Fettgewebe.

Nichtgravide *Uteri* von Kaninchen sowie Ratten und Mäusen erwiesen sich, soweit bisher geprüft (A.), morphologisch als praktisch glykogenfrei (vereinzelt positive Befunde in glatten Muskelfasern). In *trächtigen* Uterushörnern dagegen findet sich reichlich Glykogen, vor allem in den glatten Muskelfasern und in den decidualen Elementen der Schleimhaut (über Glykogen der Placenta s. o.).

In den *Keimdrüsen* unserer Versuchstiere, *Ovarien* wie *Hoden*, scheint normalerweise Glykogen wenigstens für den morphologischen Nachweis nicht vorzukommen (Kaninchen, Ratten: A.; allerdings gibt LUBARSCH positive Glykogenbefunde im Meerschweinchenhoden an).

Bezüglich des *Magen-Darmkanals* sind die Verhältnisse noch nicht ganz zu übersehen. Jedenfalls bestehen zwischen der Magen- und der Darmschleimhaut hier große Unterschiede, insofern als in der letzteren Glykogen wohl nur sehr spärlich vorkommen dürfte (Meerschweinchen, Maus: ARNOLD; Kaninchen: A.), während für die Magenschleimhaut, insbesondere das Oberflächenepithel von ARNOLD wie von HEIDERICH (Maus, Meerschweinchen, Kaninchen) reichlicher (regelmäßiger?) Glykogengehalt angegeben wird. Die Verhältnisse werden dadurch unseres Erachtens kompliziert, daß gerade beim Magen-Darmkanal auch mit einer „Pseudoglykogenfärbung" von Glykoproteiden (Mucin) und anderen Substanzen in besonderem Maße gerechnet werden muß, mögen diese nun intracellulär oder auch als Lumeninhalt vorkommen.

Die *Mundspeicheldrüsen* sind in neuerer Zeit von YAMAGUCHI als „wichtige Organe der Ausscheidung von Zucker und Glykogen" erkannt worden, allerdings unter Verhältnissen, die wohl nicht mehr ohne weiteres als physiologisch gelten dürfen. YAMAGUCHI selbst weist schon darauf hin, daß hier aber erhebliche Unterschiede zwischen den Tierarten zu bestehen scheinen und insbesondere bei Kaninchen, Ratten und Mäusen die Glykogenausscheidung durch die Speicheldrüsen vollständig versagt; bei bestimmten pathologischen Veränderungen aber schreibt er dem Kaninchen diese Fähigkeit dennoch zu. Systematisch untersucht (A.), fand

Abb. 266. Reichlicher Glykogengehalt im Fettgewebe eines Kaninchens. Starke Vergr. Hämatoxylin-BESTS Carmin.

sich in den Mundspeicheldrüsen von Ratte und Maus nur vereinzelt und auch dann nur spärlich Glykogen (Submandibularis, Parotis), noch gar nicht bisher beim Kaninchen. YAMAGUCHIs Anschauung unterstützend und noch erweiternd, möchten wir mithin formulieren, daß eine Beziehung der Mundspeicheldrüsen zum allgemeinen Kohlenhydratstoffwechsel bei den hier zu behandelnden Versuchstieren nicht wahrscheinlich ist.

Anhangsweise sei hier die HARDER*sche Drüse* des Kaninchens erwähnt, die ja ein wichtiges Fett- bzw. Cholesterinausscheidungsorgan darstellt. Bei massenhafter Fettstoffbeladung konnte Glykogen in dieser Drüse bisher niemals und in keiner Altersklasse gefunden werden (A., vgl. u.).

Besonderes Interesse beansprucht in neuerer Zeit namentlich wegen des Problems der gegenseitigen Umwandlungen von Kohlenhydraten und Fetten und der mutmaßlichen Orte dieser Vorgänge (vgl. o.) die Frage nach dem Glykogengehalt des *Fettgewebes.* In normaler Stoffwechsellage ist bei allen Versuchstierarten das Fettgewebe der verschiedenen Lager für den morphologischen Nachweis[1] praktisch glykogenfrei (vereinzelte positive Befunde bei v. GIERKE und ARNDT). Bei einer einseitigen überreichlichen Kohlenhydraternährung, namentlich im Anschluß an eine vorausgegangene Hungerperiode, findet sich jedoch Glykogen morphologisch und chemisch leicht nachweisbar in erheblichen Mengen im Fettgewebe. Es ist das, wennschon beim Hund am eindruckvollsten zu verfolgen (A.), so doch auch bei Kaninchen und Meerschweinchen sichergestellt (v. GIERKE, DEVAUX, ARNDT), neuerdings auch bei Ratten (WERTHEIM). — Das Glykogen entsteht dabei, wie man wohl als sicher annehmen kann, im Fettgewebe selbst aus zugeführtem Zucker (Glykogensynthese außerhalb und unabhängig von der Leber!) und ist als eine morphologisch festgehaltene Phase der Umwandlung von Kohlenhydraten in Fettstoffe aufzufassen (ausführliche Darstellung bei ARNDT; über die stoffwechsel-physiologische Bedeutung des Vorgangs s. o.).

---

[1] Wenn SCHUR und LOEW neuerdings angeben, auch unter ganz normalen Verhältnissen enthalte bei ungebrauchten Ratten und weißen Mäusen das Fettgewebe viele „Kohlenhydrate", so ist das, da es sich um den mit chemischer Methodik geführten Nachweis der gesamten Kohlenhydrate (nicht des Glykogen!) handelt, für uns unverwertbar.

Die Frage der *normalerweise glykogenfreien Organe* kann hier nur gestreift werden (ausführlich bei v. GIERKE, ARNDT u. a.). Als im morphologischen Sinne „praktisch glykogenfrei" (richtiger gesagt vielleicht „regelmäßig sehr glykogenarm") wurden bei den Versuchstieren Keimdrüsen und HARDERsche Drüsen des Kaninchens schon genannt. Bemerkenswert ist ferner, daß die *endokrinen Drüsen* allgemein, mit einer Ausnahme, den Epithelkörperchen, die regelmäßig reichlich Glykogengehalt in den Parenchymzellen aufweisen, zu den typischerweise „glykogenfreien Organen" gehören. So konnte weder bei gelegentlich untersuchten Schilddrüsen und Hypophysen noch in systematisch geprüften Nebennieren der kleinen Versuchstiere jemals Glykogen gefunden werden (A.). Auch in der *Bauchspeicheldrüse* war übrigens in der postnatalen Periode bei unseren Tieren Glykogen niemals nachzuweisen (A.). Von dieser Eigenart der innersekretorischen Organe abgesehen, sei hier nur noch eine andere Beziehung hervorgehoben, nämlich, daß „Glykogenfreiheit" gerade einer Reihe von Organen eigentümlich ist, die andererseits durch ausgesprochenen „lipo-lipoiden" Eigenstoffwechsel bzw. starkes *Fettspeicherungsvermögen* ausgezeichnet sind: hierher gehören wiederum die Nebennieren, die HARDERschen Drüsen und teilweise die Keimdrüsen.

Eine Bemerkung über *Kernglykogen* ist hier anzuschließen. Im Gegensatz zum menschlichen Material, bei dem ja relativ häufig in den Kernen (besonders der Leberzellen) Glykogen zu finden ist, stellt Kernglykogen in den gesunden Organen gesunder Tiere, insbesondere auch der kleinen Laboratoriumtiere, einen sehr seltenen Befund dar (A.). Positive diesbezügliche Angaben, die hier interessierenden Tierarten betreffend, finden sich bei LUBARSCH (Kaninchenleber), sowie ROSENBERG (einmal in einer faulenden Kaninchenleber beobachtet). Es wird nahe liegen, diesen auffallenden Gegensatz zwischen menschlichem und tierischem Material zugunsten der Auffassung des Kernglykogens als eines pathologischen Produktes heranzuziehen (A.). Experimentell ist übrigens auch bei Kaninchen Kernglykogen erzeugt worden (FRANK).

c) Glykogenvorkommen unter pathologischen Bedingungen.

Beim Kohlenhydratstoffwechsel bzw. dem Glykogenvorkommen unter **pathologischen** Verhältnissen sind bei unseren Versuchstieren zu unterscheiden: 1. Beeinflussungen durch auf den Gesamtorganismus einwirkende Faktoren, 2. Das Glykogenvorkommen unter örtlichen pathologischen Verhältnissen bzw. in pathologischen Produkten.

Auf die erstgenannten Störungen ist hier nicht weiter einzugehen. Sie betreffen naturgemäß nur das „*labile* Betriebs- und Depotglykogen" der typischen Speicher (Leber, Muskeln). Soweit es sich um die Beeinflussung durch den *Hunger*zustand oder körperliche *Arbeit* handelt, sind sie oben im einzelnen schon kurz angeführt worden. Die Einwirkung aber von pharmakologisch wirksamen Stoffen bzw. Giften (z. B. Insulin, Phlorrhizin, Phosphor) überschreitet vollends den für die Spontanveränderungen unserer Laboratoriumstiere gezogenen Rahmen.

Die Befunde über das Glykogenvorkommen bei *örtlichen krankhaften Veränderungen* der kleinen Versuchstiere entsprechen im allgemeinen den aus der menschlichen Pathologie geläufigen Erfahrungen. Allgemein betrachtet, muß man dabei das Glykogenauftreten in sonst glykogenfreien oder den vermehrten Glykogengehalt in sonst spärlich Glykogen führenden Zellen als Ausdruck einer *gesteigerten Zuckeraufnahme* seitens der Zellen werten; eine Umstimmung des Zellchemismus ist also hier die Voraussetzung. Von besonderer Bedeutung für Art und Umfang der Glykogenablagerung sind dabei ferner örtliche

Kreislaufstörungen (Blut- und Lymphzirkulation). — Praktisch genommen, handelt es sich hier im wesentlichen um das Glykogenauftreten bei Entzündungen, in entzündlichen Gewebsneubildungen und in echten Gewächsen. Es ist im Auge zu behalten, daß es sich auch unter pathologischen Verhältnissen beim Glykogenvorkommen um mehr oder weniger aktive Vorgänge seitens der betroffenen Zellen handelt. In vollständig abgestorbenen Zellen findet man kein Glykogen. Eine eigentliche „Glykogendegeneration" kommt, streng genommen, nicht in Frage.

Bei *eitrig-entzündlichen* Prozessen, etwa bei Kaninchen, läßt sich reichlich Glykogen in den Leukocyten, aber auch Endothelien und selbst fixen Gewebszellen nachweisen (eingehende experimentelle Untersuchungen diesbezüglich von Katsurada: Kaninchen; über die mutmaßliche Bedeutung des Glykogens bei der Entzündung vgl. v. Gierke, Bayer, Arndt u. a.). Von spontan auftretenden spezifischen Entzündungen bzw. *infektiösen Granulomen* konnte eine Reihe von Pseudotuberkulosefällen bei Kaninchen und Meerschweinchen geprüft werden (A.). Hier findet sich teilweise reichlich Glykogen, namentlich im Granulationsgewebe der Randpartien der Knötchenbildungen, dagegen nicht in den durch den Kernzerfall ausgezeichneten zentralen.

Was schließlich den schon lange bekannten Glykogengehalt in *Geschwülsten* betrifft — durch die Untersuchungen über den Atmungs- und Spaltungsstoffwechsel des Embryonal- und Carcinomgewebes hat das ja neuerdings wieder erhöhte Bedeutung gewonnen — so liegen hier über Spontantumoren bei den kleinen Laboratoriumstieren bislang nur vereinzelte Angaben vor: bei spontanen Mäusecarcinomen ermittelten C. und G. Cori einen durchschnittlichen Glykogengehalt von $0,211^0/_0$, in einem Rattensarkom dieselben Autoren $0,122^0/_0$, in 2 Spindelzellensarkomen der Ratte fand Fahrig 0,174 und $0,207^0/_0$. Auf den Gehalt der Tumoren an niederen Kohlenhydraten bzw. deren Milchsäurebildung und die Deutung dieser Verhältnisse überhaupt kann hier nicht eingegangen werden.

In *tierischen*, unsere Versuchstiere befallenden *Parasiten* ist häufig, sowohl bei *Protozoen* als auch bei *Würmern*, sehr reichlich Glykogen nachzuweisen. So wird es in Coccidien bei der Gallengangscoccidiose der Kaninchen kaum vermißt werden (Lubarsch, A.). Sarkosporidien bzw. die sog. Miescherschen Schläuche (vgl. unter „Muskulatur") enthalten sehr reichlich Glykogen (A.: Mäuse). Jüngere Muskeltrichinen bei der Ratte fallen mitunter durch ihren enormen Glykogengehalt im Vergleich zur Glykogenarmut der betroffenen Muskulatur auf (A., vgl. Abb. 156 im Kapitel „Muskeln").

Die morphologische Erforschung des Kohlenhydratstoffwechsels bei den kleinen Versuchstieren hat uns die weite Verbreitung des Glykogens in ihren Organen und Geweben aufgezeigt. Die Kenntnis der Orte des Glykogenvorkommens und der feineren strukturellen Eigentümlichkeiten der Ablagerung wird in der Regel beim experimentellen Arbeiten die *Abgrenzung* des „Normalen" vom „Pathologischen" unschwer ermöglichen (mitunter sind auch die zeitlichen Verhältnisse des Auftretens einschließlich der Altersstufe zu berücksichtigen). Das bedeutet eine wesentliche Erleichterung den in dieser Hinsicht viel unübersichtlicheren Verhältnissen bei der Fettstoffablagerung gegenüber. Da bei den Versuchstieren für gewöhnlich Gewinnung und Fixation des Materials einheitlich und einwandfrei, d. h. unter optimalen Bedingungen (lebensfrisch), durchführbar ist, sollte auf dieser Beziehung nicht genügendes Material besser verzichtet werden.

Eine einheitliche *Deutung* der angegebenen Glykogenbefunde bei Kaninchen, Meerschweinchen, Ratte und Maus ist im übrigen unmöglich. In den großen Speicherorganen ist es der Ausdruck eines bewegten Stoffwechselgeschehens, den mannigfachsten Einflüssen unterworfen, die Angebot und Nachfrage nach dem vornehmlichsten Betriebsstoff für die energetischen Bedürfnisse des Organismus bedingen. Im Fettgewebe stellt der Glykogengehalt eine morphologisch festgehaltene Phase einer komplizierten chemischen Umwandlung dar. Im Epithel der excretorischen Nierenabschnitte weist der Glykogenbefund auf die innige morphogenetische Beziehung der Wandauskleidung der ableitenden Harnwege hin. Im Knorpel ist das „stabile" Glykogen integrierender, wenig Veränderungen unterworfener Zellbestandteil. Im sonst glykogenfreien oder glykogenarmen Gewebe und unter pathologischen Verhältnissen ist das Glykogenauftreten der Ausdruck eines veränderten Zellchemismus, der zu gesteigerter Kohlenhydrataufnahme führt. Das für die diabetische Stoffwechselstörung des Menschen typische glykogenmorphologische Bild in Niere und Leber hat freilich bei den kleinen Laboratoriumstieren bisher spontan keine Parallele gefunden. In der morphologischen wie in der genetischen Betrachtung drängt sich der Vergleich mit dem Fettstoffwechsel und der Fettstoffablagerung überall auf; und die gegenseitige und gleichzeitige Berücksichtigung beider Vorgänge in ihrem morphologisch faßbaren Ablauf hat die engen Grenzen etwas erweitert, die jedweder morphologischen Stoffwechselforschung — und der der Kohlenhydrate zumal — von vornherein gezogen sind.

Literatur.

ARNDT, H. J.: (a) Vergleichend-histologische Beiträge zur Kenntnis des Leberglykogens. Virchows Arch. **253**, 254 (1924). (b) Glykogenablagerung in infektiösen Granulomen. Berl. tierärztl. Wschr. 41, 305 (1925). (c) Experimentell-morphologische Untersuchungen über den Glykogen- und Fettstoffwechsel in ihren gegenseitigen Beziehungen. Verh. dtsch. path. Ges. 21. T. gg Freiburg **1926**, 297. (d) Vergleichend-morphologische und experimentelle Untersuchungen über den Kohlenhydrat- und Fettstoffwechsel der Gewebe. Beitr. path. Anat. 79, 69 u. 523 (1928). — ARNDT, H. J. u. E. GREILING: Phosphorvergiftung und Insulinwirkung im Tierversuch. Virchows Arch. **267**, 243 (1928). — ARNOLD, J.: (a) Zur Morphologie des Leberglykogens usw. Virchows Arch. **193**, 174 (1908). (b) Zur Morphologie des Muskelglykogens. Arch. mikrosk. Anat. 73 (1909). (c) Über feinere Strukturen und die Anordnung des Glykogens in den Muskelfaserarten des Warmblüterherzens. Zbl. Path. **20**, 769 (1909). (d) Enthalten die Zellen des Knochenmarks, die eosinophilen insbesondere Glykogen? Zbl. Path. **21**, 1 (1910).

BARFURTH, D.: Vergleichend-histochemische Untersuchungen über das Glykogen. Arch. mikrosk. Anat. **25**, 259 (1885). — BERNARD, CLAUDE: (a) De la matière glycogène. J. Anat. et Physiol. **2**, 333 (1859). (b) De la matière glycogène, concidérée comme condition de développement de certains tissus chez le foetus avant l'apposition de la fonction glycogénique du foie. J. Physiol., Homme et Animaux 2, 326 (1859).

CORI, C. u. G.: Zit. nach FAHRIG. — CRAMER, W. and J. LOCKHEAD: Contributions to the biochemistry of growth. The glycogen content of the liver of rats bearing malignant new growths. Proc. roy. Soc. B 86, 302 (1913). — CREIGHTON, CH.: Zit. nach SUNDBERG.

DEVAUX, CH.: Beiträge zur Glykogenfrage. Beitr. path. Anat. 41, 596 (1907). — DRIESSEN: Über Glykogen der Placenta. Arch Gynäk. 82, 278 (1907). — DUDLEY, H. W. and G. F. MARRIAN: The effect of insulin on the glycogen in the tissues of normal animals. Biochemic. J. 17, 435 (1923).

EDELMANN, H.: (a) Über den Einfluß des Insulins auf den Glykogengehalt in Leber, Herz und Skeletmuskulatur. Beitr. path. Anat. 75, 589 (1926). (b) Zur Lokalisation des Leberglykogens. Klin. Wschr. 6, 1513 (1927). — EISNER, G.: Ernährungsschädigungen in ihrer Bedeutung für Blutzucker und Glykogengehalt der Organe. Z. exper. Med. **52**, 214 (1926). — EMBDEN, G.: Über die Wege des Kohlenhydratabbaus im Tierkörper. Klin. Wschr. 1, 401 (1922). — ERNST, P.: Die Pathologie der Zelle. Handbuch der allgemeinen Pathologie von KREHL-MARCHAND, Bd. 3, Abt. 1. 1915.

FAHRIG, C.: Über den Kohlenhydratumsatz der Geschwülste und ihrer normalen Vergleichsgewebe usw. Z. Krebsforschg 25, 146 (1927). — FICHERA, G.: Über die Verbreitung des Glykogens in verschiedenen Arten experimenteller Glykosurie. Beitr. path. Anat. **36**, 273 (1904). — FISCHLER, F.: Physiologie und Pathologie der Leber, 2. Aufl. Berlin 1925. — FUJII, J.: (a) Über Fesselungshyperglykämie und -glykosurie beim Kaninchen. Tohoku J. exper. Med. 2, 9 (1921). (b) Do the blood sugar level, the glycogen content of liver and of muscle . . . undergo a seasonal variation? Tohoku J. exper. Med. 5, 405 (1924).

GEELMUYDEN, H. CH.: Die Neubildung von Kohlenhydrat im Tierkörper I, II, III. Erg. Physiol. **21**, 274; 22, 151 u. 220 (1923). — GIERKE, E. v.: (a) Das Glykogen in der Morphologie des Zellstoffwechsels. Beitr. path. Anat. **37**, 502 (1905). (b) Zum Stoffwechsel des Fettgewebes. Verh. dtsch. path. Ges. 10. Tagg Stuttgart **1906**, 182. (c) Physiologische und pathologische Glykogenablagerung. Erg. Path. 11, 2, 871 (1907). — (d) Der Glykogengehalt der Nierenepithelien. Verh. dtsch. path. Ges. 20. Tagg Würzburg **1925**, 200. — GIGON, A.: Zur Kenntnis des Kohlenhydratstoffwechsels und der Insulinwirkung. Z. klin. Med. **101**,

17 (1924). — Gottschalk, A.: Der Kohlenhydratumsatz in tierischen Zellen. Handbuch der Biochemie von Oppenheimer, 2. Aufl. Jena 1925. — Grafe, E.: Die pathologische Physiologie des Grundstoff- und Kraftwechsels bei der Ernährung des Menschen. Erg. Physiol. 21, 1 (1925). — Grevenstuk, A. u. E. Laqueur: Über den Glykogengehalt der Leber vom Kaninchen unter Insulinwirkung usw. Biochem. Z. 163, 390 (1925). — Grosser, O.: Vergleichende und menschliche Placentationslehre. Biologie und Pathologie des Weibes von Halban-Seitz, Bd. 6, 1. Teil, S. 1. 1925. — Guerber, A.: Die Glykogenbildung in der Kaninchenleber zu verschiedenen Jahreszeiten. Sitzgsber. physik.-med. Ges. Würzburg 9, 17 (1895).

Heiderich: Das Glykogen des Magenoberflächenepithels. Anat. Anz. 46, Erg.-H., 85 (1916). — Hetényi, G.: Experimentelle Untersuchungen über den Mechanismus der Insulinwirkung. Z. exper. Med. 45, 439 (1925).

Kalbermatten, J.: Beobachtungen über Glykogen in der glatten Muskulatur. Virchows Arch. 214, 455 (1913). — Katsura, Sh.: Zuckergehalt der Lymphe und Resorptionswege des Kohlenhydrats aus dem Darmkanal. Tohoku J. exper. Med. 7, 382 (1926). — Katsurada, F.: Über das Vorkommen des Glykogens unter pathologischen Verhältnissen. Beitr. path. Anat. 32, 173 (1902). — Kira, G.: Beiträge zur Kenntnis der Glykogenspeicherung in der Leber. Mitt. med. Fak. Tokyo 30, 51 (1922). — Klestadt, W.: Über Glykogenablagerung. Erg. Path. 15, 2 349 (1911).

Lipska-Mlodowska: Zur Kenntnis des Muskelglykogens und seiner Beziehung zum Fettgehalt der Muskulatur. Beitr. path. Anat. 64, 18 (1918). — Livini, F.: Notizie preliminari intorno alla presenza di glicogene in diversi organi di embrioni umani. Monit. zool. ital. 31, 56 (1920). — Lockhead, J. and W. Cramer: On the glycogen metabolism of the foetus. Zit. nach Sundberg. — Loeffler, L. u. M. Nordmann: Leberstudien, 1. Teil. Virchows Arch. 257, 119 (1925). — Lubarsch, O.: (a) Glykogendegeneration. Erg. Path. 1, 1, 166 (1895). (b) Über die Bedeutung der pathologischen Glykogenablagerungen. Virchows Arch. 183, 188, (1906). (c) Verh. dtsch. path. Ges. 20. Tagg (Disk.bem.) Würzburg 1925, 203.

Macleod, J. J. R.: Kohlenhydratstoffwechsel und Insulin. Berlin 1927. — Magnus-Lévy: Die Kohlenhydrate im Stoffwechsel. Handbuch der Biochemie von Oppenheimer, 2. Aufl., Bd. 8, S. 338. 1925. — Meyenburg, H. v.: Morphologisches zum Insulinproblem. Schweiz. med. Wschr. 54, 1121 (1924). — Miyauchi, K.: Untersuchungen über die Menge und Verteilung des Leberglykogens. Frankf. Z. Path. 18, 447 (1916).

Raab, W.: Hormone und Stoffwechsel. Freising-München 1926. — Rabe, Fr.: Experimentelle Untersuchungen über den Gehalt des Knorpels an Glykogen und Fett. Beitr. path. Anat. 48, 554 (1910). — Richard, G.: Über den Einfluß der Funktion auf den Glykogengehalt der glatten Muskulatur. Beitr. path. Anat. 61, 514 (1916). — Rosenberg: Histologische Untersuchungen über das Leberglykogen. Beitr. path. Anat. 49, 284 (1910).

Saretzky, S.: Zit. nach Grosser. — Sato, K.: Studien über die Glykogenbildung im Tierkörper nach Zuckerzufuhr III. Tohoku J. exper. Med. 4, 347 (1923). — Schneider, P.: L'influence de l'insuline sur la fonction glycogénique du foie. Ann. d'Anat. path. 11, 513 (1925). — Schur u. Loew: Studien über den Kohlenhydratstoffwechsel I u. II. Wien. klin. Wschr. 1928, Nr 7 u. 8, 225 u. 261. — Sjoevall: Leberglykogen und gerichtliche Medizin. Vjschr. gerichtl. Med. 43, 28 (1912). — Sundberg, C.: Das Glykogen in menschlichen Embryonen von 15, 27 und 40 mm. Z. Anat. II 73, 168 (1924).

Thannhauser, S. J.: Lehrbuch des Stoffwechsels und der Stoffwechselkrankheiten. München 1929.

W lz, A.: Zur Kenntnis des Kohlenhydratstoffwechsels in der Niere. Arch f. exper. Path. 115, 232 (1926). — Wertheimer, E.: Stoffwechselregulationen IV und X. Pflügers Arch. 213, 298 (1926 u. 219, 190 (1928). — Wolff, E. K.: Experimentell-pathologische Untersuchungen über den Fettstoffwechsel. Virchows Arch. 252, 297 (1924).

Yamaguchi, S.: Studien über die Mundspeicheldrüsen II. Über das Glykogen usw. Beitr. path. Anat. 73, 123 (1925).

Tumoren.

Von FR. HEIM, Düsseldorf und PH. SCHWARTZ, Frankfurt a. M.

Mit 4 Abbildungen.

A. Einleitung.

Die vorliegende Arbeit, die zunächst eine Darstellung der *Spontantumoren* bei den am meisten benutzten Laboratoriumstieren — Kaninchen, Meerschweinchen, Ratte, Maus — enthält, mußte von vornherein unvollständig bleiben. Wir konnten uns nicht damit begnügen, die in der Literatur niedergelegten Beobachtungen einfach zu sammeln und zu systematisieren und durften, infolge der Begrenztheit des vom Herausgeber gestellten Zieles, die wichtigen Hinweise auf Natur, Ätiologie und Genese der Geschwülste — natürlich auch die Beziehungen zu den Geschwülsten beim Menschen —, die die vorliegenden Untersuchungen ergaben, nicht allgemein gültig auswerten.

Immerhin bemühten wir uns, sowohl in den allgemeinen Bemerkungen als auch in den speziellen Erörterungen über Tumoren der vier Tierarten, gerade jene Beobachtungen besonders hervorzuheben, die wesentliche Beiträge für eine allgemeine Geschwulstlehre des ganzen Tierreiches bilden.

Eine Trennung der nicht experimentell erzeugten Tumoren von den experimentell hervorgerufenen Geschwülsten konnten wir hier nicht streng durchführen, stellen doch gerade die durch exakt bestimmbare, experimentelle Bedingungen hervorgerufenen Geschwülste einen besonders wertvollen Teil der Geschwulstpathologie dar.

Schon bei den hier besprochenen Tieren, die ja im Gesamtkomplex der Geschwulstpathologie des ganzen Tierreiches eine zwar große, doch nicht überragende Bedeutung haben, zeigte sich, daß innerhalb der einzelnen Tiergruppen bestimmte Eigenschaften der Geschwulstätiologie und -genese besonders hervortreten können.

So ergeben die Untersuchungen an Ratten die überragende Bedeutung *makroparasitärer* Erkrankungen für die Geschwulstgenese. Bei den Mäusen tritt wiederum — diese Erkenntnis danken wir den umfassenden Forschungen M. SLYES und ihrer Mitarbeiter — die Bedeutung der *Vererbung* bzw. der *familiären Belastung* für die Geschwulstentstehung besonders deutlich hervor.

Bei Kaninchen scheinen die *embryonalen Entwicklungsvorgänge* sowie die physiologischen, mit der *Generation* zusammenhängenden Wachstumsprozesse zur Entstehung gut- oder bösartiger Tumoren besonders auffallend Veranlassung zu geben.

Zweifellos sind diese, für die einzelnen Tiergruppen heute noch so besonders charakteristisch erscheinenden Beziehungen nur als das unvollständige Ergebnis der bisher noch unvollständigen Erforschung der Ursachen und der Genese der Geschwülste zu werten.

Vielleicht trägt der vorliegende Bericht auch dazu bei, die bei den einzelnen Tiergruppen zum Teil sehr klar und endgültig erfaßten Zusammenhänge intensiver für die Erforschung der Probleme der Geschwülste beim Menschen anzuwenden als es bisher geschah.

B. Die Spontantumoren bei Kaninchen.

I. Allgemeine Bemerkungen.

a) Häufigkeit und Lokalisation der Tumoren.

Bisher sind in der Literatur verhältnismäßig *wenig* Angaben über spontane, nicht experimentell erzeugte Kaninchentumoren gemacht worden, trotz der außerordentlich großen Zahl zur Untersuchung gelangter Tiere. In jüngster Zeit bringt POLSON (1927) eine umfassende Zusammenstellung der über spontane Kaninchentumoren vorhandenen Literatur.

Durch Vermehrung der Kasuistik um 14 Fälle von ihm selbst untersuchter Tumoren konnte er eine Zahl von 66 Geschwülsten errechnen. Unter einem eigenen Tiermaterial von 560 Kaninchen fand er 7 Tumorfälle = 1,25%.

Aus der Zusammenstellung POLSONs geht hervor, daß der Uterus der häufigste Sitz für Spontantumoren darstellt, an zweiter Stelle, aber mit weitem Abstand, stehen Tumoren der Niere.

Im letzten Jahrzehnt wurde die Zahl der gutartigen und bösartigen Tumoren der Kaninchen durch experimentelle Eingriffe an den verschiedensten Organen derart vermehrt, daß eine zahlenmäßige Zusammenstellung selbstverständlich überflüssig ist: die Zahl derartiger Geschwülste ist ja ohne weiteres willkürlich zu erhöhen.

b) Alter.

Auch hier — wie bei anderen Tierarten — scheint das Auftreten von Kaninchentumoren in *älteren* Jahren (durchschnittlich vom 6. Jahr ab) häufiger zu sein. Der jüngste, uns bekannte Fall betraf ein 8—10 Wochen altes Kaninchen (SCHWEIZER), der älteste ein 8 Jahre altes Tier (P. MARIE und AUBERTIN). Auch STILLING (1910) stellt fest, daß es sich bei seinen tumorkranken Tieren um alte Kaninchen handelt.

c) Geschlecht.

Die große Zahl der Uterustumoren bedingt die Bevorzugung des *weiblichen* Geschlechts für das Auftreten von spontanen Geschwülsten.

POLSON stellte den außerordentlich hohen Prozentsatz von *89% weiblicher Tumortiere* unter 47 Fällen fest.

d) Bemerkungen zur Ätiologie der Kaninchentumoren.

Embryonale Gewebsreste scheinen in dem Fall von LUBARSCH Ausgangspunkt für einen Tumor zu bilden. Ähnlich ist auch der Fall NÜRNBERGERs und BELL-HENRICIs zu deuten. Wir weisen hier auch auf die interessante Beobachtung von MEYENBURG hin (s. S. 734). WAGNER macht für die Adenombildungen im Uterus die erhalten gebliebenen Uterusdrüsen am Rand der Kotyledonen im Anschluß an Gravidität verantwortlich. Ähnlich wären unseres Erachtens die Befunde BOYCOTTs zu erklären.

Scheinbar spielt die *Vererbung* bei der Entstehung von Spontantumoren auch bei Kaninchen eine gewisse Rolle. STILLING fand unter seinem Tiermaterial, welches er jahrelang gezüchtet und genau beobachtet hatte, 13 Fälle von *Spontantumoren*. BELL und HENRICI fanden unter 400 Sektionen bei 2 erwachsenen Kaninchen *desselben Stammes* je einen *Nierentumor*.

LACK berichtet über einen seiner Ansicht nach durch „ausgestreute Ovarialzellen" experimentell erzeugten Tumor.

NIESSEN beschrieb vor kurzem ein Adenocarcinom der Gallenblase beim Kaninchen (mit sehr schönen Abbildungen) und glaubt, daß der Tumor als Folge einer experimentellen Syphilisinfektion anzusehen sei[1].

---

[1] 14 Jahre früher beschrieb v. NIESSEN offenbar denselben Fall in der Dtsch. med. Wschr. In dieser *ersten* Mitteilung äußert sich v. NIESSEN bedeutend vorsichtiger über den Zusammenhang zwischen Krebsentstehung und experimenteller Syphilis in seinem Fall.

BROWN und PEARCE beschrieben ein Plattenepithelcarcinom des Scrotums, das 4 Jahre nach der Infektion an Stelle eines experimentell gesetzten syphilitischen Primäraffektes auftrat.

Ein Zusammentreffen von Infektion (Streptococcus caviae) mit anschließender Bestrahlung und Tumorentstehung wurde in jüngster Zeit von LACASSAGNE und VINCENT bei Kaninchen beobachtet.

Parasiten (Psorospermien) können nach SCHWEIZER ebenfalls eine Tumorentstehung in Kaninchenorganen verursachen.

Es sei hier nur kurz daran erinnert, daß experimentell durch Scharlachöl-Injektionen (B. FISCHER), Teerpinselung (YAMAGIWA), Röntgenstrahlen usw. Epithelwucherungen bzw. Tumoren zu erzeugen sind.

e) Metastasen.

Unter den Angaben über Kaninchengeschwülste finden sich eine verhältnismäßig große Reihe von Vermerken über *Metastasen*.

So berichten BROWN und PEARCE über ausgedehnte Metastasen eines Scrotumcarcinoms in den regionären Lymphdrüsen, in den Lungen, Nieren, Knochen, Milz und Leber. Lebermetastasen, Carcinose der Darmserosa, Lymphdrüsen- und Nierenkapselmetastasen fanden sich in dem von NIESSEN untersuchten Fall (Adenocarcinom der Gallenblase).

Ausgedehnte Metastasenbildungen zeigen die Fälle von *Kaninchensarkomen*. So fand WALLNER im Fall eines polymorphzelligen Sarkoms eine Ausbreitung in Herz, Leber, Niere und Milz. Im Falle BAUMGARTENS (,,peritheliales Sarkom") waren Metastasen in Lunge, Leber und Milz. ABERASTURY und DESSY (Lymphosarkom) und POLSON (Myosarkom des Uterus) berichten über Lymphdrüsenmetastasen.

STILLING gelang es, durch Autotransplantation des Uteruscarcinoms *experimentelle* Metastasen zu erzeugen.

f) Transplantabilität der Kaninchentumoren.

In der Literatur finden sich eine Reihe von Angaben über *gute Transplantationserfolge* mit primären Kaninchentumoren.

H. SCHULTZE konnte das von ihm gefundene Sarkom als Erster über 12 Generationen auf andere Kaninchen transplantieren. Er erzielte mit Tumoremulsionen und Stückchenimpfungen 80—100% Impferfolge[1].

BROWN und PEARCE (1923) gelang es, ein Plattenepithelcarcinom des Scrotums über 20 Tierreihen durch *Hodenimpfung* weiter zu übertragen. KATOS Kaninchentumor (1923) ließ sich über 27 Generationen transplantieren. Einen Tumor unbekannter Herkunft (Sarkom) konnte WALLNER durch Injektion einer Tumoremulsion in die *Blutbahn* weiter transplantieren. Auch ALLEN berichtet über gute Transplantationserfolge mit einem Scrotalcarcinom. STILLING und BEITZKE, ebenso BAUMGARTEN, ABERASTURY und DESSY konnten unter den malignen Uterustumoren ihrer Tierbestände *niemals* über gelungene Transplantationen berichten.

II. Kasuistik der Kaninchentumoren.

a) Tumoren der Haut.

1. Epitheliale Geschwülste.

VAN ALLEN berichtet über einen von der Scrotalhaut eines Kaninchens ausgehenden Spontantumor. Histologisch bot er das Bild eines *Plattenepithelcarcinoms*. Ein weiterer Fall von *Scrotumcarcinom* wurde — wie schon oben erwähnt — von BROWN und PEARCE beobachtet, nachdem sie das Tier vorher mit Syphilisspirochäten infiziert hatten.

---

[1] H. SCHULTZE bemerkt, daß bei den meisten Fällen die Transplantationsgeschwülste nach Erreichung eines Höhepunktes eine *Rückbildung* erfahren. So kann es zu einer *Spontanheilung* kommen.

2. Geschwülste des Bindegewebes der Haut.

Hier ist ein Fall KATOS (1925) zu erwähnen. Der Tumor saß im *subcutanen Gewebe des Rückens* und zeigte die Strukturen eines Spindelzellensarkoms. Er ließ sich sehr gut transplantieren.

b) Mammatumoren.

Im Gegensatz zu Hunden, Ratten und Mäusen sind Mitteilungen über *Mammatumoren* bei Kaninchen äußerst spärlich.

Wir konnten nur bei MARIE und AUBERTIN ein Brustcarcinom angeführt finden, das sie einer *mündlichen* Mitteilung MASSONS verdanken. Eine weitere Notiz über ein Adenocarcinom der Brust findet sich bei POLSON.

B. FISCHER-WASELS gelang es, durch Injektion von Scharlachöl in die Brustdrüse des Kaninchens *echte Plattenepithelbildung mit Verhornung in den Drüsenläppchen der Mamma* zu erzeugen.

TAKEUCHI konnte durch Einspritzung von Scharlachrotöl in die Brustdrüse beim Männchen *adenomatöse Hyperplasien* — in einem Fall sogar mit infiltrativem Wachstum — hervorrufen.

YAMAGIWA berichtet über ein experimentell erzeugtes, sehr bösartiges *Myxofibrosarkom der Mamma* beim Kaninchen, das mit wiederholten Injektionen von Lanolinteer behandelt worden war.

BLOCH und DREIFUSS berichten über Versuche, in welchen sie durch Röntgenbestrahlungen metastasierende Carcinome erzeugen konnten.

c) Tumoren des Respirationstraktus.

Es ließen sich in der Literatur der Kaninchentumoren nur eine Diskussionsbemerkung von SCHMORL und eine Notiz von PETIT über je ein Lungencarcinom finden.

B. FISCHER-WASELS gelang es, durch wiederholte intravenöse Injektionen des Kreosotalgranugenol in den Lungen krebsähnliche adenomatöse Wucherungen beim Kaninchen zu erzielen. In diesen Versuchen tritt die Rolle der Epithelregeneration auf dem Boden primärer Infarktbildung besonders deutlich zutage.

KAWAMURA berichtet (1911) über experimentell erzeugte Epithelmetaplasien der Trachealschleimhaut.

d) Tumoren des Digestionstraktus.

1. Tumoren der Mundhöhle.

Geschwülste des Bindegewebes. Rundzellensarkome der Kiefer.

Zwei Fälle von Rundzellensarkom demonstrierte KATASE (1912). Das Sarkom saß einmal am Ober- und einmal am Unterkiefer. Nähere Angaben fehlen.

Durch langdauernde Fütterung von Lanolin gelang es YUKUTA KON, Papillome der Zunge, der Lippe und des Gaumens zu erzeugen.

2. Magentumoren.

Wir konnten in der Literatur nur eine Diskussionsbemerkung SCHMORLS über einen Fall eines kleinen Carcinoms des Magens in der Nähe der Kardia finden.

YUKUTA KON berichtet vom Auftreten adenomatöser Wucherungen der Magenschleimhaut nach langdauernder Lanolinfütterung.

3. Darmtumoren.

Als einzige Geschwulst des Darmtraktus fanden wir in der Literatur eine Angabe POLSONS über ein *maulbeergroßes Papillom* am Rand der Iliocöcalklappe.

In unserem Institut kam bei einem 1½ Jahre alten schwarzweißen Kaninchen (Weibchen) ein etwa walnußgroßer *Tumor des Dünndarms* zur Beobachtung.

Er saß in der Nähe der Klappe, durchsetzte die ganze Darmwand und erschien im Darmlumen als ein kraterförmiges, großes Geschwür. Die histologische Untersuchung ergab einen *undifferenzierten* Tumor, in welchem stellenweise noch Andeutungen solider *epithelialer* Strukturen zu erkennen waren. In der Milz waren — an den beiden Polen des Organs — je eine kirschkerngroße Metastase; die Metastasen zeigten histologisch denselben Bau wie der Primärtumor.

4. Tumoren des Omentums.

Bei der Sektion eines Kaninchens, welches für Immunitätsversuche getötet wurde, fand FELDMANN einen Tumor im Omentum. Auch die Lungen waren mit zahlreichen Tumorknoten durchsetzt, die histologisch das Bild eines Lymphosarkoms darstellten. Einen weiteren fraglichen Netztumor konnte BAUMGARTEN feststellen.

Der größte Knoten saß im Netz (12 : 8 : 5 cm). Es fanden sich außerdem Knoten in den Lungen, Lymphdrüsen und im Zwerchfell. Im linken Uterushorn war ein pflaumengroßer Geschwulstknoten. BAUMGARTEN hält den Netztumor für primär und glaubt, wenn auch nur mit Reserve, ihn zu den „*perithelialen sarkomatösen Tumoren*" rechnen zu dürfen. Einen ähnlichen Fall beschrieb POLSON.

e) Lebertumoren.

In der Literatur fanden wir nur drei Primärtumoren notiert, die ihren Sitz in der Leber bzw. im Gallenapparat hatten. Zwei Fälle wurden schon 1888 von SCHWEIZER mit dem Vorkommen von *Psorospermien* in Zusammenhang gebracht.

KATASE (1912) notiert ein *Rundzellensarkom* der Leber, ohne aber nähere Angaben zu machen.

Wir erwähnen hier, daß M. B. SCHMIDT durch langdauernde Fütterung von Scharlachrotfett mit Lecithinzusatz einmal eine ausgedehnte Adenombildung in der Leber eines Kaninchens erzeugen konnte.

Wir weisen hier nochmals kurz auf den auf S. 726 erwähnten *Gallenblasentumor* v. NIESSENS hin.

f) Geschwülste der Nieren.
1. Adenome.

Die Erwähnung eines *papillomatösen Adenoms* der Nierenrinde findet sich bei HENSCHEN. Der Tumor befiel einen französischen Widder, war sehr groß und zeigte ausgedehnte Nekrosen. Drei weitere Fälle von *Nierenadenomen* kamen bei BROWN und PEARCE zur Beobachtung, nachdem sie die Tiere vorher mit Treponema pallida infiziert hatten.

2. Embryonale Nierengeschwülste.

Bei Einimpfungsversuchen von Speicheldrüsenstückchen in die Niere eines jungen Kaninchens fand LUBARSCH vier Monate nach der Operation einen mehr als die Hälfte der linken Niere einnehmenden Tumor, der die Marksubstanz am oberen Nierenpol fast völlig verdrängte. Speicheldrüsenreste ließen sich histologisch nicht mehr nachweisen. Der Tumor war überall vom Nierengewebe scharf abgesetzt, histologisch bestand er aus drüsenähnlichen Neubildungen, die zum Teil langgestreckte Schläuche mit weiten Lumina bildeten, in die papilläre Wucherungen hineinsprangen. Die Epithelien zeigten überall zylindrische oder kubische Gestalt; einzelne Geschwulstknollen wurden durch schmale oder breite Bindegewebssträge gegeneinander abgegrenzt. Teilweise fanden sich Nekrosen und Blutungen, sowie cystische Erweiterung der drüsigen Bildungen. Dicht unter der Kapsel konnten an verschiedenen Stellen *Bündel glatter Muskulatur* nachgewiesen werden. Dagegen nirgends Knorpel- und Plattenepithelinseln und quergestreifte Muskeln.

Der ganze Tumor ähnelte in seinem Aufbau nach Ansicht LUBARSCHS einem „*Adenosarcoma embryonale*".

LUBARSCH stellt sich die Tumorentwicklung in diesem Fall so vor, daß sich zufällig gerade in der Nähe der Stelle, an welcher er die Einimpfung der Speicheldrüsenstückchen vornahm, ein Einschluß *embryonalen* Gewebes in der Niere vorlag; unter dem Einfluß der Operation könnte dieser Keim zu einer raschen Wucherung angeregt worden sein. Es gelang LUBARSCH übrigens, das Vorkommen „*embryonaler Verwerfungen*" in der Kaninchenniere durch mikroskopische Untersuchungen festzustellen. Er fand bei einem der

untersuchten Tiere an der Grenze von Mark und Rinde hyalinen Knorpel, in einem anderen
Fall von Plattenepithelinsel in der Marksubstanz, ferner dreimal in der Rinde glatte Muskelzellen.

Einen ähnlichen Fall verdanken wir der Beschreibung NÜRNBERGERS. Der
Tumor befiel ein Kaninchen, dessen Alter nicht feststellbar war und saß als
kirschgroße Erhebung über der Oberfläche in der oberen Hälfte der Niere.

Bei der histologischen Untersuchung zeigte sich als epithelialer Bestandteil „ein reines
Adenocarcinom". Zwischen den Drüsenschläuchen und Zellnestern lag ein „eigentümlich
indifferentes, unreifes, sarkomähnliches, aus zahlreichen spindeligen bis runden protoplasmareichen Zellen" bestehendes Gewebe, das den Eindruck „eines Fibrosarkoms"
machte.

Nach Ansicht NÜRNBERGERS handelt es sich um ein *„Adenosesarkom"* wie
im Falle LUBARSCHS.

In der Niere eines drei Monate alten Kaninchens fand OBERLING einen nuß-
großen Tumor, der den oberen Nierenpol einnahm. Histologisch erwies er sich
als ein „Adenosarkom" der Niere.

Zwei weitere Fälle von Nierentumoren kamen bei BELL und HENRICI zur
Untersuchung. Sie nennen die Tumoren *„Nephroblastome"* und vermerken die
Übereinstimmung mit den bereits vor ihnen bekannten „Adenosarkomen" der
Kaninchen. Die Übertragungsversuche auf andere Kaninchen blieben erfolglos [1].

In seiner „Allgemeinen Geschwulstlehre" rechnet B. FISCHER-WASELS die
sog. Adenosarkome der Nieren — ähnlich wie zahlreiche andere undifferenzierte
Tumoren der verschiedensten Organe — in die Gruppe der *Meristome*. Er
betont, daß mit dieser Bezeichnung eines undifferenzierten Tumors die Unklar-
heit der Histogenese unterstrichen und der Weg für ein besseres „Verständnis
für die Beziehungen dieser Geschwülste zu anderen Geschwulstformen" nicht
von vornherein verschlossen wird. „Es ist ein großer Unterschied, ob wir sagen,
daß aus einem Carcinom z. B. bei weiteren Transplantationen sich ein Sarkom
entwickelt hat, oder ob wir objektiv bleiben und feststellen, daß aus einem
Carcinom ein Meristom hervorgegangen ist . . . ." Wir werden bei zahlreichen Tumoren auch anderer Tiere immer wieder darauf hinweisen müssen,
daß morphologische Differenzen im Bau ein und desselben Tumors durch die
von B. FISCHER-WASELS unterstrichenen Unterschiede in der Differenzierung
ein und derselben Geschwulstzellart bedingt werden können, und möchten
gerade bei den hier zur Sprache stehenden, eigenartigen Nierengeschwülsten der
Kaninchen auf die Deutung als „Meristome" besonders hinweisen.

g) Tumoren des Uterus.

Der Uterus ist bei Kaninchen die weitaus häufigste Ausgangsstelle für
Spontantumoren. Hauptsächlich finden sich in der Literatur Angaben über
Adenome und *Adenocarcinome*, außerdem einige Vermerke über *Myome* und die
Beschreibung eines *Myosarkoms*.

Die Lokalisation der Uterusgeschwülste ist nach STILLING und BEITZKE
meist die „antimesometrale" Seite der Uteruswand, manchmal auch ein Teil
der Vorder- und Hinterwand.

1. Epitheliale Geschwülste.

a) Adenome. Die ersten *Uterusadenome* beschrieb 1906 WAGNER im PALTAUF-
schen Institut. Im Fall WAGNERS wurden multiple Tumoren im Anschluß
an Gravidität gefunden. Die Knoten saßen in der Submucosa und Mucosa.
Histologisch bestanden die Tumoren aus drüsenähnlichen Bildungen: papillär
gebaute Adenome.

---

[1] Eine kurze Notiz über ein nicht transplantables *Carcinom der Nieren* findet sich bei
POLSON.

In die Gruppe der WAGNERschen Beobachtungen gehören wohl auch die Fälle BOYCOTTS (1910).

In einem dieser Fälle war die eine Uterushälfte völlig durch einen soliden Geschwulstknoten ausgefüllt, die andere enthielt fünf Cysten mit 10 mm großen Feten und abnorm kleinen Placenten. Fall 4 zeigte 11 gestielte Tumoren, die in annähernd gleichen Abständen angeordnet lagen. In allen vier Fällen bestanden die Tumoren aus zartem Stroma, welches entweder dichte Epithelkomplexe oder alveolär angeordnete Zellen enthielt, die die Entstehung von tubulären Drüsen andeuteten.

Alle Tumoren schienen auf der *mesometralen* Seite des Uterus entstanden zu sein (Seite der *normalen* Placentation). Bemerkenswert war, daß alle Tumoren in der *Brunstperiode* auftraten. BOYCOTT glaubt, aus der reihenweisen Anordnung der 11 Tumoren im Fall 4, die in der Lokalisation normalen Placentarstellen entsprechen, den Schluß ziehen zu können, daß die Tumoren *infolge von Aborten* entstanden seien. Die Möglichkeit eines Abortes scheint nach Ansicht des Autors besonders im Fall 1 wegen der *enormen* Placentation nicht ausgeschlossen zu sein. Er hält daher die Bezeichnung „*Deciduom*" für berechtigt.

Trotz der Beschreibungen der mikroskopischen Befunde, die von einem infiltrativen Wachstum, von *unregelmäßigen epithelialen Bildungen* sprechen, betont der Verfasser, daß es sich in seinem Falle nicht um bösartige Tumoren handelt.

Auch im Material STILLINGs befinden sich nach dem Bericht von BEITZKE zahlreiche Adenome, die mit den WAGNERschen Tumoren zu identifizieren sind [1]. Auch hier ist in vielen Fällen das multiple Auftreten nachzuweisen. Es wird aber hervorgehoben, daß die Tumoren meistens an der *antimesometralen* Seite der Uteruswand saßen, daß sie manchmal an der Vorder- und Hinterwand, selten aber am *Mesometralansatz* beginnen. Es sei hier bemerkt, daß WAGNER *keine* besondere Lokalisation seiner Tumoren angibt und weiterhin, daß die Angaben bei BOYCOTT und STILLING (BEITZKE) sich zum Teil widersprechen. Trotzdem glauben wir auch die von STILLING beobachteten Tumoren in die „*Wagnergruppe*" rechnen zu dürfen. Gemeinsam ist bei allen diesen Geschwülsten die Multiplizität, weiterhin — soweit es die durch die Autoren mitgeteilten Befunde festzustellen gestatten — die histologische Struktur.

Interessant sind die Angaben STILLING-BEITZKEs in Anbetracht der zahlreichen Übergänge von Adenomen zu Adenocarcinomen bei den von ihnen beobachteten Tieren. Diese Befunde lassen es als recht wahrscheinlich erscheinen, daß unter den Beobachtungen BOYCOTTs (s. o.) auch *Carcinome* vorlagen.

Bei den meisten hier in Betracht gezogenen Fällen hoben STILLING und BEITZKE hervor, daß die Tiere geworfen haben; in den übrigen Fällen — durchweg alte Tiere, die mit Männchen zusammengehalten wurden — ist es ebenfalls wahrscheinlich, daß die Tiere bereits geworfen haben.

In die Gruppe der WAGNERschen Tumoren gehört wahrscheinlich auch der von KOYAMA untersuchte Fall. Es fanden sich hier in beiden Uterushörnern multiple, kurz gestielte Tumoren, die auf dem Durchschnitt zahlreiche Cysten aufwiesen. Das mikroskopische Bild zeigte „adenomatöses" Gewebe, dessen cystisch erweiterte Drüsen mit einschichtigem, kubischem oder Cylinder-Epithel ausgekleidet waren.

β) **Carcinome.** Es findet sich eine Notiz bei KATASE über ein *Adenocarcinom* des Uterus. Fälle von *Adenocarcinomen* werden weiterhin von STILLING und BEITZKE, POLSON, RUSK und EPSTEIN angegeben.

---

[1] STILLING berichtete schon früher — allerdings sehr summarisch — über diese Befunde. Die ausführlichen Mitteilungen verdanken wir BEITZKE, der den Nachlaß STILLINGs verwertete.

Sechs Jahre nach operativer Entfernung einer Niere konnte SELINOW multiple Knoten eines *Drüsenzellencarcinoms* im Uterus mit infiltrierendem Wachstum in die Muscularis beobachten.

LACK sah (1899) nach experimentellem Aufschneiden eines Kaninchenovars und Verstreuen der Ovarialzellen in die Bauchhöhle ein *Cylinderepithelcarcinom* mit speziellem Charakter eines Ovarialcarcinoms im Uterus auftreten und glaubt, daß es sich um einen experimentell erzeugten Tumor handelt. FRÄNKEL und FÜTTERER konnten bei Wiederholung dieser Versuche die Angaben von LACK nicht bestätigen. SHATTOCK hielt den Tumor für eine Spontangeschwulst.

PIERRE MARIE und AUBERTIN erwähnen bei einem 8 Jahre alten Kaninchen, welches im letzten Jahre noch geboren hatte, zwei Geschwülste der Uterushöhle, die sie als „Epithelioma cylindrique metatypique" bezeichneten.

2. Geschwülste der Uterusmuskulatur.

Myome sitzen nach STILLING und BEITZKE im Kaninchenuterus meistens am Ansatz des Mesometriums und sind nach allen Seiten hin gut abgegrenzt, analog den menschlichen Uterusmyomen. In drei Fällen konnten sie Myome mit adenomatösen Bildungen vergesellschaftet finden („Adenomyome").

Bei POLSON kam ein *Myosarkom* des Uterus zur Untersuchung. Die Gebärmutter war um das Doppelte vergrößert und zeigte große Knoten unter der Vereinigung beider Hörner. Der Tumor wuchs stark infiltrierend und bestand aus großen, spindeligen Zellen, die wie Uterusmuskulaturzellen aussahen.

h) Nebennierengeschwülste.

Ein fragliches Sarkom, welches von den Nebennieren seinen Ausgangspunkt nahm, wird bei BOYCOTT und PEMBREY vermerkt. Der Tumor saß bilateral in den Nieren und Nebennieren. Nähere Beschreibungen fehlen.

Die histologische Untersuchung ergab Geschwulstmassen aus runden Zellen, die etwas größer waren als Lymphocyten und mehr Protoplasma enthielten. Es fanden sich starke Hämorrhagien; sowohl Nebenniere wie Nieren waren durch Kapseln voneinander abgegrenzt.

i) Tumoren der Hypophyse und Schädelbasis.

In der Arbeit POLSONs findet sich der Vermerk eines *Hypophysenadenoms* im Lobus anterior. MARGULIES (1901) untersuchte ein *Teratom der Hypophyse* beim Kaninchen. Der Tumor kam ohne vorherige klinische Erscheinungen bei der Sektion zur Beobachtung.

Die Geschwulst war erbsengroß, saß am *Infundibulum* und drang frontalwärts in die Hirnsubstanz hinein. Sie bestand aus mehreren Cysten, die Schleim und „körnige" Massen enthielten und mit Cylinderepithel — stellenweise mit Flimmerhaaren — ausgekleidet waren; in der Cystenwand fanden sich glatte Muskulatur und Bindegewebe, außerdem Drüsen mit hohem Epithel und zentralem Lumen. Andere Drüsen ähnelten Magendrüsen. Dazwischen lagen Herde mit hyalinem Knorpel und längs- und quergestreiften Muskelfasern.

SHIMA (1908) sah ein *Teratom an der Hirnbasis* eines Kaninchens.

Der Tumor saß in der Gegend des Tuber cinereum und griff symmetrisch von der Medianlinie beiderseits auf den Gyrus pyriformis über. Lateral reichte der Tumor bis zu dem Tractus opticus. Histologisch bestand der Tumor aus zahlreichen, zum Teil von Bindegewebe umgebenen Cysten. An einigen Stellen fanden sich Flimmerhaare, echter hyaliner Knorpel, Schleim- und Speicheldrüsen, ferner typische Fundusdrüsen mit Haupt- und Belegzellen; neben diesen visceralen Partien fanden sich Inseln von Nervensubstanz.

Der Tumor wuchs nicht infiltrierend in die Umgebung und verursachte nur ein geringes Ödem in der Peripherie. Klinische Symptome waren durch die Geschwulst nicht in Erscheinung getreten.

k) Tumoren der blutbildenden Organe.

1. Tumoren der Milz.

BALL (1926) fand bei einem ausgewachsenen weiblichen Kaninchen in der Milz, die um das Doppelte vergrößert war, einen scharf abgegrenzten Knoten

(5 mm Durchmesser). Histologisch bot die Geschwulst das Bild eines *Adenoms*. Er identifizierte die epithelialen Strukturen mit denen im Dickdarm. Im Anschluß an LAUCHE nimmt BALL an, daß es sich bei seiner Beobachtung um eine entwicklungsgeschichtliche Fehlbildung, um eine „seroepitheliale Fibroadenomatose, ausgehend von dem Seroepithel des Peritoneums" handelt.

2. Tumoren des Lymphapparates.

MARCHAND berichtete 1913 auf dem Pathologentag im Verlauf einer Diskussion kurz über ein *Sarkom* der Bauchhöhle beim Kaninchen, welches wahrscheinlich von den *Mesenteriallymphdrüsen* ausging. Ein weiteres *Lymphosarkom* wurde von ABERASTURY und DESSY mitgeteilt. Der Tumor nahm seinen Ursprung von den Lymphdrüsen in der Nachbarschaft des Pankreas und wuchs auch in das Pankreas ein. In allen Lymphdrüsen und Organen zeigten sich Metastasen. Statt beider Ovarien fanden sich nur noch Überreste alter GRAAFscher Follikel. Im linken Herzen waren ebenfalls Metastasen. Der Tumor bestand histologisch größtenteils aus *Rundzellen* mit wenig Protoplasma und dunklem Kern. Die Autoren konnten den Tumor nicht transplantieren.

3. Anhang.

W. H. SCHULTZE (1913) berichtet über ein „großzelliges" Sarkom der rechten Unterkiefergegend bei einem 1 Jahr alten Kaninchenbock. Es imponierte als walnußgroße Verdickung, wuchs infiltrierend in die Muskulatur und metastasierte in *Milz, Leber* und *Nieren*. Die Milzvenen waren reichlich mit Geschwulstzellen angefüllt. SCHULTZE nahm zunächst an, daß der Tumor möglicherweise aus dem Periost hervorging.

SCHULTZE verimpfte das Kaninchensarkom bei einer Serie von Tieren in die Nieren, bzw. Hoden. Er fand dabei regelmäßig „gewaltige Tumoren" mit ausgedehnten Metastasen besonders in den Lymphdrüsen. Die Tiere gingen nach 14 Tagen zugrunde. In einigen Fällen ließen sich auffallend große Milztumoren und auch Vergrößerungen der Leber nachweisen. „Kurz, es ergab sich ein Bild, wie man es bei lymphatischer Leukämie sieht." Die Analogie trat bei der histologischen Untersuchung ebenfalls sehr deutlich hervor. Bei direkten Injektionen des Tumortransplantats in die Milz konnte SCHULTZE das Bild der lymphatischen Leukämie des Menschen vollkommen reproduzieren. Selbst das Knochenmark erschien typisch verändert. Die weißen Blutkörperchen waren auch im strömenden Blut bis auf 45 000 vermehrt, darunter 70% „große mononucleäre Zellen".

SCHULTZE (1914) kennzeichnet das Resultat seiner Beobachtungen folgendermaßen:

Wir haben es „mit einer Affektion zu tun, bei der es einmal zu einer destruierend wachsenden Geschwulstbildung kommt, ein anderes Mal zu diffusen Infiltrationen, Sarkomatose und schließlich zu großzelliger Leukämie".

SCHULTZE identifiziert seinen Befund mit einer Beobachtung v. GIERKEs, der bei einem Kaninchen leukämieähnliche Veränderungen: „Milztumor und große, weiße, tumorähnliche Knoten in Nieren und Herz" fand. Die Vermutung einer Leukämie wurde im Falle v. GIERKEs auch durch die Untersuchung des Leichenblutes bestätigt. „Auch die histologische Untersuchung ließ eine Leukämie annehmen mit großen ungranulierten Leukocyten" (s. auch Kapitel „Blut").

l) Tumoren des Stütz-, Knochen- und Muskelapparates.

LACASSAGNE und VINCENT hatten Bakterienkulturen (Streptobacillus caviae) Kaninchen unter die Haut gespritzt und die Infektionsbezirke 10 Tage später zu therapeutischen Zwecken bestrahlt. Nach einigen Monaten beobachteten sie in einem Fall ein Tumorwachstum am Unterschenkel. Der Tumor erwies sich als ein *Osteosarkom*. Die beiden anderen Tiere zeigten nach ähnlicher Behandlung *Spindelzellensarkom* und ein *Rhabdomyosarkom* des Unterschenkels. Die Autoren glauben, daß die *Kombination* von Röntgenstrahlen und Streptobacillen für das Entstehen maligner Tumoren eine gewisse Eignung schaffe.

Anhang. Tumoren unklarer Herkunft.

WALLNER konnte ein transplantables *polymorphzelliges Sarkom* mit Riesenzellen bei einem 5 Jahre alten männlichen Kaninchen mit ausgedehnten Metastasen in Herz, Nebennieren, Leber, Milz, Nieren und Lymphdrüsen finden. Der Ausgangspunkt des Sarkoms ließ sich nicht feststellen.

Ohne nähere Angaben über den Ausgang des Tumors erwähnt POLSON zwei Fälle von Myxosarkomen; mit einem von diesen wurden erfolgreiche Transplantationsversuche ausgeführt (Fall 4 und 5 der POLSONschen Arbeit).

POLSON erwähnt auch ein Spindelzellensarkom ohne nähere Angaben.

Hier erwähnen wir auch den von POLSON als „Medullärcarcinom" beschriebenen Tumor der rechten Nackenseite.

Hier erwähnen wir auch den Befund MEYENBURGs: Zwei Jahre nach einem Operations-Experiment wurde an der Stelle der Einheilung eines Fötes ein hühnereigroßes Sarkom der Bauchwand gefunden.

C. Die Spontantumoren der Meerschweinchen.

I. Allgemeine Bemerkungen.

a) Häufigkeit der Tumoren.

Angaben über spontane Meerschweinchentumoren sind in der Literatur recht spärlich, trotzdem ungezählte Tiere in den Laboratorien zur Untersuchung kommen.

RAEBIGER und LERCHE (1925) betonen, daß ihre negativen Tumorbefunde im bakteriologischen Institut der landwirtschaftlichen Kammer für die Provinz Sachsen an Hand eines sehr großen Materials gewonnen wurden.

b) Alter der tumorkranken Tiere [1].

Genaue *Altersangaben* über Tumortiere finden sich nur vereinzelt, so daß wir daraus keinen Schluß ziehen können. In einem Fall finden wir das Alter von 4 Jahren angegeben (BLUMENSAAT und CHAMPY), in einem weiteren die Erwähnung eines „jungen" Tieres (L. BENDER). Die von LOEB entdeckten chorionepitheliomartigen Gebilde traten im Alter von 2—6 Monaten auf.

c) Geschlecht der tumorkranken Tiere.

Es scheint, daß Tumoren beim Weibchen häufiger vorkommen.

d) Lokalisation der Geschwülste.

Die *Lungen* stellen den häufigsten Sitz der Tumoren beim Meerschweinchen dar; man findet hier *adenomähnliche* Bildungen. Es folgen in der Literatur Angaben über Tumorbildung im *Ovar* („*chorion-epitheliomatöse*", LOEBsche *Tumoren)* und erst an dritter Stelle stehen zahlenmäßig die Berichte über *Mammageschwülste (Adenoma, Lipoma* usw.). Alle diese Stellen werden mit einer gewissen Regelmäßigkeit betroffen.

e) Bemerkungen zur Ätiologie.

Nach STERNBERG (1903) sind für die *adenomartigen* Gebilde der Meerschweinchenlunge *Mißbildungen* verantwortlich zu machen.

Eine einzigartige Häufung von Bronchialtumoren, die mit den beiden Fällen STERNBERGs möglicherweise zu vergleichen sind, sah SPRONCK. Von 100 Meerschweinchen einer Familie fand er $56^0/_0$ an abnormen Bronchialverzweigungen bzw. „Spaltungen" erkrankt, so daß er mit *hereditären* Einflüssen rechnen zu müssen glaubt.

---

[1] Normalerweise beträgt das Durchschnittsalter bei Meerschweinchen 6 bis 8 Jahre (HABERLAND).

Zur Erklärung der chorionepitheliomartigen Tumoren der Meerschweinchen-ovarien nimmt LOEB an, daß diese Gebilde aus *parthogenetisch* sich entwickeln-den, in der Rinde des Ovars liegenden, normalen Eiern ausgehen.

In einem einzigen Fall wird die Anwesenheit einer Nematode in Leber und Peritoneum zugleich mit einem Tumor der Mamma von BLUMENSAAT und CHAMPY (1928) verzeichnet. Wir glauben, hier einen Zusammenhang zwischen Tumor und Parasit ablehnen zu dürfen[1], wie auch die Autoren meinen, daß das Zusammentreffen des an und für sich seltenen Parasiten und des Carcinoms beim Meerschweinchen „n'est pas probablement parfaite".

Nach den Literaturberichten wurden Meerschweinchen relativ selten zur experimen-tellen Erzeugung von Tumoren benutzt.

Wir möchten hier zwei Angaben aus der Literatur anführen; die von KIMURA und KA-ZAMA, die durch Teerapplikation experimentell Carcinome der Lungen bzw. der Gallenblase erzeugten. KAZAMA berichtet auch über experimentell erzeugte Gallenblasencarcinome bei Tieren, die durch Ligatur des Fundus der Gallenblase, Applikation mehrfach geknoteter Fäden in der Gallenblase, Hineinsenken von kleinen Steinchen — auch menschlichen Gallensteinen — in die Gallenblase, mit Eiweiß-, Chlorcalcium-, Lanolin-, usw. Einspritzungen in die Gallenblase behandelt wurden.

Bemerkenswert ist, daß unter den 75 Tieren, die den Beginn des Experimentes länger als 65 Tage überlebten, in 64% der Fälle Carcinome beobachtet wurden. Es ist ferner interessant, daß durch die Applikation menschlicher Gallensteine häufiger bösartige Tumoren erzeugt wurden als durch Teeranwendung.

f) Metastasen.

Die Bildung von *Metastasen* bei Meerschweinchentumoren scheint häufig zu sein.

Es kamen nach Berichten der Literatur nach einem *Mammacarcinom* Pleura-metastasen und bei Transplantation eines *malignen Lipoms Nierenmetastasen* zur Untersuchung. Drei Fälle von *Spindelzellensarkom* zeigten ausgedehnte Metastasen in Leber, Milz und Nieren. Besonders eigenartig war in einem Fall die Durchsetzung der Leber mit über 30 stecknadelkopf-haselnußgroßen Knoten; daneben vollständige Supposition der Eierstöcke durch Tumorgewebe.

g) Transplantabilität.

In dem verfügbaren Schrifttum ist eine verhältnismäßig *große* Reihe von *geglückten Tumortransplantationen* von Meerschweinchen auf Meerschweinchen aufgezeichnet. MURRAY berichtet über ein mehrere Generationen hindurch transplantiertes malignes *Lipom der Meerschweinchenmamma*. JONES gelang die Transplantation eines *Adenocarcinoms* der Mamma über acht Generationen, MIGUENZ die eines Rundzellensarkoms sogar über neun Generationen. Über sechs Generationen konnte LUBARSCH ein *S* indelzellensarkom trans-plantieren, wobei alle Tumoren strukturell mit dem Primärtumor übereinstimmten.

Bemerkenswert ist die Beobachtung LUBARSCHs, daß von der sechsten Generation an die Rückbildung der Transplantate, die bei einigen Tieren schon in der zweiten Generation hervortrat, die Oberhand gewann.

LUBARSCH fand bei einem Tier der sechsten Generation im Bereich eines in die Haut einwachsenden *Sarkomknotens* eine Plattenepithelwucherung mit Kernteilungen, so daß eine gewisse Ähnlichkeit mit *Cancroidzapfen* bestand.

SNIJDERS gelang es, *Meerschweinchenleukämie* zu verimpfen. Es wird betont, daß Bak-terien als Ursache der Erkrankung — also auch als Erklärung der Transplantationser-folge — nicht in Betracht kämen. LIGNAC (1928) unterstreicht es besonders, daß die Über-impfung nur gelingt, wenn lebende Zellen vorhanden sind, und daß Filtrate nie angingen[2].

---

[1] Erkrankungen durch *Fascicola hepatica* wurden von SOHNS (1916) in Niederländisch-Indien und von SCHMIDT in den Meerschweinchenbeständen des Hygienischen Institutes in Freiburg als Endemie festgestellt, *ohne* daß es dabei zu einer Tumorentstehung gekommen wäre.

[2] AULER und PELCZAR brachten auf der Tagung des Krebskongresses in Wiesbaden (1928) die Feststellung, daß es allgemein gelänge, artfremde Tumoren auf Tiere zu über-tragen, wenn dieselben vorher durch artfremdes Serum allergisch wü den. Da Meerschweinchen besonders gut sensibilierbar sind, wurden in unveröffentlichten Versuchen diese Befunde von HEIM und FRIEDBERGER an Meerschweinchen überprüft, es gelang ihnen aber in keinem Fall, Rattentumoren auf Meerschweinchen zu übertragen.

II. Kasuistik der Meerschweinchentumoren.

a) Tumoren der Haut und Unterhaut.

1. Epitheliale Geschwülste der Haut.

Nirgends finden in der Literatur *epitheliale Tumoren* der Haut und Unterhaut bei Meerschweinchen Erwähnung.

2. Geschwülste des Bindegewebes der Haut.
Spindelzellensarkome.

Zwei Fälle von spontanen *Sarkomen* bei Meerschweinchen teilt LUBARSCH mit. Sein Schüler KLEINKUHNEN verarbeitete dieses Material (1916). Im ersten Fall handelte es sich um ein apfelgroßes, großzelliges Spindelzellensarkom am Rücken des Tieres, das tief in die Muskulatur eindrang und stellenweise mit der Rückenmuskulatur verwachsen war. In der Milz fanden sich linsengroße Metastasen.

Einen zweiten Fall von Spindelzellensarkom mit Riesenzellen beschreibt LUBARSCH als apfelgroßen, höckerigen Tumor, der vom Kinn bis zum Brustbein reicht, mit Metastasen in Lunge, Leber, Milz, Nebennieren und Eierstöcken.

b) Mammatumoren beim Meerschweinchen[1].

1. Epitheliale Geschwülste.

α) **Cystadenom.** APOLANT 1908 fand unter einem Riesenmaterial von Meerschweinchen bei der Sektion zweimal ein *papillär* gebautes *Cystadenom* der Mamma.

β) **Carcinome.** Zunächst beschrieben je ein *Adenocarcinom* STERNBERG (1913) und JONES (1916).

Einen Fall von *Mammacarcinom* erwähnen BLUMENSAAT und CHAMPY (1928). Es betraf ein 4 Jahre altes Weibchen und saß als mandarinengroßer, gut abgekapselter Knoten von markiger Konsistenz in der Mamma. Die histologische Untersuchung ergab das Bild eines medullären Carcinoms. Keine Metastasen. Ein Drüsenzellcarcinom der Mamma vermerkt ganz kurz KATASE (1912).

2. Bindegewebige Geschwülste der Mamma.

Lipome. MURRAY beschreibt eine sehr stark infiltrierende Geschwulst der linken Mamma bei einem Meerschweinchen. Metastasen ließen sich nicht nachweisen. Im histologischen Bild imponierte der Tumor als ein *Lipom* mit zahlreichen zarten, zum Teil sehr zellreichen Bindegewebssträngen.

In den schnell wachsenden Tumorpartien finden sich neue Endothelsprossungen. In diesen Partien nehmen die Tumorzellen stern- oder spindelförmige Strukturen an und erinnern an Myxom. Zwischen den Fettzellen liegen vereinzelte, vielkernige Riesenzellen.

Der Tumor konnte, wie erwähnt, über mehrere Generationen transplantiert werden. MURRAY bezeichnete ihn wegen der Transplantabilität und hochgradiger Proliferationsfähigkeit als ein „*Liposarkom*".

c) Respirationstraktus.

Wir konnten nur Angaben über *Geschwülste* der *Bronchien* in der Literatur finden.

Zwei Fälle von *adenomähnlichen* Bildungen in der Meerschweinchenlunge beschreibt STERNBERG (1903). Bei einem Tier fand er mehrere kleine, grauweiße Knötchen im rechten Unterlappen, die sich histologisch als zahlreiche

---

[1] Meerschweinchen besitzen nur ein Milchdrüsenpaar mit einer zapfenförmigen Zitze in der Leistengegend (nach MARTIN).

kleine, drüsenähnliche Hohlräume erwiesen. Sie waren mit hohem Cylinderepithel ausgekleidet; in der Mitte der Knötchen fand sich ein größerer Bronchus mit stark gefälteter Schleimhaut. Im zweiten Fall wurde ein analoges Knötchen im Oberlappen gefunden. Nach STERNBERG stellten die Hohlräume Ausstülpungen des zentralen Bronchus dar, so daß die drüsenähnlichen Bildungen Durchschnitte kleiner Bronchialäste bedeuten. STERNBERG betont, daß nicht Bronchiektasen vorliegen, sondern abnorme Verästelung der Bronchien.

Ähnliche Fälle wurden — wie bereits erwähnt — von SPRONCK (1907) bei 56 Tieren untersucht. Er hielt die Tumoren für abnorme, hereditär entstandene „Spaltungen" der Bronchien. SPRONCK findet auch ausgeprägte „aktive" Proliferationsprozesse der Bronchialschleimhaut und bezeichnet die Tumoren als „*Bronchoma destruens*". Es könnte sich dabei seiner Meinung nach um *Bronchialcarcinome* handeln. Die Tumoren waren übrigens nicht transplantabel.

Wir weisen hier darauf hin, daß KIMURA durch Teereinführung in den Bronchien ein Adenocarcinom der Lunge beim Meerschweinchen experimentell erzeugte. Der Verfasser ist der Meinung, daß die bösartige Wucherung aus dem Epithel der Bronchialschleimhaut hervorging.

d) Geschwülste der Ovarien.

Über interessante *chorionepitheliomartige Gebilde* im Ovar des Meerschweinchens berichtet LEO LOEB (1912). Unter 380 Tieren wiesen 23 diese Gebilde auf.

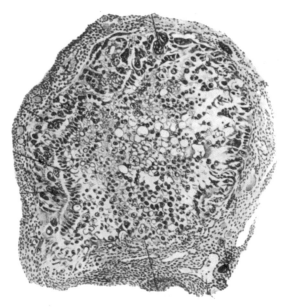

Abb. 267. Schnitt durch ein choriomepitheliomartiges Gebilde im Ovarium des Meerschweinchens. (Nach LOEB, LEO, Z. Krebsforschg 1912.)

Sie verhalten sich gutartig und sollen nach LOEB etwa 10% aller Meerschweinchen im Alter von 2—6 Monaten befallen. Sie treten meistens in einem Ovar, mitunter multipel auf, können aber auch beide Ovarien gleichzeitig affizieren. Sie durchlaufen einen gewissen Entwicklungscyclus, der immer mit Substitution durch Bindegewebe endet. LOEB bezeichnet sie daher als eine Art „transitorischer Tumoren". Er beschreibt die Gebilde auf dem Höhepunkt ihrer

Entwicklung als ovale oder rundliche Körper, die durchschnittlich die Größe eines reifen Follikels erreichen. In ihrem Zentrum befindet sich eine Höhle, die mit regelmäßigen kubischen oder zylindrischen Zellen ausgekleidet ist.

Zuweilen konnte eine Aufteilung beobachtet werden, die durch in das Lumen vorspringende Papillen hervorgerufen wurde. Das Protoplasma der die Höhle auskleidenden Zellen ist häufig vakuolisiert und enthält gelbes Pigment. Abgestoßene, im Lumen frei liegende Zellen können Bilder von Riesenzellen vortäuschen; ebenso Schrägschnitte der papillär wachsenden Zellen. Nach außen hin werden die das Lumen begrenzenden Zellen von einer zweiten *Zellart*, die die zentralen Zellen häufig um das Vielfache an Größe übertreffen, umgeben. Diese zeichnen sich durch sehr große, vielgestaltige, chromatinreiche Kerne aus und lassen sich mit Eosin tiefrot färben. Mitunter teilen sich die großen Chromatinmassen in eine Anzahl kleiner Kerne. Diese Riesenzellenschichten ordnen sich in ein- oder mehrreihigen Lagen um die Zentralzellen, können sich aber auch an einer relativ kleinen, umschriebenen Stelle zu einer mehrreihigen Lage verdichten und so eine Art „*Polster*" darstellen, auf dem die in das Lumen vorragenden zentralen Zellen ruhen. Daneben traten oft *Syncytienbildungen* auf, die durch Ineinanderfließen des Protoplasmas benachbarter Zellen hervorgerufen werden.

Das so beschriebene Bild stellt — wie erwähnt — nach LOEB den Höhepunkt in der Entwicklung der Geschwülste dar; nach einiger Zeit werden sie durch ausgedehnte Hämorrhagien und Einwachsen von Bindegewebe zerstört. Zuweilen deuten nur noch einzelne „Riesenzellen", die von Bindegewebe eingeschlossen sind, den Ort der Geschwulstentstehung an.

e) Herzgeschwulst.

BENDER (1925) beschreibt einen Fall von Herzgeschwulst bei einem jungen Meerschweinchen. Das Herz war doppelt so groß, als es der Norm entspricht, die Wand des erweiterten *linken Ventrikels* von einem weichen Knoten durchsetzt. Mikroskopisch wies der Tumor *Rundzellen* auf, die in die Herzmuskulatur infiltrierend einwuchsen. Der Tumor war nicht abgekapselt, enthielt wenig Bindegewebe und vereinzelte Blutgefäße. Es könnte sich unseres Erachtens um ein undifferenziertes Blastom des Herzbindegewebes handeln. In der Lebervene fand sich ein schmaler Thrombus aus Rundzellen. Verfasser hielt den Tumor für ein *Lymphosarkom*.

f) Tumoren der blutbereitenden Organe.
1. Milz.

Ohne nähere Angaben findet ein „*Splenom*" (Nomenklatur: SCHRIDDE) bei BLUMENSAAT und CHAMPY Erwähnung. Der Fall wurde von GUÉRIN (1926) beschrieben [1].

2. Lymphdrüsengeschwülste.

MIGUENZ beschreibt ein vom „Halsgewebe" ausgehendes *Rundzellensarkom* mit Leber-, Nieren- und Pankreasmetastasen, vielleicht also eine primäre Lymphdrüsengeschwulst.

Anhang: Leukämie.

Nach RIBBERT handelt es sich bei der menschlichen Leukämie „wie bei zelligen Geschwülsten um die fortdauernde Wucherung einer bestimmten Art von Zellen, die in das Blut übertreten, aus ihm in die Organe gelangen, sich in ihnen lebhaft unter Verdrängung der Gewebsbestandteile vermehren und so oft große Tumoren bilden. Die selbständige Wucherung dieser Zellen ist das Charakteristicum der Geschwulst und ihr reichliches Vorhandensein im Blut bedingt das Bild der Leukämie". In Anlehnung an dieser Definition wollen wir die in der Literatur bekannt gewordenen Fälle von Leukämie der Meerschweinchen an dieser Stelle besprechen.

---

[1] Leider konnten wir die Originalarbeit nicht beschaffen.

Auch SNIJDERS definiert auf Grund seiner Übertragungsversuche von Meerschweinchenleukämie die Erkrankung als *„Geschwulst einer Zellart ohne den gewöhnlichen Zusammenhang der Gewebe"*. Dieser Ansicht schließt sich LIGNAC vollkommen an.

Es gelang SNIJDERS (1926) zuerst, *Leukämie* bei Meerschweinchen nachzuweisen und auf andere Meerschweinchen zu übertragen. Im Pathologischen Institut in Medan — Niederländisch-Indien — wurde ein Meerschweinchen seziert, welches an „allgemeiner Schwäche" gestorben war. Die Sektion ergab eine ausgedehnte Vergrößerung aller Lymphdrüsen, Leber- und Milzvergrößerung, so daß SNIJDERS an eine *Leukämie* oder *Pseudoleukämie* denken mußte. Das Blutbild zeigte vorwiegend „abnorme", große, rundkernige Zellen. Die histologische Untersuchung ergab in den Lymphdrüsen dichte Infiltrationen — besonders in den Sinus —, die aus großen Zellen — „große lymphoide Zellen" — bestehen. In der Milz fand sich eine sehr starke Vergrößerung der Follikel und auch in der Pulpa viele große, einkernige Zellen. Die Leber zeigte periportale Infiltrate, die aus derselben Zellart bestanden. Überall viele Mitosen der großen Zellen.

Im ganzen konnte SNIJDERS 148 Meerschweinchen infizieren: 69 zeigten ein *leukämisches* Bild, 22 starben unter den Erscheinungen einer *aleukämischen Lymphadenose*, 21 an einer „*Leukämie* mit geringen *tumorartigen Infiltraten*", 22 mit *deutlichen*, auf bestimmte Stellen beschränkten *Geschwulstknoten*, ähnlich der STERNBERGschen „Leukosarkomatose".

Bei acht Tieren entwickelten sich *richtige sarkomatöse Tumoren*. Die Überimpfung gelingt nur, wenn lebende Zellen anwesend sind, Filtrate gaben immer einen negativen Erfolg. Bemerkenswert war, daß zweimal vergeblich versucht wurde, die Krankheit auf europäische Meerschweinchen zu übertragen; erst beim dritten Male gelang es. 20% Impferfolg war bei holländischen Meerschweinchen zu erzielen, denen Ergebnisse von 90% in Niederländisch-Indien gegenüberstehen.

SNIJDERS wurde durch seine Meerschweinchenbefunde an die „Hühnerleukose" erinnert.

g) Geschwülste des Zentralnervensystems und der Augen.

1. Gehirn.

LUTZ beschrieb ausführlich ein *Teratom des Kleinhirnbrückenwinkels* bei einem Meerschweinchen. Der Tumor war kleinlinsengroß und saß am caudalen Abschnitt der Pons. Er enthielt Bestandteile des äußeren, mittleren und inneren Keimblattes: Ganglienzellen, Muskulatur, Knochenknorpel, Drüsen lagen in regelloser Anordnung nebeneinander.

2. Augen.

Als einzig bekannter Tumorfall am Meerschweinchenauge wird ein *Dermoid* auf der Cornea eines Meerschweinchens von BRUNSCHWIG (1928) mitgeteilt.

BRUNSCHWIG fand bei einem Meerschweinchen in der Mitte der Cornea eine gelbliche Verdickung von 3—5 mm, die auf ihrer Oberfläche *Haare* trug. Die Haare waren wie die des übrigen Körpers grau. Histologisch bestand die Verdickung aus Fettgewebe, das der Substantia propria aufsaß: bedeckt war die Geschwulst von Plattenepithel, deren Basalschicht Pigment enthielt. Dazwischen fanden sich Bündel von Fibroblasten und Talgdrüsen und M. arrectores pilorum. Das Gewebe war reichlich durch kleine Venen und Arteriolen ernährt [1].

h) Tumoren unbestimmter Lokalisation.

Zur Vervollständigung der Kasuistik möchten wir noch GOUYONs Fall (1867) eines *Meerschweinchencarcinoms* zitieren (erwähnt bei C. LEWIN), ohne daß uns darüber eine genaue Beschreibung bekannt wäre; ferner einen Sarkomfall WOODS (1916), den L. BENDER anführt.

---

[1] Ähnliche Fälle werden übrigens bei *Hunden* erwähnt.

D. Die Spontantumoren bei Ratten.

I. Allgemeine Bemerkungen.

a) Häufigkeit des Auftretens von Spontantumoren.

Zahlenmäßig gelangte das größte Rattenmaterial in die Hände von Mc Coy und von Wolly und Wherry anläßlich umfangreicher Rattenvertilgungen zur Pestbekämpfung in Amerika. Die Angaben Mc Coys stützen sich auf die Untersuchungen von 100 000 Ratten, von denen 103, also annähernd 1 $^0/_{00}$ Tumoren aufwiesen. Wolly und Wherry fanden unter dem von ihnen untersuchten Rattenmaterial — es handelte sich um 23 000 Tiere — 22 Tumoren, ebenfalls etwa 1 pro Mill.[1].

Die Art des Materials bringt es mit sich, daß diese Untersucher keine Angaben über das Alter der Tiere machen konnten. Prozentangaben der Geschwulsthäufigkeit ohne Berücksichtigung des Alters sind aber ziemlich wertlos.

Bullock und Rohdenburg sichteten ein sehr großes Material zahmer Laboratoriumsratten. In einer Gruppe von 15 000 Ratten — es handelte sich in der Mehrzahl um verhältnismäßig junge Tiere zwischen 3 und 8 Monaten — fanden die Autoren im ganzen nur 4 Geschwülste. Eine weitere Gruppe von 4300 *erwachsenen Ratten,* die von verschiedenen Züchtern und verschiedenen Stämmen abstammten, wies 21 Tumoren auf.

Der Vergleich der Ergebnisse dieser beiden Untersuchungsreihen zeigt bereits deutlich den Einfluß des Alters auf die Frequenz der Spontantumoren.

b) Alter der Ratten mit Spontantumoren.

Das Durchschnittsalter für das Auftreten von Rattentumoren beträgt ungefähr 1$^1/_2$ Jahre. Unter 8 Monaten ist die Tumorfrequenz nach Bullock und Rohdenburg außerordentlich gering. Die jüngste Altersangabe finden wir bei Cohrs, sie bezieht sich auf eine 19 Wochen alte Ratte mit einer spontanen „Sarkomatose".

Die Fibigerschen Versuche, durch Verfütterung von Nematoden Magencarcinome zu erzeugen, gelangen auffälligerweise in einem höheren Prozentsatz bei *jungen* Ratten, während *ältere* Tiere sich gegen die Infektion widerstandsfähiger erwiesen.

c) Geschlecht der mit Spontantumoren behafteten Ratten.

Bullock und Rohdenburg errechneten unter 21 Spontantumoren 78$^0/_0$ weibliche Tiere, auch die Mc Coyschen Tabellen ergeben eine ähnliche *Bevorzugung des weiblichen* Geschlechtes; sie enthalten Angaben über 72 weibliche und nur 24 männliche Tumorratten.

d) Lokalisation der Rattentumoren.

Ein Lieblingssitz für Tumoren bei Ratten ist die *Leber;* es handelt sich meistens um Sarkome. An zweiter Stelle stehen die Tumoren der *Brust* (gewöhnlich Fibroadenome oder Carcinome), an dritter Stelle rangieren Geschwülste der *Nieren,* in weiterem Abstand folgen Magen und andere Organe.

---

[1] Wir möchten betonen, daß die Untersuchungen Mc Coys, Wollys und Wherrys, Bridgé und Conseils sich auf *wilde* Ratten beziehen. Gewöhnlich handelte es sich um Ratten vom Typ Mus norweg. (decumanus). Dies bedeutet aber nach Wolly und Wherry nicht etwa eine Bevorzugung dieser Rattenart durch Spontantumoren, vielmehr wurden in der Umgebung von San Franzisko nur wenig andere Rattentypen (Mus rattus und Mus alexandrinus) — Mc Coy spricht insgesamt von 5$^0/_0$ — beobachtet.

e) Art der Tumoren.

Eine Gegenüberstellung von Carcinomen und Sarkomen, die wir aus den eben erwähnten Zusammenstellungen errechnen, ergibt die auffällige Tatsache, daß bei der Ratte *Sarkome* bei weitem häufiger als Carcinome gefunden werden. TEUTSCHLAENDER (1920) schreibt direkt von einem „*Prävalieren*" *der binde-gewebigen Geschwülste bei der Ratte* und bezeichnete in dieser Hinsicht die Ratte als ein Gegenstück zur Maus, die er in die Gruppe der „*Carcinomtiere*" rechnet.

Den Tabellen McCoys entnehmen wir eine Zusammenstellung von 30 *Sarkom-fällen* (die Tumoren befielen hauptsächlich Leber, Organe der Bauchhöhle und Subcutis), denen wir 10 *Carcinomfälle* (besonders der Niere und des subcutanen Gewebes) desselben Verfassers gegenüberstellen können. WOLLY und WHERRY erwähnen 7 *Sarkome*, 1 *Endotheliom* und keinerlei epitheliale Geschwülste. BULLOCK und ROHDENBURGS Zusammenfassung eigener Tumorfälle (s. o.) berichtet über 4 *Sarkome* und 2 *Carcinome*.

f) Bemerkungen zur Ätiologie.

Im Mittelpunkt der ätiologischen Betrachtungen stehen bei Ratten Erreger, die wir kurz als „Makroparasiten" bezeichnen können. Die ausführlichsten Untersuchungen — den Nachweis und den experimentellen Beweis — über den Zusammenhang zwischen Nematoden und Tumorentstehung verdanken wir den Untersuchungen FIBIGERS. Es gelang ihm, in einer Zuckerraffinerie Kopenhagens als Erreger einer endemischen Magenerkrankung bei wilden Ratten eine Nematode (Spiroptera neoplastica oder Gongylonema neoplas-tica) nachzuweisen.

FIBIGER untersuchte eingehend die Entwicklungsgeschichte der Nematode und stellte den Infektionsmodus folgendermaßen dar: „Sie lebt in dem Plattenepithel des Rattenmagens und der Speiseröhre, in seltenen Fällen auch in dem Epithel der Zunge und der Mundhöhle, erlangt in diesen Organen Ge-schlechtsreife und scheidet embryonale Eier aus, die mit abgestoßenem Epithel abgehen und mit den Excrementen entleert werden. Wenn die Schaben (Periplaneta americana und orientalis) diese verzehren, entwickeln sich die Eier, und freie Embryonen wandern in die quergestreifte Muskulatur des Prothorax und der Extremität der Schaben, wo sie nach etwa 6 Wochen oder nach Verlauf eines längeren Zeitraums als trichinenähnliche, spiralförmig aufgerollte Larven nachgewiesen werden können. Werden nun die Schaben von den Ratten gefressen, so werden die Larven aus ihren Kapseln befreit und wandern in den Fundusteil des Rattenmagens (zuweilen auch in die Speiseröhre, in das Epithel der Mundhöhle und der Zunge), wo die Weibchen ungefähr nach Verlauf von 2 Monaten anfangen, embryohaltige Eier auszuscheiden."

Die vollentwickelten Nematodenmännchen sind $1/2$—1 cm, die Weibchen 4—5 cm lang. Die Eier messen 0,04 mm.

Es gelang FIBIGER, nach der Verfütterung von infizierten Schaben an Ratten, durch Invasion der Spiropteren in die Schleimhäute der Zunge, Speiseröhre und Vormagen, neben Entzündungen, *Tiefenwachstum der Epithelien, Entwicklung papillärer Excrescenzen, ja sogar echte Plättenepithelcarcinome im Vormagen mit infiltrativem Wachstum und Metastasenbildung zu erzeugen.*

Die Tumoren traten nach Angaben FIBIGERS zwischen dem 45. und 298. Tag nach Beginn der Verfütterung auf. Es ist von größter Bedeutung, daß im aus-gedehnten Gebiet der Schleimhautveränderungen nach Spiropterainfektion die bösartige Wucherung an einer *einzigen* Stelle, oder an *wenigen Zentren* beginnt. B. FISCHER-WASELS hebt hervor, daß diese Befunde „mit größter Klarheit die Bedeutung der primären Bildung der Geschwulstkeimanlage" für das Auftreten von bösartigen Tumoren demonstrieren.

In einer Versuchsreihe ließen sich derart unter 102 bunten Ratten in 54 Fällen Vormagencarcinome — also in großer Regelmäßigkeit — experimentell erzeugen.

In den Metastasen wurden niemals Parasiten gefunden.

FIBIGER beobachtete eine Verschiedenheit in der Empfänglichkeit für Spiropteracarcinome. Schwarzweiße Ratten ergaben 50—60% positive Resultate, bei Wanderratten sank die Tumorfrequenz auf 33% [1].

Einen weiteren Parasiten, der mit der Entstehung von Tumoren — fast ausschließlich *mesenchymalen Ursprungs* — in Verbindung gebracht wird, stellt der *Cysticercus fasciolaris* dar.

1906 gelang es BORREL, diesen Parasiten zuerst in einem spontanen Lebersarkom einer Ratte zu beobachten. Viele spätere Autoren konnten die Befunde BORRELs bestätigen (BRIDRÉ und CONSEIL, HIRSCHFELD u. a.) [2].

BULLOCK und ROHDENBURG (1925) überprüften nun experimentell die Möglichkeit eines kausalen Zusammenhangs zwischen den Sarkomen der Leber und der Anwesenheit von Cysticercus fasciolaris, indem sie Ratten mit einer Aufschwemmung eihaltiger Exkremente fütterten. Jede Ratte erhielt etwa 10—60 Eier. In ihren letzten Arbeiten (1928) konnten die Autoren bereits über 2100 experimentell erzeugte Tumoren der Leber berichten. Es handelt sich, wie schon oben erwähnt, fast ausschließlich um Sarkome, die häufig ausgedehnt metastasierten.

In der Publikation aus dem Jahre 1924 berichten CURTIS und BULLOCK über 767 Fälle experimentell erzeugter Tumoren. Es ist nicht ganz klar festzustellen, es scheint aber, daß diese Zahl in einer Gruppe von 1258 erfolgreich mit Parasiten infizierten Ratten, die das „Tumoralter" erreicht haben, festgestellt wurden. Die Verfasser heben hervor, daß diese Fälle hauptsächlich aus vier Familien hervorgingen, von denen sich zwei Familien durch eine besondere Empfänglichkeit für Cysticercus-Sarkome auszeichneten. Die Tumoren traten im allgemeinen 1—1½ Jahre nach der Infektion auf.

Besonders interessant ist also die Tatsache, daß sich einerseits mit den FIBIGERschen Parasiten immer nur Carcinome, andererseits mit den Cysticercen fast ausschließlich Sarkome erzeugen ließen.

Eine dritte Art von Parasiten, die für die Tumorgenese möglicherweise eine Rolle spielen, stellen die von BEATTI bei Magencarcinomen beobachteten Parasiten: *Hepaticola hepatica,* nach TEUTSCHLAENDER und VOGEL als „Hepaticola gastrica" bezeichneten Schmarotzer dar [3].

An dieser Stelle möchten wir noch besonders die bei den Ratten häufig beobachtete *Rattenkrätze* erwähnen. Sie tritt bei wilden, ebenso wie bei zahmen Ratten endemisch auf. Prädilektionsstellen für die Erkrankung sind nach TEUTSCHLÄNDER (1919) die unbehaarten Körperpartien (Dorsalseite der Pfoten, Ohren, Schwanz, Schnauze, Augenlider, Genitalien [s. Kapitel „Haut"]).

In eingehenden Untersuchungen kommt TEUTSCHLÄNDER zu dem Schluß, daß diese parasitäre Erkrankung *niemals* infiltrative Wachstumsprozesse verursacht. Sofern überhaupt Wucherungserscheinungen beobachtet werden, handelt es sich immer nur um regenerative Vorgänge, niemals aber um echte Blastombildungen.

Die Zusammenhänge von Tumorentstehung und *Mikroorganismen* wollen wir im Rahmen dieser Arbeit nicht besonders erörtern. Wir verweisen auf die diesbezüglichen Angaben in der „Allgemeinen Geschwulstlehre" von B. FISCHER-WASELS (S. 1536).

FIBIGER schreibt (1913), daß wohl eine „Giftproduktion" der vorgefundenen Spiropteren Magenveränderungen hervorrufe. Auch KOPSCH und andere denken an die Möglichkeit, daß Ausscheidungsprodukte der Parasiten für die Tumor-

---

[1] Die Nematoden sind nach den zoologischen Untersuchungen DITTLEFSENs als Genus Spiroptera festgestellt worden. Die Männchen sind mit einer großen Bursa, zwei Spikeln verschiedener Länge und vier präanalen, sowie vier postanalen Papillen an jeder Seite ausgestattet. (Bericht FIBIGERs [1921].)

[2] Dieser in der Leber von Ratten und Mäusen sehr häufig vorkommende Cysticercus ist die Finne der im Dünndarm der Katze schmarotzenden Taenia crassicolis, deren Eier sich in den Faeces der Katze finden.

[3] Nach LÖWENSTEINs Befunden wäre Trichodes crassicauda ebenfalls in die Gruppe „der krebserzeugenden Makroparasiten" zu rechnen.

entstehung eine Rolle spielen könnten. Blumenthal (1926) äußerte die Ansicht, daß vielleicht kontinuierliche Milchsäure- und Indolbildung, wie sie seiner „Tumefaciensgruppe" teilweise eigen ist, tumorerregend wirken können.

Diese Fragen bedürfen aber ebenso wie die Annahme Borrels und Reicherts, daß die Parasiten und Mikroorganismen Träger eines unbekannten *krebserzeugenden Virus* seien, experimenteller Bestätigung.

Interessant und von einer gewissen ätiologischen Bedeutung sind auch die Versuche von Stahr, Secher und Fibiger, denen es durch fortgesetzte Verfütterung von Hafergrannen gelang, in der Rattenzunge tumorartige Wucherungen zu erzeugen. In den Versuchen Sechers wurde ein Zungencarcinom erzeugt. Wichtig ist, daß hier, ebenso wie in den Fällen der Spiropterainfektionen des Vormagens, die entzündlichen Erscheinungen schon im Abklingen begriffen waren, als sich das Carcinom aus einem kleinsten Geschwulstherd entwickelte.

Secher hatte insgesamt 60 Tiere im Versuch, die Haferfütterung wurde bis zu 371 Tagen fortgesetzt, bis zur Tötung der Tiere[1].

Wir möchten auch noch die Befunde von Pappenheimer und Larimore kurz erwähnen. Die Autoren hielten Ratten bei unzureichender Ernährung und fanden bei der Sektion im Magen Ulcera mit epithelialen Hyperplasien in der Umgebung. In den Ulcera ließen sich häufig Haare nachweisen, die die Ratten bei ungenügender Ernährung fressen. Diese Befunde sind für die Beurteilung pathologischer Veränderungen im Magen immer in Betracht zu ziehen[2].

Für die Klärung der Ätiologie von Rattentumoren könnte nach Erdmann und Haagen eine mit Vitamin umbalancierte Kost von Bedeutung werden; ähnliches beweist die Ernährungsmethode von Saiki und Fujimaki, die auf einem Wechsel von A-vitaminarmer und A-vitaminreicher Kost beruhte. Fujimaki, Kimura, Wada und Shimada konnten unter 49 Ratten — die sie 58—318 Tage lang mit spezieller Rohkost gefüttert haben — starke Hyperkeratosen im Vormagen, Nierenbecken, Blase und Ductus glandulae submaxillaris erzeugen.

Leider fehlen bei Ratten systematische Untersuchungen über die Beziehungen zwischen Vererbung und Tumorentstehung — ähnlich wie sie M. Slye, Loeb, Lynch und andere bei Mäusen großzügig unternommen haben — vollständig. Fraglos dürften jedoch auch bei Ratten *vererbliche* Gesetzmäßigkeiten im Auftreten von Spontantumoren, resp. eine vererbbare Tumordisposition nachzuweisen sein.

Hierfür sprechen drei Fälle von Cancroiden der Vulva, die Hanau in einer von vier Ratten abstammenden Rattenfamilie des Züricher pathologischen Instituts beobachten konnte. Ebenso die drei Loebschen Ratten mit cystischen Schilddrüsensarkomen, die alle aus denselben Käfigen — vermutlich auch von derselben Familie — stammten. Wir müssen mit Loeb annehmen, daß es sich in seinen Fällen möglicherweise, besonders bei der Eigenheit dieser sonst so raren Befunde, um „hereditär belastete" Tiere handelte. S. auch die Befunde von O. Fischer auf S. 759.

g) Metastasen.

Metastasenbildungen stellen einen recht häufigen Befund bei Spontantumoren der Ratten dar. Wolly und Wherry berichten, daß in ihrem großen Tumormaterial in 18,18 % ihrer Fälle Metastasen beobachtet wurden.

Fibiger fand Metastasen in seinen Fällen von Spiropteracarcinomen in der Regel nur durch mikroskopische Untersuchung. Sie traten am häufigsten in

---

[1] In der Arbeit von Bommer (1922) wird eine „kurze" Mitteilung Fibigers erwähnt, nach welcher „mehrere Fälle von Zungencarcinomen bei mit Hafer und Gerste gefütterten Ratten" von Fibiger selbst gesehen wurden. Wir konnten eine derartige Notiz Fibigers nicht auffinden.

[2] Vor den beiden eben erwähnten Autoren hat bereits Fibiger (1913) darauf hingewiesen, daß Rattenhaare im Magen der Tiere sehr häufig gefunden werden. Er nahm damals schon an, daß durch die Haare in seltenen Fällen auch Verletzungen der Magenschleimhaut entstehen könnten.

den Lungen auf; er erwähnt aber auch Tochtergeschwülste in einer Lymph-drüse; ob ein Tumorknoten in der Harnblase bei einem Tier mit Magencarcinom als zweiter Primärtumor oder als Metastase des Magencarcinoms auftrat, läßt FIBIGER unentschieden.

Besondere *Prädilektionsstellen* scheinen für die Entstehung von Metastasen nicht vorzuliegen. Jedoch fehlen hierüber systematische Untersuchungen, wie sie etwa von HAALAND, MURRAY, MAUD SLYE und ihren Mitarbeitern bei Mäusen vorgenommen wurden.

Besonders sei die Neigung erwähnt, ausgedehnte Metastasen zu bilden in Fällen, in welchen Sarkome der Bauchhöhle im Anschluß an Spontaninfektionen mit Nematoden auftraten (z. B. HIRSCHFELD, 1919).

h) Transplantabilität.

1. Befunde der Überimpfungen.

Im allgemeinen lassen sich Primärtumoren bei Ratten häufig erfolgreich weiterver-impfen. Wir wollen nicht vollständig alle geglückten Transplantationen aufzählen, son-dern nur die prägnantesten Fälle hervorheben.

Es war das Verdienst HANAUS, als Erster 1889 einen Rattentumor (es handelt sich um ein Plattenepithelcarcinom der Vulva) erfolgreich auf gesunde Ratten weiter übertragen zu haben. Er bediente sich als Methodik einer Stückchenimpfung in die Tunica vaginalis des Hodens. In allen Fällen ergaben die Transplantate dasselbe histologische Bild wie der Ausgangstumor. 1890 gelang es EISELSBERG, ein Fibrosarkom der Ratte erfolgreich zu übertragen. FIRKET gelang es zwei Jahre später, ebenfalls durch Implantation in die Bauch-höhle ein Spindelzellensarkom zu überimpfen. VELICH (1898) übertrug ein Sarkom erfolg-reich über neun Generationen, der Tumor ließ sich leicht übertragen; einfaches Annagen (!) der Geschwulstmasse ließ nach VELICH ein neues Sarkom in der Maulhöhle entstehen. HLAVO berichtet 1898 über die Übertragung eines Fibrosarkoms bei der Ratte.

LOEB unternahm großzügige Übertragungsversuche mit Rattentumoren (1901/04). Er arbeitete mit *Sarkomen der Schilddrüse*; es genügten schon *einzelne* losgerissene Sarkomzellen, um einen neuen Transplantationstumor zu erzeugen.

Ein Mammacarcinom der Ratte nahm LEWIN zum Ausgangspunkt seiner Untersuchungen. FLEXNER und JOBLING (1907 u. 1910) stellten mit einem Tumor der Samenblase Überimp-fungsversuche an. Wir werden die Befunde LEWINS und FLEXNERS und JOBLINGS in einem besonderen Abschnitt noch erwähnen.

JENSEN berichtete (1909) über die verschiedene Empfänglichkeit verschiedener Ratten-stämme für Sarkomtransplantationen. Er arbeitete mit einem Material, welches von zwei Ratten mit Spindelzellensarkomen (s. Kasuistik) stammte.

NICHOLSON (1912) beschrieb gelungene Transplantationen eines Carcinoms der Niere mit einer Impfausbeute von 20—100%.

Erfolgreiche Übertragungen unternahm SINGER (1913) mit einem *Spindelzellensarkom* des Uterus einer Ratte und BULLOCK und CURTIS berichten über erfolgreiche Transplantationen eines Chondrorhabdosarkoms.

RHODA ERDMANN impfte (1926) mit Chloroform abgetötete Filterrückstände, sowie das zellfreie Filtrat des FLEXNER-JOBLINGschen Rattencarcinoms in Ratten, nachdem die Tiere mit Tusche gespeichert worden waren. Die Tumoren gingen nach den Angaben RHODA ERDMANNS an. Der Erfolg scheint RHODA ERDMANN die Existenz eines ultrafiltrierbaren „Virus" zu beweisen, andererseits auch die Bedeutung des reticuloendothelialen Apparates für die Geschwulstpathologie sicherzustellen.

FISCHER-WASELS und BÜNGELER gelang es, allerdings mit einem *sicher* zellfreien Filtrat, nicht Tumoren bei vorher gespeicherten Tieren (Mäusen) zu erzeugen, obwohl das Filtrat von einem leicht transplantablen Mäusecarcinom stammte; dagegen gelang die Trans-plantation mit dem nicht sicher zellfreien, chloroformbehandelten Filterrückstand bei besonders stark gespeicherten Tieren.

Auch die durch Cysticercen experimentell erzeugten Tumoren lassen sich zum Teil erfolgreich überimpfen. So berichtete 1906 BORREL über erfolgreiche Transplantationen eines *Cysticercussarkoms* der Leber über drei Generationen in einem Zeitraum von drei Monaten. BULLOCK und CURTIS (1926) gelang es gleichfalls, Cysticercustumoren, die sie experimentell durch Implantation in die Leiste erzeugt hatten, zu übertragen. Der Tumor wurde erfolgreich in die Subcutis anderer, gesunder Ratten verimpft. Bei Abschluß der Arbeit war die Geschwulst schon über zwölf Generationen erfolgreich übertragen. BULLOCK

und ROHDENBURG erzielten in den ersten Generationen unter 24 Ratten nur fünf positive
Resultate (Impfausbeute 20,8%). Im Verlaufe weiterer Transplantationsserien konnten
sie eine *Virulenzsteigerung* beobachten. *Die Impfausbeute* wuchs jedoch nicht wesentlich.

2. Strukturveränderungen im Verlaufe von Transplantationen.

Die zuerst von EHRLICH und APOLANT beobachtete Tatsache einer *strukturellen Umwandlung* eines primären Mäusecarcinoms im Verlaufe längerer Transplantationsserien läßt sich auch bei Rattentumoren erheben.

So sah LEWIN (1920) eine „Umwandlung" eines Mammacarcinoms von alveolärem bzw.
adenoidem Bau. Im Verlaufe der ersten fünf Impfgenerationen änderte sich die Struktur
des Tumors bis auf ein stellenweise sehr zellreiches Stroma nicht wesentlich. In der fünften
Impfgeneration wurde das Stroma außerordentlich zellreich, so daß LEWIN von „carcino-
sarkomähnlichen" Bildungen sprach. Teilweise stellten Partien des Tumors den Typus
eines reinen Spindelzellensarkoms dar. In der sechsten Impfgeneration fanden sich nur
noch wenige Krebsnester. Das Bild bot fast *völlig* das Aussehen eines *Spindelzellensarkoms*.
In der siebenten Generation zeigte sich eine „Umwandlung" der *spindeligen* Elemente in
Zellen vom *Rundzellentyp*. LEWIN hebt hervor, daß diese „Umwandlung" mit einer außerordentlichen Virulenzsteigerung verbunden war, die sich im Größenwachstum und in einer
Steigerung der Impfausbeute auf 100% äußerte. Interessant ist die Angabe LEWINs, daß
in der dritten Impfgeneration statt des verpflanzten Adenocarcinoms ein Plattenepithelkrebs mit Hornperlen auftrat.

LEWIN verdanken wir drei weitere interessante Berichte (1928) von „Umwandlungen"
sarkomatöser Rattentumoren in Tumoren mit *carcinomatösem* Bau.

Im ersten Fall handelte es sich um ein *Spindelzellensarkom* einer Ratte, welches sich mit
100% Resultaten überimpfen ließ, schnell wuchs und oft innerhalb von vier Wochen die
Größe eines Hühnereies erreichte. Bei einem der Transplantationstumoren der ersten Impfgeneration fand sich bei einer zufälligen Untersuchung der Randpartie auffälligerweise
ein rein *carcinomatöses* Bild mit Drüsenstrukturen. Alle übrigen untersuchten Teile stellten
Spindelzellensarkome dar. LEWIN betont, daß sich im Primärtumor nirgends carcino-
sarkomatöse Strukturen hätten nachweisen lassen.

Die beiden anderen Fälle verhielten sich ähnlich.

Ein von FLEXNER und JOBLING (1910) beobachteter Tumor der Samenblase bei einer
Ratte wurde auf über 28 Generationen verimpft. Im Verlaufe der Transplantation änderten
sich die Strukturen, die anfangs von den Autoren als ein reines *Sarkom* beschrieben wurden,
in ein *solides Carcinom* und später in ein *Adenocarcinom* um.

Durch fortgesetzte Transplantation und durch Injektion von Scharlachrotöl in die
Transplantate konnte UMEHARA die Umwandlung eines Adenofibroms in ein Sarkom
erzielen.

Wir verweisen — da eine ausführliche Stellungnahme zu diesen Fragen im Rahmen
dieser Arbeit zu weit führen würde — auf den betreffenden Abschnitt in B. FISCHER-WASELs
„Allgemeine Geschwulstlehre" (S. 1583).

Wir verweisen auch hier auf die Ausführungen auf S. 730 über „Meristome" hin, ferner
auf die Auseinandersetzung LEWINs mit den Ansichten B. FISCHER-WASELs in einer Mitteilung aus dem Jahre 1928.

3. Einfluß der Rasse auf die Transplantabilität.

JENSEN konnte 1909 bei Versuchen, zwei Rattensarkome zu übertragen, einwandfrei
eine Empfänglichkeit verschiedenen Grades bei verschiedenen Rattenstämmen feststellen.
So gelang ihm in 87,5% der Fälle eine Übertragung des Sarkoms I auf Kopenhagener
Stämme, während nur 10,5% der Impfungen bei Ratten aus Hamburg, Berlin und London
angingen. Auf graue Ratten konnte er den Tumor nicht *einmal* unter 13 Fällen übertragen.
Erst später gingen die Tumoren bei den Londoner und Berliner Stämmen gut an und zeigten
eine bedeutsame Virulenzsteigerung.

4. Transplantabilität gutartiger Tumoren.

Wir finden in der Literatur wiederholt Angaben über die Transplantabilität *gutartiger*
Tumoren bei Ratten. LOEB (1902) gelang die Übertragung eines Mammaadenoms, V. JENSEN
die Transplantation eines Fibroadenoms. Auf die interessanten Befunde UMEHARAS, der
bei der fortgesetzten Transplantation eines Adenofibroms das Entstehen eines Sarkoms
festgestellt hat, haben wir schon kurz hingewiesen.

II. Kasuistik der Rattentumoren.

a) Tumoren der Haut und Unterhaut.

Im Verhältnis zu den außerordentlich zahlreichen Tumorbefunden in der Haut bei Mäusen sind die Berichte über *Hautgeschwülste bei Ratten* auffallend spärlich.

1. Bindegewebige Geschwülste.

α) Gutartige Bindegewebstumoren der Haut. Die erste Mitteilung über ein *Fibrom* bei einer Ratte verdanken wir BLAND SUTTON (1885), der eine 3 cm große Geschwulst der Haut am Hals einer Ratte feststellte. Einen weiteren Fall eines *Fibroms* in der Subcutis der Bauchwand teilten LECÈNE und ESMONET (1905) mit. Der Tumor war auffallend groß und wog mehr als den dritten Teil des Gesamtgewichtes der Ratte. Weitere Fälle wurden von WOLLY und WHERRY (1911), SECHER (1919) und BEATTI (1923) beschrieben.

Fibrome kamen auch im großen Material von McCoy zur Beobachtung. Unter 103 Tumoren fanden sich in 16 Fällen reine *Fibrome*. In allen Fällen etablierten sich die Tumoren auf der ventralen Seite mit Ausnahme eines Falles, der von McCoy am Hals festgestellt wurde.

BULLOCK und ROHDENBURG (1917) konnten in ihrem großen Rattenmaterial nur über ein *Fibrom* an der rechten Halsseite (Ratte 12) berichten[1].

Lipome. FLEXNER und JOBLING notieren bei einer Ratte ein *Lipom* der *Subcutis.* McCoy erwähnt unter seinen Tumorbefunden bei wilden Ratten ein *Lipom* eines Rattenmännchens am unteren Rand der vierten Rippe. Die Geschwulst maß $3 \times 2 \times 1$ cm.

β) Bösartige Geschwülste des Bindegewebes der Haut. In der Literatur fanden sich nur zwei Fälle von *bösartigen Tumoren*, die hierher gehören. Den einen Fall, *ein Fibrosarkom* der Bauchwand, erwähnt ohne nähere Beschreibung GAYLORD (1906). SECHER (1919) beschrieb bei einer braunen Wanderratte ein *Fibrosarkom*, welches sich im subcutanen Gewebe der Brust entwickelte. Die Oberfläche des Tumors war leicht ulceriert, der Tumor zeigte kein infiltrierendes Wachstum.

Metastasen waren nicht nachweisbar. Nach Angaben SECHERs ließen der Zellreichtum und das unregelmäßige Wachstum des Bindegewebes die Diagnose *Fibrosarkom* stellen.

2. Epitheliale Geschwülste der Haut und Unterhaut.

WOLLY und WHERRY berichten in ihrer Publikation aus dem Jahre 1911 — es handelt sich um wilde Ratten — über ein *Carcinom der Haut über den Labien* (Fall 10). Der Tumor, dessen Oberfläche ulcerierte, drang in die umgebenden Gewebe, zeigte Riesenzellen und unzählige Mitosen.

WOLLY und WHERRY berichten in einem anderen Fall (Nr. 8) — erwachsenes Rattenweibchen — über eine kleine *epitheliale* Neubildung auf der *Oberlippe* zwischen den Schnurrhaaren. Es handelte sich um eine lokalisierte „*Epithelhyperplasie*" mit Hyperkeratose. Sarcoptesräude ließ sich nicht feststellen[2]. MORRIS (1920) verdanken wir die Mitteilung eines „*Basalzellenepithelioms*".

Der Tumor befiel ein fünf Monate altes Weibchen, saß in der Haut der linken Thoraxregion, zeigte eine ulcerierte Oberfläche mit wallartig erhabenen Rändern. Die mikroskopische Untersuchung ergab, daß der Tumor mit der Haut in Verbindung stand; er drang bis in das subcutane Gewebe ein, schonte aber die Muskeln, bestand aus runden und irregulären alveolären Massen, die sich morphologisch und färberisch wie Epidermis verhielten. Das

---

[1] Gleichzeitig wies das Tier multiple *Nierenadenome* auf.

[2] WOLLY und WHERRY konnten häufig unter den norwegischen Ratten an der Pazifikküste *Sarcoptesräude* als Ursache von *Hyperkeratosen* an Ohren, Lippen und Nase nachweisen; sie konnten aber *nie im Anschluß* an eine derartige Erkrankung *Tumorentstehung* finden.

interalveoläre Bindegewebe zeigte stellenweise „sarkomähnliche" Proliferationen. Der Tumor ließ sich auf einige Tiere weiter überimpfen, bildete sich aber im Verlaufe der Überimpfung größtenteils wieder zurück. Nach Ansicht des Verfassers handelt es sich in diesem Fall um das „einzige Basalzellenepitheliom bei einem Tier", eine Ansicht, der wir allerdings nicht beipflichten können. Wir würden übrigens den Tumor nach der Nomenclatur von B. FISCHER-WASELS als „adenoides Hautcarcinom" bezeichnen.

LOEB (1904) erwähnt nur kurz, daß unter mehreren 100 Ratten, die er einige Jahre lang beobachtet hatte, ein Carcinom der Kopfhaut aufgetreten sei, wahrscheinlich von Hautdrüsen ausgehend.

Anhang: Experimentell erzeugte Tumoren der Haut.

An dieser Stelle möchten wir die von BULLOCK und CURTIS (1926) mitgeteilten experimentellen Hauttumoren erwähnen, die sie durch Übertragung von Cysticercuslarven der Leber in die Leistengegend von Ratten erzeugt hatten.

In zwei Fällen handelt es sich um Spindelzellensarkome; in vier Fällen um gemischtzellige Sarkome, ein Fibrosarkom.

Bei fast allen Tieren ließen sich im Zentrum des Tumors noch Larven — zum Teil lebende — nachweisen. Metastasen wurden niemals beobachtet [1].

CLUNET, MARIE und RAULOT LAPINTE gelang es durch Röntgenbestrahlung bei weißen Ratten chronische Röntgendermatitis, in zwei Fällen sogar Sarkome hervorzurufen.

b) Tumoren der Mamma.

1. Geschwülste des Bindegewebes.

Wir konnten in der uns zugänglichen Literatur keine Angabe über reine bindegewebige, gutartige oder bösartige Neubildungen auffinden.

Nur FLEXNER und JOBLING (1910) bemerken kurz, daß sie in ihren Rattenbeständen nicht selten „fibromatöse" Tumoren in der Brustdrüse gesehen haben.

2. Fibroepitheliale Tumoren der Mamma.

Über fibroadenomatöse Geschwülste der Mammaregion liegt ein verhältnismäßig beträchtliches Material vor.

Der erste derartige Bericht stammt von LEO LOEB (1902). Es handelte sich um ein Mammaadenom.

In einer Mitteilung aus dem Jahre 1909 erwähnt C. O. JENSEN ein Fibroadenom, das V. JENSEN bei einer Ratte gefunden hat. In dieser Arbeit erwähnt C. O. JENSEN auch ein Fibroadenom, welches er selbst beobachten konnte.

SHATTOCK (1893), WOLLY und WHERRY (1911), CHALATOW (1912), BULLOCK und ROHDENBURG (1917), LOEB (1916), UMEHARA, DUSCHL (1930) und anderen Autoren verdanken wir weitere Zusammenstellungen und kürzere Notizen über Fibroadenome der Brustgegend [2]. In den meisten Fällen handelt es sich um etwa walnußgroße Tumoren von fester Konsistenz; sie sind leicht herausschälbar und scharf begrenzt. In der Mehrzahl der Fälle betraf die Erkrankung Rattenweibchen, nur im Fall SHATTOCK (1893) und im Fall 3 bei BULLOCK und ROHDENBURG (1917) traten die Tumoren bei Männchen auf.

Hauptsächlich scheinen sich die Fibroadenome in der Axillar- und Inguinalgegend zu etablieren.

Besonders bemerkenswert ist ein von LOEB (1916) beobachteter Fall. Er konnte bei einem Tier gleichzeitig vier tumorartige Bildungen an den Stellen der entsprechenden Brustpaare finden. Der Tumor in der Gegend der linken hintersten Mamma bestand aus dichtem

---

[1] Fall 5 dieser Serie — eine 370 Tage alte Ratte — wies in der Leber 52 gutartige Cysten auf.

[2] In neun Fällen der Mc Coyschen Tabellen werden „Fibroadenome" erwähnt. Genaue Angaben über die Lokalisation fehlen; jedoch glauben wir aus Vermerken, wie „linke Leiste", „Inguinalgegend" annehmen zu dürfen, daß es sich ebenfalls um Tumoren der Mammaregion handelte.

fibrösem Gewebe mit eingesprengten Drüsengängen. Die übrigen drei Tumoren zeigten cystische Erweiterungen [1].

Mc Coy (1909) vermerkt in seiner großen Tabelle 3 Adenome der Brustdrüse. Einen weiteren Fall notiert — ebenfalls ohne Details — Katase (1912) [2].

Einen in der Geschwulstliteratur der Tiere bisher nicht beschriebenen Fall verdanken wir R. Jaffé, der ihn uns zusandte. Es handelt sich um einen festsitzenden, walnußgroßen Tumor der rechten Brustwand, der histologisch aus zahlreichen größeren und kleineren, regelmäßigen, nach der Art der normalen Mamma gebauten Drüsen bestand; zwischen den Drüsen befand sich zellarmes, vielfach hyalines Bindegewebe. Es entspricht also das histologische Bild dem gutartigen „Mammom" beim Menschen mit Fibromatose.

3. Bösartige epitheliale Geschwülste.

Eine ausführliche Beschreibung eines Mammacarcinoms bei einer ausgewachsenen, weiblichen Ratte verdanken wir Michaelis und Lewin (1907).

Der Tumor befiel eine weibliche Ratte und saß in der Gegend der hintersten Brustzitze. Auf Grund der Abbildung glauben wir ein *Adenocarcinom* mit soliden Partien annehmen zu dürfen.

Metastasen waren nicht nachweisbar. Es gelang den Autoren, den Tumor erfolgreich weiter zu verimpfen.

Mc Coy (1909) vermerkt ein nußgroßes, mit der Haut verwachsenes Adenocarcinom bei einem wilden Rattenweibchen [3]. Derselbe Verfasser bespricht in seiner tabellarischen Übersicht 3 scirrhöse Carcinome (Mc Coy bezeichnete sie als „Fibrocarcinome"). Einer dieser Tumoren — es handelte sich, wie schon erwähnt um wilde Ratten — wurde bei einem Männchen gefunden.

Bullock und Rohdenburg (1917) berichten ebenfalls über ein Mammacarcinom einer Ratte mit drüsigen und soliden Partien. Ein scirrhöses Carcinom bei einer wilden Ratte beschreibt auch Beatti (1923).

An dieser Stelle möchten wir noch drei Adenocarcinome der Mamma mitteilen, die aus den Rattenbeständen R. Erdmanns und Haagens stammen. Die Tiere waren einer Vitamin - B betonten Fütterung unterworfen worden. Wir glauben, ebenso wie Busch, dem die Tiere zur Sicherstellung der histologischen Diagnose übersandt wurden, daß es sich um *Spontantumoren* handelt, die unabhängig von der Fütterung in den Milchdrüsen entstanden sind.

c) Tumoren der Mundhöhle [4].

Velich (1898) erwähnt eine kugelige Geschwulst an der inneren Seite der Basis der unteren Nagezähne. Der Tumor wuchs rasch zu der Größe von 1,5 cm, so daß das Tier schon nach 14 Tagen den Mund nicht mehr schließen konnte. Der Tumor stellte ein *Sarkom* mit vereinzelten Riesenzellen dar [5].

---

[1] Nach den Beschreibungen Loebs scheinen diese drei cystischen Tumoren Cystadenome darzustellen. Bullock und Rohdenburg (1917) erwähnen (Ratte Nr. 6, Ratte Nr. 19) *zwei Cystadenome* mit *fibrösen* Partien.

[2] 15 weitere Fälle Mc Coys weisen Adenome der ventralen Körperseite auf (zwei Männchen). Trotzdem Beschreibungen fehlen, glauben wir sie ebenfalls in die Gruppe der Adenome der Mammaregion aufnehmen zu können. Zwei weitere Fälle Mc Coys waren Cystadenome (der eine Tumor befiel ein Rattenweibchen).

[3] Unabhängig von dem Carcinom der Mamma fand sich bei dem Tier eine ausgedehnte Sarkomatose der Bauchhöhle (Spindelzellensarkom) und ein Fibrom des Oberschenkels.

[4] Fibiger betont, daß unter den in den letzten zehn Jahren obduzierten 6000 wilden Ratten (Mus decumanus) des dänischen Ratinlaboratoriums niemals spontane *Carcinome* der Mundhöhle, insbesondere der Zunge festgestellt wurden.

[5] Velich glaubt, daß der Tumor durch Annagen eines Sarkoms einer in demselben Stall befindlichen Sarkomratte entstanden sei. Unseres Erachtens wäre eine Implantation von Sarkomzellen auf diesem Wege möglich, jedoch ließen sich weder in der Literatur noch unter unseren eigenen Beobachtungen analoge Fälle einer Tumorübertragung finden.

Anhang: Experimentell erzeugte Tumoren der Mundhöhle.

Durch andauernde Haferfütterung gelang es STAHR und SECHER Geschwülste der Rattenzunge experimentell zu erzeugen.

In einem *einzigen* Fall (Ratte 41) unter 60 Ratten entstand in den Versuchen SECHERs ein Carcinom der Zunge durch die Haferfütterung. An der Zungenbasis fanden sich unregelmäßige Ulcerationen, die sich von der Papilla vallata „nach links und vorne bis zum glatten Teil der Zunge erstreckten". In den Geschwüren wurden Haferhaare gefunden, in deren Umgebung man „unregelmäßige Gewebsproliferationen, die an Granulationsgewebe erinnern", sah. An der rechten Seite der Zunge fand sich *etwa 1 cm von den eigentlichen Haferveränderungen entfernt* eine weißliche papilläre Geschwulst; es handelte sich histologisch um ein *Plattenepithelcarcinom* mit Hornperlen, Metastasen ließen sich nicht nachweisen.

Interessant ist die Bemerkung SECHERs, daß sich am hinteren Teil der Zunge die gewöhnlichen Haferveränderungen in *Heilung* befanden, und daß sich diese Veränderungen bis *dicht* an die erwähnte Geschwulst ausdehnten, *ohne* jedoch mit ihnen in Verbindung zu stehen.

FIBIGER berichtet im Anschluß an seine Untersuchungen über Spiropteracarcinome im Vormagen der Ratte über eine Reihe von teils gutartigen, teils malignen Veränderungen, die er an *Rattenzungen* feststellen konnte. 1920 gibt er an, im ganzen 217 Versuchstiere verschiedenster Stämme benutzt zu haben, denen er Spiropteralarven in den Vormagen eingespritzt oder in die Mundhöhle appliziert hatte. In fast allen Fällen wurden die Befunde erst nach erfolgtem Tod des Tieres erhoben [1].

Die Zungenaffektion trat im Anschluß an die Spiropterainfektion als *Glossitis* oder als echte *Geschwulstbildung* auf. Bei Ratten, die ungefähr 3—6 Wochen nach der Übertragung starben, wurden am häufigsten *entzündliche* Veränderungen der Zunge festgestellt. Auffallenderweise wiesen Ratten, die die Spiropteraübertragung drei bis sechs Monate überlebten, kaum noch entzündliche Veränderungen der Zunge auf, sie enthielten auch keine Spiropteren, im Gegensatz zu den früher verstorbenen Tieren, die zahlreiche Parasiten in der Zunge enthielten. Die Veränderungen durch die Parasiten waren oft so stark, daß eine „Obliteration des Schlundes und des aditus laryngis" in mehreren Fällen den Tod verursachte.

Der Hauptsitz der *Glossitis* ist nach FIBIGER der hintere Teil der Radix linguae. Die Veränderungen setzen sich in manchen Fällen — wenn auch in geringem Maße — auf Pharynx und in die Speiseröhre fort. Histologisch tritt hauptsächlich eine *Epithelhyperplasie* in Erscheinung: *Hyperplasie der oberflächlichen, sehr stark verdickten Hornschicht* und *Proliferation in die tieferen Schichten*, sogar bis in die oberen Schichten der Muskulatur.

Bei einer jungen Ratte, die 136 Tage nach der Spiropteraübertragung in den Vormagen getötet wurde, fand FIBIGER ein *papilläres Fibroepitheliom* der Zunge mit entzündlichen Erscheinungen an der Geschwulstbasis. Carcinomatöse Veränderungen konnte FIBIGER nicht nachweisen. *Spiropteren* fanden sich *weder in der Zunge* noch in der Speiseröhre. Nur der Magen wies leichte Epithelhyperplasien und Spiropteren — jedoch keine Carcinombildung — auf.

In sieben Fällen konnte FIBIGER Plattenepithelcarcinome der Zunge nachweisen. Zwei der Fälle (Nr. 1 und 5) zeigten infiltrierendes Wachstum in die Lymphspalten der Zungennerven. In keinem der Fälle zeigten sich Metastasen. Vier der Fälle (Nr. 2—5) wiesen außer den Plattenepithelcarcinomen der Zunge Carcinome des Magens auf. In den Fällen 4 und 5 konnte FIBIGER im Zungenepithel *Spiropteren* nicht mehr nachweisen, auch eine ausgesprochene Glossitis fehlte.

d) Geschwülste des Magens.

Wir werden hier die Beobachtungen *spontaner Magencarcinome* (die Fälle BEATTIS) mit den *experimentell* — besonders von FIBIGER — erzeugten Magentumoren zusammen besprechen, da es sich um *dieselben* Typen von Geschwülsten und die gleiche Ätiologie handelt. Ihre Entstehung wird nach FIBIGER auf spontane Spiropterainfektionen zurückgeführt.

FIBIGER teilt die experimentell erzeugten Veränderungen im Vormagen, die sich stets nur auf den Fundusteil beschränkten — die Pars pylorica ist stets normal — in drei Erkrankungsgrade ein. In der 1. Gruppe finden sich nur *leichte* Veränderungen der Magenschleimhaut, in der 2. Gruppe beginnende, deutlich ausgeprägte *Papillomatosen*. In der 3. stark ausgeprägte, zum Teil *maligne* Papillomatosen. FIBIGER betont, daß alle drei Gruppen ohne scharfe Begrenzung ineinander übergehen könnten.

---

[1] Eine genaue Untersuchung der Mund- und Kehlkopfgegend war bei der lebenden Ratte nach FIBIGER trotz Anwendung eines von ihm konstruierten Kehlkopfspiegels sehr schwierig.

Die Anfangsstadien zeigen makroskopisch nur eine leichte Verdickung der Schleimhaut, die, fleckenweise oder diffus ausgebreitet, etwas weniger durchsichtig als normalerweise erscheint. Die histologischen Veränderungen äußern sich in einer Proliferation des Oberflächenepithels, besonders des Stratum corneum. Häufig gehen diese Veränderungen mit Entzündung einher.

In der 2. Gruppe stellt sich die Magenschleimhaut stark und diffus verdickt dar. Ihre Oberfläche ist „uneben, faltig mit kraterförmigen, wallförmigen oder längs verlaufenden Vorsprüngen und kleinen Papillomen". Die mikroskopische Untersuchung dieser Fälle zeigte eine sehr starke Epithelverdickung, die oberste Hornschicht war sehr häufig ödematös und enthielt nicht selten Leukocytenanhäufungen zwischen nekrotischen Hornlamellen. Die Epithelzapfen wucherten bis in die Muscularis mucosae vor und drängten sie zur Seite. Stellenweise boten sich sogar Bilder, in denen das Tiefenwachstum so stark ausgeprägt war, daß Epithelinseln unterhalb der Muskelfasern aufgefunden wurden. Jedoch standen sie noch durch Epithelstränge mit dem Oberflächenepithel in Verbindung.

Die stärksten Veränderungen bestanden in extremer Verdickung der Magenwand mit Papillomatose der Schleimhaut. „Mächtige fibroepitheliale Excrescenzen", engten stark die Fundushöhle ein. In einigen Fällen versperrten sie sogar teilweise oder vollständig den Zugang zur Speiseröhre. In allen derartigen Fällen war der Magen voluminös, die Außenseite buckelig, öfters mit kleinen, multiplen Knoten bedeckt. Die histologische Untersuchung dieser 3. Gruppe ergab vor allem Papillenbildungen. Ferner finden sich große Epithelkrypten, die dadurch entstehen, daß das „heterotop gelagerte Epithel unter weiterer starker Proliferation, namentlich der Zellen der Hornschicht, die Fasern der Muscularis mucosae zersprengt, das Bindegewebe der Submucosa zusammendrückt und es nach den Seiten schiebt, bis die wachsenden Epithelmassen an Stellen gelangen, wo das Bindegewebe selbst in starkem Wachstum begriffen ist". Die vordringenden Epithelmassen werden hier von dem proliferierenden Bindegewebe eingeschlossen, werden atrophisch und können vollständig verschwinden. Die Magenwand besteht dann aus cystischen Epithelkrypten, die nach innen mit der Magenhöhle in Verbindung stehen und nach außen durch die Serosa begrenzt sind. In den „maligne entarteten" Fällen konnte FIBIGER in „begrenzten Partien" ein infiltratives Wachstum des heterotop gelagerten Epithels, wiebeim gewöhnlichen Plattenepithelcarcinom, nachweisen [1].

VOGEL konnte nach Verfütterung von Nematoden (Hepaticola gastrica) in zwei Fällen verhornte Plattenepithelcarcinome des Magens, jedoch ohne Metastasenbildung, experimentell erzeugen.

BEATTI (1917) berichtet über Carcinome des Vormagens mit Metastasen in den Lymphdrüsen und in der Leber. Die Tiere waren gleichzeitig mit Nematoden vom Typ Gongylonema und Hepaticola hepatica spontan infiziert. Zwei weitere Fälle von BEATTI (1923) zeigen papillomatöse, zum Teil verhornte Geschwülste im Magen, bei Anwesenheit einer Nematode (Hepaticola hepatica?). Die Beschreibung ist jedoch zu unklar, um daraus Schlüsse ziehen zu können [2].

SAIKI beobachtete mit FUJIMAKI bei Verfütterung einer Kost, die abwechselnd A-vitaminreiches und A-vitaminarmes Futter enthielt, auffallende Veränderungen im Vormagen. SAIKI konnte unter 49 Versuchstieren in fünf Fällen sehr starke Epithelproliferationen, in zwölf Fällen mäßigere Veränderungen im Vormagen feststellen [3].

Nie ließen sich Veränderungen im Drüsenteil des Magens nachweisen.

BUSCH (1928) untersuchte eine Ratte (Nr. 107) mit einer Magengeschwulst aus den ERDMANN-HAAGENschen Rattenbeständen. Auch diese Tiere waren mit einer „vitaminumbalancierten Kost" ernährt worden. Makroskopisch erwies sich der Tumor als ein stecknadelkopfgroßes Knötchen, welches an einem dünnen Stiel der Magenschleimhaut aufsaß. Histologisch: Papillom. Einen Anhalt für parasitäre Entstehung konnte BUSCH nicht finden.

---

[1] Einige dieser Fälle gingen mit Metastasenbildung einher. So fand sich z. B. in Fall 12 der Publikation aus dem Jahre 1914 eine Lungenmetastase — jedoch ohne Parasiten.

[2] YOKOGAWA (1924) erwähnt ähnliche Resultate wie FIBIGER nach Verfütterung von Gongylonema. Bei SECHER (1919) findet sich die Notiz einer papillären Geschwulst im Vormagen, nachdem das Tier mit Spiroptera infiziert worden war. Gleichzeitig fand sich bei dieser Ratte ein Angiosarkom am Antibrachium.

[3] SAIKI erwähnt in seiner summarisch gehaltenen Darstellung in einem Fall neben einer „callösen Zellwucherung" eine „Metastase" in der Lunge. Die histologischen Untersuchungen SAIKIS zeigen, daß die proliferativen Veränderungen im Vormagen eine Tendenz zur Verhornung aufweisen. Lokale entzündliche Reaktionen oder Ulcera treten nicht in Erscheinung.

Pappenheimer und Larimore konnten bei „ungenügender‟ Ernährung von Ratten Ulcera und *Epithelhyperplasien* im Magen feststellen. Die Autoren fanden im Magen verschluckte Haarballen, die möglicherweise als Ursache für die Veränderungen in der Magenschleimhaut anzusehen wären.

Brancati beschrieb Carcinome am Vormagen von *Ratten* (und *Mäusen*), die durch Fütterung der Tiere mit Teer und Milch entstanden.

Buschke und Langer führten monatelang bei *Ratten* in kleinen Dosen *rectal* Gasteer ein und erzeugten in 40% der Tiere benigne Tumoren des Vormagens mit starken Hyperkeratosen und Ulcerationen. (Also eine Einwirkung, weit entfernt vom Ort der Teerapplikation.)

e) Tumoren der Leber.

Die Rattenleber können wir geradezu als Prädilektionsstelle für das Auftreten von Tumoren bezeichnen. In fast allen Fällen handelt es sich um Geschwülste *bindegewebiger Herkunft*[1].

Bullock und Rohdenburg (1917) stellten aus der Literatur 123 Fälle von Rattentumoren zusammen. Wir entnehmen ihrer tabellarischen Zusammenstellung folgende Angaben über die prozentuale Beteiligung der Leber und die Art Tumoren:

Fibrome der Leber 2
Angiom der Leber 1
Sarkome der Leber 30
————
33

Bullock und Rohdenburg erwähnen ergänzend 6 „Sarkome‟ ihrer eigenen Bestände.

Die McCoyschen Statistiken enthalten — wie erwähnt — 103 Tumoren (1909), die sie unter 100 000 getöteten wilden Ratten in San Franzisko beobachteten.

Darunter: Fibrome der Leber 2
Angiom der Leber 1
Sarkome der Leber 18
Adenofibrom der Leber 1
————
also insgesamt . . 22 Tumoren der Leber.

Das Auftreten von Lebertumoren scheint kein Geschlecht besonders zu bevorzugen. Die McCoyschen Tabellen geben 9 Männchen und 13 Rattenweibchen als Träger von Lebertumoren an.

Der größte Teil der bei Ratten beobachteten Lebersarkome scheint mit dem Auftreten eines Parasiten — gewöhnlich Cysticercus fasciolaris — verbunden zu sein[2]. (Mc Coy, Bullock und Rohdenburg).

In der folgenden Übersicht gruppieren wir: 1. die Tumoren, die in *keinem* nachweisbaren *Zusammenhang mit Parasiten* stehen; 2. Lebergeschwülste, die *spontan im Anschluß an parasitäre Infektion* entstanden; in die 3. Gruppe stellen wir die experimentell durch Cysticercus fasciolaris erzeugten Lebertumoren.

1. Tumoren der Leber ohne Anwesenheit von Parasiten[3].

In all diesen Fällen, bis auf einen Tumor Mc Slyes (1926), handelt es sich um mesenchymale Geschwülste. Die Feststellung der meisten Fälle verdanken wir McCoy. Wir entnehmen seiner Tabelle die einzige Angabe einer gutartigen Geschwulst des Bindegewebes:

---

[1] Vergleichsweise möchten wir bemerken, daß Slye, Holmes und Wells unter 10 000 Mäusesektionen (1915) *niemals bindegewebige* Tumoren der *Leber* feststellen konnten.

[2] Die Cysticercen stellen einen sehr häufigen — fast möchte man sagen regelmäßigen — Befund in der Rattenleber dar. Bridré und Conseil erwähnen eine Frequenz von 40% Cysticercen.

[3] Mc. Coy bemerkt, daß möglicherweise bei der Untersuchung der Tumorratten eine Reihe von Parasiten nicht festgestellt werden konnten, da manche Tumoren infolge ihrer Größe das Auffinden des Parasiten erschwert hätten.

Es handelte sich um ein Rattenmännchen mit einem 2—3 cm großen Tumor in der *Leber* und einem 1 : $^1/_2$ cm großen Knoten in der *Milz*. Die histologische Diagnose lautete: *Fibrom.*

Mc Coy notiert weiterhin drei Fälle von *Lebersarkomen* mit Aussaat im Zwerchfell, Mesenterium usw. Ferner zwei polymorphzellige Sarkome — in einem dieser Fälle (s. Abb. S. 293) fand sich gleichzeitig in der Leber ein kavernöses Angiom. Das Sarkom setzte Hunderte von Metastasen in das Omentum.

M. Slye und ihre Mitarbeiter (1926) berichten über eine wilde norwegische Ratte mit zwei voneinander unabhängigen *Primärtumoren der Leber*. Ein Knoten bestand im Zentrum aus Hämorrhagien mit Hämoglobinkrystallen. Die Ränder enthielten teils nur fibröse Partien, andere Teile bestanden jedoch aus ovalen und spindeligen Zellen von ausgeprägt bösartigem Charakter; stellenweise ließen sich Infiltrate in der Leber und im peritonealen Fettgewebe nachweisen. Die Autoren bezeichnen die Geschwulst als ein *polymorphzelliges Sarkom*. Daneben fand sich ein typisches Adenocarcinom der Leber, das von den Gallengängen auszugehen schien und außerdem noch ein Schilddrüsencarcinom.

Im Hinblick auf die Mc Coysche Feststellung, daß in einer Reihe der Tumorfälle die Anwesenheit von Parasiten entgangen sein könnte, möchten wir betonen, daß wahrscheinlich selbst von dieser verhältnismäßig kleinen Zusammenstellung noch einige Fälle auszuschalten wären.

2. Tumoren der Leber
bei spontan mit Parasiten infizierten Tieren.

Borrel gebührt das Verdienst im Jahre 1906 als Erster den Nachweis eines *Parasiten* im Zentrum einer Lebergeschwulst erbracht zu haben. Es handelte sich um einen orangegroßen Tumor nebst zahlreichen Tochterknoten, dessen histologische Strukturen ein *großzelliges Sarkom* darstellten.

Es gelang Borrel, diesen Tumor über drei Rattengenerationen zu überimpfen.

Im Jahre 1910 unternahmen Bridré und E. Conseil, Mc Coy, Bullock und Rohdenburg und andere systematische Untersuchungen über das Vorkommen von Cysticercen bei Ratten und ihre Rolle bei der Entstehung von Tumoren.

Auffallenderweise konnten Bridré und Conseil unter 4000 tunesischen Ratten, die anläßlich einer Pestbekämpfung untersucht wurden, trotz des sehr häufigen Vorkommens von Cysticercus fasciolaris — 40% der Tiere waren an Cystycercus erkrankt — nur bei vier Ratten Cysticercustumoren nachweisen. Weitere 3800 von ihnen untersuchten Ratten zeigten in 20% Cysticercuserkrankungen. Auch hier wurden nur zwei Cysticercussarkome gefunden. In allen diesen Fällen handelte es sich um *Spindelzellensarkome* der Leber. Ein Fall erscheint uns besonders interessant, da gleichzeitig fünf, wahrscheinlich voneinander unabhängige Sarkome der Leber auftraten. Im Zentrum jedes Tumorknotens ließ sich ein Cysticercus nachweisen. Nur ein Fall (Nr. 5) zeigte Metastasen.

Die Kombination von Parasiten und Sarkomen der Leber beobachteten auch Wolly und Wherry (1911). In zwei Fällen wies das Tier neben einem hühnereigroßen Primärtumor in der Leber eine ausgedehnte *Sarkomatose* auf. Die Autoren schreiben von Hunderten von Knoten im Omentum und Mesenterium.

Das eine dieser Tiere war ein Musterexemplar für die Anwesenheit von Rattenparasiten, denn neben den Cysticercen in der Leber fanden sich Dipteruslarven und trichocephalusähnliche Parasiten im Magen, Bandwürmer im Darm, im Coecum, Ankylostomumähnliche Würmer, die ihre Eier in kleinen Cysten des Magens abgelegt hatten. Die histologische Untersuchung des Lebertumors zeigte ein *polymorphzelliges Sarkom* mit Riesenzellen. Im Tumor selbst waren „Tausende" von Eiern.

Auch Beatti (1923) bereicherte die Literatur mit Angaben über Lebertumoren, die Parasiten enthielten. In einem seiner Fälle zeigte die Leber zwei Tumoren: der kleinere enthielt einen Parasiten. Angaben über den histologischen Bau fehlen. Die andere Geschwulst — die als „gestielt, fast frei" beschrieben wird — ein polymorphzelliges Sarkom — wies keinen Parasiten auf. Beatti meint, daß er vielleicht bereits verschwunden war.

BULLOCK und ROHDENBURG (1917) beschreiben drei Ratten mit *Cysticercus-sarkomen* in der *Leber*. In allen drei Fällen handelt es sich um erwachsene *Rattenweibchen*.

Tier Nr. 15 zeigte am linken Leberlappen einen Knoten, der histologisch aus zwei Teilen bestand. Es fanden sich ein *polymorphzelliger* Tumor, der hauptsächlich von den die Cystenhöhle bekleidenden Zellen ausging und ein *Spindelzellentumor,* der von den äußeren Teilen der Cystenwand seinen Ursprung nahm. Die Geschwulst infiltrierte die Leber und enthielt einen toten Parasiten. Im rechten Leberlappen fand sich eine Cyste mit einem noch lebenden Parasiten; die Wand dieser Cyste war ungewöhnlich zellreich, in einem kleinen Teil fanden sich „aktive Proliferationen". Die Zellen, die die Cystenhöhle auskleiden, befanden sich, ebenso wie die der äußeren Cystenwand, im Zustand lebhafter Teilung. Schmale Spindelzellen, große, runde oder spindelige Zellen mit einem oder mehreren Kernen, kleine Rundzellen und einige polymorphkernige Leukocyten bildeten den morphologischen Bestandteil dieser Partien. Die Autoren glauben, diese Erscheinungen als Zeichen einer „beginnenden sarkomatösen Wucherung" deuten zu dürfen.

Ratte Nr. 22 — ein erwachsenes Weibchen — wies vier Lebercysten auf; eins dieser Gebilde hing an einem kurzen Stiel am Leberlappen und zeigte Entzündung und ausgedehnte Wandverdickung. Im Innern fand sich ein toter Parasit. Die histologische Untersuchung ergab eine Umwandlung der Cystenwand in ein Spindelzellensarkom mit Einbruch in die Leber. Unterhalb des Tumors fand sich Granulationsgewebe. Die drei anderen Cysten boten keinen Anhalt für maligne Wucherungen.

Dieser Fall ist nach Ansicht der Autoren besonders lehrreich, da er zeigt, daß die *Anwesenheit von Parasiten,* selbst in für Sarkom empfänglichen Geweben und unter Bildung von gleich großen Cysten, nicht allein genügt, um maligne Entartung zu verursachen. Sie ziehen daraus den Schluß, daß nicht allen Parasiten die Eigenschaft Tumoren zu bilden innewohnt.

AULER und NEUMARCK (1925) berichten über eine ausgedehnte *Sarkomatose* bei einer bunten Laboratoriumsratte.

Die primäre Geschwulst saß innerhalb der Leber und entstand in der unmittelbaren Nähe einer Cystenwand. Die Cyste selbst enthielt einen 8 cm langen Cysticercus fasciolaris. Metastasen fanden sich in Peritoneum, den abdominalen Lymphdrüsen und in der linken Niere.

HEIM (1928) fand bei einer Laboratoriumsratte — es handelte sich um ein Männchen — ein *Spindelzellensarkom* der Leber, welches in einer kleinen Cyste einen lebenden Parasiten (Cysticercus fasciolaris) enthielt.

3. Lebertumoren bei experimentell mit Parasiten infizierten Tieren.

α) **Mesenchymale Tumoren.** Sehr ausgedehnte Untersuchungen über experimentelle Infektionen der Ratten mit Cysticercus fasciolaris verdanken wir BULLOCK und CURTIS In einer Reihe von Publikationen (1920, 1925, 1926, 1928) geben sie Bericht über ihre Befunde. In ihrer letzten Arbeit aus dem Jahre 1928 geben die Autoren an, daß sie innerhalb von acht Jahren 2100 Ratten mit experimentell erzeugten Lebertumoren feststellen konnten. Auffälligerweise fanden sich unter diesem großen Material nur drei epitheliale Tumoren, welche sich mit der Anwesenheit eines Parasiten in Zusammenhang bringen ließen.

In einer früheren Arbeit aus dem Jahre 1925 stützen sich BULLOCK und CURTIS auf ein Material von 1400 experimentellen Cysticercustumoren. Unter diesen Tieren fanden sich nur Lebertumoren mesenchymalen Ursprungs. Mit ganz vereinzelten Ausnahmen — *Chondrome* — waren die Tumoren bösartig.

In der Mehrzahl der Fälle handelt es sich um *polymorphzellige, spindelzellige* und *gemischtzellige* Sarkome.

Die *polymorphzelligen* Cysticercussarkome entstehen hauptsächlich in der *inneren* Zone der Cystenwand und sind — nach Ansicht der Autoren — vermutlich „endothelialen Ursprungs".

Die *Spindelzellensarkome* selbst teilen die Autoren in zwei Gruppen ein; die einen bestehen aus „plumpen acidophilen Zellen", wahrscheinlich derselben Genese wie die polymorphzelligen Tumoren. Die andere Gruppe ähnelt menschlichen Geschwülsten und besteht aus schmalen Zellen. Sie entstehen vermutlich aus den Bindegewebselementen der Cystenwand.

Die *gemischtzelligen* Cysticercussarkome enthalten spindelige und polymorphzellige Elemente. Oft herrscht der eine oder der andere Zelltyp vor.

Besonders herausgreifen möchten wir einen interessanten Fall, den BULLOCK und CURTIS in ihrer Publikation aus dem Jahre 1925 erwähnen. Es handelt sich um eine Ratte mit *drei Cysticercustumoren,* die in ihrer Struktur voneinander völlig *verschieden* waren. Der eine Knoten wird als „*Liposarkom*" erwähnt. Der Teil der *Cystenwand,* der sich in diesem „fettigen Tumor" befand, war in ein *gemischtes kleinzelliges Sarkom* verwandelt. Der übrige Teil der Wand war verdickt und bestand aus Fettgewebe mit dazwischenliegenden *sarkomatösen* Herden. Die anderen Tumoren werden ohne nähere Angaben als *polymorph- zelliges* und *gemischtzelliges Sarkom* beschrieben.

Eigenartigerweise konnten die Autoren in Gemeinschaft mit ROHDENBURG *hyalinen Knorpel* in den Cystenwänden nachweisen: er soll nach Ansicht der Verfasser entweder aus *undifferenzierten Zell n,* die sich im reifen Gewebe finden, oder aus *zurückdifferenziertem,* entdifferenziertem Gewebe entstehen. Diese Befunde dürften auch die Genese der verein- zelten, durch experimentelle Infektionen erzeugten Geschwülste mit knorpeligen und knöchernen Bestandteilen erklären: ein *osteoides Chondrom,* ein *Chondrosarkom,* ein *Osteo- chondrosarkom,* ein gemischtzelliges Sarkom mit Knorpelinseln und ein Chondrom.

Das *osteoide Chondrom* entstand in einer gestielten Cyste aus einer knotigen Verdickung der Cystenwand und bestand histologisch aus Massen von hyalinem Knorpel, welcher von nur wenig lockerem, fibrillärem Gewebe durchzogen war; einige der Knorpelinseln wurden von schmalen Streifen osteoiden Gewebes begrenzt.

Das *Chondrosarkom* (Fall Nr. 1228) bestand aus polymorphen und spindeligen Sarkom- zellen, die Spindelzellenpartie enthielt Gruppen von Knorpelinseln, von denen einige gut differenziert waren, während andere mehr embryonalen Charakter trugen.

Das *Osteochondrosarkom* entstand in einer gestielten Cyste und enthielt Trabekel von *knöchernem* oder *osteoidem Gewebe,* ferner embryonalen und reifen *Knorpel,* der in einem sehr zellreichen, spindel- und polymorphzelligen Gewebe verstreut lag. Hin und wieder fanden sich auch Riesenzellen. Die Geschwulst war gut vascularisiert; im Peritoneum wucherten Metastasen, ebenfalls mit osteoidem Gewebe, Knorpel und Knochen.

In der Publikation aus dem Jahre 1928 erwähnen die Autoren ergänzend noch ein *Cysticercuschondrom* oder *Chondrosarkom,* ohne aber die Tumoren näher zu beschreiben.

β) **Epitheliale Geschwülste der Leber, die experimentell durch Cysticercusinfektion erzeugt wurden.** Wie schon erwähnt, fanden sich bei 21 Tumorratten von BULLOCK und CURTIS in fast allen Fällen nur *mesenchymale* Geschwülste.

BULLOCK und CURTIS (1928) versuchen eine Erklärung für das seltene Auftreten *epi- thelialer* Lebergeschwülste im Anschluß an Cysticercuserkrankungen zu bringen. Einerseits glauben sie an einen Schutz der Leberzellen und Gallengänge gegen den parasitären Reiz durch die fibröse, die Larve umgebende Wand. Andererseits scheinen die der Ratte die Leberzellen und die Epithelien der Gallengänge selbst mehr oder weniger dem Proliferations- reiz der Parasiten Widerstand bieten zu können; die Seltenheit spontaner epithelialer Tumoren der Rattenleber scheint direkt für eine *relative Unempfänglichkeit* des Epithels zu sprechen[1].

Bei zwei Tieren konnten sie *Cystadenome* in der Wand von Cysticercuscysten nachweisen: nach Ansicht der Autoren müßte man an eine Entstehung aus isolierten Gallengängen denken.

1928 gelang es den Autoren, einen *dritten Tumor der Leber mit epithelialen Bestandteilen nachzuweisen.*

Es handelte sich um eine 638 Tage alte männliche Ratte aus Kopenhagen, welche 37 Tage nach der Geburt mit Tänieneiern gefüttert worden war. Ein Tumor saß im rechten Leber- lappen, war fest und enthielt makroskopisch verkalktes oder knöchernes Gewebe. Im Tumor selbst lagen in der Nähe der Oberfläche fünf Cysten mit Tänienlarven.

Zwei weitere Knoten fanden sich im linken Leberlappen desselben Tieres; der eine war fest, enthielt jedoch kein knorpeliges oder knöchernes Gewebe, der andere war bedeutend weicher; im ersteren fand sich ein nekrotischer Wurm, der zuletzt erwähnte Tumor enthielt einen unversehrten Cysticercus.

---

[1] Ganz im Gegensatz hierzu *neigen* die Leberzellen beim *Menschen,* wenn sie den Reizen einer anderen Wurmart — *Paragonimus* (Distomum pulmonale) — ausgesetzt sind, zur Bildung primärer *Lebe zellcarcinome.* Als erster wies ASKANAZY beim Menschen diesen Zusammenhang zwischen primärem Lebercarcinom und der Anwesenheit von Trematoden (Opistorchis felineus) nach. Auch in Japan fanden sich verhältnismäßig häufig primäre Lebercarcinome bei Infektion der Leber mit Leberegeln (Distumum spatulatum und japo- nicum).

Der zuletzt erwähnte Knoten zeigte merkwürdige Strukturen. Die Hauptmasse des Tumors war ein Osteochondrosarkom von mannigfaltigem Bau, mit reichlichen Mengen von Knorpel, osteoidem Gewebe und Knochen. Ein Teil des Sarkoms bestand aus strukturlosen Massen, in anderen Teilen bildeten polymorphe Zellen den Hauptbestandteil. *An der Peripherie ging aber das Sarkom in carcinomatöses Gewebe über, welches den kleineren Teil der Geschwulst einnahm, jedoch den Hauptbestandteil der gut erhaltenen Randpartien bildete.* Eine klare Grenze zwischen Carcinom und Sarkom ließ sich in der Übergangsgegend nicht sicher ziehen. Die Epithelzellen bestanden aus polyedrischen oder kubischen kleinen Zellen, gruppenweise oder alveolär angeordnet. *Im Tumor selbst waren Nester und Züge von teilweise verhornendem Plattenepithel.* Nur spärliche Mitosen. Das Carcinom wuchs infiltrierend in die Leber. Unter den zahlreichen Metastasen wurde nur eine Zwerchfellmetastase — sie enthielt *polymorphe Sarkomzellen,* nebst einigen Inseln *osteoiden* oder *knöchernen* Gewebes — und ein Lymphknoten, der nur aus polymorphen Zellen bestand, untersucht.

Nach Ansicht von BULLOCK und CURTIS entstanden die drei Tumoren wahrscheinlich *unabhängig* voneinander. Die Verfasser bezeichnen die Geschwulst als ein Carcino-Osteochondrosarkom.

f) Tumoren des Pankreas.

LOEB, L. (1904) vermerkt ohne nähere Beschreibung ein „Carcinom der Bauchhöhle", welches vermutlich aus dem *Pankreas* hervorging.

g) Lungentumoren.

Wir konnten nur eine Notiz MCCOYS (1909) finden über ein *Lungencarcinom* neben einem Adenocarcinom der Nieren bei einer wilden Ratte. Möglicherweise handelte es sich unseres Erachtens sogar nur um eine Metastase des Nierencarcinoms.

Zu erwähnen ist noch ein von JENSEN (1905 und 1909) beobachtetes *Spindelzellensarkom in der Lunge einer Ratte.*

MÖLLER pinselte 24 gescheckte *Ratten* zwei- bis dreimal wöchentlich auf der Rückenhaut. Sechs Tiere blieben längere Zeit am Leben. Bei diesen sechs Tieren, die 300 Tage oder länger gepinselt worden waren, fanden sich in den Lungen verhornende Plattenepithelcarcinome, die der Verfasser als primär und bronchogen auffaßte (Acta pathol. et mikrobiol. scandinav. **1924,** Bd. 1, S. 434).

h) Tumoren der Genitalien.

1. Tumoren der Vulva.

Angaben über Tumoren der äußeren Genitalien finden sich in der Literatur sehr spärlich.

MC COY berichtet (1909) über multiple harte Knoten an der Vulva („on the Vulva") einer Ratte — wohl an der Vulvaschleimhaut. MC COY bezeichnet die Tumoren als Adenome[1].

Die einzige Mitteilung über einen *bösartigen Vulvatumor* stammt von HANAU (1889). Die Geschwulst befiel eine weiße Ratte und metastasierte in Inguinal- und Axillardrüsen. Das mikroskopische Bild zeigte ein zellreiches, stark verhorntes *Plattenepithelcarcinom.*

Mit diesem Tumor gelang es HANAU (wie wir im allgemeinen Teil unter dem Abschnitt „Transplantabilität" berichtet haben), als Erstem die Übertragung einer bösartigen Geschwulst von Tier zu Tier.

Anläßlich des tierärztlichen Kongresses im Haag 1909 berichtet STICKER, daß HANAU außer der eben erwähnten Ratte schon früher im Züricher pathologischen Institut zwei Ratten mit „Cancroid der Sexualorgane" beobachtet hatte. Alle diese Tumorteile fanden sich unter den 100 beobachteten *Nachkommen von vier Tieren.*

---

[1] MC COYS nur kurzer Bericht erwähnt auch — ohne nähere Diagnose — einen „großen" Tumor in dem der Vulva anliegenden Gewebe.

Bei der Seltenheit der Tumorbefunde an den Genitalien der Ratte muß man bei den von HANAU beobachteten Geschwülsten — zumal die Geschwulstträger von nur vier Tieren abstammen — eine Vererbung oder eine Disposition für Tumoren der Genitalien, ähnlich wie sie M. SLYE für Mäuse angenommen hatte, in Betracht ziehen.

2. Tumoren des Uterus.

Die Tabellen Mc COYS enthalten unter 100 000 sezierten Ratten nur einen Uterustumor, ein „Endotheliom" in der rechten Hälfte des Organs. Die Geschwulst saß 2 cm vom Fundus entfernt (Details fehlen).

SINGER (1913) berichtet über einen erbsengroßen, festen Tumor bei einer Albinoratte; er saß im rechten Horn des Uterus zwischen mittlerem und oberem Drittel. Histologisch erwies sich die Geschwulst als ein Spindelzellensarkom mit reichlich fibrösem Gewebe. Der Tumor ließ sich über sieben Generationen erfolgreich überimpfen.

TEUTSCHLÄNDER beobachtete nach Injektion von Teer in den Uterus bei der Ratte ein Cancroid der Uterusschleimhaut. Vagina und Vulva blieben von der Erkrankung frei.

3. Tumor des Ovars.

Die Mitteilung der einzigen uns bekannten Ovarialgeschwulst verdanken wir SECHER. Er beschrieb den Tumor als „freibeweglich", „beinahe kugelrund und weich". (Eine nähere Beschreibung der Tumorlokalisation fehlt.)

Die mikroskopische Untersuchung ergab eine papilläre Geschwulst, deren Grundstock von strukturlosem hyaline . Bindegewebe gebildet war. Die Papillen waren mit niedrigem, kubischem Epithel bekleidet. In anderen Partien fanden sich mit kubischen oder polygonalen Zellen ausgefüllte Alveolen. Zwischen den alveolären Gebieten lagen drüsenähnliche „Röhrchen". Der Tumor war gut vascularisiert.

SECHER stellte die Diagnose: Cystadenoma papilliferum mit carcinomatöser Umwandlung.

4. Testikelgeschwulst.

Wir fanden nur die Angabe Mc COYS (1909) über ein „Angiosarkom". Die kurze tabellarische Notiz berichtet über einen vierfach vergrößerten, blutreichen Testikel bei einer wilden Ratte.

5. Tumor der Samenblase.

FLEXNER und JOBLING (1910) teilen einen Tumor mit, der von der linken Samenblase ausging und als walnußgroßer, derber Knoten in die Bauchhöhle hineinragte. Der Tumor zeigte keinerlei Verwachsungen mit den Baucheingeweiden, die Konsistenz war fest; makroskopisch zeigte das Tier keine Metastasen.

Die Autoren hatten den Tumor in ihren Publikationen aus dem Jahre 1907 als ein polymorphzelliges Sarkom mit spindeligen und polyedrischen Elementen beschrieben. In dem Jahre 1910 (Monographien aus dem ROCKEFELLER-Institut) betonten die Autoren, daß genaue Untersuchungen des Primärtumors zu dem Ergebnis geführt hätten, daß es sich nicht um ein reines Sarkom handeln könne, denn in einigen Teilen des in Serien zerlegten Tumors fanden sich einwandfrei epitheliale Elemente. Diese ordneten sich zu „Drüsenschläuchen „normaler Struktur" an, an anderer Stelle boten sie aber den Aspekt menschlicher Adenocarcinome.

Die Autoren neigen zu der Annahme, daß es sich um ein „Embryom" des Samenbläschens handelt.

Der Tumor wurde in zahlreichen Fällen erfolgreich überimpft, und verwandelte sich nach fünf Generationen in ein solides Carcinom[1]. Nach der 28. Impfung stellte der Tumor ein reines Adenocarcinom dar.

---

[1] Sog. Carcinoma simplex.

i) Geschwülste der Blase.

WOLLY und WHERRY berichten über *eine papilläre, nicht maligne Geschwulst der Blase* bei einer ausgewachsenen Ratte.

Ein derb bindegewebiges Stroma erschien mit einer dem normalen Blasenepithel ähnlichen Bildung bedeckt; hin und wieder mußte das Epithel als hyperplastisch bezeichnet werden. Die Autoren berichten über Steine, „Calculi“, in der Blase. Parasiten wurden nicht nachgewiesen.

Weitere Mitteilungen über Papillombildungen — ohne nähere Beschreibung — in der Blase verdanken wir LÖWENSTEIN (1913) und FIBIGER (1913).

LÖWENSTEIN konnte seine Befunde nach Infektion der Blase mit *Trichodes crassicauda* erheben (s. Kapitel Blase.)

In der Diskussion über die Befunde LÖWENSTEINs bemerkt FIBIGER — der den von LÖWENSTEIN behaupteten ätiologischen Zusammenhang in Frage stellt — daß er bei drei Tieren „ausgesprochene Papillombildungen“ und in wenigen Fällen eine Verdickung des Epithels vorfand, die als pathologische „Hyperplasie“ aufgefaßt werden konnte.

FIBIGER (1913) berichtet über eine papillomatöse Geschwulst der Harnblase, die als ein blumenkohlartiger Tumor im Vertex der Blase saß. Im ganzen war die Geschwulst etwa erbsengroß und ragte in das Blasenlumen hinein, das sie ungefähr um die Hälfte einengte. Die mikroskopische Untersuchung der Geschwulst ergab kein Anzeichen von Malignität. Es fanden sich mit verhorntem Plattenepithel bekleidete Bindegewebszapfen; am Boden der Geschwulst waren entzündliche Veränderungen nachweisbar [1].

BULLOCK und ROHDENBURG (1912) untersuchten 36 Rattenblasen und fanden in 90% derselben Würmer in allen Entwicklungsstadien. In einigen Blasen zeigte sich chronische Entzündung; nur in einem einzigen Fall wurden *Epithelproliferationen* gefunden.

MAISIN und PICARD berichten über eine *Ratte,* die mit geringen Mengen eines Gemisches von Paraffin, Teer und Scharlachrot behandelt wurde. Fünf Monate nach der Injektion in die Blase beobachteten die Autoren Carcinombildung der Blasenschleimhaut mit Metastasen in einer Lymphdrüse.

k) Geschwülste der Nieren.

1. Gutartige Tumoren der Nieren.

Die Zusammenstellung MC COYS (1909) enthält vier Fälle von zum Teil multiplen „Adenomen“ der Niere (zwei der Tiere waren Männchen).

BULLOCK und ROHDENBURG (1917) berichten über ein Rindenadenom bei einer alten Ratte (Nr. 28).

Ein weiterer von ihnen untersuchter Fall (Ratte Nr. 12) war besonders interessant. In beiden Nieren befanden sich kleine Adenome; in der rechten Niere ein papilläres Cystadenom, welches sich etwas über die Oberfläche hervorwölbte und einige Millimeter in die Rinde eindrang. Ein dritter Geschwulsttyp der Niere ließ kleine Acini erkennen, die mit einer einzigen Schicht cuboider Zellen ausgekleidet waren. Eine vierte Gewächsform bestand aus polyedrischen Zellen in alveolärer Anordnung, teilweise mit Lumina. Die Autoren versuchten erfolglos, den Tumor vom Typ des papillären „Cystadenoms“ zu überimpfen [2].

MC COY vermerkt kurz ein „Cystopapillom“ der Niere bei einem Rattenweibchen.

---

[1] Diese Ratte stammte aus einer Gruppe von Tieren, die experimentell mit Spiroptera infiziert worden waren. Das Tier wies ein Carcinom im Magen auf. Differentialdiagnostisch ist es nach FIBIGER schwer zu entscheiden, ob die Blasengeschwulst als Metaplasie des Blasenepithels oder als eine Metastase des Magencarcinoms aufgefaßt werden kann. Da die Blasenschleimhaut in großer Ausdehnung ganz normal war, neigt FIBIGER mehr zu der Annahme einer metastatischen Veränderung.

[2] Außerdem fand sich bei diesem Tier ein Fibrom an der rechten Halsseite, teilweise hyalin degeneriert.

2. Bösartige epitheliale Tumoren der Niere.

Mc Coy vermerkt drei Fälle von „Carcinomen" der Nieren. Nur in einem Fall berichtete er über Lungenmetastasen [1].

Die ausführliche Beschreibung eines Carcinoms in der Niere einer weißen Ratte verdanken wir Nicholson (1912). Es handelte sich um ein altes Tier, welches zwei Jahre im Laboratorium gehalten wurde. Das Tier starb unter urämischen Erscheinungen. Es fanden sich Knoten, scharf vom Nierengewebe abgesetzt mit großen zentralen Nekroseherden.

Die histologische Untersuchung ergab eine totale Nekrose der zentralen Partien; am Rand fanden sich alveolär angeordnete, große runde Zellen mit homogenem Protoplasma. Die Tumorzellen drangen in die Nierensubstanz ein, dehnten sich zwischen den Tubuli aus; stellenweise Einbrüche in die Venen. Es gelang dem Autor den Tumor zu übertragen. Der Impferfolg schwankte zwischen 10 und 60%, es konnte jedoch im Verlaufe weiterer Transplantationen keine Virulenzsteigerung erzielt werden. Der Tumor wurde von Nicholson als „Spheroidal celled carcinoma" (rundzelliges Carcinom) bezeichnet.

Beatti (1923) erwähnt kurz einen weiteren Fall von Carcinoma solidum in der rechten Niere einer wilden Ratte.

Borrel publizierte 1906 einen carcinomatösen Tumor der rechten Niere. Der Tumor enthielt keinen Parasiten. Dagegen ließ sich in der linken Niere ein junger Cysticercus nachweisen, der sich in den Nierengeweben eingekapselt hatte. In der Cystenwand entwickelte sich ein Tumor, der dem Carcinom der rechten Niere ähnelte. Auch die Leber enthielt eine große Cyste mit Cysticercus. Der Tumor ließ sich nicht transplantieren.

Anhang.

Bei Wolly und Wherry (1911) finden sich Angaben über drei Nierentumoren (Fälle 19, 20, 21). Die Autoren halten die Nierengeschwülste für „maligne Adenome". Die unklare Beschreibung der Fälle gestattet uns keine einwandfreie Einordnung.

l) Tumoren der Schilddrüse.

Umfassende Untersuchungen von Bullock und Rohdenburg (1917) an einem Material von 4300 Ratten ergaben 2 Adenome, 2 Cystadenome, 6 papilläre Cystadenome der Schilddrüse [2].

Olga Fischer (1926) berichtet kurz, daß *parenchymatöse Strumen* bei Berner Ratten sehr häufig beobachtet werden. Sie selbst erwähnt als Nebenbefund bei zwei Ratten mit Carcinomen der Hypophyse *tubuläre Adenome* der Schilddrüse; in einem der Fälle zeigte ein Knoten beginnende *maligne* Entartung: Das Gewebe durchbrach die bindegewebige Kapsel und wucherte in die Gefäße ein [3].

Loeb konnte innerhalb von 4 Jahren (1900—1904) 4 Ratten mit *Sarkomen* der Schilddrüse untersuchen. Im ersten Fall handelt es sich um ein *cystisches Sarkom*, die Cysten waren durch gelatinöse Erweichung des Tumors hervorgerufen. Der Tumor rezidivierte, kurze Zeit später starb das Tier, es fanden

---

[1] Mc Coy erwähnt kurz ein Lungencarcinom bei einem der Tiere mit einem Adenocarcinom der Niere. Unseres Erachtens könnte es sich um eine Metastase handeln. Bei zwei der Tiere mit Nierencarcinomen konnte Mc Coy eine Nephritis feststellen. Übrigens fanden Ophüls und Mc Coy (1912) in 2% *aller* untersuchten Ratten eine Art *chronische Nephritis*, die mit ausgesprochenen Epithelproliferationen und mit Cystenbildung einherging.

[2] Die Autoren berichten, daß alle Tumoren der Schilddrüse mit chronischen Entzündungen der Umgebung der Schilddrüse und des Larynx einhergingen.

[3] Wegelin (zit. nach O. Fischer) sah bei Rattenschilddrüsen (150 Fälle) nur *drei Adenome.*

sich bei der Sektion multiple Metastasen am Halse [1]. 1901 fand LOEB in *demselben* Laboratorium und auch in *demselben* Käfig einen zweiten Fall mit Tumor der *Schilddrüse*; gleichfalls ein cystisches Sarkom. Die Ratte zeigte eine Metastase in der Inguinalgegend von demselben Charakter wie der Primärtumor. Auch dieser Tumor ließ sich erfolgreich über einige Generationen überimpfen.

Ungefähr ein Jahr später fand sich wieder in *demselben Käfig* eine dritte Ratte — ein altes Tier — mit einem *cystischen Sarkom* der *Schilddrüse*; die Sektion ergab ausgedehnte Metastasen in der Lunge.

Dieses eigenartige Zusammentreffen *makro- und mikroskopisch gleichartiger* Tumoren in demselben Käfig ließen LOEB damals schon an die Möglichkeit eines hereditären Einflusses denken. Diese schon damals von LOEB geäußerte Annahme eines *hereditären* Einflusses wurde später durch seine eigenen Arbeiten, die von M. SLYE und ihren Mitarbeitern, wie wir an anderer Stelle ausführen, bestätigt.

Bei dem vierten Tumor von LOEB handelt es sich um ein *Carcinosarkom* der Schilddrüse bei einer weißen Ratte. Der Tumor hing als eine 7 cm lange, 4—5 cm dicke Geschwulst am Halse der Ratte und zeigte ungefähr in der Mitte eine *Einschnürung*. Der Tumor wuchs infiltrierend in die größeren Nerven und Halsgefäße; das Tier starb bei der operativen Entfernung.

Die histologische Untersuchung zeigte, daß der Tumor aus zwei voneinander *verschiedenen* Partien bestand. Der Geschwulstteil über der Einschnürung erwies sich als ein Adenocarcinom, der untere Teil der Geschwulst stellte ein *Sarkom* dar, bestehend aus *Spindelzellen* mit wenig Zwischensubstanz, zahlreichen Mitosen und Partien mit degenerativen Veränderungen. In der Lunge fand sich eine Metastase, die ebenfalls sarkomatöser Natur war.

GAYLORD (1906) berichtet über ein großes cystisches Sarkom der Schilddrüse. LOEB bemerkt in der Diskussion, daß Ähnlichkeiten zwischen seinen und den GAYLORDschen Tumoren vorliegen [2].

SLYE, HOLMES und WELLS (1926) berichten über einen weiteren Schilddrüsentumor bei einer wilden norwegischen Ratte. Das Tier war schon jung eingefangen und während drei Jahre und vier Monate im Laboratorium gehalten worden. Am Hals fanden sich zwei hämorrhagische Knoten; zwei weitere Knoten saßen in der Leber. Die Ratte war auffallend ikterisch. Die histologische Untersuchung der Halsgeschwülste ergab einen Tumor der *Schilddrüse* von *papillärem Bau*, mit *deutlichen Anzeichen von maligner „Entartung"*: Beträchtliche Anhäufungen von *epithelialen* Zellen und *atypische* Strukturen, die nicht dem Bild eines Schilddrüsenadenoms entsprechen. Beide Schilddrüsen dagegen waren bis auf wenige Reste von Tumormassen durchsetzt. Die Tumoren der Leber waren ein Sarkom und ein Adenocarcinom (s. S. 752).

m) Geschwülste der Hypophyse.

Die einzigen in der Literatur bisher bekannten Angaben über Tumoren der Hypophyse bei Ratten stammen von OLGA FISCHER (1926). Auffällig ist, daß es der Autorin innerhalb von 5 Jahren unter der verhältnismäßig geringen Zahl von 200—300 Rattensektionen am Berner pathologischen Institut gelang, in *drei Fällen Hypophysentumoren* nachzuweisen. Wenn auch Angaben über Verwandtschaft und Heredität fehlen, so müssen wir doch, bei der Seltenheit der Hypophysengeschwülste bei Tieren und Menschen, wenigstens daran *denken,* daß es sich um Tiere handeln könnte, die in einem Verwandtschaftsverhältnis zueinander stehen, und die zur Bildung von Hypophysentumoren erblich disponiert sind.

---

[1] Es gelang LOEB, den Tumor auf über 40 Generationen zu verimpfen, bis er den Stamm wegen Infektion eingehen ließ.

[2] Der Schilddrüsentumor aus den GAYLORDschen Beständen stammte aus Rattenkäfigen in *Buffalo*. In diesen Käfigen hatten sich Transplantationsserien der LOEBschen Ratten mit Schilddrüsentumoren befunden.

In zwei Fällen handelt es sich um etwa drei Jahre alte Ratten. (Das eine Tier war für Spiropterainfektionen benutzt worden, die andere Ratte war 20 Monate vor der Sektion erfolglos mit einem spontanen Mammatumor überimpft worden.) Beide Tiere starben spontan und kamen zufälligerweise innerhalb weniger Tage zur Sektion. Den dritten Hypophysentumor fand die Autorin bei einer männlichen *Kontroll*ratte.

In allen drei Fällen stimmte das Bild makroskopisch überein. An Stelle der Hypophyse lagen dunkelrote, leicht höckrige, gut abgekapselte Tumoren, die in das Innere der Schädelhöhle hineinragten. Verwachsungen mit dem Gehirn bestanden nicht, jedoch wies die Hirnbasis mehr oder weniger tiefe Dellen auf.

Die histologische Untersuchung der ersten beiden Fälle (Fall Nr. 3 wurde nicht untersucht) ergab ein gleichartiges Bild. Epitheliale Stränge, größere Epithelnester stark vascularisiert. Die Tumorzellen selbst sind polymorph, mit atypischen Kernstrukturen. Gelegentlich finden sich Riesenzellen. Die meisten der Geschwulstzellen enthalten Vakuolen. Im Zentrum der Geschwülste ließen sich ausgedehnte Hämorrhagien feststellen. Stellenweise fanden sich maximal erweiterte Blutgefäße und miteinander anastomosierende Hohlräume, so daß sich Bilder boten, die einem Kavernom ähnelten.

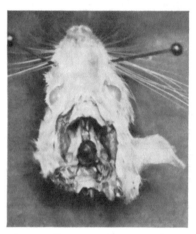

Abb. 268. Tumor der Hypophyse bei der Ratte. (Nach O. FISCHER. Virchows Arch. 259.)

FISCHER glaubt den „Umschlagteil", d. h. die Stelle, wo Pars intermedia und Prähypophyse ineinander übergehen, als Ausgangspunkt der Geschwulst annehmen zu dürfen. Die Grenze der Prähypophyse ist in beiden Fällen unscharf. Geschwulstgewebe und Hypophysenstränge „schieben sich fingerförmig ineinander". Die unscharfe Begrenzung der Tumoren, die hochgradigen Zellatypien, atypische Mitosen und Riesenkerne lassen FISCHER die Tumoren als „Carcinom" bezeichnen.

Ratte Nr. 1 weist an der Grenze zwischen mittlerem und rechtem Drittel der Gesamtgeschwulst *einen zweiten Tumor* auf, der in den Abschnitten der „überdehnten *Pars nervosa*" liegt und sie hervorwölbt. Die beiden Geschwulstzentren berühren sich — bis auf einzelne schmale Tumorstränge — nicht.

Nach Ansicht der Verfasserin stellt dieser zweite Tumor des Falles 1 ein selbständig entstandenes *Adenom* in der *Pars nervosa* dar: es könnte entweder von der pars intermedia oder aus der Pars tubularis hervorgegangen sein.

Bei beiden histologisch untersuchten Ratten fanden sich in der Hypophysenhöhle große Krystalle: rhombische Täfelchen und lange Stäbchen, die regellos durcheinander lagen.

Neben diesen Hypophysenbefunden fanden sich bei den Tieren *Schilddrüsenadenome*; bei einem der Tiere mit Zeichen „maligner Entartung". Die zweite Ratte zeigte Zwergwuchs — ob hypophysär bedingt, läßt die Verfasserin dahingestellt.

n) Tumoren des Skeletsystems (Knochen, Gelenke, Fascien usw.).

Als erster beschrieb v. EISELSBERG (1890) ein *Fibrosarkom* bei einer erwachsenen weißgrauen Ratte. Der hühnereigroße Tumor saß in der *Gegend der rechten Schulter*. Er bestand histologisch aus langgestreckten Spindelzellen mit reichlicher fibrillärer Zwischensubstanz.

VELICH (1898) beschrieb bei einer albinotischen Ratte ein subperiostales Spindelzellsarkom mit vereinzelten Riesenzellen des rechten hinteren *Oberschenkels*.

Ein weiteres Sarkom *einer Extremität* beschreiben WOLLY und WHERRY am Humerus, SECHER (1919) bei einer bunten Laboratoriumsratte, die zu Versuchen mit Spiroptera infiziert worden war, am *Antibrachium des rechten Vorderbeins*. Ein großer Teil der Knochen war vom Tumor zerstört, so daß nur noch eine dünne Knochenlamelle übrig blieb[1].

---

[1] Unabhängig von dem oben erwähnten Tumor fanden sich beim selben Tier im Vormagen papilläre, für den Sitz von Spiropterainfektionen charakteristische Geschwülste

BLAND SUTTON erwähnt nur kurz ein großes *Osteosarkom am Fuß* einer Ratte. Die Geschwulst enthielt osteoides Gewebe. MC COY (1909) erwähnt in seinen Tabellen einen Fall von Angiosarkom *„am linken Femur"*.

Der einzige Tumor der Wirbelsäule wurde von SUGUIRA (1928) beschrieben. Die Geschwulst befiel eine 358 Tage alte Ratte, schien vom verdickten Ende der Wirbelsäule (aus dem Periost) auszugehen und füllte die Beckenhöhle vollständig aus. Die Untersuchung der Geschwulst ergab ein sehr zellreiches Spindelzellensarkom. Der Tumor ließ sich sehr gut transplantieren [1]. BULLOCK und CURTIS (1922) berichten über ein *Chondro-rhabdo-myosarkom* des *Sternums*. Die Ratte stammte aus einer experimentell mit *Cysticercen* infizierten Familie. Die Geschwulst metastasierte in die Lungen; es gelang den Autoren, sie über 15 Generationen zu verimpfen.

o) Tumoren der freien Bauchhöhle.

In den meisten Fällen handelt es sich um Sarkomatosen der Bauchhöhle mit *unklarer Genese*. In die Gruppe der Tumoren der Bauchhöhle rechnen wir den von JENSEN (1909) beschriebenen Fall, eine „Sarkomatose der Bauchhöhle", die er einige Monate nach der Impfung des Tieres mit *säurefesten Bazillen* beobachtet hatte. Es handelt sich histologisch um ein *Spindelzellensarkom*. Die Geschwulst eignete sich ganz besonders gut zu Übertragung und wird heute noch als das sog. *„Jensensarkom"* weiter gezüchtet [2]. Weitere Fälle von *Spindelzellensarkomen* finden wir bei FIRKET — auch dieser Tumor ließ sich gut übertragen — und bei WOLLY und WHERRY. Die Autoren geben keinen Anhalt für den Ausgangspunkt der Geschwulst.

Ein *„Rundzellensarkom des Mesenteriums"* und einen weiteren *„Rundzellentumor"* des „Beckens" notiert MC COY (1911).

HIRSCHFELD (1919) erwähnt ein *Angiosarkom,* welches zwischen den Dünndarmschlingen lag und mit ihnen teilweise verwachsen war. Der Tumor enthielt einen *Cysticercus*; im histologischen Bild fanden sich hauptsächlich *Spindelzellen,* dazwischen lagen größere *Bluträume*. Auch in diesem Fall war es wohl unmöglich, den Ausgangspunkt des Tumors näher zu definieren.

BEATTI, MC COY, WOLLY und WHERRY erwähnen einige weitere Fälle von „Sarkomatosen" der Bauchhöhle, ohne Angaben über histologische Struktur und Lokalisation.

p) Tumoren der blutbildenden und lymphatischen Organe.

WOLLY und WHERRY (1911) berichten über folgende Tumorbildungen (Fall 14) bei einem erwachsenen Rattenmännchen.

Oberhalb der rechten Nebenniere wurde ein walnußgroßer weicher Tumor gefunden. Zwischen der Nebenniere und dem Magen fanden sich weitere kleine Knoten und eine große (3 : 2,5 : 1 cm) gelappte Geschwulst, die quer in der Bauchhöhle lag. Ein ähnlich großer Knoten fand sich im Mesenterium. Unterhalb der Leber waren weitere runde Knoten. In der linken Niere etablierte sich ebenfalls eine Geschwulst. In der ganzen Leber fanden sich Gewächse („other tumor growth"). Die peribronchialen Lymphdrüsen waren in einer tumorartigen Masse verschmolzen. Auch in den Lungen fanden sich Knoten und derbere Herde, die den Eindruck von Tumoren erweckten, ähnlich wie in den anderen Organen.

COHRS berichtet (1925) über eine „spontane Sarkomatose" bei einem 19 Wochen alten weißen Weibchen.

Der Primärtumor ließ sich nicht feststellen; jedoch fanden sich im rechten und linken Leberlappen je ein Knoten; die portalen Lymphdrüsen waren von Tumormassen durchsetzt (etwa haselnußgroß), auch in der Milz fanden sich zwei Tumorknoten. Die

---

[1] Die Ratte war von ihrem 65. Lebenstag an 106 Tage auf basische Diät gesetzt worden. Der Verfasser hebt hervor, daß das Bild auch an ein Angiosarkom erinnert.

[2] JENSEN vermerkt, daß der Tumor „keine Neigung zur regressiven Veränderung" zeigte.

histologische Untersuchung ergab ein kleinzelliges *Rundzellensarkom* mit kleinen Blutungen und Nekroseherden.

Diese beiden von den Verfassern als *Rundzellensarkome* bezeichneten Fälle könnten möglicherweise in die Gruppe der „Tumoren der blutbereitenden Organe" gehören, zumal die Art der Ausbreitung an eine Systemerkrankung denken läßt. Da jedoch nähere Angaben nicht vorliegen, müssen wir von einer endgültigen Klärung der Genese absehen.

Nachtrag bei der Korrektur.

In einer während der Drucklegung des vorliegenden Beitrages erschienenen Mitteilung berichten BULLOCK und CURTIS[1] über eine große Anzahl von „Spontantumoren" der Ratte. Die Befunde wurden in den Serien der im Vorangehenden erwähnten, experimentell mit Cysticeren infizierten Tieren bzw. ihrer Nachkommenschaft gesehen; in diesen Serien wurden im Laufe der 10 Jahre des Versuches mehr als 2400 Ratten mit einem oder mit mehreren Cysticercustumoren der Leber festgestellt; bei 489 Tieren fanden die Verfasser 521 Geschwülste, deren Entstehung mit der Cysticercusansiedlung *nicht* unmittelbar in Verbindung gebracht werden konnte: sie werden also von den Verfassern „Spontantumoren" genannt. Unter diesen 521 Geschwülsten waren 309 als bösartig, 212 als gutartig zu bezeichnen.

Sarkome überwiegen unter den *bösartigen* Geschwülsten: 227 Fälle, darunter 75 subcutan oder oberflächlich, 152 Fälle in den Eingeweiden. Unter den 63 Carcinomen 35 Fälle mit Plattenepithelzellen (Haut, Uterus und Lungentumoren). 13 Fälle zeigten „carcinomatöse" Strukturen, oder werden als „Mischtumoren" bezeichnet. 6 Fälle von bösartigen Tumoren gingen aus der Thymusdrüse hervor, darunter 3, die als Carcinome und 3, die als Lymphosarkome zu bezeichnen wären. Die Verfasser beschreiben einige besonders seltene Tumoren der Ratte: 1 Chondrorhabdomyosarkom (des Sternums), 1 Schleimcarcinom des Coecums, mehrere Nierentumoren, darunter auch einige von embryonalem Typus. Unter den 212 *gutartigen* Tumoren 87 adenomatöse Geschwülste der Brustdrüsen (die Verfasser vermerken in diesem Zusammenhang die Seltenheit bösartiger Mammatumoren). Bemerkenswerte gutartige Tumoren: 2 Odontome, 1 Osteom, weiterhin 1 Hodentumor; 1 Ganglioneurom (des Nervus opticus). Die Verfasser heben hervor, daß sie in diesen Untersuchungen als spezifischen Unterschied zwischen Tumoren des Menschen und der Ratte, die Neigung des Bindegewebes in den gutartigen, fibrösen, weiterhin in den gut- und bösartigen epithelialen Tumoren der Ratten zur malignen „Entartung" festgestellt haben.

Die hier nur kurz referierte Arbeit enthält zahlreiche außerordentlich gute Abbildungen.

E. Spontantumoren der Maus.

Nach Angaben von WOLFF ist CRISP (1854) der erste, der einen malignen Tumor bei einer Maus (Mus musculus) beobachtete. Etwa 50 Jahre später beginnt dann die intensive experimentelle Krebsforschung, bei welcher spontane Mäusetumoren eine wichtige Rolle spielen und die unzählige Befunde von Spontantumoren der Maus vermittelte.

Historisch interessant ist, daß APOLANT 1906 in der Literatur im ganzen nur etwa 70 Fälle von Spontantumoren der Maus auffinden konnte. Er selbst bereicherte dieses Material mit 276 Einzeltumoren. Seit den Arbeiten von EHRLICH und APOLANT wurden spontane Mäusetumoren so häufig gefunden, daß genaue Zahlenangaben unmöglich und wohl auch überflüssig sind.

---

[1] BULLOCK und CURTIS: J. Canc. Res. **14**, Nr 1 (1930).

I. Allgemeine Bemerkungen.

a) Häufigkeit der Spontantumoren bei Mäusen.

Rasse der tumorkranken Tiere.

Eine einheitliche Beschreibung der Häufigkeit ist wohl unmöglich. So gibt BASHFORD an, unter 50 000 Mäusen 28 Spontantumoren gefunden zu haben. TEUTSCHLÄNDER registriert bei 16 232 Mäusen 22 Spontantumoren.

Das andere Extrem stellen die großen Statistiken von MAUD SLYE und ihren Mitarbeitern dar; diese Forscher fanden bis zum Jahre 1927 unter 75 000 untersuchten Mäusen 5—6000 Tumoren. Hervorzuheben ist aber, daß es MAUD SLYE gelang, durch geeignete Kreuzungen in bestimmten Mäusefamilien eine Tumorfrequenz bis zu 100% zu erzeugen.

Die Ursache für derartige Differenzen ist natürlich auch in den Unterschieden zu suchen, die zwischen dem durchschnittlichen Alter der Tiere in den verschiedenen Gruppen bestehen.

In den Beständen M. SLYEs kann die hohe Tumorfrequenz neben der erblichen Belastung der Stämme auch mit dem Umstand erklärt werden, daß MAUD SLYE ihre Tiere unter den günstigsten Bedingungen immer bis zum natürlichen Ende leben und somit ein relativ hohes Alter erreichen ließ.

APOLANT (1906) sah unter 221 Tieren mit Spontantumoren 14 *graue* Mäuse.

Auch unter *wilden* Mäusen wurden Spontantumoren, wenn auch nur in geringer Anzahl, beobachtet. Fox beschreibt ein Adenocarcinom der Schwanzmuskulatur einer Tanzmaus, und ein Spindelzellensarkom am Bein einer weißfüßigen Maus (Péromyscus leucopus) ferner zwei Fälle von „Carcinoma simplex" der Brustdrüse und ein Fibrosarkom der Schulter bei *Gerbillos pyramidum.*

Auch der erwähnte Tumor der CRISPschen Beobachtung wurde bei einer wild gefangenen Maus (Mus musculus) gewonnen.

SILBERSTERN und TEUTSCHLAENDER beschreiben je ein Sarkom bei Wildmäusen.

SLYE betont (1914) das *seltene* Vorkommen von Krebs bei *grauen* Hausmäusen. Unter Tieren der wilden „weißfüßigen" Mäusestämme (Peromyscus californicus und novaberiensis) — beide Stämme gehören verschiedenen Spezies an — wurden einmal ein Plattenepithelcarcinom des Mundes und einmal ein Mammacarcinom gefunden.

b) Geschlecht der tumorkranken Mäuse.

In den älteren Arbeiten tritt die überwiegende Beteiligung des *weiblichen* Geschlechts hervor. Unter dem großen Tumormaterial APOLANTs wurde bis zu seinem 1906 mitgeteilten Bericht *kein einziges* Männchen gefunden. Immerhin finden sich auch in früheren Arbeiten vereinzelte Angaben — z. B. bei BASHFORD, MURRAY, APOLANT, TEUTSCHLAENDER u. a. — in welchen das *männliche* Geschlecht der tumorkranken Tiere besonders hervorgehoben wird. Leider wird in der neuesten Zeit wenig darauf geachtet, klar anzugeben, zu welchem Geschlecht die tumorkranken Mäuse gehören. Den Mangel eines entsprechenden Hinweises empfindet man z. B. bei HEIDENHAIN: hier wäre es besonders wichtig zu wissen, zu welchem Geschlecht die — unseres Erachtens von den experimentellen Eingriffen HEIDENHAINs *unabhängig* erkrankten—Tiere gehören. Die Arbeiten MAUD SLYEs, deren Ergebnisse der modernen Geschwulstforschung einen wichtigen Zug verleihen, zeigten, daß das männliche Geschlecht bei den tumorkranken Mäusen durchaus nicht weniger empfänglich ist als das weibliche. Unter 87 Sarkomfällen in einem Material von 12 000 Mäusen der SLYEschen Stämme — die Mitteilung stammt aus dem Jahre 1917 — waren 30 Männchen und 57 Weibchen zu zählen. Unter 160 Lungentumoren konnten 42,6% Männchen und 57,4% Weibchen gezählt werden. In einer Gruppe von 28 Fällen mit primären Lebertumoren waren beide Geschlechter *gleich* beteiligt.

Diese Angaben zeigen einwandfrei, daß eine — und zwar eine sehr große — natürliche Fähigkeit *männlicher* Tiere zur Entstehung von Tumoren auch bei der *Maus* besteht.

Weitere interessante Beziehungen zwischen Tumorentstehung und Geschlecht sind folgende: Tumortransplantationen gelingen bei *gravi en* Tieren weniger gut als bei *nicht-schwangeren* (JOANNOVICS). Die Exstirpation der Keimdrüsen erhöht das Wachstum der transplantierten Geschwülste, verhindert dagegen nach LEO LOEB die Entstehung spontaner Mammacarcinome.

c) Alter der tumorkranken Tiere [1].

Nach Angaben der älteren Literatur muß man bei der Maus — wie beim Menschen — im allgemeinen das mittlere und spätere Alter als disponierend für das Entstehen von *Spontantumoren* ansehen. Die Geschwülste treten am häufigsten im 15.—17. Monat auf. SCHABAD beobachtete Fälle von Tumoren bei Mäusen, deren Alter zwischen 8—10 Monaten schwankte. Die von uns als Spontantumoren zu deutenden Fälle von HEIDENHAIN, über die wir ausführlich berichten, fanden sich gleichfalls meistens bei *über ein Jahr* alten Tieren. Besondere Beachtung verdienen die Angaben MAUD SLYES. Die Verfasserin hebt hervor, daß bösartige Tumoren erst relativ spät erscheinen. Ihre Angabe, daß in ihren „durchseuchten" Mäusestämmen in einem darauf besonders unter-suchten Material von 390 Tumorfällen nur ein *einziger Tumor* bei einer Maus *vor* dem 6. Lebensmonat auftrat, scheint eine sehr kennzeichnende Feststellung zu sein.

d) Lokalisation der Spontantumoren.

In den ältesten Literaturangaben wird fast ausschließlich über *Tumoren der Brust* gesprochen. Es ist ein Verdienst APOLANTS, festgestellt zu haben, daß es sich dabei um Neubildungen aus der Mamma handelt.

Unter 276 Tumoren, über die APOLANT (1906) berichtet, handelte es sich mit einer *einzigen* Ausnahme — dem berühmten Chondrom — um *Mammatumoren.* Er schreibt, daß die Tumoren in etwa $42^0/_0$ der Fälle an der Brustwand, be-sonders in der Achselhöhle saßen; in $25^0/_0$ der Fälle fand man sie an der seitlichen Bauchwand, in $16^0/_0$ in den hintersten Bauchabschnitten (Vulva und Ober-schenkelgegend), in $13^0/_0$ am Halse.

Erst die neueren Arbeiten zeigten, daß wohl *sämtliche* Körperregionen und *sämtliche* Organe als Ausgangspunkt bösartiger Wucherungen dienen können. Unter den Tumoren HEIDENHAINS fand sich das *Mamma*carcinom als *einziger* Tumor nur in $35{,}6^0/_0$ der Fälle; bei sieben weiteren Tieren fand sich neben Brustkrebs noch eine zweite, völlig *unabhängig* entstandene Geschwulst. HEIDEN-HAIN beobachtete Tumoren des Gehörgangs, der Speicheldrüse, des Unter-hautzellgewebes, der Mandibula, Pleura, Lunge, Leber, Gallenblase, Niere, des Uterus, des Ovars, der Muskulatur und des Lymphdrüsenapparates [2]. Das Studium der Literatur ergibt zahlreiche Beispiele für die von HEIDENHAIN beschriebenen, so verschieden lokalisierten Geschwülste.

e) Multiples Auftreten von Tumoren.

Auffallend häufig finden wir bei Mäusen Angaben über *multiple* Primär-tumoren. APOLANT fand 1906 unter 221 Tieren bei 38 Mäusen — in $12^0/_0$ aller

---

[1] Mäuse sind nach TEUTSCHLAENDER mit 3—4 Monaten „volljährig". Ihre Lebens-dauer beträgt nach HABERLAND bis zu sieben Jahren, durchschnittlich aber 2—3 Jahre.

[2] In der Gruppe der „Kontrolltiere" verzeichnet HEIDENHAIN unter 24 Tumoren 13 Mammacarcinome — also ungefähr dieselbe Prozentzahl wie bei den geimpften Tieren —; die übrigen Tumoren entstanden primär in der Leber, Haut, Lunge, im Bindegewebe, in der Milz, in den Lymphdrüsen und im „Thoraxinhalt".

Fälle — *multiple* Tumoren. Meistens handelte es sich um Doppeltumoren, einmal aber auch um fünf Einzeltumoren beim selben Tier. Ähnliche Angaben finden wir bei LEO LOEB (1907). Unter ähnlichen Beobachtungen TYZZERS (1909) ist ein Tier besonders interessant: es wurden bei diesem ein Hypernephrom, ein Lymphosarkom, ein papilläres Cystadenom der Lunge, ein Adenocarcinom des Ovars nebeneinander gefunden. JOBLING fand in 38,4% seiner Tumorfälle *multiple Tumoren*. Interessant ist sein Hinweis (1910) darauf, daß die spontanen *Lungentumoren* der Maus ausnahmslos mit spontanen, von diesen unabhängigen Tumoren der *Körperoberfläche* („superficial tumors") vergesellschaftet waren. MAUD SLYE sah in einigen Fällen ähnliches.

f) Bemerkungen über die Art und Morphologie der Mäusetumoren.

Nach den Angaben von C. LEWIN ist die Maus ein Tier, welches zu *Carcinomerkrankungen* neigt im Gegensatz zur Ratte, bei der sich hauptsächlich *sarkomatöse* Geschwülste finden. TEUTSCHLAENDER trennt die Gruppe der sog. „Carcinomtiere" (Hund, *Maus*, Huhn, Salmoniden) von den „Sarkomtieren" (Pferd, Ratte) [1].

Diese Feststellung, die wohl frühere Literaturangaben kennzeichnet, muß auf Grund der neuesten Untersuchungen modifiziert werden: wir haben den Eindruck, daß auch *Sarkome,* d. h. Geschwülste mesenchymaler Herkunft, bei der Maus nicht wesentlich seltener vorkommen als etwa beim Menschen, insbesondere daß die relative Häufigkeit bösartiger epithelialer Tumoren keine *Rassen*eigenschaft der Maus darstellt. In der schon oft zitierten Arbeit HEIDENHAINs werden z. B. unter 94 Geschwülsten 30 *Sarkome* und andere „nicht epitheliale" Geschwülste erwähnt. In einer Mitteilung aus dem Jahre 1917 erwähnt MAUD SLYE unter 12 000 Sektionen 87 Sarkome, d. h. etwa 7—8%. Wenn auch nicht besonders hervorgehoben wird, wieviel *nicht*sarkomatöse maligne Tumoren innerhalb derselben Gruppen gefunden wurden, scheint uns auch diese Zahl die *relative* Häufigkeit mesenchymaler Tumoren zu kennzeichnen. MAUD SLYE rechnet übrigens bei dieser Zusammenstellung „einige" Fälle von Lymphosarkom, weiterhin 11 Fälle von Mediastinaltumoren, die aus dem Thymusgebiet entstanden, *nicht* mit. Auch Tumoren der *Hoden, Nebenniere, Ovarien, Nieren,* die MAUD SLYE als *„Mesotheliome"* bezeichnet, wurden *nicht* mitgerechnet.

An dieser Stelle möchten wir auch über eine Tumorart berichten, die nach den bisherigen Beobachtungen *nur* bei der Maus vorkommt.

Es handelt sich um die von HAALAND (1905) als „tumeur molluscoide" zuerst beschriebene und später von TEUTSCHLAENDER als *„Trichokoleom", „Haar-* (Follikel- oder Scheiden-) *Geschwulst"* bezeichnete Neubildung. Nach der Beschreibung TEUTSCHLAENDERs erscheinen die Tumoren meistens im Unterhautbindegewebe der Milchdrüsenbezirke. Die nähere Beschreibung werden wir später bei der Besprechung der Hauttumoren ausführen (s. auch Kapitel „Haut").

Hier sollen nur die Eigenschaften kurz zusammengefaßt werden, die dem Tumor einen spezifischen Charakter verleihen: Die Geschwulst erscheint auf der Schnittfläche gelappt; die Lappen sind birnenförmig und streben mit ihrer Spitze zu einem Zentrum. Durch wiederholte Teilung der „Strahlen" entstehen „baumförmige" Gebilde. Die „Strahlen" — die makroskopisch durch ihren weißlichen Glanz auffallen — bestehen aus Plattenepithel, das entweder nur in seinen *innersten* Schichten oder auch *total* verhornt. Ähnlich kennzeichnen wie diese „Hornstrahlen" sind auch ihre peripheren — also subcutan gelegenen — Ausläufer: man findet solide Epithelzapfen und „Blindsäcke" oder sich teilende, drüsenähnliche Gebilde, die sich aus dem Epithelhaufen entwickeln [2]. (Siehe Abb. 270.)

---

[1] TEUTSCHLAENDER konnte in seinen Beobachtungen 165 *epithelialen* Mäusetumoren nur drei Geschwülste der *Stützsubstanz* gegenüberstellen.

[2] Wir werden noch darauf zu sprechen kommen, daß LUBARSCH die eben besprochene Geschwulst nicht als spezifisch für die Maus anerkennt.

Leider gibt es in den Publikationen keine besonderen allgemeinen Angaben darüber, in welchem Verhältnis die Zahlen der gefundenen *gutartigen* Tumoren zu den *bösartigen* Geschwülsten stehen. Allerdings wird man beim Studium verschiedener Mitteilungen Angaben über das Vorkommen der beiden Tumorarten in speziellen Beispielen auffinden können, z. B. erwähnt APOLANT wiederholt Fälle, in welchen nur gutartige Tumoren — Adenome der Mamma — gefunden wurden. Weiterhin auch Fälle, in welchen gutartige und bösartige Neubildungen *zusammen* auftraten; daß es unzählige Fälle gibt, in welchen bösartige Tumoren allein erschienen, brauchen wir kaum zu betonen. Wie in so vielen anderen Fragen, finden wir auch hier bei MAUD SLYE die klarsten Angaben.

MAUD SLYE erwähnt 1923 in einer Mitteilung über Spontantumoren des Uterus der Maus unter 22 Tumorfällen *nur* 7 Fälle von bösartigen Geschwülsten (Sarkome) und 15 Fälle von gutartigen Tumoren (darunter 11 Leiomyome, 2 Adenome, 1 Teratom; Gesamtmaterial: 39 000 sezierte Mäuse). Bei den Schilddrüsentumoren beobachtete MAUD SLYE unter 51 700 sezierten Mäusen nur 17 Fälle, darunter 12 maligne Geschwülste und 5 gutartige „simple" Kröpfe.

MAUD SLYE gibt an, unter 33 000 Mäusen 16 Fälle von Spontantumoren der *Nieren* gefunden zu haben. Darunter waren 13 maligne (1 Carcinom, 1 Hypernephrom, 8 Sarkome, 3 „Mesotheliome") und 3 gutartige Tumoren.

g) Über Transplantation.

1. Über Impfausbeute — Virulenzsteigerung.

Die ersten Transplantationen mit spontanen Mäusecarcinomen gelangen 1894 MORAU, nachdem schon 1889 HANAU die grundlegende Tatsache der Übertragbarkeit tierischer Spontangewächse an der Ratte zeigte. Einige Jahre später wurde durch JENSEN (1903), dann insbesondere von APOLANT und EHRLICH, weiterhin durch BASHFORD u. a. ihre Bedeutung für die Erforschung der bösartigen Geschwülste erkannt.

Es wurde bald festgestellt, daß nicht sämtliche Mäusetumoren — natürlich auch nicht sämtliche bösartigen Geschwülste — transplantabel sind. So fand v. GIERKE (1913) unter 35 Stämmen nur 29 für Transplantationen geeignet, darunter waren nur wenige Stämme, mit welchen die Transplantation über die dritte Generation hinaus gelang.

Andererseits schien es auch, daß etwa 40—60% der geimpften Tiere gegen transplantierte Tumoren — auch bei sonst *gut* angehenden Geschwülsten — *von vornherein immun sind* (JENSEN).

Durch die Versuche EHRLICHs wurde zuerst gezeigt, daß diese „*natürliche Immunität*" gegen Tumoren bei Mäusen auch nach der *Natur* der Geschwulst schwanken kann. „Ein Tier, das gegen *einen* Tumorstamm immun ist, kann für einen *anderen* Stamm empfänglich sein."

Eine „*Virulenzsteigerung*" gelang EHRLICH, indem er für die Impfung stets die am schnellsten wachsenden Tumoren einer Serie auswählte. Es handelt sich also bei dieser Virulenzsteigerung mehr um eine *Verbesserung* der Impfausbeute durch *Anpassung*, die durch *vorherige Auswahl* der im Experiment benützten Tiere und Tumoren erreicht wurde; eine biologische „Gewöhnung", ein „Einleben" des Tumors bzw. der geimpften Mäusestämme selbst auf die „Symbiose" liegt hier wohl nicht vor[1].

Allerdings scheinen die Untersuchungen von HEGENER zunächst dafür zu sprechen, daß auch eine „echte" Virulenzsteigerung durch Passage vorkommt. HEGENER hat zusammen mit KEYSSER Mäusesarkome und Carcinome ins Auge geimpft. Primär wurde nur eine 5%ige Impfausbeute erzielt. Mit Tumoren, die bereits durch ein oder zwei Passagen gegangen waren, ließen sich bis zu 100% positive Impfresultate erzielen. Die durch Passage verstärkten Tumoren zeigten auch ein außerordentlich schnelles und verheerendes Wachstum.

---

[1] EHRLICH unterscheidet bei der Analyse des Begriffes der Tumorenvirulenz zwei voneinander unter Umständen unabhängige Qualitäten. 1. Die „Proliferationsenergie" gemessen an der Wachstumsschnelligkeit. 2. die „Übertragbarkeit", gemessen an der „Impfausbeute". Meistens gehen die beiden Hand in Hand. Es gibt aber auch Ausnahmen, wie z. B. das berühmte EHRLICHsche Chondrom, das trotz langsameren Wachstums konstant in fast 100% angeht. Die Proliferationsenergie fand EHRLICH beim *Sarkom* am mächtigstem Schon 3—4 Wochen nach der Einspritzung konnten Geschwülste von der Größe des Wirt tieres erzielt werden.

Sehr interessant ist eine Beobachtung von HIGUCHI. Ein Carcinom ging bei der primären Impfung unter 29 Mäusen nur in *einem* Fall an. In der siebten Generation erhöhte sich die Impfausbeute auf 81%, in der zehnten Generation sank die Impfausbeute bereits auf 47%.

In den Untersuchungen von KÖNIGSFELD (1913) zeigte sich, daß bei Transplantation von Metastasen die Zahl der Tochterknoten größer ist als bei Transplantation der Primärgeschwülste.

TADENUMA und OKONOGI fanden bei transplantablen Mäusecarcinomen in 53% der Fälle Metastasen, wenn die Tiere *wiederholte Blutverluste* erlitten hatten, während bei den Tumortieren ohne Blutungen nur in 21,3% der Fälle Metastasen auftraten. Es scheint also, daß hier die Metastasierung durch Blutverluste und durch die entstehende Anämie gefördert wurde.

Hier erwähnen wir, daß FISCHER-WASELS und BÜNGELER bei der Nachprüfung einer Angabe RHODA ERDMANNS (s. S. 744) nach hochgradiger Speicherung des reticuloendothelialen Apparates bei Mäusen mit dem mit Chloroform behandelten Filterrückstand eines Mäusecarcinoms Tumoren überimpfen konnten.

2. Veränderungen des Geschwulstcharakters bei transplantierten Mäusetumoren.

Bei Experimenten mit Carcinomübertragungen bei Mäusen haben EHRLICH und APOLANT gefunden, daß ein ursprünglich typisches Carcinom von der dritten Generation ab als ,,reines Sarkom'' — Spindelzellensarkom — erschien, nachdem die Transplantation bereits in der neunten Generation einen ,,Mischtumor,'' d. h. eine bösartige Geschwulst mit epithelialen und spindelzelligen Bestandteilen ergab. Prinzipiell ähnliche Beobachtungen bei der Maus wurden in zahlreichen Fällen von vielen Forschern: L. LOEB, LEWIN, MICHAELIS, BASHFORD u. a. gemacht.

HIGUCHI teilt folgende Beobachtungen mit: Ein spontaner Tumor — ein ,,Alveolarcarcinom'' — im Unterhautgewebe der Symphysengegend einer japanischen Maus veränderte sich in der ersten Impfgeneration in ein *Spindelzellensarkom*. In der zweiten Generation erschien das Transplantat wieder wie der Originaltumor als *Carcinom*. Von der dritten Generation ab ergaben die Transplantate ausschließlich das Sarkom [1].

Vor einer strengen Trennung ,,epithelialer'' und ,,bindegewebiger'' Geschwülste auf Grund der äußeren Struktur warnt übrigens FISCHER-WASELS, da in epithelialen Geschwülsten eine *Entdifferenzierung* bis zu *sarkomartigen* Bildern fortschreiten kann. Wir weisen hier auf unsere Erörterung über Metastome auf S. 730 hin.

Wohl einfacher als die eben erörterten Beobachtungen ist jene ,,Umwandlung'' zu deuten, die MURRAY und HAALAND mitteilen. Ein verhorntes Plattenepithelcarcinom der Maus, das in den Randpartien nicht verhornte ,,alveoläre Strukturen'' zeigte, erschien in einigen Generationen als nicht verhornende Geschwulst. In der achten Generation trat eine ausgedehnte Verhornung der Tumormassen wieder auf. Zwei weitere Generationen behielten diesen Charakter, um in weiteren Übertragungen die Tendenz zur Hornbildung wiederum zurücktreten zu lassen [2].

3. Rassenspezifität und Transplantation.

Die Übertragbarkeit von Mäusetumoren ist nach JENSEN abhängig von der *Rassenähnlichkeit* zwischen den Spontantumortieren und den zu Transplantationszwecken benutzten Tieren. So konnte er einen Tumor einer weißen Maus auf graue Hausmäuse, nicht dagegen auf Waldmäuse übertragen.

Nach den Befunden von ALBRECHT und HECHT scheinen bei Wiener Mäusen Spontantumoren auffallend selten zu sein, während nach Wien übergesiedelte ausländische Mäuse verhältnismäßig häufiger spontane Tumorbildung aufwiesen. Auch die Impfresultate waren bei ausländischen Mäusen günstiger als unter den Wiener Tierbeständen, bei welchen die Impfungen entweder negativ

---

[1] STAHR (1910) beobachtete eine Sarkomentwicklung in einem ursprünglich carcinomatös gebauten Mäusetumor. Interessant ist die Mitteilung, daß die Umwandlung von Carcinom in Sarkom in Düsseldorf beobachtet wurde, während in Nürnberg derselbe Stamm keine sarkomatösen Umwandlungen zeigte. Neben dem Sarkom blieb das carcinomatöse Gewebe erhalten.

[2] Aus dieser Beobachtung schließen übrigens HAALAND und MURRAY, daß die Verhornung eine an Erbfaktoren gebundene Eigenschaft der Mäusetumoren ist. In den Fällen also, in welchen die Verhornung eines in vielen Generationen transplantierten Tumors nicht hervortritt, würde die Fähigkeit zur Verhornung latent liegen bleiben, um in anderen Generationen den Vererbungsgesetzen entsprechend wieder zu erscheinen.

verliefen oder nur vereinzelt angingen. Wir wissen jedoch nicht, ob in diesen Arbeiten das Alter der Versuchstiere hinreichend berücksichtigt wurde.

ALBRECHT und HECHT stellen in ihrer Arbeit nur allgemein fest, daß alte oder ausgewachsene Tiere sich weit schlechter für die Überimpfung eignen als junge. Inwiefern derartige Differenzen für die Verschiedenheit der Impfresultate bei Wiener oder ausländischen Mäusen als Erklärung in Betracht kommen, steht dahin.

Auch der bereits erwähnte Tumor von HIGUCHI konnte nur auf japanische Mäuse transplantiert werden. Versuche mit englischen Mäusen scheiterten.

Wir wollen hier einige kurze Bemerkungen auch über die Untersuchungen bringen, die sich mit der Überimpfung der Mäusetumoren auf *artfremde Tiere* und Tumoren artfremder Tiere auf Mäuse beschäftigen.

EHRLICH hatte als Erster den Versuch unternommen, Mäusecarcinome auf Ratten zu übertragen. Ein echtes Angehen des Mäusetumors konnte er dabei nicht feststellen. Allerdings zeigte es sich, daß die Ratten überpflanzten Tumorzellen lebend bleiben. Sie konnten sogar auf Mäuse zurückgeimpft werden und erzeugten dann wieder typische, destruierende Transplantate. Derartige „*Zickzackimpfungen*" ließen sich in den EHRLICHschen Versuchen in 14 Generationen fortsetzen [1].

MURPHY fand, daß Mäusesarkome auf Hühnerembryonen zu transplantieren sind.

SHIRAI und OGUCHI konnten ein Rattensarkom — unter anderen auch bei Mäusen — erwachsenen Tieren in das Gehirn transplantieren.

JAMASAKI gelangen ähnliche Versuche mit Carcinomen der Ratte. Andererseits konnte ROSKIN nach Blockierung des reticulo-endothelialen Apparates der Maus Hühnersarkome transplantieren.

GHEORGIU, der berichtet, Mäusetumoren auf neugeborene Ratten transplantieren zu können, gibt an, beobachtet zu haben, daß bei fortgesetzter Transplantation die Mäusekrebszellen sich allmählich immer mehr dem Rattenorganismus anpassen. Von der 9. Impfgeneration ab soll die Transplantation nicht nur auf neugeborene, sondern bereits auch auf 8 Tage alte Ratten angehen. Dabei blieb der Tumor rücktransplantabel auf Mäuse.

FRANK gelang es, das EHRLICHsche *Mäusechondrom* bei gleichzeitiger *Fütterung* der Tiere mit dem Tumor auf Ratten zu überimpfen.

BRÜDA berichtet über gelungene Überimpfungen von *Mäusetumoren auf Ratten*, bei welchen er etwa zwei Wochen vor der Tumorimplantation die Milz exstirpierte. Die Tumoren gingen bei den Ratten in 80—90% der Fälle an und verursachten den Tod der geimpften Tiere. Wurde die Milzexstirpation drei bis vier Wochen vor der Implantation vorgenommen, so gingen die Mäusetumoren nicht an. BRÜDA gibt auch an, daß Ratten, deren reticuloendothelialer Apparat hochgradig gespeichert wurde, Mäusetumoren ähnlich angehen ließen, wie entmilzte Ratten. In Parabioseversuchen ging bei einseitiger Entmilzung die Impfgeschwulst nicht an.

ROSKIN (1927) gibt an, daß es ihm gelungen sei, ein Hühnersarkom auf Mäuse zu überimpfen, deren R.E.A. mit Eisenzucker „blockiert" wurde. Die Tumoren wuchsen bis zu 64 Tagen und gingen nachher zurück. Bei nicht blockierten Tieren kein Angehen. In einer späteren Mitteilung berichtet er über gelungene Überimpfung mit Adenocarcinom der weißen Maus auf Hühner. Die Hühner konnten nur im Beginn des Experiments einwandfrei beobachtet werden. Verfasser spricht die Vermutung aus, daß bei den Transplantaten die Epithelzellen des Tumors zugrunde gehen, und nur die Stromazellen überleben und sich weiter entwickeln. ROSKIN betont den strukturellen Unterschied zwischen den bei Hühnern durch die Transplantation gewonnenen Tumoren und den ursprünglichen Mäusegeschwülsten. Angeblich gelang auch eine ähnliche Transplantation eines menschlichen Mammacarcinoms auf Hühner. Wir glauben, daß die vom Verfasser immer wieder unterstrichene Abweichung der Transplantate von den Ausgangstumoren vielleicht so zu erklären ist, daß um die „Transplantate" eben ein Granulationsgewebe auftrat: daher die „Umwandlung".

h) Metastasen.

In den ersten Mitteilungen über Mäusetumoren schien es, als würden Metastasen nur sehr *selten* vorkommen. JENSEN fand in seinem Material *niemals* Metastasen.

APOLANT, der in seinem Material von 221 Spontantumoren nur sechsmal Metastasen gefunden hat, schrieb noch 1906, daß „makroskopische Metastasen

---

[1] NATER berichtet über gelungene Überimpfung von Mäusekrebs in die Bauchhöhle von Kaninchen. Verfasser gibt zwar an, daß die Geschwulst im Kaninchen weiter wuchs, sie blieb aber ein spezifisches Mäusegewächs, indem sie auf andere Mäuse, nicht aber auf weitere Kaninchen überimpft werden konnte.

bei Mäusetumoren eine *große* Seltenheit sind". Die systematischen Untersuchungen von HAALAND haben bereits gezeigt, daß Metastasen bei Mäusen *genau so zum Komplex der Veränderungen* bei bösartigen Geschwülsten gehören, wie etwa beim Menschen. Er fand, daß man Metastasen um so häufiger auffindet, je länger die Tumormaus lebt. Am meisten sollen nach seinen Angaben *rezidivierende* Tumoren metastasieren. Zusammen mit BORREL (1905) konnte HAALAND durch mikroskopische Untersuchungen fast *regelmäßig* Metastasen nachweisen.

MAUD SLYE fand nach einer Mitteilung aus dem Jahre 1921 unter einem Material von 29 000 Autopsien mit 4000 Spontantumoren in $19^0/_0$ der Fälle Metastasen.

In einer Mitteilung aus dem Jahre 1917 wurden von MAUD SLYE und ihren Mitarbeitern unter 87 Sarkomen in 23 Fällen Metastasen gefunden ($26,4^0/_0$).

Von besonderer Bedeutung ist die Feststellung MAUD SLYES, daß durch Vererbung — geeignete Kreuzungen — die Häufigkeit des Auftretens und die Lokalisation der Metastasen bestimmt werden kann.

Metastasen bei Spontantumoren treten übrigens sehr häufig in den *Lungen* auf, besonders nach Mammacarcinomen. Metastasen kommen aber auch in den Lymphdrüsen, der Leber, Peritoneum und Milz vor.

i) Bemerkungen zur Ätiologie.

FIBIGER konnte bei Mäusen einen Zusammenhang zwischen Spiropterainfektion und Magencarcinom — ebenso wie er es bei der Ratte festgestellt hatte — nachweisen.

ARLOING und JOSSERAND, die Faeces von krebskranken Menschen weißen Mäusen verfüttert haben, konnten nach einigen Monaten bei den Tieren ein Papillom bzw. ein Adenom der Magenschleimhaut nachweisen. Im Zentrum der Tumoren fanden sich Parasiten vom Typ Gongylonema. Die Autoren machen für die Tumorentstehung die *Nematodeninfektion* verantwortlich; einen Zusammenhang mit der Faecesfütterung lehnen sie ab.

MARSH und WÜLKER konnten unter 24 Tumormäusen bei 4 Tieren Nematoden nachweisen.

HAALAND beschrieb Nematoden in der Brustmuskulatur von Mäusen, die in Zonen chronischer Entzündung lagen. Er macht sie für den hohen Prozentsatz von Mäusetumoren der Brust verantwortlich.

BORREL (1928) gelang es, bei $90^0/_0$ seiner Tumormäuse *Filarien* festzustellen, bei $80^0/_0$ aller Tumormäuse *Helminthen*. Im Gegensatz hierzu wiesen normale Mäuse nur in $20^0/_0$ der Fälle *Filarien* auf. Nach Ansicht BORRELs könnten die Filarien die Träger eines „*Krebsvirus*" sein.

Im Laufe der Jahrzehnte wurden immer und immer wieder *belebte Erreger* als Ursache der Mäusetumoren angegeben. Wir erwähnen hier BORREL (1906), TYZZER (1907), GAYLORD (1907), NÈGRE (1920 [Spirillenbefunde]).

FR. KAUFMANN züchtete aus Tumormäusen Bakterien, mit welchen sich sog. Pflanzenkrebse, aber nie Tiertumoren erzeugen lassen [1].

Durch Impfungen mit Autolysaten maligner Tumoren des Menschen glaubt HEIDENHAIN Sarkome und Carcinome bei weißen Mäusen erzeugen zu können. HEIDENHAIN nimmt an, daß ein *einheitliches infektiöses Agens* dem menschlichen *Sarkom* und *Carcinom* anhafte, das imstande sei, bei der weißen Maus *Carcinome und Sarkome* verschiedenster Formen zu erzeugen. HEIDENHAIN konnte nach 1601 Autolysatimpfungen bei 83 Mäusen 94 Tumoren beobachten. Dieser „Impferfolg" entspricht $5,2^0/_0$ [unter HEIDENHAINs (1929) 1701 gestorbenen Kontrollmäusen traten in 24 Fällen = $1,4^0/_0$ Tumoren auf].

---

[1] v. NIESSEN glaubt, bei zwei Mäusen mit Gonokokkenmaterial Mammacarcinome erzeugt zu haben.

MAUD SLYES Statistiken (1927) ergaben unter 75 000 Mäusen über 5000 Spontantumoren. Dieses Ergebnis entspricht 6,66%. Wir sehen also, daß diese Zahlen die Zahlen der angeblich durch ein infektiöses Agens erzeugte Tumoren HEIDENHAINS übertreffen.

Es würde im Rahmen dieser Arbeit zu weit führen, auf die Theorien HEIDENHAINS ausführlicher einzugehen; wir verweisen daher auf die kritische Stellungnahme von FISCHER-WASELS, K. LÖWENTHAL und K. STERNBERG (1928) zu den Untersuchungen HEIDENHAINS.

Wie diese Autoren zeigen, ist es HEIDENHAIN nicht gelungen, die infektiöse Genese bzw. den Zusammenhang seiner Mäusetumoren mit Autolysatimpfungen maligner Geschwülste zu beweisen, oder auch nur als wahrscheinlich darzustellen. Nach Bemerkungen in der HEIDENHAINschen Arbeit scheint die Möglichkeit zu bestehen, daß das HEIDENHAINsche Material den Beobachtungen BORRELS, LOEBS, insbesondere M. SLYES entsprechend bereits „belastet" zum Experimentator gelangte.

Die berühmten und viel besprochenen „Geschwulstepidemien" in bestimmten Käfigen (L. MICHAELIS, BORREL, GAYLORD) haben durch die Untersuchungen L. LOEBS eine wesentliche Klärung erfahren. Schon 1907 stellte LOEB fest, daß in den von ihm beobachteten Fällen *keine* Infektion, sondern die Auswirkung *vererbter* Eigenschaften die Erklärung des gehäuften Auftretens einer — sonst seltenen — Thyreoideageschwulst darstellte.

Nach zahlreichen wichtigen Hinweisen in der Literatur (LOEB, LYNCH, HAALAND) gelang es MAUD SLYE in bisher beispiellos groß angelegten Untersuchungen, die Bedeutung der *Vererbung* für die Tumorentstehung zu klären. Es gelang M. SLYE, durch entsprechende Kombinationen der Erbfaktoren — durch Kreuzungen — verschiedenster Tumortiere und tumorfreier Tiere in allen gegebenen Kombinationen, einerseits Mäusefamilien zu züchten, deren Mitglieder *ausnahmslos* an malignen Tumoren erkrankten, andererseits auch Mäusestämme hervorzubringen, deren Mitglieder immer *absolut tumorfrei* blieben, obwohl sie alle bis zum natürlichen Lebensende beobachtet wurden.

Durch geeignete Kreuzungen gelang es, die Art, die Lokalisation des Primärtumors, ja die Häufigkeit und den Sitz der Metastasen zu bestimmen.

Einen der wichtigsten Faktoren für das glänzende Gelingen der M. SLYEschen Untersuchungen erblicken wir — wie erwähnt — in dem Umstand, daß die Tiere unter den günstigsten Bedingungen bis zum natürlichen Ende am Leben bleiben.

Die Krebsempfänglichkeit, ebenso wie die Immunität gegen Gewächsbildungen, ist nach MAUD SLYE (1926) im MENDELschen Sinne vererbbar. Die Widerstandskraft gegen Krebs ist ein *dominant* erblicher, die Empfänglichkeit für Tumorbildung ein *recessiv* erblicher Faktor [1].

In Anbetracht der strittigen Frage des Zusammenhanges zwischen traumatischen Läsionen und dem Auftreten sarkomatöser Wucherungen beim Menschen ist die Feststellung MAUD SLYES (1917) von Bedeutung, daß unter 87 Sarkomen — unter einem Sektionsmaterial von 12 000 Mäusen — bei 11 Fällen eine *traumatische* Genese nachzuweisen war. Die Tumoren traten *immer* an den Stellen der *Läsionen* auf. MAUD SLYE vermerkt, daß möglicherweise unter den anderen Fällen ihres Materials Sarkome als Folge nicht erkannter Traumen entstanden sind.

---

[1] MORPURGO und DONATI (1913) konnten unter allerdings nur 10 Rattengenerationen eine Vererbung der individuellen Anlage zur Geschwulstentstehung *nicht* ermitteln. COULON und BOEZ (1924) sahen ebenfalls keinen prozentualen Unterschied im Auftreten von Spontantumoren bei Kreuzungen von Krebs-Mäusestämmen mit carcinomfreien Familien.

An dieser Stelle sei daran erinnert, daß es auch experimentell gelingt, bei der Maus Epithelwucherungen (durch Scharlachöl, B. FISCHER) und Carcinome (YAMAGIVA) zu erzeugen. Nach der Auffassung der meisten Autoren spielt hierbei nicht nur der äußere Reiz eine Rolle, sondern es ist eine gewisse allgemeine Krebsdisposition erzeugt worden, die auch z. B. nach dem Vorgehen von ASKANAZY durch Arseninjektionen erzeugt werden kann.

k) Fragen der Vergleichbarkeit der bösartigen Tumoren bei Menschen und Mäusen.

Nach der Entdeckung der Transplantabilität der Mäusetumoren setzte eine lebhafte Auseinandersetzung über die Natur der Spontantumoren bei Mäusen ein. Einige Autoren glaubten, die Mäusecarcinome mit den menschlichen Geschwülsten vergleichen zu können, während die Ähnlichkeit von HANSEMANN und seinen Schülern geleugnet wurde.

Die Einwände HANSEMANNS stützen sich auf die *bedeutende Proliferationsfähigkeit* der Mäusetumoren, ferner auf die *verhältnismäßig leichte Entfernbarkeit* der Geschwulst und auf das angeblich *höchst seltene Vorkommen von Metastasen*.

Dieser Ansicht widersprachen die Untersuchungen von APOLANT und EHRLICH, die an Hand einer bedeutenden Zahl von Spontantumorfällen (EHRLICH erwähnt 400 Mäuse mit Spontantumoren) zu dem Ergebnis kamen, daß es sich um *echte* — mit Tumoren des Menschen durchaus vergleichbare — *Carcinome* handle. Gegen den Einwand des raschen Wachstums führten sie an, daß Spontantumoren häufig schon die Tiere töten, auch wenn sie nur kirsch- bis kastaniengroß sind. Bei Impftumoren allerdings konnten sie, wie auch fast alle anderen Autoren, das von HANSEMANN beobachtete gewaltige Wachstum der Tumoren bestätigen; die Geschwülste erreichten oft die Größe der Maus selber [1].

Gegen die leichte Entfernbarkeit der Geschwulst sprechen die Untersuchungen von CLUNET, der unter 22 Radikaloperationen nur 6 rezidivfreie Fälle beobachten konnte. HAALAND sah 54⁰/₀ Rezidive.

Auch das von HANSEMANN geleugnete Vorkommen der Metastasen wurde von APOLANT und EHRLICH dahin berichtigt, daß Metastasen zwar vorkommen, aber verhältnismäßig selten sind. Wir weisen hier auch auf die Untersuchungen HAALANDS und M. SLYES hin.

Ein weiterer Einwand HAALANDS, daß, im Gegensatz zum Menschen, bei Tumormäusen *Spontanheilungen* vorkämen, ist insofern nicht stichhaltig, als Spontanheilungen maligner Tumoren — wenn auch, wie B. FISCHER-WASELS hervorhebt, ungeheuer selten — bei Menschen ebenfalls vorkommen. B. FISCHER-WASELS erwähnt Fälle von Selbstheilungen bei Chorionepitheliomen, die FRANQUÉ und FLEISCHMANN beobachtet haben. ROTTER und ORTH sahen spontane Heilungen eines malignen Adenoms des Rectums, das vorher mehrfach rezidivierte. TRINKLER, SAUERBRUCH und LEBSCHE teilten weitere, allem Anschein nach einwandfreie Fälle von Selbstheilung — völlige Rückbildung — maligner Tumoren mit [2].

Spontanheilungen bei Tumormäusen sind übrigens ebenfalls selten; HAALAND fand sie in 1 pro Mille seiner Fälle. APOLANT und MICHAELIS notierten nur je 1 Fall — in ihren bekanntlich sehr großen Tierbeständen —, während WOGLOM innerhalb von 10 Jahren unter den 2000 Spontantumormäusen des Crockerinstituts 13 Spontanheilungen beobachten konnte. Dazu kamen 3 Fälle, die stationär blieben.

---

[1] TEUTSCHLAENDERS größter Spontantumor bei einer Maus maß 4,7 : 3,7 cm, sein größter erzielter Impftumor 5 : 3,3 : 3 cm.
[2] Siehe auch O. STRAUSS (1926).

Von HANSEMANN und seiner Schule wurde auch das infiltrierende Wachstum der Mäusetumoren geleugnet. MICHAELIS konnte bestätigen, daß in der Mehrzahl die Mäusetumoren nicht destruierend wuchsen, doch gelang es ihm, in einigen Fällen in das Bindegewebe und in die Muskeln hineinkriechende Carcinomstränge nachzuweisen. Die Untersuchungen von HENKE ergaben deutlich infiltrierendes und destruierendes Wachstum. Von BASHFORD untersuchte Plattenepithelcarcinome des Kiefers, ebenso wie Cancroide, die HAALAND mitteilte, wuchsen destruierend in die Knochen. Unserer Meinung nach stellt das infiltrative Wachstum von bösartigen Tumoren bei der Maus heute kein Problem mehr dar. In zahlreichen Fällen der MAUD SLYEschen Beobachtungen ist ein infiltratives Wachstum als eine Selbstverständlichkeit vermerkt [1].

II. Kasuistik der Mäusetumoren.

a) Tumoren der Haut und Subcutis.

Die Haut stellt bei der Maus neben der Mamma den häufigsten Sitz von Tumoren dar, eine Tatsache, die erst durch die Untersuchungen M. SLYES geklärt wurde.

1. Gutartige epitheliale Tumoren der Haut.

Gutartige epitheliale Tumoren der Haut sind in der Literatur selten vermerkt. Wir fanden eine Angabe bei SPENCER, der ein großes „Hauthorn" beschreibt; der Tumor saß an der rechten Kopfseite und bestand aus Plattenepithel. Ein „Papillom" erwähnt TEUTSCHLÄNDER ohne nähere Einzelheiten. MAUD SLYE, die wohl über das größte Material verfügt, berichtet auch nur nebenbei über ein Hauthorn, ferner über gutartige „Hautcysten". Weiterhin erwähnt sie „Basalzellentumoren", die sie als gutartige Bildungen auffaßt. Allerdings glauben wir, in der Abb. 6 ihrer Mitteilung (1921) deutlich ein typisches *adenoides Hautcarcinom* zu erkennen, welches sich ja vielfach durch besonders langsames Wachstum und durch eine relativ große klinische Gutartigkeit auszeichnet.

SECHER (1919) konnte *Atherom*bildungen in der Haut einer Waldmaus beobachten. Die Maus wies zwei Geschwülste, je eine an der *Innenseite* der *rechten Backe* und am *Schwanz* auf. Die mikroskopische Untersuchung ergab mit abgestoßenen, pigmenthaltigen Epidermiszellen ausgefüllte Cysten. Die Wandstruktur ähnelte ganz der Epidermis; sie enthielt Pigment.

2. Bösartige epitheliale Tumoren.

MAUD SLYE (1925) konnte in ihren Mäusebeständen unter 40 370 Autopsien 191 Plattenepithelcarcinome der Haut notieren. 100 Fälle befielen die Haut des Gesichts und der Ohren. Die Untersuchungen MAUD SLYEs über Hauttumoren sind schon darum von Bedeutung, weil die Verfasserin Tumoren, die möglicherweise mit Brustdrüsen zusammenhängen, strengstens abtrennte. Nach ihren Angaben sitzen die Tumoren der Haut am häufigsten im Gesicht und an Hals und Nacken. SLYE hebt hervor, daß Weibchen *besonders* häufig erkranken. Wichtig ist auch ihre Angabe, daß das Hautcarcinom bei der Maus im allgemeinen in einem höheren Alter auftritt als die anderen Tumoren; weiterhin, daß sie fast ausnahmslos *isoliert* erscheinen, worin sie sich von Tumoren anderer Art und anderer Organe wesentlich unterscheiden. Es schien MAUD SLYE, daß ein gewisser *Antagonismus* zwischen dem Bestehen von Hautcarcinomen und der Neigung zum Auftreten anderer Tumoren bestehe: selbst Wunden,

---

[1] In einem Fall MAUD SLYEs drang das infiltrativ wachsende Plattenepithelcarcinom von der Primärstelle an der Kopfhaut durch die Hirnschale und Wirbelkörper hindurch in die Meningen bis zum Kleinhirn und verursachte eine Kompression des Halsmarks.

in deren Gebiet bei anderen Mäusen auffallend *häufig Sarkome* auftreten, verheilen, ohne Geschwülste zu produzieren.

MAUD SLYE glaubt, daß das Auftreten der Hautcarcinome in manchen Fällen mit einer vorangegangenen „fungösen" Infektion zusammenhängt, wie ja ihrer Meinung nach die *chronisch entzündliche Reizung eine der wichtigsten Ursachen für die Bildung bösartiger Tumoren im allgemeinen darstellt.* Wir unterstreichen mit B. FISCHER-WASELS, daß die Hautwunden bei den Tieren mit Schorfen bedeckt sind, und daß die Wundheilung sowie die chronisch-entzündliche Reizung mit beträchtlicher Epithelregeneration verbunden ist.

MAUD SLYE hebt hervor, daß die Verhältnisse der Vererbung bei Hautcarcinom noch nicht geklärt sind.

Die Autorin betont noch einige Eigenschaften der Hautcarcinome, durch welche sie sich von den anderen Tumoren der Maus, aber auch von Tumoren der Menschen unterscheiden. In den vielen von ihr beobachteten Fällen konnte sie nur zweimal Metastasen in den Lymphdrüsen nachweisen, nur in einem einzigen Fall lagen viscerale Metastasen vor. MAUD SLYE findet auch, daß im Gegensatz zum menschlichen Hautcarcinom im allgemeinen nur wenig Neigung besteht, diffus zu infiltrieren, wenn sie auch selbst Fälle mit geradezu exorbitanter infiltrativer Zerstörung beobachten konnte.

In ihrem Material befinden sich *nicht verhornende,* weiterhin *verhornende Plattenepithelcarcinome.* Die Verfasserin beschreibt auch „Basalzellenkrebse": Tumoren, die wir nach der Nomenklatur von B. FISCHER-WASELS als „adenoide Hautkrebse" zu bezeichnen gewohnt sind.

Weitere Fälle von Plattenepithelcarcinom der Epidermis finden bei BASHFORD, MURRAY, HAALAND und JENSEN Erwähnung. Letzterer sah bei einer weißen Maus in der Haut und Subcutis eine Reihe erbsengroßer Tumoren; es handelte sich um multiple, typische *Plattenepithelcarcinome* ohne Metastasen [1]. Auch TEUTSCHLÄNDER berichtet über je ein „Cancroid" des Gesichts und der Flanke bei einer Maus.

LOEB beobachtete bei einer hereditär belasteten Mäusefamilie die Kombination eines Adenocarcinoms in der Haut, welches von den Milchdrüsen ausging, mit einem Cancroid. Er glaubte, daß das Adenocarcinom gegen die Haut vorgewuchert sei und an einer Stelle, die durch das Säugen von jungen Tieren verletzt worden war, eine Entgegenwucherung und Umwandlung der Epidermis in ein Cancroid veranlaßt hätte. Auf Grund von Beobachtungen in der Mäuseliteratur scheint uns die Möglichkeit zu bestehen, daß es sich in diesem Fall gar nicht um zwei von einander unabhängig entstandene Tumoren handelt, sondern um verschiedenartig gebaute Herde ein und desselben Mammatumors. Bei manchen der als „Adenocancroide" der Mamma beschriebenen Tumoren der Literatur besteht unseres Erachtens die Möglichkeit, daß sie aus der Haut der Mamma entstanden. Wir werden auf diese Frage bei der Besprechung der Mammatumoren zurückkommen.

In einigen Fällen der Literatur konnte klar angegeben werden, daß Tumoren ihren Ausgangspunkt von den *Schweißdrüsen* nahmen. Ein „Adenom" verzeichnet CLUNET; es entwickelte sich übrigens nach der Impfung mit einem Mammatumor. BORREL und HAALAND sahen 36 Fälle von Schweißdrüsencarcinomen. Einen weiteren Fall beschrieben PICK und POLL. Der Tumor saß in der Höhe der Scapula. Schließlich wurde von TYZZER ohne nähere Angaben ein „Adenocarcinom" im Nacken beschrieben; vermutlich nahm es

---

[1] Interessant ist die Beobachtung eines Spontantumors am Rücken einer Maus, die JENSEN vor zwei Jahren mit einem Melanosarkom eines Pferdes geimpft hatte. Die Geschwulst entstand — wie auch JENSEN betont — *unabhängig* von der Impfung und konnte viele Generationen hindurch transplantiert werden.

seinen Ausgangspunkt von den Schweißdrüsen, allerdings kommen aberrierende Mammadrüsen als Ausgang des Tumors ebenfalls in Betracht.

Auch *Talgdrüsen* stellen nachgewiesenermaßen oft die Ausgangsstelle für Tumoren dar. *Talgdrüsenadenome* der Axilla wurden von HAALAND und von MURRAY beobachtet.

Ein „Adenocarcinom", das wohl ebenfalls aus den Talgdrüsen hervorging und sich am Anus etablierte, wurde von MURRAY untersucht; im histologischen Bild fand sich für Malignität kein Anhalt. Biologisch dagegen zeigte die Geschwulst ausgesprochen bösartige Eigenschaften, indem sie rezidivierte, infiltrierend wuchs und den ganzen Analring zerstörte; auch die Nachbarschaft (Rectum, Vagina und Haut) war von Tumormassen durchsetzt. KLINGER und FOURMANN sowie TYZZER erwähnen ebenfalls Talgdrüsencarcinome. In einem HAALANDschen Fall handelt es sich um ein *Peniscarcinom,* ähnlich wie in einem später beobachteten Fall von MAUD SLYE; die Autoren sprechen von „*Adenocarcinomen*"[1]. Überhaupt haben wir oft den Eindruck gewonnen, daß Tumoren, die bei den verschiedenen Autoren einfach als „Adenocarcinome" bezeichnet werden —, Tumoren der Achselhöhle, Leistenbeuge, der Mammagegend, des Nackens usw. — möglicherweise *adenoide Hautcarcinome* waren, die ihren Ausgangspunkt entweder aus der *Epidermis* selbst oder aus den *drüsigen Gebilden* der Haut genommen haben. Aus manchen Abbildungen der HAALANDschen Mitteilungen aus dem Jahre 1911, die „Adenocarcinome" darstellen sollen, ist die eben erwähnte Herkunft mit großer Wahrscheinlichkeit festzustellen.

Anhang. Wie wir im nächsten Kapitel — Tumoren der Mamma — ausführen, sind *zwei Tumorarten,* die man vielfach als spezifische Mammageschwülste dargestellt hat, unter Umständen epidermoider Genese. Wir meinen die adenoiden, verhornenden Krebse der Mamma (wir werden vorschlagen, die Bezeichnung „Jensentumoren" für diese Geschwulstart zu reservieren), und die sog. „Hornstrahlenkrebse". Auf die Struktur und auf gewisse Ähnlichkeiten, die zwischen diesen beiden Tumorarten bestehen, werden wir also im Abschnitt „*Mammatumoren*" berichten.

3. Geschwülste des Bindegewebes der Haut.

Im Vergleich zu Ratten und Hunden ist das Vorkommen von bindegewebigen Geschwülsten der Haut bei Mäusen bedeutend seltener.

α) Gutartige bindegewebige Geschwülste der Haut bei der Maus Es liegt wohl an der Bescheidenheit des Befundes, daß gutartige bindegewebige Geschwülste in der Literatur kaum vermerkt sind.

In unserem Institut wurde ein Fibrom der Subcutis am Hals mit teils hyalinen, teils ödematösen Partien beobachtet.

β) Bösartige Geschwülste. HAALAND, der unter 353 Primärtumoren (bei 288 Mäusen) insgesamt nur 6 Sarkome fand, vermerkt zunächst 4 Sarkome, die mit der Haut und Subcutis zusammenhängen. Übrigens stellen auch nach MAUD SLYE — die ein beträchtlich größeres Material zu untersuchen Gelegenheit hatte — unter den Sarkomen bei der Maus gerade die Hautsarkome den größten Kontingent (etwa 50%). Allerdings bestehen bei manchen Sarkomen, die in der Mammagegend lokalisiert sind, Zweifel, ob die Tumoren nicht doch aus dem Stroma der *Brustdrüse selbst* entstanden; unter 45 Sarkomen der Körperoberfläche, die für uns hier in Betracht kommen, glaubte M. SLYE nur 22 einwandfrei mit der Haut in Verbindung bringen zu dürfen.

---

[1] Der von HAALAND beobachtete Tumor — das Peniscarcinom — war übertragbar.

Interessant ist die Beobachtung M. SLYES, daß die Hautsarkome bei ihren Tieren oft *multipel* in der Haut in Begleitung von Sarkomen anderer Organe auftreten. Es kamen natürlich auch Fälle vor, in welchen Hautsarkome mit gutartigen oder bösartigen epithelialen Tumoren anderer Organe — insbesondere der Lungen kombiniert waren [1].

Vor MAUD SLYE beschrieben FOX, HAALAND, MURRAY, TYZZER Sarkome der Haut bei Mäusen [2].

MURRAYs (1908) Befund betrifft einen *angiomatösen* Tumor der linken Inguinalgegend eines Männchens. Der Verfasser konnte sich nicht entschließen, den Tumor als einwandfrei maligne zu bezeichnen. Wenn wir noch den HAALANDschen (1911) Befund eines melanotischen Tumors am Ohr bei einem schwarzen Weibchen erwähnen — der Fall wurde leider nicht einwandfrei geklärt — den MAUD SLYE, wie es scheint, zu den Sarkomen rechnet, so haben wir die ungewöhnlichen Befunde erwähnt.

Bei den übrigen bisher bekannten Sarkomen der Haut handelt es sich um Spindelzellensarkome, Fibrosarkome, polymorphkernige Sarkome. Auch ,,Rundzellensarkome" werden erwähnt, die an allen Teilen des Körpers auftraten. Zum Beispiel Gesicht, Rücken usw.; in auffallend großer Zahl in der Umgebung der Brustdrüsen.

Nach den Beschreibungen, insbesondere MAUD SLYES, scheinen alle diese Geschwülste morphologisch und biologisch dieselben Eigenschaften zu haben, wie entsprechende Tumoren des Menschen [3].

Aus den Zusammenstellungen MAUD SLYES (1917) geht hervor, daß die Hautsarkome — ebenso wie die Sarkome der anderen Organe — *Metastasen* setzen: am häufigsten waren es die Polymorph- und Rundzellentumoren. Am seltensten fanden sich Metastasen — unter den häufigen Tumorarten — bei Spindelzellensarkomen. Sitz der Metastasen hauptsächlich in Lunge, Leber, Lymphdrüsen [4].

MAUD SLYE machte ebenso wie HAALAND die Beobachtung, daß eine große Anzahl von sarkomatösen Geschwülsten der Haut sich auf dem Boden von *alten Traumen* entwickelt hatten.

Die Sarkome fanden sich in allen Altersklassen.

b) Tumoren der Mamma.

Wenn auch der alte Satz, daß Mäusetumoren, insbesondere die bösartigen Geschwülste, fast ausnahmslos aus der Mamma hervorgehen, nicht mehr gültig ist, bleibt es trotzdem eine Tatsache, daß die *Mamma am häufigsten durch Tumorbildungen betroffen wird.*

In seiner Mitteilung aus dem Jahre 1920 hebt TEUTSCHLAENDER hervor, daß $96^0/_0$ aller im Inventar des Heidelberger Krebsinstituts befindlichen Mäusetumoren in der Mamma lokalisiert waren.

---

[1] Von den Fällen, bei welchen Sarkome und Carcinome nebeneinander auftraten, sondert M. SLYE Fälle ab, bei welchen ihrer Meinung nach bösartige Mischtumoren ,,Carcino-Sarkome" vorlagen. Alle drei Tumoren, die hier in Betracht kommen, standen mit der Mamma in Verbindung. Wir werden diese Tumoren auch bei der Besprechung der Brustdrüsen erwähnen (S. 20, M. SLYE, 1917).

[2] Der Foxsche Befund — ein Spindelzellensarkom der rechten Lendengegend — wurde bei einer *wilden* Maus erhoben.

[3] MAUD SLYE erwähnt, daß bei einigen Fällen — nicht nur bei Hautsarkomen — die Tumorzellen *perivasculär* geordnet lagen; sie meint, es handelt sich dabei um ,,peritheliale Sarkome und Hämangiosarkome". Wir glauben, auf Grund der Abb. 6 (1917, Tafel 3), daß die vasculäre Herkunft dieser Tumoren nicht gesichert ist. Möglicherweise handelt es sich nur um Bilder einer perivasculären Tumorinfiltration, wie es ja auch z. B. bei Gliomen des Menschen der Fall sein kann.

[4] Diese Angaben ergeben sich *indirekt* aus einer Zusammenstellung, in welcher M. SLYE Metastasen der Sarkome im allgemeinen bespricht.

Wie erwähnt, findet HEIDENHAIN in seinem Material von angeblich durch Impfungen experimentell erzeugten Tumoren, Mammageschwülste in fast $50^0/_0$ der Fälle. Sowohl die Angaben von MURRAY als auch die von HAALAND bestätigen einerseits die große Häufigkeit der Brustdrüsengeschwülste, zeigen aber auch andererseits die Schwierigkeiten, die einer einwandfrei genetischen Ableitung entgegenstehen. Irrtümer können vor allem durch Geschwülste bedingt werden, die im Epithel der Haut oder im subcutanen Gewebe der Mammaregion entstanden sind.

Leider konnten wir bei MAUD SLYE keine zusammenfassenden Angaben über die Häufigkeit der Mammatumoren im allgemeinen auffinden.

Wir glauben die Häufigkeit der Mammageschwülste eher zu unterschätzen, wenn wir ihre Durchschnittsfrequenz auf $40^0/_0$ sämtlicher maligner Tumoren der Maus annehmen.

Es ist noch unmöglich, Definitives über die relative Häufigkeit gutartiger bzw. bösartiger Tumoren, weiterhin die Frequenz der histologisch verschiedenen Formen von Mammatumoren anzugeben. Wir werden uns zunächst damit begnügen müssen, die verschiedenartigen Mammatumoren als *Typen* aufzuzählen.

Es handelt sich übrigens meistens um die Erkrankung *weiblicher* Tiere, aber auch Fälle von bindegewebigen oder epithelialen Brustdrüsengeschwülsten beim *Männchen* sind bekannt.

Epitheliale Geschwülste der Mamma.

APOLANT wies als erster auf die völlige Übereinstimmung der Lokalisation der bis dahin bekannten Mäusecarcinome mit der Lokalisation der Brustdrüsen hin. Manche bis dahin als „Hals-“, „Leisten-“ oder „Axillar“carcinome bezeichneten Geschwülste könnten demnach möglicherweise aus den in diesen Gegenden vorhandenen Brustdrüsen hervorgegangen sein [1].

Die Maus besitzt fünf Paar Brustdrüsen: Das oberste Paar liegt unmittelbar neben dem submaxillaren Speicheldrüsenpaket, das unterste Paar liegt neben den Genitalien.

Die Mammadrüsen erscheinen bei jungen, geschlechtsreifen Tieren bei der histologischen Untersuchung als enge Lumina mit kubischem Epithel ausgekleidet. HAALAND findet bei alten Mäusen nach Aufhören der physiologischen Funktionen ausgesprochene atrophische Veränderungen: Es liegen nur noch spärliche Gruppen normaler Acini vor, die Ausführungsgänge sind dilatiert, und sämtliche epithelialen Gebilde von derben Zügen eines hyalinen, „sklerotischen“ Bindegewebes umgeben.

Seit den Untersuchungen APOLANTs sind folgende Veränderungen der Brustdrüsen bekannt, die mit einer späteren Carcinombildung in Verbindung gebracht werden können.

a) Die *sog. knotige Hypertrophie,* wobei in den Brustdrüsen kleine, derbe Knötchen erscheinen; sie können die Größe einer Bohne erreichen. Sehr häufig treten diese — zweifellos als gutartige adenomatöse Wucherungen zu deutenden Herde — in vielen Brustdrüsen gleichzeitig auf, oder auch multipel in ein und derselben Drüse. Die Knoten sind oft leicht ausschälbar; sie können aber auch ziemlich fest mit dem übrigen Gewebe zusammenhängen; im allgemeinen enthalten sie reichlicheres Bindegewebe als das normale Mammagewebe [2].

Cystische adenomatöse Bildungen. In vielen Fällen entstehen nach APOLANT cystische Erweiterungen im Mammagewebe oder in Adenomknoten durch Retention von Sekretionsprodukten. Durch zusammenfließende benachbarte Hohlräume können solche Cysten noch mehr vergrößert werden. In der Wand der Cyste liegt kubischer oder abgeplatteter Epithelbelag.

APOLANT beschrieb eine eigenartige Form des Entstehens von Mammacysten bei Mäusen durch *primäre Bindegewebsveränderungen.* Das Stroma wird hier ödematös, weitmaschig, stört die Ernährung der epithelialen Bestandteile, so daß die Alveolen schließlich nekrotisch werden. Durch Einschmelzung und Resorption der nekrotischen Massen entstehen die

---

[1] APOLANT warnt bei der histologischen Untersuchung vor Verwechslung mit der Schilddrüse.

[2] APOLANT spricht in den Fällen, in welchen noch keine Abgrenzung vorliegt, einfach von „Hypertrophie“; von „Adenomen“, wenn bereits abgekapselte Knoten vorliegen.

Cysten — „Pseudocysten" nach APOLANT, weil sie ja nicht epithelialer Genese sind. Solche Cysten können mit Blutungen ausgefüllt erscheinen: die Extravasate dürften mit„kolossalen" Erweiterungen der Capillaren zusammenhängen, die manchmal geradezu an „Kavernome" erinnern; sekundäre Epithelbedeckung der Wand. Die allmähliche Entwicklung der Cysten kann nach APOLANT mit einer *papillären Wucherung des Epithels* verbunden sein, so daß APOLANT von einem „papillären Cystadenom" spricht; die Zotten sind auffallend schlank. Die Bilder sind nach APOLANT den papillären Ovarialcystomen nicht unähnlich.

b) Besonders hervorgehoben zu werden verdienten Beobachtungen HAALANDS über *Hornbildung* in der Brustdrüse. Dieser Autor konnte häufig Cysten auffinden, die mit Plattenepithel ausgekleidet waren, ja *verhornte Beläge* aufwiesen. Ähnliche Plattenepithelbildungen konnte er auch in den *Ausführungsgängen* nachweisen; es würde sich seiner Meinung nach um Produkte einer *metaplastischen Umbildung des normalen, kubischen Mammaepithels* handeln.

Wir erinnern hier an die Befunde B. FISCHER-WASELS beim Kaninchen, der durch Injektion von Scharlachöl Plattenepithelbildungen in der Mamma erzeugen konnte (1906).

c) Bei allen diesen eben erwähnten Typen der *präcancerösen Mammaveränderungen* konnten von verschiedenen Autoren entzündliche Infiltrate regelmäßig nachgewiesen werden; ja, es gibt Fälle — bei alten Mäusen —, bei welchen entzündliche Infiltrate das wesentlichste Merkmal der Mammaveränderung darstellen.

Wir fügen noch hinzu, daß nach den Berichten neben den rein entzündlichen Erscheinungen natürlich auch deutliche Zeichen von *Regenerationserscheinungen von seiten des Epithels* vorgelegen haben.

d) Von ätiologischer Bedeutung dürften *Nematodenbefunde* sein, wie sie BORREL, HAALAND u. a. beschrieben haben. Neben entzündlichen Infiltraten wurden dabei wiederholt auch Epithelwucherungen nachgewiesen [1].

α) **Gutartige epitheliale Tumoren der Mamma.** Die vorhin erwähnten, von uns als präcancerös bezeichneten Bildungen — die knotige Hypertrophie der Mamma, die epithelialen Cystenbildungen (darunter auch die papillären Cystenbildungen) — stellen die Typen der *gutartigen epithelialen Bildungen* dar. Manche dieser Bilder erinnern an präcanceröse Zustände der menschlichen Mamma — wir erinnern hier nur an die sog. *Mastitis cystica* des Menschen, bei welcher nicht nur analoge Cystenbildungen, sondern die bei Mäusen so oft unterstrichenen *entzündlichen* Infiltrate ebenfalls nachzuweisen sind.

Die präcanceröse Bedeutung der *adenomatösen* Mammabildungen beweisen die sehr zahlreichen Befunde verschiedenster Autoren — APOLANT, HAALAND, MURRAY, M. SLYE —, die von adenomatösen Knoten neben einwandfrei carcinomatösen Wucherungen in derselben Brustdrüse oder auch irgendeiner carcinomfreien Brustdrüse bei einem an Mammacarcinom erkrankten Tier sprechen.

Interessant ist, daß alle diese adenomatösen Bildungen — ähnlich wie ja auch die Mammacarcinome — multipel auftreten können; ja es scheint, daß eine Art systematischer Erkrankung sämtlicher oder sehr vieler Brustdrüsen zum Charakter der präcancerösen Einstellung des Mäuseorganismus gehört; so ist es zu verstehen, daß auch bei malignen oder gutartigen Tumoren, die ihren Ausgangspunkt nicht in der Mamma genommen haben, gerade adenomatöse Wucherungen der Brustdrüse besonders häufig vermerkt wurden, häufiger als etwa die — ebenfalls noch recht oft vorkommenden — Lungenadenome.

Leider ist aus den Zusammenstellungen der verschiedenen Autoren nicht klar zu ersehen, wie häufig die verschiedenen soliden oder cystisch-adenomatösen Bildungen bei alten oder alternden Tieren überhaupt vorkommen; sie müssen immerhin sehr häufig gefunden werden.

In einer auf die Beantwortung dieser Frage gerichteten Untersuchung dürfte auch die Frage nach der Häufigkeit und Genese der *entzündlichen Infiltrate* Interesse verdienen.

---

[1] Nach HAALAND (1911) sollen die Nematoden des subcutanen Bindegewebes den Formen des *Ollulanus hicuspis* nahestehen. Es gelang HAALAND, unter 50 positiven Nematodenbefunden immer nur Nematodenweibchen festzustellen.

Wie wir darauf noch zu sprechen kommen, spielen in der Morphologie der bösartigen Mammageschwülste eigenartige, durch Plattenepithelbildung gekennzeichnete Tumoren — die sog. „*Jensen*tumoren" weiterhin die auch von HAALAND zuerst beschriebenen sog. *strahligen Hornkrebse* — eine wichtige Rolle. Es ist also von Interesse zu fragen, ob auch bei den reinen adenomatösen Bildungen Veränderungen zu finden sind, die Anhaltspunkte für eine Erklärung der carcinomatösen Plattenepithelbildungen geben würden.

Wir erinnern daran, daß bereits APOLANT von einer „Abflachung" des normalerweise kubischen Epithels in den Cysten spricht und daß MURRAY — der,

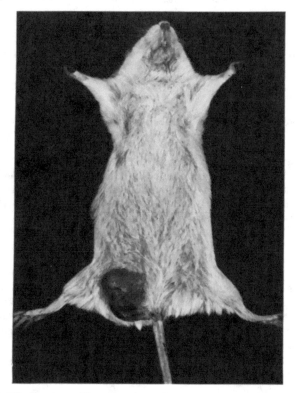

Abb. 269. Spontanes Mammacarcinom der Maus. Eigene Beobachtung.

wie es scheint, die Verhornungen in adenomatösen Herden als Erster beschrieb — die Plattenepithelbildungen mit einer *Metaplasie* des Epithels deutete. Unserer Meinung nach besteht auch die Möglichkeit, daß Plattenepithel von der *Haut der Zitzen* her in die Hohlräume der krankhaft veränderten Mamma *eindringt*, ähnlich wie in MARCHANDschen Befunden, in welchen nackte Hohlräume von benachbarten Epithelien bekleidet wurden.

β) **Die bösartigen epithelialen Tumoren der Mamma.** Überblicken wir die ziemlich umfangreiche Literatur der Mammacarcinome bei der Maus — manche Publikationen sind mit guten Abbildungen illustriert — so findet man zahlreiche Typen, die den Mammacarcinomen des Menschen entsprechen, andere, die von den menschlichen Typen mehr oder weniger abweichen.

Häufiger als beim Menschen scheinen *solide Drüsenzellencarcinome* vorzukommen; sie werden in der Literatur vielfach als „alveoläre Krebse" erwähnt.

Recht häufig kommen weiterhin die Kombinationen dieser soliden Krebsnester mit *drüsigen Bestandteilen* vor, wobei enge, mittelgroße oder auch cystisch breite *Drüsenlumina* auftreten. Zahlreiche Fälle der Literatur zeigen, daß auch Krebse von reinem oder überwiegendem Typus des *Adenocarcinoms* recht häufig vorkommen, wobei uns vielfach die so regelmäßigen Bilder des Typus des *malignen Adenoms* auffielen.

In die Gruppen der hier kurz gekennzeichneten morphologischen Typen sind sehr zahlreiche Tumoren der Publikationen in den letzten zwei Jahrzehnten einzureihen.

Kleinere Differenzen der Nomenklatur bei den einzelnen Autoren dürfen natürlich dabei nicht überwertet werden. Manche Autoren — APOLANT, HAALAND und APOLANT — glauben auch Eigenschaften wie etwa massige Blutungen oder cystische bzw. papilläre, Bildungen, als besondere Kennzeichen einer *selbständigen Tumorform* unterstreichen zu müssen, wobei es natürlich immer wieder vorkommen konnte, daß ein und dasselbe Carcinom entweder schon im *Spontantumor* oder evtl. erst im Laufe der Transplantationen, so ziemlich sämtliche Typen, der vielfach als selbständige Typen auseinandergehaltenen Formen vereinigte. Wir erinnern etwa an den Fall 80 der MURRAYschen Arbeit 1908 (S. 93), in welchem der Autor bei einem *Adenocarcinom* „papilläre“, „cystische“ und „hämorrhagische“ Partien, auch in der *Bezeichnung* der Geschwülste, *besonders* hervorhebt. Andere Tumoren werden von diesem Autor einfach als „Adenocarcinome“, als „hämorrhagische Carcinome“ oder als „cystische“ bzw. „papilläre“ Krebse bezeichnet.

APOLANT (1906), auf dessen Arbeit viele der späteren Mitteilungen über morphologische Eigenschaften der Mammatumoren aufgebaut sind, unterscheidet zwei Grundtypen:

1. Das *Carcinoma simplex alveolare,* 2. das *Carcinoma papillare.*

Als besonders bemerkenswerte Formen erwähnt er auch das „*Cystocarcinoma haemorrhagicum*“ sowie „*Spalten*“ — offenbar Drüsenlumina — „bildende“, weiterhin „*retikuläre*“ *Adenocarcinome.*

Wir finden im ganzen die Nomenklatur uneinheitlich und kompliziert und möchten vorschlagen, auch bei den *Mäusetumoren* sich *möglichst* an die Bezeichnungen der *menschlichen,* bösartigen epithelialen Bildungen zu halten.

Eine reichlich unklare Rolle spielen in den Darstellungen der Morphologie von Mammakrebsen die sog. „*Jensentumoren*“. Die Verwirrung scheint uns hier um so größer zu sein als der *Spontantumor,* der in den Publikationen als Vergleich immer wieder herangezogen wird, von JENSEN (1903) in der *Rückenhaut* — also von der *Mamma möglicherweise unabhängig* — *auftrat* und — wie JENSEN selbst hervorgehoben hat — nur sehr oberflächlich und vor allem histologisch ungenügend untersucht wurde.

Erst in den Transplantaten — deren Gelingen und systematische Erforschung das historische Verdienst JENSENs darstellt — konnten dann die histologischen Eigenschaften genau bestimmt werden: der Tumor trat „alveolär“, d. h. in massiven Nestern, zum Teil auch in adenoiden Strukturen auf; das Merkwürdigste ist aber, daß neben den eben gekennzeichneten Bildungen auch *einwandfrei verhornte Partien* nachzuweisen waren.

Nach den Beschreibungen JENSENs scheint allerdings die Hornbildung nicht in *allen* Transplantaten, zumindest nicht in *allen gleichmäßig stark* hervorgetreten zu sein, eine Beobachtung, die mit den Ergebnissen der später inaugurierten *Erblichkeitsforschungen* ihre Erklärung findet. Später werden die *Mammacarcinome* der Maus, insbesondere die transplantablen Krebse, in der Literatur häufig ohne weiteres als „*Jensentumoren*“ bezeichnet. So bildet z. B. LEWIN (1909, S. 17) als „Typus des *Jensen*tumors“ eine Geschwulst ab, die wir mit der üblichen Nomenklatur als solides Carcinom bezeichnen würden, in der aber nach der Abbildung LEWINs Verhornungen *nicht* vorliegen.

TEUTSCHLAENDER hebt hervor, daß von allen Spontantumoren, die im Heidelberger Krebsinstitut zur Untersuchung kamen, die *meisten* „eigentliche *Jensentumoren*“ waren. Allerdings glauben wir aus den Beschreibungen TEUTSCHLAENDERs feststellen zu dürfen, daß in die Gruppe der *Jensentumoren* offenbar auch Adenocarcinome, solide Carcinome, ferner cystische und „hämorrhagische" Carcinome miteingerechnet wurden [1].

Wenn man nicht *sämtliche Mammacarcinome*, oder sämtliche transplantablen epithelialen Geschwülste der Mamma einfach als *Jensentumoren* bezeichnen will — und dazu besteht wohl schon darum keine Veranlassung, weil ja der ursprünglich (1903) von *Jensen* beschriebene Spontantumor, wie erwähnt, in der *Rückenhaut*, von der Mamma vielleicht unabhängig entstanden ist, und die Eignung zur Transplantation heute nicht mehr als eine *besondere* Eigenschaft betrachtet werden darf —, so müßte man sich zunächst darüber einigen, welcher morphologische Typ der Mammatumoren als „*Jensencarcinom*" bezeichnet werden soll.

Wenn auch — wir erwähnten es bereits — der JENSENsche *Spontantumor* selbst nur sehr mangelhaft untersucht wurde, so glauben wir auf Grund der genaueren Feststellungen der Transplantate als morphologisch interessanteste Eigenschaft die *Verhornung* betrachten zu dürfen. *Wir möchten also vorschlagen, nur jene Mammacarcinome als „Jensentumoren" zu bezeichnen, bei welchen die Fähigkeit oder die Neigung zur Verhornung klar hervortritt.*

Würde man sich streng an diese Definition der *Jensentumoren* halten, so müßte man sehr viele Tumoren der Literatur, die jetzt noch mit dieser „klassischen" Bezeichnung versehen werden, eliminieren bzw. umgruppieren.

Eine große Schwierigkeit bei der Durchführung einer Säuberung der morphologischen Systematik wird wohl darin zu suchen sein, daß bei soliden und adenoiden Carcinompartien die Frage, ob es sich um Abkömmlinge des *Drüsenepithels der Mamma* oder um Abkömmlinge eines von vornherein zur Verhornung bestimmten Epithels handelt, zunächst nur sehr schwer entschieden werden kann.

Wir erinnern hier an die sog. „adenoiden" Hautcarcinome des Menschen, bei welchen aus Zellen, die zweifellos zur Epidermis oder zu ihren nächsten Nebengebilden gehören, Tumoren mit soliden oder auch adenoiden Partien hervorgehen können, und bei welchen in manchen Fällen nur die genaue Kenntnis der Lokalisation dieser Geschwülste die Exklusion der Genese aus echtem Drüsengewebe — wie etwa Mamma usw. — gestattet.

Gerade dieses Beispiel scheint uns zur Beleuchtung der Frage der „*Jensentumoren*" unserer Definition besonders geeignet zu sein; auch die adenoiden Hautcarcinome des Menschen können ja neben den soliden („alveolären") und drüsigen Bestandteilen *Verhornungen* aufweisen. So scheint uns, daß die *verhornten*, „adenoiden" Krebse der Mamma, die wir also als „*Jensentumoren*" zu bezeichnen vorschlagen, eine besondere Stelle im System der bösartigen epithelialen Bildungen auch der Mamma verdienen.

Gerade jene Feststellungen, die zeigen, daß ähnlich gebaute Tumoren *in der Haut, von der Mamma vollkommen unabhängig*, auftreten können, lassen allerdings die Frage entstehen, ob die drüsigen Bestandteile der Mamma selbst überhaupt irgendeinen Anteil am Entstehen dieser Geschwülste haben oder ob nicht *die Haut der Mamma* als Quelle zu betrachten wäre. Alle diese Fragen könnten wohl nur besondere Untersuchungen beantworten. Zunächst scheinen die bereits erwähnten Befunde MURRAYs und HAALANDs weiterhin die auf S. 777 erwähnten Befunde B. FISCHER-WASELS allerdings darauf hinzuweisen, daß Carcinome mit *Hornpotenzen* auch aus dem eigentlichen Gebiet der Mammadrüsen hervorgehen können.

Alles in allem glauben wir zunächst vorschlagen zu dürfen, bei jedem „solid" bzw. „adenoid" erscheinenden Carcinom — auch der Mamma — zunächst die Frage zu klären, ob es sich dabei um echte *Drüsenzellencarcinome* der Mamma oder um einen Tumor mit Verhornungsneigungen handelt. Wir halten es für

---

[1] TEUTSCHLAENDER geht wohl auch darin zu weit, daß er glaubt, selbst „gutartige Bildungen" (1920, S. 375) zu den *Jensentumoren* rechnen zu dürfen: „Es finden sich fließende Übergänge zwischen typisch adenomatösen, cystadenomatösen, papillenbildenden, hämorrhagisch-cystischen, retikulären und den solid oder gar medullär-carcinomatösen Formen der Mäusetumoren."

möglich, daß eine derartige, strenge, morphologische Unterscheidung durch die Klärung *genetischer* Differenzen bestätigt und befestigt werden könnte.

Eine besondere Stellung unter den Mammacarcinomen — wie erwähnt auch unter den Tumoren der Maus im allgemeinen — nehmen die von Borrel-Haaland zuerst beschriebenen und bisher nur in seltenen Fällen beobachteten *„molluskoiden"* Tumoren ein [1], die durch eine eigenartige Verhornung gekennzeichnet sind.

Die Schwierigkeiten, die wir in den vorangehenden Erörterungen über die verhornenden, adenoiden Krebse der Mamma bereits erwähnen mußten, bestehen auch bei dieser Gruppe der Tumoren: bei den Borrel-Haalandschen verhornenden Krebsen — wie erwähnt, wird die Geschwulst von Teutschländer als „Trichokoleom" bezeichnet — scheint allerdings *die Herkunft*

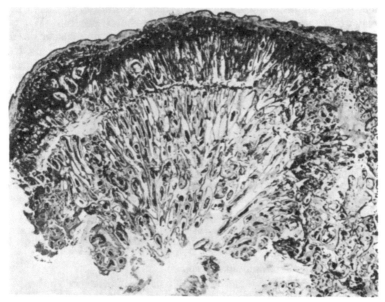

Abb. 270. „Hornstrahlen"-Krebs der Maus. (Nach Teutschlaender: „Beiträge zur vergleichenden Onkologie". Z. Krebsforschg **1920**.)

aus der Haut der Mamma noch viel wahrscheinlicher zu sein als bei den „Jensen"-tumoren.

Zwischen diesen beiden Gruppen bestehen übrigens gewisse Ähnlichkeiten: schon die wenigen, bisher bekannten Fälle von Trichokoleomen zeigen, daß zwar sämtliche Hautregionen betroffen werden können, daß aber die Mammagegend eine Prädilektionsstelle für die „Strahlenkrebse" darstellt, ähnlich wie bei den allerdings unvergleichlich häufigeren Jensentumoren. In beiden Gruppen finden sich „solide" und „adenoide", durch Drüsenlumina gekennzeichnete Partien. In beiden Gruppen sind weiterhin auch Verhornungen nachzuweisen, wenn auch die Borrel-Haalandschen Tumoren sich durch eine *massigere Verhornung* auszuzeichnen scheinen. Der *wesentlichste Unterschied* — und damit das wesentlichste Charakteristicum der Borrel-Haalandschen Tumoren — ist die eigenartige *strahlenartige Anordnung der Krebsnester und der Hornmassen,* die bei geeigneter Schnittrichtung ein bukettartiges Auseinanderstreben der „Strahlen"

---

[1] Wegen der Ähnlichkeit mit dem Molluscum contagiosum (Borrel).

zeigen. Ob es sich bei der eigenartigen Anordnung der Krebsnester bei dieser Geschwulstgruppe um die spezifische Eigenschaft eines Tumors spezifischer Genese, oder ob es sich nur um die eigenartige Ausdehnungsform einer in anderen Fällen gewissermaßen unkomplizierter erscheinenden Tumoren handelt, möchten wir zunächst offen lassen. Es gibt ja auch beim Menschen Krebse, deren Eigenart nur durch die merkwürdige Ausdehnungsform bestimmt wird, ohne daß die Tumor*genese* oder auch die *Tumorzellen* irgendwelche besonderen spezifischen Eigenschaften aufweisen: wir erinnern hier an den *Paget*krebs der menschlichen Mamma [1].

In den früheren Publikationen wurden bei der Erörterung der Mammacarcinome regelmäßig das „infiltrative" Wachstum, die *Unregelmäßigkeit* der Krebszellen, die zahlreichen *Mitosen* usw. besonders hervorgehoben. Derartige Eigenschaften würden unseres Erachtens verdienen, besonders unterstrichen zu werden, wenn wir im allgemeinen *prinzipielle* Differenzen zwischen malignen Tumoren der Maus und solchen des Menschen annehmen dürften. Wir glauben, in der Bezeichnung „*Krebs*" auch bei der Maus das Vorhandensein der *üblichen* morphologischen Merkmale der Malignität bereits gekennzeichnet zu haben.

Ähnliches gilt auch für *Metastasen*. Alle bisher erwähnten Formen der Mammatumoren können Metastasen setzen. — Natürlich auch die „adenoiden" Krebse und die BORREL-HAALANDschen Tumoren [2]. Die Metastasen sitzen in der Lunge und den regionären Lymphdrüsen.

Wir haben jetzt nur noch einige Bemerkungen diesem Abschnitt hinzuzufügen.

Zunächst einige geschichtliche.

Die ersten einwandfreien Befunde der Mammacarcinome erhob LIVINGOOD (1896) [3].

Die Mitteilung unzähliger Mammatumoren verdankt die Literatur zahlreichen Autoren. Wir wollen hier nur die Namen APOLANT, BASHFORD, JOBLING, MURRAY, HAALAND, TYZZER, MAUD SLYE und TEUTSCHLAENDER, ASCHER, JAKOBSTHAL, NOYES, KANEMATSU und FALK erwähnen.

EBERTH und SPUDE (1898) behaupteten, daß die von ihnen in der *Mammaregion* gefundenen Tumoren *endothelialer* Herkunft seien. Sie bezeichneten sie demnach als „Endotheliome". APOLANT wies aber nach, daß auch in diesen Fällen Drüsencarcinome der Mamma vorlagen.

Zur Lokalisation der Mammatumoren:

HAALAND stellte tabellarisch seine *Mammabefunde* zusammen: es ergaben sich daraus die *Prädilektionsstellen* der Geschwulstlokalisation; unter den erwähnten Tumoren der Mammaregion saßen 113 in der Umgebung der Achselhöhle, 83 in der Leistengegend, 61 in der Umgebung der Vulva [4].

c) Tumoren der Lunge bei der Maus.

Epitheliale Tumoren der Lungen. Neben den Mamma- und Hauttumoren findet man bei Mäusen am häufigsten Tumoren der *Lungen*. Es handelt sich dabei sowohl um gutartige Geschwülste — Adenome — als auch um verschiedenartige Carcinome. Wir erwähnten bereits, daß die Lungentumoren vielfach

---

[1] Unter den Mäusebeständen — 2500 Tiere — von DOBROVOLSKAIA (1929), die alle von einer *krebsbelasteten Familie* abstammen, fand sich ein „Tumeur mollusoid" (Typ BORREL-HAALANDs). Der Tumor wird nicht näher beschrieben.

[2] Es hängt wohl mit der geringen Anzahl der bisher bekannten BORREL-HAALANDschen Tumoren zusammen, daß Metastasen bisher nur in einem Fall (HAALAND) vermerkt wurden. Im ganzen wurden 10 Fälle beobachtet, von denen HAALAND 5, JOBLING und MAUD SLYE je 1, TEUTSCHLÄNDER 2 Fälle untersuchten.

[3] CRISP (1854) beschrieb einen Tumor „über dem Musculus pectoralis"; es handelte sich unseres Erachtens wahrscheinlich gleichfalls um ein Carcinom der Mamma.

[4] Nach BAGG (1927) lokalisierten sich 72 Mammacarcinome, die bei 61 weiblichen Mäusen auftraten, an den Brustdrüsen (5 Paar) von vorn nach hinten gerechnet im Verhältnis von 26 : 8 : 6 : 3 : 29.

in Begleitung von Haut- bzw. Mammageschwülsten auftreten[1]. Natürlich kommt es auch oft vor, daß Lungengeschwülste als *einzige* Tumoren gefunden werden. Vielfach wird auch die Multiplizität primärer Lungengeschwülste angegeben[2].

Den ersten Befund eines Lungentumors (Bronchialcarcinom mit infiltrativem Wachstum in das Lungengewebe) verdanken wir LIVINGOOD (1896). Eine Reihe von Autoren, wie BORREL, HAALAND, MURRAY, APOLANT, TYZZER, JOBLING, SCHABAD und in der letzten Zeit MAUD SLYE haben die Kasuistik und damit unsere Kenntnisse begründet und bereichert.

Besonders hervorzuheben sind die grundlegenden Arbeiten von TYZZER und SLYE. SLYE und ihren Mitarbeitern allein verdanken wir die Mitteilung von 160 primären *Lungentumoren*. Wir werden auf diese Befunde noch näher zu sprechen kommen[3].

Die relative Häufigkeit von Lungentumoren bei Mäusen steht in einem gewissen Gegensatz zur relativen Seltenheit dieser Geschwülste bei anderen Tierarten.

Allerdings ist MAUD SILYE der Meinung, daß es sich bei den in der Literatur vermerkten Lungentumoren vielfach gar nicht um echte Geschwülste handle, sondern um Epithelwucherungen in chronisch-entzündlichen Herden. MAUD SLYE betont nun, daß sie bestrebt war, ausschließlich echte Tumoren in ihre endgültige Zusammenstellung aufzunehmen, und daß sie zahlreiche Fälle, die sie glaubte als entzündliche Epithelwucherungen deuten zu können, ausschied.

Innerhalb der Gruppe der echten Tumoren unterscheidet die Verfasserin Untergruppen, in welchen Tumoren von hoher Malignität bis zu gutartigen Gewächsen nebeneinander gestellt werden. Unzweifelhaft bösartig waren ihrer Meinung nach unter 160 Fällen 63[4]. Bei 41 Fällen konnte die Frage der Malignität nicht einwandfrei geklärt werden. Bei 56 Fällen handelt es sich um gutartige Geschwülste.

Die Zusammenstellungen der amerikanischen Verfasserin sind die bisher größten, ihre Erörterungen über Lungentumoren die umfassendsten. Wir werden uns also bei der Kennzeichnung der Lungengeschwülste hauptsächlich an die Angaben MAUD SLYEs halten. Bei den gutartigen Tumoren handelt es sich meistens um *tubuläre Adenome*[5]. In anderen Fällen dürfte nach der Meinung MAUD SLYEs die Bezeichnung „papilläres Adenom" dem Bau der Neubildung am besten entsprechen.

Bei den bösartigen Tumoren konnte sie meistens eine *„papilläre Struktur"* des Tumors nachweisen; MAUD SLYE bemerkt, daß es sich um ähnliche Geschwülste handelt wie beim Menschen. In manchen Fällen tritt eine ausgesprochene *perivasculäre Anordnung* der Tumorzellen hervor: es handelt sich dabei um Bilder, die durch die Ausbreitung der Geschwulst bedingt werden.

Die Zellen der Carcinome zeigen Übergänge von kubischen bis zu zylindrischen Elementen. Es kommt oft vor, daß in demselben Tumor sowohl kubische als auch zylindrische Zellen auftreten. Gar nicht selten können auch polyedrische, große Epithelien mit blasigen Kernen gefunden werden.

[1] JOBLING fand in einem Material von 41 Spontantumoren bei 26 Mäusen *neun* Lungentumoren. Sie waren sämtlich mit Tumoren anderer Organe vergesellschaftet.

[2] Wir erwähnten bereits, daß JOBLING in seinen Fällen neben Lungentumoren regelmäßig Hautgeschwülste nachweisen konnte. Auch MAUD SLYE achtete auf diesen Zusammenhang; sie konnte ihn nur recht selten nachweisen.

[3] TYZZER fand unter 83 Primärtumoren bei 70 Mäusen 52 Lungentumoren. In einem Stamm von 800 Mäusen, in welchem 500 Tiere zur Untersuchung gelangten, konnten von demselben Forscher 12 *Lungentumoren* beobachtet werden. Die Männchen schienen zu überwiegen. Auch HAALAND gibt ungefähr ähnliche Zahlen an.

[4] In einer Mitteilung aus dem Jahre 1921 spricht MAUD SLYE von einem Material von primären Lungentumoren, das einige 100 Fälle umfaßt.

[5] TYZZER sprach in seiner grundlegenden Arbeit über Lungentumoren bei der Maus von „papillären Cystadenomen". MAUD SLYE findet diese Bezeichnung für die von ihr beobachteten Fälle nicht zutreffend: sie konnte nie ausgesprochene cystische Tumoren finden.

TYZZER und HAALAND beschrieben *verhornende* Plattenepithelcarcinome der
Lunge. TYZZER sprach von „Epidermoidkrebs". In dem bedeutend größeren
Material MAUD SLYEs fand sich bis zum Jahre 1914 nur ein einziges Beispiel
für diese Geschwulst, allerdings ohne Verhornung.

In einer Mitteilung aus dem Jahre 1921 spricht MAUD SLYE von einem Fall von *verhornendem* Plattenepitheltumor der Lunge. Die Verfasserin beschreibt den Fall (Nr. 13 314)
folgendermaßen: Makroskopisch erinnerte der Herd an einen Absceß, allerdings war er
recht hart. Mikroskopisch bestand der Tumor ausschließlich aus konzentrisch geordneten
Hornmassen. Nur in der Peripherie wurden lebende Zellen gefunden. Die Zellen unterscheiden sich hier von Zellen in Hautkrebsen nicht. Um die Geschwulst wurde eine reichliche
Rund- und Spindelzellengranulation gefunden, auch zahlreiche Fremdkörperriesenzellen.
MAUD SLYE glaubte es zunächst offen lassen zu müssen, ob dieser Befund eine echte Geschwulst
darstellt, oder ob es sich lediglich um eine „progressive Metaplasie" als Folge einer
chronischen Entzündung handelt. In zwei weiteren Fällen (Nr. 10 165 und 25 136) vermerkt
MAUD SLYE ebenfalls *gutartige,* geschichtete Plattenepithelbildungen (die Entscheidung,
ob es sich um echte Tumoren handelt, glaubt die Autorin nicht treffen zu können). In einem
dieser Fälle lagen *Verhornungen* vor.

Gelegentlich sahen MAUD SLYE und ihre Mitarbeiter Fälle, bei welchen die
Zellen *spindelig* erschienen: die Verfasser meinen, es könnten dadurch manchmal
Schwierigkeiten entstehen.

Wie schon die früheren Autoren, hebt auch MAUD SLYE hervor, daß in den
Lungencarcinomen *Mitosen* nur äußerst spärlich vorkommen. Dafür findet
aber MAUD SLYE sehr viele *amitotische* Teilungsfiguren und glaubt darin ein
Zeichen des raschen Wachstums erblicken zu können.

1. Lokalisation und Genese der Lungentumoren.

Wie die früheren Beobachter, stellte auch MAUD SLYE fest, daß die Geschwülste meistens *subpleural* liegen. Ihre Größe wechselt, Tumoren, deren
Durchmesser 1 cm beträgt, gelten nach MAUD SLYE als große Geschwülste [1].

Sehr schwierig ist nach MAUD SLYE zu entscheiden, *aus welchem Teil* des Lungengewebes die Tumoren hervorgehen.

Die früheren Autoren neigten dazu, anzunehmen, daß es sich vorwiegend
um *Krebse der Bronchialschleimhaut* handelt (JOBLING). Auch MAUD SLYE
sah wiederholt Fälle, in welchen die Genese aus den *Bronchien* unzweifelhaft
erschien; insbesondere auch die Genese aus den *terminalen* Verzweigungen der
Bronchien, wie es JOBLING gefunden hat. MAUD SLYE sah also Fälle, in welchen
die Tumoren ausschließlich den Bronchus betroffen haben, oder in welchen
ein mit Tumormassen gefüllter Bronchus in der Mitte eines nicht allzugroßen
Tumorknotens lag.

Andererseits kommt aber MAUD SLYE zu der Überzeugung, daß es sich
meistens um Tumoren des *Alveolarepithels* handelt. Eine *klare* Unterscheidung
der Bestimmung der Genese dürfte nach MAUD SLYE in vielen Fällen schon
darum sehr schwierig sein, weil man auf die Beschaffenheit — Form der Tumorzellen — nicht allzuviel geben darf.

Es gibt ihrer Meinung nach einwandfrei aus dem Alveolarepithel hervor-
gegangene Carcinome mit Cylinderzellen, ebenso wie Bronchialcarcinome aus
kubischen Elementen.

2. Über Metastasen [2] und symptomatische Augenveränderungen bei Lungentumoren der Mäuse.

In der Diskussion, ob Lungentumoren echte Carcinome darstellen, spielte
früher die Feststellung, daß *Metastasen* angeblich nicht vorkommen, eine wichtige

---

[1] MAUD SLYE hebt hervor, daß bereits bedeutend *kleinere* Tumoren offenbar den Tod
der Maus verursachen können.

[2] Transplantationen gelangen TYZZER nicht.

Rolle. Überraschenderweise konnte nun MAUD SLYE in ihren sorgfältigen Untersuchungen feststellen, daß die Lungentumoren sogar *besonders häufig* metastasieren. Metastasen waren in 33% der Fälle nachzuweisen. Die Tochterknoten saßen allerdings fast ausnahmslos in den Lungen. Immerhin konnte MAUD SLYE in vier Fällen auch extrapulmonale Metastasen von primären Lungencarcinomen nachweisen (z. B. auch in der Niere).

Bei den Mäusecarcinomen tritt im allgemeinen die beim Menschen so häufig nachweisbare Metastasierung auf dem Lymphweg stark in den Hintergrund. Die Lungenmetastasen der Lungencarcinome bei Mäusen entstehen nach MAUD SLYE hauptsächlich durch *Aspiration* von Tumorzellen. Immerhin konnte auch MAUD SLYE Fälle beobachten, in welchen *lymphogene* Metastasen nachzuweisen waren (Infiltration von Lymphdrüsen und Lymphgefäßen).

In zwei Fällen konnten sogar *Durchbrüche in die Gefäße* bzw. *Geschwulstthromben* nachgewiesen werden.

Eine der interessantesten Beobachtungen MAUD SLYEs ist die in der gesamten Tumorpathologie einzig dastehende Feststellung, daß mit dem Bestehen von Lungengeschwülsten bei der Maus vielfach typische *Augenerkrankungen* auftraten.

Es handelt sich um Veränderungen, die nach MAUD SLYE in drei Stadien verlaufen. Zunächst liegt eine *Vorwölbung* der Bulbi vor, als würde der Augapfel durch eine hinter ihm liegende Schwellung nach vorn gedrängt. Im zweiten Stadium sind *irritative* Erscheinungen nachzuweisen, die wahrscheinlich mit starkem Juckreiz verbunden sind und im dritten Stadium das Tier zu einer *Selbstverstümmelung,* zum *Auskratzen des eigenen Auges* veranlassen [1].

3. Bemerkungen zur Ätiologie der Lungentumoren [2].

Wiederholt wurden die Lungentumoren mit den nach manchen Autoren relativ häufigen *Nematodenherden* in der Lunge in ätiologischen Zusammenhang gebracht. HAALAND fand es bemerkenswert, daß man Nematoden bei Mäusen in größeren Mengen gerade *in den Brustdrüsen* und *Lungen* gefunden hat, in den Organen, die so häufig Tumoren beherbergen. Allerdings konnten im großen Material von MAUD SLYE nur dreimal Nematoden bei Tieren mit Lungentumoren beobachtet werden.

Wenn auch entzündliche Reaktionen — auch von seiten des Epithels — mit derartigen Nematodenbefunden unbedingt zusammenzuhängen scheinen und wenn auch die Möglichkeit, daß Nematoden die Bildung von Lungentumoren veranlassen oder fördern können, besteht, so glaubt MAUD SLYE dennoch nicht, auf eine ätiologische Erklärung durch Nematodenbefunde einen allzugroßen Wert legen zu dürfen.

In 146 Fällen von 155 Tieren, die speziell daraufhin untersucht wurden, konnte die *erbliche Krebsbelastung* einwandfrei nachgewiesen werden. In der Aszendenz dieser Tiere kamen die verschiedenartigsten malignen Geschwülste vor. Interessanterweise entstanden die *metastasierenden* Tumoren bei Tieren, die aus Familien mit *besonders* hoher *Krebsbelastung* stammten.

Wie bei der Tumorgenese im allgemeinen, neigt MAUD SLYE auch bei der Erklärung der *Lungentumoren* dazu, hauptsächlich *entzündliche Prozesse* (chronisch-pneumonische Erkrankungen) als Ursachen der Krebsbildung zu beschuldigen. Die Verfasserin fand, daß Mäuse mit *Krebsbelastung* nach entzündlichen

---

[1] Diese interessante, auch nach MAUD SLYE völlig ungeklärte Beziehung zwischen *Lungentumoren* und *Augenerkrankung* dürfte das größte Interesse verdienen. Unseres Erachtens wäre es auch zu prüfen, ob nicht die Augenveränderungen durch die Vermittlung einer *Sympathicusläsion* bzw. *-irritation* durch den Lungentumor veranlaßt wurden.

[2] TYZZER erwähnte auch bestimmte Krystalle in der Lunge als mögliche Ursache der Geschwulstbildung. In vereinzelten Fällen konnte MAUD SLYE ähnliche Befunde erheben.

Prozessen zu *bedeutend stärkeren Epithelwucherungen* neigen als Tiere aus *krebs-freien* Familien [1].

Wir erinnern hier besonders an eine Feststellung von TYZZER, der unter 62 erwachsenen Abkömmlingen eines an Lungentumor erkrankten Mäuse-weibchens in 17 Fällen Lungentumoren, bei drei weiteren Tieren Tumoren anderer Lokalisation gefunden hat (unter den 17 Tieren fanden sich in drei Fällen auch extrapulmonale Geschwülste).

Bei den Versuchen mit Teerpinselungen wurde wiederholt darauf hingewiesen, daß bei Teerpinselungen der Haut als eine Art Fernwirkung auch in der Lunge präcanceröse Ver-änderungen bzw. Krebse auftreten können. So teilt LIPSCHÜTZ (1923) mit, daß er bei einer mit Teer behandelten Maus Metaplasie des Samenblasenepithels und *Cancroide in beiden Lungen* nachweisen konnte.

MURPHY und STURM (1925) haben bei abwechselnder Pinselung verschiedener Haut-felder in 60—70% der Fälle primäre Lungencarcinome erzeugt. Die beiden Autoren führen den Erfolg — ähnlich wie B. FISCHER-WASELS — auf die allgemeine Schädigung durch die Teerapplikation und auf die Regenerationsvorgänge in der Lunge zurück. Befunde B. FISCHER-WASELS' und BÜNGELERS, die bei Teerpinselungen Plattenepithelmetaplasien der Bronchialschleimhaut sowie cholesteatomähnliche Herde der Lungen erhalten haben, erwähnen wir hier nur kurz.

4. Bemerkungen über Geschlecht und Alter der Tiere mit Lungentumoren.

Anfangs schien es, daß das *männliche* Geschlecht bei Tieren mit Lungen-tumoren überwiegt. TYZZER fand unter 11 Fällen von Mäusen mit Lungen-tumoren 9 Männchen und nur 2 Weibchen.

Daraufhin gerichtete Untersuchungen von MAUD SLYE zeigten aber, daß auch das weibliche Geschlecht sehr hoch an der Entstehung von Lungentumoren beteiligt ist, wenn auch in dem Material von MAUD SLYE das *männliche* Ge-schlecht ebenfalls bevorzugt wird: die Quote der männlichen Geschwulstträger betrug 57,4%, die Beteiligung der Weibchen 42,6%.

MAUD SLYE hebt hervor, daß die Lungentumoren schon darum unsere besondere Aufmerksamkeit verdienen, weil sie allem Anschein nach die *einzige* Tumorart darstellen, die bei *Männchen sehr häufig* vorkommt.

Was das Alter der Erkrankung anbelangt, scheinen die Tiere nach den Unter-suchungen MAUD SLYES *Lungentumoren* ausnahmslos erst *nach* dem ersten Lebensjahr, also im *Krebsalter* der Maus zu bekommen.

d) Tumoren der Mundhöhle bei der Maus.
1. Tumoren des Mundes.

Angaben über bindegewebige Geschwülste haben wir in der Literatur nicht auffinden können. Dagegen gibt es zahlreiche interessante Befunde epithelialer Geschwülste.

α) Gutartige epitheliale Geschwülste. Wir fanden in der Literatur nur zwei Angaben *gutartiger* Bildungen, die wir zu den Geschwülsten rechnen können.

In einem Fall fanden wir eine Notiz von SECHER, in welcher eine kugel-artige, im Durchmesser 1 mm große Geschwulst beschrieben wird, die zwischen Zungenbasis und Epiglottis saß. Nach der mitgeteilten Abbildung des histo-logischen Präparates handelt es sich um eine gut abgekapselte Bildung. Die Geschwulst besitzt einen winzigen Hohlraum, welcher „frei gelegenes amorphes Gewebe" enthält, das mit Hornfärbung nicht darzustellen war.

---

[1] Derartiges glaubt sie auch aus der Tatsache herauslesen zu dürfen, daß in ihren Stämmen sämtliche Tiere gleichmäßig einer Nematodeninfektion ausgesetzt waren, also im Durchschnitt gleich häufig erkrankten, und daß es trotzdem nur in ganz bestimmten Familien zur Entwicklung von Lungenkrebs kam.

SECHER meint, es handle sich um einen „restierenden Teil des Ductus thyreoglossus". Das Epithel wäre infolge der Entzündung abgestoßen und verschwunden; die Zellen im Innern der Bildung dürften zu einem chronisch entzündlichen Granulationsgewebe gehören.

Auch unserer Meinung nach könnte es sich um ein cystisches Gewebe des Ductus thyreoglossus handeln. Die Abbildung erinnert aber mit ihren zahlreichen feinsten nadelförmigen Spalten im Tumor sehr lebhaft auch an eine Fremdkörpergranulation; möglicherweise handelt es sich um Cholesterinkrystalle und um eine Fremdkörpergranulation im Hohlraum einer Epithelcyste. Es besteht unseres Erachtens auch die Möglichkeit, daß es sich um ein den von STAHR und SECHER bei Ratten experimentell erzeugten Hafertumoren ähnliches Gebilde handelt.

SECHER (1919) vermerkt ferner bei einer Waldmaus ein *Atherom* an der Innenseite der rechten Backe. Daneben fand sich ein *Atherom* am Schwanz.

β) **Bösartige epitheliale Geschwülste der Mundhöhle.** Den ersten bösartigen Tumor der Mundhöhle — ein Plattenepithelcarcinom der Mundschleimhaut — beschrieb HAALAND in BORRELs Laboratorium (1905). Seit dieser Zeit wurden mehrere Geschwülste — insgesamt über 20 Fälle — der Mundhöhle von folgenden Autoren mitgeteilt: BORREL, HAALAND, ASCHER, MAUD SLYE.

Die in der Mundhöhle lokalisierten Tumoren neigen zu außerordentlich infiltrierendem und destruierendem Wachstum und dringen zerstörend auch in die Knochen des Unterkiefers ein. Sie lockern die Zähne oder fixieren den Kiefer und können auffallend rasch den Tod des Tieres durch Verhungern herbeiführen.

HAALAND berichtet von einem Fall, in welchem ein erbsengroßer Tumor das Tier bereits getötet hat.

Nach den vorliegenden Berichten scheint der *Bau der Mundhöhlencarcinome* ziemlich eintönig zu sein: die Autoren berichten über *Plattenepithelcarcinome* mit mehr oder weniger *Verhornung* (s. die Abb. bei MAUD SLYE).

Sowohl HAALAND als auch MAUD SLYE betonen die Ähnlichkeit dieser Geschwülste mit Krebsen der Mundhöhle des Menschen.

Wir fanden keine klaren Angaben darüber, ob auch „adenoide" — verhornte oder nicht verhornte — Krebse der Mundschleimhaut vorkommen. Die von MAUD SLYE abgebildeten Carcinome der Mundhöhle sind *einfache verhornte Plattenepithelkrebse.*

Die Carcinome der Mundhöhle sind in erster Linie am *Unterkiefer* aufzufinden. Es wurden aber auch Carcinome der *Lippen* und der *Wange* beobachtet. MAUD SLYE bemerkt allerdings, daß viele Lippen- und Mundhöhlencarcinome so *ausgedehnt* erschienen, daß man den Ausgangspunkt nicht sicher feststellen konnte.

Nach SLYE spielt in der *Ätiologie* der Mundhöhlentumoren die *Reizung* durch abgebrochene oder abnorm gelagerte Zähne eine große Rolle.

Interessant sind die Umstände, unter welchen einige von HAALAND im BORRELschen Laboratorium beobachtete Krebse der Mundhöhle auftraten: BORREL impfte 1903 sechs Mäuse in den Unterkiefer mit Teilchen bzw. einer Emulsion aus dem oben bereits erwähnten HAALANDschen Carcinom des Mundes. Die Tiere wurden schließlich in einem gemeinsamen Käfig gehalten, aus welchem auch die Maus mit dem ersten Tumor hervorging. 10 Monate nach der Inokulation konnten in demselben Käfig *zwei weitere Fälle* von identisch lokalisierten Carcinomen gefunden werden. Leider war nur nicht mehr festzustellen, ob es sich um die geimpften Mäuse handelte oder nicht.

BORREL und HAALAND fanden übrigens auch unter jenen Mäusen in einem Fall einen Tumor der Mundhöhle, die sie mit der Geschwulst aus JENSENs Laboratorium geimpft hatten. HAALAND läßt es offen, ob es sich in allen diesen Fällen um Folgen der Impfungen oder vielleicht um Erscheinungen der sog. *Käfigendemien* handelt. Unseres Erachtens ist es nicht ausgeschlossen, daß es sich um Fälle ähnlich lokalisierter Carcinome einer *einzigen erblich belasteten Mäusefamilie* handelte.

Metastasen eines Carcinoms der Mundhöhle werden in einem Fall bei HAALAND erwähnt; sie saßen in den regionären Lymphdrüsen.

2. Tumoren der Mundspeicheldrüse.

Angaben über derartige Geschwülste fanden wir nur bei HEIDENHAIN. Er stellt fest, daß *Speicheldrüsenkrebse* häufig sind. Wenn auch bei Tumoren, die am Halse dicht unter der Haut liegen, die Identifizierung nicht sehr leicht ist — vor allem kommen Tumoren der vordersten Brustdrüsen in Betracht —, so sieht man nach HEIDENHAIN doch Fälle, in welchen *kleine* Geschwülste einwandfrei aus einem Speicheldrüsenläppchen hervorgegangen sind. Einen derartigen Fall — ein Adenocarcinom — bildet HEIDENHAIN ab[1] (Abb. 121 der HEIDENHAINschen Publikation).

Trotz dieser Angaben von HEIDENHAIN möchten wir auf Grund des Studiums der Literatur bei der genetischen Klassifizierung der Carcinome des Halses die größte Vorsicht empfehlen. Nach allen Angaben der Literatur kommen in erster Linie immer Mammatumoren in Betracht.

HEIDENHAIN berichtet auch über ein *Sarkom der Speicheldrüsen.* Es handelt sich um ein kleinzelliges Rundzellensarkom, dessen Struktur in der Abb. 134 der HEIDENHAINschen Arbeit sehr deutlich zu erkennen ist. Der Tumor infiltriert die *ganze Speicheldrüse.* Eine Metastase zwischen Aorta und Bronchus infiltriert die Wand des Bronchus unter Zerstörung des Knorpels. Es besteht unseres Erachtens die Möglichkeit, daß der Tumor aus einer Lymphdrüse der Speicheldrüse oder ihrer unmittelbaren Umgebung hervorgegangen ist.

Die beim Menschen nicht seltenen Mischgeschwülste der Speicheldrüse wurden bei der Maus, soweit wir die Literatur überblicken, nicht beobachtet.

e) Tumoren des Magen-Darmtraktes.
1. Tumoren des Magens.

MAUD SLYE hebt hervor, daß im Gegensatz zum Menschen Tumoren, insbesondere auch Carcinome des Magens, bei Mäusen nur selten vorkommen.   .

In einer 1917 mitgeteilten Zusammenstellung konnte sie unter 16 500 Sektionen *nur vier* Magencarcinome auffinden. Ein weiterer Tumor dieser Statistik gehört wahrscheinlich zu den Sarkomen. Diese Angaben zeigen bereits, wie selten Tumoren des Magens bei der Maus überhaupt vorkommen.

Außer MAUD SLYE berichten nur vereinzelte Autoren über Magengeschwülste. Insgesamt sind nur 11 Tumoren des Magens bekannt, ausnahmslos *maligne* Geschwülste.

Magencarcinome. Über ein Magencarcinom berichtet MURRAY 1908 als Erster. Die histologische Untersuchung zeigte, daß der Tumor in der Plattenepithelregion saß, unmittelbar an der Grenze der drüsigen Schleimhaut; die Plattenepithelnester drangen unter die drüsige Schleimhaut und auch in das Gewebe unterhalb des Plattenepithels bis in die Muskulatur.

LITTLE und TYZZER beschrieben 1916 ein *Magencarcinom einer Wildmaus.* Es handelt sich um eine Geschwulst der *großen Kurvatur.* Im linken Ovar und in den retroperitonealen Lymphknoten fanden sich Metastasen. Histologisch konnte der Tumor als ein *verhornendes Plattenepithelcarcinom* identifiziert werden[2].

---

[1] HEIDENHAIN gibt an, daß die Maus, bei welcher diese Geschwulst gefunden wurde, eine intramuskuläre Injektion mit dem Autolysat eines menschlichen Osteochondrosarkoms erhielt. Neben dem Carcinom der Speicheldrüse wurde übrigens auch ein Mammacarcinom gefunden.

[2] Die Maus wurde nach Angaben von TYZZER viele Monate, bevor der Magentumor entdeckt wurde, passiv zu Transplantationsversuchen benutzt. Das Experiment ist nach den Angaben des Verfassers mißlungen.

ITAMI beschrieb ebenfalls ein Plattenepithelcarcinom des kardialen Magenteils [1] bei einem Weibchen; Metastasen wurden nicht gefunden. Der Tumor verdickte diffus den ganzen Vormagen.

Auch im Material von M. SLYE finden wir dreimal Plattenepithelcarcinome [2] erwähnt.

Bei den bisher besprochenen Carcinomen handelt es sich ausnahmslos um *verhornende Plattenepithelcarcinome*.

Bei einem zwei Jahre alten Männchen (Nr. 15 280) der SLYEschen Bestände fand sich in der *pylorischen Portion* des Magens eine Verdickung der Wand durch eine Geschwulst, die das Lumen völlig verschloß. Verwachsungen lagen nur in der Pankreasgegend vor. Es fand sich im Magen außerdem ein „Haarklumpen". Vereinzelte, schon mit freiem Auge erkennbare Metastasen des Magentumors saßen in den peripankreatischen Lymphknoten. Wie die mikroskopische Untersuchung zeigte, beschränkte sich der Tumor auf das pylorische Gebiet; es handelte sich um ein *Adenocarcinom zylindrischer Zellen* mit unregelmäßig tubulären Bildungen. Die Muscularis schien durch und durch infiltriert. Es bestand chronische Gastritis.

M. SLYE bemerkt, daß das Carcinom Adenocarcinomen des Magens beim Menschen sehr ähnlich ist.

Anhang. Magensarkom. 20 Monate altes Weibchen (Nr. 12 614 der SLYEschen Bestände). Schon bei der äußeren Betrachtung fällt eine vom Duodenum bis in die kardiale Portion des Magens sich diffus ausdehnende rötliche, fleischige Masse auf, die mit intakter Serosa bedeckt erscheint. Die Infiltration umgibt in ähnlicher Weise auch den Gallengang und begleitet ihn bis in den Leberhilus. Die histologische Untersuchung zeigte *eine diffuse Infiltration der Magenwand* durch kleine, fast völlig runde Zellen, die etwas größer erscheinen als Lymphocyten und weniger intensiv gefärbte Kerne besitzen. Zahlreiche Bilder *amitotischer* Teilungen. Die Mucosa ist überall intakt, die Muskulatur fast völlig zerstört, die Serosa infiltriert. Die histologische Untersuchung zeigt, daß der Tumor sowohl die pylorische wie auch die kardiale Portion des Magens einbegreift. Abgesehen von der bereits erwähnten Infiltration um den Gallengang finden sich noch kleine Metastasen in der Leber; ein Knoten der Lunge ist wahrscheinlich ebenfalls als eine Metastase zu deuten; die etwas vergrößerte Milz scheint ebenfalls Tumorgewebe aufzuweisen; auch das Zwerchfell scheint diffus infiltriert; gewaltige mesenteriale Lymphdrüsenmetastasen liegen vor. Im *Blut keinerlei Veränderungen.* MAUD SLYE kann sich nicht entschließen, den Fall endgültig zu klassifizieren. Einerseits scheint ihr die Möglichkeit zu bestehen, daß ein *kleinzelliges „Rundzellensarkom"* vorliegt, das aus der Wand des Magens hervorging; ähnliche Lymphosarkome wurden ja im Magen und Darm des Menschen wiederholt beschrieben. Andererseits scheint aber für sie auch die Möglichkeit zu bestehen, daß gar kein echter Tumor vorliegt, sondern nur irgendeine diffuse, systematische, *nicht blastomatöse Wucherung*; insbesondere die diffuse Infiltration der Milz läßt daran denken, die nach MAUD SLYE vielleicht auch durch eine *systematische Wucherung der Milzzellen* selbst erklärt werden könnte und nicht metastatisch sein muß.

M. SLYE sah wiederholt Fälle, bei welchen Prozesse, die höchstwahrscheinlich als entzündliche granulomatöse zu betrachten waren, nur sehr schwer von echten Sarkomen zu unterscheiden waren. Auch müßte man bei manchen Fällen sarkomartiger Wucherungen an GAUCHERsche Krankheit oder an eine andersartige, nicht blastomatöse, mit Splenomegalie verbundene Krankheit denken. Trotz dieser Bedenken glaubt M. SLYE eher daran, daß es sich im vorliegenden Fall tatsächlich um ein Sarkom handelt, wenn es auch unmöglich ist, zu bestimmen, ob der Tumor im Magen selbst oder in einem mesenterialen Lymphknoten entstand.

Uns scheint auf Grund der mitgeteilten Abbildung der *blastomatöse* Charakter einwandfrei nachgewiesen zu sein. Wir möchten allerdings daran erinnern, daß beim Menschen den Beschreibungen M. SLYEs äußerst ähnliche, diffus infiltrierende, die ganze Magenwand oder große Gebiete von ihr ergreifende, undifferenzierte, kleinzellige *Carcinome* vorkommen. Bekanntlich ist auch bei diesen Tumoren der menschlichen Pathologie oft nicht leicht zu entscheiden, ob es sich um Geschwülste epithelialer oder bindegewebiger Herkunft handelt.

---

[1] Bei demselben Tier wurden früher zwei Adenocarcinome (wohl der Mamma) operativ entfernt.

[2] Drei davon werden in ihrer Mitteilung aus dem Jahre 1917, der vierte Fall wird 1921 besprochen.

Auch wurde wiederholt betont, daß derartige Fälle vielfach mit *chronischen entzündlichen* Prozessen in der Magenwand (Linitis plastica) verwechselt werden.

2. Tumoren des Dünndarms.

Angaben über *Dünndarmgeschwülste* der Maus sind außerordentlich spärlich: im ganzen wurden bis jetzt nur *zwei Fälle von Carcinomen* beschrieben.

Einen dieser Fälle haben BASHFORD, MURRAY, CRAMER (1905) mitgeteilt. Es handelt sich um ein Adenocarcinom, das die Darmwand infiltrierte. Den zweiten Fall beschrieb TWORT (1906): er war nach den Angaben von MURRAY (1908) dem zuerst erwähnten Tumor in allen Eigenschaften ähnlich.

3. Tumoren des Dickdarms.

Den einzigen Bericht über einen Tumor des Dickdarms haben wir bei HEIDEN-HAIN gefunden. Es handelt sich nach den Beschreibungen und Abbildungen HEI-DENHAINs um eine sehr eigenartige Geschwulst, die im *Querkolon* einen totalen Darm-verschluß verursacht hat; in der unmittelbaren Umgebung des — nach der Ab-bildung beurteilt — etwa erbsengroßen Tumors liegen zahlreiche weiße Metastasen.

Histologisch konnte ein *Adenocarcinom* gefunden werden, das nach den Beschreibungen und besonders nach den Abbildungen deutliche Schleimproduk-tion erkennen ließ. Das Merkwürdige an dem Tumor ist, daß neben diesen einwandfrei epithelialen Geschwulstpartien reichliche Bildungen von embryo-nalem Bindegewebe, sowie Nester von Knorpel, ja osteoidem Gewebe gefunden wurden. In den Metastasen konnte HEIDENHAIN ebenfalls Knorpel und Osteoid nachweisen.

4. Tumoren des Rectums und des Anus.

Die Beschreibung der beiden bisher bekannten Tumoren dieser Organe stammt von MAUD SLYE[1]. In beiden Fällen — ein Männchen und ein Weibchen — fielen die Tiere zunächst durch Prolaps des Enddarmes auf. Ebenso konnte bei beiden anfangs die Intaktheit der Rectalschleimhaut fest-gestellt werden und es entwickelten sich dann vor den Augen der Beobachter Exulcerationen und schließlich die Tumoren.

Die histologische Untersuchung zeigte beim Männchen ein *Plattenepithel-carcinom mit deutlicher Verhornung.* MAUD SLYE meint, daß es sich um die Folge einer *Epithelmetaplasie* des Rectums in Anschluß an die entzündliche Reizung bei Rectumprolaps handelt.

Beim Weibchen fand sich ebenfalls ein *Plattenepithelcarcinom.* Verhornung wird nicht erwähnt. Nach der Meinung MAUD SLYEs dürfte es sich hier um eine *Geschwulst* der *Analschleimhaut* handeln. Als unmittelbare Ursache der Tumorwucherung könnte nach der Verfasserin ein kleines Holzsplitterchen in Betracht kommen, das mitten im Tumor gefunden wurde.

f) Tumoren der Leber.

Den ersten *Tumor der Leber* bei der Maus beschrieb MURRAY 1908. Es handelt sich um ein Weibchen, das unmittelbar nach der Exstirpation eines primären Mammacarcinoms verstarb.

In dem rechten Leberlappen saß ein Tumor, dessen Durchmesser 1 cm betrug. Bei der mikroskopischen Untersuchung zeigte sich ein der normalen Leberstruktur sehr ähnliches Gewebe, nur daß die Anordnung der Zellen sehr unregelmäßig war; portales Gewebe mit Gallengängen fehlte. Die Zellen selbst waren hochgradig atypisch, auch die Kerne zeigten bizarre Variationen. Metastasen wurden nicht gefunden[2]. MURRAYs Diagnose lautete auf „Leberadenom", wahrscheinlich malignes.

---

[1] Bericht aus dem Jahre 1921. Unter 28 060 Autopsien wurden insgesamt nur zwei Carcinome des Rectums und des Anus gefunden.

[2] Transplantate — 60 Mäuse — gingen nicht an.

Dieser Tumor war vor den Mitteilungen Maud Slyes der einzige in der Literatur bekannte.

Maud Slye bemerkt nun, daß sie vollkommen ähnliche Tumoren zu beobachten wiederholt Gelegenheit hatte. Nach einer Mitteilung aus dem Jahre 1915 wurden bei ihr unter 10 000 Sektionen spontan verstorbener Mäuse aller Lebensalter insgesamt 28 primäre Lebertumoren gefunden.

Unter den untersuchten Mäusen mit Lebertumoren waren Familien mit sehr vielen Krebserkrankungen, andererseits auch Familien, die von Krebs frei blieben. Männchen und Weibchen sind an der erwähnten Zahl gleich beteiligt.

Unter den 28 Lebertumoren der Slyeschen Beobachtungen waren *drei einwandfrei maligne*. Einer dieser Tumoren erzeugte auch multiple *Metastasen* in der Lunge. Drei weitere Tumoren waren nach Maud Slye auf Grund der histologischen Untersuchung als auf Malignität sehr verdächtig anzusprechen. Die restlichen 22 Fälle stellen sicher oder wahrscheinlich gutartige Bildungen dar [1].

Bemerkenswert ist, daß unter den 28 Beobachtungen Maud Slyes in 10 Fällen *mehr als ein* Tumor vorlag. In 3 Fällen lagen multiple Lebertumoren vor; in jedem *dieser* Fälle wurden *maligne* und *gutartige* Tumoren *nebeneinander* gefunden. Andere primäre Lebertumoren traten zusammen mit Lungenadenomen, Lungencarcinomen, gutartigen und bösartigen Mammatumoren auf [2].

Sehr bemerkenswert ist die Feststellung Maud Slyes, daß in keinem der Fälle der primären Lebertumoren eine *Lebercirrhose* vorlag, trotzdem diese in der Ätiologie der Lebertumoren beim Menschen eine so hervorragende Rolle spielt [3].

In einer Mitteilung aus dem Jahr 1925 berichtet Maud Slye über vier Fälle von Leberadenomen bei Mäusen, bei welchen Bandwürmer gefunden wurden. In einem dieser Fälle saß der Wurm in der Leber selbst, in drei weiteren Fällen war die Leber frei, aber im Darm und im großen Gallengang fanden sich ausgewachsene Würmer. Maud Slye ist der Meinung, daß die Bandwürmer mit dem Auftreten der Lebertumoren nichts zu tun haben.

In den schon mehrfach erwähnten Untersuchungen Heidenhains wurden 3mal *primäre Leberkrebse* gefunden.

Heidenhain hebt hervor, daß in einem Fall die *Gallenblase mit einbegriffen* war, wenn er auch, wie es scheint, der Ansicht ist, daß die Gallenblase nicht als Sitz des primären Tumors in Betracht kommt. In einem Fall [4] wurden in der Leber unzählige feinste, weiße Knoten gefunden; ähnliche Knötchen lagen auch in den Nieren und im Mediastinum. Im dritten Fall [5] zeigte die Leber zahlreiche rotbraune und weißliche Flecken. Außerdem erschienen beide Lungen einschließlich Mediastinum in einen graueißen Tumor verwandelt. Die mikroskopische Untersuchung zeigte, daß die beiden Geschwülste voneinander unabhängig sind; daß also einerseits ein primäres Lebercarcinom und andererseits eine „Sarcomatosis endothoracica" vorlag.

---

[1] Zweifelhafte Fälle, bei welchen die Frage bestand, ob in ihnen nicht nur einfache entzündliche oder kompensatorische Wucherungen der Leberzellen vorlagen, rechnete Maud Slye nicht mit.

Maud Slye findet es bemerkenswert, daß in der gesamten Serie von Lebertumoren nur ein einziges Mammacarcinom vorgelegen hat, trotzdem diese Geschwulst sonst so häufig vorkommt.

[2] Schon Maud Slye hebt hervor, daß Metastasen extrahepatischer Tumoren in der Leber *äußerst* selten vorkommen. Auch Heidenhain konnte in seinem großen Beobachtungsmaterial nur einen Fall von Lebermetastasen nachweisen.

[3] Überhaupt scheint nach den Beobachtungen von Maud Slye Lebercirrhose bei Mäusen nur äußerst selten vorzukommen. Unter 1000 Sektionen konnte sie nur einen einzigen Fall beobachten, in welchem man vielleicht an eine Lebercirrhose hätte denken können (s. Kapitel Leber).

[4] Heidenhain vermerkt, daß die Maus, welche diesen Tumor aufwies, 25 Monate vor dem spontanen Tod des Tieres mit Ascitesinhalt eines Pyloruscarcinoms mit Metastasen intramuskulär behandelt wurde.

[5] Das Tier wurde $17^1/_2$ Monate vor seinem Tode mit dem Autolysat eines menschlichen Mammacarcinoms in die Oberschenkelmuskulatur geimpft.

Auch die von HEIDENHAIN mitgeteilten histologischen Bilder zeigen ähnliche Strukturen wie primäre Lebercarcinome des Menschen. Bemerkenswert ist in den Fällen HEIDENHAINS die Neigung des Tumors zum Einbruch in die Venen, wie bei Lebercarcinomen des Menschen.

Den einzigen bisher bekannten Fall von *primärem Lebersarkom* teilte TYZZER (1909) mit.

Es handelt sich um ein weißes, $2^1/_2$ Jahre altes Weibchen. In der Leber fanden sich zahlreiche weißliche Herde [1]. Die Leberknötchen zeigten bei der mikroskopischen Untersuchung ein Geschwulstgewebe, das aus unregelmäßigen, oft mehrkernigen, länglichen Zellen bestand. Das Geschwulstgewebe infiltrierte die Leber und zerstörte die Leberzellbalken; dasselbe Gewebe wurde auch in der Milz gefunden.

MAUD SLYE stellt übrigens in Frage, ob es sich in diesem Fall überhaupt um einen primären *Leber*tumor handelt. Sie scheint unter anderem auch zur Annahme zu neigen, daß möglicherweise die Milz den primären Sitz darstellt.

MAUD SLYE hebt hervor, daß sie Fälle, die dem von TYZZER beobachteten „Sarkom" wahrscheinlich ähnlich sind, auch selbst beobachten konnte. In allen diesen Fällen handelt es sich um Knoten der Leber, der Milz, aber auch um Vergrößerungen des Lymphgewebes im Mesenterium, im Nierenbett usw. In vier Fällen dieser Gruppe konnte MAUD SLYE eine Verstopfung der Gefäße in der Leber und Milz — auch in der Lunge — nachweisen. Das Gewebe, das die Gefäße verlegte, schien endothelialer Herkunft zu sein. MAUD SLYE neigt zur Annahme, daß es sich in allen derartigen Fällen vielleicht um Bilder „entzündlicher Granulationen" handelt.

Wir weisen darauf hin, daß in den letzten Jahren mehrere Fälle von *primären systematischen, gutartigen und bösartigen Wucherungen des reticulo-endothelialen Apparates* des Menschen bekannt wurden. Auf Grund der Beschreibungen M. SLYES sowie auf Grund des TYZZERschen Falles scheint die Möglichkeit durchaus zu bestehen, daß derartige, beim Menschen wiederholt beobachtete „*Reticulosen*" auch bei der Maus vorkommen und sowohl gutartige als auch bösartige Tumoren erzeugen können.

g) Tumoren des Pankreas.

In einer Zusammenstellung aus dem Jahre 1925 erwähnt MAUD SLYE unter anderem auch ein *Pankreascarcinom* ohne nähere Angaben [2]. Die genauesten Beschreibungen von primären Pankreastumoren verdanken wir HEIDENHAIN.

Bei einer Maus [3] fand man unterhalb des Magens in der Pankreasgegend, dicht oberhalb des Colon transversum und dicht am Duodenum einen bohnengroßen Tumor, — „sicher Pankreas". Im Mesenterium wurde ein etwa $2^1/_2$ cm langer Lymphdrüsentumor gefunden. In der Leber kleinere und auch größere, unregelmäßige weiße Knoten, ebenso in der stark vergrößerten Milz. Die histologische Untersuchung ergab, daß das Pankreas vollständig zerstört ist. Man konnte nicht immer klar entscheiden, ob es sich um ein Sarkom oder Carcinom handelt. Die erwähnten Knoten im Mesenterium und in der Milz erwiesen sich als Metastasen. Die mitgeteilten Bilder erinnern tatsächlich an manchen Stellen sehr lebhaft an ein polymorphzelliges Sakrom, scheinen aber an anderer Stelle epitheliale Strukturen darzustellen.

In einem weiteren Fall beschreibt HEIDENHAIN ein *Sarkom des Pankreas* [4].

In der Bauchhöhle, unterhalb des Magens, in der „Pankreasgegend", angrenzend an die Leber, lag ein großer, graugelber Tumor. Im Mesenterium große Metastasen. Außerdem wurden in der Leistengegend beiderseits große gelbliche Tumoren gefunden; auch die

---

[1] In der Leber wurden Parasiten gefunden.

[2] In diesem Fall wurden auch Nematoden gefunden, allerdings gibt MAUD SLYE nicht an, ob das Pankreas ebenfalls Nematoden enthielt. Wir haben den Eindruck, daß dies nicht der Fall war.

[3] Das Tier wurde 7 Monate vor seinem Tode mit dem Brei eines menschlichen Melanosarkoms in der üblichen Weise von HEIDENHAIN geimpft.

[4] Die Maus, bei der dieser Tumor gefunden wurde, impfte HEIDENHAIN 16 Monate vor dem Tod mit dem Autolysat eines menschlichen Osteochondrosarkoms.

Achsellymphdrüsen waren beiderseits stark geschwollen und an der Stelle der Speicheldrüse lagen ebenfalls Tumoren.

Mikroskopisch wurden die Geschwülste als *sarkomatöse Bildungen* erkannt, „das Pankreas war vollständig durch die Geschwulst zerstört", allerdings gelang es am Rande der Geschwulst noch Drüsengewebe zu finden.

HEIDENHAIN deutet den Fall als einen multilokular entstandenen Tumor. Die mitgeteilten Bilder lassen an ein ziemlich großzelliges Rundzellensarkom denken. Unseres Erachtens besteht die Möglichkeit, daß hier ein *primärer Lymphdrüsentumor* der *Pankreasgegend* mit zahlreichen Metastasen vorliegt; andererseits besteht auch die Möglichkeit einer systematischen, aleukämischen, blastomatösen Wucherung des ganzen lymphatischen Apparates; es ist also möglich, daß vielleicht gar kein echter Pankreastumor vorliegt.

h) Tumoren des Genitalapparates.

1. Tumoren des Uterus.

MAUD SLYE und ihre Mitarbeiter heben hervor, daß trotz der außerordentlich großen Zahl der zur Untersuchung gelangenden Mäuse Geschwülste des Uterus *nur sehr selten* beobachtet wurden; eine Tatsache, die um so bemerkenswerter erscheint, als ja der *Uterus bei der Maus funktionell besonders stark in Anspruch* genommen wird; die Feststellung steht übrigens zunächst in einem merkwürdigen Gegensatz zu der relativ größeren Häufigkeit der Ovarialtumoren bei der Maus und der geradezu enormen Zahl der Beobachtungen von Mammacarcinomen.

Von den Untersuchungen MAUD SLYES und ihrer Mitarbeiter, die die Kasuistik bisher mit der größten Zahl von Fällen bereichert haben, waren insgesamt nur drei Fälle von Uterustumoren bekannt.

HAALAND und später TEUTSCHLÄNDER beschrieben *Myome* des *Uterus*. WOGLOM (1919) beschreibt ein Uteruscarcinom.

In den SLYESCHEN Beständen wurden nach einer Mitteilung aus dem Jahre 1924 in einem Sektionsmaterial von insgesamt 39 000 spontan verstorbenen Mäusen 22 Uterustumoren gefunden; vorwiegend gutartige Bildungen.

Wie Tumoren der meisten übrigen Organe treten auch Uterusgeschwülste auffallend häufig in Begleitung von Mamma- bzw. Lungentumoren auf. Im Fall von TEUTSCHLÄNDER wurde auch ein Sarkom der Wirbelsäule gefunden.

α) Myome des Uterus. HAALAND beschreibt ein bohnengroßes *Myom* des linken Uterushorns bei einer 21 Monate alten Maus, die bei der Aufnahme bereits ein Adenocarcinom der linken axillaren Brustdrüse zeigte und während des Aufenthaltes von 14 Wochen noch ein zweites Adenocarcinom im rechten Vorderbein entwickelte. Der Uterustumor saß intramural, erschien ziemlich zellreich und wies in einer Ecke drüsige Strukturen auf. Das histologische Bild entspricht analogen Bildungen beim Menschen [1].

MAUD SLYE und ihre Mitarbeiter beobachteten 11 Fälle von Uterusmyomen. Auch die amerikanischen Forscher betonen die Übereinstimmung dieser Bildungen mit Uterusmyomen des Menschen.

Die Tumoren traten in zwei Fällen multipel [2] auf. Die größte Geschwulst betrug 8 mm im Durchmesser; die meisten Tumoren waren um mehr als die Hälfte kleiner.

Das Verhältnis der Menge der fibrösen und muskulären Bestandteile wechselt; eine Neigung zur Hyalinisierung der zentralen Gebiete konnte oft festgestellt werden. Nekrosen und Verkalkungen scheinen genau so häufig vorzukommen wie bei Uterusmyomen des Menschen.

---

[1] HAALAND erwähnt zwei Fälle, in welchen einmal nur in einem Uterushorn, einmal in beiden tumorähnliche Knoten auftraten, die aus zellreichem Bindegewebe mit zahlreichen Blutgefäßen bestanden. Vereinzelte Nester epithelähnlicher Zellen wurden auch gefunden. HAALAND vermutet, daß es sich dabei um pathologische *Reste* der *Placentation* handelt. Einen ähnlichen Fall hat auch TYZZER beschrieben.

[2] Es wurden in diesen Fällen zwei Myomknoten gefunden.

β) **Sarkome des Uterus.** MAUD SLYE und ihre Mitarbeiter beschreiben in ihrer Mitteilung aus dem Jahre 1924 *sieben Fälle* von *Uterussarkomen.* Sie heben hervor, daß in keinem dieser Fälle das Hervorgehen der Geschwulst aus Myomen einwandfrei nachgewiesen werden konnte. Die Tumoren traten in wiederholten Fällen in *beiden* Uterushörnern auf. Sie erschienen meistens als gut lokalisierbare, bohnengroße oder etwas größere Knoten *im Cavum.*

Die histologischen Untersuchungen zeigten meistens *große Spindelzellen,* die in Zügen angeordnet erschienen. In anderen Fällen erinnerten die Zellen und ihr Zusammenhang an gewisse Geschwülste, die MAUD SLYE und ihre Mitarbeiter in den Ovarien, Nebennieren, Hoden wiederholt gesehen und als „*Mesotheliome*" bezeichnet haben.

Es kamen unter den Uterussarkomen auch *Rundzellentumoren* vor; einen der Fälle bezeichneten die Verfasser als „*gemischtzelliges*" Sarkom.

In allen Fällen wird das *infiltrierende* und *destruierende* Wachstum hervorgehoben. Auffallend häufig wurden *Metastasen* beobachtet, die *Ovarien* scheinen dabei *besonders* bevorzugt zu sein.

In zwei Fällen wurden neben den Uterustumoren auch Mammacarcinome gefunden. In einem der Fälle sogar vier Mammatumoren (darunter zwei Adenome).

γ) **Epitheliale Geschwülste des Uterus.** Einen Fall ihrer Beobachtungen beschreiben MAUD SLYE und Mitarbeiter als ein *Adenom.* Sie fanden im linken Uterushorn einer Maus einen über bohnengroßen Knoten, der bei der mikroskopischen Untersuchung typische tubuläre Strukturen mit cystischer Erweiterung und papillären Proliferationen erkennen ließ. In zwei weiteren Fällen erschien die ganze Uteruswand bis zur Serosa durchsetzt von Drüsenringen. MAUD SLYE scheint eher dazu zu neigen, die Bildungen als *gutartige* Wucherungen zu deuten, als ein Carcinom anzunehmen.

Allerdings scheint uns nach den Beschreibungen und einer Abbildung, daß es sich in diesen Fällen möglicherweise doch um ein *Carcinom* handelt, und zwar vom Typus der sog. *malignen Adenome* [1].

Unter den 39 000 Fällen von sezierten spontan verstorbenen Mäusen mit 5000 primären Spontantumoren wurde von MAUD SLYE und ihren Mitarbeitern nicht ein *einziger* einwandfreier Fall von *Carcinom des Uteruskörpers* selbst gefunden.

In einem Fall wurde zwar ein *Carcinom* einwandfrei festgestellt, doch ließ es sich nicht entscheiden, ob die Geschwulst aus der *Vagina* oder aus der *Cervix uteri* hervorgegangen ist. MAUD SLYE und ihre Mitarbeiter betonen, daß die Geschwulst eine histologische Struktur aufwies — sie sprechen von einem „glandular Carcinoma" —, die Geschwülsten derselben Gegend beim Menschen nicht ähnelt. Der Tumor wies cystisch erweiterte Hohlräume auf (zahlreiche Nekrosen) und infiltrierte das Gewebe [2].

δ) **Teratom des Uterus.** In einem Fall wurde von MAUD SLYE im *Collum uteri* ein über kirschgroßer, weißlicher, teils hämorrhagischer Tumor gefunden. Bei der mikroskopischen Untersuchung ließen sich in der Geschwulst verschiedene Gewebsarten nachweisen. Es waren da viele Inseln von embryonalem Bindegewebe, außerdem atypische Drüsenstrukturen, Herde von Plattenepithel, schmale Knochenbälkchen mit Knochenmark, Gebiete mit Lymphgewebe und vollständig entwickelten quergestreiften Muskelfasern, weiterhin melanotisches Pigment und schließlich gliaähnliches Gewebe zu finden. Zweifellos handelt es sich in diesem Fall um ein *Teratom.*

---

[1] MAUD SLYE und Mitarbeiter heben einige Merkmale hervor, die die Bildungen von den Adenomyomen unterscheiden lassen.

[2] Das Tier mit diesem Genitaltumor ließ auch ein Mammacarcinom nachweisen.

2. Tumoren des Ovariums.

Tyzzer berichtet 1909 als erster über Ovarialtumoren bei der Maus. Weitere Beobachtungen verdanken wir zunächst Jobling (1910), Haaland (1911) und Teutschländer (1920). Maud Slye und ihre Mitarbeiter berichten 1921, daß sie unter 22 000 spontan verstorbenen Mäusen insgesamt 44 Spontantumoren des Ovars feststellen konnten (wobei sie die „einfachen" Ovarialcysten nicht mitrechneten).

α) Gutartige adenomatöse Bildungen des Ovars. In den erwähnten Beobachtungen Joblings handelte es sich um zwei Fälle von *papillomatösen* Bildungen; neben den Ovarialtumoren wurden in beiden Fällen auch Sarkome der Körperoberfläche beobachtet.

In einem dieser Fälle waren *beide Ovarien* etwa um das Achtfache ihres normalen Umfanges vergrößert. Die mikroskopische Untersuchung zeigte ein *papilläres Cystadenom*. Hin und wieder fanden sich auch solide epitheliale Nester. In einigen Cysten Blutungen.

Bei der zweiten Maus war das *linke Ovar* etwa auf das fünffache des normalen Umfanges vergrößert und zeigte unter dem Mikroskop zahlreiche kleinere und größere Cysten. Das Epithel der Cysten und der Drüsenringe erschien meistens als hohes Cylinderepithel.

In beiden Fällen scheinen also die von Jobling beobachteten Tumoren gutartig gewesen zu sein.

Im Material von Maud Slye, Holmes und Wells — also wie erwähnt, unter 44 Spontantumoren des Ovars — fanden sich 38 Fälle einfacher, gutartiger, papillärer Adenome, bei welchen nur gelegentlich geringe Cystenbildungen nachgewiesen werden konnten. In einem Fall lag ein typisches papilläres *Cystom* vor. Von den 38 Fällen der Adenome traten die Tumoren 19mal bilateral auf [1].

Maud Slye, Holmes und Wells finden, daß die von ihnen untersuchten gutartigen epithelialen Geschwülste den von Jobling beschriebenen ähneln. Man kann sie nach ihnen meist als solide, alveoläre Adenome bezeichnen. Eine Tendenz zur Cystenbildung ist selten. In einem einzigen Fall entspricht das Bild einem menschlichen Cystadenom völlig.

Interessant ist die Bemerkung, daß das Epithel der Bildungen an das germinale Epithel erinnert.

β) Bösartige epitheliale Tumoren des Ovars. Die Mitteilung der ersten bei Mäusen beobachteten Ovarialcarcinome verdanken wir Tyzzer. Die vier Ovarialtumoren, die er 1909 beschrieb, scheinen sämtlich bösartige epitheliale Bildungen darzustellen.

Es handelt sich in einem dieser Fälle um ein Tier, bei dem auch ein Hypernephrom der Niere gefunden wurde. Epithelien bilden im Ovar unregelmäßige, drüsenähnliche Strukturen oder auch solide Balken und Nester. Es wurden auch Cysten gefunden mit epithelialen Bildungen. Bei einem zweiten Tier — bei einem fast zwei Jahre alten Weibchen — wurden *beide Ovarien* verändert gefunden; auch hier zeigt die mikroskopische Untersuchung unregelmäßige Drüsenstrukturen, solide Partien, weiterhin papilläre Wucherungen. In den Lymphgefäßen liegen viele Epithelzellen.

Weitere Mitteilungen über *primäre Ovarialcarcinome* stammen von Haaland.

Bei einem der Tiere fand Haaland neben der Ovarialgeschwulst noch ein Sarkom, das sich in einer „Wunde" — offenbar in einer Hautwunde — entwickelte. Der Ovarialtumor saß *links,* war haselnußgroß, zeigte bei der mikroskopischen Untersuchung große Alveolen mit epithelialen Zellen, die follikelähnlich gruppiert lagen. Die periphere Schicht bestand aus Cylinderzellen, die zentralen Partien aus kleineren Elementen. In kleinen Hohlräumen lag Flüssigkeit [2].

---

[1] So daß eigentlich insgesamt 57 papilläre Adenome im Maud Slyeschen Material gefunden wurden.

[2] Haaland verimpfte den Tumor auf 120 Mäuse. In vier Mäusen entwickelten sich kleine Knötchen, die aber nachher verschwanden.

HAALAND bezeichnet den Tumor als ein *Adenocarcinom*; wir glauben, es wäre treffender, von einem „*Folliculum*" bzw. „*Oophorom*" zu sprechen, zumal HAALAND selbst die Ähnlichkeit mit den normalen Follikeln unterstreicht.

Im zweiten HAALANDschen Fall — gleichzeitig *multiple Mammatumoren*, darunter auch ein *Mammacarcinom* — ergab sich ein *papilläres Adenocarcinom*. Allerdings — unterstreicht HAALAND — besteht auch die Möglichkeit, daß der Ovarialtumor eine Metastase des Mammacarcinoms darstellt.

TEUTSCHLÄNDER erwähnt nur ganz kurz, daß auch er Gelegenheit hatte, ein *Ovarialcarcinom* zu beobachten.

MAUD SLYE und Mitarbeiter beschrieben zwei Fälle von malignen epithelialen Tumoren des Ovars (6487, 12 552). In beiden Fällen lautet die Diagnose der Verfasser auf „alveoläres Carcinom". Bei beiden Tieren wurden außer dem Ovarialtumor auch Brustdrüsencarcinome gefunden [1].

γ) **Sarkome des Ovars.** Den einzigen, einwandfreien Fall von *primärem Sarkom des Ovars* beschrieb HEIDENHAIN.

Er fand bei einem Tier [2] nach der Eröffnung der Bauchhöhle einen cystischen, prallgefüllten, blau-schwarz schimmernden Tumor von der Größe einer halben Mandarine vor.

„Am besten ist sein Aussehen mit dem eines stielgedrehten Ovarialtumors zu vergleichen. Der Uterus geht augenscheinlich mit seinem linken Horn in den Tumor über...." Auf dem Kolon, im Netz und in der Leber zahlreiche kleine Knötchen.

Die histologische Untersuchung zeigte ein zellreiches *Fibrosarkom*.

MAUD SLYE und ihre Mitarbeiter erwähnen in ihren Mitteilungen aus dem Jahre 1920 zwei Fälle, die sie als *sarkomatöse Mesotheliome* bezeichnen.

Anhang zu den Ovarialsarkomen. MAUD SLYE und ihre Mitarbeiter beschrieben mehrere Fälle von sarkomatösen Gewächsen des Ovars, bei welchen sie neben dem Ovar auch in anderen Organen analoge Knoten nachweisen konnten und die Frage offen lassen mußten, in welchem dieser Organe die Primärtumoren auftraten.

In einem dieser Fälle (Nr. 27 der Mitteilung 1920) wurde neben dem Ovarialknoten auch in der Leber und in der rechten Niere je ein Knoten gefunden.

In einem weiteren Fall (Nr. 12 876) war das rechte Ovar, die linke Niere und das Mesenterium durch je eine Geschwulst betroffen.

MAUD SLYE, HOLMES und WELLS bezeichnen die beiden Fälle in ihrer Mitteilung 1920 als *Rundzellensarkome*. In einer späteren Mitteilung — 1921 — wurden die beiden Tumoren von den Autoren unter den „Mesotheliomen" der Urogenitalanlage besprochen.

Ein weiterer Fall, bei welchem das primär betroffene Organ ebenfalls nicht bestimmt werden konnte, wird bereits in der Mitteilung 1920 als typisches Mesotheliom bezeichnet.

In der Leibeshöhle fanden sich mehrere Knoten, so im Ovar, Mesenterium, Leber. Ihr Sitz ließ sich nicht sicher identifizieren, da die Maus teilweise zerfressen war. Alle Tumoren zeigten dieselben histologischen Strukturen: irreguläre Alveolen aus großen Zellen mit reichlichem Cytoplasma und dunkelfärbbaren Kernen. Es fanden sich zahlreiche Mitosen.

Nach Ansicht MAUD SLYEs ist wahrscheinlich das Ovar als Ausgangspunkt der Geschwulsterkrankung anzusehen. Die Nebenniere als primärer Entstehungsort läßt sich aber mit Sicherheit nicht ausschließen.

δ) **Teratome des Ovars.** Zwei Teratome des Ovars wurden in den SLYEschen Beständen (1920) festgestellt.

---

[1] Nach der Zusammenfassung der Arbeit von MAUD SLYE, HOLMES und WELLS (1920) scheint die Möglichkeit zu bestehen, daß diese beiden Ovarialtumoren *mesothelialer* Herkunft sind.

[2] $17\frac{1}{2}$ Monate nachdem er das Tier mit einem menschlichen Adenocarcinom in die Leber geimpft hat.

In beiden Fällen starben die Tiere an einer interkurrenten Erkrankung[1]. In einem Fall war das linke, im anderen das rechte Ovar Sitz der Geschwulst.

In dem einen Teratom wies SLYE zahlreiche kleine, mit Plattenepithel ausgekleidete Cysten nach. Daneben Plattenepithelzapfen, Drüsenschläuche, Knorpelinseln und Gewebe, die unentwickeltem Retinalgewebe ähneln.

Postmortale Veränderungen erschwerten bei der anderen Maus die genaue histologische Differenzierung. Es wurden Plattenepithelzapfen — zum Teil verhornt — Tubuli, glatte Muskelfasern, Knochen und Knorpelinseln, ,,Andeutungen von Leberzellen und Nervengewebe" gefunden.

3. Tumoren der Vulva.

In der Literatur lassen sich nur wenig Angaben über Geschwülste finden, die mit Bestimmtheit in der Vulva ihren Ausgangspunkt nahmen[2].

Ausführlich beschrieb ERDHEIM (1906) eine Geschwulst, die als kleiner gestielter Knoten im Bereiche der Vaginaleingänge auftrat[3]. Nachdem sich die Geschwulst zufällig durch einen im Käfig befindlichen Strohhalm abgeschnürt hatte — ein Teil des Tumors wurde daraufhin zur histologischen Untersuchung entfernt — stieß sich der Rest samt der Klitoris innerhalb von drei Tagen spontan ab. Im Geschwulstbett fand sich bei der Sektion *kein* Rezidiv, sondern eine glatte Heilung. Es handelt sich um einen Tumor aus teilweise verhorntem Plattenepithel. ERDHEIM entscheidet nicht, ob es ein Carcinom war.

Der Fall erinnert an den von HAALAND (1911) als ,,Warze" der Vulva beschriebenen Tumor (Fall 348). Nach der ersten Exstirpation trat ein Rezidiv auf, eine folgende operative Entfernung führte zur völligen Ausheilung.

Zwei Fälle von Plattenepithelcarcinom der *Vulva* wurden von MAUD SLYE, HOLMES und WELLS (1921) beschrieben.

4. Tumor der Vagina.

Wir konnten in der Literatur nur einen Fall eines Carcinoms der Mäusevagina feststellen. Es handelt sich um das Tier Nr. 22 582 der SLYEschen Bestände.

Schon bei Lebzeiten fiel ein 3 mm großer rötlicher Knoten auf, der aus der Vagina heraushing. Die Geschwulst schien — wie die Sektion ergab —, von der Vaginalwand auszugehen. Uterus und Blase waren frei. Ulcerationen und Infektion fanden sich in der Gegend des Rectums; keine Metastasen. Mikroskopisch zeigte sich eine ,,lockere Masse" verhornter Schuppen, die sich von dem darunter liegenden Gewächs abblätterten. Die Geschwulst selbst infiltrierte die Vaginalwand und stellte ein typisches *Plattenepithelcarcinom* dar.

---

[1] Das eine Tier war 11 Monate alt.

[2] Einige Autoren berichten zwar summarisch über Geschwülste in der ,,Umgebung" der Vulva. So finden wir bei APOLANT die Notiz, daß sich 16% der Geschwülste unter 276 Tumormäusen in der direkten *Nachbarschaft* der Vulva etablierten, zuweilen unter Umwachsung des Oberschenkels. Auch HAALAND konnte unter seinen 350 untersuchten Primärtumoren 61 Geschwülste in der Nachbarschaft der Vulva beobachten. In Übereinstimmung mit der Ansicht des eben erwähnten Verfassers glauben wir jedoch die überwiegende Mehrzahl dieser Geschwülste zu den Tumoren rechnen, die aus dem untersten Paar der Mammae, in unmittelbarer Nähe der Genitalien entstehen.

In diese Gruppe ist wohl auch der von JOBLING beschriebene Tumor einer alten weißen Maus zu rechnen. Die Geschwulst umgab teilweise die Vagina, war aber zum Teil von einem anderen Tier zerfressen. · JOBLING hielt die Geschwulst für ein ,,hämorrhagisches Cystadenom".

[3] Der Tumor saß auf der *Raphe,* die bei der Maus die als auffallender Höcker vorspringende Klitoris mit der Vagina verbindet. Die Raphe stellt nach ERDHEIM einen schmalen, bis zur Klitorisspitze reichenden Fortsatz des vollständig drüsenlosen Vaginalepithels dar.

5. Geschwülste des Penis.

Bei HAALAND (1911) und SLYE, HOLMES und WELLS (1921) finden wir Angaben über Adenocarcinome der Präputialdrüsen.

HAALAND beschrieb die Geschwulst (Nr 297) als eine wurstähnliche, derbe Schwellung am Penis in der Gegend der Präputialdrüsen. Der Tumor wuchs rapide, rezidivierte und infiltrierte die Bauchwand. Das histologische Bild war dem Bild der normalen Präputialdrüsen ähnlich.

Aus der Tatsache, daß die *histologisch gutartige Geschwulst* rezidivierte und sich — wenn auch nur schwer — weiterverimpfen ließ, glaubte HAALAND Vergleiche mit gewissen Adenomen der Brustdrüse ziehen zu können, die sich zwar histologisch nicht von *normalen* Brustdrüsen unterscheiden, aber sich *biologisch* als maligne Geschwülste erwiesen.

Im Fall 466 der HAALANDschen Beobachtungen wurde ein haselnußgroßer Tumor gefunden; er ähnelte weitgehend der eben beschriebenen Geschwulst.

Der von MAUD SLYE und ihren Mitarbeitern beschriebene Tumor — (Fall 18 895 der Publikation aus dem Jahre 1921) — umgab den Penis vollständig und breitete sich bis in die Inguinalgegend aus [1]. Hoden und Nebenhoden waren frei. Das histologische Bild stellte normale Strukturen der Präputialdrüsen dar. Epithelstränge, die ins Stroma hineinwucherten, zeigten jedoch die Malignität der Neubildung.

6. Hodentumoren der Maus.

Im Jahre 1921 teilte WELLS in einer Diskussionsbemerkung mit, daß unter den SLYESchen Mäusebeständen im ganzen *28 Fälle primärer Tumoren der Hoden* festgestellt wurden. Mit Ausnahme einer Maus gehörten die an Testikelgeschwülsten erkrankten Tiere zu *einer einzigen* Familie.

In der Mehrzahl der Fälle gehören nach SLYE die Hodentumoren zu der Gruppe der „*Mesotheliome*", die wir ja in den verschiedenen Organen des Genitalapparates bereits erwähnt haben. Wir weisen hier auf den Meristombegriff B. FISCHER-WASELS hin. Weiterhin auf die Möglichkeit, daß die von MAUD SLYE als „*Mesotheliom*" bezeichneten Tumoren möglicherweise in die Gruppe der embryonalen Mischgeschwülste gehören.

Von besonderem Interesse ist der Bericht MAUD SLYES über die Tumorgenese bei einer Maus mit einem *Hodensarkom*. Es handelt sich um das bereits erwähnte Tier, das nicht in die Familie für Hodentumoren „empfänglicher" Mäuse gehört, dafür aber aus einem „sarkomempfänglichen Stamm" hervorging. Die Maus wurde am Rücken und in die Genitalien gebissen. An *beiden Stellen des Traumas* entstanden zur selben Zeit je ein großes Spindelzellensarkom.

KATASE (1912) bringt die Notiz eines Hodenteratoms ohne Details.

7. Prostata.

Im Jahre 1925 vermerkte MAUD SLYE in einer tabellarischen Übersicht ein Sarkom der *Prostata*. Nähere Beschreibungen des Tumors konnten wir nicht auffinden.

i) Tumoren der Nieren.

Die ersten Tumoren der Niere beschrieb TYZZER 1907 und 1909. Bald darauf — 1911 — teilt auch HAALAND Beobachtungen über primäre Tumoren der Niere mit. Die Mitteilung eines relativ großen Materials verdanken wir MAUD SLYE und ihren Mitarbeitern. In einer Arbeit aus dem Jahre 1921 berichten sie über 16 Tumoren der Nieren.

Unter den bisher bekannten primären Tumoren der Nieren spielen *Hypernephrome* eine große Rolle, weiterhin jene schwer definierbaren Blastome, die von MAUD SLYE und ihren Mitarbeitern als „*Mesotheliome*" bezeichnet werden.

Es kamen außerdem *gut- und bösartige Tumoren des Nierenepithels* vor. Auch über Sarkome der Niere gibt es genaue Berichte.

---

[1] Das Tier starb an chronischer Nephritis — ein bei MAUD SLYE häufig angegebener Sektionsbefund.

Unter den Feststellungen allgemeiner Natur, die insbesondere MAUD SLYE und ihre Mitarbeiter gewonnen haben, verdienen folgende unsere besondere Aufmerksamkeit.

Die primären Nierengeschwülste treten relativ selten mit Tumoren anderer Organe auf. Die meisten Fälle von Nierensarkomen wurden im Alter von 9 und 12 Monaten gefunden, also etwas früher als das übliche Alter für epitheliale Geschwülste[1]. Männchen und Weibchen lieferten ungefähr dieselben Zahlen von Tumorerkrankungen.

Metastasen wurden bei epithelialen Nierentumoren — also auch bei Hypernephromen — *nicht* gefunden. Dagegen ließen die sarkomatösen und mesotheliomatösen Bildungen wiederholt metastatische Herde erscheinen. Lymphdrüsen, Lungen, Leber, Milz sind Fundstellen für die Tochterknoten.

Wir fügen noch hinzu, daß die überwiegende Mehrzahl der Nierentumoren bei *weißen* Mäusen gefunden wurde, daß aber von TYZZER auch eine graue Maus als Träger eines Nierentumors ermittelt wurde.

1. Bindegewebige Geschwülste der Nieren.

MAUD SLYE und ihren Mitarbeitern verdanken wir die Beschreibung einiger *sarkomatöser Bildungen der Nieren.*

Bei einem Mäusemännchen erschienen *beide Nieren* vergrößert und durch *fleischiges, rötliches Gewebe infiltriert.* MAUD SLYE und ihre Mitarbeiter haben dabei auf Grund des histologischen Bildes auch an eine Leukämie oder ,,Pseudoleukämie" gedacht, glauben aber die Bildung endgültig als *Sarkom* betrachten zu dürfen, weil alle anderen Organe frei erschienen.

Bei einem zweiten Fall — wiederum bei einem Männchen — wurde ebenfalls eine *bilaterale Tumorinfiltration* gefunden. Die Nieren waren auf Kirschgröße vergrößert. Auch in der Milz fand sich ein erbsengroßer Tumorknoten. Da der Tumor im Hilus der linken Niere besonders massive Knoten bildete, und die linke Niere auch sonst stärker betroffen war, könnte nach MAUD SLYE und ihren Mitarbeitern die bösartige Wucherung in diesem Organ begonnen haben. Histologisch wurden ovale, kleine Tumorzellen festgestellt, die in soliden Massen wuchsen.

In weiteren Fällen trat die Erkrankung *nur in einem* Organ auf.

MAUD SLYE und Mitarbeiter beschrieben noch zwei weitere Fälle als ,,*Lymphosarkome*" der Nieren. Auch hier kam die Diagnose Leukämie nicht in Betracht. Die Tumoren bestanden aus dichten Massen von *kleinen Rundzellen,* ohne sichtbares Cytoplasma.

Es sei in dieser Gruppe noch ein Fall erwähnt, in welchem die Geschwulst nach den Angaben von MAUD SLYE und ihren Mitarbeitern aus dem *Beckengewebe der rechten Niere* hervorging. Bei der histologischen Untersuchung zeigt sich, daß der Tumor symmetrisch um das Nierenbecken herum liegt, den Ureter, die großen Blutgefäße umgibt und auch die Nierenkapsel infiltriert. Das Nierengewebe selbst wird nur wenig betroffen. Das Geschwulstgewebe besteht aus großen rundlichen, vielfach polymorphen Zellen, mit großem Protoplasma[2].

2. Über sog. ,,Mesotheliome" der Nieren.

Wie im Ovar, im Hoden und den Nebennieren, konnten MAUD SLYE und ihre Mitarbeiter *auch in der Niere* Tumoren feststellen, die aus polyedrischen Zellen bestehen, Eigenschaften sowohl von Carcinomen als auch von Sarkomen

---

[1] Einer der Fälle, in welchen Nierentumoren mit primären Geschwülsten anderer Organe auftraten, ist besonders wichtig: das Tier starb im Alter von $1^1/_2$! Monaten und wies neben primären ,,mesotheliomatösen" Tumoren beider Nieren noch zwei voneinander unabhängige Mammacarcinome und Osteosarkomherde der Wirbelsäule und Rippen auf. Wir haben dieses Tier im allgemeinen Teil bereits erwähnt.

[2] Bösartige Tumoren der Maus, die eigenartigerweise eine der beiden Nieren *kapselartig* umgeben, wurden in der Literatur wiederholt beschrieben. Die erste derartige Geschwulst beschrieb MURRAY (1908). Es handelt sich um eine Maus aus den Beständen JENSENs. Wir werden auf derartige Tumoren bei der Erörterung der Geschwülste des Stützgewebes noch näher zu sprechen kommen.

aufweisen, und die von Maud Slye und ihren Mitarbeitern in Übereinstimmung mit Adami „Mesotheliome" genannt wurden.

So fanden Maud Slye und ihre Mitarbeiter in einem besonders interessanten Fall — die Maus, ein Weibchen, starb im Alter von $1^1/_2$ Monaten und wies neben Nierentumoren zwei voneinander unabhängige Mammacarcinome, weiterhin osteosarkomatöse Herde in der Wirbelsäule und in einer Rippe auf —, beide Nieren infiltriert durch „mesotheliomatöses" Gewebe. Bei der histologischen Untersuchung wurden Gebiete gefunden, die einem Spindelzellensarkom entsprechen; in anderen Stellen wiederum fielen Nester dicht nebeneinander stehender, großer polyedrischer Zellen auf. Der Bau der Geschwülste war in beiden Nieren ähnlich.

Maud Slye und ihre Mitarbeiter beschrieben noch drei weitere ähnliche Fälle.

Möglicherweise handelt es sich bei allen diesen Geschwülsten der Niere um „Meristome" im Sinne B. Fischer-Wasels; es kommen wohl auch Geschwülste vom Typus des Nephroma embryonale in Betracht, wie sie ja auch bei Kaninchen wiederholt beschrieben wurden.

3. Epitheliale Geschwülste der Nieren.

Den ersten einwandfreien *Fall eines primären Tumors der Nierenepithelien selbst* beschrieb Haaland 1911.

Bei einem 22 Monate alten Männchen wurde ein bohnengroßer Tumor an der Stelle der linken Niere gefunden, der sich histologisch einwandfrei als *adenocarcinomatös* bewies; stellenweise wurden auch solide Zellnester gefunden. Der Tumor infiltrierte das Nierengewebe, drang auch in die Gefäße ein; unter anderem war auch eine große Vene des Hilus mit Tumorgewebe ausgefüllt.

Einen zweiten Tumor der Nierenzellen beschrieben Maud Slye und ihre Mitarbeiter.

Es handelt sich um *etwa linsengroße Knoten* in beiden Nieren, bei einem Tier mit bilateralen — wohl kongenitalen — Cystennieren (2 Jahre altes Männchen). Die Tumorknoten erwiesen sich bei der Untersuchung als solide epitheliale Herde; die großen Epithelzellen ähneln dem normalen Nierenepithel. Die Tumoren sind deutlich abgekapselt. Maud Slye spricht von „soliden Adenomen".

In einer Anzahl von weiteren epithelialen Geschwülsten ist nach der Meinung der Autoren — auch unserem Urteil nach — nicht ohne weiteres zu entscheiden, ob es sich um Bildungen aus dem Nierenepithel selbst oder um Bildungen aus sog. versprengten Nebennierenkeimen handelt. So beschrieb Tyzzer 1907 zwei Fälle, die er zunächst als Tumoren des Nierenepithels selbst schilderte.

Im Jahre 1909 beschrieb Tyzzer zwei weitere primäre Nierengeschwülste, in welchen wiederum die scharfen Zellgrenzen, Vakuolen im großen Protoplasma hervorgehoben wurden. Auf Grund gewisser Ähnlichkeiten, die zwischen den Zellen der 1909 beschriebenen Tumoren und den Nebennieren selber bestehen, glaubt Tyzzer diese Geschwülste als *Hypernephrome* bezeichnen zu können; ja er hält es für wahrscheinlich, daß die von ihm früher beschriebenen beiden Nierengeschwülste ebenfalls Abkömmlinge versprengter Nebennierenteilchen darstellen. Die Entscheidung, ob es sich in derartigen Fällen tatsächlich um Abkömmlinge des Nierenepithels selbst oder um Produkte versprengter Nebennierenteile handelt, dürfte ungemein schwierig sein. Wir erinnern hier auch daran, daß nach der Ansicht Stoercks auch die sog. Hypernephrome aus dem Epithel des Nierengewebes selbst hervorgehen.

Maud Slye und Mitarbeiter sind übrigens der Meinung, daß die beiden ersten von Tyzzer beschriebenen Geschwülste tatsächlich echte Nierentumoren darstellen und nicht als Hypernephrome zu deuten wären.

Die amerikanischen Autoren besprechen selbst eine Anzahl von Geschwülsten der Nieren, bei welchen sie die Frage der Herkunft nicht immer ganz einwandfrei beantworten können.

Einen weiteren Fall beschreiben die Verfasser als ein *einwandfreies Hyper-nephrom:*

Bei einem Weibchen fanden sie an der Stelle der linken Niere einen hämorrhagischen, runden, großen Tumor, dessen Durchmesser 2 cm betrug. Große Teile des Tumors wiesen nur Blutungen bzw. Residuen nach Blutungen und Nekrosen auf. In den noch lebenden Teilen erinnerte das Gewebe in allen seinen Eigenschaften an Hypernephrome des Menschen[1].

k) Tumoren der Nebennieren.

Nebennierentumoren finden wir nur bei MAUD SLYE und ihren Mitarbeitern beschrieben (1921).

In einem Material von 33 000 sezierten Mäusen konnten die Autoren nur einen einzigen Fall eines *gutartigen Rindenadenoms* nachweisen, dagegen mehrere Fälle bösartiger Geschwülste.

„Mesotheliome" der Nebenniere.

Nach MAUD SLYE stellen die sog. „Mesotheliome" einen relativ häufigen Geschwulsttyp auch der Nebennieren dar; der Tumor wurde in drei Fällen gefunden.

In einem Fall (Nr. 12 744) wies ein Weibchen Knoten in der *linken Nebenniere* auf. Die Geschwulstmassen breiteten sich in der mit hämorrhagischem Exsudat erfüllten Bauchhöhle aus. Retroperitoneale Metastasen. Die histologischen Bilder zeigten ein typisches *Mesotheliom.*

Von besonderem Interesse erscheint uns der dritte von SLYE als „Mesotheliom" bezeichnete Fall infolge der eigenartigen Lokalisation der Geschwulstknoten zu sein. Außer beiden Nebennieren waren zahlreiche subcutane Lymphdrüsen von Tumormassen durchsetzt. Auch die retroperitonealen und mesenterialen Drüsen bildeten bedeutende Pakete. Aus der Verlegung des Ductus thoracicus und der Lymphcapillaren der Haut resultierte ein „Ödem" der Cutis und eine milchige Flüssigkeitsansammlung in der Bauchhöhle. Die Vergrößerung der Drüsen ließ zunächst an eine *Systemerkrankung des lymphatischen* Apparates denken; überraschenderweise zeigten sich jedoch bei der histologischen Untersuchung überall *solide epithelähnliche Zellmassen* mit sehr zahlreichen Mitosen. Die Nebennieren waren völlig von Geschwulstgewebe ersetzt. Das Bild ähnelte den *mesothelialen* Tumoren der Urogenitalanlage (Nr. 7699).

In einem weiteren Fall (Nr. 9979) konnten MAUD SLYE und ihre Mitarbeiter nicht mit Bestimmtheit den Primärherd des typischen mesothelialen Tumors feststellen.

l) Tumoren der Schilddrüse.

Eine Zusammenstellung von Schilddrüsengeschwülsten bei Mäusen bringen MAUD SLYE und ihre Mitarbeiter (1926). Die Autoren betonen das verhältnismäßig seltene Auftreten von Schilddrüsentumoren. So konnten sie unter 51 700 sezierten Mäusen — mit über 5000 primären Spontantumoren — nur in 17 Fällen Veränderungen der Schilddrüsen feststellen[2].

Große Schwierigkeiten bereitet nach der Untersuchung MAUD SLYES und ihren Mitarbeitern die Entscheidung, ob der Tumor aus der *Schilddrüse* oder aus dem *umliegenden* Gewebe entstanden sei.

In der Halsregion liegen nämlich die vordersten Brustdrüsen, die so sehr häufig den Ausgang von Tumoren darstellen. Die histologischen Bilder der Brustdrüsengeschwülste können oft mit ihrer Läppchenbildung und kolloidem Inhalt von Schilddrüsentumoren nicht unterschieden werden. Auch anatomisch läßt sich in zahlreichen Fällen nur schwer die Grenze zwischen der kleinen tiefliegenden Schilddrüse und den Hals- und Brustdrüsen ziehen.

---

[1] Im Hilus der rechten Niere fand sich neben einer großen Arterie ein über stecknadelkopfgroßer Knoten, der den Eindruck eines *Leiomyoms* macht.

[2] Interessant ist in diesem Zusammenhang, daß RHODENBURG und BULLOCK (1915) unter 87 Mäusen mit Spontantumoren nur in 10% der Fälle völlig normale Schilddrüsen fanden. 4 der Tiere zeigten eine geringe *Hypertrophie* der Läppchen, 24 *Kröpfe* waren von „exophthalmischem" Typ. 26 Kolloidkröpfe und 23 Fälle deutlicher papillärer Cystadenome wurden vermerkt.

Weiterhin komplizieren zahlreiche, oft stark geschwollene Lymphdrüsen und die Speicheldrüsenpakete eine einwandfreie Orientierung.

SLYE und ihre Mitarbeiter sahen sich gezwungen, zahlreiche Tumorfälle, bei denen die Entstehung in der Schilddrüse nicht mit Bestimmtheit feststellbar war, auszuschalten. Aus den eben genannten Gründen halten die amerikanischen Autoren es für sehr leicht möglich, daß Schilddrüsentumoren von anderen Untersuchern übersehen werden könnten.

Wie erwähnt, fanden SLYE und Mitarbeiter im ganzen 17 Schilddrüsentumoren: in fünf Fällen lagen *„einfache"* Kröpfe vor. 12 Fälle werden als *maligne* Tumoren bezeichnet. $^2/_3$ der erkrankten Tiere waren *Weibchen*.

Unter den *gutartigen* Tumoren waren 3 Kolloidstrumen und 2 papilläre Cystadenome. SLYE und ihre Mitarbeiter betonen, daß sie bei der Schwierigkeit der Diagnostik kleine Strumen möglicherweise übersehen haben. Genaue Maßangaben der „Kröpfe" bringen die Autoren nicht[1].

Ausgedehnte histologische Untersuchungen von Mäuseschilddrüsen boten nach MAUD SLYE immer wieder ein normales, auffallend gleiches Bild, besonders wenn man die abwechslungsreichen Veränderungen der Schilddrüsen beim *Menschen* und *Hund* in Betracht zieht.

1. Bösartige epitheliale Tumoren der Schilddrüse.

Im ganzen erwähnen MAUD SLYE und Mitarbeiter sechs Fälle von carcinomatösen Erkrankungen der Schilddrüse. Das Bild gleicht vollkommen dem des menschlichen Schilddrüsencarcinoms. Der Tumor zeigt manchmal mehr das Bild des soliden Carcinoms, meist handelt es sich um Adenocarcinome. Genauer schildern möchten wir zwei Fälle:

Bei einem 13 Monate alten Weibchen (Fall 37 841) lag ein über bohnengroßer Knoten vor, der gestielt von der Schilddrüse ausging und in der Subcutis der Brust lag. Die Untersuchung ergab nur noch geringe Reste der Schilddrüsengewebes mit Kolloid. Fast alles war von *soliden Epithelmassen* durchsetzt. Ausgedehnte Nekrosen; keine Metastasen.

Fall 40 113. Ein 18 Monate altes Männchen erinnerte im ganzen nach SLYE an eine *Struma colloides*, trotzdem auch atypische und „unentwickelte" Läppchen vorlagen. *Durchbruch* des Tumors in die *Trachea* und *Infiltration* der benachbarten Muskel bestimmten MAUD SLYE, das *Anfangsstadium* einer *carcinomatösen* Wucherung in einer Kolloidstruma anzunehmen.

2. Sarkome der Schilddrüse.

Bei einem 30 Monate alten Weibchen — Fall 19 291 — fand sich der rechte Schilddrüsenlappen über bohnengroß vergrößert. Die Geschwulst zeigte weite Buträume mit zellreichem Bindegewebe. Stellenweise sah der Tumor wie ein *kavernöses Hämangiom* aus. Daneben solide Partien aus lockerem Gewebe mit runden, ovalen und spindelförmigen Kernen. Die Bilder ähneln nach Angaben der Autoren dem von LOEB beschriebenen Schilddrüsensarkom bei der Ratte.

SLYE und ihre Mitarbeiter halten die Bezeichnung *„Fibro-Angiosarkom"* für den Tumor am geeignetsten[2].

Anhang.

Sog. Carcinomsarkome der Schilddrüse bei der Maus. Ein 10 Monate altes Männchen — Nr. 33 970 — zeigte einen Tumor des rechten Schilddrüsenlappens[3]. Stellenweise waren

---

[1] Die Mäuse wurden bei MAUD SLYE mit einer „Standardkost" ernährt; Brot, pasteurisierte Milch, Vogelsamen, sterilisiertes Wasser.

[2] In einem anderen Falle, bei Nr. 19 545 — einem Weibchen — entstand ein Tumor nach der Vermutung MAUD SLYES in *subcutanen Gewebe* des Halses, wuchs bis zum Ohr und dehnte sich bis zur anderen Halsseite aus. Er *infiltrierte den rechten Schilddrüsenlappen.* Man konnte auch an einen primären Schilddrüsentumor denken.
Die Geschwulst war fast knochenhart und stellte histologisch ein Fibrosarkom dar.

[3] Auffällig war bei der Sektion eine Splenomegalie mit „sekundärer Zellinvasion" in die Leber. SLYE konnte diesen eigenartigen Befund häufig bei Mäusen erheben. Für die *Entstehung findet sie keine Deutung.*

die Strukturen der Schilddrüse erhalten. Größere Partien bestanden aus atypischem Epithel. Dazwischen lagen — aber bedeutend weniger — spindelige Zellen, die wie Zellen eines Spindelzellensarkoms aussahen.

Die Autoren stellen die Diagnose „Carcinom der Schilddrüse, wahrscheinlich mit beginnender Sarkomentwicklung".

Vier weitere Fälle der SLYEschen Schilddrüsentumoren gehören ebenfalls in die Gruppe der Mischgeschwülste, der sog. *Carcinosarkome*, einer auch bei *anderen* Tierarten nicht allzu selten vorkommenden Tumorform der Schilddrüse (s. Ratte, S. 759). Es handelte sich in drei Fällen dieser Beobachtungen um eine Zusammensetzung aus carcinomatösen und spindelzelligen Partien. Im vierten Schilddrüsentumor kamen außerdem auch atypische Knorpelinseln zur Beobachtung.

m) Tumoren des Knochensystems.

In der Literatur lassen sich verhältnismäßig zahlreiche Angaben über Tumoren des Knochensystems bei Mäusen auffinden.

1. Tumoren der Schädelknochen.

Die einzige bekannte Mitteilung einer Geschwulst des Schädels stammt von TYZZER (1909, Fall 2502). TYZZER bezeichnete den Tumor als ein Riesenzellensarkom der Orbita.

Es handelt sich um ein zwei Monate altes schwarzes Weibchen, welches aus einer „krebsbelasteten" Familie stammte. Der Tumor saß als eine etwa 3 cm große Geschwulst in der rechten Orbita und dehnte sich über die Stirn bis zum linken Auge aus. Er bestand aus rötlichen, festen Massen, in denen sich noch die Reste des zerstörten Auges nachweisen ließen. Die histologische Struktur des Tumors zeigte atypische Zellen, die fast ausnahmslos beträchtlich größer waren als normale Bindegewebszellen; viele erlangten „die Größe von Riesenzellen", manche Zellen waren vielkernig. Bei der Sektion ergab sich ein Hineinwuchern der Geschwulst in die Schädelhöhle. Histologisch ähnlich gebaute Metastasen fanden sich auf der Pleura und in der Lungensubstanz.

2. Tumoren der Wirbelsäule.

HAALAND, SLYE und TEUTSCHLÄNDER verdanken wir Berichte über Tumoren der Wirbelsäule.

HAALAND (1907) beschrieb einen Tumor, der sich längs der Wirbelsäule ausdehnte und weitgehend die Knochen zerstörte. Im *histologischen Bild* stellte er die Diagnose: Chondrofibrosarkom der Wirbelsäule. Ein zweiter Fall HAALANDs (1911) betraf eine 28 Monate alte Maus mit weitgehender Zerstörung der *Wirbelsäule* zwischen der Lumbal- und Dorsalregion. In Serienschnitten ließ sich ein sarkomatöser Tumor in den zentralen Teilen der Wirbelsäule nachweisen. Die Geschwulst infiltrierte und komprimierte die Nervensubstanz. Histologisch ergab sich das Bild eines polymorphzelligen Tumors mit zahlreichen Mitosen. HAALAND nimmt an, daß die Geschwulst in der Wirbelsäule, vermutlich im Wirbelkanal entstanden sei und glaubt, daß sie erst später nach außen gewuchert wäre.

TEUTSCHLÄNDER (1920) notiert kurz ein weiteres polymorphzelliges Sarkom der Wirbelsäule. Gleichzeitig fand sich bei dem Tier ein Leiomyom des Uterus.

Besonders interessant ist Fall 21 663 der SLYEschen Publikation aus dem Jahre 1921: Es fanden sich hier multiple Tumoren, die voneinander unabhängig auftraten (wir haben den Fall bereits wiederholt erwähnt). Die Maus war nur $1\frac{1}{2}$ Monat alt; neben zwei Mammacarcinomen fanden sich in der Nähe des Beckens und in der fünften linken Rippe osteo-, sarkomatöse Gewächse der Wirbelsäule, ferner zahlreiche Gewächse in der linken Niere, die nach MAUD SLYE in die Gruppe der „Mesotheliome" gehören. Unseres Erachtens müßte man bei diesen Nierentumoren auch daran denken, daß es sich dabei um Metastasen vom Typus des Meristoms handelt.

3. Tumoren der Rippen.

Tumoren der Rippen finden nur kurz bei HAALAND (1907), JOBLING (1910) und SLYE (1917) Erwähnung.

HAALAND beschrieb stecknadelkopfgroße, weißliche Knoten, die an der Verbindungs-stelle von Rippen und Wirbelsäule saßen. Die histologische Untersuchung ergab eine Pro-liferation typischer Knorpelzellen mit faseriger Zwischensubstanz; HAALAND stellte die Diagnose: Multiple Ekchondrosen.

JOBLING (1910) verdanken wir die Mitteilung eines Spindelzellensarkoms, welches unmittelbar unter dem Vorderbein sich über die unteren Rippen ausbreitete. Die Geschwulst wuchs infiltrierend in die Haut und in die Muskeln und Pleurahöhle.

MAUD SLYE (1917) erwähnt ein Spindelzellensarkom (Nr. 8289), welches sich „am rechten Brustkorb" etablierte. Ein zweiter Knoten saß in der Nähe der Wirbelsäule und dehnte sich bis zur linken Achsel hin aus. Die Struktur des letzten Knotens ähnelte völlig dem zuerst beschriebenen Tumor. MAUD SLYE hielt es für wahrscheinlich, daß die Ge-schwülste unabhängig voneinander entstanden seien. Wir rechnen diesen Tumor in die Gruppe der *Rippentumoren,* da wir den Ausgangspunkt von dem Periost der Rippe aus für wahrscheinlich halten.

Bei MAUD SLYE (1917) finden ferner zwei Osteosarkome der Rippen Erwähnung.

4. Tumoren der Extremitätenknochen.

Unter dem Material von HAALAND (1911), BASHFORD (1911), APOLANT (1912), MAUD SLYE und ihren Mitarbeitern (1917) konnten wir eine Reihe von Tumoren der *Extremitäten* feststellen.

BASHFORD beschrieb ein *Osteosarkom des Schenkels,* das in der Gegend des Trochanter major wuchs.

Bei HAALAND (1911) — Fall 219 — ließ sich bei einem Mausemännchen ein walnußgroßer Tumor im *Schenkelmuskel* nachweisen, der aus runden Zellen mit eingestreuten Inseln osteoiden Gewebes bestand. Auch bei MAUD SLYE (1917) — Fall 9454 — findet ein *Osteosarkom des linken Schenkels* Erwähnung. Am Schenkel wuchs der Tumor bis in die Kniekehle. Milz und Lungen enthielten Metastasen.

BASHFORD (1911) erwähnt ein *osteoides Chondrosarkom* ohne Angaben der Lokalisation der Geschwulst (Tumor 92). Die Hauptmasse des Tumors wurde durch ein Spindelzellensarkom dargestellt, in dem Knorpel- und Knocheninseln eingelagert waren.

Anhang.

Heterotope Tumoren des Knochensystems.

Chondrome in der Bauchhöhle.

Wir finden in der Literatur zwei Angaben über „Chondrome der Bauch-höhle".

Den einen Fall stellt das berühmte EHRLICHsche *Mäusechondrom* dar. Der EHRLICHsche Tumor sei wegen der Berühmtheit, die er durch seine zahl-reichen Übertragungen erlangt hat, ausführlicher besprochen. Den zweiten Befund verdanken wir HEIDENHAIN.

EHRLICH konnte den eigenartigen Tumorbefund schon intra vitam durch Palpation feststellen. Die Sektion bestätigte die Diagnose. Es fand sich ein kugeliger, grauweißer Tumor, der nur an einer Stelle mit dem Netz verwachsen war. Sonst war die Geschwulst weder mit der Bauchwand noch mit anderen Organen der Bauchhöhle adhärent.

„In einem sehr lockeren, teils ganz strukturlosen, teils fein fibrillären Gewebe, das auf keine Weise deutlich gefärbt werden konnte, liegen einzelne oder zu Gruppen angeord-nete Zellen, die fast durchweg in einer in ihrer Stärke sehr variierenden Kapsel eingeschlossen sind. Zuweilen nur eben angedeutet, weist dieselbe an anderen Stellen eine beträchtliche Dicke auf. Die Zahl der in einer einzigen Kapsel liegenden Zellen schwankt außerordentlich, ohne daß sich hieraus eine Beziehung zur Mächtigkeit der Kapsel ergebe. Größere zusammen-hängende Partien einer festeren Grundsubstanz werden vollständig vermißt. Die Zellen selbst lassen nur noch auf beschränkten Partien einen gut färbbaren Kern erkennen. Zum größten Teile sind sie nekrotisch und an Hämatoxylin-Kongorotpräparaten tinktoriell von ihrer Kapsel nicht deutlich zu trennen. Dagegen hebt sich an *Mallory*präparaten der rotgefärbte Inhalt von der tiefblauen Kapsel scharf ab. In der Peripherie des Tumors liegen die gut färbbaren Zellen in großer Zahl dicht beieinander und bilden so eine nur wenig Grundsubstanz aufweisende kompaktere Masse.

Der Tumor ist außerordentlich blutreich. Man begegnet nicht nur zahlreichen, stark erweiterten und strotzend mit Blut gefüllten Capillaren, sondern vielfach auch richtigen Hämorrhagien.

Bei dem etwas fremdartigen histologischen Bilde, sowie dem Fehlen jeder spezifischen Knorpel- und Schleimreaktion waren wir anfangs im Zweifel, ob der Tumor als echtes Chondrom resp. Myxochondrom anzusprechen sei, doch glaubte Herr Kollege ALBRECHT, der gelegentlich einer größeren Demonstration unseres Mäusetumormateriales die Präparate zu begutachten die Liebenswürdigkeit hatte, ein *Chondrom* auch trotz des Mangels einer spezifischen Reaktion als höchstwahrscheinlich annehmen zu dürfen. Die Veränderungen, welche die Geschwulst späterhin in den Impfgenerationen darbot, haben die Diagnose durchaus verifiziert."

EHRLICH hält es für sehr wahrscheinlich, daß es sich in dem vorliegenden Fall um eine *teratoide* Bildung, um ein „*Embryom*" handelt, „in dem der knorpelige Anteil durch Überwuchern der anderen Geschwulstkomponenten zu einer einseitigen Entwicklung gelangt ist".

Der von HEIDENHAIN beschriebene Tumor C 197 stellt ein „*Chondrosarkom*" dar.

Die Geschwulst lag unterhalb des Ursprungs des linken Ureters, medial vom Ureter, war etwa kirschgroß und weder mit den Eingeweiden noch mit dem Retroperitoneum verwachsen.

HEIDENHAIN ist *nicht* der Ansicht, daß es sich um eine embryonale Fehlbildung handeln könnte. Wir möchten jedoch die auffallende *Ähnlichkeit* mit dem EHRLICHschen Chondrom betonen.

n) Tumoren der freien Bauchhöhle.

In der Literatur finden sich eine Reihe von Angaben über Tumoren des Bindegewebes der *Bauchhöhle*, ohne daß aus den Beschreibungen die Ausgangsstelle immer klar zu bestimmen wäre.

So finden wir — wie bereits auf S. 799 (Fußnote 2) erwähnt — bei MURRAY (1908) einen „intraabdominalen Tumor" notiert, der die rechte Niere umgab. Histologisch bestand die Geschwulst aus zarten Spindelzellen. (Siehe auch Fußnote 1 auf S. 801.)

Bei MAUD SLYE und ihren Mitarbeitern (1917) findet ein *Tumor des Omentums* Erwähnung, den die Autoren in die Gruppe der „*peritheliALEN Sarkome*" oder *Hämangiosarkome* rechnen.

Wir möchten hier noch einmal auf die in den Abschnitten „Niere" und „Nebenniere" bereits mehrfach erwähnten eigenartigen Tumoren, die sog. „*Mesotheliome*" hinweisen. In der Mehrzahl der Fälle lagen ja die Tumoren im retroperitonealen Gewebe, im Mesenterium und am Nierenhilus, also in der Bauchhöhle. Die Mitteilungen stammen von MAUD SLYE und ihren Mitarbeitern (1920 und 1921). Die Publikation der Autoren aus dem Jahre 1920 enthält drei in diese Gruppe zu rechnende Fälle: 12 307, 12 876, 19 061. Die Mitteilung aus dem Jahre 1921 enthält die Fälle 348, 26, 9979 und 22 380. Die Autoren rechnen die Geschwülste zu dem „Mesotheliomtyp" der Urogenitalanlage. Im Fall 348 ließ sich der Nachweis erbringen, daß die Geschwulst aus dem Hilus der rechten Niere hervorging.

K. LOEWENTHAL (1925) sah das Auftreten von Spindelzellensarkom nach intraperitonealer Injektion von Teeröl.

o) Geschwulstartige Krankheiten der blutbereitenden Organe bei der Maus.

Über Krankheiten der blutbildenden Organe bei der Maus besitzen wir einen ausgezeichneten Bericht aus dem Institut von MAUD SLYE: er stammt von JAMES P. SIMONDS (1925).

Der Verfasser führt EBERT (1878), FAJERSZTAJN und KUCZINSKI (1892), TYZZER (1909), JOBLING (1910), HAALAND (1911) und LEVADITI (1914) als

Autoren an, die schon vor ihm über mehr oder weniger klare bzw. unklare Fälle leukämischer und leukämieähnlicher Krankheiten der Maus berichtet haben.

In den SLYEschen Beständen konnte unter 15 000 Sektionen in 67 Fällen die Diagnose einer leukämischen Erkrankung gesichert werden: darunter 28mal lymphatische, 39mal myeloische Leukämien. In drei weiteren Fällen gelang es nicht, die wahrscheinlich in die Gruppe der Leukämien gehörige Erkrankung klar zu klassifizieren.

In Fällen der *lymphatischen Leukämie* bei der Maus wurde von SIMONDS der typische Blutbefund, außerdem die typische systematische Erkrankung der Lymphdrüsen festgestellt.

SIMONDS hebt hervor, daß bei der leukämischen Lymphomatose im Blut meistens fast ausschließlich nur Lymphocyten gefunden wurden, und daß die Lymphocyten gewöhnlich etwas größer waren als normalerweise; in einigen wenigen Fällen wurde das Blutbild sogar durch „große Lymphocyten" beherrscht. Die meistens gruppenweise vergrößerten Lymphdrüsen zeigten bei der histologischen Untersuchung einen völligen Verlust der normalen Struktur, indem die Keimzentren und die Sinuszeichnung durch die enorme Vermehrung der lymphoiden Zellen verwaschen wurden. Oft waren die Lymphdrüsen in eine gleichmäßige Masse dicht gedrängter lymphoider Zellen umgewandelt. Die Kapsel der Lymphdrüsen, sowie die nähere, ja entferntere Umgebung der Lymphdrüsen erschien durchsetzt mit lymphoiden Zellen. Derartige Infiltrate wurden in den Speicheldrüsen, Skeletmuskeln, im Fettgewebe und im Pankreas, ja in den Bronchien und der Wand der Vena cava nachgewiesen. Lunge, Leber und Niere zeigten mächtige lymphoidzellige Infiltrate.

Die Milz erschien regelmäßig vergrößert und erreichte unter Umständen einen sehr bemerkenswerten Umfang. In der histologischen Untersuchung zeigte sich ein völliger Schwund der normalen Milzstruktur. In den durch die Wucherung der lymphatischen Elemente betroffenen Organen wurden reichlich Mitosen gefunden.

In einem in unserem Institut beobachteten Fall sahen wir die von SIMONDS beschriebenen großen Infiltrate unter anderem in der Leber, in den Nieren und in der Haut.

In den Fällen der *leukämischen Myelose* beschreibt SIMONDS als Hauptmerkmal eine enorme Vermehrung der myeloischen Elemente. Im Blutbild herrschen besonders die durch ringförmige Kerne ausgezeichneten Jugendformen der polymorphkernigen Leukocyten und die Myelocyten vor. Auch das Vorkommen von kernhaltigen roten Blutzellen wird hervorgehoben. Mächtige Milztumoren sowie die Vergrößerung mehrerer Lymphdrüsengruppen sind die weiteren Merkmale dieser Erkrankung.

Wie bei den leukämischen Lymphomatosen ist auch hier, bei der myeloischen Form eine Infiltration der Lymphdrüsenkapsel und der Nachbarschaft durch die kennzeichnenden weißen Blutzellen und durch die unreifen myeloischen Elemente nachzuweisen. Lunge, Leber und Nieren lassen perivasculäre Infiltrate erkennen. Auch die Capillaren fand man durch unreife myeloische Elemente vollgepfropft.

Über eine ungewöhnlich große Anzahl *aleukämischer Lymphomatosen* berichtet SIMONDS: unter den erwähnten 15 000 Sektionen kamen nach den Angaben des Autors nicht weniger als 111 Fälle mit dieser Erkrankung zur Untersuchung [1].

---

[1] Nach den Angaben SIMONDS beschrieben vor ihm HAALAND, JOBLING und MURRAY Krankheitsfälle, die möglicherweise in die Gruppe der aleukämischen Lymphomatosen gehören.

SIMONDS teilt seine Beobachtungen in dieser Gruppe in drei Untergruppen ein und spricht

1. über „typische" Fälle,

2. über Fälle von aleukämischen Lymphomatosen, die sich in echte Leukämien umwandeln („subleukämische Lymphomatose") und

3. Fälle, bei welchen sich die Lymphomatosen Eigenschaften der *Lymphosarkome* erkennen ließen.

Bei den *typischen aleukämischen Lymphomatosen* wurde — wie bei den entsprechenden Fällen des Menschen — die systematische geschwulstartige Wucherung des gesamten lymphatischen Apparates nachgewiesen; nur der *Blutbefund* fehlte.

Bei den *„subleukämischen" Lymphomatosen* konnte nach SIMONDS nicht immer entschieden werden, ob es sich um die Umwandlung *aleukämischer Lymphomatosen* in die *leukämische* Form oder um den Schwund der weißen Blutzellen aus der Blutbahn in Fällen typischer *lymphatischer Leukämien* handelte.

Bei den Fällen der dritten Gruppe konnte die Diagnose des *typischen Lymphosarkoms* nicht gestellt werden, weil regelmäßig *zu viele* Gruppen von Lymphdrüsen gleichzeitig das Bild der bösartigen Wucherung boten. Andererseits war auch nach Ansicht des Verfassers die Fähigkeit zum Infiltrieren nicht ausreichend genug.

Anschließend an diese Beobachtungen berichtet SIMONDS über 51 *lymphosarkomatöse* Krankheitsfälle, vermerkt aber, daß in 16 Fällen die Diagnose nicht endgültig gesichert werden konnte.

SIMONDS rechnet in diese Gruppe nur Fälle, in welchen die blastomatöse Erkrankung in *einer* Lymphdrüse oder wenigstens nur in *einer* Gruppe begann. Die Tumoren bestanden aus Rundzellen, die größer waren als Lymphocyten, zahlreiche Mitosen zeigten und schonungslos in die Umgebung eindrangen. Die Primärtumoren saßen in der überwiegenden Mehrzahl der Fälle in der Brusthöhle (Lunge, Herz), in anderen Fällen in der Bauchhöhle oder Subcutis.

Bei fünf Tieren glaubt SIMONDS die STERNBERGsche „*Leukosarkomatose*" beobachtet zu haben. Der als Primärtumor betrachtete Knoten saß in zwei Fällen in den Mesenterialdrüsen, in einem Fall im Thymus, in zwei Fällen konnte der Ausgangspunkt der Geschwulst nicht festgestellt werden.

Auffallend ist nach SIMONDS die Tendenz der Geschwülste, ihre Kapsel zu durchbrechen und in die Umgebung einzudringen. Die Zellen der Geschwülste schienen lymphocytären Ursprungs zu sein. Die Leber war in allen Fällen, die Nieren und die Lungen öfters mit den kennzeichnenden Zellen durchsetzt.

Nach SIMONDS ist die Ähnlichkeit mit den gewöhnlichen *leukämischen Lymphomatosen* bis auf die umschriebene Lokalisation der Lymphdrüsenerkrankung sehr groß. Von den *Lymphosarkomen* mußten die Fälle abgetrennt werden, weil eben das typische *leukämische* Blutbild vorlag.

Anhang.
Reticulose.

In den Mitteilungen aus dem SLYEschen Institut und in früheren Mitteilungen TYZZERS glauben wir wiederholt Befunde erkannt zu haben, wie sie beim Menschen von GOLDSCHMID und ISAAC zuerst beschrieben und als *Reticulosen* bezeichnet wurden. Auf die nähere Kennzeichnung der Grundlagen und der bereits zahlreichen bestätigenden Mitteilungen können wir hier nicht eingehen. Es handelt sich um eine *systematische gutartige* Wucherung der Elemente des reticuloendothelialen Apparates mit auffallender Vergrößerung der Milz, Leber und der Lymphdrüsen.

In den letzten Jahren wurden wiederholt auch Fälle beschrieben, in welchen allem Anschein nach eine systematische *bösartige* Wucherung im ganzen *reticuloendothelialen* Apparat auftrat: *maligne systematische Reticulosen*.

In den Fällen, die wir in den Arbeiten von MAUD SLYE gefunden haben und die wir auf S. 789 bereits kurz erwähnten, konnte sich die Verfasserin nicht klar entscheiden, ob die systematischen Wucherungen als blastomatös oder vielleicht auch als entzündlich zu betrachten wären. Eine entzündliche Genese wäre durchaus diskutabel, da ja von JOBLING und im SLYEschen Institut wiederholt Fälle angeblich *völlig typischer Lymphogranulomatosen* beschrieben wurden. Fälle, die denen von MAUD SLYE bzw. SIMONDS ähnlich wären, konnten wir selbst nicht beobachten, und so möchten wir hier den Hinweis auf die gut- und bösartigen Reticulosen des Menschen nur als eine Anregung bringen.

Literatur.

a) Kaninchentumoren.

ABERASTURY u. DESSY: Ein Fall von Sarcomatosis beim Kaninchen. Rev. Sudam de C. M. 1, Nr 7 (1904). Ref. Z. Krebsforschg 1, 257 (1904). — ALLEN: Spontane Kaninchentumoren. J. of exper. Med. 41, 691 (1925).

BALL, N.: An epithelial tumor in the spleen of a rabbit. J. of Path. 1926/29, 239. — BAUMGARTEN, A.: Über einen malignen Tumor mit ausgebreiteter Metastasenbildung bei einem Kaninchen. Zbl. Path. 17, Nr 19 (1906). — BELL, E. u. A. T. HENRICI: Renal tumor in the rabbit. J. Canc. Res. 1, 157 (1916). — BLOCH u. DREIFUSS: Über die Erzeugung von Carcinomen usw. durch Teerbestandteile. Schweiz. med. Wschr. 1921, Nr 45. — BOYCOTT, A. E.: Uterine tumors in rabbits. Proc. roy. Soc. Med., path. sect., 4 III, 225 (1910—1911). — BOYCOTT, A. E. und M. S. PEMBREY: A bilateral sarcoma in a wild rabbit. J. of Path. 17, 130 (1912). — BROWN, V. u. L. PEARCE: Studies based on a malignant tumor of the rabbit. J. of exper. Med. 37, Nr 5, 60 (1923).

FELDMAN, WILLIAM: The primary situation of 133 spontaneous tumors in the lower animals. J. Canc. Res. 2, 436—462 (1927). — FELDMAN, W.: Multiple primary neoplasm. in lower animals. Amer. J. Path. 5, 497 (1928). — FISCHER, B.: Die experimentelle Erzeugung atypischer Epithelwucherungen und die Entstehung bösartiger Geschwülste. Münch. med. Wschr. 1906, Nr 42, 2041.

GIERKE, v.: Diskussionsbemerkung zum Vortrag von W. H. SCHULTZE. Verh. path. Ges. 1914, 385.

HENSCHEN: Handbuch der pathologischen Anatomie der Haustiere von JOEST, Bd. 3, S. 191. 1919.

KATASE, T.: Demonstration verschiedener Geschwülste bei Tieren. Verh. jap. path. Ges. 1912 II, 89. — KATO: (a) Ref. über Transpl. 6. Congr. of the assoc. of trop. med. Tokyo Canc. Rev. 1927, 202/154. (b) Trans. jap. path. Soc. 1923, 194. — KOYAMA, M.: Ein Fall von Uterusadenom beim Kaninchen. Gann (jap.) 21, Nr 1927, 7.

LACASSAGNE u. VINCENT: Sarcomes provoqués chez des lapins par l'irradiation d'abscès à Streptobacillus caviae. C. r. Soc. Biol. Paris 100, 249 (1929). — LACK, H. L.: A Preliminary note on the experimental production of cancer. — LUBARSCH, O.: Über einen großen Nierentumor beim Kaninchen. Zbl. Path. 16, 34 (1905).

MARCHAND: Diskussionsbemerkungen zu SCHULTZE. 16. Tagg dtsch. path. Ges. Marburg 1913, 365. — MARGULIES, ALEX: Teratom der Hypophyse beim Kaninchen. Neur. Zbl. 1901, 1027. — MARIE, P. u. AUBERTIN: Cancer de l'uterus chez une lapine de 9 ans. Bull. Assoc. franç. Étude Canc. 4, 253 (1911). — MEYENBURG, v.: Metastasierendes Sarkom beim Kaninchen nach Einheilung eines Fetus. Virchows Arch. 254, 563 (1925).

NIESSEN, v.: (a) Ein Fall von Krebs beim Kaninchen. Dtsch. tierärztl. Wschr. 1913, Nr 40. (b) Ein Fall von Leberkrebs beim Kaninchen auf experimenteller Grundlage. Z. Krebsforschg 24, 272. — NÜRNBERGER, L.: Über einen Tumor in der Kaninchenniere vom Typus der embryonalen Drüsengeschwülste des Menschen. Beitr. path. Anat. 52, 523 (1912).

OBERLING, CH.: Sarcome embryonaire Adeno-sarcome du rein chez un lapin. Bull. Assoc. franç. Étude Canc. 16, 708 (1927).

PETIT, G.: Trav. 2. Confér. internat. Étude Canc. 1910, 209. — POLSON, C.: Tumor of the rabbit. J. of Path. 30, 603 (1927).

RUSK, G. Y. u. N. EPSTEIN: Adenocarcinoma of the uterus in a rabbit. Amer. J. Path. 3, Nr 3 (1927).

SCHULTZE, W. H.: (a) Transplantables Kaninchensarkom und Leukämie. Verh. dtsch. path. Ges. 17. Tagg München **1914**, 382. (b) Über ein transplantables Kaninchensarkom. Verh. dtsch. path. Ges. **16**, 358 (1913). — SCHWEIZER, FR.: Über ein Cystadenoma papilliferum in einer Kaninchenleber. Virchows Arch. **113**, 209. — SELINOW: Orig. Arbeit Charkowsky medicinsky, 1907, Nr. 6 u. 7. Ref. Zbl. Path. **19**, 122 (1907). — SHATTOCK, G.: A specimen of ,,spontaneous''-carcinoma of the uterus in the rabbit. Trans. path. Soc. Lond. **51**, 56 (1900). — SHIMA: Teratom im Kaninchenhirn. Ber. Wien. neur. Inst. **14** (1908). — STIEDA: Über Psorospermien der Kaninchenleber und ihre Entwicklung. Virchows Arch. **32**, 132 (1865). — STILLING, H.: Quelques mots sur le cancer expérimental, 1910. Rev. Suisse méd. No 50, 1511. — STILLING, H. u. H. BEITZKE: Über Uterustumoren bei Kaninchen. Virchows Arch. **214**, 358 (1913).

WAGNER, G.: Über multiple Tumoren (Adenome) im Uterus des Kaninchens. Zbl. Path. **1905**, 131. — WALDENBURG, L.: Zur Entwicklungsgeschichte der Psorospermien. Virchows Arch. **40**, 435. — WALLNER, A.: Über einen Fall von transplantablem Kaninchensarkom. Z. Krebsforschg. **1922**, 18.

b) Tumoren bei Meerschweinchen.

APOLANT, H.: Referat über die Genese des Carcinoms. Verh. dtsch. path. Ges. 12. Tagg. Kiel **1908**, 3. — AULER, H. u. K. PELCAR: Immunisierungsversuche bei bösartigen Geschwülsten. Tagg. Krebskongr. in Wiesbaden **1928**. Münch. med. Wschr. **1928**, Nr 20, 886. — BENDER, L.: Sarcoma of the heart in a guinea pig. J. Canc. Res. **9**, 384 (1925). — BLUMENSAAT u. CHAMPY: Un cas de tumeur mammaire chez le cobaye. Bull. Assoc. franç. Étude Canc. **17**, No 9, 716 (1928). — BRUNSCHWIG, A.: Dermoid of the cornea in a guinea pig. Amer. J. Path. **4**, 371 (1928). — FISCHER-WASELS, B.: (a) Krebsbildung und Regeneration. Schweiz. med. Wschr. **58** 19, 473 (1928). (b) Allgemeine Geschwulstlehre. Handbuch der normalen und pathologischen Physiologie, Bd. 14 II. Berlin 1927. — GUÉRIN [zit. nach BLUMENSAAT u. CHAMPY: Un cas de tumeur mammaire chez le cobaye avec la présence de nématodes. Bull. Assoc. franç. Étude Canc. **17**, No 9, 416 (1928)]. — GOUYON: Jber. Med. 1, 298 (1876). Zit. nach LEWIN: Die bösartigen Geschwülste, 1909. — HABERLAND, H. F. O.: Die operative Technik des Tierexperiments. Berlin 1926. — JONES, F. S.: A transplantable carcinoma of a guinea pig. J. of exper. Med. **23**, 211 (1916). — KATASE, T.: Demonstration verschiedener Geschwülste bei Tieren. Verh. jap. path. Ges. **1912** II, 89. — KAZAMA: Experimentelle Untersuchung über Geschwulstbildung an den Eingeweiden. Gann (jap.) **17**, 51 (1923). — KIMURA, K.: Experimentelle Erzeugung des Teercarcinoms in der Lunge des Meerschweinchens. Verh. jap. path. Ges. **14**, 246 (1924). — KLEIN-KUHNEN, I. D.: Sarkome beim Meerschweinchen. Hannover 1916. — LEWIN, C.: Die bösartigen Geschwülste. Leipzig 1909. — LIGNAC, O.: Blastomerkrankung der weißen Maus durch chronische Benzolvergiftung. Krkh.forschg **6** II, 97 (1928). — LOEB, LEO: (a) Chorionepitheliom beim Meerschweinchen. Arch. mikrosk. Anat. **65** (1905). (b) Über chorionepithelartige Gebilde bei Meerschweinchen. Z. Krebsforschg **11**, 259 (1912). — LUBARSCH, O.: Spontane Sarkome bei Meerschweinchen. Z. Krebsforschg **16**, 315 (1919). — LUTZ: Teratom beim Kleinhirnbrückenwinkel beim Meerschweinchen. Ber. Wien. neur. Inst. **18**, 3 (1910). — MARTIN, P.: Lehrbuch der Anatomie der Haustiere, Bd. 4. Stuttgart 1923. — MIGUENZ, C.: Rundzellensarkome beim Meerschweinchen. Rev. Inst. bacter. Buenos Aires **1**, 147 (1917). — MURRAY, J. A.: Transplantable sarcoma of the guinea pig. J. of Path. **20**, 261 (1916). — RAEBIGER, H. u. M. Lerche: Ätiologie und pathologische Anatomie des Meerschweinchens. Beitr. path. Anat. II **21** (1925). — RIBBERT, H.: Geschwulstlehre. Bonn 1914. — SCHMIDT, W.: Z. Bakter. I Orig. **91**, 5. — SNIJDERS, E. P.: Over een verendbare Leucaemie bij caveas. Nederl. Tijdschr. Geneesk. **70** II, Nr 11, 1256 (1926). — SOHNS, J. CH.: Distomatose bei Meerschweinchen und Kaninchen (Referat). Dtsch. tierärztl. Wschr. **14**, 130 (1916). — SPRONCK: Über Bronchoma destruens. Nederl. Tijdschr. Geneesk. 1907, H. 1. 15, Abt. A, 2. Hälfte, p 1033. — STERNBERG, C.: (a) Adenomähnliche Bildungen in der Meerschweinchenlunge. Verh. dtsch. path. Ges. Kassel **1903**, 134. (b) Adenocarcinom der Mamma bei einem Meerschweinchen. Verh. dtsch. path. Ges. **16**, 362 (1913). — WOOD: Proc. N. Y. path. Soc. **16**, 1 (1916). Zit. nach L. BENDER: J. Canc. Res. **9** (1925).

c) Rattentumoren.

ASKANAZY, H.: Die Ätiologie und Pathologie des Katzenegelwurms des Menschen. Dtsch. med. Wschr. **19**, 699 (1904). — AULER u. NEUMARK: Spontane Sarkomatose bei einer Zuchtratte des städt. Gesundheitsamtes. Z. Krebsforschg **22** (1925).

BEATTI, M.: (a) Tumores espontaneos de rates salvajes. Semana méd. **1917**. (b) Spontantumoren bei wilden Ratten. Z. Krebsforschg **19**, 207 (1923). (c) Weitere Untersuchungen über Spontantumoren bei wilden Ratten. Noch ein Fall von Epitheliom des Vormagens durch einen neuen Parasiten hervorgerufen. Z. Krebsforschg **19**, 325 (1923). — BLUMENTHAL, F.: Krebsproblem als Stoffwechselproblem. Z. med. Chem. **1926**, Nr 1. — BOMMER, S.: Die bisherigen Ergebnisse der experimentellen ätiologischen Geschwulstforschung. Z. Krebsforschg **18**, 303 (1922). — BORREL, A.: (a) Bull. Acad. Méd., III. s. **55**, 591 (1906). (b) Parasitisme et tumeurs. Ann. Inst. Pasteur **24**, 778 (1910). (c) Tumeurs du rat à cysticerque. Bull. Assoc. franç. Étude Canc. **1919**, No 7, 322. — BRANCATI: Teerwirkung am Magen. Boll. Acad. med. Roma **51** (1924/25). — BRIDRÉ et CONSEIL: Sarcome à cysticerque. Bull. Assoc. franç. Étude Canc. **1910**, No 7 318. — BULLOCK u. CURTIS: (a) Cell proliferation and parasites in rats. J. of exper. Med. **16**, 527 (1912). (b) A transplantable metastasing chondro-rhabdo-myo-sarcoma of the rat. J. Canc. Res. **3**, 195 (1922). (c) Reaction of tissues of rats liver to carcinoma. J. Canc. Res. **8**, 481 (1924). (d) Types of cysticercus tumors. J. Canc. Res. **9**, 425 (1925). (e) On the transplantability of the larvae of tenia crassicollis and the probable role of the liver in cysticercus disease of rats. J. Canc. Res. **9**, 444 (1925). (f) Further studies on the transplantation of the larvae of taenia crassicollis and the experimental production of subcutaneous cysticercus sarcomata. J. Canc. Res. **10**, 393 (1926). (g) A cysticercus carcino-osteo-chondrosarcom of the rat liver with multiple cysticercus sarcomata. J. Canc. Res. **12**, Nr 4 (1928). — BULLOCK u. ROHDENBURG: Spontaneous tumors of the Rat. J. Canc. Res. **2**, 39 (1917). — BUSCH, M.: Histologische Befunde an avitaminotischen Ratten und an bei ihnen beobachteten Spontantumoren. Z. Krebsforschg **26** (1928). — BUSCHKE u. LANGER: Tumorartige Schleimhautveränderungen im Vormagen der Ratten infolge von Teereinwirkungen. Z. Krebsforschg **21**, 1 (1924).

CHALATOW, S.: Studien über adenomartige Neubildungen der Brustdrüse. Beiträge zum vergleichenden Studium der Tumoren. Virchows Arch. **1912**, 22. — CLUNET, MARIE et LAPOINTE: Experimentelles Radiumsarkom der Ratte. Bull. Assoc. franç. Étude Canc. **3**, (1910) u. **5** (1912). — COHRS, Paul: Spontane Sarkomatose bei einer zahmen weißen Ratte. Z. Krebsforschg **1925**. — COY, G. MC: A preliminary report on tumors found in wild rats. J. med. Res. **16**, 285 (1909). — CURTIS u. BULLOCK: Strain and family differences in susceptibility to cysticercus sarcoma. J. Canc. Res. **8**, 1 (1924).

DUSCHL, L.: Über ein Fibroadenom der Rattenbrustdrüse nach Verimpfung eines übertragbaren Rattensarkoms. Z. Krebsforschg **30**, 6 (1930).

EISELSBERG, V.: Über einen Fall von erfolgreicher Transplantation eines Fibrosarkoms bei Ratten. Wien. klin. Wschr. **1890**, Nr 48, 927. — ERDMANN, RH.: (a) Können Säugetiertumoren durch Filtrate allein erzeugt werden? Dtsch. med. Wschr. **1926**, Nr 9 352. (b) Erzeugung des Flexner-Joblings-Tumors durch Filtrate. Z. Krebsforschg **27**, 69 (1928). — ERDMANN, RH. u. HAAGEN: Einfluß von Vitaminschäden auf die Entstehung bösartiger Neubildungen. Z. Krebsforschg **26**, 133 (1928).

FIBIGER, JOH.: (a) Untersuchung über die Nematode Spiroptera und deren Fähigkeit, Geschwulstbildungen im Magen der Ratte hervorzurufen. Z. Krebsforschg **13**, 217 (1913). (b) Erwiderung zu vorstehendem. Berl. klin. Wschr. **1913**, Nr 16, 762. (c) Über eine durch Nematode hervorgerufene papillomatöse und carcinomatöse Geschwulstbildung im Magen der Ratte. Berl. klin. Wschr. **1913**, Nr 7, 189. (d) Weitere Untersuchungen über Spiropteracarcinom. Z. Krebsforschg **14**, 293 (1914). (e) Untersuchung über das Spiroperacarcinom der Ratte und der Maus. Z. Krebsforschg **17**, 1 (1920). (f) Virchows Reiztheorie und die heutige experimentelle Geschwulstforschung. Dtsch. med. Wschr. **49**, 1449 (1921). — FIBIGER-DITLEVSEN: Über Congylonema neoplastica. Zbl. Bakter. **81** (1918). — FIRKET, O. N.: De la réussité de greffes sarcomateuses en série. Bull. Acad. Méd. Belg., IV. s. **6**, 1146 (1892). — FISCHER, OLGA: Hypophysengeschwülste bei weißen Ratten. Virchows Arch. **259**, 9 (1926). — FISCHER-WASELS, B.: Allgemeine Geschwulstlehre. Handbuch der normalen und pathologischen Physiologie, Bd. 14, S. 2. — FLEXNER, S. u. J. JOBLING: (a) Mestast. sarcoma of the rat. Amer. med. J. **12**, Nr 9, 554. (b) Infiltrierendes und metastasenbildendes Sarkom der Ratte. Zbl. Path. **18**, Nr 7, 257 (1907). (c) Studies upon a transpl. rat tumor. Monogr. Rockefeller Inst. med. Res. **1**, 8 (1910). — FUJIMAKI: Magencarcinom bei Ratten durch Unterernährung. J. Canc. Res. **10**, Nr 4, 469 (1926). — FUJIMAKI, KIMURA, WADA, SHIMADA: Über morphologische Veränderungen des Plattenepithels bei weißen Ratten bei vitaminfreier Fütterung. Gann (jap.) **21**, Nr 1.

GAYLORD, H. R.: Aus der 6. Versammlung der American Association of Pathologists and Bacteriologists in Baltimore am 18. u. 19. Mai 1906. Ref. Z. Krebsforschg **4**, 676 (1906).

HANAU: Experimentelle Übertragung von Carcinom von Ratte auf Ratte. Arch. klin. Chir. **39**, 678 (1889). — HEIM, FR.: Lebersarkom der Ratte mit Cysticercus fasciolaris. Z. Krebsforschg **26**, H. 5, 418 (1928). — HIRSCHFELD, H.: Cysticercus fasciolaris als Erreger eines Angiosarkoms bei einer Ratte. Z. Krebsforschg **16**, 95 (1919). — HIYEDA, K. u.

Oiso: On sarcom development from the cyst-wall of cysticercus fasciol. in the liver of rats. J. of Hyg. 14, Nr 33, 700 (1929). — Hlava: Fibrosarkom der Ratte. Zit. nach Jensen 1909. Čas. lék. česk. 1897.

Jensen, C. O.: (a) Bericht des dänischen Krebskomitees 1905. Transplantables Rattensarkom. Ref. Z. Krebsforschg 6, 680 (1908). (b) Übertragbare Rattensarkome. Z. Krebsforschg 7, 45 (1909). — Jokogawa, S.: On the cancroid growth caused by gyongylonema orientale in the rat. Gann (jap.) 18, 48 (1924).

Katase, T.: Demonstration verschiedener Geschwülste bei Tieren. Verh. jap. Path. Ges. 1912 II, 89. — Kopsch: Entstehung von Granulationsgeschwülsten durch Rhabditis pellio, 1919.

Lewin, C.: (a) Die bösartigen Geschwülste. Leipzig 1909. (b) Die Veränderungen eines Adenocarcinoms der Ratte bei der Transplantation. Verh. dtsch. path. Ges. Kiel 1908, 50. (c) Über Entstehung histologisch neuartiger Tumoren nach der Vorimpfung mit bösartigen Geschwülsten. Dtsch. med. Wschr. 1909; Z. Krebsforschg 6 (1908); 11 (1912); 17 (1920); 27, 253 (1928). — Loeb, Leo: (a) Transplantation of Tumors. J. med. Res. 1901, Nr 6, 51. (b) Further Investigations in Transplantation of Tumors. J. med. Res. 8, Nr 53, 44 (1902). (c) Über Transplantationen eines Sarkoms der Thyreoidea bei einer weißen Ratte. Virchows Arch. 167, H. 2, 175 (1902). (d) Mixed tumors of the thyreoid gland. Amer. J. med. Sci. 125, 243 (1903). (e) Über Transplantationen von Tumoren. Virchows Arch. 172 (1903). (f) Über das endemische Vorkommen des Krebses beim Tiere. Zbl. Bakter. 37, H. 2, 235 (1904). (g) Observations on the Mode of origin of the fibroadenom of the mammary gland. J. Canc. Res. 1916, 415. — Loeb, Leo and Genther: Heredity and intern. secretion on origin of mammary cancer in mice. Proc. Soc. exper. Biol. a. Med. 28, 25 (1927). — Löwenstein, S.: (a) Trichodes crassicauda specifica und Tumorätiologie. Beitr. klin. Chir. 1910, 69. (b) Trichosoma-Wucherungen der Rattenblase. Beitr. klin. Chir. 1910, 69. (c) Über durch Nematoden hervorgerufene Geschwulstbildungen bei der Ratte. Berl. klin. Wschr. 1913, Nr 16. — Lynch, Cl.: The inheritance of susceptibility to carc. tumors on the lung of mice. J. of exper. Med. 46, Nr 6 (1927).

Maisin u. Picard: Teerkrebs in der Rattenblase. C. r. de Biol. 91, Nr 98, 799. — Michaelis, L. u. C. Lewin: Über ein transplantables Rattencarcinom. Berl. klin. Wschr. 44, 419 (1907). — Möller: Histologische Untersuchung der experimentellen Teergeschwulstbildung. Z. Krebsforschg 19, 393 (1923). — Morris, D.: A basal-cell epithelioma of the Rat. J. Canc. Res. 5, 147 (1920).

Nicholson, G. W.: A transplantable carcinoma of the kidney of a white rat. J. of Path. 17, 329 (1912/13).

Ophüls, W. u. Mc Coy: Spontaneous nephritis in Wild Rats. J. med. Res. 26, Nr 21, 249 (1912).

Pappenheim and Larimore: Magenulcera und Haare. J. of exper. Med. 1924, 719.

Reichert, Fr. Tumorerzeugende Bakterien. Z. Krebsforschg 22, 297 (1925). — Roux u. A. Borrel: Tumeurs cancereuses et helminthes. Bull. Acad. Méd. franc. III. s. 56, 141 (1906).

Saiki, T.: Disposition und Ernährung. Dtsch. med. Wschr. 1927, Nr 13, 517. — Secher, K.: (a) Kasuistischer Beitrag zur Kenntnis der Geschwülste bei Tieren. Z. Krebsforschg 1919, H. 16, 297. (b) Untersuchungen über die Wirkung der Haferverfütterung auf die Zunge von Ratten (Ulcerationsbildung, Carcinomentwicklung). Z. Krebsforschg 17, 81 (1920). — Shattock, S.: Adenofibrom der Mamma bei Ratte. Trans. path. Soc. Lond. 54, 229 (1893). — Singer, Charles: A transplantable sarcoma arising in the uterus of a rat. J. of Path. 17, 495 (1913—1914). — Slye, M.: The comparative pathology of cancer of the thyroid with report of primary spontaneous tumors of the thyroid in mice and a rat. J. Canc. Res. 10, Nr 2 (1926). — Stahr, H.: (a) Einfluß einer abweichenden Ernährungsweise auf die Übertragbarkeit des Mäusecarcinoms. Zbl. Path. 20, 628 (1909). (b) Durch andauernde Haferfütterung erzeugtes Epitheliom der Rattenzunge. Beitr. path. Anat. 61, 12 (1916). — Sticker: Ber. 9. internat. tierärztl. Kongr. Haag, Sept. 1909. Ref. Z. Krebsforschg 8, 564 (1910). — Suguira, K.: Studies upon a New Transplantable rat tumor. J. Canc. Res. 12, Nr 2 (1928). — Sutton-Bland: Tumors in animals. J. of Anat. 19, 415 (1885).

Teutschländer, O.: (a) Rattenkrätze und deren angebliche Bedeutung für die Krebsforschung. Z. Krebsforschg 16, 125 (1919). (b) Beiträge zur vergleichenden Onkologie. Z. Krebsforschg 17, 285 (1920). (c) Dtsch. med. Wschr. 1924, Nr 31, 1051. (d) Experimentelle Erzeugung von „Cholesteatom" und Cancroid im Uterus der Ratte. Z. Krebsforschg 23, 161 (1926).

Umehara, N.: (a) Experimentelle Studien über die Transplantabilität eines Adenofibrom der weißen Ratte und über die künstliche Erregung eines Sarkoms aus Stroma dieser Geschwulst. Gann. (jap.) 12, H. 3 (1918). (b) Weitere Transplantationsresultate des von mir künstlich erzeugten Rattensarkoms. Jap. path. Ges. 9, 169 (1921). (c) Zur Frage des künstlich erzeugten Rattensarkoms. Verh. jap. path. Ges. 14, 271 (1924).

VELICH, A.: Übertragbarkeit des Sarkoms. Wien. med. Bl. **1898**, Nr 45/46, 711. —
VOGEL, H.: Magencarcinom der Ratte nach experimenteller Infektion mit Hepaticola
gastrica. Z. Krebsforschg **29**, 74 (1929).
WOLLY u. B. WHERRY: Spontaneous tumors in Wild Rats. J. med. Res. **20**, Nr 5,
205 (1911—1912). — WEGELIN: Verh. schweiz. naturforsch. Ges. **1922 II**, 262. Zit. nach
O. FISCHER. Virchows Arch. **259**, 9 (1926).

d) Mäusetumoren.

ALBRECHT, H. u. V. HECHT: Über Mäusecarcinome. Wien. klin. Wschr. **1909**, Nr 50. —
APOLANT, H.: (a) Die epithelialen Geschwülste der Maus. Arb. Staatsinst. exper. Ther. Frankf.
1, 11 (1906). (b) Über eine seltene Geschwulst der Maus. Arch. f. Dermat. **1912**, 39.
(c) Über die Natur der Mäusegeschwülste. Berl. klin. Wschr. **1912**, Nr 11, 495. — ARLOING, F.
u. A. JOSSERAND: Contribution expérimentale à l'étude du rôle possible d'un parasitisme
dans l'étiologie des cancers de l'homme et en particulier des cancers du tube digestif.
Bull. Assoc. franç. Étude Canc. **16**, No 8, 777 (1927). — ASCHER: Epitheliale Geschwülste
bei der Maus. Z. Krebsforschg **11**, 168 (1912).
BAGG, H.: Further studies concerning the relation of stasus to mammary cancer
in animals. J. Canc. Res. **11**, 206 (1927). — BASHFORD, E. F.: (a) The behaviour of
tumour-cells during propagation. 4. Sci. Canc. Res. Found. Lond. **1911**, 131. (b) 2. Leyden-
vorlesung Berl. Ver. inn. Med., 21. Okt. 1912. Dtsch. med. Wschr. **1913**, 55. (c) Propagated
Cancer. Brit. med. J. **1906**, 1211. (d) Brit. med. J. **2**, 171 (1911). — BASHFORD, MURRAY,
HAALAND: Ergebnisse der experimentellen Krebsforschung. Berl. klin. Wschr. **1907**,
Nr 38, 39. — BASHFORD, MURRAY, CRAMER: (a) Comparison between the transmission
of an infective granuloma of a dog and carcinoma of a mouse. Sci. Rep. Canc. Res. Found.
Lond. **1904**, Nr 1, 33. (b) Dünndarmgeschwulst der Maus. Sci. Rep. Canc. Res. Found,
Lond. **1905**, Nr 2. Zit. nach M. SLYE, HOLMES und WELLS. J. Canc. Res. **1917**. (c) The
material and induced resistance of mice to the growth of cancer. Proc. royal. Soc., B,
79, 164 (1917). — BORREL, A.: Filaire et Adenoca. C. r. Soc. Biol. Paris **99** (1928). —
BORREL, A. u. HAALAND: Tumeurs de la souris. C. r. Soc. Biol. Paris **1905**, 4. — BRÜDA, B.:
(a) Zur Bedeutung des Reticulo-endothels für das Krebsproblem. Verh. dtsch. path. Ges.
24. Tagg Wien **1929**, 255. (b) Zum Krebsproblem. Wien. klin. Wschr. **1929**, 6. — BÜNGELER,
W.: Tierexperimentelle und zellphysiologische Untersuchungen zur Frage der allgemeinen
Geschwulstdisposition. Frankf. Z. Path. **39**, 314 (1930).
CLUNET: Recherches expérimentales sur les tumeurs malignes. Paris 1910. — COULON
u. BOEZ: Contributions à l'étudé de l'hérédité cancereuse chez la souris. Bull. Assoc. franç.
Étude Canc. **13**, 511 (1924). — CRISP: Malignant tumor on the muscle of a mouse. Trans.
path. Soc. Lond. **1854**, 368.
DETON, W.: Beitrag zur Histogenese der Mäusetumoren. Z. Krebsforschg **8**, 459 (1910). —
DOBROVOLSKAJA-ZAVADSKAJA, N.: Sur l'hérédité de la prédisposition du cancer spontané
chez la souris. C. r. Soc. Biol. Paris **101**, 21, 518 (1929).
EBERTH, I. C.: Leukämie der Maus. Virchows Arch. **72**, 108 (1878). — EBERTH, I. C.
u. SPUDE: Familiäre Endotheliome. Virchows Arch. **108**, 60 (1898). — EHRLICH, P.: (a)
Referat über die Genese des Carcinoms. Verh. dtsch. path. Ges. Kiel **1908**, 13. (b) Über
ein transplantables Chondrom der Maus. Arb. Staatsinst. exper. Ther. Frankf. **1906**,
H. 1, 65. (c) Experimentelle Carcinomstudien an Mäusen. Arb. Staatsinst. exper. Ther.
Frankf. **1906**, H. 1, 77. — EHRLICH u. APOLANT: (a) Beobachtungen über maligne Mäuse-
tumoren. Berl. klin. Wschr. **1905**, Nr 29, 871. (b) Spontane Mischtumoren der Maus.
Berl. klin. Wschr. **1907**, Nr 44. — ERDHEIM, I.: Morphologie der Mausgeschwülste. Z.
Krebsforschg **1906**, 33. — ERDMANN, RH.: Erzeugung des Flexner-Jobling-Tumors durch
Filtrate. Z. Krebsforschg **27**, 1, 68.
FAJERSZTAJN u. KUCZINSKI: Gaz. lek. **12**, 650 (1892). Zit. nach SIMONDS: Leukämie usw.
J. Canc. Res. **1925**. — FIBIGER, JOH.: Untersuchungen über das Spiropteracarcinom
der Ratte und Maus. Z. Krebsforschg **17**, 1 (1920). — FISCHER-WASELS, B.: (a) Allgemeine
Geschwulstlehre. Handbuch der normalen und pathologischen Physiologie, Bd. 14, II.
Berlin 1927. (b) Geschwulstprobleme. Dtsch. med. Wschr. **1928**, Nr 28. (c) Krebsbildung
und Regeneration. Schweiz. med. Wschr. **1928**, Nr 19, 473. — FOX, H.: Diseases of captive
wild animals. J. of Path. **1912**; Philadelphia 1923. — FRANK: Über Transplantationen.
Zbl. Path. **9**, 206 (1911).
GAYLORD, H. R.: Spirochetae in primary and transplantated carcinoma of the breast
in mice. J. inf. Dis. **4**, 2 (1907). — GOLDSCHMID u. ISAAC: Endothelhyperplasie als Systemerkrankung des hämatopoetischen Apparates. Dtsch. Arch. klin. Med. **138**, 291 (1922).
HAALAND, M.: (a) Les tumeurs de la souris. Ann. Inst. Pasteur **1905**, 165. (b) 1. Chondrosarkom der Maus. 2. Multiple Ekchondrosen der Maus. Verh. internat. Konf. Krebsforschg,
Sept. **1906**; Referiert Z. Krebsforschg **1907**, 125. (c) Beobachtungen über natürliche Ge-
schwulstresistenz bei Mäusen. Berl. klin. Wschr. **44**, 713 (1907). (d) Spontaneous tumors

in mice. 4. Sci. Rep. Canc. Res. **1911**, 1. — HANAU: Experimentelle Übertragung von Carcinom von Ratte auf Ratte. Arch. klin. Chir. **39**, 678 (1889). — HEGENER: Über experimentelle Übertragung der Tumoren auf das Auge. Münch. med. Wschr. **1913**, Nr 49, 2722. — HEIDENHAIN, L.: (a) Über das Problem der bösartigen Geschwülste. Berlin 1928. (b) Zusätzliche Bemerkungen zu meiner Abhandlung über das Problem der bösartigen Geschwülste. Z. Krebsforschg **26**, 492 (1928). (c) Koloncarcinom der Maus mit Knorpel- und Osteoidbildung. Z. Krebsforschg **28**, 1 (1929). (d) Spontantumoren bei Mäusen und die ätiologische Seite des Krebsproblems. Z. Krebsforschg **28**, 5, 443 (1929). (e) Zwei Uteruscarcinome bei der Maus. Z. Krebsforschg **25**, 2 (1928). — HENKE, FR.: Beobachtungen bei einer kleinen Endemie von Mäusecarcinomen. Z. Krebsforschg **13**, 303 (1913). — HERXHEIMER u. REINKE: Allgemeine Geschwulstlehre. LUBARSCH-OSTERTAG: Handbuch der speziellen und pathologischen Anatomie und Histologie, Bd. 13, Teil II, S. 574. 1909. HIGUCHI, S.: Ein kleines Experiment über die Transplantation der japanischen Mäuse- carcinome. Verh. jap. path. Ges. **1912**.

ITAMI: Vormagencarcinom der Maus. Proc. N. Y. path. Soc. **16**, 170 (1916).

JACOBSTHAL: Spontane Mäusetumoren. Münch. med. Wschr. **1912**, 2. — JENSEN, C. O.: Experimentelle Untersuchungen über Krebs bei Mäusen. Zbl. Bakter. **34** I, 122 (1903). — JOANNOWICS: Über das Wachstum der transplantablen Mäusetumoren an kastrierten und epinephrektomierten Tieren. Beitr. path. Anat. **62**, 194 (1916). — JOBLING, J. W.: Spontaneous tumors of the mouse. Monogr. Rockefeller Inst. med. Res. **12** I, 1 (1910).

KATASE, T.: Demonstration verschiedener Geschwülste bei Tieren. Verh. jap. path. Ges. **1912** II, 89. — KAUFMANN, FR.: Zur Biologie der Tumefaciensstämme. Z. Krebsforschg **30** III, 290 (1929). — KLINGER, R. u. FOURMANN: Beobachtung über eine Krebsepidemie bei Mäusen. Z. Krebsforschg **1919**, 231. — KÖNIGSFELD, H.: Beobachtungen und Studien über die Metastasenbildung bei Mäusekrebs. Zbl. Bakter. I Orig. **72**, H. 4/5, 335 (1913).

LATHROP u. LOEB: (a) Further investigations on the origin of tumors in mice. J. Canc. Res. **1**, 1 (1916). (b) Quantitative relations between the factors causing cancer and the rapidity and the frequency of the resulting cancerous transformation. J. Canc. Res. **8**, 274 (1924). — LEVADITI: Leukämie bei der Maus. C. r. Soc. Biol. Paris **77**, 258 (1914). Zit. nach SIMONDS 1925. — LEWIN, KARL: (a) Experimentelle Beiträge zur Morphologie bös- artiger Geschwülste bei Ratten und Mäusen. Z. Krebsforschg **7**, 267 (1908). (b) Die bös- artigen Geschwülste. Leipzig 1909. (c) Entstehung histologisch neuer Tumoren nach Impfung mit bösartigen Geschwülsten. Z. Krebsforschg **11** (1912) u. **27**, (1928). — LIPSCHÜTZ: (a) Untersuchungen über die Entstehung des experimentellen Teercarcinoms bei der Maus. Z. Krebsforschg **21**, 50. (b) Wien. klin. Wschr. **1923**. — LIVINGOOD: Tumors in the mice. Hopkins Hosp. Bull. **66** (1896). — LITTLE, C. C. u. E. E. TYZZER: Further experimental studies on the inheritance of susceptibility to a transplantable tumor, carcinoma of the japanese waltzing mouse. J. med. Res. **33**, 393 (1916). — LOEB, LEO: (a) Sarkomentwicklung bei drüsenartigen Mäusetumoren. Berl. klin. Wschr. **1906**, 24. (b) Further observations on the endemic occurrence of carcinoma and in the inocubility of tumors. Univ. Penns. med. Bull. **20**, 1—2 (1907). (c) Über die Entwicklung eines Sarkoms nach Transplantation eines Adenocarcinoms einer japanischen Maus. Z. Krebsforschg **7**, 80 (1909). — LOEWEN- THAL, K.: (a) Einige Grundlagen der experimentellen Geschwulstforschung. Münch. med. Wschr. **1928**, Nr 26, 1147. (b) Experimentelle Erzeugung von Sarkomen durch intra- peritoneale Teerölinjektionen bei der Maus. Klin. Wschr. **1925**, Nr 30, 1455. — LUBARSCH, O.: Spontane Amyloiderkrankung bei krebs- und sarkomkranken weißen Mäusen. Zbl. Path. **21**, 3 (1910). — LYNCH, CL.: Studies on the relation between tumor-susceptibilitiy and heredity. J. of exper. Med. **39**, 481 (1924).

MARSH, M. C. u. G. WÜLKER: Über das Vorkommen von Nematoden und Milben in normalen und Spontantumormäusen. Z. Krebsforschg **15**, 383 (1916). — MICHAELIS, L.: Über den Krebs der Mäuse. Z. Krebsforschg **1916**, 81. — MORAU: Recherches experimentelles sur la transmissibilité. Arch. Med. expér. et Anat. **6**, 673 (1894). — MORPURGO u. DONATI: (a) Beitrag zur Frage der Vererbung der Anlage zur Geschwulstentwicklung. Münch. med. Wschr. **1913**, Nr 12, 626. (b) Über Erblichkeit. Giorn. roy. Accad. Med. Torino **76**, 39. — MURRAY, J. A.: (a) The zoological distribution of cancer. Sci. Rep. Canc. Res. Found. **1908**, 41. (b) Notes on the origin incidence of cancer in domesticated animals. Vet. J. **64**, 621 (1908). (c) Erblichkeit des Mäusekrebses. 17. internat. Kongr. Med. London **1913**. — MURRAY I. A. u. HAALAND: A transplantable squamous-celled carcinoma. J. of Path. **12**, 437 (1908). — MURPHY, J.: Certain etiological factors in the causation and transmission of malignant tumors. Amer. Naturalist **9**, 668 (1926). — MURPHY, J. u. STURM: Primary lung-tumor in mice following the cutaneous application of coaltar. J. of exper. Med. **42**, 696 (1925).

NATHER: Überimpfung von Mäusekrebs auf Kaninchen. Klin. Wschr. **1923**, 1499. — NÈGRE, CH.: Quelques recherches sur le cancer spontan et le cancer experimentel des souris. Thèse de Paris **1910** u. Ann. Inst. Pasteur **1910**, 125. — NIESSEN, VON: Krebs bei 2 weißen

Mäusen auf infektiöser Grundlage. Z. Krebsforschg **29**, 1/2 (1929). — NOYES, KANEMATSU u. FALK: Studies on lipase action. J. Canc. Res. **10**, 4, 422 (1926).

PICK u. POLL: Einige bemerkenswerte Tumorbildungen aus der Tierpathologie, insbesondere bei Kaltblütern. Berl. klin. Wschr. **1903**, 518.

ROHDENBURG u. BULLOCK: Histologische Studien der inneren Sekretion der Drüsen an Mäusen mit Spontantumoren. J. med. Res. **33** II, 147 (1916). — ROSKIN: (a) Versuche mit heteroplastischer Überpflanzung der bösartigen Geschwülste. Z. Krebsforschg **24**, 122 (1927). (b) Die Heterotransplantation der bösartigen Geschwülste. Z. Krebsforschg **24**, 515.

SCHABAD, L.: Les tumeurs spontanés du poumon chez la souris. C. r. Soc. Biol. Paris **99**, 1383 (1928). — SECHER, K.: Kasuistische Beiträge zur Kenntnis der Geschwülste bei Tieren. Z. Krebsforschg **1919**, 297 u. 307. — SILBERSTERN, E.: Histologie der spontanen Mäusesarkome. Z. exper. Med. **48**, 602 (1926). — SIMONDS: Leukemia, Pseudoleukemia and related conditions in the Slyestock of mice. J. Canc. Res. **1925**, 324. — SLYE, M.: (a) The incidence and inheritability of spontaneous cancer in mice. Z. Krebsforschg **13**, 5, 501 (1913); J. med. Res. **25**, 287 (1914) u. **27**, 159 (1915). (b) The inheritability of spontaneous tumors. J. Canc. Res. **1**, 479 (1916). (c) The inheritability of spontaneous tumours of the liver in mice. J. Canc. Res. **1**, 503 (1916). (d) Primary spontaneous tumors in the ovary of mice. J. Canc. Res. **5** (1920). (e) The influence of heredity in determining tumor metastasis. J. Canc. Res. **6**, 139 (1921). (f) The fundamental harmony shown in all essentials in spontaneous neoplasmas and in experimental tumors. Radiology **4**, 7 (1925). (g) The inheritance behaviour of cancer as a simple mendelian recessive. J. Canc. Res. **10**, 15 (1926). (h) Some observations in the nature of cancer. J. Canc. Res. **11**, 149 (1927). — SLYE, M., HOLMES u. WELLS: (a) Primary spontaneous tumors in the lung of mice. J. med. Res. **30**, 417 (1914). (b) Spontaneous primary tumors of the liver in mice. J. med. Res., N. s. **33**, 2, 171 (1915/16). (c) Comparative pathology of cancer of the stomac with particular reference to the primary spontaneous malignant tumors of the alimentary canal in mice. J. Canc. Res. **2**, 401 (1917) (d) Primary spontaneous sarcoma in mice. J. Canc. Res. **2**, 1 (1917). (e) Primary spontaneous tumors of the testicle and seminal vesicle in mice and other animals. J. Canc. Res. **4**, 207 (1919). (f) Primary spontaneous squamous-cells carcinoma in mice. J. Canc. Res. **6**, 57 (1921). (g) Primary spontaneous tumors of the ovary in mice. J. Canc. Res. **6**, 92 (1921). (h) Primary spontaneous tumors in the kidney and adrenal of mice. J. Canc. Res. **6**, 305 (1921). (i) Primary spontaneous tumor of the uterus in mice. J. Canc. Res. **8**, 96 (1923). (k) Comparative pathology of cancer of the thyroid with report of primary spontaneous tumors of the thyroid in mice and in a rat. J. Canc. Res. **10**, 175 (1926). — SPENCER, W. G.: Epitheloidhorn bei einer Maus. Trans. path. Soc. Lond. **41**, 402 (1908). — STAHR, H.: Zur Kenntnis der Umwandlung von Mäusecarcinom in Sarkom. Zbl. Path. **21**, H. 3 (1910). — STRAUSS, O.: Spontanheilung des Carcinoms. Dtsch. med. Wschr. **1926**, Nr 43, 1905.

TADENUMA u. OKENOGI: Experimentelle Untersuchungen über Metastasen bei Mäusecarcinom. Z. Krebsforschg **21**, 168 (1924). — TEUTSCHLÄNDER, O.: (a) Beiträge zur Kenntnis der heterologen Bildungen. Verh. dtsch. path. Ges. **1914**, 468. (b) Beiträge zur vergleichenden Onkologie mit Berücksichtigung der Identitätsfrage. Z. Krebsforschg **1920**, 17. (c) Der Hornstrahlentumor der Maus. Z. Krebsforschg **23**, 209 (1926). (d) Über das Trichokoleom, einen beim Menschen unbekannten Tumor der Maus. Verh. dtsch. path. Ges. **1925**, 322. (e) Infektiöser Parasitismus und Gewächsbildung. Verh. dtsch. path. Ges. **1927**, 37. — TYZZER, E.: (a) Simultaneous occurence of two tumors in a mouse. J. amer. med. Assoc. **47**, 16, 1237 (1906). (b) Series of spontaneous tumors in mice. Proc. Soc. exper. Biol. a. Med. **4**, 4 (1907) u. J. med. Res. **1907**, 17. (c) Multiple Mäusetumoren. Boston med. J. **161**, 103 (1909). (d) A study of inheritance in mice with reference to their susceptibility to transplantable tumors. J. med. Res. **21**, Nr 16, 519 (1909). (e) Tumor of japanese waltzing mouse. J. med. Res. **32**, 3 (1915). (f) Series of spontaneous tumours in mice with observations on the influence of heredity on the frequency of their occurence. J. med. Res. **21**, 286 (1909).

WOGLOM: The regression of spontan. mammary carcinoma in the mouse. J. Canc. Res. **7**, 379 (1922). — WOLFF, J.: Lehre von der Krebskrankheit, Bd. 3. Jena 1913/14.

Sachverzeichnis.

(Ka Kaninchen; Me Meerschweinchen; Ra Ratte; Ma Maus.)

Printed in the United States
By Bookmasters